Maschinenelemente 1

Maschinenelemente 1

Festigkeit, Wellen, Verbindungen, Federn, Kupplungen

2., aktualisierte Auflage

Berthold Schlecht

ALWAYS LEARNING

PEARSON

Bibliografische Information der Deutschen Nationalbibliothek

Die Deutsche Nationalbibliothek verzeichnet diese Publikation in der Deutschen Nationalbibliografie; detaillierte bibliografische Daten sind im Internet über *http://dnb.dnb.de* abrufbar.

10 9 8 7 6 5 4 3 2 1

20 19 18 17 16 15

ISBN 978-3-82734-268-2 (Buch)
ISBN 978-3-86326-764-3 (E-Book)

ein Imprint der Pearson Deutschland GmbH,
Lilienthalstraße 2, 85399 Hallbergmoos/Germany

www.pearson.de
A part of Pearson plc worldwide

Programmleitung: Birger Peil, bpeil@pearson.de
Korrektorat: Katharina Pieper, Berlin
Coverbild: © V.Yakobchuk, Fotolia
Herstellung: Philipp Burkart, pburkart@pearson.de
Satz: mediaService, Siegen (www.mediaservice.tv)
Druck und Verarbeitung: Drukarnia Dimograf, Bielsko-Biala

Printed in Poland

Inhaltsverzeichnis

In Dankbarkeit gewidmet

meiner Frau Stefanie und unseren Kindern Leonie Annika, Berthold Georg und Konrad Julius

sowie allen Studenten Dresdens, Sachsens und der Welt

mit einer natürlichen Neugier auf die vielfältigen Möglichkeiten und Herausforderungen des Ingenieurwesens

Zum Geleit

Die klassischen Maschinenelemente gehören – genauso wie Mathematik, Mechanik, Thermodynamik und Regelungstechnik – zum grundlegenden Rüstzeug des modernen, gut ausgebildeten Ingenieurs aller Fachdisziplinen. Dabei ist es nebensächlich, ob es sich um eine Hochschul- oder Fachhochschulausbildung handelt, und auch die Graduierung zum Master oder Bachelor erfordert umfangreiche Kenntnisse über die Maschinenelemente.

Vor diesem Hintergrund enthält der vorliegende Band 1 den ersten Teil der klassischen Maschinenelemente in 13 Kapiteln, wie ich sie in den Vorlesungen des Grundstudiums Maschinenbau und Mechatronik an der TU Dresden behandele und wie sie auch an anderen Universitäten und Fachhochschulen unterrichtet werden. Die Schwerpunkte liegen auf einer ausführlichen Darstellung der Festigkeitsberechnung statisch und insbesondere dynamisch beanspruchter Maschinenelemente sowie der Auslegung und Berechnung von Wellen und Achsen unter besonderer Berücksichtigung antriebstechnischer Anwendungen. Zur Einführung in die Thematik dynamisch beanspruchter Maschinen und Anlagen nutze ich Beispiele ausgeführter technischer Systeme aus verschiedensten Branchen, die auch in den folgenden Kapiteln zum Kleben, Löten, Schweißen, Nieten und Schrauben sowie zu Federn, Bolzen-, Stift- und Welle-Nabe-Verbindungen und Kupplungen immer wieder als Beispiele Verwendung finden. Einführende Betrachtungen zu Normen, Richtlinien, Toleranzen und Oberflächen runden den ersten Band ab.

Der zweite Band des Gesamtwerkes „Maschinenelemente“ wird die Wälz- und Gleitlager, Großwälzlager, Führungen und Dichtungen sowie Umschlingungsgetriebe (Riemen- und Kettentriebe) und Zahnradgetriebe darstellen, wobei hier insbesondere neben den Grundlagen auch auf die Besonderheiten der Auslegung und Berechnung von Planetengetrieben eingegangen wird.

Der didaktische Aufbau des vorliegenden Buches ist mit geprägt durch meinen beruflichen Hintergrund; ich war in verschiedenen Branchen und Verantwortlichkeiten für Konstruktionen des Einzel- und Sondermaschinenbaus zuständig. In fast allen Einsatzfällen war und ist der Nachweis der Festigkeit eines Bauteiles unter statischen und dynamischen Belastungen die zentrale Aufgabe, weshalb die Ausführungen zur Festigkeitsberechnung einen entsprechend breiten Raum im Buch einnehmen. Dabei ist auch heute noch die Nachweisführung oftmals schwierig, da sowohl die einwirkenden Lasten (als Eingangsgrößen) in vielen Fällen nur ungenügend bekannt sind als auch die Bestimmung der zulässigen Beanspruchungen (Beanspruchbarkeiten) oftmals Probleme bereitet.

Dementsprechend ist das Buch in nahezu allen Kapiteln nach dem gleichen Schema aufgebaut, so dass sich dem Studenten die erforderlichen Schritte nachvollziehbar einprägen und der Praktiker mit einem kurzen Nachschlagen die gewünschten Informationen findet. So erkläre ich nach einleitenden Bemerkungen zu jedem Maschinenelement Funktion und Wirkung und bringe gestalterische Hinweise, denen dann ein Festigkeitsnachweis in Form des Vergleiches von Beanspruchung und Beanspruchbarkeit folgt. In allen Fällen werden auf der Grundlage von einwirkenden Kräften die daraus entstehenden Beanspruchungen ermittelt; Werte zur Beanspruchbarkeit finden sich immer am Ende eines jeden Kapitels.

Da das Verständnis für die Maschinenelemente eng mit zeichnerischen Darstellungen verknüpft ist, bieten das Konzept der zweifarbigen Buchgestaltung und in vielen

Fällen sogar die 3D-Darstellung anstelle von 2D-Ansichten neue Möglichkeiten der graphischen Stoffvermittlung. Gleichwohl habe ich bei der kompletten Neuerstellung von Grafiken oftmals auch auf bewährte Vorlagen zurückgegriffen, die ich schon aus meiner eigenen Studienzeit kenne und die sich nicht weiter verbessern lassen, wobei nach Möglichkeit die ursprüngliche Quelle zitiert wird.

Da eine vollkommene Neubearbeitung eines so umfangreichen Lehrgebietes auch bei gründlichsten Recherchen und Ausarbeitungen zwangsläufig nicht fehlerfrei sein kann, freuen der Verlag und ich uns über jeden Hinweis zur Berichtigung oder zur besseren Darstellung des Stoffes.

EXTRAS ONLINE

Aufgrund der Themenfülle und der gleichzeitig erforderlichen Beschränkung des Buchumfangs stelle ich statt im Buch selbst auf der **Companion Website (CWS)** des Verlags Pearson Studium, zu erreichen unter *www.pearson-studium.de*, begleitende Übungsaufgaben zur Verfügung. Sie erleichtern die gezielte Vor- und Nachbereitung von Vorlesungen, Übungen und Prüfungen. Unabhängig vom gedruckten Buch wird diese Aufgabensammlung kontinuierlich ausgebaut und aktualisiert, so dass der Student den gelernten Vorlesungsstoff anhand von Beispielen, Aufgaben und zugehörigen Musterlösungen vertiefen kann. Für den Dozenten stehen dort alle im Buch verwendeten Abbildungen und Tabellen als PowerPoint-Folien zur freien Verfügung. Damit lässt sich das Buch relativ einfach im Unterricht verwenden, da die aufwändige Erstellung von Grafiken entfällt.

Abschließend bleibt mir nur noch, mich bei all jenen zu bedanken, die mir auf meinem bisherigen Lebensweg mit Rat und Tat zur Seite standen und hoffentlich auch zukünftig immer ein offenes Ohr für mich haben werden. Stellvertretend für viele seien hier mein Doktorvater, Herr Prof. Dr.-Ing. Dieter Wünsch, und mein langjähriger Freund und Förderer in der Industrie, Herr Dr.-Ing. Dieter Jahn, genannt. Ersterer hat mein Interesse am Groß- und Schwermaschinenbau, insbesondere in der Hütten-, Kran- und Antriebstechnik, geweckt. Letzterer hat die praktische Vertiefung der Kenntnisse im Werk Lübeck der Krupp Fördertechnik und in vielen Tagebauen der Welt gefördert. Ein sehr persönlicher Dank geht an den Leitenden Oberarzt der Spezialklinik für Verbrennungen der Medizinischen Universität zu Lübeck, Herrn Dr. med. Werner Eisenbeiß, dessen Akribie bei meiner Gesunderhaltung ich es zu verdanken habe, dass ich auch weiterhin mit beiden Beinen im Leben stehen kann.

Seit meiner Berufung auf den Lehrstuhl für Maschinenelemente an der TU Dresden im Januar 2001 kann ich mich in besonderem Maße auf meinen Oberingenieur, Herrn Dr.-Ing. Michael Senf, verlassen, und mittlerweile steht mir dort auch eine hochmotivierte Mannschaft von wissenschaftlichen Mitarbeitern zur Seite, die mir das eigenständige Verfassen des vorliegenden Lehrbuches erlaubt hat, ohne dass in der Zwischenzeit der Forschungs- und Lehrbetrieb spürbar leiden musste. Stellvertretend für die vielen fleissigen Studenten, die bei der Erstellung von Zeichnungen mitgearbeitet haben, danke ich Herrn cand. Ing. Tobias Heine für seinen unermüdlichen Einsatz. Meinem Vater, Herrn Erwin Schlecht, danke ich für die Vorkorrektur des gesamten Textes.

An den Lektor des Buches, Herrn Dr. Rainer Fuchs, sowie an alle Mitarbeiter des Verlages geht ein Dank für die straff durchorganisierte und terminorientierte Zusammenarbeit, bei der trotz allem auch die Geduld nicht auf der Strecke blieb.

Zum Schluß, aber nicht an letzter Stelle, bedanke ich mich bei meiner Frau und unseren Kindern, die durch ihre Rücksichtnahme und ihr Verständnis die Bearbeitung und Fertigstellung des Buches wesentlich erleichtert haben.

Dresden und Tankenhagen *Berthold Schlecht*

Vorwort zur 2. aktualisierten Auflage

Nach mittlerweile 15 ereignisreichen Jahren in der akademischen Forschung und Lehre und nunmehr 8 Jahren seit dem erstmaligen Erscheinen dieses Buches sei mir der folgende Einstieg in dieses Vorwort gestattet.

Solange deutsche Firmen des Maschinen-, Anlagen- und Fahrzeugbaus wider allen Wenden und Widrigkeiten mit ihren hochwertigen Erzeugnissen immer noch führend im Export bestehen können, werden wohl auch die Maschinenelemente gebraucht, weshalb diese – nicht nur an der TU Dresden – weiterhin in angemessenem Umfang gelehrt werden. Im Gegensatz zu vielen anderen Universitäten und Fachhochschulen Deutschlands bilden wir in Dresden aber auch weiterhin mit ein wenig Stolz und großer Freude unseren akademischen Nachwuchs zum weltweit einmaligen und anerkannten Dipl.-Ing. aus, denn Alleinstellungsmerkmale haben noch nie geschadet.

Da die Lehre von den Maschinenelementen eine Erfahrungswissenschaft ist, die sich in vielen Bereichen durch die Grundlagen der theoretischen Wissenschaften der Physik und Mechanik unter Nutzung der Mathematik als Handwerkszeug beschreiben lässt, erwirbt der konstruierende Ingenieur erst im Laufe seiner Berufspraxis aufgrund der gewonnenen Erkenntnisse aus erfolgreichen Konstruktionen und konstruktiven Misserfolgen ein Gespür für sehr gute konstruktive Lösungen und ein ausgeprägtes Gefühl für Gestaltungsdetails. Sein Erfahrungswissen – oftmals auch als „technisches Gefühl" bezeichnet – befähigt ihn, die erforderlichen Querschnitte von Bauteilen und die Auswahl von Maschinenelementen ebenso genau wie nach einer Berechnung festzulegen. Als verantwortungsvoller Konstrukteur wird er jedoch seine Konstruktion immer zusätzlich durch nachprüfbare Berechnungen unterstützen.

Hier soll in bewährter Weise die 2. aktualisierte Auflage des vorliegenden Bandes *Maschinenelemente 1 in Studium und Beruf* ein zuverlässiger Begleiter sein. Nach einführenden Betrachtungen zu Normen, Richtlinien, Toleranzen und Oberflächen leiten Beispiele dynamisch beanspruchter Maschinen und Anlagen ausgeführter technischer Systeme aus verschiedensten Branchen über zu einer ausführlichen Darstellung der Festigkeitsberechnung statisch und insbesondere dynamisch beanspruchter Maschinenelemente sowie der Auslegung und Berechnung von Wellen und Achsen unter besonderer Berücksichtigung antriebstechnischer Anwendungen.

Als wesentliche Neuerung hat die vollständige FKM-Richtlinie „Rechnerischer Festigkeitsnachweis für Maschinenbauteile" Eingang in das grundlegende Kapitel der Festigkeitsberechnung gefunden. Dabei werden nicht nur die statischen Nachweise und Ermüdungsfestigkeitsnachweise mit Nennspannungen und Örtlichen Spannungen, sondern auch alle Kennwerte der Beanspruchbarkeit zu Stahl, Eisenguss- und Aluminiumwerkstoffen sowie die FAT-Bauteilklassen für geschweißte Bauteile berücksichtigt.

Somit steht nun auch für den nicht geregelten Bereich der Schweißkonstruktionen im Maschinenbau mit der FKM-Richtlinie ein einheitlicher Berechnungsgang zur Verfügung, der über lange Jahre durch die mittlerweile zurückgezogene DIN 15018 abgedeckt wurde. Um auch weiterhin bereits bestehende Alt-Konstruktionen beurteilen zu können, wurde das Verfahren der DIN 15018 jedoch im Kapitel Schweißen belassen.

Weitere Neuerungen betreffen die Tragfähigkeitsberechnung von Wellen und Achsen im Zeitfestigkeitsbereich unter Verwendung von Lastkollektiven. Ferner wurde das Erscheinen der überarbeiteten und um Blatt 2 ergänzten VDI-Richtlinie 2230 zum Anlass genommen, die Schraubenberechnung zu aktualisieren.

Eine erst beim genaueren Hinsehen auffallende Neuerung ist die vollständige Aktualisierung sämtlicher Verweise auf die gültigen Normen und Richtlinien in den Kapiteln zum Kleben, Löten, Schweißen, Nieten und Schrauben sowie zu Federn, Bolzen-, Stift- und Welle-Nabe-Verbindungen und Kupplungen.

Die bisher noch nicht erwähnten Wälz- und Gleitlager, Dichtungen, Stirnrad-, Kegelrad- und Schneckenverzahnungen sowie Umlaufrädergetriebe, Hüllgetriebe und allgemeine Betrachtungen zu Antriebssystemen enthält Band 2 des Gesamtwerkes *Maschinenelemente*. Eine Zusammenfassung aller Formeln, ausgewählter Bilder und Tabellen findet sich in der ergänzenden Formelsammlung zu Band 1 und 2.

Abschließend sei hinsichtlich der beanspruchungsgerechten Auslegung von dynamisch belasteten Maschinen und Anlagen angemerkt, dass am Lehrstuhl für Maschinenelemente der TU Dresden stetig an einer Zusammenführung der Arbeitsgebiete „Festigkeitsberechnung", „Verzahnungsberechnung" und „Ermittlung dynamischer Belastungen" geforscht wird. Eine Vielzahl von deutschen und europäischen Firmen des Maschinen-, Anlagen- und Fahrzeugbaus hat bereits auf diesen Gebieten vertrauensvoll mit uns zusammengearbeitet, wofür ich allen unseren Industriepartnern ausdrücklich danken möchte, wir werden sie auch zukünftig vertraulich und zuverlässig beraten. Dem studentischen Leser kann ich die Firmen des deutschen und europäischen Maschinen- und Anlagenbaus besonders als zukünftige Arbeitgeber empfehlen, da sie weltweit technisch herausragende Anforderungen in Verbindung mit hervorragenden Arbeitsbedingungen für Ingenieure bieten.

In Erweiterung der Danksagung an meine bereits im Geleit zur 1. Auflage erwähnten Freunde und Förderer ergeht ein besonderer Dank an meine Mitarbeiter Herrn Dipl.-Ing. Wolf Wagner für die gründliche Erstellung der vielen neuen Abbildungen und an die Herren Dipl.-Ing. David Bretschneider, Dipl.-Ing. Henry Graness, Dipl.-Ing. Kai Neikes, Dipl.-Ing. Martin Tragsdorf und Dipl.-Ing. Jörg Wendler für die umfangreiche Aktualisierung der Angaben zu den Normen und Richtlinien.

An den Lektor des Buches, Herrn Birger Peil, sowie an alle Mitarbeiter des Verlages, insbesondere aber an die Korrekteurin, Frau Katharina Pieper, und die Setzerin, Frau Talia Wobig, geht ein Dank für die straff durchorganisierte und terminorientierte Zusammenarbeit, bei der trotz allem auch die Geduld nicht auf der Strecke blieb.

Wie immer zum Schluss, aber nicht an letzter Stelle, bedanke ich mich bei meiner Frau und unseren Kindern, die durch ihre Rücksichtnahme und ihr Verständnis die Bearbeitung und Fertigstellung des Buches wesentlich erleichtert haben.

Dresden und Tankenhagen *Berthold Schlecht*

Maschinenelemente und Konstruktion

1

ÜBERBLICK

Lernziele

- Kennenlernen der konstruktiven Aufgabe zur Auswahl und Auslegung von Maschinenelementen und Kombination zu einem funktionierenden Gesamtsystem
- Kennenlernen ausgewählter technischer Systeme und ihrer Belastungssituation in der Praxis
- Kennenlernen der Versagensursachen Gewaltbruch, Dauerbruch, Verformung, Korrosion, Verschleiß und Temperatur
- Kennenlernen grundlegender Zusammenhänge zwischen Beanspruchung und Beanspruchbarkeit eines technischen Systems und der darin verwendeten Maschinenelemente
- Kennenlernen der unterschiedlichen Lastannahmen bei dynamischer und statischer Beanspruchung
- Kennenlernen der Begriffe Anwendungsfaktor und Stoßfaktor in Verbindung mit Ermüdungs- und Maximalbeanspruchungen
- Erkennen der wirtschaftlichen Bedeutung der Konstruktion und des methodischen Konstruierens im Rahmen der Produktentwicklung

1.1 Einführung – Formulierung der konstruktiven Aufgabe

Alle uns heute bekannten technischen Systeme sind zur Erfüllung einer bestimmten Aufgabe entwickelt, konstruiert und gebaut worden. In Abhängigkeit von den gestellten Anforderungen bestehen diese Systeme aus verschiedenen Teilsystemen und Baugruppen, die sich wiederum aus weiteren einzelnen Elementen, den Maschinenelementen, zusammensetzen.

Die konstruktive Aufgabe des Ingenieurs umfasst nun die geschickte Auswahl und Auslegung dieser einzelnen Maschinenelemente und deren Kombination zu einem funktionierenden Gesamtsystem, entsprechend den Kundenanforderungen, die üblicherweise in einem Pflichtenheft (Lastenheft) zusammengefasst sind. Hierzu sind folgende Kenntnisse erforderlich:

- Kenntnisse zu allen Maschinenelementen unter besonderer Berücksichtigung von Funktion und Wirkung sowie Festigkeits- und Verformungsnachweis
- Kenntnisse der Konstruktionsmethodik zur wissenschaftlichen, methodischen Suche nach Lösungen für die konstruktive Aufgabe

Generell ist die Lehre von den Maschinenelementen auch heute noch eine Erfahrungswissenschaft, die sich in vielen Bereichen durch die Grundlagen der theoretischen Wissenschaften der Physik und Mechanik unter Nutzung der Mathematik als Handwerkszeug beschreiben lässt. Auch ist die Weiterentwicklung einer Konstruktion von der ersten Ausführung bis zur idealen, ausgereiften Form von vielen Erfahrungen abhängig, die bei der Neukonstruktion noch nicht vorlagen oder aber sogar außerhalb des eigentlichen Konstruktionsprozesses liegen. Dabei lassen sich fremde Erfahrungen nur eingeschränkt nutzen, denn sie werden erst durch eigene, vergleichbare Erfahrungen anwendbar und wertvoll.

Demzufolge erwirbt der konstruierende Ingenieur erst im Laufe seiner Berufspraxis aufgrund der gewonnenen Erkenntnisse aus erfolgreichen Konstruktionen und konstruktiven Misserfolgen ein Gespür für effiziente konstruktive Lösungen und ein ausgeprägtes Gefühl für Gestaltungsdetails. Sein Erfahrungswissen – oftmals auch als „technisches Gefühl" bezeichnet – befähigt ihn, die erforderlichen Querschnitte von Bauteilen und die Auswahl von Maschinenelementen (z.B. Schrauben und Lager) ebenso genau wie nach einer Berechnung festzulegen. Als verantwortungsvoller Konstrukteur wird er jedoch seine Konstruktion immer zusätzlich durch nachprüfbare Berechnungen unterstützen.

Die stetige Zunahme des Erfahrungswissens bei den Maschinenelementen wurde begleitet durch die Verwissenschaftlichung der Anwendung der Maschinenelemente im Rahmen des Konstruktionsprozesses, was zu dem eigenen Fachgebiet der Konstruktionsmethodik geführt hat [1.16], [1.23], [1.25]. Durch die Konstruktionsmethodik werden dem konstruierenden Ingenieur Hilfsmittel und Verfahren zur Verfügung gestellt, die die schöpferische Seite des Konstruierens stärker unterstützen [1.26], [1.49], [1.50]. Das systematische Vorgehen führt zur Erfassung des gesamten, möglichen Lösungsfeldes für eine bestimmte konstruktive Aufgabe.

Das vorliegende Buch befasst sich nur am Rande mit der Konstruktionsmethodik (siehe Abschnitt 1.5). Entsprechend dem Titel sollen vielmehr die grundlegenden Kenntnisse über Funktion, Wirkung, Auswahl, Auslegung, Berechnung und Kombination von Maschinenelementen im allgemeinen Maschinen-, Anlagen- und Fahrzeugbau behandelt werden. Auch wenn diese Aufgabe zunächst nur eine Teilaufgabe des konstruktiven Entwicklungsprozesses darstellt, so lässt sich die zugedachte Funktion eines technischen Systems nur durch das Gesamtverständnis des Zusammenwirkens der einzelnen Maschinenelemente und deren sichere, beanspruchungsgerechte Auslegung erzielen.

In diesem Zusammenhang ist die Festigkeit eines Bauteiles oder Maschinenelementes von zentraler Bedeutung für die Funktionalität während der geplanten Nutzungszeit, wobei neben der beanspruchungsgerechten Gestaltung auch die fertigungsgerechte Gestaltung und die wirtschaftliche Herstellung nicht unberücksichtigt bleiben dürfen. Ferner können die Verfügbarkeit von Rohmaterial bzw. Halbzeugen sowie die Größe von Fertigungs- und Montage-Einrichtungen (z.B. Werkzeugmaschinen oder Krantragfähigkeit, Werks- oder Baustellenmontage) Einfluss auf die konstruktive Gestaltung eines Maschinenelementes oder einer größeren Baugruppe haben. Gerade im Einzel- und Sondermaschinenbau sind im Vergleich zur Großserienfertigung häufig Kompromisse erforderlich [1.31], [1.37]. Ungeachtet dieser möglichen Einschränkungen soll im Folgenden der Schwerpunkt jedoch auf die Festigkeit und beanspruchungsgerechte Gestaltung von Maschinenelementen, Bauteilen und Baugruppen gelegt werden, wobei auch bei Bedarf auf Aspekte der wirtschaftlichen Fertigung eingegangen wird.

Zum besseren Verständnis der Komplexität des Einsatzes von Maschinenelementen werden im folgenden Abschnitt zunächst aus verschiedenen Branchen einige technische Systeme vorgestellt, die alle aus einer Vielzahl von Maschinenelementen bestehen. Anschließend werden mögliche Versagensursachen von Maschinenelementen sowie grundlegende Überlegungen zu Belastungen und Beanspruchungen behandelt.

Die Festigkeitsberechnung als zentrales Element der Auswahl und Auslegung von Maschinenelementen wird ausführlich im dritten Kapitel vorgestellt. Die Behandlung der Maschinenelemente im Einzelnen erfolgt in den darauffolgenden Kapiteln, wobei immer wieder auf die grundlegenden Zusammenhänge des Vergleichs von Beanspruchung und Beanspruchbarkeit gemäß Kapitel 3 eingegangen wird.

1.2 Ausgewählte Beispiele technischer Systeme

Auch wenn das vorliegende Buch die einzelnen Maschinenelemente zum Thema hat, so soll doch anhand mehrerer technischer Gesamtsysteme ein Gefühl für den Systemzusammenhang vermittelt werden. Zum einen ist das eine moderne Diesellokomotive mit mechanisch-hydraulischer Leistungsübertragung und einer Nutzungszeit von 30 Jahren, Abbildung 1.1, ein moderner Großhydraulikbagger für Festgesteintagebaue mit einer Nutzungszeit von 20 Jahren, Abbildung 1.2, ein schwerer Brückenkran für Stahlwerksanwendungen mit einer Nutzungszeit von 30 Jahren, Abbildung 1.3, die auf absehbare Zeit größte Drehbrücke der Welt mit einer Nutzungszeit von 100 Jahren, Abbildung 1.4, und die momentan zur zunehmenden dezentralen Erzeugung von Energie genutzten Windenergie-Anlagen mit geplanten Nutzungszeiten von 20 Jahren, Abbildung 1.5.

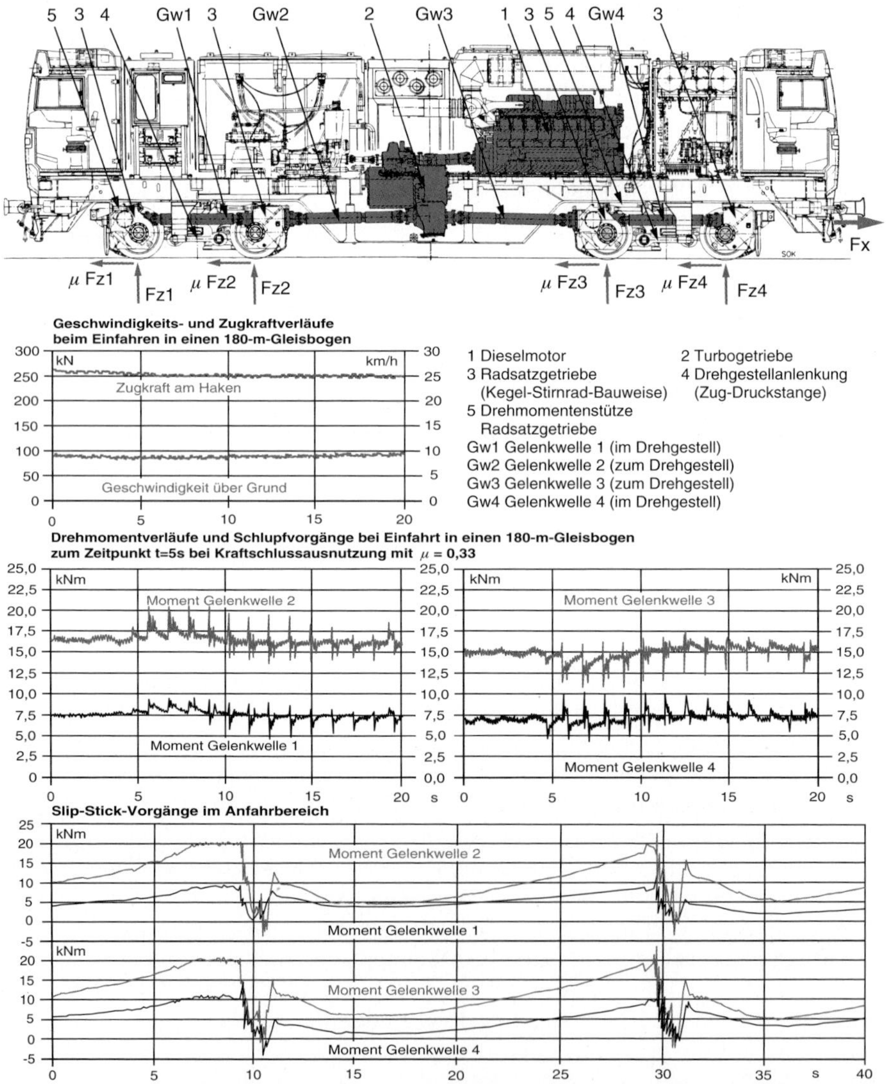

Abbildung 1.1: Dieselhydraulische Lokomotive G 2000 Vossloh und dynamische Belastung [1.61]

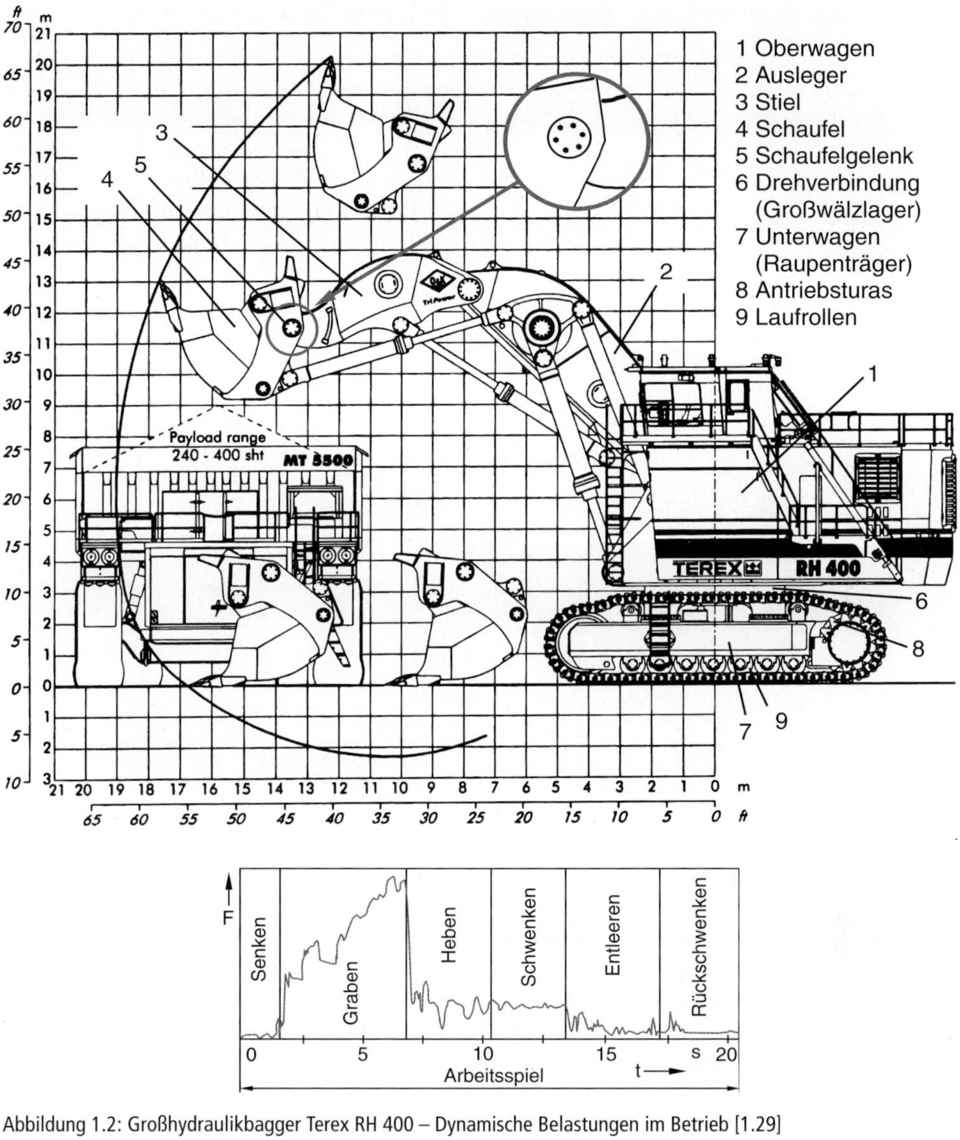

Abbildung 1.2: Großhydraulikbagger Terex RH 400 – Dynamische Belastungen im Betrieb [1.29]

Anhand dieser willkürlich ausgewählten Beispiele aus der Bahntechnik, der Baumaschinentechnik, der Fördertechnik, dem Ingenieurbau und der Anlagentechnik soll verdeutlicht werden, wozu Maschinenelemente benötigt werden und was man bei ihrer Berechnung berücksichtigen muss und kann. Gleichzeitig sollen diese Beispiele jedoch auch verdeutlichen, dass sie trotz ihrer auf den ersten Blick großen Unterschiedlichkeit in den meisten Detailproblemen gleichen Fragestellungen unterliegen. Daraus leitet sich unter anderem auch die Notwendigkeit ab, dass man als (Ingenieur-)Student gewisse grundlegende Dinge einmal verstanden haben muss, um dieses Wissen auf beliebige technische Systeme branchenunabhängig zur Problemlösung anwenden zu können.

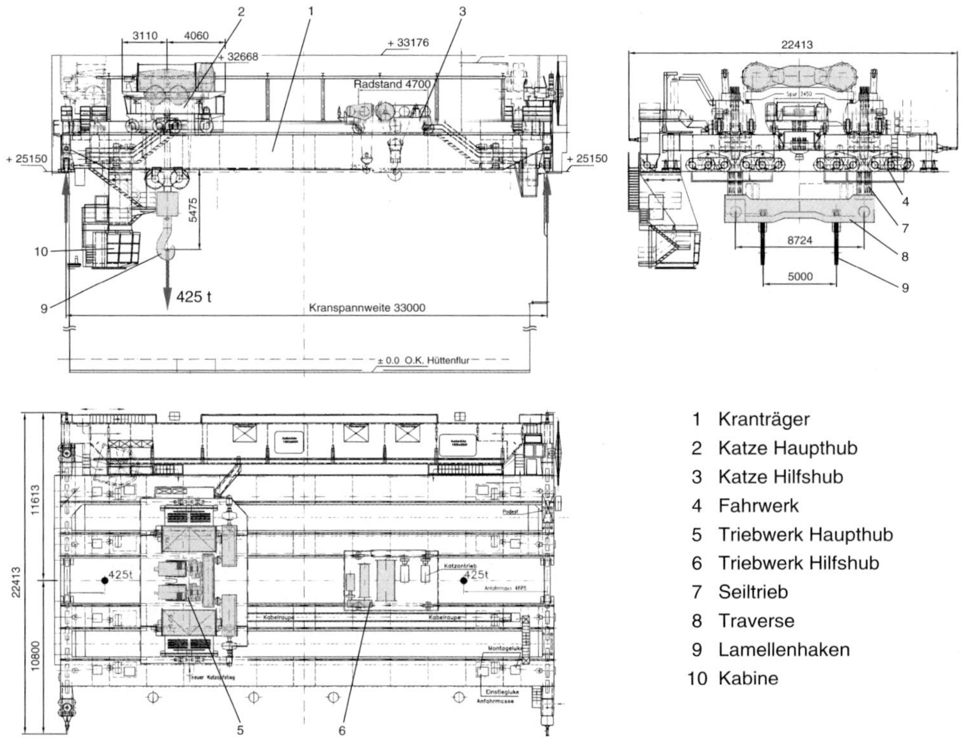

Abbildung 1.3: Gießkran mit 425 Tonnen Tragfähigkeit und 33 Metern Spannweite für Stahlwerksanwendungen [1.21], [1.36]

Bei näherer Betrachtung der Beispiele fällt auf, dass alle Systeme neben einer statischen Gewichtsbelastung hauptsächlich dynamischen Lasten unterliegen. Dies ist nicht nur bei den vorgestellten Beispielen der Fall, sondern branchenunabhängig bei nahezu allen technischen Systemen. Meistens sind es ungewollte Schwingungsbelastungen, die auf ein System einwirken. Diese haben zum einen ihre Ursache in zeitlich veränderlichen Kräften, die aus Arbeits-, Steuer- und Regelvorgängen in Verbindung mit der bestimmungsgemäßen Nutzung eines technischen Systems resultieren (z.B. Beschleunigen und Bremsen eines Fahrzeuges). Zum anderen wirken äußere Kräfte aus der Umgebung auf die Konstruktion ein (z.B. Windböen, Seegang). Sowohl die aus der Nutzung als auch die aus der Umgebung entstehenden Kräfte sind zeitlich veränderlich (dynamisch). Grundsätzlich handelt es sich bei allen technischen Systemen um schwingungsfähige Gebilde, die auf derartige zeitlich veränderliche Anregungen in ihren Eigenfrequenzen antworten. Daraus folgt, dass an Stellen innerhalb der Konstruktion, die genügend weit von der Krafteinleitungsstelle entfernt liegen, dynamische Beanspruchungen auftreten, die sich hinsichtlich Amplitude, Frequenz und Phasenlage von denen der äußeren Anregung erheblich unterscheiden. Noch komplizierter werden diese Zusammenhänge, wenn gleichzeitig mehr als eine zeitlich veränderliche Kraft einwirkt und sich die Steifigkeiten der Konstruktion in den Kraftwirkungslinien erheblich voneinander unterscheiden.

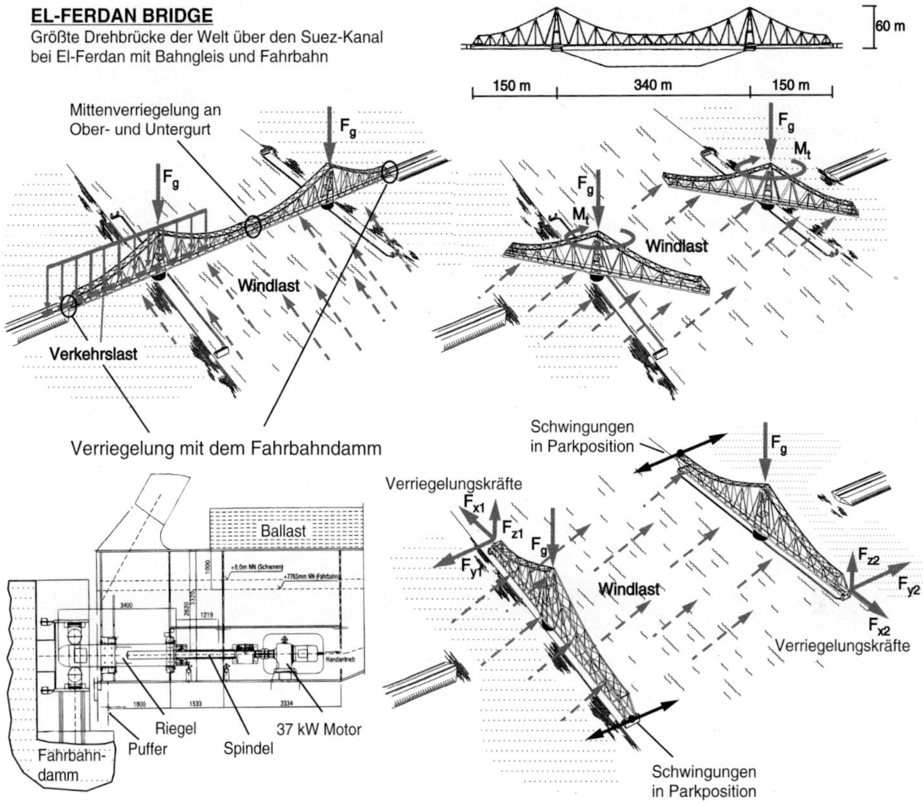

Abbildung 1.4: Drehbrücke El Ferdan – Belastungen im Betrieb [1.32], [1.39]

Nur bei wenigen Maschinensystemen setzt man gezielt Schwingungen ein, um einen gewünschten Verfahrensablauf (Funktion) ermöglichen zu können. Hierzu gehören z.B. unwuchterregte Verdichtungssysteme in der Bau- und Baustoffmaschinenindustrie (Walzen, Betonsteinmaschinen, Rüttelsysteme, Vibrationsrammen), Schwingförderer, Sieb- und Klassiermaschinen in der Verfahrens- und Fördertechnik [1.18], [1.24], [1.34]. In allen anderen Fällen sind diese Schwingungen unerwünscht, müssen jedoch zwangsläufig zum ordnungsgemäßen Betrieb beherrscht werden.

Bei der Lokomotive sind das z.B. Reibschwingungen zwischen Rad und Schiene beim Anfahren und in Kurven, die sich durch den gesamten Antriebsstrang und die Tragkonstruktion (Rahmen) hindurchziehen, Abbildung 1.1. Beim Bagger treten dynamische Grabkräfte auf, die die Hydraulik einschließlich Pumpen und damit ebenfalls den Antriebsstrang sowie den Stahlbau als tragende Struktur belasten, Abbildung 1.2 [1.18], [1.41], [1.42]. Der Gießkran unterliegt erheblichen dynamischen Beanspruchungen in der Stahlbaustruktur und im Antriebsstrang beim Anheben und Absetzen der Last, hinzu kommen thermische Beanspruchungen wegen der rauen Umgebungsbedingungen im Stahlwerk, Abbildung 1.3 [1.21], [1.36]. Bei der Drehbrücke treten dynamische Lasten (horizontal) durch eine stochastische Windanregung sowie vertikal durch Verkehrslasten (Zugüberfahrten) auf. Diese dynamischen Lasten treten übrigens bei allen Brückenbauwerken auf und machen sie zu dynamisch hoch belasteten Strukturen [1.27]. Im Falle der Drehbrücke bzw. anderer beweglicher Brücken resultieren zusätzliche dynamische Lasten aus dem Dreh- und Parkiervorgang, Abbildung 1.4. So kommt es z.B. im Parkierzustand aufgrund einer einseitigen Einspannung der Brücke zu windinduzierten Schwingungen am freien Brückenende und aus der Gesamtverformung resultieren auch ständig oszillierende Bewegungen im Rollenlager, die im Rahmen eines Ermüdungsfestigkeitsnachweises berücksichtigt werden müssen [1.32]. Bei der Windenergie-Anlage schließlich kommt es ebenfalls zu stochastischen Windanregungen auf Rotorblätter und Turm. Schwingungen des Rotors werden auf den Antriebsstrang übertragen, der zusätzlich auch noch die Dynamik des elektrischen Netzes ertragen muss. Schwingungen der Stahlbaustruktur werden über die Lagerung des Antriebsstranges ebenfalls auf diesen übertragen, Abbildung 1.5, [1.35].

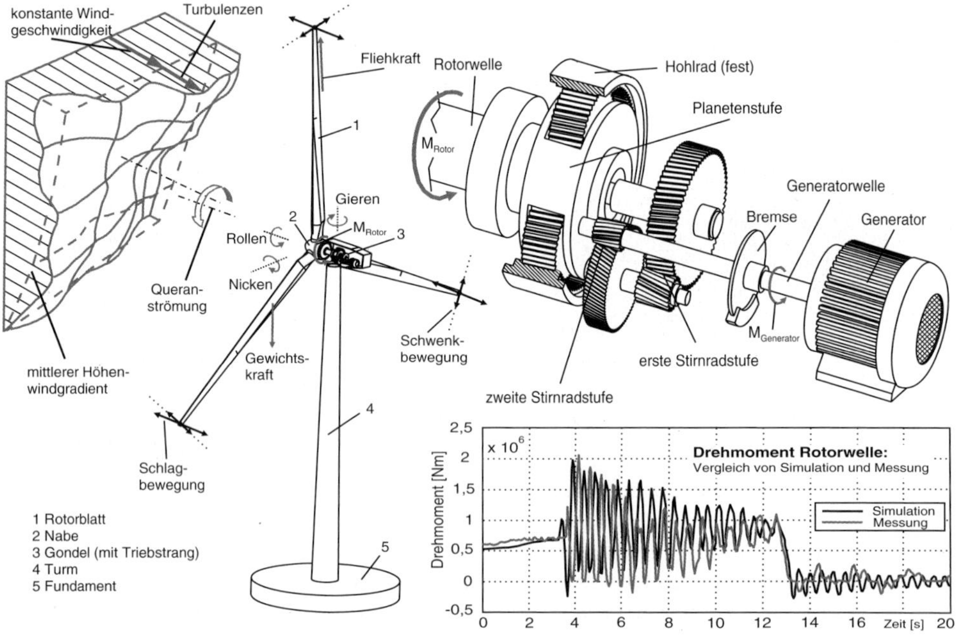

Abbildung 1.5: Windenergie-Anlage und dynamische Belastung [1.35]

1.3 Versagensursachen von Maschinenelementen

Es ist leicht einzusehen, dass die im vorangegangenen Abschnitt beschriebenen Lasten direkten Einfluss auf die Festigkeit der Konstruktion insgesamt und natürlich auch auf alle im Kraft- und Momentenfluss liegenden einzelnen Maschinenelemente (Wellen, Kupplungen, Zahnräder, Lager, Schrauben) haben. Die wesentlichen Ursachen, warum ein Bauteil bzw. Maschinenelement seine Funktionsfähigkeit verlieren kann, lassen sich in zwei Gruppen einteilen:

1. Versagenskriterien der Belastung – Hierzu gehören Gewaltbruch, Ermüdungsbruch (Dauerbruch) und plastische Verformung
2. Versagenskriterien der Anforderung – Hierzu gehören Verschleiß, Korrosion und Elastische Verformung

Das Bauteilversagen durch Gewaltbruch, Ermüdungsbruch oder plastische Verformung tritt immer dann auf, wenn entweder die tatsächlich auftretenden Beanspruchungen größer sind als die Beanspruchbarkeit des Bauteils oder aber die der Berechnung der Beanspruchbarkeit zugrunde liegenden Werkstoffkennwerte haben sich geändert (Materialermüdung oder veränderte Umgebungseinflüsse, z.B. Temperatur).

Dabei entsteht ein Gewaltbruch gemäß Abbildung 1.6 spontan (schlagartig), wenn die vom Werkstoff und der Bauteilgestalt abhängige Tragfähigkeit (Beanspruchbarkeit) eines belasteten Bauteilquerschnittes kleiner ist als die tatsächlich einwirkenden Beanspruchungen aufgrund äußerer Lasteinwirkung. Dies kann bei ruhender, konstanter oder zügig ansteigender Beanspruchung der Fall sein (statische Beanspruchung). Hierzu gehören auch Fliehkrafteinwirkung und seltener auftretende Beanspruchungsspitzen, z.B. beim Anfahren und Bremsen von Anlagen. Eine Gewaltbruchfläche ist eindeutig an der zerklüfteten Oberfläche zu erkennen.

Abbildung 1.6: Gewaltbruch einer Welle eines Getriebeprüfstandes durch Biegung [1.30], [1.44]

Im Gegensatz dazu entstehen Dauerbrüche gemäß Abbildung 1.7 und Abbildung 1.8 über einen längeren Zeitraum, d.h. unter dem Einfluss sehr vieler Lastwechsel (dynamische Beanspruchung bzw. Ermüdungsbeanspruchung), um dann mit einem Gewaltbruch zu enden. Bei jedem Lastwechsel entstehen durch örtliche Spannungsspitzen – insbesondere an gefährdeten Querschnitten (z.B. Kerben) – zunächst kleine Anrisse im Bauteil. Jeder weitere Lastwechsel erzeugt eine weitere Spannungsspitze mit entsprechendem Rissfortschritt. Dieser Vorgang wird dann durch einen Gewaltbruch beendet, wenn der verbleibende Restquerschnitt den einwirkenden Beanspruchungen nicht mehr standhalten kann. Charakteristisch für einen Dauerbruch sind die so genannten Rastlinien, an denen die Pausen zwischen den einzelnen Spannungsspitzen zu erkennen sind, sowie meistens eine matte Oberfläche und die Restbruchfläche (Gewaltbruchfläche).

Die Rastlinien sind besonders gut sichtbar ausgeprägt, wenn die Belastung nicht mit konstanter Größe einwirkt. Liegen dagegen eine konstante äußere Belastung und ein Durchlaufbetrieb vor, so kann die Ausprägung der Rastlinien nicht in dem Maße wie bei Abbildung 1.7 (links) festgestellt werden, Abbildung 1.7 (rechts). Es hebt sich aber die Ermüdungsbruchfläche in ihrem feinkörnigen Aussehen von der Restbruchfläche mit grobkörnigem Bruchbild deutlich ab.

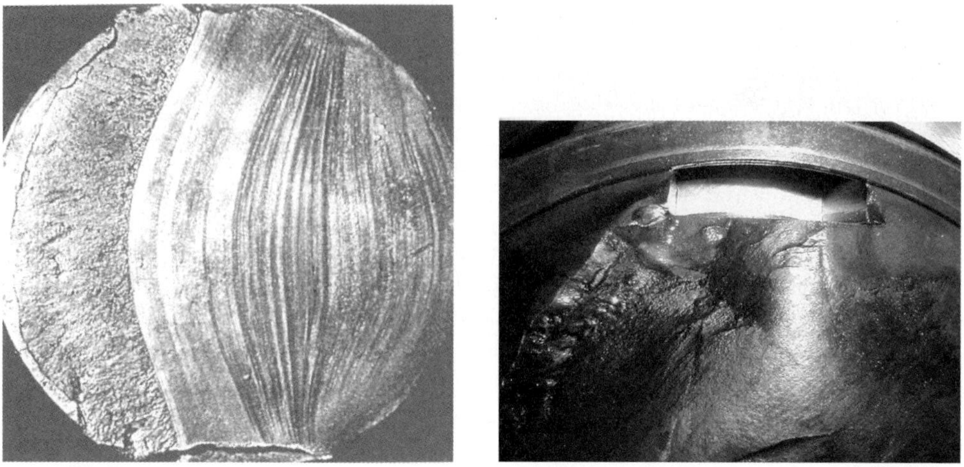

Abbildung 1.7: Dauerbruch einer Welle aus einer Presse (links) und einer Windenergie-Anlage (rechts) durch Biegebelastung [1.30], [1.44]

Abbildung 1.8: Dauerbruch einer Welle mit Vielkeilprofil (links) und Passfedernut (rechts) durch Torsionsbelastung [1.30]

Weitere Beispiele für Ermüdungsschäden aufgrund dauernd einwirkender dynamischer Beanspruchungen sind die Grübchenbildung (oftmals auch als Pittingbildung bezeichnet) bei Wälzkörpern und Laufbahnen von Wälzlagern sowie an den Flanken von Zahnrädern, aber auch zwischen Rad und Schiene aufgrund der vorliegenden Hertzschen Pressung im Wälzkontakt, Abbildung 1.9. Bei dem abgebildeten Zahnrad in Abbildung 1.9 (rechts) ist zusätzlich auch noch ein Dauerbruch der Zahnflanke zu sehen, der durch die vorliegende Pittingbildung begünstigt wurde. Im Vergleich dazu treten bei Verzahnungen Ermüdungsbrüche im Zahngrund (Zahnfußbrüche) erheblich häufiger auf.

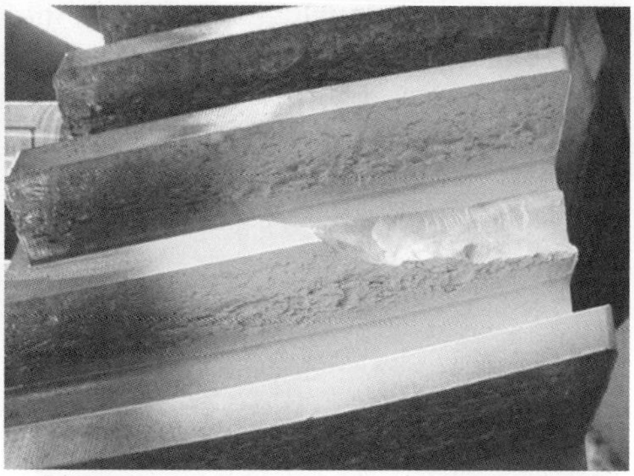

Abbildung 1.9: Ermüdungsschaden an den Wälzkörpern und der Laufbahn eines Wälzlagers (links) und Grübchenbildung an den Zahnflanken eines schräg verzahnten Großrades eines Schaufelradgetriebes (rechts), zusätzlich ist auch noch ein Zahnbruch (Flankenbruch) aufgetreten [1.47]

Neben dem Bauteilversagen durch Gewalt- oder Ermüdungsbruch kann ein Bauteil seine Funktionsfähigkeit auch durch zu große Maßänderung aufgrund plastischer Verformung verlieren. Dabei reichen die auftretenden Beanspruchungen zwar nicht aus, um einen Bruch zu verursachen, dennoch wird die Beanspruchbarkeit des Bauteils überschritten, der Werkstoff gibt nach, es kommt zur plastischen Verformung und das Bauteil wird unbrauchbar. Bei dem in Abbildung 1.10 gezeigten Wellenzapfen einer Förderbandtrommel hat ein heißgelaufenes Lager zu sehr hohen Temperaturen geführt, die eine deutliche Absenkung der Beanspruchbarkeit bewirkt haben [1.48].

Abbildung 1.10: Plastische Verformung eines Wellenzapfens einer Förderbandtrommel [1.48]

Betrachtet man dagegen die Versagenskriterien der Anforderungen, so können infolge des Bauteileinsatzes Verschleiß, Korrosion und elastische Verformung auftreten. Die Verschleißbeanspruchung ist gekennzeichnet durch einen kontinuierlichen Materialabtrag von einer Bauteiloberfläche und führt zu einer Minderung der Funktion, ab einer bestimmten Verschleißgrenze kann das Bauteil dann auch vollständig versagen. So zeigt Abbildung 1.11 z.B. den Verschleiß einer Zahnflanke im fortgeschrittenen Stadium. Hierdurch wird zum einen der Eingriff gestört, d.h. der Verschleiß der Flanke wird progressiv zunehmen, da die abgetragene Flanke keine ideale Abwälzbewegung mehr zulässt. Auch ist ein Bruch der Flanke vorstellbar, da durch den Materialabtrag der tragende Zahnquerschnitt geschwächt wird. Vergleichbare Probleme treten z.B. auch bei

Radreifen von Bahnfahrzeugen auf, da diese bis zu einem Grenzverschleißmaß abgefahren werden dürfen. Unterhalb dieses Maßes ist das Widerstandsmoment gegen Biegung nicht mehr ausreichend, so dass es zum Bruch des Radreifens unter normalen Betriebslasten kommen kann.

Abbildung 1.11: Abtrag einer Zahnflanke durch Verschleiß am Großrad eines Schaufelradgetriebes [1.47]

Ähnlich wie der Verschleiß führt auch die Korrosion, bedingt durch Umgebungseinflüsse und verschiedene elektrochemische Potentiale der sich berührenden Bauteile, zu einem Materialabtrag, der einerseits durch Gefüge-Umwandlung oder aber durch Schwächung des tragenden Querschnittes zum Bauteilversagen führen kann.

Eine zu große elastische Verformung kann durch statische oder dynamische Belastungen während des Betriebes hervorgerufen werden. Das Bauteil verliert dann seine Funktionsfähigkeit wegen zu großer Maßänderung trotz ausreichender Festigkeit. Beispiele hierfür sind zu große Durchbiegungen bei Getriebewellen, so dass der Zahneingriff gestört wird. Auch haben sich schon Rotorblätter von Windenergie-Anlagen so stark verformt, dass es zum Anstreifen am Turm gekommen ist. Im Gegensatz zur plastischen Verformung ist die elastische Verformung am unbelasteten Bauteil nicht zu erkennen. Die häufigsten Ursachen für die elastische Verformung sind eine falsche Bauteildimensionierung oder aber veränderte Umgebungseinflüsse.

Ergänzend zu den bisher genannten Versagenskriterien ist noch die Temperaturbeanspruchung zu erwähnen, da sie entscheidenden Einfluss auf die Beanspruchbarkeit eines Bauteiles haben kann. Sowohl zu hohe Temperaturen (> 120° C) als auch zu tiefe Temperaturen (< −40° C) mindern die Festigkeitswerte und können damit zum Bauteilversagen durch Kriechen oder Versprödung führen. Des Weiteren können einzelne Bauteile in Abhängigkeit von der Temperatur ihre Eigenschaften ändern (z.B. Reibbeiwert und Lebensdauer von Kupplungsbelägen, Steifigkeit und Dämpfung von Elastomeren).

1.4 Berechnung von Beanspruchung und Beanspruchbarkeit

Zur Vermeidung des im vorangegangenen Abschnitt beschriebenen Bauteilversagens sind bei der Bearbeitung der konstruktiven Aufgabe mehrfach Berechnungen durchzuführen. Ziel dieser Berechnungen ist, einen treffsicheren Tragfähigkeitsnachweis zu erbringen, dass die Beanspruchbarkeit größer ist als die Beanspruchung. Somit sind die folgenden Fragen zu beantworten:

1 Welchen Beanspruchungen nach Art und Höhe unterliegen die gesamte Konstruktion bzw. das Maschinenelement im Einzelnen während der geplanten Nutzungszeit?

2 Welche Beanspruchbarkeit weist die Konstruktion bzw. das Maschinenelement im Einzelnen auf?

Dabei erweist es sich als grundlegendes Problem, dass ein überprüfbarer und abgesicherter Tragfähigkeitsnachweis nur als Nachrechnung einer gegebenen Konstruktion ausgeführt werden kann [1.6], [1.7], [1.10]. Es müssen nämlich alle grundlegenden Daten – hierzu gehören einerseits alle einwirkenden Lasten, andererseits alle Längen, Durchmesser, Kerbgeometrien, Abmessungen von Lagern, Verzahnungen und Welle-Nabe-Verbindungen sowie die Werkstoff- und Bauteilfestigkeiten – bekannt sein.

Häufig ist ein großer Teil dieser Daten aus vorherigen oder vergleichbaren Konstruktionen bekannt, so dass im Falle einer Anpassungskonstruktion relativ schnell ein neuer Entwurf mit zugehöriger Entwurfsrechnung erstellt werden kann.

Sind die erforderlichen Daten jedoch nicht bekannt – z.B. bei einer völligen Neuentwicklung – so werden im Zuge einer ersten Entwurfsrechnung mit vereinfachten Berechnungsansätzen und wiederum unter Nutzung von Erfahrungsdaten aus vergleichbaren Anwendungen die zur Erstellung eines Entwurfes notwendigen Hauptabmessungen abgeschätzt. Der daraus entstehende Entwurf ist dann die Grundlage für eine genauere Nachrechnung bzw. einen ersten Tragfähigkeitsnachweis.

Die so ermittelten Beanspruchungen vergleicht man nun mit der Beanspruchbarkeit des Bauteiles bzw. der Konstruktion. Dabei empfiehlt es sich in der Entwurfsphase, zunächst jeweils die in den Tabellen der Werkstoffnormen angegebenen Mindestwerte der Werkstofffestigkeiten anzusetzen, es sei denn höhere Werte werden vom Zulieferer oder durch Werkszeugnis garantiert. Lässt sich über das Verhältnis von Beanspruchbarkeit zu Beanspruchung eine Mindestsicherheit $S_{min} > 1$ nachweisen, so kann eine ausreichende Tragfähigkeit erwartet werden. In Abhängigkeit vom Einsatzfall und vom Schadensrisiko (Gefährdung von Personen oder Sachen im Schadensfall) wird man jedoch höhere Mindestsicherheiten ansetzen (siehe auch Kapitel 3). Ist die ausgewiesene Sicherheit zu klein, ist der Entwurf durch Änderung der Abmessungen, Gestaltung oder Einsatz höherwertiger Werkstoffe anzupassen. Dies gilt umgekehrt auch bei zu hohen Sicherheiten, da dann wahrscheinlich eine Überdimensionierung mit zu hohem Gewicht oder auch zu hohen Kosten vorliegt.

Der Entwurf einer Konstruktion mit zugehörigem Tragfähigkeitsnachweis ist demzufolge schrittweise zu optimieren. Mittlerweile kann ein großer Teil der dabei anfallenden Arbeiten rechnergestützt erfolgen, indem parametrierte CAD-Modelle einerseits und umfassende Berechnungsprogramme andererseits, z.B. zur Wellen-, Lager- und Verzahnungsberechnung sowie numerische Verfahren wie die Finite-Elemente-Methode (FEM), Boundary-Elemente-Methode (BEM) und die Mehrkörper-Simulation (MKS) verwendet werden [1.1], [1.38]. Wesentlich dabei ist jedoch, dass die Programme den konstruierenden Ingenieur von Routinetätigkeiten entlasten und bei der kreativen Konstruktionstätigkeit unterstützen sollen. Generell sind die Berechnungsergebnisse auf ihre Plausibilität zu überprüfen. Die Gesamtverantwortung für die Konstruktion hat der Ingenieur, nicht das verwendete Berechnungsprogramm!

Ein weiterer wichtiger Schritt zur gelungenen Konstruktion ist die Berücksichtigung der wechselseitigen Beeinflussung von Geometrie und Lastannahmen sowie das Zusammenwirken der Einzelelemente (Mechanik, Elektrik und Steuerung bzw. Regelung) im Gesamtsystem einer Konstruktion. Man muss deshalb bei der Auslegung eines Einzelelementes immer auch das Gesamtsystem im Auge behalten. Viele Schäden resultieren nicht zuletzt daher, dass sich ein Maschinenelement im Vergleich zu einer Einzelbetrachtung in einer Baugruppe anders verhält [1.29], [1.35], [1.40]. Erschwerend kommt hinzu, dass äußere dynamische Lasten aufgrund von Nichtlinearitäten unterschiedliche Reaktionen bei Einzelelementen bewirken können. Gleichsam folgt daraus, dass für die beanspruchungsgerechte Auslegung eines Maschinenelementes oder einer Baugruppe die Grundlagen der Festigkeitsberechnung unbedingt beherrscht werden müssen. Zusätzlich ist es ratsam, sich bei einer Festigkeitsberechnung nicht nur auf einen der Schwerpunkte Lastannahme, Bauteilgeometrie oder Werkstoff zu konzentrieren. Der gute Ingenieur wird alle drei Komplexe gleichberechtigt behandeln, um ein Bauteil, eine Baugruppe oder ein ganzes System beanspruchungsgerecht zu dimensionieren.

Hier sollte August Wöhler (1819–1914), der „königlich preußische Obermaschinenmeister" der Niederschlesisch-Märkischen Eisenbahnen in Frankfurt an der Oder, als Vorbild dienen. Er hat nicht nur als Erster die Zusammenhänge zwischen der Abnahme der ertragbaren Spannungsamplitude mit steigender Lastwechselzahl erkannt, was zu dem nach ihm benannten Dauerfestigkeitsschaubild „Wöhlerlinie" führte, sondern er hatte stets das Gesamtproblem vor Augen, das der Ingenieur lösen muss, wenn er Bauteile auf Schwingfestigkeit dimensioniert [1.46], [1.55], [1.56], [1.57], [1.58]. Sowohl die Betriebsbeanspruchungen, d.h. die auftretenden Spannungen als auch die ertragbaren und, daraus abgeleitet, die zulässigen Spannungen müssen bekannt sein.

Demzufolge sind Detailverbesserungen z.B. im Bereich der noch genaueren Beschreibung der Bauteilgeometrie zur Erfassung und Berechnung der Kerbwirkung im 1-Prozent-Bereich unsinnig, wenn gleichzeitig bei der zugehörigen Lastannahme mit Ungenauigkeiten von größer als 10 % gearbeitet werden muss, da die einwirkenden Lasten nur sehr ungenügend genau beschreibbar sind. In solch einer Situation ist es auf jeden Fall besser zu versuchen, die Ungenauigkeiten im Bereich der Lastannahme spürbar zu verringern. Erst dann wird die Festigkeitsberechnung im Endergebnis aussagefähiger.

Ungeachtet aller mittlerweile verfügbaren Berechnungsverfahren sind ausführliche Laborversuche und aufwändige Betriebsmessungen oftmals der einzige Weg zu realistischen Lastannahmen, insbesondere bei überwiegend dynamisch beanspruchten Konstruktionen. Im Labor gehören hierzu Dauerfestigkeitsversuche an Proben oder ganzen Bauteilen bzw. Baugruppen zur versuchstechnischen Ermittlung von Proben- und Bauteil-Wöhlerlinien. Bei Betriebsmessungen an ausgeführten Anlagen wird über einen begrenzten Zeitraum mittels Dehnungsmessstreifen, Beschleunigungs-, Weg- und Temperaturaufnehmern das tatsächliche Beanspruchungsgeschehen ermittelt [1.42].

Grundsätzlich erzeugen die auf ein Maschinenelement einwirkenden äußeren Kräfte und Momente im Inneren Bauteilbeanspruchungen, die sich entsprechend ihrem Verlauf über der Zeit in statische und dynamische Beanspruchungen einteilen lassen, Abbildung 1.12. Auch wenn der statische Beanspruchungsfall einfacher zu berechnen ist, so werden im folgenden Abschnitt zunächst die dynamischen Beanspruchungen behandelt, da die meisten Maschinen und Anlagen nur in Ausnahmefällen ausschließlich einer statischen Beanspruchung unterliegen. Die dynamische Beanspruchung stellt den allgemeineren Belastungsfall dar, die statische Beanspruchung lässt sich als Sonderfall aus der dynamischen Beanspruchung herleiten.

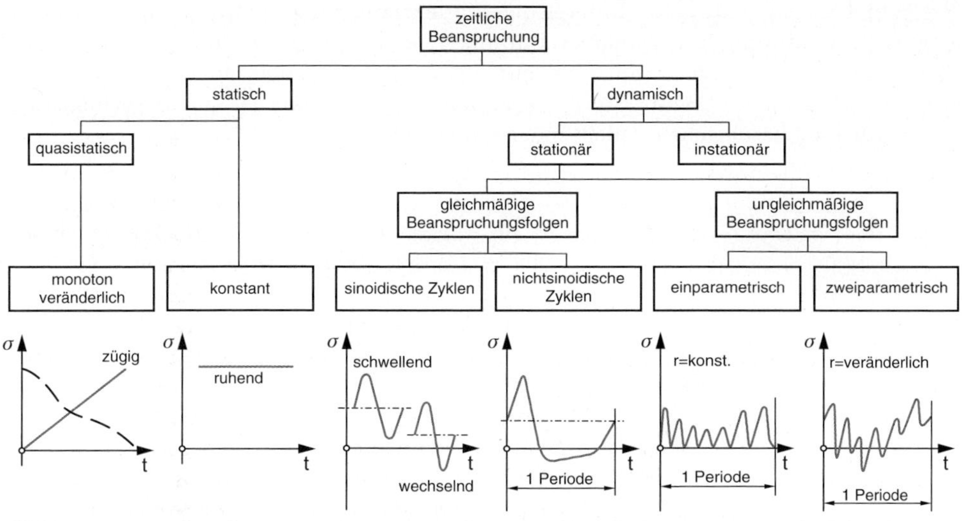

Abbildung 1.12: Einteilung der Beanspruchungs-Zeit-Funktionen und typische Spannungs-Zeit-Verläufe [1.54]

1.4.1 Lastannahmen bei dynamischer Beanspruchung (Schwingbeanspruchung)

Dynamische Beanspruchungen (schwingende Beanspruchungen) lassen sich in stationäre und instationäre aufteilen, Abbildung 1.12. Instationäre Schwingungsvorgänge treten z.B. immer beim An- und Abfahren von Anlagen auf. Auch die stochastische Windbelastung einer Windenergie-Anlage, eines Kranes oder einer Brücke (bzw. eines Bauwerkes) führt zu instationären Schwingungen. Die stationären dynamischen Beanspruchungen lassen sich nochmals in gleichmäßige (zyklische) und ungleichmäßige (regellose) Beanspruchungsfolgen untergliedern. In den meisten Fällen lassen sich dynamische Beanspruchungen durch sinusförmige Verläufe mit schwellenden oder wechselnden Anteilen annähern. Demzufolge stellt die sinusartige Beanspruchungs-Zeit-Funktion die Grundfunktion für Dauerfestigkeitsuntersuchungen bzw. -nachweise von Maschinenelementen und Baugruppen bzw. schwingend beanspruchten Konstruktionen dar, was auch bei der sinusförmigen Belastung beim Wöhlerversuch genutzt wird. Aus Abbildung 1.13 ist ersichtlich, dass sich auch tatsächliche, kompliziertere Beanspruchungs-Zeit-Verläufe auf eine vereinfachende sinusförmige Annäherung zurückführen lassen. Dabei entspricht ein Lastspiel *L* bzw. die Periodendauer *T* einer vollen Sinusschwingung. Das Minimum wird mit der Unterspannung σ_u, das Maximum mit der Oberspannung σ_o bezeichnet. Der stationäre Mittelwert ist die Mittelspannung σ_m, die betragsmäßig gleiche positive und negative Ausschlagsspannung lautet σ_a (siehe hierzu auch Kapitel 3).

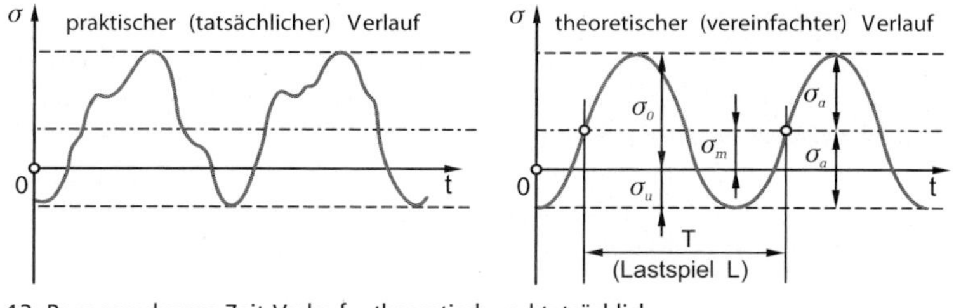

Abbildung 1.13: Beanspruchungs-Zeit-Verlauf – theoretisch und tatsächlich

Betrachtet man vor diesem Hintergrund die ausgeführte Haupthubwinde des Gießkranes (s. Abbildung 1.3) gemäß Abbildung 1.14 mit zwei Motoren, Vorschalt- und Trommelgetrieben sowie zwei Seiltrommeln und einem mehrfach gescherten Seiltrieb, so ist ein ausschließlich statischer Tragfähigkeitsnachweis – wie im folgenden Abschnitt 1.4.2 beschrieben – nicht mehr ausreichend.

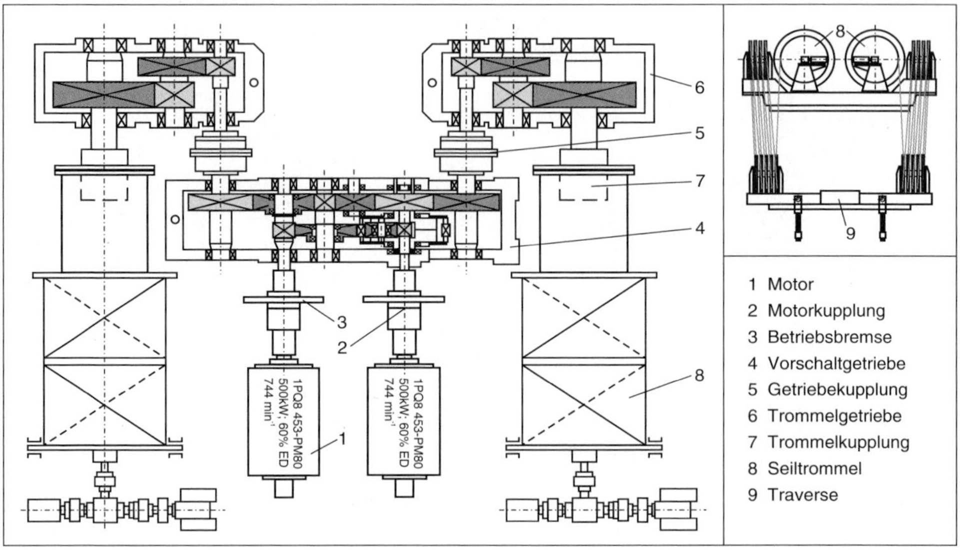

Abbildung 1.14: Haupthubwinde des Gießkranes mit 425 Tonnen Tragfähigkeit aus Abbildung 1.3

Zum motorischen Anheben und Absenken der Last sind Beschleunigungs- und Verzögerungsvorgänge erforderlich, die in Kombination mit den Elastizitäten in den Wellen, Verzahnungen, Kupplungen und Seilen zu einer dynamischen Beanspruchung in allen Elementen und Bauteilen führen. Darüber hinaus sind aus Sicherheitsgründen – der Lastabsturz einer mit 350 Tonnen Roheisen gefüllten Gießpfanne ist unbedingt zu vermeiden – verschiedene Notfallsituationen wie z.B. Bruch einer Trommelwelle oder einer Getriebewelle trotz erheblicher dynamischer Beanspruchungen sicher zu beherrschen, Abbildung 1.15 [1.36].

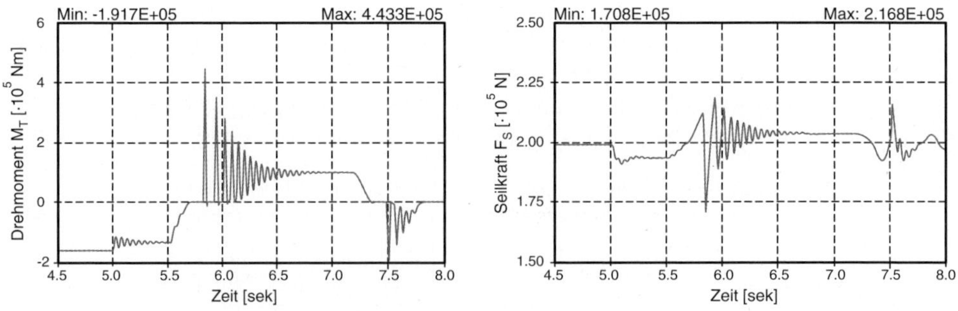

Abbildung 1.15: Simulierte dynamische Beanspruchungs-Zeit-Funktionen (Drehmoment am Getriebe-Ausgang und Seilkraft) in der Haupthubwinde eines Gießkranes bei Notbremsung im Fall eines Getriebewellenbruches [1.36]

In ähnlicher Weise unterliegen Windenergie-Anlagen dynamischen Beanspruchungen [1.29], [1.35], [1.40], [1.45]. Abbildung 1.16 zeigt links schematisch den aufgelösten Antriebsstrang einer Windturbine ausgehend vom Rotor (links) über das Getriebe zum Generator sowie im rechten Teil des Bildes eine Detailansicht des Getriebes mit zwei Planetenstufen und einer Stirnradstufe.

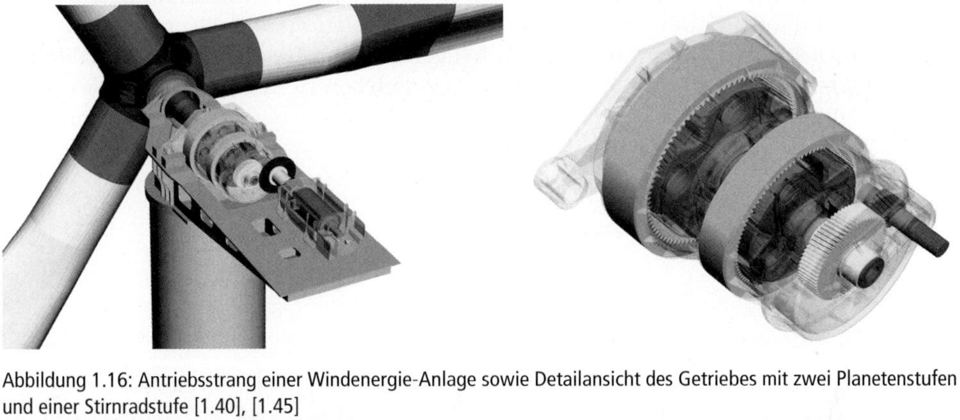

Abbildung 1.16: Antriebsstrang einer Windenergie-Anlage sowie Detailansicht des Getriebes mit zwei Planetenstufen und einer Stirnradstufe [1.40], [1.45]

In Abbildung 1.17 und Abbildung 1.18 sind für diese Windturbine als Verläufe über der Zeit die vorliegende Windgeschwindigkeit, das Drehmoment in der Rotorwelle (zwischen Rotor und Planeteneingangsstufe), die Generatordrehzahl sowie die erzeugte elektrische Leistung am Generator für einen Hochlauf, den sich dann einstellenden Normalbetrieb sowie einen normalen Stopp und einen Not-Stopp wiedergegeben.

Die Turbine befindet sich bereits mit einer Generatordrehzahl von ca. 1.000 min^{-1} im Leerlauf, Drehmoment und Leistung pendeln noch um die Nulllage. Bei ca. 35 Sekunden erfolgt das Aufschalten auf das Netz, Drehmoment und Leistung steigen an, der Generator fährt auf Nenndrehzahl hoch, Abbildung 1.17. Der rechte Teil des Bildes zeigt die gleichen Betriebsgrößen über der Zeit im stationären Normalbetrieb. Mit Ausnahme der natürlich schwankenden Windgeschwindigkeit weisen die anderen Größen nur eine geringe Dynamik auf.

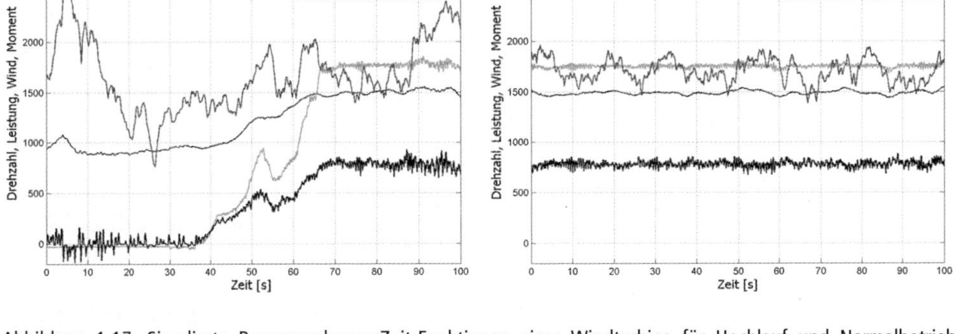

Abbildung 1.17: Simulierte Beanspruchungs-Zeit-Funktionen einer Windturbine für Hochlauf und Normalbetrieb (Mehrkörper-Simulations-Modell mit gemessenen Lasten als Lasteingangsfunktion) [1.40], [1.45]

Betrachtet man dagegen das Abschalten der Anlage in Abbildung 1.18, so resultiert aus diesem instationären Betriebszustand eine Zunahme der dynamischen Beanspruchungen, insbesondere beim Not-Stopp im rechten Diagramm zwischen 35 und 50 Sekunden, obwohl dieser Not-Stopp nicht aus dem Volllastbetrieb, sondern nur aus dem Teillastbetrieb bei einer Leistung von ca. 500 kW heraus erfolgte.

Sämtliche Daten wurden auf der Grundlage eines dynamischen räumlichen Mehrkörper-Simulations-Modells mit Torsions- und Translationsfreiheitsgraden ermittelt, wobei das Gesamtmodell mit den tatsächlich gemessenen Lasten einer Originalanlage beaufschlagt wurde [1.40], [1.45]. Dadurch lassen sich bereits in der Konstruktionsphase mittels Simulation sämtliche Beanspruchungen in einer Anlage sehr genau erfassen [1.31], [1.38].

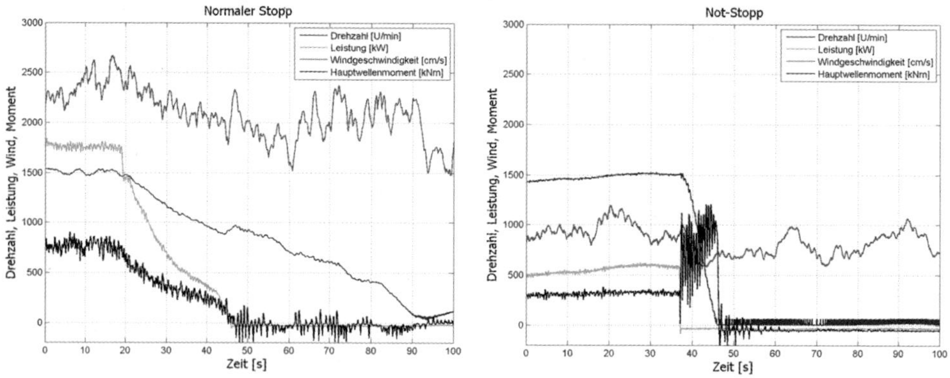

Abbildung 1.18: Simulierte Beanspruchungs-Zeit-Funktionen einer Windturbine für normalen Stopp und Not-Stopp (Mehrkörper-Simulations-Modell mit gemessenen Lasten als Lasteingangsfunktion) [1.40], [1.45]

Bevor abschließend auf die zu treffenden Lastannahmen bei dynamischer Beanspruchung eingegangen wird, soll anhand zweier typischer Maschinenelemente noch erläutert werden, dass auch statisch einwirkende Lasten eine dynamische Beanspruchung erzeugen können. So unterliegt z.B. die umlaufende Achse (z.B. in einem Bahnfahrzeug) aufgrund eines statisch einwirkenden Biegemomentes M_b einer dynamischen (wechselnden) Biegebeanspruchung $\sigma_b(\alpha)$, Abbildung 1.19.

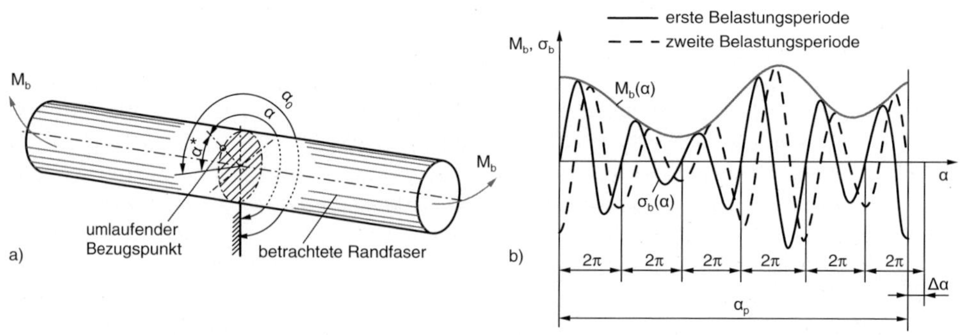

Abbildung 1.19: Umlaufbiegung – dynamische Beanspruchung einer rotierenden Achse bzw. Welle aufgrund einer statisch einwirkenden Last

Bei dieser so genannten Umlaufbiegung bewirkt ein konstantes Biegemoment einen rein sinusförmigen Beanspruchungsverlauf. Schwankt nun zusätzlich das Biegemoment als Funktion der Zeit t oder des Drehwinkels α, so wird auch der Verlauf der Biegebeanspruchung $\sigma_b(\alpha)$ in entsprechender Weise moduliert. Liegt außerdem noch eine Relativbewegung zwischen dem betrachteten Bezugspunkt und der äußeren Belastung vor (z.B. durch Spiel), so tritt eine zusätzliche Verschiebung des Beanspruchungsverlaufes auf (gestrichelt dargestellt). In allen Fällen beträgt die Mittelspannung $\sigma_{bm}(\alpha) = 0$.

In vergleichbarer Weise erzeugen Zahnräder aufgrund ihrer Geometrie und Eingriffsverhältnisse unter konstanter (statischer) Drehmomentbelastung eine gleichmäßige Spannungszyklenfolge, Abbildung 1.20. Sobald ein Zahn des Rades 1 innerhalb des Eingriffsgebietes mit einem Zahn des Rades 2 in Kontakt kommt, entsteht in Abhängigkeit vom Eingriffswinkel aufgrund des größer werdenden Hebelarmes zwischen Zahnfuß und Angriffspunkt der Zahnkraft eine zunehmende Biegespannung im Zahnfuß, die nach Überschreiten eines Maximalwertes wieder zu Null wird, wenn der betreffende Zahn nicht mehr im Eingriff ist. Schwankt nun das Drehmoment M_T in Abhängigkeit vom Drehwinkel α oder der Zeit t, so variiert in Abhängigkeit davon der Maximalwert der Oberspannung der Zahnfußbiegebeanspruchung $\sigma_b(\alpha,t)$. Aufgrund des vorhandenen Zahnspiels kann eine zusätzliche Phasenverschiebung mit Modulation der Amplitude der Zahnfußbiegespannung auftreten (gestrichelte Blöcke für zweite Belastungsperiode). Unabhängig von dieser Modulation ist die Unterspannung der Zahnfußbiegung immer $\sigma_{bu}(\alpha) = 0$, dagegen variieren die Oberspannung $\sigma_{bo}(\alpha)$ und damit auch die Mittelspannung $\sigma_{bm}(\alpha)$ in Abhängigkeit von der Modulation.

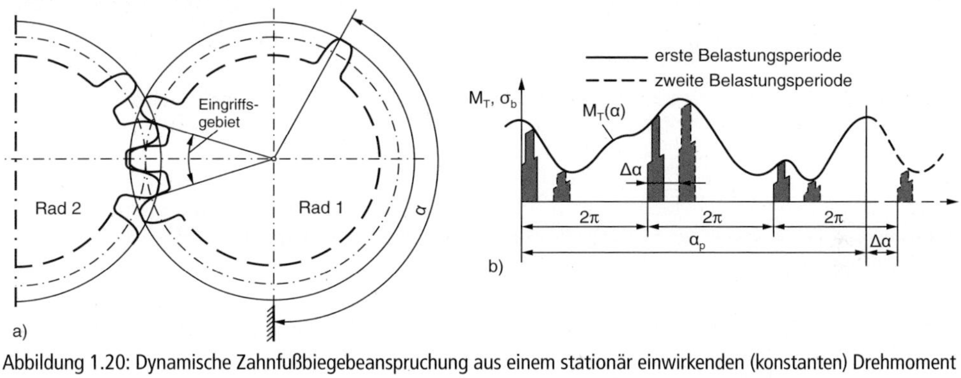

Abbildung 1.20: Dynamische Zahnfußbiegebeanspruchung aus einem stationär einwirkenden (konstanten) Drehmoment

Anhand der eingangs erwähnten Beispiele sowie der bisher vorgestellten Zusammenhänge wird deutlich, dass in den überwiegenden Bemessungsfällen für Maschinen und Anlagen der Nachweis der dynamischen Tragfähigkeit (Schwingfestigkeitsnachweis) zu erbringen ist. Dabei stellt sich jedoch das grundlegende Problem, dass nicht mit einem Maximalwert gerechnet werden kann, sondern dass eine Vielzahl von zeitlich veränderlichen Belastungswerten zu berücksichtigen ist.

Bei genauerer Betrachtung lassen sich jedoch die anlagenspezifischen Beanspruchungs-Zeit-Funktionen infolge sich wiederholender charakteristischer Arbeitsvorgänge oder Betriebszustände in charakteristische Teilprozesse wie z.B. Anlaufvorgänge, Konstantbetrieb, Schalten, Reversieren oder Bremsen zerlegen, Abbildung 1.21.

Unter der Annahme, dass eine repräsentative Belastungsperiode sehr viel kleiner ist als die angestrebte Lebensdauer einer Maschine oder Anlage, kann man die Reihenfolge der einzelnen Belastungshöhen vernachlässigen und nach Größe und Häufigkeit sortieren. Dieses als Klassierung bezeichnete Verfahren führt auf die ebenfalls in Abbildung 1.21 wiedergegebene Belastungshäufigkeitsfunktion, die sich durch ein sogenanntes Belastungskollektiv (oftmals auch als Lastkollektiv bezeichnet) annähern lässt [1.2], [1.9], [1.12], [1.13]. Im wiedergegebenen Beispiel liegen folgende Belastungsstufen M_{Ti} und Häufigkeiten in % vor:

- M_{T1} während 10 % des Klassierzeitraumes
- M_{T2} während 15 % des Klassierzeitraumes
- M_{T3} während 55 % des Klassierzeitraumes
- M_{T4} während 20 % des Klassierzeitraumes

Ferner sind die Maximalbelastung M_{Tmax}, die Minimalbelastung M_{Tmin} und die Erwartungsbelastung M_{Te} als statistischer Mittelwert eingezeichnet. Liegt eine rein harmonische (sinusförmige) Belastung vor, so wird die Belastungshäufigkeitsfunktion zu einer Geraden, parallel zur x-Achse, die sich durch eine einzige Belastungsstufe (Ein-Stufen-Kollektiv) wiedergeben lässt. Diese Situation liegt auch beim Wöhlerversuch vor.

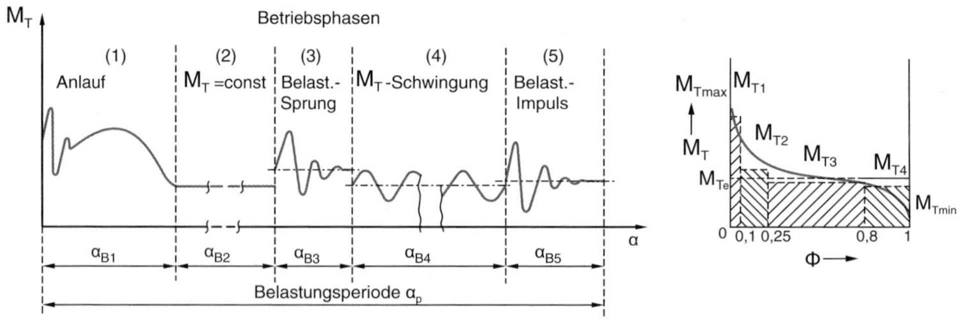

Abbildung 1.21: Betriebsphasen während einer Belastungsperiode sowie Belastungshäufigkeitsfunktion und Belastungskollektiv [1.54]

Unter Nutzung dieses Zusammenhanges bietet es sich nun an, ein Lastkollektiv als Kennfunktion der (dynamischen) Beanspruchung mit einer Wöhlerlinie als Kennfunktion der (dynamischen) Beanspruchbarkeit in Beziehung zu setzen, Abbildung 1.22, [1.2], [1.3], [1.13], [1.60]. Ohne bereits an dieser Stelle auf die komplexeren Zusammenhänge bei der Gegenüberstellung von Lastkollektiv und Wöhlerlinie im Rahmen einer Schädigungsrechnung mit dem Ziel einer Lebensdauerabschätzung einzugehen, lässt sich vereinfachend zusammenfassen, dass ein Bauteil eine ausreichende Betriebsfestigkeit aufweist, solange das Lastkollektiv links von der Wöhlerlinie liegt und keinen Schnittpunkt mit dieser aufweist. Ist darüber hinaus der Maximalwert M_{T1} des Kollektivs (Kollektivhöchstwert) kleiner als das unendlich ertragbare Drehmoment M_T, so liegt sogar eine dauerfeste Bauteilauslegung vor. Die genaue Vorgehensweise ist detailliert in Kapitel 3 beschrieben.

Auch wenn diese Vorgehensweise die wirklichkeitgetreueste Grundlage für einen Schwingfestigkeitsnachweis bietet, so ergeben sich bis heute erhebliche Einschränkungen in der Anwendung, da nur in den wenigsten Fällen die exakt zutreffenden Lastkollektive für die jeweilige Maschine und den zugehörigen Einsatzfall sowie die entsprechende Wöhlerlinie bekannt sind. Deshalb behilft man sich meistens mit ähnlichen Kollektiven, die für relevante Betriebszustände an vergleichbaren Anlagen gemessen wurden. Steht kein Messobjekt zur Verfügung (z.B. bei Neukonstruktionen), so können mittels geeigneter Simulationsmodelle aus simulierten Beanspruchungs-Zeit-Funktionen synthetische Lastkollektive mit hinreichender Genauigkeit berechnet werden [1.40], [1.59]. Ebenso lassen sich auch mittlerweile synthetische Wöhlerlinien berechnen [1.12], [1.14].

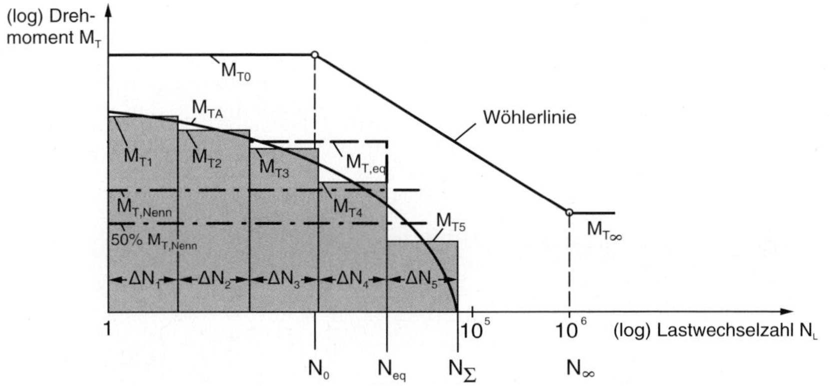

Abbildung 1.22: Zusammenhang zwischen Lastkollektiv und Wöhlerlinie

Aufgrund dieser komplexen Zusammenhänge nutzt man in der Praxis eine bedeutend einfacher zu handhabende Methode. Dabei wird das die dynamische Belastung repräsentierende gesamte Lastkollektiv gemäß Abbildung 1.22 in einen einzigen Wert $M_{T,eq}$ (bzw. F_{eq}) überführt, der dem Lastkollektiv schädigungsäquivalent ist:

$$M_{T,eq} = K_A \cdot M_{T,Nenn} \tag{1.1}$$

Hierin bezeichnen $M_{T,Nenn}$ das maximale Nennmoment einer Anlage und K_A den so genannten Anwendungsfaktor. Bei gegebenem Lastkollektiv und bekannter Wöhlerlinie gemäß Abbildung 1.22 lässt sich dieser wie folgt berechnen:

$$K_A = \frac{M_{T,eq}}{M_{T,Nenn}} = \left[\frac{\Delta N_1}{N_{eq}} \cdot \left(\frac{M_{T1}}{M_{T,Nenn}} \right)^k + \frac{\Delta N_2}{N_{eq}} \cdot \left(\frac{M_{T2}}{M_{T,Nenn}} \right)^k + \ldots \right]^{\frac{1}{k}} \tag{1.2}$$

Für die Neigung k der Wöhlerlinie folgt:

$$k = \frac{\log {}^{N_\infty}\!/_{N_0}}{\log {}^{M_{T0}}\!/_{M_{T\infty}}} \tag{1.3}$$

Für den jeweiligen Anwendungsfall ist die Neigung $k = const.$ Sie variiert jedoch in Abhängigkeit von der Belastungsart (z.B. Zug/Druck, Biegung, Torsion) und vom Bauteil (z.B. Welle, Zahnrad). Beim Zahnrad ist nochmals zu unterscheiden zwischen Grübchenbildung oder Zahnfußbruch.

Die Gleichungen (1.1) bis (1.3) gelten sinngemäß auch für Kräfte, Drucke und Leistungen, wobei man immer davon ausgeht, dass es sich um die maximalen Belastungen aus dem stationären Betrieb (Nennbetrieb) handelt (z.B. das Drehmoment für die maximale Hublast eines Kranhubwerkes im Dauerbetrieb, das maximale Dauerwalzmoment). Abbildung 1.23 verdeutlicht diesen Zusammenhang für zwei verschiedene Anlagentypen. Das stationäre Nennmoment für Anlage 1 beträgt $M_{T,Nenn1}$ und wird um den Faktor K_{A1} erhöht, um ein schädigungsäquivalentes Moment zu erhalten, das auch die auftretenden Lastspitzen berücksichtigt. Dem Diagramm entsprechend wird die Anlage insgesamt nur ca. 10^4 Lastwechsel ertragen können, es liegt also eine zeitfeste bzw. betriebsfeste Auslegung vor. Für Anlage 2 beträgt das stationäre Nennmoment $M_{T,Nenn2}$, wobei die Multiplikation mit dem Anwendungsfaktor K_{A2} auf ein schädigungsäquivalentes Moment führt, welches geringfügig kleiner ist als das dauerfest ertragbare $M_{T?}$. Demzufolge liegt bei Anlage 2 eine dauerfeste Auslegung vor.

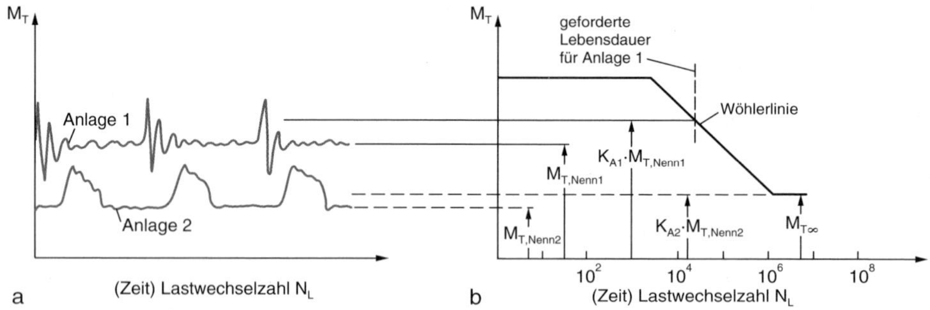

Abbildung 1.23: Anwendungsfaktor K_A und schädigungsäquivalentes Moment nach [1.22]

Tabelle 1.1 enthält in Abhängigkeit von den Arbeitsweisen der Antriebsmaschine und der getriebenen Maschine Anhaltswerte für den zu verwendenden Anwendungsfaktor K_A unter Berücksichtigung des Nennmomentes [1.7]. Ersatzweise kann auch das Nennmoment des Antriebsmotors verwendet werden, vorausgesetzt es entspricht ungefähr dem Momentenbedarf der Arbeitsmaschine.

Arbeitsweise der Antriebsmaschine	Arbeitsweise der getriebenen Maschine			
	Gleichmäßig	**Mäßige Stöße**	**Mittlere Stöße**	**Starke Stöße**
Gleichmäßig	1,00	1,25	1,50	1,75
Leichte Stöße	1,10	1,35	1,60	1,85
Mäßige Stöße	1,25	1,50	1,75	2,00 oder höher
Starke Stöße	1,50	1,75	2,00	2,25 oder höher

Tabelle 1.1: Anwendungsfaktor K_A für Getriebe mit Übersetzung ins Langsame nach DIN 3990 [1.7]

Die jeweils anzusetzenden Arbeitsweisen sind den nachfolgenden Tabellen zu entnehmen [1.7]. Tabelle 1.2 beinhaltet Beispiele für die Antriebsmaschinen. In Tabelle 1.3 sind für Industriegetriebe bis zu Drehzahlen von 3.600 min^{-1} die Arbeitsweisen zusammengestellt.

Arbeitsweise	**Antriebsmaschine**
Gleichmäßig	Elektromotor (z.B. Gleichstrommotor), Dampf-, Gasturbine bei gleichmäßigem Betrieb (geringe, selten auftretende Anfahrmomente)
Leichte Stöße	Dampfturbine, Gasturbine, Hydraulik-, Elektromotor (größere, häufig auftretende Anfahrmomente)
Mäßige Stöße	Mehrzylinder-Verbrennungsmotor
Starke Stöße	Einzylinder-Verbrennungsmotor

Tabelle 1.2: Beispiele für Antriebsmaschinen mit unterschiedlicher Arbeitsweise nach DIN 3990 [1.7]

Arbeitsweise	**Getriebene Maschine**
Gleichmäßig	Stromerzeuger; gleichmäßig beschickte Gurtförderer o. Plattenbänder; Förderschnecken; leichte Aufzüge; Verpackungsmaschinen; Vorschubantriebe von Werkzeugmaschinen; Lüfter; leichte Zentrifugen; Kreiselpumpen; Rührer u. Mischer für leichte Flüssigkeiten oder Stoffe mit gleichmäßiger Dichte; Scheren; Pressen, Stanzen[a)]; Drehwerke, Fahrwerke[b)]
Mäßige Stöße	Ungleichmäßig (z.B. mit Stückgut) beschickte Gurtförderer oder Plattenbänder; Hauptantrieb von Werkzeugmaschinen; schwere Aufzüge; Drehwerke von Kranen; Industrie- und Grubenlüfter; schwere Zentrifugen; Kreiselpumpen; Rührer und Mischer für zähe Flüssigkeiten oder Stoffe mit unregelmäßiger Dichte; Kolbenpumpen mit mehreren Zylindern, Zuteilpumpen; Extruder (allgemein); Kalander; Drehöfen; Walzwerke[c)] (kontinuierliche Zinkband-, Aluminiumband- sowie Draht- und Stab-Walzwerke)
Mittlere Stöße	Extruder für Gummi; Mischer mit unterbrochenem Betrieb für Gummi und Kunststoffe; Kugelmühlen (leicht); Holzbearbeitung (Sägegatter, Drehmaschinen); Block-Walzwerke[c),d)]; Hubwerke; Einzylinder-Kolbenpumpen
Starke Stöße	Bagger (Schaufelradantriebe), Eimerkettenantriebe, Siebantriebe, Löffelbagger; Kugelmühlen (schwer); Gummikneter, Brecher (Stein, Erz); Hüttenmaschinen; schwere Zuteilpumpen; Rotary-Bohranlagen; Ziegelpressen; Entrindungstrommeln; Schälmaschinen; Kaltband-Walzwerke[c),e)]; Brikettpressen; Kollergänge.
[a)] Nennmoment ist maximales Schnitt-, Press-, Stanzmoment [b)] Nennmoment ist maximales Anfahrmoment [c)] Nennmoment ist maximales Walzmoment	[d)] Drehmoment aus Strombegrenzung [e)] K_A bis 2,0 wegen häufiger Bandrisse

Tabelle 1.3: Industriegetriebe: Beispiele für die Arbeitsweise der getriebenen Maschinen nach DIN 3990 [1.7]

Tabelle 1.4 enthält Beispiele für die Arbeitsweise der getriebenen Maschinen für Getriebe mit Drehzahlen größer als 3600 min^{-1}.

Arbeitsweise	Getriebene Maschine
Gleichmäßig	Radialverdichter für Klimaanlage, – für Prozessgas; Leistungsprüfstand; Generator und Erregermaschine für Grundlast oder Dauerlast; Papiermaschinen – Hauptantrieb
Mäßige Stöße	Radialverdichter für Luft oder Rohrleitungen; Axialverdichter; Zentrifugal-Ventilator; Generator und Erregermaschine für Spitzenlast; Kreiselpumpe (alle Arten, außer den nachstehend besonders angegebenen), axial durchströmte Rotationspumpe, alle Arten; Zahnradpumpe; Papierindustrie: Jordan- oder Refinermaschine, Papiermaschinen-Nebenantrieb, Papierzeugstampfer
Mittlere Stöße	Rotations-Nockengebläse; radial durchströmter Rotations-Nockenkompressor; Kolbenkompressor (3 oder mehr Zylinder); Ventilatoren; Saugluft, Industrie- und Bergwerk (große, mit häufigen Anlaufvorgängen); Kesselspeise – Kreiselpumpe, Rotations-Nockenpumpe, Kolbenpumpe (3 Zylinder und mehr)
Starke Stöße	Kolbenkompressor (2 Zylinder); Kreiselpumpe (mit Wassertank); Schlammpumpe; Kolbenpumpe (2 Zylinder)

Tabelle 1.4: Schnelllaufgetriebe und Getriebe ähnlicher Anforderungen: Beispiele für die Arbeitsweise der getriebenen Maschinen nach DIN 3990 [1.7]

Abschließend ist festzuhalten, dass die hier zusammengestellten Beispiele der Orientierung dienen sollen. Nicht aufgeführte Anlagen sind sinngemäß einzuordnen. Oftmals werden auch in Berechnungsvorschriften bzw. Normen und Richtlinien für spezielle Anwendungsfälle, z.B. im Kranbau und im Schiffbau, verbindliche Anwendungsfaktoren vorgegeben, die dann anstelle der hier genannten zu verwenden sind (siehe auch Kapitel 3.8) [1.4], [1.5], [1.8], [1.11].

Ebenso kann in Abhängigkeit vom Einsatzfall der Anwendungsfaktor K_A auch niedriger angesetzt werden, wenn z.B. hydrodynamische Kupplungen oder drehelastische, schwingungsdämpfende Kupplungen die betriebsbedingt auftretenden Stöße abmindern. Umgekehrt ist bei ungünstigen Betriebsbedingungen auch eine Erhöhung des Anwendungsfaktors vorzunehmen. Im Zweifelsfall sollten Hersteller und Betreiber gemeinsam eine sorgfältige Analyse des zu erwartenden Betriebsgeschehens (z.B. durch Messung oder Simulation) durchführen.

1.4.2 Lastannahmen bei statischer Beanspruchung (Maximalbeanspruchung)

Im Gegensatz zur dynamischen Beanspruchung liegt eine statische Beanspruchung immer dann vor, wenn sich während der Einsatzzeit Betrag und Richtung der Beanspruchung nicht ändern, Abbildung 1.12. Als quasistatisch bzw. monoton veränderlich bezeichnet man eine Beanspruchungs-Zeit-Funktion, wenn der Beanspruchungsgradient den Grenzwert $d\sigma/dt = 10\ \text{N/mm}^2\text{/s}$ nicht überschreitet [1.54].

Bei dem einfachen und langsam laufenden Antriebssystem der Seilwinde gemäß Abbildung 1.24 muss nur die (statische) Gewichtskraft F der angehängten Masse mithilfe eines (statischen) Drehmomentes M_T überwunden werden. Besonders deutlich wird dieser Zusammenhang, wenn man sich anstelle des Motors eine Handkurbel vorstellt, mit der die Last angehoben wird. Der Bewegungsvorgang im Handbetrieb ist so langsam, dass keine dynamischen Einflüsse (z.B. Stöße bei ruckartigem Anheben der Last) spürbar werden. Dynamische Beanspruchungen, wie sie in Abbildung 1.15 für die große Kranhubwinde dargestellt sind, werden hier nicht auftreten. Für einen rein statischen Festigkeitsnachweis würde es demzufolge ausreichen, die größte zu übertragende Kraft bzw. das zugehörige Drehmoment im Nennbetrieb zu berücksichtigen.

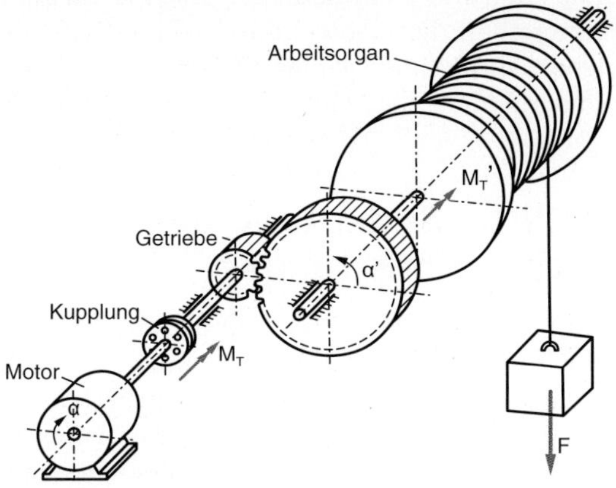

Abbildung 1.24: Antriebssystem einer einfachen Seilwinde

Betrachtet man jedoch die im vorigen Abschnitt gezeigten Beanspruchungs-Zeit-Funktionen, so treten immer maximale Spitzenwerte auf, deren Amplituden deutlich über der durchschnittlichen Beanspruchung liegen. Gründe für diese quasistatischen Maximalbeanspruchungen können sein:

- Kurzschlussstoß bei elektromotorischen Antrieben
- Maximale Losbrechkraft bei Baggern
- Anstichstoß bei Walzwerksantrieben
- Maximale Windböe bei Windenergie-Anlagen
- Stoß beim Anheben der Last bei Kranen
- Höchstzulässiger Betriebsdruck oder Prüfdruck bei Behältern, Kesseln oder Rohrleitungen
- Maximale Drehzahl bei fliehkraftbeaufschlagten Bauteilen
- Blockieren von Anlagen

In Analogie zum Anwendungsfaktor K_A gemäß Gleichung (1.1) lassen sich diese Maximalbeanspruchungen (z.B. aus Stoßbelastungen) mithilfe des Stoßfaktors $K_{A,Stoß}$ berücksichtigen:

$$K_{A,Stoß} = \frac{M_{T,Stoß}}{M_{T,Nenn}} = \frac{M_{T,max}}{M_{T,Nenn}} \tag{1.4}$$

Manchmal wird der Stoßfaktor $K_{A,Stoß}$ auch als TAF (Torque Amplification Factor) bezeichnet. Im Gegensatz zum Anwendungsfaktor K_A, der gemäß Abbildung 1.22 die Umrechnung eines Belastungskollektivs einer Dauerschwingbelastung in einen einzelnen schädigungsgleichen Belastungswert erlaubt, gibt der Stoßfaktor $K_{A,Stoß}$ das tatsächliche Verhältnis der Maximalbelastung $M_{T,max}$ zur Nennbelastung $M_{T,Nenn}$ wieder. Diese Maximalbelastung $M_{T,max}$ tritt bei einem Lastkollektiv gemäß Abbildung 1.22 genau einmal, nämlich bei der Lastwechselzahl 1, auf. Zur möglichst genauen Bestimmung des Stoßfaktors sind langfristige Messungen des Belastungsgeschehens an ausgeführten Anlagen erforderlich, alternativ bietet sich die Schwingungssimulation an [1.38].

Aufgrund dieser Zusammenhänge zwischen (dynamischer) Dauerschwingbelastung und überlagerter (quasistatischer) Maximalbelastung ist in Ergänzung zu jedem Nachweis der Dauerschwingfestigkeit auch der Nachweis gegen Anriss, Gewaltbruch oder unzulässige Verformung aufgrund von Maximalbeanspruchungen zu führen.

Dabei ist eindeutig zwischen dem Anwendungsfaktor K_A für Ermüdungsbeanspruchung (Dauerschwingbeanspruchung) gemäß Gleichung (1.1) und $K_{A,Stoß}$ für (quasistatische) Maximalbeanspruchung nach Gleichung (1.4) zu unterscheiden [1.19], [1.20].

1.5 Wirtschaftliche Bedeutung der Konstruktion und Methodisches Konstruieren

Die Selbstkosten eines Produkts im Maschinen- und Anlagenbau werden zu über 70 % durch die Konstruktion bestimmt und damit in einer sehr frühen Phase der Produktentwicklung festgelegt. Gleichzeitig trägt die Konstruktionsabteilung nur mit ca. 6 % zur Kostenentstehung bei, so dass durch kostenorientiertes Konstruieren weitaus mehr erreicht werden kann als durch Sparen an der personellen und technischen Ausstattung der Konstruktionsabteilung.

Allerdings sollte der konstruierende Ingenieur auch über grundlegende Kenntnisse der Kostenrechnung verfügen, da sowohl die Funktion als auch die Kosten eines Produkts den Umsatz und den für erfolgreiche Unternehmen notwendigen Gewinn bestimmen [1.51], [1.52]. Dem Konstrukteur sollte immer bewusst sein, dass seine Auswahl von Geometrie und Werkstoff direkt die Herstellkosten beeinflusst. Zusätzlich zu diesen direkten Kosten für Material, Fertigung, Kontrolle, Zukaufteile und Montage summieren sich die Konstruktions-, Vertriebs- und Versandkosten zu den Selbstkosten eines Produkts. In zunehmendem Maße werden auch die Folgekosten für den Energieverbrauch, die Wartung, notwendige Ersatzteile und auch die Entsorgung bei der Berechnung so genannter Lebenszyklus-Kosten einbezogen, da sie die Wirtschaftlichkeit des Produkts während seiner gesamten Lebensdauer beeinflussen.

Leider sind die Herstellkosten in der Entwurfsphase eines Produktes immer schwer abzuschätzen, so dass es empfehlenswert ist, mehrere Konzepte zu entwerfen und die kostenbestimmenden Elemente der Konstruktion zu kalkulieren. Während in der Vergangenheit überwiegend intuitiv konstruiert wurde, versucht man heute vielfach unter Einsatz heuristischer Methoden zu konstruieren, um eine optimale Lösung zu finden [1.16], [1.23], [1.25], [1.26]. Dabei ist der Grundgedanke der Konstruktionsmethodik die Abstraktion der zur Aufgabe gestellten Gesamtfunktion und eine Zerlegung in Teilfunktionen bis herunter zum „physikalischen Wirkprinzip". Grundsätzlich lassen sich die für eine Neukonstruktion erforderlichen Arbeitsschritte gemäß Abbildung 1.25 in die folgenden Phasen unterteilen:

- Planen
- Konzipieren
- Entwerfen
- Ausarbeiten
- Fertigungsfreigabe

Jede Phase ist in sich abgeschlossen und enthält eine Vielzahl abzuarbeitender Teilaufgaben. Mit dem Ziel einer optimalen Lösungsfindung sind die einzelnen Phasen unter Umständen auch mehrfach zu durchlaufen. Die markierten Entscheidungspunkte erlauben auch immer wieder ein Zurück in eine bereits abgeschlossene Phase. Insofern gibt dieses Schaubild auch sehr gut die allgemeine Erfahrung wieder, dass die Weiterentwicklung einer Konstruktion zur ausgereiften Form nur schrittweise erfolgt und das Optimum nur in Ausnahmefällen sofort erreicht wird. Dabei treten auch immer wieder Zielkonflikte auf und es gilt Prioritäten zu setzen.

Während man in der Planungsphase herausfinden möchte, welche Produkte zukünftig gewinnbringend abgesetzt werden können – das kann auf der Grundlage von Marktanalysen und Trendstudien oder aber auch vor dem Hintergund konkreter Kundenanfragen erfolgen –, ist die grundlegende Voraussetzung für die erfolgreiche Bearbeitung aller weiteren Phasen die Erstellung einer Anforderungsliste (auch als Lastenheft bzw. Pflichtenheft bezeichnet). Ein derartiges Lastenheft muss so ausführlich wie möglich sein und ist zwischen Auftraggeber und Lieferant abzustimmen und vertraglich festzuhalten. Alle weiteren Arbeiten (Erstellung von Konzeptvarianten, Auswahl eines Konzeptes und Gestaltung) basieren dann auf diesem Lastenheft. Grundlegende Gesichtspunkte für die Erstellung einer Anforderungsliste sind in Anlehnung an die Richtlinie VDI 2222 in Tabelle 1.5 zusammengestellt [1.50]. Ausgehend von diesen Anforderungen sollte zunächst eine Funktionsanalyse durchgeführt werden (welches Bauteil übernimmt welche Funktion?), auf deren Grundlage dann unter Beantwortung folgender Fragen neue Lösungen erarbeitet werden können:

- Welche Anforderungen sind besonders wichtig? Was kann noch ergänzt werden?
- Wie würde die ideale Lösung aussehen? Welche Einschränkungen sind unvermeidbar?
- Wie lässt sich der Aufwand zur Zweckerreichung reduzieren?
- Welche Lösungen hat man bereits bei anderen (vergleichbaren) Anwendungen bevorzugt?

Gerade der letzte Punkt ist von besonderer Bedeutung, da es häufig branchenübergreifend bewährte Konstruktionsprinzipien gibt, die sich oftmals erfolgreich zur Lösung der eigenen Konstruktionsaufgabe einsetzen lassen. Ist dann die Entscheidung zugunsten einer Lösung gefallen – z.B. mittels der Wertanalyse oder der Punktebewertung nach Kesselring –, so kann ein maßstäblicher Entwurf mit den zugehörigen Festigkeitsnachweisen erstellt werden [1.15], [1.23], [1.53].

Des Weiteren sind im Rahmen der Ausarbeitungsphase die Einzelteile zu gestalten und zu optimieren, die Ausführungsunterlagen (Zeichnungen, Stücklisten, Anweisungen) zu erstellen, bei Bedarf ein Prototyp oder Baumuster herzustellen sowie vor der abschließenden Fertigungsfreigabe die Kosten zu überprüfen.

Dabei werden in Abhängigkeit von den nachfolgend beschriebenen Konstruktionsarten nicht immer alle Phasen gemäß Abbildung 1.25 durchlaufen:

- Konstruktion mit festem Prinzip: Zur Dimensionierung der Einzelteile ist nur die Ausarbeitungsphase zu durchlaufen, da Arbeitsprinzip und Gestalt festliegen. Beispiel: Veränderung des Achsabstandes an einem Getriebe innerhalb einer festgelegten Baureihe.
- Variantenkonstruktion: Zur Veränderung der Gestalt sind Entwurfs- und Ausarbeitungsphase zu durchlaufen, da das Arbeitsprinzip festliegt. Beispiel: Umstellung eines Getriebegehäuses von Guß- auf Schweißkonstruktion.
- Anpassungskonstruktion: Zum Auffinden neuer bzw. zusätzlicher Lösungsprinzipien in Teilbereichen sind Konzipierungs-, Entwurfs- und Ausarbeitungsphase teilweise zu durchlaufen (Entwurf eines neuen Konzeptes). Beispiel: Änderung der Stufenzahl sowie der Lage von An- und Abtrieb eines Getriebes.

- Neukonstruktion: Auf der Grundlage eines neuen Entwicklungauftrages ist ein vollständig neues Arbeitsprinzip zu finden, so dass alle Konstruktionsphasen durchlaufen werden müssen. Beispiel: Ersetzen eines mehrstufigen Getriebes durch ein stufenloses Getriebe.

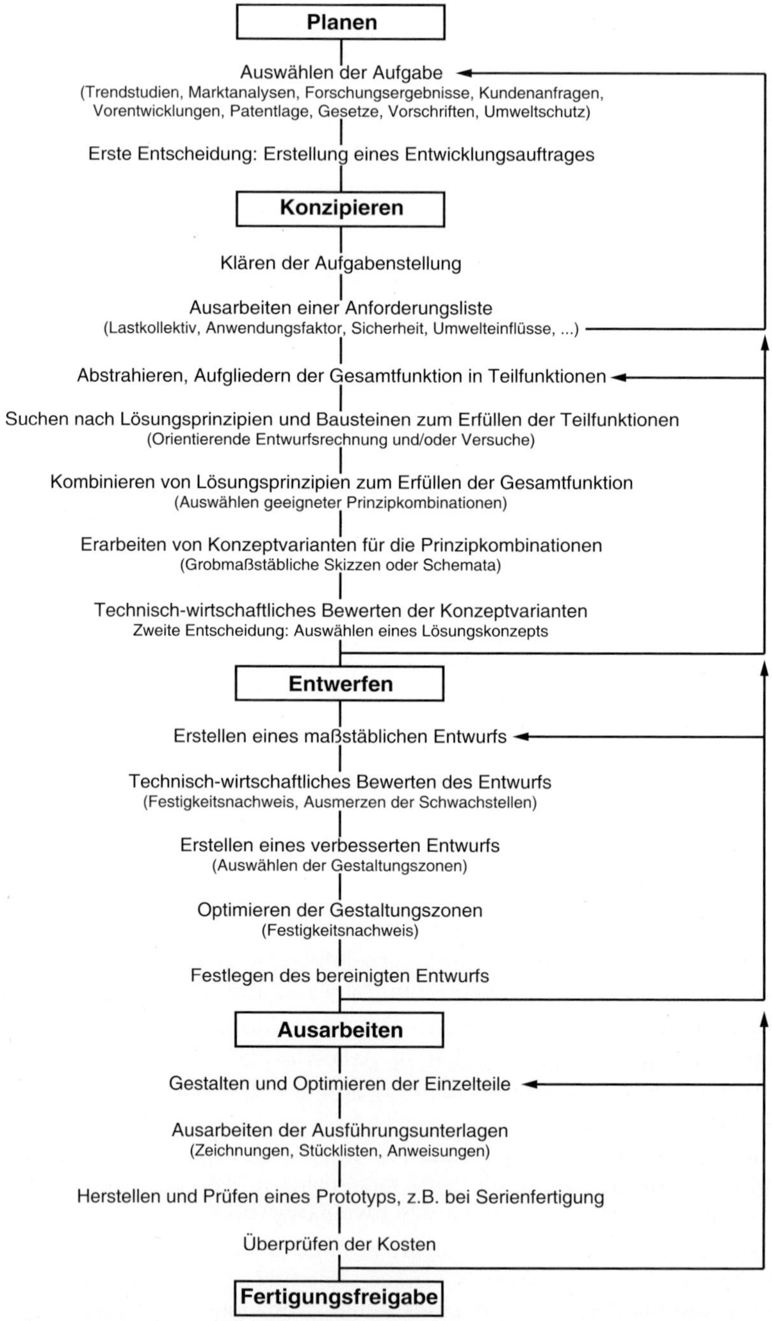

Abbildung 1.25: Phasen der Konstruktionsarbeit nach VDI 2222 [1.50]

Hauptmerkmal	Beispiele
Geometrie	Größe, Höhe, Breite, Länge, Durchmesser, Raumbedarf, Form, Anzahl, Anordnung, Anschluss, Ausbau und Erweiterung
Kinematik	Bewegungsart, Bewegungsrichtung, Geschwindigkeit, Beschleunigung
Statik, Dynamik, Elastomechanik	Kräfte und Momente (Richtung, Größe, Häufigkeit), Gewicht, Last, Verformung, Steifigkeit, Stabilität, Federeigenschaften, Schwingungsverhalten (Resonanzen)
Energie	Leistung, Wirkungsgrad, Verlust, Reibung, Ventilation, Zustand, Druck, Temperatur, Erwärmung, Kühlung, Anschlussenergie, Speicherung, Arbeitsaufnahme, Energie-Umformung, Materialfluss und Materialtransport
Stoff	Physikalische und chemische Eigenschaften des Ein- und Ausgangprodukts, Hilfsstoffe, vorgeschriebene Werkstoffe (Nahrungsmittelgesetz u.Ä.)
Signal	Ein- und Ausgangsmesswerte, Anzeige, Betriebs- und Überwachungsgeräte
Ergonomie	Mensch – Maschine: Handhabung (Bedienung), Formgestaltung, Übersichtlichkeit, Sitzkomfort, Beleuchtung, Arbeitssicherheit, Umweltschutz
Herstellung und Herstellungskontrolle	Einschränkungen durch Produktionsstätte: größte herstellbare Abmessung, bevorzugtes Herstellungsverfahren, mögliche Qualität und Toleranzen, vorhandene Werkzeuge, Ausschlussquote, Mess- und Prüfmöglichkeit, besondere Vorschriften und Verfahren (TÜV, ASME, DIN, ISO ...)
Montage und Transport	Besondere Montagevorschriften, auch für Transport und Fundamentierung, Begrenzung durch Hebezeuge (Krane), Bahnprofil, Wege nach Größe und Gewicht
Gebrauch und Wartung	Geräuscharmut, Verschleißrate, Anwendung und Absatzgebiet, Einsatzort (z.B. schweflige Atmosphäre, Tropen ...), Wartungsfreiheit bzw. Anzahl und Zeitbedarf der Wartung, Anstrich, Säuberung, Austausch und Reparatur, Folgen eines Schadensfalls, Maßnahmen, Sicherheiten (siehe Kapitel 3)
Kosten	Zulässige Herstellkosten, Werkzeugkosten, Amortisation, Aufwendungen
Termin	Ende der Entwicklung, Fertigung, Montage, Netzplan für Zwischenschritte, Lieferzeit

Tabelle 1.5: Allgemeine Gesichtspunkte zur Erstellung von Anforderungslisten nach VDI-Richtlinie 2222 [1.50]

Neben diesen grundlegenden, in der Konstruktionsmethodik definierten Gruppenbegriffen der Konstruktionsarten sind in der betrieblichen Praxis noch die folgenden Bezeichnungen üblich:

- Entwicklungskonstruktion: Neukonstruktion von Serienprodukten auf der Grundlage von Bedarfsanalysen und Marktbeobachtungen, weit verbreitet in der Automobilindustrie und in der Konsumgüterindustrie
- Auftragskonstruktion: Neukonstruktion von Einzelprodukten oder Kleinserien aufgrund von Kundenanfragen bzw. -bestellungen, weit verbreitet im Maschinen- und Anlagenbau bzw. in der Investitionsgüterindustrie

- Angebotskonstruktion: Anpassungskonstruktion von Einzelprodukten oder Kleinserien aufgrund von Kundenanfragen bzw. zum Auffinden neuer technischer Lösungen auf der Grundlage eines vorhandenen Produktprogrammes. Ziel ist die Sicherstellung der Realisierbarkeit der neuen technischen Lösung und eine sichere Kalkulation der Kosten. Einzelteilzeichnungen sind hierzu nicht erforderlich und werden deshalb auch nicht erstellt.
- Betriebsmittelkonstruktion: Neukonstruktion oder Anpassungskonstruktion von Vorrichtungen, Werkzeugen und Sondermaschinen zur Sicherstellung einer rationellen Fertigung von Klein- oder Großserienprodukten. Auftraggeber ist üblicherweise die Fertigungsplanung eines Produktionsbetriebes.

Abschließend lässt sich zusammenfassen, dass der gesamte Konstruktionsprozess branchenunabhängig ein äußerst vielfältiges Fachgebiet darstellt. Ungeachtet der immer weiteren Rechnerdurchdringung zur Informationsbereitstellung von Konstruktionsdaten und Produktentwicklungen sowie zur Berechnung und Optimierung einerseits und zur überwiegend rechnergesteuerten Auftragsabwicklung und Variantenkonstruktion andererseits werden auch zukünftig komplexe Neukonstruktionen und kundenspezifische Einzelkonstruktionen mit hohem Konstruktionsaufwand nur von kreativen Ingenieuren erstellt werden können. Darüber hinaus wird die Entscheidungskompetenz (z.B. durch konzentrierte Gegenüberstellung von Lösungsalternativen) des Ingenieurs noch stärker gefordert, ebenso die Koordination an der Konstruktion beteiligter Spezialisten, die zur schnellen, zielgerichteten Weiterentwicklung einzelner Fachgebiete unbedingt notwendig sind.

Somit sind die Anforderungen an den konstruierenden Ingenieur bereits heute sehr hoch, sie werden aber zukünftig noch zunehmen. Deshalb sei am Ende dieses einleitenden Kapitels zu dem grundlegenden Fachgebiet Maschinenelemente darauf hingewiesen, dass der erfolgreiche Ingenieur nicht nur die ingenieurwissenschaftlichen Grundlagenfächer (Mathematik, Mechanik, Werkstofftechnik, Thermodynamik, Elektrotechnik, Physik, Chemie) beherrschen muss, sondern auch über umfassende Kenntnisse auf den Wissensgebieten Mess- und Regelungstechnik, Maschinendynamik, Strömungstechnik, elektrische Antriebe und elektronische Steuerungen, Getriebetechnik, Produktionstechnik und Mechatronik verfügen sollte.

1.6 Literatur

[1.1] Börner, J., Senf, M., Linke, H.; Beanspruchungsanalyse bei Stirnradgetrieben – Nutzung der Berechnungssoftware LVR, Dresdner Maschinenelemente Kolloquium – DMK 2003, Tagungsband, S. 75–86

[1.2] Buxbaum, O.; Betriebsfestigkeit, 2. Aufl., Verlag Stahleisen, Düsseldorf 1992

[1.3] Cottin, D., Puls, E.; Angewandte Betriebsfestigkeit, VEB Deutscher Verlag für Grundstoffindustrie, Leipzig 1985

[1.4] Det Norske Veritas, DNV Rules and Classifications for Ships, Oslo 2005

[1.5] DIN-Fachbericht 1; Berechnungsgrundsätze für Triebwerke in Hebezeugen, 1. Auflage, Beuth-Verlag 1982

[1.6] DIN 743 Tragfähigkeit von Wellen und Achsen; T1 Einführung, Grundlagen; T2 Formzahlen und Kerbwirkungszahlen; T3 Werkstoff-Festigkeitswerte; T4 Zeitfestigkeit, Dauerfestigkeit – Schädigungsäquivalente Spannungsamplitude; (2012-12)

[1.7] DIN 3990 Tragfähigkeitsberechnung von Stirnrädern, T1 Einführung und allgemeine Einflussfaktoren (1987-12); T2 Berechnung der Grübchentragfähigkeit (1987-12); T3 Berechnung der Zahnfußtragfähigkeit (1987-12); T4 Berechnung der Freßtragfähigkeit (1987-12); T5 Dauerfestigkeitswerte und Werkstoffqualitäten 1987-12); T6 Betriebsfestigkeitsrechnung (1994-12); T11 Anwendungsnorm für Industriegetriebe; Detail-Methode (1989-02); T21 Anwendungsnorm für Schnellaufgetriebe und Getriebe ähnlicher Anforderungen (1989-02); T31 Anwendungsnorm für Schiffsgetriebe (1990-07); T41 Anwendungsnorm für Fahrzeuggetriebe (1990-05)

[1.8] DIN 15018 Krane; Grundsätze für Stahltragwerke; T1 Berechnung; T2 Grundsätze für die bauliche Durchbildung und Ausführung; T3 Berechnung von Fahrzeugkranen (1984-11)

[1.9] DIN 45667 Klassierverfahren für das Erfassen regelloser Schwingungen (1969-10)

[1.10] FKM 2012; Rechnerischer Festigkeitsnachweis für Maschinenbauteile aus Stahl, Eisenguss- und Aluminiumwerkstoffen, VDMA-Verlag, Frankfurt am Main 2012

[1.11] Germanischer Lloyd; GL Bauvorschriften und Richtlinien für den Schiffbau, Hamburg 2005

[1.12] Gudehus, H., Zenner, H.; Leitfaden für eine Betriebsfestigkeitsrechnung, 4. Aufl., Verlag Stahleisen, Düsseldorf 1999

[1.13] Haibach, E.; Betriebsfestigkeit, VDI-Verlag, Düsseldorf 1989

[1.14] Hück, M., Thrainer, L., Schütz, W.; Berechnung von Wöhlerlinien für Bauteile aus Stahl, Stahlguss und Grauguss – Synthetische Wöhlerlinien, Bericht ABF 11, Verlag Stahleisen, Düsseldorf 1983

[1.15] Kesselring, F.; Bewertung von Konstruktionen, ein Mittel zur Steuerung von Konstruktionsarbeit, VDI-Verlag, Düsseldorf 1951

[1.16] Koller, R.; Konstruktionslehre für den Maschinenbau; Grundlagen zur Neu- und Weiterentwicklung technischer Produkte mit Beispielen, Springer Verlag, Berlin 1994

[1.17] Künne, B.; Einführung in die Maschinenelemente, Teubner Verlag, Stuttgart 2001

[1.18] Kunze, G., Göhring, H., Jacob, K.; Baumaschinen, Vieweg Verlag, Braunschweig 2002

[1.19] Linke, H., Römhild, I., Melzer, D., Trempler, U.; Tragfähigkeit von Achsen und Wellen – alles klar?, Dresdner Maschinenelemente Kolloquium – DMK 2005, Tagungsband, S. 255–267

[1.20] Linke, H.; Stirnradverzahnung, Hanser Verlag, München 1996

[1.21] Matta, F., Markworth, M.; Vorzeitiger Ausfall einer drehstarren Kupplung an einem Gießkran – Der Versuch einer Ursachenanalyse, DMK 2005 Dresdner Maschinenelemente Kolloquium – DMK 2005, Tagungsband, S. 717–736

[1.22] Niemann, G., Winter, H.; Maschinelemente Bd. II, 2. Aufl., Springer Verlag, Berlin 1989

[1.23] Pahl, G., Beitz, W.; Konstruktionslehre, 5. Auflage, Springer Verlag, Berlin 2003

[1.24] Pajer, G., Kuhnt, H., Kurth, F.; Stetigförderer, VEB Verlag Technik, Berlin 1988

[1.25] Rodenacker, W. G.; Methodisches Konstruieren, Konstruktionsbücher Bd. 27, Springer Verlag, Berlin 1991

[1.26] Roth, K.; Konstruieren mit Konstruktionskatalogen, Bd. I Konstruktionslehre, Bd. 2 Konstruktionskataloge, Springer Verlag, Berlin 1994

[1.27] Ryall, M. J., Parke, G. A. R., Harding, J. E.; Manual of Bridge Engineering, Thomas Telford Publishing, London 2003

[1.28] Scheffler, M., Feyrer, K., Matthias, K.; Fördermaschinen, Vieweg Verlag, Brauschweig 1998

[1.29] Schlecht, B.; Schwingungen in Antriebssystemen – Wie aussagefähig ist die Ermittlung von Sicherheiten, Dresdner Maschinenelemente Kolloquium – DMK 2005, Tagungsband, S. 11–76

[1.30] Schlecht, B.; Tragfähigkeitsnachweis von Wellen und Achsen nach DIN 743, Dresdner Maschinenelemente Kolloquium – DMK 2005, Tagungsband, S. 287-317

[1.31] Schlecht, B.; Aktuelle Entwicklungstendenzen zur beanspruchungsgerechten Auslegung von Antriebssystemen, Dresdner Maschinenelemente Kolloquium – DMK 2003, Tagungsband, S. 3–44

[1.32] Schlecht, B.; Krüger, H., Heß, H.; Drehbrücke über den Suez-Kanal bei El-Ferdan – Maschinenbau, Antriebs- und Steuerungstechnik; Stahlbau 68 (1999), Heft 5, S. 329-346

[1.33] Schlecht, B.; Vergleichende Untersuchungen zur dauerfesten Auslegung von Getriebewellen; Konstruktion 49 (1997), Heft 11/12, S. 33–38

[1.34] Schlecht, B., Neubauer, A.; Hydraulic Compaction System (HCS) – Steigerung der Produktqualität durch effiziente Verdichtung. BFT – Betonwerk- und Fertigteiltechnik (66) 2000, Heft 9, S. 44–52

[1.35] Schlecht, B., Schulze, T., Hähnel, Th.; Untersuchung der Interdependenzen von Rotor-, Triebstrang- und Gondelschwingungen von Multi-Megawatt-Windenergieanlagen mittels Mehrkörper-Simulation; AKIDA – Aachener Kolloquium für Instandhaltung und Diagnose, 9. und 10. November 2004

[1.36] Schlecht, B., Wünsch, D., Matta, F., Christianhemmers, A., Gutt, S.; Simulation von redundanten Notaus-Stop-Bremssystemen in Haupthubwerkantrieben von Gießkranen, Tagebaugroßgeräten und Umschlaganlagen, VDI-Tagung „Schwingungen in Antrieben“ 18. und 19. September 2001 in Würzburg

[1.37] Schlecht, B.; Einsatzbedingungen von großen Sondergetrieben und die daraus resultierenden Anforderungen an Bemessung, Konstruktion und Fertigung, Fachtagung „Antriebstechnik/Zahnradgetriebe“ 14./15. September 2000, TU Dresden

[1.38] Schlecht, B.; Mehrkörpersimulation von Großantrieben, Antriebstechnik 44 (2005), Teil I, Heft 10, S. 24–29, Teil II, Heft 12, S. 38–42

[1.39] Schlecht, B.; Modern Drive Technology for Large Moveable Railway Bridges – The El-Ferdan Swing Bridge over the Suez Canal, First International Conference on Advances in Bridge Engineering, Brunel University London, 26. bis 28. Juni 2006, London

[1.40] Schlecht, B., Schulze, T., Hähnel, Th., Rosenlöcher, Th., Höfgen, M.; Analyse der Wechselwirkung von Triebstrang- und Strukturschwingungen in elektrisch-mechanischen Großantrieben, VDI-Tagung „Elektrisch-mechanische Antriebssysteme“ 27. und 28. September 2006 in Böblingen

[1.41] Schlecht, B., Wünsch, D., Christianhemmers, A.; Theoretical Investigations on the Dynamic Behaviour of Bucket Wheel Drives Bulk Solids Handling, Volume 19, 1999, Number 1, pp. 71–80

[1.42] Schlecht, B., Wünsch, D., Deckers, J., Holtmann, M.; Experimental Analysis of the Cutting Forces of a Compact Bucket Wheel Excavator Bulk Solids Handling, Volume 19, 1999, No. 4, pp. 507–516

[1.43] Schlecht, B., Böhme, G.; Maschinentechnische Ausrüstungen zur Fahrzeugproduktion und -instandhaltung. Der Eisenbahn Ingenieur 51 (2000), Heft 4, S. 42–50

[1.44] Schlecht, B.; Tragfähigkeitsnachweis von Wellen und Achsen nach DIN 743, Antriebstechnik 42 (2003), Teil I, Heft 3, S. 52–56, Teil II, Heft 5, S. 47–49

[1.45] Schulze, T.; Ganzheitliche dynamische Antriebsstrangbetrachtung von Windenergieanlagen unter Verwendung modularer Simulationsmodelle, Diss. TU Dresden, erscheint demnächst

[1.46] Schütz, W.; Zur Geschichte der Schwingfestigkeit; Bericht ABF 55 – Betriebsfestigkeit in Forschung, Lehre und Praxis; Verein Deutscher Eisenhüttenleute, Düsseldorf 1992

[1.47] van den Heuvel, B.; Langzeitschäden an großmoduligen Verzahnungen; Vortrag im Arbeitskreis Werkstätten des VDEh

[1.48] van den Heuvel, B.; Wälzlagerungen im betrieblichen Einsatz, Vortrag zum VDI-Seminar Wälzlagertechnik, 16. und 17.11.2004

[1.49] VDI-Richtlinie 2221 Methodik zum Entwickeln und Konstruieren technischer Systeme und Produkte, VDI-Verlag, Düsseldorf 1993

[1.50] VDI-Richtlinie 2222 Konstruktionsmethodik; Bl. 1 Methodisches Entwickeln von Lösungsprinzipien; Bl. 2 Erstellung und Anwendung von Konstruktionskatalogen, VDI-Verlag, Düsseldorf 1997

[1.51] VDI-Richtlinie 2234 Wirtschaftliche Grundlagen für den Konstrukteur, VDI-Verlag, Düsseldorf 1990

[1.52] VDI-Richtlinie 2235 Wirtschaftliche Entscheidungen beim Konstruieren; Methoden und Hilfen, VDI-Verlag, Düsseldorf 1987

[1.53] VDI-Richtlinie 2801 Wertanalyse, Blatt 1 und 2, VDI-Verlag Düsseldorf 2010

[1.54] Wächter, K.; Konstruktionslehre für Maschineningenieure, VEB Verlag Technik, Berlin 1987

[1.55] Wöhler, A.; Bericht über die Versuche, welche auf der königlich Niederschlesisch-Märkischen Eisenbahn mit Apparaten zum Messen der Biegung und Verdrehung von Eisenbahnachsen während der Fahrt angestellt wurden; Zeitschrift für Bauwesen, Bd. VIII (1858), S. 641–652

[1.56] Wöhler, A.; Über Versuche zur Ermittlung der Festigkeit von Achsen, welche in den Werkstätten der Niederschlesisch-Märkischen Eisenbahn zu Frankfurt an der Oder angestellt sind; Zeitschrift für Bauwesen, Bd. XIII (1863), S. 233–258

[1.57] Wöhler, A.; Resultate der in der Central-Werkstatt der Niederschlesisch-Märkischen Eisenbahn zu Frankfurt an der Oder angestellten Versuche über die relative Festigkeit von Eisen, Stahl und Kupfer; Zeitschrift für Bauwesen, Bd. XVI (1863), S. 67–84

[1.58] Wöhler, A.; Über die Festigkeitsversuche mit Eisen und Stahl; Zeitschrift für Bauwesen, Bd. XX (1870), S. 73–106

[1.59] Wünsch, D.; Einsatz der Simulation bei Betriebsfestigkeitsmaßnahmen, Stahl und Eisen 106 (1986), Heft 7, S. 339–344

[1.60] Zammert, W. U.; Betriebsfestigkeit, Vieweg Verlag, Braunschweig 1985

[1.61] Zwicker, D., Derda, Th.; Antriebsstrangauslegung, Beanspruchungs- und Betriebsschwingungsanalyse einer Lokomotive mit hydrodynamischer Leistungsübertragung, Dresdner Maschinenelemente Kolloquium – DMK 2003, Tagungsband, S. 657–674

ZUSAMMENFASSUNG

Alle technischen Systeme erfüllen eine bestimmte Aufgabe und werden aus einzelnen Maschinenelementen zusammengebaut. Die konstruktive Aufgabe des Ingenieurs besteht nun in der optimalen Auswahl und richtigen Auslegung der einzelnen Elemente sowie der Kombination zu einem funktionierenden Gesamtsystem, das die im Pflichtenheft formulierten Anforderungen erfüllt. Hierfür benötigt der Ingenieur zum einen umfassende Kenntnisse zu den Maschinenelementen, damit er unter Berücksichtigung von Funktion und Wirkung Festigkeits- und Verformungsnachweise erstellen kann. Zum anderen braucht er Kenntnisse der Konstruktionsmethodik zur zielgerichteten Suche nach Lösungen für die konstruktive Aufgabe.

Anhand ausgeführter technischer Beispiele (Lokomotive, Bagger, Kran, Brücke und Windenergie-Anlage) wird erläutert, welchen überwiegend dynamischen Beanspruchungen Maschinen und Anlagen im Betrieb unterliegen. Davon ausgehend werden die häufigsten Versagensursachen von Maschinenelementen behandelt. Hierbei wird nach den Versagenskriterien der Belastung – Gewaltbruch, Ermüdungsbruch (Dauerbruch) und plastische Verformung – sowie der Anforderung – Verschleiß, Korrosion und elastische Verformung – unterschieden.

Zur Vermeidung dieser Ausfallursachen bei Maschinenelementen sind folgende Fragen zu klären:

- Welchen Beanspruchungen nach Art und Höhe unterliegt die gesamte Konstruktion bzw. das Maschinenelement im Einzelnen während der geplanten Nutzungszeit?
- Welche Beanspruchbarkeit weist die Konstruktion bzw. das Maschinenelement im Einzelnen auf?

Anschließend sind Beanspruchung und Beanspruchbarkeit im Rahmen eines Festigkeitsnachweises miteinander zu vergleichen. Dabei wird grundsätzlich zwischen statischen und dynamischen Beanspruchungen unterschieden. Anhand der Beispiele wird gezeigt, wie dynamische und statische Beanspruchungen entstehen und wie sie innerhalb einer Berechnung mit Nennmomenten und Anwendungsfaktor bei Schwingbeanspruchung sowie Stoßfaktor bei Maximalbeanspruchung berücksichtigt werden können. Auf der Grundlage einer systematischen Einteilung der Beanspruchungs-Zeit-Funktionen werden charakteristische Betriebsphasen unterschieden sowie die Zusammenhänge zwischen Lastwechsel, Lastkollektiv und Wöhlerlinie behandelt. Diese Ausführungen bilden den Einstieg in das zentrale Thema der Festigkeitsberechnung von Maschinenelementen im Kapitel 3 des Buches.

Abschließend wird kurz auf die wirtschaftliche Bedeutung der Konstruktion und die Grundzüge des methodischen Konstruierens eingegangen, um den Zusammenhang zwischen Maschinenelement, Konstruktion und Produktentwicklung darzustellen.

ZUSAMMENFASSUNG

Normen, Toleranzen, Passungen und Oberflächen

2

ÜBERBLICK

Lernziele

- Kennenlernen der Bedeutung der nationalen und internationalen Normung für die Konstruktion und die Anwendung von Maschinenelementen
- Kennenlernen der Notwendigkeit von Toleranzen und Toleranzsystemen für die wirtschaftliche Fertigung und das Zusammenwirken von Maschinenelementen
- Kennenlernen der Anwendung von Passungen und Passungssystemen beim Einsatz von Maschinenelementen
- Kennenlernen der Bedeutung und Klassifikation möglicher Gestaltabweichungen technischer Oberflächen von Maschinenelementen

2.1 Einführung

Die Behandlung der Maschinenelemente erfordert einige grundlegende Kenntnisse zu Normen und Richtlinien, Toleranzen, Passungen und Oberflächen. Im Folgenden werden jedoch nur die zum wesentlichen Verständnis erforderlichen Zusammenhänge in Kürze erläutert. Für weiterführende Informationen wird auf die enstprechenden Normen sowie die umfangreiche Fachliteratur verwiesen [2.24], [2.28].

Normen und Richtlinien sind von Fachleuten erstellte technische Regelwerke nationaler oder internationaler Gültigkeit zur Festlegung einheitlicher Bezeichnungen und Begriffe, Abmessungen, Toleranzen und Anschlussmaße zum Zwecke der Austauschbarkeit und Verringerung der Typenzahl von Erzeugnissen. Normen können aber auch Berechnungsgänge sowie Verfahren zur Qualitätssicherung bei der Herstellung von Erzeugnissen beinhalten. Des Weiteren gibt es Normen, die zum Schutze des Menschen z.B. Mindestanforderungen an Arbeitsplatzbedingungen, Schutzkleidungen sowie Gefahrensignale an Arbeitsstätten festlegen. Auch wenn für Normen keine generelle Anwendungspflicht besteht, so kann sich diese aus Rechts- oder Verwaltungsvorschriften bzw. Verträgen oder anderen Vereinbarungen ergeben. Da Normen und Richtlinien in der Regel den anerkannten Stand der Technik dokumentieren, empfiehlt sich ihre Anwendung, entbindet den Nutzer jedoch nicht von der eigenen Verantwortung.

Toleranzen und Passungen haben wesentlichen Einfluss auf die Funktionalität eines Erzeugnisses und dessen Herstellkosten. So wird zwischen der auf der Zeichnung geforderten Idealgestalt und dem tatsächlich gefertigten Bauteil immer eine Abweichung auftreten, deren Größe vom gewählten Fertigungsverfahren abhängt. Als Toleranz wird dabei die Differenz zwischen dem zugelassenen Größtwert und dem Kleinstwert einer messbaren Eigenschaft bezeichnet. Gemäß DIN EN ISO 286 beschreibt eine Passung die Differenz zwischen den Maßen zweier zu fügender Formelemente (z.B. Bohrung und Welle).

Eine mit technischen Mitteln bzw. Fertigungsverfahren erzeugte Oberfläche weicht immer von der konstruktiv vorgegebenen und in der Zeichnung festgelegten Soll-Oberfläche ab. Mithilfe verschiedener Messverfahren lässt sich ein angenähertes Abbild der wirklichen Oberfläche messtechnisch erfassen. Dabei wird grundsätzlich zwischen Grobgestalt und Feingestalt unterschieden. Je nach Bearbeitungsverfahren erreicht man eine entsprechend feine oder grobe Oberflächenrauheit.

2.2 Normen, Richtlinien und Standards

Im Maschinen-, Fahrzeug- und Anlagenbau haben Normen und Richtlinien eine große Verbreitung gefunden. Der Ursprung des deutschen Normenwesens geht zurück auf den VDE (Verband Deutscher Elektrotechniker e.V., gegründet 1893) für den elektrotechnischen Bereich und den Normenausschuss der deutschen Industrie (heute DIN – Deutsches Institut für Normung e.V. mit Sitz in Berlin, gegründet 1917) für den nichtelektrischen Bereich als Herausgeber der „Deutschen Industrie-Normen (DIN)". Neben diesen Normen werden national auch von privatrechtlichen Organisationen, öffentlich-rechtlichen Körperschaften und technischen Ausschüssen Richtlinien und Regelwerke ausgearbeitet und herausgegeben. Hierzu gehören z.B. die VDI-Richtlinien des Vereins Deutscher Ingenieure (VDI), die VDG-Merkblätter des Vereins Deutscher Gießereifachleute (VDG), die DVS-Merkblätter und -Richtlinien des Deutschen Verbandes für Schweißtechnik (DVS), die AD-Merkblätter der Vereinigung der Technischen Überwachungsvereine, Arbeitsgemeinschaft Druckbehälter und die Stahleisen-Betriebsblätter (SEB) des Vereins deutscher Eisenhüttenleute (VDEh) sowie weitere Richtlinien von Vereinigungen, die aber für den Bereich des allgemeinen Maschinenbaus weniger von Bedeutung sind. Grundsätzlich lassen sich alle nationalen und internationalen Normen und Richtlinien grob nach Tabelle 2.1 einteilen.

Grund- bzw. Konstruktionsnormen	Prüfnormen
Maßnormen	Sicherheitsnormen
Gütenormen	Stoffnormen
Berechnungsnormen	Planungsnormen
Liefernormen	Baumusternormen

Tabelle 2.1: Verschiedene Arten von Normen

Im Zuge der Globalisierung und des internationalen Warenaustausches bekommt jedoch die internationale Normung und Standardisierung zunehmende Bedeutung [2.1]. Das System der internationalen Normung wird repräsentiert durch die ISO – International Organization for Standardization und die IEC – International Electrotechnical Commission mit gemeinsamem Sitz in Genf. Die Interessenvertretung der einzelnen Länder kann durch das jeweilige nationale Normungsinstitut (für Deutschland: DIN) wahrgenommen werden. Internationale Normen werden dann als DIN-ISO-Norm in das Deutsche Normenwerk aufgenommen. Im Bereich der Europäischen Gemeinschaft besteht die gemeinsame europäische Normeninstitution aus dem CEN (Comité Européen de Normalisation) und dem CENELEC (Comité Européen de Normalisation Electrotechnique) mit Sitz in Brüssel. Mitglieder sind die jeweiligen nationalen Normungsinstitute, die entsprechende Fachvertreter in die jeweiligen Ausschüsse entsenden können. Generell ist eine Europäische Norm von allen Mitgliedsländern in das jeweilige nationale Normenwerk zu übernehmen, auch wenn ein EU-Mitgliedsland gegen eine Norm gestimmt hat. Analog zu den DIN-ISO-Normen werden europäische Normen als DIN-EN-Normen in das deutsche Normenwerk aufgenommen.

Die Erarbeitung von Normen erfolgt durch ehrenamtliche Mitarbeiter aus interessierten Fachkreisen (Industrie, Behörden, Verbänden, Hochschulen u.a.) in Fachnormenausschüssen (FNA) nach einem in DIN 820 festgelegten Verfahren [2.4]. Bevor eine Norm verbindlich wird, ist sie als Entwurf (Gelbdruck) der Öffentlichkeit zur Stellungnahme vorzulegen. Anregungen, Änderungswünsche und auch Einsprüche werden dann wieder vom Fachnormenausschuss behandelt. Manchmal werden Normen auch als Vornormen veröffentlicht, da versuchsweise mit ihnen gearbeitet werden soll, auch wenn zu einigen Abschnitten noch Vorbehalte bestehen. Die Normungsarbeit ist zuweilen recht mühsam und auch die Gesamtlaufzeit eines Normenvorhabens kann von der Antragstellung bis zur verbindlichen Veröffentlichung mehrere Jahre betragen (Vornorm < 3 Jahre, Norm < 5 Jahre). Dennoch ist es sehr zu empfehlen – gerade auch im Interesse der Industrie – als Fachmann ehrenamtlich in den jeweiligen Fachnormenausschüssen aktiv an der Erstellung zeitgemäßer Normen mitzuwirken.

2.3 Normzahlen

Die nach DIN 323 und durch die internationalen Normen ISO 3, ISO 17 und ISO 497 vereinbarten Normzahlen zur Stufung von Größen beliebiger Art (z.B. Längen, Flächen, Volumina, Kräfte, Drücke, Momente, Spannungen, Drehzahlen, Leistungen usw.) stellen ein allgemeingültiges Zahlensystem dar, mit dem sich eine praktisch erforderliche Zahlenmenge auf ein notwendiges Minimum beschränken lässt [2.2], [2.25], [2.26], [2.27].

Normzahlen entstehen als gerundete Glieder dezimal-geometrischer Reihen, die die ganzzahligen Potenzen von 10 enthalten, also ... 0,01; 0,1; 1; 10; 100; 1000 ... . Die Normzahlreihen werden mit *Rr* bezeichnet, wobei *r* die Anzahl der Stufen je Dezimalbereich angibt. Jede Reihe beginnt mit 1 (oder dem 10-, 100-, 1000-Fachen oder dem 10., 100., 1000. Teil des Wertes usw.) und die folgenden Zahlen entstehen durch Multiplikation mit einem bestimmten Stufensprung:

$$q_r = \sqrt[r]{10} \tag{2.1}$$

Für die Grundreihen *R*5, *R*10, *R*20 und *R*40 nach DIN 323 enthält Tabelle 2.2 die Hauptwerte.

Reihe	**Sprung**	**Normzahlen**										
*R*5	$\sqrt[5]{10} \approx 1{,}60$	1								1,6		
*R*10	$\sqrt[10]{10} \approx 1{,}25$	1				1,25				1,6		
*R*20	$\sqrt[20]{10} \approx 1{,}12$	1		1,12		1,25		1,4		1,6		1,8
*R*40	$\sqrt[40]{10} \approx 1{,}06$	1	1,06	1,12	1,18	1,25	1,32	1,4	1,5	1,6	1,7	1,8

Reihe	**Normzahlen (Fortsetzung)**												
*R*5						2,5							
*R*10		2				2,5				3,15			
*R*20		2		2,24		2,5		2,8		3,15		3,55	
*R*40	1,9	2	2,12	2,24	2,36	2,5	2,65	2,8	3	3,15	3,35	3,55	3,75

Tabelle 2.2: Normzahlreihen – Hauptwerte der Grundreihen nach DIN 323 [2.2]

Reihe	Normzahlen (Fortsetzung)															
$R5$	4								6,3							
$R10$	4				5				6,3				8			
$R20$	4		4,5		5		5,6		6,3		7,1		8		9	9,5
$R40$	4	4,25	4,5	4,75	5	5,3	5,6	6	6,3	6,7	7,1	7,5	8	8,5	9	

Tabelle 2.2: Normzahlreihen – Hauptwerte der Grundreihen nach DIN 323 [2.2] (Forts.)

Die bevorzugten Reihen im Maschinenbau sind $R10$ und $R20$, die Ausnahmereihe $R80$ mit $q_{80} \approx 1{,}03$ sollte nur in Sonderfällen angewendet werden. Neben diesen Grundreihen gibt es noch abgeleitete Reihen, zusammengesetzte Reihen und Rundwertreihen [2.24], [2.25], [2.27].

2.4 Toleranzen und Abweichungen

Zur Sicherstellung der geforderten Funktionalität von Bauteilen oder einer Baugruppe sowie der Austauschbarkeit im Verschleiß- oder Schadensfall müssen sämtliche Eigenschaften der Bauteile (z.B. die Maß-, Form-, Lagegenauigkeit und Oberflächenbeschaffenheit) aufeinander abgestimmt sein. Da die geforderte ideal-geometrische Form eines Bauteils aufgrund der Unzulänglichkeit der Fertigungsverfahren meistens nicht zu erreichen – und oftmals aus Funktionsgründen auch gar nicht erforderlich – ist, können Abweichungen (Toleranzen) zugelassen werden. Dabei wird mit Toleranz die Differenz zwischen dem zugelassenen Größt- und Kleinstwert einer messbaren Eigenschaft bezeichnet.

Zur wirtschaftlichen Herstellung eines Bauteiles ist es deshalb sinnvoll, obere und untere Grenzwerte hinsichtlich der Abmessungen, der Form und der Oberflächenbeschaffenheit anzugeben, woraus direkt die vier Toleranzarten der Maßtoleranz, Form- und Lagetoleranz sowie Rauheitstoleranz folgen. Abbildung 2.1 verdeutlicht anhand einer Bohrung diese vier möglichen Abweichungen im Vergleich zum geometrisch idealen Zustand.

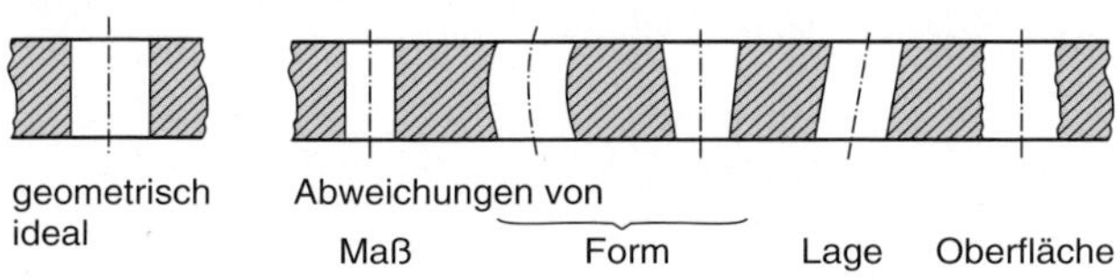

Abbildung 2.1: Gestaltabweichungen am Beispiel einer Bohrung [2.28]

Im Hinblick auf eine hohe Betriebssicherheit bei gleichzeitig kostengünstiger Fertigung gilt als allgemeiner Grundsatz zur Auswahl sinnvoller zulässiger Abweichungen (Toleranzen): „So grob wie möglich, so fein wie nötig.“

2.4.1 Maßtoleranzen

Folgende Grundbegriffe werden gemäß DIN EN ISO 286 für die Maße, Abmaße und Toleranzen entsprechend Abbildung 2.2 festgelegt [2.13]:

- Die Nulllinie ist in der grafischen Darstellung die dem Nennmaß entsprechende Bezugslinie für die Abmaße und Toleranzen.
- Das Nennmaß *N* ist das zur Größenangabe genannte Maß, auf das die Abmaße bezogen werden.
- Das Istmaß *I* ist das durch Messen festgestellte Maß (immer behaftet mit einer Messunsicherheit).
- Das Abmaß *E* bzw. *e* (écart, französisch für „Abstand") bezeichnet die algebraische Differenz zwischen einem Maß (z.B. Istmaß oder Grenzmaß) und dem zugehörigen Nennmaß. Die Abmaße für Wellen werden mit Kleinbuchstaben (*es*, *ei*), die Abmaße für Bohrungen mit Großbuchstaben (*ES*, *EI*) bezeichnet.
- Das obere Abmaß *ES* bzw. *es* (écart supérieur) ist das Grenzabmaß als algebraische Differenz zwischen dem Höchstmaß und dem zugehörigen Nennmaß (frühere Bezeichnung A_o).
- Das untere Abmaß *EI* bzw. *ei* (écart inférieur) ist das Grenzabmaß als algebraische Differenz zwischen dem Mindestmaß und dem zugehörigen Nennmaß (frühere Bezeichnung A_u).
- Das Grundabmaß ist für Grenzmaße und Passungen das Abmaß, welches die Lage des Toleranzfeldes in Bezug zur Nulllinie festlegt (oberes oder unteres Abmaß, das der Nulllinie am nächsten liegt).
- Zu den Grenzmaßen *G* gehören das Höchstmaß G_o als größtes zugelassenes Grenzmaß und das Mindestmaß G_u als das kleinste zugelassene Grenzmaß. Zwischen diesen beiden Werten soll das Istmaß *I* liegen:

  Bohrung: $G_{oB} = N + ES \qquad G_{uB} = N + EI$ (2.2)

  Welle: $G_{oW} = N + es \qquad G_{uW} = N + ei$ (2.3)

- Die Maßtoleranz *T* ist als algebraische Differenz zwischen Höchstmaß und Mindestmaß ein absoluter Wert ohne Vorzeichen.

  Allgemein: $T = G_o - G_u$ (2.4)

  Bohrung: $T_B = G_{oB} - G_{uB} = ES - EI$ (2.5)

  Welle: $T_W = G_{oW} - G_{uW} = es - ei$ (2.6)

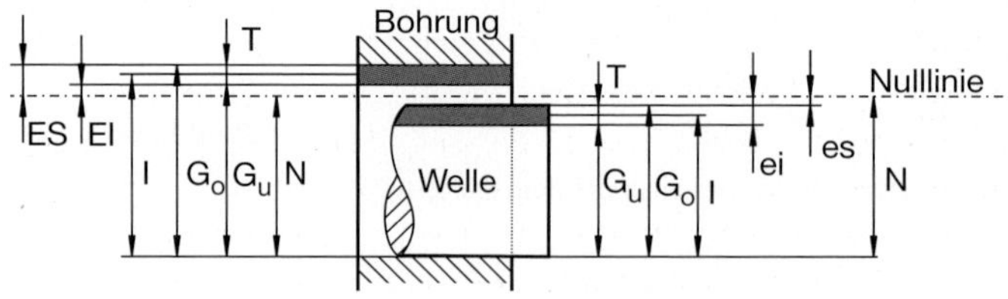

N	- Nennmaß	T	- Toleranz
G_u	- Kleinstmaß	E/e	- Abmaß
G_o	- Größtmaß	ES/es	- oberes Abmaß Bohrung/Welle = Größtmaß-Nennmaß
I	- Istmaß	EI/ei	- unteres Abmaß Bohrung/Welle = Kleinstmaß-Nennmaß

Abbildung 2.2: Maße, Abmaße und Toleranzen von Bauteilen

■ Als Toleranzfeld ergibt sich in der grafischen Darstellung das Feld, das durch das obere und untere Abmaß begrenzt wird.

Das Toleranzfeld wird entsprechend dem ISO-System durch die Größe der Toleranz und deren Lage zur Nulllinie (d.h. zum Nennmaß) durch einen bzw. zwei Buchstaben gekennzeichnet, Abbildung 2.3. Bei Außenmaßen (z.B. bei Wellen) verwendet man Kleinbuchstaben, bei Innenmaßen (z.B. Bohrungen) Großbuchstaben. Dabei nehmen die Toleranzfelder *H* und *h* eine Sonderstellung ein, da sie an der Nulllinie liegen.

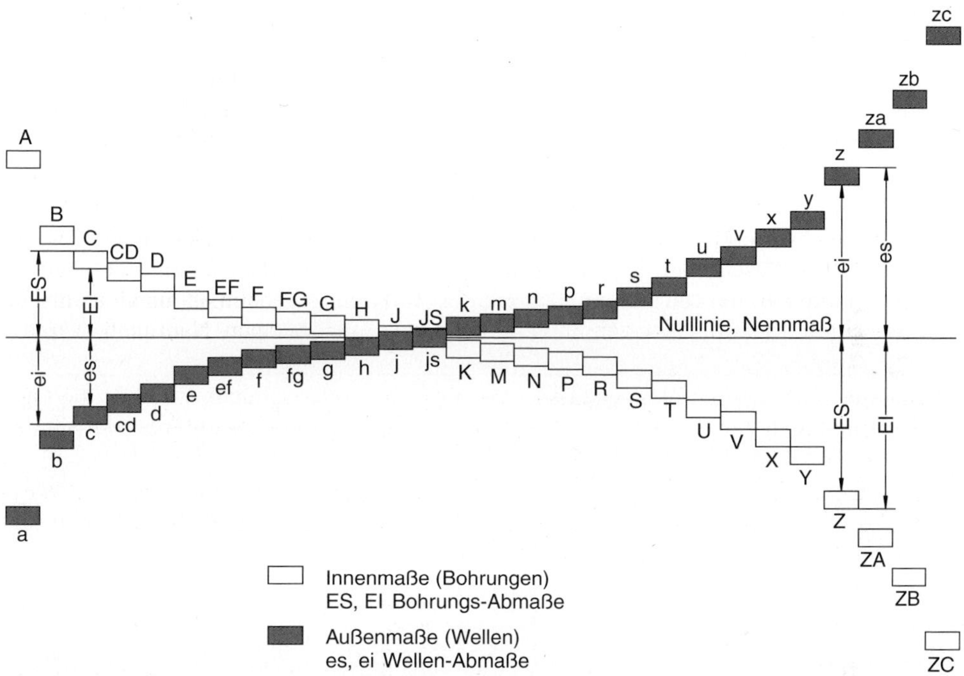

Abbildung 2.3: Toleranzfelder des ISO-Systems nach DIN EN ISO 286 [2.13]

Zu jedem dieser Nennmaßbereiche gibt es verschieden große Grundtoleranzgrade, die mit den Buchstaben *IT* und den nachgestellten Zahlen 01, 0, 1, 2 bis 18 gemäß Tabelle 2.3 und Tabelle 2.4 gekennzeichnet werden. Die Grundtoleranzgrade *IT* 01 bis *IT* 4 sind besonders fein und werden deshalb für Messzeuge und Lehren verwendet. Im allgemeinen Maschinenbau und in der Feinmechanik werden für Passungen die Grundtoleranzgrade *IT* 5 bis *IT* 11 genutzt. Die gröberen Grundtoleranzgrade *IT* 12 bis *IT* 18 kommen für gröbere Funktionsanforderungen sowie in der spanlosen Formgebung (z.B. bei Walzwerkserzeugnissen, Schmiedeteilen und Ziehteilen) zur Anwendung.

Mit steigendem Nennmaßbereich werden jedem einzelnen Grundtoleranzgrad größere Grundtoleranzen (Maßtoleranzen) zugeordnet. Die Gesamtheit der Grundtoleranzen innerhalb eines Grundtoleranzgrades für alle Nennmaßbereiche wird dem gleichen Genauigkeitsniveau zugeordnet. Die Größe der Grundtoleranzen in µm wird aus dem Toleranzfaktor I bzw. i für den Nennmaßbereich N zwischen D_1 und D_2 in mm wie folgt ermittelt:

$$i = 0,45 \cdot \sqrt[3]{D} + 0,001 \cdot D \quad \text{für} \quad 0 < N \leq 500 \text{ mm} \tag{2.7}$$

$$I = 0,004 \cdot D + 2,1 \quad \text{für} \quad 500 < N \leq 3150 \text{ mm} \tag{2.8}$$

$$D = \sqrt{D_1 \cdot D_2} \tag{2.9}$$

Für die Grundtoleranzgrade IT 01 bis IT 1 werden die Toleranzfaktoren i für Nennmaße $N \leq 500$ mm wie folgt berechnet:

$$i = 0,3 + 0,008 \cdot D \quad \text{für} \quad IT\,01 \tag{2.10}$$

$$i = 0,5 + 0,012 \cdot D \quad \text{für} \quad IT\,0 \tag{2.11}$$

$$i = 0,8 + 0,020 \cdot D \quad \text{für} \quad IT\,1 \tag{2.12}$$

Mit den Gleichungen (2.7) bis (2.12) und den Zusammenhängen gemäß Tabelle 2.5 lassen sich dann die Größen der Grundtoleranz für den jeweiligen Grundtoleranzgrad berechnen, die z.B. für den Nennmaßbereich bis 500 mm in Tabelle 2.3 und Tabelle 2.4 zusammengestellt sind.

Nennmaßbereich in mm		**Grundtoleranzgrade**									
		IT 01	*IT* 0	*IT* 1	*IT* 2	*IT* 3	*IT* 4	*IT* 5	*IT* 6	*IT* 7	*IT* 8
über	**bis**	**Grundtoleranzen in μm**									
–	3	0,3	0,5	0,8	1,2	2	3	4	6	10	14
3	6	0,4	0,6	1	1,5	2,5	4	5	8	12	18
6	10	0,4	0,6	1	1,5	2,5	4	6	9	15	22
10	18	0,5	0,8	1,2	2	3	5	8	11	18	27
18	30	0,6	1	1,5	2,5	4	6	9	13	21	33
30	50	0,6	1	1,5	2,5	4	7	11	16[1)]	25	39
50	80	0,8	1,2	2	3	5	8	13	19	30	46
80	120	1	1,5	2,5	4	6	10	15	22	35	54
120	180	1,2	2	3,5	5	8	12	18	25	40	63
180	250	2	3	4,5	7	10	14	20	29	46	72
250	315	2,5	4	6	8	12	16	23	32	52	81
315	400	3	5	7	9	13	18	25	36	57	89
400	500	4	6	8	10	15	20	27	40	63	97

Tabelle 2.3: Zahlenwerte der Grundtoleranzen *IT* 01 bis *IT* 8 nach DIN EN ISO 286 [2.13]

Nennmaßbereich in mm		Grundtoleranzgrade									
		IT 9	*IT* 10	*IT* 11	*IT* 12	*IT* 13	*IT* 14	*IT* 15	*IT* 16	*IT* 17	*IT* 18
über	bis	Grundtoleranzen in									
		µm			mm						
–	3	25	40	60	0,1	0,14	0,25	0,4	0,6	1	1,4
3	6	30	48	75	0,12	0,18	0,3	0,48	0,75	1,2	1,8
6	10	36	56	90	0,15	0,22	0,36	0,58	0,9	1,5	2,2
10	18	43	70	110	0,18	0,27	0,43	0,7	1,1	1,8	2,7
18	30	52	84	130	0,21	0,33	0,52	0,84	1,3	2,1	3,3
30	50	62	100	160	0,25	0,39	0,62	1	1,6	2,5	3,9
50	80	74	120	190	0,3	0,46	0,74	1,2	1,9	3	4,6
80	120	87	140	220	0,35	0,54	0,87	1,4	2,2	3,5	5,4
120	180	100	160	250	0,4	0,63	1	1,6	2,5	4	6,3
180	250	115	185	290	0,46	0,72	1,15	1,85	2,9	4,6	7,2
250	315	130	210	320	0,52	0,81	1,3	2,1	3,2	5,2	8,1
315	400	140	230	360	0,57	0,89	1,4	2,3	3,6	5,7	8,9
400	500	155	250	400	0,63	0,97	1,55	2,5	4	6,3	9,7

Tabelle 2.4: Zahlenwerte der Grundtoleranzen *IT* 9 bis *IT* 18 nach DIN EN ISO 286 [2.13]

Nennmaßbereich in mm		Grundtoleranzgrade								
		IT 1	*IT* 2	*IT* 3	*IT* 4	*IT* 5	*IT* 6	*IT* 7	*IT* 8	*IT* 9
über	bis	Formeln für Grundtoleranzen (Ergebnisse in µm)								
–	500	–	–	–	–	$7\,i$	$10\,i$	$16\,i$	$25\,i$	$40\,i$
500	3150	$2\,I$	$2{,}7\,I$	$3{,}7\,I$	$5\,I$	$7\,I$	$10\,I$	$16\,I$	$25\,I$	$40\,I$

		IT 10	*IT* 11	*IT* 12	*IT* 13	*IT* 14	*IT* 15	*IT* 16	*IT* 17	*IT* 18
–	500	$64\,i$	$100\,i$	$160\,i$	$250\,i$	$400\,i$	$640\,i$	$1000\,i$	$1600\,i$	$2500\,i$
500	3150	$64\,I$	$100\,I$	$160\,I$	$250\,I$	$400\,I$	$640\,I$	$1000\,I$	$1600\,I$	$2500\,I$

Tabelle 2.5: Bestimmung der Grundtoleranzen bei den Grundtoleranzgraden *IT* 1 bis *IT* 20 mit den Gleichungen (2.7) bis (2.12)

2.4.2 Form- und Lagetoleranzen

Die Angabe von Formtoleranzen zur genauen Erfassung des Formelements ist erforderlich, da die Maßtoleranzen nur die örtlichen Istmaße eines Formelements erfassen und nicht seine Formabweichungen. Gemäß DIN EN ISO 1101 werden durch Formtoleranzen die zulässigen Abweichungen eines Elementes von seiner geometrisch idealen Form (z.B. Geradheit einer Welle, Ebenheit einer Passfläche, Rundheit eines Drehteiles) begrenzt, Tabelle 2.6 [2.14].

Symbol und tolerierte Eigenschaft	Anwendungs-Beispiele		
	Toleranzzone	Zeichnungsangabe	Erklärung
— Geradheit	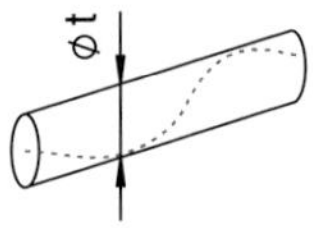	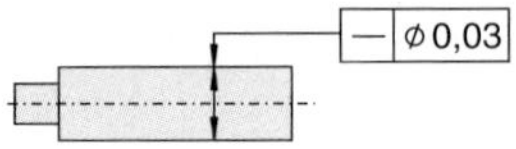	Die Achse des zylindrischen Teils des Bolzens muss innerhalb eines Zylinders vom Durchmesser $t = 0{,}03\ \mathrm{mm}$ liegen.
▱ Ebenheit	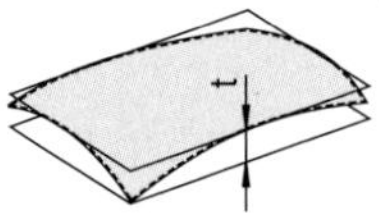	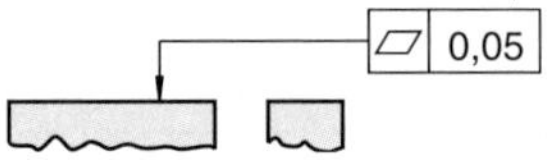	Die tolerierte Fläche muss zwischen zwei parallelen Ebenen vom Abstand $t = 0{,}05\ \mathrm{mm}$ liegen.
○ Rundheit	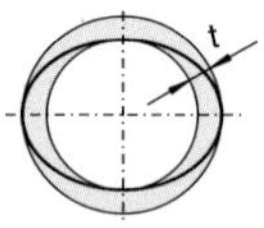	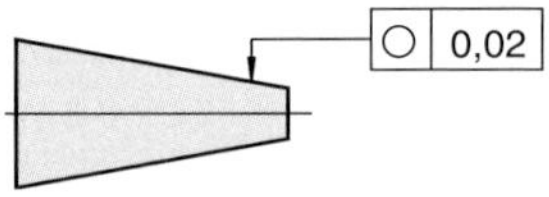	Die Umfangslinie jedes Querschnitts muss in einem Kreisring von der Breite $t = 0{,}02\ \mathrm{mm}$ enthalten sein.
⌭ Zylinderform	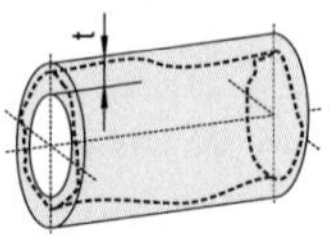	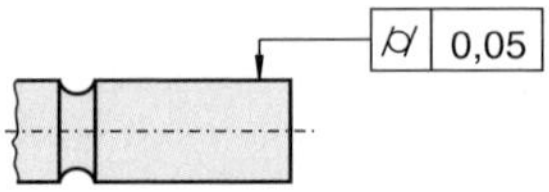	Die tolerierte Fläche muss zwischen zwei koaxialen Zylindern liegen, die einen radialen Abstand von $t = 0{,}05\ \mathrm{mm}$ haben.
⌒ Linienform	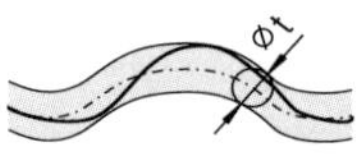	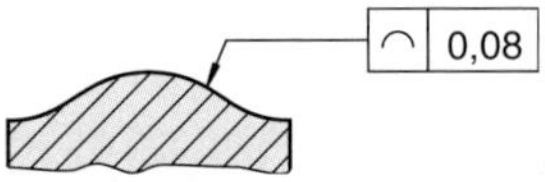	Das tolerierte Profil muss zwischen zwei Hüll-Linien liegen, deren Abstand durch Kreise vom Durchmesser $t = 0{,}08\ \mathrm{mm}$ begrenzt wird. Die Mittelpunkte dieser Kreise liegen auf der geometrisch idealen Linie.
⌓ Flächenform	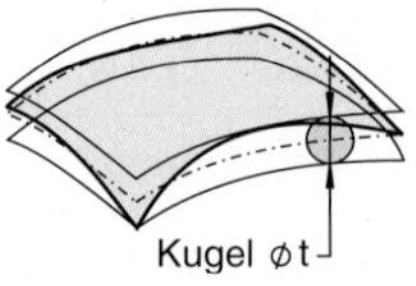	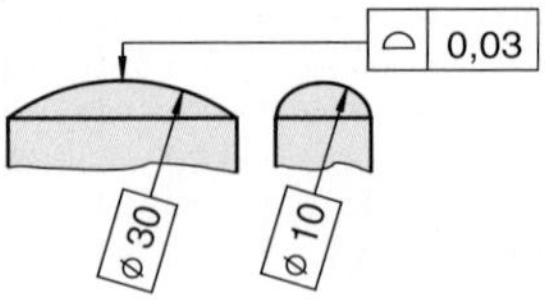	Die tolerierte Fläche muss zwischen zwei Hüll-Flächen liegen, deren Abstand durch Kugeln vom Durchmesser $t = 0{,}03\ \mathrm{mm}$ begrenzt wird. Die Mittelpunkte dieser Kugeln liegen auf der geometrisch idealen Fläche.

Tabelle 2.6: Symbolik und Beispiele zur Beschreibung von Formtoleranzen nach DIN EN ISO 1101 [2.14]

Die Formtoleranzen sind demzufolge grundsätzlich dann anzugeben, wenn aufgrund des Fertigungsverfahrens die geometrische Form des Werkstückes durch die Maßangaben allein nicht eingehalten werden kann.

Unter dem Begriff Lagetoleranzen werden nach DIN EN ISO 1101 die Richtungs-, Orts- und Lauftoleranzen zusammengefasst [2.14]. Sie begrenzen die zulässigen Abweichungen von der geometrisch idealen Lage zweier oder mehrerer Elemente zueinander, z.B. die Parallelität zweier Flächen, Koaxialität von gegenüberliegenden Bohrungen, Position bestimmter Passflächen zu einem Bezugselement sowie Rund- und Planlauf bei Drehteilen. Wie auch bei den Formtoleranzen wird die Angabe von Lagetoleranzen immer dann erforderlich, wenn aus fertigungsbedingten Gründen anzunehmen ist, dass die Teile nicht in der geforderten Beziehung zueinander stehen, wie es die Funktion erfordert bzw. wie es Bemaßung und Toleranzangaben vorsehen. Beispiele zur Beschreibung der Lagetoleranzen sind in Tabelle 2.7 für die Richtung, in Tabelle 2.8 für den Ort und in Tabelle 2.9 für den Lauf zusammengestellt.

Symbol und tolerierte Eigenschaft	**Toleranzzone**	**Zeichnungsangabe**	**Erläuterung**
Parallelität //	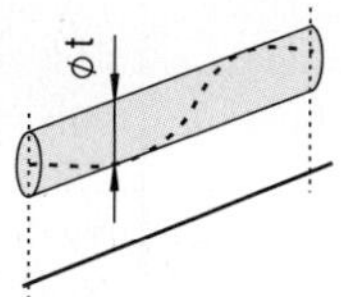	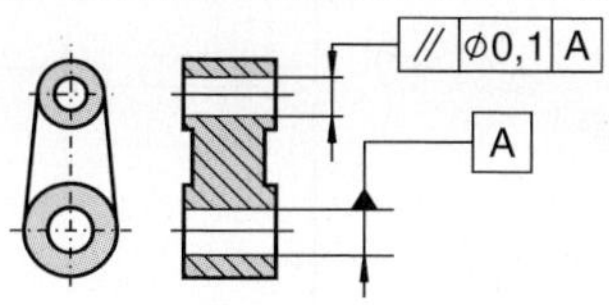	Die tolerierte Achse muss innerhalb eines zur Bezugsachse parallel liegenden Zylinders vom Durchmesser $t = 0{,}1$ mm liegen.
Parallelität //	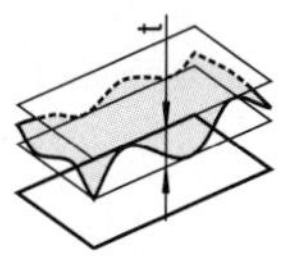	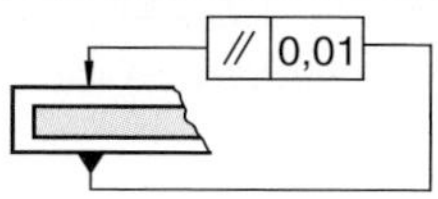	Die tolerierte Fläche muss zwischen zwei zur Bezugsfläche parallelen Ebenen vom Abstand $t = 0{,}05$ mm liegen.
Rechtwinkligkeit ⊥	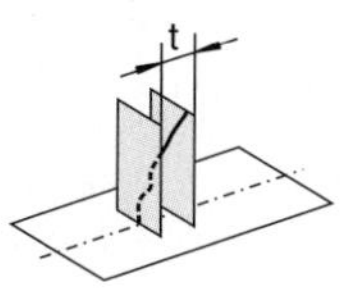	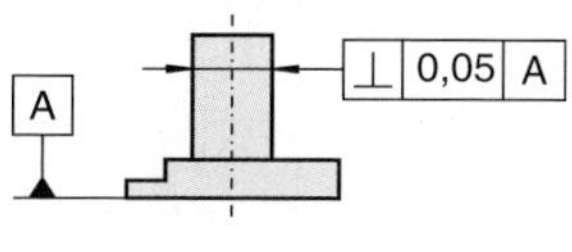	Die tolerierte Achse muss zwischen zwei parallelen zur Bezugsfläche und zur Pfeilrichtung senkrechten Ebenen vom Abstand $t = 0{,}05$ mm liegen.
Neigung (Winkligkeit) ∠	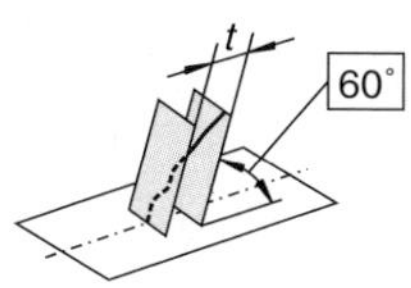	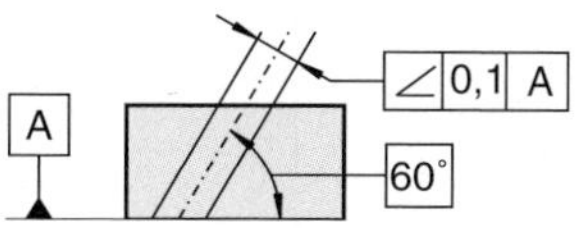	Die Achse der Bohrung muss zwischen zwei zur Bezugsfläche im Winkel von 60° geneigten und zueinander parallelen Ebenen vom Abstand $t = 0{,}1$ mm liegen.

Tabelle 2.7: Symbolik und Beispiele zur Beschreibung von Lagetoleranzen der Richtung nach DIN EN ISO 1101 [2.14]

Symbol und tolerierte Eigenschaft	Toleranzzone	Zeichnungsangabe	Erläuterung
Position ⌖	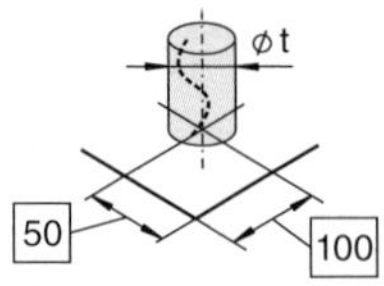	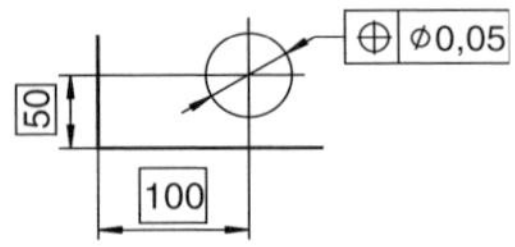	Die Achse der Bohrung muss innerhalb eines Zylinders vom Durchmesser $t = 0{,}05\ \mathrm{mm}$ liegen, dessen Achse sich am geometrisch idealen Ort (mit eingerahmten Maßen) befindet.
Symmetrie ⌯	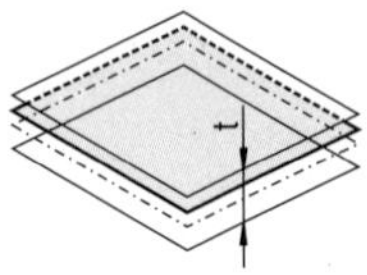	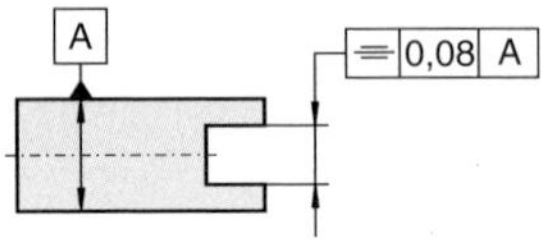	Die Mittelachse der Nut muss zwischen zwei parallelen Ebenen liegen, die einen Abstand von $t = 0{,}08\ \mathrm{mm}$ haben und symmetrisch zur Mittelebene des Bezugselementes liegen.
Koaxialität Konzentrizität ◎	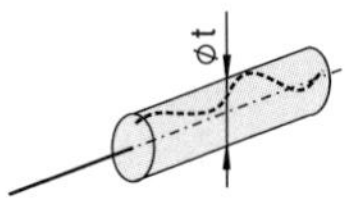	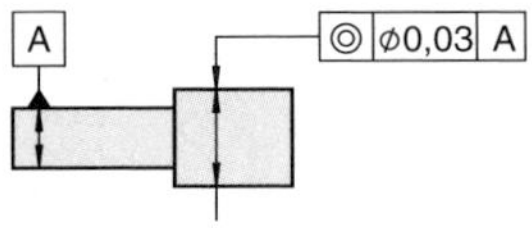	Die Achse des tolerierten Teils der Welle muss innerhalb eines Zylinders vom Durchmesser $t = 0{,}03\ \mathrm{mm}$ liegen, dessen Achse mit der Achse des Bezugselements fluchtet.

Tabelle 2.8: Symbolik und Beispiele zur Beschreibung von Lagetoleranzen des Ortes nach DIN EN ISO 1101 [2.14]

Symbol und tolerierte Eigenschaft	Toleranzzone	Zeichnungsangabe	Erläuterung
Planlauf ↗	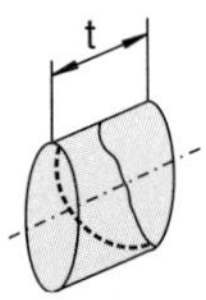	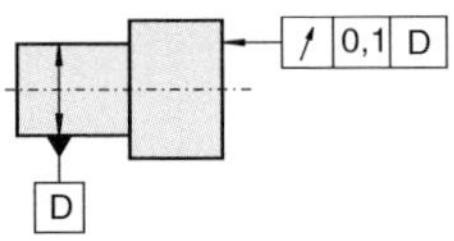	Bei Drehung um die Bezugsachse D darf die Planlaufabweichung in jedem Messzylinder $0{,}1\ \mathrm{mm}$ nicht überschreiten.
Rundlauf ↗	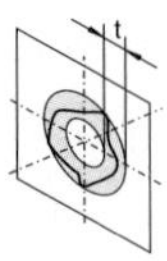	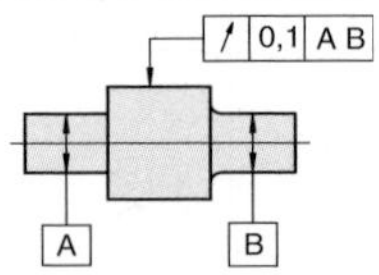	Bei Drehung um die Bezugsachse AB darf die Rundlaufabweichung in jeder senkrechten Messebene $0{,}1\ \mathrm{mm}$ nicht überschreiten.

Tabelle 2.9: Symbolik und Beispiele zur Beschreibung von Lagetoleranzen des Laufes nach DIN EN ISO 1101 [2.14]

2.4.3 Allgemeintoleranzen

Zur Vereinfachung von Zeichnungen dienen die Allgemeintoleranzen für Längen- und Winkelmaße sowie Rundungshalbmesser und Fasenhöhen mit vier Toleranzklassen nach DIN ISO 2768 [2.23]. Durch die Wahl einer Toleranzklasse soll die jeweilige werkstattübliche Genauigkeit berücksichtigt werden. Tabelle 2.10 enthält die Grenzabmaße für Längenmaße, Tabelle 2.11 für Winkelmaße und Tabelle 2.12 für Rundungshalbmesser und Fasenhöhen.

Toleranzklasse	Grenzabmaße in mm für Nennmaßbereiche in mm							
	0,5 bis 3	über 3 bis 6	über 6 bis 30	über 30 bis 120	über 120 bis 400	über 400 bis 1000	über 1000 bis 2000	über 2000 bis 4000
f (fein)	± 0,05	± 0,05	± 0,1	± 0,15	± 0,2	± 0,3	± 0,5	–
m (mittel)	± 0,1	± 0,1	± 0,2	± 0,3	± 0,5	± 0,8	± 1,2	± 2
c (grob)	± 0,15	± 0,2	± 0,5	± 0,8	± 1,2	± 2	± 3	± 4
v (sehr grob)	–	± 0,5	± 1	± 1,5	± 2,5	± 4	± 6	± 8

Tabelle 2.10: Allgemeintoleranzen: Grenzabmaße für Längenmaße nach DIN ISO 2768 [2.23]

Toleranzklasse	Grenzabmaße in Winkeleinheiten für Nennmaßbereiche des kürzeren Schenkels in mm				
	bis 10	über 10 bis 50	über 50 bis 120	über 120 bis 400	über 400
f (fein)	± 1°	± 30′	± 20′	± 10′	± 5′
m (mittel)	± 1°	± 30′	± 20′	± 10′	± 5′
c (grob)	± 1° 30′	± 1°	± 30′	± 15′	± 10′
v (sehr grob)	± 3°	± 2°	± 1°	± 30′	± 20′

Tabelle 2.11: Allgemeintoleranzen: Grenzabmaße für Winkelmaße nach DIN ISO 2768 [2.23]

Toleranzklasse	Grenzmaße in mm für Nennmaßbereiche in mm		
	0,5 bis 3	über 3 bis 6	über 6
f (fein) m (mittel)	± 0,2	± 0,5	± 1
c (grob) v (sehr grob)	± 0,4	± 1	± 2

Tabelle 2.12: Allgemeintoleranzen: Grenzabmaße für Rundungshalbmesser und Fasenhöhen (Schrägungen) nach DIN 7168 [2.12]

Ist für ein einzelnes Nennmaß eine kleinere Toleranz erforderlich bzw. eine größere wirtschaftlich, dann wird diese neben dem betreffenden Nennmaß angegeben.

In Analogie zu den Maßtoleranzen werden nach DIN ISO 2768 T2 auch Allgemeintoleranzen in drei Toleranzklassen für Form und Lage festgelegt [2.23]. Sie gelten für Formelemente, bei denen Form- und Lagetoleranzen nicht einzeln angegeben sind. Sie lassen sich für alle Eigenschaften der Formelemente anwenden, mit Ausnahme der Zylinderform, dem Profil einer beliebigen Linie oder Fläche, Neigung, Koaxialität, Position und Gesamtlauf. Einzeln erforderlich werdende größere oder kleinere Toleranzen sind extra anzugeben. Tabelle 2.13 enthält die entsprechenden Werte für Geradheit und Ebenheit, Tabelle 2.14 für Rechtwinklingkeit und Tabelle 2.15 für Symmetrie.

Allgemeintoleranzen für Maße, Form und Lage sind immer dann anzuwenden, wenn der Tolerierungsgrundsatz nach DIN EN ISO 8015 in der Zeichnung eingetragen ist [2.21]. Dieser im folgenden Abschnitt beschriebene Tolerierungsgrundsatz ist auch als Unabhängigkeitsprinzip bekannt und drückt aus, dass keine gegenseitige Beziehung zwischen Maß-, Form- und Lagetoleranzen besteht.

Allgemeintoleranzen für Geradheit und Ebenheit in mm

Toleranzklasse	**Nennmaßbereich in mm**					
	bis 10	über 10 bis 30	über 30 bis 100	über 100 bis 300	über 300 bis 1000	über 1000 bis 3000
H	0,2	0,05	0,1	0,2	0,3	0,4
K	0,05	0,1	0,2	0,4	0,6	0,8
L	0,1	0,2	0,4	0,8	1,2	1,6

Tabelle 2.13: Allgemeintoleranzen für Geradheit und Ebenheit in mm nach DIN ISO 2768 [2.23]

Allgemeintoleranzen für Symmetrie in mm

Toleranzklasse	**Nennmaßbereich in mm**			
	bis 100	über 100 bis 300	über 300 bis 1000	über 1000 bis 3000
H	0,2	0,3	0,4	0,5
K	0,4	0,6	0,8	1,0
L	0,6	1,0	1,5	2,0

Tabelle 2.14: Allgemeintoleranzen für Rechtwinkligkeit in mm nach DIN ISO 2768 [2.23]

Allgemeintoleranzen für Symmetrie in mm				
Toleranzklasse	Nennmaßbereich in mm			
	bis 100	über 100 bis 300	über 300 bis 1000	über 1000 bis 3000
H	0,5	0,5	0,5	0,5
K	0,6	0,6	0,8	1,0
L	0,6	1,0	1,5	2,0

Tabelle 2.15: Allgemeintoleranzen für Symmetrie in mm nach DIN ISO 2768 [2.23]

2.4.4 Tolerierungsgrundsätze

Für die Paarung von Bauteilen (z.B. Welle in einer Bohrung) sind die folgenden Maßarten von Bedeutung:

- Das Maximum-Material-Grenzmaß MML (Maximum Material Limit) begrenzt die maximal zulässige Materialmenge, d.h. das Element besitzt bei diesem Grenzmaß seine größte Masse. Bei Wellen ist es das Höchstmaß, bei Bohrungen das Mindestmaß. Falls dieses Maß überschritten wird, kann das Bauteil durch weitere Materialabnahme nachgearbeitet werden. Das MML entspricht demzufolge der „Gutseite" einer Prüflehre.
- Das Minimum-Material-Grenzmaß LML (Least Material Limit) begrenzt die minimal zulässige Materialmenge, d.h. das Element besitzt bei diesem Grenzmaß seine kleinste Masse. Bei Wellen ist es das Mindestmaß, bei Bohrungen das Höchstmaß. Wird dieses Maß überschritten, so ist eine Nacharbeit nicht mehr möglich. Somit beschreibt das LML die „Ausschussseite" einer Prüflehre.

Taylor hat 1905 erkannt, dass das Mindestspiel bei Maximum-Material-Grenzmaßen nur dann vorhanden ist, wenn die Teile nicht zusätzlich noch Formabweichungen aufweisen. Darauf gründet sein Prüfgrundsatz:

„Die Gutprüfung (Einhaltung der Maximum-Material-Grenze) ist eine Paarungsprüfung mit einem geometrischen Gegenstück (Lehre), die über das ganze Formelement geht. Die Ausschussprüfung (Einhaltung der Minimum-Material-Grenze) ist eine Einzelprüfung der örtlichen Istmaße im Zweipunktverfahren."

Aufbauend auf dem Taylorschen Prüfgrundsatz wurden die folgenden Tolerierungsgrundsätze entwickelt, mit denen sich an einfachen Passelementen (z.B. Kreiszylindern oder Planflächenpaaren) überprüfen lässt, ob die Formabweichungen grundsätzlich von den Formabweichungen abhängen oder nicht:

- Hüll-Prinzip („Alter" Tolerierungsgrundsatz)
- Unabhängigkeitsprinzip („Neuer" Tolerierungsgrundsatz)

Das Hüll-Prinzip („Alter" Tolerierungsgrundsatz) gilt generell für alle tolerierten Maße auf Zeichnungen, die keinen Hinweis auf DIN EN ISO 8015 enthalten [2.21]. Es gilt dann die Tolerierung nach DIN 7167 [2.11]. Soll z.B. eine Welle mit einer Bohrung so zusammengefügt werden, dass Spiel verbleibt, so wird nach dem Hüll-Prinzip gefordert, dass das Bauteil die geometrisch ideale Hülle mit Maximum-Material-Grenzmaß

MML nicht durchbricht und kein örtliches Istmaß das Minimum-Material-Grenzmaß LML bei Bohrungen überschreitet bzw. bei Wellen unterschreitet, Tabelle 2.16. Somit sind die Formtoleranzen für die Geradheit der Achse und die Rundheit der einzelnen Querschnitte einzuschränken. Dabei dürfen die Formabweichungen nie größer sein als die Maßtoleranz. Es werden nur die Formabweichungen, dagegen außer der Parallelität keine Lageabweichungen durch die Hülle beschränkt, Abbildung 2.4.

Formelement	Beispiel	Gestalt der Hülle	Hülle für das Beispiel
Kreiszylinder (Welle)	Bolzen 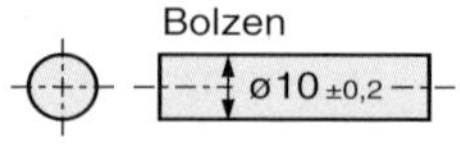 ø10 ±0,2	Kreiszylinder mit Höchstmaß („Lehr-Hülse)	Hüllmaß  MML = ø 10,2
Kreiszylinder (Bohrung)	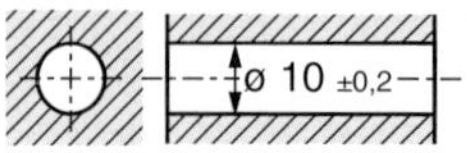 ø 10 ±0,2	Kreiszylinder mit Mindestmaß („Lehr-Dorn")	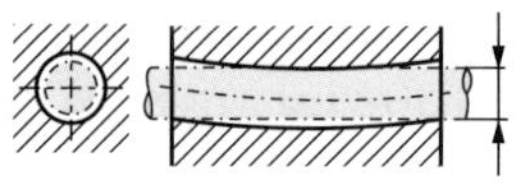 MML = ø 9,8
Parallelebenen (außen)	Klotz 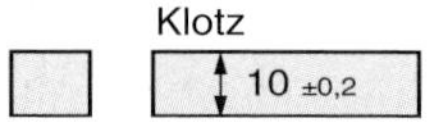 10 ±0,2	2 Parallelebenen mit Höchstmaß („Lehr-Hülse)	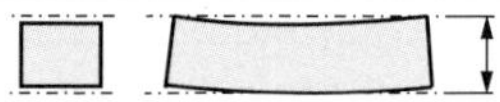 MML = ø 10,2
Parallelebenen (innen)	Nut 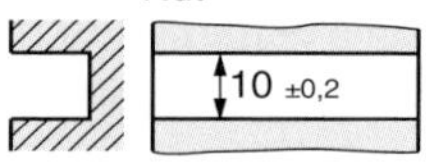 10 ±0,2	2 Parallelebenen mit Mindestmaß („Lehr-Schieber")	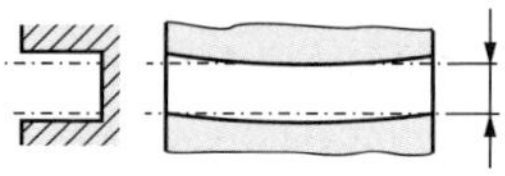 MML = ø 9,8

Tabelle 2.16: Bedeutung der „Hülle" bei den einzelnen Formelementen (MML – Maximum-Material-Maß) nach [2.28]

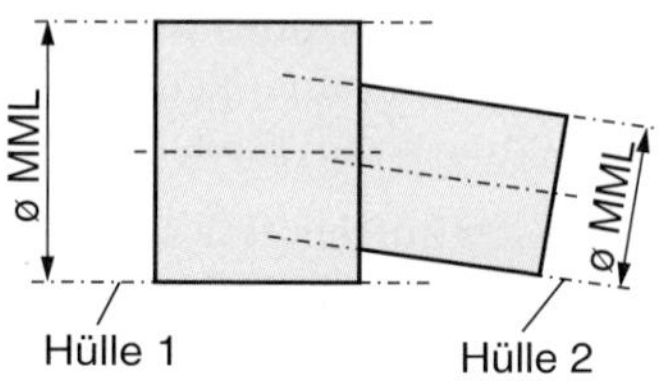

Abbildung 2.4: Vom Hüll-Prinzip nicht eingeschränkte Lageabweichungen für Koaxialität nach [2.28]

Beim international genormten Unabhängigkeitsprinzip („Neuer" Tolerierungsgrundsatz) nach DIN EN ISO 8015 muss jede Maß-, Form- und Lagetoleranz unabhängig voneinander eingehalten werden. Es erfolgt also keine Paarungsprüfung. Die Zeichnung muss einen Hinweis auf DIN EN ISO 8015 enthalten, ansonsten gilt das Hüll-Prinzip. Da das Unabhängigkeitsprinzip die ungerechtfertigten Anforderungen des Hüll-Prinzips bezüglich der Form- und Lageabweichungen aufhebt, lassen sich der Fertigungsaufwand und damit auch die Fertigungskosten reduzieren.

Mithilfe der Maximum-Material-Bedingung ist bei Gültigkeit des Unabhängigkeitsprinzips eine Vergrößerung der Formtoleranzen möglich, indem die Formabweichungen auf der Zeichnung mit einem eingekreisten *M* gekennzeichnet werden, Abbildung 2.5. Dabei erlaubt die Maximum-Material-Bedingung eine Überschreitung der mit dem eingekreisten M gekennzeichneten Formtoleranz um den Betrag, um den das Istmaß vom Maximum-Material-Grenzmaß (MML) abweicht.

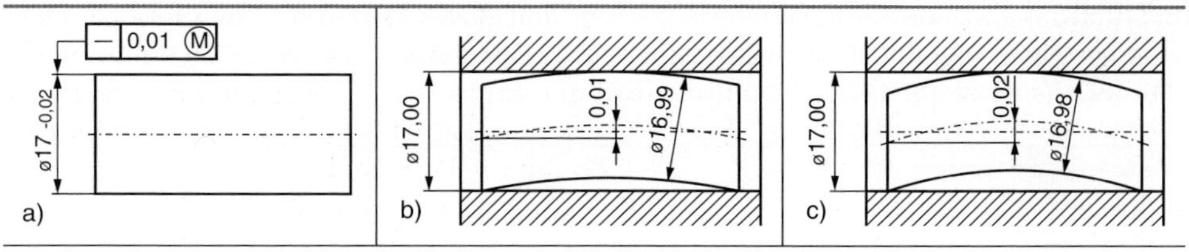

Abbildung 2.5: Nach dem Hüll-Prinzip tolerierter Bolzen – a) Zeichnungsangaben für Maß- und Geradheitstoleranz, b) Einschränkung der oberen Maßtoleranz durch vollständige Ausnutzung der Geradheitstoleranz bei fehlender Angabe von M (Maximum-Material-Maß), c) zulässige Überschreitung der Geradheitstoleranz bei einer z.B. vorhandenen Ist-Maßtoleranz bei Angabe von M (Maximum-Material-Maß)

Sollte jedoch z.B. für eine Passung die Anwendung des Hüll-Prinzips von Vorteil sein, so wird das betreffende Maß in der Zeichnung gemäß Abbildung 2.6 zusätzlich mit einem eingekreisten E versehen.

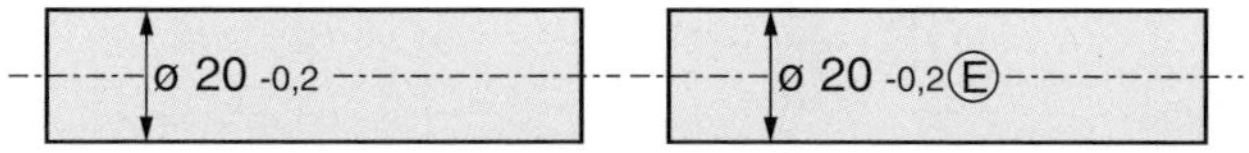

Abbildung 2.6: Begrenzung der Formabweichungen eines Kreiszylinders durch die Hüll-Bedingung [2.28]

2.5 Passungen

Als Passung wird gemäß DIN EN ISO 286 die Differenz zwischen den Maßen der Passflächen zweier zu fügender und mit bestimmten Fertigungstoleranzen behafteter Teile (z.B. Bohrung und Welle) bezeichnet [2.13]. Zur eindeutigen Bezeichnung der Passung sind das gemeinsame Nennmaß sowie die Grenzmaße (bzw. Kurzzeichen der Toleranzklasse) für die Bohrung und die Welle erforderlich. Das Passsystem soll die Funktion von Teilen (z.B. Gleitlagerung zwischen Welle und Lager, Klemmverbindung zwischen Welle und Nabe) bzw. ihre Austauschbarkeit ermöglichen. Folgende Begriffe werden unterschieden:

- Mit Passung (P) wird die Differenz zwischen den Ist-Maßen I von zwei zu fügenden Einzelteilen bezeichnet (z.B. Bohrung I_B und Welle I_W). Somit ergeben sich beim Fügen tolerierter Teile die Grenzpassungen P_o und P_u. Für $P \geq 0$ ist Spiel vorhanden, bei $P < 0$ liegt ein Übermaß vor.

  Allgemein: $$P = I_B - I_W \quad (2.13)$$
  Höchstpassung: $$P_o = G_{oB} - G_{uW} = ES - ei \quad (2.14)$$
  Mindestpassung: $$P_u = G_{uB} - G_{oW} = EI - es \quad (2.15)$$

- Das Spiel S ist die positive Differenz der Maße von Bohrung und Welle, wenn das Maß der Bohrung größer ist als das Maß der Welle ($P \geq 0$). Weiterhin wird unterschieden zwischen dem Höchstübermaß S_o und dem Mindestübermaß S_u.
- Das Übermaß $Ü$ ist die negative Differenz der Maße von Bohrung und Welle, wenn das Maß der Bohrung kleiner ist als das Maß der Welle ($P < 0$). Weiterhin wird unterschieden zwischen dem Höchstübermaß $Ü_o$ und dem Mindestübermaß $Ü_u$.
- Die Passtoleranz P_T ist die algebraische Differenz zwischen den Grenzpassungen bzw. die arithmetische Summe der Maßtoleranzen der beiden Formelemente, die zu einer Passung gehören:

  $$P_T = P_o - P_u = (G_{oB} - G_{uW}) - (G_{uB} - G_{oW}) \quad (2.16)$$
  $$P_T = T_B + T_W = (ES - EI) + (es - ei) \quad (2.17)$$

In Abbildung 2.7 sind die Passtoleranzfelder und Bedingungen für eine Spielpassung, Übergangspassung und Übermaßpassung zusammengefasst. Des Weiteren sind die beiden ISO-Passsysteme Einheitsbohrung (EB) und Einheitswelle (EW) zu unterscheiden.

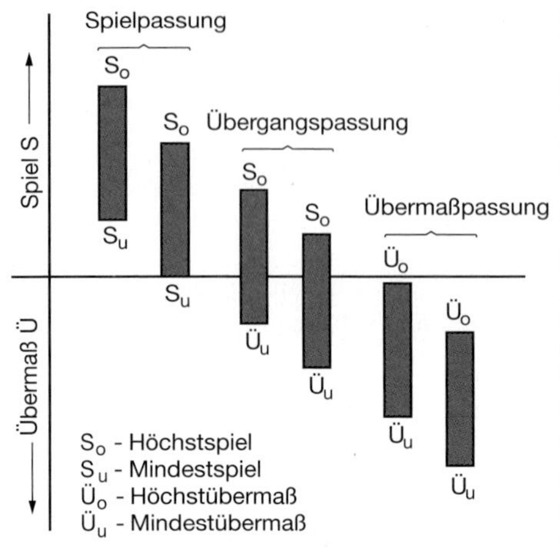

Spielpassung P_S	Übergangspassung	Übermaßpassung $P_Ü$
Spiel S	Spiel S oder Übermaß $Ü$	Übermaß $Ü$
$P_o > 0$ und $P_u \geq 0$	$P_o \geq 0$ und $P_u < 0$	$P_o \leq 0$ und $P_u < 0$

Abbildung 2.7: Passtoleranzfelder für Spiel-, Übergangs- und Übermaßpassungen

2.5.1 System Einheitsbohrung (EB)

Bei dem Passsystem Einheitsbohrung ist grundsätzlich die Bohrung das einheitliche Bezugselement gemäß Abbildung 2.8. Dabei wird das Nennmaß der Bohrung als Mindestmaß festgelegt, so dass das Toleranzfeld des Systems Einheitsbohrung das H-Feld ($EI = 0$) ist. Hauptanwendungsgebiete des Systems sind der allgemeine Maschinenbau sowie Kraftmaschinen-, Elektromaschinen und Werkzeugmaschinenbau aber auch der Kraftfahrzeugbau. Auch bei kleinen Stückzahlen ist das System EB wirtschaftlicher als das System Einheitswelle, da weniger teure Herstellungswerkzeuge und empfindliche Messgeräte zur Erstellung der Außenkonturen mit den geforderten Toleranzen erforderlich sind.

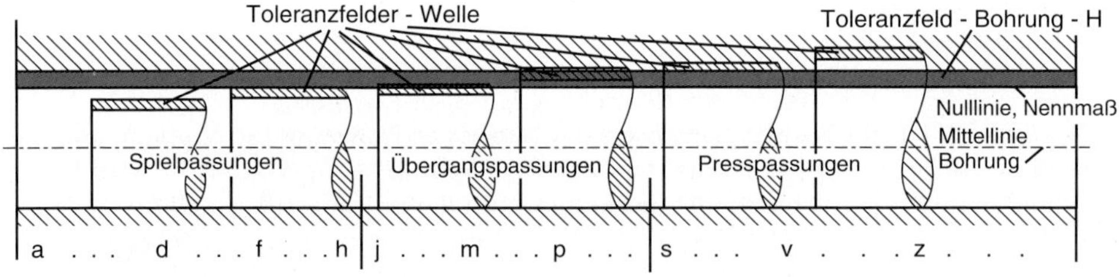

Abbildung 2.8: Beziehungen zwischen den Toleranzfeldern – Passungen beim System Einheitsbohrung (EB)

2.5.2 System Einheitswelle (EW)

Beim System Einheitswelle (EW) wird die Welle als einheitliches Bezugselement gemäß Abbildung 2.9 verwendet, so dass das Toleranzfeld des Systems Einheitswelle das *h*-Feld ($es = 0$) ist. Somit hat in dem System die Welle für jedes Nennmaß das einheitlich gleichbleibende Maß und das Passmaß der Bohrung wird größer oder kleiner ausgeführt. Ein Anwendungsgebiet des Passsystems Einheitswelle sind z.B. gezogene Halbzeuge (z.B. Wellen und Bolzen) in großen Stückzahlen.

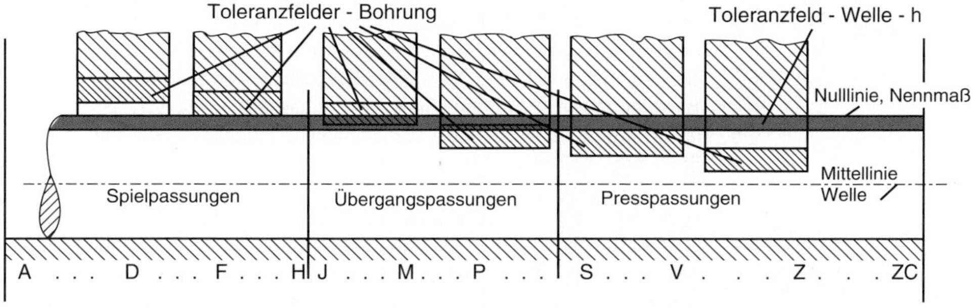

Abbildung 2.9: Beziehungen zwischen den Toleranzfeldern – Passungen beim System Einheitswelle (EW)

2.5.3 Beispiele zur Passungsauswahl

Die Entscheidung für das System Einheitsbohrung oder Einheitswelle hängt im Wesentlichen von den vorhandenen Fertigungseinrichtungen, den zu fertigenden Stückzahlen und auch konstruktiven Überlegungen ab. Da es weder eine exakte Abgrenzung der Anwendungsbereiche noch eine eindeutige Überlegenheit eines Passsystems gibt, kann auch eine gemischte Anwendung der beiden Systeme sinnvoll sein. Die folgende Tabelle 2.17 gibt Beispiele für die Paarung von ISO-Toleranzen für die Passsysteme Einheitsbohrung und Einheitswelle.

Passung bei Einheitsbohrung		**Passung bei Einheitswelle**
Nabensitz-Feinpassung		
	Presssitze: Zur Übertragung großer Umfangs- oder Längskräfte durch Reibschluss. Nur mit Presse oder Wärmedifferenz fügbar.[2)]	
H7 – z8, z9	1. Fester Presssitz für große Flächenpressung: Naben von	Z8, z9 – h6
H8 – x8	Zahn-, Lauf- und Schwungrädern; Wellenflansche	X7, X8 – h6
H8 – u8	(U8 für größere, x8 für kleinere Durchmesser)[1)]	U6, U7 – h6
H7 – s6	2. Mittlerer Presssitz für mittlere Flächenpressung:	S7 – h6
H7 – r6	Kupplungsnaben; Bronze-Kränze auf GJL-Naben;	R7 – h6
	Lagerbuchsen in Gehäusen, Rädern und Schubstangen	
	(r6 für größere, s6 für kleinere Durchmesser)	
	Übergangssitze: Gegen Drehmoment zusätzlich sichern!	

Tabelle 2.17: Ausgewählte Beispiele für die Paarung von ISO-Toleranzen

Passung bei Einheitsbohrung		Passung bei Einheitswelle
Nabensitz-Feinpassung		
H7 – n6	3. Festsitz: Mit Press- und Wärmedifferenz[2] fügbar. Für Anker auf Motorwellen und Zahnkränze auf Rädern; aufgezogene Bunde auf Wellen; Lagerbüchsen in Lagern und Naben	N7 – h6
H7 – m6	4. Treibsitz: Nur schwer mit Handhammer, jedoch mit Wärmedifferenz fügbar.[2] Für einmalig aufgebrachte Riemenscheiben, Kupplungen und Zahnräder auf Maschinen- und Elektromotorwellen, Wälzlagerringe und Umfangslast	M7 – h6
H7 – k6	5. Haftsitz: Mit Handhammer oder Wärmedifferenz[2] fügbar. Für Riemenscheiben, Kupplungen und Zahnräder wie oben ($d = 8 \ldots 50\ \mathrm{mm}$); Schwungräder mit Tangentkeil; feste Handräder und Handhebel, Kurbeln, Turbinenlaufräder	K7 – h6
H7 – j6	6. Schiebesitz: Wie Nr. 5 fügbar. Für leichter auszubauende Riemenscheiben, Zahnräder, Handräder, Lagerbüchsen (auch Steckverbindungen) Spielsitze: Welle-Nabe-Verbindung gegen Drehmoment zusätzlich sichern!	J7 – h6
H7 – h6	7. Gleitsitz: Geschmiert, bei kleinem b/d (ca. 0,1) von Hand noch eben verschiebbar, bei größerem b/d wie Nr. 5! Für Wechselräder, Stellringe, lose Buchsen für Kolbenbolzen, Wälzlager-Außenringe und Innenringe bei Punktlast, Zentrierflansche für Kupplungen und Rohrleitungen, Steckverbindungen	H7 – h6
H7 – g6	8. Enger Laufsitz: Ohne merkliches Spiel verschiebbar! Für Schubzahnräder und Schubkupplungen	G7 – h6
Lagersitz-Feinpassung		
H7 – f7	9. Laufsitz: Merkliches Spiel! Hauptlager an Werkzeugmaschinen, Kurbelwellen; sämliche Lagerungen an Regulatoren; Gleitmuffen auf Wellen, Führungssteine	F8 – h6
H8 – f7	10. Leichter Laufsitz: Reichliches Spiel! Für mehrfach gelagerte Wellen in Werkzeugmaschinen, Wellen in Pumpen, Gebläsen	E8 – h6
H7 – d9	11. Weiter Laufsitz: Sehr reichliches Spiel! Gleitlagerbüchsen, Landwirtschaftliche Maschinen	D9 – h6
Nabensitz-Schlichtpassung		
H8 – h9	12. Gleitsitz: Für kraftlos verschiebbare Passteile! Stellringe für Transmissionen; einteilig feste Riemenscheiben; Handkurbel, Zahnräder, Kupplungen usw., die über Wellen geschoben werden	H8 – h9

Tabelle 2.17: Ausgewählte Beispiele für die Paarung von ISO-Toleranzen (Forts.)

Passung bei Einheitsbohrung		Passung bei Einheitswelle
Lagersitz-Schlichtpassung		
H8 – e8	13. Laufsitz: Merkliches Spiel! Hauptlager für Kurbelwellen, Schubstangenlager, Kreuzkopf in Gleitbahn; Kolbenstangenführung, Schieberstangen, Wellen in dreifacher Lagerung; Kolben und Kolbenschieber in Zylindern; Lager für Kreisel- und Zahnradpumpen; verschiebbare Kupplungsmuffen	F8 – h9
H8 – d9	14. Weiter Laufsitz: Sehr reichliches Spiel! Lager für lange Wellen von Kranen: Leerlaufscheiben; Lager für landwirtsch. Masch.; Zentrierungen von Zylindern, Stopfbuchsenteile	D10 – h9
Nabensitz-Grobpassung		
H11 – h11 H11 – h9	15. Grobsitz 1: Wie Nr. 7 für zusammensteckbare Teile bei grober Toleranz! Teile von landwirtsch. Masch., die auf Wellen verstiftet, festgeschraubt oder festgeklemmt werden; Distanzbuchsen; Scharnierbolzen für Feuertüren	H11 – h11 H11 – h9
Lagersitz-Grobpassung		
H11 – d11	16. Grobsitz 2: Für sicheres Bewegungsspiel von Teilen mit grober Toleranz! Abnehmbare Hebel, Hebelbolzen; Lager für Rollen und Führungen	D11 – h11
H11 – c11 H11 – b11	17. Grobsitz 3: Für großes Bewegungsspiel von Teilen mit großer Toleranz! Gabelbolzen an Bremsgestängen von Kraftfahrzeugen; Drehzapfen, Schnappstifte	C11 – h11 B11 – h11
H11 – a11	18. Grobsitz 4: Für sehr großes Bewegungsspiel von Teilen mit grober Toleranz! Feder- und Bremsgehänge; Bremswellenlager, Kuppelbolzen für Lokomotiven	A11 – h11

1) bis Nennmaß 24 mm; H8/x8, über 24 mm Nennmaß: H8/u8
2) Wärmedifferenz durch Unterkühlen der Welle oder Erwärmen der Nabe

Tabelle 2.17: Ausgewählte Beispiele für die Paarung von ISO-Toleranzen (Forts.)

2.6 Oberflächen technischer Körper

Aus fertigungstechnischen Gründen lassen sich grundsätzlich keine Werkstücke mit einer geometrisch idealen Oberfläche herstellen. Es treten durch die Bearbeitungsverfahren immer regelmäßige oder unregelmäßige Unebenheiten auf, die allgemein als Gestaltabweichungen bezeichnet werden. Diese Gestaltabweichungen (Gesamtheit aller Abweichungen der Istoberfläche von der geometrisch idealen Oberfläche) werden nach DIN 4760 je nach Art der Abweichung in sechs Ordnungen zusammengefasst, Tabelle 2.18 [2.5]. Dabei bezeichnet man die den Gestaltabweichungen der 1. und 2. Ordnung (Formabweichung und Welligkeit) überlagerten Gestaltabweichungen der 3. bis 5. Ordnung als Rauheit.

Die genaue Erfassung der Gestaltabweichung der gesamten Oberfläche setzt die Betrachtung der Oberfläche als Ganzes voraus. Die dafür notwendigen Verfahren sind sehr aufwändig, weshalb man in der betrieblichen Oberflächenmesstechnik nur statistisch repräsentative Oberflächenschnitte erfasst.

Gestaltabweichung (als Profilschnitt überhöht dargestellt)	**Beispiele für die Art der Abweichung**	**Beispiele für die Entstehungsursache**
 1. Ordnung, Formabweichungen (Grobgestalt)	Unebenheit Unrundheit	Fehler in den Führungen der Werkzeugmaschine, Durchbiegung der Maschine oder des Werkstücks, falsche Einspannung des Werkstücks, Härteverzug, Verschleiß
 2. Ordnung, Welligkeit (Feingestalt)	Wellen	Außermittige Einspannung oder Formfehler eines Fräsers, Schwingungen der Werkzeugmaschine oder des Werkzeugs
 3. Ordnung, Rauheit (Feingestalt)	Rillen	Form der Werkzeugschneide, Vorschub oder Zustellung des Werkzeugs
 4. Ordnung, Rauheit (Feingestalt)	Riefen Schuppen Kuppen	Vorgang der Spanbildung (Reißspan, Scherspan, Aufbauschneide), Werkstoffverformung beim Sandstrahlen, Knospenbildung bei galvanischer Behandlung
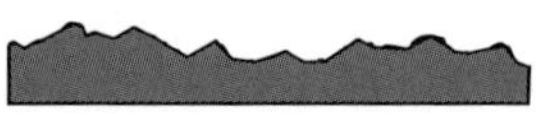	Überlagerung der Gestaltabweichungen 1. bis 4. Ordnung	
5. Ordnung Nicht mehr in einfacher Weise bildlich darstellbar	Gefügestruktur	Kristallisationsvorgänge, Veränderung der Oberfläche durch chemische Einwirkung (z.B. Beizen), Korrosionsvorgänge
6. Ordnung Nicht mehr in einfacher Weise bildlich darstellbar	Gitteraufbau des Werkstoffes	Physikalische und chemische Vorgänge im Aufbau der Materie, Spannungen und Gleitungen im Kristallgitter

Tabelle 2.18: Beispiele für die Gestaltabweichungen nach DIN 4760

Während man die Maß- und Formabweichungen zur Grobgestalt zählt, gehören Welligkeit und Rauheit zur Feingestalt. Zur genauen Beschreibung dieser Feingestalt ist ein Bezugsprofil bzw. eine Bezugslinie gemäß Abbildung 2.10 zu definieren. Dabei geht die „Mittellinie“ als Regressionslinie durch das Profil, d.h. die Summe der Quadrate der Profilabweichungen von dieser Linie wird ein Minimum. Bei der „Arithmetischen Linie“ wird die Summe der Flächen auf beiden Seiten gleich groß.

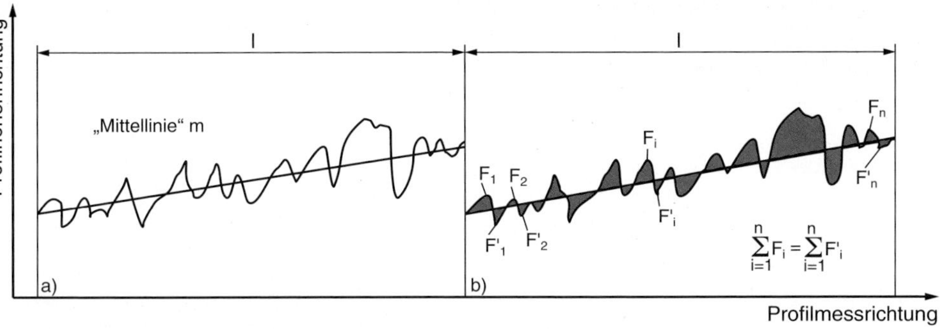

Abbildung 2.10: Bezungslinien nach DIN 4762 (Bezugslänge l) – a) „Mittellinie“ (Regressionslinie), b) „Arithmetische Mittellinie“ des Profils

Rauheiten sind regelmäßig oder unregelmäßig wiederkehrende Gestaltabweichungen, deren Abstände nur ein geringes Vielfaches ihrer Tiefe betragen (1 : 50 bis 1 : 150). Bei den Kennwerten zur Beschreibung der Rauheit geben Senkrechtmaße Aufschluss über die Höhe des Rauheitsprofils, Waagerechtmaße über die Form des Rauheitsprofils. Die Beschreibung der Gestaltabweichungen der 3. bis 5. Ordnung erfolgt allgemein durch die Rautiefen R_a, R_z und R_{max} in µm. Dabei bezeichnen der Mittenrauwert R_a das arithmetische Mittel der absoluten Beträge der Ordinatenwerte y_i des Istprofils zum mittleren Profil, die maximale Einzelrautiefe R_{max} den Abstand zwischen Bezugs- und Grundprofil (Höchster und tiefster Punkt des Profilstückes) und die gemittelte Rautiefe R_z das arithmetische Mittel von meistens fünf Einzelrautiefen innerhalb einer Bezugsstrecke. Tabelle 2.19 zeigt die Definition dieser und weiterer relevanter Rauheitsmessgrößen.

Da keine mathematische Beziehung zwischen R_{max} und R_a sowie R_z und R_a besteht, kann eine oftmals notwendige Zuordnung von R_a in R_z und umgekehrt nur über das Diagramm in Abbildung 2.11 erfolgen, das auf Vergleichsmessungen an spanend gefertigten Oberflächen beruht.

Werden weitere Anforderungen an die Funktion einer Oberfläche gestellt, z.B. hohe spezifische Belastung, hohe Dichtheit, gleichmäßige und geringe Reibung, so sind neben der Angabe der Rautiefe weitere Festlegungen z.B. zur Wellentiefe, Profiltiefe oder aber auch zur Rillenrichtung erforderlich (Tabelle 2.19 und Tabelle 2.20).

Auch wenn kein direkter zahlenmäßiger Zusammenhang zwischen der Maßtoleranz T und der Oberflächenrautiefe R_z besteht, so stehen der gewählte Toleranzgrad und die Oberflächengüte in einem engen Verhältnis zueinander und müssen sinnvoll aufeinander abgestimmt sein. Damit nach dem Fügen der Passteile und der dann teilweisen Plastifizierung der Oberflächenrauheiten das Istmaß des Bauteils noch innerhalb des Toleranzfeldes liegt, sollte folgende Bedingung eingehalten werden:

$$R_z \leq 0{,}5 \cdot T \tag{2.18}$$

Zeichen, Benennung, Norm	Definition/Bewertung	Auswertung
Arithmetischer Mitten-Rauwert R_a DIN EN ISO 4287 DIN EN ISO 4288	$R = \frac{1}{l}\cdot\int_{x=0}^{x=l}\lvert y(x)\rvert dx$ Arithmetisches Mittel der absoluten Werte der Profilabweichungen y_i innerhalb der Bezugsstrecke l. Vergleich von Oberflächen gleichen Charakters möglich	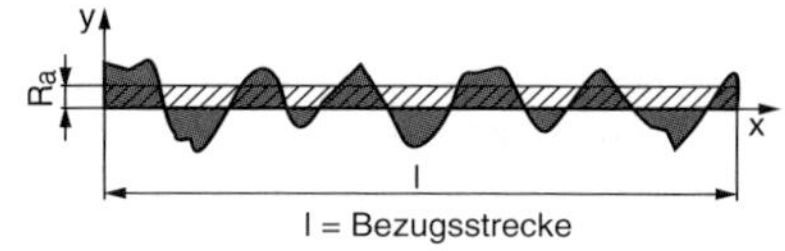
Maximale Einzel-Rautiefe R_{max} Gemittelte Rautiefe R_z (R_{zDIN}) DIN EN ISO 4287 DIN EN ISO 4288	Größte der auf der Gesamtmessstrecke l_m vorkommenden Einzelrautiefen Z_i. Wert wird durch Ausreißer bestimmt. $R_z = \frac{1}{5}\cdot(Z_1 + Z_2 + Z_3 + Z_4 + Z_5)$ Arithmetisches Mittel aus den Einzelrautiefen Z_i fünf aneinandergrenzender, gleichlanger Einzelmessstrecken l_m. Wert wird weniger durch einzelne Ausreißer bestimmt.	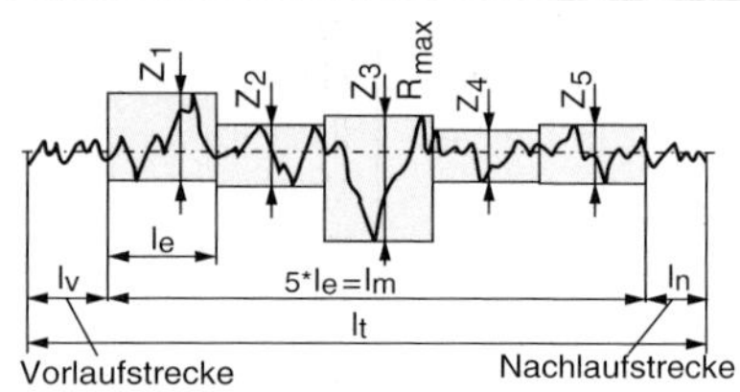
Maximale Profilhöhe R_y DIN EN ISO 4287 DIN EN ISO 4288	Abstand zwischen der Linie der Profilkuppen (obere Berührlinie) und der Linie der Profiltäler (untere Berührlinie) innerhalb der Bezugsstrecke l. Wert wird durch Ausreißer bestimmt.	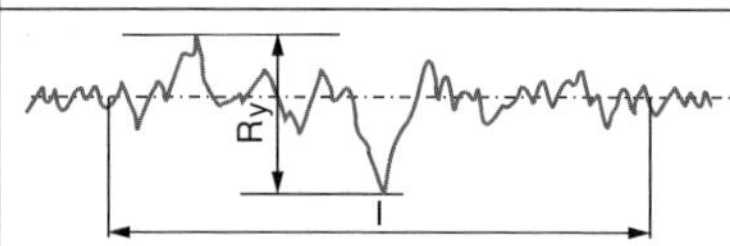
Profilkuppenhöhe y_p Gemittelte Profilkuppenhöhe y_{pm} DIN EN ISO 4287 DIN EN ISO 4288	Abstand zwischen dem höchsten Punkt der Profilkuppen und der Mittellinie m $y_{pm} = \frac{1}{5}\cdot(y_{p1} + y_{p2} + y_{p3} + y_{p4} + y_{p5})$ Arithmetisches Mittel der in fünf aneinandergrenzenden, gleichlangen Einzelmessstrecken l_e ermittelten Profilkuppenhöhen y_{pi}	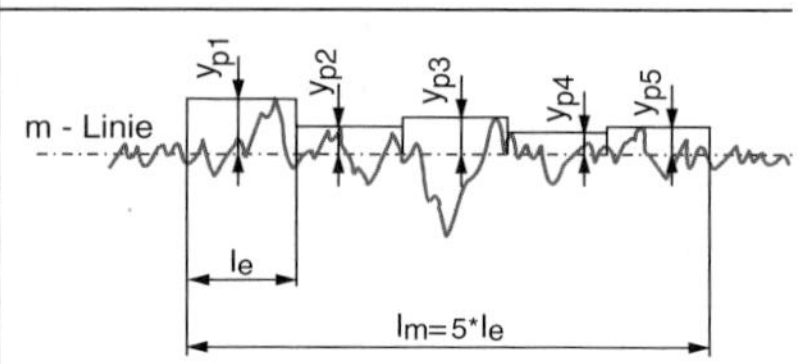
Zehnpunktehöhe (der Profilunregelmäßigkeiten) R_z (R_{zISO}) DIN EN ISO 4287 DIN EN ISO 4288	$R_z = \frac{1}{5}\cdot\left(\sum_{i=1}^{5} y_{pi} + \sum_{i=1}^{5} y_{vi}\right)$ Mittelwert der Absolutwerte der Höhen der fünf höchsten Profilkuppen und der Absolutwerte der Tiefen der fünf tiefsten Profiltäler innerhalb der Bezugsstrecke I. (R_{zISO}) ≥ (R_{zDIN})	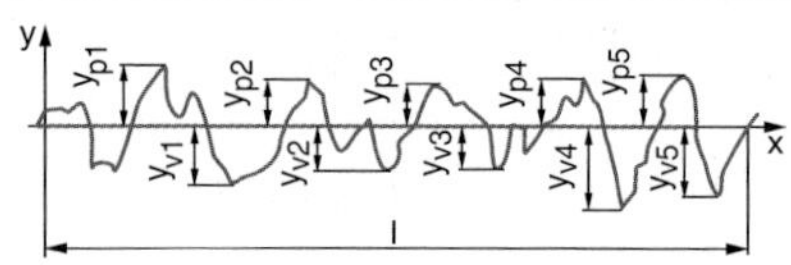

Tabelle 2.19: Begriffe und Definitionen in der Oberflächenmesstechnik nach DIN EN ISO 4287, DIN EN ISO 4288 und DIN EN ISO 13565 [2.18], [2.19]

Zeichen, Benennung, Norm	Definition/Bewertung	Auswertung
Quadratischer Mittenrauwert R_q DIN EN ISO 4287 DIN EN ISO 4288	$R_q = \sqrt{\frac{1}{l} \cdot \int_0^l y^2(x)dx}$ Quadratischer Mittelwert der Profilabweichungen y_i innerhalb der Bezugsstrecke l. Kennwert mit größerer statistischer Sicherheit als R_q	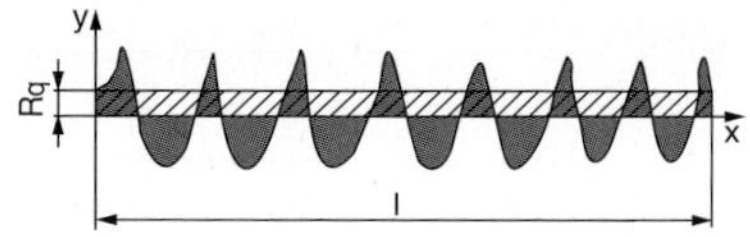
Profiltiefe P_t DIN EN ISO 4287 DIN EN ISO 4288	Abstand zwischen zwei parallelen bzw. äquidistanten Begrenzungslinien, die das messtechnisch erfasste Oberflächenprofil innerhalb der Bezugsstrecke l_i kleinstmöglich einschließen. Wert wird durch Ausreißer bestimmt.	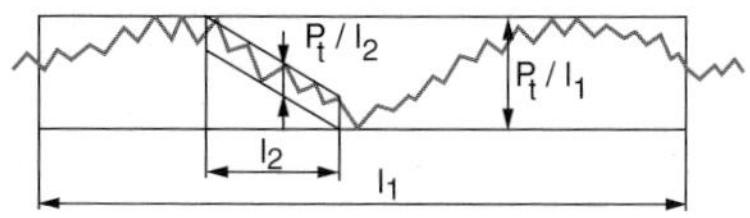
Wellentiefe W_t DIN EN ISO 4287 DIN EN ISO 4288	Abstand zwischen den durch den höchsten und den tiefsten Punkt eines Welligkeitsprofils innerhalb der Welligkeitsmessstrecke l_{mw} gelegten Parallelen bzw. Äquidistanten zur Mittellinie	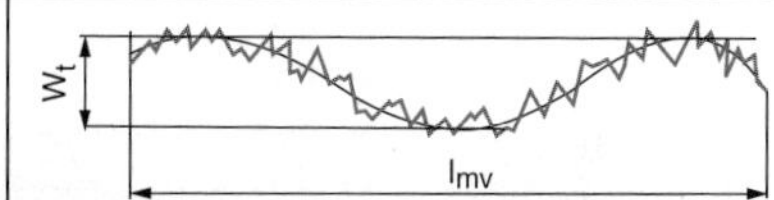
Schiefe des Profils S_k DIN EN ISO 4287	$S_k = \frac{1}{R_q^3} \cdot \frac{1}{n} \sum_{i=1}^{n} (y_i - \overline{y})^3$ Maß für die Asymmetrie der Ordinatenverteilung. Beschreibung der Profilform möglich. Negativer S_k-Wert kennzeichnet plateauförmige (gut tragende) Oberfläche.	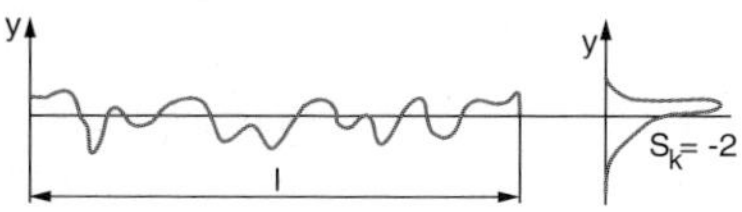
Abbot-Kurve (Profiltraganteilkurve) DIN EN ISO 4287 DIN EN ISO 13565	$M_r = \frac{l}{l_n} \cdot 100 \text{ in } \%$ Materialverteilung (Materialanteil M_r) mit zunehmender Schnittlinientiefe. Gute Beschreibung der Profilform möglich	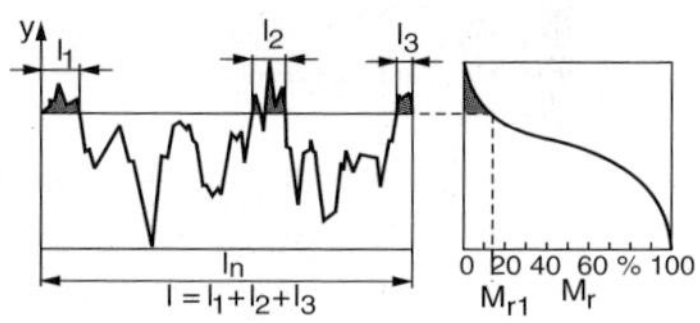
AKF Autokorrelationsfunktion	$R_{yy}(\lambda) = \frac{1}{l} \cdot \int_0^l y(x) \cdot y(x+\lambda)dx$ Normiert: $r_{yy}(\lambda) = \frac{R_{yy}(\lambda)}{\sigma^2}$ Arithmetischer Mittelwert der Produkte aus den Ordinatenwerten $y(x)$ und $y(x+\lambda)$ als Funktion der Abszissenverschiebung λ. Beschreibung des Profilverlaufs möglich, Ermittlung periodischer und deterministischer Profilanteile	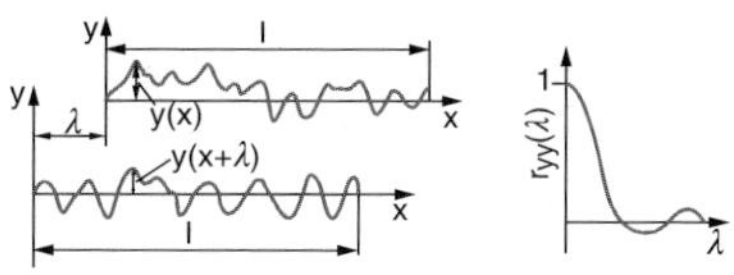

Tabelle 2.19: Begriffe und Definitionen in der Oberflächenmesstechnik nach DIN EN ISO 4287, DIN EN ISO 4288 und DIN EN ISO 13565 [2.18], [2.19] (Forts.)

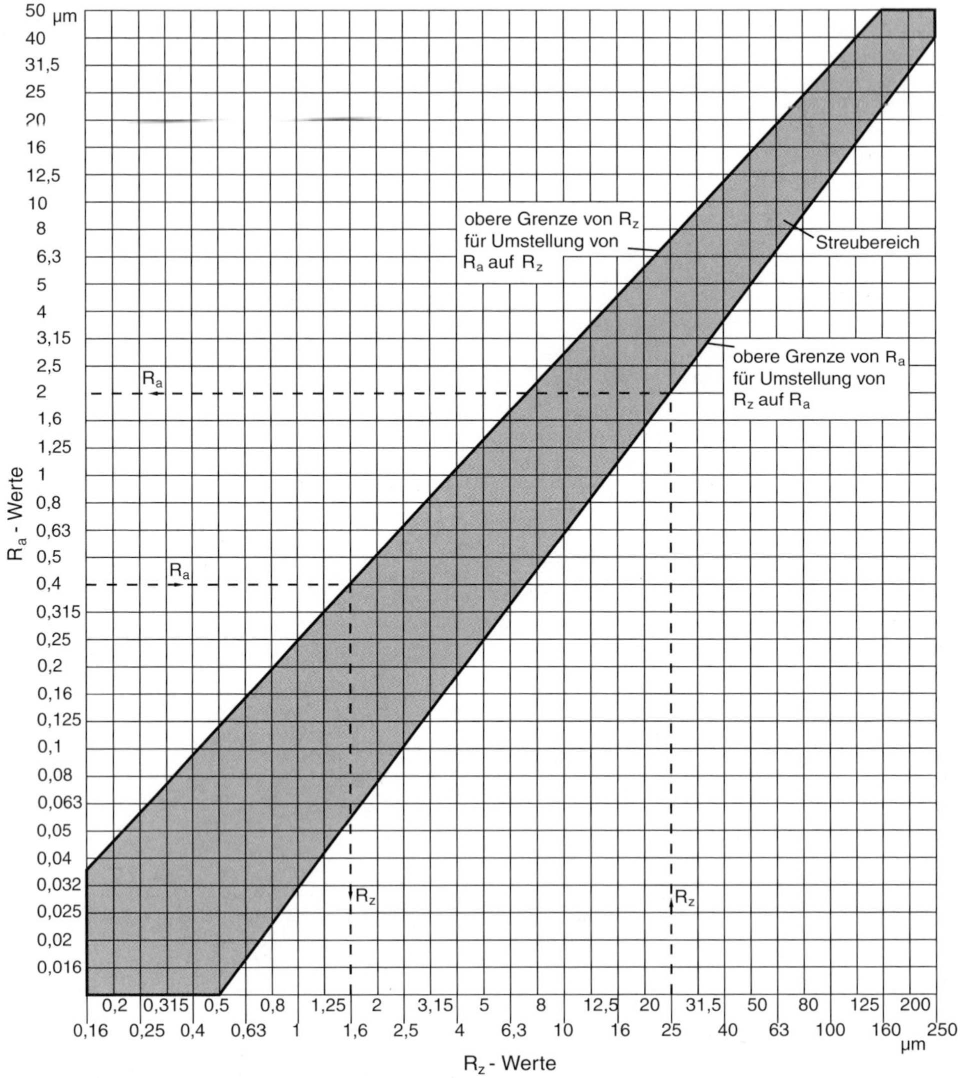

Abbildung 2.11: Umrechnung zwischen gemittelter Rautiefe R_z und arithmetischem Mittenrauwert R_a für spanend gefertigte Oberflächen (Berücksichtigung eines Streubereiches und einer ausreichenden Sicherheit nach DIN 4768 – für mittlere Verhältnisse ist $R_z \approx (4 \ldots 6 \ldots 8)\ R_a$ [2.7]

Eine qualitativ und quantitativ bessere Möglichkeit zur Beurteilung von Rauheitsprofilen hinsichtlich der Funktion der Oberfläche bietet die Materialanteilkurve, auch Abbot-Kurve genannt. Sie beschreibt die Materialverteilung eines Oberflächen-Rauheitsprofils von außen in die Tiefe. Mathematisch stellt sie die Summenhäufigkeitskurve der Profilordinaten dar und kann daher auch aus der Integration der Amplitudendichtekurve ermittelt werden. Die Entstehung der Abbot-Kurve aus dem Rauheitsprofil und die Zusammenhänge zwischen dem Materialanteil im Rauheitsprofil und in der Schnittlinienlage sind aus Abbildung 2.12 ersichtlich. Vereinfacht lässt sich die Kurve durch drei Geradenbereiche annähern. Die Kenngrößen R_{PK} und R_{VK} werden als Höhen der

Dreiecksflächen A_1 und A_2 berechnet. A_1 wird zur Beurteilung des Einlaufverhaltens an den Profilspitzen verwendet und A_2 informiert über das Schmierstoffspeichervolumen einer Oberfläche in den Profilriefen. Die Kernrautiefe R_K ist die Tiefe des Rauheitsprofils unter Ausschluss herausragender Spitzen und tiefer Riefen (z.B nach erfolgtem Einlaufprozess). Mit abnehmendem R_K-Wert nimmt die Belastbarkeit einer Oberfläche zu. Weitere Kennwerte der Abbot-Kurve sind in VDI/VDE 2601 dokumentiert [2.33].

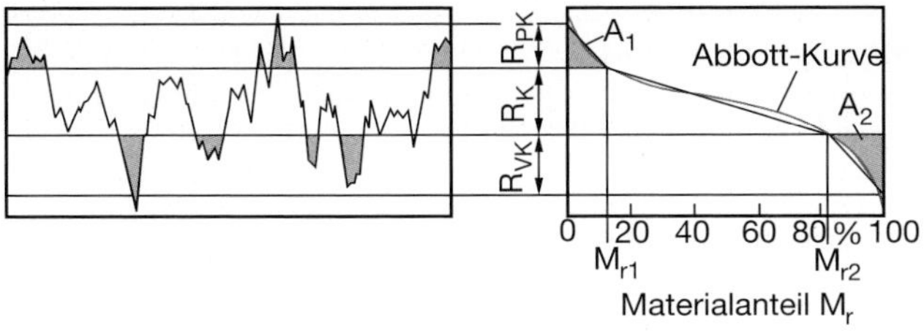

Abbildung 2.12: Ableitung der Rauheitskenngrößen

Anhand von Abbildung 2.13 wird der unterschiedliche Profilcharakter zweier Oberflächen bei annähernd gleicher gemittelter Rautiefe R_z anhand der Abbot-Kurve deutlich. Im Vergleich zur geschliffenen Oberfläche verfügt die gehonte als geschmierte Gleit- oder Wälzfläche über deutlich günstigere Eigenschaften. Das Profil der gehonten Fläche weist bei einem etwas größeren R_z-Wert und einer sehr kleinen Kernrautiefe R_K einen plateauartigen Charakter auf. Der kleine Wert für R_{PK} = 0,13 µm belegt die gezielte Abnahme der Profilspitzen durch das Honen als Maßnahme zur Vorwegnahme des Einlaufprozesses. Auch ist die Riefentiefe mit R_{VK} = 1,97 µm im Vergleich zur geschliffenen Oberfläche nur ca. halb so groß. Die geschliffene Oberfläche dagegen hat zwar einen etwas kleineren R_z-Wert, mit R_K = 1,33 µm und R_{PK} = 0,44 µm sind die Kernrautiefe und der Profilspitzenbereich jedoch deutlich größer. Generell führt ein fülliges Profil zu einer flach abfallenden, ein zerklüftetes Profil zu einer steil abfallenden Abbott-Kurve [2.34].

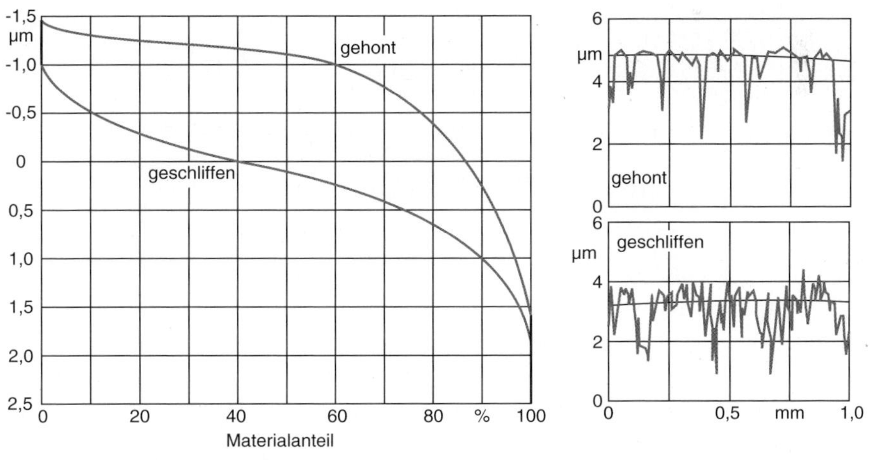

Abbildung 2.13: Vergleich des Profilcharakters

Abschließend sind in Tabelle 2.20 einige Symbole zusammengestellt, mit denen die geforderte Oberflächenbeschaffenheit in Zeichnungen gekennzeichnet werden kann. Abbildung 2.14 gibt einen Überblick über die erreichbaren Mittenrauwerte R_a in

Abhängigkeit vom Fertigungsverfahren nach DIN 4766 [2.6]. Die keilförmig ansteigenden Balken deuten an, dass in diesem Übergangsbereich die angegebenen Rauheitswerte nur durch besondere Maßnahmen erreicht werden können. Umgekehrt bedeuten die abfallenden Balken, dass diese Rauheitswerte bei besonders grober Fertigung erwartet werden können. Zur Umrechnung von R_a in R_z ist das Diagramm aus Abbildung 2.11 zu verwenden.

Symbol	Bedeutung
	Grundsymbol. Es darf nur allein benutzt werden, wenn seine Bedeutung durch zusätzliche Wortangabe erläutert wird.
	Kennzeichnung für eine materialabtrennend bearbeitete Oberfläche ohne nähere Angaben
	Eine Oberfläche, bei der eine materialabtrennende Bearbeitung nicht zugelassen ist. Dieses Symbol darf auch in Zeichnungen angewendet werden, die für einen bestimmten Arbeitsvorgang angefertigt werden, um deutlich zu machen, dass eine Oberfläche in dem Zustand des vorhergehenden Arbeitsganges zu belassen ist – unabhängig davon, ob dieser Zustand durch materialabtrennende Bearbeitung oder auf andere Weise erreicht wurde.
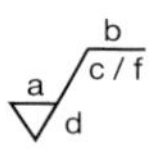	a = Mittenrauwert R_a in ∞ m b = Fertigungsverfahren, Behandlung oder Überzug, sonstige Wortangaben c = Bezugsstrecke d = Rillenrichtung f = andere Rauheitsmessgrößen (z.B. R_z, R_p, R_{max})
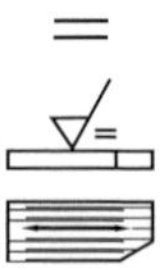	Parallel zur Projektionsebene, in der das Symbol angewendet wird
	Senkrecht zur Projektionsebene der Ansicht, in der das Symbol angewendet wird
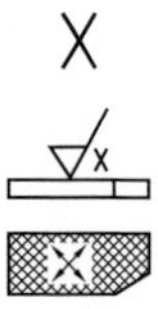	Gekreuzt in 2 schrägen Richtungen zur Projektionsebene, in der Ansicht, in der das Symbol angewendet wird
	Annähernd zentrisch zum Mittelpunkt der Oberfläche, zu der das Symbol gehört

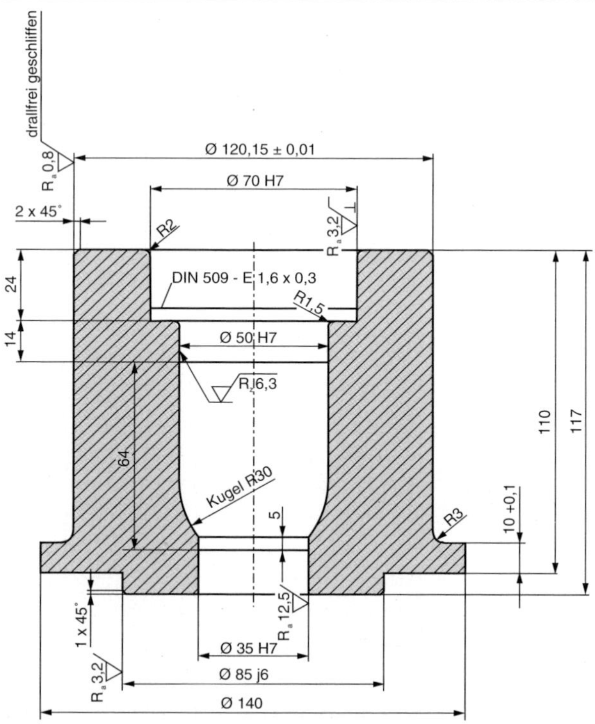

Tabelle 2.20: Beispiele zur Angabe von Oberflächensymbolen und der Rillenrichtung nach DIN EN ISO 1302 [2.15]

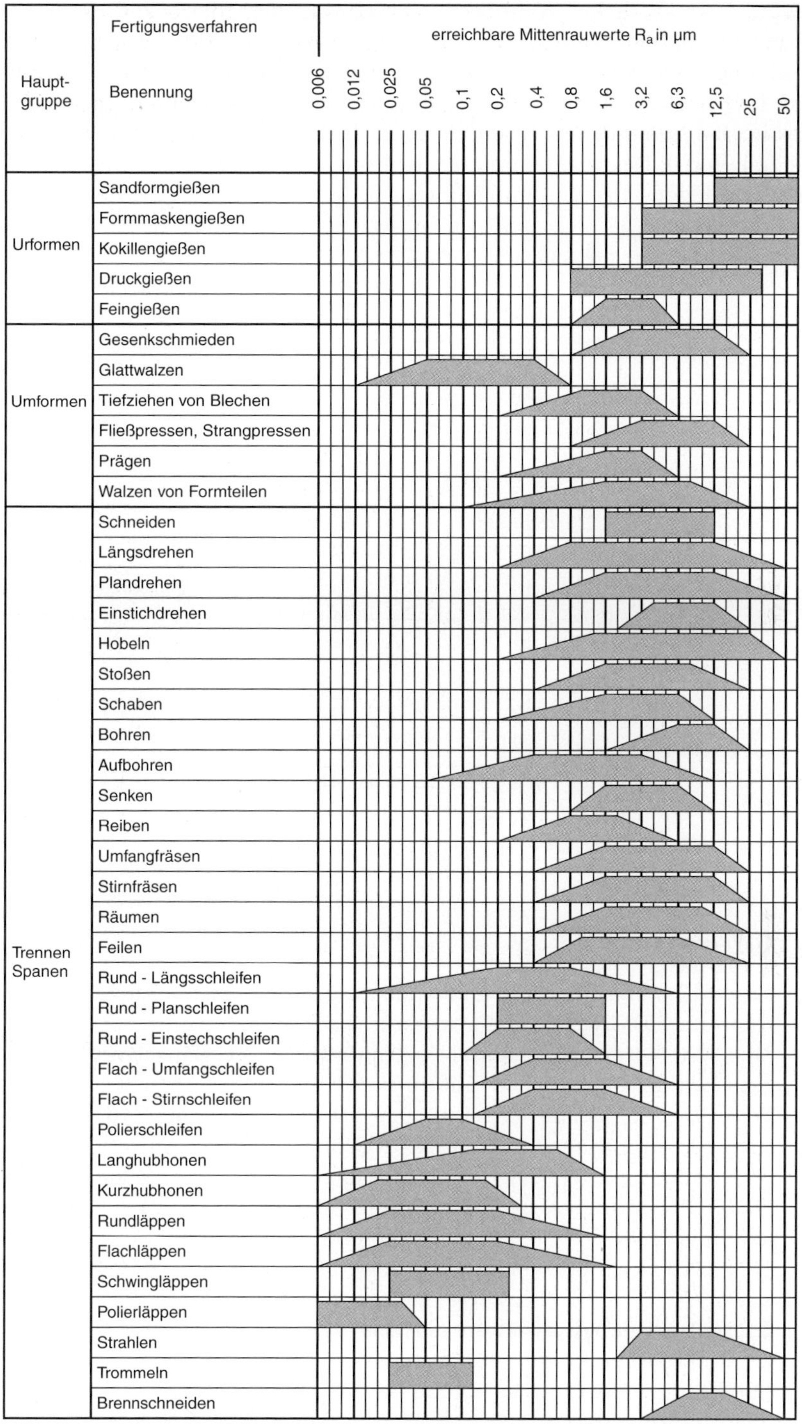

Abbildung 2.14: Fertigungsverfahren und erreichbarer Mittenrauwert R_a nach DIN 4766 [2.6]

Abschließend sei noch der Einfluss der ausgewählten Toleranzen, Passungen und Oberflächenbeschaffenheiten auf die Fertigungskosten erwähnt, Abbildung 2.15. Um den Fertigungs- und Kostenaufwand so gering wie möglich zu halten, empfiehlt es sich, den ISO-Grundtoleranzgrad immer nur gerade so zu wählen, dass bei Anwendung des nächst höheren das Teil nicht mehr brauchbar wäre („So fein wie nötig, so grob wie möglich"). Das Diagramm gilt nicht nur für Wellen und Bohrungen, sondern z.B. auch für Längen-, Breiten- und Höhen- sowie Innen- und Außenmaße.

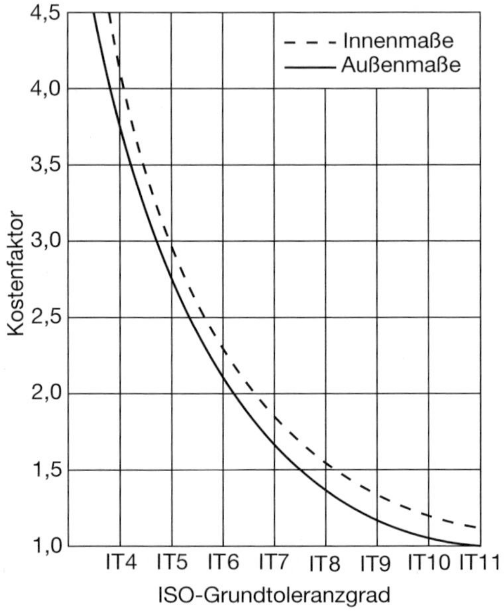

Abbildung 2.15: Herstellkosten in Abhängigkeit vom ISO-Grundtoleranzgrad [2.29]

2.7 Literatur

[2.1] Bahke, T.; Normung und Globalisierung; Dresdner Maschinenelemente Kolloquium – DMK 2005, Tagungsband, S. 77–87

[2.2] DIN 323 Normzahlen und Normzahlreihen; T1 Hauptwerte, Genauwerte, Rundwerte (1974-08); T2 Einführung (1974-11)

[2.3] DIN 406 Technische Zeichnungen Maßeintragungen; T10 Begriffe, allgemeine Grundlagen (1992-12); T11 Grundlagen der Anwendung (1992-12); T12 Eintragung von Toleranzen für Längen- und Winkelmaße (1992-12)

[2.4] DIN 820 Normungsarbeit; T1 Grundsätze (2014-06); Bbl. 1 Stichwortverzeichnis (2000)

[2.5] DIN 4760 Gestaltabweichungen; Begriffe, Ordnungssystem (1982, zurückgezogen)

[2.6] DIN 4766 Herstellverfahren der Rauheit von Oberflächen; T1 Erreichbare gemittelte Rautiefe R_z (1981, zurückgezogen)

[2.7] DIN 4768 Ermittlung der Rauheitskenngrößen R_a, R_z, R_{max} mit elektrischen Tastschnittgeräten; Begriffe, Meßbedingungen (1990-05, zurückgezogen)

[2.8] DIN 7154 ISO-Passungen für Einheitsbohrung; T1 Toleranzfelder, Abmaße in µm (1966-08, zurückgezogen); T2 Passtoleranzen, Spiele und Übermaße in µm (1966-08, zurückgezogen)

[2.9] DIN 7155 ISO-Passungen für Einheitswelle; T2 Passtoleranzen, Spiele und Übermaße in µm (1966-08, zurückgezogen)

[2.10] DIN 7157 Passungsauswahl; Toleranzfelder, Abmaße, Passtoleranzen (1966-01, zurückgezogen)

[2.11] DIN 7167 Zusammenhang zwischen Maß-, Form- und Parallelitätstoleranzen; Hüllbedingung ohne Zeichnungseintragung (1987-01, zurückgezogen)

[2.12] DIN 7168 Allgemeintoleranzen; Längen- und Winkelmaße, Form und Lage; nicht für Neukonstruktionen (1991, zurückgezogen)

[2.13] DIN EN ISO 286 Geometrische Produktspezifikation (GPS) – ISO-Toleranzsystem für Längenmaße; T1 Grundlagen für Toleranzen, Abmaße und Passungen (2010-11); T2 Tabellen der Grundtoleranzgrade und Grenzabmaße für Bohrungen und Wellen (2010-11)

[2.14] DIN EN ISO 1101 Geometrische Produktspezifikation (GPS) – Geometrische Tolerierung – Tolerierung von Form, Richtung, Ort und Lauf; Form- und Lagetolerierung; Form-, Richtungs-, Orts- und Lauftoleranzen; Allgemeines, Definitionen, Symbole, Zeichnungseintragungen (2014-04)

[2.15] DIN EN ISO 1302 Geometrische Produktspezifikationen (GPS) – Angabe der Oberflächenbeschaffenheit in der technischen Produktdokumentation (2002-06)

[2.16] DIN EN ISO 3040 Geometrische Produktspezifikation (GPS) – Maßeintragung und Toleranzfestlegung – Kegel (2012-06)

[2.17] DIN EN ISO 3274 Geometrische Produktspezifikationen (GPS) – Oberflächenbeschaffenheit: Tastschnittverfahren; Nenneigenschaften von Tastschnittgeräten (1998-04)

[2.18] DIN EN ISO 4287 Geometrische Produktspezifikationen (GPS) – Oberflächenbeschaffenheit: Tastschnittverfahren; Benennungen, Defintionen und Kenngrößen der Oberflächenbeschaffenheit (2010-07)

[2.19] DIN EN ISO 4288 Geometrische Produktspezifikationen (GPS) – Oberflächenbeschaffenheit: Tastschnittverfahren; Regeln und Verfahren für die Beurteilung der Oberflächenbeschaffenheit (1998-04)

[2.20] DIN EN ISO 5459 Geometrische Produktspezifikation (GPS) – Geometrische Tolerierung – Bezüge und Bezugsysteme (2013-05)

[2.21] DIN EN ISO 8015 Geometrische Produktspezifikation (GPS) – Grundlagen – Konzepte, Prinzipien und Regeln (2011-09)

[2.22] DIN EN ISO 13565 Geometrische Produktspezifikationen (GPS) – Oberflächenbeschaffenheit: Tastschnittverfahren; Oberflächen mit plateauartigen funktionsrelevanten Eigenschaften; T1 Filterung und allgemeine Messbedingungen (1998-04); T2 Beschreibung der Höhe mittels linearer Darstellung der Materialanteilkurve (1998-04); T3 Beschreibung der Höhe von Oberflächen mit der Wahrscheinlichkeitsdichtekurve (2000-08)

[2.23] DIN ISO 2768 Allgemeintoleranzen; T1 Toleranzen für Längen- und Winkelmaße ohne einzelne Toleranzeintragung (1991-06); T2 Toleranzen für Form und Lage ohne einzelne Toleranzeintragung (1991-04)

[2.24] Hoischen, H.; Technisches Zeichnen; Cornelsen Verlag, Berlin 2014

[2.25] ISO 3 Preferred numbers – Series of preferred numbers (1973)

[2.26] ISO 17 Guide to the use of preferred numbers and of series of preferred numbers (1973)

[2.27] ISO 497 Anleitung für die Wahl von Hauptwertreihen und Rundwertreihen von Normzahlen (1973-05)

[2.28] Jorden, W.; Form- und Lagetoleranzen, Hanser Verlag, München 1998

[2.29] Niemann, G., Winter, H.; Maschinenelemente Bd. I., 2. Aufl., Springer Verlag, Berlin 1981

[2.30] Roloff/Matek; Maschinenelemente, Hrsg. Muhs, D., Wittel, H., et al.; Vieweg Verlag, Braunschweig 2013

[2.31] Sander, M.; Oberflächenmesstechnik für den Praktiker, Feinprüf Perthen GmbH, Göttingen 1993

[2.32] Trumpold, H., Beck, C., Richter, G.: Toleranzysteme und Toleranzdesign – Qualität im Austauschbau, Hanser Verlag, München 1997

[2.33] VDI/VDE-Richtlinie 2601 Anforderungen an die Oberflächengestalt zur Sicherung der Funktionstauglichkeit spanend hergestellter Flächen; Zusammenstellung der Kenngrößen, VDI-Verlag, Düsseldorf 1991

[2.34] von Weingraber, H., Abou-Aly, M.; Handbuch Technische Oberflächen, Vieweg Verlag, Braunschweig 1989

ZUSAMMENFASSUNG

Die fachgerechte Auslegung und Berechnung von Maschinenelementen erfordert die Anwendung von Normen, Toleranzen, Passungen und Kennwerten zur Oberflächenbeschreibung.

Normen und Richtlinien sind technische Regelwerke nationaler oder internationaler Gültigkeit zur Festlegung einheitlicher Bezeichnungen und Begriffe, Abmessungen, Toleranzen und Anschlussmaße zum Zwecke der Austauschbarkeit und Verringerung der Typenzahl von Erzeugnissen. Da Normen und Richtlinien in der Regel den anerkannten Stand der Technik dokumentieren, empfiehlt sich ihre Anwendung, entbindet den Nutzer jedoch nicht von der eigenen Verantwortung.

Da zwischen der auf der Zeichnung geforderten Idealgestalt und dem tatsächlich gefertigten Bauteil immer Abweichungen auftreten, sind Toleranzen und Passungen erforderlich, um die Funktionalität eines Maschinenelementes sicherzustellen und die Herstellkosten zu begrenzen.

Eine mit technischen Mitteln bzw. Fertigungsverfahren erzeugte Oberfläche weicht immer von der konstruktiv vorgegebenen und in der Zeichnung festgelegten Soll-Oberfläche ab. Dabei wird grundsätzlich zwischen Grobgestalt und Feingestalt unterschieden. In Abhängigkeit vom Bearbeitungsverfahren erreicht man eine entsprechend feine oder grobe Oberflächenrauheit.

ZUSAMMENFASSUNG

Grundlagen der Festigkeitslehre

3

ÜBERBLICK

Lernziele

- Bestimmung von Kräften und Momenten und deren Umrechnung in Spannungen (statische und dynamische Beanspruchungen) für einfache und komplexere technische Systeme
- Unterscheidung von Normalspannungen, Schubspannungen, Knickspannungen, Wärmespannungen und Eigenspannungen
- Behandlung mehrachsiger Beanspruchungen mittels Festigkeitshypothesen zur Umrechnung in einachsige Vergleichsspannungen
- Ermittlung statischer und dynamischer Kennwerte der Beanspruchbarkeit anhand von Spannungs-Dehnungs-Diagrammen und Dauerfestigkeitsschaubildern
- Erfassung festigkeitsmindernder Einflüsse wie Kerbwirkung, Oberflächen- und Größeneinfluss
- Vergleich von Beanspruchung und Beanspruchbarkeit und Bestimmung einer Sicherheitszahl im Rahmen eines statischen Festigkeitsnachweises und eines Dauerfestigkeitsnachweises (Schwingfestigkeitsnachweis)
- Erweiterte Möglichkeiten eines Betriebsfestigkeitsnachweises im Vergleich zum Dauerfestigkeitsnachweis
- Bedeutung von Festigkeitsnachweisen in Normen und Richtlinien in verschiedenen Bereichen des Maschinen-, Anlagen- und Fahrzeugbaus
- Kennenlernen der FKM-Richtlinie „Rechnerischer Festigkeitsnachweis für Maschinenbauteile"

3.1 Einführung

Die Festigkeitsberechnung dient zum Vergleich der aus der äußeren Belastung hervorgerufenen Beanspruchung eines Bauteiles mit seiner Beanspruchbarkeit. Die Beanspruchbarkeit folgt aus den Festigkeitseigenschaften des Werkstoffes, aus der Gestalt und den Abmessungen des Bauteiles. Die Beanspruchbarkeit muss immer um ein entsprechendes Maß an Sicherheit (respektive Unsicherheit) größer sein als die Beanspruchung, der das Bauteil im Betrieb unterliegt. Abhängig von den überwiegend einwirkenden Lasten unterscheidet man folgende Festigkeitsnachweise:

- Statischer Festigkeitsnachweis bei überwiegend statischer Beanspruchung und zum Nachweis der Festigkeit bei Maximalbeanspruchung
- Dynamischer Festigkeitsnachweis (Schwingfestigkeitsnachweis), bei überwiegend dynamischer Beanspruchung. Hierzu gehören sowohl der Dauerfestigkeitsnachweis als auch der Betriebsfestigkeitsnachweis.

Durch die festigkeitsgerechte Auslegung der Maschinenelemente (z.B. Wellen, Zahnräder, Lager, Gehäuse, Schrauben) und den aus ihnen zusammengesetzten Gesamtsystemen (z.B. Maschinen, Anlagen und Fahrzeuge) sollen Sicherheit und Verfügbarkeit während der gesamten Betriebszeit bei gleichzeitig wirtschaftlichstem Material-, Fertigungs- und Montageaufwand gewährleistet werden. Diese beiden gegensätzlichen Forderungen führen regelmäßig zu einer Konfliktsituation für den Ingenieur, da eine Überdimensionierung zur Erhöhung der Sicherheit meistens eine unwirtschaftliche Konstruktion bedingt, umgekehrt darf das ausschließliche Diktat der Wirtschaftlichkeit nicht die geforderte Betriebssicherheit gefährden. Hinzu kommt, dass aus zu großen Bauteilabmessungen manchmal auch fertigungstechnische Probleme oder ungünstige

Werkstoffeigenschaften resultieren können. Ständig steigende Leistungsanforderungen bei gleichzeitiger Forderung nach Leichtbau in nahezu allen Branchen verschärfen diese Konfliktsituation. Generell sind Bauteile und die daraus zusammengesetzten Maschinen und Anlagen nur dann wirtschaftlich dimensioniert, wenn die geforderte Lebensdauer mit ausreichender Funktionssicherheit mit minimalem Materialaufwand gerade eben erreicht wird. Demzufolge sind immer Überlegungen zur Größe der erforderlichen Lebensdauer und zum zu erwartenden Belastungsspektrum während der gesamten Nutzungszeit erforderlich. Ein weiterer wichtiger Gesichtspunkt ist das Gefährdungspotential für den Menschen und die Umwelt bei Versagen bzw. Ausfall eines Bauteiles oder des gesamten Systems.

Gerade die Ermittlung treffsicherer Lastannahmen über den gesamten Nutzungszeitraum ist bis heute ein oftmals nur unbefriedigend gelöstes Problem, da die Vielfalt von Maschinen, Anlagen und Fahrzeugen und ihre unterschiedlichen Einsatzgebiete eine Mannigfaltigkeit von dynamischen Belastungsspektren bedingt, die bisher nicht eindeutig klassifiziert und katalogisiert werden konnte [3.128]. Deshalb versagen immer noch die meisten Bauteile in der Regel wegen nicht ausreichend berücksichtigter dynamischer Einflüsse bzw. falscher Lastannahmen. Ergänzend zu den einleitenden Beispielen in Kapitel 1 mag Abbildung 3.1 vermitteln, welche Vielfalt an dynamischen Belastungen in den unterschiedlichsten technischen Systemen im ganz normalen Betrieb vorzufinden ist.

Im Hinblick auf die erzielbare Genauigkeit von Berechnungsergebnissen – insbesondere beim Einsatz von höherwertigen Verfahren wie z.B. der Finite-Elemente-Methode oder Schwingungssimulationsberechnungen – sei darauf hingewiesen, dass auch einer vermeintlich „exakten" Lösung eines technischen Problems verschiedene vereinfachende Annahmen zugrunde liegen, die zum Teil erheblich von der Wirklichkeit abweichen können. Eine mathematisch richtige Lösung braucht deshalb noch nicht unbedingt und zuverlässig mit der Wirklichkeit übereinzustimmen. Die Aussagefähigkeit eines Berechnungsergebnisses wird jedoch umso größer, je mehr Einflüsse mit dem Berechnungsmodell rechnerisch richtig erfasst werden können. Die klassische Ingenieuraufgabe besteht also darin, unter Außerachtlassung alles Unwesentlichen die Auswahl der in Rechnung zu stellenden Annahmen so zu treffen, dass der Rechenaufwand und die erreichte Annäherung an die Wirklichkeit in einem vernünftigen Verhältnis zu dem Verwendungszweck des Maschinenelementes, der Baugruppe oder des ganzen Systems stehen.

Welche Möglichkeiten der Modellierung und Formulierung von theoretischen Modellansätzen zur Führung eines statischen oder dynamischen Festigkeitsnachweises bestehen, wird in den nachfolgenden Abschnitten dieses Kapitels gezeigt. Ausgehend von der prinzipiellen Vorgehensweise bei einem Festigkeitsnachweis wird auf die Ermittlung der Beanspruchungen aufgrund äußerer Lasten, die Behandlung zusammengesetzter Beanspruchungen und auf festigkeitsmindernde Einflüsse durch Spannungskonzentrationen und Kerbwirkung eingegangen. Daran anschließend erfolgt die Zusammenstellung von Kennwerten der Beanspruchbarkeit für statische und dynamische Belastungen sowie abschließend die Gegenüberstellung von Beanspruchung und Beanspruchbarkeit im Rahmen einer Festigkeitsberechnung.

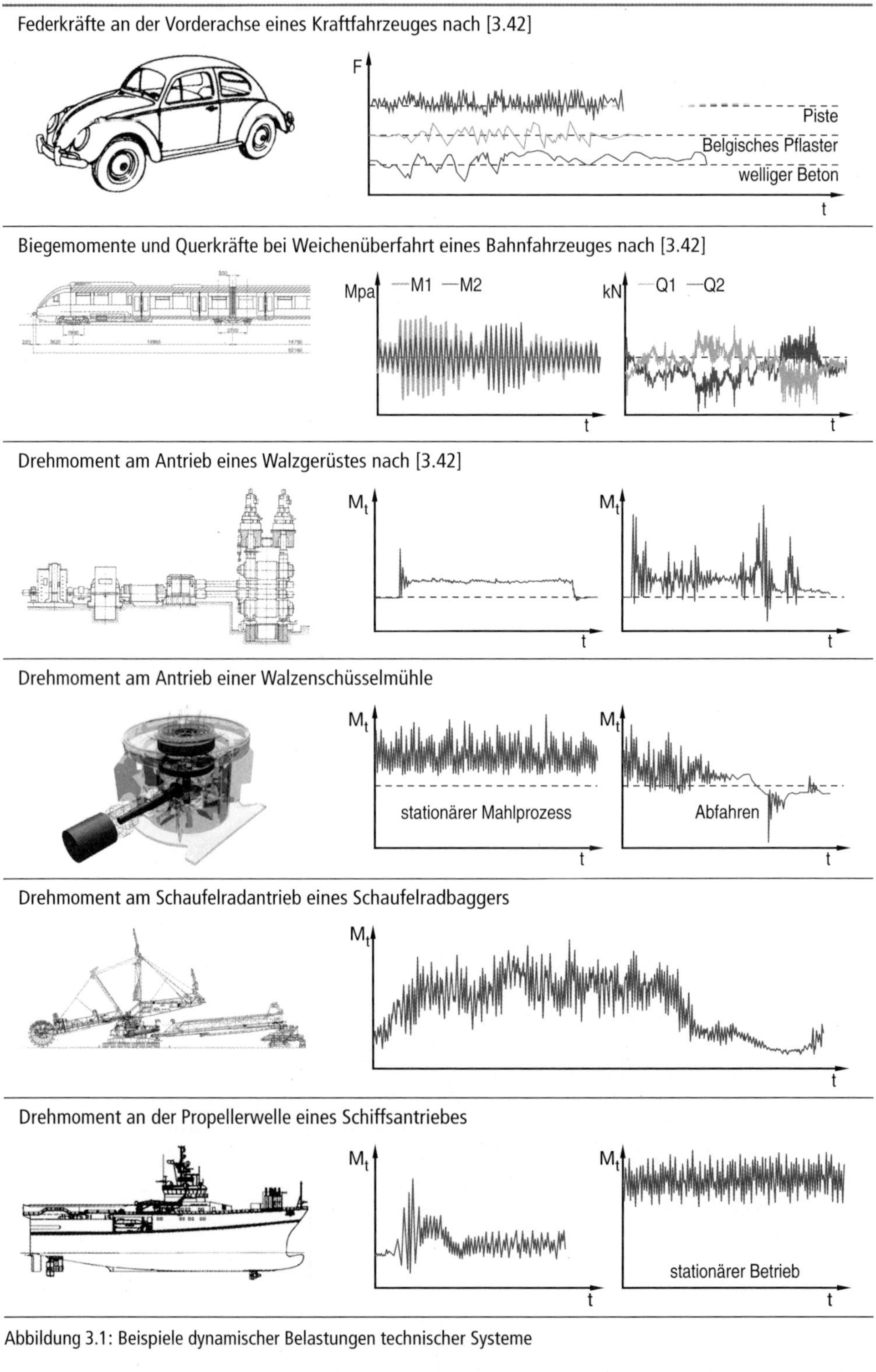

Abbildung 3.1: Beispiele dynamischer Belastungen technischer Systeme

3.2 Gang und Schema einer Festigkeitsberechnung

Die grundsätzliche Vorgehensweise bei einer Festigkeitsberechnung gemäß Abbildung 3.2 lässt sich in folgende Arbeitsschritte gliedern:

1. Bestimmung der am Gesamtsystem bzw. Bauteil wirkenden äußeren Belastungen (eingeprägte Kräfte und Momente) nach Belastungsart (Zug, Druck, Biegung, Scherung, Torsion, Pressung), Größe, Richtung und zeitlichem Verlauf (statisch, dynamisch, stoßartig).
2. Berechnung der im Bauteil erzeugten Beanspruchungen bzw. inneren Spannungen aufgrund der äußeren Belastungen, der Bauteilgeometrie und -abmessungen nach Belastungsart (Zug, Druck, Biegung, Scherung, Torsion, Pressung), Größe, Richtung, Verteilung (homogen, inhomogen z.B. wegen Spannungskonzentrationen) und zeitlichem Verlauf (ruhend, schwellend, wechselnd). In der Regel treten mehrachsige Spannungszustände auf, die der Ermittlung einer Vergleichsspannung aus den einzelnen Spannungskomponenten bedürfen.
3. Bestimmung der Beanspruchbarkeit des Bauteiles aus der unter den vorliegenden Betriebsbedingungen zulässigen Spannungen aus dem betreffenden Werkstoffkennwert und dem Sicherheitsbeiwert unter Berücksichtigung der möglichen Versagensart (Zug, Druck, Biegung, Torsion, Pressung).
4. Vergleich der Beanspruchung $\sigma_{vorhanden}$, d.h. der größten im Bauteil auftretenden Spannung bzw. Vergleichsspannung gemäß 2. mit der Beanspruchbarkeit $\sigma_{zulässig}$, d.h. der zulässigen Spannung gemäß 3. Ein Bauteil besitzt dann die erforderliche Festigkeit, wenn die vorhandene Spannung kleiner oder gleich der zulässigen Spannung ist:

$$\sigma_{vorhanden} \leq \sigma_{zulässig} = \frac{\sigma_{Werkstofffestigkeit}}{S_{erf}} \quad \text{oder} \quad \frac{\sigma_{Werkstofffestigkeit}}{\sigma_{vorhanden}} \geq S_{erf} > 1 \qquad (3.1)$$

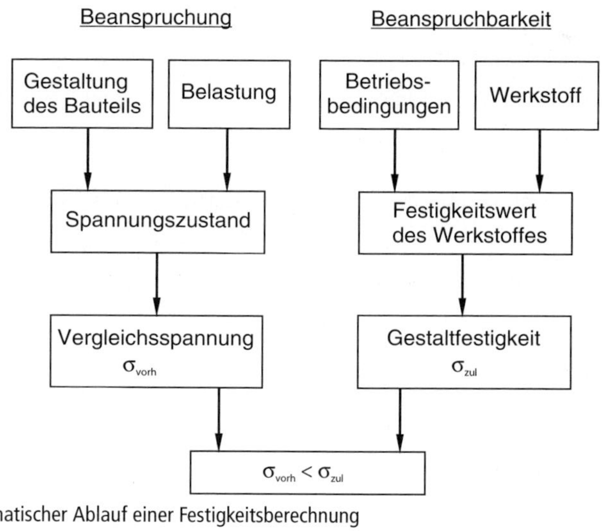

Abbildung 3.2: Schematischer Ablauf einer Festigkeitsberechnung

Aus Gleichung (3.1) wird deutlich, dass die zulässige Spannung $\sigma_{zulässig}$ nicht der maximalen Werkstofffestigkeit $\sigma_{Werkstofffestigkeit}$ entspricht, sondern nochmals durch einen Sicherheitsbeiwert $S_{erf} > 1$ dividiert wird. Dieser Sicherheitsbeiwert S_{erf}, der per definitionem größer ist als 1, soll die bei den oben angeführten Arbeitsschritten vorhandenen Unsicherheiten abdecken, von denen die maßgeblichen nachfolgend aufgeführt sind:

1. Unsicherheiten auf der Seite der Beanspruchungen sind:
   - Ungenügende Kenntnis der einwirkenden Lasten
   - Schwankungen der Betriebslasten (Spitzenwerte, Störfälle, Sonderereignisse)
   - Geometrische Abweichungen vom Sollzustand (Nennabmessungen, Kerbgeometrie)
   - Unzureichend definierte Randbedingungen bzw. zu stark vereinfachte Ersatzmodelle zur Umrechnung der äußeren Kräfte in Beanspruchungen
2. Unsicherheiten auf der Seite der Beanspruchbarkeit sind:
   - Ungenauigkeiten bei der Ermittlung der Werkstoffdaten (Oberflächenzustand, Eigenspannungen)
   - Ungenauigkeiten bei der Übertragung der Probenkennwerte auf das Bauteil (Größeneinflüsse, Festigkeitshypothesen, Schadensakkumulation)

Zur Ermittlung der äußeren Belastungen gemäß Schritt 1 sind Kenntnisse der Statik und Dynamik erforderlich. Die Umrechnung dieser Belastungen in Bauteilbeanspruchungen im 2. Schritt erfolgt theoretisch mithilfe der Elastizitäts- und Plastizitätstheorie. Ist ein Bauteil bereits vorhanden, so lassen sich die Bauteilbeanspruchungen auch experimentell ermitteln. Die Kennwerte der Beanspruchbarkeit gemäß Schritt 3 werden durch Materialprüfungen unter Einbeziehung werkstoffkundlicher und werkstoffmechanischer Grundlagen bestimmt. Die Festlegung des Sicherheitsbeiwertes S_{erf} im 4. Schritt erfolgt im Einklang mit gültigen Normen und Vorschriften und unter Berücksichtigung der jeweils vorliegenden Bedingungen und Unwägbarkeiten (z.B. Genauigkeit der Spannungsermittlung, tatsächliche Werkstoffgüte, mögliche Versagensart, Gefährdungspotential).

Aufgrund der verschiedenen Belastungsarten und Versagenskriterien ist die Ermittlung folgender Sicherheiten üblich:

- Sicherheit gegen Gewaltbruch
- Sicherheit gegen Verformung (Streckgrenzenüberschreitung oder Fließen)
- Sicherheit gegen Ermüdung (Dauerschwingbruch)

Darüber hinaus sind auch noch Sicherheiten gegen Knicken/Beulen, Überschreiten der Flächenpressung und Hertzschen Pressung zu ermitteln. Tabelle 3.1 gibt einen ersten Überblick über die gebräuchlichen Sicherheiten im Maschinenbau. Auch hier ist zu beachten, dass es nicht einen verbindlichen Sicherheitswert gibt. Die angegebenen Werte basieren vielmehr auf praktischen Erfahrungen und sind nur teilweise in Normen und Richtlinien verbindlich festgelegt. Je nach Anforderung und Versagenskriterium schwanken die Werte innerhalb einer Bandbreite. Dabei geht die Tendenz zur unteren Grenze bei genauer Kenntnis der Lastannahmen, exaktem Berechnungsmodell und Belastungsprüfung. Dagegen wird man bei hohen Folgeschäden bei Versagen (z.B. Gefährdung von Menschenleben) und unsicheren Lastannahmen den Sicherheitswert wegen der größeren Unsicherheit höher wählen.

Ausfallkriterium	**Bezugsgröße**	**Sicherheitszahl**
Gewaltbruch	Bruchfestigkeit	$S_B = 2{,}0 \ldots 4{,}0$
Ermüdungsbruch (Schwingbruch)	Dauerfestigkeit	$S_D = 1{,}5 \ldots 2{,}5$
Überschreiten der Streck- bzw. Fließgrenze	Fließgrenze	$S_F = 1{,}2 \ldots 2{,}0$
Instabilität (Knicken, Beulen)	Knickspannung	$S_K = 3{,}0 \ldots 5{,}0$
Flächenpressung / Lochleibung [3.44], [3.80]		
Zähe Werkstoffe, ruhende Belastung	Druckfließgrenze	$S_P = 1{,}2$
Zähe Werkstoffe, schwellende Belastung	Druckfließgrenze	$S_P = 2{,}0$
Spröde Werkstoffe, ruhende Belastung	Bruchfestigkeit	$S_P = 2{,}0$
Spröde Werkstoffe, schwellende Belastung	Bruchfestigkeit	$S_P = 3{,}0$
Verzahnungsschaden [3.88]		
Grübchenbildung	Grübchendauerfestigkeit	$S_{Hmin} \geq 1{,}1$
Ermüdungsbruch	Biegedauerfestigkeit	$S_{Fmin} \geq 1{,}2$
Fressen	Fressintegraltemperatur	$S_{Bmin} \geq 1{,}0 \ldots 3{,}0$
Seilbruch [3.49]		
Aufzüge mit Treibscheibenantrieb	Rechnerische Seilbruchkraft	$\nu = 14$
Schachtförderanlagen	Rechnerische Seilbruchkraft	$\nu = 8{,}7 \ldots 9{,}2$
Seilschwebebahnen, Zugseil	Rechnerische Seilbruchkraft	$\nu = 4{,}5$
Seilschwebebahnen, Förderseil	Rechnerische Seilbruchkraft	$\nu = 5{,}0$
Kranseile nach DIN 15020 (Rückwärtsrechnung)	Rechnerische Seilbruchkraft	$\nu = 3{,}0 \ldots 12{,}0$

Anmerkung:
Tendenz zur unteren Grenze bei genauer Kenntnis der Lastannahmen, exaktem Berechnungsmodell und Belastungsprüfung
Tendenz zur oberen Grenze bei hohen Folgeschäden bei Versagen (z.B. Gefährdung von Menschenleben), unsicheren Lastannahmen

Tabelle 3.1: Erforderliche Sicherheiten im Maschinenbau

Abschließend sei darauf hingewiesen, dass die Festlegung von Sicherheitsbeiwerten auch zum gewählten Berechnungsverfahren passen muss. Die in der Tabelle 3.1 angegebenen Werte harmonieren mit den bekannten Berechnungsverfahren, wie sie auch in diesem Buch vorgestellt werden. In der FKM-Richtlinie „Rechnerischer Festigkeitsnachweis für Maschinenbauteile aus Stahl, Eisenguss- und Aluminiumwerkstoffen" gemäß Abschnitt 3.8 werden zum Teil sehr stark davon abweichende Sicherheitswerte verwendet [3.50]. Diese dürfen nicht ohne eine tiefer gehende Betrachtung im Zusammenhang mit anderen Berechnungsverfahren eingesetzt werden. Gleiches gilt auch für die zitierten Seilsicherheiten, die alle in Verbindung mit einer entsprechenden Norm bzw. Richtlinie einzuhalten sind. Sie sollen jedoch an dieser Stelle verdeutlichen, dass aufgrund der Komplexität des Maschinenelementes „Seil“ im Vergleich zu den anderen Elementen erheblich größere Unsicherheiten über entsprechend hohe Sicherheitszahlen kompensiert werden müssen.

Ungeachtet dieser zum Teil erheblichen Unsicherheiten lassen sich aus der Festigkeitsbedingung gemäß Gleichung (3.1) die nachfolgenden Fragestellungen beantworten:

1. Zur Dimensionierung: Welche Bauteilabmessungen sind erforderlich bei bekannten äußeren Lasten, bekanntem Werkstoffkennwert und gegebener Sicherheitszahl S?
2. Zur Lastbegrenzung: Wie groß darf die zulässige äußere Belastung sein bei bekannten Bauteildimensionen, bekanntem Werkstoffkennwert und gegebener Sicherheitszahl S?
3. Zur Werkstoffauswahl: Welcher Werkstoff ist zu verwenden bei bekannten äußeren Lasten, bekannten Bauteildimensionen und gegebener Sicherheitszahl S?
4. Zur Sicherheitsanalyse: Welche Sicherheit liegt vor bei bekannten äußeren Lasten, Bauteildimensionen und bekanntem Werkstoffkennwert?

Nach dieser grundsätzlichen Vorstellung zur Vorgehensweise bei einem Festigkeitsnachweis werden in den folgenden Abschnitten zunächst die Themenbereiche Beanspruchung und Beanspruchbarkeit separat behandelt, bevor sie abschließend im Rahmen eines Festigkeitsnachweises gegenübergestellt werden. Zum Schluss erfolgen noch kritische Anmerkungen zur Sicherheitszahl.

3.3 Ermittlung von Lasten und Beanspruchungen

Zur Ermittlung der in einem Bauteil wirkenden Beanspruchungen müssen zunächst die äußeren Kräfte und Momente bekannt sein, die auf das Gesamtsystem einwirken. Im Falle der Lokomotive aus Kapitel 1 ist die Gewichtskraft der Lokomotive bekannt. Über einen Reibbeiwert $\mu = 0{,}33$ lässt sich aus dieser Gewichtskraft eine maximal mögliche Zugkraft am Zughaken der Lokomotive ermitteln. Aus der Gewichtskraft und der Zughakenkraft lassen sich unter Einbeziehung der bekannten Lokgeometrie alle weiteren äußeren Kräfte (Radaufstandskräfte und mögliche Zugkräfte am Radumfang) ermitteln. Über den Radius r der Räder wird dann aus der Umfangskraft F_U am Rad ein Drehmoment $M_{T,Rad} = F_U \cdot r$, welches über die Radsatzwelle sowie ein Radsatzgetriebe, nachfolgende Gelenkwellen und ein Hauptgetriebe mit einer Gesamtübersetzung des Triebstranges i_{ges} zu einem resultierenden Drehmoment $M_{Motor} = i_{ges}\, M_{T,Rad}$ übersetzt wird, welches vom Motor an der Kurbelwelle aufgebracht werden muss, damit die Lokomotive die gewünschte Zugkraft am Zughaken entwickeln kann. Das entsprechende mechanische Ersatzsystem findet sich in Abbildung 3.3.

In Analogie zur Lokomotive lassen sich für jede Maschine und Anlage Kräfte und Momente bestimmen. Aufgrund der äußeren (eingeprägten) Kräfte und Momente auf ein Bauteil treten in dessen Innerem ebenfalls (innere) Kräfte und Momente auf. Diese inneren Reaktionen lassen sich durch Schnittfindung zu äußeren machen, die nun durch eine Gleichgewichtsbetrachtung am freigeschnittenen Teilsystem berechenbar werden. Eine Gleichgewichtsbetrachtung der Kräfte und Momente muss dabei für jede Achse getrennt durchgeführt werden. Gleichgewicht (Ruhe) herrscht dann, wenn die Summe aller Kräfte und Momente bezogen auf die zugeordneten Achsen Null ist.

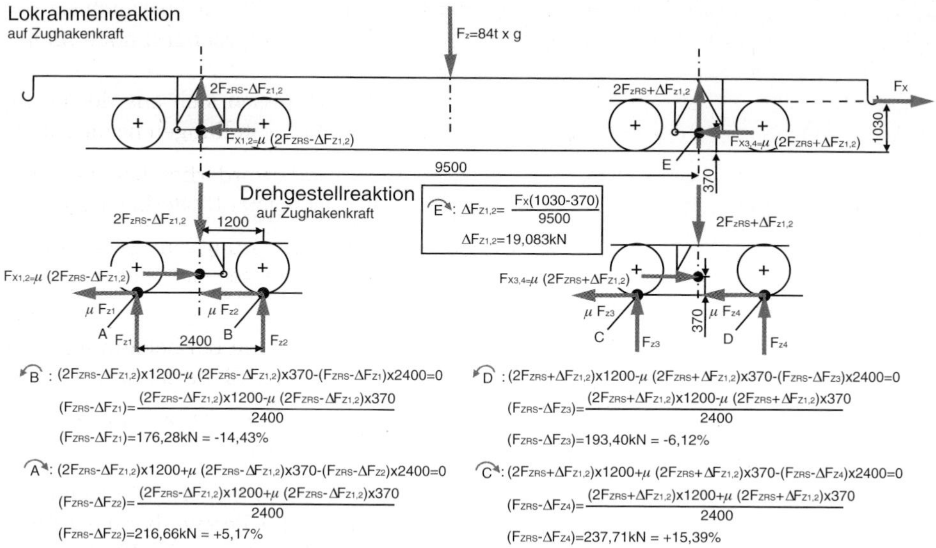

Abbildung 3.3: Mechanisches Ersatzsystem der Lokomotive nach [3.173]

Es ist zu beachten, dass die eigentlichen Belastungen immer Kräfte sind und dass Momente gleichsam nur als Folgen von Kräften entstehen. Die Art der auftretenden Belastungen wird grundsätzlich durch die Lage von Kräften zu den Lager- oder Einspannstellen bestimmt. Abbildung 3.4 zeigt die Grundbelastungsfälle Zug, Druck, Biegung, Torsion und Scherung sowie die modifizierten Druckbeanspruchungen Flächenpressung, Hertzsche Pressung, Knicken und Beulen.

Zur Berechnung der aus den Kräften entstehenden Beanspruchungen wird der Begriff der Spannungen eingeführt. Spannungen sind auf Flächen bezogene Kräfte. Somit lassen sich dann unter Einbeziehung von Flächenkennwerten (z.B. Querschnittsfläche und Widerstandsmoment) aus den Schnittlasten an den relevanten Stellen im Bauteilinneren die für den Festigkeitsnachweis erforderlichen Spannungen ermitteln. Bedingt durch zwei Arten von Kräften treten auch zwei Arten von Spannungen auf:

- Bei den Grundbelastungsfällen Zug, Druck und Biegung wirken Normalkräfte (normal zur betrachteten Schnittebene); diese verursachen Normalspannungen, welche in den Ingenieurwissenschaften mit σ bezeichnet werden. Zu diesen Normalspannungen gehören Dehnungen ε.
- Bei den Grundbelastungsfällen Torsion und Scherung wirken Querkräfte (in der betrachteten Schnittebene); diese verursachen Schubspannungen, welche in den Ingenieurwissenschaften mit τ bezeichnet werden. Zu diesen Schubspannungen gehören Gleitungen γ.

Hinzu kommen noch Wärmespannungen, die aus externen Temperaturbelastungen entstehen können, sowie Eigenspannungen, die aus Bearbeitungs- oder Umformvorgängen resultieren und in einem äußerlich unbelasteten Bauteil zu inneren Spannungen führen.

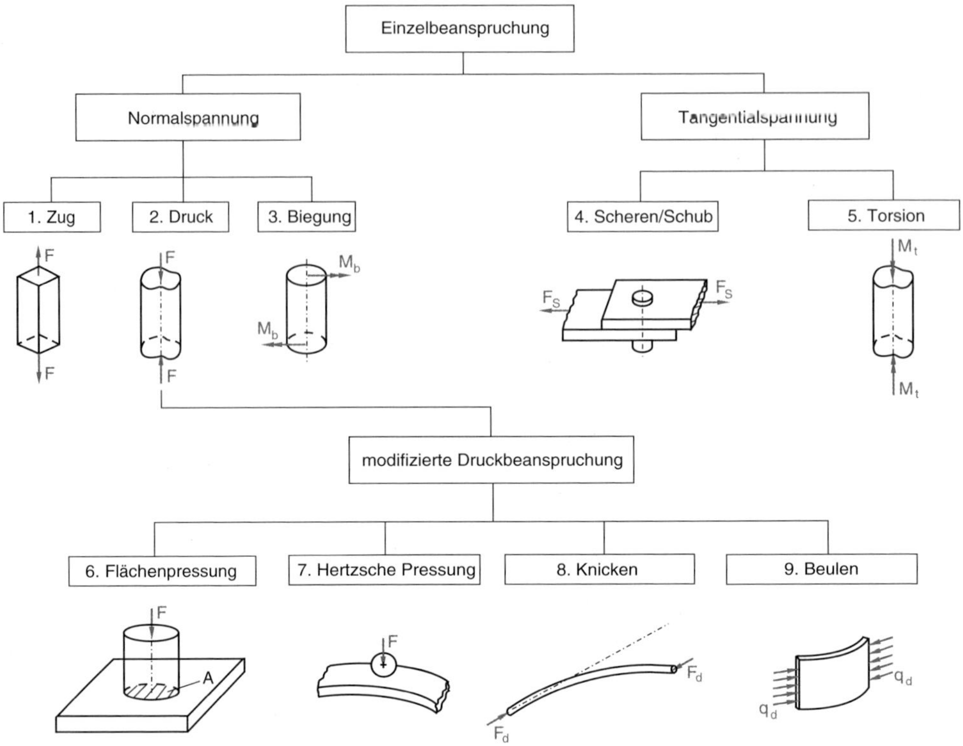

Abbildung 3.4: Grundbelastungsfälle bei mechanischer Belastung

3.3.1 Linear-elastisches Werkstoffverhalten

Infolge der von außen aufgebrachten Lasten (Kräfte und Momente) kommt es einerseits zu einer Verformung des Werkstoffes, andererseits entstehen im Werkstoff Spannungen, also innere Beanspruchungen. Geht die aus einer Belastung resultierende Verformung nach vollständiger Entlastung wieder auf den Wert Null zurück, so liegt ein elastisches (lineares) Werkstoffverhalten vor. Bleibt jedoch nach der Entlastung eine bleibende Verformung bestehen, so spricht man von elastisch-plastischem (nichtlinearem) Werkstoffverhalten.

Im Rahmen der hier zu behandelnden Festigkeitsberechnung steht das linear-elastische Werkstoffverhalten im Vordergrund. Dabei sind während jeder Beanspruchungsphase Spannungen und Verformungen zueinander proportional. Zur Verdeutlichung dieses Zusammenhanges wird ein Stab mit kreisförmigem Querschnitt gemäß Abbildung 3.5 im Zugversuch durch eine Kraft F gelängt. Im unbelasteten Zustand hat der Stab den Durchmesser d und die Länge l. Nach der Belastung beträgt der Durchmesser d_1 und die Länge l_1. Die Kraft F erzeugt über der Querschnittsfläche A eine konstante Spannung σ_x.

Aus der Zugbelastung des Stabes folgt eine auf die Ausgangslänge l bezogene relative Längenänderung Δl, die auch als Dehnung ε bezeichnet wird.

$$\frac{l_1 - l}{l} = \frac{\Delta l}{l} = \varepsilon = \frac{\sigma}{E} \tag{3.2}$$

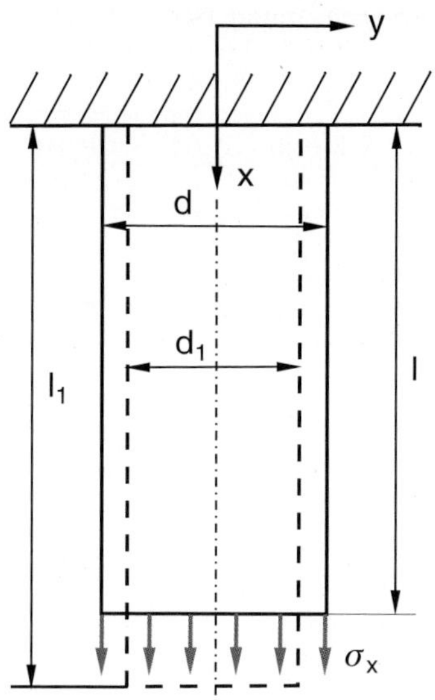

Abbildung 3.5: Längenänderung eines Stabes im Zugversuch

Dieser Zusammenhang wurde erstmalig 1676 von dem englischen Physiker Robert Hooke (1635–1693) veröffentlicht und ist seitdem als Hookesches Gesetz bekannt [3.70]:

$$\sigma = E \cdot \varepsilon \tag{3.3}$$

Hierin bezeichnen σ die Spannung in N/mm^2, die Proportionalitätskonstante E in N/mm^2 den so genannten Elastizitätsmodul (E-Modul, Young's Modulus), benannt nach dem englischen Physiker, Arzt und Ägyptologen Young (1773–1829), und ε die dimensionslose [–] Dehnung [3.170]. Der E-Modul kann auch als die Spannung gedeutet werden, die den Stab auf die doppelte Länge streckt, da für $\sigma = E$ die gestreckte Länge zu $l_1 = 2 \cdot l$ wird. Der Elastizitätsmodul ist eine werkstoffspezifische Größe, die experimentell im Zugversuch bestimmt werden kann. Der E-Modul entspricht der in bezogenen Größen ausgedrückten Federkonstanten des elastisch beanspruchten Werkstoffes. Da der E-Modul primär durch die Bindungskräfte und die Art des Atomgitters bestimmt wird und für jede Werkstoffgruppe nur unwesentlich vom Gefügezustand abhängt, werden die Werte der E-Moduln für die einzelnen Werkstoffgruppen meist pauschal angegeben, Tabelle 3.2. Die festzustellenden Bandbreiten resultieren sowohl aus werkstoffbedingten Besonderheiten als auch aus zunehmenden plastischen Verformungen im Mikrobereich bei steigenden Spannungen, was zu einer Abnahme des E-Moduls führt (z.B. bei Grauguss). Auch mit zunehmenden Temperaturen nimmt bei den meisten Metallen der E-Modul ab. Bei Stählen sinkt er z.B. bei einer Temperaturerhöhung auf 500° C um ca. 20 % gegenüber Raumtemperatur. Zusätzliche Einflussgrößen sind die Legierungszusammensetzung, die Wärmebehandlung sowie der Kaltumformgrad [3.106], [3.107].

Die besondere Bedeutung des Hookeschen Gesetzes für die Festigkeitsberechnung besteht darin, dass sich bei bekannten Belastungen bzw. Spannungen mittels des E-Moduls die daraus resultierenden Verformungen berechnen lassen. Ebenso kann bei bekannten Verformungen (z.B. aus Dehnungsmessungen oder Finite-Elemente-Berechnungen) auf die zugehörigen Spannungen bzw. die angreifenden Lasten geschlossen werden.

Werkstoff	**E-Modul** E [N/mm²]	**Dichte** ρ [kg/dm³]	**Querkontraktionszahl** ν [–]
Stähle	$1{,}90 - 2{,}10 \cdot 10^5$	7,85	0,30
Aluminium / Al-Legierungen	$0{,}70 - 0{,}75 \cdot 10^5$	2,7	0,33
Titan / Ti-Legierungen	$1{,}10 - 1{,}25 \cdot 10^5$	4,6	0,36
Grauguss	$0{,}80 - 1{,}20 \cdot 10^5$	7,2	0,25

Tabelle 3.2: Elastizitätsmodul, Dichte und Querkontraktionszahl für einige wichtige metallische Werkstoffe

Bezeichnet man z.B. die Verformung an einer beliebigen Stelle x des Stabes mit $u(x)$, so gilt:

$$u(x) = \frac{\sigma}{E} \cdot x \tag{3.4}$$

$$\frac{du}{dx} = \frac{\sigma}{E} = \varepsilon_x \tag{3.5}$$

Dabei weist der Index x auf die Dehnung in x-Richtung hin. Für einen dreiachsig belasteten Körper gemäß Abbildung 3.6 gilt dann entsprechend:

$$\begin{aligned} \varepsilon_x &= \frac{\partial u}{\partial x} \\ \varepsilon_y &= \frac{\partial u}{\partial y} \\ \varepsilon_z &= \frac{\partial u}{\partial z} \end{aligned} \tag{3.6}$$

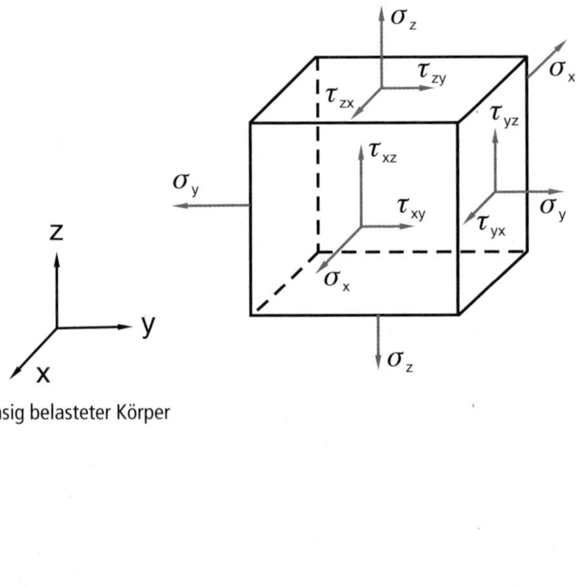

Abbildung 3.6: Dreiachsig belasteter Körper

Im Gegensatz zum einachsigen Fall, bei dem nur eine Abhängigkeit von σ_x gegeben ist, hängen bei Wirkung von drei Normalspannungen σ_x, σ_y, σ_z die Dehnungen in den drei Richtungen offenbar von allen drei Normalspannungen ab. Zunächst soll jedoch noch anhand von Abbildung 3.5 auf die Querdehnung ε_q eingegangen werden, die mit der Längsdehnung $\Delta l/l$ einhergeht.

$$\varepsilon_q = \frac{d_1 - d}{d} \tag{3.7}$$

Bei der Längsbeanspruchung eines Körpers verformt sich dieser nämlich nicht nur in der Längsrichtung, sondern auch quer zu dieser Beanspruchungsrichtung. Grundsätzlich sind die Vorzeichen der Längs- und Querverformung verschieden, da eine Zugbelastung in Längsrichtung zu einem Zusammenziehen in Querrichtung führt (Kontraktion), während aus einer Drucklängsbelastung eine Ausdehnung in Querrichtung resultiert (Expansion). Im linear-elastischen Bereich ist die Querdehnung ε_q proportional der Längsdehnung ε. Dieser Zusammenhang wird nach dem französischen Mathematiker Poisson (1781–1840) auch als Poissonsches Gesetz bezeichnet [3.102]:

$$\varepsilon_q = -\nu \cdot \varepsilon \tag{3.8}$$

Man nennt die Proportionalitätskonstante ν auch Poissonzahl bzw. Querdehnzahl oder Querkontraktionszahl. Sie nimmt für Metalle im linear-elastischen Bereich Werte zwischen 0,25 und 0,40 an, Tabelle 3.2. Es liegt eine geringe Temperaturabhängigkeit vor. Für Stähle liegt die Querdehnzahl bei 500° C um ca. 10 % über dem Wert bei Raumtemperatur. Für Beton beträgt $\nu \approx 0{,}1$, so dass praktisch schon mit dem Wert Null gerechnet werden kann. Für $\nu = 0{,}5$ dagegen liegt der Sonderfall des inkompressiblen Mediums vor, was sich anhand des dreiachsig belasteten Körpers gemäß Abbildung 3.6 herleiten lässt. Für die senkrecht zur Dehnung in x-Richtung auftretende Querdehnung gilt:

$$\varepsilon_q = \varepsilon_y = -\nu \cdot \varepsilon_x = -\nu \cdot \frac{\sigma_x}{E} \tag{3.9}$$

Entsprechend gilt auch für die ebenfalls zur x-Richtung senkrechte z-Richtung:

$$\varepsilon_x = \frac{\partial u}{\partial x} = \frac{\sigma_x}{E} - \nu \cdot \frac{\sigma_y}{E} - \nu \cdot \frac{\sigma_z}{E} \tag{3.10}$$

Damit lässt sich das Hookesche Gesetz für die Dehnungen in allgemeiner Form angeben zu:

$$\begin{aligned} \varepsilon_x &= \frac{1}{E} \cdot \left[\sigma_x - \nu \cdot (\sigma_y + \sigma_z)\right] \\ \varepsilon_y &= \frac{1}{E} \cdot \left[\sigma_y - \nu \cdot (\sigma_z + \sigma_x)\right] \\ \varepsilon_z &= \frac{1}{E} \cdot \left[\sigma_z - \nu \cdot (\sigma_x + \sigma_y)\right] \end{aligned} \tag{3.11}$$

Das sind die allgemeinen Beziehungen für durch Normalspannungen hervorgerufene Deformationen bzw. Dehnungen. Für eine Querdehnzahl von $\nu = 0{,}5$ folgt dann:

$$\varepsilon_x + \varepsilon_y + \varepsilon_z = \frac{1}{E} \cdot \left[\sigma_x + \sigma_y + \sigma_z - \sigma_x - \sigma_y - \sigma_z\right] = 0 \tag{3.12}$$

Bei einem allgemeinen Verformungszustand treten neben den bisher behandelten Normalspannungen σ auch Schubspannungen τ auf. Diese Schubspannungen τ werden gemäß Abbildung 3.7 eine Änderung des rechten Winkels eines Elements hervorrufen (allgemein: eine Winkeländerung). In Analogie zum Hookeschen Gesetz besteht im linear-elastischen Bereich ein proportionaler Zusammenhang zwischen der Schubspannung τ und der Winkelverzerrung γ die auch als Schiebung oder Gleitung bezeichnet wird:

$$\tau = G \cdot \gamma \tag{3.13}$$

Dieser Zusammenhang wurde erstmals von De Saint Venant (1797–1886) angegeben und ist auch als Elastizitätsgesetz für Schubbeanspruchungen bekannt. Der Proportionalitätsfaktor G wird Schub- oder Gleitmodul genannt. In Analogie zum E-Modul ist der Gleitmodul mit der Einheit einer Spannung [N/mm²] behaftet, der genaue Wert ist werkstoffabhängig.

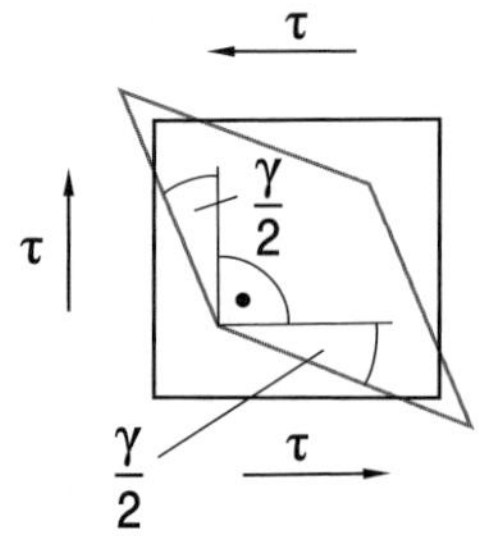

Abbildung 3.7: Deformation durch Schubspannungen

Der Schubmodul kann experimentell mittels eines Torsionsversuches ermittelt werden. Er kann jedoch auch aus den beiden anderen Konstanten E-Modul E und Querdehnzahl ν berechnet werden, da bei isotropem Material von den drei elastizitätstheoretischen Konstanten E, ν und G nur zwei voneinander unabhängig sind. Zur Herleitung dieses Zusammenhanges wird eine zweiachsig belastete Scheibe (quadratische Scheibe) im deformierten Zustand betrachtet, Abbildung 3.8.

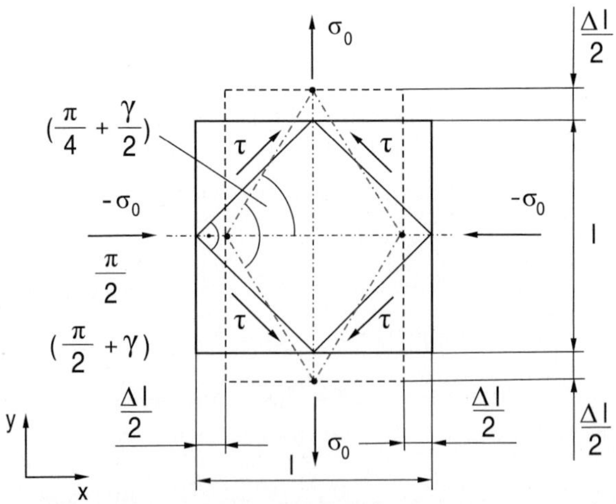

Abbildung 3.8: Dehnungen in einer zweiachsig belasteten Scheibe

Bei der gezeichneten Belastung treten unter den Winkeln $\pi/4$, $3\cdot\pi/4$, $5\cdot\pi/4$ und $7\cdot\pi/4$ nur Schubspannungen ($\sigma_{1,2} = 0$) auf. Die Größe der maximalen Schubspannungen beträgt $\tau_{max} = \pm\,\sigma_0$. Betrachtet man die Dehnung in y-Richtung (ε_y), so ergeben sich die nachfolgenden Beträge und Richtungen der Spannungen (Vorzeichen auf die jeweilige Achse bezogen):

$$\begin{aligned} \sigma_y &= \sigma_0 \\ \sigma_x &= -\sigma_y \\ \sigma_z &= 0 \end{aligned} \tag{3.14}$$

Entsprechend dem allgemeinen Hookeschen Gesetz gilt:

$$\varepsilon_y = \frac{\Delta l}{l} = \frac{1}{E}\cdot\left[\sigma_y - \nu\cdot(\sigma_z + \sigma_x)\right] = \frac{1}{E}\cdot(\sigma_y - \nu\cdot\sigma_x) \tag{3.15}$$

$$\varepsilon_y = \frac{1+\nu}{E}\cdot\sigma_0 \tag{3.16}$$

Weiterhin gilt für die deformierte Scheibe unter Beachtung der allgemeinen trigonometrischen Beziehungen:

$$\begin{aligned} \tan(\alpha+\beta) &= \frac{\tan\alpha + \tan\beta}{1-\tan\alpha\cdot\tan\beta} \\ \tan\left(\frac{\pi}{4}+\frac{\gamma}{2}\right) &= \frac{\tan\frac{\pi}{4}+\tan\frac{\gamma}{2}}{1-\tan\frac{\pi}{4}\cdot\tan\frac{\gamma}{2}} \quad \text{mit} \quad \tan\frac{\pi}{4} = 1 \\ \tan\left(\frac{\pi}{4}+\frac{\gamma}{2}\right) &= \frac{1+\tan\frac{\gamma}{2}}{1-\tan\frac{\gamma}{2}} = \frac{\frac{l}{2}+\frac{\Delta l}{2}}{\frac{l}{2}-\frac{\Delta l}{2}} = \frac{1+\frac{\Delta l}{l}}{1-\frac{\Delta l}{l}} = \frac{1+\varepsilon_y}{1-\varepsilon_y} \end{aligned} \tag{3.17}$$

Ersetzt man wegen des kleinen Winkels $\tan(\gamma/2)$ durch $\gamma/2$, dann erhält man:

$$\frac{1+\frac{\gamma}{2}}{1-\frac{\gamma}{2}} = \frac{1+\varepsilon_y}{1-\varepsilon_y} \tag{3.18}$$

Hieraus folgt mit $\gamma = \tau/G$ und der Gleichung (3.17):

$$\gamma = 2\cdot\varepsilon_y = \frac{2\cdot(1+\nu)}{E}\cdot\sigma_0 = \frac{\tau}{G} = \frac{\sigma_0}{G} \tag{3.19}$$

Damit ergibt sich dann für den Schubmodul folgende Abhängigkeit vom E-Modul und der Querkontraktionszahl:

$$G = \frac{E}{2\cdot(1+\nu)} \tag{3.20}$$

Mithilfe dieser Gleichung und der Kennwerte gemäß Tabelle 3.2 lässt sich z.B. unter Verwendung von $E = 2{,}1\cdot10^5\ \text{N/mm}^2$ und $\nu = 0{,}3$ der Schubmodul für Stahl bestimmen zu $G = 0{,}8\cdot10^5\ \text{N/mm}^2$.

In Analogie zu den Dehnungen gemäß Gleichung (3.12) lassen sich mithilfe des Gleitmoduls auch die aus den Schubspannungen resultierenden Gleitungen bzw. Schiebungen wie folgt angeben:

$$\gamma_{xy} = \frac{1}{G} \cdot \tau_{xy}$$
$$\gamma_{yz} = \frac{1}{G} \cdot \tau_{yz} \qquad (3.21)$$
$$\gamma_{zx} = \frac{1}{G} \cdot \tau_{zx}$$

3.3.2 Normalspannungen in Bauteilen – Zug, Druck und Biegung

Normalspannungen σ treten infolge der Grundbelastungsfälle Zug, Druck und Biegung auf. Der Lokomotivrahmen z.B. wird beim Ziehen eines Zuges einer Zugbelastung, beim Schieben eines Zuges einer Druckbelastung unterliegen. Zusätzlich führen die eingebauten Aggregate sowie die Abstützung des Rahmens auf den Drehgestellen zu einer Biegebelastung des Rahmens. Betrachtet man gemäß Abbildung 3.9 anstelle des komplexen Schweißbauteiles Lokomotivrahmen einen gewöhnlichen „technischen" Profilstab, hier ein T-Profil, so erzeugt eine im Flächenschwerpunkt angreifende Normalkraft F_z in N, bezogen auf die Querschnittsfläche A in mm^2, eine Normalspannung σ in N/mm^2:

$$\sigma = \frac{F_z}{A} \qquad (3.22)$$

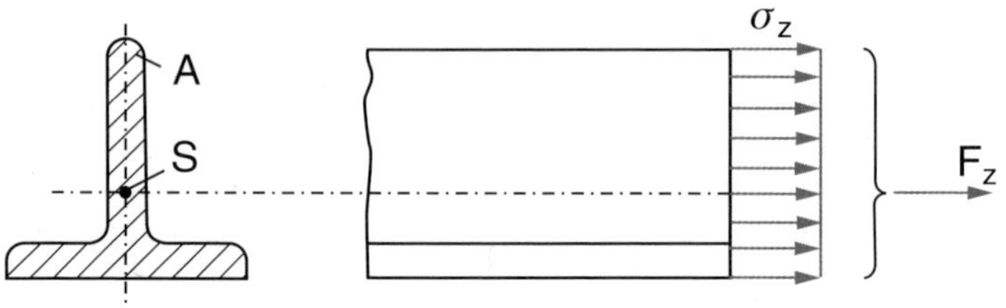

Abbildung 3.9: Normalspannung in einem T-Profilträger unter Zugbelastung

Dabei werden positive Normalspannungen als Zugspannungen, negative als Druckspannungen bezeichnet. Zur Erklärung der auftretenden Normalspannungen infolge einer Biegebelastung wird zunächst ein Balken mit rechteckigem Querschnitt gemäß Abbildung 3.10 betrachtet. Dieser Balken wird durch ein Biegemoment M_{bx} belastet. Daraus resultieren in einem beliebigen Querschnitt A die folgenden Normalspannungen:

- Druckspannungen an der Oberseite
- Zugspannungen an der Unterseite

Die Beträge der Spannungen sind abhängig von der Lage des gerade betrachteten Flächenelements dA des Querschnitts A. „Durchläuft" man den Balken von oben (max. Druckspannung) nach unten (max. Zugspannung), dann wird irgendwann einmal eine Stelle erreicht, an der die Spannung den Betrag Null hat. Alle Orte mit einer Spannung vom Betrag Null werden durch die neutrale Faser verbunden. Es ist leicht einzusehen, dass die Lage der neutralen Faser abhängig sein wird von der Querschnittsform. Sie geht bei homogenen Körpern aus isotropem Werkstoff (Stahl) stets durch den Flächenschwerpunkt (S). Im vorliegenden Fall (symmetrischer Querschnitt) liegt dieser in der Mitte der Querschnittsfläche.

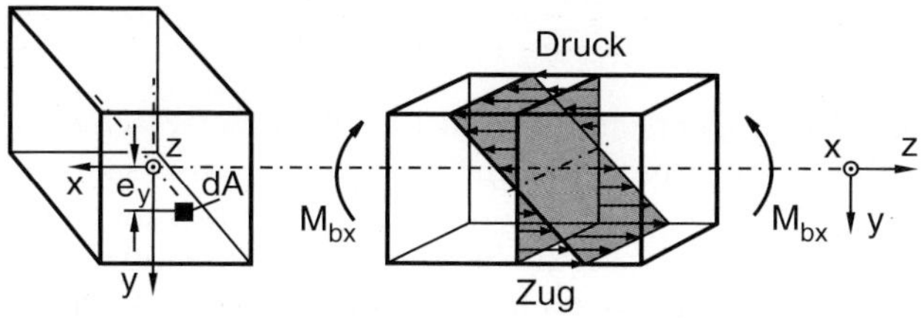

Abbildung 3.10: Balken unter Biegung – Normalspannungen

Auch wenn es in der Praxis ausreicht, nur die maximalen Zug- oder Druckspannungen zu berechnen, so wird zum besseren Verständnis eine Berechnungsweise vorgestellt, die es gestattet, Spannungen an jeder Stelle des Querschnitts zu berechnen. Setzt man voraus, dass die Spannungsverteilung über den Querschnitt linear ist, dann wird ganz offenbar die Entfernung von der neutralen Faser in die Rechnung eingehen müssen und zwar als Faktor. Der Abstand von der neutralen Faser wird mit e (Exzentrizität) bezeichnet. Negative Werte von e führen zu Druckspannungen, positive zu Zugspannungen, wird in der neutralen Faser $e = 0$, so folgt daraus auch $\sigma = 0$. Demzufolge gehen in die Gleichung zur Berechnung der Normalspannungen aus Biegung Flächenkennwerte ein, die von den geometrischen Abmessungen des Querschnitts abhängen. Es sind dies die Flächenträgheitsmomente, die mit I bezeichnet werden.

Die Flächenträgheitsmomente sind Konstanten, die jeweils für bestimmte Achsen, um die gebogen wird, berechnet und für die gängigen technischen Querschnitte aus Tabellen entnommen werden können. Die Trägheitsmomente werden bei zur neutralen Achse nicht rotationssymmetrischen Querschnitten – und das sind alle außer Kreis- und Kreisringquerschnitten – je nach Biegeachse unterschiedlich sein. Für die Normalspannungsberechnung bei Biegung wird man daher die sog. axialen Flächenträgheitsmomente (bezogen auf eine Biegeachse) benutzen. Man bezeichnet sie je nach der Biegeachse mit I_x, I_y und I_z. Für die Normalspannungsberechnung bei Biegung sind damit folgende Größen zu beachten:

- das Biegemoment M_b in Nm
- der Abstand e von der neutralen Faser zur Biegeachse in m
- das axiale Flächenträgheitsmoment, bezogen auf die Biegeachse (I_x, I_y, I_z, allgemein I) in m^4

Der formelmäßige Zusammenhang für die Normalspannungen bei Biegung lautet dann z.B. bei Biegung um die x-Achse:

$$\sigma_{bx} = \frac{M_{bx}}{I_x} \cdot e_y \tag{3.23}$$

Dabei ist e_y der senkrechte Abstand des beobachteten Querschnittspunktes von der neutralen Faser.

Interessieren nur die maximalen Spannungen am Außenrand des Bauteils, so wird mit dem Maximalwert von e_y gerechnet. In diesem an sich häufigsten Fall werden dann die beiden Konstanten I_x und $e_{y,\,max}$ zu einer Konstanten $I_x / e_{y,\,max}$ zusammengefasst und als äquatoriales Widerstandsmoment $W_{äq}$ oder auch W_{bx} bezeichnet:

$$\sigma_{bx,max} = \frac{M_{bx}}{I_x} \cdot e_{y,max} = \frac{M_{bx}}{W_{bx}} \tag{3.24}$$

Für die gebräuchlichsten Querschnitte sind die Werte der Flächenträgheitsmomente und äquatorialen Widerstandsmomente in Tabellenbüchern zusammengestellt.

In Abbildung 3.11 wird nun ein technisch häufig vorkommender Querschnitt betrachtet, bei dem die neutrale Faser nicht mehr in Querschnittsmitte liegt. Zunächst gilt hier wieder für die Normalspannungen σ_{bx} infolge Biegung:

$$\sigma_{bx} = \frac{M_{bx}}{I_x} \cdot e_y \tag{3.25}$$

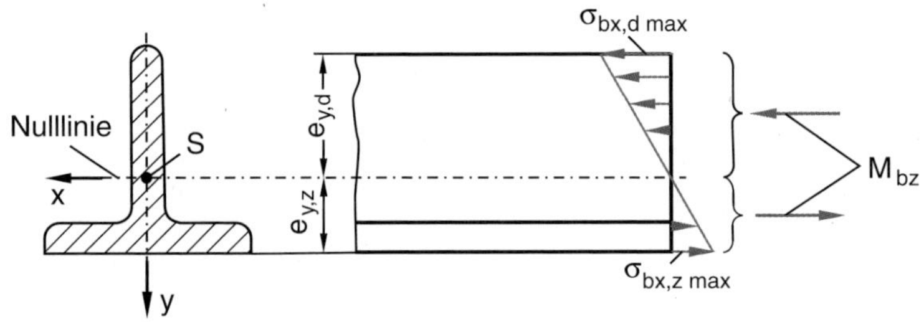

Abbildung 3.11: T-Profil unter Biegung

Da die neutrale Faser nicht mehr in der Querschnittsmitte liegt, ergeben sich am Rande oben und am Rande unten unterschiedlich hohe Spannungen, entsprechend $e_{y,z}$ für den unteren Rand und $e_{y,d}$ für den oberen Rand. Die größte Zugspannung am unteren Rand ist:

$$\sigma_{bx,zmax} = \frac{M_{bx}}{I_x} \cdot e_{y,z} = \frac{M_{bx}}{W_{b1x}} \tag{3.26}$$

mit: $W_{b1x}=I_x/e_{y,z}$ [m^3]

Für die größte Druckspannung gilt:

$$\sigma_{bx,dmax} = \frac{M_{bx}}{I_x} \cdot e_{y,d} = \frac{M_{bx}}{W_{b2x}} \tag{3.27}$$

mit: $W_{b2x}=I_x/e_{y,d}$ [m^3]

In den Katalogen wird jedoch in der Regel nur das kleinere (lineare) Widerstandsmoment, also W_{b2x} in diesem Falle, angegeben, da man davon ausgeht, dass nur die absolut größte Spannung interessiert. Für die Biegung um die y-Achse gelten die analogen Überlegungen. Entsprechende Werte für I_y bzw. W_{by} finden sich ebenfalls in Nachschlagewerken für gängige Profile [3.44], [3.147].

Im Folgenden soll für einige gängige Querschnitte angegeben werden, wie sich die Werte für die Flächenträgheitsmomente und Widerstandsmomente bestimmen lassen, Abbildung 3.12:

Querschnitt	I	W_t	I_x, I_y	W_{bx}, W_{by}
1 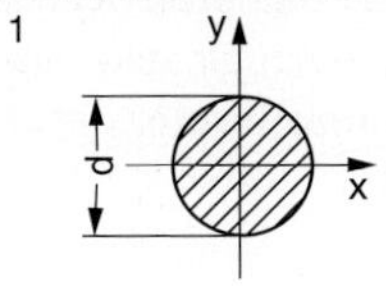	$\frac{\pi d^4}{32} = I_p$	$\frac{\pi d^3}{16} = W_p$	$\frac{\pi d^4}{64}$	$\frac{\pi d^3}{32}$
2 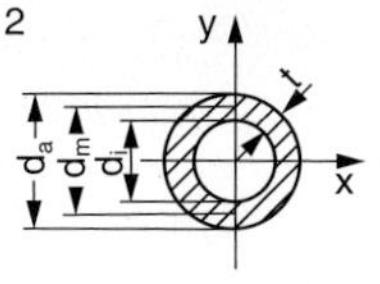	$\frac{\pi(d_a^4-d_i^4)}{32} = I_p$ Für geringe Wanddicken, d.h. $\left(\frac{t}{d_m}\right)^2 \ll 1$: $\pi d_m^3 t/4$	$\frac{\pi(d_a^4-d_i^4)}{16\,d_a} = W_p$ $\pi d_m^2 t/2$	$\frac{\pi(d_a^4-d_i^4)}{64}$	$\frac{\pi(d_a^4-d_i^4)}{32}$
3 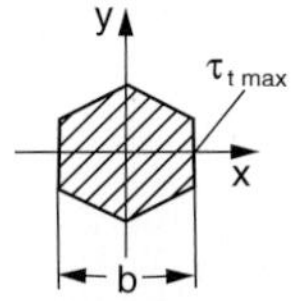	$0{,}133 \cdot b^2 A = 0{,}115 \cdot b^4$	$0{,}217 \cdot bA = 0{,}188 \cdot b^3$	$\frac{5\cdot\sqrt{3}}{144} \cdot b^4 = 0{,}0601 \cdot b^4$	$W_{bx} = \frac{5}{48} b^3 = 0{,}104 \cdot b^3$ $W_{by} = \frac{5\sqrt{3}}{72}\, b^3 = 0{,}120 \cdot b^3$
4 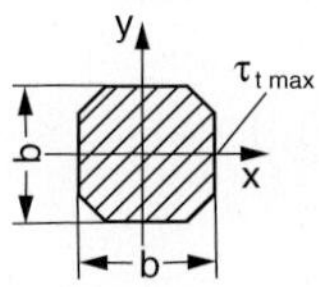	$0{,}130 \cdot b^2 A = 0{,}108 \cdot b^4$	$0{,}223 \cdot bA = 0{,}185 \cdot b^3$	$\frac{\sqrt{2}\cdot 2+1}{6(2+\sqrt{2})^2} \cdot b^4 = 0{,}0547 \cdot b^4$	$0{,}08632 \cdot b^3$
5 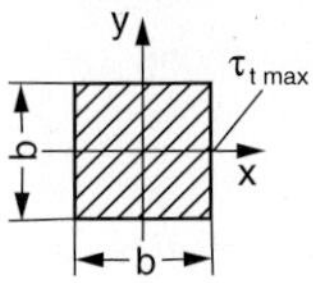	$0{,}141 \cdot b^4$	$0{,}208 \cdot b^3$	$\frac{b^4}{12}$	$\frac{b^3}{6}$
6 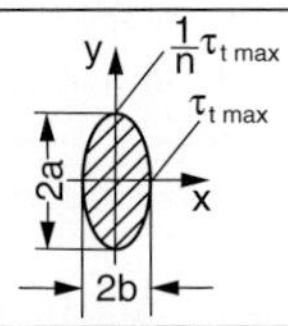	$\frac{\pi a^3 b^3}{a^2+b^2} = \frac{\pi n^3 b^4}{n^2+1}$	$\frac{\pi a b^2}{2} = \frac{\pi n b^3}{2}$	$I_x = \frac{\pi a^3 b}{4}$ $I_y = \frac{\pi b^3 a}{4}$	$W_x = \frac{\pi a^2 b}{4}$ $W_y = \frac{\pi b^2 a}{4}$
7 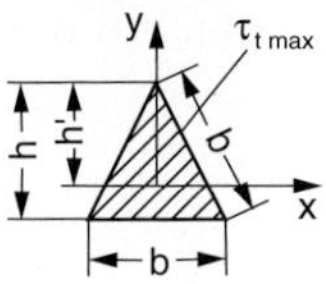	$\frac{b^4}{46{,}19} \approx \frac{h^4}{26}$	$\frac{b^3}{20} \approx \frac{h^3}{13}$	$I_x = \frac{bh^3}{36}$ $I_y = \frac{hb^3}{48}$	$W_x = \frac{bh^2}{24}$;$(h' = \frac{2}{3}h)$ $W_y = \frac{hb^2}{24}$
8 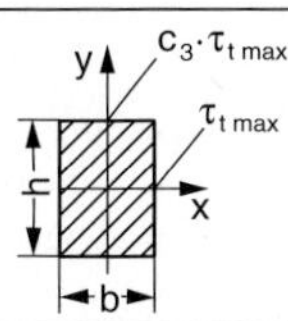	$c_1 hb^3 = c_1 nb^4$	$c_2 hb^2 = c_2 nb^3$	$I_x = \frac{bh^3}{12}$ $I_y = \frac{hb^3}{12}$	$W_x = \frac{bh^2}{6}$ $W_y = \frac{hb^2}{6}$

$n = h/b$	1	1,5	2	3	4	6	8	10	∞
c_1	0,141	0,196	0,229	0,263	0,281	0,298	0,307	0,312	0,333
c_2	0,208	0,231	0,246	0,267	0,282	0,299	0,307	0,312	0,333
c_3	1,000	0,858	0,796	0,753	0,745	0,743	0,743	0,743	0,743

Abbildung 3.12: Flächenträgheitsmomente und Widerstandsmomente

Oftmals reichen für komplexere, zusammengesetzte Querschnitte die in Abbildung 3.12 dargestellten Profilgeometrien nicht aus. Man kombiniert dann das erforderliche Profil durch Zusammensetzen von Einzelprofilen. Grundsätzlich verfügt das zusammengesetzte Profil über eine Gesamtfläche A, die sich durch Aufsummierung der einzelnen Teilflächen A_i ergibt. Für das Profil gemäß Abbildung 3.13 gilt:

$$A = \sum A_i = A_1 + A_2 + A_3 \tag{3.28}$$

Nimmt man z.B. die Bauteilunterseite als Bezugslinie an, so lässt sich die Lage des resultierenden Flächenschwerpunktes S und damit auch die Lage a der Nulllinie bzw. neutralen Faser bestimmen zu:

$$a = \frac{\sum A_i \cdot a_i}{A} = \frac{A_1 \cdot a_1 + A_2 \cdot a_2 + A_3 \cdot a_3}{A_1 + A_2 + A_3} \tag{3.29}$$

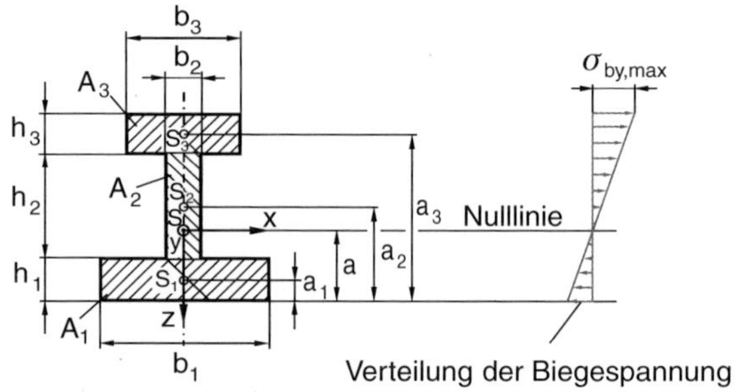

Abbildung 3.13: Beispiel eines zusammengesetzten Profils

Das axiale Flächenträgheitsmoment des zusammengesetzten Profils, bezogen auf die neutrale Faser (Nulllinie), wird dann mithilfe des Satzes von Jacob Steiner (1796–1863) ermittelt:

$$I_x = I_\xi + A \cdot a^2 \tag{3.30}$$

Hierin bezeichnen:

I_x: Resultierendes Flächenträgheitsmoment um eine beliebige Achse x

I_ξ: Flächenträgheitsmoment der Querschnittsfläche A, bezogen auf die Nulllinie ξ, parallel zur Achse x

A: Querschnittsfläche

a: Abstand der Achsen x und ξ

Für das gegebene Profil aus Abbildung 3.13 ergibt sich damit:

$$I_x = I_{\xi 1} + A_1 \cdot (a_1 - a)^2 + I_{\xi 2} + A_2 \cdot (a_2 - a)^2 + I_{\xi 3} + A_3 \cdot (a_3 - a)^2 \tag{3.31}$$

Für das zugehörige Widerstandsmoment W_x um die x-Achse folgt dann mit dem größten Randfaserabstand $x_{max} = a$:

$$W_x = \frac{I_x}{|Z_{max}|} = \frac{I_x}{|h_1 + h_2 + h_3 - a|} \tag{3.32}$$

	Querschnitt	Trägheitsmoment	Widerstandsmoment
9	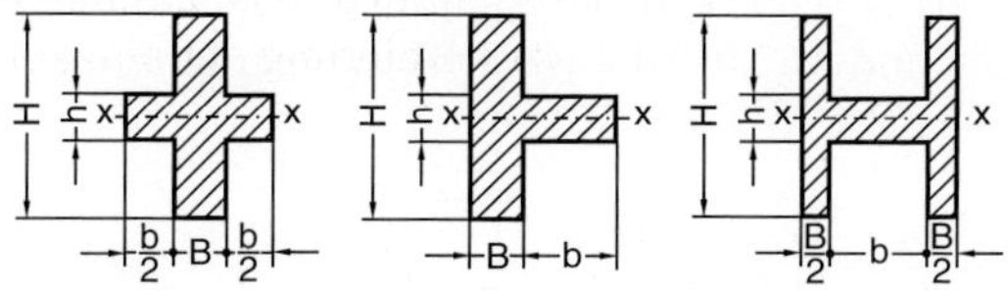	$I_x = \frac{B\cdot H^3 + b\cdot h^3}{12}$	$W_{bx} = \frac{B\cdot H^3 + b\cdot h^3}{6\,H}$
10	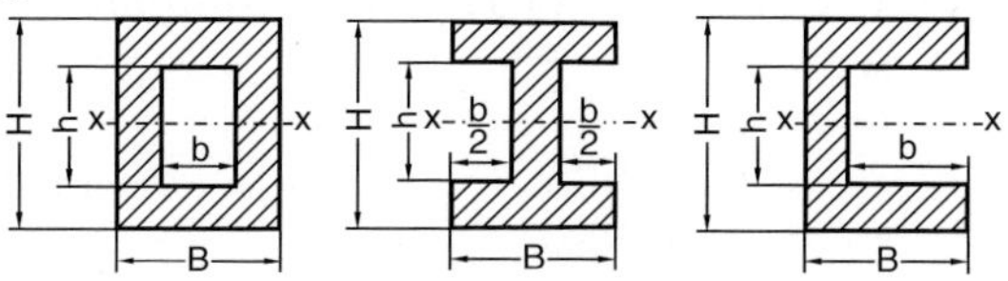	$I_x = \frac{B\cdot H^3 - b\cdot h^3}{12}$	$W_{bx} = \frac{B\cdot H^3 - b\cdot h^3}{6\,H}$
11	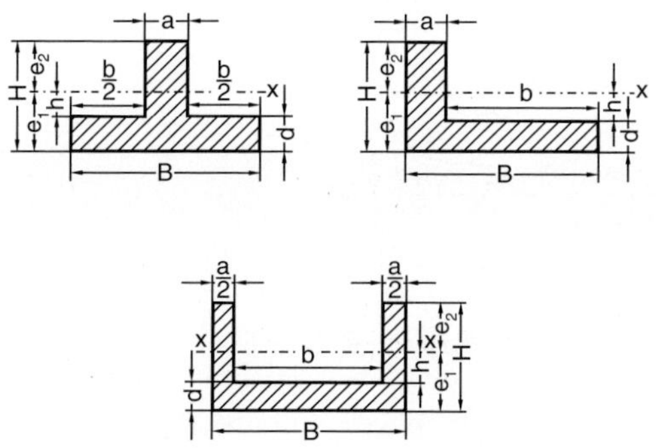	$I_x = \frac{1}{3}(B\cdot e_1^3 - b\cdot h^3 + a\cdot e_2^3)$ für: $e_1 = \frac{1}{2}\cdot\frac{a\cdot H^2 + b\cdot d^2}{a\cdot H + b\cdot d}$ $e_2 = H - e_1$	$W_{bx} = \frac{I_x}{e}$
12	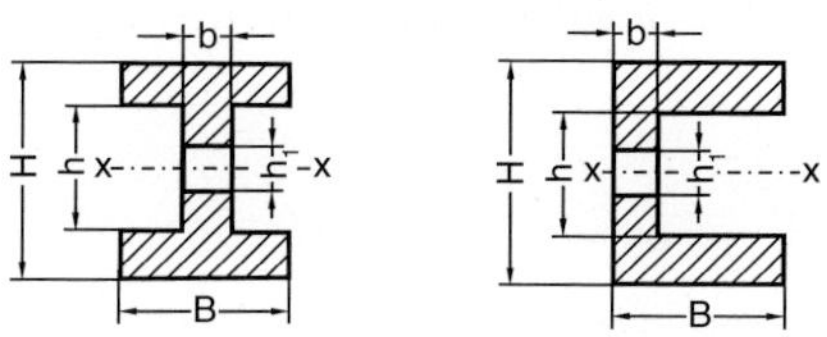	$I_x = \frac{B\cdot(H^3-h^3)+b\cdot(h^3-h_1^3)}{12}$	$W_{bx} = \frac{B\cdot(H^3-h^3)+b\cdot(h^3-h_1^3)}{6\,H}$
13	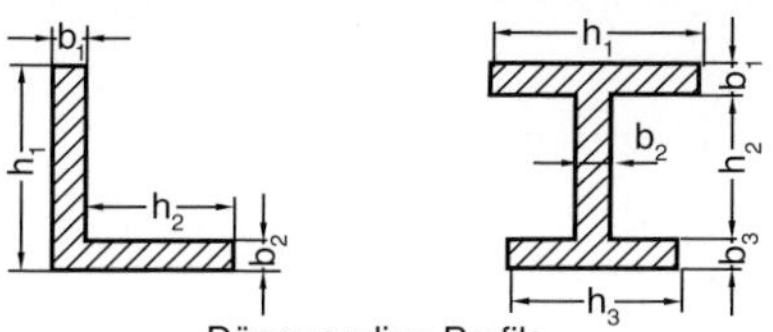 Dünnwandige Profile	$I_t = \frac{\eta}{3}\sum b_i^3 \cdot h_i$	$W_t = \frac{1}{3b_{max}}\sum b_i^3 \cdot h_i$

Profil	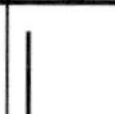	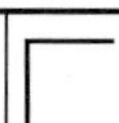	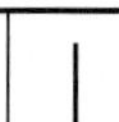	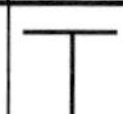		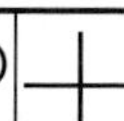
η	0,99	1,12	1,12	1,31	1,29	1,17

Abbildung 3.14: Trägheitsmomente und Widerstandsmomente zusammengesetzter Profile

In Erweiterung der bisher behandelten geraden (einachsigen) Biegung um eine Hauptachse wird im Folgenden noch die Entstehung von Normalspannungen aus schiefer (mehrachsiger) Biegung vorgestellt. Hierbei wirkt ein belastendes Biegemoment M_B, das sich aus den einzelnen Anteilen M_{bx} und M_{by} um die jeweiligen Hauptachsen vektoriell zusammensetzen lässt, Abbildung 3.15.

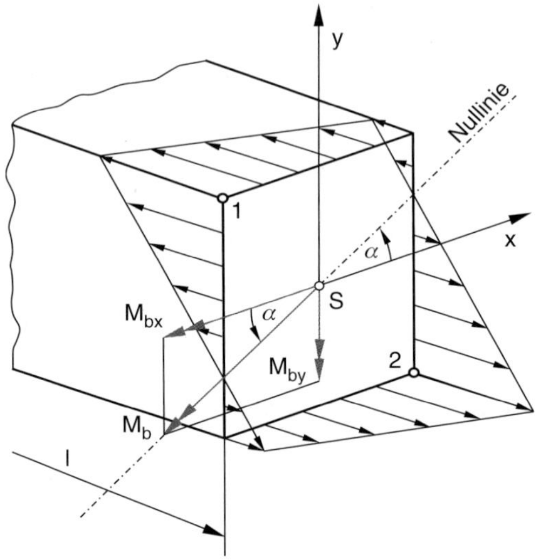

Abbildung 3.15: Spannungsverteilung in einem Balken unter schiefer Biegung

Aufgrund der um die jeweiligen Achsen wirkenden Biegemomente M_{bx} und M_{by} lassen sich auch abhängig von den unterschiedlichen Trägheitsmomenten I_x und I_y die daraus resultierenden Durchbiegungen f_{bx} und f_{by} angeben:

$$f_{bx} = \frac{M_{bx} \cdot l^2}{E \cdot I_x \cdot 2} \tag{3.33}$$

$$f_{by} = \frac{M_{by} \cdot l^2}{E \cdot I_y \cdot 2} \tag{3.34}$$

Somit ergibt sich für das Verhältnis der Durchbiegungen:

$$\frac{f_{bx}}{f_{by}} = \frac{M_{bx}}{M_{by}} \cdot \frac{I_y}{I_x} \tag{3.35}$$

Aufgrund dieser Zusammenhänge lässt sich die resultierende Normalspannung σ_b an einem beliebigen Punkt (x, y) des Querschnittes A durch einfache Überlagerung der Biegespannungsanteile aus M_{bx} und M_{by} unter Beachtung der Vorzeichen berechnen zu:

$$\sigma_b(x,y) = \frac{M_{bx}}{I_x} \cdot y - \frac{M_{by}}{I_y} \cdot x \tag{3.36}$$

Die neutrale Faser bzw. Nulllinie ($\sigma_b = 0$) liegt dann unter dem Winkel α zur x-Achse:

$$\tan\alpha = \frac{I_x \cdot M_{by}}{I_y \cdot M_{bx}} \tag{3.37}$$

Wie auch im einachsigen Belastungsfall nimmt die Biegespannung abhängig vom Abstand zur Nulllinie linear zu. Da diese Biegespannungen an den Ecken des Profils in den Punkten 1 und 2 maximal werden, sind für eine Festigkeitsbetrachtung derartiger Profile immer die Spannungen an den Außenecken zu bestimmen. Zur Bestimmung dieser Berührpunkte mit den größten Spannungen kann man im allgemeinen Fall Tangenten an den Querschnitt legen, die parallel zur neutralen Faser laufen.

3.3.3 Normalspannungen zwischen Flächen – Flächenpressung

Werden zwei Bauteile mit ebenen Berührflächen durch eine Normalkraft F zusammengedrückt, so wirken zwischen diesen beiden ebenen Flächen Normalspannungen, die man auch als Flächenpressung bezeichnet, Abbildung 3.16. Ungeachtet des eigentlichen, örtlichen Verlaufes der Flächenpressung (gestrichelt gezeichnet) wird vereinfachend angenommen, dass sich aufgrund der Druckkraft F [N] die Pressung p [N/mm²] in der Berührfläche $A = b \cdot l$ [mm²] gleichmäßig verteilt:

$$p = \frac{F}{A} \tag{3.38}$$

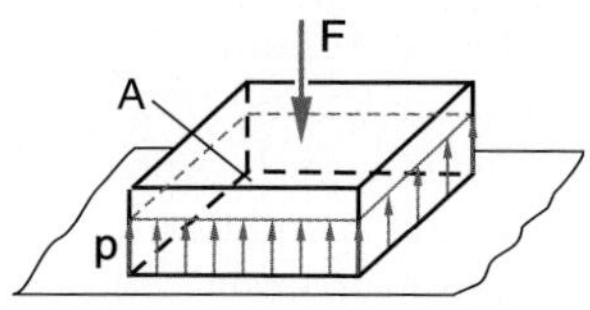

Abbildung 3.16: Flächenpressung zwischen zwei Bauteilen mit ebenen Berührflächen

Grundsätzlich lässt sich der Ansatz einer mittleren Flächenpressung auch auf gewölbte Oberflächen übertragen, sofern die Krümmungen gleichgerichtet sind und die sich berührenden Flächen aneinander liegen wie z.B. bei einem Bolzen in einer Bohrung oder einem Zapfen in einer Lagerschale, Abbildung 3.17. In diesem Fall betrachtet man infinitesimal kleine Flächenteilchen dA. Auf jedes Flächenteilchen wirkt ein Kraftanteil dF:

$$dF = p \cdot dA \tag{3.39}$$

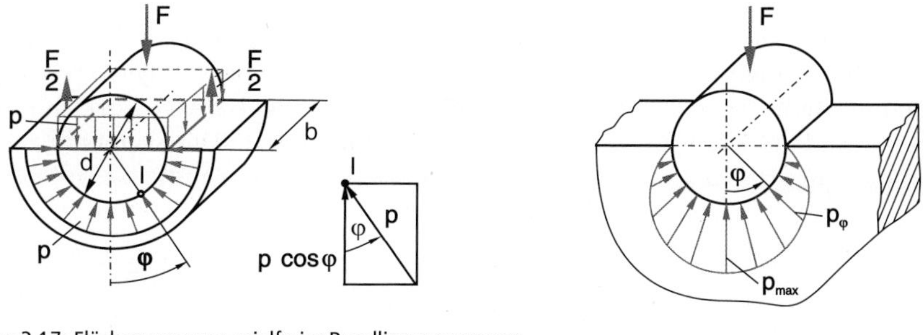

Abbildung 3.17: Flächenpressung spielfreier Rundlingspaarungen

Die Belastungsrichtung steht im Allgemeinen senkrecht auf der Zylinderachse. Es entstehen Pressungen p zwischen den Anlageflächen, bei zentralen oder symmetrischen Kräften also etwa auf den Halbzylindern des Bolzens und der Lochwand. Bei Annahme einer gleichmäßigen (mittleren) Pressung auf dem Halbzylinder ergibt sich nach Abbildung 3.17, dass sich die Horizontalkomponenten $p \cdot dA \cdot \cos\varphi$ gegenseitig aufheben und die Summe der Vertikalkomponenten $p \cdot dA \cdot \sin\varphi$ gleich F sein muss. Im Falle des gelagerten Zapfens gemäß Abbildung 3.17 gilt demnach:

$$F = [\int_0^{\pi}(p \cdot b \cdot r)d\varphi] \cdot \sin\varphi = p \cdot b \cdot r \cdot 2 = p \cdot b \cdot d \tag{3.40}$$

$$p = \frac{F}{b \cdot d} = \frac{F}{A} \tag{3.41}$$

Diese Gleichung ist identisch mit Gleichung 3.38. Demzufolge muss man bei gewölbten Flächen als Betrag für den in die Rechnung eingehenden Querschnitt lediglich die Projektion (Schattenfläche) der Druckfläche in Richtung der Kraft F einsetzen, hier also $A = d \cdot b$.

3.3.4 Hertzsche Pressung

Berühren sich zwei Körper mit gekrümmten Flächen unter einer Druckkraft F, z.B. eine Rolle mit einer Rolle, eine Kugel oder ein Zylinder mit einer Ebene oder gekrümmten Laufbahn (z.B. beim Wälzlager) oder zwei Zahnflanken bei einem Zahnradgetriebe, so ist Gleichung (3.41) nicht mehr gültig, da bei einer punkt- oder linienförmigen Berührzone theoretisch keine Kontaktfläche A mehr zur Verfügung steht und demzufolge die Pressungen unendlich groß werden müssten. Tatsächlich liegt im Kontaktbereich der Körper jedoch eine Abplattung vor und die Berührfläche ist nicht mehr punkt- oder linienförmig, sondern kreis- oder ellipsenförmig, bei Zahnrädern mit exakt geraden Flanken rechteckig. Diese Zusammenhänge wurden erstmalig von Heinrich Rudolf Hertz (1857–1894) beschrieben, weshalb man auch von Hertzschen Pressungen spricht [3.65], [3.66]. Dem nachfolgend beschriebenen Berechnungsverfahren liegen die folgenden Annahmen zugrunde:

- Die Werkstoffe der beiden Körper sind homogen und isotrop.
- In der Druckfläche treten nur Normalspannungen und keine Schubspannungen auf.
- Beide Körper werden rein elastisch verformt.

Auch wenn diese idealisierenden Annahmen oftmals nicht eingehalten werden, wenn z.B. bei hoch belasteten Wälzlagern teilweise geringe plastische Verformungen der Wälzkörper oder der Laufbahn auftreten, so lassen sich mit der Hertzschen Theorie sehr gute Näherungen für die Verformungen und Druckspannungen zwischen den Körpern ermitteln. Im allgemeinen Fall betrachtet man zwei allseitig gekrümmte Körper, die durch eine Kraft F belastet werden, Abbildung 3.18. Die Kontaktellipse wird durch die beiden Halbachsen a und b beschrieben.

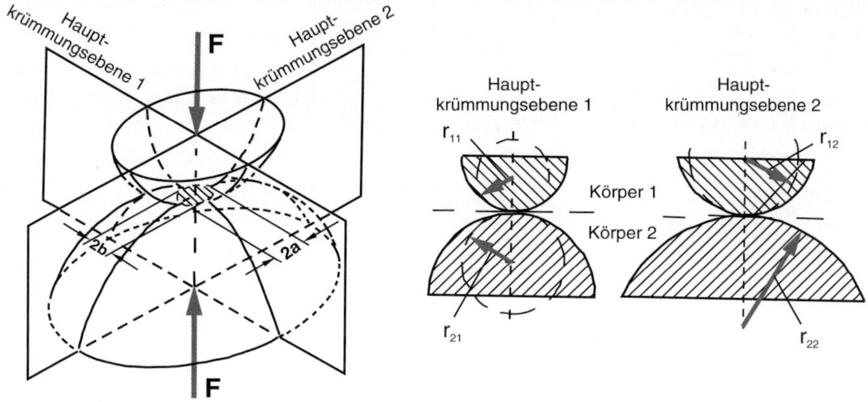

Abbildung 3.18: Berührung zweier allseitig gekrümmter Körper mit Hauptkrümmungsebenen und Krümmungsradien

Die Hauptkrümmungsebenen und die sich einstellenden Radien werden mit r_{ij} bezeichnet, wobei der erste Index i den Körper und der zweite Index j die Krümmungsebene kennzeichnet. Der Reziprokwert des Radius wird Krümmung ρ genannt. Das Vorzeichen von ρ ist positiv (+), wenn der Krümmungsmittelpunkt im Körper liegt (z.B. konvexe Krümmung bei einer Rolle). Umgekehrt ist das Vorzeichen von ρ negativ (−), wenn der Krümmungsmittelpunkt außerhalb des Körpers liegt (z.B. Innenkontur eines Ringes):

$$\rho_{ij} = \frac{1}{r_{ij}} \tag{3.42}$$

Für die Berechnung der Annäherung der Druckfläche und der Flächenpressung entsprechend der Hertzschen Theorie sind aus den gegebenen Krümmungsverhältnissen in der Berührstelle zunächst die Hertzschen Beiwerte ξ, η und $2k/\pi\xi$ abhängig von $\cos\tau$ zu bestimmen:

$$\cos\tau = \frac{\rho_{11} - \rho_{12} + \rho_{21} - \rho_{22}}{\sum\rho} \tag{3.43}$$

$$\sum\rho = \rho_{11} + \rho_{12} + \rho_{21} + \rho_{22} \tag{3.44}$$

Eine Auswahl der Hertzschen Beiwerte ist in der folgenden Tabelle 3.3 zusammengestellt. Eine ausführlichere Zusammenstellung ist in der Literatur wiedergegeben [3.5].

In den nachfolgend notierten Gleichungen wird angenommen, dass beide Körper aus dem gleichen Werkstoff mit dem E-Modul E und der Querkontraktionszahl ν bestehen. Kommen unterschiedliche Werkstoffe mit unterschiedlichen Materialwerten E_i und ν_i zum Einsatz, so gilt der folgende Zusammenhang:

$$\frac{1-\nu^2}{E} \text{ ist zu ersetzen durch } \frac{1}{2}\left(\frac{1-\nu_1^2}{E_1} + \frac{1-\nu_2^2}{E_2}\right) \tag{3.45}$$

cos τ	ξ	η	2k/πξ	cos τ	ξ	η	2k/πξ
0,9995	23,95	0,163	0,171	0,85	2,60	0,507	0,745
0,9975	13,15	0,220	0,266	0,80	2,30	0,544	0,792
0,9970	12,26	0,228	0,279	0,75	2,07	0,577	0,829
0,9950	10,15	0,251	0,320	0,70	1,91	0,607	0,859
0,9945	0,977	0,256	0,328	0,65	1,77	0,637	0,884
0,9925	8,68	0,271	0,356	0,60	1,66	0,664	0,904
0,9920	8,47	0,275	0,362	0,55	1,57	0,690	0,922
0,9900	7,76	0,287	0,384	0,50	1,48	0,718	0,938
0,9895	7,62	0,289	0,388	0,45	1,41	0,745	0,951
0,9875	7,13	0,299	0,407	0,40	1,35	0,771	0,962
0,9870	7,02	0,301	0,411	0,35	1,29	0,796	0,971
0,9850	6,64	0,310	0,427	0,30	1,24	0,824	0,979
0,9800	5,94	0,328	0,459	0,25	1,19	0,850	0,986
0,9700	5,05	0,357	0,509	0,20	1,15	0,879	0,991
0,9600	4,51	0,378	0,546	0,15	1,11	0,908	0,994
0,9500	4,12	0,396	0,577	0,10	1,07	0,938	0,997
0,9000	3,09	0,461	0,680	0,05	1,03	0,969	0,999

Tabelle 3.3: Hertzsche Beiwerte

3.3.4.1 Punktberührung – Kugel gegen Ebene

Betrachtet man zunächst den Fall der Punktberührung, also z.B. Kugel gegen Ebene, so lässt sich die dann auftretende Kontaktfläche in Form einer Ellipse durch die beiden Halbachsen a und b wie folgt beschreiben:

$$2 \cdot a = 2 \cdot \xi \cdot \sqrt[3]{\frac{3 \cdot F \cdot \left(1-\nu^2\right)}{E \cdot \sum \rho}} \tag{3.46}$$

$$2 \cdot b = 2 \cdot \eta \cdot \sqrt[3]{\frac{3 \cdot F \cdot \left(1-\nu^2\right)}{E \cdot \sum \rho}} \tag{3.47}$$

Die Kontaktfläche bei Punktberührung in Form einer Ellipse hat dann folgenden Flächeninhalt:

$$A_P = \pi \cdot a \cdot b = \pi \cdot \xi \cdot \eta \cdot \sqrt[3]{\left(\frac{3 \cdot F \cdot \left(1-\nu^2\right)}{E \cdot \sum \rho}\right)^2} \tag{3.48}$$

Die Punktberührung führt dann zur Annäherung bzw. Verformung der beiden Körper:

$$\delta = 1{,}5 \cdot \frac{2 \cdot k}{\pi \cdot \xi} \cdot \sqrt[3]{\left(\frac{F^2 \cdot \left(1-\nu^2\right)^2 \cdot \sum \rho}{3 \cdot E^2} \right)} \tag{3.49}$$

Die maximale Flächenpressung bei Punktberührung liegt in der Mitte der Druckellipse und beträgt das 1,5-Fache der mittleren Flächenpressung:

$$p_{max} = \frac{1{,}5 \cdot F}{A_P} \tag{3.50}$$

In vielen Fällen reicht es bereits aus, die maximale Pressung (Hertzsche Pressung) gemäß Gleichung (3.50) zu ermitteln, insbesondere wenn zulässige Beanspruchbarkeitskennwerte zum Vergleich aus Versuchen vorliegen. Die Besonderheit bei der Hertzschen Pressung besteht jedoch darin, dass die maximale Flächenpressung an der Oberfläche gemäß Gleichung (3.50) im Werkstoff Schubbeanspruchungen verursacht, deren Maximum unter der Oberfläche im Material liegt [3.74]. Demzufolge gehen Materialermüdungen nicht von der Oberfläche selbst aus, sondern entstehen im Werkstoffinneren unterhalb der Oberfläche. Dort bilden sich feine Risse, die sich bei weiter andauernder Beanspruchung bis zur Oberfläche fortsetzen und dort zu schollenartigen Werkstoffausbrüchen führen. Bei Wälzlagern spricht man in diesem Zusammenhang auch von Core Crushing, bei Zahnrädern von Pitting- bzw. Grübchenbildung.

Gemäß Abbildung 3.19 lassen sich für $r = 0$ die folgenden Spannungen σ_z, σ_r und τ wie folgt berechnen:

$$\sigma_z = p_{max} \cdot \left(-\frac{1}{\left(\frac{z}{a}\right)^2 + 1} \right) \tag{3.51}$$

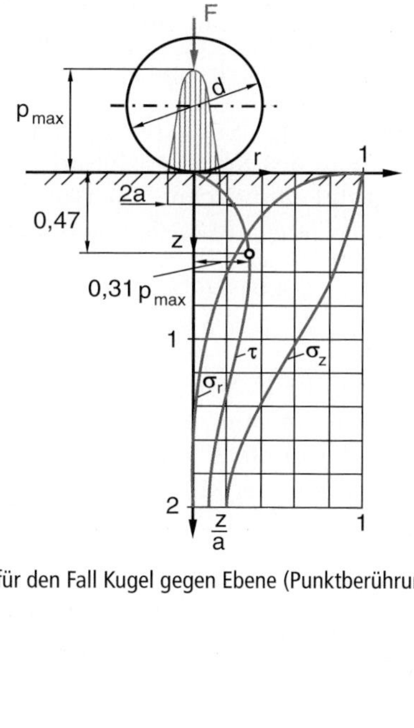

Abbildung 3.19: Spannungsverlauf für den Fall Kugel gegen Ebene (Punktberührung)

Für $z = 0$ folgt damit:

$$\left|\sigma_{z,max}\right| = \left|p_{max}\right| \tag{3.52}$$

$$\sigma_r = p_{max} \cdot \left(-(1-\nu) \cdot \left[1 - \frac{z}{a} \cdot \arctan\left(\frac{z}{a}\right) \right] + \frac{1}{2 \cdot \left[\left(\frac{z}{a}\right)^2 + 1 \right]} \right) \tag{3.53}$$

$$\tau = p_{max} \cdot \left(\frac{(1+\nu)}{2} \cdot \left[1 - \frac{z}{a} \cdot \arctan\left(\frac{z}{a}\right) \right] - \frac{3}{4} \cdot \frac{1}{\left[\left(\frac{z}{a}\right)^2 + 1 \right]} \right) \tag{3.54}$$

Dabei ist besonders zu beachten, dass die maximale Schubspannung unterhalb der Kontaktfläche im Abstand von $z = 0{,}47 \cdot a$ auftritt, wobei a die große Halbachse der sich einstellenden Druckellipse kennzeichnet.

3.3.4.2 Linienberührung – Zylinder gegen Ebene

Im Weiteren soll nun der Fall der Linienberührung, also z.B. Zylinder gegen Ebene, betrachtet werden. Auch wenn die Hertzsche Theorie davon ausgeht, dass sich unendlich lange Zylinder berühren, so erhält man doch auch eine gute Näherung, wenn die effektive Berührlänge l_{eff} der Zylinder eingesetzt wird. Für die Breite b der Kontaktfläche folgt dann:

$$2 \cdot b = 2 \cdot \sqrt{\frac{8 \cdot F \cdot \left(1-\nu^2\right)}{l_{eff} \cdot \pi \cdot E \cdot \sum \rho}} \tag{3.55}$$

$$\sum \rho = \rho_{11} + \rho_{21} \tag{3.56}$$

Der Flächeninhalt der Kontaktfläche bei Linienberührung beträgt:

$$A_L = 2 \cdot b \cdot l_{eff} \tag{3.57}$$

Die Verformung bei Linienberührung lässt sich zunächst nicht nach der Hertzschen Theorie berechnen, da das Innere des Körpers (Zylinder) einen wesentlichen Anteil zur Verformung beiträgt. Aufgrund empirischer Untersuchungen konnte jedoch für die Werkstoffpaarung Stahl/Stahl der folgende Zusammenhang ermittelt werden:

$$\delta = \frac{4{,}05}{10^5} \cdot \frac{F^{0{,}925}}{l_{eff}^{\ 0{,}85}} \tag{3.58}$$

In dieser Zahlenwertgleichung sind F in N und l_{eff} in mm einzusetzen. Das Ergebnis ist dann die Verformung δ, ebenfalls in mm. Bei Linienberührung ist die Normalspannung in der Berührfläche über der Breite $2b$ elliptisch verteilt. Die maximale Flächenpressung bei Linienberührung tritt in der Mitte der Druckfläche auf:

$$p_{\max} = \frac{4 \cdot F}{\pi \cdot A_L} \tag{3.59}$$

Setzt man die Gleichung (3.55) in Gleichung (3.57) und dann in Gleichung (3.59) ein, so erhält man direkt die Beziehung für die maximale Hertzsche Pressung p_{max} abhängig von der einwirkenden Kraft F, des E-Moduls E, der Querkontraktionszahl ν und der effektiven Berührlänge l_{eff}:

$$p_{\max} = \sqrt{\frac{F \cdot E \cdot \sum \rho}{2 \cdot \pi \cdot l_{eff} \cdot \left(1-\nu^2\right)}} \tag{3.60}$$

Betrachtet man auch hier für den Fall der Linienberührung für $y = 0$ die Verläufe der folgenden Spannungen σ_z, σ_r und τ, so lassen sich diese wie folgt berechnen:

$$\sigma_z = p_{max} \cdot \left(-\frac{1}{\sqrt{1+\left(\frac{z}{b}\right)^2}} \right) \tag{3.61}$$

$$\sigma_y = p_{max} \cdot \left(2 \cdot \left(\frac{z}{b}\right) - \frac{1+2\cdot\left(\frac{z}{b}\right)^2}{\sqrt{1+\left(\frac{z}{b}\right)^2}} \right) \tag{3.62}$$

$$\tau = p_{max} \cdot \left(\left(\frac{z}{b}\right) - \frac{\left(\frac{z}{b}\right)^2}{\sqrt{1+\left(\frac{z}{b}\right)^2}} \right) \tag{3.63}$$

Ähnlich wie beim Fall Kugel gegen Ebene liegt auch hier das Maximum der Schubspannung unterhalb der Kontaktfläche bei $z = 0{,}786 \cdot b$. Damit kommt es ebenfalls zu vergleichbaren Schadensbildern, die ihren Ausgang unterhalb der Bauteiloberfläche im Bereich der größten Schubspannung haben.

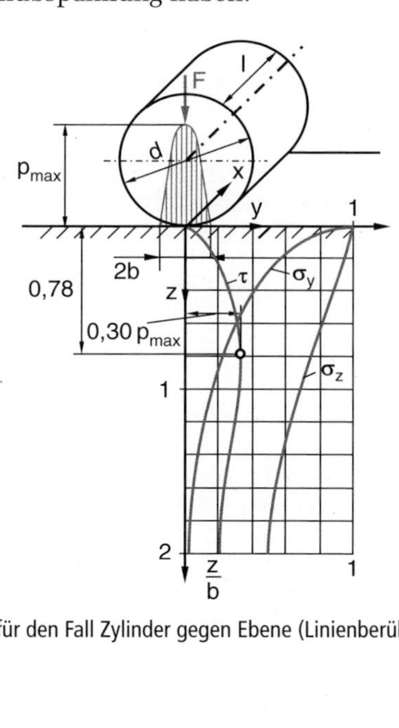

Abbildung 3.20: Spannungsverlauf für den Fall Zylinder gegen Ebene (Linienberührung)

Beim Belastungsfall Zylinder gegen Ebene ist noch zu beachten, dass für $y = 0$ (Druckflächenmitte) an den Stellen $x = 0$ (Rollenanfang) und $x = l$ (Rollenende) $t_{max} = 0{,}5 \cdot p_0$ beträgt, während in genügender Entfernung davon nur $\tau_{max} = 0{,}2 \cdot p_0$ vorliegt. Ein gleichmäßigeres Trageverhalten über der gesamten Rollenbreite lässt sich demzufolge konstruktiv erreichen, in dem man die auftretenden Spannungserhöhungen an den Rollenkanten durch Abrundung der Kanten reduziert. In ähnlicher Weise geht man auch bei der Optimierung des Tragverhaltens von Verzahnungen vor. Die exakte Lösung der Spannungsverteilung für eine rechteckige Druckfläche mit weiteren Gestaltungshinweisen für die Druckkörperenden findet sich bei Kunert [3.81].

3.3.5 Schubspannungen aus Querkräften – Scheren und Schub

Wird ein Bauteil gemäß Abbildung 3.21 durch eine Querkraft F_Q auf Biegung belastet, so treten neben den aus der Biegung resultierenden Normalspannungen stets auch Schubspannungen auf, die auf Kräfte zurückzuführen sind, die in der Querschnittsebene liegen. In der Regel können diese Querkräfte – die grundsätzlich nicht von den Normalkräften zu trennen sind – als klein vernachlässigt werden. Das gilt vor allem für lange, schlanke Maschinenelemente (lange Wellen, Träger etc.), bei denen das Verhältnis Länge / Durchmesser > 5 ist. Sind jedoch die Biegemomente klein und die vorliegenden Querschnitte gering, so dürfen diese Schubspannungen aus Querkräften nicht vernachlässigt werden.

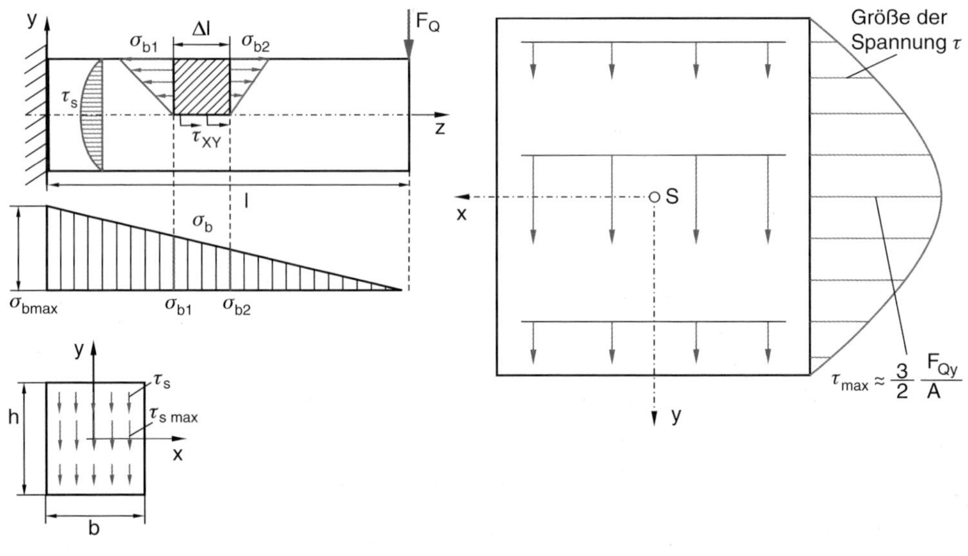

Abbildung 3.21: Biege- und Schubspannung im Träger unter Querkrafteinfluss

Das gilt z.B. für Wellenenden gemäß Abbildung 3.22, an denen meistens zusätzlich noch Querschnittsänderungen auftreten, aber auch für Nieten und Bolzen. Abbildung 3.22 verdeutlicht ebenfalls die Entstehung der Scherspannung τ.

Die Verteilung der Schubspannungen ist nicht gleichmäßig über dem Querschnitt. Beispielhaft sei im Folgenden der Verlauf für einen konstanten Rechteckquerschnitt hergeleitet:

$$\tau_{xy} = \tau(y,z) = \frac{F_Q(z) \cdot S_x(y)}{b(y) \cdot I_x} \tag{3.64}$$

Mit $I_x = (b \cdot h^3)/12$ und dem „statischen Moment“

$$S_x(y) = \frac{b}{2} \cdot \left[\left(\frac{h}{2} \right)^2 - y^2 \right] \tag{3.65}$$

ergibt sich:

$$\tau_{xy} = \tau(y,z) = \frac{6 \cdot F_Q(z)}{b \cdot h^3} \cdot \left[\left(\frac{h}{2} \right)^2 - y^2 \right] = \frac{3 \cdot F_Q(z)}{2 \cdot b \cdot h} \left[1 - \left(\frac{2 \cdot y}{h} \right)^2 \right] \tag{3.66}$$

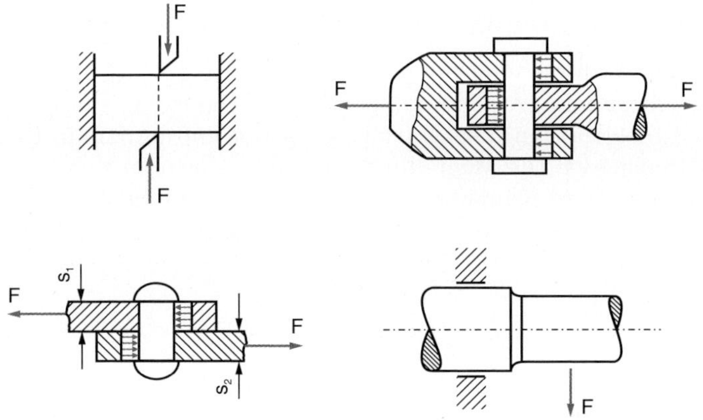

Abbildung 3.22: Modellvorstellung zur Entstehung von Scherspannungen an einer Bolzenverbindung, Nietverbindung und abgesetzten Welle

Trägt man dies auf, ergibt sich wie in Abbildung 3.21 eine parabolische Verteilung über y mit (im Falle des hier gewählten Koordinatensystems) τ_{max} bei $y = 0$.

$$\tau_{max}(y=0) = \frac{3}{2} \cdot \frac{F_Q(x)}{b \cdot h} = \frac{3}{2} \cdot \frac{F_Q(x)}{A} = \frac{3}{2} \cdot \tau_M = \frac{3}{2} \cdot \frac{F_Q}{A} \tag{3.67}$$

Ohne weitere Herleitungen folgt für einen Kreisquerschnitt:

$$\tau_{max}(y=0) = \frac{4}{3} \cdot \tau_M \tag{3.68}$$

Für ein dünnwandiges Rohr gilt entsprechend:

$$\tau_{max}(y=0) = 2 \cdot \tau_M \tag{3.69}$$

In allen Gleichungen bezeichnet man $\tau_m = F_Q/A$ auch als den Mittelwert der Schubspannung oder Scherspannung. Mit diesem Wert werden in aller Regel kurze Bolzen, Niete usw. berechnet. Besonders zu beachten ist, dass infolge ungleich verteilter Schubspannungen örtlich (z.B. an Lochrändern) wesentlich höhere Werte auftreten können. So darf z.B. ein biegebelasteter Balken mit I-Profil gemäß Abbildung 3.23 in der neutralen Faser ($\sigma_b = 0$) nicht ohne weiteres ausgespart werden, da wegen der herrschenden Schubspannungen infolge von Querkräften Bauteile versagen können, falls die Schubspannungen nicht berechnet und berücksichtigt werden.

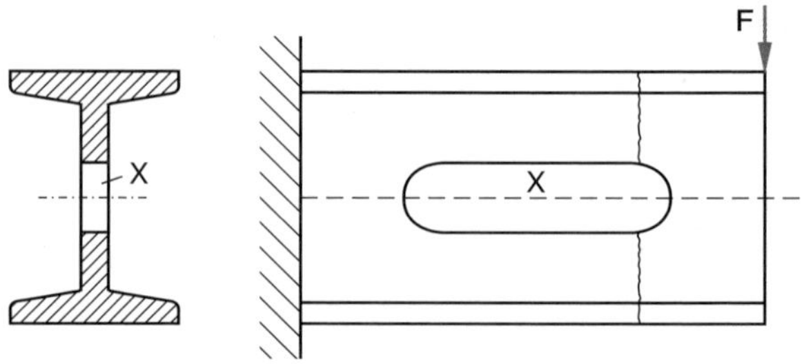

Abbildung 3.23: Ausgesparter I-Träger mit $s_b = 0$ und τ_{scher} = max. in neutraler Faser

3.3.6 Schubspannungen aus Drehmomenten – Torsion

Wird ein Bauteil nur durch ein Drehmoment (Torsionsmoment) belastet, so entstehen im Bauteil Schubspannungen (Spannungen, die im Querschnitt liegen). Der gezeichnete Stab mit Kreisquerschnitt sei links eingespannt und durch ein Drehmoment M_t belastet, Abbildung 3.24. Die Mantellinien des Stabes werden sich bei der Belastung deformieren und zwar zu Schraubenlinien, deren Krümmung aber so gering ist, dass sie als Geraden angenommen werden können. Somit gilt:

$$x \cdot \gamma = r \cdot \nu_x \qquad (3.70)$$

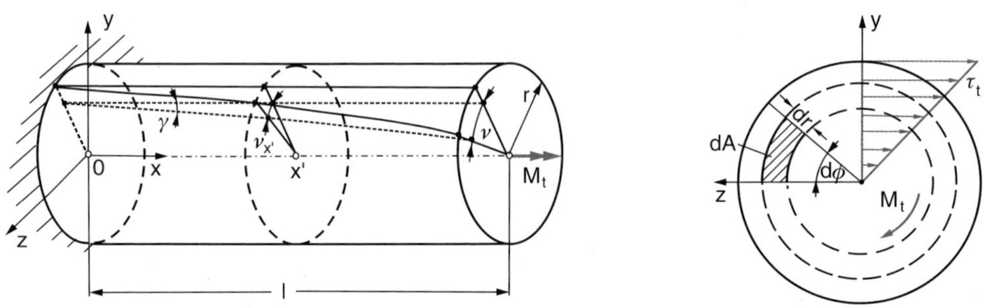

Abbildung 3.24: Schubspannungen am drehmomentbelasteten Rundstab

Für den größten Verdrehwinkel (Torsionswinkel) am Stabende ergibt sich:

$$\nu = \frac{l}{r} \cdot \gamma \qquad (3.71)$$

Es gilt das Hookesche Gesetz, zwischen Verdrehwinkel γ und Schubspannung τ mit dem Proportionalitätsfaktor G in N/mm², der als Gleitmodul bzw. Schubmodul bezeichnet wird.

$$\tau = G \cdot \gamma \qquad (3.72)$$

$$\tau = G \cdot \frac{\nu}{l} \cdot r = D \cdot r \cdot G \qquad (3.73)$$

Hierin bezeichnet $D = \nu/l$ die Drillung. Gemäß Abbildung 3.24 liegt eine lineare Verteilung der Schubspannungen über dem Querschnitt vor. Wendet man die Gleichgewichtsbedingung an, so müssen die Beträge aller über den Querschnitt verteilten Schubspannungen zum Drehmoment gleich sein dem äußeren Drehmoment M_t. Ein solcher Schubspannungsbetrag je Flächenelement am Radius r ist z.B.:

$$dM_t = \tau \cdot dA \cdot r \tag{3.74}$$

Damit wird:

$$M_t = \int \tau \cdot dA \cdot r = G \cdot \frac{\nu}{l} \cdot \int r^2 dA = G \cdot \frac{\nu}{l} \cdot I_p \tag{3.75}$$

Den Ausdruck

$$I_p = \int r^2 dA \tag{3.76}$$

bezeichnet man als polares Trägheitsmoment. Er wurde für alle gängigen Querschnitte berechnet und kann Tabellen entnommen werden. Im vorliegenden Fall des Kreisquerschnitts gilt:

$$I_p = \int_0^a \int_0^{2\pi} (r^2 \cdot r) d\varphi dr = \int_0^a 2 \cdot \pi \cdot r \cdot r^2 dr = \frac{\pi \cdot a^4}{2} = I_p \tag{3.77}$$

Das polare Flächenträgheitsmoment I_p hat für Torsion die gleiche Bedeutung wie die axialen Flächenträgheitsmomente bei Biegung. Damit gilt als Formel für die Berechnung von Schubspannungen:

$$\tau = \frac{M_t}{I_p} \cdot r \tag{3.78}$$

Da nur die größten Schubspannungen – genau wie bei der Biegung – in der Regel von Interesse sind, kann die Formel abgewandelt werden zu

$$\tau_{\max} = \tau(a) = \frac{M_t}{\frac{I_p}{a}} \quad \text{mit} \quad r_{\max} = a \tag{3.79}$$

wobei man in Analogie zu den Bezeichnungen bei Biegung den Ausdruck

$$\frac{I_p}{a} = W_p \tag{3.80}$$

als polares Widerstandsmoment definiert.
Damit gilt – genau in gleicher Form wie bei der Biegung –

$$\tau_{max} = \frac{M_t}{W_p} \tag{3.81}$$

wobei die Werte W_p ebenfalls in Tabellen für gängige Querschnitte zu finden sind. Für den Kreisquerschnitt errechnet sich mit dem Radius $r = d/2$:

$$I_p = \frac{\pi \cdot d^4}{32} \tag{3.82}$$

$$W_p = \frac{I_t}{\frac{d}{2}} = \frac{\pi \cdot d^3}{16} \tag{3.83}$$

Für den Kreisringquerschnitt lauten die Beziehungen:

$$W_p = \frac{\pi}{16} \cdot \frac{d_a^4 - d_i^4}{d_a} \tag{3.84}$$

$$I_p = \frac{\pi}{32} \cdot \left(d_a^4 - d_i^4\right) \tag{3.85}$$

Die Bezeichnungen und die Verteilung der Schubspannungen können der Abbildung 3.25 entnommen werden. Beim Kreisquerschnitt liegt eine lineare Verteilung der Schubspannungen vor.

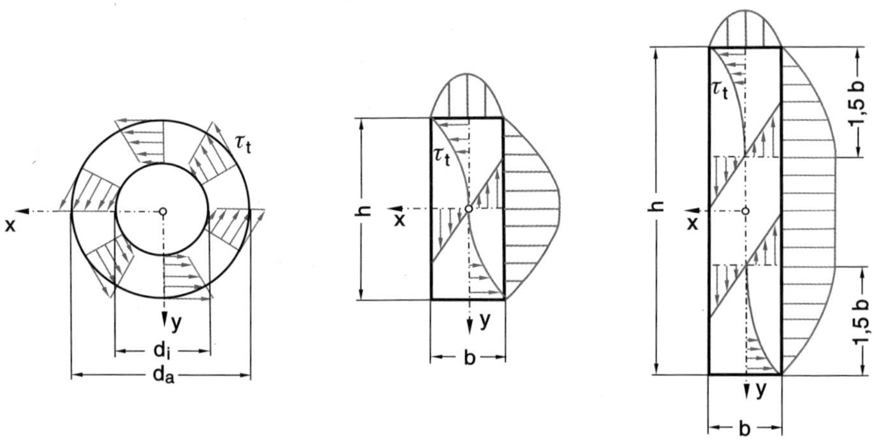

Abbildung 3.25: Verteilung der Schubspannungen bei verschiedenen Querschnitten

Man kann erkennen, dass die größten Schubspannungen in den Mitten der langen Seiten auftreten. Auch bei Rechteckquerschnitten werden Werte für I_t und W_p angegeben und zwar abhängig vom Seitenverhältnis h/b. Es gilt für die max. Schubspannungen τ_t an den schmalen Seiten:

$$\tau_t = c_3 \cdot \tau_{tmax} = c_3 \cdot \frac{M_t}{W_t} \tag{3.86}$$

Für die Trägheits- und Widerstandsmomente gilt:

$$I_t = c_1 \cdot b^3 \cdot h \tag{3.87}$$

$$W_p = c_2 \cdot b^2 \cdot h \tag{3.88}$$

Dabei sind die Konstanten c_1, c_2 und c_3 abhängig von dem Verhältnis $n = h/b$ gemäß der Tabelle in Abbildung 3.12. τ_{max} entspricht der maximalen Schubspannung an den langen Seiten (h). Für weitere Querschnitte wie einfach zusammengesetzte dünnwandige Querschnitte sowie geschlossene dünne Ringquerschnitte liefern die Regeln der Festigkeitslehre ebenfalls Werte. Für den Konstrukteur stehen in ausreichender Weise in den Taschenbüchern für den Maschinenbau derartige Angaben zur Verfügung [3.44], [3.147].

3.3.7 Knickspannungen

Im Gegensatz zu den bisher behandelten Belastungsarten handelt es sich beim Knicken bzw. Beulen um ein Stabilitätsproblem. Im Gegensatz zur Biegung, bei der entsprechend dem Hookeschen Gesetz die Verformungen proportional den Belastungen auftreten (im sog. elastischen Bereich), erfolgen die Lageänderungen bei auf Knickung stehenden Bauteilen plötzlich und ohne merkbaren Übergang. Die Belastungen können Druck-, Biege- oder Drehbelastungen sein. Die Knickgefahr besteht besonders bei schlanken und dünnwandigen Bauteilen. Beispiele hierfür sind Kolbenstangen in Hydraulikzylindern, lange Gewindespindeln, Stäbe in Gittermastkonstruktionen von Kranauslegern sowie schlanke Tragwerkskonstruktionen (z.B. bei Brücken). Bei dünnwandigen (mehrdimensional ausgebildeten) Bauelementen spricht man auch von Beulen. Die Kraft, bei der ein Ausweichen der Konstruktion auftritt, wird als Knickkraft F_k und die zugeordnete Spannung σ_k als Knickspannung bezeichnet. Da man in der Praxis – eben wegen des plötzlichen Auftretens der neuen stabilen Lage – einen genügenden Sicherheitsabstand zur Knickspannung haben möchte, wurde eine sog. Knicksicherheit S_k definiert und zwar derart, dass gilt:

$$\text{Zulässige Druckkraft:} \quad F = \frac{F_K}{S_K} = \sigma \cdot A = \frac{\sigma_K \cdot A}{S_K} \tag{3.89}$$

$$\text{Knicksicherheit:} \quad S_K = \frac{F_K}{F} = \frac{\sigma_K}{\sigma} \tag{3.90}$$

Zur Herleitung der relevanten Gleichungen zur Beschreibung des Knickproblems wird gemäß Abbildung 3.26 ein Balken betrachtet, der in seiner Längsrichtung durch eine Kraft mit einer Exzentrizität e belastet ist [3.145]. Für die Auslenkung f des Balkens folgt:

$$f(x) = \frac{e}{\cos(\lambda_1 \cdot l)} \cdot [1 - \cos(\lambda_1 \cdot x)] \quad ; \quad {\lambda_1}^2 = \frac{F}{E \cdot I_y} \tag{3.91}$$

Aus dieser Gleichung ist zu ersehen, dass für $\lambda_1 \cdot l = \pi/2$ die Auslenkung $f(x)$ über alle Grenzen wächst. Die zugeordnete Kraft, die man als kritisch oder als Grenzlast F_k bezeichnen kann, ergibt sich demnach zu:

$$\frac{\pi^2}{4 \cdot l^2} = \frac{F_K}{E \cdot I_y} \tag{3.92}$$

bzw.

$$F_K = \frac{\pi^2 \cdot E \cdot I_y}{4 \cdot l^2} = F_{kritisch} \tag{3.93}$$

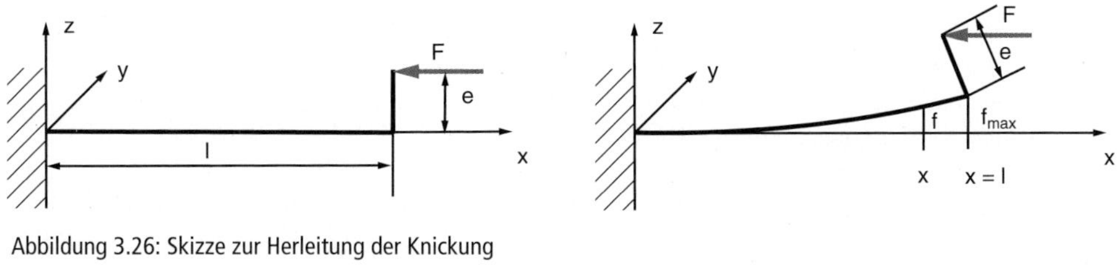

Abbildung 3.26: Skizze zur Herleitung der Knickung

Ausgehend von diesen grundsätzlichen Überlegungen werden im Folgenden zwei verschiedene Instabilitätsbereiche unterschieden:

- Rein elastischer Knickbereich nach Euler
- Elastisch-plastischer Bereich nach Tetmajer

3.3.7.1 Rein elastischer Knickbereich nach Euler

Hier wird der Körper (das Bauteil) beim Ausknicken verformt, wobei dieses noch im elastischen Bereich liegt, das heißt, die Verformungen gehen nach Rücknahme der Last wieder zurück, es tritt also keine bleibende Verformung auf. Die Formeln, die hier angewendet werden, gehen auf Leonhard Euler (1707–1783) zurück [3.146]. Zunächst sei ein sog. Schlankheitsgrad λ definiert zu:

$$\lambda = \frac{l_K}{i} \tag{3.94}$$

Dabei ist l_k die so genannte freie Knicklänge eine Größe, die abhängig ist von der Einspannung des Bauteils, Abbildung 3.27. Die Größe i wird als Trägheitsradius bezeichnet:

$$I_y = i_y{}^2 \cdot A \tag{3.95}$$

$$i = \sqrt{\frac{I}{A}} \tag{3.96}$$

Für die Berechnung muss immer das Flächenträgheitsmoment gewählt werden, um das die Auslenkung erfolgt, d.h. das kleinste, falls Ausknicken um zwei Achsen möglich wäre.

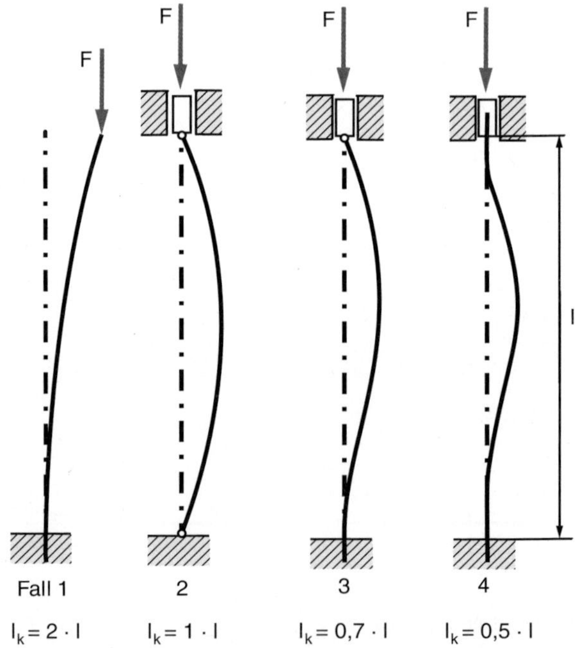

Abbildung 3.27: Knicklastfälle nach Euler – Freie Länge l_k

Für die Knickung im rein elastischen Bereich, also für den Fall, dass die Knickspannung σ_k kleiner bleibt als die Spannung σ_{prop}, bis zu der das Hookesche Gesetz gilt, kann die Euler-Formel verwendet werden. Mit den Gleichungen (3.93) und (3.95) folgt:

$$\frac{F_K}{A} = \frac{\pi^2 \cdot E \cdot i^2}{4 \cdot l^2} = \sigma_K \tag{3.97}$$

Wird nun noch der Schlankheitsgrad nach Gleichung (3.94) und Knickfall I ($l_k = 2 \cdot l$) betrachtet, so ergibt sich:

$$\sigma_K = \frac{\pi^2 \cdot E}{\lambda^2} \tag{3.98}$$

Für die zulässige Knickkraft gilt damit:

$$F = \frac{F_K}{S_K} = \frac{\pi^2 \cdot E \cdot I}{l_K{}^2 \cdot S_K} \tag{3.99}$$

Wegen der teilweise großen Abweichung zwischen berechneten Knicklasten und tatsächlich zu beobachtenden Knicklasten (so ist ein Stab nie exakt gerade und die Last greift nicht immer genau in der Mitte an) arbeitet man im Bereich der Euler-Hyperbel mit Knicksicherheiten von $S_k = 3$ bis 8.

Es sei noch einmal darauf hingewiesen, dass wegen der Betrachtung des elastischen Bereichs die Knickspannung σ_k proportional dem E-Modul und stets kleiner als σ_{prop} ist. Damit ist bei bekanntem E-Modul und bekannter Spannung σ_{prop} stets der kleinste Wert für λ berechenbar. Für einen Stahl StE 255 mit $R_e = 240$ N/mm² und $R_m = 370$ N/mm² ist $\sigma_{prop} = 192$ N/mm² $= 0{,}8 \cdot 240$ N/mm². Mit $E = 2{,}1 \cdot 10^5$ N/mm² für den E-Modul folgt dann:

$$\lambda_0{}^2 = \frac{\pi^2 \cdot E}{\sigma_{K\,max}} = \frac{\pi^2 \cdot E}{\sigma_{prop}} = \frac{\pi^2 \cdot 2{,}1 \cdot 10^5}{1{,}92 \cdot 10^2} \approx 10784 \tag{3.100}$$

$$\lambda_0 = \sqrt{10784} \approx 104 \tag{3.101}$$

Für alle Werte von λ, die kleiner sind als λ_0, wird $\sigma_k > \sigma_{prop}$. Damit wird dann der elastische Bereich verlassen und man kommt in den elastisch-plastischen Bereich nach Tetmajer. Werte für die Grenzschlankheit λ_0 sowie die Gleichungen der Tetmajer-Geraden sind in Tabelle 3.4 zusammengestellt.

Werkstoff	**E-Modul [N/mm²]**	**Grenzschlankheit λ_0**	**σ_k [N/mm²] nach Tetmajer**
StE 255	210.000	104	$310 - 1{,}14 \cdot \lambda$
StE 355	210.000	89	$310 - 1{,}14 \cdot \lambda$
Federstahl	210.000	60	$335 - 0{,}62 \cdot \lambda$
Grauguss	115.000	80	$776 - 12 \cdot \lambda + 0{,}053 \cdot \lambda^2$
Nadelholz	10.000	100	$29{,}3 - 0{,}194 \cdot \lambda$

Tabelle 3.4: Grenzschlankheit λ_0 und Gleichungen der Tetmajer-Geraden für verschiedene Werkstoffe

3.3.7.2 Elastisch-plastischer Bereich nach Tetmajer

Die Eulersche Formel gilt nicht mehr für Werte von λ, die kleiner sind als oben angegeben, da die Knickspannung σ_k die sog. Proportionalitätsgrenze σ_{prop} überschreitet. Ludwig Tetmajer (1850–1905) hat im Zusammenhang mit dem Einsturz der Münchensteiner Eisenbahnbrücke (Schweiz) im Juni 1891 festgestellt, dass nur ein linearer Zusammenhang zwischen Schlankheitsgrad und zugehörigen Knickspannungen angenommen werden darf [3.108]. Die Knickspannungen werden mit den werkstoffabhängigen Konstanten a und b wie folgt berechnet:

$$\sigma_K = a - b \cdot \lambda \tag{3.102}$$

Lediglich bei Grauguss wird anstelle der Geraden eine parabelförmige Gleichung nach Engesser und von Karmann verwendet [3.159]. Für das obige Beispiel des StE 255 betragen die Konstanten: a = 310 N/mm2, b = 1,14. Für λ = 85 ergibt sich damit z.B.:

$$\sigma_K = 213 > \sigma_{prop} \tag{3.103}$$

Im elastisch-plastischen Bereich nach Tetmajer liegen die Sicherheiten im Bereich von S_k = 2 bis 5, wobei die Werte für S_k mit fallendem λ abnehmen. Für λ < 20 erübrigt sich eine Berechnung auf Knickung. Abbildung 3.28 zeigt grafisch die Verhältnisse, wie sie zwischen Knickung im Euler-Bereich und Tetmajer-Bereich vorliegen.

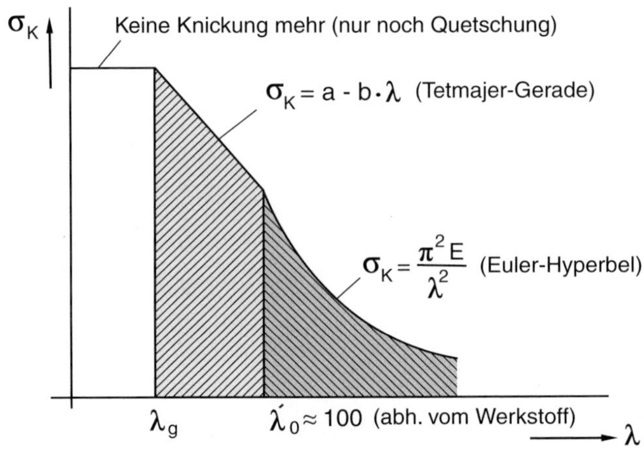

Abbildung 3.28: Knickspannung abhängig vom Schlankheitsgrad

3.3.7.3 ω-Verfahren

Abschließend sei noch auf das ω-Verfahren hingewiesen, ein älteres, vereinfachtes Berechnungsverfahren für Knickstäbe z.B. in Fachwerken, welches sich bis heute im Stahlhochbau bewährt hat [3.147]. Es wird hier mit einem Wert σ_{zul}, der für λ = 0 gilt, gerechnet und ein Wert ω als Verhältnis von σ_{zul} zur zulässigen Druckspannung σ_k/S_k zu Hilfe genommen. Die Werte für ω sind für die gebräuchlichsten Werkstoffe und jeden Schlankheitsgrad λ nach den jeweils gültigen Bereichs-Formeln (Euler oder Tetmajer) berechnet und tabelliert. Damit ergibt sich dann die zulässige Knicklast F zu:

$$F = \frac{A \cdot \sigma_{zul}}{\omega} \tag{3.104}$$

Die Sicherheiten beim ω-Verfahren liegen:

- im elastischen Bereich bei $S_k = 3{,}5$
- im elastisch-plastischen Bereich $1{,}75 \leq S_k \leq 3{,}5$ fallend mit abnehmendem λ

3.3.8 Wärmespannungen

Die in den vorangegangenen Abschnitten beschriebenen Beanspruchungen resultierten ausschließlich aus mechanischen Belastungen. Bedingt durch Temperaturänderungen können jedoch auch Formänderungen und Spannungen auftreten, die bei der Bemessung eines Maschinenelementes oder sogar eines ganzen Maschinensystems unbedingt zu berücksichtigen sind.

So resultieren z.B. bei der in Kapitel 1 gezeigten Drehbrücke aus Temperaturänderungen aufgrund unterschiedlicher Sonneneinstrahlung erhebliche Längenänderungen, die eine Krümmung in der Horizontalebene des Brückendecks nach sich ziehen, was wiederum zu Problemen beim Verriegeln der Brücke führen kann [3.129]. Auch bei Gleisanlagen sind in regelmäßigen Abständen Längenausgleichsstellen vorzusehen, da es ansonsten aufgrund temperaturbedingter Längenänderungen zu Verwerfungen kommen kann. In hüttentechnischen Anlagen mit großen Temperaturdifferenzen zwischen Umgebung und den Anlagenteilen, die z.B. mit Flüssigeisen in Kontakt sind, treten Wärmespannungen in der Größenordnung der Lastspannungen auf, so dass diese auf jeden Fall bei der Auslegung zu berücksichtigen sind [3.1]. Im Maschinenbau sind insbesondere Wellen und Verzahnungen in hochbelasteten Getrieben thermischen Beanspruchungen unterworfen. Auch bei thermischen Energiemaschinen sind die Temperaturdifferenzen zwischen kaltem Anfahrzustand und warmem Dauerbetriebszustand in die Berechnungen der eingesetzten Komponenten (z.B. Wellen, Turbinenschaufeln, Bolzen) einzubeziehen. Eine gezielte Nutzung unterschiedlicher Wärmedehnungen von Bauteilen erfolgt im Bereich der Welle-Nabe-Verbindungen bei der Auslegung von Pressverbänden.

Unterzieht man einen Würfel der Kantenlänge a einer allmählichen und gleichmäßigen Temperaturänderung $\Delta\vartheta$, so erfahren alle Würfelkanten eine gleichmäßige Längenänderung, vorausgesetzt es tritt keine Verformungsbehinderung auf:

$$\Delta a = \alpha \cdot \Delta\vartheta \cdot a \qquad (3.105)$$

Hierin bezeichnet α [1/K] den linearen Wärmeausdehnungskoeffizienten. Für Stahl und Gusseisen beträgt $\alpha = 12 \cdot 10^{-6}$ [1/K]. Für Aluminium ist der Wert mit $\alpha = 23{,}8 \cdot 10^{-6}$ [1/K] nahezu doppelt so groß. Für die Wärmedehnungen der Würfelkanten gilt dann:

$$\varepsilon_x(\vartheta) = \varepsilon_y(\vartheta) = \varepsilon_z(\vartheta) = \frac{\Delta a}{a} = \alpha \cdot \Delta\vartheta \qquad (3.106)$$

Bei Temperaturänderungen treten keine Winkelverzerrungen auf, d.h. $\gamma_{xy}(\vartheta) = \gamma_{yz}(\vartheta) = \gamma_{zx}(\vartheta) = 0$. Wirken nun mechanische Belastungen und langsame Temperaturänderungen gleichzeitig, so sind zu den Dehnungen aus der mechanischen Beanspruchung gemäß Gleichung (3.11) noch die Wärmedehnungen gemäß Gleichung (3.106) zu addieren:

$$\begin{aligned}
\varepsilon_x &= \frac{1}{E} \cdot \left[\sigma_x - \nu \cdot (\sigma_y + \sigma_z)\right] + \alpha \cdot \Delta\vartheta \\
\varepsilon_y &= \frac{1}{E} \cdot \left[\sigma_y - \nu \cdot (\sigma_z + \sigma_x)\right] + \alpha \cdot \Delta\vartheta \\
\varepsilon_z &= \frac{1}{E} \cdot \left[\sigma_z - \nu \cdot (\sigma_x + \sigma_y)\right] + \alpha \cdot \Delta\vartheta
\end{aligned} \qquad (3.107)$$

Für die Gleitungen bzw. Schiebungen gilt Gleichung (3.21) unverändert. Wenn die Wärmedehnung ungehindert erfolgen kann, entstehen keine inneren Spannungen aufgrund der Temperaturänderung. Umgekehrt folgt daraus, dass eine Behinderung der freien Wärmedehnung zu zusätzlichen Wärmespannungen führen muss. Derartige Behinderungen können bei homogener Erwärmung z.B. durch Einspannungen von außen hervorgerufen werden. Vergleichbare Effekte können beim gleichzeitig eingesetzten Werkstoffen mit unterschiedlichem a auftreten (z.B. Stahl und Aluminium). Eine inhomogene Erwärmung innerhalb eines Bauteiles führt ebenfalls zu Wärmespannungen, die daraus resultierenden inneren Kraft- und Momentenwirkungen müssen sich jedoch nach außen hin ausgleichen bzw. aufheben, Abbildung 3.29.

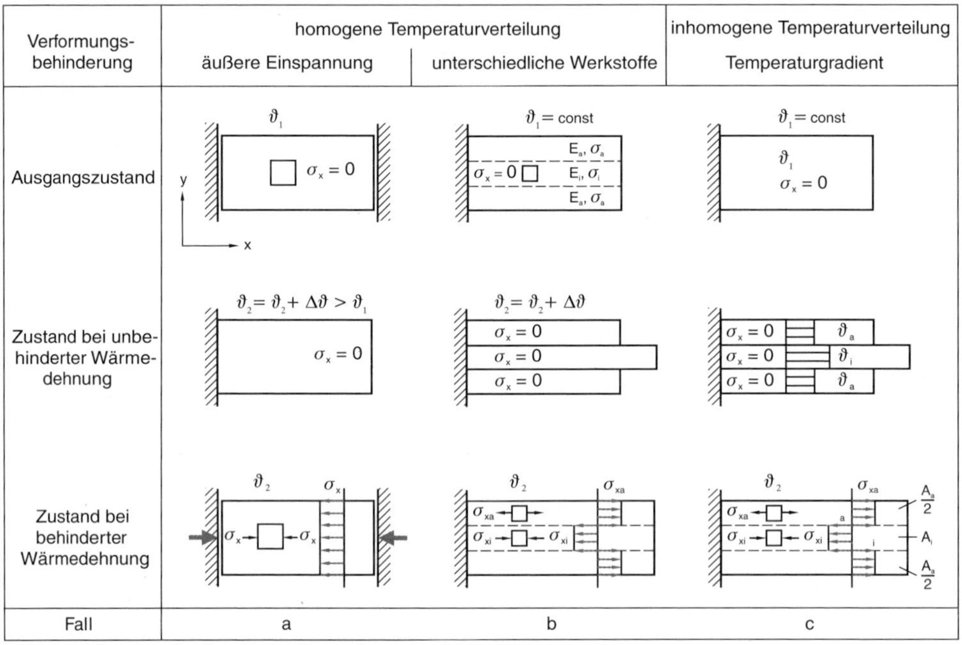

Abbildung 3.29: Wärmespannungen durch unterschiedliche Verformungsbehinderung [3.73]

Im Folgenden sollen für diese drei Fälle die Wärmespannungen ermittelt werden, wobei eine sich sprunghaft ändernde Temperaturverteilung angenommen wird. Um Wärmespannungen aufgrund äußerer Verformungsbehinderungen berechnen zu können, werden die Zusammenhänge gemäß Gleichung (3.107) unter Einhaltung der Verträglichkeitsbedingungen verwendet. Im vorliegenden Beispiel gemäß Abbildung 3.29, Fall a) ist die Dehnung in x-Richtung vollkommen behindert, die y- und z-Richtung sind frei. Die Verträglichkeitsbedingungen lauten dann $\varepsilon_x = 0$, $\sigma_y = \sigma_z = 0$, so dass für die Wärmespannung in x-Richtung unter Verwendung von Gleichung (3.107) folgt:

$$\sigma_x = -E \cdot \alpha \cdot \Delta\vartheta \tag{3.108}$$

Für die Querdehnungen gilt gemäß Gleichung (3.107):

$$\varepsilon_y = \varepsilon_z = -\frac{\nu \cdot \sigma_x}{E} + \alpha \cdot \Delta\vartheta = (1+\nu) \cdot \alpha \cdot \Delta\vartheta \tag{3.109}$$

Die aus der Temperaturänderung entstehenden Spannungen und Dehnungen sind nun davon abhängig, ob und in welcher Richtung die Wärmedehnungen von außen behindert werden. Liegt z.B. eine vollkommene Behinderung der Wärmedehnungen in x- und y-Richtung vor, so folgen daraus zwei gleich große Spannungen in diesen Richtungen:

$$\sigma_x = \sigma_y = -\frac{E \cdot \alpha \cdot \Delta\vartheta}{1-\nu} \tag{3.110}$$

Entsprechend treten bei Behinderung in allen drei Richtungen die folgenden drei Spannungen auf:

$$\sigma_x = \sigma_y = \sigma_z - \frac{E \cdot \alpha \cdot \Delta\vartheta}{1-2 \cdot \nu} \tag{3.111}$$

Dabei ist zu beachten, dass die Größen E und ν gemäß Abschnitt 3.3.1 von der Temperatur abhängen. Im Weiteren sollen nun die auftretenden Wärmespannungen aufgrund einer sich über dem Querschnitt sprunghaft ändernden Temperatur betrachtet werden, Abbildung 3.29, Fall c). Bei einer Umgebungstemperatur von ϑ_1 = const. möge sich die Temperatur des Stabes im Inneren (Index i) und außen (Index a) wie folgt ändern:

$$\vartheta_i = \vartheta_1 + \Delta\vartheta_i \tag{3.112}$$

$$\vartheta_a = \vartheta_1 + \Delta\vartheta_a \tag{3.113}$$

Aus der Kräftegleichgewichtsbedingung und der Verträglichkeitsbedingung der Verformungen folgt dann:

$$\sigma_{xi} \cdot A_i + \sigma_{xa} \cdot A_a = 0 \tag{3.114}$$

$$\varepsilon_{xi} - \varepsilon_{xa} = 0 \tag{3.115}$$

Aus Gleichung (3.107) folgt mit $\sigma_y = \sigma_z = 0$:

$$\varepsilon_{xi} = \frac{1}{E}\sigma_{xi} + \alpha \cdot \Delta\vartheta_i \tag{3.116}$$

$$\varepsilon_{xa} = \frac{1}{E}\sigma_{xa} + \alpha \cdot \Delta\vartheta_a \tag{3.117}$$

Für die Wärmespannungen ergibt sich dann:

$$\sigma_{xa} = \frac{E \cdot \alpha \cdot \left(\Delta\vartheta_i - \Delta\vartheta_a\right)}{1 + \dfrac{A_a}{A_i}} \tag{3.118}$$

$$\sigma_{xi} = -\frac{E \cdot \alpha \cdot \left(\Delta\vartheta_i - \Delta\vartheta_a\right)}{1 + \dfrac{A_i}{A_a}} \tag{3.119}$$

In Analogie dazu kann dann auch der Fall b) gemäß Abbildung 3.29 behandelt werden. Dabei ist jedoch $\Delta\vartheta = \Delta\vartheta_i = \Delta\vartheta_a$ zu setzen und zwischen E_i und E_a sowie A_i und A_a zu unterscheiden.

Für die Spannungen folgt dann:

$$\sigma_{xa} = \frac{E_i \cdot (\alpha_i - \alpha_a) \cdot \Delta\vartheta}{\frac{E_i}{E_a} + \frac{A_a}{A_i}} \tag{3.120}$$

$$\sigma_{xi} = \frac{E_a \cdot (\alpha_a - \alpha_i) \cdot \Delta\vartheta}{\frac{E_a}{E_i} + \frac{A_i}{A_a}} \tag{3.121}$$

3.3.9 Eigenspannungen

Nachdem in den vorangegangenen Abschnitten sämtliche für die Bauteilbemessung relevanten Spannungsarten behandelt wurden, sollen abschließend in diesem Abschnitt noch die Eigenspannungen vorgestellt werden. Eigenspannungen treten aufgrund verschiedenster Ursachen generell in allen Bauteilen auf. Dennoch werden sie bis heute kaum bei der Auslegungsrechnung und Sicherheitsanalyse berücksichtigt, da sie zum einen häufig nicht sicherheitsrelevant sind, zum anderen ihre Größe und Verteilung in der Praxis meistens nicht bekannt bzw. nur mit sehr großem Aufwand ermittelbar ist. Negative Einflüsse von Eigenspannungen werden besonders deutlich bei Schäden an dickwandigen und spröden Bauteilen, Schweißkonstruktionen, gehärteten Komponenten, kaltverformten Bauteilen und Graugusskonstruktionen. Umgekehrt können (Druck-) Eigenspannungen auch einen festigkeitssteigernden Einfluss haben, weshalb sie oftmals gezielt an hochbeanspruchten Oberflächen (z.B. bei Verzahnungen oder komplexen Kerbstellen) durch Rollen, Kugelstrahlen oder Nitrieren erzeugt werden.

Definitionsgemäß sind Eigenspannungen σ_{ei} Spannungen, die in einem äußerlich unbelasteten Bauteil vorhanden sind. Für das Kräftegleichgewicht zwischen äußerer und innerer Belastung muss demzufolge gelten:

$$F = \int_A \sigma_{ei} dA = 0 \tag{3.122}$$

Entsprechend müssen auch die aus den Eigenspannungen resultierenden Biege- und Torsionsmomente zu Null werden. Da der Ausgleich der Kraft- und Momentenwirkungen aus Eigenspannungen innerhalb des Bauteiles zu erfolgen hat, müssen sich die Kraft- und Momentenwirkungen aus Zug- und Druckeigenspannungen über einem Querschnitt aufheben. Üblicherweise erfolgt die Klassifizierung von Eigenspannungen nach ihrer Verteilung im Makro- und Mikrobereich eines Bauteilquerschnittes:

- I. Art: σ' – Makroeigenspannungen – Verteilung über größere Querschnittsbereiche, d.h. einer Vielzahl von Körnern
- II. Art: σ'' – Mikroeigenspannungen – Wirksam innerhalb von Kornbereichen bzw. einzelnen Körnern
- III. Art: σ''' – Atomarer Bereich – Homogen innerhalb kleinster Werkstoffbereiche

Im Weiteren werden die Makroeigenspannungen der I. Art behandelt, da diese für die ingenieurmäßige Anwendung in der Festigkeitsberechnung hauptsächlich von Bedeutung sind. Hauptursachen für das Entstehen von Eigenspannungen sind metallurgische, thermische oder mechanische Werkstoffbeanspruchungen infolge von Herstellungsprozessen (z.B. Gießen, Umformen, Bearbeiten, Wärmebehandeln, Fügen) oder aber mechanische oder thermische Betriebsbelastungen. Dabei entstehen inhomogene elastisch-plastische Verformungen, in deren Folge nach Entlastung Eigenspannungen auftreten können, wobei gleichzeitig die folgenden Voraussetzungen erfüllt sein müssen:

- Aus der Belastung muss eine ungleichmäßige Dehnungs- oder Spannungsverteilung entstanden sein.
- Aus der Belastung muss es zu einer örtlichen Plastifizierung gekommen sein.

Die Beispiele in Abbildung 3.30 verdeutlichen diese beiden Voraussetzungen in der Form, dass unter Belastung ein unterschiedlicher Dehnungs- und Spannungsverlauf über dem Querschnitt vorgelegen haben muss. Im Falle des Zugstabes a) und des Biegestabes b) liegt an jeder Stelle des Querschnittes ein konstantes Verhältnis von ε/σ = const. vor, so dass nach Entlastung keine Eigenspannungen auftreten. Beim überelastisch beanspruchten Biegestab c) und Kerbstab d) dagegen ist mit Eigenspannungen zu rechnen aufgrund einer örtlichen Plastifizierung unter Last.

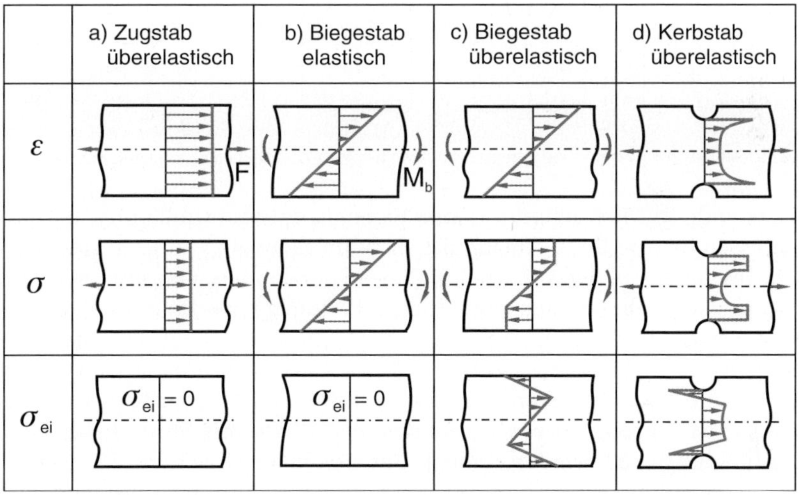

Abbildung 3.30: Beispiele für mechanisch belastete Bauteile ohne und mit Eigenspannungen [3.73]

Neben mechanischen Belastungen führt insbesondere eine inhomogene thermische Belastung von Bauteilen zur Entstehung von Eigenspannungen, da bei hohen Temperaturen die Streckgrenze auf sehr niedrige Werte abfällt, so dass schon geringe Beanspruchungen zur örtlichen Plastifizierung führen können. Bei thermischen Behandlungsverfahren (z.B. Schweißen, Härten, Warmumformen) sind zwei Entstehungsursachen für Eigenspannungen bedeutend. Die eine resultiert aus der Behinderung der freien Wärmedehnung unterschiedlich hoch erhitzter Bereiche. Die zweite Ursache sind Umwandlungseigenspannungen, die aus örtlichen Volumenänderungen bei der Gefügeumwandlung entstehen können, wie das z.B. beim Schweißen von Baustählen der Fall ist. Abbildung 3.31 zeigt beispielhaft anhand eines zylindrischen Stabes, der homogen erhitzt und dann am Außenrand abgeschreckt wird, den Aufbau von Wärme- und Eigenspannungen.

Das plötzliche Abschrecken führt zu dem Temperaturverlauf gemäß Abbildung 3.31a, so dass es durch die Behinderung der freien Verformung zu Zugwärmespannungen an der Außenseite und Druckspannungen im Kern kommt, Abbildung 3.31b. Diese Spannungen führen lokal zum Fließen, eine Begrenzung erfolgt durch die zu diesem Zeitpunkt vorliegende Warmstreckgrenze. Aufgrund fehlender äußerer Belastung muss die Wärmespannung gemäß Gleichung (3.122) in sich ausgeglichen sein. Im weiteren Verlauf der Abkühlung bauen sich die Eigenspannungen mit zunehmender Streckgrenze auf, Abbildung 3.31c. Die nach erfolgtem Temperaturausgleich wegen der Plastifizierung entstandenen Eigenspannungen sind entsprechend der Regel der Vorzeichenumkehr entgegengesetzt zu den Wärmespannungen. Am Außenrand liegen also Druckeigenspannungen, im Kern des Stabes Zugeigenspannungen vor.

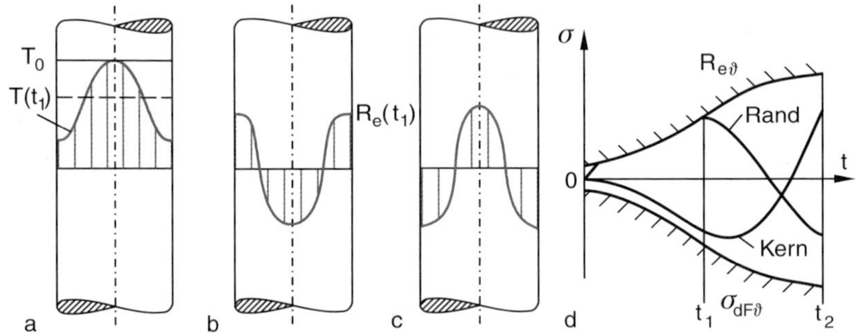

Abbildung 3.31: Aufbau von Wärme- und Eigenspannungen beim Abschrecken eines erhitzten Rundstabes [3.73]

Einer der wichtigsten Bereiche, in denen Eigenspannungen unbedingt berücksichtigt werden müssen, ist die Schweißtechnik, da beim Schweißen örtlich und zeitlich inhomogene Temperaturfelder auftreten. Dabei entstehen im hocherhitzten Nahtbereich, ähnlich wie in der Stabmitte aus Abbildung 3.31, infolge von Dehnungsbehinderungen Druckwärmespannungen. Es kommt zu einer Aufheizung nahe der Schmelztemperatur, dabei geht die Streckgrenze gegen Null, es kommt zu erheblichen Stauchungen und beim Abkühlen zu Zugeigenspannungen. Die Verteilung der Eigenspannungen in Längs- und Querrichtung an einer geschweißten Platte mit Stumpfnaht ist schematisch in Abbildung 3.32 wiedergegeben. Entsprechend Gleichung (3.122) muss das Kräftegleichgewicht am Bauteil sowohl für die Längsspannungen im Querschnitt $I-I$ als auch für die Querspannungen im Längsschnitt $II-II$ erfüllt sein. Somit unterliegt der dargestellte Nahtbereich positiven Längs- und Querspannungen. Bei dicken Schweißnähten können zusätzlich Zugeigenspannungen in Wanddickenrichtung auftreten, so dass die Gefahr eines Sprödbruches durch den dreiachsigen Spannungszustand noch erhöht wird.

Wie bereits eingangs erwähnt, ist die Bestimmung von Eigenspannungen sowohl theoretisch als auch experimentell sehr aufwändig, weitere Informationen finden sich in der Fachliteratur [3.73]. Grundsätzlich verursachen Eigenspannungen eine Vorbeanspruchung des noch nicht durch Betriebslasten beanspruchten Bauteils. Demzufolge sind ungünstige Auswirkungen zu erwarten, wenn die Lastspannung σ_{Last} um den Anteil der Eigenspannung σ_{Eigen} zur Gesamtspannung σ_{ges} in einer Körperrichtung φ im Bauteil erhöht wird:

$$\sigma_{ges}(\varphi) = \sigma_{Last}(\varphi) + \sigma_{Eigen}(\varphi) \tag{3.123}$$

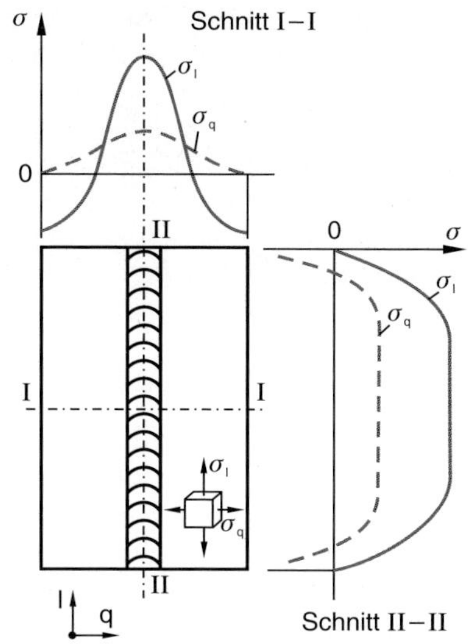

Abbildung 3.32: Schematischer Verlauf der Längs- und Quereigenspannungen einer Platte mit Stumpfnaht [3.73]

Insbesondere bei sprödem Werkstoffverhalten wirken sich die von Eigenspannungen erheblich schwerwiegender als bei zähem Bauteilverhalten aus. Die Handhabung der auf den ersten Blick recht einfachen Gleichung (3.123) bleibt bis heute schwierig, da die Wechselwirkungen zwischen Eigenspannungszustand und Lastspannungen – sowohl für den statischen als auch den dynamischen Betriebsfall – immer noch nicht genau genug bekannt sind. Auch wenn sich Eigenspannungszustände nicht vollständig beseitigen lassen, so wird in der Praxis meistens versucht, mit den folgenden Methoden die Eigenspannungen deutlich zu reduzieren:

- Thermische Verfahren
- Gezielte mechanische Überlastung
- Kombinierte thermisch-mechanische Verfahren

Bei allen Verfahren erfolgt die Minderung der Eigenspannungen durch örtliche Plastifizierung, wobei die thermischen Verfahren die Warmstreckgrenze absenken, die mechanischen Verfahren heben das Eigenspannungsniveau an. In der industriellen Anwendung kommen hauptsächlich die thermischen Verfahren Spannungsarmglühen und Anlassen zum Einsatz. Bei metallischen Werkstoffen wird hier gezielt der Zusammenhang genutzt, dass mit zunehmender Temperatur meist ein Abfall der Zug- und Druckstreckgrenze und des Verfestigungsvermögens einhergeht. Demzufolge werden die bei Raumtemperatur bis zur Streckgrenze R_e heranreichenden Eigenspannungen mit zunehmender Glühtemperatur ϑ durch Plastifizierung auf den Betrag der jeweiligen Warmstreckgrenze begrenzt. Die Temperatur zum Spannungsarmglühen liegt üblicherweise im Bereich der Rekristallisationstemperatur des Werkstoffes (bei Baustählen ca. 600° C), sie hängt ab vom Verlauf der Warmstreckgrenze $R_e(\vartheta)$. Beim Spannungsarmglühen werden elastische Dehnungen in plastische Dehnungen bei konstanter Gesamtdehnung umgewandelt, man bezeichnet diesen Vorgang des Spannungsabbaus auch als Relaxation. Erfolgt dagegen der Eigenspannungsabbau durch mechanische Verfahren, so wird gezielt eine Zugspannung durch plastische Reckung des Bauteils aufgebracht. In den Zonen mit maximalen Eigenspannungen kommt es zu frühzeitigem Fließen und einer zunehmenden Verbreiterung der plastischen Zone durch Spannungsumlagerung. Bei Lastwegnahme tritt eine elastische Rückfederung auf und es kommt nach dem Grundsatz der Vorzeichenumkehr zu einer Absenkung der ursprünglich vorhandenen Eigenspannungen. Ein wichtiges Einsatzgebiet dieses Verfahrens ist die Überdruckbelastung von geschweißten Druckbehältern, da es zur Reduzierung der Zugeigenspannungen in den Schweißnähten führt, gleichzeitig werden an den plastisch verformten Kerbstellen (z.B. Stutzenkanten, Bodenkrempen) festigkeitssteigernde Druckeigenspannungen aufgebaut [3.73].

3.4 Behandlung zusammengesetzter Beanspruchungen

Auch wenn in den vorangegangenen Abschnitten die auf ein Bauteil wirkenden Belastungen zunächst einzeln vorgestellt wurden, so muss bei einem realen technischen System davon ausgegangen werden, dass nur in Ausnahmefällen die Belastungen einzeln wirken. Aus den beispielhaft vorgestellten technischen Systemen zu Beginn dieses Kapitels wird deutlich, dass in der Realität immer mehrere Belastungen gleichzeitig vorliegen, z.B. Biegung und Zug/Druck, Zug/Druck und Torsion, Biegung und Torsion oder aber auch Zug/Druck, Biegung und Torsion. Aus diesen mehrachsigen Belastungszuständen resultieren zwangsläufig auch mehrachsige Beanspruchungszustände innerhalb eines Bauteiles.

Die Werkstoffkennwerte, die im Rahmen der Festigkeitsberechnung den Beanspruchungen zum direkten Vergleich gegenübergestellt werden, entstammen jedoch überwiegend Versuchen, die unter definierten Bedingungen, d.h. unter einem einachsigen Spannungszustand bei Zug-, Druck- oder Biegebelastung gewonnen wurden. Nur sehr wenige Versuche zur Ermittlung von Festigkeitswerten haben bisher mehrachsige Beanspruchungszustände berücksichtigt, z.B. Torsionsversuche zur Bestimmung von ertragbaren Torsionsbeanspruchungen.

Ein korrekter und aussagefähiger Vergleich zwischen (mehrachsiger) Beanspruchung und (einachsiger) Beanspruchbarkeit setzt demzufolge voraus, dass die am Bauteil auftretenden komplexen (mehrachsigen) Beanspruchungszustände in eine äquivalente einachsige Beanspruchung überführt bzw. umgerechnet werden.

Sind die Beanspruchungskomponenten gleichgerichtet, so können sie nach den Regeln der Mechanik mithilfe des Superpositionsprinzips summiert werden. Ein einfaches Beispiel hierzu ist eine auf Biegung belastete Achse, die gleichzeitig noch einer Zug- oder Druckbeanspruchung unterliegt (z.B. Achse eines gelenkten, nicht angetriebenen Kfz-Vorderrades bei Kurvenfahrt). Sowohl die Biegebeanspruchung als auch die Zug-/Druckbeanspruchung erzeugen eine Normalspannung, so dass in den Randfasern die Spannungen linear summiert werden können:

$$\sigma_{max} = \sigma_z + \sigma_{b,max} \tag{3.124}$$

$$\sigma_{min} = \sigma_z - \sigma_{b,max} \tag{3.125}$$

Treten jedoch Biegebelastungen oder Zug- / Druckbelastungen in Kombination mit Torsionsbelastungen auf – diese Belastungskombination ist typisch für alle Wellen von Antrieben –, so ist eine einfache, lineare „Summierung“ nicht mehr möglich, da dann ein nichtlinearer mehrachsiger Beanspruchungszustand vorliegt.

Zur Überführung bzw. Umrechnung eines mehrachsigen Beanspruchungszustandes in einen einachsigen Beanspruchungszustand nutzt man so genannte Festigkeitshypothesen, die ihren Ursprung in der Kontinuumsmechanik haben und den meist komplexen Versagensmechanismus innerhalb eines Werkstoffes berücksichtigen. Zum besseren Verständnis dieser Festigkeitshypothesen werden jedoch zunächst der ein-, zwei- und dreiachsige Spannungszustand behandelt.

3.4.1 Der lineare oder einachsige Spannungszustand

Der lineare bzw. einachsige Spannungszustand lässt sich am besten anhand eines auf Zug beanspruchten Stabes verdeutlichen, Abbildung 3.33. Wird dieser Stab quer zur Achse geschnitten, so treten Spannungen senkrecht zur Schnittfläche auf, die als gleichmäßig verteilt über dem Querschnitt angenommen werden. Erfolgt für den gleichen Stab ein Schrägschnitt, so muss zur Erreichung des Gleichgewichtes eine zweite, nach rechts gerichtete, ebenfalls in die Stabachse fallende Kraft vorhanden sein, die sich aus den entlang der Schrägschnittstelle vorhandenen, aber parallel zur Stabachse gerichteten Spannungen f zusammensetzt. Der an einer beliebigen Stelle liegende Spannungsvektor f kann in einem Normalspannungsvektor σ senkrecht zur Schrägschnittfläche und in einen Schubspannungsvektor τ zerlegt werden.

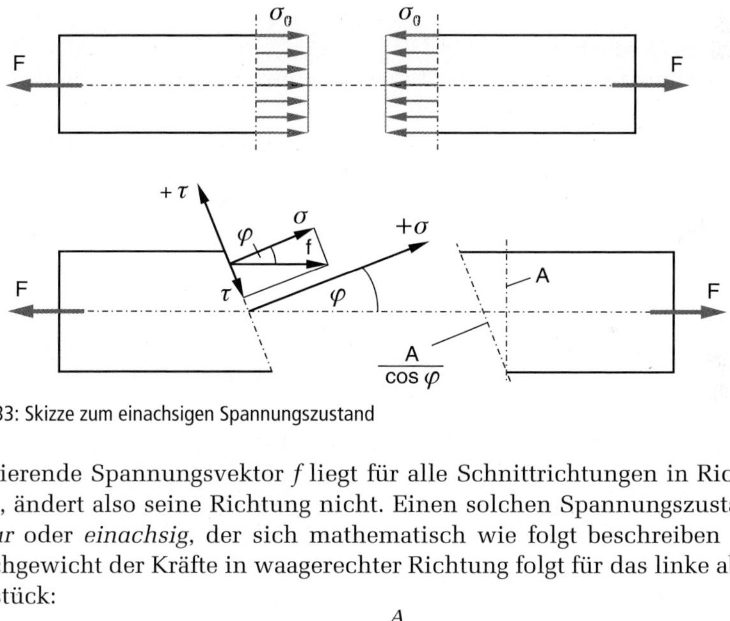

Abbildung 3.33: Skizze zum einachsigen Spannungszustand

Der resultierende Spannungsvektor f liegt für alle Schnittrichtungen in Richtung der Stabachse, ändert also seine Richtung nicht. Einen solchen Spannungszustand nennt man *linear* oder *einachsig*, der sich mathematisch wie folgt beschreiben lässt. Aus dem Gleichgewicht der Kräfte in waagerechter Richtung folgt für das linke abgeschnittene Stabstück:

$$\sigma_0 \cdot A = f \cdot \frac{A}{\cos\varphi} \tag{3.126}$$

Hierbei ist A die Größe der Querschnittsfläche und $A / \cos\varphi$ die Größe der Schrägschnittsfläche. Es folgt weiterhin:

$$f = \sigma_0 \cdot \cos\varphi = \sqrt{\sigma^2 + \tau^2} \tag{3.127}$$

Aus

$$\sigma = f \cdot \cos\varphi \tag{3.128}$$

und

$$\tau = -f \cdot \sin\varphi \tag{3.129}$$

folgt dann:

$$\sigma = \sigma_0 \cdot \cos^2 \varphi$$
$$\tau = -\sigma_0 \cdot \sin \varphi \cdot \cos \varphi \qquad (3.130)$$

Durch diese Gleichung ist der lineare Spannungszustand vollständig erfasst. Abhängig von der im Querschnitt herrschenden Normalspannung lassen sich für alle möglichen Schrägschnitte die dort wirkenden Normal- und Schubspannungen berechnen. Für $\varphi = 0$ ergibt sich ein Querschnitt, in dem $\sigma = \sigma_0$ und $\tau = 0$ werden. Zum Zwecke weiterer Betrachtungen werden die Gleichungen (3.130) mit $\cos 2\cdot\varphi = [1 + \cos(2\cdot\varphi)] / 2$ und $2\cdot\sin\varphi\cdot\cos\varphi = \sin(2\cdot\varphi)$ umgeformt:

$$\sigma = \frac{\sigma_0}{2} \cdot [1 + \cos(2 \cdot \varphi)] \qquad (3.131)$$

$$\tau = -\frac{\sigma_0}{2} \cdot \sin(2 \cdot \varphi) \qquad (3.132)$$

Diese beiden Funktionen sind in Abbildung 3.34 dargestellt. Es sind keine größeren Normalspannungen als die im Querschnitt herrschenden möglich:

$$\sigma_{max} = \sigma_0 \qquad (3.133)$$

Die Schubspannung erreicht ein Maximum unter einem Winkel von 45° bzw. 135° und beträgt:

$$|\tau_{max}| = \frac{1}{2} \cdot \sigma_0 \qquad (3.134)$$

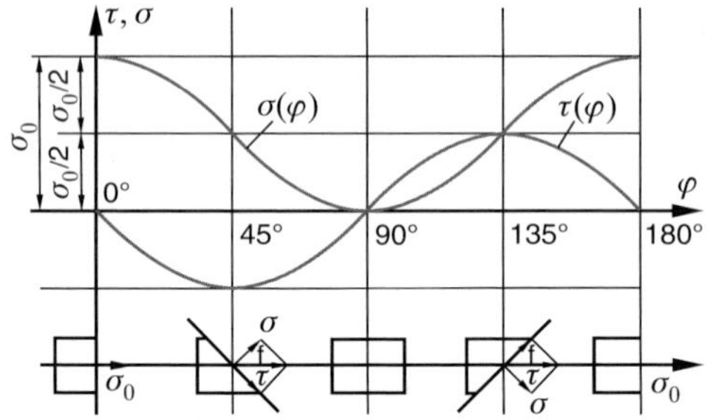

Abbildung 3.34: Abhängigkeit der Normal- und Tangentialspannung vom Schnittwinkel

Für einen Druckstab gelten diese Zusammenhänge ebenfalls. Damit lässt sich auch erklären, dass bei schubempfindlichen Stoffen (Lagermetall, Grauguss, Gestein), die auf Druck beansprucht werden, die Bruchflächen annähernd unter 45° verlaufen. Der Bruch tritt dann bereits beim Erreichen der halben Größe der reinen Druckfestigkeit ein. Neben der Abbildung 3.34 ist noch eine andere grafische Darstellung dieser Zusammenhänge möglich, denn aus den Gleichungen (3.130) folgt:

$$\sigma - \frac{\sigma_0}{2} = \frac{\sigma_0}{2} \cdot \cos(2 \cdot \varphi) \qquad (3.135)$$

$$\tau = -\frac{\sigma_0}{2} \cdot \sin(2 \cdot \varphi) \qquad (3.136)$$

Werden beide Gleichungen quadriert und anschließend addiert, so erhält man die Gleichung eines Kreises in einem σ-τ-Achsenkreuz mit dem Mittelpunkt auf der σ-Achse und dem Durchgang durch den Ursprung des Achsenkreuzes, Abbildung 3.35. Als erster hat Christian Otto Mohr (1835–1918) diesen Kreis dargestellt. Er wird deshalb auch als der Mohrsche Spannungskreis für den linearen Spannungszustand bezeichnet [3.93]:

$$\left(\sigma - \frac{\sigma_0}{2}\right)^2 + \tau^2 = \left(\frac{\sigma_0}{2}\right)^2 \qquad (3.137)$$

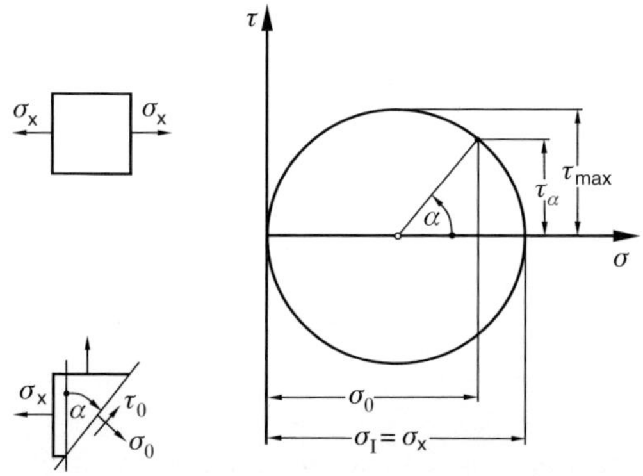

Abbildung 3.35: Einachsiger Spannungszustand, Spannungen am Werkstoffelement und Mohrscher Spannungskreis

Die Koordinaten eines Punktes S auf dem Spannungskreis geben die Spannungen σ und τ der Schnittebene an, die unter dem nach Gleichung (3.131) und Gleichung (3.132) berechenbaren Winkel liegt:

$$\tan(2\cdot\varphi) = -\frac{\tau}{\sigma - \frac{\sigma_0}{2}} \qquad (3.138)$$

Dieser Winkel $2\cdot\varphi$ ist im Spannungskreis der Zentriwinkel mit dem zugehörigen Peripheriewinkel φ. Anhand des Spannungskreises lassen sich gemäß Tabelle 3.5 noch einmal verschiedene Schnittwinkel betrachten. Folgende Begriffe sind noch von Bedeutung. Die extremen Normalspannungen (in diesem Falle $\sigma = 0$ und $\sigma = \sigma_0$) heißen Hauptnormalspannungen oder kurz Hauptspannungen. Sie treten in schubfreien Schnittebenen auf, die man Hauptspannungsebenen nennt (in diesem Falle für $\varphi = \pi/2$ und $\varphi = 0$).

φ	σ	τ
$0°$	σ_0	0
$\pm 45° = \pm \pi/4$	$\sigma_0/2$	$\pm \tau_{max} = \pm \sigma_0/2$
$90° = \pi/2$	0	0
$180° = \pi$	σ_0	0

Tabelle 3.5: Normalspannungen und Schubspannungen für verschiedene Schnittwinkel

3.4.2 Der ebene oder zweiachsige Spannungszustand

Beim zweiachsigen Spannungszustand greift gleichzeitig zu der in Längsrichtung wirkenden Kraft F_x eine in Querrichtung wirkende Kraft F_y an. Wird nun unter einem Winkel $\varphi = 0$ ein Element herausgeschnitten, dann treten analog zum linearen Spannungszustand in den Begrenzungsebenen nur Normalspannungen auf. Erfolgt die Schnittführung unter einem Winkel $\varphi \neq 0$, so sind in den Begrenzungsebenen selbstverständlich wieder Normal- und Schubspannungen vorhanden, die jetzt aber von den beiden durch F_x und F_y eingeleiteten Spannungen abhängig sind. Leitet man zusätzlich noch ein Torsionsmoment M_t um die x- oder die y-Achse des Bauteiles ein, so erhält man auch für einen Winkel $\varphi = 0$ in den Begrenzungsebenen des herausgeschnittenen Elements Schubspannungen τ. Unabhängig von dem Winkel, unter dem der Schnitt gelegt wird, lassen sich die in den Begrenzungsebenen wirkenden Normal- und Schubspannungen zu einem resultierenden Spannungsvektor zusammensetzen, der immer in der gleichen Ebene liegt. Hierdurch ist der ebene oder zweiachsige Spannungszustand gekennzeichnet, wobei der in der Festigkeitslehre geltende allgemeine Satz beobachtet werden kann:

In zwei zueinander senkrechten Schnittebenen herrschen gleich große Schubspannungen, die entweder beide zur Schnittkante hin oder beide von dieser weg gerichtet sind.

Im Folgenden seien die drei den ebenen Spannungszustand kennzeichnenden Spannungen σ_x, σ_y und $\tau_{xy}=\tau_{yx}$ gegeben. Aus der Auswertung der Gleichgewichtsbedingungen in x- und y-Richtung lassen sich die Normalspannungen σ und Schubspannungen τ für jede andere unter dem Winkel φ gegen die y-Achse geneigte Schnittebene wie folgt berechnen:

$$\sigma = \frac{\sigma_x + \sigma_y}{2} + \frac{\sigma_x - \sigma_y}{2} \cdot \cos(2\cdot\varphi) + \tau_{xy} \cdot \sin(2\cdot\varphi) \tag{3.139}$$

$$\tau = -\frac{\sigma_x - \sigma_y}{2} \cdot \sin(2\cdot\varphi) + \tau_{xy} \cdot \cos(2\cdot\varphi) \tag{3.140}$$

Durch die Elimination von φ lassen sich die beiden Gleichungen zu einer Gleichung zusammenfassen, so dass sich direkt die Gleichung des Mohrschen Spannungskreises für den ebenen Spannungszustand ergibt, Abbildung 3.36:

$$\left(\sigma - \frac{\sigma_x + \sigma_y}{2}\right)^2 + \tau^2 = \left(\frac{\sigma_x - \sigma_y}{2}\right)^2 + \tau_{xy}{}^2 \tag{3.141}$$

Die Spannungswerte σ und τ für jeden beliebigen Punkt liegen demnach wieder auf dem Umfang eines Kreises.

Im Weiteren sollen jene Schnittwinkel ermittelt werden, für die die Normalspannungen am größten und am kleinsten werden. Differenziert man Gleichung (3.139) nach $d\varphi$, so folgt:

$$\frac{d\sigma}{d\varphi} = 2\cdot\left(-\frac{\sigma_x - \sigma_y}{2} \cdot \sin(2\cdot\varphi) + \tau_{xy} \cdot \cos(2\cdot\varphi)\right) \tag{3.142}$$

Für $\varphi = \varphi_0$ soll $d\sigma/d\varphi = 0$ werden und die gesuchten Schnittrichtungen ergeben sich aus:

$$\tan(2\cdot\varphi_0) = \frac{2\cdot\tau_{xy}}{\sigma_x - \sigma_y} \tag{3.143}$$

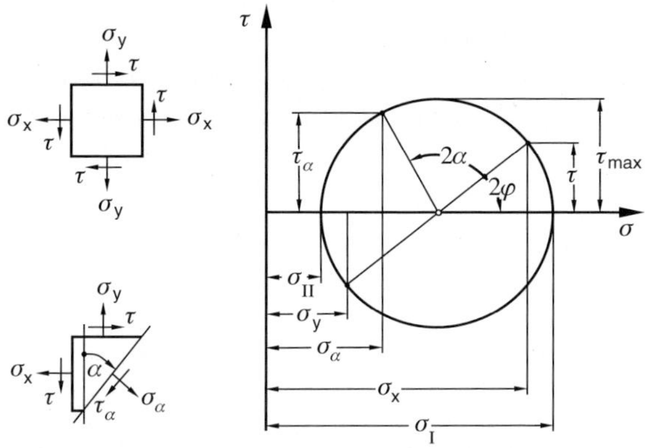

Abbildung 3.36: Zweiachsiger Spannungszustand, Spannungen am Werkstoffelement und Mohrscher Spannungskreis

Da $\tan(2\cdot\varphi_0 + \pi) = \tan(2\cdot\varphi_0)$, sind zwei Schnittwinkel φ_0 und $\varphi_0 + \pi/2$ möglich, für die die Normalspannungen Extremwerte erreichen. Man nennt diese beiden senkrecht zueinander stehenden Schnittebenen wie schon beim linearen Spannungszustand die Hauptspannungsebenen und die Extremwerte der Normalspannungen die Hauptspannungen. Die größte Hauptspannung wird mit σ_1 und die kleinste Hauptspannung mit σ_2 bezeichnet. Durch Einsetzen der Gleichung (3.143) in Gleichung (3.140) lassen sich die Beträge der Hauptspannungen berechnen oder aber man ermittelt die Werte direkt aus dem Mohrschen Spannungskreis gemäß Abbildung 3.36:

$$\sigma_1 = \sigma_{max} = \frac{\sigma_x + \sigma_y}{2} + \sqrt{\left(\frac{\sigma_x - \sigma_y}{2}\right)^2 + \tau_{xy}{}^2} \tag{3.144}$$

$$\sigma_2 = \sigma_{min} = \frac{\sigma_x + \sigma_y}{2} - \sqrt{\left(\frac{\sigma_x - \sigma_y}{2}\right)^2 + \tau_{xy}{}^2} \tag{3.145}$$

Wie beim linearen Spannungszustand verschwinden auch hier für die Hauptspannungsebenen die Schubspannungen. Die Extremwerte für die Schubspannungen erhält man aus der Auswertung der 1. Ableitung der Gleichung (3.140):

$$\frac{d\tau}{d\varphi} = -2\cdot\left(\frac{\sigma_x - \sigma_y}{2}\cdot\cos(2\cdot\varphi) + \tau_{xy}\cdot\sin(2\cdot\varphi)\right) \tag{3.146}$$

Für $\varphi = \varphi_1$ soll $d\tau\,/\,d\varphi = 0$ sein und die gesuchten Schnittrichtungen folgen aus:

$$\tan(2\cdot\varphi_1) = -\frac{\sigma_x - \sigma_y}{2\cdot\tau_{xy}} \tag{3.147}$$

Die Gleichung liefert als mögliche Lösungen die beiden Winkel φ_1 und $\varphi + \pi/2$, denn bekanntlich treten Schubspannungen immer paarweise in senkrecht zueinander stehenden Schnitten auf. Durch Multiplikation der beiden Gleichungen (3.143) und (3.147) folgt:

$$\begin{aligned} &\tan(2\cdot\varphi_0)\cdot\tan(2\cdot\varphi_1) = -1 \\ &2\cdot\varphi_1 = 2\cdot\varphi_0 \pm \frac{\pi}{2} \\ &\varphi_1 = \varphi_0 \pm \frac{\pi}{4} \end{aligned} \tag{3.148}$$

Das heißt die extremen Schubspannungen treten in zwei aufeinander senkrechten Richtungen auf, die gerade um 45° versetzt in der Mitte zwischen den Hauptspannungen liegen. Die Beträge der extremen Schubspannungen lassen sich aus dem Spannungskreis ablesen zu:

$$\tau_{max,min} = \pm\frac{1}{2}\cdot\sqrt{(\sigma_x - \sigma_y)^2 + 4\cdot\tau_{xy}^{\ 2}} \tag{3.149}$$

Setzt man in die Gleichungen (3.139) bis (3.149) $\sigma_y = 0$ ein, so erhält man die entsprechenden Gleichungen des einachsigen Spannungszustandes.

Der zweiachsige Spannungszustand ist von besonderer praktischer Bedeutung, da die maximalen Spannungen in Bauteilen fast immer in der Bauteiloberfläche auftreten und die Spannungen senkrecht zur Bauteiloberfläche häufig gleich Null sind.

3.4.3 Der räumliche oder dreiachsige Spannungszustand

In Erweiterung des ein- und zweiachsigen Spannungszustandes liegt beim dreiachsigen Spannungszustand ein dreidimensionaler Körper unter einer räumlichen Belastung vor. Das in Abbildung 3.37 dargestellte Volumenelement unterliege den Belastungen F_x, F_y und F_z, woraus die Normalspannungen σ_x, σ_y und σ_z folgen. Schneidet man aus diesem Volumenelement eine dünne Scheibe in der durch die Koordinaten x und y aufgespannten Ebene heraus, so liegen bezüglich der Spannungen in der Scheibenebene die gleichen Verhältnisse vor wie beim zweiachsigen Spannungszustand. Die senkrecht zu dieser Ebene wirkenden Spannungen σ_z haben keine Komponente in der (x, y)-Ebene, so dass sie auch bei den Gleichgewichtsbetrachtungen für diese Ebene nicht berücksichtigt werden müssen. Demzufolge lassen sich die in der (x, y)-Ebene wirkenden Spannungen durch einen Spannungskreis mit den Hauptspannungen $\sigma_1 = \sigma_x$ und $\sigma_2 = \sigma_y$ beschreiben. Für die (x, z)-Ebene und (y, z)-Ebene ergeben sich entsprechend die analogen Zusammenhänge. Demzufolge erhält man drei Mohrsche Spannungskreise, die sich jeweils paarweise berühren. Jeder Spannungskreis wird durch zwei Hauptspannungen festgelegt, womit auch die Spannungen in jeder Richtung der betreffenden Ebene bestimmt sind. Für den allgemeinen Beanspruchungsfall gibt es demzufolge drei Hauptspannungen. Vereinbarungsgemäß wird die algebraisch größte Hauptspannung mit σ_I bezeichnet, die algebraisch kleinste mit σ_{III}, so dass $\sigma_I > \sigma_{II} > \sigma_{III}$ gilt. Da jeweils die beiden Hauptspannungen eines Spannungskreises unter dem Winkel $2\cdot\varphi = 180°$ zueinander auftreten, entsteht aus den drei Hauptspannungen ein orthogonales Achsensystem. Somit lassen sich die Spannungsverhältnisse des dreiachsigen (räumlichen) Spannungszustandes als Überlagerung von drei ebenen Spannungszuständen darstellen, Abbildung 3.37. Die größte Schubspannung berechnet sich zu:

$$\tau_{max} = \frac{\sigma_1 - \sigma_3}{2} \tag{3.150}$$

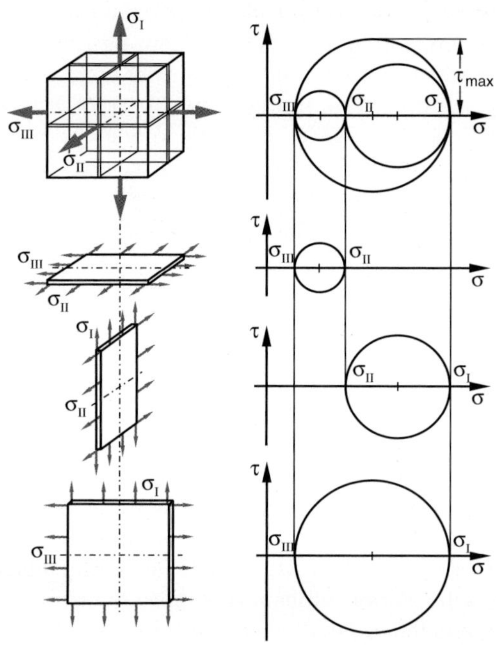

Abbildung 3.37: Dreiachsiger Spannungszustand, Spannungen am Werkstoffelement und Mohrscher Spannungskreis

3.4.4 Festigkeitshypothesen bei zusammengesetzter Beanspruchung

Das Hauptziel der Festigkeitsberechnung ist eine rechnerische Abschätzung, wann ein Bauteil unter üblicherweise mehrachsiger Belastung mit Zunahme dieser Belastung seine Festigkeitsgrenze erreicht. Die Werkstoffkennwerte, die bisher hauptsächlich als Bemessungsrichtwerte dienen, werden in aller Regel in einachsigen Versuchen gewonnen. Sie sagen über die Widerstandsfähigkeit bei mehrachsiger Beanspruchung zunächst nichts aus. Sie gewinnen erst dann an Aussagekraft, wenn es gelingt, aus den Komponenten des mehrachsigen Spannungszustands (z.B. den Hauptspannungen) einen Wert zu ermitteln, der in Bezug auf das Festigkeitsverhalten des Werkstoffs der Hauptspannung bei einer (fiktiven) einachsigen Beanspruchung gleichzusetzen ist. Aus diesem Grund wurden die nachfolgend behandelten Festigkeitshypothesen entwickelt, um solche Vergleichswerte – so genannte Vergleichsspannungen σ_v – zu ermitteln, die dann als Bezugswert zu einem zulässigen Belastungsgrenzwert für eine Festigkeitsrechnung herangezogen werden können. Als Belastungsgrenzwerte kommen je nach Belastungsart z.B. die Streckgrenze σ_s bzw. $R_{p0,2}$, die Bruchfestigkeit R_m, die Reißfestigkeit σ_R oder die Dauerfestigkeit σ_D in Frage. Bezeichnet man einen solchen Belastungsgrenzwert allgemein mit dem Kennwert „K", so tritt das Versagen des mehrachsig beanspruchten Bauteils dann ein, wenn die Vergleichsnormalspannung σ_v den entsprechenden Belastungsgrenzwert K des Werkstoffs erreicht. Das Bauteil versagt unter statischer Beanspruchung entweder durch unzulässig große plastische Verformungen (Fließen) oder durch Gewaltbruch:

$$|\sigma| = |K| \tag{3.151}$$

Abhängig vom Versagensfall werden verschiedene Kenngrößen relevant sein, z.B. bei Trennbruch Normalspannungen und bei Schubspannungsbruch Schubspannungen. Die zu erwartende Versagensart kann nun auf der Basis der vorgegebenen Belastung vorausgesagt werden, z.B. plastische Verformung, Gewaltbruch, Dauerbruch). Entsprechend der zu erwartenden Versagensart werden auch die Vergleichskennwerte hergeleitet werden müssen. Es gibt verschiedene Festigkeitshypothesen, die zu den gewünschten Kennwerten σ_V führen, die in Beziehung zu Werkstoffkennwerten (einachsig) gebracht werden können. Abhängig davon, ob als Maß der Werkstoffbeanspruchung eine Spannung oder ein Energiebetrag angesehen wird, unterscheiden sich die zugehörigen Festigkeitshypothesen. Aus der Vielzahl von Festigkeitshypothesen haben sich in der Praxis hauptsächlich folgende Hypothesen bewährt [3.73]:

- Normalspannungshypothese (NH)
- Schubspannungshypothese (SH)
- Gestaltänderungsenergiehypothese (GEH)

Welche dieser Festigkeitshypothesen im konkreten Fall angewendet wird, hängt davon ab, wie genau sich mit dieser Festigkeitshypothese das Versagen des Werkstoffs vorherbestimmen lässt. So lassen sich z.B. mittels der Normalspannungshypothese Trennbrüche, die senkrecht zu den wirkenden Normalspannungen ohne nennenswerte vorherige plastische Verformungen, also spröde erfolgen, mit guter Näherung beschreiben. Dagegen entstehen Gleitbrüche durch Überschreiten der Gleitfestigkeit durch die größten Schubspannungen. Ihnen gehen mehr oder weniger große plastische Verformungen voraus, die nur bei duktilem Werkstoffverhalten möglich sind. Bei duktilem Werkstoff lässt sich das Versagen unter mehrachsigen Beanspruchungen am ehesten durch die Gestaltänderungsenergiehypothese oder die Schubspannungshypothese vorherbestimmen.

Einschränkend sei darauf hingewiesen, dass die formale Anwendung der Festigkeitshypothesen auch eine Reihe von Gefahren beinhaltet. Während für statische Lasten oder synchrone dynamische Lasten die Hypothesen problemlos angewendet werden können, sollten Spannungskomponenten mit zeitlich unterschiedlichem Verlauf nicht ohne weiteres summarisch miteinander verknüpft werden. Ebenso sollten die miteinander zu verknüpfenden Spannungskomponenten am gleichen Ort wirken. Unterschiedliche Spannungskonzentrationen bedingt durch Kerben müssen ebenfalls separat berücksichtigt werden. Generell müssen die auftretenden Spannungen unterhalb der Streckgrenze bleiben.

3.4.4.1 Normalspannungshypothese (NH)

Die Normalspannungshypothese, die erstmalig von dem schottischen Ingenieur und Physiker William Rankine (1820-1872) formuliert wurde, wird angewendet, wenn der Bruch senkrecht zur Richtung der größten Normalspannung erfolgt. Dies ist zutreffend, wenn der Werkstoff nicht verformungsfähig (spröde) oder die Verformungsmöglichkeit des Werkstoffs durch die Art des mehrachsigen Spannungszustandes, z.B. bei Schweißkonstruktionen oder bei dreiachsigem Zugspannungszustand im scharf gekerbten Rundstab, stark eingeschränkt oder sogar aufgehoben ist (Spannungsversprödung). Werkstoffe, die im einachsigen Zugversuch ausreichend duktil sind, versagen dann infolge der Spannungsversprödung durch Trennbruch. Die größte wirkende Normalspannung sei die Hauptspannung σ_1. Solange diese kleiner ist als die Festigkeitsgrenze K des Werkstoffs, ist das Versagen ausgeschlossen:

$$\sigma_v = |\sigma_{max}| = \sigma_1 < K \tag{3.152}$$

Hierbei werden gleiche Festigkeitsgrenzen für Zug- und Druckbeanspruchung vorausgesetzt:

$$K = K_z = K_d \tag{3.153}$$

Dies ist meistens eine Abschätzung zur sicheren Seite. Ist jedoch $K_z \neq K_d$, bei spröden Werkstoffen (z.B. Grauguss) ist vielfach $K_z < K_d$, dann sind anstelle von Gleichung (3.152) die folgenden Bedingungen einzuhalten:

$$\sigma_v = |\sigma_{max}| = \sigma_1 < K_z \tag{3.154}$$

$$\sigma_v = |\sigma_{max}| = \sigma_3 < |K_d| \tag{3.155}$$

Liegt z.B. ein ebener Spannungszustand vor, gekennzeichnet durch σ_x, σ_y und $\tau_{xy} = \tau$, so berechnet sich die für die Bemessung maßgebliche Vergleichsspannung zu:

$$\begin{aligned} \sigma_{v,NH} &= \sigma_{max} = \sigma_1 = \frac{\sigma_x + \sigma_y}{2} + \sqrt{\left(\frac{\sigma_x - \sigma_y}{2}\right)^2 + \tau_{xy}{}^2} \\ \sigma_{v,NH} &= \sigma_{max} < K \end{aligned} \tag{3.156}$$

3.4.4.2 Schubspannungshypothese (SH)

Die Schubspannungshypothese, die auf den französischen Ingenieur Henri Tresca (1814–1884) zurückgeht, wird sowohl bei verformungsfähigen als auch bei spröden Werkstoffen verwendet, wenn das Werkstoffversagen durch die größte wirkende Schubspannung τ_{max} erfolgt, hierbei kommt es zum Überschreiten der Gleitfestigkeit [3.157]. Bei spröden Werkstoffen entsteht ein Gleitbruch nur bei überwiegender Druckbeanspruchung. Die Grenze der Belastbarkeit bei mehr-achsiger Belastung ist demnach dann erreicht, wenn die maximale Schubspannung τ_{max} gleich jenem Wert τ_k ist, bei dem unter einachsiger Beanspruchung ein Versagen eintritt, also für $\tau_{max} = \tau_k$. Da σ_v immer eine Normalspannung ist, muss anhand des Mohrschen Spannungskreises geprüft werden, welche Normalspannung bei einachsiger Belastung mit $\tau_{max} = \tau_k$ vergleichbar ist. Für den einachsigen Spannungszustand gilt:

$$\sigma_{V,SH} = \sigma_1 = K = 2 \cdot \tau_K = 2 \cdot \tau_{\max} \tag{3.157}$$

Entsprechend ist die τ_{max} zugeordnete Spannung $\sigma_v = K$ beim mehrachsigen Spannungszustand:

$$\sigma_{V,SH} = K = \sigma_{max} - \sigma_{min} = 2 \cdot \tau_K = 2 \cdot \tau_{max} \tag{3.158}$$

Demzufolge gilt beim mehrachsigen Spannungszustand für die Schubspannung:

$$\tau_{max} = \frac{1}{2} \cdot (\sigma_{max} - \sigma_{min}) = \frac{1}{2} \cdot (\sigma_1 - \sigma_2) \tag{3.159}$$

Soll also ein einachsiger Zug mit σ_v die gleiche maximale Schubspannung hervorrufen, die dem ebenen Spannungszustand entspricht, dann muss sein:

$$\sigma_{v,SH} = 2 \cdot \tau_{max} \leq \sigma_{zul} \quad (3.160)$$

Unter Verwendung von Gleichung (3.149) folgt dann für die Vergleichsspannung:

$$\sigma_{v,SH} = 2 \cdot \frac{1}{2} \cdot \sqrt{(\sigma_x - \sigma_y)^2 + 4 \cdot \tau^2} = \sqrt{\left(\sigma_x - \sigma_y\right)^2 + 4 \cdot \tau^2} < K \quad (3.161)$$

3.4.4.3 Gestaltänderungsenergiehypothese (GEH)

Bei der Gestaltänderungsenergiehypothese (GEH), die sich aus der Fließbedingung nach Richard von Mises (1883–1953) ableiten lässt und deshalb auch manchmal als „von-Mises-Hypothese" bezeichnet wird, ist die in einem verformten Körperelement gespeicherte Gestaltänderungsenergie für die Werkstoffbeanspruchung entscheidend [3.92]. Sobald diese Energie einen vom Werkstoff abhängigen Grenzwert erreicht und zwar völlig unabhängig davon, welcher Spannungszustand dazu führt, versagt der Werkstoff durch Auftreten plastischer Formänderungen. Für die mechanische Arbeit A, die bei der elastischen Deformation eines Körperelementes durch einen dreiachsigen (räumlichen) Spannungszustand geleistet wird, gilt bezogen auf die Volumeneinheit:

$$A = \frac{1}{2} \cdot \left(\sigma_1 \cdot \varepsilon_1 + \sigma_2 \cdot \varepsilon_2 + \sigma_3 \cdot \varepsilon_3\right) \quad (3.162)$$

Ersetzt man mithilfe des Hookeschen Gesetzes die Dehnungen durch die Spannungen, dann gilt:

$$\begin{aligned} \varepsilon_1 &= \frac{1}{E}\left[\sigma_1 - \nu \cdot (\sigma_2 + \sigma_3)\right] \\ \varepsilon_1 \cdot E &= \sigma_1 - \nu \cdot (\sigma_2 + \sigma_3) \end{aligned} \quad (3.163)$$

Unter Nutzung dieses Zusammenhanges, auch für die Dehnungen ε_2 und ε_3, folgt unter Einsetzen in die Gleichung für A:

$$A = \frac{1}{2 \cdot E} \cdot \left[\sigma_1^{\ 2} + \sigma_2^{\ 2} + \sigma_3^{\ 2} - 2 \cdot \nu \cdot \left(\sigma_1 \cdot \sigma_2 + \sigma_2 \cdot \sigma_3 + \sigma_3 \cdot \sigma_1\right)\right] \quad (3.164)$$

Diese gesamte Energie ist nun im deformierten Element gespeichert. Sie setzt sich zusammen aus der Volumenänderungsarbeit A_V und der Gestaltänderungsarbeit A_G:

$$A = A_V + A_G \quad (3.165)$$

Durch Versuche lässt sich nachweisen, dass man sehr große Energien, die der reinen Volumenänderung dienen, ohne Bruch oder Fließen, also rein elastisch in ein Bauteil einbringen kann. Das gelingt durch den sog. hydrostatischen Spannungszustand, bei dem alle drei Hauptspannungen gleich groß sind (Vergleich mit Druck in Flüssigkeit). Dieser Volumenänderungsanteil kann demnach an einem Fließen des Werkstoffs keinen Anteil haben. Fließen bedingt also stets eine Formänderung. Zu einer Fließbedingung kommt man demnach durch die ausschließliche Betrachtung der reinen Gestaltänderungsenergie A_G:

$$A_G = A - A_v \quad (3.166)$$

Für $\sigma_1 = \sigma_2 = \sigma_3 = \sigma$ folgt aus Gleichung (3.164) für:

$$A_V = \frac{3}{2 \cdot E} \cdot (1 - 2 \cdot \nu) \cdot \sigma^2 \tag{3.167}$$

Hat man nun einen allgemeinen Spannungszustand, gekennzeichnet durch die drei Spannungen σ_1, σ_2 und σ_3 , dann ist der hydrostatische Anteil gegeben durch das Wirken der Spannung σ_m in allen drei Achsen, wobei σ_m das arithmetische Mittel der drei Hauptspannungen ist, also:

$$\sigma_m = \frac{1}{3} \cdot (\sigma_1 + \sigma_2 + \sigma_3) \tag{3.168}$$

Ersetzt man nun σ in Gleichung (3.167) durch σ_m, dann erhält man den Anteil A_V der Volumenänderungsenergie bei einem allgemeinen Spannungszustand zu:

$$A_V = \frac{3}{2 \cdot E} \cdot (1 - 2 \cdot \nu) \cdot \frac{1}{9} \cdot (\sigma_1 + \sigma_2 + \sigma_3)^2 \tag{3.169}$$

$$A_V = \frac{1 - 2 \cdot \nu}{6 \cdot E} \cdot (\sigma_1 + \sigma_2 + \sigma_3)^2 \tag{3.170}$$

Damit ergibt sich die Gestaltänderungsenergie $A_G = A - A_V$ als Differenz der Gleichung (3.164) und Gleichung (3.170) zu:

$$A_G = \frac{1 + \nu}{6 \cdot E} \cdot \left[(\sigma_1 - \sigma_2)^2 + (\sigma_2 - \sigma_3)^2 + (\sigma_3 - \sigma_1)^2 \right] \tag{3.171}$$

Zur Berechnung der (einachsigen) Vergleichsspannung sind die Gestaltänderungsarbeiten bei einachsiger Beanspruchung, ausgedrückt durch die Hauptspannung σ_0, gleichzusetzen mit der Gestaltänderungsarbeit für den mehrachsigen Spannungszustand. Aus $\sigma_1 = \sigma_0$ und $\sigma_2 = \sigma_3 = 0$ folgt:

$$A_{G,einachsig} = \frac{1 + \nu}{6 \cdot E} \left[\sigma_1^2 + 0 + (-\sigma_1)^2 \right] = \frac{1 + \nu}{6 \cdot E} \cdot 2 \cdot \sigma_0^2 \tag{3.172}$$

Bei Erreichen der Festigkeitsgrenze muss $\sigma_0 = \sigma_V$ sein, woraus sich durch Gleichsetzen der Gleichungen (3.171) und (3.172) ergibt:

$$\sigma_{V,GEH} = \frac{1}{\sqrt{2}} \cdot \sqrt{(\sigma_1 - \sigma_2)^2 + (\sigma_2 - \sigma_3)^2 + (\sigma_3 - \sigma_1)^2} < K \tag{3.173}$$

Für den zweiachsigen Spannungszustand mit $\sigma_3 = 0$ wird aus Gleichung (3.173):

$$\sigma_{V,GEH} = \sqrt{\sigma_1^2 + \sigma_2^2 - \sigma_1 \cdot \sigma_2} < K \tag{3.174}$$

Führt man wieder die Bezeichnungen für σ_1 und σ_2 beim ebenen Spannungszustand mit σ_x, σ_y, τ ein, dann erhält man nach Zwischenrechnung schließlich:

$$\sigma_{V,GEH} = \sqrt{\sigma_x^2 + \sigma_y^2 - \sigma_x \cdot \sigma_y + 3 \cdot \tau^2} < K \tag{3.175}$$

Für den besonders häufigen Fall des ebenen Spannungszustandes mit einachsiger Biegenormalspannung und überlagerten Torsionsspannungen wird mit $\sigma_x = 0$, $\sigma_y = \sigma_b$ und $\tau = \tau_t$:

$$\sigma_{v,GEH} = \sqrt{\sigma_b^2 + 3 \cdot \tau_t^2} < K \tag{3.176}$$

Die Gestaltänderungsenergiehypothese (GEH) beschreibt bei mehrachsig beanspruchten duktilen Werkstoffen den Fließbeginn in sehr guter Übereinstimmung mit experimentellen Ergebnissen. Im direkten Vergleich dazu stellt die Schubspannungshypothese (SH) eine gute Näherung mit etwas geringerem Rechenaufwand dar. Die SH liefert um maximal 15 % höhere Vergleichsspannungen als die GEH und bleibt damit immer auf der sicheren Seite.

3.4.4.4 Das Anstrengungsverhältnis α_0

Die nach den Festigkeitshypothesen ermittelten σ_V sind zunächst unabhängig vom zeitlichen Verlauf der Normalspannungen σ und Schubspannungen τ ermittelt worden. Nun sind aber häufig σ und τ in ihren charakteristischen Verläufen unterschiedlich, z.B. dynamische Biegung und statische Torsion. Diese Unterschiede können durch Einführen des so genannten Anstrengungsverhältnisses α_0 nach Carl von Bach (1847–1931) berücksichtigt werden [3.2]. Ungeachtet seines mittlerweile weit zurückliegenden Ursprunges wird das Verfahren bis heute in vielen modernen Berechnungsansätzen genutzt, unter anderem auch in der aktuellen DIN 743 zur Berechnung der Tragfähigkeit von Achsen und Wellen sowie der FKM-Richtlinie zur „Festigkeitsberechnung metallischer Bauteile“ [3.12], [3.50].

Das Anstrengungsverhältnis α_0 wird eingesetzt, um in den Gleichungen zur Ermittlung der Vergleichsspannungen σ_V die Schubspannung τ umzubewerten zu $\alpha_0 \cdot \tau$. Damit wird dann die Schubspannung τ auf den zeitlichen Verlauf der Normalspannung von σ „umgerechnet“:

$$\alpha_0 = \frac{\sigma_{Grenz}(\sigma)}{\sigma_{Grenz}(\tau)} = \frac{\sigma_{Grenz}}{\eta \cdot \tau_{Grenz}} \tag{3.177}$$

Dabei gilt:

- τ_{Grenz}: ist diejenige Grenzschubspannung, die im Falle des jeweils wirkenden Schubspannungsverlaufs (zeitlich) ertragen werden kann, z.B. bei statischer Torsion (Schub) $\tau_{Grenz} = \tau_s$
- $\sigma_{Grenz}(\sigma) = \sigma_{Grenz}$: ist diejenige Grenznormalspannung, die bei dem jeweiligen Normalspannungsverlaufstyp ertragen werden kann, im Falle dynamischer Wechselbiegung also $\sigma_{bw} = \sigma_{Grenz}(\sigma) = \sigma_{Grenz}$
- $\sigma_{Grenz}(\tau)$: kann als diejenige Grenznormalspannung (Grenzvergleichsspannung nach der jeweils anzuwendenden Hypothese) aufgefasst werden, die auftritt, wenn nur die für den jeweiligen Schubspannungsverlaufstyp ertragbare Grenzschubspannung τ_{Grenz} wirkt und die Normalspannungskomponente $\sigma = 0$ ist. Im Falle der statischen Torsion wäre $\tau_{Grenz} = \tau_s$ und es ergäbe sich für die Gestaltänderungsenergiehypothese (GEH) gemäß obiger Definition:

$$\begin{aligned} &\sigma_{Grenz}(\tau) = \sqrt{0 + 3 \cdot \tau_s^2} \quad \text{oder} \\ &\sigma_{Grenz}(\tau) = \sqrt{3} \cdot \tau_s = \sqrt{3} \cdot \tau_{Grenz} \\ &\eta = \sqrt{3} \end{aligned} \tag{3.178}$$

Der Wert η ist dabei abhängig von der jeweiligen Hypothese:

Gestaltänderungsenergiehypothese (GEH): $\eta = \sqrt{3}$

Schubspannungshypothese (SH): $\eta = 2$

Normalspannungshypothese (NH): $\eta = 1$

Betrachtet man z.B. die Kombination einer statischen Zugbeanspruchung mit einer dynamischen Torsionsbeanspruchung, so folgt:

$$\begin{aligned} &\sigma_{Grenz} = \sigma_s \\ &GEH \rightarrow \eta = 1{,}73 = \sqrt{3} \qquad \alpha_0 = \frac{\sigma_s}{1{,}73 \cdot \tau_w} \\ &\tau_{Grenz} = \tau_w \end{aligned} \tag{3.179}$$

Mit dem Anstrengungsverhältnis α_0 besteht nun also eine Möglichkeit, Spannungen unterschiedlichen Beanspruchungs-Zeitverlaufs, z.B. dynamische Biegung (σ) und statische Torsion (τ), miteinander zu verbinden, indem man über $\alpha_0 \cdot \tau$ den Verlauf von τ in den von σ umrechnet. Somit wird auf diese Weise aus einem statischen τ gleichsam ein dynamisches τ ($\alpha_0 \cdot \tau$ ist vom Typ her als dynamisch zu betrachten). Allgemein gilt: α_0 bewertet stets den Charakter der Schubspannung τ in den der Normalspannung um. Mit α_0 folgt z.B. für die Vergleichsspannung:

$$\sigma_{v,GEH} = \sqrt{\sigma_x{}^2 + \sigma_y{}^2 - \sigma_x \cdot \sigma_y + 3 \cdot (\alpha_0 \cdot \tau)^2} \tag{3.180}$$

Für den vereinfachten Zusammenhang beim zweiachsigen Spannungszustand folgt dann:

$$\sigma_{v,GEH} = \sqrt{\sigma^2 + 3 \cdot (\alpha_0 \cdot \tau)^2} \tag{3.181}$$

Neben der Anwendung des Anstrengungsverhältnisses gibt es eine weitere Möglichkeit, Spannungen verschiedenen Typs, also statische und dynamische Normalspannungen und Schubspannungen beliebiger Kombination, zu einer aussagefähigen, resultierenden Vergleichsspannung zusammenzufassen. Hierbei teilt man die Spannungen verschiedener Typen, die zusammen einen mehrachsigen Spannungszustand ergeben, in einen statischen Anteil und einen dynamischen Anteil auf. Der statische Anteil repräsentiert dabei die Mittelspannung σ_m, der dynamische Anteil umfasst die Ausschlagsspannung σ_a. Sowohl für die Mittelspannung σ_m als auch für die Ausschlagsspannung σ_a werden dabei aus der zutreffenden Gleichung der angewendeten Vergleichsspannungshypothese die jeweiligen Vergleichsspannungen berechnet. Für die Gestaltänderungsenergiehypothese gilt:

$$\sigma_{vm,GEH} = \sqrt{\sigma_m{}^2 + 3 \cdot \tau_m{}^2} \tag{3.182}$$

$$\sigma_{va,GEH} = \sqrt{\sigma_a{}^2 + 3 \cdot (\alpha_0 \cdot \tau_a)^2} \tag{3.183}$$

Mit diesen Vergleichsmittelspannungen und Vergleichsausschlagsspannungen kann dann z.B. anhand eines Smith-Diagrammes ermittelt werden, ob das Bauteil ausreichend bemessen ist bzw. ob die zu der ermittelten Mittelspannung $\sigma_m = \sigma_{vm}$ gehörende Ausschlagsspannung σ_a größer ist als die berechnete Vergleichsauschlagsspannung σ_{va}.

3.5 Ermittlung der Beanspruchbarkeit

Nachdem in den vorherigen Abschnitten die Grundlagen zur Berechnung innerer Beanspruchungen aufgrund äußerer Lasten behandelt wurden, wird im Folgenden auf die Ermittlung der Beanspruchbarkeit von Werkstoffproben und Bauteilen eingegangen, damit im abschließenden Schritt der Festigkeitsberechnung ein Vergleich von Beanspruchung und Beanspruchbarkeit vorgenommen werden kann. Entsprechend der Charakteristik der Beanspruchungen – statisch oder dynamisch – benötigt man auch für die Beanspruchbarkeit statische und dynamische Kennwerte. Dabei werden sich Kennwerte der statischen Beanspruchbarkeit auf die Versagensformen Fließen und Gewaltbruch beziehen, Kennwerte der dynamischen Beanspruchbarkeit beschreiben das Bauteilversagen wegen eines ersten Anrisses aufgrund einer dauernd einwirkenden Schwingbeanspruchung, in deren Folge nach dem Anriss ein Dauerbruch eintreten wird. Sämtliche Kennwerte der Beanspruchbarkeit hängen neben den Belastungsarten Zug/Druck, Biegung und Torsion im Wesentlichen vom Werkstoff ab. Bezüglich eines Geometrie-Einflusses (Größeneinfluss) ist noch zu unterscheiden, ob ein Kennwert mithilfe einer genormten Werkstoffprobe oder aber für ein reales Bauteil ermittelt wird. Darüber hinaus ist noch von Interesse, wie sich ein Werkstoff bei tieferen Temperaturen ab $\vartheta < -20°$ C und bei höheren Temperaturen ab $\vartheta > 150°$ C verhält, damit ein Bauteilversagen auch unter diesen Gegebenheiten ausgeschlossen werden kann.

3.5.1 Beanspruchbarkeit bei statischer Belastung

Um zu grundlegenden Kennwerten über Werkstoffe zu gelangen, sind in DIN- und ISO-Standards entsprechende Werkstoffprüfversuche festgelegt. Die Ermittlung des Spannungs-Dehnungs-Verhaltens eines Werkstoffes erfolgt mithilfe des Zugversuches nach DIN EN ISO 6892 [3.40], [3.20]. Der Zugversuch liefert das so genannte Spannungs-Dehnungs-Schaubild $\sigma = f(\varepsilon)$ gemäß Abbildung 3.38. An genormten Proben (Zugstäben) werden Belastungsversuche gefahren und Dehnungen gemessen. Die Dehnungen werden Spannungen zugeordnet, wobei die Bezugsfläche zur Bestimmung der Spannungen der Ausgangsquerschnitt des belasteten Prüfkörpers ist. Eine Ausnahme bildet die Reißfestigkeit R_R, bei der auf den Bruchquerschnitt bezogen wird. Folgende Größen werden zunächst definiert:

σ_P: Proportionalitätsgrenze; Spannung, bis zu der das Hookesche Gesetz gilt ($\sigma = E \cdot \varepsilon$), Spannungen und Dehnungen sind proportional, keine bleibenden Verformung

R_E: Elastizitätsgrenze; charakterisiert das Ende des linear-elastischen Werkstoffverhaltens und beschreibt damit die einsetzende plastische Verformung (bleibende Verformung)

R_{eH}, R_{eL}: Streckgrenze; Spannung, bei der das σ- ε-Diagramm unter Auftreten einer merklichen bleibenden Dehnung eine Umkehrung der Steigung (waagerechte Tangente) aufweist. Man spricht auch von oberer Streckgrenze R_{eH}. Der Werkstoff beginnt an der Streckgrenze zu fließen, d.h. es tritt ohne Spannungszunahme bzw. sogar unter Spannungsabnahme R_{eL} eine Dehnung auf. Dieser Vorgang kommt wieder zur Ruhe (Verfestigung) und eine weitere Belastungserhöhung ist möglich.

R_m: Zugfestigkeit; größte Spannung, die von der Probe ertragen werden kann. Sie berechnet sich zu:

$$R_m = \frac{F_{max}}{S_0} \tag{3.184}$$

F_{max}: maximale Zugbelastung [N]
S_0: Querschnittsfläche des unbelasteten Probestabes [mm^2]

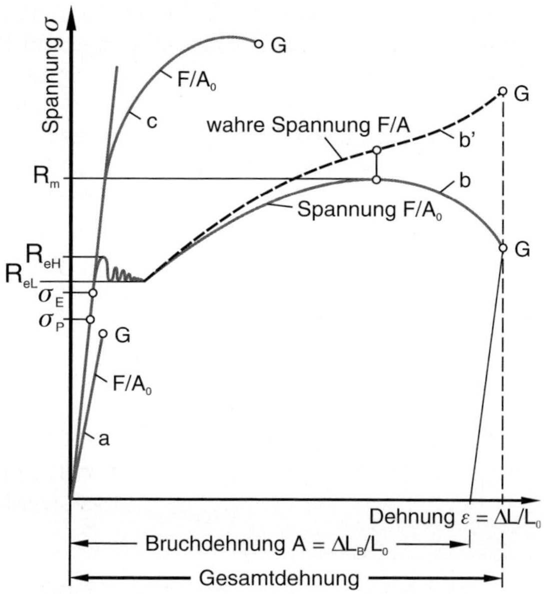

Abbildung 3.38: Spannungs-Dehnungs-Diagramm

Bei Erreichen der maximalen Zugkraft F_{max} beginnt sich der Probestab örtlich einzuschnüren, die Dehnung nimmt unter gleichzeitiger Abnahme der Belastung weiter zu, bis der Prüfling bricht. Da die Belastung stets auf den Ausgangsquerschnitt S_0 bezogen wird, zeigt sich ein σ- ε-Verlauf wie durchgezogen gezeichnet. Bezieht man die Belastung auf den aktuellen Querschnitt S, dann steigt die Spannung gemäß der gestrichelten Linie an bis zum Bruch.

R_R: Reißfestigkeit, die auf den Bruchquerschnitt S bezogene Belastung im Augenblick des Zerreißens des Prüflings

A_5: Als Bruchdehnung A_5 wird die mittlere (mittlere, da Prüfling zerklüftet bricht) Verlängerung nach Bruch, bezogen auf die Ausgangslänge, bezeichnet:

$$A_5 = \frac{L_u - L_0}{L_0} \tag{3.185}$$

L_0: Ausgangslänge

L_u: Messlänge nach dem Bruch (beide Bruchstücke zusammengefügt, so dass eine Gerade entsteht (auch: L_b)). Der Index „5" bei A_5 bedeutet, dass der Kennwert an einem Probestab mit $L_0 = 5 \cdot d_0$ ermittelt wurde.

In Ergänzung zu Abbildung 3.38 sind in Abbildung 3.39 beispielhaft für verschiedene Werkstoffe bei unterschiedlichen Werkstoffzuständen die grundsätzlichen Spannungs-Dehnungs-Verläufe gezeigt.

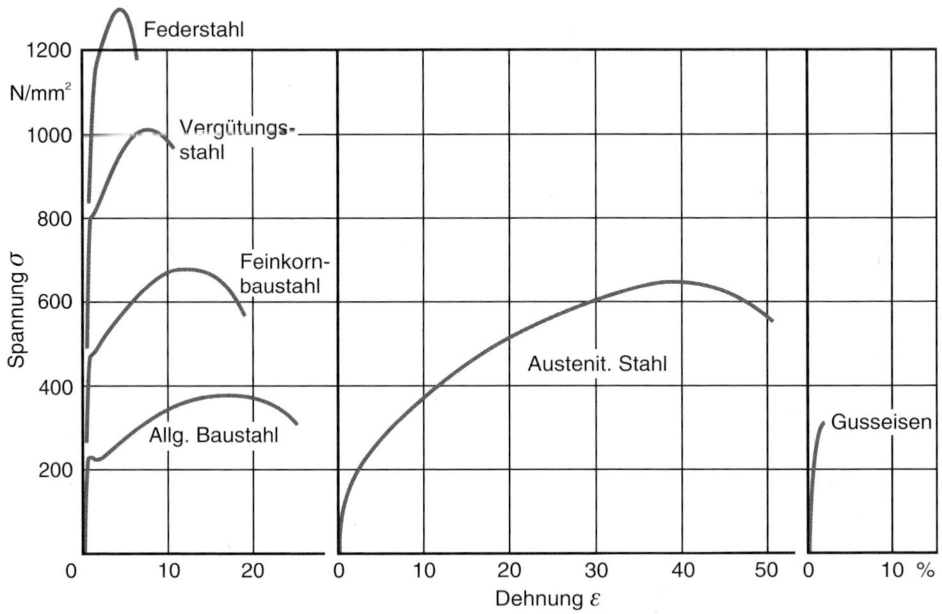

Abbildung 3.39: Spannungs-Dehnungs-Diagramme verschiedener Werkstoffe und bei unterschiedlichem Werkstoffzustand nach [3.161]

Nun lassen sich bei vielen Werkstoffen die genannten Größen nicht eindeutig oder nur mit großem Aufwand an Messgenauigkeit erfassen. Man hat deshalb Ersatzgrößen festgelegt, die an die Stelle der nicht zu erfassenden Größen treten können und für die Bemessung herangezogen werden. Zur Erklärung dieser Ersatzgrößen wird ein Feindehnungsdiagramm herangezogen, an dem wegen der Spreizung der ε-Achse die Verhältnisse genauer darstellbar sind. Als Ersatzgrößen für nicht exakt messbare Kennwerte dienen:

$R_{P0,01}$: Ersatz für die Elastizitätsgrenze R_E, d.h. die Gültigkeitsbereichsgrenze des Hookeschen Gesetzes. Auch technische Elastizitätsgrenze genannt. Bleibende Dehnung: 0,01 %

$R_{P0,2}$: Ersatz für obere Streckgrenze; bleibende Dehnung: 0,2 %, deshalb auch 0,2 %-Dehngrenze genannt

Abhängig vom zeitlichen Verlauf der Beanspruchung und dem Temperaturbereich werden andere Werkstoffkenngrößen, die die ertragbare Belastung kennzeichnen, zur Bemessung herangezogen. Bei der zügig aufgebrachten Belastung, die auch als statische Belastung bezeichnet wird, erfolgt eine Lasteinleitung, z.B. Zug, Druck, Biegemoment oder Drehmoment über einen kurzen Zeitraum von einer Sekunde bis zu einer Minute und zwar bis zur vollen Höhe, wobei sich eine zugehörige Dehnung (Verformung) einstellt bzw. bei Überlastung ein Bauteilversagen erfolgt. Die für eine Berechnung benutzten Kennwerte sind hier:

- Streckgrenze $R_{P0,2}$
- Zugfestigkeit R_m
- Bruchdehnung A_E

Gewonnen werden die Kennwerte mithilfe des eingangs beschriebenen Zugversuches. Entsprechende Kennwerte lassen sich für die Belastungsarten Biegung, Torsion und Druck aus Versuchen mit derartigen Belastungen bestimmen. Vielfach bedient man sich aber so genannter Ersatzwerte, die auf die Ergebnisse eines Zugversuchs zurückgeführt werden, Tabelle 3.6.

Art der Beanspruchung	Bezeichnung	Zeichen	Ersatzwert bei Stahlwerkstoffen	Berechnung gegen
Zug	Streckgrenze (Fließgrenze) 0,2 %-Dehngrenze Zugfestigkeit	R_e $R_{p0,2}$ R_m 1)	– – –	Verformung Verformung Bruch
Druck	Quetschgrenze (Druckfließgrenze) 0,2 %-Stauchgrenze Druckfestigkeit	R_{ed} $\sigma_{d0,2}$ σ_{dB}	$= R_e$ $= R_{p0,2}$ $= R_m$	Verformung Verformung Bruch
Biegung	Biegefließgrenze 0,2 %-Biegedehngrenze Biegefestigkeit	σ_{bF} $\sigma_{b0,2}$ σ_{bB}	$\approx R_e$ $\approx R_{p0,2}$ $\approx R_m$	Verformung Verformung Bruch
Torsion	Torsionsfließgrenze 0,4 %-Tors.-Dehngrenze Torsionsfestigkeit	τ_{tF} $\tau_{t0,4}$ τ_{tB}	$\approx 0{,}58 \cdot R_e$ 2) $\approx 0{,}58 \cdot R_{p0,2}$ 2) $\approx R_m$	Verformung Verformung Bruch
Abscherung	Scherfließgrenze Scherfestigkeit	τ_{aF} τ_{aB}	$= 0{,}58 \cdot R_e$ 2) $= 0{,}58 \cdot R_m$ 2)	Verformung Bruch

1) Ist nur die Brinellhärte H_{HB} bekannt, kann $R_m \approx 3{,}6\ H_{HB}$ bei C-Stahl und C-Stahlguss (gültig für $R_m \leq 1300\ \text{N/mm}^2$), $R_m \approx 1{,}0\ H_{HB}$ bei Grauguss gesetzt werden.
2) Der Faktor $0{,}58 \approx 1/\sqrt{3}$ leitet sich ab aus der Gestaltänderungsenergiehypothese.

Tabelle 3.6: Werkstoffkennwerte bei Raumtemperatur

Für Druck (Index „d") sind unter der Rubrik „Zeichen" die entsprechenden Bezeichnungen angegeben. Als Ersatzwerte für Stahl findet sich die Quetschgrenze (Druckfließgrenze) σ_F (Fließgrenze ist ein Oberbegriff und kennzeichnet die Spannungen bei Fließbeginn unter den verschiedenen Beanspruchungen, also Biegung, Druck und Torsion) bzw. $\sigma_{0,2}$. Eine Bruchspannung bei Druck lässt sich nicht ermitteln für zähe Werkstoffe (Zusammendrücken!). Für Biegung (Index „b") gilt das gleiche wie für Druck. Eine Bruchspannung ist bei vielen Werkstoffen ebenfalls nicht ermittelbar, da eine Biegung um 180° ohne Bruch möglich ist. Bei Torsion lassen sich die zulässigen Grenzschubspannungen auf die entsprechenden Spannungen bei Zug beziehen. Wegen der bei Torsion auftretenden wesentlich höheren Dehnungen (Gleitungen) werden als Fließgrenze Spannungen bei 0,4 % bleibender Verformung angesetzt. Die Bruchfestigkeit bei Torsion ist etwa vergleichbar der bei Zugbelastung. Bei Scherung wird nur gegen Bruch gerechnet, wobei die zulässige Scherspannung durch R_m ebenfalls ausgedrückt werden kann. Die jeweiligen Versagensarten (Verformung, Bruch) sind den Kennwerten in der Tabelle zugeordnet.

3.5.1.1 Beanspruchbarkeit bei statischer Belastung und hohen Temperaturen

Während die bisherigen Ausführungen für einen Temperaturbereich bis ca. 120° C gelten, nimmt mit darüber hinaus gehenden Temperaturen die Festigkeit ab bei gleichzeitiger Zunahme der Verformungsfähigkeit. Dieser Zusammenhang ist von besonderer Bedeutung für Maschinen und Anlagen, die über ihre gesamte Betriebsdauer in höheren Temperaturbereichen betrieben werden (z.B. in der Hüttentechnik, im Kessel- und Chemieanlagenbau sowie im Motoren-, Turbinen- und Triebwerksbau). Ab einer bestimmten Temperatur tritt in einem verformten Gefüge die Kristallerholung bzw. Rekristallisation ein. Bei der Kristallerholung kommt es zur Aufhebung der durch die Kaltverformung entstandenen Verfestigung, unter Rekristallisation versteht man die Neubildung des verformten Gefüges. Im Temperaturbereich der Kristallerholung und Rekristallisation beginnt der Werkstoff zu fließen, da er sich während der Verformung nicht mehr verfestigen kann. Der Werkstoff fließt solange weiter, wie die aufgebrachte Belastung in gleicher Höhe wirkt, man spricht auch vom Kriechen des Werkstoffes. Somit bildet die Kristallerholungstemperatur die absolut obere Temperaturgrenze für die Anwendbarkeit der in Kurzzeitversuchen bei Raumtemperatur oder erhöhten Temperaturen ermittelten Festigkeitskennwerte. Die Kristallerholungstemperatur liegt für unlegierte Stähle bei ca. 400° C, für niedrig legierte Stähle bei 450 – 500° C und für hoch legierte warmfeste Stähle bei 550 – 600° C. Bis zu diesen Temperaturen sind die maßgebenden Festigkeitskennwerte die Warmstreckgrenze $R_{p0,2/\vartheta}$ und die Warmzugfestigkeit $R_{m/\vartheta}$, die im normalen Zugversuch ermittelt werden, wobei jedoch die Probe im Ofen auf die erforderliche Temperatur ϑ gebracht wird.

Oberhalb der Kristallerholungs- und Rekristallisationstemperatur sind in Langzeitversuchen neue Werkstoffkennwerte zu ermitteln, die den Einfluss der Belastungszeit auf das Festigkeitsverhalten berücksichtigen. Hierzu unterzieht man in einem Zeitstandversuch einen Probestab einer konstanten Zugkraft bei definierter Temperatur. Die dabei auftretenden Dehnungen werden kontinuierlich bis zum Bruch gemessen, so dass man eine Kriechkurve $\varepsilon(t)$ für eine bestimmte Belastung und Temperatur erhält. Durch Änderung der Belastung und Temperatur entstehen Scharen von Kriechkurven, die das Zeitstandverhalten des Werkstoffes kennzeichnen. Hieraus lassen sich dann die Zeitdehngrenze $R_{p1/10^5/\vartheta}$ und die Zeitstandfestigkeit $R_{m/10^5/\vartheta}$ als maßgebende Festigkeitskennwerte unter Zeitstandbeanspruchung ermitteln. Dabei bezeichnen die Zeitdehngrenze $R_{p1/10^5/\vartheta}$ bzw. die Zeitstandfestigkeit $R_{m/10^5/\vartheta}$ diejenige Spannung, die unter statischer Beanspruchung bei der Temperatur nach 10^5 Stunden (ca. 11,4 Jahre) eine bleibende Dehnung von 1 % bzw. einen Bruch hervorruft. Abbildung 3.40 zeigt für verschiedene Werkstoffe die Abhängigkeit dieser Kennwerte sowie der Warmstreckgrenze $R_{p0,2/\vartheta}$ von der Temperatur. Ausgehend von diesen Werten lassen sich dann die maximal zulässigen Spannungen gemäß Tabelle 3.7 ermitteln. Zusätzlich sollte noch ein bestimmter Sicherheitszuschlag für die angenommene Betriebstemperatur von mindestens 15° C bis zum Erreichen der Zeitstandfestigkeit vorhanden sein [3.43].

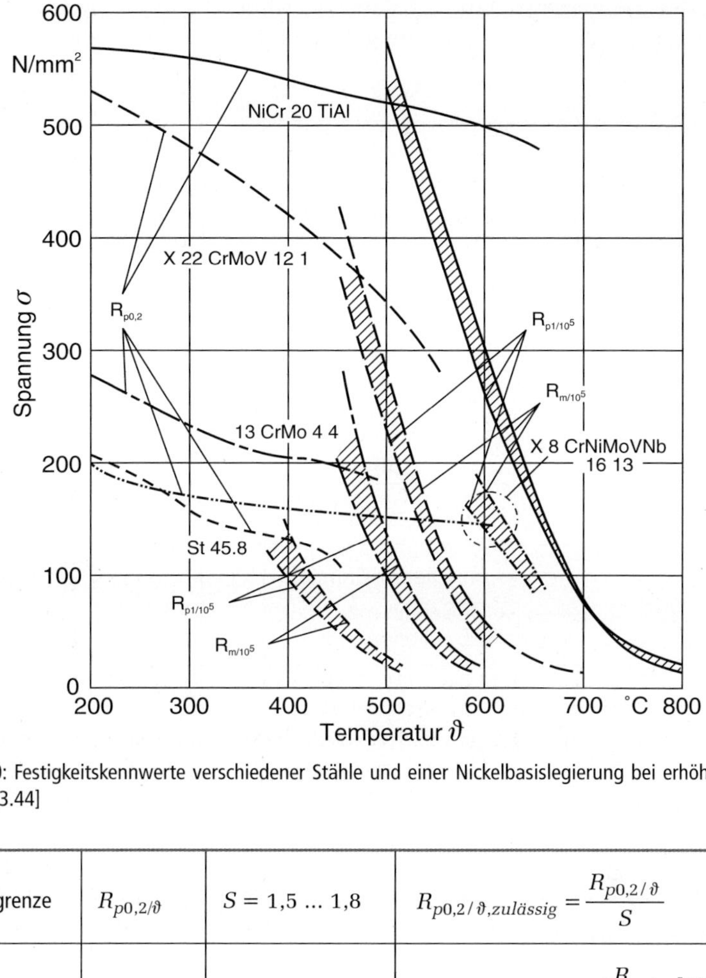

Abbildung 3.40: Festigkeitskennwerte verschiedener Stähle und einer Nickelbasislegierung bei erhöhten und hohen Temperaturen [3.44]

Warmstreckgrenze	$R_{p0,2/\vartheta}$	$S = 1{,}5 \dots 1{,}8$	$R_{p0,2\,/\,\vartheta,zulässig} = \dfrac{R_{p0,2\,/\,\vartheta}}{S}$	(3.186)
Zeitdehngrenze	$R_{p1/10^5/\vartheta}$	$S = 1{,}0$	$R_{p1\,/\,10^5\,/\,\vartheta,zulässig} = \dfrac{R_{p1\,/\,10^5\,/\,\vartheta}}{S}$	(3.187)
Zeitstandfestigkeit	$R_{m/10^5/\vartheta}$	$S = 1{,}5 \dots 1{,}8$	$R_{m\,/\,10^5\,/\,\vartheta,zulässig} = \dfrac{R_{m\,/\,10^5\,/\,\vartheta}}{S}$	(3.188)

Tabelle 3.7: Zulässige Spannungen bei höheren Betriebstemperaturen [3.43]

Eine weitere Möglichkeit zur Bestimmung temperaturabhängiger Festigkeitskennwerte ist mit dem Diagramm in Abbildung 3.41 angelehnt an die FKM-Richtlinie „Rechnerischer Festigkeitsnachweis für Maschinenbauteile" gegeben [3.50]. Bis zur jeweiligen Kristallerholungstemperatur werden die Warmstreckgrenze und die Warmzugfestigkeit wie folgt ermittelt:

$$R_{p0,2\,/\,\vartheta} = K_{T,p} \cdot R_{p0,2} \tag{3.189}$$

$$R_{m\,/\,\vartheta} = K_{T,m} \cdot R_m \tag{3.190}$$

Dabei wird der Temperaturfaktor K_T unter Verwendung der Kurven $R_{m,T}$ und $R_{p,T}$ ermittelt. Oberhalb der Kristallerholungstemperatur sind die mit $R_{m,Tt}$ und $R_{p,Tt}$ bezeichneten Kurven zu verwenden.

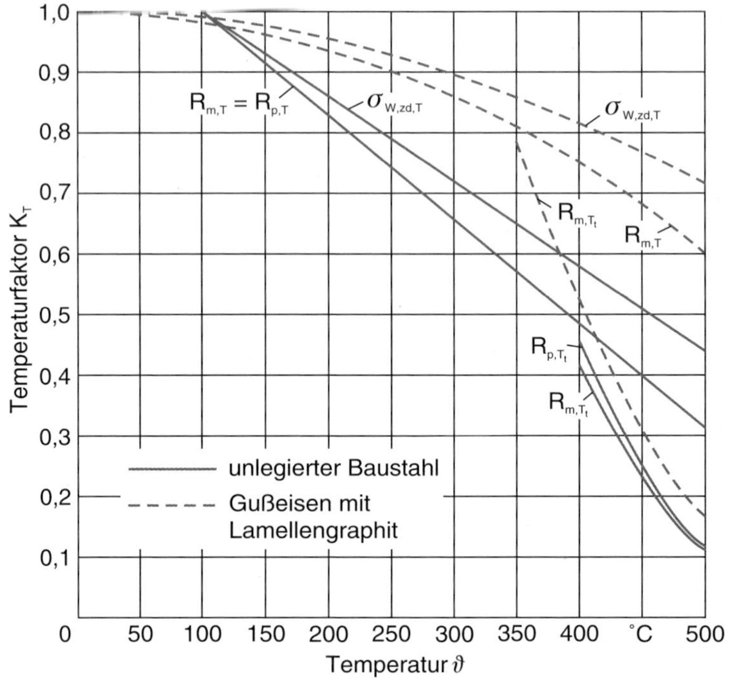

Abbildung 3.41: Temperaturfaktor K_T zur Bestimmung temperaturabhängiger Festigkeitskennwerte gemäß FKM-Richtlinie [3.50], [3.97]

3.5.1.2 Beanspruchbarkeit bei statischer Belastung und tiefen Temperaturen

Der Formänderungswiderstand metallischer Werkstoffe und damit auch die Streckgrenze und die Zugfestigkeit nehmen mit sinkender Temperatur zu. Demzufolge müssten Bauteile, die für eine Beanspruchung bei Raumtemperatur ausreichend dimensioniert sind, die gleiche Beanspruchung bei tieferen Temperaturen gleich gut oder sogar noch besser ertragen können, wobei meistens spezielle Festigkeitskennwerte für tiefere Temperaturen für derartige Abschätzungen nicht zur Verfügung stehen. Wegen des unterschiedlichen Verformungsverhaltens verschiedener Werkstoffe trifft die Annahme nur teilweise zu. So bleiben zwar bei einem Teil der metallischen Werkstoffe die Verformungskennwerte Bruchdehnung und Brucheinschnürung konstant, bei einem anderen Teil jedoch nimmt die Verformungsfähigkeit bei bestimmten Temperaturen schlagartig ab. Dieser schlagartige Abfall tritt bevorzugt bei Metallen mit kubisch raumzentriertem Gitter (α-Eisen, unlegierte und niedrig legierte Stähle) und mit hexagonalem Gitter (Zink, Magnesium) auf, während Metalle mit kubisch flächenzentriertem Gitter (γ-Eisen, austenitische Stähle, Aluminium, Kupfer, Nickel) dieses Verhalten nicht aufweisen [3.43]. Für die Festigkeitseigenschaften einer Konstruktion ist der schlagartige Abfall der Verformungsfähigkeit insofern von Bedeutung als damit direkt die Gefahr eines Sprödbruches einhergeht. Es besteht generell die Gefahr, dass eine Spannungsspitze, die z.B. durch eine kurzzeitige Stoßbelastung hervorgerufen wird, bei fehlendem plastischen Formänderungsvermögen und tiefen Temperaturen plötzlich zu einem verformungslosen Sprödbruch führt. Die gleiche Spannungsspitze würde bei Raumtemperatur wegen ausreichendem Verformungsvermögen problemlos ertragen werden können. Problematisch ist nun, dass die kritische Temperatur, bei der diese Versprödung einsetzt, für ein Bauteil aus einem bestimmten Werkstoff nicht konstant ist, sondern von verschiedenen Einflussgrößen abhängt. Zunehmende Kerbschärfe, steigende Formänderungsgeschwindigkeit, vorangegangene Kaltverformung und ungünstige Betriebstemperaturen (Alterung) können diese kritische Temperatur nach oben, unter Umständen sogar bis zur Raumtemperatur und darüber verschieben. Allerdings lässt sich diese Übergangstemperatur, bei der der zähe in den spröden Bruch übergeht, mit dem so genannten Kerbschlagbiegeversuch ermitteln, indem eine gekerbte Probe durch den Schlag eines Pendelhammers durchbrochen wird [3.38]. Die dafür erforderliche Schlagarbeit A_V dient dann als Maß für die Verformungsfähigkeit des Werkstoffes unter erschwerten Bedingungen. Ebenso wie die anderen Verformungskennwerte weist die Kerbschlagzähigkeit die gleiche Temperaturabhängigkeit auf, der Steilabfall setzt jedoch wegen der ungünstigeren Versuchsbedingungen schon bei höheren Temperaturen ein.

Auch wenn der Zähigkeitsverlust bestimmter Werkstoffe bei tiefen Temperaturen durch die Festigkeitsberechnung nicht direkt erfasst werden kann – die zulässige Spannung wird aus den Festigkeitskennwerten und nicht den Verformungskennwerten bestimmt – so lässt sich über die Kenntnis der Kerbschlagzähigkeit ein entsprechender Werkstoff auswählen, der den erforderlichen Betriebsbedingungen ohne Sprödbruch standhalten wird. Abbildung 3.42 zeigt exemplarisch den Einfluss der Temperatur auf die Kerbschlagzähigkeit a_k von Metallen und Kunststoffen.

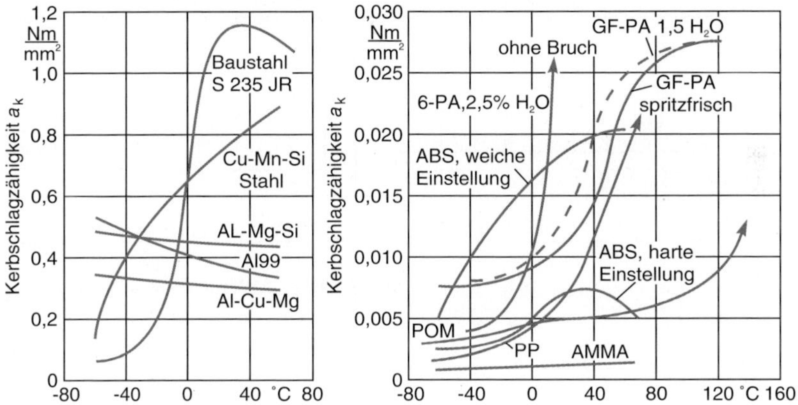

Abbildung 3.42: Einfluss der Temperatur auf die Kerbschlagzähigkeit [3.97]

3.5.2 Beanspruchbarkeit bei dynamischer Belastung

Wie bereits in der Einführung dieses Kapitels erläutert, unterliegen die meisten technischen Anlagen und Systeme im Betrieb einer zeitlich veränderlichen Belastung. Daraus resultiert eine dynamische Beanspruchung (auch Schwingbeanspruchung genannt), die sich meistens aus einem statischen Anteil und einem überlagerten dynamischen Anteil zusammensetzt. Im Hinblick auf den durchzuführenden dynamischen Festigkeitsnachweis sind nicht nur hochfrequente Schwingungen zu berücksichtigen, sondern auch nur wenige Lastschwankungen pro Stunde oder Tag. Letztlich führen alle diese mehr oder weniger häufig wiederkehrenden Lastzyklen zu einer zunehmenden Werkstoffschädigung – auch Ermüdung bzw. im englischen Fatigue genannt –, die zunächst als Anriss des Bauteiles und dann mit fortschreitender Belastungshäufigkeit als Dauerbruch sichtbar wird. Hierbei ist besonders zu beachten, dass bereits Spannungen, deren Absolutwerte der Amplitude deutlich unterhalb der Streckgrenze liegen (elastischer Bereich), einen Dauerschwingbruch erzeugen können. Dies ist auch ein Hauptgrund dafür, dass bei dynamisch beanspruchten Bauteilen ein statischer Festigkeitsnachweis nicht ausreicht, sondern zusätzlich immer ein dynamischer Festigkeitsnachweis geführt werden muss.

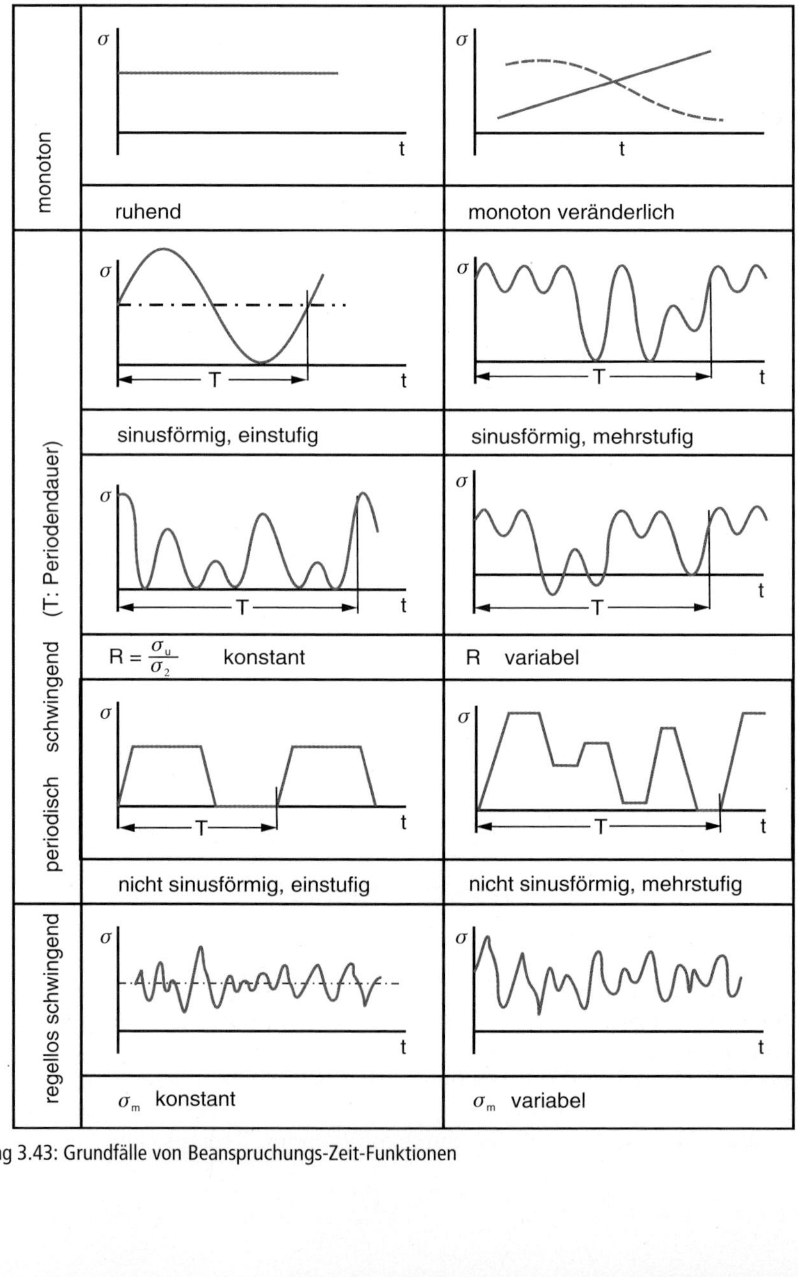

Abbildung 3.43: Grundfälle von Beanspruchungs-Zeit-Funktionen

Derartige Beanspruchungs-Zeit-Funktionen sind im allgemeinen Fall regellos schwingend, in einfacheren Fällen können jedoch auch periodisch schwingende Funktionen auftreten, wobei in allen Fällen der statische Anteil konstant oder variabel sein kann, Abbildung 3.43. Generell können durch Superposition komplexere Beanspruchungs-Zeit-Funktionen aus der Überlagerung von Grundbelastungsfällen zusammengesetzt werden, Abbildung 3.44.

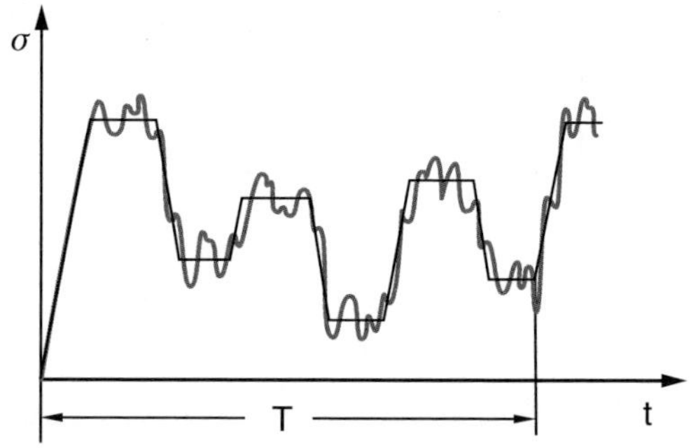

Abbildung 3.44: Zusammengesetzte Beanspruchungs-Zeit-Funktion aus Grundfällen

Um nun zu ermitteln, wann ein Bauteil oder eine Probe unter einer derartigen Schwingbeanspruchung versagt, kann man mit moderner Versuchstechnik (servohydraulische Prüfeinrichtungen) beliebige Beanspruchungs-Zeit-Funktionen erzeugen und auf eine Probe oder ein Bauteil aufbringen. Derartige Versuche sind zeitaufwändig und mit hohen Kosten verbunden, zudem ist das Versuchsergebnis nur für diesen speziellen Fall gültig und schwierig auf andere Bauteile und Beanspruchungs-Zeit-Funktionen übertragbar. Man versucht deshalb auch heute noch zunächst mit einstufigen, sinusförmigen Beanspruchungs-Zeit-Funktionen der Belastungsarten Zug/Druck, Biegung oder Torsion dynamische Werkstoffkennwerte zu bestimmen.

Anhand der Abbildung 3.45 werden die typischen Kenngrößen eines Schwingspiels bei periodisch wechselnder (dynamischer) Belastung erläutert.

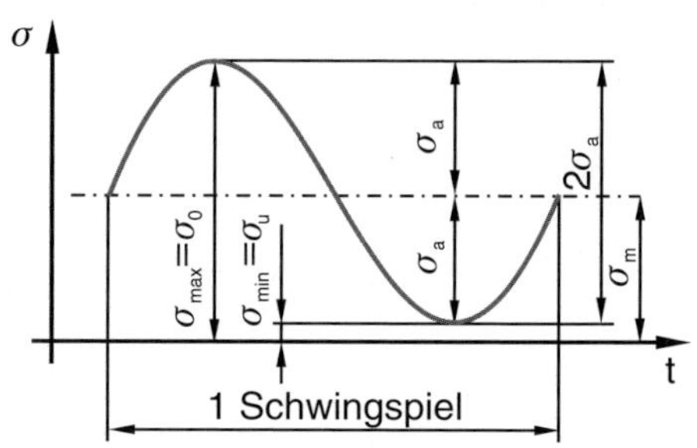

Abbildung 3.45: Verlauf einer dynamischen Belastung – Kenngrößen eines Schwingspiels

Es wird angenommen, dass der zeitliche Verlauf der Belastung harmonisch, d.h. einem Sinus- oder Cosinus-Gesetz folgt. Ein Schwingspiel entspricht einer vollen Periode von $\omega \cdot t$ zwischen den Werten von 0 bis $2 \cdot \pi$ und wird auch als Lastwechsel (LW) bezeichnet. Gemäß Tabelle 3.8 ergeben sich folgende Kenngrößen.

Bezeichnung	Formelzeichen	Gleichung	
Mittelspannung	σ_m	$\sigma_m = \frac{\sigma_o + \sigma_u}{2}$	(3.191)
Ausschlagspannung Spannungsamplitude	σ_a	$\sigma_a = \frac{\sigma_o - \sigma_u}{2}$	(3.192)
Oberspannung	σ_o	$\sigma_o = \sigma_m + \sigma_a$	(3.193)
Unterspannung	σ_u	$\sigma_u = \sigma_m - \sigma_a$	(3.194)
Spannungsverhältnis	R	$R = \frac{\sigma_u}{\sigma_o}$	(3.195)
Spannungsausschlag	$\sigma(t)$	$\sigma(t) = \sigma_m + \sigma_a \cdot \sin(\omega \cdot t)$	(3.196)

Tabelle 3.8: Kenngrößen einer Schwingbelastung

Ausgehend von dieser Betrachtung eines Schwingspiels unterscheidet man im Maschinenbau nach Carl von Bach (1847–1931) gemäß Abbildung 3.46 drei Belastungsfälle [3.2]:

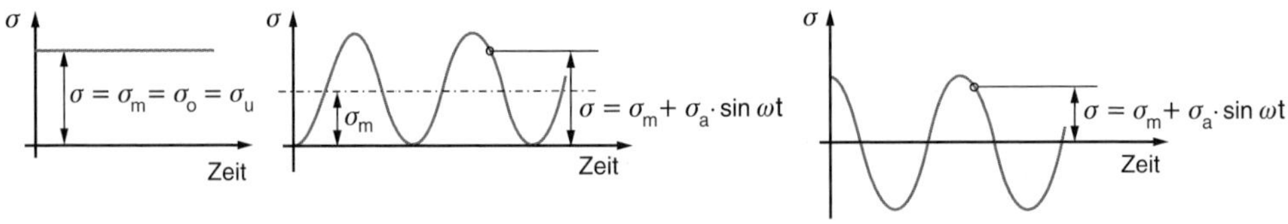

Abbildung 3.46: Belastungsfälle I, II und III

- Fall I – ruhende Belastung:

  Die auftretende Spannung σ kann als statische Mittelspannung σ_m verstanden werden, die gleichzeitig auch der Oberspannung σ_o bzw. Unterspannung σ_u entspricht.
- Fall II – rein schwellende Belastung:

  Die Unterspannung ist $\sigma_u = 0$. Die Oberspannung ist $\sigma_o = 2 \cdot \sigma_m$. Der Betrag der Ausschlagsspannung ist $\sigma_a = \sigma_m = 0{,}5 \cdot \sigma_o$.
- Fall III – rein wechselnde Belastung:

  Die Mittelspannung ist $\sigma_m = 0$. Die Oberspannung entspricht der positiven Ausschlagsspannung $\sigma_o = \sigma_a$. Für die Unterspannung gilt $\sigma_u = -\sigma_a$. Auch der Fall $|\sigma_o| \neq |\sigma_u|$ bei negativer Unterspannung $\sigma_u < 0$ gilt als wechselnd.

Mit der Kenntnis dieser Belastungsfälle lassen sich nun versuchstechnisch dynamische Kennwerte der Beanspruchbarkeit ermitteln.

3.5.2.1 Dauerfestigkeitsschaubild nach Wöhler – Wöhler-Diagramm

August Wöhler (1819–1914) hat bei seiner Arbeit als „königlich preußischer Obermaschinenmeister" der Niederschlesisch-Märkischen Eisenbahnen in Frankfurt an der Oder als Erster festgestellt, dass Eisenbahnachsen auch bei Belastungen brechen können, die deutlich unterhalb der statischen Kennwerte liegen, vorausgesetzt diese

Belastungen werden immer wieder aufgebracht. Diese Zusammenhänge treten bei einer sich drehenden Eisenbahnachse besonders deutlich zutage, da aufgrund des periodischen Achsumlaufes und der statischen Gewichtsbelastung im Idealfall eine Umlaufbiegung entsteht, die einer rein wechselnden Beanspruchung gemäß Abbildung 3.46 entspricht. Wöhler hat zu diesen Zusammenhängen zunächst Messungen an Eisenbahnachsen im Betrieb sowie später auch direkt Dauerfestigkeitsversuche durchgeführt [3.162], [3.163], [3.164], [3.165]. Gerade die Dauerfestigkeitsversuche gemäß DIN 50100 mit Probekörpern definierter, genormter Abmessungen unter definierten, periodischen Belastungen werden bis heute zur Ermittlung von dynamischen Kennwerten der Beanspruchbarkeit eingesetzt [3.19]. Auch wenn Wöhler seine Erkenntnisse zunächst nur tabellarisch aufgetragen hat – erst sein Nachfolger Spangenberg stellte die Zusammenhänge grafisch dar –, so ist der Begriff der Wöhlerlinie als Ergebnis eines Dauerfestigkeitsversuches untrennbar mit dem Namen Wöhlers verbunden [3.133]. Dabei werden heute Wöhler-Versuche nicht nur für Biegung, sondern auch für die Belastungsarten Zug/Druck und Torsion durchgeführt. Jeder Wöhler-Versuch wird bei einer konstanten Mittelspannung σ_m gefahren, geändert werden die Spannungsausschläge σ_a. Man ermittelt dann, wie lange eine Probe mit dem Durchmesser $d = 10$ mm bei σ_m und dem gerade wirkenden σ_a hält, d.h., wie viele Lastwechsel sie erträgt. Die Lastwechselzahl N_1, bei der Bruch eintritt, liefert zusammen mit dem Spannungsausschlag σ_1 genau einen Punkt der Wöhlerlinie, Abbildung 3.47.

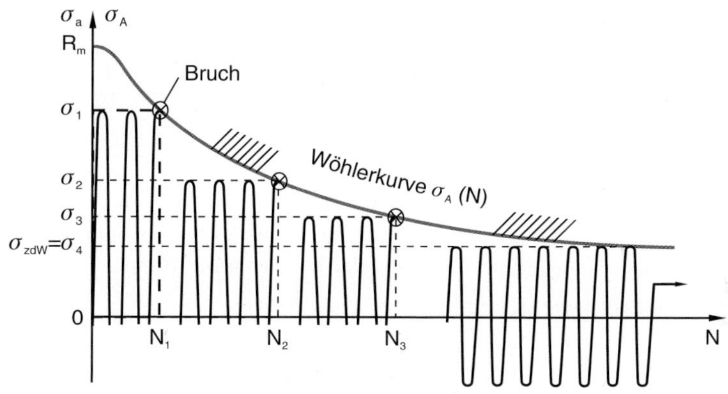

Abbildung 3.47: Bestimmung der Wöhler-Kurve im Versuch

Bei gleicher Mittelspannung σ_m wird nun ein veränderter Spannungsausschlag σ_2 gefahren, der zu einer anderen Bruchlastwechselzahl N_2 führt. Verkleinert man σ_a, so werden die Bruchlastwechselzahlen immer größer, bis schließlich Brüche selbst bei sehr langen Versuchszeiten nicht mehr auftreten. Für Stahl sind solche „unendlich" langen Zeiten bereits bei $2 \cdot 10^6$ bis 10^7 LW gegeben. Treten also bis zu einer vereinbarten Grenzlastwechselzahl von z.B. $5 \cdot 10^6$ LW keine Brüche auf, dann bezeichnet man die Probe bzw. das Bauteil als bei der zugehörigen Belastung dauerfest. Es ist allgemein üblich, für die Auftragung der Versuchswerte aus dem Wöhler-Versuch eine doppeltlogarithmische Darstellung $lg\,[\sigma]$ über $lg\,[N]$ zu wählen, lediglich bei Torsionsversuchen wird manchmal auch eine halb-logarithmische Auftragung τ über $lg\,[N]$ vorgenommen, um den Verlauf der Wöhlerlinie möglichst durch annähernde Geraden beschreiben zu können, Abbildung 3.48.

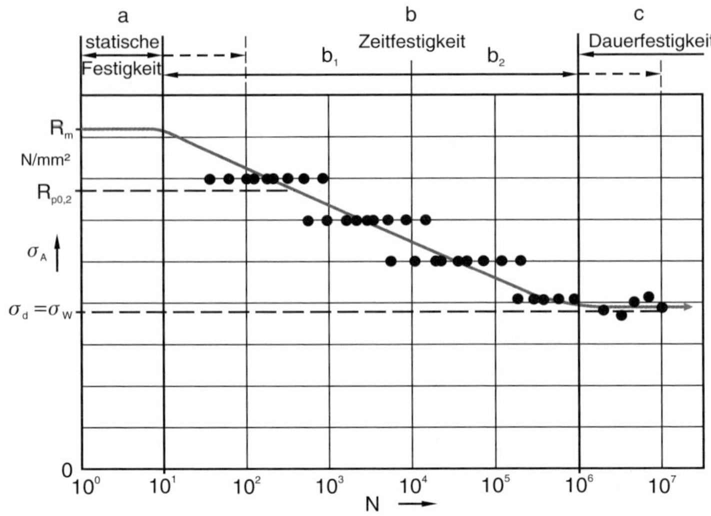

Abbildung 3.48: Wöhlerlinie bei Stahl für Wechselfestigkeit

Entsprechend Abbildung 3.48 ergeben sich drei charakteristische Bereiche gemäß Tabelle 3.9:

- Bereich a – Statische Festigkeit:

  Charakterisierung durch die statische Festigkeit, also z.B. Bruchfestigkeit R_m bei Zugbelastung. Entsprechende statische Kennwerte gelten hier für die anderen möglichen Belastungsarten wie Biegung, Torsion.

- Bereich b – Zeitfestigkeit:

  Zu den entsprechenden Lastwechselzahlen N werden Zeitfestigkeitskennwerte σ_o/N (τ_o/N) und σ_u/N (τ_u/N) (Druckbereich) bzw. σ_a/N (τ_a/N) bei gegebenem σ_m (τ_m) angegeben. Dabei kann N z.B. den Wert 10^5 oder $2 \cdot 10^5$ annehmen.

- Bereich c – Dauerfestigkeit:

  Sie ist diejenige Grenzspannung, die gerade noch beliebig lange ertragen wird, ohne dass ein Bruch auftritt. Die Grenzlastwechselzahl, die das „beliebig lange" kennzeichnet, liegt dabei in der Regel bei $2 \cdot 10^6$ Lastwechseln. Angegeben werden als Kennwerte der Dauerfestigkeit die Spannungen σ_o (τ_o) und σ_u (τ_u) oder der Grenzspannungsausschlag σ_A (τ_A) bei gegebener Mittelspannung σ_m (τ_m). Für den Fall $\sigma_m = 0$ $(\tau_m = 0)$ wird die Dauerfestigkeit σ_W (τ_W) definiert und für den Fall $\sigma_m = \sigma_A$ $(\tau_m = \tau_A)$ die Dauerschwellfestigkeit σ_{Sch} (τ_{Sch}). Wöhlerlinien für $\sigma_m \neq 0$ sind relativ selten.

Lastwechselzahl N	Bereich	Bezeichnung
$< 10^1 \ldots 10^2$	a	Statische Festigkeit
$10^1 \ldots 10^2 - 10^3 \ldots 10^4$	b_1	Kurzzeitfestigkeit (LCF – Low Cycle Fatigue)
$10^3 \ldots 10^4 - 10^6$	b_2	Zeitfestigkeit (HCF – High Cycle Fatigue)
$> 10^6 - 10^7$	c	Dauerfestigkeit

Tabelle 3.9: Bereiche der Wöhlerlinie

Für die Bemessung von Bauteilen auf periodische Belastung sind im Wesentlichen der Dauerfestigkeitsbereich und der Zeitfestigkeitsbereich maßgebend. Der Zeitfestigkeitsbereich wird dabei häufig nochmals unterteilt in die Kurzzeitfestigkeit (LCF – Low Cycle Fatigue) bis zu maximalen Lastwechselzahlen von $N = 10^4$ zur Abgrenzung gegenüber der rein statischen Belastung. Oberhalb dieser Lastwechselzahlen bis zu $N = 10^6$ spricht man von der Zeitfestigkeit (HCF – High Cycle Fatigue).

Die Übergänge zwischen den Bereichen sind fließend. Zur praktischen Anwendung nutzt man deshalb im halb- und doppelt-logarithmischen Netz ein System von drei Geraden, die den Wöhlerlinienverlauf annähern. Von besonderer Bedeutung sind dabei die parallel zur Abszisse verlaufende Gerade, die den Bereich der Dauerfestigkeit abgrenzt, und die mit der Steigung k geneigte Zeitfestigkeitsgerade, die die Dauerfestigkeitsgerade bei der unteren Eckschwingspielzahl N_D schneidet. In dieser Darstellungsart ist die Neigung k der Zeitfestigkeitsgeraden wie folgt definiert:

$$k = -\frac{\Delta(\log N)}{\Delta(\log \sigma_a)} = -\frac{\log N_1 - \log N_2}{\log \sigma_{a1} - \log \sigma_{a2}} = \frac{\log\left(\frac{N_1}{N_2}\right)}{\log\left(\frac{\sigma_{a1}}{\sigma_{a2}}\right)} \tag{3.197}$$

Damit lässt sich die Gleichung der Wöhlerlinie im Zeitfestigkeitsbereich angeben zu:

$$\frac{N_1}{N_2} = \left(\frac{\sigma_{a1}}{\sigma_{a2}}\right)^{-k} \tag{3.198}$$

$$\frac{\sigma_{a1}}{\sigma_{a2}} = \left(\frac{N_1}{N_2}\right)^{-\frac{1}{k}} \tag{3.199}$$

Die Steigung k nimmt für flach verlaufende Wöhlerlinien große Werte (z.B. $k = 10$) und für steile Wöhlerlinien kleine Werte (z.B. $k = 3$) an. Die Lage der Eckschwingspielzahl N_D hängt hauptsächlich vom Werkstoff und z.B. von der Kerbformzahl α ab. Für Stahl wird mit einem mittleren Wert von $N_D = 10^6$ gerechnet. Bei scharfen Kerben verschiebt sich N_D zu niedrigeren Werten, bei weniger scharfen Kerben zu höheren Werten, so dass N_D bei Stahl in einem Bereich zwischen 10^5 und 10^7 variieren kann. In Abbildung 3.49 sind noch die Auswirkungen weiterer wichtiger Einflussgrößen auf die Wöhlerlinien der kleinen Probe schematisch dargestellt. Sie lassen sich in vier Gruppen zusammenfassen:

1 Werkstoff und Werkstoffzustand:
- Chemische Zusammensetzung (Kohlenstoffgehalt, Legierungselemente)
- Wärmebehandlung (normalisiert, vergütet, Gefügeausbildung, Korngröße)
- Herstellungsart und Verformungszustand (gegossen, geschmiedet, warm- oder kaltgewalzt)

2 Probengeometrie und Probenoberfläche:
- Probenform (Rundprobe, Flachprobe, Kerbgeometrie, Formzahl)
- Probengröße (Abmessungen: Durchmesser des Probenquerschnitts)

- Oberflächenbehandlung und Oberflächenzustand (Bearbeitungsverfahren: gefräst, geschliffen, kugelgestrahlt, festgewalzt; Beschichtungsverfahren: chromiert, boriert; chemothermische Oberflächenbehandlung: einsatzgehärtet, nitriert; Oberflächengüte: Rautiefe und Feingestalt)

3 Beanspruchung:

- Beanspruchungsart (axial, Planbiegung, Umlaufbiegung, Torsion)
- Mittelspannung
- Zusammengesetzte Beanspruchung

4 Umgebungsbedingungen

- Temperatur
- Medium (Luft, Wasserdampf, korrosive Umgebung, z.B. Salznebel)

Anhand dieser Aufzählung wird deutlich, dass trotz eines genormten Versuchsverfahrens eine Vielzahl von Einflussgrößen zu einer entsprechenden Vielfalt von Wöhlerlinien führen. Demzufolge kann man davon ausgehen, dass nicht für jeden Werkstoff, jede Probengeometrie und jeden Oberflächenzustand, jede Beanspruchungsart und sämtliche Umgebungsbedingungen Wöhlerlinien zur Verfügung stehen.

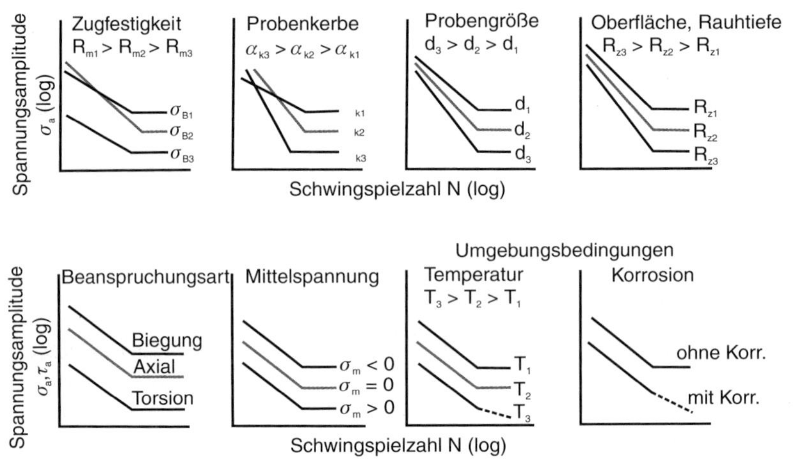

Abbildung 3.49: Einflussgrößen auf die Proben-Wöhlerlinie nach [3.56]

In der Regel liegen die Wöhlerlinien zunächst als Proben-Wöhlerlinien vor, da sie auf der Basis von Laborproben kleiner Abmessungen in Schwingversuchen ermittelt wurden. Zur beanspruchungsgerechten Bemessung von Bauteilen benötigt man jedoch so genannte Bauteil-Wöhlerlinien, die in aufwändigen und kostenintensiven Versuchen an den Originalbauteilen unter realistischer Belastung ermittelt werden müssten. Man kann jedoch auch aus Proben-Wöhlerlinien unter Berücksichtigung von Größen- und Oberflächeneinflüssen Bauteil-Wöhlerlinien ermitteln [3.56]. Stehen auch keine Proben-Wöhlerlinien zur Verfügung, so besteht die Möglichkeit der Berechnung so genannter „Synthetischer Wöhlerlinien“, die auf einer umfassenden Sammlung von Wöhlerlinien basieren, die bisher im Schrifttum veröffentlicht wurden. Auf der Grundlage einer statistischen Auswertung der Sammlung können unter Berücksichtigung des Werkstoffes, der statischen Werkstoffkennwerte, der Bauteilgeometrie, der

Beanspruchungsart und des Spannungsverhältnisses synthetische Bauteil-Wöhlerlinien für den jeweiligen Anwendungsfall erzeugt werden [3.56], [3.72]. Als Ergebnis erhält man eine Bauteil-Wöhlerlinie mit den charakteristischen Eckdaten Dauerfestigkeit σ_{AD}, Eckschwingspielzahl N_D und Neigung k der Zeitfestigkeitsgeraden. Derartig ermittelte Bauteil-Wöhlerlinien sind mit einer Ausfallwahrscheinlichkeit von P_A = 50 % behaftet, d.h. 50 % einer Anzahl von gleichen Bauteilen erreichen die synthetisch ermittelten Lastwechselzahlen auf dem zugehörigen Spannungsniveau.

3.5.2.2 Dauerfestigkeitsschaubild nach Smith – Smith-Diagramm

Aus Wöhler-Versuchen mit systematisch veränderten Mittelspannungen σ_m bzw. Spannungsverhältnissen R ist bekannt, dass eine Zugmittelspannung die ertragbare Ausschlagspannung σ_A im Vergleich zur rein wechselnden Beanspruchung ($\sigma_m = 0$) erniedrigt, wogegen eine Druckmittelspannung zu einer höheren ertragbaren Ausschlagsspannung σ_A führt (s.a. Abbildung 3.49). Eine einfache Erklärung hierfür ist, dass die zum Dauerbruch führenden Werkstoffgleitungen durch eine gleichzeitig auf der Gleitebene wirkende Normalspannung begünstigt, durch eine Druckspannung dagegen erschwert werden. Dieser Mittelspannungseinfluss wird besonders deutlich im Dauerfestigkeitsschaubild nach J. H. Smith, welches auch als Smith-Diagramm bezeichnet wird, Abbildung 3.50 [3.140].

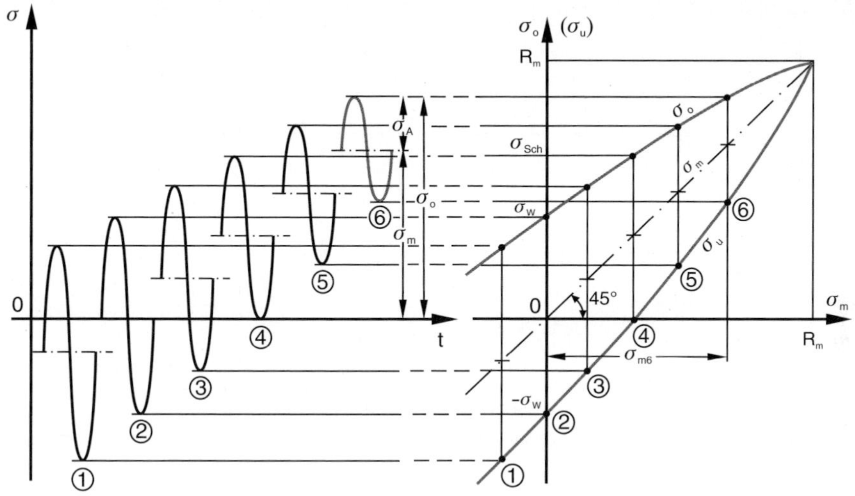

Abbildung 3.50: Erstellung eines Smith-Diagrammes aus Wöhler-Versuchen mit unterschiedlichen Mittelspannungen

Man gewinnt diese Schaubilder auf der Basis einer Vielzahl verschiedener Wöhlerlinien für unterschiedliche Mittelspannungen σ_m (oder auch τ_m). In den Dauerfestigkeitsschaubildern wird der jeweiligen Mittelspannung, z.B. σ_m, der im Wöhler-Versuch ermittelte Spannungsausschlag σ_A, der gerade noch beliebig lange ertragen wurde, bzw. werden die entsprechenden Grenzspannungen σ_o und σ_u, zugeordnet. Bei gleichen Maßstäben der Achsen liegen die Auftragungspunkte für $\pm\sigma_A$ auf einer 45°-Linie. Die obere Grenzlinie der Dauerfestigkeit folgt aus $\sigma_o = \sigma_m + \sigma_A$, die untere Grenzlinie der Dauerfestigkeit ergibt sich aus $\sigma_u = \sigma_m - \sigma_A$. Um Fließen auszuschließen, wird das Diagramm nach oben durch die Streckgrenze begrenzt (σ_s ist für Konstruktionen eine Beanspruchungsgrenze bzw. $\sigma_{0,2}$). Ab dem Punkt A ergibt sich die untere Grenzlinie von selbst durch Abtragen gleich großer Strecken für σ_A von der σ_m-Linie aus, Abbildung 3.51. Dem vollständigen Smith-Diagramm lassen sich drei Bereiche zuordnen:

1. Bereich I – Obere Dauerfestigkeitsgrenze: Theoretische Begrenzung nach oben durch die Bruchfestigkeit R_m mit $\sigma_A = 0$, $\sigma_m = \sigma_B = R_m$. Eine praktische Begrenzung erfolgt jedoch schon durch die Streckgrenze $R_{p0,2}$.
2. Bereich II – Schwellbereich: Begrenzung nach unten durch die sog. Ursprungsfestigkeit oder Schwellfestigkeit $\sigma_{Sch} = \sigma_{Ur}$ mit $\sigma_m = \sigma_A$ und $\sigma_{Sch} = 2 \cdot \sigma_A$
3. Bereich III – Wechselbereich: Begrenzung nach unten durch die sog. Dauerwechselfestigkeit σ_W mit $\sigma_m = 0$ und $\pm\sigma_w = \pm\sigma_A$

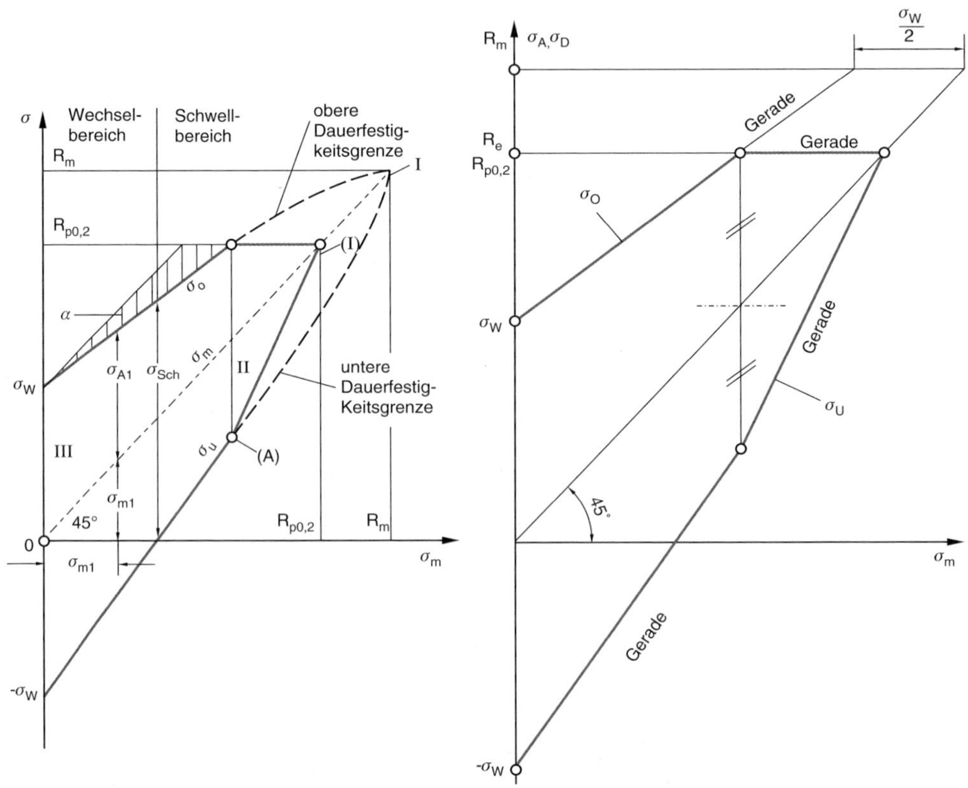

Abbildung 3.51: Vollständiges Smith-Diagramm und vereinfachte Konstruktion

Liegen für den interessierenden Werkstoff und Belastungsfall keine Versuchsergebnisse vor, kann ein vereinfachtes Diagramm auf der Basis der Bruchfestigkeit R_m, der Streckgrenze $R_{p0,2}$ und der Wechselfestigkeit σ_w konstruiert werden. Nach Eintragen der 45°-Linie und der Bruchfestigkeit R_m sowie Streckgrenze $R_{p0,2}$ wird am Schnittpunkt der 45°-Linie mit R_m der halbe Betrag der Wechselfestigkeit $0{,}5 \cdot \sigma_w$ nach links abgetragen. Von diesem Punkt wird eine Gerade zu σ_w gezogen, die die Begrenzung für die Oberspannung σ_o darstellt. Die horizontale Hilfslinie von $R_{p0,2}$ stellt eine weitere Gerade dar. Die begrenzende Gerade der Unterspannung geht aus von $-\sigma_w$. Der zweite Punkt ergibt sich, wenn man den Betrag der Ausschlagsspannung zwischen der 45°-Hilfslinie und dem Schnittpunkt der $R_{p0,2}$-Geraden mit der Begrenzungslinie der Oberspannung σ_o nochmals unterhalb der 45°-Hilfslinie abträgt. Von dort wird dann der Geradenzug geschlossen, indem man die Verbindung zum Schnittpunkt der 45°-Hilfslinie mit der $R_{p0,2}$-Geraden zieht. Der Einfluss der Mittelspannung auf die ertragbare Amplitude der Dauerfestigkeit wird im Smith-Diagramm besonders dadurch deutlich, dass die begrenzenden Geraden für σ_u und σ_o nicht parallel zur 45°-Hilfslinie verlaufen, sondern sich dieser mit zunehmender Mittelspannung an die 45°-Linie annähern, Abbildung 3.52.

In Abbildung 3.52 sind auf der linken Seite für den Werkstoff 42CrMo4 die Smith-Diagramme für die Belastungsarten Zug/Druck, Biegung und Torsion dargestellt. Man sieht sehr schön, dass die ertragbare Dauerwechselfestigkeit für Torsion mit 330 N/mm^2 deutlich unterhalb und für Biegung mit 550 N/mm^2 deutlich oberhalb des Wertes von 440 N/mm^2 für Zug/Druck-Belastung liegt. Auf der rechten Seite der Abbildung 3.52 sieht man deutlich die Abhängigkeit der ertragbaren Zug/Druck-Wechselfestigkeit von der Werkstoffqualität und dem Vergütungszustand.

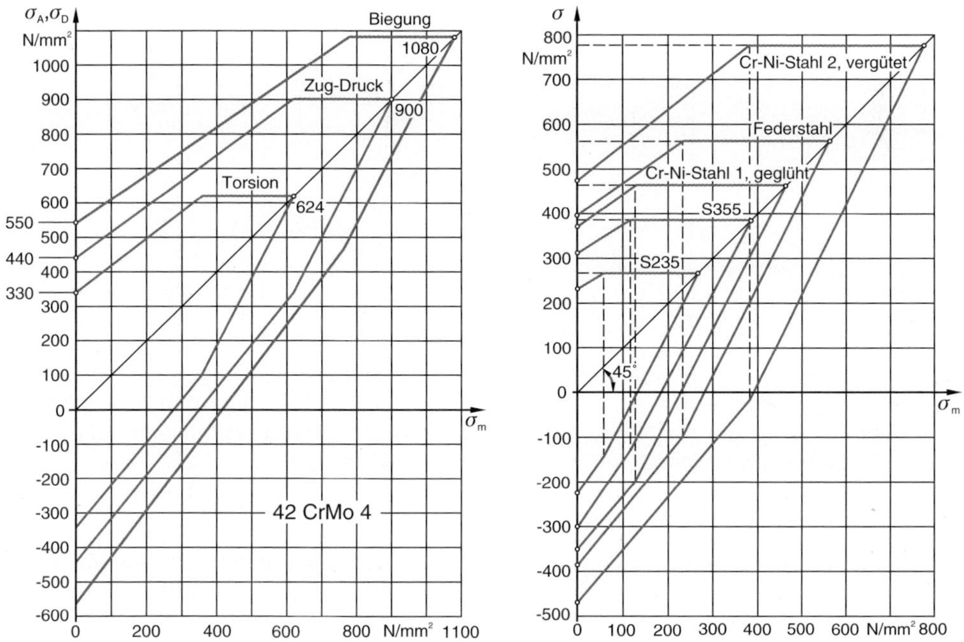

Abbildung 3.52: Dauerfestigkeitsschaubilder für den Werkstoff 42 CrMo4 unter Zug/Druck-, Biege- und Torsionsbelastung sowie Smith-Diagramme verschiedener Stähle unter Zug/Druck-Belastung

3.5.2.3 Dauerfestigkeitsschaubild nach Haigh – Haigh-Diagramm

Beim Dauerfestigkeitsschaubild nach B. P. Haigh wird über der Mittelspannung σ_m auf der Abszisse der zugehörige, den Dauerfestigkeitsbereich (z.B. $2 \cdot 10^6$ LW) kennzeichnende Spannungsausschlag σ_A (Grenzspannungsausschlag für Dauerfestigkeit) auf der Ordinate aufgetragen [3.63]. Der Vorteil des Haigh-Diagramms im Vergleich zum Smith-Diagramm besteht darin, dass die ertragbaren Spannungsamplituden σ_A sowohl für den Zeitfestigkeits- als auch für den Dauerfestigkeitsbereich abhängig von der Mittelspannung σ_m und dem Spannungsverhältnis R abgelesen werden können, Abbildung 3.53. Punkte des gleichen Spannungsverhältnisses R liegen auf einer Geraden durch den Koordinatenursprung mit folgender Steigung:

$$\tan\alpha = \frac{\sigma_A}{\sigma_m} = \frac{1-R}{1+R} \qquad (3.200)$$

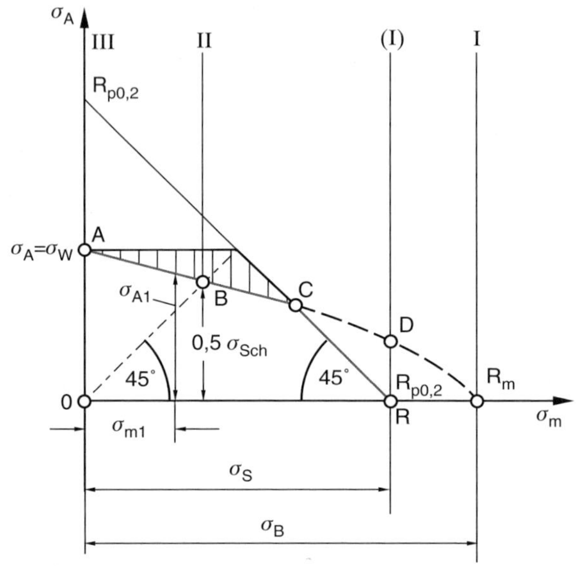

Abbildung 3.53: Dauerfestigkeitsschaubild nach Haigh – Haigh-Diagramm

Auch beim Haigh-Diagramm lassen sich drei Bereiche festlegen:

1 Bereich I – Obere Dauerfestigkeitsgrenze: Theoretische Begrenzung nach oben durch die Bruchfestigkeit R_m mit $\sigma_A = 0$, $\sigma_m = \sigma_B = R_m$. Für den gestrichelten Bereich *CD* liegen nur wenige und sehr stark streuende Versuchsergebnisse vor, so dass eine praktische Begrenzung jedoch schon durch die Streckgrenze $R_{p0,2}$ erfolgt. Aufgrund des Spannungsverhältnisses $R = 1$ entspricht die Abszisse der rein statischen Beanspruchung.

2 Bereich II – Schwellbereich: Entsprechend den abnehmenden ertragbaren Spannungsausschlägen σ_A für zunehmende Mittelspannungen $\sigma_m > 0$ fällt die Gerade *AC* ab. Im Punkt *B* schneidet diese Gerade die 45°-Linie. Wegen $\sigma_A = \sigma_m = 0{,}5 \cdot \sigma_{Sch}$ liegt an diesem Punkt eine reine Schwellbeanspruchung mit einem Spannungsverhältnis von $R = 0$ vor. Zwischen dem Punkt $R_{P0,2}$ und dem Punkt B liegt wegen $0 \leq R \leq 1$ eine Zug-Schwell-Beanspruchung vor. Die 45°-Linie *CR* kennzeichnet alle Wertepaare $\sigma_m \,/\, \sigma_A = \sigma_s - \sigma_m$ (für die Oberspannung gilt dann nämlich immer $\sigma_o = \sigma_m + \sigma_A = \sigma_m + \sigma_s - \sigma_m = \sigma_s$).

3 Bereich III – Wechselbereich: Zwischen den Punkten A und B liegt wegen $-1 \leq R \leq 0$ der Zug-Wechsel-Bereich, die Ordinate kennzeichnet für ein Spannungsverhältnis von $R = -1$ die rein wechselnde Beanspruchung mit $\sigma_A = \pm\sigma_w$ und $\sigma_m = 0$. Für weitere Spannungsverhältnisse von $-\infty \leq R \leq -1$ folgt dann der Druck-Wechsel-Bereich im zweiten Quadranten. Demzufolge ergibt sich als Begrenzung die Druckschwellfestigkeit σ_{dSch} für $R = -\infty$ bei einem Steigungswinkel von $-45°$ (hier nicht dargestellt).

Da die Erstellung eines Haigh-Diagramms ebenfalls einer Vielzahl von experimentell ermittelten Wöhlerlinien bedarf, versucht man für wichtige Werkstoffgruppen und Belastungsarten durch die Angabe vereinfachter Grenzlinien ein Haigh-Diagramm anzunähern. Als Stützpunkte nutzt man dabei die Wechselfestigkeit σ_w auf der σ_A-Achse und die Zugfestigkeit R_m als Scheitelpunkt auf der σ_m-Achse. Gemäß Abbildung 3.54 verwendet man für zähe Werkstoffe bei Normalbeanspruchung (Zug/Druck, Biegung) einen parabolischen Zusammenhang σ_A (σ_m) bzw. bei Torsion einen elliptischen τ_A (τ_m). Bei spröden Werkstoffen verbindet man für alle Belastungsarten die Wechselfestigkeit σ_w auf der σ_A-Achse mit der Zugfestigkeit R_m auf der σ_m-Achse durch eine Gerade, die nach J. Goodman auch als Goodman-Gerade bezeichnet wird [3.54]. Diese vereinfachten Darstellungen berücksichtigen die experimentell gefundenen Zusammenhänge, dass spröde Werkstoffe stärker mittelspannungsempfindlich sind als zähe. Im Falle der Torsion liegen die Grenzlinien zur τ_A-Achse symmetrisch, da die Wirkung einer Schubmittelspannung vorzeichenunabhängig ist. Die statische Vorspannung in einem schwingend belasteten Torsionsstab führt für beide Drehrichtungen zum selben Ergebnis. Weitere Ansätze zur Näherung des Haigh-Diagramms durch mehrere Geradenstücke finden sich in der Literatur [3.56], [3.62], [3.73].

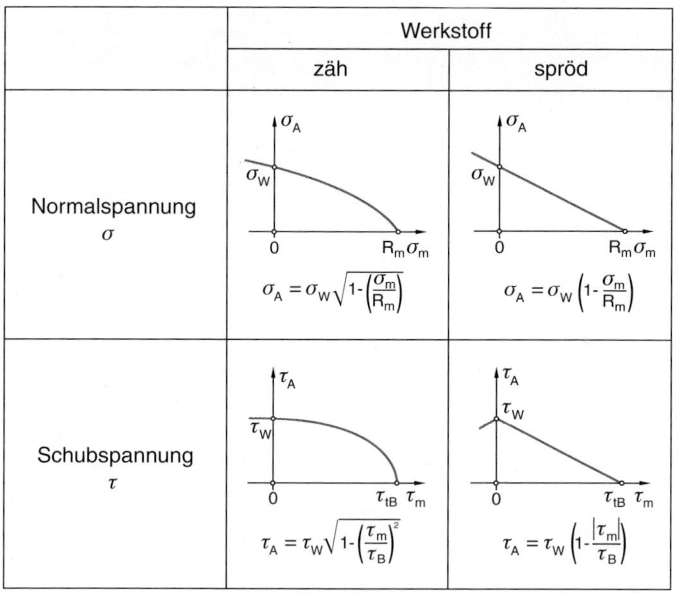

Abbildung 3.54: Vereinfachte Darstellung des Haigh-Diagramms in Normal- und Schubspannungen für zähe und spröde Werkstoffe nach [3.73]

Zusätzlich lässt sich im Haigh-Diagramm auch das Versagen durch Fließen eintragen, Abbildung 3.55. Im Zugbereich tritt Fließen ein, sobald die Oberspannung σ_o die Streckgrenze R_e erreicht. Die Fließgrenzkurve geht sowohl auf der σ_A-Achse als auch der σ_m-Achse durch die Streckgrenze R_e. Die Gleichung der Geraden mit der Steigung -1 folgt direkt aus der Fließbedingung:

$$\sigma_o = \sigma_m + \sigma_A = R_e \tag{3.201}$$

$$\sigma_A = R_e - \sigma_m \tag{3.202}$$

Im Druckbereich ergibt sich analog:

$$\sigma_u = \sigma_m - \sigma_A = \sigma_{df} \tag{3.203}$$

$$\sigma_A = \sigma_{df} + \sigma_m \tag{3.204}$$

Des Weiteren tritt Versagen durch Zähbruch auf der Zugseite ein, sobald die Oberspannung die Zugfestigkeit erreicht, so dass gilt:

$$\sigma_A = R_m - \sigma_m \tag{3.205}$$

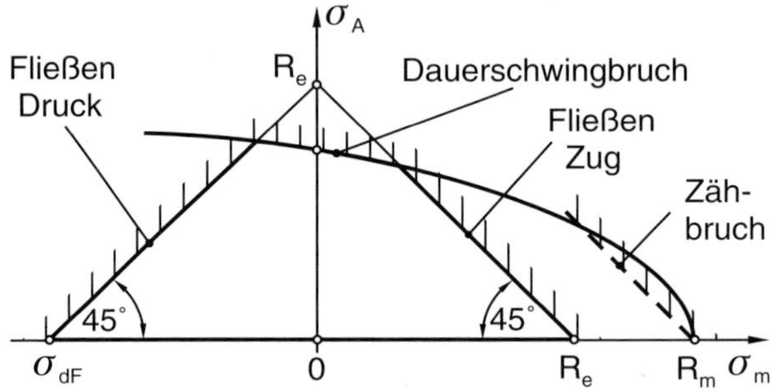

Abbildung 3.55: Versagenslinien für Fließen, Zähbruch und Dauerbruch im Haigh-Diagramm

Abschließend soll noch auf die Möglichkeit hingewiesen werden, dass sich das Haigh-Diagramm sehr einfach von der Dauerfestigkeit in den Zeitfestigkeitsbereich erweitern lässt. Hierzu überträgt man gemäß Abbildung 3.56 anstelle der dauerfest ertragbaren Spannungsamplituden nur die für eine bestimmte Schwingspielzahl im Zeitfestigkeitsbereich ertragbaren Spannungsamplituden und trägt diese im Haigh-Diagramm als Grenzlinien ein.

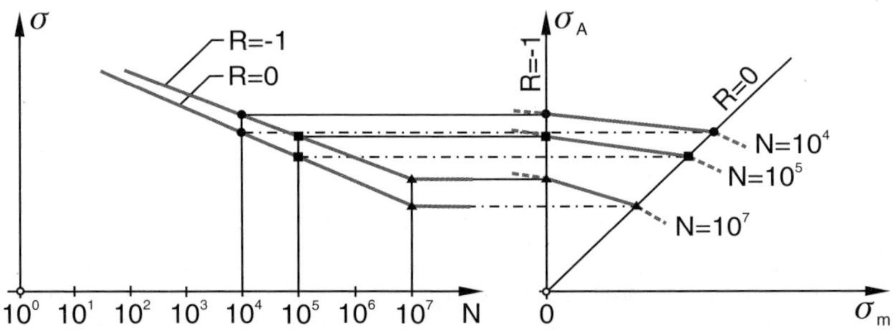

Abbildung 3.56: Erweiterung des Haigh-Diagramms zum Zeitfestigkeitsschaubild

Insgesamt sind die Haigh-Diagramme einfacher zu handhaben als Smith-Diagramme, weshalb sie zunehmend Anwendung finden. Man muss nur beachten, dass auf der Ordinate σ_A aufgetragen ist und die Grenzwerte σ_o und σ_u für die Dauerfestigkeit stets aus $\sigma_m \pm \sigma_A$ zu errechnen sind.

3.6 Festigkeitsmindernde Einflüsse – Kerbwirkung, Oberflächen- und Größeneinfluss

Bei den bisherigen Betrachtungen wurde der Einfluss der Bauteilform auf die Festigkeit nur in Form von Querschnittsflächen oder Widerstandsmomenten berücksichtigt. Die daraus resultierende gleichmäßige Spannungsverteilung bei Zug- oder Druck-Belastung bzw. lineare Verteilung bei Biegung und Torsion gilt nur für glatte kerbfreie Bauteile, vergleichbar mit idealen Probestäben, wie sie auch bei der Ermittlung von Werkstoffkennwerten verwendet werden. Reale technische Bauteile dagegen stimmen in ihrer Form nur selten überein mit den idealisierten „glatten" Normproben. Vielmehr findet man bei technischen Bauteilen aus Gestaltungsgründen eine Vielfalt von Kerbstellen und Kerbarten vor, an denen es zu einer Störung der theoretisch für ungekerbte Bauteile berechenbaren Spannungsverteilungen kommt. Allgemein versteht man unter Kerben diejenigen Stellen, wo sich Bauteilquerschnitte ändern, starke Richtungsänderungen des Kraft- und Momentenflusses vorliegen, Werkstoffanhäufungen oder -abtragungen bestehen oder aber generell die elastischen Eigenschaften eines Werkstoffes variieren. Entsprechend Abbildung 3.57 kann man zusätzlich noch in Einzelkerben und Mehrfachkerben unterscheiden.

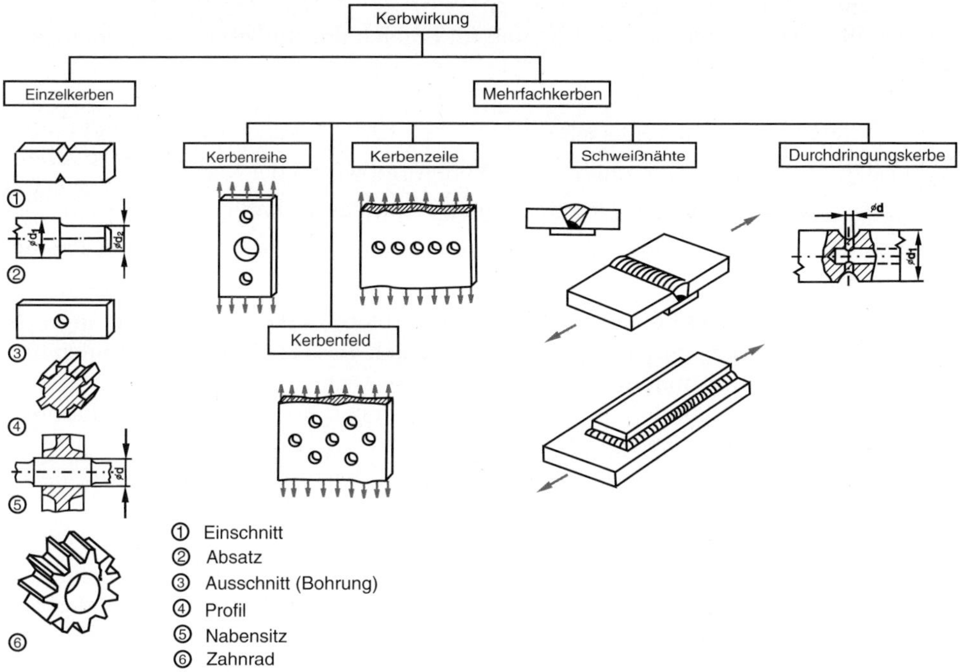

Abbildung 3.57: Beispiele für konstruktive Kerben und Kerben an Fügestellen nach [3.159]

Die Berechnung der Spannungskonzentration aufgrund der Kerbwirkung ist in der Festigkeitsberechnung von herausragender Bedeutung, da an den Kerbstellen aufgrund maximaler Beanspruchungen vorrangig Bauteilversagen eintreten kann. Der Ort der Maximalbeanspruchung im Kerbenbereich ist der Kerbgrund. Die Kerbwirkung hängt nicht nur von der Form, sondern auch vom Werkstoff ab. Man unterscheidet drei Arten von Kerbwirkungen:

1. Konstruktive Kerben: Absätze, Nuten, Gewinde, Bohrungen und Querschnittsübergänge
2. Kerben an Fügestellen: Schweißnähte, Löt- und Klebestellen, Nietungen, Schraub- und Pressverbindungen
3. Kerben an Fehlstellen: Oberflächenrauheiten, Oberflächenfehler (Riefen, Anrisse), Poren, Risse und Einschlüsse

Es ist unmittelbar einzusehen, dass auch diese drei Arten in Kombination auftreten können. So ist z.B. an konstruktiven Kerben (z.B. Wellenabsätzen oder aber auch bei Zahnrädern) technologisch bedingt nur eine bestimmte Oberflächenrauheit zu erzielen. Ebenso können im Werkstoff je nach Qualität Einschlüsse enthalten sein, die z.B. in einem ungekerbten Querschnitt keine Probleme verursachen, im Bereich einer konstruktiven Kerbe jedoch die Kerbwirkung vergrößern. In diesem Zusammenhang sind auch Schweißnähte von besonderer Bedeutung, da nicht nur Querschnittsänderungen vorliegen, sondern zusätzlich verschiedene Werkstoffe zusammentreffen (Grundmaterial und Schweißgut) und außerdem noch durch den Wärme-Eintrag beim Schweißen Gefügeumwandlungen entstehen.

Generell haben Kerben in einem Bauteil im Bereich des Kerbgrundes die folgenden festigkeitsmindernden Einflüsse:

- Erhöhung der Nennspannung wegen des kleineren Kerbquerschnittes im Vergleich zum ungekerbten Bauteilquerschnitt
- Zusätzliche Spannungsüberhöhung im Kerbgrund wegen der Kerbwirkung
- Ausbildung eines mehrachsigen Spannungszustandes im Kerbgrund
- Entstehung von sekundären Spannungen aufgrund von Asymmetrien im Bereich der Kerbe

In den folgenden Abschnitten wird anhand der Kerbformzahl α, der Kerbwirkungszahl β und der Stützwirkung im Werkstoff erklärt, wie sich diese festigkeitsmindernden Einflüsse der Kerbwirkung innerhalb einer Festigkeitsberechnung berücksichtigen lassen. Als weitere festigkeitsmindernde Einflüsse werden noch der Oberflächeneinfluss und der Größeneinfluss behandelt.

3.6.1 Die Kerbformzahlen α_σ und α_τ

Zur anschaulichen Erklärung der Kerbformzahl wird auf die modellhafte Vorstellung des „Kraftflusses" zurückgegriffen. Betrachtet wird zunächst ein Zylinder, der von einem Medium mit konstanter Geschwindigkeit angeströmt wird. Die Umlenkung der Stromlinien (Kraftflusslinien) führt zu einer Geschwindigkeitszunahme auf v_{max} an der Zylinderfläche, Abbildung 3.58. Mit größerem Abstand zum Zylinder nimmt die Strömungsgeschwindigkeit auf v_{mittel} ab. Das Verhältnis von v_{max} zu v_{mittel} beträgt etwa 2. Ebenso kann man sich diese Tendenz der Spannungen bei Vorhandensein einer Kerbe vorstellen. So kann man für einen unendlich breit gedachten ($B / d = \infty$) Zugstab mit einem Loch des Durchmessers d entsprechend nachrechnen, dass das Verhältnis $\sigma_{max} / \sigma_{nenn} = 3$ ist, Abbildung 3.58.

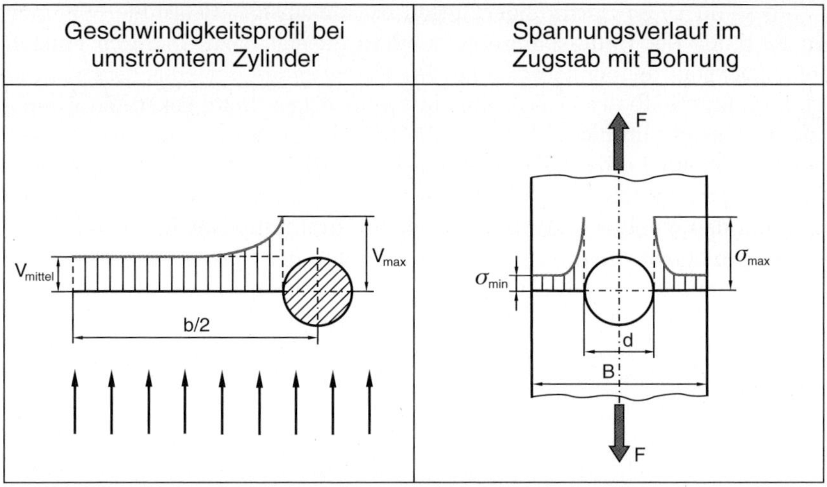

Abbildung 3.58: Umströmter Zylinder und unendlich breite Platte mit kleiner Bohrung

Betrachtet man anstelle der Bohrung in einer Platte einen gekerbten Stab unter Zug- und Biegebelastung, so sieht man auch hier eine Konzentration der „Kraftlinien" im Bereich der Kerbe und die daraus resultierende Spannungsüberhöhung im Kerbgrund. Zusätzlich wird anhand von Abbildung 3.59 deutlich, dass die Kerbform (Kerbschärfe) einen erheblichen Einfluss auf diese Spannungsüberhöhung hat.

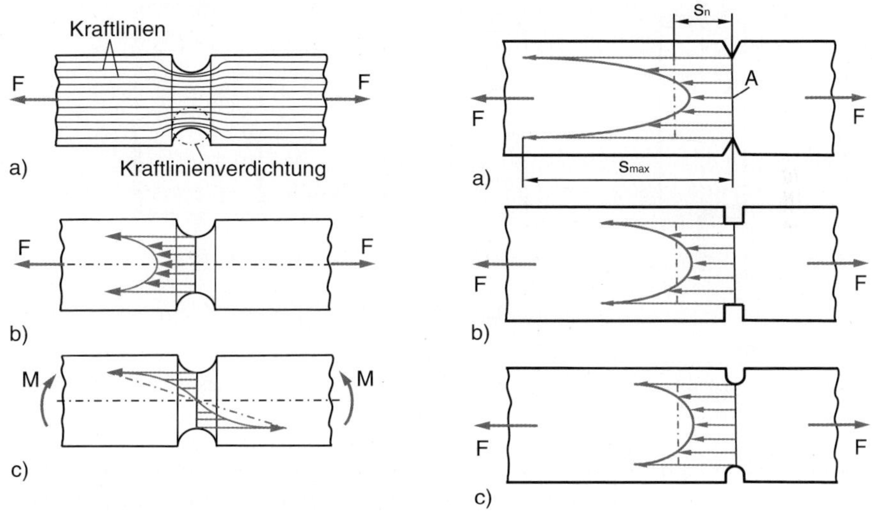

Abbildung 3.59: Spannungsverteilung im gekerbten Bauteil und Einfluss der Kerbform

Eine Erklärung aus elastizitätstheoretischer Sicht ergibt sich, wenn man beachtet, dass durch Kerben und die dadurch bedingten Verformungsverteilungen Querkontraktionsbehinderungen auftreten, die zusätzliche Spannungen hervorrufen. In Abbildung 3.60 sind für einen glatten Zugstab, einen beidseitig gekerbten Flachstab und einen Rundstab mit Umlaufkerbe die Spannungsverläufe über dem Kerbquerschnitt bei Zugbeanspruchung dargestellt. Diese Spannungen liegen bei einachsiger Belastung, z.B. Zug, nicht mehr in Richtung der Hauptspannung, sondern geneigt dazu. Dadurch entsteht beim gekerbten Flachstab an der Oberfläche des Kerbgrundes ein einachsiger Spannungszustand, kurz unterhalb der Oberfläche ein zweiachsiger. Beim gekerbten Rundstab mit Umlaufkerbe entsteht im Bauteilinneren ein dreiachsiger Spannungszustand und an der Bauteiloberfläche im Kerbgrund ein zweiachsiger, da aus Gleichgewichtsgründen die Radialspannungen am Rand verschwinden müssen. Zur Berechnung der Kerbformzahl setzt man nun den maximalen Wert der größten Hauptnormalspannung $\sigma_{1max} = \sigma_{max}$ ins Verhältnis zur rechnerischen Nennspannung σ_n, d.h. der Spannung, die sich nach den Regeln der bisherigen Herleitungen für Spannungen bezogen auf den Kerbquerschnitt ergeben würde. Auf eine Berücksichtigung der durch die Querdehnungsbehinderung verursachten Querspannung im Kerbgrund wird aus folgenden Gründen verzichtet. Zum einen kann die Spannung selbst für einfache Kerbfälle nur mithilfe aufwändiger Berechnungsverfahren ermittelt werden (Finite-Elemente-Methode), zum anderen ist bei zähen Werkstoffen die Querspannung bzw. Tangentialspannung σ_3 gemäß Abbildung 3.60 stets kleiner als die verursachende Längsspannung σ_1 und hat das gleiche Vorzeichen. Eine entsprechende Vergleichsspannungsberechnung mittels Schubspannungs- oder Gestaltänderungsenergiehypothese führt ohne Berücksichtigung der Querspannung zu einem gleichen oder höheren Betrag als mit deren Berücksichtigung. Damit liegt eine konservative Berechnung der Sicherheit gegen Fließen vor. Bei sprödem Werkstoffverhalten und Anwendung der Normalspannungshypothese kann die tatsächliche Beanspruchung teilweise unterschätzt werden, der Fehler liegt jedoch bei ca. 6 % [3.73].

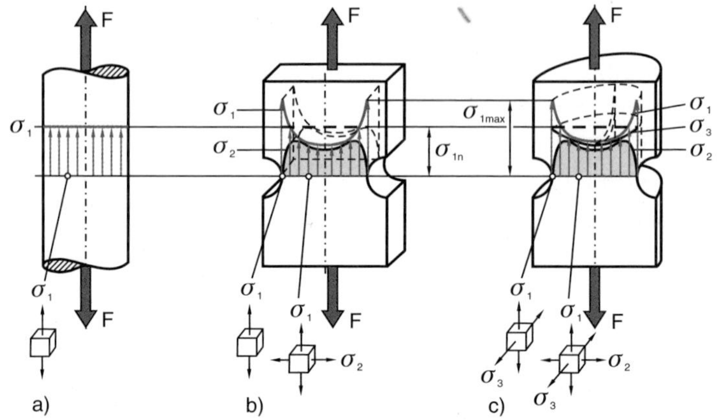

Abbildung 3.60: Spannungszustand im glatten, beidseitig gekerbten rechteckigen und ringgekerbten Zugstab nach [3.159]

Die Kerbformzahl α_σ ist demzufolge für die Lastfälle Zug/Druck und Biegung definiert als der Quotient aus der Spannungsspitze im Kerbgrund σ_{max} und der Nennspannung im Kerbquerschnitt σ_n:

$$\alpha_\sigma = \frac{\sigma_{max}}{\sigma_n} \tag{3.206}$$

Für den Lastfall Torsion gilt mit τ_{max} als der größten Schubspannung bei dem gerade herrschenden Zustand entsprechend:

$$\alpha_\tau = \frac{\tau_{max}}{\tau_n} \tag{3.207}$$

In beiden Fällen ist wesentlich, dass die Nennspannungen σ_n und τ_n auf die im Kerbquerschnitt vorliegende Querschnittsfläche A_k (Restquerschnitt) bezogen werden. In Abbildung 3.61 sind die Spannungsverläufe der Nennspannungen im Kerbgrund sowie die maximalen Kerbspannungen für einen gekerbten Rundstab unter Zug-, Biege- und Torsionsbeanspruchung dargestellt.

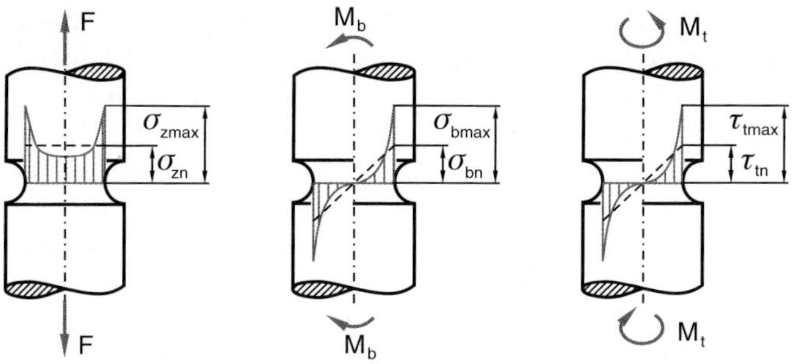

Abbildung 3.61: Definition der Kerbformzahl für Zug-, Biege- und Torsionsbeanspruchung

Die Kerbformzahl α ist damit nur von zwei Größen abhängig:

- von der Form der Kerbe
- von der Art der Beanspruchung (z.B. Zug/Druck, Biegung, Torsion)

Die Kerbformzahl α ist unabhängig:

- vom Werkstoff
- von geometrisch ähnlicher Veränderung der Größe des gekerbten Teils (kein Größeneinfluss)
- von der Höhe der elastischen Beanspruchung

Für die meisten Kerbformen gilt folgende Ungleichung für die Höhe der Formzahl:

$$\alpha_{\sigma,Zug} > \alpha_{\sigma,Biegung} > \alpha_{\tau,Torsion} \tag{3.208}$$

Aus diesem Zusammenhang folgt unmittelbar, dass die Formzahl $\alpha_{\sigma,Zug}$ als konservative Abschätzung für die beiden übrigen Belastungsarten Biegung und Torsion genutzt werden kann. Da die Kerbformzahl nur von der Kerbgeometrie und der Belastungsart abhängt, gibt es verschiedene theoretische und experimentelle Möglichkeiten zur Bestimmung. Für einfache Geometrien (z.B. kreisförmige Bohrung in unendlich großer Platte, flache Außenkerbe an Zugstab) lassen sich geschlossene Lösungen auf der Grundlage der elementaren Beziehungen der Elastizitätstheorie finden [3.95]. Experimentelle Methoden zur Formzahlermittlung sind spannungsoptische und holografische Verfahren sowie die Dehnungs-Messstreifen-Technik (DMS) [3.109]. Zu den numerischen Verfahren gehören die Finite-Elemente-Methode (FEM) sowie die Boundary-Element-Methode (BEM bzw. Randelementmethode). Auf der Grundlage dieser theoretischen, experimentellen und numerischen Methoden wurden für eine Vielzahl von Kerbgeometrien und Grundbelastungsfällen Formzahldiagramme erstellt [3.44], [3.101], [3.161]. Mithilfe dieser Formzahlen lassen sich dann für Zug/Druck-, Biegung- und Torsionsbelastung die maximalen Spannungen für eine Bemessung wie folgt ermitteln:

$$\sigma_{max,z,d} = \alpha_{\sigma,z,d} \cdot \sigma_n \tag{3.209}$$

$$\sigma_{max,b} = \alpha_{\sigma,b} \cdot \sigma_n \tag{3.210}$$

$$\tau_{max,t} = \alpha_{\tau} \cdot \tau_n \tag{3.211}$$

Generell hat die Kerbformzahl α nur Gültigkeit, wenn die maximale Kerbspannung die Elastizitätsgrenze des Werkstoffes nicht überschreitet. Ausgenommen hiervon ist für die Belastungsfälle Biegung und Torsion die örtlich begrenzte Stützwirkung, die zu einer Abminderung der tatsächlichen Maximalspannung im Kerbgrund führt. Dabei kommt es im Bereich der örtlichen Spannungsspitzen zu plastischen Verformungen (Teilplastifizierungen), die durch direkt benachbarte Werkstoffbereiche gestützt werden. Diese Stützwirkungseffekte können zu Spannungsabsenkungen von ca. 10 % bis 20 % führen. Es wird jedoch ausdrücklich darauf hingewiesen, dass es sich nicht um globale plastische Verformungen handelt, die zu bleibenden Formänderungen des Bauteils führen, da derartige Verformungen im Maschinenbau nicht zulässig sind.

Zur grafischen Darstellung der Spannungsverläufe an Kerben bieten sich zwei Varianten an. Zum einen ist das gemäß Abbildung 3.62 die Spannungsverteilung über dem beanspruchten Querschnitt, zum anderen können auch die am Bauteilrand auftretenden Maximalspannungen über der Bauteilaußenkontur aufgetragen werden. Zur Darstellung von Spannungsüberhöhungen an Verzahnungen wird überwiegend die letztgenannte Möglichkeit eingesetzt, Abbildung 3.63. Da nicht für alle Kerbgeometrien Kerbformzahlen α zur Verfügung stehen, ist es die Aufgabe des Konstrukteurs, seinen Kerbfall nach Möglichkeit einem tabellierten Fall zuzuordnen. In Zweifelsfällen muss eine Abschätzung nach mehreren möglichen zuzuordnenden Fällen stattfinden und die gefährlichste Variante dann zur Bemessung herangezogen werden. In Tabelle 3.10 sind beispielhaft für einige ausgewählte Geometrien und Belastungszustände Anhaltswerte für die Kerbformzahl α angegeben. Die exakten Gleichungen und Formzahldiagramme sind im Tabellenbuch sowie in der weiterführenden Literatur zusammengestellt (s.a. Abschnitt 3.8) [3.50], [3.73], [3.95], [3.101], [3.112], [3.161], [3.170].

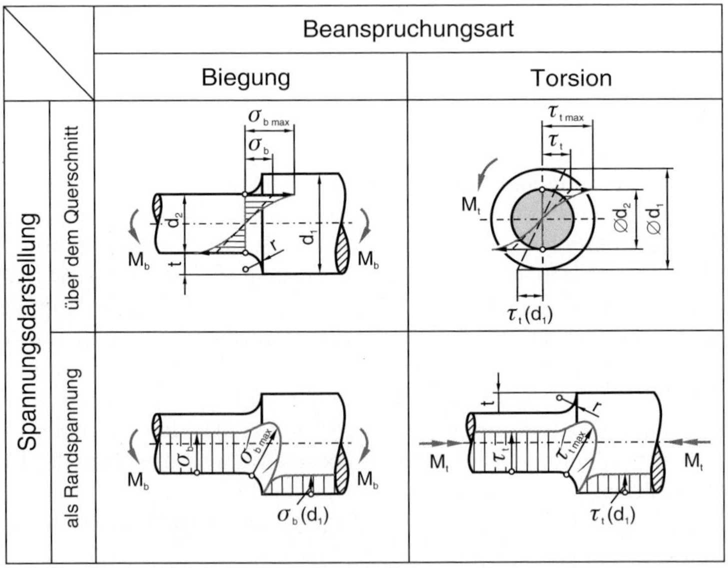

Abbildung 3.62: Spannungsdarstellungen bei inhomogener Spannungsverteilung

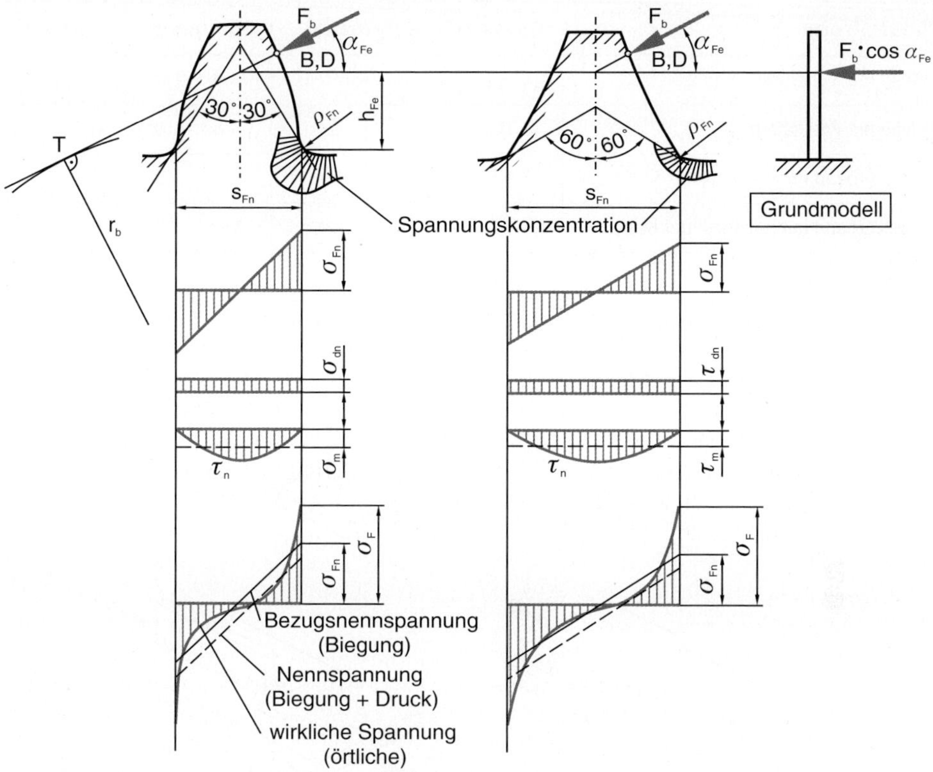

Abbildung 3.63: Spannungskonzentration am Zahnfuß nach [3.88]

Bauteilform	Quelle	Zug/Druck	Biegung	Torsion
Gelochter Flachstab	[3.161]	2,0 – 3,0	–	–
Exzentrisch gelochter Flachstab	[3.161]	2,1 – 4,3	–	–
Flachstab mit Langloch	[3.161]	2,1 – 4,0	–	–
Scheibe mit unendlicher Lochreihe	[3.161]	2,2 – 5,2	–	–
Beidseitig gekerbter Flachstab	[3.161]	1,2 – 4,5	1,2 – 4,5	–
Abgesetzter Flachstab	[3.161]	1,1 – 4,5	1,1 – 4,0	–
Welle mit Umdrehungskerbe	[3.161]	1,2 – 4,5	1,2 – 4,5	1,1 – 3,0
Abgesetzte Welle	[3.161]	1,1 – 4,0	1,1 – 4,0	1,1 – 3,0
Welle mit Querbohrung	[3.161]	2,6 – 3,0	1,8 – 3,0	1,4 – 2,0
Hohlwelle mit Querbohrung	[3.73]	3,0 – 5,4	2,7 – 4,0	3,7 – 6,0

Tabelle 3.10: Anhaltswerte für Kerbformzahlen α ausgewählter Bauteilgeometrien

Bauteilform	Quelle	Zug/Druck	Biegung	Torsion
Welle mit Sicherungsringnut	[3.10]	–	3,3 – 4,8	2,4 – 3,0
Welle mlt Passfedernut	[3.10]	–	3,8 – 4,0	2,6 – 2,8
Pressverband mit steifer Nabe	[3.10]	–	2,8 – 3,3	1,9 – 2,1
Pressverband mit nachgiebiger Nabe	[3.10]	–	1,7 – 2,6	1,6 – 1,7
Vielkeilprofil	[3.10]	–	2,9 – 4,2	2,0 – 3,6

Tabelle 3.10: Anhaltswerte für Kerbformzahlen α ausgewählter Bauteilgeometrien (Forts.)

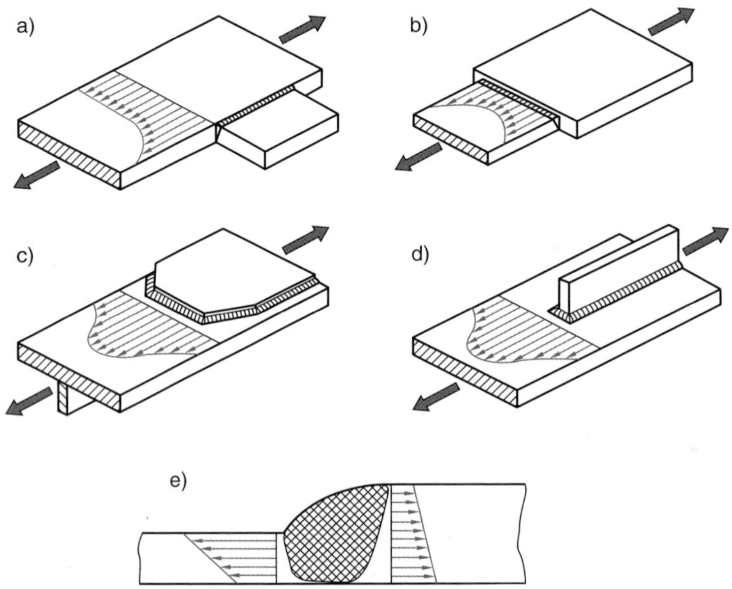

Abbildung 3.64: Spannungsüberhöhungen an Schweißverbindungen

Ein weiteres Problem bei der Bestimmung von Kerbformzahlen ist das Auftreten von Mehrfachkerben. Hierbei werden mehrere Kerben so angeordnet, dass sich die Bereiche der Spannungsüberhöhungen überschneiden. Im ungünstigen Fall wird die resultierende Kerbwirkung größer. Bei Mehrfachkerben unterscheidet man Kerbenreihen, Kerbenzeilen, Kerbenfelder und Durchdringungskerben, Abbildung 3.57. Die starke Kerbwirkung von Schweißverbindungen entsteht ebenfalls durch das Zusammentreffen mehrerer einzelner Kerbeinflüsse (Blechstöße, Nähte, Ecken), Abbildung 3.64. Maßgebend für die Einteilung ist die Lage der Kerben zur wirkenden Kraftrichtung, Abbildung 3.65. In Abbildung 3.66 wird anhand zweier Bohrungszeilen deutlich, dass die versetzte Bohrungsanordnung zwar eine höhere Schrauben- oder Nietdichte erlaubt, gleichzeitig aber erhebliche Spannungskonzentrationen auftreten.

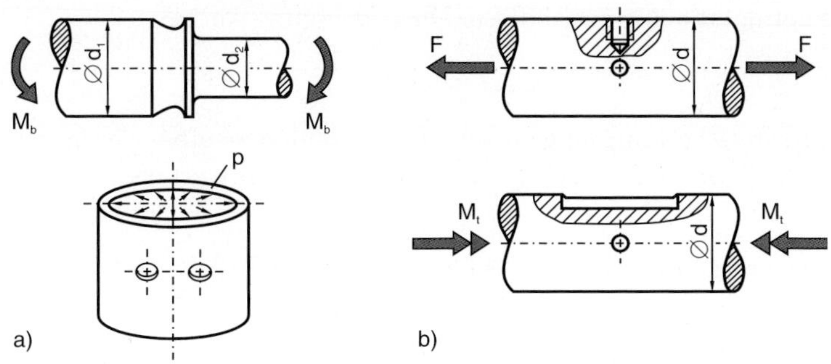

Abbildung 3.65: Mehrfachkerben in Reihen- und Parallelanordnung nach [3.159]

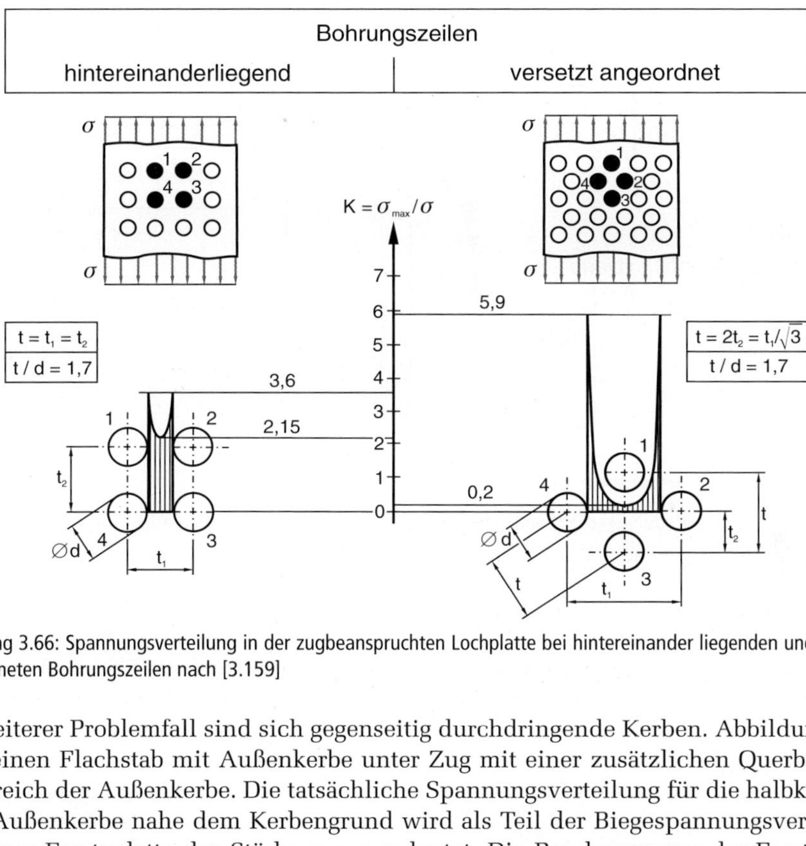

Abbildung 3.66: Spannungsverteilung in der zugbeanspruchten Lochplatte bei hintereinander liegenden und versetzt angeordneten Bohrungszeilen nach [3.159]

Ein weiterer Problemfall sind sich gegenseitig durchdringende Kerben. Abbildung 3.67 zeigt einen Flachstab mit Außenkerbe unter Zug mit einer zusätzlichen Querbohrung im Bereich der Außenkerbe. Die tatsächliche Spannungsverteilung für die halbkreisförmige Außenkerbe nahe dem Kerbengrund wird als Teil der Biegespannungsverteilung von einer Ersatzplatte der Stärke $s = r$ gedeutet. Die Randspannung der Ersatzplatte entspricht dann der Maximalspannung der halbkreisförmigen Außenkerbe:

$$\sigma_{\max 1} = \alpha_{\sigma 1} \cdot \sigma_n \tag{3.212}$$

Die Kerbwirkung der durchgehenden Bohrung erhöht dann als zweite Kerbe die Maximalspannung im Kerbengrund der Außenkerbe in der gleichen Weise, wie eine Bohrung in einer gebogenen Platte der Dicke s und der Breite B:

$$\sigma_{max} = \alpha_{\sigma 2} \cdot \sigma_{max1} = \alpha_{\sigma 1} \cdot \alpha_{\sigma 2} \cdot \sigma_n \tag{3.213}$$

Demzufolge beträgt die Formzahl dieser Durchdringungskerbe:

$$\alpha_{\sigma,ges} = \alpha_{\sigma 1} \cdot \alpha_{\sigma 2} \tag{3.214}$$

Diese multiplikative Verknüpfung einzelner Formzahlen zu einer Gesamtformzahl kann auch auf andere Formen von Mehrfachkerben übertragen werden.

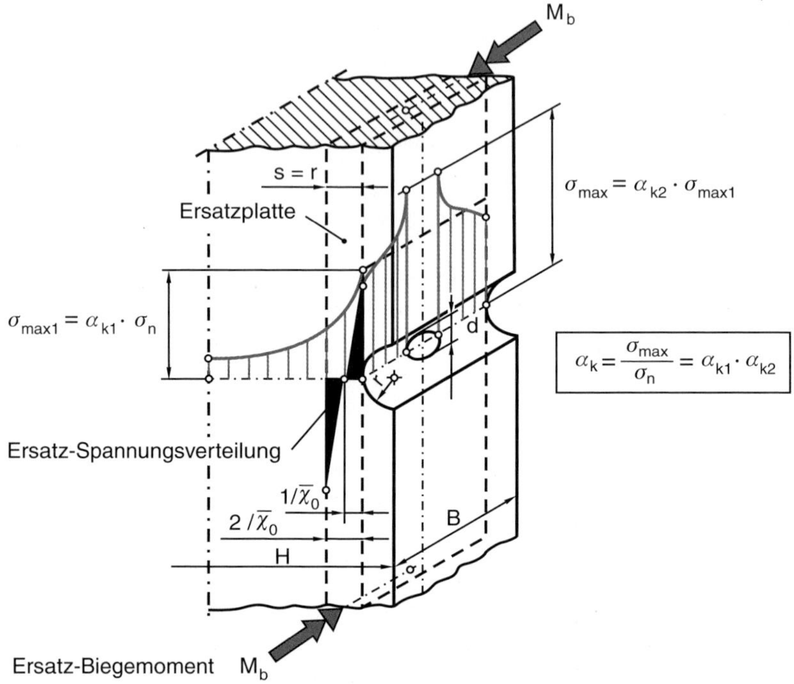

Abbildung 3.67: Durchdringungskerbe (Randkerbe mit Querbohrung) – Definition einer biegebeanspruchten Ersatzplatte nach [3.159]

Abschließend soll noch ein ungünstiges Beispiel der Mehrfachkerbwirkung an einer Getriebewelle mit Wellenabsatz, Passfedernut und eingearbeiteter Verzahnung vorgestellt werden (s. Abbildung 3.68). Zusätzlich unterliegt die Welle nicht nur einer Torsions-, sondern auch noch einer Biegebelastung.

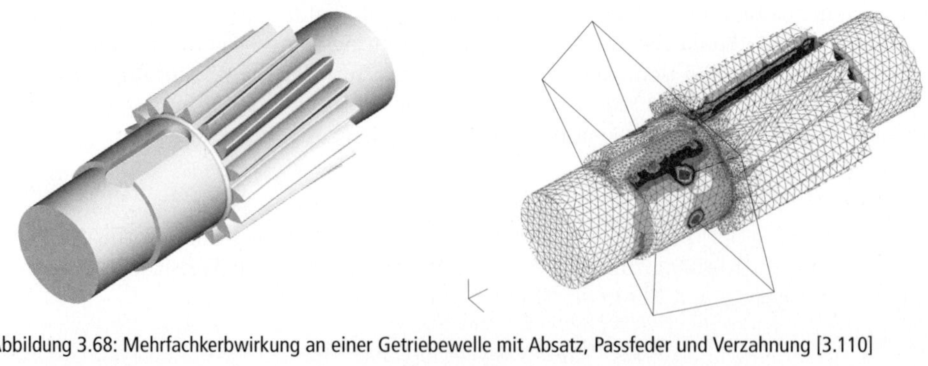

Abbildung 3.68: Mehrfachkerbwirkung an einer Getriebewelle mit Absatz, Passfeder und Verzahnung [3.110]

Ein derartig komplexer Fall lässt sich nicht mehr nur mit einzelnen Formzahldiagrammen behandeln. Hier wird der Einsatz der Finite-Elemente-Methode erforderlich, mit der sich dann auch eine optimale Position von Absatz, Passfedernut und Zahngrund finden lässt, um minimale Kerbspannungen zu erreichen. Vor dem Hintergrund einer optimalen Bauraumausnutzung findet man derartig komplexe Wellen immer häufiger in modernen Getrieben, ungeachtet der ungünstigen Beanspruchungssituation aufgrund der Mehrfachkerbwirkung.

Neben diesen Überlastungskerben können jedoch Mehrfachkerben auch eine Bauteilentlastung herbeiführen. Diese Entlastungskerben entstehen dann, wenn vor und hinter einer vorhandenen Kerbe weitere gleiche oder ähnliche Kerben in Richtung der Kraftwirkung angeordnet werden. Abbildung 3.69 zeigt für einen Zugstab die Minderung der Kerbspannung an einer Kerbenreihe im Vergleich zur Einzelkerbe. Die Formzahl und damit die maximale Kerbspannung sinkt von $\alpha_\sigma = 4{,}3$ auf $\alpha_\sigma = 3{,}5$ ab. Abbildung 3.70 zeigt weitere Möglichkeiten zur Minderung von Kerbspannungen mittels Entlastungskerben:

- Bei Rechteck-Ringnut: Ausrundung der Innenkanten oder Entlastungskerben (damit Erhöhung bis 40 %)
- Bei Wellenabsatz mit Wälzlagersitz:
  - Ausrundung am Übergang durch axiale Einstechnut
  - Ausrundung und Distanzring
  - Ausgerundete Entlastungskerben
  - Mit zusätzlicher Übergangs-Entlastungskerbe
- Bei Welle mit aufgesetzter Nabe: Welle am Nabensitz verdicken, großer Übergangsradius, Nabe kegelig
- Bei Welle mit Querloch: Entlastungskerben neben der Lochmündung. Welle verdickt und großer Übergangsradius oder Nachpressen der Bohrungsränder durch ebenes Druckstück
- Bei Wellen mit aufgeschnittenen Zahnrädern: axiale, ausgerundete Entlastungsrille

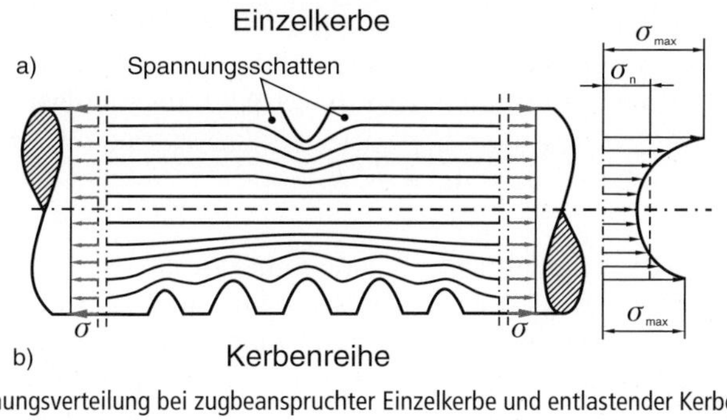

Abbildung 3.69: Spannungsverteilung bei zugbeanspruchter Einzelkerbe und entlastender Kerbenreihe

Abschließend sei hier nochmals darauf hingewiesen, dass die Formzahlen α_σ und α_τ für alle Berechnungen gegen Fließen, Vermeidung bleibender Verformung, Anriss und Gewaltbruch unter Maximalbelastung herangezogen werden. Bei dynamischer Belastung ist zusätzlich die Bestimmung der Kerbwirkungszahlen β_σ und β_τ erforderlich, worauf im folgenden Abschnitt eingegangen wird.

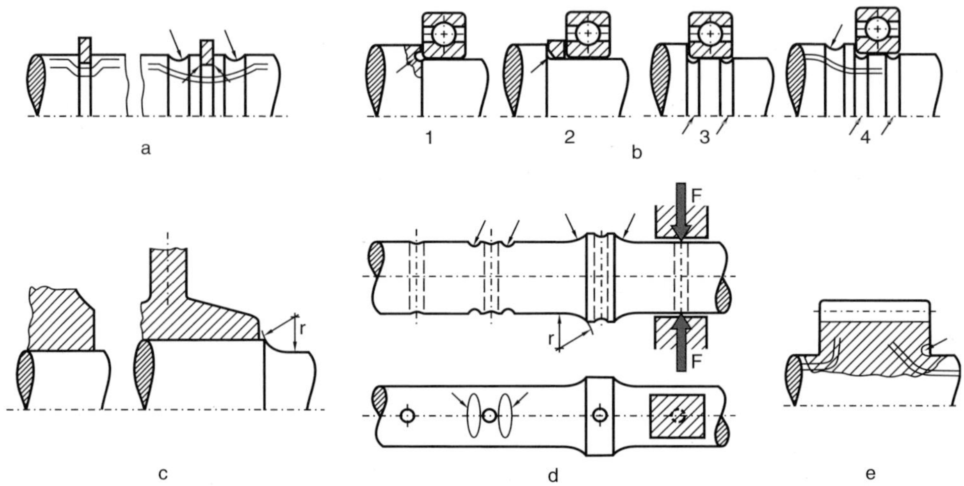

Abbildung 3.70: Gestaltung und Kerbwirkung – Entlastungskerben

3.6.2 Die Kerbwirkungszahlen β_σ und β_τ

Im vorangegangenen Abschnitt wurde für den Fall der statischen Beanspruchung gezeigt, dass im Falle vorliegender Kerbwirkung eine maximale Kerbspannung von $\sigma_{max} = \alpha_\sigma \cdot \sigma_n$ für die Bemessung heranzuziehen ist. Es liegt nun nahe, anzunehmen, dass eine gleiche Vorgehensweise auch bei Schwingbeanspruchung möglich ist. Demzufolge müsste die gekerbte Probe gerade noch dauerfest sein, wenn die maximale Spannungsamplitude $\sigma_{a,max}$ an der höchst beanspruchten Stelle gleich der Dauerfestigkeit σ_{AD} des glatten (ungekerbten) Probestabes ist:

$$\sigma_{a,max} = \sigma_{AD} \tag{3.215}$$

Da die Dauerfestigkeit unterhalb der Fließgrenze des Werkstoffes liegt, kann man zunächst annehmen, dass die maximale Spannungsamplitude ebenfalls mittels der Formzahl α_σ berechnet werden kann. Demzufolge müsste man mit einem Versagen durch Dauerbruch rechnen, sobald die Ausschlagsspannung σ_a folgenden Wert erreicht:

$$\sigma_a = \frac{\sigma_{AD}}{\alpha_\sigma} \tag{3.216}$$

Aus experimentellen Untersuchungen ist jedoch bekannt, dass beim gekerbten Probestab meistens eine Amplitude ertragen werden kann, die den Wert $\sigma_{AD}/\alpha_\sigma$ gemäß Gleichung (3.213) übersteigt. Man würde dann zwar unter Berücksichtigung der Kerbformzahl α_σ bei der Auslegung schwingend beanspruchter Bauteile auf der „sicheren Seite" liegen, allerdings mit dem Ergebnis einer Überdimensionierung des Bauteiles. Um das tatsächliche Festigkeitsverhalten schwingend beanspruchter Bauteile genauer beschreiben zu können, wurde deshalb als neue Kenngröße die Kerbwirkungszahl β_σ für die Beanspruchungsfälle Zug/Druck und Biegung bzw. β_τ für den Beanspruchungsfall Torsion eingeführt. Im Folgenden wird nur noch die Kerbwirkungszahl β_σ verwendet, wobei alle Ausführungen sinngemäß auch für β_τ beim Beanspruchungsfall Torsion gelten. Die Kerbwirkungszahl β_σ ist definiert als der Quotient der Dauerfestigkeit des glatten Stabes σ_{AD} und der Dauerfestigkeitsnennspannung des gekerbten Stabes σ_{ADK}:

$$\beta_\sigma = \frac{\sigma_{AD}}{\sigma_{ADK}} \qquad \beta_\tau = \frac{\tau_{AD}}{\tau_{ADK}} \tag{3.217}$$

Für die Dauerfestigkeit der gekerbten Probe σ_{ADK} gilt somit:

$$\sigma_{ADK} = \frac{\sigma_{AD}}{\beta_\sigma} \tag{3.218}$$

Dabei kann die Kerbwirkungszahl β_σ im Bereich der Dauerfestigkeit folgende Werte annehmen:

$$1 \le \beta_\sigma \le \alpha_\sigma \tag{3.219}$$

Folgende Grenzfälle sind möglich:

- $\beta_\sigma = \alpha_\sigma$ entspricht der größten Kerbwirkung. Die effektive Spannungsspitze im Kerbgrund gleicht der theoretischen maximalen statischen Spannung.
- $\beta_\sigma = 1$ entspricht völliger Kerbunempfindlichkeit bei schwingender Beanspruchung

Da bei zähen Werkstoffen die Zugfestigkeit des gekerbten Probestabes $R_{m,K}$ meist größer oder gleich der Zugfestigkeit R_m des ungekerbten Probestabes ist, müssen sich die Wöhlerlinien des ungekerbten und des gekerbten Probestabes im mittleren Zeitfestigkeitsbereich überschneiden, Abbildung 3.49. Obwohl die Kerbwirkungszahl β streng genommen nur für den Dauerfestigkeitsbereich definiert ist, kann sie auch im Zeitfestigkeitsbereich der Wöhlerlinie angewendet werden.

Der Unterschied zwischen der Kerbformzahl α und der Kerbwirkungszahl β ergibt sich aus der Struktur des Werkstoffes. Bei der Berechnung der Formzahl α wird der Werkstoff als ideales, strukturloses Kontinuum angenommen. Tatsächlich besteht das Gefüge metallischer Werkstoffe jedoch aus einem Haufwerk von Kristalliten oder Körnern mit umgebenden Korngrenzen. Innerhalb der Kristallite bestehen stärkere Bindungen als zur Umgebung. Bei Belastung erfolgt dann im mikroskopischen Bereich eine blockweise Verformung, wobei durch die wechselseitige Abstützung gegeneinander eine „Mikrostützwirkung“ entsteht. Es kommt nicht mehr zu einem stetigen, sondern zu einem unstetigen Spannungsverlauf, so dass eine ungleichmäßige Verteilung an der höchst beanspruchten Stelle nicht mehr zur theoretischen Maximalspannung führt, sondern zu einem niedrigeren Mittelwert über eine bestimmte, strukturbedingte Länge.

3.6.2.1 Einflüsse auf die Kerbwirkungszahl

Im Gegensatz zur Dauerschwingfestigkeit σ_{AD}, die eine Werkstoffkonstante darstellt, welche unter genormten Bedingungen an einem glatten, polierten Probestab gewonnen wird, hängt die Dauerfestigkeit eines gekerbten Probestabes σ_{ADK} bzw. die diesen Fall beschreibende Kerbwirkungszahl β, von den folgenden Einflüssen ab:

- Form und Größe der Kerbe (Geometrie)
- Beanspruchungsart
- Werkstoffeigenschaften

Betrachtet man anstelle einer gekerbten Probe ein vollständiges Bauteil beliebiger Gestalt, so wird die Dauerfestigkeit des Bauteiles auch als Gestaltfestigkeit bezeichnet. Die Gestaltfestigkeit ist verständlicherweise kein reiner Werkstoffkennwert, sondern sie kennzeichnet eine insbesondere durch Form, Beanspruchungsart und Werkstoff sowie Bearbeitung beeinflusste Beanspruchungsgrenze, die nur für dieses Bauteil gilt.

Im vorherigen Abschnitt wurde die geometrische Form einer Kerbe bereits durch die Kerbformzahl α beschrieben. Die Kerbwirkungszahl β hängt zusätzlich auch noch von der absoluten Größe der Probe bzw. des Bauteils ab. Dabei nimmt mit der Bauteilgröße auch die Größe der Kerbwirkung zu. Dieser Größeneinfluss zeigt sich bei allen Belastungsarten, die zu einer ungleichmäßigen Spannungsverteilung führen. Bei glatten, ungekerbten Proben unter reiner Zug-/Druckbeanspruchung tritt dieser Effekt nicht auf. Demzufolge ist der aus Versuchen an kleinen Proben ermittelte Dauerfestigkeitswert nicht ohne weiteres auf große Bauteile übertragbar. Hieraus lässt sich die Forderung ableiten, Dauerschwingversuche nach Möglichkeit mit Proben von natürlicher Größe oder aber gleich an Originalbauteilen durchzuführen (Bauteil-Wöhlerlinien). Ebenso hat auch die Oberflächenbeschaffenheit einen Einfluss auf die Kerbwirkungszahl β. Die Berücksichtigung dieser Einflüsse erfolgt in den standardisierten Festigkeitsnachweisen jeweils über entsprechende Beiwerte.

Die Beanspruchungsart hat ebenfalls einen Einfluss auf die Kerbwirkungszahl. Aus Versuchen ist bekannt, dass bei gleicher Kerbformzahl α die β-Werte für Zug-/Druckbelastung immer unter den β-Werten bei Biegebelastung liegen.

Der Einfluss der Werkstoffeigenschaften ist ersichtlich aus der Abhängigkeit der Kerbwirkungszahl β von der Zugfestigkeit R_m. Aus experimentellen Untersuchungen mit Proben gleicher Kerbform und Größe, aber unterschiedlicher Zugfestigkeit, ist erkennbar, dass die Kerbwirkungszahl mit steigender Zugfestigkeit zunimmt. Daraus lässt sich schließen, dass Werkstoffe hoher Festigkeit bei gleichzeitig niedriger Verformungsfähigkeit (z.B. Federstähle) kerbempfindlicher sind als Werkstoffe mit hoher Verformbarkeit und niedriger Festigkeit (z.B. Austenite). Neben der Zugfestigkeit werden oftmals auch die Härte oder die Streckgrenze als Parameter für den Werkstoffeinfluss verwendet. Aufgrund der Temperaturabhängigkeit dieser Werkstoffkennwerte wird damit indirekt auch der Temperatureinfluss auf die Kerbwirkungszahl β erfasst.

3.6.2.2 Berechnungsverfahren zur Ermittlung der Kerbwirkungszahl

Die Einführung von β hat den wesentlichen Vorteil, dass man bei dynamischen Beanspruchungen gekerbter Proben und Bauteile die Vorgehensweise der Spannungsberechnung genauso vornehmen kann wie bei statischer Beanspruchung. Es ist lediglich anstelle der Kerbformzahl α die Kerbwirkungszahl β zu verwenden. Ein wesentlicher Nachteil im Vergleich zur analytisch bestimmbaren Formzahl ist jedoch, dass die Kerbwirkungszahl β nur mithilfe aufwändiger Versuche bestimmt werden kann. Im Laufe der Zeit wurden deshalb verschiedene Verfahren zur rechnerischen Bestimmung der Kerbwirkungszahl entwickelt. Um trotz der vielen Einflüsse auf die Kerbwirkungszahl zu einer handhabbaren und treffsicheren Berechnungsformel zu kommen, muss eine Auswahl der wesentlichen Einflussgrößen getroffen werden. Die erreichbare Annäherung an die Wirklichkeit ist über den Vergleich mit möglichst vielen Versuchsergebnissen zu überprüfen.

Das bekannteste Verfahren nach Siebel geht davon aus, dass die versagenskritische Spannung über eine bestimmte Gleitschichtbreite s_G erreicht werden muss, die werkstoffabhängig ist und ungefähr dem mittleren Korndurchmesser entspricht [3.138]. Die Kerbempfindlichkeit wird durch die dynamische Stützziffer n_χ ausgedrückt, die angibt, um welchen Betrag die theoretische Spannungsspitze beim Auftreten des Dauerbruches über der Dauerfestigkeit liegt:

$$n_\chi = \frac{\alpha_{\sigma,\tau}}{\beta_{\sigma,\tau}} \tag{3.220}$$

Die Stützziffer hängt nur vom Werkstoff und vom bezogenen Spannungsgefälle χ ab:

$$n_\chi = \frac{1+\sqrt{s_G \cdot \chi^*}}{1+\sqrt{s_G \cdot \chi_0^*}} \tag{3.221}$$

Hierin bezeichnen s_G die Gleitschichtbreite und χ^*_0 und χ^* Anteile am bezogenen Spannungsgefälle χ^*, das sich gemäß Abbildung 3.71 wie folgt berechnen lässt. Zunächst wird das Spannungsgefälle χ bestimmt. Dabei ist y die Ortskoordinate vom Kerbgrund in Richtung des maximalen Spannungsgefälles.

$$\chi = \frac{d\sigma}{dy} \tag{3.222}$$

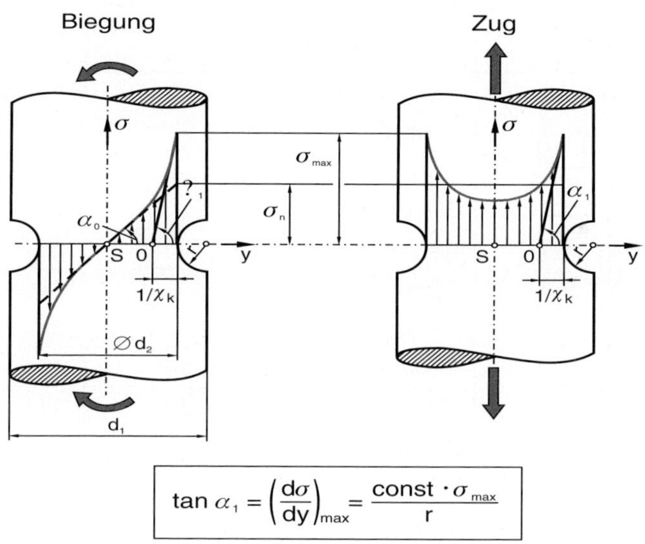

Abbildung 3.71: Spannungsgefälle beim zug- und biegebeanspruchten Kerbstab

Bezieht man χ auf die Maximalspannung, so erhält man das dimensionslose bezogene Spannungsgefälle χ^*:

$$\chi^* = \frac{1}{\sigma_{max}} \cdot \left(\frac{d\sigma}{dy}\right)_{max} \tag{3.223}$$

Das bezogene Spannungsgefälle χ^* beschreibt den Spannungsgradienten an der höchst beanspruchten Stelle. Die Werte für die bezogenen Spannungsgefälle im Kerbgrund für verschiedene Kerbfälle können Abbildung 3.72 entnommen werden. Dabei bezeichnet χ_0^* denjenigen Anteil des Spannungsgefälles, der allein aus der Beanspruchungsart resultiert, während χ^* das insgesamt im Kerbgrund auftretende Spannungsgefälle berücksichtigt, das aus Beanspruchungsart und Kerbform entsteht.

	Kerbenform		Beanspruchungsart	χ_0^*[1/mm]	χ^*[1/mm]
Flachstab	1	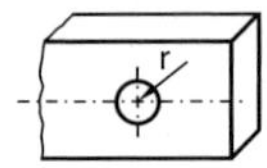	Zug-Druck	2/r	0
	2	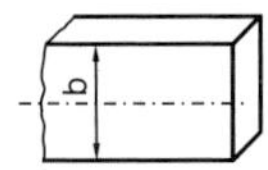	Zug-Druck	0	0
			Biegung	2/b	2/b
	3	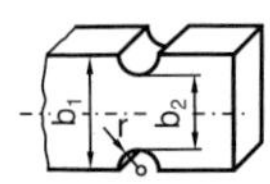	Zug-Druck	0	2/r
			Biegung	$2/b_2$	$2/b_2 + 2/r$
	4	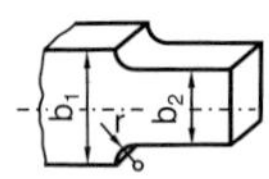	Zug-Druck	0	2/r
			Biegung	$4/(b_1 + b_2)$	$4/(b_1 + b_2) + 2r$
Rundstab	5	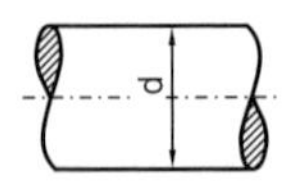	Zug-Druck	0	0
			Biegung	2/d	2/d
			Torsion	2/d	2/d
	6	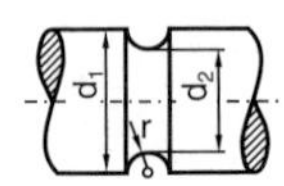	Zug-Druck	0	2/r
			Biegung	$2/d_2$	$2/d_2 + 2/r$
			Torsion	$2/d_2$	$2/d_2 + 2/r$
	7	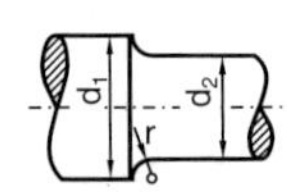	Zug-Druck	0	2/r
			Biegung	$4/(d_1 + d_2)$	$4/(d_1 + d_2) + 2r$
			Torsion	$4/(d_1 + d_2)$	$4/(d_1 + d_2) + 2r$
	8	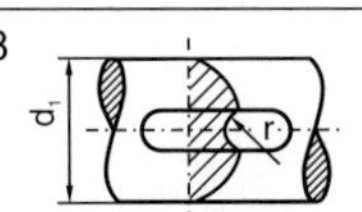	Torsion	$2/d_1$	$2/d_1 + 1/r$
	9	$d_1 \gg 2r$ $0 \leqq d_2 \leqq d_1$ 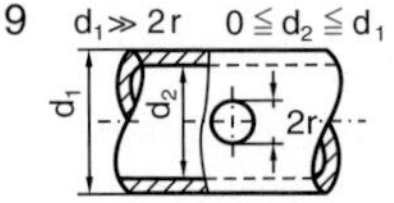	Biegung	$2/d_1$	$2/d_1 + 4/r$
			Torsion	$2/d_1$	$2/d_1 + 3/r$

Abbildung 3.72: Bezogene Spannungsgefälle für verschiedene Kerbformen

Grundlage ist die werkstoffmechanische Vorstellung, dass die schädigende Schubspannung nicht nur an einem Punkt, sondern über der Gleitschichtbreite einen kritischen Wert erreichen muss, damit ein Dauerbruch erfolgt. Näherungsweise entspricht die Gleitschichtbreite dem mittleren Korndurchmesser. Für die Kerbwirkungszahl folgt somit:

$$\beta_{\sigma,\tau} = \frac{1+\sqrt{s_G \cdot \chi_0^*}}{1+\sqrt{s_G \cdot \chi^*}} \cdot \alpha_{\sigma,\tau} \tag{3.224}$$

$$\beta_{\sigma,\tau} = \frac{\alpha_{\sigma,\tau}}{n_\chi} \tag{3.225}$$

Für den praktischen Gebrauch lässt sich die dynamische Stützziffer n_χ ohne Bestimmung der Gleitschichtbreite aus den Diagrammen gemäß Abbildung 3.73 entnehmen.

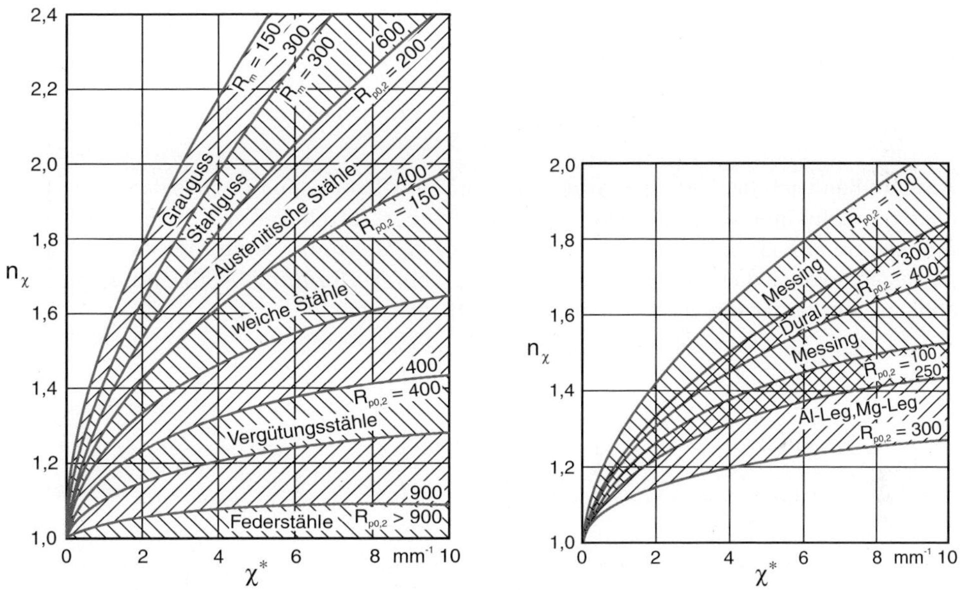

Abbildung 3.73: Dynamische Stützziffer n_χ abhängig vom Spannungsgefälle für Eisenwerkstoffe und Nichteisenmetalle nach [3.161]

In der aktuellen DIN 743 wird zur Bestimmung der Stützziffer eine modifizierte Gleichung verwendet, die ursprünglich aus dem heute nicht mehr gültigen Standard TGL 19340 „Ermüdungsfestigkeit, Dauerfestigkeit der Maschinenbauteile" der ehemaligen DDR stammt und auf Ergebnisse von Stieler zurückgeht [3.138], [3.152]. Für übliche Wellenwerkstoffe mit nicht gehärteter Randschicht folgt:

$$n_\chi = 1+\sqrt{\chi^*} \cdot 10^{-\left(0{,}33+\frac{R_{p0,2}}{712}\right)} \tag{3.226}$$

Bei gehärteter Randschicht gilt in Analogie zu Verzahnungen:

$$n_\chi = 1+\sqrt{\chi^*} \cdot 10^{-0{,}7} \tag{3.227}$$

Petersen nutzt zur Berechnung der Kerbwirkungszahl eine ähnliche Gleichung wie Siebel. Er geht davon aus, dass sich im Werkstoff mikroskopisch kleine Fehlstellen bilden, die eine „innere“ Kerbwirkung zur Folge haben. Diese überlagert sich mit der äußeren makroskopischen Kerbwirkung [3.100]:

$$\beta_{\sigma,\tau} = \frac{1+\sqrt{\rho^* \cdot \chi_0^*}}{1+\sqrt{\rho^* \cdot \chi^*}} \cdot \alpha_{\sigma,\tau} \tag{3.228}$$

Hierin wird die innere Kerbwirkung durch eine Ersatzkerbe berücksichtigt, die einer Bohrung mit dem Radius ρ^* entspricht. Die Größe ρ^* kann näherungsweise aus der Härte H des Werkstoffes bestimmt werden:

$$\rho^* = \left(\frac{H_0}{H}\right)^2 \tag{3.229}$$

Hierin bezeichnet $H_0 = 400\ HV\ 10$ die Vickers-Härte und H berechnet sich aus der Zugfestigkeit des Werkstoffes:

$$H = \frac{R_m}{3{,}5} \tag{3.230}$$

Abschließend sei das Verfahren von Bollenrath und Troost genannt, das davon ausgeht, dass die schwingend auftretende Spannungsspitze durch geringe bleibende Verformungen im atomaren Bereich abgebaut wird [3.3]. Hierdurch kann die Dauerfestigkeit ansteigen, wobei das Ausmaß der Erhöhung vom Verformungsgefälle im Kerbgrund abhängt. Bei reiner Wechselbeanspruchung gilt:

$$\beta_{\sigma,\tau} = \left(1 - \frac{\dfrac{154}{R_m}}{\dfrac{1}{1+\dfrac{R_m}{1370}} + \rho}\right) \cdot \alpha_{\sigma,\tau} \tag{3.231}$$

In dieser Größengleichung sind R_m in N/mm² und der Kerbradius ρ in cm einzusetzen.

Neben den hier beschriebenen Verfahren existieren noch weitere Verfahren zur rechnerischen Bestimmung der Kerbwirkungszahl [3.73], [3.161]. Alle Verfahren wurden für Stähle entwickelt und überprüft, nur wenige Ergebnisse liegen über Grauguss, Stahlguss und Leichtmetalle vor. Im für technische Konstruktionen interessierenden Bereich mit Kerbformzahlen bis zu $\alpha = 3$ ist keines der Verfahren in der Lage, die Kerbwirkungszahl in jedem Fall mit einer Toleranz von ± 10 % zu erfassen. Häufig liefern die Gleichungen nur für ausgewählte Bereiche, für die sie entwickelt wurden, sehr gute Übereinstimmungen. Generell stellt sich das Problem der Übertragbarkeit von kleinen Proben auf große Bauteile und nicht zuletzt steht aufgrund der Vielzahl der Versuchsparameter und des hohen Aufwandes für Dauerschwingversuche nur eine begrenzte Datenbasis zu Vergleichszwecken zur Verfügung. Insgesamt liegt man jedoch mit den Verfahren nach Petersen und nach Siebel auf der sicheren Seite.

In Tabelle 3.11 sind beispielhaft für einige ausgewählte Geometrien und Belastungszustände Anhaltswerte für die Kerbwirkungszahl β angegeben.

Bauteilform	Quelle	Zug/Druck	Biegung	Torsion
Gelochter Flachstab	[3.161]	1,6 – 2,4	–	–
Exzentrisch gelochter Flachstab	[3.161]	1,7 – 3,5	–	–
Flachstab mit Langloch	[3.161]	1,7 – 3,2	–	–
Scheibe mit unendlicher Lochreihe	[3.161]	1,8 – 4,2	–	–
Beidseitig gekerbter Flachstab	[3.161]	1,0 – 3,6	1,0 – 3,6	–
Abgesetzter Flachstab	[3.161]	1,0 – 3,6	1,0 – 3,2	–
Welle mit Umdrehungskerbe	[3.161]	1,0 – 3,6	1,0 – 3,6	1,0 – 2,4
Abgesetzte Welle	[3.161]	1,0 – 3,2	1,1 – 3,5	1,1 – 2,6
Welle mit Querbohrung	[3.161]	1,6 – 2,4	1,8 – 2,0	1,8 – 2,0
Hohlwelle mit Querbohrung	[3.73]	2,4 – 4,4	2,2 – 3,2	3,0 – 4,8
Welle mit Sicherungsringnut	[3.10]	–	3,3 – 4,0	2,3 – 2,5
Welle mit Passfedernut	[3.10]	–	1,9 – 2,5	1,4 – 2,0
Pressverband mit steifer Nabe	[3.10]	–	1,6 – 2,9	1,2 – 1,9
Pressverband mit nachgiebiger Nabe	[3.10]	–	1,5 – 2,2	1,0 – 1,5
Vielkeilprofil	[3.10]	–	2,9 – 4,2	1,5 – 3,2

Anmerkung:
In den meisten Fällen ist β um ca. 20 % geringer als α. Bei kleineren Bauteilabmessungen kann mit größeren Abschlägen gerechnet werden, da die Stützwirkungseffekte insgesamt größer sind. Ist die Geometrie jedoch genau bekannt, empfiehlt sich auf jeden Fall eine exakte Bestimmung von α und β.

Tabelle 3.11: Anhaltswerte für Kerbwirkungszahlen β ausgewählter Bauteilgeometrien

Abschließend sei noch auf die Ermittlung der Kerbwirkungszahl β bei überlagerter Kerbwirkung (Mehrfachkerbwirkung) eingegangen. Im Gegensatz zur Kerbformzahl α einer Mehrfachkerbe, bei der die einzelnen Kerbformzahlen α_i multiplikativ verknüpft werden, wird die gemeinsame Kerbwirkungszahl von zwei sich überlagernden Kerben wie folgt ermittelt [3.50]:

$$\beta_{\sigma,\tau,ges} = \beta_{\sigma,\tau,1} + \beta_{\sigma,\tau,2} - 1 \qquad (3.232)$$

3.6.2.3 Berechnung von Kerbspannungen mit Mittelspannungsanteilen

Liegt keine reine Wechselbeanspruchung vor, so wird zur Berechnung der Maximalspannung im Kerbgrund bei Schwingbeanspruchung die folgende Vorgehensweise empfohlen. Sowohl die Mittel- und die Ausschlagsspannungsanteile als auch die Normal- und die Schubspannungsanteile sind entsprechend ihrer unterschiedlichen Auswirkung auf das Festigkeitsverhalten zu bewerten. Die wirksame Spannung im Kerbgrund kann aus dem jeweiligen Anteil getrennt berechnet werden. Dabei ist gemäß Abbildung 3.74 Folgendes zu berücksichtigen:

- Die statisch wirkenden Mittelspannungsanteile werden mit der Kerbformzahl $\alpha_{\sigma,\tau}$ und die wechselnden Spannungsanteile mit der Kerbwirkungszahl $\beta_{\sigma,\tau}$ bewertet.
- Die Normalspannungen in der Kerbe werden mit der Kerbformzahl α_σ und der Kerbwirkungszahl β_σ bewertet. Entsprechend werden für die Schubspannungen die Kerbformzahl α_τ und die Kerbwirkungszahl β_τ angewendet.

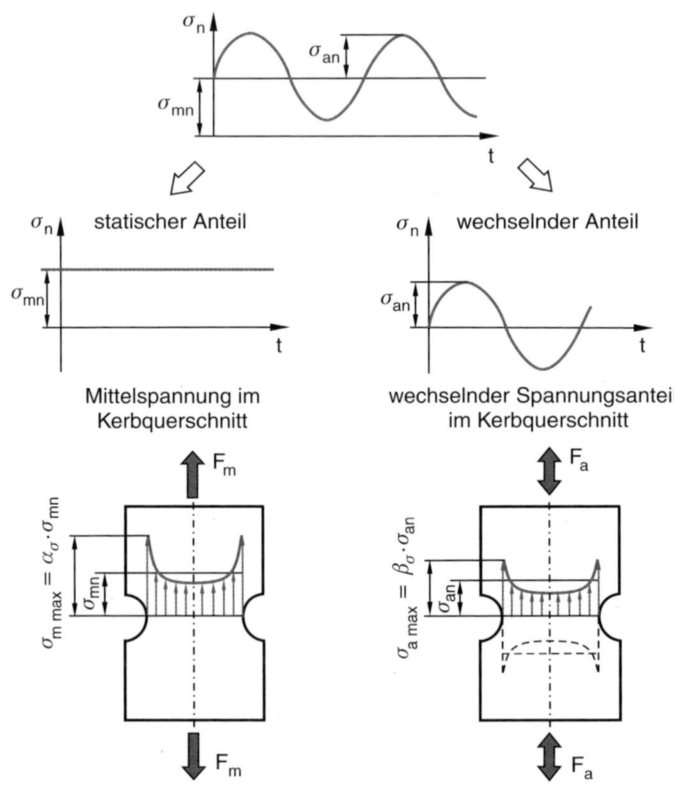

Abbildung 3.74: Aufspaltung einer zeitlich veränderlichen Spannung in einem gekerbten Bauteil in ihren statischen und rein wechselnden Anteil nach [3.73]

Somit ergeben sich für die Maximalspannungsanteile im Kerbgrund folgende Zusammenhänge:

$$\sigma_{m.max} = \alpha_\sigma \cdot \sigma_{mn} \qquad \sigma_{a,max} = \beta_\sigma \cdot \sigma_{an} \tag{3.233}$$

$$\tau_{m.max} = \alpha_\tau \cdot \tau_{mn} \qquad \tau_{a,max} = \beta_\tau \cdot \tau_{an} \tag{3.234}$$

Bei dynamischer Beanspruchung mit einer Mittelspannung $\sigma_{mn} \neq 0$ gemäß Abbildung 3.74 gilt:

$$\sigma_{max} = \alpha_\sigma \cdot \sigma_{mn} + \beta_\sigma \cdot \sigma_{an} \tag{3.235}$$

3.6.3 Oberflächen- und Größeneinfluss

Während die statischen Festigkeitskennwerte kaum von der Oberflächenbeschaffenheit abhängen, ist bei schwingender Beanspruchung eine deutliche Abhängigkeit des Festigkeitsverhaltens von der Oberflächenfeingestalt feststellbar. Dieser Oberflächeneinfluss liegt ursächlich darin begründet, dass das Versagen unter Schwingbeanspruchung von der Bauteiloberfläche als dem höchstbeanspruchten Bereich ausgeht. So erreichen die Lastspannungen bei Biegung und Torsion ihr Maximum am Außenrand, in Kerbgrundbereichen treten Spannungsspitzen auf und letztlich ist die Oberfläche auch Umgebungseinflüssen wie Oxidation und Korrosion ausgesetzt. Demzufolge bedingt eine abnehmende Oberflächenqualität (d.h. eine zunehmende Rautiefe) eine geminderte Schwingfestigkeit, da aus der Rauheit der Oberfläche zusätzlich lokale Spannungsüberhöhungen entstehen (Mikrokerbwirkung), die eine oberflächliche Mikrorissbildung begünstigen. Dieser Oberflächeneinfluss wird bei der Ermittlung von Schwingfestigkeitskennwerten mithilfe des Oberflächenfaktors C_0 berücksichtigt, indem die zeitlich veränderlichen Anteile (Amplituden) entsprechend korrigiert werden. Die polierte Oberfläche dient dabei als Referenzzustand ($C_0 = 1$):

$$\sigma_{AD,0} = C_0 \cdot \sigma_{AD,pol} \tag{3.236}$$

Hierin bezeichnet $\sigma_{AD,pol}$ die ertragbare Amplitude im polierten Zustand, während $\sigma_{AD,0}$ die ertragbare Amplitude bei einem bestimmten Oberflächenzustand kennzeichnet. Der Einfluss einer Kerbe auf die Schwingfestigkeit steht in direktem Zusammenhang mit der Werkstoffzähigkeit, so dass ein vermindertes Verformungsvermögen zu erhöhter Kerbempfindlichkeit führt. Demzufolge wird die Schwingfestigkeit hochfester Werkstoffe mit verminderter Zähigkeit besonders durch Kerben – und hierunter fällt dann auch die Oberflächenbeschaffenheit – reduziert. Zur praktischen Berücksichtigung des Oberflächeneinflusses verwendet man Diagramme, in denen der Oberflächenfaktor C_0 für bestimmte Werkstoffgruppen abhängig von der Oberflächenbeschaffenheit (beschrieben durch die gemittelte Rauhtiefe R_z) und der Werkstofffestigkeit (Zähigkeit) aufgetragen ist, Abbildung 3.75. Alternativ wird für Bauteile aus Stahl und EisenGusswerkstoffen folgender Ansatz abhängig von der Zugfestigkeit R_m in N/mm² und der Rauhtiefe R_z in µm vorgeschlagen [3.72]:

$$C_0 = 1 - 0{,}22 \cdot \left(\lg R_z\right)^{0{,}64} \cdot \lg R_m + 0{,}45 \cdot \left(\lg R_z\right)^{0{,}53} \tag{3.237}$$

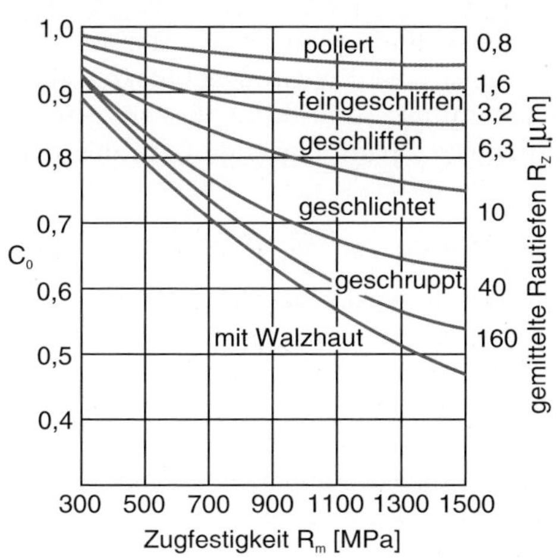

Abbildung 3.75: Oberflächenfaktor für Stähle abhängig von Zugfestigkeit und Oberflächenzustand nach [3.73]

Abschließend sei darauf hingewiesen, dass eine Erhöhung der Zugfestigkeit eines Werkstoffes nicht generell zu einer Steigerung der Schwingfestigkeit führen muss, sondern bei extrem rauen Oberflächen kann auch das Gegenteil eintreten. Demzufolge ist beim Einsatz hochfester Werkstoffe für schwingend beanspruchte Bauteile ein größerer Aufwand zur Erzielung einer hohen Oberflächenqualität in höher beanspruchten Bauteilbereichen (z.B. Kerben) unbedingt notwendig.

Des weiteren zu berücksichtigen ist der Größeneinfluss, da aus Versuchen bekannt ist, dass die Übertragung der an kleinen Proben bestimmten Kennwerte auf größere Bauteile in der Regel zu einer Überbewertung der Bauteilfestigkeit führt. Die mit zunehmender Bauteilgröße im Vergleich zur Probe relativ abnehmende Schwingfestigkeit geht auf die folgenden vier Einflussgrößen zurück:

1. Statistischer Größeneinfluss – In einem größeren Volumen bzw. einer Oberflächenzone ist die Wahrscheinlichkeit auftretender Fehlstellen größer als in einem kleinen Volumen bzw. einer kleinen Oberflächenzone.
2. Geometrischer (spannungsmechanischer) Größeneinfluss – Bei ungekerbten Bauteilen unter Biege- und Torsionsbelastung hat das größere Bauteil bei gleicher Randspannung σ_{max} den kleineren Spannungsgradienten. Somit ist der in der schädigungsrelevanten Oberflächenschicht gemittelte Spannungswert bei der kleinen Probe mit rasch abfallender Spannung kleiner als in der großen Probe bzw. dem Bauteil. Ist das Bauteil gekerbt, so tritt dieser Einfluss nicht nur bei Biegung und Torsion, sondern auch bei Zugbelastung auf.
3. Technologischer Größeneinfluss – Fertigungsbedingte Besonderheiten (Erschmelzen, Gießen, Schmieden, Wärmebehandeln, Umformen) führen bei Bauteilen unterschiedlicher Größe zu verschiedenen Werkstoffzuständen (Gefügeausbildungen) und Eigenspannungszuständen, da größenabhängige Effekte wie Seigerungs- und Erstarrungsverhalten, verschiedene Umformgrade und Abkühlungsgeschwindigkeiten auftreten.
4. Oberflächentechnischer Größeneinfluss – Herstellungsprozesse zur Veränderung der Oberfläche (Härten, Oberflächenverdichten, Aufbringen von Beschichtungen) haben eine unterschiedliche größenabhängige Tiefenwirkung. Manchmal wird dieser Einfluss auch mit dem technologischen Größeneinfluss zusammengefasst.

In den meisten Fällen lassen sich die oben angeführten Einflüsse nicht eindeutig voneinander trennen. Demzufolge wird die Größenabhängigkeit der Schwingfestigkeit – ähnlich dem Oberflächeneinfluss – mithilfe des so genannten Größenfaktors C_G bewertet, indem die ertragbare Spannungsamplitude des Bauteils $\sigma_{AD,Bauteil}$ aus der ertragbaren Amplitude der Probe $\sigma_{AD,Probe}$ wie folgt bestimmt wird:

$$\sigma_{AD,Bauteil} = C_G \cdot \sigma_{AD,Probe} \tag{3.238}$$

Die genaue Erfassung des Einflusses der Bauteilgröße abhängig von Werkstoff, Abmessungen und Spannungsgradient ist sehr aufwändig. In der Literatur findet man eine Vielzahl von Ansätzen. Oftmals wird der Größeneinfluss nicht über den Größenfaktor sondern bei der Bestimmung der Kerbwirkungszahl β berücksichtigt [3.73]. Zur Abschätzung des Größenfaktors für überschlägige Dimensionierungen nutzt man häufig Diagramme, in denen der Größenfaktor abhängig von der Absolutgröße oder der auf die Kleinprobe bezogenen Bauteilgröße aufgetragen ist. Abbildung 3.76 zeigt ein Diagramm, in dem der Größenfaktor C_G über dem bezogenen hoch beanspruchten Volumen (Bauteil zu Probe) aufgetragen ist, z.B. $V_{90\,\%,\,Bauteil} / V_{90\,\%\,Probe}$. Dieses Diagramm berücksichtigt alle bisher in der Literatur dokumentierten Vorschläge zum Größeneinfluss [3.73].

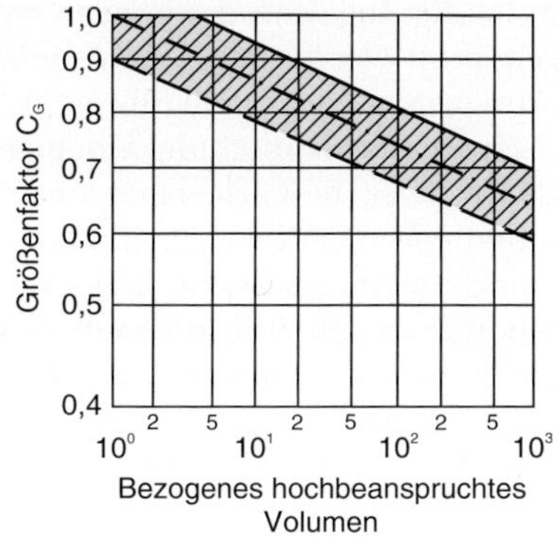

Abbildung 3.76: Anhaltswerte für den Größenfaktor [3.73]

3.6.4 Weitere schwingfestigkeitsmindernde Einflüsse

Neben den oben beschriebenen Einflüssen wird die Schwingfestigkeit von Bauteilen auch durch die Umgebungsbedingungen, insbesondere Temperatur und korrosive Medien, bestimmt. Während Temperaturen unterhalb der Kristallerholungstemperatur bzw. des Kriechbereiches im Wesentlichen die statischen Kennwerte beeinflussen, wird bei Schwingbeanspruchung oberhalb der Kristallerholungstemperatur der Schädigung durch Ermüdung eine Kriechschädigung überlagert (Kriechermüdung). Somit kommt es bei zunehmender Temperatur zu einer abnehmenden Schwingfestigkeit.

Eine korrosive Umgebung (z.B. feuchte Luft, Salzwasser) hat im Vergleich zur nicht korrosiven Umgebung ebenfalls eine zusätzliche Schädigung mit abnehmender Schwingfestigkeit zur Folge. Hierbei werden nicht nur die bekannten Ermüdungsmechanismen begünstigt, sondern eine Veränderung der Oberfläche (Aufrauung durch Narben und Mikrorissbildung) beschleunigt Risswachstum (Korrosionsermüdung, Schwingungsrisskorrosion). So hat man bei Wöhler-Versuchen in korrosiver Umgebung festgestellt, dass auch bei hohen Schwingspielzahlen keine ausgeprägte Dauerfestigkeit mehr vorliegt. Oftmals fällt die ertragbare Spannungsamplitude sogar auf den Wert Null ab, man spricht dann nur noch von einer Korrosionszeitfestigkeit.

In ähnlicher Weise führt auch die Reibkorrosion (Reibrost, Passungsrost) zu einer abgesenkten Dauerschwingfestigkeit. Hier führen tribologische Vorgänge durch Aufrauung und Gefügeveränderung zu einer veränderten Oberfläche. Der Einfluss auf die Schwingfestigkeit ist werkstoffspezifisch und führt in Extremfällen zu einer reduzierten Dauerfestigkeit bis auf ein Viertel des Wertes ohne Reibkorrosion [3.73].

Auch die Randentkohlung, die beispielsweise beim Warmumformen (Schmieden) und Glühen bei höheren Temperaturen (z.B. Normalisieren) auftritt, kann zu einer geminderten Schwingfestigkeit führen, da die Verarmung an Kohlenstoff zu einem Härteabfall in der Randschicht führt und die Streckgrenze und die Zugfestigkeit senkt.

Abschließend sind noch die Eigenspannungen zu nennen. Eigenspannungen entsprechen statischen Spannungskomponenten und überlagern sich den Mittelspannungen aus äußeren Belastungen. Entsprechend des in den Dauerfestigkeitsschaubildern dargestellten Mittelspannungseinflusses kann davon ausgegangen werden, dass Zugeigenspannungen die Dauerfestigkeit herabsetzen, während Druckeigenspannungen zur Steigerung der Schwingfestigkeit führen. Die nachteilige Auswirkung von Eigenspannungen wird insbesondere bei Schweißverbindungen deutlich. In ungeglühten

Nähten sind im Nahtbereich häufig Zugeigenspannungen vorhanden, die bei Schwingbeanspruchung im Sinne einer positiven Mittelspannung wirken und dementsprechend zu einer Verringerung der ertragbaren Amplitude führen [3.73]. Im Laufe der Zeit werden jedoch aufgrund einer Schwingbeanspruchung alle Eigenspannungen abgebaut.

Grundsätzlich lassen sich die oben beschriebenen Einflüsse in gewissen Grenzen auch zur Steigerung der Schwingfestigkeit nutzen, indem man gezielt eine günstige Veränderung des Werkstoff- und Spannungszustandes an der Oberfläche sowie die Verbesserung der Oberflächenqualität in schwingbruchgefährdeten Bauteilbereichen herbeiführt. Üblich sind neben dem Polieren hoch beanspruchter Kerbbereiche auch mechanische Verfahren wie Festwalzen, Rollen, Strahlen und Hartdrehen. Thermische oder thermochemische Behandlungen wie Einsatzhärten, Nitrieren, Induktions- und Flammhärten schwingbruchgefährdeter Bauteilbereiche werden ebenfalls eingesetzt. Zur Steigerung der Schwingfestigkeit ist dabei die Tiefe der Randschicht kombiniert mit dem auftretenden Spannungsgefälle von besonderer Bedeutung. Eine wirksame Verbesserung der Schwingfestigkeit erfordert jedoch die gezielte Einstellung und Kontrolle der Prozessparameter. Ebenso lässt sich eine „schlechte“ Konstruktion mit vielen „scharfen“ Kerben und Nahthäufungen bei Schweißbauteilen durch obige Maßnahmen nicht grundlegend verbessern.

3.7 Festigkeitsberechnung – Vergleich von Beanspruchung und Beanspruchbarkeit

Nachdem in den vorherigen Abschnitten alle notwendigen Zusammenhänge zu statischen und dynamischen Lasten, Beanspruchungsarten, Vergleichsspannungen, Werkstoffkennwerten und Kerbwirkung behandelt wurden, kann nun abschließend der Vergleich von Beanspruchung (tatsächliche vorhandene Spannung im Bauteil) und Beanspruchbarkeit (ertragbare bzw. zulässige Spannung im Bauteil) im Rahmen einer Festigkeitsberechnung erfolgen. Grundsätzlich sind Festigkeitsnachweise für alle Querschnitte oder konstruktiven Details eines Bauteils durchzuführen, die sich als versagenskritisch erweisen könnten. Die beiden nachfolgenden Punkte sowie die Auswahl der zu erbringenden Nachweise gehören deshalb zu den klassischen, verantwortungsvollen Aufgaben des Ingenieurs:

- Festlegung der kritischen Querschnitte des Bauteils, für die Festigkeitsnachweise durchzuführen sind. In der Regel werden pro Bauteil mehrere kritische Querschnitte zu überprüfen sein. Bei Schweißverbindungen sind beispielsweise der Schweißnahtübergang sowie die Schweißnahtwurzel zu betrachten.
- Festlegung der Höhe der Belastungen und der daraus resultierenden Beanspruchungen unter der Maßgabe, dass diese Annahmen sicher sind und mit hinreichender Wahrscheinlichkeit größer als die ungünstigstenfalls auftretenden Belastungen. Hier ist einschränkend anzumerken, dass eine quantifizierbare Angabe dieser Wahrscheinlichkeit bisher nur in den wenigsten Fällen möglich ist.

Die in Versuchen an Proben ermittelten Werkstoffkennwerte können nicht direkt zum Vergleich mit den Beanspruchungen an einem Bauteil herangezogen werden, weshalb zur Anpassung eines der beiden Bewertungskonzepte zu verwenden ist:

- Nennspannungskonzept
- Kerbgrundspannungskonzept

Das Nennspannungskonzept basiert auf der in den vorangegangenen Abschnitten beschriebenen Methode zur Ermittlung von Nennspannungen aus Schnittlasten, die auf eine Querschnittsfläche bzw. einen Flächenkennwert (Flächenträgheitsmoment) bezogen werden. Diese pauschalierte Betrachtungsweise hat zur Folge, dass die im Bauteil wirkenden höchsten Spannungen normalerweise immer größer sind als die berechneten Nennspannungen. Vorteilhaft ist allerdings, dass Nennspannungen für jeden kritischen Querschnitt berechnet werden können, so z.B. auch für Pressverbände, bei denen die Ermittlung örtlicher Spannungen sehr komplex ist. Das Nennspannungskonzept lässt sich besonders gut auf einfache flächenförmige und stabförmige Bauteile anwenden, hierunter fallen insbesondere auch Achsen und Wellen. Im Rahmen eines Festigkeitsnachweises nach dem Nennspannungskonzept werden die berechneten Nennspannungen im kritischen Querschnitt mit einem Bauteilfestigkeitswert verglichen, der sich aus einem Werkstoffkennwert und Korrekturfaktoren ergibt, mit denen Kerb-, Oberflächen- und Größeneinflüsse sowie Stützwirkungseffekte berücksichtigt werden.

Beim Kerbgrundspannungskonzept – oftmals auch als Örtliches Konzept bezeichnet – wird die Lebensdauer ausgehend von der elastisch-plastischen örtlichen Beanspruchung am kritischen Ort des Bauteils mit der am ungekerbten Probestab unter einachsiger Beanspruchung ermittelten Dehnungs-Wöhlerlinie verglichen. Diese Vorgehensweise erfordert die Kenntnis der örtlichen Beanspruchung und des örtlichen Werkstoffzustandes, der über zyklische Spannungs-Dehnungs-Kurven und Dehnungs-Wöhlerlinien, die elastische und plastische Anteile beinhalten, beschrieben wird. Daraus ergeben sich aufwändige rechnerische Transformationen, während beim Nennspannungskonzept die komplexe, das gesamte Spannungs-Dehnungs-Geschehen im kritischen Werkstoffvolumen (Kerbgrundbereich) enthaltende Übertragungsfunktion zwischen Belastung und Lebensdauer direkt in Form der Bauteil-Wöhlerlinie gegeben ist [3.56]. Der wesentliche Vorteil des Kerbgrundspannungskonzeptes liegt in der großen Anwendungsbreite vom Niedrigwechselfestigkeitsbereich (Low-Cycle-Fatigue – LCF) über den Zeitfestigkeitsbereich bis in den Bereich hoher Schwingspielzahlen (High-Cycle-Fatigue – HCF). Ein weiterer Vorteil ist der Einsatz bei Problemen, die nicht als Kerbfälle beschreibbar sind, bei denen also Nennspannungen und Formzahl nicht definiert werden können (z.B. Gehäuse, komplexe Mehrfachkerben). Gerade bei komplexen, volumenförmigen Bauteilen lassen sich mittels Finite-Elemente-Methode (FEM) oder Boundary-Elemente-Methode (BEM) die örtlichen Spannungen und Dehnungen ermitteln und mithilfe des Örtlichen Konzeptes bewerten. Für spröde Werkstoffe kann auch der statische Festigkeitsnachweis nach dem Kerbgrundspannungskonzept erfolgen [3.50].

Insgesamt ist die Anwendung des Kerbgrundspannungskonzeptes im Vergleich zum Nennspannungskonzept aufwändiger, wobei die Treffsicherheit der Ergebnisse nach bisheriger Erfahrung nicht besser ist als beim Nennspannungskonzept [3.56]. Aufgrund dessen werden in den nächsten Abschnitten auf der Basis des Nennspannungskonzeptes die folgenden Festigkeitsnachweise behandelt:

- Nachweis der statischen Festigkeit – Maximalbelastung (Bruch) bzw. Verformung (Streckgrenzenüberschreitung oder Fließen)
- Nachweis der Ermüdungsfestigkeit – Dauerfestigkeit und Betriebsfestigkeit
- Nachweis der Einhaltung der zulässigen Flächenpressung und Hertzschen Pressung

In Abbildung 3.77 sind schematisch die Abläufe für einen statischen Festigkeitsnachweis und einen Dauerfestigkeitsnachweis auf der linken Seite einem Betriebsfestigkeitsnachweis auf der rechten Seite gegenübergestellt. Sowohl beim statischen Festigkeitsnachweis als auch beim Dauerfestigkeitsnachweis ist die Festigkeitsbedingung erfüllt, wenn die vorhandene Spannung (Beanspruchung) kleiner oder gleich der zulässigen Spannung (Beanspruchbarkeit) ist:

$$\sigma_{vorhanden} \leq \sigma_{zulässig} = \frac{\sigma_{Werkstofffestigkeit}}{S_{erf}} \quad \text{oder} \quad \frac{\sigma_{Werkstofffestigkeit}}{\sigma_{vorhanden}} \geq S_{erf} > 1 \qquad (3.239)$$

Die zulässige Spannung $\sigma_{zulässig}$ berechnet sich aus der jeweiligen Werkstofffestigkeit $\sigma_{Werkstofffestigkeit}$ für Zug/Druck, Biegung oder Torsion, dividiert durch eine erforderliche Sicherheitszahl S_{erf} gemäß Tabelle 3.1 (siehe hierzu auch Abschnitt 3.7.3). Dabei ist zu beachten, dass selbstverständlich immer nur gleiche Spannungsarten miteinander verglichen werden können, also Zug/Druck mit Zug/Druck, Biegung mit Biegung und Torsion mit Torsion. Liegt eine kombinierte Beanspruchung z.B. aus Biegung und Torsion vor, so ist eine Vergleichsspannung zu berechnen. Da eine Vergleichsspannung den Charakter einer Normalspannung aufweist, ist diese dann nur mit einer Zugspannung zu vergleichen, obwohl die Hauptbelastungsarten Biegung und Torsion sind.

Im Gegensatz dazu werden bei einem Betriebsfestigkeitsnachweis (rechtes Diagramm) Lastkollektive, die auf gemessenen oder simulierten Beanspruchungs-Zeit-Funktionen beruhen, mit Bauteil-Wöhlerlinien verglichen; dies erfolgt im Rahmen einer so genannten Schädigungsrechnung und führt zu einer statistisch abgesicherten Lebensdauerabschätzung. Diese Vorgehensweise ist im Vergleich zum Dauerfestigkeitsnachweis erheblich genauer, erfordert jedoch einen deutlich höheren Berechnungsaufwand, da sehr viele Eingangsdaten erforderlich sind.

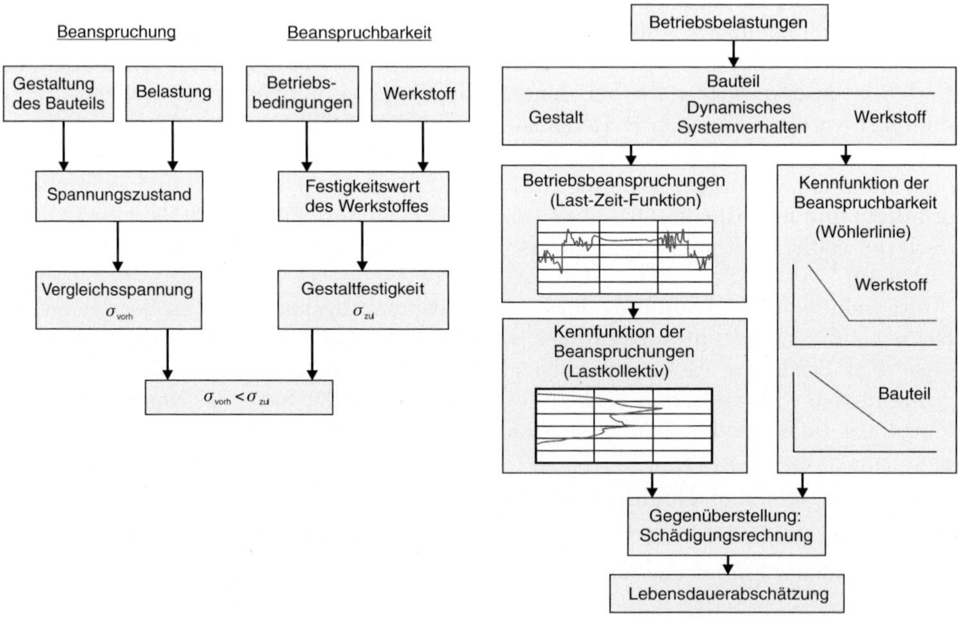

Abbildung 3.77: Statischer Festigkeitsnachweis und Dauerfestigkeitsnachweis (linke Seite) sowie Betriebsfestigkeitsnachweis (rechte Seite)

3.7.1 Statischer Festigkeitsnachweis

Die prinzipielle Vorgehensweise ergibt sich mit der Festigkeitsbedingung aus Gleichung (3.239) und dem linken Schema gemäß Abbildung 3.77. Für einen statischen Festigkeitsnachweis benötigt man nur die statischen Kenngrößen aus dem Spannungs-Dehnungs-Diagramm, also die Fließgrenze R_e oder $R_{p0,2}$ bei Berechnung der Sicherheit gegen Fließen (bleibende Verformung) bzw. bei Berechnung der Sicherheit gegen Gewaltbruch die Bruchfestigkeit R_m, Abbildung 3.78. Betrachtet man vor diesem Hintergrund die Wöhlerlinie, so befindet man sich im Bereich von einem bis zu zehn Lastwechseln. Liegt eine mehrachsige Beanspruchung vor, so ist für $\sigma_{vorhanden}$ in Gleichung (3.239) eine Vergleichsspannung mittels der bekannten Hypothesen zu berechnen. Alternativ kann jedoch auch die nachfolgende Interaktionsformel genutzt werden, bei der die jeweilige Beanspruchungsart Zug/Druck, Biegung und Torsion auf eine Teilbeanspruchbarkeit bezogen wird, so dass eine Gesamtsicherheit S ermittelt werden kann, die größer sein muss als die erforderliche Sicherheit S_{erf} gemäß Tabelle 3.1:

$$S = \frac{1}{\sqrt{\left(\frac{\sigma_{zd\max}}{\sigma_{zdFK}} + \frac{\sigma_{b\max}}{\sigma_{bFK}}\right)^2 + \left(\frac{\tau_{t\max}}{\tau_{tFK}}\right)^2}} \geq S_{erf} \tag{3.240}$$

Hierin bezeichnen σ_{zdmax}, σ_{bmax} und τ_{tmax} die vorhandenen Maximalspannungen (Nennspannungen) infolge der Betriebsbelastung und σ_{zdFK}, σ_{bFK} und τ_{tFK} die jeweilige Bauteilfließgrenze bei Zug/Druck, Biegung und Torsion. Verwendet man diese Gleichung (3.240) nur für eine Beanspruchungsart, so ergibt sich letztlich eine jeweilige Sicherheit für die einzelne Beanspruchungsart gemäß Gleichung (3.239).

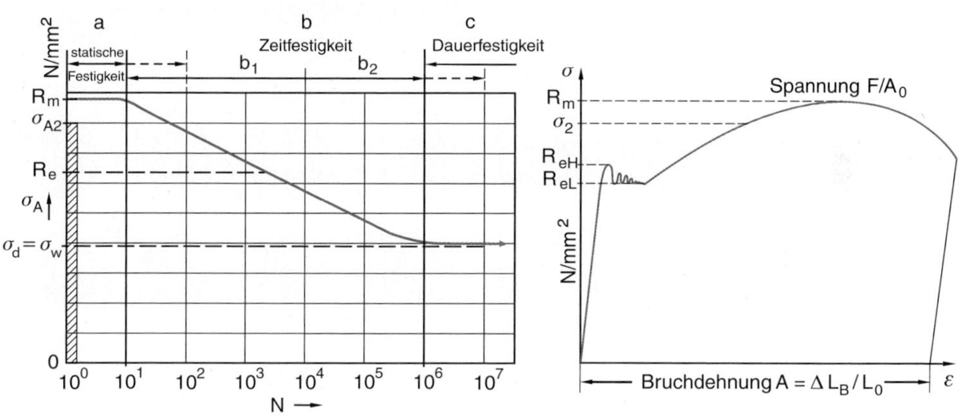

Abbildung 3.78: Kenngrößen eines statischen Festigkeitsnachweises in der Wöhlerlinie und im Spannungs-Dehnungs-Diagramm

3.7.2 Dauerfestigkeitsnachweis

Im Vergleich zum statischen Festigkeitsnachweis liegen dem Dauerfestigkeitsnachweis deutlich komplexere Zusammenhänge zugrunde, auch wenn das grundsätzliche Ablaufschema zunächst gleich ist, Abbildung 3.77. In den vorangegangenen Abschnitten wurde dies anhand der Versagensmechanismen, Einflussgrößen, Berechnungsverfahren und der Versuchstechnik zur Ermittlung von Schwingfestigkeitskennwerten dargestellt. Die folgende Aufstellung verdeutlicht, warum der Dauerschwingbruch immer noch die häufigste und schwerwiegendste Schadensursache im Maschinen- und Anlagenbau darstellt:

- Die Dauerfestigkeit eines Bauteils liegt deutlich unter der statischen Festigkeit.
- Der zeitliche Verlauf der schwingenden Betriebsbelastung ist meistens nicht genau bekannt und abgesichert.
- Schwingfestigkeitskennwerte für Bauteile stehen im Vergleich zu statischen Kennwerten aus Zugversuchen in erheblich geringerem Umfang zur Verfügung und unterliegen größeren Streuungen.
- Die Festigkeitshypothesen und Übertragungsfunktionen zwischen Probe und Bauteil sind auch heute noch teilweise lückenhaft.
- Die Dauerfestigkeit sinkt bei Verschleiß und korrosiver Umgebung auf sehr kleine Werte ab (teilweise bis auf Null).
- Häufig werden der mechanischen Schwingbeanspruchung Temperatur- und Korrosionseinflüsse überlagert, so dass zeitabhängige Versagensmechanismen auftreten können.
- Der Dauerbruch tritt ähnlich wie der Sprödbruch meist ohne Vorwarnung ein, sofern man von der Entdeckung des Anrisses absieht.
- Fehlstellen (Oberflächenkerben, Werkstofffehler) – insbesondere rissartige Fehler – senken die Dauerfestigkeit deutlich ab und sind oftmals Ausgangspunkte für Schwingbrüche.

In Abbildung 3.79 sind die Grundformen von Schwingbrüchen zusammengestellt.

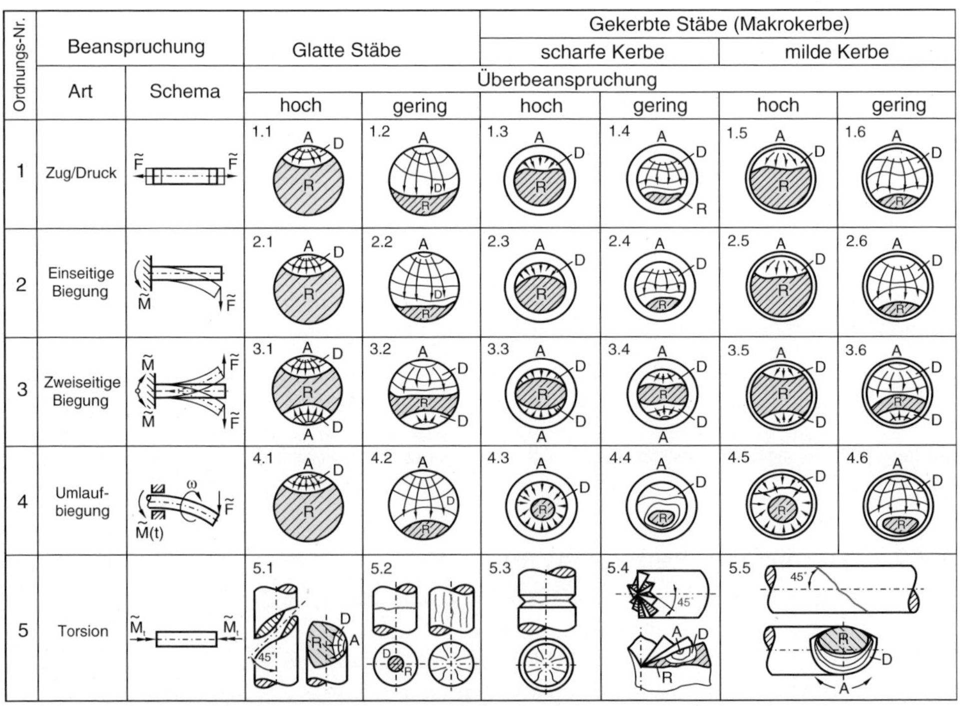

Abbildung 3.79: Grundformen von Schwingbrüchen nach [3.159]

Die Schwingbruchflächen sind mit (D) bezeichnet, die darin befindlichen Rastlinien weisen mit den Pfeilen auf den Rissfortschritt bzw. die Entwicklungsrichtung des Schwingbruches hin. Die verbleibende Restbruchfläche wird mit einem (R) gekennzeichnet, die Anrissstellen als lokale Stellen der Überbeanspruchung erhalten die Bezeichnung (A).

Eine makroskopische Betrachtung der Bruchbilder erlaubt folgende Aussagen:

- Die Anrissstellen befinden sich an der Oberfläche in den Bereichen maximaler Spannungskonzentration. Bei mehreren Kerbstellen und hoher Beanspruchung können sich auch mehrere Anrisse ausbilden.
- Fehlstellen innerhalb des Werkstoffes sind selten Ausgangspunkte eines Ermüdungsbruches.
- Das Aussehen der Rastzonen wird durch den Bruchfortschritt bestimmt. Die Schwingbruchfläche ist umso glatter, je kleiner die Beanspruchungen sind, also je länger die Rissausbreitung dauert.
- Die Rastlinienform ist abhängig von der Beanspruchungsart und der Rissausweitung.
- In der Nähe des Bruchbeginns bzw. im Bereich der kerbenartigen Fehlerstellen liegen kleine Rastlinienabstände vor.
- Stetige Beanspruchungen mit annähernd konstanten Spannungsamplituden führen zu fehlenden Rastlinien, während regelmäßige Rastlinienabstände auf periodische Wechselbeanspruchungen hindeuten.
- Hohe mittlere Beanspruchungen führen zu großen Restbruchflächen. Das Verhältnis von Schwingbruchfläche zu Restbruchfläche entspricht ungefähr dem Verhältnis von Ausschlagspannung zu Mittelspannung.
- Eine große Spannungshöhe führt neben einer großen Restbruchfläche zu mehreren Anrissen und keilförmigen Absätzen.
- Hohe Überbeanspruchungen führen zu stark zerklüfteten Bruchflächen bzw. einer groben Körnung der Bruchfläche.
- Torsionsschwingbrüche mit einem deutlich sichtbaren Bruchverlauf von 45° zur Torsionsachse entstehen durch die während der Verdrehung auftretenden Zugspannungen. Gründe hierfür sind große statische Überbeanspruchungen, Schwellbeanspruchungen mit relativ großen Mittelspannungen und Kerben.
- Liegt der Torsionsschwingbruch senkrecht oder parallel zur Torsionsachse, so liegt eine quer oder längs zur Torsionsachse wirkende Schubüberbeanspruchung vor. Ursachen hierfür können flache Oberflächenkerben, Werkstoffinhomogenitäten an der Oberfläche oder Makrokerben (Absätze, Einstiche) sein.

Abbildung 3.80 verdeutlicht anhand einer Wöhlerlinie und eines Spannungs-Dehnungs-Diagrammes, dass für einen Dauerfestigkeitsnachweis die statischen Kennwerte R_e und R_m unbrauchbar sind. Es geht vielmehr darum, dass die maximale Ausschlagsspannung σ_{a1} sämtlicher Amplituden der Beanspruchungs-Zeit-Funktion $\sigma_{a1}(t)$ für Lastwechselzahlen zwischen $N = 1$ und $N \geq 10^6$ (schraffierter Bereich) kleiner ist als die Ausschlagsdauerfestigkeit σ_{ADK}. Da man nur diese eine Maximalamplitude mit dem einen Zahlenwert der Ausschlagsdauerfestigkeit σ_{ADK} vergleicht, spricht man auch von einem quasistatischen Dauerfestigkeitsnachweis, da die Nachweisführung vergleichbar ist mit der des statischen Festigkeitsnachweises. Daraus folgt jedoch, dass das Beanspruchungsvermögen des Werkstoffes bei einem Dauerfestigkeitsnachweis nicht voll ausgeschöpft wird, da man im Zeitfestigkeitsbereich größere Amplituden als die Ausschlagdauerfestigkeit σ_{ADK} zulassen könnte. Demzufolge kann man den

Dauerfestigkeitsnachweis, bei dem nur Amplituden $\sigma_{a1}(t)$ unterhalb der Ausschlagsdauerfestigkeit σ_{ADK} zugelassen werden, als einen Sonderfall des Betriebsfestigkeitsnachweises auffassen, bei dem im Zeitfestigkeitsbereich auch Spannungsamplituden größer als die Ausschlagsdauerfestigkeit σ_{ADK} zugelassen werden. Dieses Vorgehen wird im Abschnitt zum Betriebsfestigkeitsnachweis vorgestellt. In den meisten Einsatzfällen des Maschinen- und Anlagenbaus wird man allerdings immer einen Dauerfestigkeitsnachweis anstelle eines Betriebsfestigkeitsnachweises führen müssen, da z.B. bei Eisenbahnachsen, Turbinenwellen und Anlagen mit hohen Drehzahlen (schnelllaufende Getriebewellen), großen Nutzungsdauern oder Betriebszeiten von 24 Stunden pro Tag an 365 Tagen im Jahr innerhalb kürzester Zeit die 10^6 bis 10^7 Lastwechsel erreicht bzw. überschritten werden.

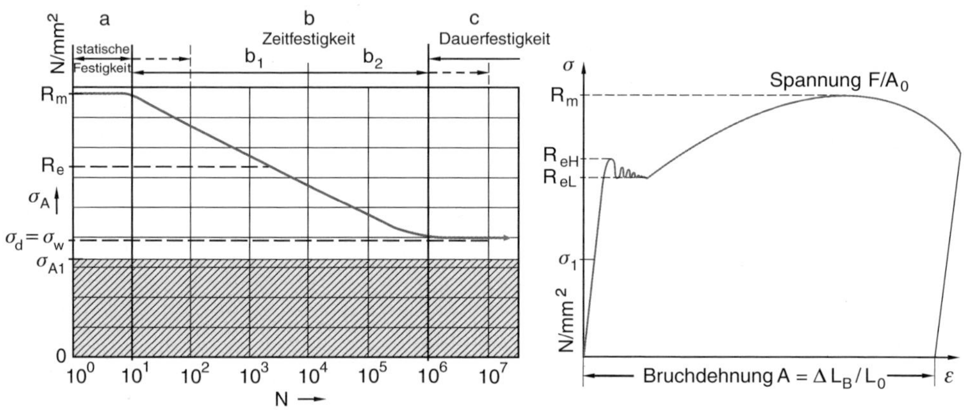

Abbildung 3.80: Kenngrößen des Dauerfestigkeitsnachweises in der Wöhlerlinie

In Analogie zum statischen Festigkeitsnachweis ist auch beim Dauerfestigkeitsnachweis Gleichung (3.239) als Festigkeitsbedingung zu erfüllen. Liegt eine kombinierte Beanspruchung aus Zug/Druck, Biegung und Torsion vor, so ist ebenfalls eine Vergleichsspannung gemäß den bekannten Spannungshypothesen zu bestimmen, alternativ kann aber auch die folgende Interaktionsformel genutzt werden, wobei für die erforderliche Sicherheit S_{erf} die Werte gemäß Tabelle 3.1 gelten:

$$S = \frac{1}{\sqrt{\left(\frac{\sigma_{zda}}{\sigma_{zdADK}} + \frac{\sigma_{ba}}{\sigma_{bADK}}\right)^2 + \left(\frac{\tau_{ta}}{\tau_{tADK}}\right)^2}} \geq S_{erf} \tag{3.241}$$

Hierin bezeichnen σ_{zda}, σ_{ba} und τ_{ta} die vorhandenen Amplituden der auftretenden Spannungen (Nennspannungen) für Zug/Druck, Biegung und Torsion infolge der Betriebsbelastung und σ_{zdADK}, σ_{bADK} und τ_{tADK} die jeweilige ertragbare Amplitude für die Beanspruchungsarten Zug/Druck, Biegung und Torsion. Im Sinne des Nennspannungskonzeptes werden diese ertragbaren Amplituden aus der Probenwechselfestigkeit unter Berücksichtigung von Kerb-, Oberflächen- und Größeneinflüssen sowie Stützwirkungseffekten ermittelt. Verwendet man diese Gleichung (3.241) nur für eine Beanspruchungsart, so ergibt sich letztlich eine jeweilige Sicherheit für die einzelne Beanspruchungsart gemäß Gleichung (3.239).

3.7.3 Kritische Anmerkungen zur Sicherheitszahl

Obwohl die Ermittlung bzw. Festlegung von Sicherheitszahlen S bzw. S_{erf} auf den ersten Blick recht einfach und plausibel erscheint, erweist es sich als problematisch, dass die im statischen Festigkeitsnachweis und im Dauerfestigkeitsnachweis verwendete Sicherheitszahl zwei voneinander unabhängige Gruppen von Einflussgrößen miteinander verknüpft, die unterschiedlichen statistischen bzw. wahrscheinlichkeitstheoretischen Verteilungen unterliegen. Würde man z.B. eine statistisch repräsentative Anzahl gleicher Bauteile im Versuch bis zum Versagen belasten, so ergäbe sich für die Beanspruchbarkeit eine glockenförmige Kurve der Ausfallhäufigkeit $H\,(B_{vers.})$ abhängig von z.B. der Maßhaltigkeit, Oberflächengüte, Werkstoffqualität und weiterer Einflussgrößen. Auf der Beanspruchungsseite wird es eine ähnliche Glockenkurve geben, da auch die Beanspruchungen einer statistischen Verteilung unterliegen (z.B. stochastische Windlasten, unregelmäßig auftretende Extremlasten, wechselnde Umgebungseinflüsse usw.). Gemäß Abbildung 3.81 wird ein Schaden immer dann auftreten, wenn ein Bauteil von statistisch geringer Festigkeit eine statistisch große vorhandene Belastung ertragen muss.

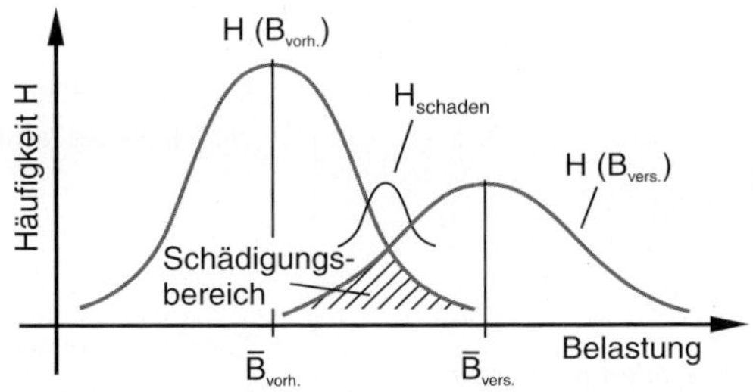

Abbildung 3.81: Schädigungsbereich infolge Schneidung der Verteilung für $B_{vorh.}$ und $B_{vers.}$

Im Überschneidungsbereich der beiden Glockenkurven wird die statistische Verteilung der Schadenshäufigkeit $H_{Schaden}$ ebenfalls glockenförmig sein [3.62]. Daraus lässt sich ableiten, dass die Schadenswahrscheinlichkeit verringert werden kann, wenn der Überschneidungsbereich verkleinert wird. Für den Fall, dass die Kurven überhaupt keinen Überschneidungsbereich aufweisen, geht die Schadenswahrscheinlichkeit gegen Null. Daraus lassen sich theoretisch fünf Maßnahmen zur Erhöhung der Sicherheit gemäß Abbildung 3.82 ableiten.

Vor dem Hintergrund einer beanspruchungsgerechten und wirtschaftlichen Werkstoffausnutzung ist gerade die letzte Maßnahme sinnvoll, wenn zur Abdeckung aller betrieblich auftretenden Lastsituationen eine „extreme“ Lastannahme getroffen werden müsste, die wahrscheinlich für den überwiegenden Normalbetrieb eine Überdimensionierung des Bauteiles bedingen würde. Neben diesen statistischen Unsicherheiten sind zusätzlich noch die Unsicherheiten zu berücksichtigen, die aus den Verfahren resultieren, mit denen aus den äußeren Lasten die inneren Beanspruchungen ermittelt werden. Derartige Unsicherheiten sind immer Anlass, die erforderliche Sicherheitszahl noch zu vergrößern. Umgekehrt führt die Forderung nach zu hohen Sicherheiten zu unwirtschaftlichen Überdimensionierungen mit der abermaligen Gefahr von Bauteilschäden. So können z.B. überdimensionierte Lager ausfallen, wenn nicht für jeden Betriebsfall die erforderliche Mindestbelastung eingehalten wird. Es ist also kritisch anzumerken, dass das im statischen Festigkeitsnachweis und im Dauerfestigkeitsnachweis verwendete Konzept der Ausweisung von Sicherheiten in seiner Aussagekraft begrenzt ist [3.90], [3.131].

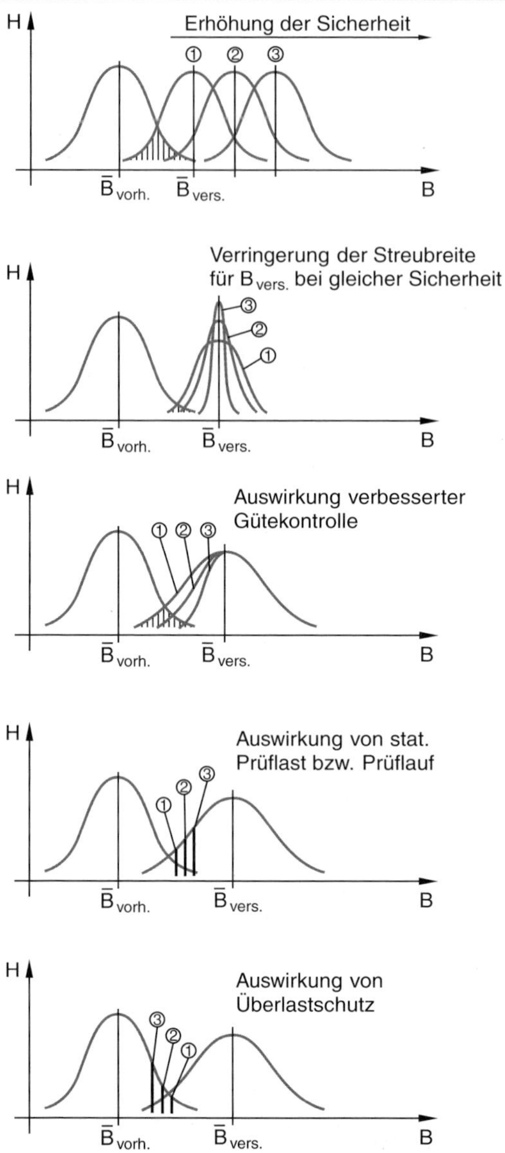

1. Vergrößerung der mittleren Bauteilbelastbarkeit $B_{vers.}$ und damit Verschiebung der Glockenkurve nach rechts. Einschränkend ergibt sich hier ein größeres Bauteil bei gleichem Werkstoff bzw. ein teureres Bauteil bei gleichen Abmessungen und der Verwendung eines höherwertigen Werkstoffes.
2. Verringerung der Streubreite für $B_{vers.}$ bei unverändertem $B_{vorh.}$ durch verbesserte technologische Bedingungen, die auch mit höheren Kosten verbunden sind.
3. Verbesserte Gütekontrolle bzgl. erkennbarer Mängel (z.B. Maßhaltigkeit, Oberflächengüte, Rissprüfung) führt zu einer asymmetrischen Verteilung der rechten Funktion $H(B_{vers.})$.
4. Aufbringen einer statischen Prüflast bei statisch belasteten Bauteilen oder Durchführung von Prüfläufen mit Schwingbelastungen bei schwingend belasteten Bauteilen. Die experimentelle Simulation von Ermüdungsbrüchen ist nur bei kurzen Prüfzeiten vertretbar.
5. Einbau von Belastungsbegrenzungen wie z.B. Überlastschutz, Rutschkupplungen u.a. zur Begrenzung der vorhandenen Belastungen B_{vorh}. Kombiniert man diese Maßnahme mit den Maßnahmen 2 bis 4, so lässt sich die Schadenswahrscheinlichkeit wesentlich verringern.

Abbildung 3.82: Maßnahmen zur Verringerung der Schadenswahrscheinlichkeit nach [3.131]

Die Nachweisführung auf der Basis von ausgewiesenen Sicherheiten erfordert vom Ingenieur hohes Verantwortungsbewusstsein (jede Menge Erfahrung) und die Bereitschaft zum vertretbaren Risiko zugleich! Die generelle Lösung des Problems liegt in der Durchführung eines Betriebsfestigkeitsnachweises, da bei diesem Verfahren die statistischen Verteilungen der Beanspruchung und der Beanspruchbarkeit in der Schädigungsrechnung in geeigneter Weise berücksichtigt werden.

3.7.4 Betriebsfestigkeitsnachweis

Die dauerfeste Auslegung schwingend beanspruchter Maschinen und Anlagen kann in vielen Fällen des Maschinen- und Anlagenbaus – nicht nur im Flugzeug- und Fahrzeugbau – zu unerwünschten Überdimensionierungen führen. Letztlich sind Maschinen und Anlagen nur dann wirtschaftlich dimensioniert, wenn die verwendeten Bauteile mit möglichst geringem Materialaufwand die erforderliche Lebensdauer mit ausreichender Funktionssicherheit gerade eben erreichen. Daraus ergibt sich die Notwendigkeit sowohl zu Überlegungen zur erforderlichen Lebensdauer als auch zu dem zu erwartenden Belastungsspektrum. Darüber hinaus sind auch statistische Eigenschaften von Werkstofffestigkeiten zu berücksichtigen. Ein Betriebsfestigkeitsnachweis muss nicht ausschließlich nur die Abschätzung der Lebensdauer bis zum Anriss umfassen. Oftmals ist auch die Abschätzung der Restlebensdauer angerissener Bauteile oder die Ermittlung einer Restfestigkeit von Interesse. Hierunter fallen auch die Auswirkungen bereits vorhandener Risse oder Fehlstellen im Neuzustand auf das Tragfähigkeitsverhalten.

Im Gegensatz zum klassischen Dauerfestigkeitsnachweis basiert ein Betriebsfestigkeitsnachweis auf dem gesetzmäßig fassbaren Zusammenhang zwischen Lebensdauer und Größe der Schwingbeanspruchung. Das Verfahren berücksichtigt dabei im Besonderen die nachfolgend aufgeführten Aspekte:

- Die Betriebsbeanspruchungen, die in der Regel zufallsartig in unterschiedlicher Größe und Häufigkeit auftreten, werden bei der Bemessung wirklichkeitsnah angesetzt.
- Die zu bemessende Konstruktion wird auf eine endliche Lebensdauer ausgelegt, die sich aus der angestrebten Nutzungsdauer ableitet.
- Die geforderte Lebensdauer wird über eine statistisch begründete Sicherheitszahl mit einem Grenzwert der Ausfallwahrscheinlichkeit verknüpft.
- Die das Schwingungsverhalten der Bauteile charakterisierenden maßgeblichen Einflüsse werkstofflicher, konstruktiver, fertigungsbedingter, betrieblicher und umgebungsbezogener Art werden entsprechend beachtet.

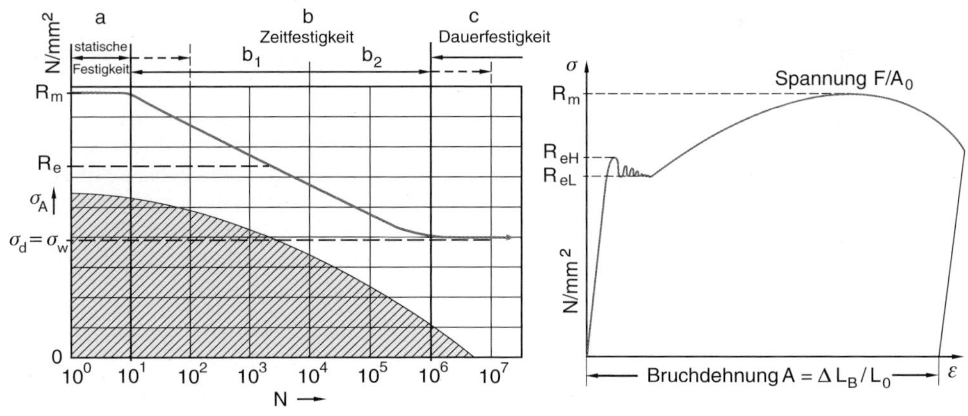

Abbildung 3.83: Zusammenhang zwischen Lastkollektiv und Wöhlerlinie beim Betriebsfestigkeitsnachweis

Das Verfahren ist schematisch auf der rechten Seite der Abbildung 3.77 wiedergegeben. Im Rahmen einer Schädigungsrechnung wird die Kennfunktion der Beanspruchungen, gegeben durch das Lastkollektiv, der Kennfunktion der Beanspruchbarkeit, in der Regel gegeben durch eine Wöhlerlinie, gegenübergestellt. Da sowohl die Ermittlung des Lastkollektivs als auch die versuchstechnische Ermittlung einer Wöhlerlinie auf der

Grundlage statistischer Gesetzmäßigkeiten erfolgen, ist die am Ende des Betriebsfestigkeitsnachweises stehende Lebensdauerabschätzung entsprechend statistisch abgesichert. In Abbildung 3.83 ist der direkte Zusammenhang zwischen Lastkollektiv (schraffierter Bereich) und Wöhlerlinie wiedergegeben. Dabei werden im Unterschied zum klassischen Dauerfestigkeitsnachweis auch maximale Ausschlagspannungen σ_{a1} im Zeitfestigkeitsbereich zugelassen und berücksichtigt, die größer sind als die Ausschlagsdauerfestigkeit σ_{ADK}. Anhand des Spannungs-Dehnungs-Diagrammes wird deutlich, dass die statischen Festigkeitskennwerte für einen Betriebsfestigkeitsnachweis ohne jede Bedeutung sind.

Die Art und Weise der realitätsnahen Berücksichtigung der betrieblich auftretenden Beanspruchungen zur Bemessung eines Bauteils ist beim Betriebsfestigkeitsnachweis erheblich differenzierter als die pauschalisierte Betrachtung durch Erhöhungsfaktoren im Rahmen einer quasistatischen Bemessung. Daraus ergeben die beiden Ziele einer Bauteilauslegung nach den Grundsätzen der Betriebsfestigkeit besonders deutlich:

- Das vorzeitige Bauteilversagen durch Schwingbruch oder gefährlichen Schwinganriss ist mit der notwendigen, statistisch abgesicherten Sicherheit auszuschließen.
- Das Erreichen der geforderten endlichen Lebensdauer ist ohne eine Überbemessung der gefährdeten Querschnitte und ohne unnötigen Fertigungsaufwand auf wirtschaftliche Weise zu erfüllen.

In den folgenden Abschnitten werden nun die erforderlichen Arbeitsschritte für einen Betriebsfestigkeitsnachweis vorgestellt. Hierzu gehören die Klassierverfahren zur Ermittlung von Lastkollektiven, die Aufbereitung und Extrapolation der Kollektive, die Anwendung von Schadensakkumulationshypothesen sowie abschließend die Lebensdauerberechnung verknüpft mit einer Ausfallwahrscheinlichkeit.

3.7.4.1 Klassierverfahren zur Ermittlung von Lastkollektiven

Mithilfe eines Klassierverfahrens wird ein gemessener oder simulierter analoger oder digitaler Signalverlauf umgesetzt in zählbare Ereignisse (Funktionswerte) bei gleichzeitiger Einteilung des untersuchten Wertebereiches in Klassen zur Einordnung dieser Funktionswerte. Wesentliches Merkmal der Klassierverfahren – auch statistische Zählverfahren genannt – ist die selektive Berücksichtigung der Kenngrößen Minimalspannung, Maximalspannung, Mittelspannung und Spannungsamplitude, die ein Schwingspiel gemäß Abbildung 3.45 charakterisieren. Wird nur eine dieser Schwingspielkenngrößen betrachtet, so spricht man von einem einparametrigen Zählverfahren, entsprechend von einem zweiparametrigen, wenn zwei Kenngrößen (z.B. Amplitude und Mittelspannung) erfasst werden. In allen Fällen gehen bei der Komprimierung der Beanspruchungs-Zeit-Funktion zu Kollektiven mittels Klassierverfahren Informationen über Frequenz und Reihenfolge der Schwingspiele verloren. Die wichtigsten einparametrigen Zählverfahren sind gemäß DIN 45 667 genormt [3.18]. In dem mittlerweile nicht mehr gültigen DDR-Standard TGL 33 787/01 finden auch die zweiparametrigen Zählverfahren Berücksichtigung. Gerade die Bedeutung der zweiparametrigen Zählverfahren – in diesem Zusammenhang sei besonders das Rain-Flow-Verfahren erwähnt – nimmt immer mehr zu, da es nach heutigem Kenntnisstand die für die Lebensdauer maßgebliche Werkstoffschädigung am besten erfasst [3.156], [3.166].

Stellvertretend für die verschiedenen einparametrigen Zählverfahren zeigt Abbildung 3.84 beispielhaft die Anwendung des Klassendurchgangsverfahrens – auch Klassengrenzenüberschreitungszählverfahren (KGÜZV) genannt – auf eine Beanspruchungs-Zeit-Funktion und das daraus entstehende Kollektiv. Nach einer Einteilung des Wertebereiches der Beanspruchungs-Zeit-Funktion in äquidistante Klassen wird bei jeder Überschreitung einer Klassengrenze eine Zählung ausgelöst. Dabei ist zu berücksichtigen, dass bei der Bezugslinie (Null-Linie) und bei den Grenzen der positiven Klassen alle von der Bezugslinie ins Positive gerichteten Durchgänge und bei den negativen Klassengrenzen die von der Bezugslinie ins Negative gerichteten Durchgänge gezählt werden. Das mit diesem Verfahren ermittelte Beanspruchungskollektiv hat den Charakter einer Summenhäufigkeitskurve; es ist ein Maß dafür, wie oft die absolute Beanspruchungshöhe innerhalb der betrachteten Messzeit eine bestimmte Größe erreicht bzw. übersteigt. Weitere einparametrige Zählverfahren sind in der entsprechenden Fachliteratur beschrieben [3.56].

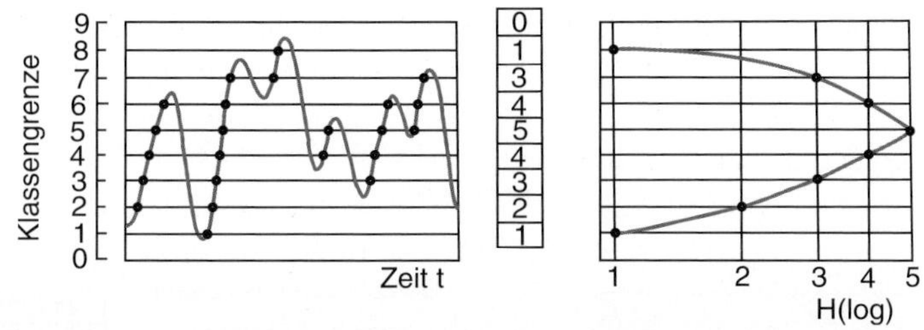

Abbildung 3.84: Klassendurchgangsverfahren nach DIN 45 667 und Kollektiv nach [3.56]

Beim zweiparametrigen Rain-Flow-Zählverfahren gemäß Abbildung 3.85 werden geschlossene Hysteresen betrachtet, so dass für jede Hysterese Informationen über die zwei Parameter Ausschlagsspannung und Mittelspannung erfasst werden. Der verwendete Algorithmus leitet sich aus der Vorstellung des Regenflusses (Rain-Flow) von einem japanischen Pagodendach ab, hierzu stelle man sich Abbildung 3.85 um 90° im Uhrzeigersinn gedreht vor. Vollzyklen werden von zwei Halbzyklen gebildet, die die gleiche Schwingbreite haben und ein gemeinsames Maximum oder Minimum besitzen. Das Zählverfahren lässt sich anhand der Betrachtung einer Spannungs-Dehnungs-Kurve (Hysterese) gut veranschaulichen. Abbildung 3.86 zeigt die für die Beanspruchungs-Zeit-Funktion nach Abbildung 3.85 entstehenden Spannungs-Dehnungs-Hysteresen, die innerhalb der durch die maximalen Extremwerte gebildeten Hysterese liegen, und ihre Ablage in Matrixform.

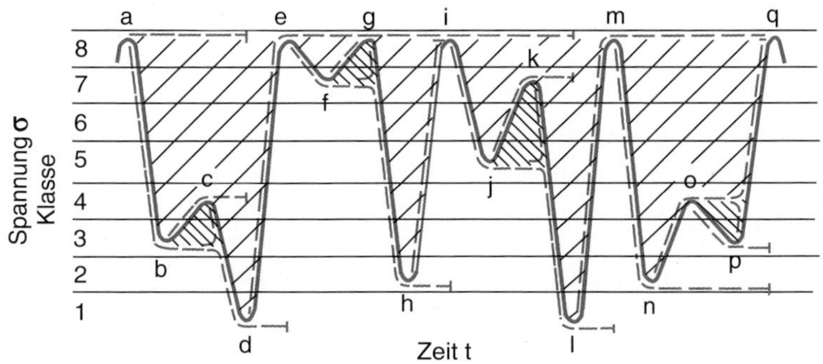

Abbildung 3.85: Rain-Flow-Zählverfahren nach [3.56]

Diese Form der Erfassung von Hysteresen stellt eine sinnvolle Beschreibung der die Werkstoffschädigung verursachenden Beanspruchungen dar. Man betrachtet aus diesem Grund das Rain-Flow-Verfahren heute als das Zählverfahren, mit dem der Schädigungsinhalt einer Beanspruchungs-Zeit-Funktion am besten erfasst werden kann. Darüber hinaus lassen sich aus einer Rain-Flow-Matrix auch die Ergebnisse der einparametrigen Zählverfahren ableiten. Während das Beispiel gemäß Abbildung 3.85 nur geschlossene Zyklen enthält, bleiben in der Realität häufig Halbzyklen übrig, die nicht mehr geschlossen werden können, das so genannte Residuum. Das größtmögliche Residuum einer beliebig langen Beanspruchungs-Zeit-Funktion umfasst maximal eine auf- und eine abklingende Folge von Halbzyklen. Insbesondere bei kurzen Beanspruchungs-Zeit-Funktionen können schädigungsrelevante Beanspruchungen als Residuum abgelegt werden, wenn sich die Hysteresen nicht schließen lassen. So weist z.B. eine gedämpfte Schwingung keine einzige geschlossene Hysterese auf. In solchen Fällen ist das Residuum bei der Lebensdauerabschätzung in Form halber Schwingspiele zu berücksichtigen [3.56].

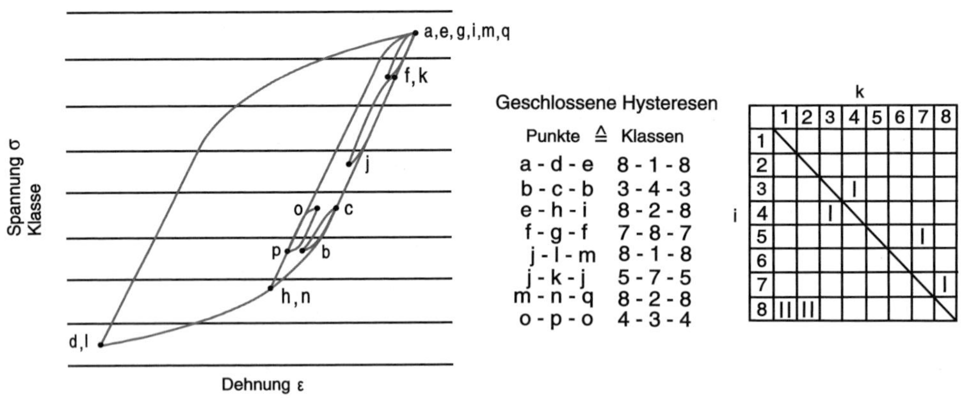

Abbildung 3.86: Hysterese und Matrix beim Rain-Flow-Verfahren nach [3.56]

3.7.4.2 Aufbereitung der gemessenen Kollektive – Kollektivextrapolation

Die kennzeichnenden Parameter eines Kollektivs sind:

- Kollektivumfang
- Kollektivform
- Kollektivgrößt- und Kollektivkleinstwert (positiver und negativer Höchstwert)

In den meisten Fällen liegen die gemessenen Kollektive getrennt für die jeweilige Beanspruchungsart (Zug/Druck, Biegung, Torsion) vor. Das erlaubt zunächst eine detaillierte Analyse des Anteils einer Einzelkomponente am insgesamt auftretenden Beanspruchungsgeschehen. Um jedoch eine Lebensdauerabschätzung durchführen zu können, sind die Einzelkomponenten in ein Gesamtkollektiv zu überführen, das den Charakter eines Normalspannungskollektivs aufweist [3.8].

Diese Normalspannungskollektive repräsentieren als Ergebnis einer Stichprobe nur einen kleinen Ausschnitt aus dem Beanspruchungsgeschehen, dem das Bauteil oder die Anlage während ihrer gesamten Nutzungszeit t_N unterliegt. Demzufolge sind die Kollektive vom Messumfang der Zeitdauer t_M und der dazugehörenden Lastwechselzahl N_M auf den Umfang N_N zu extrapolieren, der der gesamten interessierenden Nutzungszeit t_N entspricht. Hierzu werden in einem ersten Schritt die Überschreitungshäufigkeiten des Kollektivs mit dem Faktor $t_N/\ t_M$ oder $N_N/\ N_M$ multipliziert, was einer Rechtsverschiebung des Kollektivs entspricht. Der zweite Schritt betrifft die Verlängerung der Kollektiväste zum minimalen und maximalen Extremwert des Kollektivs. Abbildung 3.87 verdeutlicht die Vorgehensweise. Zur Verlängerung der Kollektiväste wird die Extrapolation mithilfe des Kollektivhöchstwertes vorgenommen. Hierzu wird die gemessene Beanspruchungs-Zeit-Funktion in charakteristische Abschnitte eingeteilt, innerhalb derer das absolute Maximum und das absolute Minimum ermittelt werden. Diese Perioden sollten in der Regel Schichten, Tage, Wochen oder Monate umfassen, um die Wahrscheinlichkeit der Erfassung von Sonderereignissen zu erhöhen.

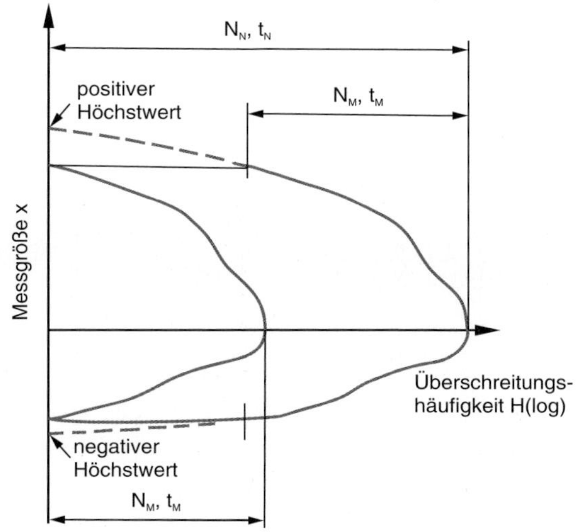

Abbildung 3.87: Extrapolation mithilfe des Kollektivhöchstwertes nach [3.56]

Die so ermittelten Maxima und Minima folgen einem eigenen Verteilungsgesetz. In den meisten Fällen sind die Extremverteilungen durch logarithmische Normalverteilungen beschreibbar, so dass sich im zugehörigen Wahrscheinlichkeitspapier durch die Extremverteilung eine Gerade legen lässt. Zur Anwendung des Verfahrens sind zunächst die relativen Überschreitungshäufigkeiten $P_ü$ der Extremwerte mittels der Näherungsformel nach Rossow zu bestimmen [3.111]:

$$P_Ü = \frac{3 \cdot m - 1}{3 \cdot n + 1} \cdot 100\,\% \tag{3.242}$$

Dabei bezeichnet n die Anzahl und m die Ordnung ($m = 1 \ldots n$) der Stichproben. Diese Werte werden in ein Wahrscheinlichkeitsnetz eingetragen und man erhält ein Diagramm gemäß Abbildung 3.88. Zur Durchführung der Extrapolation ist das Wahrscheinlichkeitsnetz mit einer zweiten Ordinate zu versehen, auf der die so genannte Wiederkehrperiode d (return period) der Extremwertverteilung abgetragen wird. Die Entstehung dieser Wiederkehrperiode lässt sich in Anlehnung an Gumbel wie folgt erklären [3.6], [3.57]: Die Wahrscheinlichkeit, dass ein Extremwert in einem Belastungsabschnitt einmal erreicht oder überschritten wird, sei $P_ü$. Der Reziprokwert dieser Wahrscheinlichkeiten ist dann gleich der Anzahl d von Beobachtungen (Belastungsabschnitten), die notwendig sind, damit der zugehörige Extremwert x_e einmal (nach den Gesetzmäßigkeiten der Wahrscheinlichkeit, d.h. im Mittel) erreicht oder überschritten wird:

$$d\left(x_e\right) = \frac{100\ \%}{P_Ü\left(x_e\right)} \tag{3.243}$$

Schicht Nr.	F (MN)	Ordn.-Zahl m	$P_ü$(%)
3	2,95	1	3,6
12	2,75	2	9,1
1	2,42	3	14,5
8	2,33	4	20,0
13	2,11	5	25,5
5	2,05	6	31,0
16	2,04	7	36,4
6	1,93	8	41,8
18	1,90	9	47,3
9	1,75	10	52,7
14	1,71	11	58,2
17	1,63	12	63,6
11	1,55	13	69,1
7	1,52	14	74,5
10	1,50	15	80,0
4	1,47	16	85,5
2	1,21	17	91,0
15	1,11	18	96,4

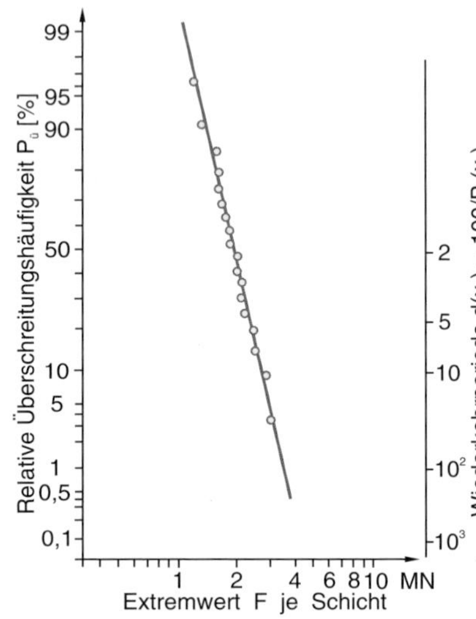

Abbildung 3.88: Extremwertverteilung im Wahrscheinlichkeitsnetz nach [3.6]

Für den Extremwert x_e der einmal mit $P_ü$ = 50 % überschritten wird, sind es demnach d = 2, für denjenigen mit $P_ü$ = 10 % sind es d = 10 Belastungsabschnitte usw. Diese Berücksichtigung der Wiederkehrperiode erlaubt es, jeden Punkt einer beliebigen Extremwertverteilung mit einem beliebigen anderen in Zusammenhang setzen zu können, wobei die Verknüpfung über die Anzahl der Beobachtungen hergestellt wird. Gemäß Gleichung (3.243) ist die Wiederkehrperiode auf eine Wahrscheinlichkeit von 100 % bezogen, im Sinne des Sicherheitsgedanken sollten aber auch geringere Wahrscheinlichkeiten des Auftretens von Extremwerten berücksichtigt werden können. Der Zähler in Gleichung (3.243) ist dann entsprechend der gewählten Bezugswahrscheinlichkeit zu modifizieren (z.B. $P_ü$ = 90, 50 oder 10 %) und die rechte Ordinate in Abbildung 3.88 ist diesbezüglich zu skalieren. Eine derart vorgenommene Kollektivextrapolation auf der Basis von Extremwerten führt vor dem Hintergrund der zugrunde liegenden statistischen Aussagen zu zuverlässigen Ergebnissen. Je länger man die Extremwerte erfasst und je kürzer der Extrapolationszeitraum gewählt wird, desto sicherer wird die Extrapolation. Im Anschluss an die Extrapolation wird das Kollektiv in ein Amplitudenkollektiv überführt, damit es zum direkten Vergleich mit einer Wöhlerlinie in einer dieser entsprechenden Auftragsform vorliegt. Abbildung 3.89 zeigt schematisch die Vorgehensweise für häufig vorliegende Kollektivformen.

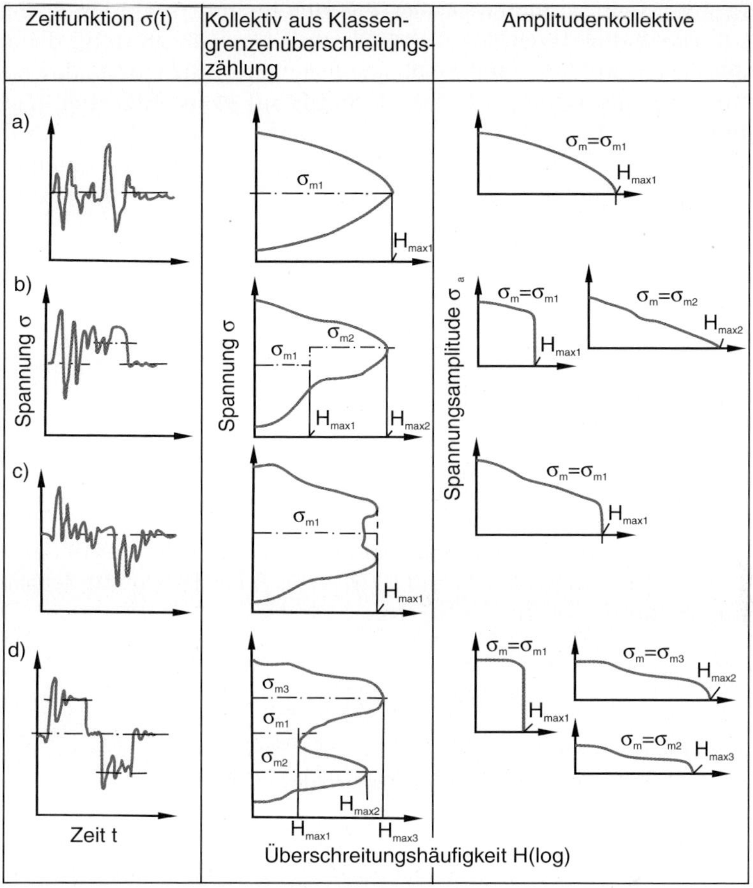

Abbildung 3.89: Zur Transformation in ein Amplitudenkollektiv nach [3.56]

Das Gesamtkollektiv wird in mehrere Teilkollektive mit den jeweiligen Überschreitungshäufigkeiten $H_{ü,i}$ und den Mittellasten $F_{m,i}$ nach Abbildung 3.89 zerlegt. Nach dieser Zerlegung wird jedes Kollektiv gemäß Abbildung 3.90 getreppt bzw. in Stufen unterteilt.

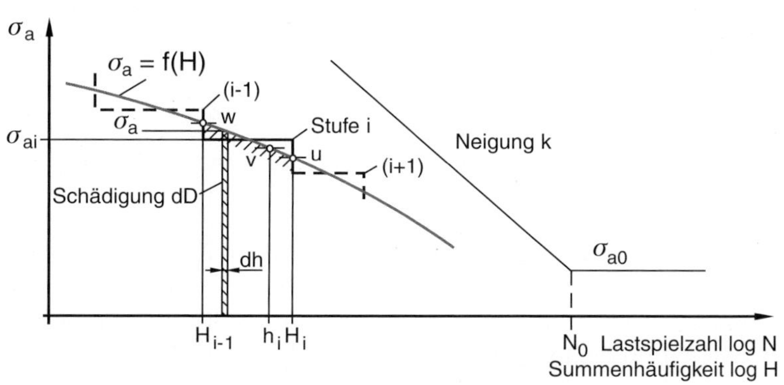

Abbildung 3.90: Rechnerische Treppung eines Amplitudenkollektivs nach [3.62]

Im Folgenden wird ein Verfahren gezeigt, das sich besonders für den Rechnereinsatz eignet [3.62]. Das Kollektiv wird einer Wöhlerlinie gegenübergestellt, die sich durch die Ecklastwechselzahl N_0 sowie die Neigung k der Zeitfestigkeitsgeraden beschreiben lässt. Die Treppung des Kollektivs erfolgt in Bezug auf die Häufigkeiten H_i. Zu diesen Häufigkeiten werden dann die zugehörigen Spannungsamplituden σ_{ai} für die einzelnen Stufen aus der Forderung gleicher Schädigung bestimmt. Eine Spannungsamplitude σ_a, die nach dem stetigen Kollektiv mit der Häufigkeit dh auftritt, führt zu einem Schädigungsanteil dD von:

$$dD = \frac{dh}{N(\sigma_a)} = \frac{dh \cdot \sigma_a^k}{N_0 \cdot \sigma_{a0}^k} \tag{3.244}$$

Innerhalb der vorgegebenen Stufengrenzen H_{i-1} und H_i folgt für die Schädigung D_i aufgrund aller Spannungsamplituden σ_a das Integral:

$$D_i = \int_{H_{i-1}}^{H_i} dD = \int_{H_{i-1}}^{H_i} \frac{\sigma_a^k}{N_0 \cdot \sigma_{a0}^k} \cdot dh \tag{3.245}$$

Dieser Schädigungsanteil soll dem Schädigungsanteil äquivalent sein, der sich durch die ersatzweise aufzubringenden $h_i = 0{,}5\ (H_i - H_{i-1})$ Lastspiele mit der zugehörigen Spannungsamplitude σ_{ai} ergibt:

$$D_i = \frac{h_i \cdot \sigma_{ai}^k}{N_0 \cdot \sigma_{a0}^k} \tag{3.246}$$

Durch Gleichsetzen der Gleichungen (3.245) und (3.246) erhält man für die gesuchte Spannungsamplitude $\sigma_{ai}{}^{k}$) der schädigungsgleichen Stufe i:

$$\sigma_{ai}^k = \frac{1}{(H_i - H_{i-1})} \cdot \int_{H_{i-1}}^{H_i} \sigma_a^k \cdot dH \tag{3.247}$$

Ist das zu treppende Kollektiv durch $\sigma_a = \sigma_a\ (H)$ formelmäßig beschreibbar, so lässt sich die Spannungsamplitude σ_{ai} für jede Stufe i mithilfe des Integrals aus Gleichung (3.247) berechnen. Besteht kein formelmäßiger Zusammenhang zwischen Summenhäufigkeit und Spannungsamplitude des Kollektivs – das ist in der Regel bei gemessenen Kollektiven der Fall –, so wird die Kollektivtreppung als Näherungsverfahren eingesetzt [3.62]. Zunächst wird der Funktionsverlauf des Kollektivs im Bereich der Stufe i durch ein quadratisches Polynom angenähert:

$$\sigma_a^k = A + B \cdot (H - H_{i-1}) + C \cdot (H - H_{i-1})^2 \tag{3.248}$$

Setzt man diese Gleichung (3.247) in Gleichung (3.246) ein und integriert in den vorgegebenen Grenzen, so ergibt sich:

$$\sigma_{ai}^k = A + \frac{B}{2} \cdot (H_i - H_{i-1}) + \frac{C}{3} \cdot (H_i - H_{i-1})^2 \tag{3.249}$$

Die Konstanten A, B und C lassen sich durch Einsetzen der drei Ordinatenwerte der Punkte u, v und w in Gleichung (3.248) ermitteln. Das Einsetzen der bestimmten Konstanten in Gleichung (3.249) führt zu der folgenden Gleichung, die eine Kollektivtreppung mit guter Genauigkeit ermöglicht:

$$\sigma_{ai}^k = \frac{1}{6}u^k + \frac{4}{6}v^k + \frac{1}{6}w^k \tag{3.250}$$

Für die höchste Stufe des Kollektivs mit $i = 1$ wird $H_i = H_1 = 2$ und $H_{i-1} = 0$ gewählt. Dann kann die Spannungsamplitude σ_{a1} der ersten Stufe gleich dem Kollektivhöchstwert gesetzt werden, der zugleich wegen $0{,}5\ (H_i - H_{i-1}) = 1$ mit dem Ordinatenwert v übereinstimmt. Ein nach diesem Verfahren getrepptes Kollektiv sollte mindestens acht Stufen aufweisen.

3.7.4.3 Lineare Schadensakkumulationshypothesen und Lebensdauerberechnung

Das Kollektiv als Kennfunktion der Beanspruchung und die Wöhlerlinie als Kennfunktion der Beanspruchbarkeit sind nun im Rahmen einer Schädigungsrechnung gegenüberzustellen, um eine Lebensdaueraussage treffen zu können. Der verbleibende Rest der Lebensdauer eines Bauteiles nimmt mit steigender Lastwechselzahl unabhängig von der Art – einstufig oder mehrstufig – der Beanspruchungs-Zeit-Funktion ab. Die Lebensdauer einstufig schwingend beanspruchter Bauteile lässt sich unmittelbar aus der Wöhlerlinie ablesen. Liegt eine mehrstufige oder regellose Schwingbeanspruchung vor, so ist diese Möglichkeit zunächst nicht gegeben, da die Wöhlerlinien nur unter einstufigen Schwingbeanspruchungen ermittelt werden. Die für eine Lebensdauerabschätzung notwendige Lebensdauerlinie, die auf der Basis einer mehrstufigen und regellosen Schwingbeanspruchung ermittelt wird, ist in den seltensten Fällen verfügbar. Sie gilt nur für die zugehörige Beanspruchungs-Zeit-Funktion und ist somit nicht verallgemeinerungsfähig.

Zur Lösung dieser Problematik bedient man sich der im Folgenden dargestellten linearen Schadensakkumulationshypothesen, die eine Verknüpfung der aus mehrstufigen Schwingbeanspruchungen gewonnenen Kollektive mit dem aus Einstufenversuchen resultierenden Wöhlerlinien erlauben. Dabei sind grundsätzliche Aspekte zu berücksichtigen:

- Das Verhalten sollte unabhängig vom Werkstoff, vom Beanspruchungskollektiv, von der Formzahl und von Lastwechselzahlbereichen anwendbar sein.
- Das Verfahren muss in der Durchführung einfach sein und darf zur Bestimmung von Verfahrenskonstanten keine zusätzlichen Versuche erfordern, die durch die Anwendung des Verfahrens eigentlich eingespart werden sollen.
- Die Genauigkeit und die Zuverlässigkeit des Verfahrens sollten reproduzierbar sein.

Die erstmalige Anwendung einer Schadensakkumulationshypothese geht auf die Arbeiten von Palmgren und Miner sowie Langer zurück [3.83], [3.91], [3.99]. Dabei werden die aus der Kollektivtreppung für den Beanspruchungshorizont σ_{ai} bekannten Lastwechselzahlen h_i einer jeden Stufe i mit der für den identischen Beanspruchungshorizont jeweils ertragbaren Lastwechselzahl N_i der Wöhlerlinie ins Verhältnis gesetzt und summiert:

$$D = \sum_{i=1}^{I} \frac{h_i}{N_i} \tag{3.251}$$

Das Bauteilversagen tritt ein, wenn die Schadenssumme des Kollektivs den Wert $D = 1$ erreicht. Bei der Anwendung des Verfahrens nach Palmgren-Miner ist zu beachten, dass Schwingbeanspruchungen, die unterhalb der Dauerfestigkeit liegen, bei der Schadensakkumulation unberücksichtigt bleiben, Abbildung 3.91.

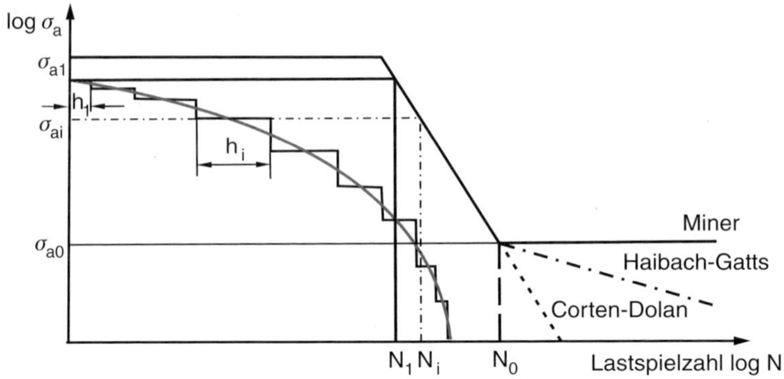

Abbildung 3.91: Lineare Schadensakkumulationshypothesen

Obwohl eine Vielzahl von Untersuchungen gezeigt hat, dass die Schadenssummen für das Bauteilversagen auf der Basis der originalen Miner-Regel im Mittel beim Wert $D = 1$ liegen, wurden zum Teil erhebliche Streuungen um diesen Wert festgestellt, die eine sichere Lebensdauerabschätzung erschweren. Zur Verbesserung der Aussagefähigkeit wurde deshalb von Corten und Dolan vorgeschlagen, auch Schwingbeanspruchungen unterhalb der Dauerfestigkeit in die Schadensakkumulation mit einzubeziehen, da letztlich jedes Schwingspiel – unabhängig vom Beanspruchungshorizont – zu einer Werkstoffschädigung führt [3.9], [3.62]. Diese ebenfalls in Abbildung 3.91 wiedergegebene lineare Schadensakkumulationshypothese wird in der Literatur auch häufig als elementare Miner-Regel bezeichnet. Aufgrund bruchmechanischer Überlegungen schlägt Haibach vor, die Zeitfestigkeitsgerade mit der Steigung k der Wöhlerlinie im Dauerfestigkeitsbereich – im Gegensatz zu Corten und Dolan – nur mit der halben Steigung $(2k - 1)$ zu verlängern [3.62]. Dieses Vorgehen wird auch als modifizierte Miner-Regel benannt, Abbildung 3.91. Eine weitere Modifikation der Miner-Regel stellt die relative Miner-Regel dar. In ihrer einfachsten Form wird anstelle der Schadenssumme $D = 1$ eine Schadenssumme D ungleich 1 gesetzt. Da aus Untersuchungen bekannt ist, dass ca. 94 % aller nach der originalen Miner-Regel berechneten Schadenssummen oberhalb von $D = 0{,}3$ liegen, stellt eine Begrenzung der Schadenssumme auf $D = 0{,}3$ eine sichere Abschätzung dar. Wegen dieser Unsicherheiten, mit denen eine Lebensdauerabschätzung auf der Basis linearer Schadensakkumulationshypothesen behaftet ist, wurden Ansätze zur nichtlinearen Schadensakkumulation aufgestellt [3.62]. Von diesen Verfahren wird eine wesentliche Verbesserung der Treffsicherheit der Ergebnisse erwartet, da das reale Ermüdungsgeschehen in die Berechnung mit einbezogen wird. Die Durchführung des Berechnungsverfahrens setzt jedoch zur Ermittlung zusätzlicher Kennwerte ergänzende Schwingfestigkeitsversuche voraus, die hinsichtlich ihres Aufwandes mit einem experimentellen Lebensdauernachweis für das interessierende Bauteil vergleichbar sind. Dieser Nachteil schränkt die praktische Anwendbarkeit des Verfahrens erheblich ein. Somit lässt sich abschließend feststellen, dass bis heute zur Lebensdauerabschätzung auf der Basis der Miner-Regel keine einfacher zu handhabenden oder wirtschaftlichen Alternativen gefunden werden konnten [3.62].

3.7.4.4 Lebensdauer und Ausfallwahrscheinlichkeit

Die Grundvoraussetzung für den wirtschaftlichen Betrieb von Maschinen und Anlagen ist eine möglichst hohe Verfügbarkeit. Statistisch lässt sich diese Verfügbarkeit durch den Begriff der Ausfallwahrscheinlichkeit P_A ausdrücken. Die Ausfallwahrscheinlichkeit gibt den Prozentsatz von Ausfällen an, mit dem bei gleichen Bauteilen bzw. Anlagenkomponenten während einer geforderten Lebensdauer zu rechnen ist. Ausgehend von einer Schadenssumme D und einer Nutzungszeit t_N, die einem Kollektiv mit einer Überschreitungshäufigkeit von $H_ü = 10^6$ entspricht, berechnet sich die zu erwartende Lebensdauer $L_{(P_A=50\,\%)}$ zu:

$$L_{(P_A=50\,\%)} = \frac{1}{D} \cdot t_N \tag{3.252}$$

Die Ausfallwahrscheinlichkeit von $P_A = 50\,\%$ liegt darin begründet, dass die versuchstechnisch ermittelten Kennwerte der Beanspruchbarkeit durch ihre Mittelwerte charakterisiert werden. Die für ein Bauteil oder eine Anlagenkomponente zu fordernde Ausfallwahrscheinlichkeit hängt hauptsächlich von der Bedeutung und der Aufgabe innerhalb des Produktionsprozesses ab, in den meisten Fällen liegt sie jedoch deutlich unterhalb des 50 %-Wertes. So wird z.B. in der Stahlindustrie mit Ausfallwahrscheinlichkeiten von $P_A = 10\,\%$ gerechnet, liegen hohe sicherheitstechnische Anforderungen vor, so ist dieser Wert noch erheblich geringer anzusetzen. Somit ist die als Ergebnis einer Lebensdauereinschätzung vorliegende Lebensdauer $L_{(P_A=50\,\%)}$ mit einer Ausfallwahrscheinlichkeit von $P_A = 50\,\%$ auf die interessierende Lebensdauer mit der entsprechend geforderten Ausfallwahrscheinlichkeit von x % für das Bauteil umzurechnen:

$$L_{(P_A=x\,\%)} = \frac{L_{(P_A=50\,\%)}}{i_L \cdot j} \tag{3.253}$$

Die lebensdauerbezogene Sicherheitszahl i_L und der Risikofaktor j werden dabei aus Diagrammen entnommen. Hierzu ist zunächst die Streuung der Bauteillebensdauer L für eine Ausfallwahrscheinlichkeit von 10 % und 90 %, die häufig auch als Streumaß T bezeichnet wird, zu bestimmen:

$$T = \frac{L_{(P_A=10\,\%)}}{L_{(P_A=90\,\%)}} \tag{3.254}$$

Neben der Streuung der Werkstoffkennwerte gehen weitere Einflüsse – z.B. Abweichungen von den zugrunde gelegten Kollektiven – in die Streuung der Bauteillebensdauer ein. Liegen keine gesicherten Erkenntnisse über die Streuung vor, wird folgende Abschätzung empfohlen [3.56]:

$$T = \frac{1}{5} \cdots \frac{1}{6} \tag{3.255}$$

Mithilfe des Streumaßes T und der geforderten Ausfallwahrscheinlichkeit P_A lassen sich dann aus Abbildung 3.92 die lebensdauerbezogene Sicherheitszahl i_L und der Risikofaktor j bestimmen.

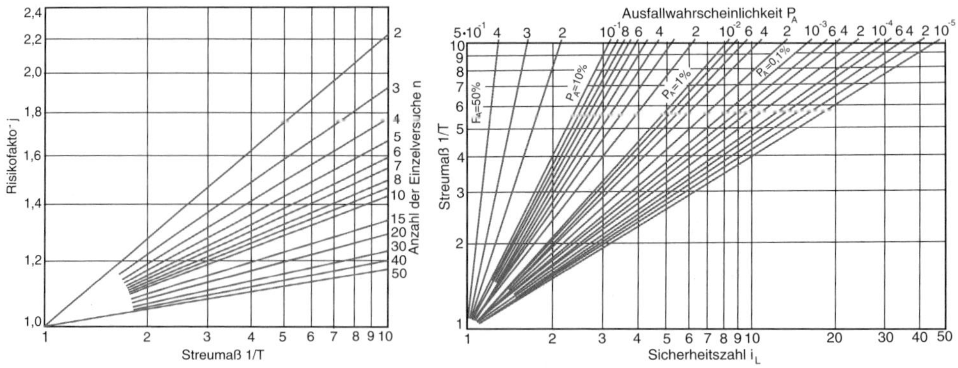

Abbildung 3.92: Lebensdauerbezogene Sicherheitszahl und Risikofaktor

Der Risikofaktor j berücksichtigt die möglichen Abweichungen der versuchstechnisch ermittelten von der „wahren" Wöhlerlinie. Zur Bestimmung des Risikofaktors müssen das Streumaß sowie die Anzahl der Einzelversuche n – unabhängig vom Spannungsniveau – bekannt sein. Für synthetisch ermittelte Wöhlerlinien wird $j = 1$ gesetzt, da derartige Wöhlerlinien auf der statistischen Auswertung zahlreicher Versuche beruhen.

3.7.4.5 Restfestigkeit und Lebensdauer angerissener Bauteile – Bruchmechanik

Während der Betriebsfestigkeitsnachweis die Bauteilauslegung bis zum technischen Anriss erlaubt, stellt sich in vielen Anwendungsfällen darüber hinaus die Frage, unter welchen Bedingungen ein angerissenes Bauteil weiter verwendet werden kann, da z.B. ein sofortiger Austausch nicht möglich ist. Zum sicheren Weiterbetrieb einer Maschine oder Anlage ist dann das schadenstolerante Bauteilverhalten zu beurteilen. Es ist also zu prüfen, über welchen Zeitraum die Funktion und die Tragfähigkeit auch im angerissenen Zustand noch sicher gewährleistet werden können. Demzufolge stellen sich bei der Entdeckung eines Ermüdungsanrisses die folgenden Fragen:

- Wie schnell erfolgt die weitere Rissausbreitung und welche Restlebensdauer ist zu erwarten?
- Welche kritische Belastung kann bei der vorhandenen Rissgröße zu einem Gewaltbruch führen?
- Welche kritische Rissgröße kann bei einer anzunehmenden oder gemessenen betrieblichen Höchstlast zu einem Bruch führen?
- Welche Inspektionsintervalle sind einzuhalten, damit die kritische Rissgröße nicht unerwartet erreicht wird?
- Lässt sich die Betriebsbelastung in geeigneter Weise vermindern, damit sich der Anriss nicht weiter vergrößert?

Diese Fragen fallen in das Arbeitsgebiet der Bruchmechanik und lassen sich mithilfe von Rissfortschrittskurven beantworten. Bruchmechanische Untersuchungen werden aber auch bei sicherheitsrelevanten Bauteilen vorgenommen, deren Betrieb im angerissenen Zustand nicht vorgesehen ist. In diesem Fall ist dann die Abschätzung der Festigkeit unter der Annahme von Fehlstellen von Interesse, die durch zerstörungsfreie Werkstoffprüfung nicht mit Sicherheit gefunden werden können. Insgesamt ist der Themenbereich Bruchmechanik so umfangreich, dass er im Rahmen dieses Lehrbuches nicht behandelt werden kann, weshalb auf die weiterführende Fachliteratur verwiesen wird [3.4], [3.6], [3.62], [3.56].

3.7.5 Zulässige Flächenpressung und Hertzsche Pressung

Neben der Festigkeit einzelner Bauteile gibt es eine Vielzahl von Bauteilkombinationen, die an ihren Berührungs- und Kontakflächen bezüglich der auftretenden Flächenpressung zu dimensionieren sind. Beispiele hierfür sind Bolzen- und Stiftverbindungen, Nietverbindungen, Passschraubenverbindungen (Lochleibungsdruck), große Bolzenverbindungen zur Lagerung von Auslegern und zur Befestigung von Hydraulikzylindern bei Kranen oder Baggern, aber auch Verriegelungsmechanismen (z.B. bei der Drehbrücke) und große Schwenklager im Stahlwasserbau (z.B. bei Schleusentoren oder Wehranlagen) [3.132]. Bei Kupplungen und Bremsen sind ebenfalls zulässige Flächenpressungen einzuhalten.

In der Regel werden bei der Auslegung nach der zulässigen Flächenpressung viele vereinfachende Annahmen getroffen. Zunächst wird angenommen, dass sich die Last übertragenden Bauteilflächen vollständig und gleichmäßig berühren. Beim so genannten Lochleibungsdruck bei Bolzen- und Stiftverbindungen setzt man als Berührungsfläche eine projizierte Fläche anstelle der tatsächlichen Berührungsoberfläche an. Auch wenn sich aufgrund von Bauteilelastizitäten und Bauteiltoleranzen tatsächliche Spannungen ergeben, die weit über der gemittelten Flächenpressung liegen, so hat sich die Bemessung auf der Basis dieser gemittelten Flächenpressungen in der Praxis bewährt. Grundsätzlich ist folgende Festigkeitsbedingung einzuhalten:

$$p_{vorh} \leq p_{zul} \tag{3.256}$$

Während sich die vorhandene Flächenpressung p_{vorh} in den meisten Fällen mit den vereinfachenden Annahmen gut berechnen lässt, beruhen die Anhaltswerte für die zulässige Flächenpressung p_{zul} überwiegend auf Erfahrungswerten. So ist die zulässige Flächenpressung stark abhängig vom Belastungsfall (statisch oder dynamisch und hier wieder schwellend oder wechselnd) sowie von weiteren Betriebsbedingungen wie Gleitgeschwindigkeit und Temperatur. In allen Fällen ist für die Bemessung die Festigkeit des schwächeren Bauteils maßgebend. Betrachtet man z.B. den Bagger aus Kapitel 1, so muss nicht nur die Stahlbaustruktur den dynamischen Grabkräften widerstehen, sondern auch sämtliche Bolzen-Gelenk-Verbindungen unterliegen diesen dynamischen Lasten. In Tabelle 3.12 sind Anhaltswerte für zulässige Flächenpressungen abhängig vom Werkstoffzustand (zäh oder spröde) und der Belastungsart als Bruchteile der Druckfließgrenze σ_{dF} und der Bruchfestigkeit σ_{dB} angegeben.

Art des Werkstoffes	Ruhende Belastung	Schwellende Belastung
Zähe Werkstoffe	$p_{zul} = \frac{\sigma_{dF}}{1{,}2}$	$p_{zul} = \frac{\sigma_{dF}}{2{,}0}$
Spröde Werkstoffe	$p_{zul} = \frac{\sigma_{dB}}{2{,}0}$	$p_{zul} = \frac{\sigma_{dB}}{3{,}0}$

Tabelle 3.12: Zulässige Flächenpressungen nach [3.44]

Tabelle 3.13 enthält zulässige Flächenpressungen für Festsitze verschiedener Werkstoffpaarungen. In Tabelle 3.14 sind für die gleichen Werkstoffpaarungen die zulässigen Flächenpressungen für Gleitsitze bei niedrigen Gleitgeschwindigkeiten wiedergegeben. Im Vergleich zu den Werten für Festsitze sind bei Gleitsitzen erheblich kleinere Pressungen zulässig. Die zulässige Flächenpressung bei schwellender Belastung wird mit 70 % der Werte bei ruhender Belastung angenommen [3.94]. In Erweiterung dieser allgemeinen Werkstoffpaarungen haben verschiedene Hersteller spezielle Lagerwerkstoffe entwickelt, die nahezu wartungsfrei (trocken laufend oder Lebensdauergeschmiert) betrieben werden können. Hierzu gehören auch Kunststoffverbundlager sowie thermoplastische Legierungen mit Fasereinlagen, die Flächenpressungen zwischen 80 und 150 N/mm^2 bei ruhender Belastung zulassen. Mit Bleibronze beschichteter Stahl (Tokatbronze) erlaubt ruhend 100 N/mm^2. Bei schwellender Belastung sind maximal 70 % dieser Werte anzusetzen [3.94].

Bei Brems- und Kupplungsbelägen liegen die zulässigen Flächenpressungen mit ca. 10 bis 120 N/cm^2 – entsprechend 0,1 bis 1,2 N/mm^2 – deutlich niedriger. Auslegungskriterium sind hier hohe Gleitgeschwindigkeiten sowie eine große thermische Belastung bis zu 500° C [3.136].

Werkstoffpaarung	p_{zul} in N/mm^2		
	Ruhend	**Schwellend**	**Wechselnd**
Stahl, $R_m = 500\ N/mm^2$ / Bronze	32	22	16
Stahl, $R_m = 500\ N/mm^2$ / GJL	70	50	32
Stahl, $R_m = 500\ N/mm^2$ / GS	80	56	45
Stahl, $R_m = 500\ N/mm^2$ / Stahl, $R_m = 370\ N/mm^2$	90	63	45
Stahl, $R_m = 500\ N/mm^2$ / Stahl, $R_m = 500\ N/mm^2$	125	90	56
Stahl, gehärtet / Stahl, $R_m = 600\ N/mm^2$	160	100	63
Stahl, gehärtet / Stahl, $R_m = 700\ N/mm^2$	180	110	70

Tabelle 3.13: Zulässige Flächenpressungen für Festsitze nach [3.44]

Werkstoffpaarung (harte und geschliffene Bolzenoberfläche ($R_a \approx 0{,}4\ \mu m$), fremdgeschmiert	p_{zul} in N/mm^2	
	Ruhend	**Schwellend**
Stahl, $R_m = 500\ N/mm^2$ / GJL	5	3,5
Stahl, $R_m = 500\ N/mm^2$ / GS	7	4,9
Stahl, $R_m = 500\ N/mm^2$ / Bronze	8	5,6
Stahl, gehärtet / Bronze	10	7,0
Stahl, gehärtet / Stahl, gehärtet	25	17,5

Tabelle 3.14: Zulässige Flächenpressungen für Gleitsitze bei niedrigen Gleitgeschwindigkeiten (Gelenke, Drehpunkt) nach [3.44]

Ähnlich wie bei der Flächenpressung lässt sich auch die Hertzsche Pressung in der Kontaktfläche zwischen zwei Körpern sehr genau berechnen. Hinsichtlich der Ermittlung der zulässigen Hertzschen Pressungen im statischen und dynamischen Belastungsfall gibt es allerdings stark differierende Ansätze. Betrachtet man in Erweiterung zu Abschnitt 3.3.4 nicht nur den ebenen, sondern den räumlichen Spannungszustand, so betragen die maximale Vergleichsspannung $\sigma_{v,SH,max}$ nach der Schubspannungshypothese und $\sigma_{v,GEH,max}$ nach der Gestaltänderungsenergiehypothese abhängig von der maximalen Hertzschen Pressung p_{max}:

$$\sigma_{v,SH,max} = 0,6 \cdot p_{max} \tag{3.257}$$

$$\sigma_{v,GEH,max} = 0,56 \cdot p_{max} \tag{3.258}$$

Soll plastische Verformung vermieden werden, so dürfen diese Vergleichsspannungen die Werkstoffdehngrenze $R_{p0,2}$ nicht überschreiten:

$$\sigma_{v,GEH,max} < \sigma_{v,SH,max} < R_{p0,2} \tag{3.259}$$

Unter Einbeziehung der vorherigen Gleichungen folgt somit für die maximal zulässige Hertzsche Pressung für die Lastfälle Rolle – Rolle bzw. Rolle – Ebene abhängig von der Dehngrenze:

$$p_{max,zul} < 1,67 \ldots 1,79 \cdot R_{p0,2} \tag{3.260}$$

Dieser Wertebereich wird auch von Roark und Young angegeben. Dort wird auch noch darauf hingewiesen, dass dieser Wertebereich auch für dynamische Beanspruchungen verwendet werden kann, wenn eine ideale langsame Rollbewegung (ohne Gleiten bzw. Schlupf) vorliegt. Beispielhafte Anwendungen sind große, langsam laufende Schwenklager im Brücken- und Stahlwasserbau. Bei starkem Schlupf bzw. Gleiten wird jedoch der Verschleiß als Bemessungskriterium anstelle der Hertzschen Pressung anzuwenden sein [3.171]. Diese Feststellung deckt sich auch mit den Erfahrungen aus dem Bau des Drehlagers der El-Ferdan-Brücke aus Kapitel 1 [3.129].

Die Anwendung dieses Bemessungskriteriums setzt jedoch bei einsatz-, flamm- oder induktionsgehärteten Werkstoffen voraus, dass eine ausreichend große Härtungstiefe vorliegt. Gemäß DIN 50190 wird als Härtungstiefe diejenige Tiefe der gehärteten Randzone bezeichnet, in der noch eine Härte von 550 HV vorliegt [3.21]. Des Weiteren muss der Härtetiefenverlauf bis zum Kernbereich des Materials so verlaufen, dass die aus der Härte umrechenbare Festigkeit bzw. Fließgrenze an allen Stellen größer ist als die berechnete Vergleichsspannung [3.41].

Die folgenden Angaben zulässiger Hertzscher Pressungen bei dynamischer Belastung gehen auf Untersuchungen von Niemann zurück [3.96]. Abhängig von der Brinellhärte HBS des Werkstoffes wurden für Wälzkörper aus Stahl bei Linien- und Punktberührung folgende dauerhaft ertragbaren Hertzschen Pressungen ermittelt (33 Millionen Überrollungen), Tabelle 3.15 [3.39]:

Art des Kontakts	Zulässige Hertzsche Pressung
Linienberührung	$p_{max,zul,dyn} = 3 \cdot HB$ (3.261)
Punktberührung	$p_{max,zul,dyn} = 5,25 \cdot HB$ (3.262)

Tabelle 3.15: Zulässige Hertzsche Pressung bei dynamischer Belastung nach Niemann [3.96]

Auch wenn Wälzverschleiß in Form von Grübchenbildung bisher an Laufrädern in der Fördertechnik niemals beobachtet wurde – Ausbröckelungen an gehärteten Laufflächen, die gelegentlich auftreten, sind keine Ermüdungs-, sondern Verformungsbrüche – und obwohl diese Werte mit relativ kleinen Prüfkörpern großer Härte und einem Schmierstoff als Zwischenmedium ermittelt wurden, werden sie dennoch zur Bemessung großer Laufräder und Schienen eingesetzt [3.114], [3.160]. Dabei wird mit zunehmendem Abnutzungszustand der Schiene (Abrundung des eigentlich ebenen Schienenkopfes) ein Übergangszustand von Linien- zu Punktberührung erreicht.

Im Stahlwasserbau wurde in DIN 19704 gemäß Tabelle 3.16 mit leichten Modifikationen aus den Ursprungswerten nach Niemann abhängendg von der Anzahl der Überrollungen N eine „Wöhlerlinie" entwickelt, die über viele ausgeführte Konstruktionen mit entsprechenden Erfahrungen abgesichert ist [3.132].

Bereich	**Überrollungen**	**Beanspruchbarkeit**	
Dauerfestigkeit	$N \geq 2 \cdot 10^6$	$p_{max,zul,dyn} = 3 \cdot HB$	(3.263)
Zeitfestigkeit	$10^5 < N < 2 \cdot 10^6$	$p_{max,zul,dyn} = 3 \cdot HB \cdot \sqrt[5]{\frac{2 \cdot 10^6}{N}}$	(3.264)
Kurzzeitfestigkeit	$N \leq 10^5$	$p_{max,zul,dyn} = 5{,}4 \cdot HB$	(3.265)

Tabelle 3.16: Zulässige Hertzsche Pressung für rollende Anwendungen im Stahlwasserbau [3.132]

Abschließend sei noch auf einen Ansatz hingewiesen, mit dem sich auf der Grundlage von Hertzschen Pressungen, bzw. den zuordenbaren Vergleichsspannungen gemäß den Gleichungen (3.257) und (3.258) Betriebsfestigkeitsnachweise bzw. Lebensdauerabschätzungen für große randschichtgehärtete Schwenklager vornehmen lassen, wie sie in Kranen, Baumaschinen und Windenergieanlagen zum Einsatz kommen. Zur Auslegung der Hauptlager der El-Ferdan-Brücke wurde dieser Ansatz ebenfalls verwendet [3.129]. Die Beschreibung der Beanspruchung im Rollkontakt erfolgt auf der Basis der Gestaltänderungsenergiehypothese. Die Beanspruchbarkeit wird über eine konservative Festlegung einer Wöhlerlinie für Zug-Druck-Beanspruchung gemäß Tabelle 3.17 festgelegt [3.174]. Im Vergleich zur vorher beschriebenen Methode steht somit eine vollständige Wöhlerlinie zur Verfügung, die mit einem beliebigen Lastkollektiv Hertzscher Pressungen bzw. zugehöriger Vergleichsspannungen nach der Gestaltänderungsenergiehypothese im Rahmen eines Betriebsfestigkeitsnachweises verwendet werden kann. Dabei lassen sich auch noch Gleitvorgänge in Form zusätzlicher Tangentialkräfte in der Druckfläche berücksichtigen.

Bereich	**Lastwechselzahl**	**Kugellager (Punktberührung)**	**Rollenlager (Linienberührung)**
Dauerfestigkeit	$N \geq 10^7$	$\sigma_{v,GEH,zul} = 0{,}75 \cdot R_{p0,2}$ (3.266)	$\sigma_{v,GEH,zul} = 0{,}60 \cdot R_{p0,2}$ (3.267)
Kurzzeitfestigkeit	$N \leq 10^3$	$\sigma_{v,GEH,zul} = 1{,}25 \cdot R_m$ (3.268)	$\sigma_{v,GEH,zul} = 1{,}00 \cdot R_m$ (3.269)

Tabelle 3.17: Zulässige Vergleichsspannungen für randschichtgehärtete Großwälzlager [3.174]

Diese Zusammenstellung zulässiger Hertzscher Pressungen verdeutlicht einmal mehr die Aufgabe des Ingenieurs, den für seine aktuelle Bemessungsaufgabe relevanten Fall aus den gegebenen Anwendungsgebieten auszuwählen.

3.8 Festigkeitsnachweis nach FKM-Richtlinie

Aufbauend auf den in den vorherigen Abschnitten dargestellten Grundlagen und stellvertretend für die in Abschnitt 3.9 genannten branchenspezifischen Festigkeitsnachweise in Normen und Richtlinien soll im Weiteren der zurzeit modernste allgemeingültige Festigkeitsnachweis für den allgemeinen Maschinenbau ausführlich behandelt werden, nämlich die FKM-Richtlinie „Rechnerischer Festigkeitsnachweis für Maschinenbauteile aus Stahl, Eisenguss- und Aluminiumwerkstoffen" in der 6. Auflage von 2012 des Forschungskuratoriums Maschinenbau (FKM) [3.50].

Wie bereits mehrfach an anderer Stelle betont, ist der Tragfähigkeitsnachweis bzw. Festigkeitsnachweis von Maschinen-, Anlagen- und Fahrzeugen sowie von deren Bauteilen die klassische Ingenieuraufgabe in Konstruktion und Entwicklung. Daher bestand und besteht in diesem Bereich das stete Bestreben, die grundlegende Vorgehensweise in Normen und Richtlinien zu fassen (siehe auch Abschnitt 3.9). Die modernste und gleichzeitig auch am besten zu handhabende Richtlinie war in dem bis zur Wiedervereinigung gültigen DDR-Standard TGL 19340 zur Dauerfestigkeit der Maschinenbauteile von 1983 zusammengefasst [3.48], [3.116], [3.117], [3.144], [3.152], [3.168], [3.169].

Dies war wohl auch der entscheidende Grund, warum nach der Wiedervereinigung sowohl die DIN 743 „Tragfähigkeit von Wellen und Achsen" (siehe hierzu auch *Abschnitt 11.4*) als auch die FKM-Richtlinie „Rechnerischer Festigkeitsnachweis für Maschinenbauteile aus Stahl, Eisenguss- und Aluminiumwerkstoffen" daraus abgeleitet bzw. weiterentwickelt wurden [3.12], [3.50], [3.58], [3.115].

Während die DIN 743 auf Wellen und Achsen beschränkt ist und als wesentlichen Vorteil die einfachere Handhabbarkeit bietet, d.h., der Tragfähigkeitsnachweis kann von Hand mithilfe der Normblätter durchgeführt werden, hat die FKM-Richtlinie den Vorteil der Einbeziehung von Schweißverbindungen und Aluminiumwerkstoffen, ist allerdings aufgrund des größeren Umfangs in der Handhabung komplexer und eigentlich nur mit Rechnerunterstützung praktikabel einsetzbar.

Neben den ehemaligen DDR-Standards TGL 19340 und TGL 19341 (TGL steht für Technische Güte- und Lieferbedingungen) bilden weitere ehemalige TGL-Standards sowie die frühere VDI 2226, Regelungen der DIN 18800, DIN 4113-2, der IIW-Empfehlungen und der Eurocodes 3 und 9 die eigentliche technisch-wissenschaftliche Grundlage der Richtlinie. Darüber hinaus wurde die Richtlinie seit 1989 dank kontinuierlicher Forschungsarbeit auf den heutigen Erkenntnisstand weiterentwickelt, [3.13], [3.30], [3.31], [3.50], [3.58], [3.69], [3.152], [3.153], [3.158].

An dieser Stelle sei auch der deutliche Hinweis angebracht, dass der Versuch der umfassenden Darstellung der Richtlinie auf den folgenden Seiten das Original weder ersetzen soll noch kann, da immer nur die aktuelle Originalfassung einer Norm oder Richtlinie maßgeblich ist. Darüber hinaus enthält die Originalfassung weiterführende Berechnungsansätze und Beispielrechnungen, die hier aus Platzgründen nicht berücksichtigt werden können. Sehr wohl soll allerdings mit der umfassenden Vorstellung des Berechnungsverfahrens ein Beitrag zur Anwendung und weiteren Verbreitung dieses modernen Nachweiskonzeptes für den allgemeinen Maschinen-, Anlagen- und Fahrzeugbau geleistet werden.

Grundsätzlich gilt die FKM-Richtlinie für den Maschinenbau und für verwandte Bereiche unter den in Tabelle 3.18 genannten Bedingungen, wobei die Anwendung zwischen den Vertragspartnern (Kunde und Lieferant) zu vereinbaren ist.

Entsprechend den Ablaufplänen in Abbildung 3.93 lassen sich für mechanisch beanspruchte Bauteile mithilfe der FKM-Richtlinie ein statischer Festigkeitsnachweis und ein Ermüdungsfestigkeitsnachweis erbringen, wobei der Ermüdungsfestigkeitsnachweis in Abhängigkeit von der Art der Beanspruchung als Dauer-, Zeit- oder Betriebsfestigkeitsnachweis geführt werden kann. Darüber hinausgehende Nachweise wie z.B. der Stabilität, der Sprödbruchsicherheit (für tiefe Temperaturen oder stoßartige Belastungen), der Standsicherheit, der Verformung unter Last oder experimentelle Festigkeitsnachweise sind mit der FKM-Richtlinie nicht möglich.

Wie auch bei anderen Tragfähigkeitsnachweisen wird eine fachgerechte und im technischen Sinne fehlerfreie Ausführung der Bauteile hinsichtlich Konstruktion, Werkstoff und Fertigung vorausgesetzt. Bei geschweißten Bauteilen sind die in den entsprechenden Normen geforderten Grenzwerte für Nahtdicken, Nahtlängen und zulässige Fehlstellen (Nahtimperfektionen) einzuhalten.

Nachweis gegen: Statische Beanspruchung Ermüdungsbeanspruchung ab etwa 10^4 Zyklen als Einstufen- und Kollektivbeanspruchung	**Bauteiltemperaturen:** – 40 °C bis 500 °C bei Stahl – 25 °C bis 500 °C bei Eisengusswerkstoff – 25 °C bis 200 °C bei Aluminiumwerkstoff
Bauteile, Werkstoff und Herstellung: Bauteile mit geometrischen Kerben Bauteile mit Schweißverbindungen Walz- und Schmiedestahl, nichtrostender Stahl, Eisenguss-, Aluminiumknet- und –gusswerkstoff. Durch Walzen, Schmieden, Gießen, mit oder ohne spanabhebende Bearbeitung oder durch Schweißen.	**Maximale Werkstofffestigkeit:** nach berücksichtigten Werkstoffnormen: R_m = 1250 MPa für Stahl (30 CrNiMo 8 nach EN 10083-1) R_m = 610 MPa für Aluminium (AlZnMgCu 0,5 nach EN AW-7049A) Erweiterung für Stahl bis R_m = 1600 MPa (mit Vorsicht) Für Aluminium bisher keine höhere Grenze.
Bei Anwendung außerhalb der genannten Anwendungsbereiche sind ergänzende Vereinbarungen zu treffen. Die Richtlinie gilt nicht, wenn ein Festigkeitsnachweis nach anderen Normen, Vorschriften oder Richtlinien gefordert ist oder wenn spezielle Berechnungsunterlagen, wie z.B. für Schraubenverbindungen, vorliegen.	

Tabelle 3.18: Anwendungsbereich der FKM-Richtlinie

Grundsätzlich erfolgt der rechnerische Nachweis an einem Nachweispunkt (kritischer Querschnitt oder hoch belastete Stelle), wobei sich aus der Ermittlung der Werkstoff-Festigkeitskennwerte, der Konstruktionskennwerte und der Beanspruchungscharakteristik die Bauteilfestigkeit (Beanspruchbarkeit) bestimmen lässt. Dabei weisen die Festigkeitswerte für den statischen Nachweis und den Ermüdungsfestigkeitsnachweis eine Überlebenswahrscheinlichkeit von $P_ü$ = 97,5 % auf. Zusammen mit der vorhandenen Beanspruchung (Spannungskennwerte) und einem geforderten Sicherheitsfaktor erfolgt abschließend der Nachweis durch die Berechnung eines sogenannten Auslastungsgrades.

Demzufolge ist der Festigkeitsnachweis erbracht, wenn die Spannungskennwerte die Bauteilfestigkeitskennwerte unter Berücksichtigung der Sicherheitsfaktoren höchstens zu 100 % auslasten, d.h. für den Auslastungsgrad gilt $a \leq 1$. Das Verfahren ist für Nachweispunkte an nichtgeschweißten und geschweißten Bauteilen sowie für Nennspannungen und für örtliche Spannungen weitestgehend gleich aufgebaut. In den meisten Fällen sind mehrere versagenskritische Punkte zu bewerten, um die höchste Auslastung des Bauteils zu ermitteln. Auch in Zeiten zunehmenden Rechnereinsatzes bleibt die Festlegung und Beurteilung kritischer Querschnitte die wohl verantwortungsvollste Aufgabe des Ingenieurs.

Hinsichtlich der für den Nachweis erforderlichen Lastannahme ist die Höhe der Belastungen so festzulegen, dass sie mit hinreichender Wahrscheinlichkeit größer ist als die meisten der auftretenden Belastungen sind, und damit die Lastannahme auf der sicheren Seite liegt. Es liegt allerdings in der Natur einer Annahme – und um eine solche handelt es sich bei einer Last-„Annahme" –, dass eine quantifizierte Angabe dieser Wahrscheinlichkeit in der Regel kaum möglich ist.

Sofern in branchenspezifischen Regelwerken Lastvorgaben getroffen werden, sind diese zur Bemessung zu verwenden. Allerdings ist darauf zu achten, dass ein gleiches Festigkeits- und Sicherheitsniveau wie in der FKM-Richtlinie angesetzt wird. Andere Möglichkeiten zur Lastermittlung sind Betriebsmessungen an bereits ausgeführten Anlagen oder Mehrkörper-Simulationen von im Entwurf oder ebenfalls im Betrieb befindlichen Anlagen (s.a. Kapitel 1) [3.118], [3.119].

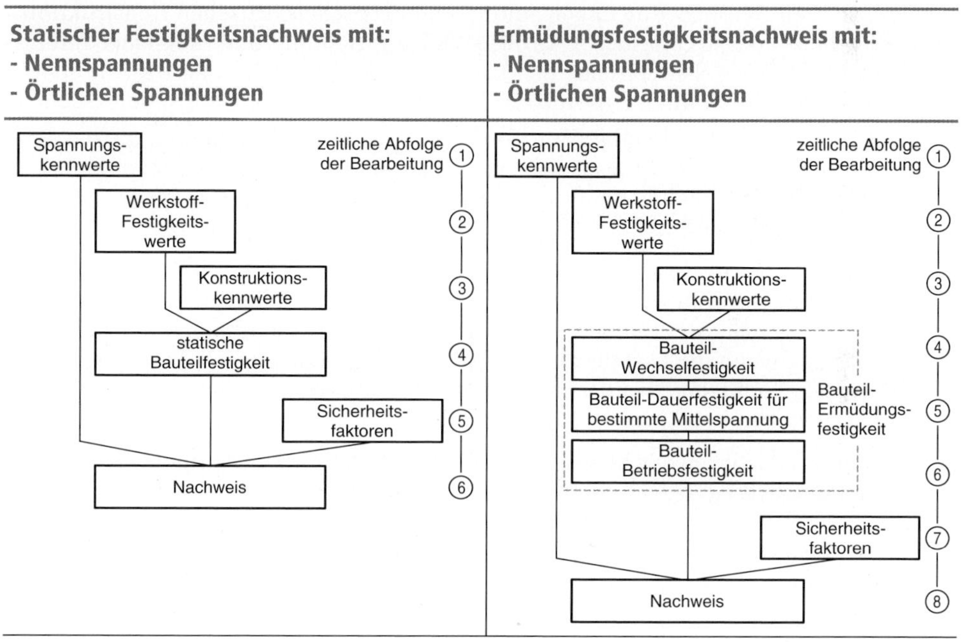

Abbildung 3.93: Schematischer Ablauf des statischen Festigkeitsnachweises und Ermüdungsfestigkeitsnachweises gemäß der FKM-Richtlinie [3.50]

Bedingt durch die unterschiedlichen Möglichkeiten zur Lastannahme unterscheidet man zwischen sicheren oder repräsentativen Lastannahmen:

- Sichere Lastannahmen – Hierunter fallen einerseits Vorgaben aus Normen und andererseits individuell abgeleitete Lasten unter konservativen Annahmen, so dass für den beim Nachweis gemäß Abschnitt 3.8.1.6 und 3.8.2.6 erforderlichen Last-Sicherheitsfaktor gesetzt werden kann:

$$j_S = 1 \tag{3.270}$$

- Repräsentative Lastannahmen – Hierunter fallen Lastannahmen, die das mittlere erwartete Belastungsniveau treffen sowie einer logarithmischen Normalverteilung unterliegen, weshalb der Last-Sicherheitsfaktor wie folgt zu bestimmen ist:

$$j_S = 10^{x_S \cdot LSD_S} \tag{3.271}$$

- Hierin bedeuten LSD_S die logarithmische Standardabweichung der erwarteten Belastung, die auch Unsicherheiten bei der Lastermittlung (z.B. Messunsicherheiten) erfasst und anhand branchenspezifischer Erfahrungswerte festgelegt wird, und x_S den Faktor für Überschreitungswahrscheinlichkeit P_S der sicheren Last (x_S = 2 führt auf P_S = 2,5 %).

Die weitere Vorgehensweise der Nachweisführung hängt nun von der Art der einwirkenden Lasten ab. Sofern nur eine statische Belastung vorliegt, ist der statische Nachweis ausreichend. Liegt jedoch eine Ermüdungsbelastung vor, so sind immer der statische Nachweis und der Ermüdungsfestigkeitsnachweis zu führen, wobei der höhere Auslastungsgrad maßgebend ist:

1 Statischer Festigkeitsnachweis gemäß Abschnitt 3.8.1 – Vor dem Hintergrund der geforderten Einsatzbedingungen sind in allen versagenskritischen Konstruktionsbereichen die Extremlasten in Größe, Wirkungsrichtung und möglicher Interaktion zu ermitteln. Die sich aus den Lasten ergebenden statischen Beanspruchungen werden durch ihren Absolutwert beschrieben und haben folgende Ursachen:

- Minimal- und Maximallastfälle oder auch Lastfallkombinationen, die das Bauteil ohne Versagen ertragen soll aus „Extremlasten" und „Sonderereignissen" im Betrieb (z.B. Fehlbedienung, Missbrauch oder Betriebsstörungen).
- Extremwerte (Minimal- und Maximalwerte) der Ermüdungslasten.

Wird ein statischer Nachweis allein auf der Grundlage gemessener Ermüdungsbeanspruchungen geführt, so sind die Extremspannungen bis zur geforderten Einsatzdauer gemäß Abbildung 3.94 zu extrapolieren. Eine Extrapolation ist nicht erforderlich, wenn die Last durch eingebaute Lastbegrenzungen (z.B. mechanischer Anschlag, Sicherheitsventile oder Rutschkupplungen) einen definierten Wert nicht überschreiten kann.

2 Ermüdungsfestigkeitsnachweis gemäß Abschnitt 3.8.2 – Hinsichtlich der geforderten Einsatzbedingungen sind in allen versagenskritischen Konstruktionsbereichen die zu erwartenden Einsatzlasten in Größe, Wirkungsrichtung und möglicher Interaktion zu ermitteln, wobei die Ermüdungslasten folgende Ursachen haben:

- Gemessene oder simulierte Last-Zeit-Verläufe.
- Vorgegebene Ermüdungslastfälle, die aus Amplituden und Mittellasten bestehen.

Im nachfolgend beschriebenen Ermüdungsfestigkeitsnachweis in Abschnitt 3.8.2 wird ein vereinfachter Nachweis unter Anwendung einer sogenannten Äquivalentspannungsamplitude beschrieben. Hierzu ist anzumerken, dass bei stationären Vorgängen bereits nach kurzer Messdauer im Verhältnis zur gesamten Einsatzdauer die Äquivalentspannungsamplitude gemäß Abbildung 3.94 hinreichend genau bestimmt werden kann. Aufgrund dessen lassen sich gemessene Ermüdungsbeanspruchungen, sofern sie alle wesentlichen Einsatzbedingungen umfassen, einfach auf die geforderte Einsatzdauer wie folgt erweitern:

$$n_i = i_{wdh} \cdot h_i \tag{3.272}$$

Hierin bezeichnen h_i die Zyklenanzahl im gemessenen Kollektiv (Stufe i), n_i die Zyklenanzahl im (extrapolierten) Bemessungskollektiv (Stufe i) und i_{wdh} den Erweiterungsfaktor zur Extrapolation von der Messdauer auf die Einsatzdauer (s.a. *Abschnitt 3.7.4.2*).

Abschließend sind noch zwei Hinweise zum Ermüdungsfestigkeitsnachweis zu beachten. Zum einen werden die statischen Sonderlasten mit der Auftretenshäufigkeit von $n = 1$ angenommen und finden beim Betriebsfestigkeitsnachweis keine Berücksichtigung, da sie bei Anwendung der linearen Schadensakkumulationstheorie nach Miner nicht wesentlich zur Bauteilermüdung beitragen.

Zum anderen muss bei maßgeblichen Beanspruchungen aus Schwingungsbelastungen aufgrund der zeitweiligen Anregung von Bauteilresonanzen, das tatsächliche Schwingungsverhalten des Bauteils bei der Berechnung der Nachweisspannungen berücksichtigt werden. Dies kann durch direkte Messung der Nachweisspannungen oder aber Simulation erfolgen [3.118].

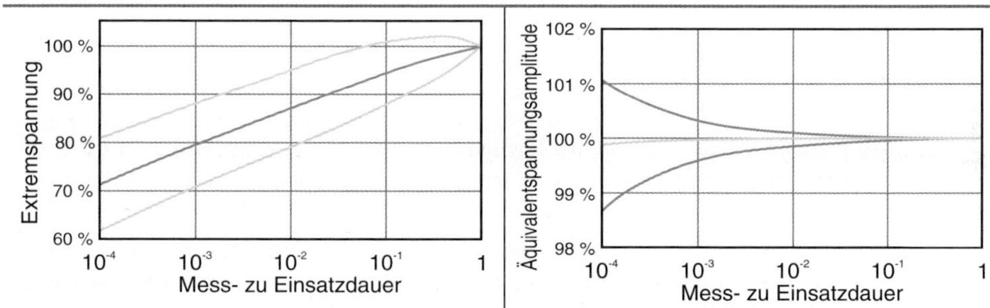

Extremspannung für den statischen Nachweis	Äquivalentspannungsamplitude für den Ermüdungsfestigkeitsnachweis

Normalverteiltes Rauschsignal, Darstellung von Mittelwert $\pm$ 2 $\cdot$ Standardabweichung

Abbildung 3.94: Entwicklung der Extremspannung (Statischer Nachweis) und der Äquivalentspannungsamplitude (Ermüdungsfestigkeitsnachweis) über dem Verhältnis von Mess- zu Einsatzdauer nach [3.50]

Ausgehend von den Bauteilbelastungen können nun abschließend die Spannungen im jeweiligen Nachweispunkt ermittelt werden, mit denen dann schließlich der eigentliche Nachweis geführt wird. Die nachzuweisenden Bauteile können in ihrer Geometrie stab-, flächen- oder volumenförmig sein. Weiterhin wird unterschieden in nichtgeschweißte und geschweißte Bauteile.

Unter der Voraussetzung linear-elastischen Materialverhaltens können die Spannungen analytisch nach der elementaren Festigkeitslehre, numerisch mithilfe von Finite-Elemente-Methode (FEM) oder Boundary-Element-Methode (BEM) sowie experimentell durch Messung bestimmt werden, was allerdings das Vorhandensein einer Anlage erfordert.

Sämtliche Spannungen und deren Amplituden sind mit Vorzeichen behaftet, Zugspannungen sind positiv, Druckspannungen negativ. Die Berücksichtigung der Vorzeichen ist bei der Überlagerung mehrerer Spannungskomponenten von Bedeutung. Für die reine Festigkeitsberechnung ist die Annahme positiver Größen für die Amplituden ausreichend.

Zur eigentlichen Durchführung des Festigkeitsnachweises werden in der FKM-Richtlinie „Nennspannungen“ mit der Bezeichnung S für Normalspannungen und T für Schubspannungen und „Örtliche Spannungen“ mit der Bezeichnung σ für Normalspannungen und τ für Schubspannungen unterschieden, weshalb auch die Bauteilfestigkeitswerte (ertragbare Spannungen) als Nennfestigkeitswert oder als Örtlicher Festigkeitswert anzugeben bzw. zu bestimmen sind.

Dabei ist zu beachten, dass ein vollständiger Festigkeitsnachweis entweder mit „Nennspannungen“ oder mit „Örtlichen Spannungen“ geführt wird. Während in der FKM-Richtlinie jeder Nachweis für jede Spannungsart in einem eigenen Kapitel abgehandelt wird, erfolgt in der hier gewählten Darstellung nur die Aufteilung in einen „Statischen Festigkeitsnachweis“ (Abschnitt 3.8.1) und einen „Ermüdungsfestigkeitsnachweis (Abschnitt 3.8.2), wobei in beiden Abschnitten sämtliche Zusammenhänge für den Nachweis mit Nennspannungen und den Nachweis mit Örtlichen Spannungen nebeneinander wiedergegeben werden. Im Folgenden werden die Hauptunterscheidungsmerkmale zwischen „Nennspannungen“ und „Örtlichen Spannungen“ erläutert:

1 Nennspannungen – Die Anwendung von Nennspannungen setzt den Bezug auf einen definierten Querschnitt eines Bauteils voraus, weshalb sie vorzugsweise zur Berechnung stabförmiger und flächenförmiger Bauteile gemäß Abbildung 3.95 und Abbildung 3.96 genutzt werden. Über dem Bauteilquerschnitt ist die Nennspannung linear verteilt. Im Nachweispunkt können entsprechend der wirkenden Schnittgrößen die Nennspannungsarten Zugdruck S_{zd}, Biegung S_b, Schub T_s und Torsion T_t unterschieden werden.

Bei der Anwendung von Nennspannungen werden lokale Spannungsspitzen infolge geometrischer Kerben oder Lasteinleitungen zunächst vernachlässigt, können jedoch über Kerbformzahlen und Kerbwirkungszahlen berücksichtigt werden. Unter geometrischen Kerben sind Querschnittsprünge und Knicke bei stabförmigen Bauteilen oder Dickensprünge, Knicke und Verzweigungen bei flächenförmigen Bauteilen zu verstehen (s.a. Abschnitt 3.6).

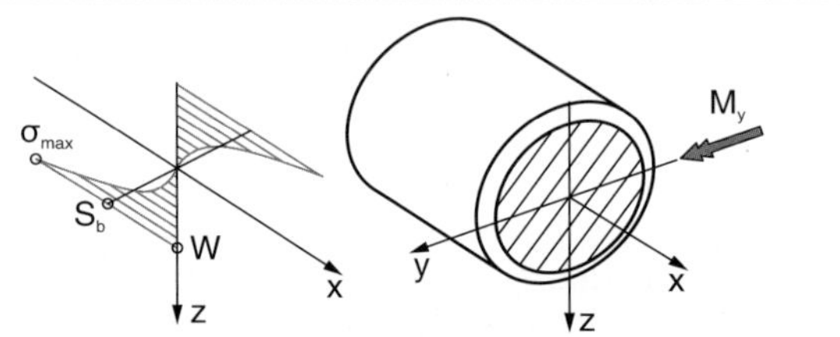

Bauteilbezogenes Koordinatensystem bei Nennspannungen:
Die x-Achse liegt in Stablängsrichtung
Die y- und die z-Achse sind die Hauptachsen des Querschnitts.

Stabförmiges nichtgeschweißtes Bauteil (Rundstab mit Umlaufkerbe). Im Nachweispunkt W wirken die Biege-Nennspannung S_b und die maximale örtliche Spannung σ_{max}.

Abbildung 3.95: Bauteilbezogenes Koordinatensystem bei Nennspannungen

Hauptgründe für die getrennte Behandlung der einzelnen Spannungsarten im Nennspannungsnachweis sind, dass die Berechnung der plastischen Formzahlen im statischen Festigkeitsnachweis und die Berechnung des bezogenen Spannungsgefälles im Ermüdungsfestigkeitsnachweis durch die Verwendung eines Hauptachsensystems im Querschnitt gemäß Abbildung 3.95 eine wesentliche Vereinfachung bedeutet und wichtige Anwendungsfälle abdeckt.

In flächenförmigen Bauteilen gemäß Abbildung 3.96 herrscht näherungsweise ein ebener Spannungszustand vor (s.a. Abschnitt 3.4.2). Über die Betrachtung einer entsprechenden Bezugsfläche (mittragende Breite) lässt sich die gleiche Vorgehensweise wie beim stabförmigen Bauteil anwenden. Sofern eine zusätzliche Normalspannung $S_{||}$ in Richtung der Bezugsfläche wirkt, muss eine Berücksichtigung – wie im Fall des allgemeinen ebenen Spannungszustandes – bei der Berechnung des Vergleichsauslastungsgrades erfolgen.

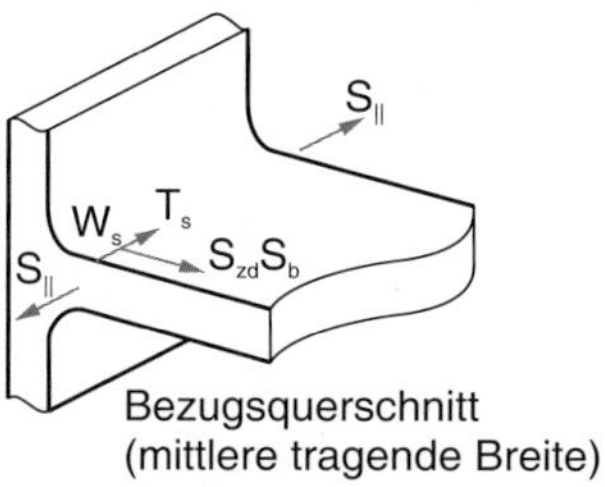

Gemäß der elementaren Platten- und Schalentheorie nimmt man eine über die Dicke linear veränderliche Spannungsverteilung an, die an geometrischen Unstetigkeiten die lokalen Spannungsspitzen nicht berücksichtigt. In Richtung der Schalenoberfläche liegt dagegen allgemein eine veränderliche Spannungsverteilung vor (lokale Nennspannung). Vergleichbar zum Balken lassen sich daher auch hier unterschiedliche Spannungsarten den längenbezogenen Schnittgrößen zuordnen.

Nennspannungen infolge Biegung S_b, Zugdruck S_{zd} (Membranspannung) und Schub T_s im Nachweispunkt W enthalten nicht die örtliche Spannungsspitze, zusätzlich kann eine Normalspannung $S_{||}$ parallel zur Bezugsfläche wirken.

Abbildung 3.96: Spannungen am flächenförmigen nichtgeschweißten Bauteil (Plattenverzweigung) nach [3.50]

Im Vergleich zu den nichtgeschweißten Bauteilen bestehen geschweißte Bauteile meistens aus flächenförmigen Teilen – z.B. Profilstäbe, Platten, Scheiben und Schalen –, die über Stumpf- oder Kehlnähten miteinander verbunden sind (s.a. Kapitel 7). Nimmt man diese Bauteile in idealisierter Form als stabförmig an, so kann die Berechnung ebenfalls auf der Grundlage von Nennspannungen erfolgen. Dabei ist die Berechnung der Nennspannung in der Schweißnaht wie für nichtgeschweißte Bauteile aus den Schnittgrößen vorzunehmen, allerdings mit den Querschnittskennwerten der Schweißnaht.

Sobald aber komplizierte Querschnitte (z.B. dünnwandig geschlossen oder offen) diese vereinfachenden Annahmen bei nichtgeschweißten und geschweißten Bauteilen nicht mehr erlauben – oder es kann kein Hauptachsensystem mehr verwendet werden –, dann kann nicht mehr mit Nennspannungen gearbeitet werden, sondern der Nachweis sollte jeweils mit den nachfolgend näher beschriebenen Örtlichen Spannungen erfolgen.

2 Örtliche Spannungen – Bei der Anwendung von Örtlichen Spannungen ist die globale Bauteilform (stab-, flächen- oder volumenförmig) zur Spannungsermittlung und -bewertung nicht mehr von Bedeutung. Entscheidend ist vielmehr der am Nachweispunkt bzw. in dessen Umgebung vorliegende örtliche Spannungszustand, der z.B. auch die sich ergebenden Spannungsspitzen aufgrund geometrischer Kerben enthält. Demzufolge bietet sich das Verfahren besonders dann an, wenn weder definierte Querschnitte vorliegen, noch Form- oder Kerbwirkungszahlen bekannt sind.

Üblicherweise erfolgt die Berechnung numerisch mithilfe der Finite-Elemente-Methode (FEM) unter Verwendung von Volumenmodellen mit linear-elastischem Werkstoffverhalten, bei denen gemäß Abbildung 3.97 die tatsächliche Bauteilgeometrie wirklichkeitsgetreu erfasst werden muss.

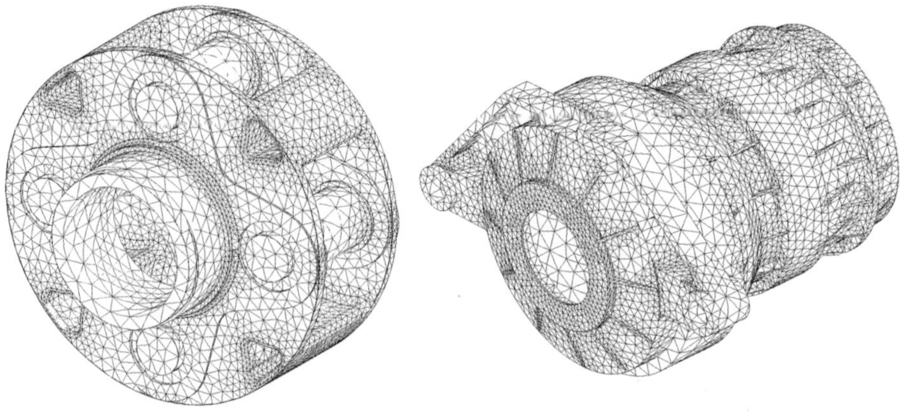

Abbildung 3.97: Finite-Elemente-Modelle des Planetenträgers (links) und Hauptgetriebes (rechts) einer Windturbine zur Berechnung von Beanspruchungen an einer Guss- oder Schweißkonstruktion [3.119]

In Abbildung 3.98 sind die Zusammenhänge für ein flächenförmiges geschweißtes Bauteil wiedergegeben. Je nach Betrachtungsweise lässt sich die Spannungskonzentration am Schweißnahtübergang im Nachweispunkt W mit Nennspannungen, Strukturspannungen oder effektiven Kerbspannungen (Örtliche Spannungen) beschreiben.

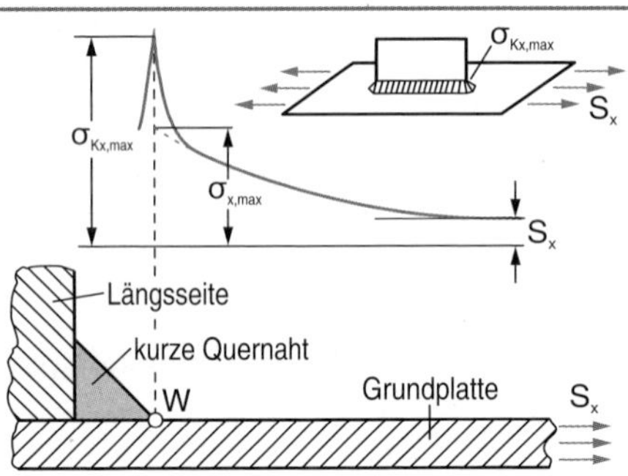

Gurt mit Längssteife – Oben: Schweißstoß, Mitte: Spannungsverlauf, Unten: Längsschnitt.

Maßgeblich ist die Spannung im Nachweispunkt W, in diesem Fall am Schweißnahtübergang. Bei Berechnung mit Nennspannungen erhält man die Spannung S_x. Bei Berechnung mit Strukturspannungen tritt unmittelbar vor der Schweißnaht die maximale Spannung $\sigma_{x,max}$ auf, extrapoliert aus dem Spannungsverlauf vor der Schweißnaht (auch näherungsweise bestimmt durch den Verzweigungspunkt von Struktur- und Kerbspannung). Bei Berechnung mit effektiven Kerbspannungen erhält man die in der Schweißnaht auftretende maximale Spannung $\sigma_{K,max}$.

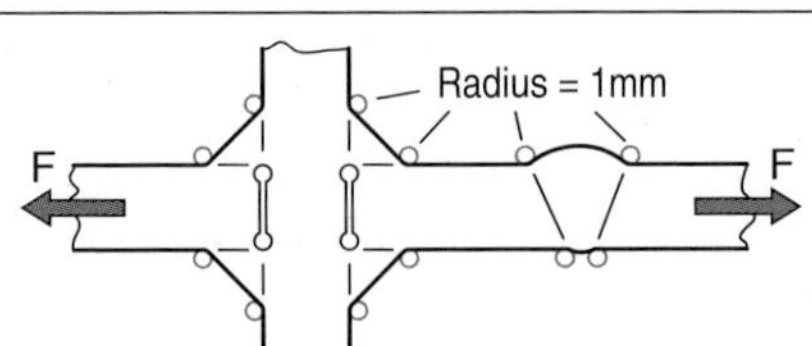

Kreuzstoß und Stumpfnaht – Berechnung mit effektiven Kerbspannungen: Die in der Schweißnaht auftretende maximale Spannung $\sigma_{K,max}$ ist bei Kerbradien $r < 1$ mm mit dem fiktiven Kerbradius $r = 1$ mm zu berechnen.

Abbildung 3.98: Flächenförmiges geschweißtes Bauteil [3.50], [3.69], [3.103]

Wie auch beim Nennspannungsnachweis, wird beim Nachweis mit Örtlichen Spannungen vorausgesetzt, dass sich die kritischen Nachweispunkte auf der Bauteiloberfläche befinden, wobei mit den Koordinatensystemen und örtlichen

Spannungswerten gemäß Abbildung 3.99 gearbeitet wird. Sofern dort keine äußeren Belastungen wirken, liegt ein ebener Spannungszustand vor.

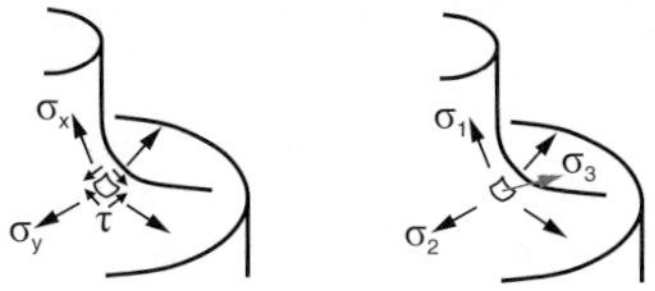

Koordinatensystem bei Örtlichen Spannungen:
Die x- und y-Achse liegen in der Oberfläche.
Die z-Achse steht senkrecht zur Oberfläche und zeigt in das Bauteilinnere.
Bezüglich eines in der Bauteiloberfläche liegenden kartesischen Koordinatensystems x, y, z, (links).
Hauptspannungen σ_1, σ_2, σ_2, (rechts).

Spannungen σ_x, σ_y, und $\tau = \tau_{xy}$ in der Oberfläche, Normal- und Schubspannungen in Richtung z sollen vernachlässigbar sein.
Hauptspannungen σ_1, σ_2 in Richtung der Bauteiloberfläche sowie σ_3 senkrecht zur Oberfläche. Die Hauptspannung σ_3 tritt nur auf bei äußerer Belastung auf die Oberfläche am Nachweispunkt.

Abbildung 3.99: Örtliche Spannungskomponenten am Nachweispunkt nach [3.50]

Abschließend sei noch zum statischen Festigkeitsnachweis mit Örtlichen Spannungen auf folgende Festlegungen hingewiesen. Bei Vorliegen duktiler Werkstoffe (Walz- und Schmiedestahl, GS, Alu-Knetwerkstoff) können die Spannungen sowohl bezüglich des kartesischen Koordinatensystems σ_x, σ_y, und τ als auch als Hauptspannungswerte σ_1, σ_2 und σ_3 bestimmt werden. Dagegen muss für semiduktile und spröde Werkstoffe (GJS, GJM, GJL und Alu-Guss) mit unterschiedlicher Zug- und Druckfestigkeit der Nachweis immer anhand der Hauptspannungen σ_1, σ_2 und σ_3 erfolgen.

Weiterhin sei der Vollständigkeit halber darauf verwiesen, dass sich die Örtliche Spannung auch aus dem Produkt der Nennspannung und der Formzahl bestimmen lässt, sofern für den Nachweispunkt ein Bezugsquerschnitt gemäß Abbildung 3.95 festgelegt werden kann.

Unabhängig von der Nachweisführung mit Nennspannungen oder Örtlichen Spannungen muss in jedem Fall berücksichtigt werden, ob am Nachweispunkt ein einachsiger oder ein mehrachsiger Spannungszustand vorliegt (s.a. Abschnitt 3.4), wobei in der Praxis überwiegend mehrachsige Spannungszustände vorliegen. Einachsige Spannungen entstehen nur z.B. bei Zugbelastung prismatischer Stäbe oder an kräftefreien Kanten von flächen- oder volumenförmigen Bauteilen, selbst wenn mehrere Belastungen gleichzeitig wirken. Außerdem dürfen vereinfachend einachsige Spannungen angenommen werden, wenn die anderen Spannungskomponenten vergleichsweise niedrig sind.

Im Hinblick auf einen sicheren statischen Festigkeitsnachweis ist daher bei der Überlagerung der einzelnen Spannungsarten bzw. Spannungskomponenten der ungünstigste Fall anzunehmen.

Beim Ermüdungsfestigkeitsnachweis (Dauer-, Zeit und Betriebsfestigkeitsnachweis) kann diese Überlagerung nicht so einfach erfolgen, sondern es ist empfehlenswert, bei den zeitlich veränderlichen Spannungen noch die folgende Unterscheidung in proportionale Spannungen, synchrone Spannungen und nichtproportionale Spannungen vorzunehmen:

1 Proportionale Spannungen – Diese entstehen in der Regel aus einer einzigen auf das Bauteil wirkenden Belastung. Beispielhaft seien hier für proportionale mehrachsige Spannungen die Umfangs- und Längsspannungen bei Innendruckbelastung eines zylindrischen Behälters oder die Biege- und Torsionsspannungen eines eingespannten zylindrischen Stabes bei Belastung durch eine außermittige Einzelkraft genannt. Sofern eine einzelne Belastung zeitlich veränderlich ist, sind zwangsläufig alle mehrachsigen Spannungen zu dieser Belastung und zueinander proportional, demzufolge auch hinsichtlich ihrer Amplituden und ihrer Mittelwerte. Daraus ergeben sich dann auch konstante Hauptspannungsrichtungen. Weiterhin können die Beträge der Spannungen – auch in den Spannungskollektiven der Amplituden – mithilfe konstanter Faktoren umgerechnet werden. Mit Ausnahme der jeweiligen Spannungshöhe sind die Spannungskollektive aller Spannungen gleich. Ebenso können proportionale mehrachsige Spannungen auch entstehen, wenn mehrere unterschiedliche Belastungen proportional auf das Bauteil einwirken.

Hinsichtlich dieser möglichen Zustände ist die im Ermüdungsfestigkeitsnachweis in Abschnitt 3.8.2.6 angegebene Festigkeitshypothese – unter Beachtung der zugehörigen Vorzeichenregeln – für proportionale mehrachsige Spannungen anwendbar.

2 Synchrone Spannungen – Diese sind ein einfacher Fall nichtproportionaler Spannungen, wobei die Amplituden proportional und die Mittelwerte nichtproportional sind. Derartige synchrone mehrachsige Spannungen entstehen z.B. immer beim Zusammenwirken einer zeitlich veränderlichen Belastung mit einer konstanten Belastung. Das klassische Beispiel in der Antriebstechnik ist die Welle unter Umlaufbiegebelastung und konstanter Torsionsbelastung. Ein weiteres Beispiel aus dem Behälterbau ist der lange, liegende zylindrische Behälter unter pulsierendem Innendruck, wobei hier die Längsspannung durch die additiv überlagerte Biegespannung aus dem Eigengewicht nichtproportional zur Umfangsspannung ist.

Auch für diesen Fall der synchron mehrachsigen Spannungen ist die im Ermüdungsfestigkeitsnachweis in Abschnitt 3.8.2.6 angegebene Festigkeitshypothese – unter Beachtung der zugehörigen Vorzeichenregeln – werkstoffmechanisch näherungsweise richtig, da sie auf die proportionalen Amplituden angewendet wird und diese hauptsächlich die Ermüdungsfestigkeit bestimmen.

3 Nichtproportionale Spannungen – Diese entstehen immer, sofern mindestens zwei zeitlich unterschiedlich veränderliche Belastungen wirken. Dabei gelten für die einzelnen Belastungen und die daraus entstehenden Spannungen im Allgemeinen unterschiedliche Belastungs- bzw. Spannungskollektive. Für diesen allgemeinen Fall nichtproportionaler mehrachsiger Spannungen sind auch die Beträge und die Richtungen der Hauptspannungen zeitlich veränderlich.

Die Bewertung dieser nichtproportionalen Beanspruchungen kann beim Ermüdungsfestigkeitsnachweis mit Nennspannungen entsprechend Abschnitt 3.8.2.6 mithilfe einer angepassten Festigkeitshypothese erfolgen, die aber nicht mehr einer Festigkeitshypothese im klassischen Sinne, sondern einer empirischen Interaktionsgleichung entspricht [3.50].

Beim allgemeinen Fall des Ermüdungsfestigkeitsnachweises mit Örtlichen Spannungen können diese veränderlichen Hauptspannungsrichtungen jedoch nicht mit der vereinfachenden Festigkeitshypothese des Ermüdungsfestigkeitsnachweises mit Nennspannungen berücksichtigt werden. Vielmehr sind hierfür erheblich aufwändigere, werkstoffmechanisch begründete Berechnungsverfahren erforderlich, die nur rechnergestützt verarbeitet werden können. Daher wird vereinfachend gemäß Abschnitt 3.8.2.6 eine Näherungslösung angegeben, bei der davon ausgegangen werden kann, dass die damit ermittelten Ergebnisse auf der sicheren Seite liegen.

Aufbauend auf diesen einleitenden, grundlegenden Betrachtungen werden nun in Abschnitt 3.8.1 der statische Festigkeitsnachweis mit Nennspannungen und mit Örtlichen Spannungen und in Abschnitt 3.8.2 der Ermüdungsfestigkeitsnachweis mit Nennspannungen und mit Örtlichen Spannungen ausführlich behandelt.

3.8.1 Statischer Festigkeitsnachweis

Der statische Festigkeitsnachweis kann mit Örtlichen Spannungen oder mit Nennspannungen geführt werden. Die grundsätzliche Vorgehensweise gemäß Abbildung 3.93 ist in beiden Fällen gleich, jedoch unterscheiden sich die verwendeten Spannungskennwerte gemäß den einleitenden Erläuterungen zu diesem Abschnitt 3.8.

Während der Nachweis auf der Grundlage Örtlicher Spannungen den allgemeineren Fall darstellt und einheitlich für alle Bauteilarten und Werkstoffe gilt, unterliegt der Nachweis mittels Nennspannungen folgenden Einschränkungen:

- Streng genommen muss das Bauteil stabförmig sein, wobei die Anwendung auch erfolgen kann, sofern die sinnvolle Festlegung eines Nennquerschnittes möglich ist. Dies gilt z.B., wenn für flächenförmige Bauteile durch Berücksichtigung einer mittragenden Breite ein Bezugsquerschnitt festgelegt werden kann, oder aber auch für den dünnwandigen Behälter unter Innendruck.
- Die Kerbformzahl K_t darf nicht zu hoch sein, der Grenzwert liegt ungefähr bei $K_t = 5$.
- Der Werkstoff muss über eine ausreichende Duktilität verfügen, die anhand der Bruchdehnung A bewertet werden kann, wobei $A \geq 6$ % sein muss.
- Eine evtl. vorhandene Randschichtverfestigung darf nur mechanisch (z.B. durch Kugelstrahlen, Festwalzen) erzeugt worden sein.

Demzufolge ist ein Nennspannungsnachweis möglich für Walz- und Schmiedestahl (GS) sowie für die Sorten GJS, GJM und Aluminiumwerkstoffe (Knet oder Guss) mit entsprechend hoher Bruchdehnung $A \geq 6$ %.

Werden diese Bedingungen nicht erfüllt, dann ist für flächen- und volumenförmige Bauteile der statische Festigkeitsnachweis grundsätzlich mit örtlichen Spannungen vorzunehmen. Gleiches gilt für Bauteile mit chemisch-thermischer oder thermischer Randschichthärtung.

3.8.1.1 Spannungskennwerte (Beanspruchung)

Entsprechend der grundsätzlichen Vorgehensweise bei einem Festigkeitsnachweis werden zunächst die aus den am Bauteil angreifenden äußeren Lasten entstehenden Beanspruchungen im Inneren des Bauteils ermittelt. Hierzu sind für den Statischen Nachweis (bzw. des Nachweises der Festigkeit bei Maximalbeanspruchung) die Maximalwerte aus den ungünstigsten Betriebszuständen oder aber auch Sonderlastfällen zu ermitteln (s.a. *Abschnitt 1.4*).

Im Falle der Nennspannungskennwerte wirken im Querschnitt eines nichtgeschweißten, stabförmigen Bauteils die in Tabelle 3.19 zusammengestellten Spannungsarten. Bei Werkstoffen mit unterschiedlicher Zug- und Druckfestigkeit sind Zugbeanspruchung (positives Vorzeichen) und Druckbeanspruchung (negatives Vorzeichen) –

auch infolge von Biegung – auf jeden Fall getrennt zu betrachten. Anderenfalls gilt genauso wie für Schub und Torsion der jeweils betragsmäßig höhere Spannungswert.

Sofern die Orte der maximalen Spannungen nicht in einem Querschnitt zusammenfallen (z.B. maximale Biegespannung und maximale Schubspannung), sind entweder jeweils die Größtwerte an verschiedenen Punkten zu überlagern, eine Spannung zu vernachlässigen oder aber mehrere Punkte im Querschnitt mit den dort vorhandenen Spannungswerten zu überlagern.

Im Hinblick auf eine sichere Auslegung ist bei der Überlagerung einzelner Spannungsarten immer der ungünstigste Fall maßgebend.

Axialspannung (x-Achse)	Biegespannung (y-Achse)	Biegespannung (z-Achse)	
$S_{zd} = \frac{F_{zd}}{A}$	$S_{by} = \frac{M_{by}}{W_{by}}$	$S_{bz} = \frac{M_{bz}}{W_{bz}}$	(3.273)
Schubspannung (y-Achse)	Schubspannung (z-Achse)	Torsionsspannung	
$T_{sy} = \frac{F_{Q,sy} \cdot S_y}{I_{by} \cdot t}$	$T_{sz} = \frac{F_{Q,sz} \cdot S_z}{I_{bz} \cdot t}$	$T_t = \frac{M_t}{W_t}$	(3.274)

F_{zd}:	Axialkraft Richtung x (Längskraft)	A:	Querschnittsfläche
$F_{Q,sy}$, $F_{Q,sz}$:	Querkraft Richtung y bzw. z	t:	Querschnittsbreite
M_{by}, M_{bz}:	Biegemoment um y- bzw. z-Achse	M_t:	Torsionsmoment
W_{by}, W_{bz}:	Biegewiderstandsmoment um y- bzw. z-Achse	W_t:	Torsionswiderstandsmoment
I_{by}, I_{bz}:	Biegeträgheitsmoment um y- bzw. z-Achse		x, y, z ist ein bauteilbezogenes Koordinatensystem (s.a. Abbildung 3.95)
S_y, S_z:	Statisches Moment der abgeschnittenen Querschnittsfläche		

Tabelle 3.19: Nennspannungskennwerte im Querschnitt eines stabförmigen Bauteils

Betrachtet man anstelle der Nennspannungen die örtlichen elastischen Spannungskennwerte – ebenfalls aufgrund der Maximalwerte aus den ungünstigsten Betriebszuständen oder aber auch Sonderlastfällen (s.a. *Abschnitt 1.4*) –, so liegt an einem kritischen Punkt auf der unbelasteten Oberfläche eines nichtgeschweißten Bauteils ein ebener Spannungszustand vor, der sich durch die Normalspannungskomponenten σ_x, σ_y und die Schubspannung τ beschreiben lässt. Dabei liegen die Koordinatenrichtungen x und y in der Bauteiloberfläche, während die z-Achse senkrecht dazu steht.

Eine andere Beschreibungsmöglichkeit des Spannungszustandes (u.a. auch bei Belastung der Bauteiloberfläche) ist die Verwendung der drei Hauptspannungen σ_1, σ_2 und σ_3. Bei Einwirken einer Druckbeanspruchung auf die Oberfläche (kein Schub), liegen unabhängig von der Höhe der Beanspruchung die Richtungen 1 und 2 parallel zur Oberfläche, während Richtung 3 senkrecht dazu steht. Im Falle einer Schubübertragung sind die Hauptspannungsrichtungen gegenüber der Oberfläche geneigt, eine Vorgabe der Richtungen wird dann nicht vorgenommen.

Aus diesen einzelnen, zunächst vorzeichenbehafteten Spannungskomponenten am Nachweispunkt (Zug – positiv, Druck – negativ) werden als Spannungskennwert (Beanspruchung) eine Vergleichsspannung σ_V und der sogenannte Mehrachsigkeitsgrad h berechnet. Die Bestimmung des Mehrachsigkeitsgrades h ist erforderlich, da auch die statische Bauteilfestigkeit als Kennwert der Beanspruchbarkeit von der

Mehrachsigkeit des Spannungszustandes abhängt. Sowohl die Vergleichsspannung (Beanspruchung) als auch die Bauteilfestigkeit (Beanspruchbarkeit) sind positiv.

Sofern der Mehrachsigkeitsgrad betragsmäßig einen vorgegebenen Grenzwert übersteigt, muss neben der Vergleichsspannung zusätzlich die hydrostatische Spannung als mittlere Hauptspannung nachgewiesen werden. Auf diesen sehr selten auftretenden Sonderfall wird ebenfalls im Abschnitt 3.8.1.6 ausführlich eingegangen.

Die Berechnung der Vergleichsspannung σ_V aus den einzelnen örtlichen Spannungskomponenten ist abhängig von den verwendeten Werkstoffen oder ist direkt als Ergebnis aus einer Berechnung nach der Finite-Elemente-Methode (FEM-Analyse) zu ermitteln.

Bei Vorliegen duktiler Werkstoffe (Stahl, Stahlguss und Aluminium-Knetlegierungen mi $f_\tau = 0{,}577$, s.a. Tabelle 3.20) wird die Gestaltänderungsenergiehypothese (GEH) nach Richard von Mises (österreichischer Mathematiker und Professor, 1883–1953) angewendet (s.a. *Abschnitt 3.4.4.3*):

Ebener Spannungszustand:

$$\sigma_V = \sigma_{GEH} = \sqrt{\sigma_x^2 - \sigma_x \cdot \sigma_y + \sigma_y^2 + 3 \cdot \tau_{xy}^2} = \sqrt{\sigma_1^2 - \sigma_1 \cdot \sigma_2 + \sigma_2^2} \tag{3.275}$$

Dreiachsiger Hauptspannungszustand:

$$\begin{aligned} \sigma_V = \sigma_{GEH} &= \sqrt{\frac{1}{2} \cdot \left[\left(\sigma_x - \sigma_y\right)^2 + \left(\sigma_y - \sigma_z\right)^2 + \left(\sigma_z - \sigma_x\right)^2\right] + 6 \cdot \left(\tau_{xy}^2 + \tau_{yz}^2 + \tau_{zx}^2\right)} \\ &= \sqrt{\frac{1}{2} \cdot \left[\left(\sigma_1 - \sigma_2\right)^2 + \left(\sigma_2 - \sigma_3\right)^2 + \left(\sigma_3 - \sigma_1\right)^2\right]} \end{aligned} \tag{3.276}$$

Im Falle semiduktiler und spröder Werkstoffe gilt die folgende kombinierte Festigkeitshypothese, bei der die Vergleichsspannung aus einer Überlagerung von Gestaltänderungsenergie- und Normalspannungshypothese ermittelt wird, wobei sich der Duktilitätsfaktor q aus dem Schubfestigkeitsfaktor f_τ gemäß Tabelle 3.20 ergibt:

$$\sigma_V = q \cdot \sigma_{NH,q} + (1 - q) \cdot \sigma_{GEH,q} \tag{3.277}$$

Hierin werden die beiden Vergleichsspannungsanteile $\sigma_{NH,q}$ und $\sigma_{GEH,q}$ unter Verwendung des Druckfestigkeitsfaktors f_σ nach Tabelle 3.21 und des Graugussfaktors K_{NL} nach Tabelle 3.22 aus den Hauptspannungskomponenten mit den Indices $i = 1 \ldots 3$ wie folgt berechnet:

$$\bar{\sigma}_i = \frac{\sigma_i}{f_{\sigma,i} \cdot K_{NL,i}} \tag{3.278}$$

Ebener Spannungszustand:

$$\begin{aligned} \sigma_{NH,q} &= \frac{1}{2} \cdot \left[\left|\bar{\sigma}_1 + \bar{\sigma}_2\right| + \left|\bar{\sigma}_1 - \bar{\sigma}_2\right|\right] = MAX\left\{\left|\bar{\sigma}_1\right|; \left|\bar{\sigma}_2\right|\right\} \\ \sigma_{GEH,q} &= \sqrt{\bar{\sigma}_1^2 - \bar{\sigma}_1 \cdot \bar{\sigma}_2 + \bar{\sigma}_2^2} \end{aligned} \tag{3.279}$$

Dreiachsiger Hauptspannungszustand:

$$\begin{aligned} \sigma_{NH,q} &= MAX\left\{\left|\bar{\sigma}_1\right|; \left|\bar{\sigma}_2\right|; \left|\bar{\sigma}_3\right|\right\} \\ \sigma_{GEH,q} &= \sqrt{\frac{1}{2} \cdot \left[\left(\bar{\sigma}_1 - \bar{\sigma}_2\right)^2 + \left(\bar{\sigma}_2 - \bar{\sigma}_3\right)^2 + \left(\bar{\sigma}_3 - \bar{\sigma}_1\right)^2\right]} \end{aligned} \tag{3.280}$$

Da sich für duktile Werkstoffe unter Nutzung der Gleichungen (3.277) bis (3.280) für die Werte $K_{NL} = l$, $f_\sigma = l$ und $f_\tau = 0{,}577$ der Duktilitätsfaktor zu $q = 0$ berechnet, ergeben sich die Gleichungen (3.275) und (3.276) zur Berechnung der Vergleichsspannung für duktiles Material als Sonderfall des nichtduktilen Materials gemäß der Gleichungen (3.277) bis (3.280). Zu den nichtduktilen Materialien gehören die verschiedenen Gusswerkstoffe, die sich durch unterschiedliche Zug- und Druckfestigkeiten und eine gegenüber Stahl höhere Schubfestigkeit auszeichnen. Diese Eigenschaften werden in der gemischten Festigkeitshypothese durch f_σ in den Vergleichsspannungen und den Parameter q berücksichtigt. Bei der Werkstoffgruppe GJL trägt der Faktor K_{NL} dem im Zug- und Druckbereich unterschiedlichen E-Modul Rechnung.

	Stahl, Alu-Knet	GJS	GJM, Alu-Guss	GJL
f_τ	0,577	0,650	0,750	1,00
q	0	0,264	0,544	1,00

$$q = \frac{\sqrt{3} - \frac{1}{f_\tau}}{\sqrt{3} - 1} \qquad (3.281)$$

Achtung: Für nichtduktilen Alu-Knetwerkstoff ($A < 6\ \%$) gilt $q = 0{,}5$

Tabelle 3.20: Duktilitätsfaktor q und Schubfestigkeitsfaktor f_τ in Abhängigkeit von der Werkstoffgruppe

Unter Verwendung der Vergleichsspannungen $\sigma_V = \sigma_{GEH}$ nach Gleichung (3.275) und (3.276), auch für nichtduktiles Material, berechnet sich dann der Mehrachsigkeitsgrad h für alle Materialien einheitlich wie folgt, wobei σ_H die hydrostatische Spannung bezeichnet:

$$h = \frac{\sigma_H}{\sigma_V} \qquad (3.282)$$

$$\sigma_H = \frac{1}{3} \cdot (\sigma_1 + \sigma_2 + \sigma_3) = \frac{1}{3} \cdot (\sigma_x + \sigma_y + \sigma_z) \qquad (3.283)$$

Werkstoffgruppe	f_σ **für Zug**	f_σ **für Druck**	f_τ
Einsatzstahl, nichtrostender Stahl, Schmiedestahl, Stahl außer diesen	1	1	0,577
GS	1	1	0,577
GJS	1	1,3	0,650
GJM	1	1,5	0,750
GJL	1	2,5	1,0
Alu-Knetwerkstoff	1	1	0,577
Alu-Gusswerkstoff	1	1,5	0,750

Tabelle 3.21: Druckfestigkeitsfaktor f_σ und Schubfestigkeitsfaktor f_τ

Werkstoffsorte	GJL-100	GJL-150	GJL-200	GJL-250	GJL-300	GJL-350
$K_{NL,Zug}$	1,15	1,15	1,10	1,10	1,05	1,05
$K_{NL,Druck}$	0,87	0,87	0,91	0,91	0,95	0,95

Tabelle 3.22: Graugussfaktor K_{NL}

Verfügt das nachzuweisende Bauteil über einen Schweißnahtstoß, so sind die einzelnen Bleche in der Regel über Stumpf- oder Kehlnähte verbunden bzw. angeschlossen, wie in Abbildung 3.100 beispielhaft dargestellt.

In gleicher Weise wie beim nichtgeschweißten Bauteil wirken auch hier die sechs Schnittreaktionen F_{zd}, M_{by}, M_{bz}, F_{Qsy}, F_{Qsz} und M_t, aus denen für den Grundwerkstoff (GW), die Schweißnaht (SN) und die Wärmeeinflusszone (WEZ) die jeweils entsprechenden Spannungsarten gemäß Tabelle 3.19 zu berechnen sind. Dabei ist jedoch die Wärmeeinflusszone (WEZ) nur bei verfestigten oder ausgehärteten Aluminiumwerkstoffen zu berücksichtigen, da diese nämlich unter Temperatureinfluss eine Reduktion der Zugfestigkeit und Fließgrenze aufweisen, was einer Entfestigung entspricht.

Schweißnaht (SN) längs zur Stabrichtung	Schweißnaht (SN) quer zur Stabrichtung	
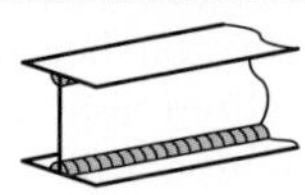 $S_{\parallel}$, $T_{\parallel}$	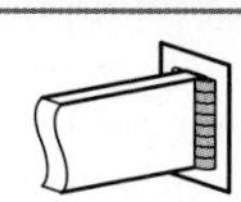 $S_{\perp} = T_{\parallel}$	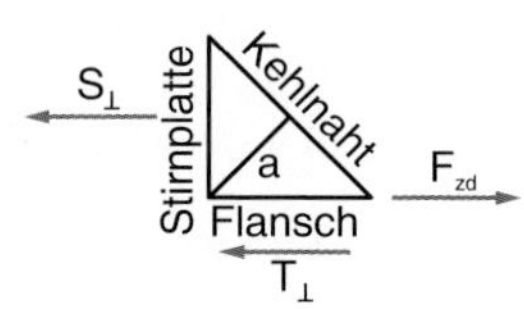
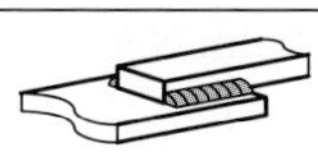 $T_{\parallel}$	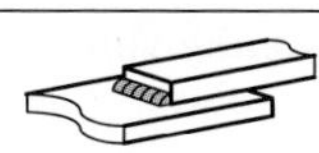 $S_{\perp} = T_{\perp}$	
$S_{\parallel}$: Normalspannung parallel zur Naht $T_{\parallel}$: Schubspannung parallel zur Naht $S_{\perp}$: Normalspannung senkrecht zur Naht	Die in Kehlnähten auftretenden Schubspannungen $T_{\perp}$ können alternativ auch als Normalspannungen $S_{\perp}$ angesehen werden: $S_{\perp} \equiv S_{\parallel}$ (3.284)	

Abbildung 3.100: Mögliche Spannungskomponenten in der Schweißnaht (SN) beispielhafter stabförmiger Bauteile

Demzufolge ist an einem Schweißnahtstoß in Abhängigkeit von der Werkstoffart wie folgt vorzugehen, wobei der Nachweis entweder mit Nennspannungen (Nr. 1. und 3.) oder mit örtlichen Spannungen (Nr. 2. und 4.) erfolgen kann. Dabei ist jedoch einschränkend zu beachten, dass für den Nachweis mit Nennspannungen die Lage der Schweißnähte den Beispielen in Abbildung 3.100 entsprechen muss. In allen anderen Fällen, z.B. bei schräg liegenden Nähten, wird der Nachweis mit örtlichen Spannungen empfohlen:

1 Stahl und nicht entfestigende Aluminiumwerkstoffe – Im Falle der Verwendung von Nennspannungen ist der Nachweis mit den Spannungsarten (S_{zd}, S_b, T_s, T_t) im Grundwerkstoff (GW) wie für ein nichtgeschweißtes Bauteil zu führen. In gleicher Weise wie für den Grundwerkstoff (GW) ist auch der Nachweis in der Schweißnaht (SN) bei primär beanspruchten Nähten ($S_{\perp}$, $T_{\parallel}$ gemäß Abbildung 3.100) durchzuführen, wobei die ertragbaren Spannungen der Schweißnaht maßgebend sind.

Sofern es sich um sekundär beanspruchte Nähte handelt, d.h., der Kraftfluss geht nicht durch die Naht, oder um Schweißnähte, die nur durch eine Spannung parallel zur Naht ($S_{\|}$) beansprucht sind, ist der Nachweis der Schweißnaht nicht erforderlich. Da entsprechend Abbildung 3.100 und Gleichung (3.284) die in Kehlnähten auftretenden Schubspannungen $T_{\perp}$ auch als Normalspannungen $S_{\perp}$ betrachtet werden können, wird im Weiteren mit der Normalspannung $S_{\perp}$ gerechnet. Hierbei ist dann wie für nichtgeschweißte Bauteile zwischen den schnittgrößenbezogenen Spannungsarten zu unterscheiden, was die Berechnung einer plastischen Formzahl für beliebige Querschnitte vereinfacht. Die Aufteilung der Schubkomponente kann dabei entfallen, da infolge der dünnwandigen Querschnitte eine Schubplastifizierung nicht zugelassen wird.

Somit sind für den statischen Festigkeitsnachweis der Schweißnaht mit Nennspannungen folgende Spannungsarten zu ermitteln:

$S_{\perp,zd}$: Normalspannung senkrecht zur Naht infolge Zug-Druck (Längskraft) F_{zd}

$S_{\perp,by}$: Normalspannung senkrecht zur Naht infolge Biegung um die y-Achse M_{by}

$S_{\perp,bz}$: Normalspannung senkrecht zur Naht infolge Biegung um die z-Achse M_{bz}

$T_{\|}$: Schubspannung parallel zur Naht, zusammen aus den Querkräften F_{Qsy}, F_{Qsz} und dem Torsionsmoment M_t.

Zur Berechnung dieser Spannungsarten in der Schweißnaht sind die Gleichungen nach Tabelle 3.19 unter Nutzung der Querschnittswerte der Schweißnähte zu verwenden. Dabei ergeben sich die rechnerischen Nahtflächen bei Kehlnähten aus dem a-Maß entlang der Wurzellinie bzw. bei Stumpfnähten aus der vorhandenen Nahtdicke und -länge. Vereinfachend wird bei Stumpfnähten eine Nahtüberhöhung ebenso vernachlässigt wie bei Kehlnähten die Schräglage der Schnittfläche.

2 Stahl und nicht entfestigende Aluminiumwerkstoffe – Beim Nachweis mit örtlichen Spannungen sind Strukturspannungen (lokale Nennspannungen) zu verwenden. Bei Baustählen ist als Sonderfall auch die Betrachtung von Kerbspannungen möglich.

Bei flächenförmigen geschweißten räumlichen Strukturen ist an den Nachweispunkten mit hohen lokalen Spannungswerten die Definition eines Querschnitts allgemein nicht möglich. Daher werden die für den Nachweis zu verwendenden örtlichen Spannungen als lokale Nennspannungen oder Strukturspannungen in der Regel durch Finite-Elemente-Analysen mit Schalen- oder Volumenelementen ermittelt. Bei der Modellerstellung ist sicherzustellen, dass der berechnete Spannungswert für einen Festigkeitsnachweis geeignet ist, weshalb Singularitäten im Modell zu vermeiden sind, oder aber durch entsprechende Linearisierungen (z.B. Innenlinearisierung oder Oberflächenextrapolation) der Netzeinfluss unterdrückt werden kann [3.50].

In besonderen Ausnahmefällen kann auch gemäß Abbildung 3.96 über die Festlegung einer mittragenden Breite ein tragender Querschnitt definiert werden, was die Ermittlung von Nennspannungen aus den vorliegenden Schnittkräften erlaubt. Damit kann dann vereinfachend der statische Festigkeitsnachweis mittels Nennspannungen vorgenommen werden. Allerdings besteht die Einschränkung, dass über die sinnvolle Größe einer mittragenden Breite keine allgemeinen Kenntnisse verfügbar sind [3.50].

Vergleichbar zum Nennspanungsnachweis gemäß 1. sind auch beim Festigkeitsnachweis mit örtlichen Spannungen zunächst der Grundwerkstoff (GW) und die Wärmeeinflusszone (WEZ) zu betrachten. Hierzu wird aus den einzelnen Spannungskomponenten des im Blech näherungsweise vorliegenden ebenen Spannungszustandes eine Vergleichsspannung σ_V wie für ein nichtgeschweißtes Bauteil gebildet. Für duktile Werkstoffe gilt die Gestaltänderungsenergiehypothese gemäß der Gleichungen (3.275) und (3.276). Für schweißgeeigneten Gusswerkstoff ist die gemischte Festigkeitshypothese nach Gleichung (3.277) unter Nutzung der Hauptspannungen anzuwenden.

Zum Nachweis der Schweißnaht (SN) werden zunächst in Bezug zur Schweißnahtlinie die folgenden Spannungskomponenten für die Schweißnaht unterschieden:

$\sigma_{\|}$: Normalspannung parallel zur Naht

$\sigma_{\perp}$: Normalspannung senkrecht zur Naht

$\tau = \tau_{\|}$: Schubspannung parallel zur Naht

Vergleichbar zum Nennspannungsnachweis wird die Normalspannung parallel zur Naht $\sigma_{\|}$ für den statischen Nachweis nicht genutzt, und die in Kehlnähten auftretenden örtlichen Schubspannungen $\tau_{\perp}$ entsprechend Abbildung 3.100 und Gleichung (3.284) können auch als örtliche Normalspannungen $\sigma_{\perp}$ betrachtet werden, mit denen dann die weitere Berechnung erfolgt:

$$\sigma_{\perp} \equiv \tau_{\|} \tag{3.285}$$

Sofern die Schweißnaht (SN) nicht querschnittsdeckend ($a \leq t$, Kehlnaht, Y-Naht) oder exzentrisch ist, sind die Spannungen nach dem Verhältnis von Blech- und Nahtdicke bzw. nach dem Einfluss der Exzentrizität ($e > 0$) entsprechend zu erhöhen. Aus den verbleibenden einzelnen Spannungskomponenten wird dann ein Vergleichsspannungswert entsprechend der empirischen Festigkeitshypothese nach DIN 18800 [3.17]:

$$\sigma_{vw} = \sqrt{\sigma_{\perp}^2 + \tau_{\|}^2} \tag{3.286}$$

Wie bereits eingangs erwähnt, ist im Sonderfall von Baustählen auch die Betrachtung von Kerbspannungen möglich, die mithilfe drei- oder zweidimensionaler Finite-Elemente-Modelle ermittelt werden, bei denen die Schweißnaht vollständig modelliert wird. Dabei sind Schweißnahtübergang und Schweißnahtwurzel jeweils mit einem fiktiven Radius von 1 mm entsprechend dem $R1$-Konzept nach Radaj zu modellieren, wobei insbesondere an den Nahtenden auf eine vollständige Ausrundung zu achten ist [3.103]. Weitere Hinweise zur richtigen Vernetzung sind der weiterführenden Literatur zu entnehmen [3.50], [3.103].

Am Nachweispunkt, der meistens in einem $R1$-Radius liegt, herrscht allgemein ein ebener Spannungszustand vor. Wie bei einem nichtgeschweißten Bauteil werden die Kerbspannungen als örtliche elastische Spannungen entweder als Spannungskomponenten oder als Hauptspannungen bestimmt:

$$\text{Spannungskomponenten:} \quad \sigma_{x,wK} \quad \sigma_{y,wK} \quad \tau_{wK} = \tau_{xy,wK} \tag{3.287}$$

$$\text{Hauptspannungen:} \quad \sigma_{1,wK} \quad \sigma_{2,wK} \tag{3.288}$$

Aus diesen Spannungskomponenten nach Gleichung (3.287) oder (3.288) sind dann eine Vergleichsspannung σ_{vwK} gemäß der Gestaltänderungsenergiehypothese und ein Mehrachsigkeitsgrad h_{wK} zu ermitteln:

$$\begin{aligned} \sigma_{vwK} &= \sqrt{\sigma_{x,wK}^2 - \sigma_{x,wK} \cdot \sigma_{y,wK} + \sigma_{y,wK}^2 + 3 \cdot \tau_{xy,wK}^2} \\ &= \sqrt{\sigma_{1,wK}^2 - \sigma_{1,wK} \cdot \sigma_{2,wK} + \sigma_{2,wK}^2} \end{aligned} \tag{3.289}$$

Daraus und unter Nutzung der hydrostatischen Spannung σ_{HwK} berechnet sich dann der Mehrachsigkeitsgrad h_{wK} zu:

$$h_{wK} = \frac{\sigma_{Hwk}}{\sigma_{vwK}} \tag{3.290}$$

$$\sigma_{HwK} = \frac{1}{3} \cdot \left(\sigma_{1,wK} + \sigma_{2,wK}\right) = \frac{1}{3} \cdot \left(\sigma_{x,wK} + \sigma_{y,wK}\right) \tag{3.291}$$

Abschließend sei darauf hingewiesen, dass beim Nachweis mit Kerbspannungen die grundsätzliche Unterteilung in Grundwerkstoff (GW) und Schweißnaht (SN) entfällt.

3 Entfestigende Aluminiumwerkstoffe – Im Falle der Verwendung von Nennspannungen ist der Nachweis mit den Spannungsarten (S_{zd}, S_b, T_s, T_t) im Grundwerkstoff (GW) wie für das nichtgeschweißte Bauteil zu führen, wobei hinsichtlich der Lage der Wärmeeinflusszone (WEZ) zum Stabquerschnitt gemäß Tabelle 3.23 zwei Fälle zu unterscheiden sind. Für den Nachweis primär und sekundär beanspruchter Schweißnähte (SN) gelten dieselben Ausführungen wie unter 1.

a) Querschnitt hat Anteile an WEZ	**b) Querschnitt besteht nur aus GW oder nur aus WEZ**
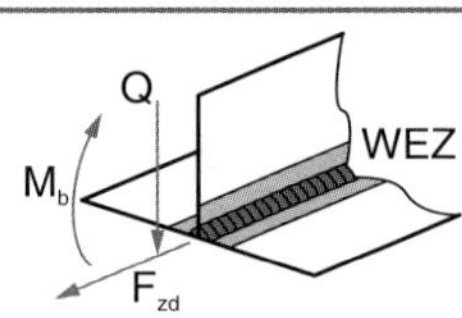	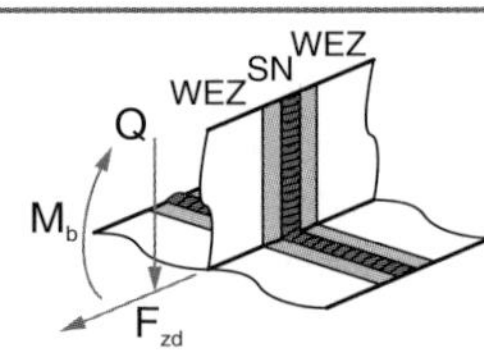
Es wird ein gemeinsamer Nachweis für GW und WEZ geführt, wobei die WEZ bei der Berechnung der Festigkeit (ertragbare Nennspannung) berücksichtigt wird. Vergleichbar zu DIN 4113 werden dazu die effektiven Querschnittskennwerte über einen effektiven Entfestigungsfaktor ρ_W berücksichtigt [3.13].	Für den GW und die WEZ müssen jeweils einzelne Nachweise erfolgen. Liegen gleiche Querschnittsabmessungen vor, ist der Nachweis der WEZ maßgebend. Die Entfestigung wird durch den Entfestigungsfaktor des Werkstoffs ρ_{WEZ} berücksichtigt.

Tabelle 3.23: Lage der Wärmeeinflusszone (WEZ) zum Stabquerschnitt [3.50]

4 Entfestigende Aluminiumwerkstoffe – Der Nachweis mit örtlichen Spannungen ist jeweils einzeln mit der Vergleichsspannung im Grundwerkstoff (GW) und der Wärmeeinflusszone (WEZ) wie für ein nichtgeschweißtes Bauteil durchzuführen. Sofern die Spannungen in der WEZ größer oder gleich den Spannungen im GW sind, ist der Nachweis der WEZ maßgebend. Für den Nachweis primär und sekundär beanspruchter Schweißnähte (SN) gelten dieselben Ausführungen wie unter 3. Die Ausdehnung der Wärmeeinflusszone ergibt sich gemäß Tabelle 3.24.

t **[mm]**	b_{WEZ} **[mm]**	
≤ 6	20	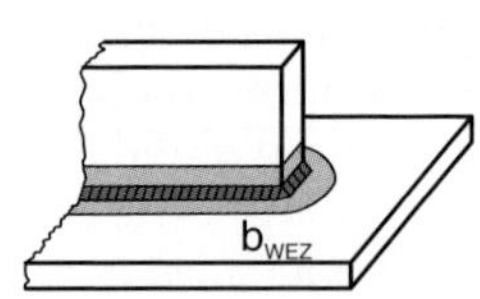
≤ 12	30	
≤ 25	35	
> 25	40	

Tabelle 3.24: Breite der Wärmeeinflusszone (WEZ) nach [3.50]

Die Berücksichtigung der Wärmeeinflusszone (WEZ) kann bei entfestigenden Aluminiumwerkstoffen entfallen, sofern eine Wärmebehandlung durchgeführt wurde, die nach dem Schweißen zur ursprünglichen Festigkeit führt.

Abschließend sei darauf verwiesen, dass bei allen geforderten Nachweisen mit Nennspannungen für den Grundwerkstoff (GW), die Wärmeeinflusszone (WEZ) und die Schweißnaht (SN) zunächst die Spannungsarten einzeln durch die Berechnung eines Auslastungsgrades nachzuweisen sind. Anschließend erfolgt dann noch die Überlagerung durch die Berechnung eines Vergleichsauslastungsgrades.

Sowohl für den Nachweis mit Nennspannungen als auch den Nachweis mit örtlichen Spannungen gilt einschränkend, dass die Berechnung für geschweißte Bauteile und für Werkstoffgruppen wie bedingt schweißgeeigneten Stahl, nichtrostenden Stahl und schweißgeeigneten Eisengusswerkstoff nur vorläufig und mit entsprechender Vorsicht anzuwenden ist [3.50].

3.8.1.2 Werkstoffkennwerte (Beanspruchbarkeit)

Entsprechend Abbildung 3.93 sind im nächsten Schritt des Festigkeitsnachweises die Werkstoffkennwerte als Kennwerte der Beanspruchbarkeit, getrennt für nichtgeschweißte Bauteile (Abschnitt 3.8.1.2.1) und geschweißte Bauteile (Abschnitt 3.8.1.2.2), zu ermitteln. Neben der Zugfestigkeit R_m und der Fließgrenze R_p sind weitere Kennwerte zu bestimmen, wobei die Fließgrenze als verallgemeinerter Begriff für die Streckgrenze (bei Walz- und Schmiedestahl) und für die 0,2-Dehngrenze (bei Gusseisen mit Kugelgrafit, Temperguss und Aluminiumwerkstoff) verwendet wird. Die Werkstoffkennwerte gelten gleichermaßen für den Nachweis mit Nennspannungen und den Nachweis mit örtlichen Spannungen.

Der Vollständigkeit halber werden in diesem Abschnitt auch die Werkstoffkennwerte für GJM, GJL und Aluminiumguss angegeben, da diese für den Ermüdungsfestigkeitsnachweis mit Nennspannungen benötigt werden, während der statische Festigkeitsnachweis für diese Werkstoffgruppen mit örtlichen Spannungen zu erfolgen hat. Wenngleich es nicht erforderlich ist, wird jedoch empfohlen, in diesen Fällen auch die Ermüdungsfestigkeit mit örtlichen Spannungen gemäß Abschnitt 3.8.2 nachzuweisen.

3.8.1.2.1 Nichtgeschweißte Bauteile

Alle hier verwendeten Werkstoff-Festigkeitswerte gelten für eine Werkstoffprobe, die als nichtgekerbte polierte Rundprobe des Durchmessers $d_0 = 7{,}5$ mm ausgeführt ist, auch wenn genormte Zugproben andere Durchmesser aufweisen. Weiterhin wird nach Halbzeug-Normwerten ($d_{eff,N}$) und Bauteilwerten (d_{eff}) unterschieden, wobei Letztere gemäß Abbildung 3.101 Norm-, Zeichnungs- oder Istwerte sein können.

Betrachtet man zunächst die Halbzeug- bzw. Probenstück-Normwerte ($R_{m,N}$, $R_{p,N}$), so gelten diese für den effektiven Durchmesser $d_{eff,N}$ des Halbzeugs oder des Rohgusses und haben die Überlebenswahrscheinlichkeit $P_{Ü} = 97{,}5$ %. Für $R_{m,N}$ und $R_{p,N}$ ist jeweils der Mindestwert oder der gewährleistete Wert oder die untere Grenze des Von-bis-Bereiches für das kleinste Halbzeug bei Knetwerkstoffen bzw. für das Probenstück bei Gusswerkstoffen nach Werkstoffnorm zu verwenden.

Aus diesen Werten lassen sich dann entsprechend dem Zusammenhang in Abbildung 3.101 die niedrigeren Bauteil-Normwerte R_m und R_p bestimmen, die für den effektiven Bauteildurchmesser d_{eff} gelten und genauso wie $R_{m,N}$ und $R_{p,N}$ die Überlebenswahrscheinlichkeit $P_{Ü} = 97{,}5$ % aufweisen. Mit diesen Bauteil-Normwerten R_m

und R_p kann dann ein für die „Gesamtheit aller Bauteile" gültiger Festigkeitsnachweis durchgeführt werden, der nicht auf ein spezielles Bauteil beschränkt ist.

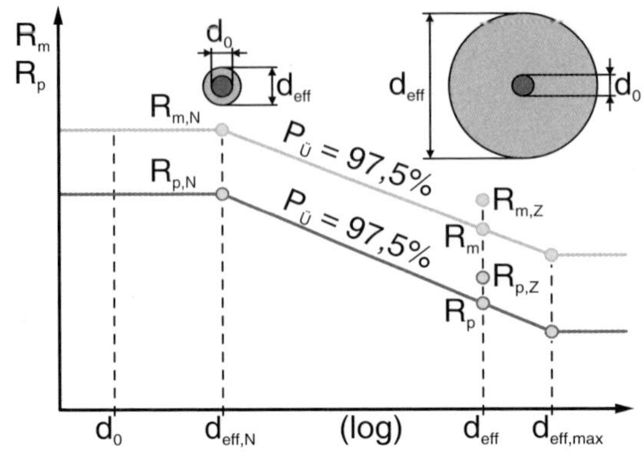

Norm Probendurchmesser d_0
Normwerte $R_{m,N}$ und $R_{p,N}$ bei $d_{eff,N}$
Zeichnungswerte $R_{m,Z}$ und $R_{p,Z}$ bei d_{eff}
Bauteil-Normwerte R_m und R_p bei d_{eff}
Für alle Werkstoffgruppen außer GJL werden die Festigkeitswerte mit dem effektiven Durchmesser d_{eff} einfach logarithmisch vermindert.
Für GJL erfolgt eine doppelt logarithmische Verminderung der Festigkeitswerte mit d_{eff}.

Abbildung 3.101: Zur Definition der Normwerte und Bauteil-Normwerte

Die Bauteil-Normwerte für die Zugfestigkeit R_m und die Fließgrenze R_p können sowohl aus den Halbzeug-Normwerten $R_{m,N}$ und $R_{p,N}$ als auch aus dem Bauteil-Zeichnungswert $R_{m,Z}$ wie folgt berechnet werden:

$$R_m = K_{d,m} \cdot K_A \cdot R_{m,N} \qquad R_p = K_{d,p} \cdot K_A \cdot R_{p,N} \quad \text{aus Halbzeug-Normwerten} \tag{3.292}$$

$$R_m = 0,94 \cdot R_{m,Z} \quad \text{aus Zeichnungswerten} \tag{3.293}$$

$$R_p = \frac{K_{d,p}}{K_{d,m}} \cdot \frac{R_{p,N}}{R_{m,N}} \cdot R_m \quad \text{aus Zeichnungswerten mit } R_m \text{ aus Gleichung (3.293)} \tag{3.294}$$

Hierin bezeichnen $K_{d,m}$ und $K_{d,p}$ die technologischen Größenfaktoren und K_A den Anisotropiefaktor gemäß Tabelle 3.25, Tabelle 3.26, Tabelle 3.28 und Tabelle 3.29. Die Halbzeug-Normwerte $R_{m,N}$ und $R_{p,N}$ können direkt den entsprechenden Werkstoffnormen, der FKM-Richtlinie bzw. für ausgewählte Werkstoffe den Tabellen in Abschnitt 3.8.4 entnommen werden.

Mit $R_{m,Z}$ wird die „laut Zeichnung" geforderte Zugfestigkeit des Werkstoffes im Bauteil bezeichnet, wobei angenommen wird, dass $R_{m,Z}$ wegen der nur stichprobenartigen Überprüfung eine geringere Überlebenswahrscheinlichkeit als $P_Ü$ = 97,5 % aufweist und demzufolge weniger sicher ist. Soll z.B. die Zugfestigkeit $R_{m,Z}$ mit drei Härteeindrücken (n = 3) überprüft werden, wobei jeder Prüfwert den geforderten Wert zu erreichen oder zu überschreiten hat, so berechnet sich die Versagenswahrscheinlichkeit des niedrigsten Prüfwertes zu 25 %, da für n = 3 der Zusammenhang 1 / (n + 1) = 1 / (3 + 1) = 0,25 ergibt und somit für $R_{m,Z}$ die Überlebenswahrscheinlichkeit nur $P_{Ü,Z}$ = 75 % beträgt. Der für den Festigkeitsnachweis erforderliche Bauteil-Normwert mit einer Überlebenswahrscheinlichkeit von $P_Ü$ = 97,5 % muss demzufolge kleiner sein. Unter der Annahme eines Variationskoeffizienten von 4 % gilt dann Gleichung (3.293). Erst durch die Umrechnung nach Gleichung (3.293) wird aus dem Bauteil-

Zeichnungswert $R_{m,Z}$ der Bauteil-Normwert R_m. Die Umrechnung gemäß Gleichung (3.294) berücksichtigt die unterschiedliche Größenabhängigkeit der Zugfestigkeit und der Fließgrenze.

Abschließend sei noch auf die Möglichkeit hingewiesen, dass man auch mit den tatsächlichen Bauteil-Istwerten $R_{m,I}$ und $R_{p,I}$ arbeiten kann, sofern diese Werte für ein spezielles Bauteil experimentell bestimmt wurden. Ein derartiger Festigkeitsnachweis gilt dann nur für dieses spezielle Bauteil – z.B. bei der Nachrechnung eines Schadensfalles mit dem Sicherheitsfaktor $j_{ges} = 1$) – und nicht für die „Gesamtheit aller Bauteile". Sollte nur die Zugfestigkeit $R_{m,I}$ bekannt sein, so kann die Fließgrenze $R_{p,I}$ mit Gleichung (3.294) und $R_m = R_{m,I}$ berechnet werden.

Entsprechend den oben angeführten Gleichungen wird im Weiteren der technologische Größenfaktor K_d benötigt, mit dem sich die üblicherweise abnehmende Werkstofffestigkeit bei zunehmender Bauteilabmessung berücksichtigen lässt. Der Geltungsbereich liegt innerhalb der in den Werkstoffnormen genannten Abmessungen. Außerhalb dieser Anwendungsbereiche der Werkstoffnormen sind besondere Vereinbarungen zwischen Hersteller und Kunde zu treffen.

Für Eisengusswerkstoffe GJL gelten folgende Werte:

$$K_{d,m} = K_{d,p} = 1{,}207 \quad \text{für} \quad d_{eff} \le 7{,}5\ \text{mm} \tag{3.295}$$

$$K_{d,m} = K_{d,p} = 1{,}207 \cdot \left(\frac{d_{eff}}{7{,}5\ \text{mm}}\right)^{-0{,}1922} \quad \text{für} \quad d_{eff} > 7{,}5\ \text{mm} \tag{3.296}$$

Für nichtrostenden Stahl gilt grundsätzlich:

$$K_{d,m} = K_{d,p} = 1 \tag{3.297}$$

Für alle anderen Stahl- und Eisenguss-Werkstoffgruppen gilt:

$$K_{d,m} = K_{d,p} = 1 \quad \text{für} \quad d_{eff} \le d_{eff,N} \tag{3.298}$$

$$\left.\begin{aligned} K_{d,m} &= \frac{1 - 0{,}7686 \cdot a_{d,m} \cdot \lg \dfrac{d_{eff}}{7{,}5\ \text{mm}}}{1 - 0{,}7686 \cdot a_{d,m} \cdot \lg \dfrac{d_{eff,N,m}}{7{,}5\ \text{mm}}} \\ K_{d,p} &= \frac{1 - 0{,}7686 \cdot a_{d,p} \cdot \lg \dfrac{d_{eff}}{7{,}5\ \text{mm}}}{1 - 0{,}7686 \cdot a_{d,p} \cdot \lg \dfrac{d_{eff,N,p}}{7{,}5\ \text{mm}}} \end{aligned}\right\} \quad \text{für} \quad d_{eff} > d_{eff,N} \tag{3.299}$$

Im Falle von Walzstahl wird oberhalb der Grenze von $d_{eff,max} = 250$ mm kein weiterer Festigkeitsabfall berücksichtigt, so dass gilt:

$$K_d = K_d\left(d_{eff,\max} = 250\ \text{mm}\right) \quad \text{für} \quad d_{eff} \ge d_{eff,\max} = 250\ \text{mm} \tag{3.300}$$

Die in den Gleichungen (3.295) bis (3.342) zur Berechnung der Größenfaktoren $K_{d,m}$ ($d_{eff,N,m}$, $a_{d,m}$) für die Zugfestigkeit und $K_{d,p}$ ($d_{eff,N,p}$, $a_{d,p}$) für die Streckgrenze verwendeten Konstanten $a_{d,m}$ und $a_{d,p}$ sowie die effektiven Durchmesser $d_{eff,N,m}$ und $d_{eff,N,p}$ ergeben sich in Abhängigkeit vom Werkstoff aus Tabelle 3.25 und Tabelle 3.26.

Für Aluminiumknetwerkstoffe können die Bauteil-Normwerte R_m und R_p in Abhängigkeit von Werkstoff, Werkstoffzustand, Dicke oder Durchmesser des Halbzeuges den entsprechenden Tabellen in Abschnitt 3.8.4, oder den vollständigen Werkstofftabellen in der FKM-Richtlinie entnommen werden, wobei für den technologischen Größenfaktor grundsätzlich gilt [3.50]:

$$K_{d,m} = K_{d,p} = 1 \tag{3.301}$$

Für Aluminiumgusswerkstoffe gelten für R_m und R_p die folgenden technologischen Größenfaktoren $K_{d,m}$ und $K_{d,p}$ in Abhängigkeit vom effektiven Durchmesser d_{eff}:

$$K_{d,m} = K_{d,p} = 1 \text{ für } d_{eff} \leq 12 \text{ mm} \tag{3.302}$$

$$K_{d,m} = K_{d,p} = 1{,}1 \cdot \left(\frac{d_{eff}}{7{,}5 \text{ mm}} \right)^{-0{,}2} \text{ für } 12 \text{ mm} < d_{eff} < 150 \text{ mm} \tag{3.303}$$

$$K_{d,m} = K_{d,p} = 0{,}6 \text{ für } d_{eff} \geq 150 \text{ mm} \tag{3.304}$$

Werkstoffgruppe	$d_{eff,N,m}$ [mm]	$d_{eff,N,p}$ [mm]	$a_{d,m}$ 1)	$a_{d,p}$ 1)
Unlegierter Baustahl – DIN EN 10025	40	40	0,15	0,30
Feinkornbaustahl – DIN 17102	70	40	0,20	0,30
Feinkornbaustahl – DIN 10113	100	30	0,25	0,30
Vergütungsstahl, vergütet – DIN EN 10083-1	16 2)	16 2)	0,30	0,40
Vergütungsstahl, normalgeglüht – DIN EN 10083-1	16	16	0,10	0,20
Einsatzstahl, blindgehärtet – DIN EN 10084	16	16	0,50	0,50
Nitrierstahl, vergütet – DIN EN 10085	40	40	0,25	0,30
Nichtrostender Stahl – DIN EN 10088-2 3)	-	-	-	-
Stahl für größere Schmiedestücke, vergütet – SEW 550 4)	250	250	0,20	0,25
Stahl für größere Schmiedestücke, normalgeglüht – SEW 550	250	250	0,00	0,15

1) Genauere, werkstoffsortenabhängige Werte außer bei unlegiertem Baustahl siehe Tabelle 3.114 bis Tabelle 3.117 und sowie FKM-Richtlinie.
2) Für 30CrNiMo8 und 36NiCrMo16 gilt $d_{eff,N,m} = 40$ mm bei unveränderten Werten $a_{d,m}$ und $a_{d,p}$.
3) Kein technologischer Größeneinfluss innerhalb der Abmessungsbereiche der Werkstoffnormen.
4) Für 28NiCrMo V8 5 und 33NiCrMo 14 5 gilt $d_{eff,N,m} = d_{eff,N,p} = 500$ mm bzw. 1000 mm bei unveränderten Werten $a_{d,m}$ und $a_{d,p}$.

Tabelle 3.25: Konstanten $d_{eff,N,m}$, $d_{eff,N,p}$, $a_{d,m}$ und $a_{d,p}$ für Stahl nach [3.50]

Werkstoffgruppe	$d_{eff,N,m}$ **[mm]**	$d_{eff,N,p}$ **[mm]**	$a_{d,m}$	$a_{d,p}$
Stahlguss – DIN EN 10293	Tabelle 3.121 bzw. FKM-Richtlinie		0,15	0,30
Vergütungsstahlguss – DIN 10293 [1)]	Tabelle 3.122 bzw. FKM-Richtlinie		0,15	0,30
GJS – DIN EN 1563	60	60	0,15	0,15
GJM – DIN EN 1562 [2)]	15	15	0,15	0,15

[1)] Für G28Mn6, G34CrMo4 und G42CrMo4 ist $a_{d,m} = 0{,}3$.
[2)] Die Werte für GJM werden nur für den Ermüdungsfestigkeitsnachweis benötigt.

Tabelle 3.26: Konstanten $d_{eff,N,m}$, $d_{eff,N,p}$, $a_{d,m}$ und $a_{d,p}$ für Eisengusswerkstoff nach [3.50]

Die Bestimmung des effektiven Durchmessers d_{eff} erfolgt für Bauteile mit einfachen Querschnittsformen nach Tabelle 3.27, wobei die obere Grenze für d_{eff} im Allgemeinen in den Werkstoffnormen festgelegt ist. Ausgenommen hiervon sind nur Walzstähle entsprechend dem Zusammenhang in Gleichung (3.300).

Nr.	**1**	**2**	**3**	**4**	**5**
Querschnitt	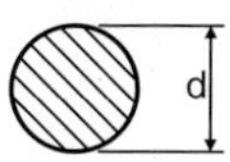	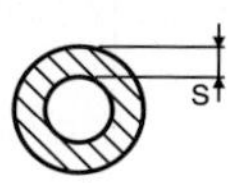	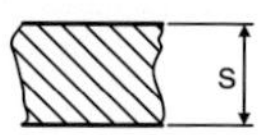	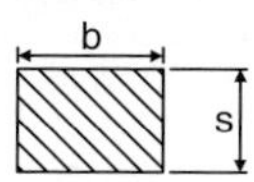	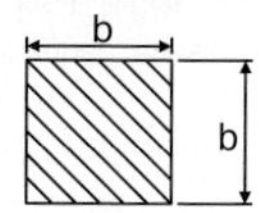
Fall 1	d	$2 \cdot s$	$2 \cdot s$	$\frac{2 \cdot b \cdot s}{b+s}$	b
Fall 2	d	s	s	s	b

Tabelle 3.27: Zur Bestimmung des effektiven Durchmessers d_{eff} nach [3.50]

Weiterhin ist zur Festlegung von d_{eff} noch der Einfluss der Werkstoffgruppe zu unterscheiden:

1 Fall: Bauteile (auch Schmiedeteile) aus vergütetem Vergütungsstahl, einsatzgehärtetem Einsatzstahl, vergütetem und nitriertem Nitrierstahl, Vergütungsstahlguss, GJS, GJM und GJL, wobei der effektive Durchmesser d_{eff} aus dem Volumen V und der Oberfläche O des Bauteils berechnet wird:

$$d_{eff} = \frac{4 \cdot V}{O} \tag{3.305}$$

2 Fall: Bauteile (auch Schmiedeteile) aus unlegiertem Baustahl, Feinkornbaustahl, normalgeglühtem Vergütungsstahl, allgemeinem Stahlguss und Aluminiumwerkstoff.

Darüber hinaus ist für stabförmige Bauteile aus Vergütungsstahl noch die Bearbeitungsfolge zur Festlegung des effektiven Durchmessers d_{eff} von Bedeutung:

1 Zunächst Vergüten und danach mechanisch Bearbeiten – d_{eff} ist gleich dem höchsten Durchmesser.

2 Zunächst mechanisches Bearbeiten und danach Vergüten – d_{eff} ist gleich dem örtlichen Durchmesser.

Dabei liegt das Vorgehen nach 1. auf der sicheren Seite, da mit höheren effektiven Durchmessern d_{eff} und demzufolge niedrigeren technologischen Größenfaktoren K_d gerechnet wird.

Mit dem Anisotropiefaktor K_A in Gleichung (3.292) lässt sich in Abhängigkeit von der Höhe der Zugfestigkeit die tatsächliche Werkstofffestigkeit quer und längs zur bevorzugten Bearbeitungsrichtung berücksichtigen.

So gelten die Festigkeitswerte in den Werkstofftabellen gemäß Abschnitt 3.8.4 und der FKM-Richtlinie einheitlich für eine Spannung längs zur bevorzugten Bearbeitungsrichtung, und zwar gleichermaßen für Eisen- und Aluminiumgusswerkstoffe, für mehrachsige Spannungen und auch Schubspannungen, so dass für den Anisotropiefaktor folgt:

$$K_A = 1 \tag{3.306}$$

Für Walz- und Schmiedeteile aus Stahl sowie Aluminiumknetwerkstoffe ist die Werkstofffestigkeit quer zur bevorzugten Bearbeitungsrichtung maßgeblich, so dass die Anisotropiefaktoren K_A gemäß Tabelle 3.28 und Tabelle 3.29 gelten.

R_m in [MPa]	bis 600	über 600 bis 900	über 900 bis 1200	über 1200
K_A	0,90	0,86	0,83	0,80

Tabelle 3.28: Anisotropiefaktor K_A für Stahl nach [3.50]

R_m in [MPa]	bis 200	über 200 bis 400	über 400 bis 600
K_A	1,00	0,95	0,90

Tabelle 3.29: Anisotropiefaktor K_A für Aluminiumknetwerkstoff nach [3.50]

Ein weiterer Einfluss, der allerdings nur beim Nachweis der statischen Bauteilfestigkeit mithilfe des Faktors f_σ gemäß Tabelle 3.21 berücksichtigt wird, ergibt sich aus der Unterscheidung zwischen Zugfestigkeit R_m und Druckfestigkeit $R_{c,m}$ bzw. zwischen Fließgrenze R_p und Druckfließgrenze $R_{c,p}$, wobei Druckfestigkeit und Druckfließgrenze positiv angenommen werden, weshalb auch f_σ positiv ist.

Im Einzelnen gilt mit der Zugfestigkeit R_m und der Streckgrenze R_p gemäß der Gleichungen (3.292) bis (3.294) und dem Druckfestigkeitsfaktor f_σ gemäß Tabelle 3.21:

$$f_\sigma = 1 \qquad \text{für Zug oder Biegezug} \tag{3.307}$$

$$\begin{aligned} R_{c,m} &= f_\sigma \cdot R_m \\ R_{c,p} &= f_\sigma \cdot R_p \end{aligned} \qquad \text{für Druck oder Biegedruck} \tag{3.308}$$

In gleicher Weise lässt sich durch den Schubfestigkeitsfaktor f_τ gemäß Tabelle 3.21 der Unterschied zwischen Schubfestigkeit $R_{s,m}$ und Zugfestigkeit R_m bzw. zwischen Schubfließgrenze $R_{s,p}$ und Fließgrenze R_p berücksichtigen, wobei auch hier der Schubfestigkeitsfaktor f_τ nur zur Berechnung der statischen Bauteilfestigkeit genutzt wird:

$$R_{s,m} = f_\tau \cdot R_m \qquad R_{s,p} = f_\tau \cdot R_p \qquad \text{für Druck oder Biegedruck} \tag{3.309}$$

Eine weitere wichtige Einflussgröße ist die Temperatur, da üblicherweise mit steigender Temperatur die Werkstofffestigkeit abnimmt. Grundsätzlich unterscheidet man normale, niedrige und höhere Temperaturen.

Auch hier werden die Kurz- und Langzeitwerte $R_{m,T}$, $R_{p,T}$ bzw. $R_{m,Tt}$, $R_{p,Tt}$ nicht direkt für den Festigkeitsnachweis gebraucht, sondern nur die Temperaturfaktoren $K_{T,m}$, $K_{T,p}$, bzw. $K_{Tt,m}$, $K_{Tt,p}$ werden im Festigkeitsnachweis genutzt.

Für den normalen Temperaturbereich gemäß Tabelle 3.30 gelten einheitlich folgende Temperaturfaktoren:

$$K_{T,m} = K_{T,p} = K_{Tt,m} = K_{Tt,p} = 1 \tag{3.310}$$

Werkstoffart	**Temperaturbereich (normal)**
Feinkornbaustahl	ab − 40° C bis + 60° C
Anderer Stahl	ab − 40° C bis + 100° C
Eisengusswerkstoff	ab − 25° C bis + 100° C
Aushärtbarer Aluminiumwerkstoff	ab − 25° C bis + 50° C
Nichtaushärtbarer Aluminiumwerkstoff	ab − 25° C bis + 100° C

Tabelle 3.30: Werkstoffarten und zugehörige normale Temperaturbereiche [3.50]

Sofern niedrige Temperaturen unterhalb der in Tabelle 3.30 angegebenen Grenzen vorliegen, ist die Anwendung der FKM-Richtlinie nicht möglich. Grundsätzlich ist für einen Festigkeitsnachweis bei niedrigen Temperaturen insbesondere die Sprödbruchgefahr zu beachten.

Bei höheren Temperaturen – der Anwendungsbereich der FKM-Richtlinie umfasst hier für Stahl und Eisengusswerkstoff Temperaturen bis 500° C und für Aluminiumwerkstoff bis 200° C – lässt sich deren Einfluss auf die Festigkeitswerte in der Form berücksichtigen, dass an Stelle der Zugfestigkeit R_m die Warmfestigkeit $R_{m,T}$ oder die Zeitstandfestigkeit $R_{m,Tt}$ maßgeblich sind. Im Falle der Fließgrenze R_p sind dann die Warmdehngrenze $R_{p,T}$ oder die 1 %-Zeitdehngrenze $R_{p,Tt}$ zu nutzen.

Mit der Zugfestigkeit R_m und der Streckgrenze R_p gemäß der Gleichungen (3.292) bis (3.294) gilt dann für die Warmfestigkeit $R_{m,T}$ und die Warmdehngrenze $R_{p,T}$:

$$R_{m,T} = K_{T,m} \cdot R_m \qquad R_{p,T} = K_{T,p} \cdot R_p \tag{3.311}$$

Hierin lassen sich die Temperaturfaktoren $K_{T,m}$ und $K_{T,p}$ für Stahl- und Eisengusswerkstoffe ab den jeweils angegebenen Temperaturgrenzen bis 500 ° C unter Verwendung der Konstanten $a_{T,m}$ gemäß Tabelle 3.31 wie folgt berechnen, wobei die Werte oberhalb von 350° C im Allgemeinen nur für kurzzeitig wirkende Spannungen gelten. Für nichtrostenden Stahl sind keine Werte bekannt.

$$K_{T,m} = K_{T,p} = 1 - 1{,}2 \cdot 10^{-3} \cdot \frac{T}{°C} \quad \text{für Feinkornbaustahl } T > 60°\,C \tag{3.312}$$

$$K_{T,m} = K_{T,p} = 1 - 1{,}7 \cdot 10^{-3} \cdot \frac{T}{°C - 100} \quad \text{für anderen Stahl } T > 100°\,C \tag{3.313}$$

$$K_{T,m} = K_{T,p} = 1 - 1{,}5 \cdot 10^{-3} \cdot \frac{T}{°C - 100} \quad \text{für Stahlguss GS } T > 100°\,C \tag{3.314}$$

$$K_{T,m} = K_{T,p} = 1 - a_{T,m} \cdot \left(10^{-3} \cdot \frac{T}{°C - 100}\right)^2 \quad \text{für GJS, GJM, GJL } T > 100°\,C \tag{3.315}$$

Werkstoffgruppe	**GJS**	**GJM**	**GJL**
$a_{T,m}$	2,4	2,0	1,6

Tabelle 3.31: Konstante $a_{T,m}$ in Abhängigkeit von der Werkstoffgruppe [3.50]

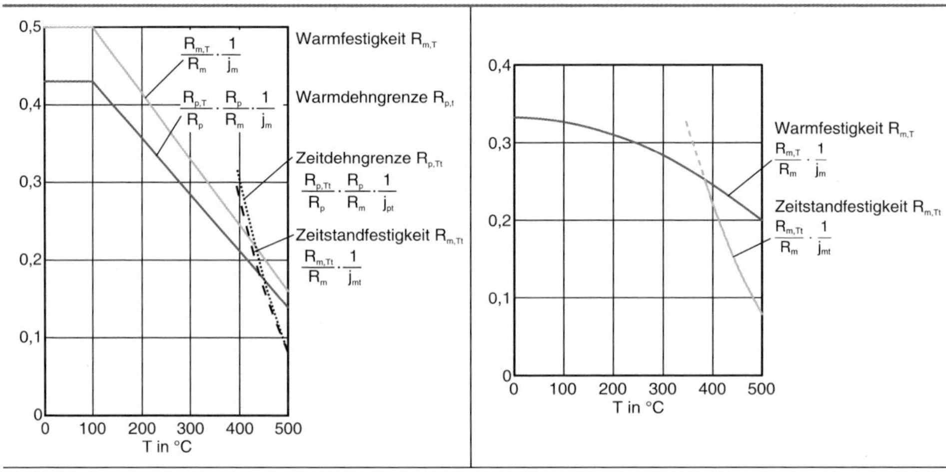

$$\frac{R_{m,T}}{R_m} = K_{T,m} \qquad \frac{R_{p,T}}{R_m} = K_{T,p} \qquad \frac{R_{m,Tt}}{R_m} = K_{Tt,m} \qquad \frac{R_{p,Tt}}{R_m} = K_{Tt,p}$$

$$R_{m,T},\ R_{p,T},\ R_{m,Tt},\ R_{p,Tt}\ \textit{für}\ t = 10^5\ h$$

Sicherheitsfaktoren nach Abschnitt 3.8.1.5 und 3.8.2.5,

$j_m = 2{,}0 \quad j_p = j_{mt} = 1{,}50 \quad j_{p,t} = 1{,}0$	$j_m = 3{,}0 \quad j_{mt} = 2{,}4$
Statische Festigkeitswerte: $\frac{R_p}{R_m} = \frac{R_e}{R_m} = 0{,}65$	

Abbildung 3.102: Statische Festigkeitswerte für unlegierten Baustahl (links) und Eisenguss GJL (rechts) je nach Temperatur, vergleichbar dargestellt nach [3.50]

Für aushärtbare und nichtaushärtbare Aluminiumwerkstoffe gelten gemäß Abbildung 3.103 die folgenden Zusammenhänge ab der jeweils angegebenen Temperatur bis 200° C, jedoch im Allgemeinen nur für kurzzeitig wirkende Spannungen:

$$K_{T,m} = K_{T,p} = MAX\left\{1-4,5\cdot\left(10^{-3}\cdot\frac{T}{°\mathrm{C}-50}\right);0,1\right\} \text{aushärtbar } T > 50°\,\mathrm{C} \qquad (3.316)$$

$$K_{T,m} = K_{T,p} = MAX\left\{1-4,5\cdot\left(10^{-3}\cdot\frac{T}{°\mathrm{C}-100}\right);0,1\right\} \text{nichtaushärtbar } T > 100°\,\mathrm{C} \qquad (3.317)$$

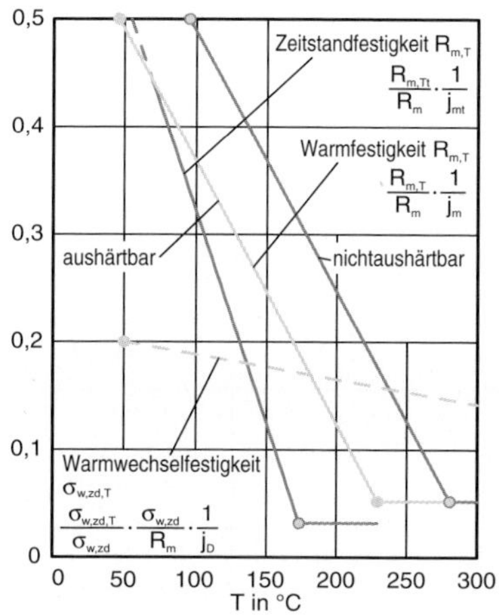

Statische Festigkeitswerte:

$$\frac{R_p}{R_m} = \frac{R_e}{R_m} = 0,65$$

$$\frac{R_{m,T}}{R_m} = K_{T,m} \qquad \frac{R_{p,T}}{R_m} = K_{T,p}$$

$$\frac{R_{m,Tt}}{R_m} = K_{Tt,m} \qquad \frac{R_{p,Tt}}{R_m} = K_{Tt,p}$$

Wechselfestigkeitswert für 10^6 Zyklen (nur Aluminium)

$$\frac{\sigma_{W,zd}}{R_m} = 0,30 \qquad \frac{\sigma_{W,zd,T}}{\sigma_{W,zd}} = K_{T,D}$$

Sicherheitsfaktoren nach Abschnitt 3.8.1.5 und 3.8.2.5:

$$j_m = 2,0 \quad j_p = j_{mt} = 1,50 \quad j_{p,t} = 1,0 \quad j_D = 1,5$$

$$R_{m,T}, R_{p,T}, R_{m,Tt}, R_{p,Tt} \; für \; t = 10^5 \; h$$

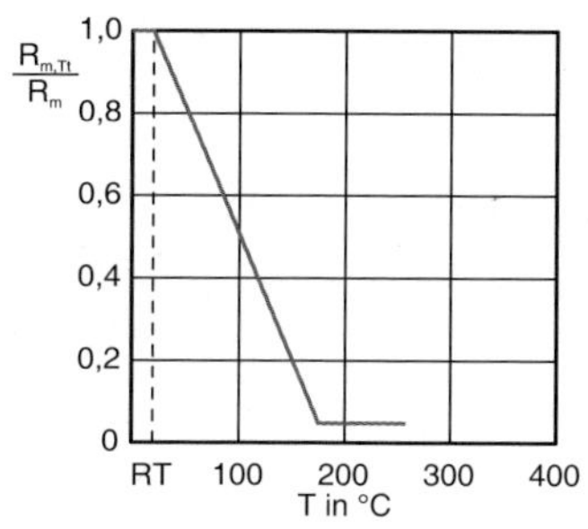

Für Aluminiumwerkstoff und t = 100.000 Stunden gilt für $K_{Tt,m}$ das nebenstehende Diagramm, wobei die Linie bis auf den Faktor ($1 / j_m$) dieselbe ist wie im oberen Diagramm. Für den Faktor $K_{Tt,p}$ gibt es bisher keine Festlegungen. Man kann aber annehmen, dass der für den statischen Festigkeitsnachweis wesentliche Quotient $R_{p,Tt} / j_{pt}$ etwa derselbe ist wie $R_{m,Tt} / j_{mt}$ im obigen Diagramm. Für Aluminiumwerkstoff gibt es jedoch keinen vergleichbaren Zusammenhang zu Gleichung (3.319), mit der $K_{Tt,m}$ und $K_{Tt,p}$ je nach Temperatur T und Zeit t berechnet werden können.

Abbildung 3.103: Statische Festigkeitswerte und Warmwechselfestigkeitswerte für Aluminium je nach Temperatur, vergleichbar dargestellt nach [3.50]

Entsprechend Gleichung (3.311) gilt dann mit der Zugfestigkeit R_m und der Streckgrenze R_p gemäß der Gleichungen (3.292) bis (3.294) in gleicher Weise für die Zeitstandfestigkeit $R_{m,Tt}$ und die Zeitdehngrenze $R_{p,Tt}$:

$$R_{m,Tt} = K_{Tt,m} \cdot R_m$$
$$R_{p,Tt} = K_{Tt,p} \cdot R_p \qquad (3.318)$$

Dabei lassen sich die Temperaturfaktoren $K_{Tt,m}$ und $K_{Tt,p}$ für die Langzeitwerte $R_{m,Tt}$ und $R_{p,Tt}$ aus Abbildung 3.103 entnehmen bzw. mit dem Larsen-Miller-Parameter P, der Larsen-Miller-Konstanten C und der Betriebsdauer t in [h] bei der Temperatur T in [°C] sowie den weiteren Werten aus Tabelle 3.32 wie folgt berechnen:

$$K_{Tt,m} = 10^{\left(a_{Tt,m} + b_{Tt,m} \cdot P_m + c_{Tt,m} \cdot P_m^2\right)} \quad \text{mit} \quad P_m = 10^{-4} \cdot \left(\frac{T}{°C} + 273\right) \cdot \left(C_m + \lg \frac{t}{h}\right)$$
$$K_{Tt,p} = 10^{\left(a_{Tt,p} + b_{Tt,p} \cdot P_p + c_{Tt,p} \cdot P_p^2\right)} \qquad P_p = 10^{-4} \cdot \left(\frac{T}{°C} + 273\right) \cdot \left(C_p + \lg \frac{t}{h}\right) \quad (3.319)$$

Zeitstandfestigkeit	$a_{Tt,m}$	$b_{Tt,m}$	$c_{Tt,m}$	C_m
Unlegierter Baustahl 1)	- 0,994	2,485	- 1,260	20
Feinkornbaustahl 2)	- 1,127	2,485	- 1,260	20
Vergütungsstahl 3)	- 3,001	3,987	- 1,423	24,27
Eisenguss GS 4)	- 7,524	9,894	- 3,417	19,57
Eisenguss GJS 5)	2,500	- 1,830	0	20
Zeitdehngrenze	$a_{Tt,p}$	$b_{Tt,p}$	$c_{Tt,p}$	C_p
Unlegierter Baustahl 1)	- 5,019	7,227	- 2,636	20
Feinkornbaustahl 2)	- 6,352	9,305	- 3,456	20
Vergütungsstahl 3)	- 3,252	5,942	- 2,728	17,71
Eisenguss GS 4)	- 10,582	8,127	- 1,607	35,76
Eisenguss GJS 5)	0,120	1,520	- 1,280	18

1) ursprünglich nur für St 38, R_m = 360 MPa, etwa St 37 entsprechend.
2) ursprünglich nur für H 52, R_m = 490 MPa, etwa StE 355 entsprechend; die Absolutwerte $R_{m.Tt}$ sind dieselben wie für St 38.
3) ursprünglich nur für C 45 N (normalgeglüht), mit R_m = 620 MPa. Für C 35 N, mit R_m = 550 MPa, sind die Konstanten -3,001 und -3,252 durch -2,949 und -3,198 zu ersetzen; die Absolutwerte $R_{m.Tt}$ und $R_{p.Tt}$ sind dieselben wie für C 45 N.
4) ursprünglich nur für GS-C 25, R_m = 440 MPa.
5) ursprünglich nur für GGG-40, R_m = 423 MPa.

Tabelle 3.32: Konstanten (außer für nichtrostenden Stahl) – Anwendungsgrenze ab etwa 350° C bis 500° C nach [3.50]

Zu beachten ist, dass die Zusammenhänge nach Gleichung (3.319) nur für langzeitig wirkende Spannungen ab Temperaturen von etwa 350° C bis 500° C gelten. Bei Temperaturen unterhalb von etwa 350° C können sie zu unsinnigen Ergebnissen führen, weshalb in diesem Bereich die Temperaturfaktoren $K_{T,m}$ und $K_{T,p}$ für die Kurzzeitwerte gemäß der Gleichungen (3.311) bis (3.315) maßgebend sind.

3.8.1.2.2 Geschweißte Bauteile

Die statischen Festigkeitswerte Zugfestigkeit R_m und Streckgrenze R_p für den Grundwerkstoff (GW) in geschweißten Bauteilen aus Walzstahl und Stahlguss können in Abhängigkeit von der Erzeugnisdicke der DIN 18800 oder Tabelle 3.131 entnommen werden [3.17], [3.50]. Die entsprechenden Werte (Zugfestigkeit R_m und Dehngrenze $R_{p0,2}$) für den Grundwerkstoff (GW) in geschweißten Bauteilen aus Aluminium finden sich je nach Halbzeug und Werkstoffzustand in DIN 4113 oder Tabelle 3.132 [3.13], [3.50].

Entsprechend dem Hinweis in der FKM-Richtlinie gilt die Berechnung für Werkstoffgruppen wie bedingt schweißgeeigneten und nichtrostenden Stahl sowie für Eisen- und Aluminiumguss als vorläufig und ist demzufolge mit Vorsicht anzuwenden [3.50].

Während der technologische Größenfaktor K_d und der Anisotropiefaktor K_A für geschweißte Bauteile entfallen, ist der Druckfestigkeitsfaktor f_σ nach Tabelle 3.21 zu bestimmen und der Schubfestigkeitsfaktor f_τ beträgt für Stahl (GW) und Aluminium (GW und WEZ) einheitlich $f_\tau = 0{,}577$.

Die Unterscheidung zwischen Schub- und Zugfestigkeit für die Schweißnaht (SN) erfolgt allerdings nicht mit dem Schubfestigkeitsfaktor f_τ, sondern durch den Schweißnahtfaktor $\alpha_{w,\tau}$ nach Abschnitt 3.8.1.3.

Sämtliche Temperaturfaktoren sind für die geschweißten Bauteile in gleicher Weise zu ermitteln wie für nichtgeschweißte Bauteile entsprechend dem vorherigen Abschnitt 3.8.1.2.1.

Bei geschweißten Bauteilen aus Aluminium ist noch zu beachten, dass es besonders bei kalt verfestigten oder ausgehärteten Legierungen zu einer deutlichen Reduktion der statischen Festigkeit infolge des Wärmeeintrages beim Schweißen kommen kann. Diese Festigkeitsminderung kann rechnerisch durch den Entfestigungsfaktor $\rho_{WEZ} \leq 1$ entsprechend DIN 4113 berücksichtigt werden, Tabelle 3.132 [3.13], [3.50].

In diesem Zusammenhang sei darauf hingewiesen, dass der Festigkeitsabfall bei Aluminium für die Fließgrenze R_p größer ist als für die Zugfestigkeit R_m. Daher sind die Werte für ρ_{WEZ} in der FKM-Richtlinie so festgelegt, dass sie in Verbindung mit den unterschiedlichen Sicherheitsfaktoren für R_m und R_p auf die nach DIN 4113 geltenden zulässigen Spannungen der Wärmeeinflusszone (WEZ) führen [3.13], [3.50]. Vereinfachend können aber auch für alle Werkstoffe die folgenden mittleren Werte für den Entfestigungsfaktor angesetzt werden: $\rho_{WEZ} \approx 0{,}5$ für R_p, $\rho_{WEZ} \approx 0{,}68$ für R_m und $\rho_{WEZ} \approx 0{,}62$ als mittlerer Wert für den rechnerischen Festigkeitsnachweis.

3.8.1.3 Konstruktionskennwerte

Ausgehend von den reinen Werkstoffkennwerten aus dem vorherigen Abschnitt sind im Weiteren nun die erforderlichen Konstruktionskennwerte zu ermitteln, wobei besondere Einflüsse für nichtgeschweißte Bauteile nach Abschnitt 3.8.1.3.1 und geschweißte Bauteile nach Abschnitt 3.8.1.3.2 zu berücksichtigen sind. Ferner ist wieder zu unterscheiden, ob der Nachweis mit Nennspannungen oder aber mit örtlichen Spannungen geführt wird.

Zur Berücksichtigung weiterer Einflussgrößen aus der Bauteilgeometrie, die sich auf die statische Festigkeit auswirken, werden die nachfolgend aufgeführten Konstruktionskennwerte genutzt:

1 Die plastische Stützzahl n_{pl} ermöglicht die Bewertung von Tragreserven nach Überschreiten der elastischen Grenzlast durch zulässige Teil- oder Vollplastifizierung gesamter Bauteilquerschnitte.

2 Der Schweißnahtfaktor α_W berücksichtigt die Minderung der Festigkeit der Schweißnaht im Vergleich zum benachbarten Grundwerkstoff (GW) oder der Wärmeeinflusszone (WEZ).

3 Der Graugussfaktor K_{NL} findet nur beim Nachweis mit örtlichen Spannungen Anwendung zur Bewertung des unterschiedlichen Zug- und Druckverhaltens von Eisengusswerkstoffen GJL.

4 Der effektive Entfestigungsfaktor ρ_W dient nur beim Nachweis mit Nennspannungen zur Erfassung der anteiligen Wirkung der Wärmeeinflusszone (WEZ), und hier auch nur für den Fall a) gemäß Tabelle 3.23 bei entfestigenden Aluminiumlegierungen.

Grundsätzlich sind bei geschweißten Bauteilen die Bereiche Grundwerkstoff (GW), Wärmeeinflusszone (WEZ) und Schweißnaht (SN) jeweils einzeln zu betrachten.

3.8.1.3.1 Nichtgeschweißte Bauteile

Betrachtet man zunächst die nichtgeschweißten Bauteile, so verfügen diese nach Überschreiten der elastischen Grenzlast (Fließbeginn am kritischen Punkt) über Tragreserven, die bis zur vollplastischen Traglast reichen und durch die plastische Stützzahl $n_{pl} > 1$ ausgedrückt werden können.

Dabei wird die plastische Stützzahl n_{pl} begrenzt durch das Erreichen der vollplastischen Traglast oder der örtlich ertragbaren Dehnung. Sofern im Bauteilquerschnitt eine konstante Spannung vorliegt, gilt für die plastische Stützzahl $n_{pl} = 1$.

Dieser Stützwirkungseffekt kann sowohl beim Nachweis mit örtlichen Spannungen als auch beim Nachweis mit Nennspannungen rechnerisch berücksichtigt werden. In Abbildung 3.104 sind die Verhältnisse und Bezeichnungen für einen Biegestab beim Nachweis mit Nennspannungen wiedergegeben, wobei die Stützeffekte nur wirken, sofern eine ungleichförmige Spannungsverteilung vorliegt.

Betrachtet man im Weiteren zunächst den Nachweis mit Nennspannungen gemäß der Gleichungen (3.320) bis (3.323), so lassen sich folgende plastische Stützzahlen n_{pl} für austenitischen Stahl im lösungsgeglühten Zustand berücksichtigen, wobei wegen der hohen Duktilität nur die Traglast und nicht das Dehnungskriterium betrachtet wird:

$$n_{pl,by} = K_{p,by} \qquad n_{pl,bz} = K_{p,bz} \qquad n_{pl,t} = K_{p,t} \tag{3.320}$$

Hierin bezeichnen $K_{p,b}$ und $K_{p,t}$ die plastischen Formzahlen für Biegung und Torsion gemäß Tabelle 3.33.

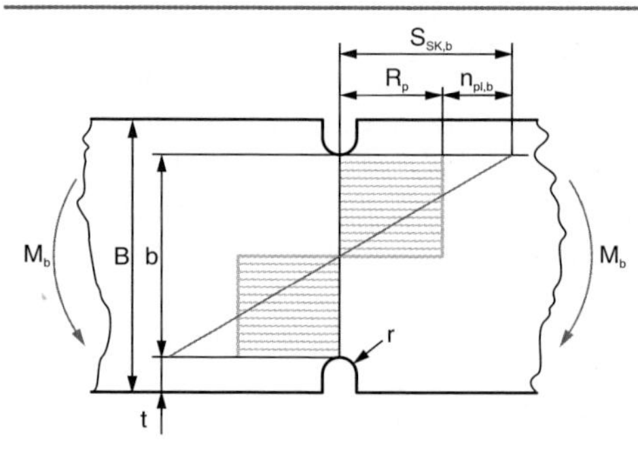

M_b: Biegemoment
R_p: Fließgrenze
$S_{SK,b}$: Statische Bauteilfestigkeit für Biegung

$n_{pl,b} = \dfrac{S_{SK,b}}{R_p}$: Plastische Stützzahl n_{pl}

Die dünne Gerade entspricht der fiktiven Nennspannungsverteilung der elastisch berechneten Spannung. Der dicke abgeknickte Polygonzug zeigt die Nennspannungsverteilung bei elastisch-idealplastischem Werkstoffverhalten.

Abbildung 3.104: Zur Definition der plastischen Stützzahl n_{pl} am Beispiel des nichtgekerbten oder gekerbten Biegestabes beim Nachweis mit Nennspannungen nach [3.50]

	Rechteck	Kreis	Kreisring	I oder Kasten
Biegung	$K_{p,b} = 1{,}5$	$K_{p,b} = 1{,}70 = \frac{16}{3 \cdot \pi}$	$K_{p,b} = 1{,}27 = \frac{4}{\pi}$	$K_{p,b} = 1{,}5 \cdot \frac{1-\left(\frac{b}{B}\right)\cdot\left(\frac{h}{H}\right)^2}{1-\left(\frac{b}{B}\right)\cdot\left(\frac{h}{H}\right)^3}$
Torsion	–	$K_{p,t} = 1{,}33 = \frac{4}{3}$	$K_{p,t} = 1{,}33 \cdot \frac{1-\left(\frac{d}{D}\right)^3}{1-\left(\frac{d}{D}\right)^4}$ $K_{p,t} = 1$, falls dünnwandig	–

d, D: innerer und äußerer Durchmesser	b, B: innere und äußere Breite	h, H: innere und äußere Höhe

Tabelle 3.33: Plastische Formzahlen $K_{p,b}$ und $K_{p,t}$ für den Nachweis mit Nennspannungen nach [3.50]

Für andere duktile Werkstoffe wie Stahl und Stahlguss sowie Eisengusswerkstoff (GJS, GJM) und Aluminiumknet- und -gusswerkstoff mit einer Bruchdehnung von $A > 6$ % ist das Minimum des nachfolgenden Doppelkriteriums als plastische Stützzahl n_{pl} zu verwenden:

$$\begin{aligned} n_{pl,by} &= MIN\left(\sqrt{\frac{R_{p,\max}}{R_p}}\ ;\ K_{p,by}\right) \\ n_{pl,bz} &= MIN\left(\sqrt{\frac{R_{p,\max}}{R_p}}\ ;\ K_{p,bz}\right) \\ n_{pl,t} &= MIN\left(\sqrt{\frac{R_{p,\max}}{R_p}}\ ;\ K_{p,t}\right) \end{aligned} \tag{3.321}$$

Hierin bezeichnen R_p die Fließgrenze nach Abschnitt 3.8.1.2, $K_{p,b}$ und $K_{p,t}$ die plastischen Formzahlen nach Tabelle 3.33 und $R_{p,max}$ die fiktive Fließgrenze nach Tabelle 3.34, sofern die Formzahlen im Bereich $K_t < 3$ liegen. Ist dies nicht der Fall, dann gilt zur Berechnung von $R_{p,max}$ folgender Zusammenhang mit dem E-Modul und der ertragbaren Dehnung ε_{ertr} nach Tabelle 3.34:

$$R_{p,\max} = \frac{E \cdot \varepsilon_{ertr}}{K_t^2} \tag{3.322}$$

Für andere Querschnittsformen, die nicht in Tabelle 3.33 enthalten sind, können die plastischen Formzahlen K_p wie folgt berechnet werden:

$$K_p = \frac{vollplastische\ Traglast}{elastische\ Grenzlast} \tag{3.323}$$

Damit die plastische Formzahl $K_p > 1$ sein kann, ist ein Nennspannungsgefälle erforderlich, weshalb plastische Formzahlen bei stabförmigen Bauteilen nur für die Beanspruchungsarten Biegung und Torsion vorhanden sind.

Für den Lastfall Biegung lässt sich in Abhängigkeit von der Fließgrenze R_p und dem Widerstandsmoment W_b das sogenannte elastische Grenzmoment M_e der elastischen Spannungsverteilung, bei dem die maximale Nennspannung die Fließgrenze erreicht, bestimmen zu $M_e = R_p \cdot W_b$. Damit das vollplastische Tragmoment M_p berechnet werden kann, ist der Querschnitt flächengleich in eine Zug- und eine Druckzone zu unterteilen, in der jeweils die konstante Fließspannung entgegengesetzt wirkt. Als Resultierende dieser Spannungsverteilung ergibt sich dann das vollplastische Tragmoment M_p, woraus sich die plastische Formzahl ergibt zu $K_{p,b} = M_p \,/\, M_e$. Für den Lastfall Torsion ist in vergleichbarer Weise vorzugehen.

Weiterhin ist zu beachten, dass mit kleiner werdendem Streckgrenzenverhältnis $R_p \,/\, R_m$ die Bestimmung der berechneten Traglast und damit auch die plastische Formzahl gegenüber der realen Versagenslast aufgrund der vernachlässigten Verfestigung zu immer konservativeren Werten führt. Daher kann man zur Berechnung der vollplastischen Traglast die Ersatzstreckgrenze $R_{p,ers} = 0{,}5 \cdot (R_p + R_m)$ verwenden, wenn für das Streckgrenzenverhältnis $R_p \,/\, R_m < 0{,}75$ gilt. Im Vergleich zu Gleichung (3.323) erhöht sich damit die plastische Formzahl ohne Ersatzstreckgrenze um den Faktor $0{,}5 \cdot (1 + R_p \,/\, R_m)$.

Werkstoffgruppe	**Stahl, GS**	**GJS**	**GJM**	**Alu-Knet**	**Alu-Guss**
$R_{p,max}$ in [MPa] für $K_t \leq 3$	1150	750	400	400	150
E in 10^5 [MPa]	2,1	1,7	1,8	0,7	0,7
ε_{ertr} [%]	5	4	2	5	2

Tabelle 3.34: Elastizitätsmodul E, ertragbare Dehnung ε_{ertr} und pauschale Festlegung von $R_{p,max}$ für Formzahlen $K_t < 3$ nach [3.50]

Sofern Werkstoffe mit einer Fließgrenze $R_p \leq R_{p,max}$ vorliegen, ergeben sich nach Gleichung (3.321) plastische Nennspannungs-Stützzahlen $n_{pl} \geq 1$. Ist jedoch die Fließgrenze $R_p \geq R_{p,max}$, dann sollte der statische Festigkeitsnachweis vorzugsweise mit örtlichen Spannungen gemäß der Gleichungen (3.324) bis (3.333) geführt werden. Allerdings bleibt der Nachweis mit Nennspannungen auch dann richtig, wenn die mit Gleichung (3.321) berechnete Stützzahl kleiner als eins wird. In diesem Fall ist dann das Dehnungskriterium, d.h. der Wurzelausdruck in Gleichung (3.321), maßgebend. Dies liegt daran, dass der statische Festigkeitsnachweis auf der Grundlage ertragbarer Dehnungen eigentlich ein örtlicher Nachweis ist, der hier nur auf Nennspannungen umgerechnet wurde.

Abschließend sei zum Nachweis mit Nennspannungen darauf verwiesen, dass Bauteile mit mechanischer Randschichtverfestigung in gleicher Weise zu berechnen sind wie Bauteile ohne Randschichtverfestigung, d.h., es sind ebenfalls die Gleichungen (3.320) bis (3.323) anzuwenden.

Bei den nun folgenden Ausführungen zum Nachweis mit örtlichen Spannungen gemäß der Gleichungen (3.324) bis (3.333) ist die Voraussetzung für das Wirksamwerden von Stützeffekten mit plastischen Stützzahlen $n_{pl} > 1$ – in gleicher Weise wie beim Nennspannungsnachweis – eine ungleichförmige Spannungsverteilung entsprechend Abbildung 3.105.

Betrachtet man zunächst austenitischen Stahl im lösungsgeglühten Zustand, so ist wegen der hohen Duktilität des Werkstoffes nur die vollplastische Traglast maßgebend, so dass für die plastische Stützzahl n_{pl} gilt:

$$n_{pl} = K_p \tag{3.324}$$

Für alle übrigen Werkstoffe ist das Minimum des nachfolgenden Doppelkriteriums als plastische Stützzahl n_{pl} anzusetzen:

$$n_{pl} = MIN\left(\sqrt{\frac{E \cdot \varepsilon_{ertr}}{R_p}}\,;\,K_p\right) \tag{3.325}$$

Hierin bezeichnen E den Elastizitätsmodul gemäß Tabelle 3.35, R_p die Fließgrenze nach Abschnitt 3.8.1.2, K_p die plastische Formzahl entsprechend Gleichung (3.323) und ε_{ertr} die ertragbare Gesamtdehnung, die wiederum vom Minimum der ertragbaren Dehnung ε_0 bei hoher Mehrachsigkeit gemäß Tabelle 3.35 und damit von der Bruchdehnung A des Werkstoffes und der Mehrachsigkeit h des Spannungszustandes am Nachweispunkt nach Gleichung (3.282) wie folgt abhängt:

$$\varepsilon_{ertr} = \begin{cases} \varepsilon_{ref} & \textit{für } h \le \dfrac{1}{3} \\[2ex] \varepsilon_0 + 0{,}3 \cdot \left(\dfrac{\varepsilon_{ref} - \varepsilon_0}{0{,}3}\right)^{3 \cdot h} & \textit{für } h > \dfrac{1}{3} \end{cases} \tag{3.326}$$

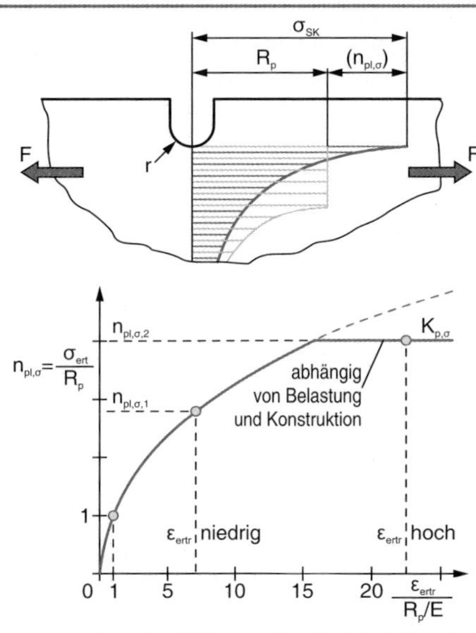

F: Kraft
R_p: Fließgrenze
σ_{SK}: Statische Bauteilfestigkeit für Normalspannung

$n_{pl} = \dfrac{\sigma_{SK}}{R_p}$: Plastische Stützzahl n_{pl}

Die durchgehende Kurve zeigt die fiktive Spannungsverteilung der elastisch berechneten Spannung.
Die abgeknickte Kurve entspricht der wirklichen Spannungsverteilung bei elastisch-idealplastischem Werkstoffverhalten.
Das untere Diagramm zeigt die Bauteilfließkurve mit:
K_P: Plastische Formzahl
ε_{ertr}: Ertragbare Gesamtdehnung
E: Elastizitätsmodul

Abbildung 3.105: Zur Definition der plastischen Stützzahl n_{pl} für ein gekerbtes Bauteil beim Nachweis mit örtlichen Spannungen nach [3.50]

Dabei kann die Referenzdehnung ε_{ref}, die der ertragbaren Dehnung bei einem einachsigen Referenzzustand entspricht, in Abhängigkeit von der Bruchdehnung A nach Tabelle 3.36 ermittelt werden.

Für den Sonderfall „Plastischer Fleck", bei dem die plastische Zone von einem großen elastischen Gebiet umgeben ist und damit die vollplastische Traglast sehr hoch liegt, ist nur die ertragbare Dehnung ε_{ertr} zur Berechnung der plastischen Stützzahl n_{pl} maßgebend:

$$n_{pl} = \sqrt{\frac{E \cdot \varepsilon_{ertr}}{R_p}} \quad (3.327)$$

Werkstoffgruppe		Stahl, GS	GJS	GJM	GJL	Alu-Knet	Alu-Guss
$E \cdot 105$ [MPa]		2,1	1,7	1,8	1,0	0,7	0,7
ε_0 [%]	$A \geq 6$ %	5	4	2	-	5	2
	$A < 6$ %	5	R_p / E				

Tabelle 3.35: Elastizitätsmodul E und minimale ertragbare Gesamtdehnung ε_0 nach [3.50]

Für Bauteile mit mechanischer Randschichtverfestigung ist die plastische Stützzahl n_{pl} mittels Gleichung (3.325) genauso zu berechnen wie für Bauteile ohne Randschichtverfestigung.

Bei Bauteilen mit Randschichthärtung kommt für einsatzgehärtete Bauteile ebenfalls Gleichung (3.325) zur Anwendung, wobei für die ertragbare Dehnung grundsätzlich $\varepsilon_{ertr} = 1$ % einzusetzen ist.

Werden andere Verfahren mit chemisch-thermischer oder thermischer Randschichthärtung (z.B. Nitrieren, Induktionshärten) angewendet, so lässt sich die ertragbare Dehnung ε_{ertr} aus der Zugfestigkeit der harten Randschicht $R_{m,RS}$ aus $\varepsilon_{ertr} = R_{m,RS} / E$ abschätzen. Für den Fall, dass die Härte der Randschicht bekannt ist, gilt näherungsweise $R_{m,RS} = 3{,}3 \cdot HV_{Rand}$.

Für duktile Werkstoffe (Stahl, GS, Alu-Knet mit $f_\tau = 0{,}577$)	Für semiduktile und spröde Werkstoffe (GJS, GJM, GJL, Alu-Guss mit $f_\tau > 0{,}577$)
$\varepsilon_{ref} = A$ (3.328)	$\varepsilon_{ref} = 0{,}4 \cdot A$ (3.329)
Falls $\varepsilon_{ref} \leq \varepsilon_0$, gilt für die ertragbare Dehnung generell: $\varepsilon_{ertr} = \varepsilon_{ref}$ (3.330)	

Tabelle 3.36: Referenzdehnung ε_{ref} als Funktion der Bruchdehnung A, wobei für GJL stets $A = 0{,}6$ % gilt

In gleicher Weise wie beim Nennspannungsnachweis dient die plastische Formzahl K_p gemäß Gleichung (3.323) auch beim Nachweis mit örtlichen Spannungen zur Kennzeichnung der Tragreserven eines Bauteiles bis zum Erreichen der vollplastischen Traglast. Im Falle konstanter Spannung im Querschnitt gilt $K_p = 1$.

Dabei wird die elastische Grenzlast in Gleichung (3.323) erreicht, sobald die örtliche Spannung am Nachweispunkt der Fließspannung entspricht. Wird bei einem unterstellten elastisch-idealplastischen Materialverhalten ein durchgehender Bauteilquerschnitt, der nicht notwendigerweise eben sein muss, voll durchplastifiziert, so ist die vollplastische Traglast erreicht. In diesem Zustand ist eine weitere Laststeigerung nicht mehr möglich. Demzufolge wird die in realen Werkstoffen meistens vorhandene

Verfestigung nicht ausgenutzt. Zur Berechnung der vollplastischen Traglast sind nichtlineare Finite-Elemente-Rechnungen mit idealisierter elastisch-idealplastischer Spannungs-Dehnungs-Kurve durchzuführen, wobei das hierzu erforderliche FE-Netz gröber sein kann als für eine Kerbspannungsberechnung.

Abschließend sei darauf hingewiesen, dass die nach Gleichung (3.323) berechnete plastische Formzahl unabhängig vom Wert der Fließspannung R_p ist, da sowohl zur Berechnung der elastischen Grenzlast als auch der vollplastischen Traglast der gleiche Wert für R_p zu verwenden ist.

Hinsichtlich des konservativen Einflusses kleiner werdender Streckgrenzenverhältnisse auf die berechnete Traglast bzw. die plastische Formzahl gelten auch für den Nachweis mit örtlichen Spannungen die zu Gleichung (3.323) getroffenen Aussagen zur Berechnung der Ersatzstreckgrenze $R_{p,ers}$.

Einen Sonderfall bei der Berechnung der plastischen Formzahl K_p stellen Gusswerkstoffe dar, da sie im Druckbereich eine höhere Fließspannung aufweisen als im Zugbereich. Meistens wird diese Eigenschaft bei einer Berechnung der vollplastischen Traglast jedoch vernachlässigt.

Sofern der vollplastische Zustand weitestgehend durch Biegung beeinflusst wird, d.h., in der Umgebung des Nachweispunktes treten sowohl Zug- als auch Druckbereiche auf, bewirken die unterschiedlichen Fließspannungen Spannungsumlagerungen, die zu einer Erhöhung der Traglast führen, so dass sich die zuvor bestimmte plastische Formzahl um den folgenden Faktor erhöht:

$$K_{p,a} = \frac{2 \cdot f_\sigma}{1 + f_\sigma} \tag{3.331}$$

Hierin beschreibt f_σ den Druckfestigkeitsfaktor nach Tabelle 3.21. Sofern sich im vollplastischen Zustand in der Umgebung des Nachweispunktes nur Zug- oder nur Druckbereiche ausbilden, wird die plastische Formzahl zu $K_{p,a} = 1$.

Ein weiterer Sonderfall zur Bestimmung plastischer Formzahlen K_p tritt auf, wenn sich für ein Bauteil am Nachweispunkt ein sinnvoller Bezugsquerschnitt festlegen lässt, in dem überwiegend einer der Grundbeanspruchungszustände Zug / Druck, Biegung, Schub oder Torsion vorliegt, so dass folgende Abschätzungen gelten:

$$\begin{aligned} K_p &= K_{t,zd} \qquad & K_p &= K_{p,b} \cdot K_{t,b} \\ K_p &= K_{t,s} \qquad & K_p &= K_{p,t} \cdot K_{t,t} \end{aligned} \tag{3.332}$$

Hierin bezeichnen $K_{t,zd}$ die Formzahl für Zug / Druck, $K_{t,b}$ für Biegung, $K_{t,s}$ für Schub und $K_{t,t}$ für Torsion gemäß Abschnitt 3.8.3 für ausgewählte Geometrien, wobei weitere Geometrien in der FKM-Richtlinie zu finden sind [3.50]. Die plastischen Formzahlen $K_{p,b}$ für Biegung und $K_{p,t}$ für Torsion können Tabelle 3.33 entnommen werden. Da die Fließbehinderung infolge der Mehrachsigkeit des Spannungszustandes nicht berücksichtigt wird, ist die Abschätzung nach Gleichung (3.332) eher konservativ [3.50].

Zur Nachweisführung bei Bauteilen aus Grauguss (GJL) ist das nichtlineare Spannungs-Dehnungs-Verhalten von GJL mithilfe des Graugussfaktors K_{NL} gemäß Tabelle 3.37 zu berücksichtigen.

Werkstoffsorte	GJL-100	GJL-150	GJL-200	GJL-250	GJL-300	GJL-350
$K_{NL,Zug}$	1,15	1,15	1,10	1,10	1,05	1,05
$K_{NL,Druck}$	0,87	0,87	0,91	0,91	0,95	0,95

Tabelle 3.37: Graugussfaktor K_{NL} nach [3.50]

Für alle anderen Werkstoffgruppen gelten diese Zusammenhänge nicht, weshalb vereinfachend anzusetzen ist:

$$K_{NL} = 1 \tag{3.333}$$

Aber auch für Grauguss (GJL) ist der Faktor K_{NL} nach Tabelle 3.37 für Zug oder Druck nur anzuwenden, wenn in der Umgebung des Nachweispunktes überwiegend ein globaler Biegezustand vorliegt, d.h., es treten sowohl Zug- als auch Druckbereiche im Bauteil auf. Ist diese Bedingung nicht erfüllt, gilt auch für GJL Gleichung (3.333), also $K_{NL} = 1$.

3.8.1.3.2 Geschweißte Bauteile

In gleicher Weise wie bei den nichtgeschweißten Bauteilen können auch bei den geschweißten Bauteilen Stützwirkungseffekte mithilfe der plastischen Stützzahl berücksichtigt werden, wobei jedoch einschränkend nur folgende Fälle zulässig sind:

- durchgeschweißte Nähte (auch einseitig, falls prüfbar)
- beidseitig nicht durchgeschweißte, aber querschnittsdeckende Nähte (z.B. Doppelkehlnaht)

Aufgrund der Einschränkung, dass nur querschnittsdeckende Nähte berücksichtigt werden dürfen, lassen sich zur Berechnung der plastischen Stützzahlen die Querschnittsabmessungen der Bleche verwenden. Grundsätzlich sind die plastischen Stützzahlen für den Grundwerkstoff (GW), die Wärmeeinflusszone (WEZ) und die Schweißnaht (SN) gleich.

Betrachtet man im Folgenden zunächst den Nachweis mit Nennspannungen anhand der Gleichungen (3.334) bis (3.337), so gilt als weitere Einschränkung, dass bei geschweißten Bauteilen die Berücksichtigung einer plastischen Stützzahl nur für die Spannungen infolge Biegung S_{by} und S_{bz} im Grundwerkstoff (GW) und der Wärmeeinflusszone (WEZ) und $S_{\perp,by}$ und $S_{\perp,bz}$ in der Schweißnaht (SN) für die oben angeführten Nahtformen zulässig ist. Aufgrund der dünnwandigen Querschnitte ist für die Schubspannungen T_{sy}, T_{sz} und T_t im Grundwerkstoff (GW) und der Wärmeeinflusszone (WEZ) und für $T_{||}$ in der Schweißnaht (SN) keine Plastifizierung zulässig.

Somit lassen sich für die Werkstoffe Walzstahl und Gussstahl (GS) die plastischen Stützzahlen für Biegung direkt aus den plastischen Formzahlen für Biegung gemäß Tabelle 3.38 berechnen:

$$n_{pl,by} = K_{p,by} \qquad n_{pl,bz} = K_{p,bz} \tag{3.334}$$

Für alle anderen duktilen Werkstoffe gilt mit der fiktiven Fließgrenze $R_{p,max}$ aus Tabelle 3.34, der Fließgrenze R_p aus Tabelle 3.129 oder Tabelle 3.130 und den plastischen Formzahlen für Biegung gemäß Tabelle 3.38 folgender Zusammenhang, wobei für andere Querschnittsformen, die nicht in Tabelle 3.38 aufgeführt sind, die plastischen Formzahlen wie für nichtgeschweißte Bauteile nach Abschnitt 3.8.1.3.1 zu berechnen sind [3.50]:

$$n_{pl,by} = MIN\left(\sqrt{\frac{R_{p,\max}}{R_p}}\,;K_{p,by}\right) \qquad n_{pl,bz} = MIN\left(\sqrt{\frac{R_{p,\max}}{R_p}}\,;K_{p,bz}\right) \tag{3.335}$$

Für den Sonderfall von Bauteilen aus Aluminiumlegierungen sind die plastischen Stützzahlen ebenfalls gemäß Gleichung (3.335) zu berechnen, jedoch gilt folgende Begrenzung nach oben:

$$n_{pl,Alu} \leq 1{,}1 \tag{3.336}$$

I, y-Achse (Querachse)	I, z-Achse (Hochachse), Platte	Kreisring	I oder Kasten
$K_{p,b} = 1{,}14$	$K_{p,b} = 1{,}25$	$K_{p,b} = 1{,}27 = \frac{4}{\pi}$	$K_{p,b} = 1{,}5 \cdot \frac{1-\left(\frac{b}{B}\right)\cdot\left(\frac{h}{H}\right)^2}{1-\left(\frac{b}{B}\right)\cdot\left(\frac{h}{H}\right)^3}$, aber max. 1,25
b, B: innere und äußere Breite		h, H: innere und äußere Höhe	

Tabelle 3.38: Plastische Formzahlen für Biegung $K_{p,b}$ für den Nachweis geschweißter Bauteile mit Nennspannungen (in Anlehnung an DIN 18800) nach [3.17], [3.50]

Darüber hinaus ist die Berücksichtigung einer plastischen Stützzahl bei Aluminiumbauteilen wegen der Wurzelrissgefahr in folgenden Fällen nicht zulässig:

- bei einseitig nicht durchgeschweißten Nähten
- bei beidseitig nicht durchgeschweißten Nähten, sofern diese nicht querschnittsdeckend sind

Weiterhin sind für den Nachweis mit Nennspannungen noch ein effektiver Entfestigungsfaktor ρ_w gemäß Tabelle 3.39 und der Schweißnahtfaktor α_w nach Tabelle 3.40 zu bestimmen.

Dabei lässt sich mit dem effektiven Entfestigungsfaktor ρ_w die Wirkung der Wärmeeinflusszone (WEZ) auf die statische Festigkeit berücksichtigen, wenn diese nicht den gesamten Querschnitt überdeckt. Demzufolge ist ρ_w nur erforderlich für den Nachweis bei entfestigenden Aluminiumwerkstoffen in Verbindung mit den Spannungsarten Zug und Biegung für den Fall a) nach Tabelle 3.23.

Sofern nach dem Schweißen eine Wärmebehandlung durchgeführt und die ursprüngliche Festigkeit erreicht wird, muss die Wärmeeinflusszone (WEZ) nicht berücksichtigt werden bzw. in den Gleichungen in Tabelle 3.39 ist $\rho_{WEZ} = 1$ zu setzen.

Der Schweißnahtfaktor α_w kann für Stahl und Eisengusswerkstoff aus Tabelle 3.40 und für Aluminium aus Tabelle 3.133 bzw. der FKM-Richtlinie entnommen werden [3.50].

Für Stumpfstöße von Formstählen aus S235JR (alt: St 37-2) und S235JRGl (alt: USt 37-2) mit $t > 16$ mm gilt bei Zugbeanspruchung generell ein Wert von $\alpha_w = 0{,}55$.

$$\rho_{w,zd} = 1 - (1 - \rho_{WEZ}) \cdot \frac{A_{WEZ}}{A}$$

$$\rho_{w,by} = 1 - (1 - \rho_{WEZ}) \cdot \frac{A_{WEZ} \cdot z^2}{I_{b,y}} \qquad (3.337)$$

$$\rho_{w,bz} = 1 - (1 - \rho_{WEZ}) \cdot \frac{A_{WEZ} \cdot y^2}{I_{b,z}}$$

Hierin bezeichnen:

- ρ_{WEZ}: Entfestigungsfaktor Aluminium, nach Tabelle 3.133 oder FKM
- A_{WEZ}: Querschnittsfläche der WEZ, ergibt sich aus deren Breite b_{WEZ} gemäß Tabelle 3.24
- A: Volle Querschnittsfläche
- $I_{b,y}$: Volles Biege-Trägheitsmoment
- z, y: Abstand WEZ von der neutralen Faser.

Tabelle 3.39: Effektiver Entfestigungsfaktor ρ_w für den Nachweis geschweißter Bauteile mit Nennspannungen nach [3.50]

Betrachtet man nun im Weiteren den Nachweis mit örtlichen Spannungen gemäß der folgenden Gleichungen (3.338) bis (3.341), so ist zusätzlich zu den zu Beginn dieses Abschnitte genannten Einschränkungen weiterhin zu berücksichtigen, dass für nicht-duktile Werkstoffe mit niedriger Bruchdehnung $A < 6$ % plastische Stützzahlen nicht anzuwenden sind, so dass demzufolge gilt:

$$n_{pl} = 1 \qquad (3.338)$$

<table>
<tr><th>Naht</th><th>Nahtgüte [1)]</th><th></th><th>S235
GS200
GS240
G17Mn5+QT</th><th>S275
P275</th><th>S355
P355
G20Mn5+N
G20Mn5+Q</th><th>S420
S460</th><th>S690</th></tr>
<tr><td rowspan="3">Durch- oder gegen-geschweißt</td><td>Alle</td><td>Druck</td><td rowspan="2">1,0</td><td rowspan="2">1,0</td><td rowspan="2">1,0</td><td rowspan="2">1,0</td><td rowspan="2">0,9</td></tr>
<tr><td>nachgewiesen</td><td rowspan="2">Zug oder Schub</td></tr>
<tr><td>nicht nachgewiesen</td><td rowspan="2">0,95</td><td rowspan="2">0,85</td><td rowspan="2">0,8</td><td rowspan="2">0,7</td><td rowspan="2">0,55</td></tr>
<tr><td>Nicht durch-geschweißt oder Kehlnaht</td><td>Alle</td><td>Druck / Zug oder Schub</td></tr>
</table>

[1)] Die Nahtgüte gilt als nachgewiesen, sofern bei einem Prüfumfang von 10 % der Nähte der Befund der Durchstrahlungs- oder Ultraschallprüfung einwandfrei ist.

Tabelle 3.40: Schweißnahtfaktor α_w für Stahl nach [3.50]

Demgegenüber sind für duktile Werkstoffe mit Bruchdehnungen $A \geq 6$ % die plastischen Stützzahlen in Abhängigkeit davon zu berechnen, ob der Nachweis mit Strukturspannungen oder aber mit Kerbspannungen erfolgen soll.

1 Beim Nachweis mit Strukturspannungen erfolgt für Stahl und nicht entfestigende Aluminiumwerkstoffe die Bestimmung der plastischen Formzahl n_{pl} in gleicher Weise wie für nichtgeschweißte Bauteile durch Auswertung des Doppelkriteriums gemäß Gleichung (3.325) unter Verwendung des Elastizitätsmoduls E und der ertragbaren Gesamtdehnung ε_{ertr} gemäß Tabelle 3.34. Die Fließgrenze R_p ist in Abhängigkeit vom Werkstoff aus Tabelle 3.131 oder Tabelle 3.132 zu entnehmen. Für die plastische Formzahl K_p gilt Gleichung (3.323) mit den dort angegebenen Erläuterungen.

Unter Verwendung der gleichen Größen gilt für entfestigende Aluminiumwerkstoffe ein vergleichbarer Zusammenhang wie in Gleichung (3.325), jedoch wird die Fließgrenze R_p zusätzlich mit dem Entfestigungsfaktor ρ_{WEZ} für Aluminiumwerkstoff gemäß Tabelle 3.132 bewertet:

$$n_{pl} = MIN\left(\sqrt{\frac{E \cdot \varepsilon_{ertr}}{\rho_{WEZ} \cdot R_p}}\,;\,K_p\right) \tag{3.339}$$

2 Der Nachweis mit Kerbspannungen ist nur für Baustähle möglich, wobei die Bestimmung der plastischen Formzahl $n_{pl,wK}$ in gleicher Weise wie für nichtgeschweißte Bauteile durch Auswertung des folgenden Doppelkriteriums unter Verwendung des Elastizitätsmoduls E gemäß Tabelle 3.34 und der Fließgrenze R_p nach Tabelle 3.131 erfolgt:

$$n_{pl,wK} = MIN\left(\sqrt{\frac{E \cdot \varepsilon_{ertr,wK}}{R_p}}\,;\,K_p\right) \tag{3.340}$$

Zur Berechnung der Gesamtdehnung $\varepsilon_{ertr,wK}$ in Abhängigkeit vom Mehrachsigkeitsgrad $h = h_{wK}$ nach Gleichung (3.290) ist Gleichung (3.326) mit den Werten aus Tabelle 3.41 zu nutzen.

Festigkeitsbereich	$\varepsilon_{0,wK}$	$\varepsilon_{ref,wK}$
$R_{p0,2} \leq 460$ MPa	0,05	0,17
460 MPa $< R_{p0,2} \leq 690$ MPa	0,05	0,14

Tabelle 3.41: Parameter für geschweißte Bauteile aus Baustahl nach dem Kerbspannungskonzept nach [3.50]

Dabei ist $\varepsilon_{ref} = \varepsilon_{ref,wK}$ der Referenzpunkt, der der ertragbaren Dehnung bei einem einachsigen Spannungszustand entspricht, und $\varepsilon_0 = \varepsilon_{0,wK}$ ist das Minimum der ertragbaren Dehnung bei hoher Mehrachsigkeit. Für die plastische Formzahl K_p gilt Gleichung (3.323) mit den dort angegebenen Erläuterungen.

Für den Sonderfall „Plastischer Fleck" wird für Stahl und nicht entfestigende Aluminiumwerkstoffe die plastische Stützzahl n_{pl} für geschweißte Bauteile in gleicher Weise wie für nichtgeschweißte Bauteile mit Gleichung (3.327) ermittelt. Für entfestigende Aluminiumwerkstoffe wird die Fließgrenze R_p zusätzlich mit dem Entfestigungsfaktor ρ_{WEZ} für Aluminiumwerkstoff gemäß Tabelle 3.132 bewertet:

$$n_{pl} = \sqrt{\frac{E \cdot \varepsilon_{ertr}}{\rho_{WEZ} \cdot R_p}} \tag{3.341}$$

Hinsichtlich der Berechnung der plastischen Formzahl K_p zur Beschreibung der Tragreserve eines Bauteiles bis zum Erreichen der vollplastischen Traglast gelten beim geschweißten Bauteil dieselben Zusammenhänge wie beim nichtgeschweißten Bauteil. Sofern für entfestigende Aluminiumwerkstoffe die vollplastische Traglast über eine FEM-Analyse ermittelt wird, muss die reduzierte Fließgrenze im Bereich der Wärmeeinflusszone (WEZ) im Modell berücksichtigt werden, wobei sich die Ausdehnung der WEZ aus Tabelle 3.24 ergibt.

Abschließend sei darauf hingewiesen, dass die Berechnung der plastischen Stützzahl n_{pl} bei Bauteilen mit mechanischer Randschichtverfestigung gemäß der Gleichungen (3.338) bis (3.341) wie bei Bauteilen ohne Randschichtverfestigung erfolgt.

Ferner ist beim Nachweis mit örtlichen Spannungen für Stahl und Eisengusswerkstoff der Schweißnahtfaktor α_w wie beim Nennspannungsnachweis aus Tabelle 3.40 und für Aluminium aus Tabelle 3.132 zu entnehmen.

3.8.1.4 Bauteilfestigkeit

Unter Verwendung der bisher ermittelten Werkstoffkennwerte nach Abschnitt 3.8.1.2 und der Konstruktionskennwerte nach Abschnitt 3.8.1.3 lässt sich nun abschließend die für den Nachweis erforderliche Bauteilfestigkeit als Kennwert der Beanspruchbarkeit ermitteln. Dabei ist zu beachten, dass für den Nachweis mit Nennspannungen und den Nachweis mit örtlichen Spannungen jeweils unterschiedliche ertragbare Spannungen zu bestimmen sind. Weiterhin erfolgt für jede Nachweisart eine getrennte Betrachtung von nichtgeschweißten und geschweißten Bauteilen.

3.8.1.4.1 Nichtgeschweißte Bauteile

Betrachtet man zunächst den statischen Nachweis mit Nennspannungen für nichtgeschweißte Bauteile, so sind die Werte der statischen Bauteilfestigkeit für jede maßgebende Spannungsart in Tabelle 3.42 zusammengefasst, wobei folgende Bezeichnungen gelten:

$S_{SK,zd}$:	Statische Bauteilfestigkeit Zug / Druck
$S_{SK,by}$, $S_{SK,bz}$:	Statische Bauteilfestigkeit Biegung um y-Achse bzw. z-Achse
$T_{SK,sy}$, $T_{SK,sz}$:	Statische Bauteilfestigkeit Schub entlang y-Achse bzw. z-Achse
$T_{SK,t}$:	Statische Bauteilfestigkeit Torsion
R_p:	Fließgrenze nach Gleichung (3.292) oder (3.294)
f_σ, f_τ:	Druckfestigkeitsfaktor und Schubfestigkeitsfaktor nach Tabelle 3.21
$n_{pl,by}$:	Plastische Stützzahl um y-Achse nach Gleichung (3.320) oder (3.321)
$n_{pl,bz}$:	Plastische Stützzahl um z-Achse nach Gleichung (3.320) oder (3.321)
$n_{pl,t}$:	Plastische Stützzahl Torsion nach Gleichung (3.320) oder (3.321)

$S_{SK,zd} = f_\sigma \cdot R_p$	$S_{SK,by} = f_\sigma \cdot R_p \cdot n_{pl,by}$	$S_{SK,bz} = f_\sigma \cdot R_p \cdot n_{pl,bz}$	(3.342)
$T_{SK,sy} = f_\tau \cdot R_p$	$T_{SK,sz} = f_\tau \cdot R_p$	$T_{SK,t} = f_\tau \cdot R_p \cdot n_{pl,t}$	(3.343)

Tabelle 3.42: Statische Bauteilfestigkeiten für nichtgeschweißte Bauteile und den Grundwerkstoff (GW) geschweißter Bauteile beim Nachweis mit Nennspannungen

Im Falle des statischen Nachweises mit örtlichen Spannungen für nichtgeschweißte Bauteile entspricht die statische Bauteilfestigkeit σ_{SK} der ertragbaren Vergleichsspannung am Nachweispunkt:

$$\sigma_{SK} = R_p \cdot n_{pl} \tag{3.344}$$

Hierin ist die Fließgrenze R_p nach Gleichung (3.292) oder (3.294) zu verwenden, und die plastische Stützzahl berechnet sich nach Gleichung (3.324) oder (3.325).

3.8.1.4.2 Geschweißte Bauteile

Betrachtet man im Weiteren den statischen Nachweis geschweißter Bauteile, so sind die Bauteilfestigkeiten für die Bereiche Grundwerkstoff (GW), Wärmeeinflusszone (WEZ) und Schweißnaht (SN) jeweils einzeln zu berechnen.

Im Falle des statischen Nachweises mit Nennspannungen gelten für den Bereich des Grundwerkstoffes (GW) für Stahl und nicht entfestigende Aluminiumwerkstoffe dieselben Zusammenhänge wie für nichtgeschweißte Bauteile gemäß Tabelle 3.42, wobei jedoch die Werte für die Fließgrenze R_p werkstoffabhängig aus Tabelle 3.131 oder Tabelle 3.132 zu entnehmen sind. Die plastischen Stützzahlen n_{pl} sind nach Gleichung (3.334) oder (3.335) zu berechnen. Die Wärmeeinflusszone (WEZ) bleibt für Stahl und nicht entfestigende Aluminiumwerkstoffe unberücksichtigt.

Liegen jedoch entfestigende Aluminiumwerkstoffe vor, so ist gemäß Tabelle 3.23 eine Fallunterscheidung zu berücksichtigen, ob der Querschnitt Anteile an der Wärmeeinflusszone (WEZ) hat oder ob der Querschnitt nur aus Grundwerkstoff (GW) oder nur aus Wärmeeinflusszone (WEZ) besteht. Die sich dann ergebenden Bauteilfestigkeiten sind in Tabelle 3.43 zusammengestellt. Ergänzend zu den im Zusammenhang mit Tabelle 3.42 erläuterten Größen sind dann noch die plastischen Stützzahlen n_{pl} nach Gleichung (3.334) oder (3.335) zu berechnen. Die Entfestigungsfaktoren ρ_{WEZ} sind Tabelle 3.132 zu entnehmen, während die effektiven Entfestigungsfaktoren ρ_w nach Tabelle 3.39 zu ermitteln sind.

a) Der Querschnitt hat Anteile an WEZ	b) Der Querschnitt besteht nur aus GW oder nur aus WEZ
$$\begin{aligned} S_{SK,zd} &= f_\sigma \cdot R_p \cdot \rho_{w,zd} \\ S_{SK,by} &= f_\sigma \cdot R_p \cdot \rho_{w,by} \cdot n_{pl,by} \\ S_{SK,bz} &= f_\sigma \cdot R_p \cdot \rho_{w,bz} \cdot n_{pl,bz} \\ T_{SK,sy} &= f_\tau \cdot R_p \cdot \rho_{WEZ} \\ T_{SK,sz} &= f_\tau \cdot R_p \cdot \rho_{WEZ} \\ T_{SK,t} &= f_\tau \cdot R_p \cdot \rho_{WEZ} \end{aligned} \quad (3.345)$$	$$\begin{aligned} S_{SK,zd} &= f_\sigma \cdot R_p \cdot \rho_{WEZ} \\ S_{SK,by} &= f_\sigma \cdot R_p \cdot \rho_{WEZ} \cdot n_{pl,by} \\ S_{SK,bz} &= f_\sigma \cdot R_p \cdot \rho_{WEZ} \cdot n_{pl,bz} \\ T_{SK,sy} &= f_\tau \cdot R_p \cdot \rho_{WEZ} \\ T_{SK,sz} &= f_\tau \cdot R_p \cdot \rho_{WEZ} \\ T_{SK,t} &= f_\tau \cdot R_p \cdot \rho_{WEZ} \end{aligned} \quad (3.346)$$

Tabelle 3.43: Statische Bauteilfestigkeiten für entfestigende Aluminiumwerkstoffe beim Nachweis mit Nennspannungen

Abschließend sind noch für den Nachweis geschweißter Bauteile mit Nennspannungen die Bauteilfestigkeiten der Schweißnaht (SN) entsprechend Tabelle 3.44 in Abhängigkeit vom Werkstoff zu bestimmen.

Stahl und nicht entfestigende Aluminiumwerkstoffe	Entfestigende Aluminiumwerkstoffe
$$\begin{aligned} S_{SK\perp zd} &= f_\sigma \cdot R_p \cdot \alpha_w \\ S_{SK\perp by} &= f_\sigma \cdot R_p \cdot \alpha_w \cdot n_{pl,by} \\ S_{SK\perp bz} &= f_\sigma \cdot R_p \cdot \alpha_w \cdot n_{pl,bz} \\ T_{SK\parallel} &= R_p \cdot \alpha_W \end{aligned} \quad (3.347)$$	$$\begin{aligned} S_{SK\perp zd} &= f_\sigma \cdot R_p \cdot \alpha_w \cdot \rho_{WEZ} \\ S_{SK\perp by} &= f_\sigma \cdot R_p \cdot \alpha_w \cdot \rho_{WEZ} \cdot n_{pl,by} \\ S_{SK\perp bz} &= f_\sigma \cdot R_p \cdot \alpha_w \cdot \rho_{WEZ} \cdot n_{pl,bz} \\ T_{SK\parallel} &= R_p \cdot \alpha_W \cdot \rho_{WEZ} \end{aligned} \quad (3.348)$$

Tabelle 3.44: Statische Bauteilfestigkeiten für die Schweißnaht (SN) in Abhängigkeit vom Werkstoff beim Nachweis mit Nennspannungen

Dabei sind die Werte für die Fließgrenze R_p werkstoffabhängig aus Tabelle 3.131 oder Tabelle 3.132 zu entnehmen, die plastischen Stützzahlen n_{pl} lassen sich nach Gleichung (3.334) oder (3.335) berechnen und die Entfestigungsfaktoren ρ_{WEZ} stammen aus Tabelle 3.132. Der Druckfestigkeitsfaktor f_σ findet sich in Tabelle 3.21 und der Schweißnahtfaktor α_w in Tabelle 3.40 oder für Aluminium in Tabelle 3.133.

Im Falle des statischen Nachweises mit örtlichen Spannungen für geschweißte Bauteile entspricht die statische Bauteilfestigkeit σ_{SK} der ertragbaren Vergleichsspannung am Nachweispunkt, und zwar jeweils einzeln für die Bereiche Grundwerkstoff (GW) und Wärmeeinflusszone (WEZ) nach Tabelle 3.45 sowie die Schweißnaht (SN) nach Tabelle 3.46. In diesen Tabellen sind die Werte für die Fließgrenze R_p wiederum werkstoffabhängig aus Tabelle 3.131 oder Tabelle 3.132 zu entnehmen, die plastischen Stützzahlen n_{pl} lassen sich nach Gleichung (3.325) oder (3.339) berechnen und die Entfestigungsfaktoren ρ_{WEZ} stammen aus Tabelle 3.132. Der Schweißnahtfaktor α_w findet sich in Tabelle 3.40 oder für Aluminium in Tabelle 3.133.

	Stahl und nicht entfestigende Aluminiumwerkstoffe	**Entfestigende Aluminiumwerkstoffe**
GW	$\sigma_{SK} = R_p \cdot n_{pl}$ (3.349)	$\sigma_{SK} = R_p \cdot n_{pl}$ (3.350)
WEZ	Wird nicht betrachtet	$\sigma_{SK} = R_p \cdot \rho_{WEZ} \cdot n_{pl}$ (3.351)

Tabelle 3.45: Statische Bauteilfestigkeiten für den Grundwerkstoff (GW) und die Wärmeeinflusszone (WEZ) in Abhängigkeit vom Werkstoff beim Nachweis mit örtlichen Spannungen

Zu beachten ist bei den entfestigenden Aluminiumwerkstoffen, dass der Nachweis in der Wärmeeinflusszone (WEZ) maßgebend ist, sobald die dortigen Spannungen größer sind als diejenigen im Grundwerkstoff (GW). Wird nach dem Schweißen eine Wärmebehandlung durchgeführt und die ursprüngliche Festigkeit erreicht, so muss die Wärmeeinflusszone (WEZ) nicht berücksichtigt werden bzw. in den Gleichungen in Tabelle 3.45 ist $\rho_{WEZ} = 1$ zu setzen.

	Stahl und nicht entfestigende Aluminiumwerkstoffe	**Entfestigende Aluminiumwerkstoffe**
Nachweis mit Strukturspannungen	$\sigma_{SK,w} = R_p \cdot \alpha_w \cdot n_{pl}$ (3.352)	$\sigma_{SK,w} = R_p \cdot \alpha_w \cdot \rho_{WEZ} \cdot n_{pl}$ (3.353)
Nachweis mit Kerbspannungen – Nur für Baustähle	$\sigma_{SK,wK} = R_p \cdot n_{pl,wK}$ (3.354)	

Tabelle 3.46: Statische Bauteilfestigkeiten für die Schweißnaht (SN) in Abhängigkeit von der Nachweisart (Strukturspannungen oder Kerbspannungen) beim Nachweis mit örtlichen Spannungen

Die plastische Stützzahl $n_{pl,wK}$ beim Nachweis mit Kerbspannungen für Baustähle in Tabelle 3.46 folgt aus Gleichung (3.340).

3.8.1.5 Sicherheitsfaktoren

Nachdem in den vorherigen Abschnitten aus den einwirkenden Lasten die Spannungskennwerte (Beanspruchung) ermittelt und unter Berücksichtigung von Werkstoff und Bauteilabmessungen die Bauteilfestigkeit (Beanspruchbarkeit) bestimmt wurde, sind gemäß Abbildung 3.93 nun noch Sicherheitsfaktoren festzulegen, bevor im folgenden Abschnitt 3.8.1.6 der abschließende statische Festigkeitsnachweis geführt werden kann.

In der FKM-Richtlinie werden hierzu ein Teilsicherheitsfaktor j_S bezüglich der Last (Beanspruchung bzw. vorhandene Spannung) und ein Teilsicherheitsfaktor j_F hinsichtlich des Materials (Beanspruchbarkeit bzw. ertragbare Spannung) ermittelt, aus denen dann der für den Nachweis zu verwendende Gesamtsicherheitsfaktor j_{ges}, unterschiedlich für nichtgeschweißte und für geschweißte Bauteile, bestimmt wird:

$$j_{ges} = j_S \cdot j_F \tag{3.355}$$

Grundsätzlich beziehen sich die Sicherheitsfaktoren auf eine Überlebenswahrscheinlichkeit der Festigkeitskennwerte von $P_ü = 97{,}5\ \%$.

Zur Festlegung des Lastfaktors j_S, die nur in Verbindung mit der Lastannahme erfolgen kann, sind die einleitenden Bemerkungen zu Abschnitt 3.8 zu berücksichtigen. Sofern eine ausreichend sichere Annahme zur Last getroffen werden kann, so dass sich die daraus berechnete Spannung S_{max} als Bemessungswert ergibt, kann beim Festigkeitsnachweis auf den Lastfaktor verzichtet werden und es gilt $j_S = 1$.

Der Materialfaktor j_F setzt sich aus einem abgestuften Grundsicherheitsfaktor (j_m, j_p, $j_{m,t}$, $j_{p,t}$) gemäß der Beschreibung in Tabelle 3.47 und den Zahlenwerten in Tabelle 3.48 und weiteren zusätzlichen Teilsicherheitsfaktoren ($j_z = j_w$ für geschweißte Bauteile und $j_z = j_G$ für Gussbauteile) nach Tabelle 3.49 unter Berücksichtigung der Temperaturfaktoren ($K_{T,m}$, $K_{T,p}$, $K_{Tt,m}$, $K_{Tt,p}$) nach Abschnitt 3.8.1.2.1 zusammen, so dass für den Gesamtsicherheitsfaktor j_{ges} gilt:

$$j_{ges} = j_S \cdot j_F = j_S \cdot \left[j_z \cdot MAX\left(\underbrace{\frac{j_m}{K_{T,m}} \cdot \frac{R_p}{R_m}}_{1} ; \underbrace{\frac{j_p}{K_{T,p}}}_{2} ; \underbrace{\frac{j_{m,t}}{K_{Tt,m}} \cdot \frac{R_p}{R_m}}_{3} ; \underbrace{\frac{j_{pt}}{K_{Tt,p}}}_{4} \right) + \Delta j \right] \tag{3.356}$$

Dabei ist zu beachten, dass Δj der Teil-Sicherheitssummand für nichtduktile Gussbauteile ist, der nur beim Nachweis mit örtlichen Spannungen in Abhängigkeit von der Bruchdehnung A wie folgt zu berücksichtigen ist:

$$\Delta j = 0{,}5 - \sqrt{\frac{A}{24\ \%}} \quad \text{für nichtduktile Gussbauteile mit } A < 6\ \% \tag{3.357}$$

Beim Nachweis mit Nennspannungen entfällt dieser Summand, d.h., es ist $\Delta j = 0$ zu setzen.

j_m	Nachweis gegen Bruch bei normaler oder kurzzeitig wirkender hoher Temperatur, d.h. gegen Zugfestigkeit R_m oder Warmfestigkeit $R_{m,t}$
j_p	Nachweis gegen Fließen bei normaler oder kurzzeitig wirkender hoher Temperatur, d.h. gegen Fließgrenze R_p oder Warmdehngrenze $R_{p,t}$
j_{mt}	Nachweis gegen Bruch bei langzeitig wirkender hoher Temperatur, d.h. gegen Zeitstandfestigkeit $R_{m,Tt}$
j_{pt}	Nachweis gegen Fließen bei langzeitig wirkender hoher Temperatur, d.h. gegen Zeitdehngrenze $R_{p,Tt}$

Tabelle 3.47: Grundsicherheitsfaktoren für den statischen Nachweis mit Nennspannungen oder örtlichen Spannungen nach FKM-Richtlinie [3.50]

Bedingt durch die Auswahl des Maximalwertes in Abhängigkeit von den Grundsicherheitsfaktoren wird durch den Gesamtsicherheitsfaktor festgelegt, welcher der vier Einzelnachweise maßgebend ist, wobei folgende Sonderfälle zur Auswertung des Maximum-Kriteriums zu berücksichtigen sind:

1. Bei normaler Temperatur entfallen die Anteile 3 und 4, da die Terme, die $K_{Tt,m}$ und $K_{Tt,p}$ enthalten, unsinnige Ergebnisse liefern. Außerdem gilt $K_{Tt,m} = K_{Tt,p} = 1$.
2. Sofern das Verhältnis $R_p / R_m \leq 0{,}75$ wird, entfallen die Anteile 1 und 3.
3. Sofern das Verhältnis $R_p / R_m > 0{,}75$ wird, entfallen die Anteile 2 und 4.
4. Für Walzstahl und duktilen Aluminiumwerkstoff in geschweißten Bauteilen entfallen die Anteile 1 und 3.

Besonders zu beachten ist, dass der geforderte Gesamtsicherheitsfaktor nicht mehr unmittelbar als Sicherheitsfaktor im Sinne einer Sicherheit gegen Versagen gedeutet werden kann (wie z.B. $j_p = 1{,}5$ oder $j_m = 2$), da er die Temperaturfaktoren und das Streckgrenzenverhältnis beinhaltet.

Schadensfolgen			**Hoch**	**Mittel**	**Niedrig** [1]
Wahrscheinlichkeit des Auftretens der Spannung oder Spannungskombination [2]	**Hoch**	j_m	2,0	1,85	1,75
		j_p	**1,5**	**1,4**	**1,3**
		j_{mt}	1,5	1,4	1,3
		j_{pt}	1,0	1,0	1,0
	Niedrig [3]	j_m	1,8	1,7	1,6
		j_p	**1,35**	**1,25**	**1,2**
		j_{mt}	1,35	1,25	1,2
		j_{pt}	1,0	1,0	1,0

[1] Niedrige Schadensfolgen und geringere Bedeutung des Bauteils im Sinne „nicht katastrophaler" Wirkungen beim Versagen; z.B. infolge von Lastumlagerungsmöglichkeiten in einem statisch unbestimmten System. Verminderung um den Faktor 1,15 (Rundung 0,05).

[2] Bezieht sich i. Allg. auf die Höhe der Last, nicht auf die Häufigkeit. Verminderung um den Faktor 1,10 (Rundung 0,05).

[3] Auch mit Sicherheit seltene, genau schätzbare Lasten beispielsweise des Prüf- und Montagezustandes.

Tabelle 3.48: Zahlenwerte der Grundsicherheitsfaktoren für den statischen Nachweis mit Nennspannungen oder örtlichen Spannungen nach FKM-Richtlinie [3.50]

Teilsicherheitsfaktor j_z	nichtgeschweißt	geschweißt	
		GW, WEZ	SN
Walzstahl, Alu-Knet	1	j_W	j_W
GS, GJS, GJM, GJL, Alu-Guss	j_G	j_G	j_W

Teilsicherheitsfaktor für geschweißte Bauteile j_W	$j_W = 1$ (Walzstahl und Eisenguss)	$j_W = 1{,}13$ (Aluminium)
Teilsicherheitsfaktor für Gussbauteile j_G	$j_G = 1{,}25$ (zerstörungsfrei geprüfte Gussstücke)	$j_W = 1{,}4$ (nicht zerstörungsfrei geprüfte Gussstücke)
Erläuterungen: Grundwerkstoff (GW), Wärmeeinflusszone (WEZ), Schweißnaht (SN)		

Tabelle 3.49: Zusätzlicher Teilsicherheitsfaktor j_z für nichtgeschweißte und geschweißte Bauteile für den statischen Nachweis nach FKM-Richtlinie [3.50]

Die Grundsicherheitsfaktoren nach Tabelle 3.48 gelten im Falle des statischen Festigkeitsnachweises mit örtlichen Spannungen gleichermaßen für duktilen Werkstoff mit Bruchdehnungen $A \geq 6$ % und nichtduktilen Werkstoff mit $A < 6$ %.

Je nach Wahrscheinlichkeit des Auftretens der höchsten Spannung oder der ungünstigsten Spannungskombination und der zu erwartenden Schadensfolgen gelten für die Grundsicherheitsfaktoren entsprechend Tabelle 3.48 unterschiedliche Werte.

Beim statischen Nachweis mit Nennspannungen gelten die Werte nach Tabelle 3.48 streng genommen nur für duktile Werkstoffe, da für nichtduktile Werkstoffe mit $A < 6$ % der Nachweis grundsätzlich nur mit örtlichen Spannungen geführt werden darf, Tabelle 3.50.

Duktiler Werkstoff $A \geq 6$ %	**Nichtduktiler Werkstoff** $A < 6$ %
Stahl und GS: alle Werkstoffsorten Eisengusswerkstoff: GJS und GJM teilweise Aluminiumwerkstoff: Knet und Guss teilweise.	Eisengusswerkstoff: GJL alle Sorten, GJS und GJM teilweise Aluminiumwerkstoff: Knet und Guss teilweise.

Tabelle 3.50: Duktile und nichtduktile Werkstoffe in Abhängigkeit von der Bruchdehnung A

Mithilfe des Teilsicherheitsfaktors für Gussbauteile j_G nach Tabelle 3.49 werden die infolge unvermeidbarer und daher zulässiger Fehler im Werkstoff verursachten größeren Festigkeitsstreuungen berücksichtigt. Wenngleich der in Anlehnung an andere Normen festgelegte Gussfaktor hier sehr hoch erscheint und experimentell häufig auch nicht bestätigt wird, so ist eine weitere Verminderung des Gussfaktors, wie z.B. für Premiumgussteile im Flugzeugbau (im Grenzfall gilt dort für den Materialfaktor insgesamt $j_F = 1{,}0$), nicht möglich, da es sich bei den Gussbauteilen des Maschinenbaues um Standardgussteile handelt.

Im Gegensatz dazu erfüllen Premiumgussteile besondere Anforderungen an Qualifikation und Überwachung des Herstellungsprozesses sowie an Qualität und Umfang der Produktprüfung, so dass gleichmäßige, wenig streuende Bauteileigenschaften gewährleistet sind.

Entsprechend den einleitenden Erläuterungen zum Abschnitt 3.8 sind jedoch bei Verlassen des Gültigkeitsbereiches der Richtlinie ergänzende Vereinbarungen zwischen Lieferant und Kunde möglich.

Bei der Anwendung des Teilsicherheitsfaktors $j_z = j_G$ für Gussbauteile oder $j_z = j_w$ für geschweißte Bauteile nach Tabelle 3.49 ist zu beachten, dass die Faktoren nicht gemeinsam in Ansatz gebracht werden. Entweder gilt nur der Teilsicherheitsfaktor j_G für den Grundwerkstoff (GW) und die Wärmeeinflusszone (WEZ) bei Gussbauteilen oder aber der Teilsicherheitsfaktor j_w für die Schweißnaht (SN) bei geschweißten Aluminiumbauteilen in Anlehnung an DIN 4113 [3.13], [3.50].

3.8.1.6 Nachweis

Aus den vorherigen Abschnitten sind nun die vorhandenen Spannungen (Beanspruchung) und die zulässigen Spannungen im Nachweispunkt (Beanspruchbarkeit) sowie der für den Nachweis erforderliche Gesamtsicherheitsfaktor bekannt, so dass gemäß Abbildung 3.93 der abschließende Nachweis geführt werden kann.

Hierzu wird beim Nachweis mit Nennspannungen der sogenannte Auslastungsgrad a_{SK} als Quotient aus der vorhandenen Spannung S und der statisch zulässigen Spannung im Nachweispunkt gebildet, die sich wiederum aus der statisch ertragbaren Spannung S_{SK} dividiert durch den Gesamtsicherheitsfaktor j_{ges} ergibt.

Beim Nachweis mit örtlichen Spannungen ist der Auslastungsgrad a_{SK} als Quotient aus der vorhandenen Vergleichsspannung σ_v und der statisch zulässigen Spannung im Nachweispunkt zu ermitteln, die sich wiederum aus der statisch ertragbaren Spannung σ_{SK} dividiert durch den Gesamtsicherheitsfaktor j_{ges} ergibt. Zusätzlich ist beim Nachweis mit örtlichen Spannungen zu überprüfen, ob der Spannungszustand eine hohe Mehrachsigkeit aufweist. Sobald der Mehrachsigkeitsgrad h einen vorgegebenen Grenzwert überschreitet, ist dann zusätzlich ein Nachweis der hydrostatischen Spannung zu führen.

Sowohl der Nachweis mit Nennspannungen als auch der Nachweis mit örtlichen Spannungen gilt als erbracht, wenn alle geforderten Auslastungsgrade a_{SK} maximal eins sind. Bei geschweißten Bauteilen sind die Bereiche Grundwerkstoff (GW), Wärmeeinflusszone (WEZ) und Schweißnaht (SN) jeweils getrennt nachzuweisen.

Beim Nachweis mit Nennspannungen sind gemäß Tabelle 3.51 zunächst für jede einzelne Spannungsart – Zug oder Druck, Biegung um zwei Achsen, Schub in zwei Richtungen und Torsion – die Auslastungsgrade zu prüfen. Darüber hinaus ist die Überlagerung der einzelnen Spannungsarten durch die Berechnung des Auslastungsgrades für die zusammengesetzten Spannungsarten mithilfe der Gleichungen (3.358) bis (3.365) für die Auslastungsgrade aus Tabelle 3.51 durchzuführen. Maßgebend ist immer der betragsmäßig größte Spannungswert. Für den Fall, dass Werkstoffe eine unterschiedliche Zug- und Druckfestigkeit aufweisen, ist der Nachweis sowohl für die Maximal- als auch die Minimalspannung zu erbringen. Für den vollständigen Nachweis ist damit der größte Auslastungsgrad aus allen Einzelauslastungsgraden und dem zusammengesetzten Auslastungsgrad bestimmend.

Beim Nachweis mit örtlichen Spannungen gemäß der Gleichungen (3.366) bis (3.373) ist in den meisten Fällen der Vergleichsauslastungsgrad maßgebend, insbesondere wenn der Nachweispunkt auf der freien Bauteiloberfläche liegt. Lediglich bei hoher Mehrachsigkeit ist zusätzlich der Auslastungsgrad der hydrostatischen Spannung entsprechend der Gleichungen (3.367) und (3.368) zu berücksichtigen.

Betrachtet man im Weiteren zunächst den Nachweis mit Nennspannungen, so ergeben sich die Auslastungsgrade für die einzelnen Spannungen nach Tabelle 3.51.

Zumeist liegt jedoch eine Überlagerung der einzelnen Spannungsarten aus Tabelle 3.51 vor, weshalb ein Gesamtauslastungsgrad $a_{SK,Sv}$ zu ermitteln ist. Hierzu wird beim Nachweis mit Nennspannungen von nichtgeschweißten Bauteilen sowie beim Grundwerkstoff (GW) und der Wärmeeinflusszone (WEZ) geschweißter Bauteile die folgende Festigkeitshypothese genutzt, die eine Kombination aus der Gestaltänderungsenergiehypothese (GEH) und der Normalspannungshypothese (NH) darstellt (s.a. Gleichung (3.277)). In Abhängigkeit von der Duktilität des Werkstoffes wird über den Duktilitätsfaktor q, der gemäß Tabelle 3.20 vom Schubfestigkeitsfaktor f_τ abhängt, eine Aufteilung vorgenommen, so dass sich bei reinem Schub die durch f_τ festgelegte Schubfestigkeit ergibt:

$$a_{SK,Sv} = q \cdot a_{NH} + (1-q) \cdot a_{GEH} \leq 1 \text{ mit } q = \frac{\sqrt{3} - \frac{1}{f_\tau}}{\sqrt{3} - 1} \tag{3.358}$$

Nichtgeschweißte Bauteile sowie GW und WEZ bei geschweißten Bauteilen	**Geschweißte Bauteile – Schweißnaht (SN)**
$a_{\mathrm{SK,zd}} = \left\lvert \frac{S_{zd}}{S_{SK,zd}} \cdot j_{ges} \right\rvert \leq 1$	$a_{\mathrm{SK\perp zd}} = \left\lvert \frac{S_{\perp,zd}}{S_{SK\perp zd}} \cdot j_{ges} \right\rvert \leq 1$
$a_{\mathrm{SK,by}} = \left\lvert \frac{S_{by}}{S_{SK,by}} \cdot j_{ges} \right\rvert \leq 1$	$a_{\mathrm{SK\perp by}} = \left\lvert \frac{S_{\perp,by}}{S_{SK\perp by}} \cdot j_{ges} \right\rvert \leq 1$
$a_{\mathrm{SK,bz}} = \left\lvert \frac{S_{bz}}{S_{SK,bz}} \cdot j_{ges} \right\rvert \leq 1$	$a_{\mathrm{SK\perp bz}} = \left\lvert \frac{S_{\perp,bz}}{S_{SK\perp bz}} \cdot j_{ges} \right\rvert \leq 1$ (3.360)
$a_{\mathrm{SK,sy}} = \left\lvert \frac{T_{sy}}{T_{SK,sy}} \cdot j_{ges} \right\rvert \leq 1$ (3.359)	$a_{\mathrm{SK\parallel}} = \left\lvert \frac{T_{\parallel}}{T_{SK\parallel}} \cdot j_{ges} \right\rvert \leq 1$
$a_{\mathrm{SK,sz}} = \left\lvert \frac{T_{sz}}{T_{SK,sz}} \cdot j_{ges} \right\rvert \leq 1$	**Legende:**
$a_{\mathrm{SK,t}} = \left\lvert \frac{T_{t}}{T_{SK,t}} \cdot j_{ges} \right\rvert \leq 1$	GW: Grundwerkstoff WEZ: Wärmeeinflusszone SN: Schweißnaht

Tabelle 3.51: Auslastungsgrad für einzelne Spannungsarten beim Nachweis mit Nennspannungen

Die hierin verwendeten zusammengesetzten Auslastungsgrade a_{NH} und a_{GEH} lassen sich unter Verwendung der Parameter s und t, die sich wiederum aus der Summe der Auslastungsgrade für Zug/Druck und Biegung (s) bzw. für Schub und Torsion (t) ergeben, wie folgt berechnen:

$$a_{NH} = \frac{1}{2} \cdot \left(|s| + \sqrt{s^2 + 4 \cdot t^2} \right) \text{ und } a_{GEH} = \sqrt{s^2 + t^2} \tag{3.361}$$

$$s = a_{SK,zd} + a_{SK,by} + a_{SK,bz} \text{ und } t = a_{SK,sy} + a_{SK,sz} + a_{SK,t} \tag{3.362}$$

Dabei sind die in Abschnitt 3.8.1.1 gegebenen Hinweise zur Berücksichtigung der Querkraftschubspannungen unbedingt zu beachten. Sofern bei dünnwandigen Querschnitten die Schubspannungen infolge F_{Qsy} und F_{Qsz} entlang des Profils ausgerichtet sind, liegt die additive Überlagerung der Auslastungsgrade $a_{SK,sy}$ und $a_{SK,sz}$ immer auf der sicheren Seite. Bei prismatischen Querschnitten kann auch die günstigere quadratische Überlagerung wie folgt angewendet werden:

$$t = \sqrt{a_{SK,sy}^2 + a_{SK,sz}^2} + a_{SK,t} \tag{3.363}$$

Bei der Anwendung der Gleichungen (3.362) und (3.363) sind grundsätzlich die Auslastungsgrade mit den Vorzeichen der jeweiligen Spannungsarten einzusetzen. Bei gleichsinniger Wirkung (z.B. positive Zug- und Biegespannung), sind die Auslastungsgrade $a_{SK,zd}$, $a_{SK,by}$ und $a_{SK,bz}$ mit gleichen (positiven) Vorzeichen, bei gegensinniger Wirkung (z.B. positive Zugspannung und negative Biegespannung) mit unterschiedlichen Vorzeichen zu verwenden.

Zum Nachweis geschweißter Bauteile mit Nennspannungen wird für die Schweißnaht (SN) eine empirische Festigkeitshypothese in Anlehnung an DIN 18800 verwendet, so dass sich folgender Auslastungsgrad der Schweißnaht $a_{SK,SN}$ ergibt [3.17]:

$$a_{SK,SN} = \sqrt{s^2 + t^2} \leq 1 \tag{3.364}$$

$$s = a_{SK\perp zd} + a_{SK\perp by} + a_{SK\perp bz} \quad \text{und} \quad t = a_{SK\|} \tag{3.365}$$

Hierin sind wiederum die einzelnen statischen Auslastungsgrade aus Tabelle 3.51 zu entnehmen, wobei die Auslastungsgrade mit den jeweiligen Vorzeichen der Spannungsarten einzusetzen sind.

Abschließend lassen sich für den statischen Nachweis mit Nennspannungen die anzuwendenden Gleichungen wie folgt zusammenfassen.

Für nichtgeschweißte Bauteile sind die statischen Auslastungsgrade für die einzelnen Spannungsarten gemäß Tabelle 3.51 unter Verwendung der Spannungen nach Gleichung (3.273) und (3.274), der statischen Bauteilfestigkeit nach Gleichung (3.342) und (3.343) und des Gesamtsicherheitsfaktors j_{ges} nach Abschnitt 3.8.1.5 zu berechnen. Im Falle zusammengesetzter Spannungsarten gelten für den zusammengesetzten Auslastungsgrad die Gleichungen (3.358) bis (3.363).

Im Falle geschweißter Bauteile sind alle Nachweise getrennt für die unterschiedlichen Bereiche Grundwerkstoff (GW), Wärmeeinflusszone (WEZ) und Schweißnaht (SN) zu führen, wobei die anzuwendenden Gleichungen für Stahl und nicht entfestigende Aluminiumwerkstoffe in Tabelle 3.52 und für entfestigende Aluminiumwerkstoffe in Tabelle 3.53 zusammengefasst sind. Zusätzlich wird unterschieden in einzelne und zusammengesetzte Spannungsarten.

Bei den entfestigenden Aluminiumwerkstoffen nach Tabelle 3.53 ist gemäß Tabelle 3.23 eine Fallunterscheidung zu berücksichtigen, ob der Querschnitt Anteile an der Wärmeeinflusszone (WEZ) hat oder ob der Querschnitt nur aus Grundwerkstoff (GW) oder nur aus Wärmeeinflusszone (WEZ) besteht.

Für den Fall a) werden der Grundwerkstoff (GW) und die Wärmeeinflusszone (WEZ gemeinsam nachgewiesen. Im Fall b) – der Querschnitt besteht nur aus Grundwerkstoff (GW) oder nur aus Wärmeeinflusszone (WEZ) – sind Grundwerkstoff (GW) und Wärmeeinflusszone (WEZ) einzeln nachzuweisen. Sofern Grundwerkstoff (GW) und Wärmeeinflusszone (WEZ) gleiche Abmessungen aufweisen, ist nur der Nachweis der Wärmeeinflusszone (WEZ) maßgebend.

GW und WEZ	Einzelne Spannungsarten	Zusammengesetzte Spannungsarten
Auslastungsgrad Spannungen Festigkeit	Tabelle 3.51 Gleichung (3.273) und (3.274) Gleichung (3.342) und (3.343)	Gleichung (3.358) bis (3.363) Gleichung (3.273) und (3.274) Gleichung (3.342) und (3.343) Die WEZ wird nicht betrachtet.
SN	**Einzelne Spannungsarten**	**Zusammengesetzte Spannungsarten**
Auslastungsgrad Spannungen Festigkeit	Tabelle 3.51 Tabelle 3.19 und Abbildung 3.100 Gleichung (3.347)	Gleichung (3.364) und (3.365) Tabelle 3.19 und Abbildung 3.100 Gleichung (3.347)

Tabelle 3.52: Anzuwendende Gleichungen für geschweißte Bauteile aus Stahl und nicht entfestigenden Aluminiumwerkstoffen für den statischen Nachweis mit Nennspannungen nach FKM

GW und WEZ	Einzelne Spannungsarten	Zusammengesetzte Spannungsarten
a) Der Querschnitt hat Anteile an der WEZ – Gemeinsamer Nachweis für GW und WEZ.		
Auslastungsgrad Spannungen Festigkeit	Tabelle 3.51 Gleichung (3.273) und (3.274) Gleichung (3.345)	Gleichung (3.358) bis (3.363) Gleichung (3.273) und (3.274) Gleichung (3.345)
b) Der Querschnitt besteht nur aus GW oder WEZ – Einzelner Nachweis für GW und WEZ.		
Auslastungsgrad Spannungen Festigkeit	Tabelle 3.51 Gleichung (3.273) und (3.274) Gleichung (3.346)	Gleichung (3.358) bis (3.363) Gleichung (3.273) und (3.274) Gleichung (3.346)
SN	**Einzelne Spannungsarten**	**Zusammengesetzte Spannungsarten**
Auslastungsgrad Spannungen Festigkeit	Tabelle 3.51 Tabelle 3.19 und Abbildung 3.100 Gleichung (3.348)	Gleichung (3.364) und (3.365) Tabelle 3.19 und Abbildung 3.100 Gleichung (3.348)

Tabelle 3.53: Anzuwendende Gleichungen für geschweißte Bauteile aus entfestigenden Aluminiumwerkstoffen für den statischen Nachweis mit Nennspannungen nach FKM

Soll anstelle des Nachweises mit Nennspannungen der Nachweis mit örtlichen Spannungen geführt werden, so ist zunächst der Auslastungsgrad der Vergleichsspannung maßgebend.

Dieser Vergleichsauslastungsgrad a_{SK} berechnet sich für nichtgeschweißte Bauteile aus der Vergleichsspannung σ_v am Nachweispunkt nach Abschnitt 3.8.1.1, der statischen Bauteilfestigkeit σ_{SK} nach Gleichung (3.344) und dem Gesamtsicherheitsfaktor j_{ges} nach Abschnitt 3.8.1.5 wie folgt:

$$a_{SK} = \frac{\sigma_v}{\sigma_{SK}} \cdot j_{ges} \leq 1 \tag{3.366}$$

Wie bereits eingangs des Abschnittes erwähnt, ist darüber hinaus zu überprüfen, ob ein zusätzlicher Nachweis der hydrostatischen Spannung erforderlich ist, wenn nämlich der Mehrachsigkeitsgrad h die geforderten Grenzwerte über- oder unterschreitet.

Bei einer Überschreitung im positiven Bereich muss der Auslastungsgrad der hydrostatischen Spannung im Zugbereich $a_{SH,Zug}$ unter Verwendung der Zusammenhänge nach Tabelle 3.54 und dem Gesamtsicherheitsfaktor j_{ges} nach Abschnitt 3.8.1.5 wie folgt berechnet werden:

$$a_{SH,Zug} = \frac{\sigma_H}{\sigma_{SH,Zug}} \cdot j_{ges} \leq 1 \text{ für } h > h_{\max} = 1{,}333 \text{ Zugbereich} \tag{3.367}$$

In gleicher Weise lässt sich auch der Auslastungsgrad der hydrostatischen Spannung im Druckbereich $a_{SH,Druck}$ berechnen:

$$a_{SH,Druck} = \frac{\sigma_H}{\sigma_{SH,Druck}} \cdot j_{ges} \leq 1 \text{ für } h < h_{\min} = -1{,}333 \text{ Druckbereich} \tag{3.368}$$

Da im Zugbereich σ_H und $\sigma_{SH,Zug}$ positiv sind, ist auch der Auslastungsgrad $a_{SH,Zug}$ positiv. Im Druckbereich sind σ_H und $\sigma_{SH,Druck}$ negativ, so dass der Auslastungsgrad $a_{SH,Druck}$ ebenfalls positiv ist.

Hinsichtlich der Bauteilfestigkeit für die Grenzmehrachsigkeit in Tabelle 3.54 ist anzumerken, dass $\sigma_{SK,Zug}$ die ertragbare Vergleichsspannung im Zugbereich ist, wenn die Mehrachsigkeit gerade dem Grenzwert $h = h_{max} = 1{,}333$ entspricht. In gleicher Weise ist $\sigma_{SK,Druck}$ die ertragbare Vergleichsspannung im Druckbereich, für die Mehrachsigkeit mit dem Grenzwert $h = h_{min} = -1{,}333$.

Die Nachweise geschweißter Bauteile mit örtlichen Spannungen sind alle einzeln durch die Berechnung des jeweiligen Auslastungsgrades a_{SK} für die unterschiedlichen Bereiche Grundwerkstoff (GW) und Wärmeeinflusszone (WEZ) nach Tabelle 3.55 sowie für die Schweißnaht (SN) nach Tabelle 3.56 zu führen.

	Zugbereich	**Druckbereich**
Ertragbarer Wert der hydrostatischen Spannung für duktile Werkstoffe	$\sigma_{SH,Zug} = 1{,}333 \cdot \sigma_{SK,Zug}$	$\sigma_{SH,Druck} = -1{,}333 \cdot \sigma_{SK,Druck}$
Ertragbarer Wert der hydrostatischen Spannung für semiduktile oder spröde Werkstoffe	$\sigma_{SH,Zug} = \frac{K_{NL,Zug}}{0{,}75 + 0{,}65 \cdot q} \cdot \sigma_{SK,Zug}$	$\sigma_{SH,Druck} = -\frac{f_{\sigma,Druck} \cdot K_{NL,Druck}}{0{,}75 + 0{,}65 \cdot q} \cdot \sigma_{SK,Druck}$
Graugussfaktor	$K_{NL,Zug}$ nach Tabelle 3.37	$K_{NL,Druck}$ nach Tabelle 3.37
Duktilitätsfaktor	q nach Tabelle 3.20	
Bauteilfestigkeit für die Grenzmehrachsigkeit	$\sigma_{SK,Zug} = R_p \cdot n_{pl,Zug}$	$\sigma_{SK,Druck} = R_p \cdot n_{pl,Druck}$

Tabelle 3.54: Gleichungen zur Berechnung der hydrostatischen Spannung im Zug- und im Druckbereich in Abhängigkeit vom Mehrachsigkeitsgrad h für den statischen Nachweis mit örtlichen Spannungen nach FKM

	Zugbereich	**Druckbereich**
Fließgrenze	R_p nach Gleichung (3.292) oder (3.294)	
Plastische Stützzahl	$n_{pl,Zug} = MIN\left(\sqrt{\frac{E \cdot \varepsilon_{ertr,Zug}}{R_p}}\,; K_p\right)$	$n_{pl,Druck} = MIN\left(\sqrt{\frac{E \cdot \varepsilon_{ertr,Druck}}{R_p}}\,; K_p\right)$
Elastizitätsmodul	E nach Tabelle 3.35	
Ertragbare Dehnung	$\varepsilon_{ertr,Zug}$ nach Gleichung (3.326) mit $h = h_{max} = 1{,}333$	$\varepsilon_{ertr,Druck}$ nach Gleichung (3.326) mit $h = h_{min} = -1{,}333$
Plastische Formzahl	K_p nach Gleichung (3.323)	

Tabelle 3.54: Gleichungen zur Berechnung der hydrostatischen Spannung im Zug- und im Druckbereich in Abhängigkeit vom Mehrachsigkeitsgrad h für den statischen Nachweis mit örtlichen Spannungen nach FKM (Forts.)

	Stahl und nicht entfestigende Aluminiumwerkstoffe	**Entfestigende Aluminiumwerkstoffe**
GW und WEZ	$a_{SK} = \frac{\sigma_v}{\sigma_{SK}} \cdot j_{ges} \leq 1$ (3.369)	$a_{SK} = \frac{\sigma_v}{\sigma_{SK}} \cdot j_{ges} \leq 1$ (3.370)
Vergleichsspannung Bauteilfestigkeit	σ_V nach Abschnitt 3.8.1.1 σ_{SK} nach Gleichung (3.349)	σ_V nach Abschnitt 3.8.1.1 σ_{SK} nach Gleichung (3.350)

Tabelle 3.55: Auslastungsgrad für den Grundwerkstoff (GW) und die Wärmeeinflusszone (WEZ) in Abhängigkeit vom Werkstoff beim Nachweis mit örtlichen Spannungen

	Stahl und nicht entfestigende Aluminiumwerkstoffe	**Entfestigende Aluminiumwerkstoffe**
Nachweis mit Strukturspannungen	$a_{SK,w} = \frac{\sigma_{vw}}{\sigma_{SK,w}} \cdot j_{ges} \leq 1$ (3.371)	$a_{SK,w} = \frac{\sigma_{vw}}{\sigma_{SK,w}} \cdot j_{ges} \leq 1$ (3.372)
Vergleichsspannung Bauteilfestigkeit	σ_{vw} nach Gleichung (3.286) $\sigma_{SK,w}$ nach Gleichung (3.352)	σ_{vw} nach Gleichung (3.286) $\sigma_{SK,w}$ nach Gleichung (3.353)
Nachweis mit Kerbspannungen – Nur für Baustähle	$a_{SK,wK} = \frac{\sigma_{vwK}}{\sigma_{SK,wK}} \cdot j_{ges} \leq 1$ (3.373)	
Vergleichskerbspannung Bauteilfestigkeit	σ_{vwK} nach Gleichung (3.289) $\sigma_{SK,wK}$ nach Gleichung (3.354)	

Tabelle 3.56: Auslastungsgrad für die Schweißnaht (SN) in Abhängigkeit von der Nachweisart (Strukturspannungen oder Kerbspannungen) beim Nachweis mit örtlichen Spannungen

Bei Schweißnähten (SN) kann noch unterschieden werden in den Nachweis mit Strukturspannungen und den Nachweis mit Kerbspannungen für Baustähle.

3.8.2 Ermüdungsfestigkeitsnachweis

In gleicher Weise wie der statische Festigkeitsnachweis nach Abschnitt 3.8.1 kann auch der Ermüdungsfestigkeitsnachweis (Dauerfestigkeitsnachweis oder Betriebsfestigkeitsnachweis) mit örtlichen Spannungen oder mit Nennspannungen geführt werden. Die grundsätzliche Vorgehensweise gemäß Abbildung 3.93 ist in beiden Fällen gleich, jedoch unterscheiden sich die verwendeten Spannungskennwerte gemäß den einleitenden Erläuterungen zu diesem Abschnitt 3.8.

Während der Nachweis auf der Grundlage örtlicher Spannungen den allgemeineren Fall darstellt und einheitlich für alle Bauteilarten und Werkstoffe gilt, unterliegt der Nachweis mittels Nennspannungen folgender Einschränkung. Streng genommen muss das Bauteil stabförmig sein, wobei die Anwendung auch erfolgen kann, sofern die sinnvolle Festlegung eines Nennquerschnittes möglich ist. Dies gilt z.B., wenn für flächenförmige Bauteile durch Berücksichtigung einer mittragenden Breite ein Bezugsquerschnitt festgelegt werden kann, oder aber auch für den dünnwandigen Behälter unter Innendruck.

3.8.2.1 Spannungskennwerte (Beanspruchung)

Grundsätzlich sind für einen Festigkeitsnachweis zunächst die aus den am Bauteil angreifenden äußeren Lasten entstehenden Beanspruchungen im Inneren des Bauteils gemäß Abschnitt 3.3 zu ermitteln.

Im Gegensatz zum statischen Nachweis nach Abschnitt 3.8.1, bei dem nur überprüft wird, ob das nachzuweisende Bauteil einer nur wenige Male oder einmalig einwirkenden Maximalspannung standhalten kann (Vergleich mit statischen Werkstoffkennwerten), wird beim nachfolgend beschriebenen Ermüdungsfestigkeitsnachweis überprüft, ob eine ständig einwirkende dynamische Spannung dauerhaft oder betriebsfest ertragen werden kann, indem die dynamisch einwirkenden Spannungen zu einem Spannungskollektiv zusammengefasst werden, welches einer Wöhlerlinie (dynamische Werkstoffkennwerte) gegenübergestellt wird (Dauerfestigkeitsnachweis oder Betriebsfestigkeitsnachweis). Demzufolge enthält ein Spannungskollektiv alle aus dem bestimmungsgemäßen Betrieb einer Maschine oder Anlage entstehenden Spannungen in Form von Schwingspielen gemäß Abbildung 3.45 und Tabelle 3.25. Beispiele dynamischer Belastungen sind in *Kapitel 1* und in Abbildung 3.1 wiedergegeben. Abbildung 3.89 zeigt beispielhaft dynamische Spannungsverläufe (Zeitfunktion) mit den zugehörigen Spannungskollektiven.

Führt man nun einen Dauerfestigkeitsnachweis durch, so wird entsprechend Abbildung 3.80 überprüft, ob die Spannungsamplitude σ_{A1} des Einstufen-Spannungskollektives kleiner ist als die durch die Wöhlerlinie gegebene Dauerfestigkeit σ_d. Beim Betriebsfestigkeitsnachweis dagegen sind gemäß Abbildung 3.83 auch Amplituden oberhalb der Dauerfestigkeit möglich. Der Vergleich zwischen Mehrstufen-Spannungskollektiv und Wöhlerlinie wird dann über eine Schadensakkumulationshypothese nach Abbildung 3.91 vorgenommen.

Im Falle des Ermüdungsfestigkeitsnachweises gemäß der FKM-Richtlinie (Dauerfestigkeitsnachweis oder Betriebsfestigkeitsnachweis) sind die Spannungskollektive der einzelnen Spannungskomponenten mit den aus den Amplituden $S_{a,i}$ und den Mittelwerten $S_{m,i}$ bestehenden Spannungszyklen sowie mit den zugehörigen Zyklenzahlen entsprechend der geforderten Lebensdauer $\overline{N}$ mit n_i Lastzyklen je Stufe $i = 1$ bis j maßgebend. Das der FKM-Richtlinie zugrunde liegende Berechnungsverfahren gilt gemäß Abbildung 3.48 ab ungefähr $\overline{N} = 10^4$ Zyklen bzw. Lastwechseln.

Für die weitere Berechnung wird gemäß Abbildung 3.106 die Stufe $i = 1$ mit der größten Amplitude der Ausschlagspannung (Nennspannung $S_{a,i}$, Örtliche Spannung $\sigma_{a,i}$) und der zugehörigen Mittelspannung (Nennspannung $S_{m,i}$, Örtliche Spannung $\sigma_{m,i}$) eines Spannungskollektives betrachtet (s.a. Abbildung 3.80 und Abbildung 3.83). Dabei sind Zugspannungen mit positivem und Druckspannungen mit negativem Vorzeichen zu berücksichtigen.

Entsprechend den einleitenden Betrachtungen zu Abschnitt 3.8 werden beim Ermüdungsfestigkeitsnachweis (Dauer-, Zeit- und Betriebsfestigkeitsnachweis) die folgenden zeitlich veränderlichen Spannungen unterschieden: proportionale Spannungen, synchrone Spannungen und nichtproportionale Spannungen.

Sofern im Nachweispunkt mehrere proportionale oder synchrone Spannungskomponenten gleichzeitig wirken – was meistens der Fall ist –, müssen diese entsprechend überlagert werden. Diese Überlagerung wird für unterschiedliche Spannungsarten (z.B. Biegung und Torsion, u.a. bei Wellen, aber auch bei nichtproportionalen Spannungen) im Rahmen des Nachweises in Abschnitt 3.8.2.6 vorgenommen.

Nennspannungen		**Örtliche Spannungen**	
$R = \dfrac{S_m - S_a}{S_m + S_a}$ (3.374)	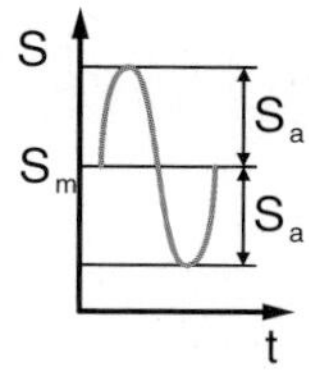	$R = \dfrac{\sigma_m - \sigma_a}{\sigma_m + \sigma_a}$ (3.375)	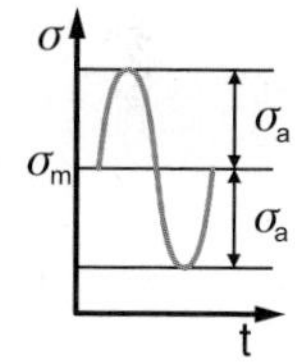

Abbildung 3.106: Spannungsverhältnis und Spannungszyklus zur Beschreibung einer dynamischen Beanspruchung mit örtlichen Spannungen und mit Nennspannungen

Im Sinne einer sicheren Auslegung ist bei der Überlagerung der einzelnen Spannungsarten grundsätzlich der ungünstigste Fall zu berücksichtigen. Sofern die Orte der maximalen Spannungen im Querschnitt nicht zusammenfallen (z.B. maximale Biegespannung und maximale Schubspannung an unterschiedlichen Querschnitten), ist zu entscheiden, ob im einfachsten Fall eine Spannung vernachlässigt werden kann, ob in einem Querschnitt die dort vorhandenen Spannungswerte überlagert werden, auch wenn an anderer Stelle eine Komponente noch größere Werte annimmt, oder ob jeweils die Größtwerte von verschiedenen Querschnitten zu einem Maximalwert überlagert werden (sicherster Fall).

Auch wenn in den folgenden Abschnitten die Spannungskennwerte anhand der Normalspannungen (Nennspannung S, Örtliche Spannung σ) beschrieben werden, so gelten die Zusammenhänge für Schubspannungen (Nennspannung T, Örtliche Spannung τ) in gleicher Weise.

Betrachtet man im Weiteren zunächst nichtgeschweißte Bauteile, so wirken beim Nachweis mit Nennspannungen im Querschnitt eines stabförmigen Bauteils die in Tabelle 3.19 zusammengestellten Spannungsarten, wobei sich jedoch gemäß Tabelle 3.57 jede Spannungsart aus einer Amplitude (Index a) und einem konstanten Mittelwert (Index m) zusammensetzt.

Spannungsart	Zug / Druck	Biegung		Schub		Torsion	
Amplitude	$S_{a,zd,i}$	$S_{a,by,i}$	$S_{a,bz,i}$	$T_{a,sy,i}$	$T_{a,sz,i}$	$T_{a,t,i}$	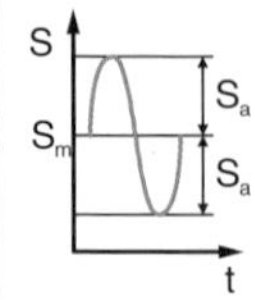
Mittelwert	$S_{m,zd,i}$	$S_{m,by,i}$	$S_{m,bz,i}$	$T_{m,sy,i}$	$T_{m,sz,i}$	$T_{m,t,i}$	

Tabelle 3.57: Spannungsarten beim Ermüdungsfestigkeitsnachweis mit Nennspannungen

Beim Nachweis flächenförmiger Bauteile ist zu beachten, dass keinerlei Torsionsspannungen zu berücksichtigen sind. Die aus Zug-, Druck- oder Biegebeanspruchung entstehenden Normalspannungen können für die flächenförmigen Bauteile von den stabförmigen übernommen werden. Mit gleicher Bezeichnung gelten auch die für Schubspannungen wiedergegebenen Angaben.

Betrachtet man anstelle der Nennspannungen die örtlichen elastischen Spannungskennwerte, so liegt am kritischen Punkt auf der unbelasteten Oberfläche eines Bauteils ein ebener Spannungszustand vor, der durch die folgenden Spannungskomponenten gegeben ist:

$$\sigma_x, \quad \sigma_y, \quad \tau = \tau_{xy} \tag{3.376}$$

Dabei liegen die Koordinatenrichtungen x und y in der Bauteiloberfläche, während die z-Achse dazu senkrecht steht. Eine andere Möglichkeit der Beschreibung – z.B. für den Fall, dass die Bauteiloberfläche belastet ist – ist durch die drei Hauptspannungen gegeben:

$$\sigma_1, \quad \sigma_2, \quad \sigma_3 \tag{3.377}$$

Hierbei sind die Richtungen 1 und 2 parallel zur Oberfläche, Richtung 3 steht senkrecht dazu, unabhängig von der Höhe der Hauptspannungen. Aufgrund dieser Festlegung wird der Fall der Schubübertragung ausgeschlossen. Des Weiteren ist Festkörperkontakt mit möglicher Reibrostkorrosion in den hier berechneten örtlichen Ermüdungsfestigkeitswerten nicht enthalten. Allerdings lässt sich für Welle-Nabe-Verbindungen der Ermüdungsfestigkeitsnachweis mit Nennspannungen auf der Grundlage experimentell ermittelter Kerbwirkungszahlen führen.

Handelt es sich bei den nachzuweisenden Konstruktionen um geschweißte Bauteile, in der Regel bestehend aus einzelnen Blechen, die mit Stumpf- oder Kehlnähten verbunden oder angeschlossen sind, so ist im Gegensatz zum statischen Nachweis beim Ermüdungsfestigkeitsnachweis mit Nennspannungen und mit örtlichen Spannungen keine getrennte Berücksichtigung von Grundwerkstoff (GW), Wärmeeinflusszone (WEZ) und Schweißnaht (SN) erforderlich. Üblicherweise treten die maximalen Spannungen im Bereich der Schweißnaht (SN) auf. Sollten jedoch die maximalen Spannungen nicht an der Schweißnaht, sondern im nichtgeschweißten Bereich auftreten, so ist dort allerdings ein zusätzlicher Nachweis des Grundwerkstoffs (GW) notwendig. Weitere Anforderungen an die Spannungsermittlung bei bestimmten Schweißnahtfällen, z.B. nicht querschnittsdeckenden Nähten, sind dem FAT-Katalog in Abschnitt 3.8.5 zu entnehmen.

Erfolgt der Nachweis mit Nennspannungen für stab- und flächenförmige Bauteile, so sind aus den sechs allgemeinen Schnittgrößen unter Verwendung der Gleichungen in

Tabelle 3.19 die auf die Schweißnaht wirkenden Spannungskomponenten zu berechnen, wobei sich die Richtungen der Nennspannungen immer in Bezug zur Schweißnaht ergeben:

$$\begin{matrix} S_{a,\perp,i}, & S_{a,\|,i}, & T_{a,i} & \textit{Amplituden} \\ S_{m,\perp,i}, & S_{m,\|,i}, & T_{m,i} & \textit{Mittelwerte} \end{matrix} \tag{3.378}$$

Soll der Ermüdungsfestigkeitsnachweis mit örtlichen Spannungen geführt werden, so lassen sich die Spannungen als Strukturspannungen (lokale Nennspannungen) oder als Kerbspannungen bestimmen.

1 Beim Nachweis mit Strukturspannungen erfolgt die Bestimmung der Strukturspannungen (lokale Nennspannungen) auf der Grundlage von Finite-Elemente-Analysen (FEM-Analysen), wobei sicherzustellen ist, dass der so berechnete Spannungswert für einen Festigkeitsnachweis geeignet ist (s.a. Abbildung 3.98 zur Definition der Strukturspannungen). Dabei werden die Spannungskomponenten $\sigma_\perp$ (Normalspannung senkrecht zur Naht), $\sigma_\|$ (Normalspannung parallel zur Naht) und $\tau = \tau_\|$ (Schubspannung parallel zur Naht) allgemein im Blech (ebener Spannungszustand) bezüglich eines an der Schweißnaht ausgerichteten Koordinatensystems berechnet.

2 Beim Nachweis mit Kerbspannungen wird die Bestimmung der Kerbspannungen an Schweißnähten ebenfalls auf der Grundlage von Finite-Elemente-Analysen (FEM-Analysen) vorgenommen, jedoch mit entsprechenden Detailmodellen (s.a. Abbildung 3.98 zur Definition des Kerbmodells). Die Spannungskomponenten $\sigma_\perp$ (senkrecht zur Naht), $\sigma_\|$ (parallel zur Naht) und $\tau = \tau_\|$ (Schubspannung parallel zur Naht) werden in der Kerbe bezüglich eines an der Schweißnaht ausgerichteten Koordinatensystems berechnet. Die Spannungskomponente senkrecht zur Schweißnaht $\sigma_\perp$ und die Schubspannung τ werden mit den Festigkeitswerten für Kerbspannungen nach Abschnitt 3.8.5 nachgewiesen, während die Spannungskomponente parallel zur Schweißnaht $\sigma_\|$ wie eine Strukturspannung nachzuweisen ist.

Ausgehend von diesen Vorüberlegungen zu den Spannungskennwerten und der Aufbereitung zu einem Spannungskollektiv (Kennfunktion der Beanspruchung), erfolgt im Rahmen des Ermüdungsfestigkeitsnachweises der Vergleich mit einer Wöhlerlinie (Kennfunktion der Beanspruchbarkeit). Damit diese Gegenüberstellung sinnvoll gelingt, bedarf es einer entsprechenden Aufarbeitung und Beschreibung von Spannungskollektiv und Wöhlerlinie.

Betrachtet man zunächst das Spannungskollektiv, so umfasst dieses die Häufigkeitsverteilung der Spannungszyklen, die im Spannungs-Zeit-Verlauf enthalten sind. Sofern veränderliche Amplituden vorliegen, ist für jede Spannungskomponente ein eigenes Spannungskollektiv zu bestimmen. Zur Ermittlung des Spannungskollektivs aus dem Spannungs-Zeit-Verlauf ist das zweiparametrige Rain-Flow-Zählverfahren oder ein vergleichbares Klassierverfahren zu verwenden [3.166].

Die beschreibenden Kennwerte eines Spannungskollektivs sind in Tabelle 3.58 zusammengefasst. Die Verhältnisse $S_{a,i} / S_{a,1}$ und $n_i / \overline{N}$ kennzeichnen die Kollektivform, wobei die Amplituden $S_{a,i}$ immer positiv sind, während die Mittelwerte $S_{m,i}$ positiv, negativ oder null sein können (im Falle örtlicher Spannungen ist anstelle von S die Größe σ zu verwenden).

Sofern ein Kollektiv durchgängig eine konstante Amplitude und eine zugehörige konstante Mittelspannung aufweist, liegt der Sonderfall des sogenannten Einstufenkollektivs (manchmal auch als Rechteckkollektiv bezeichnet) vor, für das mit $i = 1$ folgender Zusammenhang gilt:

$$\left.\begin{aligned} S_a &= S_{a,i} = S_{a,1} \\ S_m &= S_{m,i} = S_{m,1} \quad \text{Nennspannungen} \\ \overline{N} &= n_i = n_1 \\ \sigma_a &= \sigma_{a,i} = \sigma_{a,1} \\ \sigma_m &= \sigma_{m,i} = \sigma_{m,1} \quad \text{Örtliche Spannungen} \\ \overline{N} &= n_i = n_1 \end{aligned}\right. \tag{3.379}$$

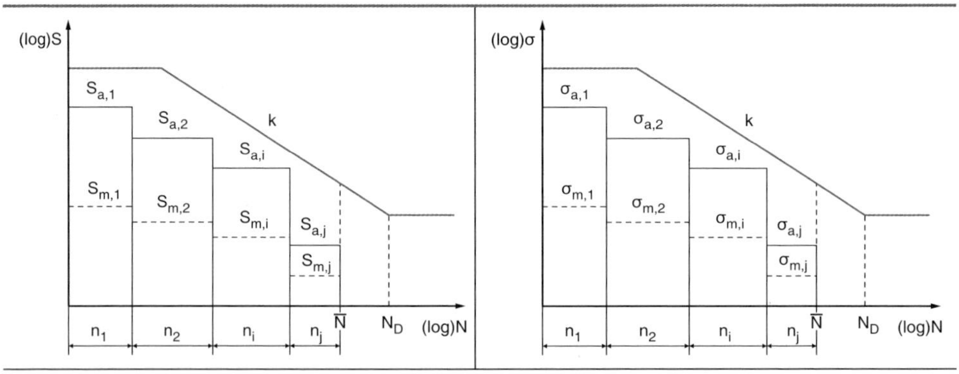

Bezeichnung

Gesamtzyklenanzahl entsprechend der geforderten Lebensdauer bzw. geforderter Kollektivumfang, (i summiert von 1 bis j)	$\overline{N} = \sum n_i$
Zugehörige Zyklenanzahl in Stufe i, (k summiert von 1 bis i)	$N_i = \sum n_k$
Kollektivstufe	$i = 1$ bis j
Anzahl aller Kollektivstufen (letzte Kollektivstufe)	j
Völligkeitsmaß, Kennwert für die Kollektivform, s.a. Abschnitt 3.8.2.4	v

	Nennspannungen	**Örtliche Spannungen**
Größte Amplitude, i = 1 (Kollektivgrößtwert)	$S_{a,1}$	$\sigma_{a,1}$
Mittelwert zu Stufe 1	$S_{m,1}$	$\sigma_{m,1}$
Amplitude in Stufe i, nach der Größe geordnet	$S_{a,i} > 0,\ S_{a,i+1} \leq S_{a,i}$	$\sigma_{a,i} > 0,\ \sigma_{a,i+1} \leq \sigma_{a,i}$
Mittelwert in Stufe i	$S_{m,i}$	$\sigma_{m,i}$

Tabelle 3.58: Spannungskollektivkennwerte für den Ermüdungsfestigkeitsnachweis

In vergleichbarer Form zum Spannungskollektiv lässt sich auch die Wöhlerlinie als Kennfunktion der Beanspruchbarkeit gemäß Tabelle 3.59 durch entsprechende Kennwerte beschreiben. Grundsätzlich enthält die Wöhlerlinie den Zusammenhang zwischen Spannungsamplitude und ertragbarer Lastwechselzahl. Im Rahmen des Ermüdungsfestigkeitsnachweises ist für jede Nachweisstelle und jede Spannungskomponente eine entsprechende Wöhlerlinie zu bestimmen.

Dabei ist der Ausgangspunkt zunächst die Material-Wöhlerlinie, die unter Verwendung von genormten Werkstoffproben für das Ausgangsmaterial versuchstechnisch ermittelt werden kann. Mithilfe des im Abschnitt 3.8.2.3 beschriebenen Konstruktionsfaktors und des im Abschnitt 3.8.2.4 erläuterten Mittelspannungsfaktors wird diese Material-Wöhlerlinie in die sogenannte Bauteil-Wöhlerlinie überführt, die dann genau zu dem nachzuweisenden Bauteil passt.

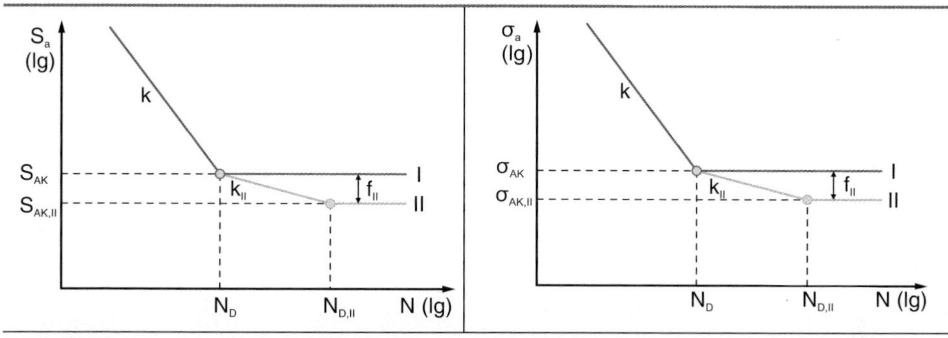

Bezeichnung	
Zyklenzahl	N
Knickpunktzyklenzahl der Bauteil-Wöhlerlinie	N_D
Nur bei Wöhlerlinientyp II: zweite Knickpunktzyklenzahl der Bauteil-Wöhlerlinie	$N_{D,II}$
Bauteil-Wöhlerlinienexponent für $N < N_D$	k
Nur bei Wöhlerlinientyp II: Bauteil-Wöhlerlinienexponent für $N < N_D < N_{D,II}$	k_{II}
Faktor, um den die Grenzspannungsamplitude niedriger ist als der Nennwert der Bauteil-Dauerfestigkeit	f_{II}

Wöhlerlinientyp I besitzt einen Knickpunkt und einen horizontalen Verlauf für $N > N_D$
Wöhlerlinientyp II besitzt zwei Knickpunkte und einen horizontalen Verlauf für $N > N_{D,II}$

	Nennspannungen	**Örtliche Spannungen**
Spannungsamplitude	S_a	σ_a
Nennwert der Bauteil-Dauerfestigkeit	S_{AK}	σ_{AK}
Grenzspannungsamplitude	$S_{AK,II}$	$\sigma_{AK,II}$

Tabelle 3.59: Wöhlerlinienkennwerte für den Ermüdungsfestigkeitsnachweis [3.50]

Ausgehend von den grundlegenden Beschreibungen des Spannungskollektivs nach Tabelle 3.58 und der Wöhlerlinie gemäß Tabelle 3.59 ist nun noch eine weitere Anpassung des Spannungskollektivs an die Bauteil-Wöhlerlinie erforderlich.

Der Grund hierfür liegt darin, dass Wöhlerlinien gemäß Abbildung 3.48 grundsätzlich nur für ein konstantes Spannungsverhältnis R gemäß Abbildung 3.106 gelten, während aber Spannungskollektive unterschiedliche Mittelspannungen je Kollektivstufe aufweisen können (s.a. Abbildung 3.89). In der überwiegenden Anzahl liegen Wöhlerlinien für ein Spannungsverhältnis von $R = -1$ vor, d.h. für rein wechselnde Beanspruchung. Im Rahmen des vorliegenden Ermüdungsfestigkeitsnachweises nach

FKM-Richtlinie werden daher die Wöhlerlinien in Abschnitt 3.8.2.4 auch zunächst für ein Spannungsverhältnis von $R = -1$ bestimmt.

Damit nun ein beliebiges Spannungskollektiv mit unterschiedlichen Spannungsverhältnissen R je Kollektivstufe an die entsprechend verfügbare Bauteil-Wöhlerlinie angepasst werden kann, sind alle Kollektivstufen zunächst auf das Spannungsverhältnis R_1 der größten Stufe 1 oder einer anderen geeigneten Kollektivstufe umzurechnen, wozu die folgenden zwei Schritte erforderlich sind:

1 Umrechnung auf ein Spannungsverhältnis $R = -1$ – Es erfolgt eine Umwertung des Spannungskollektivs auf das Spannungsverhältnis $R_i = R = -1$, da auch die Wöhlerlinie zunächst für ein Spannungsverhältnis $R = -1$ bestimmt wird. Hierzu wird für jede Kollektivstufe des Spannungskollektivs aus der Amplitude $S_{a,i}$ bzw. $\sigma_{a,i}$ beim Spannungsverhältnis R_i gemäß Tabelle 3.58 unter Verwendung des Mittelspannungsfaktors $K_{AK,i}$ der Kollektivstufe i mit dem Spannungsverhältnis R_i für den „Überlastungsfall F2" die schädigungsgleiche Wechselspannungsamplitude $S_{a,W,i}$ bzw. $\sigma_{a,W,i}$ bei $R = -1$ errechnet (s.a. Tabelle 3.88):

$$S_{a,W,i} = \frac{S_{a,i}}{K_{AK,i}} \quad \text{Nennspannungen} \quad \sigma_{a,W,i} = \frac{\sigma_{a,i}}{K_{AK,i}} \quad \text{Örtliche Spannungen} \tag{3.380}$$

Anschließend sind noch die einzelnen Kollektivstufen des Wechselspannungskollektivs aus Gleichung (3.380) so zu sortieren, dass die Bedingung $S_{a,W,i+1} \leq S_{a,W,i}$ bzw. $\sigma_{a,W,i+1} \leq \sigma_{a,W,i}$ erfüllt wird, da bei der Berechnung des Wechselspannungskollektivs aus einem zweiparametrigen Klassierergebnis (z.B. einer Rain-Flow-Matrix) zunächst nicht davon ausgegangen werden kann, dass die Kollektivstufen entsprechend der Forderung in Tabelle 3.58 bereits der Größe nach geordnet vorliegen.

2 Umrechnung auf ein anderes Spannungsverhältnis R – Ausgehend von dem im ersten Schritt umgewerteten Wechselspannungskollektiv mit dem einheitlichen Spannungsverhältnis von $R = -1$ können nun diese Wechselspannungsamplituden $S_{a,W,i}$ bzw. $\sigma_{a,W,i}$ auf ein beliebiges anderes einheitliches Spannungsverhältnis R umgerechnet werden, wobei unter Verwendung dieses geforderten Spannungsverhältnisses R mithilfe der Zusammenhänge für den „Überlastungsfall F2" der einheitliche Mittelspannungsfaktor K_{AK} zu bestimmen ist (s.a. Tabelle 3.88):

$$\begin{aligned} S_{a,R,i} &= S_{a,W,i} \cdot K_{AK} && \textit{Nennspannungen} \\ \sigma_{a,R,i} &= \sigma_{a,W,i} \cdot K_{AK} && \textit{Örtliche Spannungen} \end{aligned} \tag{3.381}$$

Abschließend sei noch auf die Möglichkeit der Umrechnung des mehrstufigen Spannungskollektivs auf ein einstufiges Äquivalentspannungskollektiv gemäß Tabelle 3.60 hingewiesen. Hierdurch vereinfacht sich bei nahezu gleicher Aussagequalität des Berechnungsergebnisses der stets aufwändigere Betriebsfestigkeitsnachweis, bei dem die Spannungsamplitude einer jeden Stufe des mehrstufigen Spannungskollektives mit der ertragbaren Spannung der zugehörigen Stufe der Wöhlerlinie zu vergleichen ist, auf die einfachere äußere Form eines Dauerfestigkeitsnachweises, bei dem nur die eine Äquivalentspannungsamplitude des einstufigen Äquivalentspannungskollektivs mit dem einen Wert der ertragbaren Dauerfestigkeit der zugehörigen Wöhlerlinie verglichen werden muss.

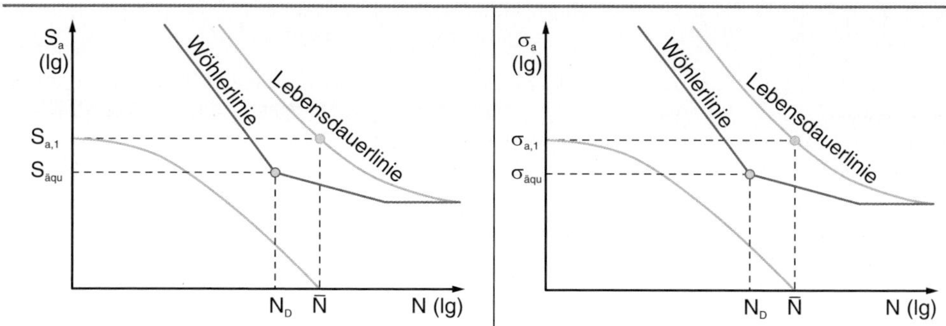

Bezeichnung	**Nennspannungen**	**Örtliche Spannungen**
Kollektivgrößtwert	$S_{a,1}$	$\sigma_{a,1}$
Betriebsfestigkeitsfaktor nach Abschnitt 3.9.2.4	K_{BK}	K_{BK}
Äquivalentspannungsamplitude als Zusammenfassung von Kollektivform, gefordertem Kollektivumfang und Kollektivgrößtwert (s.a. Gleichung (3.480))	$S_{äqu} = \dfrac{S_{a,1}}{K_{BK}}$	$\sigma_{äqu} = \dfrac{\sigma_{a,1}}{K_{BK}}$
Zugehörige Mittelspannung	$S_m\,(S_{äqu})$	$\sigma_m\,(\sigma_{äqu})$
Im Allgemeinen sollte verwendet werden	$S_m\,(S_{äqu}) = 0$	$\sigma_m\,(\sigma_{äqu}) = 0$
Zugeordnete Zyklenanzahl	$\overline{N}\left(S_{äqu}\right) = N_D$	$\overline{N}\left(\sigma_{äqu}\right) = N_D$

Tabelle 3.60: Äquivalentspannungsamplitude für den Ermüdungsfestigkeitsnachweis

3.8.2.2 Werkstoffkennwerte (Beanspruchbarkeit)

Im nächsten Schritt des Ermüdungsfestigkeitsnachweises sind gemäß Abbildung 3.93 die Werkstoff-Festigkeitskennwerte als Kennwerte der Beanspruchbarkeit zu bestimmen. Es handelt sich hierbei um die Bauteil-Normwerte der Werkstoff-Wechselfestigkeiten für Zugdruck $\sigma_{W,zd}$ und für Schub $\tau_{W,s}$ unter weiterer Berücksichtigung möglicher Temperatureinflüsse. Sämtliche Werkstoffkennwerte gelten gleichermaßen für den Nachweis mit Nennspannungen und den Nachweis mit örtlichen Spannungen.

Weiterhin ist zu beachten, dass ein Frequenzeinfluss auf die Werkstoff-Wechselfestigkeit nicht berücksichtigt wird, obwohl dieser für Aluminiumwerkstoffe von Bedeutung sein könnte [3.50].

Betrachtet man zunächst die nichtgeschweißten Bauteile, so lassen sich aus der Zugfestigkeit R_m des Werkstoffes gemäß Gleichung (3.292) bzw. (3.293) unter Verwendung des Zugdruckwechselfestigkeitsfaktors $f_{W,\sigma}$ und des Schubwechselfestigkeitsfaktors $f_{W,\tau}$ gemäß Tabelle 3.61 die Werkstoff-Wechselfestigkeiten für Zugdruck $\sigma_{W,zd}$ und für Schub $\tau_{W,s}$ wie folgt bestimmen:

$$\begin{aligned} \sigma_{W,zd} &= f_{W,\sigma} \cdot R_m \\ \tau_{W,s} &= f_{W,\tau} \cdot \sigma_{W,zd} \end{aligned} \qquad (3.382)$$

Dabei erlauben der Zugdruckwechselfestigkeitsfaktor $f_{W,\sigma}$ und der Schubwechselfestigkeitsfaktor $f_{W,\tau}$ gemäß Tabelle 3.61 die Umrechnung der Zugfestigkeit in die Zugdruckwechselfestigkeit und die Berücksichtigung der für Schubspannungen geringeren Werkstoff-Wechselfestigkeit als für Zugdruckspannungen.

	Einsatz-stahl	Nichtrostender Stahl	Schmiede-stahl	Stahl außer diesen	Alu-Knet
$f_{W,\sigma}$	0,40 1)	0,40 2)	0,40 2)	0,45	0,30 3)
$f_{W,\tau}$	0,577 1) 4)	0,577	0,577	0,577	0,577
	GS	**GJS**	**GJM**	**GJL**	**Alu-Guss**
$f_{W,\sigma}$	0,34	0,34	0,30	0,34	0,30 3)
$f_{W,\tau}$	0,577	0,65	0,75	1,0 5)	0,75

1) Blindgehärtet. Der Einfluss der Einsatzhärtung auf die Bauteilwechselfestigkeit ist mit dem Randschichtfaktor K_V zu berücksichtigen, Abschnitt 3.8.2.3

2) Vorläufige Werte

3) $f_{W,\sigma}$ entspricht hier nicht der Grenzspannungsamplitude für $N = \infty$

4) $0{,}577 = \frac{1}{\sqrt{3}}$ nach Gestaltänderungsenergiehypothese

5) Nach Normalspannungshypothese

Tabelle 3.61: Zugdruckwechselfestigkeitsfaktor $f_{W,\sigma}$ und Schubwechselfestigkeitsfaktor $f_{W,\tau}$ für die Zyklenzahl $N = 10^6$ [3.50]

Im Rahmen des vorliegenden Ermüdungsfestigkeitsnachweises gelten die Werkstoff-Wechselfestigkeiten für Zugdruck σ_W und für Schub τ_W gemäß Gleichung (3.382) für die Lastwechselzahl bzw. Zyklenzahl $N_{D,\sigma} = N_{D,\tau} = 10^6$. Bei dem Wöhlerlinientyp I nach Tabelle 3.59 entsprechen sie der Dauerfestigkeit sowie der Grenzspannungsamplitude für $N = \infty$. Beim Wöhlerlinientyp II ist die Dauerfestigkeit gemäß Abschnitt 3.8.2.4 von der Grenzspannungsamplitude $N = \infty$ verschieden. Vergleichbar zum Bauteil-Normwert der Zugfestigkeit soll auch für die Wechselfestigkeiten σ_W und τ_W die Überlebenswahrscheinlichkeit $P_{\ddot{U}} = 97{,}5\ \%$ gelten.

Weiterhin ist zu beachten, dass die Bauteilnormwerte nach Gleichung (3.382) bereits für die vorliegende Bauteilgröße gelten, da in Gleichung (3.292) bzw. (3.293) der technologische Größeneinfluss über den Faktor $K_{d,m}$ und Anisotropien über den Faktor K_A berücksichtigt werden. Nicht enthalten sind konstruktive Einflüsse auf die Wechselfestigkeit des Werkstoffs, die erst im folgenden Abschnitt 3.8.2.3 in die Überlegungen einbezogen werden.

Im Gegensatz zu den nichtgeschweißten Bauteilen gelten bei geschweißten Bauteilen nicht die Bauteilnormwerte nach Gleichung (3.382), sondern schweißnahtspezifische Wechselfestigkeitskennwerte, die zusätzlich zur Werkstoffart – Stahl oder Aluminiumwerkstoff – auch noch von der konkreten Bauform des Bauteils, gegeben durch das konstruktive Detail, die Stoßform und die Nahtausführung abhängen. Insbesondere die fachgerechte Ausführung des Schweißnahtquerschnitts und des Schweißnahtübergangsquerschnitts sind eine Grundvorrausetzung für ein Bauteil mit ausreichender Tragfähigkeit, wobei nur sogenannte Schweißnahtimperfektionen zulässig sind, die normalen Herstellungsstandards entsprechen. Aufgrund dieser Besonderheiten von Schweißkonstruktionen erfolgt daher in diesem Abschnitt keine Festlegung spezifischer Werkstoffkennwerte für geschweißte Bauteile, sondern deren Ermüdungsfestigkeit wird im Abschnitt 3.8.2.4 unter Verwendung von Konstruktionsfaktoren nach Abschnitt 3.8.2.3 festgelegt.

Abschließend sei noch darauf hingewiesen, dass für andere Werkstoffarten (bedingt schweißgeeigneter Stahl, nichtrostender Stahl, schweißgeeigneter Eisengusswerkstoff) das vorliegende Berechnungsverfahren als vorläufig gilt und deshalb mit Vorsicht anzuwenden ist.

Wie auch schon beim statischen Tragfähigkeitsnachweis ist eine weitere wichtige und daher zu berücksichtigende Einflussgröße die Temperatur, da üblicherweise mit steigender Temperatur die Werkstofffestigkeit abnimmt. Grundsätzlich unterscheidet man normale, niedrige und höhere Temperaturen.

Für den normalen Temperaturbereich gemäß Tabelle 3.30 gilt einheitlich folgender Temperaturfaktor:

$$K_{T,D} = 1 \tag{3.383}$$

Sofern niedrige Temperaturen unterhalb der in Tabelle 3.30 angegebenen Grenzen vorliegen, ist der Ermüdungsfestigkeitsnachweis nach FKM-Richtlinie nicht möglich.

Bei höheren Temperaturen – der Anwendungsbereich der FKM-Richtlinie umfasst hier für Stahl und Eisengusswerkstoff Temperaturen bis 500° C und für Aluminiumwerkstoff bis 200° C – lässt sich deren Einfluss auf die Festigkeitswerte in der Form berücksichtigen, dass an Stelle der Werkstoff-Wechselfestigkeiten für Zugdruck $\sigma_{W,zd}$ und für Schub $\tau_{W,s}$ gemäß Gleichung (3.382) die Warmwechselfestigkeitskennwerte für Zugdruck $\sigma_{W,zd,T}$ und für Schub $\tau_{W,s,T}$ unter Verwendung des Temperaturfaktors $K_{T,D}$ gemäß der Gleichungen (3.385) bis (3.389) und Abbildung 3.107 sowie Abbildung 3.103 für Aluminium wie folgt berechnet werden:

$$\begin{aligned} \sigma_{W,zd,T} &= K_{T,D} \cdot \sigma_{W,zd} \\ \tau_{W,s,T} &= K_{T,D} \cdot \tau_{W,s} \end{aligned} \tag{3.384}$$

Hierin lässt sich der Temperaturfaktor $K_{T,D}$ für Stahl- und Eisengusswerkstoffe ab den jeweils angegebenen Temperaturgrenzen bis 500 ° C und für Aluminiumwerkstoffe bis 200° C unter Verwendung der Konstanten $a_{T,D}$ aus Tabelle 3.62 wie folgt berechnen, wobei für nichtrostenden Stahl keine Werte bekannt sind:

$$K_{T,D} = 1 - 10^{-3} \cdot \frac{T}{°\text{C}} \quad \text{für Feinkornbaustahl } T > 60°\text{ C} \tag{3.385}$$

$$K_{T,D} = 1 - 1{,}4 \cdot 10^{-3} \cdot \frac{T}{°\text{C} - 100} \quad \text{für anderen Stahl } T > 100°\text{ C} \tag{3.386}$$

$$K_{T,D} = 1 - 1{,}2 \cdot 10^{-3} \cdot \frac{T}{°\text{C} - 100} \quad \text{für Stahlguss GS } T > 100°\text{ C} \tag{3.387}$$

$$K_{T,D} = 1 - a_{T,D} \cdot \left(10^{-3} \cdot \frac{T}{°\text{C} - 100}\right)^2 \quad \text{für GJS, GJM und GJL } T > 100°\text{ C} \tag{3.388}$$

$$K_{T,D} = 1 - 1{,}2 \cdot 10^{-3} \cdot \frac{T}{°\text{C} - 50} \quad \text{für Aluminiumwerkstoff } T > 50°\text{ C} \tag{3.389}$$

Unlegierter Baustahl

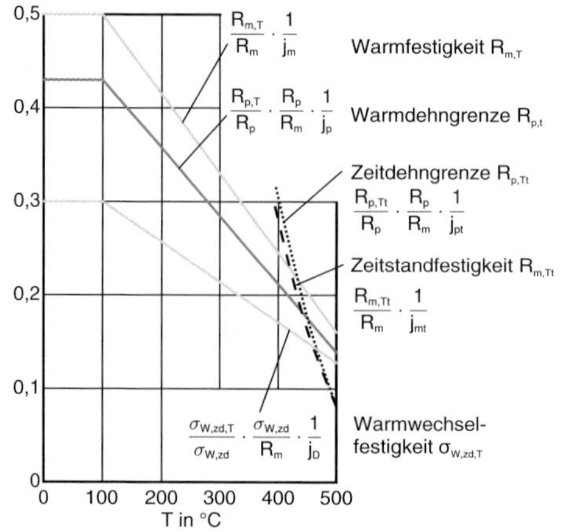

Festigkeitswerte:

$$\frac{R_p}{R_m} = \frac{R_e}{R_m} = 0{,}65$$

$$\frac{\sigma_{W,zd}}{R_m} = 0{,}45 \quad \frac{\sigma_{W,zd,T}}{\sigma_{W,zd}} = K_{T,D}$$

$$j_m = 2{,}0 \quad j_p = j_{mt} = 1{,}50 \quad j_{p,t} = 1{,}0 \quad j_D = 1{,}5$$

Eisenguss GJL

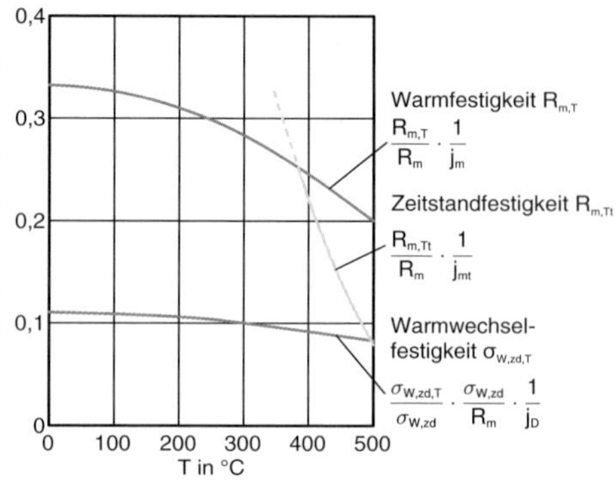

Festigkeitswerte:

$$\frac{\sigma_{W,zd}}{R_m} = 0{,}34 \quad \frac{\sigma_{W,zd,T}}{\sigma_{W,zd}} = K_{T,D}$$

$$j_m = 3{,}0 \quad j_{mt} = j_D = 2{,}4$$

$$\frac{R_{m,T}}{R_m} = K_{T,m} \quad \frac{R_{p,T}}{R_m} = K_{T,p} \qquad \frac{R_{m,Tt}}{R_m} = K_{Tt,m} \quad \frac{R_{p,Tt}}{R_m} = K_{Tt,p}$$

$$R_{m,T}, R_{p,T}, R_{m,Tt}, R_{p,Tt} \text{ für } t = 10^5\ h$$

Alle Sicherheitsfaktoren nach Abschnitt 3.8.1.5 und 3.8.2.5:

Abbildung 3.107: Festigkeitswerte für unlegierten Baustahl (links) und GJL (rechts) je nach Temperatur, vergleichbar dargestellt nach [3.50]

Abschließend sei darauf hingewiesen, dass für den Ermüdungsfestigkeitsnachweis die Warmwechselfestigkeitskennwerte für Zugdruck $\sigma_{W,zd,T}$ und für Schub $\tau_{W,s,T}$ selbst nicht ausdrücklich gebraucht werden, sondern es ist nur der Temperaturfaktor $K_{T,D}$ erforderlich.

Werkstoffgruppe	**GJS**	**GJM**	**GJL**
$a_{T,D}$	1,6	1,3	1,0

Tabelle 3.62: Konstante $a_{T,D}$ in Abhängigkeit von der Werkstoffgruppe [3.50]

Weiterhin ist noch zu beachten, dass bei höherer Temperatur und insbesondere bei einer Mittelspannung $\sigma_m \neq 0$ die Bauteil-Dauerfestigkeit oder die Bauteil-Zeit- bzw. die

Bauteil-Betriebsfestigkeit als Maximalspannung höher sein können als die statische Bauteil-Festigkeit, so dass dann verständlicherweise der statische Festigkeitsnachweis maßgeblich wird.

3.8.2.3 Konstruktionskennwerte

Ausgehend von den reinen Werkstoffkennwerten aus dem vorherigen Abschnitt sind gemäß Abbildung 3.93 im Weiteren nun die erforderlichen Konstruktionskennwerte zu ermitteln, um die nachfolgend aufgeführten besondere Einflüsse für nichtgeschweißte Bauteile nach Abschnitt 3.8.2.3.1 und geschweißte Bauteile nach Abschnitt 3.8.2.3.2 berücksichtigen zu können:

1. Kerbwirkungszahl K_F und Stützzahl n zur Berücksichtigung des Einflusses der Bauteilgestalt (Form und Größe).
2. Rauheitsfaktor K_R zur Berücksichtigung des Einflusses der Oberflächenrauheit.
3. Randschichtfaktor K_V zur Berücksichtigung des Einflusses einer Randschicht.
4. Schutzschichtfaktor K_S zur Berücksichtigung des Einflusses einer Schutzschicht bei einem Bauteil aus Aluminiumwerkstoff.
5. Faktor $K_{NL,E}$ zur Berücksichtigung des nichtlinear-elastischen Spannungs-Dehnungs-Verhaltens von GJL bei Biegung.
6. Bauteilklassen (FAT) zur Berücksichtigung des Einflusses der konstruktiven Details, der Stoßform und der Nahtausführung bei geschweißten Bauteilen.

Des Weiteren wird wieder unterschieden, ob der Ermüdungsfestigkeitsnachweis mit Nennspannungen oder aber mit örtlichen Spannungen geführt wird.

3.8.2.3.1 Nichtgeschweißte Bauteile

Betrachtet man zunächst die nichtgeschweißten Bauteile, so werden beim Ermüdungsfestigkeitsnachweis mit Nennspannungen gemäß der folgenden Gleichungen (3.390) bis (3.397) die oben angeführten Faktoren zur Berücksichtigung der Kerbwirkung K_F, Rauheit K_R, Randschicht K_V, Schutzschicht K_S und des nichtlinear-elastischen Spannungs-Dehnungs-Verhaltens von GJL bei Biegung $K_{NL,E}$ zu den folgenden Konstruktionsfaktoren K_{WK} für stabförmige nichtgeschweißte Bauteile unter Zugdruck-, Biegung-, Schub- und Torsionsbelastung zusammengefasst:

$$K_{WK,zd} = \left(K_{f,zd} + \frac{1}{K_{R,\sigma}} - 1 \right) \cdot \frac{1}{K_V \cdot K_S} \tag{3.390}$$

$$K_{WK,b} = \left(K_{f,b} + \frac{1}{K_{R,\sigma}} - 1 \right) \cdot \frac{1}{K_V \cdot K_S \cdot K_{NL,E}} \tag{3.391}$$

$$K_{WK,s} = \left(K_{f,s} + \frac{1}{K_{R,\tau}} - 1 \right) \cdot \frac{1}{K_V \cdot K_S} \tag{3.392}$$

$$K_{WK,t} = \left(K_{f,t} + \frac{1}{K_{R,\tau}} - 1 \right) \cdot \frac{1}{K_V \cdot K_S} \tag{3.393}$$

Sofern zweiachsige Biegung oder Querkraftschub in zwei Richtungen vorliegen, sind die Konstruktionsfaktoren für die beiden Spannungsarten jeweils getrennt zu berechnen. Weiterhin wird bedingt durch die additive Verknüpfung der Kerbwirkungszahlen K_f und des Kehrwertes der Rauheitsfaktoren K_R eine geringere Rauheitsempfindlichkeit des gekerbten Bauteiles (große Kerbwirkungszahl K_f) im Vergleich mit dem nicht gekerbten Bauteil (kleine Kerbwirkungszahl K_f) berücksichtigt.

Wie bereits in *Abschnitt 3.6.2* erläutert, lassen sich mit den Kerbwirkungszahlen K_f die Einflüsse der Gestalt (Form und Größe) auf die Ermüdungsfestigkeit eines nichtgeschweißten Bauteiles berücksichtigen. Sofern die Formzahlen K_t für die Geometrie bekannt sind, können die Kerbwirkungszahlen K_f daraus berechnet werden. Ebenso ist es aber auch möglich, experimentell ermittelte Werte zu verwenden.

Innerhalb der FKM-Richtlinie erfolgt die Berechnung der Kerbwirkungszahlen K_f aus den Formzahlen K_t für die Belastungsarten Zugdruck, Biegung, Schub und Torsion unter Verwendung der Stützzahlen n in folgender Weise:

$$K_{f,zd} = \frac{K_{t,zd}}{n_\sigma(r)} \text{ (Zugdruck)} \quad K_{f,b} = \frac{K_{t,b}}{n_\sigma(r) \cdot n_\sigma(d)} \text{ (Biegung)} \tag{3.394}$$

$$K_{f,s} = \frac{K_{t,s}}{n_\tau(r)} \text{ (Schub)} \quad K_{f,t} = \frac{K_{t,t}}{n_\tau(r) \cdot n_\tau(d)} \text{ (Torsion)} \tag{3.395}$$

Hierin bezeichnen $n_\sigma(r)$ die Stützzahl des Bauteiles für Normalspannung bzw. für Schubspannung aus lokalem bzw. Kerbspannungsgefälle und $n_\sigma(d)$ die Stützzahl des Bauteiles für Normalspannung bzw. für Schubspannung aus globalem bzw. Nennspannungsgefälle, r den Kerbradius des Bauteiles und d den Durchmesser oder die Breite des Bauteiles. Die Gleichungen zur Berechnung der Formzahlen für Rundstäbe mit Umlaufkerbe, Absatz oder Freistich sowie Querbohrung entstammen dem ehemaligen TGL-Standard 19340 und finden sich in gleicher Form in DIN 743, weshalb zur Berechnung der Formzahlen an dieser Stelle unter Verwendung von Tabelle 3.63 auf das *Kapitel 11.4* verwiesen wird, insbesondere *Tabelle 11.21* und *Abbildung 11.34* bis *11.37* [3.12], [3.152]. Weitere Zusammenhänge und Abbildungen zur Berechnung von Flachstäben, Rundstäben und Mehrfachkerben finden sich in Abschnitt 3.8.3.

Belastungsfall	**Zugdruck**	**Biegung**	**Schub**	**Torsion**
FKM	$K_{t,zd}$	$K_{t,b}$	$K_{t,s}$	$K_{t,t}$
DIN 743	α_σ	α_σ	α_τ	α_τ
Zur Berechnung siehe Tabelle 11.21, sowie Abbildung 11.34 bis 11.37				

Tabelle 3.63: Bezeichnung der Kerbformzahlen nach FKM und DIN 743

Oftmals liegen für bestimmte Bauteilgeometrien (z.B. Welle-Nabe-Verbindungen, Keilwellen, Zahnwellen und Kerbzahnwellen) anstelle von Formzahlen bereits Kerbwirkungszahlen aus experimentell bestimmten Werten an Proben vor, die jedoch auf die aktuelle Geometrie des nachzuweisenden Bauteils umgerechnet werden müssen.

Mithilfe der Zusammenhänge in Tabelle 3.64 können die experimentell an Proben mit dem Kerbradius r_p und Durchmesser d_p ermittelten Kerbwirkungszahlen $K_f(d_p)$ unter Verwendung der Stützzahlen n_σ und n_τ umgerechnet werden auf die gesuchten

Kerbwirkungszahlen K_f für Zugdruck, Biegung, Schub und Torsion unter Berücksichtigung der tatsächlichen Bauteilkerbradien r und Bauteildurchmesser d.

Weiterhin bezeichnen $n_\sigma(r_p)$ bzw. $n_\tau(r_p)$ die Stützzahl der Probe für Normalspannung bzw. für Schubspannung je nach r_p, $n_\sigma(r)$ bzw. $n_\tau(r)$ die Stützzahl des Bauteiles für Normalspannung bzw. für Schubspannung je nach r und $n_\sigma(d)$ bzw. $n_\tau(d)$ die Stützzahl des Bauteiles für Normalspannung bzw. für Schubspannung in Abhängigkeit vom Bauteildurchmesser d.

Ferner ist zu beachten, dass die in Abschnitt 3.8.3 angegebenen, experimentell ermittelten Kerbwirkungszahlen zunächst nur für gekerbte Proben aus Stahl und ohne Randschichtverfestigung gelten. Es wird dort aber auch eine erweiterte Vorgehensweise für Bauteile mit Randschichtverfestigung und für Bauteile aus Eisengusswerkstoff und Aluminiumwerkstoff beschrieben.

Da zur Berechnung der Stützzahlen ein Radius erforderlich ist, der – vor allem für nicht eindeutige Fälle – im Abschnitt 3.8.3 festgelegt wird, sollen dabei mögliche Fehler durch die Bildung des Quotienten $n_\sigma(r_p)$ / $n_\sigma(r)$ vermindert werden. Ebenso gilt wegen der Ähnlichkeit von Probe und Bauteil folgender Zusammenhang: $r / d = r_p / d_p$.

Bevor näher auf die Berechnung der Stützzahlen n_σ bzw. n_τ in Abhängigkeit vom bezogenen Spannungsgefälle G_σ bzw. G_τ eingegangen wird, erfolgt zunächst die Bestimmung der Konstruktionsfaktoren K_{WK} für nichtgeschweißte Bauteile beim Ermüdungsfestigkeitsnachweis mit örtlichen Spannungen gemäß der Gleichungen (3.398) bis (3.405).

Zugdruck Biegung	$K_{f,zd} = K_{f,zd}(d_P)\cdot\dfrac{n_\sigma(r_P)}{n_\sigma(r)}$	$K_{f,b} = K_{f,b}(d_P)\cdot\dfrac{n_\sigma(r_P)}{n_\sigma(r)\cdot n_\sigma(d)}$	(3.396)
Schub Torsion	$K_{f,s} = K_{f,s}(d_P)\cdot\dfrac{n_\tau(r_P)}{n_\tau(r)}$	$K_{f,t} = K_{f,t}(d_P)\cdot\dfrac{n_\tau(r_P)}{n_\tau(r)\cdot n_\tau(d)}$	(3.397)

Zu beachten:	
Für $K_{f,zd} < 1$ gilt $K_{f,zd} = 1$	Für $K_{f,b}(d_P) < \dfrac{n_\sigma(r)}{n_\sigma(r_P)}$ gilt $K_{f,b}(d_P) = \dfrac{n_\sigma(r)}{n_\sigma(r_P)}$
Für $K_{f,s} < 1$ gilt $K_{f,s} = 1$	Für $K_{f,t}(d_P) < \dfrac{n_\sigma(r)}{n_\sigma(r_P)}$ gilt $K_{f,t}(d_P) = \dfrac{n_\sigma(r)}{n_\sigma(r_P)}$

Zur Definition der Kerbwirkungszahl bei Biegung ist folgendes zu beachten:
Die Kerbwirkungszahl für den rechnerischen Festigkeitsnachweis gemäß FKM-Richtlinie entspricht dem Verhältnis zwischen Zugdruckwechselfestigkeit der glatten Probe und der Biege-Wechselfestigkeit des gekerbten Bauteils. Im Gegensatz dazu beschreibt die experimentell ermittelte Kerbwirkungszahl nach Abschnitt 3.8.3 das Verhältnis der Biege-Wechselfestigkeiten zwischen glatter und gekerbter Probe, was hier berücksichtigt wird.

Tabelle 3.64: Berechnung der Kerbwirkungszahlen aus experimentellen Werten

Vergleichbar zum Nennspannungsnachweis werden auch beim Ermüdungsfestigkeitsnachweis mit örtlichen Spannungen die eingangs angeführten Faktoren zur Berücksichtigung der Kerbwirkung K_F, Rauheit K_R, Randschicht K_V, Schutzschicht K_S und des nichtlinear-elastischen Spannungs-Dehnungs-Verhaltens von GJL bei Biegung $K_{NL,E}$ zu den folgenden Konstruktionsfaktoren K_{WK} nichtgeschweißter Bauteile für Normalspannung und für Schubspannung zusammengefasst:

$$K_{WK,\sigma} = \frac{1}{n_\sigma} \cdot \left[1 + \frac{1}{\widetilde{K}_f} \cdot \left(\frac{1}{K_R} - 1\right)\right] \cdot \frac{1}{K_V \cdot K_S \cdot K_{NL,E}} \qquad (3.398)$$

$$K_{WK,\tau} = \frac{1}{n_\tau} \cdot \left[1 + \frac{1}{\widetilde{K}_f} \cdot \left(\frac{1}{K_R} - 1\right)\right] \cdot \frac{1}{K_V \cdot K_S} \qquad (3.399)$$

Sollten mehrere Normalspannungs- oder Schubspannungskomponenten vorliegen, so sind die Konstruktionsfaktoren für diese Spannungskomponenten jeweils getrennt zu bestimmen. Liegt die Spannungskomponente σ_3 senkrecht zur Oberfläche, so gilt grundsätzlich:

$$K_{WK,\sigma 3} = 1 \qquad (3.400)$$

Auf die Berechnung der Stützzahlen n_σ bzw. n_τ wird anschließend genauer eingegangen, zunächst ist jedoch für die weitere Berechnung die Bestimmung eines Schätzwertes der Kerbwirkungszahl $\widetilde{K}_f$ erforderlich. Hierzu können in erster Näherung die Werte aus Tabelle 3.65 genutzt werden.

Werkstoffgruppe	**Stahl / Alu-Knet**	**GS**	**GJS**	**GJM / Alu-Guss**	**GJL**
Kerbwirkungszahl $\widetilde{K}_f$	2,0	2,0	1,5	1,2	1,0

Tabelle 3.65: Schätzwerte der Kerbwirkungszahl $\widetilde{K}_f$ in Abhängigkeit von der Werkstoffgruppe nach [3.50]

Eine genauere Möglichkeit der Abschätzung ist mithilfe einer sogenannten Ersatzstruktur (beispielhaft dargestellt in Tabelle 3.66) und der folgenden Zusammenhänge für Normalspannungen und Schubspannungen möglich:

$$\widetilde{K}_f = MAX\left(\frac{K_{t,\sigma}}{n_\sigma};1\right) \text{ (Normal)} \quad \widetilde{K}_f = MAX\left(\frac{K_{t,\tau}}{n_\tau};1\right) \text{ (Schub)} \qquad (3.401)$$

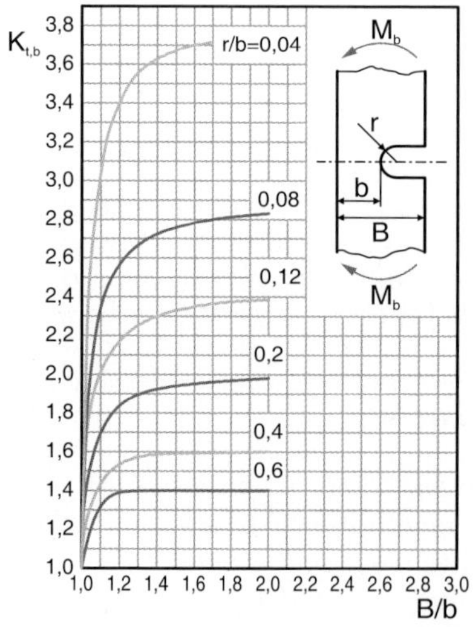

Zur Abschätzung der Formzahl für Normalspannung $K_{t,\sigma}$ und für Schubspannung $K_{t,\tau}$ soll einheitlich in Abhängigkeit vom Kerbradius r und der Wanddicke b die folgende Näherung gelten:

$$K_{t,\sigma} = K_{t,\tau} = MAX\left(10^{0{,}066-0{,}36\cdot\lg\frac{r}{b}};1\right) \qquad (3.402)$$

Zu beachten ist, dass diese Gleichung nur für die links abgebildete Ersatzstruktur eines Flachstabes mit einseitiger, tiefer Kerbe bei Biegung gilt. Ferner gilt die Näherung als vorläufig und ist mit entsprechender Vorsicht anzuwenden [3.50].
Weitere Ersatzstrukturen sind in Abschnitt 3.8.3 zu finden.

Tabelle 3.66: Formzahl für eine Ersatzstruktur für große Verhältnisse von B / b nach [3.50]

Die hauptsächlich zur Abschätzung erforderlichen Größen Kerbradius r und Wanddicke b sind entsprechend der gegebenen Struktur zu bestimmen. Ist der Kerbradius r nicht direkt aus der Geometrie der Struktur abzuleiten, so kann er aus dem bezogenen Spannungsgefälle bzw. näherungsweise fiktiv bestimmt werden (s.a. Tabelle 3.71 – Bezogenes Spannungsgefälle für einfache Bauteilformen):

$$r = \frac{2}{G_\sigma} \text{ (Normalspannung)} \quad r = \frac{1}{G_\tau} \text{ (Schubspannung)} \qquad (3.403)$$

In gleicher Weise ist auch bei der Bestimmung der Wanddicke b vorzugehen. Sofern sich diese nicht direkt aus der Struktur ergibt, kann sie über den gleichwertigen Durchmesser d_{eff} unter Verwendung von Tabelle 3.27 bestimmt werden, wobei je nach Werkstoffgruppe noch die zwei Fälle gemäß Tabelle 3.67 zu unterscheiden sind.

Fall 1	Für Bauteile (auch Schmiedeteile) aus vergütetem Vergütungsstahl, aus einsatzgehärtetem Einsatzstahl, aus vergütetem und nitriertem Nitrierstahl, aus Vergütungsstahlguss, GJS, GJM und GJL ergibt sich unter Nutzung von Tabelle 3.27 folgender Zusammenhang:	$b = \frac{d_{eff}}{2}$ (3.404)
Fall 2	Für Bauteile (auch Schmiedeteile) aus unlegiertem Baustahl, aus Feinkornbaustahl, aus normalgeglühtem Vergütungsstahl und aus allgemeinem Stahlguss und aus Aluminiumwerkstoff gilt unter Nutzung von Tabelle 3.27 folgender Zusammenhang:	$b = d_{eff}$ (3.405)

Tabelle 3.67: Wanddicke b in Abhängigkeit von der Werkstoffgruppe nach [3.50]

Anhand der bisher beschriebenen Konstruktionsfaktoren für beide Nachweisarten (Nennspannungen und örtliche Spannungen) wird deutlich, dass die Bestimmung der erforderlichen Kerbwirkungszahlen auf der Grundlage von Kerbformzahlen nur unter Verwendung sogenannter Stützwirkungskonzepte gelingt (s.a. *Abschnitt 3.6.2*). Die Beschreibung dieser Stützwirkung erfolgt mit den bereits oben erwähnten Stützzahlen, auf deren genauere Ermittlung im Folgenden näher eingegangen wird.

Zur Berechnung der Stützzahlen stehen in der FKM-Richtlinie zwei unterschiedliche Verfahren zur Verfügung [3.50].

1 Beim älteren Stützwirkungskonzept nach Erich Siebel (deutscher Maschinenbauingenieur, 1891 bis 1961, Professor an der TH Stuttgart und Direktor der Materialprüfungsanstalt Stuttgart) und Manfred Stieler (Doktorand bei Prof. Stieler bis 1954) hängt die Stützzahl n_σ wesentlich vom bezogenen Spannungsgefälle G_σ ab (s.a. *Abschnitt 3.6.2*) [3.138], [3.152]. Dieses Verfahren findet sich nicht nur in der FKM-Richtlinie, sondern auch in der DIN 743 zur Berechnung der Tragfähigkeit von Wellen und Achsen [3.12].

2 Die 6. Ausgabe der FKM-Richtlinie wird erweitert um eine werkstoffmechanisch begründete Stützzahl, die vor allem bei scharfen Kerben Festigkeitsreserven erschließt und darüber hinaus auch den statistischen Größeneinfluss berücksichtigt [3.50].

Da das ältere Verfahren nach Siebel / Stieler deutlich einfacher in der Anwendung ist, wird zunächst darauf eingegangen, wobei die wesentlichen Berechnungsgleichungen in Abbildung 3.108 zusammengestellt sind.

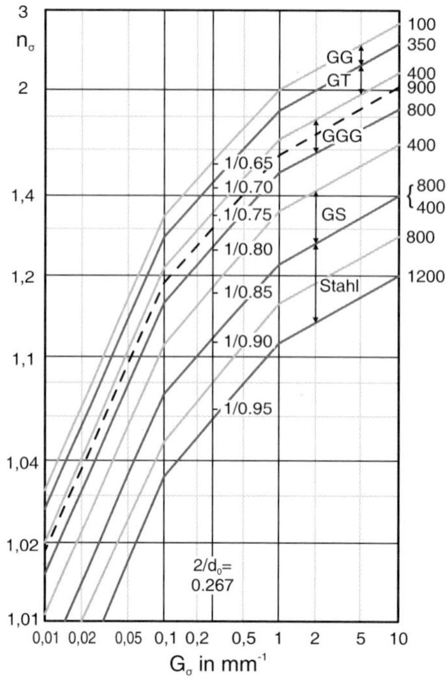

Die Stützzahlen für Normalspannung $n_\sigma(r)$ und $n_\sigma(d)$ berechnen sich je nach bezogenem Spannungsgefälle $G_\sigma(r)$ bzw. $G_\sigma(d)$ mit den unten angegebenen werkstoffabhängigen Konstanten a_G und b_G wie folgt. Für $G_\sigma \leq 0{,}1\ \mathrm{mm}^{-1}$ gilt:

$$n_\sigma = 1 + G_\sigma \cdot mm \cdot 10^{-\left(a_G - 0{,}5 + \frac{R_m}{b_G \cdot MPa}\right)}$$

Für $0{,}1\ \mathrm{mm}^{-1} < G_\sigma \leq 1\ \mathrm{mm}^{-1}$ gilt:

$$n_\sigma = 1 + \sqrt{G_\sigma \cdot mm} \cdot 10^{-\left(a_G + \frac{R_m}{b_G \cdot MPa}\right)}$$

Für $1\ \mathrm{mm}^{-1} < G_\sigma \leq 100\ \mathrm{mm}^{-1}$ gilt:

$$n_\sigma = 1 + \sqrt[4]{G_\sigma \cdot mm} \cdot 10^{-\left(a_G + \frac{R_m}{b_G \cdot MPa}\right)}$$

Das Diagramm darf erweitert werden bis zu einem Wert von $G_\sigma = 100\ \mathrm{mm}^{-1}$.

Die Zahlenwerte $1\,/\,0{,}65$ bis $1\,/\,0{,}95$ gelten für die Werkstoffprobe (Durchmesser $d_0 = 7{,}5\ \mathrm{mm}$) und berücksichtigen den Unterschied der Wechselfestigkeitskennwerte für Zugdruck und für Biegung. Folgende Eckwerte für $G_\sigma = 1\ \mathrm{mm}^{-1}$ sind im Diagramm nicht eingetragen:

Nichtrostende Stähle: Eckwerte für $G_\sigma = 1\ \mathrm{mm}^{-1}$:	größter Wert: $n_\sigma = 1{,}27$ für $R_m = 400\ \mathrm{MPa}$ kleinster Wert: $n_\sigma = 1{,}14$ für $R_m = 1070\ \mathrm{MPa}$
Aluminiumknetwerkstoff: Eckwerte für $G_\sigma = 1\ \mathrm{mm}^{-1}$:	größter Wert: $n_\sigma = 1{,}69$ für $R_m = 95\ \mathrm{MPa}$ kleinster Wert: $n_\sigma = 1{,}18$ für $R_m = 590\ \mathrm{MPa}$
Aluminiumgusswerkstoff: Eckwerte für $G_\sigma = 1\ \mathrm{mm}^{-1}$:	größter Wert: $n_\sigma = 2{,}02$ für $R_m = 130\ \mathrm{MPa}$ kleinster Wert: $n_\sigma = 1{,}88$ für $R_m = 330\ \mathrm{MPa}$

Werkstoff-gruppe	Nichtros-tender Stahl	Anderer Stahl	GS	GJS	GJM GJL	Alu-Knet	Alu-Guss
a_G	0,40	0,50	0,25	0,05	- 0,05	0,05	- 0,05
b_G	2400	2700	2000	3200	3200	850	3200

Abbildung 3.108: Stützzahl n_σ nach Stieler nach [3.50]

Wenngleich Abbildung 3.108 zunächst nur die Stützzahlen n_σ für Normalspannungen enthält, so lassen sich die Stützzahlen für Schubspannungen $n_\tau(r)$ und $n_\tau(d)$ in Abhängigkeit vom bezogenen Spannungsgefälle $G_\tau(r)$ bzw. $G_\tau(d)$ mit denselben Gleichungen ermitteln. Hierzu ist die Zugfestigkeit R_m mithilfe des Schubwechselfestigkeitsfaktor $f_{W,t}$ nach Tabelle 3.61 zu ersetzen durch $f_{W,t} \cdot R_m$.

Liegen randschichtgehärtete Bauteile vor (Bauteile mit chemisch-thermischer oder mit thermischer Randschichtverfestigung), so ist als Besonderheit zu beachten, dass die Stützzahlen im Vergleich zu nicht randschichtgehärteten Bauteilen aufgrund folgender Zusammenhänge niedriger sind:

1 Liegt der Anrissort am Rand, so ist die Stützzahl niedriger wegen der höheren Randzugfestigkeit (Zugfestigkeit der harten Randschicht) des Bauteiles im Vergleich mit der geringeren Kernzugfestigkeit (Zugfestigkeit des weichen Kernes entsprechend Werkstoffnorm).

2 Liegt der Anrissort im Kern, so ist die Stützzahl niedriger wegen des geringeren bezogenen Spannungsgefälles im Kern des Bauteiles im Vergleich mit dem höheren bezogenen Spannungsgefälle am Rand.

Dabei lässt sich die Randzugfestigkeit näherungsweise aus der Vickershärte HV der harten Randschicht zu $R_m = (3{,}3 \cdot HV) \cdot$ MPa bestimmen. Allerdings gilt dieser Zusammenhang nicht speziell für gehärtete Randschichten, weshalb die Anwendung mit Vorsicht zu erfolgen hat. Auf keinen Fall darf aus der so bestimmten Zugfestigkeit die Wechselfestigkeit der harten Randschicht berechnet werden, d.h. $\sigma_{W,zd} \neq f_{W,\sigma} \cdot R_m$.

In Erweiterung zu dem einfach handhabbaren Verfahren zur Bestimmung der Stützzahl nach Siebel / Stieler wird in der aktuellen Ausgabe der FKM-Richtlinie ein erweitertes Verfahren der sogenannten werkstoffmechanischen Stützzahl n_σ vorgeschlagen. Diese Stützzahl n_σ besteht aus der statistischen Stützzahl n_{st}, der verformungsmechanischen Stützzahl n_{vm} und der bruchmechanischen Stützzahl n_{bm}, um die jeweiligen Einflüsse getrennt erfassen zu können:

$$n_\sigma = n_{st} \cdot n_{vm} \cdot n_{bm} \tag{3.406}$$

Dabei ist zu beachten, dass die Stützzahl bei hohen Spannungsgradienten deutlich über derjenigen nach Stieler liegen kann, bei kleinen Gradienten auch darunter. Es können sogar Stützzahlen kleiner als 1 auftreten, da sich der Anteil des statistischen Größeneinflusses insbesondere bei großen, hoch beanspruchten Bauteilbereichen auch mindernd auf die Ermüdungsfestigkeit auswirken kann.

Im Folgenden wird näher auf die Berechnung der einzelnen Stützzahlen eingegangen:

1 Statistische Stützzahl n_{st} – diese ist für alle Spannungsarten gleich und berechnet sich aus dem Verhältnis der hochbeanspruchten Oberfläche einer Referenzprobe $A_{ref,st}$ und der hoch beanspruchten Oberfläche des betrachteten Bauteils $A_{\sigma,st}$ unter Verwendung der vorläufig festgelegten Werte für den Weibull-Exponenten k_{st} nach Tabelle 3.68:

$$n_{st} = \left(\frac{A_{ref,st}}{A_{\sigma,st}}\right)^{\frac{1}{k_{st}}} \tag{3.407}$$

Als Referenzprobengeometrie $A_{ref,st}$ wird eine zylindrische Rundprobe mit einem Durchmesser von 8 mm und einem zylindrischen Abschnitt von 20 mm verwendet, so dass sich eine Fläche von $A_{ref,st} = 500$ mm^2 ergibt.

Werkstoffgruppe	Stahl	GS	GJS, GJM, GJL	Alu-Knet	Alu-Guss
k_{st}	30	15	10	20	10

Tabelle 3.68: Weibull-Exponent k_{st} nach [3.50]

Zur Bestimmung der hoch beanspruchten Oberfläche des beanspruchten Bauteils $A_{\sigma,st}$ können beim Nachweis mit Nennspannungen für einfache Geometrien die in Tabelle 3.69 angegeben Werte verwendet werden. Dabei wird die hochbeanspruchte Oberfläche immer dann verwendet, wenn der Ermüdungsbruch von der Bauteiloberfläche oder von der oberflächennahen Randschicht ausgeht, was meistens der Fall ist.

Geometrie	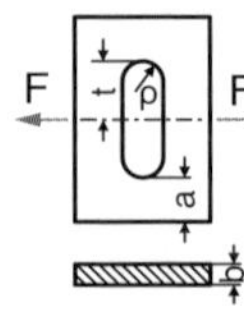	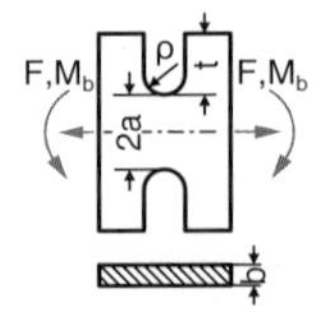	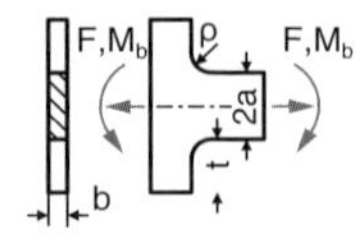
Spannungsart	Zugdruck	Zugdruck, Biegung	Zugdruck, Biegung
$A_{\sigma,st}$	$b \cdot \rho$	$b \cdot \rho$	$0{,}8 \cdot b \cdot \rho$

Geometrie	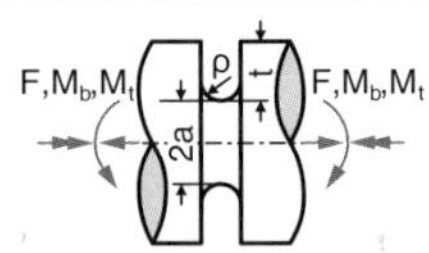		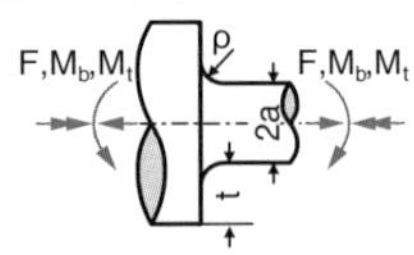	
Spannungsart	Zugdruck, Umlaufbiegung, Torsion	Biegung	Zugdruck, Umlaufbiegung, Torsion	Biegung
$A_{\sigma,st}$	$\pi \cdot a \cdot \rho$	$0{,}3 \cdot \pi \cdot a \cdot \rho$	$0{,}8 \cdot \pi \cdot a \cdot \rho$	$0{,}24 \cdot \pi \cdot a \cdot \rho$

Tabelle 3.69: Hoch beanspruchte Fläche $A_{\sigma,st}$ nach [3.50]

Wird der Nachweis mit örtlichen Spannungen geführt, so ist die hoch beanspruchte Oberfläche des betrachteten Bauteils auf der Grundlage von Finite-Elemente-Rechnungen zu ermitteln, wobei für genauere Informationen zum Vorgehen auf die weiterführende Literatur verwiesen wird [3.11], [3.50], [3.55], [3.141]. Insbesondere das Verfahren nach Diemar zeichnet sich durch seine einfache Handhabung aus [3.11].

Liegt der Ausgangspunkt des Ermüdungsbruchs jedoch im Bauteilinneren, so wird anstelle der hoch beanspruchten Oberfläche das hoch beanspruchte Volumen maßgebend. Dieses hoch beanspruchte Volumen $V_{\sigma,st}$ ist immer auf der Grundlage von örtlichen Spannungen zu ermitteln, auch beim Nachweis mit Nennspannungen [3.50].

2 Verformungsmechanische Stützzahl n_{vm} – diese berücksichtigt für alle Spannungsarten in gleicher Weise die Makrostützwirkung nach Neuber und wird für duktile Stähle und Aluminiumknetlegierungen bestimmt [3.95].

Somit gilt für alle anderen Werkstoffgruppen:

$$n_{vm} = 1 \tag{3.408}$$

Für duktile Stähle und Aluminiumknetlegierungen berechnet sich mit der Werkstoff-Wechselfestigkeit nach Gleichung (3.382), dem Elastizitätsmodul E nach Tabelle 3.35, der statistischen Stützzahl n_{st} nach Gleichung (3.407) und dem Faktor n' ($n' = 0{,}15$ für Stahl und $n' = 0{,}11$ für Aluminium) die verformungsmechanische Stützzahl n_{vm} zu:

$$n_{vm} = \sqrt{1 + \frac{E \cdot \varepsilon_{pl,W}}{\sigma_W} \cdot \left(n_{st}\right)^{\frac{1}{n'}-1}} \tag{3.409}$$

Hierin bezeichnet $\varepsilon_{pl,W}$ die dauerfest ertragbare, wechselplastische Dehnung, die sich werkstoffabhängig (für Stahl unter Verwendung der Werkstoffzugfestigkeit R_m nach Gleichung (3.292) und (3.293)) wie folgt berechnen lässt:

$$\varepsilon_{pl,W} = 2 \cdot 10^{-4} \cdot \Psi \quad \text{für Stahl mit } \Psi = 1 \text{ bis } R_m \leq 630 \text{ MPa} \tag{3.410}$$

$$\text{und } \Psi = 1 - 0{,}375 \cdot \left(\frac{R_m}{630\ MPa} - 1\right) \quad \text{ab } R_m > 630 \text{ MPa} \tag{3.411}$$

$$\varepsilon_{pl,W} = 1{,}6 \cdot 10^{-5} \quad \text{für Aluknetlegierungen} \tag{3.412}$$

$$\varepsilon_{pl,W} = 0 \quad \text{für sonstige, insbesondere Gusswerkstoffe} \tag{3.413}$$

3 Bruchmechanische Stützzahl n_{bm} – diese erfasst das langsamere Wachstum eines Ermüdungsanrisses in einem gradientenbehafteten Beanspruchungsfeld im Vergleich zu einem homogenen Feld gleicher Maximalbeanspruchung, wobei zwischen dem Nachweis mit Nennspannungen und mit örtlichen Spannungen unterschieden wird. Für den Nachweis mit Nennspannungen gilt:

$$n_{bm} = \frac{1}{\frac{n_{vm} \cdot n_{st}}{K_t} + \sqrt{\frac{2 - 3 \cdot K_t^{-1} + K_t^{-3}}{4 \cdot G_\sigma \cdot a^*}}} \quad \text{mit } a^* = 0{,}1\ mm \cdot \left(\frac{R_{m,bm}}{R_m}\right)^2 \tag{3.414}$$

Für den Nachweis mit örtlichen Spannungen gilt folgender Zusammenhang:

$$n_{bm} = \frac{5 + \sqrt{G \cdot mm}}{5 \cdot n_{vm} \cdot n_{st} + \frac{R_m}{R_{m,bm}} \cdot \sqrt{\frac{7{,}5 + \sqrt{G \cdot mm}}{1 + 0{,}2 \cdot \sqrt{G \cdot mm}}}} \tag{3.415}$$

Hierin bezeichnen n_{vm} die verformungsmechanische Stützzahl gemäß Gleichung (3.409), n_{st} die statistische Stützzahl nach Gleichung (3.407), K_t die Formzahl je nach Spannungsart gemäß Abschnitt 3.8.3, a^* die Mikrostrukturlänge und G_σ und G die bezogenen Spannungsgefälle. Die Zugfestigkeit R_m ergibt sich aus Gleichung (3.292) und (3.293) und die Referenzzugfestigkeit $R_{m,bm}$ ist Tabelle 3.70 zu entnehmen.

Werkstoffgruppe	Stahl	Aluminium
$R_{m,bm}$ [MPa]	680	270

Tabelle 3.70: Referenzzugfestigkeit $R_{m,bm}$ nach [3.50]

Sollte sich für die bruchmechanische Stützzahl n_{bm} aus den Gleichungen (3.414) und (3.415) ein Wert kleiner eins ergeben, so gilt:

$$n_{bm} = 1 \tag{3.416}$$

Bevor im Folgenden genauer auf die Berechnung der bezogenen Spannungsgefälle G_σ und G eingegangen wird, sei darauf verwiesen, dass die Stützzahlen für Schubspannungen n_τ in gleicher Weise mit Gleichung (3.406) berechnet werden wie für Normalspannungen n_σ.

Für den Ermüdungsfestigkeitsnachweis mit Nennspannungen berechnet sich das Gesamtspannungsgefälle G_σ bzw. G_τ gemäß Tabelle 3.71 aus dem bezogenen Nennspannungsgefälle infolge der Belastung (Biegung, Torsion; „globales Spannungsgefälle“) in Abhängigkeit vom Durchmesser bzw. der Abmessung d und dem lokal bezogenen Spannungsgefälle $G_\sigma(r)$ bzw. $G_\tau(r)$ infolge der Kerbe („örtliches Spannungsgefälle“) nach Tabelle 3.71:

$$G_\sigma(d) = G_\tau(d) = \frac{2}{d} \tag{3.417}$$

Bauteilform [1]	$G_\sigma(r)$ [2) 3)]	$G_\tau(r)$ [4)]
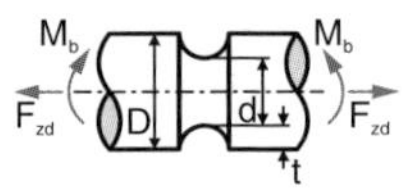	$\frac{2}{r}\cdot(1+\varphi)$	$\frac{1}{r}$
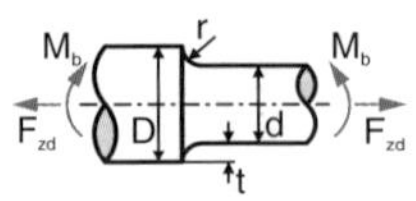	$\frac{2,3}{r}\cdot(1+\varphi)$	$\frac{1,15}{r}$
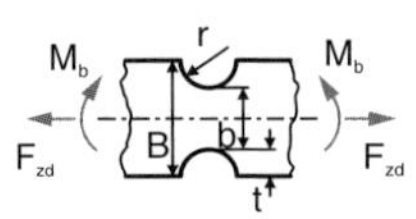	$\frac{2}{r}\cdot(1+\varphi)$	–
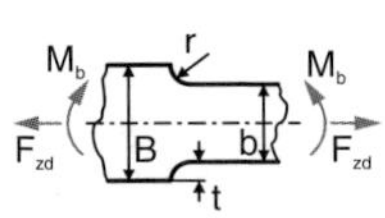	$\frac{2,3}{r}\cdot(1+\varphi)$	–
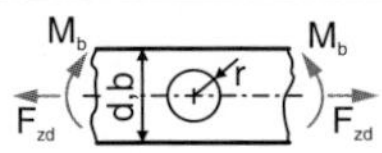 Rundstab oder Flachstab	$\frac{2,3}{r}$	–

Das Gesamtspannungsgefälle für die bruchmechanische Stützzahl berechnet sich aus dem globalen Spannungsgefälle (Gleichung (3.417) und dem lokalen bezogenen Spannungsgefälle gemäß nebenstehender Bauteilform wie folgt:

$$G_\sigma = G_\sigma(d) + G_\sigma(r)$$
$$G_\tau = G_\tau(d) + G_\tau(r) \tag{3.418}$$

1) Sofern $r > 0$, gelten die Gleichungen näherungsweise auch für Längsbohrungen bei Rundstäben.

2) $\varphi = 0$ für $t/d > 0{,}25$ oder $t/b > 0{,}25$

$$\varphi = \frac{1}{4\cdot\sqrt{\frac{t}{r}}+2} \quad \text{für } t/d \leq 0{,}25 \text{ bzw. } t/b \leq 0{,}25$$

3) Das bezogene Spannungsgefälle $G_\sigma(r)$ gilt für Zugdruck und Biegung. Der Unterschied wird mit der Stützzahl $n_\sigma(d)$ in den Gleichungen (3.394) bis (3.397) berücksichtigt.

4) Das bezogene Spannungsgefälle $G_\tau(r)$ gilt für Schub und Torsion. Der Unterschied wird mit der Stützzahl $n_\tau(d)$ in den Gleichungen (3.394) bis (3.397) berücksichtigt.

Tabelle 3.71: Bezogenes Spannungsgefälle $G_\sigma(r)$ und $G_\tau(r)$ für einfache Bauteilformen nach [3.50]

Beim Nachweis mit örtlichen Spannungen lässt sich das zur Berechnung der Stützzahlen erforderliche bezogene Spannungsgefälle senkrecht zur Spannungsrichtung bei punktweise bestimmten Spannungsamplituden für die Normalspannung σ_a und für die Schubspannung τ_a mit den Zusammenhängen nach Abbildung 3.109 bestimmen.

Dabei wird gemäß Gleichung (3.420) die Tangente an der Stelle der Randspannung σ_{1a} näherungsweise durch eine Sekante ersetzt. Bei der Festlegung der Stützpunkte ist darauf zu achten, dass die maximalen Werte für G_σ und G_τ berechnet werden.

Sofern keine punktweise bestimmten Spannungsamplituden – z.B. aus Finite-Elemente-Berechnungen – gemäß Abbildung 3.109 vorliegen, lässt sich das bezogene Spannungsgefälle an der Stelle der maximalen Spannung für Normalspannung und für Schubspannung näherungsweise mit dem Radius r (Einfluss der Konstruktion) und der Abmessung d (Einfluss der Belastung bei Biegung oder Torsion) wie folgt berechnen:

$$G_\sigma = \frac{2}{r} + \frac{2}{d} \text{ und } G_\tau = \frac{1}{r} + \frac{2}{d} \tag{3.419}$$

$$G_\sigma = \frac{1}{\sigma_{1a}} \cdot \frac{\Delta\sigma_a}{\Delta s} = \frac{1}{\Delta s} \cdot \left(1 - \frac{\sigma_{2a}}{\sigma_{1a}}\right)$$
$$G_\tau = \frac{1}{\tau_{1a}} \cdot \frac{\Delta\tau_a}{\Delta s} = \frac{1}{\Delta s} \cdot \left(1 - \frac{\tau_{2a}}{\tau_{1a}}\right) \tag{3.420}$$

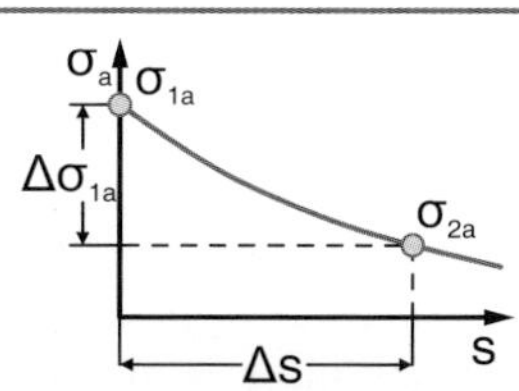

σ_{1a} und τ_{1a}: Spannungsamplituden am Rand
σ_{2a} und τ_{2a}: Spannungsamplituden bei Δs

Δs: Abstand des Nachbarpunktes vom Rand

Abbildung 3.109: Bezogenes Spannungsgefälle aus punktweise bestimmten Spannungsamplituden nach [3.50]

Sollte kein Spannungsgefälle vorhanden sein, dann entsteht auch keine Stützwirkung, so dass für die Stützzahlen demzufolge $n_\sigma = n_\tau = 1$ gilt.

Üblicherweise entsteht ein Spannungsgefälle senkrecht zur Spannungsrichtung, weshalb bei einem Spannungsgefälle in Spannungsrichtung – was nur die Spannung σ_3 senkrecht zur Oberfläche des Bauteiles betrifft – das Spannungsgefälle ebenfalls nicht berücksichtigt wird, so dass $n_{\sigma,3} = 1$ gilt.

Oftmals liegen bei einer Konstruktion zwei Kerbstellen so nahe beieinander, dass sich ihre Wirkungen gegenseitig beeinflussen bzw. überlagern. Wenngleich sich durch solche Überlagerungen zuweilen auch eine Minderung der Kerbwirkung ergeben kann (s.a. Abbildung 3.69 und 3.70), so ist in den meisten Fällen zunächst davon auszugehen, dass eine Verstärkung der Kerbwirkung eintritt.

Beim Nachweis mit Nennspannungen ermittelt man für solch einen Fall aus den Teilkerbwirkungszahlen $K_{f,1}$ und $K_{f,2}$ die Gesamtkerbwirkungszahl K_f wie folgt:

$$K_f = 1 + \left(K_{f,1} - 1\right) + \left(K_{f,2} - 1\right) \tag{3.421}$$

Wird der Nachweis mit örtlichen Spannungen geführt und liegen im Falle überlagerter Kerben keine punktweise bestimmten Spannungsamplituden gemäß Abbildung 3.109 vor, so ist aus den einzelnen bezogenen Spannungsgefällen G_1 bzw. G_2 für die jeweilige Einzelkerbe das folgende gesamte Spannungsgefälle G zu berechnen, woraus sich dann im günstigsten Fall die Gesamtstützzahl n ergibt:

$$G = G_1 + G_2 \tag{3.422}$$

Sofern kein Radius angegeben ist, kann dieser näherungsweise mit Gleichung (3.419) berechnet werden (z. B. $r \approx 2 / G_\sigma$).

Für beide Nachweisarten gilt grundsätzlich, dass bei einem Abstand beider Kerben von $2 \cdot r$ und größer (wobei r der größere der beiden Radien ist) keine Überlagerung mehr berücksichtigt werden muss, da man annimmt, dass der Wert $2 \cdot r$ wahrscheinlich auf der sicheren Seite liegt [3.50].

Neben den bisher beschriebenen Bauteilkerben aufgrund der makroskopischen Gestalt hat auch die Oberflächenrauheit einen Einfluss auf die Ermüdungsfestigkeit, der mithilfe der Rauheitsfaktoren $K_{R,\sigma}$ bzw. $K_{R,\tau}$ erfasst wird.

Für polierte Bauteile, also den besten Oberflächenzustand, ist verständlicherweise kein mindernder Einfluss festzustellen, weshalb für diesen Fall gilt:

$$K_{R,\sigma} = K_{R,\tau} = 1 \tag{3.423}$$

Weist das Bauteil jedoch eine Walzhaut, Schmiedehaut oder Gusshaut auf, so wird zur Beschreibung dieses schlechtesten Oberflächenzustandes eine mittlere Rauheit von $R_z = 200\,\mu m$ angenommen.

In Abhängigkeit vom Bearbeitungszustand der Oberfläche (poliert, geschliffen, geschlichtet, geschruppt) und der sich daraus ergebenden mittleren Rauheit der Oberfläche des Bauteiles R_z nach DIN 4768 lässt sich nun aus Abbildung 3.110 der Rauheitsfaktor für Normalspannung $K_{R,\sigma}$ bzw. für Schubspannung $K_{R,\tau}$ in Abhängigkeit von der Zugfestigkeit R_m sowie der Konstanten $a_{R,\sigma}$ und der minimalen Zugfestigkeit $R_{m,N,min}$ nach Tabelle 3.72 und dem Schubwechselfestigkeitsfaktor nach Tabelle 3.61 entnehmen, bzw. mithilfe der folgenden Gleichungen bestimmen [3.14]:

$$K_{R,\sigma} = 1 - a_{R,\sigma} \cdot \lg\left(\frac{R_z}{\mu m}\right) \cdot \lg\left(\frac{2 \cdot R_m}{R_{m,N,\min}}\right) \tag{3.424}$$

$$K_{R,\tau} = 1 - f_{W,\tau} \cdot a_{R,\sigma} \cdot \lg\left(\frac{R_z}{\mu m}\right) \cdot \lg\left(\frac{2 \cdot R_m}{R_{m,N,\min}}\right) \tag{3.425}$$

Werkstoffgruppe	Stahl	GS	GJS	GJM	GJL	Alu-Knet	Alu-Guss
$a_{R,\sigma}$	0,22	0,20	0,16	0,12	0,06	0,22	0,20
$R_{m,N,min}$ [MPa]	400	400	400	350	100	133	133

Tabelle 3.72: Konstanten $a_{R,\sigma}$ und minimale Zugfestigkeit in der Werkstoffgruppe $R_{m,N,min}$ nach [3.50]

Dabei ist zu beachten, dass bei randschichtgehärteten Bauteilen und bei einem Anrissort am Rand der Rauheitsfaktor aufgrund der höheren Randzugfestigkeit R_m ungünstigere (kleinere) Werte annimmt als bei nicht randschichtgehärteten Bauteilen [3.50].

Weiterhin ist beim Nachweis mit Nennspannungen zu beachten, dass in Verbindung mit experimentell bestimmten Kerbwirkungszahlen der Rauheitsfaktor in der Regel nicht berücksichtigt werden muss, so dass $K_{R,\sigma} = K_{R,\tau} = 1$ gilt. Sollten sich jedoch die Rauheiten von Bauteil und Probe deutlich unterscheiden, sind die Werte für $K_{R,\sigma}$ und $K_{R,\tau}$ in den Gleichungen (3.390) bis (3.393) wie folgt zu ersetzen:

$$\tilde{K}_{R,\sigma} = \frac{K_{R,\sigma}(R_z)}{K_{R,\sigma}(R_{z,P})} \quad \text{und} \quad \tilde{K}_{R,\tau} = \frac{K_{R,\tau}(R_z)}{K_{R,\tau}(R_{z,P})} \tag{3.426}$$

Hierin bezeichnen R_z mittlere die Rauheit der Bauteiloberfläche und $R_{z,P}$ die mittlere Rauheit der Probenoberfläche, jeweils in μm.

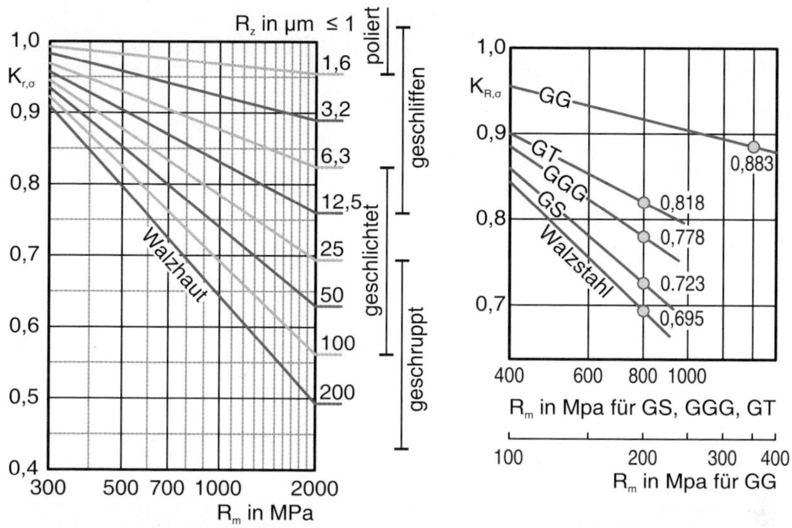

Abbildung 3.110: Rauheitsfaktor K_R für Stahl (links) und Eisengusswerkstoff mit Gusshaut (rechts) sowie zum Vergleich Walzstahl mit Walzhaut nach [3.50]

Abschließend sei zum Thema Rauheitsfaktor noch angemerkt, dass der entscheidende Einfluss der Oberfläche auf die Bauteil-Dauerfestigkeit aus den Eigenspannungen und der Randschichtverfestigung infolge der Fertigung entsteht und weniger aus der Rauheit selbst. Da jedoch zurzeit keine neueren Erkenntnisse in Form von berechenbaren Gleichungen vorliegen, bleiben die bisher bekannten Zusammenhänge gültig [3.50].

Ein weiterer Faktor, mit dem sich der Einfluss einer Randschicht auf die Ermüdungsfestigkeit des Bauteils berücksichtigen lässt, ist der sogenannte Randschichtfaktor K_V, für den in Tabelle 3.73 Anhaltswerte für Stahl und Eisengusswerkstoff zusammengestellt sind, wobei der genaue Wert durch den Anwender festzulegen ist. Sofern keine Randschichtverfestigung vorliegt, gilt für den Randschichtfaktor der Wert:

$$K_V = 1 \tag{3.427}$$

Der Randschichtfaktor wird hauptsächlich durch die Lage des Anrissortes am Rand oder im Kern beeinflusst. Dabei ist das Verhältnis der Werte der Dauerfestigkeit für die Randschicht und für den Kern sowie das Verhältnis der örtlichen Werte der Lastspannung am Rand und im Kern (im Abstand der Härtetiefe zum Rand) wesentlich.

Gemäß FKM-Richtlinie kann das Verfahren zur Randschichtverfestigung auch für Aluminiumwerkstoff angewendet werden, wobei dann näherungsweise die K_V-Werte für Eisengusswerkstoff zu verwenden sind [3.50].

Ergänzend zu den in Tabelle 3.73 angeführten Richtwerten zur Berücksichtigung einer harten Randschicht enthält der Anhang der FKM-Richtlinie ein einfaches vorläufiges Berechnungsverfahren zur Abschätzung der Dauerfestigkeit randschichtverfestigter nichtgeschweißter Bauteile aus Walzstahl [3.50].

Ein weiterer Faktor zur Berücksichtigung des Einflusses einer Schutzschicht auf die Ermüdungsfestigkeit eines Bauteils ist der sogenannte Schutzschichtfaktor K_S, für den Anhaltswerte in Abbildung 3.111 zusammengestellt sind. Da der Faktor jedoch nur für

Bauteile aus Aluminium gilt, ist im Falle von Stahl und Eisengusswerkstoff folgender Wert zu setzen:

$$K_S = 1 \tag{3.428}$$

Verfahren	Nicht gekerbte und schwach gekerbte Bauteile	Gekerbte Bauteile
Stahl		
Chemisch-thermische Verfahren		
Nitrieren Härtetiefe 0,1 ... 0,4 mm, Oberflächenhärte 700 ... 1000 HV 10	1,10 – 1,15 (1,15 – 1,25)	1,30 – 2,00 (1,90 – 3,00)
Einsatzhärten Härtetiefe 0,2 ... 0,8 mm, Oberflächenhärte 670 bis 750 HV 10	1,10 – 1,50 (1,20 – 2,00)	1,20 – 2,00 (1,50 – 2,50)
Karbonitrierhärten Härtetiefe 0,2 ... 0,4 mm, Oberflächen-härte min. 670 HV 10	(1,80)	
Mechanische Verfahren		
Festwalzen	1,10 – 1,25 (1,20 – 1,40)	1,30 – 1,80 (1,50 – 2,20)
Kugelstrahlen	1,10 – 1,20 (1,10 – 1,30)	1,10 – 1,50 (1,40 – 2,50)
Thermische Verfahren		
Induktivhärten – Flammhärten Härtetiefe 0,9 ... 1,5 mm, Oberflächenhärte 51 bis 64 HRC	1,20 – 1,50 (1,30 – 1,60)	1,50 – 2,50 (1,60 – 2,80)
Eisengusswerkstoff		
Nitrieren	1,10 (1,15)	1,30 (1,90)
Einsatzhärten	1,10 (1,20)	1,20 (1,50)
Festwalzen	1,10 (1,20)	1,30 (1,50)
Kugelstrahlen	1,10 (1,10)	1,10 (1,40)
Induktivhärten – Flammhärten	1,20 (1,30)	1,50 (1,60)
Die Richtwerte gelten für die Bauteil-Dauerfestigkeit. Für die Bauteil-Betriebsfestigkeit sind die Werte in der Regel niedriger. Die Werte gelten für 30 bis 40 mm Probendurchmesser, die Klammerwerte für 8 bis 15 mm Probendurchmesser.		

Tabelle 3.73: Richtwerte für den Randschichtfaktor K_V nach [3.50]

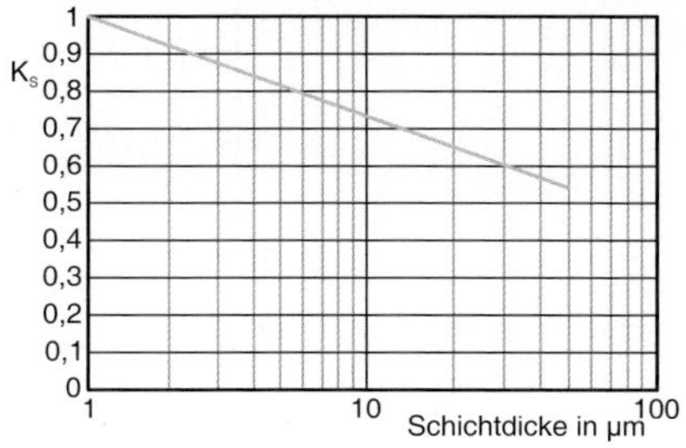

Für Aluminiumwerkstoff ohne Schutzschicht gilt:

$$K_S = 1 \qquad (3.429)$$

Für Aluminiumwerkstoff mit Schutzschicht gilt:

$$K_S < 1 \qquad (3.430)$$

Anhaltswerte nach Wilson zum Einfluss einer Schutzschicht infolge anodischer Oxidation je nach Schichtdicke auf die Dauerfestigkeit (bei 10^6 Zyklen) eines Bauteiles aus Aluminiumwerkstoff.

Abbildung 3.111: Schutzschichtfaktor K_S für Bauteile aus Aluminiumwerkstoff [3.50]

Abschließend sei für nichtgeschweißte Bauteile noch der Faktor $K_{NL,E}$ genannt, der zur Berücksichtigung des nichtlinear-elastischen Spannungs-Dehnungs-Verhaltens von GJL bei Biegung dient. Sofern der betrachtete Querschnitt also Zug- und Druckbereiche aufgrund einer Biegebeanspruchung in der Umgebung der Nachweisstelle enthält, kann das für den Werkstoff GJL gemäß Tabelle 3.74 bewertet werden.

Werkstoffsorte	**GJL-100**	**GJL-150**	**GJL-200**	**GJL-250**	**GJL-300**	**GJL-350**
$K_{NL,E}$	1,075		1,05		1,025	

Tabelle 3.74: Faktor $K_{NL,E}$ nach [3.50]

Für alle anderen Werkstoffgruppen außer GJL gilt demzufolge:

$$K_{NL,E} = 1 \qquad (3.431)$$

3.8.2.3.2 Geschweißte Bauteile

Für den Ermüdungsfestigkeitsnachweis mit Nennspannungen und den Ermüdungsfestigkeitsnachweis mit örtlichen Spannungen von geschweißten Bauteilen sind die folgenden Konstruktionskennwerte von Bedeutung:

1 Die Bauteilklassen FAT – Zur Berücksichtigung des festigkeitsmindernden Einflusses der konstruktiven Details, der Stoßform und der Nahtausführung bei geschweißten Bauteilen aus Stahl, Eisenguss und Aluminiumwerkstoff verwendet man in Anlehnung an die IIW-Empfehlungen (IIW – International Institute of Welding) sowie Eurocode 3 und Eurocode 9 die sogenannten Bauteilklassen FAT (FAT aus dem Begriff Fatigue – Ermüdung) gemäß Abbildung 3.112 [3.30], [3.31], [3.69]. Diese gelten für Normalspannungen senkrecht und parallel zur Schweißnaht und für Schubspannungen. Es gibt Bauteilklassen für die Berechnung mit Nennspannungen und Strukturspannungen sowie für die Berechnung mit effektiven Kerbspannungen, worauf in Abschnitt 3.8.5 ausführlich eingegangen wird. Auch wenn es sich bei der Wöhlerlinienschar in Abbildung 3.112 eigentlich um einen Kennwert der Beanspruchbarkeit handelt, so wird im Rahmen des Abschnittes Konstruktionskennwerte darauf eingegangen, da die anzusetzenden FAT-Klassen direkt von der Art des Schweißstoßes und damit von einem Konstruktionsdetail des Bauteils abhängen.

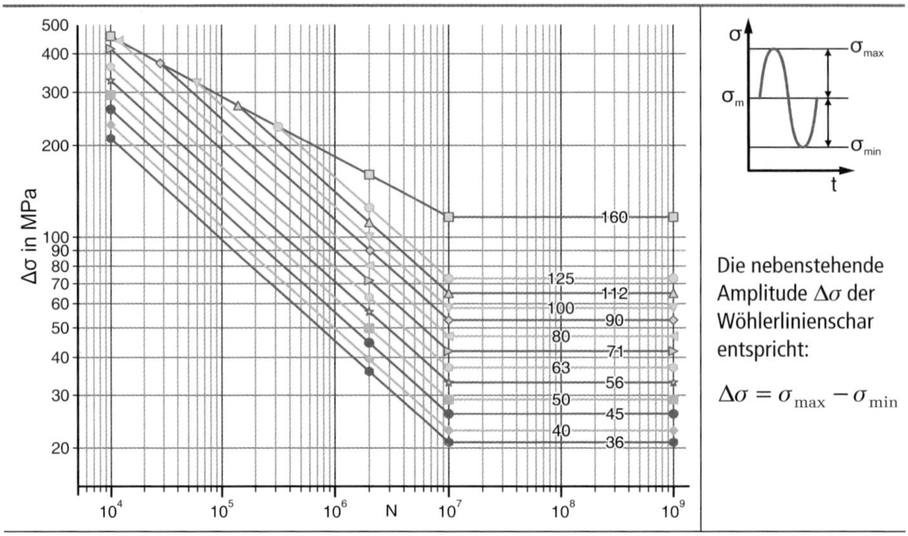

Abbildung 3.112: Die Bauteilklassen FAT und die zugehörige Wöhlerlinienschar für Normalspannungen nach [3.69]

2 Der Umrechnungsfaktor $f_{FAT,\sigma}$ bzw. $f_{FAT,\tau}$ – Dieser ist erforderlich zur Umrechnung der Doppelamplitude bei der Bezugszyklenzahl N_C der Bauteilklasse FAT auf die Bauteil-Wechselfestigkeit σ_{wk} bzw. τ_{wk}. Das Spannungsverhältnis zwischen der Bezugszyklenzahl N_C der Bauteilklasse und der Knickpunktzyklenzahl $N_{D,\sigma}$ bzw. $N_{D,\tau}$ der Bauteil-Wöhlerlinie hängt vom Wöhler-Exponenten k_σ bzw. k_τ ab und berechnet sich wie folgt:

$$f_{FAT,\sigma} = 0,5 \cdot \left(\frac{N_C}{N_{D,\sigma}} \right)^{\frac{1}{k_\sigma}} \quad \text{und} \quad f_{FAT,\tau} = 0,5 \cdot \left(\frac{N_C}{N_{D,\tau}} \right)^{\frac{1}{k_\tau}} \tag{3.432}$$

Mit der Bezugszyklenzahl der Bauteilklassen von $N_C = 2 \cdot 10^6$ und den Wöhler-Exponenten k_σ bzw. k_τ ergeben sich für die im folgenden Abschnitt in Tabelle 3.96 wiedergegebenen Wöhlerlinien die folgenden Umrechnungsfaktoren:

$$f_{FAT,\sigma} = \frac{1}{2,71} = 0,37 \quad \text{und} \quad f_{FAT,\tau} = \frac{1}{4,37} = 0,23 \tag{3.433}$$

3 Der Dickenfaktor f – Dieser erlaubt die Bewertung des Blechdickeneinflusses auf die Ermüdungsfestigkeit von Schweißnähten gemäß Abbildung 3.113, wobei sich der vom Dickenfaktor f_t abhängige Exponent n aus Tabelle 3.75 ergibt.

Der Dickenfaktor ist anzuwenden für Stahl und für Aluminiumlegierungen, nicht aber beim Nachweis mit effektiven Kerbspannungen. Entsprechend Abbildung 3.113 werden zur Berechnung des Dickenfaktors noch zwei Fälle unterschieden:

Fall A – Dieser Fall entspricht der allgemeinen Formulierung gemäß den IIW-Empfehlungen und ist immer dann anzuwenden, wenn der Anwender über keine eigenen oder branchenspezifischen Erfahrungen verfügt, die die Anwendung des Falles B erlauben. Ferner ist ein Dickeneinfluss auf die Ermüdungsfestigkeit von Schweißnähten auch bei Blechdicken kleiner 25 mm bekannt, der jedoch bisher auf Grund unzureichender experimenteller Absicherung noch nicht allgemein berücksichtigt wurde.

<table>
<tr><td rowspan="2">Fall A:</td><td>$t \leq 25$ mm</td><td>$t > 25$ mm</td><td rowspan="2">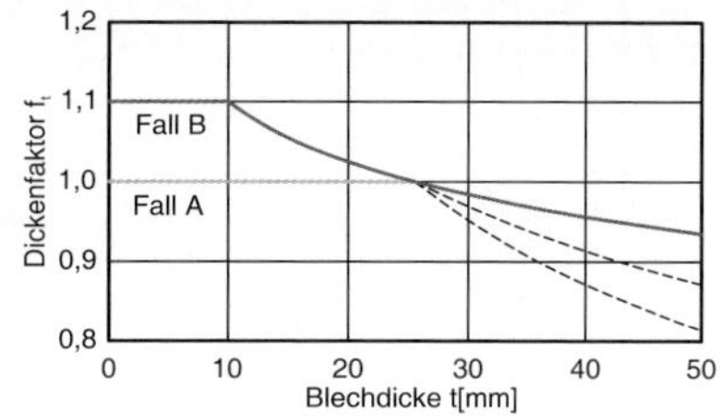
</td></tr>
<tr><td>$f_t = 1{,}0$</td><td>$f_t = \left(\frac{25\ mm}{t}\right)^n$</td></tr>
<tr><td rowspan="2">Fall B:</td><td>$t \leq 10$ mm</td><td>10 mm $< t \leq 25$ mm</td><td>$t > 25$ mm</td></tr>
<tr><td>$f_t = 1{,}1$</td><td>$f_t = \left(\frac{25\ mm}{t}\right)^{0{,}1}$</td><td>$f_t = \left(\frac{25\ mm}{t}\right)^n$</td></tr>
</table>

Abbildung 3.113: Dickenfaktor f_t in Abhängigkeit von der Blechdicke t nach [3.50]

Art der Schweißverbindung	**Exponent n**
Kreuz- und quer belastete T-Stöße, Bleche mit Quersteifen, Enden von Längssteifen - wie geschweißt - Nahtübergang beschliffen	 0,3 0,2
Quer belastete Stumpfstöße, wie geschweißt	0,2
Blecheben beschliffene Stumpfstöße, längs beanspruchte Schweißnähte oder Anschweißteile	0,1

Tabelle 3.75: Exponent n für den Dickenfaktor f_t nach [3.50]

Fall B – Sofern der Anwender über eigene oder branchenspezifische Erfahrungen verfügt (wie z.B. im Automobilbau oder im Schienenfahrzeugbau gemäß der Richtlinien DVS 1608, DVS 1612) kann der Dickenfaktor nach Fall B angewendet werden [3.46], [3.47].

3.8.2.4 Bauteilfestigkeit

Unter Verwendung der bisher ermittelten Werkstoffkennwerte nach Abschnitt 3.8.2.2 und der Konstruktionskennwerte nach Abschnitt 3.8.2.3 lässt sich nun gemäß Abbildung 3.93 abschließend die für den Ermüdungsfestigkeitsnachweis erforderliche Bauteil-Ermüdungsfestigkeit als Kennwert der Beanspruchbarkeit ermitteln.

Allerdings sind hierfür gemäß Abbildung 3.114 zunächst die Bauteil-Wechselfestigkeit (entspricht der Dauerfestigkeit für eine Mittelspannung $\sigma_m = 0$, also reine Wechsellast) und daran anschließend die Bauteil-Dauerfestigkeit für eine bestimmte Mittelspannung $\sigma_m \neq 0$ zu bestimmen, da in den meisten Maschinen, Anlagen und Fahrzeugen Belastungen bzw. Spannungskennwerte auftreten, die eine Mittelspannung $\sigma_m \neq 0$ aufweisen.

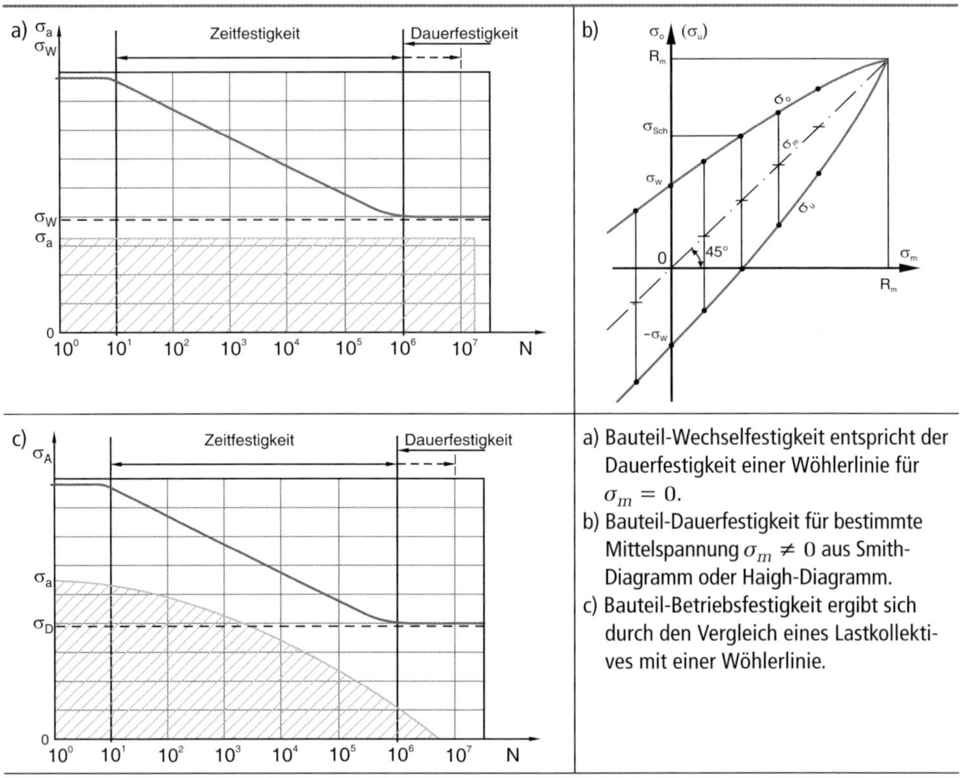

a) Bauteil-Wechselfestigkeit entspricht der Dauerfestigkeit einer Wöhlerlinie für $\sigma_m = 0$.
b) Bauteil-Dauerfestigkeit für bestimmte Mittelspannung $\sigma_m \neq 0$ aus Smith-Diagramm oder Haigh-Diagramm.
c) Bauteil-Betriebsfestigkeit ergibt sich durch den Vergleich eines Lastkollektives mit einer Wöhlerlinie.

Abbildung 3.114: Bauteil-Wechselfestigkeit für $\sigma_m = 0$, Bauteil-Dauerfestigkeit für $\sigma_m \neq 0$ und Bauteil-Betriebsfestigkeit für Lastkollektiv mit $\sigma_a > \sigma_D$

Der Zusammenhang zwischen ertragbarer Dauerfestigkeit in Abhängigkeit von der vorhandenen Mittelspannung lässt sich aus dem Smith-Diagramm und dem Haigh-Diagramm entnehmen (s.a. Abbildungen 3.51 und 3.53). In Erweiterung des klassischen Dauerfestigkeitsnachweises bietet die FKM-Richtlinie auch noch den erweiterten Nachweis der Bauteil-Betriebsfestigkeit, bei dem auch Spannungskennwerte oberhalb der Dauerfestigkeit in Form eines Lastkollektives berücksichtigt werden können. Hierzu wird das tatsächliche Lastkollektiv in ein schädigungsäquivalentes Einstufenkollektiv umgerechnet bzw. man berechnet eine sogenannte Äquivalentspannungsamplitude (s.a. Abschnitt 3.8.2.4.3 Bauteil-Betriebsfestigkeit).

In alle Fällen ist zu beachten, dass für den Nachweis mit Nennspannungen und den Nachweis mit örtlichen Spannungen jeweils unterschiedliche ertragbare Spannungen zu bestimmen sind. Weiterhin erfolgt für jede Nachweisart eine getrennte Betrachtung von nichtgeschweißten und geschweißten Bauteilen.

3.8.2.4.1 Bauteil-Wechselfestigkeit

Betrachtet man zunächst die ertragbaren Nennwerte der Bauteil-Wechselfestigkeit für Normal- und Schubspannungen unter Berücksichtigung der Konstruktionsfaktoren für den Ermüdungsfestigkeitsnachweis mit Nennspannungen für nichtgeschweißte Bauteile, so sind die Werte für jede maßgebende Spannungsart in Tabelle 3.76 in Abhängigkeit von den Werkstoff-Wechselfestigkeiten σ_W und τ_W nach Gleichung (3.382) und den Konstruktionsfaktoren K_{WK} nach Gleichung (3.390) bis (3.393) zusammengefasst.

Zug / Druck	**Biegung um y-Achse**	**Biegung um z-Achse**	
$S_{\mathrm{WK,zd}}=\dfrac{\sigma_{W,zd}}{K_{WK,zd}}$	$S_{\mathrm{WK,by}}=\dfrac{\sigma_{W,zd}}{K_{WK,by}}$	$S_{\mathrm{WK,bz}}=\dfrac{\sigma_{W,zd}}{K_{WK,bz}}$	(3.434)
Schub entlang y-Achse	**Schub entlang z-Achse**	**Torsion**	
$T_{\mathrm{WK,sy}}=\dfrac{\tau_{W,s}}{K_{WK,sy}}$	$T_{\mathrm{WK,sz}}=\dfrac{\tau_{W,s}}{K_{WK,sz}}$	$T_{\mathrm{WK,t}}=\dfrac{\tau_{W,s}}{K_{WK,t}}$	(3.435)

Tabelle 3.76: Ertragbare Nennwerte der Bauteil-Wechselfestigkeiten für nichtgeschweißte Bauteile beim Ermüdungsfestigkeitsnachweis mit Nennspannungen

Im Falle des Ermüdungsfestigkeitsnachweises mit örtlichen Spannungen für nichtgeschweißte Bauteile ergeben sich die ertragbaren Nennwerte der Bauteil-Wechselfestigkeit für Normal- und Schubspannungen in Abhängigkeit von den Werkstoff-Wechselfestigkeiten σ_W und τ_W nach Gleichung (3.382) und den Konstruktionsfaktoren K_{WK} nach Gleichung (3.398) und (3.399) zu:

$$\sigma_{\mathrm{WK}}=\frac{\sigma_{W,zd}}{K_{WK,\sigma}} \quad \text{und} \quad \tau_{\mathrm{WK}}=\frac{\tau_{W,s}}{K_{WK,\tau}} \tag{3.436}$$

Dabei ist zu berücksichtigen, dass Gleichung (3.436) für jede Spannungskomponente am Nachweispunkt getrennt auszuwerten ist.

Weiterhin ist sowohl für den Nachweis mit Nennspannungen als auch für den Nachweis mit örtlichen Spannungen zu beachten, dass für nichtgeschweißte Bauteile aus austenitischem Stahl, Aluminiumknet- und Aluminiumgusslegierungen gemäß Abbildung 3.119 die Dauerfestigkeit verschieden von der Grenzspannungsamplitude für $N = \infty$ ist.

Handelt es sich um geschweißte Bauteile, so sind die ertragbaren Nennwerte der Bauteil-Wechselfestigkeit für die Normalspannungen senkrecht und parallel zur Schweißnaht ($S_{WK,\perp}$ und $S_{WK,\parallel}$ – Nennspannungen, $\sigma_{WK,\perp}$ und $\sigma_{WK,\parallel}$ – Örtliche Spannungen) und für Schub (T_{WK} – Nennspannung, τ_{WK} – Örtliche Spannung) unter Verwendung der Bauteilklasse FAT nach Abschnitt 3.8.2.3.2, dem Umrechnungsfaktor $f_{FAT,\sigma}$ bzw. $f_{FAT,\tau}$ nach Gleichung (3.432), dem Dickenfaktor f_t nach Abbildung 3.113 und dem Randschichtfaktor K_V nach Tabelle 3.73 sowie der Konstanten $K_{NL,E}$ für den Werkstoff GJL bei Biegung nach Tabelle 3.74 gemäß der Zusammenhänge in Tabelle 3.77 zu ermitteln.

Nennspannungen – Glg. (3.437)	**Örtliche Spannungen – Glg. (3.438)**
$S_{\mathrm{WK},\perp}=\mathrm{FAT}_\perp \cdot f_{FAT,\sigma} \cdot f_t \cdot K_V \cdot K_{NL,E}$ $S_{\mathrm{WK},\parallel}=\mathrm{FAT}_\parallel \cdot f_{FAT,\sigma} \cdot f_t \cdot K_V \cdot K_{NL,E}$ $T_{\mathrm{WK}}=\mathrm{FAT}_\tau \cdot f_{FAT,\tau} \cdot f_t \cdot K_V$	$\sigma_{\mathrm{WK},\perp}=\mathrm{FAT}_\perp \cdot f_{FAT,\sigma} \cdot f_t \cdot K_V \cdot K_{NL,E}$ $\sigma_{\mathrm{WK},\parallel}=\mathrm{FAT}_\parallel \cdot f_{FAT,\sigma} \cdot f_t \cdot K_V \cdot K_{NL,E}$ $\tau_{\mathrm{WK}}=\mathrm{FAT}_\tau \cdot f_{FAT,\tau} \cdot f_t \cdot K_V$

Tabelle 3.77: Ertragbare Nennwerte der Bauteil-Wechselfestigkeiten für geschweißte Bauteile beim Ermüdungsfestigkeitsnachweis mit Nennspannungen und mit Örtlichen Spannungen

Hierbei gelten die Normalspannungswerte $S_{WK,\perp}$ und $S_{WK,\parallel}$ (Nennspannungen) sowie $\sigma_{WK,\perp}$ und $\sigma_{WK,\parallel}$ (Örtliche Spannungen) für die Zyklenzahl $N_{D,\sigma} = 5 \cdot 10^6$ und die Schubspannungswerte T_{WK} (Nennspannung) und τ_{WK} (Örtliche Spannung) für $N_{D,\tau} = 1 \cdot 10^8$. Die Wechselfestigkeitskennwerte geschweißter Bauteile entsprechen der Dauerfestigkeit bei N_D sowie der Grenzspannungsamplitude für $N = \infty$.

3.8.2.4.2 Bauteil-Dauerfestigkeit in Abhängigkeit von der Mittelspannung

Entsprechend Abbildung 3.114 ergibt sich die zur Bemessung erforderliche Amplitude der Bauteil-Dauerfestigkeit aus der ursprünglichen Bauteil-Wechselfestigkeit (bei dieser ist die Mittelspannung gleich null) unter Berücksichtigung der tatsächlich einwirkenden Mittelspannung, gegebenenfalls unter Beachtung der Mehrachsigkeit der Spannungen.

Das im Folgenden wiedergegebene Berechnungsverfahren gilt gleichermaßen für den Ermüdungsfestigkeitsnachweis mit Nennspannungen und mit örtlichen Spannungen sowie für nichtgeschweißte und für geschweißte Bauteile, wobei jedoch teilweise andere Eingangswerte zu verwenden sind. Im Falle eines Spannungskollektivs wird das Spannungsverhältnis R auf die Stufe 1 des Spannungskollektivs, also den Größtwert R_1, bezogen.

Sobald also eine Mittelspannung ungleich null vorliegt, sind beim Ermüdungsfestigkeitsnachweis mit Nennspannungen für nichtgeschweißte Bauteile die ertragbaren Nennwerte der Amplitude der Bauteil-Dauerfestigkeit S_{AK} und T_{AK} für Normal- und Schubspannungen unter Berücksichtigung der Mittelspannungsfaktoren K_{AK} gemäß Tabelle 3.87 bis Tabelle 3.90 in Abhängigkeit von den Bauteilwechselfestigkeiten S_{WK} und T_{WK} aus Tabelle 3.76 gemäß Tabelle 3.78 umzurechnen.

Zug / Druck	**Biegung um y-Achse**	**Biegung um z-Achse**	
$S_{AK,zd} = K_{AK,zd} \cdot S_{WK,zd}$	$S_{AK,by} = K_{AK,by} \cdot S_{WK,by}$	$S_{AK,bz} = K_{AK,bz} \cdot S_{WK,bz}$	(3.439)
Schub entlang y-Achse	**Schub entlang z-Achse**	**Torsion**	
$T_{AK,sy} = K_{AK,sy} \cdot T_{WK,sy}$	$T_{AK,sz} = K_{AK,sz} \cdot T_{WK,sz}$	$T_{AK,t} = K_{AK,t} \cdot T_{WK,t}$	(3.440)

Tabelle 3.78: Ertragbare Nennwerte der Amplitude der Bauteil-Dauerfestigkeit für nichtgeschweißte Bauteile beim Ermüdungsfestigkeitsnachweis mit Nennspannungen

Beim Ermüdungsfestigkeitsnachweis mit örtlichen Spannungen für nichtgeschweißte Bauteile ergeben sich die ertragbaren Nennwerte der Amplitude der Bauteil-Dauerfestigkeit σ_{AK} und τ_{AK} für Normal- und Schubspannungen unter Berücksichtigung der Mittelspannungsfaktoren K_{AK} gemäß Tabelle 3.87 bis Tabelle 3.90 in Abhängigkeit von den Bauteil-Wechselfestigkeiten σ_{WK} und τ_{WK} nach Gleichung (3.436) zu:

$$\sigma_{AK} = K_{AK,\sigma} \cdot \sigma_{WK} \quad \text{und} \quad \tau_{AK} = K_{AK,\tau} \cdot \tau_{WK} \tag{3.441}$$

Sobald keine Mittelspannung vorliegt, entspricht die Amplitude der Bauteil-Dauerfestigkeit der Amplitude der Bauteil-Wechselfestigkeit, da für den Mittelspannungsfaktor K_{AK} ohne Mittelspannung gilt:

$$K_{AK} = 1 \tag{3.442}$$

Im Falle geschweißter Bauteile sind bei einer Mittelspannung ungleich null die ertragbaren Nennwerte der Amplitude der Bauteil-Dauerfestigkeit für die Normalspannungen senkrecht und parallel zur Schweißnaht ($S_{AK,\perp}$ und $S_{AK,\parallel}$ – Nennspannungen, $\sigma_{AK,\perp}$ und $\sigma_{AK,\parallel}$ – Örtliche Spannungen) und für Schub (T_{AK} – Nennspannung, τ_{AK} – Örtliche Spannung) unter Verwendung der Mittelspannungsfaktoren K_{AK} gemäß Tabelle 3.87 bis Tabelle 3.90 und dem Eigenspannungsfaktor K_E nach Tabelle 3.80 in Abhängigkeit von den Bauteilwechselfestigkeiten S_{WK} und T_{WK} bzw. σ_{WK} und τ_{WK} aus Tabelle 3.77 gemäß der Zusammenhänge in Tabelle 3.79 zu ermitteln.

Nennspannungen	Örtliche Spannungen
$S_{AK,\perp} = K_{AK,\perp} \cdot K_{E,\sigma} \cdot S_{WK,\perp}$ $S_{AK,\parallel} = K_{AK,\parallel} \cdot K_{E,\sigma} \cdot S_{WK,\parallel}$ (3.443) $T_{AK} = K_{AK,\tau} \cdot K_{E,\tau} \cdot T_{WK}$	$\sigma_{AK,\perp} = K_{AK,\perp} \cdot K_{E,\sigma} \cdot \sigma_{WK,\perp}$ $\sigma_{AK,\parallel} = K_{AK,\parallel} \cdot K_{E,\sigma} \cdot \sigma_{WK,\parallel}$ (3.444) $\tau_{AK} = K_{AK,\tau} \cdot K_{E,\tau} \cdot \tau_{WK}$

Tabelle 3.79: Ertragbare Nennwerte der Amplitude der Bauteil-Dauerfestigkeiten für geschweißte Bauteile beim Ermüdungsfestigkeitsnachweis mit Nennspannungen und mit Örtlichen Spannungen

Dabei lässt sich mit dem Eigenspannungsfaktor K_E nach Tabelle 3.80 der besondere Einfluss der Eigenspannungen auf die Ermüdungsfestigkeit geschweißter Bauteile aus Stahl und Aluminium für Normalspannung und für Schubspannung berücksichtigen, wobei zur Abschätzung der Höhe der Eigenspannungen die Annahmen gemäß Tabelle 3.81 gelten [3.50], [3.78], [3.79]:

Eigenspannungen	$K_{E,\sigma}$	M_σ	$K_{E,\sigma}$	M_τ 1)
Hoch	1,00	0	1,00	0
Mäßig	1,26	0,15	1,15	0,09
Gering	1,54	0,30	1,30	0,17

1) Für Schubspannung gilt $M_\tau = f_{w,\tau} \cdot M_\sigma$ und $f_{w,\tau} = 0{,}577$ gemäß Tabelle 3.61

Tabelle 3.80: Eigenspannungsfaktor $K_{E,\sigma}$ und $K_{E,\tau}$ und Mittelspannungsempfindlichkeit M_σ und M_τ für geschweißte Bauteile nach [3.50]

Hohe Eigenspannungen sind anzunehmen:
Bei komplexen, ausgeprägt mehrachsig belasteten, dickwandigen Bauteilen.
Bei Vorliegen konstruktionsbedingter globaler Eigenspannungen.

Mäßige Eigenspannungen sind anzunehmen:
Bei schlanken Trägern mit Längsnähten und mit Quernähten kürzer 300 mm.
Bei quer beanspruchten Schweißnähten an Bauteilen bis 10 mm Blechdicke.
Bei vorwiegend längs beanspruchten Schweißnähten an Bauteilen bis 16 mm Blechdicke, falls die Querbeanspruchung geringer als die Hälfte der Längsbeanspruchung ist ($\sigma_\perp < 0{,}5 \cdot \sigma_\parallel$)
Bei allen Aluminium-Schweißverbindungen, für die nicht die Kriterien für geringe Eigenspannungen zutreffen.

Geringe Eigenspannungen (bis ca. $0{,}2 \cdot R_p$) sind anzunehmen:
Bei Schweißung mit anschließendem Spannungsarmglühen.
Wenn Eigenspannungen nachweislich ausgeschlossen werden dürfen.

Tabelle 3.81: Annahmen zur Höhe der Eigenspannungen nach [3.50], [3.78], [3.79]

Für ungeschweißte Bauteile ist der Eigenspannungsfaktor nur bei der im Folgenden beschriebenen Berechnung des Mittelspannungsfaktors in Verbindung mit den Überlastungsfällen F1, F3 und F4 zu beachten und es gilt:

$$K_{E,\sigma} = K_{E,\tau} = 1 \tag{3.445}$$

In Erweiterung der bisher behandelten Ausschlagspannungen gemäß Tabelle 3.78, Tabelle 3.79 und Gleichung (3.441) wird im Weiteren zunächst die Berechnung der Mittelspannungen S_m und T_m bzw. σ_m und τ_m behandelt, da diese wiederum zur Bestimmung der Mittelspannungsfaktoren K_{AK} benötigt werden. Der grundsätzliche Zusammenhang zwischen Spannungsamplitude und Mittelspannung ist unabhängig vom Nachweis mit Nennspannungen oder Örtlichen Spannungen aus Abbildung 3.106 ersichtlich.

Entsprechend der einzelnen Spannungsarten Zugdruck, Biegung, Schub und Torsion beim Nachweis mit Nennspannungen bzw. der Normalspannungen und Schubspannungen beim Nachweis mit Örtlichen Spannungen lassen sich die Mittelspannungen für nichtgeschweißte Bauteile gemäß Tabelle 3.82 und für geschweißte Bauteile nach Tabelle 3.83 berechnen.

Nennspannungen		Örtliche Spannungen	
$S_m = S_{m,zd} + S_{m,by} + S_{m,bz}$ $T_m = T_{m,sy} + T_{m,sz} + T_{m,t}$	(3.446)	$\sigma_m = \sigma_{m,x} + \sigma_{m,y} + \sigma_{m,z}$ $\tau_m = \tau_{m,yz} + \tau_{m,xz} + \tau_{m,xy}$	(3.447)

Die Werte für die Mittelspannungen der einzelnen Spannungsarten $S_{m,zd}$, $S_{m,by}$, $S_{m,bz}$, $T_{m,sy}$, $T_{m,sz}$, und $T_{m,t}$ sowie $\sigma_{m,x}$, $\sigma_{m,y}$, $\sigma_{m,z}$, $\tau_{m,yz}$, $\tau_{m,xz}$, und $\tau_{m,xy}$ sind jeweils mit ihren Vorzeichen einzusetzen, da sich ihre Wirkungen addieren oder subtrahieren können.

Tabelle 3.82: Mittelspannung aus den einzelnen Spannungsarten für nichtgeschweißte Bauteile beim Ermüdungsfestigkeitsnachweis mit Nennspannungen und mit Örtlichen Spannungen

Zum Nachweis mit Nennspannungen gemäß Tabelle 3.82 sei angemerkt, dass grundsätzlich die zur Berücksichtigung der Querkraftschubspannungen in Abschnitt 3.8.2.1 gegebenen Hinweise gelten. Demzufolge liegt die additive Überlagerung der Schubmittelspannungen $T_{m,sy}$ und $T_{m,sz}$ immer auf der sicheren Seite, sofern bei dünnwandigen Querschnitten die Schubspannungen infolge F_{Qy} und F_{Qz} entlang des Profils ausgerichtet sind. Bei prismatischen Querschnitten ist auch die folgende günstigere quadratische Überlagerung möglich [3.50]:

$$T_m = \sqrt{T_{m,sy}^2 + T_{m,sz}^2} + T_{m,t} \tag{3.448}$$

Nennspannungen		Örtliche Spannungen	
$S_m = S_{m,\perp}$ *oder* $S_m = S_{m,\parallel}$ $T_m = T_m$	(3.449)	$\sigma_m = \sigma_{m,\perp}$ *oder* $\sigma_m = \sigma_{m,\parallel}$ $\tau_m = \tau_m$	(3.450)

Für geschweißte Bauteile ist die Vergleichsmittelspannung nach Gleichung (3.455) bis (3.458) nur für Werte $S_{m,\perp} \geq 0$ und $S_{m,\parallel} = 0$ (oder umgekehrt) bzw. $\sigma_{m,\perp} \geq 0$ und $\sigma_{m,\parallel} = 0$ (oder umgekehrt) zu berechnen.

Tabelle 3.83: Mittelspannung aus den einzelnen Spannungsarten für geschweißte Bauteile beim Ermüdungsfestigkeitsnachweis mit Nennspannungen und mit Örtlichen Spannungen

Aus diesen Mittelspannungen S_m und T_m bzw. σ_m und τ_m nach Tabelle 3.82 und Tabelle 3.83 kann dann entweder für jede Spannungsart eine Einzelmittelspannung gemäß Tabelle 3.84 berechnet werden, oder aber es wird eine Vergleichsmittelspannung entsprechend Tabelle 3.85 gebildet.

Nennspannungen	**Örtliche Spannungen**
$S_{\min} = S_m - S_a$, $S_{\max} = S_m + S_a$ und $R = \frac{S_{\min}}{S_{\max}}$ (3.451)	$\sigma_{\min} = \sigma_m - \sigma_a$, $\sigma_{\max} = \sigma_m + \sigma_a$ und $R = \frac{\sigma_{\min}}{\sigma_{\max}}$ (3.453)
$T_{\min} = T_m - T_a$, $T_{\max} = T_m + T_a$ und $R = \frac{T_{\min}}{T_{\max}}$ (3.452)	$\tau_{\min} = \tau_m - \tau_a$, $\tau_{\max} = \tau_m + \tau_a$ und $R = \frac{\tau_{\min}}{\tau_{\max}}$ (3.454)
S_a, T_a und σ_a, τ_a: Spannungsamplitude R: Spannungsverhältnis	S_{min}, T_{min} und σ_{min}, τ_{min}: Minimalspannung S_{max}, T_{max} und σ_{max}, τ_{max}: Maximalspannung

Tabelle 3.84: Einzelmittelspannung beim Ermüdungsfestigkeitsnachweis mit Nennspannungen und mit Örtlichen Spannungen

Insbesondere für den im Maschinen-, Anlagen- und Fahrzeugbau meistens vorliegenden Fall der gleichzeitig wirkenden „Biegung und Torsion" bzw. in vergleichbaren Fällen mit Normal- und Schubspannungen sind die Vergleichsgrößen $S_{min,v,}$ $S_{max,v}$ und R_v beim Nachweis mit Nennspannungen bzw. $\sigma_{min,v,}$ $\sigma_{max,v}$ und R_v beim Nachweis mit Örtlichen Spannungen gemäß Tabelle 3.85 als Vergleichsmittelspannung aus den Mittelspannungen S_m und T_m bzw. σ_m und τ_m nach Tabelle 3.82 und Tabelle 3.83 wie folgt zu berechnen:

$$S_{m,v} = q \cdot S_{m,v,NH} + (1-q) \cdot S_{m,v,GEH} \text{ mit } q = \frac{\sqrt{3} - \frac{1}{f_{W,\tau}}}{\sqrt{3}-1} \tag{3.455}$$

$$S_{m,v,NH} = \frac{1}{2} \cdot \left(|S_m + | \sqrt{S_m^2 + 4 \cdot T_m^2} \right) \text{ und } S_{m,v,GEH} = \sqrt{S_m^2 + 3 \cdot T_m^2} \tag{3.456}$$

In diesen Gleichungen für den Nachweis mit Nennspannungen bezeichnet $f_{W,\tau}$ den Schubwechselfestigkeitsfaktor nach Tabelle 3.61. In gleicher Weise gilt für den Nachweis mit Örtlichen Spannungen:

$$\sigma_{m,v} = q \cdot \sigma_{m,v,NH} + (1-q) \cdot \sigma_{m,v,GEH} \text{ mit } q = \frac{\sqrt{3} - \frac{1}{f_{W,\tau}}}{\sqrt{3}-1} \tag{3.457}$$

$$\sigma_{m,v,NH} = \frac{1}{2} \cdot \left(|\sigma_m + | \sqrt{\sigma_m^2 + 4 \cdot \tau_m^2} \right) \text{ und } \sigma_{m,v,GEH} = \sqrt{\sigma_m^2 + 3 \cdot \tau_m^2} \tag{3.458}$$

Aus diesen Werten der Vergleichsmittelspannung für Normalspannung lässt sich dann unter Nutzung des Schubwechselfestigkeitsfaktor $f_{W,\tau}$ nach Tabelle 3.61 auch die Vergleichsmittelspannung für Schubspannung folgendermaßen berechnen:

$$T_{m,v} = f_{W,\tau} \cdot S_{m,v} \text{ Nennspannungen } \tau_{m,v} = f_{W,\tau} \cdot \sigma_{m,v} \text{ Örtliche Spannungen} \tag{3.459}$$

Nennspannungen	Örtliche Spannungen
$S_{\min,v} = S_{\mathrm{m,v}} - S_a$, $S_{\max,v} = S_{\mathrm{m,v}} + S_a$ und $R_v = \dfrac{S_{\min,v}}{S_{\max,v}}$ (3.460)	$\sigma_{\min,v} = \sigma_{\mathrm{m,v}} - \sigma_a$, $\sigma_{\max,v} = \sigma_{\mathrm{m,v}} + \sigma_a$ und $R_v = \dfrac{\sigma_{\min,v}}{\sigma_{\max,v}}$ (3.461)
S_a und σ_a: Einzel-Spannungsamplitude R_v: Vergleichsspannungsverhältnis	$S_{min,v}$ und $\sigma_{min,v}$: Vergleichsminimalspannung $S_{max,v}$ und $\sigma_{max,v}$: Vergleichsmaximalspannung

Tabelle 3.85: Vergleichsmittelspannung beim Ermüdungsfestigkeitsnachweis mit Nennspannungen und mit Örtlichen Spannungen

Abschließend sei darauf hingewiesen, dass für eine Spannungsart mit der Einzelmittelspannung zu rechnen ist, sobald für diese einzelne Spannungsart die Vergleichsmittelspannung nach Gleichung (3.455) bis (3.458) kleiner ist als die Einzelmittelspannung.

Wie bereits zu Beginn des Abschnittes erläutert, muss die Bauteil-Wechselfestigkeit in die ertragbare Amplitude der Bauteil-Dauerfestigkeit unter Berücksichtigung der tatsächlich vorhandenen Mittelspannung umgewertet werden, wozu man den sogenannten Mittelspannungsfaktor K_{AK} benötigt. Dieser hängt ab von der Mittelspannungsempfindlichkeit M_σ bzw. M_τ, dem Mittelspannungsbereich, der gemäß Abbildung 3.115 und Abbildung 3.116 durch das Spannungsverhältnis R beschrieben wird und dem sogenannten Überlastungsfall F1 bis F4 nach Tabelle 3.87 bis Tabelle 3.90.

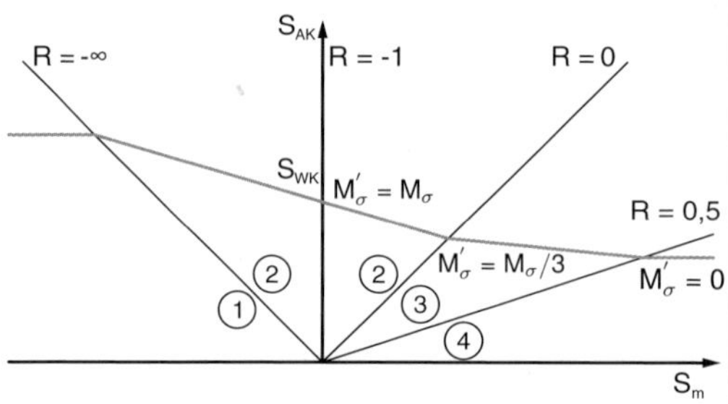

Bereich I: $R > 1$ Druckschwellbereich
$R = +\infty$ oder $= -\infty$ ist reine Druckschwellspannung

Bereich II: $-\infty \leq R \leq 0$
$R < -1$ ist der Druckwechselbereich
$R = -1$ ist reine Wechselspannung
$R > -1$ ist der Zugwechselbereich

Bereich III: $0 < R < 0{,}5$
niedriger Zugschwellbereich
$R = 0$ ist reine Zugschwellspannung

Bereich IV: $R \geq 0{,}5$
hoher Zugschwellbereich

S_{AK}, σ_{AK}: Ertragbare Amplitude Bauteil-Dauerfestigkeit
S_{WK}, σ_{WK}: Bauteil-Wechselfestigkeit
R: Spannungsverhältnis
S_m, σ_m: Mittelspannung

Abbildung 3.115: Dauerfestigkeitsschaubild – für Normalspannungen gilt im Druckbereich ein sich aufweitendes Haigh-Diagramm nach [3.50]

Für nichtgeschweißte Bauteile berechnet sich die Mittelspannungsempfindlichkeit für Normalspannung M_σ und für Schubspannung M_τ unter Nutzung der Konstanten a_M und b_M nach Tabelle 3.86 sowie des Schubwechselfestigkeitsfaktor $f_{W,\tau}$ gemäß Tabelle 3.61 für normale und für höhere Temperaturen zu:

$$M_\sigma = \mathrm{a}_M \cdot 10^{-3} \cdot \frac{R_m}{MPa} + b_m \quad \text{und} \quad M_\tau = \mathrm{f}_{W,\tau} \cdot M_\sigma \qquad (3.462)$$

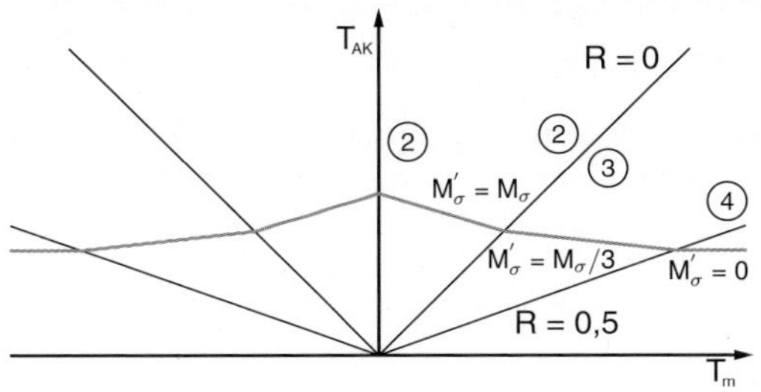

Bereich I: entfällt für Berechnung
Bereich II: $-1 \leq R \leq 0$ untere Grenze verändert
Bereich III: $0 < R < 0{,}5$ unverändert
Bereich IV: $R \geq 0{,}5$ unverändert

T_{AK}, τ_{AK}: Ertragbare Amplitude Bauteil-Dauerfestigkeit
T_{WK}, τ_{WK}: Bauteil-Wechselfestigkeit
R: Spannungsverhältnis
T_m, τ_m: Mittelspannung

Abbildung 3.116: Dauerfestigkeitsschaubild – für Schubspannungen gilt ein zu $\tau_m = 0$ symmetrisches, sich für $R < 1$ nicht aufweitendes Haigh-Diagramm nach [3.50]

Dabei ist zu beachten, dass bei randschichtgehärteten Bauteilen (nicht bei Festwalzen und Kugelstrahlen) die Mittelspannungsempfindlichkeit im Zugbereich wegen der höheren Randzugfestigkeit R_m größer ist als bei nicht randschichtgehärteten Bauteilen.

Werkstoffgruppe	Stahl	GS	GJS	GJM	GJL	Alu-Knet	Alu-Guss
a_M	0,35	0,35	0,35	0,35	0	1,0	1,0
b_M	- 0,1	0,05	0,08	0,13	0,5	- 0,04	0,2

Tabelle 3.86: Konstanten a_M und b_M – für nichtrostenden Stahl sind die Werte von Stahl zu verwenden – nach [3.50]

Für geschweißte Bauteile kann die Mittelspannungsempfindlichkeit für Normalspannung M_σ und für Schubspannung M_τ in Abhängigkeit von der Höhe der Eigenspannungen – aber unabhängig vom Werkstoff – für normale und für höhere Temperaturen direkt aus Tabelle 3.80 entnommen werden.

Zur weiteren Berechnung des Mittelspannungsfaktor K_{AK}, der in gleicher Weise für geschweißte und nichtgeschweißte Bauteile gilt, sind im Hinblick auf die Betriebssicherheit die sogenannten Überlastungsfälle F1 bis F4 zu berücksichtigen, mit denen sich das veränderte Spannungsverhalten bei einer möglichen Laststeigerung im Betrieb – also nicht im Schadensfall bzw. bei einer Havarie – beurteilen lässt:

1 Beim Überlastungsfall F1 bleibt die Mittelspannung S_m bzw. σ_m konstant – Dieser Fall ist z.B. maßgebend, wenn die Regelung eines Motors bzw. die Überlastkupplung das maximale Drehmoment zuverlässig begrenzt. Die Berechnung der Sicherheit berücksichtigt die ideell mögliche Vergrößerung der oft nicht sicher bekannten Amplituden der wirkenden Spannungen.

2 Beim Überlastungsfall F2 bleibt das Spannungsverhältnis R konstant – Dieser Fall ist für Mittelspannungen ungleich null immer am ungünstigsten, weshalb er auch bei Unklarheiten über den vorherrschenden (Belastungs-)Fall immer vorzugsweise der Berechnung zugrunde gelegt werden soll. Er ist u.a. maßgebend, wenn die Sicherheit für ein größeres Nutzdrehmoment bzw. eine größere Nutzlast bei anteilmäßig gleicher überlagerter dynamischer Beanspruchung berechnet werden soll.

3 Beim Überlastungsfall F3 bleibt die Minimalspannung S_{min} bzw. σ_{min} konstant.

4 Beim Überlastungsfall F4 bleibt die Maximalspannung S_{max} bzw. σ_{max} konstant.

Grundsätzlich ist entsprechend der Haigh-Diagramme in Abbildung 3.115 und Abbildung 3.116 die mittelspannungsabhängige ertragbare Amplitude der Bauteil-Dauerfestigkeit je nach berücksichtigtem Überlastungsfall unterschiedlich. Ebenso sind auch Zwischenformen der Überlastungsfälle möglich.

In den meisten Fällen werden der Überlastungsfall F2 oder der Überlastungsfall F1 dem Ermüdungsfestigkeitsnachweis zugrunde gelegt (s.a. *Abbildung 11.32* im *Kapitel 11* – Achsen und Wellen). Die Überlastungsfälle F3 und F4 sind von untergeordneter Bedeutung, weshalb sie ungeachtet der ursprünglichen, gemeinsamen Quelle für FKM-Richtlinie und DIN 743, der TGL 19340 „Dauerfestigkeit der Maschinenbauteile“, in der aktuellen Ausgabe der DIN 743 „Tragfähigkeit von Achsen und Wellen“ keine Berücksichtigung mehr finden [3.12], [3.58], [3.152]. Im Hinblick auf die angestrebte vollständige Wiedergabe der FKM-Richtlinie werden jedoch nachfolgend alle vier Überlastungsfälle F1 bis F4 behandelt.

Betrachtet man zunächst den Überlastungsfall F1, so bleibt im Falle der Normalspannung bei einer Überlastung im Betrieb die Mittelspannung S_m (Nennspannung) bzw. σ_m (Örtliche Spannung) aus Tabelle 3.82 bis Tabelle 3.85 konstant, so dass unter Verwendung des Eigenspannungsfaktors K_E (für nichtgeschweißte Bauteile nach Gleichung (3.445), für geschweißte Bauteile nach Tabelle 3.80) und der Bauteil-Wechselfestigkeit S_{WK} bzw. σ_{WK} nach Tabelle 3.76, Gleichung (3.436) und Tabelle 3.77 für die bezogene Mittelspannung s_m gilt:

$$s_{\mathrm{m}} = \frac{S_{\mathrm{m}}}{K_{E,\sigma} \cdot S_{WK}} \text{ (Normalspannung) } \quad s_{\mathrm{m}} = \frac{\sigma_{\mathrm{m}}}{K_{E,\sigma} \cdot \sigma_{WK}} \text{ (Örtliche Spannung)} \quad (3.463)$$

Mit dieser bezogenen Mittelspannung s_m und der Mittelspannungsempfindlichkeit M_σ nach Gleichung (3.462) und Tabelle 3.80 lässt sich nun gemäß Tabelle 3.87 der Mittelspannungsfaktor K_{AK} für den Überlastungsfall F1 berechnen.

Bereich I	Bereich II	Bereich III	Bereich IV
$s_{\mathrm{m}} < \frac{-1}{1-M_\sigma}$	$\frac{-1}{1-M_\sigma} \le s_{\mathrm{m}} \le \frac{1}{1+M_\sigma}$	$\frac{1}{1+M_\sigma} < s_{\mathrm{m}} < \frac{3+M_\sigma}{(1+M_\sigma)^2}$	$s_{\mathrm{m}} \ge \frac{3+M_\sigma}{(1+M_\sigma)^2}$
$K_{\mathrm{AK}} = \frac{1}{1-M_\sigma}$	$K_{\mathrm{AK}} = 1 - M_\sigma \cdot s_m$	$K_{\mathrm{AK}} = \frac{1+\frac{M_\sigma}{3}}{(1+M_\sigma)} - \frac{M_\sigma}{3} \cdot s_m$	$K_{\mathrm{AK}} = \frac{3+M_\sigma}{3 \cdot (1+M_\sigma)^2}$

Normalspannungen:	Indizes „zd“ für Zugdruck und „b“ für Biegung bei Nennspannungen und σ bei örtlichen Spannungen.
Schubspannungen:	Indizes „s“ für Querkraftschub und „t“ für Torsion bei Nennspannungen und τ bei örtlichen Spannungen.

Tabelle 3.87: Mittelspannungsfaktor K_{AK} für den Überlastungsfall F1

Die Berechnung des Mittelspannungsfaktors für Schub ist mit dem Betrag der Schubmittelspannung vorzunehmen, so dass sich stets ein positiver Wert für $T_m \geq 0$ (Nennspannung) bzw. $\tau_m \geq 0$ (Örtliche Spannung) ergibt.

$$t_{\mathrm{m}} = \frac{T_{\mathrm{m}}}{K_{E,\tau} \cdot T_{WK}} \text{ (Normalspannung)} \quad t_{\mathrm{m}} = \frac{\tau_{\mathrm{m}}}{K_{E,\tau} \cdot \tau_{WK}} \text{ (Örtliche Spannung)} \quad (3.464)$$

Mit dieser bezogenen Mittelspannung t_m für Schub und der Mittelspannungsempfindlichkeit M_τ nach Gleichung (3.462) und Tabelle 3.80 lässt sich nun gemäß Tabelle 3.87 der Mittelspannungsfaktor K_{AK} für Schub für den Überlastungsfall F1 berechnen, wobei Bereich I entsprechend Abbildung 3.116 entfällt.

Beim vorzugsweise anzuwendenden Überlastungsfall F2 bleibt bei einer Überlastung im Betrieb das Spannungsverhältnis R konstant.

Aus der Mittelspannung S_m (Nennspannung) bzw. σ_m (Örtliche Spannung) und der Ausschlagspannung S_a (Nennspannung) bzw. σ_a (Örtliche Spannung) aus Tabelle 3.82 bis Tabelle 3.85 und Abschnitt 3.8.2.1 lässt sich nun mithilfe der Mittelspannungsempfindlichkeit M_σ nach Gleichung (3.462) und Tabelle 3.80 der Mittelspannungsfaktor K_{AK} für den Überlastungsfall F2 mit den Zusammenhängen nach Tabelle 3.88 berechnen.

Bereich I $R > 1$	Bereich II $-\infty \leq R \leq 0$	Bereich III $0 < R < 0{,}5$	Bereich IV $R \geq 0{,}5$
$K_{\mathrm{AK}} = \frac{1}{1 - M_\sigma}$	$K_{\mathrm{AK}} = \frac{1}{1 + M_\sigma \cdot \frac{S_m}{S_a}}$	$K_{\mathrm{AK}} = \frac{3 + M_\sigma}{(1 + M_\sigma) \cdot \left(3 + M_\sigma \cdot \frac{\sigma_m}{\sigma_a}\right)}$	$K_{\mathrm{AK}} = \frac{3 + M_\sigma}{3 \cdot (1 + M_\sigma)^2}$
$K_{\mathrm{AK}} = \frac{1}{1 - M_\sigma}$	$K_{\mathrm{AK}} = \frac{1}{1 + M_\sigma \cdot \frac{\sigma_m}{\sigma_a}}$	$K_{\mathrm{AK}} = \frac{3 + M_\sigma}{(1 + M_\sigma) \cdot \left(3 + M_\sigma \cdot \frac{\sigma_m}{\sigma_a}\right)}$	$K_{\mathrm{AK}} = \frac{3 + M_\sigma}{3 \cdot (1 + M_\sigma)^2}$

Die Schreibweise mit $\frac{S_m}{S_a} = \frac{1+R}{1-R}$ (bei Nennspannungen) bzw. $\frac{\sigma_m}{\sigma_a} = \frac{1+R}{1-R}$ (bei Örtlichen Spannungen) vermeidet numerische Probleme, wenn $R = -\infty$ wird.

Normalspannungen:	Indizes „zd" für Zugdruck und „b" für Biegung bei Nennspannungen und σ bei örtlichen Spannungen.
Schubspannungen:	Indizes „s" für Querkraftschub und „t" für Torsion bei Nennspannungen und τ bei örtlichen Spannungen.

Tabelle 3.88: Mittelspannungsfaktor K_{AK} für den Überlastungsfall F2 beim Nachweis mit Nennspannungen S_a bzw. S_m (Nennspannungen) oder Örtlichen Spannungen σ_a bzw. σ_m

Die Berechnung des Mittelspannungsfaktors für Schub ist wiederum mit dem Betrag der Schubmittelspannung vorzunehmen, woraus sich stets ein Spannungsverhältnis von $R \geq -1$ ergibt. Unter Verwendung der Mittelspannungsempfindlichkeit M_τ anstelle von M_σ nach Gleichung (3.462) und Tabelle 3.80 lässt sich nun gemäß Tabelle 3.87 der Mittelspannungsfaktor K_{AK} für Schub für den Überlastungsfall F2 berechnen, wobei der Bereich I entsprechend Abbildung 3.116 entfällt.

Beim Überlastungsfall F3 bleibt im Falle der Normalspannung bei einer Überlastung im Betrieb die Minimalspannung S_{min} (Nennspannung) bzw. σ_{min} (Örtliche Spannung) aus Tabelle 3.82 bis Tabelle 3.85 konstant, so dass unter Verwendung des Eigenspannungsfaktors K_E (für nichtgeschweißte Bauteile nach Gleichung (3.445), für geschweißte Bauteile nach Tabelle 3.80) und der Bauteil-Wechselfestigkeit S_{WK} bzw. σ_{WK} nach Tabelle 3.76, Gleichung (3.436) und Tabelle 3.77 für die bezogene Minimalspannung s_{min} gilt:

$$s_{\min} = \frac{S_{\min}}{K_{E,\sigma} \cdot S_{WK}} \text{ (Normalspannung)} \quad s_{\min} = \frac{\sigma_{\min}}{K_{E,\sigma} \cdot \sigma_{WK}} \text{ (Örtliche Spannung)} \quad (3.465)$$

Mit dieser bezogenen Minimalspannung s_m und der Mittelspannungsempfindlichkeit M_σ nach Gleichung (3.462) und Tabelle 3.80 lässt sich nun gemäß Tabelle 3.89 der Mittelspannungsfaktor K_{AK} für den Überlastungsfall F3 berechnen.

Bereich I	Bereich II	Bereich III	Bereich IV
$s_{\min} < \frac{-2}{1-M_\sigma}$	$\frac{-2}{1-M_\sigma} \leq s_{\min} \leq 0$	$0 < s_{\min} \leq \frac{2}{3} \cdot \frac{3+M_\sigma}{(1+M_\sigma)^2}$	$s_{\min} \geq \frac{2}{3} \cdot \frac{3+M_\sigma}{(1+M_\sigma)^2}$
$K_{AK} = \frac{1}{1-M_\sigma}$	$K_{AK} = \frac{1-M_\sigma \cdot s_{\min}}{1+M_\sigma}$	$K_{AK} = \frac{1}{1+M_\sigma} - \frac{M_\sigma \cdot s_{\min}}{3+M_\sigma}$	$K_{AK} = \frac{3+M_\sigma}{3 \cdot (1+M_\sigma)^2}$

Normalspannungen:	Indizes „zd" für Zugdruck und „b" für Biegung bei Nennspannungen und σ bei örtlichen Spannungen.
Schubspannungen:	Indizes „s" für Querkraftschub und „t" für Torsion bei Nennspannungen und τ bei örtlichen Spannungen.

Tabelle 3.89: Mittelspannungsfaktor K_{AK} für den Überlastungsfall F3

Die Berechnung des Mittelspannungsfaktors für Schub erfolgt mit dem Vorzeichen für t_{min}, welches sich aus dem Vorzeichen der Schubspannung T_{min} (Nennspannung) bzw. τ_{min} (Örtliche Spannung) ergibt:

$$t_{\min} = \frac{T_{\min}}{K_{E,\tau} \cdot T_{WK}} \text{ (Normalspannung)} \quad t_{\min} = \frac{\tau_{\min}}{K_{E,\tau} \cdot \tau_{WK}} \text{ (Örtliche Spannung)} \quad (3.466)$$

Dabei ist folgende Fallunterscheidung zu berücksichtigen:

1 Ist die bezogene Minimalspannung für Schub $t_{min} \geq -1$, so lässt sich mit der Mittelspannungsempfindlichkeit M_τ anstelle von M_σ nach Gleichung (3.462) und Tabelle 3.80 gemäß Tabelle 3.89 der Mittelspannungsfaktor K_{AK} für Schub für den Überlastungsfall F3 berechnen, wobei der Bereich I entsprechend Abbildung 3.116 entfällt.

2 Ist die bezogene Minimalspannung für Schub $t_{min} < -1$, so ist $t_{max} = -t_{min}$ zu setzen und mit der Mittelspannungsempfindlichkeit M_τ anstelle von M_σ nach Gleichung (3.462) und Tabelle 3.80 gemäß Tabelle 3.90 der Mittelspannungsfaktor K_{AK} für Schub entsprechend dem Überlastungsfall F4 mit t_{max} zu berechnen, wobei der Bereich I entsprechend Abbildung 3.116 entfällt.

Beim Überlastungsfall F4 bleibt im Falle der Normalspannung bei einer Überlastung im Betrieb die Maximalspannung S_{max} (Nennspannung) bzw. σ_{max} (Örtliche Spannung) aus Tabelle 3.82 bis Tabelle 3.85 konstant, so dass unter Verwendung des Eigenspannungsfaktors K_E (für nichtgeschweißte Bauteile nach Gleichung (3.445), für geschweißte Bauteile nach Tabelle 3.80) und der Bauteil-Wechselfestigkeit S_{WK} bzw. σ_{WK} nach Tabelle 3.76, Gleichung (3.436) und Tabelle 3.77 für die bezogene Maximalspannung s_{max} gilt:

$$s_{\max} = \frac{S_{\max}}{K_{E,\sigma} \cdot S_{WK}} \text{ (Normalspannung)} \quad s_{\max} = \frac{\sigma_{\max}}{K_{E,\sigma} \cdot \sigma_{WK}} \text{ (Örtliche Spannung)} \quad (3.467)$$

Mit dieser bezogenen Maximalspannung s_{max} und der Mittelspannungsempfindlichkeit M_σ nach Gleichung (3.462) und Tabelle 3.80 lässt sich nun gemäß Tabelle 3.90 der Mittelspannungsfaktor K_{AK} für den Überlastungsfall F4 berechnen.

Bereich I	Bereich II	Bereich III	Bereich IV
$s_{\max} < 0$	$0 \leq s_{\max} \leq \frac{2}{1+M_\sigma}$	$\frac{2}{1+M_\sigma} < s_{\max} < \frac{4}{3} \cdot \frac{3+M_\sigma}{(1+M_\sigma)^2}$	$s_{\max} \geq \frac{4}{3} \cdot \frac{3+M_\sigma}{(1+M_\sigma)^2}$
$K_{AK} = \frac{1}{1-M_\sigma}$	$K_{AK} = \frac{1-M_\sigma \cdot s_{\max}}{1+M_\sigma}$	$K_{AK} = \frac{\frac{3+M_\sigma}{1+M_\sigma} - M_\sigma \cdot s_{\max}}{3-M_\sigma}$	$K_{AK} = \frac{3+M_\sigma}{3 \cdot (1+M_\sigma)^2}$
Normalspannungen:	Indizes „zd" für Zugdruck und „b" für Biegung bei Nennspannungen und σ bei örtlichen Spannungen.		
Schubspannungen:	Indizes „s" für Querkraftschub und „t" für Torsion bei Nennspannungen und τ bei örtlichen Spannungen.		

Tabelle 3.90: Mittelspannungsfaktor K_{AK} für den Überlastungsfall F4

Die Berechnung des Mittelspannungsfaktors für Schub erfolgt mit dem Vorzeichen für t_{max}, welches sich aus dem Vorzeichen der Schubspannung T_{max} (Nennspannung) bzw. τ_{max} (Örtliche Spannung) ergibt:

$$t_{\max} = \frac{T_{\max}}{K_{E,\tau} \cdot T_{WK}} \text{ (Normalspannung)} \quad t_{\max} = \frac{\tau_{\max}}{K_{E,\tau} \cdot \tau_{WK}} \text{ (Örtliche Spannung)} \quad (3.468)$$

Dabei ist wiederum folgende Fallunterscheidung zu berücksichtigen:

1 Ist die bezogene Maximalspannung für Schub $t_{max} \geq 1$, so lässt sich mit der Mittelspannungsempfindlichkeit M_τ anstelle von M_σ nach Gleichung (3.462) und Tabelle 3.80 gemäß Tabelle 3.90 der Mittelspannungsfaktor K_{AK} für Schub für den Überlastungsfall F4 berechnen, wobei der Bereich I entsprechend Abbildung 3.116 entfällt.

2 Ist die bezogene Maximalspannung für Schub $t_{max} < 1$, so ist $t_{min} = -\, t_{max}$ zu setzen und mit der Mittelspannungsempfindlichkeit M_τ anstelle von M_σ nach Gleichung (3.462) und Tabelle 3.80 gemäß Tabelle 3.89 der Mittelspannungsfaktor K_{AK} für Schub entsprechend dem Überlastungsfall F3 mit t_{min} zu berechnen, wobei der Bereich I entsprechend Abbildung 3.116 entfällt.

3.8.2.4.3 Bauteil-Betriebsfestigkeit

Die FKM-Richtlinie bietet in Erweiterung des in den vorherigen Abschnitten dargestellten Dauerfestigkeitsnachweises nach Abbildung 3.117 a) auch die Möglichkeit verschiedener Betriebsfestigkeitsnachweise entsprechend Abbildung 3.117 b) bis d), wobei der klassische Dauerfestigkeitsnachweis mit einem einstufigen Lastkollektiv (Einstufenkollektiv) den vereinfachten Sonderfall einer allgemeinen Betriebsfestigkeitsberechnung mit einem Mehrstufenkollektiv darstellt.

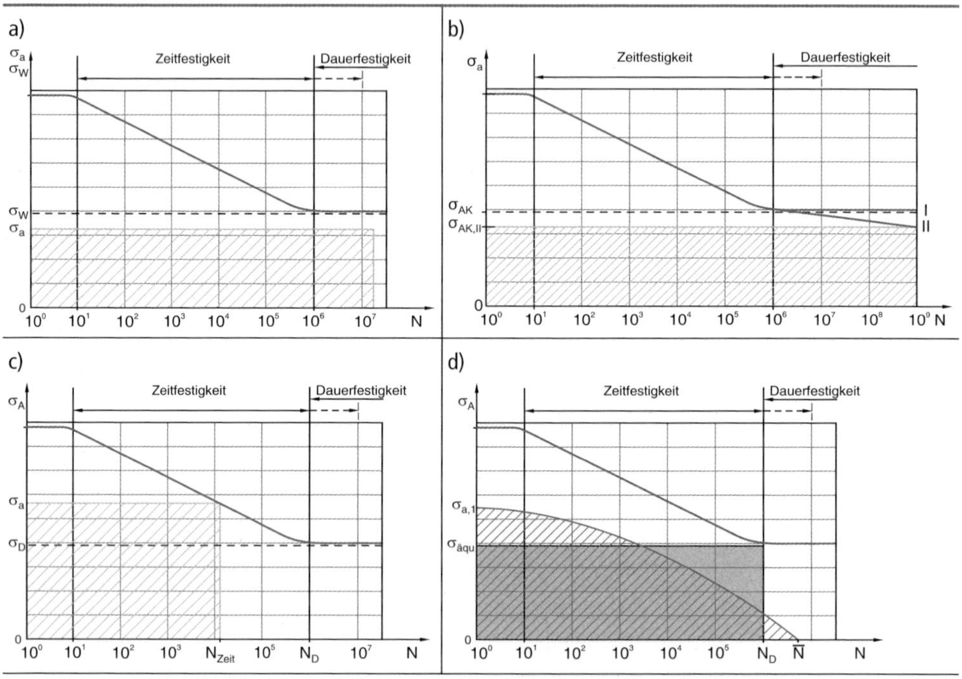

Abbildung 3.117: Die verschiedenen Arten des Betriebsfestigkeitsnachweises – a) Dauerfestigkeitsnachweis (vereinfachter Sonderfall), b) Betriebsfestigkeitsnachweis mit Grenzspannungsamplitude, c) Betriebsfestigkeitsnachweis im Zeitfestigkeitsbereich, d) Klassischer Betriebsfestigkeitsnachweis mit Mehrstufenkollektiv

Demzufolge sind gemäß FKM-Richtlinie die folgenden Berechnungswege nach Abbildung 3.117 möglich:

- **a** Klassischer Dauerfestigkeitsnachweis mit einem Einstufenkollektiv und Maximalamplitude unterhalb der Dauerfestigkeit gemäß des vorherigen Abschnittes 3.8.2.4.2.
- **b** Betriebsfestigkeitsnachweis mit einem Einstufenkollektiv und einer definierten Grenzspannungsamplitude unterhalb der Dauerfestigkeit.
- **c** Betriebsfestigkeitsnachweis mit einem Einstufenkollektiv und einer definierten Grenzspanungsamplitude oberhalb der Dauerfestigkeit und einer Lastwechselzahl $N_{Zeit} < N_{Dauer} = 1 \cdot 10^6$ (Zeitfestigkeitsnachweis).
- **d** Betriebsfestigkeitsnachweis mit einem Mehrstufenkollektiv. Hierbei wird anstelle des Mehrstufenkollektives eine Äquivalentspannungsamplitude gemäß Tabelle 3.60 verwendet. Der Betriebsfestigkeitsnachweis wird erheblich vereinfacht und entspricht damit dann wieder in seiner Verfahrensweise der äußeren Gestalt eines Dauerfestigkeitsnachweises.

Der im Folgenden behandelte Berechnungsgang ist für die einzelnen Betriebsfestigkeitsnachweise c) bis d) sowohl für den Nachweis mit Nennspannungen als auch für den Nachweis mit Örtlichen Spannungen einheitlich aufgebaut, gilt mit jeweils anderen Eingangsgrößen für nichtgeschweißte und geschweißte Bauteile und nutzt zur Unterscheidung der einzelnen Vorgehensweisen den sogenannten Betriebsfestigkeitsfaktor K_{BK} zur Berechnung der Amplitude der Bauteil-Betriebsfestigkeit. Dabei gilt grundsätzlich, dass die Berechnungen für ein Einstufenkollektiv den Sonderfall des allgemeinen Falles der Berechnung für ein Mehrstufenkollektiv darstellen.

Der im Weiteren zu berechnende Betriebsfestigkeitsfaktor K_{BK} hängt vom Spannungskollektiv, d.h. vom geforderten Kollektivumfang (gleichbedeutend mit der geforderten Bauteil-Lebensdauer) und von der Kollektivform sowie von der zu verwendenden Bauteil-Wöhlerlinie ab.

Betrachtet man zunächst die nichtgeschweißten Bauteile, so lassen sich die ertragbaren Nennwerte der Amplitude der Bauteil-Betriebsfestigkeit – diese Amplitude ist gleichbedeutend mit dem ertragbaren Kollektivgrößtwert – für die Spannungsarten Zugdruck, Biegung, Schub und Torsion beim Ermüdungsfestigkeitsnachweis mit Nennspannungen aus der Bauteil-Dauerfestigkeit gemäß Tabelle 3.78 und unter Nutzung des Betriebsfestigkeitsfaktors K_{BK} für die jeweilige Spannungsart entsprechend Tabelle 3.91 bestimmen.

Zug / Druck	**Biegung um y-Achse**	**Biegung um z-Achse**	
$\mathrm{S}_{\mathrm{BK,zd}}=K_{BK,zd}\cdot S_{AK,zd}$	$\mathrm{S}_{\mathrm{BK,by}}=K_{BK,by}\cdot S_{AK,by}$	$\mathrm{S}_{\mathrm{BK,bz}}=K_{BK,bz}\cdot S_{AK,bz}$	(3.469)
Schub entlang y-Achse	**Schub entlang z-Achse**	**Torsion**	
$\mathrm{T}_{\mathrm{BK,sy}}=K_{BK,sy}\cdot S_{AK,sy}$	$\mathrm{T}_{\mathrm{BK,sz}}=K_{BK,sz}\cdot T_{AK,sz}$	$\mathrm{T}_{\mathrm{BK,t}}=K_{BK,t}\cdot T_{AK,t}$	(3.450)

Tabelle 3.91: Ertragbare Nennwerte der Amplitude der Bauteil-Betriebsfestigkeit (ertragbarer Kollektivhöchstwert) für nichtgeschweißte Bauteile beim Ermüdungsfestigkeitsnachweis mit Nennspannungen

Für den Ermüdungsfestigkeitsnachweis mit örtlichen Spannungen ist die Bauteil-Dauerfestigkeit gemäß Gleichung (3.441) für Normalspannungen und für Schubspannungen zu nutzen, so dass sich unter Anwendung des Betriebsfestigkeitsfaktors K_{BK} für die jeweilige Spannungskomponente die ertragbaren Nennwerte der Amplitude der Bauteil-Betriebsfestigkeit – diese ist gleichbedeutend mit dem ertragbaren Kollektivgrößtwert – wie folgt berechnen lassen:

$$\sigma_{\mathrm{BK}}=K_{BK,\sigma}\cdot\sigma_{AK}\quad\text{und}\quad\tau_{\mathrm{BK}}=K_{BK,\tau}\cdot\tau_{AK}\qquad(3.451)$$

Beim Nachweis geschweißter Bauteile können die ertragbaren Nennwerte der Amplitude der Bauteil-Betriebsfestigkeit – auch in diesem Fall entspricht diese Amplitude dem ertragbaren Kollektivgrößtwert – für Normalspannungen senkrecht und parallel zur Schweißnaht sowie für Schub unter Verwendung der Amplituden der Bauteil-Dauerfestigkeit gemäß Tabelle 3.79 (S_{AK}, T_{AK} – Nennspannungen, σ_{AK}, τ_{AK} – Örtliche Spannungen) und des Betriebsfestigkeitsfaktors K_{BK} entsprechend den Zusammenhängen in Tabelle 3.92 bestimmt werden.

Nennspannungen		Örtliche Spannungen	
$S_{BK,\perp} = K_{BK,\perp} \cdot S_{AK,\perp}$ $S_{BK,\parallel} = K_{BK,\parallel} \cdot S_{AK,\parallel}$ $T_{BK} = K_{BK,\tau} \cdot T_{AK}$	(3.452)	$\sigma_{BK,\perp} = K_{BK,\perp} \cdot \sigma_{AK,\perp}$ $\sigma_{BK,\parallel} = K_{BK,\parallel} \cdot \sigma_{AK,\parallel}$ $\tau_{BK} = K_{BK,\tau} \cdot \tau_{AK}$	(3.453)

Tabelle 3.92: Ertragbare Nennwerte der Amplitude der Bauteil-Betriebsfestigkeiten (ertragbarer Kollektivgrößtwert) für geschweißte Bauteile beim Betriebsfestigkeitsnachweis mit Nennspannungen und mit Örtlichen Spannungen

Dabei ist wie bei jeder Ermüdungsfestigkeitsberechnung zu beachten, dass der ertragbare Wert der Amplitude der Betriebsfestigkeit S_{BK} bzw. σ_{BK} nicht größer werden kann als die statische Festigkeit S_{SK} bzw. σ_{SK} nach Tabelle 3.42 (Nennspannungen) bzw. Gleichung (3.344) (Örtliche Spannungen) oder die Bauteil-Fließgrenze R_p. Diese Randbedingung ist ersichtlich aus dem Smith-Diagramm in Abbildung 3.51 und in der FKM-Richtlinie wird zur Verdeutlichung das Haigh-Diagramm gemäß Abbildung 3.118 verwendet (s.a. Abbildung 3.53).

Demzufolge ergeben sich beim Ermüdungsfestigkeitsnachweis mit Nennspannungen für jede Spannungskomponente am Nachweispunkt die in Tabelle 3.93 zusammengestellten Maximalwerte der Amplitude der Bauteil-Betriebsfestigkeit $S_{BK,max}$ und $T_{BK,max}$ für nichtgeschweißte Bauteile und geschweißte Bauteile.

Hierin bezeichnen R_p die Fließgrenze nach Gleichung (3.292) oder (3.294), $n_{pl,by}$ und $n_{pl,bz}$ die plastische Stützzahl um die y-Achse und die z-Achse sowie $n_{pl,t}$ die plastische Stützzahl Torsion nach Gleichung (3.320) oder (3.321), f_τ den Schubfestigkeitsfaktor nach Tabelle 3.21, α_w den Schweißnahtfaktor nach Tabelle 3.40 (für Aluminium nach Tabelle 3.133) und ρ_{WEZ} den Entfestigungsfaktor gemäß Tabelle 3.132.

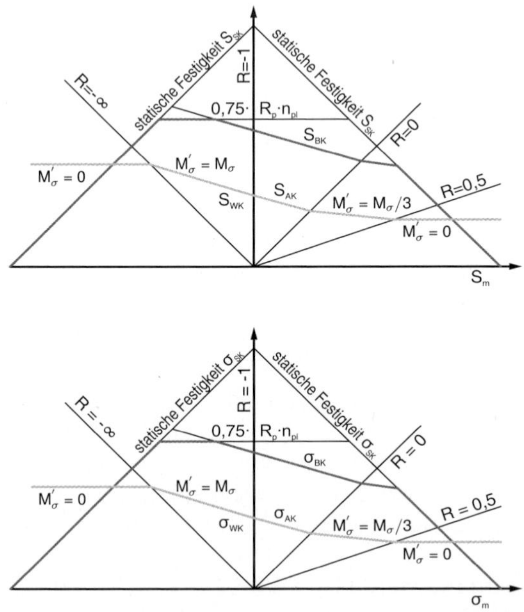

Abbildung 3.118: Einschränkung der ertragbaren Werte der Amplitude der Betriebsfestigkeit S_{BK} (Nennspannungen – oben) und σ_{BK} (Örtliche Spannungen – unten), dargestellt im Haigh-Diagramm nach [3.50]

Nichtgeschweißte Bauteile		**Geschweißte Bauteile**	
$S_{\mathrm{BK,max,zd}} = 0{,}75 \cdot R_p$ $S_{\mathrm{BK,max,by}} = 0{,}75 \cdot R_p \cdot n_{pl,by}$ $S_{\mathrm{BK,max,bz}} = 0{,}75 \cdot R_p \cdot n_{pl,bz}$ $T_{\mathrm{BK,max,sy}} = 0{,}75 \cdot f_\tau \cdot R_p$ $T_{\mathrm{BK,max,sz}} = 0{,}75 \cdot f_\tau \cdot R_p$ $T_{\mathrm{BK,max,t}} = 0{,}75 \cdot f_\tau \cdot R_p \cdot n_{pl,t}$	(3.454)	$S_{\mathrm{BK,max,\perp}} = 0{,}75 \cdot R_p \cdot n_{pl} \cdot \alpha_w \cdot \rho_{WEZ}$ $S_{\mathrm{BK,max,\parallel}} = 0{,}75 \cdot R_p \cdot n_{pl} \cdot \alpha_w \cdot \rho_{WEZ}$ $T_{\mathrm{BK,max}} = 0{,}75 \cdot R_p \cdot \alpha_w \cdot \rho_{WEZ}$	(3.455)

Tabelle 3.93: Maximalwert der Amplitude der Bauteil-Betriebsfestigkeit, einzeln für jede Spannungsart am Nachweispunkt für nichtgeschweißte und geschweißte Bauteile beim Nachweis mit Nennspannungen

Im Falle des Ermüdungsfestigkeitsnachweises mit Örtlichen Spannungen gelten für jede Spannungskomponente am Nachweispunkt die in Tabelle 3.94 zusammengestellten Maximalwerte der Amplitude der Bauteil-Betriebsfestigkeit $S_{BK,max}$ und $T_{BK,max}$ für nichtgeschweißte Bauteile und geschweißte Bauteile.

Nichtgeschweißte Bauteile		**Geschweißte Bauteile**	
$\sigma_{\mathrm{BK,max}} = 0{,}75 \cdot R_p \cdot n_{pl}$ $\tau_{\mathrm{BK,max}} = 0{,}75 \cdot f_\tau \cdot R_p \cdot n_{pl}$	(3.456)	$\sigma_{\mathrm{BK,max,\perp}} = 0{,}75 \cdot R_p \cdot n_{pl} \cdot \alpha_w \cdot \rho_{WEZ}$ $\sigma_{\mathrm{BK,max,\parallel}} = 0{,}75 \cdot R_p \cdot n_{pl} \cdot \alpha_w \cdot \rho_{WEZ}$ $\tau_{\mathrm{BK,max}} = 0{,}75 \cdot R_p \cdot n_{pl} \cdot \alpha_w \cdot \rho_{WEZ}$	(3.457)

Tabelle 3.94: Maximalwert der Amplitude der Bauteil-Betriebsfestigkeit, einzeln für jede Spannungsart am Nachweispunkt für nichtgeschweißte und geschweißte Bauteile beim Nachweis mit Örtlichen Spannungen

Hierin bezeichnen R_p die Fließgrenze nach Gleichung (3.292) oder (3.294), n_{pl} die plastischen Stützzahlen nach Gleichung (3.325) oder (3.339), α_w den Schweißnahtfaktor gemäß Tabelle 3.40 (für Aluminium Tabelle 3.133), ρ_{WEZ} den Entfestigungsfaktor aus Tabelle 3.132 und f_τ den Schubfestigkeitsfaktor nach Tabelle 3.21.

Nennspannungen		**Örtliche Spannungen**	
Wenn $S_{BK} \geq S_{BK,max}$, ist für jede Spannungsart zu setzen: $S_{\mathrm{BK}} = S_{\mathrm{BK,max}}$ $K_{\mathrm{BK}} = \frac{S_{\mathrm{BK,max}}}{S_{\mathrm{AK}}}$	(3.458)	Wenn $\sigma_{BK} \geq \sigma_{BK,max}$, ist für jede Spannungskomponente zu setzen: $\sigma_{\mathrm{BK}} = \sigma_{\mathrm{BK,max}}$ $K_{\mathrm{BK}} = \frac{\sigma_{\mathrm{BK,max}}}{\sigma_{\mathrm{AK}}}$	(3.459)

Tabelle 3.95: Bauteil-Betriebsfestigkeit S_{BK} und σ_{BK} sowie Betriebsfestigkeitsfaktor K_{BK} für den Fall $S_{BK} \geq S_{BK,max}$ bzw. $\sigma_{BK} \geq \sigma_{BK,max}$

Sollte sich als Berechnungsergebnis herausstellen, dass der ertragbare Wert der Amplitude der Betriebsfestigkeit S_{BK} und T_{BK} bzw. σ_{BK} und τ_{BK} gemäß Tabelle 3.91, Gleichung (3.451) und Tabelle 3.92 größer ist als die in Tabelle 3.93 und Tabelle 3.94 angegebenen

Maximalwerte $S_{BK,max}$ und $T_{BK,max}$ bzw. $\sigma_{BK,max}$ und $\tau_{BK,max}$, so gelten die in Tabelle 3.95 aufgeführten Zusammenhänge zur Berechnung der Bauteil-Betriebsfestigkeit S_{BK} und σ_{BK} sowie des Betriebsfestigkeitsfaktors K_{BK} unter Verwendung der Bauteil-Dauerfestigkeit S_{AK} bzw. σ_{AK} aus Tabelle 3.78, Gleichung (3.441) und Tabelle 3.79.

Wie bereits zu Beginn des Abschnittes 3.8.2.4 erläutert, müssen bei einem Betriebsfestigkeitsnachweis auch Spannungskennwerte oberhalb der Dauerfestigkeit in Form eines Lastkollektives berücksichtigt werden. Demzufolge ist der Dauerfestigkeitskennwert einer Wöhlerlinie alleine nicht mehr ausreichend, sondern man benötigt zusätzlich Informationen über den Bereich der Zeitfestigkeit (s.a. Abbildung 3.48).

Sofern man den Dauerfestigkeitswert S_{AK} bzw. σ_{AK} kennt, benötigt man nur noch die Knickpunktzyklenzahl N_D und den Neigungsexponenten k zur mathematischen Beschreibung der Zeitfestigkeitsgeraden gemäß Abbildung 3.119.

Da es sich bei Wöhlerlinien üblicherweise um versuchstechnisch ermittelte Daten handelt, unterliegen sowohl die Knickpunktzyklenzahl N_D als auch der Neigungsexponent k entsprechenden Streuungen. Mit dem Ziel einer einheitlichen Handhabung derartiger Daten in einem Tragfähigkeitsnachweis für unterschiedlichste Belastungs- und Bauteilarten hat man allerdings eine Vereinheitlichung vorgenommen, die innerhalb der FKM-Richtlinie zu der in Abbildung 3.119 für nichtgeschweißte und in Abbildung 3.120 für geschweißte Bauteile wiedergegebenen einheitlichen Bauteil-Wöhlerlinie führt.

Die jeweils zu verwendenden Knickpunktzyklenzahlen N_D und Neigungsexponenten k der Bauteil-Wöhlerlinien ergeben sich für nichtgeschweißte Bauteile (ohne Randschichthärtung) und geschweißte Bauteile unter Normalspannung aus Tabelle 3.96, für nichtgeschweißte Bauteile (ohne Randschichthärtung) und geschweißte Bauteile unter Schubspannung aus Tabelle 3.97.

Normalspannung σ	**Schubspannung** τ

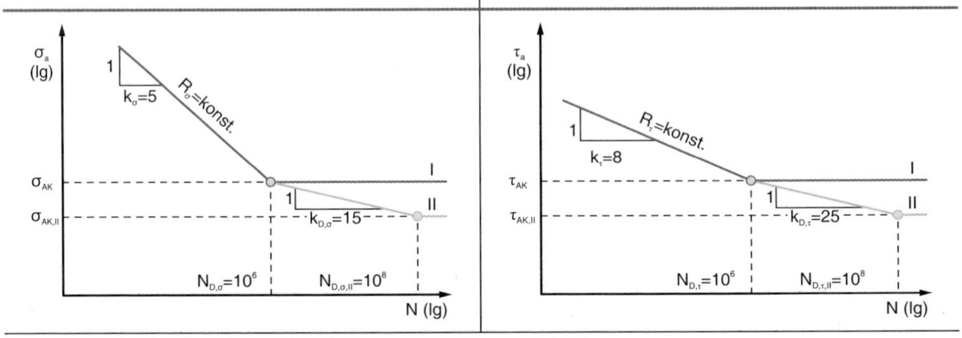

Wöhlerlinie Typ I: Stahl und Eisengusswerkstoff, außer austenitischem Stahl
Wöhlerlinie Typ II: Aluminiumwerkstoff und austenitischer Stahl

Abbildung 3.119: Wöhlerlinien für nichtgeschweißte Bauteile nach [3.50]

Grundsätzlich ist bei allen hier verwendeten Wöhlerlinien zunächst die Dauerfestigkeit die einheitlich maßgebende Berechnungsgrundlage, aus der sich entsprechend der Werte in Tabelle 3.96 und Tabelle 3.97 alle weiteren Größen ergeben. Dieser Wert der Bauteil-Dauerfestigkeit S_{AK} beim Nachweis mit Nennspannungen bzw. σ_{AK} beim Nachweis mit Örtlichen Spannungen ist in Abhängigkeit von der Nachweisart für nichtgeschweißte Bauteile aus Tabelle 3.78 oder Gleichung (3.441) oder für geschweißte Bauteile aus Tabelle 3.79 zu entnehmen.

Normalspannung σ (senkrecht, parallel zur Schweißnaht)	**Schubspannung** τ (Schub)

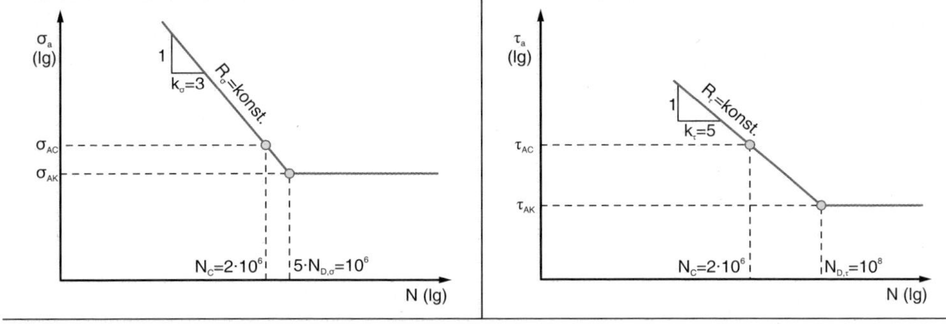

Wöhlerlinie Typ I: Stahl, Eisengusswerkstoff und Aluminiumwerkstoff
N_C ist die Bezugszyklenzahl, zu der der Festigkeitskennwert σ_{AC} bzw. τ_{AC} (die FAT-Klasse) gehört, siehe Gleichung (3.432)

Abbildung 3.120: Wöhlerlinien für geschweißte Bauteile nach [3.50]

Weiterhin ist bei Wöhlerlinien für nichtgeschweißte Bauteile gemäß Abbildung 3.119 noch zu beachten, dass für Stahl (außer austenitischem Stahl) und Eisengusswerkstoff der Wöhlerlinientyp I gilt, bei dem Dauerfestigkeit und Grenzspannungsamplitude für $N = \infty$ gleich sind. Beim Wöhlerlinientyp II für Aluminiumwerkstoff und austenitischen Stahl sind Dauerfestigkeit und Grenzspannungsamplitude für $N = \infty$ um den Faktor f_{II} gemäß Tabelle 3.96 und Tabelle 3.97 verschieden. Für geschweißte Bauteile gibt es generell nur den Wöhlerlinientyp I nach Abbildung 3.120.

Bauteil	$N_{D,\sigma}$	$N_{D,II,\sigma}$	k_σ	$k_{II,\sigma}$	$f_{II,\sigma}$
Stahl und Eisengusswerkstoff (Wöhlerlinie Typ I)					
Nichtgeschweißt	10^6	-	5	-	-
Geschweißt	$5 \cdot 10^6$	-	3	-	-
Aluminiumwerkstoff und austenitischer Stahl (Wöhlerlinie Typ II)					
Nichtgeschweißt	10^6	10^8	5	15	0,74
Geschweißt	$5 \cdot 10^6$	-	3	-	-

$f_{II,\sigma}$ aus N_D, $N_{D,II}$ und k_{II} nach Gleichung (3.463)

Tabelle 3.96: Bauteil-Wöhlerlinien für Normalspannung – Knickpunktzyklenzahlen N_D und Neigungsexponenten k nach [3.50]

Bauteil	$N_{D,\sigma}$	$N_{D,II,\sigma}$	k_σ	$k_{II,\sigma}$	$f_{II,\sigma}$
Stahl und Eisengusswerkstoff (Wöhlerlinie Typ I)					
Nichtgeschweißt	10^6	-	8	-	-
Geschweißt	10^8	-	5	-	-
Aluminiumwerkstoff und austenitischer Stahl (Wöhlerlinie Typ II)					
Nichtgeschweißt	10^6	10^8	8	25	0,83
Geschweißt	10^8	-	5	-	-
$f_{II,\tau}$ aus N_D, $N_{D,II}$ und k_{II} nach Gleichung (3.463)					

Tabelle 3.97: Bauteil-Wöhlerlinien für Schubspannung – Knickpunktzyklenzahlen N_D und Neigungsexponenten k nach [3.50]

Abschließend sei noch darauf hingewiesen, dass bei randschichtgehärteten Bauteilen (gilt nicht für Festwalzen oder Kugelstrahlen) die Bauteil-Wöhlerlinien im Vergleich zu nicht randschichtgehärteten Bauteilen flacher geneigt sind. Daher sind für randschichtgehärtete, nichtgeschweißte Bauteile aus Stahl und Eisengusswerkstoff anstelle der Neigungsexponenten $k_\sigma = 5$ und $k_\tau = 8$ aus Tabelle 3.96 und Tabelle 3.97 die Werte $k_\sigma = 15$ und $k_\tau = 25$ bei sonst unveränderten Werten der Knickpunktzyklenzahlen $N_{D,\sigma}$ und $N_{D,\tau}$ zu verwenden.

Nachdem nun alle Daten zur Beschreibung der erforderlichen Bauteil-Wöhlerlinie zur Verfügung stehen, können im Weiteren die Betriebsfestigkeitsfaktoren für ein Einstufenkollektiv und ein Mehrstufenkollektiv ermittelt werden, wobei für nichtgeschweißte Bauteile gemäß Abbildung 3.119 zwischen den beiden Wöhlerlinientypen I und II zu unterscheiden ist.

Die zur Berechnung des Betriebsfestigkeitsfaktors K_{BK} für ein Einstufenkollektiv erforderlichen Gleichungen sind unter Verwendung der Daten der Wöhlerlinien aus Abbildung 3.119 und Abbildung 3.120 sowie Tabelle 3.96 und Tabelle 3.97 in Tabelle 3.98 zusammengestellt. Sie gelten gleichermaßen für den Ermüdungsfestigkeitsnachweis mit Nennspannungen und mit Örtlichen Spannungen.

Liegt ein Mehrstufenkollektiv gemäß Abbildung 3.121 vor, so ist nach Abbildung 3.90 und Abbildung 3.91 eine Schadensakkumulationsrechnung durchzuführen, deren erstmalige Anwendung auf die Arbeiten von Palmgren und Miner sowie Langer zurückgeht (s.a. Abschnitt 3.7.4.3) [3.83], [3.91], [3.99].

In der FKM-Richtlinie wird hierzu vereinfacht das konservative Verfahren nach Miner-elementar vorgeschlagen, bei dem eine Verlängerung der Zeitfestigkeitsgeraden mit gleicher Steigung in das Dauerfestigkeitsgebiet vorgenommen wird. Diese Modifikation der Schadensakkumulationshypothese geht auf Corten und Dolan zurück, die zur Verbesserung der Aussagefähigkeit auch Schwingbeanspruchungen unterhalb der Dauerfestigkeit in die Schadensakkumulation mit einbeziehen wollten, Abbildung 3.91 [3.9], [3.61].

WL	Zeitfestigkeit	Dauerfestigkeit	
Typ I	$K_{\mathrm{BK}} = \left(\frac{N_D}{\overline{N}}\right)^{\frac{1}{k}} \quad \text{für} \quad \overline{N} < N_D$	$K_{\mathrm{BK}} = 1 \quad \text{für} \quad \overline{N} \geq N_D$	(3.460)
Typ II	$K_{\mathrm{BK}} = \left(\frac{N_D}{\overline{N}}\right)^{\frac{1}{k}} \quad \text{für} \quad \overline{N} < N_D$	$K_{\mathrm{BK}} = 1 \quad \text{für} \quad \overline{N} = N_D$	(3.461)
	$K_{\mathrm{BK}} = \left(\frac{N_D}{\overline{N}}\right)^{\frac{1}{k_{II}}} \quad \text{für} \quad N_D < \overline{N} < N_{D,II}$	$K_{\mathrm{BK}} = f_{II} \quad \text{für} \quad \overline{N} \geq N_{D,II}$	(3.462)

$\overline{N}$: Geforderte Zyklenzahl
N_D: Knickpunktzyklenzahl der Bauteil-Wöhlerlinie
k: Neigungsexponent der Bauteil-Wöhlerlinie für $N < N_D$
$N_{D,II}$: Zweite Knickpunktzyklenzahl der Bauteil-Wöhlerlinie, nur bei Wöhlerlinientyp II
k_{II}: Neigungsexponent der Bauteil-Wöhlerlinie für $N_D < N < N_{D,II}$, nur bei Wöhlerlinientyp II

f_{II}: Faktor, um den die Grenzspannungsamplitude niedriger ist als die Dauerfestigkeit:

$$f_{\mathrm{II}} = \left(\frac{N_D}{N_{D,II}}\right)^{\frac{1}{k_{II}}} \qquad (3.463)$$

Tabelle 3.98: Betriebsfestigkeitsfaktor für ein Einstufenkollektiv mit den Daten der Wöhlerlinie aus Abbildung 3.119 und Abbildung 3.120 sowie Tabelle 3.96 und Tabelle 3.97 nach [3.50]

Es wird jedoch empfohlen, vorzugsweise die Schadensakkumulation nach dem Verfahren Miner-konsequent durchzuführen [3.50], falls möglich. Dieses Verfahren ist allerdings im Vergleich zu Miner-elementar deutlich aufwändiger, da in Abhängigkeit von der Schädigung eine kontinuierliche Verschiebung der Zeitfestigkeitsgeraden nach links und eine Absenkung der Dauerfestigkeit erfolgen müssen, was nur iterativ (am besten rechnergestützt) erfolgen kann. Bedingt durch die kontinuierliche Änderung der Bezugswöhlerlinie wird die ursprünglich lineare Schadensakkumulation nichtlinear [3.76].

Nennspannungen	Örtliche Spannungen

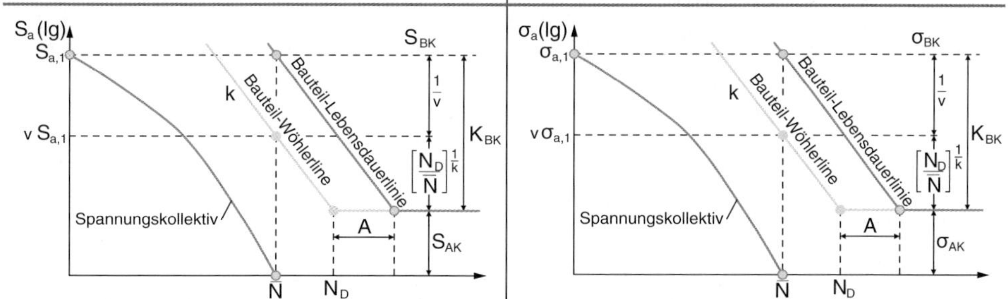

Abbildung 3.121: Betriebsfestigkeitsfaktor K_{BK} für die Bauteil-Wöhlerlinie Typ I und die Schadensakkumulationshypothese nach Miner-elementar für eine Schadenssumme $D_m = 1$ nach [3.50]

Stand bei der erstmaligen Anwendung einer Schadensakkumulationshypothese die Ermittlung der sogenannten Schadenssumme D_m im Vordergrund, wobei aus der

Theorie des Verfahrens heraus für $D_m = 1$ Bauteilversagen angenommen wurde, so hat sich durch Betriebsfestigkeitsversuche und deren theoretische Nachrechnung gezeigt, dass dynamisch beanspruchte Bauteile oftmals deutlich früher versagen, also für Schadenssummen $D_m < 1$. Aufgrund bisheriger Erkenntnisse ist davon auszugehen, dass eine Begrenzung der Schadenssumme auf den Wert $D_{m,min} = 0{,}3$ eine sichere Abschätzung darstellt, da rund 94 % aller nach der originalen Miner-Regel berechneten Schadenssummen oberhalb von $D_{m,min} = 0{,}3$ liegen.

Dieser Wert von $D_{m,min} = 0{,}3$ für Stahl wird auch in der FKM-Richtlinie genutzt, und zwar im Sinne einer „Rückwärtsrechnung", bei der eine Schadenssumme $D_m \geq D_{m,min}$ in Abhängigkeit von der Werkstoffart gemäß Tabelle 3.99 vorgegeben wird, aus der dann der Betriebsfestigkeitsfaktor K_{BK} und damit der ertragbare Wert der Amplitude der Betriebsfestigkeit S_{BK} und T_{BK} bzw. σ_{BK} und τ_{BK} gemäß Tabelle 3.91, Gleichung (3.451) und Tabelle 3.92 ermittelt werden. Demzufolge berechnet sich der Betriebsfestigkeitsfaktor K_{BK} gemäß Abbildung 3.121 und Tabelle 3.99 für Wöhlerlinientyp I und II wie folgt:

$$K_{\mathrm{BK}} = \left(\frac{A \cdot N_D \cdot D_m}{\overline{N}} \right)^{\frac{1}{k}} \text{ und } D_{\mathrm{m}} = \frac{2}{\sqrt[4]{A}} \tag{3.464}$$

Hierin bezeichnen A den Abstand zwischen Lebensdauerlinie und Wöhlerlinie (A_{ele} für Miner-elementar nach Tabelle 3.100 und A_{kon} für Miner-konsequent nach Gleichung (3.470) oder (3.473)), N_D die Knickpunktzyklenzahl der Bauteil-Wöhlerlinie, $\overline{N}$ die geforderte Zyklenzahl und k den Neigungsexponenten der Bauteil-Wöhlerlinie für $N < N_D$ gemäß Abbildung 3.119 und Abbildung 3.120 sowie Tabelle 3.96 und Tabelle 3.97.

Dabei ist für die effektive Miner-Summe D_m unter Nutzung der Untergrenzen von $D_{m,min}$ nach Tabelle 3.99 noch folgende Bedingung zu überprüfen bzw. erfüllen:

$$D_{\mathrm{m}} = \frac{2}{\sqrt[4]{A}} \text{ und } \begin{array}{ll} \mathit{falls}\ D_{\mathrm{m}} > 1 & \text{dann} \quad D_{\mathrm{m}} = 1 \\ \mathit{falls}\ D_{\mathrm{m}} < D_{m,\mathrm{min}} & \text{dann} \quad D_{\mathrm{m}} = D_{m,\mathrm{min}} \end{array} \tag{3.465}$$

Werkstoff	$D_{m,min}$	Effektive Miner Summe D_m
Stahl, GS, Alu. Nichtgeschweißt	0,3	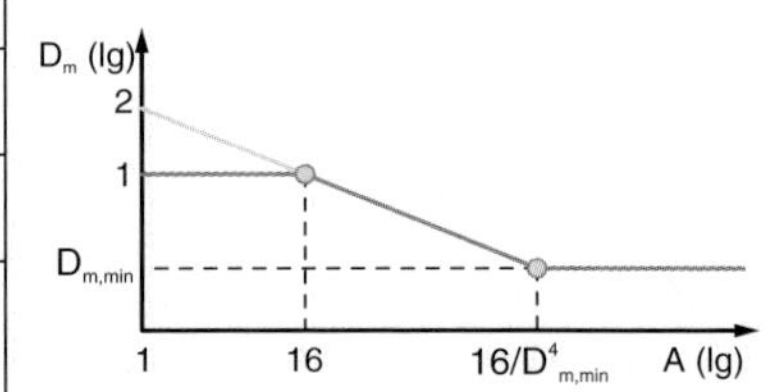
Geschweißte Bauteile	0,5	
GJS, GJM, GJL nichtgeschweißt	1,0	
Die angegebenen Werte sind mit Vorsicht zu verwenden, da die effektive Miner-Summe in besonderen Fällen, z.B. bei hohen Mittellastschwankungen, auch niedriger sein kann.		

Tabelle 3.99: Untergrenze der effektiven Miner-Summe nach [3.50]

Weiterhin ist noch folgender Abgleich zwischen dem Mehrstufenkollektiv und dem Einstufenkollektiv vorzunehmen:

- Für den Wöhlerlinientyp I ist der Betriebsfestigkeitsfaktor $K_{BK} = 1$ zu setzen, sofern sich gemäß Gleichung (3.464) ein Wert von $K_{BK} < 1$ ergeben sollte.

- Für den Wöhlerlinientyp II ist der Betriebsfestigkeitsfaktor K_{BK} in Abhängigkeit von der geforderten Zyklenzahl $\overline{N}$ nach Tabelle 3.98 zu berechnen, sofern sich gemäß Gleichung (3.464) ein Wert von K_{BK} ergeben sollte, der kleiner ist als der Wert für das Einstufenkollektiv nach Tabelle 3.98.

Ebenso sei darauf hingewiesen, dass der Sicherheitshinweis in Tabelle 3.99 unbedingt zu beachten ist, da es bis heute keine Gesetzmäßigkeit gibt, die die angegebenen Schadenssummen $D_{m,min}$ garantiert, was einfach in der Komplexität der Schädigungsmechanismen bei schwingender Beanspruchung begründet liegt. Allerdings kann durch ständig anfallende neue Versuchsergebnisse davon ausgegangen werden, dass diese Erweiterung der bisher bekannten Datengrundlage langfristig zu einer Verbesserung bei der Bildung von Berechnungsgruppen mit vergleichbaren Schadenssummen und zur Absicherung dieser Schadenssummen führen wird.

Im Weiteren ist nun noch in Gleichung (3.464) der Abstand A zwischen der Lebensdauerlinie und der Wöhlerlinie zu berechnen. Für die einfachere lineare Schadensakkumulationshypothese nach Miner-elementar berechnet sich $A = A_{ele}$ für Wöhlerlinientyp I und II entsprechend Tabelle 3.100.

Nennspannungen	Örtliche Spannungen
$$A_{ele} = \frac{1}{\sum_{i=1}^{j} \frac{n_i}{\overline{N}} \cdot \left(\frac{S_{a,i}}{S_{a,1}}\right)^k} \qquad (3.466)$$	$$A_{ele} = \frac{1}{\sum_{i=1}^{j} \frac{n_i}{\overline{N}} \cdot \left(\frac{\sigma_{a,i}}{\sigma_{a,1}}\right)^k} \qquad (3.467)$$
Hierin bezeichnen k den Neigungsexponenten der Bauteil-Wöhlerlinie für $N < N_D$ gemäß Abbildung 3.119, Abbildung 3.120, Tabelle 3.96 und Tabelle 3.97, j die Anzahl aller Kollektivstufen, i den Laufindex der Kollektivstufen, $S_{a,i}$ bzw. $\sigma_{a,i}$ die Spannungsamplitude in Kollektivstufe i und $S_{a,1}$ bzw. $\sigma_{a,1}$ die Maximalspannungsamplitude in Kollektivstufe 1.	$\overline{N}$ ist die geforderte Zyklenzahl und n_i die zugehörige Zyklenanzahl in Stufe i gemäß Tabelle 3.58: $$\overline{N} = \sum_{i=1}^{j} n_i \qquad (3.468)$$

Tabelle 3.100: Abstand A_{ele} zwischen der Lebensdauerlinie und der Wöhlerlinie nach dem Verfahren Miner-elementar

Das aufwändigere Verfahren der nichtlinearen Schadensakkumulation nach Miner-konsequent lässt sich nur iterativ lösen, wobei zwischen den beiden Bauteil-Wöhlerlinien Typ I und Typ II gemäß Abbildung 3.119 zu unterscheiden ist. Wenngleich im Folgenden die Gleichungen (3.469) bis (3.477) für den Nachweis mit Nennspannungen $S_{a,i}$ notiert sind, so gelten die Zusammenhänge in gleicher Weise für den Nachweis mit Örtlichen Spannungen, indem $S_{a,i}$ durch $\sigma_{a,i}$ ersetzt wird.

Betrachtet man also zunächst den Bauteil-Wöhlerlinien Typ I für Stahl und Eisengusswerkstoff sowie geschweißte Bauteile mit horizontalem Verlauf für $N > N_D$, so wird für die Iteration als Startwert eine näherungsweise Äquivalentamplitude $\tilde{S}_{äqu}$ nach dem Verfahren Miner-elementar unter Verwendung von Gleichung (3.464) für den Betriebsfestigkeitsfaktor $K_{BK} = K_{BK,ele}$ und Tabelle 3.100 für den Abstand $A = A_{ele}$ benötigt:

$$\tilde{S}_{äqu} = \frac{S_{a,1}}{K_{BK,ele}} \qquad (3.469)$$

Mit dieser näherungsweisen Äquivalentamplitude $\tilde{S}_{äqu}$ lässt sich die zugehörige Zyklenzahl $\tilde{N}$ unter Verwendung des Abstandes $A = A_{kon}$ zwischen der Lebensdauerlinie und der Wöhlerlinie wie folgt berechnen:

$$\tilde{N} = \mathrm{A}_{kon} \cdot N_D \cdot D_m \cdot \left(\frac{\tilde{S}_{äqu}}{S_{a,1}} \right)^k$$
$$\mathrm{A}_{kon} = \left[\frac{Z_1}{N_1} + \sum_{v=m}^{j} \frac{Z_2}{N_1} \right] \cdot \left(\frac{S_{a,1}}{\tilde{S}_{äqu}} \right)^{k-1} \tag{3.470}$$

$$\mathrm{Z}_1 = \left(\frac{\tilde{S}_{äqu}}{S_{a,1}} \right)^{k-1} - \left(\frac{S_{a,m}}{S_{a,1}} \right)^{k-1} \quad \text{und} \quad \mathrm{Z}_2 = \left(\frac{S_{a,v}}{S_{a,1}} \right)^{k-1} - \left(\frac{S_{a,v+1}}{S_{a,1}} \right)^{k-1} \tag{3.471}$$

$$\mathrm{N}_1 = \sum_{i=1}^{m-1} \frac{n_i}{\bar{N}} \cdot \left(\frac{S_{a,i}}{S_{a,1}} \right)^k \quad \text{und} \quad \mathrm{N}_2 = \sum_{i=1}^{v} \frac{n_i}{\bar{N}} \cdot \left(\frac{S_{a,i}}{S_{a,1}} \right)^k \tag{3.472}$$

Hierin bezeichnen N_D die Knickpunktzyklenzahl der Bauteil-Wöhlerlinie, k den Neigungsexponenten der Bauteil-Wöhlerlinie für $N < N_D$ gemäß Abbildung 3.119, Abbildung 3.120, Tabelle 3.96 und Tabelle 3.97, D_m die effektive Miner-Summe nach Gleichung (3.465), $\bar{N} = \sum n_i$ die geforderte Zyklenzahl (aufsummiert von 1 bis j mit j als Anzahl aller Kollektivstufen), n_i die zugehörige Zyklenanzahl in Stufe i gemäß Tabelle 3.58, i den Laufindex der Kollektivstufen, $S_{a,i}$ die Spannungsamplitude in Kollektivstufe i und $S_{a,I}$ die Maximalspannungsamplitude in Kollektivstufe 1. Die Nummer der ersten Kollektivstufe unterhalb $\tilde{S}_{äqu}$ wird mit m bezeichnet und ist in jedem Iterationsschritt neu festzulegen.

Weiterhin ist bei der Summierung von Z_2 zu beachten, dass $S_{a,j+1} = 0$ ist. Ferner ist in Gleichung (3.470) $\tilde{N} = \infty$ zu setzen, sobald die näherungsweise Äquivalentamplitude $\tilde{S}_{äqu} > S_{a,1}$ wird.

Diese Auswertung von Gleichung (3.470) ist solange iterativ mit unterschiedlichen Werten von $\tilde{S}_{äqu}$ zu wiederholen, bis sich ein Wert $\tilde{N}$ entsprechend der geforderten Zyklenzahl $\bar{N}$ ergibt, also $\bar{N} = \tilde{N}$. Mit dem zugehörigen bzw. ermittelten Wert A_{kon} aus Gleichung (3.470) ist dann der der Betriebsfestigkeitsfaktor K_{BK} nach Gleichung (3.464) zu bestimmen.

Im Falle einer Bauteil-Wöhlerlinie Typ II für nichtgeschweißte Bauteile aus Aluminiumwerkstoff und austenitischem Stahl mit horizontalem Verlauf für $N > N_{D,II}$ und geneigten Verlauf für $N_D < N < N_{D,II}$ ist als Startwert für die Iteration ebenfalls eine näherungsweise Äquivalentamplitude $\tilde{S}_{äqu}$ nach dem Verfahren Miner-elementar mithilfe von Gleichung (3.469) für den Betriebsfestigkeitsfaktor $K_{BK} = K_{BK,ele}$ und Tabelle 3.100 für den Abstand $A = A_{ele}$ benötigt.

Mit dieser näherungsweisen Äquivalentamplitude $\tilde{S}_{äqu}$ lässt sich die zugehörige Zyklenzahl $\tilde{N}$ unter Verwendung des Abstandes $A = A_{kon}$ zwischen der Lebensdauerlinie und der Wöhlerlinie unter Beachtung der Bedingung $k_x = k$ für $\tilde{S}_{äqu} < S_{a,1}$ und $k_x = k_{II}$ für $\tilde{S}_{äqu} \geq S_{a,1}$ wie folgt berechnen:

$$\tilde{N} = \mathrm{A}_{kon} \cdot N_D \cdot D_m \cdot \left(\frac{\tilde{S}_{äqu}}{S_{a,1}} \right)^{k_x} \quad \text{und} \quad \mathrm{A}_{kon} = \left[\frac{Z_3}{N_3} + \sum_{v=p}^{j} \frac{Z_4}{N_4} \right] \cdot \left(\frac{S_{a,1}}{f_{II} \cdot \tilde{S}_{äqu}} \right)^{k-1} \tag{3.473}$$

$$Z_3 = \left(\frac{f_{II} \cdot \tilde{S}_{äqu}}{S_{a,1}}\right)^{k-1} - \left(\frac{S_{a,p}}{S_{a,1}}\right)^{k-1} \quad \text{und} \quad Z_4 = \left(\frac{S_{a,v}}{S_{a,1}}\right)^{k-1} - \left(\frac{S_{a,v+1}}{S_{a,1}}\right)^{k-1} \tag{3.474}$$

Bei der Berechnung der Hilfsgrößen N_3 und N_4 sind nochmals zwei Fälle zu unterscheiden. So gilt für den 1. Fall mit $S_{a,1} \geq \tilde{S}_{äqu}$:

$$N_3 = \sum_{i=1}^{m-1} \frac{n_i}{\bar{N}} \cdot \left(\frac{S_{a,i}}{S_{a,1}}\right)^{k} + \left(\frac{S_{a,1}}{\tilde{S}_{äqu}}\right)^{k_{II}-k} \cdot \sum_{i=m}^{p-1} \frac{n_i}{\bar{N}} \cdot \left(\frac{S_{a,i}}{S_{a,1}}\right)^{k_{II}} \tag{3.475}$$

$$N_4 = \sum_{i=1}^{r_v} \frac{n_i}{\bar{N}} \cdot \left(\frac{S_{a,i}}{S_{a,1}}\right)^{k} + \left(\frac{f_{II} \cdot S_{a,1}}{S_{a,v}}\right)^{k_{II}-k} \cdot \sum_{i=r_v+1}^{p-1} \frac{n_i}{\bar{N}} \cdot \left(\frac{S_{a,i}}{S_{a,1}}\right)^{k_{II}} \tag{3.476}$$

Für den 2. Fall mit $\tilde{S}_{äqu} > S_{a,1} \geq f_{II} \cdot \tilde{S}_{äqu}$ berechnen sich die Hilfsgrößen N_3 und N_4 wie folgt:

$$N_3 = \sum_{i=m=1}^{p-1} \frac{n_i}{\bar{N}} \cdot \left(\frac{S_{a,i}}{S_{a,1}}\right)^{k_{II}} \tag{3.477}$$

$$N_4 = \left(\frac{\tilde{S}_{äqu}}{S_{a,1}}\right)^{k_{II}-k} \cdot \sum_{i=1}^{r_v} \frac{n_i}{\bar{N}} \cdot \left(\frac{S_{a,i}}{S_{a,1}}\right)^{k} + \left(\frac{f_{II} \cdot \tilde{S}_{äqu}}{S_{a,v}}\right)^{k_{II}-k} \cdot \sum_{i=r_v+1}^{v} \frac{n_i}{\bar{N}} \cdot \left(\frac{S_{a,i}}{S_{a,1}}\right)^{k_{II}} \tag{3.478}$$

Ergänzend zu den bereits erläuterten Bezeichnungen bei Gleichung (3.470) bedeuten hierin $N_{D,II}$ die zweite Knickpunktzyklenzahl sowie k_{II} den Neigungsexponenten der Bauteil-Wöhlerlinie für $N_D < N < N_{D,II}$ (beide nur bei Wöhlerlinie Typ II), f_{II} den Faktor, um den die Grenzspannungsamplitude niedriger ist als die Dauerfestigkeit gemäß Tabelle 3.96 und Tabelle 3.97, p die erste Kollektivstufe unterhalb $f_{II} \cdot \tilde{S}_{äqu}$ und r_v die Nummer der letzten Kollektivstufe, für die $S_{a,i} \geq S_{a,v} / f_{II}$ mit $i = 1 \ldots j$ gilt. Dabei sind die Summationsgrenzen m, p und r_v für jeden Iterationsschritt neu festzulegen. Weiterhin ist in Gleichung (3.473) $\tilde{N} = \infty$ zu setzen, sobald für die näherungsweise Äquivalentamplitude $f_{II} \cdot \tilde{S}_{äqu} > S_{a,1}$ wird.

Die Auswertung von Gleichung (3.473) ist solange iterativ mit unterschiedlichen Werten von $\tilde{S}_{äqu}$ vorzunehmen, bis sich ein Wert $\tilde{N}$ entsprechend der geforderten Zyklenzahl $\bar{N}$ ergibt, also $\bar{N} = \tilde{N}$. Mit dem zugehörigen Wert A_{kon} aus Gleichung (3.473) ist dann der der Betriebsfestigkeitsfaktor K_{BK} nach Gleichung (3.464) zu bestimmen.

Anstelle der bisher beschriebenen Berechnung unter Verwendung von mehrstufigen Lastkollektiven, kann der Betriebsfestigkeitsnachweis auch vereinfachend auf der Grundlage der sogenannten Äquivalentspannungsamplitude gemäß Tabelle 3.60 vorgenommen werden. Der hierzu in Tabelle 3.91, Gleichung (3.451) und Tabelle 3.92 anzuwendende Betriebsfestigkeitsfaktor K_{BK} nimmt dabei folgenden Wert an:

$$K_{BK,äqu} = 1 \tag{3.479}$$

Der anschließende Ermüdungsfestigkeitsnachweis mit Nennspannungen (S) oder mit Örtlichen Spannungen (σ) gemäß Abschnitt 3.8.2.6 ist dann mit der Äquivalentspannungsamplitude $S_{äqu}$ bzw. $\sigma_{äqu}$ anstelle des Kollektivgrößtwertes $S_{a,1}$ bzw. $\sigma_{a,1}$ zu führen, wobei entsprechend Tabelle 3.95 mit $S_{BK,max}$ bzw. $\sigma_{BK,max}$ als Maximalwert der Amplitude der Bauteil-Betriebsfestigkeit nach Tabelle 3.93 und Tabelle 3.94 und S_{AK}

bzw. σ_{AK} als Amplitude der Bauteil-Dauerfestigkeit nach Tabelle 3.78, Tabelle 3.79 oder Gleichung (3.441) folgender Ansatz zur Ermittlung des Betriebsfestigkeitsfaktors K_{BK} verwendet wird:

$$S_{äqu} = \frac{S_{a,1}}{K_{BK}} \text{ mit } K_{BK} = \frac{S_{BK,\max}}{S_{AK}}$$
$$\sigma_{äqu} = \frac{\sigma_{a,1}}{K_{BK}} \text{ mit } K_{BK} = \frac{\sigma_{BK,\max}}{\sigma_{AK}} \quad (3.480)$$

Am Ende dieses Abschnittes zur Bauteil-Betriebsfestigkeit sei der Vollständigkeit halber noch das sogenannte Völligkeitsmaß v eines Lastkollektives erwähnt, welches sich für Wöhlerlinientyp I und II mithilfe des Neigungsexponenten k der Bauteil-Wöhlerlinie für $N < N_D$ und dem Abstand A zwischen Lebensdauerlinie und Wöhlerlinie (A_{ele} für Miner-elementar nach Tabelle 3.100 und A_{kon} für Miner-konsequent nach Gleichung (3.470) oder (3.473)) wie folgt bestimmen lässt:

$$\mathrm{v} = \frac{1}{\sqrt[k]{A}} \quad (3.481)$$

Demzufolge ist das Völligkeitsmaß v eines Kollektivs nicht nur von der Kollektivform, sondern auch von der Wöhlerlinienneigung k abhängig. Es kann Werte zwischen null und eins annehmen, wobei die Einstufenbeanspruchung der maximalen Völligkeit $v = 1$ entspricht. Weitere Größen zur Beschreibung der Kollektivform sind der Formparameter ν und der sogenannte p-Wert [3.76]. Häufig werden die Begriffe Kollektivhärte, -völligkeit oder -fülligkeit für qualitative Aussagen verwendet, wobei die Härte, Völligkeit oder Fülligkeit eines Kollektivs umso größer ist, je mehr es sich dem Rechteckkollektiv, d.h. der eigentlichen Einstufenbeanspruchung annähert.

3.8.2.5 Sicherheitsfaktoren

Nachdem in den vorherigen Abschnitten aus den einwirkenden Lasten die Spannungskennwerte (Beanspruchung) ermittelt und unter Berücksichtigung von Werkstoff und Bauteilabmessungen die Bauteilfestigkeit (Beanspruchbarkeit) bestimmt wurde, sind gemäß Abbildung 3.93 nun noch Sicherheitsfaktoren festzulegen, bevor im folgenden Abschnitt 3.8.2.6 der abschließende Ermüdungsfestigkeitsnachweis geführt werden kann.

In der FKM-Richtlinie werden hierzu beim Ermüdungsfestigkeitsnachweis mit Nennspannungen und mit Örtlichen Spannungen einheitlich ein Teilsicherheitsfaktor j_S bezüglich der Last (Beanspruchung bzw. vorhandene Spannung), ein Teilsicherheitsfaktor j_F hinsichtlich des Materials, unterschiedlich für nichtgeschweißte und geschweißte Bauteile nach Tabelle 3.101 und Tabelle 3.102 (Beanspruchbarkeit bzw. ertragbare Spannung), und bei Gussbauteilen zusätzlich ein Gussfaktor j_G gemäß Tabelle 3.103 ermittelt, aus denen dann unter Berücksichtigung der Temperatur durch den Temperaturfaktor $K_{t,D}$ nach Abschnitt 3.8.2.2 der für den Nachweis zu verwendende Gesamtsicherheitsfaktor j_D bestimmt wird:

$$j_D = j_S \cdot \frac{j_F \cdot j_G}{K_{T,D}} \quad (3.482)$$

Dabei beziehen sich die Sicherheitsfaktoren grundsätzlich auf eine Überlebenswahrscheinlichkeit der Festigkeitskennwerte von $P_ü = 97{,}5$ %. Ferner hängt der Material-

Sicherheitsfaktor j_F von der Inspektionsmöglichkeit und den Schadensfolgen gemäß Tabelle 3.101 und Tabelle 3.102 ab.

Schadensfolge		Regelmäßige Inspektion im Sinne der Schadensfrüherkennung – falls ja, Verminderung um 10 %	
		Nein	Ja
1. Hoch	Verlust menschlichen Lebens	1,5	1,35
2. Mittel	Verlust der ganzen Konstruktion Verminderung um etwa 7,5 % zu 1.	1,4	1,25
3. Gering	Verlust sekundärer Bauteile, Lastumlagerungsmöglichkeiten in statisch unbestimmtem System Verminderung um etwa 15 % zu 1.	1,3	1,20

Tabelle 3.101: Zahlenwerte der Material-Sicherheitsfaktoren j_F für nichtgeschweißte Bauteile aus Stahl und Aluminiumwerkstoff für den Ermüdungsfestigkeitsnachweis mit Nennspannungen oder Örtlichen Spannungen nach FKM-Richtlinie [3.50]

Zur Festlegung des Lastfaktors j_S, die nur in Verbindung mit der Lastannahme möglich ist, müssen unbedingt die einleitenden Bemerkungen zu Abschnitt 3.8 zu Lastannahmen berücksichtigt werden. Sofern in diesem Sinne eine ausreichend sichere Annahme zur Last getroffen werden kann, gilt für den Lastfaktor j_S:

$$j_S = 1 \tag{3.483}$$

Schadensfolge		Regelmäßige Inspektion im Sinne der Schadensfrüherkennung – falls ja, Verminderung um 15 %	
		Nein	Ja
1. Hoch	Verlust menschlichen Lebens	1,40	1,2
2. Mittel	Verlust der ganzen Konstruktion Verminderung um etwa 10 % zu 1.	1,25	1,1
3. Gering	Verlust sekundärer Bauteile, Lastumlagerungsmöglichkeiten in statisch unbestimmtem System Verminderung um etwa 20 % zu 1.	1,15	1,0

Tabelle 3.102: Zahlenwerte der Material-Sicherheitsfaktoren j_F für geschweißte Bauteile beim Ermüdungsfestigkeitsnachweis mit Nennspannungen oder örtlichen Spannungen nach FKM-Richtlinie [3.50]

Sofern es sich um Gussbauteile handelt, sind zunächst auch die Material-Sicherheitsfaktoren j_F in Abhängigkeit von der Inspektionsmöglichkeit und den Schadensfolgen gemäß Tabelle 3.101 und Tabelle 3.102 festzulegen. Aufgrund nicht zu vermeidender, aber zulässiger Fehlstellen in Gussstücken ist zusätzlich zum Material-Sicherheitsfaktor j_F in Gleichung (3.482) der Teilsicherheitsfaktor (Gussfaktor) j_G gemäß Tabelle 3.103 zu berücksichtigen. Für alle anderen nicht gegossenen Bauteile ist in Gleichung (3.482) der Gussfaktor zu $j_G = 1$ zu setzen.

Zustand	j_G
Nicht zerstörungsfrei geprüfte Gussstücke	1,40
Zerstörungsfrei geprüfte Gussstücke – Es wird angenommen, dass durch die Prüfung eine nachweislich höhere Qualität der Gussteile gewährleistet ist.	1,25
Premium-Gussteile – Diese erfüllen besondere Anforderungen an Qualifikation und Überwachung des Herstellungsprozesses sowie an Qualität und Umfang der Produktprüfung, so dass gleichmäßige, wenig streuende Bauteileigenschaften gewährleistet sind. Gussbauteile des Maschinenbaus sind Standardgussteile, für die eine weitere Verminderung des Gussfaktors für Premium-Gussteile wie im Flugzeugbau bisher als nicht möglich erscheint.	1,00

Tabelle 3.103: Zahlenwerte des Gussfaktors j_G für Bauteile aus Eisen- und Aluminiumgusswerkstoff beim Ermüdungsfestigkeitsnachweis mit Nennspannungen oder örtlichen Spannungen nach FKM-Richtlinie [3.50]

3.8.2.6 Nachweis

Mithilfe der aus den vorherigen Abschnitten bekannten vorhandenen Spannungen (Beanspruchung) und zulässigen Spannungen im Nachweispunkt (Beanspruchbarkeit) lässt sich unter Verwendung des erforderlichen Gesamtsicherheitsfaktors gemäß Abbildung 3.93 der abschließende Ermüdungsfestigkeitsnachweis mit Nennspannungen oder mit Örtlichen Spannungen führen. Entsprechend dem Aufbau der FKM-Richtlinie sind folgende Ermüdungsfestigkeitsnachweise möglich:

- Nachweis der Betriebsfestigkeit
- Nachweis der Zeitfestigkeit
- Nachweis der Dauerfestigkeit
- Nachweis der Grenzspannungsamplitude für $N = \infty$

Auch wenn der grundsätzliche Berechnungsgang immer gleich ist, so unterscheiden sich die einzelnen Nachweisarten aufgrund der Wahl der jeweils zutreffenden Betriebsfestigkeitsfaktoren K_{BK} und der Unterscheidung der Spannungsamplituden. So ist für den Ermüdungsfestigkeitsnachweis mit Nennspannungen bei einem Einstufenkollektiv als Maximalamplitude $S_{a,1} = S_a$ zu wählen, mit S_a als vorhandener Einstufen-Spannungsamplitude für die geforderte Zyklenzahl. Bei Verwendung einer Äquivalentspannungsamplitude ist als Maximalamplitude $S_{a,1} = S_{äqu}$ einzusetzen, mit $S_{äqu}$ als Äquivalentspannungsamplitude für N_D Zyklen. Für den Ermüdungsfestigkeitsnachweis mit Örtlichen Spannungen gelten die gleichen Zusammenhänge mit $\sigma_{a,1} = \sigma_a$ und $\sigma_{a,1} = \sigma_{äqu}$.

Der eigentliche Nachweis erfolgt dann gleichermaßen für nichtgeschweißte und für geschweißte Bauteile mit diesen Spannungen auf der Grundlage des sogenannten zyklischen Auslastungsgrades a_{BK}, der sich im Nachweispunkt als Quotient aus den folgenden Größen ergibt:

- Größte, vorhandene Spannungsamplitude $S_{a,l}$ bzw. $\sigma_{a,l}$

- Zulässige Amplitude der Bauteil-Betriebsfestigkeit, die sich wiederum als Quotient aus der ertragbaren Amplitude der Bauteil-Betriebsfestigkeit $S_{BK,max}$ bzw. $\sigma_{BK,max}$ und dem erforderlichen Gesamtsicherheitsfaktor j_D ergibt.

Hierbei sind sowohl die vorhandene als auch die ertragbare Amplitude positiv, was auch für den sich daraus ergebenden zyklischen Auslastungsgrad a_{BK} gilt.
Im einfachsten Fall, z.B. bei Einwirken nur einer Spannungsart oder Spannungskomponente, kann der Nachweis für die jeweilige Komponente nach Abschnitt 3.8.2.6.1 geführt werden. In der überwiegenden Anzahl der Fälle wird jedoch eine Überlagerung vorliegen, d.h., es wirken unterschiedliche Spannungsarten wie Zugdruck, Biegung und Torsion zusammen oder die resultierende Spannung ist mehrachsig, weshalb der Nachweis für zusammengesetzte Spannungsarten nach Abschnitt 3.8.2.6.2 vorzunehmen ist.

Sowohl der Ermüdungsfestigkeitsnachweis mit Nennspannungen als auch der Ermüdungsfestigkeitsnachweis mit Örtlichen Spannungen gilt als erbracht, wenn alle geforderten zyklischen Auslastungsgrade a_{BK} kleiner oder maximal gleich eins sind.

3.8.2.6.1 Nachweis für einzelne Spannungsarten

Beim Ermüdungsfestigkeitsnachweis mit Nennspannungen ist gemäß Tabelle 3.104 für jede einzelne Spannungsart – Zug oder Druck, Biegung um zwei Achsen, Schub in zwei Richtungen und Torsion – der zyklische Auslastungsgrad a_{BK} für nichtgeschweißte und geschweißte Bauteile zu prüfen.

Beim Ermüdungsfestigkeitsnachweis mit Örtlichen Spannungen sind entsprechend Tabelle 3.105 die zyklischen Auslastungsgrade a_{BK} nichtgeschweißter Bauteile für Normalspannungen und Schubspannungen für alle Spannungskomponenten zu berechnen. In gleicher Weise ist bei geschweißten Bauteilen mit Normalspannungen senkrecht und parallel zur Schweißnaht sowie Schubspannungen der zyklische Auslastungsgrad a_{BK} zu ermitteln.

Nichtgeschweißte Bauteile (stabförmig) für die Spannungsarten Zugdruck, Biegung um die y- und z-Achse, Schub entlang der y- und z-Achse sowie Torsion.		Geschweißte Bauteile – Normalspannungen senkrecht und parallel zur Schweißnaht sowie Schubspannungen.
$a_{\mathrm{BK,zd}} = \frac{S_{a,zd,1}}{S_{BK,zd}} \cdot j_D \leq 1$	$a_{\mathrm{BK,sy}} = \frac{T_{a,sy,1}}{T_{BK,sy}} \cdot j_D \leq 1$	$a_{\mathrm{BK},\perp} = \frac{S_{a,\perp,1}}{S_{BK,\perp}} \cdot j_D \leq 1$
$a_{\mathrm{BK,by}} = \frac{S_{a,by,1}}{S_{BK,by}} \cdot j_D \leq 1$	$a_{\mathrm{BK,sz}} = \frac{T_{a,sz,1}}{T_{BK,sz}} \cdot j_D \leq 1$	$a_{\mathrm{BK},\parallel} = \frac{S_{a,\parallel,1}}{S_{BK,\parallel}} \cdot j_D \leq 1$
$a_{\mathrm{BK,bz}} = \frac{S_{1,bz,1}}{S_{BK,bz}} \cdot j_D \leq 1$	$a_{\mathrm{BK,t}} = \frac{T_{a,t,1}}{T_{BK,t}} \cdot j_D \leq 1$	$a_{\mathrm{BK},\tau} = \frac{T_{a,1}}{T_{BK,\tau}} \cdot j_D \leq 1$

Tabelle 3.104: Zyklischer Auslastungsgrad a_{BK} für nichtgeschweißte und geschweißte Bauteile beim Ermüdungsfestigkeitsnachweis mit Nennspannungen nach [3.50]

Dabei ist der zyklische Auslastungsgrad a_{BK} als Quotient aus der größten auftretenden Spannungsamplitude $S_{a,1}$ und $T_{a,1}$ bzw. $\sigma_{a,1}$ und $\tau_{a,1}$ (Beanspruchung) gemäß Abschnitt 3.8.2.1 und der zugehörigen ertragbaren größten Spannungsamplitude (Beanspruchbarkeit) im Nachweispunkt, die sich wiederum aus der zugehörigen Bauteil-Betriebsfestigkeit S_{BK} und T_{BK} bzw. σ_{BK} und τ_{BK} gemäß Abschnitt 3.8.2.4, dividiert durch den Gesamtsicherheitsfaktor j_D nach Abschnitt 3.8.2.5 ergibt, zu ermitteln.

Nichtgeschweißte Bauteile für Normalspannungen und Schubspannungen.	Geschweißte Bauteile – Mit Normalspannungen senkrecht und parallel zur Schweißnaht sowie Schubspannungen.	
$a_{\mathrm{BK},\sigma} = \frac{\sigma_{a,1}}{\sigma_{BK}} \cdot j_D \leq 1$ $a_{\mathrm{BK},\tau} = \frac{\tau_{a,1}}{\tau_{BK}} \cdot j_D \leq 1$	$a_{\mathrm{BK},\perp} = \frac{\sigma_{a,\perp,1}}{\sigma_{BK,\perp}} \cdot j_D \leq 1$ $a_{\mathrm{BK},\parallel} = \frac{\sigma_{a,\parallel,1}}{\sigma_{BK,\parallel}} \cdot j_D \leq 1$	$a_{\mathrm{BK},\tau} = \frac{\tau_{a,1}}{\tau_{BK,\tau}} \cdot j_D \leq 1$

Tabelle 3.105: Zyklischer Auslastungsgrad a_{BK} für nichtgeschweißte und geschweißte Bauteile beim Ermüdungsfestigkeitsnachweis mit Örtlichen Spannungen nach [3.50]

3.8.2.6.2 Nachweis für zusammengesetzte Spannungsarten

Sobald unterschiedliche Spannungsarten wie Zugdruck, Biegung und Torsion zusammenwirken oder die resultierende Spannung mehrachsig ist, reicht der Nachweis der einzelnen Spannungsarten gemäß dem vorherigen Abschnitt nicht mehr aus, und der Nachweis ist dann für zusammengesetzte Spannungsarten vorzunehmen.

Dabei ist ungeachtet der Nachweisführung mit Nennspannungen oder mit Örtlichen Spannungen zu beachten, dass bei der Überlagerung bzw. Zusammensetzung der Spannungsarten zu unterscheiden ist zwischen proportionalen oder synchronen Spannungen einerseits und nichtproportionalen Spannungen andererseits (s.a. hierzu die einleitenden Anmerkungen zu Abschnitt 3.8). Die im Folgenden verwendeten Gleichungen entsprechen dabei nur bei proportionalen Spannungen und näherungsweise bei synchronen Spannungen einer Festigkeitshypothese. Im allgemeinen Fall der nichtproportionalen Spannungen wird daraus eine empirische Interaktionsgleichung (s.a. Gleichung (3.490) [3.50].

Betrachtet man zunächst den Ermüdungsfestigkeitsnachweis mit Nennspannungen von nichtgeschweißten Bauteilen gemäß Gleichung (3.484) bis (3.490), so wird die folgende Festigkeitshypothese genutzt, die eine Kombination aus der Gestaltänderungsenergiehypothese (GEH) und der Normalspannungshypothese (NH) darstellt (s.a. Gleichung (3.277)). In Abhängigkeit von der Duktilität des Werkstoffes wird über den Duktilitätsfaktor q, der gemäß Tabelle 3.20 vom Schubfestigkeitsfaktor f_τ abhängt, eine entsprechende Aufteilung vorgenommen:

$$a_{BK,Sv} = q \cdot a_{NH} + (1-q) \cdot a_{GEH} \leq 1 \text{ mit } q = \frac{\sqrt{3} - \frac{1}{f_\tau}}{\sqrt{3}-1} \qquad (3.484)$$

So ist z.B. für Stahl und Aluminiumknetwerkstoff $q = 0$, weshalb nur die Gestaltänderungsenergiehypothese gilt. Für Guss dagegen ist $q \neq 0$, so dass anteilig die Gestaltänderungsenergiehypothese und die Normalspannungshypothese berücksichtigt werden.

Die in Gleichung (3.484) verwendeten zusammengesetzten Auslastungsgrade a_{NH} und a_{GEH} lassen sich unter Verwendung der Parameter s_a und t_a, die sich wiederum aus der Summe der einzelnen zyklischen Auslastungsgrade a_{BK} gemäß Tabelle 3.104 für Zug/Druck und Biegung (s) bzw. für Schub und Torsion (t) ergeben, wie folgt berechnen:

$$a_{NH} = \frac{1}{2} \cdot \left(|s_a| + \sqrt{s_a^2 + 4 \cdot t_a^2}\right) \text{ und } a_{GEH} = \sqrt{s_a^2 + t_a^2} \qquad (3.485)$$

$$s_a = a_{BK,zd} + a_{BK,by} + a_{BK,bz} \text{ und } t_a = a_{BK,sy} + a_{BK,sz} + a_{BK,t}\,. \qquad (3.486)$$

Dabei sind die in Abschnitt 3.8.2.1 gegebenen Hinweise zur Berücksichtigung der Querkraftschubspannungen unbedingt zu beachten. Sofern bei dünnwandigen Querschnitten die Schubspannungen infolge F_{Qsy} und F_{Qsz} entlang des Profils ausgerichtet sind, liegt die additive Überlagerung der Auslastungsgrade $a_{BK,sy}$ und $a_{BK,sz}$ immer auf der sicheren Seite. Bei prismatischen Querschnitten kann auch die günstigere quadratische Überlagerung wie folgt angewendet werden:

$$t_a = \sqrt{a_{BK,sy}^2 + a_{BK,sz}^2} + a_{BK,t} \tag{3.487}$$

Weiterhin sind Gleichung (3.484) noch die folgenden Sonderfälle zu beachten. Für nichtduktilen Aluminiumknetwerkstoff mit einer Bruchdehnung von $A < 6\ \%$ gilt für den Faktor q der Wert $q = 0{,}5$. Für randschichtgehärtete Bauteile, allerdings nicht bei mechanischer Randschichtverfestigung, ist $q = 1$ zu setzen.

Im Falle des Ermüdungsfestigkeitsnachweises mit Nennspannungen für geschweißte Bauteile ist folgender Zusammenhang zu verwenden, wobei die einzelnen zyklischen Auslastungsgrade $a_{BK,\perp}$, $a_{BK,\parallel}$ und $a_{BK,\tau}$ für geschweißte Bauteile der Tabelle 3.104 zu entnehmen sind:

$$a_{\mathrm{BK,Sv}} = \frac{1}{2} \cdot \left(\left| s_{\mathrm{a},\perp} + s_{\mathrm{a},\parallel} \right| + \sqrt{\left(s_{\mathrm{a},\perp} - s_{\mathrm{a},\parallel} \right)^2 + 4 \cdot t_a^2} \right) \leq 1 \tag{3.488}$$

$$s_{\mathrm{a},\perp} = a_{\mathrm{BK},\perp} \qquad s_{\mathrm{a},\parallel} = a_{\mathrm{BK},\parallel} \qquad t_{\mathrm{a}} = a_{\mathrm{BK},\tau} \tag{3.489}$$

Bei der Anwendung der Gleichungen (3.486) und (3.489) sind grundsätzlich die zyklischen Auslastungsgrade a_{BK} mit den Vorzeichen der Amplituden der jeweiligen Spannungsarten im Nachweispunkt einzusetzen. Sofern die Amplituden immer gleichsinnig wirken, entsteht aus der Addition eine höhere Gesamtauslastung. Wirken die Amplituden jedoch gegensinnig, können sich infolge der Subtraktion die Spannungskomponenten teilweise oder ganz aufheben.

Abschließend sei zum Ermüdungsfestigkeitsnachweis mit Nennspannungen noch die Berechnung des zyklischen Auslastungsgrades stabförmiger Bauteile für nichtproportionale Spannungen unter Verwendung des Mehrachsigkeitsgrades x_m nach Tabelle 3.106 angegeben:

$$a_{BK,Sv} = \sqrt[x_m]{s_a^{x_m} + t_a^{x_m}} \leq 1 \tag{3.490}$$

Wie bereits oben erwähnt, handelt es sich bei Gleichung (3.490) aufgrund des allgemeinen Falls der nichtproportionalen Spannungen nicht mehr um eine Festigkeitshypothese im klassischen Sinne, sondern um eine empirische Interaktionsgleichung [3.50].

Bauteil	**Mehrachsigkeitsexponent x_m**	
Nichtgeschweißt	1,5	Dieser Wert ist für semiduktile und spröde Werkstoffe konservativ. Eine verbesserte, aber bisher nicht durch eine ausreichende Versuchsanzahl abgesicherte Darstellung des Mehrachsigkeitsexponenten ist $x_m = 1{,}5 + q$ mit q nach Tabelle 3.20.
Geschweißt	1,0	Näherungsweise konform zu IIW-Empfehlungen [3.69].

Tabelle 3.106: Mehrachsigkeitsexponent x_m nach [3.50]

Wird der Ermüdungsfestigkeitsnachweis mit Örtlichen Spannungen von nichtgeschweißten Bauteilen gemäß Gleichung (3.491) bis (3.499) geführt, so kommt ebenfalls die bekannte Kombination aus der Gestaltänderungsenergiehypothese (GEH) und der Normalspannungshypothese (NH) gemäß Gleichung (3.277) bzw. (3.484) als Festigkeitshypothese zur Anwendung. Dabei wird in Abhängigkeit von der Duktilität des Werkstoffes über den Duktilitätsfaktor q, der gemäß Tabelle 3.20 vom Schubfestigkeitsfaktor f_τ abhängt, eine entsprechende Aufteilung vorgenommen:

$$a_{BK,\sigma v} = q \cdot a_{NH} + (1-q) \cdot a_{GEH} \leq 1 \text{ mit } q = \frac{\sqrt{3} - \frac{1}{f_\tau}}{\sqrt{3} - 1} \tag{3.491}$$

Aufgrund des Wertes $q = 0$ gilt für Stahl und Aluminiumknetwerkstoff demzufolge nur die Gestaltänderungsenergiehypothese. Andererseits ist für Guss $q \neq 0$, so dass die Gestaltänderungsenergiehypothese und die Normalspannungshypothese jeweils anteilig berücksichtigt werden.

Die in Gleichung (3.491) verwendeten zusammengesetzten Auslastungsgrade a_{NH} und a_{GEH} lassen sich unter Verwendung der Parameter $s_{a,1}$, $s_{a,2}$ und $s_{a,3}$, die sich wiederum aus den einzelnen zyklischen Auslastungsgraden $a_{BK,\sigma}$ gemäß Tabelle 3.105 ergeben, für räumliche Spannungszustände wie folgt berechnen:

$$a_{NH} = MAX\left(\left|s_{a,1}\right|, \left|s_{a,2}\right| \left|s_{a,3}\right|\right) \tag{3.492}$$

$$a_{GEH} = \sqrt{\frac{1}{2} \cdot \left[\left(s_{a,1} - s_{a,2}\right)^2 + \left(s_{a,2} - s_{a,3}\right)^2 \left(s_{a,3} - s_{a,1}\right)^2\right]} \tag{3.493}$$

$$s_{a,1} = a_{BK,\sigma 1} \qquad s_{a,2} = a_{BK,\sigma 2} \qquad s_{a,3} = a_{BK,\sigma 3} \tag{3.494}$$

Liegt anstelle des räumlichen Spannungszustandes ein ebener Spannungszustand vor, so lassen sich die nach Gleichung (3.491) zusammengesetzten Auslastungsgrade a_{NH} und a_{GEH} unter Verwendung der Parameter $s_{a,x}$, $s_{a,y}$ und t_a, die sich wiederum aus den einzelnen zyklischen Auslastungsgraden $a_{BK,\sigma}$ gemäß Tabelle 3.105 ergeben, wie folgt berechnen:

$$a_{NH} = \frac{1}{2} \cdot \left(\left|s_{a,x} + s_{a,y}\right| + \sqrt{\left(s_{a,x} - s_{a,y}\right)^2 + 4 \cdot t_a^2}\right) \tag{3.495}$$

$$a_{GEH} = \sqrt{s_{a,x}^2 - s_{a,y}^2 - s_{a,x} \cdot s_{a,y} + t_a^2} \tag{3.496}$$

$$s_{a,x} = a_{BK,\sigma x} \qquad s_{a,y} = a_{BK,\sigma y} \qquad t_a = a_{BK,\tau} \tag{3.497}$$

Weiterhin sind Gleichung (3.491) noch die folgenden Sonderfälle zu beachten. Für nichtduktilen Aluminiumknetwerkstoff mit einer Bruchdehnung von $A < 6\ \%$ gilt für den Faktor q der Wert $q = 0{,}5$. Für randschichtgehärtete Bauteile, allerdings nicht bei mechanischer Randschichtverfestigung, ist $q = 1$ zu setzen.

Im Falle des Ermüdungsfestigkeitsnachweises mit Örtlichen Spannungen für geschweißte Bauteile sind die zyklischen Auslastungsgrade $a_{BK,\perp}$, $a_{BK,||}$ und $a_{BK,\tau}$ aus Tabelle 3.105 zu entnehmen und wie folgt zu verwenden:

$$a_{\mathrm{BK},\sigma\mathrm{v}} = \frac{1}{2} \cdot \left(\left| s_{\mathrm{a},\perp} + s_{\mathrm{a},\parallel} \right| + \sqrt{\left(s_{\mathrm{a},\perp} - s_{\mathrm{a},\parallel} \right)^2 + 4 \cdot t_a^2} \right) \leq 1 \tag{3.498}$$

$$s_{\mathrm{a},\perp} = a_{\mathrm{BK},\perp} \qquad s_{\mathrm{a},\parallel} = a_{\mathrm{BK},\parallel} \qquad t_{\mathrm{a}} = a_{\mathrm{BK},\tau} \tag{3.499}$$

Bei der Anwendung der Gleichungen (3.494), (3.497) und (3.499) sind die zyklischen Auslastungsgrade a_{BK} mit den Vorzeichen der Amplituden der jeweiligen Spannungsarten im Nachweispunkt einzusetzen. Sofern die Amplituden immer gleichsinnig wirken, entsteht aus der Addition eine höhere Gesamtauslastung. Wirken die Amplituden jedoch gegensinnig, können sich infolge der Subtraktion die Spannungskomponenten teilweise oder ganz aufheben.

Wie bereits eingangs erwähnt, entspricht Gleichung (3.491) nur bei proportionalen Spannungen und näherungsweise bei synchronen Spannungen einer Festigkeitshypothese, während für den allgemeinen Fall der nichtproportionalen Spannungen daraus eine empirische Interaktionsgleichung wird.

Insbesondere die sichere Bewertung des Zusammenwirkens nichtproportionaler Spannungen ist noch nicht Stand der Technik, sondern in weiten Bereichen eher Gegenstand der Forschung. Dennoch wird in der FKM-Richtlinie der Versuch einer Einordnung hinsichtlich der Anwendung in einem Festigkeitsnachweis unternommen, indem die folgenden drei Fälle bezüglich ihrer Wirkung unterschieden werden:

1 Gleichzeitiges Auftreten der Maximalamplituden – Sofern aufgrund der angreifenden Belastungen die Maximalamplituden regelmäßig gleichzeitig auftreten, muss die Addition der Teilkollektive aller Belastungsanteile in Spannungsrichtung gemäß Abbildung 3.122 vorgenommen werden.

Hierzu werden die auf das Bauteil einwirkenden, zeitlich nicht proportional veränderlichen Belastungen als Belastung I, Belastung II, usw. bestimmt. Anschließend sind für jede dieser Belastungen gemäß Abschnitt 3.8.2.1 die Spannungskollektivkennwerte zu berechnen mit denen dann jeweils ein vollständiger Ermüdungsfestigkeitsnachweis gemäß Abschnitt 3.8.2 durchzuführen ist. Im Ergebnis erhält man gemäß Gleichung (3.491) für jede dieser Belastungen einzelne Auslastungsgrade $a_{BK,\sigma v,I}$, $a_{BK,\sigma v,II}$ usw., die dann zum folgenden Gesamtauslastungsgrad $a_{BK,\sigma v,ges}$ aufsummiert werden:

$$a_{\mathrm{BK},\sigma v,ges} = a_{\mathrm{BK},\sigma v,I} + a_{\mathrm{BK},\sigma v,II} + \ldots \tag{3.500}$$

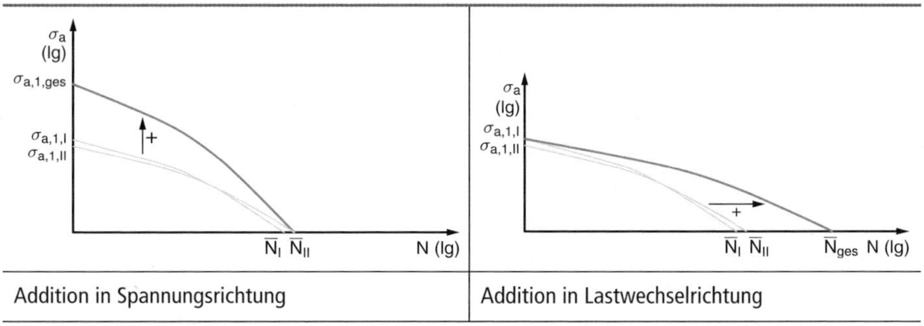

Abbildung 3.122: Nichtproportionale Spannungen – Addition von Teilkollektiven nach [3.50]

2 Zeitversetztes Auftreten der Maximalamplituden – Sofern infolge der angreifenden Belastungen die Maximalamplituden wahrscheinlich zeitlich versetzt auftreten, ist die Addition der Teilkollektive aller Belastungsanteile in Lastwechselrichtung gemäß Abbildung 3.122 vorzunehmen.

Auch hier sind dann die auf das Bauteil einwirkenden, zeitlich nicht proportional veränderlichen Belastungen als Belastung I, Belastung II usw. zu bestimmen und gemäß Abschnitt 3.8.2.1 die jeweiligen Spannungskollektivkennwerte zu berechnen. Aus diesen Einzelkollektiven wird dann durch Addition der Lastwechselzahlen das gesamte Bemessungskollektiv gebildet, mit dem die weiteren Berechnungen gemäß Abschnitt 3.8.2 durchzuführen sind, so dass sich am Ende der Auslastungsgrad gemäß Gleichung (3.491) ergibt.

3 Zeitlich unkorreliertes Auftreten der Maximalamplituden – Für diesen allgemeinen Fall wird in Ermangelung eines besseren Verfahrens die Vorgehensweise wie bei nichtproportionalen oder synchronen Spannungen vorgeschlagen.

Allerdings sollte der Nachweis nur bei Vorliegen von bestätigenden Erfahrungen oder experimentellen Ergebnissen für gleiche oder ähnliche Anwendungsfälle auf diese Art geführt werden. Fehlen derartige bestätigende Vorkenntnisse, so wird die konservative Vorgehensweise gemäß 1. „Gleichzeitiges Auftreten der Maximalamplituden“ zur Anwendung vorgeschlagen.

Abschließend sei noch der Vollständigkeit halber die Vorgehensweise bei drehenden Hauptachsen erwähnt, da nichtproportionale Spannungen im Allgemeinen ein zeitlich veränderliches Hauptachsensystem aufweisen. Zunächst ist der Ermüdungsfestigkeitsnachweis gemäß Abschnitt 3.8.2 für verschiedene Drehwinkel des Koordinatensystems im Nachweispunkt durchzuführen, wobei die so bestimmten Auslastungsgrade in Abhängigkeit vom Drehwinkel des Koordinatensystems unterschiedliche Werte annehmen. Entsprechend der „Methode der kritischen Schnittebene“ wird von allen diesen Auslastungsgraden dann der höchste berechnete Auslastungsgrad für den Ermüdungsfestigkeitsnachweis verwendet, was zu einer konservativen Vorgehensweise führt.

Unabhängig von all diesen Vorgehensweisen ist für jeden Anwendungsfall die tatsächlich vorliegende Beanspruchungssituation sorgfältig zu untersuchen und das Ergebnis kritisch zu bewerten. In Zweifelsfällen – insbesondere bei hohen Sicherheitsanforderungen – kann unter Abwägung von Aufwand und Nutzen ein experimenteller Ermüdungsfestigkeitsnachweis Abhilfe schaffen.

3.8.3 Kerbformzahlen und Kerbwirkungszahlen

Wie bereits in Abschnitt 3.6 erläutert, erlaubt die Verwendung von Kerbformzahlen α_σ und Kerbwirkungszahlen β_σ bei Tragfähigkeitsnachweisen auf der Grundlage von Nennspannungen die Bewertung von tragfähigkeitsmindernden Einflüssen. Daher werden auch für die Nachweise mit Nennspannungen innerhalb der FKM-Richtlinie Kerbformzahlen und Kerbwirkungszahlen genutzt, allerdings werden die Kerbformzahlen hier mit K_t und die Kerbwirkungszahlen mit K_F bezeichnet. Für die Nachweise mit Örtlichen Spannungen werden Kerbform- und Kerbwirkungszahlen nicht benötigt, da die tatsächliche Spannungserhöhung direkt in der Kerbe ermittelt wird und nicht über K_t und K_F aus den Nennspannungen berechnet werden muss. Im Folgenden wird getrennt auf die Kerbformzahlen K_t und Kerbwirkungszahlen K_F eingegangen, wobei K_t und K_F über die Stützwirkungszahl n miteinander verknüpft sind.

Sofern der Anwender über genauere und abgesicherte Formzahlen im Vergleich zu den im Folgenden vorgestellten verfügt, kann er diese auch verwenden.

3.8.3.1 Kerbformzahlen

Die hauptsächlich erforderlichen Geometrien zur Beschreibung der nachzuweisenden Maschinenbauteile sind Rundstäbe und Flachstäbe verschiedenster Abmessungen.

Die zur Berechnung von Achsen und Wellen benötigten Formzahlen für Rundstäbe mit Umlaufkerbe oder mit Absatz sind in *Tabelle 11.21* sowie *Abbildung 11.34* und *Abbildung 11.35* zusammengestellt. Sie gelten für die Belastungsarten Zugdruck, Biegung und Torsion, wobei die in den Diagrammen angegebene Bezeichnung α der Größe K_t entspricht. Besondere Formzahlen für Schub sind nicht verfügbar.

Ebenfalls bei Achsen und Wellen sind Freistiche gemäß Abbildung 3.123 zu berücksichtigen. Dabei berechnen sich die Formzahlen für Rundstäbe mit Freistich (Form B) vergleichbar zu den Rundstäben mit Absatz und den Durchmessern d und D gemäß *Abbildung 11.35*, wobei angenommen wird, dass der zusätzliche Absatz am rechten Ende der Kerbe die Formzahl nicht wesentlich beeinflusst, sofern $f_1 / r \geq 5$ ist. Ungeachtet dessen verfügt aber die Form B über eine geringere Ermüdungsfestigkeit als Form D.

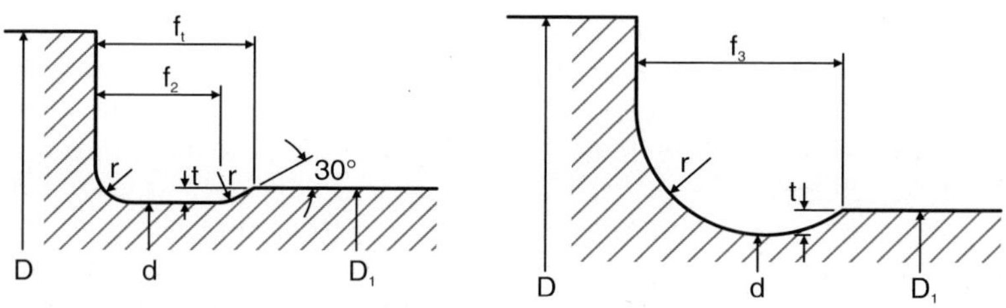

Abbildung 3.123: Rundstab mit Freistich – Form B (links), Form D (rechts)

Die Formzahlen $K_{t,F}$ für Rundstäbe mit Freistich, Form D, nach Abbildung 3.123 sind wie folgt durch Überlagerung der Formzahl $K_{t,U}$ für den Rundstab mit Umlaufkerbe und mit Absatz $K_{t,A}$ nach *Abbildung 11.34* und *Abbildung 11.35* zu berechnen, wobei D_1 den kleineren Durchmesser, d den Durchmesser im Kerbgrund und D den größeren Durchmesser nach Abbildung 3.123 bezeichnen:

$$K_{\mathrm{t,F}} = \left(K_{\mathrm{t,U}} - K_{\mathrm{t,A}}\right) \cdot \sqrt{\frac{D_1 - d}{D - d}} + K_{\mathrm{t,A}} \tag{3.501}$$

Im Vergleich zu Form B wird aber angenommen, dass der zusätzliche Absatz am rechten Ende der Kerbe die Formzahl wesentlich beeinflusst, sofern $f_3 / r \approx 2$ ist.

Für die Geometrien Rundstab mit „Schraubenkopf“ und Rundstab mit Bund nach Abbildung 3.124 berechnet sich die Formzahl für den Rundstab mit „Schraubenkopf“ bei Zugbelastung näherungsweise wie für den Flachstab mit Schulterkopf nach Abbildung 3.131 mit $d = b$ und $D = B$.

Die Formzahlen für Rundstäbe mit Bund gemäß Abbildung 3.124 ergeben sich für Zugdruck, Biegung und Torsion aus folgender Gleichung:

$$K_{\mathrm{t,L}} = 1 + \left(K_{\mathrm{t}} - 1\right) \cdot \sqrt{\frac{K_{t,b,L/D} - 1}{K_{t,b,L/D=2} - 1}} \tag{3.502}$$

Hierin bezeichnen $K_{t,L}$ die gesuchte Formzahl je nach Spannungsart für den schmalen Bund mit den aktuellen Werten L / D und D / d, K_t die Formzahl für den „breiten“ Bund (Absatz) des aktuellen Wertes d / D, je nach Spannungsart nach *Abbildung 11.34* und *Abbildung 11.35*, $K_{t,b,L/D}$ die Formzahl für Biegung für den aktuellen Wert L / D, näherungsweise nach Abbildung 3.131 ($D = B$, $d = b$, der Bildteil für den nächstgelegenen B / b-Wert ist anzuwenden) und $K_{t,b,L/D=2}$ die Formzahl für Biegung für den Wert $L / D = 2$, ebenfalls näherungsweise aus Abbildung 3.131.

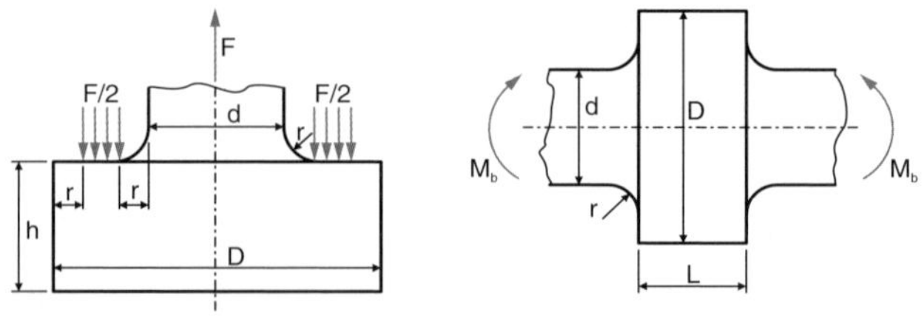

Abbildung 3.124: Rundstab mit „Schraubenkopf" (links) und mit Bund (rechts)

Abschließend sei darauf hingewiesen, dass Formzahlen für Rundstäbe mit umlaufender Mehrfachkerbe für Zugdruck, für Biegung und für Torsion sinngemäß wie für Flachstäbe mit Mehrfachkerbe nach Abbildung 3.126 berechnet werden können.

Da Flachstäbe üblicherweise nur den Belastungen Zugdruck oder Biegung unterliegen, sind auch die Formzahlen diesen Fällen zugeordnet. Mit der Kraft F für Zugdruck und dem Biegemoment M_b für Biegung folgt für die zugehörigen Nennspannungen S_{zd} und S_b:

$$S_{\text{zd}} = \frac{F}{s \cdot b} \text{ (Zugdruck)} \quad S_b = \frac{6 \cdot M_b}{s \cdot b^2} \text{ (Biegung)} \qquad (3.503)$$

Davon abweichende Gleichungen zur Berechnung der Nennspannungen sind bei den jeweiligen Diagrammen angegeben, ebenso die zugehörigen geometrischen Größen s und b.

Die Formzahlen für Flachstäbe mit beidseitiger Kerbe oder mit Absatz unter Zugdruck oder Biegung sowie die zugehörige Berechnungsgleichung sind in Abbildung 3.125 enthalten.

In Abbildung 3.126 sind Formzahlen für Flachstäbe mit einseitiger Kerbe bei Biegung sowie für Flachstäbe mit Mehrfachkerbe unter Zugdruck wiedergegeben. Die Formzahl in Abbildung 3.126 b) gilt für die Endkerbe [3.45], [3.50], [3.101]. Mit Abbildung 3.126 c) lässt sich näherungsweise für Zugdruck und für Biegung die Entlastungszahl γ und damit die wirksame Kerbtiefe t' der äquivalenten Einfachkerbe ermitteln. Mit dieser wirksamen Kerbtiefe t' können dann die Formzahlen nach Abbildung 3.125 bestimmt werden.

Die Nennspannung S_{zd} zu der Zug-Druck-Belastung in Abbildung 3.126 b) lautet:

$$S_{\text{zd}} = \frac{F}{s \cdot (B - r)} \qquad (3.506)$$

In Abbildung 3.127 sind Formzahlen für Flachstäbe mit quer liegendem Langloch bei Zugdruck und Biegung sowie Formzahlen für den Flachstab mit außermittiger Bohrung bei Zugdruck wiedergegeben. In Abbildung 3.127 a) und b) ergibt sich für das Verhältnis $t / r = 1$ die kreisförmige Bohrung und für große Werte von r / b ein Grenzwert von $K_{t,z} = 2$ bzw. $K_{t,b} = 2$. Die Gleichungen zur Berechnung der jeweiligen Nennspannung sind ebenfalls in Abbildung 3.127 enthalten, wobei sich die Biegenennspannung in b) auf den Punkt G bezieht, in Diagramm c) liegen die Nennspannungen im Unendlichen bzw. im Bohrungsquerschnitt A-C. Der Sonderfall der „mittigen Bohrung" wird für das Verhältnis $B / b = 1$ erreicht.

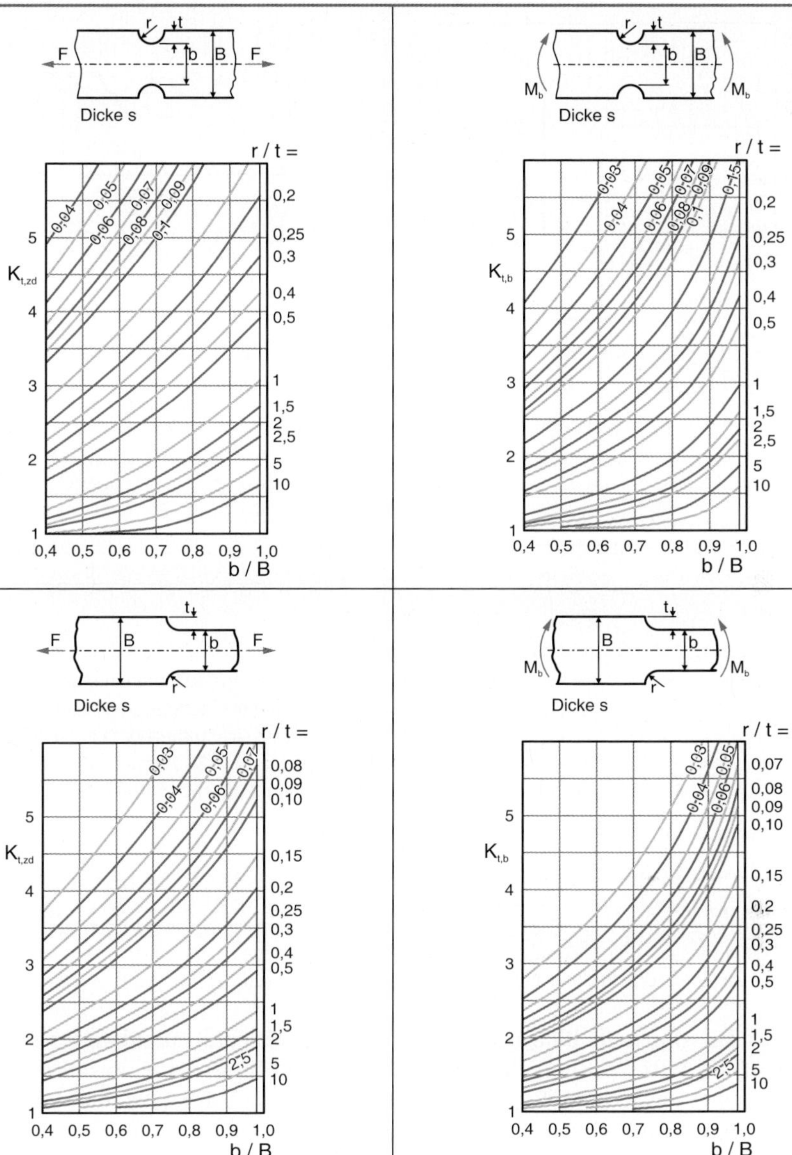

Beidseitige Kerbe	A	B
Zug	0,22	0,85
Biegung	0,2	2,1
Absatz	A	B
Zug	0,5	2,5
Biegung	0,5	6,0

$$K_\mathrm{t} = 1 + \frac{1}{\sqrt{A \cdot \frac{r}{t} + 2 \cdot B \cdot \frac{r}{b} \cdot \left(1 + 2 \cdot \frac{r}{b}\right)^2}} \quad (3.504)$$

Abbildung 3.125: Formzahlen für den Flachstab mit beidseitiger Kerbe und Absatz bei Zug oder Druck, $r > 0$, $b / B < 1$

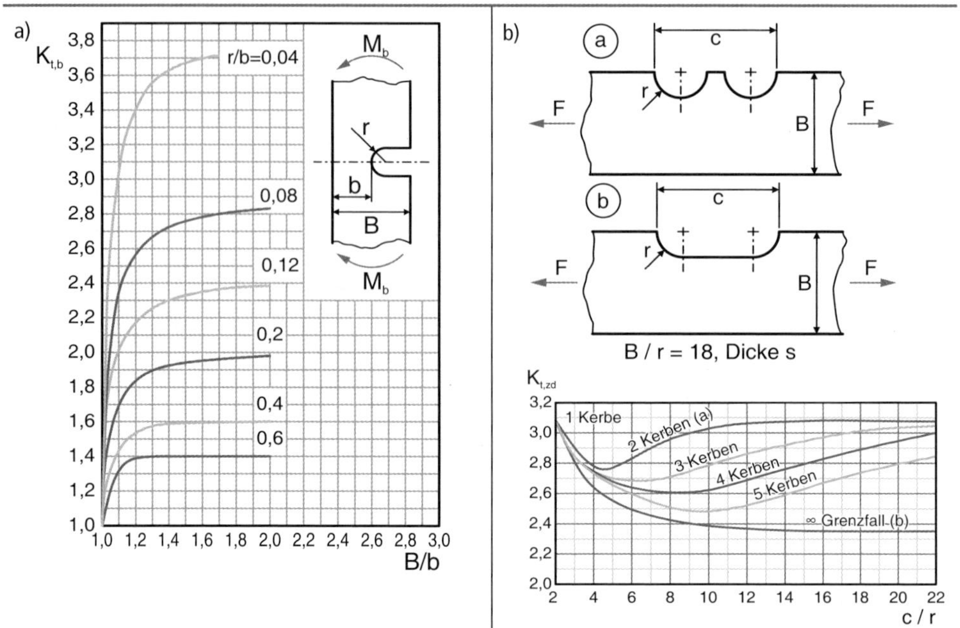

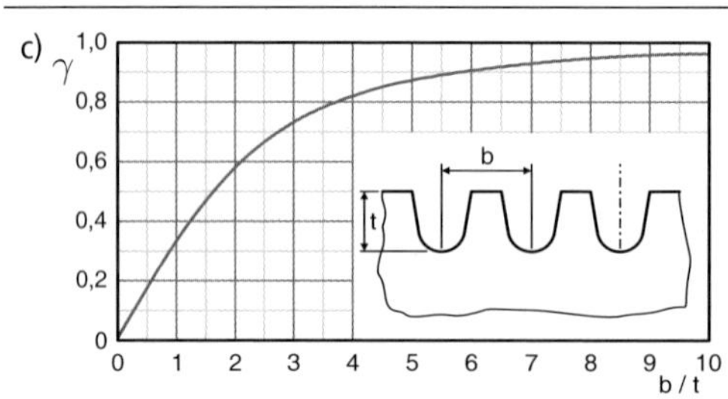

Für eine große Anzahl hintereinander angeordneter Kerben in einem Flachstab unter Zugdruck oder Biegung lässt sich mithilfe der nebenstehenden Entlastungszahl γ die wirksame Kerbtiefe t' der äquivalenten Einfachkerbe berechnen:

$$t' = \gamma \cdot t \qquad (3.505)$$

Abbildung 3.126: Formzahlen für Flachstäbe – a) Mit einseitiger Einfachkerbe unter Biegung, b) Mit einseitiger Mehrfachkerbe unter Zugdruck, c) Entlastungszahl für die unendliche Mehrfachkerbe [3.45], [3.50], [3.95], [3.101], [3.143]

Für Flachstäbe, die dem Belastungsfall Biegung senkrecht zur Ebene der Bohrung unterliegen, sind die Formzahldiagramme in Abbildung 3.128 zusammengestellt. Dabei unterscheiden sich die Formzahldiagramme in Abbildung 3.128 a) und b) durch die Art der Belastung, da im Fall b) von einem Streckenbiegemoment ausgegangen wird. Die zugehörigen Gleichungen für die Nennspannungen sind ebenfalls dort angegeben.

In Abbildung 3.128 c) sind die Formzahlen für den Flachstab mit beidseitiger Kerbe und Biegung senkrecht zur Bohrungsebene wiedergegeben, wobei die folgenden Bedingungen großes Verhältnis von $(B - b) / s$ und $r > 0$ einzuhalten sind [3.101].

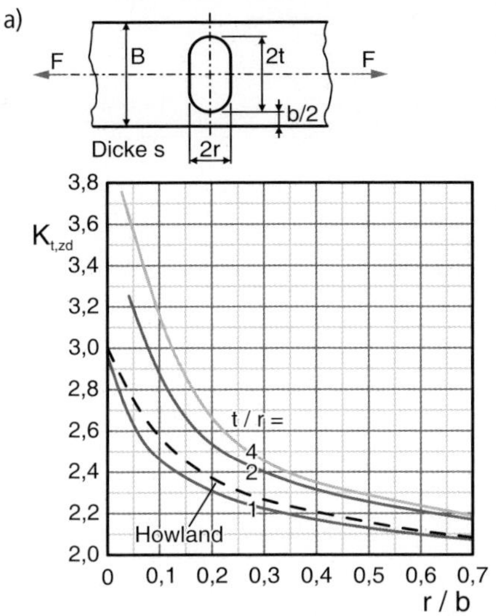

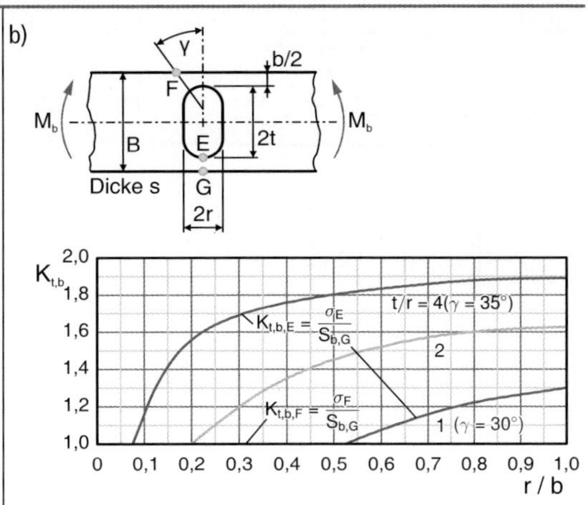

$$\text{a)}\quad S_{zd} = \frac{F}{s \cdot (B - 2 \cdot t)} \tag{3.507}$$

$$\text{b)}\quad S_{b,G} = \frac{M_b}{\left[1 - \left(\frac{2 \cdot t}{B}\right)^3\right] s \cdot \frac{B^2}{6}} \tag{3.508}$$

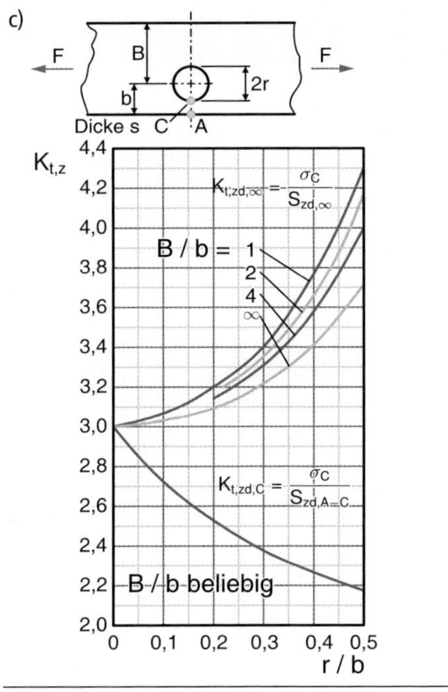

$$\text{c)}\quad S_{zd,\infty} = \frac{F}{s \cdot (B + b)} \tag{3.509}$$

$$S_{zd,A\text{-}C} = \frac{S_{zd,\infty} \cdot \sqrt{1 - \left(\frac{r}{b}\right)^2}}{\left(1 - \frac{r}{b}\right)\left[1 - \left(\frac{b}{B}\right) \cdot \left(1 - \sqrt{1 - \left(\frac{r}{b}\right)^2}\right)\right]} \tag{3.510}$$

Abbildung 3.127: Formzahlen für den Flachstab mit Bohrung – a) Quer liegendes Langloch bei Zugdruck, b) Quer liegendes Langloch bei Biegung, c) Außermittige Bohrung bei Zugdruck nach [3.50], [3.71], [3.86], [3.101], [3.139]

Abschließend sind noch die Formzahldiagramme für den Flachstab mit Schulter bei Biegung in Abbildung 3.129 und Abbildung 3.130 sowie für den Flachstab mit Schulterkopf unter Einzellast und Streckenlast in Abbildung 3.131 zusammengestellt.

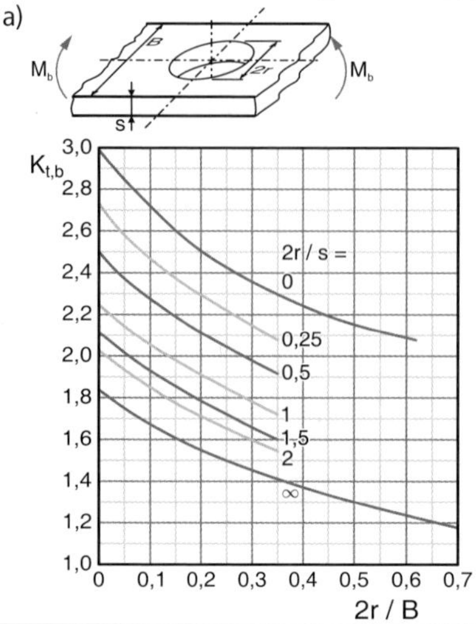

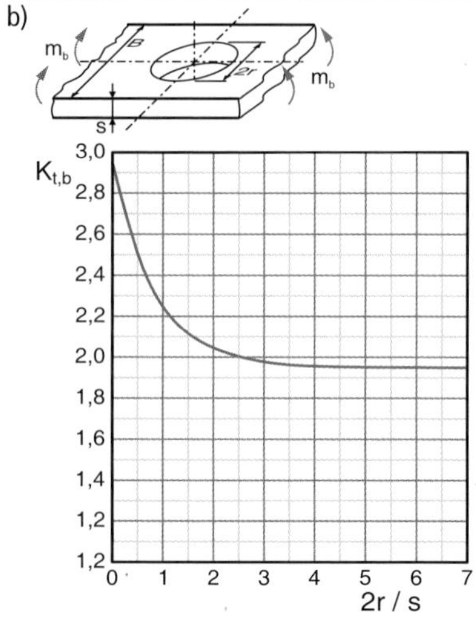

Nennspannungen:

$$\text{a)}\ S_b = \frac{M_b}{(B-2\cdot r)\cdot s^2} \qquad (3.511)$$

Mit m_b als Streckenbiegemoment:

$$\text{b)}\ S_b = \frac{6\cdot m_b}{s^2} \qquad (3.512)$$

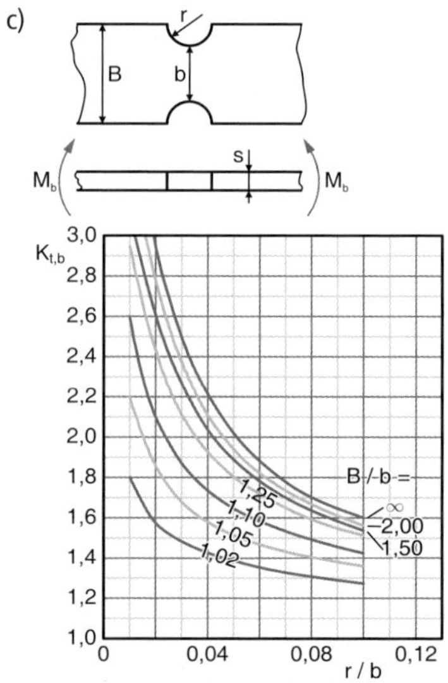

Abbildung 3.128: Formzahlen für Flachstäbe mit Biegung senkrecht zur Bohrungs- und Kerbebene – a) Biegung, b) Streckenbiegemoment, c) Beidseitig gekerbt nach [3.50], [3.53], [3.71], [3.84], [3.87], [3.95], [3.101], [3.105]

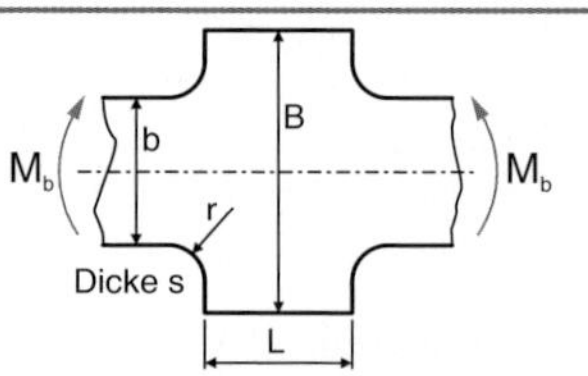

Die gesuchte Formzahl $K_{t,zd,L}$ für die schmale Schulter folgt aus folgender Gleichung mit den aktuellen Werten L / B und B / b.

$$K_{\text{t,zd,L}} = 1 + \left(K_{\text{t,zd}} - 1\right)\cdot\sqrt{\frac{K_{t,b,L/B}-1}{K_{t,b,L/B=2}-1}} \qquad (3.513)$$

Hierin ist $K_{t,zd}$ die Formzahl für die „breite" Schulter (Absatz) mit den aktuellen Werten b / B, je nach Spannungsart nach Abbildung 3.125, $K_{t,b,L/B}$ die Formzahl für Biegung für den aktuellen Wert L / B, aus den Diagrammen in Abbildung 3.130 (für den nächstgelegenen B / b-Wert), und $K_{t,b,L/B=2}$ die Formzahl für Biegung für den Wert $L / B = 2$, ebenfalls aus den Diagrammen in Abbildung 3.130.

Abbildung 3.129: Flachstab mit Schulter bei Biegung nach [3.50], [3.87], [3.101]

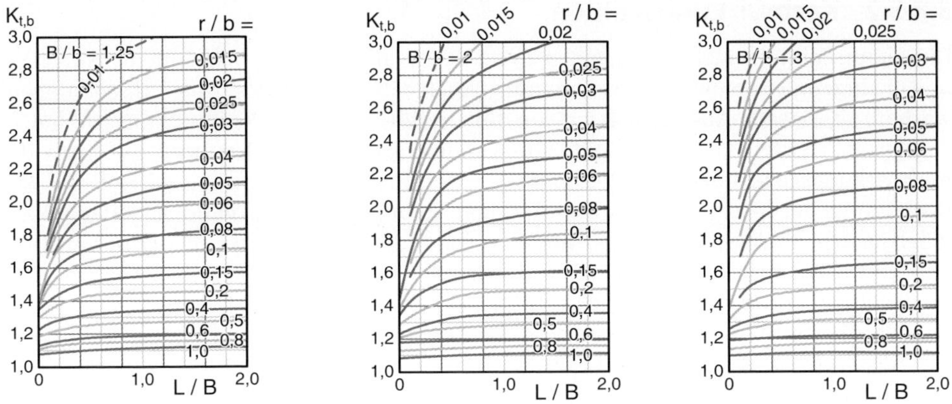

Abbildung 3.130: Formzahlen für den Flachstab mit Schulter bei Biegung nach [3.50], [3.87], [3.101]

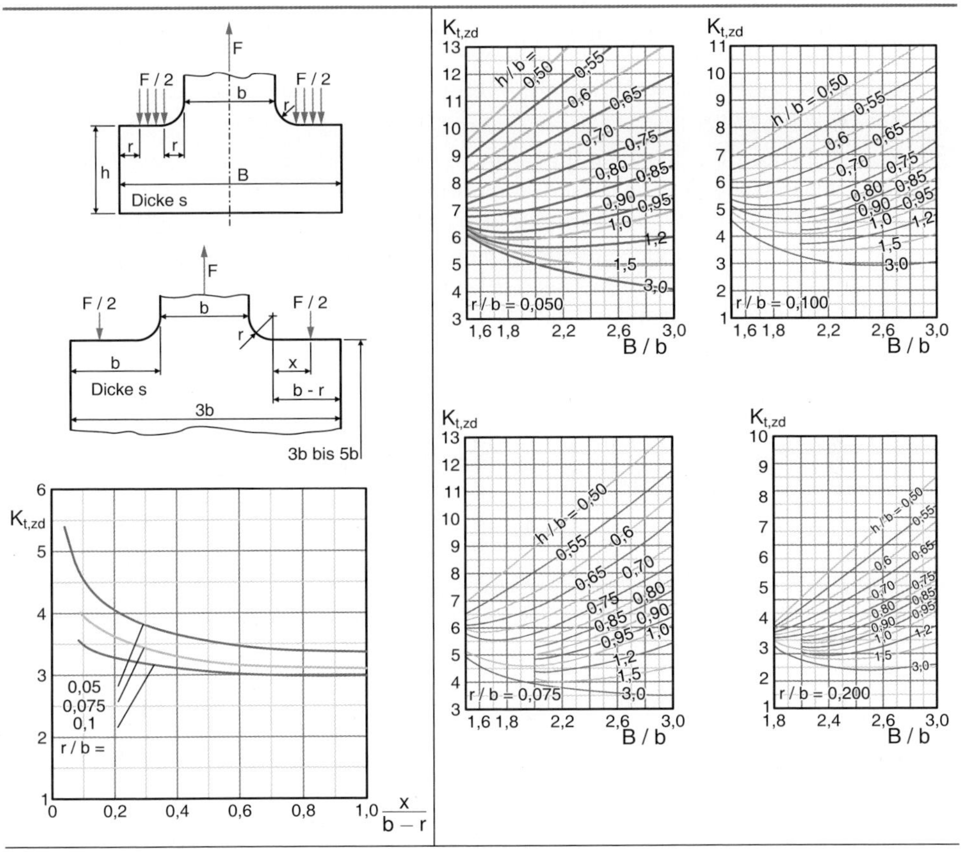

Abbildung 3.131: Formzahlen für den Flachstab mit Schulterkopf unter Zugdruck bei Streckenlast (oben und Diagramme rechts) und bei Einzellast nach [3.50], [3.67], [3.68], [3.101]

3.8.3.2 Kerbwirkungszahlen

Die hauptsächlich nachzuweisenden Bauteile im allgemeinen Maschinen-, Anlagen-, und Fahrzeugbau sind Rundstäbe und Flachstäbe verschiedenster Abmessungen, weshalb in diesem Abschnitt auch nur für diese Geometrien Kerbwirkungszahlen K_f angegeben werden (s.a. Abschnitt 3.6). Vergleichbar zur Kerbformzahl gilt auch die Kerbwirkungszahl immer in Verbindung mit einer Nennspannung, wobei der zur Berechnung der Nennspannung erforderliche Nennquerschnitt von der jeweiligen Bauteilgeometrie abhängt. Die immer noch umfassendste Sammlung von Kerbformzahlen und Kerbwirkungszahlen findet man in „Peterson´s Stress Concentration Factors" und im Fachbuch „Kerbspannungslehre" von H. Neuber [3.95], [3.101].
Da sich die Kerbwirkungszahlen sowohl experimentell als auch aus den im vorherigen Abschnitt wiedergegebenen Kerbformzahlen bestimmen lassen und darüber hinaus auch eine deutliche Werkstoffabhängigkeit besteht, werden die folgenden Fälle unterschieden:

1 Rundstäbe und Flachstäbe für die bereits Kerbformzahlen bekannt sind – Für die im vorherigen Abschnitt 3.8.3.1. angegebenen Bauteilformen, z.B. Rundstäbe oder Flachstäbe mit Absatz, lässt sich die Kerbwirkungszahl für das Bauteil $K_f(d)$ rechnerisch aus der Kerbformzahl K_t und den Stützzahlen $n_\sigma(r)$ gemäß Abschnitt 3.8.2.3 berechnen.

2 Rundstäbe und Flachstäbe mit geneigtem Querschnittsübergang sowie Rundstäbe mit Längsbohrung – Für diese Geometrien lassen sich die Kerbwirkungszahlen wie folgt ermitteln, wobei Kerbwirkungszahlen für Schub nicht verfügbar sind.

Für den Rundstab mit geneigtem Querschnittsübergang (Konus) gemäß Abbildung 3.132 sind zur Bestimmung der Kerbwirkungszahlen für Zugdruck, Biegung und Torsion rechnerisch zwei Schritte notwendig.

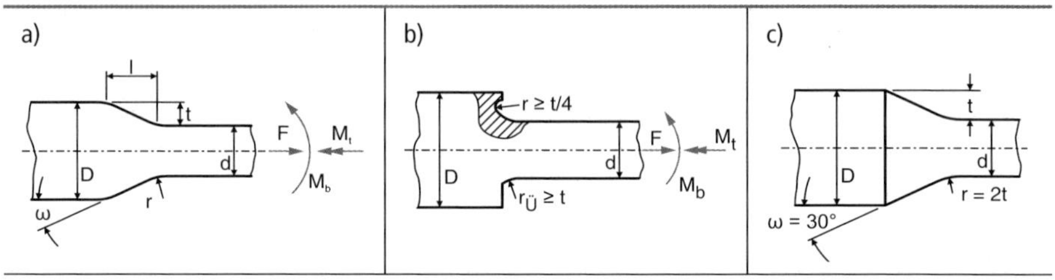

Abbildung 3.132: Rundstab mit Konus – a) Abmessungen, b) Sonderfall mit zwei Kerbradien und c) Gleichwertiger Rundstab mit Konus zu b)

Zunächst ist die Kerbwirkungszahl für den Rundstab mit Absatz unter Verwendung der Formzahlen K_t und den Stützzahlen $n_\sigma(r)$ für den gesuchten Belastungsfall entsprechend Abschnitt 3.8.2.3 zu bestimmen:

$$K_\mathrm{f} = \frac{K_t}{n_\sigma(r)} \qquad (3.514)$$

Anschließend wird mit dieser Kerbwirkungszahl unter Berücksichtigung des Neigungswinkels ω aus dem Diagramm in Abbildung 3.133 die tatsächliche Kerbwirkungszahl für den Stab mit geneigtem Querschnittsübergang bei ansonsten unveränderten Bedingungen ermittelt.

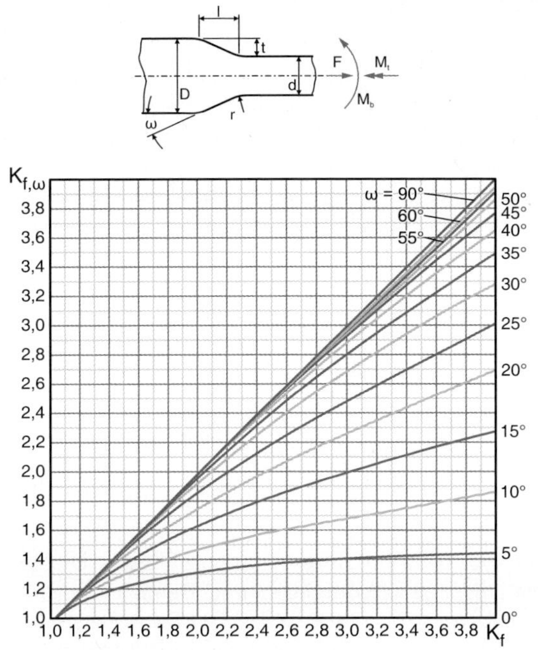

Das ursprüngliche Diagramm nach Peterson (bzw. Leven und Frocht) stammt aus spannungsoptischen Untersuchungen zur Formzahl des Flachstabes mit einseitiger Kerbe bei Biegung [3.86], [3.101]. Es wird in der FKM-Richtlinie näherungsweise angewendet für die Kerbwirkungszahl, für Rund- und Flachstäbe mit unterschiedlichen Kerbformen und für alle Spannungsarten.

Abbildung 3.133: Einfluss des Neigungswinkels ω auf die Kerbwirkungszahl $K_{f,\omega}$ eines Stabes mit geneigtem Querschnittsübergang [3.50], [3.86], [3.101]

Mit dem jeweiligen Durchmesser d gemäß der Geometrien in Abschnitt 3.8.3.1 lauten die Nennspannungen für Zugdruck S_{zd} (Kraft F), für Biegung S_b (Biegemoment M_b) und für Torsion T_t (Torsionsmoment M_t):

$$S_{\mathrm{zd}} = \frac{4 \cdot F}{\pi \cdot d^2} \qquad S_b = \frac{32 \cdot M_b}{\pi \cdot d^3} \qquad T_t = \frac{16 \cdot M_t}{\pi \cdot d^3} \tag{3.515}$$

Liegt ein Rundstab mit Absatz und mit zwei unterschiedlichen Kerbradien $r_Ü \geq t$ und $r \geq t / 4$ gemäß Abbildung 3.132 b) vor, so gelten für diesen Sonderfall dieselben Kerbwirkungszahlen wie für den Rundstab mit Konus mit den Werten $r = 2 \cdot t$ und $\omega = 30°$ nach Abbildung 3.132 c).

Beim Flachstab mit geneigtem Querschnittsübergang (Schräge) gemäß Abbildung 3.134 (links) ergeben sich die Kerbwirkungszahlen für Zugdruck und für Biegung rechnerisch wie für den Rundstab mit geneigtem Querschnittsübergang, aus Abbildung 3.132. Mit den Abmessungen s und b gemäß der Geometrien in Abschnitt 3.8.3.1 ergeben sich die Nennspannungen für Zugdruck S_{zd} (Kraft F) und für Biegung S_b (Biegemoment M_b) aus Gleichung (3.503).

Kerbwirkungszahlen für den Rundstab mit Längsbohrung nach Abbildung 3.134 (rechts) sind für Rundstäbe mit Umlaufkerbe, mit Absatz und mit Konus möglich. Dabei ist als Kerbwirkungszahl des Rundstabes mit Längsbohrung für Torsion näherungsweise die Kerbwirkungszahl des Rundstabes ohne Längsbohrung anzuwenden, so dass sich mit den Abmessungen d und d_L aus Abbildung 3.134 die Nennspannung für Torsion T_t wie folgt ergibt:

$$T_t = \frac{16 \cdot M_t}{\pi \cdot d^3 \cdot \left(1 - \frac{d_L^4}{d^4}\right)} \tag{3.516}$$

Abschließend sei vermerkt, dass Kerbwirkungszahlen für Zugdruck und für Biegung für den Rundstab mit Längsbohrung nicht verfügbar sind, auch nicht in Form einer zuverlässigen Berechnung aus den Kerbwirkungszahlen des Rundstabes ohne Längsbohrung.

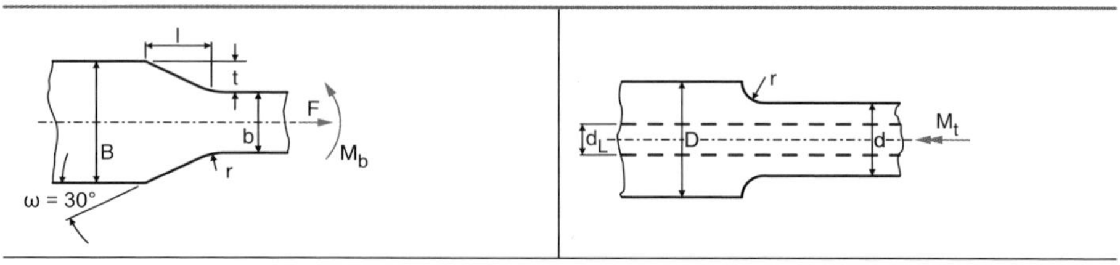

Abbildung 3.134: Flachstab mit Schräge (links) und Rundstab mit Längsbohrung (rechts)

3 Rundstäbe mit experimentell bestimmten Kerbwirkungszahlen – Die hierzu in der FKM-Richtlinie und der DIN 743 wiedergegebenen Daten gelten für Rundstäbe aus Walzstahl der Zugfestigkeit R_m = 400 MPa bis 1250 MPa sowie für die Belastungsarten Zugdruck, Biegung und Torsion, wobei besondere Kerbwirkungszahlen für Schub nicht verfügbar sind. Sofern gesonderte Rauheitseinflüsse zu berücksichtigen sind, kann dies mit Gleichung (3.426) erfolgen.

Grundsätzlich gilt eine experimentell bestimmte Kerbwirkungszahl $K_f(d_P)$ zunächst nur für genau die gekerbte Probe (Radius r_P, Durchmesser d_P), mit der die Versuche durchgeführt wurden. Soll diese Proben-Wöhlerlinie für ein Bauteil (Radius r, Durchmesser d) genutzt werden, so ist eine Umrechnung der experimentell bestimmten Kerbwirkungszahl auf die Abmessungen des Bauteils mithilfe der Zusammenhänge gemäß Tabelle 3.64 durchzuführen. Dabei sind die Hinweise zur Berücksichtigung des Größeneinflusses und zur Anpassung an das Berechnungsverfahren laut Abschnitt 3.8.2.3 zu beachten.

Weiterhin werden zur Umrechnung die Stützzahlen $n_\sigma(r_P)$, $n_\sigma(r)$, $n_\sigma(d_P)$ bzw. $n_\tau(r_p)$, $n_\tau(r)$, $n_\tau(d)$ in Abhängigkeit von den charakteristischen Werten der Probe r_P und d_P und des Bauteils r und d benötigt. Bedingt durch die Ähnlichkeit von Probe und Bauteil lässt sich aus drei bekannten Werten der fehlende vierte Wert wie folgt berechnen:

$$\frac{r}{r_P} = \frac{d}{d_P} \tag{3.517}$$

Dabei sind die für den Anwender nicht in jedem Fall eindeutig ersichtlichen charakteristischen Werte bei den jeweiligen Diagrammen entsprechend der Zusammenstellung der verfügbaren Kerbwirkungszahlen gemäß Tabelle 3.107 angegeben.

Die Nennspannungen für Zugdruck (Kraft F), Biegung (Biegemoment M_b) und Torsion (Torsionsmoment M_t) ergeben sich mit dem charakteristischen Kerbdurchmesser d aus Gleichung (3.515) oder aber die Gleichungen zur Berechnung der Nennspannung sind unter den in Tabelle 3.107 angegebenen Diagrammen wiedergegeben, ebenso wie der charakteristische Durchmesser d.

Nr.	Abbildung	Bezeichnung	Charakteristische Werte
1	11.29	Rundstab mit Sicherungsnut	$r_P = r$, $d_P = d$
2	11.28	Rundstab mit Spitzkerbe	d gegeben, r nach Gleichung (3.517) $r_P = 0{,}1$ mm, $d_P = 15$ mm
3	11.30	Rundstab mit Querbohrung	d gegeben, $r = d_3 / 2$ r_P nach Gleichung (3.517), $d_P = 15$ mm
4	11.27	Wellen mit Passfedernut	d gegeben, r nach Gleichung (3.517) $r_P = 0{,}18$ mm, $d_P = 15$ mm
5	11.27	Wellen mit Nabensitz	d gegeben, $r = 0{,}06 \cdot d$ r_P nach Gleichung (3.517), $d_P = 40$ mm
6	11.26	Keilwellen, Zahnwellen, Kerbzahnwellen	d gegeben, r nach Gleichung (3.517) $r_P = 0{,}6$ mm, $d_P = 29$ mm

Tabelle 3.107: Kerbwirkungszahlen für besondere Geometrien – Querverweis auf die anzuwendenden Diagramme in *Kapitel 11* aus DIN 743 und charakteristische Werte [3.7], [3.12], [3.64], [3.75], [3.85], [3.89], [3.148]

Bei Profilwellen aus einsatzgehärtetem Einsatzstahl ist zu beachten, dass die Kerbwirkungszahl gemäß Gleichung (3.522) definiert ist und für den Randschichtfaktor folgender Wert zu setzen ist:

$$K_{f,RSV} = 1 \tag{3.518}$$

Ausserdem gelten die Kerbwirkungszahlen für den Übergang vom gekerbten in den nicht gekerbten Bereich der Profilwellen, und der Durchmesser der Welle muss kleiner als (d – 0,5 mm) sein.

In Erweiterung zu den in *Abbildung 11.27* angegebenen Kerbwirkungszahlen für die Welle mit Nabensitz (Nr. 5 in Tabelle 3.107) ist zunächst noch anzumerken, dass die Kerbwirkungszahlen für die Enden des Nabensitzes gelten und die Kerbwirkungszahl $K_{f,zd}(d_P)$ für Zugdruck näherungsweise denselben Wert hat wie für Biegung. Eine weitere Möglichkeit zur Bestimmung von Kerbwirkungszahlen $K_{f,b}(d_P)$ für Wellen mit aufgepresster Nabe unter Biegung geht auf Kogaev zurück und nutzt die in Abbildung 3.135 wiedergegebenen Diagramme [3.77]:

$$K_{f,b}(d_P) = K_{f,b,0}(d) \cdot s' \cdot s'' \tag{3.519}$$

Während die Kerbwirkungszahl $K_{f,zd}(d_P)$ für Zugdruck näherungsweise denselben Wert hat wie für Biegung, ist die Kerbwirkungszahl $K_{f,t}(d_P)$ für Torsion aus Gleichung (3.519) mit $d_P = d$ wie folgt zu berechnen:

$$K_{f,t}(d_P) = 1 + 0{,}45 \cdot \left(K_{f,b}(d) - 1\right) \tag{3.520}$$

Auch hier gelten die Kerbwirkungszahlen für die Enden des Nabensitzes, und die Nennspannungen sind nach Gleichung (3.515) zu ermitteln. Darüber hinaus ist zusätzlich festzulegen, ob die Belastung über die Nabe übertragen wird oder nicht. Wenngleich sich nach dieser Vorgehensweise höhere Kerbwirkungszahlen im Vergleich zu *Abbildung 11.27* (Nr. 5 in Tabelle 3.107) ergeben, so ist die Möglichkeit zur Berücksichtigung des Pressdruckes p ein großer Vorteil.

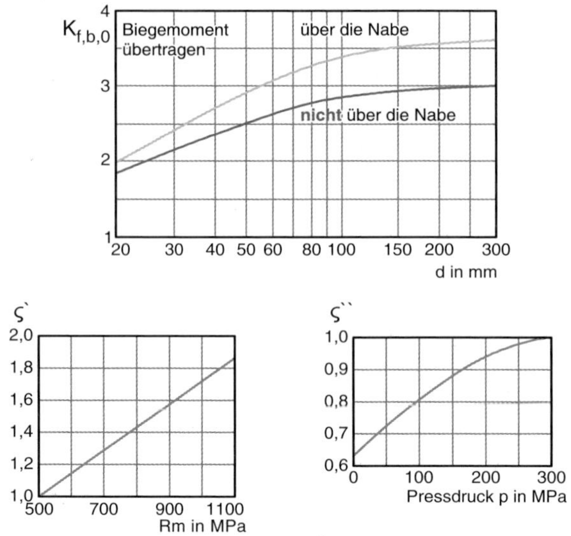

Abbildung 3.135: Kerbwirkungszahlen für Wellen mit aufgepresster Nabe für Biegung nach Kogaev [3.50], [3.77]

4 Bauteile aus Eisengusswerkstoff und Aluminiumwerkstoff – Während die unter 3. angeführten experimentell bestimmten Kerbwirkungszahlen für gekerbte Proben aus Stahl gelten, ergeben sich für Bauteile aus Eisengusswerkstoff und Aluminiumwerkstoff andere Kerbwirkungszahlen, da die Stützzahlen andere sind. So sind z.B. für Bauteile aus Eisengusswerkstoff die Kerbwirkungszahlen kleiner als für Stahl, da die Stützzahlen größer sind.

$K_{f,zd,GA}(d_P) = K_{f,zd,St}(d_P) \cdot \dfrac{n_{\sigma,St}(r_P)}{n_{\sigma,GA}(r_P)}$ $K_{f,b,GA}(d_P) = K_{f,b,St}(d_P) \cdot \dfrac{n_{\sigma,St}(r_P)}{n_{\sigma,GA}(r_P)}$ $K_{f,t,GA}(d_P) = K_{f,t,St}(d_P) \cdot \dfrac{n_{\sigma,St}(r_P)}{n_{\sigma,GA}(r_P)}$	Hierin bezeichnen $K_{f,zd,GA}(d_P)$ die gesuchte Kerbwirkungszahl der Probe aus Gusswerkstoff oder Aluminium je nach Spannungsart (Zugdruck, Biegung, Torsion), $K_{f,zd,St}(d_P)$ die zugehörige Kerbwirkungszahl der Probe aus Stahl, $n_{\sigma,St}(r_P)$ die Stützzahl der Probe aus Stahl je nach Probenkerbradius r_P $n_{\sigma,GA}(r_P)$ die Stützzahl der Probe aus Eisenguss- bzw. Aluminiumwerkstoff je nach r_P und d_P den Probendurchmesser.
Sofern sich hieraus Werte $K_{f,...,GA}(d_P) < 1$ ergeben, gilt: $K_{f,...,GA}(d_P) = 1$	

Tabelle 3.108: Kerbwirkungszahlen für Eisenguss- und Aluminiumwerkstoff durch Umrechnung aus den zugehörigen Kerbwirkungszahlen für Stahl über die Stützzahl

Da Kerbwirkungszahlen für gekerbte Proben aus Eisengusswerkstoff oder Aluminiumwerkstoff oftmals nicht verfügbar sind, können sie für Zugdruck, Biegung und Torsion näherungsweise aus den Kerbwirkungszahlen für Stahl entsprechend Tabelle 3.108 umgerechnet werden. Dabei sind die Stützzahlen $n_\sigma(r_P)$ in Abhängigkeit vom bezogenen Spannungsgefälle (r_P) nach Abschnitt 3.8.2.3 zu berechnen. Ebenso muss entsprechend der vorherigen Nr. 3. eine Umrechnung von der Probe auf das Bauteil mit den Stützzahlen $n_{\sigma,GA}(r_P)$, $n_{\sigma,GA}(r)$ und $n_{\sigma,GA}(d)$ bzw.

$n_{\tau,GA}(r_P)$, $n_{\tau,GA}(r)$ und $n_{\tau,GA}(d)$ erfolgen. Somit wird über die Zusammenhänge nach Tabelle 3.108 der Übergang von einer Werkstoffgruppe zu einer anderen Werkstoffgruppe hergestellt, während die Umrechnung nach Tabelle 3.64 den Größeneinfluss und die Anpassung an das Berechnungsverfahren berücksichtigt.

5 Bauteile mit Kerbwirkungszahlen nach Festlegung des Anwenders – Oftmals werden auch vom Anwender des vorliegenden Berechnungsverfahrens Kerbwirkungszahlen aus eigenen Versuchen verwendet, wobei für Proben aus Stahl folgende Randbedingungen zu berücksichtigen sind. Zunächst gelten die Kerbwirkungszahlen nur für eine bestimmte Nennspannung, deren Bezugsgrößen anzugeben sind. Grundsätzlich bestehen nämlich unterschiedliche Möglichkeiten der Festlegung der Nennspannung (z.B. für den Rundstab mit Querbohrung), was zwangsläufig auch zu unterschiedlichen Kerbwirkungszahlen führt. Die Kerbwirkungszahl $K_f(d_P)$ gilt nur für den zugehörigen Probenkerbradius r_P und den Probendurchmesser d_P und ist eindeutig über die Wechselfestigkeiten σ_W der nicht gekerbten und der gekerbten Probe wie folgt definiert, wobei Zähler und Nenner für den gleichen Durchmesser und für die gleiche Spannungsart gelten:

$$K_f\left(d_P\right) = \frac{\sigma_{W,\textit{nicht gekerbte,nicht verfestigte Probe}}}{\sigma_{W,\textit{gekerbte,nicht verfestigte Probe}}} \tag{3.521}$$

Während die Rauheit R_z darin berücksichtigt ist – der Rauheitsfaktor K_R ist demzufolge nach Abschnitt 3.8.2.3 nicht anzuwenden, also ($K_R = 1$) –, muss eine eventuell bestehende Randschichtverfestigung über den Randschichtfaktor K_V bewertet werden.

Ist dagegen eine bestehende Randschichtverfestigung in der Kerbwirkungszahl berücksichtigt, so ist die Kerbwirkungszahl $K_{f,RSV}(d_P)$ für den zugehörigen Probenkerbradius r_P und den Probendurchmesser d_P eindeutig über die Wechselfestigkeiten σ_W der nicht gekerbten und der gekerbten Probe im verfestigten Zustand wie folgt definiert, wobei Zähler und Nenner für den gleichen Durchmesser und für die gleiche Spannungsart gelten:

$$K_{f,RSV}\left(d_P\right) = \frac{\sigma_{W,\textit{nicht gekerbte,verfestigte Probe}}}{\sigma_{W,\textit{gekerbte,verfestigte Probe}}} \tag{3.522}$$

Weiterhin ist der Randschichtfaktor K_V nach Abschnitt 3.8.2.3 nicht anzuwenden, sondern es gilt:

$$K_{V,RSV} = 1 \tag{3.523}$$

Die charakteristischen Werte sind die Probenabmessungen r_P und d_P sowie die Bauteilabmessungen r und d unter Beachtung der Gleichung (3.517). Weiterhin sind die Kerbwirkungszahlen $K_{f,RSV}(d_P)$ mit den Stützzahlen $n_{\sigma,GA}(r_P)$, $n_{\sigma,GA}(r)$ und $n_{\sigma,GA}(d)$ bzw. $n_{\tau,GA}(r_P)$, $n_{\tau,GA}(r)$ und $n_{\tau,GA}(d)$ von der Probe auf das Bauteil umzuwerten, um gemäß Tabelle 3.64 den Größeneinfluss und die Anpassung an das Berechnungsverfahren zu berücksichtigen.

3.8.4 Werkstofftabellen

Die in diesem Abschnitt zusammengestellten Werkstofftabellen beinhalten eine Auswahl häufig verwendeter Werkstoffe des Maschinen-, Anlagen- und Fahrzeugbaus. Da jeweils die aktuell geltenden Normen maßgeblich sind, können die angegebenen Werte zwar als Anhaltspunkte der Werkstoffeigenschaften dienen, eine Gewährleistung für die in den Werkstofftabellen angegebenen Festigkeitswerte wird jedoch nicht übernommen. Ebenso sollte eine Werkstoffauswahl nicht nur anhand der angegebenen Festigkeitskennwerte erfolgen, sondern immer die Gesamtheit aller Werkstoffeigenschaften berücksichtigt werden.

In Anlehnung an die entsprechenden Werkstoffnormen enthalten die Werkstofftabellen zunächst folgende Angaben:

- Normwerte $R_{m,N}$ und $R_{e,N}$ für das kleinste Halbzeug bei Stahl bzw. für das Probenstück bei Eisengusswerkstoff und bei Aluminiumgusswerkstoff.
- Bauteilwerte $R_m = R_{m,N}$ und $R_e = R_{e,N}$ für das angegebene Halbzeug bei Aluminiumknetwerkstoff.

Gemäß der Erläuterungen in Abschnitt 3.8.1.2 und 3.8.2.2 besteht eine deutlicher Unterschied zwischen Normwerten, Bauteilwerten und Bauteil-Normwerten. So beschreibt $R_{m,N}$ bzw. R_m als Normwert den Mindestwert, den gewährleisteten Wert oder die untere Grenze des Von-bis-Bereiches der Zugfestigkeit. In gleicher Weise ist $R_{p,N}$ bzw. R_p (R_p für Streckgrenze R_e bzw. 0,2-Dehngrenze $R_{p0,2}$) als Normwert der Mindestwert oder der gewährleistete Wert der Fließgrenze. Für sämtliche Normwerte $R_{m,N}$, $R_{p,N}$, R_m und R_p wird die mittlere Überlebenswahrscheinlichkeit von $P_Ü = 97{,}5\ \%$ angenommen.

Die daraus ermittelten – und in den Tabellen ebenfalls angegebenen – Werte der Wechsel- und Schwellfestigkeiten σ_W, τ_W und σ_{Sch} sind mit der gleichen Überlebenswahrscheinlichkeit behaftet. Dabei sind diese Wechsel- und Schwellfestigkeitskennwerte für die eigentliche Berechnung nicht erforderlich, dienen jedoch der Information und sind über die in Tabelle 3.109 zusammengestellten Zusammenhänge jederzeit aus der Zugfestigkeit R_m, dem Zugdruckwechselfestigkeitsfaktor $f_{W,\sigma}$, dem Schubwechselfestigkeitsfaktor $f_{W,\tau}$ (beide nach Tabelle 3.61), den Stützzahlen $n_\sigma(d_0)$ und $n_\tau(d_0)$ nach Abbildung 3.108 sowie der Mittelspannungsempfindlichkeit M_σ nach Gleichung (3.462) zu berechnen.

Alle Festigkeitswerte in den folgenden Tabellen sind in der Einheit MPa (entspricht N/mm^2) angegeben. Sofern die Bruchdehnung A aufgeführt ist, erfolgt die Angabe in Prozent.

Entsprechend der Übersicht in Tabelle 3.110 sind in Tabelle 3.126 bis Tabelle 3.130 ohne Anspruch auf Vollständigkeit und Richtigkeit die wesentlichen Normwerte für die Werkstoffgruppen Aluminiumknetwerkstoff und Aluminiumgusswerkstoff zusammengestellt, wobei in der FKM-Richtlinie weitere Kennwerte, insbesondere zu Stangen und Rohrprofilen, enthalten sind [3.50].

Gemäß der Zusammenstellung in Tabelle 3.111 sind in Tabelle 3.131 bis Tabelle 3.133 Werkstoffkennwerte für geschweißte Bauteile enthalten wobei sich die eigentlichen Kennwerte der FAT-Bauteilklassen in Abschnitt 3.8.5 befinden.

Dabei ist zu berücksichtigen, dass die in Tabelle 3.126 und Tabelle 3.127 enthalten Bauteil-Normwerte $R_{m,N}$ und $R_{e,N}$ für Aluminiumknetwerkstoff je nach Werkstoff und Werkstoffzustand für die angegebenen Abmessungen gelten.

Im Gegensatz dazu sind die in Tabelle 3.128 bis Tabelle 3.130 enthaltenen Werkstoff-Normwerte $R_{m,N}$ und $R_{p,N}$ für Aluminiumgusswerkstoff je nach Werkstoff und Werkstoffzustand unter Beachtung des technologischen Größenfaktors in Abhängigkeit von der Dicke des Rohgusses gemäß Abschnitt 3.8.1.2 in die Bauteil-Normwerte R_m und R_p umzurechnen.

Werkstoffwechselfestigkeit für Zugdruck	$\sigma_{W,zd} = f_{W,\sigma} \cdot R_m$	(3.524)
Werkstoffwechselfestigkeit für Schub	$\tau_{W,s} = f_{W,\tau} \cdot \sigma_{W,zd}$	(3.525)
Werkstoffwechselfestigkeit für Biegung	$\sigma_{W,b} = n_\sigma (d_0) \cdot \sigma_{W,zd}$	(3.526)
Werkstoffwechselfestigkeit für Torsion	$\tau_{W,t} = n_\tau (d_0) \cdot \tau_{W,s}$	(3.527)
Werkstoffschwellfestigkeit für Zugdruck (Amplitude)	$\sigma_{Sch,zd} = \dfrac{\sigma_{W,zd}}{1+M_\sigma}$	(3.528)

Alle Gleichungen gelten für eine Werkstoffprobe des Durchmessers $d_0 = 7{,}5$ mm, unabhängig von der tatsächlichen Abmessung des Halbzeuges oder des Rohgusses (Index N weggelassen, $\sigma_{W,zd}$ statt $\sigma_{W,zd,N}$ usw.). Sämtliche Wechsel- und Schwellfestigkeitswerte gelten für die Zyklenzahl $N = N_{D,\sigma} = N_{D,\tau} = 10^6$.

Tabelle 3.109: Berechnungsgleichungen für die Werkstoffwechselfestigkeiten [3.50]

Gemäß Tabelle 3.112 sind im Folgenden von Tabelle 3.113 bis Tabelle 3.125 ohne Anspruch auf Vollständigkeit und Richtigkeit die wesentlichen Normwerte für die Werkstoffgruppen Walzstahl (unlegierter Baustahl, schweißgeeigneter Feinkornbaustahl, Vergütungsstahl, Einsatzstahl, Nitrierstahl und nichtrostender Stahl), für Schmiedestahl und für Eisengusswerkstoff (Stahlguss, Vergütungsstahlguss, Gusseisen mit Kugelgraphit (GJS), Temperguss (GJM) und Gusseisen mit Lamellengraphit (GJL)) zusammengestellt. Hieraus lassen sich gemäß Abschnitt 3.8.1.2 unter Berücksichtigung des technologischen Größenfaktors je nach Durchmesser des Halbzeuges oder Dicke des Rohgusses die Bauteil-Normwerte R_m und R_p berechnen. Die angegebenen Kennwerte der Wechsel- und Schwellfestigkeiten ($\sigma_{W,zd,N}$ usw.) entsprechen der Dauerfestigkeit. Mit Ausnahme der austenitischen Stähle ist dies auch die Grenzspannungsamplitude für $N = \infty$ (siehe hierzu auch Abschnitt 3.8.2.4.3).

Bei den Dauerwechselfestigkeits- und Dauerschwellfestigkeitswerten $\sigma_{W,zd}$ handelt es sich um Bezugswerte für $N_{D,\sigma} = N_{D,\tau} = 10^6$. Die Grenzspannungsamplitude $\sigma_{W,zd,II}$ für $N = \infty$ liegt bei $N_{D,II,\sigma} = N_{D,II,\tau} = 10^8$ und ist gemäß Tabelle 3.96 und Tabelle 3.97 um den Faktor $f_{II,\sigma}$ bzw. $f_{II,\tau}$ niedriger als $\sigma_{W,zd}$.

Tabelle	Werkstoffgruppe	Halbzeugart / Gussart	Werkstoffnorm – Ausgabe	
3.126	Aluminium-knetwerkstoff	Bänder, Bleche, Platten	DIN EN 485-2	(01-2009)
3.127		Schmiedestücke	DIN EN 586-2	(11-1994)
3.128	Aluminium-gusswerkstoff	Sandgusslegierungen	DIN EN 1706	(06-2010)
3.129		Kokillengusslegierungen	DIN EN 1706	(06-2010)
3.130		Feingusslegierungen	DIN EN 1706	(06-2010)

Tabelle 3.110: Werkstofftabellen für Aluminiumwerkstoff

Tabelle	Werkstoffgruppe	Werkstoffnorm – Ausgabe	
3.131	Stahl und Eisenguss	DIN 18800	(11-1990)
3.132	Aluminiumbauteile	DIN 4113	(09-2002)
3.133	Schweißnahtfaktor für Aluminiumbauteile	DIN 4113	(09-2002)

Tabelle 3.111: Werkstofftabellen für geschweißte Bauteile

Tabelle	Werkstoffgruppe	Werkstoffnorm – Ausgabe	
3.113	Unlegierter Baustahl	DIN EN 10025-2	(04-2005)
3.114	Schweißgeeigneter Feinkornbaustahl	DIN EN 10025-3 DIN EN 10025-4	(02-2005) (04-2004)
3.115	Vergütungsstahl im vergüteten Zustand	DIN EN 10083-2 DIN EN 10083-3	(12-2006) (01-2007)
3.116	Vergütungsstahl im normalgeglühten Zustand	DIN EN 10083-2	(12-2006)
3.117	Nitrierstahl im vergüteten Zustand	DIN EN 10085	(07-2001)
3.118	Einsatzstahl im blindgehärteten Zustand	DIN EN 10084	(06-2008)
3.119	Nichtrostender Stahl	DIN EN 10088	(09-2005)
3.120	Größere Schmiedestücke	SEW 550	(08-1976)
3.121	Stahlguss	DIN EN 10293	(06-2005)
3.122	Vergütungsstahlguss	DIN EN 10293	(06-2005)
3.123	Gusseisen mit Kugelgraphit	DIN EN 1563	(10-2005)
3.124	Gusseisen mit Lamellengraphit	DIN EN 1561	(01-2012)
3.125	Temperguss	DIN EN 1562	(08-2006)

Tabelle 3.112: Werkstofftabellen für Stahl und Eisengusswerkstoff

Sorte	Wst.-Nr.	$R_{m,N}$ 1)	$R_{e,N}$ 2)	A	$\sigma_{W,zd,N}$	$\sigma_{Sch,zd,N}$	$\sigma_{W,b,N}$	$\tau_{W,s,N}$	$\tau_{W,t,N}$
S185	1.0035	310	185	10	140	138	155	80	90
S235JR S235JO S235J2	1.0038 1.0114 1.0117	360	235	17	160	158	180	95	105
S275JR S275JO S275J2G	1.0044 1.0143 1.0145	430	275	15	195	185	215	110	125
S355JR S355JO S355J2 S355K2	1.0045 1.0553 1.0577 1.0596	510	355	14	230	215	255	130	150
S450JO	1.0590	550	450	-	250	225	275	145	160
E295	1.0050	490	295	12	220	205	245	125	145
E335	1.0060	590	335	8	265	240	290	155	170
E360	1.0070	690	360	4	310	270	340	180	200

1) Gleichwertiger Durchmesser $d_{eff,N} = 40$ mm. 2) $R_{e,N} / R_{m,N} < 0{,}75$ für alle Werkstoffsorten.

Tabelle 3.113: Festigkeitskennwerte in MPa und Bruchdehnung A in % für unlegierten Baustahl nach DIN EN 10025-2 (April 2005) nach [3.32], [3.50]

Sorte	W-Nr.	$R_{m,N}$ 1)	$R_{e,N}$ 2)	A	$\sigma_{W,zd,N}$	$\sigma_{Sch,zd,N}$	$\sigma_{W,b,N}$	$\tau_{W,s,N}$	$\tau_{W,t,N}$	$a_{d,m}$ 3)	$a_{d,p}$ 3)
S 275 N S 275 NL	1.0490 1.0491	370	275	24	165	160	185	95	110	0,30	0,30
S 355 N S 355 NL	1.0545 1.0546	470	355	22	210	200	235	120	140	0,25	0,28
S 420 N S 420 NL	1.8902 1.8912	520	420	19	235	215	260	135	150	0,23	0,30
S 460 N S 460 NL	1.8901 1.8903	550	460	17	245	225	275	140	160	0,00	0,22
S 275 M S 275 ML	1.8818 1.8819	360	275	24	160	158	180	95	105	0,30	0,30
S 355 M S 355 ML	1.8823 1.8834	450	355	22	205	190	225	115	130	0,25	0,28
S 420 M S 420 ML	1.8825 1.8836	500	420	19	225	210	250	130	145	0,23	0,30
S 460 M S 460 ML	1.8827 1.8838	530	460	17	240	220	265	140	155	0,00	0,22

1) Gleichwertiger Durchmesser für die Zugfestigkeit $d_{eff,N} = 100$ mm, für die Streckgrenze $d_{eff,N} = 30$ mm.
2) $R_{e,N} / R_{m,N} < 0{,}75$ bis einschließlich S 275, $R_{e,N} / R_{m,N} > 0{,}75$ ab S 355.
3) Genauere, werkstoffsortenabhängige Werte anstelle der nur werkstoffgruppenabhängigen Werte in

Tabelle 3.114: Festigkeitskennwerte in MPa und Bruchdehnung A in % für schweißgeeigneten Feinkornbaustahl im normalgeglühten Zustand nach DIN EN 10025-3 (Februar 2005) und DIN EN 10 025-4 (April 2004) nach [3.32], [3.50]

Sorte	W-Nr.	$R_{m,N}$ 1)	$R_{e,N}$ 2)	A	$\sigma_{W,zd,N}$	$\sigma_{Sch,zd,N}$	$\sigma_{W,b,N}$	$\tau_{W,s,N}$	$\tau_{W,t,N}$	$a_{d,m}$ 3)	$a_{d,p}$ 3)
C 22 E C 22 R	1.1151 1.1149	500	340	20	225	210	250	130	145	0,19	0,43
C 35 E C 35 R C 35	1.1181 1.1180 1.0501	630	430	17	285	255	310	165	185	0,20	0,39
C 40 E C 40 R C 40	1.1186 1.1189 1.0511	650	460	16	295	260	320	170	190	0,12	0,36
C 45 E C 45 R C 45	1.1191 1.1201 1.0503	700	490	14	315	275	345	180	205	0,16	0,36
C50E C50R	1.1206 1.1241	750	520	13	340	290	365	195	215	0,21	0,35

Tabelle 3.115: Festigkeitskennwerte in MPa und Bruchdehnung A in % für Vergütungsstahl im vergüteten Zustand nach DIN EN 10083-2 (Dezember 2006) und DIN EN 10083-3 (Januar 2007) nach [3.33], [3.50]

Sorte	W-Nr.	$R_{m,N}$ 1)	$R_{e,N}$ 2)	A	$\sigma_{W,zd,N}$	$\sigma_{Sch,zd,N}$	$\sigma_{W,b,N}$	$\tau_{W,s,N}$	$\tau_{W,t,N}$	$a_{d,m}$ 3)	$a_{d,p}$ 3)
C55E C55R C55	1.1203 1.1209 1.0535	800	550	12	360	305	390	210	230	0,19	0,35
C60E C60R C60	1.1221 1.1223 1.0601	850	580	11	385	320	415	220	245	0,18	0,34
28Mn6	1.1170	800	590	13	360	305	390	210	230	0,30	0,38
38Cr2	1.7003	800	550	14	360	305	390	210	230	0,37	0,52
46Cr2	1.7006	900	650	12	405	335	435	235	260	0,41	0,54
34Cr4 34CrS4 4)	1.7033 1.7037	900	700	12	405	335	435	235	260	0,33	0,49
37Cr4 37CrS4 4)	1.7034 1.7038	950	750	11	430	345	460	245	270	0,32	0,46
41Cr4 41 CrS41-4	1.7035 1.7039	1000	800	11	450	360	480	260	285	0,30	0,44
25CrMo4 25CrMoS4 4)	1.7218 1.7213	900	700	12	405	335	435	235	260	0,33	0,49
34CrMo4 34CrMoS4 4)	1.7220 1.7226	1000	800	11	450	360	480	260	285	0,30	0,44
42CrMo4 42CrMoS4 4)	1.7225 1.7227	1100	900	10	495	385	525	285	315	0,32	0,43
50CrMo4	1.7228	1100	900	9	495	385	525	285	315	0,28	0,38
34CrNiMo6	1.6582	1200	1000	9	540	410	570	310	340	0,33	0,39
30CrNiMo8 1)	1.6580	1250	1050	9	565	420	595	325	355	0,36	0,42
35NiCr6	1.5815	880	740	12	395	330	430	230	250	0,18	0,23
36NiCrMo16 1)	1.6773	1250	1050	9	565	420	595	325	350	0,28	0,32
39NiCrMo3	1.6510	980	785	11	440	355	470	255	280	0,25	0,31
30NiCrMo16-6	1.6747	1080	880	10	485	380	520	280	310	0,37	0,42
51CrV4	1.8159	1100	900	9	495	385	525	285	315	0,28	0,33

1) Gleichwertiger Durchmesser $d_{eff,N} = 40\ \mathrm{mm}$ für 30 CrNiMo 8 und 36 NiCrM 16, $d_{eff,N} = 100\ \mathrm{mm}$ für 30 NiCrMo 16-6, für alle anderen $d_{eff,N} = 160\ \mathrm{mm}$.

2) $R_{e,N} / R_{m,N} < 0{,}75$ bis einschließlich 46 Cr 2, 46 CrS 2; $R_{e,N} / R_{m,N} > 0{,}75$ ab 34 Cr 4, 34 CrS 4.

3) Genauere, werkstoffsortenabhängige Werte anstelle der nur werkstoffgruppenabhängigen Werte in Tabelle 3.25.

4) Für ermüdungsbeanspruchte Bauteile mit Vorsicht zu verwenden, da der Schwefelzusatz eine Verringerung der Korrosionsbeständigkeit bewirkt.

Tabelle 3.115: Festigkeitskennwerte in MPa und Bruchdehnung A in % für Vergütungsstahl im vergüteten Zustand nach DIN EN 10083-2 (Dezember 2006) und DIN EN 10083-3 (Januar 2007) nach [3.33], [3.50] (Forts.)

Sorte	W-Nr.	$R_{m,N}$ 1)	$R_{e,N}$ 2)	A	$\sigma_{W,zd,N}$	$\sigma_{Sch,zd,N}$	$\sigma_{W,b,N}$	$\tau_{W,s,N}$	$\tau_{W,t,N}$	$a_{d,m}$ 3)	$a_{d,p}$ 3)
C22E C22R	1.1151 1.1149	430	240	24	195	185	215	110	125	0,08	0,19
C35E C35R C35	1.1181 1.1180 1.0501	550	300	18	250	225	275	145	160	0,10	0,19
C40E C40R C40	1.1186 1.1189 1.0511	580	320	16	260	235	285	150	170	0,09	0,19
C45E C45R C45	1.1191 1.1201 1.0503	620	340	14	280	250	305	160	180	0,10	0,20
C50E C50R	1.1206 1.1241	650	355	13	295	260	320	170	190	0,10	0,19
C55E C55R C55	1.1203 1.1209 1.0535	680	370	11	305	270	335	175	195	0,09	0,20
C60E C60R C60	1.1221 1.1223 1.0601	710	380	10	320	280	350	185	205	0,09	0,19
28Mn6	1.1170	630	345	17	285	250	310	165	185	0,07	0,17

1) Gleichwertiger Durchmesser $d_{eff,N} = 16$ mm.
2) $R_{e,N} / R_{m,N} < 0{,}75$ für alle Werkstoffsorten.
3) Genauere, werkstoffsortenabhängige Werte anstelle der nur werkstoffgruppenabhängigen Werte in Tabelle 3.25.

Tabelle 3.116: Festigkeitskennwerte in MPa und Bruchdehnung A in % für Vergütungsstahl im normalgeglühten Zustand nach DIN EN 10083-2 (Dezember 2006) nach [3.33], [3.50]

Sorte	W-Nr.	$R_{m,N}$ 1)	$R_{e,N}$ 2)	A 3)	$\sigma_{W,zd,N}$	$\sigma_{Sch,zd,N}$	$\sigma_{W,b,N}$	$\tau_{W,s,N}$	$\tau_{W,t,N}$	$a_{d,m}$ 4)	$a_{d,p}$ 4)
24CrMol3-6	1.8516	1000	800		450	360	480	260	285	0,22	0,26
31CrMo12	1.8515	1030	835	11	465	370	495	270	295	0,21	0,27
32CrAlMo7-10	1.8505	1030	835		465	370	495	270	295	0,21	0,27
31CrMoV5	1.8519	1100	900	11	495	385	525	285	315	0,31	0,36
33CrMoV12-9	1.8522	1150	950		520	395	550	300	330	0,30	0,35
34CrA1Ni7 -10	1.8550	900	680	12	405	335	435	235	260	0,17	0,17
41CrAlMo7-10	1.8509	950	750		430	345	460	250	275	0,23	0,24
40CrMoVl3-9	1.8523	950	750		430	345	460	250	275	0,23	0,24
34CrAlMo5-10	1.8507 5)	800	600	14	360	305	390	210	230	0,00	0,00

1) Gleichwertiger Durchmesser $d_{eff,N} = 40$ mm.
2) $R_{e,N} / R_{m,N} > 0{,}75$ für alle Werkstoffsorten.
3) A nach DIN 17211 (April 1987), soweit angegeben.
4) Genauere, werkstoffsortenabhängige Werte anstelle der nur werkstoffgruppenabhängigen Werte in Tabelle 3.25.
5) Nur bis 100 mm Durchmesser.

Tabelle 3.117: Festigkeitskennwerte in MPa und Bruchdehnung A in % für Nitrierstahl im vergüteten Zustand nach DIN EN 10085 (Juli 2001) nach [3.35], [3.50]

Sorte [3]	W-Nr.	$R_{m,N}$ [2]	$R_{e,N}$ [4)5)]	A [6]	$\sigma_{W,zd,N}$	$\sigma_{Sch,zd,N}$	$\sigma_{W,b,N}$	$\tau_{W,s,N}$	$\tau_{W,t,N}$	$a_{d,m}$ [7]	$a_{d,p}$ [7]
C10E	1.1121	500	310	16	200	185	220	115	130	0,56	0,56
C15E	1.1141	800	545	14	320	270	345	185	205	0,68	0,68
C16E	1.1148	800	545		320	270	345	185	205	0,68	0,68
17Cr3	1.7016	800	545	11	320	270	345	185	205	0,37	0,37
28Cr4 *	1.7030	900	620		360	295	385	210	230	0,33	0,33
16MnCr5 *	1.7131	1000	695	10	400	320	430	230	255	0,44	0,44
20MnCr5 *	1.7147	1200	850	8	480	365	510	280	305	0,48	0,48
18CrMo4 *	1.7243	1100	775		440	340	470	255	280	0,52	0,52
18CrMoS4 * [8]	1.7244	1100	775		440	340	470	255	280	0,52	0,52
22CrMoS3-5 * [8]	1.7333	1100	775	8	440	340	470	255	280	0,28	0,28
20MoCr3	1.7320	900	620		360	295	385	210	230	0,33	0,33
20MoCr4	1.7321	900	620	10	360	295	385	210	230	0,33	0,33
16NiCr4	1.5714	1000	695		400	320	430	230	255	0,30	0,30
10NiCr5-4 *	1.5805	900	620		360	295	385	210	230	0,61	0,61
18NiCr5-4 *	1.5810	1200	850		480	365	510	280	305	0,37	0,37
17CrNi6-6 *	1.5918	1200	850		480	365	510	280	305	0,37	0,37
15NiCrl3 *	1.5752	1000	695		400	320	430	230	255	0,30	0,30
20NiCrMo2-2 *	1.6523	1100	775	10	440	340	470	255	280	0,52	0,52
17NiCrMo6-4 *	1.6566	1200	850		480	365	510	280	305	0,37	0,37
20NiCrMoS6-4 * [8]	1.6571	1200	850		480	365	510	280	305	0,37	0,37
18CrNiMo7-6 *	1.6587	1200	850	8	480	365	510	280	305	0,37	0,37
14NiCrMol3-4 *	1.6657	1200	850		480	365	510	280	305	0,37	0,37

[1] Werte nur zur Information, nach DIN EN 10084 (Anhang F). Dort heißt es: „Zugfestigkeit nach dem Vergüten bei $200\ °C$".
[2] Gleichwertiger Durchmesser $d_{eff,N} = 16\ \mathrm{mm}$.
[3] Nur bis $40\ \mathrm{mm}$ Durchmesser, die mit * markierten Sorten aber bis $100\ \mathrm{mm}$.
[4] $R_{e,N}$ nach DIN 17210 (Entwurf Oktober 1984), angepasst.
[5] $R_{e,N} / R_{m,N} < 0{,}75$ für alle Werkstoffsorten.
[6] A nach DIN 17210 (Entwurf Oktober 1984), soweit angegeben.
[7] Genauere, werkstoffsortenabhängige Werte anstelle der nur werkstoffgruppenabhängigen Werte in Tabelle 3.25.
[8] Für ermüdungsbeanspruchte Bauteile mit Vorsicht zu verwenden, da der Schwefelzusatz eine Verringerung der Korrosionsbeständigkeit bewirkt.

Tabelle 3.118: Festigkeitskennwerte in MPa und Bruchdehnung A in % für Einsatzstahl im blindgehärteten Zustand [1] nach DIN EN 10084 (Juni 2008) (Auswahl) nach [3.34], [3.50]

Sorte	W-Nr.	Erzeugnisform[3]	$R_{m,N}$	$R_{e,N}$	A	$\sigma_{W,zd,N}$	$\sigma_{Sch,zd,N}$	$\sigma_{W,b,N}$	$\tau_{W,s,N}$	$\tau_{W,t,N}$
Ferritische Stähle im geglühten Zustand, Standardgüten										
X2CrNi12	1.4003	P(25)	450	250	18	180	170	205	105	120
X6CrAl13	1.4002	P(25)	400	210	17	160	155	180	90	110
X6Cr17	1.4016	P(25)	430	240	20	170	165	195	100	115
X6CrMo17-1	1.4113	H(12)	450	260	18	180	170	205	105	120
Ferritische Stähle im geglühten Zustand, Sondergüten										
X6CrNi17-1	1.4017	C(6)	650	480	12	260	230	290	150	175
X2CrTiNb18	1.4509	C(6)	430	230	18	170	165	195	100	115
Martensitische Stähle im wärmebehandelten Zustand, Standardgüten										
X20Cr13	1.4021	P(75)								
		QT650	650	450	12	260	230	290	150	170
		QT750	750	550	10	300	260	330	175	195
X4CrNiMo16-5-1	1.4418	P(75)								
		QT840	840	680	14	335	280	370	195	220
Ausscheidungshärtende martensitische Stähle im wärmebehandelten Zustand, Sondergüten										
X5CrNiCuNb16-4	1.4542	P(50)								
		P1070	1070	1000	8	430	335	460	245	275
		P950	950	800	10	380	310	410	220	245
		P850	850	600	12	340	285	370	195	220
Austenitische Stähle im lösungsgeglühten Zustand, Standardgüten										
X10CrNi18-8	1.4310	C(6)	600	250	40	240	215	270	140	160
X2CrNi18-10	1.4311	P(75)	550	270	40	220	200	245	125	145
X5CrNi18-10	1.4301	P(75)	520	220	45	210	190	235	120	140
X6CrNiTi18-10	1.4541	P(75)	500	200	40	200	185	225	115	135
X6CrNiMoTi17-12-2	1.4571	P(75)	520	220	40	210	190	235	120	140
X2CrNiMoN17-13-5	1.4439	P(75)	580	270	35	230	210	260	135	155
Austenitische Stähle im lösungsgeglühten Zustand, Sondergüten										
X1NiCrMoCuN25-20-7	1.4529	P(75)	650	300	40	260	230	290	150	170
Austenitisch-ferritische Stähle im lösungsgeglühten Zustand, Standardgüten										
X2CrNiN23-4	1.4362	P(75)	630	400	20	250	225	280	145	165

Tabelle 3.119: Festigkeitskennwerte in MPa für nichtrostenden Stahl nach DIN EN 10088-2 (September 2005) Auswahl [1] [2] nach [3.36], [3.50]

Sorte	W-Nr.	Erzeugnisform[3]	$R_{m,N}$	$R_{e,N}$	A	$\sigma_{W,zd,N}$	$\sigma_{Sch,zd,N}$	$\sigma_{W,b,N}$	$\tau_{W,s,N}$	$\tau_{W,t,N}$
Austenitisch-ferritische Stähle im lösungsgeglühten Zustand, Sondergüten										
X2CrNiMoN25-7-4	1.4410	P(75)	730	530	20	290	250	320	170	190

[1] Die Ermüdungsfestigkeitskennwerte sind vorläufige Werte.
[2] Ein gleichwertiger Durchmesser $d_{eff,N}$ ist nicht erforderlich, da innerhalb der Abmessungsbereiche der Werkstoffnorm kein technologischer Größeneinfluss besteht.

[3] Erzeugnisform:
P(25), warmgewalztes Blech bis 25 mm Dicke,
H(12), warmgewalztes Band bis 12 mm Dicke,
C(6), kaltgewalztes Band bis 6 mm Dicke,
QT650, im Endzustand bestellt mit Zugfestigkeit 650 MPa,
P1070, warmgewalztes Blech mit Zugfestigkeit 1070 MPa.

Tabelle 3.119: Festigkeitskennwerte in MPa für nichtrostenden Stahl nach DIN EN 10088-2 (September 2005) Auswahl [1] [2] nach [3.36], [3.50] (Forts.)

Sorte	W-Nr.	$R_{m,N}$	$R_{e,N}$	$\sigma_{W,zd,N}$	$\sigma_{Sch,zd,N}$	$\sigma_{W,b,N}$	$\tau_{W,s,N}$	$\tau_{W,t,N}$	$a_{d,m}$ [3]	$a_{d,p}$ [3]
Vergüteter Zustand										
Ck22	1.1151	410	225	165	155	185	95	105	0,00	0,16
Ck35	1.1181	490	295	195	185	215	115	130	0,00	0,22
Ck45	1.1191	590	345	235	215	260	135	155	0,00	0,19
Ck50	1.1206	630	365	250	225	275	145	165	0,00	0,25
Ck60	1.1221	690	390	275	240	300	160	180	0,00	0,27
20Mn5	1.1133	490	295	195	185	215	115	130	0,00	0,22
28Mn6	1.1170	590	390	235	215	260	135	155	0,26	0,31
20 MnMoNi 4 5	1.6311	580	420	230	210	255	135	150	0,18	0,23
22 NiMoCr 4 7	1.6755	560	400	225	205	245	130	145	0,00	0,00
24 CrMo 5	1.7258	640	410	255	230	280	150	165	0,24	0,26
34 CrMo 4	1.7220	690	460	275	240	300	160	180	0,23	0,30
42 CrMo 4	1.7225	740	510	295	255	320	170	190	0,34	0,37
50 CrMo 4	1.7228	780	590	310	265	340	180	200	0,23	0,30
32 CrMo 12	1.7361	880	685	350	290	380	205	225	0,27	0,33
34 CrNiMo 6	1.6582	780	590	310	265	340	180	200	0,19	0,26
30 CrNiMo 8	1.6580	880	685	350	290	380	205	225	0,19	0,22
28 NiCrMoV 8 5 [2]	1.6932	780	635	310	265	340	180	200	0,22	0,26
33 NiCrMo 14 5 [2]	1.6956	930	785	370	305	400	215	235	0,35	0,37

Tabelle 3.120: Festigkeitskennwerte in MPa von Stahl für größere Schmiedestücke nach SEW 550 (August 1976) [1 2] nach [3.50],[3.137]

Sorte	W-Nr.	$R_{m,N}$	$R_{e,N}$	$\sigma_{W,zd,N}$	$\sigma_{Sch,zd,N}$	$\sigma_{W,b,N}$	$\tau_{W,s,N}$	$\tau_{W,t,N}$	$a_{d,m}$ [3]	$a_{d,p}$ [3]
Normalgeglühter Zustand										
Ck22	1.1151	410	225	165	155	185	95	105	0,00	0,16
Ck35	1.1181	490	275	195	180	215	115	130	0,00	0,19
Ck45	1.1191	590	325	235	215	260	135	155	0,00	0,16
Ck50	1.1206	620	345	250	220	270	145	160	0,00	0,15
Ck60	1.1221	680	375	270	240	295	155	175	0,00	0,14

1) Die Ermüdungsfestigkeitskennwerte sind vorläufige Werte.
2) Gleichwertiger Durchmesser $d_{eff,N} = 500\ \mathrm{mm}$ für 28 NiCrMoV 8-5 ,
$d_{eff,N} = 1000\ \mathrm{mm}$ für 33 NiCrMo 14-5, für alle anderen Werkstoffsorten $d_{eff,N} = 250\ \mathrm{mm}$.
3) Genauere, werkstoffsortenabhängige Werte anstelle der nur werkstoffgruppenabhängigen Werte in Tabelle 3.25.

Tabelle 3.120: Festigkeitskennwerte in MPa von Stahl für größere Schmiedestücke nach SEW 550 (August 1976) [1 2] nach [3.50],[3.137] (Forts.)

Sorte	W-Nr.	Symbol	$d_{eff,N}$ [1]	$R_{m,N}$	$R_{e,N}$	$\sigma_{W,zd,N}$	$\sigma_{Sch,zd,N}$	$\sigma_{W,b,N}$	$\tau_{W,s,N}$	$\tau_{W,t,N}$
GE 200 (GS-38)	1.0420	+ N	300	380	200	130	110	150	75	90
GE 240 (GS-45)	1.0446	+ N	300	450	230	155	125	180	90	110
GE 300 (GS-60)	1.0558	+ N	30	600	300	205	160	235	120	140

1) Gleichwertiger Rohgussdurchmesser $d_{eff,N}$ in mm.

Tabelle 3.121: Festigkeitskennwerte in MPa für Stahlguss für allgemeine Verwendungszwecke nach DIN EN 10293 (Juni 2005) nach [3.37], [3.50]

Sorte	W-Nr.	Symbol	$d_{eff,N}$ [1]	$R_{m,N}$	$R_{e,N}$	$\sigma_{W,zd,N}$	$\sigma_{Sch,zd,N}$	$\sigma_{W,b,N}$	$\tau_{W,s,N}$	$\tau_{W,t,N}$
G17Mn5	1.1131	+ QT	50	450	240	155	125	180	90	110
G20Mn5	1.6220	+ N	30	480	300	165	135	190	95	115
		+ QT	100	500	300	170	140	200	100	120
G24Mn6	1.1118	+ QT1	50	700	550	240	185	270	140	160
		+ QT2	100	650	500	220	175	250	130	150
		+ QT3	150	600	450	205	160	235	120	140
G28Mn6	1.1165	+ N	250	520	260	175	145	205	100	125
		+ QT	100	600	450	205	160	235	120	140
		+ QT1	50	700	550	240	185	270	140	160
G20Mo5	1.5419	+ QT	100	440	245	150	125	175	85	105

Tabelle 3.122: Festigkeitskennwerte in MPa für Vergütungsstahlguss für allgemeine Verwendungszwecke nach DIN EN 10293 (Juni 2005) nach [3.37], [3.50]

Sorte	W-Nr.	Symbol	$d_{eff,N}$ [1]	$R_{m,N}$	$R_{e,N}$	$\sigma_{W,zd,N}$	$\sigma_{Sch,zd,N}$	$\sigma_{W,b,N}$	$\tau_{W,s,N}$	$\tau_{W,t,N}$
G10MnMoV6-3	1.5410	+ QT1	50	500	380	170	140	200	100	120
		+ QT2	50	600	500	205	160	235	120	140
		+ QT3	100	520	400	175	145	205	100	125
G15CrMoV6-9	1.7710	+ QT1	50	850	700	290	215	320	165	195
		+ QT2	50	980	930	335	240	365	190	220
G17CrMo5-5	1.7357	+ QT	100	490	315	165	135	195	95	115
G17CrMo9-10	1.7379	+ QT	150	590	400	200	160	230	115	140
G26CrMo4	1.7221	+ QT1	100	600	450	205	160	235	120	140
		+ QT2	100	700	550	240	185	270	140	160
G34CrMo4	1.7230	+ QT1	100	700	540	240	185	270	140	160
		+ QT2	100	830	650	280	210	315	165	190
G42CrMo4	1.7231	+ QT1	100	800	600	270	205	305	155	185
		+ QT2	100	850	700	290	215	320	165	195
G30CrMoV6-4	1.7725	+ QT1	100	850	700	290	215	320	165	195
		+ QT2	100	900	750	305	225	340	175	205
G35CrNiMo6-6	1.6579	+ N	150	800	550	270	205	305	155	185
		+ QT1	100	850	700	290	215	320	165	195
		+ QT2	100	900	800	305	225	340	175	205
G9Ni14	1.5638	+ QT	35	500	360	170	140	200	100	120
GX9Ni5	1.5681	+ QT	30	550	380	185	150	215	110	130
G20NiMoCr4	1.6750	+ QT	150	570	410	194	155	223	112	134
G32NiCrMo8-5-4	1.6570	+ QT1	100	850	700	290	215	320	165	195
		+ QT2	100	1050	950	355	250	390	205	235
G17NiCrMo13-6	1.6781	+ QT	200	750	600	255	195	285	145	175
G30NiCrMo14	1.6771	+ QT1	100	900	700	305	225	340	175	205
		+ QT2	100	1100	1000	375	260	405	215	245
GX3CrNi13-4	1.6982	+ QT	300	700	500	240	185	270	140	160
GX4CrNi13-4	1.4317	+ QT	300	760	550	260	195	290	150	175
GX4CrNil6-4	1.4421	+ QT1	300	780	540	265	200	297	153	180
		+ QT2	300	1000	830	340	245	370	195	225
GX4CrNiMo16-5-1	1.4405	+ QT	300	760	540	260	195	290	150	175
GX23CrMoVl2-1	1.4931	+ QT	150	740	540	250	190	285	145	170

[1] Gleichwertiger Rohgussdurchmesser $d_{eff,N}$ in mm

Tabelle 3.122: Festigkeitskennwerte in MPa für Vergütungsstahlguss für allgemeine Verwendungszwecke nach DIN EN 10293 (Juni 2005) nach [3.37], [3.50] (Forts.)

Sorte	W-Nr.	$R_{m,N}$	$R_{p0,2,N}$ [2)]	A_5 [3)]	$\sigma_{W,zd,N}$	$\sigma_{Sch,zd,N}$	$\sigma_{W,b,N}$	$\tau_{W,s,N}$	$\tau_{W,t,N}$
EN-GJS-350-22-LT (GGG-35.3) EN-GJS-350-22-RT EN-GJS-350-22	EN-JS1015 (0.7033) EN-JS1014 EN-JS1010	350	220	22	120	100	160	75	110
EN-GJS-400-18-LT (GGG-40.3) EN-GJS-400-18-RT EN-GJS-400-18	EN-JSI025 (0.7043) EN-JS1024 EN-JS1020	400	240 250 250	18	135	110	185	90	120
EN-GJS-400-15 (GGG-40)	EN-JS1030 (0.7040)	400	250	15	135	110	185	90	120
EN-GJS-450-10	EN-JSI040	450	310	10	155	125	205	100	135
EN-GJS-500-7 (GGG-50)	EN-JS1050 (0.7050)	500	320	7	170	135	225	110	150
EN-GJS-600-3 (GGG-60)	EN-JS1060 (0.7060)	600	370	3	205	160	265	135	180
EN-GJS-700-2 (GGG-70)	EN-JS1070 (0.7070)	700	420	2	240	180	305	155	205
EN-GJS-800-2 (GGG-80)	EN-JS1080 (0.7080)	800	480	2	270	200	340	175	235
EN-GJS-900-2	EN-JSI090	900	600	2	305	220	380	200	260

1) Gleichwertiger Rohgussdurchmesser $d_{eff,N} = 60$ mm.
2) $R_{p0,2,N}$ / $R_{m,N} < 0{,}75$ für alle Werkstoffsorten.

3) Bruchdehnung in %. Für nichtduktilen Werkstoff, $A_5 < 6$ %, ist der statische Festigkeitsnachweis mit örtlichen Spannungen durchzuführen und der Sicherheitsfaktor um den Summanden Δj zu erhöhen.

Tabelle 3.123: Festigkeitskennwerte in MPa für Gusseisen mit Kugelgraphit nach DIN EN 1563 (Oktober 2005) bzw. nach DIN 1693/01 (Oktober 1973 (Bezeichnungen in Klammern) [1)] [3.28], [3.50]

Sorte	W-Nr.	R_{mN}	$R_{p0,1,N}$	$\sigma_{W,zd,N}$	$\sigma_{Sch,zd,N}$	$\sigma_{W,b,N}$ [3)]	$\tau_{W,s,N}$	$\tau_{W,t,N}$ [3)]
EN-GJL-100 (GG-10) [2)]	EN-JL1010 (0.6010)	100	-	34	23	52	34	52
EN-GJL-150 (GG-15)	EN-JL1020 (0.6015)	150	100	51	34	78	51	78
EN-GJL-200 (GG-20)	EN-JL1030 (0.6020)	200	130	68	45	102	68	102
EN-GJL-250 (GG-25)	EN-JL1040 (0.6025)	250	165	85	57	126	85	126
EN-GJL-300 (GG-30)	EN-JL1050 (0.6030)	300	195	102	68	150	102	150
EN-GJL-350 (GG-35)	EN-JL1060 (0.6035)	350	230	119	79	173	119	173

1) Gleichwertiger Durchmesser $d_{eff,N} = 20$ mm.
2) Nicht für tragende Bauteile.

3) $\sigma_{W,b,N}$ und $\sigma_{W,t,N}$ nach Gl. (5.1.3) und (5.1.4). Die Verwendung der davon abweichenden Werte aus DIN EN 1561 ist zulässig.

Tabelle 3.124: Festigkeitskennwerte in MPa für Gusseisen mit Lamellengraphit (Grauguss) nach DIN EN 1561 (Januar 2012) bzw. nach DIN 1691 (Mai 1985) (Bezeichnungen in Klammern) [1)] nach [3.26], [3.50]

Sorte	W-Nr.	$R_{m,N}$	$R_{p0,2,N}$[2]	A_3[3]	$\sigma_{W,zd,N}$	$\sigma_{Sch,zd,N}$	$\sigma_{W,b,N}$	$\tau_{W,s,N}$	$\tau_{W,t,N}$
Nicht entkohlend geglühter Zustand									
EN-GJMB-300-6 (-)	EN-JM1110 (-)	300	-	6	90	75	130	70	100
EN-GJMB-350-10 (GTS-35-10)	EN-JM1130 (0.8135)	350	200	10	105	85	150	80	115
EN-GJMB-450-6 (GTS-45-06)	EN-JM1140 (0.8145)	450	270	6	135	105	190	100	145
EN-GJMB-500-5 (-)	EN-JM1150 (-)	500	300	5	150	115	210	115	160
EN-GJMB-550-4 (GTS-50-04)	EN-JM1160 (0.8155)	550	340	4	165	125	230	125	175
EN-GJMB-600-3 (-)	EN-JM1170 (-)	600	390	3	180	135	250	135	190
EN-GJMB-650-2 (GTS-65-02)	EN-JM1180 (0.8165)	650	430	2	195	145	265	145	205
EN-GJMB-700-2 (GTS-70-02)	EN-JM1190 (0.8170)	700	530	2	210	155	285	160	220
EN-GJMB-800-1 (-)	EN-JM1200 (-)	800	600	1	240	170	320	180	250
Entkohlend geglühter Zustand									
EN-GJMW-350-4 (GTW-35-04)	EN-JM1010 (0,8035)	350	-	4	105	85	150	80	115
EN-GJMW-360-12 (GTW-S 38-12)	EN-JM1020 (0.8038)	360	190	12	110	85	155	80	120
EN-GJMW-400-5 (GTW-40-05)	EN-JM1030 (0.8040)	400	220	5	120	95	170	90	130
EN-GJMW-450-7 (GTW-45-07)	EN-JM1040 (0.8045)	450	260	7	135	105	190	100	145
EN-GJMW-550-4	EN-JM1050	550	340	4	165	125	230	125	175

1) Gleichwertiger Rohgussdurchmesser $d_{eff,N} = 15$ mm.
2) Oberer Tabellenteil: $R_{p0,2,N} / R_{m,N} < 0,75$; nur für GTS-70-02 gilt $R_{p0,2,N} / R_{m,N} > 0,75$;
Unterer Tabellenteil: $R_{p0,2,N} / R_{m,N} < 0,75$;

3) Bruchdehnung in %. Für nichtduktilen Werkstoff, $A_3 < 6$ %, ist der statische Festigkeitsnachweis mit örtlichen Spannungen durchzuführen und der Sicherheitsfaktor um den Summanden Δj zu erhöhen.

Tabelle 3.125: Festigkeitskennwerte in MPa für Temperguss nach DIN EN 1562 (August 2006) bzw. nach DIN 1692 (Januar 1982) (Bezeichnungen in Klammern) [1] nach [3.27], [3.50]

Werkstoff	**Zst.**	**Nenndicke in mm**		R_m	R_e	$\sigma_{W,zd}$	$\sigma_{Sch,zd}$	$\sigma_{W,b}$	$\tau_{W,s}$	$\tau_{W,t}$	A [%] 1)	*Härte* **HB**
		über	**bis**									
EN AW-2014 Al Cu4SiMg	T651	12,5	40,0	460	400	140	95	160	80	100	6*	138
		40,0	60,0	450	390	135	95	155	80	95	5*	135
		60,0	80,0	435	380	130	95	150	75	95	4*	131
		80,0	100,0	420	360	125	90	145	75	90	4*	126
		100,0	120,0	410	350	125	90	145	70	90	4*	123
EN-AW-2017A Al Cu4MgSi(A)	T451	12,5	40,0	390	250	115	85	135	70	85	12*	110
		40,0	100,0	385	240	115	85	135	65	85	10*	108
		100,0	120,0	370	240	110	85	130	65	80	8*	105
		120,0	150,0	350	240	105	80	125	60	75	4*	101
EN AW-2024 Al Cu4Mg1	T351	12,5	40,0	430	290	130	95	150	75	90	11*	122
		40,0	80,0	420	290	125	90	145	75	90	8*	120
		80,0	100,0	400	285	120	90	140	70	85	7*	115
		100,0	120,0	380	270	115	85	135	65	85	5*	110
		120,0	150,0	360	250	110	80	130	60	80	5*	104
EN AW-5049 Al Mg2Mn0,8	O/H111	12,5	100,0	190	80	55	50	75	35	45	17*	52
	H12	12,5	40,0	220	170	65	55	85	40	50	9*	66
	H22/H32	12,5	40,0	220	130	65	55	85	40	50	9*	66
EN AW-5052 Al Mg2,5	H112	40,0	80,0	170	70	50	45	65	30	40	14*	47
	H22/H32	12,5	40,0	210	130	65	55	80	35	50	12*	61
	H24/H34	12,5	25,0	230	150	70	60	85	40	55	9*	67
EN AW-5251 Al Mg2	O/H111	12,5	50,0	160	60	50	45	65	30	40	18*	44
	H12	12,5	25,0	190	150	60	50	75	35	45	10*	58
	H22/H32	12,5	25,0	190	120	55	50	75	35	45	12*	56
EN AW-5154A Al Mg3,5(A)	O/H111	12,5	50,0	215	85	65	55	80	35	50	16*	58
	H112	40,0	80,0	215	90	65	55	80	35	50	13*	59
	H12	12,5	40,0	250	190	75	60	95	45	55	6*	75
	H14	12,5	25,0	270	220	80	65	100	45	60	4*	81

Tabelle 3.126: Festigkeitskennwerte in MPa für Aluminiumknetwerkstoff, Bänder, Bleche, Platten nach DIN EN 485-2 (Januar 2009) (Auswahl) nach [3.9], [3.50]

Werkstoff	Zst.	Nenndicke in mm		R_m	R_e	$\sigma_{W,zd}$	$\sigma_{Sch,zd}$	$\sigma_{W,b}$	$\tau_{W,s}$	$\tau_{W,t}$	A [%] [1)]	*Härte* HB
		über	bis									
EN AW-5454 Al Mg3Mn	O/H111	12,5	80,0	215	85	65	55	80	35	50	16*	58
	H112	40,0	120,0	215	90	65	55	80	35	50	13*	59
	H12	12,5	40,0	250	190	75	60	95	45	55	7	75
	H14	12,5	25,0	270	220	80	65	100	45	60	4*	81
	H22/H32	12,5	40,0	250	180	75	60	95	45	55	9*	74
	H24/H34	12,5	25,0	270	200	80	65	100	45	60	7*	80
EN AW-5754 Al Mg3	O/H111	12,5	100,0	190	80	55	50	75	35	45	17*	52
	H112	40,0	80,0	190	80	55	50	75	30	45	14*	52
	H12	12,5	40,0	220	170	65	55	85	40	50	9*	66
	H14	12,5	25,0	240	190	70	60	90	40	55	5*	72
	H22/H32	12,5	40,0	220	130	65	55	85	40	50	9*	63
	H24/H34	12,5	25,0	240	160	70	60	90	40	55	8*	70
EN AW-5083 Al Mg4,5Mn0,7	O/H111	12,5	50,0	275	125	85	65	100	45	60	15*	75
		50,0	80,0	270	115	80	65	100	45	60	14*	73
		80,0	120,0	260	110	80	65	95	45	60	12*	70
		120,0	150,0	255	105	75	65	95	45	60	12*	69
	H112	40,0	80,0	270	115	80	65	100	45	60	10*	73
	H116	12,5	40,0	305	215	90	70	110	55	70	10*	89
		40,0	80,0	285	200	85	70	105	50	65	10*	83
	H12	12,5	40,0	315	250	95	75	115	55	70	6*	94
	H14	12,5	25,0	340	280	100	80	120	60	75	3*	102
	H22/H32	12,5	40,0	305	215	90	70	110	55	70	9*	89
	H24/H34	12,5	25,0	340	250	100	80	120	60	75	7*	99

Tabelle 3.126: Festigkeitskennwerte in MPa für Aluminiumknetwerkstoff, Bänder, Bleche, Platten nach DIN EN 485-2 (Januar 2009) (Auswahl) nach [3.9], [3.50] (Forts.)

Werkstoff	**Zst.**	**Nenndicke in mm** über	bis	R_m	R_e	$\sigma_{W,zd}$	$\sigma_{Sch,zd}$	$\sigma_{W,b}$	$\tau_{W,s}$	$\tau_{W,t}$	A [%] [1)]	*Härte* **HB**
EN AW-5086 Al Mg4	O/H111	12,5	150,0	240	100	79	60	90	40	55	16*	65
	H112	12,5	40,0	240	105	70	60	90	40	55	9*	65
		40,0	80,0	240	100	70	60	90	40	55	12*	65
	H116	12,5	50,0	275	195	85	65	100	50	60	9*	81
	H12	12,5	40,0	275	200	85	65	100	50	60	6*	81
	H14	12,5	25,0	300	240	90	70	110	50	65	3*	90
	H22/H32	12,5	40,0	275	185	85	65	100	50	60	9*	80
	H24/H34	12,5	25,0	300	220	90	70	110	50	65	7*	88
EN AW-6082 Al SiMgMn	T451	12,5	80,0	205	110	60	55	80	35	50	12*	58
	T42	12,5	80,0	205	95	60	55	80	35	50	12*	57
	T651 T62	12,5	100,0	295	240	90	70	110	50	65	7*	89
		100,0	175,0	275	230	85	65	100	50	60	4*	83
	T6151	12,5	175,0	275	200	85	65	100	50	60	8*	81
EN AW-7020 Al Zn4,5Mg1	T651	12,5	40,0	350	280	105	80	125	60	75	9*	104
		40,0	100,0	340	270	100	80	120	60	75	8*	101
		100,0	175,0	330	260	100	75	120	55	75	6*	98
EN AW-7022 Al Zn5Mg3Cu	T6	12,5	50,0	450	370	135	95	155	80	95	7*	133
	T651	50,0	100,0	430	350	130	90	150	75	95	5*	127
		100,0	200,0	410	330	125	90	145	70	90	3*	121
EN AW-7075 Al Zn5,5MgCu	T651 T62	12,5	25,0	540	470	160	110	180	95	115	6*	161
		25,0	50,0	530	460	160	105	180	90	110	5*	158
		50,0	60,0	525	440	160	105	175	90	110	4*	155
		60,0	80,0	495	420	150	100	170	85	105	4*	147
		80,0	90,0	490	390	145	100	165	85	105	4*	144
		90,0	100,0	460	360	140	95	160	80	100	3*	135
		100,0	120,0	410	300	125	90	145	70	90	2*	119
		120,0	150,0	360	260	110	80	130	60	80	2*	104
	T7351	12,5	25,0	475	390	145	100	160	80	100	6*	140
		25,0	50,0	475	390	145	100	160	80	100	5*	140
		50,0	60,0	455	360	135	95	155	80	95	5*	133
		60,0	80,0	440	340	130	95	150	75	95	5*	129
		80,0	100,0	430	340	130	95	150	75	95	5*	126

[1)] Bruchdehnung A mit Messlänge $50\ \mathrm{mm}$ bzw. Bruchdehnung A_5 mit Messlänge fünfmal Probendurchmesser [(*)]

Tabelle 3.126: Festigkeitskennwerte in MPa für Aluminiumknetwerkstoff, Bänder, Bleche, Platten nach DIN EN 485-2 (Januar 2009) (Auswahl) nach [3.9], [3.50] (Forts.)

Werkstoff	Erzeugnis	Zustand	Querschnitt t	Prüfrichtung	R_m	R_e	A [%]
EN AW-2014 AlCu4SiMg	alle Schmiedestücke	T4	$t \leq 150$	L	370	270	11
	Gesenk-schmiedestücke	T6	$t \leq 50$	L	440	380	6
				T	430	370	3
			$50 < t \leq 150$	L	440	370	6
				T	430	360	3
	Freiform-schmiedestücke	T652	$t \leq 75$	L	440	380	8
				LT	430	370	4
				ST	420	360	3
			$75 < t \leq 150$	L	420	370	7
				LT	420	360	4
				ST	410	350	3
			$150 < t \leq 200$	L	410	360	6
				LT	410	350	3
				ST	400	340	2
EN AW-2024 AlCu4Mgi	alle Schmiedestücke	T4	$t \leq 100$	L	420	260	8
EN AW-5083 AlMg4,5Mn0,7	alle Schmiedestücke	H112	$t \leq 150$	L	270	120	12
				T	260	110	10
EN AW-5754 AlMg3	alle Schmiedestücke	H112	$t \leq 150$	L	180	80	15
EN AW-6082 AlSiIMgMn	alle Schmiedestücke	T6	$t \leq 100$	L	310	260	6
				T	290	250	5
EN AW-7075 Al Zn5,5MgCu	Gesenk-schmiedestücke	T6	$t \leq 50$	L	510	430	7
				T	480	410	4
			$50 < t \leq 150$	L	500	425	6
				T	470	400	4
		T73	$t \leq 50$	L	455	385	6
				T	420	360	4
			$50 < t \leq 150$	L	445	375	6
				T	410	350	3
	Freiform-schmiedestücke	T652	$t \leq 75$	L	490	415	6
				LT	480	400	4
				ST	470	390	3
			$75 < t \leq 150$	L	470	385	6
				LT	460	375	4
				ST	445	370	3
		T7352	$t \leq 75$	L	450	370	6
				LT	440	360	4
				ST	430	350	3
			$75 < t \leq 150$	L	420	350	6
				LT	410	340	4
				ST	395	330	3

L: Richtung parallel zum Hauptfaserverlauf.
LT: Richtung parallel zum größeren Querschnittsmaß (Breite).
T: Richtung nicht parallel zum Hauptfaserverlauf.
ST: Richtung parallel zum kleineren Querschnittsmaß (Dicke) (üblicherweise in Schmiederichtung).

Tabelle 3.127: Festigkeitskennwerte in MPa für Aluminiumknetwerkstoff, Schmiedestücke nach DIN EN 586-2 (November 1994) nach [3.23], [3.50]

Legierungsbezeichnung		Zst.	R_m	R_e	$\sigma_{W,zd}$	$\sigma_{Sch,zd}$	$\sigma_{W,b}$	$\tau_{W,s}$	$\tau_{W,t}$	A_{50} [%]	*Härte* HBS
Numerisch	Chemische Symbole										
EN AC-21000	EN AC-Al Cu4MgTi	T4	300	200	90	60	130	65	100	5	90
EN AC-21100	EN AC-Al Cu4Ti	T6 T64	300 280	200 180	90 85	60 55	130 125	65 65	100 95	3 5	95 85
EN AC-21200	EN AC-Al Cu5MgMn	T4 T7	330 370	225 310	100 110	65 70	145 160	75 85	110 125	3 2	100 110
EN AC-41000	EN AC-Al Si2MgTi	F T6	140 240	70 180	40 70	30 50	65 105	30 55	50 80	3 3	50 85
EN AC-42000	EN AC-Al Si7Mg	F T6	140 220	80 180	40 65	30 45	65 100	30 50	50 75	2 1	50 75
EN AC-42100	EN AC-Al Si7Mg0,3	T6	230	190	70	50	105	50	80	2	75
EN AC-42200	EN AC-Al Si7Mg0,6	T6	250	210	75	50	110	55	85	1	85
EN AC-43000	EN AC-Al Si10Mg(a)	F T6	150 220	80 180	45 65	35 45	70 100	35 50	50 75	2 1	50 75
EN AC-43100	EN AC-Al Si10Mg(b)	F T6	150 220	80 180	45 65	35 45	70 100	35 50	50 75	2 1	50 75
EN AC-43200	EN AC-Al Si10Mg(Cu)	F T6	160 220	80 180	50 65	35 45	75 100	35 50	55 75	1 1	50 75
EN AC-43300	EN AC-Al Si9Mg	T6	230	190	70	50	105	50	80	2	75
EN AC-44000	EN AC-Al Si11	F	150	70	45	35	70	35	50	6	45
EN AC-44100	EN AC-Al Si12(b)	F	150	70	45	35	70	35	50	4	50
EN AC-44200	EN AC-Al Si12(a)	F	150	70	45	35	70	35	50	5	50
EN AC-44400	ENAC-Al Si9	F	170	80	50	37	75	38	60	4	50
EN AC-45000	EN AC-Al Si6Cu4	F	150	90	45	35	70	35	50	1	60

Tabelle 3.128: Festigkeitskennwerte in MPa für Aluminiumgusswerkstoff, Sandgusslegierungen, getrennt gegossene Probestäbe, nach DIN EN 1706 (Juni 2010) nach [3.29], [3.50]

Legierungsbezeichnung		Zst.	R_m	R_e	$\sigma_{W,zd}$	$\sigma_{Sch,zd}$	$\sigma_{W,b}$	$\tau_{W,s}$	$\tau_{W,t}$	A_{50} [%]	*Härte* HBS
Numerisch	**Chemische Symbole**										
EN AC-45300	EN AC-Al Si5CulMg	T4 T6	170 230	120 200	50 70	35 50	75 105	40 50	60 80	2 <1	80 100
EN AC-45500	EN AC-Al Si7Cu0,5Mg	T6	250	190	75	50	110	55	85	1	85
EN AC-46200	EN AC-Al Si8Cu3	F	150	90	45	35	70	35	50	1	60
EN AC-46400	EN AC-Al Si9CulMg	F	135	90	40	30	60	30	45	1	60
EN AC-46600	EN AC-Al Si7Cu2	F	150	90	45	35	70	35	50	1	60
EN AC-47000	EN AC-Al Sil2(Cu)	F	150	80	45	35	70	35	50	1	50
EN AC-51100	EN AC-Al Mg3(a)	F	140	70	40	30	65	30	50	3	50
EN AC-51300	EN AC-Al Mg5	F	160	90	50	35	75	35	55	3	55
EN AC-51400	EN AC-Al Mg5(Si)	F	160	100	50	35	75	35	55	3	60
EN AC-71100	EN AC-Al Znl0Si8Mg	T1	210	190	65	45	95	47	70	1	90

Tabelle 3.128: Festigkeitskennwerte in MPa für Aluminiumgusswerkstoff, Sandgusslegierungen, getrennt gegossene Probestäbe, nach DIN EN 1706 (Juni 2010) nach [3.29], [3.50] (Forts.)

Legierungsbezeichnung		Zst.	R_m	R_e	$\sigma_{W,zd}$	$\sigma_{Sch,zd}$	$\sigma_{W,b}$	$\tau_{W,s}$	$\tau_{W,t}$	A_{50}	*Härte* HBS
Numerisch	**Chemische Symbole**										
EN AC-21000	EN AC-Al Cu4MgTi	T4	320	200	95	65	140	70	105	8	95
EN AC-21100	EN AC-Al Cu4Ti	T6 T64	330 320	220 180	100 95	65 65	145 140	75 70	110 105	7 8	95 90
EN AC-21200	EN AC-Al Cu5MgMn	T4 T7	400 410	240 325	120 125	75 75	170 175	90 90	130 135	7 8	95 90

Tabelle 3.129: Festigkeitskennwerte in MPa für Aluminiumgusswerkstoff, Kokillengusslegierungen, getrennt gegossene Probestäbe, nach DIN EN 1706 (Juni 2010) nach [3.29], [3.50]

Legierungsbezeichnung		Zst.	R_m	R_e	$\sigma_{W,zd}$	$\sigma_{Sch,zd}$	$\sigma_{W,b}$	$\tau_{W,s}$	$\tau_{W,t}$	A_{50}	*Härte* HBS
Numerisch	Chemische Symbole										
EN AC-41000	EN AC-Al Si2MgTi	F T6	170 260	70 180	50 80	35 55	75 115	40 60	60 90	5 5	50 85
EN AC-42000	EN AC-Al Si7Mg	F T6 T64	170 260 240	90 220 200	50 80 70	35 55 50	75 115 105	40 60 55	60 90 80	2,5 1 2	55 90 80
EN AC-42100	EN AC-Al Si7MgO,3	T6 T64	290 250	210 180	85 75	60 50	130 110	65 55	100 85	4 8	90 80
EN AC-42200	EN AC-Al Si7MgO,6	T6 T64	320 290	240 210	95 85	65 60	140 130	70 65	105 100	3 6	100 90
EN AC-43000	EN AC-Al SilOMg(a)	F T6 T64	180 260 240	90 220 200	55 80 70	40 55 50	80 115 105	40 60 55	60 90 80	2,5 1 2	55 90 80
EN AC-43100	EN AC-Al SilOMg(b)	F T6 T64	180 260 240	90 220 200	55 80 70	40 55 50	80 115 105	40 60 55	60 90 80	2,5 1 2	55 90 80
EN AC-43200	EN AC-Al SilOMg(Cu)	F T6	180 240	90 200	55 70	40 50	80 105	40 55	60 80	1 1	55 80
EN AC-43300	EN AC-Al Si9Mg	T6 T64	290 250	210 180	85 75	60 50	130 110	65 55	100 85	4 6	90 80
EN AC-44000	EN AC-Al Sill	F	170	80	50	35	75	40	60	7	45
EN AC-44100	EN AC-Al Sil2(b)	F	170	80	50	35	75	40	60	5	55
EN AC-44200	EN AC-Al Sil2(a)	F	170	80	50	35	75	40	60	6	55
EN AC-44400	EN AC-Al Si9	F	180	90	55	40	80	40	60	5	55
EN AC-45000	EN AC-Al Si6Cu4	F	170	100	50	35	75	40	60	1	75
EN AC-45100	EN AC-Al Si5Cu3Mg	T4 T6	270 320	180 280	80 95	55 65	120 140	60 70	90 105	2,5 <1	85 110
EN AC-45300	EN AC-Al Si5CulMg	T4 T6	230 280	140 210	70 85	50 55	105 125	50 65	80 95	3 <1	85 110
EN AC-45400	EN AC-Al Si5Cu3	T4	230	110	70	50	105	50	80	6	75
EN AC-45500	EN AC-Al Si7CuO,5Mg	T6	320	240	95	65	140	70	105	4	100
EN AC-46200	EN AC-Al Si8Cu3	F	170	100	50	35	75	40	60	1	75

Tabelle 3.129: Festigkeitskennwerte in MPa für Aluminiumgusswerkstoff, Kokillengusslegierungen, getrennt gegossene Probestäbe, nach DIN EN 1706 (Juni 2010) nach [3.29], [3.50] (Forts.)

Legierungsbezeichnung		Zst.	R_m	R_e	$\sigma_{W,zd}$	$\sigma_{Sch,zd}$	$\sigma_{W,b}$	$\tau_{W,s}$	$\tau_{W,t}$	A_{50}	*Härte* HBS
Numerisch	Chemische Symbole										
EN AC-46300	EN AC-Al Si7Cu3Mg	F	180	100	55	40	80	40	60	1	80
EN AC-46400	EN AC-Al Si9CulMg	F T6	170 275	100 235	50 85	35 55	75 120	40 60	60 95	1 1,5	75 105
EN AC-46600	EN AC-Al Si7Cu2	F	170	100	50	35	75	40	60	1	75
EN AC-47000	EN AC-Al Sil2(Cu)	F	170	90	50	35	75	40	60	2	55
EN AC-48000	EN AC-Al Si12CuNiMg	T5 T6	200 280	185 240	60 85	45 55	90 125	45 65	70 95	<1 <1	90 100
EN AC-51100	EN AC-Al Mg3(a)	F	150	70	45	35	70	35	50	5	50
EN AC-51300	EN AC-AlMg5	F	180	100	55	40	80	40	60	4	60
EN AC-51400	EN AC-Al MG5(Si)	F	180	110	55	40	80	40	60	3	65
EN AC-71100	EN AC-Al ZnlOSi8Mg	T1	260	210	80	55	115	60	90	1	100

Tabelle 3.129: Festigkeitskennwerte in MPa für Aluminiumgusswerkstoff, Kokillengusslegierungen, getrennt gegossene Probestäbe, nach DIN EN 1706 (Juni 2010) nach [3.29], [3.50] (Forts.)

Legierungsbezeichnung		Zst.	R_m	R_e	$\sigma_{W,zd}$	$\sigma_{Sch,zd}$	$\sigma_{W,b}$	$\tau_{W,s}$	$\tau_{W,t}$	A_{50}	*Härte* HBS
Numerisch	Chemische Symbole										
EN AC-21000	EN AC-Al Cu4MgTi	T4	300	220	90	60	130	70	100	5	90
EN AC-42000	EN AC-Al Si7Mg	F T6	150 240	80 190	45 70	35 50	70 105	35 55	50 80	2 1	50 75
EN AC-42100	EN AC-Al Si7Mg0,3	T6	260	200	80	55	115	60	90	3	75
EN AC-42200	EN AC-Al Si7Mg0,6	T6	290	240	85	60	130	65	100	2	85
EN AC-44100	EN AC-Al Si12(b)	F	150	80	45	35	70	35	50	4	50
EN AC-45200	EN AC-Al Sil7Cu4Mg	F T5	200 295	180 260	60 90	43 60	90 130	45 65	70 100	1 1	90 125
EN AC-51300	EN AC-Al Mg5	F	170	95	50	35	75	40	60	3	55

Tabelle 3.130: Festigkeitskennwerte in MPa für Aluminiumgusswerkstoff, Feingusslegierungen, getrennt gegossene Probestäbe, nach DIN EN 1706 (Juni 2010) nach [3.29], [3.50]

Nr.	Werkstoffsorte	t [mm]	R_e [MPa]	R_m [MPa]
Baustahl				
1 2	S235	… 40 40 … 100	240 215	360
3 4	S275	… 40 40 … 80	275 255	410
5 6	S355	… 40 40 … 80	360 335	470
7 8	S450	… 40 40 … 80	440 410	550
Feinkornbaustahl				
9 10	S275 N, NL, M, ML P275 NH, NL1, NL2	… 40 40 … 80	275 255	370
11 12	S355 N, NL P355 N, NH, NL1, NL2, QH1	… 40 40 … 80	360 335	470
13 14	S355 M/ML	… 40 40 … 80	360 335	450
15 16	S420 N/NL	… 40 40 … 80	420 390	520
17 18	S420 M/ML	… 40 40 … 80	420 390	520 500
19 20	S460 N/NL	… 40 40 … 80	460 430	550
21 22	S460 M/ML	… 40 40 … 80	460 430	530
	S690	… 50 50 … 100	690 650	770
Vergütungsstahl				
23 24	C35+N	… 16 16 … 100	300 270	550 520
25 26	C45+N	… 16 16 … 100	340 305	620 580

Tabelle 3.131: Statische Festigkeitskennwerte von Stahl und Eisenguss in geschweißten Bauteilen (Grundwerkstoff GW: Streckgrenze R_e, Zugfestigkeit R_m) nach DIN 18800 (November 1990) und Anwendungsrichtlinie Stahlbau (Dezember 2001), für S690 nach DIN EN 1993-1-12 (Dezember 2010) nach [3.17], [3.30]

Nr.	Werkstoffsorte	t [mm]	R_e [MPa]	R_m [MPa]
Gusswerkstoff				
27	GS200	... 100	200	380
28	GS240	... 100	240	450
29	GE200	... 160	200	380
30	GE240	... 160	240	450
31	G17Mn5+QT	... 50	240	450
32	G20Mn5+N	... 30	300	480
33	G20Mn5+QT	... 100	300	500
34	EN-GJS-400-15	... 60	250	390
35	EN-GJS-400-18	... 60	250	390
36	EN-GJS-400-18-LT	... 60	230	390
37	EN-GJS-400-18-RT	... 60	250	390

Tabelle 3.131: Statische Festigkeitskennwerte von Stahl und Eisenguss in geschweißten Bauteilen (Grundwerkstoff GW: Streckgrenze R_e, Zugfestigkeit R_m) nach DIN 18800 (November 1990) und Anwendungsrichtlinie Stahlbau (Dezember 2001), für S690 nach DIN EN 1993-1-12 (Dezember 2010) nach [3.17], [3.30] (Forts.)

1	2	3	4	5	6	7	8	9	10	11	12
Zeile	**Werkstoff**	R_m			R_p			d_{max}			ρ_{WEZ}
	AW-	**B**	**R**	**P**	**B**	**R**	**P**	**B**	**R**	**P**	
1	6005A.T6			250			200			25	0,63
2a	6060.T6		215	170		160	140		20	25	0,55
2b	6060.T66			195			150			25	0,55
3	6061.T6/T651	290	290	260	240	240	240	100	20	25	0,61
4a	6063.T6		220	195		190	160		20	25	0,51
4b	6063.T66		230	225		195	180		20	25	0,53
5a	6082.T6/T651	295	310	290	240	240	250	100	20	25	0,55
5b	6082.T61/T6151	275			200			175			0,70

Tabelle 3.132: Statische Festigkeit von Aluminium in geschweißten Bauteilen nach DIN 4113-1/A1 Tabelle 1 und DIN 4113-2, Tabelle 1 nach [3.13], [3.50]

1	2	3	4	5	6	7	8	9	10	11	12
Zeile	**Werkstoff**	R_m			R_p			d_{max}			ρ_{WEZ}
	AW-	**B**	**R**	**P**	**B**	**R**	**P**	**B**	**R**	**P**	
5b	6082.T5			270			230			5	0,70
6	6106.T6			250			200			10	0,61
7	7020.T6/T651	340	350	350	270	280	290	100	20	40	0,75
8	3103.H18	185			165			3			0,36
9a	3004.H14/H24/H34	220			170			6			0,56
9b	3004.H16/H26/H36	240			190			4			0,51
10a	3005.H16	195			175			4			0,46
10b	3005.H18/H28	220			190			3			0,40
11b	5005A.H12	125			95			12.5			0,57
11c	5005A.H22/H32	125			80			12.5			0,70
11d	5005A.H14/H24/H34	145	140		110	110		12.5	5		0,50
12b	5049.H112	200			120			6-25			0,68
12c	5049.H14	240			190			25			0,68
12d	5049.H24/H34	240			160			25			0,79
13c	5083.H12	315			250			40			0,72
13d	5083.H22/H32/H116	305	215		215	200		40	10		0,88
14c	5754.H14	240	240		190	180		5	10		0,71
14d	5754.H24/H34	240			160			25			0,79
11a	5005A.O/H111/H112	100	100	100	35	40	40	50	20	-	1
12a	5049.O/H111/H112	190			80			80			1
13a	5083.PressO/H111/H112		270	270		110	110		20	200	1

Tabelle 3.132: Statische Festigkeit von Aluminium in geschweißten Bauteilen nach DIN 4113-1/A1 Tabelle 1 und DIN 4113-2, Tabelle 1 nach [3.13], [3.50] (Forts.)

1	2	3	4	5	6	7	8	9	10	11	12
Zeile	**Werkstoff**	R_m			R_p			d_{max}			ρ_{WEZ}
	AW-	**B**	**R**	**P**	**B**	**R**	**P**	**B**	**R**	**P**	
13b	5083.WalzO/H111/H112	275			125			50			1
14a	5754.O/H111/H112	190	180	180	80	80	80	80	20	25	1
14b	5754.H112	200			120			6-25			1

R_m: Zugfestigkeit in MPa
R_p: Fließgrenze in MPa

d_{max}: maximale Dicke in mm
ρ_{WEZ}: Entfestigungsfaktor

B: Bleche, Bänder, Platten
R: gezogene Rohre
P: Profile, Rohre, Stangen

Tabelle 3.132: Statische Festigkeit von Aluminium in geschweißten Bauteilen nach DIN 4113-1/A1 Tabelle 1 und DIN 4113-2, Tabelle 1 nach [3.13], [3.50] (Forts.)

Zeile	**Werkstoff**	**Schweiß-zusatz**	**Schweißnahtfaktor α_W** – **Stumpfnähte**: **Druck, Zug; Güte nachgewiesen**	**Stumpfnähte**: **Zug; Güte nicht nachgewiesen**	**Stumpfnähte**: **Schub**	**Kehlnähte**: **alle**
	AW-		$S_\perp$ **bzw.** $\sigma_\perp$		$T_\parallel$ **bzw.** $\tau_\parallel$	$S_\perp$, $T_\perp$, $T_\parallel$ $\sigma_\perp$, $\tau_\perp$, $\tau_\parallel$
1	6005A.T6	SG-AlSi5	1,0	0,75	0,58	0,58
		SG-AlMg5 AlMg4.5Mn				0,60
2a	6060.T6	SG-AlSi5 SG-AlMg5 AlMg4.5Mn		0,91	0,55	
2b	6060.T66			0,88	0,58	0,63
3	6061.T6/T651	SG-AlSi5	0,95	0,74	0,55	0,55
		SG-AlMg5 AlMg4.5Mn	1,00		0,58	0,62
4a	6063.T66	SG-AlSi5 SG-AlMg5 AlMg4.5Mn		0,88		
4b	6063.T66					

Tabelle 3.133: Schweißnahtfaktor α_W in geschweißten Bauteilen aus Aluminium nach DIN 4113 nach [3.13], [3.50]

Zeile	Werkstoff	Schweiß-zusatz	Schweißnahtfaktor α_W			
			Stumpfnähte			Kehl-nähte
			Druck, Zug; Güte nachgewiesen	Zug; Güte nicht nachgewiesen	Schub	alle
	AW-		$S_\perp$ bzw. $\sigma_\perp$		$T_\parallel$ bzw. $\tau_\parallel$	$S_\perp$, $T_\perp$, $T_\parallel$ $\sigma_\perp$, $\tau_\perp$, $\tau_\parallel$
5a	6082.T6/T651	SG-AlSi5	0,90	0,75	0,53	0,53
5b 5b	6082.T61/T6151 6082.T5	SG-AlMg5 AlMg4.5Mn	1,00		0,58	0,63
						0,60
6	6106.T6	SG-AlSi5 SG-AlMg5 AlMg4.5Mn				
7	7020.T6/T651	SG-AlMg5 SG-AlMg4.5Mn5	0,92	0,68	0,50	0,50
8	3103.H18	SG-AlMg3 AlMg5 AlMg4.5Mn	1,0	0,89	0,57	0,75
9	3004.H14/H24/H34 3004.H16/H26/H36					
10	3005.H16/H18/H28					0,71
11b	5005A.H12/H22/H32 5005A.H14/H24/H34	SG-AlMg3 AlMg5 AlMg4.5Mn	1,00	0,88	0,56	0,81
12b	5049.H14/H24/H34	SG-AlMg3	0,96	0,72		0,56
		SG-AlMg5 AlMg4.5Mn	1,0	0,75	0,59	0,67
13c	5083.H12/H22/H32/H116	SG-AlMg5 AlMg4.5Mn	0,96	0,72	0,55	0,55
14b	5754.H14/H24/H34	SG-AlMg3				
		SG-AlMg5 AlMg4.5Mn	1,00	0,75	0,59	0,64

Tabelle 3.133: Schweißnahtfaktor α_W in geschweißten Bauteilen aus Aluminium nach DIN 4113 nach [3.13], [3.50] (Forts.)

Zeile	Werkstoff	Schweißzusatz	Schweißnahtfaktor α_W			
			Stumpfnähte			Kehlnähte
			Druck, Zug; Güte nachgewiesen	Zug; Güte nicht nachgewiesen	Schub	alle
	AW-		$S_\perp$ bzw. $\sigma_\perp$		$T_\parallel$ bzw. $\tau_\parallel$	$S_\perp$, $T_\perp$, $T_\parallel$ $\sigma_\perp$, $\tau_\perp$, $\tau_\parallel$
11a	5005A.O/H111/H112	SG-AlMg3 AlMg5 AlMg4.5Mn	1,00	0,91	0,58	1,20
12a	5049.O/H111/H112	SG-AlMg3				0,91
		SG-AlMg5 AlMg4.5Mn				1,09
13a	5083.PressO/H111/H112	SG-AlMg5 AlMg4.5Mn				0,91
13b	5083.WalzO/H111/H112			0,76		0,78
14a	5754.O/H111/H112	SG-AlMg3		0,91		0,91
		SG-AlMg5 AlMg4.5Mn				1,04

Tabelle 3.133: Schweißnahtfaktor α_W in geschweißten Bauteilen aus Aluminium nach DIN 4113 nach [3.13], [3.50] (Forts.)

3.8.5 FAT-Bauteilklassen

Zur Berücksichtigung des festigkeitsmindernden Einflusses der konstruktiven Details, der Stoßform und der Nahtausführung bei geschweißten Bauteilen aus Stahl, Eisenguss und Aluminiumwerkstoff verwendet man in Anlehnung an die IIW-Empfehlungen (IIW – International Institute of Welding) sowie Eurocode 3 und Eurocode 9 die sogenannten Bauteilklassen FAT (FAT aus dem Begriff Fatigue – Ermüdung) [3.30], [3.31], [3.69].

Im Folgenden sind die FAT-Bauteilklassen gemäß den IIW-Empfehlungen für ferritisch-perlitische oder vergütete Baustähle sowie die Aluminiumlegierungen 5000, 6000, 7000 zusammengestellt. Dabei ist zu beachten, dass für andere Werkstoffgruppen (bedingt schweißbarer Stahl, nichtrostender Stahl, schweißbarer Eisengusswerkstoff, andere schweißbare Aluminiumlegierungen) die Berechnung als vorläufig zu betrachten und nur mit Vorsicht anzuwenden ist [3.50].

Im Vergleich mit den originalen IIW-Empfehlungen entfallen bei der FKM-Richtlinie die Bauteilklassen für den Grundwerkstoff bei Normalspannung – FAT 160 (Baustahl) bzw. FAT 70 (Aluminiumlegierungen 5000, 6000) oder FAT 80 (Aluminiumlegierungen 7000) –, da die Berechnung für den Grundwerkstoff wie für nichtgeschweißte Bauteile durchzuführen ist. Andererseits bleiben die Bauteilklassen für den Grundwerkstoff bei Schubspannung – FAT 100 (Baustahl) bzw. FAT 36 (Aluminiumlegierungen) –, da diese auch für voll durchgeschweißte Stumpfnähte gelten.

In Abhängigkeit vom konstruktiven Detail und der Art der gewählten Berechnung mit Nennspannungen, Strukturspannungen (lokalen Nennspannungen) oder effektiven Kerbspannungen sind die jeweiligen Bauteilklassen gemäß der nachfolgenden Aufstellung auszuwählen:

1 Bauteilklassen für die Berechnung mit Nennspannungen – Die Bauteilklassen für Nennspannungen gemäß Tabelle 3.136 (Normalspannungen) und Tabelle 3.135 (Schubspannungen) entsprechen den IIW-Empfehlungen und enthalten die Einflüsse der Bauteilform, der Schweißnahtform und der Schweißnaht selbst [3.50], [3.69]. Dabei ist bei Bauformen ohne Strukturkerbe (z.B. Stumpfstöße, Kreuzstöße) der in der FAT unterschiedlich berücksichtigte Kantenversatz zu beachten. Weiterführende Hinweise finden sich in den original IIW-Empfehlungen [3.69].

2 Bauteilklassen für die Berechnung mit Strukturspannungen (lokalen Nennspannungen) – Die Bauteilklassen für lokale Nennspannungen finden sich in Tabelle 3.136, Tabelle 3.135 und in Tabelle 3.137 (Normalspannung – entspricht ebenfalls den IIW-Empfehlungen), wobei für Schub beim Nachweis mit Strukturspannungen die Bauteilklassen für Nennspannungen anzuwenden sind. Die Einflüsse der Schweißnahtform und der Schweißnaht selbst sind in den Bauteilklassen für Strukturspannungen enthalten, nicht jedoch der Einfluss der Bauteilform, da dieser in der Strukturspannung berücksichtigt wird. Folgende Einzelheiten sind zu beachten:

a. Die Berechnung mit Strukturspannungen gilt nur für den Riss am Nahtübergang und nicht für den Wurzelriss selbst. Dieser ist mit Nennspannungen oder mit effektiven Kerbspannungen zu berechnen.

b. Tabelle 3.137 enthält keine Details zu längs belasteten Schweißnähten und damit auch keine geschweißten Profile. In derartigen Fällen sind die Normal- oder Schubspannungen längs der Schweißnaht als konstant zu betrachten, so dass die Strukturspannung gleich der Nennspannung ist und die Bauteilklassen übereinstimmen. Beispiele hierzu sind für die Normalspannung die „Längsbelastete Stumpfnaht“ gemäß Detail Nr. 312 in Tabelle 3.135 und für Schubspannung die „Voll durchgeschweißten Stumpfnähte“ nach Detail Nr. 1 in Tabelle 3.136.

c. Beim Detail Nr. 200 „Querbelastete Stumpfnähte“ in Tabelle 3.135 sind die Nähte voll durchgeschweißt.

d. Die Kehlnähte beim Detail Nr. 300 in Tabelle 3.135 können äußerlich belastet oder nicht belastet sein. So liegt z.B. bei Detail Nr. 511 „Unbelastete Quersteife“ in Tabelle 3.135 eine äußerlich und innerlich nicht belastete Kehlnaht mit gleicher Struktur- und Nennspannung vor. Im Vergleich dazu ist die Stirnkehlnaht in Detail Nr. 525 „Längslaufendes seitliches Anschweißteil am Rand eines Flansches“ in Tabelle 3.135 äußerlich nicht belastet aber innerlich belastet. Hierbei sind Struktur- und Nennspannung unterschiedlich und die Berechnung ist mit der Strukturspannung am Ende des Anschweißteiles durchzuführen. Beim Detail Nr. 411 „Kreuzstoß“ in Tabelle 3.135 liegt dagegen eine äußerlich und innerlich belastete Kehlnaht vor. Aufgrund eines möglichen Kantenversatzes ist die Berechnung mit der Strukturspannung durchzuführen. Dabei sind bei größerem Kantenversatz Struktur- und Nennspannung unterschiedlich, bei geringem Kantenversatz ungefähr gleich. Im Fall des Details Nr. 411 ist geringer Kantenversatz in der Bauteilklasse bereits berücksichtigt.

e. Bei der Bestimmung der Strukturspannung für Kreuzstöße oder T-Stöße (Details Nr. 400 in Tabelle 3.135) muss geringer Kantenversatz nicht berücksichtigt werden, da dieser schon in der Bauteilklasse enthalten ist.

3 Bauteilklassen für die Berechnung mit effektiven Kerbspannungen – Bei der Berechnung mit effektiven Kerbspannungen sind keine kerbfallspezifischen Bauteilklassen zu berücksichtigen, da die kerbfallspezifische Formzahl bereits in der Berechnung der Kerbspannungen gemäß Abschnitt 3.8.2.1 indirekt enthalten ist. Für diesen Fall sind die Bauteilklassen (FAT) für effektive Kerbspannungen in Abhängigkeit vom Referenzradius r_{ref} des Kerbmodells in Tabelle 3.134 angegeben. Dabei beträgt der Referenzradius im Allgemeinen $r_{ref} = 1$ mm, nur für dünne Bleche mit Blechdicken kleiner als 5 mm ist der Referenzradius $r_{ref} = 0{,}05$ mm anzusetzen.

Im Ursprung gehen die in Tabelle 3.134 angegebenen Bauteilklassen (FAT) auf die werkstoffgruppenabhängige Ermüdungsfestigkeit von geschweißtem Stahl bzw. Aluminium zurück, welche der kerbfreien Bauteilklasse Nr. 121 nach Tabelle 3.135 entspricht. Die deutliche Erhöhung der Werte der Bauteilklassen für effektive Kerbspannung in Tabelle 3.134 im Vergleich zur kerbfreien Bauteilklasse Nr. 121 in Tabelle 3.135 liegt ursächlich an der vom Referenzradius abhängigen Stützwirkung. Diese Stützwirkung für stark gekerbte Schweißverbindungen, z. B. Kreuzstöße und Nahtwurzeln, wurde experimentell nachgewiesen und ist vergleichbar zur Stützzahl bei nichtgeschweißten Bauteilen [3.50].

	Normalspannungen [3.51]		**Schubspannungen [3.142]**	
Referenzradius	$r_{ref} = 1$ mm	$r_{ref} = 0{,}05$ mm	$r_{ref} = 1$ mm	$r_{ref} = 0{,}05$ mm
Stahl	225	630	160	250
Aluminium	71	180	63	90

Tabelle 3.134: Bauteilklassen für effektive Kerbspannung [3.50], [3.51], [3.142]

Für den Fall, dass die Schweißverbindung nur milde Kerben aufweist, z.B. bei durchgeschweißten Stumpfnähten, ist diese Stützwirkung nicht vorhanden und muss deshalb mithilfe einer fiktiven Kerbe gemäß Abbildung 3.136 berücksichtigt werden. Sollte sich dabei für die berechnete Kerbspannung $\sigma_{Kerb,max}$ ein Wert kleiner als $K_{t,fiktiv} \cdot \sigma_{Struktur}$ ergeben, so ist die für den Festigkeitsnachweis zu verwendende Spannung auf diesen Wert zu erhöhen. Alternativ dazu ist für mild gekerbte Schweißverbindungen ein Ermüdungsfestigkeitsnachweis auf Basis von Nenn- oder Strukturspannungen zu empfehlen [3.50], [3.51].

Bei milden Kerben ist die nicht vorhandene Stützwirkung durch Berücksichtigung einer fiktiven Kerbe mit dem Referenzradius r_{ref} so auszugleichen, dass die Formzahl mindestens folgenden Wert annimmt:

$$K_{t,fiktiv} = \frac{\sigma_{Kerb,max}}{\sigma_{Struktur}} \qquad (3.529)$$

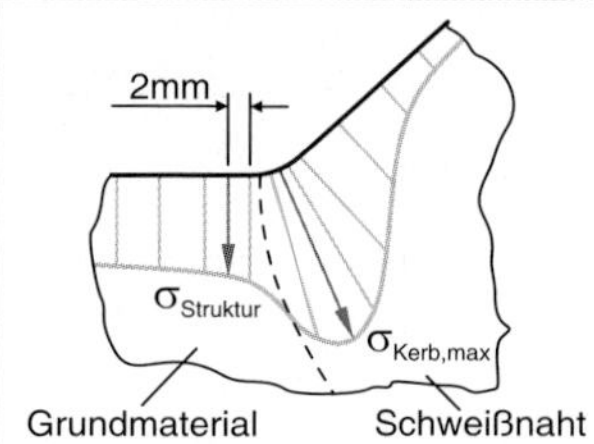

$K_{t,fiktiv} = 1{,}6$ bei $r_{ref} = 1$ mm	$K_{t,fiktiv} = 4{,}5$ bei $r_{ref} = 0{,}05$ mm

Abbildung 3.136: Formzahl bei effektiven Kerbspannungen nach FKM [3.50], [3.51]

Nr.	Konstruktives Detail	Beschreibung	FAT Stahl	FAT Alu
100	**Brennschnittkanten**			
121	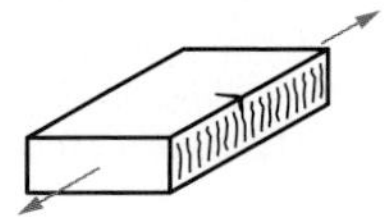	Mechanisch brenngeschnittene Kanten, frei von Riefen, Kanten gebrochen, Rissfreiheit nachgewiesen, Schnittkanten bearbeitet, keine sichtbaren Imperfektionen	140	-
122	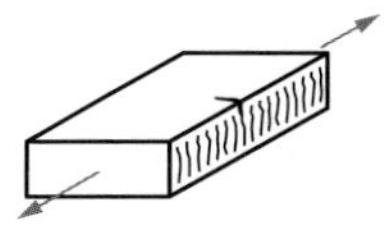	Mechanisch thermisch getrennte Kanten, Kanten gebrochen, Rissfreiheit nachgewiesen	125	40
123	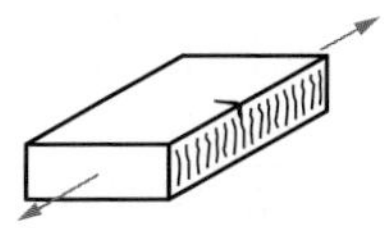	Thermisch getrennte Kanten, frei von Rissen und größeren Imperfektionen	100	-
124	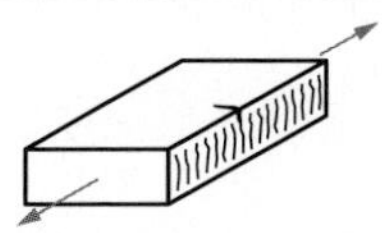	Thermisch getrennte Kanten, keine Inspektion, keine Kerbe tiefer als 0,5 mm	80	-
200	**Stumpfnähte, querbelastet**			
211	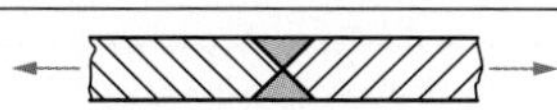	Querbelastete Stumpfnaht (X- oder V-Naht), blecheben bearbeitet, 100 % zfP (zfP = zerstörungsfreie Prüfung) [1)]	112	45
212	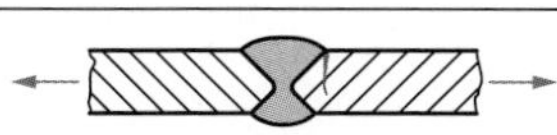	Querbelastete Stumpfnaht in der Werkstatt in Wannenlage geschweißt, Nahtüberhöhung $< 0{,}1 \cdot$ Blechdicke, zfP [1)]	90	36
213	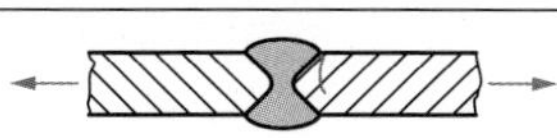	Querbelastete Stumpfnaht ohne die Bedingungen nach Nr. 212, zfP [2)] Aluminium: Nahtwinkel $\leq 50°$ Nahtwinkel $> 50°$	80	 32 25
214	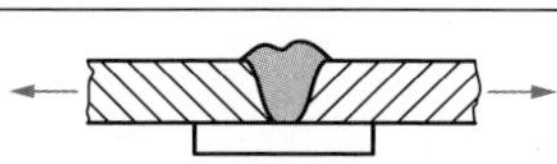	Querbelastete Stumpfnaht auf keramischer, nicht verbleibender Badsicherung, Wurzelriss [2)]	80	28
215	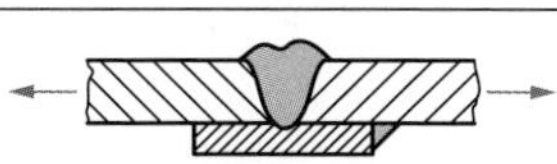	Querbelastete Stumpfnaht auf verbleibender Badsicherung, Wurzelriss [2)]	71	25
216	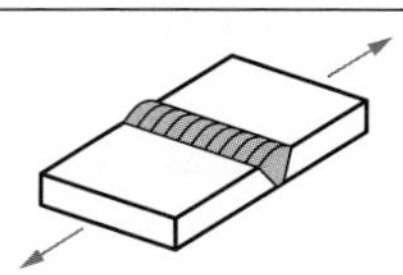	Querbelastete Stumpf naht, einseitig voll durchgeschweißt, ohne Badsicherung, Wurzelriss; [2)] Wurzel mit zfP geprüft keine zfP	 71 36	 28 12

Tabelle 3.135: Bauteilklassen für Nennspannung (Schubspannung) nach FKM bzw. IIW [3.50], [3.69]

Nr.	Konstruktives Detail	Beschreibung	FAT Stahl	FAT Alu
217	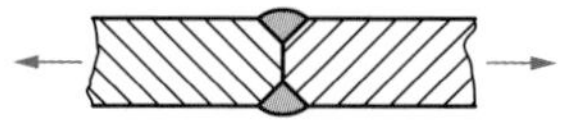	Querbelastete teildurchgeschweißte Stumpfnaht, Spannung im Schweißnahtquerschnitt, Nahtüberhöhung nicht berücksichtigt. Das Detail wird für Schwingbeanspruchung nicht empfohlen. Ein bruchmechanischer Nachweis wird empfohlen.	36	12
221	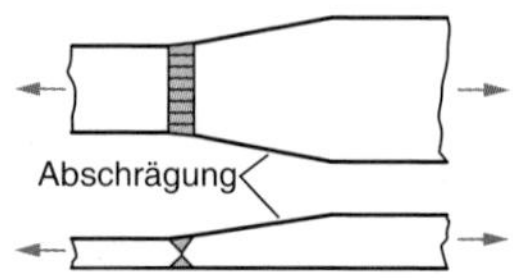	Querbelastete Stumpfnaht, blecheben bearbeitet, zfP, Übergang in Dicke und Breite, [1)] Schräge 1 : 5 Schräge 1 : 3 Schräge 1 : 2 Ein gewisser Kantenversatz ist in den Bauteilklassen berücksichtigt.	 112 100 90	 45 40 32
222	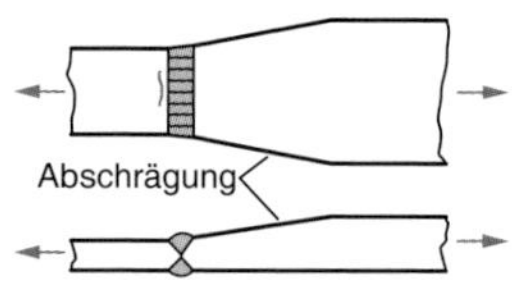	Querbelastete Stumpfnaht in der Werkstatt in Wannenlage geschweißt, Nahtprofil kontrolliert, zfP, [1)] Übergang in Dicke und Breite, Schräge 1 : 5 Schräge 1 : 3 Schräge 1 : 2 Ein gewisser Kantenversatz ist in den Bauteilklassen berücksichtigt.	 90 80 72	 32 28 25
223	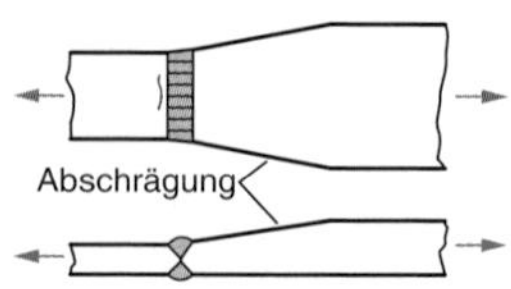	Querbelastete Stumpfnaht, zfP, [2)] Übergang in Dicke und Breite, Schräge 1 : 5 Schräge 1 : 3 Schräge 1 : 2 Ein gewisser Kantenversatz ist in den Bauteilklassen berücksichtigt.	 80 71 63	 25 22 20
224	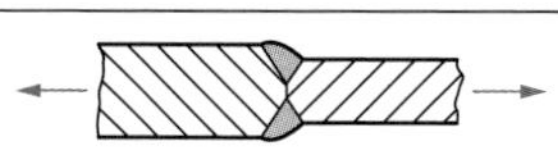	Querbelastete Stumpfnaht unterschiedlicher Dicke ohne Übergang, Mittellinien in Flucht, [2)], bei mäßig abgeschrägtem Übergang: siehe Nr. 222	71	22
225	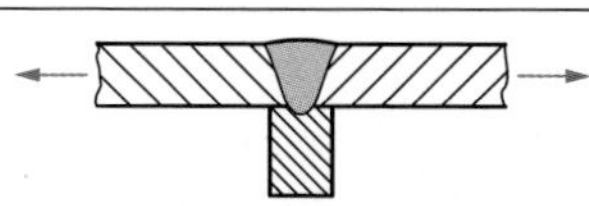	Querbelastete Dreiblechverbindung, Wurzelriss [2)]	71	22
226	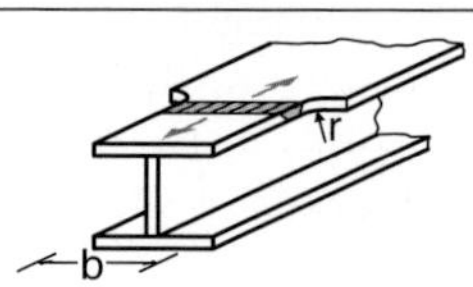	Querbelastete Stumpfnaht im Flansch von geschweißten Profilen, vor dem Zusammenbau geschweißt, blecheben bearbeitet, Übergangsradius, zfP	100	40

Tabelle 3.135: Bauteilklassen für Nennspannung (Schubspannung) nach FKM bzw. IIW [3.50], [3.69] (Forts.)

Nr.	Konstruktives Detail	Beschreibung	FAT Stahl	FAT Alu
231	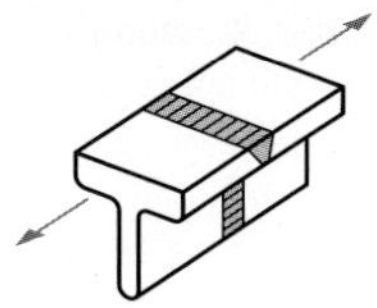	Querbelastete Stumpfnaht in Walzprofil oder Stange, nicht in flachen Erzeugnissen, blecheben bearbeitet, zfP	80	28
232	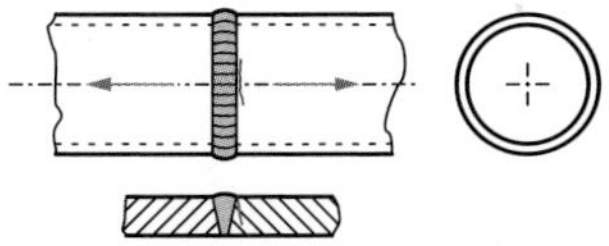	Querbelastete Stumpfnaht im runden Hohlprofil, einseitig voll durchgeschweißt; 1) Wurzel mit zfP geprüft keine zfP	 71 36	 28 12
233	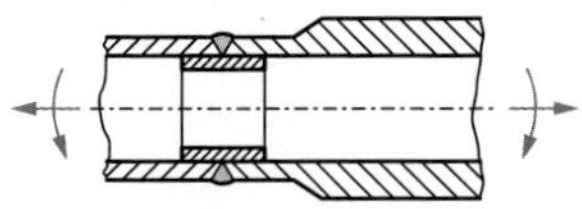	Rohrverbindung mit verbleibender Badsicherung, voll durchgeschweißt	71	28
234	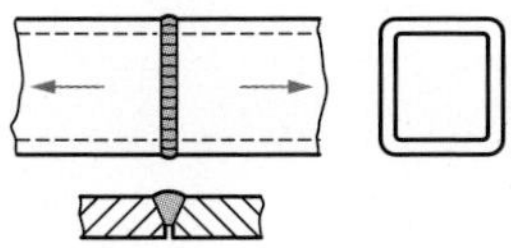	Querbelastete Stumpf naht in rechteckigem Hohlprofil, einseitig voll durchgeschweißt; Wurzel mit zfP geprüft keine zfP	 56 36	 25 12
241	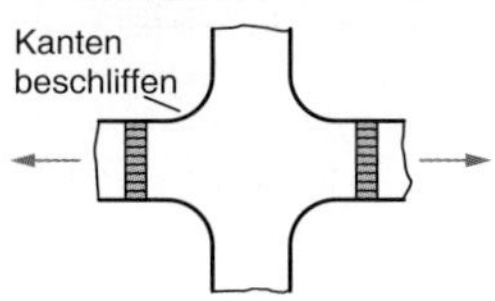	Querbelastete Stumpfnaht an Flanschkreuzung, beidseitig geschweißt, kein Kantenversatz, Übergangsradius, blecheben bearbeitet, Nahtenden und Radius geschliffen, 100 % zfP	100	40
242	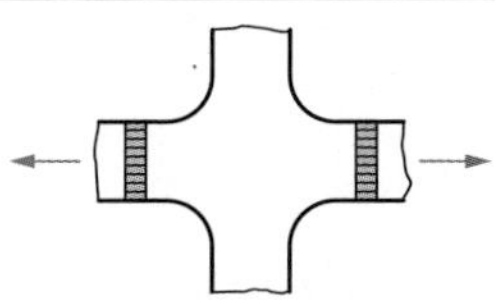	Querbelastete Stumpfnaht an Flanschkreuzung, beidseitig geschweißt, Übergangsradius, in Werkstatt in Wannenlage geschweißt, Nahtprofil kontrolliert, zfP 1)	90	36
243	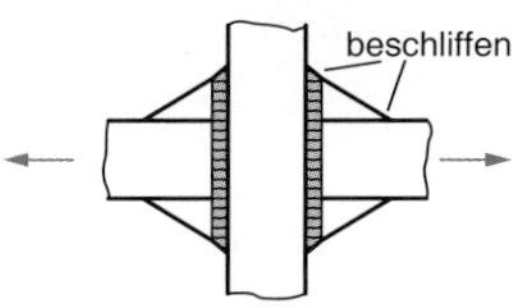	Querbelastete Stumpfnaht an Flanschkreuzung, mit dreieckigen Übergangsblechen, beidseitig geschweißt, blecheben bearbeitet, Nahtenden geschliffen, zfP, Riss an der Stumpfnaht 2) Für Risse im durchgehenden Blech siehe Nr. 525 und Nr. 526.	80	32
244	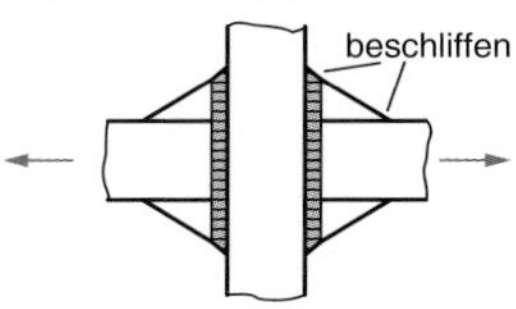	Querbelastete Stumpfnaht an Flanschkreuzung, mit dreieckigen Übergangsblechen, beidseitig geschweißt, Nahtenden geschliffen, zfP, Riss an der Stumpfnaht 2) Für Risse im durchgehenden Blech siehe Nr. 525 und Nr. 526.	71	28

Tabelle 3.135: Bauteilklassen für Nennspannung (Schubspannung) nach FKM bzw. IIW [3.50], [3.69] (Forts.)

Nr.	Konstruktives Detail	Beschreibung	FAT Stahl	FAT Alu
245	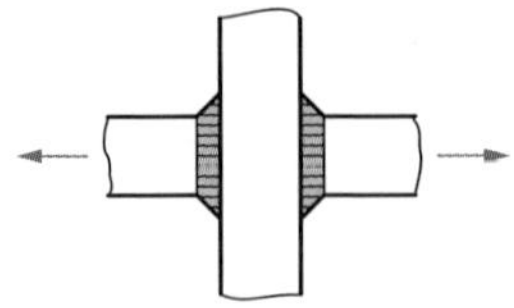	Querbelastete Stumpfnaht an Flanschkreuzung, beidseitig geschweißt, Riss an der Stumpfnaht [2)] Für Risse im durchgehenden Blech siehe Nr. 525 und Nr. 526.	50	20
300	**Schweißnähte, längsbelastet**			
311	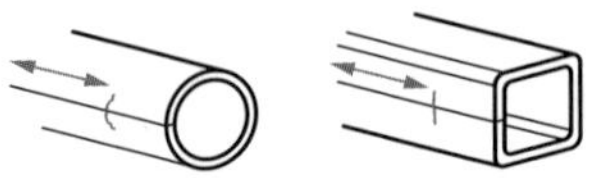	Automatisch geschweißte Längsnähte in Hohlprofilen, ohne Nahtansätze mit Nahtansätzen	 125 90	 50 36
312	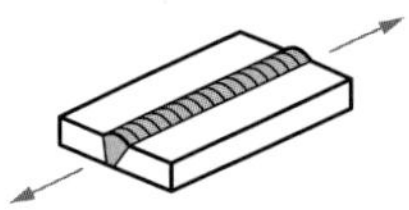	Längsbelastete Stumpfnaht, beidseitig blecheben parallel zur Naht bearbeitet, 100 % zfP	125	50
313	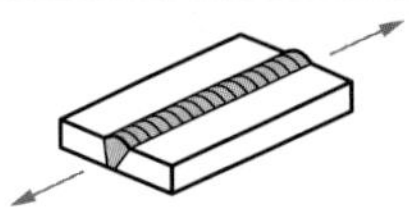	Längsbelastete Stumpfnaht, ohne Nahtansätze, zfP mit Nahtansätzen	 100 90	 40 36
321	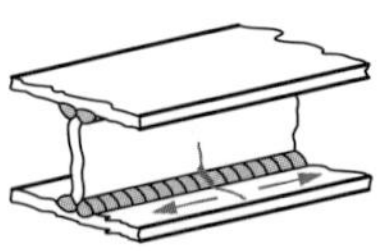	Durchlaufende automatisch geschweißte längsbelastete K-Naht, voll durchgeschweißt, ohne Nahtansätze, 100 % zfP, Spannung im Flansch	125	50
322	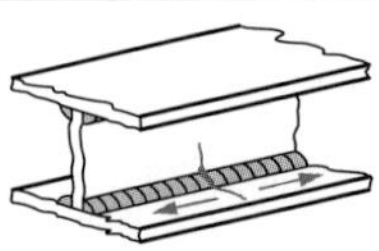	Durchlaufende automatisch geschweißte längsbelastete Doppelkehlnaht ohne Nahtansätze, Spannung im Flansch	100	40
323	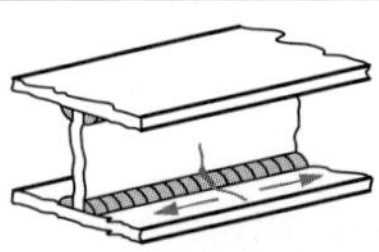	Durchlaufende manuell geschweißte längsbelastete Kehl- oder K-Naht, Spannung im Flansch	90	36
324	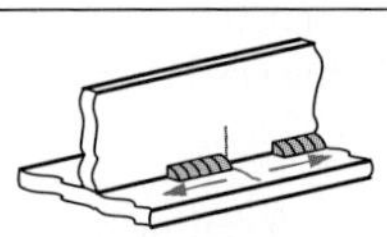	Unterbrochene längsbelastete Kehlnaht, Normalspannung σ im Flansch und Schubspannung τ im Steg am Nahtende $\tau / \sigma = 0$ $0{,}0 - 0{,}2$ $0{,}2 - 0{,}3$ $0{,}3 - 0{,}4$ $0{,}4 - 0{,}5$ $0{,}5 - 0{,}6$ $0{,}6 - 0{,}7$ $> 0{,}7$	 80 71 63 56 50 45 40 36	 32 28 25 22 20 18 16 14

Tabelle 3.135: Bauteilklassen für Nennspannung (Schubspannung) nach FKM bzw. IIW [3.50], [3.69] (Forts.)

Nr.	Konstruktives Detail	Beschreibung	FAT Stahl	FAT Alu
325	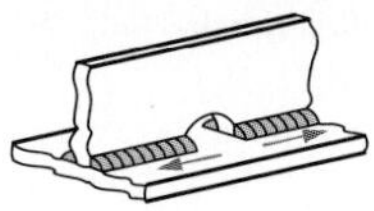	Längsbelastete K- oder Kehlnaht oder unterbrochene Naht mit Freischnitt, Freischnitte kleiner als 40 % des Stegs, Normalspannung σ im Flansch und Schubspannung τ im Steg am Nahtende		
		$\tau / \sigma = 0$	71	28
		$0{,}0 - 0{,}2$	63	25
		$0{,}2 - 0{,}3$	56	22
		$0{,}3 - 0{,}4$	50	20
		$0{,}4 - 0{,}5$	45	18
		$0{,}5 - 0{,}6$	40	16
		$> 0{,}6$	36	14
331	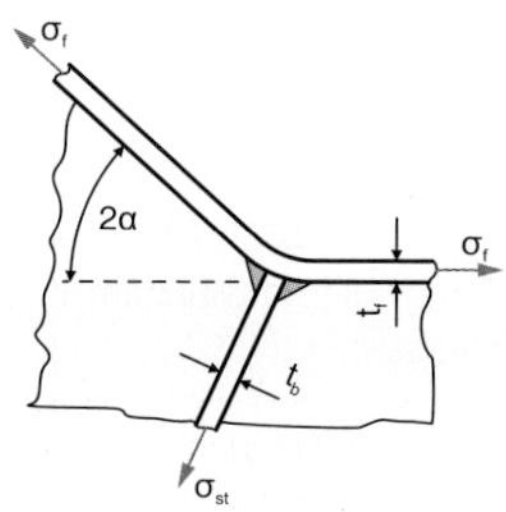	Verbindung am Knick eines Flansches, bewertet nach Nr. 411 bis 414 entsprechend der Nahtart. Spannung in der Steife: $\sigma = \sigma_f \cdot \frac{A_f}{\sum A_{St}} \cdot 2 \cdot \sin\alpha$ Spannung in der Schweißnaht: $\sigma = \sigma_f \cdot \frac{A_f}{\sum A_W} \cdot 2 \cdot \sin\alpha$ Mit A_f als Flanschfläche, A_{St} als Steifenfläche, und A_W als Nahtquerschnitt.	-	-
332	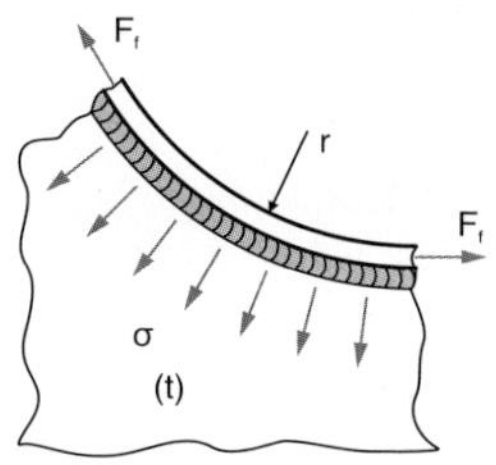	Verbindung von nicht ausgesteiftem gebogenem Flansch an Steg, bewertet nach Nr. 411 bis 414 entsprechend der Nahtart. Spannung im Stegblech: $\sigma = \frac{F_f}{r \cdot t}$ Spannung in der Schweißnaht: $\sigma = \frac{F_f}{r \cdot \sum a}$ Mit F_f als Axialkraft, t als Dicke des Stegbleches und a als Nahtmaß.	-	-
400	**Kreuzstöße und / oder T-Stöße**			
411	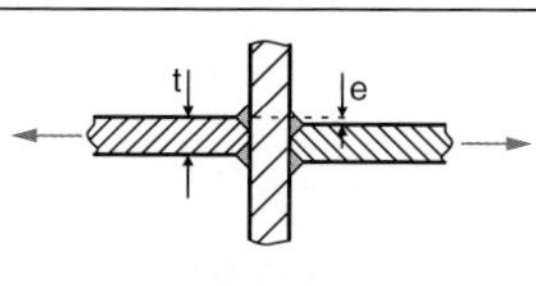	Kreuzstoß oder T-Stoß, K-Naht voll durchgeschweißt, Nahtübergang beschliffen, kein Lamellenriss, Blechriss,		
		Kantenversatz $e < 0{,}15 \cdot t$	80	28
		kein Kantenversatz	90	32

Tabelle 3.135: Bauteilklassen für Nennspannung (Schubspannung) nach FKM bzw. IIW [3.50], [3.69] (Forts.)

Nr.	Konstruktives Detail	Beschreibung	FAT Stahl	FAT Alu
412	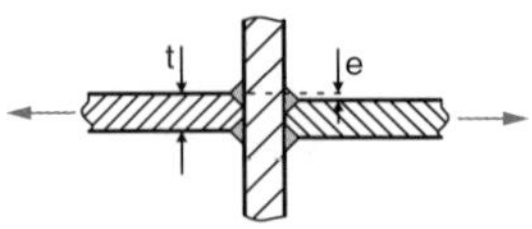	Kreuzstoß oder T-Stoß, K-Naht voll durchgeschweißt, kein Lamellenriss, Blechriss, Kantenversatz $e < 0{,}15 \cdot t$ kein Kantenversatz	 71 80	 25 28
413	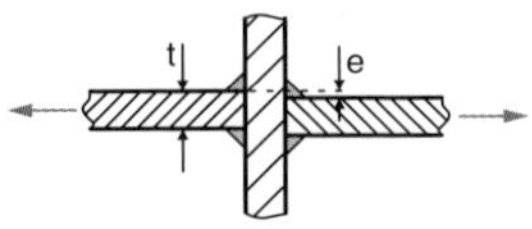	Kreuzstoß oder T -Stoß, Kehlnaht oder teilweise durchgeschweißte K-Naht, kein Lamellenriss, Blechriss, Kantenversatz $e < 0{,}15 \cdot t$ kein Kantenversatz	 63 71	 22 25
414	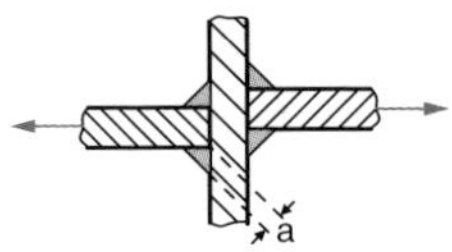	Kreuzstoß oder T-Stoß, Kehlnaht oder unvollständig durchgeschweißte K-Naht, auch beschliffene Nähte, Wurzelriss, Spannung in der Schweißnaht: $\sigma = \frac{F}{\sum(a \cdot l)}$ Für $a / t \leq 1 / 3$, mit l als Länge der Schweißnaht, t als Bleckdicke und a als Nahtmaß.	36 40	12 14
415	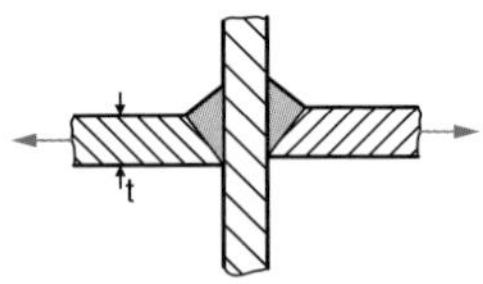	Kreuzstoß oder T -Stoß, einseitige lichtbogen- oder lasergeschweißte V-Naht voll durchgeschweißt, Wurzel mit zfP geprüft, Blechriss erwartet keine zfP, Wurzelriss erwartet	 71 36	 25 12
416	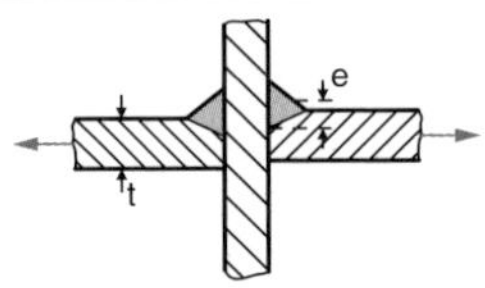	Kreuzstoß oder T-Stoß, einseitige, voll oder teilweise durchgeschweißte Y-Naht, lichtbogengeschweißt, Durchschweißung geprüft, kein Lamellenriss, Kantenversatz $e < 0{,}15 \cdot t$ Achtung! Biegung infolge Exzentrizität e muss berücksichtigt werden. Spannung in der Nahtwurzel mit Nahtdicke a: $\Delta\sigma_W = \Delta\sigma_{Nenn} \cdot \left(1 + \frac{6 \cdot e}{a}\right)$	71	25
421	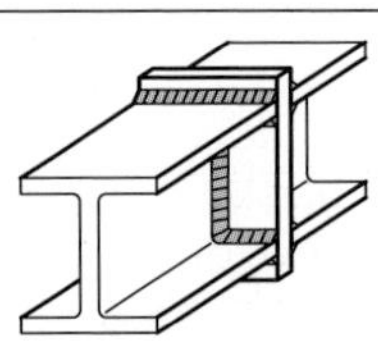	Stoß eines Walzprofiles mit Zwischenplatte, Kehlnaht, Wurzelriss in der Schweißnaht, Spannung in der Schweißnaht.	36	12
422	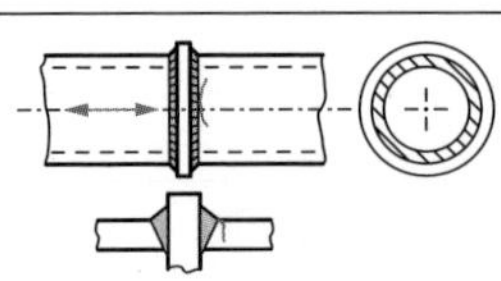	Stoß runder Hohlprofile mit Zwischenplatte, einseitige halbe V-Naht, voll durchgeschweißt, Wurzel zfP, Blechriss; Wanddicke ≥ 8 mm Wanddicke < 8 mm	 56 50	 22 20

Tabelle 3.135: Bauteilklassen für Nennspannung (Schubspannung) nach FKM bzw. IIW [3.50], [3.69] (Forts.)

Nr.	Konstruktives Detail	Beschreibung	FAT Stahl	FAT Alu
423	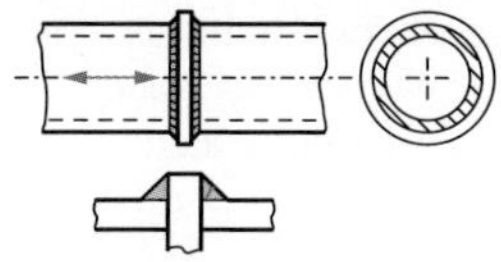	Stoß runder Hohlprofile mit Zwischenplatte, einseitige Kehlnaht, Wurzelriss; Wanddicke ≥ 8 mm Wanddicke < 8 mm Spannung in der Schweißnaht.	 45 40	 16 14
424	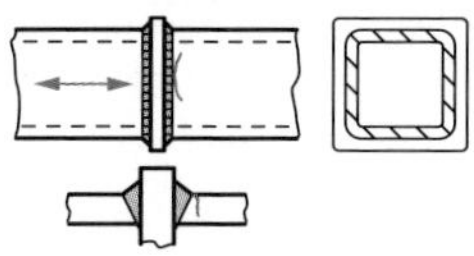	Stoß rechteckiger Hohlprofile mit Zwischenplatte, einseitige K-Naht, Wurzel zfP, Blechriss; Wanddicke ≥ 8 mm Wanddicke < 8 mm	 50 45	 20 18
425	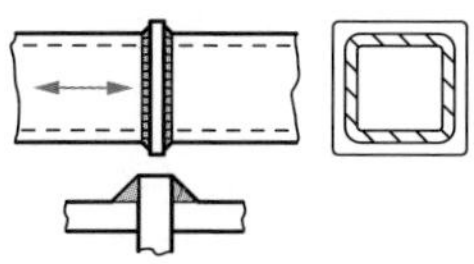	Stoß rechteckiger Hohlprofile mit Zwischenplatte, einseitige Kehlnaht, Wurzelriss; Wanddicke ≥ 8 mm Wanddicke < 8 mm Spannung in der Schweißnaht.	 40 36	 16 14
431	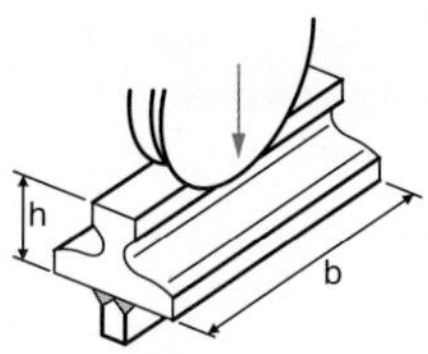	Schweißnaht zum Verbinden von Flansch und Steg, durch Punktlast quer zur Schweißnaht belastet, Verteilung der Kraft auf Breite $b = 2 \cdot h + 50$ mm Bewertung nach Nr. 411 bis 414, örtliche Biegung aus exzentrischer Last beachten!	-	-
500	**Unbelastete Anschweißteile**			
511	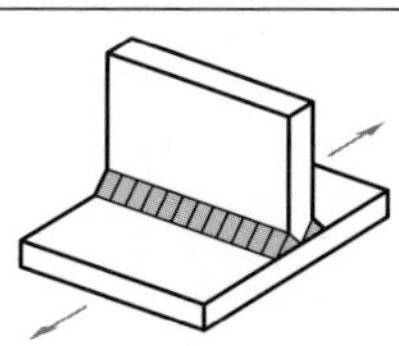	Unbelastete Quersteife, nicht dicker als Grundblech; K -Naht beschliffen zweiseitige Kehlnähte, beschliffen Kehlnaht, auch einseitig falls dicker als Grundblech	 100 100 80 71	 36 36 28 25
512	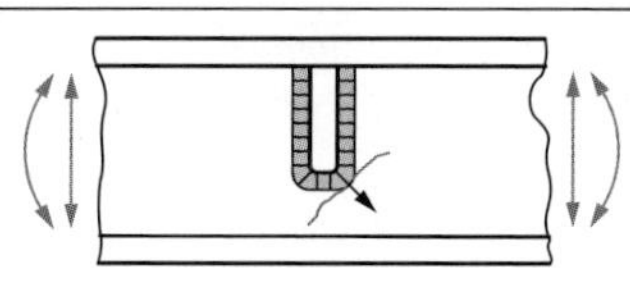	Quersteife an Trägerflansch oder -steg, nicht dicker als Grundblech; K-Naht beschliffen zweiseitige Kehlnähte, beschliffen Kehlnaht, auch einseitig falls dicker als Grundblech Hauptspannung am Steifenende benutzen!	 100 100 80 71	 36 36 28 25
513	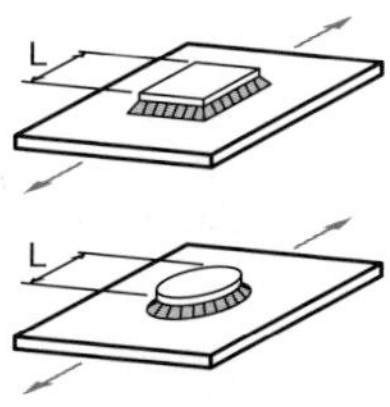	Unbelastete, rechteckige oder runde Bolzen, Blöcke / oder Bleche: $L \leq 50$ mm $50 \text{ mm} < L \leq 150$ mm $150 \text{ mm} < L \leq 300$ mm $300 \text{ mm} < L$	 80 71 63 50	 28 25 20 18

Tabelle 3.135: Bauteilklassen für Nennspannung (Schubspannung) nach FKM bzw. IIW [3.50], [3.69] (Forts.)

Nr.	Konstruktives Detail	Beschreibung	FAT Stahl	FAT Alu
514	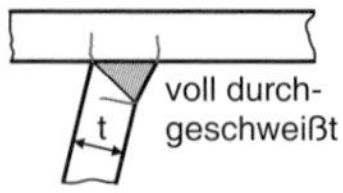	Trapezsteifen an Brückendeck, halbe V-Naht voll durchgeschweißt, Spannung berechnet aus Wanddicke der Steife und Biegebeanspruchung quer	71	25
515	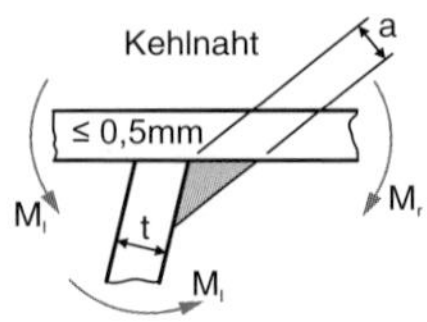	Trapezsteifen an Brückendeck, Kehlnaht oder teilweise durchgeschweißte Schweißnaht, Spannung berechnet aus Wanddicke der Steife oder a-Maß der Schweißnaht und Biegebeanspruchung quer	71	25
521	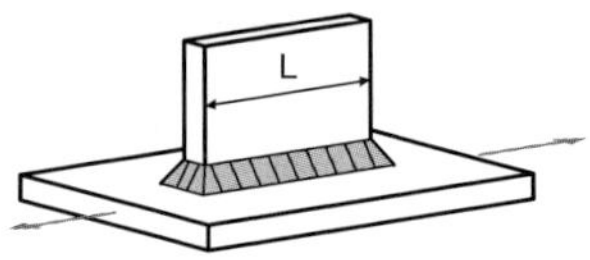	Längssteife mit Kehlnaht, nicht am Rand, Länge L, $L \leq 50$ mm $50 \text{ mm} < L \leq 150$ mm $150 \text{ mm} < L \leq 300$ mm $300 \text{ mm} < L$ Längssteife am Rand siehe Nr. 525	 80 71 63 50	 28 25 20 18
522	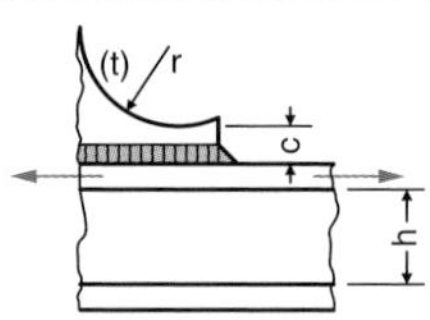	Längssteife mit Kehlnaht, Übergangsradius, Ende der Kehlnaht verstärkt und beschliffen, mit t als Dicke der Längssteife: $c < 2 \cdot t$, max. 25 mm, $r > 150$ mm	90	32
523	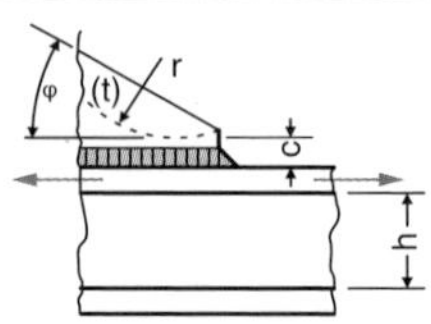	Längssteife mit Kehlnaht, mit weichem Übergang (abgeschrägt oder Übergangsradius), am Rand eines Flanschs oder Stegs, Kehlnaht um Auslauf gezogen, $c < 2 \cdot t$, max. 25 mm, $r > 0{,}5 \cdot h$ $r < 0{,}5 \cdot h$ oder $\varphi < 20°$	 71 63	 25 20
524	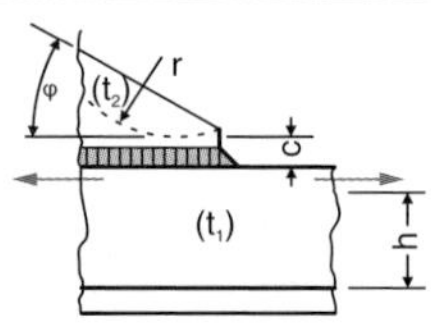	Längslaufendes seitliches Anschweißteil, mit weichem Übergang (abgeschrägt oder Übergangsradius), am Rand eines Flanschs oder Blechs, Kehlnaht um Auslauf gezogen, $c < 2 \cdot t$, max. 25 mm, $r > 0{,}5 \cdot h$ $r < 0{,}5 \cdot h$ oder $\varphi < 20°$, bei $t_2 < 0{,}7 \cdot t_1$ wird FAT um 12 % größer	 50 45	 18 16
525	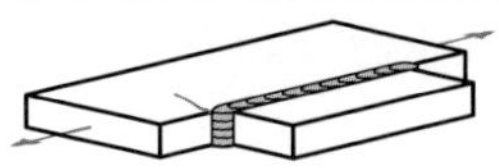	Längslaufendes seitliches Anschweißteil, am Rand eines Flanschs oder Blechs, Länge L; $L \leq 150$ mm $150 \text{ mm} < L \leq 300$ mm $300 \text{ mm} < L$ bei $t_2 < 0{,}7 \cdot t_1$ wird FAT um 12 % größer Mit t_1 als Dicke des Flanschs oder Blechs und t_2 als Dicke des Anschweißteils.	 50 45 40	 18 16 14

Tabelle 3.135: Bauteilklassen für Nennspannung (Schubspannung) nach FKM bzw. IIW [3.50], [3.69] (Forts.)

Nr.	Konstruktives Detail	Beschreibung	FAT Stahl	FAT Alu
526	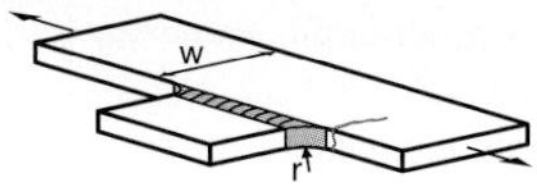	Längslaufendes seitliches Anschweißteil, am Rand eines Flanschs oder Blechs, Übergangsradius beschliffen; $r > 150$ mm oder $1/3 < r/w$ $1/6 < r/w < 1/3$ $r/w < 1/6$	 90 71 50	 36 28 22
531	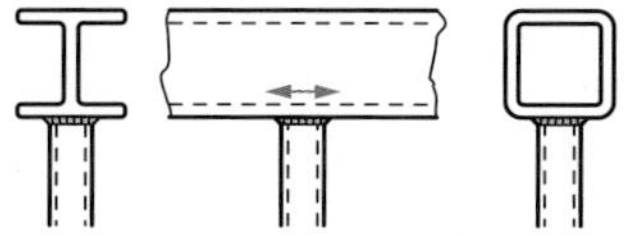	Rundes oder rechteckiges Hohlprofil, an anderes Profil mit Kehlnähten geschweißt, Kehlnähte nicht tragend, Länge parallel zur Spannung < 100 mm, sonst wie Längssteife.	71	28
600	**Überlappverbindungen**			
611	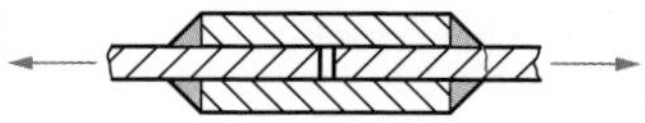	Querbelastete Überlappverbindung mit Kehlnähten Spannung im Blech Spannung in der Schweißnaht Kein Beulen infolge Belastung und Konstruktion!	 63 45	 22 16
612	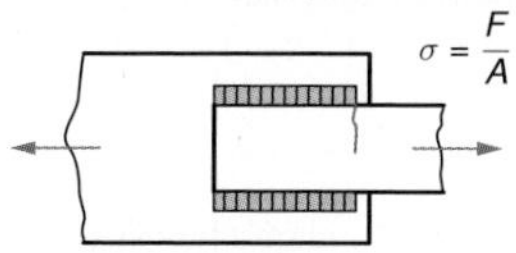	Längs belastete Überlappverbindung mit Flankenkehlnähten; Nahtende mindestens 10 mm vor Kante der Grundplatte Spannung im Blech Spannung in der Schweißnaht, Länge max. $40 \cdot a$	 50 50	 18 18
613	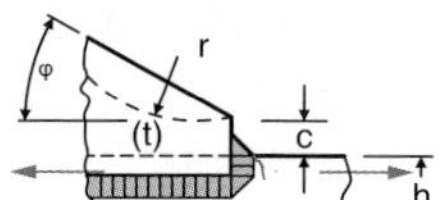	Überlappstoß mit unbelastetem Blech, mit weichem Übergang (Schräge $\varphi < 20°$ oder Übergangsradius), angeschweißt an belastetes Teil $c < 2 \cdot t$, max. $c \leq 25$ mm, an Flachstab an Wulstprofil an Winkelprofil	 63 56 50	 22 20 18
614	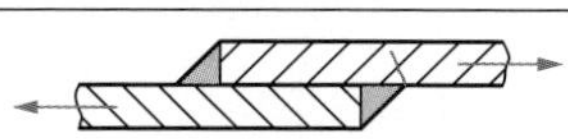	Querbelastete Überlappverbindung mit Kehlnähten Spannung im Blech (Riss im Nahtübergang) Spannung an Wurzel (Wurzelriss) Biegung infolge Exzentrizität beachten!	 63 36	 22 12
700	**Verstärkungen**			
711	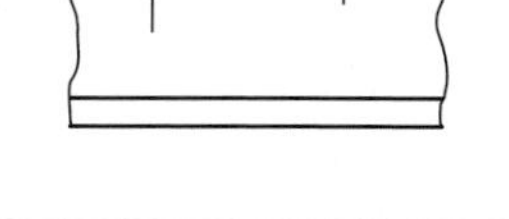	Ende einer langen Gurtplatte auf I-Profil, Enden geschweißt, Spannung im Profilflansch am Schweißnahtübergang. $t_D \leq 0{,}8 \cdot t$ $0{,}8 \cdot t < t_D \leq 1{,}5 \cdot t$ $1{,}5 \cdot t < t_D$	 56 50 45	 20 18 16

Tabelle 3.135: Bauteilklassen für Nennspannung (Schubspannung) nach FKM bzw. IIW [3.50], [3.69] (Forts.)

Nr.	Konstruktives Detail	Beschreibung	FAT Stahl	FAT Alu
712	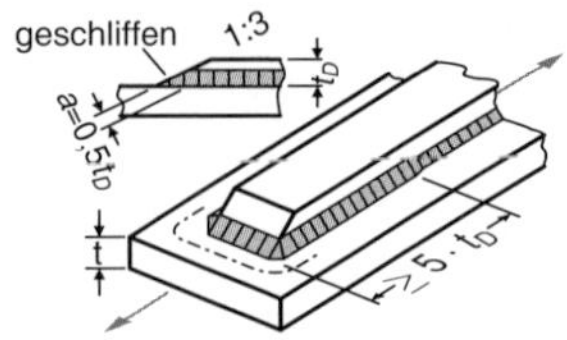	Ende einer langen Gurtplatte auf I-Profil, Enden mit verstärkter beschliffener Schweißnaht, Spannung im Profilflansch am Schweißnahtübergang, $t_D \leq 0{,}8 \cdot t$ $0{,}8 \cdot t < t_D \leq 1{,}5 \cdot t$ $1{,}5 \cdot t < t_D$	 71 63 56	 28 25 22
721	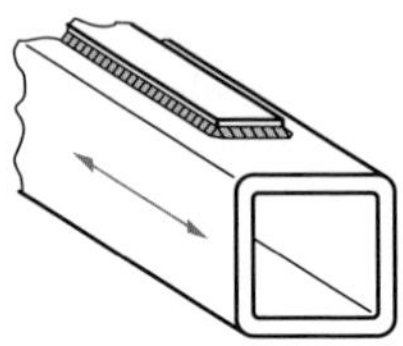	Ende einer Verstärkungsplatte auf rechteckigem Hohlprofil, Wanddicke $t < 25$ mm, Kein Hinterschnitt der Quernaht!	50	20
731	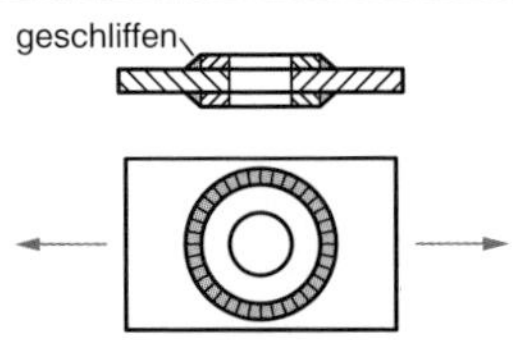	Verstärkung mit Kehlnähten aufgeschweißt, beschliffen unbehandelt Spannung als modifizierte (örtliche) Nennspannung, Nachweis mit Strukturspannung empfohlen.	 80 71	 32 25
800	**Flansche, Stutzen, Nippel**			
811	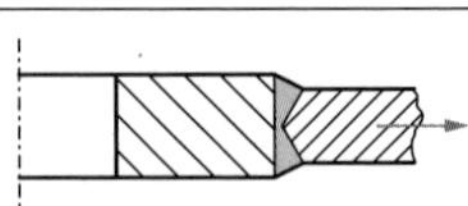	Steifer Blockflansch, vollkommen durchgeschweißte Naht	71	25
812	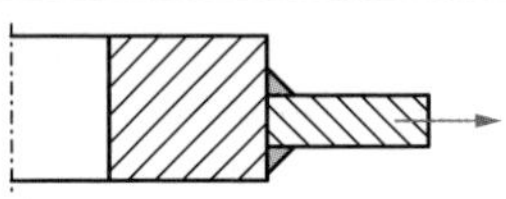	Steifer Blockflansch, teilweise durchgeschweißte Naht oder Kehlnaht, Riss im Blech Wurzelriss in der Schweißnaht	 63 36	 22 12
821	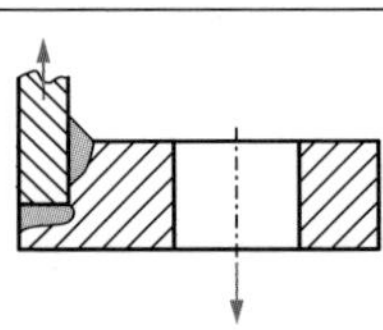	Flacher Flansch mit > 80 % Durchschweißung, Riss im Nahtübergang, modifizierte Nennspannung im Rohr, Nachweis mit Strukturspannung empfohlen	71	25
822	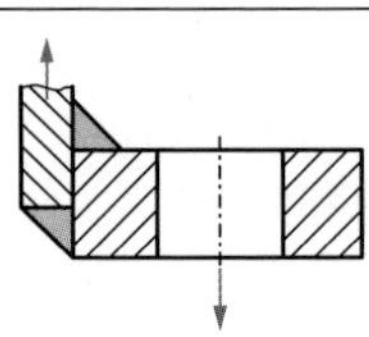	Flacher Flansch mit Kehlnähten, Riss im Nahtübergang, modifizierte Nennspannung im Rohr, Nachweis mit Strukturspannung empfohlen	63	22
831	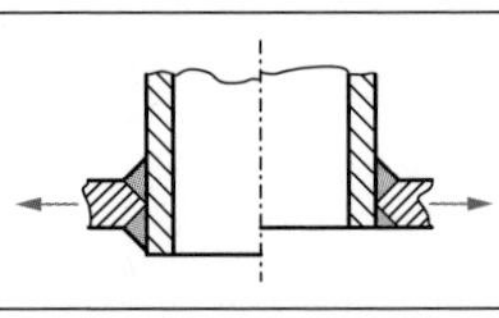	Rohrstutzen oder ein Rohr durch Blech, K-Naht, Falls Durchmesser > 50 mm: Spannungskonzentration am Ausschnitt berücksichtigen!	80	28

Tabelle 3.135: Bauteilklassen für Nennspannung (Schubspannung) nach FKM bzw. IIW [3.50], [3.69] (Forts.)

Nr.	Konstruktives Detail	Beschreibung	FAT Stahl	FAT Alu
832	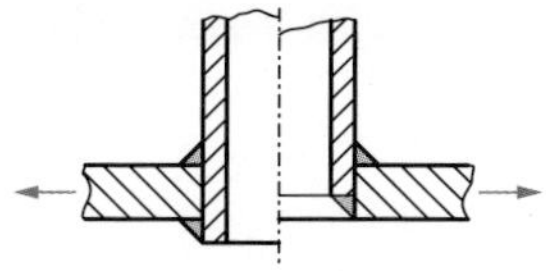	Rohrstutzen oder ein Rohr durch Blech, Kehlnähte, Riss am Nahtübergang Wurzelriss Falls Durchmesser $> 50\ \mathrm{mm}$: Spannungskonzentration am Ausschnitt berücksichtigen!	 71 36	 25 12
841	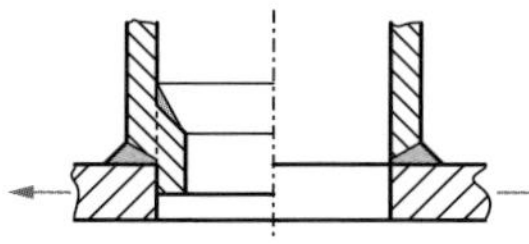	Nippel auf Blech, Wurzellage ausgebohrt, Falls Durchmesser $> 50\ \mathrm{mm}$: Spannungskonzentration am Ausschnitt berücksichtigen!	71	25
842	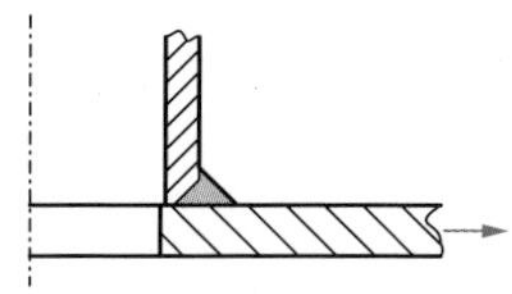	Nippel auf Blech, Wurzellage unbehandelt, Falls Durchmesser $> 50\ \mathrm{mm}$: Spannungskonzentration am Ausschnitt berücksichtigen!	63	22
900	**Rohrförmige Verbindungen**			
911	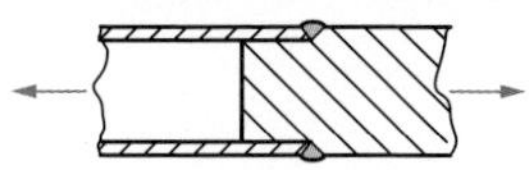	Runder Hohlquerschnitt mit einseitiger Stumpfnaht an massive Stange geschweißt, voll durchgeschweißt, Nahtübergangs- oder Wurzelriss	63	22
912	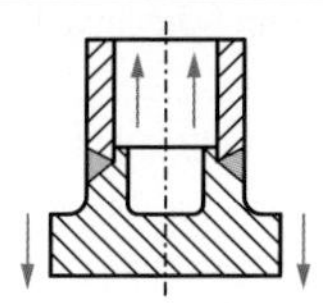	Runder Hohlquerschnitt mit einseitiger Stumpfnaht angeschweißt, voll durchgeschweißt, Badsicherung vorhanden, Wurzelriss	63	22
913	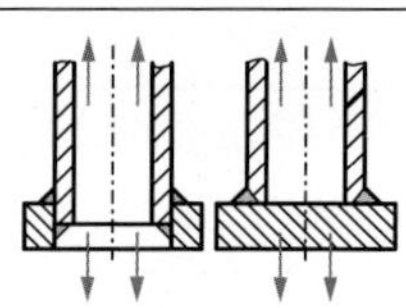	Runder Hohlquerschnitt mit einseitiger Stumpfnaht oder zweiseitiger Kehlnaht angeschweißt, Wurzelriss Achtung: Schlechte Inspizierbarkeit ist im Sicherheitsfaktor zu berücksichtigen!	50	18
921	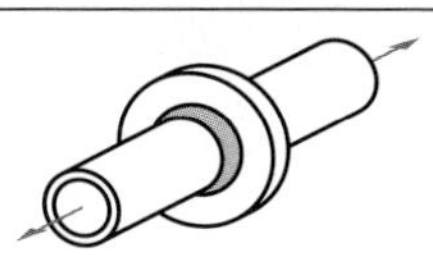	Runder Hohlquerschnitt mit aufgeschweißter Scheibe, K-Naht, beschliffen Kehlnaht, beschliffen Kehlnaht	 90 90 71	 32 32 25
931	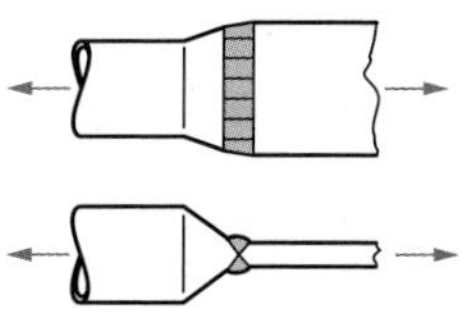	Rohr-Blech-Verbindung, Rohr abgeflacht, Stumpfstoß, X-Naht, Rohrdurchmesser $\leq 200\ \mathrm{mm}$ und Blechdicke $\leq 20\ \mathrm{mm}$	63	18

Tabelle 3.135: Bauteilklassen für Nennspannung (Schubspannung) nach FKM bzw. IIW [3.50], [3.69] (Forts.)

Nr.	Konstruktives Detail	Beschreibung	FAT Stahl	FAT Alu
932	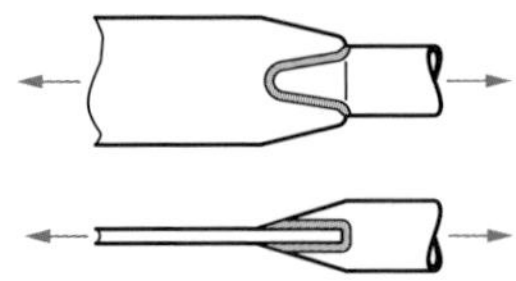	Rohr-Blech-Verbindung, Rohr geschlitzt und an Blech geschweißt, Rohrdurchmesser ≤ 200 mm und Blechdicke ≤ 20 mm Rohrdurchmesser > 200 mm und Blechdicke > 20 mm	 63 45	 18 14

[1] Kantenversatz < 5 % der Blechdicke
[2] Kantenversatz < 10 % der Blechdicke

Tabelle 3.135: Bauteilklassen für Nennspannung (Schubspannung) nach FKM bzw. IIW [3.50], [3.69] (Forts.)

Nr.	Konstruktives Detail	Beschreibung	FAT Stahl	FAT Alu
1	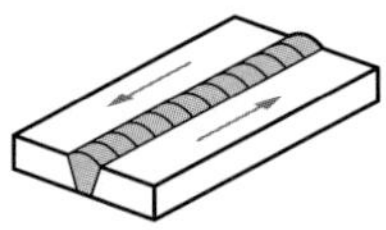	Voll durchgeschweißte Stumpfnähte	100	36
2	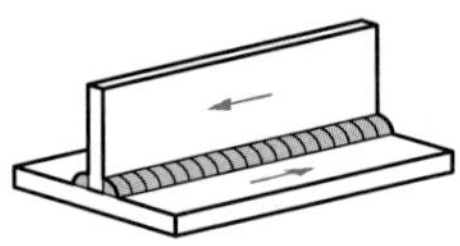	Kehlnähte, teilweise durchgeschweißte Stumpfnähte	80	28

Tabelle 3.136: Bauteilklassen für Nennspannung (Normalspannung) nach FKM bzw. IIW [3.50],[3.69]

Nr.	Konstruktives Detail	Beschreibung	FAT Stahl	FAT Alu
1	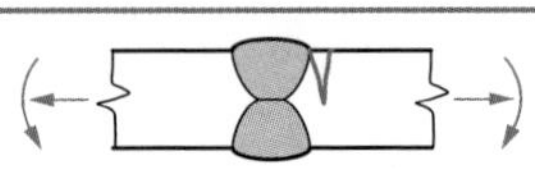	Querbelastete Stumpfnaht, im Schweißzustand, zfP	100	40
2	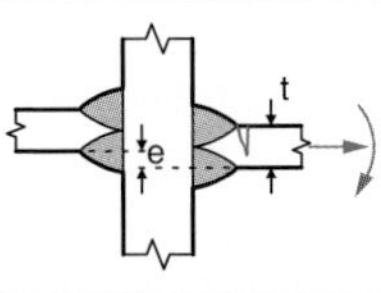	Kreuzstoß oder T-Stoß, K-Naht voll durchgeschweißt, kein Lamellenriss, Kantenversatz $e < 0{,}15 \cdot t$	100	40
3	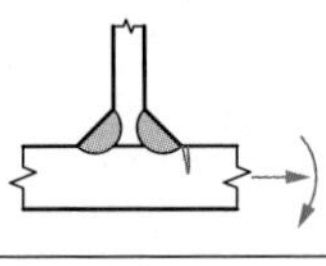	Querbelastete Kehlnaht an unbelasteter Quersteife, nicht dicker als Grundblech, im Schweißzustand	100	40
4	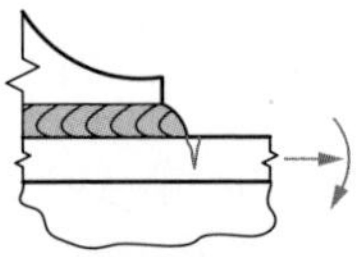	Enden von Befestigungen und Längssteifen, Kehlnähte, im Schweißzustand	100	40

Tabelle 3.137: Bauteilklassen für Strukturspannung (Normalspannung) nach FKM bzw. IIW [3.50], [3.69]

Nr.	Konstruktives Detail	Beschreibung	FAT Stahl	FAT Alu
5	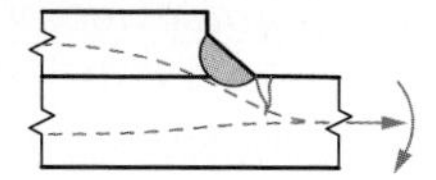	Enden von Abdeckplatten und ähnlichen Verbindungen, im Schweißzustand	100	40
6		Kreuzstoß mit belasteten Kehlnähten, im Schweißzustand	90	36
7	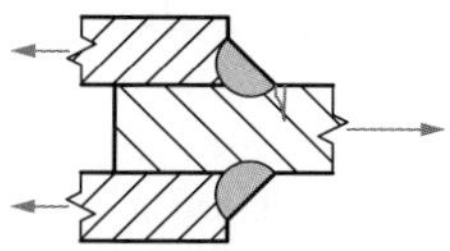	Überlappstoß mit belasteten Kehlnähten, im Schweißzustand	90	36
8	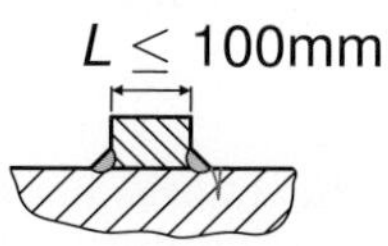	Glatter Flansch (Typ „b" [3.13]) mit kurzer Verbindung, Kehlnähte oder voll durchgeschweißte Nähte, im Schweißzustand	100	40
9	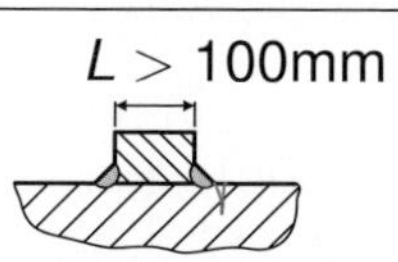	Glatter Flansch (Typ „b" [3.13]) mit langer Verbindung, Kehlnähte oder voll durchgeschweißte Nähte, im Schweißzustand	90	36

Tabelle 3.137: Bauteilklassen für Strukturspannung (Normalspannung) nach FKM bzw. IIW [3.50], [3.69] (Forts.)

3.9 Festigkeitsnachweise in Normen und Richtlinien

Die bisher dargestellten Grundlagen erlauben branchenunabhängig die Durchführung von Festigkeitsnachweisen entsprechend dem bewährten Stand der Technik. Darauf aufbauend wurden in vielen Branchen und für viele Anwendungsfälle Standards und Normen entwickelt, um die Bemessungs- und Dimensionierungsarbeit einerseits zu erleichtern, andererseits um dadurch Klarheit für den Betreiber (Kunde) und den Hersteller (Lieferant) zu schaffen, nach welchen Kriterien überhaupt eine verbindliche Auslegung zu erfolgen hat. Vorteilhaft ist die Berücksichtigung branchenspezifischer Besonderheiten zur Dimensionierung, von Nachteil ist die oftmals nicht vorhandene Durchgängigkeit der Regelwerksituation. Üblicherweise wird auf mitgeltende Normen und Richtlinien hingewiesen, die branchenunabhängig gelten. Hierzu gehören z.B. Normen zur Berechnung von Schrauben, Lagern, Welle-Nabe-Verbindungen. Hier ist wieder der Nachweis führende Ingenieur in der Verantwortung, alle relevanten und mitgeltenden Normen für seinen Einsatzfall auszuwählen und gegebenenfalls mit dem Auftraggeber abzustimmen.

Anhand der nachfolgenden Zusammenstellung ausgewählter Richtlinien aus verschiedenen Branchen wird besonders der Sicherheitsaspekt deutlich. Spezielle Normen werden häufig erstellt, um Sicherheitsrisiken für Menschen und hochwertige Güter möglichst zu minimieren. Demzufolge behandeln die meisten Normen in der

Fördertechnik, im Stahl-, Brücken- und Stahlwasserbau und in der Windenergieanlagentechnik die Standsicherheit (Einsturzgefahr), im Kessel- und Druckbehälterbau die Druckfestigkeit (Explosionsgefahr) und in der maritimen Technik die Schwimm- und Manövrierfähigkeit (Havariegefahr). Ein durchgängiges Normenwerk zur Auslegung von Antrieben ist mit Ausnahme der umfangreichen Normen auf dem Gebiet der Zahnradgetriebe bis heute weder national noch international verfügbar. Sobald jedoch ein Antrieb für den Betrieb einer Anlage sicherheitsrelevant ist (z.B. Hubwinden in der Fördertechnik – Standsicherheit, Schiffsantriebe – Manövrierfähigkeit), finden sich in der entsprechenden Norm die erforderlichen Angaben zur Auslegung. Oftmals sind Abweichungen in den Berechnungsergebnissen aufgrund unterschiedlicher Berechnungsansätze leider nicht auszuschließen [3.130].

Folgende Normen und Richtlinien sind unter dem Gesichtspunkt Festigkeitsberechnung für den Maschinen- und Anlagenbau interessant, wobei die willkürliche Zusammenstellung keinen Anspruch auf Vollständigkeit erhebt. Häufig sind in Deutschland auch Richtlinien der Berufsgenossenschaft (BG) und des TÜV relevant. Im Zuge der zunehmenden Globalisierung ist zu klären, ob nur DIN-Standards oder aber auch EU-Normen, ISO-Standards oder weitere Regeln zu berücksichtigen sind. In allen Fällen ist auf Aktualität zu achten.

Allgemeiner Maschinenbau und Stahlbau:

- FKM-Richtlinie (Forschungskuratorium Maschinenbau); Rechnerischer Festigkeitsnachweis für Maschinenbauteile aus Stahl, Eisenguss- und Aluminiumwerkstoffen, VDMA-Verlag, Frankfurt am Main 2012
- DIN 743 Tragfähigkeitsberechnung von Wellen und Achsen; T1 Einführung, Grundlagen (2012-12); T2 Formzahlen und Kerbwirkungszahlen (2012-12); T3 Werkstoff-Festigkeitswerte (2012-12); T4: Zeitfestigkeit, Dauerfestigkeit – Schädigungsäquivalente Spannungsamplitude (2012-12); Beiblatt 1: Anwendungsbeispiele zu T1 bis T3 (2012-12); Beiblatt 2: Anwendungsbeispiele zu T4 (2012-12); Berichtigung zu T3 (2012-12)
- DIN 18800 Stahlbauten; T1 Bemessung und Konstruktion (1990-11), Änderung 1 (1996-02); T2 Stabilitätsfälle, Knicken von Stäben und Stabwerken (1990-11), Änderung 1 (1996-02); T3 Stabilitätsfälle, Plattenbeulen (1990-11), Änderung 1 (1996-02); T4 Stabilitätsfälle, Schalenbeulen (1990-11); T7 Ausführung und Herstellerqualifikation (2002-09); als Vornorm: T5 Verbundtragwerke aus Stahl und Beton – Bemessung und Konstruktion (2004-11); Norm vollständig zurückgezogen und ersetzt durch DIN EN 1993 (Eurocode 3)
- DIN 18801 Stahlhochbau; Bemessung, Konstruktion, Herstellung (1983-09); Norm vollständig zurückgezogen und ersetzt durch DIN EN 1993 (Eurocode 3)
- DIN EN 1993-1-1, Eurocode 3: Bemessung und Konstruktion von Stahlbauten – T1-1: Allgemeine Bemessungsregeln und Regeln für den Hochbau; (2010-12); T1-8: Bemessung von Anschlüssen (2010-12); T1-9 Ermüdung (2010-12); T1-10 Stahlsortenauswahl im Hinblick auf Bruchzähigkeit und Eigenschaften in Dickenrichtung (2010-12)
- DIN EN 1993-2 Eurocode 3 – Bemessung und Konstruktion von Stahlbauten; T2 Stahlbrücken; (2010-12)

Fördertechnik:

- DIN 4132 Kranbahnen; Stahltragwerke; Grundsätze für Berechnung, bauliche Durchbildung und Ausführung, Beibl.1 Erläuterungen; (1981-02); Norm vollständig zurückgezogen und ersetzt durch DIN EN 1993-6 (Eurocode 3)

- DIN EN 1993-6, Eurocode 3: Bemessung und Konstruktion von Stahlbauten – T6 Kranbahnen (2010-12)
- DIN EN 13001 Kransicherheit; Konstruktion allgemein; T1 Allgemeine Prinzipien und Anforderungen; T2 Lasteinwirkungen; T3 – Vornorm, Grenzzustände und Sicherheitsnachweis von Stahltragwerken (2009-12)
- DIN 15018 Krane; Grundsätze für Stahltragwerke; T1 Berechnung; T2 Grundsätze für die bauliche Durchbildung und Ausführung; T3 Berechnung von Fahrzeugkranen; (1984-11); Norm vollständig zurückgezogen und ersetzt durch DIN EN 13001
- DIN-Fachbericht 1; Berechnungsgrundsätze für Triebwerke in Hebezeugen, 1. Auflage, Beuth-Verlag 1982
- DIN 15349 Regalbediengeräte – Auslegungskriterien und Berechnungsgrundlagen für Triebwerke (2003-11)
- DIN 22261 Bagger, Absetzer und Zusatzgeräte in Braunkohletagebauen; T1 Bau, Inbetriebnahme und Prüfungen (2011-01); T2 Berechnungsgrundlagen (2006-12), T3 Schweißverbindungen; Stoßarten, Bewertungsgruppen, Prüfanweisungen (2006-11)
- Federation Europeenne de la Manutention – FEM 1.001 Berechnungsgrundlagen für Krane: Heft 1 – Zweck und Anwendungsbereich, Heft 2 – Einstufung und Belastung der Tragwerke und Triebwerke, Heft 3 – Berechnung der Spannungen im Tragwerk, Heft 4 – Festigkeitsnachweis und Auswahl von Triebwerken, Heft 6 – Standsicherheit und Sicherheit gegen Abtreiben durch Wind; (1998-10)
- Association of Iron and Steel Engineers – AISE: Technical Report No. 9, Specifications for the Design and Use of Ladles, Pittsburgh 1991

Brückenbau:

- DIN 18809 Stählerne Straßen- und Wegbrücken; Bemessung, Konstruktion, Herstellung (1987-09)
- DIN EN 1991-2, Eurocode 1: Einwirkungen auf Tragwerke (2004-05); T2 Verkehrslasten auf Brücken (2010-12)
- Druckschrift DS 804 (B4): Vorschrift für Eisenbahnbrücken und sonstige Ingenieurbauwerke (VEI), DB AG, München 1996
- British Standard BS 5400-3 Bruecken aus Stahl, Beton und Verbundbau – Richtlinie fuer die Konstruktion von Brücken aus Stahl (2000-10)

Stahlwasserbau:

- DIN 19704-1: Stahlwasserbauten T1: Berechnungsgrundlagen; T2: Bauliche Durchbildung und Herstellung; T3: Elektrische Ausrüstung; (2014-11)

Windenergieanlagen:

- Germanischer Lloyd, GL-Richtlinie für die Zertifizierung von Windenergieanlagen, Hamburg 2010
- Det Norske Veritas, DNV-Guidelines for Design of Wind Turbines, Copenhagen 2014
- AGMA 6006; Standard for Design and Specification of Gearboxes for Wind Turbines, AGMA – American Gear Manufacturer Association, 2003

Schienenfahrzeuge:

- DIN EN 15085 Bahnanwendungen – Schweißen von Schienenfahrzeugen und -fahrzeugteilen; T1 Allgemeines (2013-11); T2 Qualitätsanforderungen und Zertifizierung von Schweißbetrieben (2008-01); T3 Konstruktionsvorgaben (2010-01); T4 Fertigungsanforderungen (2008-01); T5 Prüfung und Dokumentation (2008-01)

Schiffbau:

- Germanischer Lloyd, GL Bauvorschriften und Richtlinien für den Schiffbau, Hamburg 2014
- Det Norske Veritas, DNV Rules and Classifications for Ships, Oslo 2015

Kessel- und Behälterbau:

- TRD 300 (Technische Regeln für Dampfkessel), Festigkeitsberechnung von Dampfkesseln (2001-08, zurückgezogen)
- TRD 301, Zylinderschalen unter innerem Überdruck (1997-10, zurückgezogen)
- TRD 301 Anlage 1, Berechnung auf Wechselbeanspruchung durch schwellenden Innendruck bzw. durch kombinierte Innendruck- und Temperaturänderungen (1996-08, zurückgezogen)
- TRD 301 Anlage 1 Beilage, Berechnung auf Wechselbeanspruchung durch schwellenden Innendruck bzw. durch kombinierte Innendruck- und Temperaturänderungen (1998-07, zurückgezogen)
- ASME BPVC CCB BPV, ASME Boiler & Pressure Vessel Code – Code Cases: CCB BPV; Boilers and Pressure Vessels, ASME – American Society of Mechanical Engineers (2015)
- ASME BPVC CCB BPV Supplement 1, ASME Boiler and Pressure Vessel Code – Code Cases: CCB BPV; Boilers and Pressure Vessels; Supplement 1, ASME – American Society of Mechanical Engineers (2015)

Getriebe, insbesondere Verzahnungen:

- DIN 3990 Tragfähigkeitsberechnung von Stirnrädern, T1 Einführung und allgemeine Einflussfaktoren (1987-12); T2 Berechnung der Grübchentragfähigkeit (1987-12); T3 Berechnung der Zahnfußtragfähigkeit (1987-12); T4 Berechnung der Freßtragfähigkeit (1987-12); T5 Dauerfestigkeitswerte und Werkstoffqualitäten 1987-12); T6 Betriebsfestigkeitsrechnung (1994-12); T11 Anwendungsnorm für Industriegetriebe; Detail-Methode (1989-02); T21 Anwendungsnorm für Schnelllaufgetriebe und Getriebe ähnlicher Anforderungen (1989-02); T31 Anwendungsnorm für Schiffsgetriebe (1990-07); T41 Anwendungsnorm für Fahrzeuggetriebe (1990-05)
- DIN 3991 Tragfähigkeitsberechnung von Kegelrädern mit Achsversetzung, T1 Einführung und allgemeine Einflussfaktoren; T2 Berechnung der Grübchentragfähigkeit; T3 Berechnung der Zahnfußtragfähigkeit; T4 Berechnung der Freßtragfähigkeit (1988-09)
- ISO 6336 Tragfähigkeitsberechnung von gerad- und schrägverzahnten Stirnrädern; T1 Grundnorm, Einführung und allgemeine Einflussfaktoren (2006-09); T2 Berechnung der Oberflächentragfähigkeit (Grübchenbildung) (2006-09); T3 Berechnung der Zahnfußtragfähigkeit (2006-09); T5 Festigkeit und Werkstoffqualitäten (2003-07); T6 Betriebsfestigkeitsrechnung (2006-08)
- VDI 2737: Berechnung der Zahnfußtragfähigkeit von Innenverzahnungen mit Zahnkranzeinfluss (2005-12)

3.10 Literatur

[3.1] Ambrosi, M.; Über die Bemessung der Roheisen- und Stahlgießpfannen nach neuheitlichen Erkenntnissen und Methoden, Diss. Universität Duisburg, 2003

[3.2] Bach, C., Baumann, R.; Elastizität und Festigkeit, Springer Verlag, Berlin 1921

[3.3] Bollenrath, F., Troost, A; Wechselbeziehungen zwischen Spannungs- und Verformungsgradient. Teil 1 bis 3, Archiv Eisenhüttenwesen, 21 (1950) 11/12, S. 431–436; 22 (1951) 9/10, S. 327–335; 23 (1952) 5/6, S. 193–201

[3.4] Blumenauer, H., Pusch, G.; Technische Bruchmechanik; Deutscher Verlag für Grundstoffindustrie, Leipzig 1993

[3.5] Brändlein, Eschmann et al.; Die Wälzlagerpraxis, Vereinigte Fachverlage, Mainz 1998

[3.6] Buxbaum, O.; Betriebsfestigkeit, 2. Aufl., Verlag Stahleisen, Düsseldorf 1992

[3.7] Contag, D. ; Festigkeitsminderung von Wellen unter dem Einfluß von Wellen-Nabe-Verbindungen durch Lötung, Nut und Paßfeder, Kerbverzahnung und Keilprofile bei wechselnder Drehung, Diss. TU Berlin, 1962

[3.8] Cottin, D., Puls, E.; Angewandte Betriebsfestigkeit, VEB Deutscher Verlag für Grundstoffindustrie, Leipzig 1985

[3.9] Corten, H. T., Dolan, T. J.; Cumulative Fatigue Damage; Proc. Int. Conf. on Fatigue of Metals, pp. 235–246, London 1956

[3.10] Decker, K., Kabus, K.; Maschinenelemente, Hanser Verlag, München 2000

[3.11] Diemar, A., Thumser, R., Bergmann, J. W.; Statistischer Größeneinfluss und Bauteilfestigkeit – Eine neue Methode zur Ermittlung von Spannungsintegralen, Materialprüfung 3, 2004

[3.12] DIN 743 Tragfähigkeit von Wellen und Achsen; T1 Einführung, Grundlagen (2012-12); T2 Formzahlen und Kerbwirkungszahlen (2012-12); T3 Werkstoff-Festigkeitswerte (2012-12); T4: Zeitfestigkeit, Dauerfestigkeit – Schädigungsäquivalente Spannungsamplitude (2012-12); Beiblatt 1: Anwendungsbeispiele zu T1 bis T3 (2012-12); Beiblatt 2: Anwendungsbeispiele zu T4 (2012-12); Berichtigung zu T3 (2012-12)

[3.13] DIN 4113 Aluminiumkonstruktionen unter vorwiegend ruhender Belastung; T1 Berechnung und bauliche Durchbildung (1980-05), Änderung 1 (2002-09); T2 Berechnung geschweißter Aluminiumkonstruktionen (2002-09); als Vornorm: T3 Ausführung und Herstellerqualifikation (2003-11); Norm vollständig zurückgezogen und ersetzt durch DIN EN 1999 (Eurocode 9)

[3.14] DIN 4768 Ermittlung der Rauheitskenngrößen R_a, R_z, R_{max} mit elektrischen Tastschnittgeräten; Begriffe, Meßbedingungen (1990-05)

[3.15] DIN 10113 Warmgewalzte Erzeugnisse aus schweißgeeigneten Feinkornbaustählen; T1: Allgemeine Lieferbedingungen (1993-04, zurückgezogen); T2: Lieferbedingungen für normalgeglühte / normalisierend gewalzte Stähle (1993-04, zurückgezogen); T3: Lieferbedingungen für thermomechanisch gewalzte Stähle (1993-04, zurückgezogen)

[3.16] DIN 17102 Schweißgeeignete Feinkornbaustähle, normalgeglüht – Technische Lieferbedingungen für Blech, Band, Breitflach-, Form- und Stabstahl; (1983-10, zurückgezogen)

[3.17] DIN 18 800 Stahlbauten; T1 Bemessung und Konstruktion (1990-11), Änderung 1 (1996-02); T2 Stabilitätsfälle, Knicken von Stäben und Stabwerken (1990-11), Änderung 1 (1996-02); T3 Stabilitätsfälle, Plattenbeulen (1990-11), Änderung 1 (1996-02); T4 Stabilitätsfälle, Schalenbeulen (1990-11); T7 Ausführung und Herstellerqualifikation (2002-09); als Vornorm: T5 Verbundtragwerke aus Stahl und Beton – Bemessung und Konstruktion (2004-11); Norm vollständig zurückgezogen und ersetzt durch DIN EN 1993 (Eurocode 3)

[3.18] DIN 45667 Klassierverfahren für das Erfassen regelloser Schwingungen (1969-10)

[3.19] DIN 50100 Werkstoffprüfung; Dauerschwingversuch, Begriffe, Zeichen, Durchführung, Auswertung (1978-02)

[3.20] DIN 50125 Prüfung metallischer Werkstoffe – Zugproben (2009-07), Berichtigung 1 (2009-07)

[3.21] DIN 50190 Lasertechnik – Härtetiefe wärmebehandelter Teile; T3 Ermittlung der Nitrierhärtetiefe (1979-03); T4 Ermittlung der Schmelzhärtetiefe und der Schmelztiefe (1999-09)

[3.22] DIN EN 485 Aluminium und Aluminiumlegierungen – Bänder, Bleche und Platten; T1: Technische Lieferbedingungen (2010-02); T2: Mechanische Eigenschaften (2013-12); T3: Grenzabmaße und Formtoleranzen für warmgewalzte Erzeugnisse (2003-06); T4: Grenzabmaße und Formtoleranzen für kaltgewalzte Erzeugnisse (1994-01)

[3.23] DIN EN 586 Aluminium und Aluminiumlegierungen – Schmiedestücke; T1: Technische Lieferbedingungen (1997-10); T2: Mechanische Eigenschaften und zusätzliche Eigenschaftsanforderungen (1994-11); T3: Grenzabmaße und Formtoleranzen (2002-02)

[3.24] DIN EN 754 Aluminium und Aluminiumlegierungen – Gezogene Stangen und Rohre; T1: Technische Lieferbedingungen (2008-06); T2: Mechanische Eigenschaften (2013-12); T3: Rundstangen, Grenzabmaße und Formtoleranzen (2008-06); T4: Vierkantstangen, Grenzabmaße und Formtoleranzen (2008-06); T5: Rechteckstangen, Grenzabmaße und Formtoleranzen (2008-06); T6: Sechskantstangen, Grenzabmaße und Formtoleranzen (2008-06); T7: Nahtlose Rohre, Grenzabmaße und Formtoleranzen (2008-06); T8: Mit Kammerwerkzeug stranggepresste Rohre, Grenzabmaße und Formtoleranzen (2008-06)

[3.25] DIN EN 755 Aluminium und Aluminiumlegierungen – Stranggepresste Stangen, Rohre und Profile; T1: Technische Lieferbedingungen (2008-06); T2: Mechanische Eigenschaften (2013-12); T3: Rundstangen, Grenzabmaße und Formtoleranzen (2008-06); T4: Vierkantstangen, Grenzabmaße und Formtoleranzen (2008-06); T5: Rechteckstangen, Grenzabmaße und Formtoleranzen (2008-06); T6: Sechskantstangen, Grenzabmaße und Formtoleranzen (2008-06); T7: Nahtlose Rohre, Grenzabmaße und Formtoleranzen (2009-07); T8: Mit Kammerwerkzeug stranggepresste Rohre, Grenzabmaße und Formtoleranzen (2008-06); T9: Profile, Grenzabmaße und Formtoleranzen (2008-06)

[3.26] DIN EN 1561 Gießereiwesen – Gußeisen mit Lamellengraphit (2012-01)

[3.27] DIN EN 1562 Gießereiwesen – Temperguss (2012-05)

[3.28] DIN EN 1563 Gießereiwesen – Gusseisen mit Kugelgraphit (2012-03)

[3.29] DIN EN 1706 Aluminium und Aluminiumlegierungen – Gussstücke – Chemische Zusammensetzung und mechanische Eigenschaften (2013-12)

[3.30] DIN EN 1993 Eurocode 3: Bemessung und Konstruktion von Stahlbauten, Teil 1-1: Allgemeine Bemessungsregeln und Regeln für den Hochbau (2010-12)

[3.31] DIN EN 1999 Eurocode 9: Bemessung und Konstruktion von Aluminiumtragwerken, Teil 1-1: Allgemeine Bemessungsregeln (2014-3)

[3.32] DIN EN 10025 Warmgewalzte Erzeugnisse aus Baustählen; T1: Allgemeine technische Lieferbedingungen (2011-04); T2: Technische Lieferbedingungen für unlegierte Baustähle (2011-04)

[3.33] DIN EN 10083 Vergütungsstähle; T1: Allgemeine technische Lieferbedingungen (2006-10); T2: Technische Lieferbedingungen für unlegierte Stähle (2006-10); T3: Technische Lieferbedingungen für legierte Stähle (2007-01)

[3.34] DIN EN 10084 Einsatzstähle – Technische Lieferbedingungen (2008-06)

[3.35] DIN EN 10085 Nitrierstähle – Technische Lieferbedingungen (2001-07)

[3.36] DIN EN 10088 Nichtrostende Stähle; T1: Verzeichnis der nichtrostenden Stähle (2014-12); T2: Technische Lieferbedingungen für Blech und Band aus korrosionsbeständigen Stählen für allgemeine Verwendung (2014-12); T3: Technische Lieferbedingungen für Halbzeug, Stäbe, Walzdraht, gezogenen Draht, Profile und Blankstahlerzeugnisse aus korrosionsbeständigen Stählen für allgemeine Verwendung (2014-12); T4: Technische Lieferbedingungen für Blech und Band aus korrosionsbeständigen Stählen für das Bauwesen (2010-01); T5: Technische Lieferbedingungen für Stäbe, Walzdraht, gezogenen Draht, Profile und Blankstahlerzeugnisse aus korrosionsbeständigen Stählen für das Bauwesen (2009-07)

[3.37] DIN EN 10293 Stahlguss für allgemeine Anwendungen (2015-04)

[3.38] DIN EN ISO 148 Metallische Werkstoffe; Kerbschlagbiegeversuch nach Charpy; T1 Prüfverfahren; (2011-01)

[3.39] DIN EN ISO 6506 Metallische Werkstoffe – Härteprüfung nach Brinell; T1 Prüfverfahren (2015-02); T2 Prüfung und Kalibrierung der Härteprüfmaschinen (2015-02); T3 Kalibrierung der Härtevergleichsplatten (2015-02); T4 Tabellen zur Bestimmung der Härte (2015-02)

[3.40] DIN EN ISO 6892 Metallische Werkstoffe – Zugversuch; T1 Prüfverfahren bei Raumtemperatur (2009-12); T5 Prüfverfahren bei erhöhter Temperatur (2009-12)

[3.41] DIN EN ISO 18265 Metallische Werkstoffe – Umwertung von Härtewerten (2014-02)

[3.42] DIN ISO 7619 Elastomere oder thermoplastische Elastomere – Bestimmung der Eindringhärte – T1 Durometer-Verfahren (Shore-Härte) (2012-02)

[3.43] Dietmann, H.; Einführung in die Elastizitäts- und Festigkeitslehre, Alfred Kröner Verlag, Stuttgart 1992

[3.44] Dubbel, H., Beitz, W., Grote, K.-H.; Dubbel – Taschenbuch für den Maschinenbau, 20. Aufl., Springer Verlag, Berlin 2001

[3.45] Durelli, A.J., Lake, R.L., Phillips, E.; Stress Concentrations Produced by Multiple Semi-Circular Notches in Infinite Plates und Uniaxial State of Stress, Proc. Soc. Exp. Stress Analysis, Vol. 10, Nr.1, S. 53

[3.46] DVS 1608 Gestaltung und Festigkeitsbewertung von Schweißverbindungen an Aluminiumlegierungen im Schienenfahrzeugbau (2011-09)

[3.47] DVS 1612 Gestaltung und Dauerfestigkeitsbewertung von Schweißverbindungen an Stählen im Schienenfahrzeugbau (2014-08)

[3.48] Fehlings, D., Kubny, M.; Schlecht, B.; Grundlegende Berechnungsansätze zur Bestimmung von Eingangsgrößen einer Betriebsfestigkeitsrechnung als Beitrag zur konstruktiven Bauteiloptimierung; Interner Bericht zum Forschungsvorhaben ABF 42 des Vereins Deutscher Eisenhüttenleute (VDEh), Universität Duisburg, 1987

[3.49] Feyrer, K.; Drahtseile – Bemessung, Betrieb, Sicherheit, Springer Verlag, Berlin 1994

[3.50] FKM 2012; Rechnerischer Festigkeitsnachweis für Maschinenbauteile aus Stahl, Eisenguss- und Aluminiumwerkstoffen, 6. Überarbeitete Ausgabe, VDMA-Verlag, Frankfurt am Main, 2012

[3.51] Fricke, W.; Guideline for the Fatigue Assessment by Notch Stress Analysis for Welded Structures; International Institute of Welding, Doc. XIII-2240r2-08/XV-1289r2-08, Juli 2010

[3.52] Gnilke, W.; Lebensdauerberechnung der Maschinenelemente, Verlag Technik, Berlin, 1980

[3.53] Goodier, J. N.; Concentration of Stress Around Spherical and Cylindrical Inclusions and Flaws, Trans. ASMA, Appl. Mech. Section, Vol. 55, S. A–39, 1933

[3.54] Goodman, J.; Mechanics Applied to Engineering, London: Longman's, Green & Co., 1899

[3.55] Grimm, D.; Untersuchungen zum statistischen Größeneinfluss – Entwicklung und Verifikation einer FE-basierten Analysesoftware. FG Werkstoffmechanik, FS-4/2001, TU Darmstadt, 2001

[3.56] Gudehus, H., Zenner, H.; Leitfaden für eine Betriebsfestigkeitsrechnung, 4. Aufl., Verlag Stahleisen, Düsseldorf 1999

[3.57] Gumbel, E. J., Statistics of Extremes, Columbia University Press, New York 1958

[3.58] Hänel, B., Wirthgen, G.; Zum DDR-Standard TGL 19340 „Dauerfestigkeit der Maschinenbauteile“ (Neuausgabe); Teil 1: Allgemeines; Teil 2: Berechnung; Teil 3: Formzahlen und Kerbwirkungszahlen; IfL-Mitteilungen 22 (1983), Heft 1, S. 1–35

[3.59] Hänel, B., Wirthgen, G.; Die Berechnung der Dauerschwingfestigkeit nach dem Verfahren von Kogaev und Serensen, IfL-Mitteilungen 20 (1981), Heft 3, S. 65–73, Institut für Leichtbau, Dresden

[3.60] Hänel, B.; FKM-Richtlinie „Rechnerischer Festigkeitsnachweis“ Anwendung und Erfahrungen, Dresdner Maschinenelemente Kolloquium – DMK 2003, Tagungsband, S. 389–404

[3.61] Haibach, E.; Betriebsfestigkeit – Verfahren und Daten zur Bauteilberechnung. 3. Auflage, Springer Verlag, Heidelberg, 2006

[3.62] Haibach, E.; Betriebsfestigkeit, VDI-Verlag, Düsseldorf 1989

[3.63] Haigh, B. P.; Report on Alternating Stress Test of a Sample of Mild Steel. Received from the British Assoc. Stress Committee, 85. Rep. Brit. Assoc. Manchester, S. 163–170, 1915

[3.64] Hempel, M.; Einfluß der Beanspruchungsart auf die Wechselfestigkeit von Stahlstäben mit Querbohrungen und Kerben, Arch. Eisenhüttenwesen, S. 433, Düsseldorf. 1939

[3.65] Hertz, H.; Über die Berührung fester elastischer Körper (Gesammelte Werke, Bd. I, S. 155–173) Leipzig 1881

[3.66] Hertz, H.; Über die Berührung fester elastischer Körper und über die Härte (Gesammelte Werke, Bd. I, S. 174–196) Leipzig 1882

[3.67] Hetényi, M.; Some Applications of Photoelasticity in Turbine-Generator-Design, Trans. ASME, Appl. Mech. Section, Vol. 61, S. A–15, 1939

[3.68] Hetényi, M.; The Distribution of Stress in Threaded Connections, Proc. Soc. Exp. Stress Analysis, Vol. 1, Nr. 1, S.147, 1943

[3.69] Hobbacher, A.; Recommendations for Fatigue Design of Welded Joints and Components. International Institute of Welding, Doc. XIII-2151r4-07/XV-1254r4-07. Paris, Oktober 2008. (IIW-Empfehlungen)

[3.70] Hooke, R.; De Potentia Restitutiva, London 1678

[3.71] Howland, R. C. J.; Stresses in a Plate Containing an Infinite Row of Holes, Proc. Roy. Soc. (London), Vol. 148, S. 471, 1935

[3.72] Hück, M., Thrainer, L., Schütz, W.; Berechnung von Wöhlerlinien für Bauteile aus Stahl, Stahlguss und Grauguss – Synthetische Wöhlerlinien, Bericht ABF 11, Verlag Stahleisen, Düsseldorf 1983

[3.73] Issler, L., Ruoß, H., Häfele, P.; Festigkeitslehre, Springer Verlag, Berlin 1995

[3.74] Jones, A.; The Mathematical Theory of Rolling-Element-Bearings, in Mechanical Design and Systems Handbook, McGraw-Hill, 1964

[3.75] Koch, P.; Zeit- und Dauerfestigkeitsverhalten von Schweißverbindungen aus St38 bei wechselnder Torsion, Schweißtechnik, Berlin 19 (1969)

[3.76] Köhler, M., Jenne, A., Pötter, K., Zenner, H.; Zählverfahren und Lastannahme in der Betriebsfestigkeit, Springer Verlag, Heidelberg, 2012

[3.77] Kogaev, V.P.; Strength Calculation at Stresses Fluctuating with Time, Mashinostroenie, Moskau, 1977 (Original in Russisch)

[3.78] Krebs, J., Hübner, P., Kaßner, M.; Eigenspannungseinfluss auf Schwingfestigkeit und Bewertung in geschweißten Bauteilen, DVS-Berichte Band 234, 2. Auflage, DVS Media GmbH, Düsseldorf, 2012

[3.79] Krebs, J., Kaßner, M.; Influence of Welding Residual Stresses on Fatigue Design of Welded Joints and Components, (IIW-Doc. XIII-2126-06 / XV-1220-06), Welding in the World, Vol. 51, Nr. 7/8-2007, Journal of Welding, International Institute of Welding, Paris

[3.80] Künne, B.; Einführung in die Maschinenelemente, Teubner Verlag, Stuttgart 2001

[3.81] Kunert, K.: Spannungsverteilung im Halbraum bei elliptischer Flächenpressung einer rechteckigen Druckfläche; Forschung auf dem Gebiet des Ingenieurwesens, Bd. 27, Nr. 6, S. 165–174, Düsseldorf 1961

[3.82] Kunze, G., Göhring, H., Jacob, K.; Baumaschinen, Vieweg Verlag, Braunschweig 2002

[3.83] Langer, B.F.; Fatigue Failure from Stress Cycles of Varying Amplitude, Journal of Applied Mechanics 4 (1937), S. A160–A162

[3.84] Lee, G. H.; The Influence of Hyperbolic Notches on the Transverse Flexure of Elastic Plates, Trans. ASME, Applied Mechanics Section, Vol. 62, S. A–53, 1940

[3.85] Lehr, E.; Dauerbiegefestigkeit von Wellen mit Nabensitzen, Techn. Zbl. Prakt. Metallbearbeitung (1941), S. 134–137

[3.86] Leven, M.M., Frocht, M.M.; Stress Concentration Factors for a Single Notch in a Flat Plate in Pure and Central Bending, Proc. SESA, Vol. 11, Nr. 2, S.179, 1953

[3.87] Leven, M. M., Hartmann, J. B.; Factors of Stress Concentration for Flat Bars with Centrally Enlarged Section, Proc. SESA, Vol. 19, Nr.1 S. 53, 1951

[3.88] Linke, H.; Stirnradverzahnung, Hanser Verlag, München 1996

[3.89] Meisel, D., Schuster, U.; Ermittlung von β_k-Werten für rotationssymmetrische Bauteile (Keilwellen), IfL-Bericht 600-141/70, Dresden, 1970

[3.90] Mertens, H., Linke, A.; Sicherheit und Genauigkeit beim Festigkeitsnachweis; VDI-Fachtagung „Festigkeitsberechnung metallischer Bauteile“, Fulda, 28. und 29.04.2002

[3.91] Miner, M.A.; Cumulative Damage in Fatigue, Journal of Applied Mechanics 12 (1945), S. A159–A164

[3.92] Mises, R. von; Mechanik der festen Körper im plastisch deformablen Zustand, Nachr. Königl. Ges. Wiss. Göttingen, Math.-Phys. Kl., (1913), S. 582–592

[3.93] Mohr, O.; Abhandlungen aus dem Gebiete der Technischen Mechanik, 2. Aufl., Verlag Ernst & Sohn, Berlin 1914

[3.94] Muhs, D., Wittel, H., et al.; Roloff / Matek Maschinenelemente; Vieweg Verlag, Braunschweig 2013

[3.95] Neuber, H.; Kerbspannungslehre, Springer Verlag, Berlin, 1985

[3.96] Niemann, G.; Walzenfestigkeit und Grübchenbildung von Zahnrad- und Wälzlagerwerkstoffen, VDI-Zeitschrift 87 (1943), 521

[3.97] Niemann, G., Winter, H., Höhn, B.-R.; Maschinelemente Bd. I., 4. Aufl., Springer Verlag, Berlin 2005

[3.98] Pajer, G., Kuhnt, H., Kurth, F.; Stetigförderer, VEB Verlag Technik, Berlin 1988

[3.99] Palmgren, A.; Die Lebensdauer von Kugellagern, VDI-Zeitschrift 68 (1924), Heft 14, S. 229–341

[3.100] Petersen, C.; Die Vorgänge im zügig und wechselnd beanspruchten Metallgefüge, Teil 3 und 4, Zeitschrift Metallkunde 42 (1951), S. 161–170, 40 (1952), S. 429–433

[3.101] Peterson, R.E.; Stress Concentration Factors, Verlag John Wiley & Sons, New York, 1997

[3.102] Poisson, S. D.; Mémoire sur l'Eqilibre et le Mouvement des Corps Elastique, Mém. De l'Acad., t. 8, Paris 1829

[3.103] Radaj, D., Vormwald, M.; Ermüdungsfestigkeit – Grundlagen für Ingenieure, 3. Auflage, Springer-Verlag, Berlin, 2007

[3.104] Rankine, W. J. M.; A Manual of Applied Mechanics, London 1861

[3.105] Reissner, H., Morduchow, M.; Reinforced Circular Cutouts in Plane Sheets, NACA TN 1852, 1949

[3.106] Richter, F.; Physikalische Eigenschaften von Stählen und ihre Temperaturabhängigkeit, Stahleisen-Sonderberichte, Heft 10, Verlag Stahleisen, Düsseldorf 1983

[3.107] Richter, F.; Die wichtigsten physikalischen Eigenschaften von 52 Eisenwerkstoffen, Stahleisen-Sonderberichte, Heft 8, Verlag Stahleisen, Düsseldorf 1973

[3.108] Ritter, W., Tetmajer, L.; Bericht über die Mönchensteiner Brückenkatastrophe, dem Vorsteher des schweizerischen Post- und Eisenbahndepartments erstattet, Zürich 1891

[3.109] Rohrbach, C.; Handbuch für experimentelle Spannungsanalyse, VDI-Verlag, Düsseldorf 1989

[3.110] Rosenlöcher, Th., Senf, M., Römhild, I., Schlecht, B.; Kritische Beanspruchung bei Getriebewellen mit Mehrfachkerben, Dresdner Maschinenelemente Kolloquium – DMK 2005, Tagungsband, S. 269–285

[3.111] Rossow, E.; Eine einfache Rechenschiebernäherung an die den Normal Scores entsprechenden Prozentpunkt; Zeitschrift für wissenschaftliche Fertigung 59 (1964), Heft 12, S. 596–597

[3.112] Rühl, K.; Die Tragfähigkeit metallischer Baukörper, Verlag Ernst & Sohn, Berlin 1952

[3.113] Ryall, M. J., Parke, G. A. R., Harding, J. E.; Manual of Bridge Engineering, Thomas Telford Publishing, London 2003

[3.114] Scheffler, M., Feyrer, K., Matthias, K.; Fördermaschinen, Vieweg Verlag, Brauschweig 1998

[3.115] Schlecht, B.; Tragfähigkeitsnachweis von Wellen und Achsen nach DIN 743, Antriebstechnik 42 (2003), Teil I, Heft 3, S. 52–56, Teil II, Heft 5, S. 47–49

[3.116] Schlecht, B.; Vergleichende Untersuchungen zur dauerfesten Auslegung von Getriebewellen; Konstruktion 49 (1997), Heft 11/12, S. 33–38

[3.117] Schlecht, B.; Vergleichende Betrachtungen zum Tragfähigkeitsnachweis der Wellen in Sondergetrieben von Tagebaugroßgeräten; Vortrag anläßlich der VDI-Fachtagung „Festigkeitsberechnung metallischer Bauteile"; Fulda, 22. und 23. September 1998

[3.118] Schlecht, B.; Maschinenelemente, Antriebstechnik und DMK im verflixten 13. Jahr; Dresdner Maschinenelemente Kolloquium – DMK 2013, Tagungsband, S. 11–44

[3.119] Schlecht, B., Rosenlöcher, Th.; Ermittlung wirklichkeitsgetreuer Lastannahmen mittels Mehrkörper-Simulation; Lehrunterlagen „Mechanische Komponenten und Rotoraerodynamik" zum Zertifikats-Lehrgang Fachingenieur Windenergietechnik des VDI – Verein Deutscher Ingenieure, Düsseldorf, 2015

[3.120] Schlecht, B., Rosenlöcher, Th., Bauer, Ch.; Determination of Maximum Loads for Drive Train Components in Thrusters Using Flexible Multibody-System Models; International Gear Conference, 26.–28. August 2014, Lyon

[3.121] Schlecht, B., Rosenlöcher, Th.; Possibilities to Use Multibody-System-Simulation Results to Design Components of Large Drive Trains; SIMPACK User Meeting, 08.–09. Oktober 2014, Salzburg

[3.122] Schlecht, B., Schulz, C., Graneß, H.; Die Mehrkörpersimulation als Grundlage zur Systemanalyse; AKIDA 2014, 19.–20. November 2014, Aachen

[3.123] Schlecht, B., Schulz, C., Graneß, H.; Die Schädigungssumme als objektives Bewertungskriterium der Systemdynamik; Schweizer Maschinenelemente Kolloquium – SMK; 25.–26. November 2014, Rapperswil

[3.124] Schlecht, B., Schulz, C.; Ganzheitliche Lastbetrachtung von Antriebssystemen mithilfe komplexer Mehrkörpermodelle; VDI Fachtagung „Schwingungen in Antrieben", 5.–6. November 2013, Fulda

[3.125] Schlecht, B., Senf, M., Bretschneider, D.; Analyse statischer Grenzlasten für Wellen und Achsen – Einflüsse auf die Ermüdungsfestigkeit; Dresdner Maschinenelemente Kolloquium – DMK 2013, Tagungsband, S. 215–228

[3.126] Schlecht, B., Senf, M., Wendler, J.; Überlagerung von schwingender Torsions- und Biegebeanspruchung im Tragfähigkeitsnachweis von Zahnwellen mit freiem Auslauf; Dresdner Maschinenelemente Kolloquium – DMK 2013, Tagungsband, S. 229–239

[3.127] Schlecht, B., Wendler, J.; Automatisierte FE-Berechnungen der Kerbwirkung von Zahnwellenverbindungen zur Untersuchung eines mehrdimensionalen Parameterfeldes; VDI-Berichte 2238 (2014), S. 65–78)

[3.128] Schlecht, B.; Aktuelle Entwicklungstendenzen zur beanspruchungsgerechten Auslegung von Antriebssystemen, Dresdner Maschinenelemente Kolloquium – DMK 2003, Tagungsband, S. 3–44

[3.129] Schlecht, B., Krüger, H., Heß, H.; Drehbrücke über den Suez-Kanal bei El-Ferdan – Maschinenbau, Antriebs- und Steuerungstechnik; Stahlbau 68 (1999), Heft 5, S. 329–346

[3.130] Schlecht, B.; Vergleichende Untersuchungen zur dauerfesten Auslegung von Getriebewellen; Konstruktion 49 (1997), Heft 11/12, S. 33–38

[3.131] Schlottmann, D., Schnegas, H.; Auslegung von Konstruktionselementen; Springer Verlag, Berlin 2001

[3.132] Schmaußer, G., Nölke, H., Herz, E.; Stahlwasserbauten – Kommentar zu DIN 19704; Verlag Ernst & Sohn, Berlin 2000

[3.133] Spangenberg, L.; Über Festigkeitsversuche mit Eisen und Stahl; Glasers Annalen, Bd. 5 (1879), S. 6–15

[3.134] Schütz, W.; Zur Geschichte der Schwingfestigkeit; Bericht ABF 55 – Betriebsfestigkeit in Forschung, Lehre und Praxis; Verein Deutscher Eisenhüttenleute, Düsseldorf 1992

[3.135] Serensen, S.V., Kogaev, V.P., Shneiderovich, R.M.; Loading Capacity and Calculation for Strength of Machine Elements, Mashinostroenie, Moskau, 1975 (Original in Russisch)

[3.136] Severin, D., Kleinlein, C.; Eigenschaften der Reibung im Bremsprozess; in: Breuer, B., Bill, K.; Bremsenhandbuch, Vieweg Verlag, Braunschweig 2004

[3.137] SEW 550 Stähle für größere Schmiedestücke; Gütevorschriften (1976-08)

[3.138] Siebel, E., Stieler, M.; Ungleichförmige Spannungsverteilung bei schwingender Beanspruchung; VDI Zeitschrift 97 (1955); S. 121–152

[3.139] Sjöström, S.; On the Stresses at the Edge of an Eccentrically Located Circular Hole in a Strip under Tension, Aeronaut. Research Inst. Sweden, Report Nr. 36, Stockholm, 1950

[3.140] Smith, J. H.; Some Experiments on Fatigue of Metals; Journal of Iron Steel Inst., 82 (1910) 2, S. 246–318

[3.141] Sonsino, C. M.; Zur Bewertung des Schwingfestigkeitsverhaltens von Bauteilen mit Hilfe von örtlichen Beanspruchungen. Konstruktion 45 (1993), Heft 1, S. 25–33

[3.142] Sonsino, C. M., Bruder, T., Baumgartner, J.; S-N Lines for Welded Thin Joints – Suggested Slopes and FAT Values for Applying the Notch Stress Concept with Various Reference Radii, (Doc. IIW 2078-09), Welding in the World, Vol. 54, Nr. 11/12-2010, Journal of Welding, International Institute of Welding, Paris

[3.143] Sors, L.; Berechnung der Dauerfestigkeit von Maschinenteilen, Verlag der Ungarischen Akad. d. Wissenschaften, Budapest, 1963

[3.144] Stoltz, A.; Vergleich und didaktische Aufbereitung von Bemessungsregeln für den Dauerfestigkeitsnachweis von Antriebselementen; Unveröffentlichte Studienarbeit, Universität Duisburg, 1987

[3.145] Szabó, I.; Einführung in die Technische Mechanik; Springer Verlag, Berlin 1977

[3.146] Szabó, I.; Höhere Technische Mechanik; Reprint; Springer Verlag, Berlin 2001

[3.147] Stahl im Hochbau; Stahleisen Verlag, Düsseldorf 1995

[3.148] Tauscher, H.; Dauerfestigkeit von Stahl und Gusseisen; VEB Fachbuchverlag, Leipzig, 1969

[3.149] ten Bosch, M.; Maschinenelemente; Springer Verlag, Berlin 1953

[3.150] Tetmajer, L. v.; Die angewandte Elastizitäts- und Festigkeitslehre, Verlag Franz Deuticke, Leipzig und Wien, 1904

[3.151] TGL 19333 Schwingfestigkeit, Zeitfestigkeit von Achsen und Wellen (1979), ehemaliger DDR-Standard

[3.152] TGL 19340 Dauerfestigkeit der Maschinenbauteile; T1 Dauerfestigkeitsdiagramm; T2 Werkstoff-Festigkeitskennwerte; T3 Berechnung; T4 Formzahlen und Kerbwirkungszahlen; (1983-03), ehemaliger DDR-Standard

[3.153] TGL 19341 Festigkeitsnachweis für Bauteile aus Eisengußwerkstoffen; T1 Berechnung; T2 Werkstoff-Festigkeitskennwerte; (1988-02), ehemaliger DDR-Standard

[3.154] TGL 19350 Betriebsfestigkeit der Maschinenbauteile; Berechnung; (1986-02), ehemaliger DDR-Standard

[3.155] TGL 19352 Aufstellung und Überlagerung von Beanspruchungskollektiven (Entwurf 1988), ehemaliger DDR-Standard

[3.156] TGL 33787 Regellose Beanspruchungsfunktionen; T1 Statistische Auswertung im Amplitudenbereich; T2 Statistische Auswertung im Zeit- und Frequenzbereich; (1985-12), ehemaliger DDR-Standard

[3.157] Tresca, H.; Mémoire sur l'Ecoulement des Corps Solides Soumis des Fortes Pressions, Paris: C. R. Acad. Sc., 59 (1864), S. 754–758

[3.158] VDI 2226 Empfehlung für die Festigkeitsberechnung metallischer Bauteile; (1965)

[3.159] Wächter, K., Konstruktionslehre für Maschineningenieure, VEB Verlag Technik, Berlin 1987

[3.160] Warkenthin, W.; Tragwerke der Fördertechnik 1, Vieweg Verlag, Braunschweig 1999

[3.161] Wellinger, K., Dietmann, H.; Festigkeitsberechnung, Alfred Kröner Verlag, Stuttgart 1976

[3.162] Wöhler, A.; Bericht über die Versuche, welche auf der königlich Niederschlesisch-Märkischen Eisenbahn mit Apparaten zum Messen der Biegung und Verdrehung von Eisenbahnachsen während der Fahrt angestellt wurden; Zeitschrift für Bauwesen, Bd. VIII (1858), S. 641–652

[3.163] Wöhler, A.; Über Versuche zur Ermittlung der Festigkeit von Achsen, welche in den Werkstätten der Niederschlesisch-Märkischen Eisenbahn zu Frankfurt an der Oder angestellt sind; Zeitschrift für Bauwesen, Bd. XIII (1863), S. 233–258

[3.164] Wöhler, A.; Resultate der in der Central-Werkstatt der Niederschlesisch-Märkischen Eisenbahn zu Frankfurt an der Oder angestellten Versuche über die relative Festigkeit von Eisen, Stahl und Kupfer; Zeitschrift für Bauwesen, Bd. XVI (1863), S. 67–84

[3.165] Wöhler, A.; Über die Festigkeitsversuche mit Eisen und Stahl; Zeitschrift für Bauwesen, Bd. XX (1870), S. 73–106

[3.166] Wünsch, D., Fehlings, D.; Zweiparametriges Rain-Flow-Klassieren, Antriebstechnik 28 (1989), Heft 6, S. 65–68

[3.167] Wünsch, D., Fehlings, D.; Grundlegende Berechnungsansätze zur Bestimmung von Eingangsgrößen einer Betriebsfestigkeitsrechnung als Beitrag zur konstruktiven Bauteiloptimierung; Forschungsbericht zum Forschungsvorhaben ABF 42 des Vereins Deutscher Eisenhüttenleute (VDEh), Düsseldorf, Februar 1989

[3.168] Wünsch, D., Fehlings, D.; FENA – Anwendungsorientiertes Digitalrechnerprogramm zum Nachweis der Dauerschwingfestigkeit von Maschinenbauteilen; Forschungsbericht ABF 46 des Vereins Deutscher Eisenhüttenleute (VDEh), Düsseldorf, April 1990

[3.169] Wünsch, D., Fehlings, D.; FENA – Ein Digitalrechnerprogramm zum Nachweis der Dauerschwingfestigkeit von Maschinenbauteilen; Stahl und Eisen, Heft 11, 1990

[3.170] Young, T.; A Course of Lectures on Material Philosophy and the Mechanical Arts, London 1807
[3.171] Young, W. C., Budynas, R. G.; Roark's Formulas for Stress and Strain; McGraw-Hill 2002
[3.172] Zammert, W. U.; Betriebsfestigkeit, Vieweg Verlag, Braunschweig 1985
[3.173] Zwicker, D., Derda, Th.; Antriebsstrangauslegung, Beanspruchungs- und Betriebsschwingungsanalyse einer Lokomotive mit hydrodynamischer Leistungsübertragung, Dresdner Maschinenelemente Kolloquium – DMK 2003, Tagungsband, S. 657–674
[3.174] Zwirlein, O., Wieland, W.P.; Case Depth for Induction Hardened Slewing Bearing Rings; Int. Off-Highway-Meeting, Milwaukee, Wisconsin, September 12-15, 1983

ZUSAMMENFASSUNG

Die Festigkeitsberechnung ist das zentrale Kapitel zum weiteren Verständnis aller Maschinenelemente und der aus ihnen zusammengesetzten Systeme, da sie den Vergleich der aus der äußeren Belastung hervorgerufenen Beanspruchung eines Bauteiles mit dessen Beanspruchbarkeit erlaubt.

Dabei muss die Beanspruchbarkeit immer um ein entsprechendes Maß an Sicherheit (respektive Unsicherheit) größer sein als die Beanspruchung, damit das Bauteil über eine für den vorgesehenen Einsatzfall ausreichende Festigkeit verfügt. Abhängig von den überwiegend einwirkenden Lasten (statisch oder dynamisch) unterscheidet man den:

- Statischen Festigkeitsnachweis, bei überwiegend statischer Beanspruchung und zum Nachweis der Festigkeit bei Maximalbeanspruchung
- Dynamischen Festigkeitsnachweis (Schwingfestigkeitsnachweis), bei überwiegend dynamischer Beanspruchung. Hierzu gehören sowohl der Dauerfestigkeitsnachweis als auch der Betriebsfestigkeitsnachweis.

Bei den in den folgenden Kapiteln vorgestellten Maschinenelementen und den Verfahren zur Verbindung dieser Elemente geht es grundsätzlich immer wieder um die Frage, ob das Bauteil selbst oder die Kombination aus Bauteilen den betrieblich einwirkenden Lasten über den gesamten Nutzungszeitraum wird standhalten können oder aber vorzeitig versagen wird.

Zur Lösung dieser zentralen Aufgabe sind zunächst die einwirkenden Kräfte und Momente zu ermitteln. Nur in wenigen Ausnahmen sind diese Lasten einfach und mit der erforderlichen Genauigkeit zu bestimmen. In den meisten Fällen ist man auf Annahmen und Abschätzungen angewiesen, da sich reale technische Systeme (siehe einführende Beispiele in Kapitel 1) nur näherungsweise durch vermeintlich genaue mechanische Ersatzmodelle beschreiben lassen. Hierin liegt auch der wesentliche Unterschied zur klassischen Technischen Mechanik begründet, wo a priori genaue Kräfte und Momente zur Lösung einer Aufgabe vorgegeben werden. Diese generell vorhandene „Ungenauigkeit" sollte einen jedoch nicht entmutigen, einen Festigkeitsnachweis zu führen.

Ausgehend von den Kräften und Momenten lassen sich dann unter Einbeziehung geometrischer Kenngrößen (Flächen, Widerstandsmomente) Spannungen ermitteln. Bei den Grundbelastungsfällen Zug, Druck und Biegung verursachen die einwirkenden Normalkräfte Normalspannungen und bei den Grundbelastungsfällen Torsion bzw. Scherung entstehen aus den einwirkenden Querkräften Schubspannungen. Nur in den wenigsten Fällen treten diese Spannungen einzeln auf, in realen Systemen kommt es vielmehr zu Kombinationen von Normal- und Schubspannungen, so dass mehrachsige Spannungszustände entstehen.

Damit diese kombiniert auftretenden Spannungen (Beanspruchungen) innerhalb eines Festigkeitsnachweises mit der Beanspruchbarkeit verglichen werden können, müssen sie in eine Vergleichsspannung überführt werden. Diese weist den Charakter einer Normalspannung auf und lässt sich dadurch direkt mit dem Festigkeitskennwert des Bauteiles vergleichen, der in den meisten Fällen als zulässige Zug-Druck-Beanspruchung (ebenfalls einachsige Normalspannung) vorliegt. Zur Ermittlung der Vergleichsspannungen haben sich verschiedene Festigkeitshypothesen bewährt.

Die Ermittlung der Beanspruchbarkeit (Festigkeitskennwert des Bauteils) ist eng verknüpft mit der Werkstofftechnik. Es sind aber nicht nur die Festigkeitseigenschaften des Werkstoffes von Bedeutung, sondern auch die Gestalt und die Abmessungen des Bauteils. Deshalb wird zum einen die Ermittlung der statischen und dynamischen Kennwerte der Beanspruchbarkeit anhand von Spannungs-Dehnungs-Diagrammen und Dauerfestigkeitsschaubildern (Wöhlerlinie und Smith-Diagramm) erklärt. Zum anderen wird der große Bereich der festigkeitsmindernden Einflüsse wie z.B. Kerbwirkung, Oberflächen- und Größeneinfluss ausführlich für konstruktive Kerben jeglicher Art behandelt.

Nachdem sämtliche Kennwerte der Beanspruchung und Beanspruchbarkeit vorliegen, werden diese dann innerhalb einer klassischen Festigkeitsberechnung miteinander verglichen, so dass eine Sicherheitszahl $S > 1$ ausgewiesen werden kann, damit das Bauteil nicht versagt. Aufgrund der verschiedenen Belastungsarten und Versagenskriterien ist die Ermittlung folgender Sicherheiten üblich:

- Sicherheit gegen Gewaltbruch
- Sicherheit gegen Verformung (Streckgrenzenüberschreitung oder Fließen)
- Sicherheit gegen Ermüdung (Dauerschwingbruch)

Auch wenn die Ermittlung dieser Sicherheiten geübte Praxis ist, besteht dabei das grundsätzliche Problem, dass mit den Kennwerten der Beanspruchung und der Beanspruchbarkeit zwei voneinander unabhängige Gruppen von Einflussgrößen miteinander verknüpft werden, die unterschiedlichen statistischen bzw. wahrscheinlichkeitstheoretischen Verteilungen unterliegen. Demzufolge kann es im ungünstigsten Fall trotz einer ausgewiesenen Sicherheit von $S > 1$ zu einem Schaden kommen, wenn ein Bauteil von statistisch geringer Festigkeit eine statistisch große vorhandene Belastung ertragen muss.

Die generelle Lösung dieses Problems liegt in der Durchführung eines Betriebsfestigkeitsnachweises, da bei diesem Verfahren die statistischen Verteilungen der Beanspruchung und der Beanspruchbarkeit über das verknüpfende Element der Schädigungsrechnung in geeigneter Weise berücksichtigt werden. Die erforderlichen Arbeitsschritte für einen Betriebsfestigkeitsnachweis werden ausführlich vorgestellt, nachteilig ist bei diesem Verfahren jedoch, dass im Vergleich zum klassischen Dauerfestigkeitsnachweis erheblich mehr Eingabedaten und Informationen benötigt werden, die insbesondere in der Entwurfsphase nicht immer verfügbar sind.

Aufgrund der zentralen Bedeutung der Festigkeitsberechnung für den Maschinen-, Anlagen- und Fahrzeugbau erfolgt eine ausführliche Behandlung der aktuellen FKM-Richtlinie „Rechnerischer Festigkeitsnachweis für Maschinenbauteile aus Stahl, Eisenguss- und Aluminiumwerkstoffen". Darüber hinaus werden abschließend die einschlägigen Regelwerke (Normen, Richtlinien und Standards) zusammengestellt, die produkt- oder branchenspezifische Vorschriften zur Durchführung von Festigkeitsnachweisen beinhalten. Dort gibt es zum Teil wichtige Ergänzungen oder auch Einschränkungen der hier allgemein vorgestellten Vorgehensweise. Vor der Berechnung oder Auslegung eines Elementes oder einer Anlage ist deshalb immer zu prüfen, welche Normen und Standards im Einzelfall gültig und einzuhalten sind.

Z U S A M M E N F A S S U N G

Kleben

ÜBERBLICK

4

Lernziele

- Kennenlernen von Funktion und Wirkung des Klebens
- Einführung in die verschiedenen Klebverfahren und die jeweils erforderliche Oberflächenvorbehandlung
- Unterscheidung günstiger und ungünstiger Gestaltung von Klebverbindungen
- Statischer und dynamischer Festigkeitsnachweis für Klebverbindungen

4.1 Einführung

Unter Kleben versteht man das Verbinden gleicher oder verschiedenartiger metallischer und nichtmetallischer Werkstoffe durch Oberflächenhaftung mittels (nichtmetallischen) Klebwerkstoffen (Klebstoffen). Die Klebverbindung gehört zu den nicht lösbaren Verbindungen, da sie ohne Zerstörung der Klebschicht bzw. der gefügten Bauteile nicht lösbar ist. In DIN EN 923 sind die Begriffe für die Klebstoffe und deren Verarbeitung genormt [4.8]. Die Besonderheiten von Kunststoffklebverbindungen werden in der VDI-Richtlinie 3821 behandelt [4.27]. Das Kleben von Holz, Papier und Textilien mit Leimen aus modifizierten Naturstoffen gehört mit zu den ältesten industriell eingesetzten Fügeverfahren. Das konstruktive Kleben von Metallverbindungen – insbesondere in der Luft- und später auch in der Raumfahrt – geht zurück auf die Entwicklung von polyvinylformal-modifizierten Phenolharz-Klebstoffen Ende der vierziger Jahre des vorigen Jahrhunderts [4.2], [4.3]. Die dann fortschreitende Entwicklung der Kunstharze führte zu den heute bekannten Klebrohstoffen der Acrylate, Epoxydharze, Polyurethane und Silikonharze [4.19], [4.23].

Klebstoffe sind organische oder anorganische Werkstoffe, die auf die zu fügenden Flächen in flüssiger oder pastöser Form aufgebracht werden. Zum Aushärten des Klebstoffes werden meistens besondere Fügevorrichtungen genutzt. Unter Aushärten versteht man den Abbindevorgang, den der Klebstoff vom flüssigen (pastösen) Verarbeitungszustand bis zum festen Zustand durchläuft. Von den stofflichen Eigenschaften der Klebstoffe hängt es ab, ob das Aushärten bei Raumtemperatur (Kalthärter), bei mäßiger Erwärmung ab 50° C (Warmhärter) oder bei höheren Temperaturen bis 220° C (Heißhärter) stattfindet. Ausgenommen hiervon sind Haftklebstoffe, welche im Grenzzustand zwischen Feststoff und Flüssigkeit eine ständige Klebrigkeit aufweisen. In Abhängigkeit vom verwendeten Klebrohstoff resultieren die Erstarrung und der Festigkeitsaufbau während des Verklebens aus physikalischen Vorgängen (z.B. Trocknen, Abkühlen aus der Schmelze) oder aus chemischen Reaktionen (Polyaddition, Polykondensation oder Polymerisation). Die Festigkeit einer Klebverbindung wird maßgeblich bestimmt durch die Oberflächenhaftung des Klebstoffes an den zu verbindenden Werkstoffen (Adhäsion) und die innere Festigkeit in der Klebstoffschicht (Kohäsion). Beide Einflüsse sind abhängig vom verwendeten Klebstoff. Die jeweils maximal möglichen Oberflächenhaftungen und Klebschichtfestigkeiten sind nur bei entsprechender Vorbereitung und Vorbehandlung der Fügeteiloberflächen und bei Einhaltung der Verarbeitungsvorschriften der jeweiligen Klebstoffe zu erreichen.

Im Vergleich zu anderen unlösbaren Verbindungen (Schweißen, Löten) weisen Klebverbindungen die folgenden Vorteile auf:

- Verbindungsmöglichkeit gleicher und verschiedenartiger Werkstoffe und Materialkombinationen
- Werkstoffeigenschaften der zu fügenden Teile werden nicht verändert.
- Nur geringe bzw. keine thermische Werkstoffbeanspruchung und damit kein Wärmeverzug
- Verbindungsmöglichkeit für sehr dünne Fügeteile (z.B. Folien)
- Im Vergleich zu Schweißen und Löten wärmeschonend und somit ohne Gefügebeeinflussung durch Ausglühen oder Aushärten (wichtig bei Aluminiumlegierungen z.B. im Flugzeugbau)
- Keine Querschnittsminderung der Bauteile durch Bohrungen wie bei Schrauben- oder Nietverbindungen und damit z.T. große Gewichtsersparnis
- Kerbfreie Verbindung der Bauteile, gleichmäßige Kraft- und Spannungsverteilung
- Sandwichbauweise ermöglicht hohe Steifigkeit und Gewichtsersparnis (Leichtbau)
- Hohe dynamische Festigkeit und Schwingungsdämpfung
- Dichte, spaltfreie und isolierende (bei Bedarf auch leitende) Verbindung
- Keine Oberflächenschädigung und keine Kontaktkorrosion
- Möglichkeit zur Automatisierung

Dem stehen die nachfolgenden Nachteile gegenüber:

- Aufwändige Oberflächenbehandlung der Fügeteile
- Lange Abbindezeiten bis zur Endfestigkeit der Verbindung, häufig sind Flächendruck und Wärme zum Abbinden erforderlich
- Im Vergleich zum Schweißen, Löten und Nieten deutlich geringere Festigkeit, teilweise Kompensation ist durch zweckmäßige Gestaltung (z.B. ausreichende Überlappung) der Verbindung möglich
- Geringe Schäl-, Dauer- und Warmfestigkeit
- Alterungseinflüsse durch Feuchtigkeit, Gase, UV-Licht sowie Reaktion zwischen Klebstoff und Fügeteilen können die Haftungskräfte mindern oder den Klebstoff schädigen
- Empfindlich gegen Schlag- und Stoßbelastung
- Reparatur von Schäden an Klebverbindung ist ähnlich aufwändig wie die Herstellung
- Reaktionsprodukte im Klebstoff sowie notwendige Stoffe zur Vorbehandlung sind toxisch und belasten die Umwelt, geeignete Schutzmaßnahmen sind vorzusehen
- Zerstörungsfreie Prüfung der Klebverbindung ist meist nicht möglich

Abhängig von den Vor- und Nachteilen ergeben sich die nachfolgend aufgeführten industriellen Einsatzmöglichkeiten des Klebens im Vergleich zu anderen stoff-, kraft- und formschlüssigen Fügeverfahren:

- Serienfertigung von leichtbaugerechten Stützkern- und Plattenkonstruktionen aus Holz, Metall, Kunststoff und Faserverbundwerkstoffen (z.B. Rotorblätter von Windturbinen)
- Kraftübertragung bei gefügten Rahmen, Schalen- und Plattenkonstruktionen in der Luftfahrt- (z.B. Flugzeugtragflächenholme, Zellen) und Kraftfahrzeugindustrie (durch Einbeziehung geklebter Scheiben in die Tragkonstruktion beim Kraftfahrzeug lässt sich die Verwindungssteifigkeit der Karosserie um ca. 30 % erhöhen)

- Kraftübertragung bei Brems- und Kupplungsbelägen sowie Gummi-Metall-Federelementen
- Momentenübertragung bei Welle-Nabe-Verbindungen
- Dichtungsklebung (z.B. Abdichtung von Gewinden, Bördelfugen, Punktschweißverbindungen) mit Kraftübertragung durch andere Elemente
- Sichern von Schraubenverbindungen
- Klebung von elektrisch leitenden Kontakten (z.B. Leiterplatten) in der Elektrotechnik
- Reparatur von Gehäusebrüchen

4.2 Funktion und Wirkung – Adhäsion und Kohäsion

Die volle Funktionalität einer Klebverbindung hängt von den jeweiligen physikalischen Eigenschaften der zu verbindenden Fügeteile und des Klebstoffes als Verbindungsmittel ab. Wesentlich hierbei ist einerseits die Adhäsion, also das Auftreten von Anziehungskräften an der Grenzfläche zweier Stoffe, andererseits die Kohäsion, also das Vorhandensein von Kräften zwischen den Molekülen eines Stoffes, Abbildung 4.1a). Bis zu einer Distanz von max. 0,003 µm wirken zwischenmolekulare Kräfte, die auch ein Verbinden von Fügeteilen durch einfaches Aufeinanderlegen möglich machen würden, Abbildung 4.1b). Da jedoch technische Oberflächen selbst bei Feinstbearbeitung immer noch Rautiefen von mehr als 0,025 µm aufweisen, nutzt man bei Klebverbindungen den Klebstoff als Medium, das in die Oberflächenrauheiten eindringen muss, um zwischenmolekulare Kräfte zwischen Fügeteil und Klebstoff aufzubauen. Neben den physikalischen und chemischen Bindungen entstehen durch das Eindringen des Klebstoffes in die Werkstoffvertiefungen zusätzlich mechanische Verklammerungen.

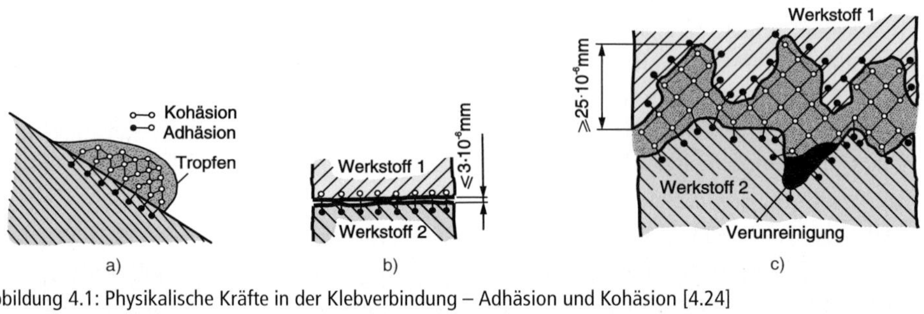

Abbildung 4.1: Physikalische Kräfte in der Klebverbindung – Adhäsion und Kohäsion [4.24]

Im Gegensatz zur Adhäsion werden unter dem Begriff Kohäsion die Kräfte zusammengefasst, die für die innere Festigkeit eines Stoffes verantwortlich sind. Die Kohäsion baut sich unter dem Wirken von Anziehungskräften zwischen gleichartigen Atomen bzw. Molekülen in einem Stoff auf, sie wird im Wesentlichen von der Temperatur und dem Aggregatzustand mitbestimmt. Auch beim Klebstoff ist die Kohäsion und damit der Deformationswiderstand bedeutende Einflussgröße auf die Endeigenschaften einer Klebverbindung. Bei abgebundenen Klebschichten ist die Kohäsionsfestigkeit u.a. für das Kriechen und Fließen unter mechanischer Belastung von besonderer Wichtigkeit. Um eine hohe Kohäsion zu erreichen, muss der Klebstoff nach dem Abbinden eine große Viskosität aufweisen, zur optimalen Benetzung der freien Oberfläche vor dem Fügevorgang dagegen muss der Klebstoff eine geringe Viskosität und Oberflächenspannung haben.

Hinsichtlich der zu erzielenden Festigkeit einer Klebverbindung ist es optimal, wenn die Kräfte aus Adhäsion (zwischen Werkstoff 1 – Klebstoff – Werkstoff 2) und Kohäsion (innerhalb des Klebstoffes) nahezu gleich groß sind. Je nach Größe von Adhäsion und Kohäsion versagt die Klebverbindung bei übermäßiger Belastung an der Grenzfläche (Adhäsionsbruch) oder aber in der Klebstoffschicht (Kohäsionsbruch). Sind Adhäsion und Kohäsion des Klebstoffes größer als die Materialfestigkeit der zu fügenden Teile, so tritt ein Fügeteilschaden bzw. Materialbruch ein.

Generell mindern verunreinigte Werkstoffoberflächen insgesamt die Adhäsionskräfte, weshalb zur Vermeidung von Schmutzeinflüssen eine sorgfältige Vorbehandlung der Oberfläche vor dem Aufbringen des Klebstoffes unbedingt erforderlich ist.

4.3 Herstellen von Klebverbindungen

Ausgehend von den grundsätzlichen physikalischen Kräften in der Klebverbindung, wurden für die jeweiligen Einsatzfälle Klebstoffe und Verfahren entwickelt, um leistungsfähige Klebverbindungen herstellen zu können. Die Vielfalt der Klebstoffe mit ihren unterschiedlichen Eigenschaften erlaubt in den folgenden Abschnitten nur die Angabe allgemeiner Richtlinien. Zusätzlich sind immer die Verarbeitungsvorschriften der Hersteller zu beachten. Die folgende Tabelle 4.1 fasst die wichtigsten Begriffe im Zusammenhang mit der Herstellung von Klebverbindungen zusammen.

Abbinden	Verfestigen der Klebschicht
Beschleuniger	Klebstoffbestandteil zum Beschleunigen des chemischen Abbindens eines Klebstoffes
Dispersionsklebstoff	Klebstoff, bestehend aus organischen Grundstoffen und einem flüssigen Dispersionsmittel, in dem der Grundstoff unlöslich ist
Dispersionsmittel	Flüssigkeit, in der die Grundstoffe und die übrigen Klebstoffbestandteile fein verteilbar sind
Füllstoff	Fester, nicht flüchtiger und im Klebstoff fein verteilter Bestandteil des Klebstoffes zum Anpassen der Klebstoffeigenschaften an den Verwendungszweck
Haftklebstoff	Klebstoff, dessen Klebstoff-Film ohne Wärmeanwendung nach beliebiger Zeit schon unter geringem Druck haftet
Katalysator	Klebstoffbestandteil, der das chemische Abbinden eines Klebstoffes einleitet
Kontaktkleben	Klebverfahren, bei dem der Klebstoff grundsätzlich beidseitig aufgetragen wird. Nach einer Mindesttrockenzeit (Fingerprobe) bilden die Klebstoff- Filme beim Vereinigen unter Druck Klebungen hoher Festigkeit.
Kontaktklebstoff	Klebstoff, der nach dem Kontaktklebverfahren verarbeitet werden kann
Kontaktklebzeit	Zeitspanne nach dem Klebstoffauftrag, innerhalb derer ein Kontaktkleben möglich ist

Tabelle 4.1: Begriffe zu Klebverbindungen nach DIN EN 923 [4.8]

Lösungsmittel	Organische Flüssigkeit, die die Grundstoffe und übrigen löslichen Klebstoffbestandteile ohne chemische Veränderung löst
Lösungsmittelklebstoff	Klebstoff, bestehend aus organischen Grundstoffen in organischen Lösungsmitteln, in dem die Grundstoffe löslich sind
Reaktionsklebstoff	Klebstoff, der durch chemische Reaktion abbindet
Topfzeit	Zeitspanne, in der ein Ansatz eines Reaktionsklebstoffes nach dem Mischen aller Klebstoffbestandteile für eine bestimmte Verwendung brauchbar ist
Vernetzer	Klebstoffbestandteil, der das chemische Abbinden (Vernetzen) eines Klebstoffes bewirkt
Verzögerer	Klebstoffbestandteil, der das chemische Abbinden eines Klebstoffes verlangsamt
Wartezeit, offen	Zeitspanne vom Klebstoffauftrag bis zum Vereinigen
Wartezeit, geschlossen	Zeitspanne vom Vereinigen bis zum Erreichen des vollen Pressdruckes oder der sonstigen, das Abbinden bewirkenden Maßnahmen, z.B. Abbindetemperatur
Weichmacher	Klebstoffbestandteil, der die Plastizität der Klebschicht erhöht

Tabelle 4.1: Begriffe zu Klebverbindungen nach DIN EN 923 [4.8] (Forts.)

4.3.1 Einteilung der Klebstoffe

Grundsätzlich lassen sich Klebstoffe nach anwendungstechnischen Kriterien, nach der Art des Abbindemechanismus, des Grundwerkstoffes, der Bindefestigkeit oder anderen Gesichtspunkten einteilen. Gemäß VDI-Richtlinie 2229 werden Klebstoffe zum konstruktiven Kleben von Metallen mit Metallen und anderen Werkstoffen nach der Art des Abbindens unterteilt [4.26]:

- Physikalisch abbindende Klebstoffe (Lösungsmittel- und Dispersionsklebstoffe)
- Chemisch abbindende Klebstoffe (Reaktionsklebstoffe)

Physikalisch abbindende Klebstoffe sind häufig Lösungen natürlicher oder synthetischer makromolekularer Grundstoffe (z.B: Kunstharze, Kautschuk, Nitrocellulose) in organischen Lösungsmitteln (insbesondere Kohlenwasserstoffe) bzw. Dispersionsmitteln. Der Übergang des Klebstoffes vom niedrigviskosen und damit benetzungsfähigen Zustand in einen Festkörper kann nur durch physikalische Vorgänge wie Verdampfung, Erstarrung aus Schmelzen oder Diffusionsvorgänge erfolgen, teilweise kommt es jedoch auch zu chemischen Reaktionen der Grundstoffe mit dem Luftsauerstoff. Deshalb sind diese Klebstoffe gut geeignet zum Verbinden von Metallen mit porösen Werkstoffen (z.B. Holz, Leder, Kunststoffe). Metalle oder andere undurchlässige Werkstoffe können untereinander nicht mit Lösungsmittelklebstoffen verbunden werden, da die restlose Verflüchtigung des Lösungsmittels häufig behindert wird, meistens sogar unmöglich ist. Da physikalisch abbindende Klebstoffe thermoplastisch sind, neigen sie generell stärker zum Kriechen als chemisch reagierende Klebstoffe. Auch sind sie wärmeempfindlicher und haben eine geringere Lösungsmittelbeständigkeit.

Man unterteilt physikalisch abbindende Klebstoffe in:

- Kontaktklebstoffe – Sie basieren auf gelösten Kautschuken, mit Harzen und Füllstoffen versehen; der Auftrag erfolgt beidseitig, nach dem Ablüften des Lösungsmittels werden die Teile innerhalb der Kontaktklebzeit unter starkem Druck gefügt.
- Schmelzklebstoffe – Sie werden im geschmolzenen Zustand bei 150° C bis 190° C verarbeitet; Vor der Erstarrung sind die Teile zu fügen.
- Plastisole – Sie sind lösungsmittelfrei, werden im teigigen Zustand aufgetragen und binden bei 140° C bis 200° C ab. Basis sind Dispersionen von PVC (feinverteiltes Polyvinylchlorid) zusammen mit Weichmachern, Füllstoffen und Haftvermittlern. Sie können Öl und Fett aufnehmen.

Die chemisch abbindenden Klebstoffe (Reaktionsklebstoffe) sind die technisch wichtigsten Klebstoffe. Es sind härtbare Kunstharze (Kohlenwasserstoffverbindungen), von denen die Phenol- und Epoxidharze die größte Bedeutung haben. Sie bestehen aus niedermolekularen Verbindungen, die während des Abbindens in der Klebfuge in hochmolekulare Verbindungen (vernetzte Polymere) übergehen. Die Aushärtung erfolgt über den Vernetzungsprozess. Zunächst sind die Klebstoffe flüssig, pastös oder filmförmig. Durch zusätzliche Einwirkung von Katalysatoren erfolgt eine Umwandlung zu unschmelzbaren Substanzen von ungewöhnlich hoher Haftfestigkeit und innerer Festigkeit. Da hier mindestens zwei Stoffe zusammenwirken müssen – der Grundstoff als Bindemittel und der Härter als Katalysator – spricht man auch von Zweikomponentenklebstoffen. Die Abbindereaktion kann auch durch Einwirken erhöhter Temperaturen, Luftfeuchtigkeit oder bei anaerob abbindenden Klebstoffen durch Sauerstoffentzug eingeleitet werden. Da die Abbindezeit bei diesen Klebstoffen häufig mehrere Tage betragen kann, wird zur Verkürzung oftmals eine dritte Komponente als Beschleuniger eingesetzt. Alternativ lassen sich warm abbindende Klebstoffe (bis ca. 200° C) einsetzen, die sich gegenüber den bei Raumtemperatur kalt abbindenden Klebstoffen deutlich schneller verfestigen (innerhalb von Minuten). Diese sind jedoch ungeeignet zum Fügen großer Montageteile oder wärmeempfindlicher Bauteile. Die Reaktionsklebstoffe sind besonders gut geeignet zum Verbinden von Metallen, Glas, Keramik und Kunststoffen sowohl untereinander als auch mit sonstigen Werkstoffen aller Art, da der Abbindevorgang ohne Abspaltung flüchtiger Substanzen stattfindet. Man unterteilt chemisch abbindende Klebstoffe in:

- Polymerisationsklebstoffe (Ein- oder Zweikomponentensystem) – Die Auslösung der Polymerisation, bei der Makromoleküle durch den Zusammentritt mehrerer Moleküle entstehen, erfolgt katalytisch. Bei anaerob abbindenden Klebstoffen bleibt der Katalysator unter Einwirkung von Luftsauerstoff im flüssigen Klebstoff inaktiv. Die Beeinflussung der Reaktionsgeschwindigkeit kann erfolgen durch die Katalysatormenge oder durch Temperaturänderungen.
- Polyadditionsklebstoffe (Ein- oder Mehrkomponentensystem) – Als Grundstoff wird oft Epoxidharz oder Polyurethan verwendet. Der Klebstoff entsteht durch Reaktion von mindestens zwei chemisch unterschiedlichen, reaktionsfähigen Stoffen.
- Polykondensationsklebstoffe – Die Reaktion erfolgt unter Abspalten flüchtiger Stoffe bei einem Anpressdruck von $>0{,}4\ N/mm^2$ und Abbindetemperaturen von 120° C bis 160° C. Für Metallklebungen basieren die Klebstoffe meistens auf einem flüssigen Phenol / Formaldehydharz und festem Polyvinylformal).

Abschließend sei darauf hingewiesen, dass es auch Klebstoffsysteme gibt, die zunächst physikalisch schnell vorhärten und später durch eindiffundierende Feuchtigkeit aus der Umgebung chemisch nachhärten. Solche Klebstoffe werden z.B. zum Einkleben von Scheiben in Kraftfahrzeugen verwendet. Die Erstarrung erfolgt sehr schnell durch Abkühlen und fixiert die Scheibe für die weiteren Montagevorgänge. Die Endfestigkeit wird erst nach Stunden durch chemische Nachvernetzung erzielt.

4.3.2 Klebtechnik und Oberflächenvorbehandlung

Unabhängig vom verwendeten Klebstoff ist der erforderliche Zustand der Fügeteiloberflächen einer der wichtigsten Einflussfaktoren für eine tragfähige Klebverbindung. Die maximalen Grenzflächenkräfte (Adhäsion) werden nur wirksam bei sauberem und entfettetem Haftgrund, da anderenfalls keine vollständige Benetzung der Oberfläche durch den Klebstoff gegeben ist. Die haftende Oberfläche kann durch Aufrauen und Bilden von Mikrogebirgen vergrößert werden. Zunächst sind grobe Verunreinigungen wie Zunder, Rost, Farbreste und sonstiger Schmutz auf den Klebflächen zu entfernen. Zur mechanischen Behandlung eignen sich harte Bürsten, das Schmirgeln oder Schleifen und als besonders günstig das Strahlen mit fettfreiem Strahlmittel und fettfreier Pressluft. Staubreste sind nach der mechanischen Behandlung sorgfältig zu entfernen. Verunreinigungen durch Fett und Öl sind mit organischen Lösungsmitteln wie Aceton, Methylenchlorid, Perchloräthylen oder Trichloräthylen oder aber mit wässrigen Reinigungsmitteln (alkalische, neutrale oder saure Lösungen) zu beseitigen. Nach dem Entfetten sind die Klebflächen mit vollentsalztem oder destilliertem Wasser zu spülen und danach zu trocknen. Bei höchsten Ansprüchen an die Klebverbindung ist eine Vorbehandlung durch Beizen oder Ätzen zweckmäßig. Nach der Vorbehandlung dürfen die Klebflächen nicht mehr mit bloßen Händen berührt werden. Außerdem muss darauf geachtet werden, dass sich an der behandelten Fläche vor dem Klebvorgang kein Staub oder Öldampf anlagert. Im Flugzeugbau verwendet man dazu so genannte Primer, die aus einer Polymerschicht bestehen, die zum einen die Adhäsion erhöhen und zum anderen Oxidation und die Anlagerung von Schmutz verhindern [4.21]. Im Kraftfahrzeugbau dagegen werden mittlerweile Klebstoffe eingesetzt, die gezielt Verunreinigungen durch Öl aufnehmen, so dass geölte Stahlbleche ohne jede Reinigung und Aktivierung hochfest verklebt werden können.

In allen Einsatzfällen wird eine Klebung umso besser, je frühzeitiger der Klebstoff nach der Oberflächenbehandlung aufgebracht wird. Nach Auftragen des Klebstoffes werden die Verbindungspartner zusammengelegt und mit Klammern, Leisten oder Zwingen gegen Verschieben gesichert.

Tabelle 4.2 fasst für verschiedene Werkstoffe und Einsatzgebiete abhängend von der Vorbehandlung die erzielbaren Bindefestigkeiten und Zugscherfestigkeiten von Klebverbindungen zusammen.

<table>
<tr><th>Einsatzgebiet</th><th>In geschlossenen Räumen, kein Kontakt mit Wasser: Feinmechanik, Elektrotechnik, Modellbau, Schmuckindustrie, Möbelbau</th><th>In gemäßigtem Klima, auch bei Öl- und Treibstoffzutritt: Allgemeiner Maschinen- und Fahrzeugbau</th><th>In sämtlichen Klimaten, direkte Berührung mit wässrigen Lösungen, Ölen, Treibstoffen, Lösungsmitteln: Fahrzeug-, Flugzeug-, Schiffs- und Behälterbau</th></tr>
<tr><td>Bindefestigkeit</td><td>Niedrige Festigkeit</td><td>Mittlere Festigkeit</td><td>Hohe Festigkeit</td></tr>
<tr><td>Zugscherfestigkeit</td><td>$5\ N/mm^2$</td><td>5 bis $10\ N/mm^2$</td><td>Über $10\ N/mm^2$</td></tr>
<tr><td>Werkstoff</td><td colspan="3">Maßnahmen zur Vorbehandlung</td></tr>
<tr><td>Aluminiumlegierungen</td><td rowspan="4">Keine Weiterbehandlung</td><td rowspan="2">Beiz-Entfetten, Schleifen oder Bürsten</td><td rowspan="2">Strahlen oder Beizen</td></tr>
<tr><td>Gusseisen</td></tr>
<tr><td>Kupfer, Messing</td><td rowspan="2">Schmirgeln oder Schleifen</td><td rowspan="2">Strahlen</td></tr>
<tr><td>Stahl, auch rostfreier</td></tr>
<tr><td>Stahl, verzinkt</td><td colspan="3">Keine Weiterbehandlung</td></tr>
<tr><td>Stahl, brüniert</td><td colspan="2">Sehr gründlich entfetten</td><td>Strahlen</td></tr>
<tr><td>Titan</td><td rowspan="2">Keine Weiterbehandlung</td><td>Bürsten</td><td>Beizen</td></tr>
<tr><td>Magnesium</td><td>Schmirgeln oder Schleifen</td><td>Strahlen oder Beizen</td></tr>
<tr><td>Zink</td><td colspan="3">Keine Weiterbehandlung oder schwaches Aufrauen</td></tr>
</table>

Tabelle 4.2: Bindefestigkeiten und erreichbare Zugscherfestigkeiten in Abhängigkeit vom Einsatzgebiet

4.4 Gestaltung von Klebverbindungen

Aufgrund des Wirkprinzips von Adhäsion und Kohäsion in Klebverbindungen sind diese so zu gestalten, dass sie möglichst nur einer Zug- oder Druckbeanspruchung oder aber einer Scherbeanspruchung unterliegen. Die Fügefläche bzw. die Klebfuge sind hierzu vorwiegend in die Richtung der angreifenden Kräfte zu legen. Biege- oder Schälbeanspruchungen sind zu vermeiden, da sie sich ungünstig auf die Adhäsion zwischen Klebstoff und Fügeteil und auf die Kohäsion in der Klebstoffschicht auswirken, Abbildung 4.2. Bei der ungünstigen Schälbeanspruchung wird nochmals zwischen Zugschälung und Biegeschälung unterschieden. In Abbildung 4.3a) wird anhand des Spannungsverlaufes in der Klebstoffschicht deutlich, dass bereits bei kleinen Beanspruchungen hohe Spannungsspitzen auftreten, die zum Einreißen der Klebfuge führen. Besonders günstige Klebverbindungen lassen sich durch eine zusätzliche Falzausführung zur Vergrößerung der Klebflächen und zur Realisierung einer zusätzlichen Formschlusswirkung gestalten, Abbildung 4.4. Besonders ungünstige Verbindungsarten sind die einfache Überlappung sowie der Stumpfstoß mit reiner Zugbeanspruchung. Weitere Gegenüberstellungen ungünstiger und günstiger Gestaltungen von Klebverbindungen ergeben sich aus Abbildung 4.5. Zur Vermeidung von Schälbeanspruchungen verwendet man zusätzlich in den gefährdeten Querschnitten oftmals Nieten, Schrauben oder bei Metallen auch Schweißpunkte (Abbildung 4.5, Nr. 3).

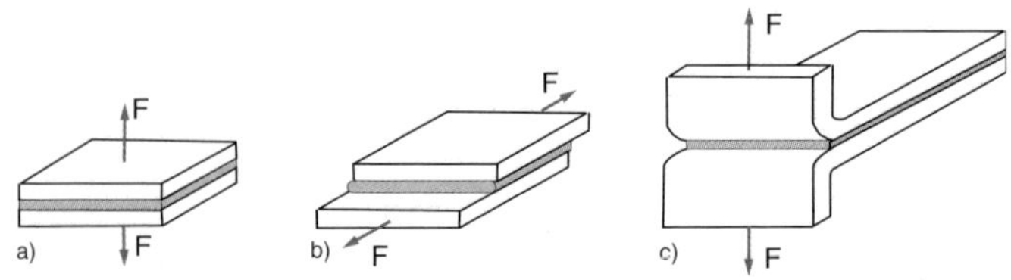

Abbildung 4.2: Beanspruchungsarten von Klebverbindungen – Zug/Druck (a), Scherung (b) und Schälung (c) [4.24]

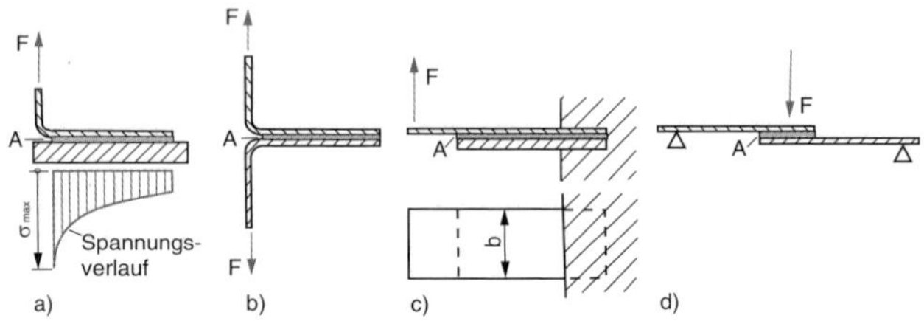

Abbildung 4.3: Arten von Schälbeanspruchungen – Zugschälung a) und b), Biegeschälung c) und d) [4.24]

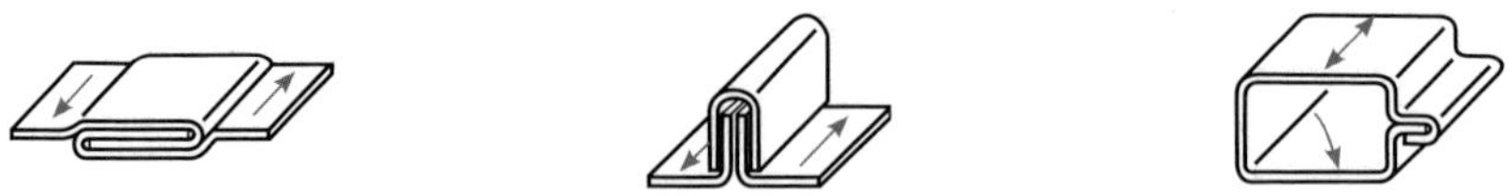

Abbildung 4.4: Klebverbindungen in Falzausführung zur Vergrößerung der Klebflächen und zur Realisierung einer zusätzlichen Formschlusswirkung

	Ungünstig	Günstig	Bemerkungen
1	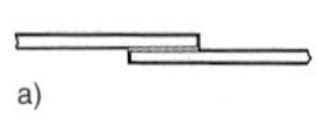	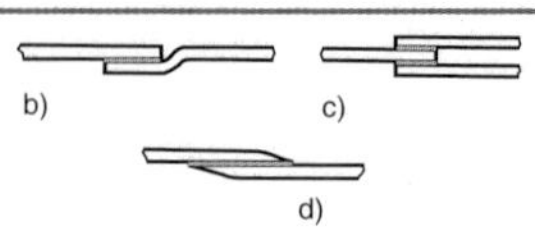	Überlappungsverbindungen bevorzugen wegen günstigerer Ausnutzung der Bindefestigkeit
2		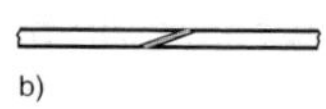	Stumpfstöße verursachen zu kleine Klebflächen, Schäftung (b) ist besser, aber teurer
3	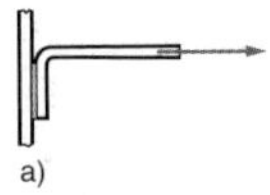	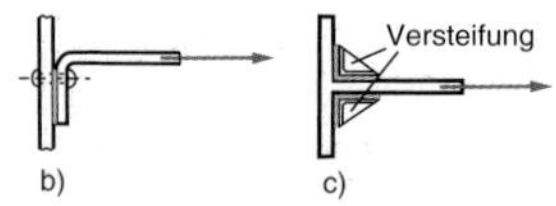	Schälbeanspruchung nach Möglichkeit vermeiden, evtl. Heftniete oder Schweißpunkt vorsehen, Variante (c) am besten
4	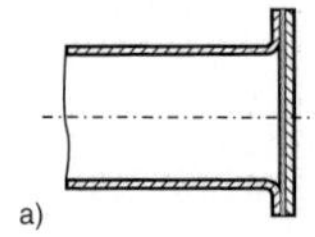	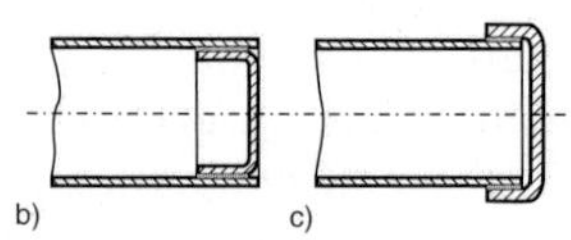	Behälterboden. Bei Bodenbelastung ist die Verbindung (a) gefährdet. Klebgerechte Ausführung entsprechend (b) oder (c), da nur Schubbeanspruchung
5	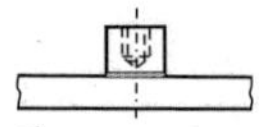	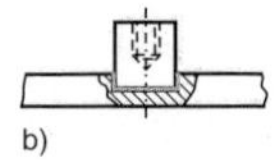	Eingeklebte Zapfen sind zu zentrieren (b), um ein Verschieben zu verhindern
6	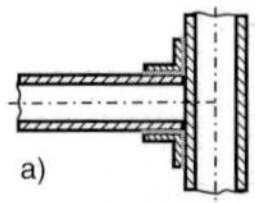	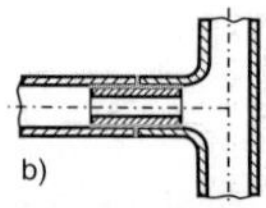	Rahmenstoß. Klebgerechte Ausführung gemäß (b), da hier die Klebnaht nur auf Schub beansprucht wird.

Abbildung 4.5: Gestaltungshinweise für Klebverbindungen

Bei Überlappungsverbindungen gemäß Abbildung 4.6 ist die Überlappungslänge $l_ü$ der Klebverbindung in Abhängigkeit von der Dicke s des dünneren Fügeteiles gemäß Tabelle 4.3 zu wählen.

Material	**Verhältnis Überlappungslänge $l_ü$ zu Fügeteildicke s**
Stahl	$l_ü/s = 7{,}5 \dots 15$
Al-Legierung	$l_ü/s = 5 \dots 10$
Nicht verstärkte Kunststoffe	$l_ü/s = 2 \dots 4$
Faserverstärkte Kunststoffe	$l_ü/s = 5 \dots 10$

Tabelle 4.3: Richtwerte für das Überlappungsverhältnis von geklebten Flächenverbindungen

Werden Teile ineinander gefügt (siehe z.B. Abbildung 4.5, Fälle 4 bis 6) oder bei einer Welle-Nabe-Verbindung (Abbildung 4.6 c), so sind die einzufügenden Teile mit einer Fase zu versehen, damit der Klebstoff beim Fügen nicht verdrängt wird.

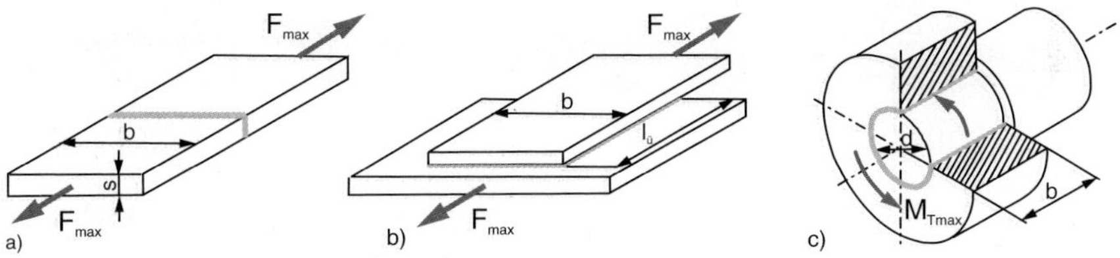

Abbildung 4.6: Abmessungen und Bezeichnungen bei Klebverbindungen

4.5 Festigkeit von Klebverbindungen

Die Festigkeit einer Klebverbindung hängt in besonderem Maß von deren Gestaltung ab. Es ist auf die Krafteinleitung in den Fügebereich und die sich daraus ergebende Beanspruchung der Klebschicht zu achten. Eine optimale Festigkeit ist nur dann zu erwarten, wenn die Richtlinien hinsichtlich Gestaltung, Vorbehandlung, Verarbeitung der Klebstoffe und Herstellung der Klebverbindung eingehalten werden.

Zunächst einmal bietet eine Klebverbindung – vor allem im Vergleich zur Nietverbindung – eine gleichmäßigere Spannungsverteilung im Bauteil, da aufgrund fehlender Bohrungen für z.B. Niete keine ungünstigen Spannungsspitzen im Bauteil selbst auftreten, Abbildung 4.7.

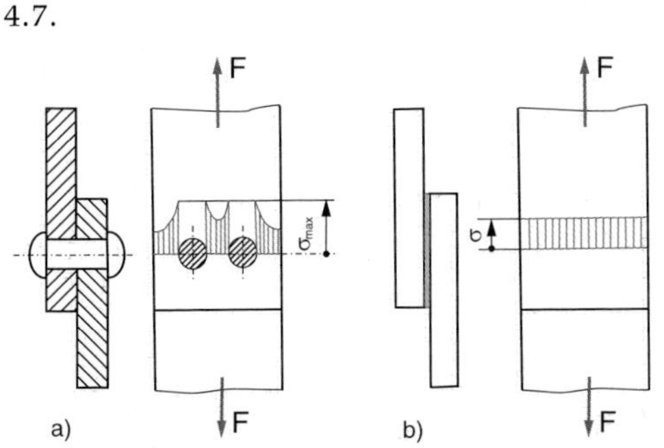

Abbildung 4.7: Gleichmäßiger Spannungsverlauf in einer Klebverbindung [4.24]

Innerhalb der Klebstoffschicht jedoch entstehen Schubspannungsspitzen, bedingt durch ungleiches elastisches Verhalten der Fügeteile und des Klebstoffes, Abbildung 4.8 b). Erzeugt man durch eine Anpassung der Geometrie der Fügeteile eine konstante Dehnung im Bauteil, so erhält man auch einen gleichmäßigen Verlauf der Schubspannungen in der Klebstoffschicht, Abbildung 4.8 c). Bei biegeweichen Bauteilen treten zusätzlich Normalspannungsspitzen in der Klebstoffschicht auf, Abbildung 4.8 d). Um diese ungünstigen Spannungsverläufe gleichmäßig zu halten, ist deshalb auf eine klebgerechte Gestaltung der Fügeteile zu achten. Einschränkungen treten mit zunehmender Größe der Fügefläche auf, da es dann schwieriger ist, eine gleichmäßige Festigkeit der Klebstoffschicht zu erzielen.

Werden Werkstoffe mit sehr unterschiedlichen Wärmeausdehnungskoeffizienten miteinander verklebt, so können bei Temperaturänderungen hohe Spannungen in der Klebstelle entstehen. Ist das Werkstück mit dem größeren Ausdehnungskoeffizienten z.B. das Innenteil einer Welle-Nabe-Verbindung, so kann der Klebstoff diese zusätzliche Belastung aufnehmen. Dehnt sich das Außenteil weiter auf, ist eine Presspassung vorzusehen, damit die Klebstoffschicht nicht reißt.

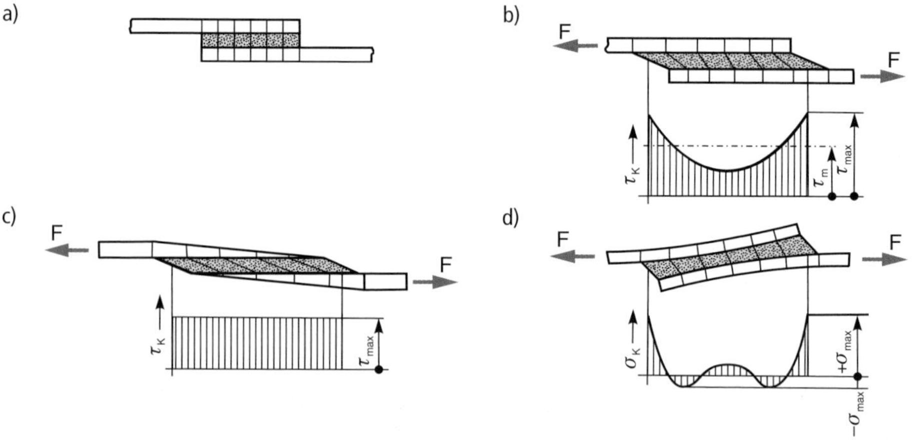

Abbildung 4.8: Spannungsverläufe in Klebverbindungen – a) Unbelastet, b) Spannungsspitzen bei starren Bauteilen, c) Konstante Dehnung durch angepasste Geometrie, d) Normalspannungsspitzen bei biegeweichen Bauteilen

Zu der im Folgenden wiedergegebenen Berechnung der Beanspruchung und der Beanspruchbarkeit einer Klebverbindung müssen die Daten vom Klebstoff und von den Fügeteilen bekannt sein, Tabelle 4.4.

Klebstoff	**Fügeteile**
Zugscherfestigkeit τ_b	Streckgrenze R_e bzw. $R_{p0,2}$
Gleitmodul G	Elastizitätsmodul E
Schichtdicke s_v	Fügeteildicken $s_{1,2}$
Schichtbreite b_v	Breiten $b_{1,2}$
Überlappungslänge $l_ü$	Überlappungslänge $l_ü$

Tabelle 4.4: Erforderliche Daten zur Auslegung einer Klebverbindung

4.5.1 Berechnung der Beanspruchung in einer einschnittigen Verbindung

Anhand einer einschnittig überlappten Verbindung gemäß Abbildung 4.9 sollen im Folgenden die Berechnungsgrundlagen auf Basis der geometrisch-physikalischen Vorgänge hergeleitet werden. Dabei wird angenommen, dass in der Klebstoffschicht in erster Linie nur Querkraftschub $\tau(z)$ auftritt, da die Schichtdicke des Klebstoffes s_v im Vergleich zur Dicke $s_{1,2}$ der Fügeteile sehr viel kleiner ist. Des Weiteren wird angenommen, dass $s_2 > s_1$ (d.h. die Dicke des Fügeteiles 2 ist sehr viel größer ist als die Dicke des Fügeteiles 1). Demzufolge kann Teil 2 gegenüber Teil 1 als starr betrachtet werden.

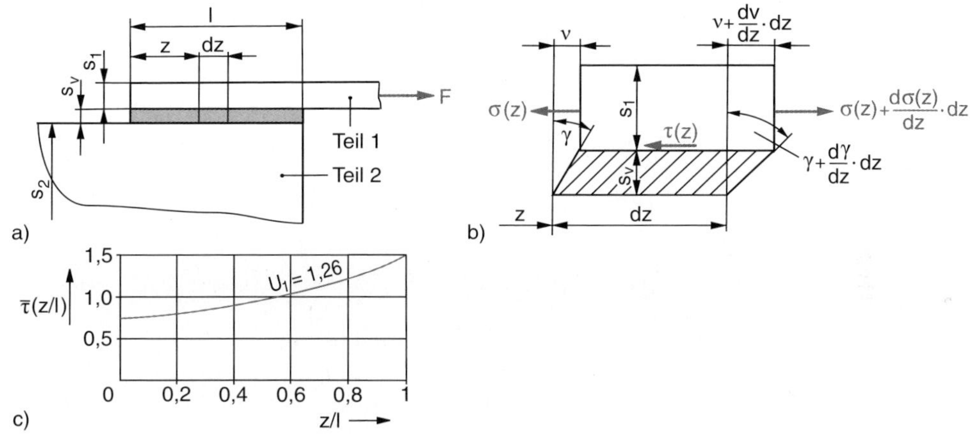

Abbildung 4.9: Zusammenhänge bei der einschnittig überlappten Klebverbindung

Entsprechend Abbildung 4.9 ergeben sich im Fügeteil 1 und in der Klebschicht aufgrund der einwirkenden Kraft F die im Folgenden hergeleiteten Beanspruchungs-Verformungs-Verhältnisse. Betrachtet wird ein infinitesimal kleines Verbindungselement der Länge dz und der Breite $b_1 = b_v = b$ unter der Annahme, dass die wirksamen Biegemomente vernachlässigbar sind, elastisches Werkstoffverhalten vorliegt und die Größen s_1, s_v und b über der Überlappungslänge $l_ü$ konstant sind. Für das Kräftegleichgewicht und das Verformungsgleichgewicht ergeben sich dann die Gleichungen (4.1) und (4.2):

$$-\sigma(z)\cdot s_1\cdot b-\tau(z)\cdot dz\cdot b+\left[\sigma(z)+\frac{d\sigma(z)}{dz}\cdot dz\right]\cdot s_1\cdot b=0 \tag{4.1}$$

$$v+\frac{dv}{dz}\cdot dz=s_v\cdot\tan\left(\gamma+\frac{d\gamma}{dz}\cdot dz\right)\approx s_v\cdot\left(\gamma+\frac{d\gamma}{dz}\cdot dz\right) \tag{4.2}$$

Aus Gleichung (4.1) folgt:

$$\frac{d\sigma(z)}{dz}-\frac{\tau(z)}{s_1}=0 \tag{4.3}$$

Aus Gleichung (4.2) ergibt sich unter der Annahme kleiner Verzerrungswinkel γ:

$$\frac{v}{s_v}=\tan\gamma\approx\gamma \tag{4.4}$$

$$\frac{dv}{dz}-\frac{d\gamma}{dz}\cdot s_v=0 \tag{4.5}$$

Aus den Stoffgesetzen folgt für die Dehnungen und die Verzerrungen:

$$\sigma = \varepsilon \cdot E \tag{4.6}$$

$$\tau = \gamma \cdot G \tag{4.7}$$

$$\varepsilon = \frac{\sigma(z)}{E} = \frac{dv}{dz} \tag{4.8}$$

$$d\gamma = \frac{d\tau(z)}{G} \tag{4.9}$$

Mit den Gleichungen (4.8) und (4.9) folgt aus Gleichung (4.5):

$$\frac{\sigma(z)}{E} - \frac{d\tau(z)}{dz} \cdot \frac{s_v}{G} = 0 \tag{4.10}$$

Setzt man Gleichung (4.10) in die nach z differenzierte Gleichung (4.3) ein, so ergibt sich die folgende homogene Differenzialgleichung 2. Ordnung:

$$\frac{d^2\sigma(z)}{dz^2} - \frac{G}{E} \cdot \frac{1}{s_1 \cdot s_V} \cdot \sigma(z) = 0 \tag{4.11}$$

Mit den nachfolgenden Randbedingungen folgt für die Lösung:

$$\sigma(z=0) = 0 \quad \text{und} \quad \sigma(z = l_{ü}) = \frac{F}{b \cdot s_1} \tag{4.12}$$

$$\sigma(z) = \frac{F}{b \cdot s_1} \cdot \frac{\sinh(a \cdot z)}{\sinh(a \cdot l_{ü})} \quad \text{mit} \quad a = \sqrt{\frac{G}{E} \cdot \frac{1}{s_1 \cdot s_V}} \tag{4.13}$$

Differenziert man Gleichung (4.13) nach z und setzt das Ergebnis in Gleichung (4.3) ein, so erhält man die von z abhängige örtliche Schubspannung:

$$\tau(z) = \frac{F \cdot a}{b} \cdot \frac{\cosh(a \cdot z)}{\sinh(a \cdot l_{ü})} \tag{4.14}$$

Bezieht man Gleichung (4.14) auf die mittlere Schubspannung gemäß Gleichung (4.15), so erhält man die relative örtliche Schubspannung:

$$\tau = \frac{F}{b \cdot l} \tag{4.15}$$

$$\bar{\tau}\left(\frac{z}{l_{ü}}\right) = U_1 \cdot \frac{\cosh\left(U_1 \cdot \frac{z}{l_{ü}}\right)}{\sinh(U_1)} \quad \text{für} \quad 0 \le \frac{z}{l_{ü}} \le 1 \quad \text{mit} \quad U_1 = l_{ü} \cdot \sqrt{\frac{G}{E} \cdot \frac{1}{s_1 \cdot s_V}} \tag{4.16}$$

Dieser Zusammenhang gemäß Gleichung (4.16) ist exemplarisch im Diagramm der Abbildung 4.9 für einen Schubmodul von $G = 10^3$ N/mm², einen E-Modul von $E = 2{,}1 \cdot 10^5$ N/mm², eine Fügeteildicke von $s_1 = 3$ mm, eine Klebschichtdicke von $s_v = 0{,}2$ mm und eine Überlappungslänge von $l_{ü} = 10$ mm dargestellt.

Für die weitere Betrachtung sind die beiden typischen Belastungsfälle nach Abbildung 4.10 von Bedeutung. Fall I gibt die ungünstigere Belastungsart wieder. Im Falle einer Klebverbindung (die Skizze gilt auch für Lötverbindungen) wird der Kraftfluss umgelenkt, vergleichbar mit einer Schraubenverbindung mit Druckmutter. Beim günstigeren Fall II liegt eine Belastungsdurchleitung vor, genauso wie bei einer Schraubenverbindung mit Zugmutter. Unter der Annahme elastischen Werkstoffverhaltens und bei Vernachlässigung der wirksamen Biegemomente lässt sich der spezifische Belastungsverlauf als das Verhältnis der örtlichen Schubspannung $\tau(z/l_{ü})$ zur mittleren Schubspannung τ in der Klebstoffschicht in Abhängigkeit vom Belastungsfall angeben [4.25]:

Fall I:

$$\overline{\tau}\left(\frac{z}{l_{ü}}\right)=U\cdot\frac{\cosh\left(U\cdot\frac{z}{l_{ü}}\right)}{\sinh(U)}$$

Fall II:

$$\overline{\tau}\left(\frac{z}{l_{ü}}\right)=U\cdot\left(\frac{1}{1+\frac{c_1}{c_2}}\cdot\frac{\cosh\left(U\cdot\frac{z}{l_{ü}}\right)}{\sinh(U)}+\frac{1}{1+\frac{c_2}{c_1}}\cdot\frac{\cosh\left(U\cdot\left(1-\frac{z}{l_{ü}}\right)\right)}{\sinh(U)}\right) \tag{4.17}$$

Hierin bezeichnet:

$$U=l_{ü}\cdot\sqrt{c_V\cdot\left(\frac{1}{c_1}+\frac{1}{c_2}\right)} \tag{4.18}$$

Hierin bezeichnen c_V die spezifische Steifigkeit der Klebstoffschicht in N/mm^2 und $c_{1,2}$ die örtliche Steifigkeit der Fügeteile in N/mm.

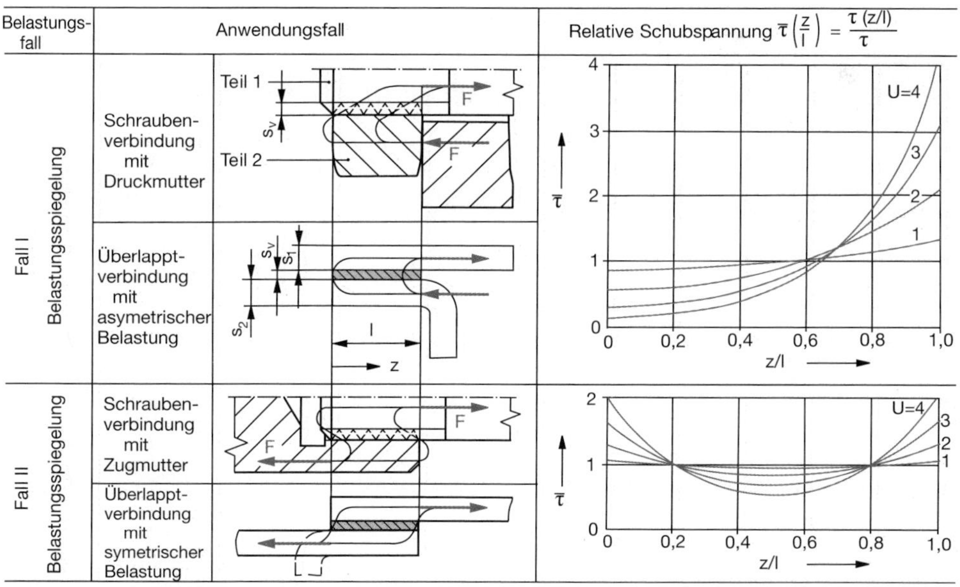

Abbildung 4.10: Typische einschnittige Überlappverbindungen mit relativem Schubspannungsverlauf in der Klebschicht abhängig von der Lasteinleitung [4.28]

Für Klebverbindungen gilt:

$$c_V = G \cdot \frac{b_V}{s_V} \tag{4.19}$$

$$c_{1,2} = E_{1,2} \cdot A_{1,2} \tag{4.20}$$

Hierin bezeichnet $A_{1,2}$ die Querschnittsflächen der zu verbindenden Teile. Im Normalfall gilt:

$$A_1 = A_2 = A = b \cdot s \quad \text{und} \quad E_1 = E_2 = E \tag{4.21}$$

Mit den Gleichungen (4.19), (4.20) und (4.21) und für $b = b_V$ folgt aus Gleichung (4.18):

$$U = l_ü \cdot \sqrt{\frac{G}{E} \cdot \frac{2}{s \cdot s_V}} \tag{4.22}$$

Für den Fall II gilt:

$$\frac{1}{1+\frac{c_1}{c_2}} = \frac{1}{1+\frac{c_2}{c_1}} = \frac{1}{2} \tag{4.23}$$

In Abbildung 4.10 ist für die Belastungsfälle I und II der grundsätzliche Verlauf von $\overline{\tau} = z/l_ü$ für Werte von U = 1 bis 4 wiedergegeben. Aus den Kurvenverläufen lassen sich folgende Erkenntnisse ableiten:

- Für definierte Werte von U besteht bei $z/l_ü = 0{,}5$ die Gleichheit:

$$\overline{\tau}\left(\frac{z}{l_ü}\right)_I = \overline{\tau}\left(\frac{z}{l_ü}\right)_{II} \tag{4.24}$$

- Bei gegebenen Abmessungen b_V und $l_ü$ der Verbindungsfläche (und damit einer mittleren Schubspannung) wird die maximale Schubspannung umso größer, je größer der Term U wird, d.h. je größer der Schubmodul G und je kleiner der Elastizitätsmodul E, die Bauteilstärke s und die Klebschichtdicke s_V werden.
- Die maximale Schubspannung tritt im Fall I bei $z/l_ü = 1$ auf:

$$\tau_{max,I} = \tau(1)_I = \tau \cdot U \cdot \coth(U) \tag{4.25}$$

- Die maximale Schubspannung tritt im Fall II bei $z/l_ü = 0$ und $z/l_ü = 1$ auf:

$$\tau_{max,II} = \tau(0)_{II} = \tau(1)_{II} = \tau \cdot \frac{U}{2} \cdot \left(\cosh(U) + \frac{1}{\sinh(U)}\right) = \tau \cdot \frac{U}{2} \cdot \coth\left(\frac{U}{2}\right) \tag{4.26}$$

- Bei Klebverbindungen sollte man den Beanspruchungsfall I meiden, da die Schubspannungen für den Fall I immer größer sind als für den Fall II:

$$\tau_{max,I} > \tau_{max,II} \tag{4.27}$$

Für Argumente $y > 2$ (d.h. $y = U$ im Fall I und $y = 0{,}5 \cdot U$ im Fall II) wird der Funktionswert $\coth(y) < 1{,}036 \approx 1$. Somit kann für große y grundsätzlich mit folgendem Wert gerechnet werden:

$$\tau_{max} = \tau \cdot y \tag{4.28}$$

Demzufolge sind für Argumente $y > 2$ die Schubspannungen unabhängig von der Überlappungslänge $l_ü$:

$$\tau_{max,I} = \frac{F}{b_V} \cdot \sqrt{\frac{G}{E} \cdot \frac{2}{s \cdot s_V}} \tag{4.29}$$

$$\tau_{max,II} = \frac{1}{2} \cdot \frac{F}{b_V} \cdot \sqrt{\frac{G}{E} \cdot \frac{2}{s \cdot s_V}} \tag{4.30}$$

Daraus folgt auch, dass im Fall $y = 2$ bei Vergrößerung der Überlappungslänge $l_ü$ die Schubspannungsdifferenz erhöht und der Ausnutzungsgrad der Verbindungsschicht vermindert werden. Die größte noch vertretbare Überlappungslänge $l_{ü,max}$ lässt sich aus Gleichung (4.22) für einen Wert von $y = 2$ ermitteln.

$$l_{ü,max} = \frac{k}{\sqrt{\frac{G}{E} \cdot \frac{2}{s \cdot s_V}}} \tag{4.31}$$

Hierin bezeichnet für den Fall I, $k = y = 2$ und für den Fall II, $k = 2 \cdot y = 4$. Zur Vermeidung einer Überbemessung der Verbindung ist die Überlappungslänge $l_ü$ stets kleiner als $l_{ü,max}$ zu wählen:

$$l_ü \leq l_{ü,max} \tag{4.32}$$

Aus der maximalen Scherspannung τ_{max} resultiert bei bekanntem Schubmodul gemäß Gleichung (4.7) auch ein maximaler Verschiebungswinkel γ der Klebstoffschicht. Dieser Verschiebungswinkel darf einen zulässigen Wert, der vom Klebstoff abhängt, nicht überschreiten:

$$\gamma_{max} \leq \gamma_{zul} \tag{4.33}$$

Beispielhaft zeigt Abbildung 4.11 die Abhängigkeit des Verschiebungswinkels γ von der wirkenden Schubspannung τ und der Beanspruchungszeit t. Unter der Annahme eines zulässigen Verschiebungswinkels γ_{zul} lässt sich unter Verwendung der Gleichungen (4.15) und (4.26) eine zulässige Grenzkraft F_{max} für den Fall II ermitteln.

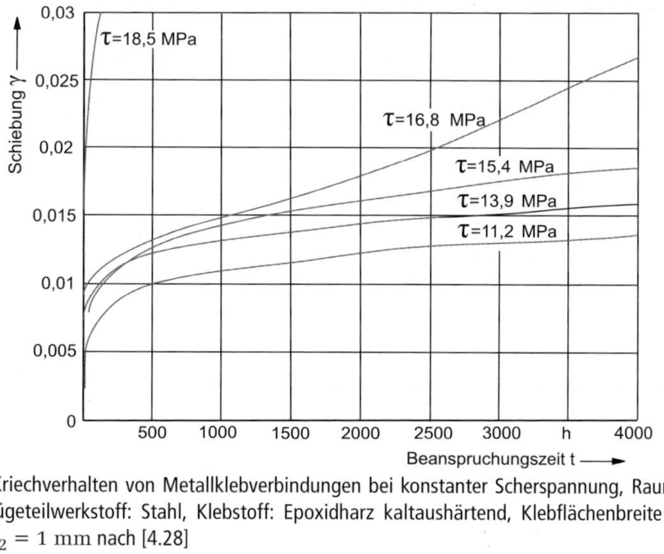

Abbildung 4.11: Kriechverhalten von Metallklebverbindungen bei konstanter Scherspannung, Raumtemperatur und Normalklima – Fügeteilwerkstoff: Stahl, Klebstoff: Epoxidharz kaltaushärtend, Klebflächenbreite $b_V = 25$ mm, Fügeteildicken $s_{1,2} = 1$ mm nach [4.28]

Für den ungünstigeren Belastungsfall I ist diese Grenzkraft nur ca. halb so groß:

$$F_{max,II} = \frac{\gamma_{zul} \cdot b_V \cdot \sqrt{2 \cdot G \cdot E \cdot s \cdot s_V}}{\coth\left(l_ü \cdot \sqrt{\frac{G}{2 \cdot E \cdot s \cdot s_V}} \right)} \tag{4.34}$$

Ausgehend von diesen grundlegenden Überlegungen zum Schubspannungsverlauf in der Klebschicht werden Klebverbindungen in der Regel auf der Basis der mittleren Schubspannung bemessen. Die erforderliche Überlappungslänge $l_{ü,erf}$ lässt sich bei gegebener Klebschichtbreite b_V, zulässiger Scherspannung τ_{zul} in der Klebschicht (siehe hierzu Abschnitt 4.5.3 – zulässige Beanspruchbarkeit) und zu übertragender Kraft F ermitteln zu:

$$l_{ü,erf} = \frac{F}{\tau_{zul} \cdot b_V} \tag{4.35}$$

Sind die zu verbindenden Teile Polymere, so ergibt sich die Belastungsgrenze aus der zulässigen Dehngrenze ε_{zul}:

$$\sigma_{zul} = \varepsilon_{zul} \cdot E \tag{4.36}$$

Demzufolge kann bei Polymerverbindungen die zuzulassende Grenzkraft F_{max} für den Belastungsfall II durch die zulässige Dehngrenze ε_{zul} der Fügeteile gegeben sein, wobei entsprechend dem Mohrschen Spannungskreis für den einachsigen Spannungszustand $\tau_{max} = 0{,}5 \cdot \sigma_0$ ist. Durch Zusammenfassen der Gleichungen (4.26) und (4.36) folgt unter Nutzung der Gleichung (4.15):

$$F_{max,II} = \frac{\varepsilon_{zul} \cdot b_V \cdot \sqrt{E^3 \cdot s \cdot s_V}}{\sqrt{2 \cdot G} \cdot \coth\left(l_ü \cdot \sqrt{\frac{G}{2 \cdot E} \cdot \frac{l^2}{s \cdot s_V}} \right)} \tag{4.37}$$

Mit Gleichung (4.37) lassen sich auch die Langzeitgrenzkräfte von Klebverbindungen bestimmen, da die Dehngrenzen nur eine geringe Zeitabhängigkeit aufweisen.

Abschließend sei noch auf das Biegemoment hingewiesen, das aus dem exzentrischen Kraftangriff bei der überlappenden Verbindung resultiert:

$$M_b = \frac{F \cdot (s_{1,2} + s_V)}{2} \tag{4.38}$$

Dieses Biegemoment verursacht in der Klebschicht und in den zu verbindenden Teilen zusätzliche Schub- und Normalspannungen. Zur Ermittlung der Spannungserhöhungen wird auf weiterführende Literatur verwiesen [4.18]. Lassen sich diese Spannungserhöhungen und ein mögliches vorzeitiges Versagen theoretisch nicht mit genügender Sicherheit erfassen – dies gilt insbesondere bei steifen Fügeteilen –, sind experimentelle Prüfungen oder zusätzliche Verstärkungsmaßnahmen wie Nietungen, Punktschweißungen, doppelte Überlappung oder zweischnittige Laschung vorzusehen (s.a. Abbildung 4.5).

4.5.2 Berechnung der Beanspruchung in Rundverbindungen und Welle-Nabe-Verbindungen

Die auf Zug/Druck belasteten Rundverbindungen (z.B. geklebte Rohrverbindungen) werden mit den gleichen Beziehungen, die im vorherigen Abschnitt für die einschnittige Verbindung hergeleitet wurden, bemessen und nachgerechnet. Die Bemessung einer Rundverbindung erfolgt ausgehend vom Innenteil unter Berücksichtigung der Zugspannung σ_{Zug} und der Schichtbreite b_v des Klebstoffes:

$$\sigma_{Zug} = \frac{4 \cdot F}{\pi \cdot \left(d_a^2 - d_i^2\right)} \tag{4.39}$$

$$b_v = d_a \cdot \pi \tag{4.40}$$

Durch Zusammenfassung der Gleichungen (4.39), (4.40) und (4.35) folgt für die erforderliche Überlappungslänge:

$$l_{ü,erf} = \frac{d_a^2 - d_i^2}{4 \cdot d_a} \cdot \frac{R_e}{S_F \cdot \tau_{zul}} \quad \text{bzw.} \quad \frac{d_a^2 - d_i^2}{4 \cdot d_a} \cdot \frac{R_{p0,2}}{S_F \cdot \tau_{zul}} \tag{4.41}$$

Zur Bestimmung der zulässigen Scherspannung τ_{zul} der Fügeteile sowie des Sicherheitsbeiwertes S_F wird auf den folgenden Abschnitt 4.5.3 verwiesen.

Unterliegt die Klebverbindung jedoch einer Torsionsbelastung, wie das z.B. bei Drehmoment-übertragenden, geklebten Welle-Nabe-Verbindungen der Fall ist, so sind für die beanspruchungsgerechte Auslegung der Klebverbindung die nachfolgenden Beziehungen anzuwenden. Ausgehend von einer Belastung durch ein Torsionsmoment M_T folgt für die Torsionsspannung τ_T:

$$\tau_T = \frac{M_T}{W_p} \tag{4.42}$$

Das Torsionsmoment führt zu einer in Umfangsrichtung wirkenden Schubkraft F_U.

$$F_U = \frac{2 \cdot W_p \cdot \tau_T}{d_a} \tag{4.43}$$

Durch Zusammenfassen der Gleichungen (4.43) und (4.35) unter Berücksichtigung der Gleichung (4.42) folgt für die erforderliche Überlappungslänge:

$$l_{ü,erf} = \frac{2 \cdot W_p}{\pi \cdot d_a^2} \cdot \frac{\tau_F}{S_F \cdot \tau_{zul}} \quad \text{bzw.} \quad \frac{2 \cdot W_p}{\pi \cdot d_a^2} \cdot \frac{\tau_{0,4}}{S_F \cdot \tau_{zul}} \tag{4.44}$$

Hierin bezeichnet W_p das polare Widerstandsmoment für Hohlwellen. Für Bolzensteckverbindungen ist $d_i = 0$ zu setzen:

$$W_p = \frac{\pi \cdot \left(d_a^4 - d_i^4\right)}{16 \cdot d_a} \tag{4.45}$$

Die Scherfläche einer geklebten Welle-Nabe-Verbindung ergibt sich zu:

$$A = b_v \cdot l_ü = \pi \cdot d_a \cdot l_ü \tag{4.46}$$

Für die zulässige Axialkraft in der Verbindung folgt dann:

$$F_{ax,zul} = \tau_{zul} \cdot A = \tau_{zul} \cdot \pi \cdot d_a \cdot l_ü \tag{4.47}$$

Zur Bestimmung der zulässigen Scherspannung τ_{zul} der Fügeteile sowie des Sicherheitsbeiwertes S_F wird auf den folgenden Abschnitt 4.5.3 verwiesen.

Bedingt durch den rotationssymmetrischen Aufbau treten bei Rundverbindungen keine zusätzlichen Biege- oder Scherbeanspruchungen auf, woraus im Vergleich zu Flachverbindungen grundsätzlich günstigere Übertragungseigenschaften resultieren.

Bei geklebten Metallverbindungen sind üblicherweise die Festigkeiten der Fügeteile größer als die der Klebstoffe. In den meisten Fällen liegen auch schon die äußeren Abmessungen und Werkstoffe der Fügeteile fest, so dass deren mechanische Eigenschaften durch die tatsächlich wirkende Beanspruchung nicht ausgelastet werden. Berechnet man auf der Grundlage dieser Annahmen die erforderliche Überlappungslänge $l_{ü,erf}$, so wird man zu große Werte ermitteln, die lediglich der Orientierung dienen können. Für den Fall, dass $l_{ü,erf}$ größer wird als $l_{ü,max}$, so ist mit folgendem Wert zu rechnen:

$$l_{ü} \leq l_{max} \tag{4.48}$$

Bei Welle-Nabe-Verbindungen werden höhere Tragfähigkeiten erreicht, wenn zwischen Welle und Nabe kein Spiel, sondern ein kleines Übermaß von 0,2 bis 0,6 ‰ vorgesehen wird [4.1], [4.20]. Es handelt sich dann um schrumpfgeklebte bzw. hybridgeklebte Welle-Nabe-Verbindungen. Das erforderliche Übermaß zum Fügen wird durch Erwärmen der Nabe (Querpressklebverbindung) oder durch Aufbringen von Axialkraft zum Einpressen der Welle (Längspressverband) überwunden. Generell erfolgt der Klebstoffauftrag auf der Welle, durch entsprechende Fasen oder Kegelsitze ist ein Abstreifen des Klebstoffes zu vermeiden. Die Rautiefen sollten zwischen R_z = 2 bis 10 mm liegen. Das Zusammenfügen muss ausreichend schnell erfolgen, damit die Klebstoffaushärtung nicht bereits während der Montage einsetzt. Eine kraftflussgerechte Gestaltung wie bei anderen Welle-Nabe-Verbindungen wird generell vorausgesetzt.

Ungeachtet umfangreicher theoretischer und experimenteller Grundlagenuntersuchungen gibt es bis heute keine allgemeingültige, umfassende Beschreibung der insbesondere beim Kleben von Welle-Nabe-Verbindungen ablaufenden Vorgänge. Die vielen zu berücksichtigenden Parameter und ihre gegenseitige Beeinflussung erschweren die exakte Bestimmung des Tragverhaltens. Hinzu kommt, dass die eingesetzten anaeroben Klebstoffsysteme zwar eine gute Medien- und Temperaturbeständigkeit aufweisen, der Einsatz im allgemeinen Maschinenbau unter ungünstigen Umgebungsbedingungen (z.B. höhere Temperaturen und Ölnebel im Getriebe) jedoch große Unsicherheiten bedingt, die meistens eine versuchstechnische Absicherung erfordern. Demzufolge hat sich das Kleben von Welle-Nabe-Verbindungen bis heute noch nicht entscheidend durchgesetzt.

4.5.3 Beanspruchbarkeit einer Klebverbindung

Die Ermittlung der zulässigen Scherspannung τ_{zul} als Kennwert der Beanspruchbarkeit einer Klebverbindung erfolgt auf der Grundlage der im Zugversuch ermittelten Scherfestigkeit τ_B des Klebstoffes (auch als Klebfestigkeit oder Bruchscherfestigkeit bezeichnet) nach DIN EN 1465 [4.10]. Die Scherfestigkeit τ_B ist das Verhältnis der Bruchlast F_m zur Klebfugenfläche A (mit der Überlappungslänge $l_ü$ und der Breite b) bei zügiger Beanspruchung und wird an Prüfkörpern mit einschnittigen Überlappungen gemäß Abbildung 4.12 ermittelt:

$$\tau_B = \frac{F_m}{A_{Kl}} = \frac{F_m}{l_ü \cdot b} \tag{4.49}$$

Die zulässige Scherspannung τ_{zul} ergibt sich aus der Scherfestigkeit τ_B, dividiert durch einen Gesamtsicherheitsfaktor S_τ, der sich aus der multiplikativen Verknüpfung einzelner Teilsicherheitsfaktoren $S_{\tau,1\,...\,5}$ bzw. werkstofftypischer Abminderungsfaktoren gemäß Tabelle 4.5 und Abbildung 4.13 zusammensetzt:

$$\tau_{zul} = \frac{\tau_B}{S_\tau} \quad \text{mit} \quad S_\tau = \prod_{i=1}^{5} S_{\tau,i} \tag{4.50}$$

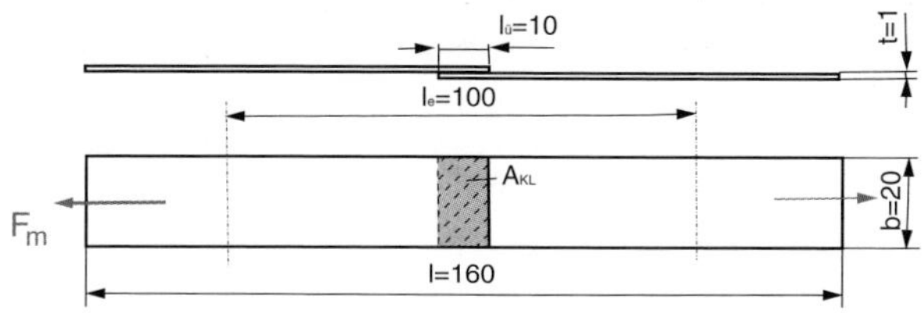

Abbildung 4.12: Prüfkörper zur Ermittlung der Bindefestigkeit (l_e = Einspannlänge)[4.24]

Allgemein beanspruchte Bauteile	$S_{\tau,1} = 1{,}5$		
Abnahmepflichtige Verbindungen	$S_{\tau,1} = 1{,}8$ bis $2{,}2$		
Festigkeitsniveau	Niedrig	Mittel	Hoch
Teilsicherheitsbeiwert	$S_{\tau,5} = 2{,}0$	$S_{\tau,5} = 1{,}5$	$S_{\tau,5} = 1{,}0$

Tabelle 4.5: Teilsicherheitsfaktoren $S_{\tau,1}$ und $S_{\tau,5}$ in Abhängigkeit vom Festigkeitsniveau nach [4.28]

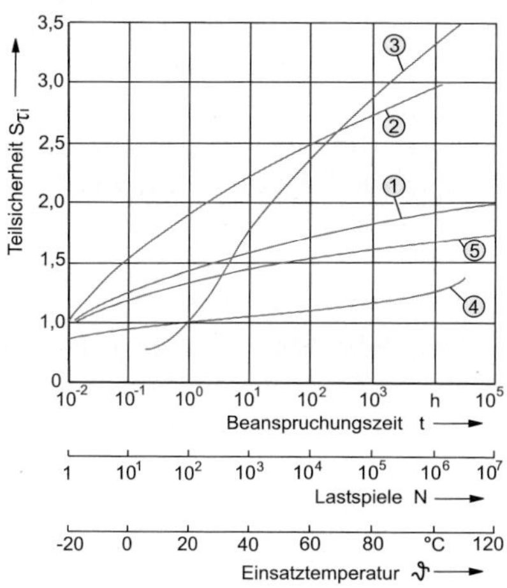

Kurve	Funktion	Bemerkung
①	$S_{\tau 2} = f(t)$	statische Beanspruchung
②	$S_{\tau 2} = f(N)$	dynamische Beanspruchung (Schwingbeanspruchung)
③	$S_{\tau 3} = f(\vartheta)$	kaltaushärtende Klebstoffe
④		heissaushärtende Klebstoffe
⑤	$S_{\tau 4} = f(t, \text{Medium})$	zeitliche Wassereinwirkung

Abbildung 4.13: Teilsicherheitsfaktoren $S_{\tau,2}$ bis $S_{\tau,4}$ für die Bindefestigkeit der Klebverbindungen bei unterschiedlichen Einsatzbedingungen nach [4.28]

Dabei ist zusätzlich zu beachten, dass die Zugscherfestigkeit τ_B eines Klebstoffes keine konstante Größe darstellt, sondern weitgehend von folgenden Einflussgrößen abhängig ist:

- Klebstoff
- Korrosionseinflüsse
- Temperatur (Die Bindefestigkeit sinkt mit steigender Temperatur.)

- Klebflächenbeschaffenheit
- Fugendicke (Die Bindefestigkeit sinkt mit größer werdender Fuge.)
- Verbindungsart (Überlappungslänge – je größer die Überlappungslänge, desto mehr sinkt die Bindefestigkeit)
- Werkstoff der verklebten Teile (Die Bindefestigkeit erhöht sich bei dickeren Bauteilen.)

Daher sind Werte zwischen $\tau_B = 10$ bis 50 N/mm² durchaus möglich [4.26]. Genauere Angaben sind produktspezifisch beim Hersteller erhältlich. Zur überschlägigen Dimensionierung haben sich in der Praxis die folgenden Anhaltswerte gemäß Tabelle 4.6 bewährt.

Belastungsart	Ruhend	Schwellend	Wechselnd
Zugscherfestigkeit [N/mm²]	15	10	5

Tabelle 4.6: Anhaltswerte für die Zugscherfestigkeit von Klebstoffen in Abhängigkeit von der Belastungsart

Berücksichtigt man zur Bemessung einer Klebverbindung auch die Auslastung der zu verbindenden Teile, so ergibt sich für Metallteile bei statischer Belastung eine Begrenzung durch die Streckgrenze R_e bzw. $R_{p0,2}$, abgemindert durch einen Faktor $S_F \leq 1{,}5$ zur Vermeidung des Fließens:

$$\sigma_{zul} = \frac{F}{s \cdot b} \leq \frac{R_e}{S_F} \quad \text{bzw.} \quad \frac{R_{p0,2}}{S_F} \tag{4.51}$$

Für die erforderliche Überlappungslänge $l_{ü,erf}$ bei Metallen ergibt sich dann durch Berücksichtigung der Gleichungen (4.37) und (4.50) mit $b = b_v$:

$$l_{ü,erf} = \frac{R_e}{S_F \cdot \tau_{zul}} \cdot s \quad \text{bzw.} \quad \frac{R_{p0,2}}{S_F \cdot \tau_{zul}} \cdot s \tag{4.52}$$

Sind die zu verbindenden Teile Polymere, so ist die Belastungsgrenze (zulässige Dehngrenze ε_{zul}) aus der kritischen Dehngrenze ε_{krit} wie folgt zu ermitteln:

$$\varepsilon_{zul} = \frac{\varepsilon_{krit}}{S_\varepsilon} \quad \text{mit} \quad S_\varepsilon = \prod_{i=1}^{5} S_{\varepsilon,i} \tag{4.53}$$

Die kritische Dehnung ε_{krit} beträgt für die meisten Klebstoffe $\varepsilon_{krit} < 0{,}01$. Für EP- und UP-Harze, die zur Konstanthaltung der Klebschichtdicke ein enges Glasfeingewebe enthalten, beträgt $\varepsilon_{krit} = 0{,}004$ bis $0{,}007$, bei Methacrylat ist $\varepsilon_{krit} = 0{,}008$. Die Teilsicherheitswerte $S_{\varepsilon,i}$ folgen aus Tabelle 4.7.

$S_{\varepsilon,1}$	$S_{\varepsilon,2}$	$S_{\varepsilon,3}$	$S_{\varepsilon,4}$	$S_{\varepsilon,5}$
1,2	1,0	1,2 ($\vartheta \leq 60°$ C)	1,1 (Wasserlagerung)	1,1 Gute Vorbehandlung der Klebstelle

Tabelle 4.7: Teilsicherheiten $S_{\varepsilon,i}$ zur Ermittlung zulässiger Dehnungen nach [4.28]

Auch wenn sich mit den Anhaltswerten gemäß Tabelle 4.6 und Abbildung 4.13 dynamische Einflüsse sehr genau berücksichtigen lassen, so haben sich zur hinreichend genauen Bestimmung zulässiger dynamischer Scherfestigkeiten die folgenden einfachen Zusammenhänge bewährt. Für verschiedene Klebstoffe wurden in Dauerversuchen je nach Art der Beanspruchung und Belastung bei bis zu 10^7 Lastwechseln die dynamischen Scherfestigkeiten gemäß Tabelle 4.8 ermittelt.

Belastungsart	Schwellend	Wechselnd
Dynamische Scherfestigkeit τ_{dyn} bei 10^7 Lastwechseln	$0{,}8 \cdot \tau_B$	$0{,}2 \ldots 0{,}4 \cdot \tau_B$

Tabelle 4.8: Dynamische Scherfestigkeit als Funktion der statischen Scherfestigkeit

Insgesamt ist bei dynamischer Beanspruchung zu beobachten, dass die Scherfestigkeit der Klebstoffschicht ungefähr proportional zur Überlappungslänge abnimmt, so dass eine längere Überlappung im Vergleich zu den Werten gemäß Tabelle 4.3 rechnerisch kaum eine Steigerung der Tragfähigkeit ergibt [4.22].

Abschließend ist festzuhalten, dass mit den hier vorgestellten Verfahren zunächst immer abgeschätzt werden kann, ob eine Klebverbindung grundsätzlich realisierbar ist und gegenüber anderen Verfahren Vorteile bringt. Aufgrund fehlender Dauerfestigkeitswerte für die meisten Anwendungsfälle sind dann die Klebstoff-Hersteller zur weiteren Dimensionierung und evtl. auch zur Durchführung von Versuchen – vor allem bei Einsätzen in der Großserienfertigung – zu konsultieren. Häufig haben die Hersteller auch Dimensionierungsverfahren für ihre Klebstoffe entwickelt, die unter Verwendung einer Vielzahl produktspezifischer Beiwerte eine genauere Nachrechnung der Verbindung erlauben. Alle Verfahren basieren jedoch auf den hier vorgestellten grundlegenden Zusammenhängen zu Adhäsion, Kohäsion und zur Scherfestigkeit in der Klebstoffschicht.

4.5.4 Einflüsse auf die Festigkeit

Die optimale Tragfähigkeit einer Klebverbindung hängt neben der beanspruchungsgerechten Gestaltung von den folgenden Faktoren ab, die bei der Auslegung zu berücksichtigen sind:

- Zeitstandfestigkeit
- Korrosionsfestigkeit
- Alterungsbeständigkeit
- Warmfestigkeit

Bei Klebverbindungen, die über einen längeren Zeitraum einer konstanten (statischen) Dauerlast unterliegen, kommt es zu plastischen Verformungen der Klebstoffschicht. Dieses so genannte Kriechen ist bei Metallklebverbindungen von der Belastungshöhe, der Temperatur, den Eigenschaften der Fügeteile und vom Zustand des ausgehärteten Klebstoffes abhängig. Im Gegensatz zur statischen Bruchlast im Kurzzeitversuch kann eine Zeitstandbelastung zu deutlich geringeren Bruchlasten führen. In Versuchen wurde folgender Erfahrungswert für die Zeitstandfestigkeit ermittelt:

$$\tau_{Zeitstandfestigkeit} = 0{,}5 \cdot \tau_B \tag{4.54}$$

Auch wenn Reaktionsklebstoffe häufig gegenüber Lösungsmitteln (z.B. Aceton, Benzin, Alkohol, Äther) und anderen Flüssigkeiten (z.B. Öl, Wasser, Kochsalzlösungen, Laugen, verdünnte Säuren) beständig sind, so treten bei manchen Klebstoffen unter längerer Wassereinwirkung, besonders bei höheren Temperaturen, häufig Festigkeitsminderungen auf, Abbildung 4.14. Nahezu alle Klebstoffe nehmen nämlich im trockenen Zustand Wasser auf (auch aus der Umgebungsluft), das sich zwischen den Molekülen einlagert oder durchdiffundiert. Es verursacht eine Quellung und beeinträchtigt die Adhäsion und Kohäsion negativ.

Bei der Alterungsbeständigkeit verhalten sich warmabbindende Klebstoffe günstiger als kaltabbindende. Gemäß Abbildung 4.14 erreichen Klebstoffe die höchste Scherfestigkeit nach dem Abbinden, danach folgt häufig ein bis zu mehreren Wochen dauernder Abfall der Festigkeit. Die Alterungsbeständigkeit von Metallklebverbindungen ist abhängig von der Klebstoffart, den Fügeteilen, der Oberflächenvorbehandlung und schädlichen Umwelteinflüssen.

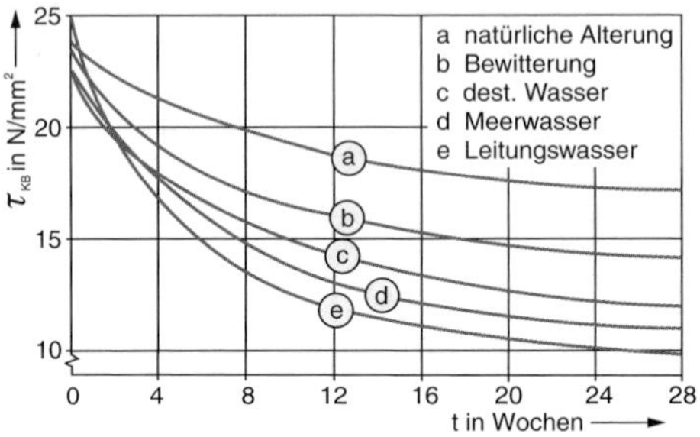

Abbildung 4.14: Festigkeitsverhalten von Klebverbindungen bei unterschiedlichen Umwelteinflüssen nach [4.24]

Hinsichtlich der Warmfestigkeit von Klebverbindungen zeigen warmabbindende Klebstoffe generell ein günstigeres Verhalten als bei Raumtemperatur abbindende Klebstoffe, Abbildung 4.15. Kurzzeitig werden von einzelnen Klebstoffen Temperaturen von 150° C bis 250° C (350° C für spezielle warmfeste Klebstoffe) mit entsprechender Minderung der Festigkeit ertragen. Die zulässigen Dauertemperaturen betragen je nach Klebstoff zwischen 80° C und 150° C (260° C für spezielle warmfeste Klebstoffe).

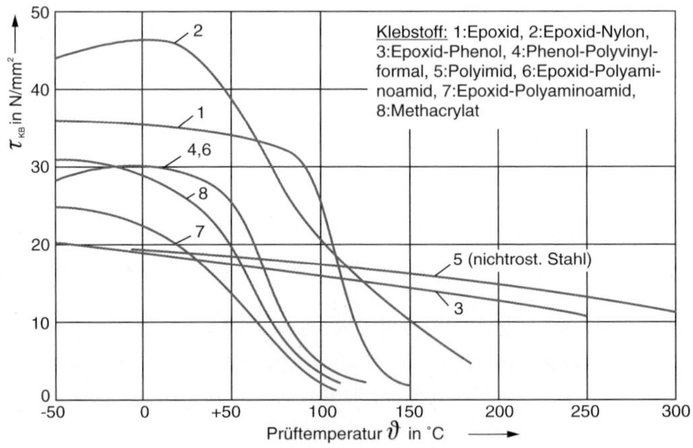

Abbildung 4.15: Kurzzeit-Bindefestigkeit von Überlappungsverklebungen mit warmabbindenden und kaltabbindenden Klebstoffen, Werkstoff AlCuMg 2 pl, 12 mm Überlappungslänge nach [4.26]

Abschließend sei noch darauf hingewiesen, dass auch mehrachsige (zusammengesetzte) Beanspruchungen die Festigkeit einer Klebverbindung deutlich mindern. Hier ist man im Vergleich zu den soeben beschriebenen Einflussgrößen jedoch noch mehr auf Erfahrungswerte und Versuche angewiesen.

4.6 Literatur

[4.1] Berg, M.; Zum Festigkeitsverhalten schrumpfgeklebter Welle-Nabe-Verbindungen unter Torsionsbelastung, Dissertation TH Darmstadt, 1989

[4.2] Brockmann, W.; Grundlagen und Stand der MetallKlebtechnik, VDI Verlag, Düsseldorf 1971

[4.3] de Bruyne; N. A.; The Strength of Glued Joints, Aircraft Engineering (1944) 4, 115–118

[4.4] DIN 8593 Fertigungsverfahren Fügen; T1 Allgemeines; Einordnung, Unterteilung, Begriffe; T2 Füllen; Einordnung, Unterteilung; T3 Anpressen, Einpressen; Einordnung, Unterteilung, Begriffe; T4 Fügen durch Urformen; Einordnung, Unterteilung, Begriffe; T5 Fügen durch Umformen; Einordnung, Unterteilung, Begriffe; T6 Fügen durch Schweißen; Einordnung, Unterteilung, Begriffe; T7 Fügen durch Löten; Einordnung, Unterteilung, Begriffe; T8 Kleben; Einordnung, Unterteilung, Begriffe. (2003-09)

[4.5] DIN 53281 Prüfung von Metallklebstoffen und Metallklebungen; Proben, T1 Klebflächenvorbehandlung, T2 Herstellung, T3 Kenndaten des Klebevorganges. (2006-06)

[4.6] DIN 53287 Prüfung von Metallklebstoffen und Metallklebungen; Bestimmung der Beständigkeit gegenüber Flüssigkeiten. (2006-06)

[4.7] DIN 54455 Prüfung von Metallklebestoffen und Metallklebungen; Torsionsscher-Versuch. (1984-05)

[4.8] DIN EN 923 Klebstoffe; Benennungen und Definitionen. (2008-06)

[4.9] DIN EN 1464 Klebstoffe – Bestimmung des Schälwiderstandes von hochfesten Klebungen – Rollenschälversuch. (2010-06)

[4.10] DIN EN 1465 Klebstoffe – Bestimmung der Zugscherfestigkeit hochfester Überlappungsklebungen. (2009-07)

[4.11] DIN EN 14869 Strukturklebstoffe – Bestimmung des Scherverhaltens struktureller Klebungen; T1 Torsionsprüfverfahren unter Verwendung stumpf verklebter Hohlzylinder; T2 Scherprüfung für dicke Fügeteile. (2011-07)

[4.12] DIN EN 15336 Klebstoffe – Bestimmung der Zeit bis zum Bruch geklebter Fügeverbindungen unter statischer Belastung. (2007-05)

[4.13] DIN EN 15337 Klebstoffe – Bestimmung der Scherfestigkeit von anaeroben Klebstoffen unter Verwendung von Bolzen-Hülse-Probekörpern. (2007-11)

[4.14] DIN EN 15870 Klebstoffe – Bestimmung der Zugfestigkeit von Stumpfklebungen. (2009-08)

[4.15] DIN EN ISO 9142 Klebstoffe – Auswahlrichtlinien für Labor-Alterungsbedingungen zur Prüfung von Klebverbindungen. (2004-05)

[4.16] DIN EN ISO 9664 Klebstoffe – Verfahren zur Prüfung der Ermüdungseigenschaften von Strukturklebungen bei Zugscherbeanspruchung. (1995-08)

[4.17] DIN EN ISO 11339 Klebstoffe – T-Schälprüfung für geklebte Verbindungen aus flexiblen Fügeteilen. (2010-06)

[4.18] Goland, M., Reissner, E.; The Stress in Cemented Joints, Journ. Appl. Mech. 11 (1944) A17–A27

[4.19] Habenicht, G.; Kleben, 4. Auflage, Springer Verlag, Berlin 2002

[4.20] Hahn, O., Schuht, U.; Untersuchung des Festigkeitsverhaltens klebgeschrumpfter Welle-Nabe-Verbindungen bei Beanspruchung durch Umlaufbiegung und überlagerte statische Torsion, Studiengesellschaft Stahlanwendung e.V., Projekt 170, Abschlussbericht 1992

[4.21] Hennemann, O. D., Brockmann, W., Kollek, H.; Handbuch Fertigungstechnologie Kleben, Hanser Verlag, München 1992

[4.22] Hofschneider, M.; Kleben und Schrumpfkleben von Metallverbindungen, Heft 204 der Forschungsvereinigung Antriebstechnik (FVA), Frankfurt am Main, 1985

[4.23] Merkblatt 382; Kleben von Stahl, Stahl-Informations-Zentrum, 5. Aufl., Düsseldorf 1998

[4.24] Muhs, D., Wittel, H., et al.; Roloff / Matek Maschinenelemente; Vieweg Verlag, Braunschweig 2013

[4.25] Schlottmann, D.,; Konstruktionslehre – Grundlagen, VEB Verlag Technik, Berlin 1977

[4.26] VDI 2229 Metallkleben; Hinweise für Konstruktion und Fertigung. (1979-06, zurückgezogen)

[4.27] VDI 3821 Kunststoffkleben; Technische Regel. (1978-09)

[4.28] Wächter, K., Konstruktionslehre für Maschineningenieure, VEB Verlag Technik, Berlin 1987

ZUSAMMENFASSUNG

Beim Kleben werden gleiche oder verschiedenartige metallische und nichtmetallische Werkstoffe durch Oberflächenhaftung mittels (nichtmetallischen) Klebwerkstoffen (Klebstoffen) verbunden. Die Klebverbindung gehört wie das Schweißen, Löten und Nieten zu den nicht lösbaren Verbindungen, da sie ohne Zerstörung der Klebschicht bzw. der gefügten Bauteile nicht lösbar ist.

Die volle Funktionalität einer Klebverbindung hängt ab von der Adhäsion, also dem Auftreten von Anziehungskräften an der Grenzfläche zweier Stoffe, und der Kohäsion, also dem Vorhandensein von Kräften zwischen den Molekülen eines Stoffes.

Generell werden physikalisch abbindende Klebstoffe (Lösungs- und Dispersionsklebstoffe) und chemisch abbindende Klebstoffe (Reaktionsklebstoffe) unterschieden. Unabhängig vom verwendeten Klebstoff ist der erforderliche Zustand der Fügeteiloberflächen einer der wichtigsten Einflussfaktoren für eine tragfähige Klebverbindung. Die maximalen Grenzflächenkräfte (Adhäsion) werden nur wirksam bei sauberem und entfettetem Haftgrund, da anderenfalls keine vollständige Benetzung der Oberfläche durch den Klebstoff gegeben ist. Ferner ist eine kraftflussgerechte Getaltung der zu fügenden Teile erforderlich. Biege- und Schälbeanspruchungen sind zu vermeiden. Eine Klebung wird umso besser, je frühzeitiger der Klebstoff nach der Oberflächenbehandlung aufgebracht wird.

Der statische und dynamische Festigkeitsnachweis für eine Klebverbindung wird über die in der Klebstoffschicht auftretenden Schubspannungen geführt. Die aus der Verbindungsgeometrie und den einwirkenden Kräften resultierenden Schubspannungen werden zu diesem Zweck mit der im Zugversuch ermittelten Scherfestigkeit (auch als Klebfestigkeit oder Bruchscherfestigkeit bezeichnet) des Klebstoffes, dividiert durch einen Gesamtsicherheitsfaktor, verglichen.

Die hier vorgestellten Verfahren erlauben eine generelle Abschätzung, ob eine Klebverbindung grundsätzlich realisierbar ist und gegenüber anderen Verfahren Vorteile bietet. Aufgrund fehlender Dauerfestigkeitswerte für die meisten Anwendungsfälle empfiehlt es sich jedoch zur endgültigen Ausführung einer Klebverbindung, die Klebstoff-Hersteller zur weiteren Dimensionierung und evtl. auch zur Durchführung von Versuchen – vor allem bei Einsätzen in der Großserienfertigung – hinzuzuziehen.

ZUSAMMENFASSUNG

Löten

5

ÜBERBLICK

Lernziele

- Kennenlernen von Funktion und Wirkung des Lötens
- Einführung in die verschiedenen Lötverfahren
- Unterscheidung günstiger und ungünstiger Gestaltung von Lötverbindungen
- Statischer und dynamischer Festigkeitsnachweis für Lötverbindungen

5.1 Einführung

Das Löten ist in DIN ISO 857 definiert als ein thermisches Verfahren zum stoffschlüssigen Fügen oder Beschichten metallischer Werkstoffe (den Fügeteilwerkstoffen) durch schmelzende Zulegstoffe (Lote), deren Schmelzpunkt unter dem der Fügeteilwerkstoffe (Bauteilwerkstoffe) liegt [5.14]. Die Lötverbindung zählt zu den nicht lösbaren Stoffschlussverbindungen. Der Schmelzbereich eines Lotes umfasst den Temperaturbereich vom Beginn des Schmelzens (Solidustemperatur) bis zur vollständigen Verflüssigung (Liquidustemperatur). In Abhängigkeit von der Liquidustemperatur unterscheidet man gemäß Tabelle 5.1 das Weichlöten (WL) bis zu Temperaturen von ca. 450° C sowie das Hartlöten (HL) oberhalb von ca. 450° C. Beim Hochtemperaturlöten (HTL) werden Schmelztemperaturen des Lotes über 900° C erreicht.

Weichlöten **Bis 450° C**	Ausführung als Spaltlötung bei geringer Beanspruchung und niedriger Betriebstemperatur Häufige Anforderung sind Abdichten (auch in Kombination mit Punktschweiß- und Nietverbindungen) oder elektrische Leitfähigkeit Kaum Einschränkungen hinsichtlich der Verbindung unterschiedlicher Metalle Hauptanwendungsgebiete: elektrische Anschlüsse, Weißblechbehälter, Kleinmaschinenteile, Rohrverbindungen für Kalt- und Warmwasser
Hartlöten **Über 450° C** **Bis 900° C**	Ausführung als Spalt- oder Fugenlötung bei höheren Beanspruchungen und Temperaturen, häufigstes Verfahren im Maschinenbau Einsatzhärten ist möglich, wenn die Löttemperatur oberhalb der Einsatztemperatur liegt, Betriebstemperaturen bis 300° C sind zulässig. Hauptanwendungsgebiete: Welle-Nabe-Verbindungen, Flanschverbindungen, Rohrrahmen für Zweiräder
Hochtemperaturlöten **Über 900° C**	Flussmittelfreies Lötverfahren im Vakuum oder unter Schutzgasatmosphäre, Aufwändige Erwärmung und kontrollierte Abkühlung des ganzen Bauteiles im Ofen Im Vergleich zum Schweißen geringere Probleme mit Eigenspannungen Anwendung für bestimmte warmfeste Werkstoffe (Nickelbasis-Legierungen mit Ti- und Al-Zusätzen) Häufig wird Festigkeit der Bauteilwerkstoffe erreicht. Anwendungsgebiete sind spezielle Wabenkonstruktionen im Flugzeugbau sowie Steuerstabführungseinsätze von Kernreaktoren.

Tabelle 5.1: Unterscheidung der Lötverfahren in Abhängigkeit von der Temperatur

Beim Schmelzlöten entsteht die flüssige Phase durch das Schmelzen des Lotes, beim Diffusionslöten kommt es zur Diffusion an den Grenzflächen. Die Arbeitstemperatur ist die niedrigste Oberflächentemperatur an der Lötstelle, bei der das Lot benetzt oder sich durch Grenzflächendiffusion eine flüssige Phase bildet. Die Löttemperatur ist die an der Lötstelle herrschende Temperatur, die oberhalb der Arbeitstemperatur liegt. Die später von der Lötstelle ertragbare Betriebstemperatur muss immer unterhalb der Schmelztemperatur des Lotes liegen.

Eine weitere Klassifizierung wird häufig nach der Gestalt der Lötstelle vorgenommen. Unter Auftraglöten versteht man das Beschichten von Oberflächen. Beim Verbindungslöten unterscheidet man das Spalt- und das Fugenlöten. Zum Spaltlöten ist zwischen den zu fügenden Teilen ein enger, möglichst gleich bleibender Spalt erforderlich, der im Allgemeinen $b = 0{,}25$ mm nicht überschreiten sollte. Durch den kapillaren Fülldruck wird der Spalt mit Lot gefüllt. Beim Fugenlöten haben die zu verbindenden Oberflächen einen größeren Abstand als $b = 0{,}25$ mm voneinander, häufig ist die Lötfuge ähnlich wie beim Schweißen V- oder X-förmig ausgebildet. Hierdurch entstehen wie beim Schmelzschweißen Nähte, so dass man dann auch vom Schweißlöten spricht.

Im Vergleich zu anderen unlösbaren Verbindungen (Schweißen, Kleben) weisen Lötverbindungen die folgenden Vorteile auf:

- Verbindungsmöglichkeit gleicher und verschiedenartiger metallischer Werkstoffe und Materialkombinationen, auch an Stellen, die für andere Verbindungsverfahren unzugänglich sind
- Wegen der relativ niedrigen Arbeitstemperaturen keine Gefügeschädigungen der Fügeteilwerkstoffe oder Zerstörungen metallischer Oberflächenschutzschichten
- Keine Querschnittsminderung der Bauteile durch Bohrungen wie bei Schrauben- oder Nietverbindungen und damit z.T. große Gewichtsersparnis
- Kerbfreie Verbindung der Bauteile, gleichmäßige Kraft- und Spannungsverteilung
- Gute elektrische und Wärmeleitfähigkeit
- In Abhängigkeit vom Verfahren sind Lötvorgänge automatisierbar.
- Verbindungsmöglichkeit von unterschiedlich dicken oder zwei dünnen Bauteilen (gegenüber Schweißen keine Gefahr des Durchbrennens)
- Sichere Verarbeitung auf der Baustelle, im Vergleich zum Kleben ist keine Aushärtezeit erforderlich.

Dem stehen nachfolgende Nachteile entgegen:

- Festigkeit im Vergleich zum Schweißen deutlich geringer, hohe Festigkeiten sind nur durch Hartlöten und Anwendung von Überlappungsstößen erzielbar.
- Große Lötstellen sind unwirtschaftlich, da sie erhebliche Mengen des teuren Lots erfordern.
- Gefahr elektrolytischer Korrosion, Lot- und Bauteilwerkstoffe müssen in der elektrochemischen Spannungsreihe nahe beieinander liegen.
- Aufwändige Oberflächenbehandlung der Fügeteile im Vergleich zum Schweißen
- Flussmittelreste können zu chemischer Korrosion der Verbindung führen.

5.2 Funktion und Wirkung

Beim Löten wird im Gegensatz zum Schweißen der Grundwerkstoff nicht geschmolzen. Nur das Lot als Zusatzwerkstoff geht auf metallisch sauberen und auf Arbeitstemperatur gebrachten Metallen (Grundwerkstoff) in den Fließzustand über, vergrößert seine Oberfläche, benetzt den Grundwerkstoff und haftet daran nach dem Erstarren. Dabei legieren sich Lot und Grundwerkstoff im Benetzungsbereich, obwohl der Grundwerkstoff im festen Zustand verblieb. In Abbildung 5.1 ist dieser Vorgang der Diffusion, der sowohl im Grundwerkstoff als auch im Lot stattfindet, schematisch dargestellt.

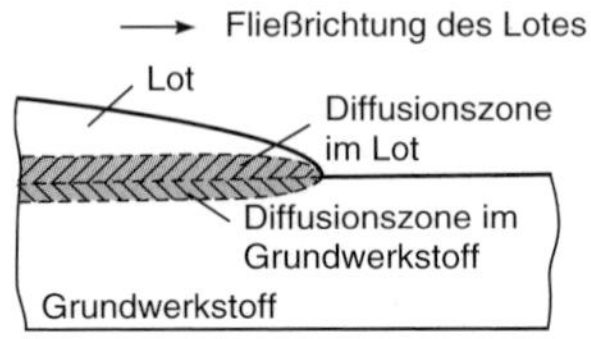

Abbildung 5.1: Diffusion von Lot und Grundwerkstoff [5.18]

Abhängend vom Material und den Abmessungen der zu fügenden / benetzenden Teile beträgt die Tiefe der Diffusionszone ca. 2 µm bis zu einigen Millimetern. Analog zu Klebeverbindungen wird die Festigkeit der Lötverbindung bestimmt durch die Haftfestigkeit des Lotes an der Werkstoffoberfläche (Adhäsion) und die innere Festigkeit des Lotes (Kohäsion). Im Vergleich zum Schweißen wird beim Löten deutlich weniger Wärme in die Bauteile eingetragen, so dass nur mit einem geringen Bauteilverzug zu rechnen ist.

Ein wesentlicher Vorteil des Lötens ist die Kapillarwirkung, so dass es in engen Lötspalten zu einem Aufsteigen des flüssigen Lotes entgegen der Schwerkraft kommt, Abbildung 5.2. Das Lot steigt umso höher, je kleiner der Spalt ist. Bei engen Spalten bis ca. 0,3 mm ist die Steighöhe h umgekehrt proportional der Spaltbreite b. Oberhalb von 0,3 mm sind die Steighöhen geringer. Aus der Steighöhe des Lotes kann auf den kapillaren Fülldruck geschlossen werden, Abbildung 5.2.

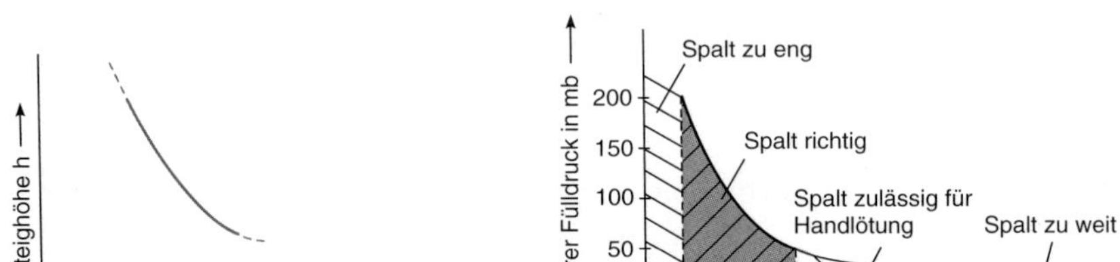

Abbildung 5.2: Kapillare Steighöhe und kapillarer Fülldruck in Abhängigkeit von der Spaltbreite [5.18]

5.3 Herstellen und Prüfen von Lötverbindungen

Zum Löten von Metallen ist es erforderlich, die Oxid- und Passivschichten von der Lötfläche zu entfernen. Während dies bei unlegierten Stählen, Grauguss (GJL), Kupfer, Messing, Zink und allen Edelmetallen problemlos möglich ist, erfordert rost- und säurebeständiger Stahl einen Mehraufwand. Damit auch während des Lötvorganges die Flächen rein bleiben, werden sog. Flussmittel eingesetzt, die die Bildung von Oxidschichten verhindern bzw. diese auflösen. Zum Löten von Aluminium, Magnesium und deren Legierungen sind aggressive Hartlötflussmittel erforderlich. Weiterhin ist zu beachten:

- Gusseisen mit Lamellengrafit (GJL) lässt sich nur flammlöten.
- Vergüteter Stahl lässt sich nicht hartlöten, da die hierzu erforderlichen Löttemperaturen die Festigkeit reduzieren.
- Kalt verfestigte und ausgehärtete Aluminiumlegierungen verlieren beim Hartlöten ihre erhöhte Festigkeit.
- Sonderwerkstoffe in der Luft- und Raumfahrt (z.B. Nimonic, Inconel) werden im Vakuum bei 10^{-3} bis 10^{-5} N/m^2 hochtemperaturgelötet. Die Lötstelle ist besonders sorgfältig zu reinigen, zu beizen, evtl. zu vernickeln.
- Mit Spezialloten (titanhaltig) lassen sich auch Fügeteile aus Diamant, Grafit und Glas ohne vorherige Metallisierung der Fügeflächen löten.

Zur Herstellung einer Lötverbindung sind die folgenden Arbeitsschritte erforderlich:

1. Mechanische und / oder chemische Reinigung der Lötflächen. Löteignung und Werkstoffeigenschaften dürfen dabei nicht nachteilig beeinflusst werden.
2. Fixieren der zu lötenden Teile unter Einhaltung günstiger Spaltbreiten (in der Serienfertigung werden Lötvorrichtungen verwendet). Bei Bedarf Zugabe von ein- oder angelegtem Lot sowie Flussmittel
3. Erwärmen der Lötfläche und des Lotes auf Löttemperatur. Oxidbeseitigung durch Flussmittel oder geeignete Lötatmosphäre (Schutzgas)
4. Kontrolliertes, langsames Abkühlen der gelöteten Verbindung
5. Bedarfsweise Nachbehandlung der gelöteten Teile durch Entfernen störender Anlauffarben, Zunder und Flussmittelrückstände
6. Abschließende Prüfungen zur erforderlichen Qualitätssicherung der Lötverbindung

Abhängig von der geforderten Zuverlässigkeit kann die Erstellung einer Lötanweisung notwendig sein. Im Bereich der Luft- und Raumfahrt ist für hart- und hochtemperaturgelötete Bauteile DIN 65170 zu beachten [5.4].

Zur Qualitätssicherung wichtiger Lötverbindungen sind abhängig von den Bauteilen und Verfahren Prüfungen vorzunehmen. Mögliche Fehler bei Hart- und Hochtemperaturlötverbindungen sind nach Art, Form und Lage in DIN EN ISO 18279 zusammengestellt [5.13]. Es werden die Fehlergruppen Risse, Hohlräume, feste Einschlüsse, Bindefehler, Formfehler und sonstige Fehler unterschieden. Zur Beurteilung und Vermeidung der Fehler werden keine Aussagen getroffen. Neben obligatorischen Maß- und Sichtprüfungen dienen Oberflächenrissprüfungen nach dem Farbeindring- oder Magnetpulververfahren zum Nachweis von Poren und Rissen in der Lötschicht und im Bauteil. Innere Lötfehler und Füllgrad einer Naht können nur mit Durchstrahlungs- oder Ultraschallverfahren festgestellt werden. Zur Beurteilung der Übergangszone, der Lötnahtbreite und des Gefügezustandes benötigt man metallografische Schliffproben. Unabhängig davon sind Behälter und Rohrleitungen grundsätzlich Druck- und Dichtigkeitsprüfungen zu unterziehen.

5.3.1 Lötverfahren

Ausgehend von den erforderlichen Festigkeitsanforderungen, der Betriebstemperatur und der Gestalt der Lötstelle ist ein Lötverfahren gemäß Tabelle 5.2 auszuwählen.

Verfahren	Funktionsprinzip		Hauptanwendungsgebiet
1. Kolbenlöten (WL-KO) Aufheizen der Werkstückfuge und des Lotes mittels Lötkolben aus Kupfer, manuell oder maschinell bewegt, elektrisch oder gasbeheizt, Flussmittel erforderlich	Nur Weichlöten 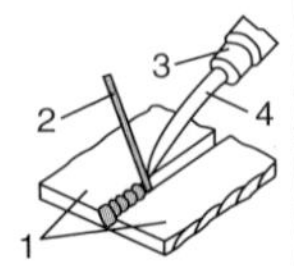	1 Werkstück 2 Lot 3 Heizpatrone 4 Lötspitze	Nur zur Verbindung kleiner, dünnwandiger Bauteile wegen begrenzter Wärme-Einbringung Drähte mit $d = 0{,}2 \ldots 2$ mm Bleche mit $t = 0{,}2 \ldots 2$ mm Vorwiegend Elektronik / Elektrotechnik
2. Flammlöten (WL-/HL-FL) Aufheizen der Werkstückfuge und des Lots durch Lötlampe oder Schweißbrenner (manuell / maschinell) unter Verwendung eines Flussmittels (kein unmittelbarer Kontakt zur Flamme, sonst Schädigung)	Weich- und Hartlöten 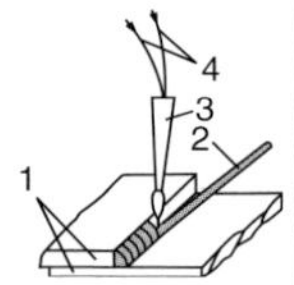	1 Werkstück 2 Lot 3 Düse 4 Sauerstoff- und Brenngasanschlüsse	Manuell für Werkstücke mit $t < 10$ mm Maschinell für Werkstücke mit $t = 1 \ldots 5$ mm Fahrzeug-, Rohrleitungsbau, Wärmetauscher, Fahrradrahmen, Stahlmöbel Relativ bestes Verfahren für Gusseisen mit Lamellengrafit (GJL)
3. Bad-, Tauch-, Anschwemm- oder Schwalllöten (WL-/HL-LO) Aufheizen der Werkstückfuge in fixierter Lage durch Eintauchen in bzw. Heranführen von flüssigem Lot; nicht zu lötende Bereiche sind zur Vermeidung von Lotbindung mit Pasten oder Lösungen vorzubehandeln.	Weich- und Hartlöten 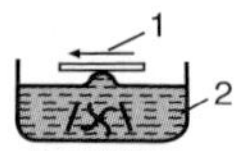 Schwalllöten 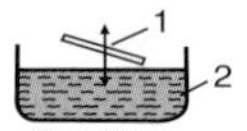 Tauchlöten	1 Werkstück 2 Flüssiges Lot	Vorwiegend zur Massenfertigung bzw. gleichzeitigem Löten mehrerer Stellen Bei Weichloten für Teile mit $m \leq 1$ kg, $J_A = 50°$ C ... $100°$ C, z.B. Leiterplatten, Verzinnen von Kabelenden Bei Hartloten für kleine Teile, $J_A = 1000°$ C ... $1100°$ C, z.B. Rohrleitungsbau, Wärmetauscher Große Teile vorgewärmt, da sonst zu hoher Wärme-Entzug von Lötbad
4. Ofenlöten (WL-/HL-OF) Aufheizen der Werkstückfuge in fixierter Lage im evakuierten (-OV) oder von Schutzgas durchspülten (-OR/-OL) Raum, elektrisch oder gasbeheizt (-GA); vorab mit Lot und Flussmittel versehen	Vorwiegend Hartlöten (auch Hochtemperaturlöten HTL) 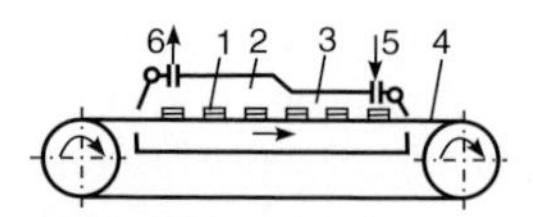	1 Werkstück 2 Lötzone 3 Kühlzone 4 Transporteinrichtung 5 Schutzgaseingang 6 Schutzgasausgang	Vorwiegend zur Massenfertigung bzw. gleichzeitigem Löten mehrerer Stellen Bei Weichloten für Teile mit $m \leq 1$ kg, $\vartheta_A = 50°$ C ... $100°$ C, z.B. Leiterplatten, Verzinnen von Kabelenden Bei Hartloten für kleine Teile, $\vartheta_A = 1000°$ C ... $1100°$ C, z.B. Rohrleitungsbau, Wärmetauscher Große Teile vorgewärmt, da sonst zu hoher Wärme-Entzug von Lötbad

Tabelle 5.2: Lötverfahren, Funktionsprinzip und Hauptanwendungsgebiete nach [5.17]

Verfahren	Funktionsprinzip	Hauptanwendungsgebiet
5. Elektrisches Widerstandslöten (WL-/HL-WD) Aufheizen der Werkstückfuge und des Lots durch stromdurchflossenen elektrischen Übergangswiderstand zwischen Elektrode und Werkstück; vorab mit Lot und Flussmittel versehen	Weich- und Hartlöten 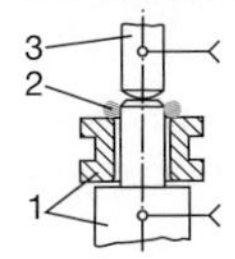 1 Werkstück 2 Eingelegtes Lot 3 Elektrode	Vorwiegend zur Serien- und Massenfertigung für großflächige Verbindungen mit Flächen $A = 50 \ldots 4000\ \mathrm{mm}^2$ und Dicken $t = 2 \ldots 20\ \mathrm{mm}$ Weichlöten, z.B. in Elektronik Hartlöten, z.B. an Werkzeugen
6. Induktionslöten (WL-/HL-IL) Aufheizen der Werkstückfuge und des Lots durch Wirbel- / Wechselströme, induziert von hochfrequenten Wechselstrom-spulen; vorab mit Lot und Flussmittel versehen	Weich- und Hartlöten (auch Hochtemperaturlöten HTL) 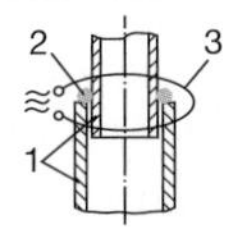 1 Werkstück 2 Eingelegtes Lot 3 Induktorschleife	Vorwiegend zur Serien- und Massenfertigung von rotationssymmetrischen Teilen einfacherer Gestalt Bei Mittelfrequenz (bis ca. $10\ \mathrm{kHz}$) Dicken von $t = 4 \ldots 15\ \mathrm{mm}$ Bei Hochfrequenz (bis ca. $5\ \mathrm{MHz}$) Dicken von $t = 0{,}1 \ldots 3\ \mathrm{mm}$ Fahrzeug-, Gerätebau, Elektrotechnik
7. Laser- oder Elektronenstrahl-Löten (HL-LA/-EB) Aufheizen der Werkstückfuge und des Lots durch konzentrierte Energieabsorption (minimale Wärme-Einbringflächen); Vakuum- oder Schutzgas- (bei Laserstrahl) Atmosphäre notwendig	Hartlöten (vorwiegend Hochtemperaturlöten HTL) 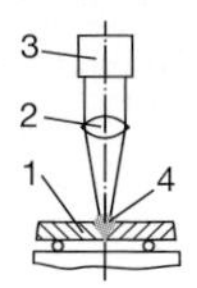 1 Werkstück 2 Fokussierung 3 Laser 4 Eingelegtes Lot	Vorwiegend für Präzisionsarbeiten, da geringste thermische Belastung der Lötstellenumgebung Bei höchst schmelzenden Sondermetallloten (z.B. Nickelbasislote)
8. Eutektisches Löten (Diffusionslöten) Als Lot fungiert eine eutektische Legierung, die bei $\vartheta_A = 0{,}7 \ldots 0{,}8 \cdot \vartheta_{Solidus}$ durch Diffusion der Werkstoffe der aufeinander gedrückten Bauteile ineinander entsteht.	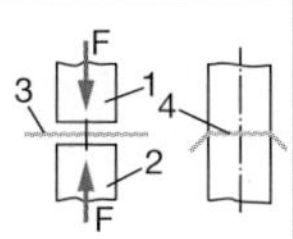 1 Werkstück 2 Werkstück 3 Folie 4 entstandene, eutektische Legierung	Für Verbindungen der Elektronik (Bauelemente) und Kühlanlagenbau

Tabelle 5.2: Lötverfahren, Funktionsprinzip und Hauptanwendungsgebiete nach [5.17] (Forts.)

5.3.2 Lotarten und Flussmittel

Neben den metallisch reinen Lötflächen sind die Wahl des für den Bauteilwerkstoff geeigneten Lots und Flussmittels wesentlich für eine sichere, funktionsfähige Lötverbindung. Auch wenn ein Lot für verschiedenartige Grundwerkstoffe eingesetzt werden kann, so ist es nicht zur Verarbeitung mit allen Lötverfahren geeignet. Als Lot werden geeignete Legierungen oder reine Metalle in Form von z.B. Drähten, Stäben, Formteilen oder Pasten eingesetzt. Neben Art und Behandlungszustand der zu lötenden Grundwerkstoffe haben die auftretende Beanspruchung, die Betriebstemperatur, die verfügbare Herstellungstechnologie und die Herstellungstoleranzen Einfluss auf die Auswahl des Lots. Die wichtigsten Lote mit ihren Eigenschaften und Einsatzbedingungen sind in Tabelle 5.3 zusammengefasst. Folgende Besonderheiten sind noch zu berücksichtigen:

- Bei niedrigen Umgebungstemperaturen sind Hartlote mit ca. 40 % Silberanteil wegen ihrer hohen Zug- und Scherfestigkeit für Bauteile aus un- oder niedrig legiertem Stahl und Kupfer gut geeignet.
- Hoch legierter Stahl lässt sich ebenfalls gut mit Silberloten hartlöten. Die Gefahr von Karbidausscheidungen erhöht die Korrosionsgefahr.
- Hartmetallplättchen können auf Stahlunterlagen gelötet werden (Verschleißschutz). Die Lote müssen über ausreichende Festigkeit verfügen, gute Verformbarkeit aufweisen und unterschiedliche Wärmedehnungen der Bauteile ausgleichen können.
- Lote mit hohem Cadmiumanteil dürfen nicht mit Nahrungsmitteln in Kontakt kommen.

Lotwerkstoff	**Arbeitstemperatur** ϑ_A [° C]	**Scherfestigkeit** $\tau_{l,B}$ [N/mm²]	**Zugfestigkeit** $\sigma_{l,B}$ [N/mm²]	**Verwendung Bauteilwerkstoff**	**Anwendung Hinweise**
Weichlote nach DIN EN ISO 9453 [5.10]					
Zinn-Bleilot L – Sn50Pb	215	2 ... 3 1)	2 1)	Stahl- und Kupferlegierungen	Kupferrohrinstallation (Kaltwasser), Elektroindustrie, Dichtungsfunktion
Cadmiumlot L-CdZn20	280	2 ... 3 1)	2 1)	Aluminium	Am wenigsten korrosionsanfälliges Al-Weichlot (Al-Kabeladern)
Hartlote nach DIN EN ISO 17672 [5.12]					
Kupferbasislot L-CuZn40	900	150 ... 220	200 ... 300	Stähle, Temperguss, Nickel und Nickellegierungen, Kupfer; Schmelztemperatur > 900° C	Spalt- und Fugenlöten ohne hohe Festigkeitsanforderung
Kupferbasislot L-CuZn39Sn	900	160 ... 240	210 ... 320		Spalt- und Fugenlöten für hohe Festigkeitsanforderung
Silberhaltiges Lot L-Ag25	780	150 ... 280	300 ... 400		Spaltlöten, kleine Teile in Optik, Feinmechanik
Silberhaltiges Lot L-Ag40Cd	610	170 ... 300	410 ... 640 2)		Spaltlöten, für spannungsempfindliche Werkstücke
Silberhaltiges Lot L-Ag27	840	150 ... 300	Keine Angabe	Hartmetalle, Stahl, Wolfram, Molybdän, Tantal	Hartmetall-Schneidplatten auf Drehstahl
Silberhaltiges Lot L-Ag49	690	250 ... 300	Keine Angabe	Schwer benetzbare Werkstoffe	Hartmetall-Schneidplatten auf Drehstahl
Aluminiumbasislot L-AlSi12	600	100	110 ... 180	Aluminium und Aluminiumlegierungen	Fugen- bzw. Überlapplötung von Al-Werkstoffen, Reparatur und Fertigung von Einzel- und Massenteilen

Tabelle 5.3: Lotwerkstoffe – Arbeitstemperaturen, Festigkeiten und Anwendungsgebiete

Lotwerkstoff	Arbeitstemperatur ϑ_A [° C]	Scherfestigkeit $\tau_{l,B}$ [N/mm²]	Zugfestigkeit $\sigma_{l,B}$ [N/mm²]	Verwendung Bauteilwerkstoff	Anwendung Hinweise
Hochtemperaturlote nach DIN EN 1044 [5.12]					
Nickelbasislot L-Ni5	1135	200 ... 300	250 ... 1100 [3]	Nickel, Kobalt und deren Legierungen, unlegierte bis hoch legierte Stähle	Spaltlöten, Leichtbau (Wabenkonstruktionen), Flugtriebwerke (Statorschaufeln), korrosionsbeständige, hochfeste Rohre in Wärmetauschern
Keramiklote					
L-Ag27,5Cu2 Ti	840	Keine Angabe	ca. 70 [4]	Al_2O_3 auf NiCo2823	Aktivlötung keramischer Bauteile (Kondensatoren, Thyristoren)
L-Ag19,5Cu5 In3Ti	950	100 ... 150	ca. 70 [4]	Al_2O_3 bzw. ZrO_2 auf Stahl	

[1] Weichlot neigt zum Kriechen, bei kurzzeitiger Belastung sind höhere Werte erreichbar (≈ 30 N/mm²).
[2] 100 % R_m des Bauteilwerkstoffes bei S185, S235, E295, E360, Cu; 80 % bei Mg 58, Mg; 100 % R_m von Mg 63 bei Paarung S235 / Mg 63Cu
[3] Lötungen von NiCr20TiAl: Festigkeitsunterschiede durch unterschiedliche Wärmebehandlung
[4] Entspricht ungefähr R_m des Bauteilwerkstoffes

Tabelle 5.3: Lotwerkstoffe – Arbeitstemperaturen, Festigkeiten und Anwendungsgebiete (Forts.)

Um nach der Vorbehandlung die Lötstellen auch während des Lötvorganges reinzuhalten, werden Flussmittel eingesetzt, die die Bildung von Oxidschichten verhindern bzw. diese auflösen. Je nach Art des zu verwendenden Lotes bzw. des zu lötenden Grundwerkstoffes kommen entsprechende Flussmittel zum Einsatz, die gasförmig, pulvrig, flüssig oder pastös sein können. Das Flussmittel wird vor dem Aufheizen auf das kalte Bauteil aufgetragen. Die Pasten und Pulver schmelzen bei ca. 50° C unter Lotschmelztemperatur. Dabei bilden sie wie die wässrigen Lösungen einen gleichmäßigen Überzug. Abhängig von Bauteilwerkstoff, Lot und Lötverfahren kommen Flussmittel aus Borax, Borverbindungen, Chloriden, Fluoriden, Silikaten und Phosphaten zum Einsatz. Da die meisten dieser Flussmittel korrodierend wirken, sind sie nach dem Lötprozess zu beseitigen. Im Vorhinein kann man gefährdete Bereiche durch Auftragen von Kreide, Ton oder Eisenoxid gegen Korrosion schützen. In DIN EN 1045 und DIN EN ISO 9454 werden die Flussmittel in Typgruppen eingeordnet sowie Hinweise zur Zusammensetzung und Verwendung gegeben [5.5], [5.11].

5.4 Gestaltung von Lötverbindungen

Die gewünschte Zuverlässigkeit eines gelöteten Bauteils (Lötsicherheit) hängt – ähnlich wie beim Kleben – von einigen Konstruktionsrichtlinien ab. Bei der Gestaltung von Lötstellen ist wesentlich, dass das Lot gut fließen kann und die zu verbindenden Werkstücke gut benetzt werden. Zu weite Lötspalte sind ungünstig, weil ihre kapillare Saugwirkung auf das geschmolzene Lot zu gering ist, und zu enge Fugen sind ebenfalls ungünstig, weil das Fließen des Lotes und des Flussmittels stark behindert werden. Besonders zu vermeiden sind weite Spalten nach engen Spalten, da das Lot wegen des fehlenden Kapillareffektes nicht vom engen in den weiten Spalt fließen kann. Anhaltswerte für die Überlappungslänge sind in Tabelle 5.4 zusammengestellt.

Weichlötverbindung	$l_ü/s = 6 \dots 8 \dots (12)$ (bis 12 bei einseitigem Laschenstoß)
Hartlötverbindung	$l_ü/s = 3 \dots 6$
Hochtemperaturlötverbindung	$l_ü/s = 2 \dots 4$

Tabelle 5.4: Richtwerte für das Überlappungsverhältnis, s = Dicke des dünneren Fügeteils

Die jeweils kleineren Werte setzt man für Bolzen-, Rohr- und Steckverbindungen, Bauteile geringer Festigkeit, Lote höherer Festigkeit und bei optimaler Lötfugenausbildung und Vorbereitung an. Bei entgegengesetzten Tendenzen nimmt man größere Werte an, ebenso beim einseitigen Laschenstoß wegen der zusätzlichen Biegebeanspruchung. Generell sind längere Überlappungen ungünstig, da sie zum einen mehr Lot benötigen, zum anderen besteht die Gefahr, dass das Lot die Fuge nicht voll ausfüllt und es zu einem Festigkeitsverlust kommt.

Weichlötverbindungen führt man wegen niedriger Festigkeiten fast nur als Überlappungsstöße aus. Sie sind nicht für Schwingbeanspruchungen geeignet. Zur Minderung der Schälbeanspruchung kann die Lötfläche durch Nieten oder Schweißpunkte von Kräften entlastet werden.

Im Gegensatz dazu eignen sich Hart- und Hochtemperaturlötverbindungen – insbesondere als Fugenlötverbindung – wegen erheblich höherer Festigkeiten für statische und dynamische Zug- und Biegebeanspruchung, wobei man letztere nach Möglichkeit durch geeignete Gestaltung vermeiden sollte.

Grundlegende Regeln für lötgerechtes Gestalten sind in DIN 65169 „Konstruktionsrichtlinien für hart- und hochtemperaturgelötete Bauteile" zusammengefasst [5.3]. Folgende Einflussgrößen sind maßgeblich:

1. Günstige Anordnungen von Lötstellen hinsichtlich Lötspaltanordnung, Kraftübertragung, Fertigungserleichterung und Lötflussverhalten sind in Abbildung 5.3 zusammengestellt.
2. Bei Lötnähten ist Schubbeanspruchung zu bevorzugen.
3. Im Lötstoßbereich sind Biegebeanspruchungen und Kerbwirkungen mit den daraus resultierenden Spannungskonzentrationen zu vermeiden.
4. Die Oberfläche des Lötstoßes sollte einen Mittenrauwert von $R_a \leq 12{,}5$ µm aufweisen (Feinstbearbeitung nicht erforderlich, da geschliffene und polierte Flächen schwer benetzbar). Bei spannender Bearbeitung (besonders bei $R_a \geq 6{,}3$ µm) sollte der Rillenverlauf der Bearbeitung mit der Fließrichtung des Lotes übereinstimmen.
5. Rückstände von Fluss-, Lötstopp- und Bindemitteln müssen sich aus Hohlräumen wegen Korrosionsgefahr leicht entfernen lassen.
6. Bei Ofenlötung sind möglichst gleiche Wanddicken vorzusehen, damit sich beide Teile gleich erwärmen. Bei unterschiedlichen Werkstoffen ist unterschiedliche Wärmedehnung zu beachten.
7. Schließt eine Lötnaht ein abgeschlossenes Luftvolumen ab, so sind zum vollständigen Füllen des Lötspaltes Entlüftungsbohrungen erforderlich.

Nr.	Ungünstige Gestaltung	Günstige Gestaltung	Erläuterungen
1 2	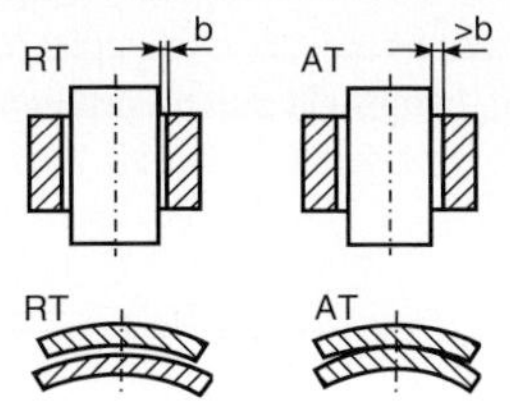	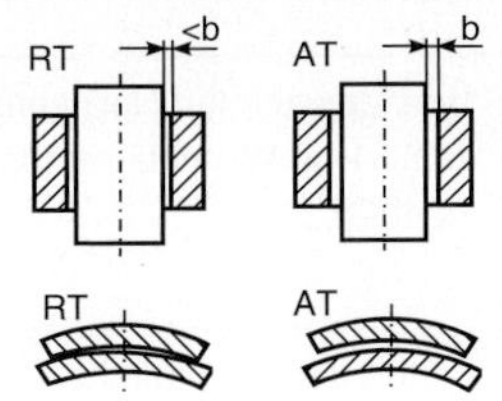	**Lötspaltverhalten** Die erforderliche Lötspaltbreite b muss bei der Arbeitstemperatur (AT) vorhanden sein. Der Lötspalt soll parallel oder in Lötflussrichtung enger werdend verlaufen. RT: Raumtemperatur AT: Arbeitstemperatur
3 4 5	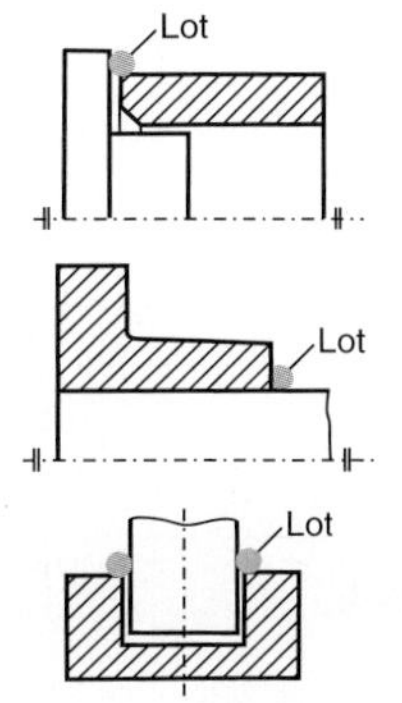	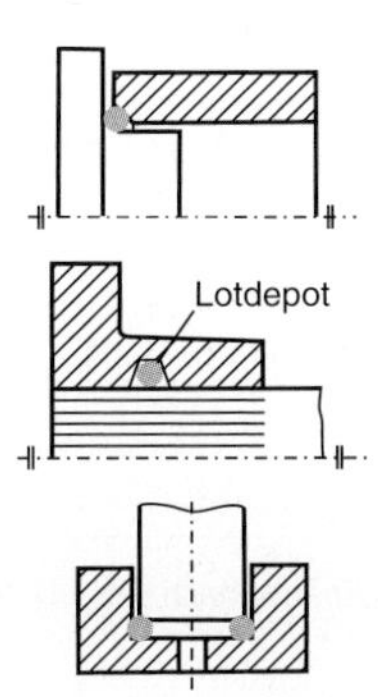	**Lötflussverhalten** Lötspalt darf nicht unterbrochen werden. Das Lot kann Spalterweiterung nicht überbrücken. Der Lotfließweg wird durch eingelegten Lotdrahtring halbiert. Steigerung der Festigkeit durch achsparallele Rändelspalte Lot fließt von innen nach außen. Flussmittel kann durch Bohrung entweichen. Zusätzliche Kontrolle über Ausfüllung des Lotspaltes möglich
6 7 8 9	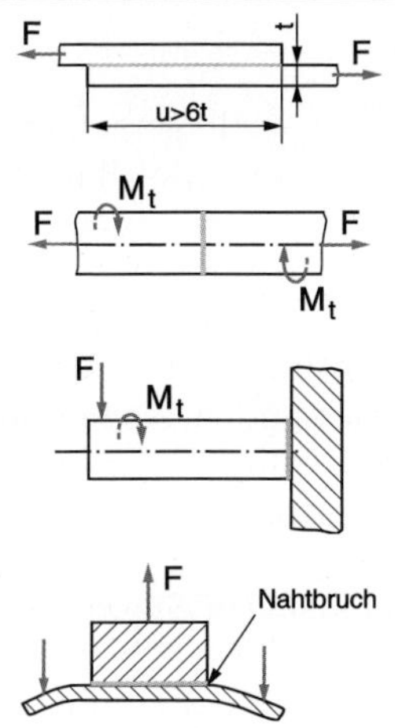	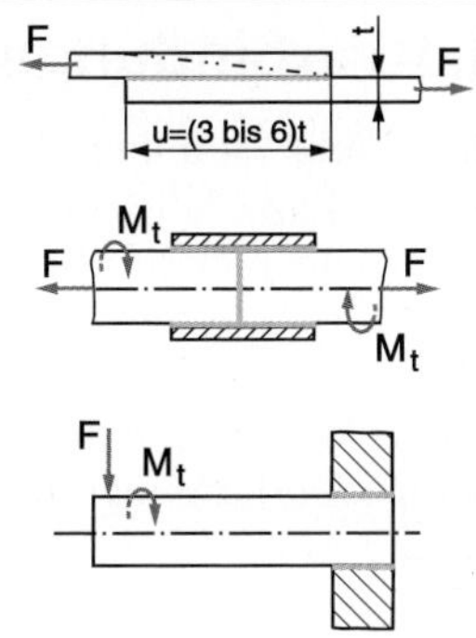	**Kraftübertragung** Um die Festigkeit des Grundwerkstoffes zu erreichen, genügt: $l_{ü} = (3 \ldots 6) \cdot s$. Bei hoher Beanspruchung ist allmählicher Übergang günstiger. Erhöhung der Festigkeit durch Vergrößerung der Lötfläche Steckverbindung bei Biegebeanspruchung (Welle) günstig Verbesserung der Dauerfestigkeit durch allmählichen Übergang Durch Steifigkeitserhöhung im Nahtbereich und allmähliche Übergänge können Spannungsspitzen abgebaut und in die Bauteile verlagert werden.
10	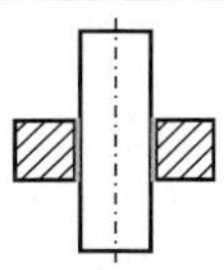	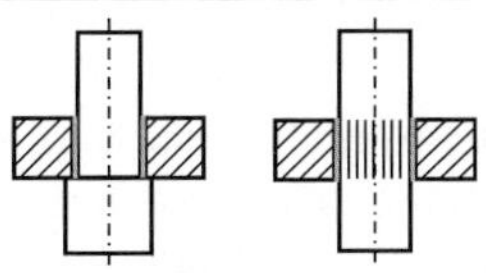	**Fertigungserleichterung** Beim Löten ohne Vorrichtung Lagesicherung der Bauteile durch Anschläge, Rändelpresssitze und Heftstellen
11 12	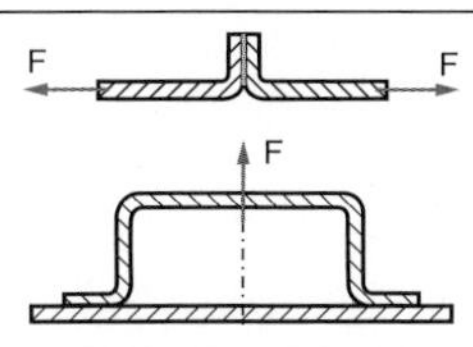	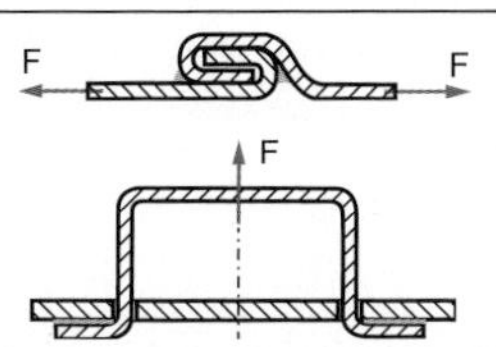	**Entlastung der Lötverbindung** Bei weichgelöteten Verbindungen Kraftentlastung der Lötnähte durch Formschluss der Bauteile. Lötnähte übernehmen z.B. nur Dichtfunktion.

Abbildung 5.3: Beispiele für lötgerechte Gestaltung und Ausführung nach [5.18]

In Fertigungsunterlagen werden Lötverbindungen gemäß DIN EN ISO 2553 durch symbolische Darstellung gekennzeichnet, Tabelle 5.5.

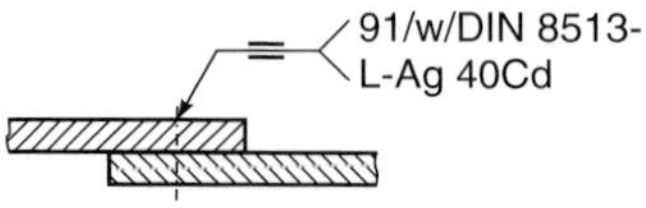	Überlappstoß mit Flächennaht, hergestellt durch Hartlöten (Kennzahl 91) in Wannenposition w, Lötzusatz DIN EN ISO 17672-L-Ag40Cd
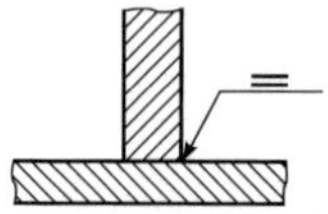	T-Stoß mit Flächennaht
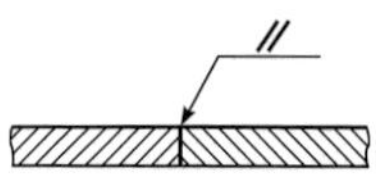	Stumpfstoß mit Schrägnaht
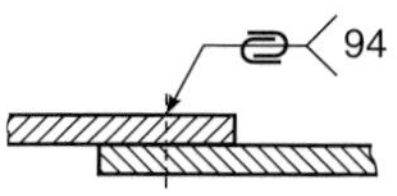	Falzstoß mit Falznaht, hergestellt durch Weichlöten (Kennzahl 94)

Tabelle 5.5: Symbolische Darstellung typischer Lötnähte nach DIN EN ISO 2553 [5.9]

5.5 Festigkeit von Lötverbindungen

Die Festigkeit einer Lötverbindung hängt in hohem Maß von der lötgerechten Gestaltung der Verbindung ab. Meist ist die Fügestelle die Schwachstelle des Bauteiles. Bei Stumpf- und T-Stößen in Spalt- oder Fugenausführung liegt die Verbindungsgeometrie wegen vorgegebener Bauteilquerschnitte meistens fest. Im Rahmen eines Festigkeitsnachweises (Vergleich von Beanspruchung und Beanspruchbarkeit) wird hier geprüft, ob in den kritischen Querschnitten der Fügestelle die erforderlichen Sicherheiten erreicht werden. Der Nachweis für Überlappungsstöße ist ähnlich zu führen, allerdings hat man hier oftmals noch die Möglichkeit der Anpassung der Überlappungslänge, so dass in der Lötfuge und im Fügeteil nahezu die gleichen Tragfähigkeiten erzielt werden können.

Unter Vernachlässigung von Kerbwirkung und ungleichmäßigen Spannungsverteilungen in der Fügenaht – insbesondere bei Überlappungsstößen – ermittelt man zunächst die Beanspruchungen als Nennspannungen in der Fügenaht auf der Grundlage der angreifenden Betriebskräfte (statisch bzw. dynamisch) und der zur Verfügung stehenden Querschnitte.

Die Beanspruchbarkeit erhält man aus Versuchen am realen Bauteil oder aber aus Versuchswerten an standardisierten Proben gemäß DIN EN 12797 und DIN EN 12799, abgemindert um Faktoren, mit denen die tatsächlichen Fertigungs- und Betriebsbedingungen des realen Bauteiles im Vergleich zur standardisierten Probe berücksichtigt werden [5.6], [5.7].

5.5.1 Berechnung der Beanspruchung in einer Lötverbindung

Bei einfachen Stumpfstößen unterliegen Lötnaht und gefügte Teile aufgrund statischer oder dynamischer Zugkräfte (F bzw. F_a) einer reinen Zugbeanspruchung sowohl in der Lötnaht als auch in den gefügten Teilen. Bei gegebener Geometrie lassen sich die Beanspruchungen gemäß Abbildung 5.4 berechnen. In Überlappungsstößen kommt es bei Flächenverbindungen und bei Rohrverbindungen unter Zug-Druck-Kräften (F – statisch, F_a – dynamisch) sowie bei Welle-Nabe-Verbindungen unter Torsionsmomenteinwirkung zu Scherbeanspruchungen in der Lötnaht, Abbildung 5.5 und Abbildung 5.6.

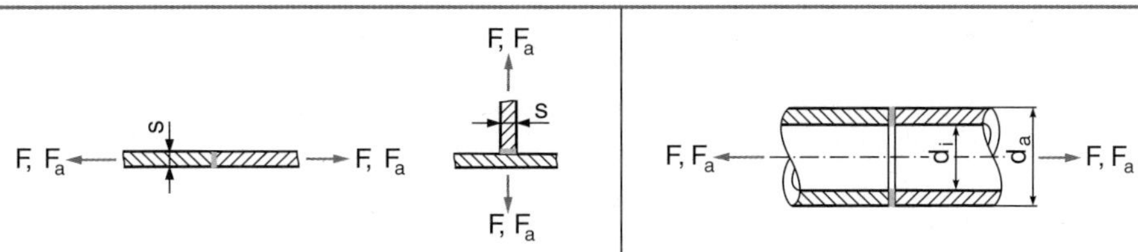

$A = s \cdot b$ (5.1)	$A = \frac{\pi}{4} \cdot \left(d_a^2 - d_i^2\right)$ (5.2)
$\sigma_z = \frac{F}{A}$ (5.3)	$\sigma_{a,z} = \frac{F_a}{A}$ (5.4)

Abbildung 5.4: Beanspruchungen von Lötverbindungen – Stumpfstoß

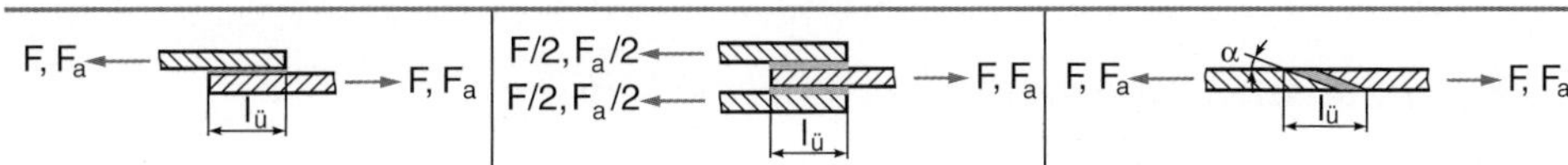

$A = l_{ü} \cdot b$ (5.5)	$A = 2 \cdot l_{ü} \cdot b$ (5.6)	$A = \frac{l_{ü} \cdot b}{\cos\alpha}$ (5.7)
$\tau_s = \frac{F}{A}$ (5.8)	$\tau_{a,s} = \frac{F_a}{A}$ (5.9)	

Abbildung 5.5: Beanspruchungen von Lötverbindungen – Überlappungsstoß (Flächenverbindung)

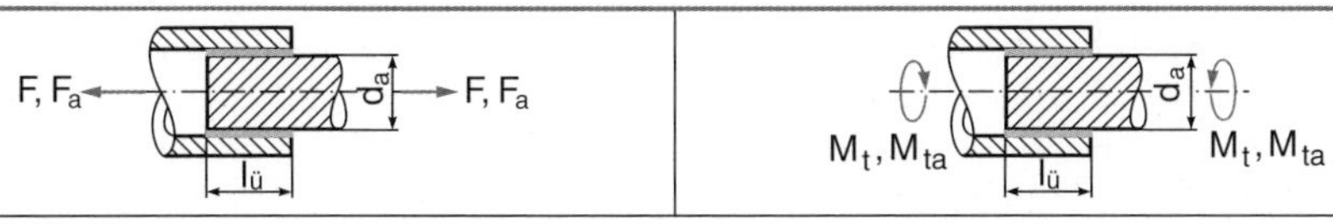

$A = \pi \cdot d_a \cdot l_{ü}$ (5.10)	
$\tau_s = \frac{F}{A}$ (5.11)	$\tau_t = \frac{2 \cdot M_t}{d_a \cdot A}$ (5.13)
$\tau_{a,s} = \frac{F_a}{A}$ (5.12)	$\tau_{t,a} = \frac{2 \cdot M_{t,a}}{d_a \cdot A}$ (5.14)

Abbildung 5.6: Beanspruchungen von Lötverbindungen – Überlappungsstoß (Rohr- und Welle-Nabe-Verbindung)

Damit bei Überlappungsstößen der Länge $l_ü$ und der Breite b in der Lötnaht mit der Scherfestigkeit $\tau_{l,B}$ und im Bauteil mit der Zugfestigkeit R_m und der kleinsten Dicke s_{min} die gleiche Tragfähigkeit erreicht werden kann, ist folgende Bedingung einzuhalten:

$$b \cdot s_{min} \cdot R_m = b \cdot l_ü \cdot \tau_{l,B} \tag{5.15}$$

$$l_ü = \frac{R_m}{\tau_{l,B}} \cdot s_{min} \tag{5.16}$$

Gleichung (5.16) lässt sich auch für die überschlägige Ermittlung der Überlappungslänge von Rohrverbindungen verwenden, anstelle von s_{min} ist dann $d_a/4$ einzusetzen.

Grundsätzlich ist eine Lötnaht ausreichend bemessen, wenn abhängig vom Belastungsfall (statisch – dynamisch, Zug-Druck oder Scherung) die nachfolgenden Festigkeitsbedingungen eingehalten werden:

$$\begin{aligned} \sigma_z &\leq \sigma_{zul,statisch} \\ \tau_s &\leq \tau_{zul,statisch} \end{aligned} \tag{5.17}$$

$$\begin{aligned} \sigma_{a,z} &\leq \sigma_{zul,dynamisch} \\ \tau_{a,s} &\leq \tau_{zul,dynamisch} \end{aligned} \tag{5.18}$$

Die Ermittlung der zulässigen Werte auf der Grundlage der Werkstoffkennwerte gemäß Tabelle 5.3 und der erforderlichen Sicherheiten wird im folgenden Abschnitt vorgenommen.

5.5.2 Beanspruchbarkeit einer Lötverbindung

Die Beanspruchbarkeit einer Lötverbindung ist großen Streuungen unterworfen, da sie hauptsächlich von folgenden Einflussgrößen abhängt:

- Mechanische Eigenschaften der Lote und Fügeteilwerkstoffe
- Lötschichtdicke und Oberflächenqualität der Fügeflächen
- Herstellungsqualität der Lötung

Eine optimale Beanspruchbarkeit ist nur dann erreichbar, wenn alle Empfehlungen hinsichtlich Gestaltung, Spaltbreiten und Rautiefen eingehalten werden und einwandfrei gelötet wird. Demzufolge ist es zunächst nicht möglich, von der Zugfestigkeit $\sigma_{l,B}$ oder Scherfestigkeit $\tau_{l,B}$ des Lotes selbst auf die Festigkeit der gesamten Lötverbindung zu schließen. Man ist somit auf Versuche am tatsächlich ausgeführten Lötteil angewiesen (aufwändig) oder aber man nutzt Festigkeitskennwerte, die an standardisierten Proben gemäß DIN EN 12799 gewonnen wurden [5.7]. In der Tabelle 5.6 sind beispielhaft Zugfestigkeiten $\sigma_{l,B}$ und Scherfestigkeiten $\tau_{l,B}$ von Hartlötverbindungen für ausgewählte Hartlote auf Silberbasis in Kombination mit verschiedenen Grundwerkstoffen zusammengestellt.

Hartlot nach DIN EN ISO 17672	Arbeitstemperatur des Lotes [° C]	Zugfestigkeit $\sigma_{l,B}$ in N/mm² bei Grundwerkstoff					Scherfestigkeit $\tau_{l,B}$ in N/mm² bei Grundwerkstoff	
		S235	E295	E335	X10CrNi188	CuZn37	S235	E335
L-Ag40Cd	610	410	540	640	520	230	170	250
L-Ag30Cd	680	380	470	480	510	250	200	240
L-Ag44	730	390	480	520	530	280	205	280
L-Ag20Cd	750	370	420	440	500	260	170	260
L-Ag12	830	370	460	460	440	210	170	200

Tabelle 5.6: Zug- und Scherfestigkeit von Hartlötverbindungen nach [5.18]

Ausgehend von solchen Kennwerten für die Zugfestigkeit $\sigma_{l,B}$ oder Scherfestigkeit $\tau_{l,B}$ des Lotes lassen sich die zulässigen statischen und dynamischen Zug- und Scherfestigkeiten als Kennwerte der Beanspruchbarkeit einer Lötverbindung wie folgt ermitteln:

$$\sigma_{zul,statisch} = \frac{\sigma_{l,B}}{S_{statisch}} \qquad \tau_{zul,statisch} = \frac{\tau_{l,B}}{S_{statisch}} \tag{5.19}$$

$$\sigma_{zul,dynamisch} = \frac{\sigma_{l,B}}{S_{dynamisch}} \qquad \tau_{zul,dynamisch} = \frac{\tau_{l,B}}{S_{dynamisch}} \tag{5.20}$$

Abhängig von den Anforderungen an die Lötverbindung nimmt man mindestens Sicherheitsbeiwerte von $S_{statisch}$ = 1,5 bis 2,5 und $S_{dynamisch}$ = 2 bis 3,5 an. Im Druckbehälterbau beträgt der Sicherheitsbeiwert mindestens $S = 4$ [5.1].

Ist nur die Scherfestigkeit eines Lotes bekannt, so lässt sich die Zugfestigkeit überschlägig ermitteln zu:

$$\sigma_{l,B} \approx (1{,}5\ldots2)\cdot\tau_{l,B} \tag{5.21}$$

Konservative Angaben zu erreichbaren Wechselfestigkeiten ausgeführter Hartlötverbindungen mit Silberlot sind in Tabelle 5.7 zusammengestellt.

Schubwechselfestigkeit	$\tau_{aW} = 30$ N/mm²
Verdrehwechselfestigkeit	$\tau_{tW} = 30$ N/mm²
Biegewechselfestigkeit	$\sigma_{bW} = 50$ N/mm²

Tabelle 5.7: Erreichbare Wechselfestigkeiten ausgeführter Hartlötverbindungen bei dynamischer Beanspruchung

In Versuchen sind für Hartlötverbindungen mit Baustählen unter dynamischer Belastung Biegewechselfestigkeiten bis zu σ_{bW} = 160 N/mm^2 erreicht worden [5.18]. Sind keine genaueren Daten bekannt, so kann man bei dynamischer Beanspruchung auch mit Dauerfestigkeitswerten für die Hartlötverbindung rechnen, die 50 bis 75 % der Dauerfestigkeit des Grundwerkstoffes betragen.

Hinsichtlich des Temperaturverhaltens ist bei Hartlötverbindungen Folgendes zu beachten. Lötverbindungen an für den Tieftemperatureinsatz geeigneten Grundwerkstoffen (CrNi-Stähle und Cu-Legierungen) auf Ag-, CuZn- und CuNi-Basis weisen auch bei Tieftemperaturen bis −196° C keine Minderung der Zähigkeit auf. Die Festigkeit ist vergleichbar mit den Werten bei Raumtemperatur. Bei hohen Temperaturen bis 300° C erreicht jedoch die Kurzzeitfestigkeit nur noch die Hälfte des Wertes bei Raumtemperatur. Der 1000-Stunden-Zeitstandfestigkeitswert sinkt sogar auf 5 % des Wertes bei Raumtemperatur ab.

Werden verschiedene Grundwerkstoffe durch Löten verbunden, so liegen die erzielbaren Festigkeitswerte zwischen den Werten, die man beim Löten der jeweils gleichartigen Grundwerkstoffe erzielen würde. Beim Hartlöten von blei-, aluminium- und siliziumhaltigen Grundwerkstoffen (Automatenstähle, Dynamobleche) führen bereits kleine Beimengungen dieser Stoffe beim Stahlpartner zur Schädigung der Haftzone, woraus eine deutliche Minderung der Verbindungsfestigkeit resultiert. Beim Hartlöten von Aluminium und Aluminiumlegierungen (z.B. AlMn und AlMnMg) werden Zug- und Scherfestigkeitswerte der Verbindung von $\sigma_{l,B}$ = 100 ... 200 N/mm^2 und $\tau_{l,B}$ = 50 ... 100 N/mm^2 erreicht, die bei Reinaluminium (z.B. Al99,5) nahezu der Festigkeit des Grundwerkstoffes entsprechen. Das Weichlöten von Aluminiumwerkstoffen dagegen wird wegen der Korrosionsgefahr durch zinkhaltige Lote kaum angewendet.

An überlappten Weichlötverbindungen (Stähle, Kupfer- und Kupferlegierungen) lassen sich zwar im Kurzzeitversuch Scherfestigkeiten von $\tau_{l,B}$ = 25 ... 35 N/mm^2 ermitteln. Mit zunehmender Belastungsdauer sowie bei steigenden Temperaturen fallen diese Werte jedoch aufgrund von Kriecherscheinungen deutlich ab, so dass die zulässige Scherspannung für Dauerbeanspruchung bei Raumtemperatur auf $\tau_{l,B}$ = 2 N/mm^2 zu begrenzen ist. Für Blei-Zinn-Lote geht man von Dauerfestigkeitswerten aus, die bei 5 % der Scherfestigkeit des Kurzzeitversuches liegen, Sonderweichlote erreichen hier immerhin 10 % der Scherfestigkeit aus dem Kurzzeitversuch [5.19]. Hinzu kommt noch eine starke Temperaturabhängigkeit der Scherfestigkeit. So sinkt z.B. die Scherfestigkeit bei 110° C auf nur noch 10 % des Wertes bei Raumtemperatur, Tabelle 5.8 [5.19].

ϑ [° C]	50	90	110
$\sigma_{l,B}(\vartheta) / \sigma_{l,B}(20° C)$	≈ 0,22 ... 0,27	≈ 0,22 ... 0,27	≈ 0,22 ... 0,27

Tabelle 5.8: Richtwerte für den Temperatureinfluss bei Weichloten [5.19]

Anhand der hier zusammengestellten Kennwerte der Beanspruchbarkeit wird deutlich, dass man – ähnlich wie beim Kleben – nach einer grundlegenden Abschätzung zur Realisierbarkeit einer Lötverbindung den Lot-Hersteller zur Anwendungsberatung und Optimierung hinzuziehen sollte.

Ist für eine bereits ausgelegte und dimensionierte Lötverbindung keine ausreichende Sicherheit zu erzielen, so ist für die gesamte Verbindung eine neue Lösung auszuarbeiten. Eine einfache Vergrößerung der Lötfläche ist nicht zu empfehlen, da aufgrund ungleichmäßiger Spannungsverteilung in der Lötfläche nur eine geringe Steigerung der Tragfähigkeit zu erwarten ist, bei vergleichsweise hohen Zusatzkosten für den größeren Lotbedarf.

5.6 Literatur

[5.1] AD Merkblatt B0, Berechnung von Druckbehältern, Ausgabe: 2013-09, Beuth-Verlag

[5.2] DIN-DVS-Taschenbuch 196 (2001-08) Löten

[5.3] DIN 65169 Luft- und Raumfahrt – Hart- und hochtemperaturgelötete Bauteile – Konstruktionsrichtlinien; (1986-10)

[5.4] DIN 65170 Luft- und Raumfahrt – Hart- und hochtemperaturgelötete metallische Bauteile – Technische Lieferbedingungen; (2009-01)

[5.5] DIN EN 1045 Hartlöten – Flussmittel zum Hartlöten – Einteilung und technische Lieferbedingungen; (1997-08)

[5.6] DIN EN 12797 Hartlöten – Zerstörende Prüfung von Hartlötverbindungen; (2000-12)

[5.7] DIN EN 12799 Hartlöten – Zerstörungsfreie Prüfung von Hartlötverbindungen; (2000-12)

[5.8] DIN EN 60851 Wickeldrähte – Prüfverfahren – Teil 5: Elektrische Eigenschaften (IEC 60851-5:1996 + A1:1997 + A2:2004); (2012-04)

[5.9] DIN EN ISO 2553 Schweißen und verwandte Prozesse – Symbolische Darstellung in Zeichnungen – Schweißverbindungen (2014-04)

[5.10] DIN EN ISO 9453 Weichlote – Chemische Zusammensetzung und Lieferformen (2014-12)

[5.11] DIN EN ISO 9454-2, Flussmittel zum Weichlöten – Einteilung und Anforderungen – Teil 2: Eignungsanforderungen; (2000-09)

[5.12] DIN EN ISO 17672 Hartlöten – Lote (2010-11)

[5.13] DIN EN ISO 18279 Hartlöten – Unregelmäßigkeiten in hartgelöteten Verbindungen (2004-04)

[5.14] DIN ISO 857 Schweißen und verwandte Prozesse – Begriffe – Teil 2: Weichlöten, Hartlöten und verwandte Begriffe (2007-03)

[5.15] DVS-Berichte Band 104, Weichlöten in Forschung und Praxis, DVS-Verlag, Düsseldorf 1986

[5.16] DVS-Berichte Band 92, Hochtemperaturlöten, DVS-Verlag, Düsseldorf 1984

[5.17] Krause, W.: Konstruktionselemente der Feinmechanik, Hanser Verlag, München 1993

[5.18] Muhs, D., Wittel, H., et al.; Roloff / Matek Maschinenelemente; Vieweg Verlag, Braunschweig 2013

[5.19] Wächter, K., Konstruktionslehre für Maschineningenieure, VEB Verlag Technik, Berlin 1987

[5.20] Zaremba, H.: Hart- und Hochtemperaturlöten, Schweißtechnische Praxis Bd. 20, DVS-Verlag, Düsseldorf 1989

Z U S A M M E N F A S S U N G

Das Löten ist ein thermisches Verfahren zum stoffschlüssigen Fügen oder Beschichten von metallischen Werkstoffen (den Fügeteilwerkstoffen) durch schmelzende Zulegstoffe (Lote), deren Schmelzpunkt unter dem der Fügeteilwerkstoffe (Bauteilwerkstoffe) liegt. Die Lötverbindung gehört wie das Schweißen, Nieten und Kleben zu den nicht lösbaren Verbindungen, da sie ohne Zerstörung der Lötschicht bzw. der gefügten Bauteile nicht lösbar ist.

Beim Löten wird im Gegensatz zum Schweißen der Grundwerkstoff nicht geschmolzen, denn nur das Lot als Zusatzwerkstoff geht in den Fließzustand über. Dabei vergrößert sich die Oberfläche des Lotes, benetzt den Grundwerkstoff und haftet daran nach dem Erstarren. Lot und Grundwerkstoff legieren sich im Benetzungsbereich. Dieser Vorgang der Diffusion findet sowohl im Grundwerkstoff als auch im Lot statt. Abhängig von der Liquidustemperatur des Lotes unterscheidet man das Weichlöten (WL) bis zu 450° C sowie das Hartlöten (HL) oberhalb von ca. 450° C. Beim Hochtemperaturlöten (HTL) werden Schmelztemperaturen des Lotes über 900° C erreicht.

Die gewünschte Zuverlässigkeit eines gelöteten Bauteils (Lötsicherheit) hängt – ähnlich wie beim Kleben – von der lötgerechten Gestaltung der Verbindung ab. So muss das Lot gut fließen können, um die zu verbindenden Werkstücke gut zu benetzen. Zu weite Lötspalte sind ungünstig, weil ihre kapillare Saugwirkung auf das geschmolzene Lot zu gering ist, und zu enge Fugen sind ebenfalls ungünstig, weil das Fließen des Lotes und Flussmittels stark behindert wird.

Im Rahmen eines Festigkeitsnachweises (Vergleich von Beanspruchung und Beanspruchbarkeit) ist zu prüfen, ob in den kritischen Querschnitten der Fügestelle die erforderlichen Sicherheiten erreicht werden. Bei Überlappungsstößen hat man oftmals die Möglichkeit der Anpassung der Überlappungslänge, so dass in der Lötfuge und im Fügeteil nahezu die gleichen Tragfähigkeiten erzielt werden können.

Unter Vernachlässigung von Kerbwirkung und ungleichmäßigen Spannungsverteilungen in der Fügenaht ermittelt man zunächst die Beanspruchungen als Nennspannungen auf der Grundlage der angreifenden Betriebskräfte (statisch bzw. dynamisch) und der zur Verfügung stehenden Querschnitte. Die Beanspruchbarkeit erhält man aus Versuchen am realen Bauteil oder an standardisierten Proben, abgemindert um Faktoren, mit denen die tatsächlichen Fertigungs- und Betriebsbedingungen des realen Bauteiles im Vergleich zur standardisierten Probe berücksichtigt werden.

Sollte der Festigkeitsnachweis zu keiner ausreichenden Sicherheit führen, ist für die gesamte Verbindung eine neue konstruktive Lösung auszuarbeiten. Eine einfache Vergrößerung der Lötfläche ist nicht zu empfehlen, da aufgrund ungleichmäßiger Spannungsverteilung in der Lötfläche nur eine geringe Steigerung der Tragfähigkeit zu erwarten ist.

Z U S A M M E N F A S S U N G

Nieten

6

ÜBERBLICK

Lernziele

- Kennenlernen von Funktion und Wirkung des Nietens
- Einführung in die verschiedenen Anforderungen des Nietens im Maschinenbau, Stahlbau, Kranbau und Leichtbau
- Grundsätzliche Gestaltung von Nietverbindungen
- Statischer und dynamischer Festigkeitsnachweis für Nietverbindungen

6.1 Einführung

Das Nieten gehört nach DIN 8593 zu den Fertigungsverfahren Fügen und dient der unlösbaren Verbindung von Bauteilen aus gleichen oder verschiedenen Werkstoffen durch Formschluss mittels Stauchen von Hilfsfügeteilen (Niete) oder überstehenden Teilen eines Werkstückes (Nietzapfen) [6.16]. Nur durch Zerstörung der gefügten Teile (insbesondere der Niete) ist die Verbindung lösbar. Während das Nieten im Stahl-, Brücken-, Schiff- und allgemeinen Maschinenbau vollständig durch das Schweißen geeigneter Stähle abgelöst wurde, haben moderne, hoch maschinell ausführbare Nietsysteme im Leichtbau – insbesondere in der Luft- und Raumfahrt –, aber auch im Fahrzeugbau an Bedeutung zugenommen. Die grundsätzliche Vorgehensweise zur Erstellung einer Nietverbindung sowie deren Bemaßung sind in Abbildung 6.1 dargestellt. Der überstehende Nietschaft wird mithilfe des Kopfmachers (auch als Schellhammer oder Döpper bezeichnet) durch axiale Stauchung zum Schließkopf geformt.

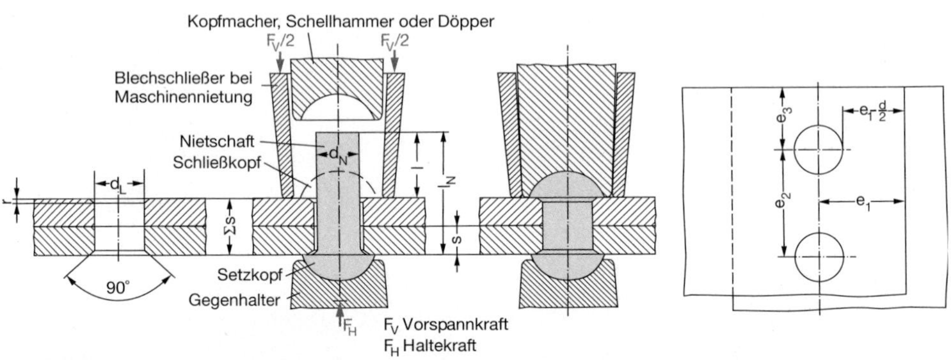

Abbildung 6.1: Beispiele für und Herstellung und Bemaßung einer Nietverbindung

Im Vergleich zum Schweißen, Löten und Kleben bietet das Nieten folgende Vorteile:

- Die Werkstofffestigkeit bleibt erhalten (besonders wichtig im Leichtmetall- und Flugzeugbau), da im Vergleich zum Schweißen keine ungünstigen Werkstoffbeeinflussungen wie Aufhärtung oder Gefügeumwandlungen auftreten.
- Kein Verziehen der genieteten Bauteile
- Die Verbindung unterschiedlicher Werkstoffe und unterschiedlicher Blechstärken (z.B. Stahlprofil mit Leichtmetallbeplankung) ist möglich.

- Leichte und sichere Kontrolle der Nietverbindungen. Durch Anschlagen (Klangprobe) lässt sich prüfen, ob der Niet noch unter Spannung steht oder sich gelockert hat.
- Lösbar durch Abschlagen der Köpfe der Niete, also ohne Zerstörung der Bauteile
- Im Vergleich zum Kleben keine Kriechgefahr
- Nietverbindungen verfügen in den Berührflächen über Reibungsdämpfung, so dass Schwingungs- und Geräuschweiterleitung gedämpft wird (Nutzung z.B. bei genieteten LKW-Rahmen).
- Moderne Blindnietsysteme ermöglichen auch bei nicht zugänglicher Schließkopfseite schnell herstellbare und kostengünstige Verbindungen.

Dem stehen allerdings auch die folgenden Nachteile gegenüber:

- Schwächung der Bauteile durch die erforderlichen Nietbohrungen
- Größere Bauteilquerschnitte sowie zusätzliche Laschungen und Überlappungen führen zu höherem Gesamtgewicht der genieteten Konstruktion.
- Dichtwirkung teilweise unsicher, so werden z.B. im Flugzeugbau Tanks und Zellen meist genietet und durch Dichtungsmasse abgedichtet, im klassischen Schiffbau (Nietung von Stahlkonstruktionen) war das kein Problem.
- Fertigung ist kostenintensiver als Schweißen.
- Gefahr der Spannungskorrosion beim Einsatz unterschiedlicher Werkstoffe

Die nachfolgend aufgeführten industriellen Einsatzmöglichkeiten des Nietens hängen stark ab von diesen Vor- und Nachteilen im Vergleich zu anderen stoff-, kraft- und formschlüssigen Fügeverfahren:

1. Festigkeitsrelevante Verbindungen – zur Fügung kraft- und momentenführender Bauelemente und -gruppen im Stahlhoch-, Kran-, Brücken-, Maschinen-, Fahrzeug- und Flugzeugbau sowie in der Feinwerk- und Gerätetechnik
2. Dichtende Verbindungen – zur dichten Fügung von Bauelementen und -gruppen im Apparate- und Behälterbau (z.B. Silos und Rohrleitungen) ohne größere Druckbelastung
3. Festigkeitsrelevante und gleichzeitig dichtende Verbindung – zur druckdichten Montage von Bauelementen und -gruppen im Druckbehälter- und Kesselbau. War diese Anwendung zu Beginn der Industrialisierung ein Haupteinsatzgebiet, so ist mittlerweile das Nieten hier vollständig durch das Schweißen verdrängt worden.

6.2 Funktion und Wirkung

Basierten ursprünglich die Nietverbindungen auf Vollniete (Abbildung 6.1), so entstanden durch zunehmende Anforderungen in der Praxis und neue Fertigungsmöglichkeiten weitere spezielle Nietformen, die durch eine zusätzliche Funktionsintegration besonders wirtschaftliche Anwendungen des Nietens erlauben (z.B. Blindniete mit Gewindezapfen zur Befestigung weiterer Bauteile (s.a. Abschnitt 6.2.1). Im Folgenden wird auf die eingesetzten Werkstoffe, die Herstellung einer Nietverbindung und mögliche Verbindungsarten eingegangen.

6.2.1 Nietformen und Werkstoffe

Ein Rohniet gemäß Abbildung 6.1 besteht aus dem Schaft mit dem Durchmesser d und dem angestauchten Kopf, dem Setzkopf. Entsprechend der Gestaltung des Nietschaftes werden Vollniete mit vollem Schaftquerschnitt, Hohl- und Rohrniete mit hohlem Schaft, Halbhohlniete mit angebohrtem Schaft sowie Nietzapfen und Blindniete unterschieden. Vollniete werden nochmals nach der Art ihres Setzkopfes bezeichnet (z.B. Halbrundniet, Flachrundniet, Senkniet usw.). Bevorzugt wird der Halbrundkopf, während andere Kopfformen in der Regel nur für Sonderfälle in Betracht kommen. Im Leichtmetallbau und leichten Stahlbau wird bei überwiegend statischer Beanspruchung auch der Schließringbolzen verwendet. Sind die zu verbindenden Bauteile nicht von beiden Seiten zugänglich, kommen Blindnietsysteme zum Einsatz, bei denen der Niet von einer Seite aus durchgesteckt und dann geschlossen wird. Tabelle 6.1 fasst ausgewählte Nietformen nach DIN, Tabelle 6.2 Blindniete und Tabelle 6.3 Schließringbolzen mit ihren Hauptanwendungsgebieten zusammen.

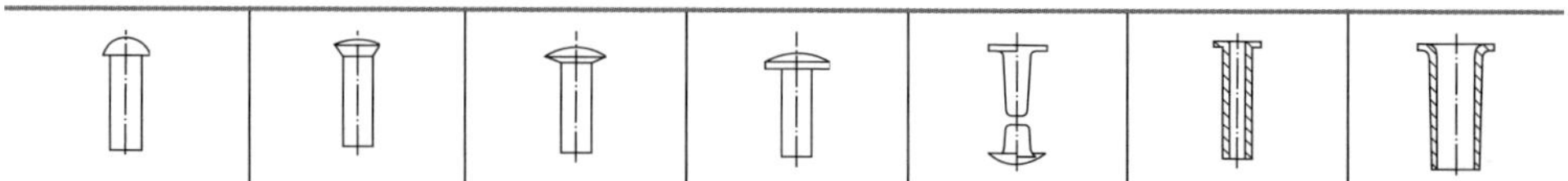

Halbrundniet DIN 124, DIN 660	Senkniet DIN 302, DIN 661	Linsenniet DIN 662	Flachrundniet DIN 674	Hohlniet zweiteilig DIN 7331	Rohrniet DIN 7340	Hohlniet einteilig DIN 7338, DIN 7339
Stahlbau, Kesselbau, Behälterbau, Leichtmetallbau, Blechschlosserei		Beschläge, Bleche, Leichtmetallbau, Leder- und Pappenverarbeitung		Textilindustrie, Lederwaren	Brems- und Kupplungsbeläge, Lederwaren, Spielwaren	
Große Schrumpfkraft	Glatte Außenhaut, geringere Schrumpfkraft		Niedrige Schließungskräfte, kleine Flächenpressung unter dem Kopf			

Kegelstumpfkopf	Kegelspitzkopf	Flachkopf	Halbrundkopf

Tabelle 6.1: Beispiele genormter Nietformen und Schließköpfe

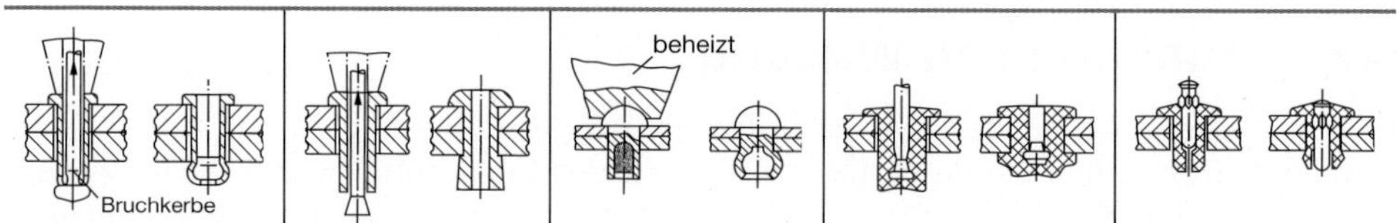

POP-Blindniet	Durchziehniet	Sprengniet (Thermonietung)	Spreizniet	Becherniet
Für Heftverbindungen, Gehäuse, Leichtmetallbau, Beschläge. Mit Becherniet sind auch luft- und wasserdichte Verbindungen möglich.				

Tabelle 6.2: Blindniete zum Einsatz bei nur einer zugänglichen Bauteilseite

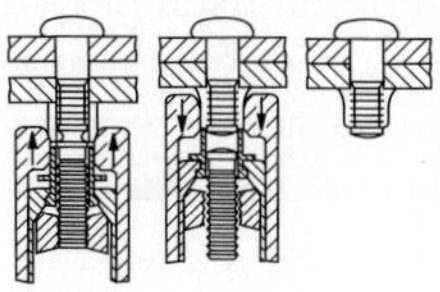	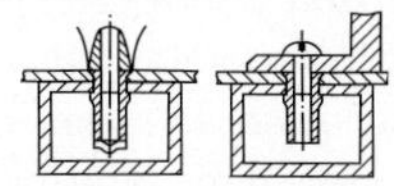	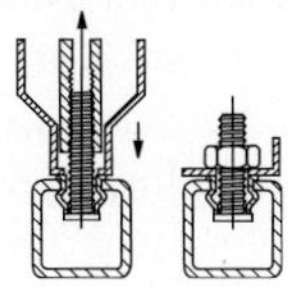	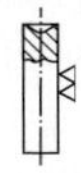
Schließringbolzen	Blindeinnietmutter	Blindeinnietschrauben	Nietstift DIN 7341
Waggon-, Fahrzeug- und Containerbau, Fördertechnik, Klimatechnik	Beschläge, Befestigungen, Möglichkeit zur Verbindung weiterer Teile mit Schrauben bzw. Muttern		Als Verbindungsstift an Stelle von Zylinderstift, zum Anstauchen von zwei Flach- oder Senkköpfen

Tabelle 6.3: Sonderniete für besondere Anwendungen

Zur Vermeidung der Lockerung wegen ungleicher Wärmedehnung und elektrochemischer Korrosion sollten die Niete aus dem gleichen oder einem gleichartigen Werkstoff wie die Fügeteile bestehen. Ferner muss der Nietwerkstoff zur Bildung des Schließkopfes gut verformbar sein, meist ist er weicher als der Fügeteilwerkstoff.

Als Nietwerkstoffe haben sich Stahl (QSt 32-3, QSt 36-3), Kupfer, Kupfer-Zink-Legierungen (CuZn37), Aluminium (Al) und Aluminiumlegierungen sowie Kunststoff (Polyamid) bewährt. Häufig sind in den Normen für Niete neben den Abmessungen auch die Werkstoffe und deren Festigkeitseigenschaften vorgegeben.

Im Stahlhochbau und Kranbau sind die Nietwerkstoffe und deren Festigkeitseigenschaften mit USt 36 und S275JR ebenfalls festgelegt [6.17], [6.18]. Die dortigen Angaben bieten sich auch zur Verwendung im allgemeinen Maschinenbau an. Im Behälter- und Apparatebau verwendet man zur Verbindung der Kesselbleche und warmfesten Stähle Niete aus S235J2G3 oder S275JR.

Die Eigenschaften der Aluminiumlegierungen zur Herstellung der Niete für Leichtmetall-, Fahrzeug- und Flugzeugbauanwendungen sind in DIN 4113 sowie den einschlägigen Luftfahrtnormen zusammengefasst [6.10], [6.19].

Grundsätzlich können Niete bei Bedarf auch mit Oberflächenschutz versehen werden.

6.2.2 Herstellung einer Nietverbindung

Zunächst ist je nach Anwendungsgebiet und Einsatzfall der Nietdurchmesser in Abhängigkeit von der Dicke s des dickeren Fügeteiles festzulegen, Tabelle 6.4.

Stahlbau	**Leichtmetallbau**	
$d_1 \approx \sqrt{50 \cdot s} - 2\ \text{mm}$ (6.1)	$d_1 \approx 2 \cdot s + 2\ \text{mm}$ (6.2)	Einschnittig bis $3{,}2 \cdot s$
	$d_1 \approx s + 2\ \text{mm}$ (6.3)	Zweischnittig bis $1{,}6 \cdot s$

Tabelle 6.4: Rohnietdurchmesser in Abhängigkeit von der Blechdicke

Bei Stab- und Formstählen ergibt sich der Rohnietdurchmesser aus den Schenkel- und Flanschbreiten bzw. den Dicken, da der Nietkopf ausreichend Platz haben muss. Die größten ausführbaren Lochdurchmesser und Rohnietdurchmesser sind in DIN 997 festgelegt [6.9]. Im Flugzeugbau gelten spezielle Normen, z.B. LN 9118 [6.28].

Zur Vermeidung von Rissen im Werkstück werden Nietlöcher von dynamisch belasteten Verbindungen im Stahl-, Kran- und Brückenbau gebohrt. Kleine Nietlöcher sowie gering belastete Verbindungen lassen sich zwar auch stanzen, bei den zuvor beschriebenen Anwendungen ist das jedoch generell verboten. Nietlöcher mit Durchmessern $d > 10$ mm werden zunächst vorgebohrt und dann – genauso wie gestanzte Löcher – auf den endgültigen Nietlochdurchmesser aufgerieben. Bei Stahlbauten unter vorwiegend ruhender Beanspruchung können die Bohrungen auch maschinell gebrannt und dann aufgerieben werden.

Gemäß Tabelle 6.5 muss der Nietlochdurchmesser d immer größer sein als der Rohnietschaftdurchmesser d_1.

Rohnietschaftdurchmesser d_1	Nietlochdurchmesser d	
Für $d_1 < 10$ mm gilt generell	$d = d_1 + (0{,}1 \ldots 0{,}2)$ mm	(6.4)
Für Stahlniete mit $d_1 \geq 10$ mm	$d = d_1 + 1$ mm	(6.5)
Für Leichtmetallniete mit $d_1 \geq 10$ mm	$d = d_1 + 0{,}2$ mm	(6.6)

Tabelle 6.5: Nietlochdurchmesser d in Abhängigkeit vom Rohnietschaftdurchmesser d_1

Zur Reduzierung der Kerbwirkung im geschlagenen Niet und zur Verbesserung des Nachfließens des Schaftwerkstoffes in die Bohrung beim Nieten werden Nietlöcher entgratet und angesenkt.

Der Rohniet muss so lang sein, dass genügend Werkstoff zum Ausfüllen des Nietloches und zum Bilden des Schließkopfes bleibt. Die Rohnietschaftlänge l ist also von der Klemmlänge $\sum s$ der zu verbindenden Teile, von der Form des Schließkopfes und vom Rohnietdurchmesser d_1 abhängig, Abbildung 6.2. Darüber hinaus sind der Werkstoff und das Einsatzgebiet zu berücksichtigen. Anhaltswerte für die Rohnietschaftlänge l sind in Tabelle 6.6 zusammengestellt.

Bevor die Nietverbindung endgültig durch die Herstellung eines Schließkopfes geschlossen wird, sind die zu verbindenden Einzelteile möglichst zwangfrei zusammenzubauen.

Zur Schließkopfbildung gemäß Abbildung 6.1 kommen in Abhängigkeit von der Nietart verschiedene Verfahren zum Einsatz. Während man Hohl-, Halbhohl- und Rohrniete presst oder rollt, werden Blindniete mit Nietzangen oder pneumatischen bzw. hydraulischen Hilfsgeräten geschlossen. Bei Formteilen aus Kunststoff erfolgt das Schließen des Nietkopfes durch Kalt- oder Warmstauchen bzw. durch Ultraschall.

Bei Vollniete wird der Schließkopf gebildet durch Schlagen mit dem Hammer (manuell, elektrisch, pneumatisch), durch langsames Pressen auf einer Nietpresse, durch Rollen mit einem schnell umlaufenden Rollenpaar oder durch das Taumelnieten. Dieses Verfahren, bei dem ein aus der Senkrechten ausgelenktes Taumelwerkzeug genutzt wird, führt weder zu Anrissen in der Nietzone noch zu Strukturveränderungen oder Aufhärtung, da der Nietwerkstoff genügend Zeit zum Fließen hat. Das Verfahren wird für kalt zu formende Voll- und Hohlniete im Maschinen- und Gerätebau häufig eingesetzt, da nur einfache Werkzeuge benötigt werden.

Nietart	Material	Nietschaftlänge l	
Kesselniete (DIN 123)	Stahl	$l \approx 1{,}3 \cdot \sum s + 1{,}5 \cdot d$	(6.7)
Stahlbauniete (DIN 124)	Stahl	$l \approx 1{,}2 \cdot \sum s + 1{,}2 \cdot d$	(6.8)
Halbrundkopf	Leichtmetall	$l \approx \sum s + 1{,}4 \cdot d$	(6.9)
Flachrundkopf	Leichtmetall	$l \approx \sum s + 1{,}8 \cdot d$	(6.10)
Tonnenkopf	Leichtmetall	$l \approx \sum s + 1{,}9 \cdot d$	(6.11)
Kegelstumpfkopf	Leichtmetall	$l \approx \sum s + 1{,}6 \cdot d$	(6.12)
Zur Vermeidung der Gefahr des Ausknickens der Niete muss gelten: $\sum s < 5 \cdot d$			(6.13)

Tabelle 6.6: Anhaltswerte für die Nietschaftlänge l

Als endgültige Rohnietschaftlänge l wird immer die nächstliegende genormte Länge festgelegt (siehe Normen gemäß Tabelle 6.1).

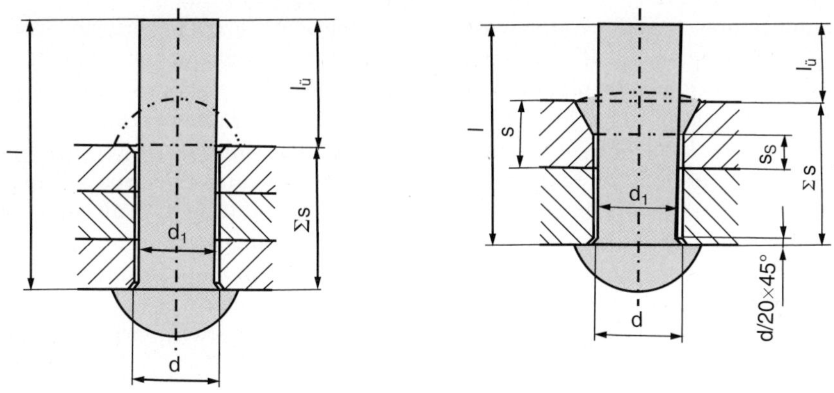

Abbildung 6.2: Klemmlänge $\sum s$ und Rohnietschaftlänge l

Neben den unterschiedlichen Verfahren wird noch zwischen Kalt- und Warmnietung unterschieden. Beim Kaltnieten von Stahlnieten bis $d = 8$ mm sowie allen Niete aus Nichteisenmetallen wird der Nietschaft in Achsrichtung gestaucht, füllt dabei das Nietloch vollständig aus und wird radial gegen die Lochwandung gepresst. Wegen geringer Zugspannungen im Niet entsteht zwischen den Fügeteilen nur ein geringer Reibschluss. Der kalt geschlagene Niet wirkt wie ein Zylinderstift, er wird in der Schnittebene auf Abscheren beansprucht. Im Vergleich zum warm geschlagenen Niet setzen sie sich weniger, erfordern wegen der fehlenden Schrumpfkraft kleinere Kopfdurchmesser und demzufolge geringere Schließkräfte.

Ab einem Durchmesser von $d = 10$ mm verwendet man für Stahlniete das Warmnieten, wobei vor dem Schlagen oder Einpressen ein Erwärmen auf Hellrotglut bei ca. 1000° C erfolgt. Beim Abkühlen auf Umgebungstemperatur schrumpft der Nietschaft und erzeugt in der Verbindung eine Zugkraft, die über Schließ- und Setzkopf die Fügeteile zusammenpresst. In den Berührflächen der Fügeteile treten Reibkräfte auf, so dass warm geschlagene Niete in ihrer Wirkung vergleichbar sind mit hochfesten, vorgespannten Schrauben. Da die Schrumpfspannung der Nietlänge proportional ist, soll die Klemmlänge $\sum s < 4 \cdot d$ sein. Aufgrund der Durchmesserschrumpfung beim Abkühlen liegt der Nietschaft nicht an der Lochwandung an. Unter Belastung können also die Fügeteile gleiten, bis der Nietschaft an der Lochwandung anliegt, man spricht dann von Setzen oder Schlupf. Somit wird aus der Kraftschlussverbindung eine Formschlussverbindung wie bei der Kaltnietung. Bei dynamisch beanspruchten Nietverbindungen schlägt man deshalb zusätzlich zur Warmnietung immer einen oder zwei Niete kalt. Sollte ein Auswechseln fehlerhafter Niete erforderlich werden, so sind aufgeweitete Lochwandungen auf den nächstgrößeren Nietdurchmesser aufzureiben und mögliche Beschädigungen am Bauteil auszubessern.

Abschließend wird noch das Schließringbolzensystem vorgestellt, da es mittlerweile in vielen Anwendungen (z.B. Containerbau, Fahrzeug- und Waggonbau) die Verbindungen mit Vollniete verdrängt. Es erlaubt in Einmannarbeit das geräuscharme Setzen ohne Blechverletzungen durch Hammerschläge von bis zu 1500 Nietungen/Stunde. Zum Nieten wird der Schließringbolzen wie ein normaler Niet durch die Fügeteile gesteckt, allerdings wird der Schließkopf durch einen besonderen Schließring erzeugt. Im Gegensatz zum Vollniet weist der Schließringbolzen jedoch zusätzliche Rillen auf, in die der Schließring kalt eingepresst wird, sowie ein Zugteil mit Zugrillen für das Setzwerkzeug, Tabelle 6.3. Mithilfe des Setzwerkzeuges werden die zu fügenden Teile zusammengepresst, gleichzeitig wird der Schließring plastisch verformt und in die Schließrillen gequetscht. Bei weiterer Steigerung der Montagezugkraft reißt der Bolzen an der Sollbruchstelle ab und es entsteht eine Verbindung, die vergleichbar ist mit einer Warmnietung bzw. hochfest vorgespannten Schraubenverbindung. Da der Schließringbolzen im Vergleich zur Schraube bei der Montage nicht verdreht wird, kann er insgesamt höher vorgespannt werden. Die Auslegung einer Schließringbolzenverbindung kann sowohl als gleitfest vorgespannte Verbindung (GV) als auch bei nicht vorbehandelten Bauteiloberflächen als Scher-Lochleibungsverbindung (SL) erfolgen. Unter vorwiegend ruhender Belastung im Stahlbau und in Aluminiumkonstruktionen dürfen Schließringbolzen der Festigkeitsklasse 8.8 eingesetzt werden. Schließringbolzenverbindungen sind generell wieder lösbar mithilfe eines Schließringschneiders.

6.2.3 Verbindungsarten und Schnittigkeit

Abhängig von der Zusammenfügung der zu vernietenden Bauteile werden gemäß Abbildung 6.3 Überlappungs- und Laschennietungen unterschieden. Für die Berechnung ist die Anzahl der kraftübertragenden Nietreihen anhand des „Kraftflussverlaufes" (siehe blaue Linien in Abbildung 6.3) richtig zu bestimmen. So ist die Laschennietung in Skizze 4 in der Abbildung 6.3 zweireihig, da die angreifende Kraft F über fünf Niete und eine einschnittige Verbindung in die Lasche weitergeleitet wird. Von dort wird die Kraft dann ebenfalls über fünf Niete in das zweite Blech zurückgeleitet. Die Kraft F wird also insgesamt von jeweils fünf Niete (2 in Reihe I und 3 in Reihe II) übertragen, obwohl in der gesamten Laschennietung zehn Niete verwendet werden. Der Begriff der Schnittigkeit beschreibt die Anzahl der beanspruchten Querschnitte eines Nietes. Während die ersten vier Skizzen nur einschnittige Verbindungen darstellen, gibt die rechte Skizze in Abbildung 6.3 eine zweischnittige Verbindung wieder, die allerdings nur einreihig ist.

Aus Abbildung 6.3 wird auch deutlich, dass aus der notwendigen Überdeckung der zu verbindenden Teile bzw. der Verwendung von Laschen zur Bauteilverbindung Steifigkeitssprünge in der Struktur entstehen. Hieraus wiederum entstehen Spannungskonzentrationen, die insbesondere bei dynamischer Beanspruchung zu Rissen in der Struktur führen können. Ferner treten bei einschnittigen Verbindungen aufgrund außermittigen Kraftangriffes sowohl im Nietschaft als auch in den Bauteilen an den Stößen und Anschlüssen Biegespannungen auf, die sich durch symmetrische biegungsfreie Verbindungen (z.B. zweischnittige Doppellaschennietungen) vermeiden lassen.

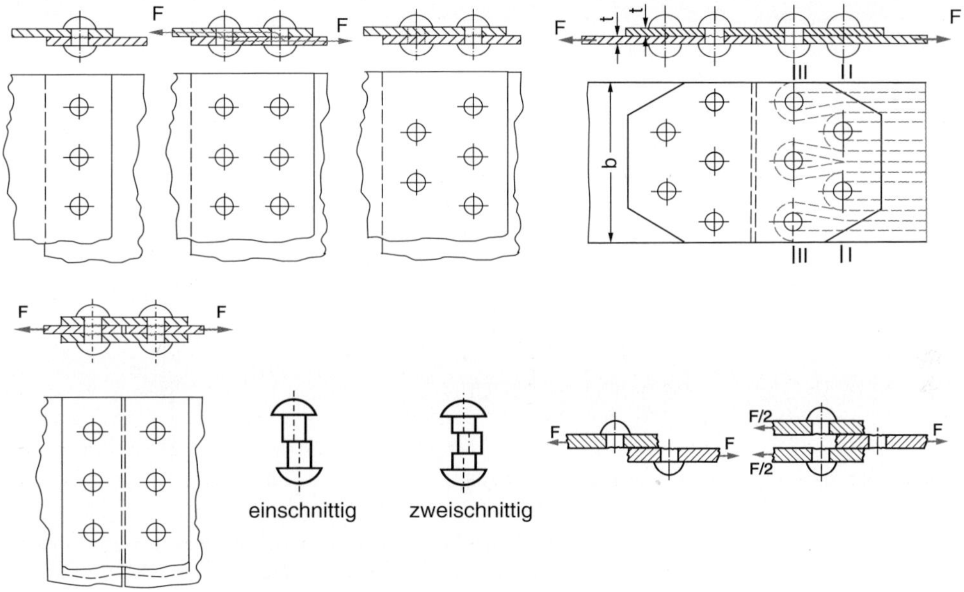

Abbildung 6.3: Nietverbindungsarten und Schnittigkeit

6.3 Gestaltung von Nietverbindungen

Grundsätzlich ist zu beachten, dass es bei Nietverbindungen physikalisch bedingt keine gleichmäßige Lastverteilung an den Niete gibt. Nachfolgend werden zur Gestaltung einer tragfähigen Nietverbindung einige allgemeine Grundregeln sowie Besonderheiten für den jeweiligen Einsatzfall vorgestellt.

Entsprechend den Anforderungen der zu verbindenden Bauteile sind die Niete in ihren Abmessungen, ihrer Anordnung und ihrem Werkstoff anzupassen. Nach Möglichkeit verwendet man gleiche oder sich ähnlich verhaltende Werkstoffe, damit die Verbindung weder durch ungleiche Wärmedehnung der Fügeteile noch durch elektrochemische Korrosion zerstört wird, da die Potentialdifferenz zwischen Niet und zu verbindenden Bauteilen zu groß ist.

Kleine Bohrungen führen zwar zu einer geringeren Bauteilschwächung als große Bohrungen, jedoch erzeugen sie eine große Kerbwirkung bzw. Spannungskonzentration. Ferner führen die unvermeidbaren Umlenkungen des „Kraftflusses", Verformungen unter Belastung sowie Fertigungsabweichungen zu ungleichförmiger Spannungsverteilung mit Spannungsspitzen in Bauteil und Niet, die gerade die dynamische Festigkeit der Verbindung stark herabsetzen. Dabei werden generell die Blechquerschnitte in der ersten und letzten Reihe am höchsten beansprucht. In Kraftrichtung dürfen deshalb je Verbindung nur sechs (bei wechselnder Belastung nur fünf) Nietreihen hintereinander angeordnet werden. Bei Al-Legierungen sind sogar nur dreireihige, bei Titanlegierungen zweireihige Nietverbindungen üblich. Bei dynamischen Belastungen der Verbindungen sind mehr Nietreihen nachteilig. Abbildung 6.4 verdeutlicht diesen Zusammenhang durch die Modellvorstellung eines mit Schrauben befestigten Gummibandes auf einer Holzleiste. Der rechte Teil der Abbildung 6.4 zeigt schematisch die Verteilung der Nietkräfte in einem Überlappungsstoß.

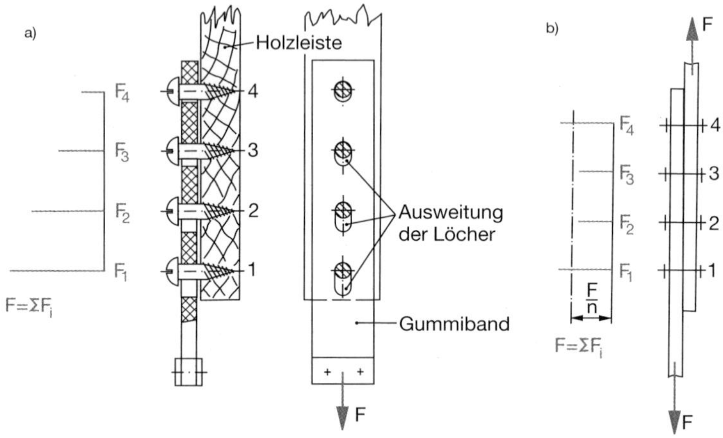

Abbildung 6.4: Ungleiche Kraftverteilung in Scherverbindungen

Da ein einzelner Niet wie ein Drehgelenk wirkt, sind für eine nicht bewegliche Verbindung mindestens zwei Niete nebeneinander oder in Reihe anzuordnen. Üblicherweise wird man aus Gründen der kostengünstigen Fertigung eine Nietkonstruktion mit gleichen Nietbohrungsdurchmessern versehen. Die erforderliche Nietzahl (ganzzahlig) ergibt sich bei bekanntem Nietdurchmesser gemäß Tabelle 6.7 abhängig von der maximal ertragbaren Scherspannung $\tau_{a,zul}$ bzw. vom maximal ertragbaren Lochleibungsdruck $\sigma_{a,zul}$.

Zur Vermeidung des Auseinanderklaffens oder sogar Aufreißens der zu verbindenden Bauteile sind bestimmte Mindest- und Höchstwerte für Nietteilungen und Randabstände der Nietbohrungen einzuhalten. Zur Bestimmung des minimalen Randabstandes e_1 (s.a. Abbildung 6.1) siehe ebenfalls Tabelle 6.7. Alternativ lassen sich die Abstände e_i (s.a. Abbildung 6.1) in Abhängigkeit von den jeweiligen Normen aus Tabelle 6.8 entnehmen.

$n_s \geq \dfrac{F}{\tau_{s,zul} \cdot n \cdot A}$ (6.14)	$n_l \geq \dfrac{F}{\sigma_{l,zul} \cdot d \cdot s_{min}}$ (6.15)	$e_1 \geq \dfrac{F}{\tau_{s,zul} \cdot n \cdot 2 \cdot s_{min}}$ (6.16)

F	Von der Nietverbindung zu übertragende Kraft in N in Abhängigkeit vom Lastfall
d	Durchmesser des geschlagenen Nietes in mm
n	Anzahl der Kraft übertragenden Niete
s_{min}	Kleinste Bauteildicke in mm
$\tau_{s,zul}$	Zulässige Schubspannung im Bauteil bzw. im Niet in N/mm^2
$\sigma_{l,zul}$	Zulässiger Lochleibungsdruck im Bauteil bzw. im Niet in N/mm^2

Tabelle 6.7: Erforderliche Nietanzahl und Randabstand

Um Knotenbleche und Laschen möglichst klein ausführen zu können, werden die Lochabstände in Stößen und Anschlüssen an der unteren Grenze gewählt. Bei Winkelstählen sind die gegenüberliegenden Niete in den Schenkeln meistens versetzt anzuordnen, damit ausreichend Platz für den Kopfmacher bleibt. Generell vermeidet man Zugbeanspruchungen von Nietverbindungen.

	Stahlbau DIN 18800			**Kranbau DIN 15018**		**Leichtmetallbau DIN 4113**	
	min	max [1]		min	max [1]	min	max
Lochabstand e_2	$2{,}2\,d$ [2), 3)] $2{,}4\,s$ [3), 4)]	Druck $6\,d$ $12\,s$	Zug $10\,d$ $20\,s$	$3\,d$	$6\,d$ [5] $12\,s$	$3\,d$	$15s$
Randabstand in Kraftrichtung e_1	$1{,}2\,d$ [6]	$3\,d$ $6\,s$		$2\,d$	$4\,d$ $8\,s$	$2\,d$	$10\,s$
Randabstand senkrecht zur Kraftrichtung e_3	$1{,}2\,d$ [6]	$3\,d$ $6\,s$		$1{,}5\,d$	$4\,d$ $8\,s$	$1{,}5\,d$	$10\,s$

1) Kleinerer Wert ist maßgebend
2) In Kraftrichtung
3) Bei gestanzten Löchern $3{,}0\,d$
4) Senkrecht zur Kraftrichtung
5) Abweichungen nach Art und Wichtigkeit der Verbindung möglich
6) Bei gestanzten Löchern $1{,}5\,d$

Tabelle 6.8: Loch- und Randabstände für Nietkonstruktionen entsprechend den gültigen Normen für Stahlbau, Kranbau und Aluminiumkonstruktionen (s.a. Abbildung 6.1)

6.3.1 Maschinen- und Gerätebau

Im Maschinen- und Gerätebau verwendet man Niete überwiegend zur Befestigung und Verbindung von gering belasteten oder schweißungeeigneten Konstruktionselementen (s.a. Tabellen 5.3 bis 5.5):

- Verbindung nichtmetallischer Werkstoffe untereinander oder mit Metallen, z.B. durch Riemenniete, Hohlniete usw.
- Verbindung empfindlicher, weicher oder spröder Werkstoffe (Gummi, Kunststoffe, Keramiken), durch Hohl- oder Rohrniete
- Befestigung teurer Schneidstoffe auf Baustahlträgern, z.B. HSS-Zahnsegmente auf Stammblättern durch Senkniete bei Kreissägen
- Verbindung von Kettengliedern u.a. gelenkartigen Verbindungen, z.B. durch Nietstifte
- Sonderniete als Blindniete und Schließringbolzen

Stirnnietungen gemäß Abbildung 6.5 verwendet man zur stirnseitigen Befestigung von Elementen an Achsen oder Stäben. In Abbildung 6.5 ist auch der Einsatz von Nietstiften nach DIN 7341 zum Anstauchen von zwei Flach- oder Senkköpfen dargestellt.

Alle diese Nietverbindungen werden meist nach konstruktiven Gesichtspunkten gestaltet und bemessen.

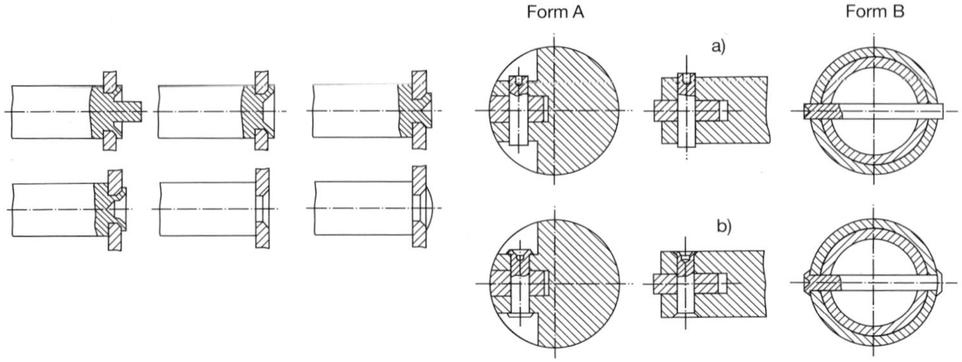

Abbildung 6.5: Stirnnietungen an Rundstäben (links) und Nietstifte nach DIN 7143 (rechts), a) vor dem Nieten, b) nach dem Nieten

6.3.2 Stahl- und Kranbau

Bis zur sicheren Beherrschung des Schweißens war das Standardverbindungsmittel im Stahl- und Kranbau (und auch im Schiffbau) das Nieten. Aufgrund der guten Festigkeit qualitativ hochwertiger Nietungen findet man bei vielen alten Konstruktionen noch heute Nietverbindungen. Viele Grundregeln für die Anordnung von Nieten im Stahl-, Kran- und Brückenbau gelten sinngemäß auch für die heute üblicherweise zum Einsatz gelangenden Passschrauben bei Montagestößen großer Bauteile.

Bei Fachwerkkonstruktionen sollten die Schwerelinien der Stäbe mit den Systemlinien, die sich in den Fachwerkknoten schneiden, und den Schwerelinien der Niete zusammenfallen. Elastische Knotenbleche und zusätzliche Beiwinkel sorgen dafür, dass die Kraftübertragung beim Einsatz von bis zu maximal fünf Nieten gleichmäßig verläuft, Abbildung 6.6. Die verwendeten Nietformen ergeben sich aus den Tabellen 6.3 bis 6.5.

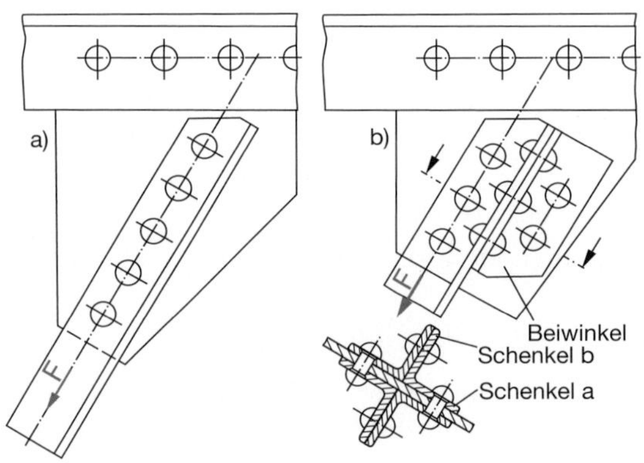

Abbildung 6.6: Anschluss eines Kraftstabes und Einsatz eines Beiwinkels

6.3.3 Leichtbau, Fahrzeug- und Flugzeugbau

Im Bereich des Leicht-, Fahrzeug- und Flugzeugbaus setzt man bevorzugt Nietverbindungen ein, da die Festigkeit ausgehärteter oder kalt verfestigter Aluminiumlegierungen durch Wärme-Eintrag beim Schweißen herabgesetzt wird oder aber Schweißverzug auftritt. Ebenso lassen sich durch Nieten die schweißungeeigneten AlCuMg- und AlZnMgCu-Legierungen sowie verschiedenartige Leichtbauwerkstoffe miteinander verbinden. Trotz der hohen Kerbwirkung durch die Nietbohrungen sind Nietverbindungen im Leichtmetallbau haltbarer als Schweißverbindungen.

Die Form der verwendeten Aluminiumniete entspricht den im Stahlbau eingesetzten Nietformen (s.a. Tabellen 6.3 bis 6.5). Häufig nutzt man jedoch als Schließkopf den Tonnen- oder Flachkopf, da er geringere Schließkräfte benötigt und das ansonsten genaue Einhalten einer bestimmten Nietschaftlänge nicht erforderlich ist. Eine noch bessere Zentrierung und Anpressung erreicht man mit dem Kegelspitzkopf, jedoch benötigt man einen entsprechend geformten Kopfmacher sowie größere Schließkräfte. Als Werkstoff kommen vor allem für hoch belastete Strukturen Al/Cu-Legierungen im ausgehärteten Zustand zum Einsatz. Vor der Verarbeitung werden sie lösungsgeglüht und abgeschreckt. Danach sind sie innerhalb von zwei Stunden zu schlagen, da anschließend eine Aushärtung mit entsprechender Festigkeitssteigerung eintritt. Im Flugzeugbau werden Niete auch unter Presspassung eingesetzt, indem sie vor dem Einstecken unterkühlt werden. Beim Erwärmen auf Raumtemperatur dehnen sie sich aus und verpressen sich mit der entsprechend tolerierten Nietbohrung. Dann erst wird der Schließkopf geschlagen. Unterzieht man eine derartige, dynamisch hoch belastbare Verbindung einer Festigkeitsprüfung, so muss zuerst das Blech versagen. Bei Triebwerken von Flugzeugen verwendet man für warmfeste Verbindungen Titanniete. Beispiele von Nietverbindungen im Flugzeugbau zeigt Abbildung 6.7. Die Ausführung von Nietverbindungen im Flugzeugbau ist in den Luftfahrt-Normen geregelt [6.19], [6.20], [6.21], [6.22]. Zur Reparatur defekter Verbindungen im Flugzeugbau wird der defekte Niet ausgebohrt und nach evtl. Nachbearbeitung der Bohrung wird ein Reparaturniet mit Übermaß eingesetzt.

Generell werden Aluminiumniete nur kalt geschlagen oder eingepresst. Wegen der Gefahr des Versagens durch elektrochemische Korrosion sollten Niete und Bauteile aus gleichen oder gleichartigen Werkstoffen bestehen. Bei schwer oder gar nicht zugänglicher Schließkopfseite werden Blindniete eingesetzt, die sich im Übrigen auch bei normalen Nietarbeiten schnell und sicher verarbeiten lassen.

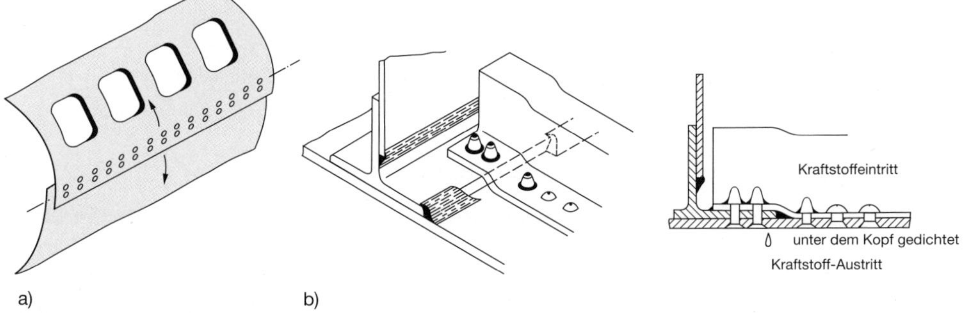

Abbildung 6.7: Nietverbindungen im Flugzeugbau, a) Längsstoß mit zweireihiger Titannietung, b) Abdichtung von Tankdichtnieten

6.3.4 Korrosionsschutz

Sind die chemischen Eigenschaften der Aluminiumlegierungen auf die Umgebungseinflüsse abgestimmt, so erübrigen sich bei offenen, leicht zugänglichen Konstruktionen zusätzliche Schutzmaßnahmen. In den meisten Anwendungsfällen sind jedoch die folgenden Korrosionseinflüsse konstruktiv zu berücksichtigen:

- An Überlappungs- und Verbindungsstellen kommt es in engen Spalten (0,05 ... 0,4 mm) durch örtliche Unterschiede in der Sauerstoffkonzentration zur Spaltkorrosion. Diese ist fast unabhängig von der Werkstoffbeständigkeit und tritt bei allen Metallen unter Einfluss von Feuchtigkeit in Spalten auf. Zur Vermeidung dienen Gesamtanstriche, die den Feuchtigkeitszutritt unterbinden sollen.
- Die Bildung von Kondenswasser auf Metalloberflächen in geschlossenen oder schlecht belüfteten Bauteilen infolge von Taupunktunterschreitung führt zur Schwitzwasserkorrosion. Unvermeidbare Hohlräume oder Hohlprofile sind deshalb wasserdicht zu verschließen.
- Unter Einwirkung eines geeigneten Elektrolyten (Feuchtigkeit) kommt es beim Verbund von Bauteilen aus unterschiedlichen Werkstoffen – insbesondere wenn große Potentialunterschiede vorliegen – zur Kontaktkorrosion. Zur Vermeidung sind geeignete Isolierungsmaßnahmen zur Unterbrechung des metallisch leitenden Kontaktes vorzunehmen (z.B. Beschichtungen aus Zinkchromat, Bitumen oder eingelegte Isolierpasten).

Abbildung 6.8 zeigt beispielhaft Isolierungsmaßnahmen bei der Verbindung von Bauteilen aus Stahl und Aluminium mit Stahl- und Aluminiumnieten. Eine Isolierung des Nietschaftes gegenüber der Bohrung ist nicht erforderlich, da das Wasser als Elektrolyt kaum dorthin gelangen wird. Die weiteren Maßnahmen sind im Bild erläutert, abschließend ist die Nietverbindung mit einem Schutzanstrich zu versehen. Genauere Anweisungen zum Korrosionsschutz sind auch in DIN 4113 enthalten [6.10].

1 Bauteile aus Aluminium 2 Isolierende Zwischenschicht 3 Bauteile aus Stahl 4 Stahlniet	5 Verzinkte oder kadmierte Unterlegscheibe 6 Aluminiumniet 7 Verzinkte Unterlegscheibe

Abbildung 6.8: Isolierungsmaßnahmen bei der Vernietung von Aluminium und Stahl nach [6.30]

6.4 Festigkeit von Nietverbindungen

Zur Ermittlung der Festigkeit einer Nietverbindung ist die Beanspruchung der Niete und Bauteile aufgrund der äußeren Lasten zu vergleichen mit der Beanspruchbarkeit der Niete und der verbundenen Bauteile. Ungeachtet der eigentlich inhomogenen Spannungsverteilung zwischen Bauteil und Niet einerseits sowie der ungleichmäßigen Kraftübertragung bei hintereinander angeordneten Nietreihen andererseits, wird die Festigkeit einer Nietverbindung unter der Annahme gleichmäßiger Spannungsverteilung in Bohrung und Querschnitt auf der Grundlage von Nennspannungen nachgewiesen, Abbildung 6.9.

Sämtliche Unsicherheiten aus den oben beschriebenen Einflüssen werden in der Beanspruchbarkeit (also den ertragbaren Spannungen) berücksichtigt, da die meisten Werte aus Festigkeitsversuchen an den entsprechenden Verbindungen (und Nietbildern) gewonnen wurden. Für die beanspruchungsgerechte Auslegung einer Nietverbindung ist es deshalb erforderlich, dass die den Versuchen zugrunde liegenden Randbedingungen (z.B. minimale Randabstände, maximale Anzahl der Nietreihen – siehe auch Abschnitt 6.3) eingehalten werden. Zur Berechnung der übertragbaren Kraft senkrecht zur Nietachse wird ausschließlich die Beanspruchung auf Abscheren im Niet (τ_s) sowie auf Lochleibung zwischen dem Niet und der Lochwand des zu verbindenden Bauteiles (σ_l) herangezogen.

Dynamisch belastete Nietverbindungen sind aufgrund der inhomogenen Spannungsverteilung besonders schwingbruchanfällig. Im Flugzeugbau entstehen z.B. 70 % der Ermüdungsschäden im Randbereich der Nietbohrungen. Zur Steigerung der Schwingfestigkeit von Nietverbindungen haben sich mit Übermaß eingepasste Befestigungselemente hoher Klemmkraft bewährt (z.B. Schließringbolzen). Die größere Klemmkraft erlaubt eine bessere Kraftübertragung durch Reibschluss zwischen den zu nietenden Teilen bei gleichzeitiger Minderung der Spannungskonzentrationen an den Bohrungsrändern. Ovale Verformungen der Bohrungen werden durch den Presssitz behindert und an den Rändern entstehen günstige radiale Druckspannungen. Derartige Druckspannungen können auch durch plastisches Aufweiten (Aufdornen) der Bohrungen oder durch örtliches Kaltverformen erzeugt werden. Generell lassen sich durch solche künstlich erzeugten und überlagerten Druckspannungen die Lastspannungen (Zugspannungen) reduzieren, was eine Steigerung der Dauerfestigkeit mit sich bringt.

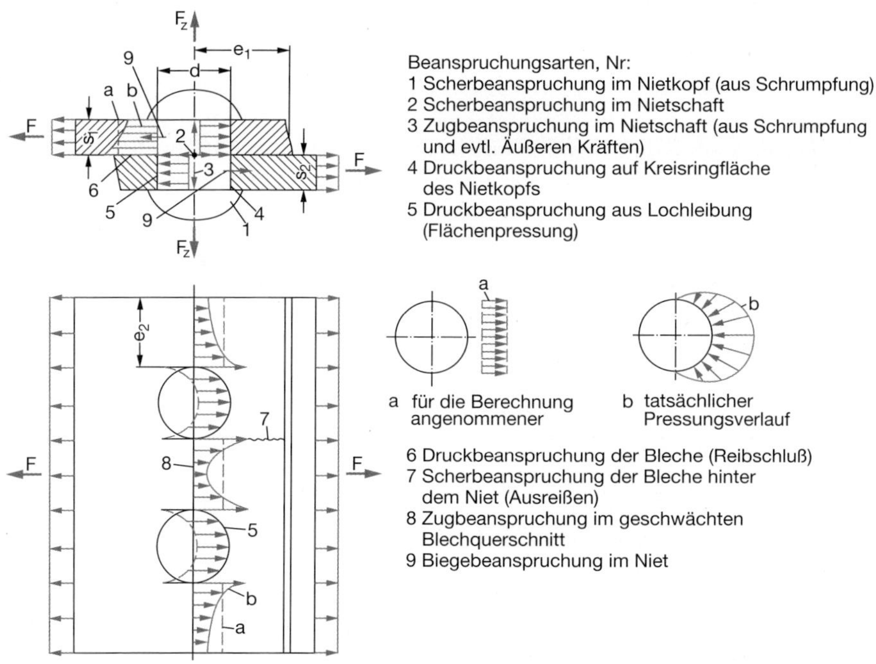

Abbildung 6.9: Tatsächliche und angenommene Beanspruchungsarten an einer Nietverbindung nach [6.29]

6.4.1 Kräfte in Nietverbindungen

Zur Ermittlung der Beanspruchung in der Nietverbindung ist zunächst die im Niet wirkende Gesamtkraft F zu bestimmen, die sich aus einem Reibanteil F_1 (überwiegt bei Warmnietung) und einem durch Scherung des Nietschaftes entstehenden Anteil F_2 (überwiegt bei Kaltnietung) zusammensetzt:

$$F = F_1 + F_2 = \mu \cdot F_N + F_2 = \mu \cdot \sigma_N \cdot A + \tau_S \cdot A = \left(\mu \cdot \sigma_N + \tau_S\right) \cdot \frac{\pi \cdot d^2}{4} \tag{6.17}$$

Da die Lochleibung zum Aufweiten der Bohrung und Hochquetschen der Lochränder führen kann, tritt beim Kaltnieten eine zusätzliche Zugkraft F_z im Niet auf, die wiederum den Reibanteil F_1 erhöht. Unabhängig von einer Kalt- oder Warmnietung verwendet man deshalb für die praktische Auslegung eines Niets die Gesamtkraft F. Diese Kraftübertragung über beide Anteile lässt sich auch in einem Zugversuch, z.B. an einer einreihigen Doppellaschen-Nietverbindung, nachweisen. Gemäß Abbildung 6.10 wird bei Warmnietung zunächst die Kraft über Reibschluss übertragen.

Wird mit zunehmender Kraft der Reibschluss unterbrochen, so erfolgt die Kraftübertragung durch Scherbeanspruchung des Niets (Stelle a). Zusätzlich wirkt in dieser Verbindung auch noch ein Biegemoment der Größe $M_b = F \cdot t$, wobei die resultierende Biegespannung jedoch durch den Reibungseinfluss gemindert wird.

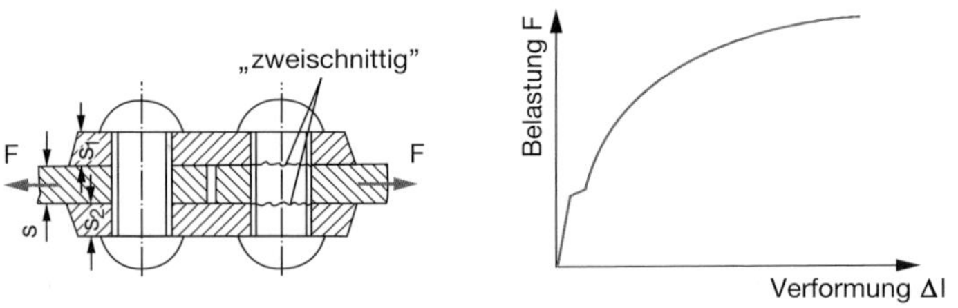

Abbildung 6.10: Zugversuch an einer einreihigen Doppellaschenverbindung – Belastungs-Verformungsverhalten nach [6.29]

Um die jeweils wirkende Maximalkraft in einem Niet zu ermitteln, bedarf es gerade bei Verbindungen mit mehreren Niete zusätzlicher Überlegungen. Abbildung 6.11 zeigt den einfachsten Fall eines Momentanschlusses mit zwei Niete.

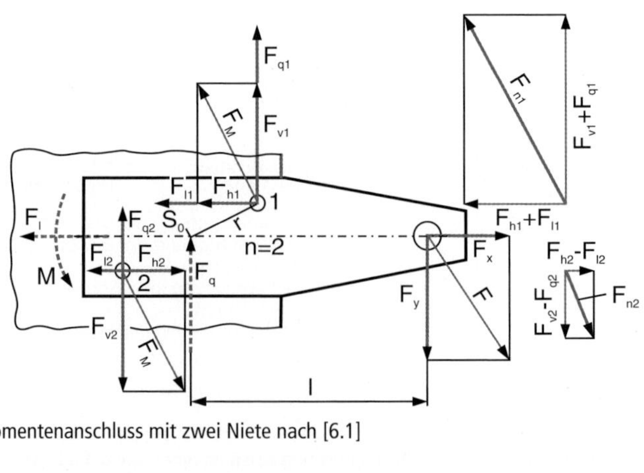

Abbildung 6.11: Momentenanschluss mit zwei Niete nach [6.1]

Aufgrund der an der rechten Bohrung angreifenden Kraft F wirkt insgesamt ein Drehmoment M auf die angenietete Lasche, wobei S_0 als Schwerpunkt der beiden Niete 1 und 2 den Momentanpol darstellt. Aus dem Momentengleichgewicht um S_0 folgt mit $n = 2$ als Anzahl der Niete:

$$M = F_y \cdot l = n \cdot F_M \cdot r \tag{6.18}$$

Die Kräfte F_M an den Nieten lassen sich noch in Horizontal- und Vertikalkomponenten F_h und F_v zerlegen. Darüber hinaus muss die Nietgruppe noch die Querkraft $F_q = F_y$ und die Längskraft $F_l = F_x$ übernehmen. Unter der Annahme einer gleichmäßigen Lastverteilung auf n Niete übernimmt jeder Niet den Anteil $F_{qi} = F_q/n$ und $F_{li} = F_l/n$. Damit greifen dann an jedem Niet i die vier Kraftkomponenten F_{vi}, F_{hi}, F_{qi}, und F_{li} an, die vektoriell zu addieren sind. Im vorliegenden Fall greift die größte Kraft an Niet 1 an:

$$F_{\max} = F_{n1} = \sqrt{\left(F_{v1} + F_{q1}\right)^2 + \left(F_{h1} + F_{l1}\right)^2} \tag{6.19}$$

In Erweiterung dieses einfachen Anschlusses zeigt Abbildung 6.12 einen typischen Nietanschluss aus dem Stahlbau mit zwei Nietgruppen zu vierzehn Niete (Gruppe 1) und zu zwölf Niete (Gruppe 2).

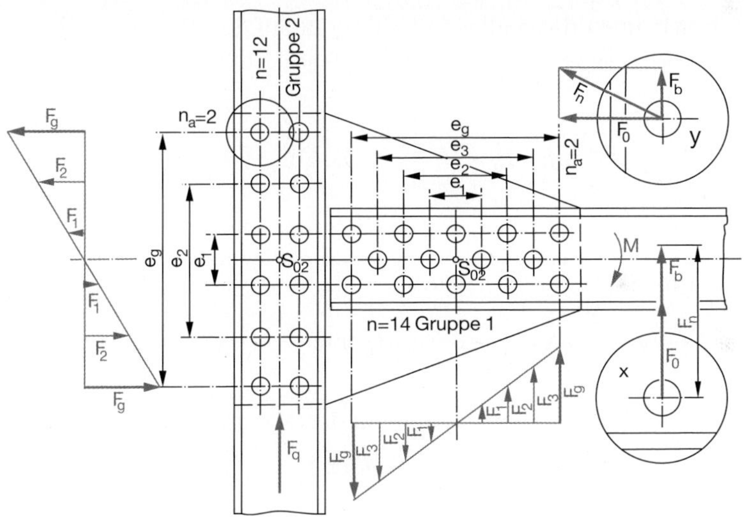

Abbildung 6.12: Momentenanschluss mit zwei Nietgruppen nach [6.1]

Das jeweils übertragbare Moment je Gruppe ergibt sich zu:

$$M \approx F_1 \cdot e_1 + F_2 \cdot e_2 + \ldots + F_g \cdot e_g \tag{6.20}$$

Ferner gilt:

$$\frac{F_1}{e_1} = \frac{F_2}{e_2} = \cdots = \frac{F_g}{e_g} \tag{6.21}$$

Durch Einsetzen folgt für das Moment M ein Zusammenhang zwischen den Lochabständen e_i und der Maximalkraft F_g am Rand der Nietgruppe, woraus sich F_g ermitteln lässt:

$$M \approx F_g \cdot \frac{\left(e_1^2 + e_2^2 + \ldots + e_g^2\right)}{e_g} \tag{6.22}$$

$$F_g \approx M \frac{e_g}{\sum e^2} \tag{6.23}$$

Hierin bezeichnen:

F_g Von den äußersten Niete dem Biegemoment entgegengesetzte Reaktionskraft in N
M Moment im Schwerpunkt S_0 der betreffenden Nietgruppe in Nmm
e Nietabstände symmetrisch zum Schwerpunkt S_0 der Nietgruppe in mm
e_g Größter Nietabstand in der Nietgruppe in mm

Mit n_a als Anzahl der Niete (zwei im vorliegenden Fall) folgt für den Niet an der Stelle x:

$$F_a = \frac{F_g}{n_a} = \frac{F_g}{2} \tag{6.24}$$

Sollte jedoch, wie im vorliegenden Fall, die Kraft auf den Niet in der davor liegenden Reihe größer sein, so ist entsprechend diese größere Kraft auf den Niet zur Berechnung zu verwenden:

$$\text{Wenn} \quad F_3 > \frac{F_g}{n_a} = \frac{F_g}{2} \quad \text{so gilt: } F_a = F_3 \tag{6.25}$$

In Analogie zu Abbildung 6.11 muss jede Nietgruppe noch den Querkraftanteil F_q aus der belastenden Kraft F übernehmen. Bei gleichmäßigem Tragverhalten von n Niete in jeder Gruppe gilt:

$$F_b = \frac{F_q}{n} \tag{6.26}$$

Damit lassen sich dann die Maximalkräfte in den Nietgruppen wie folgt bestimmen:

$$\text{Nietgruppe 1: } F_{max1} = F_n = F_a + F_b \tag{6.27}$$

$$\text{Nietgruppe 2: } F_{max2} = F_n = \sqrt{F_a^2 + F_b^2} \tag{6.28}$$

Mit der jeweiligen Maximalkraft ist dann die Nietverbindung auf Abscheren und Lochleibung zu rechnen. Des Weiteren ist die Festigkeit der gebohrten Querschnitte – hier unter Biegebeanspruchung – nachzuweisen, wobei die Schwächung durch die Nietlöcher zu berücksichtigen ist.

6.4.2 Berechnung der Beanspruchungen in Nietverbindungen

Ausgehend von den einwirkenden Kräften lassen sich nun gemäß Tabelle 6.9 die Beanspruchungen in der Nietverbindung, bestehend aus den zu verbindenden Bauteilen und den Niete, ermitteln.

Zug-Druck-Spannung $\sigma_{z,d}$ im kritischen Bauteilquerschnitt [1)]

Zugstäbe	**Kurze Druckstäbe**	**Lange Druckstäbe (l > 20)**
$\sigma_z = \frac{F}{A_{red}} \leq \sigma_{z,zul}$ (6.29)	$\sigma_d = \frac{F}{A_{red}} \leq \sigma_{d,zul}$ (6.30)	$\sigma_d = \frac{F \cdot \omega}{A_{red}} \leq \sigma_{d,zul}$ (6.31)
$A_{red} = A - n_{krit} \cdot d \cdot s$ (6.32)	$A_{red} = A$ (6.33)	

Scherspannung τ_s im kritischen Blechquerschnitt hinter dem Niet [1)]

$$\tau_s = \frac{F}{2 \cdot n_{krit} \cdot \left(e_1 - \frac{d}{2}\right) \cdot s_{min}} \leq \tau_{s,zul} \qquad (6.34)$$

Scherspannung τ_s, Lochleibungsdruck σ_l und Zugspannung σ_z im Niet [1)]

$\tau_s = \frac{F}{n_{krit} \cdot m \cdot \frac{\pi \cdot d^2}{4}} \leq \tau_{s,zul}$ (6.35)	$\sigma_l = \frac{F}{n_{krit} \cdot d \cdot s_{min}} \leq \sigma_{l,zul}$ (6.36)	$\sigma_z = \frac{F_z}{\frac{\pi \cdot d^2}{4}} \leq \sigma_{z,zul}$ [2)] (6.37)

F Von der Nietverbindung zu übertragende Kraft in N in Abhängigkeit vom Lastfall
ω Knickzahl, hängt vom Schlankheitsgrad und Werkstoff ab (s.a. Abschnitt 2.3.7)
A_{red} Kritischer Querschnitt des Bauteiles abzüglich der Bohrungsquerschnitte in mm^2
A Kritischer Querschnitt des Bauteiles einschließlich der Bohrungsquerschnitte in mm^2
d Durchmesser des geschlagenen Nietes in mm
e_1 Randabstand in Kraftrichtung (s.a. Abbildung 6.1 und Tabelle 6.8)
n_{krit} Kritische Anzahl der Kraft übertragenden Niete
m Anzahl der Scherfugen, $m = 1$ bei einschnittiger Verbindung, $m = 2$ bei zweischnittiger Verbindung
s_{min} Minimum der Bauteildicken s_1 oder s_2 in mm bei einschnittiger Verbindung oder Minimum der Bauteildicken s oder $s_1 + s_2$ bei zweischnittiger Verbindung. Bei Senknietverbindungen wird nur der zylindrische Teil des Niets berücksichtigt $0{,}8 \cdot s$ oder s_s (s.a. Abbildung 6.2).

1) Bei dynamischen Beanspruchungen sind die Spannungen σ und τ mit dem Index a (Ausschlag) zu versehen. Entsprechend sind dann auch die zulässigen dynamischen Spannungen $\sigma_{a,z,zul}$, $\sigma_{a,d,zul}$, $\sigma_{a,l,zul}$ und $\tau_{a,s,zul}$ zu verwenden, siehe hierzu auch Abschnitt 6.4.3.
2) Zugspannungen im Nietschaft aus äußeren Kräften nach Möglichkeit konstruktiv vermeiden

Tabelle 6.9: Maßgebliche Bauteil- und Nietbeanspruchungen einer Nietverbindung

Dabei sind sowohl Zug-Druck-Spannungen $\sigma_{z,d}$ im kritischen Bauteilquerschnitt – dieser wird bei Zugbelastung als durch die Bohrungen geschwächt angenommen – als auch Scherspannungen τ_s im ungeschwächten Querschnitt hinter dem Niet zu bestimmen. Die Nachrechnung der Scherspannung τ_s im Bauteil kann entfallen, wenn die Loch- und Randabstände gemäß Tabelle 6.8 eingehalten werden, da dann nicht davon auszugehen ist, dass die Löcher ausreißen. Darüber hinaus unterscheidet man noch – insbesondere im Stahlbau – Zugstäbe und Druckstäbe, die nochmals in Abhängigkeit vom Schlankheitsgrad λ in kurze und lange Druckstäbe unterteilt werden. Während bei Bauteilen aus Stahl die Lochleibung nicht geprüft werden muss – hier ist nur der Lochleibungsdruck am Niet als maßgebend nachzuweisen –, ist bei Leichtmetallbauteilen die Lochleibung am Bauteil und am Niet zu berechnen. Bei den Nieten sind die Scherbeanspruchung τ_s, der Lochleibungsdruck σ_l und evtl. eine auftretende Zugspannung σ_z (die nach Möglichkeit konstruktiv zu vermeiden ist) nachzurechnen.

6.4.3 Beanspruchbarkeit einer Nietverbindung

Die im vorherigen Abschnitt ermittelten Beanspruchungen sind nun im Rahmen eines Festigkeitsnachweises mit der Beanspruchbarkeit zu vergleichen. Abhängig vom Anwendungsgebiet – Allgemeiner Maschinenbau, Kranbau, Stahlbau, Brückenbau und Flugzeugbau – sind die jeweils gültigen Normen zu berücksichtigen. Während aus physikalischen Gründen die Berechnung der Kräfte und Beanspruchungen in allen Fällen gleich ist, versucht man den jeweiligen Einsatzfällen mit unterschiedlichen zulässigen Spannungen auf der Beanspruchbarkeitsseite gerecht zu werden.

Im Stahlbau und Kranbau gelten hier die Normen DIN 18800 und DIN 15018 [6.17], [6.18]. Ungeachtet dynamischer Belastungen wird der Nachweis zunächst für vorwiegend ruhende Belastungen geführt. Man unterscheidet hier den Lastfall *H* (Hauptlasten), der die ständige Last, die Verkehrslast und die freien Massenkräfte von Maschinen umfasst. Die zulässigen Spannungen (also die Beanspruchbarkeit) beinhalten einen Sicherheitsbeiwert von 1,7 (wenn kein Knicken möglich 1,5) gegen die Streckgrenze. Der Lastfall *HZ* (Haupt- und Zusatzlasten) berücksichtigt zusätzlich zu den oben beschriebenen Hauptlasten die Windlasten und Bremskräfte, die Wärmewirkung und Seitenkräfte als Zusatzlasten. In diesem Fall beinhalten die zulässigen Spannungen (also die Beanspruchbarkeit) einen Sicherheitsbeiwert von 1,5 (wenn kein Knicken möglich 1,33) gegen die Streckgrenze. Darüber hinaus gibt es noch Sonderlastfälle *S*, auf die hier nicht weiter eingegangen werden soll (siehe z.B. DIN 15018, 18800). Der Nachweis ist für den ungünstigeren der beiden Lastfälle zu führen. Zusätzliche dynamische Belastungen (siehe auch Kapitel 2) erfasst man im Stahlbau durch einen so genannten Eigenlastbeiwert, im Kranbau mithilfe des Hublastbeiwertes.

In Ermangelung eigener Richtlinien für den allgemeinen Maschinen- und Fahrzeugbau nutzt man hier für die meisten Anwendungen die DIN 15018 aus dem Kranbau, da insbesondere der Betriebsfestigkeitsnachweis die Berücksichtigung dynamischer Beanspruchungen erlaubt. Formal gilt der Nachweis für Bauteile ab 2 mm Dicke aus S235 und S355 und für Halbrundniete nach DIN 124 und DIN 660 ab 6 mm Durchmesser. Tabelle 6.10 fasst die zulässigen Wechselspannungen $\sigma_{w,zul}$ für gelochte Bauteile aus S235 und S355 zusammen. Bei schwellender Belastung gelten die 1,6-fachen Werte ($\sigma_{sch,zul} = 1{,}6 \cdot \sigma_{w,zul}$). Ausgehend von diesen zulässigen Bauteilspannungen lassen sich dann auch für ein- und mehrschnittige Verbindungen die zulässigen Scherspannungen $\tau_{a,zul}$ und Lochleibungsdrücke $\sigma_{l,zul}$ ermitteln. Die Berücksichtigung der Betriebsweise bei der zu übertragenden Kraft erfolgt durch Multiplikation mit dem

Anwendungsfaktor k_A gemäß Kapitel 1. Hinsichtlich der Werkstoffauswahl ist zu beachten, dass im Gebiet der Dauerfestigkeit (über $2 \cdot 10^6$ Lastspiele) die zulässigen Spannungen einer vorliegenden starken Kerbwirkung fast unabhängig von der statischen Werkstofffestigkeit sind. Demzufolge ist die Wahl eines höherfesten Werkstoffes nur im Bereich der Zeitfestigkeit lohnend. Zulässige Bauteilspannungen im Maschinenbau für statische und dynamische Belastungen sind in Tabelle 6.11 zusammengestellt.

Häufigkeit der Höchstlast	**Gesamte Anzahl der vorgesehenen Spannungsspiele**							
	über $2 \cdot 10^4$ bis $2 \cdot 10^5$		über $2 \cdot 10^5$ bis $6 \cdot 10^5$		über $6 \cdot 10^5$ bis $2 \cdot 10^6$		über $2 \cdot 10^6$	
	Gelegentliche, nicht regelmäßige Benutzung mit langen Ruhezeiten		Regelmäßige Benutzung bei unterbrochenem Betrieb		Regelmäßige Benutzung im Dauerbetrieb		Regelmäßige Benutzung im angestrengten Dauerbetrieb	
Werkstoff	S235	S355	S235	S355	S235	S355	S235	S355
Selten	168	199	141	161	118	129	100	104
Mittel	141	161	119	129	100	104	84	84
Ständig	119	129	100	104	84	84	84	84

Tabelle 6.10: Zulässige Wechselspannungen $\sigma_{w,zul}$ in N/mm^2 für gelochte Bauteile aus S235 und S355 nach DIN 15018 [6.17]

Bauteilwerkstoff		**S235**		**S355**		**Höherfeste Stähle**	
Beanspruchung		**statisch**	**dynamisch**	**statisch**	**dynamisch**	**statisch**	**dynamisch**
Zulässige Spannung $[N/mm^2]$	$\sigma_{z,zul}$ $\sigma_{a,z,zul}$	160	80	240	120	$R_p / 1{,}5$	120
	$\sigma_{d,zul}$ $\sigma_{a,d,zul}$	140	70	210	105	$R_p / 1{,}8$	105
	$\tau_{s,zul}$ $\tau_{a,s,zul}$	92	46	138	69	$R_p / 2{,}6$	69
Für Stähle und Gusswerkstoffe gilt im statischen Fall (bei dynamischer Beanspruchung ist $\sigma_{a,z,zul}$ einzusetzen)							
Zulässige Lochleibung: $\sigma_{l,zul} = 2{,}0 \cdot \sigma_{z,zul}$				Zulässige Scherspannung: $\tau_{s,zul} = 1{,}0 \cdot \sigma_{z,zul}$			

Tabelle 6.11: Zulässige Bauteilspannungen im Maschinenbau für statische und dynamische Belastungen nach DIN 15018 [6.17]

Die zulässigen Spannungen im Stahlbau nach DIN 18800 sind in Tabelle 6.12 zusammengefasst.

Werkstoff		Zulässige Spannung [N/mm²]					
		$\sigma_{d,zul}$ 1)		$\sigma_{z,zul}$		$\tau_{s,zul}$	
Bauteil	Niet	H	HZ	H	HZ	H	HZ
S235JR	USt 36	140	160	160	180	92	104
S355J2G3	S275JR	210	240	240	270	139	156
Zulässige Lochleibung: $\sigma_{l,zul} = 2{,}0 \cdot \sigma_{z,zul}$		Zulässige Scherspannung: $\tau_{s,zul} = 1{,}0 \cdot \sigma_{z,zul}$					
1) Bei Druck- und Biegedruck, wenn Stabilitätsnachweis (gegen Knicken) erforderlich							

Tabelle 6.12: Bauteil- und Nietwerkstoffe, zulässige Bauteilspannungen für vorwiegend ruhende Belastung im Stahlbau nach DIN 18800, Lastfälle H und HZ

Im Leichtmetallbau unterscheidet man nach DIN 4113 analog zum Stahlbau bei vorwiegend ruhender Belastung ebenfalls die Lastfälle *H* und *HZ* (s.o.). Bei dynamischer Belastung rechnet man mit der Ausschlagsspannung gegen die zulässigen dynamischen Spannungen, Tabelle 6.13 [6.10].

Bauteilwerkstoff	**Zulässige Spannung** [N/mm²]					
	$\tau_{s,zul}$		$\tau_{a,s,zul}$ wechselnd		$\tau_{a,s,zul}$ schwellend	
Leichtmetallbau (Werkstoffe nach DIN 4113) 1)	**H**	**HZ**	**H**	**HZ**	**H**	**HZ**
AlMgSi1, kalt ausgehärtet, F20 (< 15), F21 (< 80)	50	55	30	33	35	38
AlMgSi1, kalt ausgehärtet und gezogen, F25 (< 10)	60	70	36	42	42	49
AlMg5, weich, W27 (< 15)	65	75	39	45	27	52
	$\tau_{s,zul}$		$\tau_{a,s,zul}$ wechselnd		$\tau_{a,s,zul}$ schwellend	
Leichtmetallbau (Werkstoffe nach DIN 4113) 1)	**H**	**HZ**	**H**	**HZ**	**H**	**HZ**
AlMg5, gezogen, F31 (< 13)	75	85	45	51	52	59
Stahl 2), entsprechend Festigkeitsklasse 4.6, $d - d_N <$ 0,3 mm	140	160	84	96	98	112
Flugzeugbau	$\tau_{s,zul}$		$\tau_{a,s,zul}$ wechselnd		$\tau_{a,s,zul}$ schwellend	
AlMg2 3), kalt ausgehärtet	73		44		51	
Ti	120		–		–	

1) Die Festigkeit von Leichtmetallhalbzeugen hängt stark von der Vorbehandlung ab.
2) Nur in Ausnahmefällen verwendet
3) Verarbeitung nur nach Glühbehandlung

Tabelle 6.13: Zulässige Spannungen für Niete im Leichtmetallbau in N/mm² (Klammerwerte: Durchmesser oder Wanddickenbereich in mm) [6.1], [6.27]

Als zulässige Lochleibung $\sigma_{l,zul}$ am Nietschaft kann sowohl für den statischen als auch den dynamischen Fall die zulässige Lochleibung $\sigma_{l,zul}$ des Bauteils gemäß Tabelle 6.14 eingesetzt werden, wenn die entsprechenden Nietwerkstoffe aus Tabelle 6.13 zum Einsatz kommen.

Bauteilwerkstoff		**Zulässige Spannung** [N/mm²]					
		$\sigma_{z,zul}$		$\tau_{s,zul}$ 1), 2)		$\sigma_{l,zul}$ 1), 2), 3)	
Leichtmetallbau (Werkstoffe nach DIN 4113)		**H**	**HZ**	**H**	**HZ**	**H**	**HZ**
AlZn4,5Mg1 warm ausgehärtet	Bleche F35 (< 15), F34 (15 ... 60), Rohre F35 (< 20), Profile F35 (3 ... 30)	160	180	95	110	240	270
AlMgSi1 warm ausgehärtet	Bleche F32 (< 10), F30 (10 ... 100), Rohre F31 (< 20), Profile F31 (< 20)	145	165	90	100	210	240
AlMgSi1 warm ausgehärtet	Bleche F28 (< 20), Rohre F28 (alle), Profile F28 (< 10)	115	130	70	80	160	180
AlMg4,5Mn warm gewalzt	Bleche F27 (2 ... 30), W28 (< 50)	70	80	45	50	115	130
AlMg4,5Mn gepresst	Rohre F27 (≥ 3,5), F27 (alle)	80	90	50	55	125	140
AlMg3 gepresst	Rohre F18 (≥ 3), F18 (alle)	45	–	30	–	80	–
AlMg2Mn0,6 warm gewalzt	Bleche W19 (< 25), F19 (25 ... 50), Rohre W18 (< 10)	50	–	35	–	90	–
Flugzeugbau		$\sigma_{z,zul}$		$\tau_{s,zul}$ 1), 2)		$\sigma_{l,zul}$ 1), 2), 3)	
AlCuMg2 kalt ausgehärtet	Bleche F44	190 ... 215		114 ... 128		150	

F – ausgehärtet; G – rückgeglüht; W – weich:
Zahlenangaben hinter F bzw. W: Mindestzugfestigkeit R_m in kp/mm²
Klammerwerte: Durchmesser oder Wanddickenbereich in mm

1) Ausschlagsspannung bei dynamischer Beanspruchung: schwellend, Werte · 0,4; wechselnd, Werte · 0,6
2) Ausschlagsspannung bei dynamischer Beanspruchung: schwellend, Werte · 0,35; wechselnd, Werte · 0,6
3) Nur für $d - d_N \leq 0{,}3$ mm

Tabelle 6.14: Zulässige Bauteilspannungen in N/mm² im Leichtmetallbau bei vorwiegend ruhender Belastung [6.1]

Für Nietverbindungen aus thermoplastischen Kunststoffen gelten die zulässigen Spannungen gemäß Tabelle 6.15. Die zulässigen Werte sind so niedrig angesetzt, dass keine zerstörenden Verformungen auftreten können. Anderenfalls müsste die Verformung nachgewiesen werden, da derartige Verbindungen vor dem Bruch wegen übermäßiger Verformung oder Lockern versagen.

Spannungsart	**Bauteile und Niete aus**			
	Polyoxymethylen POM, Polyamid PA66	Polyamid mit Glasfaserzusatz GF-PA	Polycarbonat PC	Acrylnitril-Butadien-Styrol ABS
Abscheren $\tau_{a,zul}$	8	12	7	3
Lochleibungsdruck $\sigma_{l,zul}$	20	30	17	8

Tabelle 6.15: Zulässige Spannungen für Nietverbindungen aus thermoplastischen Kunststoffen [6.26]

Abschließend sind in Tabelle 6.16 noch die zulässigen statischen Scherbruchkräfte für verschiedene Blindniete zusammengestellt. Diese werden üblicherweise herstellerspezifisch abhängig von der Nietbauart, dem Werkstoff und der Blechdicke angegeben [6.29].

Nenndurchmesser [mm]		**2,4**	**3,0**	**3,2**			**4,0**			**4,8**			**6,4**		
Typ		**K**	**K**	**K**	**S**	**SL**	**K**	**S**	**SL**	**K**	**S**	**SL**	**K**	**S**	**SL**
Werkstoff der Niethülse	AlMg3 AlMg3,5	0,4	0,8	0,8	–	–	1,3	–	–	2,0	–	–	3,2	–	–
	AlMg5	–	–	0,9	1,1	2,0	1,4	1,6	2,6	2,1	2,3	3,5	3,8	4,1	5,8
	Stahl	0,66	1,2	1,45	–	–	2,2	–	–	3,1	–	–	4,2	5,8 – 11	

K: Kopfbruchniet (Nietdorn außerhalb der Hülse, nicht mittragend)
S: Schaftbruchniet (Nietdornkopf in Hülse eingerollt, nicht mittragend)
SL: Langschaftbruchniet (wie *S*, Nietdorn verbleibt im Niet, mittragend)

Tabelle 6.16: Anhaltswerte für statische Scherbruchkräfte von Blindnieten in kN [6.29]

6.5 Literatur

[6.1] Aluminium Merkblatt (Aluminium Zentrale Düsseldorf)
[6.2] Decker, K., Kabus, K.; Maschinenelemente, Hanser Verlag, München 2000
[6.3] DIN 124 Halbrundniete; Nenndurchmesser 10 bis 36 mm (2011-03)
[6.4] DIN 302 Senkniete; Nenndurchmesser 10 bis 36 mm (2011-03)
[6.5] DIN 660 Halbrundniete; Nenndurchmesser 1 bis 8 mm (2012-01)
[6.6] DIN 661 Senkniete; Nenndurchmesser 1 bis 8 mm (2011-03)
[6.7] DIN 662 Linsenniete; Nenndurchmesser 1,6 bis 6 mm (2011-03)
[6.8] DIN 674 Flachrundniete; Nenndurchmesser 1,4 bis 6 mm (2011-03)

[6.9] DIN 997 Anreißmaße (Wurzelmaße) für Formstahl und Stabstahl (1970-10)

[6.10] DIN 4113 Aluminiumkonstruktionen unter vorwiegend ruhender Belastung; T1 Berechnung und bauliche Durchbildung (1980-05, zurückgezogen); Ersetzt durch DIN EN 1999

[6.11] DIN 7331 Hohlniete, zweiteilig (2011-03)

[6.12] DIN 7338 Niete für Brems- und Kupplungsbelege (2011-03)

[6.13] DIN 7339 Hohlniete, einteilig, aus Band gezogen (2011-02)

[6.14] DIN 7340 Rohrniete, aus Rohr gefertigt (2011-03)

[6.15] DIN 7341 Nietstifte (1977)

[6.16] DIN 8593 Fertigungsverfahren Fügen; Allgemeines; Einordnung, Unterteilung, Begriffe (2003-09); T5 Fügen durch Umformen; Einordnung, Unterteilung, Begriffe (2003-09)

[6.17] DIN 15018 Krane; Grundsätze für Stahltragwerke; T1 Berechnung; T2 Grundsätze für die bauliche Durchbildung und Ausführung; T3 Berechnung von Fahrzeugkranen (1984-11, zurückgezogen); Ersetzt durch DIN EN 13001

[6.18] DIN 18800 Stahlbauten; T1 Bemessung und Konstruktion (1990-11), Änderung 1 (1996-02); T2 Stabilitätsfälle, Knicken von Stäben und Stabwerken (1990-11), Änderung 1 (1996-02); T3 Stabilitätsfälle, Plattenbeulen (1990-11), Änderung 1 (1996-02); T4 Stabilitätsfälle, Schalenbeulen (1990-11); T7 Ausführung und Herstellerqualifikation (2002-09); als Vornorm: T5 Verbundtragwerke aus Stahl und Beton – Bemessung und Konstruktion (2004-11); Norm vollständig zurückgezogen und ersetzt durch DIN EN 1993

[6.19] DIN 29730 Luft- und Raumfahrt; Nietrechnungswerte bei statischer Beanspruchung für Universalnietverbindungen, einschnittig; Nietwerkstoffe 3.1124 und 3.1324 (1989-10)

[6.20] DIN 29731 Luft- und Raumfahrt; Nietrechnungswerte bei statischer Beanspruchung für Senknietverbindungen, einschnittig; Nietwerkstoffe 3.1124 und 3.1324 (1989-10)

[6.21] DIN 29734-4 Luft- und Raumfahrt; Nietrechnungswerte bei statischer Beanspruchung, für Blindniete mit Flachrundkopf, einschnittig (1984-03)

[6.22] DIN 29735-4 Luft- und Raumfahrt; Nietrechnungswerte bei statischer Beanspruchung, für Blindniete mit Senkkopf, einschnittig (1984-03)

[6.23] DIN EN 1993 Eurocode 3: Bemessung und Konstruktion von Stahlbauten (2010-12)

[6.24] DIN EN 1999 Eurocode 9: Bemessung und Konstruktion von Aluminiumtragwerken – Teil 1-1: Allgemeine Bemessungsregeln (2014-03)

[6.25] DIN EN 13001 Krane – Konstruktion allgemein – Teil 3-1: Grenzzustände und Sicherheitsnachweis von Stahltragwerken (2013-12)

[6.26] Erhard, G., Strickle, E.; Maschinenelemente aus thermoplastischen Kunststoffen, Bd. 1: Grundlagen und Verbindungselemente, VDI-Verlag, Düsseldorf 1974

[6.27] Grundlagen der Luftfahrzeugtechnik in Theorie und Praxis, Bd. 1, TÜV Rheinland

[6.28] LN 9118 Nietlöcher; Senkungen und Durchzugswarzung (1968-09)

[6.29] Niemann, G., Winter, H., Höhn, B.-R.; Maschinenelemente Bd. I., 4. Aufl., Springer Verlag, Berlin 2005

[6.30] Roloff / Matek; Maschinenelemente, Hrsg. Muhs, D., Wittel, H., et al.; Vieweg Verlag, Braunschweig 2013

Z U S A M M E N F A S S U N G

Das Nieten dient der unlösbaren Verbindung von Bauteilen aus gleichen oder verschiedenen Werkstoffen durch Formschluss mittels Stauchen von Hilfsfügeteilen (Niete) oder überstehenden Teilen eines Werkstückes (Nietzapfen). Die Nietverbindung gehört wie das Schweißen, Löten und Kleben zu den nicht lösbaren Verbindungen, da sie ohne Zerstörung der gefügten Teile (insbesondere der Niete) nicht lösbar ist. Während das Nieten im Stahl-, Brücken-, Schiff- und allgemeinen Maschinenbau vollständig durch das Schweißen abgelöst wurde, haben moderne, hoch maschinell ausführbare Nietsysteme im Leichtbau – insbesondere in der Luft- und Raumfahrt –, aber auch im Fahrzeugbau an Bedeutung zugenommen.

Da es bei Nietverbindungen physikalisch bedingt keine gleichmäßige Lastverteilung an den Niete gibt, ist die beanspruchungsgerechte Gestaltung der zu verbindenden Bauteile von besonderer Bedeutung. Kleine Bohrungen führen zwar zu einer geringeren Bauteilschwächung als große Bohrungen, jedoch erzeugen kleine Bohrungen eine große Kerbwirkung bzw. Spannungskonzentration. Ferner führen die unvermeidbaren Umlenkungen des „Kraftflusses", Verformungen unter Belastung sowie Fertigungsabweichungen zu ungleichförmiger Spannungsverteilung mit Spannungsspitzen in Bauteil und Niet, die gerade die dynamische Festigkeit der Verbindung stark herabsetzen.

Zur Ermittlung der Festigkeit einer Nietverbindung wird die Beanspruchung der Niete und Bauteile aufgrund der äußeren Lasten mit der Beanspruchbarkeit der Niete und der verbundenen Bauteile verglichen. Ungeachtet der eigentlich inhomogenen Spannungsverteilung wird die Festigkeit einer Nietverbindung unter der Annahme gleichmäßiger Spannungsverteilung in Bohrung und Querschnitt auf der Grundlage von Nennspannungen nachgewiesen.

Sämtliche Unsicherheiten werden in der Beanspruchbarkeit berücksichtigt, da die Festigkeitswerte aus Versuchen an den entsprechenden Verbindungen stammen. Dynamisch belastete Nietverbindungen sind wegen der inhomogenen Spannungsverteilung besonders schwingbruchanfällig. So entstehen z.B. im Flugzeugbau 70 % der Ermüdungsschäden im Randbereich der Nietbohrungen.

Z U S A M M E N F A S S U N G

Schweißen

7

ÜBERBLICK

Lernziele

- Kennenlernen von Funktion und Wirkung des Schweißens
- Einführung in die verschiedenen Schweißverfahren
- Unterscheidung günstiger und ungünstiger Gestaltung von Schweißverbindungen
- Statischer und dynamischer Festigkeitsnachweis für Schweißverbindungen nach verschiedenen Vorschriften und Regeln

7.1 Einführung

Unter Schweißen versteht man das Vereinigen artgleicher Werkstoffe (z.B. Metalle, Kunststoffe, Glas) unter Anwendung von Wärme in einem örtlich begrenzten Bereich, der Schweißzone, im flüssigen bzw. angeschmolzenen Zustand mit oder ohne Zusatzwerkstoff, dem Schweißzusatz. Der Schweißzusatz wird in Form von Stäben oder Drähten artgleichen Werkstoffs zugeführt und in der Schweißzone abgeschmolzen. Dadurch entsteht eine unlösbare, stoffschlüssige Verbindung. Prinzipiell werden gemäß Abbildung 7.1 beim Metallschweißen die Schweißtechniken „Schmelzschweißen“ und „Pressschweißen“ unterschieden, auf die noch näher eingegangen wird.

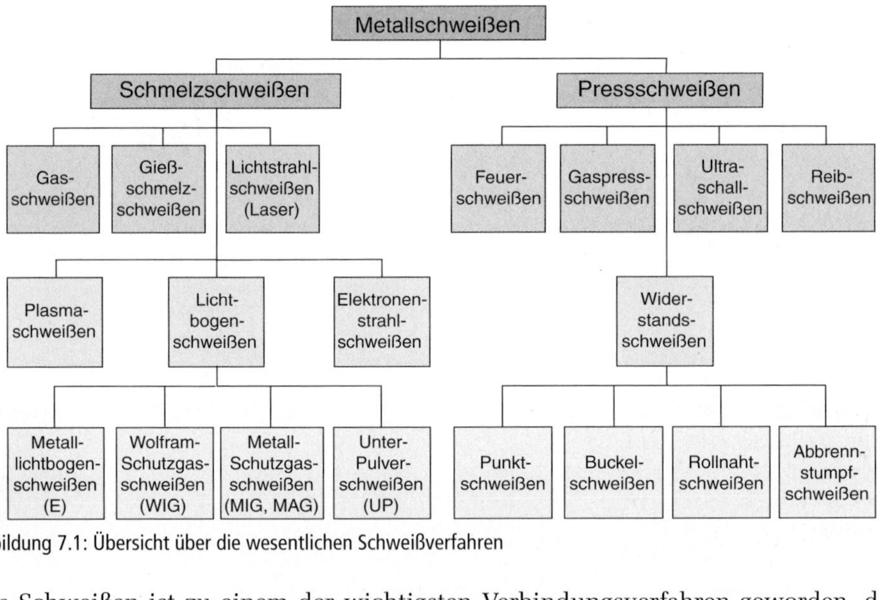

Abbildung 7.1: Übersicht über die wesentlichen Schweißverfahren

Das Schweißen ist zu einem der wichtigsten Verbindungsverfahren geworden, da es als feste Stoffschlussverbindung besonders geeignet ist zum:

- Übertragen von Kräften, Biege- und Torsionsmomenten
- kostengünstigen Verbinden von Einzelstücken bis zu größten Abmessungen und bei Kleinserien
- Herstellen dichter Fügestellen
- Einsatz bei höheren Betriebstemperaturen

Im Vergleich zu Gusskonstruktionen sowie den Verbindungsverfahren Löten, Kleben, Nieten und Schrauben bietet das Schweißen folgende Vorteile:

- Geringerer Werkstoffaufwand und Ersparnis an Modell- oder Werkzeugkosten gegenüber Guss- und Schmiedeteilen, insbesondere bei kleineren Stückzahlen
- Größere Formsteifigkeit gegenüber Gussausführungen durch größeren E-Modul des Stahls. Keine Wanddickenempfindlichkeit
- Bessere konstruktive Gestaltungsmöglichkeiten gegenüber Niet- und Schraubkonstruktionen bei gleichzeitiger Gewichtsersparnis durch Wegfall der Überlappungen, Laschen und Niet-bzw. Schraubenköpfe. Keine Schwächung durch Niet- oder Schraubenlöcher
- Glatte Wände genügen ästhetischen Ansprüchen und erleichtern Reinigung und Korrosionsschutzmaßnahmen.
- Generell erlaubt das Schweißen Werkstoff sparende und wirtschaftliche Leichtbaukonstruktionen hoher Festigkeit und Steifigkeit.

Diesen Hauptvorteilen stehen die folgenden Nachteile entgegen:

- Nur von artgleichen Werkstoffen ist eine Verbindung möglich.
- Hohe örtliche Erwärmung der Schweißteile führt zu Verzug und möglicherweise schädigenden Gefügeveränderungen im Nahtbereich mit Sprödbruchgefahr.
- Eine Qualitätskontrolle der Schweißstellen ist durch Augenschein allein nicht möglich.
- Der Abbau von Eigenspannungen durch Spannungsarmglühen sowie das Richten „verzogener" Schweißteile ist zeit- und kostenaufwändig.
- Das Schweißen auf Baustellen im Stahlbau ist häufig schwieriger und teurer als Nieten oder Schrauben, ebenso ist das Ausrichten der Fachwerkstäbe schwieriger als bei Niet- und Schraubkonstruktionen, bei denen die Stablagen durch die Löcher eindeutig gegeben sind.

Abschließend lässt sich festhalten, dass im Stahl-, Brücken- und Kranbau (z.B. bei Vollwandträgern von Brücken und Kranen, bei Trägeranschlüssen im Stahlhochbau) das Schweißen die Nietverbindung – mit Ausnahme der Reparatur historischer Konstruktionen – vollständig verdrängt hat. Gleiches gilt für den Kessel- und Behälterbau. Durch die stumpf gegeneinander stoßenden Bleche entstehen glatte Flächen, woraus sich ein ungestörter Kraftfluss ergibt. Haupteinsatzgebiete des Schweißens im Maschinenbau sind die Einzel- und Kleinserienfertigung von Hebeln, Radkörpern, Rahmen, Getriebegehäusen, Schutzkästen, Lagergehäusen, Seilrollen, Seiltrommeln und Bandrollen.

Neben der Anwendung des Schweißens bei der Fertigung von Neukonstruktionen lassen sich auch Risse oder Brüche an bestehenden Konstruktionen durch Reparaturschweißen beseitigen. Zur Panzerung und Plattierung von Bauteilen oder zur Beseitigung von Verschleißstellen wird das Auftragsschweißen genutzt.

Zur Vorbereitung der zu verschweißenden Bleche kommen Brennschneideverfahren zum Einsatz. So lassen sich z.B. auf Schneidmaschinen mit CNC-Steuerung Blechtafeln beliebiger Geometrie äußerst wirtschaftlich ausbrennen und deren Schweißfugen vorbereiten. Gerade in der schweißtechnischen Fertigung – insbesondere im Großstahlbau (z.B. Brücken-, Kran- und Schiffbau) – ist eine zunehmende Automatisierung des Schweißprozesses mit dem Ziel der Rationalisierung und Produktivitätserhöhung zu beobachten, wobei nicht nur Vorrichtungen, sondern auch in steigendem Maße Industrieroboter zum Einsatz gelangen.

7.2 Funktion und Wirkung

Wie bereits eingangs erwähnt, gibt es eine Vielzahl von Schweißverfahren, die ausführlich in DIN 1910 erläutert werden [7.7]. Da im Vergleich zu anderen Maschinenelementen (z.B. Schrauben) gerade das Schweißen sehr eng mit der Fertigungstechnik verknüpft ist, sollen die Schweißverfahren nach Funktion und Wirkung nur insoweit vorgestellt werden, dass der konstruierende Ingenieur in Zusammenarbeit mit der Fertigung das technisch und wirtschaftlich beste Schweißverfahren für seine Konstruktion auswählen kann.

Für das Schweißen von Metallen sind die Schmelzschweiß- und die Pressschweißverfahren von Bedeutung, siehe auch Abschnitt 7.3. Bei der Verfahrensauswahl sind nicht nur die zu fertigende Stückzahl, die Güte-Anforderungen, die Stoßart und die vorhandenen Betriebseinrichtungen zu berücksichtigen, sondern insbesondere auch der Werkstoff und die Dicke der Bauteile.

- Schmelzschweißen – Die Teile werden durch örtlich begrenzten Schmelzfluss mit oder ohne Zusatzwerkstoff ohne Anwendung von Kraft vereinigt. Die für den Schweißvorgang erforderliche Energie wird von außen durch Energieträger (z.B. Lichtbogen) zugeführt. Während das Schweißen von Hand die Herstellung auch verwickelter Schweißkonstruktionen ermöglicht, ist das mechanische und automatische Schweißen unter Einsatz von Robotern sehr wirtschaftlich und daher anzustreben. Haupteinsatzgebiet ist der allgemeine Stahlbau (Brücken-, Kran-, Schiff- und Behälterbau) mit entsprechenden Blechdicken.
- Pressschweißen – Die Teile werden unter Anwendung von Kraft ohne oder mit Schweißzusatz vereinigt. Der Schweißvorgang wird ermöglicht durch örtlich begrenztes Erwärmen (u.U. bis zum Schmelzen). Die erforderliche Energie zum Schweißen wird von außen durch Energieträger (z.B. elektrischer Strom) zugeführt. Alle Pressschweißverfahren sind äußerst wirtschaftlich und finden z.B. in der Automobilindustrie zur Verbindung dünner Bleche breite Anwendung. Die besten Festigkeitswerte werden beim Abbrennstumpfschweißen erreicht.

Ein großes Problem beim Schweißen sind die Schrumpfungen, die durch das örtliche Erwärmen während des Schweißvorganges und das anschließende Abkühlen hervorgerufen werden. Daraus entstehen Schweißeigenspannungen sowie Änderungen der Querschnittsform und des Achsenverlaufes (Verwerfungen und Verzug), deren Höhe stark von der Gestaltung der Konstruktion abhängen. Gemäß Abbildung 7.2 unterscheidet man bezogen auf die Schweißnaht drei Bewegungsrichtungen der Schrumpfung: Längs-, Quer- und Winkelschrumpfung. In der Regel treten diese Schrumpfungen immer gleichzeitig auf, Anhaltswerte zur Größe sind in Abbildung 7.2 angegeben.

Bei völlig freier Ausgleichsmöglichkeit entstehen zwar die größten Verwerfungen, jedoch sind die zugehörigen Eigenspannungen sehr gering. Kann sich das Bauteil beim Schweißen jedoch nur wenig verformen, so treten hohe Eigenspannungen auf. Die Größe der Verformungen hängt im Wesentlichen ab vom Schweißverfahren, der Werkstückdicke, dem Nahtaufbau, der Steifigkeit der Werkstücke und der Einspannverhältnisse. Bei dünnen Blechen sind der Verformungs- und Spannungszustand zweiachsig, bei Bleckdicken $t > 12$ mm liegen ein dreiachsiger Spannungs- und Verformungszustand vor. Derartige Eigenspannungszustände können im Nahtbereich durchaus die Streckgrenze Re des Grundwerkstoffes erreichen, weshalb sie zu einer erheblichen Herabsetzung der statischen und dynamischen Belastbarkeit einer Konstruktion führen. Um die Schweißeigenspannungen möglichst gering zu halten und der Gefahr einer Rissbildung bzw. eines vorzeitigen Bruches vorzubeugen, sind eine besondere Anordnung, eine Auswahl, Ausbildung und Reihenfolge der Schweißnähte erforderlich. Sofern die Bauteilgröße es zulässt, lassen sich die Eigenspannungen durch Spannungsarmglühen (z.B. bei 550 bis 600° C bei unlegierten Stählen) im Ofen abbauen. Fertigungstechnische Maßnahmen sind die Vorgabe einer Vordeformation entsprechend Abbildung 7.2 sowie eine geeignete Schweißfolge (s.a. Abschnitt 7.4).

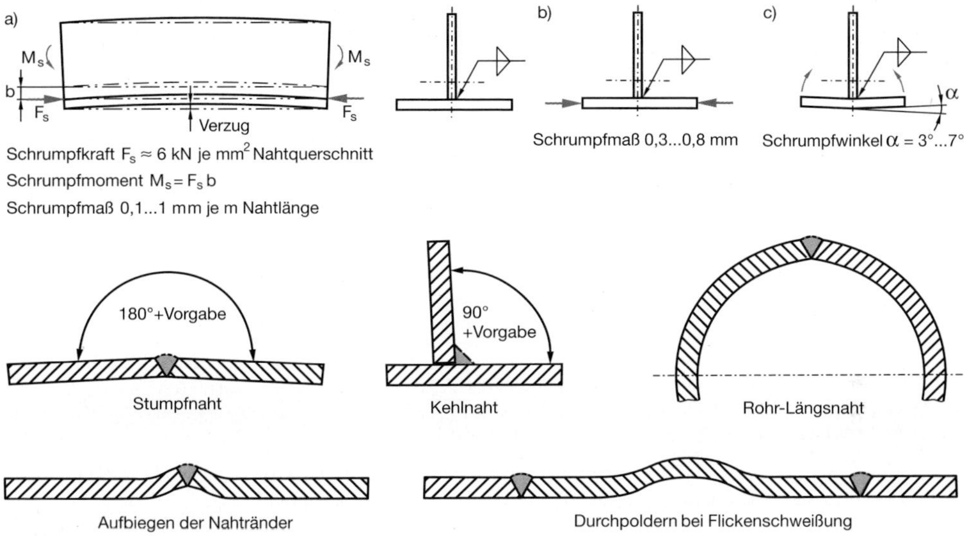

Abbildung 7.2: Verzug von Schweißteilen und Reduzierung durch Vordeformation [7.70]

Allgemein gilt für die Schweißbarkeit von Bauteilen:

- Bei überwiegend ruhender Beanspruchung, z.B. im Stahlhochbau, findet bei Verwendung schweißgeeigneter Grund- und Zusatzwerkstoffe (z.B. S235, S355) unter Last ein Spannungsabbau durch örtliches Fließen statt. Demzufolge wird die Tragfähigkeit der Bauteile durch die Eigenspannungen nicht gemindert.
- Bei dynamischer Beanspruchung, z.B. im Maschinen- und Kranbau, haben die Schweißeigenspannungen bei Verwendung schweißgeeigneter Grund- und Zusatzwerkstoffe und vor allem bei schweißgerechter Gestaltung nur geringen Einfluss auf die Dauerschwingfestigkeit. Spannungsarmglühen ist lediglich bei kompliziert gestalteten Bauteilen mit starker Kerbwirkung erforderlich. Dabei ist besonders zu beachten, dass sich die Maschinenbauwerkstoffe E295, E335 und E360 nicht für das Lichtbogen- und Gasschmelzschweißen eignen, da sie zu Sprödbruch und Aufhärtung neigen.
- Bei mehrachsig auftretenden Zugeigenspannungen können, insbesondere bei tiefen Temperaturen und hoher Verformungsgeschwindigkeit, schlagartig verformungslose Gewaltbrüche (so genannte Sprödbrüche) auftreten.

7.3 Herstellen und Prüfen von Schweißverbindungen

Die Herstellung einer guten Schweißverbindung hängt wesentlich vom Verfahren, dem eingesetzten Werkstoff und der gewählten Stoß- und Nahtform ab. Im Folgenden werden die Schweißverfahren zum Metallschweißen sowie geeignete Werkstoffe in Verbindung mit üblichen Stoß- und Nahtarten vorgestellt.

7.3.1 Schweißverfahren

Ausgehend von den erforderlichen Festigkeitsanforderungen, der Betriebstemperatur und der Gestalt der Schweißstelle ist ein Schweißverfahren nach DIN 1910 gemäß Tabelle 7.1 auszuwählen [7.7].

Verfahren und Funktionsprinzip	Hauptanwendung
1) Gasschmelzschweißen (G-/3)	
Aufheizen von Schweißfuge und Zusatzwerkstoff durch Gasflamme 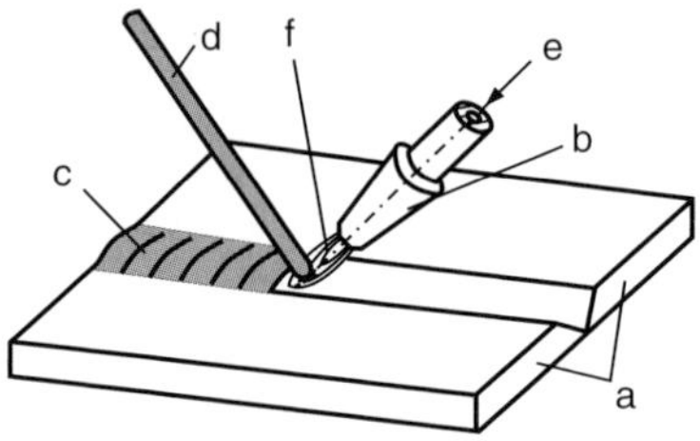 Gasschmelzschweißen (Gasschweißen) nach DIN 1910 a Werkstück b Schweißbrenner c Schweißnaht d Schweißzusatz e Brenngas und Sauerstoff oder Luft f Gasflamme	– besonders für Stumpf- und Eckstöße; vorwiegend bei Dünnblechen u. Rohren aus Stahl, Kupfer u. Aluminium – ohne Zusatzwerkstoff: Bleche aus Stahl mit $t = 0{,}5 \dots 4$ mm u. Aluminium $t = 0{,}5 \dots 1$ mm – mit Zusatzwerkstoff: Bleche aus Stahl mit $t = 4 \dots 15$ mm u. Aluminium $t = 1 \dots 15$ mm – in allen Schweißnahtpositionen: $t \leq 3$ mm Nachlinksschweißung, $t > 3$ mm Nachrechtsschweißung – z.B. Schweißarbeiten bei Heizungsinstallation (gute Zugänglichkeit an beengten Stellen)
2) Offenes Lichtbogenschweißen	
a) Lichtbogenhandschweißen (E-/111) b) Metalllichtbogenschweißen mit Fülldrahtelektrode Aufheizen der Schweißfuge durch Lichtbogen zwischen Elektrode (schmilzt gleichzeitig als Zusatzwerkstoff ab) u. Werkstück. Bei b) wird die Elektrode von einer Rolle zugeführt; sie enthält innen vorwiegend mineralische Bestandteile zur Desoxidation der Schmelze. 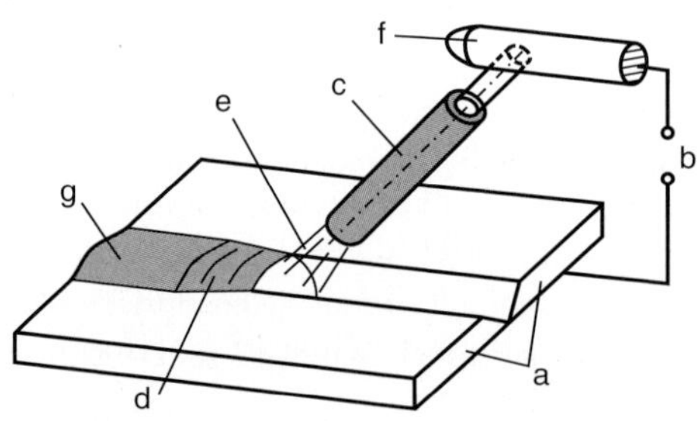 Lichtbogenhandschweißen nach DIN 1910 a Werkstück b Stromquelle c Stabelektrode d Schweißnaht e Lichtbogen f Elektrodenhalter g Schlacke	Lichtbogenhandschweißen: – bei allen Stoß- und Nahtarbeiten – für fast alle Eisen- u. Nichteisenmetalle (bei entsprechenden Elektroden, Fugenvor- u. Nahtnachbehandlung) – Bleche mit $t = 1 \dots 100$ bei Nahtdicken $a = 3 \dots 10$ mm – in allen Schweißpositionen – störend bei Nahtlängen > 250 mm ist der Elektrodenwechsel Metalllichtbogenschweißen: – Vorwiegend für einlagige Kehlnahtschweißungen unlegierter C-Stähle und für Verschleißschicht-Hartauftragungen

Tabelle 7.1: Schweißverfahren und deren Hauptanwendungsgebiete nach [7.53]

Verfahren	Funktionsprinzip	Hauptanwendung
3) Verdecktes Lichtbogenschweißen		
a) Unter-Pulver-Schweißen (UP-/12) Aufheizen der Schweißfuge durch Lichtbogen zwischen Werkstück u. abschmelzender Elektrode; Schweißstelle unter Schicht aus besonderem Schweißpulver	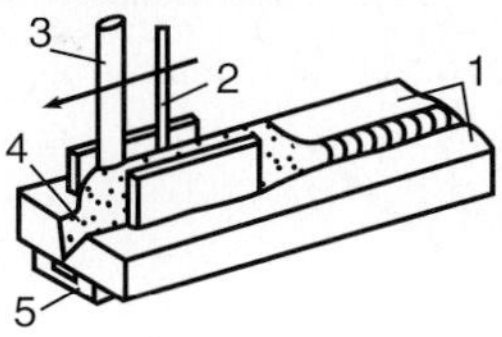 1 Werkstück 2 Elektrode 3 Pulverzuführung 4 Pulver 5 Schmelzbadsicherung (aus Kupfer)	– bei Stumpf- u. Kehlnähten hauptsächlich in waagerechter Schweißposition – Bleche mit $t = (1)\ 2\ ...\ 10$ mm bei Nahtdicken $a = 3\ ...\ 10$ mm; wegen der großen Abschmelzleistung vorwiegend bei dicken Blechen u. langen Nähten – hohe Röntgengenauigkeit – z.B. im Behälter-, Stahl-, Schiff-, Fahrzeug- u. Maschinenbau – Energiequelle: überwiegend Wechselstrom
b) Unter-Pulver-Band-Schweißen (UPB-/12) wie unter a); Elektrode wird bandförmig zugeführt		– für großflächige Auftragung vorwiegend korrosionshemmender Schichten (Schweißplattieren)
c) Unter-Schienen-Schweißen (US)-(Einlegeschweißen) Aufheizen der Schweißfuge durch Lichtbogen zwischen Fuge und der darin liegenden, abschmelzenden Elektrode; Abdeckung vermindert Luftzutritt (Oxidation)	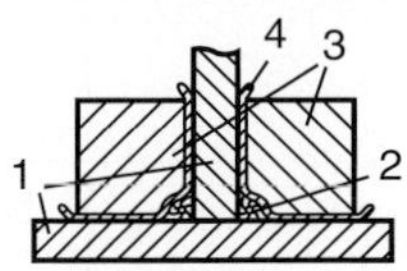 1 Werkstück 2 Elektrode 3 Kupferschienen 4 Abdichtung (Papier)	– für lange, gerade Stumpf- u. Kehlnähte – waagerechte Schweißposition – Energiequelle: Gleich- u. Wechselstrom
d) Schweißen mit magnetisch bewegtem Lichtbogen (MBL-) Aufheizen der Schweißfuge durch Lichtbogen zwischen Werkstück und Elektrode (umschließt Werkstück); Lichtbogenberührung durch Magnet	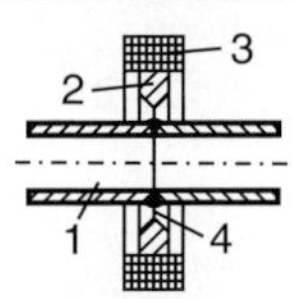 1 Werkstück 2 Hilfselektrode 3 Magnetspule 4 umlaufender Lichtbogen	– für Rohre und Hohlprofile – $t < 2$ mm, $d < 300$ mm

Tabelle 7.1: Schweißverfahren und deren Hauptanwendungsgebiete nach [7.53] (Forts.)

Verfahren	Funktionsprinzip	Hauptanwendung
4) Schutzgasschweißen (MSG-)		
a) (Wolfram-)Plasmaschweißen (WP-/15, 151, 152) Aufheizen der Schweißfuge durch Plasma-Lichtbogen zwischen Werkstück und Wolframelektrode; Abdeckung der Schweißstelle durch Schutzgas – Plasma-Strahl-Schweißen: nicht übertragener Lichtbogen, pulverförmig zugeführter Zusatzwerkstoff; – Plasma-Lichtbogen-Schweißen: übertragener Lichtbogen zwischen Werkstück u. Wolframelektrode, vorwiegend pulverförmig zugeführter Zusatzwerkstoff, stärkeres An-(Auf)-Schmelzen des Werkstücks als beim Plasma-Strahl-Schweißen	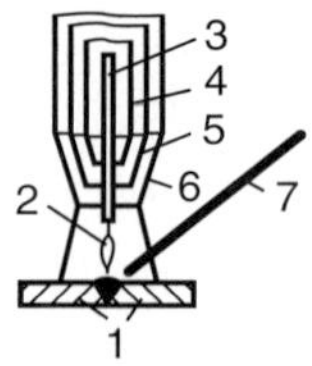 1 Werkstück 2 Plasma-Lichtbogen 3 Wolframelektrode 4 Zuführung Plasmagas 5 Zuführung Fokussiergas 6 Zuführung Schutzgas 7 Zusatzwerkstoff	– vorwiegend zum Verbindungsschweißen hochlegierter Stähle (Ni, Ti, Zr, Cu) für Bleche mit $t = 1 \ldots 10$ mm, $a = 2 \ldots 8$ mm (Plasma-Strahl-Schweißen) – Auftragen (Schweißplattieren) von Legierungen mit schwer schmelzbaren Bestandteilen (Karbiden) bei geringer Aufschmelzung des Trägerwerkstoffs (Plasma-Strahl-Schweißen) bzw. korrosions- und verschleißhemmender Schichten sowie hochtemperaturbeständiger Werkstoffe aus Grundwerkstoffe geringerer Beständigkeit (Plasma-Lichtbogen-Schweißen)
b) Wolfram-Inertgas-Schweißen (WIG-/141, 142) Aufheizen der Schweißfuge durch Lichtbogen zwischen Werkstück und Wolframelektrode; Schutzgas (meist Argon, selten Helium) verhindert Luftzutritt	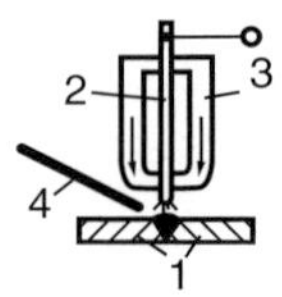 1 Werkstück 2 Wolframelektrode 3 Schutzgas 4 Zusatzwerkstoff	– bei allen Stoß- und Nahtarten und in allen Schweißpositionen – für alle metallischen Werkstoffe, vorwiegend korrosions- und zunderbeständige Cr-Ni-Stähle, Aluminium u. dessen Legierungen, Kupfer u. dessen Legierungen – spritzfreie, sehr glatte Nahtoberfläche – hohe Schweißgeschwindigkeit – Mikro-WIG-Anlagen für Blechdicken bis $t = 0{,}025$ mm – z.B. im Flugzellen-, Apparate- u. Kernreaktorbau
c) Metall-Inertgas-Schweißen (MIG-/131) Aufheizen der Schweißfuge durch Lichtbogen zwischen Werkstück u. abschmelzender Metallelektrode, inertes Schutzgas (siehe b) verhindert Luftzutritt	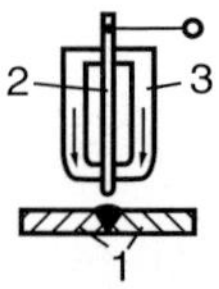 1 Werkstück 2 abschmelzende Metallelektrode 3 Schutzgas	– bei fast allen Stoß- u. Nahtarten in allen Schweißpositionen – für alle legierten (vorwiegend bei austenitischen) Stählen, Aluminium sowie Kupfer u. dessen Legierungen – $t \geq 0{,}7$ mm – z.B. im Apparate-, Behälter-, Schiff- u. Flugzeugbau
d) Metall-Aktivgas-Schweißen (MAG-/135) wie unter c); kein inertes Gas als Schutz, sondern CO_2 (MAGC-) oder Gasgemisch aus Argon, CO_2 und Sauerstoff (MAGM-)		– überwiegend für beruhigte, unlegierte u. niedriglegierte Stähle aller Dickenbereiche ($t \geq 0{,}7$ mm) – Verbindungs- u. Auftragsschweißen (Schweißplattieren)

Tabelle 7.1: Schweißverfahren und deren Hauptanwendungsgebiete nach [7.53] (Forts.)

Verfahren	Funktionsprinzip	Hauptanwendung
5) Strahlschweißen		
a) Laserstrahlschweißen (751) Aufheizen der Schweißfuge durch fokussierte Laserstrahlung; erzeugt in einem Festkörper-(Nol-Yag-Laser) oder Gas-(CO_2)-Laser	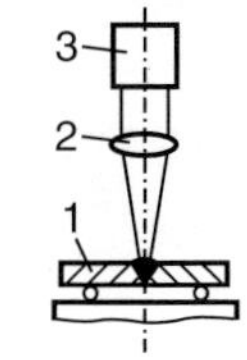 1 Werkstück 2 Fokussierung 3 Laser	– Bleche mit $T = 0{,}5 \ldots 20$ mm – kein Vakuum wie bei Elektronenstrahlschweißen (EB-) – Metalldampf beeinträchtigt Laserstrahl – Problem bei Werkstücken mit hohem Oberflächenreflexionsgrad (Al, Cu), da negative Auswirkung auf thermischen Wirkungsgrad – Schweißen hinter durchsichtigen Wänden möglich
b) Elektronenstrahl-Schweißen (EB-/76) Aufheizen der Schweißfuge durch magnetisch fokussierten Elektronenstrahl im Hochvakuum	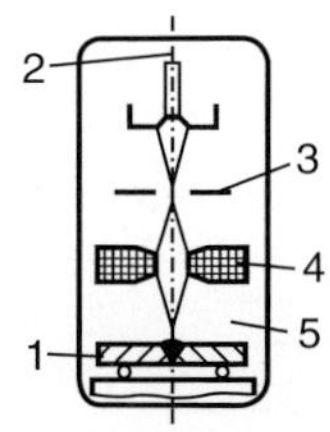 1 Werkstück 2 Kathode (Elektronenquelle) 3 Anode 4 magnet. Fokussierung 5 Hochvakuum	– vorwiegend für schweißempfindliche Werkstoffe, KFZ-Industrie u. Sonderaufgaben – für Bleche u. Drähte mit $t = d = 0{,}1 \ldots 20$ mm – verzugsfrei, keine Nachbearbeitung – Verbindung unterschiedlicher Werkstoffe möglich – Stumpfnähte bis 200 mm (Stahl) bzw. 320 mm (Aluminium) – z.B. Fertigung von Brennelementen, Leitschaufeln im Turbinenbau, Fahrwerks- u. tragende Teile aus Ti- und Al-Legierungen im Flugzeugbau, Motor/Getriebeteile u. Achsen im Automobilbau
6) Widerstandsschmelzschweißen		
a) Elektro-Schlacke-Schweißen (RES-/72) Aufschmelzen des Werkstücks bzw. Abschmelzen des Zusatzwerkstoffs durch schmelzflüssige Schlacke; Einformung u. Führung durch wassergekühlte Gleitschuhe auf beiden Seiten	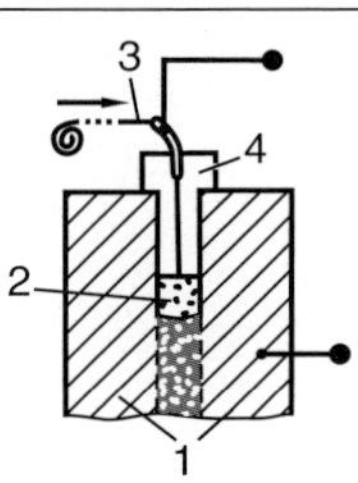 1 Werkstück 2 Schmelzbad 3 Zusatzwerkstoff 4 Gleitschuh	– für Stumpfstöße in senkrecht steigender Schweißposition – für unlegierte u. niedrig legierte Stähle – Werkstücke mit $T = 8 \ldots 1000$ mm – Auftragsschweißen (Schweißplattieren) in senkrechter und waagerechter Schweißposition
b) Elektrisches Widerstandsschmelz-Schweißen Aufheizen der Schweißfuge durch unmittelbare Widerstandserwärmung zwischen zwei Kohle-Elektroden	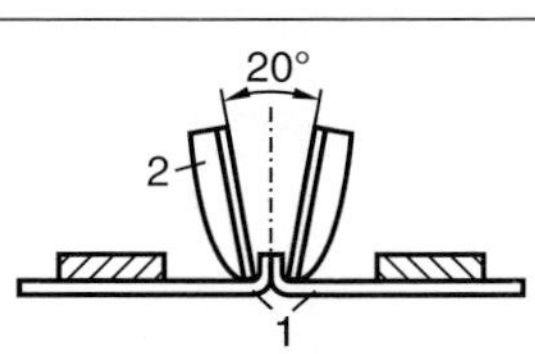 1 Werkstück 2 Kohleelektrode	– für dünne Bleche vorwiegend aus NE-Metallen

Tabelle 7.1: Schweißverfahren und deren Hauptanwendungsgebiete nach [7.53] (Forts.)

Verfahren	Funktionsprinzip	Hauptanwendung
7) Widerstandspressschweißen (R~)		
Konduktive (unmittelbare) Stromzuführung a) Punktschweißen (RP-/21) Aufheizen der Schweißfuge durch unmittelbare Widerstandserwärmung zwischen dem Werkstück, das durch Elektroden zusammengepresst wird	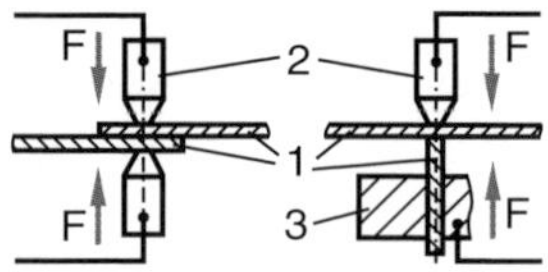 1 Werkstück 2 Kupferelektroden 3 Spannelektrode F Anpresskraft	– zum Verbinden von Blechen aus unlegiertem Stahl, Leichtmetallen und anderen NE-Metallen; $T = 2(6 \ldots 30\ \mathrm{mm})$ bei Stahl und $t = 2(3 \ldots 8\ \mathrm{mm})$ bei Leichtmetallen, wobei für Werte im Maximalbereich sehr hohe elektrische Leistungen notwendig sind – sämtliche Schweißpositionen – oft anstelle von Nieten – auch Verbindung von 3 Blechen möglich, allerdings sehr hohe elektrische Leistung notwendig – Feinpunktschweißen bis zu Blechdicken von $t = 0{,}005 \ldots 0{,}5\ \mathrm{mm}$ möglich
b) Buckelschweißen (RB-/23) wie unter a), jedoch großflächige Elektroden sowie vorgefertigte Buckel	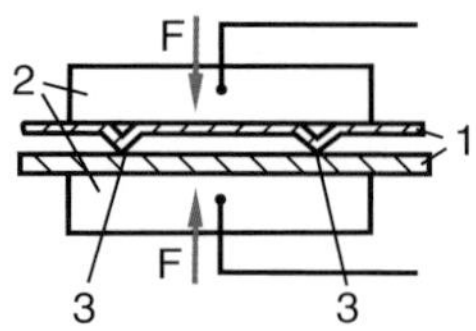 1 Werkstück 2 Kupferelektrode 3 vorgefertigte Buckel F Anpresskraft	– Befestigen von Beschlägen, Muttern usw. an Flächen – $t = 0{,}8 \ldots 10\ \mathrm{mm}$ – z.B. Drahtgeflecht bei Einkaufswagen, Baustahlmatten
c) Bolzenschweißen (RBO-/782) Aufheizen der Schweißfuge durch unmittelbare Widerstandserwärmung zwischen Werkstück und in Elektrode eingespannten Bolzen, bei gleichzeitigem Zusammenpressen	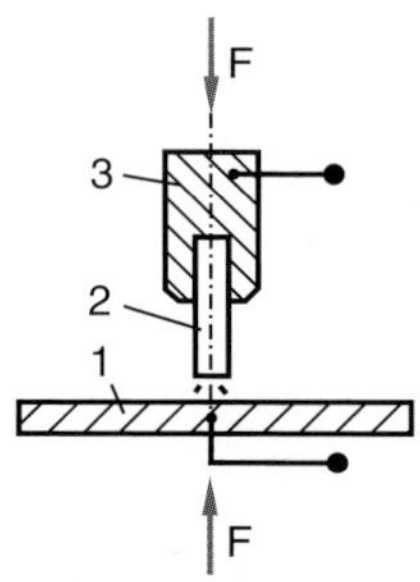 1 Werkstück 2 Bolzen 3 Elektrode F Anpresskraft	– genormte Verfahren für Gewindebolzen von M3 bis M24 (vorwiegend im Stahlbau), Zylinderstifte mit Durchmessern von $3 \ldots 16\ \mathrm{mm}$ – auch für kleine Blechdicken bis $t = 0{,}5\ \mathrm{mm}$

Tabelle 7.1: Schweißverfahren und deren Hauptanwendungsgebiete nach [7.53] (Forts.)

Verfahren	Funktionsprinzip	Hauptanwendung
d) Rollennahtschweißen (RR-/22) wie unter a), jedoch rollenförmige Elektroden	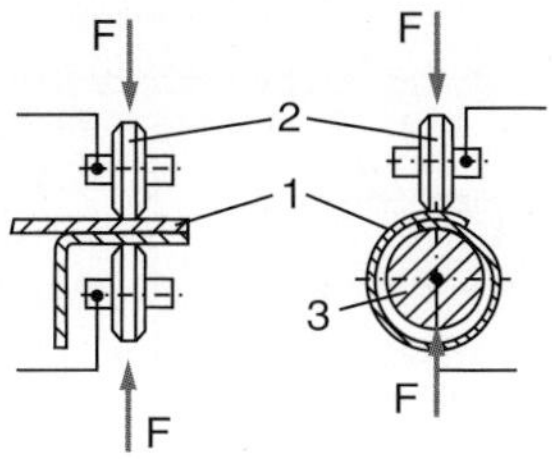 1 Werkstück 2 Rollenelektrode 3 stabförmige Gegenelektrode F Anpresskraft	– vorwiegend zum Verbinden von Blechen aus unlegiertem Stahl mit $t = 2 - 3$ mm bzw. $t = 2 - 2$ mm bei Leichtmetall – Stahlbleche bis $t = 10$ mm Gesamtdicke ($4 - 2{,}5$ mm) – Zink-, Kupfer-, Messingbleche, austenitische Chromnickelstähle, Aluminium (NE-Bleche) bis $2 - 1{,}5$ mm – besonders schmale und verzugsarme Nähte bei zusätzlichen Drahtzwischenelektroden aus Kupfer – keine engen Toleranzen nötig – z.B. große Blechtafeln für Waggon- u. Wohnwagenbau, Kraftstofftanks, Dosen und Fässer (Dichtigkeit)
e) Pressstumpfschweißen (RPS-/25) Aufheizen der Schweißfuge durch Widerstandserwärmung zwischen den als Elektroden geschalteten und von Spannbacken zusammengepressten Werkstücken	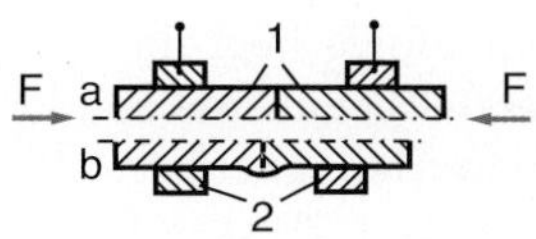 a vor dem Schweißen b nachher 1 Werkstück 2 Spannbacken (Kupfer) F Anpresskraft	– Stumpfstöße von Stab- und einfachen Profilnormen aus unlegierten Stählen bis ca. 500 mm2 Querschnitt – für Aluminium und Kupfer wegen Oxidationsneigung nur bedingt anwendbar – z.B. Stumpfstöße an Sägebändern, Kettenglieder bis 12 mm Durchmesser, Verlängerung von Drähten in der Drahtzieherei
f) Abbrennstumpfschweißen (RA-/24) Aufheizen der Schweißfuge durch Lichtbogen und Funkenentladung zwischen den als Elektroden geschalteten Werkstücken, die nach dem Aufheizen (Abbrennen) schlagartig von Spannbacken zusammengepresst werden	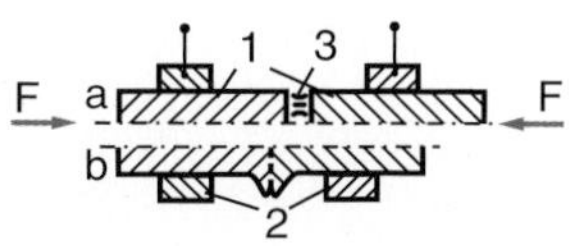 a vor dem Schweißen b nachher 1 Werkstück 2 Spannbacken (Kupfer) 3 Lichtbogen (zu Beginn) F Anpresskraft	– vorwiegend für Stumpfstöße von Profilformen mit Querschnitten bis zu $A \leq 50.000\ \mathrm{mm}^2$ für Stahl – wirtschaftlich verschweißbare Querschnittsflächen für Aluminium: $A \leq 12.000\ \mathrm{mm}^2$, Nickel: $A \leq 10.000\ \mathrm{mm}^2$, Kupfer: $A \leq 1.500\ \mathrm{mm}^2$ – z.B. Eisenbahnschienen, Schiffskettenglieder, Fensterrahmen, Autofelgen
8) Reibschweißen		
Aufheizen der Schweißfuge durch Reibungswärme infolge schneller Relativbewegungen der aneinander gepressten Werkstücke, nach Aufheizen Abschalten der Relativbewegungen, danach erfolgt das Verschweißen	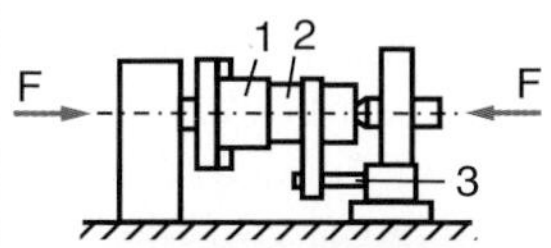 1 rotierendes Werkstück 2 ruhendes Werkstück 3 schaltbare Arretierung des ruhenden Werkstücks F Anpresskraft	– vorwiegend zum Verbinden rotationssymmetrischer Rohre mit $D \leq 900$ mm und $t \leq 6$ mm sowie Vollquerschnitte mit $D = 6 \ldots 250$ mm

Tabelle 7.1: Schweißverfahren und deren Hauptanwendungsgebiete nach [7.53] (Forts.)

Verfahren	Funktionsprinzip	Hauptanwendung
9) Induktives Pressschweißen		
Aufheizen der Schweißfuge durch induzierte Wirbelströme im Werkstück, mittels Hochfrequenzinduktor	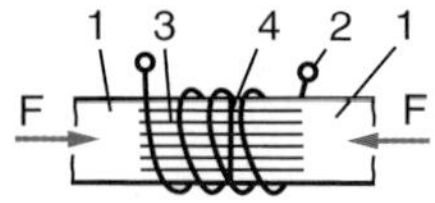 1 Werkstück 2 Spule (Induktor) 3 Erwärmungszone 4 Kontaktfläche F Anpresskraft	– für Stumpf- und Längsnähte an Rohren u. anderen Hohlprofilen mit Durchmesser $D = 10 \ldots 1.000$ mm und Wanddicken $t = 0{,}5 \ldots 15$ mm

Tabelle 7.1: Schweißverfahren und deren Hauptanwendungsgebiete nach [7.53] (Forts.)

7.3.2 Schweißeignung der Werkstoffe

Die Schweißeignung der Werkstoffe wird nach DIN-FB ISO/TR 581 ausgedrückt durch den Begriff der Schweißbarkeit. Demzufolge liegt die Schweißbarkeit eines Bauteiles vor, wenn die erforderliche Belastbarkeit bei ausreichender Sicherheit und Wirtschaftlichkeit gegeben ist [7.48]. Dabei werden gut schweißbare, bedingt schweißbare, schwer schweißbare und nicht schweißbare Werkstoffe unterschieden. Wesentlich für die Schweißbarkeit sind die drei Einflussgrößen Schweißeignung des Werkstoffes, Schweißsicherheit der Konstruktion und Schweißmöglichkeit der Fertigung, die sowohl einzeln als auch in Kombination zu berücksichtigen sind. Demzufolge ist es unsinnig, die Schweißbarkeit einer Konstruktion durch einen bsser geeigneten Werkstoff verbessern zu wollen, wenn gleichzeitig eine ungünstige Konstruktion mit schlechtem Kraftfluss oder eine nicht fachgerechte Fertigung zu einer schlechten Schweißbarkeit führen.

7.3.2.1 Stähle

Die Schweißeignung der Stähle hängt hauptsächlich von deren Kohlenstoffgehalt (Aufhärtung), von der Erschmelzungs- und Vergießungsart (Begleitelemente, Seigerungen) und bei legierten Stählen noch von der Menge der Legierungsbestandteile ab. Generell sind kohlenstoffarme Stähle (0,22 % C) gut, kohlenstoffreiche Stähle dagegen nur bedingt schweißbar. Beruhigt vergossene Stähle (R) sind den unberuhigt vergossenen (U) und normal geglühte Stähle (N) den unbehandelten Güten vorzuziehen.

Die Schweißeignung der un- und niedrig legierten Stähle hängt ab von der Härtungsneigung. Durch Vorwärmen des Nahtbereiches lässt sich die Abkühlgeschwindigkeit senken und damit die gefährliche Aufhärtung (Martensitbildung) vermindern. Unlegierte Stähle sollten bei einem C-Gehalt von 0,2 % bis 0,3 % auf 100 bis 150° C, von 0,3 % bis 0,45 % auf 150 bis 275° C und von 0,45 % bis 0,8 % auf 275 bis 425° C vorgewärmt werden. Zur Beurteilung der Härtungsneigung von niedrig legierten Stählen lässt sich das nachfolgende Kohlenstoffäquivalent verwenden:

$$C_{äqu}(\%) = \%C + \frac{\%Mn}{6} + \frac{\%Cr}{5} + \frac{\%Ni}{15} + \frac{\%Mo}{4} + \frac{\%Cu}{13} + \frac{\%P}{2} \qquad (7.1)$$

Für die Schweißeignung gilt dann:

- $C_{äqu}$ bis 0,45 %: Gute Schweißeignung, Vorwärmen erst bei Bauteildicken über 30 mm
- $C_{äqu}$ 0,45 % bis 0,6 %: Bedingte Schweißeignung, Vorwärmen auf 100 bis 200° C
- $C_{äqu}$ über 0,6 %: Nicht gewährleistete Schweißeignung, Vorwärmen auf 200 bis 350° C, günstige konstruktive Gestaltung und Auswahl eines geeigneten Schweißverfahrens erforderlich.

Für größere Bauteildicken sind höhere Vorwärmtemperaturen erforderlich.

Unlegierte Baustähle nach DIN EN 10025 werden in warm geformtem Zustand und normal geglüht eingesetzt [7.21]. Die Stähle der Gütegruppen JR, JRG1/G2, JO, J2G3/G4 und K2G3/G4 eignen sich zum Schweißen nach allen Verfahren. Für die Stähle ohne Gütegruppe S185, E295, E335 und E360 enthält die Norm keine Angaben zur Schweißeignung.

Die schweißgeeigneten Feinkornbaustähle nach DIN EN 10028 finden in normal geglühtem (normalisierend gewalztem), thermomechanisch gewalztem und in flüssig vergütetem Zustand im Druckbehälter-, Stahl- und Kranbau Verwendung. Sie sind zum Schweißen nach allen üblichen Verfahren geeignet, wobei häufig Vorwärmen zwischen 100 und 200° C angebracht ist. Zur Vermeidung von Kaltrissen muss besonders bei vergüteten Feinkornstählen der Wasserstoffgehalt durch Wasserstoffarmglühen („Soaken") nach dem Schweißen auf kleinste Werte begrenzt werden. Ausführliche Richtlinien für die schweißtechnische Verarbeitung von Feinkornbaustählen sind im Stahl-Eisen-Werkstoffblatt SEW088 zu finden [7.66].

Vergütungsstähle nach DIN EN 10083 eignen sich zum Abbrennstumpfschweißen, die Stähle C22, 25CrMo4 und 28Mn6 lassen sich auch durch Schmelz- und Widerstandspunktschweißen fügen [7.24]. Aufgrund des höheren C-Gehaltes (< 0,6 %) erfordern die übrigen Stähle beim Schweißen besondere Maßnahmen (z.B. Vorwärmen oder auch artfremde Zusatzwerkstoffe).

Die Einsatzstähle nach DIN EN 10084 sind vor dem Aufkohlen alle zum Schmelzschweißen und Abbrennstumpfschweißen geeignet, jedoch erfordern die höher legierten Stähle 16MnCr5, 20MnCr5, 15CrNi6 und 17CrNiMo6 ein Vorwärmen und Sonderverfahren [7.25].

Hoch legierte Stähle gelangen als nicht rostende, warmfeste, hitzebeständige und kaltzähe Werkstoffe zum Einsatz und sollen mit möglichst geringer Wärmezufuhr geschweißt werden. Für die schweißtechnische Verarbeitung unterscheidet man entsprechend der Gefügeausbildung in ferritische, martensitische und austenitische Stähle. Während die ferritischen Chromstähle (z.B. X6Crl7) und die austenitischen Stähle (z.B. X5CrNil8-10) grundsätzlich schweißgeeignet sind, lassen sich die martensitischen Stähle (z.B. X20Crl3) als Lufthärter nur bedingt schweißen. Deshalb werden die martensitischen Stähle meist zwischen 300 und 400° C vorgewärmt und nach dem Schweißen ohne Zwischenabkühlung bei 650 bis 750° C anlassgeglüht. Bei den ferritischen Stählen können Chromstahlversprödung und Kornwachstum, bei den austenitischen Stählen Warmrissigkeit und interkristalline Korrosion als Probleme auftreten. Schwefelhaltige Automatenstähle (z.B. X8CrNiS18-9) sollten wegen erhöhter Warmrissgefahr generell nicht geschweißt werden.

7.3.2.2 Eisen-, Kohlenstoff- und Gusswerkstoffe

Mit Ausnahme der Sorte GS-60 ist Stahlguss gut schweißgeeignet. Bei den Sorten GS-45 und GS-52 kann Vorwärmen erforderlich sein. Bei besonderen Anforderungen an die Schweißeignung und das Zähigkeitsverhalten gelangen die Stahlguss-Sorten GS-16Mn5 und GS-20Mn5 nach DIN EN 10293 zum Einsatz [7.30].

Zum Schweißen von Vergütungsstahlguss und nicht rostendem Stahlguss nach DIN EN 10283 sowie hitzebeständigem Stahlguss, hochfestem Stahlguss nach SEW520 und Stahlguss für Druckbehälter austenitischer und austenitisch-ferritischer Stahlsorten nach DIN EN 10213 gelten die gleichen Richtlinien wie für das Schweißen von Walz- und Schmiedestählen entsprechender Zusammensetzung [7.28], [7.29], [7.67].

Beim entkohlend geglühten (weißen) Temperguss (GJMW) nach DIN EN 1562 ist die Sorte EN-GJMW-360-12 bei Wanddicken bis 8 mm für alle Schweißverfahren ohne Nachbehandlung geeignet [7.16]. Beim nicht entkohlend geglühten (schwarzen) Temperguss (GJMB) sind, wie bei den übrigen GJMW-Sorten, die geschweißten Teile nachträglich zu glühen.

Gusseisen mit Lamellengrafit (GJL) nach DIN EN 1561 und Gusseisen mit Kugelgrafit (GJS) nach DIN EN 1563 werden bei hoher bzw. dynamischer Beanspruchung mit artgleichem Zusatzwerkstoff unter gleichzeitigem Vorwärmen und nachträglicher Wärmebehandlung (Warmschweißen, Güteklasse A) geschweißt. Bei geringeren Anforderungen wird mit artfremdem Zusatzwerkstoff ohne Wärmebehandlung (Kaltschweißen, Güteklasse B) geschweißt [7.15], [7.17].

7.3.2.3 Nichteisenmetalle

Aluminium und dessen Legierungen lassen sich unter Schutzgasatmosphäre meist gut schweißen. Allerdings geht in der Wärme-Einflusszone bei nicht aushärtbaren Knetlegierungen (AlMg, AlMn, AlMgMn) die durch Kaltverfestigung erzielte hohe Festigkeit bis auf die Werte des weich geglühten Zustandes zurück. Bei aushärtbaren Legierungen (AlMgSi, AlZnMg) kann die ursprüngliche Festigkeit durch erneute Wärmebehandlung wieder erreicht werden. Zum Schmelzschweißen ungeeignet sind Druckgussteile sowie Legierungen, die Kupfer, Blei oder Wismut enthalten. Kupfer und Kupferlegierungen sind gut schweißbar, sofern sie frei von z.B. Sauerstoff bzw. arm an Beimengungen (z.B. Schwefel, Blei und Eisen) sind. Gut geeignet für das Schmelzschweißen mit Schutzgasverfahren sind Kupfer-Zinn-Legierungen (Zinnbronzen), Kupfer-Nickel-Legierungen (z.B. CuNilOFelMn) und Kupfer-Aluminium-Legierungen (Aluminiumbronze, z.B. GS-CuAUONi). Titan, Molybdän und Wolfram sind nur bedingt bis schwer schweißbar. In Zweifelsfällen sind Probeschweißungen empfehlenswert. Bleihaltige Automatenlegierungen werden nicht geschweißt.

7.3.2.4 Schweißzusatzwerkstoffe

Die Schweißzusatzwerkstoffe werden unterschieden in nicht Strom führend abschmelzende Schweißdrähte bzw. Schweißstäbe und in Strom führend abschmelzende Draht- bzw. Stabelektroden. Alle Zusatzwerkstoffe sind auf die Grundwerkstoffe, das Schweißverfahren und die Fertigungsbedingungen abgestimmt. Bei korrosionsbeanspruchten Schweißteilen (meist aus nicht rostendem Stahl oder Al-Legierungen) sind unbedingt artgleiche Schweißzusatzwerkstoffe zu verwenden. Beim Schweißen unlegierter Stähle und von Gusseisen ist die geforderte Festigkeit oft auch mit Zusatzwerkstoffen erreichbar, deren Zusammensetzung wesentlich vom Grundwerkstoff abweicht.

Gasschweißstäbe für un- und niedrig legierte Stähle nach DIN EN 12536 sind nach ihrer chemischen Zusammensetzung und der gewährleisteten Kerbschlagarbeit in sieben Klassen (G I bis G VII) eingeteilt [7.31]. Umhüllte Stabelektroden für unlegierte Stähle und Feinkornstähle nach DIN EN ISO 2560 werden entsprechend der chemischen Charakteristik der Umhüllung, der Festigkeit des Schweißguts, dem Anwendungsgebiet und der Umhüllungsdicke klassifiziert [7.39].

7.3.3 Schweißpositionen

Die Wahl des Schweißverfahrens und des Schweißzusatzes ist in besonderem Maße abhängig von den möglichen Schweißpositionen gemäß Abbildung 7.3. Die Schwierigkeit der handwerklichen Ausführung nimmt von der Wannenposition (PA) zur Horizontal-Überkopfposition (PD) zu.

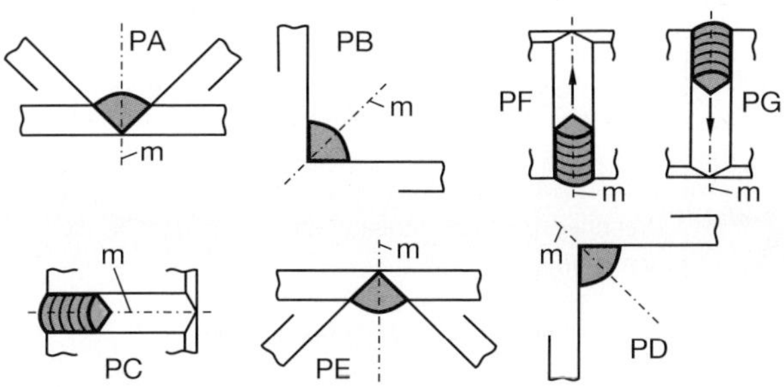

Schweißpositionen und Kurzzeichen nach DIN EN ISO 6947
(m = Nahtmittellinie)
PA (w) Wannenposition
PB (h) Horizontalposition
PF (s) Steigposition
PG (f) Fallposition
PC (q) Querposition
PE (ü) Überkopfposition
PD (hü) Horizontal-Überkopfposition

Abbildung 7.3: Schweißpositionen und Kurzzeichen nach DIN EN ISO 6947 [7.44]

7.3.4 Stoß- und Nahtarten sowie Nahtformen beim Schmelzschweißen

Nach DIN 1912 ist der Schweißstoß der Bereich, in dem die Teile durch Schweißen miteinander vereinigt werden. Dabei werden entsprechend der konstruktiven Anordnung der Teile zueinander die in Tabelle 7.2 wiedergegebenen Stoßarten unterschieden. Die Schweißnaht vereinigt die Teile am Schweißstoß. Die Nahtart wiederum hängt ab von der Stoßart, der Nahtvorbereitung (z.B. Fugenform), dem Werkstoff und dem Schweißverfahren. Am Schweißstoß muss die Naht in Form einer Fuge bzw. eines Spaltes so vorbereitet werden, dass z.B. bei Stumpfnähten die Blechkanten gut aufschmelzen, die Wurzel gut durchgeschweißt wird und der Nahtquerschnitt vollkommen gefüllt werden kann.

Stoßart	Anordnung der Teile	Erläuterung der Stoßart
Stumpfstoß		Die Teile liegen in einer Ebene. Sie stoßen stumpf gegeneinander. Bevorzugt anwenden, da ungestörter Kraftfluss
Parallelstoß	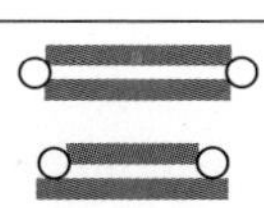	Die Teile liegen parallel aufeinander.

Tabelle 7.2: Stoßarten nach DIN 1912 [7.8]

Stoßart	Anordnung der Teile	Erläuterung der Stoßart
Überlappstoß	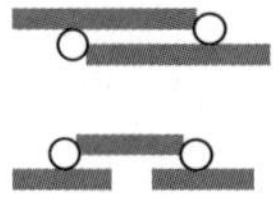	Die Teile liegen parallel aufeinander. Sie überlappen sich.
T-Stoß		Die Teile stoßen rechtwinklig (T-förmig) aufeinander. [1)]
Doppel-T-Stoß (Kreuzstoß)		Zwei in der Ebene liegende Teile stoßen rechtwinklig auf ein dazwischenliegendes drittes. [1)]
Schrägstoß		Ein Teil stößt schräg gegen ein anderes. [1)]
Eckstoß		Zwei Teile stoßen unter beliebigem Winkel aneinander.
Mehrfachstoß		Drei oder mehr Teile stoßen unter beliebigem Winkel aneinander.
Kreuzungsstoß	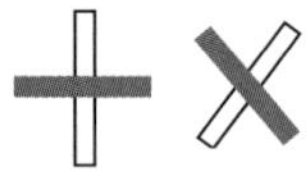	Zwei Teile liegen kreuzend übereinander.

[1)] Im Querblech besteht die Gefahr von Brüchen parallel zur Oberfläche durch Doppelungen oder schlechtes Formändeungsvermögen in Blechdickenrichtung infolge nichtmetallischer Einschlüsse (Terrassenbrüche). Abhilfemaßnahmen: Ultraschallprüfung im Anschlussbereich, Vergrößerung der Schweißanschlussfläche, Verwendung von Werkstoffen mit verbesserten Querzugeigenschaften (Z-Güten nach DIN EN 10164 [7.27]).

Tabelle 7.2: Stoßarten nach DIN 1912 [7.8] (Forts.)

In Abbildung 7.4 (links) ist die Fugenform für eine HY-Naht (halbe Y-Naht) mit Badsicherung (Beilage) gezeigt. Die Schweißnaht wird durch einzelne Raupen in einer Schweißlage oder aber bei größeren Fugen in mehreren Schweißlagen aufgebaut. Der rechte Teil der Abbildung 7.4 zeigt den Nahtaufbau und die Lagenfolge einer Y-Naht mit Gegenlage. Zunächst wird die Wurzellage (1) geschweißt, anschließend die Mittellage (2) und die Decklage (3). Abschließend wird die Gegenlage (4) geschweißt. Zusätzlich unterscheidet man nicht unterbrochene und unterbrochene Nähte in Abhängigkeit davon, ob die Nähte in der Länge ganz oder nur teilweise geschweißt sind.

Die gebräuchlichsten Nahtarten sind:

- Stumpfnähte – Die Teile liegen in einer Ebene und bilden eine Fuge, in der die Naht gezogen wird.
- Kehlnähte – Die Teile liegen in zwei Ebenen rechtwinklig zueinander und bilden eine Kehlfuge, in der die Naht gezogen wird. Zusätzlich unterscheidet man zwischen Kehlnaht und Doppelkehlnaht
- Sonstige Nähte – Kombination aus Stumpf- und Kehlnaht bzw. Nahtform, die weder der Stumpf- noch der Kehlnaht zugeordnet werden kann

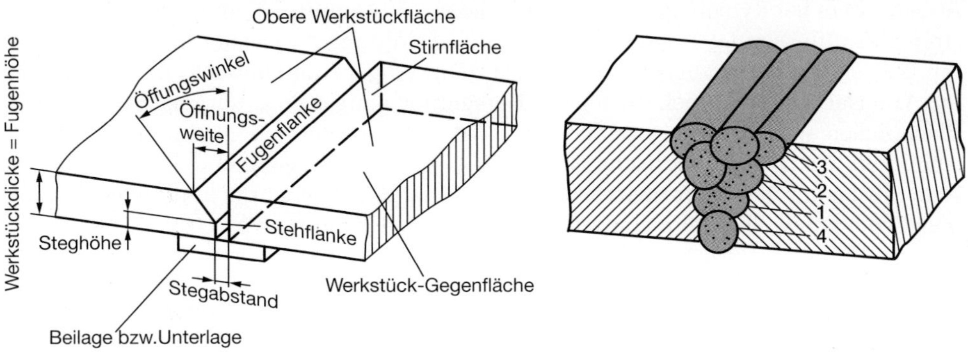

Abbildung 7.4: Nahtvorbereitung und Nahtaufbau bei einer Stumpfnaht – Wurzellage (1), Mittellage (2), Decklage (3) und Gegenlage (4)

Bei der Stumpfnaht gemäß Abbildung 7.5 stoßen die Bleche stumpf gegeneinander und bilden einen Stumpfstoß mit Schweißfuge. Bei gleicher Dicke verfügt die Stumpfnaht über eine bessere Festigkeit als die Kehlnaht, weshalb die Stumpfnaht immer der Kehlnaht vorzuziehen ist.

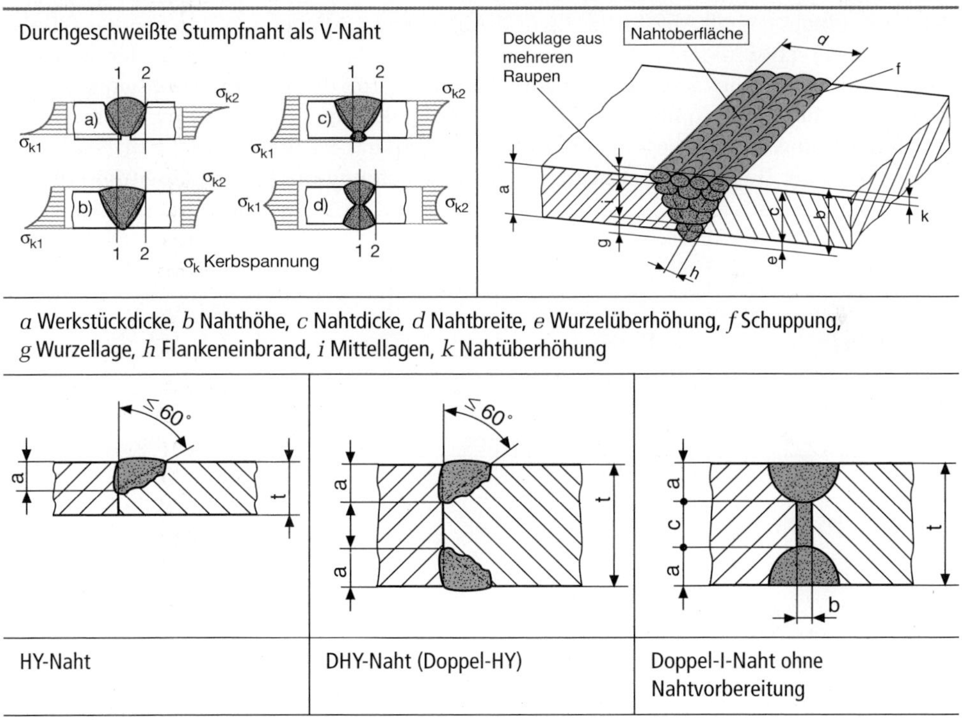

Abbildung 7.5: Durchgeschweißte und nicht durchgeschweißte Stumpfnähte nach DIN 18800 bzw. DIN EN 1993 sowie Kerbspannungen in einer Stumpfnaht – a = rechnerische Nahtdicke [7.12], [7.19]

Insbesondere bei dynamischer Belastung bietet die Stumpfnaht einen glatteren, ungestörten Kraftfluss mit geringerer Kerbwirkung, Abbildung 7.5 (rechts oben). Des Weiteren lässt sie sich einfacher und sicherer durch Röntgenstrahlen oder Ultraschall prüfen. Von Nachteil ist jedoch die teurere Herstellung einiger Fugenformen. Bei größeren Blechdicken werden aus Kostengründen die Nähte oftmals nicht durchgeschweißt, Abbildung 7.5. Die rechnerische Nahtdicke wird mit a bezeichnet, bei der Doppel-I-Naht wird a durch eine Verfahrensprüfung festgelegt. Die eingezeichnete Spaltbreite b hängt vom Schweißverfahren ab, so ist z.B. bei UP-Schweißung $b = 0$.

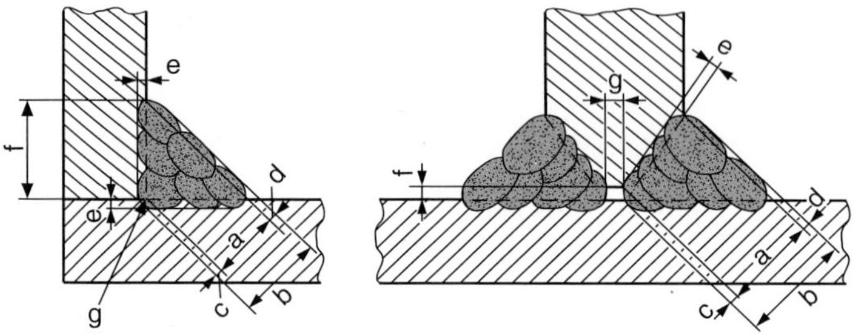

a Nahtdicke,
b Nahthöhe,
c Wurzeleinbrand,
d Nahtüberhöhung,
e Flankeneinbrand,
f Nahtschenkel bzw. Stegabstand,
g Stirnlängskante bzw. Steghöhe

Abbildung 7.6: Kehlnaht und Doppel-HY-Naht mit Doppelkehlnaht (K-Stegnaht)

Bei der Kehlnaht gemäß Abbildung 7.6 und Abbildung 7.7 liegen die zu fügenden Teile in zwei Ebenen rechtwinklig zueinander, so dass eine Kehlfuge zur Aufnahme der Schweißnaht gebildet wird. Sie ist die wirtschaftlichste Nahtform, da sie ohne besondere Vorbearbeitung der Bleche herstellbar ist. Aufgrund der Umlenkung des Kraftflusses und durch die starke Kerbwirkung wegen unverschweißter Spalte ist die Kehlnaht insbesondere bei dynamischer Belastung festigkeitsmäßig erheblich ungünstiger als die Stumpfnaht.

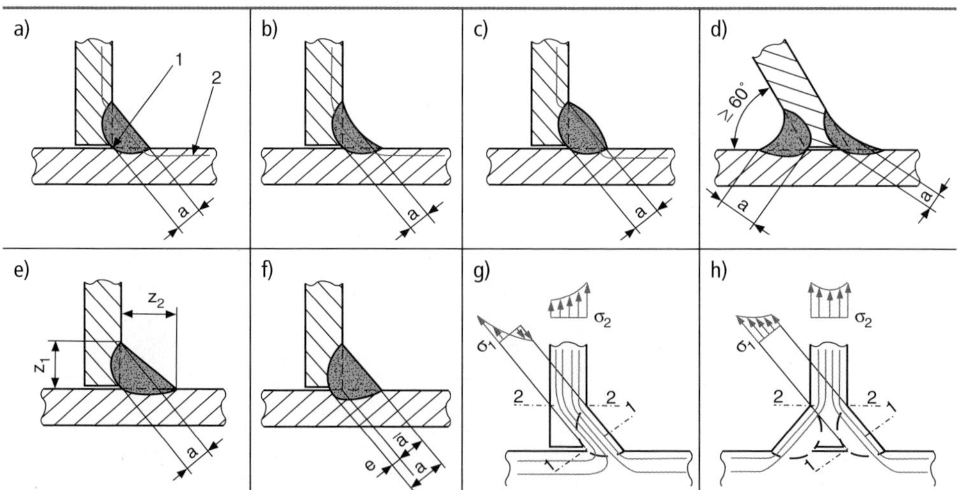

Nahtdicke a bei ungleichschenkliger Kehlnaht: $a = 0{,}5 \cdot \sqrt{2} \cdot z_1$ $(z_1 < z_2)$	Kehlnaht mit tiefem Einbrand: $a = \bar{a} + e$	Spannungsverteilung und Kraftfluss in einseitiger Kehlnaht g) bzw. Doppelkehlnaht h)

Abbildung 7.7: Arten von Kehlnähten und Kerbspannungen in Kehlnähten

Bei der Kehlnaht werden gemäß Abbildung 7.7 nochmals weitere Nahtformen unterschieden. Die Flachnaht a) wird wegen des wirtschaftlichen Nahtquerschnittes überwiegend für ruhende und dynamische belastete Konstruktionen angewandt. Die Hohlnaht b) ist wegen des guten Einbrandes und des sanften Nahtüberganges besonders für dynamische belastete Bauteile geeignet, allerdings lässt sie sich nur in Wannenposition schweißen. Die Wölbnaht c) ist leicht herstellbar und wird bevorzugt an Eckstößen verwendet, jedoch sind Nahtquerschnitt und Kraftfluss ungünstig. Die spitzwinklige Naht d) ist für Schrägstöße mit Kehlwinkeln > 60° (z.B. bei Rohrknoten von Fachwerken) geeignet. Kleinere Winkel als 60° sind nur beim Nachweis sicherer Wurzelerfassung zulässig. Die ungleichschenklige Naht e) erlaubt eine allmähliche Kraftumlenkung (z.B. bei Stirnkehlnähten am Gurtplattenende).

Eine weitere Unterscheidung der Kehlnähte wird häufig auch nach der Anordnung vorgenommen. So zeigt Abbildung 7.7 g) die Spannungsverteilung in einer einseitigen Kehlnaht, h) dagegen den Kraftfluss und die Spannungsverteilung einer doppelseitigen Kehlnaht. Nach Möglichkeit ist die einseitige Kehlnaht nur bei geringer Beanspruchung oder aber, wenn eine Doppelkehlnaht nicht ausgeführt werden kann, anzuwenden. Zur Rissprüfung von Kehlnähten bieten sich Magnetpulver- oder Farbeindringverfahren an, Durchstrahlungs- und Ultraschallprüfung sind wegen unverschweißter Spalte nur eingeschränkt anwendbar.

Liegen weder eine Stumpf- noch eine Kehlnaht bzw. eine Kombination aus beiden vor, so spricht man von sonstigen Nähten gemäß Abbildung 7.8. Hier sind insbesondere im Stahlbau die durch- und gegengeschweißten Nähte nach Abbildung 7.8 a) und b) am T- und Schrägstoß von Bedeutung, da sich mit ihnen gegenüber Kehlnähten eine Verbesserung der Tragfähigkeit bzw. eine Verringerung des Nahtquerschnittes erreichen lässt. Ebenso ist die HY-Naht mit Kehlnaht („versenkte Kehlnaht") nach c) im Vergleich zur Kehlnaht wirtschaftlicher, da nur das halbe Schweißvolumen zur Erzielung der gleichen rechnerischen Nahtdicke erforderlich ist. Nicht durchgeschweißte Nähte gemäß c) und d) sind wegen der hohen Kerbwirkung des unverschweißten Spaltes sowohl statisch als auch dynamisch weniger belastbar als durchgeschweißte Nähte.

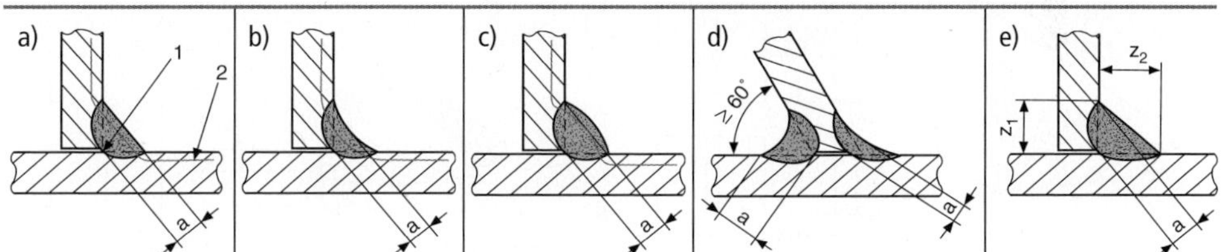

a) D(oppel)HV-Naht (DHV) mit Doppelkehlnaht (K-Naht)

b) HV-Naht mit Kehlnaht, Kapplage gegengeschweißt

c) HY-Naht mit Kehlnaht (1 theoretischer Wurzelpunkt, a = rechnerische Nahtdicke

d) D(oppel)HY-Naht (K-Stegnaht) mit Doppelkehlnaht

e) Dreiblechnaht, Steilflankennaht

Abbildung 7.8: Sonstige zusammengesetzte Nähte nach DIN 18800 bzw. DIN EN 1993 [7.12], [7.19]

Eine weitere Nahtart, die keiner der bisher genannten Nahtarten entspricht, ist die Bördelnaht nach Abbildung 7.9. Dabei werden zwei dünne Bleche an den Kanten umgebogen (gebördelt) und aneinandergestoßen. Die fertige Bördelnaht entsteht dann durch Niederschmelzen der Bördel.

Ausführliche Richtlinien zur Wahl der Fugenform für die hier vorgestellten sowie weitere Nahtarten in Abhängigkeit von der Werkstoffart, der Werkstückdicke und des Schweißverfahrens enthält DIN EN ISO 9692-1 [7.45].

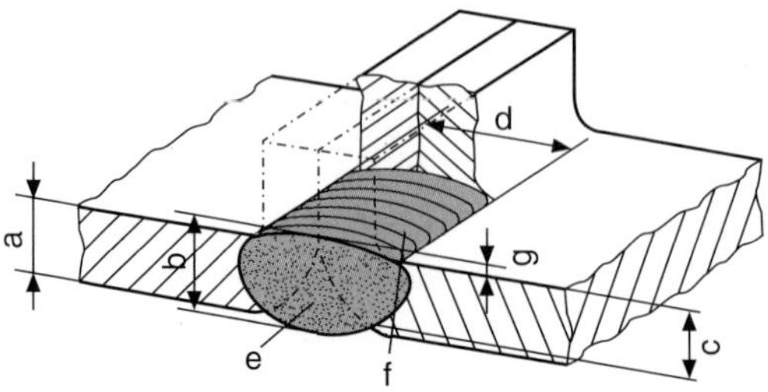

Bördelnaht
a Werkstückdicke,
b Nahthöhe,
c Nahtdicke,
d Nahtbreite,
e Bördel niedergeschmolzen,
f Schuppung,
g Nahtüberhöhung

Abbildung 7.9: Bördelnaht als sonstige Nahtform

Zur Herstellung gerader Schweißfugen verwendet man bis zu Blechdicken von 20 mm Scheren oder Schweißkantenformer. Für größere Blechdicken, bei kurvenförmigen Fugen und Blechen beliebiger Geometrien werden thermische Trennverfahren (CNC-gesteuerte Brennschneidemaschinen) verwendet. Dabei erlaubt das Brennfugen (Fugenhobeln) auch die Herstellung von U-Fugenflanken und das Ausarbeiten der Wurzelseite von Schweißnähten. Bei Maschinenbauteilen, die sowohl geschweißt als auch mechanisch bearbeitet werden müssen, kann die Fugenvorbereitung auch spanend erfolgen.

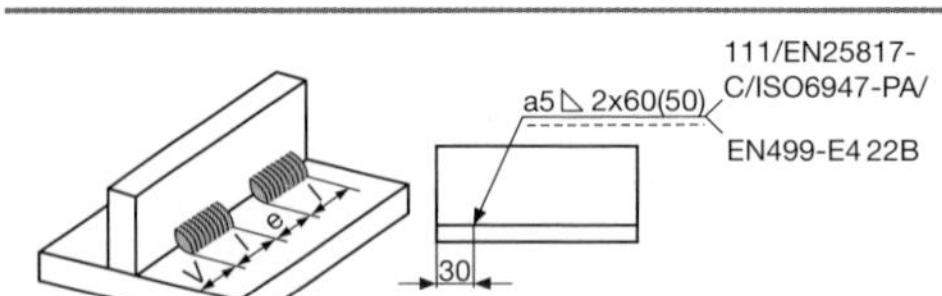

a) Unterbrochene Kehlnaht mit Fertigungsangaben

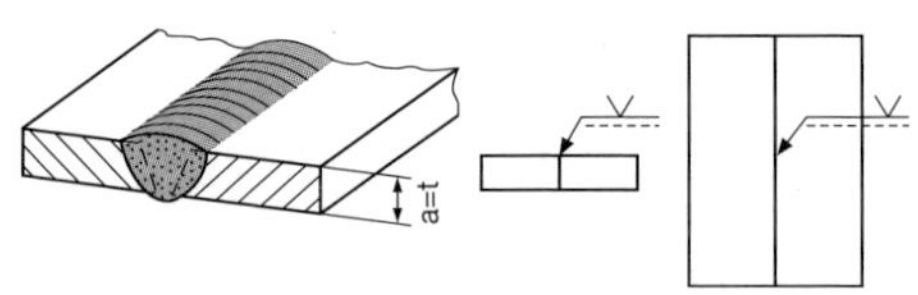

b) Durchgeschweißte V-Naht

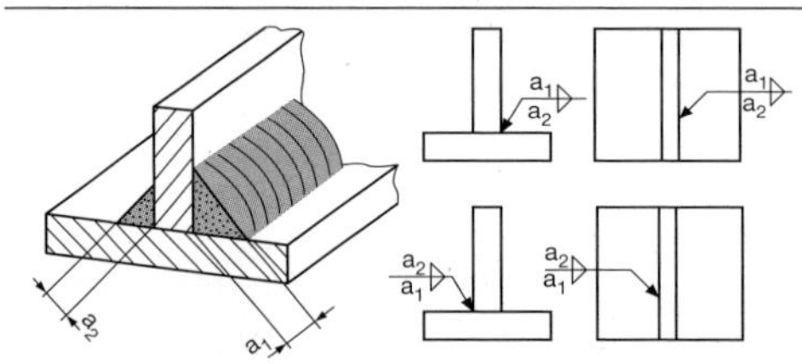

c) Doppelkehlnaht mit verschiedenen Nahtdicken

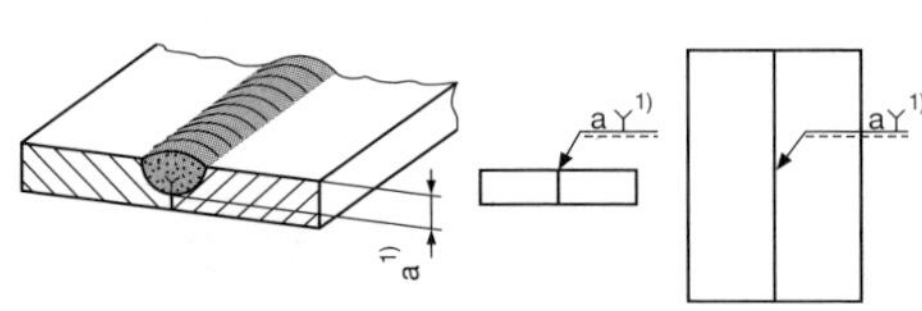

d) Nicht durchgeschweißte Y-Naht

Beispiel a): $n = 2$ Einzelnähte der Nahtdicke $a = 5$ mm, der Einzelnahtlänge $l = 60$ mm mit Nahtabstand $e = 50$ mm und Vormaß $v = 30$ mm; hergestellt durch Lichtbogenhandschweißen (Kennzahl 111), geforderte Bewertungsgruppe C nach DIN EN ISO 5817, Wannenposition PA nach DIN EN ISO 6947, verwendete Stabelektrode EN 499 – E42 2 B

Abbildung 7.10: Bemaßung von Stumpf- und Kehlnähten [7.55]

Abschließend sind noch in Abbildung 7.10 Angaben zur Bemaßung von Schweißnähten wiedergegeben. Entsprechend Beispiel a) werden das Maß der Nahtdicke links vom Symbol, das der Nahtlänge und weitere Längenangaben rechts vom Symbol eingetragen. Ohne weitere Angaben sind Stumpfnähte nach Beispiel b) als voll angeschlossen auszuführen. Fehlen Angaben zur Schweißnahtlänge, so verläuft die Naht ununterbrochen über die ganze Länge des Werkstücks (Beispiel b), c) und d)). Generell werden in Zeichnungen die Nähte immer nur einmal angegeben.

7.3.5 Stoß- und Nahtarten sowie Nahtformen beim Pressschweißen

Im Gegensatz zum Schmelzschweißen sind die Stoß- bzw. Nahtarten bei Pressschweißverbindungen anders aufgebaut. So werden beim Punktschweißen, welches überwiegend im Geräte-, Maschinen- und Stahlleichtbau zum Fügen von Dünnblechen oder blechähnlichen Teilen aus Stahl und Leichtmetall eingesetzt wird, ein- oder mehrreihige Schweißnähte gemäß Abbildung 7.11 durch regelmäßig angeordnete Schweißpunkte gezogen. Durch Robotereinsatz, insbesondere in der Fahrzeugindustrie, wird das Verfahren besonders wirtschaftlich.

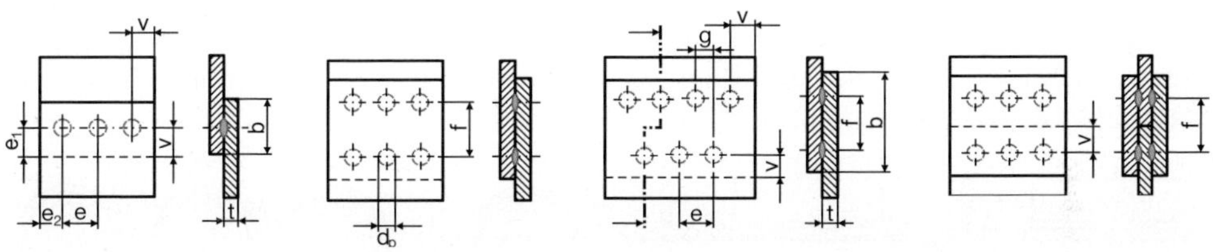

Abbildung 7.11: Punktschweißnähte – einreihig und zweireihig [7.4]

Das Buckelschweißen hat gegenüber dem Punktschweißen den Vorteil, dass Schweißstrom und Elektrodenkraft durch die punkt- oder linienförmige Berührung der Teile bei Schweißbeginn auf die Buckel konzentriert werden und demzufolge die Festigkeit der Schweißstellen weniger streut. Ein weiterer Unterschied zur Punktschweißverbindung ist, dass alle Buckel an einem Anschluss gleichzeitig niedergeschweißt werden müssen, weshalb man auch bei mehreren Buckeln an einem Anschluss von Vielbuckelschweißen spricht. Gebräuchliche Ausbildungen von Buckeln, die bereits bei der Herstellung der Teile eingedrückt, angeschmiedet oder angegossen werden müssen, sind in Abbildung 7.12 zusammengestellt. Für Rundbuckel gilt DIN EN 28167, für Lang- und Ringbuckel DIN 8519 [7.10], [7.37]. Insbesondere Ringbuckel sind bei dünnen Blechen vorteilhaft, da sie deren Steifigkeit erhöhen.

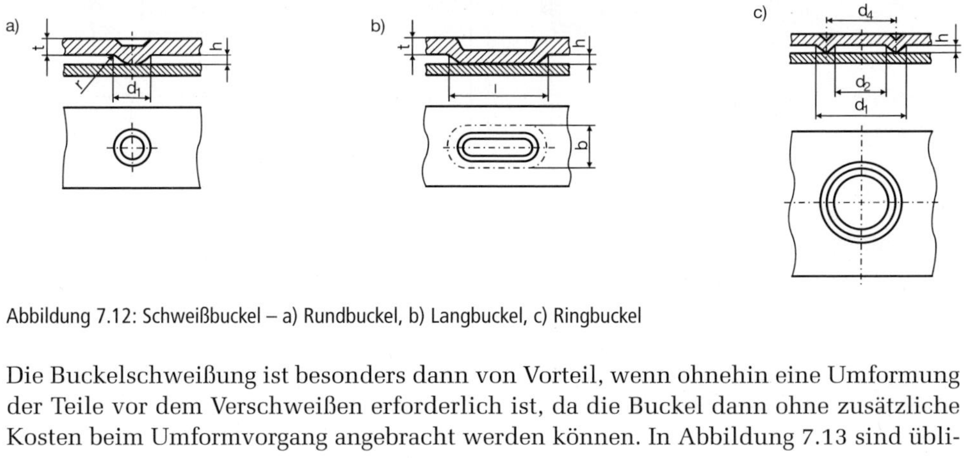

Abbildung 7.12: Schweißbuckel – a) Rundbuckel, b) Langbuckel, c) Ringbuckel

Die Buckelschweißung ist besonders dann von Vorteil, wenn ohnehin eine Umformung der Teile vor dem Verschweißen erforderlich ist, da die Buckel dann ohne zusätzliche Kosten beim Umformvorgang angebracht werden können. In Abbildung 7.13 sind übliche Verfahren zur Buckelherstellung schematisch dargestellt. Bei Bauteilen mit stark unterschiedlichem Volumen sind die Buckel auf dem volumengrößeren Teil, sonst im dickeren der beiden Teile vorzusehen. Wird nur eines der beiden Teile umgeformt, so erhält dieses die Buckel.

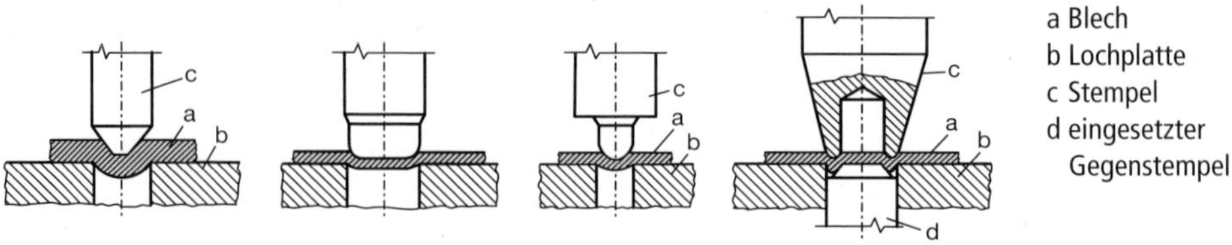

Abbildung 7.13: Herstellung von Schweißbuckeln [7.4]

Verbindungsmöglichkeiten von senkrecht zueinander stehenden Teilen sowie von Blechen mit Rohren zeigt Abbildung 7.14. Abbildung 7.15 enthält die wichtigsten Schweißsymbole für Punkt- und Buckelschweißverbindungen zur vereinfachten Darstellung in Zeichnungen.

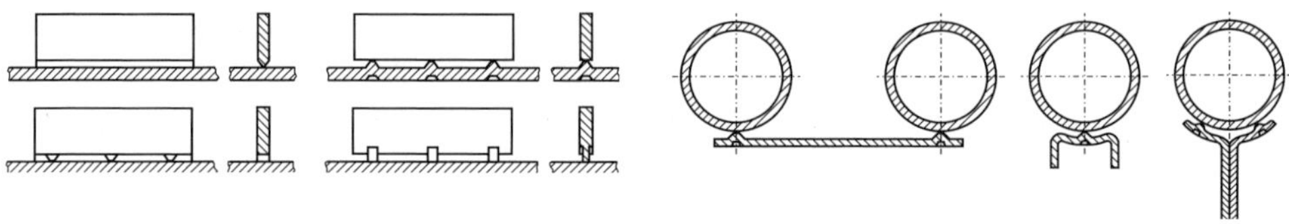

Abbildung 7.14: Buckel an senkrecht zueinander stehenden Teilen sowie an Formteilen zum Anschweißen an Rohre [7.4]

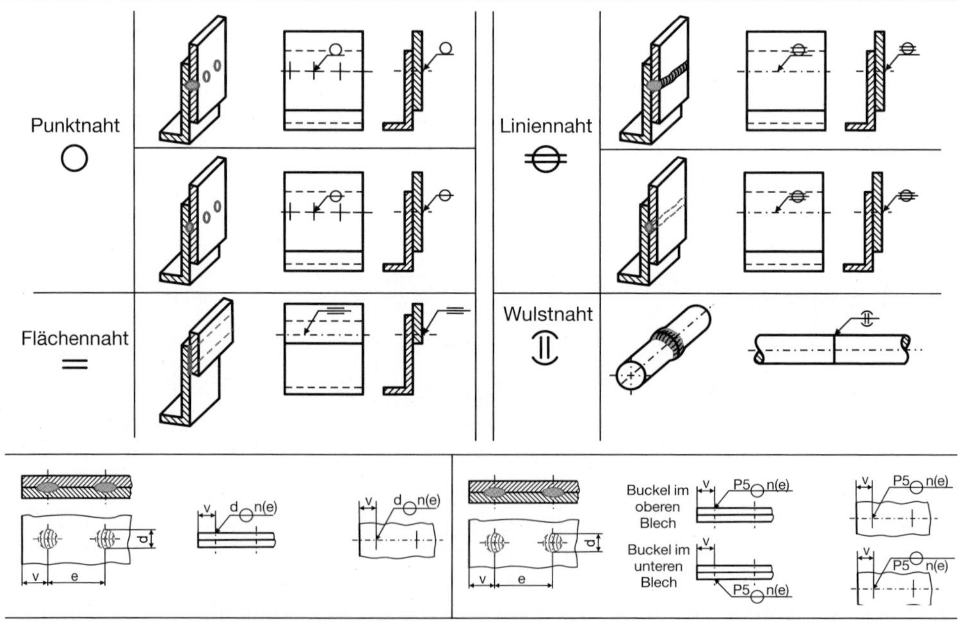

Abbildung 7.15: Bemaßung von Pressschweißpunkten und -nähten [7.4]

Im Vergleich zu den Schmelzschweißverfahren bieten die Pressschweißverfahren den Vorteil, dass auch Werkstoffe mit Überzügen oder Beschichtungen sowie plattierte Metalle und Kombinationen unterschiedlicher Metalle geschweißt werden können. In jedem Fall müssen die zu schweißenden Oberflächen zunderfrei sein, kleine Narben und Walzriefen sind allerdings zulässig.

Zum Zusammenschweißen von Rund- und Profilstählen sowie Blechen wird ein weiteres Pressschweißverfahren häufig eingesetzt, das Abbrenn-Stumpfschweißen. Hauptanwendungsgebiet sind komplexe Bauteile wie z.B. Kolbenstangen, Kurbelwellen und Gelenkteile gemäß Abbildung 7.16, die sich im Vergleich zur Herstellung aus einem Stück kostengünstig aus mehreren Einzelteilen gestalten lassen, die dann entsprechend zusammengeschweißt werden. Dabei können die Querschnitte der zu schweißenden Teile bis etwa 1.000 cm^2 groß sein. Ein weiterer wesentlicher Vorteil der Abbrennstumpfschweißung ist die hohe erreichbare Festigkeit der Schweißstelle von 90 bis 100 % der Bauteilfestigkeit.

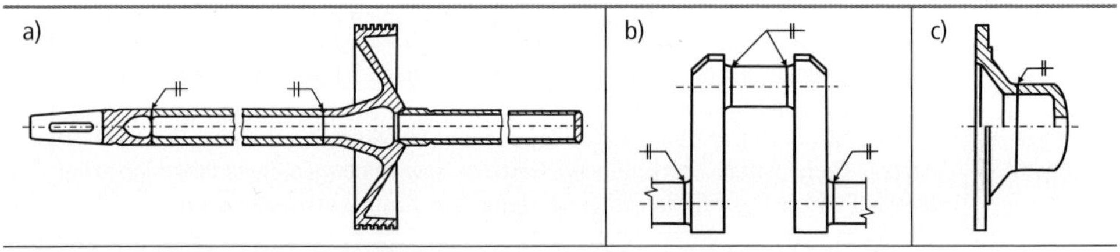

Abbildung 7.16: Beispiele von Abbrenn-Stumpfschweißverbindungen – a) Kolbenstange, b) Kurbelwelle, c) Gelenkteil [7.4]

7.3.6 Gütesicherung von Schweißnähten

Die Dauerschwingfestigkeit einer Schweißverbindung wird entscheidend durch die Art und Güte der Schweißnaht bestimmt. Die allgemeinen Grundsätze für die Gütesicherung von Schweißarbeiten an metallischen Werkstoffen sind in DIN EN ISO 14731 und DIN EN ISO 5817 zusammengefasst [7.47], [7.42]. Sie beinhalten die Anforderungen an den Betrieb mit schweißtechnischer Fertigung, an die Schweißverbindung selbst sowie Bewertungsgruppen für Stumpf- und Kehlnähte und Prüfvorschriften für die Schweißverbindungen. Mögliche Unregelmäßigkeiten beim Schweißen, die die Güte und Haltbarkeit der Schweißverbindung beeinflussen, sind in DIN EN ISO 6520 aufgeführt und erklärt [7.43]. Zur Beurteilung der Nahtgüte von Lichtbogenschweißverbindungen an Stahl sind Richtlinien zur Bewertung von Unregelmäßigkeiten in DIN EN ISO 5817 zusammengefasst, wobei für Stumpf- und Kehlnähte die gleichen Bewertungsgruppen vorgesehen sind [7.42].

Die erforderliche Bewertungsgruppe ist in Abhängigkeit von der Belastungsart (statisch, dynamisch), den Sicherheitsanforderungen und Umwelteinflüssen (Korrosion, Temperatur) in Absprache zwischen Konstruktion und Fertigung zu vereinbaren, wobei unnötig hohe Anforderungen zu Lasten der Wirtschaftlichkeit gehen. Deshalb sind die beiden folgenden Alternativen zu bewerten:

- Eine hohe Bewertungsgruppe mit höherem Fertigungsaufwand und höheren Herstellungskosten erlaubt höhere Festigkeits- und Dauerfestigkeitswerte, bringt aber aufgrund der höheren zulässigen Spannungen wesentlich geringere Konstruktionsmassen und demzufolge geringere Werkstoffkosten.
- Eine niedrigere Bewertungsgruppe mit niedrigeren Herstellkosten bedingt niedrigere zulässige Spannungen und führt deshalb zu wesentlich höheren Konstruktionsmassen und entsprechend höheren Werkstoffkosten.

Gemäß Tabelle 7.3 werden je nach Anforderungen drei Bewertungsgruppen unterschieden. Die in Abhängigkeit davon erlaubten Grenzwerte der Unregelmäßigkeiten nach DIN EN ISO 5817 sind in Tabelle 7.4 auszugsweise zusammengestellt [7.42].

Gruppe	Empfehlungen für den Einsatz im ungeregelten Bereich (z.B. Maschinenbau)
B (hohe Anforderungen)	Bei hoher Beanspruchung – Ein Bruch der betreffenden Schweißnaht ist lebensgefährlich oder führt zum Ausfall der Hauptfunktion. Bauteile, die hohen dynamischen Belastungen unterliegen (z.B. Zahnkränze, Zahnräder, Wellen, Lagerteile, Getriebeteile, Kranteile, Lenkerteile in Bau- und Landmaschinen) sowie bei Anforderung von Sondergüten (z.B. im Stahlhoch-, Kran- und Brückenbau, Bahnfahrzeugbau, Kessel- und Druckbehälterbau)
C (mittlere Anforderungen)	Bei mittlerer Beanspruchung – Ein Bruch der betreffenden Schweißnaht führt nicht zum Ausfall der Hauptfunktion. Bauteile, die mittleren dynamischen Belastungen unterliegen (z.B. Radkränze, Stangen, Ösen, Behälter, Kästen, Laufrollen, Teile in Bau- und Landmaschinen)
D (niedrige Anforderungen)	Bei geringer Beanspruchung – Ein Bruch der betreffenden Schweißnaht beeinträchtigt kaum die Gebrauchsfähigkeit des Bauteils. Bauteile, die ohnehin wegen Verschleißes oder aus Stabilitätsgründen überdimensioniert sind (z.B. Grundplatten, Vorrichtungen, Gestelle), sowie untergeordnete Baugruppen bei statischer und geringer dynamischer Belastung (z.B. Kästen, Verkleidungen)

Tabelle 7.3: Empfehlungen für den Einsatz von Bewertungsgruppen für Schweißverbindungen bei schwingender Beanspruchung nach DIN EN ISO 5817 [7.42]

Mit den Bewertungsgruppen werden die Voraussetzungen geschaffen, Schweißverbindungen als definierte Konstruktionselemente im Stahl-, Brücken- und Druckbehälterbau einzusetzen und die gegenseitige Anerkennung von Qualitätsnachweisen durch verschiedene zuständige Prüfstellen zu erreichen. In der Praxis werden die Bewertungsgruppen häufig durch weitere Anwendungsnormen in geregelten Bereichen (z.B. Kranbau, Brückenbau) vorgeschrieben. Zu beachten ist dabei, dass nur die Fertigungsqualität geregelt wird, nicht jedoch, ob die Naht in der konstruktiven Ausführung den Anforderungen aus dem Betriebseinsatz entspricht.

Unregelmäßigkeit Benennung	Bemerkungen	Grenzwerte für die Unregelmäßigkeiten bei Bewertungsgruppen		
		B (hoch)	C (mittel)	D niedrig
Zu große Nahtüberhöhung	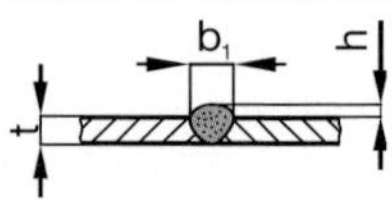	$h \leq 1$ mm $+ 0{,}1 \cdot b$ max. 5 mm	$h \leq 1$ mm $+ 0{,}15 \cdot b$ max. 7 mm	$h \leq 1$ mm $+ 0{,}25 \cdot b$ max. 10 mm
Nahtdickenunterschreitung (Kehlnaht)	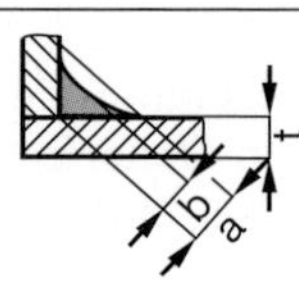	Nicht zulässig	Lange Unregelmäßigkeiten: nicht zulässig	
			Kurze Unregelmäßigkeiten: $h \leq 0{,}3$ mm $+ 0{,}1 \cdot a$ max. 1 mm	max. 2 mm

Tabelle 7.4: Grenzwerte für Unregelmäßigkeiten in Abhängigkeit von der Bewertungsgruppe nach DIN EN ISO 5817 (Auszug) [7.42]

Unregelmäßigkeit Benennung	Bemerkungen	Grenzwerte für die Unregelmäßigkeiten bei Bewertungsgruppen		
		B (hoch)	**C (mittel)**	**D niedrig**
Zu große Wurzelüberhöhung	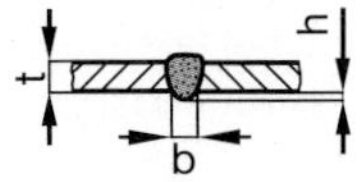	$h \leq 1\,\text{mm} + 0{,}3 - b$ max. 3 mm	$h \leq 1\,\text{mm} + 0{,}6 - b$ max. 4 mm	$h \leq 1\,\text{mm} + 1{,}2 - b$ max. 5 mm
Kantenversatz	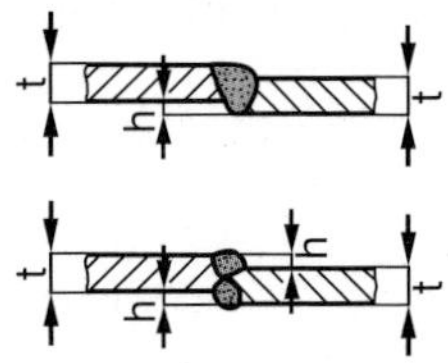	Bleche und Längsschweißnähte		
		$h \leq 0{,}1 - t$ max. 3 mm	$h \leq 0{,}15 - t$ max. 4 mm	$h \leq 0{,}25 - t$ max. 5 mm
Decklagenunterwölbung, Verlaufenes Schweißgut	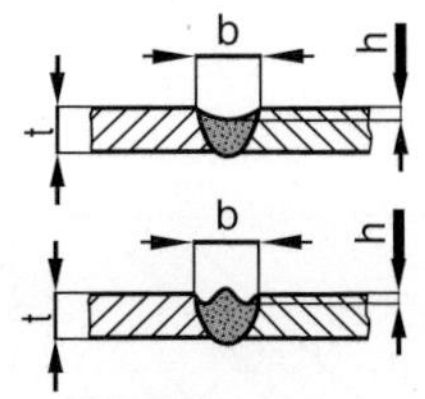	Lange Unregelmäßigkeiten: nicht zulässig		
		Kurze Unregelmäßigkeiten:		
		$h \leq 0{,}05 - t$ max. 0,5 mm	$h \leq 0{,}1 - t$ max. 1 mm	$h \leq 0{,}2 - t$ max. 2 mm
Übermäßige Ungleichschenkligkeit bei Kehlnähten	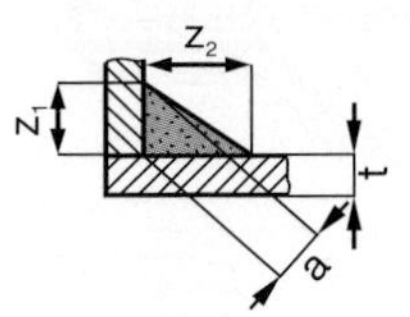	$h \leq 1{,}5\,\text{mm} + 0{,}15 \cdot a$	$h \leq 2\,\text{mm} + 0{,}15 - a$	$h \leq 2\,\text{mm} + 0{,}2 - a$
Wurzelrückfall, Wurzelkerbe	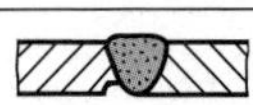	$h \leq 0{,}5$ mm	$h \leq 1$ mm	$h \leq 1{,}5$ mm

Tabelle 7.4: Grenzwerte für Unregelmäßigkeiten in Abhängigkeit von der Bewertungsgruppe nach DIN EN ISO 5817 (Auszug) [7.42] (Forts.)

Weitere Richtlinien über Bewertungsgruppen für das Schmelz- und Strahlschweißen von Stahl- und Aluminiumwerkstoffen sind in DVS 0713 und DIN EN ISO 13919 sowie in der weiterführenden Fachliteratur zu finden [7.49], [7.46], [7.56], [7.57], [7.58], [7.59], [7.60], [7.61], [7.62].

7.4 Gestaltung von Schweißverbindungen

Neben dem gewählten Schweißverfahren in Abhängigkeit vom eingesetzten Werkstoff kommt wohl der Gestaltung einer Schweißverbindung die größte Bedeutung hinsichtlich der erzielbaren Dauerschwingfestigkeit zu. Im Folgenden sind einige allgemeine Gestaltungsregeln sowie Besonderheiten des Stahl-, Kran- und Behälterbaus zusammengestellt.

7.4.1 Allgemeine Gestaltungsregeln

Die Beachtung der folgenden allgemeinen Gestaltungsregeln führt zu einer guten Konstruktion:

- Stellen höchster Beanspruchung – Schweißnähte sollen nicht an derartigen Stellen vorgesehen werden, da dort die Gefahr der Überlagerung von Schweißeigenspannungen und der Spannungserhöhung durch geometrische und technologische Kerben besonders groß ist (Mehrfachkerbwirkung).
- Nahtarten – Bei dynamisch hoch beanspruchten Konstruktionen sind wegen des günstigeren Kraftflusses und der gleichmäßigeren Spannungsverteilung im Schweißnahtbereich Stumpfnähte vorzuziehen, da gerade die bei Kehlnähten und K-Nähten auftretende gestaltbedingte Kerbwirkung eine Verringerung der Gestaltfestigkeit bedingt. Auch Ecknähte unterliegen bei dynamischer Beanspruchung einer größeren Dauerbruchgefahr, wenn sie hinsichtlich des Kraftflusses ungünstig gestaltet sind. Abbildung 7.17 zeigt günstige Trägeranschlüsse bei statischer und dynamischer Beanspruchung.

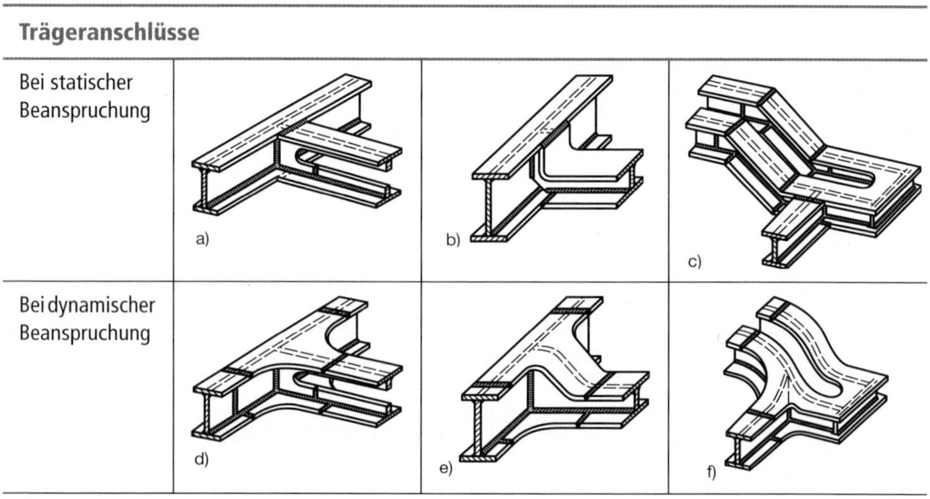

Abbildung 7.17: Geschweißte Trägerkonstruktion bei statischer und dynamischer Beanspruchung [7.56]

- Zugänglichkeit der Nahtstelle – Schweißteile sind konstruktiv immer so zu gestalten, dass die Nähte leicht zugänglich und somit einfach auszuführen sind. Die Zugänglichkeit der Nahtstelle wird verbessert, wenn im Schweißnahtbereich recht- und stumpfwinklige Flächenstöße anstelle spitzwinkliger Stöße vorgesehen werden. Eine Lagefixierung durch eine Zentrierung, Führung oder durch Anschlagleisten vereinfacht die Durchführung einer Schweißung und steigert die Nahtgüte. In der Einzelfertigung erfolgt dies meistens durch mechanische Vorbearbeitung der Teile (z.B. gedrehte Absätze, gefräste Nuten) und bei Serienfertigung durch Schweißvorrichtungen.
- Wirtschaftliche Gestaltung – Neben der festigkeits- und steifigkeitsgerechten Gestaltung wird die Wirtschaftlichkeit derselben durch eine brennschneidgerechte Ausführung der einzelnen Teilstücke mit möglichst gleicher Dicke sowie einer guten Materialausnutzung und durch die Verwendung von handelsüblichen Walzprofilen, Halbzeugen (auch Schmiede- und Stahlgussteile) sowie Blechen erreicht.

- Sicherheitsgerechte Gestaltung – Bei der Gestaltung von Schweißverbindungen an Dampfkesseln, Druckbehältern und Rohrleitungen sind besondere Sicherheitsvorschriften zu beachten. Beispiele für bewährte Ausführungsformen von Nocken, Nippeln, Blockflanschen, Stutzen und Ausschnittverstärkungen, Mantelverbindungen, Rohrverbindungen und Verbindungen zwischen Rohrboden und Behältermantel sind der Fachliteratur zu entnehmen [7.57].
- Nahtmenge – Durch die Verwendung von Walz-, Biege- und Abkantprofilen sowie Schmiede- und Stahlgussteilen sind konstruktiv möglichst geringe Nahtmengen anzustreben. Hierdurch wird der Wärme-Eintrag gering gehalten, entsprechend bleiben die Schrumpfungen und Schweißeigenspannungen klein. Lange und dünne Nähte sind den kurzen und dicken Nähten vorzuziehen. Abbildung 7.18 verdeutlicht, wie durch eine Verringerung der Anzahl der Einzelteile die Schweißnahtmenge herabgesetzt werden kann.

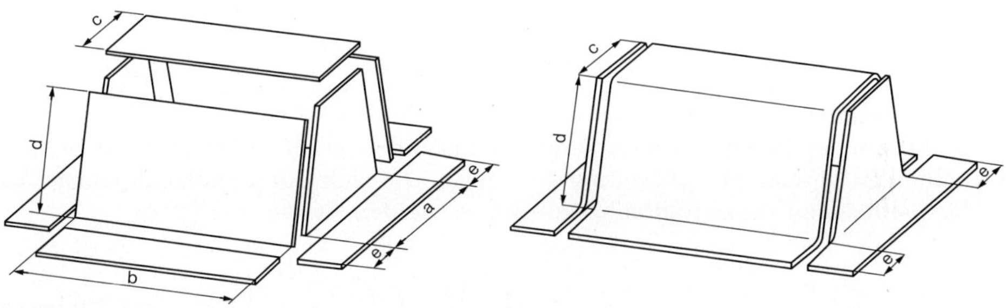

Abbildung 7.18: Zusammenhang zwischen Schweißnahtmenge (Schweißnahtlänge!) und Anzahl der Bauteile [7.70]

- Schweißverzug und Schweißeigenspannungen – Der Verzug eines Schweißteils lässt sich durch eine Vordeformation (Vorgabe) auf ein Minimum reduzieren. Ist diese Vordeformation z.B. aus fertigungstechnischen Gründen nicht möglich, so lassen sich Schweißverzug und Schweißeigenspannungen durch eine richtige Schweißfolge gemäß Abbildung 7.19 und Abbildung 7.20 günstig beeinflussen. Weitere Informationen zu dieser Schweißfolge-Technologie (Pilgerschritt- und Kaskadenverfahren, Mehrlagenschweißen mit mehrmaligem Wenden, beidseitiges Schweißen und Schweißen mit Gegenwärmen) ist der Literatur zu entnehmen [7.56].

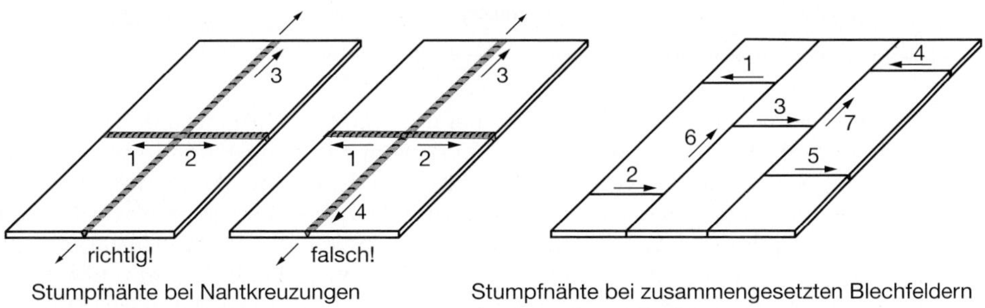

Abbildung 7.19: Beeinflussung des Schweißverzuges und der Schweißeigenspannungen [7.70]

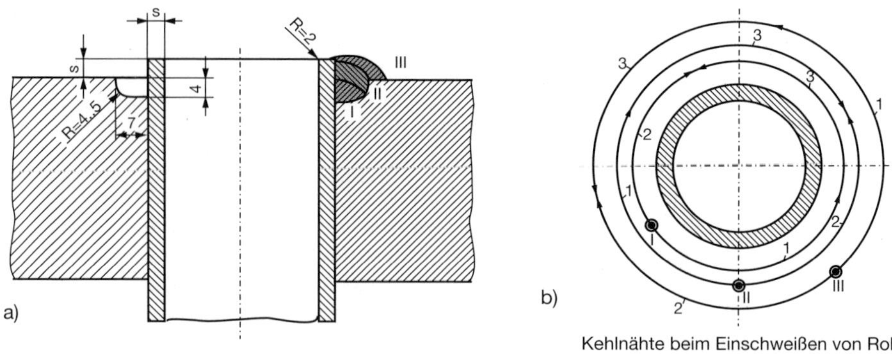

Abbildung 7.20: Beeinflussung des Schweißverzuges runder Bauteile [7.70]

- Anhäufung von Schweißnähten – Wegen der Gefahr der Versprödung und der Rissbildung bei mehrachsigen Zugspannungszuständen ist die Anhäufung von Schweißnähten zu vermeiden. Abbildung 7.21 zeigt, wie sich durch einfache konstruktive Maßnahmen zu starke Nahtanhäufungen vermeiden lassen.

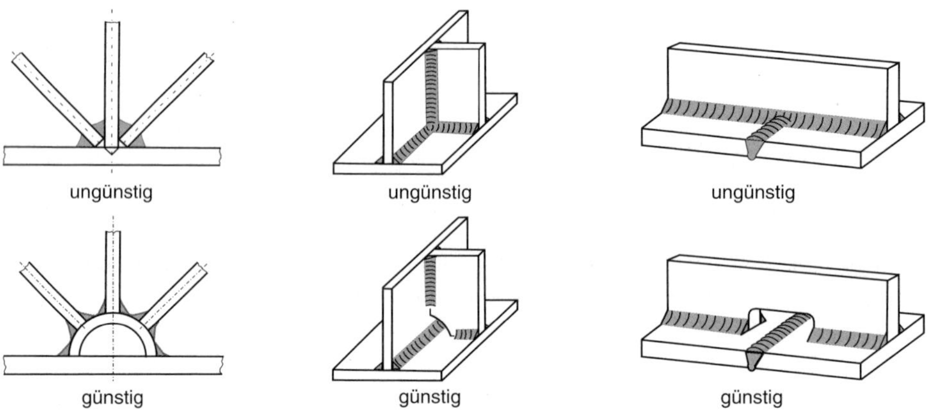

Abbildung 7.21: Vermeidung von Schweißnahtanhäufungen [7.56], [7.68], [7.70]

- Querschnittsunstetigkeiten – Besonders bei dynamischer Beanspruchung sind Querschnittsunstetigkeiten bzw. konstruktive Kerben zu vermeiden. Abbildung 7.22 zeigt, wie bei zugbeanspruchten geschweißten Laschen durch eine Anpassung der Blechgeometrie und die richtige Nahtlage die Formzahl α_k deutlich gesenkt werden kann. Ebenso lässt sich beim Verschweißen ungleich dicker Bleche die Gestaltfestigkeit dadurch verbessern, dass das dickere Blech zur Schweißnaht hin mindestens einseitig konisch, noch besser aber beidseitig konisch angearbeitet wird. Die beste dynamische Belastbarkeit (höchste Gestaltfestigkeit) wird für die Stumpfnaht bei ungleichen Blechdicken erzielt, wenn sie gemäß Abbildung 7.23 an ihrer Oberfläche blecheben spanabhebend bearbeitet wird. Hierzu ist das dickere der Bleche zuerst konisch auf die Dicke des dünneren Bleches und dann parallel auf einer Strecke von mindestens dreimal der Dicke des dünneren Bleches zu bearbeiten.

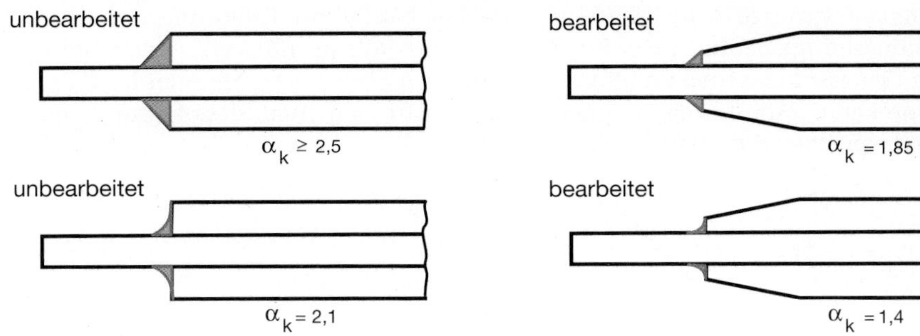

Abbildung 7.22: Formzahlen geschweißter Laschen [7.68]

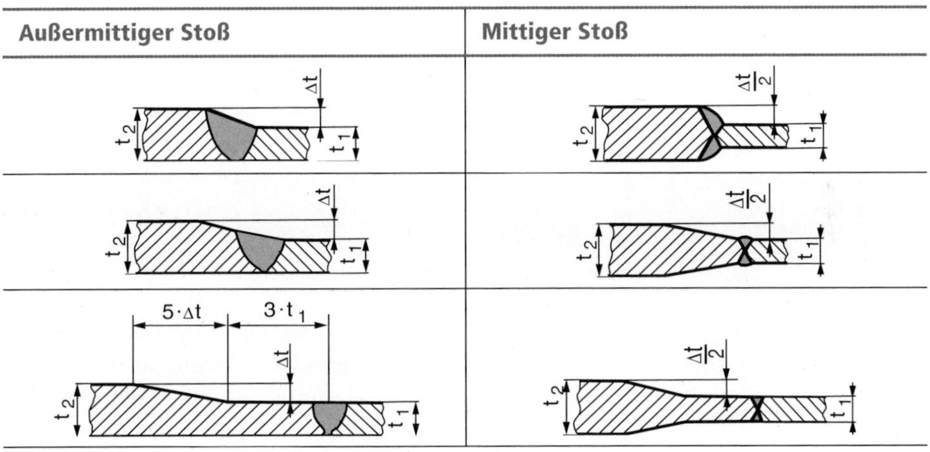

Abbildung 7.23: Stumpfstoß unterschiedlich dicker Bleche [7.68]

- Montagegerechte Gestaltung – Häufig verfügen große Schweißkonstruktionen aus montagetechnischen Gründen über Schraubstöße. Meistens sind das geschweißte Rahmenecken mit einer Montage-Schraubverbindung gemäß Abbildung 7.24. Die Krafteinleitungsrippen dienen bei diesen Konstruktionen zusätzlich dem Versteifen der Flansche zur Vermeidung des ungleichmäßigen Tragens des oberen und des unteren Schraubenpaares.

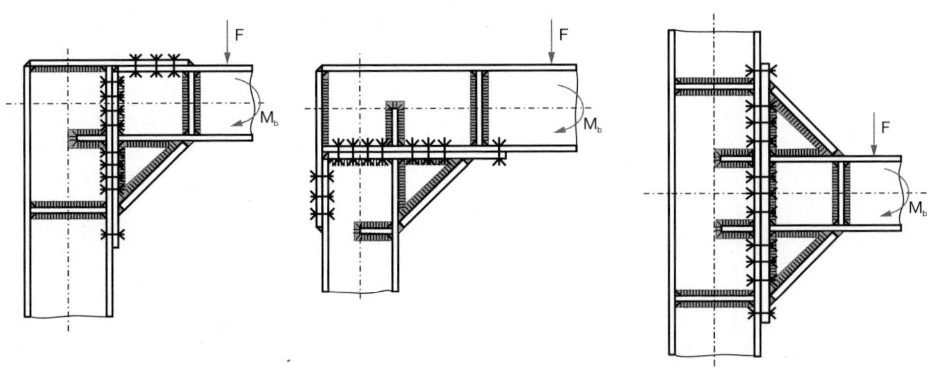

Abbildung 7.24: Geschweißte Rahmenecken mit Montage-Schraubverbindungen [7.68]

- Steifigkeitssprünge – Im Leichtbau werden häufig zur Erhöhung der Biege- und Torsionssteifigkeit dünnwandige Kasten- und Rohrprofile verwendet. Beim Übergang von geschlossenen zu offenen Profilen oder beim Anschluss anderer Profile ist entsprechend Abbildung 7.25 besonders darauf zu achten, dass keine großen Steifigkeitssprünge auftreten.

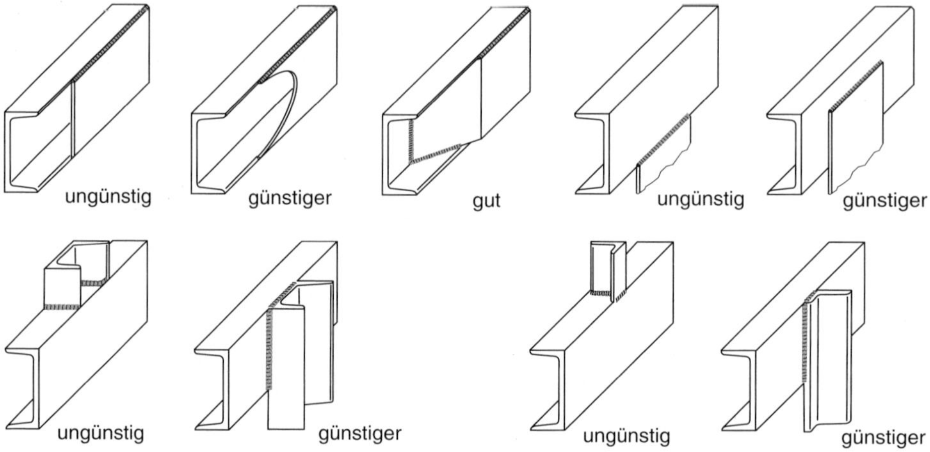

Abbildung 7.25: Gestaltung des Überganges vom offenen zum geschlossenen Profil [7.70]

In Erweiterung dieser Gestaltungsgrundsätze sind in der nachfolgenden Tabelle 7.5 Beispiele für die ungünstige und günstige Gestaltung von Schweißnahtanordnungen aus den verschiedensten Anwendungsgebieten zusammengestellt. Weitere Gestaltungsbeispiele, insbesondere zum allgemeinen Maschinenbau, zur Antriebs- und Fördertechnik, zum Schienen- und Straßenfahrzeugbau und zum Kessel- und Rohrleitungsbau sind in der Fachliteratur zusammengestellt [7.58].

Nr.	Ungünstige Gestaltung	Günstige Gestaltung	Erläuterungen
1	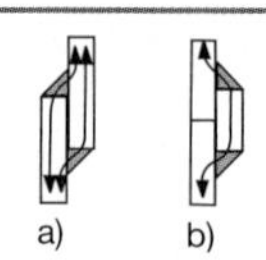	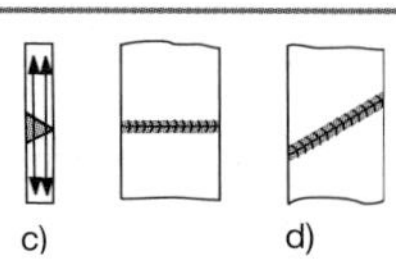	Stumpfnähte bevorzugen. Auf ungestörten Kraftfluss achten. Bei (a) und (b) ist Nietverbindung nachgeahmt.
2	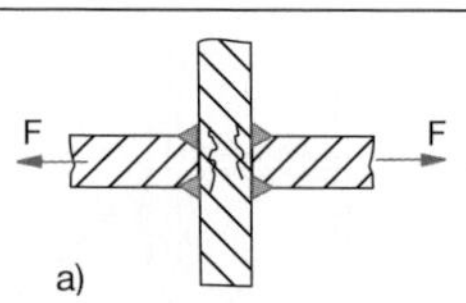	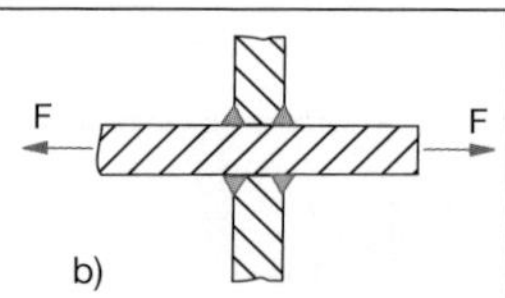	Zugbeanspruchung geschweißter Bleche in Dickenrichtung vermeiden. Gefahr von Terrassenbrüchen durch vermindertes Formänderungsvermögen in Dickenrichtung infolge nichtmetallischer Einschlüsse
3	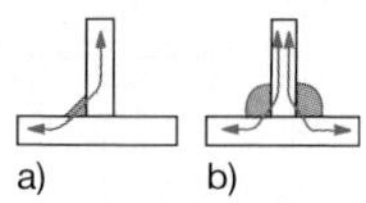	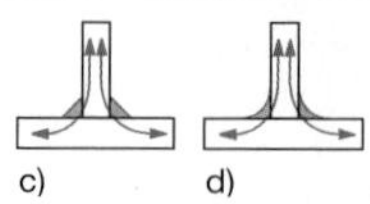	Kehlnähte möglichst doppelseitig ausführen. Hohlkehlnähte (d) sind am günstigsten, besonders bei dynamischen Belastungen (geringe Kerbwirkung).

Tabelle 7.5: Beispiele für schweißgerechte Gestaltung und Ausführung [7.55], [7.56], [7.63]

Nr.	Ungünstige Gestaltung	Günstige Gestaltung	Erläuterungen
4	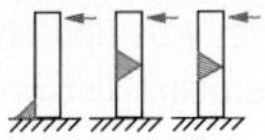 a) b) c)	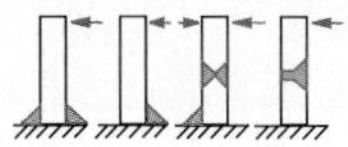 d) e) f) g)	Nahtwurzeln nicht in Zugzonen legen
5	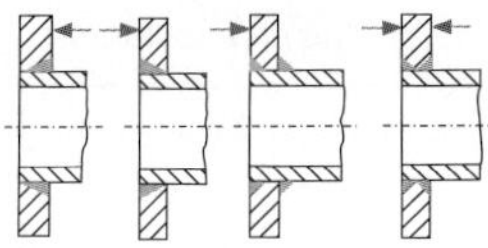	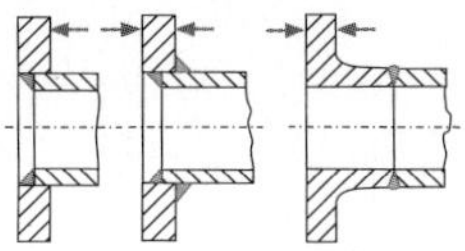 am besten	Nahtwurzel nicht in Zugzone legen! Vorbearbeitung sparen
6	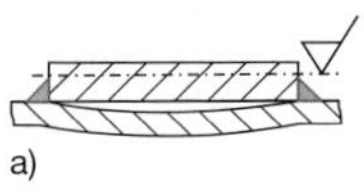 a)	b) 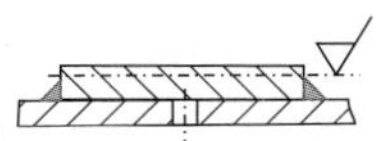 c) 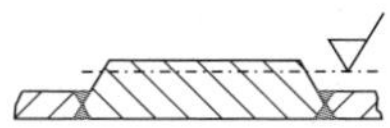	Schrumpfen Bearbeitungsleisten: Bei dünnen Blechen, Ausführung (a), Ausbeulen infolge Nahtschrumpfung oder durch Ausdehnung der eingeschlossenen Luft beim Spannungsarmglühen. Deshalb Luftloch (b) vorsehen oder Bearbeitungsteil (c) einsetzen (teuer)
7	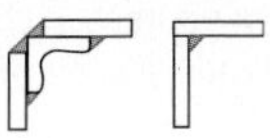 a) b)	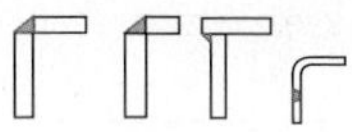 c) d) e) f)	Eckstöße: Bei (a) ist die Nietverbindung nachgeahmt. Dünne Bleche abkanten und stumpf verschweißen (f)
8	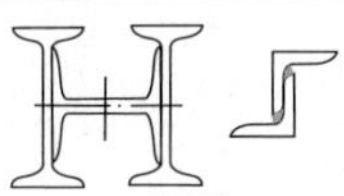 a) b)	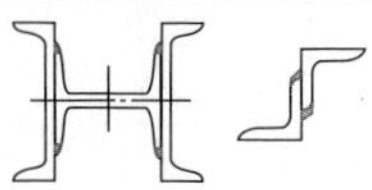 c) d)	Auf gute Zugänglichkeit der Nähte achten. Bei (a) sind die Nähte kaum zugänglich.
9	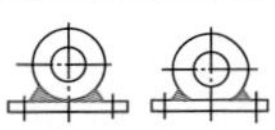 a) b)	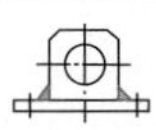 c)	Lager: Ausführung (a) und (b) nicht schweißgerecht, vgl. Zeile 10a, Ausführung (c) ist einfach und billig.
10	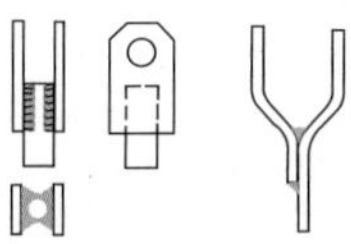 a) b)	 c) d) e)	Gabelköpfe: Ausführung (a) nicht schweißgerecht, Nahtwurzel nicht zugänglich (Öffnungswinkel!)
11	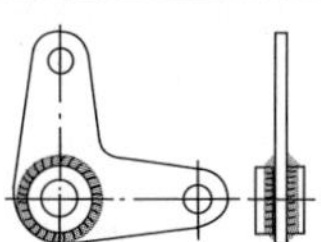 a)	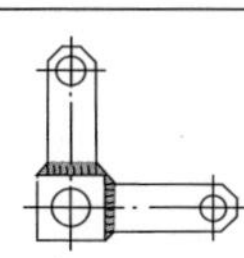 b)	Hebel: Ausführung (a) ist festigkeitsmäßig gut, aber teuer; (b) ist schweißgerecht ausgeführt, billig und einfach.
12	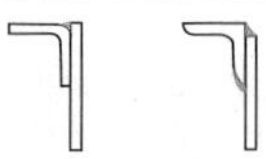 a) b)	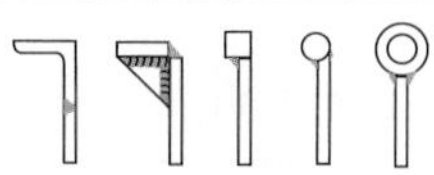 c) d) e) f) g)	Randversteifungen: Auch hierbei nicht die Nietkonstruktion als Vorbild wählen wie bei (a) und (b)

Tabelle 7.5: Beispiele für schweißgerechte Gestaltung und Ausführung [7.55], [7.56], [7.63] (Forts.)

Nr.	Ungünstige Gestaltung	Günstige Gestaltung	Erläuterungen
13	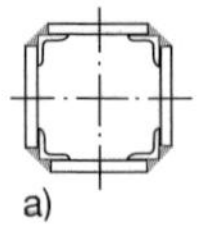 a)	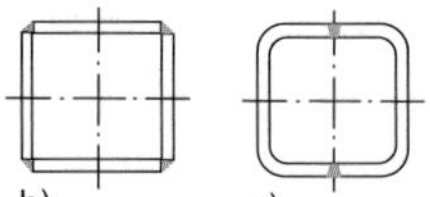 b) c)	Kastenprofil: Ausführung (a) nicht schweißgerecht, Nietkonstruktion war Vorbild, zu viele Nähte, zu teuer. Bei dickeren Blechen nach (b), bei dünneren nach (c) ausführen
14	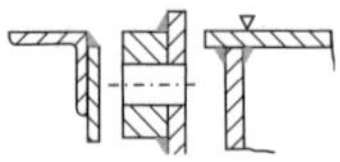	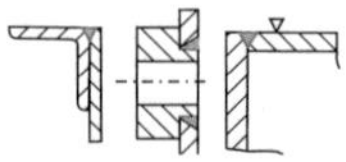	Vorarbeiten wie Absätze und Abschrägungen möglichst einsparen! Naht nicht in bearbeitete Flächen
15	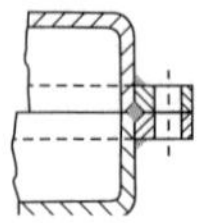	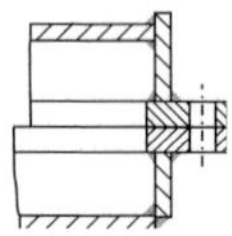	Naht nicht in Passflächen legen! Innere Naht nur bei schweren Kästen. Maße des Flachstahls (Flansch) als Rohmaß angeben. Bearbeitungszugabe $2\ \mathrm{mm}$ ($4\ \mathrm{mm}$) bei Kastenlänge bis $1\ \mathrm{m}$ (über $1\ \mathrm{m}$)
16	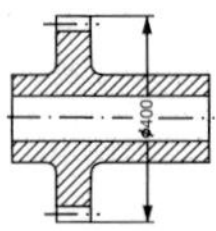	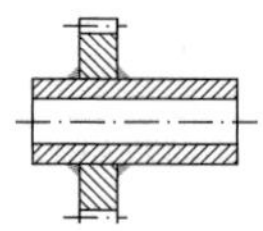	Größere Bunde und Flansche billiger geschweißt als geschmiedet oder aus dem Vollen gedreht. (Schweißbarkeit der beteiligten Werkstoffe beachten)
17	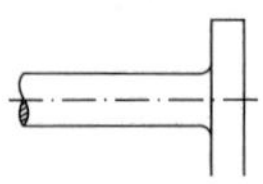	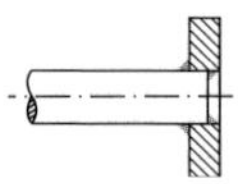	
18	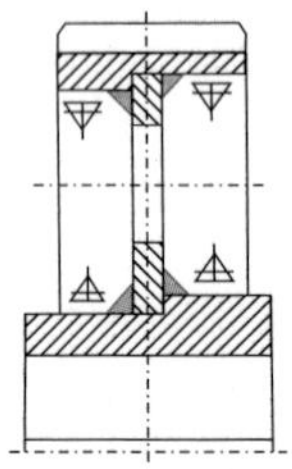	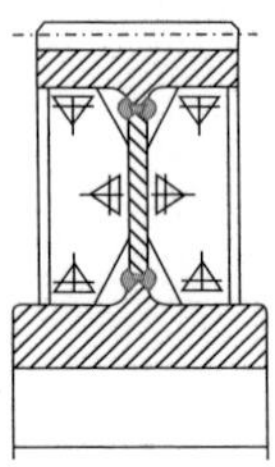	Zahnrad Kranz nahtlos gewalzt. Rippen nur bei Schrägverzahnung
19	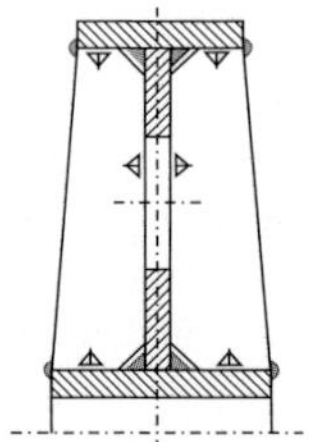	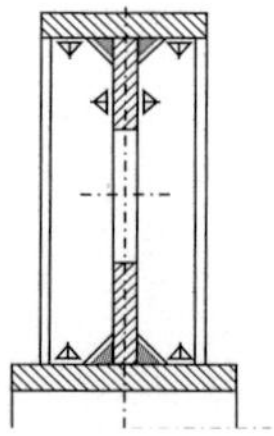	Bremsscheibe Rippen nicht ausschneiden, sondern hierfür Flachstahl nehmen! Der Kranz soll über die Rippen vorstehen.
20	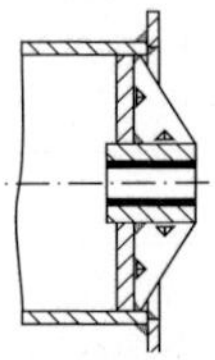	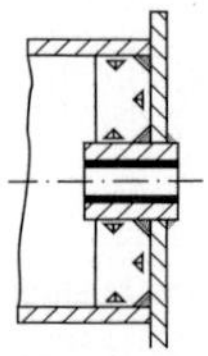	Seiltrommel An Schnitten, an Nahtmenge und an Rippen sparen! Doppelnähte nur bei größeren Kräften

Tabelle 7.5: Beispiele für schweißgerechte Gestaltung und Ausführung [7.55], [7.56], [7.63] (Forts.)

<table>
<tr><th>Nr.</th><th>Ungünstige Gestaltung</th><th>Günstige Gestaltung</th><th>Erläuterungen</th></tr>
<tr><td>21</td><td>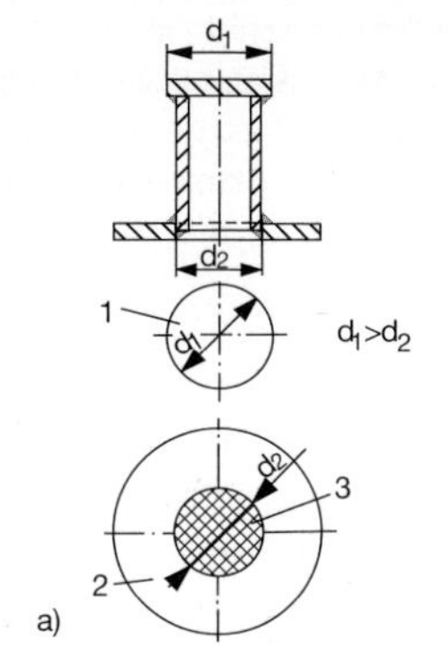
</td><td>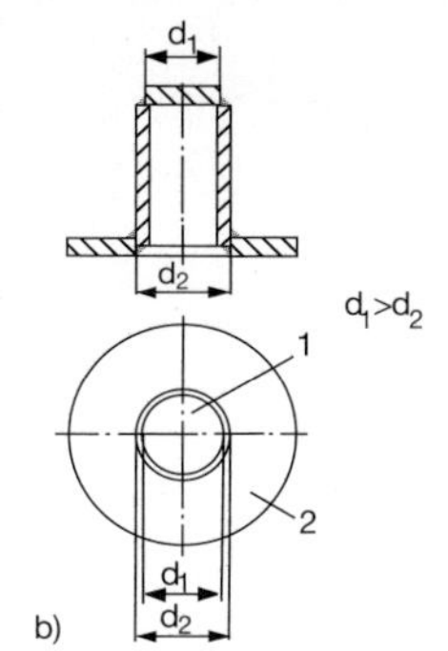
</td><td>Werkstoffausnutzung:
Beim Ausschneiden des Flansches (2) kann anfallendes Abfallstück (3) als Deckel (1) verwertet werden, wenn $d_1 < d_2$ ausgeführt wird.</td></tr>
<tr><td>22</td><td>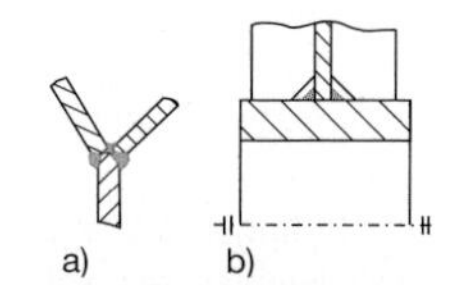
</td><td>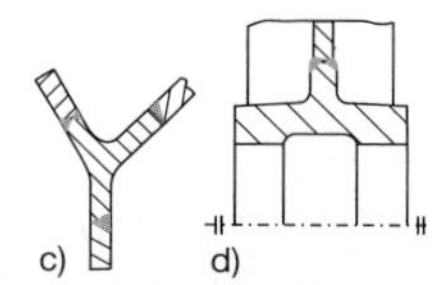
</td><td>Einschweißen von Stahlguss- und Schmiedestücken (c) und (d) bei hoher Beanspruchung zur Vermeidung von Nahtanhäufung und zur Verbesserung des Kraftflusses. Nähte prüfbar</td></tr>
<tr><td>23</td><td>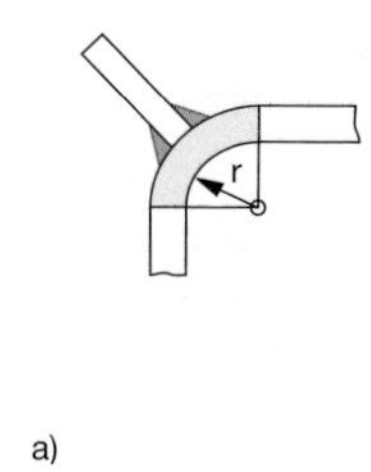
</td><td>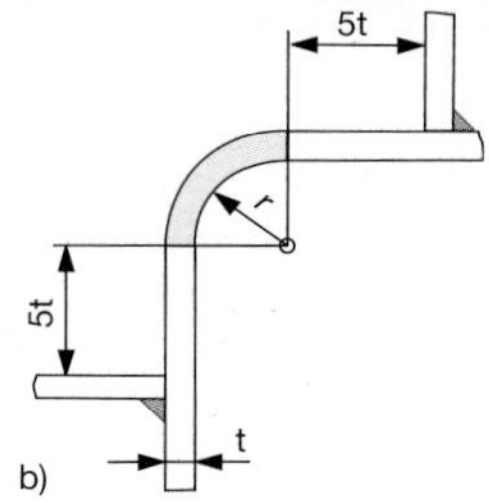
</td><td>In kalt geformten Bereichen einschließlich der angrenzenden Bereiche von 5 x Blechdicke darf nur dann geschweißt werden (Reckalterung!), wenn
– die Teile vor dem Schweißen normal geglüht werden,
– bei Baustählen folgende Grenzwerte $\min(r/t)$ eingehalten werden:
<table><tr><td>$\max f$ in mm</td><td>50</td><td>24</td><td>12</td><td>8</td><td>4</td></tr><tr><td>$\min(r/t)$</td><td>10</td><td>3</td><td>2</td><td>1,5</td><td>1</td></tr></table></td></tr>
<tr><td>24</td><td>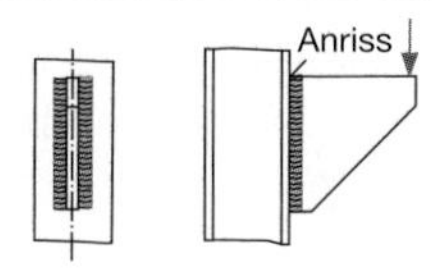
</td><td>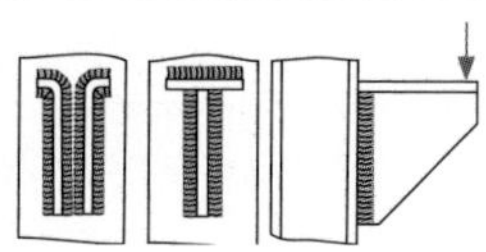</td><td>Anrissgefahr verringern durch richtige Nahtanordnung</td></tr>
<tr><td>25</td><td>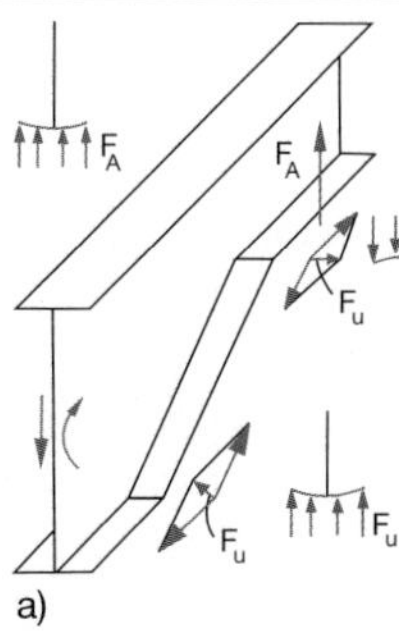
</td><td>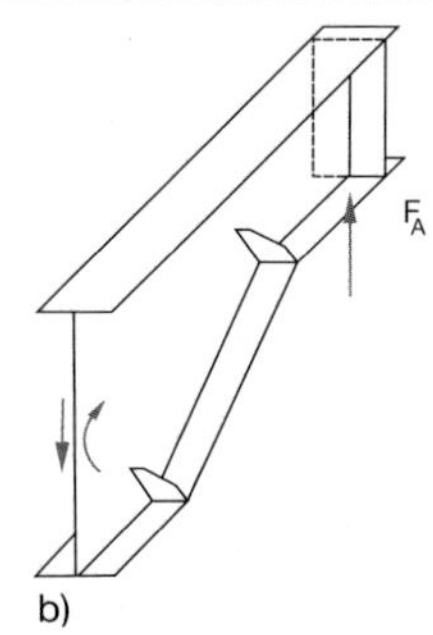
</td><td>Im Bereich von Krafteinleitungen und -umlenkungen sowie an Knicken und Krümmungen sind Aussteifungen erforderlich.
Beim I-Träger mit geknicktem Gurt entstehen Umlenkkräfte F_u (a). Diese beanspruchen den Trägergurt quer zur Trägerachse auf Biegung (a), wenn dies nicht durch Rippen verhindert wird (b).</td></tr>
</table>

Tabelle 7.5: Beispiele für schweißgerechte Gestaltung und Ausführung [7.55], [7.56], [7.63] (Forts.)

Nr.	Ungünstige Gestaltung	Günstige Gestaltung	Erläuterungen
26	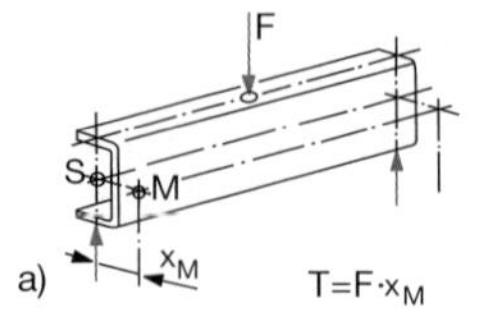	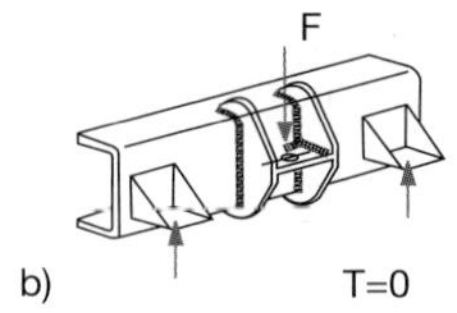	Werden Profile nicht im Schubmittelpunkt M belastet, z.B. wie bei (a) im Schwerpunkt S, so treten zusätzliche Torsions- und Normalspannungen auf.
27	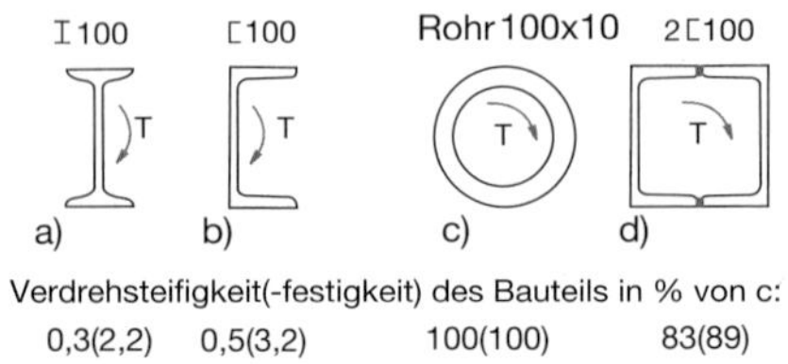		Nur geschlossene Querschnitte (c) und (d) sind zur Aufnahme von Torsionsmomenten geeignet, offene Querschnitte (a) und (b) sind verdrehungsweich.
28	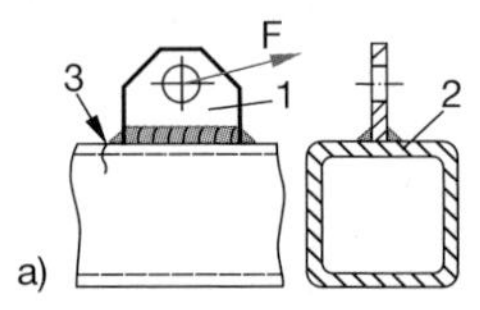	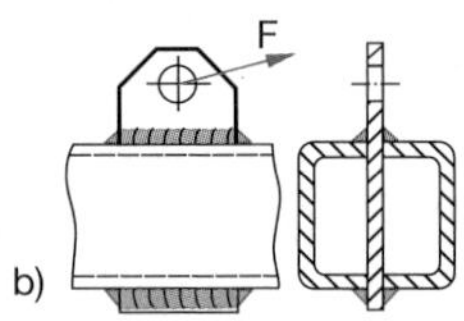	Für einwandfreie Krafteinleitung sorgen. Bei (a) Auge (1) auf biegeweiche Wand des Kastenträgers (2) geschweißt. Risse bei (3). Auge als Kragträger ausbilden und durchstecken, (b)
29	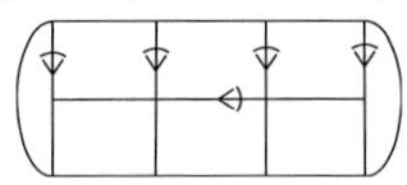	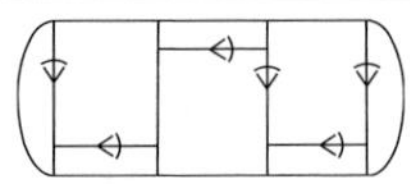	Kessel/Behälter Längsnähte versetzen
30	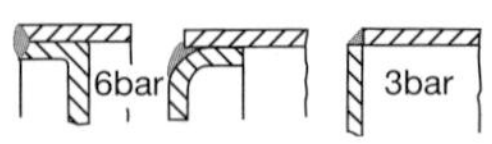	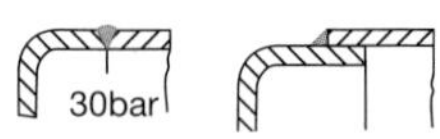	Kessel/Behälter Nähte in Behälterkanten besonders gefährdet, also verlegen
31	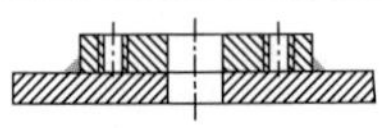	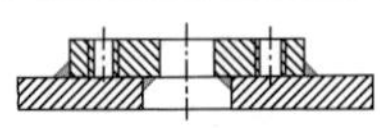	Dichtungsnaht innen!
32	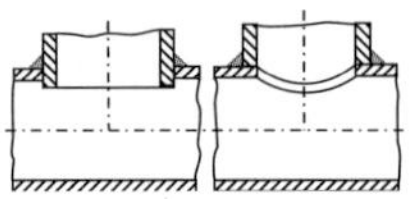	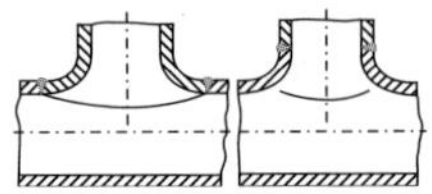	Rohrleitungen Bei großen Geschwindigkeiten und Beanspruchungen Rohransatz ausrunden und Naht aus Kante herauslegen
33	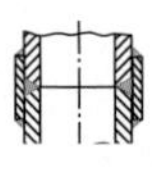	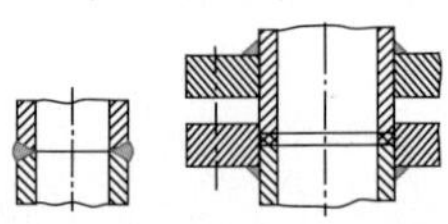	Rohrleitungen
34	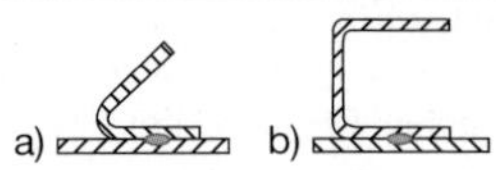	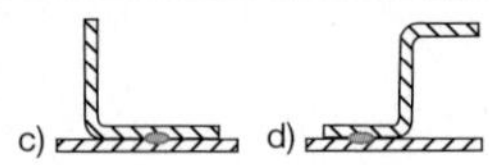	Punktschweißen: Schweißstelle muss für gerade Elektrode zugänglich sein.
35	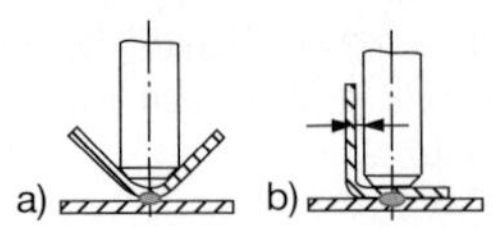	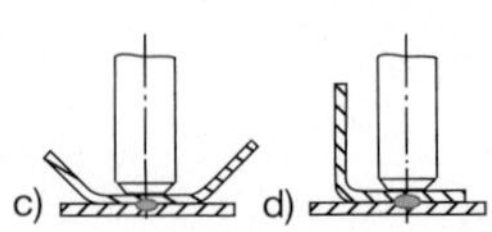	Punktschweißen: Genügend große Auflagefläche für die Elektroden vorsehen. Bei (b) Gefahr des Nebenschlusses

Tabelle 7.5: Beispiele für schweißgerechte Gestaltung und Ausführung [7.55], [7.56], [7.63] (Forts.)

7.4.2 Gestaltungsregeln im Stahlhoch-, Kran- und Brückenbau

In Erweiterung der bisher vorgestellten Gestaltungsregeln gelten im Stahlhoch-, Kran- und Brückenbau zusätzliche Besonderheiten, die hier kurz vorgestellt werden sollen. Weiterführende Informationen sind bei Bedarf der umfangreichen Fachliteratur zu entnehmen [7.54], [7.64], [7.72].

Im Wesentlichen werden gemäß Abbildung 7.26 Formstähle, Flachstähle, Rohre und Bleche zu Tragwerken in Fachwerk- oder Vollwandkonstruktionen verbunden (z.B. zu Dachbindern, Fabrikhallengerüsten, Kran- und Brückenträgern).

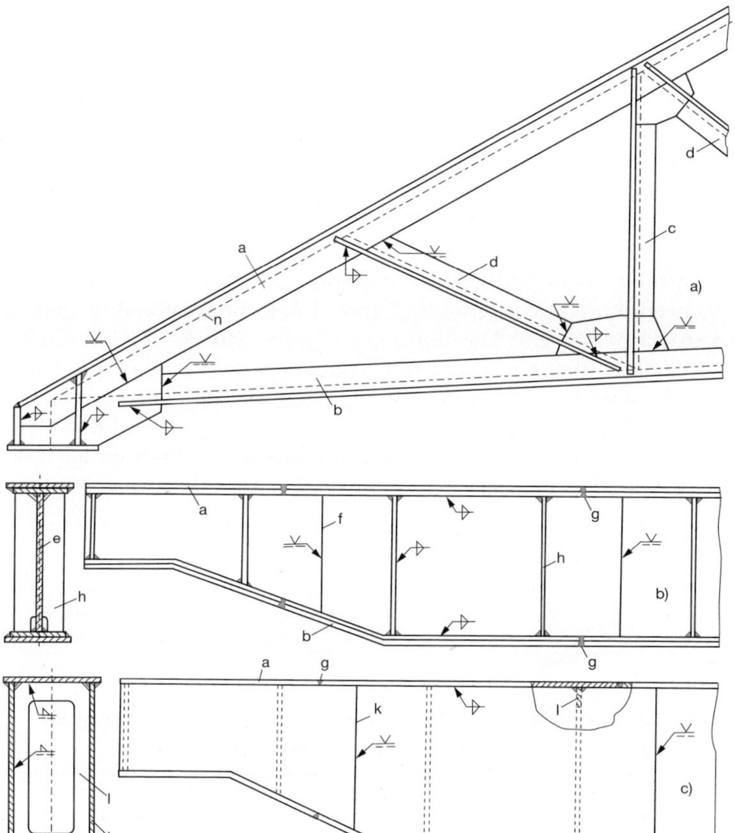

Fachwerkträger (oben)
Stegblechträger (mitte)
Kastenträger (unten)

Bezeichnungen:
- a Obergurt
- b Untergurt
- c Vertikalstab
- d Diagonalstab
- e Stegblech
- f Stegblechstoß
- g Gurtplattenstoß
- h Versteifung
- i Wand
- k Wandstoß
- l Querschotte
- n Netzlinien des Tragwerks

Abbildung 7.26: Geschweißte Stahltragwerke mit Bezeichnungen der Komponenten [7.4]

Beim Fachwerk (Abbildung 7.26 oben) werden die äußeren Stäbe als Gurte (Ober- und Untergurte) bezeichnet. Diese werden durch Füllstäbe (Vertikal- und Diagonalstäbe) versteift, wobei jeweils mehrere Stäbe in einem Knoten zusammenlaufen. Entsprechend Abbildung 7.26 (mitte und unten) werden Vollwandträger als Stegblechträger oder Kastenträger ausgebildet. Um Ausbeulen zu verhindern, werden in bestimmten Abständen Aussteifungen eingeschweißt, die beim Kastenträger Querschotte heißen. Angaben von Profilen in Stahlbauzeichnungen sind nach DIN ISO 5261 geregelt [7.49]. Es dürfen nur Stähle mit gewährleisteter Eignung zum Schmelzschweißen nach DIN EN 10025 verwendet werden [7.21]. Stahlbauten und Stahlhochbauten sind nach

DIN EN 1993-1 und Krantragwerke nach DIN EN 13001 (ehemals DIN 15018) auszuführen [7.12], [7.13], [7.19], [7.33]. Weiterhin sind fallweise die betreffenden DASt-Richtlinien (DASt = Deutscher Ausschuss für Stahlbau) zu beachten [7.3].

Zusätzlich zu den bereits genannten Gestaltungsregeln ist Folgendes zu berücksichtigen:

- Das Schweißen in Wannenlage ist zu bevorzugen.
- Stumpfstöße in Formstählen sollen möglichst vermieden werden, wenn sie auf Zug oder Biegezug beansprucht werden. Lassen sie sich nicht vermeiden, so sind sie möglichst rechtwinklig zur Längsachse anzuordnen.
- Wechselt an Stößen die Dicke von Gurtplatten oder Stegblechen, so sind entsprechend Abbildung 7.27 wegen des besseren Überganges die mehr als 10 mm vorstehenden Kanten im Verhältnis 1:1 oder flacher zu brechen. Dickenunterschiede kleiner als 10 mm dürfen in der Naht ausgeglichen werden.
- Die Durchbildung der geschweißten Bauteile soll einen möglichst ungestörten Kraftlinienfluss ermöglichen. Ungünstige Querschnittsübergänge und größere Schlitze oder Löcher in rundum ein- oder anzuschweißenden Blechen sind zu vermeiden.
- Beim Einsatz von Gurtplatten mit mehr als 50 mm Dicke sind entsprechende Maßnahmen zur einwandfreien Verarbeitung zu ergreifen. Die Enden zusätzlicher Gurtplatten sind rechtwinklig abzuschneiden und durch Schweißnähte gemäß Abbildung 7.27 c) anzuschließen. Zur Vermeidung zu großer Stirnkehlnähte dürfen Zusatzgurtplatten mit Dicken über 20 mm an den Enden abgeschrägt werden. Gurtplattenstöße müssen rechtwinklig zur Kraftrichtung liegen. Werden aufeinanderliegende Gurtplatten an der gleichen Stelle gemeinsam gestoßen, dann sind diese vor dem Schweißen an der Stirnseite durch Stirnfugennähte so zu verbinden, dass diese Nähte beim Schweißen des Stoßes erhalten bleiben, siehe Abbildung 7.27 b).

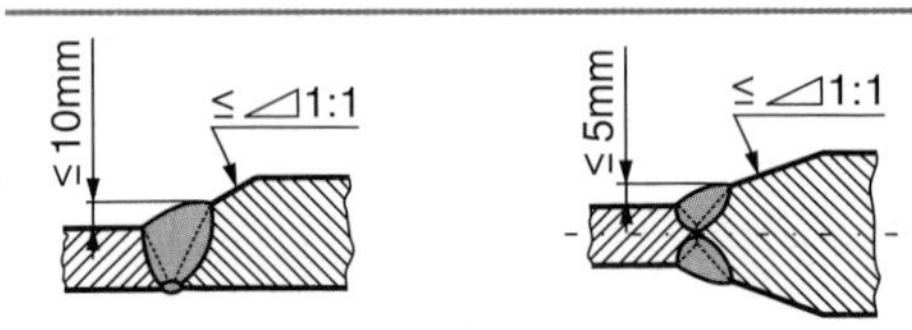

a) Stumpfstöße von Blechen verschiedener Dicke (einseitig bündiger Stoß, zentrierender Stoß)

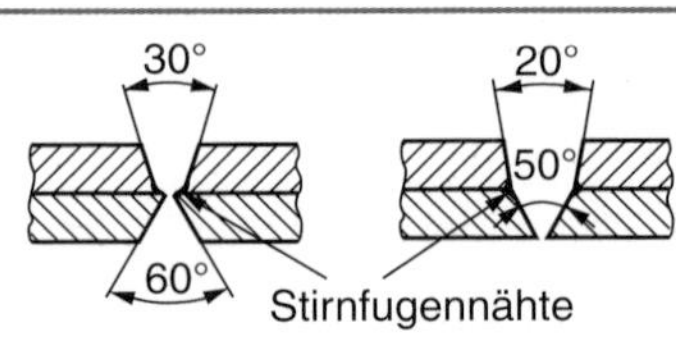

b) Vorbereitung zum gemeinsamen Stumpfstoß aufeinander liegender Gurtplatten

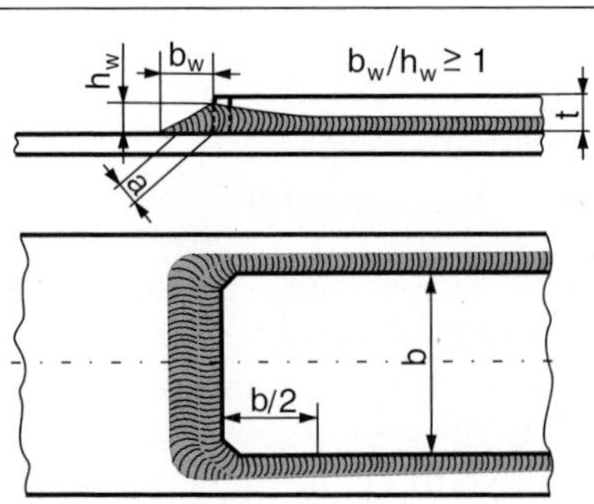

c) Übergang einer ungleichschenkligen Stirnkehlnaht zu einer gleichschenkligen Flachkehlnaht

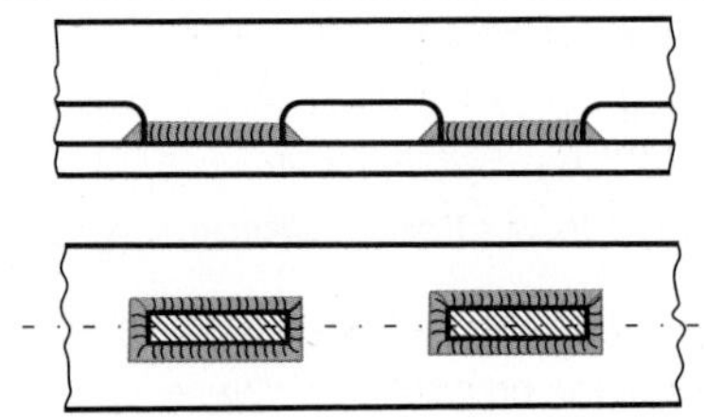

d) Umlaufende geschlossene Kehlnähte

Abbildung 7.27: Stumpfstöße von Blechen, Nahtübergänge und umlaufende Nähte [7.4]

- Liegt eine Beanspruchung quer zur Naht vor, so sind unterbrochene oder nicht durchgeschweißte Stumpfnähte unzulässig. Unterbrochene Kehlnähte dürfen ausgeführt werden (auch gegenüberliegende oder versetzt gegenüberliegende Doppelkehlnähte). An Bauwerken im Freien oder bei besonderer Korrosionsgefahr dürfen unterbrochene Nähte nur als umlaufende geschlossene Kehlnähte ausgeführt werden, Abbildung 7.27 d).
- Die Schwerachsen der Schweißnahtflächen sollen möglichst mit den Schwerachsen der Stäbe zusammenfallen. Gemäß Abbildung 7.28 a) ist dann bei gleicher Nahtdicke $l_1 \cdot e_1 = l_2 \cdot e_2$ auszuführen, da anderenfalls Exzentrizitäten entstehen.

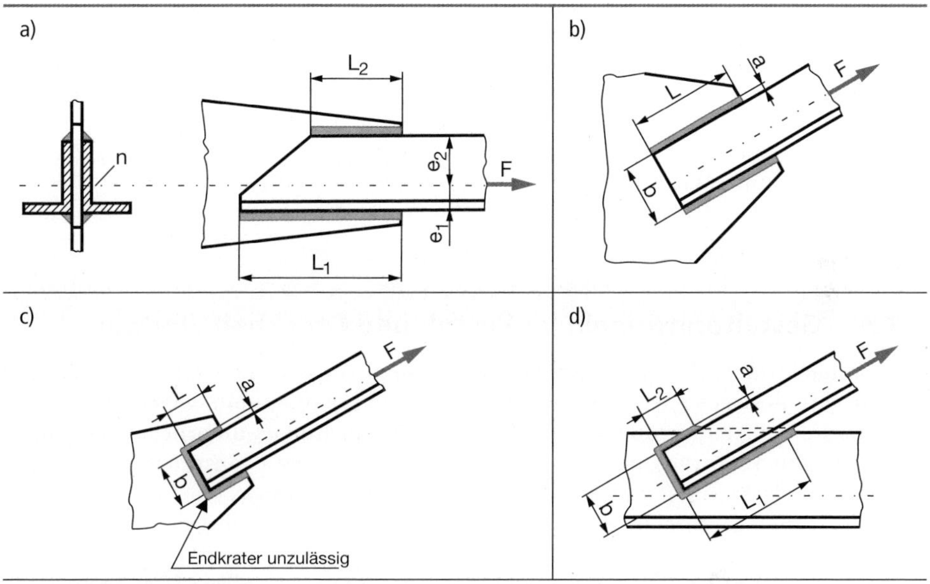

Abbildung 7.28: Stabanschlüsse – a) Schwerelinie deckt sich mit der des Stabes, b) mit Flankenkehlnähten, c) mit Stirn- und Flankenkehlnähten, d) mit umlaufender Kehlnaht nach DIN 18800 bzw. DIN EN 1993

- Das Ziehen von Kehlnähten an den Hohlkehlen von Walzstählen ist unzulässig, da sich durch den Walz- und Abkühlungsvorgang an dieser Stelle ungünstige Eigenspannungsverhältnisse ergeben können. Ferner besteht bei unberuhigt vergossenen Stählen die Gefahr des Anschneidens von Steigerungszonen. Ausgenommen hiervon sind Kopf- und Fußplatten. In kaltgeformten Bereichen von Bauteilen (z.B. Abbiegungen) muss zum Schweißen ein bestimmtes Verhältnis von Biegeradius und Blechdicke eingehalten werden bzw. die Teile sind vor dem Schweißen normal zu glühen.
- Die Kehlnahtdicke a lässt sich mit t_{max} als größter Blechdicke wie folgt berechnen, wobei sie mindestens $a = 2$ mm betragen und $a = 0{,}7 \cdot t_{min}$ nicht übersteigen sollte:

$$a \geq \sqrt{1\,\text{mm} \cdot t_{max}} - 0{,}5\,\text{mm} \tag{7.2}$$

- Die rechnerische Nahtlänge l entspricht der Gesamtlänge einer Naht. Bei Stumpfnähten ist sie gleich der Breite des zu schweißenden Bauteils unter der Maßgabe, dass z.B. durch Auslaufbleche gemäß Abbildung 7.29 über der gesamten Nahtlänge eine gleichwertige Schweißausführung sichergestellt werden kann.

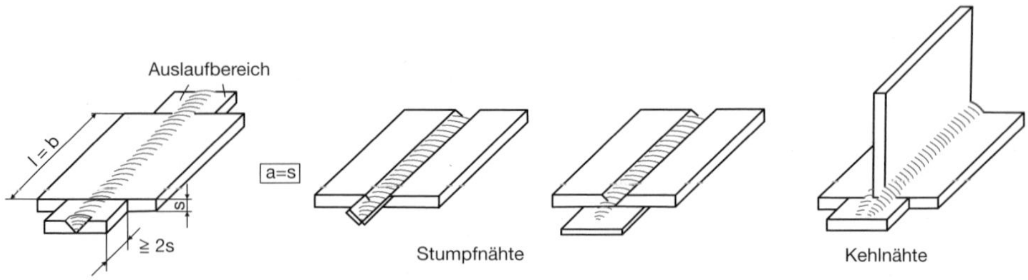

Abbildung 7.29: Auslaufbleche für Stumpf- und Kehlnähte

- In Stabanschlüssen sowie Laschenanschlüssen mit Flachstäben nach Abbildung 7.28 darf die rechnerische Länge der einzelnen Flankenkehlnähte nicht größer sein als $l = 100 \cdot a$, in solchen nach Beispiel b) nicht kleiner als $l = 15 \cdot a$ und nach Beispiel c) und d) nicht kleiner als $l = 10 \cdot a$. Nach DIN EN 1993-1 gilt für Flankenkehlnähte eine rechnerische Nahtlänge von $l \leq 150 \cdot a$ und $l \geq 6 \cdot a$, jedoch mindestens 30 mm. Wird wie im Falle d) umlaufend geschweißt, so ist als Nahtfläche $A_w = a \cdot (l_1 + l_2 + 2 \cdot b)$ zu setzen, für die verdeckte, schräg zur Stabachse laufende Naht als Länge also nur die Stabbreite [7.19].

7.4.3 Gestaltungsregeln im Kessel- und Druckbehälterbau

Im Vergleich zu anderen Schweißkonstruktionen müssen Schweißnähte an Druckbehältern und Kesseln zunächst absolut dicht und hochfest sein, weshalb eine besonders sorgfältige Ausführung erforderlich ist. Darüber hinaus unterliegen sie aufgrund möglicher Druckschwankungen grundsätzlich dynamischen Beanspruchungen. Schweißungen sind deshalb nur zulässig, wenn gut schweißbare Werkstoffe verwendet werden und der Nachweis erbracht werden kann, dass die Nähte rechnerisch den Vorschriften genügen.

Zu den Vorschriften für die Berechnung und Ausführung von Druckbehältern gehören die AD-Merkblätter der Arbeitsgemeinschaft Druckbehälter (AD), die Technischen Regeln für Druckbehälter (TRB) und die Technischen Regeln für Druckgase (TRG), die vom Verband der Technischen Überwachungsvereine (TÜV) herausgegeben werden. Für Dampfkessel gelten die Technischen Regeln für Dampfkessel (TRD) des Deutschen Dampfkesselausschusses (DDA), die mit den AD-Merkblättern bis auf geringfügige Abweichungen übereinstimmen. Neben Berechnungsvorschriften enthalten die technischen Regeln auch die zugelassenen Stahlwerkstoffe für Wandungen, Rohre, Guss- und Schmiedestücke sowie die maximal zulässigen Wanddrücke und Temperaturen. Darüber hinaus gelten spezielle Normen für verschiedene Anwendungsfälle von Behältern [7.9], [7.32].

Zum Aufbau von Behältern und Kesseln werden Bleche, Rohre und Guss- oder Schmiedeteile verwendet. Aufgrund der Baugröße von Kesseln und Behältern werden die Mäntel aus einer Vielzahl von gebogenen Blechen zusammengeschweißt. Um dabei Nahthäufungen zu vermeiden, sind die Längsnähte der einzelnen Schüsse gegeneinander zu versetzen (s.a. Bsp. 29 in Tabelle 7.5). Mögliche Gestaltungsformen der Böden sowie erforderliche Kesselwandverstärkungen an Ausschnitten sind in Abbildung 7.30 wiedergegeben.

Nur bei kleineren Ausschnitten oder bei überdimensionierter Blechdicke können die Verstärkungen entfallen. Verbindungselemente beim Schweißen von Stahl an druckbeanspruchten Bauteilen sind nach DIN EN 1708 auszuführen [7.18].

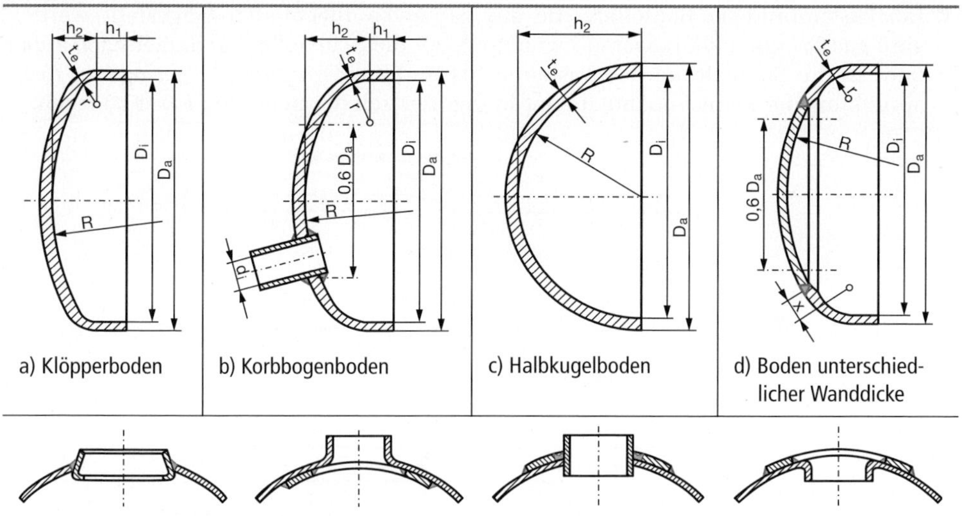

a) Klöpperboden b) Korbbogenboden c) Halbkugelboden d) Boden unterschiedlicher Wanddicke

e) Kesselwandverstärkungen an Ausschnitten

Abbildung 7.30: Bauarten gewölbter Böden und Kesselwandverstärkungen an Ausschnitten für Mannlöcher und Stutzen [7.4]

7.4.4 Gestaltungsregeln für Pressschweißverbindungen

Punkt-, Buckel- und Rollennahtschweißverbindungen verfügen nur über eine geringe Kopfzugfestigkeit, weshalb sie möglichst nur auf Abscheren zu beanspruchen sind. Folgende Gestaltungsregeln sind besonders zu beachten:

- Gemäß Abbildung 7.31 weisen einreihige einschnittige Punktschweißverbindungen neben der Scherbeanspruchung einen hohen Anteil an Kopfzugbeanspruchung auf und sind daher durch zweireihige einschnittige Verbindungen oder durch eine zweischnittige Laschenverbindung zu ersetzen, insbesondere bei Blechdicken > 2 mm.
- Bei Kraft übertragenden Punktschweißverbindungen dürfen nicht mehr als drei Teile übereinander verbunden werden.
- Die Gesamtdicke der zu verbindenden Teile darf nicht größer als 15 mm sein und die Dicke eines einzelnen Bleches sollte 5 mm nicht überschreiten, wobei das Dickenverhältnis der zu verschweißenden Bleche nicht größer sein sollte als 1:3.
- In Kraftrichtung sollten nicht weniger als zwei und nicht mehr als fünf Schweißpunkte hintereinander angeordnet werden.
- Bei biegebeanspruchten Teilen sind zur Verringerung der Kopfzugbelastung die Punktschweißnähte immer in den Zugbereich zu legen.
- Winkel, Laschen und Anschlussprofile sind an Bauteilen gemäß Abbildung 7.31 rechts möglichst so anzupunkten, dass die Schweißstellen überwiegend auf Schub beansprucht werden. Dabei sind Kopfzugbeanspruchung und Schälbeanspruchung durch eine besondere Gestaltung der Anschlussteile und eine zweckmäßige Anordnung der Schweißpunkte zu vermeiden.

- Bei kastenförmigen Bauteilen, die aus geprägten Blechteilen hergestellt werden, sind aus Gründen der besseren Zugänglichkeit die Schweißnähte immer nach außen bzw. in die Schmalseite des Kastenprofils und aus Gründen der geringeren Beanspruchung der Schweißnähte immer in den Bereich der neutralen Faser zu legen.

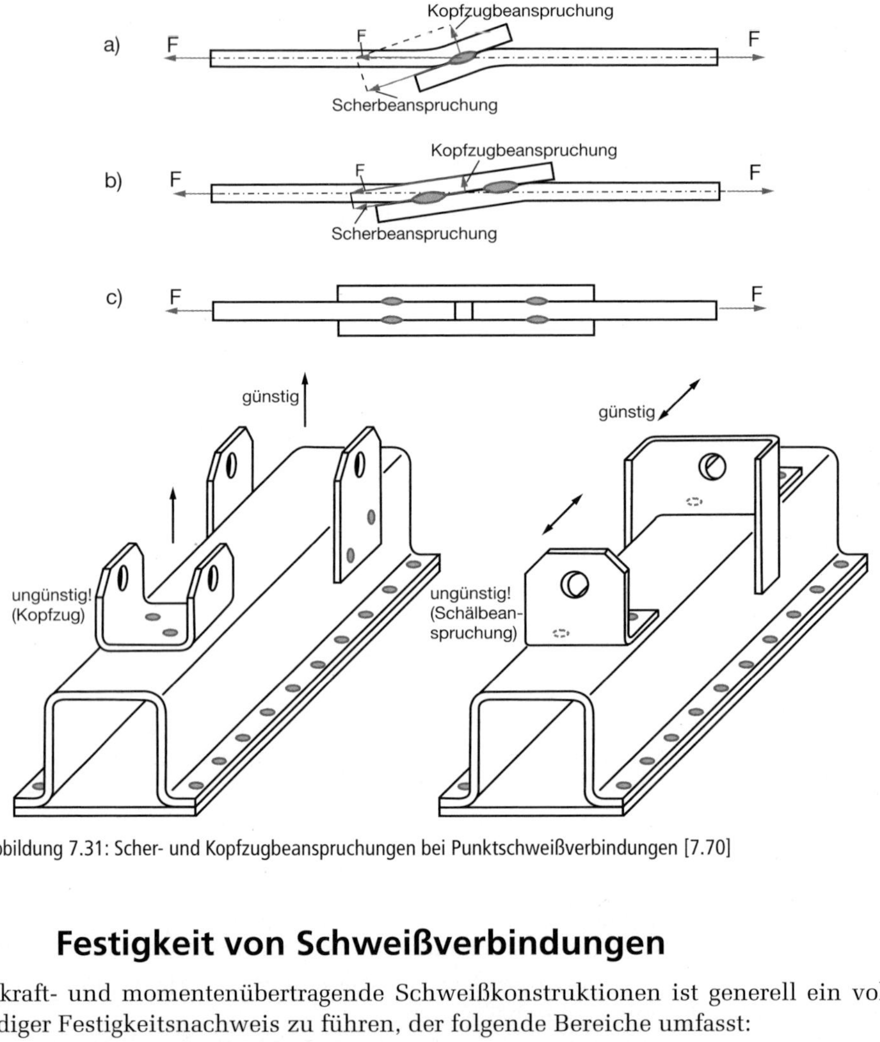

Abbildung 7.31: Scher- und Kopfzugbeanspruchungen bei Punktschweißverbindungen [7.70]

7.5 Festigkeit von Schweißverbindungen

Für kraft- und momentenübertragende Schweißkonstruktionen ist generell ein vollständiger Festigkeitsnachweis zu führen, der folgende Bereiche umfasst:

- Nachweisführung für die Schweißnähte unter Berücksichtigung einfacher oder kombinierter Beanspruchung
- Nachweisführung für die Anschlussquerschnitte, die durch Wärme-Eintrag beim Schweißen und Einbrand beeinflusst werden
- Nachweisführung für die am stärksten belasteten, nicht geschweißten Bauteilquerschnitte

Dabei ist genauso vorzugehen wie auch bei anderen Maschinenelementen, indem die Beanspruchungen aufgrund der äußeren Belastungen (auftretende Spannungen) mit den Beanspruchbarkeiten (zulässige Spannungen) verglichen werden (s.a. Kapitel 3).

Bei Schweißnähten ist jedoch zu beachten, dass der Festigkeitsnachweis in Abhängigkeit vom Einsatzgebiet unterschiedlich sein kann. Es werden zwar immer Beanspruchung und Beanspruchbarkeit miteinander verglichen, jedoch gelten unterschiedliche Vorschriften für den Maschinenbau, den Stahlhoch-, Kran- und Brückenbau, den Schienenfahrzeugbau, den Kessel- und Druckbehälterbau und den Schiffbau (s.a. Abschnitt 7.4 sowie Kapitel 3) in Abhängigkeit von der möglichen Gefährdung von Menschenleben und Sachwerten.

Sowohl bei der Ermittlung der Beanspruchungen als auch bei der Bestimmung der Beanspruchbarkeiten gibt es zum Teil größere Unterschiede, so dass man bei der Nachweisführung immer innerhalb eines Regelwerkes bleiben muss. Einige der Regelwerke zur Gestaltung von Schweißverbindungen wurden schon im Abschnitt 7.4 erwähnt.

Leider gibt es speziell für den Maschinenbau im Vergleich zu den anderen oben genannten Einsatzgebieten bis heute kein durchgängiges Regelwerk zur Bemessung von Schweißnähten, mit Ausnahme der FKM-Richtlinie „Rechnerischer Festigkeitsnachweis für Maschinenbauteile aus Stahl, Eisenguss- und Aluminiumwerkstoffen", die auch mittlerweile einen umfangreichen Nachweisteil für Schweißnähte beinhaltet [7.51]. Aufgrund des großen Umfanges ist eine durchgängige Behandlung im Rahmen dieses Lehrbuches jedoch leider nicht möglich. Derjenige Anwender, der regelmäßig mit Schweißnähten im Maschinenbau zu tun hat, sollte allerdings den Versuch unternehmen, seine Nachweisführung mithilfe dieses Werkes zu vereinheitlichen [7.51].

Für alle anderen Anwendungsfälle des Maschinenbaus werden hier die Berechnungsgrundsätze vorgeschlagen, die ihren Ursprung im Lehrbuch „Maschinenelemente" von Decker haben [7.4]. Dort wurden auch die im nächsten Abschnitt zusammengestellten Anhaltswerte für zulässige Beanspruchungen (Beanspruchbarkeiten) bei geschweißten Bauteilen des Maschinenbaus entnommen. Weitere Regelwerke, mit denen sich auch Schweißungen im Maschinenbau behandeln lassen, sind die Kranbaunorm DIN EN 13001 (ehemals DIN 15018) sowie die Dienstvorschrift der deutschen Bahn DV 952 für Fahrzeuge, Maschinen und Geräte [7.6], [7.11], [7.33]. Ebenso finden sich in der umfangreichen Fachliteratur Ausführungen zum Schweißen im Maschinenbau [7.58].

Unabhängig vom Anwendungsbereich sind die grundlegenden Berechnungsformeln für Schweißnahtquerschnitte, Flächenträgheits- und Widerstandsmomente – von einigen Vereinfachungen abgesehen – gleich. Man geht gemäß Abbildung 7.32 von einem rechnerischen Schweißnahtbild (Schweißnahtmodell) aus, das sich durch Vereinfachungen, Vereinbarungen und Vorschriften aus dem tatsächlichen Schweißnahtbild ableiten lässt.

Hierbei wird durch die Schweißnaht bzw. durch die gemeinsam tragenden Schweißnähte in Gedanken ein senkrechter Schnitt geführt und dieser dann in die Anschlussebene umgeklappt. Die sich ergebenden Schnittflächen stellen nach Abzug der Endkrater das rechnerische Schweißnahtbild dar, aus dem alle Querschnittswerte (z.B. Schweißnahtquerschnitt, -dicke, -länge sowie Flächenträgheits- und Widerstandsmomente) zu ermitteln sind.

Die rechnerische Schweißnahtdicke wird mit a bezeichnet. Gemäß Abbildung 7.32 ist bei Stumpfnähten die Nahtdicke a gleich der Blechdicke $t = t_{min}$ des dünneren Bleches. Bei Kehlnähten ist a gegeben durch die Höhe des einschreibbaren, rechtwinkligen, gleichschenkligen Dreiecks in der Schweißnaht, welches dann zur Berechnung in die Anschlussebene zu klappen ist. In Tabelle 7.6 sind weitere rechnerische Nahtdicken zusammengestellt.

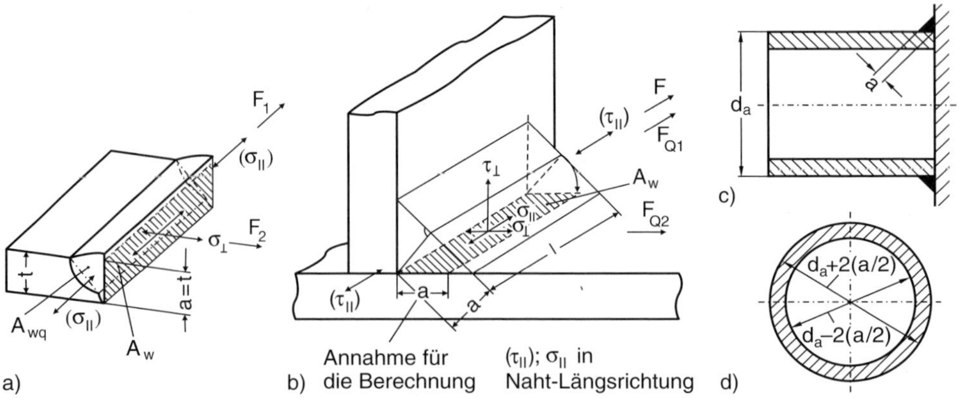

Abbildung 7.32: Nahtspannungen und Schweißnahtdicke (Annahmen für die Berechnung) – a) Stumpfnaht, b) Kehlnaht, c) Schweißnaht an einem Rohr, d) in die Wurzelebene geklappter Schweißnahtquerschnitt zur Berechnung der Widerstandsmomente

Aus der rechnerischen Schweißnahtdicke a und den zugehörigen Schweißnahtlängen l lässt sich bei Verbindungen mit Stumpfnähten die für die Beanspruchung maßgebende Schweißnahtfläche A_w durch $\sum (a \cdot l)$ berechnen. Bei Anschlüssen mit Kehlnähten denkt man sich die Nahtdicke a in die Anschlussebene geklappt, so dass wie bei Stumpfnähten eine maßgebende rechnerische Schweißnahtfläche $A_w = \sum (a \cdot l)$ entsteht.

Bei durchlaufenden Kehlnähten um einen Querschnitt herum ist gemäß Abbildung 7.32 c) die Schweißnahtlänge l gleich dem Umfang der theoretischen Schweißnahtwurzellinie $l = \pi \cdot d_a$.

In den folgenden Abschnitten werden nun die Festigkeitsnachweise für Schweißnähte ausgewählter Einsatzbereiche unter besonderer Berücksichtigung maschinenbaulicher Anwendungen vorgestellt:

- Festigkeitsnachweis im Maschinen- und Gerätebau ohne spezielle Norm [7.4]
- Festigkeitsnachweis im Kranbau nach DIN 15018 (ersetzt durch DIN EN 13001) [7.11], [7.33]
- Festigkeitsnachweis von Pressschweißverbindungen

Nahtart	Bild	Rechnerische Nahtdicke a bzw. -länge l
Stumpfnaht	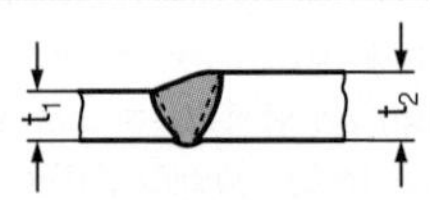	$a = t_1$, wenn $t_1 < t_2$
D(oppel)-HV-Naht (K-Naht)	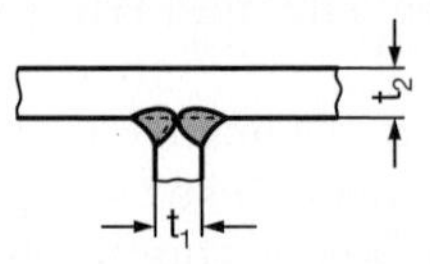	$a = t_1$

Tabelle 7.6: Nahtform und Ansatz von rechnerischer Nahtdicke und -länge

Nahtart	Bild	Rechnerische Nahtdicke a bzw. -länge l
D(oppel)-HY-Naht (K-Stegnaht)	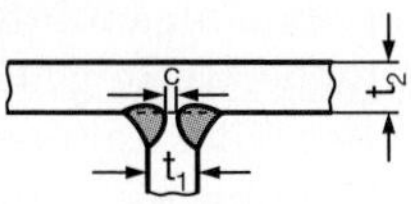	$a = t_1 - c \quad \text{mit} \quad c \begin{cases} \leq \frac{t_1}{5} \\ \leq 3\text{ mm} \end{cases}$
Kehlnaht	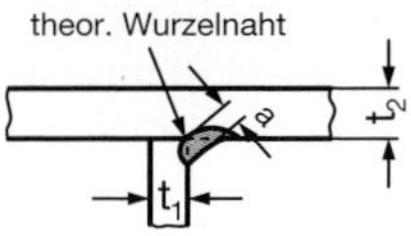	Nahtdicke a ist gemessene Höhe des einschreibbaren gleichschenkligen Dreiecks für Aluminium: $a \leq 0{,}7 \cdot t_1$ einseitige Kehlnaht: $a_{max} = 0{,}7 \cdot t_1$, $a_{\min} = \sqrt{t_{\max}} - 0{,}5\text{ mm}$ beidseitige Kehlnaht: $a_{max} = 0{,}5 \cdot t_1$, $a_{min} = 3\text{ mm}$
Kehlnaht versenkt	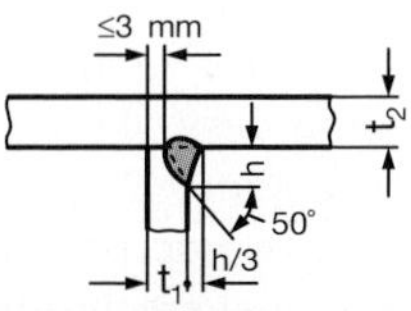	$t_1 \geq 10\text{ mm}$ $a = t_1$
Dreiblechnaht	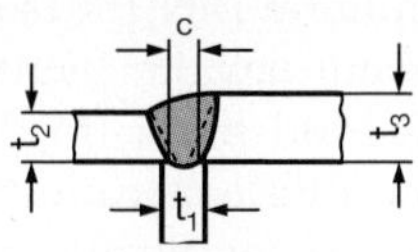	Kraftübertragung von: t_2 nach t_3: $a = t_2$ für $t_2 < t_3$ t_1 nach t_2 und t_3: $a = c$
Stumpfnaht Stirnkehlnaht	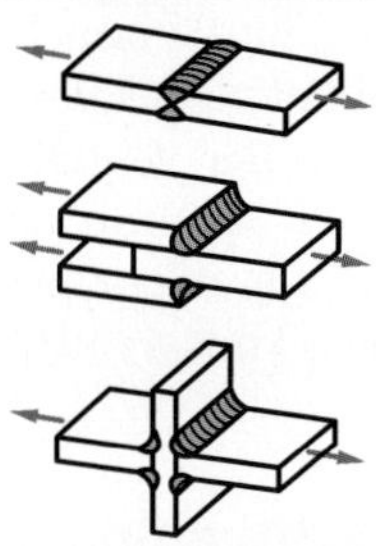	$l = b$, falls kraterfreie Ausbildung mit Auslaufblech nach Abbildung 7.29, sonst $l = b - 2 \cdot a$

Tabelle 7.6: Nahtform und Ansatz von rechnerischer Nahtdicke und -länge (Forts.)

Der Vollständigkeit halber seien noch die Nachweise für allgemeinen Stahlbau und Stahlhochbauten nach DIN EN 1993-1 (Ersatz für DIN 18800 und DIN 18801), Kranbahnen nach DIN EN 1993-6, Eisenbahnbrücken nach DS 804 der Deutschen Bahn, Bahnfahrzeuge nach DIN EN 15085, Kessel- und Druckbehälter nach AD-Merkblättern und TRD-Regeln sowie für Schiffe nach GL-Richtlinien erwähnt, auch wenn darauf hier nicht weiter eingegangen werden kann [7.1], [7.5], [7.12], [7.13], [7.19], [7.36], [7.52], [7.71]. Im Bedarfsfall wird auf die vollständigen Regelwerke und Normen verwiesen.

7.5.1 Festigkeitsnachweis im allgemeinen Maschinenbau

Entsprechend den Ausführungen zur Gestaltung von Schweißverbindungen werden im allgemeinen Maschinenbau eine Vielzahl von Baugruppen und Elementen geschweißt (z.B. Wellen, Zahnräder, Getriebekästen, Lauf- und Seilrollen, Seiltrommeln, Lagerkörper und -böcke, Zug- und Gelenkstangen, Hebel). Die meisten Komponenten unterliegen zunächst keiner Nachweispflicht im Sinne der oben angeführten Normen, jedoch ist die Festigkeit der Schweißverbindung verständlicherweise genauso nachzuweisen wie die Tragfähigkeit einer Welle, einer Schraube oder einer Zahnradpaarung.

Deshalb werden in den folgenden Abschnitten zunächst anhand ausgewählter, repräsentativer Belastungsfälle die möglichen Beanspruchungen von Schweißnähten ermittelt. Bei Kehlnahtanschlüssen ist auch der Festigkeitsnachweis für gefährdete Bauteil-Anschlussquerschnitte *S* zu führen, die sich unmittelbar neben der Kehlnaht befinden. Es ist nämlich durchaus möglich, dass die Festigkeit der Schweißnaht ausreicht, während das Bauteil bedingt durch die Kerbwirkung neben der Naht bricht. Dieser nachzuweisende Querschnitt *S* wird deshalb im Abstand a einer Kehlnahtdicke von der Nahtwurzel entfernt angenommen.

Die angreifenden Kräfte bzw. Momente sind gemäß den Ausführungen in Kapitel 1 und Kapitel 3 anzunehmen bzw. festzulegen. Bei Bedarf – insbesondere bei dynamischen Belastungen – sind die Nennbetriebsmomente oder -kräfte mit Anwendungsfaktoren zu multiplizieren. Alternativ bieten sich genaue Belastungskennwerte aus Messungen oder Simulationsrechnungen an. Noch besser ist die Verwendung von Belastungskollektiven im Sinne einer Betriebsfestigkeitsrechnung, was z.B. beim Betriebsfestigkeitsnachweis nach der alten Kranbaunorm DIN 15018 genutzt wird [7.11].

Die berechneten Spannungen in der Schweißnaht bzw. im Bauteil in der Nähe der Schweißnaht als Kennwerte der Beanspruchung sind dann im Rahmen des Festigkeitsnachweises mit den zulässigen Spannungen als Kennwerte der Beanspruchbarkeit zu vergleichen. Eine Zusammenstellung zulässiger Spannungen findet sich in Abschnitt 7.5.1.5. Der Nachweis gilt als erbracht, wenn die errechneten größten Spannungen σ_w, σ_{wr}, σ_{wv} oder τ_w (Index *w* steht für „welded" – geschweißt) kleiner sind als die zulässigen Spannungen $\sigma_{w,zul}$ oder $\tau_{w,zul}$. Falls mit der Vergleichsspannung gerechnet werden muss, ist die Zulässigkeit der zugehörigen Spannungen σ_w und τ_w nicht im Einzelnen zu prüfen, sondern es ist nur $\sigma_{wv} \leq \sigma_{wv,zul}$ nachzuweisen. Eine separate Sicherheit ist nicht auszuweisen, da diese in den konservativ niedrig angesetzten zulässigen Werten enthalten ist.

7.5.1.1 Zug-Druck-Beanspruchung von Schweißnähten

Entsprechend Abbildung 7.33 treten in einer Schweißnaht Normalspannungen aus Zug-Druck-Belastung auf, wenn die Schnittkraft *F* senkrecht zu der Schnitt- bzw. Anschlussebene wirkt. Unter der Annahme einer gleichmäßigen Spannungsverteilung über der Schweißnahtfläche A_w in mm² beträgt die Normalspannung σ_w in N/mm² in der Schweißnaht quer zur Nahtrichtung:

$$\sigma_w = \frac{F}{A_w} = \frac{F}{\sum(a \cdot l)} \tag{7.3}$$

Dabei ergibt sich die Schweißnahtfläche für die einzelnen Anschlüsse entsprechend Abbildung 7.33. Da die Längen der Nahtwurzeln maßgebend sind, werden die durch das Herumschweißen um die Ecken noch vorhandenen Nahtabschnitte *c* im Beispiel c) nicht zur Berechnung der Schweißnahtfläche verwendet.

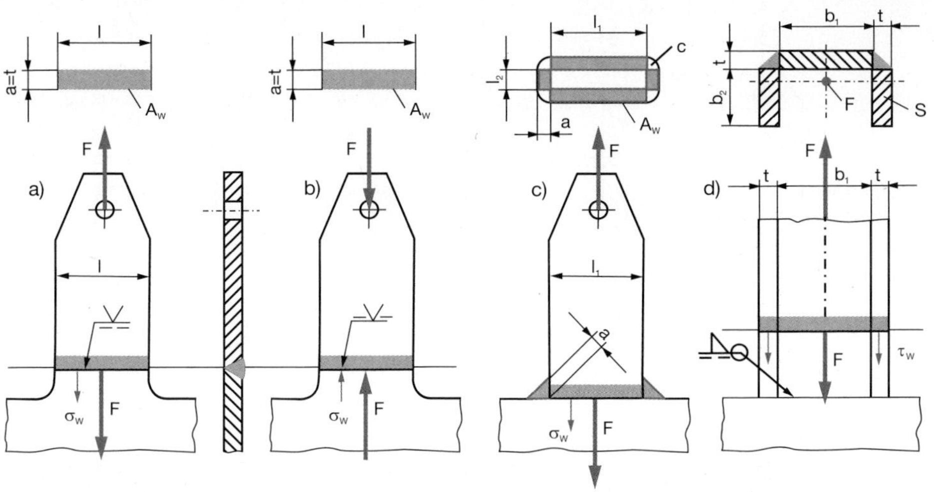

a) zugbeanspruchte Stumpfnaht b) druckbeanspruchte Stumpfnaht	c) zugbeanspruchte Kehlnaht	d) zugbeanspruchte Längskehlnaht
$A_W = a \cdot l$ (7.4)	$A_W = 2 \cdot a \cdot (l_1 + l_2)$ (7.5)	

Abbildung 7.33: Zug- oder druckbeanspruchte Schweißnaht durch Längskraft [7.4]

Im Beispiel d) in Abbildung 7.33 besteht das Bauteil aus drei Flachstäben, die längs mit Kehlnähten (Ecknähten) verbunden sind. Die Querschnitte dieser Längskehlnähte gehören dem Bauteilquerschnitt an und werden mit diesem gleich hoch auf Zug bzw. Druck beansprucht, so dass gilt:

$$\sigma_W = \sigma = \frac{F}{S} = \frac{F}{t \cdot (b_1 + 2 \cdot b_2)} \tag{7.6}$$

Bei derartigen Verhältnissen werden die Nahtquerschnitte nicht mit in Rechnung gesetzt.

7.5.1.2 Schubbeanspruchung von Schweißnähten

Eine Schubbeanspruchung der Naht liegt gemäß Abbildung 7.34 vor, wenn die Schnittkraft tangential (längs) in der Schnitt- oder Anschlussebene liegt. Auch hier wird angenommen, dass sich die Spannungen gleichmäßig über der Schweißnahtfläche A_W in mm^2 verteilen, so dass für die Schubspannung τ_W folgt:

$$\tau_W = \frac{F}{A_W} = \frac{F}{\sum(a \cdot l)} \tag{7.7}$$

Die Gleichung (7.8) zur Berechnung der Schweißnahtfläche A_W ist in Abbildung 7.34 a) angegeben. Dabei wird das aus dem exzentrischen Kraftangriff resultierende Versatzmoment $F - s / 2$ vernachlässigt. Die Nähte mit den Längen l_1 an den Flanken des aufgeschweißten Bauteils werden als Flankenkehlnähte bezeichnet, entsprechend heißt die Naht der Länge l_2 Stirnkehlnaht, da sie sich an der Stirnseite befindet.

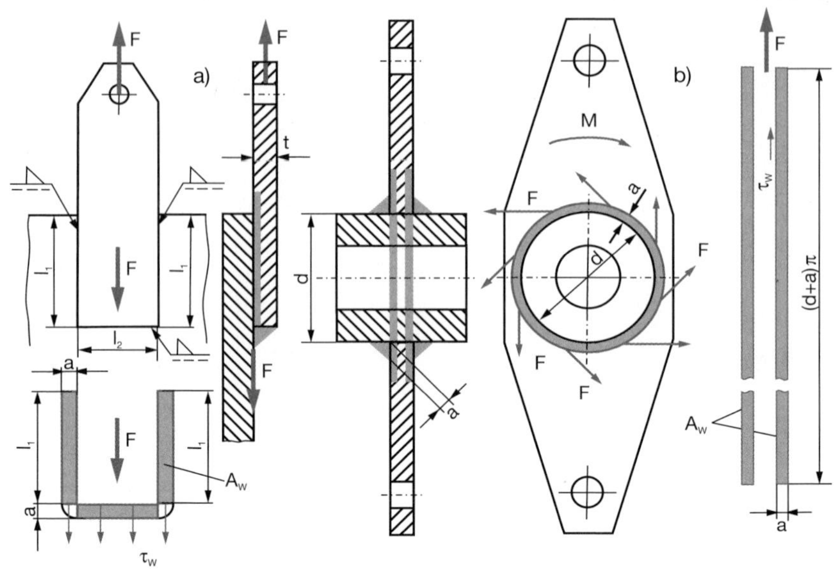

a) aufgeschweißte Lasche	b) aufgeschweißter Hebel
$A_w = \sum (a \cdot l) = a \cdot (2 \cdot l_1 + l_2)$ (7.8)	$A_w = \sum (a \cdot l) = 2 \cdot a \cdot (d + a) \cdot \pi$ (7.9)

Abbildung 7.34: Schubbeanspruchte Kehlnähte durch Längskraft und Drehmoment [7.4]

Im Fall des aufgeschweißten Hebels nach Abbildung 7.34 b) lässt sich aus dem angreifenden Drehmoment M über den Nabendurchmesser d die resultierende Kraft F ermitteln zu:

$$F = \frac{2 \cdot M}{d} \tag{7.10}$$

Diese Kraft F ist in Gleichung (7.7) einzusetzen und auf die Schweißnahtfläche A_w entsprechend Abbildung 7.34 b) zu beziehen, so dass daraus die Schubspannung τ_w folgt.

7.5.1.3 Biegebeanspruchung von Schweißnähten

In Abbildung 7.35 sind auf Biegung beanspruchte Stumpf- und Kehlnähte am Flachstahl und am Rohr dargestellt. Aufgrund der Biegebeanspruchung treten Querkräfte als Schnittkräfte auf, die tangential in der Schnitt- bzw. Anschlussebene wirken und damit eine Schubspannung τ_w in der Schweißnaht erzeugen. Bei Gültigkeit des Hookeschen Gesetzes ist im Fall a) die Schubspannung in der Mitte am größten und nimmt zu den Rändern hin bis auf Null ab. In den Fällen b) und c) wird vereinfachend eine durchschnittliche Schubspannung τ_w angenommen, wobei im Beispiel b) nur die Kehlnähte der Länge l als schubbeansprucht gelten.

Aufgrund der Biegebeanspruchung M_{wb} treten im oberen Teil der Schweißnahtfläche Zugspannungen und im unteren Teil Druckspannungen auf. Im Abstand e_w von der Nulllinie beträgt die Biegespannung σ_{wb}:

$$\sigma_{wb} = \frac{M_{wb}}{I_w} \cdot e_w \tag{7.11}$$

Hierin bezeichnen I_w das Flächenmoment 2. Grades (Flächenträgheitsmoment) der Schweißnahtfläche in mm^4, bezogen auf deren Schwerachse, und e_w den Randabstand der Schweißnahtfläche von ihrer Schwerachse in mm, bei äußeren Kehlnähten ist das der Abstand der Nahtwurzel von dieser Schwerachse. Dabei ist zu beachten, dass bei Kehlnähten die Spannung der Wurzel maßgebend ist, auch wenn der Abstand des Nahtflächenrandes von der Schwerachse größer ist.

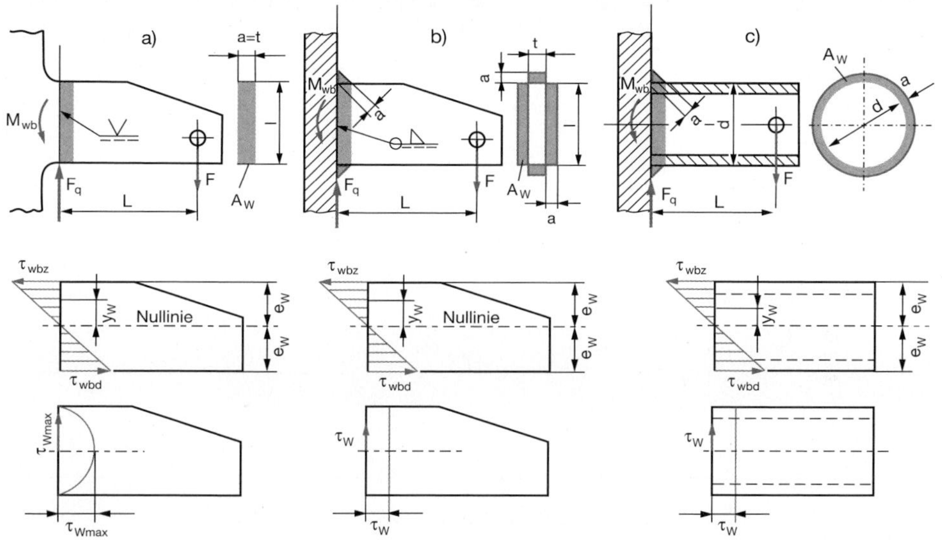

a) Stumpfnaht	b) Kehlnaht am Flachstahl	c) Kehlnaht am Rohr
$I_w = \frac{a \cdot l^3}{12}$ (7.12)	$I_w = 2 \cdot \frac{a \cdot l^3}{12} + 2 \cdot \frac{a \cdot t \cdot l^2}{4}$ (7.13)	$I_w = \pi \cdot \frac{(d+2 \cdot a)^4 - d^4}{64}$ (7.14)

Abbildung 7.35: Biegebeanspruchte Schweißnähte an Flachstab und Rundprofil [7.4]

Setzt man anstelle von e_w den Abstand y_w ein, so lässt sich jede Spannung im Abstand y_w von der Schwerachse der Schweißnahtfläche (Nulllinie) berechnen. Die Flächenmomente 2. Grades sind für die jeweiligen Anschlüsse Abbildung 7.35 zu entnehmen. Dabei ist es bei zusammengesetzten Nahtflächen üblich, die Eigenflächenmomente der parallel zur Flächenschwerachse verlaufenden Nahtflächenteile wegen ihres geringen Einflusses zu vernachlässigen und nach dem Steinerschen Satz nur die Verschiebeanteile einzusetzen. Weitere Angaben zur Berechnung der Flächenmomente I_w von zusammengesetzten Flächen sind in Kapitel 3 zu finden.

7.5.1.4 Kombinierte Beanspruchung von Schweißnähten

In Erweiterung zu Abbildung 7.35 greift die Kraft F gemäß Abbildung 7.36 nun schräg zur Anschlussebene an. Demzufolge greift in der Anschlussebene als Schnittkraft die Längskraft F_l an und beansprucht die Schweißnaht auf Zug oder Druck gemäß Gleichung (7.3).

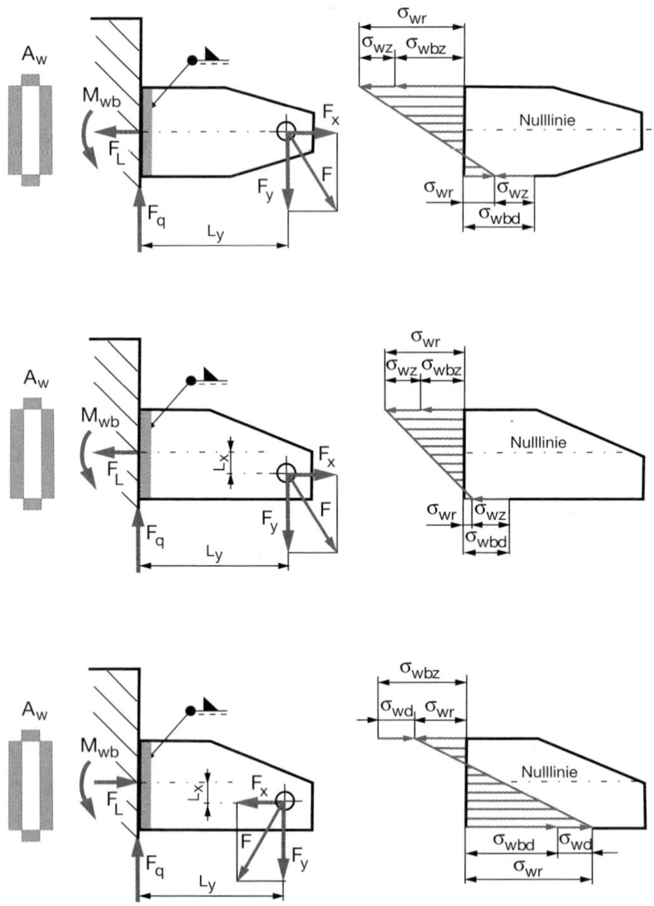

$$M_{wb} = F_y \cdot L_y \qquad (7.15)$$

$$M_{wb} = F_y \cdot L_y - F_x \cdot L_x \qquad (7.16)$$

$$M_{wb} = F_y \cdot L_y + F_x \cdot L_x \qquad (7.17)$$

Abbildung 7.36: Biege- und zug- oder druckbeanspruchte Schweißnähte [7.4]

Des Weiteren entsteht eine Querkraft F_q, die die Schweißnaht gleichzeitig auf Schub beansprucht. Das die Biegespannungen σ_{wb} erzeugende Biegemoment M_{wb} gemäß Gleichung (7.11) variiert in Abhängigkeit von der Lage der Kraft F zur neutralen Faser und ist entsprechend der Gleichungen in Abbildung 7.36 zu berechnen. Da sowohl die Biegespannung σ_{wb} (Biegezugspannung σ_{wbz} oder Biegedruckspannung σ_{wbd}) als auch die Zugspannung σ_{wz} oder Druckspannung σ_{wd} Normalspannungen sind, können sie am höchst beanspruchten Punkt der Schweißnaht arithmetisch zur resultierenden Spannung σ_{wr} addiert werden:

$$\sigma_{wr} = \sigma_{wb} \pm \sigma_w \qquad (7.18)$$

Dabei gilt das Pluszeichen, wenn σ_{wb} und σ_w beide entweder Zug- oder Druckspannungen sind. Das Minuszeichen ist zu verwenden, wenn eine von beiden eine Zug- und die andere eine Druckspannung ist. Für den Spannungsnachweis ist die größere der beiden resultierenden Normalspannungen σ_{wr} maßgebend.

Ein weiterer häufiger Belastungsfall ist das gleichzeitige Auftreten von Normal- und Schubbeanspruchungen, wie das mit Kehlnähten auf eine Welle geschweißte Kettenrad gemäß Abbildung 7.37 zeigt. Die Schubspannung τ_w ist mit den Gleichungen (7.7) bis (7.10) zu ermitteln. Aufgrund der Wellenbiegung werden die Nahtwurzeln gleich hoch mit der Welle auf Zug bzw. Druck beansprucht. Maßgebend ist das größere der beiden Biegemomente M_b, das in der betreffenden Schweißnaht die Normalspannung σ_w gemäß Abbildung 7.37 erzeugt.

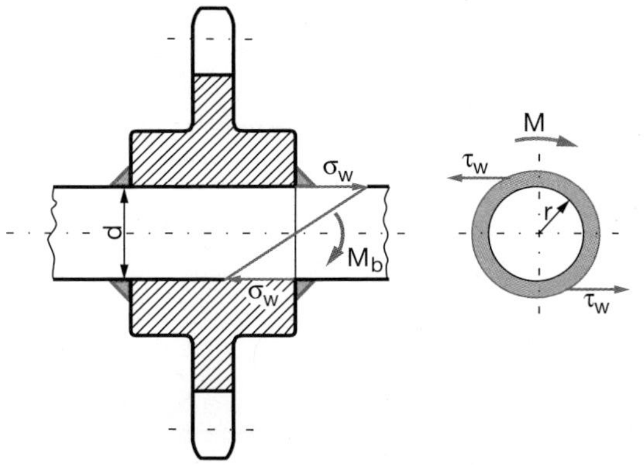

$$\sigma_w = \sigma_b = \frac{M_b}{W_b} \qquad (7.19)$$

$$W_b = \frac{\pi \cdot d^3}{32} \text{ für Vollwellen}$$

Abbildung 7.37: Normal- und Schubspannungen an einem Nahtpunkt [7.4]

Die Normalspannung σ_w quer zur Nahtrichtung und die in Nahtrichtung liegende Schubspannung τ_w werden wie folgt zu einer Vergleichsspannung σ_{wv} zusammengefasst:

$$\sigma_{wv} = \sqrt{\sigma_w^2 + 1{,}8 \cdot \tau_w^2} \qquad (7.20)$$

Diese Gleichung entspricht keiner der bekannten Festigkeitshypothesen (s.a. Kapitel 3) und sie gilt streng auch nur für Stirnkehlnahtverbindungen. Man kann sie jedoch auch in anderen Fällen anwenden, nicht jedoch im Stahlbau.

Betrachtet man Abbildung 7.38, so liegt eine Schubbeanspruchung von Flanken- und Stirnkehlnähten aufgrund einer Drehmomentbelastung vor, da die Belastungskraft F die Lasche auf ihrer Unterlage rechtsherum um den Schwerpunkt S_0 der Schweißnahtflächen drehen will. Dadurch entstehen in der Nahtfläche Schubspannungen τ_{wt}, die jeweils proportional sind zum Abstand des Drehpunkts, weshalb die größten Schubspannungen τ_{wt} an den von S_0 am weitesten entfernten Nahtpunkten auftreten. Dies trifft für die Wurzelpunkte am Radius r zu, so dass die Schubspannung τ_{wt} mit dem polaren Flächenmoment 2. Grades I_{wp} der Schweißnahtfläche errechnet werden muss. Dieses wiederum ist gleich der Summe der beiden senkrecht aufeinanderstehenden axialen Flächenmomente I_{wx} und I_{wy} gemäß Abbildung 7.38, aus denen sich zusammengefasst und vereinfacht das polare Flächenmoment 2. Grades I_{wp} ermitteln lässt.

Dabei ist zu beachten, dass diese vereinfachende Betrachtung nur für Kehlnähte vertretbar ist. Für verdrehbeanspruchte Stumpfnähte und für Bauteile ist mit dem Widerstandsmoment W_t gegen Torsion zu rechnen.

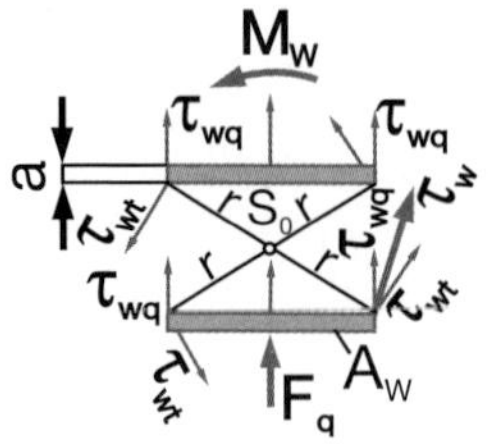

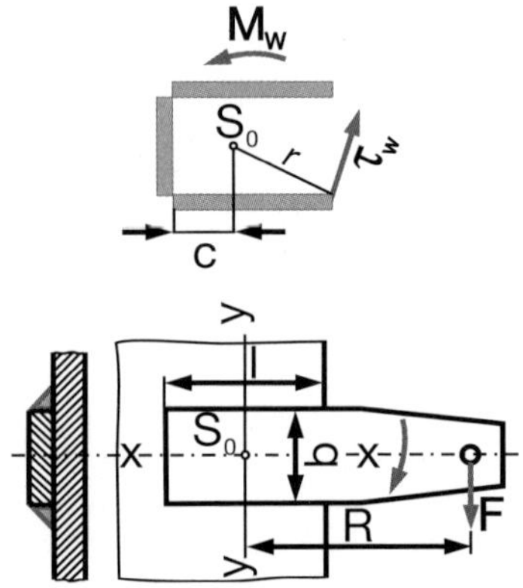

$I_{wx} = 2 \cdot a \cdot l \cdot \left(\frac{b}{2}\right)^2$ (7.21)	$I_{wx} = a \cdot l \cdot \frac{b^2}{2} + a \cdot \frac{b^3}{12}$ (7.23)
$I_{wy} = 2 \cdot a \cdot \frac{l^3}{12} = a \cdot \frac{l^3}{6}$ (7.22)	$I_{wy} = 2 \cdot a \cdot \frac{l^3}{3} - a \cdot (2 \cdot l + b) \cdot c^2$ (7.24)
$I_{wp} = \frac{a \cdot l}{6} \cdot \left(3 \cdot b^2 + l^2\right)$ (7.25)	$I_{wp} = \frac{a \cdot l}{6}\left(3 \cdot b^2 + \frac{b^3}{2 \cdot l} + 4 \cdot l^2\right) - a \cdot (2 \cdot l + b) \cdot c^2$ (7.26)

Abbildung 7.38: Durch ein Drehmoment beanspruchte Flanken- und Stirnnähte [7.4]

Aus Gründen des Gleichgewichts muss die Nahtfläche auch noch die Querkraft $F_q = F$ aufnehmen, so dass eine Schubspannung τ_{wq} nach Gleichung (7.7) hinzukommt. Die resultierende Schubspannung τ_w berechnet sich dann zu:

$$\tau_w = \sqrt{\tau_{wt}^2 + \tau_{wq}^2} = \sqrt{\left(\frac{M_w}{I_{wp}} \cdot r\right)^2 + \left(\frac{F_q}{A_w}\right)^2} \tag{7.27}$$

Hierin bezeichnen τ_w die resultierende Schubspannung in der Schweißnaht, $M_w = F \cdot R$ das angreifende Drehmoment, I_{wp} das polare Flächenmoment 2. Grades der Schweißnahtfläche zum Schwerpunkt S_0, r den Abstand des am weitesten entfernten Nahtwurzelpunktes vom Schwerpunkt S_0, $F_q = F$ die Querkraft in der Nahtfläche und $A_w = \sum (a \cdot l)$ die Schweißnahtfläche.

Greift die Belastungskraft F gemäß dem Beispiel in Abbildung 7.36 schräg an, so ist sie in Komponenten zu zerlegen und in x-Richtung eine zusätzliche Schubspannung τ_{wl} zu berücksichtigen, die mit den anderen Schubspannungen τ_{wt} und τ_{wq} zur resultierenden Schubspannung τ_w führt:

$$\tau_w = \sqrt{\tau_{wt}^2 + \tau_{wq}^2 + \tau_{wl}^2} \tag{7.28}$$

Die Kehlnähte des biegesteif angeschlossenen Trägers gemäß Abbildung 7.39 unterliegen aufgrund des resultierenden Biegemomentes M_{wb} und der Kraft F_q aus der angreifenden Kraft F Normal- und Schubbeanspruchungen.

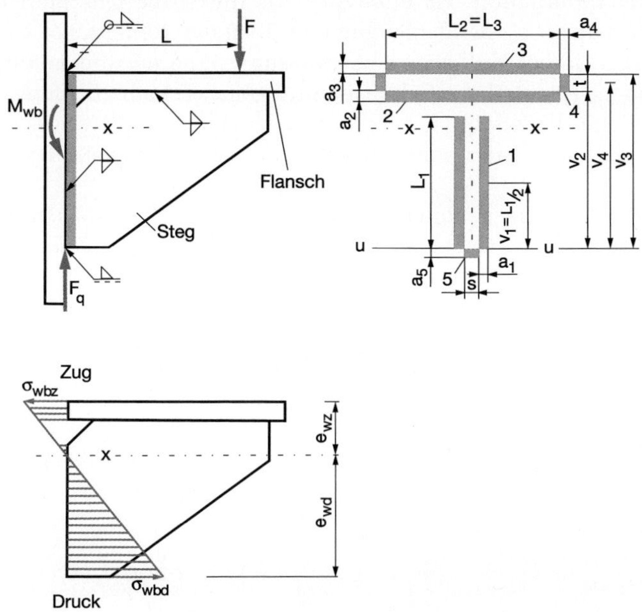

Flächenmomente von Naht 1 und Naht 5:

$$I_{wu1} = a_1 \cdot \frac{L_1^3}{3} \tag{7.29}$$

$$I_{wu5} = s \cdot \frac{a_5^3}{3} \tag{7.30}$$

Die Flächenmomente der Nähte 2, 3 und 4 werden wegen ihrer geringen Größe, bezogen auf die Achse u, vernachlässigt, so dass nur die Verschiebeanteile aus dem Satz von Steiner zu berücksichtigen sind:

$$\begin{aligned} I_{wu2} &= a_2 \cdot L_2 \cdot v_2^2 \\ I_{wu3} &= a_3 \cdot L_3 \cdot v_3^2 \\ I_{wu4} &= a_4 \cdot L_4 \cdot v_4^2 \end{aligned} \tag{7.31}$$

Gesamt-Flächenträgheitsmoment:

$$I_{wu} = \sum_{i=1}^{5} I_{wu,i} \tag{7.32}$$

Abbildung 7.39: Biegesteifer Kehlnahtanschluss [7.4]

Die Berechnung erfolgt analog zu Abschnitt 7.5.1.3 mit Gleichung (7.11), wobei jedoch zunächst die Lage der Schwerachse (x-Achse) der Schweißnahtfläche zu ermitteln ist:

$$e_w = \frac{\sum(A_{wi} \cdot v_i)}{\sum A_{wi}} \tag{7.33}$$

Die Gleichungen zur Ermittlung der einzelnen Flächenträgheitsmomente, bezogen auf die Achse u, sind in Abbildung 7.39 zusammengestellt. Vereinfachend werden dabei die Abstände v_2 und v_3 jeweils nur bis zur Wurzellinie der Nähte angenommen, obwohl sie eigentlich bis an die Schwerachsen der einzelnen Flächenstücke 2 und 3 gehen müssten.

Mit dem Satz von Steiner und Gleichung (7.32) erhält man dann das auf die x-Achse bezogene Flächenmoment 2. Grades:

$$I_w = I_{wu} - A_w \cdot e_{wd}^2 \tag{7.34}$$

Wie bereits in Abschnitt 7.5.1.3 erläutert, verteilen sich die durch die Querkraft F_q hervorgerufenen Schubspannungen τ_w nicht gleichmäßig über der Nahtfläche, sondern nehmen zu den Rändern hin auf Null ab (s.a. Abbildung 7.35). Demzufolge übernehmen die Stegnähte 1 den Hauptanteil der Schubspannungen, weshalb zur Berechnung von τ_w nur die Schweißnahtfläche $A_{w1} = 2 \cdot a_1 \cdot l_1$ in Gleichung (7.7) eingesetzt wird. Mit Gleichung (7.20) sind σ_{wbd} und τ_w dann wieder zur Vergleichsspannung σ_{wv} zusammenzufassen.

Unterzieht man einen zur x-Achse symmetrischen biegesteifen Trägeranschluss gemäß Abbildung 7.40 zusätzlich zur Biegebelastung M_{wb} einer Längsbeanspruchung F_l aus der Kraft F_x, so wirken folgende Beanspruchungen:

- Biegespannung σ_{wb}, zu berechnen nach Gleichung (7.11)
- Zugspannung σ_w, zu berechnen nach Gleichung (7.6)
- Schubspannung τ_w, zu berechnen nach Gleichung (7.7)

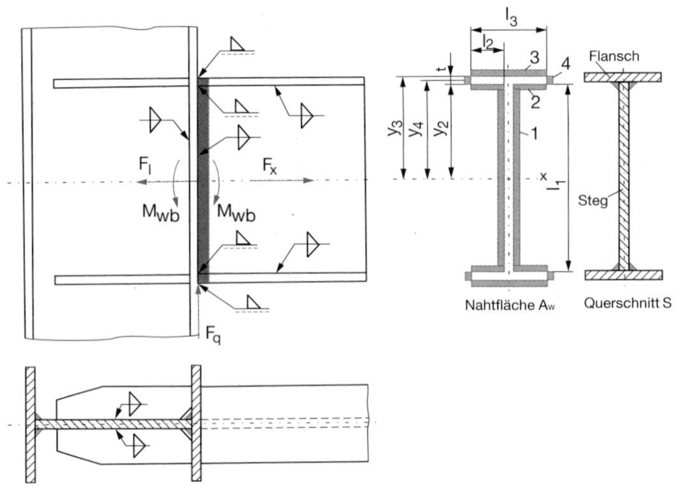

Flächenmomente der Flanschnähte:

$$I_{wF} = 4 \cdot a_2 \cdot l_2 \cdot y_2^2 + 2 \cdot a_3 \cdot l_3 \cdot y_3^2 + 4 \cdot a_4 \cdot t_4 \cdot y_4^2 \qquad (7.35)$$

Flächenmoment der Stegnähte:

$$A_{w1} = 2 \cdot a_1 \cdot l_1 \qquad (7.36)$$

Gesamte Nahtfläche:

$$A_w = 2 \cdot a_1 \cdot l_1 + 4 \cdot a_2 \cdot l_2 + 2 \cdot a_3 \cdot l_3 + 4 \cdot a_4 \cdot t \qquad (7.37)$$

Abbildung 7.40: Biegesteifer Trägeranschluss mit Kehlnähten [7.4]

Da die Flanschnähte den Hauptanteil des Biegemomentes aufnehmen, treten auch dort die größten Biegespannungen auf, die Stegnähte werden aus dem Biegeanteil nur gering beansprucht. Die Zug- bzw. Druckbeanspruchung in Trägerlängsrichtung aus der Kraft F_1 verteilt sich gleichmäßig über die gesamte Nahtfläche, so dass diese Kraft von allen Nähten aufgenommen wird.

Daraus lässt sich für die Bemessung Folgendes ableiten. Bei einem biegesteifen Trägeranschluss unter Biegemoment, Querkraft und Längskraft darf auf den Nachweis der Vergleichsspannung verzichtet werden, wenn die Aufnahme des größten Biegemomentes M_{wb} allein durch die Flanschnähte, der größten Querkraft F_q ausschließlich durch die Stegnähte und der Längskraft F_1 durch alle Nähte möglich ist. Entsprechend ist dann in Gleichung (7.5) nur das Flächenmoment für die Flanschnähte nach Gleichung (7.35) und in Gleichung (7.4) die Fläche der Stegnähte gemäß Gleichung (7.36) einzusetzen. Sollte das nicht möglich sein, so muss mit der gesamten Nahtfläche die resultierende Normalspannung σ_{wr} nach Gleichung (7.18) in der Wurzel der äußeren

Flanschnähte (im Abstand y_3, von der x-Achse) nachgewiesen werden. Ferner ist die Vergleichsspannung σ_{wv} nach Gleichung (7.20) am äußeren Punkt der Stegnähte (im Abstand y_2 von der x-Achse) zu ermitteln, wobei auch hierbei zur Errechnung von τ_w mit Gleichung (7.7) nur die Stegnahtflächen gemäß Gleichung (7.36) eingesetzt werden.

Anhand Abbildung 7.41 sollen noch die Normal- und die Schubbeanspruchung von Längsnähten in Biegeträgern erläutert werden. Da die Querschnitte der Längsnähte den Trägerquerschnitten angehören, werden sie mit einer Zug- oder Druckspannung σ_w in Nahtlängsrichtung beansprucht, die sich aus dem Spannungsverlauf über den Trägerquerschnitt ergibt. Da diese Spannung σ_w an dieser Stelle die Bauteilspannung nicht überschreitet, kann ihre Berechnung entfallen. Gleiches gilt für die in Längsrichtung auf Zug oder Druck mit dem Bauteil gleich hoch beanspruchten Schweißnähte. Da jedoch das Biegemoment in Nahtlängsrichtung stetig zu- bzw. abnimmt, werden die Nahtflächen in Längsrichtung auf Schub beansprucht:

$$\tau_w = \frac{F_q \cdot H}{I \cdot \sum a} \qquad (7.38)$$

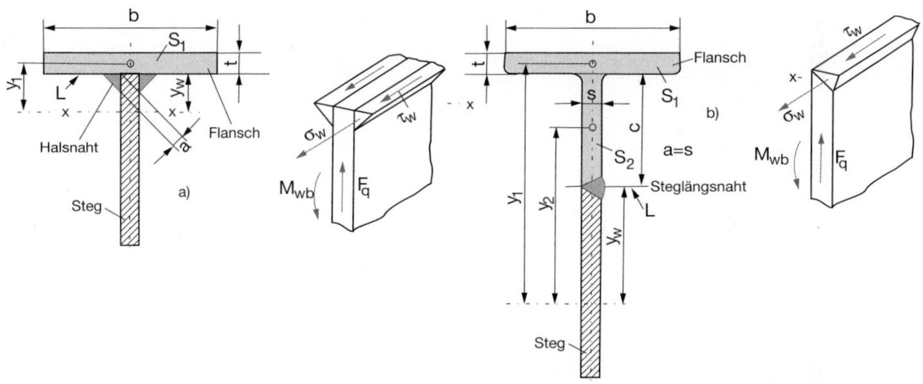

a) Geschweißter T-Träger mit zwei Kehlnähten	b) Geschweißter Stegblechträger mit Stumpfnaht
$H = S_1 \cdot y_1$ (7.39)	$H = S_1 \cdot y_1 + S_2 \cdot y_2$ (7.41)
$\sum a = 2 \cdot a$ (7.40)	$\sum a = a$ (7.42)

Das Flächenmoment 1. Grades H bezieht sich nur auf das Querschnittsstück, das sich zum Rand hin oberhalb der Wurzellinien der jeweils betrachteten Längsnähte befindet (zur x-Achse des Trägerquerschnitts).

Abbildung 7.41: Normal- und Schubspannungen in Längsnähten von Biegeträgern [7.4]

Hierin bezeichnen τ_w die Schubspannung im Längsschnitt der Längsnähte, F_q die Querkraft im betreffenden Trägerquerschnitt, H das Flächenmoment 1. Grades (statisches Flächenmoment) des Randflächenstückes zur x-Achse gemäß Abbildung 7.41, I das Flächenmoment 2. Grades des gesamten Trägerquerschnitts zur x-Achse und $\sum a$ die Summe der Nahtdicken der Längsnähte im Schweißanschluss (in der Linie L des Trägerquerschnitts).

Wird ein Anschluss gemäß Abbildung 7.42 mit Stumpf- und Kehlnähten ausgeführt, so sind die auf Schub beanspruchten Flankenkehlnähte entsprechend dem Verhältnis der zulässigen Spannungen für Zug-, Druck- bzw. Schubbelastung nur zu einem Bruchteil in der Schweißnahtquerschnittsfläche A_w zu berücksichtigen [7.69]:

$$A_w = A_{wS} + c_1 \cdot A_{wK} \tag{7.43}$$

Hierin bezeichnen A_{wS} die Schweißnahtquerschnittsfläche der Stumpfnaht und A_{wK} diejenige der Kehlnaht, wobei für den Faktor c_1 gilt:

$$c_1 = 0{,}5 \quad \text{für} \quad \frac{A_{wK}}{A_{wS}} \leq 1 \quad \text{und} \quad c_1 = 0{,}3 \quad \text{für} \quad \frac{A_{wK}}{A_{wS}} > 1 \tag{7.44}$$

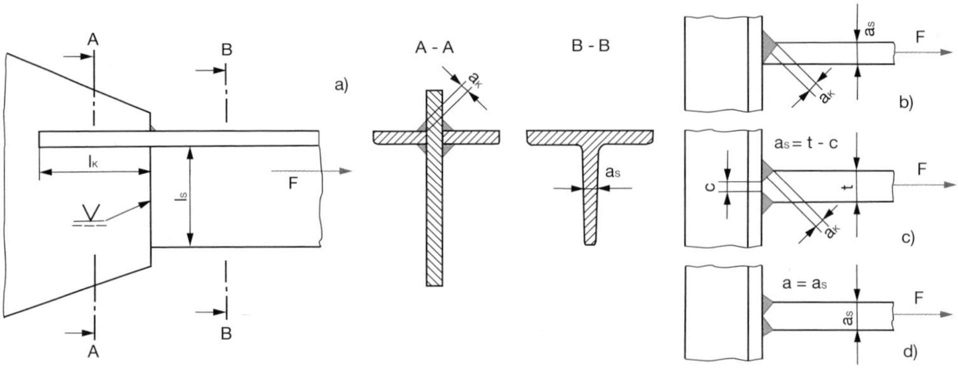

Abbildung 7.42: Anschluss von Bauteilen mit Stumpf- und Kehlnähten [7.69]

Hat die Naht entsprechend Abbildung 7.42 c) einen Steg mit der Höhe c, so ist dieser nicht in die Nahtdicke einzubeziehen. Übliche Abmessungen sind $c \leq 0{,}2$, $t \leq 3$ mm, wenn t die kleinste Blechdicke am Anschluss ist. Ist die Kehlnaht wie in Abbildung 7.42 d) ungleichschenklig, so ist nur der Stumpfnahtanteil in Rechnung zu setzen.

Generell werden Schweißnähte, die sich wegen erschwerter Zugänglichkeit nicht einwandfrei ausführen lassen, als nicht tragend angenommen. Hierzu gehören z.B. Kehlnähte mit einem Kehlwinkel kleiner 60°, sofern nicht durch das angewendete Schweißverfahren ein sicheres Erreichen des Wurzelpunktes gewährleistet werden kann.

7.5.1.5 Beanspruchbarkeit von Schweißverbindungen im allgemeinen Maschinenbau

In Tabelle 7.7 und Tabelle 7.8 sind Anhaltswerte für zulässige Spannungen in den Schweißnähten und in den Anschlussquerschnitten S der Bauteile angegeben [7.4].

Die jeweiligen Werte gelten bei ruhender und schwingender Beanspruchung in Abhängigkeit von den Schweißnahtgüten entsprechend Abschnitt 7.3.6. Ein Endkraterabzug von der ausgeführten Nahtlänge, wie er manchmal für kurze endliche Nähte empfohlen wird, ist bei diesen zulässigen Werten nicht erforderlich, da sie bereits eine relativ hohe Sicherheit enthalten.

Bei überwiegend ruhender Beanspruchung können auch die Werte aus DIN 15018 gemäß Abschnitt 7.5.2 verwendet werden. Die Werte für die Doppelflachkehlnaht sind nur dann anzuwenden, wenn die zwischen den beiden Kehlnähten befindliche Blechdicke nicht größer als $s \approx 5 \cdot a$ ist.

Nahtart	Spannungsart	Bewertungsgruppe	Lastfall: Ruhend		Schwellend		wechselnd	
			Bauteilwerkstoff					
			S235	S355	S235	S355	S235	S355
Stumpfnaht mit Gegenlage	Zug, Druck, Biegung	B	160	220	110	130	55	65
		C	130	175	85	105	45	50
		D	110	155	75	90	40	45
	Schub	B	100	140	70	80	35	40
		C	80	110	55	65	30	32
		D	70	100	50	55	25	28
Stumpfnaht ohne Gegenlage	Zug, Druck, Biegung	B	140	180	95	100	45	50
		C	110	145	75	80	35	40
		D	100	125	65	70	32	35
	Schub	B	90	110	60	70	30	35
		C	70	85	50	55	25	30
		D	60	75	40	50	20	25
Flachkehlnaht	jede	B	90	110	60	70	30	35
		C	70	85	50	55	25	30
		D	60	75	40	50	20	25
Hohlkehlnaht	jede	B	120	150	75	90	40	45
		C	95	120	60	70	30	35
		D	85	100	50	60	25	30
Doppel-Flachkehlnaht und umlaufende Kehlnaht	jede	B	140	190	90	120	50	55
		C	110	150	70	95	40	45
		D	100	130	60	85	35	40

Tabelle 7.7: Anhaltswerte für zulässige Spannungen in Schweißnähten in $\mathrm{N/mm^2}$ von Bauteilen des Maschinenbaus [7.4]

Abschließend ist festzuhalten, dass die Angabe allgemein gültiger zulässiger Spannungen für den allgemeinen Maschinenbau problematisch ist, da die Festigkeit der Schweißnähte und Bauteile außerordentlich von der Gestaltung und von der Schweißausführung abhängt. Demzufolge wird man bei der Anwendung von Schweißverbindungen in Serienbauteilen (z.B. in der Kraftfahrzeug- und Schienenfahrzeugindustrie) Dauerversuche an entsprechenden Bauteilen unter realitätsnahen Belastungen durchführen, um verlässliche Kennwerte der Beanspruchbarkeit zu erhalten.

Ist man auf die theoretische Nachweisführung beschränkt, z.B. weil die Bauteilgröße die wirtschaftliche Durchführung von Versuchen nicht erlaubt, was im Anlagen- und Schwermaschinenbau meistens der Fall ist, so kann der Nachweis auf der Grundlage der bereits eingangs erwähnten FKM-Richtlinie „Rechnerischer Festigkeitsnachweis für Maschinenbauteile aus Stahl, Eisenguss- und Aluminiumwerkstoffen" vorgenommen werden [7.51]. Ein weiteres bewährtes Verfahren ist die nachfolgend behandelte alte Kranbaunorm DIN 15018, die auf langjährigen Erfahrungen mit den überwiegend dynamisch beanspruchten Krananlagen basiert und damit eine verlässliche Basis zur Auslegung dynamisch beanspruchter Bauteile des allgemeinen Maschinenbaus bietet [7.11].

Nahtart	Spannungsart	Bewertungsgruppe	Lastfall					
			Ruhend		Schwellend		Wechselnd	
			Bauteilwerkstoff					
			S235	S355	S235	S355	S235	S355
An der Kehlnaht	Zug, Druck	B	180	220	120	140	60	75
		C	145	175	95	110	50	60
		D	125	155	85	100	40	50
	Biegung	B	240	280	155	180	75	95
		C	190	220	125	145	60	75
		D	170	190	110	125	50	65
	Schub, Verdrehung	B	125	155	85	100	50	65
		C	100	125	70	80	40	50
		D	85	110	60	70	35	45

Tabelle 7.8: Anhaltswerte für zulässige Spannungen in den Bauteilanschlussquerschnitten in N/mm^2 von Bauteilen des Maschinenbaus [7.4]

7.5.2 Festigkeitsnachweis nach der alten DIN 15018

Die Bemessung der Bauteile und Verbindungen erfolgte im Kranbau nach der alten DIN 15018 [7.11]. Dabei unterscheidet man zunächst – ähnlich wie im Stahlhochbau – verschiedene Lastfälle und deren Kombinationen gemäß Tabelle 7.9, für die ein allgemeiner Spannungsnachweis und aufgrund der dynamischen Belastungen auch ein Betriebsfestigkeitsnachweis zu führen sind. Die spannungserhöhende Wirkung schwingender Massen wird durch Beiwerte (z.B. Eigenlast und Hubbeiwert) berücksichtigt. Maßgeblich für die endgültige Bemessung der Bauteile und Schweißnähte ist der Lastfall, der aufgrund der größten Spannungen zum größten Querschnitt führt. Für diesen ungünstigsten Lastfall sind dann die Kräfte und Momente zu bestimmen. Darüber hinaus ist zu prüfen, ob instabile Gleichgewichtszustände auftreten können, worauf aber hier nicht näher eingegangen wird. Die Stabilität eines Stahltragwerkes muss nicht nur im endgültigen Zustand, sondern auch in jedem Bau- und Montagezustand gegeben sein.

Lastfall H – Summe der Hauptlasten	Ständige Last als Summe der unveränderlichen Lasten (Eigengewicht), die Verkehrslast als veränderliche, bewegliche Belastung des Tragwerks (Hublasten), und Massenkräfte aus Antrieben und Aufprall von Schüttgut sowie Fliehkräfte
Lastfall HZ – Summe der Haupt- und Zusatzlasten	Zusatzlasten sind Windlasten, Kräfte aus Bremsen und Schräglauf (bei Kranen), Lasten auf Laufstegen, Treppen und Podesten und Wärmewirkungen (betriebliche und atmosphärische) sowie die Schneelast.
Lastfall HS – Summe der Haupt- und Sonderlasten	Sonderlasten sind z.B. die Einwirkungen aus möglichen Baugrundbewegungen, die Kippkraft bei Laufkatzen mit Hublastführung, Pufferkräfte und Prüflasten.

Tabelle 7.9: Lastfälle und deren Kombinationen bei Kranen nach DIN 15018 [7.11]

Zunächst ist also durch den allgemeinen Spannungsnachweis die Sicherheit gegen Erreichen der Streckgrenze getrennt für die Lastfälle H und HZ zu führen. Hierzu wird für die Schweißnähte aus den einwirkenden Belastungen folgende Vergleichsspannung berechnet:

$$\sigma_{wv} = \sqrt{\overline{\sigma}_{\perp}^2 + \overline{\sigma}_{\|}^2 - \overline{\sigma}_{\perp} \cdot \overline{\sigma}_{\|} + 2 \cdot \left(\tau_{\perp}^2 + \tau_{\|}^2\right)} \leq \sigma_{z,zul} \tag{7.45}$$

Dabei geben die Indices die Wirkrichtung einer Spannung zum Nahtverlauf an, d.h. der Index $\|$ bedeutet in Nahtrichtung und $\perp$ bedeutet quer zur Nahtrichtung. Die Spannungen sind jeweils mit dem Quotienten aus Bauteil- und Schweißnahtspannung zu multiplizieren (bewerten).

$$\overline{\sigma}_{\perp} = \frac{\sigma_{z,zul}}{\sigma_{\perp z,zul}} \cdot \sigma_{\perp(z)} \quad \text{oder} \quad \overline{\sigma}_{\perp} = \frac{\sigma_{z,zul}}{\sigma_{\perp d,zul}} \cdot \sigma_{\perp(d)} \tag{7.46}$$

$$\overline{\sigma}_{\|} = \frac{\sigma_{z,zul}}{\sigma_{\perp z,zul}} \cdot \sigma_{\|(z)} \quad \text{oder} \quad \overline{\sigma}_{\|} = \frac{\sigma_{z,zul}}{\sigma_{\perp d,zul}} \cdot \sigma_{\|(d)} \tag{7.47}$$

Hierin bezeichnen $\sigma_{z,zul}$ die zulässige Zugspannung im Bauteil nach Tabelle 7.10, $\sigma_{\perp z,zul}$ und $\sigma_{\perp d,zul}$ die zulässigen Zug- bzw. Druckspannungen in den Schweißnähten nach Tabelle 7.11, $\sigma_{\perp}$ und $\sigma_{\|}$ die vorhandenen rechnerischen Zug- oder Druckspannungen in den Schweißnähten und $\tau_{\perp}$ und $\tau_{\|}$ die vorhandenen rechnerischen Schubspannungen in den Schweißnähten. Lässt sich aus den Spannungen $\sigma_{\perp}$, $\sigma_{\|}$ und τ der ungünstigste Fall nicht erkennen, sind die Nachweise getrennt für die Fälle $\sigma_{\perp max}$, $\sigma_{\| max}$ und τ_{max} mit den zugeordneten, hierfür ungünstigsten Spannungen zu führen.

Werkstoff	**Lastfall**	**Zulässige**			
		Vergleichs-spannung	**Zug-spannung**	**Druck-spannung**	**Schub-spannung**
S235	H HZ	160 180	160 180	140 160	92 104
S355J2G3	H HZ	240 270	240 270	210 240	138 156

Anmerkungen:
Für den Lastfall HS sind im Kranbau die 1,1-fachen Spannungen des Lastfalles HZ zulässig.
Bei außermittig angeschlossenen Winkelstäben (einteiligen Winkelstäben) sind wegen der zusätzlichen Biegebeanspruchung nur die 0,8-fachen Werte der Spannungen zulässig.

Tabelle 7.10: Zulässige Spannungen in $\mathrm{N/mm^2}$ für Bauteile beim Spannungs- und Stabilitätsnachweis nach DIN 15018 [7.11]

Zu Tabelle 7.10 und Tabelle 7.11 ist anzumerken, dass die zulässigen Spannungen für den Lastfall HZ größer sind als für den Lastfall H, da das gleichzeitige Zusammentreffen aller überhaupt möglichen Lasten als wenig wahrscheinlich angenommen wird.

Bauteilwerkstoff	S235		S355J2G3	
Lastfall	**H**	**HZ**	**H**	**HZ**
Zulässiger Vergleichswert für alle Nahtarten	160	180	240	270
Zulässige Zugspannung $\sigma_{wz,zul}$ für Querbeanspruchung				
Stumpfnaht DHV-Naht (K-Naht) in Sondergüte	160	180	240	270
DHV-Naht (K-Naht) in Normalgüte	140	160	210	240
Kehlnaht	113	127	170	191
Zulässige Druckspannung $\sigma_{wd,zul}$ für Querbeanspruchung				
Stumpfnaht DHV-Naht (K-Naht)	160	180	240	270
Kehlnaht	130	145	195	220
Zulässige Schubspannung $\tau_{w,zul}$ für alle Nahtarten	113	127	170	191

Anmerkungen:
Für den Lastfall HS sind im Kranbau die 1,1-fachen Spannungen des Lastfalles HZ zulässig.
Die Nahtausführung als Normalgüte entspricht etwa der Bewertungsgruppe C nach Tabelle 7.3.
Die Sondergüte im Kranbau entspricht etwa der Bewertungsgruppe B nach Tabelle 7.3.

Tabelle 7.11: Zulässige Spannungen in $\mathrm{N/mm^2}$ für Schweißnähte beim allgemeinen Spannungsnachweis nach DIN 15018 [7.11]

Da Krantragwerke überwiegend nicht ruhend, sondern dynamisch beansprucht werden, ist im Weiteren ein Betriebsfestigkeitsnachweis zu führen. Hierdurch ist der Nachweis zu erbringen, dass die Bauteile und Verbindungen unter schwingender Beanspruchung die vorgesehene Nutzungsdauer erreichen, ohne dass Schäden auftreten, weshalb besonders auf eine kraftflussgerechte Gestaltung zu achten ist (s.a. Abbildung 7.17).

Gemäß DIN 15018 ist ein Betriebsfestigkeitsnachweis nur für den Lastfall H bei Spannungsspielzahlen $N > 2 \cdot 10^4$ erforderlich. Dabei ist nachzuweisen, dass die größte Spannung eines Lastspiels die zulässige Oberspannung nicht überschreitet. Für den ebenen Spannungszustand in einer Schweißnaht mit zwei aufeinander senkrecht stehenden Normalspannungen σ_{wx} und σ_{wy} sowie einer Tangentialspannung τ_w ist folgender Betriebsfestigkeitsnachweis zu führen:

$$\left(\frac{\sigma_{wx}}{\sigma_{wxD,zul}}\right)^2 + \left(\frac{\sigma_{wy}}{\sigma_{wyD,zul}}\right)^2 - \frac{\sigma_{wx} \cdot \sigma_{wy}}{\left|\sigma_{wxD,zul}\right| \cdot \left|\sigma_{wyD,zul}\right|} + \left(\frac{\tau_w}{\tau_{wD,zul}}\right)^2 \leq 1{,}1 \qquad (7.48)$$

Dabei ist zu beachten, dass sich alle Spannungen aus einer Mittelspannung (Index m) und einem Spannungsausschlag (Index a) zusammensetzen und somit Oberspannungen sind (s.a. Kapitel 3):

$$\sigma_{wx} = \sigma_{wxm} + \sigma_{wxa} \qquad \sigma_{wy} = \sigma_{wym} + \sigma_{wya} \qquad \tau_w = \tau_{wm} + \tau_{wa} \qquad (7.49)$$

Demzufolge sind auch die zulässigen Spannungen $\sigma_{wxD,zul}$, $\sigma_{wyD,zul}$ und $\tau_{wD,zul}$ Oberspannungen, die die Dauerschwingfestigkeit für Schwingspielzahlen $N > 2 \cdot 10^6$ bzw. die Zeitfestigkeit für $N < 2 \cdot 10^6$ beschreiben. Neben der Einhaltung der gesamten Ungleichung (7.48) muss auch jedes einzelne Spannungsverhältnis kleiner als 1 sein, und innerhalb der unterschiedlichen Spannungsverhältnisse müssen die Art der Beanspruchung sowie das Grenzspannungsverhältnis κ übereinstimmen.

Dabei ist die Oberspannung abhängig von der Zahl der Spannungsspiele, dem Spannungskollektiv, der Spannungsart, dem Werkstoff, dem Kerbfall und dem Grenzspannungsverhältnis, welches das Verhältnis der kleineren Grenzspannung σ_{min} bzw. τ_{min} zur größeren Grenzspannung σ_{max} bzw. τ_{max} unter Berücksichtigung des Spannungsvorzeichens ausdrückt:

$$\kappa = \frac{\sigma_{min}}{\sigma_{max}} \quad \text{bzw.} \quad \kappa = \frac{\tau_{min}}{\tau_{max}} \tag{7.50}$$

Es schwankt im Wechselbereich von $(-1 < \kappa < 0)$ und im Schwellbereich von $(0 < \kappa < +1)$. Bei reiner Wechselbeanspruchung ist $\kappa = -1$, bei reiner Zugschwellbeanspruchung ist $\kappa = 0$ und bei statischer (ruhender) Beanspruchung ist $\kappa = +1$ bzw. $(0{,}8 < \kappa < 1)$.

Da für die Normalspannungen in der x- und in der y-Richtung und für die Tangentialspannung unterschiedliche κ-Werte berücksichtigt werden können, sind alle möglichen zusammengesetzten statischen und dynamischen Belastungsfälle erfassbar.

Ausgehend von den Grundwerten der zulässigen Spannungen $\sigma_{D(-1)zul}$ für die reine Wechselbeanspruchung $\kappa = -1$ gemäß Tabelle 7.12 lassen sich dann mithilfe der Gleichungen in Tabelle 7.15 die zulässigen Oberspannungen $\sigma_{D(\kappa)zul}$ bei einer Zug-, Druck- oder Torsionsbeanspruchung von Schweißnähten und Bauteilen für beliebige Grenzspannungsverhältnisse κ ermitteln.

Stahlsorte	**S235 (St 37)**						**S355J2G3 (St 52)**					
Kerbfall	**W0**	**K0**	**K1**	**K2**	**K3**	**K4**	**W0**	**K0**	**K1**	**K2**	**K3**	**K4**
Beanspruchungsgruppe	**Grundwerte der zulässigen Spannungen $\sigma_{D(-1)zul}$ in N/mm² für $\kappa = -1$**											
B1	180	180	180	180	180	152,7	270	270	270	270	254	152,7
B2	180	180	180	180	180	108	270	270	270	252	180	108
B3	180	180	180	178,2	127,3	76,4	252,2	237,6	212,1	178,2	127,3	76,4
B4	169,7	168	150	126	90	54	203,2	168	150	126	90	54
B5	142,7	118,8	106,1	89,1	63,6	38,2	163,8	118,8	106,1	89,1	63,6	38,2
B6	120	84	75	63	45	27	132	84	75	63	45	27

Tabelle 7.12: Grundwerte der zulässigen Spannungen beim Betriebsfestigkeitsnachweis nach DIN 15018 [7.11]

Eine weitere Einflussgröße ist die Beanspruchungsgruppe B, zu deren Bestimmung man ein normiertes Spannungskollektiv entsprechend Abbildung 7.43 benötigt.

Hierzu ordnet man die tatsächlich zu erwartenden bzw. praktisch oder rechnerisch ermittelten Spannungskollektive den idealisierten Spannungskollektiven annähernd zu (s.a. Kapitel 3). In Abhängigkeit vom zutreffenden Spannungskollektiv und einem Spannungsspielbereich nach Tabelle 7.13 lässt sich dann die relevante Beanspruchungsgruppe ermitteln. Beispiele für Beanspruchungsgruppen verschiedener Kranarten sind in Tabelle 7.14 aufgeführt. Somit lassen sich über die Berücksichtigung der Schwingspielzahl N und die Art des Beanspruchungskollektivs die unterschiedliche Höhe und Dauer der Belastung charakterisieren. Für Maschinenbaukomponenten bieten sich folgende vereinfachenden Annahmen zur Ermittlung von Spannungskollektiven im Sinne der DIN 15018 an:

- S_0 – für Bauteile, die sehr selten der Höchstbelastung ausgesetzt sind
- S_1 – für Bauteile, die in kleiner Häufigkeit der Höchstbelastung unterliegen
- S_2 – für Bauteile, die in annähernd gleicher Häufigkeit der kleinsten, mittleren und größten Belastung ausgesetzt sind
- S_3 – für Bauteile, die fast immer durch die Höchstbelastung beansprucht werden

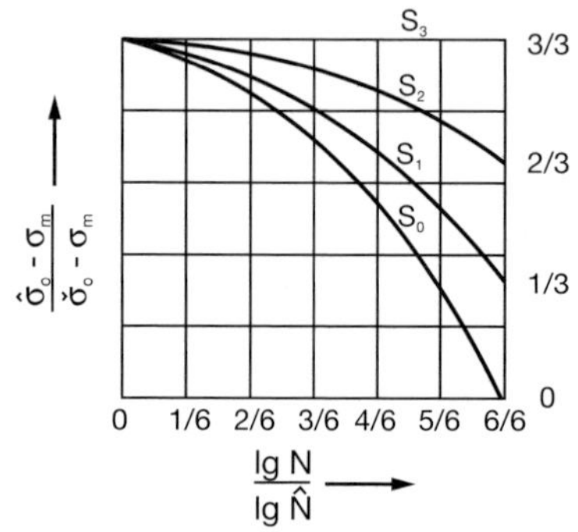

$\sigma_m = 0{,}5 \cdot (\sigma_{max} + \sigma_{min})$, Betrag der konstanten Mittelspannung

σ_o = Betrag der Oberspannung, die N-mal erreicht oder überschritten wird

$\hat{\sigma}_o$ = Betrag der Oberspannung des idealisierten Spannungskollektivs (entspricht σ_{max})

$\check{\sigma}_o$ = Betrag der kleinsten Oberspannung des idealisierten Spannungskollektivs

$\hat{N} = 10^6$ = Umfang des idealisierten Spannungskollektivs

Abbildung 7.43: Normierte Spannungskollektive nach DIN 15018 [7.11]

Spannungsspielbereich	**N1**	**N2**	**N3**	**N4**
Gesamte Anzahl der vorgesehenen Spannungsspiele	über $2 \cdot 10^4$ bis $2 \cdot 10^5$	über $2 \cdot 10^5$ bis $6 \cdot 10^5$	über $6 \cdot 10^5$ bis $2 \cdot 10^6$	über $2 \cdot 10^6$
	Gelegentliche, nicht regelmäßige Benutzung mit langen Ruhezeiten	Regelmäßige Benutzung bei unterbrochenem Betrieb	Regelmäßige Benutzung im Dauerbetrieb	Regelmäßige Benutzung im angestrengten Dauerbetrieb
Spannungskollektiv nach Abbildung 7.43	**Beanspruchungsgruppe**			
S_0 – sehr leicht	B1	B2	B3	B4
S_1 – leicht	B2	B3	B4	B5
S_2 – mittel	B3	B4	B5	B6
S_3 – schwer	B4	B5	B6	B6

Tabelle 7.13: Beanspruchungsgruppen verschiedener Kranarten nach DIN 15018 [7.11]

Kranarten	Beanspruchungsgruppen
Handkrane, Montagekrane, Auto-Schwerlastkrane	B1, B2
Schwerlast-Schwimmkrane, Bockkrane, Montagekrane (Hakenbetrieb)	B2, B3
Werkstattkrane, Bordkrane, Dockkrane (Hakenbetrieb)	B3, B4
Verladebrücken, Halbportalkrane, Hafenkrane (Hakenbetrieb)	B4, B5
Hafenkrane, Drehkrane, Schwimmkrane (Greifer- oder Magnetbetrieb)	B5, B6
Gießkrane, Schmiedekrane, Schrottplatzkrane (Dauerbetrieb)	B5, B6

Tabelle 7.14: Beispiele für Beanspruchungsgruppen verschiedener Kranarten nach DIN 15018 [7.11]

In Abbildung 7.44 ist der Zusammenhang zwischen den zulässigen Oberspannungen $\sigma_{D(\kappa)zul}$ und den Grundwerten der zulässigen Spannungen $\sigma_{D(-1)zul}$ gemäß Tabelle 7.15 im vereinfachten Smith-Diagramm dargestellt. Alle angegebenen zulässigen Werte der DIN 15018 berücksichtigen eine Sicherheit gegen Dauerbruch von $S_D = 4/3$ und eine Überlebenswahrscheinlichkeit von 90 %.

	Beanspruchung	Zulässige Oberspannung	
Wechselbereich $(-1 < \kappa < 0)$	Zug	$\sigma_{Dz(\kappa)zul} = \frac{5}{3-2\cdot\kappa}\cdot\sigma_{D(-1)zul}$	(7.51)
	Druck	$\sigma_{Dd(\kappa)zul} = \frac{2}{1-\kappa}\cdot\sigma_{D(-1)zul}$	(7.52)
Schwellbereich $(0 < \kappa < +1)$	Zug	$\sigma_{Dz(\kappa)zul} = \frac{\sigma_{Dz(0)zul}}{1-\left(1-\frac{\sigma_{Dz(0)zul}}{0{,}75\cdot R_m}\right)\cdot\kappa}$	(7.53)
	Druck	$\sigma_{Dz(\kappa)zul} = \frac{\sigma_{Dd(0)zul}}{1-\left(1-\frac{\sigma_{Dd(0)zul}}{0{,}90\cdot R_m}\right)\cdot\kappa}$	(7.54)
Bauteile	Schub oder Torsion	$\tau_{D(\kappa)zul} = \frac{\sigma_{Dz(\kappa)zul}}{\sqrt{3}}$	(7.55)
Schweißnähte	Schub oder Torsion	$\tau_{wD(\kappa)zul} = \frac{\sigma_{Dz(\kappa)zul}}{\sqrt{2}}$	(7.56)

κ Grenzspannungsverhältnis nach Gleichung (7.50)
$\sigma_{D(-1)zul}$ Grundwert der zulässigen Spannungen für $\kappa = -1$ beim Betriebsfestigkeitsnachweis in N/mm^2
$\sigma_{Dz(0)zul}$ $= 1{,}67 \cdot \sigma_{D(-1)zul}$, zulässige Zug-Oberspannung für $\kappa = 0$ nach Tabelle 7.12 in N/mm^2
$\sigma_{Dd(0)zul}$ $= 2 \cdot \sigma_{D(-1)zul}$, zulässige Druck-Oberspannung für $\kappa = 0$ nach Tabelle 7.12 in N/mm^2
R_m Zugfestigkeit für S235 oder S355J2G3 in N/mm^2
$\sigma_{Dz(\kappa)zul}$ zulässige Oberspannung nach Glg. (7.51) oder (7.53) für den Kerbfall K0 (Bauteil: W0) in N/mm^2

Tabelle 7.15: Zulässige Oberspannungen bei einer Zug-, Druck- oder Torsionsbeanspruchung geschweißter Bauteile für beliebige Grenzspannungsverhältnisse κ nach DIN 15018 [7.11]

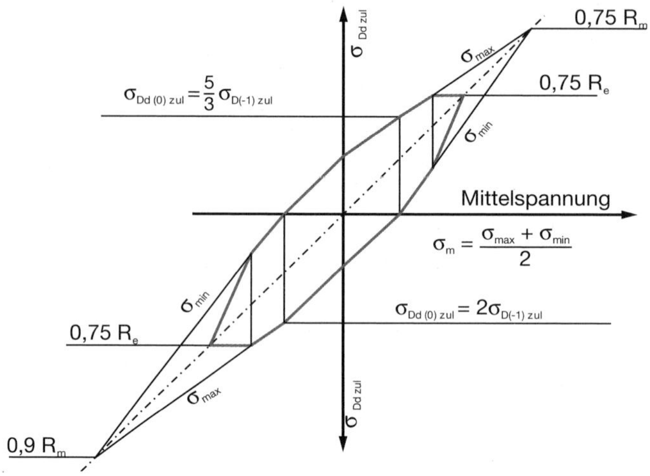

Abbildung 7.44: Zusammenhang zwischen den zulässigen Oberspannungen $\sigma_{D(\kappa)zul}$ und den Grundwerten der zulässigen Spannungen $\sigma_{D(-1)zul}$ nach DIN 15018 [7.11]

Mit den Gleichungen (7.55) und (7.56) lässt sich auch aus der zulässigen Oberspannung eines beliebigen Belastungsfalles bei Normalbeanspruchung (Zugbeanspruchung!) die zulässige Oberspannung des gleichen Belastungsfalles bei Tangentialbeanspruchung berechnen. Dabei ist als zulässige Oberspannung in der Schweißnaht die Zugspannung für den Kerbfall K0 für den Wechselbereich nach Gleichung (7.51) und für den Schwellbereich nach Gleichung (7.53) oder (7.54) zu verwenden. Für das Bauteil ist analog vorzugehen, jedoch sind hier die zulässigen Spannungen des Kerbfalls W0 nach Tabelle 7.12 zu verwenden.

Generell gelten beim Betriebsfestigkeitsnachweis für alle Schweißnähte und Bauteile als Obergrenze der zulässigen Spannungen die zulässigen Spannungen für den Lastfall HZ des allgemeinen Spannungsnachweises nach Tabelle 7.11.

Ist bei einer zusammengesetzten Beanspruchung mit den Schweißnahtspannungen σ_{wx}, σ_{wy} und τ_w der ungünstigste Belastungsfall nicht erkennbar, ist der Festigkeitsnachweis nach DIN 15018 getrennt für alle maximal auftretenden Spannungen zu führen. Die jeweiligen Gleichungen sind der vollständigen Norm zu entnehmen, ebenso die Bedingungen für Schweißnähte in Sondergüte. Ansonsten können die Spannungen in den Schweißnähten entsprechend Abschnitt 7.5.1 berechnet werden.

Abschließend ist noch auf den Einfluss der Kerbwirkung einzugehen (s.a. Kapitel 3), der nach DIN 15018 durch die folgenden fünf Kerbfälle erfasst wird, die auszugsweise in den folgenden Tabellen wiedergegeben sind:

Kerbfall K0: keine oder geringe Kerbwirkung (Tabelle 7.16)
Kerbfall K1: mäßige Kerbwirkung (Tabelle 7.17)
Kerbfall K2: mittlere Kerbwirkung (Tabelle 7.18)
Kerbfall K3: starke Kerbwirkung (Tabelle 7.19)
Kerbfall K4: besonders starke Kerbwirkung (Tabelle 7.20)

Die vollständige Zusammenstellung der Kerbfälle ist DIN 15018 zu entnehmen.

Nr.	Beschreibung und Darstellung		Sinnbild	
011	Mit Stumpfnaht-Sondergüte quer zur Kraftrichtung verbundene Teile	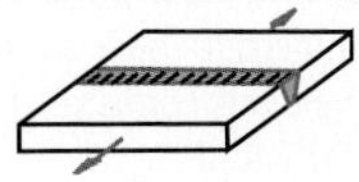		P 100
021	Mit Stumpfnaht-Normalgüte längs zur Kraftrichtung verbundene Teile	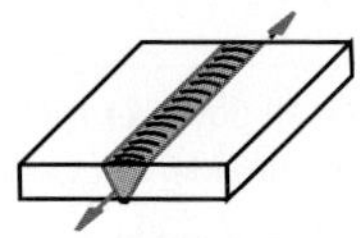	X	P 100
014	Mit Stumpfnaht-Sondergüte quer verbundene Stegfläche	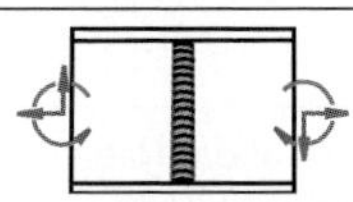		P 100 P 100
022	Mit Stumpfnaht-Normalgüte verbundene Stegbleche und Gurtprofile aus Form- oder Stabstählen, außer Flachstahl	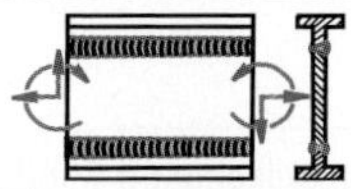	X	P oder P 100 P oder P 100
023	Mit K-Naht mit Doppelkehlnaht längs zur Kraftrichtung verbundene Teile	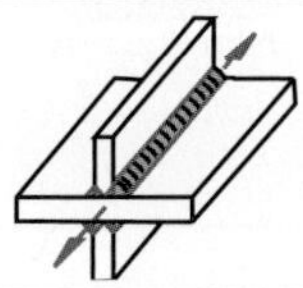	K	

Tabelle 7.16: Beispiele für den Kerbfall K0 nach DIN 15018 [7.11]

Nr.	Beschreibung und Darstellung		Sinnbild	
111	Mit Stumpfnaht-Normalgüte quer zur Kraftrichtung verbundene Teile	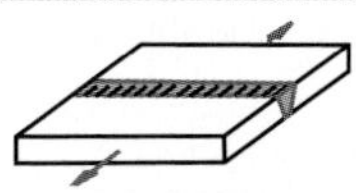	X	P oder P 100
121	Mit Stumpfnaht-Normalgüte längs zur Kraftrichtung verbundene Teile	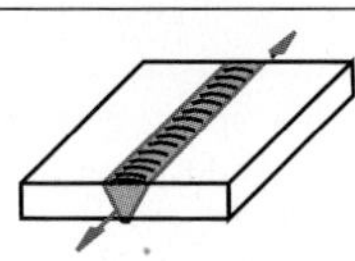		P oder P 100
113	Mit Stumpfnaht-Normalgüte quer zur Kraftrichtung eingeschweißtes Knotenblech	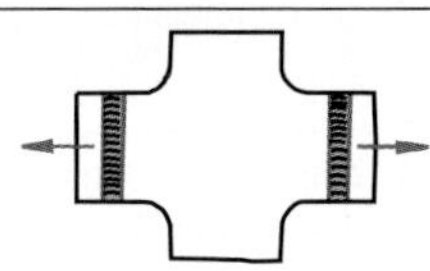	X	P oder P 100 P oder P 100
114	Mit Stumpfnaht-Normalgüte quer verbundene Stegbleche	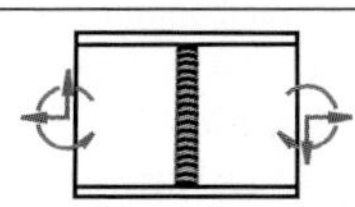	X	P oder P 100 P oder P 100
131	Durchlaufendes Teil, an das quer zur Kraftrichtung Teile mit durchlaufender K-Naht mit Doppelkehlnaht-Sondergüte eingeschweißt sind	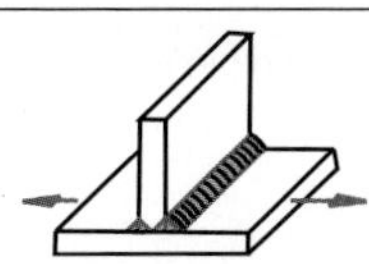		

Tabelle 7.17: Beispiele für den Kerbfall K1 nach DIN 15018 [7.11]

Nr.	Beschreibung und Darstellung		Sinnbild
211	Mit Stumpfnaht-Sondergüte quer zur Kraftrichtung verbundene Teile aus Formstahl oder Stabstahl, außer Flachstahl	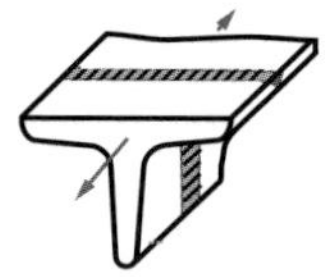	 P oder P 100 P oder P 100
231	Durchlaufendes Teil, an das quer zur Kraftrichtung Teile mit durchlaufender Doppelkehlnaht-Sondergüte angeschweißt sind	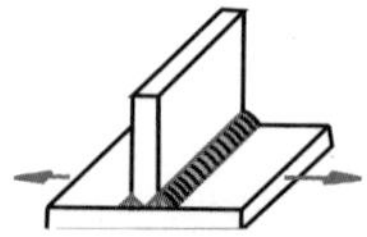	
245	Durchlaufendes Teil, auf das Naben mit Kehlnaht-Sondergüte aufgeschweißt sind	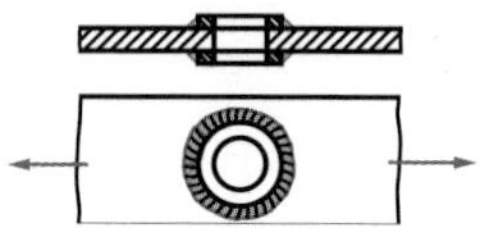	
252	Mit K-Naht mit Doppelkehlnaht-Sondergüte in Anschlüssen mit Biegung und Schub	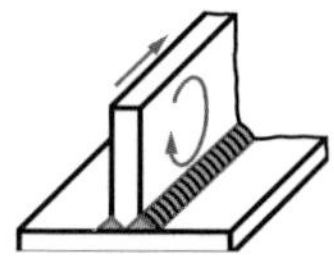	 D

Tabelle 7.18: Beispiele für den Kerbfall K2 nach DIN 15018 [7.11]

Nr.	Beschreibung und Darstellung		Sinnbild
311	Mit einseitig auf Wurzelunterlage geschweißter Stumpfnaht quer zur Kraftrichtung verbundene Teile	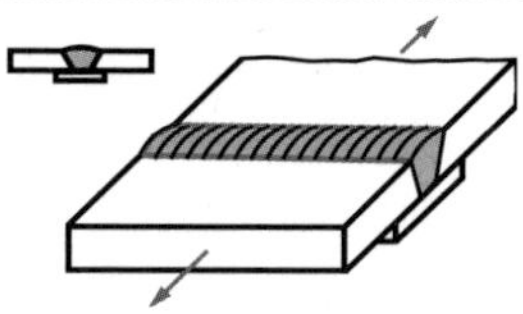	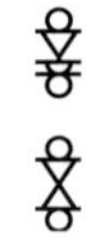
331	Durchlaufendes Teil, an das quer zur Kraftrichtung Teile mit Doppelkehlnaht-Normalgüte angeschweißt sind	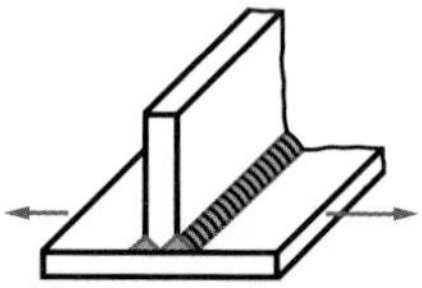	
346	Durchlaufendes Teil, an das Längssteifen mit unterbrochener Doppelkehlnaht oder mit Ausschnittsschweißung in Doppelkehlnaht-Normalgüte angeschweißt sind. Die Einstufung in den Kerbfall gilt für die Naht zwischen den Endnähten zum rechnerischen Anschluss der Steifen.	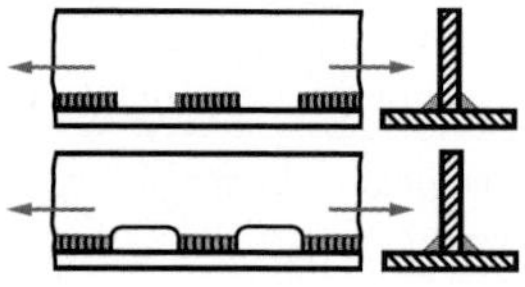	
352	K-Naht – mit Doppelkehlnaht-Normalgüte in Anschlüssen mit Biegung und Schub	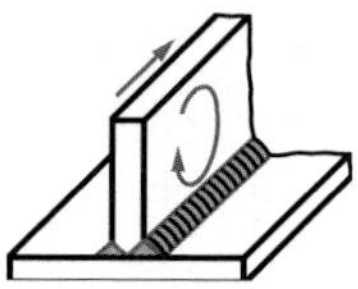	

Tabelle 7.19: Beispiele für den Kerbfall K3 nach DIN 15018 [7.11]

Nr.	Beschreibung und Darstellung		Sinnbild	
412	Mit Stumpfnaht-Normalgüte quer zur Kraftrichtung außermittig verbundene Teile verschiedener Dicken mit asymmetrischem Stoß ohne Schräge, gestützt	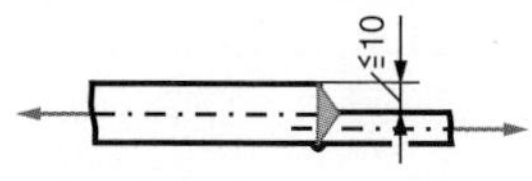	X	P P
433	Gurt- und Stegbleche, an die Querschotte mit ununterbrochener einseitiger Kehlnaht-Normalgüte quer zur Kraftrichtung angeschweißt sind	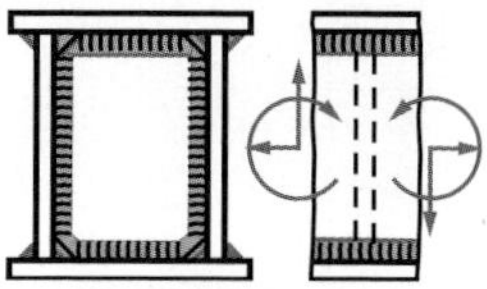	◺	
445	Aufeinanderliegende Teile mit Löchern oder Schlitzen, die in diesen mit Kehlnaht verschweißt sind	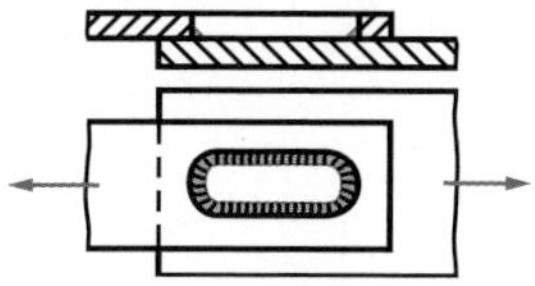	◺	
452	Mit Doppelkehlnaht-Normalgüte in Anschlüssen mit Biegung und Schub	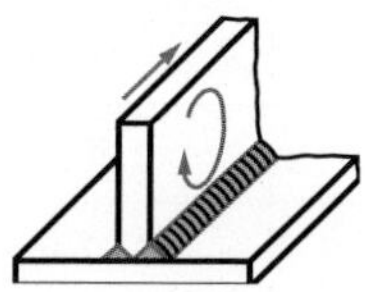	D	

Tabelle 7.20: Beispiele für den Kerbfall K4 nach DIN 15018 [7.11]

7.5.3 Festigkeitsnachweis von Pressschweißverbindungen

Pressschweißverbindungen – insbesondere Buckel- und Punktschweißverbindungen – versagen normalerweise durch „Ausknöpfen" oder Abscheren der Verbindung entsprechend Abbildung 7.45. Hierbei bleibt ein stiftförmiger Pfropfen auf der Schweißlinse haften, weshalb man für die Festigkeitsberechnung das Modell eines auf Abscheren beanspruchten Stiftes annimmt.

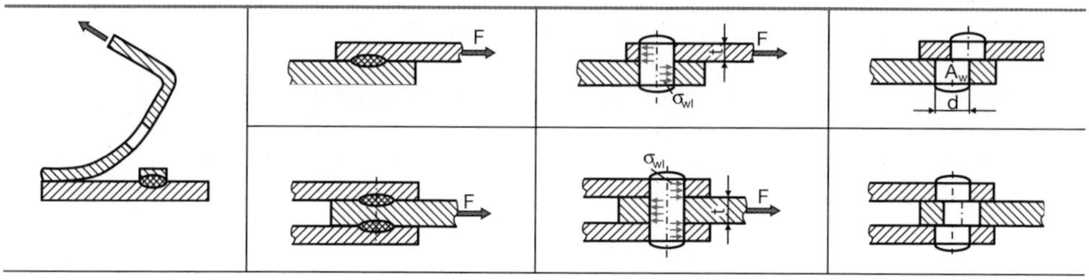

Abbildung 7.45: Zug-, Scher- und Leibungsbeanspruchung von Punktschweißverbindungen

Auch wenn der tatsächliche Schweißpunktdurchmesser größer sein sollte, so wird wegen der von der Blechdicke abhängenden Dicke des stehenbleibenden Pfropfens nach der alten DIN 18801 folgender Schweißpunktdurchmesser für die Berechnung angenommen:

$$d = \sqrt{25\ \text{mm} \cdot t_{min}} \qquad (7.57)$$

Weitere Abmessungen zu Punktschweißverbindungen sind in Tabelle 7.21 zusammengestellt.

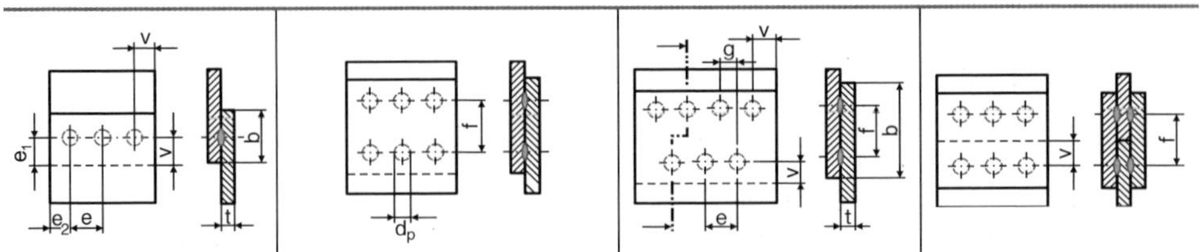

Blechdicke t [mm]	Punktdurchmesser d_p [mm]	
0,5	2,5 ... 6,0	Randabstand v: $1{,}25 \cdot d_p$ Punktabstand e: einreihig $\approx 3{,}5 \cdot d_p$, zweireihig $\approx 5 \cdot d_p$ Überlappung b: einreihig: $2 \cdot v = 2{,}5 \cdot d_p$, zweireihig: $f + 2 \cdot v$ Punktreihenabstand f: $> e$ Versatz g: $0{,}5 \cdot e$
1,0	4,0 ... 9,0	
1,5	5,0 ... 10,0	
2,0	6,0 ... 11,0	
2,5	6,5 ... 12,0	
3,0	7,0 ... 13,0	

Tabelle 7.21: Maße für die Schweißpunktanordnung für Stahlbleche bis 3 mm Dicke bei statischer Beanspruchung

Entsprechend der Anzahl n der Schweißpunkte und der Schnittigkeit m der Verbindung (einschnittig $m = 1$, zweischnittig $m = 2$) verteilt sich die zu übertragende Kraft F in N, so dass unter Einbeziehung der Querschnittsfläche A_w einer Schweißlinse in mm² für die Scherspannung τ_{wa} in N/mm² gilt:

$$\tau_{wa} = \frac{F}{n \cdot m \cdot A_w} = \frac{4 \cdot F}{n \cdot m \cdot \pi \cdot d^2} \leq \tau_{wa,zul} \qquad (7.58)$$

Hierin bezeichnen d den Schweißpunktdurchmesser nach Gleichung (7.57) und das Produkt $n \cdot m$ stellt die Anzahl aller Schweißlinsen (aller Stiftschnittflächen) im Anschluss dar.

Da die Schweißpunkte als Stifte angenommen werden, ist demzufolge auch die Einhaltung des Lochleibungsdruckes σ_{wl} nachzuweisen. Bei verschiedenen Blechstärken im Anschluss ist das Bauteil mit der geringeren Dicke t wegen der höheren Spannung in der Regel maßgebend:

$$\sigma_{wl} = \frac{F}{n \cdot A_l} = \frac{F}{n \cdot d \cdot t} \leq \sigma_{wl,zul} \qquad (7.59)$$

Die maßgebliche Fläche A_l in mm² entspricht der Projektion $d \cdot t$. Der Schweißpunktdurchmesser d in mm ergibt sich aus Gleichung (7.57); wenn die Summe der Dicken der außen liegenden Teile kleiner ist als die Dicke des mittleren Teiles, so ist diese Summe für t einzusetzen.

Wenn die Betriebskraft F nicht oder nur ungenau bekannt ist, wird auch so konstruiert, dass die Punktschweißverbindung so haltbar wie das maßgebende der verschweißten Bauteile wird, so dass sich folgender Zusammenhang ergibt:

$$F_{wB} = n \cdot m \cdot A_w \cdot \tau_{wB} \approx A \cdot R_m = F_B \tag{7.60}$$

Hierin bezeichnen F_{wB} die Scherbruchkraft aller Schweißlinsen in N, F_B die Zugbruchkraft des Bauteils in N, $n \cdot m$ die Anzahl der Schweißlinsen im Anschluss, A_w die Querschnittsfläche einer Schweißlinse und A die zugbeanspruchte Querschnittsfläche des Bauteils in mm^2 sowie τ_{wB} die Scherfestigkeit der Schweißlinsen und R_m die Zugfestigkeit des Bauteilwerkstoffs in N/mm^2. Falls die Scherfestigkeit τ_{wB} nicht durch Versuche bekannt sein sollte, kann erfahrungsgemäß $\tau_{wB} \approx 0{,}65 \cdot R_m$ gesetzt werden. Eine Kontrolle von σ_{wl} ist dann nicht mehr erforderlich. Zur Ermittlung der einen Punkt beanspruchenden Größtkraft in einem Momentenanschluss ist wie bei Nietanschlüssen nach Kapitel 6 vorzugehen.

Eine weitere Beanspruchungsmöglichkeit von Punktschweißverbindungen ist die Zugbeanspruchung, die man jedoch nach Möglichkeit schon konstruktiv vermeiden sollte. Da das Bauteil bei einer gewaltsamen Zerstörung über die „Stifte" in Längsrichtung hinweggeschoben werden würde, tritt mit t als kleinster Bauteildicke an deren Mantelflächen $d \cdot \pi \cdot t$ die folgende Schubbeanspruchung τ_{ws} auf:

$$\tau_{ws} = \frac{F}{n \cdot d \cdot \pi \cdot t} \le \tau_{wa,zul} \tag{7.61}$$

Zur Festigkeitsberechnung von Rundbuckelschweißverbindungen sind ebenfalls die Gleichungen (7.58) bis (7.61) anzuwenden. Lang- und Ringbuckelverbindungen werden nur auf Abscheren gemäß Gleichung (7.58) oder (7.60) berechnet. Als Schnittzahl ist $m = 1$ einzusetzen und die Querschnittsflächen der Schweißbuckel sind in Tabelle 7.22 zusammengestellt. Die zulässigen Spannungen sind Tabelle 7.24 zu entnehmen.

Rundbuckel	$A_w = d^2 \cdot \frac{\pi}{4}$	Langbuckel	$A_w \approx (l - 0{,}5 \cdot b) \cdot b$	Ringbuckel	$A_w = \left(d_1^2 - d_2^2\right) \cdot \frac{\pi}{4}$

Tabelle 7.22: Querschnittsflächen beim Buckelschweißen

Die zulässigen Spannungen für Pressschweißverbindungen sind in Tabelle 7.23 und Tabelle 7.24 zusammengestellt.

Bauteilwerkstoff			**S235**		**S355**	
Lastfall			**H**	**HZ**	**H**	**HZ**
Wenn Nachweis auf Knicken und Kippen nach DIN 4114 erforderlich ist	einschnittig	$\tau_{wa,zul}$ $\sigma_{wl,zul}$ $\sigma_{wl,zul}$	90 255 355	100 290 400	135 380 525	155 430 600
Wenn Knicken, Kippen oder Ausweichen nicht möglich ist	einschnittig zweischnittig	$\tau_{wa,zul}$ $\sigma_{wl,zul}$ $\sigma_{wl,zul}$	105 290 400	115 325 450	155 430 600	175 485 675

Tabelle 7.23: Zulässige Spannungen in N/mm^2 für Punktschweißverbindungen nach der alten DIN 18801 [7.13]

Werkstoff-Zugfestigkeit R_m =			250	300	350	400	450	500	550	600
$\tau_{wa,zul}$	ruhend		60	75	90	100	110	125	135	150
	schwellend		40	50	55	65	70	80	90	95
	wechselnd		20	25	30	35	35	40	45	50
$\sigma_{wl,zul}$		ruhend	165	200	235	265	300	335	365	400
	einschnittig	schwellend	110	130	150	175	195	215	240	260
	zweischnittig	wechselnd	55	65	75	90	100	110	120	130
$\sigma_{wl,zul}$		ruhend	275	335	390	445	500	555	610	665
	einschnittig	schwellend	180	215	250	285	320	355	390	425
	zweischnittig	wechselnd	90	110	125	145	160	180	195	215
$\tau_{wa,zul}$	ruhend		75	90	105	120	135	150	165	180
	schwellend, wechselnd		50	60	70	80	90	100	110	120

Tabelle 7.24: Anhaltswerte für zulässige Spannungen in N/mm^2 für Punktschweißverbindungen im allgemeinen Maschinen- und Gerätebau [7.4]

Beim Reibschweißen rotationssymmetrischer Bauteile entsteht in der Verbindungszone ein ausgeprägtes Feinkorngefüge, wobei statische und dynamische Festigkeitswerte erreicht werden, die im günstigsten Fall der Festigkeit des Grundwerkstoffes entsprechen. Weitere Richtwerte in Abhängigkeit vom gewählten Verfahren sind in Tabelle 7.25 enthalten.

Beanspruchungsart	**Schweißverfahren**	**Schweißgrat belassen**	**Schweißgrat bearbeitet**
Statisch: R_P bzw. τ_F	Pressstumpf- oder Abbrennstumpfschweißen	90 ... 100 %	90 ... 100 %
	Reibschweißen	≥ 100 %	≥ 100 %
Dynamisch: σ_A bzw. τ_A	Pressstumpfschweißen	60 ... 80 %	60 ... 80 %
	Abbrennstumpfschweißen	60 ... 80 %	60 ... 80 %
	Reibschweißen	ca. 70 %	≥ 100 %

Tabelle 7.25: Richtwerte für die Festigkeit fehlerfreier Pressstumpf-, Abbrennstumpf- und Reibschweißverbindungen relativ zu den Festigkeitswerten des Grundwerkstoffs [7.56]

Der wesentliche Vorteil von Reibschweißverbindungen ist, dass an die Fügeflächen keine besonderen Anforderungen gestellt werden. Sie lassen sich durch Sägen, Drehen oder Fräsen herstellen, wobei auch mit geschmiedeten oder gewalzten Flächen Reibschweißverbindungen möglich sind. Das Verfahren gewinnt zunehmend für hochbeanspruchte Bauteile in der Serienfertigung an Bedeutung.

7.6 Literatur

[7.1] AD-Merkblatt B0, Berechnung von Druckbehältern, Ausgabe:1995-01, Beuth-Verlag

[7.2] Berger, R.; Entwicklung eines geschweißten Kolbendesigns für mittelschnelllaufende Viertakt-Dieselmotoren; Dissertation TU Dresden, 2014

[7.3] DASt-Richtlinie 009 „Empfehlungen zur Wahl der Gütegruppen für geschweißte Bauteile“, Stahlbau-Verlag, Köln

[7.4] Decker, K., Kabus, K.; Maschinenelemente, Hanser Verlag, München 2000

[7.5] Deutsche Bahn; DS 804 – Vorschrift für Eisenbahnbrücken und sonstige Ingenieurbauwerke, München 1996

[7.6] Deutsche Bahn; DV 952 – Schweißen metallischer Werkstoffe an Schienenfahrzeugen und maschinentechnischen Anlagen, Minden 1991

[7.7] DIN 1910 Schweißen und verwandte Prozesse – Begriffe – T100: Metallschweißprozesse mit Ergänzungen zu DIN EN 14610:2005 (2008-02)

[7.8] DIN 1912 Zeichnerische Darstellung; Schweißen, Löten; Begriffe und Benennungen für Lötstöße und Lötnähte (1981-05)

[7.9] DIN 4810 Druckbehälter aus Stahl für Wasserversorgungsanlagen (1991-09)

[7.10] DIN 8519 Buckel für das Buckelschweißen von Stahlblechen – Langbuckel und Ringbuckel (1996-05)

[7.11] DIN 15018 Krane; Grundsätze für Stahltragwerke; T1: Berechnung (1984-11); T2: Grundsätze für die bauliche Durchbildung und Ausführung (1984-11); T3: Grundsätze für Stahltragwerke; Berechnung von Fahrzeugkranen (1984-11); Norm vollständig zurückgezogen und ersetzt durch DIN EN 13001

[7.12] DIN 18800 Stahlbauten; T1: Bemessung und Konstruktion (1996-02); T2: Stahlbauten; Stabilitätsfälle; Knicken von Stäben und Stabwerken (1990-11); T3: Plattenbeulen (1996-02); T4: Schalenbeulen (1990-11); Norm vollständig zurückgezogen und ersetzt durch DIN EN 1993

[7.13] DIN 18801 Stahlhochbau; Bemessung, Konstruktion, Herstellung (1983-09); Norm vollständig zurückgezogen und ersetzt durch DIN EN 1993

[7.14] DIN EN 1559 Gießereiwesen – Technische Lieferbedingungen – T1: Allgemeines (2011-05)

[7.15] DIN EN 1561 Gießereiwesen – Gusseisen mit Lamellengrafit (2012-01)

[7.16] DIN EN 1562 Gießereiwesen – Temperguss (2012-05)

[7.17] DIN EN 1563 Gießereiwesen – Gusseisen mit Kugelgrafit (2012-03)

[7.18] DIN EN 1708-1 Schweißen – Verbindungselemente beim Schweißen von Stahl T1: Druckbeanspruchte Bauteile (2010-05); T2: Nicht innendruckbeanspruchte Bauteile (2000-10)

[7.19] DIN EN 1993-1 Eurocode 3: Bemessung und Konstruktion von Stahlbauten – Teil 1-1: Allgemeine Bemessungsregeln und Regeln für den Hochbau (2010-12)

[7.20] DIN EN 1993-6 Eurocode 3: Bemessung und Konstruktion von Stahlbauten – Teil 6: Kranbahnen (2010-12)

[7.21] DIN EN 10025 Warmgewalzte Erzeugnisse aus Baustählen; T1: Allgemeine technische Lieferbedingungen (2011-04); T2: Technische Lieferbedingungen für unlegierte Baustähle (2005-04)

[7.22] DIN EN 10028 Flacherzeugnisse aus Druckbehälterstählen; T1: Allgemeine Anforderungen (2009-09); T2: Unlegierte und legierte Stähle mit festgelegten Eigenschaften bei erhöhten Temperaturen (2009-09); T3: Schweißgeeignete Feinkornbaustähle, normalgeglüht (2009-09); T4: Nickellegierte kaltzähe Stähle (2009-09); T5: Schweißgeeignete Feinkornbaustähle, thermomechanisch gewalzt (2009-09); T6: Schweißgeeignete Feinkornbaustähle, vergütet (2009-09)

[7.23] DIN EN 10029 Warmgewalztes Stahlblech von 3 mm Dicke an; Grenzabmaße, Formtoleranzen, zulässige Gewichtsabweichungen (2011-02)

[7.24] DIN EN 10083-1 Vergütungsstähle; T1: Allgemeine technische Lieferbedingungen (2006-10); T2: Technische Lieferbedingungen für unlegierte Stähle (2006-10); T3: Technische Lieferbedingungen für legierte Stähle (2009-01)

[7.25] DIN EN 10084 Einsatzstähle – Technische Lieferbedingungen (2008-06)

[7.26] DIN EN 10130 Kaltgewalzte Flacherzeugnisse aus weichen Stählen zum Kaltumformen – Technische Lieferbedingungen (2007-04)

[7.27] DIN EN 10164 Stahlerzeugnisse mit verbesserten Verformungseigenschaften senkrecht zur Erzeugnisoberfläche – Technische Lieferbedingungen (2005-03)

[7.28] DIN EN 10213 Technische Lieferbedingungen für Stahlguss für Druckbehälter (2008-11)

[7.29] DIN EN 10283 Korrosionsbeständiger Stahlguss (2010-06)

[7.30] DIN EN 10293 Stahlguss für allgemeine Anwendungen (2012-02)

[7.31] DIN EN 12536 Schweißzusätze – Stäbe zum Gasschweißen von unlegierten und warmfesten Stählen – Einteilung (2000-08)

[7.32] DIN EN 12542 Flüssiggas-Geräte und Ausrüstungsteile – Ortsfeste, geschweißte zylindrische Behälter aus Stahl, die serienmäßig für die Lagerung von Flüssiggas (LPG) hergestellt werden, mit einem Fassungsvermögen bis 13 m³ (2010-12)

[7.33] DIN EN 13001-1 Krane – Konstruktion allgemein – T1 Allgemeine Prinzipien und Anforderungen (Entwurf 2014-12)

[7.34] DIN EN 13001-2 Kransicherheit – Konstruktion allgemein – T2 Lasteinwirkungen (2014-12)

[7.35] DIN EN 13001-3-1 Krane – Konstruktion allgemein – T3-1 Grenzzustände und Sicherheitsnachweis von Stahltragwerken (2013-12)

[7.36] DIN EN 15085 Bahnanwendungen – Schweißen von Schienenfahrzeugen und -fahrzeugteilen – T1 Allgemeines (2013-11)

[7.37] DIN EN 28167 Buckel zum Widerstandsschweißen (1992-07)

[7.38] DIN EN ISO 2553 Schweißen und verwandte Prozesse – Symbolische Darstellung in Zeichnungen – Schweißverbindungen (2014-04)

[7.39] DIN EN ISO 2560 Schweißzusätze – Umhüllte Stabelektroden zum Lichtbogenhandschweißen von unlegierten Stählen und Feinkornstählen – Einteilung (2010-03)

[7.40] DIN EN ISO 3580 Schweißzusätze – Umhüllte Stabelektroden zum Lichtbogenhandschweißen von warmfesten Stählen – Einteilung (2011-05)

[7.41] DIN EN ISO 3581 Schweißzusätze – Umhüllte Stabelektroden zum Lichtbogenhandschweißen von nichtrostenden und hitzebeständigen Stählen – Einteilung (2012-04)

[7.42] DIN EN ISO 5817 Schweißen – Schmelzschweißverbindungen an Stahl, Nickel, Titan und deren Legierungen (ohne Strahlschweißen – Bewertungsgruppen von Unregelmäßigkeiten (2014-06)

[7.43] DIN EN ISO 6520-1 Schweißen und verwandte Prozesse – Einteilung von geometrischen Unregelmäßigkeiten an metallischen Werkstoffen – T1 Schmelzschweißen (2007-11)

[7.44] DIN EN ISO 6947 Schweißnähte – Arbeitspositionen – Definitionen der Winkel von Neigung und Drehung (2011-08)

[7.45] DIN EN ISO 9692-1 Schweißen und artverwandte Prozesse – Arten der Schweißnahtvorbereitung – T1 Lichtbogenhandschweißen, Schutzgasschweißen, Gasschweißen, WIG-Schweißen und Strahlschweißen von Stählen (2013-12)

[7.46] DIN EN ISO 13919 Schweißen – Elektronen- und Laserstrahl-Schweißverbindungen; T1: Leitfaden für Bewertungsgruppen für Unregelmäßigkeiten (1996-09)

[7.47] DIN EN ISO 14731 Schweißaufsicht – Aufgaben und Verantwortung (2006-12)

[7.48] DIN-FB ISO/TR 581 Schweißbarkeit – Metallische Werkstoffe – Allgemeine Grundlagen (2007-04)

[7.49] DIN ISO 5261 Technische Zeichnungen – Vereinfachte Angabe von Stäben und Profilen (1997-04)

[7.50] DVS 0713 Technische Regel – Empfehlungen zur Auswahl von Bewertungsgruppen nach DIN EN 30042 und ISO 10042; Stumpfnähte und Kehlnähte an Aluminiumwerkstoffen (1995-05)

[7.51] FKM 2012; Rechnerischer Festigkeitsnachweis für Maschinenbauteile aus Stahl, Eisenguss- und Aluminiumwerkstoffen, VDMA-Verlag, Frankfurt am Main 2012

[7.52] Germanischer Lloyd; Vorschriften für Klassifikation und Bau von stählernen Seeschiffen, Hamburg

[7.53] Krause, W.; Konstruktionselemente der Feinmechanik, Hanser Verlag, München 1993

[7.54] Kurth, F.; Stahlbau – Berechnung und Bemessung der Elemente von Stahlkonstruktionen, VEB Verlag Technik, Berlin 1985

[7.55] Muhs, D., Wittel, H., et al.; Roloff/Matek Maschinenelemente; Vieweg Verlag, Braunschweig 2013

[7.56] Neumann, A.; Schweißtechnisches Handbuch für Konstrukteure – Teil 1 Grundlagen, Tragfähigkeit, Gestaltung, DVS-Verlag, Düsseldorf 1996

[7.57] Neumann, A.; Schweißtechnisches Handbuch für Konstrukteure – Teil 2 Stahl-, Kessel- und Rohrleitungsbau, DVS-Verlag, Düsseldorf 1996

[7.58] Neumann, A.; Schweißtechnisches Handbuch für Konstrukteure – Teil 3 Maschinen- und Fahrzeugbau, DVS-Verlag, Düsseldorf 1997

[7.59] Neumann, A.; Schweißtechnisches Handbuch für Konstrukteure – Teil 4 Geschweißte Aluminiumkonstruktionen, DVS-Verlag, Düsseldorf 1993

[7.60] Neumann, A., Neuhoff, R.; Schweißnahtberechnung im geregelten und ungeregelten Bereich, DVS-Verlag, Düsseldorf 2003

[7.61] Neumann, A., Neuhoff, R.; Kompendium der Schweißtechnik – Band 4 Berechnung und Gestaltung von Schweißkonstruktionen, DVS-Verlag, Düsseldorf 2002

[7.62] Neumann, A., Schober, D.; Reibschweißen von Metallen, DVS-Verlag, Düsseldorf 1991

[7.63] Niemann, G., Winter, H., Höhn, B.-R.; Maschinenelemente Band I, 4. Aufl., Springer Verlag, Berlin 2005

[7.64] Petersen, Ch.; Stahlbau, Vieweg Verlag, Braunschweig 1997

[7.65] Ryall, M. J., Parke, G. A. R., Harding, J. E.; Manual of Bridge Engineering, Thomas Telford Publishing, London 2003

[7.66] SEW 088 – Stahl-Eisen Werkstoffblatt – Schweißgeeignete Feinkornbaustähle; Richtlinien für die Verarbeitung, besonders für das Schmelzschweißen, Verlag Stahleisen, Düsseldorf 1993

[7.67] SEW 520 – Stahl-Eisen Werkstoffblatt – Hochfester Stahlguss mit guter Schweißeignung – Technische Lieferbedingungen, Verlag Stahleisen, Düsseldorf 1996

[7.68] Sahmel, P., Veit, H.-J.; Grundlagen der Gestaltung geschweißter Stahlkonstruktionen, Deutscher Verlag für Schweißtechnik, Düsseldorf 1989

[7.69] Schlottmann, D.; Konstruktionslehre – Grundlagen, Springer Verlag, Berlin 1983

[7.70] Steinhilper, W., Röper, R.; Maschinen- und Konstruktionselemente 2, 4. Aufl., Springer Verlag, Berlin 2000

[7.71] TRD – Technische Regeln Druckbehälter: TRD 100 – Werkstoffe, TRD 200 – Herstellung, TRD 300 – Berechnung, TRD 500 – Verfahren und Prüfrichtlinien, Hauptverband der Berufsgenossenschaften, Sankt Augustin

[7.72] Warkenthin, W.; Tragwerke der Fördertechnik, Vieweg Verlag, Braunschweig 1999

ZUSAMMENFASSUNG

Das Schweißen ist ein thermisches Verfahren zum Vereinigen artgleicher Werkstoffe (z.B. Metalle, Kunststoffe, Glas) unter Anwendung von Wärme in einem örtlich begrenzten Bereich, der Schweißzone, im flüssigen bzw. angeschmolzenen Zustand mit oder ohne Zusatzwerkstoff, dem Schweißzusatz. Der Schweißzusatz wird in Form von Stäben oder Drähten artgleichen Werkstoffs zugeführt und in der Schweißzone abgeschmolzen. Die Schweißverbindung gehört wie das Nieten, Löten und Kleben zu den nicht lösbaren Verbindungen, da sie ohne Zerstörung der Schweißnaht bzw. der gefügten Bauteile nicht lösbar ist. Prinzipiell unterscheidet man beim Metallschweißen die Schweißtechniken „Schmelzschweißen" und „Pressschweißen".

Die gewünschte Zuverlässigkeit eines geschweißten Bauteils (Schweißsicherheit) hängt – ähnlich wie beim Löten und Kleben – von der schweißgerechten Gestaltung der Verbindung ab. Wesentlich für die Schweißbarkeit sind die drei Einflussgrößen Schweißeignung des Werkstoffes, Schweißsicherheit der Konstruktion und Schweißmöglichkeit der Fertigung, die sowohl einzeln als auch in Kombination zu berücksichtigen sind. Demzufolge ist es unsinnig, die Schweißbarkeit einer Konstruktion durch einen besser geeigneten Werkstoff verbessern zu wollen, wenn gleichzeitig eine ungünstige Konstruktion mit schlechtem Kraftfluss oder eine nicht fachgerechte Fertigung zu einer schlechten Schweißbarkeit führen.

Im Rahmen eines Festigkeitsnachweises (Vergleich von Beanspruchung und Beanspruchbarkeit) ist zu prüfen, ob in den kritischen Bereichen der Schweißnaht und der Anschlussquerschnitte die erforderlichen Sicherheiten erreicht werden.

Bei Schweißnähten ist jedoch zu berücksichtigen, dass der Festigkeitsnachweis in Abhängigkeit vom Einsatzgebiet unterschiedlich sein kann. Es werden zwar immer Beanspruchung und Beanspruchbarkeit miteinander verglichen, jedoch gelten unterschiedliche Vorschriften für den Maschinenbau, Stahlhoch-, Kran- und Brückenbau, den Schienenfahrzeugbau, den Kessel- und Druckbehälterbau und den Schiffbau in Abhängigkeit von der möglichen Gefährdung von Menschenleben und Sachwerten. Da für den Maschinenbau als ungeregelter Bereich kein spezielles Berechnungsverfahren für den Nachweis von Schweißverbindungen existiert, wird die Kranbaunorm DIN 15018 zur Anwendung vorgeschlagen. Eine weitere Möglichkeit ist die Anwendung der FKM-Richtlinie, die im Abschnitt 3.8 des 3. Kapitels ausführlich behandelt wird.

ZUSAMMENFASSUNG

Schrauben und Schraubenverbindungen

8

ÜBERBLICK

Lernziele

- Kennenlernen der Funktion und Wirkung von Befestigungs- und Bewegungsschrauben
- Unterscheidung günstiger und ungünstiger Gestaltung einzelner Schraubenteilen
- Grundlagen der funktions- und beanspruchungsgerechten Gestaltung vollständiger Schraubenverbindungen
- Kennenlernen der verschiedenen Belastungszustände von Schraubenverbindungen anhand des Verspannungsdiagrammes
- Beherrschen der Festigkeitsnachweise für Verbindungsschrauben und Bewegungsschrauben

8.1 Einführung

Die Schraube ist das am meisten verwendete Maschinenelement zum Verbinden von Bauteilen. Im Gegensatz zu Schweiß-, Löt-, Kleb-, Niet- und Pressverbindungen lassen sich die Bauteile mit Befestigungsschrauben nach Abbildung 8.1 bei Bedarf auch wieder zerstörungsfrei lösen.

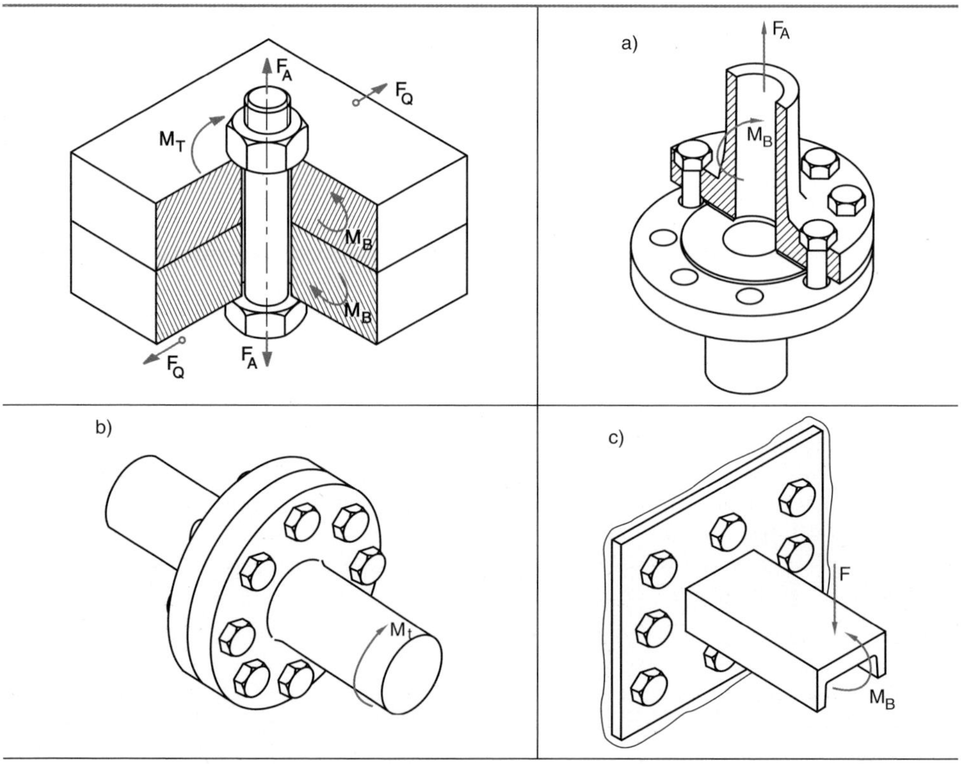

Abbildung 8.1: Befestigungsschraube und Mehrschraubenverbindungen – a) Flanschverbindung z.B. Rohrleitung, Belastung der Schrauben durch Längskraft und Biegemoment, b) Flanschverbindung von zwei Kupplungshälften, Belastung der Schrauben durch Längskraft und Torsionsmoment, c) Konsolanschluss, Belastung der Schrauben durch Querkraft und Biegemoment

Da das Funktionsprinzip der Schraube dem eines aufgewickelten Keils entspricht, kann die Schraube nicht nur als Befestigungsmittel unter elastischer Verspannung und Reibung verwendet werden, sondern sie bietet unter günstigen Gleitreibungsbedingungen in Form der Bewegungsschraube nach Abbildung 8.2 auch die Möglichkeit der Umsetzung einer Drehbewegung in eine Längsbewegung.

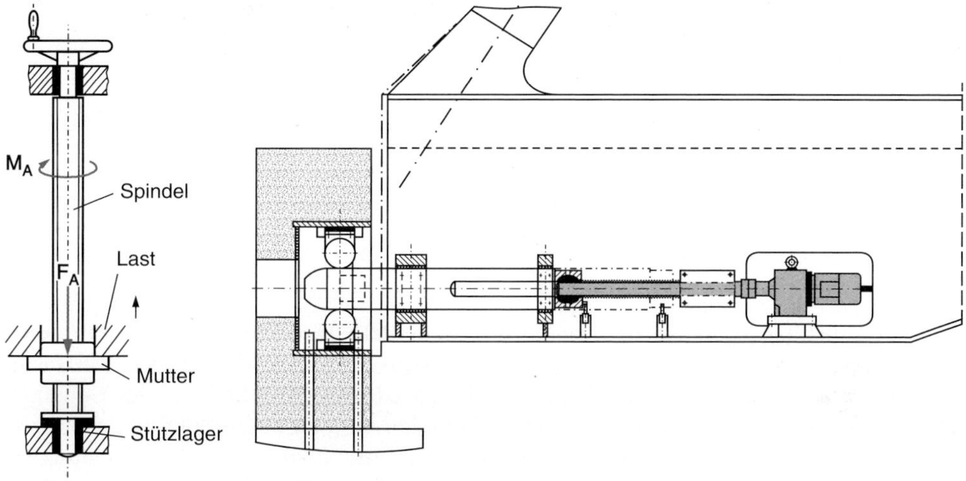

Abbildung 8.2: Bewegungsschraube zur Umsetzung einer Drehbewegung in eine Längsbewegung und Anwendung bei der Brücken-Verriegelung „El-Ferdan" nach Abbildung 1.4

8.2 Funktion und Wirkung

Das Schraubprinzip ist schon sehr alt und geht zurück auf die erstmalige Anwendung durch Archimedes (griechischer Mechaniker und Mathematiker 285 bis 212 v. Chr.) in Hebewerken zum Wasserfördern mithilfe der archimedischen Spirale. Dieser Anwendungsfall ist in der Fördertechnik heute noch gebräuchlich (z.B. bei Hochleistungs-Schiffsentladern), jedoch haben sich im Zusammenhang mit der Schraube als Maschine die weiteren Anwendungsgebiete entwickelt:

1 Die Schraube als Verbindungselement – Die Hauptfunktion ist die elastische Verspannung der Fügeteile und des Schraubenbolzens durch Eindrehen eines Schraubenbolzens mit Gewinde in eine Gewindebohrung (bzw. Mutter), wodurch eine Klemmkraft (Vorspannkraft) erzeugt wird. Dadurch entsteht eine jederzeit lösbare Verschraubung, die sich allerdings aufgrund der Gewindereibung (Selbsthemmung) nicht selbsttätig lösen kann.

2 Die Schraube als Maschine – Die Hauptfunktion ist die Übertragung einer Dreh- in eine Längsbewegung. Dabei wird nochmals zwischen Stellfunktion und Arbeitsfunktion unterschieden. Stellfunktionen erfordern eine hohe Genauigkeit bei vergleichsweise geringen Kräften (z.B. Vorschubspindeln in Werkzeugmaschinen und Messspindeln). Liegt dagegen eine Arbeitsfunktion vor, so ist ein Drehmoment in eine möglichst große Längskraft umzusetzen (z.B. Pressenspindel, Hebeböcke bzw. Wagenheber). Hierzu gehören auch die Schraubradgetriebe (Schneckengetriebe), bei denen die Schraube (Schnecke) mit einer als Rad (Schneckenrad) ausgebildeten Mutter zum Zweck einer hohen Drehzahlwandlung zusammenarbeitet.

Darüber hinaus gibt es noch folgende Schraubenarten: Messschrauben zur Längenmessung im Mikrometerbereich, Spannschrauben zum Spannen in Spannschlössern, Ringschrauben zum Anhängen von Lasten und Dichtungs- oder Verschlussschrauben zum Verschließen von Einfüll- oder Auslauföffnungen.

Schrauben, Muttern und die Gewinde sind umfassend genormt, so dass ergänzend zum Buch immer der aktuelle Normen und Richtlinienstand zu berücksichtigen ist.

8.2.1 Gewindearten und Gewindebezeichnungen

Eine Schraubenlinie entsteht durch die Aufwicklung einer um den Winkel φ geneigten Geraden (entsprechend einem Keil mit dem Keilwinkel φ) auf einen Kreiszylinder gemäß Abbildung 8.3. Je nach Aufwicklungsrichtung wird von rechts- oder linksgängiger Schraube gesprochen. Der Steigungswinkel φ, bezogen auf den Flankendurchmesser d_2, berechnet sich zu:

$$\tan\varphi = \frac{P_h}{d_2 \cdot \pi} \tag{8.1}$$

Hierin bezeichnet P_h die Gewindesteigung (Ganghöhe), die bei genau einer Umdrehung der Axialverschiebung entspricht. Lässt man nun anstelle eines Punktes ein Profil umlaufen, so entstehen entsprechend Abbildung 8.3 die Grundformen der Gewinde. Demzufolge ergeben sich mehrgängige Gewinde, indem man mehrere Profile gleichzeitig umlaufen lässt. Aus der Teilung P und der Gangzahl n folgt dann für die Steigung P_h:

$$P_h = n \cdot P \tag{8.2}$$

Hierbei ist anzumerken, dass Befestigungsgewinde immer eingängig und Lastgewinde überwiegend eingängig ausgeführt werden. Kleine Steigungswinkel φ entsprechen einer großen Übersetzung zwischen Drehung und Axialverschiebung, wie sie bei Befestigungsschrauben üblich ist. Umgekehrt bedeuten große Steigungswinkel φ eine kleine Übersetzung zwischen Drehung und axialer Verschiebung, die typisch ist für Bewegungsschrauben und auch Schneckengetriebe.

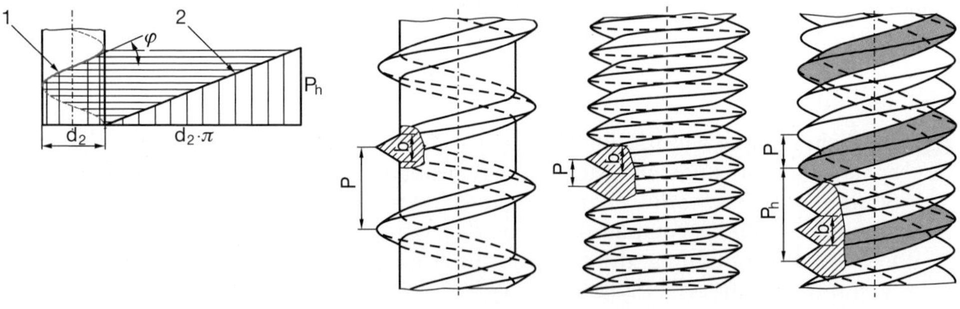

Abbildung 8.3: Entstehung der Schraubenlinie durch „Aufwickeln eines Keiles um einen runden Stift" (links) und offene und geschlossene Gewinde, ein- und mehrgängig [8.147]

Alle Begriffe an Gewinden (Benennungen von Durchmessern, Flächen, Winkeln, Bolzen usw.) sind nach DIN 2244 genormt [8.54]. Entsprechend Abbildung 8.4 besitzen die Befestigungsgewinde ein dreieckförmiges Profil mit dem Flankenwinkel $2 \cdot \beta = 60°$ und dem Teilflankenwinkel $\beta = 30°$. Beim metrischen Gewinde werden die Außendurchmesser d in einer Reihe des metrischen Maßsystems gestuft. Gemäß Abbildung 8.4 c) unterscheidet man nach DIN 13 beim metrischen ISO-Gewinde drei Toleranzklassen [8.4].

Gewinde von großer Genauigkeit, bei denen nur geringes Spiel auftreten darf (Toleranzfelder 4H, 5H/4h oder 4e für Mutterngewinde/Bolzengewinde) werden in Klasse f (fein) ausgeführt. Dabei ist zu beachten, dass im Gegensatz zum ISO-Toleranzsystem die Ziffer vor den Buchstaben gesetzt wird. Für allgemeine Anwendungen (Toleranzfelder 6H/6g) verwendet man die Klasse m (mittel), werden keine Anforderungen an die Genauigkeit gestellt (Toleranzfelder 7H/8g), kann die Klasse g (grob) genutzt werden. Die Toleranzfelder und deren Abmaße für die Durchmesser d, d_2 und d_3 sind in DIN 13 angegeben.

Häufig bezeichnet man das Außengewinde auch als Bolzengewinde und das Innengewinde als Muttergewinde. Bei Schaftschrauben hat der Schaft den gleichen Durchmesser d wie das Gewinde (Abbildung 8.4 a)), sie werden auch als Vollschaftschrauben bezeichnet. Im Gegensatz dazu haben die Dünnschaftschrauben einen Schaftdurchmesser, der ungefähr gleich dem Flankendurchmesser d_2 als Ausgangsmaß des Rundstabes für ein gerolltes Gewinde ist, beispielsweise bei Kombi-Schrauben nach DIN 6900 (s.a. Abbildung 8.17) [8.62]. Bei Taillen- oder Dehnschrauben (Dehnschaftschrauben) ist der Schaft- bzw. Taillendurchmesser d_T kleiner als der Gewinde-Kerndurchmesser $d_K = d_3$, üblich $d_T \approx 0{,}9 \cdot d_K$.

Die Schaftschraube verfügt über den Schaftquerschnitt $A = d^2 \cdot \pi / 4$ mit dem Durchmesser d, die Taillenschraube hat den Taillenquerschnitt $A_T = d_T^2 \cdot \pi / 4$ mit dem Durchmesser d_T (Abbildung 8.4 a) und d)). Zur Gewindeberechnung sind der Kernquerschnitt $A_K = d_K^2 \cdot \pi / 4$ mit dem Durchmesser $d_k = d_3$ am Gewindegrund und der Spannungsquerschnitt $A_s = (d_2 + d_3)^2 \times \pi / 16$ als Bezugsgröße für Festigkeitsberechnungen wichtig, der mit dem Durchmesser $d_s = (d_2 + d_3) / 2$ errechnet wird (Abbildung 8.4 e) und f)). Alle Durchmesser und Querschnitte des metrischen ISO-Gewindes sind in DIN 13 zusammengestellt [8.4].

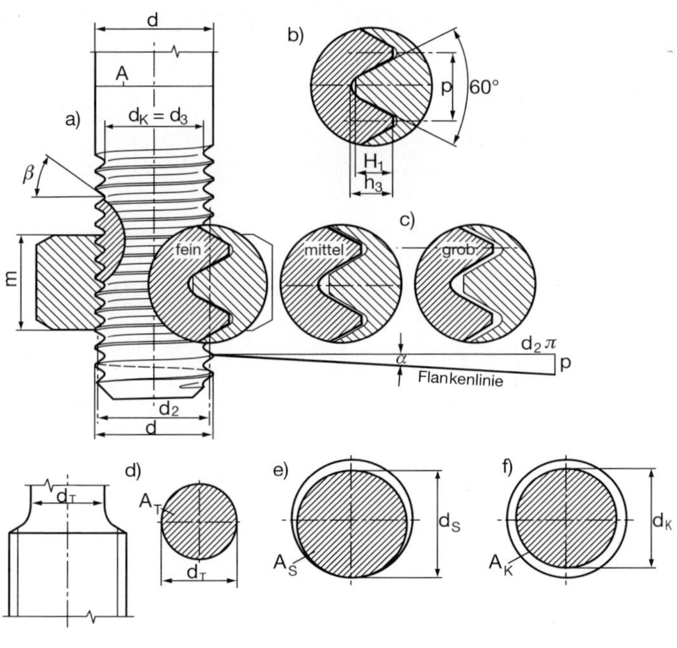

- d: Außen- und Nenndurchmesser
- d_2: Flankendurchmesser $= d - 0{,}64952 \cdot P$
- d_3: Kerndurchmesser $= d - 1{,}22687 \cdot P$
- H_1: Gewindetragtiefe $= 0{,}54127 \cdot P$
- h_3: Gewindetiefe $= 0{,}61343 \cdot P$
- R: Rundungsradius $= 0{,}14434 \cdot P$
- m: Mutternhöhe
- β: Teilflankenwinkel $= 30°$ (halber Flankenwinkel)
- P: Steigung
- d_s: Spannungsdurchmesser $= 0{,}5 \cdot (d_2 + d_3)$ zur Berechnung des Spannungsquerschnitts
- d_T: Taillendurchmesser $\approx 0{,}9 \cdot d_3$
- A_S: Spannungsquerschnitt
- A_K: Kernquerschnitt

Abbildung 8.4: Metrisches ISO-Gewinde nach DIN 13 [8.3], [8.4]

Ferner ist zu unterscheiden zwischen Regel- und Feingewinde. Feingewinde verfügen gegenüber den Regelgewinden entsprechend Abbildung 8.4 b) über eine kleinere Gewindetiefe h_3 und eine dementsprechend kleinere Steigung P. Sie sind gut geeignet für kurze Schraublängen auf dünnwandigen Rohren oder als Stellgewinde. Nach Möglichkeit sind die Regelgewinde den Feingewinden vorzuziehen, außerdem soll zur Begrenzung der Anzahl der Fertigungs- und Messwerkzeuge jeweils die vorhergehende Reihe der nachfolgenden vorgezogen werden.

Üblicherweise verwendet man Rechtsgewinde, die auch durch Rechtsdrehung angezogen werden. Linksgewinde dagegen kommen nur für Sonderfälle in Betracht.

Rundgewinde

$$H_4 = h_3 = 0{,}5 \cdot P_h$$
$$z = 0{,}25 \cdot P_h = \frac{h_3}{2}$$
$$D_4 = d + 2 \cdot a_c = d + 0{,}1 \cdot P_h$$
$$D_1 = D_4 - 2 \cdot H_4 = d - 0{,}9 \cdot P_h$$
$$d_3 = d - 2 \cdot h_3 = d - P_h$$
$$d_2 = D_2 = d - 2 \cdot z = d - 0{,}5 \cdot P_h$$
$$a_c = Spiel = 0{,}05 \cdot P_h$$
$$R_1 = 0{,}23851 \cdot P_h$$
$$R_2 = 0{,}25597 \cdot P_h$$
$$R_3 = 0{,}22105 \cdot P_h$$

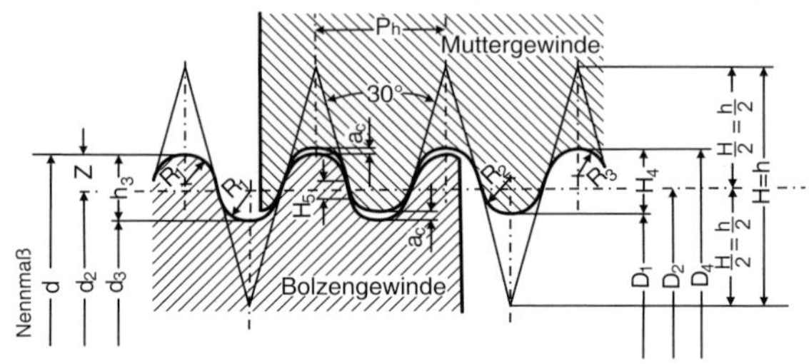

Whitworth-Rohrgewinde

$$P_h = \frac{25{,}4}{z}$$
$$H = 0{,}960491 \cdot P_h$$
$$h = 0{,}640327 \cdot P_h$$
$$r = 0{,}137329 \cdot P_h$$

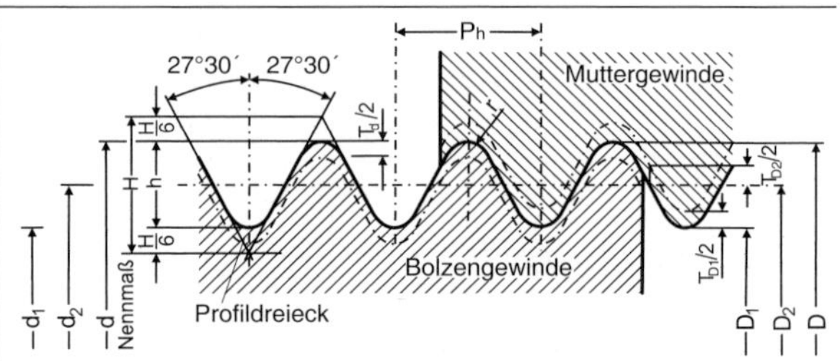

Trapezgewinde

$$D_1 = d - 2 \cdot H_1 = d - P_h$$
$$H_1 = 0{,}5 \cdot P_h$$
$$H_4 = H_1 + a_c = 0{,}5 \cdot P_h + a_c$$
$$h_3 = H_1 + a_c = 0{,}5 \cdot P_h + a_c$$
$$z = 0{,}25 \cdot P_h = \frac{H_1}{2}$$
$$D_4 = d + 2 \cdot a_c$$
$$d_3 = d - 2 \cdot h_3$$
$$d_2 = D_2 = d - 2 \cdot z = d - 0{,}5 \cdot P_h$$
$$a_c = Spiel$$
$$R_1 = max.\, 0{,}5 \cdot a_c$$
$$R_2 = max.\, a_c$$

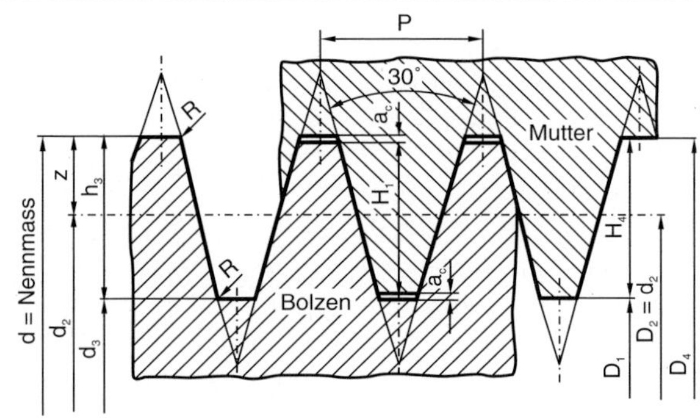

Abbildung 8.5: Profildaten der Rundgewinde, Whitworth-Rohrgewinde, Trapez- und Sägengewinde

Sägengewinde

$$H_1 = 0{,}75 \cdot P_h$$
$$h_3 = H_1 + a_c = 0{,}866777 \cdot P_h$$
$$a = 0{,}1 \cdot \sqrt{P_h} \quad (Axialspiel)$$
$$a_c = 0{,}11777 \cdot P_h$$
$$w = 0{,}26384 \cdot P_h$$
$$e = 0{,}26384 \cdot P_h - 0{,}1 \cdot \sqrt{P_h} = w - a$$
$$R = 0{,}12427 \cdot P_h$$
$$D_1 = d - 2 \cdot H_1 = d - 1{,}5 \cdot P_h$$
$$d_3 = d - 2 \cdot h_3$$
$$d_2 = d - 0{,}75 \cdot P_h$$
$$D_2 = d - 0{,}75 \cdot P_h + 3{,}1758 \cdot a$$

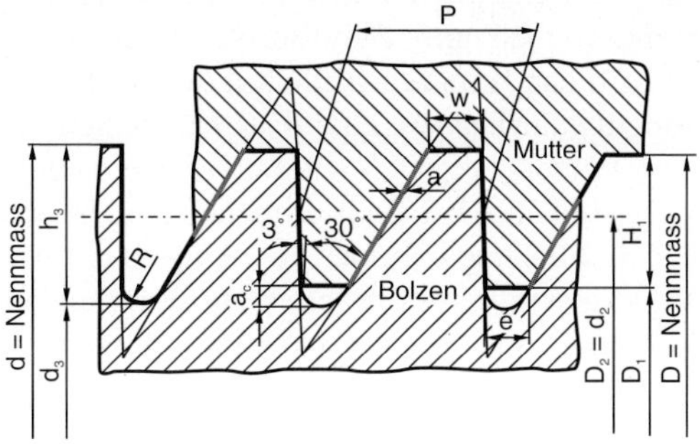

Abbildung 8.5: Profildaten der Rundgewinde, Whitworth-Rohrgewinde, Trapez- und Sägengewinde (Forts.)

In Abbildung 8.5 sind weitere Gewindearten mit ihrer Geometrie zusammengestellt. Das Rundgewinde nach DIN 405 für allgemeine Anwendungen hat fast keine Kerbwirkung, aber nur eine geringe Flankenüberdeckung sowie großes Kopf- und Fußspiel [8.15]. Es wird bevorzugt als Bewegungsgewinde bei rauem Betrieb für Verbindungen verwendet, die der Witterung ausgesetzt sind und/oder öfter gelöst werden müssen (z.B. Kupplungsspindeln von Eisenbahnwagen, Armaturen). Weitere Rundgewinde gibt es nach DIN 20400 mit großer Tragtiefe, für Lasthaken nach DIN 15403, für Teile aus Blech nach DIN 7273, für Schienenfahrzeuge nach DIN 262 und DIN 264, für Glasbehältnisse nach DIN 168 und für Elektrogewinde (Edison-Gewinde für Lampen- und Sicherungsfassungen) nach DIN EN 60399 [8.9], [8.11], [8.12], [8.15], [8.67], [8.77], [8.79], [8.91].

Für Rohre mit Zollabmessungen wie Gas- und Wasserleitungsrohre, für Armaturen, Fittings und Gewindeflansche werden die Whitworth-Rohrgewinde nach DIN 3858 verwendet, die im Profil dem metrischen ISO-Gewinde ähnlich sind [8.58]. Wegen des kegeligen Außengewindes und des zylindrischen Innengewindes eignet es sich zum Dichthalten.

Ebenfalls in Abbildung 8.5 sind zwei Beispiele von Bewegungsgewinden mit ihrer Geometrie dargestellt. Das ein- oder mehrgängige metrische ISO-Trapezgewinde nach DIN 103 ist das bevorzugte Bewegungsgewinde bei niedriger Beanspruchung oder unbestimmter Kraftrichtung (z.B. für Leitspindeln von Drehmaschinen, Spindeln von Pressen) [8.8].

Das metrische Sägengewinde nach DIN 513 oder DIN 2781 verfügt im Vergleich zum Trapezgewinde über eine höhere Tragfähigkeit wegen des größeren Radius am Kerbgrund und der größeren Flankenüberdeckung. Es wird bevorzugt eingesetzt als ein- oder mehrgängiges Bewegungsgewinde bei hohen einseitigen Belastungen (z.B. Hub- oder Druckspindeln) sowie als Kraftgewinde bei hoher einseitiger Belastung (z.B. Pressen) [8.22], [8.57].

Weitere Sondergewinde sind Gewindeprofile, in denen Wälzkörper laufen (Kugeln), so genannte Wälzschraubtriebe bzw. Spindeltriebe (s.a. Abbildung 8.51).

Eine Übersicht der genormten Gewinde und deren Kurzbezeichnungen enthält DIN 202 [8.10]. Hiernach werden die metrischen ISO-Spitzgewinde mit einem M bezeichnet, gefolgt von einer Zahlenangabe zum Nenndurchmesser. So bezeichnet z.B. M20 eine Schraube von 20 mm Nenndurchmesser mit metrischem ISO-Spitzgewinde. Entsprechend wird das Trapezgewinde mit der Kennung Tr versehen. Dabei wird zusätzlich noch die Steigung angegeben, z.B. Tr36 x 6, Gleiches gilt für das metrische Feingewinde, z.B. M20 x 2. Weitere Angaben wie Linksgängigkeit (z.B. M10 LH (LH steht für left hand)) und Toleranz sind nur bei Bedarf anzugeben. Allerdings erfordern mehrgängige Schrauben zusätzlich zur Steigung noch die Angabe der Teilung. So bezeichnet z.B. Tr36 x 12 (P6) ein Trapezgewinde mit 36 mm Nenndurchmesser, einer Steigung von P_h = 12 mm und einer Teilung von P = 6 mm, so dass sich daraus eine Gangzahl von n = 12 / 6 = 2 ergibt.

8.2.2 Schrauben- und Mutternwerkstoffe sowie Herstellung

Für Befestigungsschrauben, Muttern und Zubehör werden hauptsächlich Stahlsorten mit mittlerer bis hoher Festigkeit verwendet. Diese müssen zur Vermeidung von Sprödbruch eine hohe Zähigkeit aufweisen und gut kalt verformbar sein. Gemäß DIN EN 20898 und DIN EN ISO 898 sind für die Schrauben Festigkeitsklassen mit zugehörigen Festigkeitswerten festgelegt, mit denen die Schrauben ab einem Nenndurchmesser > 5 mm eindeutig und dauerhaft zu kennzeichnen sind [8.87], [8.92]. Dies erfolgt vorzugsweise am Schraubenkopf, und zwar bei Sechskantschrauben auf der oberen Fläche, bei Innensechskantschrauben auf dem Rand oder seitlich am Kopfzylinder. Für Stiftschrauben erfolgt die Kennzeichnung auf der Stirnfläche des Muttergewindes. Für Sechskantmuttern gelten diese Festlegungen ab der Größe M5.

Die Bezeichnung der Festigkeitsklassen von Schrauben erfolgt durch zwei Zahlen, z.B. 8.8, 10.9 oder 12.9. Die erste Zahl kennzeichnet verschlüsselt die Mindestzugfestigkeit R_m des Werkstoffs:

$$1.\ \text{Zahl} = \frac{R_m[MPa]}{100} \tag{8.3}$$

Die zweite Zahl gibt das zehnfache Verhältnis von Werkstoffstreckgrenze $R_{p0,2}$ zur Werkstoffzugfestigkeit R_m an:

$$2.\ \text{Zahl} = \frac{R_{p0,2}}{R_m} \cdot 10 \tag{8.4}$$

Beispiel: Festigkeitsklasse 10.9

R_m = 10 · 100 N/mm^2 = 1000 N/mm^2

$R_{p0,2}$ = R_m / 10 · 9 N/mm^2 = 900 N/mm^2

Bei Muttern wird die Werkstoffzugfestigkeit R_m durch eine ein- oder zweistellige Kennzahl (5 bis 14) verschlüsselt angegeben:

Zahl = Prüfspannung / 100 in N/mm^2

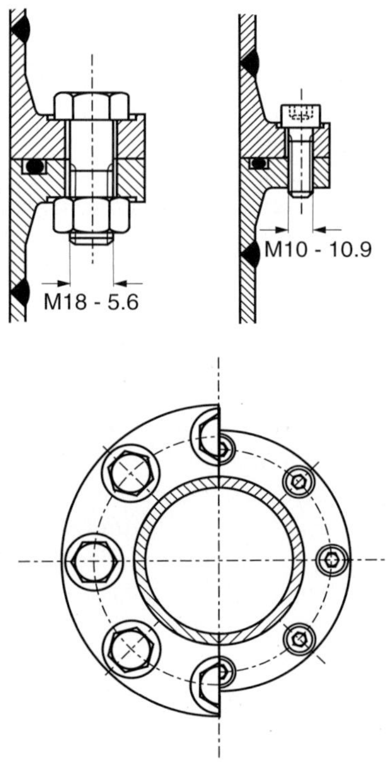

Abbildung 8.6: Festigkeitsklasse bei Schrauben und Muttern und Einfluss auf die Baugröße

Entsprechend Abbildung 8.6 setzt sich das Kennzeichen der Festigkeitsklasse aus zwei Zahlen zusammen, z.B. 3.6, 8.8, 10.9, 12.9. Die erste Zahl ist gleich dem hundertsten Teil der Nennzugfestigkeit in N/mm^2, die zweite entspricht dem zehnfachen Verhältnis der Nennstreckgrenze zur Nennzugfestigkeit, bezogen auf den Spannungsquerschnitt. Die Verwendung von Stahl mit niedrigem Kohlenstoffgehalt bei der Festigkeitsklasse 10.9 ist durch einen Strich unter dem Kennzeichen anzugeben: 10.9. Für Berechnungen sind jeweils die Mindestwerte maßgebend.

Welche Möglichkeiten an Bauraum- und Gewichtseinsparung durch den Einsatz höherfester Schrauben bestehen, wird ebenfalls aus Abbildung 8.6 deutlich.

Die Festigkeitsklassen und Werkstoffzuordnungen von Muttern sind für denselben Geltungsbereich wie die Schrauben festgelegt. Zusätzlich werden jedoch drei Gruppen unterschieden:

1. Muttern mit festgelegten Prüfkräften für Schraubenverbindungen mit voller Belastbarkeit – Diese Muttern mit Nennhöhen $m \geq 0{,}8 \cdot d$ werden nach Abbildung 8.6 mit einer Zahl gekennzeichnet, die der höchsten Schraubenfestigkeitsklasse entspricht, mit der die Mutter gepaart werden kann. Durch die Paarung von Schrauben mit Muttern gleicher Festigkeitsklasse entsteht eine Schraubenverbindung, die bis zu den in DIN EN 20898 festgelegten Prüfkräften für Schrauben und Muttern mit Regelgewinde belastet werden kann, ohne dass ein Abstreifen der Gewinde zu erwarten ist [8.87]. Für Feingewinde gilt entsprechend DIN EN ISO 898 [8.92].

2. Muttern mit festgelegten Prüfkräften für Schraubenverbindungen mit eingeschränkter Belastbarkeit – Derartige Muttern mit Nennhöhen $m = 0{,}5 \ldots < 0{,}8 \cdot d$ werden mit einer zweistelligen Zahl gekennzeichnet. Nach DIN EN 20898 und DIN EN ISO 898 sind nur die Festigkeitsklassen 04 und 05 genormt [8.87], [8.92]. Die vorangestellte Null gibt an, dass Verbindungen mit diesen Muttern geringer belastbar sind als die unter 1. beschriebenen. Die zweite Ziffer gibt den hundertsten Teil der Nenn-Prüfspannung in N/mm^2 an (s.a. Abbildung 8.6).

3. Muttern für Schraubverbindungen ohne festgelegte Belastbarkeit – Diese Muttern werden nach DIN 267 mit einer Zahlen-Buchstaben-Kombination gekennzeichnet, wobei die Zahl für ein Zehntel der Mindest-Vickers-Härte und ein H für Härte steht [8.13]. Genormt sind die Festigkeitsklassen (Härteklassen) 11H, 14H, 17H und 22H.

In gleicher Weise sind nach DIN EN ISO 898-5 für Gewindestifte die Festigkeitsklassen 14H, 22H, 33H und 45H festgelegt.

Auch wenn zur Auslegung einer Schraubenverbindung zunächst die Streckgrenze R_e bzw. die 0,2-%-Dehngrenze $R_{p0,2}$ des Schraubenwerkstoffs bei entsprechender Festigkeit der Mutter von ausschlaggebender Bedeutung sind, darf die Bruchdehnung nicht vernachlässigt werden, da diese mit steigender Werkstofffestigkeit abnimmt. Tabelle 8.1 gibt zu den Festigkeitsklassen, Werkstoffkennwerten und Werkstoffen für Schrauben und Muttern einen Überblick.

Festigkeitsklasse der Schraube

	3.6	4.6	4.8	5.6	5.8	6.8	8.8		10.9	12.9
							≤ M16	>M16		
R_m in $\mathrm{N/mm^2}$	330	400	420	500	520	600	800	830	1040	1220
R_e in $\mathrm{N/mm^2}$	190	240	320	300	400	480	–	–	–	–
$R_{p0,2}$ in $\mathrm{N/mm^2}$	–	–	–	–	–	–	640	660	940	1100
Bruchdehnung A_B in %	25	22	14	20	10	8	12	12	9	8
Werkstoffe für Schrauben (Beispiele)	S185 9S2	S235 9S20		C35 E295 35S20		C35 E295 10S20	C35, C45, 34Cr4		41Cr4 34CrMo4	42CrMo4 30CrNiMo8

Festigkeit der Mutter

	4	5	6	8	10	12
Prüfspannung [1)] σ_{ZL} in $\mathrm{N/mm^2}$	$510^{2)}$	$520 \ldots 630^{3)}$	$600 \ldots 720^{3)}$	$800 \ldots 920^{3)}$	$1040 \ldots 1060^{3)}$	$1140 \ldots 1170^{3)}$
Werkstoffe für Muttern	S235 9S20	C35 E295	C35 E295	C35, C45, 35S20	C45	

1) Die Prüfspannung σ_{ZL} entspricht der größtmöglichen Zugfestigkeit einer Schraube, mit der die Mutter gepaart werden kann, wenn die Belastbarkeit der Verbindung bis zur Bruchlast der Schraube gewährleistet sein soll, d.h. bei Paarung einer noch festeren Schraube reißt dann die Mutter aus.
2) für M16...M39
3) abhängig vom Schraubendurchmesser

Tabelle 8.1: Festigkeitsklassen nach DIN EN ISO 898 – Werkstoffe für Befestigungsschrauben und Muttern [8.92]

Die bisher beschriebenen Werkstoffe sind für Temperaturbereiche zwischen $-50°$ C und $300°$ C geeignet. Entsprechend Tabelle 8.2 sind für darüber hinausgehende Sondereinsatzfälle warmfeste, hochwarmfeste oder kaltzähe Werkstoffe zu verwenden. Neben Stahlwerkstoffen verwendet man auch Nichteisenmetalle zur Herstellung von Schrauben und Muttern. Wegen ihrer guten Leitfähigkeit kommen Kupfer-Zink-Legierungen (Messing) für Klemmschrauben und -muttern in der Elektrotechnik in Betracht. Zum Verschrauben von Leichtmetallteilen oder von Holz- und Kunststoffteilen werden Schrauben aus Leichtmetallen verwendet.

Warmfeste Werkstoffe		**Hochwarmfeste Werkstoffe**		**Kaltzähe Werkstoffe**	
$\leq 400°$ C $\leq 500°$ C	24CrMo5 40CrMoV4 7	$\leq 600°$ C $\leq 700°$ C	X22CrMoV12 1 NiCr20TiAl	$\geq -70°$ C $\geq -14°$ C $\geq -250°$ C	26CrMo4 12Ni19 X12CrNi18 9

Tabelle 8.2: Werkstoffe für Befestigungsschrauben und Muttern für hohe und tiefe Temperaturen nach DIN EN 10269 [8.83]

Ebenso sind Schrauben und Muttern aus thermoplastischen Kunststoffen gebräuchlich, die wegen der durch die Normung festgelegten Fertigungs- und Montagewerkzeuge in Maß und Form denen aus metallischen Werkstoffen entsprechen. Die Vorteile gegenüber metallischen Werkstoffen sind geringes Gewicht, Sollbruchstelle bei Überlastung, höhere Dehnung, Schwingungs- und Geräuschdämpfung, kaum zusätzliche Kraftwirkung auf die Bauteile bei Erwärmung oder Abkühlung, thermische und elektrische Isolation, keine Korrosion und eine teilweise Beständigkeit gegen aggressive Medien. Von Nachteil ist allerdings, dass nur geringe Anziehmomente möglich sind und damit auch die Übertragung größerer Kräfte eingeschränkt ist. Ferner kann die nach dem Anziehen erreichte Klemmkraft verloren gehen, insbesondere bei Erwärmung, Änderung der Festigkeit, der Steifigkeit und des elektrischen Widerstandes bei Feuchtigkeitsaufnahme oder Austrocknen. Zudem sind Festigkeit, Härte und Dehnung sehr stark von der Temperatur abhängig.

Die Herstellung von Schrauben und Muttern erfolgt durch spanende oder spanlose Fertigung:

1. Spanende Fertigung – Ausgangswerkstoff ist meistens Automatenstahl, der jedoch wegen seiner guten Zerspanbarkeit relativ spröde ist. Automatenstahl ist nur für Schrauben der Festigkeitsklassen 5.8 und 6.8 und Muttern der Klassen 5, 6, 04, 11H, 14H und 17H zugelassen. Teilweise wird auch Vergütungsstahl verwendet, wenn vorgepresste Rohlinge durch Drehen und Schleifen zu Taillen- oder Pressschrauben fertig bearbeitet werden.

2. Spanlose Fertigung – Genormte Schrauben und Muttern werden heute fast ausschließlich durch Fließpressen erzeugt. Dabei wird nochmals zwischen Warmformung und Kaltumformung unterschieden. Die Warmumformung ist von Vorteil bei kleineren Losgrößen und Werkstoffen mit hohen Verformungswiderständen (großen Umformkräften), großen Stauchverhältnissen, die bei Kaltverformung zu einer Verfestigung führen würden, sowie bei großen Abmessungen, die zu hohe Umformkräfte bedingen würden (Grenze liegt etwa bei M24). Bei Kaltformung wird nicht nur die Zugfestigkeit, sondern vor allem die Streckgrenze erhöht, wobei Bruchdehnung und Brucheinschnürung abnehmen. Die Kaltformung ist deshalb vorherrschend bei Großserienfertigung, kleinen bis mittleren Stauchverhältnissen und Abmessungen bis ca. M24. Die Kaltformung läuft gemäß Abbildung 8.7 meistens in mehreren Stufen ab, das Schraubengewinde wird eingewalzt (eingerollt). Bei Muttern wird das Gewinde geschnitten.

Normalerweise werden Schrauben der Festigkeitsklassen 3.6 bis 6.8 ohne Wärmebehandlung gefertigt, da sie bereits durch die Kaltumformung einer merkbaren Festigkeitssteigerung unterliegen. Ab der Festigkeitsklasse 8.8 werden die Schrauben und Muttern durch eine Wärmebehandlung vergütet. Für Schrauben mit Zugfestigkeitswerten $R_m > 800\ \text{N/mm}^2$ (Festigkeitsklasse 8.8 und höher) sind feinkörnige Stähle mit homogenem Vergütungsgefüge bis in den Kern erforderlich. Bei größeren Abmessungen verwendet man mit Rücksicht auf die Durchvergütung niedrig legierte Stähle.

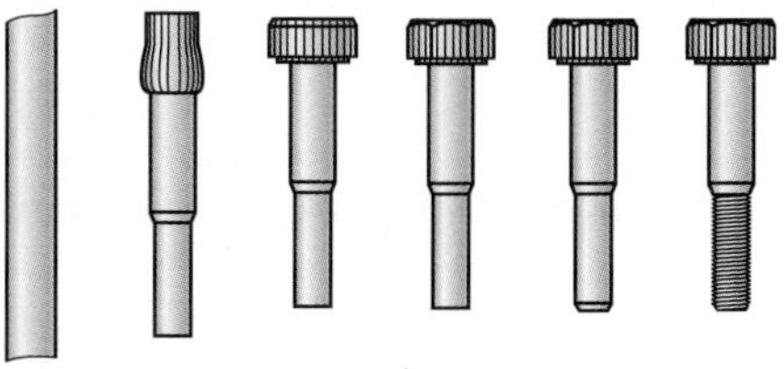

Fertigungsstufen:
a bis c: Doppeldruckpresse
d: Abgratmaschine
e: Spitzmaschine
f: Gewindewalzmaschine
In neueren Maschinen werden alle Fertigungsstufen zusammengefasst (Boltmaker).

Abbildung 8.7: Herstellung einer kaltfließgepressten Sechskantschraube [8.141]

Im Anschluss an die Herstellung und abhängig vom Einsatzfall erhalten die Schrauben und Muttern einen Korrosionsschutz, da folgende Korrosionsbeanspruchungen auftreten können:

- atmosphärische Luft, die zeitweise feucht und mit unterschiedlichen Gehalten korrosiver Gase wie Schwefeldioxid SO_2 gemischt ist (es bestehen Unterschiede zwischen Land-, Stadt-, Industrie- und Meeresluft)
- Schwitzwasser oder Wasser mit eventuell gelösten Salzen wie Meerwasser
- Laugen und reduzierte und oxidierende Säuren

Eine gute nicht metallische Schutzschicht bis zum Einbau der Schrauben und Muttern aus Stahl bietet die geschwärzt-geölte Oberfläche (ölkohlehaltige eingebrannte Oxidschicht). Phosphatiert-geölte Oberflächen bieten über einen begrenzten Zeitraum Schutz gegen die freie Atmosphäre und halten auch höheren Druckbelastungen stand, so dass die Verbindungen öfter gelöst werden können, ohne dass sich das Reibverhalten ändert (maximale Einsatztemperatur 70° C).

Als galvanisch aufgebrachte metallische Schutzschichten mit einer Schichtdicke von 3 ... 20 µm werden vorwiegend Zink Zn und Cadmium Cd eingesetzt (teilweise auch Kupfer Cu, Nickel Ni, Chrom Cr, Zinn Sn). In Abhängigkeit von der Schichtdicke ergibt sich ein längerer Zeitraum, in dem Schutz gegen die freie Atmosphäre besteht. Bei der Feuerverzinkung wird durch Eintauchen in schmelzflüssiges Zink eine Oberflächenschicht von 50 ... 100 µm Dicke aufgebracht.

Schließlich können Dünnschichtlackierungen durch Tauchen oder Sprühen mit einer sehr geringen Schichtdicke aufgetragen werden, um die Gewindetoleranzen einhalten zu können. Besonders bewährt haben sich Einbrennlackierungen auf der Basis von Acryl- und Epoxidharzen mit einer Temperaturbeständigkeit bis zu 300° C. Die Korrosionsbeständigkeit übertrifft bei weitem die von galvanisch aufgebrachten Schutzschichten.

Als Alternative zu diesen Korrosionsschutzmitteln können bei der Forderung nach einer Langzeitbeständigkeit gegen aggressive Medien wie Wasser, Säuren, Laugen und Gase für Schrauben und Muttern auch martensitische Chromstähle und austenitische Chrom-Nickel-Stähle angewendet werden. Weitere Informationen bezüglich der Schutzschichten und deren Dicken sowie der Verbindungselemente aus nicht rostenden Stählen enthalten DIN EN ISO 4042 und DIN EN ISO 3506 [8.98], [8.111].

8.2.3 Grundformen von Schrauben, Muttern und Sicherungen

Entsprechend den vielfältigen Anforderungen gibt es eine Vielzahl von Schrauben, Muttern und Sicherungselementen, die nachfolgend auszugweise behandelt werden. Für weitere Informationen ist jeweils die gültige Norm hinzuzuziehen.

Die Mindestanforderungen an die Güte (Oberflächenbeschaffenheit, Maß- und Formgenauigkeit) und die Prüfung und Abnahme der Schrauben sind in den technischen Lieferbedingungen nach DIN 267 festgelegt [8.13]. Danach werden die Produktklassen (Ausführungsgüten) A (bisher m = mittel), B (bisher mg = mittelgrob), C (bisher g = grob) und F (f = fein), bei Verwendung von kaltzähen oder warmfesten Werkstoffen die Produktklassen T1 (bisher f), T2 (bisher m) und T3 (bisher mg) unterschieden. Über die Produktklassen werden die maximalen Rautiefen der Oberflächen (Auflage-, Gewinde- und Schlüsselflächen), zulässige Toleranzen (z.B. Längenmaße, Kopfhöhen, Schlüsselweiten) sowie Mittigkeit und Winkligkeit festgelegt. Üblicherweise wird für Schrauben und Muttern die Produktklasse A verwendet.

Abbildung 8.8 zeigt eine Auswahl genormter Kopfschrauben, deren Darstellung und Namen nach DIN 962 genormt sind, unter Angabe der jeweils zugehörigen Norm [8.43]. Eine Auswahl möglicher genormter Schraubenüberstände nach DIN 78 zeigt Abbildung 8.9 [8.7].

a) Sechskantschraube mit Schaft A, B DIN EN ISO 4014, C DIN EN ISO 4016, mit Feingewinde A, B DIN EN ISO 8765
b) Sechskantschraube mit Gewinde bis Kopf A, B DIN EN 4017, C DIN EN ISO 4018, mit Feingewinde A, B DIN EN ISO 8676
c) Sechskantschraube mit Mutter für Stahlkonstruktionen DIN 7990

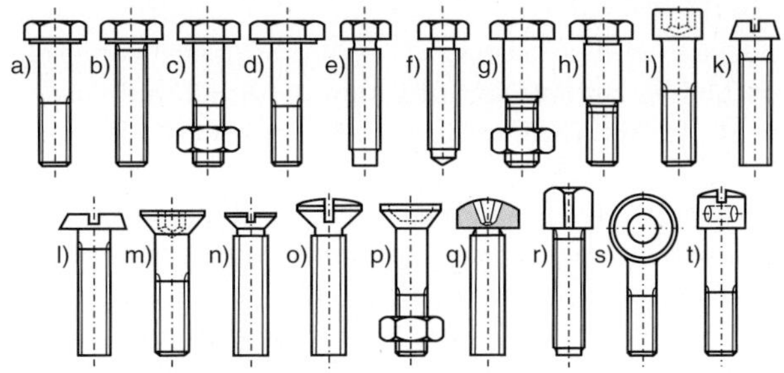

d) Sechskantschraube mit großer Schlüsselweite für HV-Verbindungen in Stahlkonstruktionen DIN EN 14399
e) Sechskantschraube mit Zapfen, kleinem Sechskant und Gewinde bis Kopf DIN 561
f) Sechskantschraube mit Ansatzspitze, kleinem Sechskant und Gewinde bis Kopf DIN 564
g) Sechskantpassschraube mit Mutter für Stahlkonstruktionen DIN 7968
h) Sechskantpassschraube mit langem Gewindezapfen DIN 609
i) Zylinderschraube mit Innensechskant A DIN EN ISO 4762 (DIN 912), mit niedrigem Kopf und Schlüsselführung DIN 6912, mit niedrigem Kopf DIN 7984

k) Zylinderschraube mit Schlitz A, B DIN EN ISO 1207 (DIN 84)
l) Flachkopfschraube mit Schlitz DIN EN ISO 1580 (DIN 85)
m)Senkschraube mit Innensechskant A DIN EN ISO 10642 (DIN 7991)
n) Senkschraube mit Schlitz A DIN EN ISO 2009 (DIN 963)
o) Linsensenkschraube mit Schütz A DIN EN ISO 2010 (DIN 964)
p) Senkschraube mit Schlitz mit oder ohne Mutter für Stahlkonstruktionen DIN 7969
q) Linsenschraube mit Kreuzschlitz DIN EN ISO 7045 (DIN 7985)
r) Vierkantschraube mit Kernansatz DIN 479, mit Bund und Ansatzkuppe DIN 480
s) Augenschraube A, B, C DIN 444
t) Kreuzlochschraube mit Schlitz DIN 404

Abbildung 8.8: Auswahl verschiedener Kopfschrauben der Produktklassen A, B und C [8.3]

Die Stiftschrauben nach Abbildung 8.10 besitzen ein Einschraubende mit einer Übergangspassung (unten), welches nicht wieder gelöst wird, und ein Mutternende (oben). Zum Eindrehen des rüttelsicher festsitzenden Einschraubendes im Bauteil ist ein Spezialschlüssel (Stiftsetzer) notwendig. Für Leichtmetalle (einschließlich Aluminium) sind vorzugsweise Stiftschrauben nach DIN 949 zu verwenden [8.42]. In ähnlicher Weise werden Anschweißenden nach DIN 525 eingesetzt [8.23]. Anstelle des Einschraubendes werden sie mit einem gewindelosen Ende an ein Bauteil geschweißt und erfüllen mit dem Gewinde-Ende die Aufgaben der Stiftschrauben. Zu erwähnen sind noch die kopflosen Gewindestifte nach Abbildung 8.11, die vorwiegend zur Sicherung gegen Verschieben von Bauteilen dienen.

Für Verschraubungen im Stahlbau gibt es spezielle Sechskantschrauben, die beispielhaft in Abbildung 8.12 zusammengestellt sind. So sind die Sechskantschrauben nach DIN 7990, Festigkeitsklassen 4.6 und 5.6, immer mit Futterscheiben von 8 mm nach DIN 7989 zu verwenden, damit das Gewinde außerhalb der verschraubten Bauteile zu liegen kommt [8.74], [8.75]. Dadurch wird sichergestellt, dass allein der Schraubenschaft die Scherkraft und den Lochleibungsdruck in der Bohrung überträgt, die immer

1 mm größer sein sollte als der Schaftdurchmesser. Hauptanwendungsgebiet ist die Scher-Lochleibungs-Verbindung ohne Passung (rohe Schraube) bei vorwiegend ruhender Belastung. Im Gegensatz dazu ist gemäß Abbildung 8.12 b) bei der Sechskant-Passschraube nach DIN 7989 (Festigkeitsklasse 5.6) der Schraubenschaft mit der Toleranzklasse h11 immer 1 mm größer als der Gewindedurchmesser und soll im geriebenen Loch der Toleranzklasse H11 möglichst spielfrei sitzen [8.74]. Im Kranbau ist für Wechselbelastung die Passung H11/k6 oder fester vorgeschrieben. Auch hier gelangen Futterscheiben zur Anwendung, damit der Schraubenschaft über die gesamte Klemmlänge reicht. Hauptanwendungsgebiet sind verschiebungsfreie (schlupffreie) Anschlüsse (SLP-Verbindungen) im Stahl- und Kranbau (z.B. biegefeste Stöße) bei höheren Anforderungen an die Tragfähigkeit aufgrund dynamischer Belastungen.

Schließlich gibt es noch entsprechend Abbildung 8.12 c) die Sechskantschrauben mit großen Schlüsselweiten (HV-Schrauben) (Festigkeitsklasse 10.9) für gleitfeste Verbindungen (GV) und Scher-Lochleibungs-Verbindungen (SL). Dazu gehören Sechskantmuttern (Festigkeitsklasse 10), ebenfalls für große Schlüsselweiten, sowie gehärtete Scheiben aus C45 bzw. Schrägscheiben nach DIN 6917 und DIN 6918 für I- und U-Stähle, die mit der Neigung der Profilgurte (8 % für U-Profile, 14 % für I-Profile) ausgeführt sind und so eine gerade Kopf- und Mutterauflage ermöglichen, um eine Biegebeanspruchung des Schraubenschafts zu vermeiden (s.a. Abbildung 8.37) [8.65], [8.66]. Dabei muss die gesamte Garnitur (Schraube, Mutter und Scheiben) das Kennzeichen „HV“ tragen.

Ko ohne Kuppe
K Kegelkuppe
L Linsenkuppe

Ks Kegelstumpf
Spz Splintzapfen
Za Zapfen
Ak Ansatzkuppe
Rs Ringschneide
Sp Spitze
Asp Ansatzspitze
Sb Schabenut (zum Gewindeschneiden)

Abbildung 8.9: Auswahl genormter Schraubenüberstände nach DIN 78 [8.7]

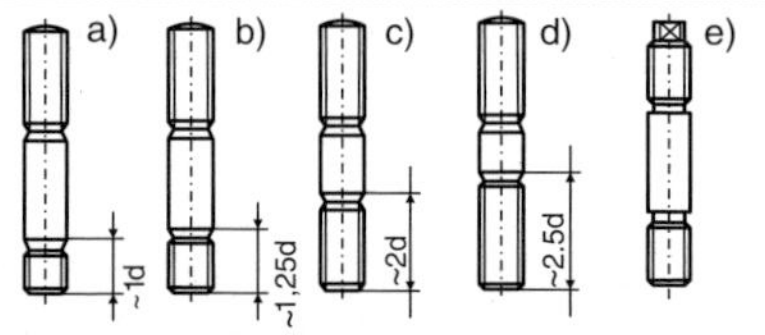

a) Stiftschraube DIN 938 mit Einschraubende 1d
b) DIN 939 mit Einschraubende 1,25d
c) DIN 835 mit Einschraubende 2d
d) DIN 940 mit Einschraubende 2,5d
e) Schraubenbolzen DIN 2509

Abbildung 8.10: Auswahl genormter Stiftschrauben und Schraubenbolzen [8.3]

a) Gewindestift mit Schlitz und Kegelkuppe DIN EN ISO 4766
b) mit Innensechskant und Kegelkuppe DIN EN ISO 4026

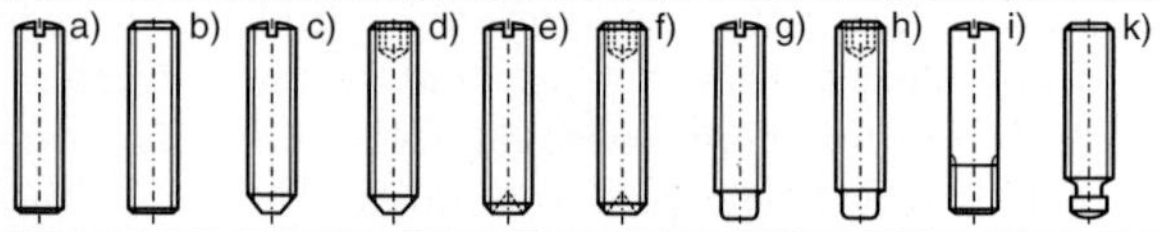

c) mit Schlitz und Spitze DIN EN 27434 (DIN 553)
d) mit Innensechskant und Spitze DIN EN ISO 4027
e) mit Schlitz und Ringschneide DIN EN 27436 (DIN 438)
f) mit Innensechskant und Ringschneide DIN EN ISO 4029
g) mit Schlitz und Zapfen DIN EN 27435 (DIN 417)
h) mit Innensechskant und Zapfen DIN EN ISO 4028
i) Schaftschraube mit Schlitz und Kegelkuppe DIN EN ISO 2342
k) Gewindestift mit Druckzapfen DIN 6332

Abbildung 8.11: Auswahl genormter Gewindestifte [8.3]

Die Sechskant-Passschraube mit großer Schlüsselweite der Festigkeitsklasse 10.9 ist nach DIN EN 14399 genormt [8.84]. Die zugehörigen Muttern und Scheiben ergeben sich aus DIN 6917 und DIN 6918 [8.65], [8.66]. Der Schraubenschaft mit Toleranzklasse b11 ist 1 mm größer als der Gewindedurchmesser, so dass die Bohrung aufgerieben werden muss. Die Schrauben werden für vorgespannte (GVP) und nicht vorgespannte Verbindungen (SLP) eingesetzt und müssen auf dem Kopf mit „HVP" gekennzeichnet sein.

Im Hinblick auf die optimale Belastbarkeit einer Schraubenverbindung gibt es zwei international genormte, unterschiedlich hohe Mutterntypen gemäß Abbildung 8.13 a) und b) sowie weitere national genormte Muttern für verchiedenste Anwendungen. Ferner gibt es entsprechend Abbildung 8.14 Schweißmuttern nach DIN 928 und 929, die stirnseitig vier bzw. drei Warzen aufweisen, mit denen sie an Bleche buckelgeschweißt werden können [8.35], [8.36].

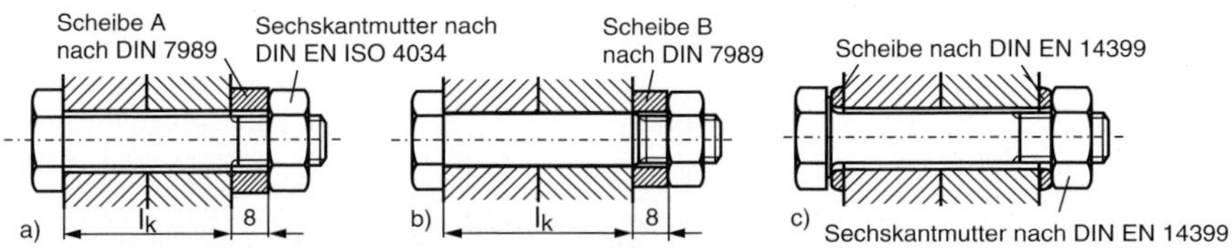

Abbildung 8.12: Schrauben für Stahlbauanwendungen – a) Sechskantschraube DIN 7990, b) Sechskant-Passschraube DIN 7989, c) Sechskantschraube DIN EN 14399 (HV-Schrauben)

a) Sechskantmutter, Typ 1, A, B DIN EN ISO 4032 und DIN EN ISO 8673, Typ 2, A, B DIN EN ISO 8674
b) niedrige Form A, B DIN EN ISO 4035 sowie DIN EN ISO 8675
c) wie b) B DIN EN ISO 4036

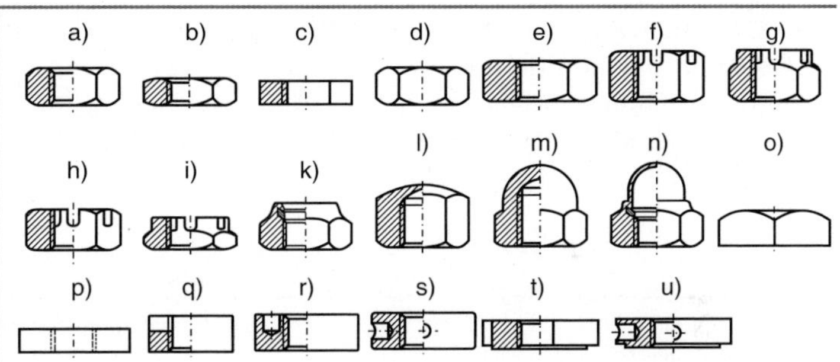

d) wie b), C DIN EN ISO 4034, 1,5 × d hoch DIN 6330
e) mit großer Schlüsselweite für HV-Verbindungen in Stahlkonstruktionen DIN EN 14399
f) Kronenmutter A, B bis M10 DIN 935-1
g) wie f), jedoch ab M12 C DIN 935-3
h) Kronenmutter niedrige Form bis M10
i) wie h), jedoch ab M12
k) Sechskantmutter mit Klemmteil (selbstsichernd durch nicht metallischen Einsatz) niedrige Form, A, B DIN EN ISO 10511 (DIN 985), Typ 1, mit Regelgewinde A, B DIN EN ISO 7040 (DIN 6924), mit Feingewinde A, B DIN EN ISO 10512 (DIN 982)
l) Sechskant-Hutmutter niedrige Form DIN 917
m) wie l), jedoch hohe Form DIN 1587
n) Sechskant-Hutmutter mit Klemmteil (selbstsichernd durch nicht metallischen Einsatz) DIN 986
o) Vierkantmutter C DIN 557
p) Vierkantmutter niedrige Form DIN 562
q) Schlitzmutter DIN 546
r) Zweilochmutter DIN 547
s) Kreuzlochmutter DIN 548
t) Nutmutter DIN 1804 und DIN 981
u) Kreuzlochmutter DIN 1816

Abbildung 8.13: Auswahl genormter Muttern (die Buchstaben A, B und C geben die Produktklasse an) [8.3]

Mit solchen Muttern wird auch an Dünnblechen die gleiche Belastbarkeit erzielt wie mit Muttern nach DIN EN ISO 4032, wobei sie Montagearbeiten auch an schwer zugänglichen Stellen erheblich erleichtern [8.107]. Sechskant-Schweißmuttern nach DIN EN ISO 21670 haben einen Flansch mit einem Durchmesser von ca. 3 · *d*, auf dessen Unterseite sich die Warzen befinden.

Abbildung 8.14 d) zeigt eine Einsatzbuchse, die ein Außen- und ein Innengewinde hat und am Ende geschlitzt oder gelocht ist. Sie lässt sich in glatte Bohrungen eindrehen und schneidet sich dabei mit den scharfen Kanten in die Bohrlochwandungen ein und verankert sich. In die Innengewinde der Buchsen lassen sich dann die Befestigungsschrauben eindrehen wie in die Gewindelöcher von Bauteilen. Die Einsatzbuchse erlaubt die hochfeste und dauerhafte Verschraubung von Bauteilen aus Leichtmetall, Grauguss, Kunststoff, Holz oder Faserstoff.

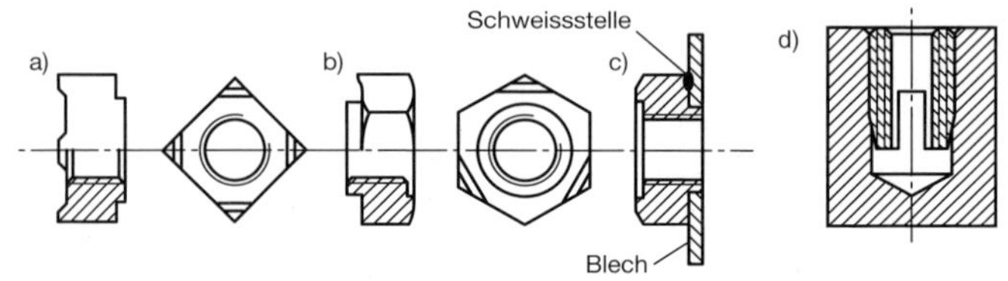

a) Vierkantmutter DIN 928
b) Sechskantmutter DIN 929
c) Sechskantmutter im angeschweißten Zustand
d) Ensat-Einsatzbuchse

Abbildung 8.14: Schweißmuttern und Ensat-Einsatzbuchse [8.3]

Abschließend seien noch die in der Automobil- und Haushaltgeräte-Industrie häufig eingesetzten Blechmuttern nach Abbildung 8.15 erwähnt. Bei ihnen wird das Muttergewinde durch ein ausgestanztes Loch und zwei hochgebogene Lappen gebildet, die sich beim Anziehen der Schraube in den Gewindegrund stemmen und dadurch auch eine Sicherung gegen Lockern bieten.

Blechmuttern

Abbildung 8.15: Blechmuttern nach [8.3]

Neben den Festigkeitsanforderungen hängt die endgültige Auswahl der Schrauben- und Mutternform auch von der Zugänglichkeit für die Bedienwerkzeuge (Schraubenschlüssel, Schraubendreher, Hakenschlüssel u. dgl.) ab. Sechskantschrauben und -muttern werden mit Gabel- oder Ringschlüsseln angezogen, deren Schlüsselweiten SW in der DIN ISO 272 festgelegt sind, wobei diese gegenüber den früher in Deutschland üblichen nach DIN EN ISO 4014 teilweise etwas kleiner sind (alte DIN-Werte in Klammern): M10 – SW16 (17), M12 – SW18 (19), M14 – SW21 (22) und M22 – SW32 (34) [8.99], [8.131].

Beim TORX-Schraubsystem verfügt der Schraubenkopf über eine sechseckige Sternform mit gerundeten Ecken, so dass die Kraft beim Anziehen durch Flächen übertragen wird, während dies beim Sechskantkopf nur über Angriffslinien geschieht. So bleiben auch bei hohen Anziehdrehmomenten die Werkzeuge sicher im Eingriff und gleiten nicht aus. Spezielle Dreikantverschraubungen für schlagwetter- und explosionsgeschützte Geräte nach DIN 22417 dürfen nur mit einem Dreikantschlüssel angezogen und gelöst werden [8.79].

Bei vielen Anwendungsfällen ist unter den anzuziehenden Kopf oder die anzuziehende Mutter noch eine Scheibe zu legen. Hierdurch lassen sich z.B. bei gegossenen, geschmiedeten oder gewalzten Teilen die Unebenheit reduzieren und die Reibung verringern, so dass erhöhte Anziehmomente vermieden werden. Ebenso werden Scheiben untergelegt, wenn die Schrauben in Langlöchern sitzen oder die Bauteile wesentlich nachgiebiger sind als die Schrauben. Ähnlich wie die Schrauben und Muttern sind auch Scheiben nach der Maß- und Formgenauigkeit und nach der Oberflächengüte in den Produktklassen F (früher fein f), A (früher mittel m) und C (früher grob g) genormt. Die Bezeichnung der Unterlegscheiben erfolgt entsprechend dem Lochdurchmesser. Für Sechskantschrauben und -muttern sind Unterlegscheiben nach DIN EN ISO 7089 [8.118], DIN EN ISO 7090 [8.119] und DIN EN ISO 7091 [8.120], für Zylinder- und Halbrundschrauben nach DIN EN ISO 7092 [8.121], für Schrauben in schweren Spannhülsen nach DIN 7349 [8.68], für Schrauben in Stahlkonstruktionen nach DIN EN 14399 [8.84] und DIN 7989 [8.74] und für Schrauben mit besonders großem Außendurchmesser für Sonderzwecke nach DIN 921 [8.34] zu verwenden. Bei Schraubenverbindungen mit U- oder I-Profilträgern sind unter den Schraubenkopf oder die Mutter keilförmige Vierkantscheiben nach DIN 434 und DIN 435 zu legen (s.a. Abbildung 8.37) [8.16], [8.17].

Normalerweise kann sich eine richtig gestaltete und beanspruchungsgerecht ausgelegte Schraubenverbindung unter ordnungsgemäßer Vorspannung nicht lockern oder losdrehen. Dies gilt insbesondere für hoch vorgespannte Verbindungen mit Schrauben aus hochfesten Werkstoffen (Festigkeitsklasse 8.8 und höher), bei geringer Trennfugenzahl sowie kleinen Rautiefen und besonders auch für Dehnschrauben.

Dennoch kann es für einige Verbindungen notwendig sein, ein geeignetes Sicherungselement konstruktiv vorzusehen, wobei jedoch die Zuverlässigkeit der Schraubenverbindung nicht durch die unsachgemäße Anwendung einer Sicherungsmethode beeinträchtigt werden darf. Entsprechend ihrer Wirksamkeit lassen sich folgende drei Gruppen unterscheiden:

- Setzsicherungen – Diese bestehen aus mitverspannten federnden Elementen, die zum Ausgleich der Kriech- und Setzbeträge eingesetzt werden, um das Lockern der Verbindung zu verhindern.
- Verliersicherungen – Sie bestehen aus formschlüssigen oder klemmenden Elementen, die zwar ein Losdrehen nicht verhindern können, jedoch ein totales Auseinanderfallen der Verbindung ausschließen.
- Losdrehsicherungen – Sie bestehen aus sperrenden oder klebenden Elementen, mit denen das bei der Relativbewegung innerhalb der Verbindung entstehende Losdrehmoment verhindert oder blockiert werden soll.

In Abbildung 8.16 ist eine Auswahl teilweise genormter Schraubensicherungen zusammengestellt. Die mitverspannten federnden Elemente (z.B. Spannscheiben nach DIN 6796 und DIN 6908) erzeugen eine axiale Federwirkung, die auch unter voller Vorspannkraft und höchster Betriebskraft noch vorhanden sein muss [8.61], [8.63]. Hierzu gehören auch die Kombischrauben bzw. Kombiblechschrauben nach DIN 6900 sowie Tellerfedern [8.62]. In ähnlicher Weise funktionieren die Federkopfschrauben (bzw. Federkopfmuttern) nach Abbildung 8.17 e), deren Kopf über einen angearbeiteten Teller verfügt, der als federnde Scheibe die Verbindung axial verspannt. Sämtliche Elemente sind nur für kurze, axial belastete Schrauben der Festigkeitsklassen unter 8.8 zu empfehlen, wobei die Federringe sich nur bedingt als Setzsicherung eignen.

a) Federring
b) Federscheibe
c) Spannscheibe DIN 6796
d) Zahnscheibe A außen gezahnt und V versenkt (für Senkschrauben)
e) Zahnscheibe J innen gezahnt
f) Fächerscheibe A außen gezahnt und V versenkt
g) Fächerscheibe J innen gezahnt

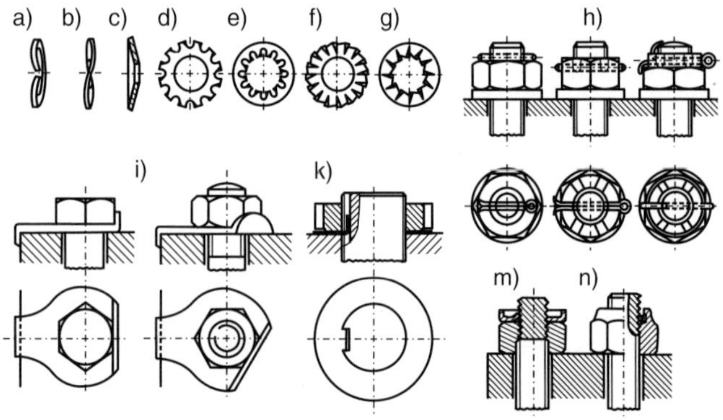

h) Splint DIN EN ISO 1234
i) Scheibe mit Lappen
k) Sicherungsblech mit Innennase DIN 462 für Nutmuttern DIN 1804

m) Sicherungsmutter
n) Sechskantmutter mit Klemmteil – nicht metallischer Einsatz DIN EN ISO 7040

Abbildung 8.16: Auswahl genormter Schraubensicherungen [8.3]

Im Vergleich dazu können die formschlüssigen Elemente zwar auch ein begrenztes Losdrehmoment aufnehmen, sie sollen jedoch hauptsächlich eine Schraubenverbindung im Falle des Setzens gegen Auseinanderfallen (Verlieren) sichern. Hierunter fallen die Splint- oder Drahtsicherung nach DIN EN ISO 1234 in Kombination mit Kronenmuttern oder Schrauben mit Splintloch nach DIN 935 sowie Sicherungsbleche mit Lappen oder Nasen nach DIN 462 [8.19], [8.37], [8.94]. Auch diese Sicherungselemente sind nur bei Schrauben der unteren Festigkeitsklassen bis 6.8 anzuwenden.

Bei den klemmenden Elementen wird ein hoher Reibschluss im Gewinde durch Verformungen des Mutterngewindes oder durch Klemmung an Kunststoffeinlagen (z.B. bei den selbstsichernden Muttern) erzeugt. Darunter fallen die Sechskantmuttern mit Klemmteil nach DIN EN ISO 7042 und DIN EN ISO 7040 sowie die Sicherungsmuttern aus Federstahl gemäß Abbildung 8.16 m) und n), die wie Kontermuttern aufgeschraubt werden [8.115], [8.116]. Bei selbstsichernden Schrauben mit Kunststoffeinsatz nach DIN 7500 ist die Temperaturabhängigkeit zu berücksichtigen [8.69]. Ein zuverlässiger Schutz gegen Losdrehen ist aber weder durch Sicherungsmuttern noch durch Kontermuttern gegeben.

Zu den sperrenden Elementen gehören die Sperrzahnschrauben und -muttern nach Abbildung 8.17 f) und g), die sich mit ihren Rippen oder Zähnen in die nicht gehärteten Oberflächen der Bauteile eingraben und damit dem Losdrehmoment entgegenwirken und die Klemmkraft erhalten. In ähnlicher Weise funktionieren die Zahn- und Fächerscheiben nach DIN 6796 gemäß Abbildung 8.16 d) bis g) [8.61]. Zu beachten ist dabei, dass alle sperrenden Elemente auf gehärteten Oberflächen unwirksam sind.

Als klebendes Sicherungselement bei Betriebstemperaturen bis zu 90° C wird vor der Montage aufgebrachter Klebstoff verwendet. Durch den Stoffschluss zwischen den Gewindeflanken werden Relativbewegungen verhindert, so dass keine inneren Losdrehmomente auftreten können. Zu unterscheiden ist dabei zwischen niedrigfestem, mittelfestem und hochfestem Klebstoff. Während bei den ersten beiden Klebstofffestigkeiten die Verbindung mit normalem Werkzeug wieder gelöst werden kann, ist dies beim hochfesten Klebstoff nicht mehr möglich. Zusätzlich bietet der Klebstoff einen Korrosionsschutz, so dass die Schrauben nicht aufgrund von Korrosion im Gewinde festsitzen können.

a) Sechskantschraube DIN EN ISO 4017 mit Scheibe A DIN EN ISO 10673
b) Sechskantschraube DIN EN ISO 4014 mit Scheibe B DIN EN ISO 10673 und Federscheibe

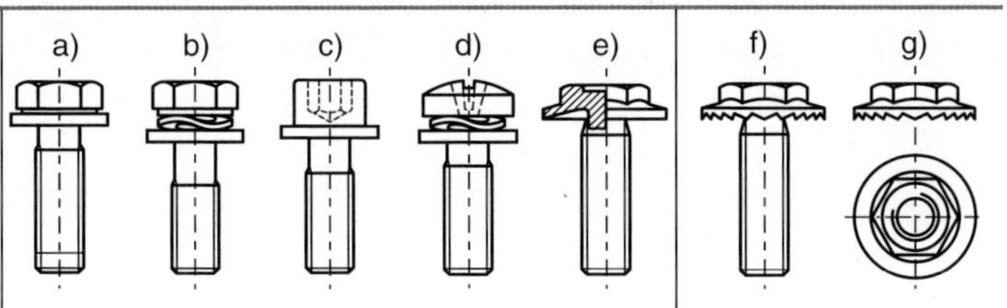

c) Zylinderschraube DIN EN ISO 4762 mit Scheibe B DIN EN ISO 10672
d) Linsenschraube DIN EN ISO 7045 mit Scheibe B DIN EN ISO 10673 und Federscheibe
e) Federkopfschraube

f) Sperrzahnschraube
g) Sperrzahnmutter

Abbildung 8.17: Kombischrauben DIN EN ISO 10644 (mit nicht verlierbaren Unterlegteilen) und Federkopfschraube und sperrenden Schraubensicherungen [8.3]

Abschließend ist festzuhalten, dass im Schwermaschinenbau auch Schweißnähte an Sechskantflächen von Schrauben und Muttern als stoffschlüssige Losdrehsicherung verwendet werden.

8.3 Kräfte und Momente im Gewinde

Betrachtet man anstelle der gesamten Mutter ein kleines Element gemäß Abbildung 8.18, so führt dieses bei der Bewegung auf der Schraube zugleich eine Rotations- und eine Translationsbewegung aus. Bei Befestigungsschrauben ist die Rotationsbewegung immer die Antriebsbewegung und die Translastionsbewegung entspricht der Abtriebsbewegung. Bei Bewegungsschrauben ist auch der umgekehrte Fall denkbar.

Mit der Steigung P_h entsprechend Abbildung 8.3 lässt sich zunächst die Wegübersetzung eines Gewindes angeben. Daraus lässt sich ablesen, dass für eine feinfühlige Axialverschiebung ein Gewinde mit großer Wegübersetzung, d.h. kleiner Steigung P_h, erforderlich ist:

$$Wegübersetzung = \frac{Umfangsweg}{Axialweg} = \frac{\pi \cdot d_2}{P_h} = \frac{1}{\tan\varphi} \tag{8.5}$$

Zur Herleitung der Kraftübersetzung wird das Problem der Kraftübertragung zwischen Mutter und Schraube gemäß Abbildung 8.18 an einem bewegten Element betrachtet, das sich auf einer um den Winkel φ und β geneigten Ebene bewegt. Vereinfachend wird zunächst ein Flachgewinde angenommen, so dass $\beta = 0°$ ist. Dabei entspricht die auf die Gewindeflanken wirkende Kraft F_S im Falle einer Bewegungsschraube der Betriebskraft $F_{B;}$ bei einer Befestigungsschraube ist F_S mit der Vorspannkraft F_V gleichzusetzen. Unter Vernachlässigung von Reibung gilt nach Abbildung 8.18 a) für die Umfangskraft F_U:

$$F_U = F_S \cdot \tan\varphi \quad \text{bzw.} \quad \frac{F_S}{F_U} = \frac{1}{\tan\varphi} \tag{8.6}$$

Damit entspricht die Kraftübersetzung zwischen F_S und F_U genau der Wegübersetzung.

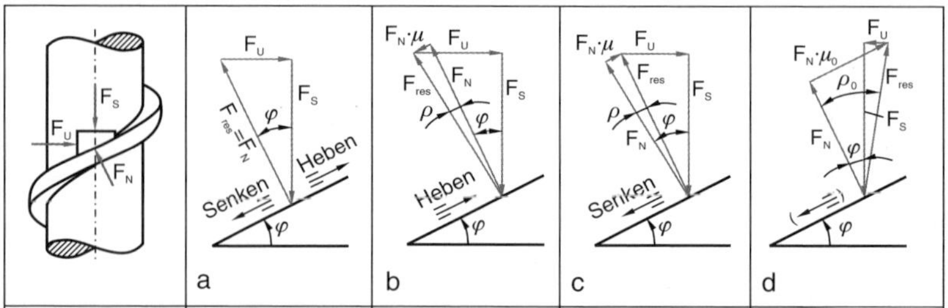

	a	b	c	d
Bewegung	Heben+Senken	Heben	Senken	Ruhe
Zustand	keine Selbsthemmung			Selbsthemmung
Antriebskraft	F_U oder F_S	F_U	F_S	$-F_U$ (Lösekraft)
Wirkungsgrad	$\eta = 1$	$\eta=\frac{W_H}{W_A}=\frac{F_S \cdot P_h}{F_U \cdot \pi \cdot d_2}=\frac{\tan\varphi}{\tan(\varphi+\rho)}$	$\eta=\frac{W_A}{W_H}=\frac{F_U \cdot \pi \cdot d_2}{F_S \cdot P_h}=\frac{\tan(\varphi-\rho)}{\tan\varphi}$	

F_S:	Längskraft	P_h:	Steigung	ρ:	Reibungswinkel	η:	Wirkungsgrad
F_U:	Umfangskraft	φ:	Steigungswinkel	μ:	Gleitreibungszahl	W_H:	Hubarbeit
F_N:	Normalkraft	$\pi \cdot d_2$:	Weg entlang des Umfangs	μ_0:	Haftreibungszahl	W_A:	Dreharbeit

Abbildung 8.18: Kräfte an der Mutter einer Schraube mit Flachgewinde

Erweitert man diesen Idealfall nun um Reibungseinflüsse mithilfe der Reibungszahl $\mu = \tan \rho$ gemäß Abbildung 8.18 b), so kann erst eine Bewegung eintreten, wenn die resultierende Kraft F_{res} um den Reibungswinkel ρ zur Normalen geneigt ist. Für die Aufwärtsbewegung des Mutternelementes bzw. beim Lastheben gilt bei antreibender Kraft F_U:

$$F_U = F_S \cdot \tan(\varphi + \rho) \tag{8.7}$$

Dementsprechend ergibt sich für die Abwärtsbewegung bzw. das Lastsenken unter Reibungseinfluss mit treibender Kraft F_S:

$$F_U = F_S \cdot \tan(\varphi - \rho) \tag{8.8}$$

Wird entsprechend Abbildung 8.18 d) der Steigungswinkel kleiner als der Reibungswinkel ρ_0, so wird der Term $(\varphi - \rho_0)$ und damit auch F_U negativ, d.h., dass F_U zusätzlich zum Senken aufgebracht werden muss. Um die Schraubenverbindung zu lösen bzw. eine Losdrehbewegung einleiten zu können, ist also eine Losdreh-Umfangskraft F_U erforderlich. Es liegt Selbsthemmung vor:

$$F_U = F_S \cdot \tan(\rho_0 - \varphi) \tag{8.9}$$

Überträgt man diese Zusammenhänge nun vom Flach- auf das Spitzgewinde, so ist der Flankenwinkel $\beta > 0°$. Hieraus ergeben sich ein angepasster Reibungswinkel ρ' sowie die angepasste scheinbare Reibungszahl μ' entsprechend Abbildung 8.19. Mit einem Flankenwinkel von $\beta = 60°$ ergibt sich mit Gleichung (8.10) eine scheinbare Reibungszahl von $\mu' = 1{,}16 \cdot \mu$. Somit entsteht beim Spitzgewinde im Vergleich zum Flachgewinde bei gleicher Längskraft eine größere Reibungskraft, weshalb es bevorzugt für Befestigungsgewinde angewendet wird. Umgekehrt ist für Bewegungsgewinde ein kleinerer Flankenwinkel bzw. ein Flachgewinde günstiger.

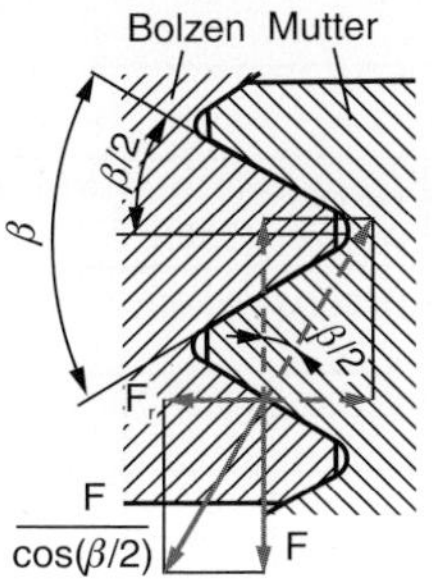

Da bei einem Spitzgewinde $\beta > 0°$ ist, ergeben sich der angepasste Reibungswinkel ρ' und die angepasste Reibungszahl μ' wie folgt:

$$\mu'_G = \tan\rho' = \frac{\tan\rho}{\cos\left(\frac{\beta}{2}\right)} = \frac{\mu_G}{\cos\left(\frac{\beta}{2}\right)} \qquad (8.10)$$

Richtigerweise wäre hier der Teilflankenwinkel β_N im Normalschnitt zur Gewinde-Ebene zu verwenden:

$$\tan\beta_N = \tan\beta \cdot \cos\varphi \approx \tan\beta \qquad (8.11)$$

Da der Neigungswinkel φ jedoch sehr klein ist (für metrische Gewinde M4 bis M30 ist $\varphi = 2{,}3° - 3{,}6°$), ist $\cos\varphi \approx 1$, so dass in erster Näherung β_N dem Winkel β im Achsschnitt entspricht.

Umfangs- bzw. Drehkraft am Spitzgewinde in Anlehnung an Abbildung 8.18

Last heben	Last senken ($\varphi > \rho'$)	Last senken ($\varphi < \rho'$), Selbsthemmung
$F_U = F_S \cdot \tan(\varphi + \rho')$ (8.12)	$F_U = F_S \cdot \tan(\varphi - \rho')$ (8.13)	$F_U = F_S \cdot \tan(\rho_0 - \rho')$ (8.14)

Abbildung 8.19: Kraftkomponenten am metrischen Gewinde (Spitzgewinde)

Aus Abbildung 8.19 wird deutlich, dass für Spitzgewinde die gleichen Beziehungen wie für Flachgewinde gelten, wenn man anstelle des Reibungswinkels ρ den angepassten Reibungswinkel ρ' einsetzt.

Aus der Umfangskraft lassen sich nun das Gewinde-Anzugsmoment M_{GA} beim Anzug der Schraube (bzw. beim Lastheben) und das Gewinde-Lösemoment M_{GL} beim Lösen der Schraube (bzw. beim Lastsenken) berechnen:

$$M_{GA} = F_U \cdot \frac{d_2}{2} = F_S \cdot \frac{d_2}{2} \cdot \tan(\varphi + \rho') \quad M_{GL} = F_U \cdot \frac{d_2}{2} = F_S \cdot \frac{d_2}{2} \cdot \tan(\varphi - \rho') \qquad (8.15)$$

Wird analog zu Gleichung (8.9) der Steigungswinkel φ kleiner als der Reibungswinkel ρ_0, so wird in Gleichung (8.15) F_U negativ und damit auch das Gewindemoment $M_{GL} < 0$, es liegt also wieder Selbsthemmung vor. Dies ist beim metrischen Gewinde mit $\varphi \approx 2{,}5°$ gegeben, solange die Reibungszahl $\mu' = \tan\rho' \geq 0{,}04$ ist, was gemäß Tabelle 8.3 meistens der Fall ist. Somit können sich vorgespannte Schraubenverbindungen im Selbsthemmungszustand nicht selbst lösen, weshalb man auch normalerweise keine zusätzlichen Sicherungselemente benötigt (s.a. Abschnitt 8.2.3).

Dabei ist jedoch einschränkend zu berücksichtigen, dass es sich beim Selbsthemmungszustand um einen Ruhezustand handelt, d.h. es gelten Reibungszahlen der Ruhe μ_0 (Haftreibungszahlen). Treten Erschütterungen bzw. Schwingungen auf, so ist dieser Ruhezustand nicht mehr gegeben und es gelten die kleineren Reibungszahlen der Bewegung μ (Gleitreibungszahlen), so dass der Selbsthemmungszustand unter ungünstigen Umständen aufgehoben werden kann.

Die Selbsthemmung ist eine grundlegende Voraussetzung für die Funktion der Befestigungsschrauben, damit auch nach Wegfall des Schraubmoments die Vorspannung erhalten bleibt. Gleiches gilt für die Bewegungsschrauben, wobei hier allerdings das Lastmoment gehalten werden muss (z.B. bei einer Hebebockanlage), ohne dass die Mutter selbstständig in eine Abwärtsbewegung übergeht.

μ_G	Gewinde				Außengewinde (Schraube)								
	Werkstoff				Stahl								
		Oberfläche			schwarzvergütet oder phosphatiert				galvanisch verzinkt (zn6)		galvanisch cadmiert (Cd6)		Klebstoff
			Gewindefertigung		gewalzt			geschnitten	geschnitten oder gewalzt				
Gewinde	Werkstoff	Oberfläche	Gewindefertigung	Schmierung	trocken	geölt	MoS_2	geölt	trocken	geölt	trocken	geölt	trocken
Innengewinde (Mutter)	Stahl	blank	geschliffen	trocken	0,12 – 0,18	0,10 – 0,16	0,08 – 0,12	0,10 – 0,16	–	0,10 – 0,18	–	0,08 – 0,14	0,16 – 0,25
	Stahl	galvanisch verzinkt	geschliffen	trocken	0,10 – 0,16	–	–	–	0,12 – 0,20	0,10 – 0,18	–	–	0,14 – 0,25
	Stahl	galvanisch cadmiert	geschliffen	trocken	0,08 – 0,14	–	–	–	–	–	0,12 – 0,16	0,12 – 0,14	–
	GJL/GJM	blank	geschliffen	trocken	–	0,10 – 0,18	–	0,10 – 0,18	–	0,10 – 0,18	–	0,08 – 0,16	–
	AlMg	blank	geschliffen	trocken	–	0,08 – 0,20	–	–	–	–	–	–	–

Tabelle 8.3: Reibungszahlen μ_g im Gewinde für Befestigungsschrauben nach [8.148]

Abschließend soll noch der Wirkungsgrad eines Gewindes betrachtet werden. In Anlehnung an Abbildung 8.18 sind in Abbildung 8.20 die Beziehungen für den Wirkungsgrad bei der Umwandlung eines Drehmomentes in eine Längskraft η_D und bei der Umwandlung einer Längskraft in ein Drehmoment η_F zusammengestellt. Aus dem Diagramm ist ersichtlich, dass die Selbsthemmungsgrenze für Bewegungsschrauben bei ca. 50 % liegt. Für Befestigungsschrauben mit $\mu = 0{,}1$ bis 0,15 und Steigungswinkeln des ISO-Regelgewindes zwischen $\varphi = 1{,}7°$ bis 4° liegt die Selbsthemmungsgrenze ungefähr bei 35 %.

Dieser Zusammenhang wird auch bei genauerer Betrachtung von Gleichung (8.15) deutlich. Das Argument des Tangens ($\varphi + \rho'$) lässt sich mithilfe eines Additionstheorems und für kleine Winkel in folgenden Zusammenhang aufspalten:

$$\tan(\varphi + \rho') = \frac{\tan\varphi + \tan\rho'}{1 - \tan\varphi \cdot \tan\rho'} \cong \tan\varphi + \tan\rho' \qquad (8.16)$$

Entsprechend Gleichung (8.15) lässt sich das Gewinde-Anzugsmoment M_{GA} dann aufteilen in ein Nutzmoment M_{GN}, das über den Steigungswinkel φ die Schraubenkraft F_S erzeugt, und ein Reibmoment M_{GR}, das aus der Gewindereibung entsteht:

$$M_{GA} = F_S \cdot \frac{d_2}{2} \cdot \tan(\varphi + \rho') = F_S \cdot \frac{d_2}{2} \cdot \tan\varphi + F_S \cdot \frac{d_2}{2} \cdot \tan\rho' = M_{GN} + M_{GR} \qquad (8.17)$$

Wertet man diese Gleichung für einen mittleren Steigungswinkel von φ = 2,5° und eine angenommene Reibungszahl von μ' = 0,12 aus, so entfällt auf das Nutzmoment M_{GN} ein Anteil von 27 % und entsprechend auf das Reibmoment M_{GR} fast das Dreifache, nämlich 73 %. Deshalb werden Schraubtriebe zur Leistungsübertragung (z.B. für Pressen) mehrgängig mit Steigungswinkeln φ zwischen 20° und 30° ausgeführt. Das Optimum des Wirkungsgrades (η = 81 %) für eine Reibungszahl von μ' = 0,08 (~ ρ' = 6°) liegt jedoch bei einem Steigungswinkel von φ_{opt} = 47° (Abbildung 8.20).

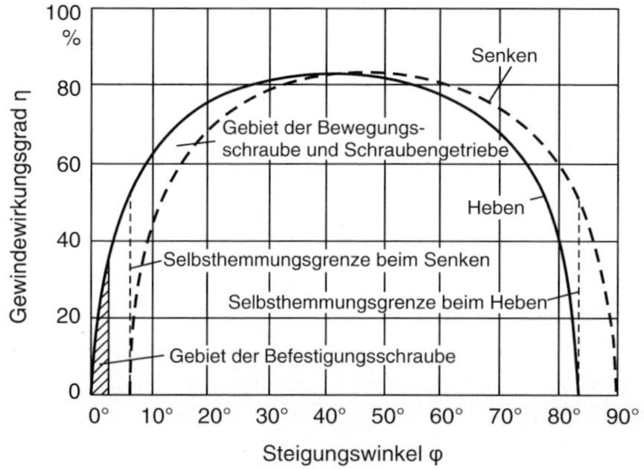

Umwandlung Drehmoment in Längskraft:

$$\eta_D = \frac{F_S \cdot P}{M_{GA} \cdot 2 \cdot \pi} = \frac{\tan\varphi}{\tan(\varphi + \rho')} \tag{8.18}$$

Umwandlung Längskraft in Drehmoment:

$$\eta_F = \frac{M_{GL} \cdot 2 \cdot \pi}{F_S \cdot P} = \frac{\tan(\varphi - \rho')}{\tan\varphi} \tag{8.19}$$

Abbildung 8.20: Gewindewirkungsgrad der Schraube beim Heben und Senken mit μ_g = 0,08 [8.144]

Demzufolge ist die optimale Umwandlung der Längs- in die Drehbewegung wegen der Selbsthemmung nur mit einem steilen Gewinde erreichbar. Bei kleineren Steigungswinkeln sind bessere Wirkungsgrade nur mit Kugelspindeln zu erzielen, da hier anstelle der Gleitreibung die um Größenordnungen kleinere Rollreibung tritt (s.a. Abbildung 8.51).

8.4 Gestaltung und Beanspruchung von Schraubenverbindungen

Aus den vielen Anwendungsarten für Befestigungsschrauben im Maschinenbau sind in Abbildung 8.21 einige Beispiele zusammengestellt, aus denen auch die einzelnen Belastungsarten Längskraft, Querkraft, Dichtungskraft sowie Kombinationen daraus hervorgehen. Hinzu kommen noch die besonderen Verbindungen im Stahlbau gemäß Abschnitt 8.4.9.

Aus diesen Anwendungsfällen lassen sich zunächst Gestaltungsgrundsätze für die einzelnen Gewindeteile ableiten, die sich zum einen aus den Forderungen des kerbarmen, beanspruchungsgerechten Konstruierens, zum anderen aber auch aus praktischen Gesichtspunkten der Fertigung ergeben. Diese Gestaltungsgrundsätze lassen sich dann auch auf vollständige Verschraubungen übertragen, auf deren Auslegung und Berechnung im Anschluss eingegangen wird.

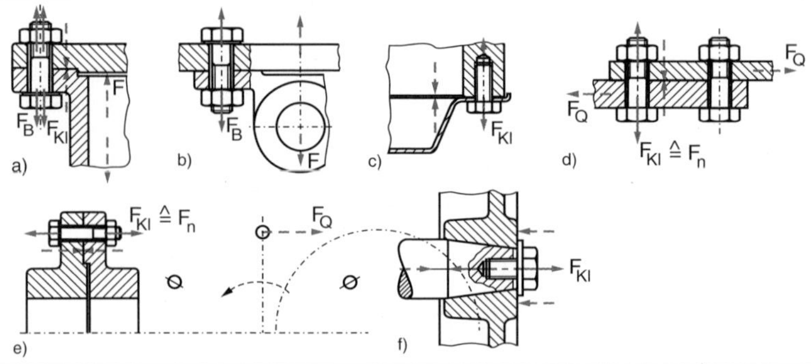

a) Längs- und Dichtungskraft	b) Längskraft	c) Dichtungskraft
d) Querkraft	e) Querkraft aus Drehmoment	f) Klemm- oder Spannkraft
In den Fällen c) bis f) ist die Betriebskraft $F_B = 0$		

Abbildung 8.21: Anwendungsfälle für vorgespannte Schrauben [8.146]

8.4.1 Gestaltung der Gewindeteile

Auf einige Besonderheiten der Schraubenherstellung wurde bereits in den vorangegangenen Abschnitten hingewiesen. In der folgenden Abbildung 8.22 wird im Wesentlichen auf die fertigungstechnischen Notwendigkeiten zur Herstellung und beanspruchungsgerechten Gestaltung von Bohrungen und Gewindegrundlöchern zur Aufnahme von Schrauben eingegangen.

	Ungünstig	Günstig	Erläuterung
1	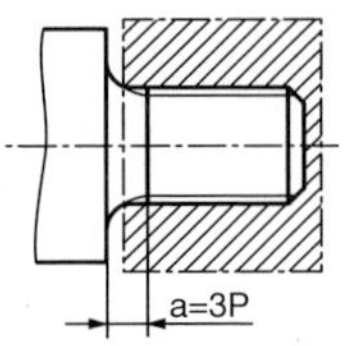 a)	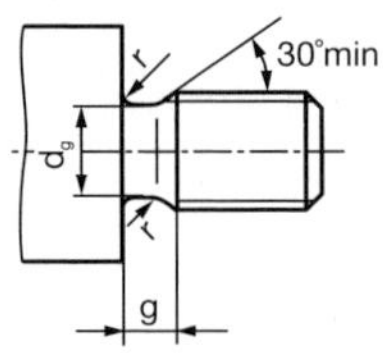 b)	Gewindefreistiche (Hinterdrehungen nach DIN 76) erlauben ein vollständiges Einschrauben bis zur Anlagefläche ohne Ansenkung des Mutterngewindes (b). Die maximalen Breiten $a = 3\ P$ und $g = 3{,}5\ P$ (Regelfall) berücksichtigen die Möglichkeit einer wirtschaftlichen Gewindefertigung mit üblichen Werkzeugen (Walzbacken, Rollköpfe).
2	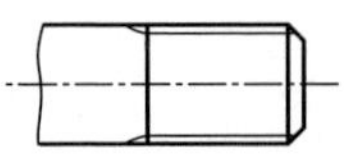 a)	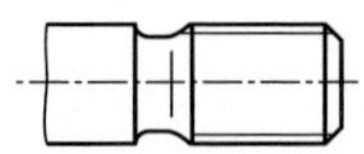 b)	Verbesserung der Dauerhaltbarkeit des Übergangs vom Gewinde zum Schaft durch ausreichend gerundeten Gewinde-Auslauf (Gewindefreistich nach DIN 76), z.B. von $\sigma_A = 55\ \mathrm{N/mm^2}$ (Ausführung a) auf $\sigma_A = 70\ \mathrm{N/mm^2}$ (Ausführung b). Weitere Erhöhung von σ_A durch Festwalzen des Gewinde-Auslaufs

Abbildung 8.22: Gestaltungsbeispiele für Gewindeteile [8.146]

<table>
<tr><th></th><th>Ungünstig</th><th>Günstig</th><th>Erläuterung</th></tr>
<tr><td>3</td><td>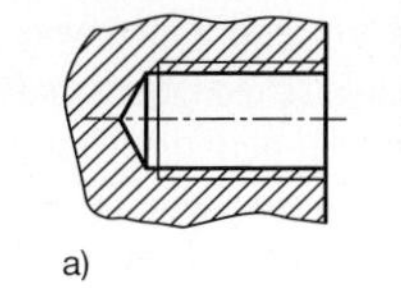</td><td>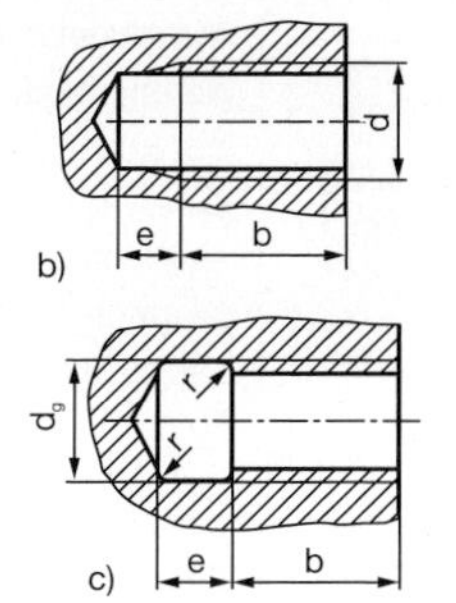</td><td>Gewindegrundlöcher erfordern zusätzlich zur nutzbaren Gewindetiefe b wegen des Gewindebohreranschnitts und als Späne-Auffangraum noch einen Grundlochüberhang e (b).
Bei der Fertigung großer Innengewinde-Grundlöcher (z.B. durch Gewindedrehen, Schraubenschleifen) erhält man durch Gewindefreistiche nach DIN 76 den erforderlichen Werkzeugauslauf (c).</td></tr>
<tr><td>4</td><td>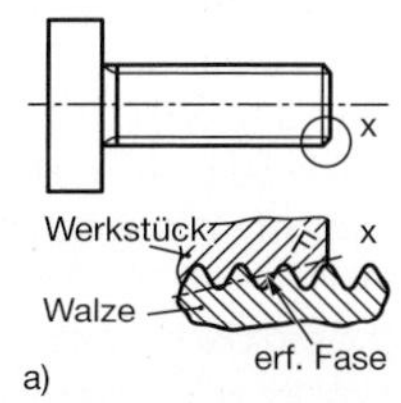</td><td>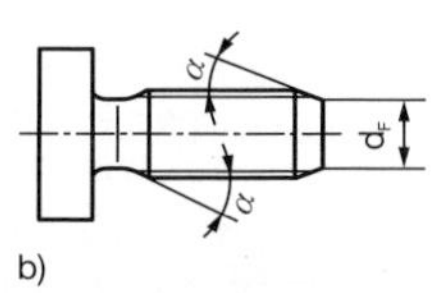
$d_F = d_3 - 0{,}2$ mm</td><td>Bei der spanlosen Fertigung von Außengewinden (Gewindewalzen) ist ein Anfasen der Gewindeteile unter den Kerndurchmesser erforderlich (b). Sonst Ausbrechen der Walze durch einseitige axiale Belastung einzelner Zähne (a)
<table><tr><td>R_m [N/mm^2]</td><td>< 400</td><td>≤ 800</td><td>> 800</td></tr><tr><td>α [°]</td><td>25</td><td>20</td><td>15</td></tr></table></td></tr>
<tr><td>5</td><td>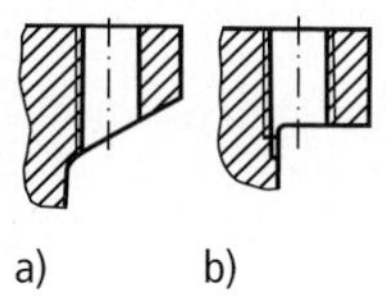</td><td>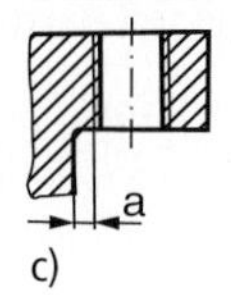</td><td>Gewindebohrungen müssen einen ausreichenden Abstand a von Wandungen haben (c) und dürfen auch nicht übertrieben schräg austreten (a), sonst einseitige Belastung und infolgedessen Verlaufen oder gar Bruch des Werkzeugs.</td></tr>
<tr><td>6</td><td>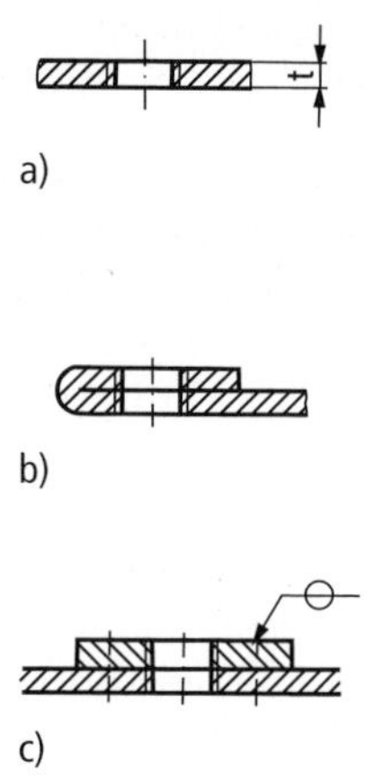</td><td>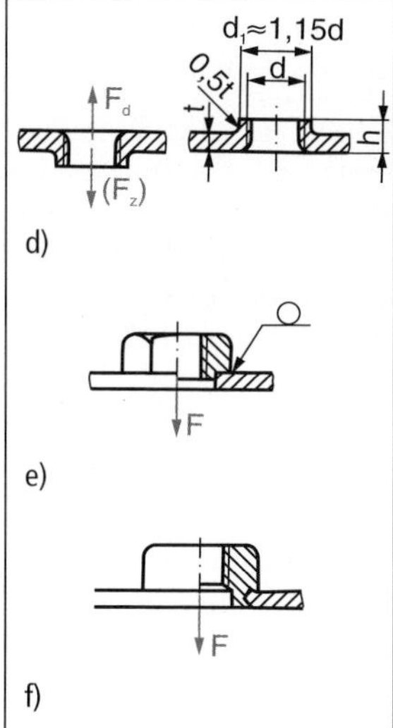</td><td>Bei dünnen Blechen muss die Einschraublänge (Einschraubgruppe N: $l \geq 0{,}5 \cdot d$ für Regelgewinde und $l \geq 2{,}24 \cdot P \cdot d^{0{,}2}$ für Feingewinde) durch konstruktive Maßnahmen vergrößert werden:
1. Gezogene Kragen mit Innengewinde (d) (Blechdurchzüge); genormt nach DIN 7952 für M2 bis M10 (M2 × 0,25 bis M10 × 1), wobei $t > d/4$, mit Durchzughöhen h von $1{,}6\ t$, $1{,}8\ t$ und $2\ t$; günstig Beanspruchung entgegen der Durchziehrichtung, es gilt: $F_d = 1{,}15 \cdot F_z$
2. Sechskant- bzw. Vierkant-Schweißmuttern (e) nach DIN 929 bzw. DIN 928, voll belastbar bis Schrauben der Festigkeitsklasse 8.8
3. Mittels „Gewindeträger" wie Einnietmutter (f), Schlagmutter und Blechmutter
4. Gefaltetes Blech (b) und punktgeschweißtes Verstärkungsblech (c) bei nicht gewichtsoptimierten Bauteilen möglich, aber Gefahr durch Spaltkorrosion und Werkzeugbruch</td></tr>
</table>

Abbildung 8.22: Gestaltungsbeispiele für Gewindeteile [8.146] (Forts.)

	Ungünstig	Günstig	Erläuterung
7	 a)	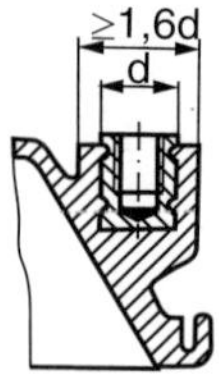 b) 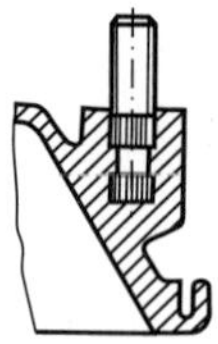 c)	Muttergewinde in Kunststoffteilen wegen der niedrigen mechanischen Eigenschaften der Kunststoffe und der geringen Gewindetiefe vermeiden (a). Ausreichend belastbar sind durch Umspritzen oder Ultaschall- und Warmeinsenken eingebettete Gewinde-Einsätze (b) und -Bolzen (c), deren Außenkontur so profiliert ist (Rillen, Rändel), dass eine gute Verankerung im Kunststoff erzielt wird.
8	 a)	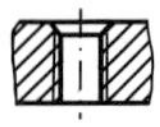 b) 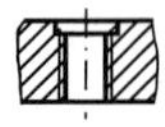 c)	Bei galvanisierten Bauteilen lassen sich störende Niederschlagsverdichtungen an den Eintrittsöffnungen von Gewindelöchern (a) durch leichte Senkungen (b und c) vermeiden. Zu galvanisierende Schraubengewinde sind mit einem Untermaß zu fertigen, das bezogen auf den Durchmesser, das Fünffache der Niederschlagsdicke beträgt.

Abbildung 8.22: Gestaltungsbeispiele für Gewindeteile [8.146] (Forts.)

8.4.2 Gestaltung der Schraubenverbindungen

Beim Übergang von der Gestaltung der Gewindeteile zur vollständigen Schraubenverbindung ist neben der beanspruchungsgerechten Gestaltung zusätzlich auf eine gute Montage- und Demontagemöglichkeit zu achten. Ebenso sollten keine Schraubenköpfe oder Muttern an Gehäusen oder umlaufenden Teilen vorstehen, da sie eine ständige Unfallgefahr darstellen. Die nachfolgenden Gestaltungsregeln werden durch Skizzen und Erläuterungen in Abbildung 8.23 ergänzt:

1 Entsprechend Abbildung 8.23 1) liegt bei der Sechskant-Druckmutter ein sehr ungünstiger Beanspruchungszustand vor, da die Gewindegänge der Mutter auf Druck und die entsprechenden Gewindegänge des Bolzens auf Zug beansprucht werden. Hieraus ergeben sich Differenzen in der Gewindeteilung, die zur Überlastung der ersten und Entlastung der hinteren Gewindegänge führen. Durch eine ringförmig eingedrehte Nut (Zugmutter oder Stulpmutter) lassen sich die ersten Gewindegänge in Bolzen und Mutter gleichmäßiger auf Zug beanspruchen. Die gleiche Wirkung wird bei schwach konischer Ausführung des Muttergewindes erzielt, so dass beim Anziehen erst die hinteren und später die vorderen (gefährdeten) Gewindegänge zum Tragen kommen.

2 Im Hinblick auf eine kerbarme Gestaltung sind die leichter herzustellenden Durchgangslöcher zu bevorzugen. Sacklöcher sind vorzuziehen, wenn die Abdichtung zum Innenraum von Gehäusen wichtig ist, jedoch ist hierbei die Beanspruchung ungünstiger, Abbildung 8.23 2) und 3).

3 Entsprechend Abbildung 8.23 4) müssen die Auflageflächen für Schraubenkopf und Mutter eben und senkrecht zur Schraubenachse ausgeführt sein, um eine sichere Abstützung des eingeleiteten Moments zu ermöglichen. Für Dichtaufgaben sind anstelle weicher Zwischenlagen oder Flachdichtungen besser O-Ringe zu verwenden, die bei Verformung eben auf den metallischen Flächen aufliegen.

4 Eine günstige Verbindung entsteht bei kleiner Bauteilnachgiebigkeit δ_p (starres Bauteil) und großer Schraubennachgiebigkeit δ_S (elastische Schraube, insbesondere Dehnschrauben oder aber Dehnhülsen). Der Kraftangriffspunkt ist möglichst nahe an die Teilfuge zu legen, was zu einem steiferen Flansch (kleines δ_p) und einer elastischeren Schraube (großes δ_S) führt, Abbildung 8.23 5), 6) und 10). Deshalb sind auch dünnere, hochfeste, d.h. dehnfähige, Schrauben von Vorteil, da sie über einen großen Dehnweg bis zur Streckgrenze verfügen und daher Setzbeträge eher ausgleichen können. Zusätzlich werden die Flanschabmessungen kleiner und man spart Gewicht, Gleiches gilt für die Montagewerkzeuge. Zylinderschrauben sind in dieser Hinsicht besonders günstig.

5 Zur Erzielung einer gleichmäßigen Lastverteilung ist eine große Anzahl (dünner) Schrauben zu wählen, damit sich gemäß Abbildung 8.23 9) die Druckkegel überlappen. Als Anhaltswert gilt für den Schraubendurchmesser $d \approx 1{,}6 \cdot t_{max}$ für 5 ... 20 mm dicke Bleche bzw. Flansche (mit t_{max} als Dicke des dickeren Bleches bzw. Flansches). Der Schraubenabstand sollte ca. $3 \cdot d$ betragen. Dabei ist die Größe der Schraubenschlüssel bzw. die Zugänglichkeit bei Montage und Reparatur zu berücksichtigen, ebenso der Platzbedarf für Außen- und Innensechskantschrauben. Für ein Lochbild sind nach Möglichkeit gleich dicke Schrauben zu verwenden.

6 Entsprechend der Abbildung 8.23 10), 11) und 12) entsteht eine günstige Belastungssituation, wenn die Resultierende der äußeren Kraft F_A mit der Schraubenachse und diese mit der Schwerelinie der verspannten Teile zusammenfällt.

7 Nach Möglichkeit sind Sicherungsbleche, Unterlegscheiben und Federringe zu vermeiden, da mitverspannte Elemente zusätzliche Trennfugen bedeuten, die Spaltkorrosion begünstigen können. Ausgenommen hiervon sind schräge Unterlegscheiben im Stahlbau zum Ausgleich von Schrägen an Walzprofilen, Abbildung 8.23 4) sowie Abbildung 8.37. Dabei sind bis zu zwei Unterlegscheiben zulässig, damit das Gewinde nicht in das Bauteil hineinragt.

8 Hochfeste Schrauben haben die höchste Tragfähigkeit, wenn die beim Anziehen entstehenden Torsionsbeanspruchungen vermieden werden. Dies kann durch Festhalten der Schraube beim Anziehen mittels geeigneter Vorrichtungen erfolgen (s.a. Abbildung 8.39).

9 Wiederholtes Ein- und Ausschrauben bei Guss- und Leichtmetallflanschen ist zu vermeiden.

	Ungünstig	Günstig	Erläuterung
1	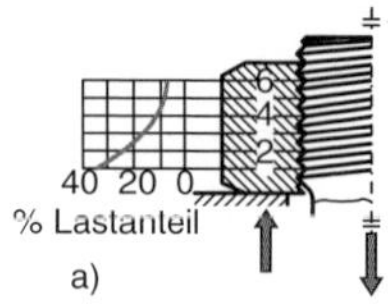	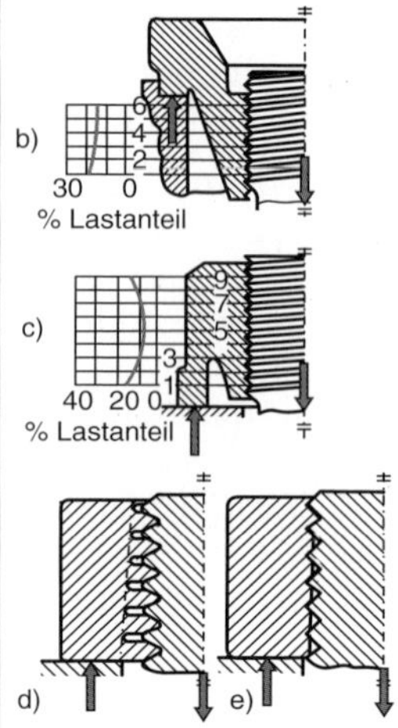	Schraube-Mutter-Verbindungen mit verbesserter Lastverteilung gegenüber der Druckmutter (a) durch Zugmutter mit gleichmäßiger Gewindelastverteilung durch konische Außenkontur und gleichsinnige Verformung von Schraube und Mutter (b), Stulpmutter mit gleichsinniger Verformung von Schraube und Mutter durch Entlastungsrille (c), Mutter mit Solt-Gewinde mit federnden Gewindegängen (d), Mutter mit konisch ausgesenktem Gewinde (e), Mutterwerkstoffe mit kleinem E-Modul (Al, Grauguss), Steigungsdifferenz zwischen Bolzen- und Muttergewinde
2	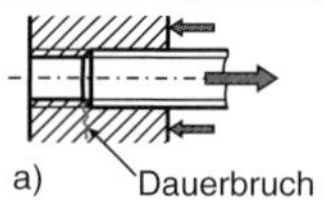	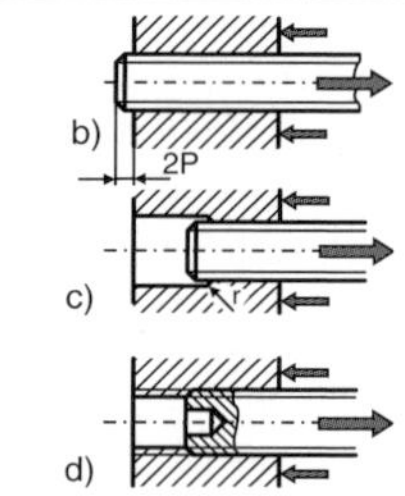	Bei Sacklochverschraubung höchste Spannungskonzentration für das Muttergewinde am Ende des Gewindebolzens (a). Dadurch Gefahr eines Dauerbruches für das Muttergewinde bei dynamischer Belastung. Abbau der Spannungsspitzen im Muttergewinde durch – übergreifendes Bolzengewinde (b), – gerundete Aussenkung und übergreifendes Bolzengewinde (c), – Ausbohren des Gewindebolzens (d).
3	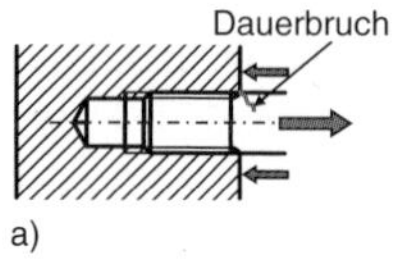	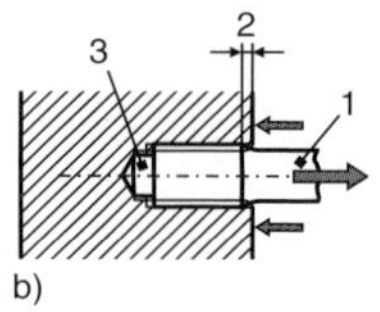	Bei Stiftschrauben mit verklemmtem Gewinde-Auslauf Gefahr eines Dauerbruches (a) Verminderung der Dauerbruchgefahr durch folgende Maßnahmen (b): – biegeweicher Dehnschaft (1), – übergreifendes Muttergewinde (2), – Verspannen der Schraube über Verspannzapfen (z.B. Ansatzkuppe (3)).
4	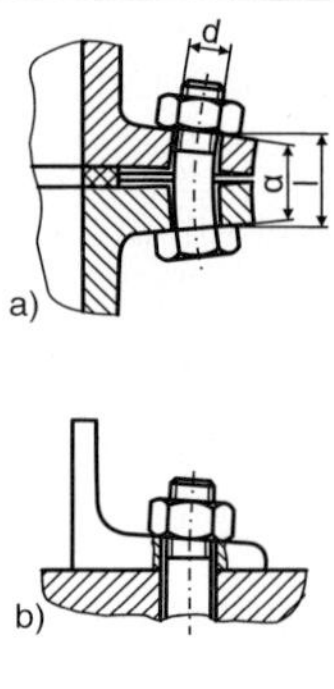	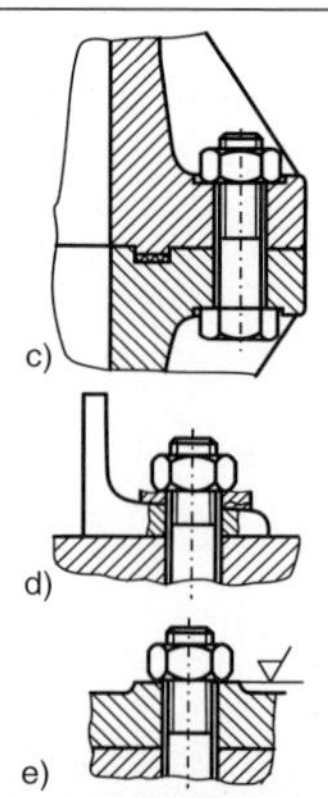	Schraubenköpfe und Muttern müssen eine zur Schraubenachse senkrecht liegende Auflagefläche haben (c, d, e). Sonst zusätzliche Biegespannungen im Schraubenschaft (a): $\sigma_b = \alpha \cdot d \cdot E/(2\,l)$ Bei nicht vermeidbarer schräger Kopfauflage, z.B. durch Bauteildeformation (a), sind biegeweiche Schrauben günstig (d klein, l groß). Ausgleich der Flanschneigung bei Profilen durch Vierkantscheiben, z.B. U-Scheiben nach DIN 434 und I-Scheiben nach DIN 435 (d) Bei Gussteilen Senkungen nach DIN 74 (c) oder spanend zu bearbeitende Augen vorsehen (e)

Abbildung 8.23: Gestaltungsbeispiele für Schraubenverbindungen [8.146]

	Ungünstig	Günstig	Erläuterung
5	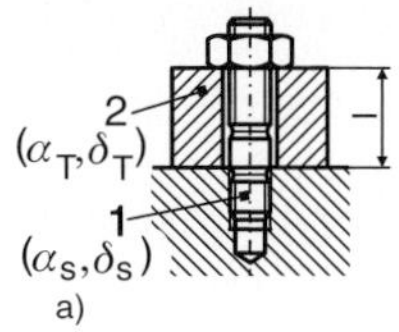	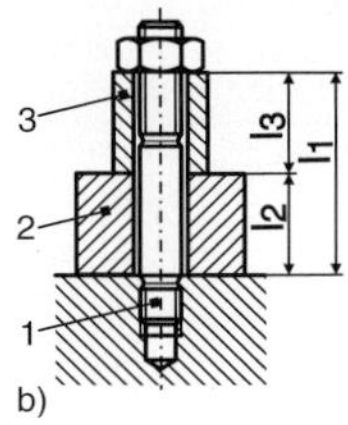 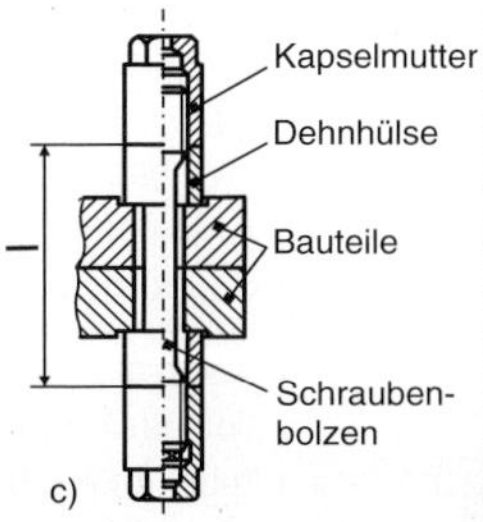	Bestehen Schrauben und zu verspannende Bauteile aus verschiedenen Werkstoffen, so bewirkt die unterschiedliche Wärmedehnung bei der Temperaturänderung Δv in der Verbindung (a) eine Vorspannkraftänderung: $\Delta F_V = [(\alpha_S - \alpha_T) \cdot l \cdot \Delta v] / [\delta_S + \delta_T]$ (l bei Raumtemperatur) Maßnahmen um ΔF_V gering zu halten: 1. Für Schraube und verspannte Teile möglichst Werkstoffe mit ähnlichen Ausdehnungskoeffizienten wählen 2. Ausgleich der thermischen Längenänderung durch entsprechende Werkstoffpaarung (b) Beispiel (b): Für Schraube (1) aus Stahl ($\alpha_1 = 12 \cdot 10^{-6}$ 1/K), Bauteil (2) aus Al.-Leg. ($\alpha_2 = 23 \cdot 10^{-6}$ 1/K), Dehnhülse (3) aus Invarstahl ($\alpha_3 = 1 \cdot 10^{-6}$ 1/K) ergibt sich bei gleichem Δv aus $\alpha_1 \cdot l_1 - \alpha_2 \cdot l_2 - \alpha_3 \cdot l_3 = 0$ die erforderliche Dehnhülsenlänge $l_3 = l_2$. 3. Schraube und verspannte Teile mit großen elastischen Nachgiebigkeiten δ_S und δ_T ausführen, z.B. Dehnschrauben mit Dehnhülsen nach DIN 2510 (c). Die Dehnlänge soll dabei mindestens $4\ d$ betragen.
6	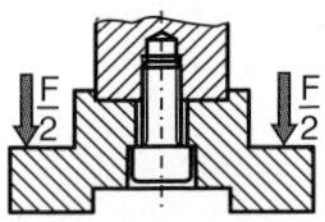	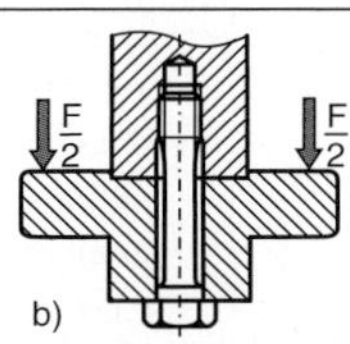	Bei hoher dynamischer Beanspruchung Verbesserung der Dauerhaltbarkeit (b) durch – größere elastische Nachgiebigkeit der Schraube (δ_S groß), – Verschiebung des Betriebskraftangriffspunktes zur Trennfuge hin (n klein).
7	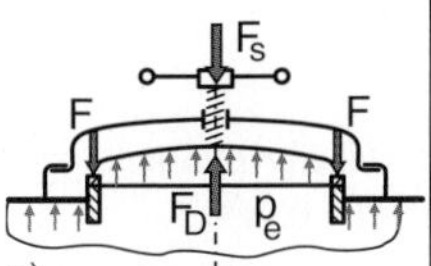 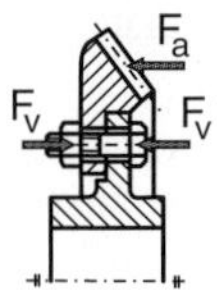	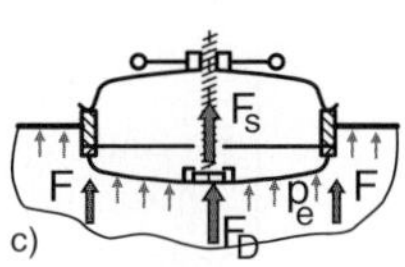 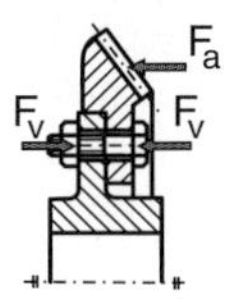	Prinzip der Selbsthilfe anstreben: Beim Mannlochdeckel, schematische Darstellung (c), wird bei innerem Überdruck p_e die Spannschraubenkraft F_S (Ursprungswirkung) durch die gleichgerichtete Deckelkraft F_D (Hilfswirkung) zur Dichtkraft F (Gesamtwirkung verstärkt). Bei der Kegelradverschraubung (d) unterstützt die Axialkomponente F_a der Zahnkraft die zur reibschlüssigen Drehmomentübertragung erforderliche Schraubenvorspannkraft F_V. Anordnungen (a) und (b) selbstschadend

Abbildung 8.23: Gestaltungsbeispiele für Schraubenverbindungen [8.146] (Forts.)

	Ungünstig	Günstig	Erläuterung
8	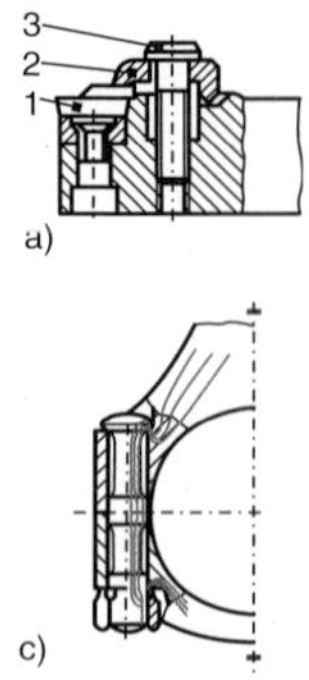	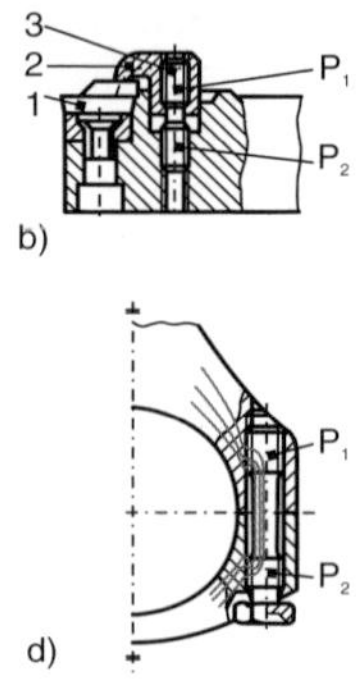	Schrauben mit Differenzgewinde ermöglichen platzsparendes und festes Verspannen (b, d). Die Gewindebolzen werden mit gleicher Gangrichtung, aber unterschiedlicher Steigung P ausgeführt. Je kleiner die Steigungsdifferenz, um so größere Spannkräfte sind bei gleichem Anziehmoment erreichbar. Spannungsspitzen an den Kopf- und Mutterauflageflächen (c) werden vermieden, weil die Spannkraft unmittelbar durch Gewinde auf eine große Länge eingeleitet wird (d). (a) und (b): 1 Wendeschneidplatte 2 Klemmfinger 3 Spannschraube
9	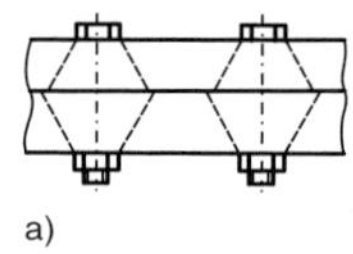	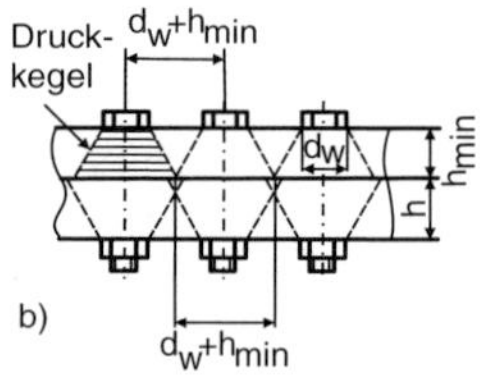	Durch die Überlappung der sich unter der Vorspannkraft im Bauteil ausbildenden Druckkegel (b) ergibt sich in der Trennfuge ein zusammenhängender Kraftfluss. Dies führt zu geringen Schraubenzusatzkräften, guter Abdichtung und Verhinderung von Reibkorrosion. Anzustreben: Schraubenabstand $\approx$ Bauteilhöhe $= d_W + h_{min}$
10	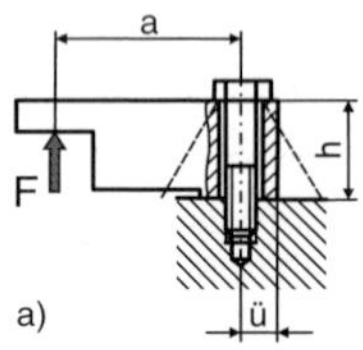	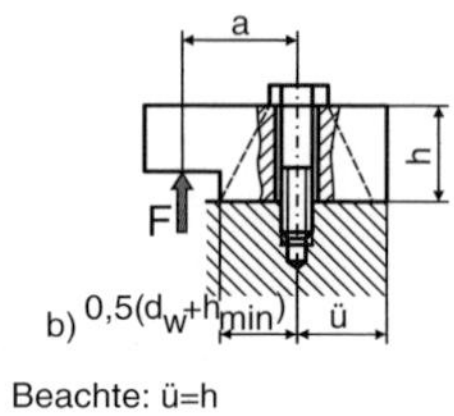	Bei exzentrisch wirkender Betriebskraft F geringe Schraubenzusatzkraft durch – minimale Exzentrizität a (b) – genügend großen Überstand $\ddot{u} = h$ für volle Stützwirkung (b) – Verlegen des Kraftangriffspunktes zur Trennfuge (n klein)
11	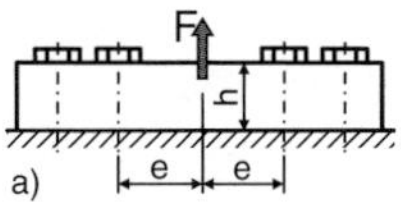	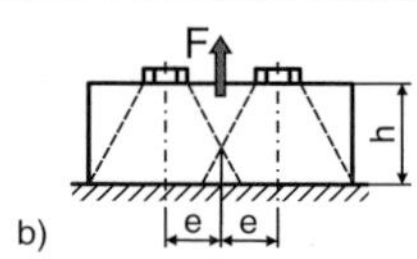	Bei zugbelasteter Balkenverbindung geringe Schraubenzusatzkräfte durch – minimale Exzentrizität e des Kraftangriffs (b) – große Bauteilhöhe h (l groß) – hohe Vorspannkräfte Äußere Schrauben bei (a) weglassen. Sie liefern keinen Beitrag zur Verringerung der Schraubenzusatzkraft.

Abbildung 8.23: Gestaltungsbeispiele für Schraubenverbindungen [8.146] (Forts.)

	Ungünstig	Günstig	Erläuterung
12	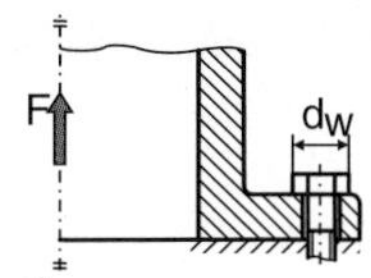 a)	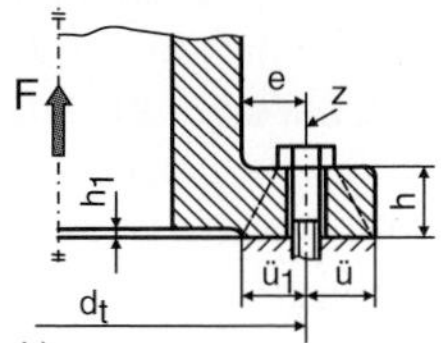 b) Richtwerte: $h \approx e$ $ü \geq h$, $ü_1 \approx 0{,}5(d_W + h)$ $h_1 \leq 0{,}1h$ $z = \frac{d_t \cdot \pi}{d_W + h}$	Bei rotationssymmetrischen Mehrschraubenverbindungen geringe Schraubenzusatzkräfte durch – möglichst dicke Flanschblätter ($h = e$) – minimale Exzentrizität e, evt. Zylinderschrauben wählen – großen Blattüberstand $ü$ ($ü \geq h$) – große Anschlusssteifigkeit, ideal ist der volle Anschlussquerschnitt – große Schraubenanzahl z – hohe Vorspannkräfte
13	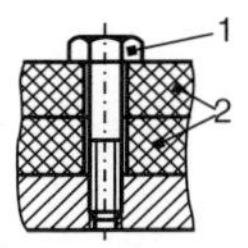 a)	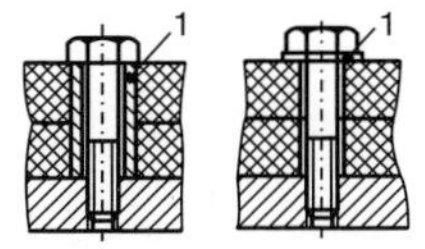 b) c)	Beim Verspannen mit Metallschrauben (1) kriechen Kunststoffbauteile (2) unter allmählichem Verlust der Vorspannung oder die Schraube reißt infolge der hohen thermischen Längenausdehnung des Kunststoffs (a). Maßnahmen: 1. Metallische Stützhülsen (1) übertragen die Vorspannkraft (b). 2. Mitverspannte Feder- oder Spannscheiben halten die Vorspannkraft auch nach erfolgtem Kriechen und bei wechselnden Temperaturen weitgehend aufrecht (c).
14	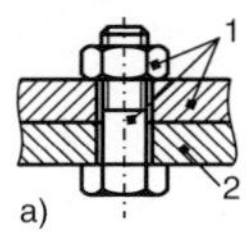 a) 1 Stahl 2 Al-Leg.	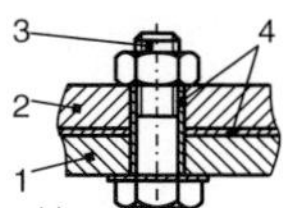 b) Beispiel: 1 Bauteil Al-Leg. 2 Bauteil Stahl 3 Schraube und Mutter aus Stahl 4 isolierende Zwischenschicht	Bei metallischen Bauteilen mit unterschiedlichem elektrischem Potential besteht bei einwirkender Feuchtigkeit (Elektrolyt) die Gefahr von Kontaktkorrosion (a). Sie kann durch isolierende Zwischenschichten (z.B. Kunststoffteile, Isolierpasten, Beschichtungen) verhindert werden (b).
15	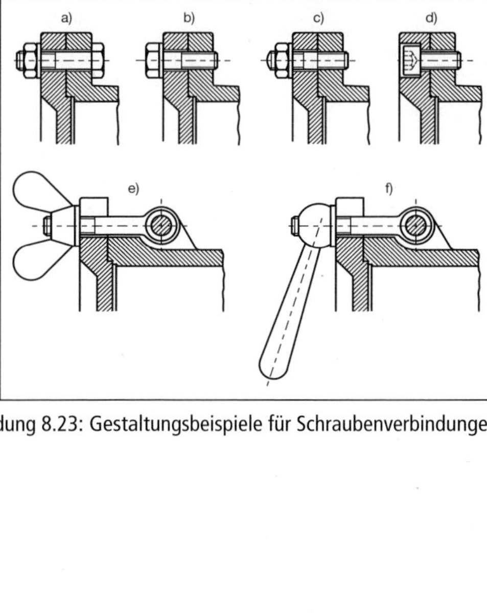		Die Durchstreckverschraubung a) ist die billigste, weil kein Gewinde in ein Bauteil geschnitten zu werden braucht. Die Verbindung mit Augenschraube und Flügelmutter oder Kegelgriff e) und f) ist die teuerste, aber die am einfachsten zu bedienende. Man bevorzugt sie, wenn ein fortwährendes Lösen und Anziehen wie in Arbeitsvorrichtungen notwendig ist, so dass sie durch die erzielte Zeitersparnis wirtschaftlicher ist [8.3].

Abbildung 8.23: Gestaltungsbeispiele für Schraubenverbindungen [8.146] (Forts.)

8.4.3 Grundlagen zur Berechnung von Schraubenverbindungen

Bei der Berechnung von Schraubenverbindungen ist zwischen vorgespannten und nicht vorgespannten Verbindungen zu unterscheiden. Bei nicht vorgespannten Verbindungen sind die Schrauben bzw. Muttern vor dem Angreifen einer äußeren Kraft unbelastet. Diese Verbindungsart kommt nur selten vor, z.B. bei Spannschlössern oder Abziehvorrichtungen, und wird im Folgenden nicht weiter betrachtet.

Bei den im Maschinen- und Stahlbau bedeutenderen vorgespannten Verbindungen sind die Schrauben bereits vor dem Angreifen einer Betriebskraft F_B durch eine Vorspannkraft F_V vorgespannt, die durch das Festdrehen der Mutter oder der Schraube entsteht. Der einfachste Fall einer derartigen Verbindung besteht aus zwei zu verschraubenden Bauteilen, die mithilfe einer Durchsteckschraube und Mutter entsprechend Abbildung 8.24 verspannt werden. Auf diese Verbindung können die folgenden äußeren Belastungen einwirken, die bei einer Berechnung in entsprechender Weise berücksichtigt werden müssen:

- Axialkraft F_A – Durch axial wirkende Betriebskräfte bzw. Längszug an den verspannten Teilen
- Querkraft F_Q – Durch quer wirkende Betriebskräfte bzw. Querzug auf die verspannten Teile
- Biegemoment M_B – Aus externem Biegemoment oder außermittigem Kraftangriff
- Torsionsmoment M_T – Innerhalb der Bauteile durch die Verschraubung

Alle vier Lastarten haben unterschiedlichen Einfluss auf die Beanspruchung der Schraube. Betrachtet man zunächst die Betriebslasten aus Axialkräften F_A und Biegemomenten M_B, so wirken diese in Längsrichtung der Schraubenachse und demzufolge in der Hauptverformungsrichtung, die aus der Vorspannkraft F_V resultiert. Das elastisch verspannte System geht in einen neuen Gleichgewichtszustand über, wobei sich die Beanspruchung der Schraube verändert. Dabei werden die Betriebskräfte durch die Schraube durchgeleitet, so dass diese im Hauptschluss zur Betriebskraft liegt.

Im Gegensatz dazu liegen Betriebskräfte, die senkrecht zur Schraubenachse wirken, also die Querkräfte F_Q oder Umfangskräfte aus Torsionsmomenten M_T, im Nebenschluss zur Schraube, da diese Kräfte ausschließlich in den Bauteilfugen durch die Reibung übertragen werden, die aus der aufgebrachten Vorspannkraft entsteht.

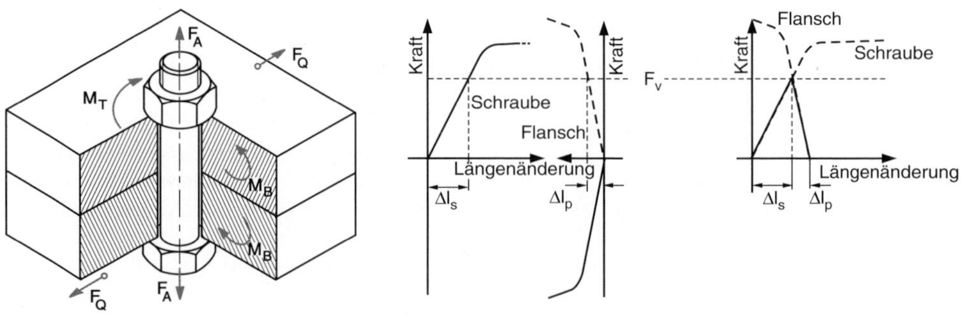

Abbildung 8.24: Einwirkende Kräfte und Momente an einer Schraubenverbindung (links) und Entstehung des Verspannungsschaubildes einer Schraubenverbindung (rechts)

Für die weitere Berechnung einer vorgespannten Schraubenverbindung wird nun ein physikalisches Ersatzmodell verwendet, dem die Annahme zugrunde liegt, dass sich die Schraube und die verschraubten Bauteile unter Krafteinwirkung elastisch verformen. Dieser Zusammenhang lässt sich sehr gut am so genannten Verspannschaubild einer Schraubenverbindung erläutern, Abbildung 8.24. So werden die beiden Bauteile (z.B. Platten oder Flansche) durch die angezogene Schraube zusammengedrückt bzw. gestaucht, was mit einer negativen Längenänderung Δl_p (Stauchung) einhergeht. Gleichzeitig erfährt die Schraube aus Gleichgewichtsgründen eine elastische Dehnung, die der Längenänderung Δl_s entspricht. Spiegelt man nun die Stauchung der Bauteile an der x-Achse, so erhält man die dreieckförmige Darstellung des Verspannungsdiagramms einer vorgespannten Schraubenverbindung. Anhand dieses Verspannungsdiagramms werden in den folgenden Abschnitten die oben genannten Belastungszustände mit den dazugehörenden Verformungszuständen erläutert. Dabei ist zu beachten, dass nur Bauteildehnungen im elastischen Bereich (Hookescher Bereich) betrachtet werden, da größere Kräfte zu nicht linearen, plastischen Verformungen führen. Oftmals wird die Verspannung zweier Bauteile mit einer Schraube auch mit parallel geschalteten Federn verglichen (s.a. Kapitel 10). Eine Feder beschreibt das Verformungsverhalten der Schraube, die beim Anzug gedehnt wird. Die zweite Feder kennzeichnet das Bauteil, das beim Schraubenanzug zusammengepresst wird.

Die weitere Aufgabe zur Auslegung der Schraubenverbindung besteht nun darin, die Schrauben so zu bemessen, dass das entstandene Verbundteil die ihm zugedachte Funktion erfüllt und den oben genannten, auftretenden Betriebskräften standhält. Hierzu ist die Einhaltung einer Mindestklemmkraft erforderlich, um ein Klaffen der verspannten Teile in der Trennfuge zu verhindern und um Dichtpresskräfte bzw. Reibungsschluss zur Aufnahme von Querkräften zu erzeugen. Dabei darf weder die Bauteilfestigkeit der Platten noch der Schrauben überschritten werden.

Wie auch bei anderen Bemessungsaufgaben steigt die Verlässlichkeit der Auslegung mit der möglichst genauen Kenntnis der angreifenden Kräfte. Allerdings sind auch bei Schraubenverbindungen die während des Betriebes in den Bauteilen wirkenden Kräfte nur schwer zu bestimmen, da oftmals der genaue Wirkort der Last oder Rückwirkungen der konstruktiven Gestaltung der verschraubten Bauteile nur unzureichend bekannt sind.

Im Maschinenbau hat sich zur Berechnung von Schraubenverbindungen, die ruhende oder wechselnde Betriebskräfte zu übertragen haben und mit hochfesten Schrauben ausgeführt werden, die Anwendung der VDI-Richtlinie 2230 „Systematische Berechnung hochbeanspruchter Schraubenverbindungen" bewährt, weshalb sich die meisten Ausführungen zur Schraubenberechnung in diesem Kapitel darauf beziehen [8.152]. Für weitere Anwendungen, z.B. im Stahlbau, im Kranbau und im Behälterbau gelten oftmals spezielle Richtlinien, in denen dann auch geregelt ist, wie Schraubenberechnungen durchzuführen sind (s.a. Kapitel 3, Abschnitt 3.8).

Der Anwendungsbereich der VDI-Richtlinie 2230 umfasst Einschraubenverbindungen nach Abbildung 8.25 und Mehrschraubenverbindungen nach Abbildung 8.1. Dabei lassen sich die Einschraubenverbindungen zurückführen auf die zylindrische Schraubenverbindung und die Balkenverbindung. Gerade die zylindrische Einschraubenverbindung ist ein Grenzfall, der unter gewissen Einschränkungen auch als Ausschnitt aus einer unendlichen und biegesteifen Mehrschraubenverbindung betrachtet werden kann. Der Kraftangriff erfolgt mittig ($a = 0$) und die Exzentrizität der Schraubenachse von der Schwerpunktachse der Anschlussfläche ist gleich Null ($s = 0$).

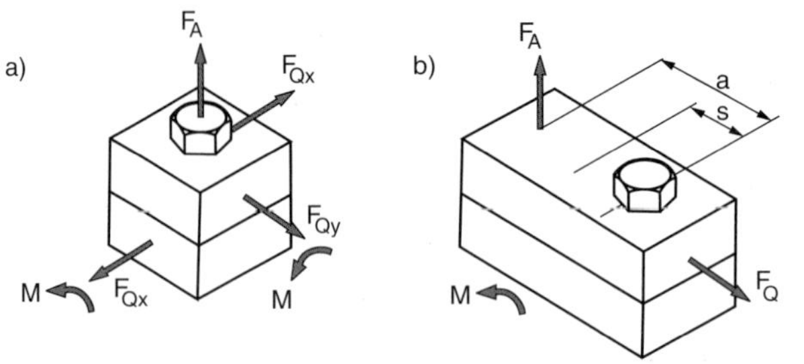

a) Zylindrische Schraubenverbindung:
$a = 0,\ s = 0$
b) Balkenverbindung:
$a \ldots 0,\ s \ldots 0$

Abbildung 8.25: Einschraubenverbindung nach VDI 2230 [8.152]

Bei der Balkenverbindung dagegen liegen meist Exzentrizitäten des Kraftangriffes ($a \ldots 0$) und der Schraubenachse zur Schwerpunktachse ($s \ldots 0$) vor, so dass eine zusätzliche Biegeverformung auftritt, die auch zum Klaffen führen kann [8.152]. Mit dem Berechnungsnachweis werden die erforderlichen Schraubenabmessungen unter Berücksichtigung der folgenden Einflussfaktoren festgelegt:

- Festigkeitsklasse der Schraube
- Verminderung der Montagevorspannkraft in der Trennfuge durch die Betriebskraft
- Verminderung der Montagevorspannkraft durch Setzerscheinungen
- Streuung der Vorspannkraft beim Anziehen
- Dauerhaltbarkeit bei Wechsellast
- Druckbeanspruchung der verspannten Teile durch Schraubenkopf und/oder Mutter

Die folgenden Betrachtungen beschränken sich auf zentrisch verspannte und zentrisch belastete Verbindungen. Des Weiteren werden die Parallelität der Schraubenachse zur Trennflächennormalen, eine zentrische Schraubenlage sowie elastisches Bauteilverhalten angenommen. Plastische Verformungen werden nur für den mikrogeometrischen Bereich als Setzkraftverlust zugelassen.

Diese Annahmen entsprechen dem klassischen 2-Federn-Ersatz-Modell einer Schraubenverbindung, bei dem sich die Kraftverteilung auf die Bauteile entsprechend den Nachgiebigkeiten der Bauteile ergibt. Betrachtet man zunächst die elastische Nachgiebigkeit der Schraube, so lässt sich für einen zylindrischen Körper der Verformungsweg f aus der Fläche A und der wirkenden Kraft F mit dem Elastizitätsmodul E und der Bauteillänge l ermitteln:

$$f = \varepsilon \cdot l = \frac{\Delta l}{l} = \frac{l \cdot \sigma}{E} = \frac{F \cdot l}{E \cdot A} \qquad (8.20)$$

Die Beschreibung der Werkstoffelastizität erfolgt durch die Nachgiebigkeit δ, die der Kehrwert der Federsteifigkeit c ist:

$$\delta = \frac{1}{c} = \frac{f}{F} = \frac{1}{E} \cdot \frac{l}{A} \qquad (8.21)$$

Die gesamte Nachgiebigkeit einer Schraube mit dem Elastizitätsmodul E_S lässt sich dann aus der Addition der Nachgiebigkeiten der Teilquerschnitte nach Abbildung 8.26 bestimmen.

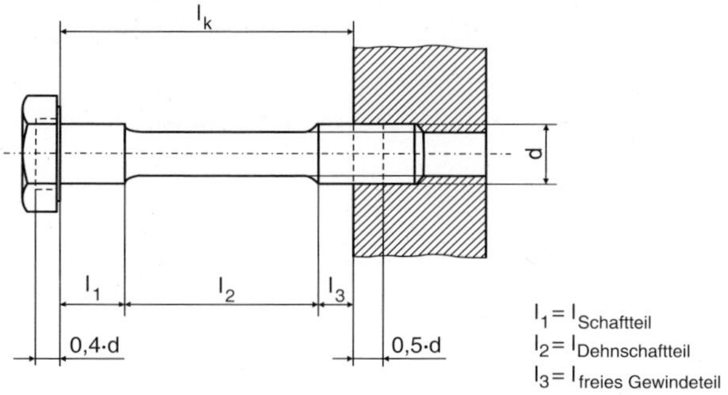

Nachgiebigkeit der Teilquerschnitte:

$$\delta_i = \sum_{i=1}^{n} \frac{l_i}{E_S \cdot A_i} \qquad (8.22)$$

Nachgiebigkeit δ_S der gesamten Schraube mit den Teilnachgiebigkeiten von Schraubenkopf δ_K, Gewinde δ_G und Mutter δ_M, die nicht als Zylinder aufgefasst werden können:

$$\delta_S = \delta_K + \delta_1 + \delta_2 + \delta_3 + \ldots + \delta_G + \delta_M \qquad (8.23)$$

Abbildung 8.26: Elastische Ersatzeinzelkörper einer Dünnschaftschraube (Dehnschraube) [8.141]

Mit A_N als Nennquerschnitt der Schraube berechnet sich die gesamte Nachgiebigkeit δ_S zu:

$$\delta_S = \frac{1}{E_S}\left(\frac{0{,}4 \cdot d}{A_N} + \frac{l_1}{A_1} + \frac{l_2}{A_2} + \ldots + \frac{0{,}5 \cdot d}{A_3} + \frac{0{,}4 \cdot d}{A_N}\right) \text{mit } A_N = \frac{\pi}{4} \cdot d^2 \text{ und } A_3 = \frac{\pi}{4} \cdot d_3^2 \qquad (8.24)$$

Die Querschnittsflächen A_i ergeben sich aus den Durchmessern der zylindrischen Einzelelemente, bei nicht eingeschraubtem Gewinde ist der Gewindekernquerschnitt A_3 einzusetzen. Die Nachgiebigkeit des Kopfes δ_K für Schraubenköpfe mit Innenkraftangriff wird aufgrund von Versuchen durch einen Zylinder des Durchmessers d und der Länge $l = 0{,}4 \cdot d$ angenähert, bei Außenkraftangriff beträgt die Länge $l = 0{,}5 \cdot d$. Die Nachgiebigkeit des Gewindes δ_G wird mit einer Ersatzlänge von $l_G = 0{,}5 \cdot d$, die der Mutter δ_M bei Durchsteckverbindungen mit einem Wert von $l_M = 0{,}4 \cdot d$, bei Einschraubverbindungen mit $l_M = 0{,}33 \cdot d$, ermittelt.

In ähnlicher Weise wird bei der analytischen Berechnung der elastischen Nachgiebigkeit δ_P der verspannten Teile verfahren. Dabei wird nach Abbildung 8.27 der maßgebliche Verformungsbereich abhängig von den verspannten Bauteilen über einen Ersatzquerschnitt A_{ers} erfasst.

Diese Ersatzquerschnitte wurden erstmalig von F. Rötscher erwähnt, weshalb sie auch manchmal als Rötscher-Kegel bezeichnet werden [8.142], [8.145]. In der letzten Ausgabe der VDI-Richtlinie 2230 wurden mittlerweile modifizierte, kompliziertere Gleichungen angegeben, die aber nur wenig von den oben genannten Werten abweichen [8.141].

Mit der Klemmlänge l_K, dem Elastizitätsmodul E_P der zu verspannenden Bauteile und der Ersatzquerschnittsfläche A_{ers} nach Abbildung 8.27 berechnet sich die elastische Nachgiebigkeit δ_P der verspannten Bauteile zu:

$$\delta_P = \frac{f}{F} = \frac{l_K}{A_{ers} \cdot E_P} \qquad (8.25)$$

Ausgehend von diesen grundlegenden Überlegungen werden nun in den folgenden Abschnitten die einzelnen Kräfte und Verformungen in der Schraubenverbindung für unterschiedlich wirkende Betriebskräfte behandelt.

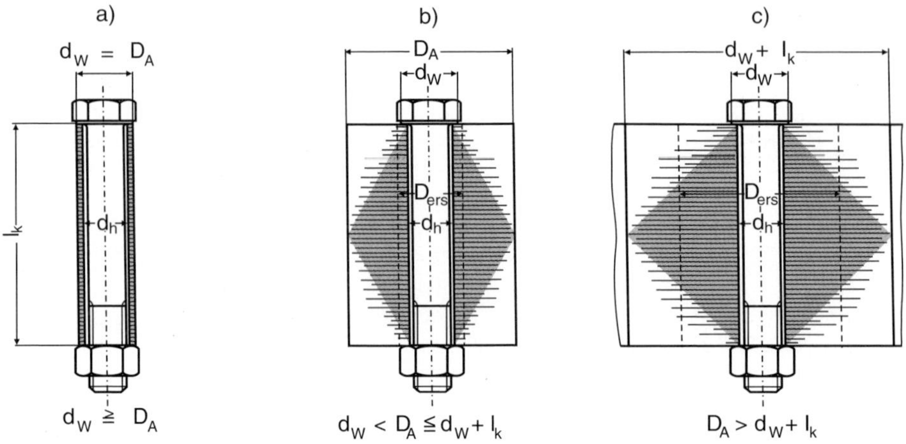

a)	b)		c)	
$d_w \ge D_A$	$d_w < D_A \le d_w + l_K$		$D_A > d_w + l_K$	
$A_{ers} = \frac{\pi}{4}\left(D_A{}^2 - d_h{}^2\right)$	$A_{ers} = \frac{\pi}{4}\cdot\left(d_w{}^2 - d_h{}^2\right) + \frac{\pi}{8}\cdot d_w \cdot (D_A - d_w)\cdot\left[(x+1)^2 - 1\right]$		$A_{ers} = \frac{\pi}{4}\cdot\left(d_w{}^2 - d_h{}^2\right) + \frac{\pi}{8}\cdot d_w \cdot l_K \cdot\left[(x+1)^2 - 1\right]$	
	DSV: $x = \sqrt[3]{\frac{l_K \cdot d_w}{D_A{}^2}}$	ESV: $x = \left(\frac{l_K}{D_A}\right)^{0,2}$	DSV: $x = \sqrt[3]{\frac{l_K \cdot d_w}{(d_w + l_K)^2}}$	ESV: $x = \left(\frac{l_K}{d_w + l_K}\right)^{0,2}$

DSV: Durchsteckschraubenverbindung
ESV: In Grundkörper eingeschraubte Schraubenverbindung (Sacklochgewinde)

Abbildung 8.27: Ersatzdruckzylinder zur Berechnung der elastischen Nachgiebigkeit verspannter Hülsen und Platten

8.4.4 Kräfte und Verformungen bei statischer Betriebskraft als Längskraft

Zunächst wird eine vorgespannte Schraubenverbindung mit einer statisch wirkenden Längskraft als Betriebskraft F_A beaufschlagt. Es wird angenommen, dass die Krafteinleitung über die Außenflächen der Teile erfolgt. Abbildung 8.28 zeigt die Verbindung im Vorspannungszustand (Montage) und im Betriebszustand mit dem zugehörigen Verspannungsschaubild.

Durch das Aufbringen der statischen Betriebskraft F_A (Zugkraft) wird die maximale Montagevorspannkraft F_{Mmax} um den Anteil F_{SA} erhöht, so dass für die maximale Schraubenkraft F_{Smax} folgt:

$$F_{S\max} = F_{M\max} + F_{SA} \tag{8.26}$$

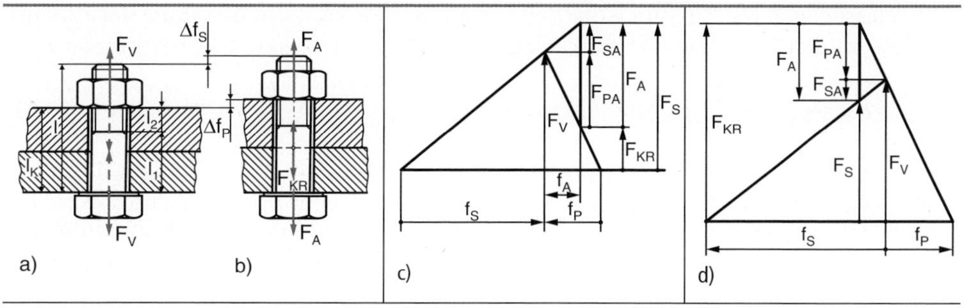

Abbildung 8.28: Kräfte und Verformungen an einer vorgespannten Schraubenverbindung – a) Vorspannungszustand (Montage), b) Betriebszustand, c) Verspannungsschaubild mit Zugkraft als Betriebskraft, d) Verspannungsschaubild mit Druckkraft als Betriebskraft

Diese Kraft erzeugt die maximale statische Beanspruchung in der Schraube. Aufgrund von Setzerscheinungen in der Verbindung (s.a. Abschnitt 8.4.8) vermindert sich die Montagevorspannkraft F_{Mmax} auf die Vorspannkraft F_V im Betrieb, so dass die maximale Schraubenkraft F_{Smax} auf F_S abfällt. Gleichzeitig nimmt die Klemmkraft $F_K = F_V$ in den verspannten Platten bei Einleitung einer äußeren Zugkraft F_A um den Anteil F_{PA} ab, so dass die Schraubenkraft nur um den Differenzbetrag F_{SA} zunimmt:

$$F_S = F_V + F_{SA} \quad \text{mit} \quad F_{SA} = F_A - F_{PA} \tag{8.27}$$

Demzufolge wirkt im Betriebszustand in der Trennfuge die Restklemmkraft F_{KR}, so dass sich die Schraubenkraft F_S im Betriebszustand (Gleichgewicht) aus der Betriebskraft F_A und der Restklemmkraft F_{KR} zusammensetzt:

$$F_{KR} = F_S - F_A = F_S - \left(F_{SA} + F_{PA}\right) = F_V - F_{PA} \quad \text{bzw.} \quad F_S = F_A + F_{KR} \tag{8.28}$$

Im Weiteren ist nun zu ermitteln, welcher Anteil der Betriebskraft F_A auf die Zunahme der Schraubenkraft F_{SA} und auf die Abnahme der Klemmkraft F_{PA} entfällt. Aufgrund der einwirkenden Betriebskraft F_A wird die Schraube um den Betrag f_{SA} gelängt, während die verspannten Teile um den Betrag $f_{PA} = f_{SA}$ entspannt werden. Mit den elastischen Nachgiebigkeiten der Schraube δ_S und der verspannten Bauteile (Platten) δ_P lassen sich über Ähnlichkeitsbetrachtungen am Verspannungsschaubild die folgenden Zusammenhänge herstellen:

$$\delta_S = \frac{f_{SV}}{F_V} = \frac{f_{SA}}{F_{SA}} \quad \text{und} \quad \delta_P = \frac{f_{PV}}{F_V} = \frac{f_{PA}}{F_{PA}} \tag{8.29}$$

Die Gesamtverformung im elastischen Bereich bleibt also immer konstant, wenn die Restklemmkraft F_{KR} größer als Null ist, weil dann die Trennfuge durch die Krafteinwirkung von F_A nicht vollständig entlastet werden und auseinanderklaffen kann.

Bezeichnet man das Verhältnis der Schraubenzusatzkraft F_{SA} zur Schraubenkraft F_A als Kraftverhältnis Φ, nutzt die Zusammenhänge der Gleichungen (8.27) und (8.29) und setzt $w = 1$ für eine Durchsteckschraubenverbindung (DSV) bzw. $w = 2$ für eine Einschraubverbindung (ESV) gemäß Abbildung 8.27, so ergibt sich:

$$\Phi = \frac{F_{SA}}{F_A} = \frac{\delta_P + \delta_{PZu}}{\delta_S + \delta_P} \quad \text{mit} \quad \delta_{PZu} = (w-1) \cdot \delta_M \tag{8.30}$$

Damit lassen sich die Zunahme der Schraubenkraft F_{SA} und die Abnahme der Klemmkraft F_{PA} in den Bauteilen (Platten) abhängig von der Betriebskraft F_A bestimmen zu:

$$F_{SA} = \frac{\delta_P + \delta_{PZu}}{\delta_S + \delta_P} \cdot F_A = \Phi \cdot F_A \quad \text{und} \quad F_{PA} = \frac{\delta_S - \delta_{PZu}}{\delta_S + \delta_P} \cdot F_A = (1-\Phi) \cdot F_A \qquad (8.31)$$

Wirkt anstelle der Zugkraft eine Druckkraft als Betriebskraft F_A, so können dieselben Gleichungen wie für die Zugkraft verwendet werden, wobei jedoch F_A und die beiden Kraftanteile F_{SA} und F_{PA} mit negativen Vorzeichen zu versehen sind, da sich die Wirkungen umkehren. Die verspannten Bauteile werden also weiter zusammengedrückt, während die Zugkraft in der Schraube vermindert wird, Abbildung 8.28 d). Die Restklemmkraft F_{KR} entspricht dann der Maximalkraft F_S.

Auch wenn sich abhängig vom Kraftverhältnis eine genaue Verteilung der Kräfte ermitteln lässt, so ist einschränkend zu berücksichtigen, dass diese Aufteilung durch die einzelnen elastischen Wirkanteile bestimmt wird, die wiederum sehr stark von der örtlichen Krafteinleitung in die Schraubenverbindung abhängen. In der Realität greift die Betriebskraft nicht an einem Punkt an, sondern wird als Wirkung eines räumlich ausgedehnten Spannungsfeldes zwischen den zu verspannenden Bauteilen und den Schrauben- und Mutterauflagen übertragen. Somit sind bei realen Konstruktionen weitere Überlegungen zur Kraftaufteilung notwendig (s.a. Abschnitt 8.4.6).

8.4.5 Kräfte und Verformungen bei dynamischer Betriebskraft als Längskraft

Nimmt man nun anstelle der bisher statischen Betriebskraft eine dynamische Betriebskraft F_A als Längskraft an, so setzt sich diese aus einem Mittelspannungsanteil F_{Am} und einer Ausschlagsspannung F_{Aa} entsprechend Abbildung 8.29 zusammen:

$$F_A = F_{Am} \pm F_{Aa} \qquad (8.32)$$

Damit schwankt die Betriebskraft F_A zwischen einem oberen Grenzwert F_{Ao} und einem unteren Grenzwert F_{Au}:

$$F_{Ao} = F_{Am} + F_{Aa} \qquad F_{Au} = F_{Am} - F_{Aa} \qquad (8.33)$$

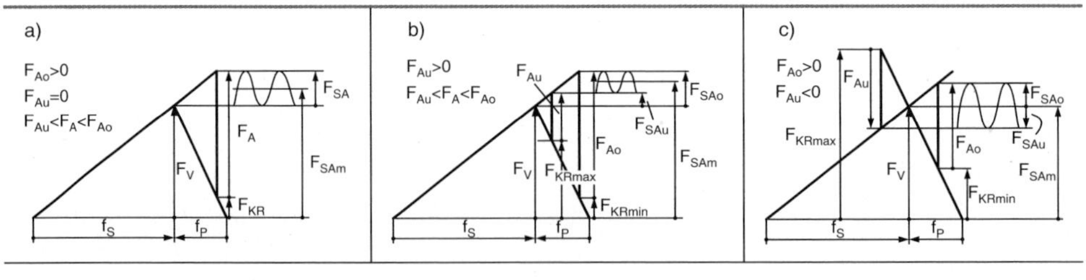

Abbildung 8.29: Verspannungsschaubild bei dynamischen Betriebskräften – a) Schwellende Zugkraft, b) Druckkraft, c) Wechselnde Zug-Druck-Kräfte ($F_{Bo} > 0$, $F_{Bu} < 0$)

Unter Einbeziehung der statischen Vorspannkraft F_V und des Kraftverhältnisses Φ erzeugt die dynamische Betriebskraft nach Abbildung 8.29 eine statische mittlere Schraubenzusatzkraft F_{SAm}:

$$F_{SAm} = F_V + \Phi \cdot \frac{F_{Ao} + F_{Au}}{2} \qquad (8.34)$$

Hinzu kommt die überlagerte Schwingbelastung mit der Kraftamplitude F_{SAa}:

$$F_{SAa} = \frac{F_{SAo} - F_{SAu}}{2} = \Phi \cdot \frac{F_{Ao} - F_{Au}}{2}. \tag{8.35}$$

Die gesamte Schraubenkraft F_S berechnet sich dann zu:

$$F_S = F_{SAm} \pm F_{SAa} \tag{8.36}$$

Ein Vergleich der Verspannungsschaubilder a) und b) in Abbildung 8.29 verdeutlicht, dass bei Schrauben geringer Elastizität (starr bzw. dick) und gleichzeitig elastischen Flanschen (dünne Bauteile) – also einem kleinen Verhältnis der Verformungen von Flansch zu Schraube f_{SV} / f_{PV} – die dynamische Zusatzbeanspruchung in der Schraube F_{SA} größer ausfällt. Da von der zugehörigen Ausschlagskraft F_{SAa} die Dauerbruchgefahr abhängt, bringt ein großes Verhältnis von f_{SV} / f_{PV} – also eine Schraube hoher Elastizität in Kombination mit starren Bauteilen geringer Elastizität – eine deutliche Minderung dieser Ausschlagskraft, gleichbedeutend mit einer Steigerung der Dauerschwingfestigkeit. Dieser Zusammenhang wird insbesondere bei den so genannten Dehnschrauben genutzt, die sich durch eine besonders große Elastizität auszeichnen (s.a. Abschnitt 8.4.7).

8.4.6 Einfluss der Krafteinleitung in die Verbindung

Die Betriebskraft F_A wirkt im Normalfall, anders als die Montagevorspannkraft F_M, nicht an der Außenfläche der verspannten Teile, sondern innerhalb des Bauteils. Somit steht entsprechend Abbildung 8.30 a) bis c) für die Entlastung der verspannten Bauteile nicht die gesamte Klemmlänge l_k, sondern nur ein Anteil $n \cdot l_k$ mit $0 < n < 1$ zur Verfügung. Die verspannten Bauteile verhalten sich in der vorgespannten Verbindung steifer, gleichbedeutend mit einer steileren Kennlinie im Verspannungsdiagramm. Gleichzeitig erfahren die außerhalb der Klemmlänge $n \cdot l_k$ liegenden Bereiche der Verbindung eine zusätzliche Belastung, die der Schraube zuzurechnen ist, wodurch diese wiederum elastischer wirkt und über eine flachere Kennlinie verfügt, Abbildung 8.30 e).

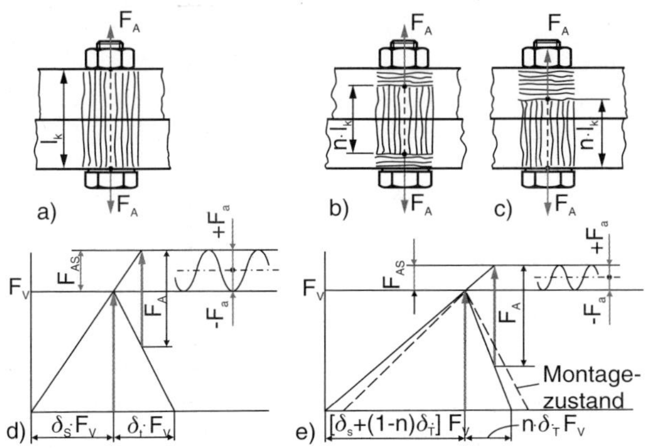

a) Vereinfachte Annahme der Krafteinleitung
b) Tatsächliche Krafteinleitung I
c) Tatsächliche Krafteinleitung II
d) Verspannungsschaubild zur vereinfachten Annahme
e) Verspannungsschaubild zur tatsächlichen Krafteinleitung

Abbildung 8.30: Krafteinleitung bei verspannten Teilen

Dieser Einfluss wird durch den Faktor n erfasst, der das Kraftverhältnis Φ_K bei Krafteinleitung in den Außenflächen mit dem tatsächlichen Kraftverhältnis Φ in Beziehung setzt:

$$\Phi = n \cdot \Phi_K \quad \text{mit} \quad \Phi_K = \frac{\delta_P}{\delta_S + \delta_P} \tag{8.37}$$

Aufgrund der komplexen Belastungsverhältnisse in der Schraubenverbindung lässt sich der Faktor n nur näherungsweise bestimmen oder aber über eine aufwändige Berechnung nach der Finite-Elemente-Methode (FEM) ermitteln.

Zur praktischen Anwendung wird in der VDI 2230 eine Abschätzung des Faktors n gemäß der Zusammenhänge in Abbildung 8.31 vorgeschlagen [8.152]. Hierzu lässt sich jede Verbindung bezüglich der Krafteinleitung in Grund- und Anschlusskörper unterteilen. Dabei umfasst der Grundkörper den Bereich, der die elastischen Verhältnisse der Platte beeinflusst und demzufolge auch den Druckkegel beinhaltet. Der Anschlusskörper dient zur Einleitung der Betriebskräfte in den Grundkörper, wobei der Krafteinleitungsort K_G zur Krafteinleitung in den Grundkörper näherungsweise in die halbe Höhe des Anschlusskörpers gelegt wird.

Ausgehend von diesen Grundüberlegungen ist die Verbindung dann gemäß Abbildung 8.31 einem der Verbindungstypen *SV 1* bis *SV 6* bezüglich der Lage der Krafteinleitungspunkte zuzuordnen, wobei die Trennfuge in dem markierten Bereich liegen muss. Dieser entspricht dem gleichmäßig verspannten und konstruktiv sinnvollen Bereich der Verbindung und kann näherungsweise ermittelt werden, indem ausgehend von der Schraubenauflagefläche ein Kegel mit einem Winkel von 30° zur Schraubenachse eingezeichnet wird.

Weiterhin sind aus der Geometrie der Verbindung die Höhe h, der Abstand a_k sowie die Länge l_A zu ermitteln. Im Falle einer zentrischen Belastung ist $l_A = 0$. Werden unter dem Schraubenkopf oder der Mutter Dehnhülsen verwendet, so geht deren Höhe nicht in die Höhe h ein, solange an ihnen keine äußeren Kräfte angreifen.

In Abhängigkeit von diesen Größen und dem Verbindungstyp kann dann der Krafteinleitungsfaktor n direkt oder durch lineare Interpolation aus den Tabellenwerten in Abbildung 8.31 abgelesen werden. Übliche Werte für den Krafteinleitungsfaktor liegen im Bereich von $n = 0{,}2 \ldots 0{,}4$. Im Falle zu kleiner Krafteinleitungsfaktoren besteht die Gefahr, dass die Verbindung möglicherweise zum Klaffen neigt, so dass die Voraussetzungen für die vereinfachte Ermittlung nicht mehr gegeben sind. Zum weiteren Vorgehen sei in diesem Fall auf die VDI 2230 verwiesen [8.152].

Auch wenn sich die aufgeführten Verbindungstypen zunächst nur auf Durchsteckschraubenverbindungen (DSV) beziehen, so lassen sich mithilfe der Verbindungstypen *SV* 1, *SV* 2 und *SV* 4 auch Einschraubverbindungen (ESV) beschreiben, wobei die untere Platte dann die Einschraubseite darstellt. Die Höhe h ergibt sich aus der Höhe der oberen Platte, während sich bei versenktem Gewinde die Höhe h auf den Beginn des Gewindes bezieht.

Für balkenartige Verbindungen kann gemäß VDI 2230 ein Krafteinleitungsfaktor von $n = 0{,}4$ angenommen werden. Dabei gilt für balkenartige Verbindungen gemäß Abbildung 8.25, dass die Höhe des Anschlusskörpers nicht wesentlich kleiner als die des Grundkörpers und die Länge bedeutend größer als die Breite und Höhe sind und der Kraftangriff außerhalb des Verformungskörpers erfolgt [8.152].

Bei ausschließlich quer beanspruchten Schraubenverbindungen und für vereinfachte Überschlagsrechnungen längs beanspruchter Verbindungen setzt man den ungünstigen Grenzwert $n = 1$ an.

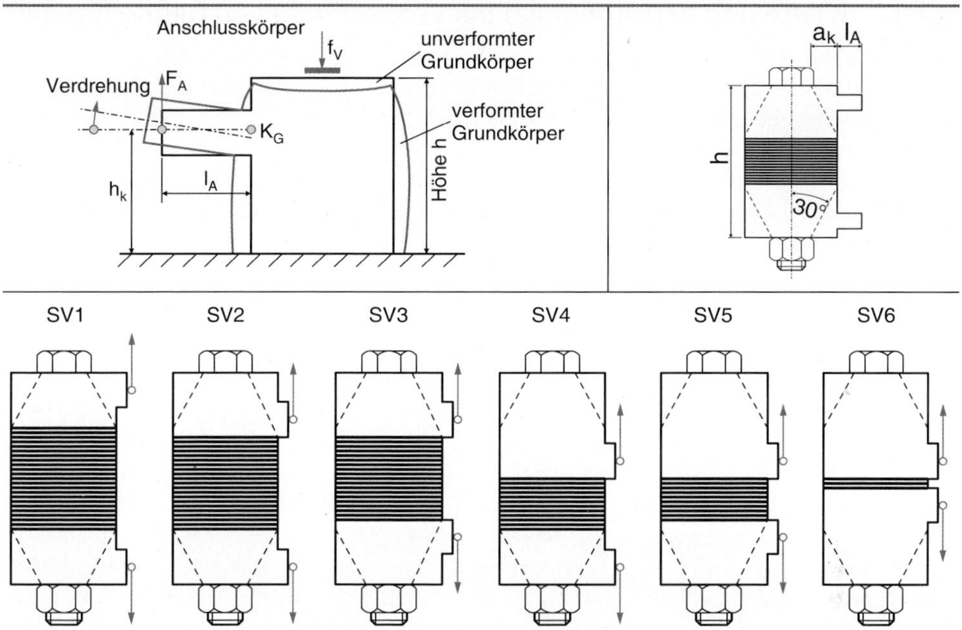

l_A/h	0,00				0,10				0,20				≥ 0,30			
a_k/h	0,00	0,10	0,30	≥ 0,50	0,00	0,10	0,30	≥ 0,50	0,00	0,10	0,30	≥ 0,50	0,00	0,10	0,30	≥ 0,50
SV 1	0,70	0,55	0,30	0,13	0,52	0,41	0,22	0,10	0,34	0,28	0,16	0,07	0,16	0,14	0,12	0,04
SV 2	0,57	0,46	0,30	0,13	0,44	0,36	0,21	0,10	0,30	0,25	0,16	0,07	0,16	0,14	0,12	0,04
SV 3	0,44	0,37	0,26	0,12	0,35	0,30	0,20	0,09	0,26	0,23	0,15	0,07	0,16	0,14	0,12	0,04
SV 4	0,42	0,34	0,25	0,12	0,33	0,27	0,16	0,08	0,23	0,19	0,12	0,06	0,14	0,13	0,10	0,03
SV 5	0,30	0,25	0,22	0,10	0,24	0,21	0,15	0,07	0,19	0,17	0,12	0,06	0,14	0,13	0,10	0,03
SV 6	0,15	0,14	0,14	0,07	0,13	0,12	0,10	0,06	0,11	0,11	0,09	0,06	0,10	0,10	0,08	0,03

Abbildung 8.31: Krafteinleitungsfaktor n zu den Verbindungstypen SV 1 bis SV 6 nach VDI 2230 [8.152]

Somit sinkt die Gesamtbelastung der Schraube mit kleiner werdendem n. Im Grenzfall $n = 0$, d.h., wenn die Kräfte direkt in der Teilungsfuge der zusammengedrückten Flansche übertragen werden, wird die Schraube nicht mehr zusätzlich belastet, so dass gilt:

$$F_{SA} = F_A \cdot n \cdot \Phi_K = 0 \tag{8.38}$$

Demzufolge lassen sich die dynamischen Zusatzbelastungen einer Schraube wie folgt verringern:

- Verlegung der Kraftangriffsebenen auf die Flanschteilungsebenen
- Erhöhung der elastischen Nachgiebigkeit der Schraube (Dehnschraube – s.a. Abschnitt 8.4.7)
- Erhöhung der Steifigkeit der zu verbindenden Bauteile

8.4.7 Kräfte und Verformungen bei Verwendung von Dehnschrauben

Entsprechend den vorangegangenen Abschnitten lassen sich die Schraubenbelastungen bei dynamisch wirkenden Betriebskräften durch eine möglichst elastische Gestaltung der Schraube oder durch eine steifere Ausführung der zu verspannenden Bauteile begrenzen. Abbildung 8.32 zeigt verschiedene Ausführungen von Dehnschrauben sowie die Auswirkung der größeren Elastizität im Verspannungsschaubild. Die Gestaltung ist möglich als Schaftschraube und als hohl gebohrte Schraube. Die Schaftdurchmesser sind nicht genormt, werden jedoch meistens mit Durchmessern von $d_t = 0{,}9$ bis $0{,}7 \cdot d_3$ ausgeführt. Nachteilig ist die geringe mögliche Vorspannkraft aufgrund des kleineren Querschnitts A_T. Gegebenenfalls müssen durch konstruktive Maßnahmen die aus der Gewindereibung herrührenden Torsionsspannungen vermieden werden.

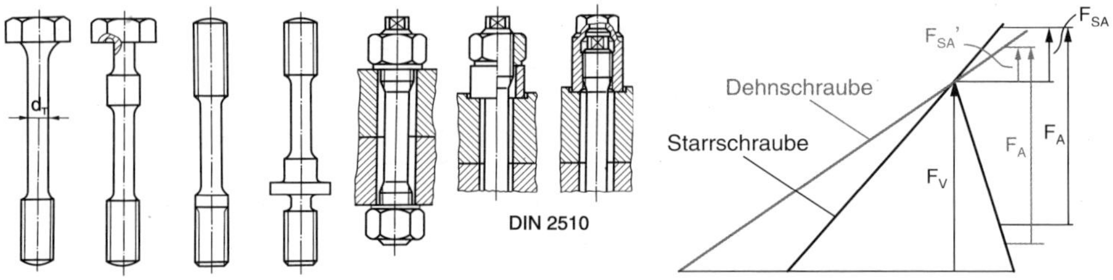

Abbildung 8.32: Verschiedene Schrauben und Schraubenverbindungen mit Dehnschaft

Passbunde und Ansätze dienen zur Lagesicherung der Trennflächen und zentrieren die Schrauben in der Bohrung. Zur Minimierung der Kerbwirkung ist ein gut gerundeter Übergang vom Schaft zum Kopf besonders wichtig. Die Anforderungen an die Oberflächengüte der Dehnschäfte müssen nicht besonders hoch sein, da auch bei Versuchen mit Rauheiten von $R_t = 25\ \mu\text{m}$ die Brüche im Gewinde auftraten [8.141].

Die Hauptanwendungsgebiete von Dehnschrauben sind:

- thermisch beanspruchte und dynamisch belastete Verbindungen (z.B. Turbinenflanschverschraubungen),
- Verbindungen mit überlagerten Biegewechselbeanspruchungen (z.B. Pleuelverschraubungen),
- fallweise bei möglichen plastischen Verformungen beim Anziehen über die Streckgrenze.

8.4.8 Setzen der Verbindung

Neben den elastischen Verformungen treten in einer Schraubenverbindung nach der Montage Setzerscheinungen auf, die überwiegend durch das plastische Einebnen von Oberflächenrauigkeiten bedingt sind und gemäß Abbildung 8.33 den Setzbetrag f_Z hervorrufen. Diese Setzvorgänge sind zeitabhängig und bedingen aufgrund der Verminderung der elastischen Verformungen auch eine Verminderung der Vorspannkraft. Demzufolge kommt es unter Einwirken von Betriebslasten auch zu einer Verminderung der Restklemmkraft.

Da bereits während des Anziehens die Rauheiten in den Oberflächen bleibend vorverformt werden, treten nach der Montage nur noch geringe Nachsetzbeträge auf. Diese sind immer kleiner als die eigentlichen Oberflächenrauheiten. Die Setzbeträge können an allen auf Druck belasteten Oberflächen innerhalb der Verbindung auftreten. Hierzu gehören das miteinander verschraubte Gewinde von Schraubenbolzen und Mutter, die auf Druck beanspruchten Flächen unter dem Schraubenkopf bzw. der Mutter und sämtliche Trennfugen zwischen den verspannten Bauteilen. Die Summe des Gesamtsetzbetrages nimmt mit der Anzahl der Trennfugen und Kontaktflächen zu. Ferner hat auch die Steifigkeit der Verbindung einen Einfluss auf die Schnelligkeit der eintretenden Setzvorgänge. So verlieren starre Schraubenverbindungen schneller an Vorspannkraft als nachgiebige, der absolute Betrag ist am Ende jedoch bei beiden Verbindungen gleich. Liegen keine versuchstechnisch ermittelten Setzbeträge f_Z vor, so können die Werte nach Tabelle 8.4 aus den jeweiligen Anteilen für das Gewinde und die Trennfugen summiert werden, wobei die Werte nur für die Paarung Stahl-Stahl gültig sind, da bei Aluminiumbauteilen mit deutlich höheren Setzbeträgen zu rechnen ist:

$$f_Z = f_{Z,Gewinde} + f_{Z,Kopfauflage} + f_{Z,Mutterauflage} + f_{Z,Trennfuge} \tag{8.39}$$

Für massive Verbindungen mit Sechskantschrauben nach DIN EN ISO 4014 beträgt f_Z [8.99]:

$$f_Z \approx 3{,}29 \cdot \left(\frac{l_K}{d}\right)^{0{,}34} \cdot 10^{-3}\ \text{mm} \tag{8.40}$$

Für Dehnschaftschrauben mit dem Elastizitätsmodul E_S gilt näherungsweise:

$$f_Z \approx 3{,}16 \cdot \left(l_K \cdot \delta_S \cdot E_S\right)^{0{,}17} \cdot 10^{-3}\ \text{mm} \tag{8.41}$$

Dabei ist zu beachten, dass die Setzbeträge nur für den Fall gelten, dass die Grenzflächenpressungen unter dem Schraubenkopf nicht überschritten werden, da dann bereits durch das Fließen des Werkstoffes größere Spannkraftverluste eintreten können. Dies kann auch auftreten, wenn sehr weiche Bauteile, z.B. weiche Unterlegscheiben, in der Schraubenverbindung mitverspannt werden. Aus dem gleichen Grund sind auch Beschichtungen (Korrosionsschutz) unter den Kopf- und Mutternauflageflächen sowie den Trennfugen zu vermeiden. In derartigen Fällen wird die experimentelle Bestimmung der Setzbeträge empfohlen.

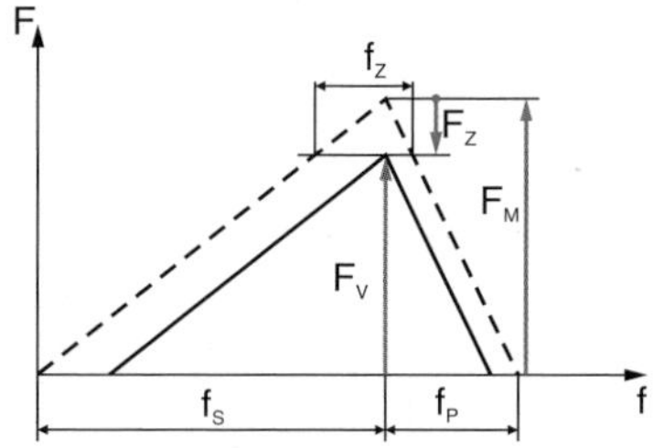

Zusammenhang zwischen Vorspannkraftverlust F_Z und Setzbetrag f_Z:

$$\frac{F_Z}{F_M} = \frac{f_Z}{f_{SM} + f_{PM}} = \frac{f_Z}{\delta_S \cdot F_M + \delta_P \cdot F_M} \tag{8.42}$$

Abbildung 8.33: Vorspannkraftverlust F_Z und Setzbetrag f_Z im Verspannungsschaubild für $n = 1$

Mit den Nachgiebigkeiten δ_S, δ_P und dem Kraftverhältnis Φ folgt für den Vorspannkraftverlust F_Z:

$$F_Z = \frac{f_Z}{\delta_S + \delta_P} = \frac{f_Z \cdot (1-\Phi)}{\delta_S} = \frac{f_Z \cdot \Phi}{\delta_P} \tag{8.43}$$

	Richtwerte für Setzbeträge f_z in μm					
	Im Gewinde		Je Kopf- oder Mutterauflage		Je innere Trennfuge	
Gemittelte Rautiefe R_z nach DIN 4768	Zug/Druck	Schub	Zug/Druck	Schub	Zug/Druck	Schub
< 10 µm	3	3	2,5	3	1,5	2
10 µm bis < 40 µm	3	3	3	4,5	2	2,5
40 µm bis < 160 µm	3	3	4	6,5	3	3,5

Tabelle 8.4: Richtwerte für Setzbeträge der Paarung Stahl-Stahl nach VDI 2230 [8.152]

Die Montagevorspannkraft F_M wird um den Vorspannkraftverlust F_Z vermindert, so dass als tatsächliche Vorspannkraft F_V nach dem Setzvorgang zur Verfügung steht:

$$F_V = F_M - F_Z \tag{8.44}$$

8.4.9 Kräfte und Verformungen bei statischer oder dynamischer Querkraft

Bei einer senkrecht zur Schraubenachse wirkenden Betriebskraft (Querkraft) gibt es zwei Möglichkeiten der Kraftübertragung in der Verbindung. Zunächst kann die vorhandene Querkraft F_Q über Reibungsschluss in der Verbindung aufgenommen werden. Dieser Fall ist in den beiden Beispielen der Abbildung 8.34 dargestellt.

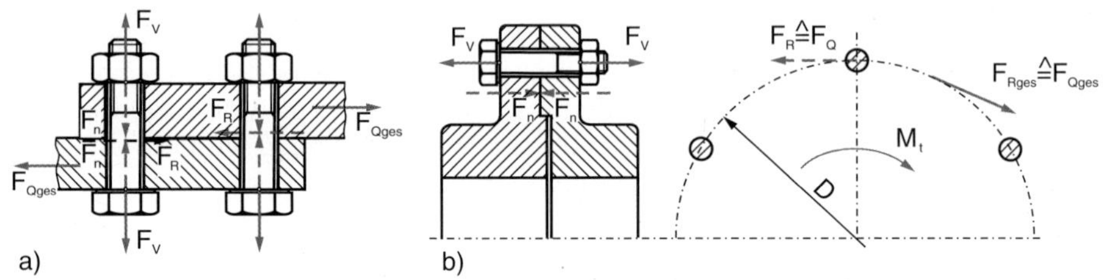

Abbildung 8.34: Quer beanspruchte, reibschlüssige Schraubenverbindungen – a) Allgemeiner Fall, b) Drehmomentübertragung [8.146]

Sowohl bei der allgemein dargestellten Verbindung a) als auch bei dem speziellen Fall b) der Drehmomentübertragung durch Reibschluss (z.B. an einem Kupplungsflansch) werden die Schrauben so hoch vorgespannt, dass in der Verbindung eine Reibkraft F_R entsteht, die größer ist als die auftretende Querkraft F_Q:

$$F_R = \mu_{Tr} \cdot F_{Vmin} > F_Q \tag{8.45}$$

Diese Reibkraft wird über die Mindestvorspannkraft F_{Vmin} und über die Haft-Reibungs-Zahl μ_{Tr} in der Trennfuge zwischen den Bauteilen nach Tabelle 8.5 erzeugt.

Dabei erfolgt eine Aufteilung der gesamten Querkraft F_Q auf z Schrauben unter Berücksichtigung einer Mindestsicherheit S_{Hmin} nach Tabelle 8.6, die die Ungenauigkeiten bzw. Streuungen der Reibungszahl abdecken soll:

$$F_{KR\,min} = F_{V\,min} = \frac{F_Q \cdot S_{H\,min}}{\mu_{Tr} \cdot z} \tag{8.46}$$

Die Mindestsicherheit S_{Hmin} hängt dabei im Maschinenbau von der Belastungsart (ruhend oder schwingend) ab, bei Stahlbauanwendungen ist der jeweilige Lastfall zu berücksichtigen (s.a. Tabelle 7.9 im Abschnitt 7.5.2) [8.78].

μ_{Tr} für Anwendungen im Maschinenbau

gegen	**Stahl/Stahlguss allgemein**	**Stahl/Stahlguss geschmiert**	**Stahl gereinigt**	**Stahl einsatz-gehärtet**
Stahl	0,10 bis 0,30	0,07 bis 0,12	0,15 bis 0,40	0,04 bis 0,15
gegen	**GJL**	**GJL geschmiert**	**GJL gereinigt**	**Kupferlegierung**
Stahl	0,11 bis 0,24	0,06 bis 0,10	0,26 bis 0,31	0,07 bis 0,25
gegen	**GJL**	**GJL geschmiert**	**GJL gereinigt / entfettet**	**GJS**
GJL	0,15 bis 0,30	0,06 bis 0,20	0,09 bis 0,36	0,13 bis 0,26
gegen	**GJS**	**GJS geschmiert**	**GJS gereinigt / entfettet**	**GJL**
GJS	0,25 bis 0,52	0,08 bis 0,12	0,08 bis 0,25	0,13 bis 0,26
gegen	**Stahl**	**Stahl geschmiert**	**GJL**	**GJL geschmiert**
Bronze	0,12 bis 0,28	0,18	0,28	0,15 bis 0,20
gegen	**Aluminium**	**Alu geschmiert**	**Alu gereinigt / entfettet**	**Stahl trocken / geschmiert**
Aluminium	0,19 bis 0,41	0,07 bis 0,12	0,10 bis 0,32	0,07 bis 0,28 / 0,05 bis 0,18

μ_{Tr} für Anwendungen im Stahlbau nach DIN 18800 [8.78]

0,5	Stahl oder GS ungehärtet / Stahl oder GS ungehärtet – gefräst, kiesgestrahlt oder flamm-gestrahlt oder sandgestrahlt oder gleitfester Anstrich – trocken

Tabelle 8.5: Haft-Reibungs-Zahlen μ_{Tr} in der Trennfuge zwischen den Bauteilen nach VDI 2230 [8.152]

S_{Hmin} im Maschinenbau

1,3	Bei ruhender Belastung
1,5	Bei schwingender Belastung
$\geq 2{,}5$	Bei großen Wellenkupplungen (Schrauben < M56) mit überlagerter Wechselbiegung

S_{Hmin} im Stahlbau (nach DIN 18800) für gleitfeste (GV) Verbindungen [8.78]

1,25	Für Lastfall H
1,1	Für Lastfall HZ

Tabelle 8.6: Mindest-Rutsch-Sicherheiten S_{Hmin} (Haftsicherheiten) für quer belastete Reibschlussverbindungen mit Durchsteckschraube

Zusätzlich bieten sich Stifte, Scherbuchsen, Zentrierbunde oder Zentrierleisten als Formschlusselemente an, um einen Teil der Querkraft aufzunehmen. Von Nachteil ist dabei jedoch, dass die Aufteilung zwischen Reibschluss und Formschluss (durch Zentrierelemente) nicht bekannt ist, weshalb man in der Praxis eigentlich immer nur mit einem Anteil rechnet, um auf der sicheren Seite zu bleiben.

Die ausschließliche Übertragung durch Formschlusselemente als zweite Möglichkeit der Übertragung von statischen oder dynamischen Querkräften in Schraubenverbindungen ist in Abbildung 8.35 a) bis c) dargestellt.

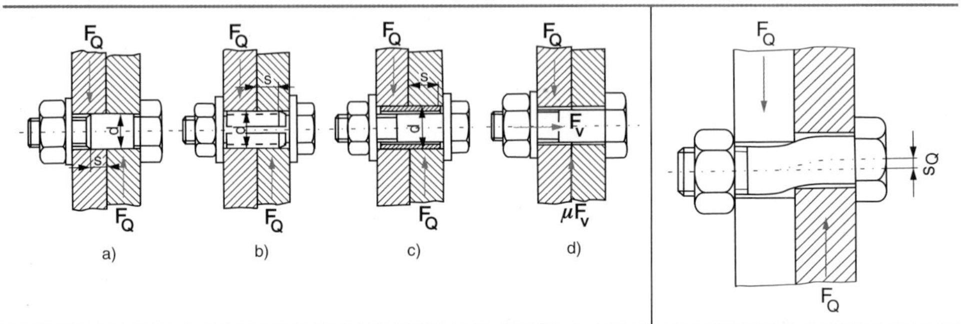

a) Passschraube b) Spannhülse	c) Scherbuchse d) Durchsteckschraube	Schraubenverformung bei Gleiten im Fall d)

Abbildung 8.35: Quer beanspruchte Schraubenverbindungen

Dabei kommen als Formschlusselemente die Passschraube (insbesondere im Stahl-, Kran- und Brückenbau), die Spannhülse und die Scherbuchse infrage (s.a. Kapitel 9). Zum direkten Vergleich zeigt die Skizze d) nochmals die Durchsteckverbindung zur ausschließlichen Kraftübertragung durch Reibschluss und die mögliche Schraubenverformung im Falle des Gleitens der Verbindung.

Betrachtet man im Weiteren die Übertragung von Querkräften im Stahlbau mittels Schraubenverbindungen, so gelten sinngemäß die gleichen Richtlinien wie für Nietverbindungen, allerdings sind auch Verbindungen mit nur einer Schraube zulässig. Bei gleitfesten vorgespannten Verbindungen (GV-Verbindungen) wird wegen der günstigen Kraftüberleitung für mehrreihige Verbindungen die rechteckige Schraubenanordnung gegenüber der sonst vorteilhafteren rautenförmigen Anordnung bevorzugt, Abbildung 8.36.

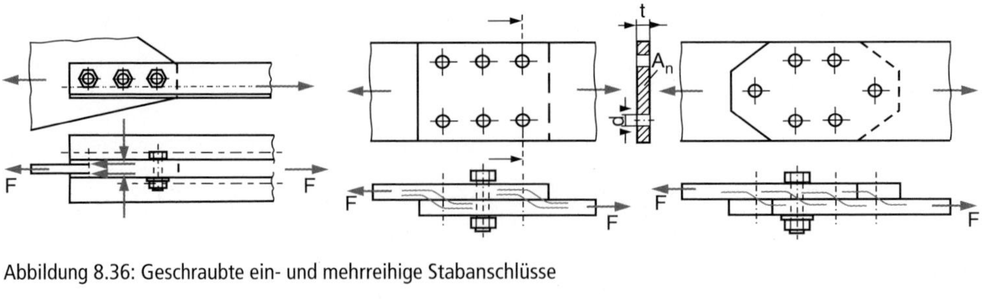

Abbildung 8.36: Geschraubte ein- und mehrreihige Stabanschlüsse

Auch wenn bei Schraubenverbindungen die äußeren Kräfte nahezu vollständig über Reibungsschluss aufgenommen werden können, erfolgt die Berechnung quer beanspruchter Schrauben im Stahlbau auf Abscheren und Lochleibungsdruck, vergleichbar mit den Nietverbindungen (s.a. Kapitel 6). Somit gelten die nachfolgenden Berechnungsgleichungen für die vorhandene Abscherspannung τ_a sowie den vorhandenen Lochleibungsdruck σ_l wie bei Nietverbindungen:

$$\tau_a = \frac{F_Q}{A} \leq \tau_{a,zul} \tag{8.47}$$

$$\sigma_l = \frac{F_Q}{d_{Sch} \cdot t_{min}} \leq \sigma_{l,zul} \tag{8.48}$$

Hierin bezeichnen F_Q die von der Verbindung je Schraube und je Scherfuge bzw. je Bauteildicke zu übertragende Querkraft und A die Schaftquerschnittsfläche bzw. den Spannungsquerschnitt, wenn das Gewinde in der Trennfuge liegt. Mit d_{Sch} wird der Schaftdurchmesser bei Sechskantschrauben nach DIN 7990 (Passschaftdurchmesser gleich Lochdurchmesser bei Sechskant-Passschrauben nach DIN 7968 und DIN EN 14399) bezeichnet und t_{min} ist die kleinste Summe der Bauteildicken mit in gleicher Richtung wirkendem Lochleibungsdruck [8.71], [8.75], [8.84].

Die zulässige Scherspannung $\tau_{a,zul}$ und der zulässige Lochleibungsdruck $\sigma_{l,zul}$ sind abhängig vom Werkstoff der Schrauben und der Bauteile im Abschnitt 8.6.7 zusammengestellt.

Für hochfest vorgespannte Schrauben (HV-Schrauben) gemäß Abbildung 8.37 ergibt sich eine höhere Scher- und Lochleibungsfestigkeit, insbesondere bei hoher Vorspannung. Es sind ebenfalls die vorhandene Abscherspannung τ_a sowie der vorhandene Lochleibungsdruck σ_l nach Gleichung (8.47) und (8.48) nachzuweisen.

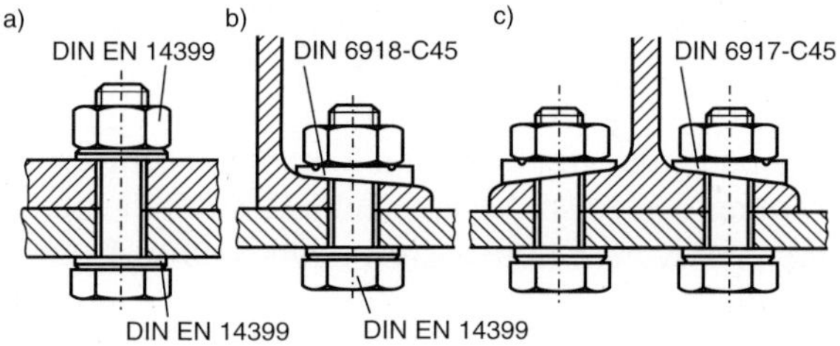

Abbildung 8.37: Hochfeste vorgespannte Schraubenverbindungen im Stahlbau (HV-Verbindungen) – a) Bleche, b) U-Träger, c) I-Träger

Für gleitfeste Verbindungen (GV-Verbindungen) mit planmäßig vorgespannten hochfesten Schrauben ist jedoch zusätzlich noch ein Gebrauchstauglichkeitsnachweis zu führen, indem die zulässige übertragbare Kraft (Grenzgleitkraft) F_{zul} einer Schraube je Reibungsfläche senkrecht zur Schraubenachse nicht überschritten wird:

$$F_{zul} = \mu \cdot \frac{F_V}{1{,}15 \cdot S_M} \tag{8.49}$$

Hierin bezeichnen F_V die Schraubenvorspannkraft nach Tabelle 8.7 und $S_M = 1{,}0$ einen Teilsicherheitsbeiwert nach DIN 18800. Die Reibungszahl ist unter der Maßgabe einer sorgfältigen Reibflächenvorbereitung immer mit $\mu = 0{,}5$ anzunehmen. Der Zahlenwert 1,15 ist ein Korrekturfaktor zur Berücksichtigung der vereinfachten Annahme der Wirkung der Zugkraft.

Schraubengröße	M12	M16	M20	M22	M24	M27	M30	M36
Vorspannkraft F_V in kN	50	100	160	190	220	290	350	510

Tabelle 8.7: Vorspannkräfte für hochfeste Schrauben im Stahlbau nach DIN 18800 [8.78]

Ist die zu übertragende Kraft F im Anschluss bekannt, so lässt sich über den Schraubendurchmesser und die dazugehörende Vorspannkraft nach Tabelle 8.7 die zur gleitfesten Kraftübertragung erforderliche Schraubenanzahl n bestimmen, wobei m die Anzahl der Scher- bzw. Reibflächen zwischen den verspannten Bauteilen bezeichnet:

$$n \geq \frac{F}{F_V} \cdot \frac{1{,}15 \cdot S_M}{\mu \cdot m} \tag{8.50}$$

Liegt eine Verbindung mit Zugbeanspruchung in Richtung der Schraubenachse vor, so wird die äußere Belastung F_z rechnerisch ausschließlich den Schrauben zugewiesen, Abbildung 8.38. Daraus ergibt sich eine Verminderung der zulässigen übertragbaren Kraft je Reibungsfläche der vorgespannten Schraube (Passschraube) im Gebrauchstauglichkeitsnachweis nach Gleichung (8.47):

$$F_{zul} = \mu \cdot \frac{F_V - F_z}{1{,}15 \cdot S_M} \tag{8.51}$$

Zusätzlich sind bei gleichzeitiger Beanspruchung auf Zug und Abscheren sowohl der Einzelnachweis auf Zug als auch der folgende Interaktionsnachweis unabhängig voneinander zu führen:

$$\left(\frac{\sigma_z}{\sigma_{z,zul}}\right)^2 + \left(\frac{\tau_a}{\tau_{a,zul}}\right)^2 \leq 1 \tag{8.52}$$

Ähnlich wie bei genieteten und geschweißten Bauteilen ist auch bei Schraubenverbindungen die Schwächung des Anschlussquerschnittes durch die Schraubenlöcher zu berücksichtigen. Bei einer Kraft F im Anschlussquerschnitt A_n gilt für die auftretende bzw. zulässige Zugspannung:

$$\sigma_z = \frac{F}{A_n} = \frac{F}{A - d \cdot t \cdot z} \leq \sigma_{z,zul} = \frac{R_e}{S_M} = \frac{R_m}{S} \tag{8.53}$$

Hierin bezeichnen A die volle, ungeschwächte Querschnittsfläche, d den Lochdurchmesser, t die Bauteildicke und z die Anzahl der das Bauteil schwächenden Löcher. Im Stahlbau bestimmt sich die zulässige Zugspannung aus der Streckgrenze R_e und einem Teilsicherheitsbeiwert von S_M = 1,1, im Maschinenbau (nicht geregelter Bereich) ist die Bruchfestigkeit R_m mit einer Sicherheit von S = 2,0 zu verwenden, im Kranbau sind die Werte der DIN 15018 zu entnehmen (s.a. Tabelle 7.10) [8.76].

Mit der folgenden Gleichung lässt sich umgekehrt nach DIN 18800 die zulässige Querkraft für planmäßig vorgespannte Verbindungen (GVP-Verbindungen) bestimmen [8.78]:

$$F_{Qzul} = 0{,}5 \cdot F_{SLP} + F_{GV} \tag{8.54}$$

Hierin bezeichnen F_{GV} die zulässige, durch Reibschluss übertragbare Querkraft nach Gleichung (8.44) und F_{SLP} die zulässige, durch Formschluss (Scherbeanspruchung) übertragbare Querkraft nach Gleichung (8.45).

Eine weitere Besonderheit im Stahlbau sind momentenbelastete (schubbelastete) Anschlüsse gemäß Abbildung 8.38. Bei diesen geht die Wirkungslinie der resultierenden äußeren Kraft F in größerem Abstand am Schwerpunkt der Schraubenverbindung vorbei (z.B. bei Anschlüssen von Biegeträgern, Konsolblechen). Sie sind genauso zu berechnen wie die Nietverbindungen in Abbildung 6.11 und Abbildung 6.12 in Kapitel 6.

Bei dem Konsolanschluss in Abbildung 8.38 muss zusätzlich zur Auflagekraft F noch ein Biegemoment $M_B = F \cdot l_a$ in der Verbindung aufgenommen werden. Die Schubwirkung aus der Kraft F wird von allen Schrauben gleichmäßig, am besten durch Reibungsschluss, aufgenommen. Die Verbindung wird auf Abscheren und Lochleibung mittels der Gleichungen (8.47) und (8.48) überprüft. Bedingt durch die Kippwirkung des Biegemomentes M_B tritt am unteren Ende der Konsole die eingezeichnete Pressungsverteilung auf, die durch eine Druckkraft angenähert werden kann, die im „Druckmittelpunkt" D im Abstand von ungefähr h / 4 von der Konsolunterkante angreift [8.146]. Dabei haben die Schrauben oberhalb des Druckpunktes D die Zugkräfte F_n aufzunehmen, die sich proportional zu ihren Abständen l_n von D verhalten:

$$F_1 : F_2 : \ldots : F_n = l_1 : l_2 : \ldots : l_n \tag{8.55}$$

Aus der Forderung des Momentengleichgewichtes um den Punkt D folgt:

$$M_b = F \cdot l_a = F_1 \cdot l_1 + F_2 \cdot l_2 + \ldots + F_n \cdot l_n \tag{8.56}$$

Durch Einsetzen und Umformen erhält man bei einer Anzahl z beanspruchter Schrauben die größte Zugkraft in einer Schraube F_{max}:

$$F_{max} = \frac{M_b}{z} \cdot \frac{l_1}{l_1^2 + l_2^2 + \ldots + l_n^2} \tag{8.57}$$

Mit dieser Kraft F_{max} ist dann die Einhaltung der zulässigen Zugspannung $\sigma_{z,zul}$ in der Schraube nachzuweisen:

$$\sigma_z = \frac{F_{max}}{A} \le \sigma_{z,zul} \tag{8.58}$$

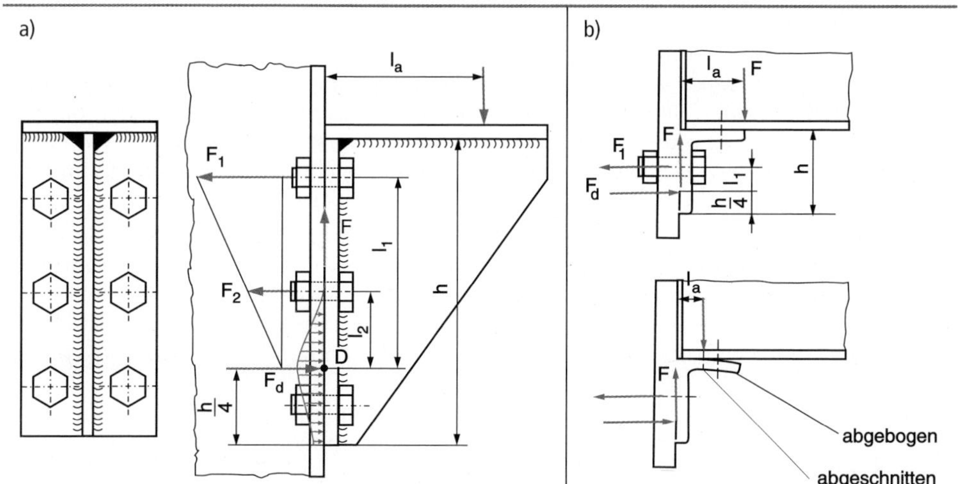

Abbildung 8.38: Konsolanschluss mit Schraubenverbindung [8.146]

Hierin bezeichnen A den maßgebenden Schraubenquerschnitt (im Kranbau der Kernquerschnitt A_3 und im Stahlbau der Spannungs- oder Schaftquerschnitt A_S bzw. A_{Sch}) und $\sigma_{z,zul}$ die zulässige Zugspannung, die wie folgt zu ermitteln ist:

$$\sigma_{z,zul} = \frac{R_e}{1{,}1 \cdot S_M} \quad \text{bezogen auf } A_S$$
$$\sigma_{z,zul} = \frac{R_m}{1{,}25 \cdot S_M} \quad \text{bezogen auf } A_{Sch} \qquad (8.59)$$

Der Teilsicherheitsbeiwert nach DIN 18800 ist wiederum $S_M = 1{,}1$; R_e und R_m ergeben sich aus den Festigkeitsklassen der verwendeten Schrauben.

Sind die Stirnplatten steif genug, kann der Anschluss am besten als zugfeste Verbindung mit planmäßig vorgespannten, hochfesten Schrauben ausgeführt werden (GV-Verbindung). In ähnlicher Weise kann die Berechnung auch für die Winkelstähle nach Abbildung 8.38 b) vorgenommen werden. Dabei lassen sich das Biegemoment und die entsprechende Schraubenkraft verringern, indem der Auflageschenkel abgebogen oder abgetrennt wird. Um bei der Berechnung auf der sicheren Seite zu bleiben, wird man jedoch die angreifende Kraft F zunächst an der Außenseite des Schenkels annehmen.

8.4.10 Sichern von Schraubenverbindungen

In einer vorgespannten Schraubenverbindung muss während der gesamten Betriebszeit eine genügend große Klemmkraft erhalten bleiben, um die Bauteile mit einer bestimmten Kraft zusammenzuklemmen. Dies wird nach dem Anziehen durch Selbsthemmung aufgrund von Reibung im Gewinde und an den Kopfauflageflächen erreicht, so dass sich ordnungsgemäß angezogene Schraubenverbindungen auch unter schwingenden oder stoßhaften Betriebskräften nicht von selbst lösen.

Dennoch lässt sich bei Schraubenverbindungen nach einer bestimmten Zeit eine Abnahme der Klemmkraft beobachten, die auf zwei völlig verschiedenartige Ursachen zurückgeht:

- Lockern der Schraubenverbindung infolge Setzens und Kriechens – Beim Anziehen werden Oberflächenrauigkeiten der Gewindeflanken, der Kopf- und Mutterauflageflächen und aller Trennflächen zwischen den verspannten Bauteilen eingeebnet. Dieser Vorgang tritt insbesondere nach der Montage auf und wird als Setzen bezeichnet. Bei besonders hohen Betriebstemperaturen kann es in einer vorgespannten Schraubenverbindung zum Kriechen der beanspruchten Werkstoffe kommen. Sowohl das Setzen als auch das Kriechen bewirken ein Nachlassen der Klemmkraft aufgrund des Vorspannkraftverlustes, so dass sich die Verbindung lockern kann.
- Losdrehen (selbsttätig) als Folge der Relativbewegung der Kontaktflächen – Bei dynamischer Beanspruchung können Relativbewegungen zwischen den Berührungsflächen auftreten. Gerade bei quer belasteten Schraubenverbindungen besteht diese Gefahr, sobald durch eine Minderung der Klemmkraft der erforderliche Reibschluss zwischen den verspannten Bauteilen nicht mehr vorhanden ist. Ebenso können schwingende axiale Belastungskräfte die Reibung zwischen den Gewindeflanken und in den Kopf- und Mutterauflageflächen so abmindern, dass ein Losdrehmoment wirksam werden kann, welches ein teilweises oder vollständiges Losdrehen ermöglicht.

Dabei lässt sich das Losdrehmoment M_L für eine nach dem Setzen verbliebene Vorspannkraft F_{Vmin} (minimale Vorspannkraft im ungünstigsten Fall) näherungsweise wie folgt bestimmen:

$$M_L \approx F_{V\,min} \cdot \frac{d_2}{2} \cdot \tan\varphi - F_{V\,min} \cdot \left[\frac{d_2}{2} \cdot \tan\rho' + \frac{d_w + d_a}{4} \cdot \mu_K\right]$$
$$M_L \approx F_{V\,min} \cdot A - F_{V\,min} \cdot [B + C] \qquad (8.60)$$

Hierin entspricht der Term $F_{Vmin} \cdot A$ dem inneren Lösemoment, der Anteil B dem Haltemoment im Gewinde und C dem Haltemoment in der Auflagefläche mit φ als Steigungswinkel, ρ' als Reibungswinkel, d_2 als Flankendurchmesser, d_w als Kopfauflagedurchmesser sowie d_a als Reibflächendurchmesser und μ_K als Reibungszahl an der Kopfauflage.

Da bei statischer Beanspruchung der Reibungswinkel ρ' immer größer ist als der Steigungswinkel φ, ist bereits das Haltemoment im Gewinde größer als das innere Lösemoment, wobei das Reibmoment unter dem Schraubenkopf diese Wirkung noch verstärkt. Solange also eine minimale Vorspannkraft F_{Vmin} wirkt, ist wegen der Selbsthemmung kein Losdrehen möglich. Einschränkend ist allerdings zu beachten, dass der Selbsthemmungszustand einen Ruhezustand darstellt, es gelten also die Reibungszahlen der Ruhe μ_0 (Haftreibungszahlen). Dieser Ruhezustand ist in dem Moment nicht mehr gegeben, wenn Erschütterungen oder Schwingungen auftreten, mithin also eine dynamische Beanspruchung vorliegt. Dann treten an die Stelle der Haftreibungszahlen μ_0 die kleineren Reibungszahlen der Bewegung μ (Gleitreibungszahlen), so dass der Selbsthemmungszustand nicht mehr notwendigerweise gegeben sein muss. So haben sich z.B. die nicht vorgespannten Schraubenverbindungen, mit denen schwere Glasplatten über Drahtseile an einer Gebäudedecke befestigt waren, selbsttätig gelöst, da durch regelmäßige Erschütterungen des Gebäudes aufgrund vorbeifahrender Straßenbahnen wahrscheinlich der Selbsthemmungszustand der Verschraubung aufgehoben wurde. Ein derartiger Abbau des Reibschlusses im Gewinde, bedingt durch kleine axiale Gleitbewegungen aufgrund hoher axialer Schwingkräfte, bezeichnet man auch als „Atmen" des Gewindes.

Wie bereits eingangs erwähnt, benötigt eine richtig ausgelegte Schraubenverbindung – insbesondere bei Verwendung von Schrauben der Festigkeitsklasse 8.8 und höher – im Allgemeinen keine zusätzliche Schraubensicherung. Es besteht sogar die Gefahr, dass durch eine unsachgemäße Verwendung der in Abschnitt 8.2.3 genannten Sicherungselemente die Zuverlässigkeit einer Schraubenverbindung beeinträchtigt werden kann.

Deshalb sieht man Sicherungselemente üblicherweise nur vor, wenn sich aus konstruktiven Gründen ein selbsttätiges Lösen nicht verhindern lässt, z.B. bei begrenzter Vorspannkraft oder sehr kurzen Schrauben.

Während man Setzvorgänge rechnerisch gemäß Abschnitt 8.4.8 berücksichtigen kann, sollen nachfolgend noch einige konstruktive Maßnahmen aufgeführt werden, die ein selbsttätiges Losdrehen oder Lockern wirkungsvoll verhindern können:

- Aufbringen ausreichend hoher Klemmkräfte gegen Querverschiebungen oder Relativbewegungen in den Teilfugen durch Vergrößerung der Vorspannkraft (höhere Festigkeitsklasse, größerer Schraubendurchmesser). Dabei werden außerdem schon bei der Montage mögliche bleibende Verformungen vorweggenommen.
- Erhöhung der elastischen Dehnungen der Schraube durch größere Klemmlänge (Verwendung von längeren Schrauben, auch in Verbindung mit Hülsen), kleinerer Elastizitätsmodul oder kleineres Widerstandsmoment des Schraubenschaftes und Erhöhung der Bauteilsteifigkeit sowie ebene und feste Auflageflächen

- Erzeugung einer kleinen Flächenpressung unter dem Schraubenkopf sowie größere Reibung oder Haftung an den Auflageflächen
- Wahl eines Anziehverfahrens mit einem Anziehfaktor α nahe 1, weil dadurch Streuungen beim Anziehen gemindert werden und eine hohe Vorspannung sicher erreicht wird
- Einsatz federnder Unterlegscheiben (Tellerfedern) bei kurzen, niedrig belasteten Schrauben bis zur Festigkeitsklasse 6.8. Allerdings muss die Federkraft auch bei höchster Belastung bzw. Längung der Schraube noch vorhanden sein.
- Vermeidung von Relativbewegungen oder Schlupf durch Einsatz von Passschrauben oder zusätzlichen Formschlusselementen (z.B. Scherstifte, Scherbuchsen, Zentrierbunde)
- Erzeugung erhöhter Reibung im Gewinde nach dem Montagezustand, allerdings nicht beim Anziehen

Weitere Informationen zu Sicherungselementen sind Abschnitt 8.2.3 zu entnehmen.

8.5 Montage von Schraubenverbindungen

Die einwandfreie Funktion einer Schraubenverbindung hängt in entscheidendem Maße von der Montage ab, da nur die möglichst genaue Aufbringung der Montagevorspannkraft zu dem berechneten (betriebssicheren) Verspannungszustand der Verbindung führt. Die Montagevorspannkraft wird jedoch sehr stark beeinflusst durch die Reibungsverhältnisse im Gewinde und an der Kopf- und Mutterauflage sowie durch die Anziehmethode und das Anziehwerkzeug.

Bei der Anziehmethode werden zwei Verfahren unterschieden: Für Schrauben normaler Größe nutzt man das „Anziehen“, indem eine eingeleitete Drehung in eine Längsbewegung bzw. ein Drehmoment in eine Längskraft umgesetzt wird. Dagegen wird das „Anspannen“ zur Montage großer Verschraubungen (ab M24) im Schwermaschinenbau angewendet. Dabei wird die Vorspannkräfte bzw. die Verlängerung des Schraubenschaftes direkt axial aufgebracht, so dass die Mutter ohne Belastung, da Reibung im Gewinde und an den Auflageflächen sowie Torsion in der Schraube entfallen, in die erforderliche Endlage geschraubt werden kann. Im Anschluss daran wird der angespannte Schraubenbolzen entlastet und die Verbindung verfügt über die erforderliche Vorspannung.

Hieraus wird deutlich, dass gerade beim normalen Anziehverfahren Reibungsvorgänge einen großen Einfluss haben. Da sich zudem bei den meisten Montageverfahren die Vorspannkraft nicht direkt erfassen lässt, sondern nur über Hilfsgrößen wie Drehmoment, Drehwinkel, elastische Verlängerung oder Fließbeginn an der Streckgrenze abgeleitet werden kann, treten unter gleichen Montagebedingungen verfahrensabhängig erhebliche Streuungen der Montagevorspannkraft zwischen einem Minimum F_{Mmin} und einem Maximum F_{Mmax} auf, die eine Überdimensionierung der Schraube erforderlich machen.

8.5.1 Streuung der Montagevorspannkraft beim Anziehen

Abhängig von den Montageverfahren gemäß Tabelle 8.8 und den auftretenden Reibungsverhältnissen schwankt die tatsächliche Montagevorspannkraft – und damit auch die nach dem Setzen sich ergebende Vorspannkraft F_V – zwischen einem oberen

Wert F_{Mmax} und einem unteren Wert F_{Mmin}. Das Verhältnis beider Zahlenwerte als Maß für die Streuung ist der Anziehfaktor α_A, der eigentlich einem Montage-Unsicherheits-Beiwert entspricht:

$$\alpha_A = \frac{F_{Mmax}}{F_{Mmin}} > 1 \quad (8.61)$$

Anziehfaktor α_A	Streuung [%]	Anziehverfahren	Einstellverfahren
1,1 bis 1,2	±5 bis ±9	Anziehen mit Längungssteuerung bzw. -kontrolle per Ultraschall	Schalllaufzeit
1,1 bis 1,3	±5 bis ±13	Mechanisches Längen durch in der Mutter oder dem Schraubenkopf angeordnete Druckschrauben	Vorgabe Längung der Schraube, Einstellung über Abdrückdrehmoment der Druckschrauben
1,2 bis 1,5	±9 bis ±20	Mechanisches Längen durch mehrteilige Mutter mit Gewindebuchse	Drehmoment des Anziehwerkzeuges (ab ca. M30)
1,1 bis 1,5	±5 bis ±20	Anziehen mit mechanischer Längungskontrolle	Einstellung über Längungsmessung
1,1 bis 1,4	±5 bis ±17	Hydraulisches reibungs- und torsionsfreies Anziehen	Einstellung über Druck- bzw. Längenmessung oder Weiterdrehwinkel der Mutter (ab M20)
1,2 bis 2,0	±9 bis ±33	Impulsschrauber mit hydraulischer Pulszelle, drehmoment- und/oder drehwinkelgesteuert	Einstellung über Drehwinkel oder Weiterdrehmoment
1,2 bis 1,4	±9 bis ±17	Streckgrenz- oder drehwinkelgesteuertes Anziehen, motorisch oder manuell	Vorgabe des relativen Drehmoment-Drehwinkel-Koeffizienten oder versuchsmäßige Bestimmung von Voranziehmoment u. Drehwinkel
1,2 bis 1,4	±9 bis ±17	Drehwinkelgesteuertes Anziehen, motorisch oder manuell	Versuchsmäßige Bestimmung von Voranziehmoment u. Drehwinkel
1,4 bis 1,6	±17 bis ±23	Drehmomentgesteuertes graduelles Anziehen mit Hydraulikwerkzeug	Einstellung über Druckmessung (ab ca. M30)
1,4 bis 1,6	±17 bis ±23	Drehmomentgesteuertes Anziehen mit Drehmomentschlüssel, signal-	Versuchsmäßige Bestimmung der Sollanziehmomente am Originalverschraubungsteil, z.B. durch Längungsmessung der Schraube

Tabelle 8.8: Anziehfaktoren nach der VDI-Richtlinie 2230 (Auszug) [8.152]

Anziehfaktor α_A	Streuung [%]	Anziehverfahren	Einstellverfahren
1,6 bis 2,5 (Reibungszahlklasse B)	±23 bis ±33	gebendem Schlüssel oder Präzisionsschrauber mit dynamischer Drehmomentmessung	Bestimmung des Sollanziehmoments durch Schätzen der Reibungszahl (Oberflächen- und Schmierverhältnisse von großem Einfluss)
1,7 bis 2,5 (Reibungszahlklasse A)	±26 bis ±43		
2,5 bis 4	±43 bis ±60	Anziehen mit Schlagschrauber oder Impulsschrauber; Anziehen von Hand	Einstellen des Schraubers über Nachziehmoment, das aus Sollanziehmoment (für die geschätzte Reibungszahl) und einem Zuschlag gebildet wird; Handanzug nach subjektivem Ermessen

Tabelle 8.8: Anziehfaktoren nach der VDI-Richtlinie 2230 (Auszug) [8.152] (Forts.)

Im Hinblick auf eine möglichst geringe Streuung des Anziehfaktors ist zwar ein hochwertiges Montageverfahren anzustreben, jedoch ist nicht jedes Verfahren für jede Verbindungsart geeignet (Zugänglichkeit, Aufwand und Kosten), wie die folgende Zusammenstellung zeigt:

- Anziehen mit Längenmessung – Bei diesem genauesten Verfahren wird die Verlängerung der Schraube direkt gemessen. Der sehr große Aufwand beschränkt den Verfahrenseinsatz nur auf höchst beanspruchte Sicherheitsverbindungen mit hohem Gefährdungspotential bei Versagen.
- Streckgrenzengesteuertes Anziehen – Zunächst wird die Verbindung mit dem Fügemoment angezogen, bis die Trennflächen „satt" anliegen. Ab diesem Montagezustand wird das Verhältnis von Anziehdrehmoment zu Anziehdrehwinkel gemessen. Sobald kein linearer Zusammenhang mehr besteht, ist die Streckgrenze erreicht und das Anziehen der Schraube wird beendet. Da eine Überbeanspruchung nahezu ausgeschlossen ist, kann der Anziehfaktor $\alpha_A = 1$ angenommen werden.
- Drehwinkelgesteuertes Anziehen – Nach Aufbringung eines vorbestimmten Fügemomentes wird der Drehwinkel des Schraubenkopfes bzw. der Mutter gemessen. Um die größte Genauigkeit zu erreichen, muss bis in den überelastischen Bereich angezogen werden, da sich dort wegen des fast waagerechten Verlaufes der Verformungskennlinie Winkelfehler kaum auswirken. Zur Ermittlung des Nachziehwinkels sind jedoch Vorversuche erforderlich. Wegen der Belastung bis über die Streckgrenze muss die Schraube eine Länge größer als $2 \cdot d$ haben und aus einem ausreichend duktilen Werkstoff bestehen. Bereits montierte Schrauben sind nicht erneut zu verwenden. Auch hier kann der Anziehfaktor zu $\alpha_A = 1$ angenommen werden.
- Hydraulisches Anziehen – Bei diesem Verfahren gemäß Abbildung 8.39 wird die Schraube nicht auf Torsion beansprucht, da der Schraubenbolzen (14 bis 160 mm Durchmesser) über eine Hilfseinrichtung axial gezogen wird. Die Mutter kann dann lastfrei bis zur Auflagefläche gedreht werden. Allerdings ist hier von Nachteil, dass der Bolzen über die erforderliche Vorspannkraft hinaus belastet werden muss, um einen Montagevorspannkraftverlust von 10 bis 20 % durch Zurückfedern der Teile nach der Druckentlastung auszugleichen. Der große Vorteil ist jedoch, dass bei entsprechender Anzahl von Spannvorrichtungen viele Schrauben gleichzeitig moto-

risch mit definierter Last angezogen werden können (z.B. bei großen Flanschverbindungen an den Turmstößen von Windenergie-Anlagen bzw. Großwälzlagern).

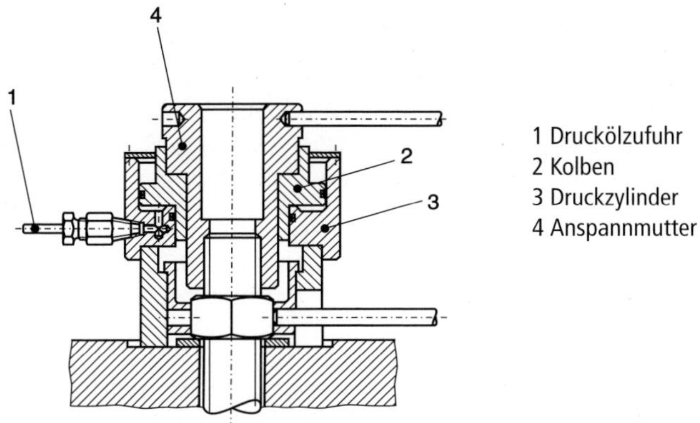

Abbildung 8.39: Hydraulische Schraubenspannvorrichtung zur torsionsfreien Montage

- Drehmomentgesteuertes Anziehen – Die gewünschte Vorspannkraft wird über das Anziehdrehmoment mittels anzeigender oder Signal gebender Drehmomentschlüssel eingestellt, was eine sehr genaue Kenntnis der Reibungszahl voraussetzt. Zur Steigerung der Genauigkeit sollte das Soll-Anziehmoment am zu verschraubenden Originalbauteil eingestellt werden.
- Impulsgesteuertes Anziehen – Das Drehmoment wird durch Impulse von Schlagschraubern mit einer verfahrensbedingten großen Streuung erzeugt, so dass es für die Montage hoch beanspruchter Schraubenverbindungen zu ungenau ist.
- Handmontage – Das nur begrenzt zu erzeugende Drehmoment hängt ausschließlich vom Gefühl des Bedieners ab, weshalb es nur für untergeordnete Verbindungen geeignet ist.
- Montage durch Wärmedehnung – Die Schraubenbolzen werden vor der Montage erwärmt, so dass die thermische Verlängerung der Summe der Schraubenverlängerung, der Hülsenverkürzung und der Setzbeträge entsprechen muss. Die Muttern werden nur auf leichtes Fügemoment angezogen, so dass sich beim Abkühlen der gewünschte Verspannungszustand einstellt. Ein typisches Anwendungsgebiet ist die Verschraubung von Turbinengehäusen mit dicken, starren Flanschen und glatter Trennfläche ohne Dichtung.

8.5.2 Kräfte und Momente beim Anziehen und Lösen

Neben dem Gewinde-Anzugs-Moment M_{GN} tritt auch noch unter der Auflagefläche des Schraubenkopfes bzw. der Mutter kurz vor Ende des Anziehvorganges das Reibungsmoment M_{GR} auf, so dass sich das gesamte Anziehdrehmoment der Schraube M_{GA} berechnet zu:

$$M_{GA} = M_{GN} + M_{GR} \tag{8.62}$$

Das Gewindemoment M_{GN} wiederum berechnet sich aus der Montagevorspannkraft F_M, dem Hebelarm d_2 / 2, dem Steigungswinkel φ und dem Reibungswinkel ρ' zu:

$$M_{GN} = F_M \cdot \frac{d_2}{2} \cdot \tan(\varphi \pm \rho') \tag{8.63}$$

Das Reibungsmoment M_{GR} an der Auflagefläche folgt aus der Reibkraft $\mu_K \cdot F_M$ und dem Hebelarm $d_K / 2$:

$$M_{GR} = \mu_K \cdot F_M \cdot \frac{d_K}{2} = \mu_K \cdot F_M \cdot \frac{(d_w + d_h)}{4} \tag{8.64}$$

Hierin bedeuten d_K der mittlere Reibdurchmesser der Schraubenkopf- bzw. Mutterauflage, d_h der Durchmesser des Durchgangsloches (Index h von „hole") und d_w der Durchmesser der Kopfauflage. Die Reibungszahl μ_K ist aus Tabelle 8.9 zu entnehmen. Bei Sechskantschrauben kann für den mittleren Reibradius $d_K / 2 = 0{,}65 \cdot d$ verwendet werden.

μ_K	Auflagefläche				Schraubenkopf									
	Werkstoff				Stahl									
		Oberfläche			schwarzvergütet oder phosphatiert						galvanisch verzinkt (zn6)		galvanisch cadmiert (Cd6)	
			Ferigung		gewalzt			gedreht		geschliffen	gepreßt			
Auflagefläche	Werkstoff	Oberfläche	Fertigung	Schmierung	trocken	geölt	MoS_2	geölt	MoS_2	geölt	trocken	geölt	trocken	geölt
Gegenlage	Stahl	blank	geschliffen	trocken	–	0,16 – 0,22	–	0,10 – 0,18	–	0,16 – 0,22	0,10 – 0,18	–	0,08 – 0,16	–
Gegenlage	Stahl	galvanisch verzinkt	spanend bearbeitet	trocken	0,12 – 0,18	0,10 – 0,18	0,08 – 0,12	0,10 – 0,18	0,08 – 0,12	–	0,10 – 0,18		0,08 – 0,16	0,08 – 0,14
Gegenlage	Stahl	galvanisch verzinkt	spanend bearbeitet	trocken	0,10 – 0,16		–	0,10 – 0,16	–	0,10 – 0,18	0,16 – 0,20	0,10 – 0,18	–	–
Gegenlage	Stahl	galvanisch cadmiert	spanend bearbeitet	trocken	0,08 – 0,16						–	–	0,12 – 0,20	0,12 – 0,14
Gegenlage	GJL/GJMB	blank	geschliffen	trocken	–	0,10 – 0,18	–	–	–	0,10 – 0,18			0,08 – 0,16	–
Gegenlage	GJL/GJMB	blank	spanend bearbeitet	trocken	–	0,14 – 0,20	–	0,10 – 0,18	–	0,14 – 0,22	0,10 – 0,18	0,10 – 0,16	0,08 – 0,12	–
Gegenlage	AlMg	blank	spanend bearbeitet	trocken	–	0,08 – 0,20				–	–	–	–	–

Tabelle 8.9: Reibungszahlen μ_K an Schraubenkopf- und Mutterauflage für Befestigungsschrauben [8.148]

Somit lässt sich das Anzugsmoment M_{GA} bzw. das Losdrehmoment M_{GL} mit dem Flankendurchmesser d_2 wie folgt berechnen:

$$M_{GA} = F_M \cdot \left[\frac{d_2}{2} \cdot \tan(\varphi + \rho') + \mu_K \cdot \frac{d_K}{2}\right] \qquad M_{GL} = F_M \cdot \left[\frac{d_2}{2} \cdot \tan(\varphi - \rho') + \mu_K \cdot \frac{d_K}{2}\right] \tag{8.65}$$

Für das metrische ISO-Gewinde mit 60° lässt sich das Anziehdrehmoment vereinfacht angeben zu:

$$M_{GA} \approx F_M \cdot \left(0{,}16 \cdot P + 0{,}58 \cdot \mu_G \cdot d_2 + \mu_K \cdot \frac{d_K}{2}\right) \tag{8.66}$$

Hierin bezeichnen P die Steigung, μ_G die Reibungszahl im Gewinde nach Tabelle 8.3 und μ_K die Reibungszahl an der Kopf- und Muttterauflage gemäß Tabelle 8.9. Für den Fall, dass keine getrennten Reibungszahlen μ_G des Gewindes und μ_K der Kopf- und Muttterauflage ermittelt werden können, ist ein Mittelwert aus beiden zu bilden. Weitere Reibungszahlen, auch für rost- und säurebeständige Stähle sind der weiterführenden Literatur zu entnehmen [8.141].

Eine genauere Auswertung der Gleichung zeigt, dass der überwiegende Teil des erforderlichen Anziehdrehmomentes (ca. 80 bis 90 %) zur Überwindung der Reibung an den Auflageflächen bzw. im Gewinde erforderlich ist (s.a. Abschnitt 8.3). Hierzu ist die niedrigste Reibungszahl einzusetzen. Über den Anziehfaktor α_A wird dann die Streuung dieser Werte berücksichtigt. Welcher Zustand der Reibung im Gewinde und unter den Auflageflächen hier tatsächlich auftritt, hängt von der Flächenpressung, den Werkstoffen, der Oberfläche und der Schmierung ab.

8.6 Festigkeit von Schraubenverbindungen

Für den statischen und dynamischen Festigkeitsnachweis einer Schraubenverbindung – also den Vergleich von Beanspruchung und Beanspruchbarkeit – müssen die Hauptabmessungen von Schraube, Gewinde und Bauteil aufgrund einer auftretenden Betriebskraft sowie folgende Größen bekannt sein:

- Beanspruchungsart aus Längskraft (Zugspannung), Querkraft (Scherspannung), Torsionsmoment (Torsionsspannung) und Flächenpressung unter Kopf- oder Mutterauflage
- Zeitlicher Verlauf der Beanspruchungsart: statisch, dynamisch oder Kombination daraus
- Erforderliche Klemmkraft der Verbindung

Im Entwurfsstadium einer Konstruktion (Dimensionierung) wird der erforderliche Schraubenquerschnitt mit einer Überschlagsrechnung abgeschätzt (s.a. Abschnitt 8.6.2). Das Ergebnis ist dann durch den Festigkeitsnachweis für die gewählte Schraube zu überprüfen und bei Bedarf durch die Wahl einer anderen Schraube zu berichtigen. Der Festigkeitsnachweis umfasst auch die Kontrolle der Klemmkraft, die in jedem Betriebszustand gesichert sein muss.

Wie auch bei anderen Festigkeitsnachweisen wird bei der Berechnung der verschiedenen Schraubenverbindungen mit Nennspannungen gerechnet. Einflüsse der Kerbwirkung – Schrauben sind gemäß Abbildung 8.40 stark gekerbte Bauteile, insbesondere im Gewindebereich mit Formzahlen $\alpha_\sigma = 3$ bis 10 – und auch der ungleichmäßigen Lastverteilung auf die Gewindegänge gemäß Abbildung 8.23 (1) werden auf der Seite der Bauteilfestigkeit berücksichtigt, die durch Versuche mit eingeschraubten Gewinden ermittelt wird.

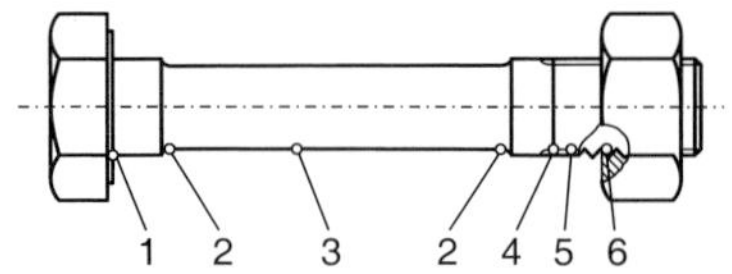

Die vielen Kerbstellen mindern die Bauteilfestigkeit der Schraube. Die notwendigen Querschnittsübergänge sind mit möglichst kleiner Kerbwirkung auszuführen.
Die Kerbstelle 6 ist bruchentscheidend.

Kerbstelle	1	2	3	4	5	6
Kerbformzahl α_σ	3 bis 5	~ 1,1	1	3 bis 4	2 bis 3	bis 10
Kerbwirkungszahl β_σ	2 bis 4	1 bis 1,1	1	~ 2	1,5 bis 2	5 bis 8
Dauerhaltbarkeit in %	~ 200	~ 400	~ 500	~ 300	~ 400	100

Abbildung 8.40: Kerbstellen einer Schraubenverbindung [8.141]

Grundsätzlich hängt der Bruch einer Schraubenverbindung von mehreren Faktoren ab. Neben den Gewinde-Abmessungen und der Höhe der Beanspruchung sind vorrangig die Gewinde-Überdeckung (Mutterhöhe bzw. Einschraubtiefe) und die Festigkeiten des Schrauben- und Mutterwerkstoffes von Bedeutung. Abbildung 8.41 zeigt die drei möglichen Versagensfälle beim Bruch einer Schraubenverbindung infolge Überlastung:

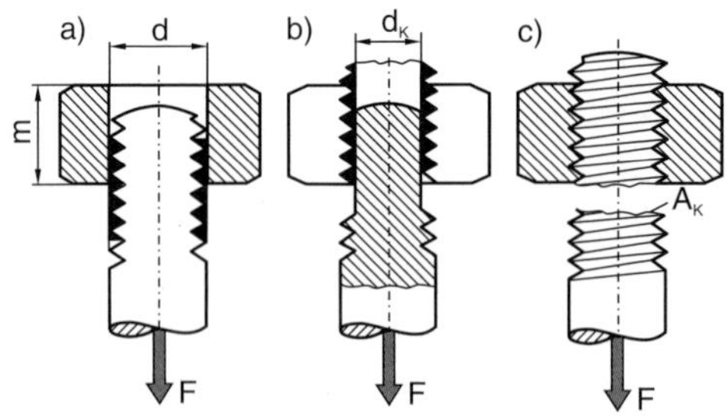

a) Muttergewinde abgestreift (Abscheren der Innengewindegänge)
b) Bolzengewinde abgestreift (Abscheren der Außengewindegänge)
c) Bolzengewinde im Kern gebrochen (Bruch im freien belasteten Gewindeteil einer Schaftschraube, bei Dehnschrauben Bruch des Schaftes)

Abbildung 8.41: Arten der gewaltsamen Zerstörung einer Schraube [8.3]

Dabei haben Versuche gezeigt, dass bei zu geringer Einschraubtiefe abhängig vom Werkstoff ein Abstreifen (Abscheren) der verschraubten Gewinde an einem Durchmesser innerhalb des Bereichs vom Außendurchmesser bis zum Kerndurchmesser möglich ist, während bei genügend großer Einschraubtiefe ein Bruch im nicht eingeschraubten, d.h. im freien belasteten Gewindeteil der Schraube auftritt [8.132], [8.133]. Dabei tritt das Abstreifen der Gewindegänge nur auf, wenn zu wenig tragende Gewindegänge vorhanden sind, d.h. wenn die Einschraubtiefe zu gering oder die Mutter nicht hoch genug ist.

8.6.1 Grundsätzliche Vorgehensweise bei der Berechnung

Mit den bisher behandelten Beanspruchungen aufgrund der statischen und dynamischen Längs- und Querkräfte sowie den besonderen Verhältnissen bei der Montage einer Schraubenverbindung kann nun eine Schraube ausgewählt und deren Festigkeit nachgewiesen werden. Die nachfolgende Übersicht zeigt die hierzu erforderlichen Bearbeitungsschritte, die gemäß VDI 2230 zwar zunächst nur für Schrauben unter reiner Längskraftbeanspruchung gelten [8.152]. Mit entsprechenden Anpassungen lassen sich aber auch alle anderen Belastungsfälle damit bearbeiten.

1 Wahl der Schraubenart (Konstruktion, Montagemöglichkeit) und Festigkeitsklasse nach den Angaben in Abschnitt 8.6.2 (überschlägig) oder 8.6.3 (ausführlich). Daraus ergibt sich ein Schraubendurchmesser für den ersten Entwurf.

2 Bestimmung des Anziehfaktors α_A abhängig von der gewählten Montagemethode gemäß Abschnitt 8.5

3 Bestimmung der erforderlichen Mindestklemmkraft aus den konstruktiven Anforderungen (Abdichtung, Aufnahme von Querkräften, Setzerscheinungen) gemäß Abschnitt 8.6.3

4 Bestimmung des Kraftverhältnisses Φ nach Abschnitt 8.4.6

5 Bestimmung des Vorspannkraftverlustes durch Setzen nach Abschnitt 8.4.8

6 Bestimmung der erforderlichen Schraubengröße nach Abschnitt 8.6.3 durch Vergleich der maximalen mit der zulässigen Montagevorspannkraft anhand von Tabellenwerten unter Einhaltung der Bedingung $F_{Mzul} \geq F_{Mmax}$

7 Wiederholung der Rechenschritte 4 bis 6

8 Kontrolle auf Einhaltung der maximal zulässigen statischen Schraubenkraft nach Abschnitt 8.6.4

9 Kontrolle auf Einhaltung der maximal zulässigen Dauerschwingbeanspruchung nach Abschnitt 8.6.5

10 Nachrechnung der Flächenpressung unter der Kopf- und Mutterauflage nach Abschnitt 8.6.6

Zur ersten überschlägigen Auswahl einer Schraube bietet sich das Grobdimensionierungsverfahren nach VDI 2230 im folgenden Abschnitt an [8.152].

8.6.2 Überschlägige Schraubenberechnung nach VDI 2230

Zur überschlägigen Auswahl einer geeigneten Schraube bei bekannter statischer oder dynamischer Betriebskraft eignet sich das in Tabelle 8.10 zusammengestellte Grobdimensionierungsverfahren nach VDI 2230 [8.152].

8.6.3 Schraubenauswahl und Beanspruchbarkeit im Maschinenbau

Unter Einbeziehung der vorne behandelten verschiedenen Betriebskraftverhältnisse und der auf die Schraubenverbindung einwirkenden Einflüsse wie Vorspannkraftverlust durch Setzen F_Z, Art der Krafteinleitung durch Kraftverhältnis Φ und Streuung der Montagevorspannkraft durch Anziehfaktor α_A lassen sich mit der folgenden Hauptdimensionierungsgleichung einer Schraubenverbindung die erforderliche kleinste und die erforderliche größte Montagevorspannkraft F_{Mmin} und F_{Mmax} bestimmen:

$$\begin{aligned} F_{M\,min} &= F_{KR\,min} + (1-\Phi)\cdot F_A + F_Z \\ F_{M\,max} &= \alpha_A \cdot F_{M\,min} \end{aligned} \qquad (8.67)$$

1	2	3	4
Kraft $F_{A,Q}$ in N	Nenndurchmesser [mm]		
	Festigkeitsklasse		
	12.9	10.9	8.8
250			
400			
630			
1.000			
1.600	3	3	3
2.500	3	3	4
4.000	4	4	5
6.300	4	5	5
10.000	5	6	8
16.000	6	8	8
25.000	8	10	10
40.000	10	12	14
63.000	12	14	16
100.000	16	16	20
160.000	20	20	24
250.000	24	27	30
400.000	30	36	
630.000	36		

Überschlägige Bestimmung eines Schraubendurchmessers ahängig von einer gegebenen Betriebskraft nach VDI 2230

1. In Spalte 1 ist die Zeile für die nächst größere Kraft $F_{A,Q}$ zu wählen.
2. Diese gewählte Mindestvorspannkraft gilt für eine statisch und zentrisch angreifende Kraft.
3. Greift die Kraft nicht zentrisch an, ist von der gewählten Zahl aus um x Zeilen weiterzugehen:
   - 1 Zeile bei dynamischer und zentrischer Axialkraft bzw. bei statischer und exzentrischer Axialkraft
   - 2 Zeilen bei dynamischer und exzentrischer Axialkraft
   - 4 Zeilen bei statischer oder dynamischer Querkraft
4. Erfolgt das Anziehen der Schraube durch Winkel- oder Streckgrenzenkontrolle per Computer, ist das die maximale Vorspannkraft, anderenfalls ist um x Zeilen weiterzugehen:
   - 1 Zeile bei Anziehen mit Drehmomentschlüssel oder Präzisionsschrauber, der mit Drehmoment- oder Längsmessung arbeitet
   - 2 Zeilen bei Anziehen mit einem einfachen Drehschrauber mit einstellbarem Nachziehmoment
5. In der so gefundenen Zeile steht in den Spalten 2 bis 4 der erforderliche Schraubendurchmesser für die gewählte Festigkeitsklasse.

Fall I (+ 4 Zeilen)	Fall II (+ 2 Zeilen)	Fall IIIa (+ 1 Zeile)	Fall IIIb (+ 1 Zeile)

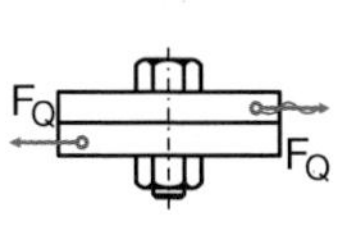

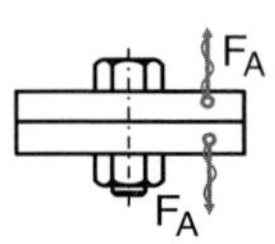

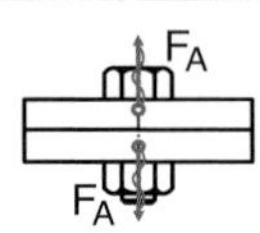

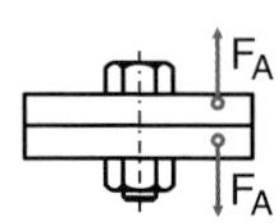

Tabelle 8.10: Überschlägige Grobdimensionierung einer Schraube nach VDI 2230 [8.152]

Hierin bezeichnet F_{KRmin} die mindestens erforderliche Restklemmkraft in der Verbindung, die kleiner sein muss als die tatsächliche Restklemmkraft F_{KR}, die in der Verbindung während des Betriebszustandes unter Einwirkung der Betriebskraft F_A aufrechterhalten werden kann. Ist keine Klemmkraft erforderlich, so ist $F_{KRmin} = 0$ zu setzen. Wird nur eine Klemmkraft benötigt (z.B. als Dichtungskraft oder für quer beanspruchte Schrauben), so wird $F_A = 0$. Die erforderliche Klemmkraft bei einwirkenden Querkräften ist nach Gleichung (8.46) zu berechnen. Abbildung 8.42 zeigt das zugehörige Verspannungsschaubild mit den Hauptdimensionierungsgrößen.

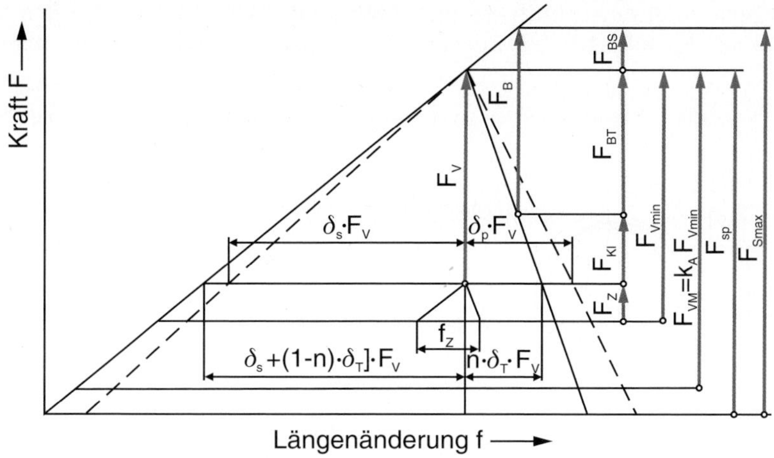

Abbildung 8.42: Verspannungsschaubild mit Hauptdimensionierungsgrößen

Dabei muss F_{Mzul} als zulässige Montagevorspannkraft größer sein als die maximale Montagevorspannkraft F_{Mmax} nach Gleichung (8.71). Damit ist F_{Mzul} diejenige größte Kraft, die von der Schraube ohne Versagen ertragen werden muss. Deshalb wird sie auch als Auslegungskriterium zur Auswahl des Schraubendurchmessers und der Festigkeitsklasse der Schraube verwendet, wobei die aus der Kraft und dem Spannungsquerschnitt A_S entstehende Beanspruchung in der Schraube die Mindeststreckgrenze des Schraubenwerkstoffes zu 90 % ausnutzt:

$$F_{M\,max} \leq F_{Mzul} = 0{,}9 \cdot R_{p0,2} \cdot A_S \tag{8.68}$$

Demzufolge verbleiben als ertragbare Beanspruchung für die Schraubenzusatzkraft F_{SA} die restlichen 10 % der Mindeststreckgrenze:

$$F_{SA} = \Phi \cdot F_A \leq 0{,}1 \cdot R_{p0,2} \cdot A_S \tag{8.69}$$

Zur Ermittlung der zulässigen Montagevorspannkraft F_{Mzul} sind die tatsächlichen Beanspruchungsverhältnisse in der Schraube während der Montage zu betrachten.

Mit Ausnahme von Passschrauben werden Schraubenbolzen im Gewinde und in zylindrischen Bereichen während der Montage statisch auf Zug beansprucht und wegen des Anziehvorganges unterliegen sie zusätzlich einer gleichzeitig wirkenden Torsionsbeanspruchung. Erfolgt anstelle des Anziehens ein Anspannen, so liegt eine reine Zugbeanspruchung vor.

Beim Anziehvorgang werden Fließbeginn und Zughöchstkraft des Schraubenbolzens durch die gleichzeitig wirkende Zugspannung σ_M und die Torsionsspannung τ_M beeinflusst. Die daraus resultierende Gesamtbeanspruchung lässt sich nach der Gestaltänderungsenergie-Hypothese auf die Vergleichsspannung σ_{red} reduzieren bzw. zurückführen:

$$\sigma_{red} = \sqrt{\sigma_M{}^2 + 3 \cdot \tau_M^2} \leq \nu \cdot R_{p0,2} = 0{,}9 \cdot R_{p0,2} \tag{8.70}$$

Während der Montage wird für die Vergleichsspannung σ_{red} eine Ausnutzung der Mindeststreckgrenze $R_{P0,2}$ von v Prozent zugelassen, im vorliegenden Fall nach VDI-Richtlinie 2230 also 90 %, d.h. die Vorspannkraft der Schraube wird immer so hoch gewählt, dass der Schraubenwerkstoff nahezu bis zur Dehngrenze ausgenutzt wird.

Mit dem Spannungsquerschnitt A_S nach Abbildung 8.43 und der ruhenden Montagevorspannkraft F_M folgt für die Zugspannung σ_M im Schraubenbolzen während der Montage:

$$\sigma_M = \frac{F_M}{A_s} \tag{8.71}$$

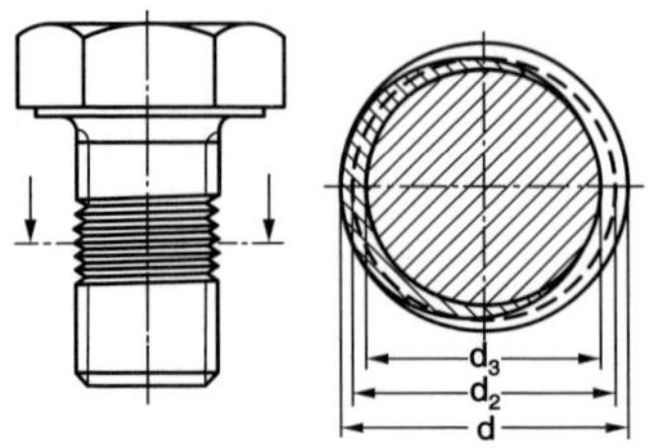

Spannungsquerschnitt:

$$A_S = \frac{\pi}{4} \cdot d_S^2 = \frac{\pi}{4} \cdot \left(\frac{d_2 + d_3}{2} \right)^2 \tag{8.72}$$

Widerstandsmoment gegen Torsion:

$$W_t = \pi \cdot \frac{d_s^3}{16} \tag{8.73}$$

Bei Schrauben mit Dehnschaft oder Taillenschrauben ist anstelle von d_S der kleinere Schaftdurchmesser $d_T = 0{,}9 \cdot d_3$ einzusetzen.

Abbildung 8.43: Zur Berechnung des Spannungsquerschnittes A_S einer Schraube (s.a. Abbildung 8.44)

Für die Torsionsspannung τ_M bei Abschluss des Anziehvorgangs und vor Eintreten der Setzvorgänge folgt mit dem statischen Anzugsmoment M_G aus der statischen Montagevorspannkraft F_M und dem Widerstandsmoment W_t nach Abbildung 8.43:

$$\tau_M = \frac{M_G}{W_t} = \frac{F_M \cdot \frac{d_2}{2} \cdot \tan(\varphi + \rho')}{\pi \cdot \frac{d_s^3}{16}} \tag{8.74}$$

Setzt man nun die Gleichungen (8.71) und (8.74) in (8.70) ein und lässt als maximal zulässige Vergleichsspannung 90 % der Streckgrenze zu, so erhält man die maximal zulässige Montagezugspannung σ_{Mzul}:

$$\sigma_{Mzul} = \frac{0{,}9 \cdot R_{p0,2}}{\sqrt{1 + 3 \cdot \left[\frac{2 \cdot d_2 \cdot \tan(\varphi + \rho')}{d_S} \right]^2}} \tag{8.75}$$

Mit dieser Montagezugspannung lässt sich dann die zulässige Montagevorspannkraft F_{Mzul} berechnen (für Taillen- oder Dehnschrauben ist anstelle von A_S der Schaftquerschnitt A_T einzusetzen):

$$F_{Mzul} = \sigma_{Mzul} \cdot A_S \tag{8.76}$$

Für das metrische ISO-Gewinde mit einem Flankenwinkel von 60° ergibt sich durch Einsetzen von Gleichung (8.75) in Gleichung (8.76) die zulässige Montagevorspannkraft F_M zu:

$$F_{Mzul} = \frac{0{,}9 \cdot R_{p0,2} \cdot A_S}{\sqrt{1 + 3 \cdot \left[\frac{4}{d_S} \cdot (0{,}16 \cdot P + 0{,}58 \cdot \mu_G \cdot d_2) \right]^2}} \tag{8.77}$$

Hierin bezeichnen $R_{p0,2}$ die Streckgrenze des Schraubenwerkstoffes, A_S den Spannungsquerschnitt, d_S den Spannungsdurchmesser und d_2 den Flankendurchmesser des Gewindes nach Abbildung 8.43, P die Steigung und μ_G die Reibungszahl des Gewindes.

Da diese Montagevorspannkraft für eine Ausnutzung von 90 % der Streckgrenze ausgelegt ist, muss beim streckgrenzen- und drehwinkelgesteuerten Anziehen die Kraft F_{Mzul} durch 0,9 geteilt werden, da bei diesen Verfahren die Streckgrenze vollständig ausgenutzt wird (100 %). Dennoch verbleibt nach der Montage die erforderliche Beanspruchbarkeit von mindestens 10 % der Streckgrenze, da der Torsionsspannungsanteil durch elastische Rückfederung abgebaut wird. Dadurch wird sogar die Sicherheit gegen Überbeanspruchung im Betriebszustand noch erhöht.

Wird die Schraube torsionsfrei angezogen (angespannt), so vereinfacht sich Gleichung (8.70) und für die Montagevorspannkraft folgt:

$$\sigma_{red} = \sigma_M \le \nu \cdot R_{p0,2} = 0{,}9 \cdot R_{p0,2} \tag{8.78}$$

$$F_{Mzul} = 0{,}9 \cdot R_{p0,2} \cdot A_S \tag{8.79}$$

Zur einfacheren Auswahl einer Schraube sind die derart berechneten zulässigen Montagevorspannkräfte für eine neunzigprozentige Ausnutzung der Streckgrenze (= 0,9) in der VDI-Richtlinie 2230 tabelliert, eine Auswahl der Werte ist in Tabelle 8.11 zusammengestellt:

Nenndurchmesser *d*		**M4**	**M5**	**M6**	**M8**	**M10**	**M12**	**M14**	**M16**	**M20**	**M24**
F_{Mzul} [kN] $\mu_{ges} = 0{,}12$	8.8	4,05	6,6	7,0	17,2	27,5	40,0	55,0	75,0	121	175
	10.9	6,0	9,7	13,7	25,0	40,0	59,0	80,0	111,0	173	249
	12.9	7,0	11,4	16,1	29,5	47,0	69,0	94,0	130,0	202	290
M_A [Nm] $\mu_{ges} = 0{,}12$	8.8	2,8	5,5	9,5	23,0	46,0	79,0	125,0	195,0	390	670
	10.9	4,1	8,1	14,0	34,0	68,0	117,0	185,0	280,0	560	960
	12.9	4,8	9,5	16,5	40,0	79,0	135,0	215,0	330,0	650	1120
F_{Mzul} [kN] $\mu_{ges} = 0{,}14$	8.8	3,9	6,4	9,0	16,5	26,0	38,5	53,0	72,0	117	168
	10.9	5,7	9,3	13,2	24,2	38,5	46,0	77,0	106,0	166	239
	12.9	6,7	10,9	15,4	28,5	45,0	66,0	90,0	124,0	194	280
M_A [Nm] $\mu_{ges} = 0{,}14$	8.8	3,1	6,1	10,4	25,0	51,0	87,0	140,0	215,0	430	740
	10.9	4,5	8,9	15,5	37,0	75,0	130,0	205,0	310,0	620	1060
	12.9	5,3	10,4	18,0	43,0	87,0	150,0	240,0	370,0	720	1240

Für andere Reibwerte oder für Feingewinde sind die Werte zu berechnen oder der VDI-Richtlinie 2230 zu entnehmen.

Tabelle 8.11: Zulässige Montagevorspannkräfte F_{Mzul} bei $\sigma_{red,zul} = 0{,}9 \cdot R_{p0,2}$ und zugehörige Anziehdrehmomente M_A für Schaftschrauben mit metrischem Regelgewinde und Kopfabmessungen von Sechskant- und Zylinderschrauben nach [8.152]

Nach Auswahl einer Schraubengröße aus Tabelle 8.11 bzw. der VDI 2230 sind nun erneut das Kraftverhältnis Φ und der Vorspannkraftverlust durch Setzen zu bestimmen. Im Weiteren ist dann für diese Schraube unter Beachtung des aktualisierten Kraftverhältnisses und Vorspannkraftverlustes die statische Festigkeit nachzuweisen.

8.6.4 Einhaltung der maximal zulässigen Schraubenkraft

Die Überprüfung der Einhaltung der maximal zulässigen Schraubenkraft (statische Festigkeit) ist maßgebend bei zeitlich konstanter Belastung und bei selten auftretenden Sonderbelastungen (z.B. Bedienungsfehler, Schadensereignisse, Kurzschlüsse), die nicht häufiger als 10^4-mal während der Lebensdauer auftreten. Entsprechend Abbildung 8.44 werden bei der Berechnung der statischen Tragfähigkeit die Stützwirkung der Gewindegänge und eine Kaltverfestigung berücksichtigt.

Hierzu wird in der Festigkeitsberechnung ein so genannter Spannungsquerschnitt A_s verwendet, der größer ist als der Kernquerschnitt A_3 und gemäß Abbildung 8.44 dem Querschnitt eines glatten Stabs etwa gleicher Zugfestigkeit entspricht. Bei Taillenschrauben wird mit dem kleinsten Schaftdurchmesser ($d_T = 0{,}9 \cdot d_3$) anstelle von A_s gerechnet (s.a. Abbildung 8.43).

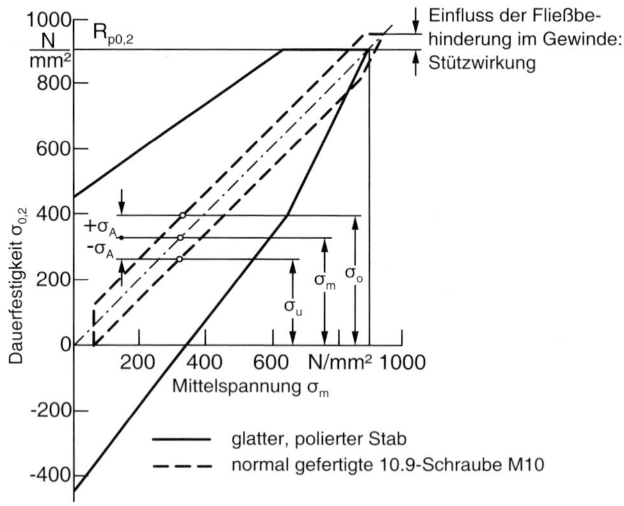

Abbildung 8.44: Dauerfestigkeit einer Schraube mit Mutter und der glatten Probe aus demselben Schraubenwerkstoff

Die maximal zulässige Schraubenkraft F_A wird nicht überschritten, wenn unter Berücksichtigung des Kraftverhältnisses Φ die folgenden Bedingungen erfüllt werden:

$$\frac{\Phi \cdot F_A}{A_S} \leq 0{,}1 \cdot R_{p0,2} \quad \text{(Schaftschrauben)} \tag{8.80}$$

$$\frac{\Phi \cdot F_A}{A_T} \leq 0{,}1 \cdot R_{p0,2} \quad \text{(Dehnschrauben)} \tag{8.81}$$

8.6.5 Einhaltung der maximal zulässigen Dauerschwingbeanspruchung

Die Einhaltung der maximal zulässigen Dauerschwingbeanspruchung ist bei Lastwechselzahlen von $L_W > 1 \cdot 10^6$ zu überprüfen. Dabei muss die Spannungsamplitude σ_a, die sich aus der Kraftamplitude F_{SAa} und dem Kraftverhältnis Φ, bezogen auf den Querschnitt A_3, berechnet, kleiner sein als die ertragbare Spannungsamplitude σ_A:

$$\sigma_a = \Phi \cdot \frac{F_{SAa}}{A_3} = \Phi \cdot \frac{F_{Ao} - F_{Au}}{2 \cdot A_3} \leq \sigma_A \tag{8.82}$$

Dabei bezeichnen die Kräfte F_{Ao} und F_{Au} den oberen und den unteren Grenzwert der dynamischen Betriebskraft F_A. Da im Vergleich zur statischen Belastung keine plastische Stützwirkung berücksichtigt wird, ist der Kernquerschnitt A_3 der Schraube der zugehörige Spannungsquerschnitt.

Wegen der hohen Kerbwirkung im Gewinde werden als zulässige Dauerfestigkeitsamplitude nur 10 bis 25 % der Dauerfestigkeit des glatten polierten Probestabes angenommen (s.a. Abbildung 8.40). Dabei hat sich in Dauerfestigkeitsversuchen an Schrauben gezeigt, dass die größten Einflüsse auf die ertragbare Amplitude der Durchmesser und die Herstellungsart der Schraube sind. Im Vergleich zum ungekerbten Probestab mit entsprechender Mittelspannungsempfindlichkeit (s.a. Kapitel 3) hat bei einer Schraube die Mittelspannung σ_m keinen bzw. nur einen geringen Einfluss auf die ertragbare Ausschlagsspannung σ_A. Für die Festigkeitsklassen 8.8, 10.9 und 12.9 entstanden daher abhängig vom Nenndurchmesser d in mm die folgenden empirischen Zusammenhänge für die Dauerfestigkeitswerte schlussvergüteter ($\sigma_{A,SV}$) und schlussgewalzter ($\sigma_{A,SG}$) Schrauben gemäß Abbildung 8.45 und Abbildung 8.46:

$$\sigma_{A,SV} \approx 0{,}75 \cdot \left(\frac{180}{d} + 52\right) \quad [\mathrm{N/mm^2}] \tag{8.83}$$

$$\sigma_{A,SG} \approx 0{,}75 \cdot \left(\frac{180}{d} + 52\right) \cdot \left(2 - \frac{F_V}{F_{0,2}}\right) \quad [\mathrm{N/mm^2}] \tag{8.84}$$

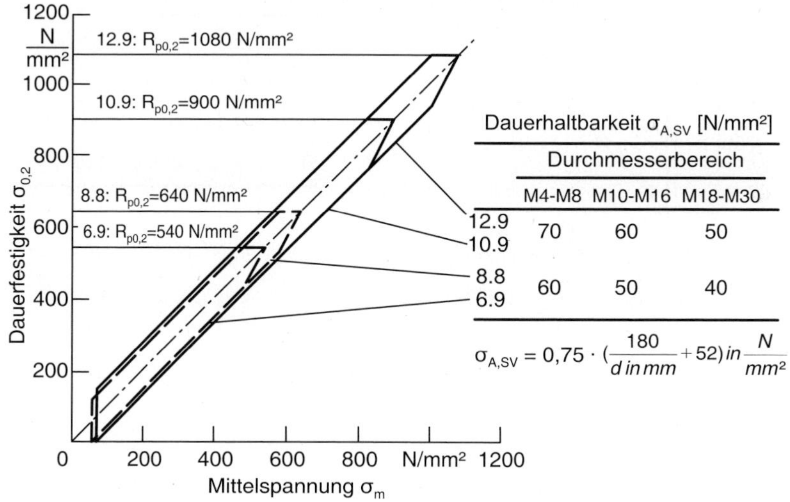

Abbildung 8.45: Dauerfestigkeit schlussvergüteter Schrauben

Während die Ausschlagsfestigkeit $\sigma_A = \sigma_{A,SV}$ schlussvergüteter Gewinde (am meisten genutztes Herstellverfahren) gemäß Abbildung 8.45 unabhängig von der Mittelspannung ist, wird die Ausschlagsfestigkeit $\sigma_A = \sigma_{A,SG}$ schlussgewalzter Gewinde (Kaltverfestigung, teurer in der Herstellung) entsprechend Abbildung 8.46 infolge geringerer plastischer Verformungen mit wachsender Mittelspannung bzw. Vorspannung geringfügig kleiner, was in der Berechnungsgleichung durch den zweiten Klammerterm berücksichtigt wird.

Hierin bezeichnen F_V die Vorspannkraft und $F_{0,2}$ die Schraubenkraft an der Mindestdehngrenze $R_{p0,2}$ des Werkstoffes. Die Gültigkeit der Gleichung (8.84) ist auf den Bereich $0{,}2 \cdot F_{0,2} < F_V < 0{,}8 \cdot F_{0,2}$ (Richtwerte) beschränkt. Für darüber hinausgehende Betrachtungen wird auf die Fachliteratur verwiesen [8.150]. Der Faktor 0,75 in beiden Gleichungen berücksichtigt, dass σ_A bis zu 25 % um die Messwerte streuen kann. Vergleichbare Werte sind abhängig vom Herstellverfahren in Tabelle 8.12 zusammengestellt.

Unvergütete Schrauben der Festigkeitsklassen unter 8.8 werden meistens nur als Heftschrauben verwendet. Ihre Ausschlagsfestigkeit σ_A ist wegen der dominierenden Kerbwirkung des Gewindes bei hoher Zähigkeit (s.a. Tabelle 8.1, Bruchdehnung) kaum geringer als $\sigma_{A,SV}$ schlussvergüteter Schrauben. Wegen der geringen statischen Festigkeit sind allerdings nur kleinere Vorspannkräfte möglich bzw. größere Querschnitte nötig.

Generell bestehen auch zwischen der Dauerfestigkeit niedrig legierter und hoch legierter nicht rostender Stähle bei ausreichender Zähigkeit nur wenige Unterschiede, was weitgehend auch für Kupferlegierungen gilt, während Titanlegierungen durchweg eine niedrigere Dauerfestigkeit aufweisen [8.1], [8.143], [8.149], [8.153].

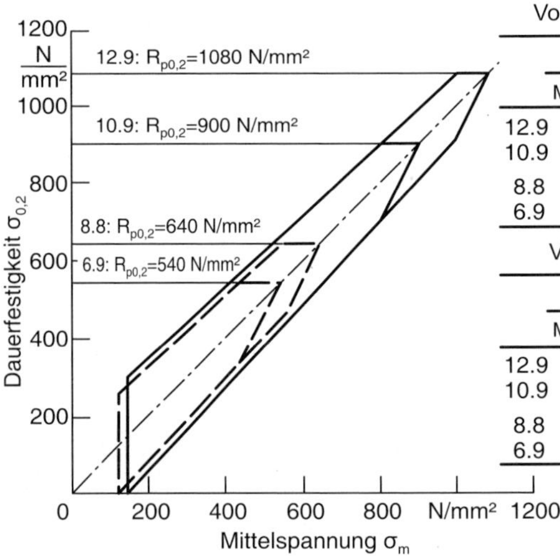

Dauerhaltbarkeit $\sigma_{A,SG}$ [N/mm²]

Vorspannung $\sigma_V \approx 0{,}2\text{-}0{,}8 R_{p0,2}$	Durchmesserbereich M4-M8	M10-M16	M18-M30
12.9 10.9	110	100	90
8.8 6.9	100	90	80

Vorspannung $\sigma_V \approx \sigma_A$	Durchmesserbereich M4-M8	M10-M16	M18-M30
12.9 10.9	150	140	130
8.8 6.9	130	120	110

$$\sigma_{A,SG} = 0{,}75\left(\frac{180}{d\,in\,mm} + 52\right)\cdot\left(2 - \frac{F_V}{F_{p0,2}}\right)$$

gültig für: $0{,}2\, F_{p0,2} < F_V < 0{,}8\, F_{p0,2}$

Abbildung 8.46: Dauerfestigkeit schlussgerollter Schrauben

Herstellung	Geschnitten und vergütet, gerollt und vergütet			Vergütet und dann gerollt		Vergütet, geschliffen und im Kern nachgedrückt	
Festigkeitsklasse	5.6	8.8	10.9 und 12.9	8.8	10.9 und 12.9	10.9	12.9
σ_A	30 ... 40	50	60	90	100	140	170

σ_A erhöht sich für Zugmuttern um 20 %; übergreifende Muttern um 5 % und ringförmig eingedrehte Muttern um 10 %. Für Schrauben < M8 kann σ_A um $\sim 10\,\mathrm{N/mm^2}$ erhöht werden, für Schrauben > M18 wird σ_A um ca. $10\,\mathrm{N/mm^2}$ kleiner.

Tabelle 8.12: Anhaltswerte für die Ausschlagsfestigkeit σ_A in $\mathrm{N/mm^2}$ für zugbelastete Schrauben (M 10 ... M 16) mit normaler Druckmutter aus Stahl für Vorspannungen bis etwa $0{,}7 \cdot R_{p0,2}$

8.6.6 Einhaltung der Flächenpressung an der Schraubenkopf- und Mutterauflagefläche sowie im Gewinde

Zur Vermeidung von Kriechvorgängen an der Schraubenkopf- und Mutterauflagefläche und den damit einhergehenden Setzerscheinungen und Vorspannkraftverlusten darf die Flächenpressung zwischen den Auflageflächen des Schraubenkopfes bzw. der Mutter und den verspannten Bauteilen die Quetschgrenze des verspannten Werkstoffes nicht überschreiten. Da sich der Werkstoff beim Anziehen an der Auflagefläche plastisch verformt und dadurch kalt verfestigt, sind allerdings höhere Werte als diejenigen der Quetschgrenze des reinen Werkstoffes ertragbar. Die Flächenpressung p in N/mm^2 unter der Auflagefläche berechnet sich wie folgt:

$$p = f_a \cdot \frac{F_{S\max}}{A_p} = \frac{F_M + \Phi \cdot F_A}{A_P} \approx \frac{F_M}{0{,}9 \cdot A_p} \leq p_G \tag{8.85}$$

Hierin ist f_a abhängig vom Anziehverfahren einzusetzen, und zwar mit $f_a = 1$ für elastisches Anziehen und $f_a = 1{,}2$ für streckgrenzen- und drehwinkelgesteuertes Anziehen. Weiterhin bezeichnen F_{Smax} die maximale Schraubenkraft aus der Montagevorspannkraft F_M, dem Kraftverhältnis Φ und der Betriebskraft F_A, bezogen auf den Querschnitt A_P, der sich wie folgt berechnet:

$$A_P = \frac{\pi}{4} \cdot \left(d_w^2 - d_a^2\right) \quad \text{für } d_h < d_a \tag{8.86}$$

$$A_P = \frac{\pi}{4} \cdot \left(d_w^2 - d_h^2\right) \quad \text{für } d_h > d_a \tag{8.87}$$

Hierin bedeuten d_a den Innendurchmesser der ebenen Kopfauflage (am Einlauf des Radiusüberganges vom Schaft) an der Schraube, d_h den Durchmesser des Durchgangsloches (Index h von „hole“) und d_w den Durchmesser der Kopfauflage. Im ersten Fall ($d_h < d_a$) ist das Durchgangsloch mit, im zweiten Fall ohne Aussenkung zu versehen. Die Werte für die zulässige Grenzflächenpressung p_G sind auszugsweise in Tabelle 8.13 zusammengestellt, weitere Werte finden sich in VDI 2230 [8.152]. Überschreitungen der Grenzflächenpressung kann teilweise durch Vergrößerung der Auflageflächen, z.B. durch Verwendung von Scheiben (Achtung: Funktionsfähigkeit der Verbindung muss erhalten bleiben) oder durch konstruktive Änderungen bzw. Werkstoffänderungen entgegengewirkt werden.

Der Vollständigkeit halber müsste auch die auftretende Flächenpressung im Gewinde überprüft werden. Der Nachweis könnte auch mit Gleichung (8.85) geführt werden, wobei für A_p die Projektion der beanspruchten Gewindefläche einzusetzen ist. Hieraus leitet sich letztlich auch eine Bedingung für die Mindesthöhe der Mutter ab, dass nämlich die Scherfläche im Gewindegrund ausreichen muss, um der Scherbeanspruchung aus der maximalen Schraubenkraft widerstehen zu können. Begünstigend wirkt sich allerdings aus, dass bei Überschreiten der Streckgrenze im Gewinde die nächst tiefer liegenden Gewindegänge aufgrund plastischer Verformungen mittragen.

Die mit größerer Mutternhöhe zunehmende Haltbarkeit der verschraubten Gewindegänge wird schließlich durch die Haltbarkeit des Schraubenbolzens begrenzt, so dass ab einer kritischen Einschraubtiefe immer erst der Schraubenbolzen versagt. Anhaltswerte für die empfohlene Mindesteinschraubtiefe sind in Tabelle 8.14 zusammengestellt.

Werkstoffgruppe	Werkstoffkurzname	$R_{p0,2,min}$ in N/mm^2	Grenzflächenpressung p_G in N/mm^2
Baustähle	S235 JRG1 E295 S355 JO	230 270 325	490 710 760
Feinkorn-Baustähle	S315MC S420MC	315 420	540 670
Vergütungsstähle (niedriglegiert)	34CrMo4 16MnCr5 34CrNiMo6	650 850 900	1170 1300 1430
Gusseisen	GJL-250 GJS-600	165 ($R_{p0,1,min}$) 420 ($R_{p0,1,min}$)	850 900
Al-Knetlegierung	AlMgSi 1 F28 AlZnMgCu 1,5	200 470	325 540
Magnesiumlegierung	GD-AZ 91 (MgAl9Zn1)	150	280

Tabelle 8.13: Zulässige Grenzflächenpressung in Kopf- und Mutterauflageflächen, Auszug nach VDI 2230 [8.152]

Aufgrund dieser Zusammenhänge kann auch bei genormten Muttern mit $m > 0{,}8 \cdot d$ und Schlüsselweite $S \geq 1{,}45 \cdot d$ die Nachrechnung entfallen, wenn die Festigkeitsklasse der Mutter mindestens der der Schraube entspricht („Muttern mit voller Belastbarkeit"). Bei Verwendung von Muttern mit $m = 0{,}5 \ldots 0{,}8 \cdot d$ kann die Festigkeit der Schraube jedoch nicht ausgenutzt werden („Muttern mit eingeschränkter Belastbarkeit"), ebenso nicht bei „Muttern ohne festgelegte Belastbarkeit".

	Empfohlene Einschraubtiefe				
Festigkeitsklasse	8.8	8.8	10.9	10.9	12.9
Gewindefeinheit d / P	< 9	≥ 9	< 9	≥ 9	< 9
AlCuMg 1 F40	$1{,}1 \cdot d$	$1{,}40 \cdot d$		–	
EN-GJL-250	$1{,}0 \cdot d$	$1{,}25 \cdot d$		$1{,}4 \cdot d$	
S235, Ck15	$1{,}0 \cdot d$	$1{,}25 \cdot d$		$1{,}4 \cdot d$	
E295, C35	$0{,}9 \cdot d$	$1{,}00 \cdot d$		$1{,}2 \cdot d$	
Stahl vergütet, $R_m > 800$ MPa	$0{,}8 \cdot d$	$0{,}90 \cdot d$		$1{,}0 \cdot d$	

Tabelle 8.14: Mindesteinschraubtiefe in Sacklochgewinde

Abschließend sei darauf hingewiesen, dass nach VDI 2230 auch die Scherspannung in der Mantelfläche des Schraubenkopfes aufgrund der maximalen Schraubenkraft die Scherfestigkeit $\tau_B = 0{,}6 \cdot R_m$ nicht überschreiten darf [8.152]. Die Kopfhöhe der Sechskantschrauben nach DIN EN ISO 4014 sowie die Restbodendicke der Innensechskantschrauben nach DIN EN ISO 4762 ist jedoch ausreichend groß, so dass bei zügiger Überbeanspruchung der Bruch im Schraubenbolzen oder im Schaft auftritt, bevor die Festigkeitsgrenze im Schraubenkopf erreicht wird [8.99], [8.114]. Demzufolge erübrigt sich auch hier ein entsprechender Nachweis.

8.6.7 Beanspruchbarkeit von Schrauben im Kran- und Stahlbau

Ergänzend zu den bisher behandelten Berechnungsgängen für Schrauben werden noch zwei Sonderfälle behandelt, die häufig im Stahl- und Kranbau auftreten, nämlich die nicht vorgespannte Schraubenverbindung in einem Spannschloss und in einem Lasthaken eines Kranes gemäß Abbildung 8.47 [8.77].

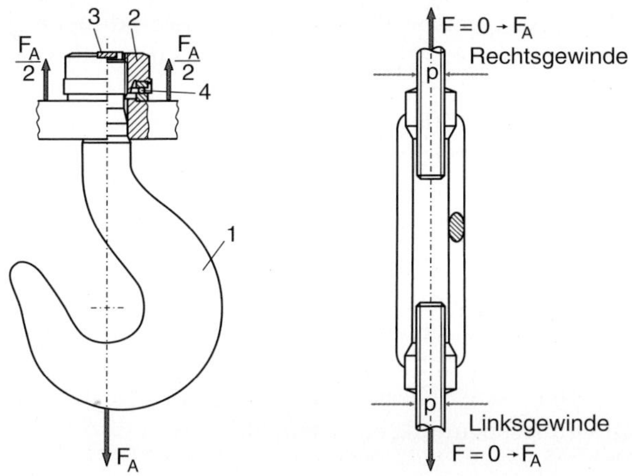

Abbildung 8.47: Nicht vorgespannte, längs beanspruchte Schrauben in einem Lasthaken und einem Spannschloss

Des Weiteren sind zulässige Spannungen (Beanspruchbarkeiten) für Anwendungsfälle von Schrauben im Stahl- und Kranbau zusammengestellt, die für die Auslegung quer beanspruchter Schrauben nach Abschnitt 8.4.9 benötigt werden.

In Spannschlössern nach DIN 1478, DIN 1479 und DIN 1480 (und z.B. auch in Abziehvorrichtungen) werden Schrauben bzw. Gewinde verwendet, die vor dem Angreifen einer Betriebskraft (meistens eine Zugkraft) nicht fest angezogen werden, so dass eine nicht vorgespannte Schraubenverbindung vorliegt [8.48], [8.49], [8.50]. Erfolgt nun ein Anziehen der Schraube unter Last, so ist die auftretende Torsionsbeanspruchung durch eine entsprechende kleinere zulässige Zugspannung zu berücksichtigen:

$$A_S \geq \frac{F_{z,d}}{\sigma_{z,d\;zul}} \quad \text{mit} \quad \sigma_{z,d\;zul} = \frac{R_{p0,2}}{S} \tag{8.88}$$

Hierin bezeichnen $F_{z,d}$ die einwirkende Zug- oder Druckkraft, A_S den Spannungsquerschnitt, $R_{p0,2}$ die Dehngrenze des Schraubenwerkstoffes und S die Sicherheit mit S = 1,5 bis 2,0 bei Anziehen unter Last und S = 1,25 bis 1,5 in allen anderen Fällen.

Wegen fehlender Vorspannung treten keine elastischen Nachgiebigkeiten auf und es kann auch kein Kraftverhältnis Φ berechnet werden. Bei der Überprüfung der Einhaltung der maximal zulässigen Dauerschwingbeanspruchung nach Abschnitt 8.6.5 ist deshalb von folgender Kraftamplitude F_{SAa} auszugehen:

$$F_{SAa} = \frac{F_{Ao} - F_{Au}}{2} \tag{8.89}$$

Liegt bei einer nicht vorgespannten Schraube nur eine schwellende Belastung vor, z.B. bei einem Lasthakengewinde, so vereinfacht sich die Gleichung weiter zu (s.a. Abbildung 8.29):

$$F_{SAa} = \frac{F_{Ao}}{2} = \frac{F_A}{2} \tag{8.90}$$

Abschließend werden noch die zulässigen Scherspannungen $\tau_{a,zul}$ und Lochleibungsspannungen $\sigma_{l,zul}$ für quer beanspruchte Schraubenverbindungen im Stahlbau nach DIN 18800 und im Kranbau nach DIN 15018 zusammengestellt (s.a. Abschnitt 8.4.9) [8.76], [8.78].

Für Stahlkonstruktionen und für Stahlbauten nach DIN 18800 berechnet sich die zulässige Scherspannung $\tau_{a,zul}$ wie folgt:

$$\tau_{a,zul} = \alpha_a \cdot \frac{R_m}{S_M} \tag{8.91}$$

Hierin bezeichnet R_m die Zugfestigkeit des Schraubenwerkstoffs und für den Teilsicherheitsbeiwert ist $S_M = 1{,}1$ zu setzen. Der Beiwert $\alpha_a = 0{,}60$ für Schrauben der Festigkeitsklassen 4.6, 5.6 und 8.8 und $\alpha_a = 0{,}55$ für Schrauben der Festigkeitsklasse 10.9 bzw. $\alpha_a = 0{,}44$, wenn eine Scherfuge im Gewinde vorliegt.
Die zulässige Lochleibungsspannung $\sigma_{l,zul}$ beträgt:

$$\sigma_{l,zul} = \alpha_1 \cdot \frac{R_e}{S_M} \tag{8.92}$$

Hierin ist R_e die Streckgrenze der Bauteilwerkstoffe (z.B. S235 und S355 im Stahlbau) und $S_M = 1{,}1$ der Teilsicherheitsbeiwert. Der Abstandsfaktor α_1 ist nach Tabelle 8.15 abhängig von den Loch- und Randabständen zu bestimmen (s.a. Kapitel 6 Nieten, Abbildung 6.1). Der größtmögliche rechnerische Lochleibungsdruck wird für die Rand- und Lochabstände e_1 und $e_3 = 3 \cdot d$, $e_2 = 1{,}5 \cdot d$ und $e = 3{,}5d$ erreicht. Zur Berechnung von α_1 darf der Randabstand in Kraftrichtung e_1 höchstens mit $3 \cdot d$ und der Lochabstand in Kraftrichtung e höchstens mit $3{,}5 \cdot d$ in Rechnung gestellt werden. Es ist stets zu untersuchen, ob der Randabstand e_1 oder der Lochabstand e den kleineren Wert α_1 ergibt.

Abstandsfaktor α_1 [1)]	Randabstand in Kraftrichtung ist maßgebend	Lochabstand in Kraftrichtung ist maßgebend
$e_2 \geq 1{,}5 \cdot d$ und $e_3 \geq 3{,}0 \cdot d$	$\alpha_1 = 1{,}1 \cdot e_1/d - 0{,}3$	$\alpha_1 = 1{,}08 \cdot e/d - 0{,}77$
$e_2 = 1{,}2 \cdot d$ und $e_3 = 2{,}4 \cdot d$	$\alpha_1 = 0{,}73 \cdot e_1/d - 0{,}2$	$\alpha_1 = 0{,}72 \cdot e/d - 0{,}51$

[1)] Für Zwischenwerte von e_2 und e_3 darf linear interpoliert werden.

Tabelle 8.15: Abstandsfaktor α_1 für Schraubenlöcher in Stahlbaukonstruktionen nach DIN 18800

Die zulässigen Scherspannungen $\tau_{a,zul}$ und Lochleibungsspannungen $\sigma_{l,zul}$ für quer beanspruchte Schraubenverbindungen im Kranbau nach DIN 15018 sowie im allgemeinen Maschinenbau (ungeregelter Bereich) sind in Tabelle 8.16 und Tabelle 8.17 zusammengestellt.

Spannungsart		Passschrauben nach DIN 7968				Rohe Schrauben nach DIN 7990			
		4.6 für Bauteile aus S35		5.6 für Bauteile aus S355		4.6 für Bauteile aus S35		5.6 für Bauteile aus S355	
		H	HZ	H	HZ	H	HZ	H	HZ
Abscheren $\tau_{a,zul}$	einschnittig mehrschnittig	84 112	96 128	126 168	144 192	70	80	70	80
Lochleibung $\sigma_{a,zul}$	einschnittig mehrschnittig	210 280	240 320	315 420	360 480	160	180	160	180
Zugspannung σ_{zul}		100	110	140	154	100	110	140	154

Tabelle 8.16: Zulässige Spannungen für Verbindungsmittel im Kranbau nach DIN 15018 beim allgemeinen Spannungsnachweis [8.76]

Lastfall	Ruhend	Schwellend	Wechselnd
Zulässige Scherspannung $\tau_{a,zul}$ Für Spannhülsen $\approx 300\ \mathrm{N/mm^2}$ unabhängig vom Lastfall	$\approx 0{,}6 \cdot R_e$	$\approx 0{,}5 \cdot R_e$	$\approx 0{,}4 \cdot R_e$
	R_e: Streckgrenze des Schrauben- bzw. Scherbuchsenwerkstoffes		
Zulässige Lochleibung $\sigma_{a,zul}$ Für Grauguss etwa doppelte Werte	$\approx 0{,}75 \cdot R_m$ oder $\approx 1{,}2 \cdot R_e$	$\approx 0{,}60 \cdot R_m$ oder $\approx 0{,}9 \cdot R_e$	
	R_e und R_m: Streckgrenze und Zugfestigkeit des Schrauben-, Bauteil- oder Scherelementewerkstoffes		

Tabelle 8.17: Anhaltswerte zulässiger Spannungen für quer beanspruchte Schraubenverbindungen im Maschinenbau nach [8.3]

8.6.8 Konstruktive Maßnahmen zur Steigerung der Dauerfestigkeit

Abschließend werden noch mögliche Funktionsstörungen von Schraubenverbindungen vorgestellt, die durch Mängel in der Dimensionierung (Berechnung), Gestaltung, Fertigung, Werkstoffwahl und/oder Montage auftreten können:

- Die Genauigkeit der Dimensionierung und Berechnung hängt hauptsächlich von der genauen Abschätzung der wirklich auftretenden Kräfte ab. Weitere Einflüsse liegen in der Bestimmung der Nachgiebigkeit der verspannten Bauteile und der Lage der Krafteinleitungsebene. Dies ist bei der Gestaltung und beim Ansatz der zulässigen Spannungen zu berücksichtigen. Der Kraftangriffspunkt sollte möglichst in das Innere der verspannten Teile verlegt werden.
- Zur Verhinderung des Aufklaffens der verspannten Bauteile ist eine ausreichende Vorspannkraft erforderlich, wobei mögliche Setzerscheinungen zu berücksichtigen sind. Zur Vermeidung einseitigen Klaffens und einer Biegebeanspruchung bei exzentrischer Krafteinleitung sind die Exzentrizitäten möglichst gering zu halten.

- Schraubenverbindungen werden durch überlagerte Biegung zusätzlich beansprucht. Dabei ist zwischen Fertigungsfehlern und Biegung aus der Wirkung der Betriebskräfte infolge konstruktiver Bedingungen zu unterscheiden. Die Fertigungsfehler (z.B. schräge Kopf- bzw. Mutter-Anlageflächen zur Schraubenachse, nicht zentrische Gewinde, zur Schraubenachse schräge Auflageflächen der verschraubten Bauteile und nicht fluchtende Durchgangsbohrungen wirken sich nur einmal statisch beim Anziehen der Schraubenverbindungen durch Biegezug aus. Gemäß Abbildung 8.48 nehmen dabei die örtlichen Beanspruchungen im Kopf-Schaft-Übergang jedoch den in der Schraubenverbindung höchsten Wert an und können zum Versagen an dieser Stelle führen [8.141]. Verbesserungen sind möglich durch planparallele Bearbeitung, kugelige Unterlegscheiben sowie hochfeste oder biegeweiche Schrauben.

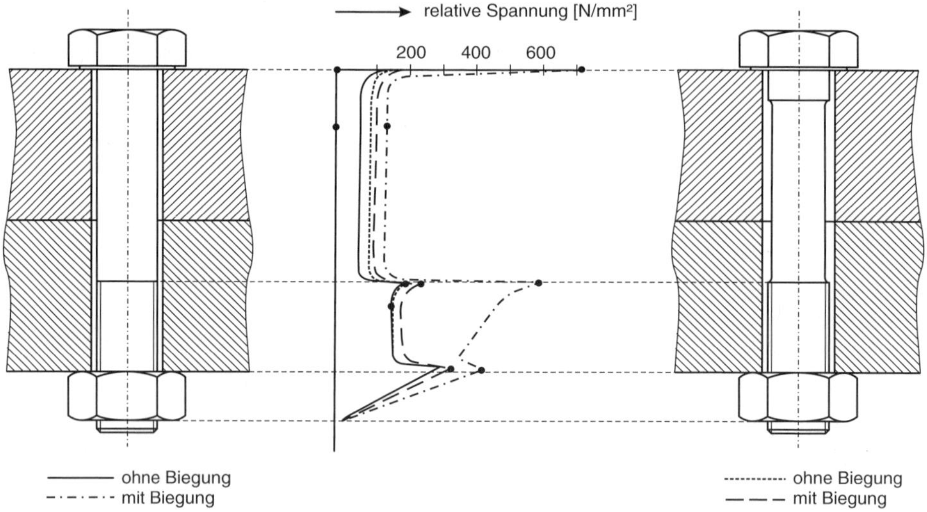

Mit zunehmender Starrheit der ganzen Konstruktion wird bei schräger Verspannung auf der Biegezugseite des Schraubenbolzens die Kerbwirkung verstärkt.

Dies gilt besonders für den Kopf-Schaft-Übergang, den Gewinde-Auslauf und den ersten tragenden, in das Muttergewinde eingeschraubten Bolzengewindegang.

Die örtlichen Beanspruchungen im Kopf-Schaft-Übergang nehmen den in der Schraubenverbindung höchsten Wert an und können auch zum Versagen an dieser Stelle führen.

Abbildung 8.48: Einfluss überlagerter Biegung auf örtliche Spannung [8.141]

Entlastend wirkt das normale Kippen der Mutter aufgrund des Gewindespieles bei statischen Beanspruchungen. Des Weiteren müssen die Schraubenbolzen die Schrägbelastung in einem gewissen Umfang ertragen können.

- Zusätzliche Biegebeanspruchungen aus der Wirkung der Betriebskräfte infolge konstruktiver Bedingungen sind immer von der Steifigkeit der miteinander verschraubten Bauteile und meist auch von den wirksamen Vorspannkräften abhängig. Durch hohe Schraubenvorspannkräfte lassen sich jedoch die verspannten Teile meist so zusammenpressen, dass sie sich unter Betriebsbeanspruchungen doch wie ein homogenes Ganzes verhalten. Bei nur selten auftretenden Beanspruchungen ist die statische Haltbarkeit genügend zäher Schrauben gegeben. Bei schwingender Beanspruchung erhöht sich die Schwingbruchgefahr der Schraubenverbindungen, d.h. die aus den überlagerten Biegungen resultierenden örtlichen Spannungen müssen bei der Schraubenauslegung berücksichtigt werden.

- Wegen des Größeneinflusses ist der Einsatz mehrerer kleiner Schrauben in den meisten Fällen günstiger als eine kleine Anzahl großer Schrauben.
- Bei dynamisch beanspruchten Schraubenverbindungen ist die Elastizität der Schraube durch Ausnutzung größtmöglicher Längen oder durch Ausführung als Dehnschraube zu erhöhen. Die Spannungskonzentration im ersten Gewindegang ist durch gute Formgebung zu mindern.
- Bei dynamisch beanspruchten Schraubenverbindungen lässt sich der Abfall der Dauerschwingfestigkeit durch den Einsatz von Stulp- oder Zugmuttern gemäß Abbildung 8.49 begrenzen, da sie aufgrund des günstigeren Kraftflusses teilweise zugbeansprucht werden.

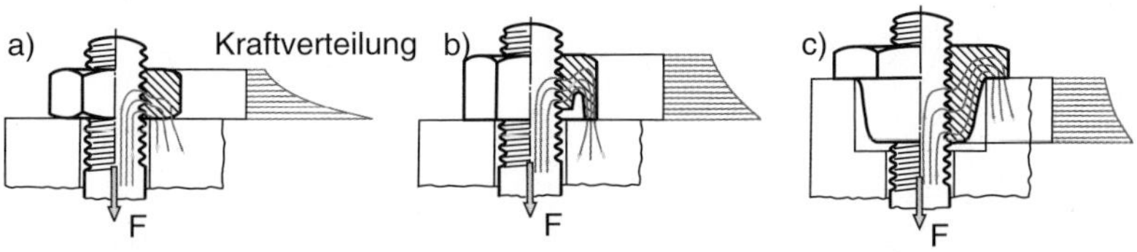

Abbildung 8.49: Kraftfluss und Kraftverteilung in Schraubenverbindungen – a) Normmutter (Druckmutter), b) Stulpmutter, c) Zugmutter [8.3]

- Während die Schrauben möglichst elastisch zu gestalten sind, lässt sich die Dauerfestigkeit der Verbindung durch eine versteifende Formgebung der zu verspannenden Teile steigern.
- Zur Erzielung der maximalen Montagevorspannkraft ist ein ausreichendes Anziehen bis zur Streckgrenze erforderlich. Abhängig von den konstruktiven Gegebenheiten ist das Anzugsverfahren mit der geringsten Streuung der Montagevorspannkraft auszuwählen.
- Zur Vermeidung eines vorzeitigen Vorspannkraftverlustes sind möglichst keine mitverspannten Scheiben oder Schraubensicherungsringe zu verwenden.
- Mögliche chemische oder elektrolytische Korrosionseinflüsse, insbesondere in den Trennfugen, sowie Festfressen beim Anziehen der Schraube sind durch eine geeignete Werkstoffwahl, Oberflächenbehandlung und Schmierung zu vermeiden.

8.7 Bewegungsschrauben und Spindeln

Bewegungsschrauben gemäß Abbildung 8.50 dienen zum Umwandeln von Dreh- in Längsbewegungen oder zum Erzeugen großer Kräfte (z.B. in Pressen) und werden auch als Spindeln bezeichnet. Entweder führen die Spindelmuttern eine Längsbewegung aus oder sie stehen bei längs bewegter Spindel still. In Abbildung 8.50 a) wird durch eine Rechtsdrehung der Spindel die auf der Mutter aufliegende Last gehoben (Arbeitshub). Die Mutter selbst dreht sich nicht, da sie entsprechend drehsicher geführt wird. Durch Umkehrung der Drehrichtung erfolgt der Rückhub. Es liegen die gleichen Kraft- und Bewegungsverhältnisse wie bei den Befestigungsschrauben vor (s.a. Abbildung 8.18. Gemäß Abbildung 8.50 c) wird die über der Flanke verteilte Last zur Berechnung als punktförmig angreifende Normalkraft F_N angenommen, die über die Reibungszahl μ_G im Gewinde eine Reibkraft erzeugt.

Auch wenn die hohe Reibung im Gewinde nachteilig ist (Wärme-Entwicklung bei Dauerbetrieb), waren Bewegungsschrauben bis zum Durchbruch der Hydraulikzylinder die einzigen Maschinenelemente zur Erzeugung von Linearbewegungen aus einer antreibenden Drehbewegung bzw. großer linearer Kräfte aus einem Drehmoment.

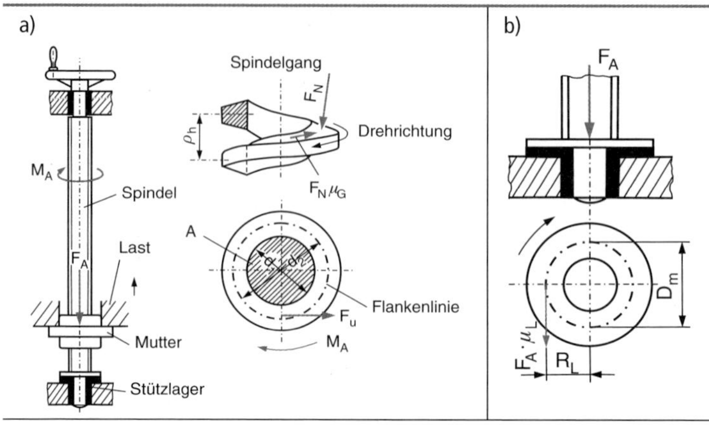

$$\tan\alpha = \frac{P_h}{d_2 \cdot \pi} \tag{8.93}$$

$$\tan\beta_N = \tan\beta \cdot \cos\alpha \tag{8.94}$$

$$\tan\rho_G = \frac{\mu_G}{\cos\beta_N} \tag{8.95}$$

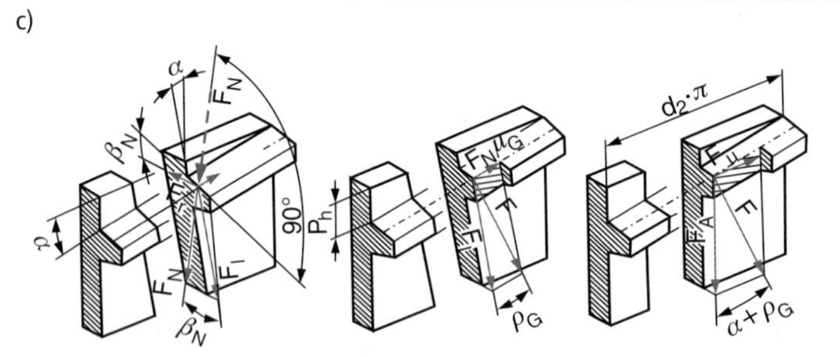

α: Steigungswinkel des Gewindes
P_h: Steigung des Gewindes
d_2: Flankendurchmesser des Gewindes
β_N: Flankenwinkel im Normalschnitt
β: Flankenwinkel im Achsschnitt
ρ_G: Reibungswinkel des Gewindes
μ_G: Reibungszahl im Gewinde

Abbildung 8.50: Lastheben mit einer Bewegungsschraube – a) Antriebsschema und Spindelgang, b) Reibung am Stützlager und c) Kräfte der Mutter an einem abgewickelten Spindelgang [8.3]

So haben die Spindeln bzw. komplette Spindelhubgetriebe trotz Hydraulik einige wesentliche Einsatzgebiete (z.B. in Werkzeugmaschinen und Hebebockanlagen) behalten und in manchen Bereichen (z.B. im Stahlwasserbau) ersetzen so genannte Elektrohubzylinder (elektrisch angetriebene Spindelgetriebe) wegen ihrer umweltfreundlichen Eigenschaften teilweise die Hydraulik. Auch die Hauptverriegelungen der in Abbildung 1.4 gezeigten El-Ferdan-Drehbrücke gemäß Abbildung 8.2 wurden wegen der hohen Betriebssicherheit bei vergleichsweise geringem Wartungsaufwand mit elektrischen Spindelantrieben ausgerüstet.

In modernen Bewegungsgewinden wird überwiegend das Trapezgewinde nach DIN 103 verwendet, bei einseitiger Beanspruchung (z.B. in Hebebockanlagen) kommt auch das Sägengewinde nach DIN 513 in Betracht, das durch die günstigere Krafteinleitung höhere zulässige Vergleichsspannungswerte aufweist [8.8], [8.22]. Zur Steigerung der Leistungsfähigkeit und Minderung der Reibung setzt man Muttern mit druckölgespeisten Taschen oder Ölnuten in den Spindelflanken ein.

Eine weitere Möglichkeit zur Wirkungsgradverbesserung sind Kugelumlaufspindeln bzw. Kugelgewindetriebe nach Abbildung 8.51. Hier wird die Last über Wälzkörper

(Kugeln) durch Rollreibung übertragen. Nach dem Durchlauf der Kugeln durch den Gewindetrieb erfolgt eine Rückführung über entsprechende Kanäle an den Gewinde-Anfang.

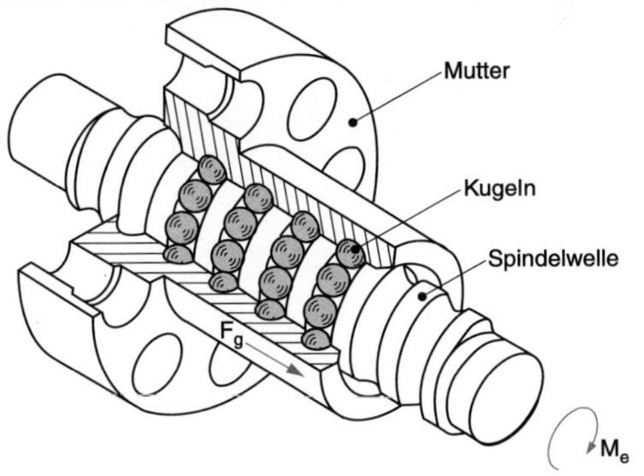

Vorteile:
Geringer Verschleiß
Wirkungsgrad > 80 %
Geringe Erwärmung
Keine Reibungsschwingungen (Stick-Slip)

Nachteile:
Keine Selbsthemmung vorhanden
Zusätzliche Bremsen erforderlich

Abbildung 8.51: Kugelumlaufspindel bzw. Kugelgewindetrieb

8.7.1 Kinematik der Bewegungsschraube

Das erforderliche Antriebsmoment M_t einer Bewegungsschraube setzt sich zusammen aus einem Nutzmoment M_{GN} und einem Reibungsmoment M_{GR} in einer abstützenden Lagerung:

$$M_t = M_{GN} + M_{GR} \tag{8.96}$$

Das Nutzmoment M_{GN} wiederum berechnet sich aus der axial wirkenden Längskraft F_A (Zug oder Druck), dem halben Flankendurchmesser $d_2 / 2$ als Hebelarm, dem Steigungswinkel α und dem Reibungswinkel ρ_G zu:

$$M_{GN} = F_A \cdot \frac{d_2}{2} \cdot \tan\left(\alpha \pm \rho_G\right) \tag{8.97}$$

Der Wirkungsgrad bei der Umwandlung der Drehbewegung in die Längsbewegung (Arbeitshub) setzt die nutzbare Hubarbeit W_n und die aufgewendete Arbeit W_a ins Verhältnis:

$$\eta_A = \frac{W_n}{W_a} = \frac{F \cdot P_h}{F_u \cdot d_2 \cdot \pi} = \frac{F \cdot P_h}{F \cdot d_2 \cdot \pi \cdot \tan\left(\alpha + \rho_G\right)} \tag{8.98}$$

Mit Gleichung (8.93) folgt für die Wirkungsgrade:

$$\eta_A = \frac{\tan \alpha}{\tan\left(\alpha + \rho_G\right)} \quad \text{Drehbewegung in Längsbewegung (Arbeitshub)} \tag{8.99}$$

$$\eta_R = \frac{\tan\left(\alpha - \rho_G\right)}{\tan \alpha} \quad \text{Längsbewegung in Drehbewegung (Rückhub)} \tag{8.100}$$

Damit die Längsbewegung in eine Drehbewegung umgewandelt werden kann, darf bei einer Bewegungsschraube das Gewinde nicht selbsthemmend sein, d.h. der Steigungswinkel α muss größer sein als der Reibungswinkel ρ_G. Für den Grenzfall $\alpha = \rho_G$ wird der Wirkungsgrad gemäß Gleichung (8.98) genau $\eta_A = 0{,}5$. Somit muss bei nicht selbsthemmenden Getrieben immer $\eta_A > 0{,}5$ sein, während bei selbsthemmenden Getrieben $\eta_A < 0{,}5$ ist.

8.7.2 Auslegung und Berechnung von Spindel und Mutter

Bei der Auslegung kurzer, druckbeanspruchter Bewegungsschrauben ohne Knickgefahr bzw. ausschließlich zugbeanspruchter Bewegungsschrauben lässt sich der erforderliche Kernquerschnitt A_3 des Gewindes aus der Axialkraft F und der zulässigen Zug- bzw. Druckspannung $\sigma_{z,d\ zul}$ gemäß Tabelle 8.18 bestimmen zu:

$$A_3 \geq \frac{F}{\sigma_{z,d\ zul}} \tag{8.101}$$

Besteht bei langen, druckbeanspruchten Schrauben oder Spindeln die Gefahr des Ausknickens, so lässt sich gleich mithilfe der Euler-Knickgleichung der erforderliche Kerndurchmesser d_3 des Gewindes ermitteln (s.a. Kapitel 3):

$$d_3 \geq \sqrt[4]{\frac{64 \cdot F \cdot S \cdot l_k^2}{\pi^3 \cdot E}} \tag{8.102}$$

Hierin bezeichnen F die Druckkraft, S die Knicksicherheit (zunächst anzunehmen mit $S \approx 6 \ldots 8$), E den Elastizitätsmodul und l_k die rechnerische Knicklänge abhängig vom vorliegenden Euler-Fall. Entsprechend Abbildung 8.52 liegt meistens der 3. Euler-Knickfall vor, so dass für die rechnerische Knicklänge $l_k \approx 0{,}7 \cdot l$ anzunehmen ist.

Anhand dieser Vorauslegungsdaten A_3 oder d_3 kann nun die nächstliegende Gewindegröße aus Gewindetabellen gewählt werden. Im Weiteren sind dann für diese ausgewählte Spindel mit den tatsächlichen Abmessungen die Festigkeit und die Knicksicherheit nachzuweisen.

Für den Festigkeitsnachweis ist zu überprüfen, welche Teile der Spindel welcher Beanspruchung unterliegen. Beim Beanspruchungsfall 1 wirkt die Längskraft in dem Teil der Spindel, der vom Muttergewinde aus betrachtet auf der anderen Seite als das eingeleitete Drehmoment M_t liegt. Damit verteilt sich die Beanspruchung auf einen „Verdrehteil“ und einen „Zug- bzw. Druckteil“, in denen die Beanspruchungen separat berechnet werden können:

$$\tau_t = \frac{M_t}{W_p} = \frac{16 \cdot M_t}{\pi \cdot d_3^3} \leq \tau_{t,zul} \tag{8.103}$$

$$\sigma_{z,d} = \frac{F}{A_3} \leq \sigma_{z,d\ zul} \tag{8.104}$$

Hierin bezeichnen d_3 den Gewindekerndurchmesser und A_3 den Kernquerschnitt des Gewindes. Die zulässigen Spannungen $\tau_{t,zul}$ und $\sigma_{z,d\ zul}$ sind Tabelle 8.18 zu entnehmen.

Liegt dagegen der ungünstigere Beanspruchungsfall 2 vor, so wirken Drehmoment und Längskraft im gleichen Teil der Spindel, so dass für den Festigkeitsnachweis im kritischen Querschnitt (Kernquerschnitt A_3) mit den Spannungen aus den Gleichungen (8.103) und (8.104) die folgende Vergleichsspannung s_v zu berechnen ist:

$$\sigma_v = \sqrt{\sigma_{z,d}^{\ 2} + 3 \cdot (\alpha_0 \cdot \tau_t)^2} \leq \sigma_{v,zul} \tag{8.105}$$

Hierin bezeichnet α_0 das Anstrengungsverhältnis zur Umbewertung der Torsionsspannung in eine Zug-Druck-Spannung (s.a. Kapitel 3). Treten beide Spannungen schwellend auf, so ist $\alpha_0 = 1$ zu setzen, in allen anderen Fällen beträgt $\alpha_0 = 0{,}7$. Die zulässige Spannung $\sigma_{z,d\ zul}$ ist Tabelle 8.18 zu entnehmen.

Bei längeren druckbeanspruchten Spindeln ist der Nachweis der Knicksicherheit nach Abbildung 8.52 erforderlich. Der Schlankheitsgrad der Spindel lässt sich aus der rechnerischen Knicklänge l_k für den jeweiligen Euler-Knickfall und aus dem Kerndurchmesser des Gewindes d_3 berechnen. Abhängig vom Schlankheitsgrad λ ist die Knickspannung nach Euler (elastische Knickung) oder die Knickspannung im unelastischen Bereich nach Tetmajer zu berechnen. Die Grenze für Stahl S235 liegt bei $\lambda_0 = 105$ und bei $\lambda_0 = 89$ für Stahl E295 und E335.

Die Knickspannungen sind dann für den Belastungsfall 1 mit der Spannung $\sigma_{vorh} = \sigma_{z,d}$ zu vergleichen, für den Belastungsfall 2 ergibt sich $\sigma_{vorh} = \sigma_v$ aus der Vergleichsspannung nach Gleichung (8.105) :

$$S = \frac{\sigma_K}{\sigma_{vorh}} \geq S_{erf} \tag{8.106}$$

Bei elastischer Knickung sollte $S_{erf} \approx 3 \ldots 6$ sein, bei unelastischer Knickung $S_{erf} \approx 4 \ldots 2$ mit abnehmendem Schlankheitsgrad λ. Bei Schlankheitsgraden $\lambda < 20$ erübrigt sich eine Nachprüfung auf Knickung.

Werkstoff der Mutter	**Schmierung**	**Reibungszahlen Gewinde**		**Reibungszahlen Lagerung**
		der Ruhe μ_{G0}	**der Bewegung μ_G**	$\mu_L \approx \mu_G$ bei Gleitlagerung $\mu_L \approx 0{,}0013$ bis 0,004 für Axial-Wälzlager, bei Anlaufreibung ca. doppelte Werte
Bronze, Rotguss	Fett	0,24 (0,35)	0,12 (0,15)	
Bronze, Rotguss	Fett/Öl	0,19	0,08	
Polyamid PA6	Fett	0,19 (0,23)	0,07 (0,10)	

Mittlere Reibungszahlen für Bewegungsgewinde bei geschliffenen Spindeln aus Stahl ($R_a = 0{,}4\ \mu m$) im eingelaufenen Zustand (Werte in Klammern bei Betriebsbeginn und nach Verschleiß)

Zulässige Vergleichsspannung $\sigma_{v,zul}$ Zulässige Zug-/Druck-Spannung $\sigma_{z,d\ zul}$ R_m: Zugfestigkeit des Spindelwerkstoffes	**Beanspruchung**	**Schwellend**	**Wechselnd**
	Trapezgewinde	$\approx 0{,}20 \cdot R_m$	$\approx 0{,}13 \cdot R_m$
	Sägengewinde	$\approx 0{,}25 \cdot R_m$	$\approx 0{,}16 \cdot R_m$

Tabelle 8.18: Anhaltswerte für Reibungszahlen und zulässige Spannungen für Bewegungsschrauben [8.3], [8.144]

Abschließend ist noch die Nachprüfung des Muttergewindes (Führungsgewinde) erforderlich. Im Gegensatz zu Befestigungsschrauben ist bei Bewegungsschrauben nicht die Festigkeit, sondern die Einhaltung der Flächenpressung p an den Gewindeflanken entscheidend. Die Flächenpressung p des Gewindes errechnet sich mit der Länge des Muttergewindes l_1 und der Flankenüberdeckung H_1 aus der einwirkenden Axialkraft F zu:

$$p = \frac{F \cdot P}{l_1 \cdot d_2 \cdot \pi \cdot H_1} \leq p_{zul} \tag{8.107}$$

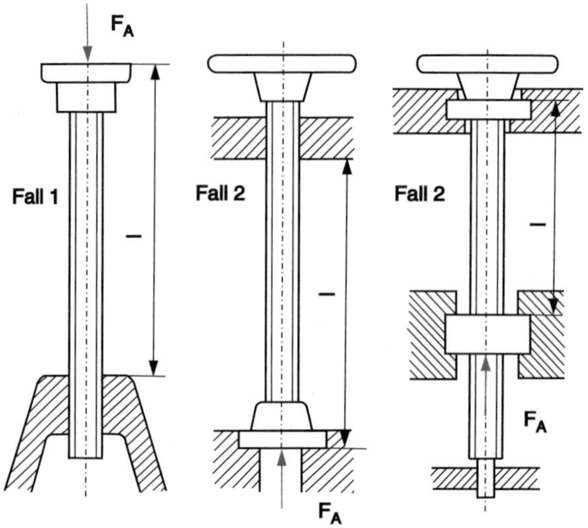

Schlankheitsgrad der Spindel:

$$\lambda = \frac{4 \cdot l_k}{d_3} \qquad (8.108)$$

Knickspannung nach Euler (elastisch, $\lambda \geq \lambda_0 = 105$ für S235 und $\lambda \geq \lambda_0 = 89$ für E295 und E335):

$$\sigma_K = \frac{E \cdot \pi^2}{\lambda^2} \qquad (8.109)$$

Knickspannung nach Tetmajer (unelastisch, $\lambda < \lambda_0 = 105$ für S235):

$$\sigma_K = 310 - 1{,}14 \cdot \lambda \qquad (8.110)$$

Knickspannung nach Tetmajer (unelastisch, $\lambda < \lambda_0 = 89$ für E295 und E335):

$$\sigma_K = 335 - 0{,}62 \cdot \lambda \qquad (8.111)$$

Abbildung 8.52: Knickfälle für Bewegungsschrauben bzw. Spindeln

Weiterhin bezeichnen d_2 den Flankendurchmesser des Gewindes und P die Gewindeteilung (Abstand von Gang zu Gang), bei eingängigem Gewinde ist P gleich der Steigung, bei mehrgängigem Gewinde ist $P = P_h / n$ mit der Steigung P_h und der Gangzahl n. Die zulässige Flächenpressung p_{zul} der Gewindeflanken ist abhängig vom Werkstoff der Tabelle 8.19 zu entnehmen.

Umgekehrt lässt sich aus dieser Gleichung unter Vorgabe von p_{zul} auch die erforderliche Mutterlänge l_1 ermitteln, wobei jedoch $l_1 \approx 2{,}5 \cdot d$ (mit d als Gewindedurchmesser) wegen der dann entstehenden ungleichmäßigen Verteilung der Flächenpressung im Gewinde nicht überschreiten sollte.

Werkstoff-paarung	**Stahl Stahl**	**Stahl Grau-guss**	**Stahl Bronze**	**Stahl gehärtet Bronze**	**Stahl – Kunststoff**	
					$v = 30$ m/min	$v = 10$ m/min
Dauerbetrieb	8	5	10	15	2	5
Aussetzbetrieb	12	8	15	22	3	8
Seltener Betrieb	16	10	20	30	4	10

Tabelle 8.19: Zulässige Flächenpressungen p_{zul} in N/mm^2 für Bewegungsschrauben bei Gewindespindeln aus Stahl [8.3], [8.144]

8.8 Literatur

[8.1] Bollenrath, F., Cornelius, H., Siedenburg, W.; Festigkeitseigenschaften von Leichtmetallschrauben; VDI-Zeitschrift 83 (1939), S. 1169–1173

[8.2] DASt-Richtlinie 010; Anwendung hochfester Schrauben im Stahlbau (zurückgezogen – Der Regelsetzer empfiehlt die DIN 18800-1)

[8.3] Decker, K., Kabus, K.; Maschinenelemente, Hanser Verlag, München 2000

[8.4] DIN 13-1..11 Metrisches ISO-Gewinde allgemeiner Anwendung (1999-11)

[8.5] DIN 74 Senkungen für Senkschrauben, ausgenommen Senkschrauben mit Köpfen nach DIN EN 27721 (2003-04)

[8.6] DIN 76 Gewindeausläufe und Gewindefreistiche (2004-06)

[8.7] DIN 78 Schraubenüberstände (2013-04)

[8.8] DIN 103 Metrisches ISO-Trapezgewinde (1977-04)

[8.9] DIN 168 Rundgewinde – Teil 1: Gewindemaße für Glasbehältnisse (1998-04)

[8.10] DIN 202 Gewinde – Übersicht (1999-11)

[8.11] DIN 262 Rundgewinde mit Spiel und steiler Flanke, mit Steigung 7 mm (1973-05)

[8.12] DIN 264 Rundgewinde mit Spiel und flacher Flanke, mit Steigung 7 mm (1973-05)

[8.13] DIN 267 Mechanische Verbindungselemente – T2 Technische Lieferbedingungen – Ausführung und Maßgenauigkeit (1984-11); T24 Härteklassen für Muttern ohne festgelegte Prüfkräfte (2007-10)

[8.14] DIN 404 Kreuzlochschrauben mit Schlitz (2006-08)

[8.15] DIN 405 Rundgewinde allgemeiner Anwendung (1997-11)

[8.16] DIN 434 Scheiben, vierkant, keilförmig für U-Träger (2000-04)

[8.17] DIN 435 Scheiben, vierkant, keilförmig für I-Träger (2000-01)

[8.18] DIN 444 Augenschrauben (1983-04)

[8.19] DIN 462 Werkzeugmaschinen; Sicherungsbleche mit Innennase, für Nutmuttern nach DIN 1804 (1973-09)

[8.20] DIN 479 Vierkantschrauben mit Kernansatz (1985-02)

[8.21] DIN 480 Vierkantschrauben mit Bund und Ansatzkuppe (1985-02)

[8.22] DIN 513 Metrisches Sägengewinde (1985-04)

[8.23] DIN 525 Anschweißenden (2009-11)

[8.24] DIN 546 Schlitzmuttern (2010-09)

[8.25] DIN 547 Zweilochmuttern (2006-08)

[8.26] DIN 548 Kreuzlochmuttern (2007-01)

[8.27] DIN 557 Vierkantmuttern; Produktklasse C (1994-01)

[8.28] DIN 561 Sechskantschrauben mit Zapfen und kleinem Sechskant (1995-02)

[8.29] DIN 562 Vierkantmuttern, niedrige Form – Produktklasse B (2013-05)

[8.30] DIN 564 Sechskantschrauben mit Ansatzspitze und kleinem Sechskant (1995-02)

[8.31] DIN 609 Sechskant-Paßschrauben mit langem Gewindezapfen (1995-02)

[8.32] DIN 835 Stiftschrauben – Einschraubende ≈ 2 d (2010-07)

[8.33] DIN 917 Sechskant-Hutmuttern, niedrige Form (2000-10)

[8.34] DIN 921 Flachkopfschrauben mit Schlitz und großem Kopf (2014-11)

[8.35] DIN 928 Vierkant-Schweißmuttern (2013-12)

[8.36] DIN 929 Sechskant-Schweißmuttern (2013-12)

[8.37] DIN 935-1 Kronenmuttern – Teil 1: Metrisches Regel- und Feingewinde (2013-08)

[8.38] DIN 935-3 Kronenmuttern – Teil 3: Metrisches Regelgewinde; Produktklasse C (2013-08)

[8.39] DIN 938 Stiftschrauben – Einschraubende ≈ 1 *d* (2012-12)

[8.40] DIN 939 Stiftschrauben – Einschraubende ≈ 1,25 *d* (1995-02)

[8.41] DIN 940 Stiftschrauben – Einschraubende ≈ 2,5 *d* (2010-07)

[8.42] DIN 949 Stiftschrauben mit metrischem Festsitzgewinde MFS – Teil 1: Einschraublänge ≈ 2 *d* (Form A) Stiftschrauben (1995-02, zurückgezogen)

[8.43] DIN 962 Schrauben und Muttern – Bezeichnungsangaben, Formen und Ausführungen (2013-04)

[8.44] DIN 967 Linsenkopfschrauben mit Bund und Kreuzschlitz – Produktklasse A (2002-12)

[8.45] DIN 979 Niedrige Kronenmuttern – Metrisches Regel- und Feingewinde – Produktklassen A und B (2013-08)

[8.46] DIN 981 Wälzlager; Nutmuttern (2009-06)

[8.47] DIN 986 Sechskant-Hutmuttern mit Klemmteil, mit nicht metallischem Einsatz (2013-08)

[8.48] DIN 1478 Spannschlossmuttern aus Stahlrohr oder Rundstahl (2005-09)

[8.49] DIN 1479 Sechskant-Spannschlossmuttern (2005-09)

[8.50] DIN 1480 Spannschlossmuttern, geschmiedet (offene Form) (2005-09)

[8.51] DIN 1587 Sechskant-Hutmuttern, hohe Form (2014-07)

[8.52] DIN 1804 Nutmuttern; Metrisches ISO-Feingewinde (1971-03)

[8.53] DIN 1816 Kreuzlochmuttern; Metrisches ISO-Feingewinde (1971-03)

[8.54] DIN 2244 Gewinde – Begriffe und Bestimmungsgrößen für zylindrische Gewinde (2002-05)

[8.55] DIN 2509 Schraubenbolzen (1986-09)

[8.56] DIN 2510 Schraubenverbindungen mit Dehnschaft (1974-09)

[8.57] DIN 2781 Werkzeugmaschinen; Sägengewinde 45°, eingängig, für hydraulische Pressen (1990-09)

[8.58] DIN 3858 Whitworth-Rohrgewinde für Rohrverschraubungen – Zylindrisches Innengewinde und kegeliges Außengewinde (2005-08)

[8.59] DIN 6330 Sechskantmuttern 1,5 *d* hoch (2003-04)

[8.60] DIN 6332 Gewindestifte mit Druckzapfen (2003-04)

[8.61] DIN 6796 Spannscheiben für Schraubenverbindungen (2009-08)

[8.62] DIN 6900 Kombi-Schrauben mit Regelgewinde (2004-09)

[8.63] DIN 6908 Spannscheiben für Kombi-Schrauben (1995-08)

[8.64] DIN 6912 Zylinderschrauben mit Innensechskant – Niedriger Kopf, mit Schlüsselführung (2009-07)

[8.65] DIN 6917 Scheiben, vierkant, keilförmig, für HV-Schrauben an I-Profilen in Stahlkonstruktionen (1989-10)

[8.66] DIN 6918 Scheiben, vierkant, keilförmig für HV-Schrauben an U-Profilen in Stahlkonstruktionen (1990-04)

[8.67] DIN 7273 Rundgewinde für Teile aus Blech bis 0,5 mm Dicke und zugehörige Verschraubungen; Maße, Toleranzen (1970-07)

[8.68] DIN 7349 Scheiben für Schrauben mit schweren Spannhülsen (2009-08)

[8.69] DIN 7500 Gewindefurchende Schrauben für metrisches ISO-Gewinde – Teil 1: Technische Lieferbedingungen für einsatzgehärtete und angelassene Schrauben (2009-06)

[8.70] DIN 7952 Blechdurchzüge mit Gewinde (1986-07)

[8.71] DIN 7968 Sechskant-Paßschrauben mit Sechskantmutter für Stahlkonstruktionen (2007-07)

[8.72] DIN 7969 Senkschrauben mit Schlitz mit Sechskantmutter für Stahlkonstruktionen (2007-08)

[8.73] DIN 7984 Zylinderschrauben mit Innensechskant mit niedrigem Kopf (2002-12)

[8.74] DIN 7989 Scheiben für Stahlkonstruktionen (2001-04)

[8.75] DIN 7990 Sechskantschrauben mit Sechskantmutter für Stahlkonstruktionen (2008-04)

[8.76] DIN 15018 Krane; Grundsätze für Stahltragwerke; Berechnung (1984-11); Norm vollständig zurückgezogen und ersetzt durch DIN EN 13001

[8.77] DIN 15403 Lasthaken für Hebezeuge; Rundgewinde (1969-12)

[8.78] DIN 18800 Stahlbauten; Bemessung und Konstruktion (1990-11); Norm vollständig zurückgezogen und ersetzt durch DIN EN 1993

[8.79] DIN 20400 Rundgewinde für den Bergbau (2014-02)

[8.80] DIN 22417 Schlagwettergeschützte und explosionsgeschützte elektrische Betriebsmittel; Schlüsselformen für Dreikant-Steckschlüssel (1988-11)

[8.81] DIN 40430 Stahlpanzerrohr-Gewinde (1971-02)

[8.82] DIN EN 1999-1-1 Eurocode 9: Bemessung und Konstruktion von Aluminiumtragwerken – T1-1 Allgemeine Bemessungsregeln (2014-03)

[8.83] DIN EN 10269 Stähle und Nickellegierungen für Befestigungselemente für den Einsatz bei erhöhten und/oder tiefen Temperaturen (2014-02)

[8.84] DIN EN 14399 Hochfeste planmäßig vorspannbare Schraubenverbindungen für den Metallbau – T1 Allgemeine Anforderungen (2006-06); T8 System HV – Garnituren aus Sechskant-Passschrauben und Muttern (2008-03)

[8.85] DIN EN 14399 Hochfeste vorspannbare Garnituren für Schraubverbindungen im Metallbau – T4 System HV – Garnituren aus Sechskantschrauben und -muttern (2015-04); T6 Flache Scheiben mit Fasen (2015-04)

[8.86] DIN EN 20273 Mechanische Verbindungselemente; Durchgangslöcher für Schrauben (1992-02)

[8.87] DIN EN 20898 Mechanische Eigenschaften von Verbindungselementen – T7 Torsionsversuch und Mindest-Bruchdrehmomente für Schrauben mit Nenndurchmessern 1 mm bis 10 mm (1995-04)

[8.88] DIN EN 27434 Gewindestifte mit Schlitz und Spitze (1992-10)

[8.89] DIN EN 27435 Gewindestifte mit Schlitz und Zapfen (1992-10)

[8.90] DIN EN 27436 Gewindestifte mit Schlitz und Ringschneide (1992-10)

[8.91] DIN EN 60399 Mantelgewinde für Lampenfassungen mit Schirmträgerring (2009-04)

[8.92] DIN EN ISO 898 Mechanische Eigenschaften von Verbindungselementen aus Kohlenstoffstahl und legiertem Stahl (2013-04)

[8.93] DIN EN ISO 1207 Zylinderschrauben mit Schlitz – Produktklasse A (2011-10)

[8.94] DIN EN ISO 1234 Splinte (1998-02)

[8.95] DIN EN ISO 1580 Flachkopfschrauben mit Schlitz – Produktklasse A (2011-12)

[8.96] DIN EN ISO 2009 Senkschrauben mit Schlitz – Produktklasse A (2011-12)

[8.97] DIN EN ISO 2010 Linsen-Senkschrauben mit Schlitz – Produktklasse A (2011-12)

[8.98] DIN EN ISO 3506 Mechanische Eigenschaften von Verbindungselementen aus nichtrostenden Stählen – T1 Schrauben (2010-04)

[8.99] DIN EN ISO 4014 Sechskantschrauben mit Schaft – Produktklassen A und B (2011-06)
[8.100] DIN EN ISO 4016 Sechskantschrauben mit Schaft – Produktklasse C (2011-06)
[8.101] DIN EN ISO 4017 Sechskantschrauben mit Gewinde bis Kopf – Produktklassen A und B (2014-10)
[8.102] DIN EN ISO 4018 Sechskantschrauben mit Gewinde bis Kopf – Produktklasse C (2011-07)
[8.103] DIN EN ISO 4026 Gewindestifte mit Innensechskant mit Kegelstumpf (2004-05)
[8.104] DIN EN ISO 4027 Gewindestifte mit Innensechskant und abgeflachter Spitze (2004-05)
[8.105] DIN EN ISO 4028 Gewindestifte mit Innensechskant und Zapfen (2004-05)
[8.106] DIN EN ISO 4029 Gewindestifte mit Innensechskant und Ringschneide (2004-05)
[8.107] DIN EN ISO 4032 Sechskantmuttern (Typ 1) – Produktklassen A und B (2013-04)
[8.108] DIN EN ISO 4034 Sechskantmuttern (Typ 1) – Produktklasse C (2013-04)
[8.109] DIN EN ISO 4035 Niedrige Sechskantmuttern mit Fase (Typ 0) – Produktklassen A und B (2013-04)
[8.110] DIN EN ISO 4036 Niedrige Sechskantmuttern ohne Fase (Typ 0) – Produktklasse B (2013-04)
[8.111] DIN EN ISO 4042 Verbindungselemente – Galvanische Überzüge (2001-01)
[8.112] DIN EN ISO 4288 Geometrische Produktspezifikation (GPS) – Oberflächenbeschaffenheit: Tastschnittverfahren – Regeln und Verfahren für die Beurteilung der Oberflächenbeschaffenheit (1998-04)
[8.113] DIN EN ISO 4342 Gewindestifte mit Schlitz und Schaft (2004-05)
[8.114] DIN EN ISO 4762 Zylinderschrauben mit Innensechskant (2004-06)
[8.115] DIN EN ISO 7040 Sechskantmuttern mit Klemmteil (mit nichtmetallischem Einsatz) – Festigkeitsklassen 5, 8 und 10 (2013-04)
[8.116] DIN EN ISO 7042 Sechskantmuttern mit Klemmteil (Ganzmetallmuttern), Festigkeitsklassen 5, 8, 10 und 12 (2013-04)
[8.117] DIN EN ISO 7045 Flachkopfschrauben mit Kreuzschlitz Form H oder Form Z – Produktklasse A (2011-12)
[8.118] DIN EN ISO 7089 Flache Scheiben – Normale Reihe, Produktklasse (2000-11)
[8.119] DIN EN ISO 7090 Flache Scheiben mit Fase – Normale Reihe, Produktklasse A (2000-11)
[8.120] DIN EN ISO 7091 Flache Scheiben – Normale Reihe, Produktklasse C (2000-11)
[8.121] DIN EN ISO 7092 Flache Scheiben – Kleine Reihe, Produktklasse A (2000-11)
[8.122] DIN EN ISO 8673 Sechskantmuttern (Typ 1) mit metrischem Feingewinde – Produktklassen A und B (2013-04)
[8.123] DIN EN ISO 8674 Hohe Sechskantmuttern (Typ 2) mit metrischem Feingewinde – Produktklassen A und B (2013-04)
[8.124] DIN EN ISO 8675 Niedrige Sechskantmuttern mit Fase (Typ 0) mit metrischem Feingewinde - Produktklassen A und B (2013-04)
[8.125] DIN EN ISO 8676 Sechskantschrauben mit Gewinde bis Kopf und metrischem Feingewinde – Produktklassen A und B (2011-07)
[8.126] DIN EN ISO 8765 Sechskantschrauben mit Schaft und metrischem Feingewinde – Produktklassen A und B (2011-06)

[8.127] DIN EN ISO 10511 Sechskantmuttern mit Klemmteil (mit nichtmetallischem Einsatz) (2013-05)

[8.128] DIN EN ISO 10512 Sechskantmuttern mit Klemmteil (mit nichtmetallischem Einsatz) mit metrischem Feingewinde – Festigkeitsklassen 6, 8 und 10 (2013-05)

[8.129] DIN EN ISO 10642 Senkschrauben mit Innensechskant (2013-05)

[8.130] DIN EN ISO 10673 Flache Scheiben für Kombi-Schrauben – Kleine, normale und große Reihe – Produktklasse A (2009-10)

[8.131] DIN ISO 272 Mechanische Verbindungselemente; Schlüsselweiten für Sechskantschrauben und -muttern (1979-10, zurückgezogen)

[8.132] Dose, G. F., Pittner, K.-J.; Neuartige Berechnung von Schrauben unter Berücksichtigung der Werkstoffkennwerte; Konstruktion 48 (1996)

[8.133] Dose, G. F.; Ermittlung der Scherspannungsfaktoren für die neuartige Schraubenberechnung; Konstruktion 49 (1997)

[8.134] ISO 4026 Gewindestifte mit Innensechskant mit Kegelkuppe (2003-12)

[8.135] ISO 4027 Gewindestifte mit Innensechskant mit Spitze (2003-12)

[8.136] ISO 4029 Gewindestifte mit Innensechskant und Ringschneide (2003-12)

[8.137] ISO 4775 Sechskantmuttern mit großer Schlüsselweite für hochfeste Stahlbauverschraubungen; Produktklasse B; Festigkeitsklassen 8 und 10 (1984-11, zurückgezogen)

[8.138] ISO 7411 Sechskantschrauben mit großer Schlüsselweite für hochfeste Stahlbauverschraubungen (Gewindelängen gemäß ISO 888); Produktklasse C (1984-11, zurückgezogen)

[8.139] ISO 7412 Sechskantschrauben mit großer Schlüsselweite für hochfeste Stahlbauverschraubungen (kurze Gewindelängen); Produktklasse C; Festigkeitsklassen 8.8 und 10.9 (1984-11)

[8.140] Dubbel, H., Beitz, W., Grote, K.-H.; Dubbel – Taschenbuch für den Maschinenbau, 20. Aufl., Springer Verlag, Berlin 2001

[8.141] Illgner, K.-H., Esser, J.; Schrauben Vademecum, 9. Aufl., Rasch-Verlag, Bramsche 2001

[8.142] Junker, G., Köthe, H., Lienemann, H.; Schraubenverbindungen – Berechnung und Gestaltung, VEB Verlag Technik, Berlin 1968

[8.143] Kellermann, R., Turlach, G.; Hochfeste Titanschrauben aus der Titanlegierung TiAl6V4; Technische Rundschau 59 (1967), Heft 30, S. 9–15

[8.144] Niemann, G., Winter, H., Höhn, B.-R.; Maschinenelemente Bd. I., 4. Aufl., Springer Verlag, Berlin 2005

[8.145] Rötscher, F.; Die Maschinenelemente, Springer Verlag, Berlin 1927

[8.146] Roloff/Matek; Maschinenelemente, Hrsg. Muhs, D., Wittel, H., et al.; Vieweg Verlag, Braunschweig 2013

[8.147] Steinhilper, W., Sauer, B.; Konstruktionselemente des Maschinenbaus, Springer Verlag, Berlin 2005

[8.148] Strelow, D.; Reibungszahl und Werkstoffpaarung in der Schraubenmontage; Verbindungstechnik 13 (1981), Heft 6, S. 19–24

[8.149] Thum, A., Lorenz, H.; Versuche an Schrauben aus Mg-Legierungen; VDI-Zeitschrift 84 (1940), S. 667–673

[8.150] VDI-Bericht 766 Schraubenverbindungen – Beanspruchungsgerecht konstruiert und montiert, VDI-Verlag, Düsseldorf 1989

[8.151] VDI-Richtlinie 2158 Selbsthemmende und selbstbremsende Getriebe (1991)

[8.152] VDI-Richtlinie 2230 Systematische Berechnung hochbeanspruchter Schraubenverbindungen – Blatt 1: Zylindrische Einschraubenverbindungen (2014-12) – Blatt 2: Mehrschraubenverbindungen (2014-12)

[8.153] Wiegand, H., Illgner, K.-H., Beelich, K.-H.; Festigkeit und Formänderungsverhalten von Schraubenverbindungen, insbesondere aus austenitischen Werkstoffen; Draht 18 (1967), S. 517–526

[8.154] Wiegand, H., Kloos, K.-H., Thomala, W.; Schraubenverbindungen; Springer Verlag, Berlin 1988

ZUSAMMENFASSUNG

Die Schraube ist das am meisten verwendete Maschinenelement zum Verbinden von Bauteilen. In dieser Eigenschaft ist die Hauptfunktion der Schraube die elastische Verspannung der Fügeteile und des Schraubenbolzens durch Eindrehen eines Schraubenbolzens mit Gewinde in eine Gewindebohrung (bzw. Mutter), wodurch eine Klemmkraft (Vorspannkraft) erzeugt wird. Dadurch entsteht im Gegensatz zu Schweiß-, Löt-, Kleb-, Niet- und Pressverbindungen eine jederzeit lösbare Verschraubung, die sich allerdings aufgrund der Gewindereibung (Selbsthemmung) nicht selbsttätig lösen kann.

Da das Funktionsprinzip der Schraube dem eines aufgewickelten Keils entspricht, kann die Schraube aber nicht nur als Befestigungsmittel unter elastischer Verspannung und Reibung verwendet werden, sondern sie bietet unter günstigen Gleitreibungsbedingungen in Form der Bewegungsschraube auch die Möglichkeit der Umsetzung einer Drehbewegung in eine Längsbewegung und umgekehrt. Dabei wird nochmals zwischen Stellfunktion und Arbeitsfunktion unterschieden. Stellfunktionen erfordern eine hohe Genauigkeit bei vergleichsweise geringen Kräften. Liegt dagegen eine Arbeitsfunktion vor, so ist ein Drehmoment in eine möglichst große Längskraft umzusetzen. Hierzu gehören auch die Schraubradgetriebe (Schneckengetriebe), bei denen die Schraube (Schnecke) mit einer als Rad (Schneckenrad) ausgebildeten Mutter zum Zweck einer hohen Drehzahlwandlung zusammenarbeitet.

Damit die Schrauben und die mit ihnen ausgeführten Verbindungen die gewünschte Funktionssicherheit aufweisen, ist die Gestaltung der einzelnen Schraubenbauarten und Zubehörteile einerseits und die beanspruchungsgerechte Gestaltung der gesamten Verbindung andererseits besonders wichtig. Zur Auslegung der Verbindung wird das Verspannungsdiagramm verwendet. Des Weiteren sind neben der Dimensionierung und Berechnung insbesondere die verschiedenen Montageverfahren von großer Bedeutung. Der gesamte Bereich der Schrauben ist hinsichtlich Bauarten, Berechnung und Montage in weiten Bereichen genormt.

Im Rahmen eines Festigkeitsnachweises (Vergleich von Beanspruchung und Beanspruchbarkeit) einer Befestigungsschraube ist zu prüfen, ob bei der Schraubenverbindung unter den gegebenen statischen und dynamischen Betriebskräften die maximal zulässige Schraubenkraft und Dauerschwingbeanspruchung sowie die Flächenpressung an der Kopf- und Mutterauflage eingehalten werden.

Beim Festigkeitsnachweis einer Bewegungsschraube werden die Zug-Druck- und Torsionsspannungen in der Spindel, die Knicksicherheit der Spindel und die Flächenpressung im Gewinde der Mutter überprüft.

ZUSAMMENFASSUNG

Stift-, Bolzenverbindungen und Sicherungselemente

9

ÜBERBLICK

Lernziele

- Kennenlernen von Funktion und Wirkung der verschiedenen Stift- und Bolzenbauarten sowie Splinte, Federstecker, Sicherungsringe, Stellringe und Achshalter
- Gestaltung und Beanspruchung von Stift- und Bolzenverbindungen sowie Anwendungsbeispiele für Splinte, Federstecker, Sicherungsringe, Stellringe und Achshalter
- Ermittlung der Beanspruchbarkeit von Stift- und Bolzenverbindungen in Abhängigkeit vom jeweiligen Belastungsfall
- Statischer und dynamischer Festigkeitsnachweis für Stifte und Bolzen sowie Auswahl von Sicherungsringen, Stellringen und Achshaltern nach Norm

9.1 Einführung

Stifte und Bolzen sind die ältesten Maschinenelemente zur einfachen Verbindung von Bauteilen. Dabei dienen die Stifte in ihren verschiedenen Bauformen zur festen Verbindung bzw. Zuordnung von Bauteilen. Bolzenverbindungen sind den Stiftverbindungen ähnlich, der wesentliche Unterschied liegt jedoch darin, dass eine Bolzenverbindung im Sinne eines Gelenkes Relativbewegungen (z.B. Schwenkbewegungen) zwischen den verbundenen Elementen zulässt. Mit Sicherungselementen – hierzu gehören Sicherungsringe, Splinte, Federstecker, Stellringe und Achshalter – werden üblicherweise Maschinenelemente (z.B. Bolzen und Wälzlager) gegen axiales Verschieben gesichert.

9.2 Funktion und Wirkung

9.2.1 Stifte – Bauformen, Werkstoffe, Normen und Einsatzbeispiele

Entsprechend ihrer Form unterscheidet man Zylinderstifte, Kegelstifte und Kerbstifte, wobei Spannstifte und Spiralspannstifte mit zu den Zylinderstiften zählen. Stiftverbindungen werden hergestellt, indem man in eine Aufnahmebohrung, die durch alle zu verbindenden Teile geht, einen Stift mit Übermaß eindrückt. Damit eignen sich Stifte zur:

- Momentenübertragung durch formschlüssige Verbindung von Wellen oder Achsen mit Naben, Hebeln und Stellringen
- Krafteinleitung von Feder- oder Seilkräften über Steckstifte
- Sicherung der Lage von Bauteilen zueinander, z.B. Getriebe-Oberkasten zu -Unterkasten, Lagerbock zu Fundament
- Verdrehsicherung (z.B. bei Schraubenverbindungen) durch Splinte
- Überlastsicherung in verschraubten bzw. verstifteten Kupplungsflanschen (z.B. Brechbolzenkupplung)
- Heftverbindung untergeordneter Bauelemente ohne definierte Kraftübertragung (z.B. Schilder, einfache Scharniere)

In Abbildung 9.1 wird die Anwendung von Zylinder- und Kerbstiften zur Herstellung einfacher Welle-Nabe-Verbindungen gezeigt. Abbildung 9.2 gibt weitere Anwendungsbeispiele von Kerbstiften und Kerbnägeln wieder. Die Auswahl der verschiedenen

Stiftformen richtet sich nach der geforderten Fixiergenauigkeit, den Herstellkosten für die Aufnahmebohrung, der Sitzfestigkeit, der Lösbarkeit und der verlangten Scherfestigkeit. Üblicherweise sind die Stifte aus einem härteren Werkstoff als die zu verbindenden Bauteile. Für ungehärtete Stifte wird fast ausschließlich Automatenstahl der Härte 125 bis 245 HV verwendet.

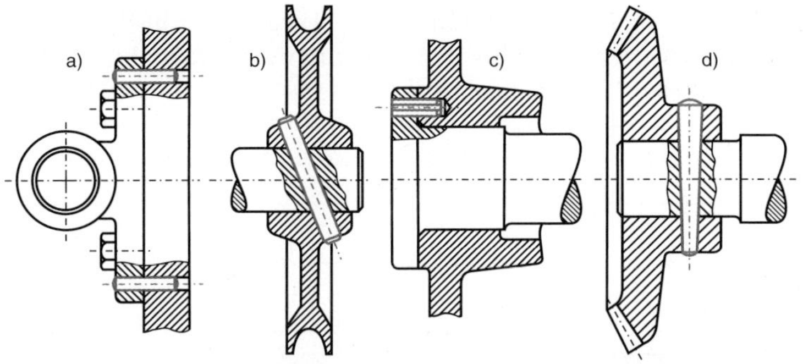

Abbildung 9.1: Anwendung von Zylinder- und Kerbstiften als einfache Welle-Nabe-Verbindungen nach [9.2] – a) Zylinderstift als Passstift, b) Zylinderstift als Verbindungsstift, c) Spannstift als Sicherungsstift, d) Kegelstift als Befestigungs- und Verbindungsstift

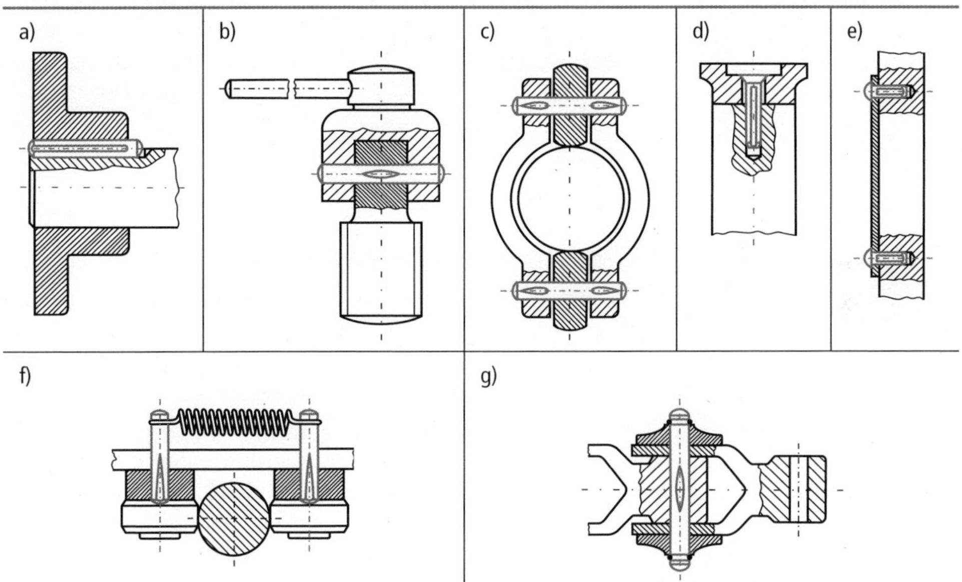

a) Zylinderkerbstift DIN EN ISO 8739 als Längsstift b) Knebelkerbstift DIN EN ISO 8742 an einer Verschlussschraube c) Doppelkerbstifte als Achsstifte für Rollen d) Passkerbstifte mit Hals als Haltestifte einer Feder	e) Halbrundkerbnägel DIN EN ISO 8746 als Befestigungsstifte für ein Schild f) Senkkerbnagel DIN EN ISO 8747 als Befestigungsstift g) Knebelkerbstift mit zwei Hälsen als Gelenkstift in einem Kettenglied

Abbildung 9.2: Anwendungsbeispiele für Kerbstifte und Kerbnägel nach [9.2]

Zylinderstifte gemäß Abbildung 9.3 aus ungehärtetem Stahl und austenitischem nicht rostenden Stahl nach DIN EN ISO 2338 und DIN EN ISO 8734 in den Toleranzklassen m6, h8 und h11 werden als Pass- oder Verbindungsstifte eingesetzt. Sie sind schwerer lösbar als Kegelstifte und nicht rüttelfest. Für den Festsitz ist die Einhaltung einer engen Lochtoleranz erforderlich (daraus ergeben sich hohe Kosten wegen auf Passmaß geriebener Bohrungen). Zur Verbindung von hoch beanspruchten und gehärteten Bauteilen (z.B. an Werkzeugen oder Vorrichtungen) werden durchgehärtete oder einsatzgehärtete Zylinderstifte nach DIN EN ISO 8734 mit der Toleranzklasse m6 verwendet. Zum leichteren Ausbau von Zylinderstiften in Sacklochbohrungen verfügen diese über Innengewinde (DIN EN ISO 8733, ungehärteter und austenitischer Stahl; DIN EN ISO 8735 aus gehärtetem und martensitischem, nicht rostenden Stahl).

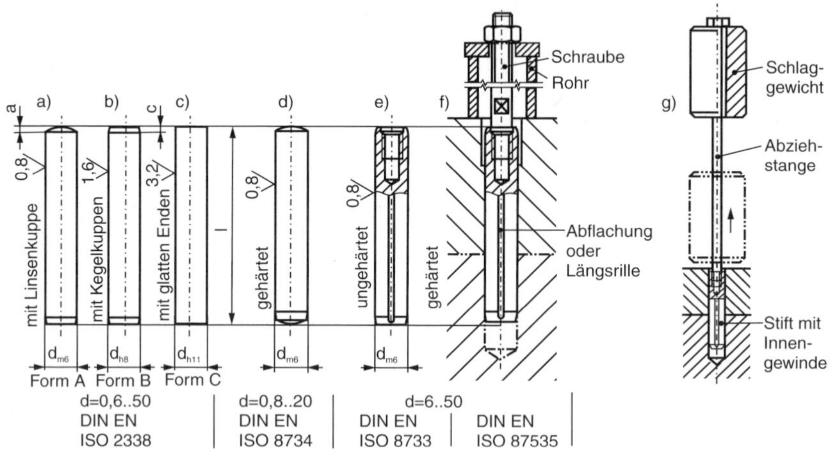

a) bis d) für durchgehende Bohrungen
e) mit Innengewinde und Abflachung oder Längsrille zur Druckentlastung für Sacklochbohrungen
f) Lösen eines Stiftes mithilfe einer Abziehschraube
g) Lösen eines Stiftes mithilfe eines von Hand geführten Schlaggewichtes

Abbildung 9.3: Genormte Zylinderstifte

Kegelstifte nach DIN EN 22339 gemäß Abbildung 9.4 fixieren die zu fügenden Bauteile außerordentlich gut, sind sehr häufig lös- und fügbar und werden daher als Passstifte und als Verbindungsstifte verwendet. Sie sind nicht rüttelfest. Die Löcher müssen auf Passung mit der Kegelsteigung 1:50 teuer aufgerieben werden. Allerdings kann die auftretende Abnutzung bei häufigem Ein- und Ausbau durch den Kegel ausgeglichen werden. Bei Sacklochbohrungen verwendet man Kegelstifte mit Gewindezapfen nach DIN EN 28737 oder Innengewinde nach DIN EN 28736, die sich mittels einer Mutter oder Schraube der Festigkeitsklasse 10.9 lösen lassen. Kegelstifte werden generell im ungehärteten Zustand eingesetzt (Härte 125 bis 245 HV).

Im Gegensatz zu den Zylinder- und Kegelstiften verfügen Kerbstifte und Kerbnägel am Umfang über drei Kerbwulstpaare, die sich beim Einschlagen in die mit einem Spiralbohrer eingebrachte Bohrung der Toleranzklasse H11 elastisch-plastisch verformen. Dabei entsteht eine radiale Verspannung, die den Kerbstift bzw. Kerbnagel ohne Beschädigung der Bohrungswandung rüttelfest hält, Abbildung 9.5. Aufgrund der einfachen

Herstellbarkeit der Bohrungen und der Wiederverwendbarkeit der Kerbstifte (Kerbnägel) ist diese Verbindungsart sehr wirtschaftlich. Die Zentriergenauigkeit (wichtig für Passstifte) ist jedoch geringer als bei Zylinder- und Kegelstiften. Kerbstifte nach DIN EN ISO 8739 bis 8745 werden nicht nur anstelle von Kegel- und Zylinderstiften als Befestigungs- und Sicherungsstifte eingesetzt, sondern auch als Lager- und Gelenkbolzen. Kerbnägel nach DIN EN ISO 8746 und 8747 dienen zur einfachen und schnellen Befestigung gering beanspruchter Bauteile (z.B. Rohrschellen und Schilder). Die Stiftfestigkeit (Härte) muss größer sein als die der zu verbindenden Teile, um ein Fressen der Stifte zu verhindern. Üblicherweise werden Kerbstifte aus Stahl (Härte 125 bis 245 HV 30) oder austenitischem, nicht rostendem Stahl (A1, Härte 210 bis 280 HV 30) hergestellt.

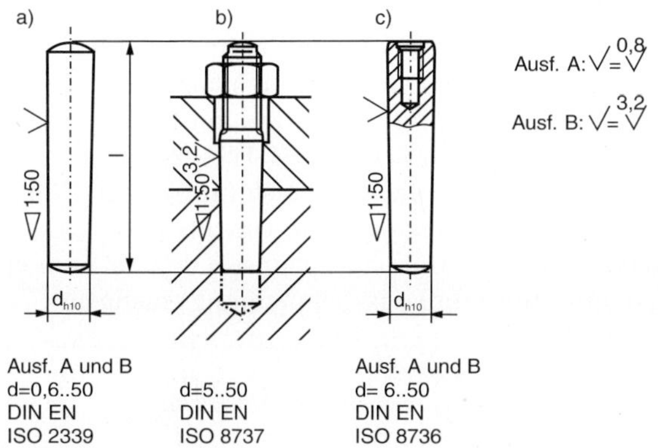

a) Für durchgehende Bohrungen
b) Mit Gewindezapfen für Sacklochbohrungen
c) Mit Innengewinde für Sacklochbohrungen

Abbildung 9.4: Genormte Kegelstifte

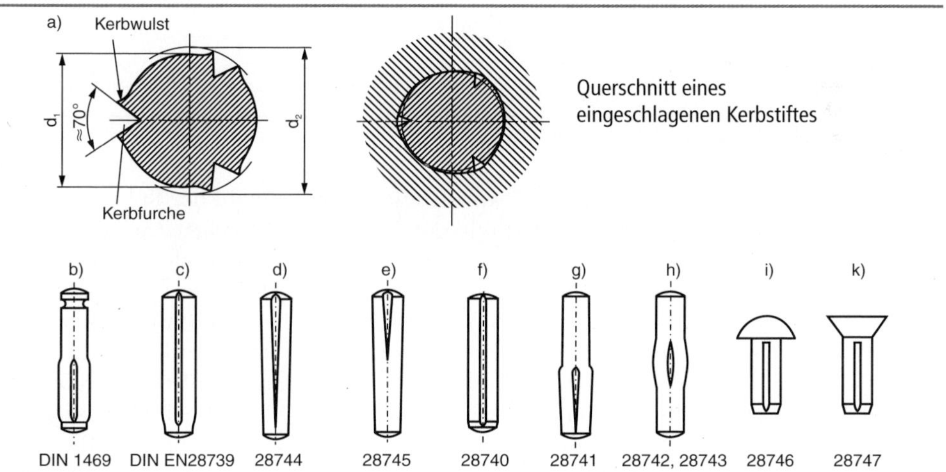

a) Kerbprinzip	f) Zylinderkerbstift mit Fase
b) Passkerbstift mit Hals	g) Steckkerbstift
c) Zylinderkerbstift mit Einführende	h) Knebelkerbstift, 1/3 bzw. 2/3 der Länge gekerbt
d) Kegelkerbstift	i) Halbrundkerbnagel
e) Passkerbstift	k) Senkkerbnagel

Abbildung 9.5: Genormte Kerbstifte und Kerbnägel

Die in Abbildung 9.6 gezeigten Spannstifte (oftmals auch als Spannhülsen bezeichnet) werden aus gewalztem Federstahl gerollt. Abhängig von der Wanddicke unterscheidet man die leichte Ausführung mit 0,1 · *d* nach DIN EN ISO 13337 und die schwere Ausführung mit 0,2 · *d* nach DIN EN ISO 8752. Die Spannstifte sind in Längsrichtung geschlitzt und da sie gegenüber dem Bohrungsdurchmesser (Nenndurchmesser) je nach Größe ein Übermaß von 0,2 bis 0,5 mm haben, ergibt sich im eingetriebenen Zustand ein rüttelfester Sitz. Kegelige Stiftenden erleichtern die Montage. Da die Stifte ohne Beschädigung auch leicht wieder ausgetrieben werden können, sind sie mehrfach wiederverwendbar. Ihr Verwendungszweck als Pass-, Befestigungs- und Sicherungsstift ist vergleichbar mit den Kerbstiften. Spannstifte sind jedoch besonders zur Aufnahme von Stoß- und Schlagarbeit geeignet. Zur Übertragung großer Scherkräfte bei gleichzeitiger Entlastung von Schrauben setzt man sie auch als Schrauben- und Bolzenhülsen (bzw. Scherhülsen) ein. Im eingebauten Zustand sollte der Schlitz immer in Kraftrichtung liegen. Für besonders große Scherkräfte werden aus zwei ineinandergeschobenen Stiften so genannte Verbundspannstifte gebildet. Spiralspannstifte mit konischen Stiftenden lassen sich durch spiralförmiges Aufwickeln mit 2 ¼ Windungen aus kalt gewalztem Bandstahl herstellen. Man unterscheidet die Regelausführung nach DIN EN ISO 8750 sowie die leichte und die schwere Ausführung nach DIN EN ISO 8751 und DIN EN ISO 8748. Eine besondere Bauart stellt der Connex-Spannstift dar, bei dem versetzt angeordnete Zähne des Schlitzes eine zusätzliche Axialspannung erzeugen.

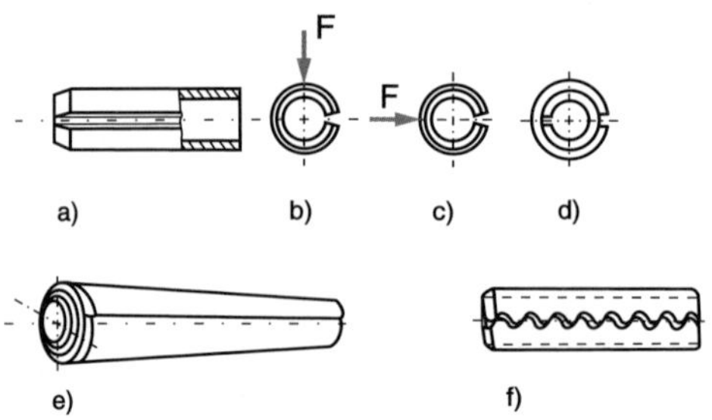

a) Spannstift
b) weiche Federung (vermeiden)
c) harte Federung
d) Verbundspannstift
e) Spiralspannstift
f) Connex-Spannstift

Abbildung 9.6: Genormte Spannstifte und Spiralspannstifte

Im Vergleich zu einfach geschlitzten Spannstiften weisen sowohl der Spiralspannstift als auch der Connex-Spannstift die Vorteile der erhöhten Sitzfestigkeit und der gleich hohen Scherfestigkeit in jeder radialen Richtung auf. Ferner sind sie unempfindlich gegen Stoß- und Schlagbeanspruchung. Beim automatischen Verstiften kann im Gegensatz zum Verbundspannstift kein gegenseitiges Verklemmen der Stifte auftreten.

Die Bohrungen der Toleranzklasse H12 lassen sich für sämtliche Spannstiftarten mit einfachen Spiralbohrern herstellen. Alle Spannstifte sind aus Stahl (St., vergütet auf 420 bis 545 HV 30), austenitischem nicht rostenden Stahl (A, kalt gehärtet) oder martensitischem nicht rostenden Stahl (C, vergütet auf 460 bis 560 HV 30) erhältlich.

In Abbildung 9.7 ist ein Beispiel für den Einsatz von Spannstiften (Spannhülsen) in Verbindung mit Schrauben wiedergegeben. Hier übernehmen die Spannstifte der schweren Ausführung zum einen die Lagesicherung und zum anderen den überwiegenden Anteil der auftretenden dynamischen Querkräfte, wobei der Schlitz möglichst in Kraftrichtung liegen sollte.

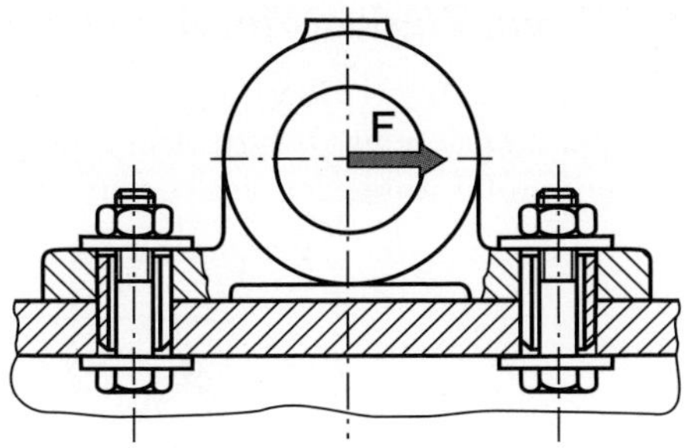

Abbildung 9.7: Befestigung eines Stehlagers mit Spannstiften (Spannhülsen)

Spannbuchsen gemäß Abbildung 9.8 werden aus vergütetem Federbandstahl 55Si7 gerollt und entweder mit geradem, pfeilförmigem oder schrägem Schlitz (Form G, P, S) hergestellt. Sie sind gemäß DIN 1498 als Einspannbuchsen für Bohrungen oder nach DIN 1499 als Aufspannbuchsen für Zapfen genormt [9.13], [9.14]. Oftmals werden sie bei großen Lagerkräften und gleichzeitig kleinen Schwenkbewegungen sowie nicht ausreichender Schmierung als leicht auswechselbare Verschleißteile in Lagerungen eingesetzt (z.B. Gelenke in Baumaschinen (Abbildung 9.9), Gelenke in Bremsgestängen von Schienenfahrzeugen). Die Toleranzklassen der aufnehmenden Bohrungen bzw. Zapfen sind H8 bzw. h8.

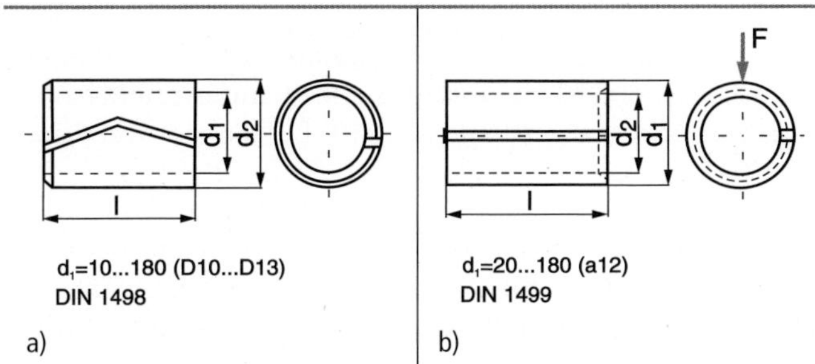

a) Einspannbuchse ohne Aussenkung (Form E) und mit pfeilförmigem Schlitz (Form P) für Lagerungen mit Umlaufbwegungen
b) Aufspannbuchse mit geradem Schlitz (Form G) für Lagerungen mit Schwenkbewegungen, Schlitz gegenüber der Hauptkraftrichtung um 90° versetzt.

Abbildung 9.8: Genormte Spannbuchsen für Lagerungen nach DIN 1498 und DIN 1499

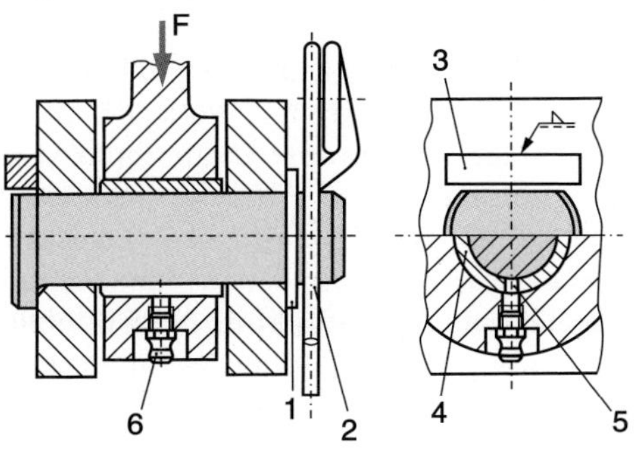

1) Anlaufscheibe gegen axiales Verschieben
2) Federstecker
3) Angeschweißte Knagge als Verdrehsicherung
4) Einspannbuchse mit Schlitz zum Schutz der Nabe vor Verschleiß
5) Schlitz liegt in unbelasteter Zone und dient gleichzeitig als Schmiernut
6) Schmiernippel

Abbildung 9.9: Hochbelastbare, schnell zu lösende Gelenk-Bolzenverbindung bei einer Baumaschine [9.50]

9.2.2 Bolzen – Bauformen, Werkstoffe, Normen und Einsatzbeispiele

Bolzen dienen gemäß Abbildung 9.10 zur Übertragung von Querkräften und Führung eines Bauteiles im Sinne einer Achse oder aber zur Übertragung von Querkräften und Führung zweier Bauteile zueinander unter Schwenkbewegungen in einem Gelenk.

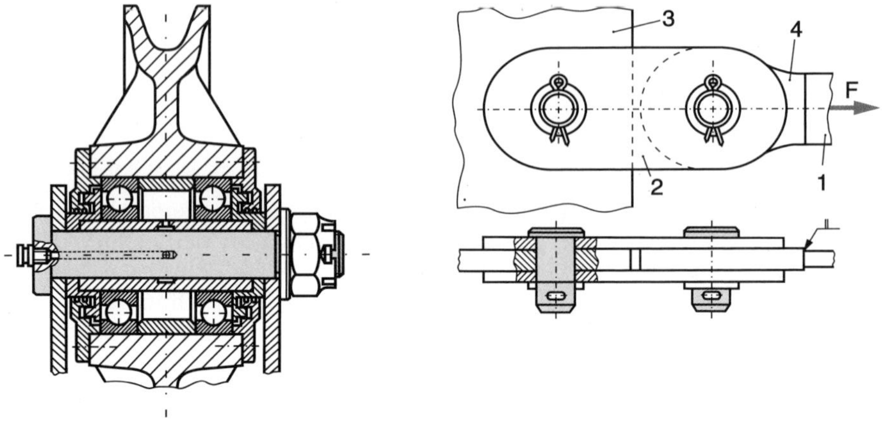

Abbildung 9.10: Wälzgelagertes Laufrad einer Seilschwebebahn (Bolzen als Achse) und Gelenkverbindung im Stahlbau (Laschen und Bolzen)

Hierzu wird der entsprechend gestaltete Bolzen in einem Bauteil (beim Gelenk meist in der Gabel) axial- und drehfest gelagert. Nach Abbildung 9.11 unterscheidet man Bolzen ohne Kopf und mit Splintlöchern nach DIN EN 22340, Bolzen mit Kopf nach DIN EN 22341 und Bolzen mit Kopf und Gewindezapfen nach DIN 1445 [9.11], [9.23], [9.24]. Während die Bolzen ohne Kopf überwiegend als Gelenkbolzen in Stangenverbindungen eingesetzt werden, verwendet man die Bolzen mit Kopf als festsitzende Lager- und Achsbolzen (z.B. für Lauf- und Seilrollen). Die Spielpassung macht eine Sicherung gegen Herausfallen erforderlich, welche durch Sicherungsringe, Splinte oder Muttern erfolgen kann. Die Bolzen besitzen häufig das Passmaß h11 (auch a11, c11, f8), die Bohrungen je nach zulässigem Spiel D9, D11, C11, B12 oder A11. Die Normbolzen werden aus Automatenstahl mit einer Härte von 125 bis 245 HV hergestellt. Für hoch belastete Gelenkbolzen wird entsprechender Vergütungs- und Einsatzstahl mit anschließender Wärmebehandlung und Schleifen eingesetzt. Zur Vermeidung von übermäßigem Verschleiß (z.B. durch Ausschlagen) oder sogar Fressgefahr aufgrund vorliegender Festkörper- oder Mischreibung bei geringen Schwenk- oder nur langsamen Umlaufbewegungen sind die Bolzen aus einem härteren Werkstoff als die Bauteile auszuführen. Bei weicheren Materialen für Bolzen oder Bauteilbohrungen werden auch gehärtete Spannbuchsen nach Abbildung 9.8 und Abbildung 9.9 eingesetzt. Im Falle besonders ungünstiger Einsatzbedingungen (höchste Lagerbelastung, hohe Temperaturen, korrosive Medien) kann eine wartungsfreie Lebensdauerschmierung mittels Gleitbeschichtungen aus Festschmierstoffen (Grafit, MoS_2, PTFE) erzielt werden. Häufig reicht jedoch eine Schmierung der Gleitfläche mittels Schmiernippel und Bohrung im Bolzen aus (Abbildung 9.10).

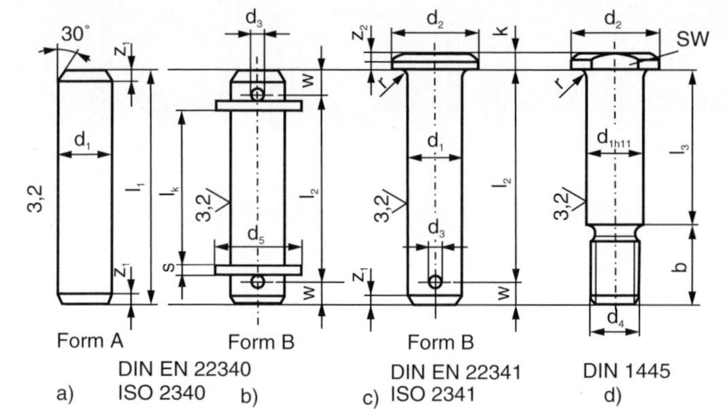

a) Bolzen ohne Kopf
b) Bolzen ohne Kopf mit Splintlöchern
c) Bolzen mit Kopf und mit Splintloch (Form A ohne Splintloch)
d) Bolzen mit Kopf und mit Gewindezapfen

Abbildung 9.11: Genormte Bolzenformen und ihre Eigenschaften

9.2.3 Sicherungselemente – Bauformen, Werkstoffe, Normen und Einsatzbeispiele

Zur Sicherung von Maschinenelementen (z.B. Bolzen, Wälzlager, Achsen) gegen axiales Verschieben werden Sicherungselemente wie Splinte, Federstecker, Sicherungsringe, Achshalter und Stellringe eingesetzt.

Die in Abbildung 9.12 gezeigten Splinte nach DIN EN ISO 1234 werden vorwiegend bei losen Bolzenverbindungen und zur Sicherung von Schraubenverbindungen (Kronenmutter) eingesetzt [9.28]. Als Werkstoff kommt überwiegend weicher Baustahl zum Einsatz, seltener Kupfer, Kupfer-Zink- oder Aluminium-Legierungen. In sicherheitsrelevanten Verbindungen dürfen Splinte nur einmal verwendet werden, auch wenn sie sich mehrfach montieren und demontieren lassen.

Die ebenfalls in Abbildung 9.12 dargestellten und aus Federstahldraht hergestellten Federstecker nach DIN 11024 finden bei häufig zu lösenden Bolzenverbindungen (z.B. in Bau- und Landmaschinen) Verwendung [9.18]. Splinte und Federstecker dürfen nicht zur Kraftübertragung herangezogen werden. Ihre Abmessungen werden nach den Durchmessern der zu sichernden Bolzen gewählt.

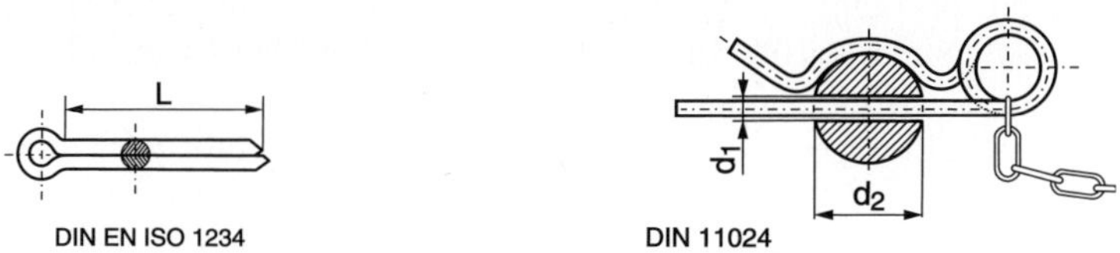

Abbildung 9.12: Splint und Federstecker nach DIN EN ISO 1234 und DIN 11024

Die axial montierbaren Sicherungsringe aus Federstahl für Wellen nach DIN 471 und nach DIN 472 für Bohrungen werden federnd in Ringnuten (übliche Toleranz H13, H11) eingesetzt, so dass der aus der Nut herausragende Teil des Ringes eine axial belastbare Schulter zum Festlegen von Bauteilen bildet, Abbildung 9.13 a) und b) sowie Abbildung 9.14 [9.4], [9.5].

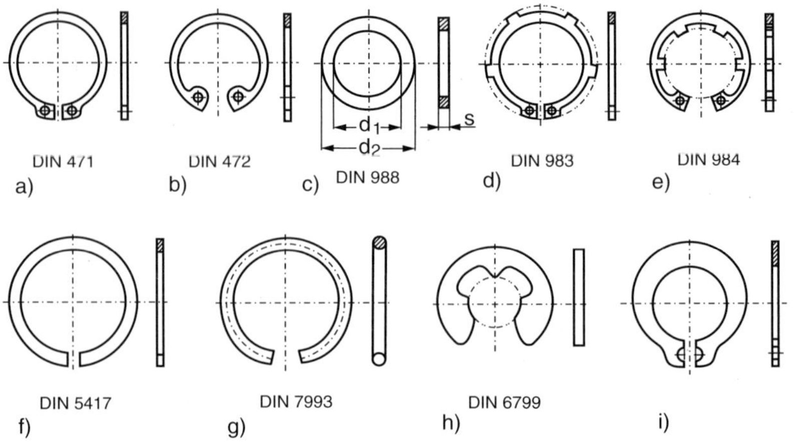

a) Sicherungsring für Wellen b) Sicherungsring für Bohrungen c) Pass- bzw. Stützscheibe d) Sicherungsring mit Lappen für Wellen e) Sicherungsring mit Lappen für Bohrungen	f) Sprengring für Wälzlager mit Ringnut g) Runddraht-Sprengring h) Sicherungsscheibe für Wellen i) Greifring (selbstsperrend) für Wellen ohne Nut

Abbildung 9.13: Sicherungsringe [9.50]

Damit die Ringe sich beim Spreizen bzw. Zusammenspannen rund verformen und mit gleichmäßiger radialer Vorspannung in der Ringnut sitzen, verringert sich ihre radiale Breite zum freien Ende hin entsprechend dem Gesetz des gekrümmten Trägers gleicher Festigkeit.

Abbildung 9.14 zeigt einige Einbaumöglichkeiten für Sicherungsringe. Zunächst einmal sollten wegen der hohen Kerbwirkung ($\alpha_k \leq 2{,}0$) der Nuten die Sicherungsringe möglichst nur an den Enden von Bolzen, Achsen oder Wellen angeordnet werden. Die Kerbwirkung lässt sich reduzieren, wenn bei ausschließlich einseitiger Kraftübertragung die Nut zur entlasteten Seite hin abgeschrägt wird, Abbildung 9.14 b) bis d). Der Skizze b) kann ebenfalls entnommen werden, dass eine radial formschlüssige Halterung des Ringes mittels einer Überdeckung durch die Nabe erreicht werden kann.

Sind Maschinenelemente größerer Abmessungen mit großen Fasen oder Abrundungen axial zu sichern, so kann man zusätzlich zu den Sicherungsringen noch Stützscheiben gemäß Abbildung 9.13 c) nach DIN 988 aus Federstahl verwenden, die bei größeren Axialkräften ein Umstülpen der Ringe verhindern [9.10]. Alternativ werden entsprechend Abbildung 9.13 d) und e) Sicherungsringe mit am Umfang gleichmäßig verteilten Lappen nach DIN 983 oder DIN 984 eingesetzt [9.8], [9.9]. Stützscheiben unterschiedlicher Dicke werden auch als Passscheiben bezeichnet, mit denen eine genaue Lagebestimmung der zu sichernden Elemente sowie der Ausgleich von axialem Spiel möglich ist. Zur axialen Festlegung von Wälzlagern können auch Sprengringe konstanter radialer Breite (DIN 5417) oder Runddraht-Sprengringe (DIN 7993) nach Abbildung 9.13 f) und g) eingesetzt werden, letztere nur für untergeordnete Zwecke bei kleinen Axialkräften [9.15], [9.17]. Radial montierbare Sicherungsscheiben (Haltescheiben) gemäß DIN 6799 nach Abbildung 9.13 h) werden bei sehr kleinen Wellendurchmessern im Apparatebau und in der Feinwerktechnik verwendet [9.16].

Der Nutgrund wird federnd mit Segmenten umschlossen und es bildet sich im Vergleich zu den anderen Sicherungsringen eine relativ hohe Schulter.

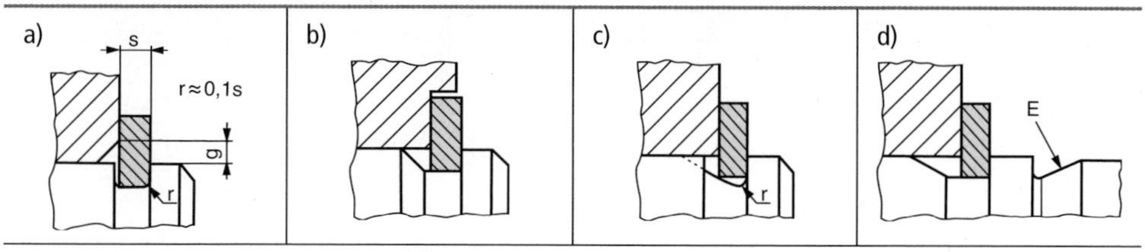

a) Rechtecknut (Regelausführung, z.B. Anlage mit tragfähigkeitsminderndem Kantenabstand g
b) Einfacher zu fertigende geschrägte Nut (hier mit Überdeckung des Ringes)
c) Auf der Lastseite gerundete Nut mit üblicher scharfkantiger Anlage
d) Zusätzliche Entlastungsnut E zur Verbesserung der Dauerfestigkeit

Abbildung 9.14: Nutausführungen für Wellen bei Anwendung von Sicherungsringen [9.50]

Greif- oder Spannringe für Wellen ohne Nut gemäß Abbildung 9.13 i) aus der Gruppe der selbstsperrenden Ringe gehören zu den Sonderausführungen der Sicherungsringbauarten. Hiermit lässt sich zum Beispiel das Spiel von Teilen definiert einstellen oder aber auch Spielfreiheit erreichen. Da die Axialkräfte nur über Reibschluss übertragen werden können, ergibt sich eine entsprechend starke Streuung der ohnehin schon kleinen axialen Haltekräfte, so dass sich für den jeweiligen Einsatzfall eine experimentelle Absicherung der Funktion empfiehlt.

Abschließend lässt sich zu allen Sicherungsringbauarten festhalten, dass die funktionsgerechte Verwendung meistens konstruktive Vereinfachungen mit entsprechenden Kostensenkungen erlaubt.

Die in Abbildung 9.15 gezeigten Stellringe nach der mittlerweile ersatzlos zurückgezogenen Norm DIN 705 sollen das axiale Spiel von Wellen begrenzen oder Scheiben und Räder auf Wellen seitlich führen [9.6]. Die Stellringe werden durch Gewindestifte mit Spitze oder bei größeren Axialkräften durch Kegel-, Kerb- oder Spannstifte, befestigt. Um mögliche Unfallgefahren zu vermeiden, dürfen die eingesetzten Stifte nicht überstehen.

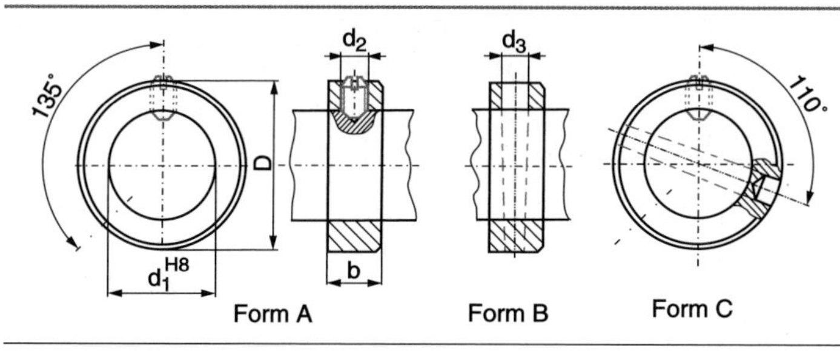

Form A – mit Gewindestift
Form B – mit Kegel- bzw. Kegelkerbstift
Form C – mit Gewindestift als Montagehilfe zum Bohren des Stiftloches

Abbildung 9.15: Stellringe [9.50]

Ein weiteres Element zur Sicherung von Achsen und Bolzen gegen Verschieben und Verdrehen ist der Achshalter nach DIN 15058, der insbesondere in fördertechnischen Anlagen häufig angewendet wird, Abbildung 9.16 [9.19].

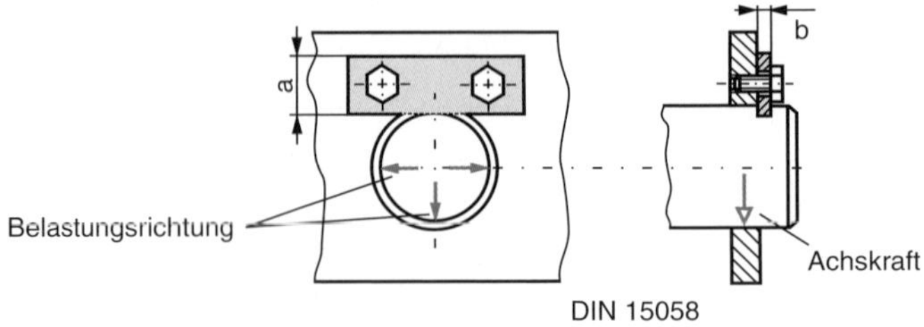

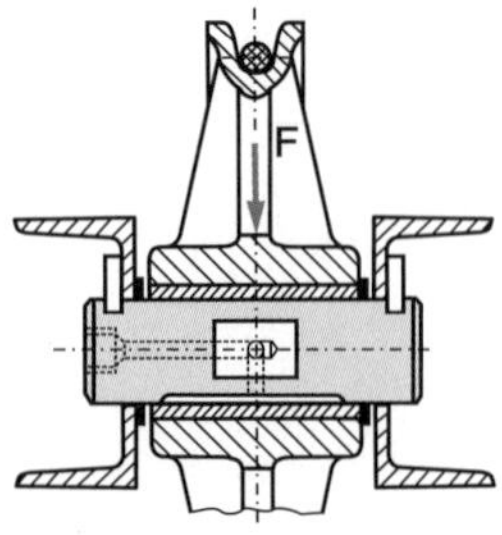

Die Seilrolle läuft auf einer Lagerbuchse, die wiederum auf einer durch zwei Achshalter gesicherten Achse sitzt. Anlaufscheiben aus Kunststoff verkleinern den Verschleiß zwischen rotierender Seilrolle und stehender Anschlusskonstruktion. Die Achshalter sind entgegengesetzt zur Lastrichtung angeordnet. Eine radiale Schmierbohrung liegt in der Biegespannungsnullebene des Bolzens, um den Einfluss der Kerbwirkung der Bohrung minimal zu halten.

Abbildung 9.16: Achshalter nach DIN 15058 und Einbausituation in einer gleitgelagerten Seilrolle

Damit die Befestigungsschrauben des Achshalters nicht durch die einwirkende Achskraft beansprucht werden, ordnet man die Achshalter entgegengesetzt oder parallel zur Hauptbelastungsrichtung der Achse an. Die Auswahl der jeweiligen Achshaltergröße richtet sich entsprechend der Norm nach dem Achsen- bzw. Bolzendurchmesser. Bei Achsen- bzw. Bolzendurchmessern größer 100 mm werden zwei einander parallel gegenüberliegende Achshalter eingesetzt.

9.3 Beanspruchung von Stift-, Bolzenverbindungen sowie Sicherungselementen

9.3.1 Stiftverbindungen

Bei der Anwendung von Stiftverbindungen sind die nachfolgenden drei Einsatzfälle von hauptsächlicher Bedeutung:

- Steckstift unter Biegekraft F
- Querstift unter Drehmoment M_t
- Längsstift unter Drehmoment M_t (Rundkeilverbindung)

Bei der Steckstiftverbindung gemäß Abbildung 9.17 entstehen aufgrund der angreifenden Kraft F im Stift ein Biegemoment M_b sowie eine Querkraft an der Einspannstelle, die zu einer kombinierten Biege- und Schubbeanspruchung führen.

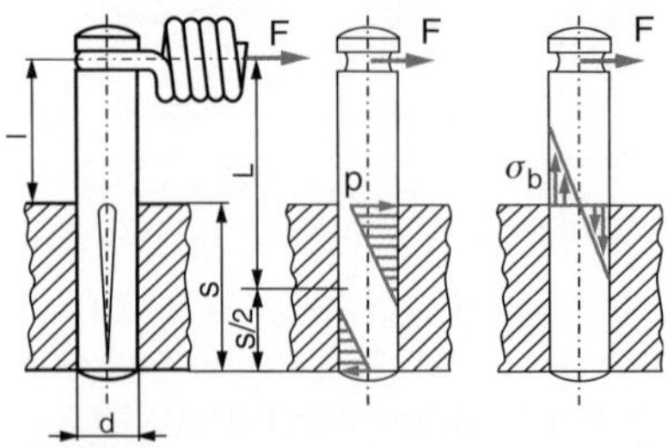

Abbildung 9.17: Steckstift unter Biegekraft F

Die Biegespannung σ_b im Stift wird an der eingespannten Stelle maximal und muss kleiner sein als die zulässige Biegespannung $\sigma_{b,zul}$:

$$\sigma_b = \frac{M_b}{W_b} = \frac{F \cdot l}{W_b} = \frac{32 \cdot F \cdot l}{\pi \cdot d^3} \le \sigma_{b,zul} \tag{9.1}$$

Des Weiteren entsteht an der Einspannstelle aufgrund der Kraft F eine Scherbeanspruchung τ_s, die kleiner sein muss als die zulässige Scherspannung $\tau_{s,zul}$:

$$\tau_s = \frac{F}{A_s} = \frac{4 \cdot F}{\pi \cdot d^2} \le \tau_{s,zul} \tag{9.2}$$

Schließlich entsteht aus dem Biegemoment M_b ein Anteil an der Flächenpressung p_1 und aus der Kraft F ein Anteil p_2. Während sich der Anteil p_2 aus der Kraft über die Projektionsfläche $d \cdot s$ bestimmen lässt, muss der Anteil p_1 aus dem Biegemoment $M_b = F \cdot L$, bezogen auf das axiale Widerstandsmoment eines Rechteckquerschnittes (rechteckige Lochwandprojektion) ermittelt werden. Die maximale Flächenpressung p_{max} ergibt sich durch Summieren und muss kleiner sein als die zulässige Flächenpressung p_{zul}:

$$p_{\max} = p_1 + p_2 = \frac{M_b}{W_b} + \frac{F}{A} = \frac{F \cdot \left(l + \frac{s}{2}\right)}{d \cdot s^2/6} + \frac{F}{d \cdot s} = \frac{F \cdot \left(4 + 6 \cdot \frac{l}{s}\right)}{d \cdot s} \le p_{zul} \tag{9.3}$$

Verbindet man ein Außenteil mit einem Innenteil und steckt durch diese beiden Elemente einen Stift des Durchmessers d, so entsteht eine Querstiftverbindung unter Drehmoment M_t gemäß Abbildung 9.18. Wegen der Drehmomentbelastung sind bei dieser Verbindung die Abscherspannung τ_s des Stiftes sowie die Flächenpressungen p_i in der Welle und p_a in der Nabe zu überprüfen. Des Weiteren ist die Gestaltfestigkeit der Welle nachzuweisen, hier liegt der Kerbfall einer quergebohrten Welle vor. Für die weiteren Berechnungen wird der Passstift als fest eingespannt angenommen. Auch wenn die tatsächliche Flächenpressungsverteilung entlang der Bauteile nichtlinear ist, ist die vereinfachende Annahme einer gleichmäßigen Verteilung zulässig.

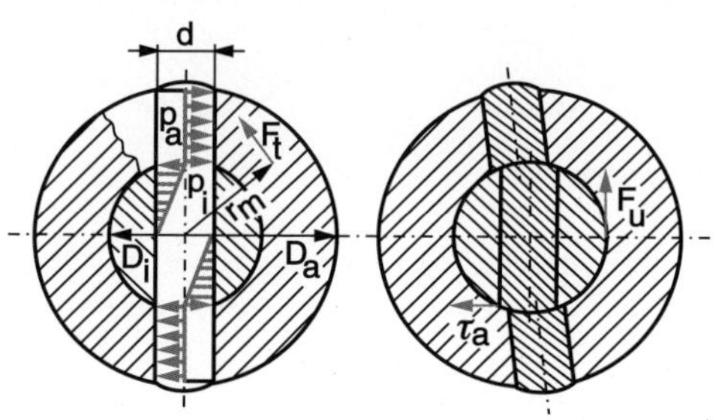

Abbildung 9.18: Querstift unter Drehmoment M_t

Die Abscherspannung τ_s des Stiftes berechnet sich aus der Umfangskraft F_u, bezogen auf die doppelte Scherfläche A_s, und muss kleiner sein als die zulässige Scherspannung $\tau_{s,zul}$:

$$\tau_s = \frac{F_U}{2 \cdot A_s} = \frac{M_t}{2 \cdot \frac{D_i}{2} \cdot \frac{d^2 \cdot \pi}{4}} = \frac{4 \cdot M_t}{D_i \cdot d^2 \cdot \pi} \le \tau_{s,zul} \tag{9.4}$$

Die Flächenpressung p_i entlang der Bohrung in der Welle hat die gleiche Verteilung wie die Flächenpressung beim Steckstift unter Biegekraft, weshalb auch hier mit dem Widerstandsmoment W_b der rechteckigen Lochwandprojektion gerechnet werden muss. Das die Biegung erzeugende Moment entspricht hier jedoch dem Drehmoment M_t:

$$p_i = \frac{M_t}{W_b} = \frac{M_t}{d \cdot D_i^2 / 6} = \frac{6 \cdot M_t}{d \cdot D_i^2} \leq p_{zul} \tag{9.5}$$

Die Flächenpressung p_a in der Nabe lässt sich aus der Tangentialkraft F_t ermitteln, die am mittleren Radius $r_m = 0{,}25 \cdot (D_a + D_i)$ angreift. Die Projektionsfläche des gepressten Loches beträgt $A = d \cdot (D_a - D_i)$:

$$p_a = \frac{F_t}{A} = \frac{\frac{M_t}{r_m}}{d \cdot (D_a - D_i)} = \frac{\frac{M_t}{0{,}25 \cdot (D_a + D_i)}}{d \cdot (D_a - D_i)} = \frac{4 \cdot M_t}{d \cdot \left(D_a^2 - D_i^2\right)} \leq p_{zul} \tag{9.6}$$

Das Verhältnis von Stift- zu Nabendurchmesser sollte im Bereich von $q = d / D_i = 0{,}2 \ldots 0{,}3$ liegen. Das Verhältnis von Nabenaußendurchmesser zu Wellendurchmesser sollte für Stahl und GS-Nabe $D_a / D_i \approx 2$ und für eine GJL-Nabe $D_a / D_i \approx 2{,}5$ betragen.

Verbindet man gemäß Abbildung 9.19 eine Welle mit einer Nabe über einen längs eingelegten Rundkeil, so liegt eine Rundkeilverbindung bzw. ein Längsstift unter Drehmoment M_t vor. Wegen der Drehmomentbelastung wird der Stift auf Abscheren und Flächenpressung beansprucht. Die runde Form der Verbindung führt im Vergleich zur Passfederverbindung zu geringeren Spannungskonzentrationen, für schwellende oder wechselnde Momente ist sie jedoch ebenfalls nicht geeignet.

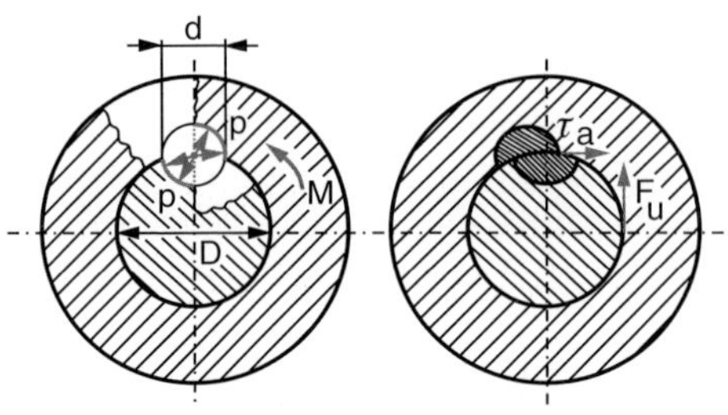

Abbildung 9.19: Längsstift unter Drehmoment

Nimmt man als belastende Umfangskraft F_u an, so folgt mit der tragenden Stiftlänge l die Projektionsfläche zu $0{,}5 \cdot d \cdot l$ und es gilt für die Flächenpressung p:

$$p = \frac{F_u}{A} = \frac{\frac{2 \cdot M_t}{D}}{0{,}5 \cdot d \cdot l} = \frac{4 \cdot M_t}{D \cdot d \cdot l} \leq p_{zul} \tag{9.7}$$

Zur Berechnung der Scherspannung τ_s im Stift geht man ebenfalls von der belastenden Umfangskraft F_u aus, die Scherfläche A_s berechnet sich jedoch aus dem Stiftdurchmesser d und der Länge l:

$$\tau_s = \frac{F_u}{A_s} = \frac{\frac{2 \cdot M_t}{D}}{d \cdot l} = \frac{2 \cdot M_t}{D \cdot d \cdot l} \leq \tau_{s,zul} \tag{9.8}$$

Das Verhältnis von Stift- zu Wellendurchmesser sollte im Bereich von $q = d / D = 0{,}13 \ldots 0{,}2$ liegen, für die Stiftlänge l empfiehlt sich $l = 1 \ldots 1{,}5 \cdot D$. Bei größeren zu übertragenden Drehmomenten sind mehrere Längsstifte am Umfang anzuordnen. Das „Verlaufen" der Längsbohrung bei der Fertigung lässt sich durch die ungefähr gleiche Härte für Wellen- und Nabenwerkstoff vermeiden.

9.3.2 Bolzenverbindungen

Auch wenn sich Bolzenverbindungen im Maschinenbau und Stahlbau sehr ähnlich sind, so gibt es doch unterschiedliche Ansätze zur Berechnung und Auslegung. Insbesondere im Stahlbau ist aufgrund entsprechender Sicherheitsanforderungen (z.B. im Brückenbau) in der DIN 18800 bzw. in DIN EN 1993-1-8 (Eurocode 3) ein Festigkeitsnachweis für Bolzenverbindungen enthalten [9.20], [9.21].

9.3.2.1 Bolzenverbindung im Maschinenbau

Der übliche Aufbau einer Bolzenverbindung im Maschinenbau ist in Abbildung 9.20 wiedergegeben. Der Bolzen wird dabei auf Biegung, Schub und Flächenpressung beansprucht, wobei sich abhängig von den vorliegenden Einbauverhältnissen (Spiel- oder Presspassung) in Gabel und Stange unterschiedliche Beanspruchungsverhältnisse einstellen. Aus Betriebserfahrungen ist bekannt, dass bei nicht gleitenden Flächen (also ruhenden Gelenken) die Biegung und bei gleitenden Flächen (also einfachen Gleitlagern) die Flächenpressung für die beanspruchungsgerechte Bemessung der Verbindung maßgebend sind.

Prinzipiell entspricht der frei geschnittene Bolzen einem geraden Biegestab (Träger), der in der Mitte mit der Stangenkraft F belastet wird. Abhängend von den vorliegenden Passungen zwischen Bolzen und Gabel sowie Bolzen und Stange ergeben sich unterschiedliche Einspannbedingungen, die einen zu berücksichtigenden Einfluss auf die Größe des maximalen Biegemomentes haben. Der wirkliche Beanspruchungszustand lässt sich nur näherungsweise erfassen. Vereinfachend wird angenommen, dass über der Bolzenlänge eine gleichmäßige Pressungsverteilung vorliegt und dass zwischen Gabeln und Stange kein Spiel auftritt.

Entsprechend Abbildung 9.20 kann sich im Fall I der Bolzen aufgrund der Spielpassungen in Gabel und Stange behinderungsfrei verformen. Die einwirkende Belastung in der Stange und die Abstützung in den Gabelwangen werden als Streckenlasten modelliert. Das größte Biegemoment ergibt sich für die Kraft F unter Berücksichtigung der Breite t_S des Stangenlagers und der Breite t_G der Gabeln in Bolzenmitte zu:

$$M_{b,\max} = \frac{F \cdot (t_S + 2 \cdot t_G)}{8} \tag{9.9}$$

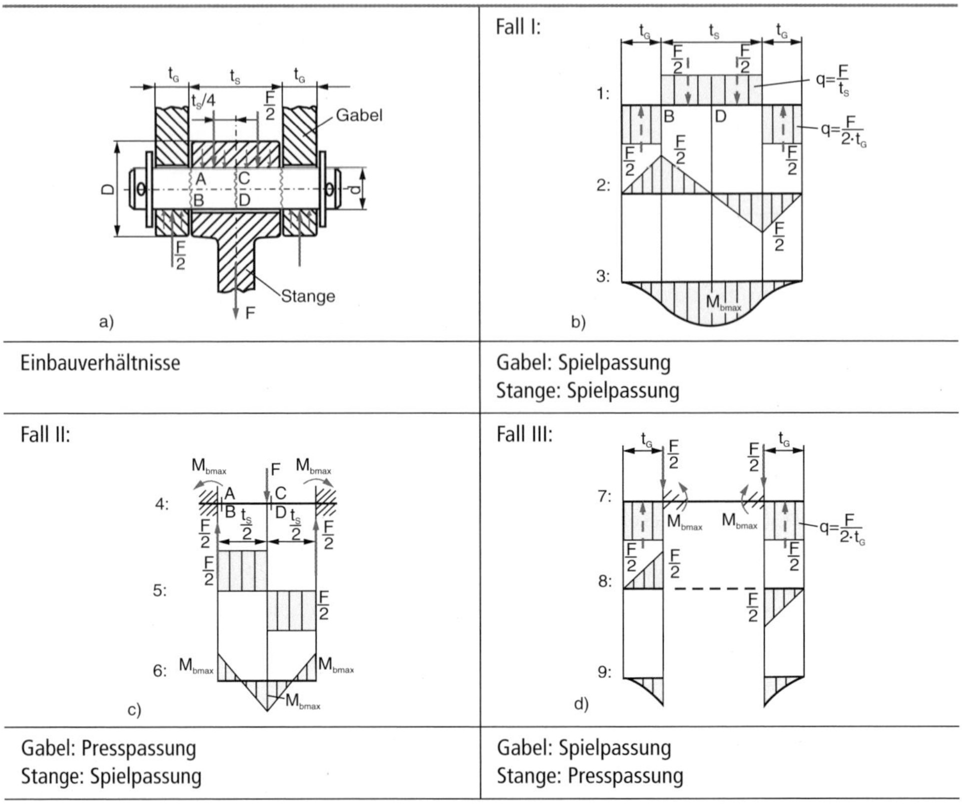

Abbildung 9.20: Beanspruchung querbelasteter zweischnittiger Bolzenverbindungen

Liegen die Einbauverhältnisse nach Fall II mit Presspassungen in den Gabeln und Spielpassung in der Stange vor, so folgt für das Biegemoment in den Bolzenquerschnitten A-B und C-D:

$$M_{b,max} = \frac{F \cdot t_S}{8} \tag{9.10}$$

Dabei liegt aufgrund der Elastizität der Gabelwangen keine starre, sondern nur eine teilweise Einspannung vor. Dies wird bei der Berechnung des Biegemomentes dadurch kompensiert, dass für die Stangenkraft F der ungünstigste Fall der mittigen Einzellast angenommen wird.

Für die Einbauverhältnisse nach Fall III mit Spielpassung in den Gabeln und Presspassung in der Stange bilden die aus der Stange ragenden Enden mechanisch gesehen einen Kragträger. Das maximale Biegemoment im Einspannquerschnitt A-B beträgt:

$$M_{b,max} = \frac{F \cdot t_G}{4} \tag{9.11}$$

Ein Vergleich der Biegemomente zeigt, dass sich durch das Einspannen des Bolzens in der Gabel oder in der Stange die auftretende Biegebeanspruchung im Bolzen erheblich mindern lässt. Voraussetzung hierfür sind jedoch entsprechend starre Bauteile und feste Bolzensitze.

Zur Umrechnung der auftretenden Biegemomente in Biegespannungen werden die folgenden Gleichungen benötigt, wobei die auftretende Biegespannung $\sigma_{b,max} \leq \sigma_{b,zul}$ als zulässige Spannung sein muss (siehe hierzu auch Abschnitt 9.4.1):

$$\sigma_{b,max} = \frac{M_{b,max}}{W_b} \leq \sigma_{b,zul} \qquad (9.12)$$

$$W_b = \frac{\pi \cdot d^3}{32} \qquad (9.13)$$

Auch wenn für den Fall III die Biegespannung wegen des kleinen Hebelarmes ebenfalls sehr klein ist, so treten vergleichsweise große Schubspannungen bzw. Scherspannungen auf, die nicht mehr vernachlässigt werden dürfen. Aus Abbildung 9.21 wird jedoch eine günstige Verteilung der kombiniert auftretenden Biege- und Schubspannungen deutlich. In der Randfaser ist bei maximaler Biegespannung $\sigma_{b,max}$ die Schubspannung $\tau = 0$, in der neutralen Biegefaser tritt bei $\sigma_b = 0$ die maximale Schubspannung τ_{max} auf. Mit der Stangenkraft F und der Querschnittsfläche A_S des Bolzens folgt für die maximale Schubspannung τ_{max}, die kleiner oder gleich der zulässigen Schubspannung $\tau_{s,zul}$ sein muss (s.a Abschnitt 9.4.1):

$$\tau_{max} = \frac{4}{3} \cdot \frac{F}{A_S \cdot 2} \leq \tau_{s,zul} \qquad (9.14)$$

Bei hohl gebohrten Bolzen sollte die Wandstärke $\geq d/6$ sein, da anderenfalls die Gefahr zu großer Bolzendeformationen (Ovaldrücken und Verklemmen) besteht. Die größte Schubspannung wird in der Nulllinie der Biegespannung im Vergleich zur Annahme einer gleichmäßigen Spannungsverteilung doppelt so groß, so dass sie stets zu überprüfen ist.

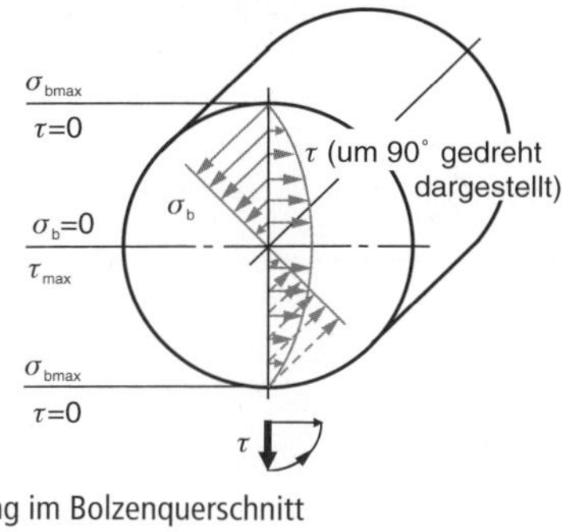

Abbildung 9.21: Spannungsverteilung im Bolzenquerschnitt

Abschließend ist noch die Einhaltung der zulässigen mittleren Flächenpressung p_{zul} nachzuweisen. Insbesondere bei dynamischer Belastung und bei Gleitbewegungen besteht in den Spielpassungen die Gefahr des vorzeitigen Verschleißes der Bauteile durch Ausschlagen:

$$p = \frac{F}{A_{proj}} \leq p_{zul} \qquad (9.15)$$

Dabei gilt für die projizierte Bolzenfläche, über der die Flächenpressung als gleichmäßig verteilt angenommen wird:

$$A_{proj} = d \cdot t_S \quad \text{(Stange)} \qquad (9.16)$$

$$A_{proj} = 2 \cdot d \cdot t_G \quad \text{(Gabel)} \qquad (9.17)$$

Zusätzlich ist bei hoch belasteten Gelenken unter Zugbeanspruchung außer dem Stangenquerschnitt auch noch der am meisten gefährdete Wangenquerschnitt festigkeitsmäßig zu überprüfen (s. a Abbildung 9.22). Unter der ungünstigen Annahme, dass der Bolzen mit Spiel in der Gabel sitzt, wird der Ringbereich näherungsweise durch folgendes Biegemoment belastet:

$$M_b = \frac{F \cdot (d_L + c)}{8} \tag{9.18}$$

Das Widerstandsmoment W_b des rechteckigen Wangenquerschnittes der Breite c und der Dicke t beträgt:

$$W_b = \frac{c^2 \cdot t}{6} \tag{9.19}$$

Die größte Normalspannung im Wangenquerschnitt am Lochrand setzt sich zusammen aus einem Normalspannungsanteil und einem Biegespannungsanteil und beträgt unter Einbeziehung der Gleichungen (9.18) und (9.19) für Stangenköpfe mit Bolzenspiel:

$$\sigma = \frac{F}{A} + \frac{M_b}{W_b} = \frac{F}{2 \cdot c \cdot t} + \frac{6 \cdot F \cdot (d_L + c)}{8 \cdot c^2 \cdot t} = \frac{F}{2 \cdot c \cdot t} \cdot \left[1 + \frac{3}{2} \cdot \left(\frac{d_L}{c} + 1\right)\right] \le \sigma_{zul} \tag{9.20}$$

Bei kreisringförmigen Stangenköpfen (Kreisringaugen) sind die Scheitelhöhe a und die Wangenbreite c gleich. Zur Ermittlung der zulässigen Normalspannung σ_{zul} siehe Abschnitt 9.4.1.

Ausgehend von den bisherigen Zusammenhängen lässt sich bei bekannter Kraft F und zulässiger Biegespannung $\sigma_{b,zul}$ die Bemessungsgleichung zur überschlägigen Bestimmung des Bolzendurchmessers d gemäß Tabelle 9.1 angeben. Grundlage sind die Gleichungen (9.9) bis (9.13) zur Berechnung der maximalen Biegemomente $M_{b,max}$ für den jeweiligen Einbaufall, die nach Einsetzen der Maßverhältnisse t_s/d und t_g/d nach d umzustellen sind. Die endgültigen, genormten Bolzendurchmesser können den jeweiligen Normen entnommen werden (s.a. Abbildung 9.11).

$d \approx k \cdot \sqrt{\frac{F}{\sigma_{b,zul}}}$ (9.21)			Nicht gleitende Flächen: $t_s/d = 1{,}0$ und $t_g/d = 0{,}5$ Gleitende Flächen: $t_s/d = 1{,}6$ und $t_g/d = 0{,}6$			
Einbaufall	Fall I		Fall II		Fall II	
Gleitverhältnisse	Nicht gleitend	Gleitend	Nicht gleitend	Gleitend	Nicht gleitend	Gleitend
Einspannfaktor k	1,6	1,9	1,1	1,4	1,1	1,2
Für den Augendurchmesser (Nabendurchmesser) D gilt in Abhängigkeit vom Bolzendurchmesser d:						
$D \approx 2{,}5 \ldots 3{,}0 \cdot d$ (Stahl und GS) (9.22)			$D \approx 3{,}0 \ldots 3{,}5 \cdot d$ (GJL) (9.23)			
Da die Augen bzw. Bohrungen der Stange und Gabel in Abhängigkeit vom Spiel bzw. Übermaß zwischen Bolzen und Bohrung relativ hoch beansprucht werden, haben sich folgende Erfahrungswerte für die Geometrie zweischnittiger Bolzenverbindungen bewährt:						
$t_s/d = 1{,}5$ bis $1{,}7$ (9.24)			$t_s/t_g = 2{,}0$ bis $3{,}5$ (9.25)			

Tabelle 9.1: Bemessungsgleichung zur überschlägigen Bestimmung des Bolzendurchmessers d

9.3.2.2 Bolzenverbindung im Stahlbau

Im Stahlbau kommen gelenkige Bolzenverbindungen zum Einsatz, wenn z.B. bei Zugstangen eine Drehfähigkeit erforderlich ist. Neben Bolzen mit Splint oder Gewindezapfen zur axialen Lagesicherung werden teilweise auch Schrauben mit und ohne Passschaft eingesetzt, Abbildung 9.22.

Entsprechend DIN 18800 werden für übliche Verbindungen mit Bolzen- und Laschenspiel Grenzabmessungen für eine beanspruchungsgerechte Gestaltung angegeben. Die Dicke t_m der Mittellasche berechnet sich abhängig von der angreifenden Kraft F, der Streckgrenze R_e des Bauteilwerkstoffes und eines Teilsicherheitsbeiwertes $S_M = 1{,}1$ zu:

$$t_m \geq 0{,}7 \cdot \sqrt{\frac{F}{R_e/S_M}} \tag{9.26}$$

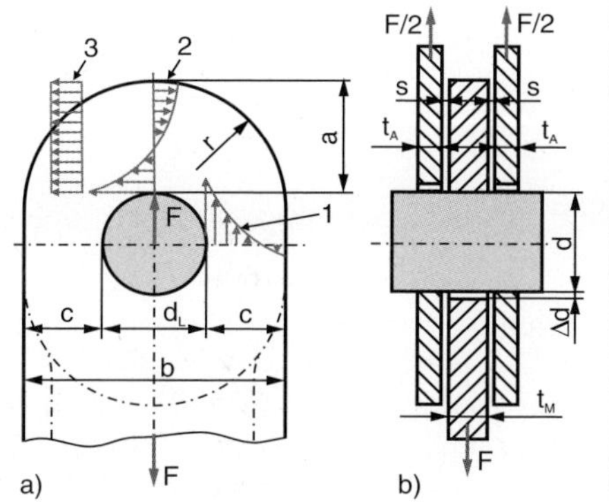

a) Abmessungen und Spannungen der Mittellasche
b) Schnittdarstellung der Verbindung
1 Normalspannungsverlauf in der Wange
2 Biegespannungsverlauf im Scheitel
3 Mittlere Schubspannung im Scheitel

Abbildung 9.22: Bolzenverbindung mit Augenlaschen im Stahlbau

Ausgehend von diesem Wert t_M kann dann mit den Richtwerten $c/d_L = 0{,}73$ und $a/d_L = 1{,}06$ die Geometrie des Laschenauges festgelegt werden, wobei a die Scheitelhöhe, c die Wangenbreite des Augenstabes und d_L den Lochdurchmesser bezeichnen:

$$a \geq \frac{F}{2 \cdot t_M \cdot R_e/S_M} + \frac{2}{3} \cdot d_L \tag{9.27}$$

$$c \geq \frac{F}{2 \cdot t_M \cdot R_e/S_M} + \frac{1}{3} \cdot d_L \tag{9.28}$$

Vorausgesetzt, dass diese Abmessungen eingehalten werden und das Lochspiel $\Delta d \leq 0{,}1 \cdot d_L$, höchstens jedoch 3 mm beträgt, kann auf einen genauen Festigkeitsnachweis verzichtet werden. Werden diese Bedingungen nicht erfüllt, so ist ein genauer Festigkeitsnachweis gemäß DIN 18800 zu führen [9.20]. Hierbei sind für den vorwiegend ruhend belasteten zweischnittigen Gelenkbolzen gemäß Abbildung 9.22 die Nachweise für Biegung, Schub (Abscheren) und Lochleibung (Flächenpressung) zu führen. Das größte Biegemoment $M_{b,max}$ in Bolzenmitte beträgt:

$$M_{b,\max} = \frac{F \cdot (t_M + 2 \cdot t_A + 4 \cdot s)}{8} \tag{9.29}$$

Die Biegespannung $\sigma_{b,max}$ berechnet sich mit dem Widerstandsmoment W_b aus Gleichung (9.13) zu:

$$\sigma_{b,max} = \frac{M_{b,max}}{W_b} \leq \sigma_{b,zul} \tag{9.30}$$

Mit der Querschnittsfläche A_S des Bolzens (hier Vollquerschnitt) ergibt sich die mittlere Scherspannung τ_s zu:

$$A_S = \pi \cdot \frac{d^2}{4} \tag{9.31}$$

$$\tau_s = \frac{F}{2 \cdot A_S} \leq \tau_{s,zul} \tag{9.32}$$

Abschließend ist noch die Einhaltung der zulässigen mittleren Flächenpressung p_{zul} (gleichbedeutend mit der zulässigen Lochleibungsspannung $\sigma_{l,zul}$) in der Mittellasche und in den äußeren Laschen nachzuweisen:

$$p = \sigma_l = \frac{F}{A_{proj}} \leq p_{zul} = \sigma_{l,zul} \tag{9.33}$$

Dabei gilt für die projizierte Bolzenfläche, über der die Flächenpressung als gleichmäßig verteilt angenommen wird:

$$A_{proj} = d \cdot t_M \quad \text{(Mittellasche)} \tag{9.34}$$

$$A_{proj} = 2 \cdot d \cdot t_A \quad \text{(äußere Lasche)} \tag{9.35}$$

Zusätzlich ist im Stahlbau noch der Nachweis bei kombinierter Beanspruchung aus Biegung und Torsion zu führen:

$$\left(\frac{\sigma_{b,max}}{\sigma_{b,zul}}\right)^2 + \left(\frac{\tau_s}{\tau_{s,zul}}\right)^2 \leq 1 \tag{9.36}$$

Angaben für die Streckgrenze R_e sowie zu den zulässigen Spannungen $\sigma_{b,zul}$, $\tau_{s,zul}$ und $\sigma_{l,zul}$ sind Abschnitt 9.4.1 zu entnehmen.

9.3.3 Sicherungselemente

Grundsätzlich gelten für die hier vorgestellten Sicherungselemente vergleichbare Berechnungsansätze wir für Stifte und Bolzen, d.h. aufgrund einwirkender Kräfte und Momente entstehen auch bei diesen Elementen Biege- und Schubbeanspruchungen sowie Flächenpressungen bzw. Lochleibungsdrücke. Allerdings wird bei diesen Elementen so vorgegangen, dass in relevanten Normen bzw. Katalogen der jeweiligen Hersteller maximal übertragbare Kräfte angegeben werden. Bei Sicherungsringen kann z.B. zusätzlich die Gefahr des Ablösens (aufgrund zu hoher Drehzahlen und damit einhergehender Fliehkräfte) ein Auslegungskriterium sein. Somit können sämtliche Elemente nach geometrischen Gesichtspunkten mithilfe der Normen und Kataloge ausgewählt werden, ohne dass ein separater Festigkeitsnachweis geführt werden muss. Eine Auswahl der Normwerte für einige Sicherungselemente ist in Abschnitt 9.4.2 zusammengestellt.

9.4 Festigkeit von Stift-, Bolzenverbindungen sowie Sicherungselementen

Der Festigkeitsnachweis von Stift-, Bolzenverbindungen und Sicherungselementen wird – wie auch bei anderen Maschinenelementen – über den Vergleich von Beanspruchung und Beanspruchbarkeit geführt. Im Falle von Stift- und Bolzenverbindungen lassen sich die Beanspruchungen gemäß der Abschnitte 9.3.1 und 9.3.2 ermitteln. Die ertragbaren Spannungen für die jeweilige Beanspruchungsart werden für ausgewählte Fälle in den Tabellen der nachfolgenden Abschnitte zusammengestellt. Für einige Stiftarten sowie sämtliche Sicherungselemente werden entsprechend den relevanten Normen und Herstellerkatalogen maximal übertragbare Kräfte abhängig von der Baugröße angegeben. Für ausführlichere Angaben wird auf die jeweils geltende Norm verwiesen.

9.4.1 Beanspruchbarkeit von Stift- und Bolzenverbindungen

Bezogen auf den Stiftdurchmesser *d* und den Stifttyp zeigt Tabelle 9.2 die übertragbaren Kräfte einer Stiftverbindung. Angaben zu weiteren Durchmessern finden sich in der jeweiligen Norm.

d [mm]	3	4	5	6	8	10	12	16	20	30	40	50
Zylinderkerbstifte, DIN EN ISO 8740, Stahl (Härte 125 bis 245 HV 30)												
F [kN]	6,4	11,3	17,6	25,4	45,2	70,4	101,8	181	283	444	–	–
Spannstifte (-hülsen), leichte Ausführung DIN EN ISO 13337												
F [kN]	3,5	8	10,4	18	24	40	48	98	158	302	634	1000
Spannstifte (-hülsen), schwere Ausführung DIN EN ISO 8752												
F [kN]	6,3	11,2	17,5	26	42,8	70,2	101,1	171	281	631	1068	1685
Spiralspannstifte, Regelausführung DIN EN ISO 8750												
F [kN]	5,5	9,6	15	22	39	62	89	155	250	–	–	–
Spiralspannstifte, schwere Ausführung DIN EN ISO 8748												
F [kN]	7,6	13,5	20	30	53	84	120	210	340	–	–	–

Tabelle 9.2: Mindestabscherkräfte in kN für zweischnittige Stiftverbindungen

In Tabelle 9.3, Tabelle 9.4 und Tabelle 9.5 sind die zulässigen Beanspruchungen für Stift- und Bolzenverbindungen in Abhängigkeit von ruhender, schwellender oder wechselnder Belastung angegeben, wobei noch zwischen Presssitz und Gleitsitz des Bolzens unterschieden wird. Ferner enthalten die Tabellen auch Werte für gekerbte Stifte.

Bauteilwerkstoff	Lastfall	Presssitz glatter Stifte			Sitz mit gekerbtem Teil (z.B. Kerbstift)			Gleitsitz glatter Bolzen		
		p_{zul}	$\sigma_{b,zul}$	$\tau_{s,zul}$	p_{zul}	$\sigma_{b,zul}$	$\tau_{s,zul}$	p_{zul}	$\sigma_{b,zul}$	$\tau_{s,zul}$
S235 (St 37)		98			69			30		
E295 (St 50)		104			73			30		
Stahlguss		83			58			30		
Grauguss	ruhend	68	190	80	48	160	65	40	200	80
CuSn-, CuZn-Leg.		40			28			40		
AlCuMg-Leg.		65			46			20		
AlSi-Leg.		45			32			20		

Tabelle 9.3: Zulässige Beanspruchungen in $\mathrm{N/mm^2}$ für Stift- und Bolzenverbindungen unter ruhender Belastung bei Stiften oder Bolzen aus Stahl (Erfahrungswerte) nach [9.2]

Bauteilwerkstoff	Lastfall	Presssitz glatter Stifte			Sitz mit gekerbtem Teil			Gleitsitz glatter Bolzen		
		p_{zul}	$\sigma_{b,zul}$	$\tau_{s,zul}$	p_{zul}	$\sigma_{b,zul}$	$\tau_{s,zul}$	p_{zul}	$\sigma_{b,zul}$	$\tau_{s,zul}$
S235 (St 37)		72			52			24		
E295 (St 50)		76			55			24		
Stahlguss		62			43			24		
Grauguss	schwellend	52	145	60	36	120	50	32	140	60
CuSn-, CuZn-Leg.		29			21			32		
AlCuMg-Leg.		47			35			16		
AlSi-Leg.		33			24			16		

Tabelle 9.4: Zulässige Beanspruchungen in $\mathrm{N/mm^2}$ für Stift- und Bolzenverbindungen unter schwellender Belastung bei Stiften oder Bolzen aus Stahl (Erfahrungswerte) nach [9.2]

Bauteilwerkstoff	Lastfall	Presssitz glatter Stifte			Sitz mit gekerbtem Teil			Gleitsitz glatter Bolzen		
		p_{zul}	$\sigma_{b,zul}$	$\tau_{s,zul}$	p_{zul}	$\sigma_{b,zul}$	$\tau_{s,zul}$	p_{zul}	$\sigma_{b,zul}$	$\tau_{s,zul}$
S235 (St 37)		36			26			12		
E295 (St 50)		38			28			12		
Stahlguss		31			21			12		
Grauguss	wechselnd	26	75	30	18	60	25	16	70	30
CuSn-, CuZn-Leg.		14			10			16		
AlCuMg-Leg.		23			17			8		
AlSi-Leg.		16			12			8		

Tabelle 9.5: Zulässige Beanspruchungen in $\mathrm{N/mm^2}$ für Stift- und Bolzenverbindungen unter wechselnder Belastung bei Stiften oder Bolzen aus Stahl (Erfahrungswerte) nach [9.2]

Alternativ ist die Berechnung zulässiger Werte auf der Grundlage von R_m und dem technologischer Größeneinflussfaktor K_t angelehnt an DIN 743 gemäß Tabelle 9.6 und Tabelle 9.7 möglich [9.7]. Sollte der Bolzen aus konstruktiven Gründen über größere

Kerben mit entsprechend hoher Kerbwirkung verfügen, so kann eine genauere Berechnung der Beanspruchbarkeit gemäß Kapitel 2 (Festigkeitsberechnung) erforderlich werden.

Lastfall	**p_{zul} (nicht gleitende Flächen)**	$\sigma_{b,zul}$	$\tau_{s,zul}$
Ruhend	$0{,}35 \cdot K_t \cdot R_m$	$0{,}30 \cdot K_t \cdot R_m$	$0{,}20 \cdot K_t \cdot R_m$
Schwellend	$0{,}25 \cdot K_t \cdot R_m$	$0{,}20 \cdot K_t \cdot R_m$	$0{,}15 \cdot K_t \cdot R_m$
Wechselnd	$0{,}15 \cdot K_t \cdot R_m$	$0{,}15 \cdot K_t \cdot R_m$	$0{,}10 \cdot K_t \cdot R_m$
$K_t = 1 - 0{,}23 \cdot \lg \frac{d}{100\,\text{mm}}$	Nitrierstähle und Baustähle	$K_t = 1 - 0{,}41 \cdot \lg \frac{d}{11\,\text{mm}}$	Einsatzstähle
$K_t = 1 - 0{,}26 \cdot \lg \frac{d}{16\,\text{mm}}$	Vergütungsstähle (gilt auch für CrNiMo-Einsatzstähle)		

Für nicht gehärtete Normbolzen und Normstifte (Härte 125 bis 245 HV) kann mit dem Richtwert für $R_m = 400\ \text{N/mm}^2$ gerechnet werden.

Tabelle 9.6: Zulässige Beanspruchungen in N/mm^2 für Bolzenverbindungen auf der Grundlage von R_m und K_t in Anlehnung an DIN 743 [9.7]

Belastungsart	**Stahl**	**GJL (GG)**
Statisch	$0{,}50 \cdot K_t \cdot R_e$	$0{,}50 \cdot K_t \cdot R_m$
Dynamisch	$0{,}20 \cdot K_t \cdot R_e$	$0{,}20 \cdot K_t \cdot R_m$

Zur Berechnung von K_t siehe Tabelle 9.6.

Tabelle 9.7: Zulässige Beanspruchungen in N/mm^2 für Stangenköpfe unter statischer und dynamischer Belastung (Erfahrungswerte) nach [9.50]

Die zulässigen Beanspruchungen für Bolzenverbindungen nach Stahlbaurichtlinien sind in Tabelle 9.8 zusammengestellt.

$\sigma_{l,zul}$	$\sigma_{b,zul}$	$\tau_{s,zul}$
$1{,}5 \cdot R_e / S_M$	$0{,}8 \cdot R_e / S_M$	$\alpha_a \cdot R_e / S_M$

$\alpha_a = 0{,}6$ für Schraubenbolzen der Festigkeitsklassen 4.6, 5.6 und 8.8
$\alpha_a = 0{,}55$ für Schraubenbolzen der Festigkeitsklassen 10.9 oder vergleichbare Bolzenwerkstoffe
Für den Teilsicherheitsbeiwert ist $S_M = 1{,}1$ einzusetzen.

Unterliegt die Gelenkverbindung in der Stahlbaukonstruktion dynamischen Lastanteilen, so ist die zulässige Lochleibungsspannung nicht voll auszunutzen und der Bolzen sollte geschmiert werden (z.B. mit MoS_2).

Tabelle 9.8: Zulässige Beanspruchungen in N/mm^2 für Bolzenverbindungen nach DIN 18800 [9.20]

9.4.2 Beanspruchbarkeit von Sicherungselementen

In Tabelle 9.9 und Tabelle 9.10 ist für eine Auswahl von Durchmessern die Tragfähigkeit der Ringe und Nuten von Sicherungsringen für Wellen und Bohrungen angegeben. Ausführliche Angaben zur Geometrie sowie zu weiteren Durchmessern bis zu 300 mm sind der jeweiligen Norm zu entnehmen. Bei Umfangsgeschwindigkeiten der Wellen bis zu $v_U \leq 22$ m/s für Ringe mit $d \leq 100$ mm und $v_U \leq 15$ m/s für Ringe mit $d > 100$ mm besteht keine Gefahr des Aufspreizens der Ringe aufgrund von Fliehkrafteinflüssen. Die genauen Ablösedrehzahlen sind ebenfalls den jeweiligen Normen zu entnehmen.

Die Angaben der ertragbaren Kräfte für die Nut in Tabelle 9.9 und Tabelle 9.10 beziehen sich auf eine Streckgrenze von $R_{eL} = 200$ N/mm² ohne Sicherheit gegen Fließen und Dauerbruch. Bei statischer Belastung liegt eine zweifache Sicherheit gegen Bruch vor. Für abweichende Nuttiefen t' und Streckgrenzen R'_{eL} gilt:

$$F'_N = F_N \cdot \frac{t'}{t} \cdot \frac{R'_{eL}}{200} \tag{9.37}$$

Bei Sicherungsscheiben ist anstelle von $\frac{t'}{t}$ das Durchmesserverhältnis $\frac{d'_1 - d'_2}{d_1 - d_2}$ einzusetzen.

Wellen-∅ *d* **[mm]**	10	20	30	40	50	60	70	80	90	100	120	150
F [kN] Nut	1,01	5,06	10,73	25,3	38,0	46,0	53,8	71,6	80,8	90,0	123,5	193,0
F [kN] Ring	4,0	17,1	32,1	51,0	73,3	69,2	134,2	128,4	217,2	206,4	424,6	357,5

Tabelle 9.9: Tragfähigkeit von Sicherungsringen (Auswahl) für Wellen nach DIN 471 [9.4]

Bohrungs-∅ *d* **[mm]**	16	22	32	40	52	62	72	80	90	100	120	150
F [kN] Nut	3,4	5,9	14,6	27,0	42,0	49,8	58,0	74,6	84,0	93,1	127,0	191,0
F [kN] Ring	5,5	8,0	17,8	44,6	60,3	60,9	119,2	120,9	199,0	188,0	396,0	326,0

Tabelle 9.10: Tragfähigkeit von Sicherungsringen (Auswahl) für Bohrungen nach DIN 472 [9.5]

Zur Auswahl von Splinten, Fedsteckern und Achshaltern wird auf die jeweils gültigen Normen DIN EN ISO 1234, DIN 11024 und DIN 15058 verwiesen [9.18], [9.19], [9.28]. Angaben zu Stellringen sind im Normentwurf DIN 705 zu finden [9.6].

9.5 Literatur

[9.1] Beke, J.; Beitrag zur Berechnung der Spannungen in Augenstäben, Eisenbau 12 (1921), S. 233–244

[9.2] Decker, K., Kabus, K.; Maschinenelemente, Hanser Verlag, München 2000

[9.3] DIN 258 Kegelstifte mit Gewindezapfen und konstanten Kegellängen (2012-05)

[9.4] DIN 471 Sicherungsringe (Halteringe) für Wellen; Regelausführung und schwere Ausführung (2011-04)

[9.5] DIN 472 Sicherungsringe (Halteringe) für Bohrungen; Regelausführung und schwere Ausführung (2011-10)

[9.6] DIN 705 Stellringe (2007-04)

[9.7] DIN 743 Tragfähigkeit von Wellen und Achsen; T1 Einführung, Grundlagen; T2 Formzahlen und Kerbwirkungszahlen; T3 Werkstoff-Festigkeitswerte; (2012-12)

[9.8] DIN 983 Sicherungsringe mit Lappen (Halteringe) für Wellen (2011-04)
[9.9] DIN 984 Sicherungsringe mit Lappen (Halteringe) für Bohrungen (2013-04)
[9.10] DIN 988 Paßscheiben und Stützscheiben (1990-03)
[9.11] DIN 1445 Bolzen mit Kopf und Gewindezapfen (2011-02)
[9.12] DIN 1469 Paßkerbstifte mit Hals (2012-05)
[9.13] DIN 1498 Einspannbuchsen für Lagerungen (1965-08)
[9.14] DIN 1499 Aufspannbuchsen für Lagerungen (1965-08)
[9.15] DIN 5417 Befestigungsteile für Wälzlager; Sprengringe für Lager mit Ringnut (2011-06)
[9.16] DIN 6799 Sicherungsscheiben (Haltescheiben) für Wellen (2011-04)
[9.17] DIN 7993 Runddraht-Sprengringe und -Sprengringnuten für Wellen und Bohrungen (1970-04)
[9.18] DIN 11024 Federstecker (1973-01)
[9.19] DIN 15058 Hebezeuge, Achshalter (1974-08)
[9.20] DIN 18800 Stahlbauten; T1 Bemessung und Konstruktion (1990-11), Änderung 1 (1996-02); T2 Stabilitätsfälle, Knicken von Stäben und Stabwerken (1990-11), Änderung 1 (1996-02); T3 Stabilitätsfälle, Plattenbeulen (1990-11), Änderung 1 (1996-02); T4 Stabilitätsfälle, Schalenbeulen (1990-11); T7 Ausführung und Herstellerqualifikation (2002-09); als Vornorm: T5 Verbundtragwerke aus Stahl und Beton – Bemessung und Konstruktion (2004-11); Norm vollständig zurückgezogen und ersetzt durch DIN EN 1993
[9.21] DIN EN 1993 Eurocode 3: Bemessung und Konstruktion von Stahlbauten – Teil 1-8: Bemessung von Anschlüssen (2010-12)
[9.22] DIN EN 22339 Kegelstifte, ungehärtet (1992-10)
[9.23] DIN EN 22340 Bolzen ohne Kopf (1992-10)
[9.24] DIN EN 22341 Bolzen mit Kopf (1992-10)
[9.25] DIN EN 28736 Kegelstifte mit Innengewinde, ungehärtet (1992-10)
[9.26] DIN EN 28737 Kegelstifte mit Gewindezapfen, ungehärtet (1992-10)
[9.27] DIN EN 28738 Scheiben für Bolzen (1992-10)
[9.28] DIN EN ISO 1234 Splinte (1998-02)
[9.29] DIN EN ISO 2338 Zylinderstifte aus ungehärtetem Stahl und austenitischem nicht rostendem Stahl (1998-02)
[9.30] DIN EN ISO 8733 Zylinderstifte mit Innengewinde aus ungehärtetem Stahl und austenitischem nicht rostendem Stahl (1998-03)
[9.31] DIN EN ISO 8734 Zylinderstifte aus gehärtetem Stahl und martensitischem nicht rostendem Stahl (1998-03)
[9.32] DIN EN ISO 8735 (1998-03) Zylinderstifte mit Innengewinde aus gehärtetem Stahl und martensitischem nicht rostendem Stahl (1998-03)
[9.33] DIN EN ISO 8739 Zylinderkerbstifte mit Einführende (1998-03)
[9.34] DIN EN ISO 8740 Zylinderkerbstifte mit Fase (1998-03)
[9.35] DIN EN ISO 8741 Steckkerbstifte (1998-03)
[9.36] DIN EN ISO 8742 Knebelkerbstifte mit kurzen Kerben (1998-03)
[9.37] DIN EN ISO 8743 Knebelkerbstifte mit langen Kerben (1998-03)
[9.38] DIN EN ISO 8744 Kegelkerbstifte (1998-03)
[9.39] DIN EN ISO 8745 Passkerbstifte (1998-03)
[9.40] DIN EN ISO 8746 Halbrundkerbnägel (1998-03)
[9.41] DIN EN ISO 8747 Senkkerbnägel (1998-03)
[9.42] DIN EN ISO 8748 Spiralspannstifte – Schwere Ausführung (2007-07)
[9.43] DIN EN ISO 8750 Spiralspannstifte – Regelausführung (2007-07)

[9.44] DIN EN ISO 8751 Spiralspannstifte – Leichte Ausführung (2007-07)

[9.45] DIN EN ISO 8752 Spannstifte (-hülsen) – Geschlitzt, schwere Ausführung (2009-10)

[9.46] DIN EN ISO 13337 Spannstifte (-hülsen) – Geschlitzt, leichte Ausführung (2009-10)

[9.47] Kollmann, F. G.; Welle-Nabe-Verbindungen: Gestaltung, Auslegung, Auswahl. Berlin, Springer, 1984

[9.48] Mathar, J.; Über die Spannungsverteilung in Schubstangenköpfen, Forsch.-Arbeit Ing.-Wesen, Heft 306, VDI-Verlag Düsseldorf, 1928

[9.49] Pahl, G., Heinrich, J.; Berechnung von Sicherungsverbindungen – Formzahlen, Dauerfestigkeit, Ringverhalten, Konstruktion 39 (1987), Heft 1, S. 1–6

[9.50] Roloff / Matek; Maschinenelemente, Hrsg. Muhs, D., Wittel, H., et al.; Vieweg Verlag, Braunschweig 2013

[9.51] Schmitz, H.; Theoretische und experimentelle Untersuchungen an Stift-Verbindungen, Konstruktion 12 (1960), Heft 1, S. 5–13, Heft 2, S. 83–85

[9.52] Stahl-Informations-Zentrum; Stifte und Stiftverbindungen, Merkblatt 451, Düsseldorf 1984

[9.53] Szakacsi, J.; Berechnung von Stangenköpfen unter Berücksichtigung des Bolzenspiels und der behinderten Verformung, Konstruktion 22 (1970), S. 172–178

[9.54] von der Heide, W.; Untersuchungen an Kerbstiften und Kerbstiftverbindungen, Dissertation TU Hannover 1969

[9.55] Wilms, V.; Auslegung von Bolzenverbindungen mit minimalem Bolzengewicht, Konstruktion 34 (1982), Heft 2, S. 63–70

Z U S A M M E N F A S S U N G

Stifte und Bolzen dienen zur einfachen starren oder gelenkigen Verbindung von Bauteilen. Mit Sicherungselementen – hierzu gehören Sicherungsringe, Splinte, Federstecker, Stellringe und Achshalter – lassen sich Maschinenelemente gegen axiales Verschieben sichern. Für einfache Welle-Nabe-Verbindungen werden auch heute noch häufig Stiftverbindungen eingesetzt. Darüber hinaus können Stifte und Bolzen aber auch als Überlastsicherung eingesetzt werden, indem sie z.B. in Kupplungen bei definierten Kräften abscheren und so eine Überlastung verhindern. Das Hauptanwendungsgebiet von Bolzen sind heute Gelenkverbindungen (z.B. bei Baumaschinen) oder aber auch der Einsatz als Achse (z.B. in Laufrollen).

Eine Festigkeitsberechnung wird üblicherweise nur für Bolzen und Stifte durchgeführt. Insbesondere Bolzen werden statisch oder dynamisch auf Biegung, Schub und Flächenpressung beansprucht, wobei sich abhängig von den vorliegenden Einbauverhältnissen (Spiel- oder Presspassung) in Gabel und Stange unterschiedliche Beanspruchungsverhältnisse einstellen können. Aus Betriebserfahrungen ist bekannt, dass bei nicht gleitenden Flächen (also ruhenden Gelenken) die Biegung und bei gleitenden Flächen (also einfachen Gleitlagern) die Flächenpressung für die beanspruchungsgerechte Bemessung der Verbindung maßgebend sind.

Werden Bolzen im Sinne einer Achse verwendet, so ist häufig der Festigkeitsnachweis nach DIN 743 – Tragfähigkeit von Wellen und Achsen – zu führen.

Für alle anderen Sicherungselemente (Splinte, Federstecker, Sicherungsringe, Stellringe, Achshalter) ist kein Festigkeitsnachweis zu erbringen. Die Auswahl erfolgt nach Normen in Verbindung mit Einbausituationen und Abmessungen.

Z U S A M M E N F A S S U N G

Federn

ÜBERBLICK

10

Lernziele

- Kennenlernen von Funktion und Wirkung der verschiedenen Federbauarten und ihrer Einsatzmöglichkeiten
- Gestaltung und Beanspruchung von Zug-Druckfedern, Biegefedern, Torsionsfedern und Gummifedern
- Ermittlung der Beanspruchbarkeit von Metall- und Gummifedern in Abhängigkeit von ihrer Bauart
- Statischer und dynamischer Festigkeitsnachweis für Federn

10.1 Einführung

Federn sind Maschinenelemente zur Aufnahme und Speicherung mechanischer (potentieller) Energie, da sie sich unter Belastung gezielt verformen (Verrichtung von Formänderungsarbeit) und bei Entlastung wieder ihre ursprüngliche Gestalt annehmen. Die meisten technischen Werkstoffe sind in definierten Bereichen (Elastizitätsgrenze) elastisch und können damit federnd wirken. Diese Grundeigenschaft des Federungsvermögens ausgewählter Werkstoffe lässt sich durch entsprechende Formgebung erhöhen und gezielt beeinflussen. Federn eignen sich deshalb besonders zur Erfüllung der Hauptfunktionen gemäß Tabelle 10.1.

Funktion	Beispiel
Speicherung von Energie	Federmotoren, Uhrfedern, Türschließer, Ventilfedern in Verbrennungsmotoren, Rückstellfedern in hydraulischen Ventilen
Dämpfung von Stößen und Schwingungen durch Nutzung innerer oder äußerer Reibung	Fahrzeugfedern, Puffer, Schwingungsentkopplung von technischen Systemen durch elastische Lagerung
Ausüben von Kräften (Kraftfluss und Kraftverteilung)	(Anstell-)Federn in Kupplungen und Bremsen, Spannfedern, Kontaktfedern, Stromabnehmer bei Elektrolokomotiven
Schwingungsisolierung	Aktive oder passive Verlagerung der Eigenfrequenz
Ausgleich von Wärmeausdehnungen oder Verschleißwegen	Lager, Kupplungen, Bremsen
Schwingelement	Schwingtisch, Schwingsiebe, Schwingförderer – Resonanzbetrieb
Kraftmessung	Jedem Federweg ist eine definierte Federkraft zugeordnet.

Tabelle 10.1: Funktionen des Maschinenelementes Feder

Alle Funktionen lassen sich mit mechanischen, hydraulischen, pneumatischen oder magnetischen Federn realisieren. Aus der Tabelle 10.1 wird auch deutlich, dass das Einzelelement Feder in der Regel Teil eines Gesamtsystems ist, dessen Dynamik sich gezielt durch die Federauswahl und -bauart beeinflussen lässt. In Abbildung 10.1 sind die grundlegenden Schwingungen (Translation, Biegung und Torsion) zusammengestellt, die bei schwingungsfähigen Systemen alleine oder meistens in Kombination und überlagert auftreten können. Wird eine Masse, die durch eine Feder an ein starres Fundament angekoppelt ist, ausgelenkt, so führt sie sinusförmige (Translations-, Biege-, oder Torsions-) Schwingungen aus, die mit der Zeit aufgrund von Verlusten innerhalb der Feder und äußerer Reibungseinflüsse abklingen.

Translationsschwingungen treten z.B. in Förderbandanlagen – insbesondere beim An- und Abfahren –, Biegeschwingungen in Stahlkonstruktionen (Brücken, Türme, Gebäude, Windenergieanlagen) und Drehschwingungen in sämtlichen Antriebssträngen auf. Dabei kann es auch durch ungünstige Verhältnisse von Federsteifigkeit und Masse bzw. Massenträgheit zu Resonanzerscheinungen kommen.

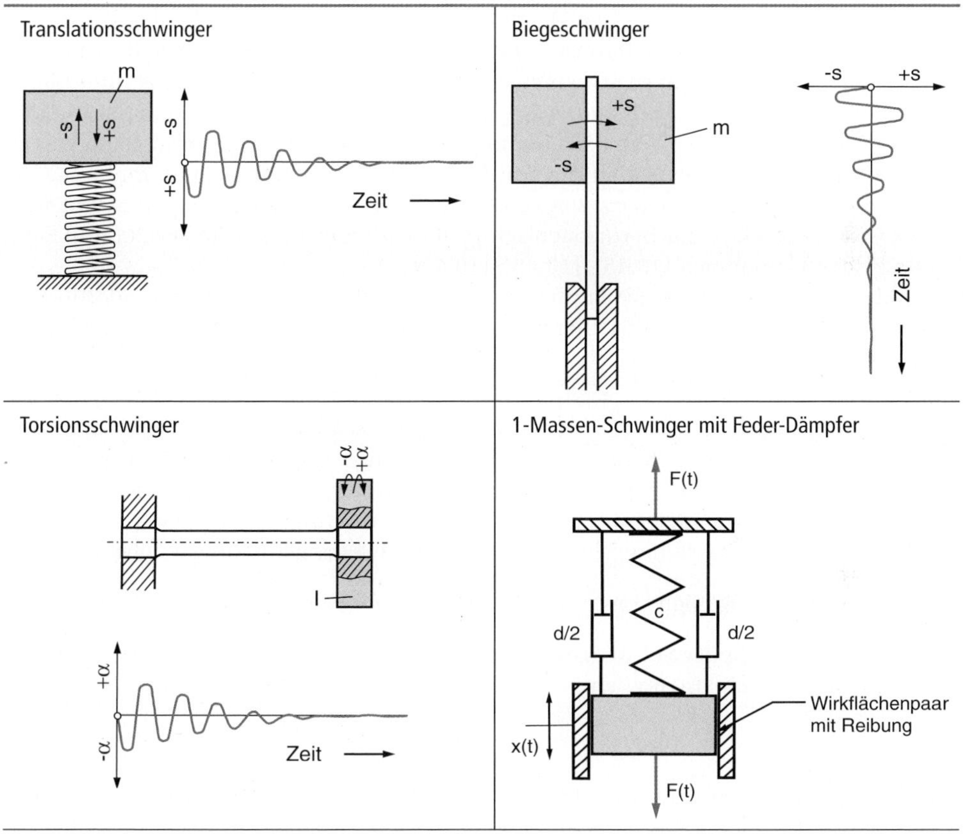

Abbildung 10.1: Weg-Zeit-Verhalten von Translations-, Biege- und Torsionsschwinger

Die in Abbildung 10.1 gezeigten 1-Massen-Schwinger lassen sich durch folgende Beziehungen mathematisch beschreiben. Für freie ungedämpfte Schwingungen ($F(t) = F_R = F_D = 0$) gilt die folgende homogene Differenzialgleichung zweiter Ordnung zur Beschreibung des Bewegungsverhaltens einer Masse m, der über eine Feder der Steifigkeit c an ein Fundament gekoppelt ist. Für einen Drehschwinger ist die Masse m durch die Trägheit J zu ersetzen, aus der Lage x und deren zeitlichen Ableitungen wird der Drehwinkel φ mit seinen Ableitungen:

$$m \cdot \ddot{x} + c \cdot x = 0 \quad \text{oder} \quad J \cdot \ddot{\varphi} + c \cdot \varphi = 0 \tag{10.1}$$

Die Eigenkreisfrequenz ω_0 des ungedämpften Systems lautet im translatorischen bzw. rotatorischen Fall:

$$\omega_0 = \sqrt{\frac{c}{m}} \quad \text{oder} \quad \omega_0 = \sqrt{\frac{c}{J}} \tag{10.2}$$

Berücksichtigt man zusätzlich die Eigenmasse m_F der Feder oder aber das Eigenträgheitsmoment J_F, so verändert sich die Eigenfrequenz zu:

$$\omega_0 = \sqrt{\frac{c}{\left(m + \frac{1}{3} \cdot m_F\right)}} \quad \text{oder} \quad \omega_0 = \sqrt{\frac{c}{\left(J + \frac{1}{3} \cdot J_F\right)}} \tag{10.3}$$

Das Feder-Masse-System schwingt demzufolge so, als wäre die Endmasse m um ein Drittel der Federmasse m_F vergrößert. Diese Näherung gilt auch für $m = 0$, wobei die Feder ohne Endmasse dann so schwingt, als wäre an ihrem Ende ein Drittel ihrer Eigenmasse vorhanden. Bei geringen Endmassen m im Vergleich zur Federeigenmasse m_F können die Abweichungen bei Vernachlässigung der Eigenmasse bzw. Eigenträgheiten bis zu 20 % betragen. Bei einem Verhältnis von Eigenmasse zu Endmasse von $m_F/m = 0{,}01$ beträgt die Abweichung noch ca. 2 %. Im Bereich zwischen $0{,}001 \leq m_F/m \leq 0{,}01$ liegt der Gewichtungsfaktor zur Berücksichtigung der Federeigenmasse über 0,33 und kann Werte bis 0,40 annehmen [10.45], [10.46], [10.47].

Handelt es sich um einen gedämpften Schwinger mit geschwindigkeitsproportionaler (viskoser) Dämpfung, so ist die Differenzialgleichung um diesen Anteil zu ergänzen:

$$m \cdot \ddot{x} + d \cdot \dot{x} + c \cdot x = 0 \quad \text{oder} \quad J \cdot \ddot{\varphi} + d \cdot \dot{\varphi} + c \cdot \varphi = 0 \tag{10.4}$$

Ist die Dämpfungskraft von der Geschwindigkeit unabhängig, so spricht man von Coulombscher Dämpfung (benannt nach Charles Augustin de Coulomb, 1736–1806). Der geschwindigkeitsabhängige Term ist dann durch einen konstanten Term zu ersetzen, der jedoch in Abhängigkeit von der Bewegungsrichtung das Vorzeichen wechselt (Signum-Funktion), da Reibungskräfte immer der Bewegungsrichtung entgegenwirken:

$$m \cdot \ddot{x} + F_R \cdot \operatorname{sign}(\dot{x}) + c \cdot x = 0 \quad \text{oder} \quad J \cdot \ddot{\varphi} + d \cdot \dot{\varphi} + c \cdot \varphi = 0 \tag{10.5}$$

Erfolgt die Anregung der Schwingung periodisch durch eine äußere Kraft F(t), so liegt eine erzwungene Schwingung vor:

$$F(t) = \hat{F} \cdot \cos(\omega \cdot t) \tag{10.6}$$

Damit ergibt sich dann die inhomogene Differenzialgleichung 2. Ordnung zur vollständigen Beschreibung des 1-Massen-Feder-Dämpfer-Systems aus Abbildung 10.1 zu:

$$m \cdot \ddot{x} + d \cdot \dot{x} + c \cdot x = \hat{F} \cdot \cos(\omega \cdot t) \tag{10.7}$$

Die allgemeine stationäre Lösung dieser Differenzialgleichung 2. Ordnung lautet:

$$x(t) = \frac{\hat{F}}{c} \cdot V \cdot \cos(\omega \cdot t - \varphi) \tag{10.8}$$

Hierin bezeichnen φ den Phasenwinkel, mit dem die Schwingbewegung der Anregung nacheilt, V die Vergrößerungsfunktion der Amplitude in der Resonanzfrequenz, η das

Frequenzverhältnis von Anregungsfrequenz ω zu Eigenfrequenz ω_0 und D das Lehrsche Dämpfungsmaß [10.44]:

$$\varphi = \arctan\left(\frac{2 \cdot D \cdot \eta}{1-\eta^2}\right) \tag{10.9}$$

$$V = \frac{1}{\sqrt{\left(1-\eta^2\right)^2 + 4 \cdot D^2 \cdot \eta^2}} \tag{10.10}$$

$$\eta = \frac{\omega}{\omega_0} \tag{10.11}$$

$$D = \frac{d}{2 \cdot \sqrt{m \cdot c}} \tag{10.12}$$

Neben diesem periodisch-sinusförmigen Belastungsverlauf ist auch noch die Stoßbelastung auf eine Feder von Bedeutung. Dabei erfolgt eine endliche Geschwindigkeitsänderung in einer unendlich kurzen Zeit aufgrund einer theoretisch unendlich großen Beschleunigung. Eine solche sprungartige Belastung kommt in der Praxis jedoch nicht vor, da für die tatsächliche Bewegung eine bestimmte, endliche Zeit erforderlich ist und die Körper sich elastisch verformen. Eine gute Annäherung an die tatsächlichen Verhältnisse wird durch Parabel-, Sinus- oder e-Funktionen zur Beschreibung des Bewegungsverhaltens erreicht. Die beschreibende Bewegungsgleichung lautet:

$$m \cdot \ddot{x} + c \cdot x = F_{Stoß} \tag{10.13}$$

Mit einem harmonischen Lösungsansatz folgt für die Federkraft F und die Stoßzeit t_s:

$$x(t) = x_{stat} \cdot (1 - \cos\omega t) = \frac{F_{Stoß}}{c} \cdot (1 - \cos\omega t) \tag{10.14}$$

$$F = F_{Stoß} \cdot \left(1 - \cos\omega t_s\right) \tag{10.15}$$

Aus Gleichung (10.15) folgt, dass nur für $\cos \omega t < 1$ oder $t_s \leq \pi/2 \cdot \omega$ die dynamische Federbelastung kleiner ist als die statische. Ohne Dämpfung dagegen wird im ungünstigsten Fall für $\omega t_s = \pi$ bei Auflegen eines Massestückes auf das freie Ende und plötzlicher Entlastung die Feder im Vergleich zur statischen Belastung doppelt so hoch belastet:

$$F = F_{max} = 2 \cdot F_{Stoß} \tag{10.16}$$

10.2 Funktion und Wirkung von Federn

Zur systematischen Behandlung von Federn hinsichtlich Gestaltung und Berechnung ist eine Einteilung der vielfältigen Federbauformen gemäß Abbildung 10.2 sinnvoll. Gliederungsmöglichkeiten gibt es z.B. nach der Art der Bauform, nach der Kraftwirkung und auch nach dem Verwendungszweck. Bewährt hat sich eine Gliederung nach der Art der inneren Beanspruchung Zug/Druck, Biegung und Torsion, wobei Gas- und Flüssigkeitsfedern in diesem Fall einen Sonderstatus haben. Zusätzlich wird noch nach dem Werkstoff (z.B. Stahl oder Elastomer) unterschieden.

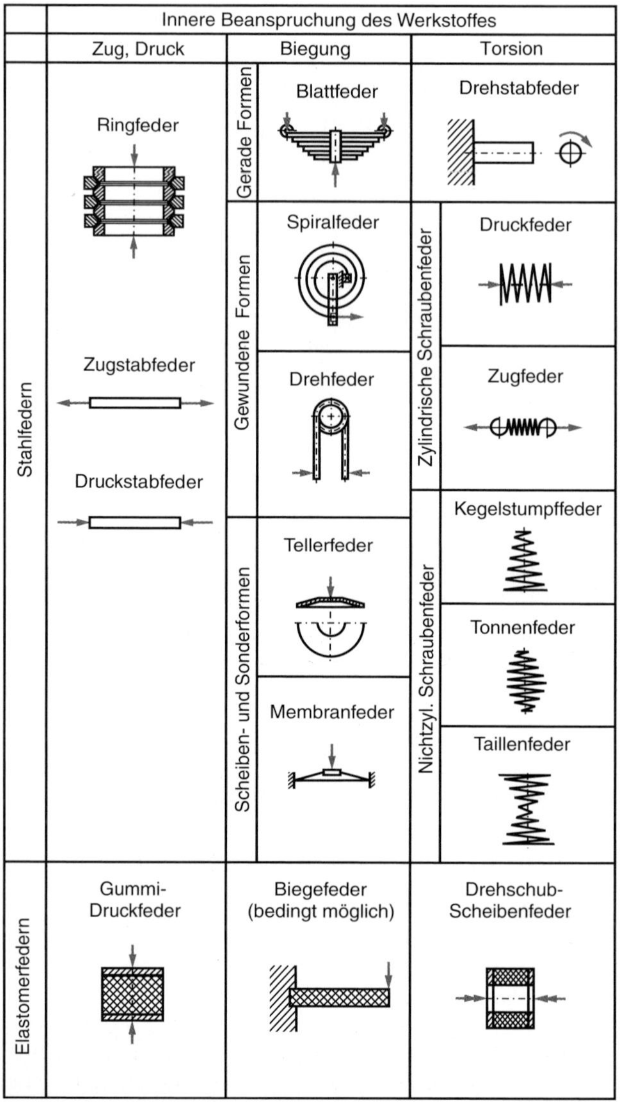

Abbildung 10.2: Einteilung von Federn

Bevor im Folgenden auf die einzelnen Federbauarten und deren Besonderheiten eingegangen wird, werden noch nachfolgend die bauartunabhängigen grundlegenden Eigenschaften vorgestellt:

- Federkennlinie und Federrate (Federkonstante)
- Arbeitsvermögen und Wirkungsgrad
- Nutzungsgrad
- Dämpfungsvermögen
- Zusammenschaltung von Federn
- Werkstoffe für Federn

10.2.1 Federkennlinie und Federrate

Der funktionale Zusammenhang zwischen Belastung und zugehöriger Verformung einer Feder ist aus den Federkennlinien gemäß Abbildung 10.3 ersichtlich. Aufgrund einer einwirkenden Belastung (Kraft *F* oder Moment *M*) kommt es zwischen den Lastangriffspunkten zu einer Auslenkungsdifferenz (Weg *s*, Winkel φ im Bogenmaß). Neben einem linearen Kennlinienverlauf b) können auch nichtlineare Verläufe (a) – progressiv und (c) – degressiv) auftreten. Kombinationen dieser Verläufe sind ebenfalls möglich. Der Verlauf der Federkennlinie hängt wesentlich vom verwendeten Werkstoff und der Gestaltung der Feder ab. So kann z.B. mit einem linear-elastischen Werkstoff durch geeignete geometrische Anpassung ein nichtlineares Verhalten erzeugt werden.

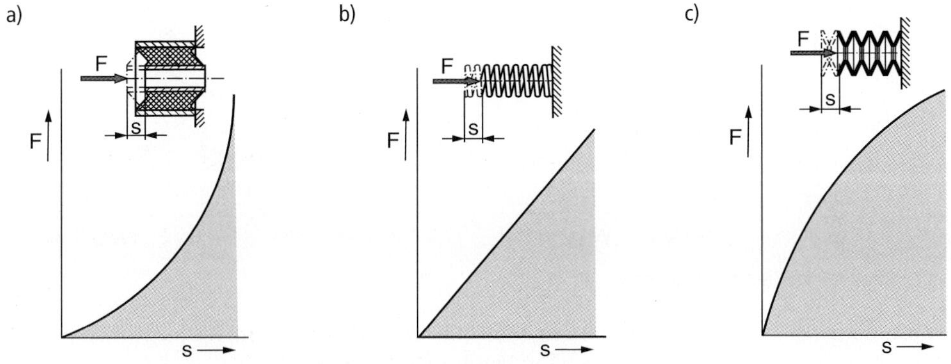

Abbildung 10.3: Federkennlinien – a) progressiv, b) linear, c) degressiv

Die Steigung der Federkennlinie ist ein Maß für die Steifigkeit der Feder und wird gemäß DIN EN 13906 als Federrate *R* oder als Federsteifigkeit *c* bezeichnet [10.34]:

$$R = c = \frac{dF}{ds} = \tan\alpha \quad \text{oder} \quad R = c = \frac{dM_t}{d\varphi} = \tan\alpha \qquad (10.17)$$

Bei progressivem Kennlinienverlauf wird mit zunehmender Last die Federrate größer. Hierdurch kann man z.B. das Durchschlagen der Feder bei großen Lasten und ein zügiges Abklingen von Schwingungen erreichen (besonders bei Fahrzeugfedern erwünscht). Ein vergleichbares Verhalten lässt sich auch mit besonders geschichteten Blattfedern, Federsäulen aus Tellerfedern und mit kegeligen Schraubendruckfedern erreichen. Bei degressivem Kennlinienverlauf nehmen Steifigkeit bzw. Federrate mit zunehmender Last ab. Ein solches Verhalten wird z.B. zum Spiel- und Druckausgleich bei Reglern genutzt. Elastomerfedern unter Zugbelastung sowie Tellerfedern in bestimmten Bauabmessungen verhalten sich ähnlich. Demzufolge besitzen steife oder harte Federn eine steile Kennlinie, elastische oder weiche Federn dagegen eine flache. Der Kehrwert der Federrate *R* wird auch als Federnachgiebigkeit δ bezeichnet:

$$\delta = \frac{1}{c} = \frac{ds}{dF} \quad \text{oder} \quad \delta = \frac{1}{c} = \frac{d\varphi}{dM_t} \qquad (10.18)$$

Zur konstruktiven Auslegung einer Feder wird die Federrate (Federsteifigkeit) entweder vorgegeben oder aber durch den Entwurf ermittelt.

10.2.2 Arbeitsvermögen und Wirkungsgrad

Drückt man eine Feder durch eine äußere Belastung zusammen, so wird die dabei geleistete elastische Federarbeit W_{el} in der Feder als potentielle Energie gespeichert. Im Federdiagramm lässt sich diese elastische Federarbeit (Formänderungsarbeit) als Fläche zwischen der Federkennlinie und dem Abszissenabschnitt vom Beginn bis zum Ende der Einfederung darstellen, Abbildung 10.4.

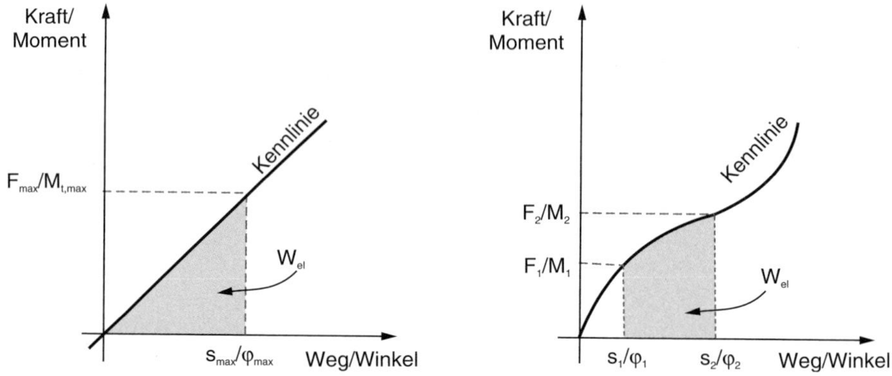

Abbildung 10.4: Elastische Federarbeit

Diese eingeschlossene Fläche ist ein Maß für das Arbeitsvermögen einer Feder unter Zug-, Druck- und Biegebelastung bzw. Torsionsbelastung:

$$W_{el} = \int_{s_1}^{s_2} F(s) \cdot ds \quad \text{oder} \quad W_{el} = \int_{\varphi_1}^{\varphi_2} M_t(\varphi) \cdot d\varphi \tag{10.19}$$

Für Federn mit gerader Kennlinie $R = c = const.$ ergibt sich daraus als Sonderfall:

$$W_{el} = \frac{1}{2} \cdot F_{max} \cdot s_{max} = \frac{1}{2} \cdot c \cdot s_{max}^2 \quad \text{oder} \quad W_{el} = \frac{1}{2} \cdot M_{t,max} \cdot \varphi_{max} = \frac{1}{2} \cdot c \cdot \varphi_{max}^2 \tag{10.20}$$

Aufgrund von äußerer und innerer Reibung in der Feder kann die aufgewendete Verformungsenergie W_{el} bzw. in der Feder gespeicherte potentielle Energie W_{pot} nur teilweise wieder in kinetische Energie W_{kin} zurückgewandelt werden. Äußere Reibung entsteht z.B. durch sich berührende Federelemente, innere Reibung ist bei Metallfedern sehr klein, bei nichtmetallischen Federn sehr groß. Die auftretende Verlustenergie W_V wird fast vollständig in Wärme umgesetzt. Das Verhältnis von abgebbarer Federarbeit W_{kin} zu aufgenommener Federarbeit W_{el} bzw. gespeicherter Federarbeit W_{pot} lässt sich als Wirkungsgrad η_F ausdrücken:

$$\eta_F = \frac{W_{kin}}{W_{el}} = \frac{W_{kin}}{W_{pot}} = 1 - \frac{W_V}{W_{el}} = 1 - \gamma \tag{10.21}$$

Hierin bezeichnet γ den relativen Verlust bzw. die relative Dämpfung einer Feder. Abhängig vom Federwirkungsgrad η_F lässt sich eine Feder z.B. mit $\eta_F \approx 1$ als Energiespeicher, zur Kraftmessung oder Kraftbegrenzung einsetzen. Ist der Wirkungsgrad $\eta_F << 1$, eignet sich die Feder sehr gut zur Stoß- und Schwingungsdämpfung.

10.2.3 Nutzungsgrad

Der Nutzungsgrad η_A einer Feder ist ein Maß für die Nutzung des eingesetzten Federwerkstoffvolumens abhängend von der Gestalt der Feder und der Belastungsart. Er gibt an, wie die Volumeneinheit des Werkstoffes verschieden gestalteter, aber aus demselben Werkstoff bestehender Federn bei gleicher Beanspruchung ausgenutzt wird:

$$\eta_A = \frac{W}{W_{th}} \tag{10.22}$$

Hierin sind W das tatsächliche Arbeitsvermögen und W_{th} das theoretische Arbeitsvermögen. Letzteres lässt sich bei strenger Gültigkeit des Hookeschen Gesetzes und über dem Federquerschnitt A und der Federlänge l gleichmäßig verteilter Normalspannungen für ein Volumen $V = A \cdot l$ wie folgt berechnen:

$$W_{th} = \int_0^{s_{max}} F \cdot ds = \int_0^{s_{max}} \frac{F}{A} \cdot A \cdot l \cdot \frac{ds}{l} = \int_0^{s_{max}} \sigma \cdot V \cdot \frac{ds}{l} = \int_0^{s_{max}} \sigma \cdot V \cdot d\varepsilon \tag{10.23}$$

Mit $d\varepsilon = \frac{d\sigma}{E}$ gilt:

$$W_{th} = \int_0^{s_{max}} \sigma \cdot V \cdot d\varepsilon = \int_0^{\sigma_{max}} \frac{\sigma \cdot V}{E} \cdot d\sigma = \frac{1}{2} \cdot \frac{V}{E} \cdot \sigma_{max}^2 \tag{10.24}$$

Unter gleichen Annahmen gilt entsprechend bei reiner Schub- bzw. Torsionsspannung τ und Ersatz des E-Moduls durch den Schubmodul G:

$$W_{th} = \int_0^{\tau_{max}} \frac{\tau \cdot V}{G} \cdot d\tau = \frac{1}{2} \cdot \frac{V}{G} \cdot \tau_{max}^2 \tag{10.25}$$

Somit folgt für das tatsächliche Arbeitsvermögen W einer Feder unter Einbeziehung des Nutzungsgrades η_A:

$$W = \eta_A \cdot W_{th} = \frac{1}{2} \cdot \frac{V}{E} \cdot \sigma_{max}^2 \quad \text{oder} \quad W = \eta_A \cdot W_{th} = \frac{1}{2} \cdot \frac{V}{G} \cdot \tau_{max}^2 \tag{10.26}$$

Oftmals wird der Nutzungsgrad η_A auch als Artnutzwert oder Artnutzgrad bezeichnet, da er einen für die Gestalt (Art) der Feder charakteristischen Wert darstellt, Abbildung 10.5. Der Nutzungsgrad ist vor allem abhängig von der Spannungsverteilung, also von der Gestalt und Belastungsart der Feder und erreicht nur bei gleich großer Spannung im ganzen Volumen den Idealwert $\eta_A = 1$. Dies ist z.B. für einen Zugstab der Fall. Auch bei der Ringfeder wird das Werkstoffvolumen aufgrund der gleichmäßigen Spannungsverteilung ideal ausgenutzt. Da jedoch wegen der Reibung mehr Arbeit aufgenommen werden kann, als durch reine elastische Federung möglich wäre, ist der Artnutzgrad bei der Ringfeder größer als 1.

Für den Nutzungsgrad η_A gilt bei gleicher Federbauart generell:

$$\eta_A(Zug - Druck) > \eta_A(Torsion) > \eta_A(Biegung) \tag{10.27}$$

Demzufolge bieten Biegefedern im Vergleich zu Torsions- und Zug-Druckfedern den schlechtesten Nutzungsgrad η_A.

Neben dem Nutzungsgrad η_A werden manchmal auch noch der Volumennutzgrad η_V und der Gewichtsnutzgrad η_Q verwendet, Tabelle 10.2. Der Volumennutzgrad beschreibt das Verhältnis von Arbeitsaufnahmefähigkeit zum benötigten Federvolumen. Mit ihm lässt sich also das zur Aufnahme einer bestimmten elastischen Arbeit erforderliche Volumen bestimmen.

$$\eta_V = \frac{W}{V} = \eta_A \cdot \frac{1}{2} \cdot \frac{\sigma^2}{E} \quad \text{oder} \quad \eta_V = \frac{W}{V} = \eta_A \cdot \frac{1}{2} \cdot \frac{\tau^2}{G} \tag{10.28}$$

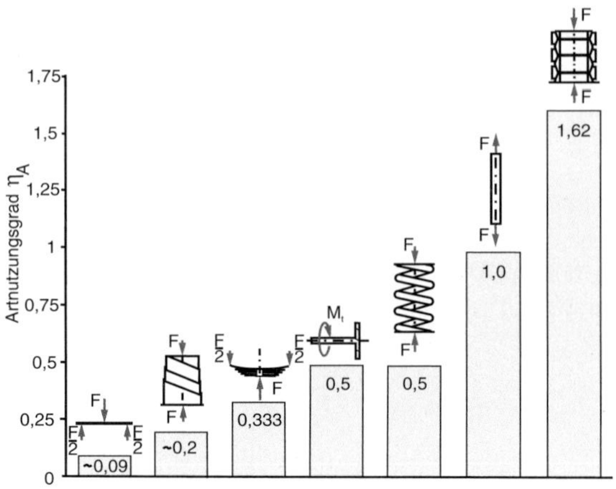

Abbildung 10.5: Artnutzungsgrad von Federn [10.52]

Federart	Nutzungsgrad			Verwendete Werte
	Artnutzgrad η_A [−]	Volumennutzgrad η_V [N/mm²]	Gewichtsnutzgrad η_Q [10³ mm]	
Dünner Stahldraht auf Zug	1,0	5,36	68,7	$\sigma = 1500$ N/mm² $E = 2{,}1 \cdot 10^5$ N/mm² $\rho = 7{,}8$ kg/dm³
Umsponnenes Gummikabel auf Zug	0,9	3,74	370	$\sigma = 8{,}3$ N/mm² $A = 1{,}3$ cm²; $f = L^2$ $\rho = 1$ kg/dm³
Stahl-Ringfeder	1,62	4,90	62,8	$\sigma = 1150$ N/mm² $E = 2{,}1 \cdot 10^5$ N/mm² $\rho = 7{,}8$ kg/dm³ $\alpha = 14°; \rho' = 8°$
Stahl-Dreieckbiegefeder oder geschichtete Blattfeder	0,334	0.795	10,2	$\sigma = 1000$ N/mm² $E = 2{,}1 \cdot 10^5$ N/mm² $\rho = 7{,}8$ kg/dm³
Stahl-Rechteckbiegefeder oder einfache Blattfeder	0,111	0,264	3,45	$\sigma = 1000$ N/mm² $E = 2{,}1 \cdot 10^5$ N/mm² $\rho = 7{,}8$ kg/dm³
Stahl-Drehstabfeder oder Schraubenfeder mit Kreisquerschnitt	0,5	1,93	24,8	$\sigma = 800$ N/mm² $G = 8{,}3 \cdot 10^4$ N/mm² $\rho = 7{,}8$ kg/dm³
Stahl-Drehstabfeder mit Rohrquerschnitt	0,626	2,42	31,1	$\sigma = 800$ N/mm² $G = 8{,}3 \cdot 10^4$ N/mm² $\rho = 7{,}8$ kg/dm³ $d_i/d = 0{,}5$

Tabelle 10.2: Art-, Volumen- und Gewichtsnutzgrade ausgewählter Federn

Analog beschreibt der Gewichtsnutzgrad das Verhältnis aus Arbeitsaufnahmefähigkeit zum Gewicht Q der Feder. Mit ihm lässt sich also das zur Aufnahme einer bestimmten elastischen Arbeit erforderliche Gewicht einer Feder bestimmen:

$$\eta_Q = \frac{W}{Q} = \eta_A \cdot \frac{1}{2} \cdot \frac{\sigma^2}{\rho \cdot E} \quad \text{oder} \quad \eta_Q = \frac{W}{Q} = \eta_A \cdot \frac{1}{2} \cdot \frac{\tau^2}{\rho \cdot G} \tag{10.29}$$

10.2.4 Dämpfungsvermögen

Die Fähigkeit der Federn, einen Teil der eingeleiteten Energie in Dämpfungsarbeit W_D umzuwandeln, hängt von der inneren und äußeren Dämpfung ab. Die innere Dämpfung ist eine werkstoffabhängige Größe. Insbesondere Elastomerfedern verfügen über besonders hohe Werte der inneren Dämpfung. Ihr Verhalten ist viskoelastisch, d.h. aufgrund zeitabhängiger Dehnungsanteile entsteht eine Phasenverschiebung zwischen dem Spannungs- und dem Dehnungsverlauf. Bei dynamischer Be- und Entlastung derartiger Federn entsteht eine so genannte Hysteresekennlinie gemäß Abbildung 10.6. Die von der Belastungs- und Entlastungslinie eingeschlossene Fläche ist ein Maß für die Dämpfungsarbeit.

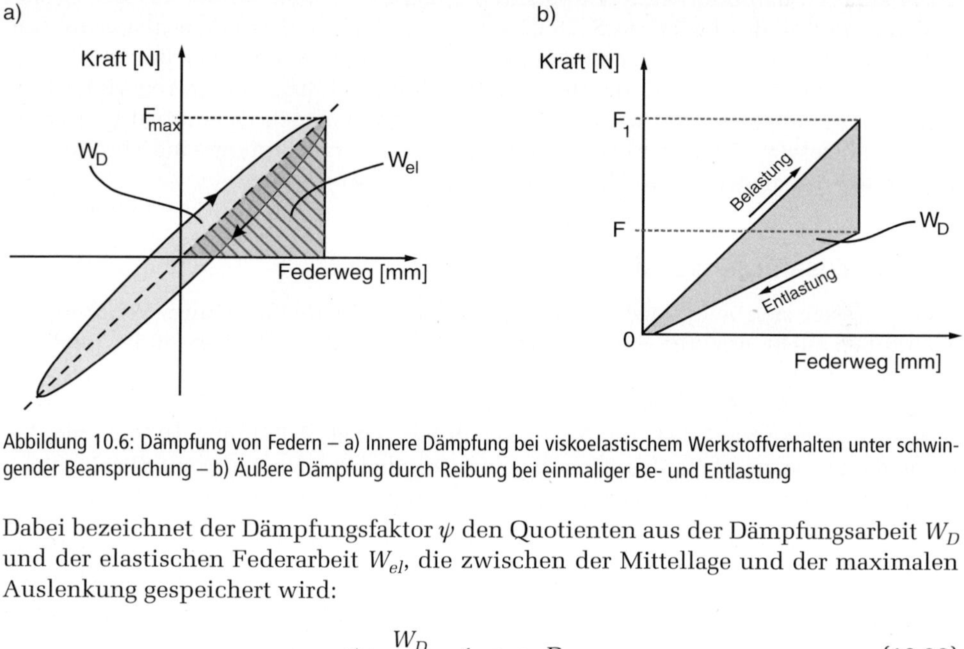

Abbildung 10.6: Dämpfung von Federn – a) Innere Dämpfung bei viskoelastischem Werkstoffverhalten unter schwingender Beanspruchung – b) Äußere Dämpfung durch Reibung bei einmaliger Be- und Entlastung

Dabei bezeichnet der Dämpfungsfaktor ψ den Quotienten aus der Dämpfungsarbeit W_D und der elastischen Federarbeit W_{el}, die zwischen der Mittellage und der maximalen Auslenkung gespeichert wird:

$$\psi = \frac{W_D}{W_{el}} = 4 \cdot \pi \cdot \eta \cdot D \tag{10.30}$$

Hierin bezeichnen η das Frequenzverhältnis aus der Erregerkreisfrequenz ω und der Eigenkreisfrequenz ω_0 und D das Lehrsche Dämpfungsmaß nach E. Lehr [10.44] mit dem logarithmischen Dekrement ϑ, das direkt aus einem Ausschwingversuch abgelesen werden kann, indem man den natürlichen Logarithmus des Verhältnisses zweier aufeinanderfolgender Schwingungsmaxima s_{n-1} und s_{n+1} gleichen Vorzeichens berechnet:

$$\eta = \frac{\omega}{\omega_0} \tag{10.31}$$

$$D = \frac{\vartheta}{\sqrt{4 \cdot \pi^2 + \vartheta^2}} \tag{10.32}$$

$$\vartheta = \ln\left(\frac{s_{n-1}}{s_{n+1}}\right) \tag{10.33}$$

Während die innere Dämpfung bei Metallfedern (Materialdämpfung) kaum ausgeprägt ist ($\psi \approx 0$), liegt der reibungsabhängige Dämpfungsfaktor bei Metallfedern im Bereich von $0 < \psi < 0{,}4$ (Ringfedern bis zu $\psi \approx 0{,}7$). Bei Gummiwerkstoffen (Elastomeren) beträgt die verhältnismäßige innere Dämpfung $0{,}1 < \psi < 3{,}0$. Größere Dämpfungswerte können nur durch Erhöhung der äußeren Reibung mittels einer entsprechenden Gestaltung oder Einbausituation der Feder beeinflusst werden (z.B. mehrlagige Blattfeder, Ringfeder, Tellerfederpakete). Die innere Reibung dagegen hängt nur vom Werkstoff ab und ist somit nicht von außen beeinflussbar.

Die äußere Dämpfung setzt sich aus den Anteilen zusammen, die aus der Gestalt und Anordnung der Feder im System entstehen. Aufgrund von Wirkflächenpaaren mit Relativbewegungen zwischen den Federelementen untereinander und der Umgebungskonstruktion entstehen bei Be- und Entlastung Reibungskräfte, Abbildung 10.6. Durch diese Reibungskräfte wird ein Teil der aufgenommenen Federarbeit in Wärmeenergie umgesetzt. Typische Federn mit großer äußerer Dämpfung sind geschichtete Blattfedern, Ringfedern, Spiralfedern und Bogenfedern.

10.2.5 Zusammenschaltung von Federn

Häufig lassen sich aus konstruktiven Gründen geforderte Belastungs-Verformungs-Kennlinien nicht nur mit einer Feder erreichen. Es ist dann notwendig, mehrere Federn in Reihe oder parallel anzuordnen (z.B. Abstützung des Rahmens auf den Drehgestellen einer Lokomotive).

Betrachtet man zunächst die Parallelschaltung gemäß Abbildung 10.7, so werden die Federn so angeordnet, dass sich die einwirkende Kraft F anteilig auf die einzelnen Federn aufteilt und der Federweg s für jede beteiligte Feder gleich groß ist:

$$s = s_i = s_1 = s_2 = \ldots = s_n \tag{10.34}$$

$$F = \sum_{i=1}^{n} F_i \quad \text{mit} \quad F_1 \neq F_2 \neq \ldots \neq F_n \tag{10.35}$$

Die Gesamtfedersteifigkeit c_{ges} einer einzelnen Ersatzfeder lässt sich dann wie folgt ermitteln:

$$s \cdot c_{ges} = F = \sum_{i=1}^{n} F_i = s \cdot \sum_{i=1}^{n} c_i \tag{10.36}$$

$$c_{ges} = \sum_{i=1}^{n} c_i \tag{10.37}$$

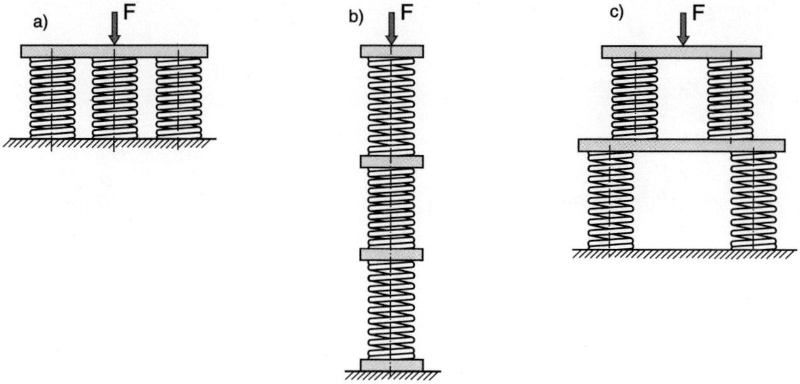

Abbildung 10.7: Parallel- und Reihenschaltung von Federn sowie die Kombination daraus

Bei der Reihenschaltung von Federn gemäß Abbildung 10.7 erfährt jede einzelne Feder die gleiche äußere Belastung F, wobei wegen unterschiedlicher Federsteifigkeiten c_i auch unterschiedliche Federwege s_i auftreten:

$$F = F_i = F_1 = F_2 = \ldots = F_n \tag{10.38}$$

$$s = \sum_{i=1}^{n} s_i \quad \text{mit} \quad s_1 \neq s_2 \neq \ldots \neq s_n \tag{10.39}$$

Für die Gesamtfedersteifigkeit c_{ges} einer einzelnen Ersatzfeder folgt dann:

$$\frac{F}{c_{ges}} = s = \sum_{i=1}^{n} s_i = F \cdot \sum_{i=1}^{n} \frac{1}{c_i} \tag{10.40}$$

$$\frac{1}{c_{ges}} = \sum_{i=1}^{n} \frac{1}{c_i} \tag{10.41}$$

Ausgehend von diesen grundlegenden Zusammenhängen lassen sich auch beliebige Kombinationen aus Parallel- und Reihenschaltung von Federn durch eine einzige Gesamtsteifigkeit abbilden. Dabei werden zunächst für die jeweils direkt zusammenhängenden Federn in Parallelanordnung bzw. Reihenanordnung die Ersatzfedersteifigkeiten ermittelt. Diese Reduzierung erfolgt solange, bis nur noch eine einfache Reihen- oder Parallelschaltung der neu bestimmten Ersatzfedern übrig bleibt. Abschließend kann dann die Berechnung der Gesamtsteifigkeit des reduzierten Systems gemäß den obigen Beziehungen erfolgen.

Versieht man mehrere in Reihen- oder Parallelschaltung angeordnete Federn mit mechanischen Begrenzungen (Anschlägen), so lassen sich auf der Grundlage der bereits hergeleiteten Beziehungen geknickte Kennlinien gemäß Abbildung 10.8 realisieren.

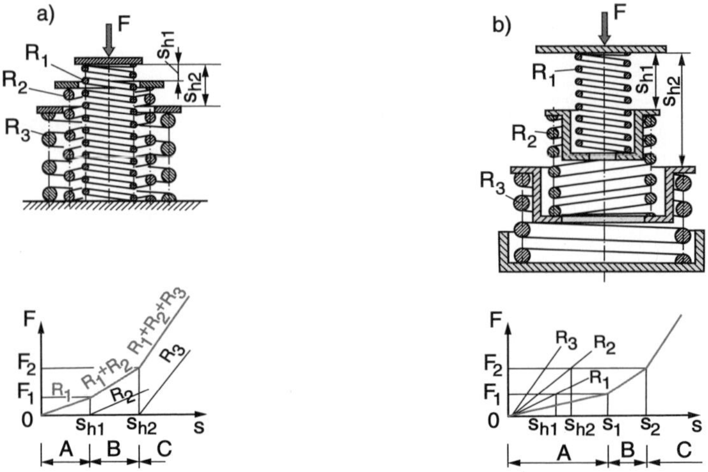

Abbildung 10.8: Zusammenwirken von Federn in Reihen- und Parallelanordnung mit Anschlagbegrenzung

10.2.6 Metallische Werkstoffe für Federn

Die Auswahl eines Federwerkstoffes wird nicht nur durch die mechanischen Anforderungen (z.B. statische und dynamische Festigkeit, Kennlinienverlauf), die äußere Form bzw. Bauart, den Einbauraum und das Gewicht beeinflusst, sondern auch Anforderungen hinsichtlich Korrosion, elektrischer und magnetischer Eigenschaften und Wärmebeständigkeit sind zu berücksichtigen. Als Federstahl werden Kohlenstoffstähle oder legierte Stähle eingesetzt, die durch Kaltverformen oder durch Vergüten auf Federhärte gebracht werden. Reine Kohlenstoffstähle eignen sich besser für kleine Drahtdurchmesser, da zur Martensitbildung eine Mindestabkühlgeschwindigkeit erforderlich ist. Größere Durchmesser lassen sich nicht mehr durchhärten, wobei jedoch eine Verbesserung der Durchhärtbarkeit mithilfe der Legierungselemente Mangan, Chrom, Molybdän und Nickel möglich ist. Die genaue Zusammensetzung unterschiedlicher Federwerkstoffe ist genormt [10.29], [10.32], [10.27].

Zur Gewährleistung einer rein elastischen Verformung müssen statisch bzw. quasistatisch ($< 10^4$ Lastwechsel) hoch belastete Federn eine entsprechend hohe Streckgrenze aufweisen. Hierzu erfolgt eine Wärmebehandlung mit niedriger Anlasstemperatur von 250 bis 350° C. Häufig unterzieht man metallische Druckfedern bei der Herstellung dem so genannten Setzen oder auch Kugelstrahlen, um ihr elastisches Formänderungsvermögen zu steigern. Dabei wird die Feder während der Herstellung so stark belastet, dass der Werkstoff im Randbereich des Drahtes oberhalb der Elastizitätsgrenze beansprucht wird, woraus plastische Verformungen entstehen, die zu einem festigkeitssteigernden Eigenspannungszustand in der Belastungsrichtung führen, die beim Setzen gewählt wurde. Im Gegensatz zum Kaltsetzen wird beim Warmsetzen die Feder zusätzlich unter Belastung erwärmt [10.48]. Hierdurch lässt sich auch das Kriechen (bzw. die Relaxation) einschränken, das bei konstanter Einspannlänge einer Feder in Abhängigkeit von Spannung, Temperatur und Beanspruchungsdauer auftreten kann und zur geringfügigen Absenkung der Federkraft führt. Das ist besonders zu beachten, wenn die geforderte Federkraft genau einzuhalten ist. Sehr große Bruchfestigkeiten von R_m = 1000 N/mm^2 bis 3000 N/mm^2 lassen sich durch Patentieren und anschließendes Kaltziehen erreichen, wodurch sich in Längsrichtung des Drahtes ein

Zeilengefüge bildet. Unter Patentieren versteht man ein Wärmebehandlungsverfahren, bei dem dichtstreifiges Perlitgefüge erzeugt wird, indem man nach dem Austenitisieren auf eine Temperatur oberhalb des Martensitpunktes im Warmbad abkühlt.

Bei dynamisch belasteten Federn wird eine hohe Dauerfestigkeit gefordert, die man durch den Einsatz hochfester Stähle, höhere Anlasstemperaturen von 350 bis 500° C und eine kerbfreie Oberfläche erzielt. So erreicht man z.B. eine besonders hohe Dauerfestigkeit, indem man bei ölschlussvergütetem Federstahldraht nach dem Austenitisieren in Öl abschreckt und danach auf eine geeignete Temperatur anlässt. Des Weiteren führt die Erzielung eines feinkörnigen Gefüges zur Steigerung der Dauerfestigkeit. Zur Vermeidung von Oberflächenkerben (z.B. Korrosionsnarben) verwendet man nicht rostende Stähle oder geeignete Beschichtungen abhängig vom angreifenden Medium (z.B. Ölen, Lackieren, galvanisch Beschichten). Dabei ist zu beachten, dass bei galvanisch geschützten Oberflächen die Gefahr der Dauerfestigkeitsminderung aufgrund von Wasserstoffversprödung besteht. Diese ungewünschte Wasserstoffkonzentration kann durch nachträgliches Erwärmen auf 190 bis 230° C über einen Zeitraum von 0,5 bis 3 Stunden reduziert werden. Wie bereits oben erwähnt, führt auch das Kugelstrahlen durch die Erzeugung eines günstigen Druckeigenspannungszustandes in randnahen Bereichen des Drahtes zur Steigerung der Dauerfestigkeit.

Auch wenn siliziumlegierte Stähle zunächst eine bedeutend höhere Streckgrenze und ein besseres Setzverhalten aufweisen als reine Kohlenstoffstähle, so neigen sie beim Glühen stark zur Grobkornbildung und Randentkohlung. Dabei kommt es zur Oxydation des Kohlenstoffs im Randbereich des Drahtes durch die umgebende Atmosphäre mit Zersetzung des Zementits. Bei höheren Temperaturen kann der Kohlenstoff im Eisen große Wege zurücklegen und aus den inneren Drahtbereichen zum Rand hin diffundieren, was zu einer deutlichen Absenkung der Dauerfestigkeit führt.

Bei besonderen Anforderungen an Korrosion, elektrische und magnetische Eigenschaften sowie niedrigere Beanspruchungen verwendet man häufig Nichteisenmetalle. So weisen z.B. Nickel- und Kupferlegierungen eine hohe Korrosionsbeständigkeit auf, Nickellegierungen eignen sich gut für Einsätze bei hohen Temperaturen und Kupferlegierungen sind elektrisch gut leitfähig. Besonders hohe Festigkeiten haben CuBe-Legierungen (Berylliumbronzen) und Phosphorbronzen. Auch hier gelten für die Herstellung entsprechende Normen, [10.23], [10.24], [10.26], [10.33].

10.2.7 Nichtmetallische Werkstoffe für Federn

In vielen Fällen werden auch nichtmetallische Werkstoffe – insbesondere Elastomere – für Federn eingesetzt, Tabelle 10.3 und Tabelle 10.4, [10.37].

Werkstoffgruppe	Beispiele
Elastomere	Naturkautschuk, Synthesekautschuk
Faserverstärkte Kunststoffe	Matrix (z.B. Epoxidharze), Fasern (z.B. Glasfasern)
Hölzer	Buche, Eiche, Esche, Fichte, Tanne
Keramik, Glas	Siliziumnitrid
Fluide	Luft, Hydrauliköl, Wasser, Kohlenwasserstoffe

Tabelle 10.3: Nichtmetallische Federwerkstoffe

Werkstoffname, Kurzzeichen und Handelsname		Shore-Härte A	Reiß-dehnung	Temperatur-einsatz-bereich [° C]	Öl-bestän-digkeit	Ozon-bestän-digkeit
Styrol-Butadien-Kautschuk (SBR)	Buna	30 – 100	100 – 800	−50 – 100	schlecht	schlecht
Naturkautschuk (NR)	Gummi	20 – 100	100 – 800	−55 – 90	schlecht	schlecht
Butyl-Kautschuk (BIIR, CHR)	Butyl	40 – 85	400 – 800	−40 – 120	schlecht	gut
Ethylen-Propylen-Dien-Kautschuk (EPDM)	Buna AP	40 – 85	150 – 500	−50 – 130	schlecht	gut
Chloropren-Kautschuk (CR)	Neoprene	20 – 90	100 – 800	−40 – 100	bedingt	bedingt
Chlorsulphonyl-Polyethylen-Kautschuk (CSM)	Hypalon	50 – 65	200 – 250	−20 – 120	–	–
Nitril-Butadien-Kautschuk (NBR)	Perbunan	40 – 100	100 – 700	−40 – 100	gut	schlecht
Polyester-Urethane-Kautschuk (AUEU)	Vulkollan	65 – 95	300 – 700	−25 – 80	–	–
Methyl-Vinyl-Silikon-Kautschuk (MVQ)	Silopren	40 – 80	100 – 400	−60 – 200	bedingt	gut
Polyacrylat-Kautschuk (ACM)	Cyanacryl	55 – 90	100 – 350	−20 – 150	gut	gut
Fluor-Kautschuk (FPM)	Viton	65 – 90	100 – 300	−20 – 200	gut	gut

Tabelle 10.4: Werkstoffe für Elastomerfedern nach [10.38]

Betrachtet man zunächst die Elastomerfedern aus Natur- oder Synthesekautschuk, so ist der Elastizitätsmodul E bzw. der Schubmodul G maßgeblich. Die Zug-/Druckverformung von Elastomeren kann empirisch durch die Werkstoffhärte H bestimmt werden, die nach DIN ISO 7619 in Shore-A-Härtegraden angegeben wird. Der absolute Schubmodul G ist eine Funktion dieser Werkstoffhärte H und unabhängig von der Federgeometrie:

$$G = 0{,}086 \cdot 1{,}045^{H} \ [\mathrm{N/mm^2}] \tag{10.42}$$

Bei allen Werkstoffen für Elastomerfedern liegen knäuelartige Molekülanordnungen vor, die durch Vulkanisation miteinander vernetzt werden, um die plastische Deformationsfähigkeit einzuschränken. Hierdurch entstehen Elastomere hoher Elastizität, die auch als Entropie-Elastizität bezeichnet wird. Unter Belastung werden die Elastomermolekülknäuel gedehnt, bei Entlastung tritt wieder der ursprüngliche (ungeordnete) Zustand ein. Allerdings kommt es durch ein Abgleiten dieser Molekülketten auch zu viskosem Fließen mit plastischen Deformationen. Diese innere Reibung im Werkstoff führt zu sehr hohen Dämpfungswerten; dabei entsteht jedoch auch Verlustwärme, die bei nicht ausreichender Abfuhr zur inneren Zerstörung des Elastomers führen kann. Deshalb ist bei der Dimensionierung derartiger Elastomerbauteile vor allem darauf zu achten, dass in keinem Betriebszustand die zulässigen Belastungen oder Temperaturen überschritten werden. Für zulässige Festigkeitswerte sind in jedem Fall herstellerspezifische Angaben zu verwenden. Als Anhaltswerte für Elastomere (Gummiwerkstoffe) gelten folgende Angaben (siehe auch Abschnitt 10.4.2):

- zulässige Temperatur −65° C bis 120° C
- statische Zugfestigkeit 7,5 N/mm² bis 15 N/mm²
- zulässige Dehnung 400 % bis 800 %

Neben Elastomerfedern lassen sich Federn auch aus Kunststoff herstellen. Hierzu verwendet man einen Grundkörper aus Polyester- oder Epoxidharz, der durch Fasern aus Glas, Aramid oder Kohlenstoff verstärkt wird. Im Gegensatz zu Elastomerfedern verfügt der Kunststoff-Grundkörper über vergleichbare Eigenschaften (geringes Gewicht, starke Dämpfung bei gleichzeitiger Empfindlichkeit gegen Umgebungseinflüsse), die Fasern allerdings verfügen über Eigenschaften von Metallfedern (hohe Festigkeit und Steifigkeit). Durch entsprechende Aufteilung von Kunststoff-Grundkörper und verstärkenden Fasern lassen sich die Federeigenschaften in großen Grenzen variieren. Allerdings erfordert die Krafteinleitung in die Feder einen größeren Aufwand. So wählt man z.B. bei Blattfedern Stahl- oder Leichtmetallösen, die die Fasern umschlingen und entsprechende Führungselemente aufnehmen. Die Berechnung wird in Anlehnung an Metallfedern durchgeführt, die Festigkeitswerte sind in Bauteilversuchen zu ermitteln [10.1].

Zur Erzielung konstanter physikalischer Eigenschaften im Hinblick auf hohe Genauigkeit setzt man in der Messtechnik Glas- und Keramikfedern ein (z.B. zur Kraft- und Wegmessung). Übliche Bauarten sind stabförmige Biege- und Torsionsfedern sowie Schrauben- und Tellerfedern.

Neben diesen festen Federwerkstoffen kommen auch Gas- und Flüssigkeitsfedern bzw. Kombinationen daraus zum Einsatz. Bei Gasfedern (meistens verwendet man Luft) ergibt sich die Federwirkung aus dem Zusammenhang von Druckänderung (= Kraftänderung) und Volumenänderung (= Wegänderung). Bei Flüssigkeitsfedern (z.B. Ölfedern) wird die Volumenänderung des Öls und die Gehäuseaufweitung unter Druckbelastung zur Federung genutzt. Wegen der geringen Inkompressibilität von Öl sind allerdings große Drücke zur Erzielung akzeptabler Federwege erforderlich.

10.3 Gestaltung und Beanspruchung von Federn

Einleitend wurden bereits die vielfältigen Anforderungen an Federn beschrieben. Um nun für den jeweiligen Anwendungsfall die richtige Federbauart auswählen zu können, bedarf es eines oder mehrerer Auswahlkriterien. Da sowohl Gestalt als auch Werkstoff die Eigenschaft einer Feder maßgeblich beeinflussen, erscheint auf den ersten Blick eine Einteilung der Federn nach diesen Kriterien sinnvoll. Dabei wird jedoch nicht berücksichtigt, ob die Feder nur Kräfte ausüben oder aber auch zur Energiespeicherung oder Dämpfung eingesetzt werden soll. Ebenso bleibt auch die Beanspruchungsart unberücksichtigt. Da jedoch die Auswahl einer Feder sehr stark von der Wirkrichtung der angreifenden Kräfte abhängt und diese Kräfte maßgeblichen Einfluss auf die Beanspruchungsart haben, erscheint die Haupteinteilung der Federbauarten nach ihrer Beanspruchungsart (Zug/Druck, Biegung oder Torsion) besonders sinnvoll. Außerdem entspricht dieses Vorgehen sehr gut dem kapitelübergreifenden Gedanken des Buches zur Festigkeitsberechnung mit dem immer wieder durchzuführenden Vergleich von Beanspruchung und Beanspruchbarkeit ein.

Dabei hängt die Gestaltung einer Feder wesentlich von den folgenden Anforderungen ab:

- Erfüllung der vorgegebenen Kennlinie
- Einhaltung des vorhandenen Bauraumes
- Zuverlässigkeit über der geforderten Lebensdauer
- Optimale Werkstoffausnutzung bei minimaler Federmasse und maximaler Federarbeit

Ausgehend von diesen Anforderungen sind dann folgende Schritte bei der Federauswahl abzuarbeiten, die bei Bedarf mehrfach iterativ zu durchlaufen sind:

1. Funktionsnachweis – Festlegung der Federart unter Berücksichtigung der Belastungscharakteristik und der Wirkungsgradanforderungen und Vorgabe oder Berechnung der Federhauptabmessungen nach den entsprechenden Normen und Richtlinien
2. Festigkeitsnachweis – Vergleich von Beanspruchung und Beanspruchbarkeit

10.3.1 Zug-Druckfedern

Bei Federn unter Zug-Druck-Belastung erfolgt eine gleichmäßige Werkstoffbeanspruchung durch Normalspannungen. Hierzu gehören sowohl Stabfedern als auch Ringfedern sowie einachsig belastete Gas- und Flüssigkeitsfedern.

10.3.1.1 Stabfedern

Die Stabfeder lässt sich mit ihrer einfachen Geometrie nur durch die Querschnittsfläche A und die Länge l beschreiben. In einem solchen Federstab entsteht unter Zug- oder Druck-Belastung eine über dem Querschnitt konstante Spannung. Unter der Voraussetzung einer linearen Federkennlinie und ausschließlich elastischer Beanspruchung im Hookeschen Bereich folgt für die Federrate c einer Stabfeder des Querschnittes A und der Länge l mit dem Elastizitätsmodul E:

$$c = \frac{A \cdot E}{l} \tag{10.43}$$

Für die Federarbeit gemäß Gleichung (10.20) folgt damit:

$$W = \frac{1}{2} \cdot \frac{F^2 \cdot l}{E \cdot A} \tag{10.44}$$

Aufgrund der Stabgeometrie wird das Werkstoffvolumen gemäß der Gleichungen (10.19) und (10.26) ideal ausgenutzt, so dass sich für die Stabfeder ein Artnutzgrad von $\eta_A = 1$ ergibt.

Wegen ihrer hohen Steifigkeit ist zur Erzielung technisch sinnvoller Federwege eine deutlich größere Baulänge im Vergleich zu anderen Federbauarten erforderlich. Deshalb ist die Stabfeder unter Zug-Druck-Belastung für technische Anwendungsfälle von untergeordneter Bedeutung.

10.3.1.2 Ringfedern

Eine Ringfeder besteht aus mehreren Innen- und Außenringen, die sich an ihren Doppelkegelflächen berühren und darüber Druckkräfte in Längsrichtung der Kegelachse übertragen können, Abbildung 10.9. Ein halber Innenring und ein halber Außenring werden als Ringfederelement bezeichnet.

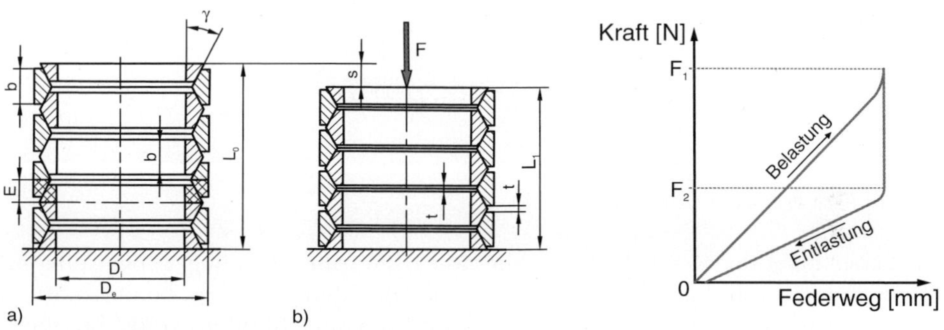

Abbildung 10.9: Aufbau und Kennlinie einer Ringfeder

Die unterschiedliche Charakteristik der Federkennlinie bei Be- und Entlastung resultiert zum einen daraus, dass die axial einwirkende Federkraft F an den Kegelflächen in größere, normal zur Wirkfläche stehende Kräfte F_N umgesetzt wird, die zur Dehnung der Außenringe bei gleichzeitiger Stauchung der Innenringe führen. Zum anderen werden die Ringe axial ineinander geschoben, wobei an den Kegelflächen große wegproportionale Reibkräfte entstehen:

$$F_R = \mu \cdot F_N \quad \text{mit} \quad F_N = f(s) \tag{10.45}$$

Die Federsäule verkürzt sich um so mehr, je größer die Anzahl der Ringe und je kleiner der Kegelwinkel α ist. Zur Vermeidung der Selbsthemmung der Ringe bei Entlastung (Kegelwinkel > Reibungswinkel) soll der Kegelwinkel zwischen 12° (bei bearbeiteten) und 15° (bei unbearbeiteten Ringen) betragen. Ringfedern sind mit Außendurchmessern von D_e = 18 ... 400 mm für Endkräfte von F = 5 ... 1800 kN bei Federwegen von s = 0,4 ... 7,6 mm je Element lieferbar. Um eine stabile Lage der einzelnen Ringe sicherzustellen, müssen die Einzelelemente mit einem Vorspannweg von 5 bis 10 % des Federweges s eingebaut werden.

Aus den Federkennlinien bei Be- und Entlastung kann mit der Differenz zwischen aufgenommener und wieder abgegebener Federarbeit direkt die Dämpfungs- bzw. Reibungsarbeit W_D abgelesen werden. Normalerweise wird eine Ringfeder so ausgelegt, dass sich bei Erreichen einer definierten Grenzkraft alle Innenringe berühren. Da jedoch nicht alle Ringe gleichzeitig in die Blockstellung gehen, kommt es am Ende der Belastungskennlinie zu einem leicht progressiven Anstieg, da die bereits blockierten Ringe keinen Anteil mehr zur Federstauchung beitragen können und demzufolge der Federweg trotz steigender Kraft nur noch gering zunimmt.

Da Ringfedern ca. 2/3 der aufgenommenen Federarbeit in Dämpfungsenergie umwandeln, setzt man sie hauptsächlich zur Dämpfung großer und stoßartiger Belastungen ein. Hierzu gehören z.B. Puffer in Eisenbahnfahrzeugen (Abbildung 10.10), aber auch zur elastischen Abstützung von schweren Maschinen finden Ringfedern Verwendung. Um die Schmierung nicht zu gefährden, sind die Federn gegen Feuchtigkeit und Staub zu schützen.

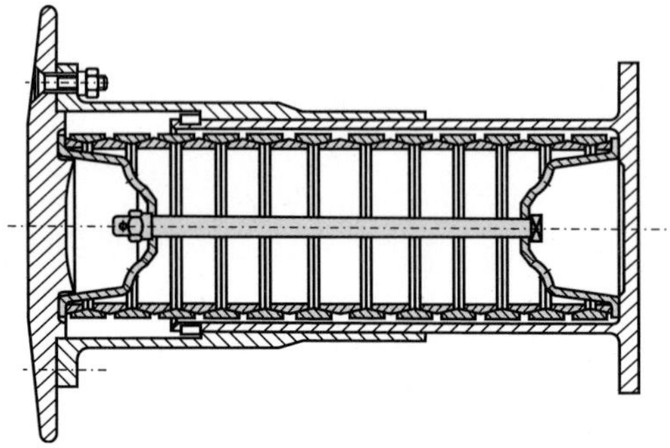

Abbildung 10.10: Ringfeder in einem Eisenbahnpuffer

Zur Berechnung der Ringfedern sind die drei Fälle „ohne Reibung", „Belastung mit Reibung" und Entlastung mit Reibung" gemäß Abbildung 10.11 zu berücksichtigen. Im Fall 1 wird die angreifende axiale Federkraft F zur Modellbildung in zwei Kräfte zu jeweils ½ F aufgeteilt. Über den Neigungswinkel α, der dem halben Kegelwinkel des Gesamtelementes entspricht, kann die Axialkraft zerlegt werden in eine Radialkraft F_{rad} zur Aufweitung des Außenringes bzw. Stauchung des Innenringes und eine Normalkraft F_N. Ohne Reibungseinflüsse entspricht die resultierende Kraft aus Axial- und Radialkraft der Normalkraft, Abbildung 10.11 (Fall 1). Für den Außenring gelten die Kraftvektoren jeweils in umgekehrter Richtung. Wird zusätzlich Reibung berücksichtigt, so gilt folgender Zusammenhang zwischen Reibungswinkel ρ und Reibbeiwert μ:

$$\rho = \arctan \mu \tag{10.46}$$

Wird im Belastungsfall 2 die Feder mit einer Kraft $F_1 > F$ belastet, so folgt für die Radialkraft F_{rad}:

$$F_{rad} = \frac{F_1}{\tan(\alpha + \rho)} \tag{10.47}$$

Erfolgt nun im Belastungsfall 3 die Entlastung der Feder, so sinkt die Federkraft sofort auf den Wert F_2, da die Reibungskraft nun entgegengesetzt wirkt:

$$F_2 = F_{rad} \cdot \tan(\alpha - \rho) = F_1 \cdot \frac{\tan(\alpha - \rho)}{\tan(\alpha + \rho)} \tag{10.48}$$

Eine Rückfederung kann nur bei einer vorhandenen rückstellenden Kraft stattfinden. Hierzu darf keine Selbsthemmung vorliegen, d.h. der halbe Kegelwinkel α muss größer sein als der Reibungswinkel ρ:

$$\alpha > \rho \quad \text{bzw.} \quad \alpha > \arctan \mu \tag{10.49}$$

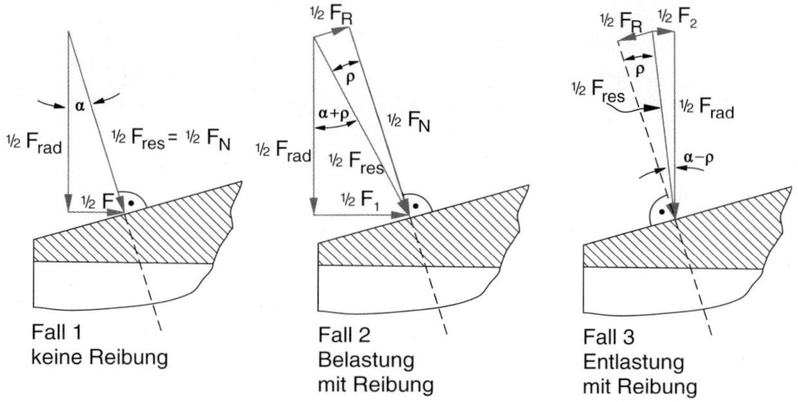

Abbildung 10.11: Reibungsverhältnis bei Ringfedern – Kräftegleichgewicht

Der vorliegende Belastungszustand führt an den Innen- und Außenringen zu einem dreiachsigen Spannungszustand mit Tangential-, Radial- und Axialspannungen. Die Außenringe unterliegen neben Druckspannungen in axialer und radialer Richtung Zugspannungen in Umfangsrichtung. An den Innenringen treten in allen drei Richtungen Druckspannungen auf. Die Betrachtung der Ringe als dünnwandige, zylindrische Rohre ist näherungsweise möglich, sofern für den inneren Radius r_i und den äußeren Radius r_a gilt [10.39]:

$$\frac{r_a}{r_i} \leq 1{,}2 \tag{10.50}$$

Die Tangentialspannungen σ_T lassen sich in guter Näherung wie folgt ermitteln:

$$\sigma_{T,i} = -\frac{p \cdot r_m}{t_i} \quad \text{bzw.} \quad \sigma_{T,a} = \frac{p \cdot r_m}{t_a} \tag{10.51}$$

Gemäß Abbildung 10.12 bezeichnen p die Pressung an den Kontaktflächen, r_m den mittleren Fügeradius und t die Wanddicke der Ringe. Die Indizes i und a stehen für den Innenring und den Außenring. Die tatsächliche Flächenpressung p_N zwischen den Kegelflächen von Innen- und Außenring wird durch die Normalkraft F_N hervorgerufen, sie ist nicht identisch mit der Pressung p in Gleichung (10.51). Diese Pressung p wird mittels eines Ersatzmodells gemäß Abbildung 10.12 ermittelt, bei dem die Radialkraft F_{rad} die zylindrischen (anstelle der tatsächlich konischen) Rohre radial verformt. Hierzu wird die Radialkraft F_{rad} aus Gleichung (10.47) verwendet und r_m beschreibt den mittleren Radius zwischen Innenring und Außenring:

$$p = \frac{2 \cdot F_{rad}}{2 \cdot \pi \cdot r_m \cdot b} = \frac{F_1}{\pi \cdot r_m \cdot b \cdot \tan(\alpha + \rho)} \tag{10.52}$$

Somit lassen sich die Tangentialspannungen für Innenring und Außenring angeben zu:

$$\sigma_{T,i} = -\frac{F_1}{\pi \cdot A_i \cdot \tan(\alpha + \rho)} \quad \text{bzw.} \quad \sigma_{T,a} = \frac{F_1}{\pi \cdot A_a \cdot \tan(\alpha + \rho)} \tag{10.53}$$

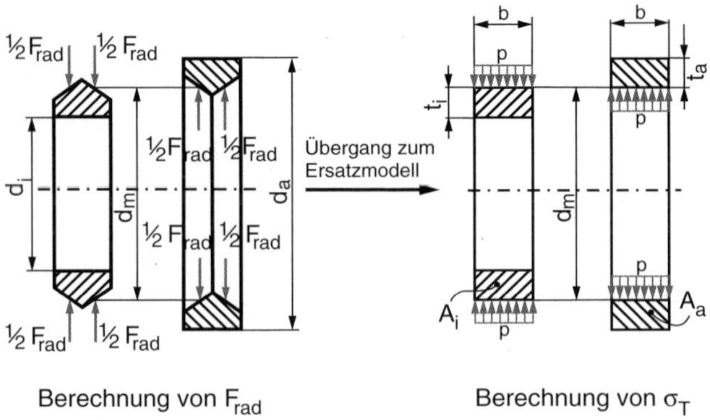

Abbildung 10.12: Ersatzmodell zur Berechnung der Tangentialspannungen

Die Aufweitung des Außenrings bei gleichzeitiger Stauchung des Innenrings erlaubt die axiale Beweglichkeit der Ringe unter Einwirkung einer Axialkraft. Auf diese Weise wird an jedem Ringfederelement ein Teilfederweg s_0 zurückgelegt, der sich aus der Aufweitung des Außenrings Δr_a und der Stauchung des Innenrings Δr_i und der Geometrie der konischen Ringe bestimmen lässt zu:

$$s_0 = \frac{\Delta r_a}{\tan\alpha} + \frac{\Delta r_i}{\tan\alpha} \tag{10.54}$$

Unter Annahme einer Aufweitung bzw. Stauchung im rein elastischen Bereich gilt mit den Elastizitätsmoduln E_a und E_i für den Außen- und den Innenring:

$$\Delta r_a = \frac{\sigma_{T,a} \cdot r_{m,a}}{E_a} \quad \text{mit} \quad \varepsilon_a = \frac{\Delta r_a}{r_{m,a}} \tag{10.55}$$

$$\Delta r_i = \frac{\sigma_{T,i} \cdot r_{m,i}}{E_i} \quad \text{mit} \quad \varepsilon_i = \frac{\Delta r_i}{r_{m,i}} \tag{10.56}$$

Damit lässt sich dann der Teilfederweg eines Ringelementes, der durch die Relativbewegungen zwischen Innen- und Außenring entsteht, bestimmen. Der gesamte Federweg s einer Ringfeder mit n Federelementen ergibt sich aus der Summe der Einzelelemente:

$$s = n \cdot \frac{\sigma_{T,a} \cdot r_{m,a} + \sigma_{T,i} \cdot r_{m,i}}{E \cdot \tan\alpha} \tag{10.57}$$

Für die Federarbeit bei Belastung folgt unter Nutzung von Gleichung (10.28) mit den Tangentialspannungen aus Gleichung (10.53):

$$W_1 = \eta_A \cdot \frac{\sigma_{T,a}^2 \cdot V_a + \sigma_{T,i}^2 \cdot V_i}{2 \cdot E} \tag{10.58}$$

Die Federarbeit bei Entlastung berechnet sich unter Berücksichtigung von Gleichung (10.48) zu:

$$W_2 = W_1 \cdot \frac{\tan(\alpha - \rho)}{\tan(\alpha + \rho)} \tag{10.59}$$

Das Federvolumen V beträgt bei n Ringfederelementen:

$$V = V_a + V_i = 2 \cdot \pi \cdot \frac{n}{2} \cdot \left(A_a \cdot r_{m,a} + A_i \cdot r_{m,i} \right) \tag{10.60}$$

Die gleichmäßige Spannungsverteilung in einer Ringfeder bedingt eine ideale Ausnutzung des Werkstoffvolumens (Artnutzgrad $\eta_A = 1$). Aufgrund der Reibungsverhältnisse wird jedoch noch mehr Arbeit aufgenommen, als durch reine elastische Federung möglich wäre, weshalb der Artnutzgrad bei der Ringfeder größer ist als 1:

$$\eta_A = \frac{\tan(\alpha + \rho)}{\tan \alpha} \tag{10.61}$$

10.3.1.3 Gasfedern

Gasfedern bzw. Luftfedern unterscheiden sich von den anderen vorgestellten Federarten dahingehend, dass das elastische Verhalten nicht über die elastische Verformung eines Werkstoffes, sondern über die Kompressibilität eines Gases bei Drucksteigerung erzielt wird. Hierzu wird das Gas gemäß Abbildung 10.13 in einem druckfesten Zylinder (oder in einem zusammendrückbaren Balg) durch einen Kolben luftdicht eingeschlossen. Unter der Annahme konstanter Flächen A des Kolbenbodens und des Zylinders folgt die Änderung der Federkraft dF direkt aus der Druckänderung dp:

$$dF = A \cdot dp \tag{10.62}$$

Generell besitzen Gasfedern einen stark progressiven Kennlinienverlauf. Die Zustandsänderung des Gases folgt dem polytropen Gesetz mit dem Polytropenexponenten n:

$$p \cdot V^n = const. \tag{10.63}$$

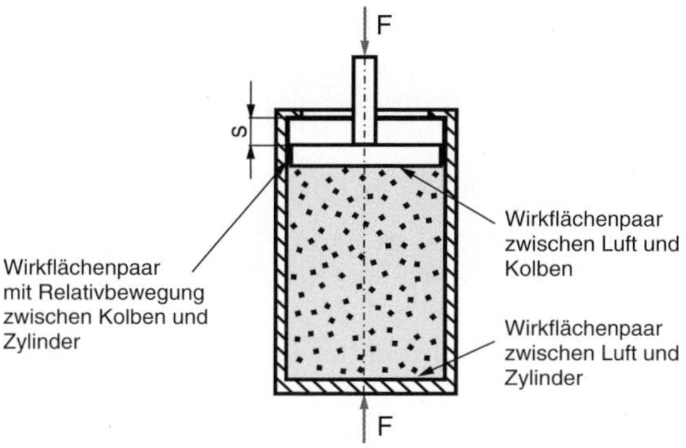

Abbildung 10.13: Schematische Darstellung einer Kolbenfeder

Bei der Kompression des Gases entsteht Wärme, die bei niederfrequenten Belastungen zu einem großen Teil an die Umgebung abgegeben werden kann. Somit kann man die Zustandsänderung näherungsweise als isotherm betrachten. Der Polytropenexponent n strebt für kleine Anregungsfrequenzen den Wert $n = 1$ an. Bei hohen Belastungsfrequenzen kann weniger Wärme abgegeben werden. Die Zustandsänderung erfolgt dann reversibel adiabat, so dass der Polytropenexponent n gleich dem Isentropenexponenten κ zu setzen ist, der für Luft den Wert $\kappa = 1{,}4$ annimmt. Bei der folgenden Herleitung der Federrate einer Gasfeder wird der Ausgangszustand mit dem Index 0 bezeichnet. Aus Gleichung (10.63) folgt somit:

$$\frac{p}{p_0} = \left(\frac{V_0}{V}\right)^n \tag{10.64}$$

Zur Herleitung einer Kraft-Weg-Beziehung einer Gasfeder wird unter Nutzung von Gleichung (10.62) von einer unbelasteten Feder $F_0 = 0$ ausgegangen, so dass gilt:

$$F = \int_{p_0}^{p} A \cdot dp = A \cdot p_0 \cdot \left(\frac{p}{p_0} - 1\right) = A \cdot p_0 \left[\left(\frac{V_0}{V}\right)^n - 1\right] \tag{10.65}$$

Im unbelasteten Zustand beträgt das eingespannte Gasvolumen $V_0 = A \cdot h$. Im eingefederten Zustand (Federweg s ... 0) dagegen folgt für das Volumen:

$$V = A \cdot (h - s) \tag{10.66}$$

Damit lässt sich dann die Federkraft abhängig vom Federweg angeben:

$$F = A \cdot p_0 \cdot \left(\frac{h}{(h-s)^n} - 1\right) \tag{10.67}$$

Für die Federrate einer Luftfeder folgt somit unter Berücksichtigung des Zusammenhangs:

$$dV = -A \cdot ds \tag{10.68}$$

$$c = \frac{dF}{ds} = \frac{A \cdot dp}{ds} = -\frac{A^2 \cdot dp}{dV} \tag{10.69}$$

Unter Einbeziehung von Gleichung (10.64) folgt:

$$\frac{dp}{dV} = -n \cdot \frac{p_0 \cdot V_0^n}{V^{n+1}} = -n \cdot p_0 \cdot \left(\frac{V_0}{V}\right)^n \cdot \frac{1}{V} = -n \cdot p \cdot \frac{1}{V} \tag{10.70}$$

Setzt man Gleichung (10.70) in Gleichung (10.69) ein, folgt für die Federrate c:

$$c = \frac{n \cdot p \cdot A^2}{V} \tag{10.71}$$

Die Federarbeit einer Gasfeder entspricht der Volumenänderungsarbeit:

$$W = -\int_{V_0}^{V} p \cdot dV = -\int_{V_0}^{V} p_0 \cdot \left(\frac{V_0}{V}\right)^n \cdot dV \tag{10.72}$$

Für einen Polytropenexponenten $n > 1$ ergibt sich die Federarbeit zu:

$$W = \frac{p_0 \cdot V_0}{n-1} \cdot \left[\left(\frac{V}{V_0}\right)^{1-n} - 1\right] = \frac{p_0 \cdot V_0}{n-1} \cdot \left[\left(\frac{p}{p_0}\right)^{\frac{n-1}{n}} - 1\right] \tag{10.73}$$

Bei einer isothermen Zustandsänderung mit $n = 1$ folgt dagegen:

$$W = p_0 \cdot V_0 \cdot \ln\left(\frac{V_0}{V}\right) = p_0 \cdot V_0 \cdot \ln\left(\frac{p}{p_0}\right) \qquad (10.74)$$

Daraus folgt, dass die Federrate einer Gasfeder stark von der Temperatur abhängt.

Luftfedern werden zunehmend in Kraftfahrzeugen, aber auch teilweise in Eisenbahnfahrzeugen (Reisezugwagen) eingesetzt. Mithilfe von Kompressoren kann der Druck und damit die Federrate den Belastungssituationen angepasst werden. Bei Lastkraftwagen kann das Niveau des Fahrzeugrahmens zum Aufnehmen und Absetzen von Wechselaufbauten genutzt werden. Bei Personenkraftwagen lassen sich komfortable und vor allem auch aktive Fahrwerke zur Beeinflussung der Fahrdynamik realisieren. In allen Fällen benötigt man jedoch zusätzlich aufwändige Regelungssysteme.

10.3.2 Biegefedern

Bei Federn unter Biegebeanspruchung entsteht über dem belasteten Querschnitt ein inhomogener Spannungsverlauf mit entsprechend ungleichmäßiger Werkstoffausnutzung, so dass generell allein aufgrund der Beanspruchungsart Biegung ein Artnutzwert von $\eta_A < 1$ vorliegt. Die am häufigsten in technischen Anwendungen eingesetzten Federbauarten sind Blattfedern, Spiralfedern, Schenkelfedern und Tellerfedern.

10.3.2.1 Blattfedern

Die einfachsten Blattfederbauarten entsprechen eingespannten Balken unter Biegebelastung, Abbildung 10.14.

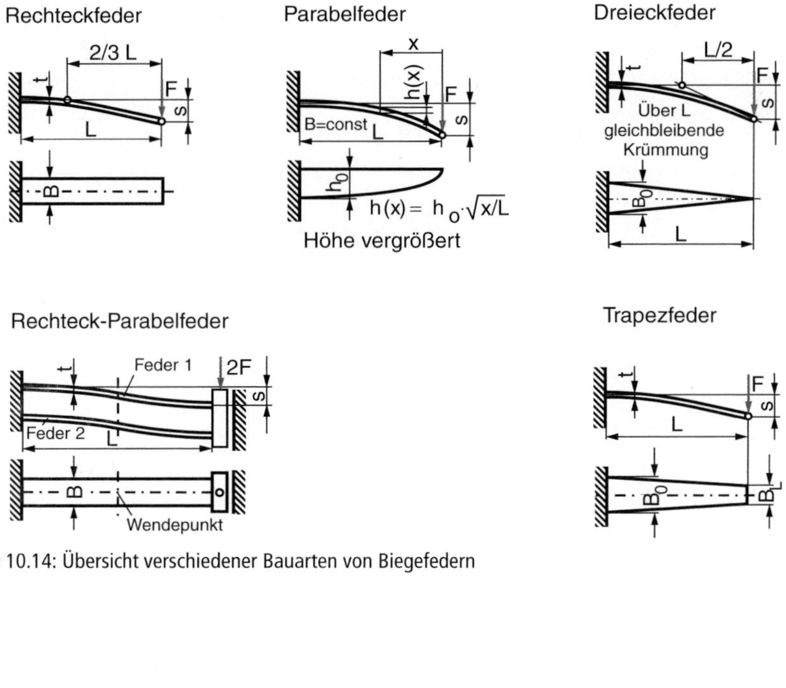

Abbildung 10.14: Übersicht verschiedener Bauarten von Biegefedern

Für eine Blattfeder mit konstanter Querschnittsfläche (Rechteckfeder) lässt sich die maximale Biegespannung in der Randfaser für eine beliebige Position x bestimmen zu:

$$\sigma_b(x) = \frac{6 \cdot F \cdot x}{B \cdot t^2} \tag{10.75}$$

Somit werden die Randspannungen wegen des zunehmenden Hebelarmes zwischen Krafteinleitung und Einspannstelle größer, was zu einer zusätzlichen Minderung des Artnutzgrades führt. So beträgt z.B. der Artnutzgrad bei Biegefedern mit konstantem Querschnitt $\eta_A = 1/9$. Zur besseren Werkstoffausnutzung wird man deshalb die Geometrie sowohl in der Breite als auch in der Höhe anpassen. Beispiele hierfür sind die in Abbildung 10.14 gezeigten Parabelfeder, Dreiecksfeder und Trapezfeder.

Während mit einer Dreiecksfeder bereits ein Artnutzgrad von 1/3 erreicht wird, variiert der Artnutzgrad der Trapezfeder abhängig vom Breitenverhältnis β zwischen 1/3 und 1/9:

$$\beta = \frac{B_L}{B_0} \tag{10.76}$$

Der maximale Federweg einer Dreiecks- oder einer Trapezfeder lässt sich aus der theoretischen Biegelinie für einen Balken mit konstantem Querschnitt ermitteln, wobei jedoch die tatsächliche Veränderung des Querschnitts mittels eines Einflussfaktors ψ gemäß der folgenden Gleichung und Tabelle 10.5 berücksichtigt wird:

$$s = \psi \cdot \frac{4 \cdot F \cdot L^3}{B_0 \cdot t^3 \cdot E} \tag{10.77}$$

β	0	0,1	0,2	0,3	0,4	0,5	0,6	0,7	0,8	0,9	1,0
ψ	1,500	1,390	1,315	1,250	1,202	1,160	1,121	1,085	1,045	1,025	1,000

Tabelle 10.5: Einflussfaktor zur Biegelinienkorrektur in Abhängigkeit vom Breitenverhältnis

Die Bestimmung des Artnutzgrades erfolgt mittels Gleichung (10.28) unter Annahme eines konstanten Federquerschnittes, so dass die Volumenbestimmung mit einer mittleren Breite B_m erfolgt:

$$B_m = \frac{B_0 + B_L}{2} = \frac{B_0 \cdot (1+\beta)}{2} \tag{10.78}$$

Durch Gleichsetzen der Beziehung für die Federarbeit (Gleichung 10.20) und die wirkliche Arbeitsaufnahmefähigkeit (Gleichung 10.28) ergibt sich für den Artnutzgrad η_A einer Dreiecks- oder Trapezfeder unter Einbeziehung von Gleichung (10.75) und Gleichung (10.77):

$$\frac{1}{2} \cdot F_{max} \cdot s_{max} = \eta_A \cdot \frac{\sigma_{b,max}^2 \cdot L \cdot t \cdot B_0 \cdot (1+\beta)}{4 \cdot E} \tag{10.79}$$

$$\eta_A = \frac{2}{9} \cdot \frac{\psi}{1+\beta} \tag{10.80}$$

Aufgrund begrenzter Einbauräume in technischen Systemen werden üblicherweise anstelle der bisher behandelten einfachen Biegefedern geschichtete Blattfedern verwendet. Hierzu stelle man sich vor, dass die Einblattfeder gemäß Abbildung 10.15 in Streifen der Breite B_L geteilt wird, die dann übereinander geschichtet werden. Die Reibung vernachlässigend lassen sich für derart geschichtete Federblätter die Berechnungsgrundlagen der Einblattfeder mit hinreichender Genauigkeit nutzen, da die Schichtung der einzelnen Federblätter einer Parallelschaltung entspricht und die Breite linear in das Flächenträgheitsmoment eingeht. Aus Abbildung 10.15 wird auch deutlich, dass die Trapezfeder wegen ihrer Ausdehnung in Breitenrichtung am Ende zur Aufnahme großer Kräfte besser geeignet ist als die Dreiecksfeder, bei der das Federblatt am Ende durch die spitz zulaufende Form stark geschwächt wird.

Da beim Ein- und Ausfedern Relativbewegungen zwischen den einzelnen Federblättern auftreten, führen die damit einhergehenden Reibungskräfte zu einer Belastungskennlinie, die steiler ist als die Entlastungskennlinie. Die dabei geleistete Dämpfungsarbeit kann in günstigen Fällen zur Schwingungsdämpfung genutzt werden. Diese rechnerisch kaum erfassbaren Reibungseinflüsse lassen sich durch Verringerung der Lagenzahl, durch Kunststoffplatten an den Federenden und durch häufiges Schmieren vermeiden.

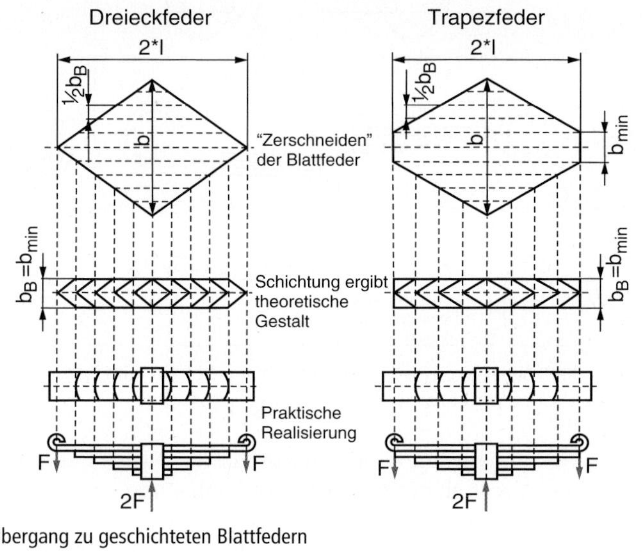

Abbildung 10.15: Übergang zu geschichteten Blattfedern

Hauptanwendungsgebiete für Blattfedern sind Rast- oder Andrückfedern bei Schiebern, Ankern und Klinken in Gesperren sowie Kontaktfedern in elektromechanischen Schaltern (Schaltschütze). Ein weiteres großes Einsatzgebiet ist die Federung von Straßen- und Schienenfahrzeugen. Bei solchen Anwendungsfällen ist das obere Hauptblatt zur Lagerung an den Enden meist eingerollt [10.17]. In der Mitte werden die gebündelten Federblätter durch Spannbügel oder Bünde zusammengehalten, die Sicherung gegen seitliches Verschieben erfolgt durch Führungsbügel oder gerippte Federblätter, Abbildung 10.16, [10.15]. Insbesondere bei Schienenfahrzeugen verwendet man Parabelfedern, die zur Vermeidung von Reibkorrosion in den federungswirksamen Bereichen durch Luftspalte voneinander getrennt werden.

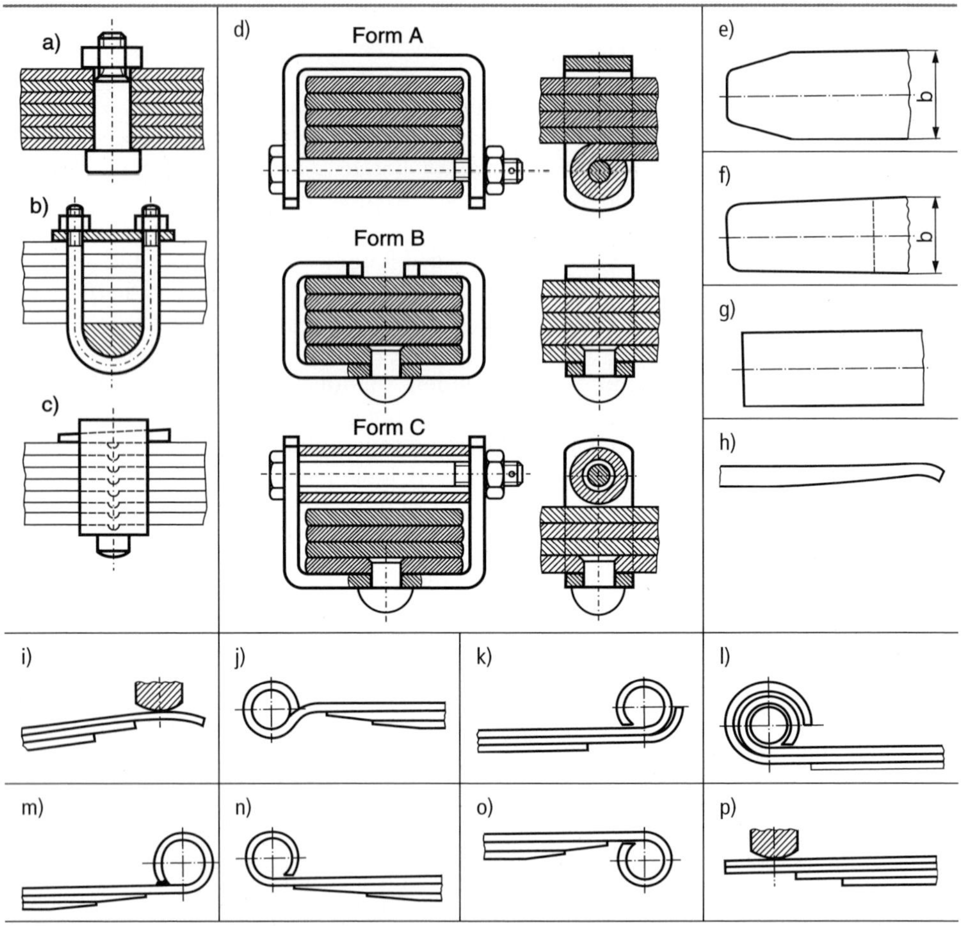

Abbildung 10.16: a) bis c) Blattbündelhalterungen, d) Federklammern nach DIN 4621, e) bis h) Federblattenden, i) kurvenförmig abgebogenes Ende, j) bis o) angerollte Enden, p) gerades Ende

Ein progressiver Kennlinienverlauf lässt sich durch zweistufige Federn erzielen, indem eine kleinere Zusatzfeder erst ab einer bestimmten Belastung an der Einfederung beteiligt wird, Abbildung 10.17.

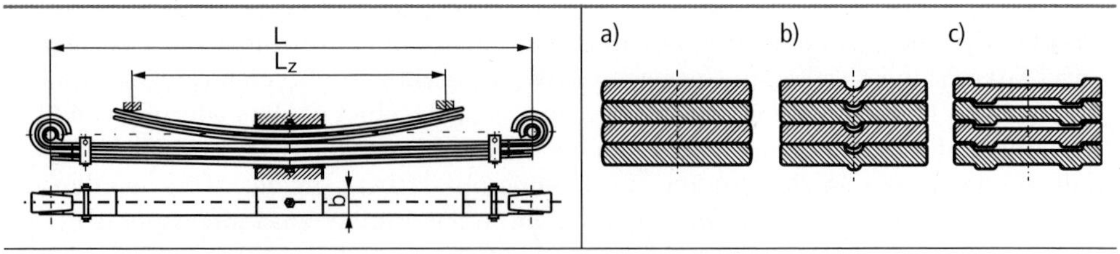

Abbildung 10.17: Zweistufige Parabelfeder und Blattfederquerschnitte, a) Rechteck nach DIN EN 10140, b) mit Mittelrippe nach DIN 1570, c) Krupp-Profil

10.3.2.2 Schraubendreh-, Spiral- und Rollfedern

Schraubendreh-, Spiral- und Rollfedern gehören zu den gewundenen Biegefedern. Entsprechend der Definition in DIN EN 13906 wirkt eine Drehfeder einem Drehmoment um ihre Längsachse entgegen [10.34]. Drehfedern werden hauptsächlich als Scharnier-, Rückstell- und Andrückfedern eingesetzt, Abbildung 10.18. Sie werden meistens aus rundem Draht hergestellt, der um eine Achse gewickelt wird. Dadurch entsteht die gleiche Form wie bei zylindrischen Schraubenfedern. Die abgebogenen Enden am Umfang des Federkörperdurchmessers erlauben eine Belastung um die Federlängsachse durch Verdrehen. Aufgrund dieser Belastungsart entsteht im Federdraht eine Biegebeanspruchung.

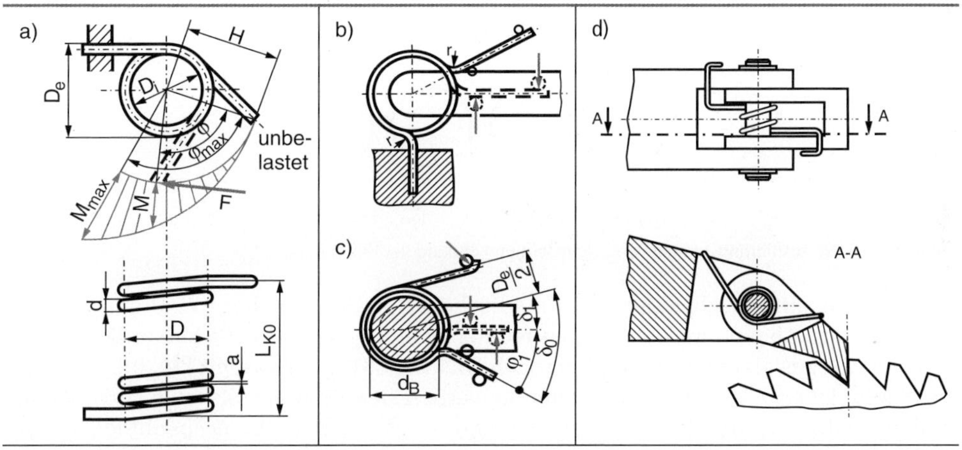

Abbildung 10.18: Drehfedern – a) mit kurzen tangentialen Schenkeln, b) mit abgebogenen Schenkeln (gespannter, bewegter Schenkel gestrichelt gezeichnet), c) mit Bolzenführung: Schenkelwinkel δ_0 bei unbelasteter, δ_1 bei belasteter Feder dem Drehwinkel φ_1 zugeordnet, d) als Andrückfeder für eine Sperrklinke nach [10.51]

Bis zu einem Drahtdurchmesser von d = 17 mm werden Drehfedern durch Kaltumformung aus rundem Federstahldraht nach DIN EN 10270 gefertigt [10.32]. Die erforderlichen Schenkellängen und -formen folgen aus der aufzubringenden Verdrehkraft F am Hebelarm H, Abbildung 10.18 a). Konstruktiv ist eine eindeutige Führung beider Schenkel anzustreben, die Feder ist im Windungssinn zu belasten, so dass die Außenseiten der Windungen einer Zugbeanspruchung unterliegen. Möglichst einfache, tangentiale Schenkelformen und Wickelverhältnisse von $w = D/d = 4 \ldots 20$ sind besonders fertigungsgünstig, der kleinste innere Biegeradius eines Schenkels beträgt $r = d$.

Zur Vermeidung von Reibungseinflüssen werden die Windungen entweder lose anliegend oder aber mit folgendem Anhaltswert für den lichten Windungsabstand gewickelt:

$$a \geq (0{,}24 \cdot w - 0{,}63) \cdot d^{0{,}83} \qquad (10.81)$$

Lange Federkörper mit nicht fest eingespannten Schenkeln werden zur Vermeidung des Ausknickens auf einem Bolzen geführt, Abbildung 10.18c). Wegen der Verkleinerung des Innendurchmessers beim Einfedern darf der Bolzendurchmesser nur $d_B = (0{,}8 \ldots 0{,}9) \cdot D_i$ betragen, damit Reibung vermieden wird und genügend Spiel zwischen Bolzen und Feder verbleibt.

Die Anzahl der Windungen soll aus fertigungstechnischen Gründen gemäß Abbildung 10.19 nur auf Vierteilungen enden, also $n = ..., 0 ..., 25 ..., 5 ..., 75$. Die Länge L_{K0} des unbelasteten Federkörpers berechnet sich aus der Anzahl der Windungen n und dem Drahtdurchmesser d zu:

$$L_{K0} = (n + 1{,}5) \cdot d \quad \text{bei anliegenden Windungen} \tag{10.82}$$

$$L_{K0} = n \cdot (a + d) + d \quad \text{bei Windungsabstand } a \tag{10.83}$$

Aus der Anzahl der federnden Windungen n lässt sich ohne Berücksichtigung der Federschenkel die gestreckte Länge l der Windungen berechnen:

$$\begin{aligned} l &= D \cdot \pi \cdot n && \text{für } (a + d) \le 0{,}25 \cdot D \\ l &= n \cdot \sqrt{(D \cdot \pi)^2 + (a + d)^2} && \text{für } (a + d) > 0{,}25 \cdot D \end{aligned} \tag{10.84}$$

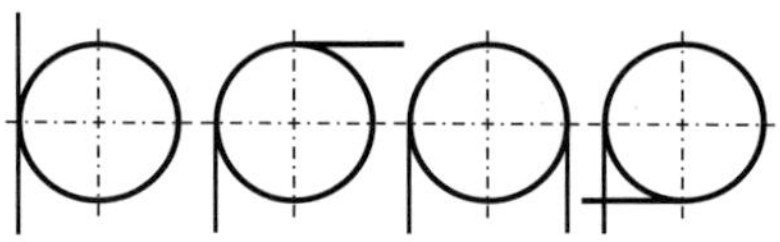

Abbildung 10.19: Ausführungsformen von Drehfedern und Endung der Windungszahl

Spiralfedern sind nach einer Archimedischen Spirale (gleicher Windungsabstand) gewunden und haben meistens einen rechteckigen Querschnitt (Federband). Sie werden aus kalt gewalzten Stahlbändern nach DIN EN 10132 hergestellt [10.29]. Der Windungssinn ist schließend. Die Federenden werden sowohl innen als auch außen eingespannt. Bedingt durch ihre Form ziehen sich die Windungen im gespannten Zustand nicht gleichmäßig zusammen. Zur Vermeidung von Reibungseinflüssen sollen sich die einzelnen Windungen bei arbeitender Feder nicht berühren, Abbildung 10.20.

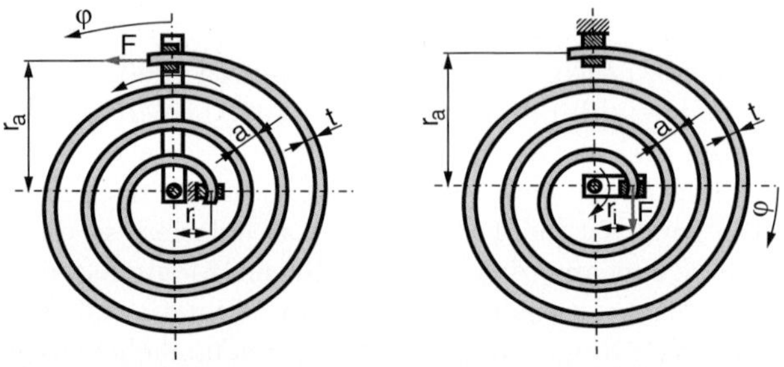

Abbildung 10.20: Spiralfedern mit Windungszwischenraum a und fester Einspannung – Außenbetätigung (links) und Innenbetätigung (rechts)

Als Sonderfall der Spiralfeder wurde die Rollfeder abgeleitet, bei der ein flaches Stahlband ohne Windungsabstand zu einer Rolle aufgewickelt wird. Dabei wird eine über dem gesamten Federweg nahezu horizontale Kennlinie erreicht. Wickelt man nun das Federband vom ursprünglichen Zylinder auf einen Zylinder größeren Durchmessers um, so entsteht ein Antriebsmotor, Abbildung 10.21. Spiral- und Rollfedern finden häufig als Rückstellfedern in Messinstrumenten, Aufzugs- oder Triebfedern in mechanischen Uhren, Laufwerken und Spielzeugen Verwendung, in größeren Abmessungen wird die Spiralfeder auch in drehelastischen Kupplungen eingesetzt.

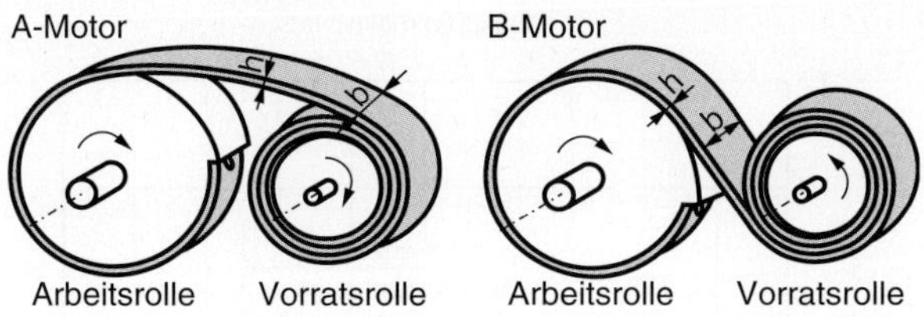

Abbildung 10.21: Rollfedern mit zwei achsparallelen Federrollen, links: Federband mit gleichsinniger Krümmung, rechts: Federband mit gegensinniger Krümmung nach [10.52]

Die Grundgleichungen zur Berechnung einer Schrauben- und einer Spiralfeder sind in Tabelle 10.6 zusammengefasst. Bei Schraubendrehfedern sind zusätzlich zu den Gleichungen der Tabelle 10.6 noch folgende Besonderheiten zu beachten. An der Innenseite der gewickelten Federn entstehen durch die Drahtkrümmung Spannungsüberhöhungen, die insbesondere bei dynamischer Beanspruchung mithilfe eines Korrekturfaktors q nach DIN EN 13906 abhängig vom Wickelverhältnis w zu berücksichtigen sind, Abbildung 10.22 [10.34]:

$$\sigma_{b,korr} = q \cdot \sigma_{b,max} \tag{10.85}$$

$$q = \frac{w + 0{,}07}{w - 0{,}75} \quad \text{mit} \quad w = \frac{D_m}{d} \tag{10.86}$$

	Schraubendrehfeder	**Spiralfeder**
Drehmoment	$M = F \cdot r$ (10.87)	$M = F \cdot r_{e,i}$ (10.88) Mit r_e bei Außenbetätigung und r_i bei Innenbetätigung gemäß Abbildung 10.20
Biegespannung	$\sigma_{b,max} = \frac{M}{W_b}$ (10.89)	
Widerstands-moment	$W_b = \frac{\pi \cdot d^3}{32}$ (10.90)	$W_b = \frac{b \cdot t^2}{6}$ (10.91)
Verdrehwinkel	$\varphi = \frac{M \cdot l}{E \cdot I_{äq}}$ (10.92)	
Drehfedersteifigkeit	$c_t = \frac{dM}{d\varphi} = \frac{E \cdot I_{äq}}{l}$ (10.93)	
Flächenträgheits-moment	$I_{äq} = \frac{\pi \cdot d^4}{64}$ (10.94)	$I_{äq} = \frac{b \cdot t^3}{12}$ (10.95)
Federlänge	$l = \pi \cdot D_m \cdot n$ (10.96)	$l \approx 2 \cdot \pi \cdot n \cdot \left(r_i + \frac{n}{2} \cdot (t + a) \right)$ (10.97)
Federarbeit	$W = \frac{1}{2} \cdot M \cdot \varphi = \eta_A \cdot \frac{\sigma_{b,max}^2 \cdot V}{2 \cdot E}$ (10.98)	
Artnutzgrad	$\eta_A = \frac{1}{4}$ (Kreisquerschnitt) (10.99)	$\eta_A = \frac{1}{3}$ (Rechteckquerschnitt) (10.100)

Tabelle 10.6: Grundgleichungen zur Berechnung von Schrauben- und Spiralfedern

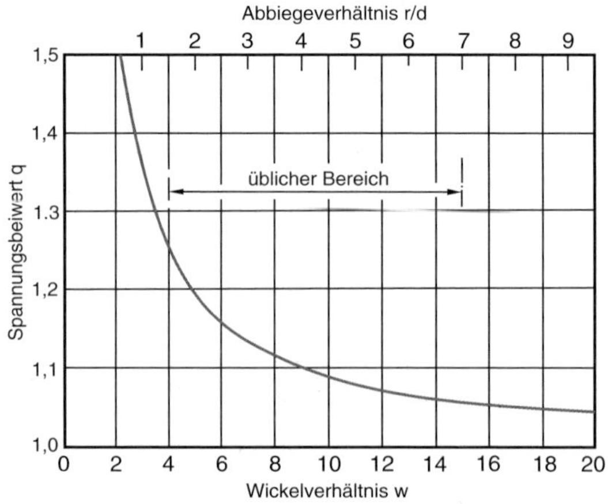

Abbildung 10.22: Diagramm zur Ermittlung des Spannungsbeiwertes q nach DIN EN 13906 [10.34]

Ferner ist bei Federn mit wenigen Windungen oder langen, nicht fest eingespannten Schenkeln eine Vergrößerung des Drehwinkels φ in Gleichung (10.90) (s.a. Abbildung 10.18) aufgrund der Schenkeldurchbiegung wie folgt zu berücksichtigen:

$$\varphi'[°] \approx \varphi + 97{,}4° \cdot \frac{F \cdot \left(4 \cdot H^2 - D_m^2\right)}{E \cdot d^4} \quad \text{Tangentialer Schenkel} \qquad (10.101)$$

$$\varphi'[°] \approx \varphi + 48{,}7° \cdot \frac{F \cdot \left(2 \cdot H - D_m\right)^3}{E \cdot H \cdot d^4} \quad \text{Abgebogener Schenkel} \qquad (10.102)$$

Hierin bezeichnen F die Kraft in N, H den Biegehebelarm, D_m den mittleren Windungsdurchmesser und d den Drahtdurchmesser jeweils in mm sowie E den Elastizitätsmodul in N/mm².

10.3.2.3 Tellerfedern

Tellerfedern sind kegelförmige Ringschalen mit rechteckigem radialen Querschnitt. Gemäß Abbildung 10.23 können sie als Einzeltellerfedern oder kombiniert zu Federpaketen und Federsäulen in axialer Richtung belastet werden, wobei die Lasteinleitung kreisringförmig an den Stellen I und III erfolgt.

Bei Durchmesserverhältnissen von $\delta = D_e/D_i = 1{,}7 \ldots 2{,}5$ lassen sich besonders günstige Federungseigenschaften bei guter Werkstoffausnutzung und hohem Arbeitsvermögen erzielen. Nach DIN 2093 sind die Tellerfedern in Stufen von $D_e = 8$ mm bis $D_e = 250$ mm genormt und in Reihen A (harte Federn), B (weiche Federn) und Reihe C (besonders weiche Federn) eingeteilt. In diesen Reihen werden nochmals Gruppen gemäß Tabelle 10.7 unterschieden.

Die Herstellung erfolgt aus kalt gewalztem Stahl nach DIN EN 10089 und DIN EN 10132 [10.27], [10.29]. Im Anschluss an die Wärmebehandlung werden die Federn vorgesetzt, d.h. die Feder wird in Richtung der Betriebsbeanspruchung über den elastischen Bereich hinaus belastet, so dass in den Randzonen nach Entlastung Eigenspannungen zurückbleiben, die den Betriebsbeanspruchungen entgegengerichtet sind und eine günstigere Spannungsverteilung bewirken.

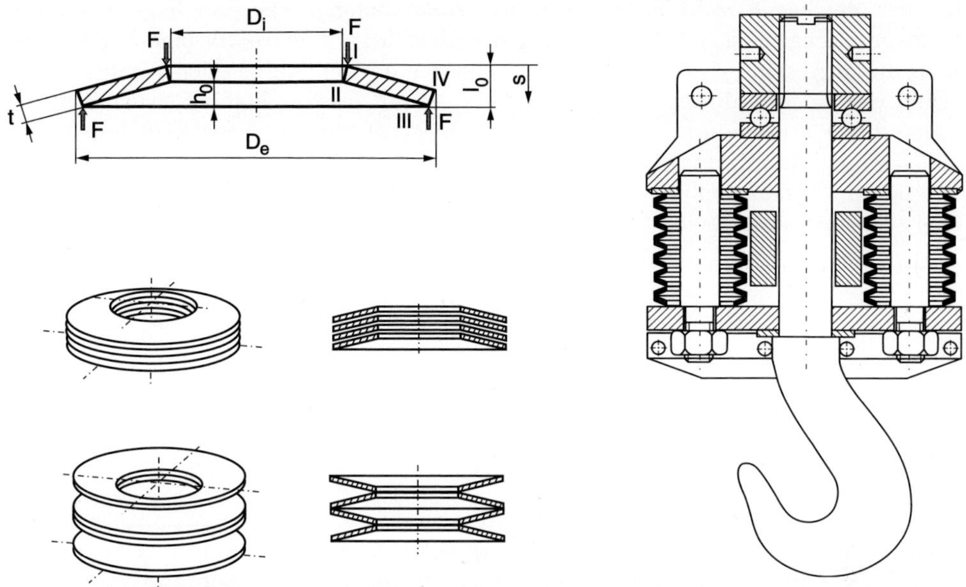

Abbildung 10.23: Tellerfedern und Anwendung in einem Kranhaken

Gruppe 1	$t \leq 1{,}25$ mm, kalt geformt, $R_a < 12{,}5\,\mu$m
Gruppe 2	$t \leq 1{,}25$ bis 6 mm, kalt geformt, D_e und D_i gedreht mit $R_a < 6{,}3\,\mu$m, bzw. fein geschnitten mit $R_a < 3{,}2\,\mu$m
Gruppe 3	$t > 6$ bis 14 mm, kalt oder warm geformt, allseits gedreht mit $R_a < 12{,}5\,\mu$m, mit Auflageflächen von ca. $D_e/150$ an den Stellen I und III sowie einer reduzierten Tellerdicke $t' = 0{,}94 \cdot t$ der Reihen A und B bzw. $t' = 0{,}96 \cdot t$ der Reihe C

Tabelle 10.7: Eingruppierung der Tellerfedern nach Herstellverfahren gemäß DIN 2093

Die Belastbarkeit einer Feder hängt von den Verhältnissen D_e/t und h_0/t ab. Damit selbst bei flachgedrückter Feder die zulässige Werkstoffbeanspruchung einschließlich Nachsetzen nicht überschritten wird, muss h_0 umso kleiner sein, je größer t ist. Für kleinere (größere) Werte von $\delta = D_e/D_i$ gelten entsprechend auch die kleineren (größeren) Verhältnisse von D_e/t und h_0/t. Abbildung 10.24 verdeutlicht, wie bei gegebenem δ durch das Verhältnis h_0/t der Kennlinienverlauf des Einzeltellers im Einfederungsbereich bis zur Planlage $s_c = h_0$ bei F_c beeinflusst wird. Da kurz vor der Planlage des Einzeltellers die Kennlinie stark progressiv ansteigt, nutzt man üblicherweise den theoretischen Federweg s nur bis zu 75 ... 80 % aus.

Häufig werden einzelne Tellerfedern zu Federpaketen oder Federsäulen zusammengesetzt, da nur so die vielfältigen Anforderungen an Federweg und Federkraft optimal erfüllt werden können. Gemäß Abbildung 10.25 werden Federpakete aus $n = 2$ bis 4 gleichsinnig geschichteten Einzeltellern zusammengesetzt. Federsäulen kombiniert man aus $i < 30$ wechselsinnig aneinandergereihten Einzeltellern oder $i < 20$ Federpaketen. Durch wechselsinnig aneinandergereihte, gleich dicke Tellerfedern kann eine progressiv geknickte Kennlinie gestaltet werden, Abbildung 10.25c). Dies gelingt auch mit der gleichen Anzahl Tellerfedern unterschiedlicher Dicke. Zur Begrenzung der Beanspruchung muss jedoch bei solchen Federsäulen konstruktiv eine Hubbegrenzung durch Anschläge oder Zwischenringe in den oberen Säulenteilen 1 und 2 vorgesehen werden, Abbildung 10.25d) und e). Generell lässt sich durch wechselsinnig angeordnete Tellerfedern ein größerer Federweg bei gleicher Federkraft und durch gleichsinnige Anordnung eine größere Federkraft bei gleichem Federweg erzielen. Die zulässigen Kraftabweichungen zwischen Be- und Entlastung von Federsäulen sind in DIN 2093 angegeben [10.9].

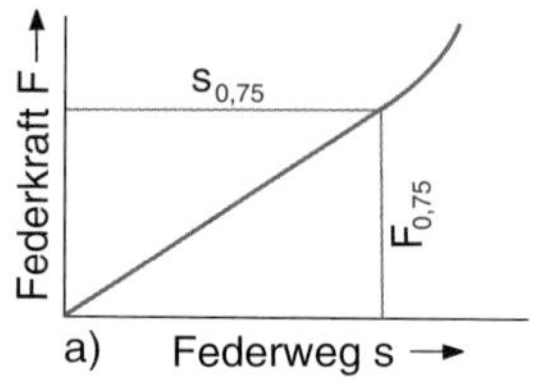

Für h_0/t nahezu linearer Verlauf bis $s_{0,75} \approx 0{,}75 \cdot h_0$

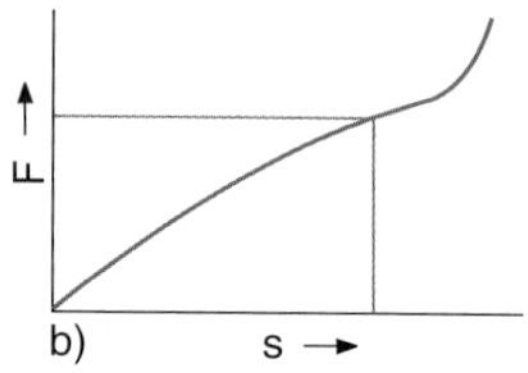

Für größere h_0/t zunehmend degressiver Verlauf

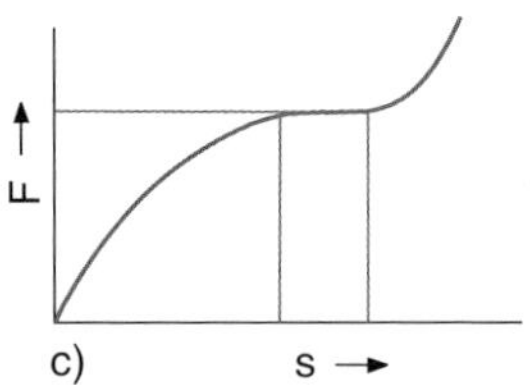

Für $h_0/t = 1{,}4$ verläuft oberer Kennlinienteil nahezu waagerecht, d.h. $F = const.$ bei zunehmendem s

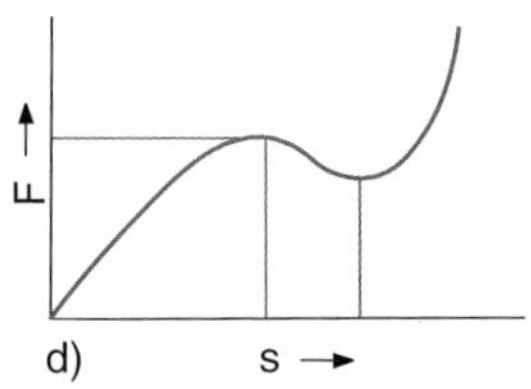

Für $h_0/t > 1{,}4$ erfolgt nach Erreichen eines Kraftmaximums mit zunehmendem s ein Kraftabfall

Abbildung 10.24: Kennlinien von Tellerfedern nach [10.51]

Kann aus konstruktiven Gründen keine Federsäule eingebaut werden, so lassen sich die gleichen Kraft-Weg-Verhältnisse erreichen, wenn eine Säule aus i Paketen zu je n Einzeltellern aufgeteilt wird in n Säulen zu je i Einzeltellern, Abbildung 10.26. Mit zunehmender Länge einer Federsäule besteht das Problem des seitlichen Verschiebens einzelner Teller, insbesondere bei dynamischer Belastung. Als Folge davon kann Reibung einhergehend mit nicht erfassbaren zusätzlichen Beanspruchungen entstehen, was durch eine geringe Anzahl von Federn bei gleichzeitig großem Außendurchmesser D_e vermieden werden kann. Ebenso kann ein seitliches Verrutschen durch eine Innenführung mit Bolzen oder Außenführung in einer Hülse verhindert werden, Abbildung 10.26.

Führungsbolzen und Auflageflächen müssen möglichst geschliffen sein mit einer gehärteten Oberfläche von 55 bis 60 HRC. Zur Optimierung der Krafteinleitung sollte unabhängig von gerader oder ungerader Anzahl von Tellerfedern der Endteller immer mit dem großen Außendurchmesser D_e an der beweglichen Krafteinleitungsstelle anliegen, Abbildung 10.26.

Geometrisch bedingt entstehen bei einer Tellerfeder unter axialer Belastung eine Zug- bzw. Druck-Beanspruchung in Umfangsrichtung und gleichzeitig eine Biegebeanspruchung in radialer Richtung. Die genaue Beanspruchungsermittlung bei Tellerfedern ist sehr kompliziert, weshalb man bis heute hierzu mit hinreichender Genauigkeit die Näherungsgleichungen von Almen und László nutzt [10.2]. Das Verfahren ist nach DIN 2092 genormt [10.8]. An einem Einzelteller lässt sich für einen gegebenen Federweg s die zugehörige Kraft berechnen zu:

$$F = \frac{4 \cdot E}{1-\upsilon^2} \cdot \frac{t^4}{K_1 \cdot D_e^2} \cdot K_4^2 \cdot \frac{s}{t} \cdot \left[K_4^2 \cdot \left(\frac{h_0}{t} - \frac{s}{t} \right) \cdot \left(\frac{h_0}{t} - \frac{s}{2 \cdot t} \right) + 1 \right] \tag{10.103}$$

Hierin bezeichnen $E = 2{,}1 \cdot 10^6$ N/mm² (Elastizitätsmodul), $\upsilon \approx 0{,}3$ (Querkontraktionszahl), t die Dicke des Einzeltellers, h_0 den Federweg bis zur Planlage, D_e den Außendurchmesser und K_1 und K_4 Kennwerte gemäß DIN 2092.

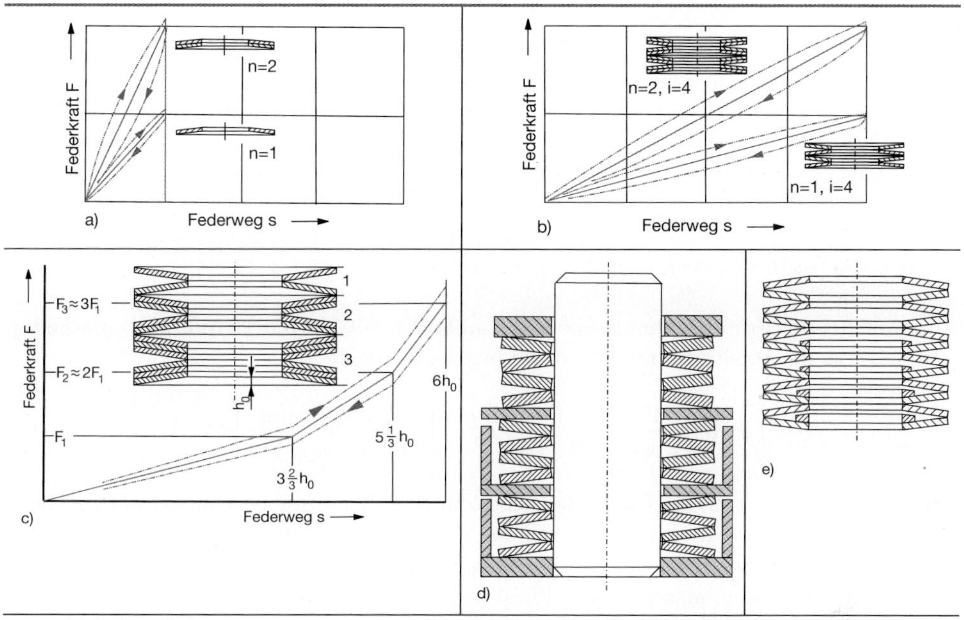

Abbildung 10.25: Kennlinien von Tellerfedern und Möglichkeiten zur Hubbegrenzung [10.51]

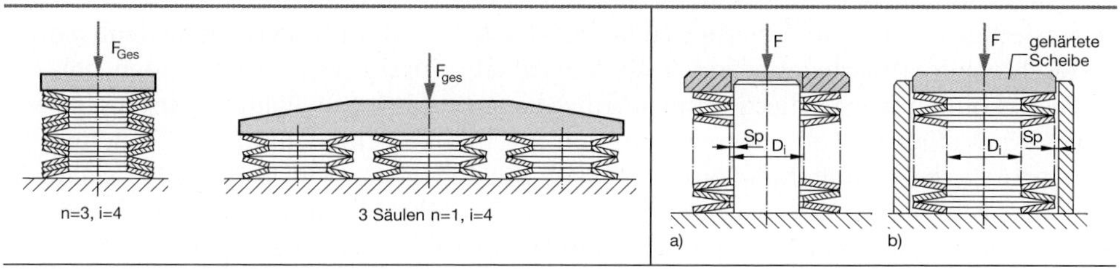

Abbildung 10.26: Auflösen einer Tellerfedersäule (links) und Einbaubedingungen bei Innen- und Außenführung durch Bolzen a) oder Hülse b) (rechts) [10.51]

K_1 wird abhängig vom Durchmesserverhältnis δ berechnet:

$$K_1 = \frac{1}{\pi} \cdot \frac{\left(\frac{\delta - 1}{\delta} \right)^2}{\frac{\delta + 1}{\delta - 1} - \frac{2}{\ln \delta}} \quad \text{mit} \quad \delta = \frac{D_e}{D_i} \tag{10.104}$$

Für Federn ohne Auflagefläche (Gruppe 1 und 2) beträgt $K_4 = 1$. Für Federn mit Auflagefläche berechnet sich K_4 zu:

$$K_4 = \sqrt{-0{,}5 \cdot c_1 + \sqrt{(0{,}5 \cdot c_1)^2 + c_2}} \tag{10.105}$$

$$c_1 = \frac{\left(t'/t\right)^2}{\left(0{,}25 \cdot l_0/t - t'/t + 0{,}75\right) \cdot \left(0{,}625 \cdot l_0/t - t'/t + 0{,}375\right)} \tag{10.106}$$

$$c_2 = \left[0{,}156 \cdot \left(l_0/t - 1\right)^2 + 1\right] \cdot \frac{c_1}{\left(t'/t\right)^3} \tag{10.107}$$

Die Federkraft in Planlage ergibt sich aus Gleichung (10.103) mit $s = h_0$. Die Federsteifigkeit c ist eine Funktion des Federweges, es liegt also eine nichtlineare Kennlinie vor:

$$c = \frac{dF}{ds} = \frac{4 \cdot E}{1 - v^2} \cdot \frac{t^3}{K_1 \cdot D_e^2} \cdot K_4^2 \cdot \left[K_4^2 \cdot \left[\left(\frac{h_0}{t}\right)^2 - 3 \cdot \frac{h_0}{t} \cdot \frac{s}{t} + \frac{3}{2} \cdot \left(\frac{s}{t}\right)^2\right] + 1\right] \tag{10.108}$$

Für eine aus der Ruhelage heraus beanspruchte Einzeltellerfeder ergibt sich die Federarbeit W aus der Integration der Kraft F über dem Weg s:

$$W = \int_0^s F \cdot ds = \frac{2 \cdot E}{1 - v^2} \cdot \frac{t^5}{K_1 \cdot D_e^2} \cdot K_4^2 \left(\frac{s}{t}\right)^2 \cdot \left[K_4^2 \cdot \left[\frac{h_0}{t} - \frac{s}{2 \cdot t}\right] + 1\right] \tag{10.109}$$

Aus Gleichung (10.103) lässt sich die Federkennlinie bestimmen. Abbildung 10.27 zeigt derartige Kennlinien für unterschiedliche Verhältnisse der Stülphöhe h_0 zur Tellerdicke t. Die Kennlinien zeigen die Verhältnisse für eine Zusammendrückung bis zur doppelten Stülphöhe, also über die Planlage der Tellerfeder hinaus. Die Kraft F_C entspricht der Federkraft, bei der die Planlage $s = h_0$ erreicht wird. Für kleine Verhältnisse h_0/t ist der Kennlinienverlauf fast linear. Mit steigendem Federweg kommt es zu Abweichungen vom linearen Verlauf und es entstehen sogar Kennlinienbereiche mit negativer Federsteifigkeit. Nur mit Tellerfedern lassen sich solche Kennlinienverläufe realisieren.

Geschichtete Tellerfedern bzw. Tellerfedern, die durch zwei ebene Platten belastet werden, können wegen dieser Einbaubedingungen nur bis zur Planlage gestaucht werden. Ferner stimmen die realen Kennlinien mit den berechneten nur für Stauchungen bis ca. 75 % der Stülphöhe überein, weshalb die Tellerfedern nach DIN 2092 auch nur für Federwege bis zu 75 % der Stülphöhe genormt sind, Abbildung 10.27 [10.8]. Bei größeren Federwegen kommt es nämlich zum Abwälzen der einzelnen Tellerfeder auf der Unterlage bzw. der Tellerfedern untereinander, so dass die Kontaktflächen zwischen den Tellerfedern an den Punkten I und III verkürzt werden. Federwege bis zur Planlage sind nur durch geeignete konstruktive Maßnahmen (z.B. Zwischenringe) zu erreichen.

Die Berechnung der Beanspruchung von Tellerfedern erfolgt an fünf Stellen. Zum einen ist das die Spannung σ_{OM} an der Oberfläche der Tellerfeder, zum anderen sind das die Randspannungen σ_I bis σ_{IV} an den Punkten I und II (Ober- und Unterseite innen) und III und IV (Ober- und Unterseite außen) gemäß Abbildung 10.28. Dabei gibt es im Vergleich zur reinen Biegefeder keine neutrale Faser, sondern nur einen neutralen Punkt S. In einer vereinfachten Modellbetrachtung wird das Verformungsverhalten als eine eindimensionale Stülpung um den Punkt S angenommen [10.2]. Der Durchmesser des Stülpmittelkreises D_0 beträgt:

$$D_0 = \frac{D_e - D_i}{\ln \delta} \quad \text{mit} \quad \delta = \frac{D_e}{D_i}$$

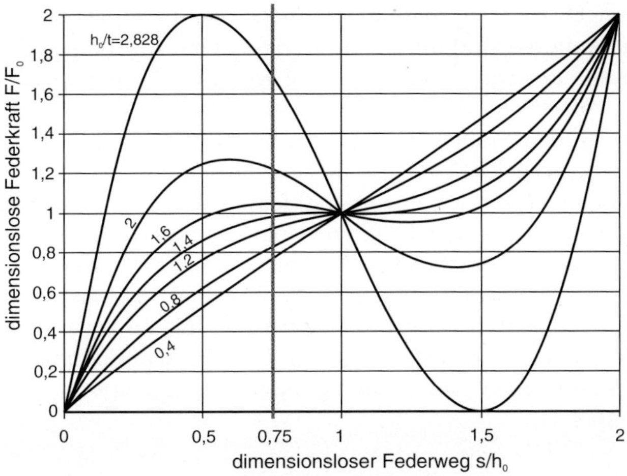

Abbildung 10.27: Kennlinien von Tellerfedern unterschiedlicher Verhältnisse h_0/t

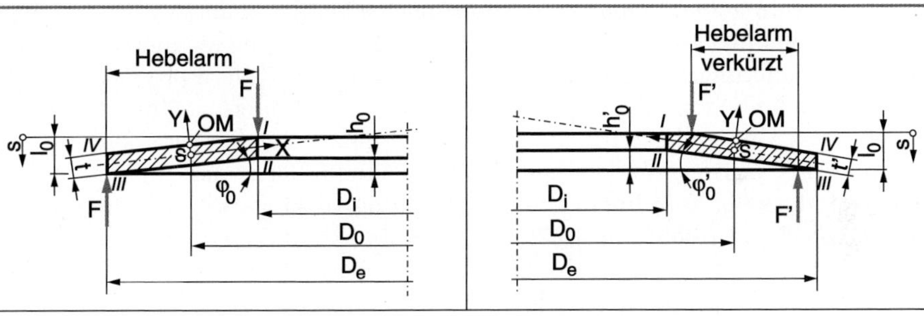

Abbildung 10.28: Krafteinleitung in Tellerfedern

Die Spannungen berechnen sich dann zu:

$$\sigma_{OM} = -\frac{4 \cdot E}{1-\upsilon^2} \cdot \frac{t^2}{K_1 \cdot D_e^2} \cdot K_4 \cdot \frac{s}{t} \cdot \frac{3}{\pi} \tag{10.110}$$

$$\sigma_{I,II} = -\frac{4 \cdot E}{1-\upsilon^2} \cdot \frac{t^2}{K_1 \cdot D_e^2} \cdot K_4 \cdot \frac{s}{t} \cdot \left[K_4 \cdot K_2 \left[\frac{h_0}{t} - \frac{s}{2 \cdot t} \right] \pm K_3 \right] \tag{10.111}$$

An der Stelle I ist K_3 positiv einzusetzen, an der Stelle II entsprechend negativ.

$$\sigma_{III,IV} = -\frac{4 \cdot E}{1-\upsilon^2} \cdot \frac{t^2}{K_1 \cdot D_e^2} \cdot K_4 \cdot \frac{s}{t} \cdot \frac{1}{\delta} \left[K_4 \cdot (K_2 - 2 \cdot K_3) \cdot \left[\frac{h_0}{t} - \frac{s}{2 \cdot t} \right] \mp K_3 \right] \tag{10.112}$$

An der Stelle III ist K_3 negativ einzusetzen, an der Stelle IV entsprechend positiv. Weiterhin gilt:

$$K_2 = \frac{6}{\pi} \cdot \frac{\frac{\delta - 1}{\ln \delta} - 1}{\ln \delta} \quad \text{und} \quad K_3 = \frac{3}{\pi} \cdot \frac{\delta - 1}{\ln \delta} \quad \text{mit} \quad \delta = \frac{D_e}{D_i} \tag{10.113}$$

Positive Spannungen sind Zugspannungen, negative Spannungen entsprechen Druckspannungen. Im Weiteren sind diese Spannungen dann in Abhängigkeit von ruhender oder schwingender Beanspruchung mit den Kennwerten der Beanspruchbarkeit zu vergleichen (s.a. Abschnitt 10.4.1). Bei schwingender Beanspruchung sind besonders die Spannungen an den Stellen II und III zu berücksichtigen, da Brüche immer von der Telleruntersseite ausgehen. Anrisse im oberen Bereich (an der Stelle I infolge von Zugeigenspannungen aus dem Setzvorgang) lassen sich durch den Einbau der Federn mit ausreichender Vorspannung vermeiden. Als Anhaltswerte gelten in diesem Fall $\sigma_1 = \sigma_I \approx -600\ \text{N/mm}^2$, entsprechend einem Vorspannfederweg von $s_1 \approx (0{,}15 \ldots 0{,}2) \cdot h_0$.

Zur Überprüfung, ob eine Tellerfeder im Bereich der Dauerfestigkeit betrieben wird ($N \geq 2 \cdot 10^6$ Lastwechsel), ist die Hubspannung σ_h für die jeweiligen Stellen I bis IV für den Federweg s_2 bei der Belastung F_2 und dem Vorspannfederweg s_1 unter der Vorspannkraft F_1 zu berechnen und mit der Dauerhubfestigkeit σ_H zu vergleichen (siehe auch Abschnitt 10.4.1):

$$\sigma_h = \sigma_2 - \sigma_1 < \sigma_H \tag{10.114}$$

Aufgrund der Schichtung von Tellerfedern tritt gemäß Abbildung 10.29 zwischen den jeweiligen Berührstellen Reibung auf, die zunächst bei der Federkraftberechnung entsprechend Gleichung (10.103) nicht berücksichtigt wurde. Die rechnerische Erfassung ist auch nur näherungsweise möglich, da die Anzahl der Federn pro Paket, die Oberflächenbeschaffenheit an den Kontaktstellen und die Schmierung einen wesentlichen Einfluss haben. Generell bewirkt die Reibung bei Belastung eine Vergrößerung und bei Entlastung eine Verringerung der berechneten Federkräfte, so dass bei zunehmendem Reibungseinfluss die Kennlinien gemäß Abbildung 10.25 stärker voneinander abweichen. Entsprechend Abbildung 10.29 wirkt der Reibkraftanteil $\mu \cdot F_B$ bei der Einfederung der Belastung entgegen und erhöht die erforderliche Einfederungskraft. Bei der Ausfederung bzw. Entlastung verhält es sich entsprechend umgekehrt. Die Federkräfte $F_{ges,R}$ mit Berücksichtigung der Tellerreibung berechnen sich zu:

$$F_{ges,R} \approx F \cdot \frac{n}{1 \mp w_M \cdot (n-1) \mp w_R} \quad \text{für ein Federpaket mit } s_{ges} = s \tag{10.115}$$

$$F_{ges,R} \approx F \cdot \frac{n}{1 \mp w_M \cdot (n-1)} \quad \text{für Federsäulen mit } s_{ges} = i \cdot s \tag{10.116}$$

Hierin bezeichnen F die rechnerische Federkraft ohne Reibung nach Gleichung (10.103), n die Telleranzahl je Federpaket und w_M und w_R die Reibungsfaktoren für Mantel- und Randreibung nach Tabelle 10.8. Bei Belastung gelten die negativen, bei Entlastung die positiven Vorzeichen. Reibungsverluste, die insbesondere bei Federsäulen unter Querverschiebung mit hohen Abstützkräften am Führungsdorn (oder Hülse) auftreten können, werden in diesen Gleichungen nicht berücksichtigt, da sie mathematisch noch schwieriger zu erfassen sind.

Schmierung	Öl		Fett		Molykote + Öl (1:1)	
Reibungsfaktoren · 10^{-3}	w_M	w_R	w_M	w_R	w_M	w_R
Reihe A	15 ... 32	27 ... 40	12 ... 37	24 ... 37	5 ... 22	27 ... 33
Reihe B	10 ... 22	17 ... 26	8 ... 19	16 ... 24	3 ... 15	17 ... 21
Reihe C	8 ... 17	12 ... 18	7 ... 15	11 ... 17	3 ... 12	12 ... 15

Tabelle 10.8: Reibungsfaktoren zur Abschätzung der Paketfederkräfte von Tellerfedern

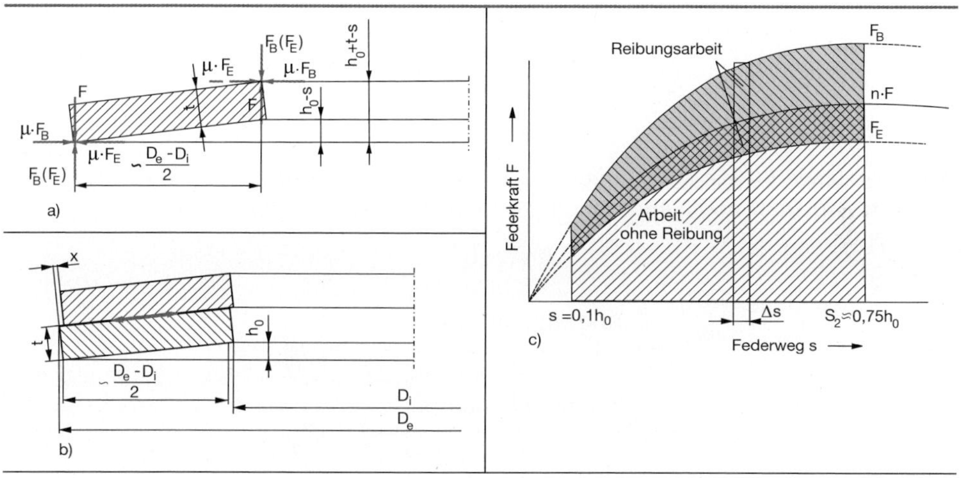

Abbildung 10.29: Federkennlinie bei Reibung zwischen Tellerfedern und Krafteinleitungselementen

10.3.3 Torsions-(Dehnungs-)federn

Entsprechend den unterschiedlichen Bauformen wird eine Einteilung in Drehstabfedern (gerade gewunden) und zylindrische Schraubenfedern (schraubenförmig gewunden) vorgenommen.

10.3.3.1 Drehstabfedern

Die Drehstabfedern werden entweder mit Kreis- oder mit Rechteckquerschnitt ausgeführt. Bei den Kreisquerschnitten – hierzu gehören im Allgemeinen auch alle Wellen unter Torsionsbelastung – unterscheidet man zusätzlich den Voll- oder auch den Hohlquerschnitt. Wegen der leichteren Bearbeitung mit optimalen Oberflächenzuständen werden Drehstabfedern üblicherweise aus warm gewalztem, vergütetem Stahl (z.B. 50 CrV 4) als Rundstäbe ausgeführt, Rechtecksquerschnitte sind eher selten. Zur sicheren Momenteneinleitung werden die Enden gemäß Abbildung 10.30 angestaucht und mit Vier- bzw. Sechskantprofil oder mit einer Kerbverzahnung nach DIN 5481 versehen [10.16]. Ist nun ein Ende fest eingespannt und das andere Ende drehbar gelagert, so wird die Drehstabfeder über der wirksamen Federlänge l_f durch das Drehmoment M_t verdrillt. Dabei gilt für den Verdrehwinkel φ nachfolgender Zusammenhang, aus dem direkt die Federsteifigkeit c abgeleitet werden kann:

$$\varphi = \frac{M_t \cdot l_f}{G \cdot I_t} \tag{10.117}$$

$$c = \frac{dM_t}{d\varphi} = \frac{G \cdot I_t}{l_f} \tag{10.118}$$

Hierin bezeichnen G den Schubmodul und I_t das Torsionsflächen- und W_t das Torsionswiderstandsmoment für einen Kreisquerschnitt mit dem Innendurchmesser d_i und dem Außendurchmesser d_a. Liegt ein Vollprofil vor, ist $d_i = 0$ zu setzen:

$$I_t = \frac{\pi \cdot \left(d_a^4 - d_i^4\right)}{32} \quad \text{und} \quad W_t = \frac{\pi \cdot \left(d_a^4 - d_i^4\right)}{16 \cdot d_a} \tag{10.119}$$

Dabei berechnet sich die federnde Länge l_f gemäß Abbildung 10.31 zu:

$$l_f = l - 2 \cdot \left(l_h - l_e\right)$$

Die Ersatzlänge l_e lässt sich abhängig von den Verhältnissen r/d und d_f/d durch den Faktor v (Anhaltswerte: $0{,}46 < v < 0{,}76$) nach DIN 2091 ermitteln:

$$l_e = v \cdot l_h$$

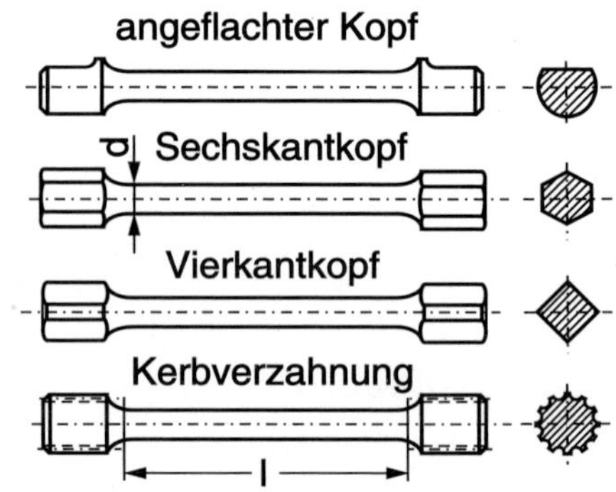

Abbildung 10.30: Arten von Drehstabfedern

Weiterhin sollte für eine optimale Werkstoffausnutzung (kerbarme Konstruktion) ein großer Übergangsradius r gewählt werden. Für die Hohlkellenlänge l_h gilt dann:

$$l_h = 0{,}5 \cdot \left(d_f - d\right) \cdot \sqrt{\frac{4 \cdot r}{\left(d_f - d\right)} - 1} \quad \text{mit} \quad \frac{d_f}{d} \geq 1{,}3$$

Die Kopflänge l_k sollte dabei $0{,}5 \cdot d_f < l_k < 1{,}5 \cdot d_f$ betragen. Oftmals werden die Federn nach dem Vergüten zur Steigerung der Dauerfestigkeit noch kugelgestrahlt und vorgesetzt. Da beim Vorsetzen günstige Eigenspannungen erzeugt werden, dürfen die Federn nur in Vorsetzrichtung beansprucht werden (Markierung dieser Richtung an den Kopfstirnflächen). Wie auch bei anderen Federbauarten kann die benötigte Kennlinie durch Reihen- oder Parallelschaltung angepasst werden, Abbildung 10.32.

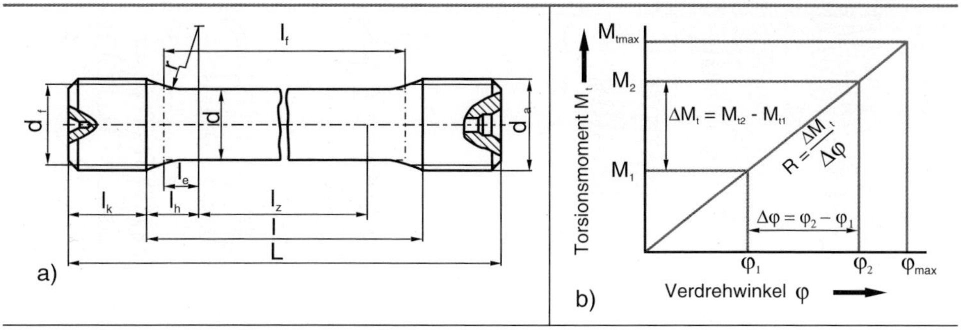

Abbildung 10.31: Geometrie einer Drehstabfeder mit kerbverzahnten Köpfen und Federkennlinie

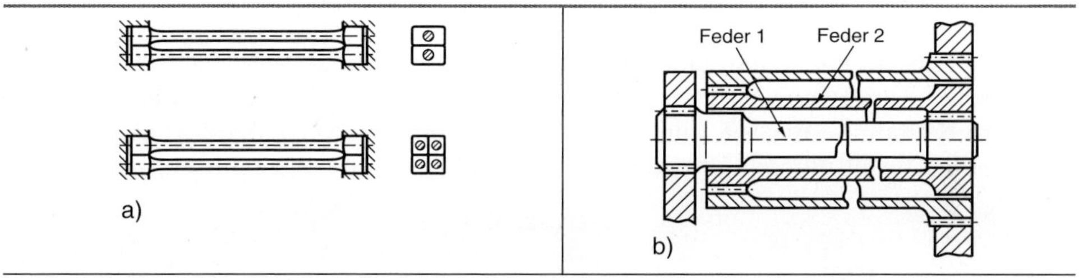

Abbildung 10.32: Parallel- und Reihenschaltung von Drehstabfedern – a) Parallelschaltung aus zwei bzw. vier 4 Rundstäben, b) Reihenschaltung aus Drehstab (Feder 1) und Drehrohr (Feder 2)

Dabei ist jedoch zu beachten, dass trotz linearen Verhaltens der Einzelstäbe die Kennlinie parallel geschalteter Stäbe nichtlinear wird.

Abschließend wird noch auf den Artnutzgrad η_A unter Verwendung der Gleichungen (10.20) und (10.26) eingegangen:

$$\eta_A = \frac{1}{2} \cdot \frac{M_{t,max} \cdot \varphi_{max} \cdot 2 \cdot G}{\tau_{max}^2 \cdot V} \tag{10.120}$$

Hieraus folgt für den Artnutzgrad η_A einer Feder mit Kreisquerschnitt:

$$\eta_A = \frac{d_a^2 + d_i^2}{2 \cdot d_a^2} \tag{10.121}$$

Für den Fall eines kreisrunden Vollquerschnittes ($d_i = 0$) ergibt sich $\eta_A = 0{,}5$. Bei Drehstabfedern mit rechteckigem Querschnitt ist der Artnutzgrad η_A deutlich geringer.

Anwendungsbeispiele für Drehstabfedern sind Achskonstruktionen im Fahrzeugbau (z.B. Stabilisatoren), Drehmomentmesswellen in Antrieben sowie elastische Elemente in nachgiebigen Kupplungen.

10.3.3.2 Zylindrische Schraubenfedern

Zylindrische Schraubenfedern sind in Form einer Schraubenlinie gewundene Drehstabfedern. Sie können gemäß Abbildung 10.33 in der Federachse durch eine Druck- oder Zugkraft F belastet werden.

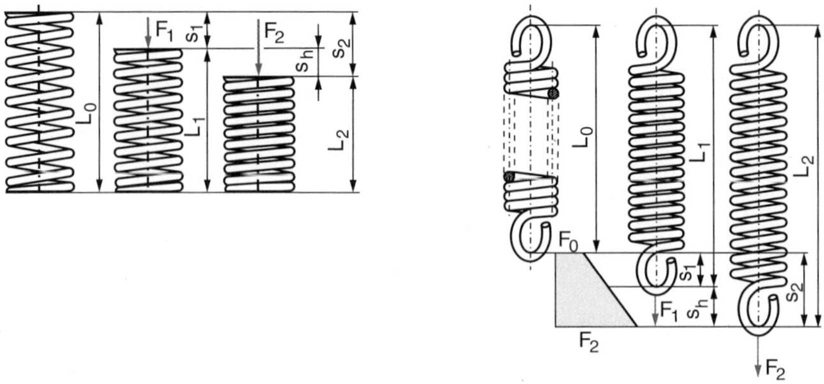

Abbildung 10.33: Bauarten von zylindrischen Schraubenfedern

Diese im Maschinenbau am häufigsten eingesetzte Federbauart lässt sich in kleinsten und größten Abmessungen aus verschiedensten Werkstoffen herstellen, ideal dem verfügbaren Bauraum anpassen und erlaubt durch Kombinationsmöglichkeiten weitestgehend die Einstellung des gewünschten Federungsverhaltens, Abbildung 10.34.

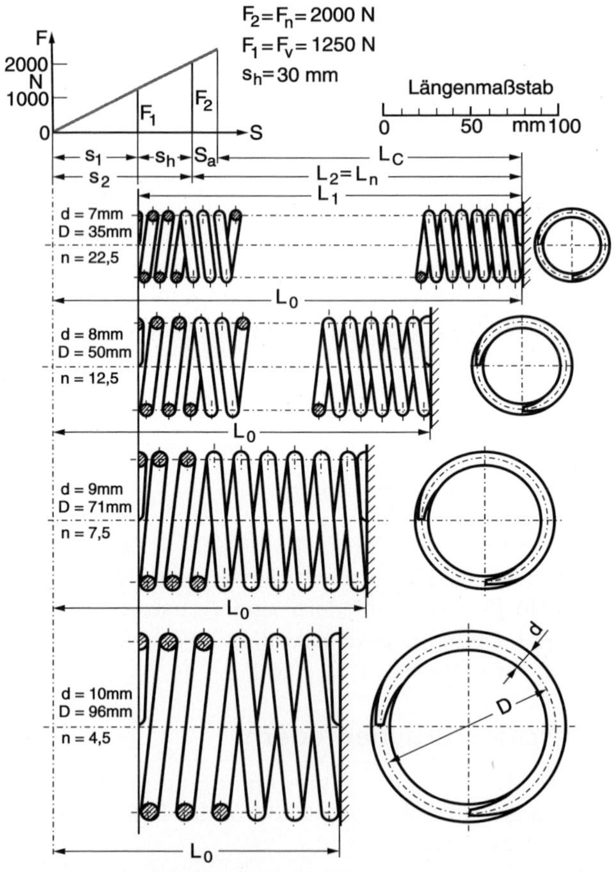

Abbildung 10.34: Gestaltung von Schraubendruckfedern

Bis zu einem Drahtdurchmesser von d = 17 mm können die Federn kalt gewickelt werden. Größere Durchmesser werden warm gewickelt und anschließend wärmebehandelt. Der gewalzte oder – insbesondere für dynamische Beanspruchungen – gezogene Draht wird abschließend gedreht, geschält oder geschliffen. Bei kalt geformten Federn unterscheidet man drei Gütegrade, für warm geformte Federn gibt es nur einen Gütegrad [10.11], [10.12]. Zur Steigerung der dynamischen Festigkeit werden Druckfedern oftmals kugelgestrahlt. Zur Minderung der Relaxationsneigung werden die Druckfedern im letzten Fertigungsgang auf Blocklänge L_c zusammengedrückt und wieder entspannt (Vorsetzen). Die volle Wirkung wird erzielt, wenn die Länge durch Setzen um mindestens 10 % verringert wird. Zugfedern werden meist keiner Setzbehandlung unterzogen und wegen der eng anliegenden Wicklungen lassen sie sich auch nicht kugelstrahlen.

Das Wickelverhältnis $w = D_m/d$ (mittlerer Federdurchmesser / Drahtdurchmesser d) sollte zwischen $w = 5 \ldots 9$ betragen, da für $w < 3$ spezielle Fertigungseinrichtungen notwendig sind, während sich für $w > 15$ Stabilitätsprobleme (Federdraht kann sich verwickeln) ergeben. Bei warm geformten Federn mit Windungszahlen $n \geq 3$ werden an den Federenden üblicherweise ¾ Windungen angelegt (beigedrückt) und plangeschliffen (ca. 270° bis 330°), so dass für die Gesamtanzahl der Windungen n_t folgt:

$$n_t = n + 1{,}5 \tag{10.122}$$

Bei kalt geformten Federn wird wegen des Aufliegens des Drahtendes auf der folgenden Wicklung pro Federende eine Windung als nicht federnd betrachtet, so dass mit mindestens $n \geq 2$ wirksamen Windungen für die Gesamtwindungszahl n_t folgt:

$$n_t = n + 2 \tag{10.123}$$

Dickere Drähte erfordern angepasste Federteller, bei einfacheren Anforderungen können die Enden auch unbearbeitet bleiben. Eine besonders gute zentrische Kraftwirkung wird erreicht, wenn die Federenden um 180° versetzt liegen bzw. bei dynamisch belasteten Druckfedern die Gesamtwindungszahl auf ½ endet.

Auch wenn sich die Schraubenfedern sehr gut an den verfügbaren Bauraum anpassen lassen, können bei der engen Vorgabe von z.B. zwei Federkräften und den jeweils zugehörigen Federwegen weitere Größen nicht unbedingt genau eingehalten werden, so dass eine Anpassung durch den Hersteller erforderlich wird (siehe hierzu auch DIN EN 15800 [10.36]). Sollen die Federenden in einer Bohrung geführt werden, ist der Außendurchmesser genau einzuhalten. Umgekehrt ist der Innendurchmesser genau vorzuschreiben, wenn die Federenden auf einen Dorn aufgeschoben werden.

Bei enger Führung der Feder ist zu berücksichtigen, dass beim Zusammendrücken derselben der Windungsdurchmesser um den Betrag ΔD_a aufgeweitet wird:

$$\Delta D_a = 0{,}1 \cdot \frac{m^2 - 0{,}8 \cdot m \cdot d - 0{,}2 \cdot d^2}{D_m} \tag{10.124}$$

Hierin bezeichnen d den Drahtdurchmesser, D_m den mittleren Federdurchmesser und der Koeffizient m berechnet sich in Abhängigkeit vom Zustand der Federenden, der Windungszahl n und der Länge L_0 der unbelasteten Feder wie folgt:

$$m = \frac{L_0 - d}{n} \quad \text{bei angelegten, planbearbeiteten Federenden,} \tag{10.125}$$

$$m = \frac{L_0 - 2{,}5 \cdot d}{n} \quad \text{bei unbearbeiteten Federenden} \tag{10.126}$$

Damit bei der größten zulässigen Federkraft F_n immer noch ein Abstand zwischen den federnden Windungen verbleibt, d.h. die Druckfeder nicht zum Block zusammengedrückt wird, sind die Mindestabstände entsprechend Tabelle 10.9 einzuhalten. Werden die Mindestabstände s_a unterschritten, kann die Federkennlinie stark progressiv ansteigen.

Kalt geformte Druckfedern		
bei statischer Beanspruchung	$s_a = n \cdot \left(0{,}0015 \cdot \frac{D_m^2}{d} + 0{,}1 \cdot d\right)$	(10.127)
bei dynamischer Beanspruchung	$s'_a \approx 1{,}5 \cdot s_a$	(10.128)
Warm geformte Druckfedern		
bei statischer Beanspruchung	$s_a = n \cdot 0{,}02 \cdot (D_m + d)$	(10.129)
bei dynamischer Beanspruchung	$s'_a \approx 2 \cdot s_a$	(10.130)

Tabelle 10.9: Erforderliche Windungsmindestabstände s_a bei maximaler Federkraft F_n

Die Blocklängen einer Feder (Windungen liegen aneinander) lassen sich gemäß Abbildung 10.10 aus der Gesamtwindungszahl n_t und dem maximalen Durchmesser d_{max} bestimmen:

$$d_{max} = d + es \qquad (10.131)$$

Hierin bezeichnet *es* das obere Grenzabmaß für Federstahldraht nach DIN EN 10270 [10.32].

Kalt geformt, Federenden		
angelegt und geschliffen	$L_C \le n_t \cdot d_{max}$	(10.132)
angelegt und unbearbeitet	$L_C \le (n_t + 1{,}5) \cdot d_{max}$	(10.133)
Warm geformt, Federenden		
angelegt und planbearbeitet	$L_C \le (n_t - 0{,}3) \cdot d_{max}$	(10.134)
unbearbeitet	$s'_a \approx 2 \cdot s_a \; L_C \le (n_t + 1{,}1) \cdot d_{max}$	(10.135)

Tabelle 10.10: Blocklängen L_c in Abhängigkeit vom Fertigungsverfahren

Für die kleinste zulässige Federlänge L_n bei der größten zulässigen Federkraft F_n folgt dann:

$$L_N \ge L_C + s_a \quad \text{bzw.} \quad L'_N \ge L_C + s'_a \qquad (10.136)$$

Drückt man eine Druckfeder im Anschluss an die Fertigung zum ersten Mal zusammen, so setzt sich die Feder, d.h. nach der Entlastung erreicht die Feder nicht mehr ihre ursprüngliche, unbelastete Länge. Es sind noch mehrmalige Belastungen notwendig, damit die folgende, als Richtwert geltende Länge der unbelasteten Feder erreicht wird:

$$L_0 = s_c + L_c = s_n + L_c + s_a \quad \text{bzw.} \quad L'_0 = s_c + L_c = s_n + L_c + s'_a \qquad (10.137)$$

Hierin bezeichnet s_c den Federweg im Blockzustand und s_n den der Federkraft F_n zugeordneten Federweg. In Abbildung 10.35 werden diese Zusammenhänge zwischen Federkräften, Federlängen und Federwegen für Druck- und Zugfedern verdeutlicht.

Normalerweise werden die Federn rechts gewickelt. Liegt in einer Feder eine weitere, so wird diese entgegengesetzt (also links) gewickelt. Wird eine Feder durch einen Gewindebolzen geführt, so sind auch hier jeweils entgegengesetzte Steigungsrichtungen zu verwenden.

Im Vergleich zu Druckfedern entfallen bei Zugfedern die erforderlichen Führungselemente wie Dorne, Hülsen oder Federteller zur Verbindung der Feder mit der Anschlusskonstruktion. Stattdessen lassen sich die Federenden bei Zugfedern zur zentrischen Kraftübertragung gemäß Abbildung 10.35 ausbilden, wobei jedoch der Platzbedarf für den Einbau steigt. Die Ösen können parallel, um 90° oder 270° zueinander versetzt, auf Viertel-Windungen endend oder aber auch seitlich hochgestellt angeordnet sein. Die angebogenen Haken und Ösen sollten möglichst große Krümmungsradien aufweisen und frei von Beschädigungen und Bearbeitungsmarken sein. Diese rechnerisch schwer erfassbaren Einflüsse mindern die Schwingfestigkeit, weshalb man normalerweise Zugfedern nur selten bei dynamischer Beanspruchung einsetzt. Lässt sich die dynamische Beanspruchung nicht vermeiden, sind nur gerollte oder eingeschraubte Endstücke zu verwenden. Bis zu einem Drahtdurchmesser von d = 17 mm werden die Zugfedern meistens mit innerer Vorspannung kalt geformt, so dass die Windungen aneinander liegen und der Vorspannfederweg minimiert wird. Oberhalb von 17 mm Drahtdurchmesser wird warm gewickelt, so dass keine Vorspannung vorliegt und auch demzufolge die Windungen nicht aneinander liegen. Übliche Drahtabmessungen betragen bis zu d < 35 mm. Der kleinste Innenradius sollte nicht kleiner sein als der Drahtdurchmesser.

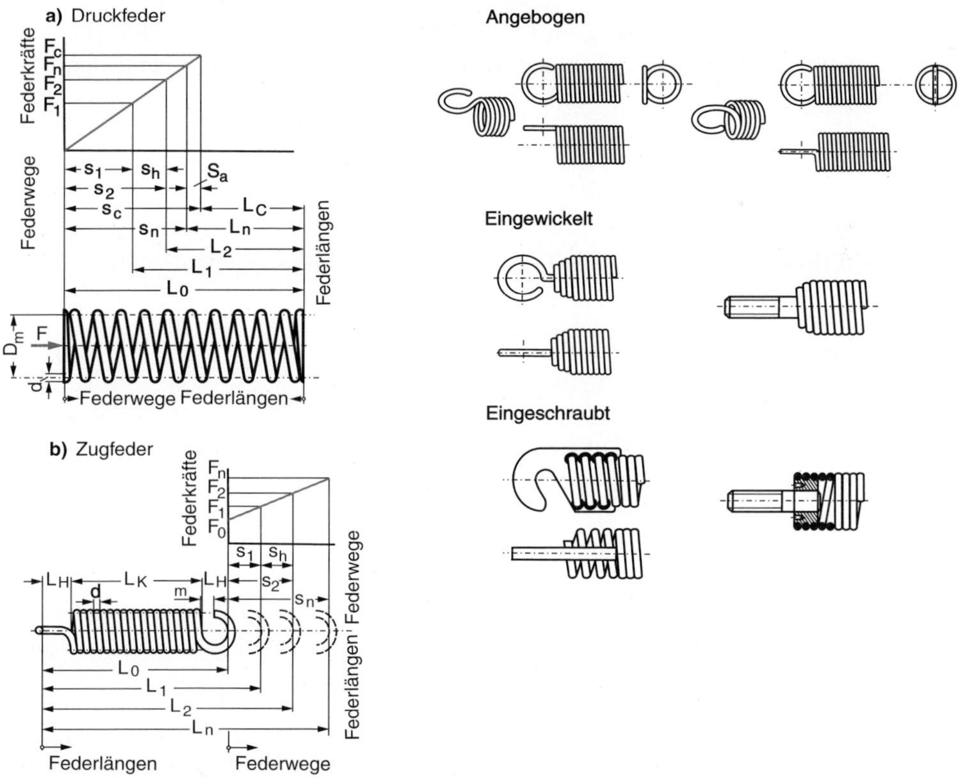

Abbildung 10.35: Druck- und Zugfederdiagramme zylindrischer Schraubenfedern und Federenden von Zugfedern

Da die Belastung von Zugfedern nicht durch Blockbeanspruchung begrenzt werden kann, lässt man üblicherweise nur kleinere Spannungen als bei Druckfedern zu, da z.B. der Federbruch einer Zugfeder im Gegensatz zur Druckfeder sofort eine Kraftflussunterbrechung bedeutet.

Aus der Gesamtwindungszahl n_t, dem Drahtdurchmesser d und der Ösenlänge L_H lässt sich die Länge des unbelasteten Federkörpers mit eingewundener Vorspannung bzw. die Federlänge L_0 zwischen den Innenkanten der Ösen bestimmen zu:

$$L_K \approx (n_t + 1) \cdot d_{max} \tag{10.138}$$

$$L_0 \approx L_K + 2 \cdot L_H \tag{10.139}$$

Die Ösenlänge kann dabei je nach Ösentyp Werte zwischen $L_H = 0{,}55 \cdot D_i$ bis $1{,}5 \cdot D_i$ annehmen. Die Gesamtwindungszahl setzt sich zusammen aus der Anzahl der federnden Windungen n und der wegen des Einrollens bzw. Einschraubens nicht federnden zwei bis vier Windungen pro Ende.

Zur Verringerung der erforderlichen Einbaulänge L_1 gemäß Abbildung 10.35 stellt man kalt geformte Zugfedern mit einer inneren Vorspannung her, so dass die Windungen stramm aneinander liegen. Zum Öffnen der Windungen ist die innere Vorspannkraft F_0 erforderlich:

$$F_0 = F - c \cdot s = F - \frac{G \cdot d^4 \cdot s}{8 \cdot D_m^3 \cdot n} \tag{10.140}$$

Die erreichbare innere Vorspannkraft F_0 hängt ab von der zulässigen Festigkeit τ_{zul} des Drahtwerkstoffes, dem Drahtdurchmesser d, dem Wickelverhältnis w und dem Herstellverfahren:

$$F_0 = (0{,}3 - 0{,}0139) \cdot w \cdot \tau_{zul} \cdot \frac{\pi \cdot d^3}{8 \cdot D_m} \quad \text{(Wickeln auf Wickelbank)} \tag{10.141}$$

$$F_0 = (0{,}167 - 0{,}0083) \cdot w \cdot \tau_{zul} \cdot \frac{\pi \cdot d^3}{8 \cdot D_m} \quad \text{(Winden auf Federwindenautomat)} \tag{10.142}$$

$$w = \frac{D_m}{d} \tag{10.143}$$

Der Steigungswinkel α_w auf dem mittleren Wickelzylinder mit dem Windungsdurchmesser D_m lässt sich wie folgt aus dem Drahtdurchmesser d und dem lichten Abstand a_0 zwischen den Windungen einer unbelasteten Feder berechnen:

$$\tan \alpha_W = \frac{a_0 + d}{\pi \cdot D_m} \tag{10.144}$$

Wirkt nun eine Kraft F axial auf die zylindrische Schraubenfeder, so lässt sich diese über den Steigungswinkel α_w in eine Querkraft F_q (rechtwinklig zur Schraubenlinie) und eine Längskraft F_l (Zug- oder Druckkraft längs der Schraubenlinie) zerlegen, Abbildung 10.36. Aus der Querkraft wiederum entsteht eine Scherbeanspruchung sowie ein Torsionsmoment M_t mit zugehöriger Torsionsbeanspruchung. Die Längskraft erzeugt eine Zug- oder Druck-Beanspruchung (Zug- oder Druckfeder) und über den Hebelarm $D_m/2$ ein Biegemoment M_b mit zugehöriger Biegebeanspruchung.

Unter der Voraussetzung eines kleinen Steigungswinkels α können die Biege- sowie die Zug- und Druck-Beanspruchung vernachlässigt werden. Die Scherbeanspruchung ist gegenüber der Torsionsbeanspruchung vernachlässigbar, da der Federdraht einem langen „schlanken“ Stab entspricht. Somit unterliegen zylindrische Schraubenfedern bei kleinen Steigungswinkeln α hauptsächlich einer Torsionsbeanspruchung aus dem Torsionsmoment M_t.

$$M_t = F_q \cdot \frac{D_m}{2} = F \cdot \cos\alpha_W \cdot \frac{D_m}{2} \approx F \cdot \frac{D_m}{2} \qquad (10.145)$$

Aufgrund der hauptsächlich vorliegenden Torsionsbeanspruchung kann man die Schraubenfeder auch als gewundene Drehstabfeder betrachten, so dass sich der axiale Federweg s aus dem Verdrehwinkel φ des Drahtes multipliziert mit dem mittleren Federradius $D_m/2$ ableiten lässt:

$$s = \varphi \cdot \frac{D_m}{2} = \frac{M_t \cdot l}{G \cdot I_t} \cdot \frac{D_m}{2} \approx \frac{8 \cdot F \cdot D_m^3}{G \cdot d^4} \cdot n \qquad (10.146)$$

Die federnde Länge l des Federdrahtes berechnet sich mit n als Anzahl der federnden Windungen unter Vernachlässigung der Steigung zu:

$$l \approx \pi \cdot D_m \cdot n \qquad (10.147)$$

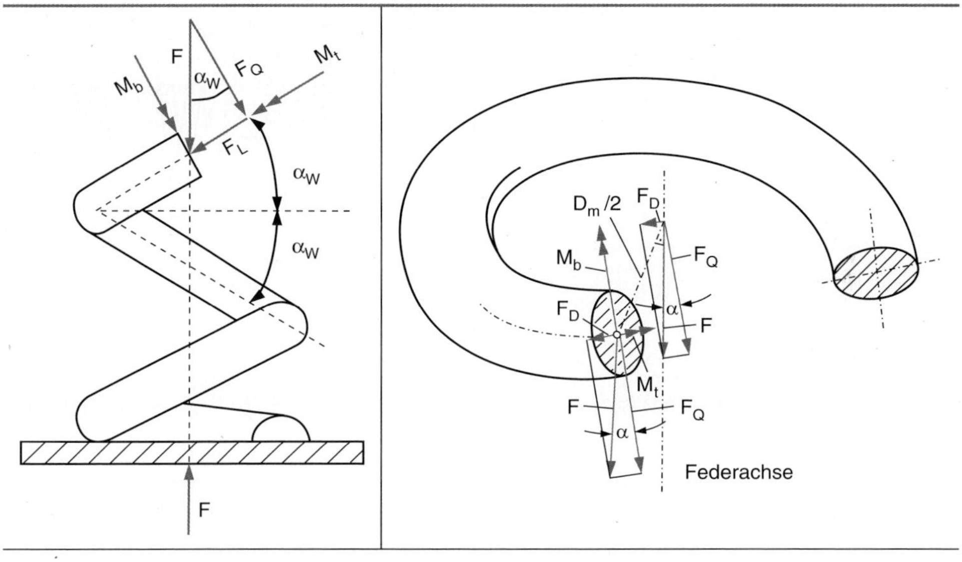

Abbildung 10.36: Aufteilung einer axial wirkenden Kraft längs des Drahtes [10.52]

Unter Voraussetzung einer linearen Federkennlinie folgt für die Federsteifigkeit c:

$$c = \frac{F}{s} \approx \frac{G \cdot d^4}{8 \cdot D_m^3 \cdot n} \qquad (10.148)$$

Betrachtet man die Schraubenfeder als gewundene Drehstabfeder, folgt ein Artnutzgrad von η_A = ½. Das zugehörige Federvolumen berechnet sicht unter Vernachlässigung der Steigung zu:

$$V = A_{Draht} \cdot l_f = \frac{\pi \cdot d^2}{4} \cdot \pi \cdot D_m \cdot n \qquad (10.149)$$

Betrachtet man nun unter Vernachlässigung der Drahtkrümmung den Schubspannungsverlauf, so ist dieser über dem Drahtquerschnitt gemäß Abbildung 10.37 linear:

$$\tau_{t,max} = \tau_i = \frac{M_t}{W_t} = \frac{16 \cdot F \cdot D_m}{2 \cdot \pi \cdot d^3} = \frac{8 \cdot F \cdot D_m}{\pi \cdot d^3} \qquad (10.150)$$

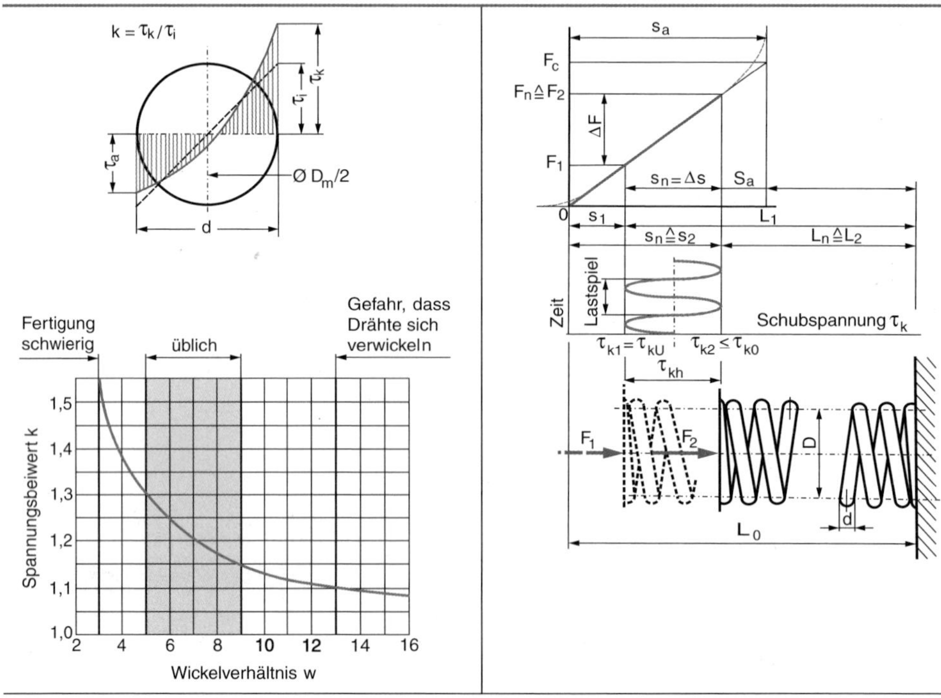

Abbildung 10.37: Ungleichmäßige Spannungsverteilung im Draht und Spannungsbeiwert *k* zur Korrektur bei dynamischer Federbelastung

Dieser vereinfachte lineare Zusammenhang darf jedoch nur bei statischer bzw. quasistatischer Beanspruchung angenommen werden. Tatsächlich bedingt die Drahtkrümmung jedoch an dem der Innenseite der Feder zugewandten Querschnittsrand höhere Schubspannungen τ_k als am äußeren Umfang, so dass sich ein nichtlinearer Verlauf gemäß Abbildung 10.37 (links oben) ergibt.

Dies ist insbesondere bei dynamischen Beanspruchungen (Abbildung 10.37 rechte Seite) durch einen Korrekturfaktor *k* abhängig vom Wickelverhältnis *w* mit der Näherungsgleichung von Bergsträsser zu berücksichtigen [10.34], [10.41], [10.47]:

$$\tau_k = k \cdot \tau_i \qquad (10.151)$$

$$k = \frac{w + 0{,}5}{w - 0{,}75} \quad \text{mit} \quad w = \frac{D_m}{d} \qquad (10.152)$$

Betrachtet man nun die dynamische Belastung einer Feder genauer, so schwankt die einwirkende Kraft gemäß Abbildung 10.37 z.B. sinusförmig zwischen F_1 und F_2. Gemäß der Gleichungen (10.151) und (10.152) folgt für die zugehörigen Schubspannungen:

$$\tau_{k1,2} = k \cdot \tau_{i1,2} \tag{10.153}$$

In jedem Fall müssen die zur Kraft F_1 gehörende Schubspannung τ_{k1} (Unterspannung τ_{kU}) und die zur Kraft F_2 gehörende Schubspannung τ_{k2} kleiner oder gleich der zulässigen Beanspruchbarkeit sein, die sich als Dauerfestigkeitswert τ_{kO} aus Dauerfestigkeitsschaubildern für den jeweiligen Werkstoff ablesen lässt (siehe auch Abschnitt 10.4.1):

$$\tau_{k1} = \tau_{kU} \leq \tau_{kO} \quad \text{und} \quad \tau_{k2} \leq \tau_{kO} \tag{10.154}$$

Die jeweiligen Grenzlastspielzahlen, bei der die Dauerfestigkeitskennwerte erreicht werden, betragen werkstoffabhängig für kalt geformte Federn $N = 10^7$ und für warm geformte Federn $N = 10^5$ bis $N = 2 \cdot 10^6$.

Aus der dynamischen Beanspruchung resultiert eine Ausschlagsspannung bzw. Hubspannung τ_{kh}, die kleiner oder gleich einer zulässigen Hubspannung τ_{kH} (Hubfestigkeit) sein muss, die sich ebenfalls aus dem Dauerfestigkeitsschaubild abhängig von den auftretenden Unter- und Oberspannungen ermitteln lässt:

$$\tau_{kh} = \tau_{k2} - \tau_{k1} \leq \tau_{kH} \tag{10.155}$$

Darüber hinaus ist auch bei dynamisch beanspruchten Druckfedern die maximale Spannung τ_c im Blockzustand mit der Kraft F_c zu überprüfen, die eine zulässige Spannung $\tau_{c,zul}$ nicht überschreiten darf:

$$\tau_c = \frac{8 \cdot F_c \cdot D_m}{\pi \cdot d^3} \leq \tau_{c,zul} \tag{10.156}$$

Des Weiteren besteht bei dynamisch beanspruchten Federn die Gefahr des Resonanzbetriebs, wenn die Eigenfrequenz der Feder mit der Anregungsfrequenz oder einem Vielfachen davon zusammenfällt. Deshalb sollte die Eigenfrequenz f_E ca. 20 % größer sein als die Anregungsfrequenz f_E. Für Druckfedern mit geführten Federenden ohne Dämpfung berechnet sich die Eigenfrequenz f_E zu:

$$f_E = \frac{1}{2 \cdot \pi} \cdot \sqrt{\frac{c}{m}} = \frac{1}{2 \cdot \pi} \cdot \sqrt{\frac{G \cdot d^4}{8 \cdot n \cdot m \cdot D_m^3}} > 1{,}2 \cdot f_F \tag{10.157}$$

Trotz mittiger Krafteinleitung können Schraubendruckfedern unter ungünstigen Randbedingungen seitlich ausknicken. Maßgeblich hierfür ist das Verhältnis von Federlänge L_0 zu mittlerem Windungsdurchmesser D_m, das man auch als Schlankheitsgrad λ bezeichnet.

$$\lambda = \frac{L_0}{D_m} \tag{10.158}$$

Je größer der Schlankheitsgrad, desto eher besteht die Gefahr des Ausknickens. Zur Berechnung der Knicksicherheit ist der Schlankheitsgrad abhängig von der Lagerung der Feder mit einem Beiwert v gemäß Abbildung 10.38 zu multiplizieren, so dass der Knickfederweg s_k wie folgt berechnet werden kann:

$$s_k = \frac{L_0}{2 \cdot \left(1 - \frac{G}{E}\right)} \cdot \left(1 - \sqrt{\frac{1 - \frac{G}{E}}{0{,}5 + \frac{G}{E}} \cdot \left(\frac{\pi}{v \cdot \lambda}\right)^2}\right) \tag{10.159}$$

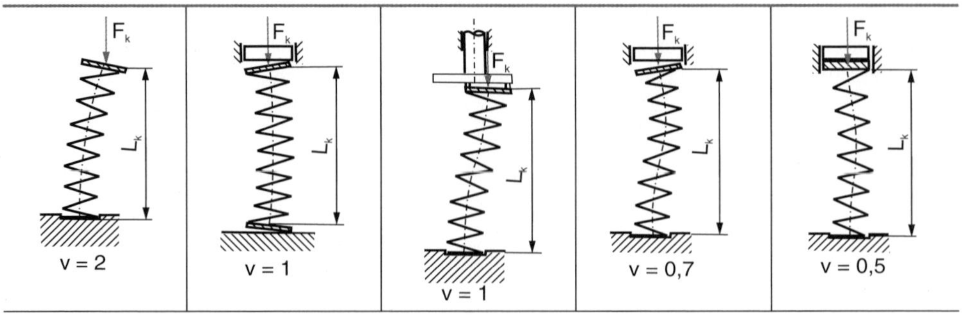

Abbildung 10.38: Lagerungsbeiwerte Knickproblem – Ausknicken von Schraubenfedern

Die Knicksicherheit einer zylindrischen Schraubendruckfeder ist dann gegeben, wenn der Federweg s immer kleiner ist als der Knickfederweg s_k (siehe auch Abbildung 10.39):

$$s < s_k \tag{10.160}$$

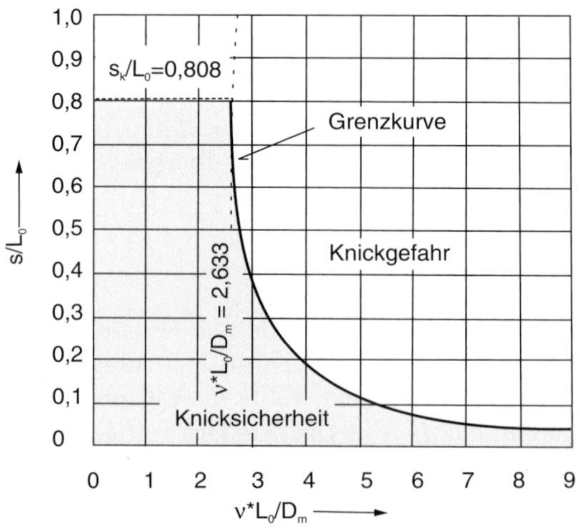

Abbildung 10.39: Theoretische Grenzkurve der Knicksicherheit nach [10.34]

Sollte eine Feder nicht knicksicher sein, so kann sie durch eine Hülse oder einen Dorn geführt werden. Allerdings muss man dann mit zusätzlichen Reibungsverlusten rechnen, insbesondere bei großem Schlankheitsgrad.

Neben der Hauptbelastung in axialer Richtung kann eine Schraubendruckfeder auch durch eine Querkraft gemäß Abbildung 10.40 belastet werden (z.B. Lokrahmenfederung bei Bogenfahrt). Dabei besteht folgender Zusammenhang zwischen der Querfedersteifigkeit c_Q und der Längsfedersteifigkeit c:

$$c_Q = c \cdot \frac{\xi}{\xi - 1 + \frac{\frac{1}{\lambda}}{A} \cdot \sqrt{A \cdot B} \cdot \tan\left(\lambda \cdot \xi \cdot \sqrt{A \cdot B}\right)} \tag{10.161}$$

$$A = \frac{1}{2} + \frac{G}{E} \quad \text{und} \quad B = \frac{G}{E} + \frac{1-\xi}{\xi} \tag{10.162}$$

Hierin bezeichnen λ den Schlankheitsgrad und ξ den bezogenen Federweg:

$$\lambda = \frac{L_0}{D_m} \quad \text{und} \quad \xi = \frac{s}{L_0} \tag{10.163}$$

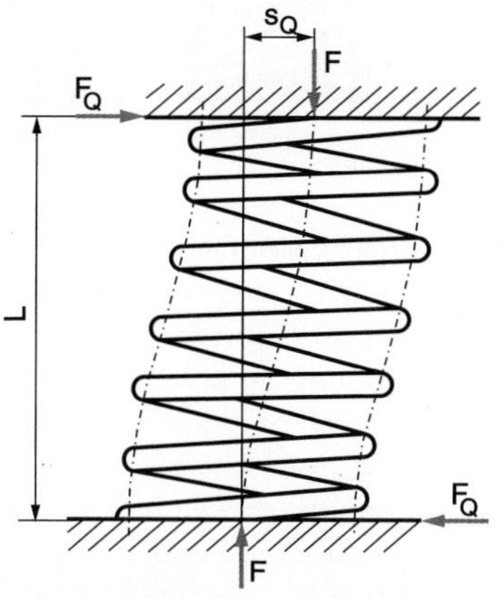

Abbildung 10.40: Axial- und Querbelastung einer Feder

Bei gleichzeitiger axialer Federung (gespannte Länge $L = L_0 - s$) und Querfederung berechnet sich die dann auftretende Schubspannung zu:

$$\tau_t = \frac{8}{\pi \cdot d^3} \cdot \left[F \cdot \left(D_m + s_Q \right) + F_Q \cdot (L - d) \right] \tag{10.164}$$

Die maximale Querfederung aufgrund von F_Q wird begrenzt durch die Bedingung, dass die Federenden nach DIN 13906-1 aufliegen müssen [10.34]:

$$F_Q \cdot \frac{L}{2} \leq F \cdot \frac{D_m - s_Q}{2} \tag{10.165}$$

Die Anwendungsbeispiele von Schraubenfedern im Maschinen-, Anlagen- und Fahrzeugbau sind so vielfältig, dass hier nur eine kleine Auswahl aufgeführt werden kann. Ein großes Einsatzgebiet ist die Federung von Rädern oder Achsen im Kraftfahrzeug- und Schienenfahrzeugbau. Im Motor werden Schraubenfedern als Ventilfedern eingesetzt und in nahezu allen Bremsbauarten werden Druckfedern zur Kraftaufbringung verwendet.

10.3.3.3 Weitere Bauarten von Schraubenfedern

Neben den oben beschriebenen Schraubenfedern mit zylindrischem Drahtquerschnitt gibt es auch noch Schraubenfedern mit Rechtecksquerschnitt, die bei gleichem Einbauraum über ein größeres Arbeitsvermögen verfügen. Die Herstellung ist teurer und beim Wickeln von Rechteckstäben zu Schraubenfedern entstehen starke Verformungen mit ungleichmäßiger Spannungsverteilung. Daraus resultiert bei gleicher Raumausnutzung eine schlechtere Werkstoffausnutzung. Dementsprechend sind Federn mit Rechtecksquerschnitt nur vorzusehen, wenn Runddrahtfedern die nötigen Anforderungen nicht mehr erfüllen können. Abhängig von der Drahtanordnung werden flach gewickelte oder hochkant gewickelte Schraubendruckfedern unterschieden, wobei die flach gewickelte Feder die härtere Federung aufweist, Abbildung 10.41. Die Berechnung ist nach DIN 2090 vorzunehmen [10.6].

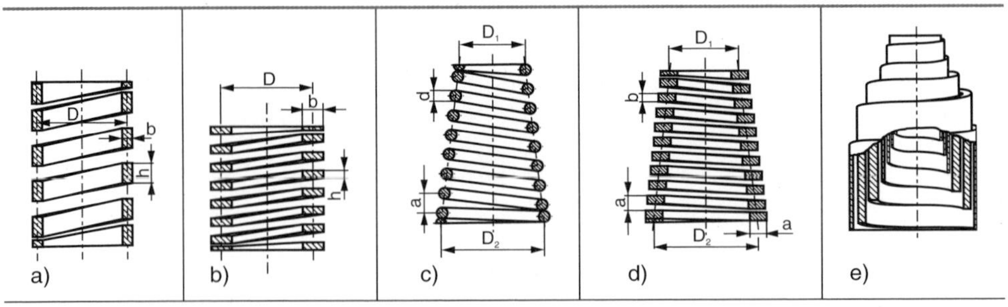

Abbildung 10.41: Schraubendruckfeder mit Rechtecksquerschnitt sowie kegelige Druckfedern

Eine weitere Schraubenfederbauart sind die kegeligen Schraubendruckfedern gemäß Abbildung 10.41. Diese werden auch als Kegelstumpffedern bezeichnet und meistens aus Runddrähten hergestellt. Seltener ist der Rechtecksquerschnitt. Die Kennlinien von Kegelstumpffedern sind solange eine Gerade, bis die Windungen mit den größeren Durchmessern zu blockieren beginnen. Danach verläuft die Kennlinie progressiv. Generell wird der Werkstoff bei solchen Federbauarten nicht voll ausgenutzt, da immer der kleinste Querschnitt für die zulässige Beanspruchung maßgeblich ist. Die Berechnung von Kegelstumpffedern ist sehr aufwändig und wird deshalb hier nicht weiter behandelt. Ein großes Einsatzgebiet bei vergleichsweise kleinen Kräften sind Doppelkegelfedern in Zangen und Scheren.

10.3.4 Gummifedern

Gummifedern werden gemäß Abbildung 10.42 überwiegend als einbaufertige, im Gummi-Metall-Haftverfahren hergestellte Konstruktionselemente verwendet. Dabei werden die aus natürlichem oder synthetischem Kautschuk oder anderen molekularen Werkstoffen bestehenden elastischen Elemente durch Vulkanisation bei ca. 150° C zug-, druck- und schubfest mit Metallelementen (Platten, Winkel oder Hülsen) verbunden. Häufig ist die Haftfähigkeit zwischen Metallbauteil und Elastomer größer als die innere Festigkeit des Elastomers. Sämtliche Kräfte lassen sich reibungsfrei und ohne örtliche Spannungskonzentrationen aus der Anschlusskonstruktion in das Federelement einleiten.

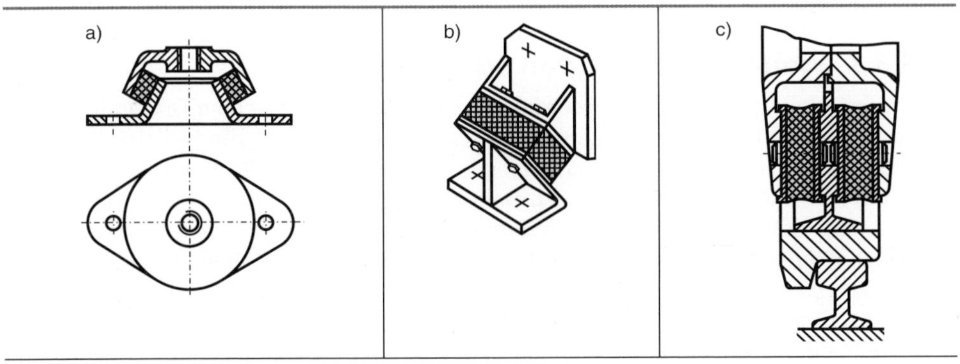

Abbildung 10.42: Beispiele von Gummifederanwendungen, a) Maschinenfuß mit konischer Ringgummifeder, b) Gummi-Quaderelement, c) Gummigefedertes Schienenfahrzeugrad

Im Gegensatz zu Stahlfedern, deren Federung hauptsächlich durch eine bestimmte Form bewirkt wird (Formfederung), hat bei Gummifedern der Werkstoff selbst eine hohe Federwirkung (Stofffederung). Je nach Beschaffenheit des Gummielements lassen sich so eine weichere oder härtere Federung, eine gleichzeitige Federung in mehrere Richtungen, vor allem aber eine ideale Kombination aus Federung und Dämpfung realisieren, da Gummi als besondere Stoffeigenschaft über eine hohe innere Reibung mit entsprechend hohen Dämpfungseigenschaften verfügt. Des Weiteren lassen sich Elastomere in nahezu allen Formen herstellen und so optimal an einen gegebenen Bauraum anpassen. Dabei darf der Gummikörper jedoch nie allseitig eingeschlossen werden, da er sich dann unter Druckbeanspruchung nicht verformen kann und deshalb wie ein unelastischer Körper verhalten wird. Zusätzlich zu diesen gebundenen Gummifedern gibt es auch noch gefügte Gummifedern, bei denen der Gummi zwischen Hülsen mechanisch so fest eingepresst wird, dass die Kraft- bzw. Momentenübertragung reibschlüssig erfolgt. Die gleichmäßige Spannungsverteilung im Gummi-Element wird durch eine ausreichende Pressung sichergestellt. In Abbildung 10.43 ist eine so genannte Silentbuchse als Beispiel für eine gefügte Gummifeder wiedergegeben.

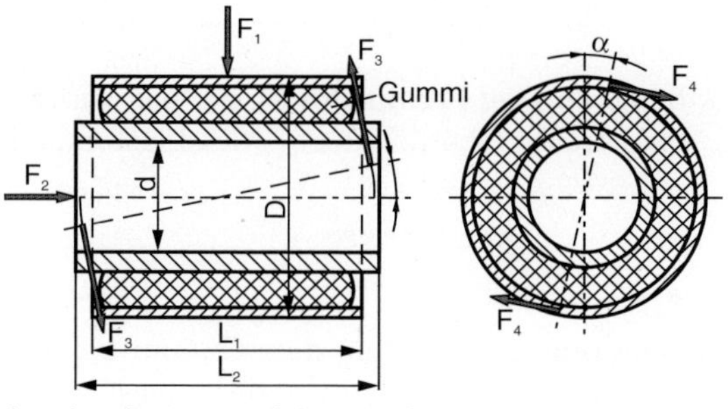

Abbildung 10.43: Silentbuchse als gefügte Gummifeder zur Aufnahme verschiedener Belastungen

In den meisten Einsatzfällen unterliegen Gummifedern dynamischen Beanspruchungen. Selbst wenn diese Beanspruchungen im linear-elastischen Bereich liegen, weist das schwingend beanspruchte Element ein im Vergleich zur statischen Belastung abweichendes nichtlineares Verhalten auf. Darüber hinaus sind die Federsteifigkeit und die Dämpfungswerte von der Belastungsart (statisch oder dynamisch), der Belastungsfrequenz und der Temperatur abhängig.

Diese werkstofftypischen Besonderheiten werden auch anhand der Elastizitäts- und Schubmoduln deutlich. So sind z.B. E- und G-Moduln bei Schwingbeanspruchungen mit hoher Verformungsgeschwindigkeit wesentlich höher als bei statischer Beanspruchung, was durch den Dynamikfaktor k_d berücksichtigt wird, Abbildung 10.44. Auch sind neue Gummifedern i.A. härter (E- und G-Modul sind also größer) als bereits dynamisch belastete:

$$G_{dyn} = k_d \cdot G \tag{10.166}$$

Die Ermittlung des E-Moduls aus dem Schubmodul erfordert die Einbeziehung eines weiteren Korrekturfaktors, da die nachfolgende allgemeingültige theoretische Beziehung für die meisten Gummifedern mit $\nu = 0{,}5$ nicht brauchbar ist:

$$E = 2 \cdot (1 + \nu) \cdot G = 3 \cdot G \tag{10.167}$$

Vielmehr wird die ansonsten freie Querdehnung durch anvulkanisierte oder angepresste Metallelemente behindert, was durch einen Formkennwert k berücksichtigt wird:

$$E_{rech} = k \cdot G \qquad (10.168)$$

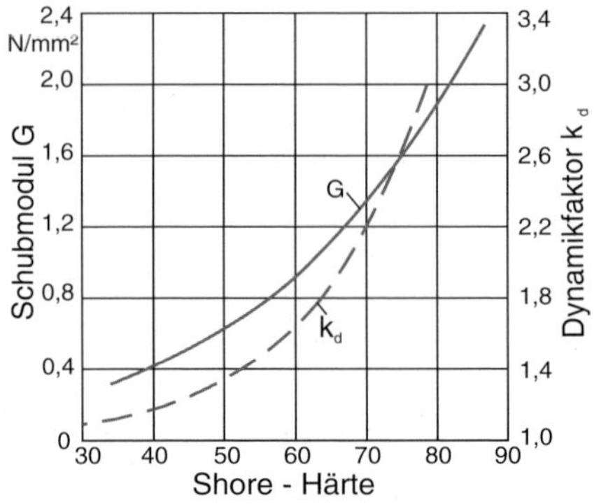

Abbildung 10.44: Schubmodul G und Dynamikfaktor k_d von Gummi nach [10.40]

Der Formkennwert k hängt ab vom Formfaktor k', der das Verhältnis der beanspruchten Fläche $A_{beansprucht}$ zur freien Oberfläche A_{frei} des Elastomerelementes beschreibt, Abbildung 10.45:

$$k' = \frac{A_{beansprucht}}{A_{frei}} \qquad (10.169)$$

Ferner ist bei der Anwendung zu beachten, dass Gummi bei andauernder Belastung zum Kriechen neigt, zusätzlich bei schwingender Belastung innerhalb der ersten $0{,}5 \cdot 10^6$ Lastwechsel zum Setzen. Kriech- und Setzverhalten sind ebenfalls stark temperaturabhängig, je nach Belastungsart sind 8 bis 20 % der elastischen Verformung für Kriechen und Setzen zu berücksichtigen.

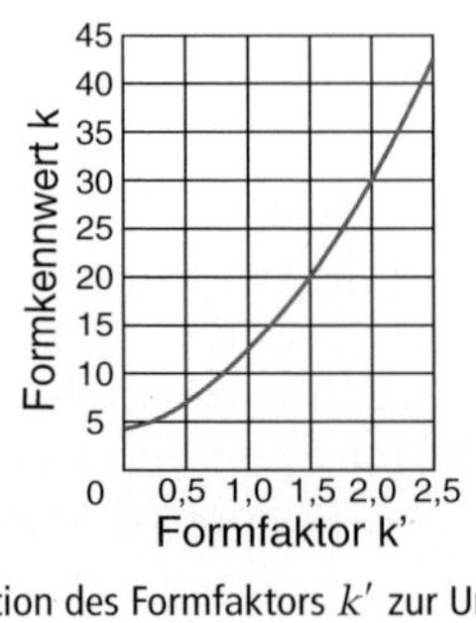

Abbildung 10.45: Formkennwert k als Funktion des Formfaktors k' zur Umrechnung des G-Moduls aus dem E-Modul für eine druckbeanspruchte Elastomerfeder

Aufgrund der sehr unterschiedlichen Eigenschaften, Einflussgrößen und Ausführungsformen lassen sich im Vergleich zu anderen Federbauarten nur eingeschränkt allgemein gültige Berechnungsgleichungen für Gummifedern angeben. Da meistens gleich einbaufertige Elemente geliefert werden, sind genaue Daten herstellerabhängig. Für erste überschlägige Berechnungen können abhängig von der Federbauart und der Belastungssituation die Zusammenhänge der folgenden Tabelle 10.11 genutzt werden.

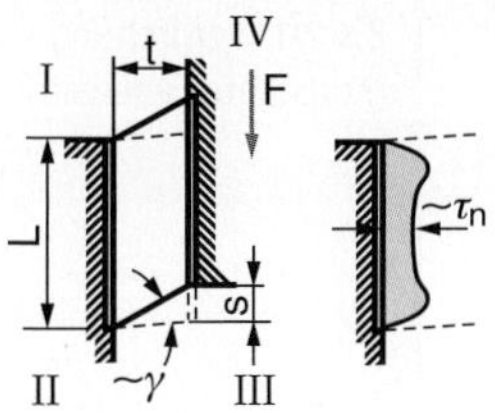	Schubspannung: $\tau = \frac{F}{b \cdot L}$ (10.170) Winkel: $\tan\gamma = \frac{s}{t} \quad (\tan\gamma \approx \gamma)$ (10.171) Federsteifigkeit: $c = \frac{b \cdot L \cdot G}{t}$ (10.172) Federweg: $s = L \cdot \gamma = \frac{F \cdot t}{b \cdot G \cdot L}$ (10.173) Federungsarbeit: $W = \frac{r^2 \cdot b \cdot h \cdot L}{2 \cdot G}$ (10.174) Artnutzgrad: $\eta_A = 1$ für $t << 1$ (10.175)	Bis $\gamma \approx 20°$ bzw. bis $s \approx 0{,}35 \cdot t$ (etwa konstante Federrate) Bei I und III treten zusätzlich Zug-, bei II und IV zusätzlich Druckspannungen auf.
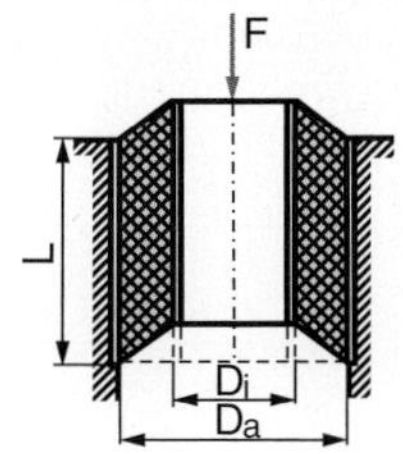	Schubspannung: $\tau_i = \frac{F}{\pi \cdot D_i \cdot L}$ (10.176) $\tau_a = \frac{F}{\pi \cdot D_a \cdot L}$ (10.177) Winkel: $\gamma_i = \frac{\tau_i}{G}$ (10.178) Federsteifigkeit: $c = \frac{2 \cdot \pi \cdot G \cdot L}{\ln\left(D_a / D_i\right)}$ (10.179) Federweg: $s = \frac{F \cdot \ln\left(D_a / D_i\right)}{2 \cdot \pi \cdot G \cdot L}$ (10.180)	Bis $\gamma \approx 20°$ bzw. bis 25 % Verschiebung von ½ · $(D_a - D_i)$

Tabelle 10.11: Berechnung von Gummifedern im Bereich der Linearität

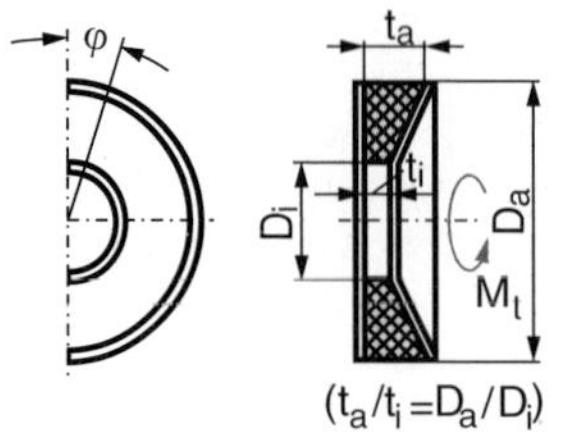 	Schubspannung: $\tau_i = \tau_a = \frac{12 \cdot M_t}{\pi \cdot \left(D_a^3 - D_i^3\right)}$ (10.181) Winkel: $\varphi = \frac{24 \cdot M_t \cdot t_a}{\pi \cdot G \cdot \left(D_a^4 - D_i^3 \cdot D_a\right)}$ (10.182) Federsteifigkeit: $c = \frac{\pi \cdot G \cdot \left(D_a^4 - D_i^3 \cdot D_a\right)}{24 \cdot t_a}$ (10.183) Federungsarbeit: $W = \frac{\tau^2 \cdot \pi \cdot \left(D_a^3 - D_i^3\right) \cdot t_a}{12 \cdot G \cdot D_a}$ (10.184) Artnutzgrad: $\eta_A = 1$ (10.185)	Bis 20° Verdrehung (Konstante Federrate)
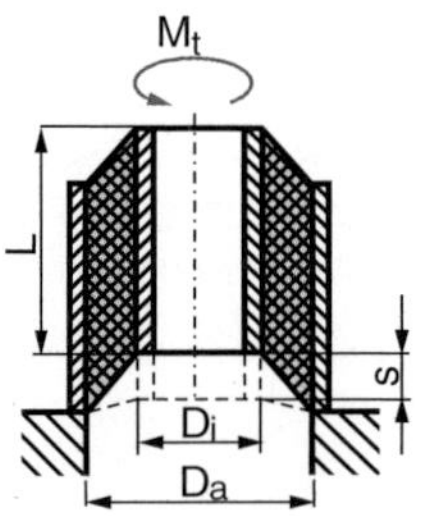 	Schubspannung: $\tau_i = \frac{2 \cdot M_t}{\pi \cdot D_i^2 \cdot L}$ (10.186) $\tau_a = \frac{2 \cdot M_t}{\pi \cdot D_a^2 \cdot L}$ (10.187) Winkel: $\varphi = \frac{M_t}{\pi \cdot L \cdot G} \cdot \left(\frac{1}{D_i^2} - \frac{1}{D_a^2}\right)$ (10.188) Federsteifigkeit: $c = \frac{\pi \cdot L \cdot G}{\left(\frac{1}{D_i^2} - \frac{1}{D_a^2}\right)}$ (10.189)	Bis 40° Verdrehung (Linearität)

Tabelle 10.11: Berechnung von Gummifedern im Bereich der Linearität (Forts.)

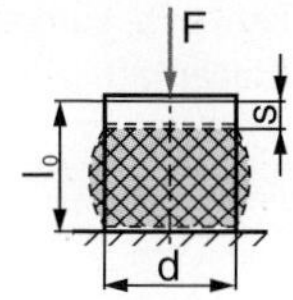	Druckspannung: $\sigma = \frac{F}{A} = \frac{4 \cdot F}{\pi \cdot d^2}$ (10.190) Federweg: $s = \frac{4 \cdot F \cdot L_0}{k' \cdot E \cdot \pi \cdot d^2}$ (10.191) Formfaktor: $k' = \frac{d}{4 \cdot L_0}$ (10.192) Federsteifigkeit: $c = \frac{k' \cdot E \cdot \pi \cdot d^2}{4 \cdot L_0}$ (10.193) Federungsarbeit: $W = \frac{1}{8} \cdot \frac{\sigma^2 \cdot \pi \cdot d^2 \cdot L_0}{k' \cdot E}$ (10.194) Artnutzgrad: $\eta_A = 1$ (10.195)	Bis 20 % Zusammendrückung ($s/L_0 \approx 0{,}2$), bei Dauerbelastung $s/L_0 < 0{,}1$, sonst Kriechen Formfaktor k' siehe Abbildung 10.45
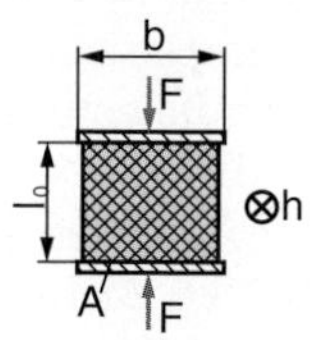	Druckspannung: $\sigma = \frac{F}{b \cdot h}$ (10.196) Federweg: $s = \frac{F \cdot L_0}{k' \cdot E \cdot b \cdot h}$ (10.197) Formfaktor: $k' = \frac{b \cdot h}{2 \cdot L_0 \cdot (b+h)}$ (10.198) Federsteifigkeit: $c = \frac{k' \cdot E \cdot b \cdot h}{L_0}$ (10.199) Federungsarbeit: $W = \frac{\sigma^2 \cdot b \cdot h \cdot L_0}{2 \cdot k' \cdot E}$ (10.200) Artnutzgrad: $\eta_A = 1$ (10.201)	Bis 20 % Zusammendrückung ($s/L_0 \approx 0{,}2$) Formfaktor k' siehe Abbildung 10.45

Tabelle 10.11: Berechnung von Gummifedern im Bereich der Linearität (Forts.)

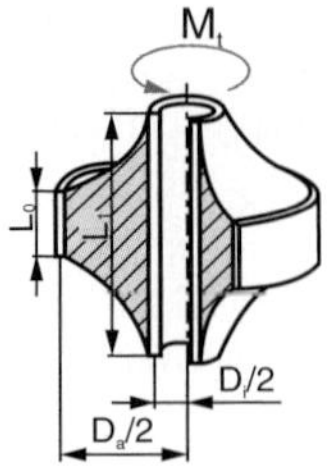	Schubspannung: $\tau_i = \frac{2 \cdot M_t}{\pi \cdot D_i^2 \cdot L_i}$ (10.202) $\tau_a = \frac{2 \cdot M_t}{\pi \cdot D_a^2 \cdot L_a}$ (10.203) Winkel: $\varphi = \frac{2 \cdot M_t}{\pi \cdot L_i \cdot D_i^2 \cdot G} \cdot \ln \frac{D_a}{D_i}$ (10.204) Federsteifigkeit: $c = \frac{\pi \cdot L_i \cdot D_i^2 \cdot G}{2 \cdot \ln \frac{D_a}{D_i}}$ (10.205) Artnutzgrad: $\eta_A = 1$ (10.206)	Bis 40 % Verdrehung (Linearität)

Tabelle 10.11: Berechnung von Gummifedern im Bereich der Linearität (Forts.)

Grundsätzliche Empfehlungen zur Auswahl von Gummifedern richten sich nach der hauptsächlichen Beanspruchungsart und der davon abhängenden Kennliniencharakteristik. Große Kräfte bei gleichzeitig großer Steifigkeit in Kraftrichtung lassen sich gut mittels druckbeanspruchter Gummifedern beherrschen. Für mittlere Belastungen bei großen Federwegen bzw. Verdrehwinkeln und zur Schwingungsisolierung setzt man schubbeanspruchte Gummifedern ein. Zur Vermeidung zusätzlicher Zugspannungen an schubbeanspruchten Metallflächen sollte das Verhältnis von Dicke zu Länge des Gummikörpers $t/L < 0{,}25$ sein. Bei rotationssymmetrischen Bauteilen (z.B. Kupplungselementen, s.a. Abbildung 10.42d) treten derartige Spannungserhöhungen nicht auf, so dass größere Verformungen zulässig sind.

Zur Schwingungs- und Geräuschisolierung kleiner Massen kann man auch zugbeanspruchte Gummifedern verwenden. Dabei ist jedoch zu beachten, dass Oberflächenrisse zum Dauerbruch bei gleichzeitiger Unterbrechung der Abstützung führen. Das Hauptanwendungsgebiet von Gummifedern ist der Einsatz als Druck- oder Schubfeder zur Lagerung von Maschinen und Anlagen, zur Dämpfung von Stößen und Schwingungen und zur Minderung von Geräuschen. Im Fahrzeugbau werden Gummifedern zur Lagerung von Aggregaten, Fahrerhäusern, Aufbauten und in Achslenkern verwendet. Im Maschinen- und Anlagenbau werden schwingende Anlagenteile durch Gummifedern vom Fundament entkoppelt gelagert und in der Antriebstechnik verwendet man Gummi- und Elastomerelemente in Kupplungen zur Dämpfung von Stößen und Drehschwingungen.

10.4 Festigkeit von Federn

Die Festigkeitsberechnung von Federn erfolgt in der Praxis – und damit auch in den jeweils betreffenden Normen – auf der Grundlage von Nennspannungen. Somit hängen die zulässigen Spannungen als Kennwerte der Beanspruchbarkeit neben dem Werkstoff sowie der Wärme- und Oberflächenbehandlung auch von der Federbauart und dem Belastungsfall ab. Demzufolge können die Beanspruchbarkeitskennwerte in den folgenden Abschnitten zunächst auch immer nur für den zutreffenden Federtyp verwendet werden, da die meisten Werte auf der Basis von Versuchen am jeweiligen Federtyp ermittelt wurden.

Bei der Berechnung von Stahlfedern geht man grundsätzlich vom Vorliegen eines einachsigen Spannungszustandes aus, d.h. man vereinfacht die Berechnung dahingehend, dass nur die Beanspruchungsart berücksichtigt wird, hinsichtlich der der Federwerkstoff am meisten beansprucht wird. Bei allen aus Stabmaterial gefertigten Federn wird zur Spannungsermittlung die Feder als gerader Stab angenommen. Tatsächliche Krümmungen bei Biege- und Torsionsfedern werden nur bei schwingender Belastung mithilfe von Beiwerten berücksichtigt (siehe z.B. Gleichungen (10.99) und (10.151)).

Liegt keine Hubspannung vor, spricht man von statischer Belastung. Sobald eine Hubspannung auftritt, unterliegt die Feder einer dynamischen Belastung. Diese wird nochmals unterschieden in eine selten veränderliche Belastung bei Lastspielzahlen bis $N \leq 10^4$ und in eine schwingende Belastung bei Lastspielzahlen $N \geq 10^4$.

Generell arbeitet man im Vergleich zu anderen Maschinenelementen und Bauteilen bei Federn mit relativ geringen Sicherheitsbeiwerten. Um eine ausreichende Federung bei entsprechend geringerer Lebensdauer zu erreichen, lässt man rund 70 bis 85 % der maßgeblichen Festigkeit zu. Die Verwendung der zulässigen Spannungen mit den geringen Sicherheitsbeiwerten setzt jedoch voraus, dass die tatsächlichen Belastungen realistisch und möglichst genau angesetzt werden.

Beim statischen Festigkeitsnachweis liegen die zulässigen Spannungen generell unterhalb der Fließgrenze R_p, also im elastischen Bereich. Bei Federn wird dieser Wert jedoch überwiegend als Bruchteil der Zugfestigkeit R_m angegeben.

Für den dynamischen Festigkeitsnachweis von Federn – insbesondere bei Tellerfedern und Schraubendruckfedern nach DIN 2093 und DIN EN 13906 – nutzt man Dauerfestigkeitsschaubilder, so genannte Goodman-Diagramme [10.34], [10.9]. Bei diesen Goodman-Diagrammen handelt es sich um vereinfachte Smith-Diagramme, bei denen nur der Schwellbereich dargestellt wird. Bei der Anwendung dieser Dauerfestigkeitsschaubilder ist zu beachten, dass die Daten üblicherweise im Versuch unter sinusförmigem Belastungs-Zeit-Verlauf gewonnen werden. Im tatsächlichen Betrieb unterliegen Federn jedoch meistens einer Belastungscharakteristik gemäß Abbildung 10.46.

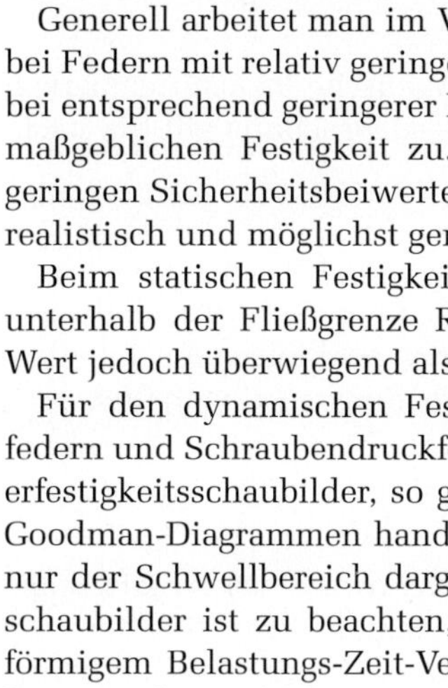

1 Sinusförmige Be- und Entlastung
2 Schlagartige Belastung, langsame Entlastung
3 Langsame Belastung, schlagartige Entlastung

Abbildung 10.46: Beispiele für Beanspruchungs-Zeit-Verläufe unter schwingender Belastung

Der Unterschied zwischen tatsächlicher Belastung und Versuchsbelastung wird durch einen zusätzlichen Sicherheitsbeiwert S_D berücksichtigt, der im Bereich von $1{,}5 \leq S_D \leq 2{,}5$ liegt (siehe auch Abschnitt 10.4.1). Werden für eine Anwendung sehr genaue Festigkeitskennwerte benötigt, können die tabellierten Dauerfestigkeitskennwerte nur für einen ersten Entwurf verwendet werden. Für genauere Kennwerte der Beanspruchbarkeit wird man dann Lebensdauerprüfungen unter praxisnahen Bedingungen durchführen müssen.

Liegen für einzelne Federbauarten und Einsatzfälle keine Dauerfestigkeitsschaubilder vor, muss man für einen vereinfachten Schwingfestigkeitsnachweis entweder auf Erfahrungswerte zurückgreifen, bei denen häufig ertragbare dynamische Ausschlagsspannungen in Prozent der statischen Kennwerte angegeben werden, oder aber man nutzt Biegeschwell- oder Torsionsschwellfestigkeitswerte, wobei zu beachten ist, für welche Mittelspannungen bzw. Unterspannungswerte diese Festigkeitswerte gelten. Hat z.B. ein Werkstoff bei Biegebeanspruchung eine Schwellfestigkeit von $\sigma_{b,schw} = 400$ N/mm², dann sollte die gewählte Hubspannung σ_h 80 % des Wertes, also $\sigma_h = 320$ N/mm² nicht überschreiten [10.47]. Ein detaillierter Festigkeitsnachweis kann generell entfallen, wenn die einzusetzende Feder aus einer zutreffenden Norm anhand einer Tabelle ausgewählt werden kann, wie das z.B. bei genormten Tellerfedern bis $s \leq 0{,}75 \cdot h_0$ der Fall ist. Generell ist der Einsatz genormter bzw. standardisierter Federn anzustreben.

10.4.1 Beanspruchbarkeit von Metallfedern

Abhängig vom Einsatzfall sind die statische und die dynamische Beanspruchbarkeit von Federn nachzuweisen. Bei überwiegend statischer Beanspruchung gilt die nachfolgende Festigkeitsbedingung:

$$\sigma_2 \leq \sigma_{zul} \quad \text{bzw.} \quad \tau_2 \leq \tau_{zul} \tag{10.207}$$

Hierin bezeichnen die Werte σ_{zul} und τ_{zul} die jeweiligen Kennwerte der statischen Beanspruchbarkeit $\sigma_{z,zul}$, $\sigma_{d,zul}$, $\sigma_{b,zul}$, τ_{zul} und $\tau_{c,zul}$ gemäß den nachfolgenden Tabellen. Bei schwingender Beanspruchung ist folgende Festigkeitsbedingung einzuhalten:

$$\sigma_{kh} \leq \sigma_{kH,zul} = \frac{\sigma_{DH}}{S_D} \quad \text{bzw.} \quad \tau_{kh} \leq \tau_{kH,zul} = \frac{\tau_{DH}}{S_D} \tag{10.208}$$

Hierin bezeichnen die Werte σ_{DH} und τ_{DH} die jeweiligen Kennwerte der dynamischen Beanspruchbarkeit $\sigma_{A,zzul}$, $\sigma_{a,b,zul}$ und $\tau_{A,t,zul}$ gemäß den nachfolgenden Tabellen. Der Sicherheitsbeiwert S_D liegt dabei im Bereich von $1{,}5 \leq S_D \leq 2{,}5$ und berücksichtigt mögliche Abweichungen der tatsächlichen Belastungscharakteristik von der idealen Sinusschwingung, mit der die Dauerfestigkeitskennwerte im Versuch ermittelt wurden (s.a. Abbildung 10.46). Selbstverständlich darf auch bei dynamischen Beanspruchungen die maximale Spannungsamplitude die höchstens ertragbare statische Spannung (in der Regel gegeben durch die obere waagerechte Grenzlinie im Goodman-Diagramm) nicht überschreiten:

$$\sigma_o = \sigma_u + \sigma_h = \sigma_m + \sigma_a \leq \sigma_{zul,statisch} \quad \text{bzw.} \quad \tau_o = \tau_u + \tau_h = \tau_m + \tau_a \leq \tau_{zul,statisch} \tag{10.209}$$

Die folgende Tabelle 10.12 gibt einen generellen Überblick über die statischen und dynamischen Festigkeitskennwerte von Metallfedern für Zug/Druck- und Biegebeanspruchung.

Federart, Werkstoff und Behandlungszustand	Statische Kennwerte der Beanspruchbarkeit [N/mm^2]		Dynamische Kennwerte der Beanspruchbarkeit [N/mm^2]
Ringfedern			
	$\sigma_{z,zul} = 1000$ $\sigma_{d,zul} = 1200$	Zug Druck	$\sigma_{A,zzul} = 0{,}35 \cdot \sigma_{zzul}$ (Dauerschwellend) $p_{zul} = 0{,}10 \cdot \sigma_{zzul}$
Blattfedern			
Federstahl, DIN 17221 60CrSi7 (vergütet) 50CrV4 (vergütet) Stahlbänder DIN EN 10132 71Si7 (kalt gewalzt) 50CrV4 (kalt gewalzt) Walzhaut Walzhaut entfernt, vergütet Geschliffen $E = 200000$, $G = 80000$	$\sigma_{b,zul} = 0{,}7 \cdot R_m$ $R_m = 1320 \ldots 1570$ $R_m = 1370 \ldots 1670$ $R_m = 1500 \ldots 2200$ $R_m = 1400 \ldots 2000$	Biegung $R_p = 1130$ $R_p = 1180$	$\sigma_{a,b,zul} = 0{,}5 \cdot R_m$ (schwellend) $\sigma_{a,b,zul} = 0{,}30 \cdot R_m$ (wechselnd) $\sigma_{b,zul} = \sigma_m \pm \sigma_A$ $\sigma_{b,zul} = 500 \pm 120 \ldots 200$ $\sigma_{b,zul} = 500 \pm 300$ $\sigma_{b,zul} = 500 \pm 400$
Drehfedern			
Federstahldraht DIN EN 10270 Drahtsorten A,B,C, D; $E = 206000$, $G = 81500$ DIN 17224 nicht rostend X12CrNi177K $E = 185000$, $G = 70000$	$\sigma_{b,zul} = 0{,}70 \cdot R_m$	Biegung	$\sigma_{a,b,zul} \approx \sigma_{A,b} - 0{,}125 \cdot \sigma_u$ $\sigma_{A,b} = 345$
Spiralfedern			
Stahlbänder DIN EN 10132 C67, Ck67, 67SiCr5, 50CrV4 $E = 206000$, $G = 78000$	$\sigma_{b,zul} = 0{,}70 \cdot R_m$	Biegung	$\sigma_{a,b,zul} \approx \sigma_{A,b} - 0{,}125 \cdot \sigma_u$ $\sigma_{A,b} = 345$
Tellerfedern			
DIN 17221, DIN EN 10132 Ck67, 50CrV4 $E = 206000$, $G = 78000$	Für $R_e = 1400 \ldots 1600$ und $s_c = h_0$ ist $\sigma_{Ic} = -3400$ $\sigma_{OM} < R_e$		Siehe Abbildung 10.48

Tabelle 10.12: Statische und dynamische Festigkeitskennwerte für Zug/Druck- und Biegefedern

Die Tabelle 10.13 beinhaltet die entsprechenden Werte für Torsionsfedern:

Federart, Werkstoff und Behandlungszustand	Statische Kennwerte der Beanspruchbarkeit [N/mm²]	Dynamische Kennwerte der Beanspruchbarkeit [N/mm²]
Drehstabfedern		
Warm gewalzte Stähle nach DIN 17221, vergütet, z.B. 55Cr3, 50CrV4, Oberfläche geschliffen und kugelgestrahlt $E = 200000$, $G = 80000$	$\tau_{t,zul} = 700$ (nicht vorgesetzt) $\tau_{t,zul} = 1020$ (vorgesetzt) $R_m = 1600 \dots 1800$	$N = 2 \cdot 10^6$ $\tau_{A,t,zul} = 740$ ($d = 20$ mm) $\tau_{A,t,zul} = 550$ ($d = 60$ mm) $N = 2 \cdot 10^5$ $\tau_{A,t,zul} = 900$ ($d = 20$ mm) $\tau_{A,t,zul} = 680$ ($d = 60$ mm)
Zylindrische Schraubenfedern (Druck- und Zugfedern aus rundem Federdraht)		
Runder Federstahldraht, patentiert gezogen DIN EN 10270-1, z.B. Draht A, B, C, D; vergütet DIN EN 10270-2, z.B. Draht FD, VD, warm gewalzt DIN 17221, z.B. 55Cr3, 50CrV4, $E = 206000$, $G = 81500$ nicht rostend nach DIN 17224 z.B. X7CrNiAl177 K+A $E = 195000$, $G = 73000$ X5CrNiMo1810 K, $E = 180000$, $G = 68000$	$\tau_{zul} = 0{,}5 \cdot R_m$ (Druckfeder) $\tau_{c,zul} = 0{,}58 \cdot R_m$ bei Blocklänge $\tau_{zul} = 0{,}45 \cdot R_m$ (Zugfeder) $\tau_{zul} \leq 600$ für warm geformte Zugfedern bei Federkraft F_n $R_m = 1370 \dots 1670$, $d = 0{,}2 \dots 6$ mm $R_m = 2250 \dots 1300$ Für $d \leq 0{,}2 \dots 6$ mm $R_m = 1900 \dots 1050$ Für $d \leq 0{,}2 \dots 8$ mm	s.a. Tabelle 10.17 sowie Abbildung 10.50 und weitere Goodman-Diagramme nach DIN 2089
Aus Cu-Knetlegierung DIN 17682, kalt verfestigt, angelassen z.B. CuZn36 F70, $E = 110000$, $G = 39000$ CuSn6 F95, $E = 115000$, $G = 42000$ Aushärtbar (ausgehärtet), z.B. CuBe2 F95, $E = 120000$, $G = 47000$ CuBe2 F140, $E = 135000$, $G = 47000$	$R_m = 930 \dots 700$, $d \leq 3$ mm $R_m = 900 \dots 1180$, $d \leq 3$ mm $R_m = 950 \dots 1150$, $d \leq 3$ mm $R_m = 1400 \dots 1550$, $d \leq 3$ mm	Nach Herstellerangaben

Tabelle 10.13: Statische und dynamische Festigkeitskennwerte für Torsionsfedern

Die Festigkeitswerte für weitere Schraubenfederarten sind in Analogie zu den Werten der zylindrischen Schraubenfedern auszuwählen.

10.4.1.1 Tellerfedern

Bei genormten Tellerfedern nach DIN 2093 ist unter statischer Belastung für $s \leq 0{,}75 \cdot h_0$ kein Festigkeitsnachweis erforderlich [10.9]. Zu prüfen ist lediglich, ob $F < F_{0,75}$ ist. Abbildung 10.47 zeigt beispielhaft die Feder- und Spannungskennlinien einer Tellerfeder, die sich mit den Tabellenwerten aus DIN 2093 zeichnen lassen. Für $s > 0{,}75 \cdot h_0$ ist der Nachweis wie bei nicht genormten Tellerfedern zu führen. Berechnet wird die maßgebliche Spannung an der Stelle I. Für $s \leq 0{,}75 \cdot h_0$ beträgt $\sigma_{zul} = 2000 \dots 2400\ \mathrm{N/mm^2}$, für $0{,}75 \cdot h_0 \leq s \leq h_0$ ist $\sigma_{zul} = 2600 \dots 3000\ \mathrm{N/mm^2}$.

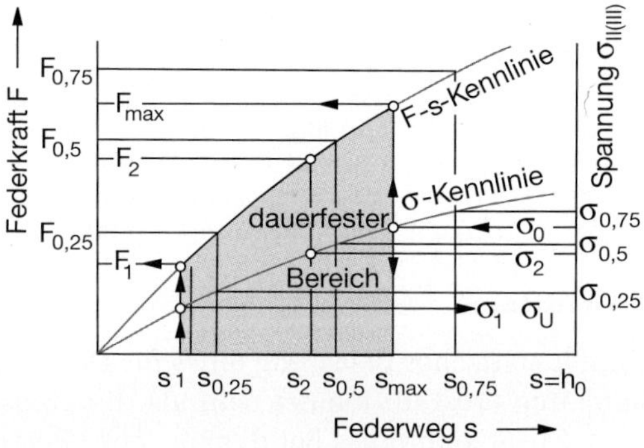

Abbildung 10.47: Feder- und Spannungskennlinien von Tellerfedern [10.51]

Bei dynamischer Belastung sind die auftretenden Spannungen an den Stellen II und III relevant. Gemäß Gleichung (10.114) muss die auftretende Hubspannung σ_h kleiner sein als die zulässige Hubspannung σ_H. Die jeweilige zulässige Hubspannung (Hubfestigkeit) σ_H für Dauerfestigkeit ($N \geq 2 \cdot 10^6$) bzw. Zeitfestigkeit ($N = 10^4$ bis $2 \cdot 10^6$) ist den betreffenden Goodman-Diagrammen zu entnehmen (z.B. Abbildung 10.48). Diese Diagramme sind in DIN 2092 zusammengestellt. Aus den ausgewählten Werten in Tabelle 10.14 lassen sich mit nachfolgender Gleichung die zugehörigen Goodman-Diagramme gemäß Abbildung 10.48 konstruieren. Darin ist σ_U die dauerfest ertragbare Unterspannung, entsprechend der 45°-Linie in Abbildung 10.48:

$$\sigma_H = \sigma_O - 0{,}5 \cdot \sigma_U \tag{10.210}$$

Tellerdicke t	< 1,25 mm	1,25 ... 6 mm	> 6 ... 14 mm	**Lastpielzahl**
σ_O in $\mathrm{N/mm^2}$	730 840 980	710 820 950	640 700 770	$N \geq 2 \cdot 10^6$ $N = 5 \cdot 10^5$ $N = 10^5$
$\sigma_{2,zul}$ in $\mathrm{N/mm^2}$	1300	1250	1200	

Tabelle 10.14: Hubfestigkeiten σ_O in $\mathrm{N/mm^2}$ bei $\sigma_U = 0$ und zulässige Oberspannungen $\sigma_{2,zul}$ für Tellerfedern aus Edelstahl nach DIN 2092 [10.8]

Zusätzlich darf die Oberspannung σ_2 eines Schwingspiels gemäß Gleichung (10.114) den zulässigen Wert $\sigma_{2,zul}$ nach Tabelle 10.14 nicht überschreiten. Diese maximal ertragbare statische Spannung ist in der Regel gegeben durch die obere waagerechte Grenzlinie im Goodman-Diagramm.

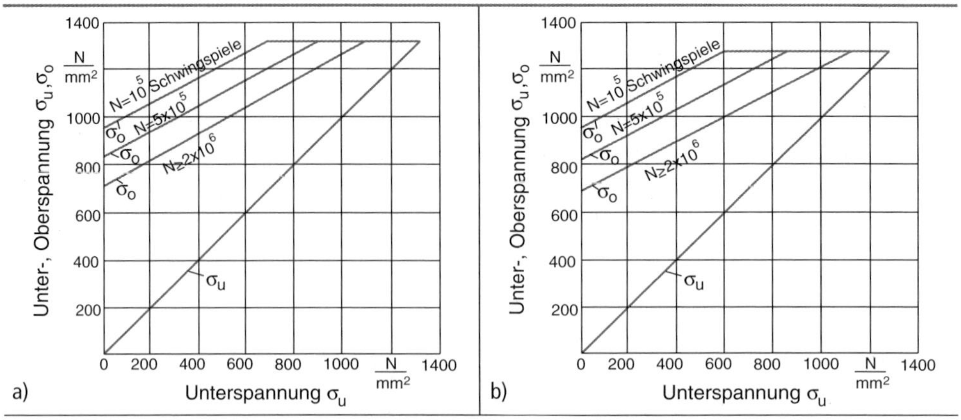

Abbildung 10.48: Goodman-Diagramme für Dauer- und Zeitfestigkeit von nicht kugelgestrahlten Tellerfedern (Festigkeitswerte nach DIN 2093) – a) für $t < 1{,}25$ mm, b für $1{,}25\ \text{mm} < t < 6\ \text{mm}$

10.4.1.2 Schraubenfedern

Bei Schraubenfedern unter statischer Belastung muss für Druckfedern die Schubspannung $\tau_{t,max}$ gemäß Gleichung (10.150) kleiner sein als die zulässige Schubspannung τ_{zul} gemäß Tabelle 10.13. Zusätzlich muss bei dynamischer Beanspruchung die maximale Schubspannung im Blockzustand τ_c gemäß Gleichung (10.156) kleiner sein als die zulässige Schubspannung $\tau_{c,zul}$ gemäß Tabelle 10.15 bzw. Abbildung 10.49.

Bei Schraubenzugfedern darf die auftretende Schubspannung bei der größten Federkraft F_n gemäß Gleichung (10.150) den Wert τ_{zul} gemäß Tabelle 10.15 nicht überschreiten.

Druckfedern bei der Blocklänge L_c							
Kalt geformt	$\tau_{c,zul} = 0{,}58 \cdot R_m$						
Warm geformt aus Edelstahl DIN 17221	D in mm	10	20	30	40	50	60
	$\tau_{c,zul}$ in N/mm²	925	840	790	760	735	720
Zugfedern bei der größten Federkraft F_n							
Kalt geformt	$\tau_{zul} = 0{,}45 \cdot R_m$						
Warm geformt	$\tau_{zul} \approx 600\ \text{N/mm}^2$ bei $d = 10\ ...\ 35$ mm						

Tabelle 10.15: Zulässige Schubspannungen für zylindrische Schraubenfedern bei ruhender (statischer) Beanspruchung

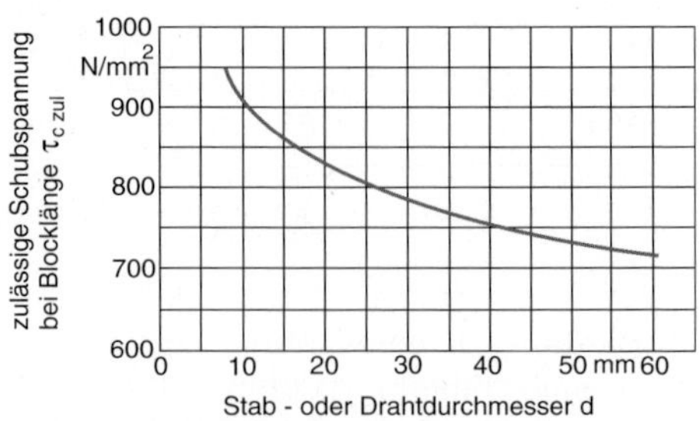

Abbildung 10.49: Zulässige Schubspannungen für warm geformte Schraubendruckfedern aus Edelstahl unter statischer Belastung nach DIN EN 13906 [10.34]

Kalt geformte Schraubendruckfedern aus Stahldraht, Sorten C und D nach DIN EN 10270-1

Drahtdurchmesser d [mm]		1	2	3	5	8	10	nach
τ_{kO}	kugelgestrahlt	710	660	610	570	530	500	$N = 2 \cdot 10^6$ Lastspielzahlen
	kugelgestrahlt	590	550	510	470	430	400	$N \geq 2 \cdot 10^7$ Lastspielzahlen
	nicht kugelgestrahlt	500	460	430	400	340	330	$N \geq 2 \cdot 10^7$ Lastspielzahlen
$\tau_{k2,zul} = 0{,}5 \cdot R_m$		1115	990	920	830	745	705	

Kalt geformte Schraubendruckfedern aus Stahldraht, Sorte FD nach DIN EN 10270-2

Drahtdurchmesser d [mm]		1	2	3	5	8	10	nach
τ_{kO}	kugelgestrahlt	640	590	560	530	490	490	$N = 2 \cdot 10^6$ Lastspielzahlen
	kugelgestrahlt	500	440	420	390	360	360	$N \geq 2 \cdot 10^7$ Lastspielzahlen
	nicht kugelgestrahlt	370	340	330	300	260	260	$N \geq 2 \cdot 10^7$ Lastspielzahlen
$\tau_{k2,zul} = 0{,}5 \cdot R_m$		880	810	760	700	630	630	

Kalt geformte Schraubendruckfedern aus Stahldraht, Sorte VD nach DIN EN 10270-2

Drahtdurchmesser d [mm]		1	2	3	5	7		nach
τ_{kO}	kugelgestrahlt	630	590	570	540	530		$N \geq 10^7$ Lastspielzahlen
	nicht kugelgestrahlt	530	490	450	410	390		$N \geq 10^7$ Lastspielzahlen
$\tau_{k2,zul} = 0{,}5 \cdot R_m$		835	760	715	670	650		

Tabelle 10.16: Hubfestigkeiten $_{kO}$ in N/mm^2 bei $\tau_{kU} = 0$ und zulässige Schubspannungen $\tau_{k2,zul}$ für Schraubendruckfedern nach DIN EN 13906 [10.34]

Bei dynamischer Belastung einer Schraubenfeder muss die auftretende korrigierte Hubspannung τ_{kh} gemäß Gleichung (10.155) kleiner sein als die zulässige Hubspannung τ_H. Die jeweilige zulässige Hubspannung (Hubfestigkeit) τ_H für die entsprechenden Lastspielzahlen kann den Goodman-Diagrammen aus DIN EN 13906 entnommen werden, von denen beispielhaft in Abbildung 10.50 zwei dargestellt sind [10.34]. Mit den nachfolgenden Gleichungen und den Werten aus Tabelle 10.16 und Tabelle 10.17 lassen sich die betreffenden Goodman-Diagramme auch konstruieren. Darin ist τ_{kU} die dauerfest ertragbare Unterspannung, entsprechend der 45°-Linie in Abbildung 10.50:

$$\tau_{kH} = \tau_{kO} - 0{,}3 \cdot \tau_{kU} \tag{10.211}$$

Zusätzlich darf die Oberspannung τ_2 eines Schwingspiels gemäß Gleichung (10.155) den zulässigen Wert $\tau_{k2,zul}$ nach Tabelle 10.16 und Tabelle 10.17 nicht überschreiten. Diese maximal ertragbare statische Spannung ist in der Regel gegeben durch die obere waagerechte Grenzlinie im Goodman-Diagramm:

$$\tau_{k2,zul} = 0{,}5 \cdot R_m \tag{10.212}$$

Abschließend sei darauf hingewiesen, dass die zulässigen Spannungen bei dynamischer Beanspruchung nur für Druckfedern gelten. Zugfedern setzt man üblicherweise nicht bei dynamischer Beanspruchung ein, da die Schwingfestigkeit bei dieser Bauart maßgeblich durch die Ösenform und die Festigkeit der Endstücke und weniger durch die Drahtfestigkeit beeinflusst wird. Weitere Hinweise zu dynamisch beanspruchten Zugfedern sind der Norm DIN EN 13906 zu entnehmen [10.34].

Warm geformte Schraubendruckfedern aus Edelstahl, nach DIN EN 10270-2						
Stabdurchmesser d [mm]	10	15	25	35	50	nach
τ_{kO} kugelgestrahlt kugelgestrahlt	760 640	670 550	590 470	520 410	430 330	$N = 10^5$ Lastspielzahlen $N = 2 \cdot 10^6$ Lastspielzahlen
$\tau_{k2,zul} = 0{,}5 \cdot R_m$	890	830	780	740	690	
Kalt geformte Schraubendruckfedern aus nicht rostendem Stahl, nach DIN 17224						
Drahtdurchmesser d [mm]	1	2	3	4	6	nach $N = 10^7$ Lastspielzahlen
τ_{kO} nicht kugelgestrahlt	490	440	390	330	330	Sorte X12 CrNi 17 7
$\tau_{k2,zul} = 0{,}5 \cdot R_m$	890	830	780	740	690	
τ_{kO} nicht kugelgestrahlt	490	440	390	330	330	Sorte X12 CrNi 17 7
$\tau_{k2,zul} = 0{,}5 \cdot R_m$	890	830	780	740	690	

Tabelle 10.17: Hubfestigkeiten τ_{kO} in N/mm^2 bei $\tau_{kU} = 0$ und zulässige Schubspannungen $\tau_{k2,zul}$ für Schraubendruckfedern aus Edelstahl und nicht rostendem Stahl nach DIN EN 13906 [10.34]

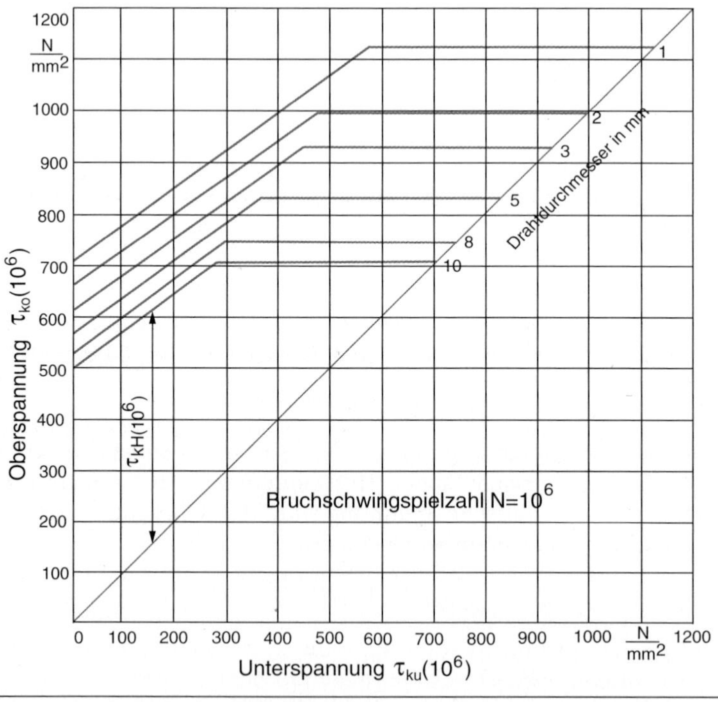

Abbildung 10.50: Dauer- und Zeitfestigkeitsdiagramme (Goodman-Diagramme) für Schraubendruckfedern aus patentiert gezogenem Federstahldraht (kalt geformt, kugelgestrahlt) nach DIN EN 13906 [10.34]

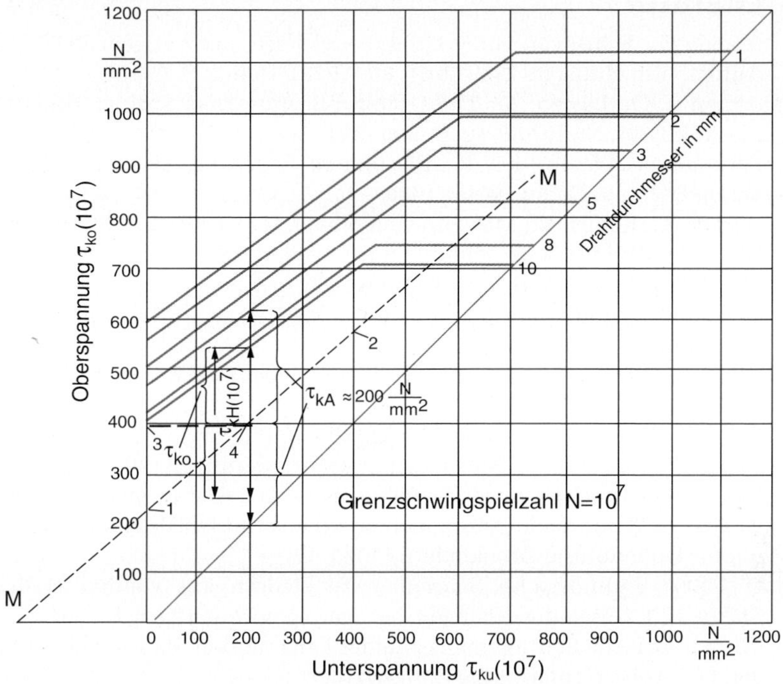

Abbildung 10.50: Dauer- und Zeitfestigkeitsdiagramme (Goodman-Diagramme) für Schraubendruckfedern aus patentiert gezogenem Federstahldraht (kalt geformt, kugelgestrahlt) nach DIN EN 13906 [10.34] (Forts.)

10.4.2 Beanspruchbarkeit von Gummifedern

Im Gegensatz zu Metallfedern hängen die erzielbaren statischen und dynamischen Kennwerte der Beanspruchbarkeit von Gummifedern sehr stark von der jeweiligen Federbauart, der Beanspruchungsart und dem eingesetzten Werkstoff ab. Einige Anhaltswerte für zulässige Spannungen sind in Tabelle 10.18 zu finden [10.4]. Durch Versuche abgesicherte Daten werden in der Regel vom jeweiligen Hersteller angegeben.

Beanspruchungsart	Zug	Druck	Parallelschub	Drehschub
Beanspruchbarkeit in N/mm^2	σ_{zul}	σ_{zul}	τ_{zul}	τ_{zul}
Gleich bleibend	2	5	2	2
Zeitweiser Stoß	1,5	4	2	2
Schwingende Dauerbelastung	1	1,5	0,5	1
Sonderfälle mit Anschlagbegrenzung	2	5	1	1,5

Tabelle 10.18: Anhaltswerte für zulässige Spannungen von Gummifedern [10.4]

10.5 Literatur

[10.1] Alicke, G., Schriever, H.; Kraftfahrzeugfedern aus zelligem PUR-Elastomer; Automobiltechnische Zeitschrift 80 (1978), Heft 2; S. 63–66

[10.2] Almen, J. O., László, A.: The Uniform-Section Disk Spring; Transactions of the ASME 58, Nr. RP-58-10, S. 305–314; 1936

[10.3] Battermann, W., Köhler, R.; Elastomere Federung, elastische Lagerungen; Verlag Wilhelm Ernst, Berlin 1982

[10.4] Decker, K., Kabus, K.; Maschinenelemente, Hanser Verlag, München 2000

[10.5] DIN 2089 Zylindrische Schraubendruckfedern aus runden Drähten und Stäben – Berechnung und Konstruktion (1984-12, zurückgezogen)

[10.6] DIN 2090 Zylindrische Schraubendruckfedern aus Flachstahl; Berechnung (1971-01)

[10.7] DIN 2091 Drehstabfedern mit rundem Querschnitt; Berechnung und Konstruktion (1981-06)

[10.8] DIN 2092 Tellerfedern; Berechnung (2006-03)

[10.9] DIN 2093 Tellerfedern; Maße, Qualitätsanforderungen (2013-12)

[10.10] DIN 2094 Blattfedern für Straßenfahrzeuge – Anforderungen, Prüfung (2006-09)

[10.11] DIN 2095 Zylindrische Schraubenfedern aus runden Drähten; Gütevorschriften für kaltgeformte Druckfedern (1973-05)

[10.12] DIN 2096 Zylindrische Schraubendruckfedern aus runden Drähten und Stäben; T1 Güteanforderungen bei warmgeformten Druckfedern (1981-11); T2 Zylindrische Schraubendruckfedern aus runden Stäben; Güteanforderungen für Großserienfertigung (1979-01)

[10.13] DIN 2099 Zylindrische Schraubenfedern aus runden Drähten und Stäben; T1 Angaben für kalt geformte Druckfedern, Vordruck A (2003-02); T2 Angaben für kalt geformte Zugfedern, Vordruck B (2004-05); T3 Angaben für warmgeformte Druckfedern, Vordruck C (2004-05)

[10.14] DIN 2194 Zylindrische Schraubenfedern aus runden Drähten und Stäben – Kalt geformte Drehfedern (Schenkelfedern) – Gütenorm (2002-08)

[10.15] DIN 4621 Geschichtete Blattfedern – Federklammern (1995-12)

[10.16] DIN 5481 Passverzahnungen mit Kerbflanken (2005-06)

[10.17] DIN 5542 Blattfederenden für Schienenfahrzeuge (1975-06)

[10.18] DIN 8287 Triebfedern; Begriffe, Anforderungen, Prüfung (1983-04, zurückgezogen)

[10.19] DIN 11747 Landmaschinen und Traktoren; Blattfedern für Transportanhänger; Maße (1992-02)

[10.20] DIN 17221 Warmgewalzte Stähle für vergütbare Federn – Technische Lieferbedingungen (1988-12, zurückgezogen)

[10.21] DIN 17224 Federdraht und Federband aus nichtrostenden Stählen; Technische Lieferbedingungen (1982-02, zurückgezogen)

[10.22] DIN 17682 Runde Federdrähte aus Kupfer-Knetlegierungen; Festigkeitseigenschaften, Technische Lieferbedingungen (1979-08, zurückgezogen)

[10.23] DIN 17741 Niedriglegierte Nickel-Knetlegierungen – Zusammensetzung (2002-09)

[10.24] DIN 17753 Drähte aus Nickel und Nickel-Knetlegierungen – Eigenschaften (2002-09)

[10.25] DIN 43801 T1 Elektrische Meßgeräte; Spiralfedern, Maße (1976-08)

[10.26] DIN EN 1654 Kupfer- und Kupferlegierungen – Bänder für Federn und Steckverbinder (1998-03)

[10.27] DIN EN 10089 Warmgewalzte Stähle für vergütbare Federn – Technische Lieferbedingungen (2003-04)

[10.28] DIN EN 10092 Warmgewalzte Flachstäbe aus Federstahl; T1 Flachstäbe – Maße, Formtoleranzen und Grenzabmaße; T2 Gerippter Federstahl – Maße, Formtoleranzen und Grenzabmaße; (2004-01)

[10.29] DIN EN 10132 Kaltband aus Stahl für eine Wärmebehandlung – Technische Lieferbedingungen; T1 Allgemeines (2000-05); T2 Einsatzstähle (2000-05); T3 Vergütungsstähle (2000-05); T4 Federstähle und andere Anwendungen (2003-04)

[10.30] DIN EN 10140 Kaltband – Grenzabmaße und Formtoleranzen (1996-10); als Entwurf (2006-09)

[10.31] DIN EN 10218 Stahldraht und Drahterzeugnisse – Allgemeines; T1 Prüfverfahren (2012-03); T2 Drahtmaße und Toleranzen (2012-03)

[10.32] DIN EN 10270 Stahldraht für Federn; T1 Patentiert-gezogener unlegierter Federstahldraht (2012-01); T2 Ölschlussvergüteter Federstahldraht (2012-01); T3 Nichtrostender Federstahldraht (2012-01)

[10.33] DIN EN 12166 Kupfer und Kupferlegierungen – Drähte zur allgemeinen Verwendung (2011-08)

[10.34] DIN EN 13906 Zylindrische Schraubenfedern aus runden Drähten und Stäben – Berechnung und Konstruktion; T1 Druckfedern (2013-11); T2 Zugfedern (2013-09); T3 Drehfedern (2014-06)

[10.35] DIN EN 14200 Bahnanwendungen – Federungselemente – Parabelfedern aus Stahl (2004-05)

[10.36] DIN EN 15800 Zylindrische Schraubenfedern aus runden Drähten – Gütevorschriften für kaltgeformte Druckfedern (2009-03)

[10.37] DIN ISO 7619 Elastomere oder thermoplastische Elastomere – Bestimmung der Eindringhärte – T1: Durometer-Verfahren (Shore-Härte) (2012-02)

[10.38] Dubbel, H., Beitz, W., Grote, K.-H.; Dubbel – Taschenbuch für den Maschinenbau, 20. Aufl., Springer Verlag, Berlin 2001

[10.39] Friedrichs, J.; Die Uerdinger Ringfeder, Draht 15 (1964), Heft 8, S. 539–542

[10.40] Göbel, E. F.: Gummifedern – Berechnung und Gestaltung. 3. Auflage, Springer-Verlag, Berlin 1969

[10.41] Göhner, O.: Schubspannungsverteilung im Querschnitt einer Schraubenfeder; Ing. Archiv (1930), S. 619 und (1931), S. 381

[10.42] Groß, Siegfried: Berechnung und Gestaltung von Metallfedern, 3. Auflage, Springer-Verlag, Berlin 1960

[10.43] Kurasz, G.; Fatigue Failure in Springs; Machine Design, Cleveland / Ohio 48 (1976), Vol. 11, p. 106–110

[10.44] Lehr, E.; Schwingungstechnik, Band I (1931), Band II (1934) Springer Verlag, Berlin

[10.45] Lutz, O.; Zur Dynamik der Schraubenfeder; Konstruktion 14 (1962), Heft 9, S. 344–346

[10.46] Meissner, M.; Stand der Festigkeitsberechnungen kaltgeformter zylindrischer Schraubendruckfedern; Maschinenbautechnik 15 (1966), Heft 3, S. 127–132

[10.47] Meissner, M., Wanke, K.; Handbuch Federn, VEB Verlag Technik, Berlin 1988

[10.48] Meissner, M., Schorcht, H.-J.; Metallfedern, Springer Verlag, Berlin 1997

[10.49] Niemann, G., Winter, H., Höhn, B.-R.; Maschinenelemente Bd. I., 4. Aufl., Springer Verlag, Berlin 2005

[10.50] Otzen, U.; Über das Setzen von Schraubenfedern, Draht 8 (1957), Heft 2, S. 49–54 und Heft 3, S. 90–96

[10.51] Roloff / Matek; Maschinenelemente, Hrsg. Muhs, D., Wittel, H., et al.; Vieweg Verlag, Braunschweig 2013
[10.52] Steinhilper, W., Sauer, B.; Konstruktionselemente des Maschinenbaus, Springer Verlag, Berlin 2005
[10.53] Wolf, Werner A.: Die Schraubenfeder, ihre Ausführungsformen, Berechnung und Herstellung, 2. Auflage, W. Giradet, Essen 1966

ZUSAMMENFASSUNG

Federn dienen zur Aufnahme und Speicherung mechanischer (potentieller) Energie, da sie sich unter Belastung gezielt verformen (Verrichtung von Formänderungsarbeit) und bei Entlastung wieder ihre ursprüngliche Gestalt annehmen. Die meisten technischen Werkstoffe sind in definierten Bereichen (Elastizitätsgrenze) elastisch und können damit federnd wirken. Durch entsprechende Gestaltung lässt sich diese Grundeigenschaft des Federungsvermögens ausgewählter Werkstoffe erhöhen und gezielt beeinflussen.

Eine wesentliche Kenngröße von Federn ist der funktionale Zusammenhang zwischen einwirkender Kraft und zugehöriger Verformung. Hieraus ergibt sich direkt die Federkennlinie, die abhängig von der Federbauart einen linearen, progressiven oder degressiven Verlauf haben kann. Steife (harte) Federn besitzen eine steile Kennlinie, elastische (weiche) Federn eine flache. Durch die Reihen- oder Parallelschaltung von Federn lassen sich auch Kombinationen dieser Kennlinienverläufe erzeugen. Eine weitere besondere Eigenschaft von Federn ist das Dämpfungsvermögen, d.h. ein Teil der eingeleiteten Energie wird in Dämpfungsarbeit umgewandelt. Insbesondere Elastomerfedern verfügen über eine besonders gute innere Dämpfung, aber auch Tellerfedern und Ringfedern weisen aufgrund vorhandener Reibung gute Dämpfungseigenschaften auf.

Wegen der angreifenden Kräfte und der daraus entstehenden Hauptbeanspruchungen in der Feder hat sich die Unterscheidung in Zug-Druck-Federn, Biegefedern und Torsionsfedern bewährt.

Die Auswahl und beanspruchungsgerechte Gestaltung einer Feder hängt ab von der Erfüllung der vorgegebenen Kennlinie, der Einhaltung des vorhandenen Bauraumes, der Zuverlässigkeit über der geforderten Lebensdauer und der optimalen Werkstoffausnutzung bei minimaler Federmasse und maximaler Federarbeit.

Ausgehend von diesen Anforderungen sind dann der Funktionsnachweis (d.h. die Festlegung der Federart unter Berücksichtigung der Belastungscharakteristik und der Wirkungsgradanforderungen und die Vorgabe oder Berechnung der Federhauptabmessungen nach den entsprechenden Normen und Richtlinien) und der Festigkeitsnachweis (Vergleich von Beanspruchung und Beanspruchbarkeit) zu erbringen. Der Festigkeitsnachweis erfolgt auf der Grundlage von Nennspannungen unter der vereinfachenden Annahme eines einachsigen Spannungszustandes.

Liegt keine Hubspannung vor, spricht man von statischer Belastung. Sobald eine Hubspannung auftritt, unterliegt die Feder einer dynamischen Belastung (selten veränderlich bei Lastspielzahlen bis $N \leq 10^4$ und schwingend bei Lastspielzahlen $N \geq 10^4$).

Beim statischen Festigkeitsnachweis liegen die zulässigen Spannungen generell unterhalb der Fließgrenze R_p, also im elastischen Bereich. Bei Federn wird dieser Wert jedoch überwiegend als Bruchteil der Zugfestigkeit R_m angegeben.

Im Vergleich zu anderen Maschinenelementen wird bei Federn mit relativ geringen Sicherheitsbeiwerten gearbeitet. Um eine ausreichende Federung bei entsprechend geringerer Lebensdauer zu erreichen, lässt man rund 70 bis 85 % der maßgeblichen Festigkeit zu. Die Verwendung der zulässigen Spannungen mit den geringen Sicherheitsbeiwerten setzt jedoch voraus, dass die tatsächlichen Belastungen realistisch und möglichst genau angesetzt werden.

ZUSAMMENFASSUNG

Wellen und Achsen

Lernziele

- Kennenlernen von Wellen und Achsen in Voll- und Hohlbauweise als wesentliche Bauelemente der Antriebstechnik
- Grundlagen der funktions- und beanspruchungsgerechten Gestaltung von Wellen und Achsen
- Beherrschen der Nachweise der Sicherheit gegen Dauerbruch, Gewaltbruch und unzulässige Verformung
- Kennenlernen der Grundlagen des dynamischen Verhaltens von Wellen und Achsen – Torsions- und Biegeschwingungen

11.1 Einführung

Die Hauptaufgabe einer Welle ist das Übertragen eines Drehmomentes zwischen einer Momenteneinleitungsstelle und einer -ausleitungsstelle. Gleichzeitig dient sie wie eine Achse zum Tragen und Lagern ruhender oder beweglicher Maschinenelemente und Baugruppen (Merke: Achsen tragen, Wellen übertragen.). Die dabei entstehenden Reaktionskräfte und -momente werden in die angrenzende Konstruktion weitergeleitet. Beide Funktionen (Übertragen und Tragen) erfordern bei der Anwendung von Wellen und Achsen auch immer den Einsatz von Lagern. Während Achsen sowohl umlaufen als auch stillstehen können, müssen Wellen zur Übertragung eines Drehmomentes stets drehbeweglich sein, also über einen Drehfreiheitsgrad verfügen, sie können, müssen jedoch nicht immer umlaufen (z.B. oszillierende Schwenkbewegung bei einem angetriebenen Mechanismus).

Daraus ergeben sich grundlegende Anforderungen an die Gestaltung von Wellen und Achsen:

- Ausreichende Festigkeit (Beanspruchbarkeit) gegenüber allen statischen und dynamischen Beanspruchungen während des gesamten Nutzungszeitraumes, insbesondere an Querschnittsänderungen sowie Welle-Nabe-Verbindungen zur Momentenein- und -ausleitung
- Elastische Formänderungen dürfen durch den Verwendungszweck bedingte Grenzwerte nicht überschreiten.
- Torsions-, Biege- und auch Axialschwingungen dürfen während des Betriebes nicht zu Resonanzschwingungen angeregt werden bzw. mit ihren Amplituden durch den Verwendungszweck bedingte Grenzen nicht überschreiten.
- Gute Führung durch die Lager bei minimalem Lagerverschleiß
- Wirtschaftliche Herstell-, Transportier- und Montierbarkeit

Da alle diese Anforderungen nahezu gleichberechtigt zu erfüllen sind, ein rechnerischer Nachweis aber erst für eine endgültig vorliegende Wellen- bzw. Achsengestalt möglich ist, führt nur das abwechselnde Berechnen und Gestalten zur optimalen (beanspruchungs- und fertigungsgerechten) Wellengeometrie. Dabei werden folgende Berechnungsnachweise unterschieden:

1 Nachweis der Festigkeit gegen Ermüdungs- und Maximalbeanspruchung nach DIN 743 oder FKM-Richtlinie [11.6], [11.26]

2 Nachweis der Einhaltung der zulässigen Verformung (nicht genormt)

3 Nachweis des dynamischen Verhaltens (biegekritische Drehzahl und niedrigste Torsionseigenfrequenz) mittels einfacher analytischer Verfahren oder aber Anwendung numerischer Verfahren zur vollständigen Analyse des komplexen Torsions-, Biege- und Axialschwingungsverhaltens mittels Mehrkörper-Simulations-Modellen unter Verwendung starrer und elastischer Körper (ebenfalls nicht genormt) [11.21], [11.30], [11.34], [11.47], [11.48]

Während die ersten beiden Nachweise (Festigkeit und Verformung) generell für alle Wellen und Achsen zu erbringen sind, führte man bisher Nachweise des Schwingungsverhaltens überwiegend durch für Wellen, die periodisch schwankende Drehmomente übertragen müssen (z.B. bei Kolbenmaschinen) sowie schnell laufende, mit größeren Massen besetzte Wellen (z.B. Turbinenläufer), da bei diesen Anwendungen immer Torsions- und Biegeschwingungen auftreten, deren Amplituden ein Mehrfaches des stationären Mittelwertes betragen.

Mittlerweile werden jedoch unerwünschte Torsions-, Axial- und Biegeschwingungen in fast allen Antriebssträngen aus folgenden Gründen angeregt:

- Immer größere übertragbare Leistungen führen zu veränderten Verhältnissen von Massen-(trägheiten) zu Steifigkeiten, woraus niedrigere Eigenfrequenzen resultieren. Diese liegen in der gleichen Größenordnung wie die Anregungsfrequenzen und sind somit anregbar.
- Zur optimalen Energie-Ausnutzung werden viele Antriebe drehzahlvariabel ausgeführt. Im Vergleich zum Betrieb mit einer stationären Betriebsdrehzahl, die entweder über oder unter der kritischen Resonanzdrehzahl liegt (überkritischer bzw. unterkritischer Betrieb), können die wechselnden Betriebsdrehzahlen Resonanzen anregen. Dies gilt sowohl für Torsions- als auch für Biege- und Axialschwingungen [11.20], [11.47], [11.48], [11.49]. Insbesondere können z.B. bei schrägverzahnten Getrieben Drehschwingungen auch Axialschwingungen anregen und zu nicht vorhergesehenen Lagerschäden (z.B. wegen axialer Überlastung) führen.

Derart ungünstige Verhältnisse erfordern daher generell eine umfassende Berechnung des vollständigen Schwingungsverhaltens und es muss parallel dazu eine Analyse der erregenden Kräfte und Momente hinsichtlich Frequenz und Amplitude erfolgen. Die ausschließliche Erbringung eines Festigkeits- und Verformungsnachweises der Welle (oder Achse) ist in solchen Fällen nicht mehr ausreichend.

11.2 Funktion und Wirkung

Abbildung 11.1 verdeutlicht anhand eines angetriebenen und eines nicht angetriebenen Laufrades eines Kranes gemäß Abbildung 1.3 den funktionalen Unterschied zwischen einer Welle und einer Achse. Das Antriebsrad wird über die Gelenkwelle angetrieben (Momenteneinleitung). Die Momentenausleitung erfolgt durch das Laufrad und die Reibkraft zwischen Rad und Schiene (Rad-Schiene-Kontakt). Als Zusatzaufgabe kann diese Welle noch Gewichtskräfte (Eigengewicht und Nutzlast des Kranes) und Querkräfte (Seitenkräfte aus der Spurführung) übertragen. Das rechts abgebildete Laufrad auf der Achse leitet ebenfalls die Gewichts- und Querkräfte an die Umgebungskonstruktion weiter, allerdings erfolgt keine Drehmomentübertragung (reine Tragfunktion).

Weitere Maschinenelemente zur Drehmomentübertragung in Verbindung mit Wellen sind Zahn-, Ketten- und Reibräder, Riemenscheiben, Kupplungen und Bremsen. Achsen werden überwiegend mit Seilrollen und -trommeln oder Trag- bzw. Laufrollen (Rädern) kombiniert, dabei kann die Achse je nach Lagerung entweder fest stehen oder mit umlaufen, Abbildung 11.2 (s.a. Abbildungen 9.10 und 9.16). Bei fest stehenden Achsen müssen die auf der Achse befindlichen Bauteile drehbar gelagert sein. Aufgrund der angreifenden Kräfte liegt eine ruhende oder schwellende Biege- und Scherbeanspruchung vor. Da der Achskörper selbst nicht rotiert, ist keine Rotationssymmetrie erforderlich. Vielmehr kann der stehende Achskörper optimal der einwirkenden Biegebeanspruchung angepasst werden. Nahezu alle Kraftfahrzeuge und mobilen Arbeitsmaschinen nutzen dieses Prinzip des Trägers gleicher Festigkeit.

Welle	Achse
– Hauptaufgabe: Drehmoment übertragen zwischen aufgesetzten Maschinenelementen (hier zwischen Gelenkwelle und Laufrad, dann weiter über Rad-Schiene-Kontakt), zusätzlich erfolgt eine Trag- und Lagerfunktion – Funktion: leitend und tragend – Hauptbeanspruchung: Torsion und Biegung – Zusatzbeanspruchung: Scherung aus Querkraft	– Hauptaufgabe: Bauteile tragen und lagern und die Reaktionskräfte und -momente an die angrenzende Konstruktion weiterleiten – Funktion: rein tragend, keine Drehmomentweiterleitung – Hauptbeanspruchung: Biegung – Zusatzbeanspruchung: Scherung aus Querkraft

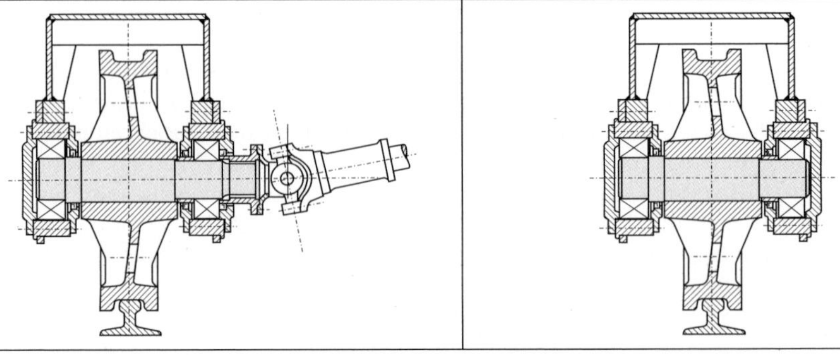

Abbildung 11.1: Kranlaufrad mit Welle (Gelenkwellenantrieb) und Achse (nicht angetrieben)

Abbildung 11.2 (links) zeigt beispielhaft das der Biegebeanspruchung optimal angepasste I-Profil einer Nutzfahrzeugachse. Wechselnde Beanspruchungen können bei diesem Prinzip nur bei stark exzentrischer Massenverteilung und daraus entstehenden umlaufenden Fliehkräften auftreten.

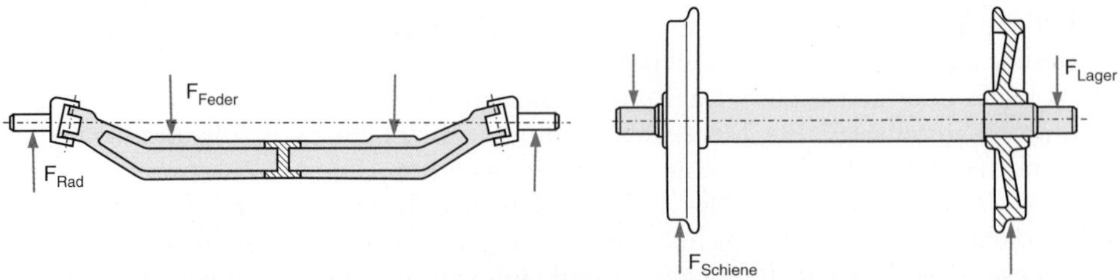

Abbildung 11.2: Stehende Nutzfahrzeugachse (LKW) und umlaufende Eisenbahnachse

Im Gegensatz dazu sind bei umlaufenden Achsen die aufgesetzten Bauteile drehstarr mit dem rotierenden Achskörper verbunden. Die Achse selbst wird dann drehbar in Lagern geführt. Gemäß Kapitel 1 unterliegen umlaufende Achsen einer rein wechselnden Scher- und Biegebeanspruchung (Umlaufbiegung). Nahezu alle Eisenbahnradsätze basieren auf diesem Prinzip. Ähnlich wie die Kranlaufräder aus Abbildung 11.1 können die Eisenbahnräder sowohl auf einer Achse (nicht angetriebener Radsatz) als auch auf einer Welle (angetriebener Radsatz) montiert sein. In diesem Fall erfolgt leider keine saubere begriffliche Trennung.

11.2.1 Bauformen von Wellen und Achsen

Ausgehend von den grundlegenden, funktionsbedingten Unterschieden zwischen Wellen und Achsen richtet sich deren tatsächliche Bauform hauptsächlich nach dem Verwendungszweck. Mit Ausnahme der (stehenden) Tragachsen gemäß Abbildung 11.2 werden die meisten Wellen (und Achsen) als rotationssymmetrische Körper ausgeführt, deren Länge ein Mehrfaches des Durchmessers beträgt. Der Querschnitt kann als Vollprofil oder Hohlprofil bzw. als Kombination aus beidem ausgestaltet sein. Der Hohlquerschnitt erfordert zwar einen höheren Fertigungsaufwand, bietet jedoch die Möglichkeit der Durchleitung von Kabeln, Schmieröl, Stellmechanismen und Wellen bzw. bei Leichtbauanwendungen ein geringeres Gewicht.

Nur in den wenigsten Fällen verfügen Wellen und Achsen über einen konstanten Außendurchmesser. Vielmehr müssen Räder, Scheiben, Ringe, Lager und Kupplungsflansche axial montier- und demontierbar und über Presssitze, Wellenschultern, Wellenmuttern und Sicherungsringe axial festlegbar sein. Daraus folgt zwangsläufig eine Grundform mit – meistens zu den Wellenenden hin – durchmessergestuften Abschnitten. So verfügt z.B. eine Radsatzwelle über die Geometrie gemäß Abbildung 11.3.

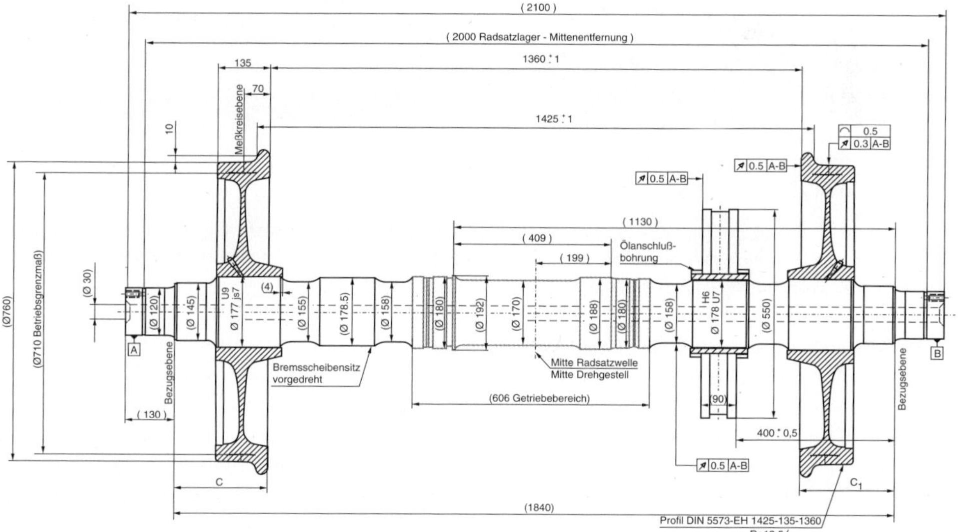

Abbildung 11.3: Radsatzwelle für ein Schienenfahrzeug

Am jeweiligen Wellenende sitzen die Wälzlager (∅ 120 mm). Die Radscheiben befinden sich auf deutlich größeren Querschnitten mit Durchmessern von 177 mm. Zusätzlich ist eine Bremsscheibe auf einem Wellensitz (∅ 178 mm) befestigt. In der Mitte der Welle wird das Radsatzgetriebe montiert (∅ 180 mm). Somit lassen sich alle Komponenten von innen nach außen (vom größten zum kleinsten Durchmesser) montieren, ohne die Gefahr einer Beschädigung des jeweiligen Wellensitzes.

Anhand des Radsatzgetriebes der dieselhydraulischen Lokomotive G 2000 aus Abbildung 1.1 werden in Abbildung 11.4 (links) verschiedene Wellenbauformen eines Getriebes gezeigt. Über die Eingangswelle (1), die durch eine Gelenkwelle mit dem Hauptgetriebe (bzw. Motor) verbunden ist, wird das Drehmoment eingeleitet und über eine Kegelradstufe auf die Zwischenwelle (2) übertragen. Dabei erfolgen eine Drehzahlreduzierung und eine Drehmomenterhöhung. Die Zwischenwelle (2) ist über eine Stirnradstufe zur nochmaligen Drehmomenterhöhung und Drehzahlreduzierung mit der Abtriebswelle (3) verbunden. Diese ist ähnlich aufgebaut wie die Radsatzwelle aus Abbildung 11.3. Die Eingangswelle (1) verfügt an der linken Seite über einen weiteren Kupplungsflansch, von dem aus über eine weitere Gelenkwelle der 2. Radsatz des Drehgestelles angetrieben wird (s.a. Abbildung 1.1). Alle Wellen verfügen über einen Vollquerschnitt.

Im Gegensatz dazu verfügt der in Abbildung 11.4 (rechts) gezeigte Radsatzantrieb moderner Elektrotriebfahrzeuge über einen Hohlwellenantrieb mit zwei ineinanderliegenden Hohlwellen, in denen sich die Radsatzachse befindet.

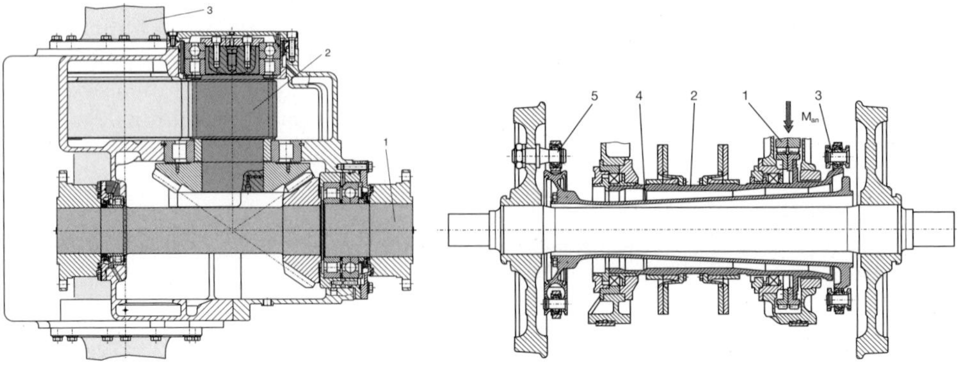

Abbildung 11.4: Radsatzgetriebe der Lokomotive G 2000 (links) mit Eingangswelle (1), Zwischenwelle (2) und Abtriebswelle (3) – Hohlwellenantrieb moderner Elektrotriebfahrzeuge (rechts) mit Antriebszahnrad (1), äußerer Hohlwelle (2), Lenkerkupplung (3), innerer Hohlwelle (4) und Lenkerkupplung (5)

Diese Bauart bietet zum einen den großen Vorteil der Gewichtseinsparung bei gleichzeitig großer Steifigkeit zwischen Momenteneinleitungsstelle an der Lenkerkupplung und Momentenausleitung über eine zweite Lenkerkupplung an der jeweiligen Radscheibe. Über die elastische Lenkerkupplung kann die große Masse des Motors vom eigentlichen Radsatz entkoppelt werden, was zu kleinen ungefederten Massen des Radsatzes führt. Dieses Prinzip wird seit ca. 70 Jahren bis zum heutigen Tage im Lokomotivbau erfolgreich eingesetzt, u.a. auch im Hochgeschwindigkeitstriebzug ICE.

Die Verwendung stehender Hohlachsen ist aus Abbildung 11.5 (links) ersichtlich. Neben der eigentlichen Tragefunktion kann im Inneren der Achse (1) eine drehmomentführende Welle (2) eingebaut werden, die über ein Planetengetriebe (3) das eigentliche Rad antreibt. Da es sich um eine lenkbare Achse handelt, ist im Drehpunkt ein Kardangelenk (4) vorzusehen. Diese Bauart findet man in allen angetriebenen Vorderachsen von LKWs sowie in Bau- und Landmaschinen.

Im rechten Teil der Abbildung 11.5 ist der kompakte Turasantrieb eines Raupenkettenfahrwerkes (z.B. für einen Bagger gemäß Abbildung 1.2) gezeigt. Der Antrieb erfolgt über einen Hydraulikmotor (1) auf eine Welle, die über ein mehrstufiges Planetengetriebe die Drehzahl reduziert und das Drehmoment erhöht. Die tragende Funktion im Sinne einer Hohlachse übernimmt das Achsgehäuse (2), das mit dem Fahrzeugrahmen verschraubt wird. Darauf stützt sich über Kegelrollenlager (5) der Radkörper ab, mit dem über den Flansch (4) das Kettenrad zum Antrieb der Kette verbunden ist. Innerhalb des Achsgehäuses sind sämtliche drehmomentführenden Teile (Wellen und Zahnräder) in kompakter Bauform untergebracht.

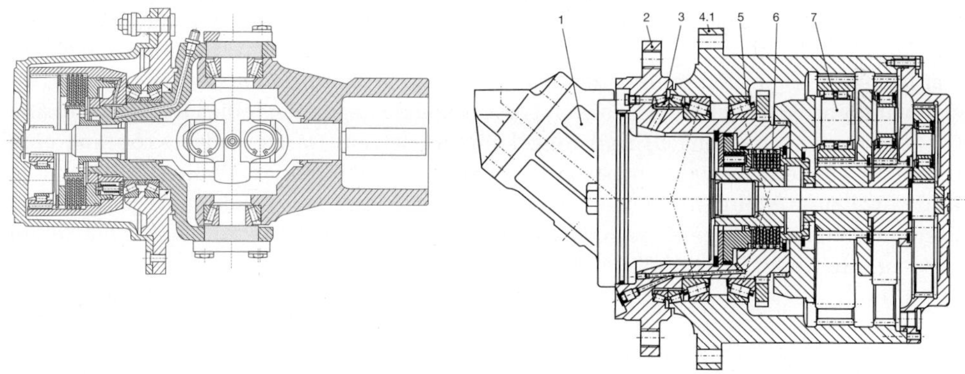

Abbildung 11.5: Angetriebene und lenkbare Achse einer Baumaschine (links) als Kombination aus Tragachse und antreibender Welle mit integriertem Planetengetriebe und Bremse – Turasantrieb eines Raupenkettenfahrzeuges (rechts) in vergleichbarer Bauweise, jedoch nicht lenkbar

Im Gegensatz zu dieser speziellen Form eines Achsgehäuses ist in Abbildung 11.6 die häufig verwendete Bauform eines Achszapfens in Verbindung mit der Seiltrommel eines Kranes wiedergegeben. Solche Seiltrommeln kommen sowohl in großen Brückenkranen (siehe auch Abbildung 1.3) als auch in vergleichbarer Bauweise bei allen Mobilkranen zum Einsatz. Die Drehmomenteinleitung zum Antrieb der Trommel erfolgt über ein vorgeschaltetes Getriebe und eine Tonnenkupplung (s.a. Abbildung 13.21), bei kleineren Trommeldurchmessern wird häufig auch ein Antriebskonzept, vergleichbar mit dem Achsantrieb aus Abbildung 11.5 (rechts), verwendet. Der Achszapfen (10) dient zur Abstützung (Lagerung) der Trommel auf der rechten Seite und muss demzufolge auch alle Reaktionskräfte aus dem Seil aufnehmen. Zur Versteifung der Konstruktion (gegen Biegebeanspruchung) ist der Zapfen über eine eingeschweißte Ronde (9) mit der Seiltrommelstirnwand verbunden. In ähnlicher Bauweise werden auch große Gurttrommeln für Gurtförderanlagen ausgeführt. Die Hohlbauweise der Trommel verfügt über ein geringes Gewicht bei gleichzeitig hohem Widerstandsmoment gegen Biegung. Die eingeschweißten Achszapfen können mit geringem Durchmesser ausgeführt werden, der sich nur aus den abzustützenden Lagerkräften ergibt.

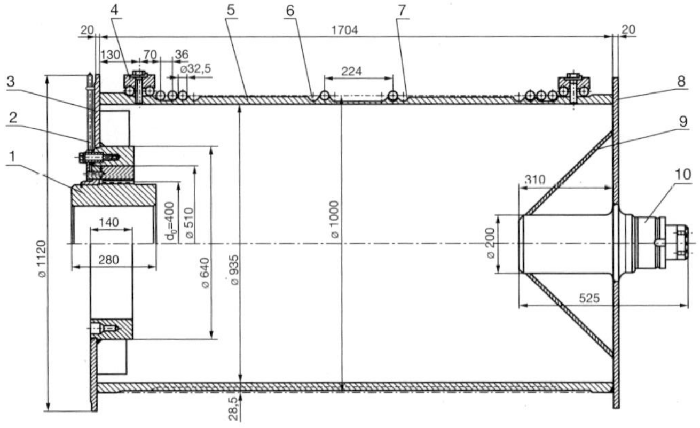

1 Trommel-Zahnkupplung
2 Schmierrohr
3 Bordscheibe links
4 Doppelseilklemme
5 Trommelmantel
6 Seilrillen, linksgängig
7 Seilrillen, rechtsgängig
8 Bordscheibe rechts
9 Versteifungskegel
10 Achszapfen für Trommellager

Abbildung 11.6: Eingeschweißter Achszapfen (10) an einer Seiltrommel

Während bisher nur gerade Achsen und Wellen vorgestellt wurden, handelt es sich bei den Kurbelwellen nach Abbildung 11.7 um gekröpfte Wellen. Haupteinsatzgebiet war früher die Dampfmaschine, heute nutzt der Verbrennungsmotorenbau dieses Prinzip. Mit derartigen Wellen lassen sich geradlinige Bewegungen (eines Kolbens) in eine Drehbewegung (am Abtrieb) und umgekehrt umsetzen. Da aus jeder Kröpfung eine Unwucht entsteht, besteht insbesondere bei schnell laufenden Wellen (gilt für alle Kurbelwellen in Motoren) die Notwendigkeit eines Massenausgleiches. Wegen weiterer Besonderheiten (insbesondere Kräfte- und Momentenverhältnisse) bei Kurbelwellen wird auf die weiterführende Literatur verwiesen [11.65].

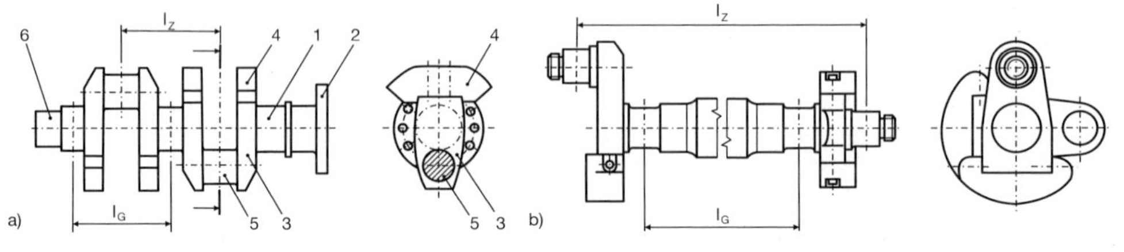

Abbildung 11.7: Kurbelwelle als gekröpfte Welle a) und mit Stirnkurbeln b) [11.65] – Wellenzapfen (1), Kupplungsflansch (2), Wangen (3) mit Ausgleichsmassen (4) und Kurbelzapfen (5), Anschlusszapfen (6) für Hilfsaggregate

Eine weitere Sonderbauart ist die biegsame Welle zur Übertragung von Drehbewegungen und kleineren Drehmomenten zwischen An- und Abtrieben, die in ihrer räumlichen Lage zueinander willkürlich veränderlich sind, Abbildung 11.8. Überwiegende Anwendungsgebiete sind Handarbeitsgeräte zum Bohren und Schleifen sowie medizinische Einrichtungen (Zahnarztbohrer) und Tachowellen. Die übertragbare Leistung beträgt bis zu 5 kW bei Drehzahlen bis zu 10.000 min^{-1}. Krümmungsradien der gebogenen Welle sollten nicht kleiner sein als der 15- bis 25-fache Durchmesser der Wellenseele *d*. Die Anschlussmaße für die Antriebsseite biegsamer Wellen sind für Elektromaschinen und für Kraftfahrzeuge nach DIN 75532 genormt, [11.13].

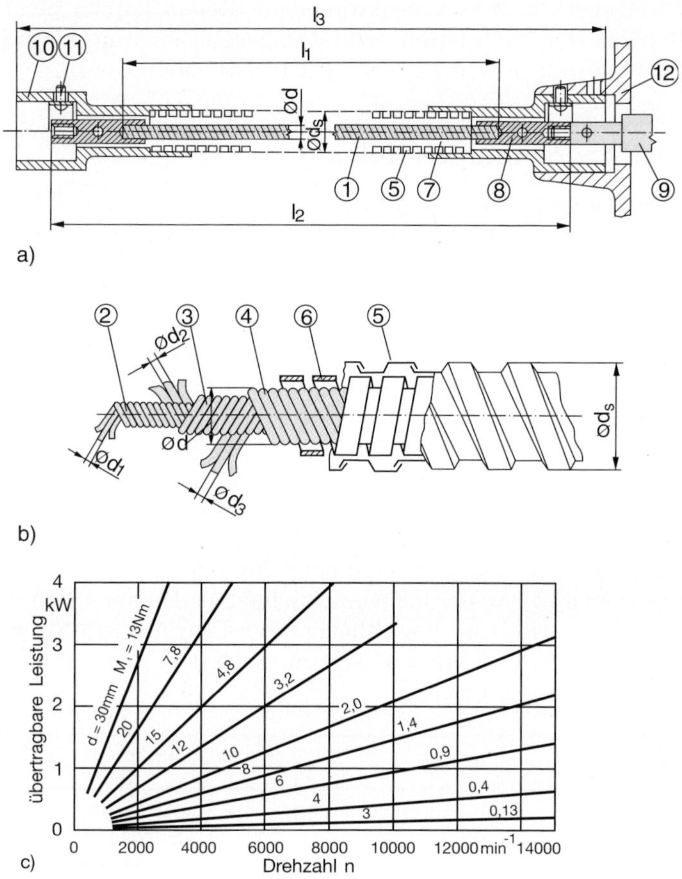

1 Wellenseele
2 – 4 Drahtlagen
5 Metallschutzschlauch
6 Flachstahleinlage
7 Fettfüllung
8 Wellenkupplung
9 Wellenstumpf
10 Schlauchhülse
11 Sperrbolzen
12 Führungsmuffe

Abbildung 11.8: Vollständiger Querschnitt und Aufbau einer biegsamen Welle nach [11.65]

Das größte Drehmoment kann übertragen werden, wenn sich die jeweils äußere Lage auf der darunter liegenden festzieht. Hierzu muss der Windungssinn der oberen Lage entgegengesetzt zur Drehrichtung sein, da bei gleicher Orientierung von Windungssinn und Drehrichtung nur 40 % bis 70 % des Nenndrehmomentes übertragbar sind. Die Drehmomentübertragung erfolgt überwiegend durch die äußeren Drahtlagen, die inneren Lagen haben bei Krümmungen mehr eine stützende Wirkung. Das von jedem einzelnen Draht der äußeren Lage übertragbare Drehmoment entspricht ungefähr dem Wert, den der Draht in gestreckter Form als Welle übertragen kann. Bei mehrlagigen Wellenseelen lässt sich das übertragbare Drehmoment M_t überschlägig ermitteln zu:

$$M_t \leq M_{t,zul} \approx \sum_{i=1}^{k} M_{t,i} = \frac{\pi}{16} \cdot \left(\sum_{i=1}^{k} z_i \cdot d_i^3 \right) \cdot \tau_{t,zul} \qquad (11.1)$$

Hierin bezeichnen $M_{t,i}$ das übertragbare Drehmoment je drehomentübertragender Drahtlage i, z_i die Drahtanzahl, d_i den Drahtdurchmesser und $\tau_{t,zul}$ die zulässige Torsionsspannung in Abhängigkeit von den Betriebsverhältnissen (Drehzahl, Krümmungsradius der Welle und Spannungsverhältnis R).

Abschließend sei darauf hingewiesen, dass Gelenkwellen in diesem Kapitel nicht behandelt werden, da diese zu den drehstarren, getriebebeweglichen Kupplungen gehören, auf die im Kapitel 13 ausführlich eingegangen wird.

11.2.2 Werkstoffe, Halbzeuge und Herstellung

Die Werkstoffauswahl für Wellen und Achsen richtet sich im Wesentlichen nach dem Einsatzfall und der Beanspruchung, Tabelle 11.1. Für normale Beanspruchungen verwendet man unlegierte Baustähle, bei höheren Beanspruchungen Vergütungsstähle. Ist verstärkt mit Verschleiß zu rechnen, nutzt man auch Einsatzstähle.

Bis zu einem Durchmesser von ca. 10 mm können Wellen und Achsen kalt gewalzt, gezogen oder kalt gezogen und geschliffen, evtl. poliert (für einfache Anwendungen mit Toleranzen h11 ... h6) bezogen und oftmals ohne weitere mechanische Bearbeitung verwendet werden. Darüber liegende Durchmesser bis zu 200 mm werden meistens warm gewalzt und anschließend bearbeitet, um die entkohlte Zone zu beseitigen. Wellen und Achsen mit noch größeren Durchmessern und Absätzen oder besonderen Geometrien (z.B. Fahrzeugachsen, Kurbelwellen, Planetenträger von Umlaufrädergetrieben) werden generell formgeschmiedet, gepresst oder auch gegossen. Anderenfalls könnten beim erforderlichen Zerspanen Durchmesserbereiche geringerer Festigkeit angeschnitten werden, insbesondere wenn der kleinere Durchmesser kleiner als 60 % des benachbarten größeren Durchmessers ist. Anschließend wird geglüht, um Eigenspannungen abzubauen und das Gefüge zu homogenisieren. Nach dem Richten muss aus dem gleichen Grund nochmals geglüht werden.

Beanspruchung	Normal	Höher	Verschleiß
Norm	Unlegierte Baustähle nach DIN EN 10025	Vergütungsstähle nach DIN EN 10083	Einsatzstähle nach DIN EN 10084
Werkstoffe	S235, S275, S355 E295, E335, E 360	C35E, 25CrMo4, 28Mn6, 30CrNiMo8, 51CrV4	C15, 16MnCr5, 20MoCr4, 21NiCrMo2, 17CrNiMo6
Anwendungsbeispiele	Kraft- und Arbeitsmaschinen, Fördermaschinen, Baumaschinen, Werkzeugmaschinen, Getriebe	Motoren, schwere Werkzeugmaschinen, Turbinen, große Wellen, Turbinenläufer, Getriebe	Dauerfeste Bauteile mit verschleißfester harter Oberfläche, hoch beanspruchte Getriebeteile

Tabelle 11.1: Werkstoffe für Achsen und Wellen in Abhängigkeit von der Beanspruchung

Grundsätzlich sind Werkstoffe und Halbzeuge aus wirtschaftlichen Gründen nicht höherwertig als unbedingt erforderlich zu wählen. Liegen jedoch Raum- oder Gewichtsbeschränkungen (z.B. hohe Beanspruchungen bei kleinem verfügbaren Bauraum) oder besondere Anforderungen hinsichtlich Verschleiß, Korrosion, magnetischer Eigenschaften, Warmfestigkeit oder Kaltzähigkeit vor, sollten entsprechende Werkstoffe wie höher legierte Vergütungs- und Einsatzstähle oder korrosionsbeständige, warmfeste oder kaltzähe Stähle verwendet werden. Gerade mit legierten Stählen lassen sich höhere Festigkeit und Zähigkeit erreichen. Demgegenüber sind unlegierte Stähle höherer Festigkeit relativ spröde bzw. kerbempfindlicher, so dass in diesen Fällen auf besonders kerbarme Gestaltung zu achten ist. Oftmals lässt sich eine Minderung der Kerbwirkung an den gefährdeten Querschnittsübergängen durch Rollen oder Kugelstrahlen erzielen.

Manchmal bestimmen auch Forderungen nach guter Schweiß-, Zerspan- und Schmiedbarkeit die Werkstoffauswahl. So sind z.B. bei Ritzelwellen die Festigkeitsanforderungen der Verzahnung an den Werkstoff maßgebend. Um nicht die gesamte Welle aus dem für die Verzahnung benötigten, hochwertigen (teuren) Material fertigen zu müssen, werden lange Ritzelwellen häufig im eigentlichen Wellenbereich aus Baustählen gefertigt, so dass beide verwendeten Werkstoffe schweißgeeignet sein müssen.

Unabhängig vom verwendeten Werkstoff sollten bei Wellen und Achsen nur die Funktionsflächen (z.B. Nabensitze, Dichtflächen, Lagersitze) eng toleriert und fein bearbeitet werden. So werden z.B. die Laufflächen für Dichtungen häufig induktiv gehärtet und anschließend einstich-geschliffen, da die beim normalen Vorschubschliff entstehenden Schleifriefen einen ungewollten, drehrichtungsabhängigen Schmieröltransport begünstigen. Auch Gleitlagersitze werden ebenfalls häufig gehärtet und geschliffen, da möglicher Verschleiß eher an der (kostengünstigeren) Lagerschale akzeptiert werden kann als an der teureren Welle. Für alle anderen Bereiche von Achsen und Wellen ist eine gröbere Tolerierung und Bearbeitung ausreichend.

11.3 Gestaltung und Berechnung von Wellen und Achsen

Eine Welle oder Achse kann nicht gestaltet und berechnet werden, ohne gleichzeitig die Bauform, Größe und Ausführung der Lager festzulegen und die Verformung an bestimmten (kritischen) Stellen zu ermitteln, Gleiches gilt für das Schwingungsverhalten der Welle alleine oder im Systemverbund. Erschwerend kommt hinzu, dass in vielen Fällen der zeitliche Verlauf und teilweise auch die Größe der dynamischen Kräfte und Momente nur eingeschätzt werden können, während andererseits die Gestaltdauerfestigkeit der Wellen an den Stellen, an denen mehrfache Spannungsspitzen und gleichzeitig Schub- und Normalspannungen auftreten, nur annähernd bekannt ist (siehe auch Kap. 1 und 3).

Die konstruktive Aufgabe besteht nun darin, möglichst kleine Abmessungen zu erzielen, beanspruchungsgerecht auszulegen (dauerfest, zeitfest) und eine möglichst einfache und kostengünstige Fertigung zu erreichen. Hierfür sind konstruktive, gestalterische Maßnahmen, insbesondere die Vermeidung gefährdeter Kerbstellen, oft entscheidender als die Verwendung höherfester Stähle. Dies gilt insbesondere auch für Verformungen. Werden nämlich die erforderlichen Durchmesser durch die als zulässig angesehenen Verformungen bestimmt und nicht durch die auftretenden Beanspruchungen, so ist es unsinnig, höherfesten Stahl zu verwenden, da die Größe der Verformung wegen des gleichen E-Moduls für alle Stähle nahezu gleich ist.

Bevor im nächsten Abschnitt wichtige Gestaltungsgrundsätze behandelt werden, sollen die folgenden Ausführungen bei der Wahl zwischen Voll- oder Hohlwelle helfen. In den meisten Fällen erfolgt der Einsatz von Hohlwellen funktionsbedingt (z.B. Aufsteckgetriebe – Abtrieb als Hohlwelle), Durchgang zur Nabe durch die hohle Rotorwelle bzw. Bauraum für Verstellmechanismen/Leitungen zur Rotorblattverstellung bei Windenergie-Anlagen), seltener zur Gewichtseinsparung.

Für die folgenden Zusammenhänge zur Tragfähigkeit und Masse von Voll- und Hohlwellen bei gleicher Länge und aus gleichem Werkstoff wird das Durchmesserverhältnis $k_H = d_i / d_H$ von Innendurchmesser d_i zu Außendurchmesser d_H bei der Hohlwelle als veränderlich angenommen [11.57]. Unter diesen Voraussetzungen liegt Proportionalität zwischen der Wellenmasse m und dem Querschnitt A sowie der Belastung (Biegemoment M_b und Torsionsmoment M_t) und den entsprechenden Widerstandsmomenten für Biegung W und Torsion W_p vor, Tabelle 11.2. Damit lassen sich dann Verhältniszahlen für Massen und Widerstandsmomente für Hohlwelle zu Vollwelle bilden und grafisch gemäß Tabelle 11.3 darstellen.

	Querschnittsfläche $m \approx A$	**Widerstandsmoment äquatorial,** $M_b \approx W$	**Widerstandsmoment polar,** $M_t \approx W_p$
Vollwelle	$A_V = \frac{\pi}{4} \cdot d_V^2$ (11.2)	$W_V = \frac{\pi}{32} \cdot d_V^3$ (11.3)	$W_{pV} = \frac{\pi}{16} \cdot d_V^3$ (11.4)
Hohlwelle	$A_H = \frac{\pi}{4} \cdot \left(d_H^2 - d_i^2\right) = \frac{\pi}{4} \cdot d_H^2 \left(1 - k_H^2\right)$ (11.5)	$W_H = \frac{\pi}{32} \cdot \frac{\left(d_H^4 - d_i^4\right)}{d_H} = \frac{\pi}{32} \cdot d_H^3 \left(1 - k_H^4\right)$ (11.6)	$W_{pH} = \frac{\pi}{16} \cdot \frac{\left(d_H^4 - d_i^4\right)}{d_H} = \frac{\pi}{16} \cdot d_H^3 \left(1 - k_H^4\right)$ (11.7)

Tabelle 11.2: Querschnittsfläche und Widerstandsmomente von Voll- und Hohlwellen mit $k_H = d_i / d_H$

Verhältnis der Massen	**Verhältnis der Widerstandsmomente**	**Funktionsdiagramm**
$d = d_V = d_H$ (11.8)		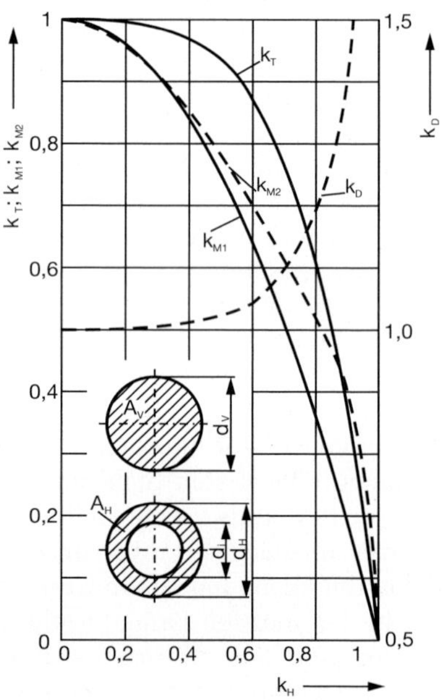
$k_{M1} = \frac{m_H}{m_V} = \frac{A_H}{A_V}$ $k_{M1} = 1 - k_H^2$ (11.9)	$k_T = \frac{W_H}{W_V} = \frac{W_{pH}}{W_{pV}}$ $k_T = 1 - k_H^4$ (11.10)	
$W = W_V = W_H$ (11.11)		
$k_{M2} = \frac{m_H}{m_V} = \frac{A_H}{A_V}$ $k_{M2} = k_D^2 \cdot k_{m1}$ (11.12)	$k_D = \frac{d_H}{d_V}$ $k_D = \frac{1}{\sqrt[3]{k_T}}$ (11.13)	

Tabelle 11.3: Funktionen zum Vergleich von Voll- und Hohlwellen mit $k_H = d_i / d_H$

Aus dem Diagramm lässt sich entnehmen, dass bis zu einem Wert von $k_H \leq 0{,}4$ Wellen problemlos hohlgebohrt werden können, da für dieses Durchmesserverhältnis die Werte $k_T = 0{,}974$ und $k_{m1} = 0{,}84$ folgen, d.h. die Widerstandsmomente der Hohlwelle sind nur um 2,6 % kleiner, die Masseneinsparung gegenüber der Vollwelle beträgt aber 16 %. Setzt man umgekehrt gleiche Tragfähigkeit für Voll- und Hohlwelle voraus, so reduziert sich für $k_H = 0{,}8$ die Hohlwellenmasse um 49 % ($k_{m2} = 0{,}511$), wenn die Hohlwelle mit einem um 19 % größeren Außendurchmesser als die Vollwelle gefertigt wird ($k_D = 1{,}192$).

Beim Einsatz von Hohlwellen ist aber auch zu beachten, dass die größere (radiale) Nachgiebigkeit größere Übermaße für Presssitze erfordert. Des Weiteren lassen sich Passfederverbindungen aus Platzgründen meistens nicht mehr verwenden. Ferner können dünnwandige Hohlwellen bei Torsions- oder axialer Druckbeanspruchung leichter verwölben bzw. ausknicken.

Hinsichtlich der wirtschaftlichen Fertigung von Hohlwellen darf die Bohrung nicht ausschließlich durch Zerspanen hergestellt werden, sondern es sind rohrartige Rohlinge als Schmiede- oder Walzerzeugnisse zu verwenden.

11.3.1 Beanspruchungs- und verformungsgerechte Gestaltung

Neben den grundsätzlichen Anforderungen der kostengünstigen Herstellung und dem beanspruchungsgerechten Werkstoffeinsatz sind die nachfolgenden Gesichtspunkte wesentlich für die beanspruchungs- und verformungsgerechte Gestaltung von Wellen und Achsen:

1 Realisierung geringer Stützweiten zwischen den Lagern – Eine möglichst kompakte Bauart bedingt geringe Kräfte, mindert Biegebeanspruchungen und Verformungen und erfordert kleinere Durchmesser, so dass die gesamte Konstruktion kleiner und kostengünstiger wird.

2 Zweiseitige Lagerung ist günstiger als einseitige „fliegende" Lagerung – Gemäß Abbildung 11.9 werden bei annähernd gleichen Abständen zwischen Krafteinleitungs- und Stützstelle die Biegebelastung und damit auch die Beanspruchung und Verformung bei der zweiseitigen Lagerung im Vergleich zur einseitigen Lagerung halbiert. Das Verhältnis von Länge zu Durchmesser des überkragenden Wellenendes bei einseitiger Lagerung sollte kleiner als 1,5 ... 2 sein.

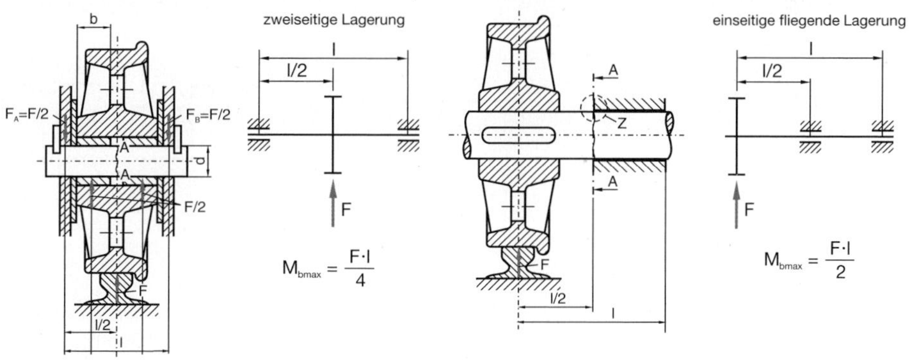

Abbildung 11.9: Anordnung der Lagerstellen bei zweiseitiger und einseitiger Lagerung

Die symmetrische Lagerung verhindert auch ein Schiefstellen der Bauteile unter Last und damit auftretende ungünstige Berührungsverhältnisse (z.B. beim Zahnrad), Anlaufen am Gehäuse (Turbinen- oder Pumpenrad), Schrägzug bei Riemen- und Kettentrieben und ungleiche Luftspalte bei Rotoren von E-Maschinen.

3 Statisch bestimmte Lagerung (zweifache Lagerung) bevorzugen – Beim Entwurf der Gesamtanordung von Welle oder Achse ist eine zweifache Lagerung anzustreben, um statisch bestimmte Verhältnisse zu erhalten. Sollten mehrere Lager erforderlich werden (z.B. bei sehr langen Wellen), so ist auf genaueste Ausrichtung zu achten, um keine oder möglichst geringe Zwangskräfte oder Zwangsmomente zu erhalten.

4 Feststehende Achsen unterliegen günstigeren Beanspruchungsverhältnissen als umlaufende Achsen – Da fest stehende Achsen nur statisch oder höchstens rein schwellend auf Biegung beansprucht werden, weisen diese bei gleicher Belastung immer kleinere Durchmesser auf als umlaufende Achsen, da letztere einer ungünstigeren Biegewechselbeanspruchung unterliegen.

Die tragfähigste und kostengünstigste Ausführung einer fest stehenden Achse hat keine Absätze. Schmiernuten und -bohrungen sind in die neutrale Faser zu legen und gut auszurunden. Die Sicherung gegen Verdrehen der Achse im Gehäuse erfolgt durch Achshalter (s.a. Kapitel 9 bzw. Abbildung 9.16).

5 Kerbarme Gestaltung von Querschnittsübergängen und Welle-Nabe-Verbindungen – Diese für die Funktion einer Welle oder Achse unverzichtbaren Gestaltungselemente bewirken eine erhebliche Minderung der Dauerfestigkeit, Abbildung 11.10. Insbesondere scharfe Einstiche (z.B. für Sicherungsringe nach DIN 471 [11.4]) aber auch Riefen (aus der Bearbeitung) erhöhen die Kerbwirkung bei gleichzeitigem Abfall der Dauerfestigkeit.

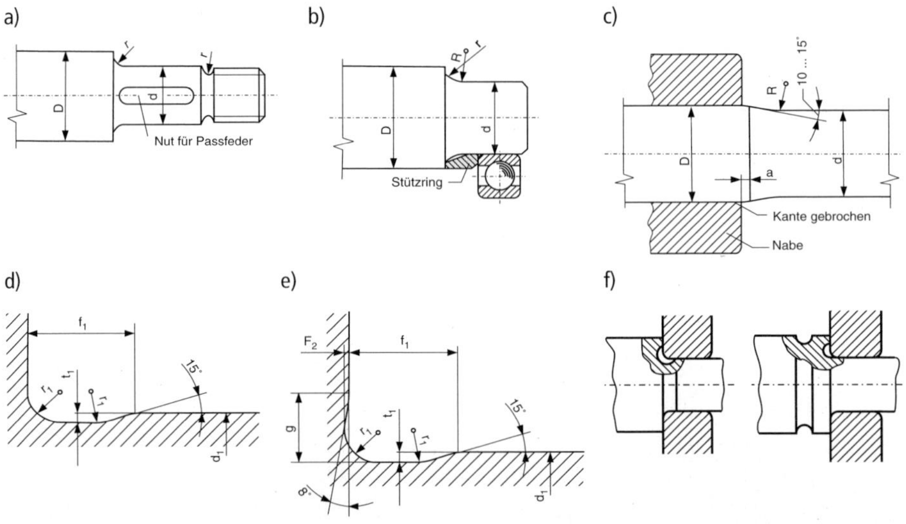

Abbildung 11.10: Gestaltung von Übergängen – a) Normaler Übergang, b) Übergang mit Korbbogen, c) Übergang ohne Schulter, d) Freistich Form E nach DIN 509, e) Freistich Form F nach DIN 509, f) Hinterdrehung mit Entlastungsrille

Durchmessersprünge bei Wellenabsätzen sollten das Verhältnis D/d = 1,4 nicht überschreiten. Keil- oder Passfedernuten sollten nicht mit Absätzen oder eingearbeiteten Ritzeln (Ritzelwelle) zusammenfallen, da sich die einzelnen Kerbwirkungen überlagern und eine deutliche Erhöhung der Kerbwirkung bedingen, Abbildung 11.10 a). Passfedernuten nach DIN 6885 müssen im Nutgrund abgerundet sein (z.B. r = 0,5 mm bei Wellendurchmesser d = 65 mm, r = 0,8 mm bei d = 120 mm) [11.10]. Für hoch und wechselnd beanspruchte Wellen sind Vielnutprofile und Zahnwellenprofile zu bevorzugen (s.a. Kapitel 12).

Beanspruchungsgerechte Übergänge für hoch belastete Bereiche verfügen über zwei Rundungsradien, einen Korbbogen mit $R \approx d/5$ und einen kleineren Radius $r \approx d/20$. Zur Sicherung von Lagern sind bei solchen Übergängen Stützringe erforderlich, da die Lager nicht direkt an die Wellenschulter gesetzt werden können, Abbildung 11.10 b). Am günstigsten sind Wellenübergänge ohne Schulter mit großem Übergangsradius von $R \approx d/5$. Um die Kerbwirkung aus dem Pressverband klein zu halten, sind aufgeschrumpfte Naben um das Maß a von der Übergangsstelle zurückzusetzen und die Bohrungskanten leicht zu brechen, Abbildung 11.10 c).

Freistiche nach DIN 509 werden immer dann vorgesehen, wenn der entsprechende Wellenabschnitt mit einem Werkzeug bearbeitet werden muss, das einen Auslauf benötigt (z.B. Schleifscheibe oder Fräser zur Herstellung eines Gleitlagersitzes oder einer Profilwelle), Abbildung 11.10 d). Ist auch die Absatzfläche zu schleifen, so wird der Freistich, Form F, verwendet, Abbildung 11.10 e) [11.5]. Vergleichbar zu den Freistichen können auch Hinterdrehungen bzw. Hinterdrehungen mit einer zusätzlichen Entlastungsrille die Kerbwirkung abmindern, Abbildung 11.10 f).

6 Querbohrungen mindern erheblich die Dauerfestigkeit – Wenn sie sich nicht vermeiden lassen, z.B. für die Schmierölzuleitung oder aber für die Verwendung von Sicherungselementen (Bolzen, Stifte), sind die Austritte sorgfältig auszurunden oder abzuschrägen.

7 Geringe Rautiefen für Lauf- und Sitzflächen – Für Laufflächen folgt daraus ein geringer Einlaufverschleiß bzw. ein großer Schmierspalt (beim hydrodynamischen Gleitlager) bei geringer Reibleistung. Für Sitzflächen ergeben sich wegen des geringen Übermaßverlustes große Fugenpressungen mit entsprechend hoher Übertragungsfähigkeit. Gleichzeitig wird die Gefahr der Reiboxidation (Passungsrost) herabgesetzt. Zur Verringerung des Verschleißes der Laufflächen sind die Zapfenoberflächen zu härten. Bewährt hat sich hier das Einsatzhärten, wobei wegen der Sprödbruchgefahr in der Randfaser nicht bis in die Hohlkehlen gehärtet werden darf. Generell lässt sich die Dauerfestigkeit von Wellen und Achsen durch Feinbearbeitung (Schleifen, Drehen, Polieren) erhöhen. Das Schleifen hat drallfrei zu erfolgen, damit kein ungewollter, drehrichtungsabhängiger Schmieröltransport aufgrund von Riefen auftreten kann. In Hohlkehlen oder Übergängen wendet man das Drücken (Prägepolieren) oder Kugelstrahlen an.

8 Gute Anordnung und Ausbildung von Presssitzen – Die plötzliche Änderung des Widerstandsmomentes am Nabenende verursacht eine Kerbwirkung, Abbildung 11.11. Starke (dicke) Naben (relativ zum Wellendurchmesser) erhöhen die Dauerbruchgefahr, weshalb im Bereich aufgesetzter Naben die Wellen und Achsen oft um 15 ... 30 % dicker ausgeführt werden, um die Kerbwirkung auszugleichen. Weitere Maßnahmen zur Abminderung der Kerbwirkung sind bereits geringe Ausrundungen der Nabenbohrung, eine kegelförmige Ausbildung der Nabe, Entlastungsrillen sowie Überstände der Nabe. Bei direkt nebeneinander liegenden Presssitzen ist ein ausreichender Abstand vorzusehen, um einen Dauerbruch zwischen den Presssitzen zu vermeiden.

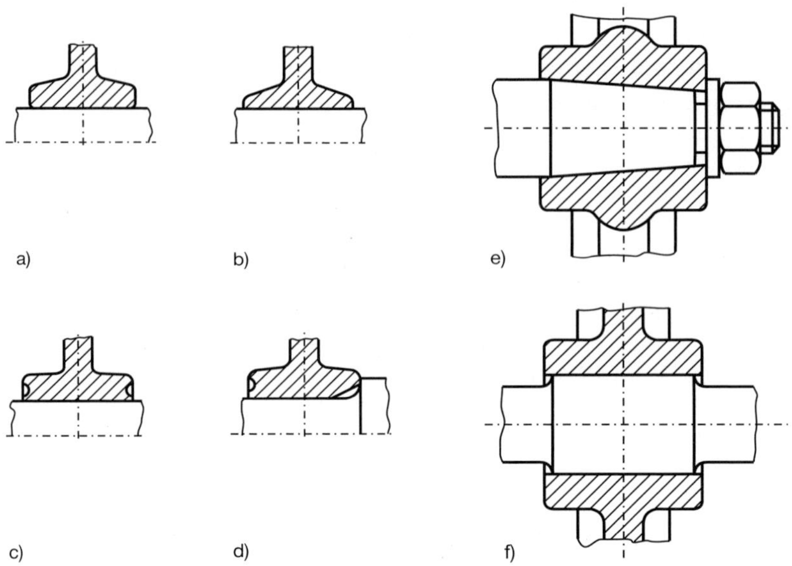

Abbildung 11.11: Günstige Gestaltung von Naben für Presssitze – a) Ausrundungen an der Bohrung, b) kegelförmige Ausbildung, c) und d) Entlastungsrillen, e) und f) Überstände der Nabe

9 Längsbelastungen (Axiallasten) von Wellen bzw. Achsen (z.B. bei Wellen durch Schrägverzahnung, Kegelradverzahnung, bei Achsen durch Seilschrägzug, Führungskräfte bei Kranlaufrädern) erfordern axiale Sicherungselemente – Ringnuten für Sicherungsringe (s.a. Abbildung 11.12 a) rechts neben dem Lager) und Gewinde von Wellenmuttern mindern die Dauerfestigkeit um ca. 30 ... 50 %, weshalb sie in Bereichen hoher Spannungen zu vermeiden sind. Durch den Einsatz von Distanzbuchsen lassen sie sich jedoch in den Bereich geringerer Beanspruchungen verlegen, Abbildung 11.12. Passfedernuten sind etwas kürzer als die Naben (Abstand $a > 0$) bzw. Naben sind etwas länger als die Absätze auszuführen, damit Distanzhülsen einwandfrei an der Nabe anliegen können. Einbau-Ungenauigkeiten können ausgeglichen werden, und die Kerbwirkungen von Nutende und Nabensitz fallen nicht zusammen.

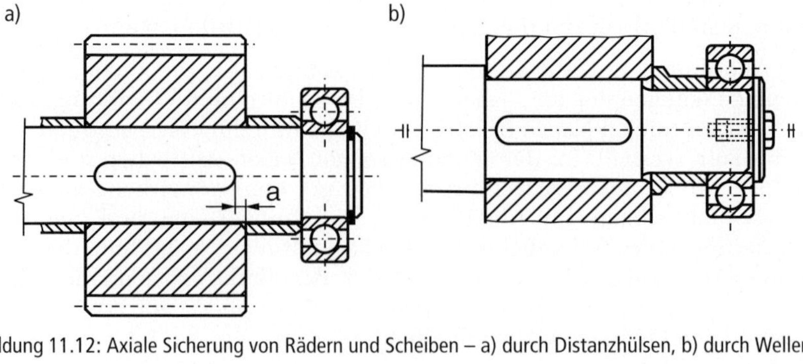

Abbildung 11.12: Axiale Sicherung von Rädern und Scheiben – a) durch Distanzhülsen, b) durch Wellenschultern

10 Zur axialen Führung von Wellen und Achsen können Ansatzflächen an Lagerzapfen oder aber bei glatter Ausführung Stellringe verwendet werden, Abbildung 11.13. Um ein Verspannen bei Wärmedehnung zu vermeiden und Einbau-Ungenauigkeiten ausgleichen zu können, ist ausreichendes Spiel vorzusehen. Ein „Schwimmen" der Welle lässt sich vermeiden durch die Führung an nur einem Lager (hier B_1). Bei mehrfacher Lagerung übernimmt nur ein Lager die axiale Führung (hier Festlager B), alle anderen Lager müssen sich in axialer Richtung frei einstellen können (Loslager), Abbildung 11.13 c).

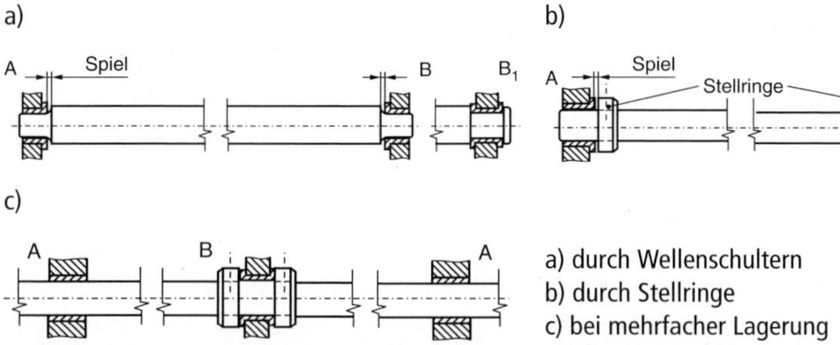

Abbildung 11.13: Axiale Führung von Wellen und Achsen [10.89]

11 Verformungsgerechte Gestaltung hinsichtlich Biegung und Torsion – Oftmals ist nicht nur die Beanspruchbarkeit, sondern auch die Steifigkeit einer Welle oder Achse entscheidend für die Gestaltung. Zur Begrenzung der Durchbiegung und Neigung in Lagern müssen die Lager (als Kraftausleitungs- bzw. Stützstellen) möglichst nahe bei den Kraft- und Momenteneinleitungsstellen liegen (siehe auch Pkt. 1. und 2. dieser Aufzählung).

Umgekehrt kann sich jedoch auch zur Begrenzung von Beanspruchungen die Forderung nach besonders biegeweichen Wellen ergeben, wenn z.B. die Lagerungen aufgrund einer „weichen" Umgebungskonstruktion (z.B. im Stahlbau) nicht genau genug ausgerichtet werden können bzw. wenn sich unter Last entsprechend große Verformungen einstellen.

Bei langen, schlanken Wellen ist häufig die Verdrehverformung für die Berechnung maßgebend. Ähnlich einer Drehstabfeder wird die kinetische Energie aus der Verdrehung als potentielle Energie in der Welle gespeichert, die dann bei einer auftretenden Drehmomentschwankung wieder abgegeben wird, woraus ungewünschte Schwingungen entstehen können. Ferner ist ein großer Verdrehwinkel gleichbedeutend mit einer geringen Federsteifigkeit, die wiederum zu einer niedrigen kritischen Drehzahl führt (s.a. Abschnitt 11.1). Als Anhaltswert sollte der Verdrehwinkel $\varphi_{zul} = 0{,}25° \dots 0{,}5°$ je Meter Wellenlänge nicht überschritten werden.

12 Vermeidung von Torsions- und Biegeschwingungen in Resonanz (kritische Drehzahlen) – An Wellen und Achsen können erzwungene Biegeschwingungen, bei Wellen zusätzlich auch noch Drehschwingungen, auftreten. Resonanz tritt immer dann auf, wenn die Erregerfrequenz ω mit der Eigenkreisfrequenz ω_0 der Welle übereinstimmt. Wegen der verhältnismäßig geringen Dämpfung in mechanischen Systemen entstehen im Resonanzzustand erhebliche Durchbiegungen und Verdrehwinkel, in deren Folge Wellenbrüche auftreten können. Biegeschwingungen werden hauptsächlich durch Fliehkräfte angeregt (z.B. Unwuchten). Drehschwingungen entstehen durch periodische Anregungen, z.B. Drehmomentschwankungen aus Kolbenmaschinen oder anderen externen Prozessen, aber auch aus periodischen Zahneingriffen in Getrieben. Zur Vermeidung dieser kritischen Resonanzzustände wird die kritsche Drehzahl n_k für Biege- und Torsionsschwingungen ermittelt und mit der Betriebsdrehzahl n verglichen. Die kritischen Drehzahlen sollten 10 bis 20 % von den Betriebsdrehzahlen entfernt liegen. Bei einfachen Abschätzungen (s.a. Abschnitt 11.5) ist der größere Wert, bei genauen Schwingungssimulationsrechnungen des möglichst vollständigen Schwingungssystems der niedrigere Wert anzunehmen.

Die kritischen Drehzahlen hängen nur von der Gestalt (Massenverteilung und Verformung) und dem E-Modul (Steifigkeit) der Wellen und Achsen ab, nicht jedoch von äußeren Kräften und Momenten und auch nicht von der Einbaulage. Zur Vermeidung sind Wellen mit umlaufenden Teilen bei hohen Drehzahlen sorgfältig auszuwuchten, damit Fliehkräfte und deren Auswirkungen klein bleiben. Sämtliche Schwingungen lassen sich nicht vermeiden, sondern nur hinsichtlich ihrer drehzahlabhängigen Lage in engen Grenzen durch Veränderung der Steifigkeiten und der Massenverteilung (Trägheitsmomente) beeinflussen.

13 Einhaltung von Vorzugs- und Anschlussmaßen – Hierdurch erfolgt eine sinnvolle Einschränkung willkürlicher Maße (insbesondere Sitz- und Anschlussmaße) für eine wirtschaftliche Fertigung. So werden z.B. zylindrische Wellenenden nach DIN 748 ohne und mit Wellenbund ausgeführt, Abbildung 11.14 [11.7].

a)

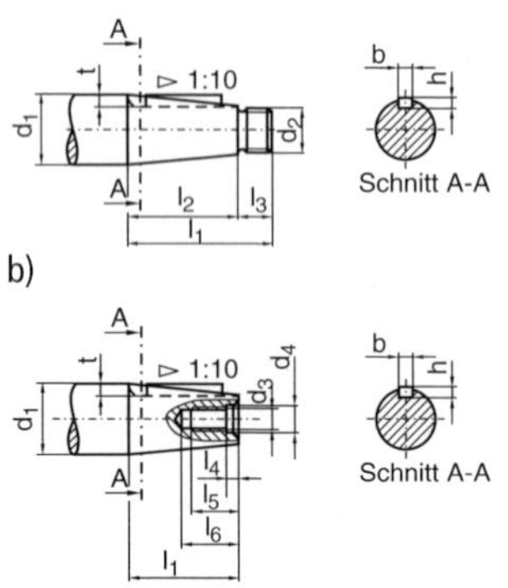

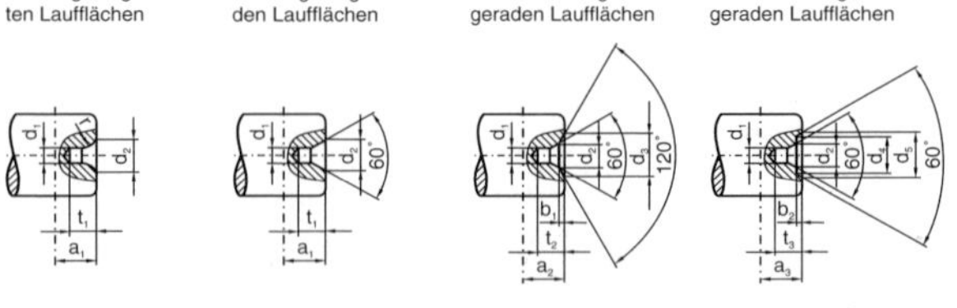

d_1	d_2	a_1	a_2	a_3	b_1	b_2	d_3	d_4	d_5	t_1	t_2	t_3
1	2,12	3	3,5	3,5	0,3	0,4	3,15	4,5	5	1,9	2,2	1,9
1,6	3,35	5	5,5	5,5	0,5	0,7	5	6,3	7,1	2,9	3,4	2,9
2,5	5,3	7	8,3	8,3	0,8	0,9	8	9	10	4,6	5,4	4,6
4	8,5	11	12,7	12,7	1,2	1,7	12,5	14	16	7,4	8,6	7,4
6	13,2	18	20	20	1,4	2,3	18	22,4	25	11,4	12,9	11,5
10	21,2	28	31	31	2	3,9	28	35,5	40	18,3	20,4	18,4

Bezeichnungsbeispiel: Zentrierbohrung DIN ISO 6411 A4x8,5
Form A, d_1 = 4, d_2 = 8,5

c) Zylindrisches Wellenende ohne Wellenbund

d) Zylindrisches Wellenende mit Wellenbund

Abbildung 11.14: Abmessungen von kegeligen Wellenenden mit Außen- und Innenbohrungen, a) und b) nach DIN 1448 und DIN 1449 sowie zylindrischen Wellenenden, c) und d) nach DIN 748 und Zentrierbohrungen 60° nach DIN ISO 641 [11.7], [11.8], [11.9], [11.19]

Die Norm enthält neben den Abmessungen auch die mit dem jeweiligen Durchmesser übertragbaren Drehmomente. Kegelige Wellenenden mit Innen- oder Außengewinde sind nach DIN 1448 und DIN 1449 genormt [11.8], [11.9]. Ebenfalls genormt nach DIN ISO 6411 sind die Zentrierbohrungen zum Spannen der Werkstücke (hier Wellen und Achsen) zur Bearbeitung [11.19]. Als Anhaltswert für die Größe der Zentrierbohrung mit dem Durchmesser d_1 für eine Welle mit dem Rohlingsdurchmesser D gilt $D/d_1 \approx 6$, Abbildung 11.14.

11.3.2 Angreifende Kräfte und Momente

Wellen und Achsen werden durch unterschiedliche äußere Kräfte und Momente belastet. Abbildung 11.15 zeigt am Beispiel eines einfachen Achs- bzw. Wellenzapfens die möglichen Beanspruchungsarten. Während die reine Biegung bei Achsen den Regelfall darstellt, treten bei Wellen üblicherweise Torsion und Biegung in Kombination auf, da neben der Funktion der Drehmomentübertragung meistens auch die Funktion der Abstützung gegeben ist.

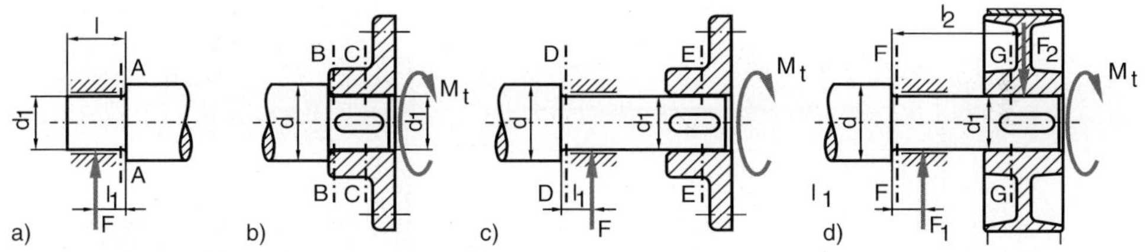

Abbildung 11.15: Mögliche Beanspruchungsarten an einem Wellenzapfen – a) reine Biegung, b) reine Torsion, c) und d) Torsion und Biegung

Als Grundvoraussetzung für die beanspruchungs- und verformungsgerechte Gestaltung einer Welle müssen deshalb alle Kräfte und Momente nach Größe und Wirkungsrichtung bekannt sein. Hierzu ermittelt man auf der Grundlage eines ersten Entwurfes der Welle oder Achse für die gegebenen äußeren Kräfte und Momente mithilfe der Gleichgewichtsbedingungen die Reaktionskräfte in den Lagern. Daraus lassen sich dann die Verläufe der inneren Kräfte und Momente bestimmen.

Da die äußeren Kräfte sowohl quer zur Längsachse (Radial- und Umfangskräfte) als auch in axialer Richtung der Welle oder Achse wirken (Axialkräfte, z.B. aus Schrägverzahnung oder Radführungskräfte), liegt in der Regel eine räumliche Belastung vor. Nur das Drehmoment wirkt immer um die Drehachse der Welle. Demzufolge sind die entstehenden Querkräfte und Biegemomente ebenfalls räumlich zu erfassen, was am einfachsten in zwei zueinander senkrecht stehenden Ebenen erfolgt (meistens Vertikal- und Horizontalebene). Alle nicht in diesen Ebenen liegenden Kräfte sind entsprechend so zu zerlegen, dass ihre Anteile in den festgelegten Ebenen erfasst werden können. Des Weiteren gelten die nachfolgenden vereinfachenden Annahmen:

- Die Gewichtskräfte der Wellen, Achsen und mit ihnen verbundenen Bauteile sind i.A. vernachlässigbar klein gegenüber den angreifenden Kräften.
- Die Kräfte sind Punktlasten und greifen jeweils in der Mitte der Breite von Bauteilen an, ungeachtet der eigentlichen räumlichen Ausdehnung. Nur bei einer Krafteinleitung über relativ lange Naben wird eine Streckenlast angenommen.
- Die versteifende Wirkung der aufgesetzten Bauteile (Räder, Naben, Lagerringe) wird bei der Berechnung der Verformung vernachlässigt (biegesteife Verbindung).

- Lagerstellen werden trotz ihrer Breite als Gelenke und nicht als Einspannung betrachtet. Die radialen Lagerkräfte greifen punktförmig in der Mitte der Lagerbreite an.
- Aus der Querkraft resultierende Schubspannungen sind im Vergleich zu den übrigen Beanspruchungen in der Regel vernachlässigbar klein. Ausgenommen hiervon sind sehr kurze Achsen und Wellen (z.B. Bolzen, s.a. Kapitel 9).

Inwieweit diese Vereinfachungen immer angenommen werden können, liegt letztlich in der Verantwortung des berechnenden Ingenieurs.

Anhand der in Abbildung 11.16 gezeigten Getriebe-Eingangswelle des Radsatzgetriebes aus Abbildung 11.4 sollen die Zusammenhänge zwischen äußeren Kräften und Momenten und den daraus resultierenden Verläufen der Querkraft- und Biegemomente im Raum erläutert werden. Zusätzlich ist auch der Torsionspannungsverlauf zu berücksichtigen, da sich nur aus beiden Verläufen die Beanspruchung des jeweiligen Wellenquerschnitts genau berechnen lässt (s.a. Abbildung 11.43).

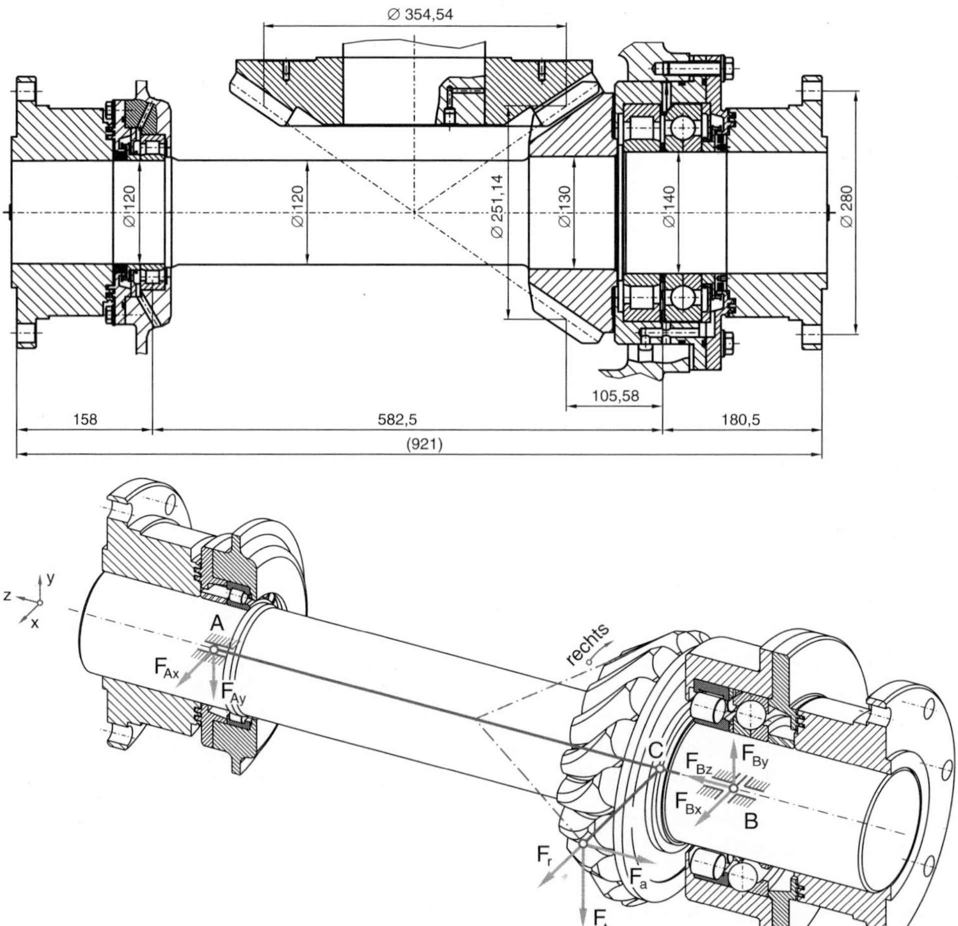

Abbildung 11.16: Eingangswelle des Getriebes aus Abbildung 11.4 mit einem spiralverzahnten Kegelrad und zugehöriges Balkenmodell der Kräfte und Momente

Allerdings ist der tatsächliche Aufbau des Drehmomentes über z.B. der Nabenbreite des aufgesetzten Elementes von vielen Einflussgrößen abhängig, deren genaue Erfassung aufwändig und für eine normale Wellenberechnung nicht gerechtfertigt ist. Deshalb wird in den meisten Fällen vereinfachend auch die Momenteneinleitung nur punktförmig angenommen.

Da die Getriebewelle eine bogenverzahnte Kegelradstufe umfasst, ergeben sich für die beiden unterschiedlichen Drehrichtungen (Vorwärtsfahrt – links, Rückwärtsfahrt – rechts) jeweils andere Radial- und Axialkräfte am Eingriffspunkt. Zunächst wird aber die Umfangskraft bzw. Tangentialkraft F_t in der Verzahnung benötigt, die sich bei gegebener Leistung P in W und bekannter Drehzahl n in 1/s aus dem Drehmoment M_t in Nm gemäß Tabelle 11.4 ermitteln lässt. Aus der Tangentialkraft lassen sich dann die Axial- und Radialkräfte für die jeweilige Drehrichtung bestimmen. Dabei ist die Vorzeichenwahl abhängig von der Schrägungs- und der Drehrichtung der Räder sowie davon, welches Rad der Antrieb ist. In diesem Beispiel sind für Linkslauf die oberen und für Rechtslauf die unteren Operatoren zu wählen. Die Ergebnisse sind ebenfalls in Tabelle 11.4 zusammengestellt.

$M_t = \frac{P}{\omega} = \frac{P}{2 \cdot \pi \cdot n}$ (11.14)	$F_r = F_t \cdot \left(\tan\alpha_n \cdot \frac{\cos\delta_1}{\cos\beta_m} \pm \tan\beta_m \cdot \sin\delta_1 \right)$ (11.15)	
$M_t = F_t \cdot \frac{d_{m1}}{2}$ (11.16)	$F_a = F_t \cdot \left(\tan\alpha_n \cdot \frac{\sin\delta_1}{\cos\beta_m} \mp \tan\beta_m \cdot \cos\delta_1 \right)$ (11.17)	
$M_t = 3.684{,}72$ Nm	$F_{r\_rechts} = -9.593{,}14$ N	$F_{a\_rechts} = 22.906{,}87$ N
$F_t = 29.341{,}96$ N	$F_{r\_links} = 24.792{,}18$ N	$F_{a\_links} = -1.449{,}40$ N

Tabelle 11.4: Drehmoment, Tangentialkraft und drehrichtungsabhängige Radial- und Axialkräfte

Die Angriffspunkte der Kräfte im Zahneingriff und das sich daraus ergebende Balkenmodell zeigt Abbildung 11.16. Zur Ermittlung der Schnittgrößenverläufe sind zwei Schnitte, einmal zwischen Lager A und dem Ritzel und zum zweiten zwischen Ritzel und Lager B notwendig. Es handelt sich um eine doppelt gelagerte und damit statisch bestimmte Welle. Über die Gleichgewichtsbedingungen in den beiden Ebenen x-z und y-z gemäß Tabelle 11.5 lassen sich die in Tabelle 11.6 zusammengefassten drehrichtungsabhängigen Auflagerkräfte bestimmen.

x-z-Ebene	**y-z-Ebene**
$\vec{z}: \; 0 = F_{Bz} - F_a$ (11.18)	$\vec{y}: \; 0 = F_{Ay} + F_{By} - F_t$ (11.21)
$\vec{x}: \; 0 = F_{Ax} + F_{Bx} - F_r$ (11.19)	$\vec{A}: \; 0 = F_t \cdot \overline{AC} - F_{By} \cdot \overline{AB}$ (11.22)
$\vec{A}: \; 0 = F_r \cdot \overline{AC} - F_a \cdot \frac{d_{m1}}{2} - F_{Bx} \cdot \overline{AB}$ (11.20)	

Tabelle 11.5: Gleichgewichtsbedingungen der Welle

F_{Bx} = −13.325,09 N	F_{By} = 25.045,45 N	F_{Bz} = 22.906,87 N	F_{Ax} = 3.731,95 N	F_{Ay} = 4.296,50 N
F_{Bx} = 21.486,91 N	F_{By} = −25.045,45 N	F_{Bz} = −1.449,40 N	F_{Ax} = 3.305,27 N	F_{Ay} = −4.296,50 N

Tabelle 11.6: Auflagerkräfte für Rechtslauf (oben) und Linkslauf (unten)

Mit den beiden Schnitten I und II aus Abbildung 11.16 können nun die Verläufe der Schnittgrößen – Biegemoment, Querkräfte, Längskräfte – in den beiden Ebenen gemäß Abbildung 11.17 (Drehrichtung links) und Abbildung 11.18 (Drehrichtung rechts) dargestellt werden. Dabei werden die Flächen unterhalb der Achsen als positiv, oberhalb der Achsen als negativ angenommen.

Die resultierenden Biegemomente und Kräfte ergeben sich dann durch vektorielle Addition:

$$M_{b,res} = \sqrt{M_{b,x-z}^2 + M_{b,y-z}^2} \tag{11.23}$$

$$F_{q,res} = \sqrt{F_{q,x-z}^2 + F_{q,y-z}^2} \tag{11.24}$$

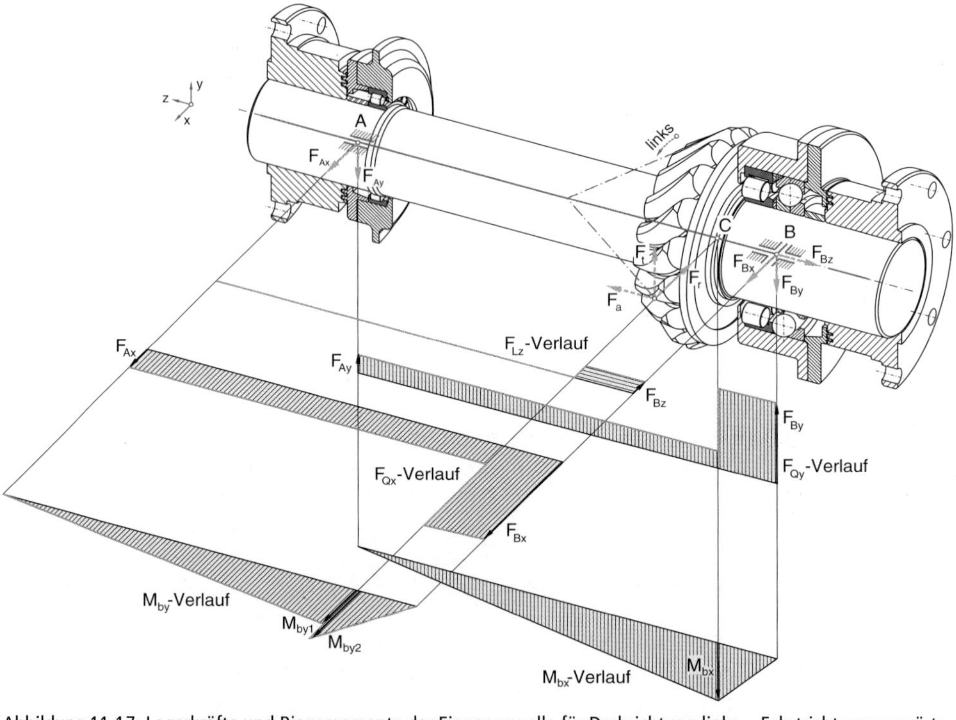

Abbildung 11.17: Lagerkräfte und Biegemomente der Eingangswelle für Drehrichtung links – Fahrtrichtung vorwärts

Anhand der resultierenden Biegemomente und Kräfte ist dann zu entscheiden, welche der beiden Drehrichtungen höhere Beanspruchungen in der Welle erzeugt.

Alternativ besteht die Möglichkeit, die Kräfte in den Lagern A und B in Axial- und Radialkomponenten entsprechend Tabelle 11.7 aufzuteilen.

Rechtslauf – F in N, M in Nm		F_{Brad} = 28.369,58	F_{Bax} = 22.906,87	F_{Arad} = 5.690,99
M_{bx_A} = 1.783,87	M_{bx_B} = −1.092,66	M_{by} = 2.053,73	M_{bres_A} = 2.720,29	M_{bres_B} = 2.326,31
Linkslauf – F in N, M in Nm		F_{Brad} = 32.999,43	F_{Bax} = −1.449,40	F_{Arad} = 5.420,77
M_{bx_A} = 1.579,92	M_{bx_B} = 1.761,93	M_{by} = 2.053,73	M_{bres_A} = 2.591,12	M_{bres_B} = 2.705,96

Tabelle 11.7: Drehrichtungsabhängige maximale Reaktionskräfte und -momente

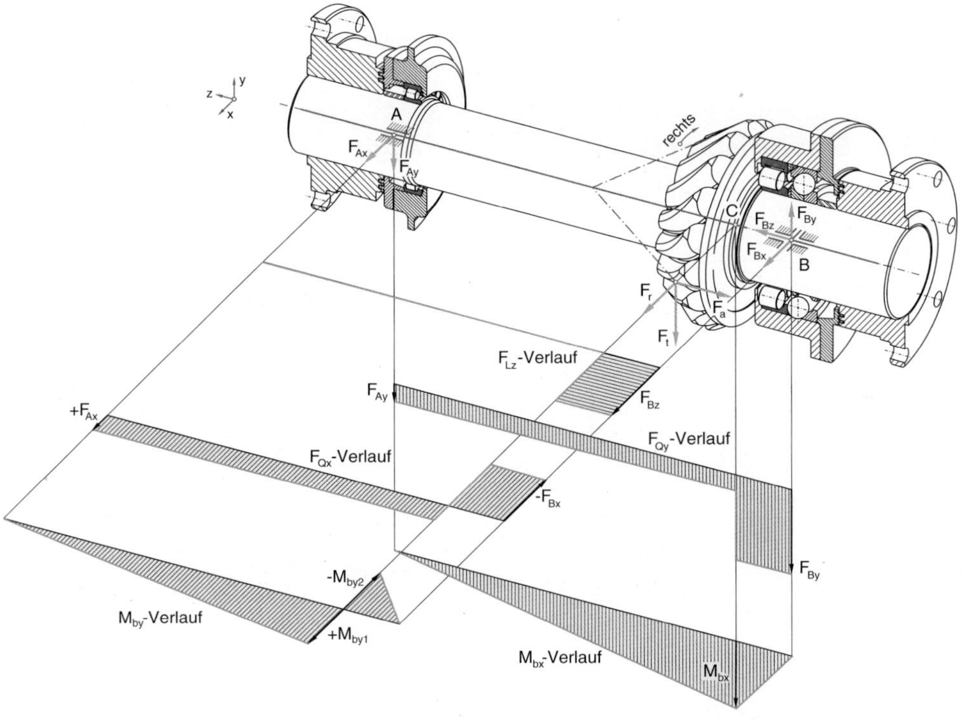

Abbildung 11.18: Lagerkräfte und Biegemomente der Eingangswelle für Drehrichtung rechts – Fahrtrichtung rückwärts

Für den Rechtslauf ergibt sich somit zwar ein etwas geringeres Biegemoment im Bereich vom Lager B bis zum Kegelritzel, aber die Axialkräfte sind deutlich höher. Im Wellenabschnitt vom Kegelritzel zum Lager A tritt bei dieser Drehrichtung ebenfalls ein geringfügig höheres resultierendes Biegemoment auf. Für die beanspruchungsgerechte Bemessung der Welle ist daher die Drehrichtung Rechtslauf zugrunde zu legen.

Abschließend sind in Abbildung 11.19 nochmals die unterschiedlichen Verläufe der Biegemomente in Abhängigkeit von den angreifenden Kräften und Momenten dargestellt. Im rechten Teil der Abbildung 11.19 ist die Superposition von zwei Kräften und einem Biegemoment zu einem resultierenden Gesamt-Biegemoment wiedergegeben.

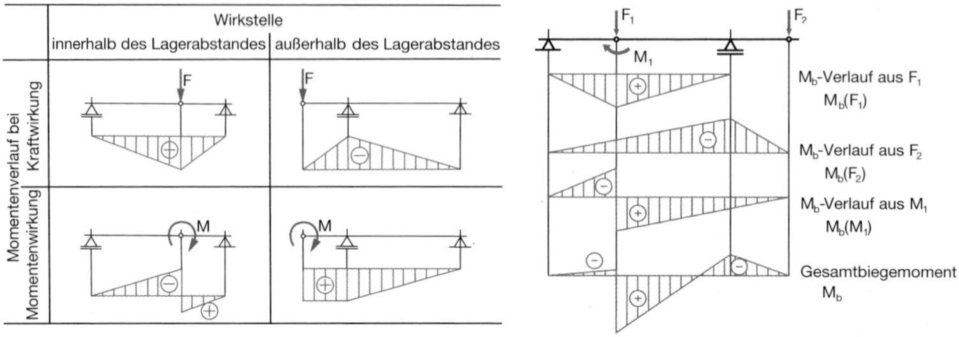

Abbildung 11.19: Verläufe der Biegemomente bei Einwirkung einer Radialkraft oder eines Biegemomentes (links) – Superposition der Biegemomente in den einzelnen Ebenen (rechts)

11.3.3 Entwurfsberechnung – Überschlägiger Wellendurchmesser

In der Entwurfsphase sind für Wellen und Achsen meist nur die angreifenden Kräfte und Momente bekannt, während die genaue Gestalt in Form von Durchmessern und Absätzen noch zu ermitteln ist. Mithilfe der nachfolgend zusammengestellten Gleichungen in Tabelle 11.8 lässt sich jedoch der überschlägige Durchmesser $d_{üb}$ als Ausgangsgröße für den ersten Entwurf bestimmen. Beim Festlegen des endgültigen Durchmessers sind jedoch die im Wellenquerschnitt anzuordnenden Profile von Längsnuten, Passfedern und Eindrehungen gemäß Abbildung 11.20 zu berücksichtigen. Die Wahl der endgültigen Durchmesserwerte sollte unter Beachtung der Normmaße nach DIN 323 erfolgen [11.3].

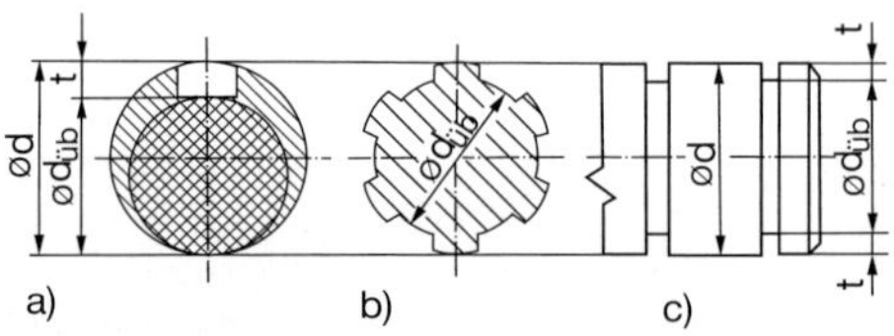

Abbildung 11.20: Überschlägige Wellendurchmesser für Entwurfsberechnung

Während Achsen ausschließlich auf Biegung beansprucht werden, unterliegen Wellen hauptsächlich einer Torsionsbeanspruchung, teilweise auch in Kombination mit Biegung. In allen Fällen geht man für die Auslegung von zulässigen Nennspannungen aus, die zunächst so niedrig angesetzt werden, dass Spannungsüberhöhungen aus Kerbwirkung und Unsicherheiten in den Lastannahmen (äußere Kräfte und Momente) bereits darin enthalten sind. Demzufolge muss der überschlägig ermittelte Durchmesser nicht noch weiter erhöht werden, sondern er kann als gerundeter Wert gleich an der Stelle eingesetzt werden, wo im prinzipiellen Biege- bzw. Torsionsmomentenverlauf

Maxima ermittelt wurden. Ausgehend von dieser Stelle wird dann in beiden Richtungen zu geringeren Durchmessern hin abgesetzt. Bei Wellen müssen nicht unbedingt Torsion und Biegung bereits in der Entwurfsphase berücksichtigt werden, häufig reicht zur Ermittlung des überschlägigen Durchmessers das Torsionsmoment aus.

Zugrunde liegende Beanspruchung	**Biegung (Achsen)**	**Torsion (Wellen)**	**Torsion und Biegung (Wellen)**
Überschlägiger Durchmesser	$d_{üb} = \sqrt[3]{\frac{32 \cdot M_b}{\pi \cdot \sigma_{b,üb} \cdot k_T}}$ (11.25)	$d_{üb} = \sqrt[3]{\frac{16 \cdot M_t}{\pi \cdot \tau_{t,üb} \cdot k_T}}$ (11.26)	$d_{üb} = \sqrt[3]{\frac{32 \cdot M_v}{\pi \cdot \sigma_{b,üb} \cdot k_T}}$ (11.27)
Überschlägiger Festigkeitswert	$\sigma_{b,üb} =$ 90 ... 150 N/mm² [1)] $\sigma_{b,üb} =$ 45 ... 100 N/mm² [2)] $\sigma_{b,üb} =$ 0,15 ... 0,25 $\sigma_{b,w}$	$\tau_{t,üb} =$ 30 ... 60 N/mm² $\tau_{t,üb} =$ 0,27 ... 0,47 $\tau_{t,w}$	$\sigma_{b,üb} =$ 45 ... 100 N/mm² $\sigma_{b,üb} =$ 0,15 ... 0,25 $\sigma_{b,w}$
Für Vollwellen	$k_T = 1$		
Für Hohlwellen	$k_T = 1 - k_H^4 = 1 - \left(\frac{d_i}{d_H}\right)^4$	k_H: Verhältnis von Innendurchmesser d_i zu Außendurchmesser d_H bei Hohlwellen (s.a. Tabelle 11.2 und Tabelle 11.3)	

Das bei Berücksichtigung von Torsion und Biegung verwendete Vergleichsmoment M_v kann näherungsweise über die Ermittlung der Vergleichsausschlagspannung erfolgen (die Momente dürfen nicht direkt miteinander verrechnet werden):

$\sigma_{a,v} = \sqrt{\sigma_{a,b}^2 + 3 \cdot \tau_{a,t}^2}$ führt unter Einsetzen von $\sigma_{a,v} = \frac{M_v}{W_b}$ $\sigma_{a,b} = \frac{M_b}{W_b}$ $\tau_{a,t} = \frac{M_t}{W_t}$ auf:

$$M_v = \sqrt{M_b^2 + 3 \cdot M_t^2 \cdot \frac{W_b^2}{W_t^2}} = \sqrt{M_b^2 + \frac{3}{4} \cdot M_t^2} \quad \text{mit } W_b = \frac{\pi \cdot d^3}{32} \text{ und } W_t = \frac{\pi \cdot d^3}{16} \qquad (11.28)$$

$\tau_{t,w}$: Torsionswechselfestigkeit
$\sigma_{b,w}$: Biegewechselfestigkeit

1) ruhende Achsen, jeweils kleinere Werte für schweren Betrieb
2) umlaufende Achsen, jeweils kleinere Werte für schweren Betrieb

Tabelle 11.8: Berechnung des überschlägigen Durchmessers $d_{üb}$ für Achsen und Wellen mit Voll- und Hohlkreisquerschnitt

Alternativ kann der überschlägige Durchmesser für Wellen unter Torsionsbelastung auch mithilfe einer maximal zulässigen Verdrehverformung ermittelt werden. Für ein gegebenes Drehmoment M_t und eine verdrehbare Länge l ergibt sich für eine Welle mit dem Schubmodul G und dem polaren Trägheitsmoment I_P der Verdrehwinkel φ_T in ° zu:

$$\varphi_T = \frac{180°}{\pi} \cdot \frac{M_t \cdot l}{G \cdot I_P} \quad \text{mit} \quad I_P = \frac{\pi \cdot d^4}{32} \qquad (11.29)$$

Durch Einsetzen von I_P und Umstellen nach d ergibt sich der überschlägige Durchmesser zu:

$$d_{üb} = \sqrt[4]{\frac{32 \cdot 180°}{\pi^2} \cdot \frac{M_t \cdot l}{G \cdot \varphi_T}} \tag{11.30}$$

Der zulässige Verdrehwinkel φ_T sollte einen Wert zwischen 0,25° bis 0,5° je 1.000 mm Wellenlänge l nicht überschreiten (Schubmodul $G = 8 \cdot 10^4$ N/mm² für Vollwellen aus Stahl).

11.4 Festigkeit von Wellen und Achsen

Der Tragfähigkeitsnachweis von Wellen und Achsen ist eine klassische Ingenieuraufgabe in Konstruktion und Entwicklung. Demzufolge gab es in den vergangenen Jahrzehnten viele Ansätze, die grundlegende Vorgehensweise in Normen und Richtlinien zu fassen (siehe auch Kapitel 3). Die modernste und gleichzeitig auch am besten zu handhabende Richtlinie war im bis zur Wiedervereinigung gültigen DDR-Standard TGL 19340 zur Dauerfestigkeit der Maschinenbauteile von 1983 zusammengefasst [11.25], [11.54], [11.55], [11.60], [11.62], [11.67].

Dies war wohl auch der entscheidende Grund, warum nach der Wiedervereinigung sowohl die FKM-Richtlinie „Rechnerischer Festigkeitsnachweis für Maschinenbauteile aus Stahl, Eisenguss- und Aluminiumwerkstoffen" als auch die DIN 743 „Tragfähigkeit von Wellen und Achsen" daraus abgeleitet bzw. weiterentwickelt wurden [11.6], [11.26], [11.37], [11.52]. Während die FKM-Richtlinie den Vorteil der Einbeziehung von Schweißverbindungen und Aluminiumwerkstoffen bietet, ist sie in der Handhabung komplex und eigentlich nur mit Rechnerunterstützung praktikabel einsetzbar.

Die DIN 743 dagegen ist auf Wellen und Achsen beschränkt und bietet als wesentlichen Vorteil die einfachere Handhabbarkeit, d.h. der Tragfähigkeitsnachweis kann von Hand mithilfe der Normblätter durchgeführt werden. Gleichwohl existieren auch von der DIN 743 Berechnungsprogramme zur Anwendungsunterstützung [11.37], [11.52], [11.63]. Damit verfügt die DIN 743 über die gleichen Vorteile wie die nicht mehr gültige TGL 19340 [11.68], [11.69]. Sowohl FKM-Richtlinie als auch DIN 743 werden kontinuierlich weiterentwickelt, wobei insbesondere bei der DIN 743 an einer Überführung in einen ISO-Standard gearbeitet wird [11.37], [11.49].

Im Weiteren wird der Tragfähigkeitsnachweis nach DIN 743 behandelt, deren grundsätzlicher Berechnungsgang schematisch in Abbildung 11.21 wiedergegeben ist. Die DIN 743 enthält die Berechnungsmethode und alle notwendigen Angaben zum Nachweis der

- Sicherheit gegen Überschreiten der Dauerfestigkeit
- Sicherheit im Zeitfestigkeitsbereich unter Verwendung von Lastkollektiven
- Sicherheit gegen Überschreiten der Fließgrenze

Der jeweilige Nachweis erfolgt durch die Berechnung einer Sicherheit. Bei der Berechnung der Sicherheit gegen Überschreiten der Dauerfestigkeit (bzw. Ermüdungsbruch) entsprechend Abschnitt 11.4.1 werden konstante schädigungsäquivalente Spannungsamplituden zugrunde gelegt. Bei der Berechnung der Sicherheit gegen Überschreiten der Fließgrenze (bzw. bleibende Verformung) gemäß Abschnitt 11.4.3 ist die maximal auftretende Spannung maßgebend. Zur Ermittlung bzw. Vereinbarung der jeweils anzusetzenden Maximal- und Dauerbelastungen sei auch auf Kapitel 1 und Kapitel 3 verwiesen.

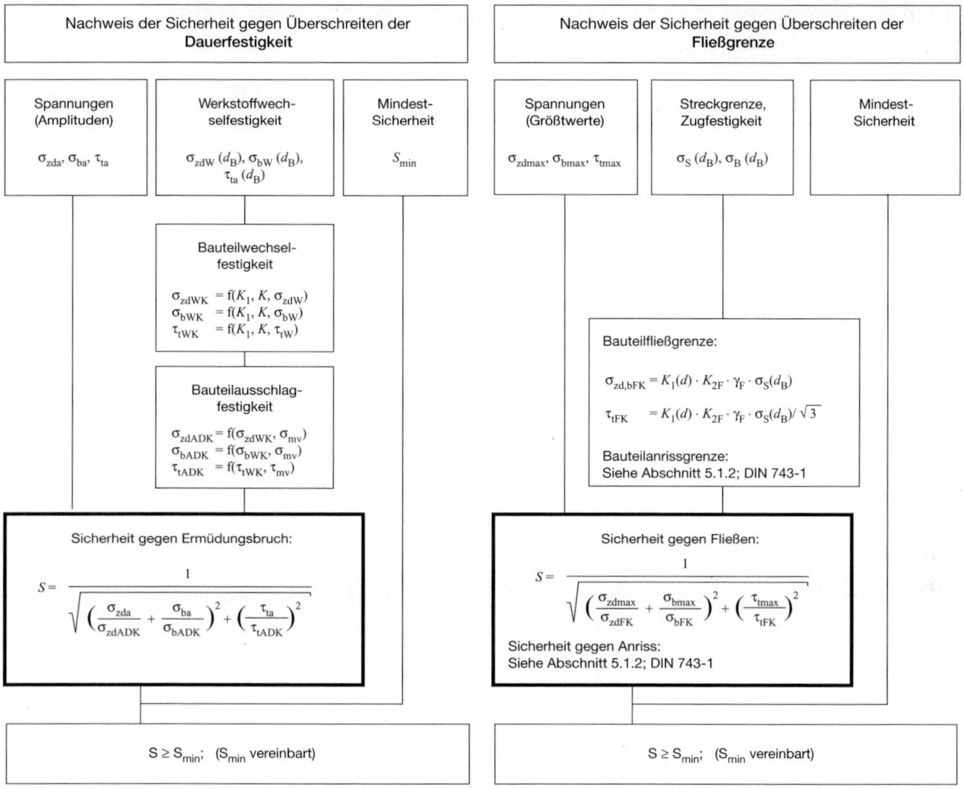

Abbildung 11.21: Schematischer Ablauf des Sicherheitsnachweises nach DIN 743 [11.6]

Der Tragfähigkeitsnachweis nach DIN 743 gilt unter folgenden Bedingungen:

- Zug-Druck, Biegung, Torsion als Einzelbeanspruchung und kombiniert (z.B. gleichzeitig Biegung und Torsion wirkend) im Wechsel- oder Schwellbereich; kein Knicken (infolge Druckspannung)
- Kein dominierender Querkraftschub
- Umlaufbiegung und Flachbiegung. Die Festigkeitswerte werden nicht unterschieden. Da die in Teil 3 der Norm angegebenen Festigkeitswerte für die Biegebeanspruchung durch Umlaufbiegeversuche ermittelt wurden, liegt damit den Angaben der ungünstigere Fall zugrunde.
- Temperaturbereich $-40°\,C < \vartheta < 150°\,C$
- Korrosionsfreie Umgebungsmedien (Luft, säurefreies Öl)
- Eingrenzung des Anwendungsbereiches auf Stähle
- Geschweißte Bauteile sind gesondert nachzurechnen.

Abweichungen von der Norm sind zulässig, wenn die Zuverlässigkeit der Konstruktion durch Theorie oder Experiment nachgewiesen wird. Die Unterlagen zur Überprüfung der Abweichungen sind der Konstruktionsdokumentation bzw. den Berechnungsunterlagen beizufügen.

11.4.1 Nachweis der Sicherheit gegen Überschreiten der Dauerfestigkeit

Der Nachweis der Sicherheit gegen Überschreiten der Dauerfestigkeit wird in einfacher Weise durch den Vergleich der Beanspruchung, ausgedrückt durch (Nenn-) Spannungen σ_{va}, mit der Beanspruchbarkeit, gegeben durch die Gestaltfestigkeit des gekerbten Bauteils σ_{bADK}, erbracht:

$$S = \frac{\sigma_{bADK}}{\sigma_{va}} \geq S_{min} \tag{11.31}$$

Der Quotient aus Beanspruchbarkeit σ_{bADK} und Beanspruchung σ_{va} ist die rechnerische Sicherheit S, die größer sein muss als eine geforderte Mindestsicherheit S_{min}. Die Forderung nach einer Mindestsicherheit $S_{min} > 1$ ergibt sich zunächst nur aus den verwendeten Berechnungsansätzen und den damit verbundenen Unsicherheiten. Aufgrund dieser Zusammenhänge wird als Mindestsicherheit $S_{min} = 1{,}2$ festgelegt. Darüber hinausgehende Unsicherheiten bei der Annahme der Belastung, mögliche hohe Folgeschäden usw., erfordern deutlich größere Sicherheiten, die gesondert festzulegen bzw. zu vereinbaren sind (s.a. Tabelle 3.1 in Kapitel 3).

Grundsätzlich gilt der Nachweis für Normal- und Tangentialspannungen, also für Zug-Druck, Biegung und Torsion. Treten Normal- und Tangentialspannungen gleichzeitig auf, wird hier unter der Annahme der Phasengleichheit die Gestaltänderungs-Hypothese genutzt. Bei einer Normal- und Schubspannungsrichtung ergibt sich aus der allgemeinen Beziehung:

$$\sigma_{v,GEH} = \sqrt{\sigma_b^{\,2} + 3 \cdot \tau_t^{\,2}} \tag{11.32}$$

Bei der Überlagerung von Biegung und Zug-Druck und ihrer Wichtung entsprechend der unterschiedlichen Festigkeiten beispielsweise für den Dauerfestigkeitsnachweis folgt:

$$\sigma_{va} = \sqrt{\left(\sigma_{ba} + \sigma_{zda} \cdot \frac{\sigma_{bADK}}{\sigma_{zdADK}}\right)^2 + 3 \cdot \tau_{ta}^{\,2}} \tag{11.33}$$

Bei Division durch σ_{bADK} und mit $(\sigma_{bADK} / \tau_{ADK})^2 = 3$ erhält man für die Sicherheit S:

$$S = \frac{1}{\sqrt{\left(\frac{\sigma_{zda}}{\sigma_{zdADK}} + \frac{\sigma_{ba}}{\sigma_{bADK}}\right)^2 + \left(\frac{\tau_{ta}}{\tau_{tADK}}\right)^2}} \tag{11.34}$$

Hierin sind σ_{ba}, σ_{zda}, τ_{ta} die Amplituden der wirkenden Biege-, Zug-/Druck- bzw. Torsionsspannung, ausgedrückt als Nennspannung, gemäß Tabelle 11.9 (s.a. Kapitel 1 und Kapitel 3).

Beanspruchungsart	Wirkende Spannung		Querschnittsfläche bzw. Widerstandsmoment
	Amplitude	**Mittelwert**	
Zug-Druck	$\sigma_{zda} = \frac{F_{zda}}{A}$ (11.35)	$\sigma_{zdm} = \frac{F_{zdm}}{A}$ (11.36)	$A = \frac{\pi}{4} \cdot \left(d^2 - d_i^2\right)$ (11.37)
Biegung	$\sigma_{ba} = \frac{M_{ba}}{W_b}$ (11.38)	$\sigma_{bm} = \frac{M_{bm}}{W_b}$ (11.39)	$W_b = \frac{\pi}{32} \cdot \left(\frac{d^4 - d_i^4}{d}\right)$ (11.40)
Torsion	$\tau_{ta} = \frac{M_{ta}}{W_t}$ (11.41)	$\tau_{tm} = \frac{M_{tm}}{W_t}$ (11.42)	$W_t = \frac{\pi}{16} \cdot \left(\frac{d^4 - d_i^4}{d}\right)$ (11.43)

Tabelle 11.9: Berechnung der wirkenden Ausschlags- und Mittelspannungen (Nennspannungen)

Oft besteht der Eindruck, dass dieser Vorgehensweise – auch als Nennspannungskonzept bezeichnet (s.a. Kapitel 3) – gegenüber der Verwendung örtlicher Spannungen große Vernachlässigungen anhaften. In Wirklichkeit sind die ermittelten Tragfähigkeiten die gleichen, wie die folgende einfache Betrachtung am Beispiel für Biegebeanspruchung zeigen soll. Die Sicherheit S gegen Dauerbruch berechnet sich zu:

$$S = \frac{\sigma_{AD} \cdot n}{\left(\alpha_\sigma \cdot \sigma_{ba}\right)} \qquad (11.44)$$

Hierin bezeichnen σ_{AD} die Dauerfestigkeit des glatten Bauteils, n die Stützziffer, α_σ die Formzahl und σ_{ba} die Amplitude der wirkenden Spannung (Nennspannung). Im Klammerausdruck des Nenners von Gleichung (11.44) steht die örtliche Spannung (s.a. örtliches Konzept, Kapitel 3). Sie könnte auch z.B. mithilfe einer Finite-Elemente-Berechnung ermittelt worden sein. Stellt man Gleichung (11.44) um, so erhält man sehr einfach die Schreibweise mit Nennspannungen anstatt mit örtlichen Spannungen bei exakt dem gleichen Ergebnis:

$$S = \frac{\frac{\sigma_{AD}}{\alpha_\sigma} \cdot n}{\sigma_{ba}} \qquad (11.45)$$

Der Übergang von einer Form zur anderen kann allerdings Schwierigkeiten bereiten, wenn z.B. anstatt der berechneten Kerbformzahl nur die experimentell bestimmte Kerbwirkungszahl vorliegt.

Nach den relativ einfach zu bestimmenden Beanspruchungen σ_{zda}, σ_{ba} und τ_{ta} (Nenn-Ausschlagspannungen) und den zugehörigen Nenn-Mittelspannungen σ_{zdm}, σ_{bm} und τ_{tm} reduziert sich das Problem der Berechnung der Sicherheit für den allgemeinen Belastungsfall nach Gleichung (11.34) auf die Ermittlung der Beanspruchbarkeit (Gestaltfestigkeit) des gekerbten Bauteils, gegeben durch die dauerfest ertragbaren Amplituden für Zug-Druck- (σ_{zdADK}), Biege- (σ_{bADK}) und Torsionsbeanspruchung (τ_{tADK}). Wenn diese nicht durch Versuche speziell für das zu berechnende Bauteil und den vorliegenden Belastungsfall bekannt sind, können sie nach der in DIN 743 angegebenen Methode aus der Festigkeit des glatten (ungekerbten) Probestabes bestimmt werden. Hierzu wird von den Wechselfestigkeiten $\sigma_{zdW}(d)$, $\sigma_{bW}(d)$ und $\tau_{tW}(d)$ des Bauteils ausgegangen, d.h. die Mittelspannungen sind alle gleich Null ($\sigma_{zdm} = 0, \sigma_{bm} = 0, \tau_{tm} = 0$). Mithilfe eines Gesamteinflussfaktors K_σ bzw. K_τ, der die Kerbwirkung, den Rauheitseinfluss, den geometrischen Größeneinfluss und die Oberflächenverfestigung berücksichtigt, werden die Gestalt-Wechselfestigkeiten des Bauteils für Zug-Druck-, Biege- und Torsionsbeanspruchung gemäß Tabelle 11.10 bestimmt:

Zug-Druck-Beanspruchung	Biegebeanspruchung	Torsionsbeanspruchung
$\sigma_{zdWK} = \frac{\sigma_{zdW}(d_B) \cdot K_1(d_{eff})}{K_\sigma}$ (11.46)	$\sigma_{bWK} = \frac{\sigma_{bW}(d_B) \cdot K_1(d_{eff})}{K_\sigma}$ (11.47)	$\tau_{tWK} = \frac{\tau_{tW}(d_B) \cdot K_1(d_{eff})}{K_\tau}$ (11.48)

Hierin bezeichnen $\sigma_{zdW}(d_B)$, $\sigma_{bW}(d_B)$ und $\tau_{tW}(d_B)$ die Wechselfestigkeiten des glatten Probenstabes für den Bezugsdurchmesser d_B für Zug-Druck, Biegung und Torsion gemäß DIN 743-3 und $K_1(d_{eff})$ den technologischen Größeneinflussfaktor gemäß Abbildung 11.22. Liegen genauere Erkenntnisse über die Vergütungsfestigkeit (Härte) bzw. Kernhärte vor, so können die Zähler der Gleichungen (11.46) bis (11.48) wie folgt ersetzt werden (H_{HB} Härte in Brinell; Bruchfestigkeit R_m in $\mathrm{N/mm^2}$):

$\sigma_{zdW} \approx 0{,}4 \cdot R_m$	$\tau_{tW} \approx 0{,}3 \cdot R_m$	
$\sigma_{bW} \approx 0{,}5 \cdot R_m$	$R_m \approx 3{,}2 \ldots 3{,}4 \cdot H_{HB}$ [1)]	

[1)] 3,2 für vergütete Stähle und Kernbereich einsatzgehärteter Stähle; 3,4 für weich geglühte, normalisierte Stähle

Tabelle 11.10: Gestalt-Wechselfestigkeiten des Bauteils

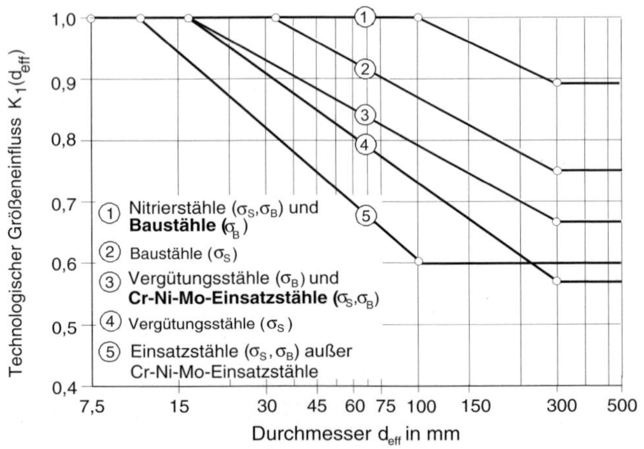

$K_1(d_{eff})$ berücksichtigt näherungsweise, dass die erreichbare Härte (damit auch Streckgrenze und Ermüdungsfestigkeit) beim Vergüten bzw. die Kernhärte beim Einsatzhärten mit steigendem Durchmesser abnimmt. Er ist für alle Beanspruchungsarten gleich und wird mit dem für die Wärmebehandlung maßgebenden Durchmesser d_{eff} berechnet. d_{eff} ist von der Bauteilform und -größe abhängig. Durch ihn soll der Größen- bzw. Bauteilformeinfluss auf den Abkühlvorgang beim Härten/Vergüten berücksichtigt werden. Liegen keine speziellen Untersuchungsergebnisse vor, ist $d_{eff} = D$ (D größter Durchmesser der Welle bzw. des Wellenabsatzes) zu setzen. $K_1(d_{eff})$ ist anzuwenden, wenn die wirkliche Festigkeit des Bauteils nicht bekannt ist, sondern für einen Bezugsdurchmesser (z.B. $d_B = 16$ mm) den Normen entnommen wurde.

Abbildung 11.22: Technologischer Größeneinflussfaktor $K_1(d_{eff})$ nach DIN 743 [11.6]

Der Gesamt-Einflussfaktor K_σ für Zug-Druck und Biegung bzw. K_τ für Torsion berechnet sich zu:

$$K_\sigma = \left(\frac{\beta_\sigma}{K_2(d)} + \frac{1}{K_{F\sigma}} - 1 \right) \cdot \frac{1}{K_V} \tag{11.49}$$

$$K_\tau = \left(\frac{\beta_\tau}{K_2(d)} + \frac{1}{K_{F\tau}} - 1 \right) \cdot \frac{1}{K_V} \tag{11.50}$$

Dabei ist β_σ die Kerbwirkungszahl für Zug-Druck und Biegung (bzw. β_τ bei Torsion), $K_2(d)$ ist der geometrische Größeneinflussfaktor gemäß Abbildung 11.23, K_V der Einflussfaktor der Oberflächenverfestigung (z.B. Kugelstrahlen oder Randschichthärtung) entsprechend den Diagrammen in Abbildung 11.24 und $K_{F\sigma}$ der Einflussfaktor der Oberflächenrauheit für Zug-Druck und Biegung:

$$K_{F\sigma} = 1 - 0{,}22 \cdot \lg\left(\frac{R_z}{\mu\text{m}} \right) \cdot \left(\lg\left(\frac{\sigma_B(d)}{20\,\text{N/mm}^2} \right) - 1 \right) \tag{11.51}$$

Die Auswertung dieser Gleichung mit R_z als gemittelter Rautiefe in µm führt zu dem Diagramm in Abbildung 11.24 (links). Bei Walzhaut ist für die mittlere Rauheit $R_z = 200$ µm einzusetzen. $K_{F\sigma}$ berücksichtigt den zusätzlichen Einfluss der Rauheit auf die örtlichen Spannungen und damit auf die Dauerfestigkeit des Bauteils. Im Falle der Torsion wird $K_{F\tau}$ wie folgt ermittelt:

$$K_{F\tau} = 0{,}575 \cdot K_{F\sigma} + 0{,}425 \tag{11.52}$$

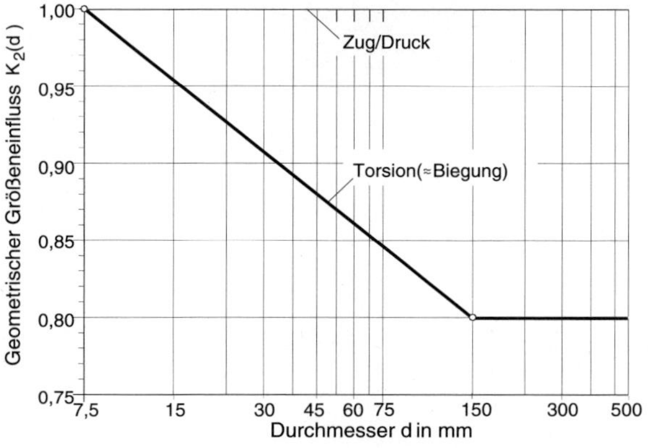

Der geometrische Größeneinflussfaktor $K_2(d)$ berücksichtigt, dass bei größer werdendem Durchmesser oder entsprechenden Dicken die Biegewechselfestigkeit in die Zug-/Druck-Wechselfestigkeit übergeht und analog auch die Torsionswechselfestigkeit sinkt.

Abbildung 11.23: Geometrischer Größeneinflussfaktor $K_2(d)$ nach DIN 743 [11.6]

Wird die Berechnung mit einer experimentell bestimmten Kerbwirkungszahl durchgeführt (mit der Oberflächenrauheit der Probe R_{zB}), das Bauteil selbst hat aber die Oberflächenrauheit R_z, so wird folgende Umbewertung erforderlich:

$$K_{F\sigma} = \frac{K_{F\sigma}(R_z)}{K_{F\sigma}(R_{zB})} \tag{11.53}$$

$$K_{F\tau} = \frac{K_{F\tau}(R_z)}{K_{F\tau}(R_{zB})} \tag{11.54}$$

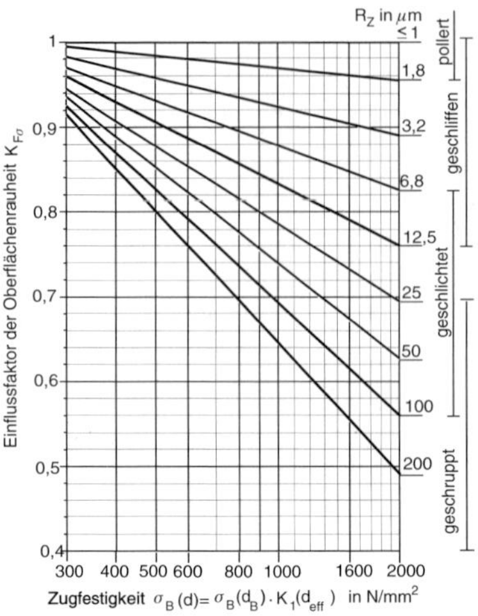

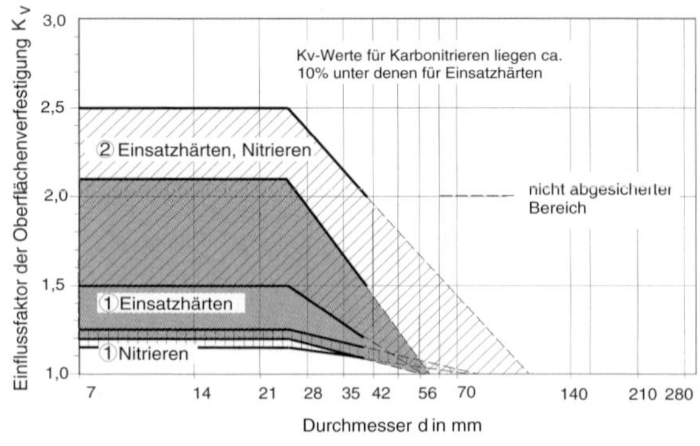

Anmerkungen zu den Diagrammen rechts:

Es wird empfohlen, beim Tragfähigkeitsnachweis die unteren (kleineren) Werte von K_V zu benutzen. Die oberen Werte sind zur Orientierung angegeben und müssen experimentell bestätigt werden.

Liegen keine anderen Erfahrungen vor, ist bei Durchmessern $d > 40\ \mathrm{mm}$ für ungekerbt bzw. schwach gekerbt $K_V = 1$ zu setzen, sonst kann im Bereich $40\ \mathrm{mm} < d < 250\ \mathrm{mm}$ $K_V = 1{,}1$ angenommen werden.

Bei $d \geq 250\ \mathrm{mm}$ ist $K_V = 1$ zu setzen.

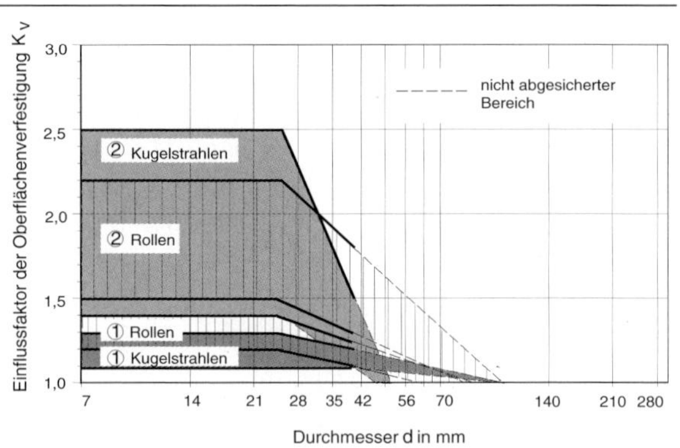

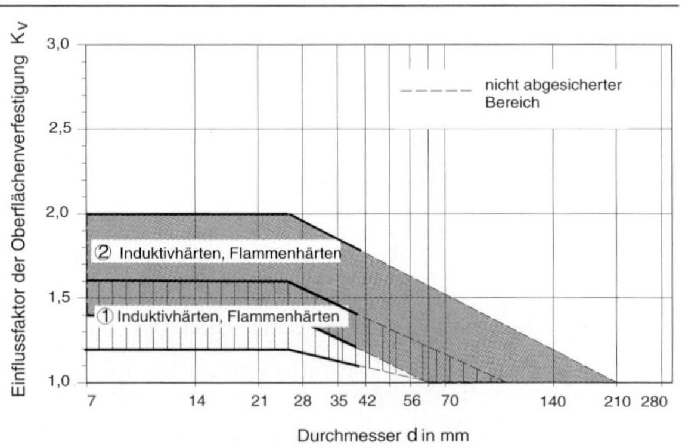

Abbildung 11.24: Einflussfaktor der Oberflächenrauheit $K_{F\sigma}$ für Zug-Druck und Biegung (links oben) sowie Einflussfaktor der Oberflächenverfestigung K_V in Abhängigkeit vom technologischen Verfahren nach DIN 743 [11.6]

Sind für die zu berechnenden Kerben bereits Kerbformzahlen α_σ oder α_τ bekannt (s.a. Abschnitt 11.4.3), so können nach dem Verfahren von Stieler für die Geometrien Absatz, Rundnut, Absatz mit Freistich und Querbohrung unter Nutzung des bezogenen Spannungsgefälles Kerbwirkungszahlen β_σ oder β_τ wie folgt ermittelt werden [11.58]:

$$\beta_{\sigma,\tau} = \frac{\alpha_{\sigma,\tau}}{n} \qquad (11.55)$$

Unter Verwendung des bezogenen Spannungsgefälles G' gemäß Abbildung 11.25 lässt sich für vergütete, normalisierte oder einsatzgehärtete Wellen mit nicht aufgekohlten Konturen die Stützzahl n berechnen zu:

$$n = 1 + \sqrt{G' \cdot \mathrm{mm}} \cdot 10^{-\left(0{,}33 + \frac{\sigma_S(d)}{712\,\mathrm{N/mm^2}}\right)} \qquad (11.56)$$

<table>
<tr><th>Stützzahl n</th><th>Bauteilform</th><th>Belastung</th><th>Bezogenes Spannungsgefälle G'</th></tr>
<tr><td rowspan="6">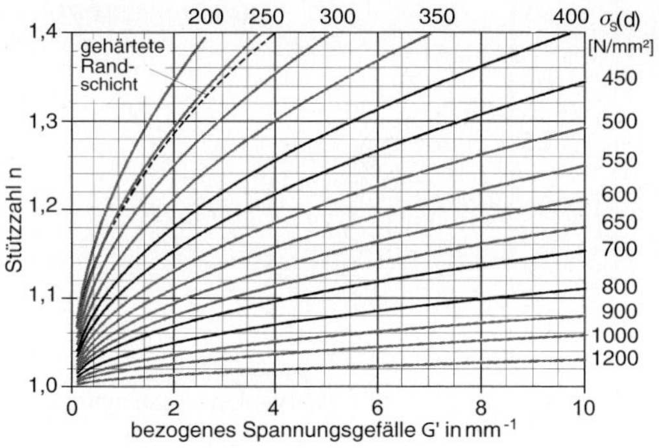

$\sigma_s \approx K_1(d_{eff}) \cdot \sigma_S(d_B)$;
$K_1(d_{eff})$ gemäß Abbildung 11.22</td>
<td rowspan="3">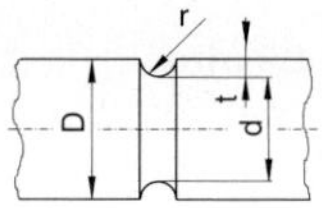
</td><td>Zug-Druck</td><td>$\frac{2\cdot(1+\varphi)}{r}$</td></tr>
<tr><td>Biegung</td><td>$\frac{2\cdot(1+\varphi)}{r}$</td></tr>
<tr><td>Torsion</td><td>$\frac{1}{r}$</td></tr>
<tr><td rowspan="3">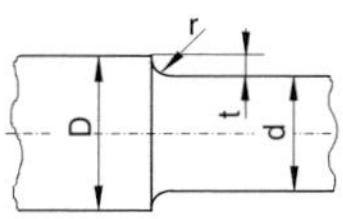
</td><td>Zug-Druck</td><td>$\frac{2{,}3\cdot(1+\varphi)}{r}$</td></tr>
<tr><td>Biegung</td><td>$\frac{2{,}3\cdot(1+\varphi)}{r}$</td></tr>
<tr><td>Torsion</td><td>$\frac{1{,}15}{r}$</td></tr>
<tr><td>Unter gehärteter Randschicht werden durch Einsatzhärten, Nitrieren, Flamm- oder Induktionshärten entstehende harte Schichten verstanden, die Druckeigenspannungen erzeugen.</td><td colspan="3">Für Rundstäbe gelten die Formeln näherungsweise auch dann, wenn eine Längsbohrung vorliegt. Für $d/D > 0{,}67$; $r > 0$:
$\varphi = \frac{1}{4\cdot\sqrt{t/r}+2}$ sonst: $\varphi = 0$</td></tr>
</table>

Abbildung 11.25: Stützzahl n und bezogenes Spannungsgefälle G' nach DIN 743 [11.6]

Bei harter Randschicht ist die Stützzahl n wie folgt zu bestimmen:

$$n = 1 + \sqrt{G' \cdot \text{mm}} \cdot 10^{0,7} \tag{11.57}$$

Dabei ist die Streckgrenze σ_S des Bauteiles in der Form $\sigma_S(d) = K_1(d_{eff}) \cdot \sigma_S(d_B)$ einzusetzen. Des Weiteren können mehrachsige Spannungszustände (z.B. bei Umdrehungskerben) zu einer weiteren scheinbaren Herabsetzung der Kerbempfindlichkeit führen, was eine Reserve darstellt und hier nicht berücksichtigt wird.

Weitere Verfahren zur Bestimmung von Kerbwirkungszahlen $\beta_{\sigma,\tau}$ aus Kerbformzahlen $\alpha_{\sigma,\tau}$ finden sich in Kapitel 3. Zur direkten Ermittlung von Kerbwirkungszahlen für Keilwellen, Kerbzahnwellen und Zahnwellen bei Zug-Druck, Biegung und Torsion dienen die Zusammenhänge gemäß Abbildung 11.26. Kerbwirkungszahlen für Welle-Nabe-Verbindungen sind in Abbildung 11.27 zusammengestellt.

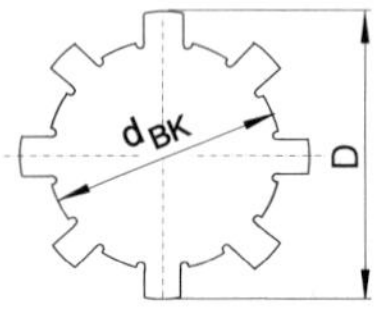

Bezugsdurchmesser $d_{BK} = 29$ mm

Kerbwirkungszahlen:

$$\beta_\tau^*(d_{BK}) = \exp\left(4{,}2 \cdot 10^{-7} \cdot \left(\frac{\sigma_B(d)}{N/mm^2}\right)^2\right)$$

Einflussfaktor der Oberflächenrauheit:

$K_{F\tau} = 1$ oder $K_{F\sigma} = 1$

Einsatzstähle einsatzgehärtet:

$\beta_\tau(d_{BK}) = 1{,}0; \beta_\sigma(d_{BK}) = 1{,}0; K_V = 1$

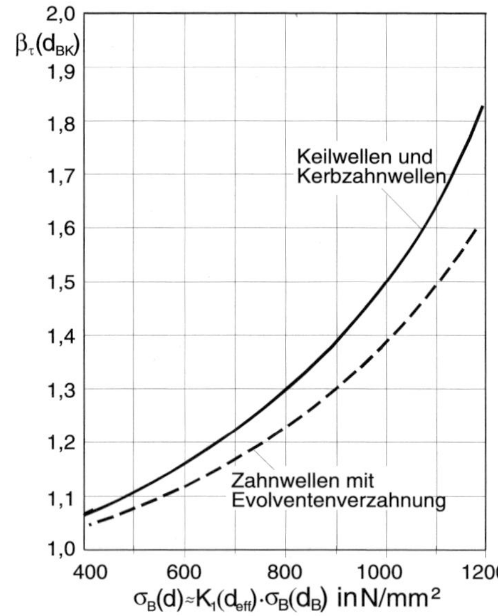

Torsion:	- Keilwellen und Kerbzahnwellen:	$\beta_\tau(d_{BK}) = \beta_\tau^*(d_{BK})$
	- Zahnwellen mit Evolventenverzahnung:	$\beta_\tau(d_{BK}) = 1 + 0{,}75 \cdot (\beta_\tau^*(d_{BK}) - 1)$
Biegung:	- Keilwellen	$\beta_\sigma(d_{BK}) = 1 + 0{,}45 \cdot (\beta_\tau^*(d_{BK}) - 1)$
	- Kerbzahnwellen	$\beta_\sigma(d_{BK}) = 1 + 0{,}65 \cdot (\beta_\tau^*(d_{BK}) - 1)$
	- Zahnwellen mit Evolventenverzahnung:	$\beta_\sigma(d_{BK}) = 1 + 0{,}49 \cdot (\beta_\tau^*(d_{BK}) - 1)$
Zug-Druck:		Für Zug-Druck gelten näherungsweise dieselben Werte wie für Biegung.

Anmerkung: Die angegebenen Werte gelten für die Welle ohne Nabeneinfluss. Die Kerbwirkungszahlen können bei relativ steifer Nabe und ungünstiger Gestaltung aufgrund der konzentrierten Lasteinleitung am Übergang von Welle zu Nabe wesentlich größer sein.

Abbildung 11.26: Kerbwirkungszahlen für Keilwellen, Kerbzahnwellen und Zahnwellen [11.6]

Wellen- und Nabenform		$\sigma_B(d)$ in N/mm²								
		400	500	600	700	800	900	1000	1100	1200
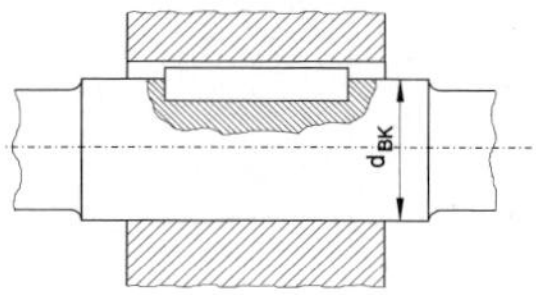	$\beta_\sigma(d_{BK})$	2,1[1)]	2,3[1)]	2,5[1)]	2,6[1)]	2,8[1)]	2,9[1)]	3,0[1)]	3,1[1)]	3,2[1)]
	$\beta_\sigma(d_{BK}) \approx 3{,}0 \cdot \left(\sigma_B(d)/\left(1000\ \mathrm{N/mm^2}\right)\right)^{0{,}38}$									
	$\beta_\tau(d_{BK})$	1,3	1,4	1,5	1,6	1,7	1,8	1,8	1,9	2,0
	$\beta_\tau(d_{BK}) \approx 0{,}56 \cdot \beta_\sigma(d_{BK}) + 0{,}1$									
	Bei zwei Passfedern ist die Kerbwirkungszahl $\beta_{\sigma,\tau}$ mit dem Faktor 1,15 zu erhöhen. (Minderung des Querschnittes) β_σ (2 Passfedern)$=1{,}15 \cdot \beta_\sigma$									
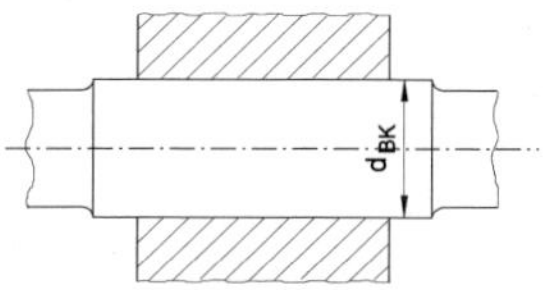	$\beta_\sigma(d_{BK})$	1,8	2,0	2,2	2,3	2,5	2,6	2,7	2,8	2,9
	$\beta_\sigma(d_{BK}) \approx 2{,}7 \cdot \left(\sigma_B(\mathrm{d})/\left(1000\ \mathrm{N/mm^2}\right)\right)^{0{,}43}$									
	$\beta_\tau(d_{BK})$	1,2	1,3	1,4	1,5	1,6	1,7	1,8	1,8	1,9
	$\beta_\tau(d_{BK}) \approx 0{,}65 \cdot \beta_\sigma(d_{BK})$									
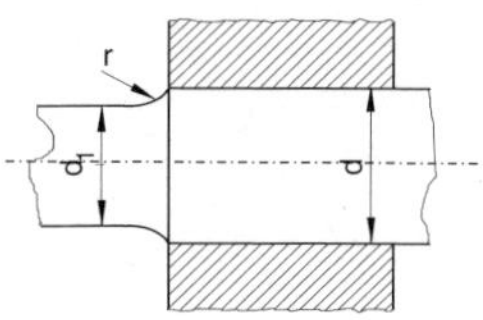	Die Kerbwirkungszahl des Absatzes (Übergang d zu d_1) ist nach Gleichung 11.55 zu bestimmen. Es ist dabei ein Durchmesserverhältnis von $d_1 / (1{,}1 \cdot d)$ für die Ermittlung der Formzahl anzunehmen. Der Presssitz beeinflusst die Kerbwirkung des Wellenübergangs im Allgemeinen nur wenig. Nur bei ungünstiger Gestaltung kann es zur gegenseitigen Beeinflussung der Kerbwirkung im Wellenübergang (Radius r) und Nabensitz kommen. Dieses kann bei sehr kleinen Unterschieden zwischen d_1 und d und direkt am Nabensitzende liegenden Wellenübergängen eintreten. Bei kleinen rechnerischen Sicherheiten und großer Bedeutung der Anlage ist die Haltbarkeit der Welle dann gesondert zu überprüfen (z.B. mittels FEM oder experimentell; siehe auch [11.35], [11.51]). Hinsichtlich des minimalen Gesamtvolumens der Welle im Bereich der Welle-Nabe-Verbindung sind die Abmessungen für maximale Übertragbarkeit $d / d_1 \approx 1{,}1$ und $r / (d - d_1) \approx 2$ [11.27]. Weitere Hinweise zu Kerbwirkungszahlen und Einflüssen siehe DIN 7190 [11.12].									
Anmerkungen:	Bezugsdurchmesser $d_{BK} = 40$ mm Bei Zug-Druck: gleiche Werte wie für Biegung Einflussfaktor der Oberflächenrauheit: $K_{F\sigma} = 1$ oder $K_{F\tau} = 1$ Biege- oder Torsionsmoment wird auf die Nabe übertragen. Die Kerbwirkungszahlen gelten für die Enden des Nabensitzes.									

1) Die angegebenen β_σ-Werte gelten für $\tau_{tm}/\sigma_{ba} = 0{,}5$. Es sind Richtwerte. Abhängig von der Passung, der Wärmebehandlung (z.B. einsatzgehärtete Nabe) und den Abmessungen der Nabe können Abweichungen entstehen. Für $\tau_{tm}/\sigma_{ba} > 0{,}5$ sinken die Kerbwirkungszahlen. Bei reiner Umlaufbiegung sind dagegen Erhöhungen von β_σ um den Faktor 1,3 möglich. Weitere Angaben zu Kerbwirkungszahlen und Einflüssen siehe DIN 6892 [11.11].

Abbildung 11.27: Kerbwirkungszahlen $\beta_{\sigma,\tau}(d_{BK})$ für Welle-Nabe-Verbindungen nach DIN 743 [11.6]

Abbildung 11.28 und Abbildung 11.29 enthalten Kerbwirkungszahlen für Rundstäbe mit umlaufender Spitzkerbe und umlaufender Rechtecknut für Wellen nach DIN 471 [11.4], [11.61].

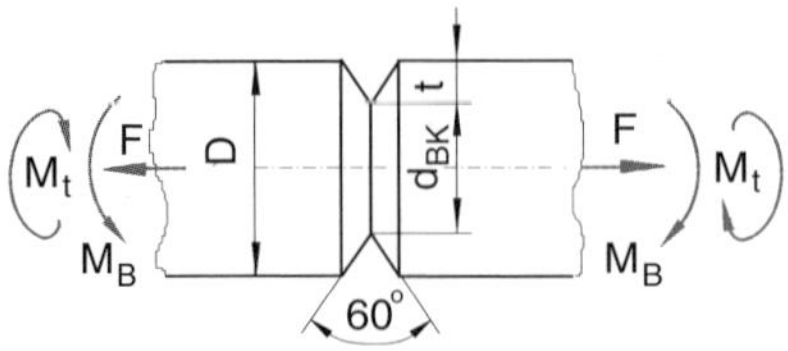

Bezugsdurchmesser: $d_{BK} = 15$ mm

Kerbwirkungszahlen:

Zug-Druck:

$$\beta_\sigma(d_{BK}) = 0{,}109 \cdot \frac{\sigma_B(d)}{100\ \text{N/mm}^2} + 1{,}074$$

Biegung:

$$\beta_\sigma(d_{BK}) = 0{,}0923 \cdot \frac{\sigma_B(d)}{100\ \text{N/mm}^2} + 0{,}985$$

Torsion:

$$\beta_\tau(d_{BK}) = 0{,}80 \cdot \beta_{\sigma,Biegung}(d_{BK})$$

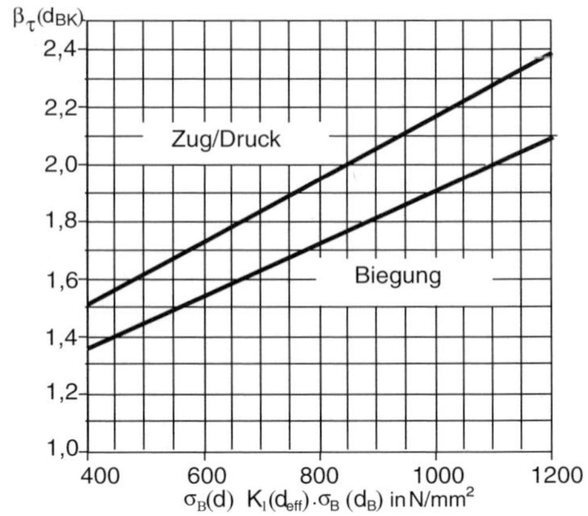

Anmerkung: Radius im Kerbgrund: $r = 0{,}1$ mm, $t/d = 0{,}05$ bis $0{,}20$; für andere Werte weichen die Kerbwirkungszahlen von diesen Angaben ab, mittlere Rauheit der Kerbe: $R_{zB} = 20\ \mu$m

Abbildung 11.28: Kerbwirkungszahlen für Rundstäbe mit umlaufender Spitzkerbe [11.6], [11.61]

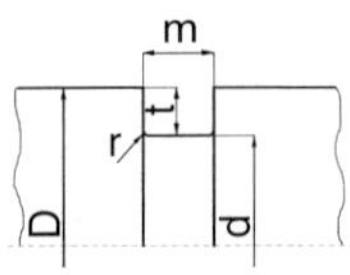

Kerbwirkungszahlen:

Zug-Druck:

$$\beta_\sigma^*(d_{BK}) = 0{,}9 \cdot \left(1{,}27 + 1{,}17 \cdot \sqrt{t/r_f}\right)$$

Biegung:

$$\beta_\sigma^*(d_{BK}) = 0{,}9 \cdot \left(1{,}14 + 1{,}08 \cdot \sqrt{t/r_f}\right)$$

Torsion:

$$\beta_\tau^*(d_{BK}) = \left(1{,}48 + 0{,}45 \cdot \sqrt{t/r_f}\right)$$

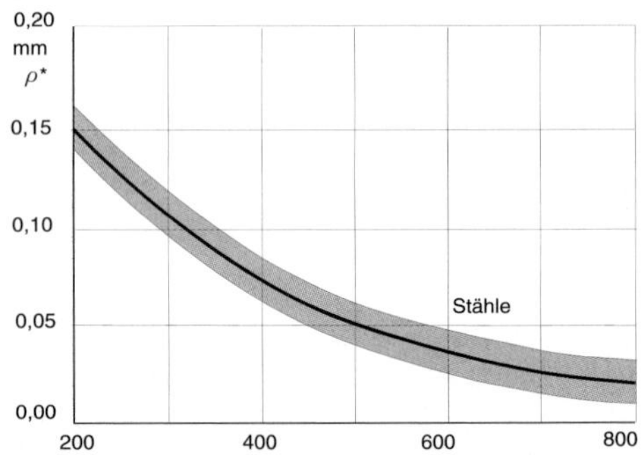

$$\sigma_S(d) \approx \sigma_S(d_B) \cdot K_1(d_{eff})\ \text{in N/mm}^2$$

Zug-Druck,
Biegung: $r_f = r + 2{,}9 \cdot \rho^*$

Torsion: $r_f = r + \rho^*$

$m/t \geq 1{,}4$: $\beta_{\sigma,\tau} = \beta_{\sigma,\tau}^*$

$m/t < 1{,}4$: $\beta_{\sigma,\tau} = \beta_{\sigma,\tau}^* \cdot 1{,}08 \cdot (m/t)^{-0{,}2}$

ρ^* Strukturradius nach Neuber [11.40]

$\rho^* = 10^{-(0{,}514\ +\ 0{,}00152\ \cdot\ \sigma_s(d)/(\text{N/mm}^2))} \cdot \text{mm}$ (Stähle)

Anmerkung: Ergibt sich bei Zug-Druck oder Biegung $\beta_\sigma > 4$, ist mit $\beta_\sigma = 4$ zu rechnen. Ergibt sich bei Torsion $\beta_\tau > 2{,}5$, ist mit $\beta_\tau = 2{,}5$ zu rechnen.

Abbildung 11.29: Kerbwirkungszahlen für umlaufende Rechtecknuten von Wellen nach [11.6]

In Erweiterung zur DIN 743 enthalten die Diagramme in Abbildung 11.30 Kerbwirkungszahlen für quer gebohrte Rundstäbe unter Biegung und Torsion aus der TGL 19340 [11.29], [11.62].

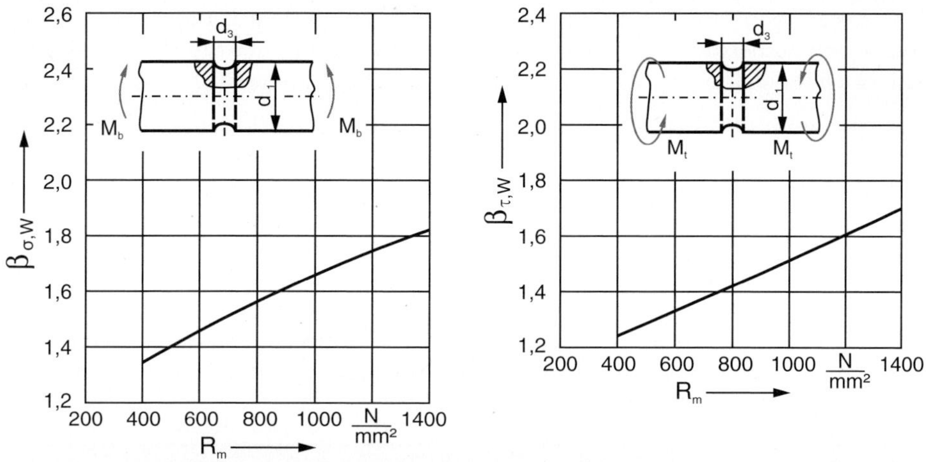

Abbildung 11.30: Kerbwirkungszahlen von quer gebohrten Rundstäben unter Biegung (links) und Torsion (rechts) für $d_3/d_1 = 0{,}15$ bis $0{,}55$, Bezugsquerschnitt $d_1 = 15$ mm und $R_z = 10$ µm

Liegen für ein Bauteil ausschließlich experimentell ermittelte Kerbwirkungszahlen $\beta_{\sigma,\tau}(d_B)$ vor und weicht der Bezugsdurchmesser d_{BK} (der Probe) vom Bauteildurchmesser d ab, so ist eine Korrektur mithilfe des geometrischen Größeneinflussfaktors $K_3(d)$ gemäß Abbildung 11.31 wie folgt vorzunehmen, so dass sich die zu verwendende Kerbwirkungszahl $\beta_{\sigma,\tau}$ berechnet zu:

$$\beta_{\sigma,\tau} = \beta_{\sigma,\tau}(d_{BK}) \cdot \frac{K_3(d_{BK})}{K_3(d)} \tag{11.58}$$

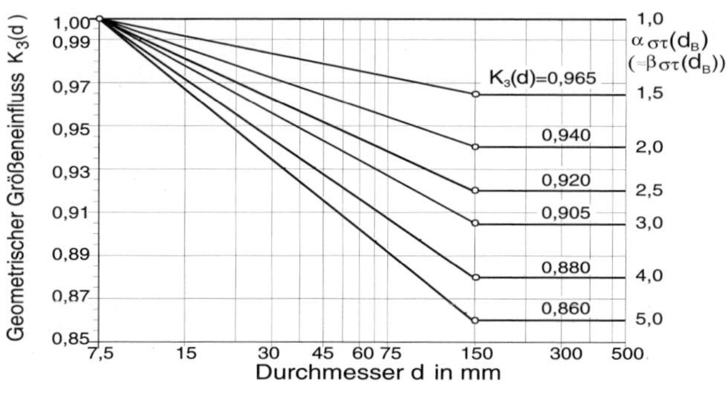

Der geometrische Größeneinflussfaktor $K_3(d)$ berücksichtigt die Änderung der Kerbwirkung, wenn die Bauteilabmessungen von den Probenabmessungen abweichen und sämtliche Abmessungen im gleichen Maßstab geändert wurden (Änderung des Spannungsgradienten). Er wird nur dann berücksichtigt, wenn die Kerbwirkungszahlen $\beta_\sigma(d_B)$ oder $\beta_\tau(d_B)$ experimentell für diesen Werkstoff bestimmt wurden und der Bezugsdurchmesser d_{BK} vom Bauteildurchmesser d abweicht. $K_3(d)$ ist in Abhängigkeit von der Form- bzw. Kerbwirkungszahl zu ermitteln.

Abbildung 11.31: Geometrischer Größeneinflussfaktor $K_3(d)$ nach DIN 743 [11.6]

Liegt dagegen ein Kerbfall vor, der mit keiner der hier angegebenen Geometrien abgedeckt werden kann, d.h. liegen weder experimentell bestimmte Kerbwirkungszahlen $\beta_{\sigma,\tau}$ noch Kerbformzahlen $\alpha_{\sigma,\tau}$ vor, so sind zunächst die Kerbformzahl $\alpha_{\sigma,\tau}$ und eventuell das Spannungsgefälle theoretisch (z.B. mit der Elastizitätstheorie oder mit der Finite-Elemente-Methode) oder experimentell (z.B. spannungsoptisch oder mit Dehnungsmessungen) zu bestimmen. Aus der Kerbformzahl $\alpha_{\sigma,\tau}$ und der Stützzahl n lässt sich dann gemäß Gleichung (11.55) die Kerbwirkungszahl $\beta_{\sigma,\tau}$ berechnen.

Zum Abschluss des Nachweises der Sicherheit gegen Dauerbruch sind nun aus den Wechselfestigkeiten des gekerbten Bauteils gemäß den Gleichungen (11.46) bis (11.48) die dauerfest ertragbaren Amplituden der Ausschlagsspannungen für Zug-Druck- (σ_{zdADK}), Biege- (σ_{bADK}) und Torsionsbeanspruchung (τ_{tADK}) unter Berücksichtigung vorhandener Mittelspannungen σ_{mv} oder τ_{mv} zu ermitteln. Die dauerfest ertragbare Spannungsamplitude des Bauteils hängt nämlich davon ab, wie sich bei einer Belastungserhöhung die kennzeichnenden Größen, z.B. Mittelspannung, Unter- und Oberspannung usw., ändern bzw. welche Größen oder Verhältnisse konstant bleiben. Hierzu sind gemäß Tabelle 11.11 die Vergleichsmittelspannungen und die Einflussfaktoren der Mittelspannungsempfindlichkeit zu berechnen.

Mittelspannung für Zug-Druck, Biegung und Torsion	**Mittelspannung für Torsion**
$\sigma_{mv} = \sqrt{(\sigma_{zdm} + \sigma_{bm})^2 + 3 \cdot \tau_{tm}^2}$ (11.59)	$\tau_{mv} = \dfrac{\sigma_{mv}}{\sqrt{3}}$ (11.60)
Einflussfaktoren der Mittelspannungsempfindlichkeit	
Zug-Druck (zd)	
$\Psi_{zd\sigma K} = \dfrac{\sigma_{zdWK}}{2 \cdot K_1(d_{eff}) \cdot R_m(d_B) - \sigma_{zdWK}}$ (11.61)	
Biegung (b)	
$\Psi_{b\sigma K} = \dfrac{\sigma_{bWK}}{2 \cdot K_1(d_{eff}) \cdot R_m(d_B) - \sigma_{bWK}}$ (11.62)	
Torsion (t)	
$\Psi_{tK} = \dfrac{\tau_{tWK}}{2 \cdot K_1(d_{eff}) \cdot R_m(d_B) - \tau_{tWK}}$ (11.63)	
σ_{WK}, τ_{WK}: Bauteilwechselfestigkeiten (Glg. (11.46) bis (11.48)) d_{eff}: Maßgebender Durchmesser für die Wärmebehandlung Ψ: Einflussfaktor der Mittelspannungsempfindlichkeit	d_B: Bezugsdurchmesser R_m: Zugfestigkeit K_1: Technologischer Größeneinflussfaktor

Tabelle 11.11: Mittelspannungen und Einflussfaktoren der Mittelspannungsempfindlichkeit

In Abhängigkeit von den Mittelspannungen (σ_{mv} oder τ_{mv}) bzw. dem Verhältnis von Mittelspannung zu Ausschlagsspannung (σ_{mv} / σ_a = konst. oder τ_{mv} / τ_a = konst.) werden entsprechend dem Smith-Diagramm in Abbildung 11.32 zwei Beanspruchungsfälle unterschieden:

1 Fall 1 (σ_{mv} = konst. bzw. τ_{mv} = konst.) ist z.B. für Berechnungen maßgebend, bei denen die Regelung des Motors bzw. die Überlastkupplung das maximale Drehmoment zuverlässig begrenzt. Die Berechnung der Sicherheit richtet sich bei Fall 1 auf die ideell mögliche Vergrößerung der oft nicht sicher bekannten Amplituden der wirkenden Spannungen. Auch Achsen, deren mittlere Belastung durch die Belastungsbegrenzung gegeben ist, die aber zusätzlich durch periodische Stöße bzw. dynamische Einwirkungen während des Betriebes bzw. Fahrens belastet werden, sind bei Fall 1 einzuordnen.

2 Fall 2 (σ_{mv} / σ_a = konst. bzw. τ_{mv} / τ_a = konst.) stellt im Bereich $\sigma_{mv} > 0$ bzw. $\tau_{mv} > 0$ den kritischsten Fall dar. Bestehen Unklarheiten über den vorherrschenden (Belastungs-) Fall, sollte bei $\sigma_{mv} > 0$ bzw. $\tau_{mv} > 0$ Fall 2 der Berechnung zugrunde gelegt werden. Er ist u.a. maßgebend, wenn die Sicherheit für ein größeres Nutzdrehmoment bzw. eine größere Nutzlast bei anteilmäßig gleicher überlagerter dynamischer Beanspruchung berechnet werden soll.

Im Zweifelsfall kann bei $\sigma_{zdm} + \sigma_{bm} \geq 0$ der Nachweis unter Zugrundelegung von Fall 2 durchgeführt werden. Weitere Belastungsfälle könnten durch konstante Unter- bzw. Oberspannungen oder nicht lineare Abhängigkeiten zwischen Amplitude und Mittelspannung gegeben sein.

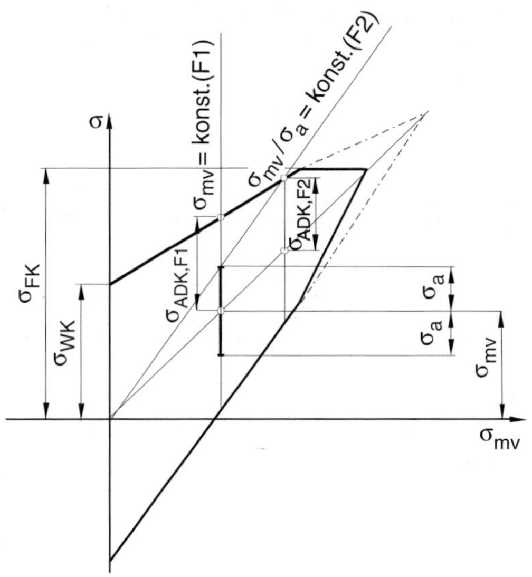

Abbildung 11.32: Beanspruchungsfälle F1 und F2, dargestellt im Smith-Diagramm

Für diese beiden Fälle können nun gemäß Tabelle 11.12 und Tabelle 11.13 die Spannungsamplituden der Bauteildauerfestigkeit für jeweils eine bestimmte Mittelspannung berechnet werden.

Zug-Druck (zd)	Biegung (b)	Torsion (t)
$\sigma_{mv} \le \dfrac{\sigma_{zdFK} - \sigma_{zdWK}}{1 - \Psi_{zd\sigma K}}$ (11.64)	$\sigma_{mv} \le \dfrac{\sigma_{bFK} - \sigma_{bWK}}{1 - \Psi_{b\sigma K}}$ (11.65)	$\tau_{mv} \le \dfrac{\tau_{tFK} - \tau_{tWK}}{1 - \Psi_{tK}}$ (11.66)
$\sigma_{zdADK} = \sigma_{zdWK} - \Psi_{zd\sigma K} \cdot \sigma_{mV}$ (11.67)	$\sigma_{bADK} = \sigma_{bWK} - \Psi_{b\sigma K} \cdot \sigma_{mV}$ (11.68)	$\tau_{tADK} = \tau_{tWK} - \Psi_{tK} \cdot \tau_{mV}$ (11.69)
Werden die Bedingungen gemäß der Gleichungen (11.64) bis (11.66) nicht erfüllt, so berechnen sich die ertragbaren Amplituden für σ_{mv} = konst. (τ_{mv} = konst.) unter Verwendung der Gleichungen (11.67) bis (11.69), indem für die Einflussfaktoren der Mittelspannungsempfindlichkeit $\Psi_{zd\sigma K} = \Psi_{b\sigma K} = \Psi_{tK} = 1$ eingesetzt wird.		
σ_{FK}, τ_{FK}: Bauteilfließgrenze σ_{WK}, τ_{WK}: Bauteilwechselfestigkeit	σ_{ADK}, τ_{ADK}: Spannungsamplitude der Bauteildauerfestigkeit für bestimmte Mittelspannung Ψ: Einflussfaktor der Mittelspannungsempfindlichkeit	

Tabelle 11.12: Mittelspannungsempfindlichkeit für Fall 1 – (σ_{mv} = konst. bzw. τ_{mv} = konst.)

Zug-Druck (zd)	Biegung (b)	Torsion (t)
$\dfrac{\sigma_{mV}}{\sigma_{zda}} \le \dfrac{\sigma_{zdFK} - \sigma_{zdWK}}{\sigma_{zdWK} - \Psi_{zd\sigma K} \cdot \sigma_{zdFK}}$ (11.70)	$\dfrac{\sigma_{mV}}{\sigma_{ba}} \le \dfrac{\sigma_{bFK} - \sigma_{bWK}}{\sigma_{bWK} - \Psi_{b\sigma K} \cdot \sigma_{bFK}}$ (11.71)	$\dfrac{\tau_{mV}}{\tau_{ta}} \le \dfrac{\tau_{tFK} - \tau_{tWK}}{\tau_{tWK} - \Psi_{tK} \cdot \tau_{tFK}}$ (11.72)
$\sigma_{zdADK} = \dfrac{\sigma_{zdWK}}{1 + \Psi_{zd\sigma K} \cdot \dfrac{\sigma_{mv}}{\sigma_{zda}}}$ (11.73)	$\sigma_{bADK} = \dfrac{\sigma_{bWK}}{1 + \Psi_{b\sigma K} \cdot \dfrac{\sigma_{mv}}{\sigma_{ba}}}$ (11.74)	$\tau_{tADK} = \dfrac{\tau_{tWK}}{1 + \Psi_{tK} \cdot \dfrac{\tau_{mv}}{\tau_{ta}}}$ (11.75)
Werden die Bedingungen gemäß der Gleichungen (11.70) bis (11.72) nicht erfüllt, so berechnen sich die ertragbaren Amplituden für $\sigma_{mv} / \sigma_{zda}$ = konst. bzw. $\sigma_{mv} / \sigma_{ba}$ = konst. (τ_{mv} / τ_{ta} = konst.) unter Verwendung der Gleichungen (11.73) bis (11.75), indem für die Einflussfaktoren der Mittelspannungsempfindlichkeit $\Psi_{zd\sigma K} = \Psi_{b\sigma K} = \Psi_{tK} = 1$ eingesetzt wird.		
σ_{FK}, τ_{FK}: Bauteilfließgrenze σ_{WK}, τ_{WK}: Bauteilwechselfestigkeit	σ_{ADK}, τ_{ADK}: Spannungsamplitude der Bauteildauerfestigkeit für bestimmte Mittelspannung Ψ: Einflussfaktor der Mittelspannungsempfindlichkeit	

Tabelle 11.13: Mittelspannungsempfindlichkeit für Fall 2 – $\sigma_{mv} / \sigma_{zda}$ = konst., $\sigma_{mv} / \sigma_{ba}$ = konst. (τ_{mv} / τ_{ta} = konst.)

Die Gleichungen in Tabelle 11.12 und Tabelle 11.13 sind nicht anzuwenden, wenn für die Summe der Mittelspannungen für Zug-Druck- und Biegebeanspruchung gilt:

$$\sigma_{zdm} + \sigma_{bm} < 0 \qquad (11.76)$$

Die Vergleichsmittelspannung für Torsion τ_{mv} ergibt sich zwar ebenfalls aus Gleichung (11.60), die Vergleichsmittelspannung σ_{mv} ist jedoch wie folgt zu berechnen:

$$\sigma_{mv} = \frac{\Sigma}{|\Sigma|} \cdot \sqrt{|\Sigma|} \quad \text{mit} \quad \Sigma = \frac{\left(\sigma_{bm} + \sigma_{zdm}\right)^3}{\left|\sigma_{bm} + \sigma_{zdm}\right|} + 3 \cdot \tau_{tm}^2 \tag{11.77}$$

Wird $\sigma_{mv} < 0$, so ist $\tau_{mv} = 0$ zu setzen. Für den Fall 1 behalten dann die Gleichungen (11.67) bis (11.69) weiterhin ihre Gültigkeit, wenn folgende Bedingung erfüllt wird:

$$\sigma_{mv} \geq \sigma_{mv,grenz,F1} \tag{11.78}$$

Für den Fall 2 gelten ebenfalls die Gleichungen (11.76) und (11.77). Ferner ist $\tau_{mv} = 0$ zu setzen, wenn $\sigma_{mv} < 0$ wird. Für den Fall 2 behalten dann die Gleichungen (11.73) bis (11.75) weiterhin ihre Gültigkeit, wenn folgende Bedingung erfüllt wird:

$$\frac{\sigma_{mv}}{\sigma_{zda}} \geq \left(\frac{\sigma_{mv}}{\sigma_{zda}}\right)_{grenz,F2} \quad \text{bzw.} \quad \frac{\sigma_{mv}}{\sigma_{ba}} \geq \left(\frac{\sigma_{mv}}{\sigma_{ba}}\right)_{grenz,F2} \tag{11.79}$$

Werden die Bedingungen der Gleichungen (11.78) und (11.79) nicht erfüllt, so sind die Beziehungen gemäß der folgenden Tabelle 11.14 und Abbildung 11.33 anzuwenden.

Fall 1 (σ_{mv} = konst.) für $\sigma_{mv} < \sigma_{mv,grenz,F1}$	$\sigma_{mv,grenz,F1} = \left(\sigma_{zdWK} - \sigma_{dFK}\right) \cdot \left(1 - \frac{\sigma_{zdWK}}{2 \cdot R_m(d)}\right)$ (11.80)	$\sigma_{ADK} = \sigma_{mv} + \sigma_{dFK}$ (11.81)
	$\sigma_{mv,grenz,F1} = \left(\sigma_{bWK} - \sigma_{dFK}\right) \cdot \left(1 - \frac{\sigma_{bWK}}{2 \cdot R_m(d)}\right)$ (11.82)	$\sigma_{ADK} = \sigma_{mv} + \sigma_{dFK}$ (11.83)
Fall 2 (σ_{mv} / σ_a = konst.) für $\frac{\sigma_{mv}}{\sigma_a} < \left(\frac{\sigma_{mv}}{\sigma_a}\right)_{grenz,F2}$	$\left(\frac{\sigma_{mv}}{\sigma_{zda}}\right)_{grenz,F2} = \frac{\sigma_{zdWK} - \sigma_{dFK}}{\Psi_{zd\sigma K} \cdot \sigma_{dFK} + \sigma_{zdWK}}$ (11.84)	$\sigma_{ADK} = \frac{\sigma_{dFK} \cdot \sigma_{zda}}{\sigma_{zda} - \sigma_{mv}}$ (11.85)
	$\left(\frac{\sigma_{mv}}{\sigma_{ba}}\right)_{grenz,F2} = \frac{\sigma_{bWK} - \sigma_{dFK}}{\Psi_{b\sigma K} \cdot \sigma_{dFK} + \sigma_{bWK}}$ (11.86)	$\sigma_{ADK} = \frac{\sigma_{dFK} \cdot \sigma_{ba}}{\sigma_{ba} - \sigma_{mv}}$ (11.87)

Liegen keine anderen Erfahrungen oder Versuchswerte vor, kann für $\sigma_{dFK} = \sigma_{zFK}(d)$ gesetzt werden. $\sigma_{zFK}(d) = \sigma_{zdFK}(d)$ ist nach Gleichung (11.95), σ_{dFK} und σ_{WK} sind immer positiv einzusetzen.

Tabelle 11.14: Berechnung von σ_{ADK} im Druckbereich für die Fälle F1 und F2

Somit sind die dauerfest ertragbaren Amplituden der Ausschlagsspannungen für Zug-Druck- (σ_{zdADK}), Biege- (σ_{bADK}) und Torsionsbeanspruchung (τ_{tADK}) unter Berücksichtigung vorhandener Mittelspannungen als Kennwerte der Beanspruchbarkeit bekannt, so dass dann mit den ebenfalls bekannten Beanspruchungen für Zug-Druck (σ_{zda}), Biegung (σ_{ba}) und Torsion (τ_{ta}) die Sicherheit S gegen Überschreitung der Dauerfestigkeit gemäß Gleichung (11.34) nachgewiesen werden kann.

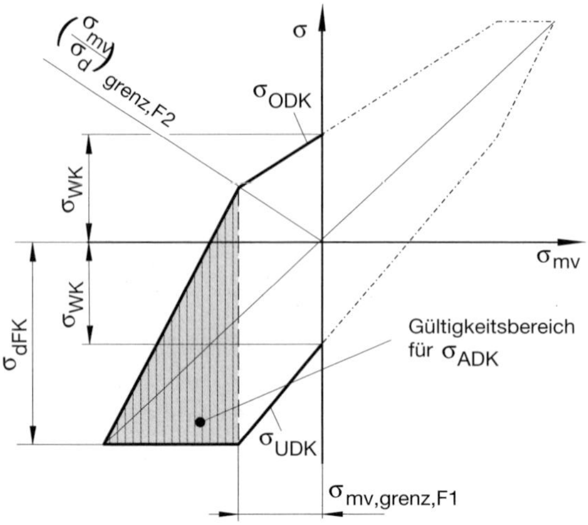

Abbildung 11.33: Smith-Diagramm (Dauerfestigkeitsschaubild) mit der Erweiterung für den Druckbereich (σ_{dFK}: Druckfließgrenze)

11.4.2 Nachweis der Sicherheit im Zeitfestigkeitsbereich unter Verwendung von Lastkollektiven

Ergänzend zum klassischen Dauerfestigkeitsnachweis gemäß Abschnitt 11.4.1 gibt es mit DIN 743-4 auch den Sicherheitsnachweis für Wellen und Achsen im Zeitfestigkeitsbereich sowie den Betriebsfestigkeitsnachweis mithilfe von Lastkollektiven [11.6]. Dabei gelten alle bereits bekannten Annahmen der DIN 743 unverändert, d.h., es lassen sich gekerbte Rundstäbe (Wellen und Achsen) berechnen, und die rechnerische Sicherheit muss größer oder gleich dem Mindestsicherheitswert $S_{min} = 1{,}2$ sein.

Betrachtet man zunächst die Einstufenbelastung im Zeitfestigkeitsbereich ($N_S \leq N_L < N_D$) gemäß Abbildung 11.34, so berechnet sich die Sicherheit für die Einzelbeanspruchungen Zug-Druck (*zd*), Biegung (*b*) und Torsion (*t*) nach Gleichung (11.88) und im Falle einer zusammengesetzten Beanspruchung nach Gleichung (11.89), wobei die wirkenden Spannungsamplituden σ_{zda}, σ_{ba} und τ_{ta} gemäß Tabelle 11.9 zu ermitteln sind:

$$S = \frac{\sigma_{zdANK}}{\sigma_{zda}} \qquad S = \frac{\sigma_{bANK}}{\sigma_{ba}} \qquad S = \frac{\tau_{tANK}}{\tau_{ta}} \tag{11.88}$$

$$S = \frac{1}{\sqrt{\left(\frac{\sigma_{zda}}{\sigma_{zdANK}} + \frac{\sigma_{ba}}{\sigma_{bANK}}\right)^2 + \left(\frac{\tau_{ta}}{\tau_{tANK}}\right)^2}} \tag{11.89}$$

Die ertragbaren Zeitfestigkeitswerte σ_{ANK} bzw. τ_{ANK} werden ausgehend von der Dauerfestigkeit σ_{ADK} bzw. τ_{ADK} gemäß Tabelle 11.12 und Tabelle 11.13 mit der jeweiligen Wöhlerliniengleichung wie folgt berechnet:

$$\sigma_{zdANK} = \sqrt[q_\sigma]{\frac{N_D}{N_L}} \cdot \sigma_{zdADK} \qquad \sigma_{bANK} = \sqrt[q_\sigma]{\frac{N_D}{N_L}} \cdot \sigma_{bADK} \qquad \tau_{tANK} = \sqrt[q_\tau]{\frac{N_D}{N_L}} \cdot \tau_{tADK} \tag{11.90}$$

Hierin bezeichnen N_L die zugehörige Lastspielzahl, $N_D = 10^6$ die Ecklastspielzahl der Dauerfestigkeit und q_σ bzw. q_τ die Steigungen der Wöhlerlinie, die üblicherweise bei gekerbten Rundstäben mit $q_\sigma = 5$ für Zug-Druck und Biegung sowie $q_\tau = 8$ für Torsion angenommen werden, sofern keine anderen Werte bekannt sind. Der Knickpunkt im Kurzzeitfestigkeitsbereich N_S ergibt sich aus der Konstruktion der Zeitfestigkeitsgeraden mit der Bauteilfließgrenze σ_{FK} oder τ_{FK} bei Torsion und beträgt $N_S = 10^3$, sofern keine anderen Angaben vorliegen.

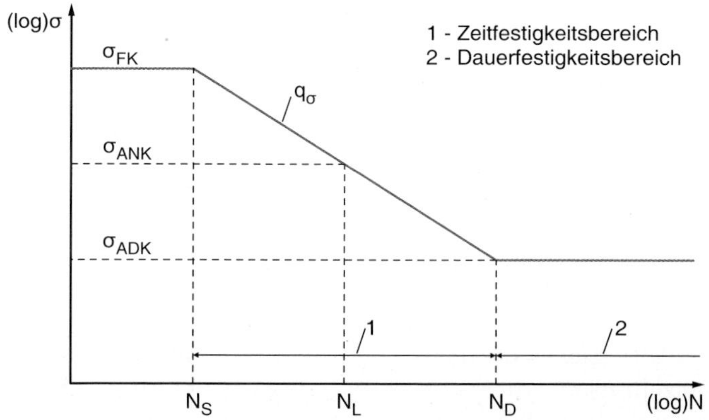

Abbildung 11.34: Einstufenbelastung im Zeitfestigkeitsbereich mit σ_{ADK} als ertragbarer Dauerfestigkeit und σ_{ANK} als ertragbarer Zeitfestigkeit

Betrachtet man nun im Weiteren die Verwendung von Lastkollektiven als Kennfunktionen der Beanspruchung (s.a. Abschnitt 3.7.4), so wird innerhalb des Berechnungsverfahrens nach DIN 743 unterschieden, ob das Lastkollektiv mit seiner höchsten Lastwechselzahl im Zeitfestigkeitsbereich liegt ($N_L < N_D$) oder aber bis in den Dauerfestigkeitsbereich hineinreicht ($N_L \geq N_D$).

In beiden Fällen erfolgt eine Umrechnung des tatsächlichen Belastungskollektivs in eine sogenannte schädigungsäquivalente Spannungsamplitude. Dieses Vorgehen wird auch bei der FKM-Richtlinie angewendet und erlaubt damit die Überführung des aufwändigen Betriebsfestigkeitsnachweises in einen deutlich einfacher zu handhabenden Dauerfestigkeitsnachweis, was darüber hinaus den Vorteil mit sich bringt, dass die gleiche einfache Verfahrensweise wie beim Dauerfestigkeitsnachweis genutzt werden kann.

Während in der FKM-Richtlinie dazu vereinfacht das konservative Verfahren nach „Miner elementar" zur Anwendung gelangt, bei dem die Zeitfestigkeitsgerade mit gleicher Steigung in das Dauerfestigkeitsgebiet verlängert wird, erfolgt die Umrechnung in der DIN 743 nach der sogenannten Methode „Miner erweitert" gemäß Abbildung 11.35. In gleicher Weise wie bei „Miner elementar" werden auch bei „Miner erweitert" unterhalb der Dauerfestigkeit liegende Spannungsanteile berücksichtigt, da sie infolge der Rissbildung zur Gesamtschädigung beitragen können, jedoch nur bis zur Ecklastspielzahl der Dauerfestigkeit N_D. Darüber hinausgehende Kollektivanteile werden gemäß Abbildung 11.35 nicht mehr berücksichtigt, d.h., die Laststufe mit der Amplitude σ_{a4} und der Lastwechselzahl n_4 wird eingekürzt auf die Lastwechselzahl n_e, die sich aus der Ecklastspielzahl N_D abzüglich der Summe der Lastwechselzahlen aus n_1 bis n_3 ergibt. Alle darüber noch hinausgehenden Stufen (hier im Beispiel σ_{a5}) werden generell vernachlässigt.

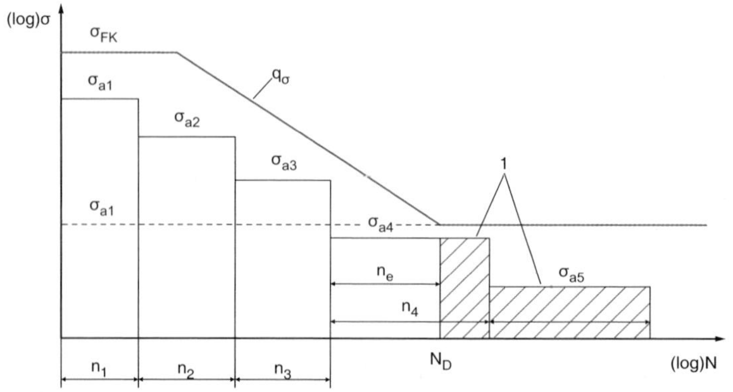

Abbildung 11.35: Teilweise zu berücksichtigende Kollektivanteile unterhalb der Dauerfestigkeit bis zur Ecklastspielzahl N_D, darüber hinausgehende Anteile (schraffiert) werden vernachlässigt

Zur Berechnung der Sicherheiten für derartige Belastungskollektive im Bereich der Zeitfestigkeit ($N_S \leq N_L < N_D$) gelten für Einzelbeanspruchungen wiederum Gleichung (11.88) und für zusammengesetzte Beanspruchungen Gleichung (11.89), in Verbindung mit den Zeitfestigkeitswerten σ_{ANK} bzw. τ_{ANK} aus Gleichung (11.90) für die Gesamtlastspielzahl N_L.

Liegt die Gesamtlastspielzahl N_L (Gesamtumfang des Kollektivs) dagegen im Dauerfestigkeitsbereich ($N_L \geq N_D$), so sind die Sicherheiten für Einzelbeanspruchungen nach Gleichung (11.91) und bei zusammengesetzter Beanspruchung nach Gleichung (11.92) zu ermitteln:

$$S = \frac{\sigma_{zdADK}}{\sigma_{zda}} \qquad S = \frac{\sigma_{bADK}}{\sigma_{ba}} \qquad S = \frac{\tau_{tADK}}{\tau_{ta}} \tag{11.91}$$

$$S = \frac{1}{\sqrt{\left(\frac{\sigma_{zda}}{\sigma_{zdADK}} + \frac{\sigma_{ba}}{\sigma_{bADK}}\right)^2 + \left(\frac{\tau_{ta}}{\tau_{tADK}}\right)^2}} \tag{11.92}$$

Die hierfür benötigten Dauerfestigkeiten σ_{ADK} bzw. τ_{ADK} ergeben sich wiederum aus Tabelle 11.12 bis Tabelle 11.14. Allerdings sind jetzt die Beanspruchungen σ_{zda}, σ_{ba} und τ_{ta} nicht mehr als Spannungen gemäß Tabelle 11.9 zu bestimmen, sondern es handelt sich um die schädigungsäquivalenten Spannungsamplituden des Belastungskollektivs, die sich aus den folgenden Zusammenhängen ergeben:

$$\sigma_{zda} = \frac{\sigma_{zda1}}{K_{K\sigma}} \qquad \sigma_{ba} = \frac{\sigma_{ba1}}{K_{K\sigma}} \qquad \tau_{ta} = \frac{\tau_{ta1}}{K_{K\tau}} \tag{11.93}$$

$$K_{K\sigma} = \sqrt[q_\sigma]{\left(\frac{1}{\nu_\sigma^{q_\sigma}} - 1\right) \cdot D_M + 1} \qquad K_{K\tau} = \sqrt[q_\tau]{\left(\frac{1}{\nu_\tau^{q_\tau}} - 1\right) \cdot D_M + 1} \tag{11.94}$$

Diese schädigungsäquivalenten Spannungsamplituden σ_{zda}, σ_{ba} und τ_{ta} des Belastungskollektives setzen sich aus dem Quotienten des Größtwertes des Lastkollektives σ_{zda1}, σ_{ba1} und τ_{ta1} und dem zugehörigen Kollektivfaktor $K_{K\sigma}$ bzw. $K_{K\tau}$ zusammen, welcher die Völligkeit des Lastkollektives erfasst.

Diese Völligkeit ν_σ bzw. ν_τ berücksichtigt im Wesentlichen die Form des Belastungskollektives – siehe hierzu auch die Abschnitte 3.7.4.2 und 3.8 – und berechnet sich wie folgt:

$$\nu_\sigma = \sqrt[q_\sigma]{\sum_{i=1}^{k}\left(\frac{n_i}{N^*}\right)\left(\frac{\sigma_{zdai}}{\sigma_{zda1}}\right)^{q_\sigma}} \qquad \nu_\sigma = \sqrt[q_\sigma]{\sum_{i=1}^{k}\left(\frac{n_i}{N^*}\right)\left(\frac{\sigma_{bai}}{\sigma_{ba1}}\right)^{q_\sigma}} \tag{11.95}$$

$$\nu_\tau = \sqrt[q_\tau]{\sum_{i=1}^{k}\left(\frac{n_i}{N^*}\right)\left(\frac{\tau_{tai}}{\tau_{ta1}}\right)^{q_\tau}} \tag{11.96}$$

Für die Steigungen der Wöhlerlinien von gekerbten Rundstäben sind wiederum $q_\sigma = 5$ für Zug-Druck und Biegung sowie $q_\tau = 8$ für Torsion anzunehmen, sofern keine anderen Informationen bzw. besondere Wöhlerlinien vorliegen. Die Ecklastspielzahl beträgt ebenfalls $N_D = 10^6$.

Die Größe D_M in Gleichung (11.94) bezeichnet den sogenannten Grenzwert der Schädigungssumme nach Miner (siehe hierzu auch Abschnitt 3.7.4.3). Gemäß der Originalarbeit von Miner sollte ein Bauteil für den Fall versagen, dass die Schädigungssumme den Wert $D_M = 1$ annimmt. Aus statistischen Auswertungen umfangreicher Datensammlungen ist jedoch bekannt, dass die Werte für D_M deutlich unter eins liegen können, weshalb auch in der DIN 743-4 empfohlen wird, für die verwendete Methode nach „Miner erweitert" einen Schädigungssumme von $D_M = 0{,}3$ anzunehmen. Sofern dem Anwender eigene Erfahrungen bzw. Versuchswerte vorliegen, kann auch mit $D_M \neq 0{,}3$ davon abgewichen werden.

Abschließend sind in den Gleichungen (11.95) und (11.96) noch die Größen n_i und N^* zu erläutern. Mit n_i werden die jeweils zu den Spannungen σ_{ai} bzw. τ_{ai} gehörenden Lastwechselzahlen je Stufe bezeichnet und N^* ist die sogenannte Bezugslastwechselzahl.

Sofern das Lastkollektiv gemäß Abbildung 11.35 Anteile aufweist, deren Spannungen σ_{ai} bzw. τ_{ai} unterhalb der Dauerfestigkeit mit Lastwechselzahlen $N_L \geq N_D$ – also oberhalb der Ecklastspielzahl N_D der Dauerfestigkeit der Wöhlerlinie – liegen, werden die über N_D hinausgehenden Kollektivstufen bei N_D abgeschnitten. Für die letzte zu berücksichtigende Stufe $i = k$ ist für $n_{i=k} = n_e$ einzusetzen und die Gesamtkollektivstufenanzahl j auf die Kollektivstufenanzahl k zu reduzieren. Die Lastwechselzahl n_e sowie die Bezugslastwechselzahl N^* berechnen sich dann wie folgt:

$$\textit{Für} \sum_{i=1}^{j} n_i \geq N_D \qquad n_e = N_D - \sum_{i=1}^{k-1} n_i \qquad N^* = N_D \tag{11.97}$$

Dabei ist gemäß Abbildung 11.35 die Laststufe k die erste, die über den Knickpunkt der Wöhlerlinie N_D hinausragt bzw. ihn gerade erreicht und die folgenden zwei Bedingungen erfüllen muss:

$$\sum_{i=1}^{k} n_i \geq N_D \; und \; \sum_{i=1}^{k-1} n_i < N_D \tag{11.98}$$

Sind im anderen Fall entsprechend Abbildung 11.36 nur Kollektivstufen im Zeitfestigkeitsbereich für Lastwechselzahlen $N_L < N_D$ zu berücksichtigen, so ist die Laststufe k in dem Fall die letzte.

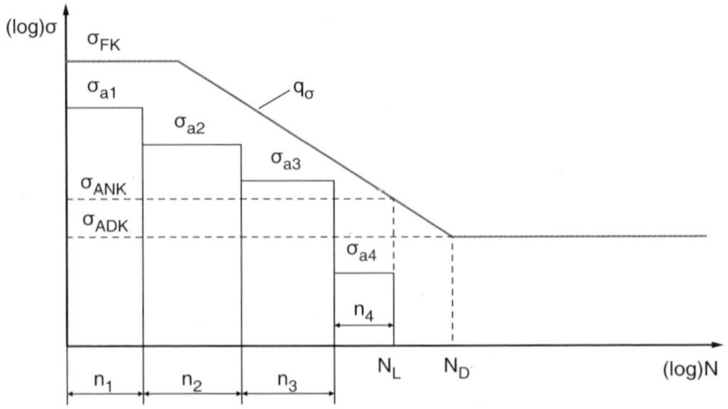

Abbildung 11.36: Zu berücksichtigender Anteil im Zeitfestigkeitsbereich $\Sigma n_i < N_D$

Die Lastwechselzahl n_e sowie die Bezugslastwechselzahl N^* sind dann wie folgt zu berechnen.

$$Für \sum_{i=1}^{j} n_i < N_D \qquad n_e = n_j \qquad N^* = \sum_{i=1}^{j} n_i \tag{11.99}$$

Abschließend sei der Vollständigkeit halber noch darauf hingewiesen, dass Reihenfolgeeinflüsse der Spannungsamplituden in dem Verfahren unberücksichtigt bleiben, was üblicherweise auch bei Anwendung der Original-Miner-Regel der Fall ist. Ebenso wird ein mögliches Absinken der Dauerfestigkeit bei sehr hohen Lastwechselzahlen $N > 10^8$ in DIN 743-4 nicht berücksichtigt und ist gegebenenfalls gesondert zu betrachten.

Hinsichtlich der zu unterscheidenden Beanspruchungsfälle gemäß Abbildung 11.32 wird für den Fall 1 (σ_{mv} = konstant bzw. τ_{mv} = konstant) vorausgesetzt, dass für alle Kollektivstufen die Beanspruchungen σ_{mv}, τ_{mv} konstante Werte annehmen. In gleicher Weise gilt diese Voraussetzung für Fall 2 ($\sigma_{mv} / \sigma_{zd,ba}$ = konstant) bzw. (τ_{mv} / τ_{ta} = konstant). Demnach muss das Verhältnis der Amplitude der Beanspruchungen $\sigma_{zd,ba}$ bzw. τ_{ta} zur Mittelspannung σ_{mv} bzw. τ_{mv} für alle Belastungsstufen identisch sein.

11.4.3 Nachweis der Sicherheit gegen Überschreiten der Fließgrenze und Gewaltbruch

Ein vollständiger Tragfähigkeitsnachweis von Wellen und Achsen umfasst zusätzlich zum Nachweis der Sicherheit gegen Überschreitung der Dauerfestigkeit auch einen Nachweis der Sicherheit gegen Überschreitung der Fließgrenze und des Vermeidens eines Gewaltbruches.

In Analogie zum Dauerfestigkeitsnachweis berechnet sich die Sicherheit S gegen Schäden infolge Maximalbelastung durch bleibende Verformung unter Anwendung der Gestaltänderungsenergie-Hypothese bei kombinierten Beanspruchungen zu:

$$S = \frac{1}{\sqrt{\left(\frac{\sigma_{zdmax}}{\sigma_{zdFK}} + \frac{\sigma_{bmax}}{\sigma_{bFK}}\right)^2 + \left(\frac{\tau_{tmax}}{\tau_{tFK}}\right)^2}} \tag{11.100}$$

Hierin bezeichen σ_{zdmax}, σ_{bmax} und τ_{tmax} die während der gesamten Lebensdauer auftretenden Maximalwerte der Beanspruchungen für Zug-Druck, Biegung und Torsion.

Man kann meist davon ausgehen, dass die Maxima der Normal- und Tangentialspannungen gleichzeitig auftreten. Die Kennwerte der Beanspruchbarkeit sind gegeben durch die Bauteilfließgrenzen des gekerbten Bauteils für Zug-Druck (σ_{zdFK}), Biegung (σ_{bFK}) und Torsion (τ_{tFK}).

Für die während der Lebensdauer auftretenden Größtwerte der Spannungen ist das Minimum der Sicherheit S zu berechnen, die wiederum größer sein muss als eine geforderte Mindestsicherheit S_{min}. In Analogie zum Dauerfestigkeitsnachweis ergibt sich die Forderung nach einer Mindestsicherheit S_{min} = 1,2. Darüber hinausgehende Unsicherheiten bei der Annahme der Belastung, mögliche hohe Folgeschäden usw., erfordern deutlich größere Sicherheiten, die gesondert festzulegen bzw. zu vereinbaren sind (s.a. Tabelle 3.1 in Kapitel 3).

Oft wird dieser Nachweis auch als statischer Nachweis bezeichnet. Hieraus können aber Irrtümer folgen, denn grundsätzlich gilt er auch bei stoßhafter, kurzzeitig wirkender und sich schnell ändernder (also dynamischer) Belastung. Von entscheidendem Einfluss ist jedoch nur der Größtwert der Spannung. Die Belastungsgeschwindigkeit bzw. der Frequenzeinfluss auf den Festigkeitswert werden vernachlässigt. Die für die Nachweisführung erforderlichen Maximalspannungen σ_{zdmax}, σ_{bmax} und τ_{tmax} ergeben sich aus den Gleichungen in Tabelle 11.15 (s.a. Kapitel 1 und Kapitel 3).

Beanspruchungsart	**Zug-Druck**	**Biegung**	**Torsion**
Wirkende Spannung	$\sigma_{zdmax} = \frac{F_{zdmax}}{A}$ (11.101)	$\sigma_{bmax} = \frac{M_{bmax}}{W_b}$ (11.102)	$\tau_{tmax} = \frac{M_{tmax}}{W_t}$ (11.103)
Querschnittsfläche bzw. Widerstandsmoment	$A = \frac{\pi}{4} \cdot \left(d^2 - d_i^2\right)$ (11.104)	$W_b = \frac{\pi}{32} \cdot \left(\frac{d^4 - d_i^4}{d}\right)$ (11.105)	$W_t = \frac{\pi}{16} \cdot \left(\frac{d^4 - d_i^4}{d}\right)$ (11.106)

Tabelle 11.15: Berechnung der Maximalspannungen (maximale Nennspannungen)

Auf der Seite der Beanspruchbarkeit werden die einzusetzenden Bauteilfließgrenzen für Zug-Druck (σ_{zdFK}), Biegung (σ_{bFK}) und Torsion (τ_{tFK}) ausgehend von der Streckgrenze σ_S ($R_{p0,2}$, R_e) gemäß Tabelle 11.17 bestimmt. Für Biege- und Torsionsbeanspruchungen werden örtlich bleibende Dehnungen bzw. Überschreitungen der Streckgrenze zugelassen. Diese Erhöhung der Belastbarkeit für das nicht gekerbte Teil wird durch den Faktor der statischen Stützwirkung K_{2F} gemäß Tabelle 11.16 erfasst. Die Fließbehinderung durch mehrachsige Spannungszustände wird durch den Faktor γ_F entsprechend Tabelle 11.18 berücksichtigt.

Beanspruchungsart		**Zug-Druck**	**Biegung**	**Torsion**
K_{2F}	**Vollwelle**	1,0	1,2	1,2
	Hohlwelle	1,0	1,1	1,0

Tabelle 11.16: Statische Stützwirkung K_{2F} für Werkstoffe ohne harte Randschicht

Zug-Druck	$\sigma_{zdFK} = K_1(d_{eff}) \cdot K_{2F} \cdot \gamma_F \cdot \sigma_S(d_B)$	(11.107)
Biegung	$\sigma_{bFK} = K_1(d_{eff}) \cdot K_{2F} \cdot \gamma_F \cdot \sigma_S(d_B)$	(11.108)
Torsion	$\tau_{tFK} = K_1(d_{eff}) \cdot K_{2F} \cdot \gamma_F \cdot \sigma_S(d_B) \cdot \frac{1}{\sqrt{3}}$	(11.109)
$K_1(d_{eff})$	Technologischer Größeneinflussfaktor nach Abbildung 11.22	
K_{2F}	Statische Stützwirkung nach Tabelle 11.16 infolge örtlicher plastischer Verformung an der Randschicht. Bei harten Randschichten ist $K_{2F} = 1$ (für die zu erfolgende Berechnung unter der Randschicht)	
γ_F	Erhöhungsfaktor der Fließgrenze durch mehrachsigen Spannungszustand bei Umdrehungskerben (Fließbehinderung) und örtlicher Verfestigung gemäß Tabelle 11.18. Liegen harte Randschichten oder keine Umdrehungskerben vor, so ist $\gamma_F = 1$.	
$\sigma_S(R_{p0,2}, R_e)$	Streckgrenze für den Bezugsdurchmesser d_B nach DIN 743-3 [11.6]. Bei harter Randschicht gelten die Werte für den Kern.	

Tabelle 11.17: Bauteilfließgrenzen in Abhängigkeit von der Beanspruchung

Beanspruchungsart	**Zug-Druck oder Biegung**				**Torsion**
α_σ **oder** β_σ	bis 1,5	1,5 bis 2,0	2,0 bis 3,0	über 3,0	beliebig
γ_F	1,0	1,05	1,10	1,15	1,00

Anmerkung: Infolge der Mehrachsigkeit des Spannungszustandes, u.a. auch bei Umdrehungskerben, wird die Bauteilfließgrenze zwar erhöht, allerdings steigt die Gefahr von verformungsarmen Brüchen.

Tabelle 11.18: Erhöhungsfaktor der Fließgrenze γ_F bei Umdrehungskerben und Werkstoffen ohne harte Randschicht

Zum Nachweis der Sicherheit S des Vermeidens von Anriss oder Gewaltbruch gilt unter Nutzung der Normalspannungs-Hypothese folgender Zusammenhang (s.a. Kapitel 3), wobei die Sicherheit S größer sein muss als die Mindestsicherheit $S_{min} = 1{,}2$, die nur die Unsicherheiten des Berechnungsverfahrens beinhaltet:

$$S = \frac{1}{0{,}5 \cdot \left[\frac{\alpha_{\sigma zd} \cdot \sigma_{zdmax}}{\sigma_{zd\,B\,Rand}} + \frac{\alpha_{\sigma b} \cdot \sigma_{bmax}}{\sigma_{b\,B\,Rand}} + \sqrt{\left(\frac{\alpha_{\sigma zd} \cdot \sigma_{zdmax}}{\sigma_{zd\,B\,Rand}} + \frac{\alpha_{\sigma b} \cdot \sigma_{bmax}}{\sigma_{b\,B\,Rand}} \right)^2 + \left(\frac{2 \cdot \alpha_\tau \cdot \tau_{tmax}}{\tau_{b\,B\,Rand}} \right)^2} \right]} \qquad (11.110)$$

Maßgeblich sind hier auf der Seite der Beanspruchung die örtlichen Spannungen, z.B. in einer Kerbe, die durch das Produkt aus den Kerbformzahlen $\alpha_{\sigma zd}$, $\alpha_{\sigma b}$ und α_τ und den jeweiligen Maximalspannungen σ_{zdmax}, σ_{bmax} und τ_{tmax} für Zug-Druck-, Biege- und Torsionsbeanspruchung berücksichtigt werden. Liegt nur eine Beanspruchungsart alleine vor, so vereinfacht sich die Gleichung (11.110) in Abhängigkeit von der Beanspruchungsart wie in Tabelle 11.19 zusammengestellt.

Zug-Druck	Biegung	Torsion
$S=\dfrac{\sigma_{zd\,B\,Rand}}{\alpha_{\sigma zd}\cdot\sigma_{zdmax}}$ (11.111)	$S=\dfrac{\sigma_{b\,B\,Rand}}{\alpha_{\sigma b}\cdot\sigma_{bmax}}$ (11.112)	$S=\dfrac{\tau_{t\,B\,Rand}}{\alpha_{\tau}\cdot\tau_{tmax}}$ (11.113)

Tabelle 11.19: Sicherheiten bei einzeln wirkenden Beanspruchungen

Als Kennwert der Beanspruchbarkeit wird in den Gleichungen (11.110) bis (11.113) die Bauteilanrissgrenze in Abhängigkeit von der Beanspruchungsart gemäß Tabelle 11.20 verwendet.

Zug-Druck	Biegung	Torsion
$\sigma_{zd\,B\,Rand}=\sigma_{B\,Rand}$ (11.114)	$\sigma_{b\,B\,Rand}=\sigma_{B\,Rand}$ (11.115)	$\tau_{t\,B\,Rand}=\sigma_{B\,Rand}$ (11.116)
Die Bruchfestigkeit $\sigma_{B\,Rand}$ entspricht der Zugfestigkeit R_m und kann z.B. den Werkstofftabellen in DIN 743-3 entnommen werden [11.6]. Alternativ kann die Zugfestigkeit in der Randschicht abhängig von der Oberflächenbehandlung bzw. Oberflächenhärte nach DIN EN ISO 18265 bestimmt werden [11.17].		

Tabelle 11.20: Bauteilanrissgrenze für die jeweilige Beanspruchungsart

Zur Berechnung der Kerbformzahlen $\alpha_{\sigma zd}$, $\alpha_{\sigma b}$ und α_{τ} in den Gleichungen (11.110) bis (11.113) ist für die bei Wellen und Achsen am häufigsten auftretenden Geometrien, Absatz und Rundnut, Gleichung (11.117) mit den Konstanten gemäß Tabelle 11.21 zu verwenden. Die Konstanten C und z sind nur für abgesetzte Rundstäbe bei Biegung oder Torsion bekannt, weshalb in den anderen Fällen die mit Gleichung (11.117) berechneten Formzahlen für $r\,/\,t > 1$ etwas zu groß sind (dadurch liegt das Ergebnis aber immer auf der sicheren Seite).

Die Auswertung von Gleichung (11.117) führt auf die Formzahldiagramme für Rundstäbe mit umlaufender Kerbe (Abbildung 11.37) und abgesetzte Rundstäbe (Abbildung 11.38) unter Zug-Druck-, Biege- oder Torsionsbeanspruchung.

Kerbform	umlaufende Rundnut			Absatz		
Beanspruchung	**Zug-Druck**	**Biegung**	**Torsion**	**Zug-Druck**	**Biegung**	**Torsion**
A	0,22	0,2	0,7	0,62	0,62	3,4
B	1,37	2,75	10,3	3,5	5,8	19
C	–	–	–	–	0,2	1
z	–	–	–	–	3	2

$$\alpha_{\sigma,\tau}=1+\frac{1}{\sqrt{A\cdot\dfrac{r}{t}+2\cdot B\cdot\dfrac{r}{d}\cdot\left(1+2\dfrac{r}{d}\right)^2+C\cdot\left(\dfrac{r}{t}\right)^z\cdot\dfrac{d}{D}}} \qquad (11.117)$$

$$r\,/\,t\geq 0{,}03;\quad d\,/\,D\leq 0{,}98;\quad \alpha_{\sigma,\tau}\leq 6$$

Tabelle 11.21: Konstanten zur Berechnung der Formzahlen α_σ für die umlaufende Rundnut und Welle mit Absatz gemäß Abbildung 11.37 und Abbildung 11.38 nach DIN 743 [11.6]

Zug-Druck

$$\sigma_{n,zd} = \frac{4 \cdot F}{\pi \cdot d^2}$$

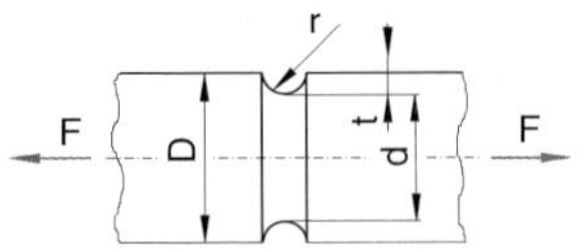

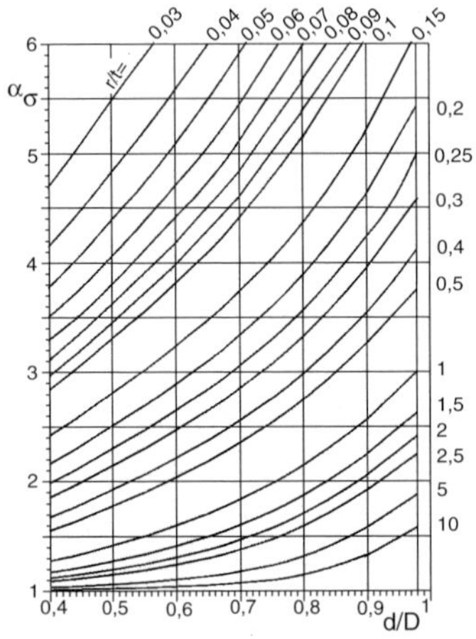

$$\alpha_\sigma = 1 + \frac{1}{\sqrt{0{,}22 \cdot \frac{r}{t} + 2{,}74 \cdot \frac{r}{d} \cdot \left(1 + 2 \cdot \frac{r}{d}\right)^2}}$$

Biegung

$$\sigma_{n,b} = \frac{32 \cdot M_b}{\pi \cdot d^3}$$

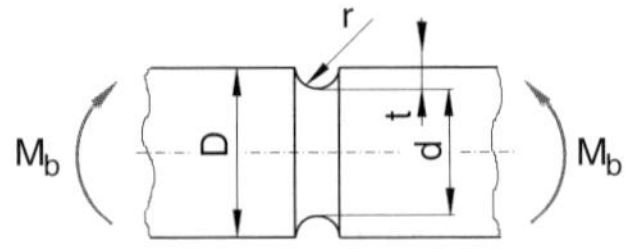

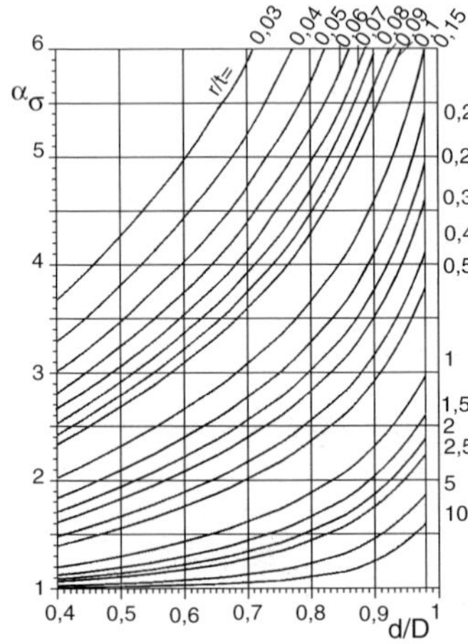

$$\alpha_\sigma = 1 + \frac{1}{\sqrt{0{,}2 \cdot \frac{r}{t} + 5{,}5 \cdot \frac{r}{d} \cdot \left(1 + 2 \cdot \frac{r}{d}\right)^2}}$$

Torsion

$$\tau_{n,t} = \frac{16 \cdot M_t}{\pi \cdot d^3}$$

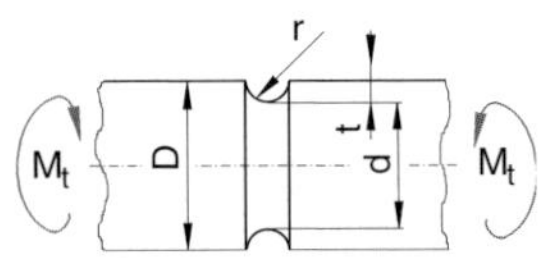

$$\alpha_\tau = 1 + \frac{1}{\sqrt{0{,}7 \cdot \frac{r}{t} + 20{,}6 \cdot \frac{r}{d} \cdot \left(1 + 2 \cdot \frac{r}{d}\right)^2}}$$

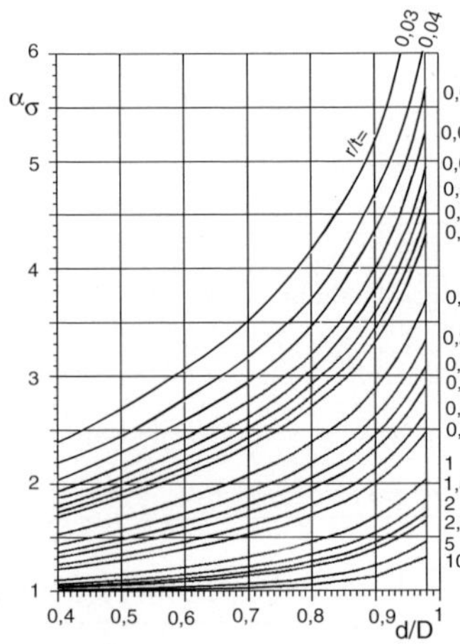

Abbildung 11.37: Formzahlen α_σ für Rundstäbe mit umlaufender Kerbe nach DIN 743 [11.6]

Zug-Druck

$$\sigma_{n,zd} = \frac{4 \cdot F}{\pi \cdot d^2}$$

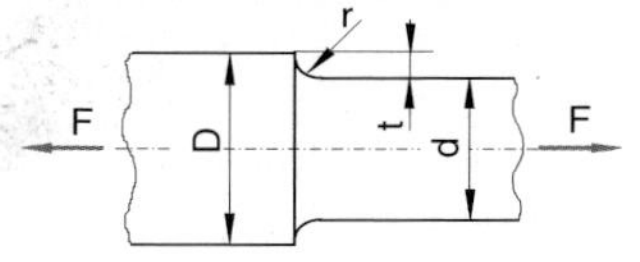

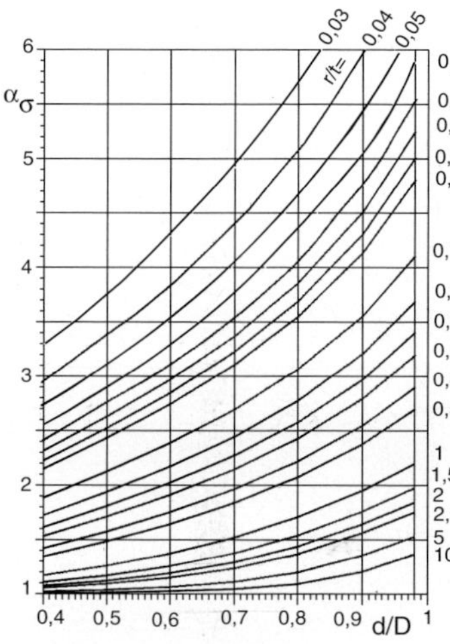

$$\alpha_\sigma = 1 + \frac{1}{\sqrt{0{,}62 \cdot \frac{r}{t} + 7 \cdot \frac{r}{d} \cdot \left(1 + 2 \cdot \frac{r}{d}\right)^2}}$$

Biegung

$$\sigma_{n,b} = \frac{32 \cdot M_b}{\pi \cdot d^3}$$

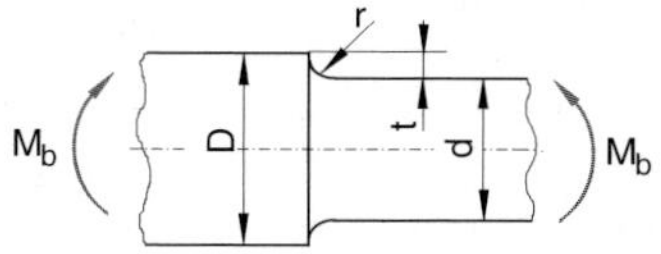

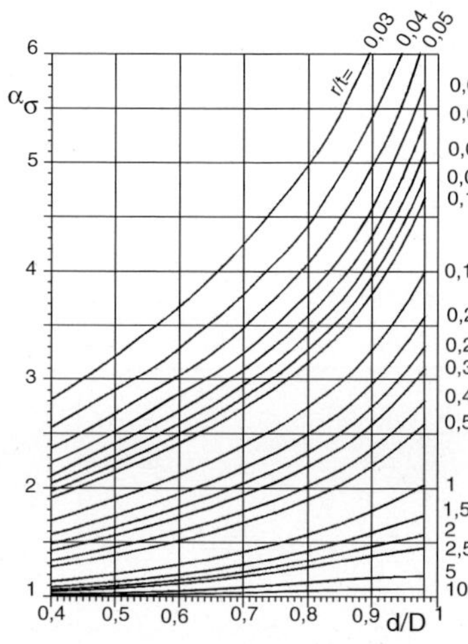

$$\alpha_\sigma = 1 + \frac{1}{\sqrt{0{,}62 \cdot \frac{r}{t} + 11{,}6 \cdot \frac{r}{d}\left(1 + 2 \cdot \frac{r}{d}\right)^2 + 0{,}2 \cdot \left(\frac{r}{t}\right)^3 \cdot \frac{d}{D}}}$$

Torsion

$$\tau_{n,t} = \frac{16 \cdot M_t}{\pi \cdot d^3}$$

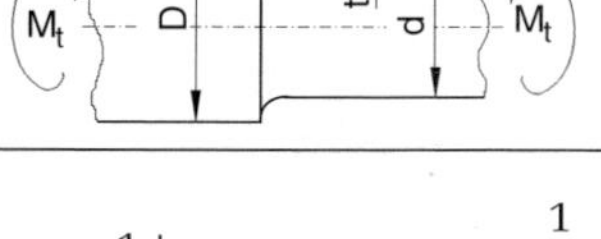

$$\alpha_\tau = 1 + \frac{1}{\sqrt{3{,}4 \cdot \frac{r}{t} + 38 \cdot \frac{r}{d}\left(1 + 2 \cdot \frac{r}{d}\right)^2 + \left(\frac{r}{t}\right)^2 \cdot \frac{d}{D}}}$$

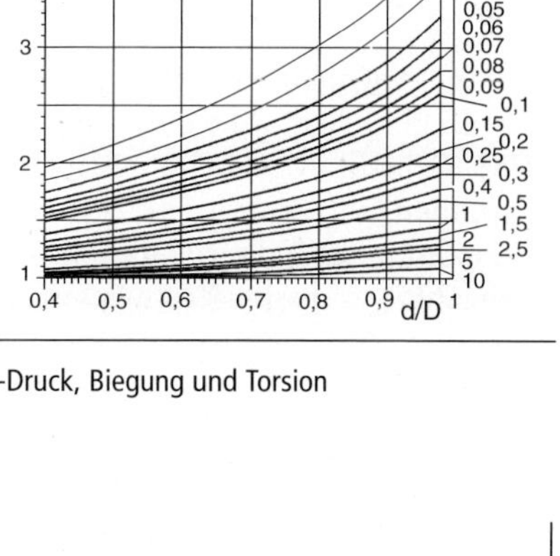

Abbildung 11.38: Formzahlen α_σ für abgesetzte Rundstäbe unter Zug-Druck, Biegung und Torsion

Liegt ein Absatz mit Freistich nach DIN 509 gemäß Abbildung 11.39 vor, so können die Formzahlen in ausreichender Näherung für Wellen mit Absatz nach Gleichung (11.117) in Tabelle 11.21 berechnet werden. Die geometrischen Größen D, d, t und r sind entsprechend Abbildung 11.39 in die Gleichung (11.117) einzusetzen. Bei gefügten Bauteilen (z.B. Pressverband nach DIN 7190) ist zusätzlich noch die radiale Pressung zu beachten [11.12]. Gefügte Teile hoher Pressung sind aufgrund der Wirkung von Tribokorrosion und mehrachsigem Spannungszustand gesondert zu überprüfen. Die Formzahlen für Rundstäbe mit Querbohrung bei unterschiedlichen Beanspruchungsarten sind in Abbildung 11.40 zusammengestellt.

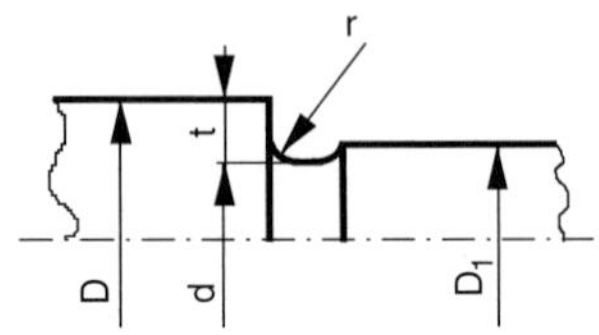

Abbildung 11.39: Absatz mit Freistich

Zug-Druck: $\alpha_\sigma = 3 - \dfrac{2 \cdot r}{d}$

Biegung: $\alpha_\sigma = 3 + 1{,}4 \cdot \dfrac{2 \cdot r}{d} - 2{,}8 \cdot \sqrt{\dfrac{2 \cdot r}{d}}$

Torsion: $\alpha_\tau = 2{,}023 - 1{,}125 \cdot \sqrt{\dfrac{2 \cdot r}{d}}$

Zug-Druck: $\sigma_n = \dfrac{F}{\pi \cdot \dfrac{d^2}{4} - 2 \cdot r \cdot d}$ $\quad G' = \dfrac{2{,}3}{r}$

Biegung: $\sigma_n = \dfrac{M_b}{\pi \cdot \dfrac{d^3}{32} - \dfrac{r \cdot d^2}{3}}$ $\quad G' = \dfrac{2{,}3}{r} + \dfrac{2}{d}$

Torsion: $\tau_n = \dfrac{M_t}{\pi \cdot \dfrac{d^3}{16} - \dfrac{r \cdot d^2}{3}}$ $\quad G' = \dfrac{1{,}15}{r} + \dfrac{2}{d}$

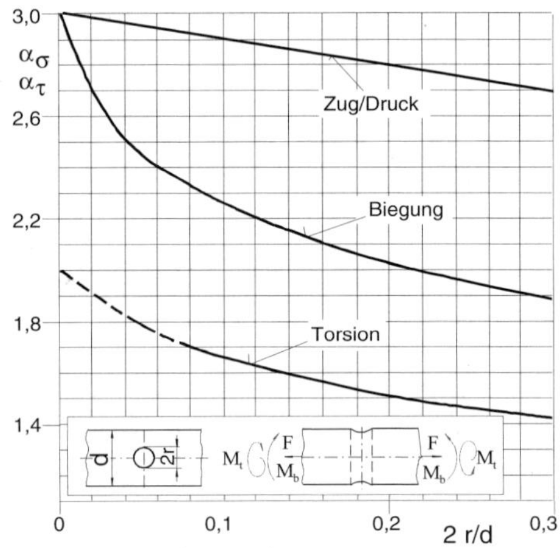

Abbildung 11.40: Formzahlen für Rundstäbe mit Querbohrung bei Zug-Druck, Biegung oder Torsion nach DIN 743 [11.6], [11.43], [11.61]

Weitere Angaben zu Formzahlen für spezielle Geometrien (z.B. symmetrische und einseitige Kerben an Flachstäben) sind in der nicht mehr gültigen TGL 19340, in der FKM-Richtlinie sowie bei Neuber, Petersen, Wellinger, Hinz und Rühl (z.B. für Augenschrauben) zu finden [11.26], [11.29], [11.41], [11.43], [11.46], [11.62], [11.66]. Der Vollständigkeit halber sei auch noch auf eine Abschätzungsmöglichkeit für die Kerbformzahl $\alpha_{\sigma,\tau}$ aus der Kerbwirkungszahl $\beta_{\sigma,\tau}$ hingewiesen [11.29], [11.62]:

$$\alpha_{\sigma,\tau} \approx \beta_{\sigma,\tau} + (0{,}5 \ldots 0{,}7) \qquad (11.118)$$

11.4.4 Nachweis der Einhaltung der zulässigen Flächenpressung und Scherspannung

Ergänzend zu den bisherigen Berechnungen ist an den Auflagern der Breite *b* für die Lagerzapfen von still stehenden Achsen des Durchmessers *d* die Einhaltung der zulässigen Flächenpressung *p* und die Nichtüberschreitung der zulässigen Scherspannung τ_{zul} für die einwirkende Lagerkraft *F* nachzuweisen:

$$p = \frac{F}{b \cdot d} = \frac{F}{A} \leq p_{zul} \tag{11.119}$$

$$\tau = \frac{F}{A} = \frac{4 \cdot F}{d^2 \cdot \pi} \leq \tau_{zul} \tag{11.120}$$

11.4.5 Nachweis der Einhaltung der zulässigen Verformung

Unter Kraft- und Momentenbelastung sowie Temperaturänderungen verformen sich Wellen und Achsen gemäß Abbildung 11.41. Dabei treten Formänderungen auf, die bis zu einer bestimmten Größe die Funktion nicht beeinträchtigen. Werden die Grenzwerte jedoch überschritten, können folgende Funktionsstörungen auftreten:

- Kantenpressungen bzw. Zwangskräfte in Lagern
- Anlaufen von Rädern und Scheiben bei Strömungsmaschinen (Pumpen, Verdichter) und fördertechnischen Anlagen
- Schrägzug bei Zugmittelgetrieben
- Eingriffsstörungen an Verzahnungen
- Beeinträchtigung der Produktqualität in Werkzeugmaschinen, Walzgerüsten, Papier- und Druckmaschinen usw.

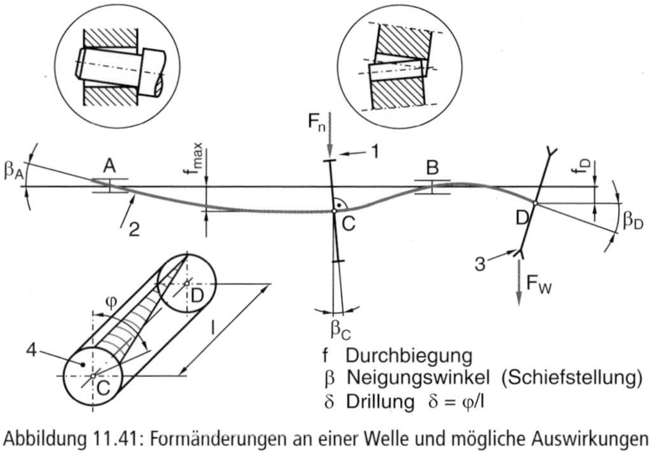

1 Eingriffsstörungen mit Gegenrad bei einer Verzahnung
2 Kantenpressung in Gleitlagern
3 Schrägzug bei Zugmittelgetrieben
4 Schlechte Qualität von Bearbeitungsflächen bei Bearbeitungsmaschinen (Werkzeugmaschinen)

Abbildung 11.41: Formänderungen an einer Welle und mögliche Auswirkungen

Zur Vermeidung dieser Probleme ist zu überprüfen, ob die Formänderungen in Form von Durchbiegung, Neigung, Längung (Stauchung) und Verdrehung in annehmbaren Grenzen liegen oder durch konstruktive Maßnahmen verringert werden müssen. In Tabelle 11.22 sind bewährte Grenzwerte zulässiger Verformungen zusammengestellt, wobei die zulässigen Werte bei speziellen Baugruppen aus konstruktiven Gegebenheiten (z.B. erforderliches Spiel, Funktionalität von Lagern oder Dichtungen) resultieren.

Des Weiteren ist zu beachten, dass die Formänderung nicht von der Festigkeit des Werkstoffes abhängig ist. Demzufolge weisen Wellen und Achsen aus Baustahl das gleiche Verformungsverhalten auf wie diejenigen aus Vergütungs- und Einsatzstahl, da Elastizitäts- und Gleitmodul für alle Stähle nahezu gleich sind.

Wellen und Achsen allgemein, Maximalwert bezogen auf Stützlänge (Biegung)	$f_{max} \approx 0{,}33$ mm/m
Wellen allgemein, Maximalwert bezogen auf Verdrilllänge (Verdrehung)	$\delta_{max} \approx 0{,}25°/\text{m}$
Wellen und Achsen im allgemeinen Maschinenbau	$f_{zul} \approx 0{,}3$ mm/m
Wellen und Achsen im Werkzeugmaschinenbau	$f_{zul} \approx 0{,}2$ mm/m
Wellen und Achsen im Landmaschinenbau	$f_{zul} \approx 0{,}5$ mm/m
Lagerabstand bei gegebenem Wellendurchmesser d (z.B. bei Fahrantrieben für Laufkrane bzw. vergleichbaren Antrieben)	$l = (300\ldots400) \cdot \sqrt{d}$
Wellen von Elektromotoren (x_L – Luftspalt)	$f_{max} \approx 0{,}2 \ldots 0{,}3 \cdot x_L$
Gleitlager, einstellbar	$\tan\beta_{max} \approx 10 \cdot 10^{-4} \approx (\beta_{max} \approx 3')$
Gleitlager, nicht einstellbar	$\tan\beta_{max} \approx 3 \cdot 10^{-4} \approx (\beta_{max} \approx 1')$
Wälzlager, (Radial-) Rillenkugellager	$\tan\beta_{max} \approx 10 \cdot 10^{-4} \approx (\beta_{max} \approx 3')$
Wälzlager, (Radial-) Zylinderrollenlager	$\tan\beta_{max} \approx 2 \cdot 10^{-4} \approx (\beta_{max} \approx 0{,}6')$
Wälzlager, (Radial-) Pendelrollenlager	$\beta_{max} \approx 2°$
Wellen mit Zahnrad, Maximalwert an Eingriffsstelle (m_n – Normalmodul)	$f_{max} \approx 0{,}005 \cdot m_n$
Wellen mit Zahnrad, Maximalwert an Eingriffsstelle, ungehärtete Zahnräder	$\tan\beta_{max} \approx 2 \cdot 10^{-4} \approx (\beta_{max} \approx 0{,}6')$
Wellen mit Zahnrad, Maximalwert an Eingriffsstelle, gehärtete Zahnräder	$\tan\beta_{max} \approx 1 \cdot 10^{-4} \approx (\beta_{max} \approx 0{,}3')$
Industriegetriebe für schwere Anwendungen, Modul $m = 5$ oder Zahnbreite $b = 50$ mm, DIN-Qualität = 7	$\tan\beta_{max} \approx 4 \cdot 10^{-4} \approx (\beta_{max} \approx 1{,}2')$
Industriegetriebe für schwere Anwendungen, Modul $m > 5$ oder Zahnbreite $b > 50$ mm, DIN-Qualität > 7	$\tan\beta_{max} \approx 1{,}5 \cdot 10^{-3} \approx (\beta_{max} \approx 5')$
Schneckenwelle, Maximalwert an Eingriffsstelle (d_m – Mittenkreisdurchmesser der Schnecke)	$f_{max} \approx 0{,}001 \cdot d_m$

Tabelle 11.22: Zulässige Verformungen für Wellen und Achsen

Betrachtet man zunächst die Verformung aus Biegebelastung (M_{by}), so ergeben sich Durchbiegung und Neigung einer belasteten Welle aus der Differenzialgleichung der Biegelinie:

$$\frac{dx^2}{dz^2} = -\frac{M_{by}}{E \cdot I_y} \tag{11.121}$$

Hierin bezeichnen E den Elastizitätsmodul und I_y das äquatoriale Trägheitsmoment um die y-Achse (bei rotationssymmetrischen Wellen ist $I_y = I_z$). Für eine Welle mit konstantem Querschnitt (I_y = const.) ergibt sich die Neigung der Biegelinie für jeden beliebigen Punkt zu:

$$\tan\beta = \int_{x=0}^{l} \frac{M_{by}}{E \cdot I_y} \cdot dx = \frac{1}{E \cdot I_y} \cdot \int_{x=0}^{l} M_{by} \cdot dx \qquad (11.122)$$

Aus der zweiten Ableitung lässt sich die Durchbiegung f für jeden Punkt, also die eigentliche Biegelinie aufgrund des einwirkenden Biegemomentes, ermitteln:

$$f = \frac{1}{E \cdot I_y} \cdot \int_{x=0}^{l} M_{by} \cdot x \cdot dx \qquad (11.123)$$

Für die bei Antrieben am häufigsten vorkommenden Belastungsfälle sind die Zusammenhänge zur Ermittlung der Durchbiegung und Neigung in Abbildung 11.42 zusammengestellt. Weitere Biegelinien für komplexere Belastungszustände sind der Fachliteratur zu entnehmen [11.22].

Belastungsfall	maximale Durchbiegung f_{max}	Neigungswinkel α, β, γ
Punktlast 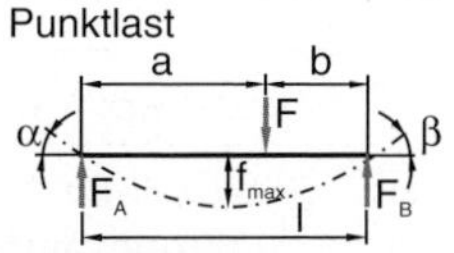	$f_{max} = \frac{F \cdot x \cdot \sqrt{(l^2 - x^2)^3}}{15{,}58 \cdot E \cdot I \cdot l}$ $x = \max(a,b)$	$\tan\alpha = \frac{F \cdot a \cdot b \cdot (l+b)}{6 \cdot E \cdot I \cdot l}$ $\tan\beta = \frac{F \cdot a \cdot b \cdot (l+a)}{6 \cdot E \cdot I \cdot l}$
Streckenlast 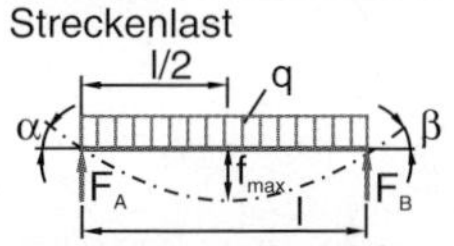	$f_{max} = \frac{5 \cdot q \cdot l^4}{384 \cdot E \cdot I}$	$\tan\alpha = \tan\beta = \frac{q \cdot l^3}{24 \cdot E \cdot I}$
Fliegende Lagerung, Punktlast 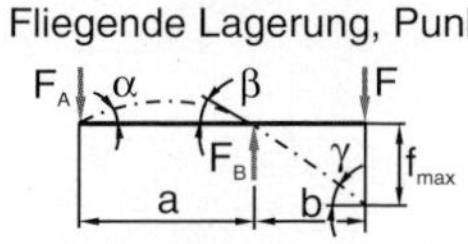	$f_{max} = \frac{F \cdot a \cdot l^2}{15{,}58 \cdot E \cdot I}$	$\tan\alpha = \frac{F \cdot a \cdot (2 \cdot l + 3 \cdot a)}{6\,E\,I}$ $\tan\beta = \frac{F \cdot a \cdot l}{6 \cdot E \cdot I}$; $\tan\gamma = \frac{F \cdot a \cdot l}{3 \cdot E \cdot I}$

E = Elastizitätsmodul
E = 210.000 N/mm² für Stahl

I = Flächenträgheitsmoment

$I = \frac{\pi \cdot d^4}{64}$ für Kreisquerschnitt

$I = \frac{\pi \cdot (D^4 - d^4)}{64}$ für Kreisringquerschnitt

Abbildung 11.42: Maximale Durchbiegungen bei Einzelkraft und Streckenlast

Greifen mehrere Kräfte oder Momente an, so lassen sich die Verfomungen für jede Belastung einzeln ermitteln und nach dem Prinzip der Superposition überlagern. Ebenso ist zu beachten, dass die Durchbiegungen und Neigungen nur für eine Belastungsebene gelten. In technischen Systemen wirken die Belastungen jedoch meistens räumlich, so dass die Verformungen und Neigungen zunächst in zwei senkrecht zueinander stehenden Ebenen (x-y-Ebene, x-z-Ebene) zu erfassen und anschließend zu überlagern sind:

$$f = f_{res} = \sqrt{f_{x-y}^2 + f_{x-z}^2} \qquad (11.124)$$

$$\tan\beta = \tan\beta_{res} = \sqrt{\tan\beta_{x-y}^2 + \tan\beta_{x-z}^2} \qquad (11.125)$$

Ferner ist zu berücksichtigen, dass Wellen und Achsen meistens über keinen konstanten Querschnitt verfügen. Zur überschlägigen Ermittlung der Verformungen ist dann mit einem mittleren Durchmesser zu rechnen. Während man für genauere Berechnungen früher das grafische Verfahren von Mohr angewendet hat, verfügen heute schon viele CAD-Programme über die Möglichkeit der Verformungsermittlung [11.29]. Für noch genauere Ergebnisse empfiehlt sich die Finite-Elemente-Berechnung.

Zusätzlich zur Verformung durch Biegung werden Wellen durch ein Drehmoment M_t auf Verdrehung (Torsion) beansprucht. Dabei werden gemäß Abbildung 11.43 zwei Querschnitte im Abstand l um den Winkel φ verdreht (tordiert):

$$\varphi = \frac{M_t \cdot l}{I_p \cdot G} \cdot \frac{180°}{\pi} \tag{11.126}$$

Mit dem Schubmodul G und dem polaren Trägheitsmoment für den Kreisquerschnitt folgt:

$$I_p = \frac{\pi}{32} \cdot d^4 \tag{11.127}$$

$$\varphi = \frac{M_t \cdot l \cdot 32}{G \cdot \pi \cdot d^4} \cdot \frac{180°}{\pi} \tag{11.128}$$

Wird der Verdrehwinkel φ auf eine bestimmte Wellenlänge l bezogen, folgt daraus die Drillung:

$$\delta = \frac{\varphi}{l} \tag{11.129}$$

Der maximal zulässige Wert für die Verdrillung ist ebenfalls Tabelle 11.22 zu entnehmen.

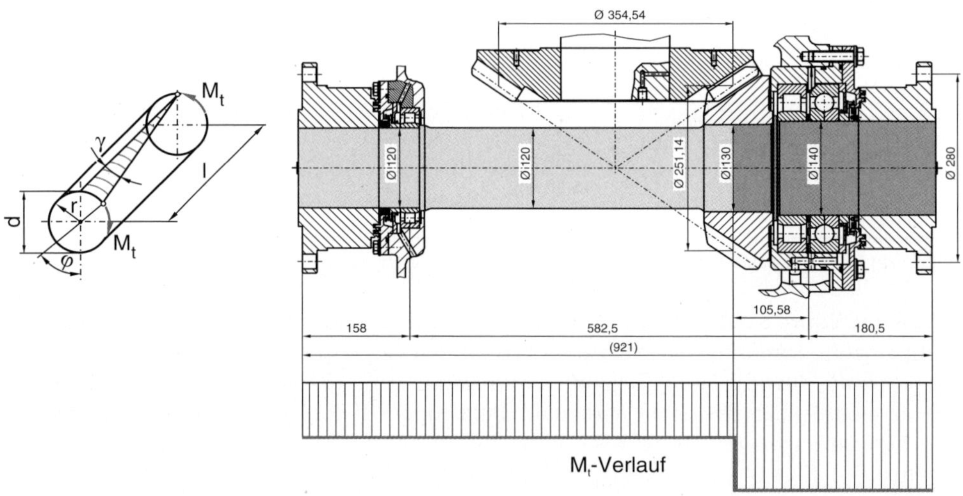

Abbildung 11.43: Verdrehung einer Welle durch Torsionsmoment (schematisch) und Momentenverlauf der Getriebeeingangswelle gemäß Abbildung 11.4

Die bei Wellen oftmals vorhandenen unterschiedlichen Querschnitte (Durchmesser d_i und Länge l_i) können bei der Berechnung des Gesamt-Verdrehwinkels φ_{ges} wie folgt berücksichtigt werden:

$$\varphi_{ges} = \frac{180° \cdot 32}{\pi^2 \cdot G} \cdot \sum_{i=1}^{n} \frac{M_{ti} \cdot l_i}{d_i^4} \tag{11.130}$$

Dabei ist zu beachten, dass nur die Abschnitte einer Welle verdreht werden, die gemäß Abbildung 11.43 auch einem Torsionsmoment unterliegen. Bei der abgebildeten Getriebewelle des Achsgetriebes aus Abbildung 11.4 wird das Drehmoment am rechten Flansch eingeleitet, am Kegelrad wird ca. die Hälfte des Drehmomentes für die erste Achse des Lokomotivdrehgestelles abgezweigt (s.a. Abbildung 1.1). Die verbleibende Hälfte wird durch die Welle geleitet und vom linken Flansch über eine Gelenkwelle zur zweiten Achse des Drehgestelles weitergeleitet.

Neben der Verformung und Verdrehung sind auch Längenänderungen von Achsen und Wellen aufgrund von Temperatureinflüssen möglich. Derartige Einflüsse hängen häufig von den Umgebungsbedingungen ab, in denen die Anlagen betrieben werden, sie können aber auch allein aus den Betriebsbedingungen resultieren (z.B. Erwärmung einer Anlage durch Verlustleistung). Werden die auftretenden Längenänderungen behindert, so treten zwangsweise Kräfte auf, die im günstigsten Fall zu Zusatzbelastungen von Wellen, Achsen, Lagern und Gehäusen, unter Umständen aber auch zur Zerstörung führen können. Zur Vermeidung dieser Problematik sind axiale Verschiebbarkeiten (z.B. durch Loslager) oder ein ausreichendes Lagerspiel vorzusehen. Von besonderer Bedeutung sind diese Zusammenhänge beim Einsatz unterschiedlicher Materialien (Stahl, Grauguss, Leichtmetall, Kunststoff) mit verschiedenen Wärmeausdehnungskoeffizienten.

Die Längenänderung Δl eines Bauteiles der Länge l berechnet sich für eine gegebene Temperaturdifferenz ΔT abhängig vom linearen Wärmeausdehnungskoeffizienten α gemäß Tabelle 11.23 zu:

$$\Delta l = \alpha \cdot l \cdot \Delta T \tag{11.131}$$

Zur Vermeidung von Zwangskräften muss dann z.B. das erforderliche axiale Spiel l_{aS} größer als die Differenz der Längenänderungen von Welle und Gehäuse sein, da anderenfalls axiale Zwangskräfte F_a auftreten, die sich über das Hookesche Gesetz bestimmen lassen (s.a. Kapitel 3):

$$l_{aS} > \left| \Delta l_{Welle} - \Delta l_{Gehäuse} \right| \tag{11.132}$$

$$F_a = \left(\left| \Delta l_{Welle} - \Delta l_{Gehäuse} \right| - l_{aS} \right) \cdot \frac{A \cdot E}{l} \tag{11.133}$$

Werkstoff	**Stahl, Stahlguss**	**Gusseisen, Temperguss**	**Hartmetalle**	**Kupfer, Rotguss, Messing**	**Aluminium, Magnesium**	**Kunstharz**
Wärmeausdehnungskoeffizient $\alpha \cdot [10^{-6}\ 1/K]$	11	10	5,5	16 ... 17 ... 18	23 ... 26	40 ... 70
E-Modul – $10^3\ N/mm^2$	200 ... 210	75 ... 100	540 ... 620	125 ... 85 ... 80	65 ... 75	40 ... 16

Tabelle 11.23: Wärmeausdehnungkoeffizienten und Elastizitätsmodule verschiedener Werkstoffe

11.5 Dynamisches Verhalten von Wellen und Achsen

Wie bereits eingangs erwähnt, treten in nahezu allen technischen Systemen Schwingungen auf (s.a. Kapitel 1). Entsprechend möglicher Anregungen können Wellen sowohl Biege- als auch Torsionsschwingungen, Achsen nur Biegeschwingungen ausführen. Während die bisherigen Abschnitte sich mit der Festigkeitsberechnung von Wellen und Achsen unter Einbeziehung von Schwingbeanspruchungen befassten, wird in den folgenden Abschnitten die Abschätzung und Beeinflussung von Biege- und Torsionsschwingungen in Wellen und Achsen behandelt.

Auch wenn sich derartige Schwingungen grundsätzlich nicht vermeiden lassen, so ist darauf zu achten, dass während des Betriebes keine Resonanzzustände vorherrschen. Resonanz tritt immer dann auf, wenn die Frequenz erregender Schwingungen mit Eigenfrequenzen übereinstimmt. Im Betrieb ist der Resonanzfall zu erkennen an einem unruhigen Lauf und erhöhtem Geräuschpegel, bedingt durch stark ansteigende Schwingungsamplituden, die zu Lagerschäden sowie Dauer- und manchmal auch Gewaltbrüchen der Wellen und Achsen führen können.

Während Biegeschwingungen überwiegend durch Unwuchten erregt werden, lassen sich Torsionsschwingungen durch zeitlich veränderliche (pulsierende) Drehmomente erzeugen. Klassische Anregungsmechanismen von Drehschwingungen sind Kolbenmaschinen, aber auch Zahneingriffe in Getrieben sowie externe Prozesse (z.B. rotierende Windräder, Schaufelräder, Rüttelmechanismen auf der Basis von Unwuchterregern) sind zu berücksichtigen, ebenso Naturereignisse wie Wind und Wasserwellen.

Zur Vermeidung unerwünschter Biege- und Torsionsschwingungen im Resonanzbetrieb sind folgende Grundregeln zu beachten:

- Die kritischen Drehzahlen sollten 10 bis 20 % von den Betriebsdrehzahlen entfernt liegen. Entsprechend der hier vorgestellten Verfahren zur Abschätzung ist der größere Wert, bei genauen Schwingungssimulationsrechnungen des möglichst vollständigen Schwingungssystems der niedrigere Wert, anzunehmen.
- Bei drehzahlvariablem Betrieb kann das steuerungstechnische „Sperren" kritischer Drehzahlen erforderlich sein. Voraussetzung hierfür ist die genaue Kenntnis derselben.
- Eine steife, massearme Gestaltung (z.B. Hohlwelle) verschiebt die niedrigste Eigenfrequenz zu höheren Werten.

11.5.1 Biegeschwingungen

Die Entstehung von Biegeschwingungen wird anhand eines Einmassensystems gemäß Abbildung 11.44 erläutert, bei dem sich eine Scheibe der Masse m auf einer masselosen, glatten, zweifach gelagerten Welle mit konstanter Biegesteifigkeit c befindet. Der Massenschwerpunkt S weist eine Exzentrizität e zur Rotationsachse der Welle auf. Diese Unwuchten können einerseits konstruktions- und fertigungsbedingt auftreten (z.B. durch Bohrungen, Nuten, Fasen), andererseits durch Werkstoffinhomogenitäten bzw. ungleiche Massenverteilung bezüglich der Drehachse. Sofern eine Drehbewegung ($\omega \neq 0$) einsetzt, entsteht unter Vernachlässigung von Reibungseinflüssen und weiterer zusätzlicher Beanspruchungen folgende Fliehkraft F_F als schwingungserregende Kraft:

$$F_F = m \cdot A \cdot \omega^2 = m \cdot (y + e) \cdot \omega^2 \qquad (11.134)$$

Dieser Kraft F_F wirkt das Produkt aus Biegesteifigkeit c und Verformung y entgegen, so dass gilt:

$$F_E = c \cdot y \qquad (11.135)$$

$$c \cdot y = m \cdot (y + e) \cdot \omega^2 \qquad (11.136)$$

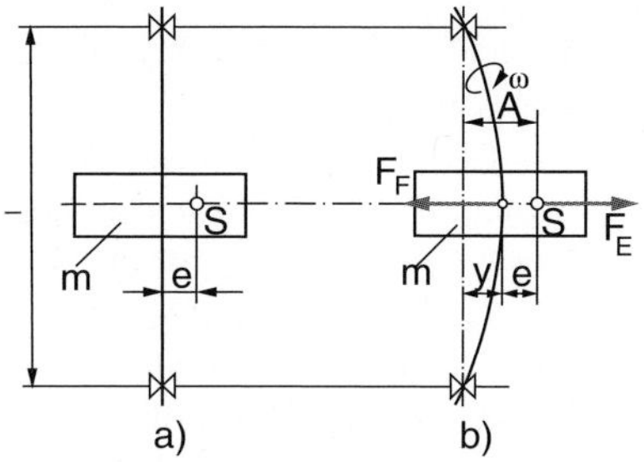

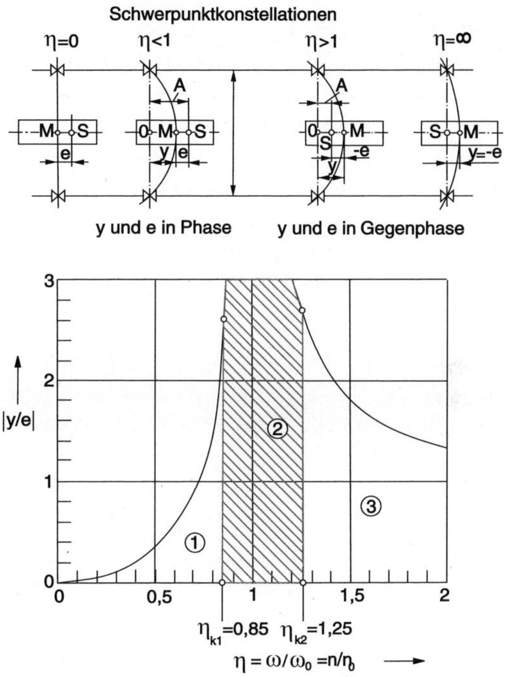

Erläuterungen zum Diagramm rechts:

1 Unterkritischer Bereich
2 Kritischer Bereich (Resonanz)
3 Überkritischer Bereich
M Geometrischer Massenmittelpunkt
S Massenschwerpunkt
O Ausgangspunkt

Abbildung 11.44: Masselose Welle mit Scheibenmasse sowie relative Auslenkung und Schwerpunktkonstellationen in Abhängigkeit vom Frequenzverhältnis η

Bezieht man durch Umstellung die Verformung y auf die Exzentrizität, so ergibt sich:

$$\frac{y}{e} = \frac{m \cdot \omega^2}{c - m \cdot \omega^2} \qquad (11.137)$$

Diese Gleichung zeigt, dass die Verformung gegen Unendlich geht, wenn der Nenner für eine kritische Winkelgeschwindigkeit ω_k zu Null wird:

$$c - m \cdot \omega^2 = 0 \qquad (11.138)$$

$$\omega_k = \sqrt{\frac{c}{m}} \qquad (11.139)$$

Da die Federsteifigkeit c dem Quotienten aus der angreifenden Kraft $F_G = m \cdot g$ und dem Federweg f_G aufgrund der Wellendurchbiegung entspricht, ergibt sich folgender Zusammenhang:

$$\omega_k = \sqrt{\frac{c}{m}} = \sqrt{\frac{F_G}{f_G \cdot m}} = \sqrt{\frac{g}{f_G}} \qquad (11.140)$$

Die kritische Drehzahl n_k lässt sich somit bestimmen zu:

$$\omega_k = \frac{2 \cdot \pi \cdot n_k}{60} = \sqrt{\frac{g}{f_G}} \tag{11.141}$$

$$n_k = \frac{60}{2 \cdot \pi} \cdot \sqrt{\frac{g}{f_G}} \approx 946 \cdot \frac{1}{\sqrt{f_G}} \tag{11.142}$$

Aus dieser Beziehung wird deutlich, dass die biegekritische Drehzahl n_k nur von der statischen Durchbiegung infolge der einwirkenden Massenkräfte abhängt und zusätzliche Kräfte (z.B. Zahnkräfte oder Zugkräfte aus Riemenspannung) keinen Einfluss haben. Auch kann die Eigenmasse der Welle vernachlässigt werden, wenn die aufgesetzte Masse um mindestens eine Zehnerpotenz größer ist als die Wellenmasse.

Im Weiteren soll nun geklärt werden, wie sich die Auslenkung y der Biegeschwingung als Funktion der Betriebsdrehzahl n verändert. Hierzu wird das Verhältnis von Betriebsdrehzahl n zu kritischer Drehzahl n_k als Frequenzverhältnis η eingeführt, so dass gilt:

$$\eta = \frac{n}{n_k} = \frac{\omega}{\omega_k} \tag{11.143}$$

Erweitert man die Gleichung (11.137) um $1/\omega_k^2$ und betrachtet den absoluten Betrag y/e, so ergibt sich:

$$\left|\frac{y}{e}\right| = \frac{m \cdot \frac{\omega^2}{\omega_k^2}}{\frac{c}{\omega_k^2} - m \cdot \frac{\omega^2}{\omega_k^2}} = \frac{m \cdot \eta^2}{m - m \cdot \eta^2} = \frac{\eta^2}{1-\eta^2} \tag{11.144}$$

Dieser Zusammenhang mit den zugehörigen Schwerpunktlagen ist auch in Abbildung 11.44 grafisch dargestellt, woraus sich ableiten lässt, dass die relative Auslenkung y/e unendlich groß wird, wenn die Betriebsdrehzahl n die kritische Drehzahl n_k im Resonanzzustand erreicht. In Abhängigkeit vom Frequenzverhältnis spricht man auch bei $\eta < 1$ vom unterkritischen Lauf. Der Schwerpunkt S liegt außerhalb der Wellenmitte M. Mit $\eta > 1$ wird der überkritische Lauf bezeichnet. Der Schwerpunkt S rückt zwischen 0 und M. Geht darüber hinaus $\eta \to \infty$, so wird $y = -e$ und der Schwerpunkt S liegt dann in der Drehachse. Die Masse zentriert sich selbst, die Schwingungsamplitude verschwindet ($A = 0$).

Eine Welle kann sowohl im unterkritischen Bereich als auch im überkritischen Bereich sicher betrieben werden. Allerdings ist beim überkritischen Betrieb während des An- und Abfahrens der Anlage immer der Resonanzbereich zu durchlaufen, was zwecks Vermeidung zu großer Wellenauslenkungen bzw. Erschütterungen der Maschine und des Fundamentes möglichst zügig erfolgen muss. In Abbildung 11.44 ist der für Dauerbetrieb kritische Bereich zwischen $\eta_{k1} = 0{,}85$ und $\eta_{k1} = 1{,}25$ schraffiert, der sich aus den Richtwerten der relativen Auslenkung für einen störungsfreien Betrieb von $|y/e| \leq 2{,}5 \ldots 3{,}0$ ergibt.

Im Weiteren wird nun gemäß Abbildung 11.45 eine Welle mit mehreren Massen betrachtet, da dieser Fall bei technischen Systemen sehr häufig auftritt. Dabei ist zu beachten, dass Biegeschwingungssysteme mit n Scheiben über $2 \cdot n$ Freiheitsgrade und demzufolge auch über die gleiche Anzahl kritischer Biege-Eigenfrequenzen und kritischer Drehzahlen verfügen. Die Abschätzung der niedrigsten kritischen Drehzahl kann hier nur noch über Näherungsverfahren erfolgen. Zu dieser kleinsten kritischen Drehzahl gehört die Eigenschwingform ersten Grades (Grundschwingung mit einem Schwingungsbauch), Abbildung 11.45.

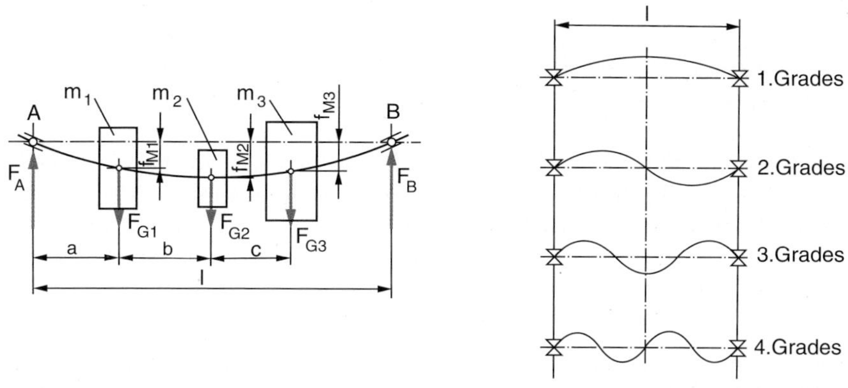

Abbildung 11.45: Durchbiegung einer Welle mit mehreren Scheibenmassen sowie Durchbiegungsformen (Eigenschwingformen) der zweifach gestützten Welle

Das erste Näherungsverfahren für eine Welle mit n Massen stammt von Kull und basiert auf Gleichung (11.141) [11.33], [11.65]:

$$n_k = \frac{60}{2 \cdot \pi} \cdot \sqrt{\frac{g}{f_G^*}} \approx 946 \cdot \frac{1}{\sqrt{f_G^*}} \tag{11.145}$$

Anstelle der statischen Durchbiegung f_G wird eine reduzierte statische Durchbiegung f_G^* verwendet:

$$f_G^* = \frac{\sum_{i=1}^{n} f_{Mi}^2 \cdot F_{Gi}}{\sum_{i=1}^{n} \left| f_{Mi} \right| \cdot F_{Gi}} \tag{11.146}$$

Hierin bezeichnet f_{Mi} die Durchbiegung an der Stelle der einwirkenden Gewichtskraft F_{Gi}, die hervorgerufen wird durch das Einwirken sämtlicher n Gewichtskräfte F_{G1} bis F_{Gn}. Eine weitere Näherungsgleichung zur Bestimmung der niedrigsten kritischen Eigenkreisfrequenz ω_k von zweifach gestützten Wellen mit konstantem Querschnitt und zwischen den Lagern angeordneten n Massen stammt von Dunkerley [11.23]:

$$\left(\frac{1}{\omega_k}\right)^2 = \left(\frac{1}{\omega_W}\right)^2 + \sum_{i=1}^{n} \left(\frac{1}{\omega_{0i}}\right)^2 \tag{11.147}$$

Hierin bezeichnen ω_W die Eigenkreisfrequenz der nur durch ihre Eigenmasse m_W beanspruchten Welle und ω_{0i} die Eigenkreisfrequenzen der masselos gedachten Welle unter dem Einfluss der jeweiligen Einzelmasse m_i. Währen der erste Summand der rechten Seite in Gleichung (11.147) die Eigenkreisfrequenz der einfachen glatten Welle mit Eigenmasse genau erfasst, gibt der zweite Summand nur annähernd den Einfluss der n Einzelmassen auf die Eigenschwingung der glatten, masselos gedachten

Welle wieder. Im Vergleich zur exakten Lösung sind die nach diesem Ansatz ermittelten Eigenschwingzahlen um ca. 4 % zu niedrig. Häufig wird in der Praxis die aus dem zweiten Term abgeleitete Überschlagsformel für glatte, masselos gedachte Wellen mit n Einzelmassen verwendet. Hierin bezeichnet f_{0i} die jeweilige Wellendurchbiegung aufgrund der Einwirkung der jeweiligen Einzelmasse m_i:

$$n_k \approx 946 \cdot \frac{1}{\sqrt{\sum_{i=1}^{n} f_{0i}}} \tag{11.148}$$

Abschließend wird noch auf die exakte Gleichung zur Bestimmung der Eigenkreisfrequenz ω_W der nur durch ihre Eigenmasse $m_W = A \cdot l \cdot \rho$ beanspruchten glatten zweiseitig gelagerten Welle hingewiesen:

$$\omega_W^2 = \left(\frac{\beta_i}{l}\right)^4 \cdot \frac{E \cdot I}{\rho \cdot A} = \left(\frac{\beta_i}{l}\right)^4 \cdot \frac{E \cdot \pi \cdot d^4 \cdot 4}{\rho \cdot 64 \cdot d^2 \cdot \pi} = \left(\frac{\beta_i}{l}\right)^4 \cdot \frac{E \cdot d^2}{\rho \cdot 16} \tag{11.149}$$

Hierin bezeichnen E den Elastizitätsmodul, I das Flächenträgheitsmoment 4. Grades, ρ die Dichte, A die Querschnittsfläche, d den Durchmesser und l die Länge der Welle. In Abhängigkeit vom Wert β_i gemäß Tabelle 11.24 lassen sich die Eigenkreisfrequenzen ersten und auch höheren Grades als Funktion der Einspannung der nur durch die Eigenmasse belasteten Welle bestimmen (s.a. Abbildung 11.45).

Lagerungsart der Welle	**β_i für Eigenschwingform**		
	1. Grades	**2. Grades**	**3. Grades**
Welle beidseitig gelagert	π	$2 \cdot \pi$	$3 \cdot \pi$
Welle beidseitig eingespannt	4,730	7,853	10,996
Welle einseitig eingespannt und einseitig gelagert	3,927	7,069	10,210
Welle einseitig eingespannt (fliegende Lagerung)	1,875	4,694	7,855

Tabelle 11.24: Werte für β_i zur Berechnung der Eigenkreisfrequenzen und zugehörigen Eigenschwingformen nach [11.65]

11.5.2 Torsionsschwingungen

In jedem Antriebsstrang treten Torsionsschwingungen auf (s.a. Kapitel 1). Problematisch für das Betriebsverhalten und die Festigkeit sind diese Drehschwingungen jedoch nur, wenn sie nach einer Anregung nicht wieder schnell genug abklingen. Dies kann bei nur geringer Dämpfung im System, aber auch bei kontinuierlich wechselnder (pulsierender) Anregung der Fall sein. Fällt eine Anregungsfrequenz mit einer Eigenfrequenz zusammen, so können aufgrund dieser Resonanz maximale Verdrehwinkel φ auftreten, die im ungünstigsten Fall sogar zum Wellenbruch führen können.

Zur Vermeidung dieser ungünstigen Betriebszustände ist deshalb die Kenntnis aller Eigenfrequenzen eines schwingungsfähigen Systems – und hierzu gehört auch eine Welle mit auf ihr befestigten Elementen (Zahnräder, Kupplungen usw.) – unbedingt erforderlich. Die einfache Ermittlung der Eigenfrequenzen eines Torsionsschwingungssystems erfolgt mit idealisierten Ein- oder Mehrmassen-Schwingungs-Modellen gemäß Abbildung 11.46. Dabei werden die Drehmassen bzw. Trägheiten J_i als Scheiben in Reihe angeordnet und durch dazwischenliegende elastische und masselose Wellenstücke der Steifigkeit c_{ti} verbunden.

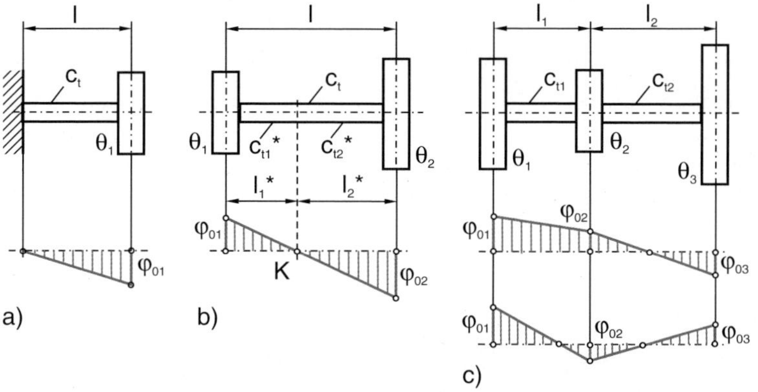

Abbildung 11.46: Drehschwingungssysteme mit den Diagrammen der Verdrehwinkel

Die einfachste Form einer Drehschwingung liegt beim Einmassenschwinger vor. Dabei schwingt eine Drehmasse am freien Ende einer eingespannten Welle. Die daraus resultierende Eigenkreisfrequenz ω_e in 1/s bei einer Drehzahl n_e in min^{-1} hängt nur von der Trägheit J_1 und der Torsionssteifigkeit (Verdrehsteifigkeit) c_t der Welle ab:

$$\omega_e = \frac{2 \cdot \pi \cdot n_e}{60} = \sqrt{\frac{c_t}{J_1}} = \sqrt{\frac{G \cdot I_p}{l \cdot J_1}} \tag{11.150}$$

Die Verdrehsteifigkeit c_t lässt sich aus dem polaren Widerstandsmoment I_p, dem Schubmodul G und der verdrehbaren Länge l bzw. über das einwirkende Torsionsmoment M_t und den zugehörigen Verdrehwinkel φ_t in ° wie folgt berechnen:

$$c_t = \frac{I_p \cdot G}{l} = \frac{M_t \cdot 180°}{\varphi_t \cdot \pi} \tag{11.151}$$

Daraus lässt sich direkt die torsionskritische Drehzahl n_e in min^{-1} bestimmen zu:

$$n_e = \frac{60}{2 \cdot \pi} \cdot \sqrt{\frac{M_t}{\varphi_t \cdot J_1} \cdot \frac{180°}{\pi}} = \frac{60}{2 \cdot \pi} \cdot \sqrt{\frac{c_t}{J_1}} \tag{11.152}$$

Verfügt die Welle oder Achse über n Absätze unterschiedlichen Durchmessers, so sind die Verdrehsteifigkeiten c_i des jeweiligen Absatzes gemäß Gleichung (11.151) zu ermitteln. Die Verknüpfung zu einer Gesamtsteifigkeit erfolgt dann mithilfe der Gesetzmäßigkeiten zur Reihen- oder Parallelschaltung von Federn (s.a. Kapitel 10.2.5):

$$\frac{1}{c_t} = \sum_{i=1}^{n} \frac{1}{c_i} \quad \text{(Reihenschaltung)} \qquad c_t = \sum_{i=1}^{n} c_i \quad \text{(Parallelschaltung)} \tag{11.153}$$

Betrachtet man nun den Zweimassenschwinger gemäß Abbildung 11.46 b), so lässt sich die Eigenkreisfrequenz unter der Voraussetzung ermitteln, dass die beiden Drehmassen nur gegeneinander schwingen können. Dabei bleibt ein Punkt der Welle in Ruhe, er wird als Schwingungsknoten K bezeichnet. Somit kann man diese Stelle als Einspannung betrachten und die Welle in zwei Teilsysteme mit je einem Freiheitsgrad unterteilen, für deren Eigenkreisfrequenzen gilt:

$$\omega_{e1} = \sqrt{\frac{G \cdot I_p}{l_1 \cdot J_1}} \quad \text{und} \quad \omega_{e2} = \sqrt{\frac{G \cdot I_p}{l_2 \cdot J_2}} \tag{11.154}$$

Da es sich jedoch nur um ein Gesamtsystem handelt, müssen die beiden Teilsysteme die gleiche Eigenkreisfrequenz haben. Im Weiteren sind nun die Teillängen l_1 und l_2 zu eliminieren, was über den Drallsatz möglich ist. Wegen der fehlenden äußeren Momente (keine Anregung) muss der Drall für das Teilsystem 1 gleich dem Drall des Teilsystems 2 sein:

$$J_1 \cdot \dot{\varphi}_1 = J_2 \cdot \dot{\varphi}_2 \quad \text{bzw.} \quad \frac{\dot{\varphi}_1}{\dot{\varphi}_2} = \frac{J_2}{J_1} \tag{11.155}$$

Unter Annahme eines konstanten Wellendurchmessers gilt mithilfe des Strahlensatzes:

$$\frac{\varphi_1}{\varphi_2} = \frac{l_1}{l_2} \quad \text{und} \quad \frac{\dot{\varphi}_1}{\dot{\varphi}_2} = \frac{l_1}{l_2} \tag{11.156}$$

Daraus lassen sich dann durch einige Umformungen folgende Zusammenhänge ableiten:

$$l_1 = l \cdot \frac{J_2}{J_1 + J_2} \tag{11.157}$$

$$\omega_e = \sqrt{c_t \cdot \left(\frac{1}{J_1} + \frac{1}{J_2}\right)} = \sqrt{c_t \cdot \left(\frac{J_1 + J_2}{J_1 \cdot J_2}\right)} \tag{11.158}$$

Daraus folgt die torsionskritische Drehzahl n_e in min^{-1} des Zweimassenschwingers zu:

$$n_e = \frac{60}{2 \cdot \pi} \cdot \sqrt{c_t \cdot \left(\frac{J_1 + J_2}{J_1 \cdot J_2}\right)} \tag{11.159}$$

Abschließend soll auch noch ein Drehschwingungssystem mit drei Massen betrachtet werden, da dieses ebenfalls noch mit überschaubarem Aufwand analytisch behandelt werden kann. Die Bestimmungsgleichungen ergeben sich aus dem Gleichgewicht der Massenkraft an der i-ten Drehmasse und dem Drehmoment des anteiligen Wellenabschnittes im Bewegungszustand der maximalen Beschleunigung:

$$J_i \cdot \ddot{\varphi}_{i,\max} = M_{ti} = c_{ti} \cdot \left(\varphi_{0i} - \varphi_{0i+1}\right) \tag{11.160}$$

$$\ddot{\varphi}_{i,\max} = \varphi_{0i} \cdot \omega_e^2 \quad \text{für} \quad \ddot{\varphi}_i = \varphi_{0i} \cdot \omega^2 \cdot \sin(\omega \cdot t - \alpha) \quad \text{mit} \quad \omega \cdot t - \alpha = \frac{\pi}{2} \tag{11.161}$$

Demzufolge ergeben sich für drei Massen drei Gleichgewichtsbedingungen:

$$J_1 \cdot \varphi_{01} \cdot \omega_e^2 - c_{t1} \cdot \left(\varphi_{01} - \varphi_{02}\right) = 0 \tag{11.162}$$

$$J_2 \cdot \varphi_{02} \cdot \omega_e^2 + c_{t1} \cdot (\varphi_{01} - \varphi_{02}) - c_{t2} \cdot (\varphi_{02} - \varphi_{03}) = 0 \tag{11.163}$$

$$J_3 \cdot \varphi_{03} \cdot \omega_e^2 + c_{t2} \cdot (\varphi_{02} - \varphi_{03}) = 0 \tag{11.164}$$

Aus der Addition dieser Gleichungen folgt:

$$J_1 \cdot \varphi_{01} \cdot \omega_e^2 + J_2 \cdot \varphi_{02} \cdot \omega_e^2 + J_3 \cdot \varphi_{03} \cdot \omega_e^2 + = 0 \tag{11.165}$$

Aus Gleichung (11.162) und aus Gleichung (11.164) lassen sich die Amplituden-Größtwerte der Verdrehwinkel der ersten und dritten Drehmasse bestimmen:

$$\varphi_{01} = -\frac{c_{t1} \cdot \varphi_{02}}{J_1 \cdot \omega_e^2 - c_{t1}} \tag{11.166}$$

$$\varphi_{03} = -\frac{c_{t2} \cdot \varphi_{02}}{J_3 \cdot \omega_e^2 - c_{t2}} \tag{11.167}$$

Setzt man diese beiden Gleichungen in Gleichung (11.163) ein, so ergibt sich durch Umformen:

$$\frac{J_1 \cdot J_2 \cdot J_3}{c_{t1} \cdot c_{t2}} \cdot \omega_e^4 - \left(\frac{J_1 \cdot J_2 + J_1 \cdot J_3}{c_{t1}} + \frac{J_2 \cdot J_3 + J_1 \cdot J_3}{c_{t2}} \right) \cdot \omega_e^2 + (J_1 + J_2 + J_3) = 0 \tag{11.168}$$

Hieraus ergibt sich die allgemeine Form der quadratischen Gleichung, deren Lösung die Eigenkreisfrequenzen ω_{e1} und ω_{e2} enthält:

$$A \cdot q^2 - B \cdot q + C = 0 \quad \text{mit} \quad \omega_e^4 = q^2 \tag{11.169}$$

$$q_{1,2} = \frac{B \pm \sqrt{B^2 - 4 \cdot A \cdot C}}{2 \cdot A} \tag{11.170}$$

$$\omega_{e1} = \sqrt{q_1} \quad \text{und} \quad \omega_{e2} = \sqrt{q_2} \tag{11.171}$$

Betrachtet man nun anstelle einer Welle ein vollständiges Antriebssystem, so reicht in der Regel ein Dreimassenschwinger zur Beschreibung des dynamischen Drehschwingungsverhaltens nicht mehr aus, auch wenn sich dieser noch analytisch lösen lässt. Beispielhaft sei hier der komplexe Triebstrang des Gießkranhubwerkes aus Abbildung 1.14 (s.a. Abbildung 1.3) als Drehschwingungs-Simulations-Modell in Abbildung 11.47 gezeigt [1.52].

Derartige Systeme lassen sich mittlerweile komfortabel in angemessener Zeit mit leistungsfähigen Berechnungsprogrammen bearbeiten. Vor diesem Hintergrund sind Bemühungen zur Reduktion komplexer Systeme auf Drei- oder Viermassensysteme nicht mehr sinnvoll. Darüber hinaus bieten Mehrkörper-Simulations-Programme auch mittlerweile die Möglichkeit, Dreh-, Biege- und Axialschwingungen in Kombination zu analysieren [11.47], [11.48], [11.49]. Zur weitergehenden Analyse des komplexen Schwingungsverhaltens von Antriebssystemen wird auf die entsprechende Fachliteratur verwiesen [11.30], [11.50], [11.70].

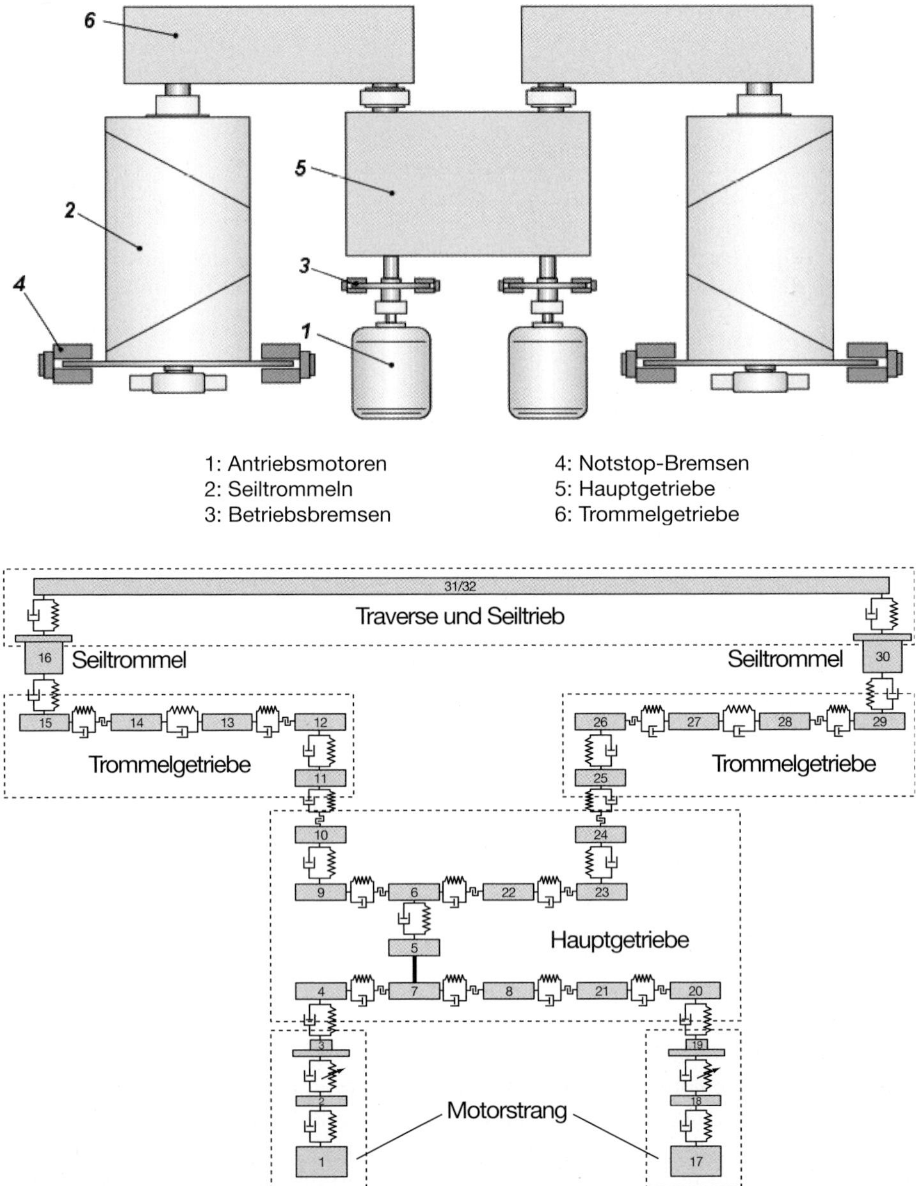

Abbildung 11.47: Schwingungs-Simulations-Modell eines Kranhubwerkes

11.5.3 Auswuchten

Aufgrund der Gefahr unwuchtbedingter Biegeschwingungen müssen insbesondere schnell laufende Rotationskörper (Achsen und Wellen mit $n > 1.500\ \text{min}^{-1}$, z.B. Spindeln in Werkzeugmaschinen, Rotoren von Strömungsmaschinen und Elektromotoren) mit dem Ziel ausgewuchtet werden, den Schwerpunktabstand e zur Rotationsachse so gering wie möglich zu halten bzw. die Hauptträgheitsachse des Rotors nach Möglichkeit mit der Drehachse zur Deckung zu bringen. Zur Minimierung freier Fliehkräfte sollte die verbleibende Restunwucht so gering wie möglich sein. Da verfahrensbedingt immer eine Restunwucht verbleibt, wird der Idealfall $e = 0$ praktisch nie erreicht. Mittlerweile werden auch langsam laufende Rotoren (z.B. von Windenergie-Anlagen) ausgewuchtet, da auch hier Biegeschwingungen angeregt werden, insbesondere aufgrund der fertigungsbedingten großen Unwuchtmassen in den Rotorblättern [11.36]. Hinsichtlich der anzuwendenden Wuchtverfahren unterscheidet man gemäß Abbildung 11.48 das statische und das dynamische Auswuchten.

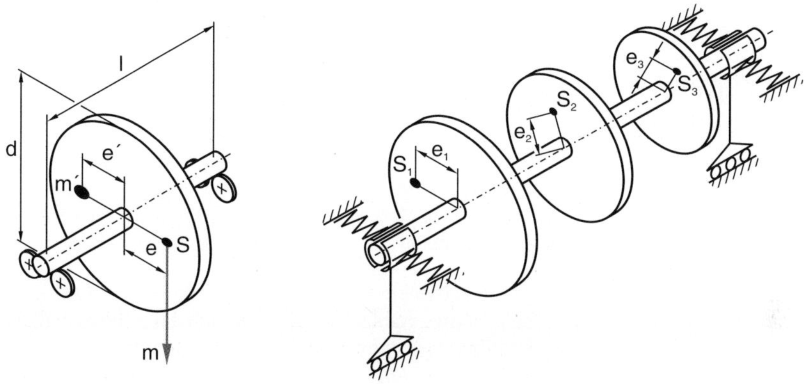

Abbildung 11.48: Statisches (links) und dynamisches (rechts) Auswuchten [11.59]

Beim statischen Auswuchten wird das auszuwuchtende Bauteil reibungsarm gelagert und durch Hinzufügen oder Wegnehmen von Massen m' solange langsam bewegt bzw. gedreht, bis sich ein stabiler Gleichgewichtszustand einstellt:

$$m \cdot e - m' \cdot e' = 0 \tag{11.172}$$

Dieses Verfahren eignet sich insbesondere für langsam laufende Anlagen mit einer aufgesetzten Drehmasse (scheibenförmig $l/d = 1$, z.B. Rotor einer Windenergie-Anlage). Bedingt durch die Lagerreibung im Gesamtsystem verbleibt immer eine geringe Restunwucht.

Im Gegensatz dazu wird das dynamische Auswuchten immer dann erforderlich, wenn folgende Bedingungen vorliegen:

- Mehrere aufgesetzte Massen mit Schwerpunkten in verschiedenen Ebenen
- Hohe Betriebsdrehzahlen $n > 1.500\ \text{min}^{-1}$
- Große Verhältnisse von Länge zu Durchmesser der aufgesetzten Bauteile bis zu $l/d = 8$

Das dynamische Auswuchten ist erheblich aufwändiger als das statische, da das auszuwuchtende Bauteil in federbeweglichen, reibungsarm verschiebbaren Lagern aufgenommen und in Rotation versetzt werden muss, was nur mithilfe entsprechender Auswuchtmaschinen möglich ist. Über die messbaren Lagerverschiebungen werden die durch die Schwerpunktabstände e_i hervorgerufenen Unwuchten drehzahlabhängig ermittelt und die beiden Ebenen eines starren Körpers ermittelt, in denen Zusatzgewichte angebracht oder aber überschüssige Massen entfernt werden müssen, damit das System sich im Gleichgewicht befindet. Auch hier bleibt verfahrensbedingt eine geringe Restunwucht bestehen. Bei lang gestreckten Rotationskörpern, die elastischen

Durchbiegungen unterliegen und mit hohen Drehzahlen betrieben werden, muss in mehr als zwei Ebenen ausgeglichen werden [11.24], [11.31].

Die verbleibende Restunwucht wird durch die Auswuchtgüte G beschrieben, die sich aus der Schwerpunktgeschwindigkeit v_s wie folgt ableiten lässt:

$$v_s = e \cdot \omega = e \cdot 2 \cdot \pi \cdot f = e \cdot \frac{2 \cdot \pi \cdot n}{60} \tag{11.173}$$

Gütegruppe	v_s **in mm/s**	**Beispiele**
G 40	> 16 bis 40	Autoräder, Felgen, Radsätze
G 16	> 6,3 bis 16	Gelenkwellen; Teile von Zerkleinerungsmaschinen, landwirtschaftliche Maschinen
G 6,3	> 2,5 bis 6,3	Gelenkwellen mit besonderen Anforderungen. Teile der Verfahrenstechnik, Zentrifugentrommeln, Schwungräder, Kreiselpumpen, Ventilatoren, Maschinenbau- und Werkzeugmaschinenteile, Elektromotoren-Anker ohne besondere Anforderungen
G 2,5	> 1 bis 2,5	Gas- und Dampfturbinen, Gebläse und Turbinenläufer, Turbogeneratoren, Werkzeugmaschinen-Antriebe, mittlere und größere Elektromotoren-Anker mit besonderen Anforderungen; Kleinmotoren-Anker, Pumpen mit Turbinenantrieb
G 1	> 0,4 bis 1,0	Strahltriebwerke, Schleifmaschinen-Antriebe, Magnetofon- und Fono-Antriebe, Kleinmotoren-Anker mit besonderen Anforderungen
G 0,4	> 0,16 bis 0,4	Feinstschleifmaschinen-Anker, -Wellen und -Scheiben, Kreisel

Tabelle 11.25: Gütegruppen für starre Rotoren nach DIN ISO 1940 [11.18]

In Abhängigkeit von dieser Schwerpunktgeschwindigkeit sind Gütegruppen G für starre Rotoren nach DIN ISO 1940 festgelegt, Tabelle 11.25 [11.18]. Damit lassen sich bei bekannter Betriebsdrehzahl n und Rotormasse m die zulässige Schwerpunktexzentrizität e_{zul} und die zulässige Restunwucht U_{zul} berechnen:

$$e_{zul} = \frac{v_s}{\omega} = \frac{v_s \cdot 60}{2 \cdot \pi \cdot n} \tag{11.174}$$

$$U_{zul} = m \cdot e_{zul} \tag{11.175}$$

Für starre Körper mit zwei Ausgleichsebenen kann dann je Ebene die Hälfte des betreffenden Richtwertes genutzt werden:

$$U_1 = U_2 = \frac{1}{2} \cdot U_{zul} \tag{11.176}$$

Aus den Gütegruppen, den zugeordneten Schwerpunktgeschwindigkeiten und den Beispielen ist zu erkennen, dass mit steigender Drehzahl bzw. erhöhten Anforderungen an die Laufruhe die zulässige Schwerpunktgeschwindigkeit immer kleiner wird. Demzufolge muss die Restexzentrizität möglichst gering sein, was nur durch eine Erhöhung der Auswuchtgenauigkeit erzielt werden kann. Das Anbringen von Wuchtgewichten kann starr (z.B. Auswuchtgewichte bei Autofelgen) oder aber auch durch in

Umfangsrichtung bewegliche Wuchtsteine (z.B. an Gelenkwellen) erfolgen. Überschüssiges Material ist durch Bohren oder Fräsen zu entfernen. In Zeichnungen sind die Lage der Auswuchtebene, die Art des Massenausgleichs und die zulässige Restunwucht anzugeben.

11.6 Literatur

[11.1] Beitz, W., Meyer-Eschenbach, A.; Dauerschwingfestigkeit von Wellen mit Sicherungsringverbindungen; Antriebstechnik 32 (1993) Heft 12, S. 58–61

[11.2] Beitz, W., Meyer-Eschenbach, A.; Dauerschwingfestigkeit von Wellen mit Sicherungsringnuten für Werkstoff-, Nachbehandlungs- und Fertigungsvarianten; Konstruktion 45 (1993) S. 263–268

[11.3] DIN 323 Normzahlen und Normzahlreihen; T1 Hauptwerte, Genauwerte, Rundwerte (1974-08); T2 Einführung (1974-11)

[11.4] DIN 471 Sicherungsringe für Wellen (2011-04)

[11.5] DIN 509 Freistiche – Formen und Maße (2006-12)

[11.6] DIN 743 Tragfähigkeitsberechnung von Wellen und Achsen; T1 Einführung und Grundlagen (2012-12); T2 Formzahlen und Kerbwirkungszahlen (2012-12); T3 Werkstoff-Festigkeitswerte (2012-12); T4: Zeitfestigkeit, Dauerfestigkeit – Schädigungsäquivalente Spannungsamplitude (2012-12); Beiblatt 1: Anwendungsbeispiele zu T1 bis T3 (2012-12); Beiblatt 2: Anwendungsbeispiele zu T4 (2012-12); Berichtigung zu T3 (2012-12)

[11.7] DIN 748 Zylindrische Wellenenden (1970-01)

[11.8] DIN 1448 Kegelige Wellenenden mit Außengewinde (1970-01)

[11.9] DIN 1449 Kegelige Wellenenden mit Innengewinde (1970-01)

[11.10] DIN 6885 Mitnehmerverbindungen ohne Anzug; Paßfedern, Nuten, hohe Form (1968-08)

[11.11] DIN 6892 Mitnehmerverbindungen ohne Anzug; Paßfedern – Berechnung und Gestaltung (2012-08)

[11.12] DIN 7190 Pressverbände – Berechnungsgrundlagen und Gestaltungsregeln (2001-02)

[11.13] DIN 75532 Übertragung von Drehbewegungen; Formen der Anschlüsse an Getrieben, Zwischengetrieben, biegsamen Wellen und Geräten (1976-07, zurückgezogen)

[11.14] DIN EN 10025 Warmgewalzte Erzeugnisse aus Baustählen – T1 Allgemeine technische Lieferbedingungen (2005-02)

[11.15] DIN EN 10083 Vergütungsstähle – T1 Technische Lieferbedingungen für Edelstähle (2006-10)

[11.16] DIN EN 10084 Einsatzstähle – Technische Lieferbedingungen (2008-06)

[11.17] DIN EN ISO 18265 Metallische Werkstoffe – Umwertung von Härtewerten (2014-02)

[11.18] DIN ISO 1940 Mechanische Schwingungen, Anforderungen an die Auswuchtgüte von Rotoren in konstantem Zustand; T1 Festlegung und Nachprüfung der Unwuchttoleranz (2004-04)

[11.19] DIN ISO 6411 Vereinfachte Darstellung von Zentrierbohrungen (1997)

[11.20] Dittrich, W., van den Heuvel, B., Laschet, A.; Untersuchung von Förderantrieben in Chile; Antriebstechnik 41 (2002), Heft 10, S. 48–54

[11.21] Dresig, H.; Schwingungen mechanischer Antriebssysteme; Springer Verlag, Berlin 2001

[11.22] Dubbel, H., Beitz, W., Grote, K.-H.; Dubbel – Taschenbuch für den Maschinenbau, 20. Aufl., Springer Verlag, Berlin 2001

[11.23] Dunkerley, S.; On the Whirling and Vibration of Shafts; Phil. Trans. Roy. Soc., Series A, Vol. 185, p. 279, London 1895

[11.24] Federn, K.; Auswuchttechnik – Band 1: Allgemeine Grundlagen, Messverfahren und Richtlinien; Springer Verlag, Berlin 1977

[11.25] Fehlings, D., Kubny, M.; Schlecht, B.; Grundlegende Berechnungsansätze zur Bestimmung von Eingangsgrößen einer Betriebsfestigkeitsrechnung als Beitrag zur konstruktiven Bauteiloptimierung; Interner Bericht zum Forschungsvorhaben ABF 42 des Vereins Deutscher Eisenhüttenleute (VDEh), Universität Duisburg 1987

[11.26] FKM 2012; Rechnerischer Festigkeitsnachweis für Maschinenbauteile aus Stahl, Eisenguss- und Aluminiumwerkstoffen, VDMA-Verlag, Frankfurt am Main 2012

[11.27] Häusler, N.; Zum Mechanismus der Biegemomentübertragung in Schrumpfverbindungen; Konstruktion 28 (1976), Heft 3

[11.28] Heinrich, J.; Kerbwirkung an Sicherungsnuten und Berechnung von Sicherungsringverbindungen; Diss. TH Darmstadt 1984

[11.29] Hinz, R.; Verbindungselemente – Achsen, Wellen, Lager, Kupplungen, VEB Fachbuchverlag Leipzig, Leipzig 1989

[11.30] Holzweißig, F., Dresig, H.; Lehrbuch der Maschinendynamik, Fachbuchverlag Leipzig-Köln 1994

[11.31] Kellenberger, W.; Elastisches Wuchten; Springer Verlag, Berlin 1987

[11.32] Klamka, H.; Einfluss von Festigkeits- und Nachbehandlungsvarianten auf die dauerfestigkeitsbestimmenden Parameter bei Wellen mit axial belasteten Sicherungsringnuten; Diss. TU Berlin 1990

[11.33] Kull, G.; Neue Beiträge zum Kapitel kritische Drehzahlen; Zeitschrift des VDI 1918, S. 249–254 und S. 270–274

[11.34] Laschet, A.; Simulation von Antriebssystemen. Berlin, Springer Verlag 1988

[11.35] Leidich, E.; Beanspruchung von Pressverbindungen im elastischen Bereich und Auslegung gegen Dauerbruch; Diss. TH Darmstadt 1983

[11.36] Liersch, J., Melsheimer, M., Ohde, K.; Schwingungsberuhigung von Windenergieanlagen – Unterscheidung von aerodynamischer und massenbedingter Rotorunwucht, Deutsche Windenergie Konferenz – DEWEK 2004, Wilhelmshaven

[11.37] Linke, H., Römhild. I., Melzer, D., Trempler, U.; Tragfähigkeit von Achsen und Wellen – alles klar? Dresdner Maschinenelemente Kolloquium – DMK 2005, Tagungsband, S. 255–268

[11.38] Linke, H., Römhild, I., Herber, M., Schlecht, B.; Berechnung von Achsen und Wellen nach DIN 743 unter Einbeziehung von Lastkollektiven und der Zeitfestigkeit; Vortrag anläßlich des 3. Workshops Konstruktionstechnik; 20. und 21. September 2001, Rostock

[11.39] Melzer, D.; Maximal ertragbare Spannungsspitzen bei einsatzgehärteten Wellen und Achsen; Dissertation TU Dresden, 2004

[11.40] Neuber, H.; Über die Berücksichtigung der Spannungskonzentration bei Festigkeitsberechnungen; Konstruktion 20 (1968), Heft 7

[11.41] Neuber, H.; Kerbspannungslehre, Springer Verlag, Berlin 1985
[11.42] Niemann, G., Winter, H., Höhn, B.-R.; Maschinenelemente Bd. I., 4. Aufl., Springer Verlag, Berlin 2005
[11.43] Peterson, R.E.; Stress Concentration Factors, Verlag John Wiley & Sons, New York 1997
[11.44] Pfeiffer, B.; Einfluss von Sicherungsringverbindungen auf die Dauerfestigkeit dynamisch belasteter Wellen; Diss. TU Berlin 1985
[11.45] Roloff/Matek; Maschinenelemente, Hrsg. Muhs, D., Wittel, H. et al.; Vieweg Verlag, Braunschweig 2013
[11.46] Rühl, K.; Die Tragfähigkeit metallischer Baukörper, Verlag Ernst & Sohn, Berlin 1952
[11.47] Schlecht, B.; Mehrkörpersimulation von Großantrieben, Antriebstechnik 44 (2005), Teil I, Heft 10, S. 24–29, Teil II, Heft 12, S. 38–42
[11.48] Schlecht, B.; Schwingungen in Antriebssystemen – Wie aussagefähig ist die Ermittlung von Sicherheiten, Dresdner Maschinenelemente Kolloquium – DMK 2005, Tagungsband, S. 11–76
[11.49] Schlecht, B.; Aktuelle Entwicklungstendenzen zur beanspruchungsgerechten Auslegung von Antriebssystemen, Dresdner Maschinenelemente Kolloquium – DMK 2003, Tagungsband, S. 3–44
[11.50] Schlecht, B.; Modellbildung und Simulation mechanisch-elektrischer Antriebssysteme; Vorlesungsscript, TU Dresden 2006
[11.51] Schlecht, B., Senf, M., Römhild, I., Rosenlöcher, Th.; FEM für sichere Konstruktionen – Kritische Beanspruchung bei Getriebewellen mit Mehrfachkerben, Antriebstechnik 45 (2006), Heft 6, S. 34–41
[11.52] Schlecht, B.; Tragfähigkeitsnachweis von Wellen und Achsen nach DIN 743, Antriebstechnik 42 (2003), Teil I, Heft 3, S. 52–56, Teil II, Heft 5, S. 47–49
[11.53] Schlecht, B., Wünsch, D., Matta, F., Christianhemmers, A., Gutt, S.; Simulation von redundanten Notaus-Stopp-Bremssystemen in Haupthubwerkantrieben von Gießkranen, Tagebaugroßgeräten und Umschlaganlagen, VDI-Tagung „Schwingungen in Antrieben“ 18. und 19. September 2001 in Würzburg
[11.54] Schlecht, B.; Vergleichende Untersuchungen zur dauerfesten Auslegung von Getriebewellen; Konstruktion 49 (1997), Heft 11/12, S. 33–38
[11.55] Schlecht, B.; Vergleichende Betrachtungen zum Tragfähigkeitsnachweis der Wellen in Sondergetrieben von Tagebaugroßgeräten; Vortrag anlässlich der VDI-Fachtagung „Festigkeitsberechnung metallischer Bauteile“; Fulda, 22. und 23. September 1998
[11.56] Schlecht, B., Senf, M., Bretschneider, D.; Analyse statischer Grenzlasten für Wellen und Achsen – Einflüsse auf die Ermüdungsfestigkeit; Dresdner Maschinenelemente Kolloquium – DMK 2013, Tagungsband, S. 215–228
[11.57] Schmidt, F.; Berechnung und Gestaltung von Wellen, Konstruktionsbücher Band 10, Springer Verlag, Berlin 1967
[11.58] Siebel, E., Stieler, M.; Ungleichförmige Spannungsverteilung bei schwingender Beanspruchung; VDI Zeitschrift 97 (1955); S. 121–152
[11.59] Steinhilper, W., Sauer, B.; Konstruktionselemente des Maschinenbaus, Springer Verlag, Berlin 2005
[11.60] Stoltz, A.; Vergleich und didaktische Aufbereitung von Bemessungsregeln für den Dauerfestigkeitsnachweis von Antriebselementen; Unveröffentlichte Studienarbeit, Universität Duisburg 1987

[11.61] Tauscher, H.; Dauerfestigkeit von Stahl und Eisen.Werkstoffverhalten, Gestalteinfluss und Berechnungsgrundlagen; VEB Fachbuchverlag, Leipzig 1982

[11.62] TGL 19340 – Dauerfestigkeit der Maschinenbauteile; Ausgabe 3.83, Verlag für Standardisierung, Leipzig 1983, (Erstausgabe: März 1967)

[11.63] Trempler, U., Linke, H.; WDIN – Tragfähigkeitsberechnung von Achsen und Wellen nach DIN 743, TU Dresden, IMM – Lehrstuhl Maschinenelemente, Ausgabe 2002

[11.64] van den Heuvel, B.; Erkenntnisse aus Schadensanalysen an drehzahlstellbaren Antrieben von Gurtbandförderanlagen; Vortrag zur 4. Sitzung des Arbeitskreises „Innovative Antriebstechnik" im DEBRIV-Ausschuss Instandhaltung am 18.11.2004 bei RWE Power AG

[11.65] Wächter, K.; Konstruktionslehre für Maschineningenieure, VEB Verlag Technik, Berlin 1987

[11.66] Wellinger, K., Dietmann, H.; Festigkeitsberechnung, Alfred Kröner Verlag, Stuttgart 1976

[11.67] Wünsch, D., Fehlings, D.; Grundlegende Berechnungsansätze zur Bestimmung von Eingangsgrößen einer Betriebsfestigkeitsrechnung als Beitrag zur konstruktiven Bauteiloptimierung; Forschungsbericht zum Forschungsvorhaben ABF 42 des Vereins Deutscher Eisenhüttenleute (VDEh), Düsseldorf, Februar 1989

[11.68] Wünsch, D., Fehlings, D.; FENA – Anwendungsorientiertes Digitalrechnerprogramm zum Nachweis der Dauerschwingfestigkeit von Maschinenbauteilen; Forschungsbericht ABF 46 des Vereins Deutscher Eisenhüttenleute (VDEh), Düsseldorf, April 1990

[11.69] Wünsch, D., Fehlings, D.; FENA – Ein Digitalrechnerprogramm zum Nachweis der Dauerschwingfestigkeit von Maschinenbauteilen; Stahl und Eisen, Heft 11, 1990

[11.70] Wünsch, D., Carcia del Castillo, L.; Experimentelle Modellfindung und modellhafte Ermittlung dynamischer Belastungen torsionsschwingungsfähiger Systeme; Forschungsvorhaben FVA Nr. 95, Forschungshefte 213 und 214 der Forschungsvereinigung Antriebstechnik e. V., Frankfurt am Main 1986

Z U S A M M E N F A S S U N G

Wellen und Achsen sind die zentralen Maschinenelemente der Antriebstechnik. Wellen übertragen Drehmomente zwischen einer Momenteneinleitungsstelle und einer Momentenausleitungsstelle. Gleichzeitig dienen sie wie Achsen zum Tragen und Lagern ruhender oder beweglicher Maschinenelemente und Baugruppen (Merke: Achsen tragen, Wellen übertragen).

Die Funktionen (Übertragen und Tragen) erfordern bei der Anwendung von Wellen und Achsen auch immer den Einsatz von Lagern. Während Achsen sowohl umlaufen als auch still stehen können, müssen Wellen zur Übertragung eines Drehmomentes stets drehbeweglich sein.

Die grundlegenden Anforderungen an die Gestaltung von Wellen und Achsen sind eine ausreichende Festigkeit (Beanspruchbarkeit) gegenüber allen statischen und dynamischen Beanspruchungen bei nur geringen elastischen Formänderungen.

Des Weiteren dürfen Torsions-, Biege- und auch Axialschwingungen während des Betriebes nicht zu Resonanzschwingungen angeregt werden.

Zur Sicherstellung der Funktion sind folgende Berechnungsnachweise zu erbringen:

- Nachweis der Festigkeit gegen Ermüdungs- und Maximalbeanspruchung nach DIN 743
- Nachweis der Einhaltung der zulässigen Verformung
- Nachweis des dynamischen Verhaltens (biegekritische Drehzahl und niedrigste Torsionseigenfrequenz)

Dabei bauen insbesondere die Punkte 1 und 2 auf dem Kapitel 3 „Festigkeitsberechnung von Maschinenelementen" auf. Mithilfe der vorgestellten Formeln und Diagramme ist der vollständige Festigkeitsnachweis von Wellen und Achsen möglich.

Die Ausführungen zum dynamischen Verhalten bieten nur einen ersten Einstieg in die Problematik, ebenso wie die Erläuterungen zum Auswuchten von Wellen.

Z U S A M M E N F A S S U N G

Welle-Nabe-Verbindungen

12

ÜBERBLICK

Lernziele

- Kennenlernen der verschiedenen reibschlüssigen, formschlüssigen und vorgespannt formschlüssigen Welle-Nabe-Verbindungen nach Funktion und Wirkung
- Kennenlernen der Spannelementverbindungen, Spannsätze, Schrumpfscheiben und Hülsen zur Drehmomentübertragung
- Gestaltung und Beanspruchung von Welle-Nabe-Verbindungen mit Anwendungsbeispielen
- Auslegung von Welle-Nabe-Verbindungen zur sicheren Drehmomentübertragung

12.1 Einleitung, Funktion und Wirkung

Welle-Nabe-Verbindungen erfüllen die Funktion der Übertragung von Kräften und Momenten zwischen Wellen (bzw. Achsen) und den Naben der auf ihnen befestigten Bauteile (z.B. Zahnräder, Laufräder, Seilrollen, Trommeln, Hebel usw.). In Abhängigkeit vom Wirkprinzip der Kraftübertragung werden folgende Verbindungen unterschieden:

- Formschlüssige und vorgespannte formschlüssige Verbindungen gemäß Abbildung 12.1 und Abbildung 12.2 für die Anwendungsfälle nach Tabelle 12.1. Die Verbindung wird durch die Formgebung (Verzahnungs-, Keil- oder Polygon-Profil) oder durch zusätzliche „Mitnehmer"-Elemente (Passfeder, Gleitfeder, Stift) bestimmt. Primär erfolgt die Kraftübertragung an den Wirkflächen durch Flächenpressung. Aufgrund der Geometrie unterliegen die Bauteile meistens einer erhöhten Kerbwirkung. Bei den vorgespannten formschlüssigen Verbindungen liegt eine Kombination aus Form- und Reibschluss vor.
- Reibschlüssige und stoffschlüssige Verbindungen gemäß Abbildung 12.3 für die Einsatzfälle nach Tabelle 12.2. Die Kraftübertragung erfolgt bei der reibschlüssigen Verbindung auf der Grundlage des Coulombschen Reibungsgesetzes durch Aufklemmen oder Aufpressen (z.B. Pressverband, Kegelsitz, Spannelement). Die stoffschlüssige Verbindung basiert auf den Verfahren Kleben, Löten und Schweißen und ist meistens nur durch Zerstörung wieder zu lösen.

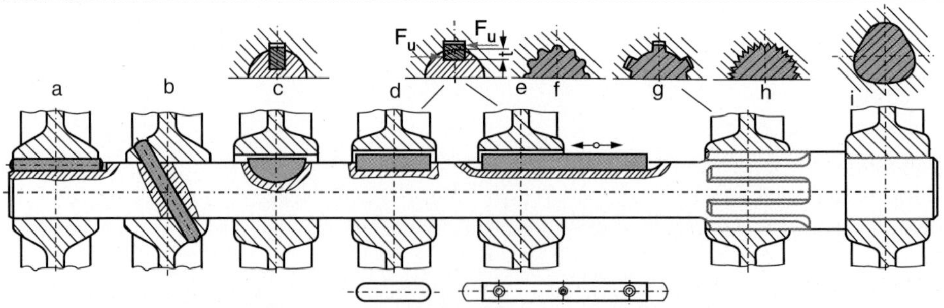

a) Längsstift b) Kerbstift	c) Scheibenfeder d) Passfeder	e) Gleitfeder f) Zahnwelle	g) Keilwelle h) Kerbzahnwelle	i) Polygonwelle

Abbildung 12.1: Formschlüssige Welle-Nabe-Verbindungen nach [12.63]

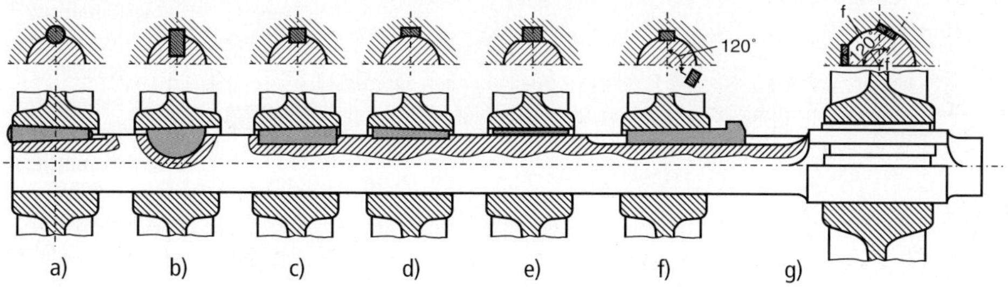

a) Rundkeil (Stirnkeil) b) Scheibenkeil c) Einlegekeil	d) Hohlkeil e) Flachkeil	f) Treibkeil ohne bzw. mit Nase (bei 2 Stück um 120° versetzt)	g) Tangentenkeile (*f-f* = Lage der Teilfuge, wenn die Nabe geteilt ist)

Abbildung 12.2: Vorgespannte formschlüssige Welle-Nabe-Verbindungen nach [12.63]

Anwendungsgebiet	Formschluss (teilweise vorgespannt)
Kleinere Drehmomente	Querstift, Scheibenfeder
Einseitige und wechselseitige Drehmomente	Querstift, Passfeder (mit Einschränkung bei wechselnden Drehmomenten)
Große wechselseitige oder stoßhafte Drehmomente	Vielkeil- und Polygon-Profil mit Presssitz, Tangentenkeil (alle vorgespannt)
Kurze Naben bei großem Drehmoment	Vielkeil-, Kerbzahn- und Polygon-Profil
Verschiebbare Nabe – Welle	Gleitfeder, Vielnut-Profil
Leicht lösbare Nabe	Passfeder, Vielkeil-, Kerbzahn- und Polygon-Profil, vorgespannt als Nasenkeil, Gewinde mit Längsanlage der Nabe an Wellenabsatz und kegeliges Gewinde für eine Drehrichtung
In Drehrichtung verstellbare Nabe	Kerbzahn-Profil
Dünnwandige Nabe	Kerbzahn-Profil, vorgespannt durch Gewinde mit Längsanlage der Nabe am Wellensitz bei einseitigem Drehmoment

Tabelle 12.1: Auswahlkriterien für formschlüssige Welle-Nabe-Verbindungen

Neben der Hauptfunktion der Drehmomentübertragung können auch Querkräfte und Biegemomente übertragen werden. Wird das Drehmoment direkt übertragen, z.B. beim Klemmsitz oder beim Presssitz, liegt eine unmittelbare Verbindung vor. Um eine mittelbare Verbindung handelt es sich, wenn Zwischenglieder erforderlich sind, z.B. eine Passfeder oder Spannsätze.

Für viele Welle-Nabe-Verbindungen gelten besondere – teilweise genormte oder aber herstellerspezifische – Berechnungs- und Auslegungsverfahren; meistens haben sie auch einen direkten Einfluss auf die Festigkeit der Welle bzw. Achse. Da die Widerstandsmomente der Naben i.A. größer sind als die der Wellen, ist es für reib- und formschlüssige Verbindungen ausreichend, den Festigkeitsnachweis für die Welle zu führen (s.a. Kapitel 11). Das gilt jedoch nicht, wenn der Außendurchmesser der Nabe nur geringfügig größer als der Nabendurchmesser ist, mithin also eine sehr dünne Nabe vorliegt [12.54].

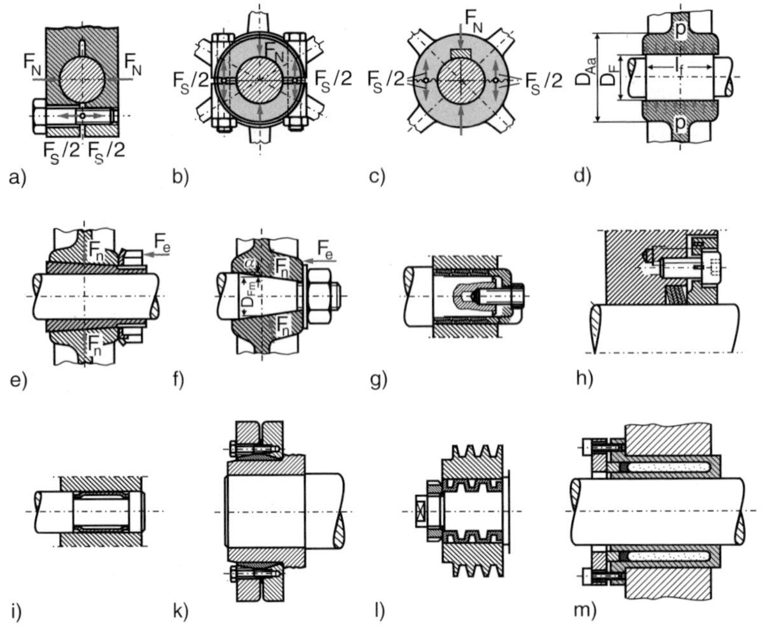

Abbildung 12.3: Reibschlüssige Welle-Nabe-Verbindungen nach [12.63]

Anwendungsgebiet	Reibschluss oder Stoffschluss durch Kleben, Löten, Schweißen
Kleinere Drehmomente	Klemmsitz, Hohlkeil, Toleranzring, stoffschlüssig als geklebter Schiebesitz und als Lötverbindung
Einseitige und wechselseitige Drehmomente	Presssitz, Klemmsitz, Hohlkeil, Toleranzring, stoffschlüssig als Schrumpf-Klebesitz
Große wechselseitige oder stoßhafte Drehmomente	Querpresssitz (Schrumpfsitz, Druckölverbindung)
Kurze Naben bei großem Drehmoment	Schrumpfsitze mit Carborundpulver stoffschlüssig als Schweißverbindung (direkte Verbindung Radscheiben-Welle), Schrumpf-Klebsitz
Leicht lösbare Nabe	Klemmsitz, Kegelsitz, Kegelbüchse, Druckölverband, Spannelemente, Schrumpfscheibe, stoffschlüssig als geklebter Schiebe- und Schrumpfsitz (Erwärmung)
Nachträglich auf glatte Welle aufzubringende Nabe	Hohlkeil, Klemmsitz, Kegelbüchse, Spannelement
In Drehrichtung verstellbare Nabe	Hohlkeil, Klemmsitz, Kegelbüchse, Schrumpfscheibe
Dünnwandige Nabe	Schrumpfscheibe, stoffschlüssig als geklebter Schiebe- und Schrumpfsitz

Tabelle 12.2: Auswahlkriterien für reib- und stoffschlüssige Welle-Nabe-Verbindungen

Erste Richtwerte für den Nabendurchmesser D und die Nabenlänge L bei gegebenem Wellendurchmesser d für den Entwurf von Welle-Nabe-Verbindungen sind in Tabelle 12.3 zusammengestellt. Richtwerte für die zulässige Fugenpressung $p_{F,zul}$ enthält Tabelle 12.4 [12.66].

Verbindungsart	Nabendurchmesser D		Nabenlänge L	
	Grauguss	Stahl, GS	Grauguss	Stahl, GS
Passfederverbindung	$(2{,}0 \dots 2{,}2) \cdot d$	$(1{,}8 \dots 2{,}0) \cdot d$	$(1{,}6 \dots 2{,}1) \cdot d$	$(1{,}1 \dots 1{,}4) \cdot d$
Keilwelle, Zahnwelle	$(1{,}8 \dots 2{,}0) \cdot d$	$(1{,}8 \dots 2{,}0) \cdot d$	$(1{,}0 \dots 1{,}3) \cdot d$	$(0{,}6 \dots 0{,}9) \cdot d$
Längsbewegliche Nabe	$(1{,}8 \dots 2{,}0) \cdot d$	$(1{,}6 \dots 1{,}8) \cdot d$	$(2{,}0 \dots 2{,}2) \cdot d$	$(1{,}8 \dots 2{,}0) \cdot d$
Polygonverbindung	$(1{,}6 \dots 1{,}8) \cdot d$	$(1{,}3 \dots 1{,}6) \cdot d$	$(1{,}8 \dots 2{,}0) \cdot d$	$(1{,}6 \dots 1{,}8) \cdot d$
Pressverband (zylindrisch oder kegelig)	$(2{,}2 \dots 2{,}6) \cdot d$	$(2{,}0 \dots 2{,}5) \cdot d$	$(1{,}2 \dots 1{,}5) \cdot d$	$(0{,}8 \dots 1{,}0) \cdot d$
Spannverbindung, Klemm-, Keilverbindung	$(2{,}0 \dots 2{,}2) \cdot d$	$(1{,}8 \dots 2{,}0) \cdot d$	$(1{,}6 \dots 2{,}0) \cdot d$	$(1{,}2 \dots 1{,}5) \cdot d$

Werte für Keilwelle und Kerbverzahnung bei einseitig wirkendem Moment für die leichte Reihe, bei mittlerer Reihe $\approx 70\ \%$, bei schwerer Reihe $\approx 45\ \%$ der Werte annehmen
Bei größeren Scheiben oder Rädern mit seitlichen Kippkräften ist die Nabenlänge zu vergrößern.
Größere Werte bei Werkstoffen geringerer Festigkeit, kleinere Werte bei höherer Festigkeit

Tabelle 12.3: Richtwerte für den Entwurf von Welle-Nabe-Verbindungen nach [12.66]

Verbindungsart	Nabenwerkstoff	
	Stahl, GS, $p_{F,zul} = R_e / S_F$ mit $S_F =$	Grauguss $p_{F,zul} = R_m / S_B$ mit $S_B =$
Passfeder, M_t einseitig	1,1 ... 1,5	1,5 ... 2,0
Gleitfeder [1)] und Keile	3,0 ... 4,0	3,0 ... 4,0
Polygonverbindung	1,5 ... 2,0	2,0 ... 3,0
Profilwelle [1)], M_t einseitig, ohne Stöße	1,3 ... 1,5	1,7 ... 1,8
Profilwelle [1)], M_t wechselnd, mit Stößen	2,7 ... 3,6	3,4 ... 4,0
Pressverband, Kegelpressverband	2,5 ... 3,0	2,5 ... 3,0
Spannverbindung, Keilverbindung	1,5 ... 3,0	2,0 ... 3,0

[1)] S_F bzw. S_B sind zu erhöhen, für unbelastet verschiebbare Radnabe um Faktor ≥ 3.
[1)] S_F bzw. S_B sind zu erhöhen, für unter Last verschiebbare Radnabe um Faktor ≥ 6 bzw. ≥ 12.

Tabelle 12.4: Richtwerte für die zulässige Fugenpressung $p_{F,zul}$ nach [12.66]

12.2 Formschlüssige Welle-Nabe-Verbindungen

Formschlüssige Welle-Nabe-Verbindungen gemäß Abbildung 12.1 sind einfach zu montieren und kommen deshalb häufig zur Anwendung, trotz eingeschränkter dynamischer Belastbarkeit. Zur einfachsten (und preiswertesten) Ausführung der formschlüssigen Welle-Nabe-Verbindungen für kleine Drehmomente gehört sicherlich die Stiftverbindung (s.a. Kapitel 9). Zu den häufigsten formschlüssigen Welle-Nabe-Verbindungen gehören Passfeder, Scheibenfeder, Profilwellen und Stirnzahnverbindung, die in den folgenden Abschnitten behandelt werden.

Im Vergleich zu den reibschlüssigen Welle-Nabe-Verbindungen haben die formschlüssigen den Vorteil, dass sie mit einer Spiel- oder Übergangspassung gefügt werden und damit im montierten Zustand weitgehend spannungsfrei sind. Daraus resultiert allerdings auch der Nachteil, dass sie ohne zusätzliche konstruktive Maßnahmen (axiale Anlagen bzw. Sicherungselemente) nur Umfangskräfte (bzw. Drehmomente) übertragen können.

12.2.1 Passfedern und Scheibenfedern

Die einfach zu montierenden und demontierenden Pass- und Scheibenfederverbindungen werden bei einseitig wirkendem Drehmoment eingesetzt (z.B. für Riemenscheiben, Zahnräder, Kupplungen), Abbildung 12.4. Zudem werden sie als Lagesicherung bei manchen Klemm- und Kegelsitzen genutzt. Wird die Passfeder bei längsbeweglichen Naben mit Gleitsitz verwendet, spricht man auch von einer Gleitfeder (s.a. Abbildung 12.1 e). Die Flanken der Passfedern müssen fest in den Nuten sitzen, um nicht auszuschlagen. Sie werden daher auch nur mit Einschränkungen für stoßartige oder wechselnde Drehmomente eingesetzt, da diese ein Ausschlagen der Passfedernut bewirken können. Zwischen Passfeder und Nabennut bleibt gewöhnlich ein Rückenspiel.

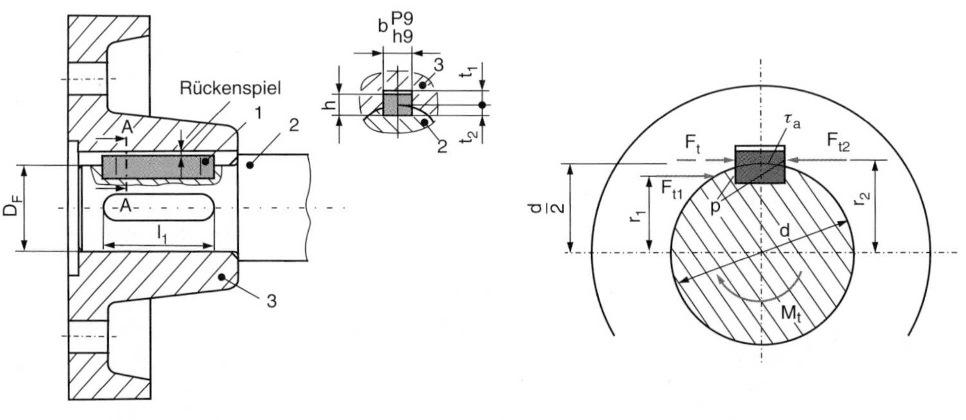

Abbildung 12.4: Passfederverbindung und angreifende Kräfte an der Verbindung

Die Formen und Abmessungen der Passfedern sind in Abhängigkeit vom Wellendurchmesser nach DIN 6885 genormt [12.29]. In Abbildung 12.5 sind die üblichen Passfederformen wiedergegeben. Die hohe Form der Passfeder mit runden Stirnflächen (Form A) wird am häufigsten eingesetzt. Die Ausführungen mit Halte- und Abdrückschrauben (Form E und F) kommen als Gleitfedern zum Einsatz. In Werkzeugmaschinen werden die gleichen Passfedergeometrien genutzt, allerdings bei größerer Wellennut- und kleinerer Nabennuttiefe. Als Werkstoff für Passfedern wird üblicherweise E295 GC+C vorgesehen, wobei auch andere Werkstoffe möglich sind.

Bezüglich der Gestaltung von Passfederverbindungen zeigt Abbildung 12.5 b) (links) die vorteilhafte Anordnung der Wellennut bei dynamischer Torsion und Umlaufbiegung. Die Passfeder sollte etwas kürzer als die Nabe sein. Zur Vermeidung von Mehrfachkerbwirkung sollte die Wellennut nicht in den Absatz hineinlaufen [12.68]. Des Weiteren ist die Passfederform B (ohne Rundungen) günstiger als die Form A. Ein vergleichbar positiver Einfluss auf die Kerbwirkungszahl entsteht durch die Scheibenfräsernut (Nutform N2) anstelle der Fingerfräsernut (N1). Wird die Welle einsatzgehärtet, so steigt die Dauerfestigkeit im Vergleich zu nicht gehärteten Wellen.

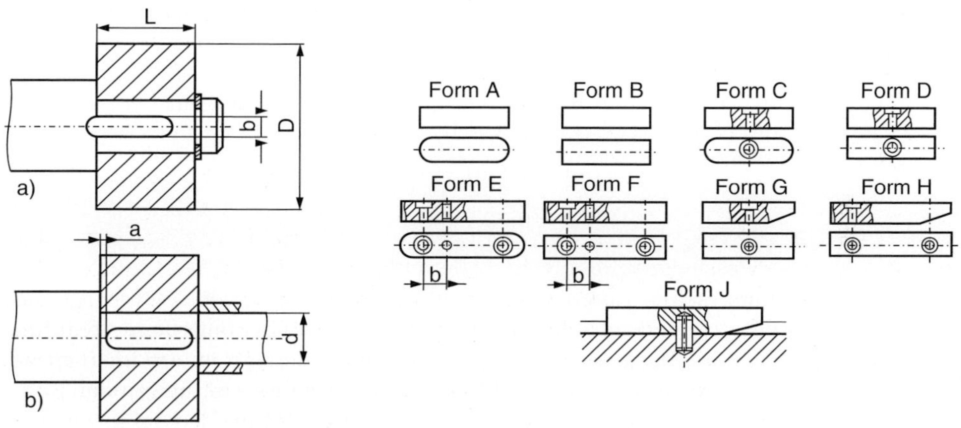

Abbildung 12.5: Gestaltung von Passfederverbindungen – links: Nutlage b) ist bei dynamischer Belastung zu bevorzugen, rechts: unterschiedliche Passfederformen

Hinsichtlich der nabenseitigen Krafteinleitung ist gemäß Abbildung 12.6 die rechte Variante c) zu bevorzugen (direkte Momentendurchleitung), da sich von links nach rechts mit Zunahme der wirkenden Länge l_w die Flankenpressung über der tragenden Passfederlänge vergleichmäßigt [12.59]. Grund dafür ist, dass der größte Teil des Drehmomentes an der Stelle der Drehmomenteneinleitung übertragen wird. Daraus resultiert eine Verdrehung der Passfeder mit gleichzeitiger Erhöhung der Flächenpressung, weshalb die Passfederlänge nie länger sein sollte als das 1,5-Fache des Wellendurchmessers.

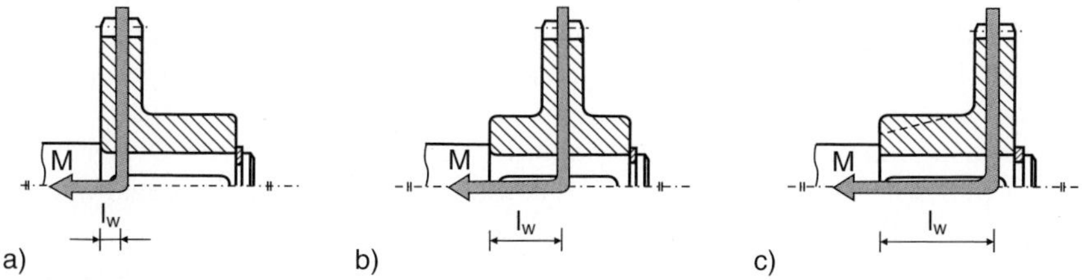

Abbildung 12.6: Kraftverteilung (Kraftfluss) in Abhängigkeit von der Nabenausführung [12.59]

Ursprünglich wurden Passfederverbindungen nicht berechnet, solange kein wechselndes Drehmoment vorlag und die zum Wellendurchmesser gehörigen Passfeder- und Nabenabmessungen eingehalten wurden. Lediglich bei kurzen Passfedern mit $l < 0{,}9 \cdot d$ ist die Flächenpressung an den tragenden Flächen der Nuten des festigkeitsmäßig schwächeren Teiles (meist Nabe) zu überprüfen. Die ebenfalls auftretende Scherbeanspruchung in der Passfeder ist bei Normabmessungen unkritisch. Für ein gegebenes Drehmoment M_t berechnet sich bei i möglichst gleichmäßig am Umfang angeordneten Passfedern die Flächenpressung p zu:

$$p = \frac{2 \cdot M_t}{D_F \cdot (h - t_1) \cdot l_{tr} \cdot i \cdot \varphi} \leq p_{zul} \qquad (12.1)$$

Hierin bezeichnen gemäß Abbildung 12.4 l_{tr} die tragende Passfederlänge (ohne Rundungen), h die Höhe der Passfeder in mm, t_1 die Wellennuttiefe in mm, i die Anzahl der Passfedern und p_{zul} als die zulässige Flächenpressung des schwächsten Werkstoffs ergibt sich aus Tabelle 12.4. Für Graugussnaben ist R_m anstelle von R_e zu verwenden. Das ungleichmäßige Tragen aufgrund von Fertigungsabweichungen wird bei mehr als einer Passfeder durch den Faktor φ berücksichtigt:

$$\varphi = 1 \quad \text{für} \quad i = 1$$

$$\varphi = 0{,}75 \quad \text{für} \quad i > 1$$

Bei mehr als einer Passfeder sollte für die Federn ein weniger fester Werkstoff verwendet werden, da dann schon durch geringes Fließen des Federwerkstoffes eine Vergleichmäßigung des Tragens eintritt. Die Anzahl der Passfedern sollte nicht größer als $i = 2$ sein, weil sonst die Beanspruchung der einzelnen Federn zu unterschiedlich ist. Lässt sich das Drehmoment nicht mit $i = 2$ Passfedern übertragen, ist eine andere formschlüssige Welle-Nabe-Verbindung auszuwählen (z.B. eine Profilwellenverbindung).

Aufgrund umfangreicher Forschungsarbeiten wurden die Berechnungsverfahren für Passfederverbindungen in DIN 6892 erheblich erweitert, so dass erstmals die tatsächlichen Beanspruchungs- und Versagenskriterien erfasst werden können [12.34], [12.64]. In Anlehnung an andere genormte Berechnungsverfahren werden die drei Methoden A, B und C unterschieden. Die bereits vorgestellte Gleichung zur überschlägigen Berechnung der Flächenpressung und daraus resultierender Abschätzung der Wellenbeanspruchung entspricht der Methode C. Bei der komplexen Methode A handelt es sich entweder um einen experimentellen Festigkeitsnachweis am Bauteil unter Praxisbedingungen und/oder um eine umfassende rechnerische Beanspruchungsanalyse der kompletten Welle-Nabe-Verbindung, bestehend aus Welle, Passfeder und Nabe.

Bei der Methode B erfolgt die Auslegung aufgrund einer genaueren Berücksichtigung der auftretenden Flächenpressung, indem z.B. die inhomogene Lastverteilung entlang der Passfederflanke durch einen Lastverteilungsfaktor berücksichtigt wird. Der Methode liegen Untersuchungen zugrunde, denen zufolge bei Passfederverbindungen mit schwellender Torsionsbelastung oder mit Umlaufbiegebelastung als Versagensursache Schwingungsverschleiß im Passfedernut-Endbereich auftritt. Dieser begünstigt Anrisse an den kalt verschweißten Oberflächen der Nutwand. Die Rissentstehung ist auf die zwischen Passfedernutwand und Passfeder auftretenden Mikrogleitbewegungen zurückzuführen, die in Verbindung mit den dort wirkenden Normalkräften bzw. Reibschubspannungen einen adhäsiv-abrasiven Schichtverschleiß bewirken [12.64]. Der Festigkeitsnachweis der Welle ist nach DIN 743 zu erbringen (s.a. Kapitel 11), [12.16].

Bezüglich weiterer Angaben zur Gestaltfestigkeit und zu Einflussfaktoren wird auf DIN 6892 sowie weiterführende Literatur verwiesen [12.34], [12.64]. Abschließend sei darauf hingewiesen, dass eine überlagerte Presspassung zwar die Montage und Demontage erschwert, die Gestaltfestigkeit aber positiv beeinflusst. Im günstigsten Fall erreicht man damit die Gestaltfestigkeit einer Pressverbindung.

Als kostengünstige Variante zur Passfederverbindung gibt es die Scheibenfederverbindung nach DIN 6888 gemäß Abbildung 12.7, bei der die Wellennut einfach durch einen eintauchenden Scheibenfräser gefertigt wird [12.32]. Hierdurch erfolgt eine erhebliche Schwächung der Welle mit begrenzter Tragfähigkeit der Verbindung. Die Scheibenfederlänge ergibt sich direkt aus den Maßen des Scheibenfräsers. Die Scheibenfeder kann auch als Keil verwendet werden, jedoch nicht als Gleitfeder. Die Tragfähigkeitsberechnung ist vergleichbar mit der Passfederberechnung. Ein großes Anwendungsgebiet ist der Werkzeugmaschinenbau.

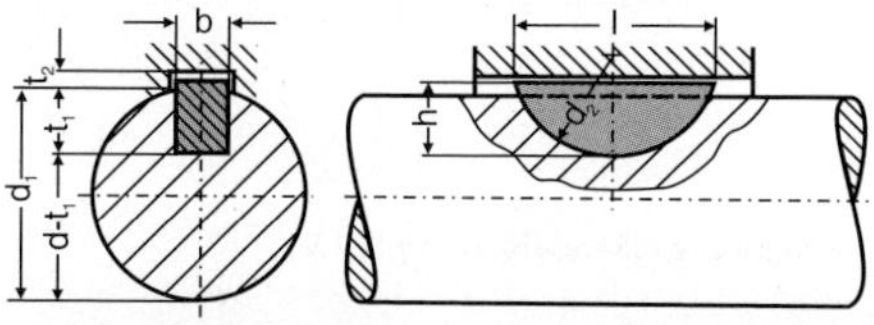

Abbildung 12.7: Scheibenfeder nach DIN 6888 [12.63]

12.2.2 Keilwellen- und Zahnwellenverbindungen

Ausgehend vom Prinzip der Passfeder wird bei Keilwellen gemäß Abbildung 12.8 das Drehmoment über mehrere gerade, symmetrisch am Umfang verteilte, parallele Seitenflächen übertragen. Dabei leitet sich der Begriff Keil von der ursprünglichen Bezeichnung für Passfedern „Keile ohne Anzug“ ab.

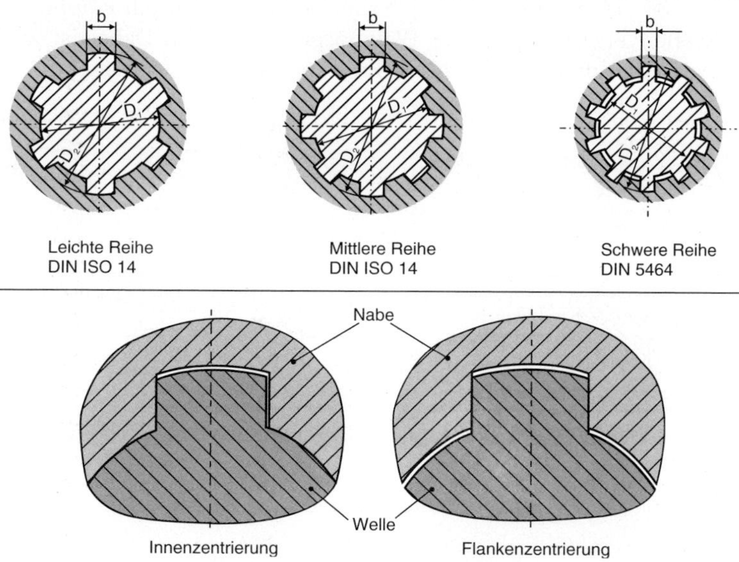

Abbildung 12.8: Keilwellenverbindungen mit Innen- und Flankenzentrierung

Im allgemeinen Maschinenbau unterscheidet man die Keilwellen-Profile nach DIN ISO 14 mit den Keilzahlen 6, 8 und 10 und nach DIN 5464 mit den Keilzahlen 10, 16 und 20, jeweils im Außendurchmesserbereich von 14 bis 125 mm [12.20], [12.41]. Im Werkzeugmaschinenbau sind Keilwellen mit vier bzw. sechs Keilen nach DIN 5471 und DIN 5472 gebräuchlich [12.22], [12.23]. Keilwellen-Profile werden sowohl für feste als auch für längsbewegliche Verbindungen verwendet, Abbildung 12.9. Sie sind den unmittelbaren Formschlussverbindungen zuzuordnen.

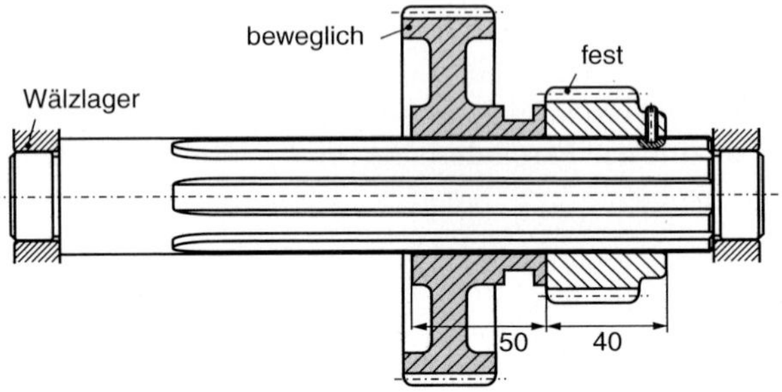

Abbildung 12.9: Verschiebezahnrad mit Keilwellenverbindung [12.51]

Bei der Zentrierung der Welle in der Nabe unterscheidet man nach Abbildung 12.8 zwischen Innenzentrierung und Flankenzentrierung. Durch die Innenzentrierung wird ein guter Rundlauf erreicht, weshalb sie häufig im Werkzeugmaschinenbau eingesetzt wird. Mit der Flankenzentrierung erzielt man ein kleines Verdrehspiel, was besonders bei wechselnden und stoßartigen Drehmomenten vorteilhaft ist. Die Passungswahl kann zwischen Spielpassung (Laufsitz) bis Übermaßpassung (Festsitz) erfolgen. Ein weiteres großes Einsatzgebiet der Keilwelle ist die Zapfwelle an Landmaschinen nach DIN 9611 [12.37].

Zur Herstellung der Keilwellen-Profile werden bei Einzelfertigung Scheibenfräser verwendet. Bei Serienfertigung wird die Nabenverzahnung durch Räumen oder Wälzstoßen, die Wellenverzahnung durch Wälzfräsen hergestellt. Dabei ist zu beachten, dass sich gemäß Abbildung 12.10 an die Fräslänge eine Auslauflänge für den Fräser anschließt.

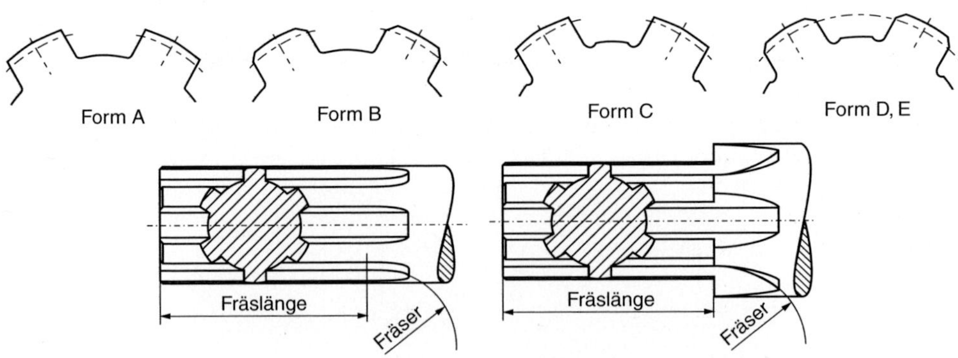

Abbildung 12.10: Keilwellen – Profilformen und Herstellung mit Scheiben- oder Wälzfräser

Eine Weiterentwicklung der Keilwellenverbindung stellt die Zahnwellenverbindung gemäß Abbildung 12.11 dar, die aus einer außen verzahnten Welle und einer innen verzahnten Nabe (negative Profilierung) besteht. Dabei werden entsprechend der Verzahnungsgeometrie Kerbzahn-Profile mit dreieckförmigem Querschnitt der Zähne nach DIN 5481 und Evolventen-Zahn-Profile mit Evolventenkontur der Zähne nach DIN 5480 bzw. ISO 4156 unterschieden [12.24], [12.25], [12.52]. Der Eingriffswinkel beträgt vorzugsweise 30°, die Zahnhöhe entspricht einmal dem Modul. Im Vergleich zur Passfeder sind Zahnwellen wegen der vielen Zähne auch zur Übertragung wechselnder und stoßartiger Drehmomente geeignet, da die Zahngrundausrundung eine kleinere Kerbwirkung erzeugt. Im Vergleich zur evolventischen Laufverzahnung (Linienberührung) weist die Zahnwellenverbindung einen Flächenkontakt der Zahnflanken auf.

Das Kerbzahn-Profil eignet sich nicht für Schiebesitze und wird überwiegend für feste Verbindungen eingesetzt. Das Evolventenzahn-Profil dagegen ist sowohl für leicht lösbare und verschiebbare als auch für feste Verbindungen geeignet.

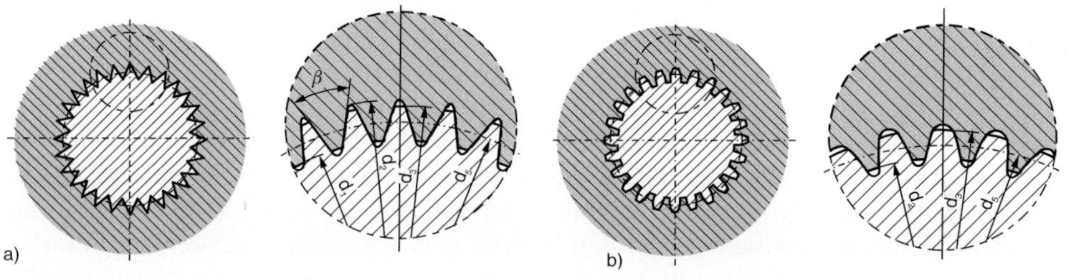

Abbildung 12.11: Zahnwellenverbindung – a) Kerbzahn-Profil, b) Evolventenzahn-Profil

Während das Kerbzahn-Profil meist flankenzentriert ausgeführt wird, kann beim Evolventenzahn-Profil sowohl Flanken- als auch Außenzentrierung vorgesehen werden. Im Vergleich zu reibschlüssigen Verbindungen bietet die Zahnwellenverbindung durch den Formschluss den Vorteil der vergrößerten Drehmomentübertragungsfähigkeit auch bei geringen Nabenwandstärken. Dieser Effekt lässt sich bei abnehmender Zentriereigenschaft durch Verkleinerung des Flankenwinkels noch verbessern. Umgekehrt lässt sich eine gesteigerte Zentrierfähigkeit und Abweichungstoleranz, speziell bei Zahnwellen mit Presssitz, durch die Vergrößerung des Flankenwinkels bis zu 45° erzielen, allerdings steigt dadurch die Nabenbeanspruchung.

Zur Herstellung der Wellenverzahnung wird meistens das Abwälzverfahren genutzt, im unteren Modulbereich wird in der Großserienfertigung kostengünstig kalt gewalzt, wodurch sich die Zahnfußfestigkeit steigern lässt. Gemäß DIN 5480 wird zwischen dem Längs- und dem Querwalzen unterschieden [12.24]. Für die Herstellung der Nabenverzahnung eignet sich bei großen Stückzahlen das Räumen, ansonsten das Form- oder Wälzstoßen. Es ist zu beachten, dass die Verzahnung der Nabe und der Welle separat angegeben werden muss, hierfür enthält DIN 5480 ein spezielles Toleranzsystem [12.24].

Zur vereinfachten Berechnung von Keilwellenverbindungen ist wie bei den Passfederverbindungen die Flächenpressung p unter der Drehmomentbelastung M_t das Dimensionierungskriterium:

$$p = \frac{2 \cdot M_t}{d_m \cdot h \cdot l_{tr} \cdot i \cdot \varphi} \leq p_{zul} \tag{12.2}$$

Hierin bezeichnen $d_m = 0{,}5 \cdot (D + d)$ den mittleren Profildurchmesser, h die Keilhöhe und l_{tr} die tragende Länge der Verbindung. Die Anzahl der Keile ist i und der Tragfaktor φ beträgt $\varphi = 0{,}75$ bei Innenzentrierung und $\varphi = 0{,}9$ bei Flankenzentrierung. Die zulässige Flächenpressung p_{zul} des schwächsten Werkstoffs ist Tabelle 12.4 zu entnehmen.

Zur Berechnung von Zahnwellenverbindungen gilt analog:

$$p = \frac{2 \cdot M_t}{d_m \cdot h \cdot l_{tr} \cdot i \cdot \cos\alpha \cdot \varphi} \leq p_{zul} \tag{12.3}$$

In Erweiterung zur Gleichung (12.2) ist hier der Eingriffswinkel α der Verzahnung zu berücksichtigen. Der Tragfaktor φ beträgt $\varphi = 0{,}75$ für Kerbverzahnung und $\varphi = 0{,}9$ für Evolventenzahnung.

Da in Wirklichkeit die Beanspruchungsverhältnisse an den Wirkflächen komplizierter sind, wurden zur verbesserten Berechnung umfangreiche experimentelle und theoretische Untersuchungen an Zahnwellenverbindungen vorgenommen [12.10], [12.67]. Das daraus abgeleitete Verfahren gilt für flankenzentrierte Verbindungen mit Spiel- oder Übergangspassung und lässt sich sinngemäß auch auf Keilwellenverbindungen übertragen. Zusätzlich zur Flächenpressung sind die Zahnfußfestigkeit (Schadensbild: Zahnbruch, Wellenbruch jeweils als Gewalt- oder Ermüdungsbruch) und die Verschleißfestigkeit (Schadensbild: Tribokorrosion, Flankenabtrag) zu überprüfen.

Dabei hat die jeweils vorliegende Belastungskombination von Drehmoment M_t und Querkraft F_Q entscheidenden Einfluss auf die Betriebssicherheit einer Zahnwellenverbindung. Ferner sind zur Beurteilung des Beanspruchungs- und Verschleißverhaltens das Spiel, die Geometrie-Abweichungen und das elastische Verhalten der Verbindung sowie die Reibungsbedingungen in den Wirkflächen von Interesse. Generell unterliegen Zahnwellenverbindungen im praktischen Einsatz immer einem Verschleiß [12.67]. Ursachen dafür sind Gleitbewegungen aufgrund elastischer Verformungen sowie Relativbewegungen, ausgelöst durch nahezu immer vorhandene Querkraftanteile, Verzahnungsabweichungen sowie Fluchtungsabweichungen bei den zu verbindenden Teilen. Vermeidbar wären die Relativbewegungen pro Umlauf zwar durch eine zentrische Lagerung der Welle, dies ist jedoch praktisch kaum realisierbar. Demzufolge muss der Verschleiß durch Schmierung oder zusätzliche Beschichtungen begrenzt werden. Am wirkungsvollsten ist die Öldurchlaufschmierung, weil damit die Abriebpartikel sofort aus der Wirkzone gespült werden.

Eine weitere Maßnahme zur Verschleißreduzierung in Zahnwellenverbindungen ist der Presssitz [12.4]. Unter Berücksichtigung der schwierigen Montage und möglicherweise irreversiblen Demontage sind solche Verbindungen nur für Sondereinsatzfälle zu empfehlen.

Abschließend ist festzustellen, dass sich Keil- und Zahnwellenverbindungen für Schiebesitze mit vorwiegender Torsionsbelastung sehr gut eignen. Bei zusätzlicher Querkraftbelastung besteht jedoch die Gefahr des Zahnverschleißes mit der Folge, dass nur eine zeitfeste Auslegung möglich ist (siehe hierzu auch DIN 5466 [12.21].

12.2.3 Polygonwellenverbindungen

Bei der Polygonwellenverbindung werden so genannte Polygon-Profile (Unrund-Profile) entsprechend Abbildung 12.12 eingesetzt. Sie gehören zu den unmittelbaren formschlüssigen Welle-Nabe-Verbindungen ohne Verbindungselemente. Dabei ergeben sich die zur Drehmomentübertragung hauptsächlich notwendigen Normalkräfte sowie die Tangentialkräfte zwischen der Welle und der Nabe direkt aus der Geometrie des Polygons. Folgende Polygonarten werden eingesetzt:

- Das Profil P3G nach DIN 32711 verfügt über drei „Ecken", wobei mit G ein harmonischer Übergang der Flankengeometrie zur Ecke gekennzeichnet wird. Das Polygon hat Gleichdickcharakter, d.h. der Wellenaußendurchmesser ist an allen Stellen genau gleich [12.38].

- Das Profil P4C nach DIN 32712 hat vier „Ecken" und der Buchstabe C steht für einen disharmonischen Übergang der Flankengeometrie zur Ecke [12.39].

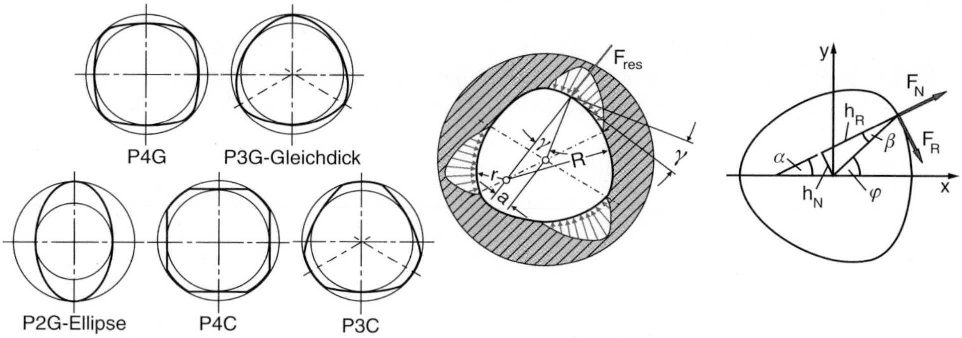

Abbildung 12.12: Polygonwellen-Profile, Beanspruchung des P3G-Profils und Anlagewinkel β_{max}

Polygonwellenverbindungen weisen im Vergleich zu anderen Welle-Nabe-Verbindungen die folgenden Besonderheiten auf:

- Die passgenaue Formschlüssigkeit erlaubt eine gute Übertragung stoßartiger Belastungen bei geringer Kerbwirkung.
- Hohe Laufruhe durch selbstständiges Zentrieren von Welle und Nabe unter Torsion
- P3G-Profile sind gut geeignet für Festsitze und ungeeignet für Schiebesitze unter Last. Als Passung werden Übermaßpassungen zur Verringerung von Relativbewegungen bevorzugt.
- P4C-Profile sind sehr gut für Axialverschiebung unter Drehmomentbelastung geeignet.
- Beide Profile können mit CNC-Maschinen komplett geschliffen werden. Der frühere Nachteil, dass zur Fertigung Spezialmaschinen benötigt werden, entfällt damit.

Die in Abbildung 12.12 gezeigte maximale Flächenpressung p an einem P3G-Profil aufgrund einer einwirkenden stationären Torsionsbelastung M_t berechnet sich gemäß DIN 32711 in ausreichender Näherung zu [12.38]:

$$p = \frac{M_t}{l_{tr} \cdot (c \cdot \pi \cdot d_r \cdot e_r + 0{,}05 \cdot d_r^2)} \leq p_{zul} \tag{12.4}$$

Hierin bezeichnen l_{tr} die tragende Nabenlänge, e_r die rechnerische Exzentrizität ($e_r = e$ für P3G-Profil, $e_r = (d_1 - d_2) / 4$ für P4C-Profil) und d_r den rechnerischen Durchmesser ($d_r = d_1$ für P3G-Profil und $d_r = (d_2 + 2 \cdot e_r)$ für P4C-Profil). Der Faktor c beträgt $c = 0{,}75$ für das P3G-Profil und $c = 1$ für das P4C-Profil. Die zulässige Flächenpressung p_{zul} des schwächsten Werkstoffs ist Tabelle 12.4 zu entnehmen. Für das P4C-Profil nach DIN 32712 gilt die Gleichung mit den entsprechend angegebenen Größen ebenfalls [12.39].

Die kleinste Nabenwanddicke s des Profils lässt sich wie folgt berechnen:

$$s \approx k \cdot \sqrt{\frac{M_t}{l_{tr} \cdot R_e}} \tag{12.5}$$

Hierin bezeichnet R_e die Streckgrenze des Nabenwerkstoffes und der Beiwert k ergibt sich aus Tabelle 12.5.

Profil	$d_1 < 35$	$d_1 \geq 35$	Profil	$d_1 < 35$	$d_1 \geq 35$
P3G	1,44	1,20	**P4C**	0,70	0,70

Tabelle 12.5: Beiwert k zur Berechnung der Nabenwanddicke von Polygon-Profilen

Bei instationärer Belastung versagt die Polygonverbindung durch Schwingungsverschleiß, der im Einlaufbereich der Welle in die Nabe aufgrund der Mikrogleitbewegungen zwischen beiden Körpern entsteht. Die Relativbewegungen führen zu Mikrorissen an der Oberfläche, welche sich unter weiterer Belastung in das Bauteil, normalerweise der Welle, hinein ausdehnen und zum Versagen führen.

Entsprechend Abbildung 12.12 bilden sich infolge der Torsionsbelastung in einer Polygon-Welle-Nabe-Verbindung drei (P3G) bzw. vier (P4C) Kontaktzonen auf der Fügefläche aus, über welche die Momente übertragen werden. Dabei treten wegen des Formschlusses Normalspannungen und durch einen kleineren Reibungsanteil Schubspannungen auf. Entscheidend für die Höhe der Normalspannung ist der ebenfalls in Abbildung 12.12 dargestellte Anlagewinkel und sein Maximum β_{max}. Mit größeren Anlagewinkeln lassen sich größere Drehmomente durch kleinere Normalspannungen übertragen, die Verbindung wird günstiger beansprucht.

Die P4C-Verbindungen weisen im Vergleich zu P3G-Verbindungen generell größere Anlagewinkel auf und können deshalb höhere Torsionsmomente unter einer günstigeren Beanspruchung übertragen. Andererseits hat ein zu großer Anlagewinkel β_{max} zwei Nachteile zur Folge. Unter Umlaufbiegung verursacht er eine ungünstige Beanspruchung der Anlagebereiche und die bei dieser Verbindung erforderliche genaue Fertigung, besonders der Nabe, ist sehr aufwändig. Aufgrund dessen sind bei Umlaufbiegung die P3G-Verbindungen vorteilhafter [12.81].

Ungeachtet der kerbarmen Geometrie ergeben sich mit anderen Verbindungen vergleichbare Kerbwirkungszahlen β_c gemäß Tabelle 12.6, wobei der Index c anzeigen soll, dass die Kerbwirkungszahlen den festigkeitsmindernden Einfluss der Reibbeanspruchung in den Kontaktstellen beinhalten.

Profilart	β_{ct} (Torsion)	β_{cb} (Biegung)	Profilart	β_{ct} (Torsion)	β_{cb} (Biegung)
P3G	3,0	3,8	**P4C**	3,7	5,1

Tabelle 12.6: Kerbwirkungszahlen für Polygon-Profile [12.81]

Abschließend folgen einige Empfehlungen für die Ausführung von Polygonwellenverbindungen, die sich aus neueren Forschungsarbeiten auf diesem Gebiet ergeben haben [12.76]:

- Die Schmierung muss dauerhaft wirksam sein und soll mögliche Verschleißprodukte nicht in der Trennfuge halten (Ölumlaufschmierung anstelle Fettschmierung).
- Ein größerer Nabenaußendurchmesser führt zu einer höheren Belastbarkeit der Nabe, ohne die Tragfähigkeit der Welle negativ zu beeinflussen.
- Die Tragfähigkeit der Verbindung kann durch eine Oberflächenbehandlung der Welle (Nitrieren) um bis zu 100 % gesteigert werden.
- Eine große Verbindungslänge (l / $D \geq 1{,}0$) steigert die Tragfähigkeit bei Biegung, wird aber bei der Fertigung durch Schleifen von der maximal herstellbaren Nabenlänge begrenzt.

- Das Passmaß zwischen Welle und Nabe sollte möglichst eng (mit leichtem Übermaß) gewählt werden, so dass eine gleichmäßige Lastübertragung über den gesamten Umfang des Profils erzielt wird. Dadurch geht allerdings der Vorteil der Verschiebbarkeit verloren.
- Ein Wellenabsatz als Anlage schränkt mögliche Gleitwege ein, so dass Reibkorrosion und deren Auswirkungen gemindert werden können.

12.2.4 Stirnzahnverbindung

Oftmals sind Bauteile in einem Stück schwierig oder unwirtschaftlich herzustellen. Hierzu gehören z.B. Ritzelwellen, bei denen die Verzahnung aus einem höherwertigen Material hergestellt werden muss als die Welle. Derartige Bauteile lassen sich durch eine an den jeweiligen Stirnflächen angebrachte Plankerbverzahnung gemäß Abbildung 12.13 starr und zentrisch miteinander verbinden.

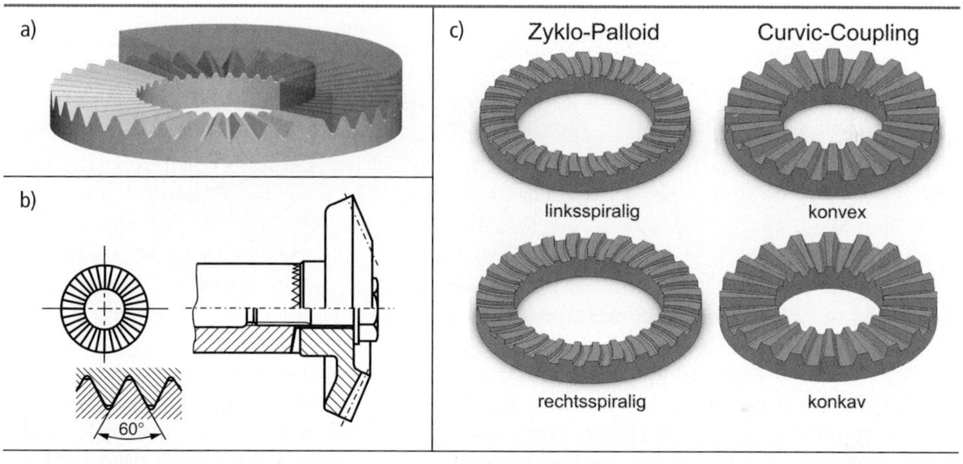

Abbildung 12.13: Stirnzahnverbindungen – a) Voith-Hirth-Stirnverzahnung, b) Anwendung zur Verbindung eines Kegelritzels mit einer Welle, c) Klingelnberg-Zyklo-Palloid-Verzahnung und Gleason-Curvic-Coupling-Verzahnung [12.45], [12.66], [12.80]

Ein weiteres Einsatzgebiet ist die zentrische Befestigung von Läuferscheiben auf einer Turbinenwelle sowie die zusätzliche formschlüssige Verbindung von Kupplungsflanschen (z.B. an Gelenkwellen), bei denen aufgrund von Bauraumbeschränkungen eine ausschließliche Reibschlussübertragung nicht mehr ausreicht. Die wesentlichen Vorteile der Plan-Kerb-Verzahnung sind die Selbstzentrierung und die Verschleißfestigkeit. Die axiale Verspannung kann zentral oder aber über gleichmäßig am Umfang verteilte Schrauben (z.B. bei Gelenkwellenflanschen) erfolgen. Generell unterscheidet man die Klingelnberg-Zyklo-Palloid-Verzahnung, die Voith-Hirth-Stirnverzahnung sowie die Gleason-Curvic-Coupling-Verzahnung. Obwohl die Prinzipien aus den 30er Jahren des letzten Jahrhunderts stammen, gab es bisher nur herstellerspezifische Berechnungsverfahren, die mittlerweile jedoch durch neuere Forschungsarbeiten verallgemeinert werden konnten [12.3], [12.45], [12.69], [12.70], [12.80].

12.3 Reibschlüssige Welle-Nabe-Verbindungen

Reibschlüssige Welle-Naben-Verbindungen gemäß Abbildung 12.14 dienen zur Übertragung von Axial- und Umfangskräften ($F_R = F_a$ bzw. $F_R = F_u$) zwischen Wellen und Naben nur durch Reibschluss auf der Grundlage des Coulombschen Gesetzes:

$$F_R = \mu \cdot F_N \le \frac{F_{ru}}{S_r} \tag{12.6}$$

Demzufolge muss die an der Welle zu übertragende Kraft F_R gleich oder kleiner der Rutschkraft (Haftkraft) F_{ru}, abgemindert um eine Sicherheit S_r sein, wobei gelten muss $S_r \ge S_{r,min}$. Bevor im Folgenden die Gestaltung und die Berechnung von zylindrischen und konischen (kegeligen) Pressverbänden, Klemmverbindungen und Kippkraft-Klemmverbindungen behandelt werden (s.a. Abbildung 12.3), werden noch einige grundlegende Prinzipien zur Erzeugung von Reibschluss sowie zu erreichbaren Haftbeiwerten (Reibbeiwerten) und erforderlichen Sicherheiten vorangestellt.

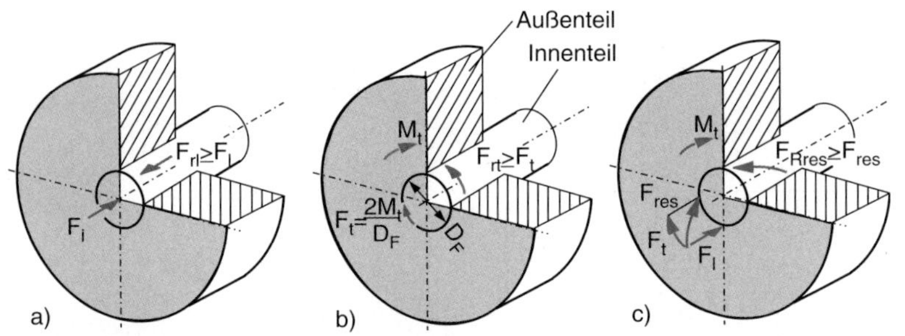

Abbildung 12.14: Zu übertragende Kräfte und Momente bei reibschlüssigen Welle-Nabe-Verbindungen [12.66]

Bei Reibschlussverbindungen wird nicht mit Reibungszahlen bzw. Reibwerten μ als Verhältnis von gemessener Lösekraft zu gemessener Normalkraft, sondern mit Haftbeiwerten in der Fuge μ als Verhältnis von gemessener Lösekraft zur errechneten Normalkraft gearbeitet. Dabei hängen die Haftbeiwerte μ von vielen Faktoren ab. Wesentliche Einflussgrößen sind die Art des Verbandes (Längs- oder Querpressverband), die Werkstoffpaarung, die Rauheit, der Schmierungszustand und die Beanspruchung der Fügeflächen. Die Haftbeiwerte können unterschiedlich sein in Längs- und Umfangsrichtung und für schwingende oder ruhende Beanspruchung. Besonders große Haftbeiwerte werden für kleine R_a-Werte (z.B. durch Läppen) oder durch elektrogalvanische Einlagerung von Hartstoffpartikeln erzielt. In Tabelle 12.7 und Tabelle 12.8 sind Anhaltswerte für erzielbare Haftbeiwerte zusammengestellt. Übliche Streuungen liegen im Bereich von 30 %. Als gute Anhaltswerte für Pressverbindungen gelten generell: trocken $\mu = 0{,}15$ und geschmiert $\mu = 0{,}12$.

Die in Gleichung (12.6) einzusetzenden Mindestrutschsicherheiten $S_{r,min}$ in Abhängigkeit von den Einsatzbedingungen sind in Tabelle 12.9 zusammengestellt.

Gemäß Abbildung 12.15 gibt es verschiedene Prinzipien zur Erzeugung von Reibschluss zwischen einer Welle und einer Nabe durch Anpresskräfte. Dabei wirkt in der Fügefläche immer ein Fugendruck (= Flächenpressung) p_F, dessen Größe vom Herstell- und Betriebszustand abhängt.

Bei der Erzeugung der Anpresskraft durch einen Pressverband gemäß Abbildung 12.15 a) wird angenommen, dass in der Fügefläche ein über Umfang und Breite gleichmäßig verteilter Fugendruck $p_F = F_N \,/\, A$ wirkt. Für einen zylindrischen Sitz ist die Mantelfläche $A = \pi \cdot D_F \cdot L_F$, so dass für das übertragbare Drehmoment und die übertragbare Axialkraft folgt:

$$M_t = \frac{\pi}{2} \cdot D_F^2 \cdot L_F \cdot \mu_{ru} \cdot \frac{p_F}{S_r} \tag{12.7}$$

$$F_a = \pi \cdot D_F \cdot L_F \cdot \mu_{rl} \cdot \frac{p_F}{S_r} \tag{12.8}$$

Naben-Werkstoffe	**Haftbeiwerte**			
	trocken		**geschmiert**	
	μ_{ll}	μ_{rl}	μ_{ll}	μ_{rl}
E335, GS-60	0,11	0,08	0,08	0,07
S 235 IR G2, EN-GJS-600-3	0,10	0,09	0,07	0,06
EN-GJL-250	0,12	0,11	0,06	0,05
G-AlSi12(Cu)	0,07	0,06	0,05	0,04
G-CuPb10Sn	0,07	0,06	–	–
TiAl6V4	–	–	0,05	–

μ_{ll} Haftbeiwert beim Lösen in Längsrichtung
μ_{rl} Haftbeiwert beim Rutschen in Längsrichtung

Tabelle 12.7: Haftbeiwerte für Stahlwellen in Längspressverbänden unter zügiger Beanspruchung nach DIN 7190 [12.36]

Werkstoffpaarung, Schmierung, Fügung	**Haftbeiwerte μ_{rl}, μ_{ru}**
Stahl-Stahl-Paarungen	
Druckölverbände normal gefügt mit Mineralöl	0,12
Druckölverbände mit entfetteten Pressflächen mit Glyzerin gefügt	0,18
Schrumpfverband normal nach Erwärmung des Außenteiles bis zu 300° C im Elektro-Ofen	0,14
Schrumpfverband mit entfetteten Pressflächen nach Erwärmung im Elektro-Ofen bis 300° C	0,20
Stahl-Gusseisen-Paarungen	
Druckölverbände normal gefügt mit Mineralöl	0,10
Druckölverbände mit entfetteten Pressflächen	0,16
Stahl-MgAl-Paarung, trocken	0,10 ... 0,15
Stahl-CuZn-Paarung, trocken	0,17 ... 0,25

Tabelle 12.8: Haftbeiwerte für Stahlwellen in Querpressverbänden in Längs- und Umfangsrichtung (μ_{rl}, μ_{ru}) beim Rutschen nach DIN 7190 [12.36]

Bedingung	$S_{r,min}$
Axialer Kraftfluss (z.B. Kupplungsnaben), konstantes Drehmoment, sichere Reibungszahl	1,3 ... 1,5
Lastkollektiv bekannt – Berechnung mit dem Maximalmoment	2,0 ... 2,5
Auf Welle aufgeschrumpfte Zahnräder mit örtlichem Kraftangriff am Umfang – Berechnung mit Maximalmoment	2,5 ... 3,5
Für aufgeschrumpfte Zahnradbandagen mit örtlichem Kraftangriff bei umlaufender Welle, Gefahr des Mikrowanderns, s. [12.63]: Hohe Sicherheiten insbesondere bei dünnen Bandagen, d.h. wenn der Fußkreisdurchmesser der Verzahnung im Vergleich zum Fugendurchmesser klein ist (etwa $< 1{,}2$)	5,0 ... 50

Anmerkungen:
Bei Wechselbiegung sind ca. zweifache Werte für $S_{r,min}$ erforderlich [12.43], [12.44].
Hohe Werte bei unsicheren Angaben über Belastung, Betriebstemperatur, Haftbeiwert, Werkstoff, Fertigungsqualität, kurze Naben (kleines L_F / D_F), kleine Übermaße (ca. $< 10\,\mu$m) (Messunsicherheit!) und erheblichen Folgen eines Schadensfalls (s. auch Kap. 1)
Kleinere Werte genügen für Rutschen in Umfangsrichtung, wenn Rutschen in Axialrichtung durch ein Wellenbund o.ä. verhindert wird.
Rutschsicherheiten sind nicht zu knapp anzusetzen, denn ein Schaden infolge Durchrutschens bedeutet, dass der Verband immer durchrutscht oder aber die Haftflächen fressen und der Verband nicht mehr lösbar ist.

Tabelle 12.9: Mindestwerte für Rutschsicherheiten $S_{r,min}$ von Pressverbindungen nach [12.63]

Zur Bestimmung von Löse-Drehmoment und -Axialkraft (d.h. beim Durchbrechen des Reibschlusses) sind die jeweiligen Haftbeiwerte μ_{ru} und μ_{rl} gemäß Tabelle 12.7 und Tabelle 12.8 einzusetzen.

Aus dem Zusammenhang $M_t = \tau_t \cdot W_t$ mit $W_t = \pi \cdot D_F^3 / 16$ für die Vollwelle lässt sich das für die sichere Übertragung des Drehmoments erforderliche Breiten-/Durchmesser-Verhältnis bestimmen:

$$\frac{L_F}{D_F} = \frac{\tau_t \cdot S_r}{8 \cdot \mu_{ru} \cdot p_F} \tag{12.9}$$

Dabei wird ein ebener Spannungszustand angenommen und beim Durchrutschen in der Fügefläche nimmt jedes Flächenelement die gleiche Schubspannung auf, d.h. der Fugendruck ist über der Nabenbreite konstant [12.54].

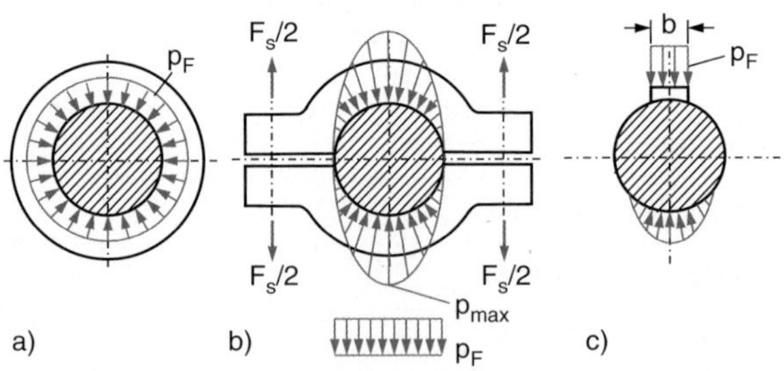

Abbildung 12.15: Zur Verteilung der Pressung bei verschiedenen reibschlüssigen Welle-Nabe-Verbindungen [12.63]

Bei einem Klemmverband gemäß Abbildung 12.15 b) wird die Anpresskraft durch eine geschlitzte oder geteilte Nabe und vorgespannte Schrauben erzeugt. Die Anpresskraft wirkt gleichmäßig über der Breite und flächig, jedoch nicht gleichmäßig über dem Umfang verteilt. Die erforderliche volle Anlage wird durch eine leichte Presspassung, z.B. H8 / m...n7 erreicht. Mit der Projektionsfläche $A = D_F \cdot L_F$ folgt für das übertragbare Drehmoment und die Axialkraft:

$$M_t = F \cdot D_F \cdot \frac{\mu_{ru}}{S_r} = D_F^2 \cdot L_F \cdot \mu_{ru} \cdot \frac{p_F}{S_r} \tag{12.10}$$

$$F_a = F \cdot \frac{\mu_{rl}}{S_r} = D_F \cdot L_F \cdot \mu_{rl} \cdot \frac{p_F}{S_r} \tag{12.11}$$

Somit sind das übertragbare Drehmoment und die Axialkraft bei gleicher Gesamt-Vorspannkraft F_N um den Faktor π / 2 kleiner als bei der Pressverbindung.

Bei einem Keilverband gemäß Abbildung 12.15 c) wird die erforderliche Anpresskraft durch axiales Eintreiben eines Keils erzeugt. Mit der Anpressfläche am Keil $A = b \cdot L_F$ ergeben sich:

$$M_t = F_N \cdot D_F \cdot \frac{\mu_{ru}}{S_r} = D_F \cdot L_F \cdot b \cdot \mu_{ru} \cdot \frac{p_F}{S_r} \tag{12.12}$$

$$F_a = 2 \cdot F_N \cdot \frac{\mu_{rl}}{S_r} = 2 \cdot L_F \cdot b \cdot \mu_{rl} \cdot \frac{p_F}{S_r} \tag{12.13}$$

Vergleichbare Verhältnisse ergeben sich bei einem Klemmverband mit weitem Spiel ($F_N = F_S$). Bei gleicher Gesamt-Vorspannkraft F_N und einer Keilbreite von $b \approx 0{,}25 \cdot D_F$ ist das übertragbare Drehmoment bzw. die übertragbare Axialkraft im Vergleich zur Pressverbindung etwa um den Faktor 4 kleiner.

12.3.1 Zylindrische Pressverbindungen

Pressverbindungen nach DIN 7190 entstehen gemäß Abbildung 12.16 durch das Fügen von Teilen, die vor dem Zusammenbau ein Übermaß $\ddot{U}$ aufweisen [12.36]. Dadurch wird eine gleichmäßige Fugenpressung p_F erzeugt, aus der eine Haftkraft entsteht, die zur Übertragung wechselnder und stoßartiger Drehmomente und Längskräfte geeignet ist.

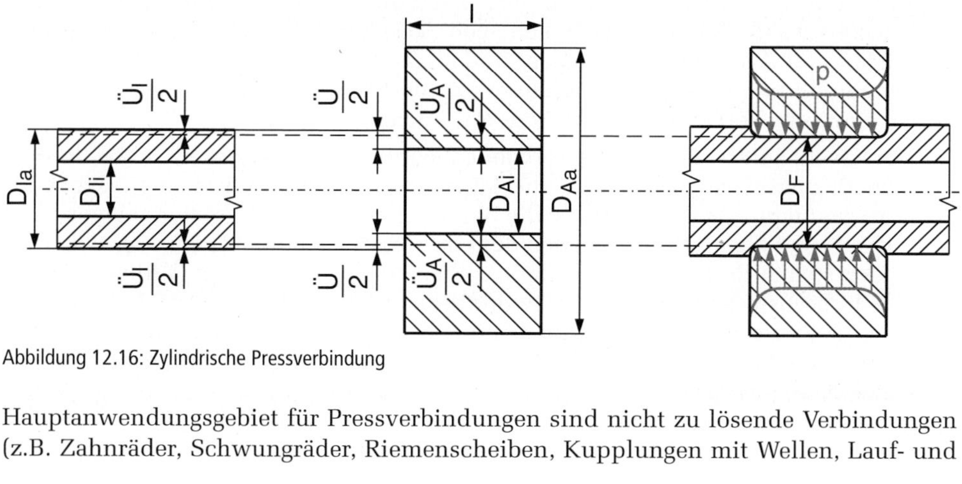

Abbildung 12.16: Zylindrische Pressverbindung

Hauptanwendungsgebiet für Pressverbindungen sind nicht zu lösende Verbindungen (z.B. Zahnräder, Schwungräder, Riemenscheiben, Kupplungen mit Wellen, Lauf- und

Zahnkränze mit Radkörpern und Lagerbuchsen in Gehäusen). Ein Verstellen der Teile nach dem Fügen ist nur bedingt möglich.

Pressverbindungen sind kostengünstig und einfach herzustellen. Trotz der Verwendung glatter Wellen entstehen aufgrund der Pressung hohe Kerbwirkungen an den Übergangsstellen, die unbedingt durch konstruktive Maßnahmen (z.B. Verstärkung der Welle am Nabensitz um ca. 10 ... 20 %), durch Kaltumformung oder Oberflächenhärtung der Welle zu vermindern sind. In Abhängigkeit von der Art des Zusammenfügens unterscheidet man folgende Typen von Pressverbindungen:

- Längspressverbände – Die zu fügenden Teile werden durch Längseinpressen in kaltem Zustand verbunden. Damit sich das Innenteil in das Außenteil einführen lässt und während des Fügens kein Werkstoff weggeschabt wird, muss das Teil mit der höheren Streckgrenze gemäß Abbildung 12.17 eine Fase erhalten (in der Regel das Innenteil). Der Fasenwinkel soll maximal 5° und die Fasenlänge $l_e \approx \sqrt[3]{D_F}$ (mit D_F als Fugendurchmesser) betragen. Die volle Haftkraft wird erst nach einer gewissen „Sitzzeit" (≈ 24 h) erreicht. Wegen der Glättung der Fugenflächen beim Einpressen (möglichst mit Öl) ist die Haftkraft geringer als bei vergleichbaren Querpressverbänden.

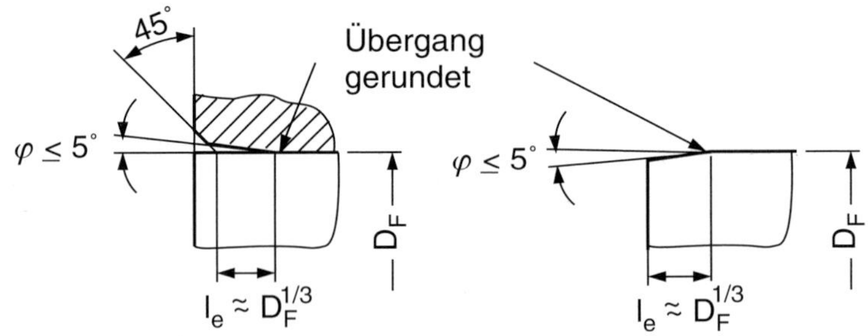

Abbildung 12.17: Gestaltung von Längspressverbänden nach DIN 7190

- Querpressverbände – Bei Querpressverbindungen werden nach dem Erwärmen der Nabe in Öl, in elektrisch oder gasbeheizten Öfen (Schrumpfpressverband) bzw. durch Abkühlen der Welle in Trockeneis bei ≈ −78° C oder in verflüssigtem Stickstoff bei ≈ −196° C (Dehnpressverband) die zu fügenden Teile kräftefrei ineinander gesteckt. Beide Verfahren können auch kombiniert werden. Ferner können beim Druckölverband durch Drucköl bei leicht kegeligen Passflächen das Außenteil gedehnt und das Innenteil gestaucht und so der Querpressverband gefügt werden. Eine Einführfase ist bei allen Verfahren erforderlich (üblicher Fasenwinkel 5 °). Zu den einzelnen Verfahren ist Folgendes erwähnenswert:
- Ölpressverbände – Bei Ölpressverbänden wird durch Bohrungen in Welle oder Nabe Öl unter hohem Druck in die leicht kegeligen Fugenflächen (Kegelwinkel 1...3°) gepumpt, Abbildung 12.18. Die Nabe weitet sich und lässt sich mit geringem Kraftaufwand fügen. Nach Ablassen des Öls pressen sich die beiden Fügeteile ineinander. Hydraulisch gefügte Verbände sollten erst nach erfolgtem Ölfilmabbau (bis ca. 2 h) beansprucht werden. Bei zylindrischen Passflächen lässt sich dieses Verfahren nur zum Lösen des Pressverbandes anwenden. Ein großes Anwendungsgebiet ist die Montage großer Wälzlager (teilweise mit kegelförmigem Sitz) im Schwermaschinenbau.

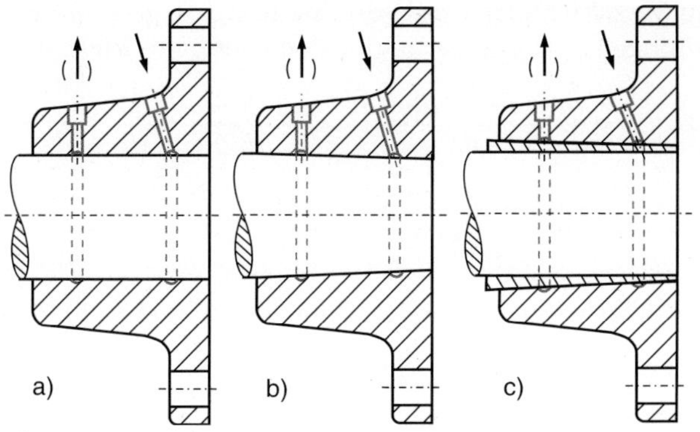

Abbildung 12.18: Druckölpressverbände – a) Zylindrischer Schrumpfverband, b) Konischer Verband, c) Verband mit kegeliger Zwischenhülse

12.3.1.1 Berechnungsgrundlagen für zylindrische Pressverbindungen

Zur Berechnung der in der Praxis vorkommenden Pressverbände wird ein vereinfachtes Modell angenommen, bei dem zwei Hohlzylinder gleicher axialer Länge gefügt werden. Ferner wird vorausgesetzt, dass beide Teile – wobei das innere auch voll sein kann – aus rein elastischen, homogenen und isotropen Werkstoffen bestehen und das Hookesche Gesetz gilt. Zur Ermittlung der Spannungen und Dehnungen werden Welle und Nabe als dickwandige Hohlzylinder bzw. dickwandige Rohre angenommen, die unter Innen- bzw. Außendruck stehen.

Betrachtet man gemäß Abbildung 12.19 ein Volumenelement $rd\varphi \cdot dr \cdot dz$ des Hohlzylinders unter Innendruck, so gilt für das Gleichgewicht der Kräfte in radialer Richtung:

$$(\sigma_r + d\sigma_r) \cdot dz \cdot (r + dr) \cdot d\varphi - \sigma_r \cdot dz \cdot r \cdot d\varphi - 2 \cdot \sigma_t \cdot dz \cdot dr \cdot \sin\frac{d\varphi}{2} = 0 \qquad (12.14)$$

Für kleine Winkel $d\varphi$ wird $\sin d\varphi/2 \cong d\varphi/2$ und unter Vernachlässigung der Glieder höherer Ordnung folgt:

$$\sigma_r \cdot dr + r \cdot d\sigma_r - \sigma_t \cdot dr = 0 \qquad (12.15)$$

bzw.

$$\sigma_t = \frac{d}{dr}(r \cdot \sigma_r) \qquad (12.16)$$

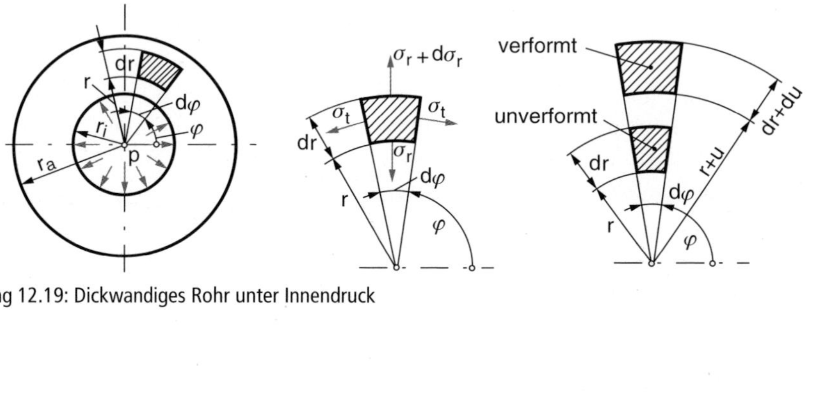

Abbildung 12.19: Dickwandiges Rohr unter Innendruck

Aus den radialen Verschiebungen u an der Stelle r bzw. $u + du$ an der Stelle $r + dr$ folgt für die Dehnungen ε_r in radialer und ε_t in tangentialer Richtung:

$$\varepsilon_r = \frac{dr - u + u + du - dr}{dr} = \frac{u + du - u}{dr} = \frac{du}{dr} \quad (12.17)$$

$$\varepsilon_t = \frac{(r+u)\cdot d\varphi - r \cdot d\varphi}{r \cdot d\varphi} = \frac{u}{r} \quad (12.18)$$

Vergleicht man beide Beziehungen, so ergibt sich folgende Verknüpfung der Dehnungen:

$$\varepsilon_r = \frac{d}{dr}(r \cdot \varepsilon_t) \quad (12.19)$$

Unter Berücksichtigung des zweidimensionalen Spannungszustandes lassen sich die Dehnungen nach dem Hookeschen Gesetz auch durch die Spannungen σ_r und σ_t ausdrücken:

$$\varepsilon_r = \frac{1}{E}(\sigma_r - \nu \cdot \sigma_t) \quad (12.20)$$

$$\varepsilon_t = \frac{1}{E}(\sigma_t - \nu \cdot \sigma_r) \quad (12.21)$$

Hierin bezeichnen E den Elastizitätsmodul des Werkstoffes und ν die Querkontraktionszahl des Werkstoffes. Unter Einbeziehung von Gleichung (12.16) ergibt sich aus der nachfolgenden Gleichung für die Radialspannung σ_r die gewöhnliche Differenzialgleichung zweiter Ordnung

$$\sigma_r - \nu \cdot \sigma_t = E \cdot \varepsilon_r = E \cdot \frac{d}{dr}(r \cdot \varepsilon_t) = \frac{d}{dr}\left[r \cdot (\sigma_t - \nu \cdot \sigma_r)\right] \quad (12.22)$$

$$\frac{d^2\sigma_r}{dr^2} + \frac{3}{r} \cdot \frac{d\sigma_r}{dr} = 0 \quad (12.23)$$

Mit dem Lösungsansatz $\sigma_r = C \cdot r^n$ folgt für die charakteristische Gleichung:

$$n \cdot (n+2) = 0 \quad (12.24)$$

Mit den Eigenwerten $n_1 = 0$ und $n_2 = -2$ ergibt sich die allgemeine Lösung für die Radialspannung σ_r und für die Tangentialspannung σ_t zu:

$$\sigma_r = C_1 + \frac{C_2}{r^2} \quad \text{und} \quad \sigma_t = C_1 - \frac{C_2}{r^2} \quad (12.25)$$

Mithilfe der noch offenen Integrationskonstanten C_1 und C_2 ist dann eine Anpassung dieser allgemeinen Lösungen an die Randbedingungen vorzunehmen. Für die Dehnung in axialer Richtung ergibt sich nach den bekannten Beziehungen der Mechanik unter Beachtung der Werte für σ_r und σ_t [12.77]:

$$\varepsilon_z = \frac{1}{E}(\sigma_z - \nu \cdot \sigma_r - \nu \cdot \sigma_t) = -\frac{\nu}{E}(\sigma_r + \sigma_t) = -\frac{2 \cdot \nu \cdot C_1}{E} = const. \quad \text{für} \quad \sigma_z = 0 \quad (12.26)$$

Somit ist die Dehnung ε_z in axialer Richtung über dem ganzen Querschnitt konstant, d.h. die Querschnitte senkrecht zur Zylinderachse bleiben eben. Für den Hohlzylinder unter Innendruck p_i ergeben sich mit den nachfolgenden Randbedingungen die Integrationskonstanten C_1 und C_2 zu:

$$\sigma_r = -p_i \text{ am Innenrand } r = r_i, \tag{12.27}$$

$$\sigma_r = 0 \text{ am Außenrand } r = r_a \tag{12.28}$$

$$C_1 = p_i \cdot \frac{r_i^2}{r_a^2 - r_i^2};\ C_2 = -p_i \cdot \frac{r_i^2 \cdot r_a^2}{r_a^2 - r_i^2} \tag{12.29}$$

Für die Radialspannung und die Tangentialspannung in der Wand ergibt sich dann:

$$\sigma_r = -p_i \cdot \frac{Q_r^2 - Q^2}{1 - Q^2} \tag{12.30}$$

$$\sigma_t = p_i \cdot \frac{Q_r^2 + Q^2}{1 - Q^2} \tag{12.31}$$

Hierin bezeichnen Q_r und Q die folgenden Durchmesserverhältnisse:

$$Q_r = \frac{r_i}{r} = \frac{d_i}{d} \text{ und } Q = \frac{r_i}{r_a} = \frac{d_i}{d_a} \tag{12.32}$$

Für die Vergrößerung Δd_i des Innendurchmessers d_i infolge der Innendruckbelastung p_i folgt:

$$\Delta d_i = 2 \cdot u_i = 2 \cdot \varepsilon_{t,i} \cdot r_i = \varepsilon_{t,i} \cdot d_i = \Delta d_i = \frac{1}{E} \cdot \left(\sigma_{t,i} - \nu \cdot \sigma_{r,i}\right) \cdot d_i \tag{12.33}$$

$$\Delta d_i = \frac{p_i}{E} \cdot d_i \cdot \left(\frac{1 + Q^2}{1 - Q^2} + \nu\right) \tag{12.34}$$

In analoger Weise lassen sich die Größen für den Hohlzylinder unter Außendruck p_a ermitteln. Aus den Randbedingungen ergeben sich für die Integrationskonstanten folgende Werte:

$$\sigma_r = 0 \text{ am Innenrand } r = r_i, \tag{12.35}$$

$$\sigma_r = -p_a \text{ am Außenrand } r = r_a \tag{12.36}$$

$$C_1 = -p_a \cdot \frac{r_a^2}{r_a^2 - r_i^2};\ C_2 = p_a \cdot \frac{r_i^2 \cdot r_a^2}{r_a^2 - r_i^2} \tag{12.37}$$

Die Radialspannung und die Tangentialspannung in der Wand ergeben sich dann zu:

$$\sigma_r = -p_a \cdot \frac{1 - Q_r^2}{1 - Q^2} \tag{12.38}$$

$$\sigma_t = p_a \cdot \frac{1 + Q_r^2}{1 - Q^2} \tag{12.39}$$

Für die Verkürzung oder Stauchung Δd_a des Außendurchmessers d_a infolge der Außendruckbelastung p_a ergibt sich somit:

$$\Delta d_a = 2 \cdot u_a = 2 \cdot \varepsilon_{t,a} \cdot r_a = \varepsilon_{t,a} \cdot d_a = \Delta d_a = \frac{1}{E} \cdot \left(\sigma_{t,a} - \nu \cdot \sigma_{r,a}\right) \cdot d_a \tag{12.40}$$

$$\Delta d_a = -\frac{p_a}{E} \cdot d_a \cdot \left(\frac{1+Q^2}{1-Q^2} - \nu\right) \tag{12.41}$$

Ausgehend von diesen grundlegenden Betrachtungen lassen sich nun zylindrische Pressverbände auslegen und berechnen.

12.3.1.2 Praktische Berechnung zylindrischer Pressverbindungen

Fügt man eine zylindrische Welle unter Übermaß $Ü$ mit einer zylindrischen Nabe, so entsteht eine Fugenpressung p_F, die sowohl in der Nabe als auch in der Welle radiale und tangentiale Spannungen gemäß Abbildung 12.20 erzeugt und somit die Kraftübertragung durch Reibschluss ermöglicht.

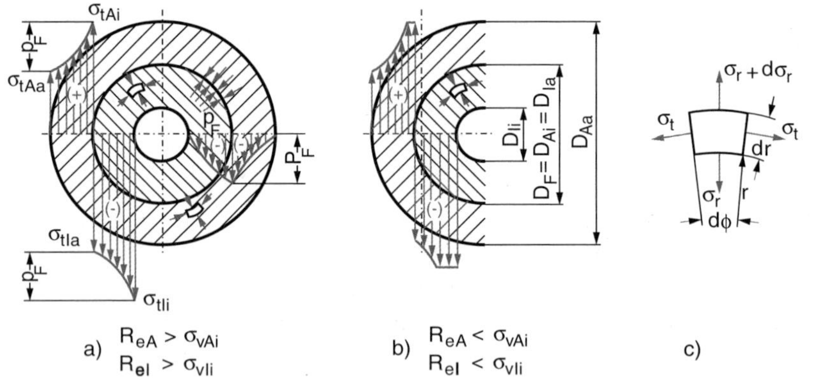

Abbildung 12.20: Spannungsverläufe im zylindrischen Querpressverband – a) elastisch, b) elastisch-plastisch, c) Spannungen an einem Ringelement

Entsprechend der Herleitung im vorangegangenen Abschnitt können gemäß der Berechnungsgrundlagen in DIN 7190 diese Spannungen unter Annahme der rein elastischen Pressung mit den Durchmesserverhältnissen $Q_A = (D_F / D_{Aa}) < 1$ bzw. $Q_I = (D_{Ii} / D_F) < 1$ bei einem Innenteil als Hohlwelle wie folgt ermittelt werden [12.36]. Für das Außenteil (z.B. die Nabe) mit dem Index A und der kleinen Indizierung für i (innen) und a (außen) gilt für die Tangentialspannung (Index t) und die Radialspannung (Index r):

$$\sigma_{tAi} = p_F \cdot \frac{1+Q_A^2}{1-Q_A^2}; \quad \sigma_{tAa} = p_F \cdot \frac{2 \cdot Q_A^2}{1-Q_A^2} - p_F; \quad \left|\sigma_{rAi}\right| = \left|p_F\right| \tag{12.42}$$

Mit der gleichen Indizierung ergibt sich für das Innenteil:

$$-\sigma_{tIi} = p_F \cdot \frac{2}{1-Q_I^2} + p_F; \quad -\sigma_{tIa} = p_F \cdot \frac{1+Q_I^2}{1-Q_I^2}; \quad \left|\sigma_{rIa}\right| = \left|p_F\right| \tag{12.43}$$

Gemäß den Spannungsverläufen in Abbildung 12.20 befinden sich die gefährdeten Stellen des Pressverbandes entweder an der Innenseite des Außenteils oder bei dünnwandigen Hohlwellen an der Innenseite des Innenteils. Dabei sind die an den jeweiligen Stellen auftretenden Tangential- und Radialspannungen σ_t und σ_r unter Beachtung der Vorzeichen zu einer Vergleichsspannung zusammenzufassen. In DIN 7190 wird hierzu die Schubspannungs-Hypothese unter der Annahme einer vernachlässigbar kleinen Schubspannung τ verwendet:

$$\sigma_{\mathrm{V,SH}} = \sqrt{\left(\sigma_{\mathrm{t}} - \sigma_{\mathrm{r}}\right)^2 + 4 \cdot \tau^2} \tag{12.44}$$

Da diese mit dem Verhalten elastischer Werkstoffe schlechter übereinstimmt als die Gestaltänderungsenergie-Hypothese GEH, wird die Streckgrenze mit dem Faktor $2/\sqrt{3}$ zur so genannten modifizierten Schubspannungs-Hypothese MSH verändert, da sich mit dieser auch elastisch-plastische Pressverbände berechnen lassen.

Für elastische Pressverbände betragen die Vergleichsspannungen am Außen- und Innenteil:

$$\sigma_{vAi} = \frac{2 \cdot p_F}{1 - Q_A^2} \le \frac{2}{\sqrt{3}} \cdot \frac{\mathrm{R}_{\mathrm{e}A}(\text{bzw. } R_{p0,2A})}{S_{pA}} \tag{12.45}$$

$$\sigma_{vIi} = \sigma_{tIi} = \left| - \frac{2 \cdot p_F}{1 - Q_I^2} \right| \le \frac{2}{\sqrt{3}} \cdot \frac{\mathrm{R}_{\mathrm{e}I}(\text{bzw. } R_{p0,2I})}{S_{pI}} \tag{12.46}$$

Hierin bezeichnen R_e bzw. $R_{p0,2}$ die Streckgrenze oder 0,2-Dehngrenze der Werkstoffe des Außen- bzw. des Innenteiles. Bei spröden Werkstoffen wie z.B. bei Gusseisen ist R_e durch R_m / (2 ... 3) zu ersetzen. $Q_A = D_F / D_{Aa}$, und $Q_I = D_{Ii} / D_F$ sind die Durchmesserverhältnisse, p_F die Flächenpressung im Fugenbereich und S_P die Sicherheit gegen plastische Verformung bei duktilen Werkstoffen mit $S_P \approx 1{,}0 \ldots 1{,}3$. Bei spröden Werkstoffen ist $S_P = 1$ zu setzen (s.a. Tabelle 12.4). Für die Vollwelle als Innenteil mit $Q_I = 0$ wird $\sigma_{vI} = -p$, d.h. die Tangentialspannung ist bei der Vollwelle überall $\sigma_{tI} = -p$.

Um bei der Auslegung auf der sicheren Seite zu sein, sollte sicherheitshalber immer mit der kleineren Rutschkraft F_R gerechnet werden, auch wenn zum ersten Lösen des Pressverbandes die anfangs aufzubringende Lösekraft F_L größer ist ($F_R \approx 0{,}66 \cdot F_L$). Dabei sind die Rutschkräfte (maximale dynamische Betriebskräfte) unter Einbeziehung einer Haftsicherheit von $S_H \approx (1{,}5 \ldots 2)$ Längs-, Tangential- und resultierender Richtung separat zu ermitteln (s.a. Abbildung 12.14):

$$F_{Rl} = S_H \cdot F_l \quad \text{bzw.} \quad F_{Rt} = S_H \cdot F_t \quad \text{bzw.} \quad F_{Rres} = S_H \cdot F_{res} \tag{12.47}$$

Aufgrund dieser Rutschkräfte ergibt sich für die kleinste erforderliche Fugenpressung in Längs-, Tangential- und resultierender Richtung:

$$p_{Fk} = \frac{F_{Rl}}{A_F \cdot \mu}; \; p_{Fk} = \frac{F_{Rt}}{A_F \cdot \mu}; \; p_{Fk} = \frac{F_{Rres}}{A_F \cdot \mu} \tag{12.48}$$

Hierin bezeichnet $A_F = D_F \cdot \pi \cdot l_F$ die Fugenfläche und μ den Haftbeiwert für Rutschen nach Tabelle 12.8.

Zum Erzeugen dieses Fugendruckes sind elastische Formänderungen der zu fügenden Bauteile erforderlich, die sich mit dem Hookeschen Gesetz $\varepsilon = \sigma / E$ ermitteln lassen. Mit der Querdehnzahl $\nu = \varepsilon_q / \varepsilon < 1$ folgt für die relative Dehnung des Außenteiles an der Innenseite in tangentialer Richtung:

$$\varepsilon_{Ai} = \frac{p_F}{E_A} \cdot \left(\frac{1+Q_A^2}{1-Q_A^2} + \nu_A \right) \tag{12.49}$$

Entsprechend gilt für die (negative) Dehnung des Innenteils an der Außenseite:

$$-\varepsilon_{Ia} = \frac{p_F}{E_I} \cdot \left(\frac{1+Q_I^2}{1-Q_I^2} - \nu_I \right) \tag{12.50}$$

Daraus lässt sich unter Berücksichtigung des Vorzeichens für ε_{Ia} das absolute Haftmaß Z (wirksames Übermaß) berechnen zu:

$$Z = D_F \cdot \left(\varepsilon_{Ai} + \varepsilon_{Ia} \right) \tag{12.51}$$

Für die kleinste Fugenpressung ergibt sich mit der Hilfsgröße K das kleinste Haftmaß Z_K:

$$K = \frac{E_A}{E_I} \cdot \left(\frac{1+Q_I^2}{1-Q_I^2} - \nu_I \right) + \frac{1+Q_A^2}{1-Q_A^2} + \nu_A \tag{12.52}$$

$$Z_k = \frac{p_{Fk} \cdot D_F}{E_A} \cdot K \tag{12.53}$$

Hierin bezeichnen ν die Querdehnzahl und E den Elastizitätsmodul. Dieses kleinste Haftmaß (wirksames Übermaß) ist als Übermaß jedoch noch nicht ausreichend, da sich durch den Fügevorgang die mit den Rautiefen R_Z vorhandenen Oberflächen der zu fügenden Bauteile teils durch elastische, teils durch plastische Verformung der Rauigkeiten gemäß Abbildung 12.21 glätten.

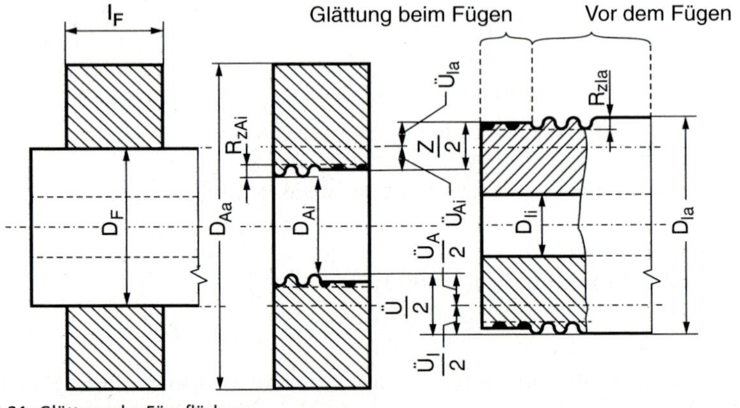

Abbildung 12.21: Glättung der Fügeflächen

Aus den gemittelten Rautiefen R_{zAi}, R_{zIa} der Fugenflächen des Außen- bzw. des Innenteiles lässt sich erfahrungsgemäß für die beim Fügen auftretende Glättung F der Oberflächen am Fugendurchmesser annehmen:

$$G \approx 0{,}8 \cdot \left(R_{zAi} + R_{zIa} \right) \tag{12.54}$$

Damit kann dann das vor dem Fügen messbare kleinste Übermaß berechnet werden:

$$Ü_u = Z_k + G \tag{12.55}$$

Die größte zulässige Flächenpressung für das Außenteil, das hohle und das volle Innenteil lässt sich dann nach Gleichung (12.45) und (12.46) unter der Bedingung ermitteln, dass beim Fügen der Bauteile die auftretende Vergleichsspannung σ_{vAi} im Außenteil innen und bei Hohlwellen auch σ_{vIi} im Innenteil innen den Grenzwert des Werkstoffes nicht überschreiten darf. Dabei bezeichnen R_e bzw. $R_{p0,2}$ die Streckgrenzen oder 0,2-Dehngrenzen der Werkstoffe des Außen- bzw. des Innenteiles. Bei spröden Werkstoffen, z.B. Gusseisen, ist R_e durch (0,3 ... 0,5) · R_m zu ersetzen. Zur Sicherheit S_p gegen plastische Verformung siehe Erläuterungen zu Gleichung (12.45) bzw. Tabelle 12.4:

$$p_{Fg} \leq \frac{R_{eA}(\text{bzw. } R_{p0,2A})}{S_{pA}} \cdot \frac{1-Q_A^2}{\sqrt{3}} \tag{12.56}$$

$$p_{FgI} \leq \frac{R_{eI}(\text{bzw. } R_{p0,2I})}{S_{pI}} \cdot \frac{1-Q_I^2}{\sqrt{3}} \quad \text{(Hohlwelle)} \tag{12.57}$$

$$p_{FgI} \leq \frac{R_{eI}(\text{bzw. } R_{p0,2I})}{S_{pI}} \cdot \frac{2}{\sqrt{3}} \quad \text{(Vollwelle)} \tag{12.58}$$

Im Weiteren ist dann stets der kleinere Wert p_{Fg} oder p_{FgI} aus den Gleichungen (12.56) bis (12.58) maßgebend. Für das größte zulässige Haftmaß (wirksames Übermaß) folgt dann:

$$Z_g = \frac{p_{Fg} \cdot D_F}{E_A} \cdot K \tag{12.59}$$

Das vor dem Fügen messbare größte zulässige Übermaß ergibt sich zu:

$$\ddot{U}_o = Z_g + G \tag{12.60}$$

Mit den Übermaßen $\ddot{U}_o$ und $\ddot{U}_u$ liegt die mögliche Maßschwankung, die Passtoleranz P_T fest:

$$P_T = \ddot{U}_o - \ddot{U}_u \tag{12.61}$$

Nach ISO werden für die Wahl der Passung aus Gründen der Lehrenbegrenzung folgende Paarungen bei Einheitsbohrung empfohlen:

1. Bohrung H6 mit Welle des 5. Toleranzgrades,
2. Bohrung H7 mit Welle des 6. Toleranzgrades,
3. Bohrung H8 mit Welle des 7. Toleranzgrades,
4. Bohrungen H8, H9 usw. mit Wellen der gleichen Toleranzgrade.

Die Passtoleranz P_T wird dann in die Bohrungs- und Wellentoleranz aufgeteilt:

$$P_T = T_B + T_W \tag{12.62}$$

Für die Paarungen 1 bis 3 wird $T_B \approx 0{,}6 \cdot P_T$ angenommen, für die 4. Paarung gilt $T_B \approx 0{,}5 \cdot P_T$. Dann ist für den betreffenden Nennmaßbereich die Toleranz herauszusuchen, die sicherheitshalber unterhalb der berechneten Toleranz T_B liegt bzw. ihr am nächsten kommt. Damit sind die Grundtoleranz und somit das Toleranzfeld der Bohrung festgelegt. Für die H-Bohrung (System Einheitsbohrung) ist das untere Abmaß $EI = 0$, das obere Abmaß $ES = T_B$. Für die Wellentoleranz T_W liegt zunächst das untere

Abmaß fest mit $ei = ES + \ddot{U}_u$. Das obere Abmaß wird dann entsprechend es $= ei + T_W$ bzw. $es = EI + \ddot{U}_o$. Unter Einhaltung der Empfehlungen zu Gleichung (12.61) ist dann aus den Abmaßtabellen für den betreffenden Nennmaßbereich die zu den berechneten Abmaßen *ei* und es nächstgrößere oder nächstliegende Toleranz der Welle festzulegen.

Die bisherigen Ausführungen gelten für einen elastischen Pressverband, d.h. die maximale Vergleichsspannung ist kleiner als die Dehngrenze:

$$\sigma_v \leq R_e \text{ bzw. } R_{p0,2} \tag{12.63}$$

Wird jedoch die berechnete Passtoleranz kleiner gewählt als die Summe aus Bohrungs- und Wellentoleranz, so ist ein Pressverband im elastisch-plastischen Bereich der Werkstoffe möglich:

$$P_{T,berechnet} < T_{B,gewählt} + T_{W,gewählt} \tag{12.64}$$

Durch das elastisch-plastische Werkstoffverhalten werden Spannungsspitzen abgebaut, d.h. insbesondere bei Stahlverbindungen kommt es zu einer gleichmäßigeren Spannungsverteilung. Die Festigkeit von Naben und Hohlwellen aus duktilen Werkstoffen lässt sich besser ausnutzen. Üblicherweise lässt man Teilplastifizierungen bis zu 30 % des Werkstoffvolumens zu.

Aufgrund des Werkstoffverhaltens könnte P_T größer bis z.B. Toleranzgrad 11 festgelegt werden. Diese Möglichkeit ist dann vorteilhaft, wenn die Berechnung eine unwirtschaftlich kleine Passtoleranz P_T ergibt, d.h. es müssten Toleranzgrade kleiner als 5 oder kleine Oberflächenrauigkeiten gewählt werden. Allerdings ist dann zu prüfen, ob die Teile wegen der erforderlichen größeren Übermaße noch sicher gefügt werden können. Ebenso ist von Nachteil, dass wegen der plastischen Verformung der Haftbeiwert stark abfällt. Auch lassen sich elastisch-plastische Pressverbände nicht mehr zerstörungsfrei lösen [12.54]. Aufgrund dieser Nachteile legt man Pressverbände normalerweise im rein elastischen Bereich aus. Für die Berechnung eines elastisch-plastischen Pressverbandes wird auf die Norm bzw. weiterführende Literatur verwiesen [12.36], [12.54].

Besteht die Aufgabe der Ermittlung des von einem gegebenen Pressverband maximal übertragbaren Drehmoments, so sind die obigen Gleichungen entsprechend umzustellen. Dabei ist der zulässige Fugendruck des „schwächeren" Werkstoffes als maßgeblich einzusetzen.

Während die bisherigen Gleichungen nur für zylindrische Bauteile mit gleich bleibendem Durchmesser D_{Aa} gelten, bieten sich für die Berechnung von Pressverbänden mit unterschiedlichen Außenteildurchmessern D_{Aa} zwei Methoden an. Zum einen kann für die geometrisch komplizierte Nabe ein Ersatznaben-Außendurchmesser ermittelt werden oder aber man unterteilt die Nabe in k Teilzylinder konstanten Außendurchmessers (D_{Aa1} ... D_{Aak}) der Teillängen (l_{F1} ... l_{Fk}). Für jedes Teilsegment ist das übertragbare Drehmoment (M_{T1} ... M_{Tk}) einzeln zu ermitteln und zum Gesamtmoment zu summieren $M_{t,ges} = M_{T1} + ... M_{Tk}$.

12.3.1.3 Angaben zur Herstellung von Pressverbindungen

Bei einem Längspressverband lässt sich für die gewählte Passung die größte Einpresskraft wie folgt berechnen, wobei die Einpressgeschwindigkeit $v < 2$ mm/s betragen sollte:

$$F_e = A_F \cdot p'_{Fg} \cdot \mu_e \tag{12.65}$$

Dabei gilt mit der Fugenfläche $A_F = D_F \cdot \pi \cdot l_F$, dem wirklich vorhandenen Größtübermaß $\ddot{U}_o'$ und μ_e als dem Haftbeiwert für Lösen nach Tabelle 12.7:

$$p'_{Fg} = \frac{Z'_g \cdot p_{Fg}}{Z_g} = \frac{\left(\ddot{U}'_o - G\right) \cdot p_{Fg}}{Z_g}$$

Zum Fügen eines Querpressverbandes wird das erforderliche Übermaß sowie ein zusätzliches Spiel für die Montage (um ein Haften während der Montage auszuschließen) durch Erwärmen des Außenteiles bzw. Unterkühlen des Innenteils, bei großen Übermaßen durch Kombinieren beider Verfahren, erreicht. Die erforderliche Fügetemperatur des Außenteils lässt sich bei bekannter Fügetemperatur des Innenteiles berechnen zu:

$$\vartheta_A \approx \vartheta + \frac{\ddot{U}'_o + S_u}{\alpha_A \cdot D_F} - \frac{\alpha_A}{\alpha_I} \cdot \left(\vartheta_I - \vartheta\right) \qquad (12.66)$$

Hierin bedeuten ϑ die Raumtemperatur, ϑ_I die Fügetemperatur des Innenteils, $\ddot{U}_o'$ das wirklich vorhandene Größtübermaß und S_u das kleinste notwendige Einführspiel aus $S_u = D_F / 1.000$ (oder vorteilhaft $S_u = \ddot{U}_o' / 2$). Anhaltswerte für die Wärmeausdehnungskoeffizienten α_A und α_I sind in Tabelle 11.23 (Kapitel 11) enthalten. Dabei soll die Temperatur bei gleichmäßigem Erwärmen wegen möglichem Festigkeitsabbau die Grenzwerte nach Tabelle 12.10 nicht überschreiten.

Werkstoff der Nabe	Fügetemperatur
Baustahl niedriger Festigkeit, Stahlguss, Gusseisen mit Kugelgrafit	350° C
Stahl oder Stahlguss vergütet	300° C
Stahl randschichtgehärtet	250° C
Stahl einsatzgehärtet oder hoch vergüteter Baustahl	200° C

Tabelle 12.10: Maximale Fügetemperaturen für Pressverbände nach DIN 7190 [12.36]

Methoden und erreichbare Temperaturen zum Erwärmen des Außenteils (Nabe) und zum Abkühlen des Innenteils (Welle) sind in Tabelle 12.11 und Tabelle 12.12 zusammengestellt.

Medium zum Erwärmen	Temperatur in ° C maximal	Anwendung, Beispiele, Besonderheiten
Elektro-Heizkern	50	Kleine Naben, Hülsen
Elektro-Heizplatte	100	Wälzlager bei geringer Vorspannung
Ölbad	400	Große Naben, sehr gleichmäßige Erwärmung
Heißluftofen	400 (z.T. 650)	Große Naben, Oxidschicht auf Fügeflächen
Elektro-Ofen	700	Ölbenetzte Fügeflächen, variabel, gut steuerbar, durch Schutzgas Oxidschicht vermeidbar
Ringbrenner	700	Sperrige Naben, schwierig handhabbar, Gefahr der Überhitzung

Tabelle 12.11: Methoden und erreichbare Temperaturen zum Erwärmen des Außenteils (Nabe)

Medium zum Unterkühlen	Temperatur in °C minimal	Anwendung, Beispiele, Besonderheiten
Trockeneis, Kohlensäureschnee	−78	Langsames Abkühlen, Gefahr der Vereisung erfordert Gegenmaßnahmen
Flüssige Luft, (Sauerstoff)	−150	Gefahr der Frostschädigung, Explosionsgefahr
Flüssiger Stickstoff	−196	Gefahr der Frostschädigung, gute Entlüftung erforderlich

Tabelle 12.12: Methoden und erreichbare Temperaturen zum Abkühlen des Innenteils (Welle)

12.3.1.4 Drehzahleinfluss bei Pressverbindungen

Bei rotierenden Pressverbindungen erfolgt mit steigender Drehzahl n ein Abbau des Fugendrucks p_F durch die Fliehkraft $F_Z = m \cdot r \cdot \omega^2$, wodurch zwangsläufig die übertragbaren Kräfte in der Fuge kleiner werden. Bei der Paarung Stahl/Stahl für Welle und Nabe und einem Durchmesserverhältnis von $Q_A \geq 0{,}5$ ist dieser Fliehkraftanteil ab Umfangsgeschwindigkeiten von $v > 30$ m/s zu berücksichtigen. Bei $Q_A \geq 0{,}2$ ist die Grenzgeschwindigkeit $v > 12$ m/s, für eine Nabe aus GJL ist bereits v > 8 m/s mit $Q_A \geq 0{,}2$ der Grenzwert.

Die Grenzdrehzahl n_g in min^{-1}, bei der der Fugendruck p_F zu Null wird, lässt sich für Vollwellen bei Vorliegen rein elastischer Beanspruchungen und mit gleichen Werkstoffparametern für Außen- und Innenteil $E_A = E_I$, $\nu_A = \nu_I = \nu$ sowie $\rho_A = \rho_I = \rho$ berechnen zu:

$$n_g = \frac{2}{\pi \cdot D_{Aa}} \cdot \sqrt{\frac{2 \cdot p'_{Fk}}{(3+\nu) \cdot \left(1 - Q_A^2\right) \cdot \rho}} \qquad (12.67)$$

Hierin bezeichnen p'_{FK} die wirkliche kleinste Fugenpressung bei der Drehzahl $n = 0$, D_{Aa} den Außendurchmesser des Außenteiles, ρ die Dichte des Naben- und Wellenwerkstoffes und ν die Querdehnzahl. Daraus lässt sich dann auch das zur jeweiligen Betriebsdrehzahl n zugehörige übertragbare Drehmoment M_{tn} in Abhängigkeit von der Grenzdrehzahl n_g und dem übertragbaren Drehmoment M_t bei der Drehzahl $n = 0$ ermitteln:

$$M_{tn} = M_t \cdot \left[1 - \left(\frac{n}{n_g}\right)^2\right] \qquad (12.68)$$

12.3.2 Konische Pressverbindungen (Kegelpressverbindungen)

Ähnlich wie zylindrische Pressverbindungen werden konische Pressverbindungen (Kegelverbindungen) gemäß Abbildung 12.22 zur Befestigung von Rad-, Scheiben- und Kupplungsnaben vorwiegend auf Wellenenden verwendet. Im Vergleich zu zylindrischen Pressverbänden gewährleisten sie einen genauen zentrischen Sitz mit entsprechend hoher Laufgenauigkeit und Laufruhe. Die erforderliche Fugenpressung wird durch axiale Vorspannung und Keilwirkung der kegeligen Wellen- und Nabenflächen erzeugt. Allerdings ist ein nachträgliches axiales Verschieben oder Nachstellen nicht möglich.

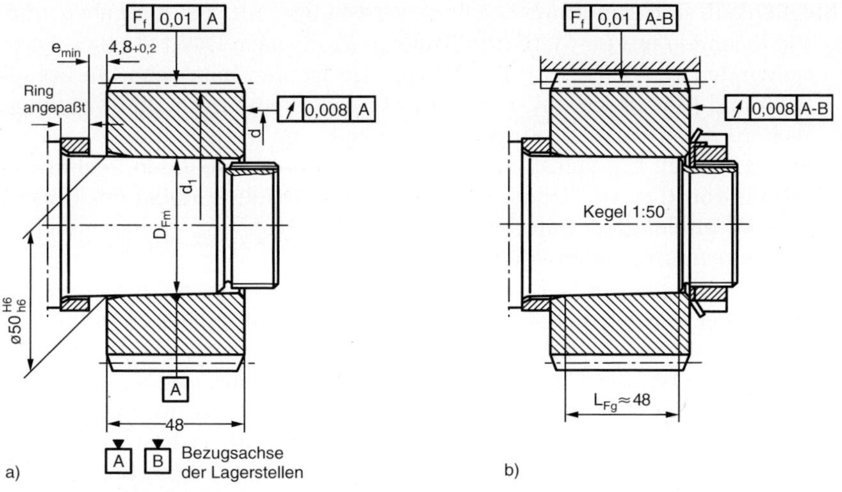

Abbildung 12.22: Kegelpressverband mit definiertem Aufpressweg – a) Nabenkörper bei kraftfreier Anlage, b) Nabenkörper im aufgepressten Zustand [12.63]

Die Neigung des Kegels wird entsprechend Abbildung 12.23 in Abhängigkeit von den Durchmessern D_1 und D_2 sowie der Kegellänge l durch das Kegelverhältnis C bzw. den Neigungswinkel γ ausgedrückt:

$$C = \frac{1}{x} = \frac{D_1 - D_2}{l} \tag{12.69}$$

$$\tan\frac{\gamma}{2} = \left(\frac{D_1 - D_2}{2 \cdot l}\right) \tag{12.70}$$

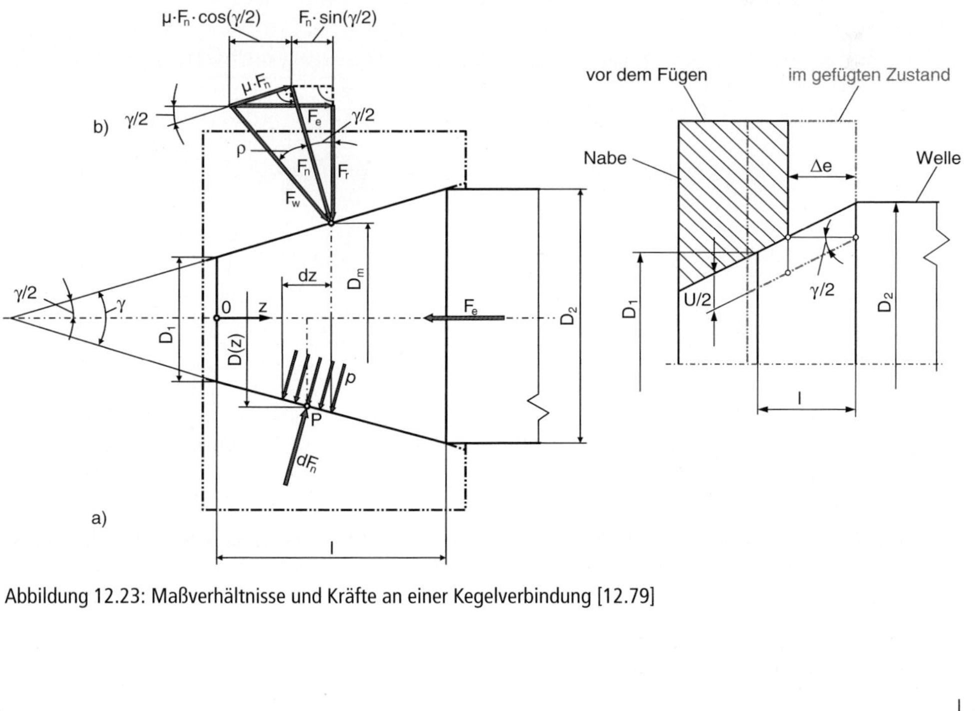

Abbildung 12.23: Maßverhältnisse und Kräfte an einer Kegelverbindung [12.79]

Nach Möglichkeit sind genormte Kegel zu verwenden, z.B. für Radnaben und dgl. kegelige Wellenenden mit $C = 1{:}10$ und Außengewinde nach DIN 1448 bzw. DIN 1449 für Innengewinde [12.17], [12.18]. Für Werkzeuge werden metrische Werkzeugkegel mit $C = 1{:}20$ und Morsekegel mit $C = 1{:}19{,}212$ bis $1{:}20{,}02$ nach DIN 228 eingesetzt [12.11]. Weitere Kegelwinkel sind in Abhängigkeit vom Verwendungszweck in DIN 254 aufgeführt [12.12]. Die Selbsthemmung bei Kegelpressverbänden liegt etwa beim Kegelverhältnis von $C \leq 1{:}5$. Trotz gleichen Einstellwinkels sind bei der Herstellung des Außen- und Innenkegels innerhalb der zulässigen Toleranz Abweichungen möglich, die die Berechnungsergebnisse beeinflussen.

Bei richtig ausgelegten Kegelpressverbänden sind keine zusätzlichen Passfedern zu verwenden, da bei der ersten Belastung der Verbindung durch das Drehmoment M_t das verspannte Außenteil sich schraubenförmig auf das Innenteil aufschiebt, Abbildung 12.24. Dieser Vorgang würde durch Passfedern behindert und demzufolge keine reibschlüssige Verbindung ermöglichen. Lediglich zur Lagesicherung vom Außen- zum Innenteil können Passfedern verwendet werden, allerdings zu Lasten des sicheren Reibschlusses. Kegelverbindungen werden im leicht geölten Zustand montiert. Nach erstmaliger Drehmomentbelastung ist die zur Erzeugung der Aufpresskraft erforderliche Schraube bzw. Mutter nachzuziehen.

Kegelverbindungen (Kegelpressverbände) lassen sich nicht nur durch Verschrauben, sondern auch durch kontrolliertes Aufschieben des erwärmten Außenteiles thermisch fügen. Bei der folgenden Berechnung wird angenommen, dass die Kegelwinkel $\gamma/2$ für das Außen- und Innenteil gleich sind und keine herstellungsbedingten Abweichungen aufweisen (Toleranz $T = 0$).

Gemäß Abbildung 12.23 führt die axiale Relativverschiebung a (Aufschub) der zu fügenden Teile zu Querdehnungen und damit zum Aufbau eines entsprechenden Fugendruckes p_F in den Wirkflächen. Unter Berücksichtigung der Glättung G nach Gleichung (12.54) wird der Aufschubweg a bestimmt von dem zu übertragenden Drehmoment bei a_{min} sowie dem maximalen Aufschubweg a_{max}, der sich aus dem zulässigen Fugendruck (Flächenpressung) des „schwächsten" Bauteiles ergibt:

$$a_{min} = \frac{\ddot{U}_u}{2 \cdot \tan \gamma/2} = \frac{(Z_k + G)}{2 \cdot \tan \gamma/2} \qquad a_{max} = \frac{\ddot{U}_o}{2 \cdot \tan \gamma/2} = \frac{(Z_g + G)}{2 \cdot \tan \gamma/2} \tag{12.71}$$

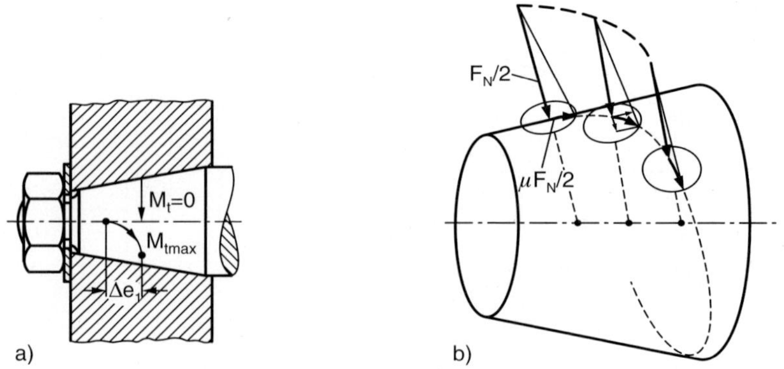

Abbildung 12.24: Kegelpressverband bei erstmaliger Drehmomentübertragung [12.63] – a) zusätzlicher Aufschubweg Δe_1 bei Belastung von $M_t = 0$ auf $M_{t,max}$, b) auftretende Kräfte

Mit den Gleichungen für den zylindrischen Pressverband lässt sich dann unter der Annahme $D_F = D_{mF}$ (mittlerer Fugendurchmesser) der Aufschub a ermitteln. Ersetzt man in Gleichung (12.53) p_{Fk} durch p_{rFk} als kleinste radiale Fugenpressung bzw. p_{rFg} als größte radiale Fugenpressung, so lassen sich mit der Hilfsgröße K nach Gleichung (12.52) und dem mittleren Kegel-Fugen-Durchmesser $D_{mF} = (D_1 + D_2) / 2$ das kleinste Haftmaß Z_k und das größte zulässige Haftmaß Z_g berechnen:

$$p_{rFk} = \frac{p_{Fk}}{\cos \gamma/2} \qquad p_{rFg} = \frac{p_{Fg}}{\cos \gamma/2} \tag{12.72}$$

$$Z_k = \frac{p_{Fk} \cdot D_{mF}}{E_A \cdot \cos \gamma/2} \cdot K \qquad Z_g = \frac{p_{Fg} \cdot D_{mF}}{E_A \cdot \cos \gamma/2} \cdot K \tag{12.73}$$

Setzt man hier $\gamma/2 = 0$ ein, so liegen mit $\cos(\gamma/2) = 1$ die Verhältnisse des zylindrischen Pressverbandes vor.

Im Weiteren ist nun die erforderliche Einpresskraft F_e (axiale Vorspannkraft) zu bestimmen. Hierzu werden vereinfachend die wirkenden Kräfte gemäß Abbildung 12.23 am mittleren Kegelumfang konzentriert dargestellt. Bei vorhandenem Reibungsschluss ist das Reibungsmoment M_r größer als das zu übertragende Drehmoment M_t:

$$M_r = \frac{D_{mF}}{2} \cdot F_R = \mu \cdot F_n \cdot \frac{D_{mF}}{2} \geq M_t \tag{12.74}$$

Daraus lässt sich die Normalkraft F_n (erforderliche Anpresskraft) zur Erzeugung der Fugenpressung bestimmen zu:

$$F_n \geq \frac{2 \cdot M_t}{\mu \cdot D_{mF}} \tag{12.75}$$

Die zum Fügen der Kegelverbindung notwendige Einpresskraft F_e lässt sich aus Abbildung 12.23 berechnen zu:

$$F_e = F_r \cdot \tan\left(\frac{\gamma}{2} + \rho\right) = F_n \cdot \left(\sin\frac{\gamma}{2} + \mu \cdot \cos\frac{\gamma}{2}\right) \tag{12.76}$$

Des Weiteren gilt für $\cos \rho$ (mit ρ als Reibungswinkel) der folgende Zusammenhang zwischen der resultierenden Widerstandskraft F_w aus Reibkraft F_r und Normalkraft F_n, so dass für F_e folgt:

$$\frac{F_n}{F_w} = \cos \rho \tag{12.77}$$

$$F_e = F_w \cdot \sin\left(\frac{\gamma}{2} + \rho\right) = F_n \cdot \left(\frac{\sin\left(\gamma/2 + \rho\right)}{\cos \rho}\right) \geq \frac{2 \cdot M_t}{\mu \cdot D_{mF}} \cdot \left(\frac{\sin\left(\gamma/2 + \rho\right)}{\cos \rho}\right) \tag{12.78}$$

Unter Einbeziehung des Haftbeiwertes gegen Rutschen $\mu = \tan \rho$ und der Haftsicherheit $S_H \approx 1{,}2 \ldots 1{,}5$ ergibt sich schließlich für die erforderliche Einpresskraft F_e zur sicheren Übertragung des Drehmomentes M_t:

$$F_e \geq \frac{2 \cdot M_t \cdot S_H}{\mu \cdot D_{mF}} \cdot \left(\frac{\sin\left(\gamma/2 + \rho\right)}{\cos \rho}\right) = \frac{2 \cdot M_t \cdot S_H}{D_{mF}} \cdot \left(\frac{\sin\left(\gamma/2 + \rho\right)}{\sin \rho}\right) \tag{12.79}$$

Für den nach DIN 254 genormten Kegel mit $C = 1{:}10$ kann mit $\alpha \approx 6°$ und $\rho \approx 3°... 6°$ (entsprechend $\mu_e \approx 0{,}05 ...0{,}1$) die Einpresskraft für Überschlagsrechnungen angenähert werden:

$$F_e \approx (3\ldots4)\cdot\frac{M_t\cdot S_H}{D_{mF}} \tag{12.80}$$

Die in der Fugenfläche wirkende Fugenpressung p_F wird durch die Einpresskraft F_e bestimmt, mit der die zu fügenden Teile aufeinander geschoben werden. Da sich die Einpresskraft bei Kegelverbindungen annähernd gleichmäßig über dem Fugenumfang verteilt, folgt für die Fugenpressung:

$$p_F = \frac{F_n}{A_F} = \frac{F_N}{D_{mF}\cdot\pi\cdot l_F} = \frac{F_e\cdot\cos\rho\cdot\cos{}^{\gamma}\!/_{2}}{D_{mF}\cdot\pi\cdot l\cdot\sin\left({}^{\gamma}\!/_{2}+\rho\right)} \tag{12.81}$$

Die kleinste erforderliche Fugenpressung berechnet sich mit der tragenden Kegellänge l und dem Haftbeiwert gegen Rutschen $\mu = tan\,\rho$ zu:

$$p_{Fk} = \frac{2\cdot S_H\cdot M_t\cdot\cos{}^{\gamma}\!/_{2}}{D_{mF}^2\cdot\pi\cdot\mu\cdot l} \le p_{Fg} \tag{12.82}$$

Somit folgt für das von der Kegelverbindung maximal übertragbare Nenndrehmoment bei größter Fugenpressung p_{Fg}:

$$M_t = \frac{D_{mF}^2\cdot\pi\cdot\mu\cdot l}{2\cdot\cos{}^{\gamma}\!/_{2}}\cdot\frac{p_{Fg}}{S_H} \tag{12.83}$$

Hierin bezeichnet F_e die axiale Einpresskraft nach Gleichung (12.79) bzw. bei Verwendung einer Schraube die Montagevorspannkraft. Setzt man $\gamma/2 = 0$ ein, so liegt ein zylindrischer Pressverband vor.

Sämtliche Berechnungsgleichungen für Kegelpressverbände gelten unter folgenden Einschränkungen:

- Die Wandstärke des Außenteiles (z.B. Radnabe) wird als konstant angenommen. Sind Stege und Rippen vorhanden, so ändert sich das elastische Verhalten des Radkörpers und damit auch die Spannungsverteilung in der Radnabe.
- Fliehkräfte wurden nicht berücksichtigt. Bei Bedarf ist in Analogie zu zylindrischen Pressverbindungen nach Abschnitt 12.3.1.4 zu verfahren.

12.3.3 Gestaltung von Pressverbindungen

Bei vielen Pressverbindungen ist aufgrund der Belastung und konstruktiven Ausbildung die Fugenpressung nicht gleichmäßig über dem Sitz verteilt. Im Hinblick auf die vorwiegend durch Torsion (schwellend oder wechselnd) und vielfach zusätzlich durch Umlaufbiegung gekennzeichnete schwingende Beanspruchung sind folgende konstruktive Gestaltungsregeln zu beachten:

- In Abhängigkeit von der Belastungsart sind folgende Breiten-/Durchmesser-Verhältnisse günstig [12.63]:
  - Wechseltorsion: $l_F / D_F = 0{,}5 ... 1{,}0$

– Wechselbiegung: $l_F / D_F = 1{,}5 \dots 2{,}0$
– Torsion und Biegung (statisch): $l_F / D_F = 1{,}0 \dots 1{,}5$

- Vollwellen sind günstiger als Hohlwellen. Bei wechselnden oder umlaufenden Biegemomenten sind Hohlwellen generell zu vermeiden.
- Bei Pressverbindungen treten auch bei glatter Welle gemäß Abbildung 12.25 insbesondere im Randzonenbereich Kerbwirkungseffekte durch höhere Fugenpressungen auf. Günstige Verhältnisse ergeben sich, wenn die Werte $D_F / D_W \approx 1{,}1$ und $r / (D_F - D_W) \approx 2$ sowie der Randabstand $a \geq 0$ eingehalten werden. Dabei sollte $a < 0$ wegen nachteiliger Auswirkungen vermieden werden.

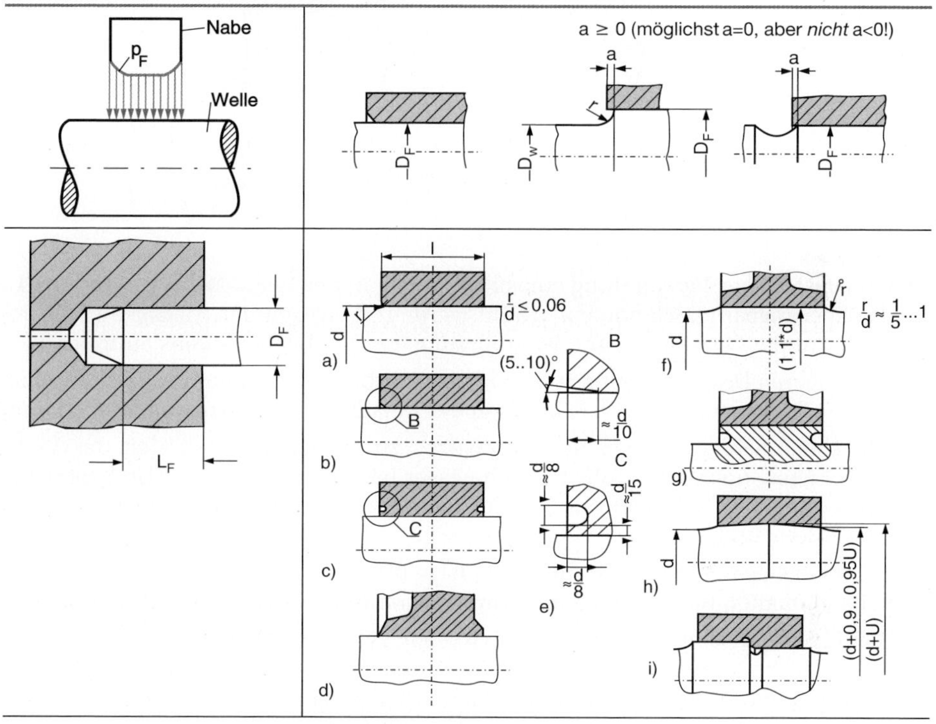

Abbildung 12.25: Gestaltungshinweise für Pressverbindungen nach [12.79]

- Entsprechend Abbildung 12.25 sind bei Längspressverbänden zum Einpressen von Teilen in Grundlöcher Entlüftungsbohrungen vorzusehen.
- Die Verbindung ist möglichst verformungssteif zu gestalten, da wegen schwingender Momente am Fugenrand örtliches Mikrogleiten auftreten kann, was wiederum auf den Fügeflächen Erscheinungen der Reibkorrosion (Entstehung von Mikrorissen) begünstigt.
- Nuten oder Einstiche sind im Innen- und Außenteil innerhalb des Pressverbandes ebenso wie Passfedern unbedingt zu vermeiden, da sie die gleichmäßige Spannungsverteilung stören.
- Die Nabe ist immer torsionsweich zu gestalten, evtl. auch durch einen Werkstoff mit niedrigerem Elastizitätsmodul als die Welle, auszuführen. Bei Bedarf ist ein Ring zwischen Welle und Nabe anzuordnen.

- Um einen möglichst großen Haftbeiwert in den Fügeflächen zu erhalten, sind Querpressverbände vor der Montage zu entfetten. Bei Längspressverbänden sollte die Fugenfläche leicht eingeölt sein, da hier insbesondere bei elastisch-plastischen Verformungen die Gefahr des Passungsrostes besteht. Große Haftbeiwerte lassen sich auch durch kleine R_Z der Fügeflächen (z.B. durch Läppen) erreichen.
- Gemäß Abbildung 12.26 ist das Drehmoment in der Nabe durchzuleiten, nicht rückzuleiten.

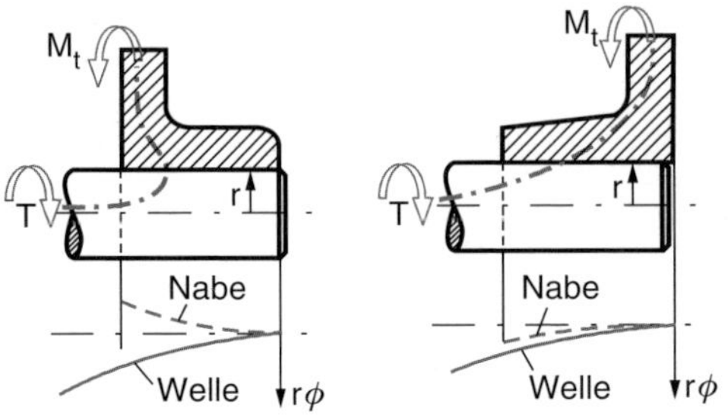

Abbildung 12.26: Rückleitung und Durchleitung des Drehmomentes in der Nabe

- Bei zusätzlicher Verwendung eines Klebstoffes in der Welle-Nabe-Verbindung kann das übertragbare Drehmoment erhöht werden, da wegen der Aushärtung des Klebstoffes in der Oberfläche eine Vergrößerung des Tragflächenanteils auftreten kann.
- Bei größeren Drehmomenten ist der Kegelsitz trotz Selbsthemmung axial zu sichern, da er sich ansonsten bei Überschreiten der Rutschgrenze schlagartig öffnen könnte.
- Um gleichmäßiges Tragen des Kegelsitzes zu erreichen, muss sich der Verband beim Fügen zuerst am großen Durchmesser berühren. Hierzu ist die Kegelwinkeltoleranz nach DIN 7178 für den Außenkegel positiv und für den Innenkegel negativ zu wählen [12.35], [12.54].
- Beim Kegelpressverband ist die axiale Lage der Nabe toleranzbedingt mit Unsicherheiten behaftet, was bei manchen Kupplungen Probleme verursachen kann.
- Beim hydraulischen Pressverband wird zur günstigen Beeinflussung der Haftbeiwerte für die Montage Glyzerin und für die Demontage Öl verwendet.
- Da sich hydraulisch beaufschlagte Pressverbände beim Lösen unter Drücken bis zu 2.500 bar schlagartig lösen können, sind entsprechende axiale Fangvorrichtungen vorzusehen.
- Zur störungsfreien Montage und Demontage von Ölpressverbänden sind die Zuführbohrungen im Bereich des höchsten Fugendrucks anzuordnen (Bereich der größten Nabenwanddicke). Die in die Fuge eintretende Flüssigkeit sollte etwa gleichzeitig die beiden Nabenenden erreichen. Durch die Bohrungen können Spannungskonzentrationen mit entsprechender Kerbwirkung entstehen.

12.3.4 Klemmverbindungen

Die Klemmverbindungen gemäß Abbildung 12.27 werden bei Riemen-, Gurtscheiben und Hebeln genutzt, die auf glatte, längere Wellen aufzubringen oder bei geteilter Ausführung nachträglich zwischen Lager zu setzen sind, bei gleichzeitiger Einstellbarkeit in Längs- und Drehrichtung (s.a. Abbildung 12.3). Aufzuklemmende Scheiben sind meistens geteilt, während die Naben von Hebeln einseitig geschlitzt werden.

Das Aufklemmen sollte wegen kurzer Kraftwege mit möglichst nah an der Welle angeordneten Durchsteckschrauben erfolgen. Wegen der begrenzten Momentenübertragungsfähigkeit können Klemmverbindungen nur bei geringen und nicht wechselnden Drehmomenten angewendet werden. Sollen dennoch größere Drehmomente übertragen werden, sind zusätzlich noch Passfedern oder Tangentkeile einzusetzen, die auch zur Lagesicherung dienen. Die Nabenabmessungen können nach Tabelle 12.3 vorausgelegt werden. Bei geteilten Scheiben ist eine Übergangspassung mit geringem Passmaß zu wählen, während bei geschlitzten, aufzuschiebenden Hebelnaben eine enge Spielpassung zweckmäßig ist (z.B. H7/g6).

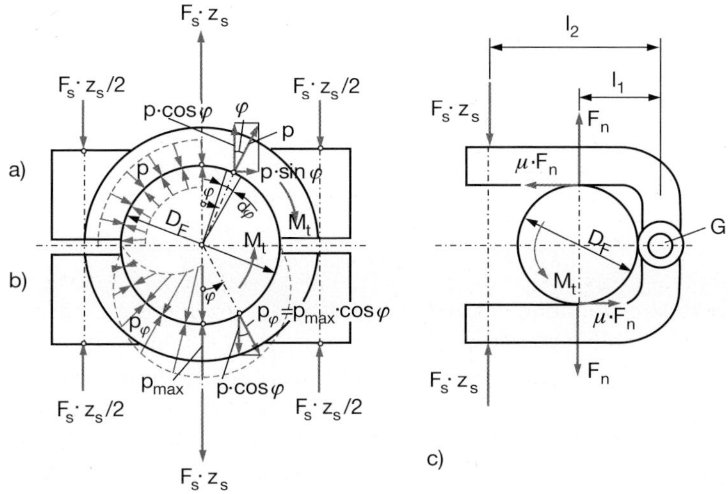

Abbildung 12.27: Kraftverhältnisse bei Klemmsitzverbindungen – a) mit geteilter Nabe und gleichmäßiger Flächenpressung, b) mit geteilter Nabe und cosinusartiger Flächenpressung, c) mit geschlitzter Nabe und Gelenk G als Ersatzmodell

Der wirksamste Reibungsschluss liegt bei einer über den ganzen Fugenumfang gleichmäßig verteilten Fugenpressung p_F vor. Im Gegensatz zu Kegelverbindungen und Pressverbänden lässt sich dieser Zustand bei geteilten Scheiben mit einer vorgesehenen engen Übergangspassung nur annähernd erreichen. Bei der geschlitzten Hebelnabe mit einer empfohlenen engen Spielpassung (Naben werden zusätzlich auf Biegung beansprucht) ist dagegen eine überwiegend linienförmige Pressungsverteilung zu erwarten.

Damit das gewünschte Drehmoment M_t übertragen werden kann, muss in beiden Fällen Reibungsschluss gewährleistet sein, so dass die am Fugenumfang übertragbare Reibkraft F_R gleich oder größer ist als die durch das äußere Drehmoment dort wirkende Tangentialkraft F_t.

Betrachtet man zunächst die geteilte Nabe mit der tragenden Fugenlänge l_F und dem Fügedurchmesser D_F (Wellendurchmesser), so lässt sich unter der Annahme einer gleichmäßigen Flächenpressung p das Rutschmoment M_R wie folgt berechnen:

$$dM_R = dF_R \cdot \frac{D_F}{2} = \mu \cdot dF_n = \mu \cdot p \cdot \frac{D_F^2}{4} \cdot l_F \cdot d\varphi \qquad (12.84)$$

$$M_R = \int_0^{2\pi} dF_R \cdot \frac{D_F}{2} = \frac{1}{2} \cdot \mu \cdot \pi \cdot D_F^2 \cdot l_F \cdot p \qquad (12.85)$$

Die erforderliche Gesamt-Schraubenkraft $F_{Sges} = F_S \cdot z_S$ lässt sich aus der Summe der Vertikalkomponenten der Flächenpressung p für eine Nabenhälfte bestimmen zu:

$$p \cdot \cos\varphi = \frac{dF_{Sges}}{dA} = \frac{2 \cdot dF_{Sges}}{D_F \cdot l_F \cdot d\varphi} \tag{12.86}$$

$$F_{Sges} = F_S \cdot z_S = 2 \cdot \int_0^{\pi/2} p \cdot \cos\varphi \cdot dA = D_F \cdot l_F \cdot p \tag{12.87}$$

Stellt man Gleichung (12.87) nach p um und setzt in Gleichung (12.85) ein, so folgt für das Rutschmoment:

$$M_R = \frac{1}{2} \cdot \mu \cdot \pi \cdot D_F \cdot F_S \cdot z_S \tag{12.88}$$

Aufgrund der Biegesteifigkeit der Naben bildet sich jedoch meistens ein Flächenpressungsverlauf mit ausgeprägtem Maximum heraus, der sich annähernd genau durch eine cosinusartige Verteilung beschreiben lässt, mit p_{max} als Scheitelwert bei $\varphi = 0$ und $p = p_{max} \cdot \cos\varphi$ zwischen $\pm 90°$, so dass für M_R folgt:

$$dM_R = \mu \cdot \frac{D_F^2}{4} \cdot l_F \cdot p_{max} \cdot \cos\varphi \cdot d\varphi \tag{12.89}$$

$$M_R = 4 \cdot \int_0^{\pi/2} dM_R = \mu \cdot p_{max} \cdot D_F^2 \cdot l_F \tag{12.90}$$

Für die Gesamt-Schraubenkraft folgt dann:

$$F_{Sges} = 2 \cdot \int_0^{\pi/2} p_\varphi \cdot \cos\varphi \cdot \frac{D_F}{2} \cdot l_F \cdot d\varphi = D_F \cdot l_F \cdot p_{max} \cdot \int_0^{\pi/2} \cos^2\varphi \cdot d\varphi = \frac{\pi}{4} \cdot p_{max} \cdot D_F \cdot l_F \tag{12.91}$$

Umstellen von Gleichung (12.91) nach p_{max} und Einsetzen in Gleichung (12.90) ergibt:

$$M_R = \frac{4}{\pi} \cdot \mu \cdot D_F \cdot F_S \cdot z_S \tag{12.92}$$

Setzt man Gleichung (12.92) und Gleichung (12.88) ins Verhältnis, so ergibt sich:

$$\frac{M_R(p_\varphi)}{M_R(p)} = \frac{8}{\pi^2} \approx 0{,}81 \tag{12.93}$$

Somit fällt bei realistischer Annahme der Pressungsverteilung das Rutschmoment M_R um rund 20 % geringer aus. Für die tatsächliche Flächenpressung im Montagezustand ergibt sich mit der zulässigen Flächenpressung nach Tabelle 12.4:

$$p_F = \frac{F_s \cdot z_S}{D_F \cdot l_F} \leq p_{Fzul} \tag{12.94}$$

Betrachtet man das einfache Ersatzmodell der geschlitzten Nabe mit dem angenommenen Gelenkpunkt G, so gilt für das Rutschmoment M_R:

$$M_R = F_R \cdot \frac{D_F}{2} = \mu \cdot F_n \cdot \frac{D_F}{2} \geq M_t \tag{12.95}$$

Aus der Gleichgewichtsbetrachtung um den Gelenkpunkt G folgt für die Gesamt-Schraubenkraft:

$$F_n = F_s \cdot z_S \cdot \frac{l_1}{l_2} \tag{12.96}$$

$$F_{Sges} = F_s \cdot z_S \geq \cdot \frac{M_t \cdot l_1}{\mu \cdot D_F \cdot l_2} \tag{12.97}$$

Für die tatsächliche Flächenpressung im Montagezustand ergibt sich mit der zulässigen Flächenpressung nach Tabelle 12.4 entsprechend:

$$p_F = \frac{F_s \cdot z_S}{D_F \cdot l_F} \cdot \frac{l_1}{l_2} \leq p_{Fzul} \tag{12.98}$$

Abschließend sei noch auf die längsbewegliche Kippkraft-Klemmverbindung gemäß Abbildung 12.28 hingewiesen [12.55]. Aufgrund der Kippkraft F_K an den Punkten A und B entsteht dort eine Kantenpressung, die die Reibkraft $F_R = \mu \cdot F_N$ bewirkt, so dass es für die Bedingungen gemäß Abbildung 12.28 in Abhängigkeit der Parameter k und l sowie μ zur Selbsthemmung kommt.

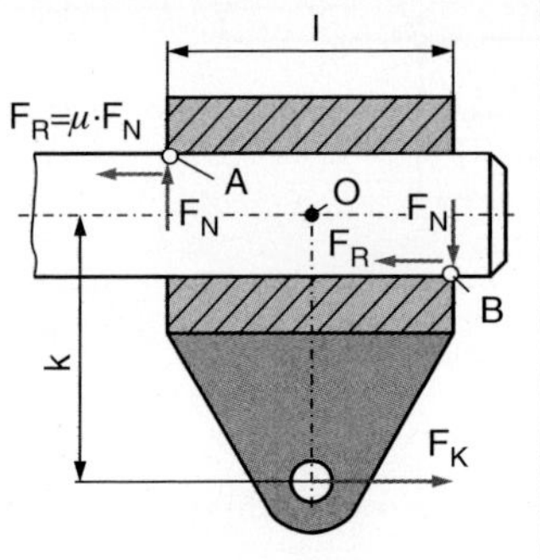

Selbsthemmung liegt vor, wenn für die Kippkraft gilt:

$$F_K \leq 2 \cdot F_R \quad \text{bzw.} \quad F_N \geq \frac{F_K}{2 \cdot \mu} \tag{12.99}$$

Aus dem Momentengleichgewicht um den Punkt O folgt:

$$2 \cdot F_N \cdot \frac{l}{2} = F_K \cdot k \quad \text{bzw.} \quad F_N = F_K \cdot \frac{k}{l} \tag{12.100}$$

Aus den Gleichungen (12.99) und (12.100) folgt:

$$\frac{k}{l} \geq \frac{1}{2 \cdot \mu} \tag{12.101}$$

Abbildung 12.28: Kippkraft-Klemmverbindung nach [12.55]

12.4 Vorgespannte Formschlussverbindungen

Bei vorgespannten formschlüssigen Welle-Nabe-Verbindungen gemäß Abbildung 12.2 wird das Drehmoment zwischen Welle und Nabe durch Eintreiben von Keilen (radiale Verspannung) überwiegend reibschlüssig mit teilweise zusätzlichem Formschluss (an den Seitenflächen der Keile) übertragen [12.26], [12.33]. Hierdurch lässt sich eine Formschlussverbindung zur Übertragung wechselnder Kräfte und Momente spielfrei gestalten. Der kraftschlüssige Anteil des übertragbaren Drehmomentes entspricht dabei dem sich aus der gegenseitigen Verspannung von Welle und Nabe ergebenden Reibmoment. Beim Überschreiten dieses Reibmomentes werden die formschlüssigen Anteile wirksam und unterliegen an den Kontaktflächen entsprechenden Pressungen. Aufgrund der radialen Vorspannung können auch Axialkräfte ohne zusätzliche formschlüssige Verschiebesicherungen übertragen werden.

12.4.1 Längskeilverbindungen

Bei der Längskeilverbindung werden Kraft- und Formschluss durch Eintreiben eines Längskeiles mit genormter Steigung 1:100 hergestellt. Durch das Verkeilen wird die Nabe gedehnt und die Welle gestaucht, was zu einer Exzentrizität führt. Daher treten bei Drehzahlen oberhalb von 20 s^{-1} spürbare Unwuchten auf. Um die Exzentrizität zwischen Welle und Nabe klein zu halten, ist eine Haftpassung zweckmäßig. Ein großes Einsatzgebiet ist die Land- und Baumaschinentechnik sowie der Förderanlagenbau. Entsprechend Abbildung 12.29 ergeben sich folgende Kräfte zum Eintreiben und Lösen einer Keilverbindung. Die Eintreibkraft F_e erzeugt auf der Bauch- und Rückenseite des Keiles die Normalkräfte F_n und die zugehörigen Reibkräfte F_r. Diese beiden Kräfte ergeben als Resultierende die Widerstandskraft F_W, die sich wiederum in eine Axialkomponente F_a und in die senkrecht dazu wirkende Spannkraft F_S zerlegen lässt.

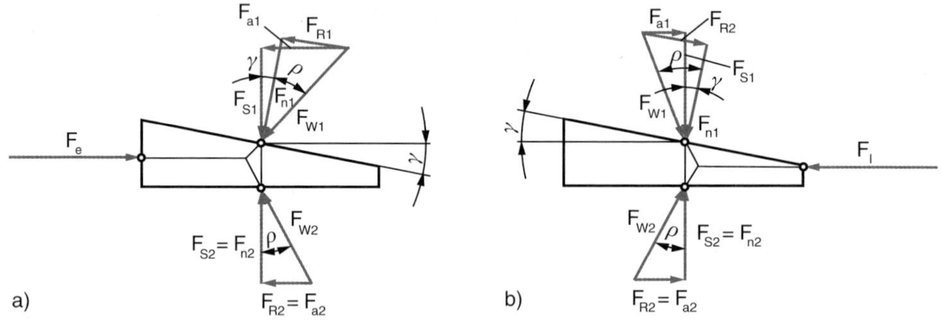

$F_S = F_{S1} = F_{S2}$ (12.102)	$F_{a1} = F_S \cdot \tan(\gamma + \rho)$ (12.103)	$F_{a2} = F_S \cdot \tan \rho$ (12.104)

Kraft zum Eintreiben	Kraft zum Lösen
$F_e = F_{a1} + F_{a2} = F_S \cdot [\tan(\gamma + \rho) + \tan \rho]$ (12.105)	$F_l = F_S \cdot [\tan(\rho - \gamma) + \tan \rho]$ (12.106)

Abbildung 12.29: Kraftverhältnisse am Längskeil beim Eintreiben und Lösen [12.79]

Die Kräfte-Umsetzung am Keil als das Verhältnis von Spannkraft zu Eintreibkraft beträgt für eine Keilneigung von 1:100 (γ = 0,57°) und den Reibwert $\mu = \tan \rho = 0{,}1$ für ρ = 5,7° gemäß Gleichung (12.105):

$$\frac{F_S}{F_e} \approx 4{,}8 \qquad (12.107)$$

Bei der Keilverbindung liegt Selbsthemmung vor, wenn die folgenden Verhältnisse eintreten. Zum Lösen der Verbindung ist dann ein Herausdrücken des Keiles erforderlich:

$$\tan(\rho - \gamma) \leq \tan \rho \quad \text{bzw.} \quad \tan \gamma \leq 2 \cdot \tan \rho = 2 \cdot \mu \qquad (12.108)$$

Ausgehend von diesem Prinzip sollen anhand von Abbildung 12.30 die Kräfte, Momente und erzielbaren Flächenpressungen für Hohlkeil, Flachkeil und Nutenkeil erläutert werden.

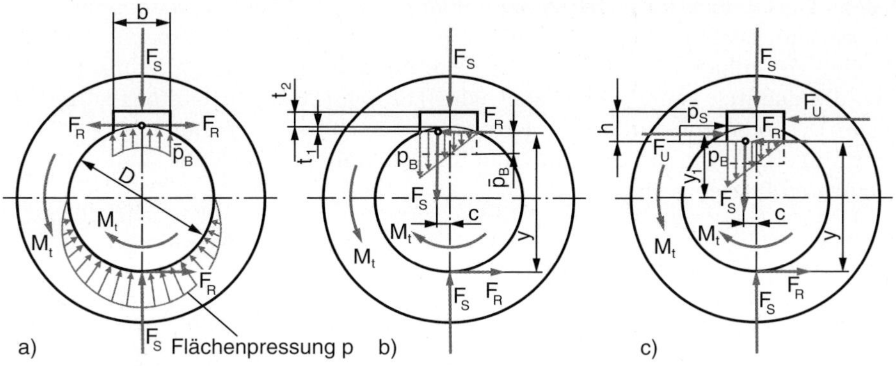

Abbildung 12.30: Kraftverhältnisse an Längskeilverbindungen – a) Hohlkeil, b) Flachkeil, c) Treibkeil [12.79]

Bei der Hohlkeilverbindung nach Abbildung 12.30 a) (s.a. Abbildung 12.2 d)) liegt reiner Kraftschluss an zwei gegenüberliegenden Stellen des Wellenumfanges vor. Aus den Spannkräften F_S entstehen die für die Kraftübertragung notwendigen Reibkräfte $F_R = \mu \cdot F_S$ bzw. die erforderliche Flächenpressung an der Ober- und Unterseite des Keiles, aufgrund derer das Drehmoment M_t übertragen werden kann:

$$M_t \leq M_R = M_{t,zul} = 2 \cdot \mu \cdot F_S \cdot \frac{d}{2} = \mu \cdot d \cdot b \cdot l_t \cdot p_{zul} \tag{12.109}$$

Hierin bezeichnen M_R das übertragbare Rutschmoment, b die Breite und l_t die tragende Länge des Keiles, und aus Sicherheitsgründen wird für μ der Gleitreibwert anstelle des Haftreibwertes verwendet. Die aus den Spannkräften F_S entstehende mittlere Flächenpressung berechnet sich zu:

$$p = \frac{F_s}{d \cdot l_t} = \frac{b}{d} \cdot p_B \leq p_{zul} \tag{12.110}$$

Im Gegensatz dazu stellt sich beim Flach- und beim Treibkeil entsprechend Abbildung 12.30 a) (s.a. Abbildung 12.2 e) und f)) eine dreieckige Verteilung der Flächenpressung ein, da das wirkende Drehmoment größer ist als das Rutschmoment und damit zum Verklemmen des Keiles führt (Formschlussbedingung: $M_t > M_R$). Für den Treibkeil lautet gemäß Abbildung 12.30 das Momentengleichgewicht:

$$M_t = M_R + M_{FB} + M_{FS} = F_R \cdot y + F_S \cdot c + F_u \cdot y_1 \tag{12.111}$$

Hierin bezeichnen M_R das Rutschmoment, M_{FB} das Drehmoment aus der Klemmwirkung und M_{FS} das formschlüssig über die Wellennut-Seitenfläche und den Keil übertragene Drehmoment. Dieser Anteil ist beim Flachkeil nach Abbildung 12.30 b) nicht vorhanden. Nach einigen Umformungen ergibt sich für das zulässige Drehmoment beim Flachkeil und beim Treibkeil:

$$M_{t,zul} = \frac{1}{2} \cdot p_{zul} \cdot l_t \cdot \left[(d - t_1) \cdot \mu \cdot b + \frac{b^2}{6} \right] \text{ (Flachkeil)} \tag{12.112}$$

$$M_{t,zul} = \frac{1}{2} \cdot p_{zul} \cdot l_t \cdot \left[(d - t_1) \cdot \mu \cdot b + \frac{t_1}{2} + \frac{b^2}{6} \right] \text{ (Treibkeil)} \tag{12.113}$$

Meistens wird jedoch die Berechnung mit Gleichung (12.109) vorgenommen, so dass der Formschlussanteil zwischen Welle und Keil als zusätzliche Reserve (Sicherheit) verbleibt. Vorteilhaft beim Flachkeil ist die einfache Bearbeitung (Abflachung) der Welle, die dadurch kaum geschwächt wird [12.27], [12.28]. Allerdings ist das übertragbare Drehmoment durch den geringen Formschluss auch nur etwas größer als beim Hohlkeil. Wegen der undefinierten Eintreibkraft ist es unsicher und daher nicht für schweren Betrieb geeignet.

12.4.2 Weitere Keilverbindungen

Der Scheibenkeil nach Abbildung 12.2 b) ist identisch mit der Scheibenfeder. Er stellt sich selbst auf die durch die Nabennut vorgegebene Neigung ein und ist damit besonders kostengünstig wegen der geringsten erforderlichen Nacharbeit. Die Scheibenkeilverbindung wird in Werkzeugmaschinen bei begrenzter Nabenbreite und wegen der geschwächten Welle auch nur bei geringen Drehmomenten eingesetzt. Passungen und Toleranzen sind wie bei Längskeilen auszuwählen, auch die Tragfähigkeitsberechnung ist vergleichbar.

Die Tangentkeilverbindung nach Abbildung 12.2 g) ist die einzige Keilverbindung, bei der Nabe und Welle auch in Umfangsrichtung verspannt werden, so dass stoßhafte Drehmomente in beiden Drehrichtungen unter Vorspannung spielfrei übertragen werden können (Anwendungsbeispiele: Schwungrad, Walzwerkskupplung). Bei der Tragfähigkeitsberechnung nimmt man wegen der Unsicherheiten über die Größe der Eintreibkraft reinen Formschluss an und rechnet wie bei Passfedern. Ein Keilpaar muss in einer Richtung das gesamte Drehmoment übertragen, während das andere entlastet wird. Wegen der einseitigen Verspannung der Nabe gegen die Welle entsteht eine Unwucht. Zur Begrenzung wählt man eine Übergangspassung Nabe/Welle, z.B. H7/k6. Dennoch bleibt wegen der Restunwucht die Anwendung auf Drehzahlen unter 1.500 min^{-1} begrenzt.

12.5 Spannelementverbindungen

Ausgehend von dem Prinzip des kegelförmigen Pressverbandes wurde eine Vielzahl leicht montierbarer Spannelementverbindungen entwickelt, die zwischen Welle und Nabenbohrung eingebaut werden. Damit liegt dann im Gegensatz zum klassischen Pressverband eine mittelbare Kraftübertragung vor. Bei allen Spannelementverbindungen werden von außen Axialkräfte aufgebracht, die entweder über einen Kegel (bei Kegelspannelementen, Schrumpfscheiben und Außenspannsätzen) oder z.B. eine radiale Ausdehnung eines elastischen Zwischenelementes (bei Sternscheiben, Druckhülsen und Toleranzringen) eine hohe Anpresskraft zwischen Welle, Spannelement und Nabe erzeugen, so dass der zur Momentenübertragung erforderliche Reibschluss gegeben ist. Bei hydraulischen Spannbuchsen wird die Ausdehnung eines Fluids in radialer Richtung zur Erzeugung der Anpresskraft genutzt. Wesentliche Vorteile von Spannelementen sind der Ausgleich von Durchmessertoleranzen und eine stufenlose axiale Einstellbarkeit sowie die einfache Montage und Demontage (z.B. Aufsteckgetriebe mit einer Welle) außerhalb einer Werkstatt ohne aufwändiges Erwärmen und Abkühlen. Von Nachteil ist die häufig fehlende Selbstzentrierung. Abbildung 12.31 zeigt beispielhaft die Verwendung kegeliger Hülsen (1) zur Lagerbefestigung sowie von Spannsätzen (2) zur Befestigung der Bandantriebstrommel auf der Welle.

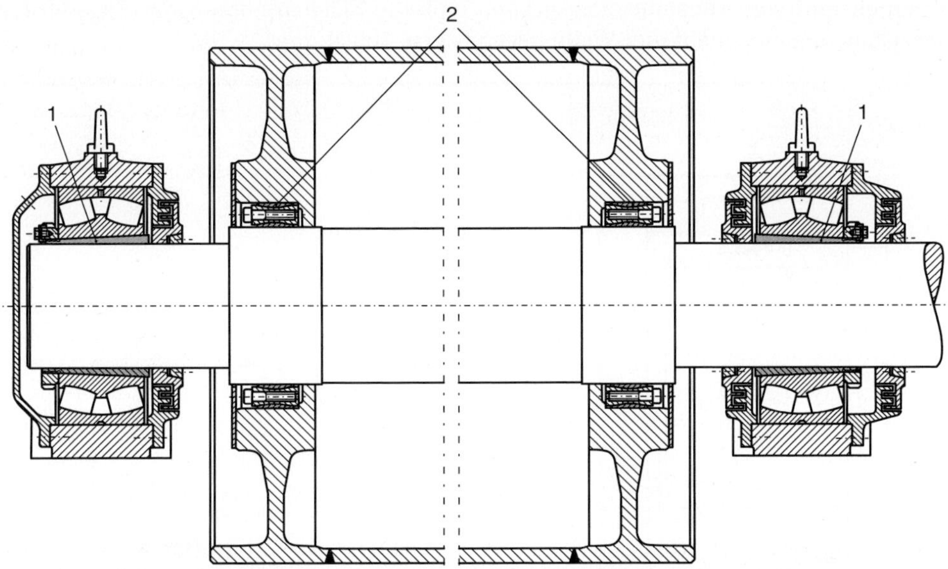

Abbildung 12.31: Kegelige Spannhülse (1) zur Lagerbefestigung und Spannsätze (2) zur Befestigung der Bandantriebstrommel

12.5.1 Ringkegel-Spannelemente, Spannsätze und Schrumpfscheiben

Ringkegel-Spannelemente zum spielfreien, kraftschlüssigen Verbinden von Wellen mit Naben besitzen zwei ineinandergreifende kegelförmige Ringe aus vergütetem Sonderstahl gemäß Abbildung 12.32. Die entstehende Verbindung ist wieder lösbar und dient vornehmlich der Übertragung stoßartiger und/oder wechselnder Drehmomente bei Zahnrädern, Schwungrädern, Riemenscheiben, Kettenrädern und Trommeln (s.a. Abbildung 12.31). Werden zwei kegelförmige Ringe mittels Schrauben und Druckringen durch die axiale Kraft F_{a1} axial verspannt, so entsteht über den Reibungswinkel $\tan\rho = \mu$ eine radiale Vorspannkraft F_V:

$$F_V \cdot \tan(\rho + \beta) + F_V \cdot \tan\rho - F_{a1} = 0 \qquad (12.114)$$

Daraus lassen sich gemäß Abbildung 12.32 das übertragbare Drehmoment M_t sowie die Axialkraft F_{a2} bestimmen. Zur Aufbringung der Axialkraft werden zwei Varianten unterschieden. Zum einen werden mehrere Spannelemente über einen Druckring (Druckflansch) und Schrauben gegenüber der Nabe oder der Welle verspannt, wobei die Gewindebohrungen die Nabe oder die Welle schwächen, Abbildung 12.33.

Alternativ dazu werden fertige Kegelspannsätze angeboten, bei denen die notwendigen Schrauben zur Axialkrafterzeugung in den Spannsatz integriert sind. Schwächende Gewindebohrungen sind nicht erforderlich, allerdings wird ein größerer Einbauraum benötigt (s.a. Abbildung 12.32).

Generell ist die axiale Spannkraft F_a rechnerisch schwer zu bestimmen, da sie sowohl vom vorhandenen Passungsspiel als auch von den Reibungsverhältnissen in der Verbindung abhängt. Nach oben wird F_a begrenzt durch die zulässige Fugenpressung an der Radnabe, bei Hohlwellen kann die Pressung an der Welle begrenzend sein. Üblicherweise werden die maximal übertragbaren Kräfte und Momente durch Versuche ermittelt und vom Hersteller angegeben. Typische Flächenpressungen (Fugendruck) zwischen Spannelement und Welle liegen bei ca. 100 N/mm².

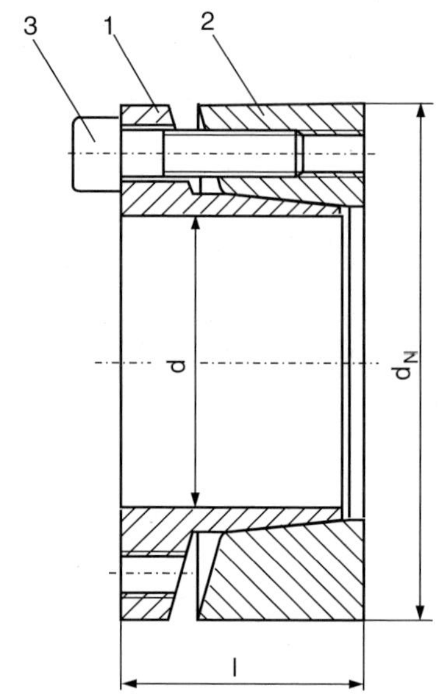

1 Kegeliger Druckflansch
2 Kegeliger Nabenring
3 Spannschrauben

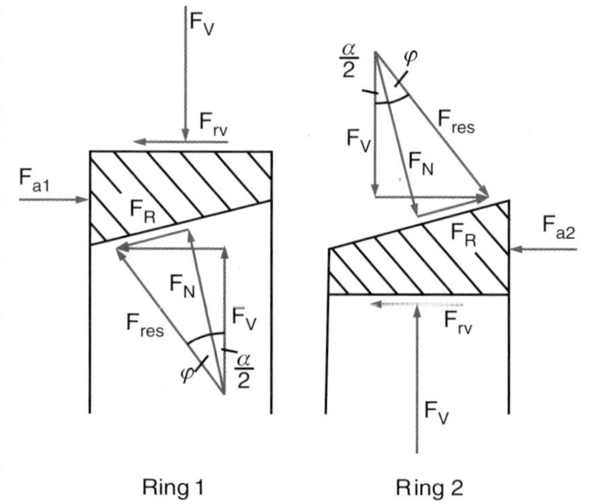

$$M_t = F_V \cdot \mu \cdot \frac{d}{2}$$

$$F_V = \frac{F_{a1}}{\tan(\rho+\beta)+\tan\rho}$$

$$F_{a2} = \frac{\tan(\rho+\beta)-\tan\rho}{\tan(\rho+\beta)+\tan\rho} \cdot F_{a1}$$

Abbildung 12.32: Spannelementverbindung und Kräfte am Spannelement

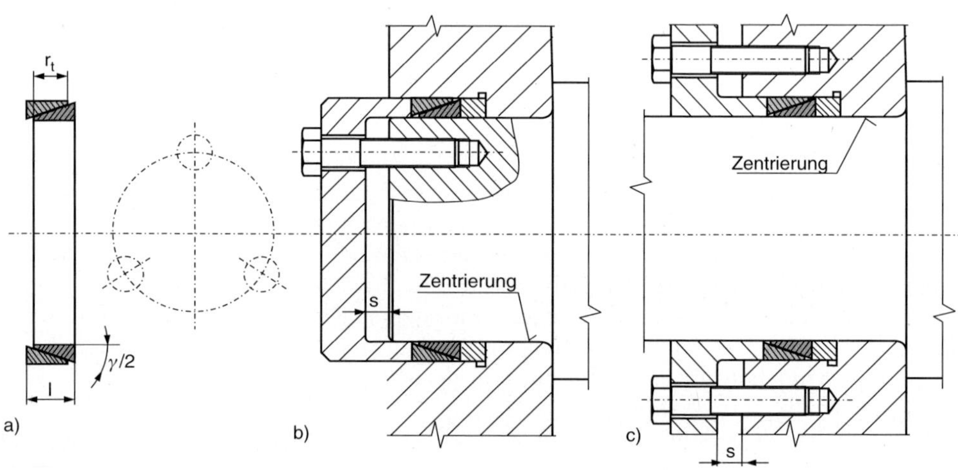

Abbildung 12.33: Spannelementverbindungen – a) Spannelement, b) wellenseitig verspannt, c) nabenseitig verspannt

Zur Erhöhung der Tragfähigkeit können mehrere Elemente hintereinander eingebaut werden. Allerdings nehmen bei einem Neigungswinkel der konischen Flächen von $\beta \approx 17°$ und einer Reibungszahl von $\mu \approx 0{,}12$ für geölte Elemente die Vorspannkräfte F_V je Element im Verhältnis 1:0,55:0,30:0,17 ab, so dass eine Hintereinanderschaltung von mehr als vier Elementen nicht sinnvoll ist, Abbildung 12.34.

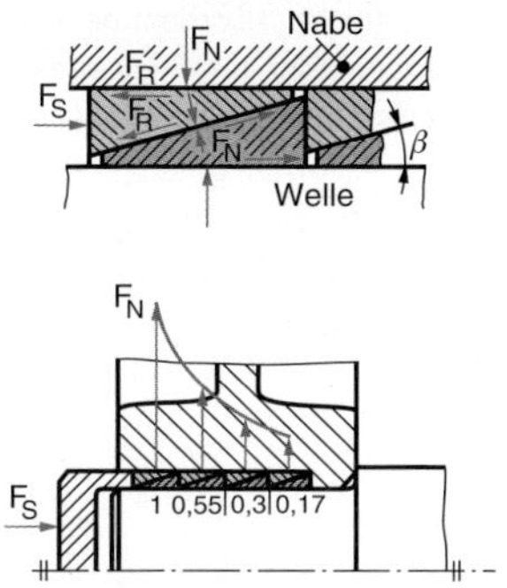

Anzahl der Elemente n	1	2	3	4
Faktor f_N	1	1,55	1,85	2,02

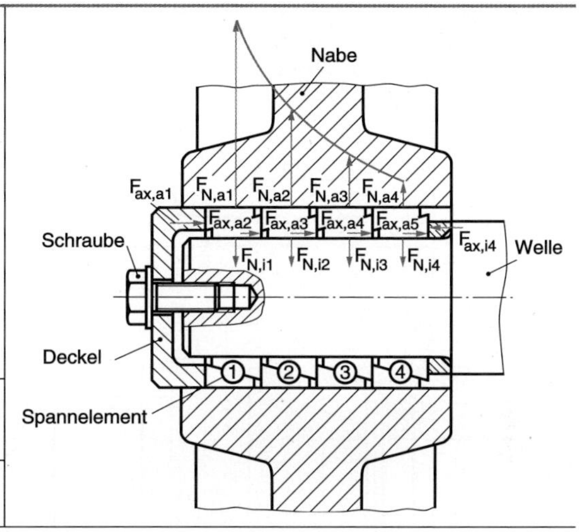

Abbildung 12.34: Kräfte in einer Kegelspannverbindung und in einer Mehrfachspannverbindung

Die Berechnung des übertragbaren Drehmomentes $M_{t,ges}$ bzw. der Axialkraft $F_{a,ges}$ erfolgt aus den Tabellenangaben der Hersteller für ein Element, multipliziert mit dem Anzahlfaktor f_n in Abhängigkeit von der Anzahl n der hintereinandergeschalteten Elemente nach Abbildung 12.34:

$$M_{t,ges} = M_{t,Tabelle} \cdot f_n \geq M_{t,erf} \tag{12.115}$$

$$F_{a,ges} = F_{a,Tabelle} \cdot f_n \geq F_{a,erf} \tag{12.116}$$

Für den Fall, dass gleichzeitig ein Drehmoment M_t und eine Axialkraft F_a zu übertragen sind, muss folgende Bedingung erfüllt werden, damit das Spannelement mit dem Innendurchmesser d_F (= Wellendurchmesser) nicht durchrutscht:

$$M_{t,ges} = M_{t,Tabelle} \cdot f_n \geq M_{t,res} = \sqrt{M_{t,erf}^2 + \left(F_a \cdot \frac{d_F}{2}\right)^2} \tag{12.117}$$

Die Anzahl der erforderlichen Schrauben lässt sich aus der insgesamt benötigten axialen Vorspannkraft F_{a1} aus Gleichung (12.114) bestimmen (s.a. Kapitel 8). Dabei ist zu beachten, dass evtl. vorhandene Kippkräfte (bzw. -momente) die Übertragungsfähigkeit mindern. Da die rechnerische Erfassung sehr schwierig ist, sollte bei Kippmomenten $M_K > 0{,}25 \cdot M_{t,res}$ der Hersteller hinzugezogen werden.

Ausgehend von den einzelnen kegeligen Ringen wurden die nachfolgend beschriebenen Spannsätze entwickelt, bei denen über am Umfang verteilte Schrauben je ein geschlitzter Wellen- und ein Nabenring über zwei konische Zwischenringe axial zusammengezogen werden, so dass der Außenring gedehnt und der Innenring gestaucht werden, Abbildung 12.35 bis Abbildung 12.37.

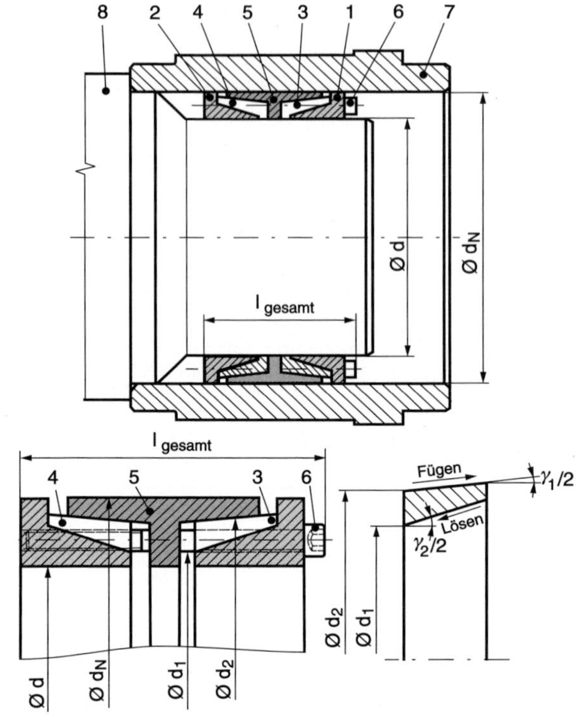

1 Geschlitzter flanschartiger Wellenring
2 Geschlitzter flanschartiger Wellenring
3 Zwischenring mit Fügewinkel $\gamma_1/2$ (selbsthemmend) und Lösewinkel $\gamma_2/2$ (nicht selbsthemmend)
4 Zwischenring mit Fügewinkel $\gamma_1/2$ (selbsthemmend) und Lösewinkel $\gamma_2/2$ (nicht selbsthemmend)
5 Geschlitzter T-förmiger Nabenring
6 Spannschraube mit Innensechskant
7 Gehäuse
8 Welle mit abgesetzter Sitzstelle für den Spannsatz

Abbildung 12.35: Spannsatz – System Bikon

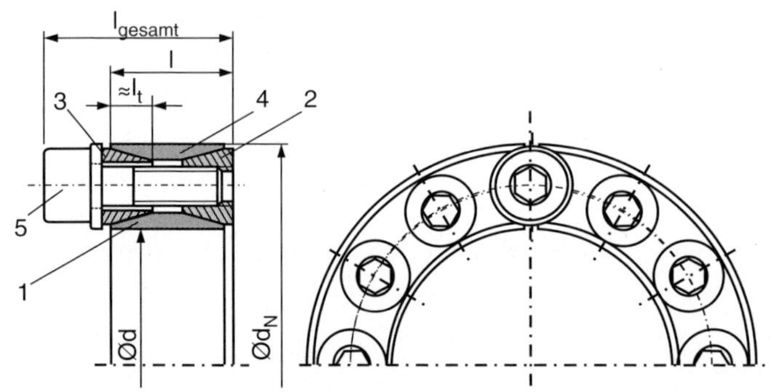

1 Geschlitzter Wellenring
2 Zwischenring
3 Zwischenring
4 Geschlitzter Nabenring
5 Spannschraube mit Innensechskant

Abbildung 12.36: Spannsatz – System Ringfeder

In Welle oder Nabe sind keine schwächenden Gewindebohrungen für die Schrauben erforderlich. Allerdings wird wegen der vielen Bohrungen in den Ringen kein konstanter Fugendruck über dem Umfang erreicht, was herstellerseitig bei der Angabe der zulässigen Belastungen berücksichtigt wird.

Alle Spannsätze eignen sich nicht nur für Standardanwendungen, sondern sind besonders für Konstruktionen im schweren Maschinen- und Anlagenbau geeignet, bei denen große dynamische Kräfte und Momente übertragen werden müssen (z.B. Verbindung

Hauptwelle-Getriebe einer Windenergie-Anlage mit Wellendurchmesser $d > 600$ mm). Sie lassen sich mit Öl einfach montieren und demontieren, sind in Axial- und Umfangsrichtung gut einstellbar und weisen eine gute Rundlaufgenauigkeit auf. Alle Angaben zu übertragbaren Drehmomenten, Axialkräften und Schraubenanzugsmomenten werden von den Herstellern mit ausreichenden Reserven angegeben, so dass eine genauere Nachrechnung für den Anwender entfällt.

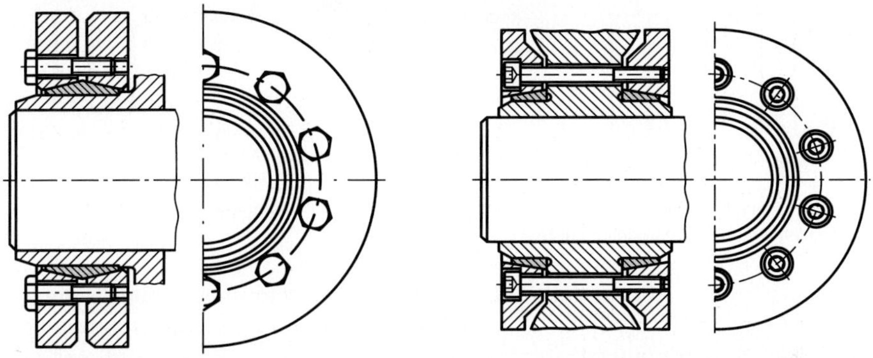

Abbildung 12.37: Schrumpfscheibe – System Stüwe

12.5.2 Sternscheiben, Druckhülsen und Toleranzringe

Sternscheiben, Druckhülsen und Toleranzringe basieren auf dem Prinzip, dass sich elastische Elemente unter Axiallast radial ausdehnen. Bei den nicht selbstzentrierenden Sternscheiben aus gehärtetem Federstahl gemäß Abbildung 12.38 vergrößert sich unter Axiallast der Außendurchmesser bei gleichzeitiger Verkleinerung des Innendurchmessers, so dass sich dauerhaltbare Mitnehmerverbindungen herstellen lassen. Zur Übertragung des Drehmomentes können bis zu 25 Scheiben axial hintereinander geschaltet werden, die Berechnung erfolgt nach Herstellerangaben.

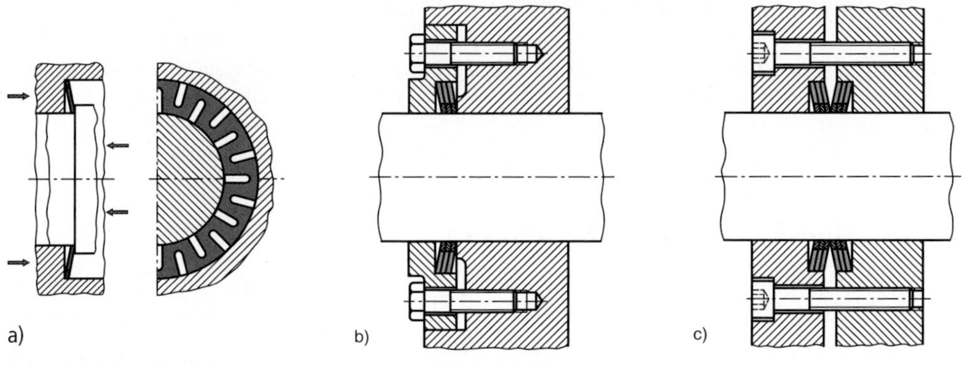

Abbildung 12.38: Sternscheiben – einzeln und in verschiedenen Paketanordnungen

Druckhülsen gemäß Abbildung 12.39 sind zylindrische Spannelemente aus hartem Federstahl, die durch äußere und innere trapezförmige Ausnehmungen einen gewellten Längsschnitt besitzen. Die zylindrischen Außen- und Innenflächen sind so toleriert, dass sie sich im unbelasteten Zustand der Hülse in die Bohrung (Toleranzfeld H7) und über die Welle (Toleranzfeld h7) schieben lassen.

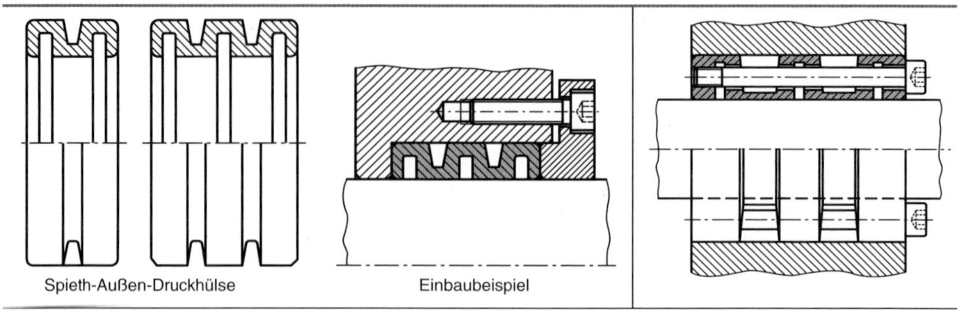

Abbildung 12.39: Spieth-Wellenspannhülse mit Einbaubeispiel und Spieth-Spannringelemente als einbaufertiges Bauteil, abgeleitet aus der Wellenspannhülse

Am Umfang eingeleitete Axialkräfte erzeugen eine rotationssymmetrische radiale Dehnung, die nach Überbrückung des Spiels Reibkräfte in Umfangsrichtung bewirkt, die zur Momentübertragung genutzt werden.

Toleranzringe gemäß Abbildung 12.40 sind gewellte und geschlitzte Spannelemente aus Federband. Je nach Bauart liegen die umlaufenden flachen Ränder am Außen- oder Innendurchmesser des Ringes an, ein zentrierter Einbau ist möglich. Bei einfacher Montage können große Passungsspiele überbrückt werden. Konstruktiv bedingt sind die übertragbaren Drehmomente relativ klein.

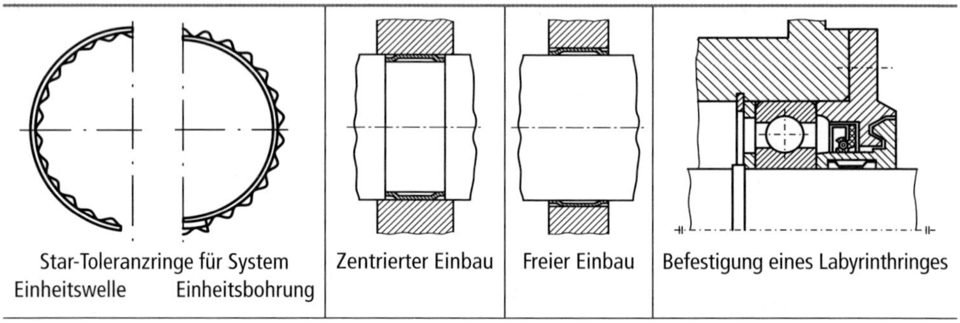

Abbildung 12.40: Toleranzringe für System-Einheitsbohrung und Einheitswelle mit Einbaubeispiel

12.5.3 Hydraulische Spannbuchsen

Hydraulische Hohlmantelspannbuchsen nach Abbildung 12.41 gewährleisten bei einfacher Montage eine gute Zentrierung von Welle (Toleranzfelder h8 bis k6) und Nabe (Toleranzfeld H7). Auch hier wird durch eine axiale Verspannung eine radiale Aufweitung erzeugt, allerdings durch ein inkompressibles Druckmedium innerhalb der Buchse. Dieses Druckmedium begrenzt auch den Einsatzbereich bis zu 70° C. Die Spannbuchse selbst und der Druckring bestehen aus gehärtetem Stahl, die Dichtung ist aus Kunststoff.

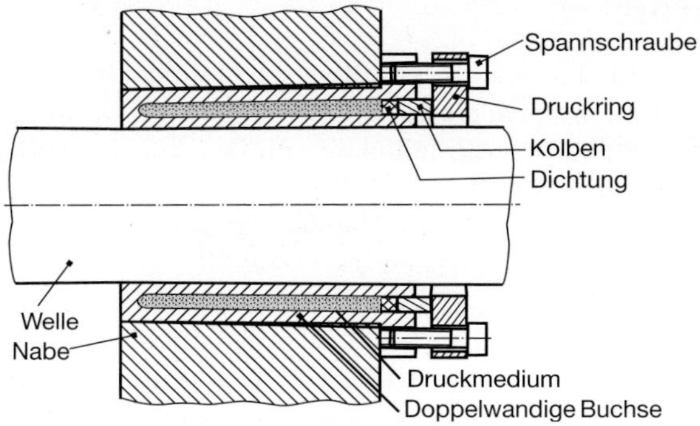

Abbildung 12.41: Hydraulische Spannbuchse – System Südtechnik

12.6 Festigkeitsabfall in Welle-Nabe-Verbindungen

Unabhängig von der Art der Welle-Nabe-Verbindung entsteht im Vergleich zur ungekerbten Welle immer ein Festigkeitsabfall aufgrund von Kerbwirkungseffekten. Abbildung 12.42 soll verdeutlichen, welcher Festigkeitsabfall in Abhängigkeit von der Verbindungsart zu erwarten ist.

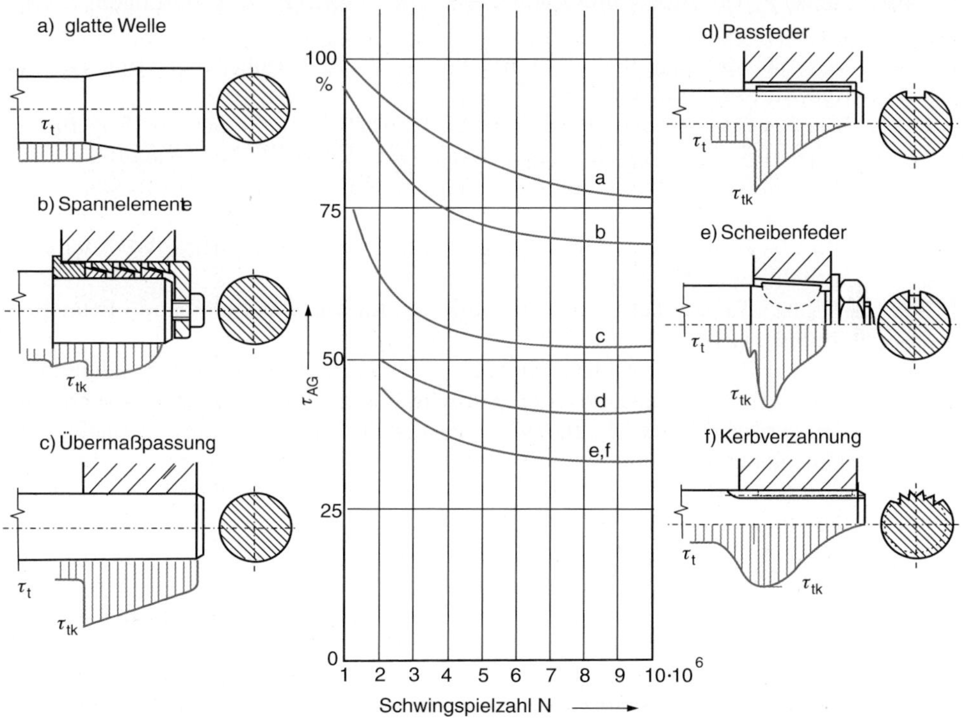

Abbildung 12.42: Gestalt-Torsions-Ausschlagsfestigkeit nach [12.9]

Die zur Wellenberechnung erforderlichen Kerbform- und Kerbwirkungszahlen für Welle-Nabe-Verbindungen sind in Kapitel 11 zusammengestellt. Weitere Informationen zum Festigkeitsabfall in Welle-Nabe-Verbindungen sind der Literatur zu entnehmen [12.54].

12.7 Literatur

[12.1] Berg, M.; Zum Festigkeitsverhalten schrumpfgeklebter Welle-Nabe-Verbindungen unter Torsionsbelastung; Dissertation TH Darmstadt, 1989

[12.2] Bratt, E.; Kraftübertragungsfähigkeit von Druckölpressverbänden; Kugellager-Zeitschrift (1953), Heft 1

[12.3] Bunge, Th.; Tragfähigkeit von Plankerbverzahnungen; Dissertation TU Dresden, 2008

[12.4] Burgtorf, U.; Montage- und Betriebseigenschaften von Zahnwellenverbindungen mit Presssitz; Dissertation TU Clausthal-Zellerfeld, 1998

[12.5] Contag, D.; Festigkeitsminderung von Wellen unter dem Einfluss von Wellen-Naben-Verbindungen durch Lötung, Nut und Passfeder, Kerbverzahnung und Keil-Profile bei wechselnder Drehung. Dissertation TU Berlin, 1962

[12.6] Cornelius, E. A.; Die Dauerdrehfestigkeit von Wellen unter dem Einfluss verschiedener Verbindungen zwischen Welle und Nabe. In: Konstruktion 10, 1958

[12.7] Cornelius, E. A.; Das Ringfeder-Spannelement als Verbindung von Welle und Nabe, In: Konstruktion 13, 1961

[12.8] Daryusi, A.; Beitrag zur Ermittlung der Kerbwirkung an Zahnwellen mit freiem und gebundenem Auslauf; Dissertation TU Dresden, 2008

[12.9] Decker, K., Kabus, K.; Maschinenelemente, Hanser Verlag, München 2000

[12.10] Dietz, P.; Die Berechnung von Zahn- und Keilwellenverbindungen; Selbstverlag 1978

[12.11] DIN 228 Morsekegel und Metrische Kegel; T1 Kegelschäfte (1987-05); T2 Kegelhülsen (1987-03)

[12.12] DIN 254 Geometrische Produktspezifikation (GPS) – Reihen von Kegeln und Kegelwinkeln; Werte für Einstellwinkel und Einstellhöhen (2003-04)

[12.13] DIN 258 Krane; Berechnung von Gelenkwellen zum Antrieb von Laufsätzen (1978-06)

[12.14] DIN 268 Tangentkeile und Tangentkeilnuten für stoßartige Wechselbeanspruchungen (1974-09)

[12.15] DIN 271 Tangentkeile und Tangentkeilnuten für gleichbleibende Beanspruchungen (1974-09)

[12.16] DIN 743 Tragfähigkeit von Wellen und Achsen; T1 Einführung, Grundlagen (2012-12); T2 Formzahlen und Kerbwirkungszahlen (2012-12); T3 Werkstoff-Festigkeitswerte (2012-12); T4: Zeitfestigkeit, Dauerfestigkeit – Schädigungsäquivalente Spannungsamplitude (2012-12); Beiblatt 1: Anwendungsbeispiele zu T1 bis T3 (2012-12); Beiblatt 2: Anwendungsbeispiele zu T4 (2012-12); Berichtigung zu T3 (2012-12)

[12.17] DIN 1448 Kegelige Wellenenden mit Außengewinde (1970-01)

[12.18] DIN 1449 Kegelige Wellenenden mit Innengewinde (1970-01)

[12.19] DIN 5417 Befestigungsteile für Wälzlager; Sprengringe für Lager mit Ringnut (2011-06)

[12.20] DIN 5464 Keilwellenverbindungen mit geraden Flanken, schwere Reihe (2010-03)

[12.21] DIN 5466 Tragfähigkeitsberechnung von Zahn- und Keilwellenverbindungen; T1 Grundlagen (2000-10)

[12.22] DIN 5471 Werkzeugmaschinen; Keilwellen- und Keilnaben-Profile mit 4 Keilen, Innenzentrierung, Maße (1974-08)

[12.23] DIN 5472 Werkzeugmaschinen; Keilwellen- und Keilnaben-Profile mit 6 Keilen, Innenzentrierung, Maße (1980-12)

[12.24] DIN 5480 Passverzahnungen mit Evolventenflanken und Bezugsdurchmesser; T1 Grundlagen (2006-03); T2 Nennmaße und Prüfmaße (2012-09)

[12.25] DIN 5481 Passverzahnungen mit Kerbflanken (2013-08)

[12.26] DIN 6881 Spannungsverbindungen mit Anzug; Hohlkeile, Abmessungen und Anwendung (1956-02)

[12.27] DIN 6883 Spannungsverbindungen mit Anzug; Flachkeile, Abmessungen und Anwendung (1956-02)

[12.28] DIN 6884 Spannungsverbindungen mit Anzug; Nasenflachkeile, Abmessungen und Anwendung (1956-02)

[12.29] DIN 6885 Mitnehmerverbindungen ohne Anzug; T1 Passfedern, Nuten, hohe Form (1968-08); T2 Passfedern, Nuten, hohe Form für Werkzeugmaschinen, Abmessungen und Anwendung (1967-12, zurückgezogen); T3 Passfedern, niedrige Form, Abmessungen und Anwendung (1956-02)

[12.30] DIN 6886 Spannungsverbindungen mit Anzug; Keile, Nuten, Abmessungen und Anwendung (1967-12)

[12.31] DIN 6887 Spannungsverbindungen mit Anzug; Nasenkeile, Nuten, Abmessungen und Anwendung (1968-04)

[12.32] DIN 6888 Mitnehmerverbindungen ohne Anzug; Scheibenfedern, Abmessungen und Anwendung (1956-08)

[12.33] DIN 6889 Spannungsverbindungen mit Anzug; Nasenhohlkeile, Abmessungen und Anwendungen (1956-02)

[12.34] DIN 6892 Passfedern – Berechnung und Gestaltung (2012-08)

[12.35] DIN 7178 Kegeltoleranz- und Kegelpasssysteme (1986-08)

[12.36] DIN 7190 Pressverbände – Berechnungsgrundlagen und Gestaltungsregeln (2013-08)

[12.37] DIN 9611 Landwirtschaftliche Traktoren; Heckzapfwelle (1994, zurückgezogen)

[12.38] DIN 32711 Antriebselemente; Polygon-Profile P3G (2009-03)

[12.39] DIN 32712 Antriebselemente; Polygon-Profile P4C (2009-03)

[12.40] DIN EN ISO 286 Geometrische Produktspezifikation (GPS) – ISO-Toleranzsystem für Längenmaße – T2 Tabellen der Grundtoleranzgrade und Grenzabmaße für Bohrungen und Wellen (2010-10)

[12.41] DIN ISO 14 Keilwellenverbindungen mit geraden Flanken und Innenzentrierung; Maße, Toleranzen, Prüfung (1986-12)

[12.42] Friedrichs, S.; Die praktische Anwendung des Ringfeder-Spannelementes, In: Industrie-Anzeiger 1957

[12.43] Galle, G.; Tragfähigkeit von Querpressverbänden, Schriftenreihe Konstruktionstechnik der TU Berlin, 1981

[12.44] Galle, G.; Fügen von Querpressverbänden, In: Konstruktion 8, 1979

[12.45] Grams, S.; Beanspruchung und Tragfähigkeit von Plankerbverzahnungen mit zentraler und dezentraler Verschraubung; Dissertation TU Dresden, 2015

[12.46] Groß, V.; Berechnungsverfahren zur Auslegung von Pressverbänden mit axial veränderlichem Nabenaußendurchmesser; Konstruktion 47 (1995), S. 74–78

[12.47] Gropp, H.; Übertragungsverhalten dynamisch belasteter Pressverbindungen und die Entwicklung einer neuen Generation von Pressverbindungen; Habil. TU Chemnitz, 1997

[12.48] Grunau, A.; Mechanisches Verhalten klebgeschrumpfter und geklebter Welle-Nabe-Verbindungen; Dissertation Universität Paderborn, 1987

[12.49] Hauhoff, J.; Analyse der Schädigungsmechanismen bei kreuzverzahnten Flanschverbindungen; VDI-Verlag Düsseldorf, 1997
[12.50] Hentschel, G.; Grundlagen der Bemessung lösbarer Schrumpfverbände, In: Konstruktion 8, 1956, S. 136–142
[12.51] Hinz, R.; Verbindungselemente – Achsen, Wellen, Lager, Kupplungen, VEB Fachbuchverlag Leipzig, Leipzig 1989
[12.52] ISO 4156 Straight cylindrical involute splines – Metric module, side fit – P1 Generalities (2005-10)
[12.53] Juckenack, D.; Welle-Nabe-Verformungsanalyse mittels Holografie: (Untersuchung der Lastaufteilung an Welle-Nabe-Verbindungen durch Verformungsanalysen mittels holografischer Interferometrie); Dissertation TU Berlin 1982
[12.54] Kollmann, F. G.; Welle-Nabe-Verbindungen: Gestaltung, Auslegung, Auswahl. Berlin, Springer 1984
[12.55] Künne, B.; Einführung in die Maschinenelemente; Stuttgart, Teubner Verlag 2001
[12.56] Leidich, E.; Einfluss des Schwingungsverschleißes auf die Tragfähigkeit von Welle-Nabe-Verbindungen; Vortrag zur VDI-Tagung „Welle-Nabe-Verbindungen" 2003
[12.57] Leidich, E.; Beanspruchung von Pressverbindungen im elastischen Bereich und Auslegung gegen Dauerbruch; Dissertation TH Darmstadt, 1983
[12.58] Mechnik, R.-P.; Festigkeitsberechnung von genormten und optimierten Polygon-Welle-Nabe-Verbindungen unter reiner Torsion, Dissertation TH Darmstadt, 1988
[12.59] Militzer, O.; Rechenmodell für die Auslegung von Wellen-Naben-Passfeder-Verbindungen, Dissertation TU Berlin, 1975
[12.60] Mundt, R.; Druckölverfahren beim Fügen und Lösen von Presspassungen, In: Werkstatttechnik und Maschinenbau 47, 1957, S. 78–81
[12.61] Müller, H. W.; Drehmoment-Übertragung bei Pressverbindungen, In: Konstruktion 14, 1962, S. 47–57
[12.62] Musyl, R.; Die Polygonverbindung und ihre Nabenberechnung, In: Konstruktion 14, 1962, S. 213–218
[12.63] Niemann, G., Winter, H., Höhn, B.-R.; Maschinenelemente Bd. I., 4. Aufl., Springer Verlag, Berlin 2005
[12.64] Oldendorf, U.; Lastübertragungsmechanismen und Dauerhaltbarkeit von Passfederverbindungen, Dissertation TH Darmstadt, 1999
[12.65] Peiter, A.; Experimentelle Spannungsanalyse an Schrumpfpassungen, In: Konstruktion 10, 1958, S. 224–232, 411–416
[12.66] Roloff/Matek; Maschinenelemente, Hrsg. Muhs, D., Wittel, H. et al.; Vieweg Verlag, Braunschweig 2013
[12.67] Schäfer, G.; Der Einfluss von Oberflächenbehandlungen auf das Verschleißverhalten flankenzentrierter Zahnwellenverbindungen mit Schiebesitz; Dissertation TU Clausthal-Zellerfeld, 1995
[12.68] Schlecht, B., Senf, M., Römhild, I., Rosenlöcher, Th.; FEM für sichere Konstruktionen – Kritische Beanspruchung bei Getriebewellen mit Mehrfachkerben, Antriebstechnik 45 (2006), Heft 6, S. 34–41
[12.69] Schlecht, B., Linke, H., Bunge, T.; Plankerbverzahnung, FVA-Forschungsbericht

[12.70] Schlecht, B., Grams, S.; Die Plankerbverzahnung – Verbindungselement für extreme Drehmomente; Schweizer Maschinenelemente Kolloquium – SMK 2014, Tagungsband, S. 237–255

[12.71] Schlecht, B., Senf, M., Wendler, J.; Überlagerung von schwingender Torsions- und Biegebeanspruchung im Tragfähigkeitsnachweis von Zahnwellen mit freiem Auslauf; Dresdner Maschinenelemente Kolloquium – DMK 2013, Tagungsband, S. 229–239

[12.72] Schlecht, B., Wendler, J.; Automatisierte FE-Berechnungen der Kerbwirkung von Zahnwellenverbindungen zur Untersuchung eines mehrdimensionalen Parameterfeldes; VDI-Berichte 2238 (2014), S. 65–78

[12.73] Schmidt, E.; Drehmoment-Übertragung von Kegelpressverbindungen, Antriebstechnik 12 (1973), Teil 1, Heft 10, S. 275–281, Teil 2, Heft 12, S. 355–361

[12.74] Seefluth, R.; Dauerfestigkeit an Welle-Nabe-Verbindungen; Dissertation TU Berlin, 1970

[12.75] Smetana, T.; Untersuchungen zum Übertragungsverhalten biegebelasteter Kegel- und Zylinderpressverbindungen, Dissertation TU Chemnitz, 2001

[12.76] Steinhilper, W., Sauer, B.; Konstruktionselemente des Maschinenbaus; Bd. I., 6. Aufl., Springer Verlag, Berlin 2005

[12.77] Szabo, I.; Einführung in die technische Mechanik, Springer Verlag, Berlin 2005

[12.78] Tersch, H.; Verbindungsmechanismen bei schrumpfgeklebten Welle-Nabe-Verbindungen, Antriebstechnik 41 (2002), Heft 12, S. 41–44

[12.79] Wächter, K.; Konstruktionslehre für Maschineningenieure, VEB Verlag Technik, Berlin 1987

[12.80] Wiener, S.; Untersuchungen zur Beanspruchung von Curvic-Couplings in Gasturbinentriebwerken in der Luftfahrt; Dissertation TU Dresden, 2008

[12.81] Winterfeld, J.; Einflüsse der Reibdauerbeanspruchung auf die Tragfähigkeit von P4C-Welle-Nabe-Verbindungen, Dissertation TU Berlin, 2001

[12.82] Zang, R.; Beanspruchungen in der Welle einer Passfederverbindung bei statischer und dynamischer Torsionsbelastung, Dissertation TH Darmstadt, 1987

ZUSAMMENFASSUNG

Welle-Nabe-Verbindungen erfüllen die Funktion der Übertragung von Kräften und Momenten zwischen Wellen (bzw. Achsen) und den Naben der auf ihnen befestigten Bauteile (z.B. Zahnräder, Laufräder, Seilrollen, Trommeln, Hebel usw.). In Abhängigkeit vom Wirkprinzip der Kraftübertragung werden formschlüssige, vorgespannt formschlüssige und reibschlüssige Verbindungen unterschieden.

Bei den formschlüssigen Welle-Nabe-Verbindungen erfolgt die Kraftübertragung durch „Mitnehmer"-Elemente (Passfeder, Gleitfeder, Stift) oder in die Welle und die Nabe eingearbeitete Verzahnungs-, Keil- oder Polygon-Profile. Bei reibschlüssigen Verbindungen dienen aufgeklemmte oder gepresste Elemente (z.B. Pressverband, Kegelsitz, Spannelement) auf der Grundlage des Coulombschen Reibungsgesetzes zur Kraftübertragung. Bei vorgespannt formschlüssigen Verbindungen werden beide Prinzipien der Kraftübertragung eingesetzt, bestimmend ist jedoch der Reibschluss.

Neben der Hauptfunktion der Drehmomentübertragung können auch Querkräfte und Biegemomente übertragen werden. Wird das Drehmoment direkt übertragen, z.B. beim Klemmsitz oder beim Presssitz, liegt eine unmittelbare Verbindung vor. Um eine mittelbare Verbindung handelt es sich, wenn Zwischenglieder erforderlich sind, z.B. eine Passfeder oder Spannsätze.

Ausgehend von den Funktionsprinzipien werden die maßgeblichen Auslegungskriterien und Berechnungsvorschriften für alle wichtigen Welle-Nabe-Verbindungen behandelt. Abschließend werden verschiedene Spannelementverbindungen vorgestellt, die direkt zwischen Welle und Nabenbohrung eingebaut werden können. Bei allen Spannelementverbindungen werden von außen Axialkräfte aufgebracht, die entweder über einen Kegel (bei Kegelspannelementen, Schrumpfscheiben und Außenspannsätze) oder z.B. eine radiale Ausdehnung eines elastischen Zwischenelementes (bei Sternscheiben, Druckhülsen und Toleranzringen) eine hohe Anpresskraft zwischen Welle, Spannelement und Nabe erzeugen, so dass der zur Momentenübertragung erforderliche Reibschluss gegeben ist. Wesentliche Vorteile von Spannelementen sind der Ausgleich von Durchmessertoleranzen und eine stufenlose axiale Einstellbarkeit sowie die einfache Montage und Demontage.

ZUSAMMENFASSUNG

Kupplungen und Bremsen

13

ÜBERBLICK

Lernziele

- Kennenlernen der grundlegenden Aufgaben von Kupplungen und Bremsen und ihr Einsatz in antriebstechnischen Anwendungen
- Kennenlernen der Anforderungen und des Betriebsverhaltens von Antriebssträngen
- Zusammenstellung der Berechnungsgrundlagen zur Auswahl von Kupplungen und Bremsen
- Verständnis für Einsatzbereiche nicht schaltbarer und schaltbarer Kupplungen sowie Trommelbremsen und Scheibenbremsen anhand von Beispielen

13.1 Einführung

Die Wellenkupplungen bzw. Kupplungen zum Verbinden zweier Wellen mit dem Zweck der Drehmomentübertragung gehören mit zu den ältesten Elementen der Antriebstechnik. Es werden form- und kraftschlüssige Kupplungen unterschieden.

Bremsen sind kraftschlüssige Elemente und dienen zum Konstanthalten oder zur Verminderung der Geschwindigkeit sich bewegender Massen bzw. zu deren Festhalten in der Ruhestellung. Aufgrund der Kraftschlüssigkeit und der großen Drehzahldifferenz zwischen einer fest stehenden Komponente (Bremsbelag) und dem abzubremsenden Bauteil, liegen die gleichen Verhältnisse wie bei einer schaltbaren Kupplung vor, mit deren Hilfe z.B. ein bereits rotierender Teil eines Antriebsstranges mit einem still stehenden gekuppelt werden soll, damit dieser nach dem Kupplungsvorgang die gleiche Drehzahl aufweist. Insofern sind Bremsen Sonderfälle schaltbarer Kupplungen, und jede schaltbare Kupplung ist immer auch als Bremse einsetzbar.

13.2 Funktion und Wirkung

Anhand des schematisierten Triebstrangaufbaus in Abbildung 13.1 werden die zwei Grundfunktionen von Kupplungen, nämlich die Wellenverbindung und die Leistungsübertragung (Drehmoment und Drehzahl), deutlich.

Ebenso ist das Verbinden einer Welle mit einem auf ihr drehbeweglich sitzenden Maschinenteil möglich, das zu- oder abgeschaltet werden soll.

Zu diesen beiden Grundfunktionen sind im Zuge der Weiterentwicklung der Antriebstechnik drei weitere Funktionen hinzugekommen:

1. Ausgleich von Wellenversatz bei nicht fluchtenden Wellen gemäß Abbildung 13.1
2. Schaltfunktion zum bedarfsweisen Schließen oder Unterbrechen des Leistungsflusses. Hierunter fallen auch die Funktion der Drehmomentbegrenzung einer Anlauf- oder Sicherheitskupplung und die Drehrichtungsüberwachung eines Freilaufes.
3. Beeinflussung der dynamischen Eigenschaften eines Antriebsstranges durch das Übertragungsverhalten der Kupplung. Hierzu zählt insbesondere die Minderung und Dämpfung von Drehmomentstößen sowie die Verschiebung von Eigenfrequenzen durch veränderte Steifigkeiten gemäß Abbildung 13.2.

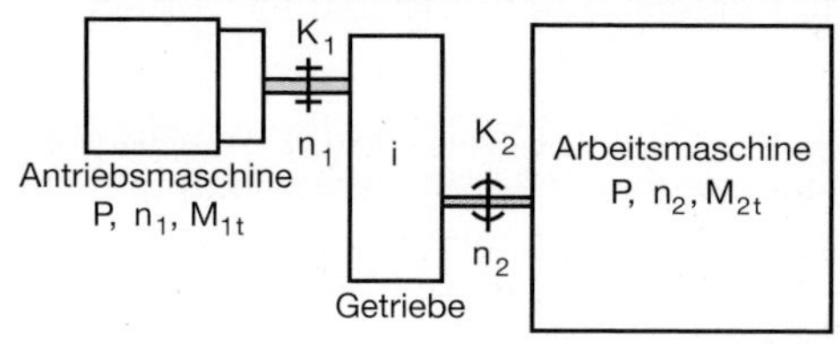

Einfacher Aufbau eines Triebstranges, bestehend aus Antriebsmaschine, Getriebe und Arbeitsmaschine. Die jeweiligen Wellenenden werden über die Kupplungen K_1 und K_2 miteinander verbunden. Dabei lassen sich auch die nachfolgend aufgeführten Fehlstellungen der Wellen zueinander ausgleichen.

Schema	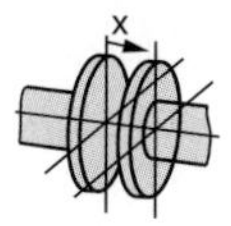	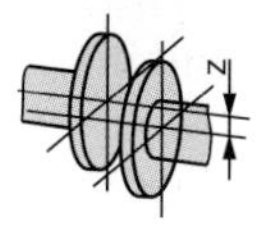	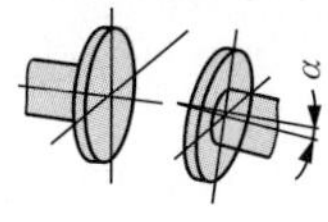	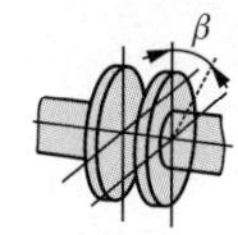
Nachgiebigkeit	Axial	Radial	Winkel	Dreh
Rückstellreaktion	Längskraft $F_a = c_a \cdot x$ (13.1)	Querkraft $F_r = c_r \cdot z$ (13.2)	Biegemoment $M_{Tw} = c_w \cdot \alpha$ (13.3)	Torsionsmoment $M_T = c_T \cdot \beta$ (13.4)

Abbildung 13.1: Schematischer Aufbau eines Triebstranges mit Kupplungen K_1 und K_2 und deren prinzipielle Ausgleichsmöglichkeiten

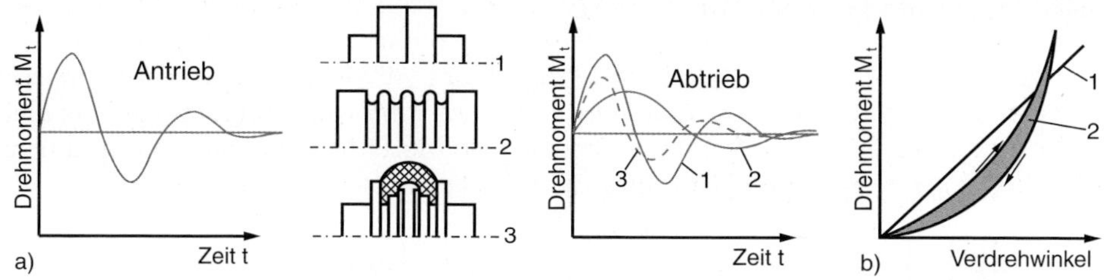

a) Zeitlicher Verlauf von M_t vor und nach der Kupplung bei drehstarrer Kupplung (1), Stoß mildernder Kupplung (2) und Stoß dämpfender Kupplung (3)	b) Drehfederkennlinie: linear ansteigend (1), progressiv gekrümmte Be- und Entlastungskurve (2), (blaue Fläche entspricht der Dämpfungsarbeit)

Abbildung 13.2: Drehnachgiebigkeit von Kupplungen und ihr Einfluss auf die Triebstrangdynamik

Anhand dieser vielfältigen Funktionen wird deutlich, dass Kupplungen sich vom reinen Verbindungselement zum wichtigen Systemelement der Antriebstechnik gewandelt haben [13.11], [13.51].

Eine Einteilung der Kupplungen kann hinsichtlich ihrer Aufgaben oder gemäß ihrer Funktionsweise erfolgen. In der VDI-Richtlinie 2240 erfolgt die Unterscheidung entsprechend Abbildung 13.3 hinsichtlich der Funktion, da eine Einteilung nach Aufgaben zu häufigen Überschneidungen führt [13.45]:

1 Nicht schaltbare Kupplungen – Diese können form- oder kraftschlüssig starr oder formschlüssig nachgiebig sein und zwar längs-, quer- und winkelnachgiebig. Hauptfunktion ist der Ausgleich von Wellenverlagerungen (Ausgleichskupplungen). Drehnachgiebige, formschlüssige Kupplungen mildern zusätzlich Stöße oder dämpfen Schwingungen. Als kraftschlüssig drehnachgiebige Kupplungen werden Schlupfkupplungen bezeichnet, die hydrostatisch, hydrodynamisch (Strömungskupplungen) oder elektrodynamisch (Induktionskupplungen) wirken, wobei das

Drehmoment durch Drehzahlschlupf der beiden Kupplungshälften erzeugt und übertragen wird.

2 Schaltbare Kupplungen – Diese können fremdbetätigt (Schaltkupplungen), drehzahlbetätigt (Fliehkraftkupplungen), momentbetätigt (Sicherheitskupplungen) oder richtungsbetätigt (Freilaufkupplungen) sein. Mit Ausnahme der kraftschlüssigen, drehzahlbetätigten Kupplungen können alle anderen Bauarten für Form- oder Kraftschluss ausgebildet sein.

Im Gegensatz zu Getrieben oder Drehmomentwandlern ist im stationären Betrieb (ohne Berücksichtigung von Masseneffekten) das Kupplungsmoment M_{tK} immer gleich dem Eingangsmoment M_{t1} bzw. gleich dem Ausgangsmoment M_{t2} an der Kupplung. Die Abtriebsdrehzahl einer Kupplung n_2 kann jedoch zwischen Null und der Antriebsdrehzahl n_1 variieren:

$$M_{tK} = M_{t1} = M_{t2} \tag{13.5}$$

$$n_2 = 0 \ldots n_1 \text{ bzw. } \omega_2 = 0 \ldots \omega_1 \tag{13.6}$$

Sobald Drehzahldifferenzen $\Delta\omega$ auftreten, kann die anfallende Leistungsdifferenz $M_{tK} \cdot \Delta\omega$ zwischen An- und Abtrieb der Kupplung nur in Wärme übergehen. Als Maß für die Drehzahldifferenz verwendet man bei Kupplungen den Schlupf s. Er ist als der Unterschied zwischen Antriebsdrehzahl n_1 und Abtriebsdrehzahl n_2 schaltbarer Kupplungen (Asynchronkupplungen) definiert:

$$s = \frac{n_1 - n_2}{n_1} = \frac{\omega_1 - \omega_2}{\omega_1} = \frac{\Delta\omega}{\omega_1} = 1 - \frac{\omega_2}{\omega_1} \tag{13.7}$$

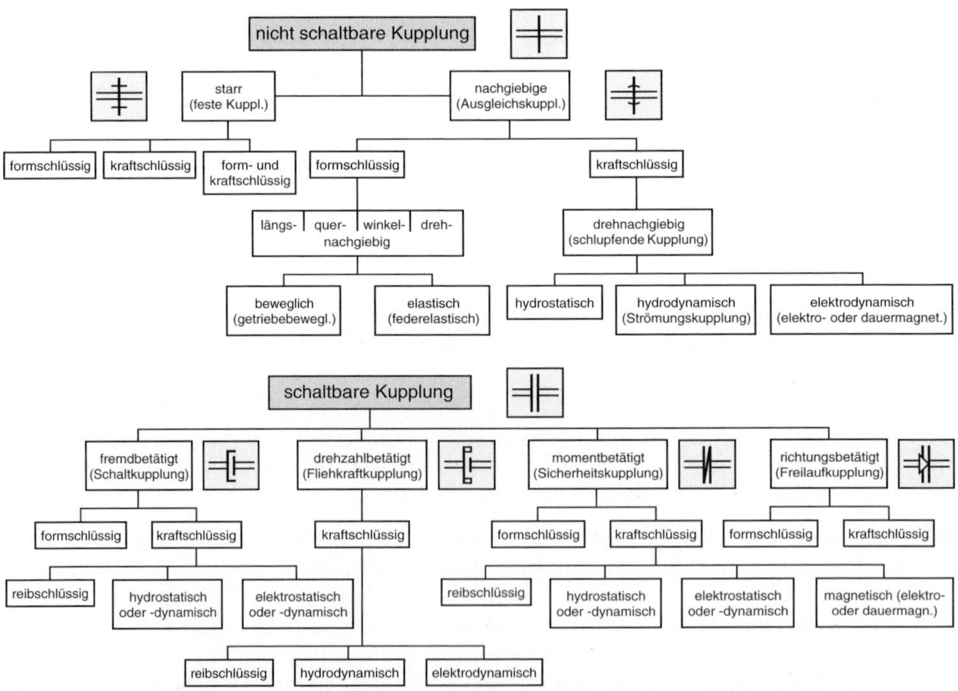

Abbildung 13.3: Kupplungssystematik nach VDI-Richtlinie 2240 [13.45]

Das übertragbare Drehmoment, das Schaltvermögen und eine mögliche Überlastung von Kupplungen werden in erster Linie durch die Art der Kraftübertragung bestimmt:

- Formschlüssige Kupplungen – Hier bestimmen die Werkstoffkennwerte das übertragbare Drehmoment. Eine Überlastung führt in der Regel zur Zerstörung der Kupplung. An- und Abtriebsdrehzahl sind stets gleich, d.h. Schlupf ist nicht vorhanden. Schaltbar sind diese Kupplungen nur bei gleicher Winkelgeschwindigkeit von An- und Abtrieb ($\omega_1 = \omega_2$).
- Kraftschlüssige Kupplungen – Das übertragbare Drehmoment wird durch elastische Kräfte, Reibkräfte, elektrische Felder sowie durch kinetische oder potentielle Flüssigkeitsenergie bestimmt. Elastische Kupplungen werden durch eine andauernde Überbelastung der Kupplung zerstört, bei den anderen Bauarten tritt Schlupf auf. Kupplungen mit Schlupf sind auch bei Drehzahldifferenzen ($\omega_1 \ldots \omega_2$) schaltbar.

Im Vergleich zu Kupplungen, bei denen sich beide Kupplungshälften zur Momentenübertragung drehen (Ausnahme ist lediglich das Anfahren einer Anlage aus dem Stillstand mittels Schaltkupplung), erfolgt bei Bremsen die Drehmomentübertragung immer zwischen einem beweglichen und einem fest mit dem Maschinengehäuse verbundenen Bauteil, welches das Gegenmoment (Bremsmoment) aufnimmt. Demzufolge ist eine verlustfreie Momentenübertragung nur im Stillstand möglich, da ansonsten immer Schlupf auftritt.

Bedingt durch den Schlupf wird beim Bremsen die kinetische Energie der abzubremsenden Baugruppe oder Maschine durch Reibung in Wärme umgesetzt. Nach der Umwandlungsart der Energie werden mechanische, elektrische und hydraulische Bremsen, nach der Art der Betätigung manuell, pneumatisch, hydraulisch und elektrisch betätigte sowie selbsttätige Bremsen (Fliehkraft-, Lastdruckbremsen) und nach der Einsatzart Regelbremsen (Verminderung von Rotations- oder Translationsgeschwindigkeit – z.B. Senkbremse beim Kranhubwerk), Stoppbremsen (Verminderung von Bewegungen bis zur Ruhelage), Haltebremsen (Gewährleistung des Stillstands) sowie Leistungsbremsen (Umwandlung von Bewegungsenergie über längere Zeit zur Erzeugung zusätzlicher Belastungen – z.B. Prüfstandsbremsen) unterschieden.

Da von einer Bremse oftmals mehrere dieser Funktionen verwirklicht werden, ist eine Einteilung nach der Einsatzart schwierig, so dass sich eine grobe Systematik der Bremsen nach der Art der Energie-Umwandlung gemäß Abbildung 13.4 anbietet. Bei den mechanischen Bremsen kann nach der Art der konstruktiven Ausführung und Wirkungsweise nochmals in Radialbremsen und Axialbremsen gemäß Abbildung 13.5 unterschieden werden. Dabei lässt sich jede Bauart weitestgehend den erwünschten Funktionen und Betätigungsmerkmalen anpassen.

Ungeachtet dieser Einteilungen ist noch die folgende Gruppierungsart von Bedeutung:

- Schließbremsen – Diese sind immer geöffnet und werden nur im Bremsfall durch Hand-, Fuß- oder maschinelle Betätigung geschlossen (z.B. Betriebsbremse beim Kraftfahrzeug).
- Lösebremsen – Diese sind im Außerbetriebsfall immer geschlossen und werden im Betriebsfall durch Hand-, Fuß- oder maschinelle Betätigung geöffnet. Dieser Fall liegt überwiegend im Maschinen- und Anlagenbau vor (z.B. Betriebsbremse beim Kranhubwerk – die Last ist immer gebremst, lediglich im Betriebsfall Heben/Senken wird die Bremse gelöst).
- Selbstwirkende Bremsen – Diese schließen sich durch eigene Steuerung ohne zusätzliche Betätigungselemente (z.B. Fliehkraftbremse – hier stellt sich das Bremsmoment proportional zur Geschwindigkeit ein).

Anhand dieser Vielfalt wird deutlich, dass es sehr viele Einsatzmöglichkeiten mit unterschiedlichsten Anforderungen gibt, die gerade bei der Auslegung einer mechanischen Bremse für mehrere dieser Funktionen Schwierigkeiten bereiten können. Übliche Auswahlkriterien für Bremsen sind Einsatzart, Betriebseigenschaften, Bremsmoment, Bremsleistung, Schaltzahl, Betätigungsart, Platzbedarf, Lebensdauer und Kosten. Obwohl heute auch schon viele elektrische Bremsen als Betriebsbremsen verwendet werden, ist häufig parallel dazu aus Sicherheitsgründen eine mechanische Bremse vorhanden, die bei Energie-Ausfall als (Not)-Stopp-Bremse arbeitet. Insbesondere bei solchen Anwendungen ist dann neben dem maximal erforderlichen Bremsmoment auch zu überprüfen, ob die Bremsbeläge den auftretenden Temperaturen standhalten können.

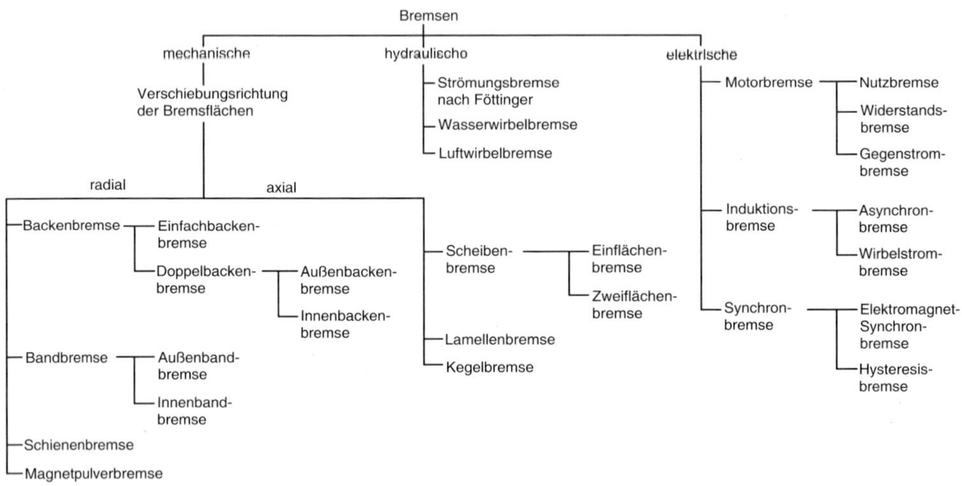

Abbildung 13.4: Systematik wichtiger Bremsenbauarten [13.17]

Betätigungs-richtung	Radial				Axial		
Reibkörper-paarung	Backen Zylinder		Band Zylinder		Scheibe Scheibe	Kegel Kegel	Scheibe Backen
Grund-modell	Außen-backen-bremse	Innen-backen-bremse	Außen-band-bremse	Innen-band-bremse	Voll-scheiben-bremse	Kegel-bremse	Teil-scheiben-bremse
Konstruk-tionsprinzip	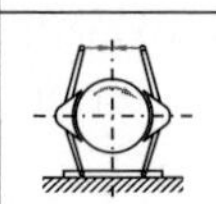	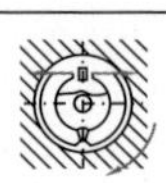		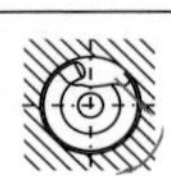	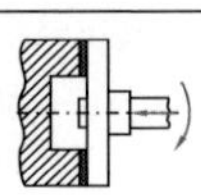	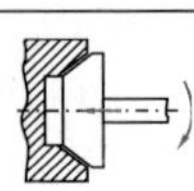	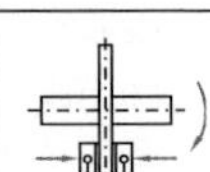

Abbildung 13.5: Schematischer Aufbau von Reibungsbremsen

Oftmals ist auch die Auswahl von Bremsbelägen problematisch, da z.B. Beläge mit hohen Reibungszahlen für geringere Differenzgeschwindigkeiten geeignet sind oder Beläge einer hohen Temperaturbeständigkeit über nicht so hohe Reibungszahlen verfügen. Einen großen Einfluss auf das mit einer Bremsenbauart zu erzielende maximale

Bremsmoment hat auch die zulässige Flächenpressung des Bremsbelages. Insofern empfiehlt es sich, zur Auswahl einer Bremse auch immer den Bremsenhersteller hinzuzuziehen. Anhaltswerte zu den Eigenschaften verschiedener Reibwerkstoffe für Bremsbeläge enthält Tabelle 13.1 [13.30], [13.42].

Reibwerkstoff	Reibungszahl μ	Zulässige Flächenpressung [N/mm^2]	Maximale Dauertemperatur [° C]	Spezifischer Verschleiß [mm^3/kWh]
Natürliche Reibwerkstoffe				
Holz	0,20 – 0,35	0,05 – 0,5	100	–
Leder	0,30 – 0,60	0,05 – 0,3	100	–
Grauguss	0,15 – 0,25	0,80 – 1,8	260 – 300	–
Organische gebundene Reibwerkstoffe				
Baumwollgewebe mit Kunstharz	0,40 – 0,65	0,05 – 1,2	100	50 – 600
Metallwolle mit Buna, gepresst	0,40 – 0,65	0,05 – 8,0	200 – 250	50 – 600
Anorganische Fasern mit Buna, gepresst	0,30 – 0,50	0,05 – 8,0	200 – 250	50 – 600
Durch Sintern gebundene Reibwerkstoffe				
Sintermetalle auf Cu- oder Fe-Basis	0,30 – 0,60	0,05 – 1,5	300 – 600	45 – 300
Metallkeramik	0,15 – 0,25	< 0,5	300 – 600	35 – 190

Tabelle 13.1: Reibwerkstoffe bei Trockenlauf gegen Grauguss, Stahlguss und Stahl [13.30]

Ein weiteres Problemfeld bei Bremsenanwendungen ist die Anordnung der Bremsen auf den schnell laufenden Wellen in Antrieben, also meistens zwischen antreibender Maschine und Getriebe. Zwar erreicht man dadurch geringe Kosten wegen kleiner Bremsenbaugrößen, im Falle eines Getriebeschadens (Zahnbruch oder Wellenbruch) bleibt die Bremse jedoch wirkungslos. Dies ist z.B. gerade bei Kranhubwerken und Auslegereinziehwerken wegen möglicher Lastabstürze von sicherheitsrelevanter Bedeutung.

Große Bremsenbauarten erlauben jedoch mittlerweile auch die Anordnung auf langsam laufenden Wellen mit entsprechend hohen Dreh- bzw. Bremsmomenten. Dabei ist allerdings zu beachten, dass selbst im Schadensfall die Bremse nicht sofort mit dem maximalen Moment einfallen darf, da die daraus resultierenden Belastungen ebenfalls zu Schäden führen können. Vielmehr ist mittels einer entsprechend ausgelegten Regelung ein drehzahl- und belastungsabhängiges Bremsmoment aufzubringen, um größere Schäden zu vermeiden [13.32], [13.33], [13.35]. Vergleichbar ist diese Anwendung mit dem dosierten Bremsen beim Kraftfahrzeug mithilfe eines Anti-Blockiersystems.

Abschließend ist festzuhalten, dass die Einsatzmöglichkeiten der verschiedenen Bremsenbauarten durch die Kombination mit elektronischen Regelungen erheblich zugenommen haben und das lastabhängige, bedarfsorientierte Aufbringen eines Bremsmomentes ermöglichen. Aus Platzgründen kann hier auf diese Entwicklungen nicht weiter eingegangen werden, weshalb auf die entsprechende Fachliteratur verwiesen wird [13.3], [13.30].

13.3 Berechnungsgrundlagen zur Auslegung von Kupplungen und Bremsen

Die vielfältigen Anforderungen an Kupplungen und Bremsen sind auch bei der Auslegungsberechnung zu berücksichtigen. Eine besondere Bedeutung kommt dabei dem Betriebsverhalten der Kombination Antriebsmaschine-Kupplung-Arbeitsmaschine zu, insbesondere in den instationären Phasen beim An- und Abfahren einer Anlage.

Zur Auswahl einer geeigneten Kupplung bietet sich in den meisten Fällen die Analyse des dynamischen Antriebsstrangverhaltens mittels eines einfachen Zweimassenschwingers an (s.a. Kapitel 1 und 11). Treten jedoch Nichtlinearitäten in der Kupplungskennlinie, Spiel und komplexere Dämpfungsarten (insbesondere Reibung) auf, so sind diese in geeigneter Weise zu berücksichtigen, da sie die Dynamik des Antriebsstranges wesentlich beeinflussen. Hierzu verwendet man im einfachsten Fall Drehschwingungs-Simulationsprogramme oder aber auch Mehrkörper-Simulationsprogramme, die neben den Drehfreiheitsgraden auch die Berücksichtigung translatorischer Freiheitsgrade erlauben [13.31].

Auf die Berechnung und Auslegung einzelner Kupplungsbauteile (z.B. Sinuslamellen einer Lamellenkupplung) wird hier nicht näher eingegangen, da die Kupplungen in der Regel als einbaufertige, beanspruchungsgerecht ausgelegte Elemente bezogen werden können. Vielmehr geht es um die Auswahl einer geeigneten Kupplungsbauart und -größe unter Berücksichtigung der Antriebsstrangdynamik. Zusätzliche Besonderheiten der jeweiligen Kupplungsbauart (z.B. Parametererregung bei Gelenkwellen) werden bei der Beschreibung der einzelnen Kupplungen behandelt.

13.3.1 Betriebsverhalten von Antriebsmaschine, Kupplung und Arbeitsmaschine

Bevor auf die Vordimensionierung und die Besonderheiten nicht schaltbarer und schaltbarer Kupplungen eingegangen wird, sind zunächst einige grundsätzliche Überlegungen zum Aufbau eines Antriebsstranges und zu dessen dynamischem Verhalten notwendig.

Abgesehen vom Verbrennungsmotor im Kraftfahrzeug werden am häufigsten Elektromotoren im Maschinen- und Anlagenbau verwendet, weshalb einleitend auf deren Betriebsverhalten und der mit ihnen gekuppelten Arbeitsmaschinen beim Anfahren und im stationären Betrieb eingegangen werden soll. Grundsätzlich ist ein Motor so auszulegen, dass er gemäß Abbildung 13.6 im Betriebspunkt B bei seiner Nenndrehzahl n_N mit seinem Nenndrehmoment M_N belastet wird. Dabei ist das unterschiedliche Drehmoment-Drehzahl-Verhalten sowohl der Antriebsmaschinen als auch der Arbeitsmaschinen zu berücksichtigen.

So verfügen z.B. alle Nebenschlussmotoren, Käfig- und Schleifringläufer über Kennlinien (E) entsprechend Abbildung 13.6 a) und b). Das Anlaufdrehmoment beträgt ungefähr das Zweifache des Nennmomentes ($M_A = 1{,}5 \dots 2 \cdot M_N$), so dass nach dem Einschalten unter Last der Antriebsstrang beschleunigt wird. Das Drehmoment kann maximal bis zum Kippmoment (Maximaldrehmoment) ($M_{Kipp} = 2 \dots 3 \cdot M_N$) ansteigen und dabei den Antriebsstrang weiter beschleunigen. Danach fällt das Drehmoment auf das Nenndrehmoment ab und der Antriebsstrang läuft stabil im stationären Betriebspunkt B mit der Nenndrehzahl n_N. Bei weiterer Drehzahlsteigerung bis zur Synchrondrehzahl n_S nimmt das Motordrehmoment bis zum Wert 0 ab.

Im Gegensatz dazu haben Gleich- und Wechselstrom-Reihenschlussmotoren Kennlinien nach Abbildung 13.6 c), bei denen das Anlaufdrehmoment $M_A = 2{,}5 \ldots 3 \cdot M_N$ beträgt. Mit steigender Drehzahl nimmt das Drehmoment ab, so dass bei Leerlauf solche Motoren „durchgehen" würden.

Ungeachtet der Vielfalt von Arbeitsmaschinen lassen sich auch hier in Abhängigkeit von der Art des Betriebes typische Kennlinienverläufe (A) angeben. Entsprechend Abbildung 13.6 a) sind bei konstanter oder nahezu konstanter Hub-, Reibungs- und Formänderungsarbeit auch das Lastmoment $M_L = const.$ und die Leistung proportional zur Drehzahl $P \sim n$.

Sind Luft- oder Flüssigkeitswiderstände zu überwinden, z.B. bei Lüftern, Gebläsen, Zentrifugen, Rührwerken, Kreiselpumpen, -kompressoren und Fahrzeugen, so gilt für das Lastmoment nach Abbildung 13.6 b) und c) $M_L \sim n^2$, für die Leistung folgt $P \sim n^3$.

Bei Arbeitsmaschinen, die eine konstante Antriebsleistung P erfordern wie z.B. Wickelmaschinen mit gleich bleibender Materialzugkraft und -geschwindigkeit, nimmt das Drehmoment proportional mit der Drehzahl ab: $M_L \sim 1 / n$, Abbildung 13.6 d).

Drehmoment-Drehzahl-Kennlinien von Elektromotoren (E) und Arbeitsmaschinen (A)

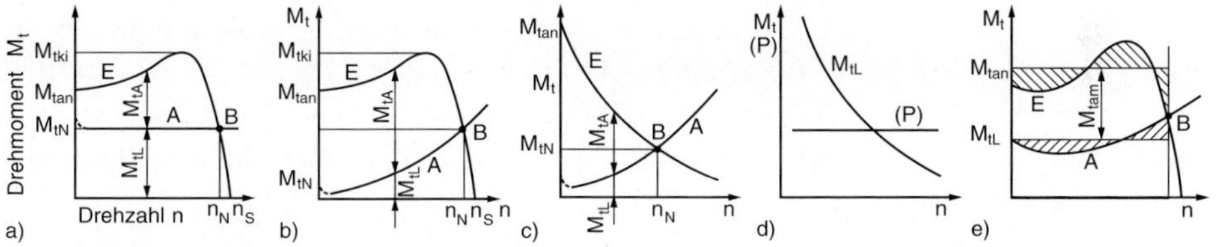

a) Drehstrom-Nebenschlussmotor mit Käfigläufer und Fördermaschine	d) Kennlinie (Drehmoment- und Leistungsverlauf M_t und P) einer Wickelmaschine mit konstanter Material-Zugkraft und -Geschwindigkeit oder einer Plandrehmaschine mit konstantem Spanquerschnitt
b) Drehstrom-Nebenschlussmotor mit Schleifringläufer und Lüfter (Ventilator)	e) Bestimmung des mittleren Beschleunigungsdrehmomentes
c) Wechselstrom-Reihenschlussmotor und Kreiselpumpe	

Abbildung 13.6: Drehmoment-Drehzahl-Kennlinien von Elektromotoren und Arbeitsmaschinen

Um nun eine geeignete Kupplung auswählen bzw. auslegen zu können, müssen das zu übertragende Drehmoment und die Betriebsweise des Antriebes, z.B. bestehend aus Antriebsmaschine – Getriebe – Arbeitsmaschine (s.a. Abbildung 13.1) bekannt sein. Unter Vernachlässigung von Wirkungsgraden gilt für die Drehmomente folgender Zusammenhang:

$$\frac{M_L}{M_A} \approx \frac{n_A}{n_L} = \frac{\omega_A}{\omega_L} = i \tag{13.8}$$

Hierin bezeichnen M_A, n_A und ω_A sowie M_L, n_L und ω_L die Drehmomente, Drehzahlen und Winkelgeschwindigkeiten der Antriebsmaschine und der Arbeitsmaschine.

Um den Antriebsstrang zu beschleunigen, muss die Antriebsmaschine während des Anfahrens das Antriebsdrehmoment M_A aufbringen, das sich aus dem Lastdrehmoment M_L und dem Beschleunigungsdrehmoment M_B ergibt:

$$M_A = M_L + M_B \tag{13.9}$$

Dabei setzt sich das Lastdrehmoment M_L aus der Belastung der Arbeitsmaschine und aus den Reibkräften des Antriebes zusammen. Das Beschleunigungsdrehmoment M_B ist zur Beschleunigung aller zu bewegenden Massen des Antriebes notwendig. Mit Erreichen des stabilen Betriebspunktes B als Schnittpunkt der Kennlinien von Antriebs- (E) und Arbeitsmaschine (A) wird das Beschleunigungsdrehmoment $M_B = 0$, so dass das Lastdrehmoment M_L und das Antriebsdrehmoment M_A im Gleichgewicht sind.

Zur Herleitung des Beschleunigungsdrehmomentes M_B wird eine Drehmasse J in der Zeit von t_0 bis t_1 von der Ausgangswinkelgeschwindigkeit ω_0 auf die Endwinkelgeschwindigkeit ω_1 gleichförmig beschleunigt, so dass nach d'Alembert gilt:

$$M_B = J \cdot \ddot{\varphi} = J \cdot \frac{d\omega}{dt} = const. \tag{13.10}$$

Nach Umstellung ergibt sich in integraler Schreibweise:

$$M_B \cdot \int_{t_0}^{t_1} dt = J \cdot \int_{\omega_0}^{\omega_1} d\omega \tag{13.11}$$

Durch Integration in den gegebenen Grenzen folgt für das Beschleunigungsmoment M_B:

$$M_B = J \cdot \frac{\omega_1 - \omega_0}{t_1 - t_0} \tag{13.12}$$

Wird die Masse J aus dem Stillstand beschleunigt ($\omega_0 = 0$), so folgt mit einer endlichen Beschleunigungszeit $t_B = (t_1 - t_0)$:

$$M_B = J \cdot \frac{\omega_1}{t_B} \tag{13.13}$$

Zur weiteren Kupplungsberechnung werden nun die wirkenden Momente am Zweimassensystem gemäß Abbildung 13.7 betrachtet, die sich aus den Differenzialgleichungen der Antriebs- und der Abtriebsseite ergeben. Hierzu wird das System unter Vernachlässigung der Dämpfung an der Kupplung freigeschnitten, und es wird vorausgesetzt, dass das Kupplungsmoment M_K auf beiden Seiten der Kupplungen immer gleich groß ist. Dabei sind treibende Momente auf der Antriebsseite und verzögernde Momente der Lastseite positiv anzusetzen. Unterschiedliche Drehrichtungen von An- und Abtrieb sind durch eine negative Abtriebsdrehzahl zu berücksichtigen. Somit ergibt sich für das Kupplungsmoment M_K auf der An- und der Abtriebsseite bzw. mit Gleichung (13.10):

Antriebsseite: $M_K = M_A - M_{B1}$ Abtriebsseite: $M_K = M_L + M_{B2}$ (13.14)

Antriebsseite: $M_A - M_K = J_1 \cdot \ddot{\varphi}_1$ Abtriebsseite: $M_K - M_L = J_2 \cdot \ddot{\varphi}_2$ (13.15)

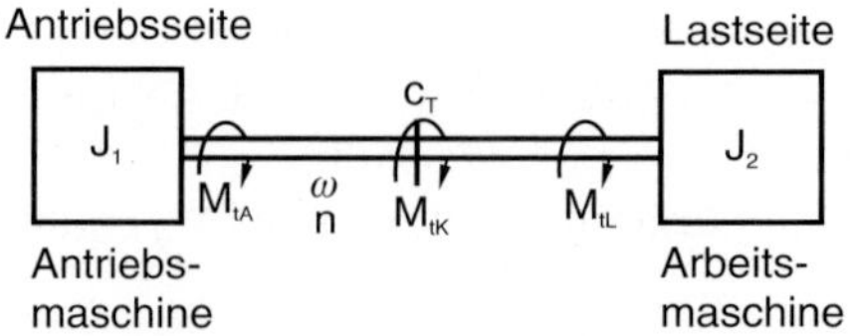

Abbildung 13.7: Schematische Betrachtung eines Antriebes als Zweimassensystem

Unter Berücksichtigung von Gleichung (13.11) wird daraus für die Antriebs- und die Abtriebsseite:

$$(M_A - M_K) \cdot \int dt = J_1 \cdot \int d\omega_1 \qquad (13.16)$$

$$(M_K - M_L) \cdot \int dt = J_2 \cdot \int d\omega_2 \qquad (13.17)$$

13.3.2 Auslegung von nicht schaltbaren Kupplungen

Für die folgenden Auslegungsgrundlagen werden die Winkelbeschleunigung $\ddot{\varphi}$, das Antriebsmoment M_A, das Lastmoment M_L und damit auch das Kupplungsmoment M_K als konstant angenommen, wobei die Kupplung über eine Elastizität (Steifigkeit) c_K verfügt. Des Weiteren können die nachfolgenden Auslegungsgrundlagen für die nicht schaltbaren Kupplungen auch auf schaltbare Kupplungen im Synchronlauf (keine Drehzahldifferenz) angewendet werden. Dabei müssen die Antriebs- und die Arbeitsmaschine über die nicht schaltbare Kupplung permanent verbunden sein.

Im Nennbetrieb bei Nenndrehzahl lässt sich für drehstarre oder drehelastische Kupplungen das Nenndrehmoment der Kupplung immer durch das Nenndrehmoment der Lastseite oder der Antriebsseite beschreiben.

$$M_K = M_L = M_A \qquad (13.18)$$

Dieses Nenndrehmoment oder auch Nennlastmoment muss immer übertragen werden können. Die nachfolgend aufgeführten Beanspruchungsarten treten dann zusätzlich zum Nenndrehmoment auf:

1 Anlauf einer drehstarren oder drehelastischen Kupplung unter Last

Beim Anfahren einer Anlage wird dem Nenndrehmoment ein Beschleunigungsmoment überlagert, wobei vereinfachend angenommen wird, dass der Beschleunigungsvorgang stoßfrei verläuft. Unter Anwendung von Gleichung (13.15) und der Randbedingung, dass die beiden Kupplungshälften schlupffrei verbunden sind ($\ddot{\varphi}_1 = \ddot{\varphi}_2$), berechnet sich das maximal wirkende Kupplungsmoment zu:

$$M_K = \frac{J_2}{J_1 + J_2} \cdot M_A + \frac{J_1}{J_1 + J_2} \cdot M_L \qquad (13.19)$$

Hierin ist für M_A das größte zu erreichende Motor- bzw. Antriebsmoment einzusetzen. Ist kein Lastmoment M_L vorhanden, so entfällt der zweite Term.

2 Einmalige kurzzeitige Stöße bei drehstarren oder drehelastischen Kupplungen

In der Realität treten immer Drehmomentstöße beim kurzzeitigen Beschleunigen oder Verzögern eines Antriebsstranges durch eine zeitliche Veränderung des Antriebs- oder Lastmoments oder auch beim Durchlaufen von Spiel im Antriebsstrang auf. Hierdurch erfolgt Anregung des Schwingungssystems Antriebsstrang. Zur idealisierten Berechnung wird der Stoß durch eine Rechteckfunktion angenähert, die plötzlich auf das maximale Antriebsmoment ansteigt und nach einer kurzen Zeit t_i wieder auf das Nennmoment abfällt. Aufgrund dieser Anregung wird das Zweimassensystem zu Schwingungen angeregt, wodurch kurzzeitige Drehmomentüberhöhungen entstehen.

Aufgrund der Elastizität c_K in der Kupplung und unter der Annahme, dass kein Lastmoment vorhanden ist, ergibt sich unter Einbeziehung von Gleichung (13.15):

$$M_K = c_K \cdot \Delta\varphi \tag{13.20}$$

$$\text{Antriebsseite: } J_1 \cdot \ddot{\varphi}_1 + c_K \cdot \Delta\varphi = M_A \qquad \text{Abtriebsseite: } J_2 \cdot \ddot{\varphi}_2 = c_K \cdot \Delta\varphi \tag{13.21}$$

Daraus lassen sich die Drehbeschleunigungen an der Kupplung ermitteln zu:

$$\ddot{\varphi}_1 = \frac{M_A - c_K \cdot \Delta\varphi}{J_1} \qquad \ddot{\varphi}_2 = \frac{c_K \cdot \Delta\varphi}{J_2} \tag{13.22}$$

Aus der Elastizität der Kupplung c_K ergibt sich ein relativer Verdrehwinkel $\Delta\varphi$ zwischen An- und Abtriebsseite, so dass für die Differenz der Beschleunigungen folgt:

$$\Delta\varphi = \varphi_1 - \varphi_2 \rightarrow \Delta\ddot{\varphi} = \ddot{\varphi}_1 - \ddot{\varphi}_2 \tag{13.23}$$

$$\Delta\ddot{\varphi} = \ddot{\varphi}_1 - \ddot{\varphi}_2 = \frac{M_A - c_K \cdot \Delta\varphi}{J_1} - \frac{c_K \cdot \Delta\varphi}{J_2} = \frac{M_A}{J_1} - \frac{c_K \cdot \Delta\varphi}{J_1} - \frac{c_K \cdot \Delta\varphi}{J_2} \tag{13.24}$$

Somit ergibt sich folgende Differenzialgleichung:

$$J_1 \cdot J_2 \cdot \Delta\ddot{\varphi} + c_K \cdot (J_1 + J_2) \cdot \Delta\varphi = M_A \cdot J_2 \tag{13.25}$$

Die Lösung dieser Differenzialgleichung lautet:

$$\Delta\varphi = \frac{M_A}{J_1 \cdot \omega_e^2} \cdot (1 - \cos\omega_e \cdot t_i) \tag{13.26}$$

Hierin bezeichnet ω_e die Eigenkreisfrequenz des Zweimassenschwingers, so dass für $\Delta\varphi$ folgt:

$$\omega_e = \sqrt{c_K \cdot \left(\frac{1}{J_1} + \frac{1}{J_2}\right)} = \sqrt{c_K \cdot \frac{J_1 + J_2}{J_1 \cdot J_2}} \tag{13.27}$$

$$\Delta\varphi = \frac{M_A}{c_K} \cdot \frac{J_2}{J_1 + J_2} \cdot (1 - \cos\omega_e \cdot t_i) \tag{13.28}$$

Somit lässt sich das maximale Kupplungsmoment ermitteln:

$$M_K = \Delta\varphi \cdot c_K = \frac{J_2}{J_1 + J_2} \cdot (1 - \cos\omega_e \cdot t_i) \cdot M_A \tag{13.29}$$

Da der Term $(1 - \cos\omega_e \cdot t_i)$ mit $\omega_e \cdot t_i = \pi$ sein Maximum bei 2 hat, folgt für das maximale Kupplungsmoment:

$$M_K = 2 \cdot \frac{J_2}{J_1 + J_2} \cdot M_A \tag{13.30}$$

Hierin ist für M_A das größte erreichbare Motor- bzw. Antriebsmoment entsprechend Abschnitt 13.3.1 einzusetzen. Aus der Herleitung ist ersichtlich, dass der Faktor 2 unabhängig von der Kupplungssteifigkeit ist und somit für drehstarre und drehelastische Kupplungen gilt. Ebenso gilt diese Betrachtung für Stöße auf der Lastseite. Auch wenn in der Realität kein idealer Rechteckstoß auftreten kann, so sind Faktoren in der Nähe von 1,8 in der Praxis durchaus realistisch.

3 Drehstarre Kupplungen bei periodisch schwankenden Antriebsmomenten

Im folgenden Fall befindet sich ein Antriebssystem zunächst im stationären Betrieb und rotiert mit einer konstanten Winkelgeschwindigkeit ω, wobei auf der Abtriebsseite das Lastmoment M_L und auf der Antriebsseite das Antriebsmoment M_A wirken. Überlagert man nun dem bis dahin konstanten Antriebsmoment M_A eine periodische Anregung, so werden das maximale Antriebsmoment und somit auch das maximale Kupplungsmoment durch dieses wirkende Wechseldrehmoment $M_{W,wirk}$ der überlagerten Anregung bestimmt:

$$M_A + M_{W,wirk} = M_K = M_L + M_{W,wirk} \tag{13.31}$$

Bei einem Zweimassenschwinger lässt sich das wirkende Wechseldrehmoment $M_{W,wirk}$ in Abhängigkeit von der so genannten Vergrößerungsfunktion V (Tabelle 13.2) ausdrücken, wodurch sich folgendes maximale Kupplungsmoment ergibt:

$$M_K = M_L + V \cdot \frac{J_2}{J_1 + J_2} \cdot M_W \tag{13.32}$$

Da drehstarre Kupplungen im Rahmen der Werkstoffelastizitäten und Bauteilgeometrien relativ hohe Steifigkeiten c_K aufweisen, ist auch die Eigenkreisfrequenz ω_e entsprechend Gleichung (13.27) ebenfalls vergleichsweise hoch. Entsprechend dem Diagramm in Tabelle 13.2 geht das Verhältnis von Erregerkreisfrequenz Ω zu Eigenkreisfrequenz ω_e für hohe Eigenkreisfrequenzen gegen Null, so dass sich V asymptotisch dem Wert 1 nähert, d.h. mit $V = 1$ gilt:

$$M_K = M_L + \frac{J_2}{J_1 + J_2} \cdot M_W \tag{13.33}$$

4 Drehelastische Kupplungen bei periodisch schwankenden Antriebsmomenten

Unterzieht man drehelastische Kupplungen periodisch schwankenden Antriebsmomenten, so gilt ebenfalls zunächst Gleichung (13.34). Allerdings kann bei überkritischer Anregung gemäß Tabelle 13.2 der Vergrößerungsfaktor $V < 1$ sein, so dass die Belastung einer drehelastischen Kupplung im Vergleich zu einer drehstarren unter folgender Bedingung geringer ist:

$$\frac{\Omega}{\omega_e} \geq \sqrt{2} \quad \text{bzw.} \quad \Omega \geq \omega_e \cdot \sqrt{2} \tag{13.34}$$

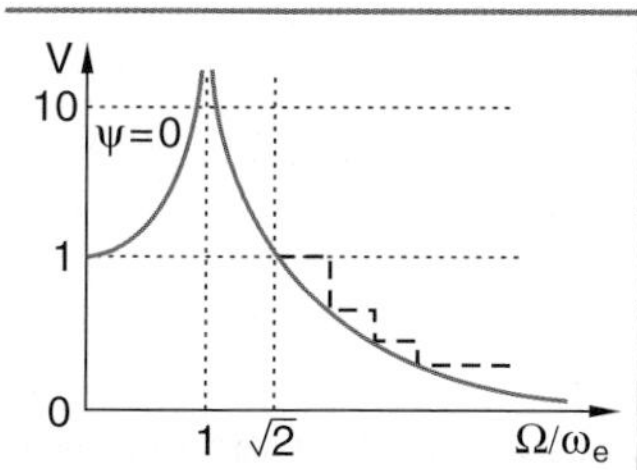

$c_{K,ist} / c_{K,soll}$	> 32	32...8	8...1	1...0,75
V	1,2	1,4	∞	1
$c_{K,ist} / c_{K,soll}$	0,75...0,6	0,6...0,3	< 0,3	
V	0,75	0,5	0,25	

Tabelle 13.2: Vergrößerungsfunktion und Vergrößerungsfaktoren in Abhängigkeit von der Kupplungssteifigkeit ohne Dämpfungseinfluss

Unter diesen Bedingungen ist V annähernd unabhängig von der vorhandenen Dämpfung. Unter Berücksichtigung der Eigenkreisfrequenz ω_e des Zweimassenschwingers gemäß Gleichung (13.27) kann für die Vorauswahl maximal $V = 1$ angenommen werden, wenn eine Kupplung mit folgender Steifigkeit gewählt wird:

$$c_{K,soll} \leq \frac{1}{2} \cdot \frac{J_1 \cdot J_2}{J_1 + J_2} \cdot \Omega^2 \tag{13.35}$$

Dabei ist zu beachten, dass der Vergrößerungsfaktor V immer kleiner wird, wenn die Steifigkeit ausgehend von $c_{K,soll}$ immer weiter verringert wird. Bei einer Erhöhung, ausgehend von $c_{K,soll}$, nimmt V für ω-Verhältnisse im Bereich von 1 bis $\sqrt{2}$ zu und zwischen 0 und 1 wieder ab, wobei V aber stets größer ist als 1, wodurch die drehelastische Kupplung höher belastet wird als eine drehstarre.

Somit besteht die Möglichkeit der Überdimensionierung, wenn auf der Basis von $V = 1$ gewählt wird und eine Steifigkeit $c_{K,ist} \ll c_{K,soll}$ vorliegt. Demzufolge ist für periodische Belastungen iterativ eine kleinere Baugröße zu ermitteln. Hier ist das Steifigkeitsverhältnis $c_{K,ist} / c_{K,soll}$ entsprechend Tabelle 13.2 zu betrachten, um den Vergrößerungsfaktor V und damit das maximale Kupplungsmoment unter Berücksichtigung des zulässigen Wechseldrehmomentes anzupassen. Dabei sollten Steifigkeitsverhältnisse von 1 bis 8 nicht gewählt werden, da sonst der Betriebspunkt im Vergrößerungsbereich oder sogar direkt im Resonanzbereich liegen würde. Umgekehrt ist für Steifigkeitsverhältnisse größer 8 zu berücksichtigen, dass eine solche Kupplung im Vergleich zu drehstarren Kupplungen höher belastet werden würde. Daraus lässt sich schließen, dass Steifigkeitsverhältnisse im Bereich kleiner 1 zu wählen sind.

Ausgehend von dieser Vordimensionierung ist nun die genauere Auslegungsrechnung durchzuführen, indem das den Antriebsstrang wiedergebende vereinfachte Zweimassensystem um die zusätzlichen Trägheiten und tatsächlichen Torsionssteifigkeiten der Kupplung erweitert wird. Dieser Viermassenschwinger wird dann zwecks leichterer Handhabbarkeit erneut auf einen Zweimassenschwinger reduziert.

Da die vereinfachte Kupplungsauslegung auf der Grundlage von Herstellerangaben oder mithilfe von Anwendungsfaktoren große Ungenauigkeiten beinhaltet, wird als Auslegungsrichtlinie die DIN 740 „Nachgiebige Wellenkupplungen" vorgeschlagen, die für schlupffreie, nachgiebige Kupplungen gilt [13.8]. Hierunter fallen alle Kupplungen, deren Kraftübertragungsglieder sowohl aus teilweise oder allseitig nachgiebigen Elastomeren als auch aus metallischen Federelementen bestehen. Entsprechend der Norm gilt der Begriff „nachgiebige Wellenkupplung" für alle Kupplungen in axial-, radial- und winkelnachgiebiger Ausführung, die sowohl drehelastisch als auch drehstarr sein können. Damit lässt sich die Norm auch auf Schaltkupplungen im geschlossenen, schlupffreien Zustand anwenden.

Die Norm basiert auf den bisher beschriebenen Annahmen, dass die Kupplung das einzige drehelastische Element in der Anlage ist und sich diese drehschwingungsmäßig auf ein Zweimassensystem reduzieren lässt. Dabei werden die Einflussfaktoren Anfahrhäufigkeit und Festigkeitsminderung der elastischen Elemente mit steigender Betriebstemperatur und Frequenzabhängigkeit des Dauerwechseldrehmomentes durch die Faktoren S_A, S_t und S_z derart berücksichtigt, als würden sie eine Änderung der Kupplungsbelastung bewirken. Verbindliche Angaben zu den Faktoren S_A, S_t und S_z liegen in der Verantwortung der Kupplungshersteller (Anhaltswerte siehe Tabelle 13.3).

Anlauffaktor S_z in Abhängigkeit von den Anläufen je Stunde

Anläufe je Stunde	< 120	$120 \dots 240$	> 240
	1,0	1,3	Rückfrage beim Hersteller erforderlich

Temperaturfaktor S_t in Abhängigkeit von der Umgebungstemperatur t in $^\circ$C

Werkstoffmischung	$-20 < t < 30$	$30 < t < 40$	$40 < t < 60$	$60 < t < 80$
Naturgummi (NR)	1,0	1,1	1,4	1,8
Polyuretan Elastomere (PUR)	1,0	1,2	1,5	nicht zulässig
Acrylnitril-Butadienkautschuk (NBR), (Perbunan N)	1,0	1,0	1,0	1,2

Frequenzfaktor S_f (für gummi-elastische Kupplungen)

$S_f = 1$ für $\omega \leq 63\ \text{s}^{-1}$	$S_f = \sqrt{\frac{\omega}{63}}$ für $\omega > 63\ \text{s}^{-1}$

Tabelle 13.3: Faktoren zur Auslegung drehnachgiebiger Kupplungen nach DIN 740 [13.8]

Zur einsatzgerechten Auslegung nachgiebiger Kupplungen sind die nachfolgenden Kennwerte in der DIN 740 genauer definiert und von den Herstellern für ihre jeweilige Kupplung anzugeben:

- Zulässiger Versatz der Kupplungshälften und Federsteifigkeiten
- Dauernd übertragbares Nenndrehmoment M_{KN} im gesamten Drehzahlbereich (gleich Baugröße der Kupplung nach DIN 740 Tl)
- Maximal übertragbares Drehmoment $M_{Kmax} \approx 3 \cdot M_{KN}$ als kurzzeitig mehr als 100.000-mal wirkender schwellender Drehmomentstoß im gleichen Drehsinn oder mehr als 50.000-mal wirkender wechselnder Drehmomentstoß, wobei die Kupplungstemperatur 30° C nicht überschreiten darf
- Frequenzabhängiges Dauerwechseldrehmoment $\pm M_{KW} \approx 0{,}4 \cdot M_{KN}$ als Ausschlag der dauernd zulässigen periodischen Drehmomentschwankung bei einer Frequenz von 10 Hz ($\omega \approx 63\ s^{-1}$) und einer Grundlast bis zum Nenndrehmoment M_{KN}

Ausgehend von diesen Angaben (zulässige Werte) wird die Baugröße der Kupplung dann über fiktive Drehmomente M'_K bestimmt, die unter Berücksichtigung der an- und abtriebsseitigen Trägheitsmomente (Massenverteilung) und der Faktoren S_A, S_t und S_z mit der tatsächlich auftretenden Belastung berechnet werden. Die Kupplung ist dann richtig ausgewählt, wenn diese berechneten Werte kleiner sind als die zulässigen Tabellenwerte der ausgewählten Kupplung. Abschließend ist die Nachprüfung auf Einhaltung der zulässigen Wellenverlagerungen und die Kontrolle der daraus entstehenden Momente und Rückstellkräfte auf die benachbarten Bauteile durchzuführen.

Zunächst wird jedoch die Belastung durch das Nenndrehmoment überprüft:

$$M'_K = M_{LN} \cdot S_t \leq M_{KN} \tag{13.36}$$

Hierin bezeichnen M_{LN} das Nenndrehmoment auf der Lastseite (Größtwert des aus Leistung und Drehzahl errechneten Lastdrehmomentes der Arbeitsmaschine, s.a. Kapitel 1), S_t den Temperaturfaktor nach Tabelle 13.3 und M_{KN} das (zulässige) Nenndrehmoment der Kupplung nach Herstellerangaben.

Im Weiteren muss die Kupplung Belastungen durch Drehmomentstöße standhalten können. Mit der nachfolgenden Gleichung lässt sich die Belastung bei beidseitiger Stoßanregung (Antriebs- und Lastseite) überprüfen (z.B. Anfahren mit Drehstrommotor bei veränderlicher Last):

$$M'_K = \left(\frac{J_2}{J_1 + J_2} \cdot M_{AS} \cdot S_A + \frac{J_1}{J_1 + J_2} \cdot M_{LS} \cdot S_L \right) \cdot S_z \cdot S_t \leq M_{K\,max} \qquad (13.37)$$

Hierin bedeuten M_{AS} das Stoßdrehmoment der Antriebsseite (bei Drehstrommotoren z.B. das Kippdrehmoment M_{Kipp}), M_{LS} das Stoßdrehmoment der Lastseite und M_{Kmax} das (zulässige) Maximaldrehmoment der Kupplung nach Herstellerangaben. J_1 und J_2 sind die Trägheitsmomente der Antriebsseite und der Lastseite (bezogen auf die Kupplungswelle) und S_A und S_L die Stoßfaktoren der Antriebsseite und der Lastseite. Entsprechend Gleichung (13.30) kann für übliche Anfahrstöße $S_A = S_L = 1{,}8$ eingesetzt werden.

Liegt nur ein antriebsseitiger Stoß vor (z.B. Anfahren mit Drehstrommotor), so ist $S_L = 0$ zu setzen, entsprechend gilt für lastseitige Stöße (z.B. bei Laständerungen und Bremsungen) $S_A = 0$. Bei Kupplungen mit Verdrehspiel können zusätzliche Belastungen durch einen Geschwindigkeitsstoß auftreten. Dabei ist die Drehfrequenz der zu kuppelnden Massen unterschiedlich groß (z.B. durch Verdrehspiel in der Kupplung oder Flankenspiel bei Zahnrädern). Anlauffaktor S_z und Temperaturfaktor S_t ergeben sich aus Tabelle 13.3 bzw. Herstellerangaben.

Die Belastung der Kupplung durch ein periodisches Wechseldrehmoment (z.B. auf der Antriebsseite durch einen Dieselmotor oder aber auf der Lastseite durch einen Kolbenverdichter) wird mit folgender Gleichung für das Durchfahren der Resonanz überprüft:

$$M'_K = \frac{J_2}{J_1 + J_2} \cdot M_{Ai} \cdot V_R \cdot S_z \cdot S_t \leq M_{K\,max} \qquad (13.38)$$

Hierin bezeichnen $\pm M_{Ai}$ das erregende Drehmoment (Ausschlag der periodischen Drehmomentschwankung i-ter Ordnung) auf der Antriebsseite, für die Lastseite ist $\pm M_{Ai}$ durch $\pm M_{Li}$ zu ersetzen. V_R ist der Vergrößerungsfaktor im Resonanzfall (s.a. Tabelle 13.2) mit ψ als verhältnismäßiger Dämpfung. Außerhalb der Resonanz berechnet sich V aus der Betriebskreisfrequenz Ω und der kritischen Kreisfrequenz ω_k mit ω_e als Eigenkreisfrequenz und i als Anzahl der Schwingungen je Umdrehung (Ordnungszahl):

$$V_R = \frac{2 \cdot \pi}{\psi} \quad \text{(in Resonanznähe)}$$

$$V = \frac{1}{\left| \left(\frac{\Omega}{\omega_k} \right)^2 - 1 \right|} \quad \text{mit } \omega_k = \frac{\omega_e}{i} \quad \text{(außerhalb der Resonanz)} \qquad (13.39)$$

Für die Betriebsfrequenz muss das fiktive Wechseldrehmoment noch mit dem Dauerwechseldrehmoment der gewählten Kupplung verglichen werden. Bei antriebsseitiger Schwingungserregung gilt:

$$M'_K = \frac{J_2}{J_1 + J_2} \cdot M_{Ai} \cdot V \cdot S_t \cdot S_f \leq M_{KW} \qquad (13.40)$$

Bei lastseitiger Schwingungserregung ist in den Gleichungen (13.38) und (13.40) M_{Ai} durch M_{Li} und J_2 durch J_1 im Zähler zu ersetzen. M_{Kmax} und $\pm M_{KW}$ bezeichnen das Maximaldrehmoment und das Dauerwechseldrehmoment der Kupplung nach Herstellerangaben. Der Frequenzfaktor S_f ist ebenfalls eine Herstellerangabe (s.a. Tabelle 13.3). Schließlich ist mithilfe der Gleichungen (13.27) und (13.34) zu prüfen, ob die kritische Kreisfrequenz außerhalb des Betriebskreisfrequenzbereiches liegt, da ansonsten eine Kupplung mit anderer Drehfedersteife zu wählen ist.

Abschließend sind noch die Belastungen durch Wellenverlagerungen zu überprüfen. Während axiale Verlagerungen nur statische Kräfte in den Kupplungen erzeugen, erzeugen radiale und winklige Verlagerungen Wechselbelastungen. Zunächst ist die Einhaltung der maximal zulässigen Verlagerungen nach Tabelle 13.4 anhand von Herstellerangaben zu prüfen.

Bedingt durch diese Verlagerungen und aufgrund der Kupplungssteifigkeiten in axialer und radialer Richtung sowie in Drehrichtung entstehen gemäß Tabelle 13.4 Rückstellkräfte und -momente, die die benachbarten Bauteile (z.B. Wellen und Lager) belasten und bei deren Auslegung zu berücksichtigen sind. Dabei ist zu beachten, dass die von den Kupplungsherstellern angegebenen Nachgiebigkeiten ΔK Maximalwerte darstellen, die bei gleichzeitig kombiniertem Wellenversatz ΔW_a, ΔW_r und ΔW_w nicht in voller Größe ausgenutzt werden dürfen.

Axialer Versatz	Radialer Versatz	Winkliger Versatz
$\Delta K_a \geq \Delta W_a \cdot S_t$ (13.41)	$\Delta K_r \geq \Delta W_r \cdot S_f$ (13.42)	$\Delta K_w \geq \Delta W_w \cdot S_t \cdot S_f$ (13.43)
Axiale Rückstellkraft	Radiale Rückstellkraft	Winkliges Rückstellmoment
$F_a = \Delta W_a \cdot c_a$ (13.44)	$F_r = \Delta W_r \cdot c_r$ (13.45)	$M_w = \Delta W_w \cdot c_w$ (13.46)

ΔK_a, ΔK_r, ΔK_w:	zulässiger axialer, radialer und winkliger Versatz in mm bzw. rad der Kupplungshälften nach Angaben der Kupplungshersteller
ΔW_a, ΔW_r, ΔW_w:	maximal auftretende axiale, radiale und winklige Verlagerung der Wellen
c_a, c_r, c_w:	Axial-, Radial- und Drehfedersteifigkeit nach Angaben der Kupplungshersteller
S_t, S_f:	Temperaturfaktor und Frequenzfaktor nach Angaben der Kupplungshersteller (s.a. Tabelle 13.3)

Tabelle 13.4: Rückstellreaktionen aus Versatz

13.3.3 Auslegung von schaltbaren Kupplungen

Bei vergleichbaren Randbedingungen in einem Antriebsstrang sind die Belastungen schaltbarer und nicht schaltbarer Kupplungen nahezu identisch. Allerdings wird die Festigkeit der schaltbaren, formschlüssigen Kupplungen wesentlich durch die Gestaltung der Wirkflächenpaare (z.B. Zahngeometrie) festgelegt. Bei den schaltbaren, reibschlüssigen Kupplungen ist die Wärmebelastung von besonderer Bedeutung, die durch Drehzahldifferenzen bzw. Schlupf im Reibkontakt entsteht. Diese Relativbewegungen können in unterschiedlicher Häufigkeit auftreten:

- Vereinzelt (bei einmaliger Schaltung)
- Regelmäßig (bei Mehrfachschaltungen in etwa gleichen Abständen)
- Permanent (Dauerschlupf bzw. sehr lange Schaltzeiten)

Für die thermische Auslegung einer Kupplung ist demzufolge nur der Vorgang mit der höchsten thermischen Belastung von Bedeutung (z.B. Hochlauf, Bremsen, Lastlauf, Leerlauf). Hierbei sind nochmals zwei unterschiedliche Randbedingungen zur Auslegung zu unterscheiden. Zum einen kann dies die Forderung nach einer bestimmten Beschleunigungszeit (z.B. für eine Arbeitsmaschine) sein. Zum anderen ist häufig eine vorgegebene Rutschzeit einzuhalten. Bestehen keine derartigen Forderungen, so kann die Kupplungsauswahl auf der Grundlage der maximalen Drehmomente von Antriebs- und Arbeitsmaschine unter Berücksichtigung der Sicherheits- und Betriebsfaktoren nach Rücksprache mit dem Kupplungshersteller erfolgen [13.46].

Im Folgenden wird das Schalten unter Last mit Drehzahldifferenz als häufigster Anwendungsfall betrachtet. Entsprechend Abbildung 13.8 dreht sich die Antriebsseite mit einer gegebenen Ausgangswinkelgeschwindigkeit ω_{10}. Wird eine kraftschlüssige Kupplung nun geschlossen, so werden Antriebs- und Abtriebsseite mit den unterschiedlichen Winkelgeschwindigkeiten ω_{10} und ω_{20} gekoppelt. In der Zeit von t_0 bis t_{syn} rutscht bzw. schlupft die Kupplung, weshalb diese Zeitspanne auch als Rutschzeit t_r bezeichnet wird:

$$t_r = t_{syn} - t_0 \tag{13.47}$$

Während der Rutschphase wird nun die langsamere Masse J_2 der Abtriebsseite beschleunigt und die Masse J_1 der schnelleren Antriebsseite verzögert. Zum Zeitpunkt t_{syn} ist der Rutschvorgang abgeschlossen und beide Kupplungsseiten weisen die gleiche Winkelgeschwindigkeit ω_{syn} auf. Dabei wird der Absolutbetrag der Rutschzeit t_r bei unveränderten Randbedingungen und Kupplungskennwerten nur durch den Drehzahlverlauf beeinflusst. Entsprechend Abbildung 13.8 a) wird ein gemeinsamer, schlupffreier Hochlauf aufgrund der absinkenden Antriebsdrehzahl (Drehzahldrückung) vor Erreichen der Betriebswinkelgeschwindigkeit ω_1 erreicht. Die Rutschzeit wird im Vergleich zum Fall b) kürzer als die erforderliche Beschleunigungszeit der Arbeitsmaschine. Solange die Kupplung rutscht, ist das Kupplungsdrehmoment gleich dem schaltbaren Drehmoment M_S, wobei die Rutschzeit nicht zu lange dauern darf, da die Kupplung sonst zu stark erwärmt wird.

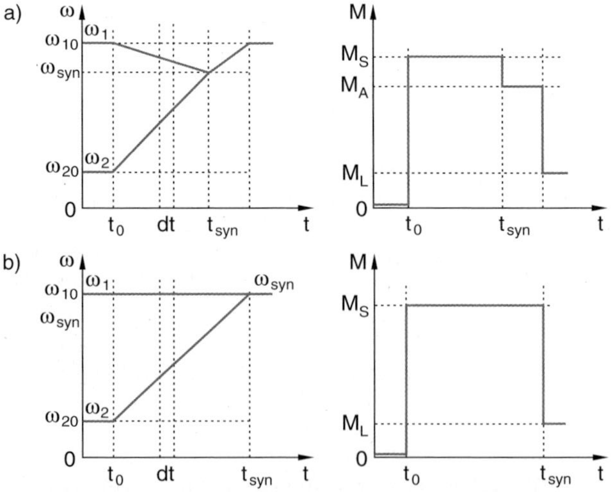

Abbildung 13.8: Synchronisationsvorgang einer schaltbaren Kupplung – Winkelgeschwindigkeiten und Drehmomente

Der Unterschied zwischen dem schaltbaren und dem übertragbaren Drehmoment bei Schaltkupplungen besteht darin, dass das schaltbare (dynamische) Drehmoment M_{Ks} bei schlupfender Kupplung (während des Anlaufs) weitergeleitet werden kann, während das übertragbare (statische) Drehmoment $M_{Kü}$ eine Kupplungsbelastung ohne Auftreten von Schlupf erlaubt. Sie sind durch die Reibzahlen der Ruhe (μ_0) und Bewegung (μ) der jeweiligen Reibstoffpaarung bestimmt:

$$\left(\frac{\mu}{\mu_0} \approx \frac{M_{Ks}}{M_{Kü}}\right) \tag{13.48}$$

Von den Kupplungsherstellern werden hierzu die Nenndrehmomente M_{KNs} und $M_{KNü}$ angegeben, die von den Kupplungen in jedem zulässigen Betriebszustand sicher erreicht werden, wobei die Nenndrehmomente verschiedener Kupplungshersteller nicht ohne weiteres vergleichbar sind, da sie herstellerabhängig voneinander abweichende Sicherheitsfaktoren beinhalten. Schließlich tritt noch das meist nicht zu vermeidende Leerlauf- oder Restdrehmoment M_{Kl} auf, das über die ausgeschaltete Kupplung weitergeleitet wird.

Für die Auswahl einer Reibkupplung können sowohl das schaltbare oder übertragbare Drehmoment als auch die geforderte Schaltzeit oder die zulässige Erwärmung bestimmend sein. Die Vorauswahl der Kupplungsgröße erfolgt zunächst anhand des Drehmomentes. Bei Lastschaltungen hat es sich bewährt, dass das schaltbare Drehmoment M_{Ks} mindestens doppelt so groß ist wie das Lastdrehmoment M_L, um ausreichende Reserven zur Beschleunigung der Drehmassen zu haben.

Bei bekannter Rutschzeit t_r und unter der Voraussetzung, dass M_A, M_L und M_{Ks} während des Schaltvorganges konstant bleiben, berechnen sich die erforderlichen schaltbaren Drehmomente für die Antriebsseite und die Lastseite zu:

$$M_{Ks} = -J_1 \cdot \frac{\omega_{syn} - \omega_{10}}{t_r} + M_A \leq M_{KNs} \qquad M_{Ks} = J_2 \cdot \frac{\omega_{syn} - \omega_{20}}{t_r} + M_L \leq M_{KNs} \tag{13.49}$$

Hierin bezeichnen J_1 und J_2 die auf die Kupplungswelle reduzierten Trägheitsmomente der Antriebs- und Lastseite, ω_{10} und ω_{20} die Winkelgeschwindigkeiten der Kupplungswellen auf der Antriebs- und der Lastseite vor dem Schalten, ω_{syn} die Winkelgeschwindigkeit nach Abschluss des Synchronisationsvorganges, t_r die Rutschzeit, M_L das Lastdrehmoment, bezogen auf die Kupplungswelle, und M_{KNs} das (zulässige) schaltbare Nenndrehmoment der Kupplung gemäß Herstellerangaben. Bei entgegengesetzter Drehrichtung der An- und Abtriebsseite (z.B. bei Reversierbetrieb) ist an Stelle von ($\omega_{syn} - \omega_{20}$) der Ausdruck ($\omega_{syn} + \omega_{20}$) einzusetzen.

Demzufolge ergibt sich bei gegebenem schaltbaren Nenndrehmoment der Kupplung M_{KNs} durch Umstellen von Gleichung (13.49) die auftretende Rutschzeit zu:

$$t_r = \frac{J_1}{M_{KNs} - M_A} \cdot \left(\omega_{10} - \omega_{syn}\right) \qquad t_r = \frac{J_2}{M_{KNs} - M_L} \cdot \left(\omega_{syn} - \omega_{20}\right) \tag{13.50}$$

Aus diesen beiden Gleichungen lässt sich bei unbekannter Winkelgeschwindigkeit ω_{syn} der Synchronisation die Rutschzeit t_r bestimmen, indem man eine Gleichung nach ω_{syn} auflöst und in die andere einsetzt:

$$t_r = \frac{J_1 \cdot J_2}{J_1 \cdot \left(M_{KNs} - M_L\right) + J_2 \cdot \left(M_{KNs} - M_A\right)} \cdot \left(\omega_{10} - \omega_{20}\right) \tag{13.51}$$

Durch Gleichsetzen der beiden Gleichungen (13.50) lässt sich die gemeinsame Winkelgeschwindigkeit ω_{syn} nach der Rutschzeit t_r bestimmen zu:

$$\omega_{syn} = \frac{\omega_{10} \cdot J_1 \cdot (M_{KNs} - M_L) + \omega_{20} \cdot J_2 \cdot (M_{KNs} - M_A)}{J_1 \cdot (M_{KNs} - M_L) + J_2 \cdot (M_{KNs} - M_A)} \tag{13.52}$$

Das zum Erreichen einer gewünschten Rutschzeit t_r erforderliche Kupplungsmoment lässt sich durch Umstellen von Gleichung (13.51) ermitteln:

$$M_{KNs} = \frac{J_1 \cdot J_2}{J_1 + J_2} \cdot \frac{(\omega_{10} - \omega_{20})}{t_r} + \left(\frac{J_2}{J_1 + J_2} \cdot M_A + \frac{J_1}{J_1 + J_2} \cdot M_L \right) \tag{13.53}$$

Ausführlichere Berechnungen für drehzahlabhängige Lastmomente $M_L \sim \omega$ oder $M_L \sim \omega^2$ sind der weiterführenden Literatur zu entnehmen [13.50].

Nach Abschluss des Schaltvorganges muss die Reibungskupplung die betriebsmäßig auftretenden Drehmomente ohne Schlupf übertragen können. Lediglich bei Sicherheitskupplungen (Rutschkupplungen) ist ein Durchrutschen bei Überschreiten eines Grenzdrehmomentes zulässig bzw. erwünscht. Im Falle gleichförmiger Antriebe kann das erforderliche übertragbare Drehmoment $M_{Kü}$ nach dem Nenndrehmoment der Antriebs- bzw. Arbeitsmaschine bestimmt werden (s.a. Abschnitt 13.3.2). Bei ungleichförmig arbeitenden Antrieben sind zusätzlich die auftretenden Maximaldrehmomente zu berücksichtigen (s.a. Abschnitt 13.3.1).

Im Anschluss an die Auswahl einer Kupplung anhand der Drehmomente ist nun die Wärmebelastung zu überprüfen. Bei einer einmaligen Schaltung wird angenommen, dass die Kupplung die während des Schaltvorganges in Wärme umgesetzte Schaltarbeit aufnehmen kann und sich bis zur nächsten Schaltung wieder auf die Ausgangstemperatur abkühlt.

Mit dem schaltbaren Drehmoment M_{KNs} und dem aus der gemittelten Differenz der Winkelgeschwindigkeiten errechneten Drehwinkel φ während der Rutschzeit lässt sich die bei einmaliger Schaltung anfallende Schaltarbeit W, die kleiner sein muss als die zulässige Schaltarbeit W_{zul} (nach Angaben der Kupplungshersteller), wie folgt berechnen:

$$\varphi = 0{,}5 \cdot (\omega_{10} - \omega_{20}) \cdot t_R \tag{13.54}$$

$$W = \frac{1}{2} \cdot M_{KNs} \cdot (\omega_{10} - \omega_{20}) \cdot t_R = \frac{1}{2} \cdot J_2 \cdot (\omega_{10} - \omega_{20})^2 \cdot \frac{M_{KNs}}{M_{KNs} - M_L} < W_{zul} \tag{13.55}$$

Diese Arbeit entspricht der schraffierten Fläche in Abbildung 13.8. Auch hier ist wieder zu beachten, dass die Gleichung (13.54) in dieser Form nur bei gleicher Drehrichtung der An- und Abtriebsseite gültig ist. Bei entgegengesetzter Drehrichtung der Abtriebsseite (z.B. bei einem Wendegetriebe) ist ω_{20} mit negativem Vorzeichen einzusetzen.

Ausgehend von Gleichung (13.54) für die Einzelschaltung lässt sich die anfallende Arbeit bei Mehrfachschaltung W_h durch Multiplikation mit der Schaltzahl z_h pro Stunde ermitteln, wobei $W_{h,zul}$ die zulässige Schaltarbeit der Kupplung bei Trocken- bzw. Nasslauf nach Angaben der Kupplungshersteller ist:

$$W_h = W \cdot z_h < W_{h,zul} \tag{13.56}$$

Da beim Schalten der Kupplung ungefähr die Hälfte der zugeführten Energie in Wärme umgewandelt wird, ist die gute Wärmeabfuhr eine Grundvoraussetzung, um die von den Kupplungsherstellern angegebenen zulässigen Werte der Schaltarbeit zuverlässig zu erreichen. Im Trockenlauf geschieht dies durch eine gute Luftzirkulation bzw. zusätzliche Ventilation. Noch bessere Bedingungen erhält man durch Nasslauf, so dass Kühlung und Schmierung durch Spritzöl oder Ölnebel erfolgen. Für Lamellenkupplungen mit großer Wärmebelastung oder hohen Leerlaufdrehzahlen nutzt man die Innenölung, wobei ein durch das Lamellenpaket fließender Ölstrom von 0,1 bis 0,5 l/min, je nach Baugröße, ausreicht. Für weiterführende Berechnungen zum Temperaturverhalten schaltbarer Kupplungen wird auf die Fachliteratur verwiesen [13.50].

Abschließend lässt sich zur Auslegung von schaltbaren Kupplungen zusammenfassen, dass insbesondere auf kleine Schaltkräfte, kurze Wege der Wärmeabfuhr mit großen Abstrahlflächen, Einstell- und Nachstellmöglichkeit des Grenzdrehmomentes sowie Wartungsfreundlichkeit zu achten ist.

13.3.4 Auslegung von mechanischen Bremsen

Die vollständige Funktionalität einer mechanischen Bremse hängt nicht nur von den beiden Reibkörpern ab, die die Reibpaarung bilden, sondern auch von dem dazugehörenden Betätigungsmechanismus und der Steuerung bzw. Regelung (s.a. Abschnitt 13.6). Dies hat zur Folge, dass im Bremssystem eine örtlich und zeitlich veränderliche Verteilung der elementaren Reibkräfte und der Temperaturen in den Reibkörpern auftritt. Zusätzlich beeinflussen Verformungen und Schwingungen des Antriebsstranges und der Umgebungskonstruktion das Bremsverhalten, das damit erheblich von den Eigenschaften idealisierter Reibpaarungen mit starren, kleinflächigen Reibkörpern abweicht.

Vor diesem Hintergrund sollen nachfolgend einige grundlegende Zusammenhänge zu mechanischen Bremsen behandelt werden, wobei für vollständige Berechnungen auf die relevanten Normen DIN 15434, DIN 15436 und die Fachliteratur verwiesen werden muss [13.3], [13.9], [13.10], [13.23], [13.30].

Ähnlich wie bei schaltbaren Kupplungen lässt sich das erforderliche Bremsmoment M_B aus dem Trägheitsmoment J_L der Lastseite (bzw. des gesamten Antriebsstranges), bezogen auf die Bremswelle, die Winkelgeschwindigkeit der Bremswelle ω, der Bremszeit t_b und zu- oder abzüglich eines Lastmomentes M_L (die Last kann beschleunigend oder verzögernd wirken) berechnen:

$$M_B = J_L \cdot \frac{\omega}{t_b} \pm M_L \tag{13.57}$$

Aufgrund dieses Bremsmomentes verrichtet die Bremse in der Bremszeit t_b die Bremsarbeit:

$$W_B = \int_0^{\varphi_b} M_B \cdot d\varphi = \int_0^{\varphi_b} M_B(t) \cdot \omega(t) \cdot dt \tag{13.58}$$

Zur Integration ist der zeitliche Verlauf der Winkelgeschwindigkeit $\omega(t)$ der Bremswelle bei gegebenem zeitlich veränderlichem Bremsmoment $M_B(t)$ aus den Parametern des jeweiligen Antriebsstranges zu bestimmen: So ergibt sich z.B. für eine Dauerbremsung mit $\omega = \omega_0 = konst.$ die Bremsarbeit W_{BD} zu (s.a. Abschnitt 13.2):

$$W_{BD} = M_B \cdot \omega_0 \cdot t_b \tag{13.59}$$

Für eine Stoppbremsung mit ω_0 als Winkelgeschwindigkeit bei Bremsbeginn berechnet sich die Bremsarbeit W_{BS} zu:

$$W_{BS} = M_B \cdot \frac{1}{2} \cdot \omega_0 \cdot t_b \quad \text{mit} \quad \omega(t) = \omega_0 \cdot \left(1 - \frac{t}{t_b}\right) \tag{13.60}$$

Unter der Annahme, dass die mechanische Energie vollständig von den Reibpartnern in Wärme-Energie umgesetzt wird, folgt für den Wärmestrom:

$$\dot{Q} = \frac{dW_{BD}}{t_b} = M_B \cdot \omega_0 = konst. \quad \text{für eine Dauerbremsung} \tag{13.61}$$

$$\dot{Q}(t) = M_B \cdot \omega_0 \cdot \left(1 - \frac{t}{t_b}\right) \quad \text{für eine Stoppbremsung} \tag{13.62}$$

Dabei beträgt der zeitliche Mittelwert:

$$\dot{Q}_m = \frac{W_{BS}}{t_b} = M_B \cdot \frac{\omega_0}{2} \tag{13.63}$$

Zur Beurteilung der Wärmebeanspruchung mechanischer Bremsen wird die Wärmestromdichte q genutzt, wobei vereinfachend angenommen wird, dass sich die Flächenpressung p über der Belagfläche A_{bel} nicht verändert:

$$q(t) = \frac{\dot{Q}(t)}{A_{bel}} = \frac{M_B \cdot \omega(t)}{A_{bel}} = \frac{A_{bel} \cdot p \cdot \mu \cdot d_B \cdot \omega(t)}{2 \cdot A_{bel}} = p \cdot \mu \cdot v(t) \tag{13.64}$$

Hierin bezeichnen μ die Reibungszahl, d_b den Durchmesser der Bremstrommel bzw. -scheibe, $\omega(t)$ die Winkelgeschwindigkeit und $u(t)$ die zugehörige Umfangsgeschwindigkeit. Bei einer Dauerbremsung ist die Wärmestromdichte q konstant, während sie bei einer Stoppbremsung von einem Maximalwert stetig bis auf Null abfällt.

Aufgrund der periodischen Zuführung von Brems- bzw. Wärme-Energie veränderlicher Stromstärke und der Überlagerung von Wärme-Einleitung und -Abfuhr entstehen veränderliche Temperaturen an der Oberfläche und im Inneren der Reibkörper. Die höchsten Temperaturen treten dabei an den Belagoberflächen auf und sind maßgebend für das Reibungs- und Verschleißverhalten und damit für die Auslegung der mechanischen Bremse. Die zum Inneren hin abnehmenden Temperaturen sind aber noch in Form von Wärmespannungen bei der Festigkeitsberechnung zu berücksichtigen, was insbesondere bei selbstbelüftenden Scheibenbremsen zu beachten ist [13.2].

Da Temperaturmessungen direkt in der Reibfläche nicht möglich sind, misst man die Temperatur in einer reibflächennahen Schicht von ca. 0,5 mm Dicke und bezeichnet diese als Grundtemperatur T_g. Unterschiedliche Anforderungen und Betriebsbedingungen mechanischer Bremsen lassen sich stark vereinfachend durch drei Grundtypen des thermischen Verhaltens entsprechend Abbildung 13.9 beschreiben.

Bei einer Dauerbremsung (D) nähert sich die Grundtemperatur dem oberen Grenzwert T_{go} asymptotisch und die Bremszeit kann beliebig groß werden (z.B. mechanische Senkbremsen bei Kranen, Talfahrten von Fahrzeugen). Bei einer (einmaligen) Stoppbremsung (E) verbleibt nach der Bremsung und zugehörigen Erwärmung der Reibpartner eine genügend große Zeitspanne für die Abkühlung auf Umgebungstemperatur T_0 bis zur nächsten Bremsung (z.B. bei Sicherheitsbremsen an Windenergie-Anlagen, Stetigförderern und für alle mechanischen Bremsen in Antrieben mit elektrischer

Betriebsbremsung). In Antrieben mit Aussetzbetrieb ist die Bremsphase Bestandteil eines jeden Arbeitsspiels. Bei mechanischen Bremsen führen derartige gehäufte Stoppbremsungen (G) zu einer unstetigen Temperatur-Zeit-Funktion, die im rechten Teil der Abbildung 13.9 nochmals detailliert dargestellt ist.

Während der ersten Arbeitsspiele überwiegt die Wärme-Aufnahme die -Abgabe, so dass die Grundtemperatur von T_{g1i} auf T_{g2i} steigt. Kühlphasen sind möglich während der Anfahr- und Beharrungszeit t_A und t_H sowie der Pausenzeit t_P. Damit beginnt die nächste Bremsung bei einer gegenüber der vorhergegangenen Bremszeit erhöhten Ausgangstemperatur $T_{g1(i+1)}$. Nach längerer Betriebsdauer (ca. 50 bis 150 energetisch gleichwertige Bremsungen) wird ein quasistationärer Beharrungszustand erreicht, indem Wärme-Aufnahme und -Abgabe während eines Arbeitsspiels im Gleichgewicht sind, so dass die Grundtemperatur T_g zwischen einem oberen und einem unteren Wert schwankt (T_{go} und T_{gu}).

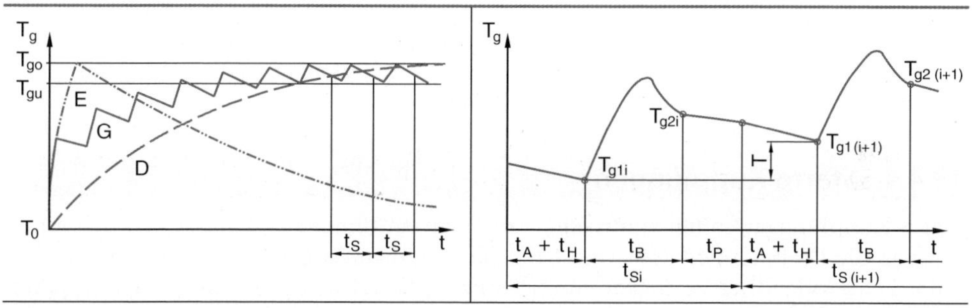

Abbildung 13.9: Zeitlicher Verlauf der Oberflächentemperaturen an einer Bremstrommel (Bremsscheibe) bei verschiedenen Bremsfunktionen (links) und während eines Bremsspiels (rechts)

Abschließend soll noch auf die mittlere Reibungszahl μ_m als Kenngröße des Reibverhaltens während einer Bremsung eingegangen werden:

$$\mu_m = \int_0^{t_b} \mu(t)\,dt \qquad (13.65)$$

Die mittlere Reibungszahl μ_m hängt hauptsächlich von der Grundtemperatur T_g ab und fällt meist entsprechend Abbildung 13.10 mit deren Ansteigen ab. Legt man für die Schwankung von μ_{m1} einen sicherheitstechnisch zulässigen Bereich fest, so ist damit auch für eine Reibpaarung die zulässige Grundtemperatur $T_{g\,zul}$ bestimmt. Wird diese Temperatur überschritten, beginnt im Punkt B die thermische Schädigung des Reibbelages mit einem stärkeren Abfall von μ_{m1}.

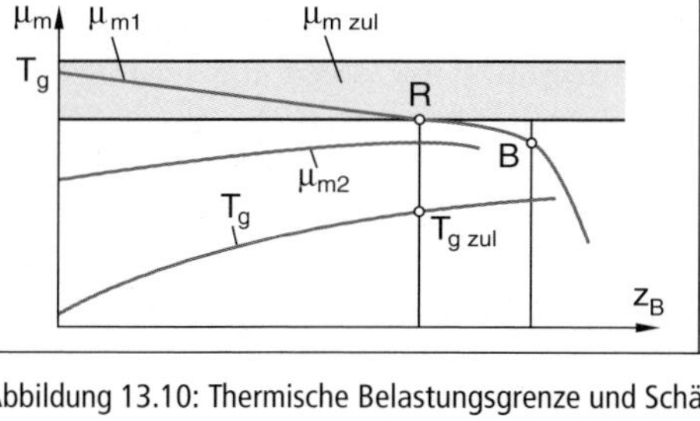

T_g: Grundtemperatur
z_B: Bremsfolgezahl
μ_{m1}: Mittlere Reibungszahl vor und während der thermischen Schädigung
μ_{m2}: Mittlere Reibungszahl nach der thermischen Schädigung
$\mu_{m\,zul}$: Zulässiger Bereich der mittleren Reibungszahl

Abbildung 13.10: Thermische Belastungsgrenze und Schädigung von Reibbelägen [13.23]

Danach weist der geschädigte Reibbelag nur noch die wesentlich niedrigere Reibungszahl μ_{m2} auf. Ist diese thermische Schädigung nicht irreversibel, was von der Größe der Überlast und der Zusammensetzung des Reibwerkstoffes abhängt, so regeneriert sich der Bremsbelag wieder im Verlauf einiger hundert Bremsungen und erreicht allmählich das frühere Reibverhalten. Dieses Verhalten ist auch beim Einlaufen eines neuen Bremsbelages meistens mit steigender Tendenz zu beobachten. Man unterscheidet deshalb bei Reibpaarungen die Belastungszustände Einlaufen, Normalbelastung, Extrembelastung mit Schädigung, Regeneration und wieder Normalbelastung. Momentan lassen sich diese Verhältnisse noch nicht rechnerisch in die Bremsenauslegung einbeziehen, dennoch sollte man sie auch im Hinblick auf ihre möglichen Folgen berücksichtigen.

13.4 Bauarten von nichtschaltbaren Kupplungen

Nicht schaltbare Kupplungen werden entweder als vollkommen starre (feste) Kupplungen oder als nachgiebige Ausgleichskupplungen ausgeführt, wobei hier nochmals drehstarre und drehelastische Kupplungen unterschieden werden. Schlupfkupplungen zählen ebenfalls zu den nachgiebigen Kupplungen.

13.4.1 Starre Kupplungen

Starre Kupplungen stellen zentrische, vollkommen unnachgiebige Wellenverbindungen dar, die Drehmomentstöße und Drehschwingungen ungedämpft weiterleiten oder unter Umständen (bei Vorliegen von Spiel) sogar vergrößern. Schon geringfügige Verlagerungen der Wellen (betrieblich oder fertigungsbedingt) führen zu Zusatzbeanspruchungen in der Kupplung, in den Wellen und den Wellenlagern. Daher sind starre Kupplungen nur zu verwenden, wenn eine fluchtende Wellenlage gewährleistet ist oder wenn lange, elastische Wellen miteinander verbunden werden. Starre Kupplungen unterliegen keinem Verschleiß, sind wartungsfrei und für beide Drehrichtungen verwendbar. Sie sind im Allgemeinen kostengünstig und klein bauend.

Eine einfach zu montierende Bauart ist die Schalenkupplung gemäß Abbildung 13.11, bei der längs geteilte Schalen auf die Wellenenden gelegt und durch Schrauben verspannt werden.

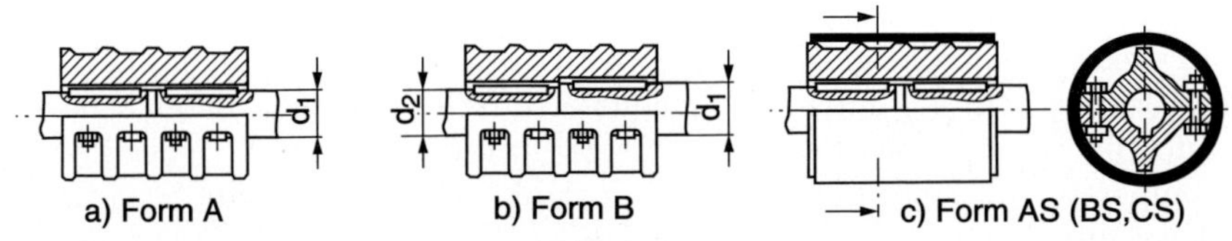

Abbildung 13.11: Schalenkupplungen nach DIN 115 [13.6]

Die Kraftübertragung erfolgt reibschlüssig bis zu Durchmessern von $D = 55$ mm. Darüber hinaus werden Passfedern eingesetzt. Die Kupplung ist nicht für wechselnde, stoßartige Lasten geeignet. Das übertragbare Drehmoment berechnet sich zu:

- Klemmverbindung mit geteilter Nabe (starre Nabe):

$$M_t = F_S \cdot \mu_R \cdot d_W \cdot n_{Schr} \tag{13.66}$$

- Pressverbindung mit konstanter Flächenpressung p am Wellenumfang:

$$M_t = l_2 \cdot F_S \cdot \pi \cdot \mu_R \cdot d_W \cdot n_{Schr} \tag{13.67}$$

Eine wesentlich höher zu belastende starre Kupplungsbauart ist die Scheibenkupplung nach DIN 116 gemäß Abbildung 13.12, bei der mit Flanschen versehene Naben mit den Wellenenden verbunden und durch Passfedern gegen Verdrehung gesichert werden [13.7]. Scheibenkupplungen sind besonders geeignet für hoch beanspruchte Wellen, bei denen Stöße, wechselnde Belastungen und axiale Kräfte auftreten oder große Einzelkräfte die Wellen vorwiegend auf Biegung beanspruchen.

Die Kupplungshälften sind gegenseitig zentriert, bei der Form B mittels geteiltem Zentrierring, so dass bei Herausnahme des Zentrierringes der Ein- und Ausbau der zu kuppelnden Bauteile ohne axiales Verschieben möglich ist. Die Verbindung der Kupplungshälften erfolgt dreh- und biegesteif durch hoch vorgespannte Passschrauben zur reibschlüssigen Drehmomentübertragung. Bei senkrechtem Einbau (z.B. an Rührerwellen) wird die Scheibenkupplung mit Axialdruckscheiben nach DIN 28135 versehen [13.12]. Bei unterschiedlich großen Durchmessern der zu kuppelnden Wellen ist die größere maßgeblich für die Kupplungsauswahl.

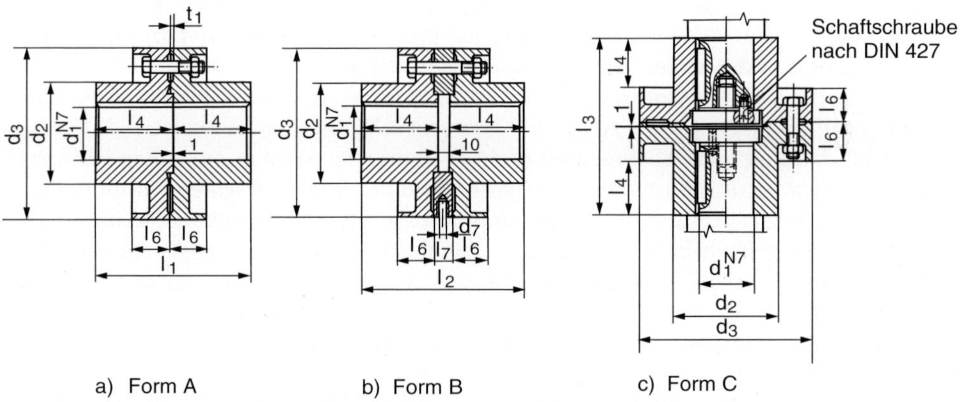

Abbildung 13.12: Scheibenkupplungen nach DIN 116 – a) Form A mit Zentrieransatz, b) Form B mit zweiteiliger Zwischenscheibe (Zentrierring), c) Form C mit Ausdrehung für Axialdruckscheiben [13.7]

Die Kupplungsnaben werden mit einer Übergangspassung auf den zu verbindenden Wellenenden montiert (z.B. N7/h8 bzw. H7/k6). Die Sicherung gegen Verdrehen erfolgt durch Passfedern, bei stoßhaften oder wechselnden Drehmomenten auch durch Aufkeilen oder Aufschrumpfen. Bei Bohrungsdurchmessern d_1 > 100 mm wird die Anwendung von Pressverbänden empfohlen.

Die Drehmomentübertragung erfolgt durch Reibschluss der stirnseitig verspannten Scheiben. Der Anpressdruck wird durch die Passschrauben (Anzahl n_{Schr}, Schraubenkraft F_S) auf dem Lochkreis d_L aufgebracht. Das übertragbare Drehmoment ergibt sich zu:

$$M_t = \frac{F_S \cdot \mu \cdot d_L \cdot n_{Schr}}{2 \cdot S} \quad \text{mit} \quad \mu \neq \mu_R = 0{,}1 \tag{13.68}$$

Für den Sicherheitsfaktor gilt S = 2 bei gleichförmiger und S = 3 ... 5 bei ungleichförmiger Belastung, bei Drehmomentstößen wird S = 4 ... 8 empfohlen.

Als Ableitung aus der Scheibenkupplung wurden Flanschkupplungen entwickelt, bei denen anstelle der montierbaren Kupplungshälften fest angeschmiedete oder angeschweißte (manchmal auch aufgeschrumpfte) Flansche zur Anwendung gelangen. So wird z.B. bei der Rotorwelle einer Windenergie-Anlage die Rotornabe an einem

Flansch angeschraubt, der sich direkt an der Rotorwelle befindet. Das Drehmoment wird analog der Scheibenkupplung durch Reibschluss der Stirnflächen berechnet, Bezugsgröße ist auch hier der Lochkreisdurchmesser d_L.

Eine weitere starre Verbindung stellt die Stirnzahnkupplung dar, bei der die Stirnflächen der Scheiben bzw. Naben mit einer radialen Verzahnung versehen und durch axiale Verschraubungen verspannt werden. Das Drehmoment wird kraftschlüssig durch die Zahnflanken übertragen. Die Platz und Gewicht sparende Plan-Kerbverzahnung (z.B. Voith-Hirth-Verzahnung) überträgt große Drehmomente und übernimmt gleichzeitig die Zentrierung der Teile. Sie ist spielfrei und insbesondere auch für wechselnde Belastungen geeignet (s.a. Kapitel 12).

13.4.2 Nachgiebige Wellenkupplungen

Elastische Verformungen der Wellen und Lager unter Belastung, unterschiedliche Wärme-Ausdehnung der Maschinenteile und Ausrichtfehler bei der Montage können zu den in Abbildung 13.1 gezeigten Fluchtungs- und Lagefehlern der zu kuppelnden Wellen führen. In derartigen Anwendungsfällen werden nachgiebige Wellenkupplungen eingesetzt, da sie gegenüber den starren Kupplungen mindestens einen weiteren Bewegungsfreiheitsgrad zum Ausgleich dieser Verlagerungen aufweisen. Allerdings erfolgt der Ausgleich im Allgemeinen nicht kräftefrei, sondern es entstehen Rückstellreaktionen (Kräfte und Momente) – insbesondere bei drehelastischen Kupplungen –, die die Kupplung selbst und die Wellen und Lager zusätzlich belasten. Man unterscheidet drehstarre (getriebebewegliche) und drehelastische Kupplungen sowie Schlupfkupplungen.

13.4.2.1 Getriebebewegliche (drehstarre) Kupplungen

Hinsichtlich des Drehschwingungsverhaltens entsprechen die getriebebeweglichen Kupplungen unter Drehmomentbelastung den drehstarren Kupplungen. Da jedoch die An- und Abtriebsseiten gelenkig sind, können Fluchtungsfehler und Lageveränderungen während des Betriebes ausgeglichen werden. Nachfolgende Kupplungen haben sich in der Praxis bewährt, weshalb sie hier vorgestellt werden:

1. Klauenkupplung
2. Kreuzscheibenkupplung
3. Parallelkurbel-Kupplung
4. Laschenkupplung
5. Lamellenkupplung
6. Membrankupplung
7. Metallbalg-Kupplung
8. Zahnkupplung
9. Gelenkwelle

Bei der Klauenkupplung gemäß Abbildung 13.13 greifen drei oder fünf stirnseitig angebrachte Klauen mit wenig Spiel wechselseitig ineinander und übertragen formschlüssig das Drehmoment. Ein Ausgleich ist nur in axialer Richtung möglich. Sie wird zum Ausgleich von Längsverlagerung bei langen Wellensträngen angewandt (Ausdehnungskupplung). Die Kupplung kann auch als Schaltkupplung ausgeführt werden. Dazu werden die Klauen axial ausgerückt. Kombiniert man die Klauenkupplung zusätzlich mit einer Gelenkwelle, so erhält man als Sonderkonstruktion die Nockenkupplung, die winkligen und axialen Ausgleich ermöglicht.

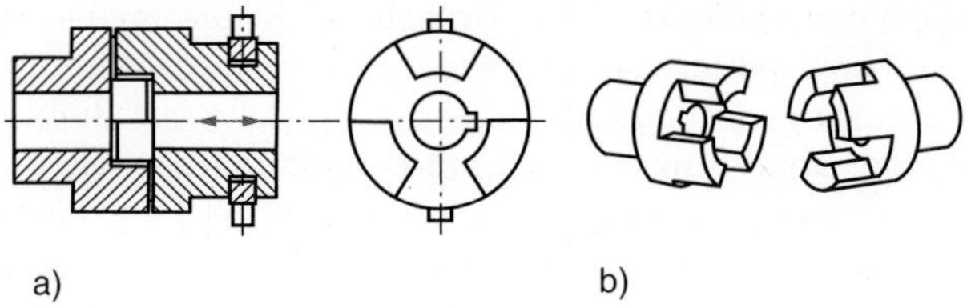

Abbildung 13.13: Klauenkupplung in trennbarer (a) und nicht trennbarer Ausführung (b)

Bei der Kreuzscheibenkupplung nach Abbildung 13.14 wird das als Doppelschleife (bzw. umlaufende Kreuzschleife) bezeichnete Kurbelgetriebe mit zwei Dreh- und zwei Schubgelenken genutzt. Dabei gleitet der rechtwinklige Kreuzschieber 3 in den Schleifen 1 und 2, die gleichförmig um zwei parallele Achsen vom Abstand ΔK_r umlaufen, so dass sich der Mittelpunkt M des Kreuzschiebers auf dem Kreis mit dem Durchmesser ΔK_r mit doppelter Drehzahl bewegt.

Überträgt man diese theoretischen Erkenntnisse auf eine Konstruktion und führt die Schleifen 1 und 2 als Naben mit stirnseitiger Quernut und den Kreuzschieber 3 als Scheibe mit zwei um 90° versetzten Leisten aus, so gelangt man zur Oldham-Kupplung, die ebenfalls Drehbewegungen winkeltreu überträgt. Mit ihr lassen sich geringe axiale und radiale Wellenverlagerungen ausgleichen. Bei großen Verlagerungen entstehen hohe Gleitgeschwindigkeiten mit hohem Verschleiß.

Die Parallelkurbel-Kupplung entsprechend Abbildung 13.14 eignet sich zur Überbrückung von sehr großem radialen Versatz auf kürzestem Raum. Sie besteht aus zwei hintereinander angeordneten Parallelkurbel-Getrieben und überträgt die Drehbewegung winkeltreu. Die Zwischenscheibe erzeugt keine Unwucht, da sie zentrisch rotiert, also ihre Lage im Raum beibehält. Die Wellen sind nicht nur in Ruhelage, sondern auch unter Last radial nach allen Seiten verstellbar ($\Delta K_{r,max} = 0{,}25 \ldots 0{,}95 \cdot 2 \cdot l$ mit l als Lenkerlänge). Die Kupplung darf aus kinematischen Gründen weder in der Strecklage noch in der neutralen Lage (fluchtende Wellen) betrieben werden. Die Parallelkurbel-Kupplung wird für den Antrieb von Walzen und Bodenverdichtern, für den stufenlosen radialen Vorschub rotierender Werkzeuge und bei Wellensträngen zur Umgehung von Hindernissen eingesetzt.

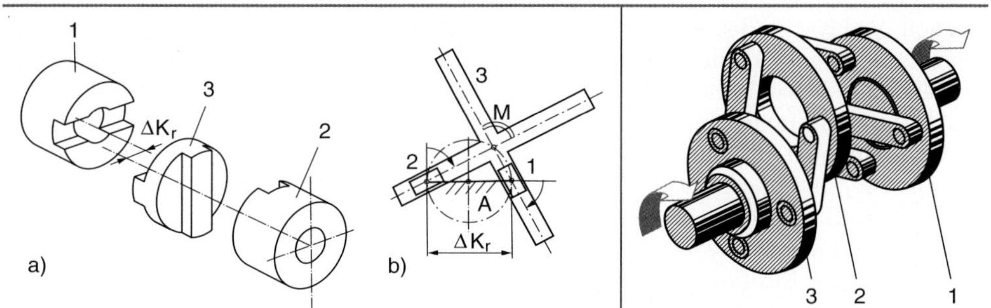

1 Schleife (Nabe) 2 Schleife (Nabe) 3 Kreuzschieber, rechtwinklig (Scheibe)	1 Ortsfeste Lagerscheibe 2 Mittelscheibe 3 Verstellbare Lagerscheibe

Abbildung 13.14: Kreuzscheibenkupplung als Oldham-Kupplung und in Prinzipdarstellung (links) sowie Parallelkurbel-Kupplung (Schmidt-Kupplung) (rechts)

Eine weitere Gruppe getriebebeweglicher drehstarrer Kupplungen verfügt über biegeelastische Elemente zur Drehmomentübertragung, die als stabförmige (Laschen) oder scheiben- bzw. ringförmige (Membranen) Lamellenpakete aus Stahl ausgeführt sind, Abbildung 13.15 und Abbildung 13.16. Daraus weiterentwickelt wurde die Metallbalg-Kupplung für kleinere Drehmomente, Abbildung 13.16. Alle Bauarten können Axial-, Radial- und Winkelversatz ausgleichen.

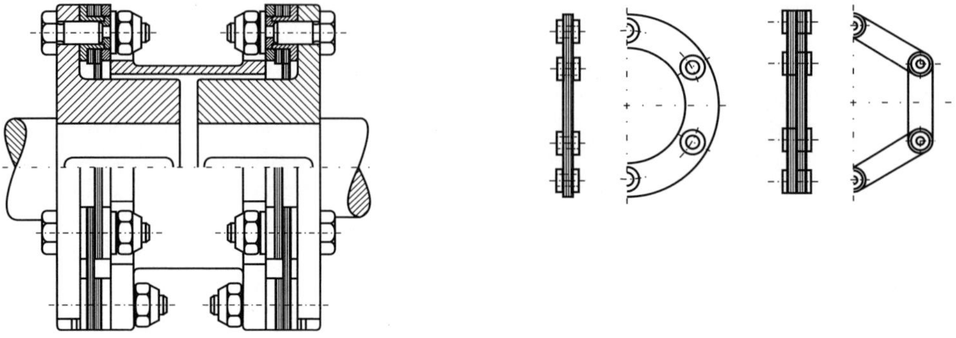

Abbildung 13.15: Laschenkupplung (links) mit ringförmigen oder laschenförmigen Lamellenpaketen (rechts)

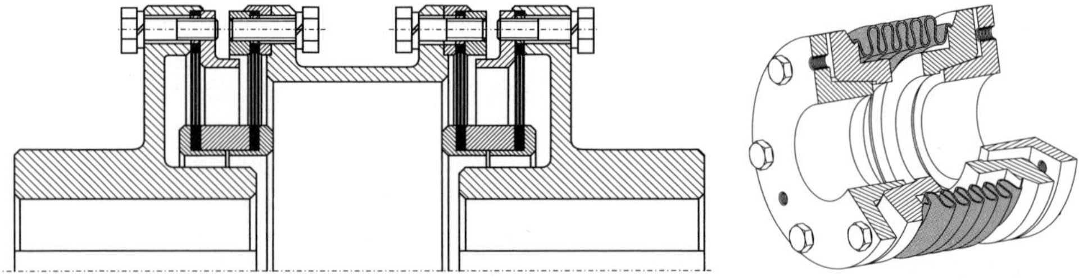

Abbildung 13.16: Membrankupplung (links) und Metallbalg-Kupplung (rechts)

Der Vorteil dieser Kupplungstypen ist, dass sie aufgrund der Ganzstahlbauweise auch bei hohen Temperaturen und hohen Drehzahlen ($> 10.000\ \text{min}^{-1}$) eingesetzt werden können. Von Nachteil sind die hohen Rückstellkräfte, die aber durch unterschiedliche Membranformen (z.B. durch Sicken oder Durchbrüche) reduziert werden können [13.19]. Bei Überlasten besteht immer die Gefahr der Zerstörung der elastischen Elemente.

Bei Zahnkupplungen nach Abbildung 13.17 wird das Drehmoment formschlüssig durch ineinandergreifende Zahnkränze mit Innen- und Außenverzahnung (Kuppelverzahnung) übertragen. Das Innenteil (Nabe, Stern) hat eine Außenverzahnung, das äußere Verbindungsglied (Hülse, Rohr) verfügt an den Stirnseiten jeweils über eine Innenverzahnung. Meistens erfolgt die Ausführung als Doppelzahnkupplung. Radialer und winkeliger Kupplungsversatz ist dann entsprechend Abbildung 13.17 möglich. Die Höhe des ausgleichbaren Radialversatzes ergibt sich dabei aus der Länge des Zwischenstücks. Die Art der Verzahnung ist entsprechend Abbildung 13.18 gerade oder aber ballig, es handelt sich dann um eine Bogenzahnkupplung. Auch wenn der Aufbau der Verzahnung Ähnlichkeiten mit Verzahnungen bei Zahnrädern aufweist, so liegen doch erheblich andere Belastungszustände vor, deren umfassende Berechnung bis heute sehr aufwändig ist [13.21]. Auch die Unbestimmtheit axialer und radialer Rückwirkungen auf die Lager ist von Nachteil.

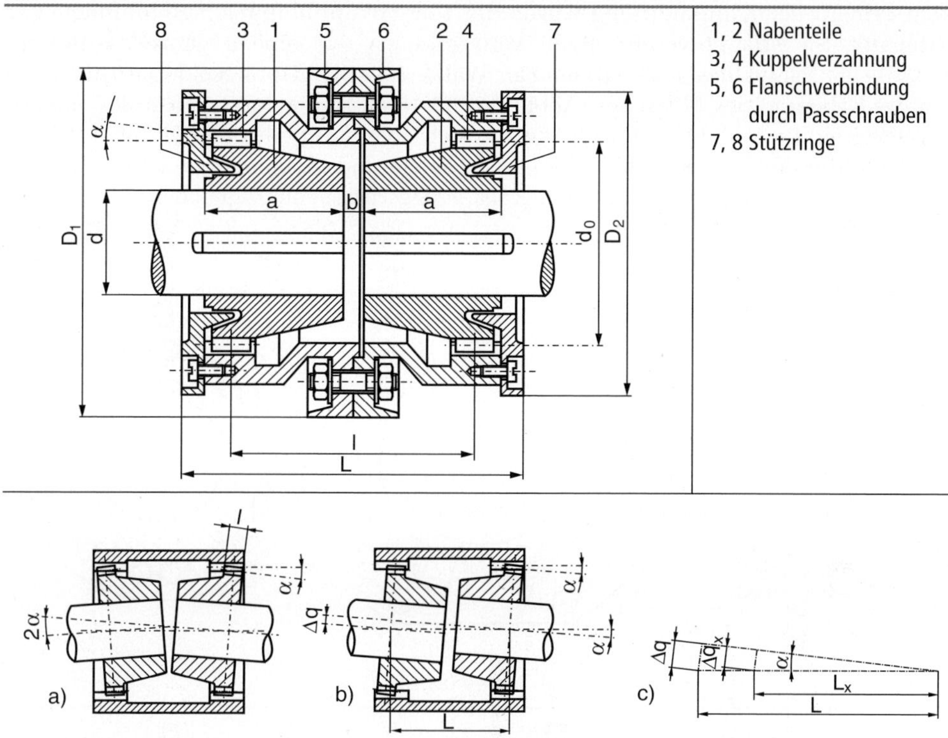

Abbildung 13.17: Aufbau einer Doppelzahnkupplung und Wirkungsweise

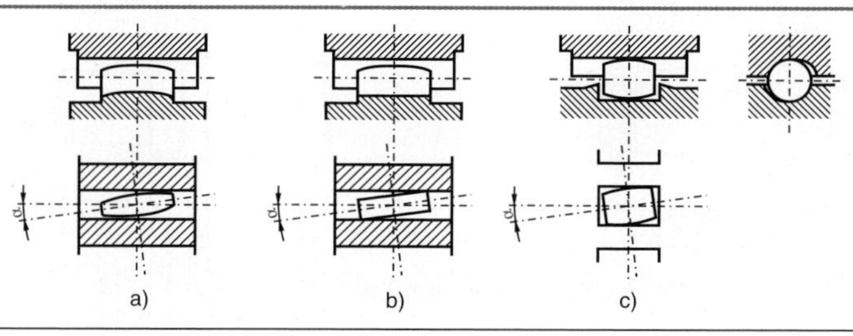

a) Bogenverzahnung
b) Geradverzahnung
c) Tonnenverzahnung für Tonnenkupplung nach Abbildung 13.19

Abbildung 13.18: Vergleich verschiedener Verzahnungen

Da die Zahnflanken bei den Ausgleichsbewegungen aufeinandergleiten, müssen sie geschmiert werden. Bei niedrigen Drehzahlen wird üblicherweise eine Fettschmierung eingesetzt, während hohe Drehzahlen eine Ölumlaufschmierung erfordern. Die Betriebssicherheit der Kuppelverzahnung hängt wesentlich von der ordnungsgemäßen Schmierstoffzufuhr ab. Vorteilhaft sind die geringe Bauhöhe, die Unempfindlichkeit gegen Überlastungen und die Eignung für hohe Drehzahlen. Häufiges Einsatzgebiet von Zahnkupplungen sind leistungsstarke Antriebe in schwierigen Umgebungsbedingungen (z.B. Hüttenwerke), schnell laufende Turbosätze (Kopplung Getriebe-Generator) sowie die Verbindung von Planetenritzeln mit Wellen in Planetengetrieben, wo die Ausgleichsmöglichkeiten der Kuppelverzahnung zur Sicherstellung eines optimalen Zahneingriffes der Laufverzahnung genutzt werden.

Vom Prinzip der Zahnkupplung wurde die Tonnenkupplung nach Abbildung 13.19 abgeleitet. Sie erlaubt vergleichbare Verlagerungen wie eine Bogenzahnkupplung. Anstelle der Zähne liegen aber Tonnen als Wälzkörper in entsprechenden Ausnehmungen der Nabe und des Flansches, Abbildung 13.18 c). Haupteinsatzgebiet der Tonnenkupplung ist die gelenkige Verbindung von Getrieben mit Seiltrommeln im Großkranbau, da insbesondere dort wegen der großen Kräfte und Momente bei vergleichsweise „weichen" Umgebungskonstruktionen große Verlagerungen auszugleichen sind [13.24].

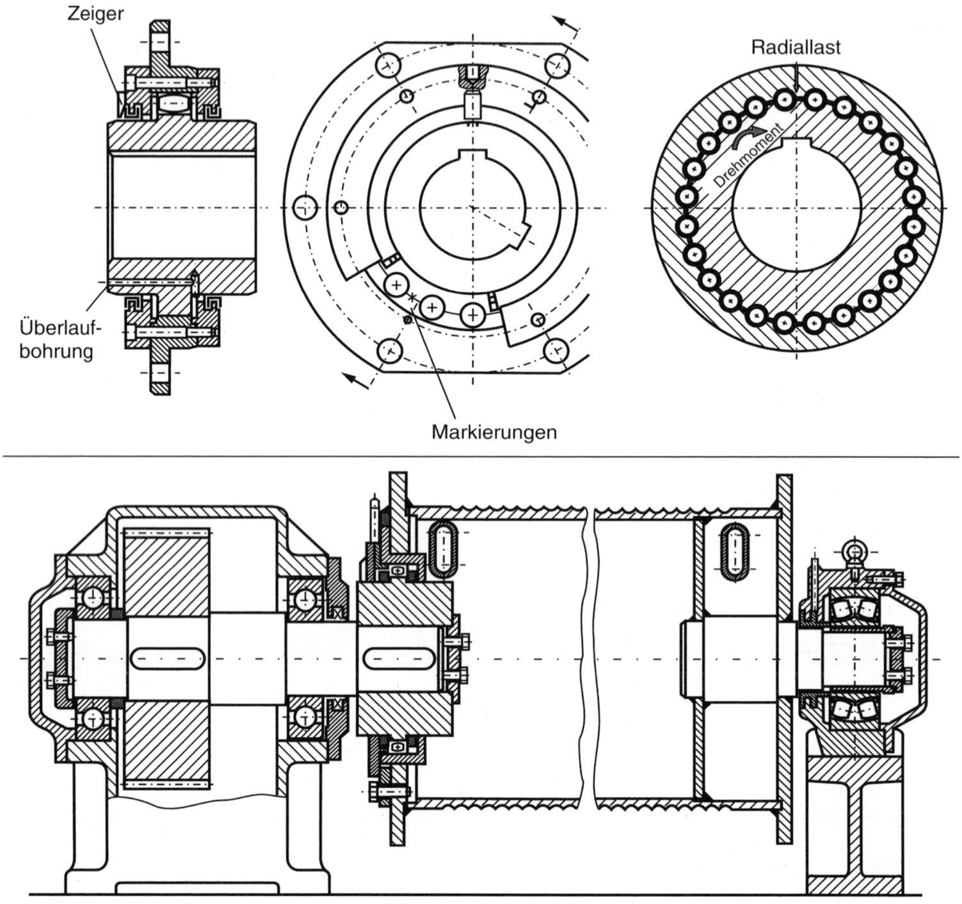

Abbildung 13.19: Tonnenkupplung der Bauart Malmedie (oben) und Einbausituation (unten)

Zu den getriebebeweglichen Kupplungen mit großem Einsatzbereich gehören die nachfolgend beschriebenen Gelenke und Gelenkwellen, da man mit ihnen auch größte Drehmomente (von 200 Nm im KFZ-Bereich bis 12.000 kNm in Walzwerksantrieben) zwischen winklig zueinanderstehenden Wellen über größere Abstände übertragen kann. Während das Prinzip der in Abbildung 13.20 gezeigten Kreuzgelenkwelle durch Aufzeichnungen des italienischen Mathematikers und Arztes Hieronymus Cardanus (1501–1576) im Jahre 1557 in Europa bekannt wurde (was sich auch in der Bezeichnung Kardangelenk bzw. Kardanwelle ausdrückt), zeigt Abbildung 13.21 eine Gleichlaufgelenkwelle mit ihren besonderen Kugelgelenken, die auf ein Patent von Alfred H. Rzeppa (amerikanischer Automobilingenieur, 1897–1965) im Jahre 1933 zurückgehen [13.4], [13.39].

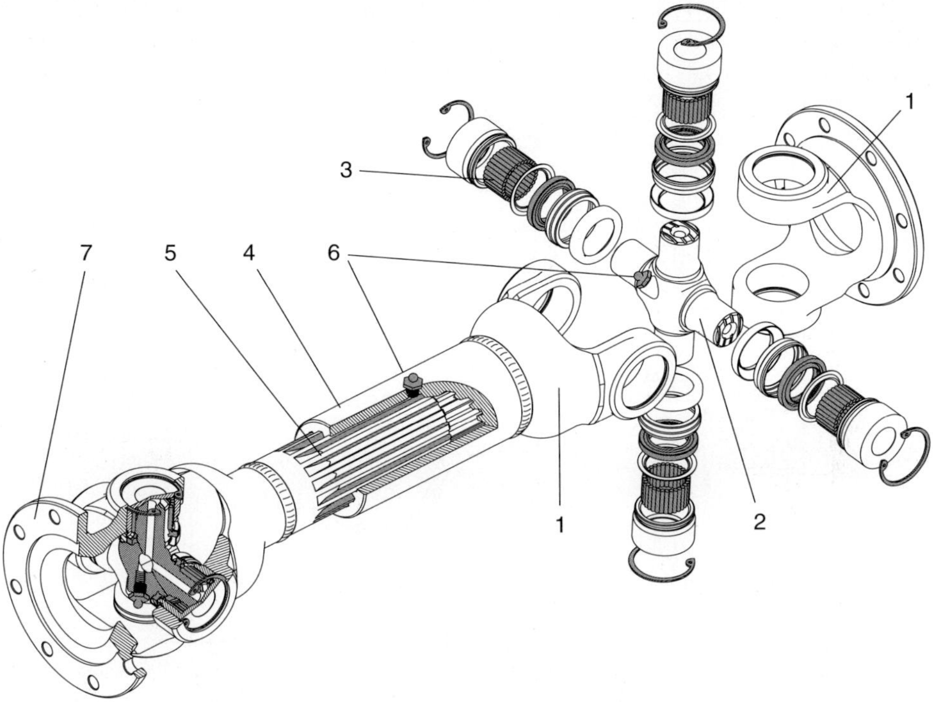

1 Gelenkgabel 2 Zapfenkreuz	3 Wälzlagersatz 4 Zwischenwelle	5 Längenausgleich 6 Schmierbohrungen	7 Anschlussflansch

Abbildung 13.20: Schematischer Aufbau einer Gelenkwelle

Bei der Kreuzgelenkwelle erfolgt die Drehmomentübertragung im Gelenk über ein Zapfenkreuz, welches über Wälzlager in den Gelenkgabeln gelagert ist, die wiederum über Flansche mit den zu kuppelnden Wellen verbunden werden. Aufgrund des Zapfenkreuzes liegt bei nur einem Gelenk, gegeben durch zwei Gelenkgabeln und ein Zapfenkreuz, eine ungleichförmige Übertragung des Drehwinkels zwischen der Eingangswelle und der Abtriebswelle vor, woraus Zusatzbelastungen entstehen, auf die nachfolgend noch näher eingegangen wird.

Im Gegensatz dazu wird bei der Gleichlaufgelenkwelle mit Kugelwälzgelenken die Drehbewegung gleichförmig übertragen, weshalb man auch von homokinetischen Gelenkwellen spricht, Abbildung 13.21. Sie sind insgesamt zwar schwerer als Kreuzgelenkwellen, bauen aber bei Beugewinkeln bis zu 45° sehr kurz und können in jeder räumlichen Lage angeordnet werden. Eine Z- oder W-Anordnung wie bei Kreuzgelenkwellen zur Erzielung einer winkeltreuen Übertragung der Drehbewegung ist nicht erforderlich, weshalb sich die Gleichlaufgelenkwellen besonders im KFZ-Bereich durchgesetzt haben, zunehmend aber auch bei Walzen- und Pumpenantrieben angewendet werden. Die einzige einzuhaltende Bedingung für den Gleichgang ist, dass die

Bewegung der beiden Gelenkteile spiegelbildlich zur winkelhalbierenden Ebene (Gleichlaufebene) zwischen Antriebs- und Abtriebswelle erfolgt. Die axiale Beweglichkeit während des Betriebs ist durch Einsatz eines Verschiebegelenks in einer Doppelgelenkwelle möglich, Abbildung 13.21 b).

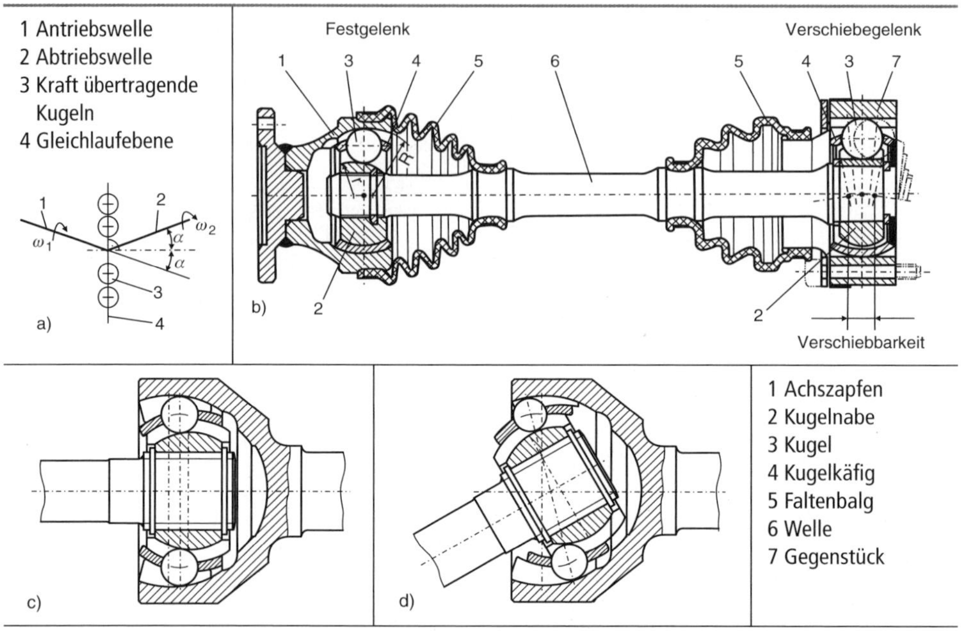

Abbildung 13.21: Gleichlaufgelenkwelle nach Rzeppa – a) Gleichlaufebene, b) Gelenkwelle mit 2 Gelenken, davon ein Verschiebegelenk, c) Gelenk nicht ausgelenkt, d) Gelenk ausgelenkt

Die Tripode-Gelenkwelle nach Abbildung 13.22 geht auf eine Prinzip-Konstruktion von Karl Kutzbach (1875–1942, Prof. für Maschinenelemente an der TU Dresden) aus dem Jahre 1937 zurück [13.22]. Die Gelenke verfügen über Führungsrillen mit parallelen Seitenflanken, in denen Kugeln oder Wälzkörper gleiten bzw. abrollen.

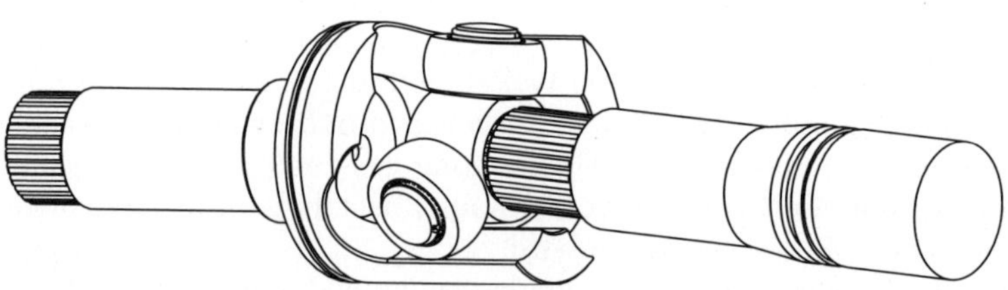

Abbildung 13.22: Tripode-Gelenkwelle

Im Gegensatz zur Gleichlaufgelenkwelle, bei der die Einhaltung der Gleichlaufebene eine Einschränkung darstellt, entsprechen Tripode-Gelenkwellen unter allen denkbaren Arbeitsstellungen der allgemeinen Gleichlaufbedingung [13.39]. Vergleichbar mit den Gleichlaufgelenkwellen werden Tripode-Gelenkwellen hauptsächlich als Antriebswellen in Kraftfahrzeugen eingesetzt. Eine weitere Anwendung sind Antriebe von Hochgeschwindigkeitszügen (z.B. TGV in Frankreich).

Da die Gleichlaufgelenkwellen überwiegend in Kraftfahrzeugen zum Einsatz kommen, soll im Hinblick auf die Anwendung von Kreuzgelenkwellen in allen anderen Anwendungen des Maschinen- und Bahnfahrzeugbaus nachfolgend genauer auf die Problematik der ungleichförmigen Übertragung im Kreuzgelenk eingegangen werden. Diese Eigenschaft ist bei der dynamischen Abstimmung von Antriebssträngen bedeutsam und wird oftmals nicht beachtet. Die Ungleichförmigkeit der Drehbewegung von Kreuzgelenken wurde erstmalig 1824 durch Jean-Victor Poncelet (1788–1867, französischer Ingenieur-Offizier und Mathematiker) mithilfe der sphärischen Trigonometrie nachgewiesen [13.27]. Betrachtet man hierzu das schematische Kreuzgelenk in Abbildung 13.23, so beschreiben die Gelenklager während eines Umlaufs sphärische Bahnen.

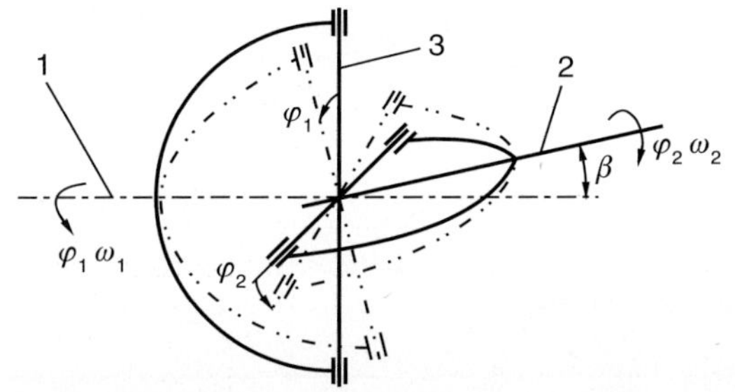

1 treibende Welle
2 getriebene Welle
3 Zapfenkreuz
β: Ablenkungswinkel (Beugewinkel)
ω_1, ω_2: Winkelgeschwindigkeiten der An- bzw. Abtriebswelle
φ_1, φ_2: Drehwinkel der An- bzw. Abtriebswelle

Abbildung 13.23: Schematische Darstellung eines einfachen, ausgelenkten Kreuzgelenkes

Dadurch wird die Winkelgeschwindigkeit ω_1 der Welle 1 nicht gleichförmig, sondern sinusförmig auf die Welle 2 übertragen. Es entsteht in Abhängigkeit von der Auslenkung β ein Differenzdrehwinkel $\Delta\varphi$ zwischen An- und Abtrieb, so dass für die Abtriebswinkelgeschwindigkeit ω_2 gilt:

$$\omega_2 = \frac{\cos\beta}{1-\cos^2\varphi_1\cdot\sin^2\beta}\cdot\omega_1 \quad \text{mit} \quad \tan\varphi_2 = \frac{\tan\varphi_1}{\cos\beta} \tag{13.69}$$

Dieser Zusammenhang ist in Abbildung 13.24 für einen halben Umlauf (180° bzw. π) eines Gelenkes dargestellt. Der Drehwinkel φ_1 an der antreibenden Welle ist beim Umlauf gegenüber dem Drehwinkel φ_2 an der abgetriebenen Welle abwechselnd vor- und nachlaufend, was auch mit dem Begriff Kardanfehler bezeichnet wird (Differenzdrehwinkel $\Delta\varphi = \varphi_2 - \varphi_1$).

Diese Ungleichförmigkeit ist auch entsprechend in der Winkelgeschwindigkeit und dem übertragenen Drehmoment sichtbar. So durchläuft das resultierende Abtriebsmoment M_{t2} bei einem eingeleiteten, konstanten Antriebsmoment M_{t1} während einer halben Umdrehung (180°) ein Maximum und ein Minimum (s.a. Abbildung 13.24), worauf in einer nachfolgenden Berechnung noch genauer eingegangen wird. Man kann diese Schwankungen auch durch den Ungleichförmigkeitsgrad U_W ausdrücken. Bei kleinen Auslenkwinkeln $\alpha < 15°$ sind die Beträge von $\Delta\varphi$ klein, nehmen dann aber sehr schnell zu. Abbildung 13.25 enthält auch den Zusammenhang zwischen maximaler und minimaler Winkelgeschwindigkeit am Abtrieb abhängig von der Winkelgeschwindigkeit am Antrieb und dem Beugewinkel β.

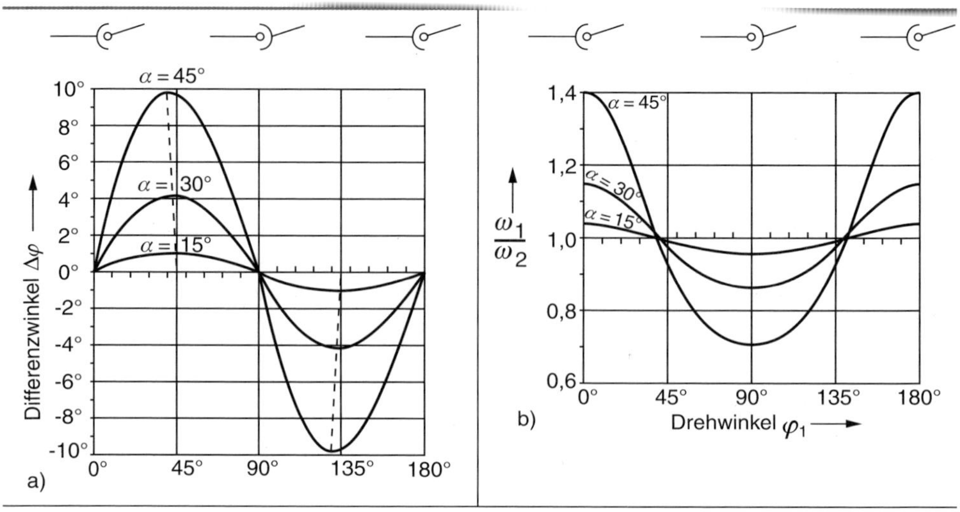

Abbildung 13.24: Auswirkungen des Kardanfehlers – a) Verlauf des Differenzwinkels $\Delta\varphi$ zwischen An- und Abtriebswelle, b) Ungleichförmigkeit der Winkelgeschwindigkeit ω_2 am Abtrieb

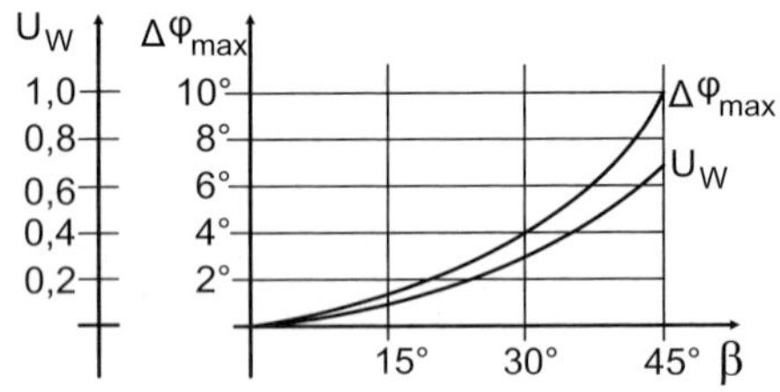

Maximale und minimale Winkelgeschwindigkeit am Abtrieb:

$$\omega_{2max} = \frac{\omega_1}{\cos\beta} \quad \text{und} \quad \omega_{2min} = \omega_1 \cdot \cos\beta \tag{13.70}$$

Ungleichförmigkeitsgrad:

$$U_W = \frac{\omega_{2max} - \omega_{2min}}{\omega_1} = \frac{1}{\cos\beta} - \cos\beta = \frac{\sin^2\beta}{\cos\beta} \tag{13.71}$$

Abbildung 13.25: Maximale und minimale Winkelgeschwindigkeit am Abtrieb und Ungleichförmigkeitsgrad an einem Kreuzgelenk

Da man in den meisten technischen Anwendungen eine gleichförmige (winkeltreue) Übertragung benötigt, muss der Kardanfehler ausgeglichen werden, was durch den Einbau eines weiteren Kreuzgelenkes gelingt. Allerdings sind hierzu nur zwei Anordnungen geeignet und zwar die W- oder die Z-Anordnung gemäß Abbildung 13.26. Zusätzlich sind bei der Kombination zweier Kreuzgelenke die folgenden drei Bedingungen zu erfüllen:

1. Der Beugewinkel β_1 muss gleich dem Beugewinkel β_2 sein, d.h. Welle 1 muss entweder parallel zu Welle 2 sein oder aber um β_2 weiter ausgelenkt werden.
2. Alle drei Wellen (Antriebswelle, Zwischenwelle und Abtriebswelle) müssen in einer Ebene liegen.
3. Die inneren Gelenkgabeln müssen in einer Ebene liegen.

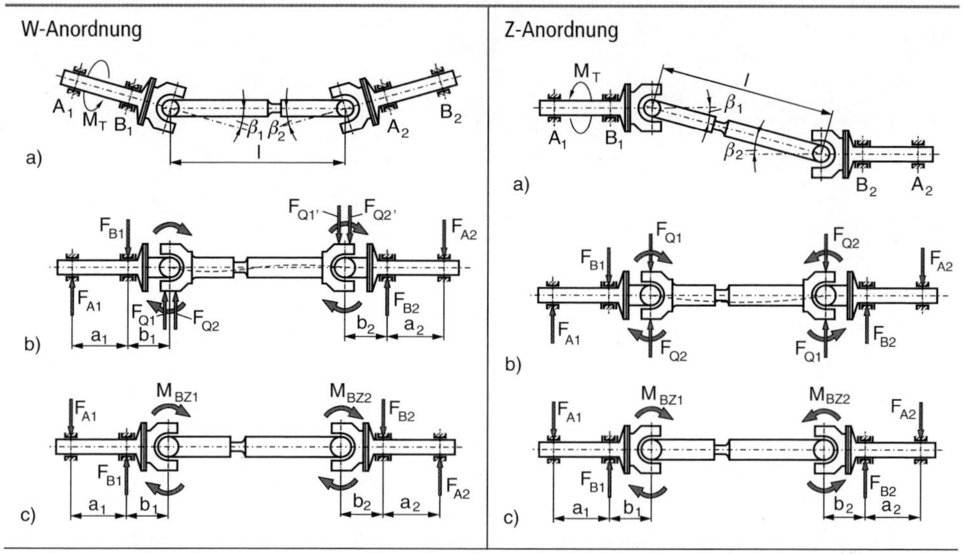

Abbildung 13.26: W- und Z-Anordnung bei Gelenkwellen zum Ausgleich des Kardanfehlers sowie Kräfte und Momente zur Ermittlung der leistungslosen Biegemomente

Wird eine Bedingung davon verletzt, so tritt wieder eine Ungleichförmigkeit auf. Schließlich ist noch zu beachten, dass Kreuzgelenke immer mit einem Beugewinkel eingebaut werden müssen, da anderenfalls die Gelenklager vorzeitig ausfallen, weil sie im Falle einer gestreckten Einbaulage nur statisch belastet werden. Liegt jedoch eine Beugung vor, so kommt es zu einer Schwenkbewegung (Oszillation) in den Lagern mit einer für die Lebensdauer günstigen dynamischen Belastung.

Auch wenn durch diese Maßnahmen nun eine gleichförmige Bewegungsübertragung möglich ist, so verbleibt noch das Problem der leistungslosen Biegemomente aufgrund der besonderen Kraftverhältnisse am Zapfenkreuz. Auf die Ermittlung dieser leistungslosen Biegemomente, die bei der Auslegung der Gelenkwelle zu berücksichtigen sind, wird nachfolgend näher eingegangen, wobei auch nochmals die Ungleichförmigkeit der Drehmomente deutlich wird.

Hierzu wird zunächst ein einzelnes Kreuzgelenk entsprechend Abbildung 13.27 betrachtet. Die Gabel 1 liegt in der Ebene, die durch die Antriebswelle 1 und die Abtriebswelle 2 gebildet wird. Der Drehwinkel φ_1 der Welle 1 wird von dieser Ausgangslage (nullphasige Lage) aus gemessen.

Das eingeleitete, konstante Drehmoment M_{T1} und das abgeleitete, ungleichförmige Drehmoment M_{T2} belasten das Zapfenkreuz mit den Kräften F_{P1} bzw. F_{P2} und bilden die Kräftepaare $F_{P1} \cdot h$ und $F_{P2} \cdot h$. Damit das Zapfenkreuz im Gleichgewicht bleibt, müssen noch Zusatzkräfte F_Z wirken, die zusammen mit den Kräften F_{P2} an der Gabel 2 ein Kräftepaar $F_R \cdot h$ in der Ebene des Zapfenkreuzes bilden, denn nur in dieser Ebene kann es ein Moment übertragen. Die Zusatzkräfte sind in der Ausgangsstellung nur in der Ebene der Gabel 2 möglich und bilden zusammen mit den Kräften F_{P2} das Kräftepaar $F_R \cdot h$. Entsprechend Abbildung 13.27 a) gilt:

$$F_{P2} = F_R \cdot \cos\beta \quad \text{und} \quad F_Z = F_R \cdot \sin\beta \tag{13.72}$$

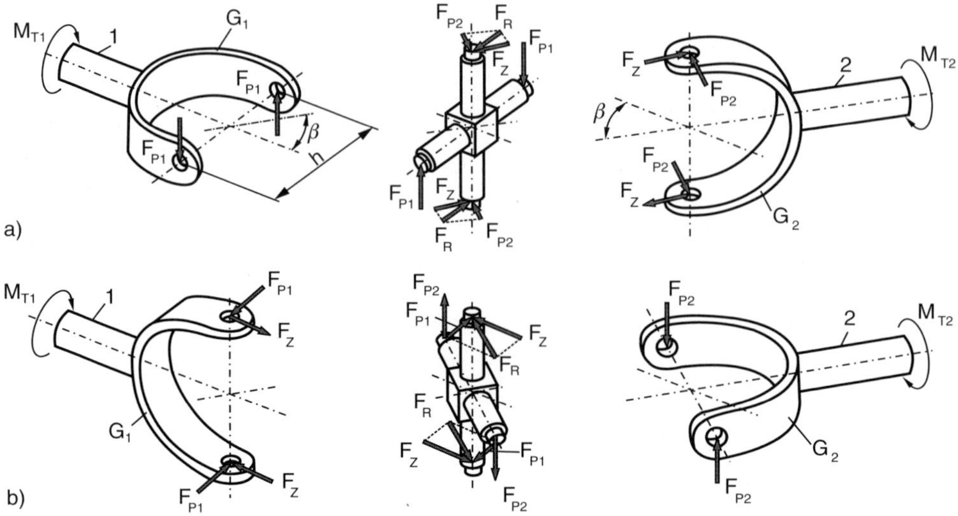

Abbildung 13.27: Kräftegleichgewicht am Kreuzgelenk in den zwei Ausgangsstellungen $\varphi_1 = 0°$ und $\varphi_2 = 90°$

Hieraus ergibt sich für das abhängig vom Beugewinkel β schwankende (cosinusförmige) Drehmoment M_{t2} an der Abtriebswelle 2 (s.a. Abbildung 13.24):

$$M_{T2} = F_{P2} \cdot h = F_R \cdot h \cdot \cos\beta \tag{13.73}$$

Entsprechend folgt für das leistungslose (sinusförmige) Biegemoment M_{BZ} aus der Zusatzkraft F_Z:

$$M_{BZ} = F_Z \cdot h = F_R \cdot h \cdot \sin\beta \tag{13.74}$$

Dieses Abtriebsdrehmoment M_{T2} und das leistungslose Biegemoment M_{BZ} lassen sich nun noch abhängig vom Eingangsdrehmoment M_{T1} ausdrücken, da $M_{T1} = F_{P1} \cdot h = F_R \cdot h$, so dass für die nullphasige Lage der Gabel *1* ($\varphi_1 = 0$) abhängig vom Beugewinkel β die folgenden Extremwerte auftreten:

$$M_{T2} = M_{T1} \cdot \cos\beta \qquad M_{BZ} = M_{T1} \cdot \sin\beta \tag{13.75}$$

Betrachtet man nun die gleiche Situation in Abbildung 13.27 b), nachdem sich die Gabel *1* um den Winkel $\varphi_1 = 90°$ weitergedreht hat, dann liegt die Gabel 2 in der durch die Wellen 1 und 2 aufgespannten Ebene. Das eingeleitete, konstante Drehmoment M_{T1} wirkt wieder mit den beiden Kräften F_{P1} auf das Zapfenkreuz.

Das Reaktionsmoment M_{BZ} erzeugt die beiden Kräfte F_Z auf das Zapfenkreuz, das sich ohne Zusatzkräfte nicht im Gleichgewicht befindet. Diese Zusatzkräfte sind jetzt nur in der Ebene der Gabel 1 möglich und ergeben zusammen mit den Kräften F_{P1} das Kräftepaar $F_R \cdot h$:

$$F_{P1} = F_R \cdot \cos\beta \quad \text{und} \quad F_Z = F_R \cdot \sin\beta \tag{13.76}$$

Hieraus ergibt sich für das in Abhängigkeit vom Beugewinkel β schwankende (cosinusförmige) Drehmoment M_{T2} an der Abtriebswelle 2 (s.a. Abbildung 13.24) bzw. mit $M_{T1} = F_{P1} \cdot h$:

$$M_{T2} = F_R \cdot h = \frac{F_{P1} \cdot h}{\cos\beta} = \frac{M_{T1}}{\cos\beta} \tag{13.77}$$

Entsprechend folgt für das leistungslose (sinusförmige) Biegemoment M_{BZ} aus der Zusatzkraft F_Z und unter Verwendung von Gleichung (13.76):

$$M_{BZ} = F_Z \cdot h = F_R \cdot h \cdot \sin\beta = \frac{F_{P1} \cdot h}{\cos\beta} \cdot \sin\beta = M_{T1} \cdot \tan\beta \quad (13.78)$$

In Ergänzung zu den Gleichungen (13.75) beschreiben die Gleichungen (13.77) und (13.78) die beiden anderen Extremwerte für das Drehmoment M_{T2} und das leistungslose Biegemoment M_{BZ} für die rechtsphasige Lage $\varphi_1 = 90°$ der Antriebsgabel 1. Bei einer weiteren Drehung um 90° treten dann wieder die Extremwerte aus Gleichung (13.75) auf.

Liegt anstelle der Z-Beugung eine W-Beugung vor, ist für das Abtriebsgelenk 2 die Beanspruchung spiegelbildlich. Die angreifenden Kräfte sind alle gleich groß, haben aber außer den Zusatzkräften F_Z umgekehrte Vorzeichen.

Ausgehend von diesen zusätzlichen Biegemomenten M_{BZ1} und M_{BZ2} von Gelenk 1 und 2 sind nun noch die Größtwerte der periodischen Lagerkräfte in den Anschlusslagerungen zu ermitteln. Hierzu wird gemäß Abbildung 13.26 a) zunächst die Z-Anordnung beim Drehwinkel $\varphi_1 = 0°$ an der Antriebsgabel 1 betrachtet. Die leistungslosen Biegemomente M_{BZ1} und M_{BZ2}, die entsprechend Abbildung 13.26 b) auf die Zwischenwelle wirken, rufen im eigenen Gelenk jeweils eine Querkraft F'_Q und im anderen Gelenk die Reaktionskraft $F_Q = M_{BZ} / l$ hervor. Somit wirken an jedem Zapfenkreuz die Querkräfte $(F'_Q + F_Q)$. Die Auswertung des Momentengleichgewichts im Antriebsgelenk um die Drehpunkte A_1 und B_1 führt auf:

$$F_{A1} \cdot a_1 = \left(F'_{Q1} + F_{Q2}\right) \cdot b_1 \Rightarrow F_{A1} = \left(F'_{Q1} + F_{Q2}\right) \cdot \frac{b_1}{a_1} \quad (13.79)$$

$$F_{B1} \cdot a_1 = \left(F'_{Q1} + F_{Q2}\right) \cdot (a_1 + b_1) \Rightarrow F_{B1} = \left(F'_{Q1} + F_{Q2}\right) \cdot \frac{a_1 + b_1}{a_1} \quad (13.80)$$

Zur Berechnung der Lagerkräfte sind die Gelenke vom Zwischenteil her als mit dem Moment M_{BZ} beaufschlagt zu betrachten. Unter Einbeziehung von Gleichung (13.75) für das Drehmoment M_{T2} und Gleichung (13.78) für das leistungslose Biegemoment M_{BZ} gilt dann für die rechtsphasige Lage der Gabel 2:

$$F_{Q1} = F'_{Q1} = \frac{M_{BZ1}}{l} = \frac{M_{T2} \cdot \tan\beta_1}{l} = \frac{M_{T1} \cdot \cos\beta_1 \cdot \tan\beta_1}{l} \quad (13.81)$$

$$F_{Q2} = F'_{Q2} = \frac{M_{BZ2}}{l} = \frac{M_{T2} \cdot \tan\beta_2}{l} = \frac{M_{T1} \cdot \cos\beta_1 \cdot \tan\beta_2}{l} \quad (13.82)$$

Werden die Ansätze (13.81) und (13.82) in die Ansätze (13.79) und (13.80) eingesetzt, so ergeben sich die Lagerkräfte im Antriebsgelenk und im Abtriebsgelenk zu:

$$F_{A1} = \frac{M_{T1} \cdot \cos\beta_1}{l} \cdot \frac{b_1}{a_1} \cdot (\tan\beta_1 + \tan\beta_2)$$

und

$$F_{B1} = \frac{M_{T1} \cdot \cos\beta_1}{l} \cdot \frac{a_1 + b_1}{a_1} \cdot (\tan\beta_1 + \tan\beta_2) \quad (13.83)$$

$$F_{A2} = \frac{M_{T1} \cdot \cos\beta_1}{l} \cdot \frac{b_2}{a_2} \cdot (\tan\beta_1 + \tan\beta_2)$$

und

$$F_{B2} = \frac{M_{T1} \cdot \cos\beta_1}{l} \cdot \frac{a_2 + b_2}{a_2} \cdot (\tan\beta_1 + \tan\beta_2) \tag{13.84}$$

Für die zweite Extremstellung entsprechend Abbildung 13.26 c) liegt der Drehwinkel $\varphi_1 = 90°$ an der Antriebsgabel 1 und die nullphasige Lage der Gabel 2 vor. In dieser Lage kann das Zapfengelenk keine Zusatzmomente auf das Zwischenteil übertragen. Für das Antriebsgelenk ergeben sich die folgenden Momentengleichgewichte um die Drehpunkte in B_1 und A_1, woraus sich direkt die Lagerkräfte F_{A1} und F_{B1} bestimmen lassen:

$$F_{A1} \cdot a_1 = M_{BZ1} = M_{T1} \cdot \tan\beta_1 \Rightarrow F_{A1} = \frac{M_{T1} \cdot \tan\beta_1}{a_1} \tag{13.85}$$

$$F_{B1} \cdot a_1 = M_{BZ1} = M_{T1} \cdot \tan\beta_1 \Rightarrow F_{B1} = \frac{M_{T1} \cdot \tan\beta_1}{a_1} \tag{13.86}$$

$$F_{A1} = F_{B1} = \frac{M_{T1} \cdot \tan\beta_1}{a_1} \tag{13.87}$$

Betrachtet man nun das Abtriebsgelenk, so ergeben sich mit Gleichung (13.75) für das leistungslose Biegemoment M_{BZ2} und Gleichung (13.77) für das Drehmoment in der Zwischenwelle die folgenden Momentengleichgewichte um die Drehpunkte in B_2 und A_2, woraus sich direkt die Lagerkräfte F_{A2} und F_{B2} bestimmen lassen:

$$F_{A2} \cdot a_2 = M_{BZ2} = M_{T2} \cdot \sin\beta_2 = \frac{M_{T1}}{\cos\beta_1} \cdot \sin\beta_2 \Rightarrow F_{A2} = \frac{M_{T1} \cdot \sin\beta_2}{a_2 \cdot \cos\beta_1} \tag{13.88}$$

$$F_{B2} \cdot a_2 = M_{BZ2} = M_{T2} \cdot \sin\beta_2 = \frac{M_{T1}}{\cos\beta_1} \cdot \sin\beta_2 \Rightarrow F_{B2} = \frac{M_{T1} \cdot \sin\beta_2}{a_2 \cdot \cos\beta_1} \tag{13.89}$$

$$F_{A2} = F_{B2} = \frac{M_{T1} \cdot \sin\beta_2}{a_2 \cdot \cos\beta_1} \tag{13.90}$$

Liegt anstelle der W-Beugung eine Z-Beugung der Gelenkwelle vor, so lassen sich die Lagerkräfte in analoger Weise mit den entsprechenden Änderungen ermitteln. Zunächst werden die Kräfte auf die Anschlusslagerungen bei der Z-Anordnung der Einzelgelenke entsprechend der W-Beugung mit den Gleichungen (13.75) und (13.78) ermittelt. Gemäß Abbildung 13.26 a) und b) ergeben sich für den Drehwinkel $\varphi_1 = 0°$ die folgenden Lagerkräfte:

$$F_{A1} = \frac{M_{T1} \cdot \cos\beta_1}{l} \cdot \frac{b_1}{a_1} \cdot (\tan\beta_1 - \tan\beta_2) \tag{13.91}$$

$$F_{B1} = \frac{M_{T1} \cdot \cos\beta_1}{l} \cdot \frac{a_1 + b_1}{a_1} \cdot (\tan\beta_1 - \tan\beta_2) \tag{13.92}$$

$$F_{A2} = \frac{M_{T1} \cdot \cos\beta_1}{l} \cdot \frac{b_2}{a_2} \cdot (\tan\beta_1 - \tan\beta_2) \tag{13.93}$$

$$F_{B2} = \frac{M_{T1} \cdot \cos\beta_1}{l} \cdot \frac{a_2 + b_2}{a_2} \cdot (\tan\beta_1 - \tan\beta_2) \tag{13.94}$$

Für die zweite Extremstellung mit dem Drehwinkel $\varphi_1 = 90°$ nach Abbildung 13.26 c) gilt:

$$F_{A1} = F_{B1} = F_{A2} = F_{B2} = \frac{M_{T1} \cdot \tan\beta_1}{a_1} \tag{13.95}$$

Damit lässt sich abschließend für Kreuzgelenkwellen zusammenzufassen, dass sich parametererregte Drehschwingungen (Parameter ist der Beugewinkel β) durch die Anordnung eines zweiten Gelenkes in Z- oder W-Anordnung wieder ausgleichen lassen. Dies gilt jedoch nicht für die Schwingungen des Biegemomentes in der Zwischenwelle, die als Schwingungen 1. Ordnung bestehen bleiben, weshalb man in Abhängigkeit von der Länge der Zwischenwelle und vom Beugewinkel die Drehzahlen der Gelenkwellen begrenzen muss. Unabhängig davon lässt man als größten Beugewinkel $\beta = 45°$ bei einem Einzelgelenk und $\beta = 90°$ bei Doppelgelenken zu. Bei der Auslegung der Anschlusslager sind die dynamischen Zusatzkräfte aus den leistungslosen Biegemomenten unbedingt zu berücksichtigen.

13.4.2.2 Drehelastische Kupplungen

Drehelastische Kupplungen sind formschlüssige Kupplungen mit elastischen Zwischengliedern aus Stahl (z.B. Tellerfedern, Schlangenfedern oder Schraubenfedern) oder Gummi (z.B. Naturkautschuk oder synthetischen Werkstoffen wie Vulkolan, Neoprene, Viton usw.) zur biege-elastischen Übertragung von Kräften und Momenten mit folgender Funktionalität:

- Elastischer Ausgleich von Wellenverlagerungen durch Biege-Elastizität
- Ausgleich von Drehbelastung durch Drehnachgiebigkeit
- Verlagerung kritischer Drehzahlbereiche eines schwingungsfähigen Systems
- Minderung von Ungleichförmigkeiten aus dem antreibenden Drehmoment:
  - Geschwindigkeitsstoß aus dem Zusammenkuppeln von Massen unterschiedlicher Geschwindigkeiten
  - Drehmomentstoß wegen der Einleitung schlagartiger Belastungen in das System

Dabei wird gerade die Funktion des Abminderns oder Dämpfens von Drehmomentenstößen und die Verlagerung kritischer Drehzahlbereiche eines schwingungsfähigen Systems entsprechend Abbildung 13.2 als besondere Systemeigenschaft bei der gezielten, schwingungstechnischen Auslegung von Antriebssträngen genutzt.

Die Übertragungseigenschaften der drehelastischen Kupplungen werden maßgeblich durch die Art ihrer Federkennlinie bzw. Federsteifigkeit c_T bestimmt (s.a. Kapitel 10):

1 Lineare Federkennlinie

$$c_T = \frac{dM_{TK}}{d\varphi} = konst \qquad \frac{d^2M_{TK}}{d\varphi^2} = 0 \tag{13.96}$$

2 Progressive Federkennlinie

$$c_T = \frac{dM_{TK}}{d\varphi} \neq konst \qquad \frac{d^2M_{TK}}{d\varphi^2} > 0 \tag{13.97}$$

3 Degressive Federkennlinie

$$c_T = \frac{dM_{TK}}{d\varphi} \neq konst \qquad \frac{d^2M_{TK}}{d\varphi^2} < 0 \tag{13.98}$$

Eine lineare Kennlinie ist z.B. beim Einsatz einer metallischen Feder möglich. Durch die Kombination mehrerer metallischer Federn lassen sich jedoch auch beliebige, nicht lineare Kennlinien erzeugen. Viele nicht metallische Werkstoffe besitzen eine unterschiedlich stark ausgeprägte nicht lineare Federkennlinie. Bei einer progressiven Kennlinie gemäß Abbildung 13.28 wird mit steigender Belastung und größerem Verdrehwinkel die Drehsteifigkeit c_T immer größer. Bei einer degressiven Kennlinie vergrößert sich die Kupplungsverdrehung mit steigender Belastung. Dies führt zu einer geringeren Federsteifigkeit c_T bei größeren Kupplungsbelastungen.

Eine weitere Kupplungskenngröße ist die Dämpfung. Kupplungen mit nicht metallischen elastischen Zwischenelementen haben immer eine innere, werkstoffspezifische Dämpfung, die sich in Form von Verlustarbeit auswirkt. Bei Be- und Entlastungsvorgängen werden gemäß Abbildung 13.28 a) und b) Flächen umschrieben, die der verrichteten und in Wärme umgesetzten Dämpfungsarbeit W_d entsprechen (Hysteresisschleifen). Die verhältnismäßige Dämpfung wird unter der Annahme harmonischer Kupplungsbelastung und Vernachlässigung der Kupplungsmasse durch Bestimmung der verrichteten Dämpfungsart W_D sowie der elastischen Formänderungsarbeit W_e ermittelt:

$$\psi = \frac{W_d}{W_e} = \frac{2 \cdot \pi \cdot d \cdot \Omega}{c_{T,dyn}} \tag{13.99}$$

Hierin bezeichnen d die Dämpfung der Kupplung in Nms/rad, Ω die Betriebsdrehfrequenz in $1/s$ und $c_{T,dyn}$ die dynamische Federsteifigkeit in Nm/rad (s.a. Abschnitt 13.3.2).

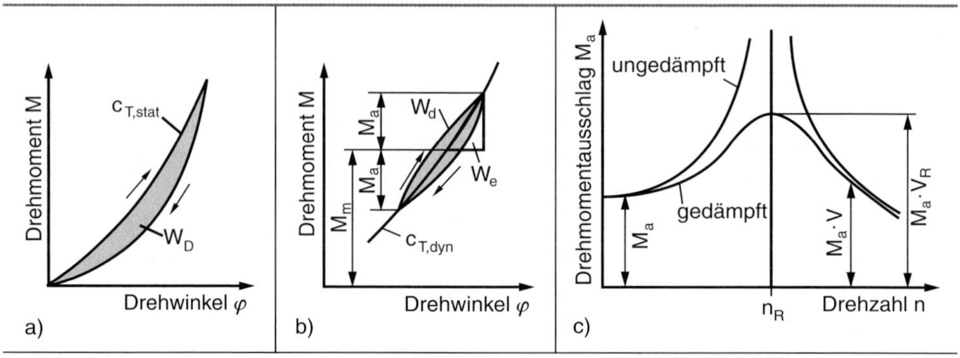

Abbildung 13.28: Kennlinien einer drehelastischen Kupplung – a) statische Kennlinie, b) dynamische Kennlinie, c) Drehmomentausschläge als Funktion der Dämpfung

Beispiele für Kupplungen mit metallischen Federelementen sind die Schlangenfeder- und Verdrehfederkupplung nach Abbildung 13.29 sowie die Schraubenfederkupplung nach Abbildung 13.30. Die Kupplungsnaben der Schlangenfederkupplung haben axial verlaufende, nutenförmige Verzahnungen an ihrem äußeren Umfang, in die segmentierte, schlangenförmig gebogene Spiralfedern eingelegt werden. Die Nuten erweitern sich zur Mitte hin, so dass die Stahlfedern bei Normalbelastung nur am äußeren Teil der Nut anliegen. Die Anzahl der Federsegmente und die Zahl der Federlagen bestimmen die Federkennlinie. Bei großen Stoßdrehmomenten kommen die Stahlfedern an den Nutflanken voll zur Auflage. Die Kupplung verliert dann ihre Drehnachgiebigkeit und verhält sich wie eine drehstarre Kupplung.

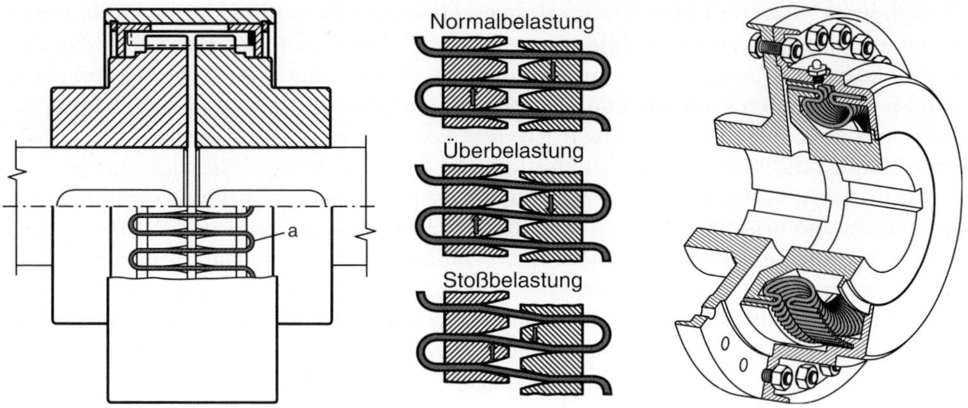

Abbildung 13.29: Schlangenfederkupplung und Verdrehfederkupplung

Bei der Verdrehfederkupplung werden geschränkte zylindrische Drehungsfedern zur elastischen Kraftübertragung genutzt. Die günstige Ausbildung der Drehstabfedern und die gute Spannungsverteilung unter Torsionsbeanspruchung ermöglichen einen relativ großen elastischen Verdrehwinkel und damit ein großes elastisches Arbeitsspeichervermögen, weshalb diese Ganzstahlkupplung gut zur Milderung von Drehmomentstößen geeignet ist. Allerdings verfügt sie in Normalbauart nur über eine geringe Dämpfung. Durch eine Verspannung der Federn untereinander kann ein absolut spielfreier Lauf erreicht werden.

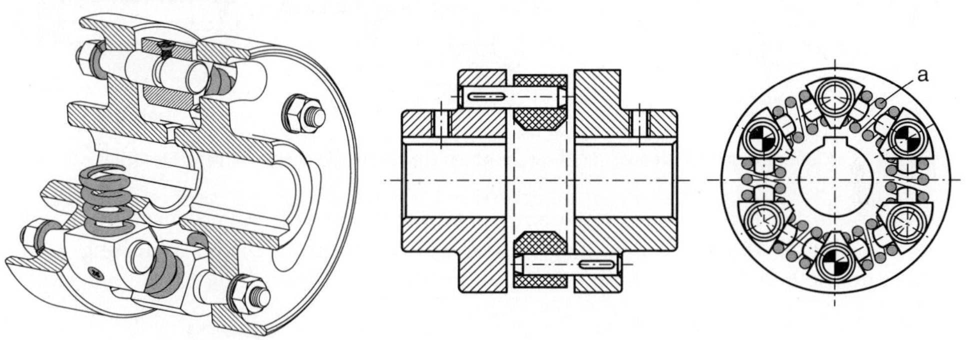

Abbildung 13.30: Schraubenfederkupplung

In der Schraubenfederkupplung nach Abbildung 13.30 werden tangential vorgespannte Schraubenfedern als elastische Elemente verwendet. Sie sind in schwenkbar angeordneten Führungskörpern gelagert. Werden mehrere Federn unterschiedlicher Steifigkeit übereinander angeordnet, lassen sich gekrümmte Kennlinien erzeugen.

Die nicht linearen Federkennlinien der gummi- oder visko-elastischen Kupplungen mittlerer und hoher Elastizität sind in starkem Maße abhängig von der Art der Belastung (statisch, dynamisch), Frequenz und Höhe der Belastung sowie der Kupplungstemperatur. Zulässige Kupplungsverdrehung und erreichbares Dämpfungsvermögen der elastischen Kupplungen mit nicht metallischen Elementen sind stark abhängig von der Kupplungsbauform und der eingeschränkten oder ungehinderten Verformbarkeit des elastischen Werkstoffes.

Beispiele für gummi-elastische Kupplungen mittlerer Elastizität sind die Bolzen- und Klauenkupplungen gemäß Abbildung 13.31 und Abbildung 13.32. Bei der elastischen Bolzenkupplung greifen die in einem Kupplungsflansch befestigten Bolzen mit ihren axial vorgespannten Profilhülsen in entsprechende Bohrungen des anderen Kupplungsflansches ein. Diese preisgünstigen Kupplungen sind dank ihrer progressiven Drehfederkennlinie robust und hoch belastbar. Die Kupplungskennlinie kann mittels der Form der elastischen Elemente beeinflusst werden. Man unterscheidet zylindrische, tonnenförmige oder mit Rillen versehene Kompressionshülsen. Bei Wellenverlagerung ergeben sich geringe Rückstellkräfte. Die Klauenkupplung unterscheidet sich in der Art ihrer elastischen Elemente von der Bolzenkupplung. Zwischen zwei gleichartigen Kupplungsflanschen befindet sich das auf Druck belastete stern- oder keilförmig ausgeführte elastische Zwischenglied aus Perbunan (Abbildung 13.32 links).

Die überwiegende Belastungsart der elastischen Elemente ist Druck oder Biegung. Kennzeichen dieser Kupplungsbauformen ist in der Regel ein kleiner zulässiger Verdrehwinkel, geringes Dämpfungsvermögen, aber ein gutes Durchmesser-Drehmoment-Verhältnis (trotz geringer Drehmassen lassen sich große Drehmomente übertragen).

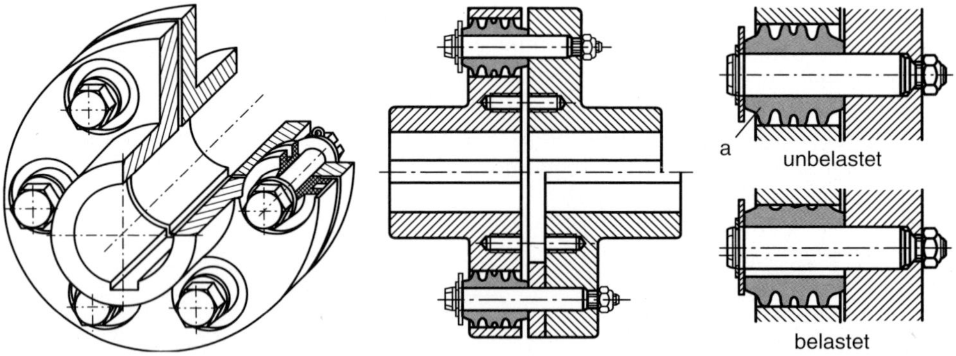

Abbildung 13.31: Bolzenkupplung mit auf Druck beanspruchten elastischen Elementen mittlerer Elastizität

Als Beispiele für Kupplungen mit nicht metallischen, elastischen Zwischengliedern hoher Elastizität werden im Folgenden die Reifenkupplung nach Abbildung 13.32 rechts und die Scheibenkupplung mit Zwischenring nach Abbildung 13.33 vorgestellt.

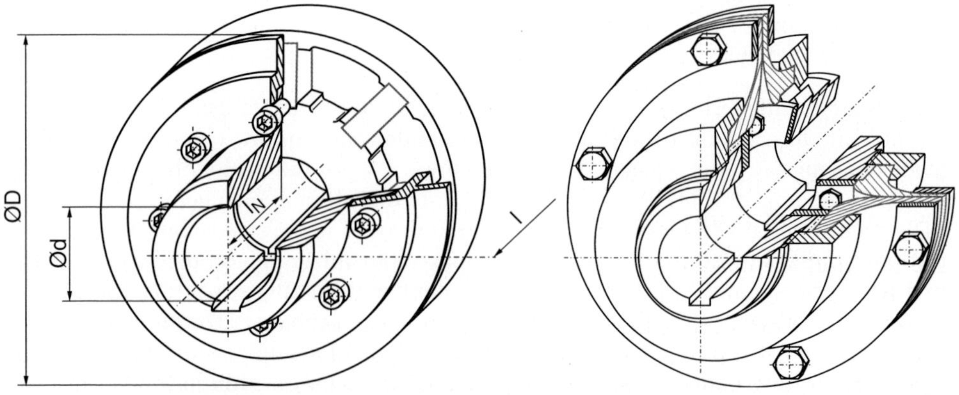

Abbildung 13.32: Klauenkupplung (links) und Reifenkupplung (rechts)

Das elastische Element der Wulst- oder Reifenkupplungen nach Abbildung 13.32 wird überwiegend auf Zug belastet. Eine Beeinflussung der Kennlinie erfolgt durch unterschiedliche Gewebe-Einlagen im Elastomer, das Dämpfungsvermögen ist durch das gewählte Material, sein Volumen und seine Form zu beeinflussen. Der Vorteil dieser Kupplungen liegt in ihrer hohen zulässigen Verdrehbarkeit, der dabei hohen Dämpfung (großes Elastomervolumen) und der einfachen Montage. Nachteilig wirkt sich dies aber in einer kurzen Lebensdauer aus. Geteilte oder ungeteilte reifenförmige elastische Elemente übertragen durch Klemmverbindung oder als anvulkanisierte Teile das Drehmoment. Bei der Wulstkupplung sind die Gummi-Elemente nach innen gewölbt.

Die Scheibenkupplung gemäß Abbildung 13.33 verfügt über scheibenförmige elastische Elemente. Sie können beidseitig an Nabe und Flansch anvulkanisiert, einseitig gesteckt oder als Klemmverbindung ausgeführt sein. Bei neueren Kupplungskonstruktionen werden die Scheiben in Segmente aufgeteilt. Hierbei bietet sich der Vorteil, beliebige Kennlinien erzeugen zu können; ein Auswechseln der elastischen Elemente kann ohne Demontage der Kupplungsnaben erfolgen.

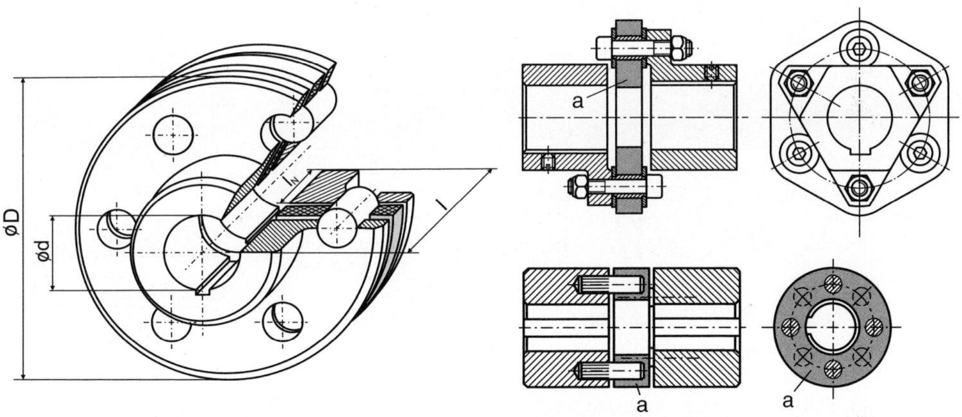

Abbildung 13.33: Scheibenkupplung und Bauarten elastischer Zwischenringkupplungen

Bei den verschiedenen Bauarten der Zwischenringkupplungen gemäß Abbildung 13.33 übertragen ring-, scheibenförmige oder als Laschen ausgeführte elastische sechs- oder achteckige Zwischenglieder mit Mittelbohrung durch Bolzen oder Schrauben das Belastungsmoment. Die hauptsächliche Belastung erfolgt auf Zug und Druck. Aufgrund der Mitnehmerbolzen oder -schrauben ist der Verdrehwinkel begrenzt, jedoch ist das Dämpfungsverhalten vergleichbar groß wie bei Wulstkupplungen. Zwischenringkupplungen haben meist eine progressive Kennlinie.

13.4.2.3 Schlupfkupplungen als kraftschlüssig drehnachgiebige Kupplungen

Die Schlupfkupplungen gehören zu den drehnachgiebigen Kupplungen, die auf dem hydrodynamischen oder elektrodynamischen Prinzip basieren und damit an viele dynamische Anforderungen eines Antriebsstranges angepasst werden können. Im Falle der hydrodynamischen Kupplung (Strömungskupplung) erfolgt die Anpassung durch das Flüssigkeitsvolumen, bei den elektrodynamischen Kupplungen (elektro- oder dauermagnetisch) durch Einstellung der elektrischen Stromstärke.

Die Strömungskupplung gemäß Abbildung 13.34 geht zurück auf die Entwicklung eines hydrodynamischen Wandlers zum Einsatz in Schiffsantrieben, der 1905 vom deutschen Ingenieur Herrmann Föttinger (1877–1945, ab 1909 Professor an der TH Danzig) entwickelt wurde, um bei Antrieben großer Leistung die Drehrichtung umkehren zu können [13.20], [13.40].

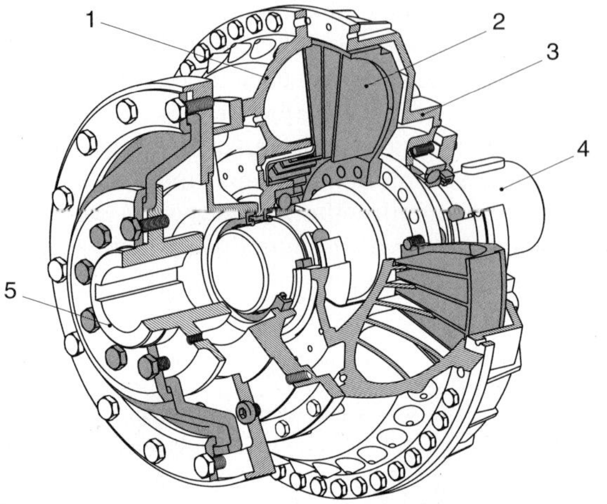

1 Pumpenrad
2 Turbinenrad
3 Gehäuse
4 Abtriebswelle
5 Antriebswelle

In dieser Darstellung befindet sich zwischen der Antriebswelle 5 und dem Pumpenrad 1 noch ein elastisches Zwischenelement zur Dämpfung von Drehschwingungen.

Hydraulische Leistung P_{hydr} (Euler-Gleichung):

$$P_{hydr} = \dot{m} \cdot \Delta(r \cdot c_u) \cdot \omega$$

$\dot{m}$: Massenstrom

$\Delta(r \cdot c_u)$: Änderung des Dralls zwischen Gittereintritt- und -austritt

ω: Winkelgeschwindigkeit des Schaufelrades

Abbildung 13.34: Hydrodynamische Kupplung (Strömungskupplung)

Da es sich bei Pumpen- und Turbinenrad der Föttinger-Kupplung um Strömungsmaschinen handelt, entstehen die Massenkräfte zur Drehmomenterzeugung zwischen Pumpe und Turbine durch Änderung des Bewegungszustandes einer strömenden Flüssigkeit entsprechend der Euler-Gleichung (Leonhard Euler, 1707–1783, Schweizer Mathematiker, Physiker und Astronom).

Die Pumpe wandelt die mechanische Energie in kinetische Strömungsenergie um, welche in der Turbine in mechanische Energie rückgewandelt wird und an der Welle verfügbar ist. Bei gleichbleibendem Schlupf s steigt das übertragbare Drehmoment M_{TK} mit dem Quadrat der Antriebsdrehzahl n. Zur Drehmomentübertragung ist immer ein Schlupf erforderlich, d.h. bei gleicher An- und Abtriebsdrehzahl von Pumpen- und Turbinenrad erfolgt keine Drehmomentübertragung. Der Schlupf und damit auch das Drehmoment lassen sich in weiten Bereichen durch Verändern der Flüssigkeitsfüllung anpassen. In der Regel beträgt der Schlupf 2 bis 3 % bei Nenndrehmoment, was zu einem Wirkungsgrad von ca. 98 % führt.

Haupteinsatzgebiet ist das lastfreie Anfahren von Antriebssträngen (schwere Industrie-Antriebe, Förderanlagen, Schiffsantriebe, Turbinen, Verdichter, Straßen- und Bahnfahrzeuge), d.h. Motoren können zunächst lastfrei anlaufen, bis die in der Kupplung übertragene kinetische Strömungsenergie ausreicht, um auch die Lastseite zu beschleunigen. Aufgrund der Entkopplung von Antriebs- und Abtriebsseite über die Flüssigkeit eignet sich die Kupplung auch zur Stoß- und Schwingungsdämpfung. Die Kupplung arbeitet absolut verschleißfrei und kann bei umgekehrter Drehmomentführung auch als verschleißfreie Bremse (Retarder) genutzt werden.

In gewissen Grenzen eignet sich die Kupplung auch als Überlastkupplung, obwohl sie eigentlich nicht zu diesem Zweck entwickelt wurde. So tritt z.B. beim Blockieren der Lastseite 100 % Schlupf auf, der schnell zu einer Überhitzung der Flüssigkeit (Öl oder Wasser für Anwendungen im untertägigen Bergbau) führt, die dann über einen Schmelzstopfen entweichen kann. Es gibt aber auch die Möglichkeit der gezielten Anpassung der Flüssigkeitsfüllung über Vorkammern.

Bei den elektrodynamischen Kupplungen (Magnetkupplungen) gemäß Abbildung 13.35 nutzt man das magnetische Feld zur Drehmomentübertragung, weshalb sie auch als Drehfeldkupplungen bezeichnet werden. Es wird durch Elektromagnete (Induktionskupplungen) oder Dauermagnete ohne mechanische Berührung (verschleißfrei) erzeugt. Durch unterschiedliche Ausführung des Ankerrings (gepolt oder glatt) erhalten die Induktionskupplungen verschiedene Eigenschaften.

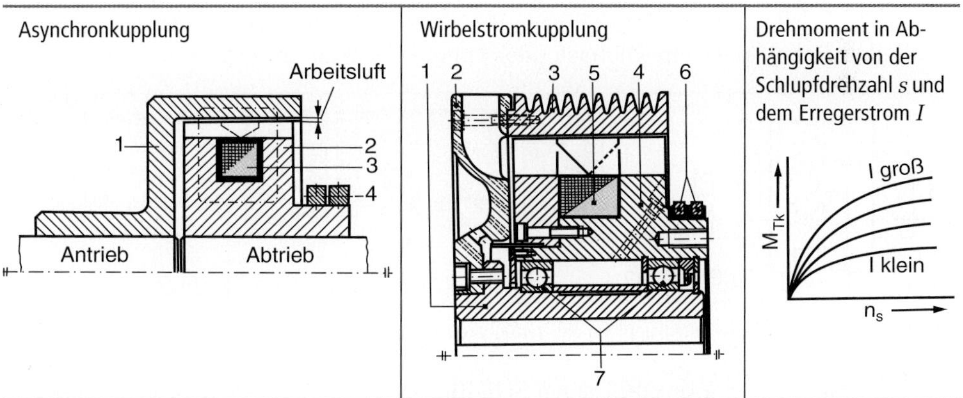

1 Nabe, 2 Polkörper, 3 Erregerspule, 4 Schleifringe

1 Nabe, 2 Lüfterrad, 3 Ankerring, 4 Spulenkörper, 5 Spule, 6 Schleifring, Lager

Abbildung 13.35: Induktionskupplung als Asynchronkupplung und Wirbelstromkupplung [13.28]

Es gibt Synchron- und Asynchronkupplungen. Die Synchronkupplung hat einen gepolten Außenring und überträgt das statische Moment synchron, den dynamischen Momentenanteil dagegen asynchron. Die Wirbelstromkupplung besitzt keine Pole und weist genau wie die Asynchronkupplung immer Schlupf auf, da anderenfalls keine Drehmomentübertragung erfolgen kann. Bei der Wirbelstromkupplung hängt die Größe des Drehmomentes von der Schlupfdrehzahl n_s und dem eingestellten Erregerstrom I ab. Induktionskupplungen werden häufig zur Regelung konstanter Drehzahlen, Drehmomente oder Leistung eingesetzt. Wegen ihres Kennlinienverlaufes eignen sich sowohl die Asynchronkupplung als auch die Wirbelstromkupplung gut als Anlaufkupplung und zur Drehzahlregelung, die Asynchronkupplung zusätzlich noch als Überlastkupplung. Die Wirbelstromkupplung wird wegen ihrer weichen Kennlinie häufig in Wickeleinrichtungen für Draht, Papier und Stoff verwendet.

13.5 Bauarten von schaltbaren Kupplungen

Schaltbare Kupplungen dienen dem Unterbrechen und Wiederherstellen der Verbindung von Antriebsteilen. Eine Gliederung der schaltbaren Kupplungen erfolgt einerseits nach der Art ihrer Betätigung (fremdbetätigt bzw. selbsttätig schaltend) und andererseits nach der Art ihrer Kraftübertragung (form- bzw. kraftschlüssig).

13.5.1 Fremdbetätigte Kupplungen

Fremdbetätigte, formschlüssige Schaltkupplungen werden eingesetzt, wenn von einem Motor wechselweise mehrere Aggregate angetrieben oder zur Drehzahländerung in Getrieben verschiedene Zahnpaare in Krafteingriff gebracht werden müssen. Für den Formschluss werden Klauen oder Zähne eingesetzt. Bolzen-, Klauen- oder Zahnkupplungen lassen sich prinzipiell auch als Schaltkupplungen ausführen, Abbildung 13.36. Ein Schalten ist nur im Stillstand oder bei Synchronlauf der Kupplungshälften möglich. Das Schalten im Betrieb wird durch Gleichlaufeinrichtungen (Synchronisierung) erleichtert, die im Prinzip aus vorgeschalteten Kegelkupplungen bestehen. Im eingerückten Zustand sind diese Kupplungen drehstarr. Die Schaltvorrichtung kann mechanisch über Hebel, elektromagnetisch oder pneumatisch ausgeführt sein.

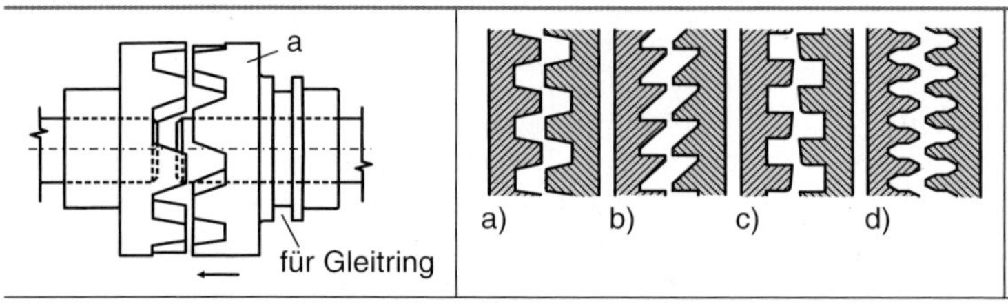

a) Trapezzähne
b) Sägezähne
c) Abweisende Zähne
d) In jeder Stellung einrückbare Zähne

Abbildung 13.36: Schaltbare Klauenkupplung und verfügbare Zahnformen

Im Gegensatz zu den formschlüssigen Schaltkupplungen können die kraftschlüssigen Schaltkupplungen im Stillstand, bei Drehzahldifferenz und unter Last geschaltet werden. Zur Übertragung des Drehmoments muss auf die Reibflächen eine der Größe des Drehmoments entsprechende Normalkraft wirken. Als Übertragungsmedium dienen entweder nass oder trocken laufende Reibflächen, Füllkörper, Flüssigkeiten oder elektrische Felder. Der Schaltvorgang kann mechanisch, hydraulisch, pneumatisch oder elektromagnetisch durchgeführt werden. Nachteilig sind die beim Einschalten entstehende Reibungswärme durch Rutschvorgänge und der damit einhergehende Verschleiß der Reibungsflächen (s.a. Abschnitt 13.3.3).

Die Einflächenkupplung (s. Abbildung 13.37) ist durch eine trocken laufende Reibfläche zur Übertragung des Drehmoments gekennzeichnet. Sie ist hoch wärmebelastbar und arbeitet ohne Leerlaufdrehmoment. Der Luftspalt verringert sich durch Verschleiß und muss nachgestellt werden. Die Normalkraft auf die Reibfläche wird mittels eines Elektromagneten aufgebracht. Der Magnet ist die eine Kupplungshälfte, das Ankersystem die andere. Bei Stromdurchgang zieht der Magnet den Anker an, der sich gegen die Reibscheibe presst und den Kraftschluss zwischen beiden Teilen herstellt. Weitere Varianten der Einflächenkupplung sind die Polflächenkupplung und die Lüfterkupplung.

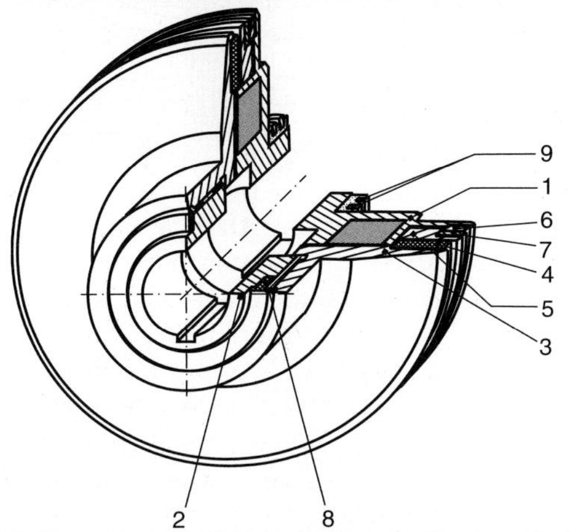

1 Kupplungskörper mit Spule
2 Kupplungskörper
3 Ankerscheibe
4 Reibbelag
5 Reibring
6 Nachstellring
7 Nachstellsegment
8 Druckfeder
9 Schleifring

Abbildung 13.37: Elektromagnetisch schaltbare Einscheibenkupplung

Zwei- oder Mehrflächenkupplungen haben bei gleichem Drehmoment wie die nachfolgend beschriebenen Lamellenkupplungen größere Durchmesser und damit auch größere Massenträgheitsmomente. Von Vorteil sind bei ihnen jedoch die bessere Wärmespeicherung und -abführung, geringeres Restdrehmoment (Abreißmoment) und kleine Lüftwege. Das Leerlaufdrehmoment ist klein. Der Einsatz erfolgt überwiegend in Antrieben größerer Maschinenanlagen und im KFZ-Bereich. Die Auslegungskriterien für die Reibflächen sind zu übertragendes Drehmoment, erforderliche Anpresskraft und zulässige Flächenpressung sowie die Größe der Reibflächen (Anzahl und mittlerer Reibradius).

Bei Lamellenkupplungen gemäß Abbildung 13.38 werden eine Vielzahl von Reibflächen (Lamellen) hintereinandergeschaltet. Sinusförmig gewellte Innenlamellen sitzen drehfest, aber axial beweglich auf der Nabe, glatte Außenlamellen in gleicher Weise auf dem äußeren Kupplungskörper. Die Sinusform gibt den Lamellen federnde Eigenschaften, die das Lamellenpaket beim Auskuppeln gut löst und das Leerlaufdrehmoment niedrig hält. Vorteil der Lamellenkupplung ist, dass bei sehr kleinem Durchmesser große Momente übertragen werden können. Ferner wird ein weiches Einkuppeln erzielt, da während des Schaltvorgangs eine stetige Vergrößerung der Reibflächen durch Abflachen der Sinuslinie erfolgt. Von Nachteil ist, dass beim Rutschen konzentriert eine starke Wärme-Entwicklung auftreten kann. Die Schaltung der nass oder trocken laufenden Lamellen kann entweder mechanisch, elektromagnetisch und pneumatisch erfolgen oder aber auch durch magnetisch durchflutete Lamellen. Trocken laufende Lamellen werden als Reibbelag-Stahl-Paarung ausgeführt. Bei Nasslauf werden Stahllamellen eingesetzt (Reibpaarung Stahl/Stahl).

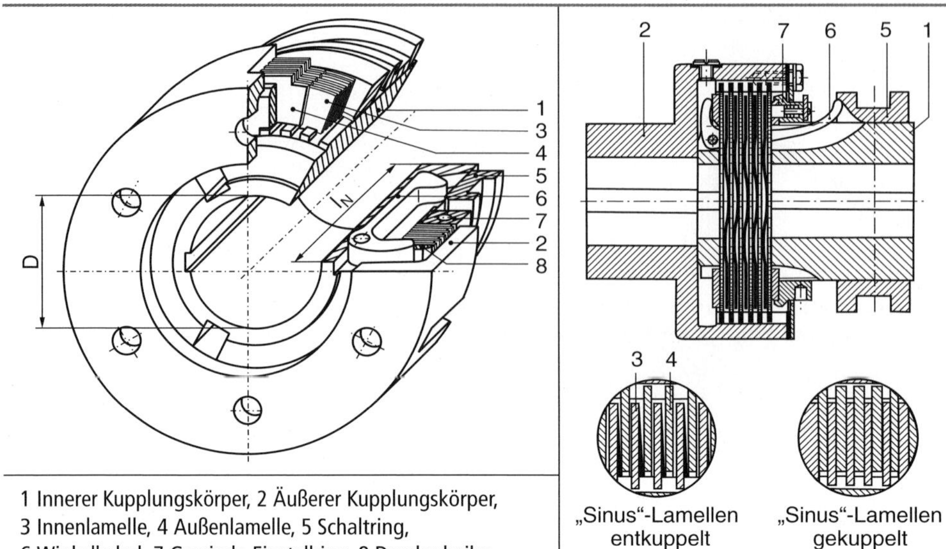

1 Innerer Kupplungskörper, 2 Äußerer Kupplungskörper, 3 Innenlamelle, 4 Außenlamelle, 5 Schaltring, 6 Winkelhebel, 7 Gewinde-Einstellring, 8 Druckscheibe

Abbildung 13.38: Mechanisch betätigte Sinus-Lamellenkupplung

Kegelreibkupplungen werden als Einfach- oder Doppelkegelkupplungen entsprechend Abbildung 13.39 ausgeführt und häufig im allgemeinen Maschinenbau eingesetzt.

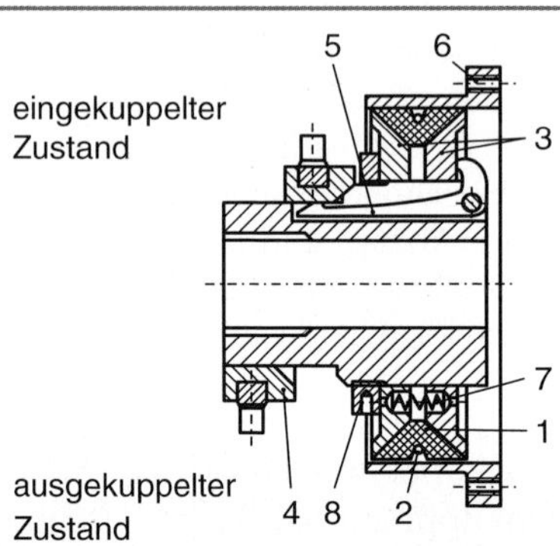

1 Kegelreibring
2 Zugfeder
3 Tellerscheiben
4 Schaltmuffe
5 Winkelhebel
6 Kupplungsmantel
7 Druckfedern
8 Gewindering

Abbildung 13.39: Kegelreibkupplung – obere Darstellung eingekuppelt, unten ausgekuppelt

In der Regel sind es Trockenlaufkupplungen, die größere Drehmomente als Einscheibenkupplungen bei geringerem Durchmesser übertragen. Sie verfügen über eine gute Wärme-Abführung und benötigen nur geringe Schaltkräfte. Das Übertragungselement ist ein innen kegeliger und außen zylindrischer Keilreibring, der zwischen kegelstumpfförmigen Tellerscheiben lose beweglich angeordnet ist.

Abschließend sei noch die Magnetpulverkupplung erwähnt, die ebenfalls zu den fremdbetätigten (elektromagnetisch) Reibungskupplungen zählt. Sie verfügt über zylindrische Reibflächen, jedoch wird anstelle der verschleißbehafteten Reibflächen ein Magnetpulver verwendet. Das schlupffrei übertragbare Drehmoment ist durch die Höhe des Erregerstromes regelbar und unabhängig von der Drehzahl der Kupplung.

13.5.2 Selbsttätig schaltende Kupplungen

Im Gegensatz zu den fremdbetätigten schaltenden Kupplungen lösen die selbsttätig schaltenden Kupplungen aufgrund der Drehzahl, des Drehmomentes oder der Drehrichtung den Kuppelvorgang aus. Damit sind sie besonders zum Einsatz als Sicherheitskupplung geeignet, da sie ohne jede Fremdbetätigung bei Überschreitung einstellbarer Drehmomente, Drehzahlen oder Drehrichtungen den Drehmomentfluss unterbrechen.

Zu den drehzahlbetätigten Kupplungen gehören die Fliehkraft- und Füllgutkörperkupplungen gemäß Abbildung 13.40. Sie übertragen reibschlüssig das Drehmoment und dienen zum Anfahren und zum Überwachen von Anlagen. Mit Anlaufkupplungen kann bei Arbeitsmaschinen mit hohem Trägheits- oder Lastmoment der Motor oder auch die Stromversorgung kleiner ausgelegt werden.

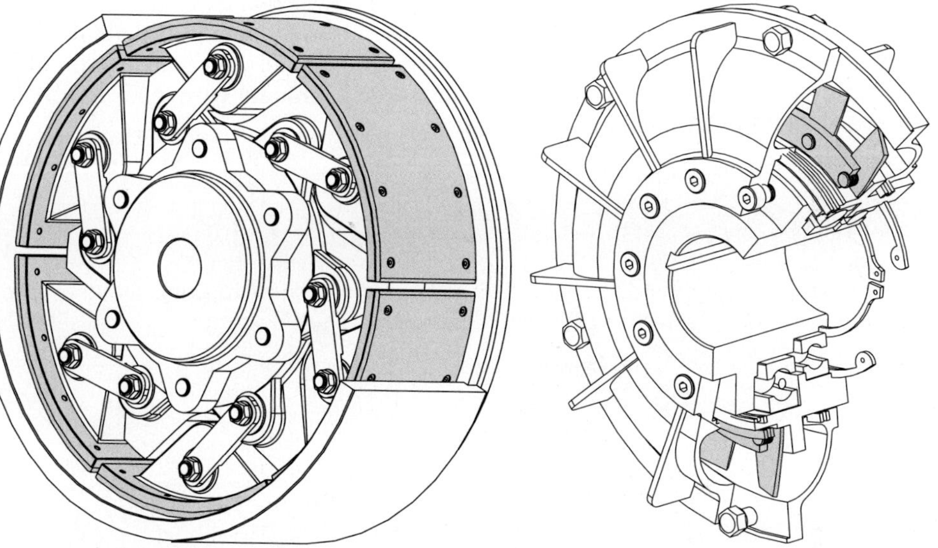

Abbildung 13.40: Fliehkraftkupplung (links) und Füllgutkörperkupplung (rechts)

Zylinderförmige Reibsegmente werden durch Fliehkräfte radial gegen die Innenflächen des Kupplungsmantels gepresst. Das übertragbare Drehmoment steigt mit der Drehzahl quadratisch an. Durch zusätzliche Federn ist die Kupplung einstellbar. Auch bei den Füllgutkörperkupplungen werden die Auswirkungen der Fliehkraft zur Drehmomentübertragung ausgenutzt. Als Füllstoff können Kugeln, Pulver, Rollen oder eine Flüssigkeit dienen. Mittels eines sternförmigen Rotors wird das Füllgut gegen die Mantelfläche des Abtriebsteils geschleudert, so dass das übertragbare Moment quadratisch mit der Drehzahl steigt. Ein Nachteil dieser Kupplungen ist, dass sie praktisch nur auf schnell laufenden Wellen wirksam werden.

Die drehmomentbetätigten Schaltkupplungen stellen die Gruppe der Sicherheitskupplungen dar. Das zu übertragende Moment ist der Schaltauslöser. Sie haben dabei die Aufgabe, die Drehmoment führenden Teile der Anlage vor Überbelastung zu schützen und bei Überschreitung eines einstellbaren Maximalmoments zu trennen. Die momentbetätigten Kupplungen lassen sich nach ihrem Wirkprinzip in formschlüssig (Brechkupplungen, Ausklinkkupplungen) und in kraftschlüssig (Rutschkupplungen, Voith-Safe-Set-Kupplung) unterteilen.

Die formschlüssigen Brech- und Ausklinkkupplungen entsprechen in ihrem Aufbau den beschriebenen drehstarren Kupplungen. Als Sollbruchstelle wird ein Teil (z.B. der Mitnehmerbolzen der Bolzenkupplung) so ausgelegt, dass bei Momentenüberschreitung ein Bruch auftritt und die Kupplung lastfrei weiterläuft. Die Anlage ist erst wieder nach Erneuerung des Bolzens betriebsbereit. Nachteilig ist dabei, dass das Abschaltdrehmoment abhängig vom Festigkeitswert des Scherbolzens streut. Hinzu kommt, dass das abgescherte Element nur bei völligem Stillstand des Antriebes gewechselt werden kann.

Bei Ausklinkkupplungen werden Sperrklinken über Federn angepresst, die bei Überschreitung der Federvorspannkraft einen Abschaltmechanismus auslösen (Anlage wird z.B. elektrisch vom Netz getrennt). Nach einem vergleichbaren Prinzip arbeitet auch die Überlastschutzkupplung nach Abbildung 13.41. Die Durchrastkupplung überträgt das Drehmoment mittels Kugeln (1), die zwischen zwei durch Federkraft zusammengedrückten Nabenhälften (2) in kegelförmigen Senkungen gehalten werden. Bei Überschreiten des Schaltmoments rollen die Kugeln aus den Senkungen und der Kraftfluss ist unterbrochen. Die erforderliche Vorspannkraft wird über einstellbare Schrauben (3) und Tellerfedern (4) erzeugt.

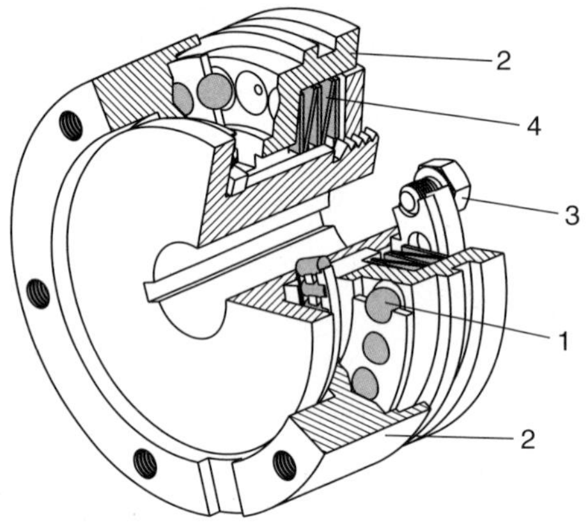

1 Kugeln, 2 Nabenhälften, 3 Stellschrauben, 4 Tellerfedern

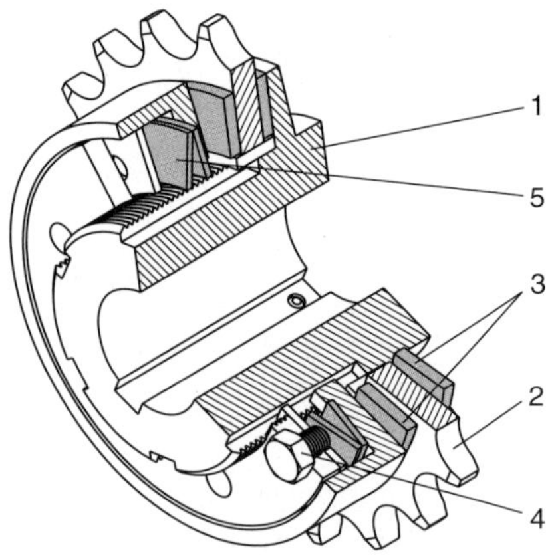

1 Nabe, 2 Kettenrad, 3 Reibelemente, 4 Stellschrauben, 5 Tellerfedern

Abbildung 13.41: Durchrastkupplung (links) und Zweiflächen-Sicherheitskupplung (rechts) in Kombination mit einem Kettenrad

Bei kraftschlüssigen Rutschkupplungen erfolgt die Drehmomentbegrenzung ohne Zerstörung eines definiert geschwächten Bauteiles. Bei Drehmomentüberschreitungen rutscht die Kupplung einfach durch, während das schaltbare Drehmoment weiterhin übertragen wird, d.h. der Kraftfluss wird nicht unterbrochen, da die unterschiedlichen Reibzahlen für Haften und Gleiten ausgenutzt werden.

So wird bei der Zweiflächen-Sicherheitskupplung in Abbildung 13.41 das Drehmoment zwischen Nabe (1) und Kettenrad (2) durch zwei Reibelemente (3) übertragen. Die erforderliche Anpresskraft wird über Schrauben (4) und das Tellerfederpaar (5) erzeugt. In ähnlicher Weise können auch Lamellenkupplungen als Überlastkupplungen verwendet werden, da auch hier bei Überschreiten des übertragbaren Drehmomentes die Lamellen einfach durchrutschen. Zu beachten ist jedoch immer die mögliche Überhitzungsgefahr der Lamellen.

Eine weitere kraftschlüssige Überlastkupplung ist die Voith-Safe-Set-Kupplung gemäß Abbildung 13.42. Das Prinzip entspricht einem hydraulisch erzeugten Pressverband. Über ein extern einzubringendes Druckmedium (Öl) wird eine radiale Aufweitung der Nabe mit entsprechender Verspannung erzeugt. Bei Überschreiten des definierten Abschaltdrehmomentes reißt ein Stopfen ab, und der Pressverband wird durch Ablassen des Druckmediums entspannt. Die Nabe rutscht dann auf der Welle durch und wird von der vorhandenen Lagerung (Wälz- oder Gleitlagerung) getragen, so dass kein Fressen zwischen Welle und Nabe auftreten kann. Von Vorteil ist der große Drehmomentbereich, der diese Kupplung auch für Anwendungen im Schwermaschinenbau interessant macht. Nachteilig ist jedoch auch hier, dass zur Wiederherstellung des hydraulischen Pressverbandes der Antriebsstrang vollständig stehen muss.

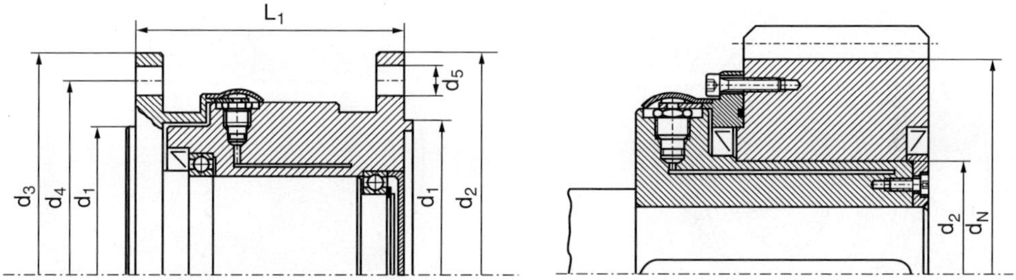

Abbildung 13.42: Voith-Safe-Set-Kupplung – als Rutschkupplung mit Wälzlagern und zwei Schraubflanschen zum Einbau in einen Antriebsstrang (links) und als Rutschnabe mit Gleitlagern zur Verbindung eines Zahnrades mit einer Welle in einem Getriebe

Abschließend sei eine wirksame Überlasteinrichtung erwähnt, die den Nachteil der aufwändigen Wiederinbetriebnahme nicht hat. Sie basiert auf einem Planetengetriebe und einer Scheibenbremse. Da alle drei Wellen eines Planetengetriebes ein festes Verhältnis der Drehmomente zueinander aufweisen, lassen sich die Drehmomente an der Abtriebs- und der Antriebswelle durch Abstützung der dritten Welle über eine Bremse und eine Momentenwaage, deren Belastung über Kraftmessbolzen elektronisch gemessen wird, genauestens überwachen. Die Scheibenbremse wird dabei mit so großer Kraft geschlossen, dass kein Durchrutschen auftreten kann. Wird nun am Kraftmessbolzen eine Überschreitung des (beliebig fern einstellbaren) Drehmomentes gemessen, öffnet die Bremse, womit der Momentenfluss im Planetengetriebe unterbrochen wird. Die Überlasteinrichtung lässt sich durch (fernbetätigtes) Schließen der Bremse sofort wieder in Betrieb nehmen [13.34].

Zur Gruppe der drehrichtungsbetätigten Kupplungen gehören die Freilaufkupplungen, die nur in einer Drehrichtung ein Drehmoment übertragen können. Sie sind durch zwei Betriebszustände gekennzeichnet:

- An- und Abtriebsdrehzahl gleich ($n_1 = n_2$): Freilauf gekuppelt, Drehmomentübertragung
- Antriebsseite bleibt zurück ($n_1 < n_2$): Freilauf entkuppelt, keine Drehmomentübertragung

Man unterscheidet form- und reibschlüssige Freilaufkupplungen. Die formschlüssigen Klinkenfreiläufe mit gezahnten Sperrädern, die durch Eigengewicht oder Federbelastung selbsttätig einfallen, unterliegen einem hohen Verschleiß, weshalb sie nur für untergeordnete Aufgaben in Betracht kommen. Im Vergleich dazu funktionieren die reibschlüssigen Freiläufe in jeder Stellung (Klemmbereitschaft) geräuschlos, auch bei hohen Drehzahlen mit geringem Verschleiß.

Bei den reibschlüssigen Freiläufen wird nochmals zwischen axialer Kraftübertragung (z.B. Lamellenüberholkupplung) und radialer Kraftübertragung unterschieden. Abbildung 13.43 zeigt beispielhaft einen Klemmrollen- und einen Klemmkörperfreilauf mit radialer Kraftübertragung. Dabei kann der Klemmkörperfreilauf bei gleicher Baugröße mehr Drehmoment übertragen als der Klemmrollenfreilauf, ist aber nicht so robust wie dieser.

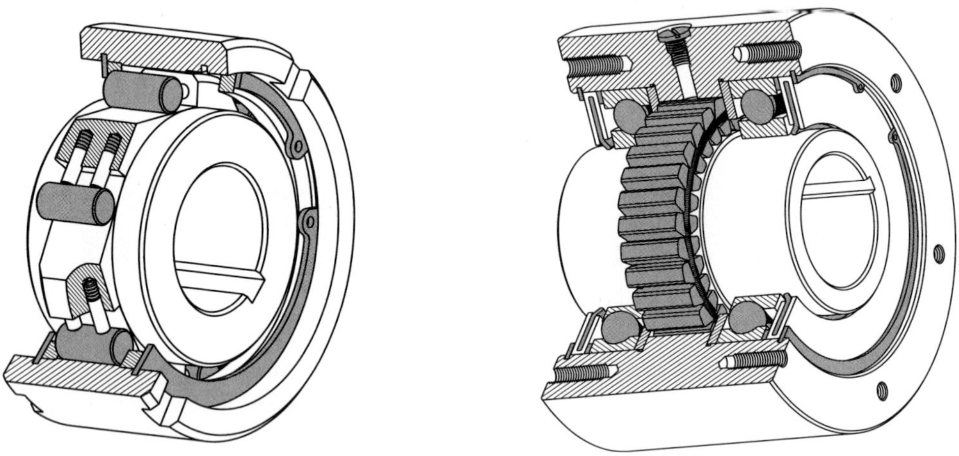

Abbildung 13.43: Klemmrollenfreilauf (links) und Klemmkörperfreilauf (rechts)

Das Funktionsprinzip der radialen Klemmrollen- und Klemmkörperfreiläufe ergibt sich aus Abbildung 13.44. Dreht man den Außenring der Klemmrollenkupplung im Uhrzeigersinn, so stellen die Klemmelemente eine reibschlüssige Verbindung zwischen Innen- und Außenring her. Damit sich jedes Klemmelement im Gleichgewicht befindet, müssen die angreifenden Kräfte auf der Wirkungslinie liegen, die durch die Punkte A und B geht. Dabei lassen sich die Normalkräfte F_N und die Tangentialkräfte F_T über den Klemmwinkel α miteinander verknüpfen (s.a. Abbildung 13.44). Dreht man den Freilaufaußenring entgegen dem Uhrzeigersinn, so erzeugt die Federkraft F_f in der Leerlaufdrehrichtung die Reaktionskräfte F_{Na} und F_{Ni}, die einen Bewegungswiderstand erzeugen, der als „Schleppmoment" bezeichnet wird. Der Leerlaufverschleiß durch das Schleppmoment lässt sich reduzieren, indem die Klemmflächen durch Flieh-, Reib- oder hydrodynamische Kräfte abgehoben werden, Abbildung 13.44 c).

Grundsätzlich müssen alle Freiläufe ohne eigene Lagerung zusätzlich zentriert werden. Weiterhin ist für eine ausreichende Schmierung zu sorgen.

Haupteinsatzgebiet von Freiläufen ist der Einsatz als Überholkupplung in Mehrmotorenantrieben sowie z.B. in Fahrradnaben und Hubschrauberantrieben sowie als Schrittschaltwerk bei der Umsetzung einer Drehbewegung in eine lineare Vorschubbewegung. In Pumpen, bei Becherwerken und geneigt angeordneten Gurtbandförderanlagen werden Freiläufe als Rücklaufsperren eingesetzt.

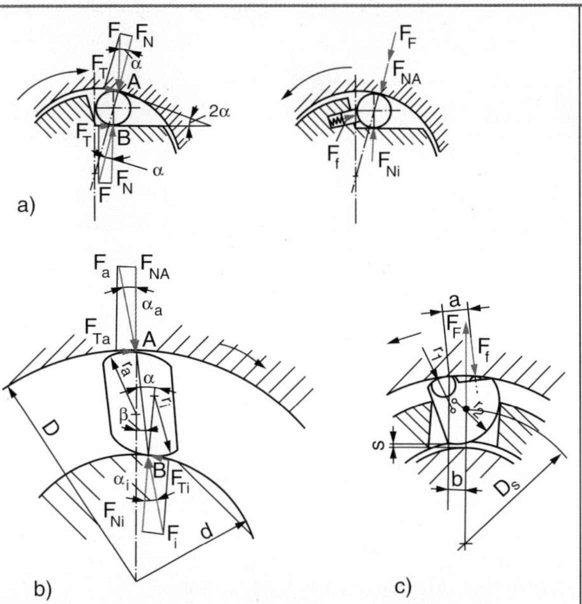

Selbsthemmung, wenn Klemmwinkel kleiner als Reibungswinkel:

$\tan \alpha < \mu$

Für Stahl mit $\mu = 0{,}1$ folgt:
Klemmwinkel $\alpha = 3° \ldots 4°$
Klemmelemente werden durch Federn in Eingriffsbereitschaft gehalten.

Bedingung für Abheben des Klemmkörpers vom Innenring aufgrund der Fliehkraft F_F und Einwirkung der Anfederkraft F_f:

$F_F \cdot b > F_f \cdot a$

Abbildung 13.44: Prinzip der Klemmfreilaufkupplungen [13.28]

13.6 Bauarten von Bremsen

Aus der Bauartenvielfalt bei mechanischen Bremsen werden nachfolgend wegen ihrer Bedeutung für die moderne Antriebstechnik die Trommelbremsen (Außenbackenbremse und Innenbackenbremse) und Scheibenbremsen als wichtigste Bauarten behandelt. Auf weitere Bremsenbauarten (z.B. Bandbremsen) wird verzichtet, da sie nur noch von untergeordneter Bedeutung sind.

13.6.1 Trommelbremsen (Backenbremsen)

Bei den Trommelbremsen (Backenbremsen) werden als Hauptbauarten die Außenbackenbremse und die Innenbackenbremse unterschieden. Abbildung 13.45 zeigt die moderne Ausführung einer Doppelbackenbremse, die wahlweise als Schließ- oder Lösebremse hergestellt wird. Die modernsten Bauarten verfügen über gelenkige Bremsbacken, eine frei liegende, stellbare Bremsfeder und eine selbsttätig wirkende Nachstellvorrichtung für den Belagverschleiß. Über eine Synchronlüftfeder wird die Kippbewegung des einen Bremshebels auf den anderen übertragen. Das Bremsmoment lässt sich über die Federkraft der Bremsfeder stufenlos einstellen. Das gezeigte Bremslüftgerät arbeitet elektrohydraulisch, es gibt aber auch elektromagnetische oder elektromotorische Lüftgeräte sowie hydraulische und pneumatische Lüftzylinder. Die elektrohydraulischen Lüftgeräte haben jedoch wegen ihrer Überlastungsfähigkeit, Funktionssicherheit und ihres einfachen Aufbaus die größte Verbreitung. Über eine elektromotorisch angetriebene Hydraulikpumpe wird der notwendige Druck erzeugt, um die Bremse mittels eines Hydraulikzylinders zu lüften.

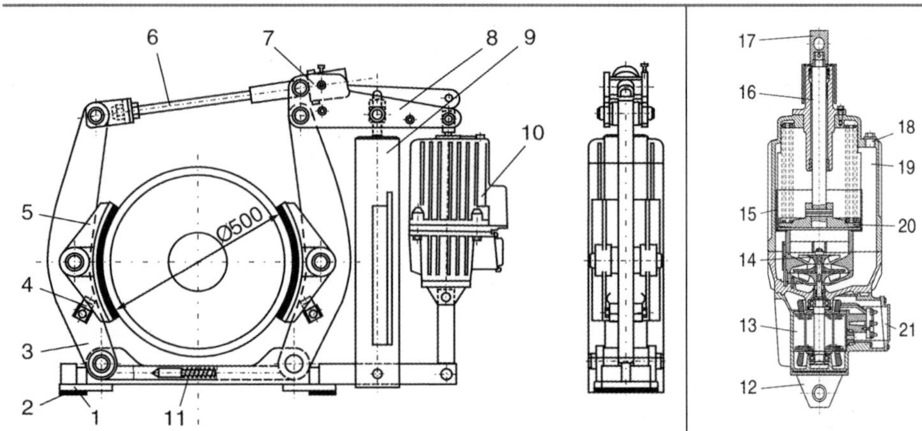

1 Bremsenfuß	9 Bremsfeder mit Gehäuse	16 Kolbenstange
2 Ausgleichsbleche	10 Bremslüftgerät	17 Drucklasche
3 Bremshebel	11 Synchronlüftfeder	18 Öl-Einfüllstutzen
4 Bremsbackenklemmfeder	12 Fußbefestigung	19 Ausgleichsraum
5 Bremsbacke mit Bremsbelag	13 Drehstrom-Asynchronmotor mit Käfigläufer	20 Kolben
6 Zugstange	14 Hydraulikpumpe	21 Anschlusskasten
7 Nachstellvorrichtung	15 Hydraulikzylinder	
8 Winkelhebel		

Abbildung 13.45: Doppelbackenbremse und Bremslüftgerät

Die vollständige Auslegungsberechnung einer Doppelbackenbremse ist sehr aufwändig, weshalb hier auf die Fachliteratur verwiesen wird [13.30]. Das Bremsmoment M_B berechnet sich zu:

$$M_B = F_r \cdot \mu \cdot d_B = \lambda \cdot \sin \varphi_0 \cdot \mu \cdot p \cdot d_b^3 \tag{13.100}$$

Hierin bezeichnen F_r die Radialkraft auf die Bremstrommel, μ die Reibzahl, d_B den Bremstrommeldurchmesser, $\lambda = b \,/\, d_B$ das Breitenverhältnis der Bremsbelagbreite b zum Bremstrommeldurchmesser, φ_0 den halben Backenwinkel und p die gewählte Flächenpressung zwischen Bremsbelag und Trommel. Haupteinsatzgebiete der Doppelbackenbremse sind Antriebe in Stetig- und Unstetigförderern (Gurtbandförderanlagen und Krane).

Bei der Innenbackenbremse gemäß Abbildung 13.46 sind die Bremsbacken innerhalb der Bremstrommel angeordnet und werden mechanisch, elektrisch oder pneumatisch betätigt. Im Vergleich zur Außenbackenbremse sind die Bremsbacken in der Trommel weitestgehend vor äußeren Einflüssen geschützt, so dass die Reibung durch Fremdeinflüsse nicht beeinträchtigt wird. Die Bremsbacken werden durch unterschiedliche Vorrichtungen gespreizt und fast immer durch Federn gelöst. Obwohl jede der beiden Bremsbacken in einem Winkel von 90 ... 130° beim Bremsvorgang an der Trommel anliegen, tritt bei freier Außenfläche der Trommel selten eine zu hohe Temperaturbelastung auf.

Die am häufigsten eingesetzten Innenbackenbremsen sind die Simplex-Bremsen (symmetrische Innenbackenbremsen), Abbildung 13.46 a). Die Betätigungsrichtung ist an beiden Backen entgegengesetzt. Die Bremse kann mit gleich großem Bedienungsweg und damit unterschiedlich großen Betätigungskräften F_1 und F_2 oder mit gleich großen Betätigungskräften und damit unterschiedlich großen Normalkräften F_{n1} und F_{n2} arbeiten.

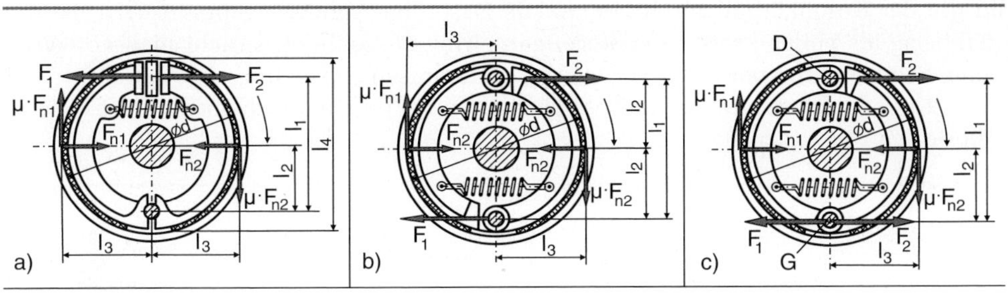

Abbildung 13.46: Innenbackenbremsen – a) Simplex-Bremse, b) Duplex-Bremse, c) Servo-Bremse

Liegen gleiche Bedienungswege vor, so berechnen sich die Kräfte zu:

$$F_{n1} = F_{n2} = \frac{M_B}{d \cdot \mu} \qquad F_1 + F_2 = \frac{2 \cdot M_B}{d \cdot \mu} \cdot \frac{l_2}{l_1} \qquad \frac{F_1}{F_2} = \frac{l_2 + \mu \cdot l_3}{l_2 - \mu \cdot l_3} \tag{13.101}$$

Im Falle gleich großer Betätigungskräfte lauten diese:

$$F_{n1} = F_1 \cdot \frac{l_1}{l_2 + \mu \cdot l_3} \qquad F_{n2} = F_2 \cdot \frac{l_1}{l_2 - \mu \cdot l_3} \qquad \frac{F_{n1}}{F_{n2}} = \frac{l_2 - \mu \cdot l_3}{l_2 + \mu \cdot l_3} \tag{13.102}$$

Da Verschleiß und Bremskraft in diesem Fall an beiden Backen ungleich sind, werden die Bremsen meist mit gleichem Bedienungsweg betrieben. Bei den Duplex-Bremsen (gleichsinnige Innenbackenbremsen) nach Abbildung 13.46 b) erfolgt die Betätigung beider Backen in gleicher Richtung. Es ergibt sich abhängig von der Drehrichtung eine selbstverstärkende (–) oder eine selbstschwächende (+) Wirkung. Meist wird die Bremse mit gleich großen Betätigungskräften $F_1 = F_2$ betrieben, woraus folgt:

$$F_{n1} = F_{n2} = \frac{M_B}{d \cdot \mu} \qquad F_1 + F_2 = \frac{2 \cdot M_B}{d \cdot \mu} \cdot \frac{l_2 \pm \mu \cdot l_3}{l_1} \tag{13.103}$$

Bei der Servo-Bremse (selbstverstärkende Innenbackenbremse) in Abbildung 13.46 c) werden die gelenkig verbundenen Backen nur in einem Fußpunkt gelagert, wodurch unterschiedlich große Kräfte an den beiden Bremsbacken auftreten. Auch hier ergibt sich abhängig von der Drehrichtung eine selbstverstärkende (–) oder eine selbstschwächende (+) Wirkung, wobei die Kraft F_{n2} an der rechten und F_{n1} an der linken Bremsbacke auftritt:

$$F_{n2} = F_2 \cdot \frac{l_1}{l_2 + \mu \cdot l_3} \qquad F_{n1} = \left(F_2 + F_{n2} \cdot \mu \cdot \frac{d}{2 \cdot l_2} \right) \cdot \frac{l_1}{l_2 \pm \mu \cdot l_3} \tag{13.104}$$

Das mit allen Arten von Innenbackenbremsen erreichbare Bremsmoment lässt sich wie folgt berechnen, so dass für die mittlere Flächenpressung p mit der Bremsbackenbreite b folgt:

$$M_B = \mu \cdot (F_{n1} + F_{n2}) \cdot \frac{d}{2} \qquad p_{1,2} = \frac{F_{n1,2}}{b \cdot l_4} \tag{13.105}$$

Das Hauptanwendungsgebiet der Innenbackenbremsen ist der Fahrzeugbau.

13.6.2 Scheibenbremsen und Kegelbremsen

Scheiben- und Kegelbremsen verfügen über scheiben- bzw. kegelförmige Bremskörper, an die der Gegenkörper durch eine axiale Zustellbewegung angepresst wird. Ist der Reibbelag als voller Kreis- oder Kegelmantelring ausgebildet, spricht man von Vollbelag-Scheibenbremsen bzw. Vollbelag-Kegelbremsen. Wird nur ein Ausschnitt aus einer Kreisfläche genutzt, handelt es sich um eine Teilbelag-Scheibenbremse, wie in Abbildung 13.47 gezeigt.

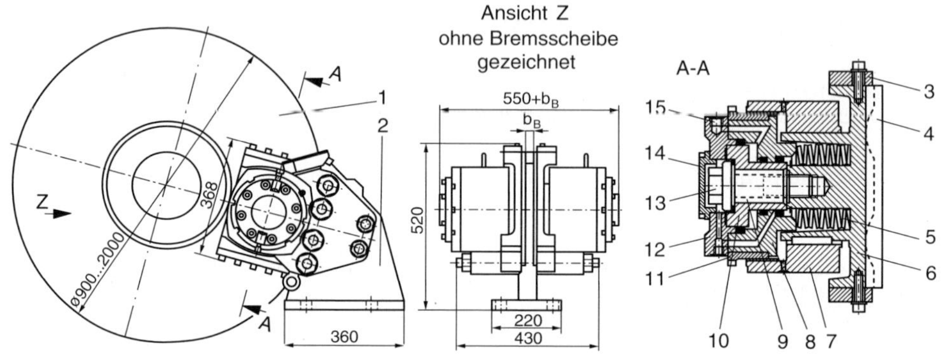

1 Bremsscheibe 2 Fuß 3 Lasche 4 Reibbelag	5 Tellerfederpaket 6 Bremsbacke 7 Gabel 8 Zylinder	9 Hülse 10 Kolben 11 Stellschraube 12 Deckel	13 Schraube 14 Verschlussdeckel 15 Rohranschluss

Abbildung 13.47: Scheibenbremse in Teilbelag-Bauart

Durch axiales Verschieben von mit Reibbelag versehenen Scheiben oder Lamellen an den meist ruhenden Gegenkörper und Erzeugung eines bestimmten Druckes wird das Bremsmoment erzeugt. Die Bremsen werden vorwiegend durch Federkraft geschlossen und elektromagnetisch, hydraulisch oder pneumatisch geöffnet (gelüftet). Nach der Anzahl der Reibflächen werden Einflächen-, Zweiflächen- und Lamellenbremsen unterschieden.

Die genaue Ermittlung des erzielbaren Bremsmomentes einer Scheibenbremsbauart hängt von den geometrischen Verhältnissen, der zulässigen Flächenpressung zwischen Bremsscheibe und Belag und der Anordnung der Bremszange ab [13.30]. Werden die Backen von Teilbelag-Scheibenbremsen gemäß Abbildung 13.47 in Parallelführung zugestellt, so berechnet sich das Bremsmoment M_B für eine Bremszange, bestehend aus zwei Bremsbacken, ahängig von der axialen Anpresskraft F_A, der Reibzahl μ und dem Außen- und Innenradius r_a und r_i der Bremsscheibe zu:

$$M_B = 2 \cdot \frac{2}{3} \cdot F_a \cdot \mu \cdot \frac{r_a^3 - r_i^3}{r_a^2 - r_i^2} \qquad (13.106)$$

Gegenüber den Trommelbremsen haben Scheiben- und Lamellenbremsen den großen Vorteil der kompakten Bauweise bei großen Bremsmomenten und kleinen Betätigungskräften. Aufgrund der geringen Lüftwege bleiben die Einfall- und Lüftzeiten klein und gleichmäßig, d.h. die Bremse lässt sich schnell betätigen. Ferner sind größere Flächenpressungen möglich, woraus eine geringere Streuung der Reibungszahl resultiert. Dem steht als großer Nachteil gegenüber, dass durch die einseitige Anordnung der Bremszange die Bremswelle auf Biegung beansprucht wird. Dem kann jedoch durch eine symmetrische Anordnung einer weiteren Bremszange abgeholfen werden. Häufig ist auch die Wärme-Abfuhr nicht so gut, da die Außenflächen der Bremsen stillstehen.

Zur Verbesserung der Wärme-Abfuhr besteht die Möglichkeit, die Bremsscheiben mit radialen Kühlkanälen gemäß Abbildung 13.48 zu versehen. Aufgrund der vielen Vorteile haben sich die Scheibenbremsen vielfältige Einsatzgebiete erschlossen. Hierzu gehören der Schienenfahrzeug- und Kraftfahrzeugbereich sowie vielfältige Anwendungen in der Fördertechnik (insbesondere im modernen Kranbau) und im Windturbinenbau.

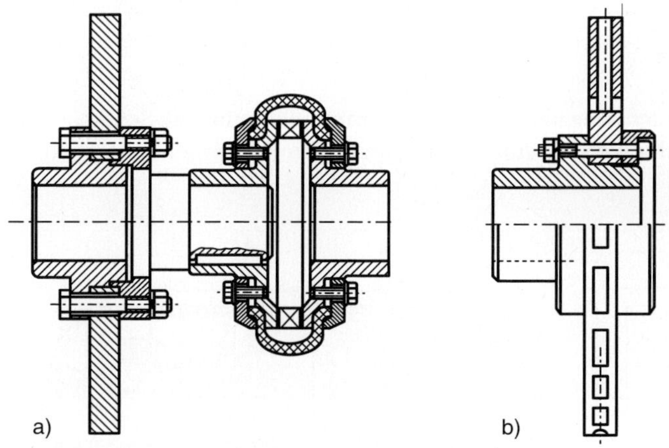

a) Massive Bremsscheibe mit zusätzlicher elastischer Wellenkupplung
b) Selbstbelüftende Bremsscheibe mit radialen Kühlkanälen

Abbildung 13.48: Bremsscheiben für Teilbelag-Scheibenbremse

Eine weitere besondere Anwendung geregelter Scheibenbremsen ist das Bremssystem der El-Ferdan-Drehbrücke aus Abbildung 1.4. Abhängig von einer treibenden oder bremsenden Windlast sind Bremsmomente zwischen 0 bis 1.216 Nm pro Scheibenbremse erforderlich, damit die Brücke immer innerhalb von zehn Sekunden aus der Nenngeschwindigkeit auf Null abgebremst werden kann. Hierzu ist eine kontinuierliche last- und drehzahlabhängige Regelung des aufzubringenden Bremsmomentes erforderlich. Erreicht wird dies durch federbelastete und hydraulisch zu lüftende Scheibenbremsen, die auf das maximal erforderliche Bremsmoment eingestellt werden. Die kontinuierliche Erfassung der Drehzahl und des Bremsdruckes gemäß Abbildung 13.49 und der Vergleich dieser Ist-Werte mit Soll-Werten aus einem frei definierbaren Drehzahl-Zeit-Diagramm erlauben eine ständige Bremsbereitschaft des Systems, so dass die Brücke für jeden Lastfall geregelt innerhalb von zehn Sekunden abgebremst werden kann. Da aus Redundanzgründen ca. doppelt so viele Bremsen installiert sind wie eigentlich erforderlich, musste durch zusätzliche fernbetätigte mechanische Verblockungen sichergestellt werden, dass nicht alle Bremsen gleichzeitig einfallen können, da dies zu einer Überlastung der gesamten Brückenstruktur führen würde [13.32], [13.33].

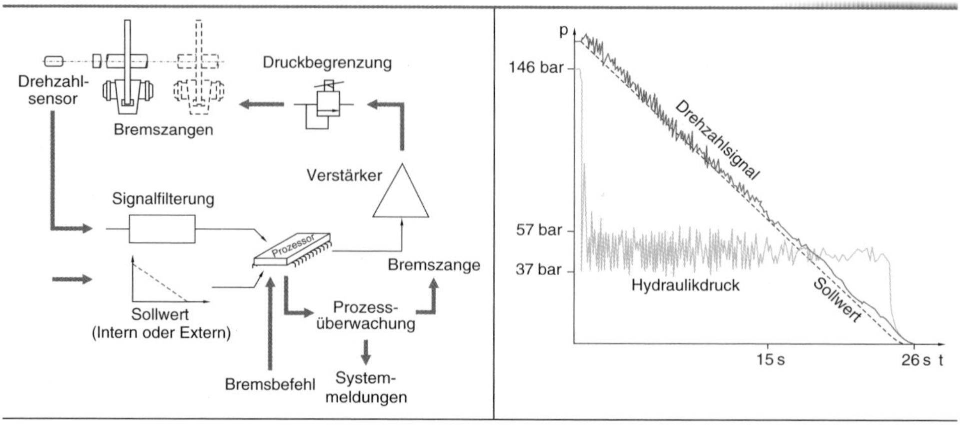

Abbildung 13.49: Drehzahlgeregelte Scheibenbremse – Schematisches Schaltbild und Geschwindigkeits-Zeit-Diagramm bzw. Bremsdruck-Zeit-Diagramm

Die in Abbildung 13.50 gezeigte Kegelbremse arbeitet prinzipiell wie eine Scheiben- oder Lamellenbremse, wobei jedoch das Bremsmoment an einem Reibkegel erzeugt wird.

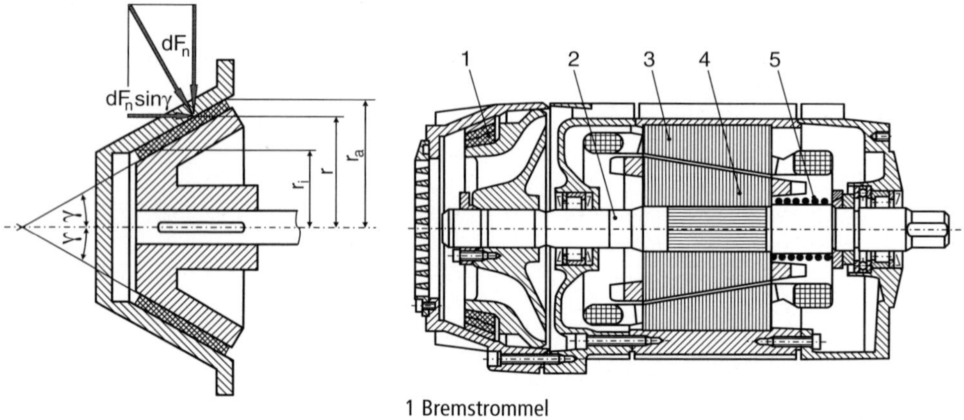

1 Bremstrommel
2 Verschiebbare Motorwelle
3 Kegelige Ständerwicklung
4 Kegeliger Motoranbau
5 Bremsfeder

Abbildung 13.50: Prinzip der Kegelbremse und Ausführung in einem Verschiebeläufermotor

Das Bremsmoment M_B ermittelt sich abhängig von der Normalkraft F_N bzw. der Bremskraft F_B, der Reibzahl μ, dem mittleren Radius r und dem halben Kegelwinkel γ zu:

$$M_B = F_n \cdot \mu \cdot r = F_B \cdot \frac{\mu \cdot r}{\sin \gamma} \qquad (13.107)$$

Dabei ist der Lüftweg generell größer als bei Scheibenbremsen. Ein großes Einsatzgebiet der Kegelbremsen sind Bremsmotoren, bei denen die Bremse direkt auf der Ankerwelle des Motors sitzt. Derartige Antriebskombinationen werden immer dort eingesetzt, wo große Massen oder Trägheiten aus hohen Geschwindigkeiten positionsgenau abgebremst werden müssen.

13.7 Literatur

[13.1] Albers, A., Behrendt, M.; Funktionsorientierte Klassierung, Auswahl und Berechnung von Kupplungen in Antriebssträngen, Dresdner Maschinenelemente Kolloquium – DMK 2005, Tagungsband, S. 319–332

[13.2] Benz, R.; Belastung und Leistungsfähigkeit selbstlüftender Hebezeug-Scheibenbremsen; Dissertation TU Dresden, 1971

[13.3] Breuer, B., Bill, K.; Bremsenhandbuch, Vieweg Verlag, Wiesbaden 2004

[13.4] Cardano, H.; Opera Omnia, tome X opuscula miscellanea ex fragments et paralipomenis, p. 488–489, De Armillarum instrumento, Lugduni (Lyon) 1663

[13.5] Decker, K., Kabus, K.; Maschinenelemente, Hanser Verlag, München 2000

[13.6] DIN 115 Antriebselemente; B1 Schalenkupplungen, Maße, Drehmomente, Drehzahlen (1973-09); B2 Schalenkupplungen, Einlegeringe (1973-09)

[13.7] DIN 116 Antriebselemente; Scheibenkupplungen, Maße, Drehmomente, Drehzahlen (1971-12)

[13.8] DIN 740 Nachgiebige Wellenkupplungen; T1 Anforderungen, Technische Lieferbedingungen (1986-08); T2 Begriffe und Berechnungsgrundlagen (1986-08)

[13.9] DIN 15434 Antriebstechnik; Trommel- und Scheibenbremsen; Berechnungsgrundsätze Krane; Berechnung (1989-01)

[13.10] DIN 15436 Antriebstechnik; Trommel- und Scheibenbremsen; Technische Anforderungen für Bremsbeläge (1989-91)

[13.11] DIN 15450 Krane; Berechnung von Gelenkwellen zum Antrieb von Laufsätzen (1978-06)

[13.12] DIN 28135 Axialdruckscheiben für Scheibenkupplungen an senkrechten Rührwellen Krane; Berechnung (1987-05)

[13.13] DIN 65298 Luft- und Raumfahrt; Kreuzgelenke, nadelgelagert, mit Langzeitschmierung für Drehwellen; Wellengelenke; Anschlussmaße, Belastung, Massen (1988-12)

[13.14] DIN 75532 Übertragung von Drehbewegungen; Formen der Anschlüsse an Getrieben, Zwischengetrieben, biegsamen Wellen und Geräten (1976-06, zurückgezogen)

[13.15] Dresig, H.; Schwingungen mechanischer Antriebssysteme; Springer Verlag, Berlin 2001

[13.16] Duditza, F.; Kardangelenkgetriebe und ihre Anwendungen, VDI-Verlag, Düsseldorf 1971

[13.17] Fronius, St.; Maschinenelemente – Antriebselemente, VEB Verlag Technik, Berlin 1979

[13.18] Holzweißig, F., Dresig, H.; Lehrbuch der Maschinendynamik, Fachbuchverlag Leipzig-Köln 1994

[13.19] Hoppe, R.; Die Anwendung durchbrochener Membranen zur Steigerung der Verlagerungsfähigkeit torsionssteifer Metall-Membrankupplungen; Dissertation Universität Duisburg, 1988

[13.20] Kickbusch, E.; Föttinger-Kupplungen und Föttinger-Getriebe, Springer Verlag, Berlin 1963

[13.21] Kunze, G., Globig, H.; Rechnerische und experimentelle Methode zur Bestimmung axialer Rückstellkräfte in Kupplungsverzahnungen; Dresdner Maschinenelemente Kolloquium – DMK 2005, Tagungsband, S. 333–346

[13.22] Kutzbach, K.; Quer- und winkelbewegliche Wellenkupplungen; Kraftfahrttechnische Forschungsarbeit; VDI-Verlag, Berlin 1936

[13.23] Lührsen, B.; Wirkung der thermischen Belastung auf die Reibpaarungen großer Trommel- und Scheibenbremsen; Dissertation TU Berlin, 1987
[13.24] Matta, F., Markworth, M.; Vorzeitiger Ausfall einer drehstarren Kupplung an einem Gießkran – Der Versuch einer Ursachenanalyse; Dresdner Maschinenelemente Kolloquium – DMK 2005, Tagungsband, S. 717–736
[13.25] Pampel, W.; Kupplungen – drehstarre, elastische und drehschwingungsdämpfende Kupplungen; Band I, VEB Verlag Technik, Berlin 1958
[13.26] Peeken, H., Troeder, C.; Elastische Kupplungen – Ausführungen, Eigenschaften, Berechnungen, Springer Verlag, Berlin 1986
[13.27] Poncelet, J. V.; Cours de Mécanique appliquée aux Machines, deuxieme section: Du joint brisé ou universel, Gauthier-Villars, Paris 1836 und 1874, Deutsche Übersetzung von C. H. Schnuse; Lehrbuch der Anwendung der Mechanik auf Maschinen, Verlag Leske, Darmstadt 1845 und 1848
[13.28] Roloff/Matek; Maschinenelemente, Hrsg. Muhs, D., Wittel, H., et al.; Vieweg Verlag, Braunschweig 2013
[13.29] Schalitz, A.; Kupplungs-Atlas – Bauarten und Auslegung von Kupplungen und Bremsen, 4. Aufl., A. G. T.-Verlag Georg Thum, Ludwigsburg 1975
[13.30] Scheffler, M.; Grundlagen der Fördertechnik – Elemente und Triebwerke, Vieweg Verlag, Wiesbaden 1994
[13.31] Schlecht, B.; Mehrkörpersimulation von Großantrieben; Antriebstechnik 44 (2005), Teil I, Heft 10, S. 24–29, Teil II, Heft 12, S. 38–42
[13.32] Schlecht, B., Krüger, H. und Heß, J.; Die Maschinentechnik der größten Drehbrücke der Welt über den Suez-Kanal; Bauingenieur (75) 2000, Heft 10, S. 646–655
[13.33] Schlecht, B.; Die Maschinen- und Antriebstechnik der größten Drehbrücke der Welt über den Suez-Kanal bei El-Ferdan. Dresdner Maschinenelemente Kolloquium – DMK 2005, Tagungsband, S. 645–700
[13.34] Schlecht, B.; Effektive Überlastsicherung in Schaufelradantrieben; Braunkohle – Surface Mining, Volume 50, 1998, Nr. 1, S. 9–14
[13.35] Schlecht, B., Wünsch, D., Matta, F., Christianhemmers, A. und Gutt, S.; Simulation von redundanten Notaus-Stop-Bremssystemen in Haupthubwerkantrieben von Gießkranen, Tagebaugroßgeräten und Umschlaganlagen; VDI-Tagung „Schwingungen in Antrieben" 2001
[13.36] Schlecht, B., Graneß, H., Mackel, J.; Vergleich von Kardangelenkwellen und Flachzapfenspindeln; AKIDA 2014, Tagungsband S. 541–550
[13.37] Schlecht, B., Graneß, H., Mackel, J.; Comparison of Drive Shaft Design Concepts for Rolling Mill Main Drives; 30th European Plant Engineering Committee (EPEC), Düsseldorf 2014
[13.38] Schlecht, B., Graneß, H., Rosenlöcher, Th.; Vergleich von Kardangelenkwellen und Flachzapfenspindeln; Interner Forschungsbericht, TU Dresden 2014
[13.39] Schmelz, F., Seherr-Thoss, H.-Ch. Graf von, Aucktor, E.; Gelenke und Gelenkwellen – Berechnung, Gestaltung, Anwendung, Springer Verlag, Berlin 1988
[13.40] Schweickert, H.; Voith Antriebstechnik – 100 Jahre Föttinger-Prinzip, Springer Verlag, Berlin 2005
[13.41] SEB 601435, Wellenkupplungen mit Drehmomenttrennung, (1987)
[13.42] Severin, D.; Eigenschaften der Reibpaarungen im Bremsprozess; in: Breuer, B., Bill, K.; Bremsenhandbuch, Vieweg Verlag, Wiesbaden 2004

[13.43] Stübner, K., Rüggen, W.; Kupplungen – Einsatz und Berechnung, Carl Hanser Verlag, München 1961

[13.44] Stübner, K., Rüggen, W.; Kompendium der Kupplungstechnik, Carl Hanser Verlag, München 1962

[13.45] VDI 2240 Wellenkupplungen; Systematische Einteilung nach ihren Eigenschaften (1971-06)

[13.46] VDI 2241 Schaltbare fremdbetätigte Reibkupplungen und -bremsen; B1 Begriffe, Bauarten, Kennwerte, Berechnungen (1982-06); B2 Systembezogene Eigenschaften, Auswahlkriterien, Berechnungsbeispiele (1984-09)

[13.47] VDI/VDE 2254 Feinwerkelemente; Drehkupplungen; Übersicht (1976-04)

[13.48] VDI 2722 Gelenkwellen und Gelenkwellenstränge mit Kreuzgelenken – Einbaubedingungen für Homokinematik (2003-08)

[13.49] VDMA 15441 Krane; Elastische Motorkupplungen; Bolzenkupplungen, Übersicht, Anschlussmaße für übliche Drehstrom-Asynchronmotoren mit Schleifring für Aussetzbetrieb (1963-03, zurückgezogen)

[13.50] Winkelamm, S., Harmuth, H.; Schaltbare Reibkupplungen – Grundlagen, Eigenschaften Konstruktionen, Springer-Verlag, Berlin 1985

[13.51] Wünsch, D., Mesch, A., Hauhoff, J.; Die Kupplung, vom Verbindungselement zum Systemelement, Antriebstechnik, Fachgemeinschaft Antriebstechnik im VDMA, Frankfurt/Main, September 1990

ZUSAMMENFASSUNG

Die zwei Grundfunktionen von Kupplungen sind die Verbindung von Wellen und die Leistungsübertragung (Drehmoment und Drehzahl).

Im Zuge der Weiterentwicklung der Antriebstechnik sind drei weitere Funktionen hinzugekommen. So lässt sich bei nicht fluchtenden Wellen der Versatz ausgleichen, und schaltbare Kupplungen erlauben das bedarfsweise Schließen oder Unterbrechen des Leistungsflusses. Hierzu zählt auch das Verbinden einer Welle mit einem auf ihr drehbeweglich sitzenden Maschinenteil, das zu- oder abgeschaltet werden soll.

Die Schaltfunktion einer Kupplung erlaubt auf verschiedene Arten die Drehmoment- und Drehzahlbegrenzung sowie die Drehrichtungsüberwachung. Im Gegensatz zu den fremdbetätigten schaltenden Kupplungen lösen die selbsttätig schaltenden Kupplungen aufgrund der Drehzahl, des Drehmomentes oder der Drehrichtung den Kuppelvorgang aus. Damit sind sie besonders zum Einsatz als Sicherheitskupplung geeignet.

Eine weitere wesentliche Zusatzfunktion ist die Beeinflussung der dynamischen Eigenschaften eines Antriebsstranges durch das Übertragungsverhalten der Kupplung. Hierzu zählt insbesondere die Minderung und Dämpfung von Drehmomentstößen sowie die Verschiebung von Eigenfrequenzen durch Anpassung von Steifigkeiten.

Während man bei Kupplungen form- und kraftschlüssige Bauarten kennt, funktionieren die Bremsen ausschließlich kraftschlüssig. Sie dienen zum Konstanthalten oder zur Verminderung der Geschwindigkeit sich bewegender Massen bzw. zu deren Festhalten in der Ruhestellung. Bremsen sind Sonderfälle schaltbarer, reibschlüssiger Kupplungen, und jede schaltbare Kupplung ist immer auch als Bremse einsetzbar.

Die vielfältigen Anforderungen an Kupplungen und Bremsen sind bei der Auslegungsberechnung zu berücksichtigen. Eine besondere Bedeutung kommt dabei dem Betriebsverhalten der Kombination Antriebsmaschine/Kupplung/Arbeitsmaschine zu, insbesondere in den instationären Phasen beim An- und Abfahren einer Anlage. Ausgehend von diesen Anforderungen werden typische Bauarten von nicht schaltbaren und schaltbaren Kupplungen sowie Trommel- und Scheibenbremsen behandelt.

ZUSAMMENFASSUNG

Register

D

E

G

H

K

L

M

N

O

P

Q

R

S

T

U

V

W